国家重大出版工程项目

# Small Animal Internal Medicine
## Fifth Edition

# 小动物内科学
## 第 5 版

［美］Richard W. Nelson
［美］C. Guillermo Couto　主编

夏兆飞　陈艳云　王姜维　主译

中国农业大学出版社
·北京·

**图书在版编目(CIP)数据**

小动物内科学:第 5 版/(美)尼森(Richard W. Nelson),(美)科托(C. Guillermo Couto)主编;夏兆飞,陈艳云,王姜维主译. —北京:中国农业大学出版社,2019.11(2023.4 重印)

书名原文:Small Animal Internal Medicine(5th Edition)

ISBN 978-7-5655-2129-4

Ⅰ.①小… Ⅱ.①尼…②科…③夏…④陈…⑤王… Ⅲ.①兽医学-内科学 Ⅳ.①S856

中国版本图书馆 CIP 数据核字(2018)第 246190 号

| 书 名 | 小动物内科学(第 5 版) |
| --- | --- |
| | Small Animal Internal Medicine(5th Edition) |
| 作 者 | Richard W. Nelson C. Guillermo Couto 主编 |
| | 夏兆飞 陈艳云 王姜维 主译 |

| | | | |
| --- | --- | --- | --- |
| 策划编辑 | 梁爱荣 | 责任编辑 | 梁爱荣 王艳欣 洪重光 潘晓丽 田树君 |
| 封面设计 | 郑川 | | |
| 出版发行 | 中国农业大学出版社 | | |
| 社 址 | 北京市海淀区圆明园西路 2 号 | 邮政编码 | 100193 |
| 电 话 | 发行部 010-62733489,1190 | 读者服务部 | 010-62732336 |
| | 编辑部 010-62732617,2618 | 出 版 部 | 010-62733440 |
| 网 址 | http://www.caupress.cn | E-mail | cbsszs@cau.edu.cn |
| 经 销 | 新华书店 | | |
| 印 刷 | 涿州市星河印刷有限公司 | | |
| 版 次 | 2019 年 11 月第 1 版 2023 年 4 月第 3 次印刷 | | |
| 规 格 | 889×1 194 16 开本 89.25 印张 2825 千字 | | |
| 定 价 | 980.00 元 | | |

**图书如有质量问题本社发行部负责调换**

# Small Animal Internal Medicine

## Fifth Edition

# 小动物内科学

## 第 5 版

**Richard W. Nelson,DVM,**美国兽医内科学会认证兽医师,
加利福尼亚大学戴维斯分校医学和流行病学系系主任,教授
Richard W. Nelson，DVM，DACVIM（Internal Medicine）
Professor and Department Chair
Department of Medicine and Epidemiology
School of Veterinary Medicine
University of California，Davis
Davis，California

**C. Guillermo Couto,DVM,**美国兽医内科学会认证兽医师,
俄亥俄州哥伦布市 **Couto** 兽医咨询顾问,西班牙萨拉戈萨市 **Vetoclock** 咨询顾问
C. Guillermo Couto，DVM，DACVIM
（Internal Medicine and Oncology）
Couto Veterinary Consultants
Columbus，Ohio
Vetoclock
Zaragoza，Spain

# ELSEVIER

Elsevier (Singapore) Pte Ltd.

Killiney Road，#08 - 01 Winsland House I，Singapore 239519

Tel：(65) 6349 - 0200；Fax：(65) 6733 - 1817

This translation of Small Animal Internal Medicine，5th edition by Richard W. Nelson and C. Guillermo Couto was undertaken by China Agricultural University Press Ltd and is published by arrangement with Elsevier (Singapore) Pte Ltd.

Small Animal Internal Medicine ，5th edition by Mosby Inc. 由中国农业大学出版社有限公司进行翻译，并根据中国农业大学出版社有限公司与爱思唯尔(新加坡)私人有限公司的协议约定出版。

《小动物内科学》(第 5 版)(夏兆飞,陈艳云,王姜维主译)

著作权合同登记图字：01-2016-6060

# 译校人员

**主　译：** 夏兆飞　陈艳云　王姜维

**副主译：** 屠　迪　刘　芳　吕艳丽

**翻译校对人员：**

| | | | | | | |
|---|---|---|---|---|---|---|
| 陆梓杰 | 刘　洋 | 邱志钊 | 汤永豪 | 邝　怡 | 黄丽卿 | 朱心怡 |
| 吴海燕 | 陈立坤 | 宋露莎 | 冯献程 | 林璐琪 | 林嘉宝 | 杨永辉 |
| 魏　琦 | 傅梦竹 | 蔡少敏 | 马超贤 | 耿文静 | 贾　坤 | 刘　蕾 |
| 孙玉祝 | 张亚茹 | 李祎宇 | 吴悦婷 | 叶　楠 | 施　尧 | 罗丽萍 |
| 苏　喆 | 周媛媛 | 王佳尧 | 刘砚涵 | 刘瑞佳 | 陈江楠 | 崔延熙 |
| 袁春燕 | 耿　爽 | 张海霞 | 张伟伟 | 娄银莹 | 陈丝雨 | 蒋玉洁 |
| 王　凡 | 毛军福 | 陆梓杰 | 吕艳丽 | 刘　芳 | 屠　迪 | 王姜维 |
| 陈艳云 | 夏兆飞 | | | | | |

# 编者

**Richard W. Nelson**, DVM, DACVIM (兽医内科学), 加利福尼亚大学戴维斯分校医学和流行病学系系主任, 教授。Dr. Nelson 的兴趣在于临床内分泌学, 尤其是胰腺内分泌、甲状腺和肾上腺疾病。Dr. Nelson 发表了大量科学论文, 还编写了很多书籍的章节, 是两本教科书的联合主编, 分别是《犬猫内分泌学和产科学》(与 Dr. Ed Feldman 联合主编) 和《小动物内科学》(与 Dr. Guillermo Couto 联合主编), 并在美国和国际上做过很多报告。他还是《兽医内科学杂志》的副主编。Dr. Nelson 还是比较内分泌学会的联合创始人。因表现优异, Dr. Nelson 曾荣获 Norden 杰出教学奖、BSAVA Bourgelat 优胜奖, 以及 ACVIM 的 Robert W. Kirk 奖。

**C. Guillermo Couto**, DVM, DACVIM (内科学和肿瘤学), 俄亥俄州哥伦布市 Couto 兽医咨询顾问; 西班牙萨拉戈萨市 Vetoclock 咨询顾问。Dr. Couto 在阿根廷布宜诺斯艾利斯大学获得博士学位。他曾经是《兽医内科学杂志》主编以及兽医癌症协会主席。Dr. Couto 荣获过 Norden 杰出教学奖、OSU 临床教学奖、BSAVA Bourgelat 小动物杰出贡献奖、OTS 服务奖、堪萨斯州立大学兽医临床系的小动物内科学传奇奖、美国临床兽医协会的教职工成就奖; 俄亥俄州立大学 2013 年兽医学院教学奖。Dr. Couto 在肿瘤学、血液学和免疫学方面发表了 350 多篇文章并撰写了多部书籍章节。

**Autumn P. Davidson**, DVM, MS, DACVIM, 加利福尼亚大学戴维斯分校兽医学院医学和流行病学系的临床教授。Dr. Davidson 在加利福尼亚大学伯克利分校获得了学士和硕士学位, 重点为野生动物生态与管理方面。Dr. Davidson 是加利福尼亚大学戴维斯分校的毕业生, 在得克萨斯 A&M 大学完成小动物医学和外科学实习, 并且在加利福尼亚大学戴维斯分校完成住院医训练。她在 1992 年获得内科学专科认证。她的专长是产科学和传染病学。另外, Dr. Davidson 还在圣罗莎 (Santa Rosa) 宠物关爱动物医院坐诊, 同时接诊内科和繁殖科病例。Dr. Davidson 还在圣拉斐尔 (San Rafael) 兽医机构 (私立转诊中心) 任职, 1998—2003 年她任医院的院长, 专门为导盲犬公司服务, 为 1 000 只幼犬和 350 个繁殖中心的犬进行每年的健康护理, 并训练了大约 400 只犬。Dr. Davidson 在 1996—1999 年任产科学会主任, 并在 1990—2002 年任遗传病控制中心主任。Dr. Davidson 还是华盛顿斯密斯学会 (国家动物园, 华盛顿) 的产科学和内科学咨询专家。她发表了很多科学论文并撰写了多部书籍章节, 是著名的小动物产科学和内科学国际讲师。她工作的足迹遍布全世界, 涉及猎豹、环尾狐猴和大熊猫等领域。由于 Dr. Davidson 在动物福利、人权、教育和相互理解方面贡献卓越, 她于 2003 年荣获希尔斯动物福利和人权道德奖。

**Stephen P. DiBartola**, DVM, DACVIM (内科学), 俄亥俄州立大学兽医学院教授, 兽医临床科学系教务处副主任。Dr. DiBartola 于 1976 年在加利福尼亚大学戴维斯分校获得 DVM 学位。他于 1977 年在康奈尔大学完成小动物医学和外科实习, 并于 1977—1979 年在俄亥俄州立大学兽医学院的小动物医学部门完成住院医训练。1979—1981 年 Dr. DiBartola 在伊利诺伊州州立大学任讲师。1981 年 8 月, 他回到俄亥俄州立大学兽医临床科学系任讲师。他于 1985 年被提升为副教授, 于 1990 年被提升为教授。他于 1988 年荣获 Norden 杰出教学奖, 并编著《小动物输液疗法》一书, 1992 年该书首次由 W. B. Saunders Co. 出版社出版, 2011 年出版了第 4 版。Dr. DiBartola 目前是《兽医内科学杂志》的副主编。他的临床兴趣主要在肾病、输液疗法、酸碱紊乱和电解质紊乱等方面。

**Eleanor C. Hawkins**, DVM, DACVIM（内科学），北卡罗来纳州立大学兽医学院临床科学系教授。Dr. Hawkins 曾经是 ACVIM 的主席，也是小动物内科学专家委员会主席。她是比较呼吸学会的成员，曾受邀在美国、欧洲、南美洲和日本进行演讲。Dr. Hawkins 是众多科研成果的获得者，也是很多著名的兽医呼吸系统疾病出版物的编辑。她的研究领域包括犬慢性支气管炎、肺功能检查和用于诊断的支气管肺泡灌洗术。

**Michael R. Lappin**, DVM, PhD, DACVIM（内科学），科罗拉多州立大学兽医学院和生物医学院的小动物临床兽医学教授，也是比较动物学中心主任。Dr. Lappin 于 1981 年在俄克拉荷马州立大学获得 DVM 学位，在乔治亚大学小动物内科学完成住院医训练，并获得寄生虫学博士学位。Dr. Lappin 主要研究猫传染病，发表了 250 多篇研究性文章，并撰写了多部书籍章节。Dr. Lappin 曾任《兽医内科学杂志》副主编，现任《猫病学和外科学》杂志主编。Dr. Lappin 曾荣获 Norden 杰出教学奖，Winn 猫科动物基金会的猫病研究奖，也获得了 ESFM 国际猫病杰出贡献奖。

**J. Catharine R. Scott-Moncrieff**, MA, VetMB, MS, DACVIM（SA），DECVIM（CA），普渡大学兽医学院兽医临床科学系教授。Dr. Scott-Moncrieff 于 1985 年毕业于剑桥大学，在萨斯喀彻温大学完成小动物医学和外科学实习，在普渡大学完成住院医训练。她于 1989 年加入普渡大学，最近成为小动物内科学教授，并且是国际项目负责人。她的临床和研究兴趣包括免疫介导性血液疾病和临床内分泌学。她发表了大量文章，并撰写了很多书籍的章节，在美国和国际上做过很多报告。

**Susan M. Taylor**, DVM, DACVIM（内科学），萨斯喀彻温大学西部兽医学院小动物临床科学系教授。Dr. Taylor 撰写了大量文章和书籍的章节，也主编了一本教科书。她在加拿大、美国和部分其他地区做研究，完成继续教育课程。她的临床、教学和科研兴趣主要包括神经学、神经肌肉疾病、临床免疫学和传染病。Dr. Taylor 有一项正在进行的研究，旨在调查药物和神经疾病对运动犬的影响，尤其是拉布拉多巡回犬和边境牧羊犬的一种遗传综合征——动力相关性运动介导性崩溃（d-EIC）。

**Wendy A. Ware**, DVM, MS（外科硕士），美国兽医内科学会（心脏病学）认证兽医师，艾奥瓦州立大学兽医临床科学与生物医学系教授。Dr. Ware 在艾奥瓦州立大学获得博士学位，并完成住院医训练。在艾奥瓦州立大学，Dr. Ware 主要承担临床心脏病学和心血管生理学的教学，并且是兽医诊疗中心的临床心脏病学家。她受邀在美国及其他国家多个继续教育讲座中授课。Dr. Ware 撰写了《兽医心血管疾病学》教科书，并于 2011 年出版（曼森出版社，英国伦敦）。她同时撰写了《基于实例的小动物心肺学彩色血流自评》（2012，曼森出版社）以及众多期刊文章，并参与 60 部著作的编写。Dr. Ware 的其他专业职务包括：美国兽医内科董事会主席，《兽医内科学杂志》心脏病学副主编，以及一些兽医科技期刊的审稿人。

**Penny J. Watson**, MA, VetMD, CertVR, DSAM, DECVIM, MRCVS, 英国剑桥大学皇后兽医学院教学医院小动物医学高级讲师。Dr. Watson 在剑桥大学获得博士学位。她在私立医院工作 4 年后，返回剑桥大学兽医学院，现在帮助管理小动物教学动物医院。她同时是皇家学院兽医外科医生和欧洲公认的小动物内科专家。Dr. Watson 在欧洲兽医内科学院（European College of Veterinary Internal Medicine, ECVIM）考试委员会任职的 5 年中，2 年担任主席。她的临床研究兴趣主要是胃肠道学、肝病学、胰腺疾病和比较新陈代谢。她因研究犬慢性胰腺炎于 2009 年获得博士学位，在犬猫胰腺和肝脏疾病等方面进行后续研究，并开展讲座或发表成果。

**Jodi L. Westropp**，DVM，PhD，DACVIM，加利福尼亚大学戴维斯分校兽医学院医学与流行病学系副教授。Dr. Westropp 在俄亥俄州立大学兽医学院获得 DVM 学位，并在纽约动物医学中心完成小动物内科和外科实习，随后在俄亥俄州立大学小动物诊疗中心完成住院医训练。之后她继续攻读，研究方向是猫间质性膀胱炎伴发的神经内分泌异常，并于 2003 年在俄亥俄州立大学获博士学位。完成学业后她加入加利福尼亚州立大学戴维斯分校兽医学院，目前是副教授。她的临床研究方向是猫间质性膀胱炎、尿道感染、尿失禁以及尿结石。Dr. Westropp 是许多文章和图书章节的作者，并在美国和国际上做了大量演讲。同时 Westropp 教授也是加利福尼亚州立大学戴维斯分校 G. V. Ling 结石分析实验室主任。

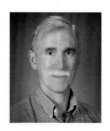

**Michael D. Willard**，DVM，MS，DACVIM，得克萨斯州 A&M 大学小动物医学和外科学教授。Dr. Willard 是国际公认的胃肠病学家和内窥镜学家。他曾荣获 SCAVMA 教学奖和 Norden 教学奖，他曾经是比较胃肠病学会的会长和内科学专业委员会秘书，他的主要兴趣是临床胃肠道疾病学和内窥镜检查(软镜和硬镜)。Dr. Willard 在杂志上发表了 80 多篇论文，撰写了 120 多篇关于胃肠道疾病和内窥镜检查的书籍章节，受邀进行讲座时长超过 2 700 小时。Dr. Willard 同时也是《兽医内科学杂志》副主编。

夏兆飞,中国农业大学动物医学院临床系教授、博士生导师。

长期在中国农业大学动物医学院从事教学、科研和兽医临床工作。主讲"兽医临床诊断学""小动物临床营养学""兽医临床病例分析"及"动物医院管理"等课程。主持科研项目 10 余项,主编/主译著作 20 余部,发表论文近百篇。

现任中国农业大学动物医学院临床兽医系系主任、教学动物医院院长、北京小动物诊疗行业协会理事长、《中国兽医杂志》副主编、亚洲兽医内科协会副会长、中国饲料工业协会宠物食品专业委员会副主任委员等职务。

主要兴趣领域:小动物内科与诊断、犬猫营养与宠物食品生产、动物医院经营管理等。

陈艳云,博士,执业兽医师,师从夏兆飞教授,曾任中国农业大学动物医院检验科主管,现任北京市小动物诊疗行业协会肿瘤分会秘书长。

主持和参加多项兽医临床相关科研项目,在国内外核心期刊上发表文章 20 余篇。主译《兽医临床病例分析》《小动物细胞学诊断》《小动物肿瘤学》《小动物输血疗法》《兽医临床尿液分析》等多部兽医书籍。

数次到美国、日本、新加坡、韩国等学习交流、考察参观,熟悉国内外小动物临床实验室诊断技术的发展现状。

主要兴趣领域:兽医临床实验室诊断、小动物内科学和小动物肿瘤学。

王姜维,毕业于中国农业大学动物医学院,师从夏兆飞教授,上海蓝石宠物医院创始人兼院长,中国兽医协会宠物分会理事,上海畜牧兽医学会小动物医学分会副理事长。

参与翻译和校对《小动物内科学》(第 3 版)、《犬猫血液学手册》《兽医临床实验室检验手册》《小动物医学鉴别诊断》《小动物心电图入门指南》《小动物心电图病例分析与判读》等多部兽医专业书籍。在国内核心期刊及专业会议、杂志发表多篇学术论文。

主要兴趣领域:小动物内科学与实验室诊断技术。

Sean J. Delaney，DVM，MS，DACVIM，戴维斯兽医咨询（DVM）中心创始人。Dr. Delaney 是公认的兽医临床营养学专家。他在加利福尼亚大学戴维斯分校获得 DVM 和营养学硕士学位。他也是加利福尼亚大学戴维斯分校第一个全职临床营养住院医师。2003—2013 年 Dr. Delaney 成为加利福尼亚大学戴维斯分校分子生物科学系的一名临床教员。在这期间，他帮助建立并发展了全美国最大的兽医临床营养教学项目。他创建了戴维斯兽医咨询（DVM）中心，这是一家宠物食品行业咨询公司，参与维护和支持 BalanceIT®兽医营养软件和产品，可在 balanceit. com 上获得这些产品。Dr. Delaney 经常在美国及其他国家或地区进行兽医营养学授课，他是 ACVN 的前任主席和《实用兽医临床营养学》的合编者/合著者。

我们想把这本书献给 Kay 和 Graciela。没有她们的理解、鼓励和耐心，这项工程很难完成。我（Guillermo）也将这本书献给 Jason 和 Kristen，他们也走上了我的道路，使我成为世界上最骄傲的爸爸。

# 中文版序

30年前，在中国这片土地上，将犬猫视为伴侣动物的人并不多见，人们对兽医的认知也定格在走街串巷的乡村"土兽医"上，落后的经济、粗犷的行医条件和医疗设施也无法孕育出以"循证医学"为本的兽医。然而，30年后，随着经济的腾飞，当我们再次审视犬猫的社会地位和兽医的社会地位时，突然发现，犬猫等小动物已经成为城市居民的主要伴侣动物，人们对兽医的认知已经有了质的飞跃。宠物老龄化之后，也涌现出了各式各样的老年病，人们对兽医的专业知识要求也骤然提升。在这种形势下，兽医必须不断继续学习，以满足居民日益增长的专业需求。由于中国兽医行业发展未经历线性增长的过程，直接跃迁至目前这个阶段，我们需要翻译大量专业书籍，以促进兽医学习，推动行业发展。

中文版《小动物内科学》第3版出版于2012年，短短几年内，欧美等发达国家兽医技术又有了突飞猛进的发展，尤其在分子诊断技术用于临床之后，人们对各种内科病有了全新的认识。虽然这种专业工具书篇幅巨大，工作量巨大，我们还是最终选择了翻译出版《小动物内科学》第5版，力求将前沿的诊疗技术带给中国的广大兽医，为小动物谋取更多福利。

本书共分14个部分，囊括了心血管系统、呼吸系统、消化系统、肝胆和胰腺外分泌、泌尿系统、内分泌、代谢和电解质紊乱、生殖系统、神经肌肉、关节、肿瘤学、血液学、传染性、免疫介导性疾病等方面的内容。每一部分都尽可能涵盖临床症状、鉴别诊断、适应证、诊断技术及结果判读、一般治疗原则、特殊疾病，最后还提供了系统疾病的推荐常用药物剂量表。每个部分都有大量表格、照片、示意图和流程图，内容翔实，言简意赅，可视性强，逻辑性强，易于理解。

本书翻译人员主要毕业于中国农业大学兽医临床系，具有博士或硕士学历并从事兽医临床工作。本书的翻译工作还得到了几位毕业于华南农业大学、南京农业大学的博士或硕士的鼎力相助。翻译过程中，我们力争忠实于原文，然而时间仓促，难免有瑕疵之处。不足之处，恳请读者反馈给译者或出版社，以便再版时改进。

本书在翻译校对过程中，中国农业大学兽医寄生虫学张晓博士在一些专业词汇方面给予很多指导，北京大学生物动态光学成像中心博士后耿爽、中山大学生命科学学院徐志超研究员在免疫学及分子生物学知识方面，多次给予帮助，在此深表感谢。

夏兆飞　陈艳云
2019年3月于北京

# 英文版前言

在第 5 版《小动物内科学》中，我们不忘初心，撰写了一部具有强烈临床倾向、对从业者和学生都很有用的书籍。我们一直在缩减作者数量，从临床各个领域选择一个专业技术较为优秀的作者，以确保每个部分的一致性，同时允许在不同章节之间话题重叠时出现不同的表达方式。我们继续把重点放在内科学中最常见问题的临床相关方面，以简洁、易懂和逻辑清晰的形式表达出来。在章节内和章节间广泛使用表格、流程图和交叉引用，并使用综合索引，使该书成为一本速查、易用的参考书。

## 本书框架

和以前一样，根据器官系统（例如，心脏病学、呼吸系统）或学科（当涉及多个系统时，如肿瘤学、传染病、免疫介导性疾病）将该书分为 14 个部分。每一部分都尽可能从临床症状和鉴别诊断开始；其次是适应证、诊断技术及结果判读，然后是一般治疗原则，特殊疾病章节；最后有一个适合该系统疾病的推荐常用药物剂量表。每个部分都有大量表格、照片、示意图和流程图，内容涉及临床表现、鉴别诊断、诊断方法和治疗建议等方面。在每一章末尾都提供了精选的参考资料和推荐读物。此外，本书也引用了一些特殊研究，以作者姓名和出版年限的形式插入文中，在推荐阅读里列举出了这些研究。

## 本书主要特点

我们保留了前 4 个版本中所有受欢迎的特点，并对该版进行了显著更新和扩展。第 5 版特点包括：

- 全面修订和更新了内容，通篇扩大了数百个主题的覆盖面，包括以下信息：
  - 心脏衰竭、慢性二尖瓣疾病和心丝虫病的管理
  - 气管塌陷和犬传染性呼吸道疾病综合征
  - 胃肠道疾病的分子诊断和炎症性肠病的管理
  - 猫肝胆疾病的诊断和犬胰腺炎的治疗
  - 犬猫糖尿病的治疗和监测
  - 犬猫肥胖症的饮食推荐
  - 癫痫发作的诊断和管理
  - 犬猫癌症的新型诊断和治疗方法
  - 血液疾病患者的新型诊断方法
- 两名新作者完全修订了泌尿系统部分
- 一名新作者完全修订了生殖系统部分
- 数百张临床照片，大多数是彩色
- 全文都有流程图，以帮助读者做出临床判断
- 广泛交叉引用其他章节和讨论，提供了一个有用的路线图，并减少了书中冗余
- 各级标题具有不同的颜色，以帮助读者迅速查找所需信息，比如：

 病因学

 鉴别诊断

 药物（在章节内出现）

 药物一览表（在各部分末尾）

 治疗

 一般信息（如公式、临床病理学意义、制造商信息、品种倾向）

最后，我们非常感谢对前 4 个版本提出建设性意见的来自世界各地的从业者、教师和学生们，正是因为他们，才使我们有可能设计出更强大的第 5 版《小动物内科学》。我们相信各位会欣然接纳扩展的内容、特点和视觉展示，这些进步将使本书成为对所有读者都有价值且用户体验良好的资源。

## 致  谢

我们谨向以下所有人员表示最诚挚的感谢。感谢 Wendy、Eleanor、Mike、Penny、Sean、Sue、Michael 和 Catharine 对该项目始终如一的奉献和辛勤工作；感谢 Jodi、Stephen 和 Autumn 愿意参与这个项目；感谢 Penny Rudolph、Brandi Graham、Rhoda Bontrager 以及其他许多在 Elsevier 的工作人员在编写这本书时给予的承诺和宽容。

# 目 录

# 第三部分　消化系统疾病 …………… 343

Michael D. Willard

# 第1章
## CHAPTER 1

# 心血管系统检查
# Clinical Manifestations of Cardiac Disease

## 心脏病的表现
## (SIGNS OF HEART DISEASE)

多种症状可提示动物存在心脏病，即使其心脏病还未到"心衰"的程度。其中，较典型的表现包括心杂音、节律紊乱、颈静脉搏动和心脏增大。其他可能由心脏病引发的症状还包括晕厥、脉搏过弱或过强、咳嗽或呼吸困难、运动不耐受、腹围增大和发绀。但是，上述症状并非心脏病所特有的。因此，当动物表现出来的症状提示存在心血管疾病时，需要采取进一步的评估，包括胸部 X 线片、心电图（electrocardiography，ECG）和心动超声检查；有时还需要借助其他的诊断方法。

## 心衰的表现
## (SIGNS OF HEART FAILURE)

当动物的心脏无法满足机体的循环需求或只能在高充盈压（静脉压）状态下才能满足机体的循环需求时，称之为心衰。多数心衰的症状（框 1-1）与后向的高静脉压（充血性症状）或前向的心输出不足（低心输出症状）有关。右心充血性心力衰竭所出现的充血性症状与全身性静脉高压所引起的全身性毛细血管高压有关；而左心充盈高压可引起肺静脉增粗和（肺）水肿。有些动物可能同时出现双侧心衰的症状。慢性左心衰可促发右心充血性症状，尤其当肺静脉高压继发肺动脉高压。无论原发疾病来源于哪一侧心室，其引发的低心输出量所表现的症状都是相似的，因为左右心输出量是一体的。

心衰将在第 3 章和特定心脏疾病章节中做进一步讨论。

 框 1-1　心衰的临床症状

---

**充血症状——左心（左心充盈压↑）**
肺静脉充血
肺水肿（引起咳嗽、呼吸急促、呼吸费力、端坐呼吸、肺部啰音、疲劳、咯血、发绀）
继发右心充血性心力衰竭
心律失常

**充血症状——右心（右心充盈压↑）**
系统性静脉充血（引起中央静脉压升高、颈静脉增粗）
肝脏±脾脏充血
胸腔积液（引起呼吸费力、端坐呼吸、发绀）
腹腔积液
少量心包积液
皮下水肿
心律失常

**低输出症状**
疲劳
劳累性虚弱
晕厥
肾前性氮血症
发绀（外周循环不良）
心律失常

---

## 虚弱与运动不耐受
## (WEAKNESS AND EXERCISE INTOLERANCE)

患有心衰的动物通常无法充分提升心输出量以适应活动量的增加。此外，随着疾病的发展所出现的血管和代谢变化，将使运动状态下的骨骼肌的血液灌注减少，从而使动物对运动的耐受力下降。肺部血管压力升高和肺水肿也会导致动物的运动能力下降。运动性虚弱或虚脱的发生可能与上述情况有关,或者与心律失常所引起的心输出量急性降低有关(框1-2)。

**框1-2　引起晕厥或间断性虚弱的病因**

**心源性**

缓慢性心律失常(如Ⅱ度或Ⅲ度房室阻滞、窦性停搏、病窦综合征、心房静止)

快速型心律失常(如阵发性房性或室性心动过速、折返性室上性心动过速、心房纤颤)

先天性心室流出道梗阻(如肺动脉狭窄、主动脉瓣下狭窄)

获得性心室流出道梗阻(如心丝虫病和其他引起肺动脉高压的疾病、肥厚性阻塞性心肌病、心内肿瘤、血栓)

发绀性心脏病(如法洛四联症、肺动脉高压、反向分流)

心脏输出下降(如严重瓣膜闭锁不全、扩张性心肌病、心肌梗死或炎症)

心脏充盈受限(如心包填塞、限制性心包炎、肥厚性或限制性心肌病、心内肿瘤、血栓)

心血管系统用药(如利尿剂、血管扩张剂)

神经心源性反射(血管迷走神经性、咳嗽诱导性晕厥、其他情境性晕厥)

**肺源性**

引起低氧血症的疾病

肺动脉高压

肺部血栓栓塞

**代谢性及血液性**

低血糖

肾上腺皮质功能减退

电解质紊乱(如钾、钙)

贫血

急性大出血

**神经源性**

脑血管意外

脑部肿瘤

**癫痫发作**

嗜睡发作、猝倒(神经肌肉性)

## 晕厥
### (SYNCOPE)

晕厥为一过性的无意识事件,由脑部氧供或葡萄糖供给不足所引起,表现为姿势紧张性的丧失(虚脱)。很多心源性或非心源性异常均可引起晕厥和间断性虚弱(见框1-2)。晕厥有时会与癫痫发作相混淆。发作前、发作中和发作后动物的行为及活动的仔细描述,以及动物的用药史等信息,均有助于医师区分晕厥、虚弱和真正的癫痫发作。晕厥通常与运动或兴奋有关。实际的表现可能包括后肢虚弱或突发性虚脱、侧卧、前肢僵直伴角弓反张和尿失禁(图1-1)。常见吠叫,但是强直/阵挛性运动、面部痉挛和排便失禁并不常见。患心源性晕厥的犬猫通常没有前驱症状(常见于癫痫发作)、发作后痴呆和神经学缺陷。但是,有时候严重的低血压或心搏停止会引起低氧性"痉挛性晕厥",伴有癫痫样表现或颤搐(twitching);这种痉挛性晕厥事件通常出现于肌紧张性丧失之后。晕厥前(presyncope)所发生的脑血供(或者底物输送)的减少程度还不足以引起动物丧失意识,但可能引起一过性"摇摆"或虚弱,后肢尤为明显。

用于诊断引起间断性虚弱或晕厥的试验通常包括心电图描记(分别在静息、运动和/或运动后,或者在迷走神经刺激后检查)、神经学检查、胸部X线片检查、心丝虫筛查和心动超声检查。其他用于评估神经肌肉疾病或神经性疾病的试验可能有一定诊断意义。一些在实时心电图描记中未表现的间断性心律失常,可通过动态心电监护设备(包括24 h Holter仪、心脏事件记录仪或植入性循环记录装置)进行检测。部分病例可通过院内连续性的心电监护来发现致病性的节律异常。

**图1-1**

**1只杜宾犬发生阵发性室性心动过速,出现晕厥症状。其头颈部伸长,前肢僵直,尿失禁,之后很快恢复意识和正常的活动。**

### 心血管性晕厥的病因

引起心血管性晕厥的常见病因包括多种心律失常、心室流出道梗阻、发绀性先天性心脏缺陷,以及引起心输出量显著减少的获得性疾病。血管减压反射激活及过量使用心血管药物也可引起晕厥。促发晕厥的心律失常通常伴有非常快或者非常慢的心率,这些心律失常不一定伴有可识别的潜在结构性心脏病。心室流出道梗阻可促发晕厥或突发性虚弱,这可能与心输出量无法满足机体在运动状态下的循环需求有关,或者与心室收缩压升高激活心室机械感受器,从而引起不适当的反射性心动过缓和低血压有关。扩张性心肌病与严重的二尖瓣闭锁不全均可引起前向心输出量减少,尤其是在动物运动的时候。血管扩张剂和利尿剂过量使用也可能引起晕厥。

外周血管和/或神经反射反应异常所引起的晕厥,在兽医领域还未被正式确认,但目前认为,部分病例可能存在这种情况。曾有报道称一些动物在一阵窦性心动过速之后会出现突发性心动过缓性晕厥,这种晕厥最常见于患有严重房室瓣疾病的小型犬,兴奋通常是引起此类晕厥的原因。杜伯曼犬(Doberman Pinscher)和拳师犬(Boxer)也可能会经历突发性心动过缓引起的晕厥。直立性低血压和颈动脉窦感受器敏感性增强偶尔也会促发晕厥,这是由于不适当的外周血管舒张和心动过缓引起的。

咳嗽发作相关晕倒(咳嗽性晕厥或"阵咳后晕厥")见于存在左心房明显增大和支气管压迫的犬,也见于患有原发性呼吸道疾病的动物。已有若干种机制解释这种现象,包括:咳嗽期间心充盈量和输出量急性下降、咳嗽后外周血管舒张以及颅内静脉压升高引起的脑脊液压力升高。严重的肺部疾病、贫血、某些代谢性疾病和原发性神经系统疾病也可引起与心血管性晕厥相似的虚脱。

## 咳嗽与其他呼吸系统症状
### (COUGH AND OTHER RESPIRATORY SIGNS)

充血性心力衰竭(CHF)可引起犬出现呼吸急促、咳嗽和呼吸困难。患有肺部血管病变以及心丝虫病相关肺炎的犬猫也会出现上述症状。一些非心源性疾病,包括上呼吸道/下呼吸道疾病、肺实质疾病(包括非心源性肺水肿)、肺血管病变和胸膜腔疾病,以及一些非呼吸道疾病也可引起动物咳嗽、呼吸急促或呼吸困难(见第 19 章),因此需要进行鉴别。

犬心源性肺水肿所引起的咳嗽通常弱而湿,但有时候听起来会类似作呕。与此相反,猫肺水肿时罕有咳嗽的表现。犬猫均可出现呼吸急促,并可能发展为呼吸困难。胸腔积液或心包积液偶尔也会引起咳嗽。左心房严重增大引起的主支气管压迫可能会引发咳嗽(通常被描述为干咳),这常见于患有慢性二尖瓣闭锁不全的犬,即使其并未出现肺水肿或者肺充血。心基部肿瘤、肺门淋巴结增大或其他压迫到气道的肿物也

可能会通过机械性刺激而引发咳嗽。

若呼吸道症状由心脏病引起,则通常会伴有其他一些表现,例如,全心增大、左心房增大、肺静脉充血、对利尿治疗有反应的肺部渗出和/或心丝虫检测阳性。体格检查、胸部 X 线检查、心脏生物标记物检查、超声心动检查以及心电图检查(有时候)所提供的信息,有助于医师区分心源性和非心源性原因所引起的呼吸道症状。

# 心血管系统检查
## (CARDIOVASCULAR EXAMINATION)

病史是心血管评估的重要内容之一(框 1-3),可提示多种心脏或非心脏疾病,因此,有助于指导诊断试验的筛选。体征可提供有用的信息,因为某些先天性和获得性疾病更常见于特定品种或者某一特定生命阶段,某些特定的症状也会更常见于一些特定的品种(例如,一些正常的灰猎犬和其他的视觉猎犬,可能存在左心基部柔软的射血期心杂音)。

 **框 1-3　重要的病史信息**

体征(年龄、品种、性别)?

免疫状态?

日粮? 近期是否有过饮食或饮水的变更?

动物来源?

室外饲养或是室内饲养?

室外活动时间? 活动过程是否有人监管?

正常运动量? 动物是否易疲劳?

是否咳嗽? 发生时间? 描述其发作情况。

是否出现过度喘息或用力呼吸?

是否出现呕吐或恶心? 是否腹泻?

近期是否出现排尿异常?

是否偶发晕厥或虚弱?

舌色/口腔黏膜是否总是粉红色? 尤其在运动时?

近期姿态或活动情况是否有所改变?

是否正在针对性用药? 给了什么药? 给药剂量? 给药频率? 疗效如何?

是否曾经针对性地用过药物? 用过什么药? 给药剂量? 疗效如何?

对怀疑患有心脏病的犬猫进行体格评估的内容包括:视诊(例如,动物的意识水平、姿势、营养体况、焦虑程度、呼吸模式)和一般的体格检查。心血管检查本身

包括评估外周循环(黏膜)、系统性静脉脉搏(尤其是颈静脉脉搏)、系统性动脉脉搏(尤其是股动脉脉搏)和心前区(左右胸壁,在心脏对应的位置)、触诊或叩诊是否有异常积液(例如,腹水、皮下水肿、胸腔积液)和心肺听诊。娴熟的心血管检查技巧需反复练习,这对于精确的病患评估与监护至关重要。

## 呼吸模式的观察
### (OBSERVATION OF RESPIRATORY PATTERN)

呼吸困难通常使动物显得焦虑。患病动物常出现呼吸费力、鼻翼扇动和呼吸频率加快(图 1-2)。低氧血症、高碳酸血症或酸中毒通常可引起动物呼吸加深(呼吸过度)。肺水肿(以及其他类型的肺部渗出)会增加肺部的僵硬程度;为尽可能减小呼吸做功,动物将出现浅而快的呼吸(呼吸急促)。在无原发性肺部疾病的情况下,静息呼吸频率加快是肺水肿早期的指征之一。胸腔积液或积气也可增加肺僵硬度;但是,大量胸腔积液或者气胸通常导致动物出现夸张的呼吸运动以扩张塌陷的肺。观察呼吸困难在哪一个呼吸时相更为明显尤为重要。吸气延长和费力通常提示上呼吸道疾病(阻塞),而呼气延长提示下呼吸道阻塞或者肺部浸润性疾病(包括肺水肿)。存在严重通气障碍的动物通常不愿平躺,它们通常更喜欢站立或者蹲坐,并使肘部外展,以尽可能扩张肋弓(端坐呼吸),而不愿意侧卧或者仰躺。呼吸困难的猫通常蜷缩,取俯卧姿势并外展肘部。猫出现张口呼吸通常提示严重的呼吸窘迫(图 1-3)。通过仔细观察以及体格检查,通常可区分呼吸困难与兴奋、发热、恐惧或疼痛所引起的呼吸频率加快。

**图 1-2**
**1 例患有晚期扩张性心肌病和暴发性肺水肿的金毛犬出现的呼吸困难。该犬表现出高度焦虑,伴有快而费力的呼吸,以及过度流涎。在拍摄这张图片后几分钟,该犬出现呼吸骤停,经复苏后,在接受心衰治疗下又存活了 9 个月。**

## 黏膜
### (MUCOUS MEMBRANES)

黏膜颜色和毛细血管再充盈时间(CRT)可用于评估外周灌注。口腔黏膜最为常用,但后躯的可视黏膜(包皮或外阴)也可用于评估。CRT 是通过指压黏膜使其变苍白进行评估的,黏膜的颜色必须在 2 s 内恢复。脱水或者其他引起心输出量减少的原因使外周交感神经紧张性增强和血管收缩,导致 CRT 延迟。贫血或外周血管收缩引起黏膜苍白。贫血动物的 CRT 一般正常,若延迟则提示同时还存在灌注不良。但是,评估存在严重贫血的动物的 CRT 可能较为困难,因为指压处与周围的黏膜色差不明显。对存在红细胞增多症的犬猫,要比较其后躯黏膜和口腔黏膜的颜色,以排查差异性发绀。若口腔黏膜色素沉着明显,可评估眼结膜。框 1-4 列出了引起黏膜颜色异常的原因。患有血小板异常(见第 85 章)的犬猫可能出现可视黏膜出血点。此外,口腔黏膜和眼黏膜也是黄疸(黄染)最先被察觉的部位。这些黏膜若出现黄染,须进一步排查溶血性疾病(见第 80 章)或肝胆系统疾病(见第 35 章)。

## 颈静脉
### (JUGULAR VEINS)

颈静脉可反映系统性静脉压和右心室充盈压。当动物站立,并且头部处于正常位置时(颌与地面平行),其颈静脉不应怒张。患有右心 CHF(右心充盈压升高),或前腔静脉受到压迫,或颈静脉、前腔静脉血栓的动物,会出现持续性颈静脉怒张(图 1-4)。

**图 1-3**
**该猫出现严重的呼吸困难,表现为张口呼吸、吞咽减少(流涎)以及不愿躺卧。注意其瞳孔散大,这与交感神经紧张性增强有关。**

框 1-4 异常的黏膜颜色

**黏膜颜色发白**
贫血
心输出量下降/交感神经紧张性升高

**充血、砖红色黏膜**
红细胞增多症
败血症
兴奋
其他引起外周血管扩张的因素

**黏膜发绀\***
肺实质疾病
气道阻塞
胸腔疾病
肺水肿
右至左分流的先天性心脏缺陷
通气不足
休克
暴露于寒冷环境中
高铁血红蛋白症

**差异性发绀**
反向性动脉导管未闭(头部及前肢接收正常氧合血,而氧合不全的血经导管通过降主动脉而流向后躯)

**黏膜黄染**
溶血
肝胆系统疾病
胆道阻塞

\* 每 10 L 血液中出现 5 g 去饱和血红蛋白时,才可表现发绀症状;故贫血动物只在低氧血症十分严重的情况下才会出现发绀。

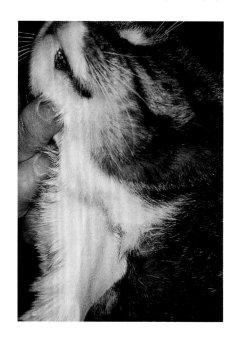

图 1-4
**1 只猫患有扩张性心肌病,右心充血性心力衰竭使得其颈静脉扩张很显著。**

以胸腔入口为起点,若颈静脉搏动延伸的高度超过颈部长度的 1/3,则属于异常。有时候颈动脉搏动波可能传播到周围的软组织,在消瘦或兴奋的动物,此种搏动波易被误认为是颈静脉搏动。轻轻按压可视搏动部位以下的区域可区分这两者。若搏动消失,则为真正的颈静脉搏动;若搏动持续,则搏动来源于颈动脉搏动波。颈静脉搏动波与心房收缩和充盈有关。可视搏动见于三尖瓣闭锁不全(在第一心音之后,于心室收缩期)、引起右心室肥厚或僵硬的心脏病(在第一心音即将出现之前,于心房收缩期)或者节律异常引起心房在房室瓣关闭期间收缩(所谓的大炮"a"波)。框 1-5 列举了引起颈静脉怒张和/或搏动的特定病因。右心室充盈受限、肺血流减少或三尖瓣反流病例,即使动物在静息状态下无颈静脉怒张或搏动,也可出现肝颈静脉反射。检查时,让动物安静站立,于前腹区施加坚实的压力,这将暂时增加静脉回流。若施压过程中颈静脉保持怒张的状态,则该试验为阳性(异常)。该手法不会使正常动物的颈静脉出现变化。

 框 1-5 引起颈静脉怒张/搏动的原因

**单纯的颈静脉怒张**
心包积液/填塞
右心房肿物/右心流入道梗阻
扩张性心肌病
前纵隔肿物
颈静脉/前腔静脉栓塞

**颈静脉搏动±怒张**
任何原因引起的三尖瓣闭锁不全(退行性、心肌病、先天性、引起右心室压力过载的疾病)
肺动脉狭窄
心丝虫病
肺动脉高压
室性期前收缩
完全(Ⅲ度)心脏阻滞
限制性心包炎
高血容量

## 动脉脉搏
(ARTERIAL PULSES)

外周动脉搏动强度和节律性,以及脉搏频率等,可通过触诊股动脉或者其他外周动脉(框 1-6)进行评估。脉搏强度的主观性评估主要取决于动脉收缩压与舒张压之间的差值。脉压差大,则脉搏手感强,脉搏异常增强称为脉搏亢进(洪脉)。脉压差小,则脉搏手感弱(细脉)。若动脉压达到其最大收缩压的时间延迟,例如在严重的主动脉瓣瓣下狭窄的时候,脉搏的手感也会变弱(细迟脉)。需同时评估并对比双侧股动脉,单侧脉搏缺失或者变弱可能提示血栓栓塞。猫的股动脉一般难以评估,即使健康猫也是如此。通常情况下,在猫的股动脉分叉处,即股动脉在背内侧大腿肌群间进入腿部的区域,用指尖朝股骨方向温柔地施压,即可感知到若有若无的脉搏。

### 框1-6 异常动脉脉搏

**弱脉**
扩张性心肌病
主动脉瓣(下)狭窄
肺动脉狭窄
休克
脱水
**强脉**
兴奋
肥厚性心肌病(猫)
甲状腺功能亢进
发热/败血症
**亢进脉、洪脉**
动脉导管未闭
发热/败血症
严重的主动脉反流

　　股动脉频率必须与心率进行同步评估,后者可通过胸部触诊或听诊感知。股动脉频率小于心率提示脉搏短绌。多种节律异常可引起心脏在心室足够充盈以前就发生收缩泵血,这个过程中,心室只射出少量的血液,甚至完全不射血,因此也就无法产生对应的可感知的脉搏。动脉脉搏偶尔也会出现一些其他变化。严重的心力衰竭或者正常的心搏与早搏波交替出现(二联律)时,可导致弱脉与强脉交替出现(交替脉)。心包填塞的动物在吸气过程中可能出现动脉收缩压显著下降,此时触诊动物的外周动脉可能发现脉搏减弱(奇脉)。

## 心前区
### (PRECORDIUM)

　　将左右手手掌与手指分别置于心脏所对应的胸壁来评估心前区。通常情况下,最强的搏动出现在收缩期的左心尖(大约位于第5肋间,肋骨肋软骨交界处)。心脏增大或者胸腔内占位性团块将使心前区搏动点发生异常位移。肥胖、心脏收缩减弱、心包积液、胸内团

块、胸膜腔积液或者气胸均可引起心前区搏动减弱。左侧胸壁的搏动应该强于右侧。若右侧心前区搏动强于左侧,提示右心室肥厚或者团块、肺塌陷或胸腔畸形引起的心脏右移。非常强的心杂音可引起胸壁出现可触及的震动,称为心前区震颤。此种手感仿佛手心有东西在嗡嗡作响。心前区震颤通常只出现在心杂音最强的区域。

## 积液评估
### EVALUATION FOR FLUID ACCUMULATION

　　右心充血性心力衰竭可导致液体在体腔中异常蓄积(图1-5和图9-3),也会引起液体在重力侧皮下蓄积,但后者表现得更为隐蔽。腹部触诊和冲击触诊、站立状态下胸腔叩诊以及重力侧肢体触诊可用于发现积液和皮下水肿。右心衰在引起液体蓄积的同时,通常还会伴有颈静脉怒张和/或搏动,除非动物经利尿剂治疗,或因其他原因使循环血量减少。患右心衰的犬猫还可能出现肝脏肿大和/或脾脏肿大。

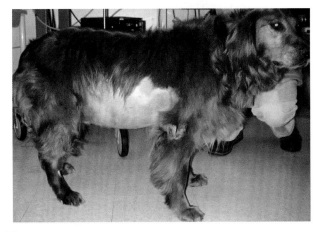

**图1-5**
1只7岁的金毛犬患有右心充血性心力衰竭,腹水引起腹围增大。

## 听诊
### AUSCULTATION

　　胸部听诊可用于辨别正常心音、评估是否出现异常杂音、评估心率及节律、评估肺音。心音是由心动周期中血液湍流及相邻组织振动所形成的。虽然很多声音由于频率过低和/或强度过弱而无法听取,但有些可通过听诊器听到,有的甚至可触摸到。心音可分为短暂音(持续时间较短)及心脏杂音(出现于原本应无声的心动周期时,持续时间较长)。心脏杂音和短暂音都

可用声音的几项特征进行描述:频率(音调)、振幅(强度/响度)、持续时间及音质(音色),音色受震动组织的物理特性影响。

由于很多心音难以听取,故听诊时动物配合和环境安静都十分重要。动物尽可能采用站位,以使心脏保持其正常解剖位置。可通过闭合动物口部减少其喘息干扰,也可用手指短暂地置于其鼻孔前,以进一步减少呼吸干扰。使猫停止咕噜的方法有:用手指堵住单侧或双侧鼻孔(图 1-6),用单指指尖轻压环甲韧带区,将酒精棉球靠近其鼻孔,以及将猫靠近流动水。多种干扰可影响听诊,包括呼吸咔嗒音、气流声、颤抖、肌颤、被毛与听诊器的摩擦音、胃肠道蠕动音及室内噪声。

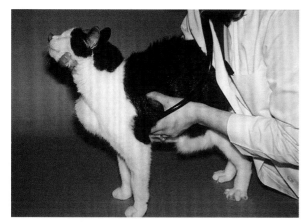

**图 1-6**
心脏听诊时,可暂时将手指置于单侧或双侧鼻孔前方,以减弱或消除呼吸杂音及咕噜音的干扰。

传统听诊器胸件同时有坚硬扁平的膜式以及钟式听头。当将膜式听头紧贴于胸壁时,易于听取高频的心音;将钟式听头轻贴于胸壁时,则更易听取低频声音

如 $S_3$ 和 $S_4$(见下文奔马律)。有些听诊器只有单一胸件,使用时将其紧压在胸壁则相当于使用膜式听头,而轻压则相当于使用钟式听头。理想的听诊器应具有短的双耳套管和舒适的耳塞,双耳套管应与使用者的耳道方向一致(图 1-7)。

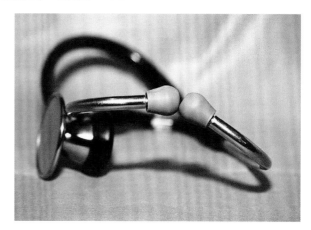

**图 1-7**
听诊器的耳挂应与检查者的耳道方向一致,胸件向左的部分为膜式听头,向右部分为钟式听头。

对双侧胸部均要进行仔细听诊,尤其在瓣膜位置更须加以注意(图 1-8)。逐渐将听诊器移遍胸部所有区域。检查者应将注意力集中于各种不同的心音,辨别它们发生于心动周期的哪一阶段,且连续听诊收缩期及舒张期出现的任何杂音。正常心音($S_1$ 和 $S_2$)可用于判定异常心音所出现的时相。需要确定异常心音的最强听诊点(the point of maximal intensity, PMI)的位置。检查者应将心脏听诊与肺部听诊分开,因为这两个系统发出的声音基本不会完全同化和同步。肺部听诊将在第 20 章有详细论述。

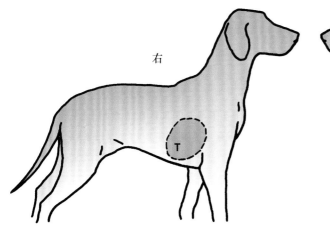

右

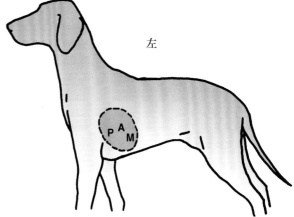

左

**图 1-8**
各瓣膜在胸壁的对应位置。**T**,三尖瓣;**P**,肺动脉瓣;**A**,主动脉瓣;**M**,二尖瓣。

### 短暂心音

犬猫正常的心音为 $S_1$(由收缩期开始时房室瓣及相关结构闭合及绷紧引起)和 $S_2$(由射血后主动脉瓣和肺动脉瓣的闭合引起),在正常犬猫无法听到舒张期心音($S_3$ 和 $S_4$)。图 1-9 将心动周期的血液动力学变化与心电图、心音时相联系起来,理解图 1-9 的内容和辨别动物的收缩期($S_1$ 和 $S_2$ 之间)及舒张期($S_2$ 后至下一个 $S_1$)是十分重要的。心前区搏动发生于 $S_1$ 之后,而动脉脉搏发生于 $S_1$ 和 $S_2$ 之间。

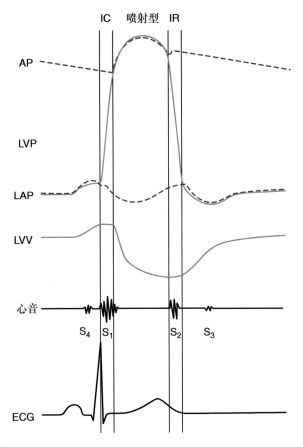

**图 1-9**
心动周期与大血管、心室、心房压力以及心电活动的对应图。**AP**,主动脉压;**ECG**,心电图;**IC**,等容收缩期;**IR**,等容舒张期;**LVP**,左室压;**LAP**,左房压;**LVV**,左室容量。

有时第一心音($S_1$)和/或第二心音($S_2$)的强度可发生一定变化。犬猫胸壁较薄、交感神经兴奋、心动过速、系统性动脉高压或 P-R 间期较短时,听诊 $S_1$ 较强;而肥胖、心包积液、膈疝、扩张性心肌病、低血容量/心室充盈差或胸腔积液时,$S_1$ 声音较为沉闷。$S_1$ 分裂或拖沓可能是正常现象,尤其在大型犬,也可能是由于室性期前收缩或心室内传导延时引起。$S_2$ 强度可因发生肺动脉高压(如心丝虫病、先天性分流伴有 Eisenmenger's 生

理或肺心病)而增强。心律不齐通常引起心音强度变化甚至是心音缺失。

有些犬由于心搏量随呼吸周期变化而出现正常生理性 $S_2$ 分裂。吸气时右心室的静脉反流血量增多,肺动脉瓣关闭延时;而左心室灌注量下降,加速了主动脉瓣的关闭,从而引起不同步现象。病理性 $S_2$ 分裂见于心室激动延时或心室期前收缩、右束支阻滞、室间隔或房间隔缺损或肺动脉高压引起的右心室射血期延长。

### 奔马律

第三心音($S_3$)和第四心音($S_4$)发生于舒张期(见图 1-9),且在正常犬猫无法听见。$S_3$ 或 $S_4$ 声似马的奔跑声,故将其称为"奔马律"。奔马律这个名称可能会让人疑惑,因为实际上 $S_3$、$S_4$ 与心脏节律(如源于心脏激动及心内传导过程)并无关联。$S_3$、$S_4$ 的音频较 $S_1$ 和 $S_2$ 低,因此使用钟式听头(或将单一胸件轻压于胸壁)听诊奔马律效果较为理想。在心率非常快时,$S_3$ 和 $S_4$ 将难以分辨。若两者同时存在,则可能会发生重叠,称为重叠奔马律。

$S_3$,又称 $S_3$ 奔马律或室性奔马律,由发生于心室快速充盈末期的低频震动所产生。犬猫的 $S_3$ 通常提示存在心室扩张并伴有心肌衰竭。这种额外的声音可能较强或非常微弱,最佳听诊位置为心尖部位。$S_3$ 奔马律可能是一部分患 DCM 的犬唯一能听诊到的异常,在患晚期瓣膜性疾病和充血性心力衰竭的犬也可能听到。

$S_4$ 奔马律,又称房性奔马律或收缩期前奔马律,由心房收缩期(心电图上 P 波之后)血液流入心室时的低频震动所产生。犬猫的 $S_4$ 通常见于心室僵硬及肥厚,例如患肥厚性心肌病或甲状腺功能亢进的猫。猫在紧张或发生贫血时也可出现短暂的 $S_4$,此种现象的意义尚不明确。

### 其他短暂音

除了 $S_3$ 和 $S_4$,有时还能听诊到一些其他的短暂的异常心音。收缩期咔嗒音是出现于收缩早期—中期的收缩音,其最佳听诊位置在二尖瓣区域。此种心音通常与退行性瓣膜性疾病(心内膜病)、二尖瓣脱垂及先天性二尖瓣发育异常有关,有时还可能伴随二尖瓣闭锁不全所产生的杂音。退行性瓣膜疾病患犬可能最先出现二尖瓣咔嗒音,之后才出现心杂音。动物在患有瓣膜性肺动脉狭窄或其他引起大动脉扩张的疾病时,可能在收缩早期于心基部出现高频射血音,该声音可

能来自血流经过融合的肺动脉瓣突然被阻断,或射血时扩张的血管快速充盈。在罕见情况下,限制性心包疾病可能会出现心包叩击音,这种舒张期短暂音是由心包缩窄导致心室充盈突然受阻所引起的,其发生时间和 S₃ 相似。

## 心脏杂音

　　心脏杂音的描述包括以下内容:发生于心动周期的时相(收缩期或舒张期或收缩/舒张的早、中、后期)、强度、PMI、在胸壁的辐射范围、音质与音调。收缩期杂音通常出现于收缩期的早(收缩早期)、中(收缩中期)、后(收缩后期)期或贯穿整个收缩期(全收缩期),舒张期心脏杂音常出现在舒张期早期(舒张早期)或贯穿整个舒张期(全舒张期)。舒张末期心脏杂音称为收缩前期杂音。持续性心杂音始于收缩期,覆盖 S₂ 并延续至部分或者整个舒张期。杂音强度一般分为 I 至 VI 级(表 1-1)。PMI 有多种表述方式:根据偏侧(左侧或右侧)胸廓和肋间位置、根据瓣膜区域或者根据心尖部/心基部进行描述,杂音可辐射很广的范围,故听诊时要评估整个胸部、胸腔入口处及颈动脉区域。杂音的音调和音质取决于其频率和检查者的主观判断。"嘈杂"与"粗糙"的杂音包含了多种不同频率的声音。"乐音"杂音指单一频率声音及其泛音。

**表 1-1　心脏杂音分级**

| 分级 | 心脏杂音 |
| --- | --- |
| I | 杂音轻微、仅在安静的房间听诊数分钟后可辨别 |
| II | 轻度杂音但易于听诊 |
| III | 中等强度杂音 |
| IV | 重度杂音但无心前区震颤 |
| V | 重度杂音且能触及心前区震颤 |
| VI | 重度杂音,不用听诊器即可听到;且伴有心前区震颤 |

　　杂音通常根据其心音图(心音的图形记录)的形状进行描述(图 1-10)。全收缩期杂音(平台样)始于 S₁,其强度在整个收缩期基本不变,强的全收缩期杂音可能会掩盖 S₁ 和 S₂。房室瓣闭锁不全及室间隔缺损通常出现此种杂音,这是由于湍流存在于整个心室收缩期。递增-递减型或菱形杂音开始较为细弱,在收缩中期渐强,之后衰减,杂音前后可清楚听到 S₁ 和 S₂,此种杂音由于出现于射血期,又称为喷射性杂音,常见于心室流出道梗阻时。递减型杂音自杂音发生时强度逐渐变弱,可发生于收缩期或舒张期。持续性(机械性)杂音可贯穿于整个收缩期和舒张期。

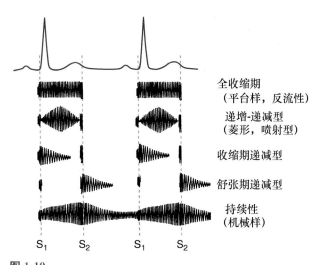

全收缩期
(平台样,反流性)

递增-递减型
(菱形,喷射型)

收缩期递减型

舒张期递减型

持续性
(机械样)

**图 1-10**
**杂音的形状与描述。**心音图描绘的不同杂音的图形和出现及变化的时间。

　　**收缩期杂音**　　收缩期杂音可为递减型、全收缩期型(平台样)或喷射型(递增-递减型)。单独依靠听诊很难将其鉴别出来。辨别杂音是否出现于收缩期(而非舒张期)、确定其 PMI 位置,根据强度分级则是诊断的重要步骤。图 1-11 标注了各种杂音在胸壁听诊时典型的 PMI。

　　功能性杂音的最佳听取点通常在左心基部,通常为柔软至中等强度,递减型(或递增-递减型)。功能性杂音可能无潜在明显的心血管异常(如幼犬的"无害性"杂音),也可能由生理状况改变引起(生理性杂音)。无害性心杂音通常在幼犬生长至 6 月龄的时候消失。生理性杂音可见于贫血、发热、交感神经兴奋、甲状腺功能亢进、外周动静脉瘘、低蛋白血症时,以及运动犬心脏。引起猫的收缩期杂音的原因还包括主动脉扩张(例如系统性高血压)和动态右室流出道梗阻。

　　二尖瓣闭锁不全杂音的最佳听取点在左心尖的二尖瓣区,它通常向背侧辐射,也可辐射至左心基部与右侧胸壁。典型的二尖瓣闭锁不全将出现平台样杂音(全收缩期)。但在疾病的早期,杂音可能只出现于收缩前期,并呈递减型。此种杂音有时可呈乐音或吼音音质。对于退行性二尖瓣疾病来说,杂音的强度通常与疾病的严重程度呈正相关。

　　收缩期喷射音最佳听取点为左心基部,由心室流出道受阻引起,常发生于固定狭窄点(如主动脉瓣下或肺动脉狭窄)或动态肌性梗阻位置。这些杂音可随心输出增加或收缩力增强而增强。主动脉瓣下狭窄杂音最佳听取点位于左心基根部和右心基部,因为主动脉弓向右弯曲,杂音可沿主动脉弓辐射至右心基部。此

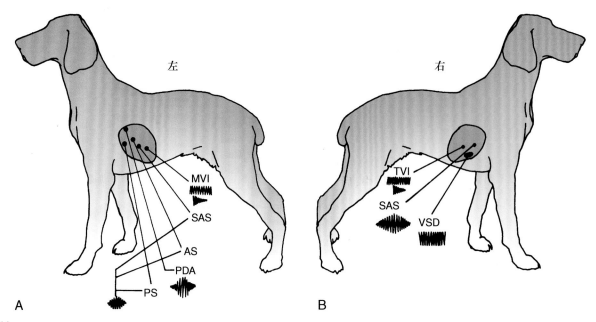

**图 1-11**
杂音位置。各种先天性和获得性杂音在左胸壁(A)和右胸壁(B)的 PMI 及心音图形状。AS,主动脉(瓣)狭窄;MVI,二尖瓣闭锁不全;PDA,动脉导管未闭;PS,肺动脉狭窄;SAS,主动脉瓣下狭窄;TVI,三尖瓣闭锁不全;VSD,室间隔缺损。(摘自 Bonagura JD et al: Cardiovascular and pulmonary disorder. In Fenner W,editor:Quick reference to veterinary medicine,ed2,Philadelphia,1991,JB Lippincott.)

种杂音也可向颈动脉辐射,偶可在颅盖部位听取。赛特猎犬、拳师犬和某些大型犬常见柔和的(1～2级)、非病理性(功能性)收缩期喷射性杂音,这可能与每搏输出量大以及品种相关性左室流出道特点有关。肺动脉狭窄杂音最佳听取点位于左心基部高位。当经过结构正常的瓣膜的血流量异常增加时(出现大的左到右分流的房间隔或室间隔缺损),可出现所谓的相对性肺动脉狭窄。

　　在右侧胸壁可听取的杂音多为全收缩期、平台样杂音,前文提到的主动脉瓣下狭窄杂音例外。三尖瓣闭锁不全杂音在右心尖三尖瓣位置最强,与并存的二尖瓣闭锁不全杂音在音调和音质上都有明显不同,且通常伴有颈静脉搏动。室间隔缺损通常引起全收缩期杂音,其 PMI 通常位于右侧胸骨缘,反映了分流的方向。严重的室间隔缺损也可引起相对性肺动脉狭窄杂音。

　　临床表现健康的猫中,有 15%～34% 存在收缩期杂音。尽管这些杂音中的多数与亚临床型的结构性心脏病有关,有一项研究指出,对于心肌病的筛查来说,杂音本身并不是一个敏感性高的预测指标。此种杂音的 PMI 位于胸骨旁,通常与动态的左(或右)室流出道梗阻有关。存在杂音的猫出现左室游离壁或室间隔肥厚的概率不定。先天性心脏结构异常也可引起猫出现收缩期杂音。尽管存在诸多不确定性,对于出现杂音

的猫,还是建议进行超声心动检查以筛查结构性心脏病。

　　**舒张期杂音**　犬猫舒张期杂音并不常见。细菌性心内膜炎引起的主动脉瓣闭锁不全是最常见的原因,偶尔也可出现于先天性畸形或退行性主动脉瓣疾病。具备真正临床意义的肺动脉瓣闭锁不全较罕见,除非出现了肺动脉高压。舒张期杂音开始于 $S_2$,最佳听取位置在左心基部,常为递减型,在舒张期持续时间不定,取决于大血管及心室间压差。有些主动脉瓣闭锁不全杂音为乐音音质。

　　**持续性杂音**　顾名思义,持续性(机械性)杂音贯穿于整个心动周期,这意味着分流两侧(血管)之间始终存在显著压差。杂音在 $S_2$ 处不仅不中断,反而达到最强。杂音在舒张末期渐弱,可能在心率较低时难以听取。动脉导管未闭(patent ductus arteriosus,PDA)是目前引起连续性杂音的最常见病因,在左心基部肺动脉瓣区域杂音最强,该种杂音可向颅侧、腹侧及右侧辐射。杂音收缩期部分通常更强,且整个胸腔均能听取;而舒张期部分在多数病例仅局限于左心基部。若仅听取心尖区域,舒张期杂音(及正确的诊断)可能被错过。

　　持续性杂音可与并存的收缩期喷射音及舒张期递减型杂音相混淆,但这些往复性杂音在收缩后期逐渐变细弱,且可听取清楚的 $S_2$。引起往复性杂音的常见

病因有主动脉瓣下狭窄合并主动脉瓣闭锁不全,而肺动脉瓣狭窄合并闭锁不全引起此种杂音的情况较罕见。此外,全收缩期杂音与舒张期递减性杂音有时会共存(例如,室间隔缺损伴主动脉根部不稳所引起的主动脉反流),此类杂音不属于真正意义上的持续性心杂音。

◆■推荐阅读

Côté E et al: Assessment of the prevalence of heart murmurs in overtly healthy cats, *J Am Vet Med Assoc* 225:384, 2004.

Dirven MJ et al: Cause of heart murmurs in 57 apparently healthy cats, *Tijdschr Diergeneeskd* 135:840, 2010.

Fabrizio F et al: Left basilar systolic murmur in retired racing greyhounds, *J Vet Intern Med* 20:78, 2006.

Fang JC, O'Gara PT: The history and physical examination. In Libby P, Bonow RO, Mann DL, Zipes DP, editors: *Braunwald's heart disease: a textbook of cardiovascular medicine*, ed 8, Philadelphia, 2008, WB Saunders, p 125.

Forney S: Dyspnea and tachypnea. In Ettinger SJ, Feldman EC, editors: *Textbook of veterinary internal medicine*, ed 7, Philadelphia, 2010, WB Saunders, p 253.

Häggström J et al: Heart sounds and murmurs: changes related to severity of chronic valvular disease in the Cavalier King Charles Spaniel, *J Vet Intern Med* 9:75, 1995.

Hamlin RL: Normal cardiovascular physiology. In Fox PR, Sisson DD, Moise NS, editors: *Canine and feline cardiology*, ed 2, New York, 1999, WB Saunders, p 25.

Hoglund K et al: A prospective study of systolic ejection murmurs and left ventricular outflow tract in boxers, *J Small Anim Pract* 52:11, 2011.

Koplitz SL et al: Echocardiographic assessment of the left ventricular outflow tract in the Boxer, *J Vet Intern Med* 20:904, 2006.

Paige CF et al: Prevalence of cardiomyopathy in apparently healthy cats, *J Am Vet Med Assoc* 234:1398, 2009.

Pedersen HD et al: Auscultation in mild mitral regurgitation in dogs: observer variation, effects of physical maneuvers, and agreement with color Doppler echocardiography and phonocardiography, *J Vet Intern Med* 13:56, 1999.

Prosek R: Abnormal heart sounds and heart murmurs. In Ettinger SJ, Feldman EC, editors: *Textbook of veterinary internal medicine*, ed 7, Philadelphia, 2010, WB Saunders, p 259.

Rishniw M, Thomas WP: Dynamic right ventricular outflow obstruction: a new cause of systolic murmurs in cats, *J Vet Intern Med* 16:547, 2002.

Tidholm A: Pulse alterations. In Ettinger SJ, Feldman EC, editors: *Textbook of veterinary internal medicine*, ed 7, Philadelphia, 2010, WB Saunders, p 264.

Wagner T et al: Comparison of auscultatory and echocardiographic findings in healthy adult cats, *J Vet Cardiol* 12:171, 2010.

Ware WA: The cardiovascular examination. In Ware WA: *Cardiovascular disease in small animal medicine*, London, 2011, Manson Publishing, p 26.

Ware WA: Syncope or intermittent collapse. In Ware WA: *Cardiovascular disease in small animal medicine*, London, 2011, Manson Publishing, p 139.

Yee K: Syncope. In Ettinger SJ, Feldman EC, editors: *Textbook of veterinary internal medicine*, ed 7, Philadelphia, 2010, WB Saunders, p 275.

# 第 2 章
## CHAPTER 2

# 心血管系统诊断性检查
## Diagnostic Tests for the Cardiovascular System

## 心脏 X 线检查
### (CARDIAC RADIOGRAPHY)

胸部 X 线检查对心脏整体的大小与形状、肺部血管、肺实质以及相关邻近组织的评估是十分重要的。常规检查至少需拍摄两种体位的 X 线片：侧位和背腹位（dorsoventral，DV）或腹背位（ventrodorsal，VD）。在侧位片上，每对肋骨的背侧部分必须相互重叠。在正位片上，胸骨必须与椎体和椎体的背侧棘重叠。重复摄片时应采取固定的体位，姿势不同会引起心脏影像的轻度变化。例如，腹背位心影比背腹位更长。一般而言，肺门和后叶肺动脉在背腹位的 X 线片上更为清晰。拍摄时，应采用高千伏（kVp）、低毫安秒（mAs）的拍摄技术，以提升软组织结构之间的分辨率，并在吸气末曝光。呼气时，肺野密度增高、心脏相对较大、心尖部位与横膈影像重叠，且肺血管不清。缩短曝光时间可适当降低呼吸运动的干扰，动物需保定好（不倾斜），这两点对准确判读心脏形状、大小以及肺实质十分重要。

X 线摄片检查应遵循一定的步骤，可先从摄片技术、动物摆位、伪影识别及不同呼吸相对 X 线片的影响开始。评估心脏大小和形状时需考虑动物的胸廓形状，因为正常的心脏外观也存在品种间差异。圆形或桶状胸的犬，其心影在侧位片上与胸骨的接触面积更大，在正位片上则显得更椭圆。而对于窄胸或者深胸犬而言，其心影在侧位片上显得更直立而狭长，在正位片上显得更小并几乎呈圆形。胸廓形状的差异、呼吸和心动周期以及摆位都对心影大小有所影响，因此轻度的心影增大可能难以判读。此外，过多的心包脂肪可能会与心影增大相混淆。与成犬相比，幼犬的心影相对于胸腔大小而言，会显得更大一点。

动物体长和心脏大小有良好的相关性，且这种相关性与胸部形态无关，所以可使用椎体心脏比分（vertebral heart score，VHS）判断犬猫是否出现心脏增大，并可对增大程度进行量化。成犬或幼犬的 VHS 测量在侧位片上进行（图 2-1）。心脏长轴测自左主支气管腹侧缘至心尖最底部，将测得长度转化为 T4 前缘之后的椎体数，精确到 0.1 个椎体。在心影中 1/3 测量最大垂直短轴，测得长度转化为 T4 前缘之后的椎体数（精确到 0.1 个椎体）。将所测得的两个值相加即为 VHS。绝大多数犬的正常 VHS 范围是 8.5～10.5 个椎体，但随品种不同可能有所差异。短胸犬（如迷你雪纳瑞）的 VHS 达到 11 个椎体也可能正常；灰

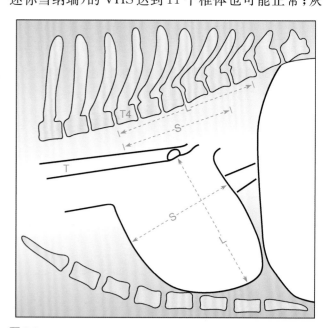

**图 2-1**
使用胸部侧位 X 线片图解椎体心脏比分（VHS）方法。心脏长轴（L）和短轴（S）测量值可转化为椎体数，自 T4 前缘起往后测量。将测得值相加即为 VHS。以本图为例，L=5.8 v，S=4.6 v，故 VHS=10.4 v。T，气管。（引自：Buchanan JW et al：Vertebral scale system to measure canine heart size in radiographs，J Am Vet Med Assoc 206：194,1995.）

猎犬、惠比特犬和其他一些品种（如拉布拉多犬）的VHS 可能超过 11；正常的拳师犬甚至可达 12.6。相反，对于长胸犬（如腊肠）来说，正常的 VHS 上限约为9.5 个椎体。与犬相比，猫侧位胸片心影与胸骨更平行，且老龄猫更为明显。由于猫的胸部较为柔软，摄片时的摆位可能会影响心脏的相对大小、形状和位置。在侧位片上，猫的心脏横径不超过 2 个肋间，纵径不超过胸腔高度的 70%。在 DV 片上，心影的宽径不超过胸腔横径的一半。猫的心影大小也可使用 VHS 法进行评估，猫侧位 X 线片的 VHS 参考范围为 7.3~7.5个椎体（6.7~8.1 个椎体）。正位胸片上的短轴长度平均为 3.4~3.5 个椎体（自侧位片上 T4 前缘以后进行椎体数测量），最大为 4 个椎体。幼龄猫与幼犬相同，由于其肺容量较小，心脏的相对大小比成年猫更大。

异常小的心影（小心脏）可见于静脉回流减少（如休克或低血容量）。心尖显得更锐利，且距胸骨更远。X 线检查发现心脏大小异常时，应与体格检查和其他检查相结合进行判读。

## 心脏增大
（CARDIOMEGALY）

在胸部 X 线平片上，心影广泛性增大可提示心脏增大或心包腔疾病。当发生心脏增大时，心脏各腔室的轮廓通常仍较为明显，虽然严重的右心室和右心房扩张使心脏轮廓变圆。心包内出现积液、脂肪或胸内异物，整个心腔的轮廓模糊，整个心影呈球状（图 2-2）。框 2-1列出了心脏增大征象的常规鉴别诊断。

**框 2-1 X 线检查心脏增大的常见鉴别诊断**

**心影整体增大**
扩张性心肌病
二尖瓣及三尖瓣闭锁不全
心包积液
腹膜心包横膈疝
三尖瓣发育异常
室间隔或房间隔缺损
动脉导管未闭

**左心房增大**
早期二尖瓣闭锁不全
肥厚性心肌病
早期扩张性心肌病（尤其杜宾犬）
主动脉瓣（下）狭窄

**左心房及心室增大**
扩张性心肌病
肥厚性心肌病
二尖瓣闭锁不全
主动脉瓣闭锁不全
室间隔缺损
动脉导管未闭
主动脉瓣（下）狭窄
全身性高血压
甲状腺功能亢进

**右心房及心室增大**
心丝虫病晚期
慢性、严重的肺部疾病
三尖瓣闭锁不全
肺动脉狭窄
法洛四联症
房间隔缺损
肺动脉高压（伴随或不伴随反向先天性分流）
右心内肿物

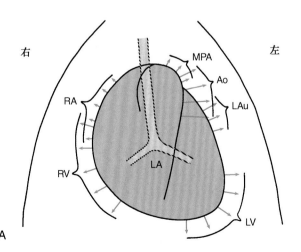
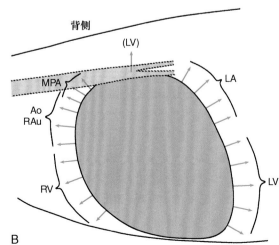

图 2-2
X 线检查心脏常见的增大征象。图为背腹位（A）与侧位（B）胸片心腔及大血管的增大方向图解。Ao,（降）主动脉；LA, 左心房；LAu, 左心耳；LV, 左心室；MPA, 主肺动脉；RA, 右心房；RAu, 右心耳；RV, 右心室。（引自：Bonagura JD et al: Cardiovascular and pulmonary disorders. In Fenner W, editor: Quick reference to veterinary medicine, ed3, Philadelphia, 2000, JB, Lippincott.）

## 心腔增大征象
## (CARDIAC CHAMBER ENLARGEMENT PATTERNS)

大多数疾病会引起两个或两个以上腔室扩张或肥厚。例如,二尖瓣闭锁不全时,左心室和左心房同时增大;肺动脉狭窄可导致右心室增大且肺动脉膨出,并常见右心房扩张。尽管如此,下文将对各个心腔和大血管增大分别进行论述。图 2-2 为不同心腔增大的图解。

### 左心房

左心房是心脏最靠近尾背侧的心腔,尽管其心耳可延伸至左侧和头侧。侧位片中左心房增大时向尾背侧膨出。左主支气管抬高,右主支气管也可能发生抬高;严重增大的左心房将压迫左主支气管。正常情况下侧位片中猫的心脏后缘较直,左心房增大可导致轻度至重度心脏尾背侧缘凸起,伴主支气管抬高。背腹位或腹背位片中,主支气管被推向外侧并环绕于明显增大的左心房周围(也称为"牛仔罗圈腿征")。犬猫在并发左心耳增大时,背腹位片心影的 2～3 点位置常向外膨出。在背腹位或腹背位片上,严重增大的左心房呈大而圆的软组织阴影叠加于 LV 的心尖处(图 2-3)。左心房的大小不仅表明其所承受的压力和容量负荷,同时也反映了其超负荷工作的时间。例如,缓慢发展的二尖瓣反流使心腔在相对较低的压力下缓慢增大,从而出现明显的左心房增大而不伴肺水肿。相反,急性腱索断裂所导致的急性瓣膜反流使心房压力快速升升,可出现肺水肿,但 X 线片显示的左心房增大不明显。

### 左心室

左心室增大的典型征象为侧位片显示心影增长,伴隆凸和后腔静脉抬高。背腹位或腹背位观心脏后缘凸出,但心尖与胸骨的接触面不变。在背腹位/腹背位片上,2～5 点位置的心影钝圆并增大。部分患肥厚性心肌病的猫心尖仍然保持锐利的轮廓;若同时伴有心房增大,将使心脏呈现出经典的"爱心形"。

### 右心房

右心房增大可使侧位片心脏前缘膨出且心影增宽,可能出现心影头侧气管抬高。背腹位或腹背位片的 9～11 点位置心影膨出。由于大部分的右心房影像与右心室相重叠,故鉴别右心房增大与右心室增大较为困难,但两个心腔同时增大的情况也较为普遍。

### 右心室

右心室增大(扩张或肥厚)通常可导致侧位片心室前腹缘凸出且心脏前缘上方气管抬高。发生严重的右心室增大但左心大小相对正常时,心尖可向后背侧移位,且伴凸和后腔静脉抬高。心影与胸骨的接触程度本身并非提示右心室增大的可靠征象,因为胸廓形状存在着品种间差异。背腹位或腹背位片心脏形状如反写的"D",尤其当左心未发生增大时。心尖可向左侧移位,右心缘向右侧凸出。

## 胸腔内血管
## (INTRATHORACIC BLOOD VESSELS)

### 大血管

主动脉和肺动脉主干在发生慢性动脉高压或湍流增强(如狭窄后扩张)时可发生扩张。主动脉瓣下狭窄可引起升主动脉扩张。虽然心影轮廓的头背侧影像可能增宽且密度升高,但由于扩张处位于纵隔中,故不易被发现。动脉导管未闭可导致主动脉弓后方的降主动脉(即导管位置处)出现局部扩张,在背腹位或腹背位片上可观察到这种"导管膨出"征象。猫的主动脉弓比犬明显。老年猫的胸腔主动脉可能呈波浪状。出现这些征象时,要排查是否存在全身性高血压。

严重的肺动脉主干扩张(通常与肺动脉狭窄或者肺动脉高压有关)在侧位片显示为气管上方的重叠膨出。犬背腹位观肺主动脉干增粗导致 1～2 点位置膨出,通常由肺动脉狭窄或肺动脉高压所导致。猫的主动脉干位置更靠内侧,容易被纵隔的影像所遮挡。

后腔静脉(caudal vena cava,CaVC)的影像自横膈发出融入心影的前腹侧宽度近似于胸腔降主动脉,但可随呼吸而改变。CaVC 在任一心室发生增大时都会向背侧抬高。持久性 CaVC 增宽可提示右心充血性心力衰竭、心包填塞、心包缩窄或其他引起右心室回流受阻的疾病;下列的一些比值可作为判定 CaVC 是否扩张的依据:CaVC/主动脉直径(同一肋间水平)大于 1.5;CaVC/气管分叉处正上方胸椎长度大于 1.3;CaVC/右侧第 4 肋宽(脊柱腹侧)大于 3.5。后腔静脉变窄可提示低血容量、静脉回流不足或肺膨胀过度。

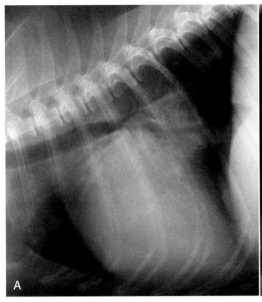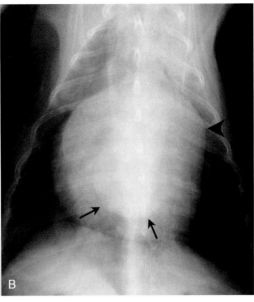

**图 2-3**
**1 只患有慢性二尖瓣反流的犬的胸部侧位（A）和背腹位（B）X 线片。可见明显的左心室和左心房严重增大。A 图中可见气管隆突向背侧移位；在 B 图中可见左心房的尾极（箭头所示）叠加于左心室之上，左心耳（无尾箭头所示）明显膨出。**

### 肺叶血管

肺叶动脉位于其相伴的静脉和支气管的背侧和外侧。换句话说，肺叶静脉位于（动脉的）"腹侧和内侧"。在侧位片上，非重力侧（上方）的前叶血管比重力侧的更靠腹侧并且更粗。前叶血管的大小在血管与第 4 肋交界处（犬）或心脏前缘处（第 4 至第 5 肋，猫）处进行测量。这些血管的大小是第 4 肋背侧 1/3 处的宽径的 0.5～1 倍。背腹位是评估后叶血管的最佳体位。后叶血管与第 9 肋（犬）或第 10 肋（猫）交界处的大小应为相应肋宽的 0.5～1 倍。常被提及的 4 种肺部血管征象如下：循环过度、循环不足、肺动脉增粗和肺静脉增粗。

循环过度征象发生于肺过度灌注，见于左至右分流、水合过度及其他高血液动力学状态。肺动脉和肺静脉均增粗，灌注增强通常还引起肺部的密度升高。肺部循环不足以肺部动静脉变细和肺密度降低为特征。严重脱水、低血容量、右心回流受阻、右心充血性心力衰竭，以及法洛四联症可引起此征象。有些存在肺动脉狭窄的动物可出现肺循环不足。肺膨胀过度或曝光过度也可减小肺血管的影像。

肺动脉比与之伴行的肺静脉粗大时，提示出现肺动脉高压，此时肺动脉表现为扩张、扭曲、变钝，并且看不到肺动脉分支逐渐变细的影像。心丝虫病通常引起此种肺动脉征象，并且还伴随有斑块样或者弥漫性的肺间质浸润。

肺静脉增粗是肺静脉充血的表现之一，通常由左心充血性心衰引起。侧位观时，前叶静脉比与其伴行的动脉更粗且密度更高，可能向腹侧下陷。犬猫在发生慢性

肺静脉高压时，增大的左心房尾背侧区域可出现扩张扭曲的肺静脉。但左心衰竭时未必都可见肺静脉扩张。猫出现急性心源性肺水肿时，可出现肺动静脉均增粗。

### 肺水肿征象
### (PATTERNS OF PULMONARY EDEMA)

肺间质液体蓄积可导致肺实质密度升高，使肺血管轮廓不清晰，蓄积在血管和支气管间的间质液使支气管壁在 X 线上显得增厚。肺水肿恶化时，云雾状或斑块状液体高密度区逐渐发生融合。肺泡水肿可导致肺叶密度升高，并遮挡血管和支气管外壁的影像。含气的支气管呈透射线的树枝状，被液体密度的间质所包围（空气支气管征）。许多肺部疾病以及心源性肺水肿都可引起间质型和肺泡型样的肺部浸润。肺浸润区域的分布位置有很重要的临床意义，尤其在犬。犬的心源性肺水肿通常出现于背侧及肺门周围区域，且通常对称分布。但是，有些犬可能出现非对称性或同时存在腹侧分布的心源性肺水肿。猫发生心源性肺水肿时，通常不均匀发生且呈斑块状，但也有些呈弥漫性均匀分布。水肿可能均匀分布于整个肺叶或者集中于腹侧、中部或者尾侧区域。摄片技术和呼吸都可影响眼观的间质浸润程度。其他异常的胸部 X 线片将在第 20 章讨论。

### 心电图
### (ELECTROCARDIOGRAPHY)

心电图（electrocardiogram，ECG）是通过图形来

反映心肌去极化与复极化。心电图可反映心率、节律、心内传导情况,也能提示特定的心腔增大、心肌病、缺血、心包疾病、某些电解质紊乱或一些药物中毒。当然,单独依靠心电图并无法确诊充血性心力衰竭、评估心脏收缩力(甚至是心肌是否收缩)或预测动物是否能够耐受麻醉或手术。

## 正常心电图波形
## (NORMAL ECG WAVEFORMS)

正常心脏节律产生自窦房结,并沿特殊的传导通路激活心房和心室(图2-4)。ECG波形,即P-QRS-T,由心肌去极化和复极化而产生(表2-1和图2-5)。QRS波群整体代表心室肌的电激动,并非每个QRS波群都含有独立的Q、R和S波形。QRS波群的形态受导联的方向和动物的室内传导特点影响。

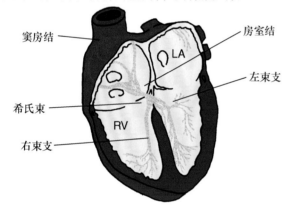

**图2-4**
**心脏传导系统图解。LA,左心房;RV,右心室。(引自:Tilley LE:Essentials of canine and feline electrocardiography,ed3,Philadelphia,1992,Lea & Febiger。)**

**表2-1 正常心电图波**

| 波段 | 事件 |
| --- | --- |
| P波 | 心房肌激动;正常时在Ⅱ导联及aV_F导联为正波 |
| P-R间期 | 自心房肌激动开始,通过房室结(AV)、希氏束、浦肯野纤维传导的电冲动,又称P-Q间期 |
| QRS波群 | 心室肌激动;定义:(若存在的话)Q为第一负波,R为第一正波,S为R波后的负波 |
| J点 | QRS波群终结点,QRS与ST段的交界 |
| S-T段 | 表示心室去极化及复极化之间的时期(相当于动作电位的2相) |
| T波 | 心室肌复极化 |
| Q-T间期 | 心室去极化及复极化的总时间 |

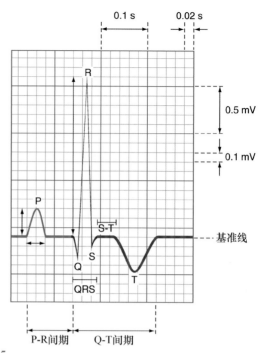

**图2-5**
**正常犬Ⅱ导联P-QRS-T波形。走纸速度为50 mm/s;标准刻度(1 cm=1 mV)。时限(s)测量自左向右;波形振幅(mV)测量正向波(向上)顶部或负向波(向下)底部至基线的距离。(摘自Tilley LE:Essentials of canine and feline electrocardiography,ed3,Philadelphia,1992,Lea & Febiger。)**

## 导联系统
## (LEAD SYSTEMS)

不同的导联可用于综合评估心脏激动过程,导联相对于心脏的方向称为导联轴。每个导联均有方向和极性。若心肌电激动波传导方向与该导联平行,便可记录到一个相应的大波。导联轴的方向与电传导的方向越接近90°,所记录的波便越小,当电激动方向与导联轴垂直时,波形变为等电位波。每个导联都有其正负极,当心脏激动朝该导联的正极传递时,可记录为一正向波;去极化波向该导联的负极传递时,可记录为一负向波。双极和单极导联在临床都有应用,标准双极导联可记录体表两个不同电极间的电位差,导联轴的方向为这两点的连线方向。加压单极导联的记录电极(阳极)位于体表,"威尔逊中心电极"[Wilson's central terminal(V)]形成单极导联的负极,即为所有其他电极的平均值相当于零电位。

标准肢导联可用于评估额面(即X线检查的腹背位)的电激动变化。在额面上,可记录到左—右、头—尾方向的电流。图2-6所描述的是6个标准额面导联(六轴系统)覆盖的心室。单极胸(心前区)导联可用于"观察"心脏的横断面(图2-7)。框2-2列出了常用的心电图导联系统。

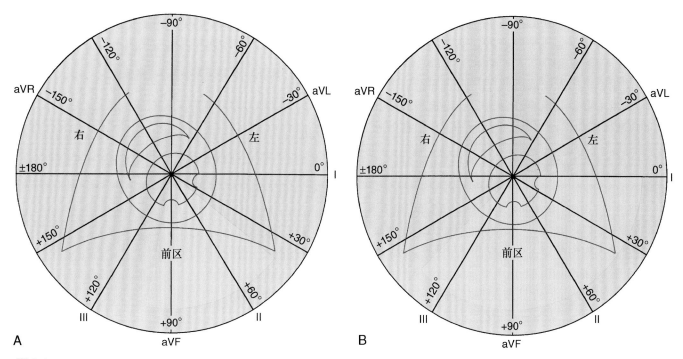

**图 2-6**

额面导联系统:胸前覆盖左右心室的 6 个额面导联图解。环形区域用于判定心电激动方向及幅度。每个导联的阳极有标注信息。阴影区域代表正常平均电轴范围。**A,**犬。**B,**猫。

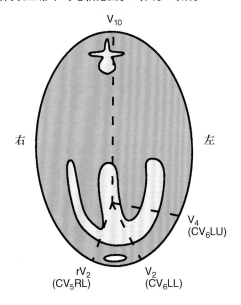

**图 2-7**

常用胸导联的横截面观图。**CV₅RL** 位于胸骨右缘第 **5** 肋间隙(**ICS**)底部;**CV₆LL** 胸骨左缘第 **6** 肋间隙靠近胸骨边缘;**CV₆LU** 位于左侧第 **6** 肋间肋骨与肋软骨结合部;**V₁₀** 位于背侧第 **7** 胸椎棘突上方。

## 心电图判读指南
## (APPROACH TO ECG INTERPRETATION)

进行标准的心电图检测时,动物应右侧卧于绝缘

| 框 2-2　小动物心电图导联系统 | |
|---|---|
| **标准双极肢导联** | |
| I | RA(−)与 LA(+)比较 |
| II | RA(−)与 LL(+)比较 |
| III | LA(−)与 LL(+)比较 |
| **加压单极肢导联** | |
| aV$_R$ | RA(+)与 LA 和 LL 的平均值(−)比较 |
| aV$_L$ | LA(+)与 RA 和 LL 的平均值(−)比较 |
| aV$_F$ | LL(+)与 RA 和 LA 的平均值(−)比较 |
| **单极胸导联** | |
| V$_1$、rV$_2$(CV$_5$RL) | 右侧第 5 肋间隙胸骨旁 |
| V$_2$(CV$_6$LL) | 左侧第 6 肋间胸骨旁 |
| V$_3$ | 第 6 肋间隙,与 V$_2$ 和 V$_4$ 等距 |
| V$_4$(CV$_6$LU) | 左侧第 6 肋间靠近肋骨肋软骨交界 |
| V$_5$ 和 V$_6$ | 与 V$_3$、V$_4$ 同肋间隙,继续向背侧等距分布 |
| V$_{10}$ | 第 7 胸椎棘突上方 |
| **正交导联** | |
| X | 额面 I 导联(右侧至左侧) |
| Y | 矢状面 aV$_F$ 导联(头侧至尾侧) |
| Z | 横切面 V$_{10}$ 导联(腹侧至背侧) |

RA,右前肢;LA,左前肢;LL,左后肢。

垫上,双前肢相互平行并垂直于躯干。其他体位可导致波形幅度发生变化,影响到平均心电轴(mean electrical axis,MEA)的计算。但在仅需检测心率与节律

时，并不严格要求采用标准体位。前肢电极应置于肘部或稍靠下位置，但不能触碰胸壁或对侧电极。后肢电极应置于膝部或跗关节。在使用鳄鱼夹或电极片时，应使用心电图凝胶或酒精（不理想）润湿以增强传导，但尽量不要使其流至或触碰另一电极。动物摆位后对其进行温和保定以减小运动干扰，在动物放松且安静的状态下，能够记录到较为理想的心电图。动物喘息时轻闭其口部，颤抖严重时用手抚触动物胸壁均有利于减轻干扰。

理想的心电图检测应无明显的运动伪差、电干扰，并可见清晰平稳的基线。心电图波群应不溢出图纸范围，底部和顶部均包含在内。若心电图波形过大，溢出网格，可校准标准值（1 cm＝1 mV）至 1/2 标准值（0.5 cm＝1 mV），但计算波的振幅时必须明确校准值。若机器无法自动标签，可在记录的过程中人工添加标尺方形波，同时应记录走纸速度及导联以利于判读分析。

进行 ECG 判读时，建议遵循固定的判读步骤。先确认走纸速度、导联和标准值，后确定心率、节律和平均电轴（MEA），最后再测量单个波形。心率以每分钟多少个波形进行表示。心率可通过将 3 s 或 6 s 内的波群个数并分别乘以 20 或 10 得出。若节律整齐，可用 3 000 除以相邻两个 R 波之间的小方格数（走纸速度为 50 mm/s）来获得瞬时的心率。但是，由于心率通常存在实时的变动（尤其是犬），测量数秒钟内的心率比测量瞬时心率更准确更实用。

心律可通过浏览整个心电图的规律性及观察单个波的形态进行评估。首先观察 P 波、QRS-T 波群的存在与否及其形状，后评价 P 波与 QRS-T 的相关性。通常可使用测径器对波形的规律性和相关性进行测量。

通常使用 Ⅱ 导联测量波形和计算间期，振幅以毫伏表示，间期以秒（或者毫秒）表示。每次测量时，仅适用 1 种标尺线。在走纸速度为 25 mm/s 时，心电图纸上每小格（1 mm）自左至右计算为 0.04 s。而在走纸速度为 50 mm/s 时，每小格为 0.02 s。在标准校正值条件下，上下 10 小格（1 cm）等于 1 mV。表 2-2 列出了犬猫正常心电图参考范围，这些值适用于大多数正常动物，但少数正常动物测得值也可于该范围之外。例如经过耐力训练的犬心电图检测值可能超过正常的参考范围，这也可反映出训练对心脏大小的影响，但这些值在未经训练的犬则提示病理性心脏增大。很多心电图机配有手动频率滤波器，虽然可以降低基线干扰，

但同时也使部分波形的电压明显衰减，这将使 ECG 对心腔增大的评估标准变得更为复杂。

 **表 2-2　犬猫正常心电图参考值**

| | 犬 | 猫 |
|---|---|---|
| **心率** | | |
| | 70～160 次/min（成年犬）* 可至 220 次/min（幼犬） | 120～240 次/min |
| **平均电轴（额面）** | | |
| | ＋40°～＋100° | 0～＋160° |
| **测量（Ⅱ导联）** | | |
| **P 波时限（最大值）** | | |
| | 0.04 s（巨型犬：0.05 s） | 0.035～0.04 s |
| **P 波振幅（最大值）** | | |
| | 0.4 mV | 0.2 mV |
| **P-R 间期** | | |
| | 0.06～0.13 s | 0.05～0.09 s |
| **QRS 波群时限（最大值）** | | |
| | 0.05 s（小型犬） 0.06 s（大型犬） | 0.04 s |
| **R 波振幅（最大值）** | | |
| | 2.5 mV（小型犬） 3 mV（大型犬）† | 0.9 mV；QRS 总振幅在任一导联＜1.2 mV |
| **S-T 段偏移** | | |
| | 上升＜0.2 mV 下降＜0.15 mV | 无偏移 |
| **T 波** | | |
| | 正常＜R 波振幅的 25%；可为正波、负波或双相波 | 最大 0.3 mV；可为正波（最常见）、负波或双相波 |
| **Q-T 间期** | | |
| | 0.15～0.25 s（可至 0.27 s），与心率成反向变化 | 0.12～0.18 s（可 0.07～0.2 s），与心率成反向变化 |
| **胸导联** | | |
| | $V_1$、r$V_2$：正向 T 波 | R 波在胸导联最大值为 1.0 mV |
| | $V_2$：S 波最大为 0.8 mV；R 波最大为 2.5 mV† | |
| | $V_4$：S 波最大为 0.7 mV；R 波最大为 3 mV† | |
| | $V_{10}$：负向 QRS 波；负向 T 波（吉娃娃犬例外） | R/Q＜1.0；负向 T 波 |

心电图纸上每小格：走纸速度 50 mm/s 时为 0.02 s；25 mm/s 时为 0.04 s；校准刻度为 1 cm＝1 mV 时每小格振幅为 0.1 mV

　* 大型犬可能低于此范围，小型犬可能高于此范围

　† 在年龄较小（2 岁以下）、较瘦的深胸犬，该值可能偏高

## 窦性节律
### (SINUS RHYTHMS)

正常的心脏节律起源于窦房结,并由此而产生前文所述的 P-QRS-T 波群。P 波在后躯导联(Ⅱ导联及 aV_F 导联)呈正向,P-Q(或 P-R)间期稳定。规整的窦性心律表现为 QRS 间距(或 R-R 间期)的时限变化不超过 10%。正常情况下 QRS 波群在Ⅱ导联及 aV_F 导联上较窄且正向,但出现室内传导紊乱或心室增大时,可变宽或者形状异常。

窦性心律失常为周期性的窦性心律降低和上升,这种变化通常与呼吸相关。窦性心律随吸气而上升,随呼气而降低,这是由迷走神经紧张性变化而产生的。有时可能出现 P 波形态的周期性变化("游走性起搏"),P 波在吸气时变高尖,呼气时平矮。窦性心律失常是犬常见且正常的心律变化,猫有时在安静状态下也可出现,但临床上并不常见。显著的窦性心律失常可发生于一些存在慢性肺部疾病的犬。

"过缓"(Brady-)和"过速"(Tachy-)是分别用于描述节律异常减缓或加速的修饰词,其本身不涉及冲动的起源。窦性心动过速及窦性心动过缓是指激动起自窦房结,且正常传导。窦性心动过缓时心率低于正常值,而窦性心动过速时心率高于正常值。框 2-3 列出了一些窦性心动过缓及窦性心动过速的诱因。

窦性停搏指窦房结持续静止超过正常最大 R-R 间期的两倍,若窦房结无法及时恢复活性,将出现逸搏波打断这种静止状态。停搏持续时间过长可导致动物晕厥与虚弱。体表心电图并不能确切的鉴别窦性停搏和窦房传导阻滞。图 2-8 是一些窦性心律变化的图示。

## 异搏节律
### (ECTOPIC RHYTHMS)

起自窦房结以外区域的搏动(异位性冲动)是一种异常搏动,并且可以导致心律失常。异搏可按其发生部位(房性、交界性、室上性、室性)和时相进行命名(图 2-9)。时相是指该冲动出现在正常窦性冲动之前(早搏)或是在一段较长的间歇之后(延迟或逸搏)。逸搏起源于次级起搏点,作为心脏的一种抢救性机制。异位早搏冲动(波)可单个或多个出现;连续出现三个或以上的波形称为心动过速。这种心动过速可短暂发生

**框 2-3　引起窦性心动过缓及窦性心动过速的原因**

**窦性心动过缓**
低体温
甲状腺功能减退
心脏骤停前后
药物(如镇静剂、麻醉药、β-阻断剂、钙通道阻断剂、地高辛)
颅内压升高
脑干损伤
严重的代谢性疾病(如高血钾、尿毒症)
眼球压迫
颈动脉窦压迫
其他原因导致的迷走神经紧张性增加(如气道阻塞)
窦房结疾病
正常变化(运动犬)

**窦性心动过速**
高体温
甲状腺功能亢进
贫血/缺氧
心衰
休克
低血压
败血症
焦虑/恐惧
兴奋
运动
疼痛
药物(如抗胆碱能类、拟交感神经药)
毒物(如巧克力、苯异丙胺、茶碱)
电击
其他引起交感神经兴奋的因素

(阵发性心动过速),也可持续较长时间(持续性心动过速)。当正常 QRS 波群与早搏波交替发生时,称之为二联律,且根据早搏波发生部位不同而称为房性或室性二联律。图 2-10 列举了一些室上性和室性波形的例子。

### 室上性期前收缩

发生室上性期前收缩时,激动起自房室(atrioventricular,AV)结以上部位,即心房或房室交界区域。由于传入心室的传导通路正常,QRS 波群形状正常(除非同时存在心室内传导紊乱)。起源于心房的期前收缩波之前通常可出现异常的 P 波(正向、负向或双相),称之为 P'波。若 P'波发生在房室结尚未完成复极时,激动可能无法传至心室(这是一种生理性房室阻滞)。在某些情况下,期前收缩波传导缓慢(P-Q 间期延长),或伴随束支传导阻滞的现象。交界性起搏前一

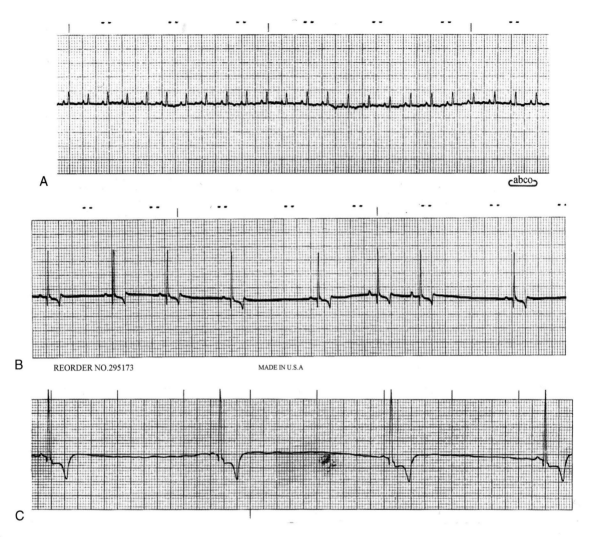

**图 2-8**

窦性节律。A,1 只正常猫的窦性节律(Ⅱ导联,25 mm/s)。B,窦性心律不齐伴有游走性起搏。注意随着呼吸对心率的影响,P 波振幅逐渐改变;这在犬是一种正常的变化(aV_F 导联,25 mm/s)。C,窦性心动过缓(Ⅱ导联,25 mm/s,犬)。

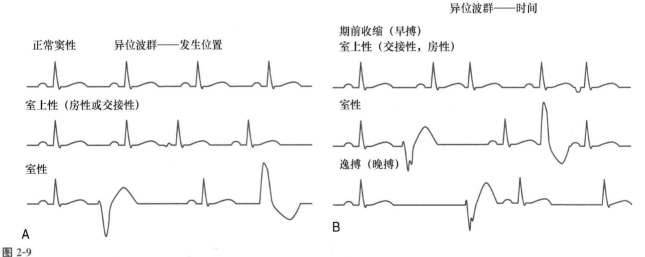

**图 2-9**

异位波群图解。异常激动可源自(A)房室结以上(室上性)或心室内(室性)。室上性异位波群的 QRS 波群形状正常。起源于心房组织的冲动通常出现异常的 P 波;P 波消失[或在 S-T 段中出现 P 波(无配图)]常见于房室交界起源的冲动。室源性 QRS 波群形状异于正常的窦性 QRS 波群。异位波群的时相(B)指异位起搏出现于下一个预期的窦性波之前(称为期前收缩或早搏)或之后(称为逸搏或晚搏)。

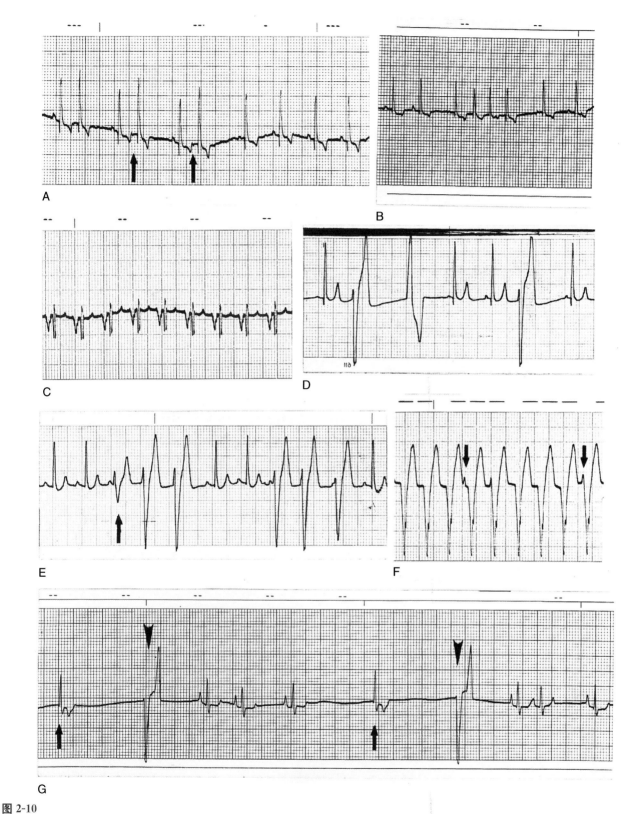

图 2-10

异位波群及节律。A,1 只患二尖瓣闭锁不全的老年可卡犬发生房性期前收缩。注意观察早搏波群之前小而负向的 P 波(箭头)。QRS 波群轻微增大可能与早搏引起轻微的心室内传导延时相关(Ⅲ导联,25 mm/s)。B,短暂的阵发性房性心动过速(Ⅱ导联,25 mm/s,犬)。C,患二尖瓣狭窄的爱尔兰塞特犬发生持续性房性心动过速。注意观察负向的异常 P 波(Ⅱ导联,25 mm/s,犬)。D,多形性室性期前收缩(Ⅱ导联,25 mm/s,犬)。E,间歇性阵发性室性心动过速伴融合波群(箭头)(Ⅱ导联,25 mm/s,犬)。F,持续性室性心动过速伴有数个未传导的重叠的 P 波(箭头)(Ⅱ导联,25 mm/s,犬)。G,窦性心律失常伴有窦性停搏,伴交界性(箭头)和室性(楔形箭头)逸搏波群(Ⅱ导联,25 mm/s,犬)。鉴别逸搏和早搏波群是非常重要的。

般无 P'波,但逆行性传导的冲动有时可激动心房而产生负向 P'波,该 P'波可出现在相关 QRS 波群之后、之间,甚至是之前。若无法判断异位波确切的起源,判读为室上性期前收缩(或室上性心动过速)即可。辨别心律失常发生自房室结以上(室上性)或是以下(室性),比确切的定位其发生点更有临床意义。发生室上性期前收缩时,通常也使窦房结发生去极化,重置窦性节律并产生"非代偿性间歇"(期前收缩波前后两个窦性波的间距短于 3 个连续的窦性波的间距)。

### 室上性心动过速

室上性心动过速通常涉及折返性通路,该通路通常包含 AV 结(房室结内折返或者房室结与附加通路之间的折返)。室上性或室性期前收缩可启动折返性室上性心动过速(SVT)。当存在心室预激的动物发生折返性 SVT 时,其 PR 间期通常变正常,或者延长并伴反向的 P'波。QRS 波群形态通常是正常的,除非同时出现室内传导紊乱。

房性心动过速是由心房异常部位快速放电或房性折返(由于电冲动沿心房内异常的回路传导而反复激活)引起。犬的心房激动速率为 260~380 次/min,P'波常隐藏于 QRS-T 波群内。房性心动过速可为阵发性或持续性,通常节律整齐,除非房率过高使房室结无法传导每个冲动而出现生理性房室传导阻滞和不规整的心室激动。当心房冲动与心室激动的比例恒定(2:1 或 3:1)时,则在高房率的情况下也可出现规整的心律。有时激动穿过房室结但在室内传导系统中发生延迟,可引起心电图上出现束支传导阻滞,此种情况较难与室性心动过速相区分。

### 心房扑动

心房扑动由心房内快速(通常大于 400 次/min)的电激动规律性的循环引起,心室反应可为规律或无规律,这由房室传导情况而定。心电图基线持续为锯齿状的扑动波,表示发生快速、反复的心房激动。心房扑动不是稳定的节律,通常会进一步恶化为心房纤颤,或者恢复为窦性节律。

### 心房纤颤

心房纤颤是较为常见的一种心律失常,由心房组织中快速而混乱的电冲动所引起。由于形成不了统一的心房去极化波,心电图上显示 P 波消失,且基线呈现不规则的波动(纤颤波)。无组织的电活动使心房无法

有效收缩,受到混乱的电激动攻击的房室结尽其可能将这些激动传至心室。最终的心率(室率)由房室传导速率和恢复时间所决定,后两者受主导的自主神经紧张性所影响。心房纤颤导致快速而无规律性的心律(图 2-11)。由于心室传导正常,QRS 波群通常形状正常,QRS 波群电压轻微变化为正常情况,但也可能发生间断或持续的束支阻滞。心房纤颤通常发生于患严重的心房增大的犬,猫更是如此。房颤通常出现于间歇性的房性过速性心律失常或心房扑动之后。但在有些无明显心脏疾病的巨型犬也可自然发生心房纤颤("lone" AF,"单独"心房颤动),这些犬的心率可能正常。

### 室性期前收缩

室性期前收缩波群(VPCs 或 PVCs)起源于房室结以下,冲动无法通过正常的室内传导通路激动心室肌,所形成的 QRS 波形状异于正常动物的窦性波形。由于电冲动在肌内的传导速率减慢,心室异位波通常宽于正常波群。VPC 一般不会经房室结逆向传导入心房,故窦性节律通常不会受到影响,因此 VPC 后将跟随一段"代偿间歇"。若多个 VPC 形状一致或室性心动过速产生的波形一致时,可描述为均一、单灶、单型波。当 VPC 出现明显的形状差异时,称之为多形波,通常认为 VPC 的多形及心动过速将使心脏的电激动变得更加的不稳定。

### 室性心动过速

室性心动过速是指出现一系列连续的 VPC(通常心率高于 100 次/min)。RR 间期较为一致,有时也可有所改变。未传导的窦性 P 波可能与 QRS 波重叠或者出现于后者的前后,但由于房室结和/或心室正处于不应期(生理性房室分离),因此这些 P 波与 VPC 并无关联。夺获波是指窦性 P 波顺利传入心室而未被另一 VPC 打破(即窦房结"重新夺获"了心室)。若正常心室激动(窦性起源)被另一 VPC 打断,即会出现一个融合的波群,融合波群的形状为正常 QRS 波及 VPC 波形成的混合(见图 2-10,E)。融合波通常出现于阵发性室性心动过速的起始或末端,其前方通常存在 P 波及短暂的 P-R 间期。观察 P 波(是否发生传导)及融合波有助于鉴别室性心动过速与并发心室内传导紊乱的室上性心动过速。

多形性室速以 QRS 波群出现大小、极向和速率的不一致性为特点,有时候可能表现为 QRS 沿基线上下翻转。尖端扭转型室性心动过速是一种特殊的多形性室速,与 Q-T 间期延长有关。

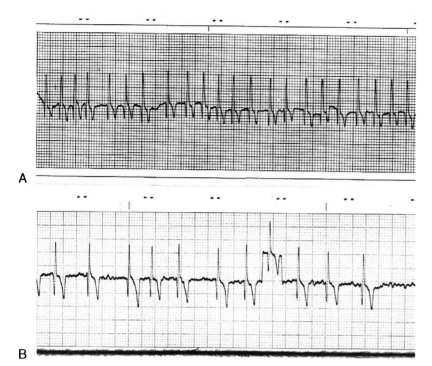

图 2-11

心房纤颤。**A,** 1 只心房纤颤(心率 **220** 次/min)未得到有效控制的扩张性心肌病杜宾犬(Ⅱ导联,**25 mm/s**)。**B,** 另一只患扩张性心肌病的杜宾犬治疗后心室反应减慢,可见基线纤颤波。注意观察 **P** 波缺失和不规则的 **R-R** 间期。左数第 **8** 个波群与校正标记发生重叠(Ⅱ导联,**25 mm/s**)。

### 加速性心室自主节律

加速性心室自主节律,又称心室自身性心动过速。此种节律起源于心室,其速率为 60~100 次/min(在猫可能更高)。由于该节律低于真正的室性心动过速,因此其危险性较低。加速性心室自主节律可间歇性地出现在窦率降低时,当窦性心律增加时,心室自主节律往往被抑制,此种情况常可见于恢复期的车祸患犬。该种节律可进一步引起室性心动过速,尤其是状态不稳定的动物,但临床上这种节律紊乱一般不会造成明显的不良影响。

### 心室纤颤

心室纤颤的定义是多个折返回路形成,导致心室内电激动混乱。心室纤颤是一种致命的节律,心电图显示为基线的无规则波动(图 2-12)。混乱的电激动产生不协调的机械收缩,使心室失去了泵血的功能。心室扑动收缩时,心电图呈现正弦波动,其通常出现于心室纤颤之前。"粗波"心室纤颤的波形振幅比"细波"心室纤颤的大。

### 逸搏波群

室性停搏是指心室的电活动(和机械活动)消失。逸搏波群及逸搏节律构成机体的防护机制,逸搏波群通常出现于主导节律(通常为窦性节律)暂停之后。在主导节律无法恢复时,逸搏点开始以其自身固有节律激动,逸搏节律通常较为规律。逸搏波群起自心房、房

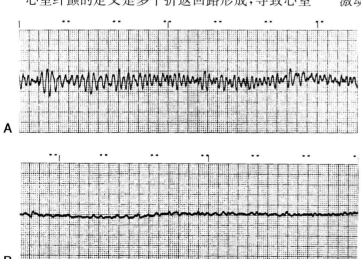

图 2-12

心室纤颤。注意观察混乱的基线运动且典型心电波形消失。**A,**粗颤。**B,**细颤(Ⅱ导联,**25 mm/s**,犬)。

室交界或心室的自律性细胞(见图2-10,G)。犬室性逸搏节律(心室固有节律)通常小于40~50次/min,猫小于100次/min,但也可能更高。犬交界性逸搏节律通常在40~60次/min,猫的可能更高。鉴别逸搏和期前收缩是非常重要的,因为逸搏时严禁使用抗心律失常药。

## 传导紊乱
### (CONDUCTION DISTURBANCES)

心房内发生的激动传导异常可起源于若干位置。发生窦房传导阻滞时,自窦房结传至心房肌的激动被阻滞,发生窦房传导阻滞时,心电图上电活动暂停时限是正常P-P间期的整数倍,但在心电图上很难与窦性停搏明确区

分。发生长时间的窦性停搏或阻滞时,心房、交界或心室产生逸搏节律掌控心脏。在发生心房静止时,病变的心房肌失去其电传导和机械收缩功能,尽管此时窦房结功能正常,但将出现P波消失及交界性或室性逸搏节律。高血钾可干扰心房的正常功能而引起假性心房静止。

### 房室结传导紊乱

引起房室结传导紊乱的原因有以下几种:迷走神经过度兴奋、药物(如地高辛、赛拉嗪、美托咪定、维拉帕米及麻醉药)、房室结和/或心室内传导系统器质性疾病。房室传导紊乱可分为3类(见图2-13)。Ⅰ度房室阻滞危险性最低,以冲动自心房向心室传导发生延迟为特征,表现为每次心房冲动均能传导至心室,但

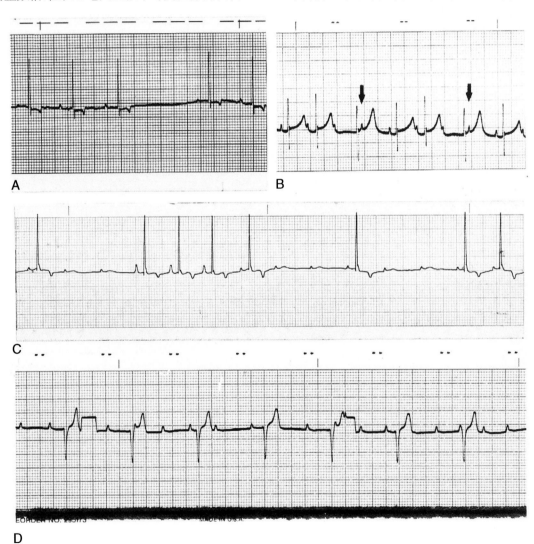

**图2-13**
房室传导紊乱。A,1只地高辛中毒犬发生Ⅰ度房室阻滞(aV$_F$导联,25 mm/s)。B,1只老龄猫麻醉中发生Ⅱ度房室阻滞(文氏)。注意观察P-R间期渐进性延长,且第3个(及第7个)P波发生传导障碍,其后出现一逸搏波群。第4及第8个P波(箭头)由于心室处于不应期而无法发生传导(Ⅱ导联,25 mm/s)。C,1只出现脑干症状和癫痫的昏迷的老龄犬发生Ⅱ度房室阻滞。注意观察P波形状的改变(游走性起搏点)(Ⅱ导联,25 mm/s)。D,1只贵妇犬发生完全(Ⅲ度)房室阻滞。该犬存在窦性心律失常,但P波均无法传导,导致出现缓慢的室性逸搏节律。(1/2标准值0.5 cm=1 mV)(Ⅱ导联,25 mm/s)。

PR 间期延长。Ⅱ度房室阻滞指间歇性房室传导,在一些 P 波后不形成 QRS 波群,当多个 P 波发生传导障碍时,动物即发生高度的Ⅱ度房室阻滞。Ⅱ度房室阻滞分为莫氏Ⅰ型(MobitzⅠ型,文氏 Wenckebach)和Ⅱ型。莫氏Ⅰ型是指进行性 P-R 间期延长直至出现未传导的 P 波,通常与房室结自身疾病或迷走神经高度紧张相关。莫氏Ⅱ型是指激动阻滞之前的 P-R 间期一致,通常多与房室传导系统的下部分(如希氏束或主束支)病变有关。另外有一种基于 QRS 波形进行分类的Ⅱ度房室阻滞的定义,即 A 型Ⅱ度房室阻滞病畜的 QRS 波群形状正常,较窄,B 型Ⅱ度房室阻滞患畜 QRS 波群较宽且形状异常,提示心室传导系统下部分出现弥漫性紊乱。MobitzⅠ型房室传导阻滞常为 A 型,而 MobitzⅡ型通常为 B 型。在心室激动长时间停滞后,通常可见室上性或室性的逸搏波群。Ⅲ度房室阻滞或完全房室阻滞指房室结完全丧失功能,窦性(或室上性)激动完全无法传入心室,尽管出现明显的规则

性窦性节律或窦性心律失常,但 P 波与 QRS 波群并无关联,该 QRS 波形由规律的(通常是规律性)室性逸搏节律所产生。

### 心室内传导紊乱

任一主束支或者心室区激动传导减慢或阻滞可导致心室内传导异常。右束支或左束支的左前分支或左后分支均可发生单独的阻滞,亦可混合发生,3 个主支共同阻滞即可发生Ⅲ度(完全)心脏阻滞。阻滞路径所支配的心肌细胞传导相对缓慢,以心肌-心肌的方式传导,引起 QRS 波群变宽且形状异常(图 2-14)。右束支阻滞(right bundle branch block,RBBB)可由右心室疾病或右心室扩张引起,但有时在正常犬猫亦有发生。左束支阻滞(left bundle branch block,LBBB)临床上通常与左心室疾病相关。左前分支传导阻滞(left anterior fascicular block,LAFB)在肥厚性心肌病患猫较为常见。

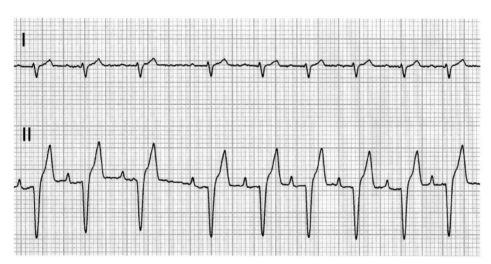

图 2-14
图示为使用了多柔比星的犬出现右束支传导阻滞伴Ⅰ度房室传导阻滞。窦性节律失常,导联Ⅰ和Ⅱ,25 mm/s,1 cm=1 mV。

### 心室预激

当正常传导缓慢的房室结旁形成房室旁路时,可引起部分心室肌提前激动(预激)。已发现的预激和旁路的类型有数种,大多可引起 P-R 间期缩短。沃-派-怀三氏预激(Wolff-Parkinson-White,WPW)的特征包括由所谓的三角波引起 QRS 波群增宽和 QRS 波群升支起始部粗钝(图 2-15)。窦性冲动经房室结外的旁路(Kent 束)提前激动心室的一部分(形成三角波),与正常的心室去极化共同形成上述的异常波形。其他旁道

使心房或房室结背侧区域与希氏束直接相连,这可导致 P-R 间期缩短且无早期 QRS 增宽。预激可间歇性或隐性(无心电图表现)发生,其危险性在于冲动可经由旁路和房室结发生折返性的室上性心动过速(房室折返性心动过速)。一般情况下,冲动通过房室结进入心室(顺向传导),之后通过旁道回到心房,但有时传导方向会发生逆转。快速的房室折返性心动过速可导致动物出现虚弱、晕厥、充血性心力衰竭和死亡。当心电图上出现 WPW 征象并伴有症状性折返性室上性心动过速时,称之为 WPW 综合征。

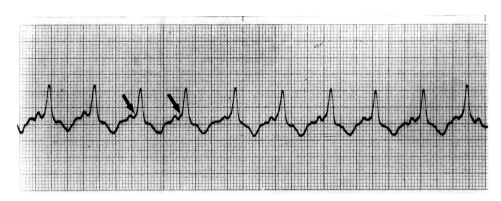

**图 2-15**
1 只发生心室预激的猫。注意观察每个 P 波后方所紧接的 QRS 的升支速率减缓(三角波,箭头)。(Ⅱ导联,25 mm/s,1 cm＝1 mV)。

## 平均电轴
### (MEAN ELECTRICAL AXIS)

平均电轴(mean electrical axis,MEA)是指心室去极化过程在额面的平均方向,它是心肌从开始激动至结束所有瞬间向量的总和。主要的心室内传导紊乱和/或心室增大可引起心室激动平均方向出现偏移,在心电图上即表现为 MEA 的改变。按照惯例,平均电轴只使用 6 个额面导联进行计算,评估方法有以下两种:

1. 找出 R 波最大的导联(Ⅰ、Ⅱ、Ⅲ、aV$_R$、aV$_L$ 或 aV$_F$,注意 R 波为正向波),则此导联的正极指向即为平均电轴的大致方向。

2. 找出等电位 QRS 波所在的导联(Ⅰ、Ⅱ、Ⅲ、aV$_R$、aV$_L$ 或 aV$_F$,正向波与负向波波幅基本相等),在六轴导联系统(图 2-6)中找出与此导联垂直的导联,若该导联上的 QRS 波群主要为正向,则该导联的正极方向就是平均电轴的方向;若此导联轴上的 QRS 波群主要为负向,则该导联的负极方向就是平均电轴的方向。若所有导联均为等电位,则额面无法确定电轴方向。正常犬猫的心电轴范围见图 2-6。

## 心腔增大及束支传导阻滞图像
### (CHAMBER ENLARGEMENT AND BUNDLE BRANCH BLOCK PATTERNS)

心电图波形变化可提示心腔增大或传导紊乱,但心腔增大并不一定出现这些变化。P 波增宽通常与左心房增大相关(二尖瓣型 P 波),有时 P 波增宽且伴有切迹。右心房增大时 P 波高尖(肺型 P 波)。出现心房增大时可能观察到心房复极波(T$_a$ 波),表现为基线向 P 波的反向偏移。

心电轴右偏及Ⅰ导联出现 S 波是右心室增大(或右束支阻滞)的有力证据,同时也可见其他的心电图变化。当出现右室增大时,通常会出现 3 条或 3 条以上表 2-4 所列举的评判标准。通常左心室的电活动占绝对的主导,故当心电图反映右心室增大(扩张或厚)时,表明病变已经较为严重。左心室扩张及离心性肥厚通常导致尾侧导联(Ⅱ导联及 aV$_F$ 导联)R 波振幅增大,且 QRS 波群增宽。左心室向心性肥厚不总是伴有电轴左偏。

发生于心室传导主路径的传导阻滞,会扰乱正常的激动过程,改变 QRS 波的形状。病变束支所支配的心室肌局部激动延时、传导缓慢,导致 QRS 增宽,且令 QRS 波的方向朝向激动延时的区域。框 2-4 和图 2-16 总结了心室增大及传导阻滞相关的心电图表现。常见相关临床疾病见框 2-5。

### 其他 QRS 波形异常

QRS 波群有时可出现电压减小的情况,引起该种变化的因素有:胸腔或心包积液、肥胖、胸内肿物,低血容量、甲状腺功能减退,有时也可见于无明显异常的犬。

电交替指 QRS 波形的大小和形态出现交替性改变。最常见于存在大量心包积液的动物(见第 9 章)。

## ST-T 异常
### (ST-T ABNORMALITIES)

ST-T 段起自 QRS 波群终点(又称 J 点),结束于

 **框 2-4　心室增大传导紊乱表现**

| 正常 |
| --- |
| 正常平均电轴 |
| Ⅰ导联无 S 波 |
| Ⅱ导联 R 波较Ⅰ导联高 |
| V$_2$ 导联 R 波较 S 波大 |

**右心室增大**
电轴右偏
Ⅰ 导联出现 S 波
$V_{2-3}$ 导联的 S 波大于 R 波或者 S 波$>0.8$ mV
$V_{10}$ 出现 Q-S 征（W 形）
$V_{10}$ 导联的 T 波正向
Ⅰ、Ⅱ、$aV_F$ 导联上 S 波较深

**右束支传导阻滞（RBBB）**
同右心室增大且 QRS 波群后半部分延长（S 波宽大）

**左心室肥厚**
电轴左偏
Ⅰ 导联 R 波较Ⅱ、$aV_F$ 导联高
Ⅰ 导联无 S 波

**左前分支阻滞（LAFB）**
同左心室肥厚、QRS 可能增宽

**左心室扩张**
额面电轴正常
Ⅱ、$aV_F$、$V_{2-3}$ 导联 R 波较正常高
QRS 增宽；可能出现 S-T 段消失或移位及 T 波增大

**左束支阻滞（LBBB）**
额面电轴正常
QRS 异常宽大
Ⅱ、Ⅲ、$aV_F$ 导联可能出现较小 Q 波（不完全性 LBBB）

 **框 2-5　心电图所示心腔增大的临床相关疾病**

**左心房增大**
二尖瓣闭锁不全（获得性或者先天性）
心肌病
动脉导管未闭
主动脉瓣下狭窄
室间隔缺损

**右心房增大**
三尖瓣闭锁不全（获得性或先天性）
慢性呼吸系统疾病
房间隔缺损
肺动脉狭窄

**左心室增大（扩张）**
二尖瓣闭锁不全
扩张性心肌病
主动脉闭锁不全
动脉导管未闭
主动脉瓣下狭窄

**左心室增大（肥厚）**
肥厚性心肌病
主动脉瓣下狭窄

**右心室增大**
肺动脉瓣狭窄
法络四联症
三尖瓣闭锁不全（获得性或先天性）
严重心丝虫病
严重肺动脉高压（其他原因）

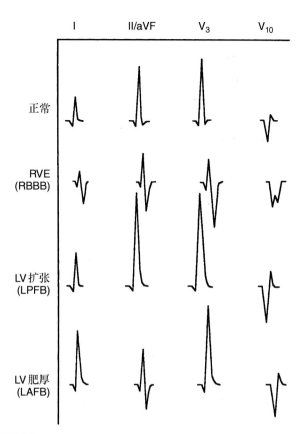

**图 2-16**
图示为心室增大和传导异常的常见心电图表现。心电导联在图片顶部显示。**LAFB**，左前分支传导阻滞；**LPFB**，左后分支传导阻滞；**LV**，左心室；**RBBB**，右束支传导阻滞；**RVE** 右心室增大。

T 波起点。犬猫的 ST-T 段一般与随后的 T 波相连融合，因此界限不清。在Ⅰ、Ⅱ及 $aV_F$ 导联上 J 点和 ST-T 段异常抬高（犬$>0.15$ mV 或猫$>0.1$ mV）或压低（犬$>0.2$ mV 或猫$>0.1$ mV）可能具有临床意义。可能的原因包括心肌缺血和其他类型的心肌损伤。

心房增大或心动过速可引发明显的 $T_a$ 波，从而导致假性 ST-T 段压低。其他引起继发性 ST-T 段压低的原因包括心室肥厚、传导缓慢及使用某些药物（如地高辛）。

T 波是心室肌的复极化波，在正常犬猫上可为正向、负向或双相波，波的大小、形状和极性前后发生改变可能具有临床意义。T 波异常可能为原发性（如与去极化过程无关）或继发性（如与异常的心室去极化相关）。继发性 ST-T 变化方向一般与 QRS 主波的方向相反。框 2-6 列出了一些导致 ST-T 异常的原因。

**Q-T 间期**

Q-T 间期表示心室去极化及复极化所经历的总时间，其时长与平均心率相关：心率快则 Q-T 间期短。自主神经的紧张度、药物、电解质紊乱均可影响 Q-T 间期（框 2-6）。当存在潜在的心室复极化不一致时，Q-T 间

期的异常延长可能促发严重的折返性心律失常。用于预估正常犬猫的 Q-T 间期的预测公式已有报道。

 **框 2-6　引起 S-T 段、T 波及 Q-T 间期异常的原因**

**J 点/S-T 段压低**
心肌缺血
心肌梗死/损伤(心内膜下)
高钾血症或低钾血症
心脏创伤
继发性变化[心室肥厚、传导紊乱、心室期前收缩(VPCs)]
洋地黄("下降"表现)
假性压低(明显的 Ta 波)

**J 点/S-T 段升高**
心包炎
左心室心外膜损伤
心肌梗死(透壁性)
心肌缺氧
继发性变化[心室肥厚、传导紊乱、室性期前收缩(VPCs)]
地高辛中毒

**Q-T 间期延长**
低钙血症
低钾血症
奎尼丁中毒
乙二醇中毒
继发于 QRS 时限延长
低体温
中枢神经系统异常

**Q-T 间期缩短**
高钙血症
高钾血症
洋地黄中毒

**T 波增大**
心肌缺氧
心室增大
心室内传导紊乱
高钾血症
代谢性或呼吸性疾病
正常变化

**"帐篷样"T 波**
高钾血症

## 药物毒性及电解质紊乱的心电图征象
(ELECTROCARDIOGRAPHIC MANIFESTATIONS OF DRUG TOXICITY AND ELECTROLYTE IMBALANCE)

　　地高辛、抗心律失常药及麻醉药通常可通过直接的电生理作用或改变自主神经紧张性,影响心律和/或传导(框 2-7)。

 **框 2-7　与药物毒性及电解质紊乱相关的心电图变化**

**高钾血症**
尖耸±增大的 T 波
Q-T 间期缩短
P 波扁平或缺失
QRS 波增宽
S-T 段压低

**低钾血症**
S-T 段压低
小而双向 T 波
Q-T 间期延长
过速性心律失常

**高钙血症**
几乎不引起变化
Q-T 间期缩短
过速性心律失常
传导延迟

**低钙血症**
Q-T 间期延长
过速性心律失常

**地高辛**
P-R 间期延长
Ⅱ度或Ⅲ度房室传导阻滞
窦性心动过缓或停搏
加速性交界性节律
室性期前收缩
室性心动过速
阵发性房性心动过速伴阻滞
房颤伴缓慢的室率

**奎尼丁/普鲁卡因胺**
阿托品样效应
Q-T 间期延长
房室传导阻滞
室性心动过速
QRS 波增宽
窦性停搏

**利多卡因**
房室传导阻滞
室性心动过速
窦性停搏

**β-阻断剂**
窦性心动过缓
P-R 间期延长
房室传导阻滞

**巴比妥类/硫巴比妥类**
室性二联律

**氟烷/甲氧甲乙醚**
窦性心动过缓
室性心律失常(对儿茶酚胺敏感性增强,尤其是氟烷)

**美托咪定/赛拉嗪**
窦性心动过缓
窦性停搏/窦房阻滞
房室传导阻滞
室性心动过速(尤其与氟烷、肾上腺素合用)

血钾对心电生理产生明显且复杂的影响。低钾血症可引起心肌细胞的自律性增加、不一致地减慢复极化和传导，从而使动物容易出现室上性和室性心律失常。低钾血症可引起 S-T 段进行性下降、T 波振幅减小和 Q-T 间期延长。严重低血钾还能使 QRS 波群及 P 波振幅、时限均发生增大。此外，低钾血症可加重地高辛毒性，降低 I 类抗心律失常药物的作用（见第 4 章）。高钠血症和碱中毒可加剧低钾血症对心脏的作用。

中度的高钾血症能降低心肌细胞的自律性，促进复极化的一致性、并加速复极化，因此具有抗心律失常的作用。但血钾浓度快速、严重升高可减慢传导速率并缩短不应期，故具有致心律失常性。血钾浓度升高可引起一系列的心电图表现，但是，实际的病例并不总是出现这些异常，这可能与并存的代谢性异常有关。实验性研究表明，随着血钾上升并超过 6 mEq/L，心电图所出现的早期表现为 Q-T 间期延长伴随 T 波尖耸（"帐篷样"T 波）。但是，典型的对称性"帐篷样"T 波可能只出现在部分导联上，并且可能振幅较低。此

外，随着室内传导进行性减慢，QRS 波群将逐渐增宽。实验性研究显示，随着血清钾升高并接近 7 mEq/L，P 波将变平。当血钾接近 8 mEq/L 时，心房电传导衰竭，P 波将消失。窦房结节律虽可发生降低，但其对高血钾具有相对抗拒性，能继续发挥其功能。尽管心房肌细胞发生进行性不应，有些特殊纤维可将窦性激动直接传入心室，如此称作"窦室"节律。当出现宽 QRS 波群并且无 P 波伴随时，必须排除高血钾的可能，即使动物的心率不低。极端升高的血钾浓度（>10 mEq/L）可出现不规整的室性逸搏节律、纤颤或者停搏。图 2-17 描述了一只阿狄森综合征患犬发生严重高钾血症时及治疗缓解后的心电图。低血钙、低血钠及酸中毒均可加剧高钾血症所引起的心电图变化，而高血钙、高血钠可抵抗其作用。

其他电解质紊乱引起的显著的心电图变化并不常见，严重高钙血症或低钙血症可导致心电图发生明显的改变（框 2-7），但临床并不常见。无报道表明低镁血症可对心电图产生影响，但它能促发地高辛中毒以及加重低血钙引起的变化。

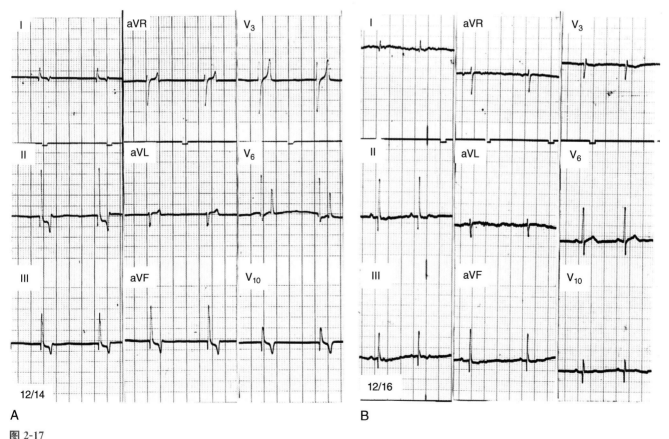

A

B

图 2-17

1 只患阿狄森病的雌性贵妇犬的心电图记录（A，K⁺＝10.2；Na⁺＝132 mEq/L），治疗两天后（B，K⁺＝3.5；Na⁺＝144 mEq/L）。注意观察其 P 波消失、T 波增大且成帐篷状（胸导联更为明显），Q-T 间期缩短，且 A 图中 QRS 较 B 图更宽（导联如图标识，25 mm/s，1 cm＝1 mV）。

## 常见伪象
(COMMON ARTIFACTS)

图 2-18 列举了一些常见的心电图伪象。电干扰可通过将心电图机连接地线而减小或避免;关闭同一回路的其他电器设备或电灯,或者更换保定人员,可能对减轻干扰有所帮助。干扰有时容易与心律失常发生混淆,但干扰不会影响到基础心律,异位波群通常会打断正常节律,且有 T 波跟随。仔细检查这些特征可将间歇性的干扰与心律失常相区别。若能进行同时的多导联记录,比较所有导联中对应的节律和波形也有助于辨别干扰与真正的节律失常。

## 动态心电图
(AMBULATORY ELECTROCARDIOGRAPHY)

### Holter 监护仪

Holter 监护仪可在动物日常活动(游泳除外)、激烈

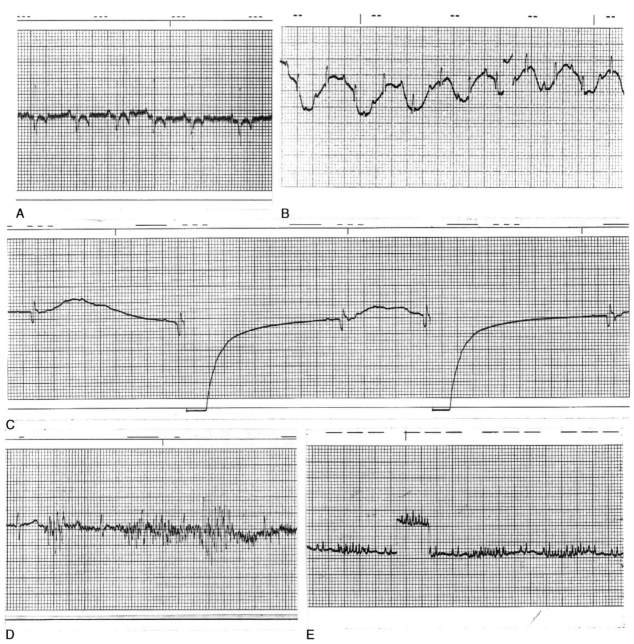

**图 2-18**
常见的心电伪象。A,60 Hz 的电干扰;导联Ⅲ,25 mm/s,犬。B,喘引起的基线运动;导联Ⅱ,25 mm/s,犬。C,呼吸运动伪象;导联 V₃,50 mm/s,犬。D,严重的肌震颤伪象,导联 V₃,50 mm/s,猫。E,猫打呼噜引起的间断性、快速基线震动,在图像中央左侧可见标尺。导联 aVF,25 mm/s。

运动及睡眠情况下对心脏电活动进行连续性记录。该监护仪有助于检测和量化间歇性心律失常,从而帮助确定引发晕厥和间歇性虚弱的心脏病因。Holter 监护仪也可用于评估抗心律失常药的疗效,筛查与心肌病或其他疾病相关的心律失常。Holter 监护仪是一个体形小、电池供电的记录仪,可供患畜佩戴 24 h,通过小电极贴片连接成改良的胸导联,可记录 2～3 通道的心电图。在记录过程中,需要对患畜情况进行记录,以对比同时发生的心电图变化。在 Holter 监护仪上有一记录按钮,患畜发生晕厥或其他可见变化时用其进行标记。

通过将记录的信号转换成数字形式并进行电脑运算分析,归类记录的波群。由于全自动电脑分析会出现一些明显的错误且无法有效区分干扰,故需要一个经验丰富且训练有素的 Holter 技师对该记录进行编辑,以得到精确的分析报告。技师在出具总结性报告时,需要选择部分代表性节段进行放大以方便临床医师进行查看。此外,对整个记录进行全面检查,也有助于临床医师比较技师所节选的心电图,病患日记所记录的活动事件以及动物临床症状出现的时间(更多信息请参考建议阅读文献)。Holter 监护仪、连接线和磁带可购自人用 Holter 监护仪销售处,很多大学的兽医教学医院和心脏病治疗中心也可以购买到。

正常动物全天的心率变化较大,在犬兴奋或运动时最大心率可至 300 次/min。阵发性的心动过缓(50 次/min 或更低)也较为常见的,尤其是在动物安静或是睡眠时。正常犬似乎也常见窦性心律不齐、窦性停搏(有时长于 5 s)及偶发的 Ⅱ 度房室传导阻滞,尤其是在平均心率较低的时段。正常猫 24 h 心率变化范围也较宽,(可在 70～290 次/min 变动)。虽然猫以规则的窦性节律为主,但在心率降低时也可出现明显的窦性心律不齐。室性早搏在正常犬猫中只会偶然发生,出现频率随年龄增大而有轻微的上升。

### 事件记录仪

心脏事件记录仪外形比 Holter 监护仪更小,它含有微处理器及记忆磁带,可用于储存单通道改良型胸导联心电图的某一时期的事件记录。事件记录仪可佩戴一段时间,如 1 周左右,但无法储存长段、连续的心电图变化,常用于检测间歇性虚弱或晕厥是否由心律失常引起。当症状出现时,患畜主人启动记录仪,记录仪则保存一段预设记录时间(如事件发生前的 30～45 s 至事件后的 15～30 s)的心电图用于日后检索和分析。一些植入性(皮下)的记录装置也应用于兽医领域,可

在较长一段时间内进行间断性的 ECG 检测。

## 其他心电图评估方法
### (OTHER METHODS OF ECG ASSESSMENT)

### 心率变异性

交感神经和迷走神经紧张性随着呼吸周期和缓慢的周期性动脉血压变动而变化,这种变化可影响到瞬时心率。心率变异性(HRV)是指每搏间期与平均每搏间期之间的微小差异。HRV 不仅受呼吸周期及交感/副交感神经平衡影响,同时也受压力感受器功能的影响。在发生严重心肌功能障碍、心衰及其他原因导致的交感神经紧张性升高时,HRV 幅度将下降。瞬时心率的变动(R-R 间期)可使用时域分析或者频域分析(能量频谱分析)进行评估。频域分析可评估交感和副交感神经神经对心血管系统的影响。目前,HRV 作为评估自主神经功能和提供预后信息的指标,其潜在的临床意义有待进一步探索(见推荐阅读)。

### 信号平均心电图

心电图的数字信号平均值可通过排除一些随机(干扰)因素的影响而增大心电图信号解析度,这有利于检测 QRS 波群后部进入早期 S-T 时出现的小电压电位,这种电位也称为心室晚电位,可见于心肌损伤的患畜,提示发生折返性室性心动过速的危险。某些患室性心律失常和心肌功能不全的杜宾犬通过信号平均心电图可检测到室性晚电位。

## 超声心动图
### (ECHOCARDIOGRAPHY)

心脏超声是一种重要的非侵入性检查方法,用以检查心脏及其周围结构。心超通过评估心腔的大小、心壁的厚度、心壁的运动、瓣膜的结构和运动,以及胸腔大血管和其他参数来评价各结构间的解剖关系和心功能。超声心动是一种敏感的检测心包和胸腔积液的工具,也可探查心内及心脏附近的肿瘤。超声心动图检查一般不需或仅需轻度化学保定。

与其他诊断方法相似,超声心动应与完整的病史调查、心血管系统检查以及其他检查手段相结合。要获得良好的图像并做出正确的解读需要丰富的操作经

验。因此,操作者的技术和对正常及异常的心血管解剖和生理的理解至关重要。当然,超声仪器及动物本身的特性也会影响图像的质量。声波在骨组织(如肋骨)或空气(肺)中不能很好地传播,因此这些结构可能会干扰扫查,使得操作者无法对心脏进行完整的评估。

## 基本原则
### (BASIC PRINCIPLES)

超声检查使用脉冲、高频的声波,后者可被体组织界面反射、折射和吸收,仅反射部分可被探头接收并处理。探头的频率、能量输出和不同的机器设置将影响到最终所获得的图像的强度和清晰度。临床常用的超声检查有3种模式:M型、二维(2-D,实时)和多普勒。3种模式都各有其用(下文将会有详细介绍)。

声波在软组织中以特定速度(约1 540 m/s)传播,声束到达的不同软组织的厚度、大小和位置都能得到即时反映。声束能量在传至组织交界时可发生偏斜、吸收、散射和反射,因此其强度将在穿透组织的过程中出现衰减,因此,来自深部结构的回声将变弱。当声束(2-D或M-型)与显像结构垂直时,回声较强。并且,相邻组织的声阻抗差异越大,其界面反射便越多,则回声越强。反射非常强的界面,如骨/组织或空气/组织界面,会干扰来自深部软组织界面所产生的弱回声。

用高频探头进行超声波检查时因声束自身的特点(近场散射得更广而远场散射得少),细微结构的分辨率会更高。但由于软组织吸收和发散较多的能量,故高频声波穿透性较差。相反,低频探头发射的超声波的穿透力会更强,但其清晰度不理想。小动物常用的超声检查频率范围是3.5 MHz(用于大型犬)至大于10 MHz(用于猫和小型犬)。1 MHz为1 000 000周/s。

组织对声波反射较强称为强回声或高回声;组织对声波反射较弱称为低回声;不产生回声的液体则称为无回声或透声。在透声区域远场的组织将显示为强回声,此种现象称为后方回声增强。另外,声束的传播可被强回声物质(如肋骨)所阻断,并在该物体后产生声影(该区无成像)。

大部分的超声心动检查要求动物侧卧并进行轻柔的保定,在重力侧进行扫查能使图像的质量更佳。选择一边有凹形切迹的桌子或者检查台可使超声师能够在动物的重力侧更自由地放置和调整探头。有些动物可以取站立位进行扫查,但此种体位下动物运动将影响扫查。对探头放置的区域剃毛通常可增强与皮肤的接触

而获取清晰的图像。耦合剂可用于消除皮肤和探头间的空气干扰。探头可置于胸前心搏点上(或其他适宜区域),调整探头位置以获得一个较好的“声窗”,从而使心脏成像更为清晰。探头通常置于左侧或右侧胸骨旁位置进行探查,有时需轻微调整动物前肢或躯干位置以获得较好的声窗。在获得心脏图像后,超声师调整探头角度以及旋转探头,及超声诊断仪的设置(例如声束的强度、焦点和后处理),以获得最佳成像效果。在二维和M型模式下,当声束与目标位置的心脏结构和心内膜表面垂直时可获得最佳的图像。检查中伪影较为常见,且易与心脏异常相混淆。有时会出现实际不存在的可疑病灶,也可出现实际存在的病灶被遮挡的情况。但若多个扫查面都出现该可疑病灶,则该病灶更有可能是真的。

基本超声心动图检查包括精准获取的M型切面(用以测量)和经双侧胸壁的所有标准二维扫查面,有时还需进行其他一些改良切面扫查以进一步评估特定的病变。使用多普勒检查可提供更多的重要信息(在下文将进行详细论述)。对于某些动物来说,进行一次完整的检查有时比较耗时。对不配合的患病动物可实施轻度镇静,丁丙诺啡(0.007 5~0.01 mg/kg IV)与乙酰丙嗪(0.03 mg/kg IV)合用对犬效果较好。大多数猫对联合使用布托啡诺(0.2 mg/kg IM)与乙酰丙嗪(0.1 mg/kg IM)反应理想,有些猫则需要更强的镇静,可先使用乙酰丙嗪(0.1 mg/kg IM),并在15 min内使用氯胺酮(2 mg/kg IV),但该方法有增加心率的不良反应。其他的组合,例如低剂量的氢吗啡酮和咪达唑仑,也可取得理想的镇静效果。

## 二维超声心动图
### (TWO-DIMENSIONAL ECHOCARDIOGRAPHY)

二维超声心动可显示组织断面图(含深度和宽度)。二维或M型对各种疾病或先天性缺陷所引起的解剖学变化的成像效果佳,但其无法观察到真实的血流情况。

### 常见二维超声心动扫查切面

从胸壁的几个位置可获得多个切面的图像。多数标准切面可从左侧或右侧(心脏正上方靠近胸骨处)胸骨旁位置获得,有时也可从剑突下(肋骨下)或胸廓入口处(胸骨上)位置扫查。从与心脏长轴平行的方向检查时,可获得心脏长轴切面图像,短轴切面通常与长轴切面相垂直(图2-19至图2-24)。用探头位置和成像切面

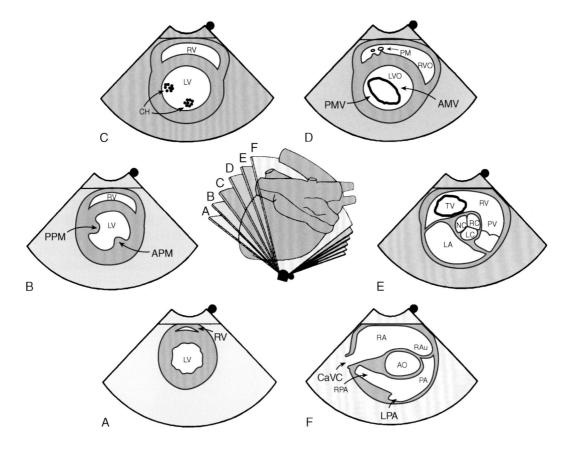

**图 2-19**

右侧胸骨旁二维超声心动图短轴切面。中央图片表示不同方向声束入射心脏结构成像的 **6** 个平面,有些切面可用于引导 **M** 型模式下测量线的放置及多普勒评估三尖瓣和肺动脉瓣血流。相应的回声图像自底部开始按顺时针方向排列。**A**,心尖切面。**B**,乳头肌切面。**C**,腱索切面。**D**,二尖瓣处切面。**E**,主动脉瓣处切面。**F**,肺动脉处切面。**AMV**,二尖瓣前瓣(隔瓣叶);**AO**,主动脉根部;**APM**,乳头肌前部;**CaVC**,后腔静脉;**CH**,腱索;**LA**,左心房;**LPA**,左肺动脉;**LV**,左心室;**LVO**,左心室流出道;**PA**,肺动脉;**PM**,乳头肌;**PMV**,二尖瓣后瓣;**PPM**,乳头肌后部;**PV**,肺动脉瓣;**RA**,右心房;**RAu**,右心耳;**RC**、**LC**、**NC**,主动脉瓣的右瓣、左瓣和非冠状瓣;**RPA**,右肺动脉;**RV**,右心室;**RVO**,右心室流出道;**TV**,三尖瓣。(引自:Thomas WP et al:Recommendations for standards in transthoracic 2-dimensional echocardiography in the dog and cat,J Vet Intern Med 7:247,1993.)

四腔心长轴切面

左心室流出道长轴切面

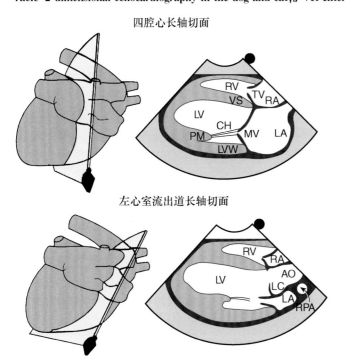

**图 2-20**

右侧胸骨旁位置的二维超声心动图长轴切面。每幅图的左半侧表示声束自右侧的入射位置,右图为自该位置获得的相应的切面图像。上图为长轴四腔心切面(左心室流入道)。下图为左心室流出道长轴切面。**AO**,主动脉根部;**CH**,腱索;**LA**,左心房;**LC**,主动脉瓣左冠瓣;**LV**,左心室;**LVW**,左心室壁;**MV**,二尖瓣;**PM**,乳头肌;**RA**,右心房;**RPA**,右肺动脉;**RV**,右心室;**TV**,三尖瓣;**VS**,室间隔。(引自:Thomas WP et al:Recommendations for standards in transthoracic 2-dimensional echocardiography in the dog and cat,J Vet Intern Med 7:247,1993.)

四腔心切面（流入道）

五腔心切面（左心室流出道）

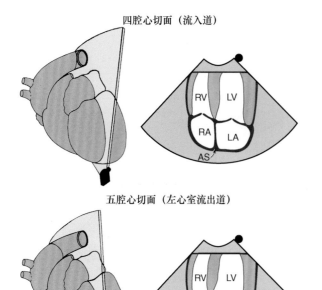

**图 2-21**

左后侧(心尖)胸骨旁切面。上方是最佳左心室流入道的四腔心切面。下方是最佳左心室流出道的五腔心切面。这些切面可获得较佳的二尖瓣和主动脉瓣区的多普勒速度信号。AO，主动脉根部；AS，房间隔；LA，左心房；LV，左心室；RA，右心房；RV，右心室。(引自: Thomas WP et al: Recommendations for standards in transthoracic 2-dimensional echocardiography in the dog and cat, J Vet Intern Med 7: 247,1993.)

二腔心长轴切面

左心室流出道长轴切面

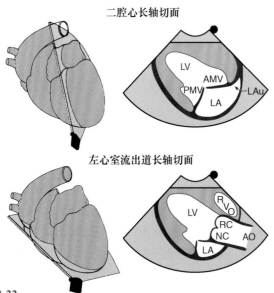

**图 2-22**

左后侧(心尖)胸骨旁二维切面，左心室流入道及左心耳(二腔观，上图)及左心室流出道(下图)最佳观测切面。左室流出道切面与左室流出道血流速度方向较一致(尽管肋弓下切面(此处未显示)测量流出道速率更佳)。AMV，二尖瓣前瓣(隔瓣叶)；AO，主动脉根部；LA，左心房；LAu，左心耳；LV，左心室；PMV，二尖瓣后瓣；RC、NC，主动脉瓣的右瓣和非冠状瓣；RVO，右心室流出道。(引自: Thomas WP et al: Recommendations for standards in transthoracic 2-dimensional echocardiography in the dog and cat, J Vet Intern Med 7: 247,1993.)

心短轴切面

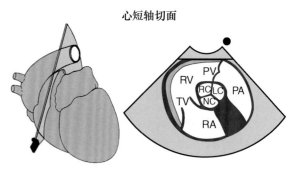

**图 2-23**

左前胸骨旁短轴切面是右心室流入和流出的最佳观测面。这切面可用于获得三尖瓣和肺动脉瓣处血流的多普勒信号。PA，肺动脉；PV，肺动脉瓣；RA，右心房；RC、LC、NC，主动脉瓣的右瓣、左瓣和非冠状瓣；RV，右心室；TV，三尖瓣。(引自: Thomas WP et al: Recommendations for standards in transthoracic 2-dimensional echocardiography in the dog and cat, J Vet Intern Med 7: 247,1993.)

心长轴切面 1

心长轴切面 2

心长轴切面 3

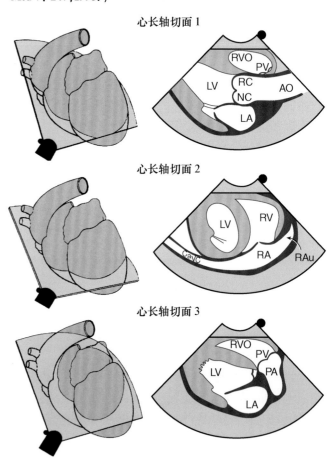

**图 2-24**

左前胸骨旁心长轴切面图。主动脉根部(上图)，右心房及心耳(中图)，右心室流出道和肺主动脉(下图)最佳观测切面。这些切面可用于评估心基部并可获得三尖瓣和肺动脉瓣处血流的较佳的多普勒信号。AO，主动脉根部；CaVC，后腔静脉；LA，左心房；LV，左心室；PA，肺动脉根部；PV，肺动脉瓣；RA，右心房；RAu，右心耳；RC、NC，主动脉瓣的右瓣和非冠状瓣；RV，右心室；RVO，右心室流出道。(引自: Thomas WP et al: Recommendations for standards in transthoracic 2-dimensional echocardiography in the dog and cat, J Vet Intern Med 7: 247,1993.)

描述所检查的图像(如右侧胸骨旁短轴切面,左前胸骨旁长轴切面)。二维成像可对心腔的方向、大小和心壁厚度进行整体评估。右心室壁通常是左心室游离壁厚度的1/3,不应超过左室壁厚度的1/2。右心房和右心室腔的大小通常与左心进行主观比较,比较时通常使用右胸骨旁长轴观或左心尖四腔切面。所有瓣膜和相关结构以及大血管均需进行系统的检查。任何可疑的异常都需进行多个切面的检查确认,并对其进行描述。

通常在 M 型模式下测量左心室舒张末期和收缩期的内径和室壁的厚度,时相适当的二维声像图也可用于测量。有多种方法可用于评估左心室容积和室壁。左心房的测量最好采用二维声像图而非 M 型超声图。测量左心房大小的方法有多种,一种即为使用右侧胸骨旁长轴四腔心切面测量收缩末期的前后直径(顶部至底部)。此种方法下猫所测得的左心房直径正常应小于 15 mm,直径大于 19 mm 时提示发生血栓栓塞的风险更高。而犬随体型差异测得的心房直径较为悬殊,因此将左心房大小与二维超声心动图测量的主动脉根部直径(在 valsalva 窦水平)相比较。正常时左心房直径(收缩末期)/主动脉根比值不超过 1.9。另外一种测量犬左心房大小的常用方法:在右胸骨旁短轴观将左心房和主动脉腔调整至最大,然后在舒张早期,沿闭合的左冠状瓣与无冠状瓣所形成的融合线的延长线方向测量左心房的内径。使用该方法进行测量时,左心房/主动脉比值应小于 1.6。

## M 型超声心动图
### (M-MODE ECHOCARDIOGRAPHY)

M 型超声心动图检查可获得心脏的一维切面(深度)图像,M 型图像代表沿声束方向的不同组织界面的回声(垂直表现于屏幕)。这些随心动周期变化的回声按时间顺序展现(延水平轴)。记录仪上显示的波形曲线反映从探头到各结构及结构相互之间在某时间的即时联系。在合适的二维(实时)图像上精确的放置可移动的测量线对于获取准确的 M 型超声图像数值来说至关重要。M 型图像由于采样频率较高,其显示的心脏边缘的分辨率通常比二维图像更佳。在 M 型模式下测量心脏大小及评估心动周期运动更为准确,尤其在配合同步心电图(或心音图)时更是如此。该方法的缺陷为较难持续且正确地保持用于进行标准测量和

计算的扫查位置。

### M 型图像

探头从右侧胸骨旁位置扫查可获得标准 M 型图像,在二维图像内部放置 M 型测量线。超声波束在心内的精确放置(与测量结构垂直)以及清晰的心内表面成像对 M 型的准确测量和计算至关重要。例如,在测量左心室游离壁厚度时必须避开乳头肌。图 2-25 所示的为标准 M 型切面。对于 M 型测量线无法准确垂直放置的病例(例如,存在局灶性或非对称性心壁肥厚的动物),建议使用二维图像进行壁厚度测量;但是,对于心率快的动物,此种模式下很难获得真正的舒张末期图像。

### 常规测量及正常值

图 2-25 为 M 型的测量标准值及其测量的心动周期时间。应尽可能使用前缘测量技术[测量一侧最靠近探头的边缘(前缘)至另一侧的前缘],用该方法测量仅包含单个心内表面值。在测量收缩期与舒张期的左心室壁和室间隔厚度及左心室腔大小时,需选取腱索的水平切面,而非心尖部或二尖瓣部位的水平切面。若二维声像图分辨率较高且截图的时间适宜,也可使用二维图像进行测量。动物的体型会对测量值产生显著的影响,犬尤其如此,因为不同品种的犬之间体型相差甚远。但是,动物的心脏测量指标并非与体重或表面积呈线性关系;而是与体重的立方根(体重$^{1/3}$)的线性关系更为一致。体型变异性度量用于计算正常犬的心脏测量指标(表 2-3),表中列出个不同体重对应的测量平均值以及 95% 的预测区间;但是这些数据有时范围偏宽泛,大型犬尤其如此。体型和品种可能会对超声测量值产生一定的影响。例如,与其他犬种相比,健康拳师犬的左室壁更厚且主动脉内径更小,但腔室内径无显著差异。长期训练也会影响测量值,频繁而持续的剧烈运动会增加心脏的重量和容积。健康猫的测量值更为固定,但是也会受猫体型的影响(表 2-4)。计算心腔容积和射血分数时,由于是在一维模式下的几何学假设,其具有更高的不准确性,故最好选择优良的二维图像进行辛普森测量(Simpons' method)而不要在 M 型模式下进行测量(更多信息请参考推荐阅读)。在右胸骨旁长轴切面下将左室的影像调整至最佳再进行左室容量测量,比使用左心尖切面进行测量更准确。

**表 2-3　犬超声动图测量值参考标准***

| BW(kg) | LVID_D(cm) | LVID_S(cm) | LVW_D(cm) | LVW_S(cm) | IVS_D(cm) | IVS_S(cm) | AO(cm) | LA†(M型;cm) |
|---|---|---|---|---|---|---|---|---|
| 3 | 2.1 (1.8~2.6) | 1.3 (1.0~1.8) | 0.5 (0.4~0.8) | 0.8 (0.6~1.1) | 0.5 (0.4~0.8) | 0.8 (0.6~1.0) | 1.1 (0.9~1.4) | 1.1 (0.9~1.4) |
| 4 | 2.3 (1.9~2.8) | 1.5 (1.1~1.9) | 0.6 (0.4~0.8) | 0.9 (0.7~1.2) | 0.6 (0.4~0.8) | 0.8 (0.6~1.1) | 1.3 (1.0~1.5) | 1.2 (1.0~1.6) |
| 6 | 2.6 (2.2~3.1) | 1.7 (1.2~2.2) | 0.6 (0.4~0.9) | 1.0 (0.7~1.3) | 0.6 (0.4~0.9) | 0.9 (0.7~1.2) | 1.4 (1.2~1.8) | 1.4 (1.1~1.8) |
| 9 | 2.9 (2.4~3.4) | 1.9 (1.4~2.5) | 0.7 (0.5~1.0) | 1.1 (0.8~1.4) | 0.7 (0.5~1.0) | 1.0 (0.7~1.3) | 1.7 (1.3~2.0) | 1.6 (1.3~2.1) |
| 11 | 3.1 (2.6~3.7) | 2.0 (1.5~2.7) | 0.7 (0.5~1.0) | 1.1 (0.8~1.5) | 0.7 (0.5~1.1) | 0.7 (0.5~1.1) | 1.8 (1.4~2.2) | 1.7 (1.3~2.2) |
| 15 | 3.4 (2.8~4.1) | 2.2 (1.7~3.0) | 0.8 (0.5~1.1) | 1.2 (0.9~1.6) | 0.8 (0.6~1.1) | 1.1 (0.8~1.5) | 2.0 (1.6~2.4) | 1.9 (1.6~2.5) |
| 20 | 3.7 (3.1~4.5) | 2.4 (1.8~3.2) | 0.8 (0.6~1.2) | 1.2 (0.9~1.7) | 0.8 (0.6~1.2) | 1.2 (0.9~1.6) | 2.2 (1.7~2.7) | 2.1 (1.7~2.7) |
| 25 | 3.9 (3.3~4.8) | 2.6 (2.0~3.5) | 0.9 (0.6~1.2) | 1.3 (1.0~1.8) | 0.9 (0.6~1.3) | 1.3 (0.9~1.7) | 2.3 (1.9~2.9) | 2.3 (1.8~2.9) |
| 30 | 4.2 (3.5~5.0) | 2.8 (2.1~3.7) | 0.9 (0.6~1.2) | 1.4 (1.0~1.9) | 0.9 (0.7~1.3) | 1.3 (1.0~1.8) | 2.5 (2.0~3.1) | 2.5 (1.9~3.1) |
| 35 | 4.4 (3.6~5.3) | 2.9 (2.2~3.9) | 1.0 (0.7~1.4) | 1.4 (1.1~1.9) | 1.0 (0.7~1.4) | 1.4 (1.0~1.9) | 2.6 (2.1~3.2) | 2.6 (2.0~3.3) |
| 40 | 4.5 (3.8~5.4) | 3.0 (2.3~4.0) | 1.0 (0.7~1.4) | 1.5 (1.1~2.0) | 1.0 (0.7~1.4) | 1.4 (1.0~1.9) | 2.7 (2.2~3.4) | 2.7 (2.1~3.5) |
| 50 | 4.8 (4.0~5.8) | 3.3 (2.4~4.3) | 1.0 (0.7~1.5) | 1.5 (1.1~2.1) | 1.1 (0.7~1.5) | 1.5 (1.1~2.0) | 3.0 (2.4~3.6) | 2.9 (2.3~3.7) |
| 60 | 5.1 (4.2~6.2) | 3.5 (2.6~4.6) | 1.1 (0.7~1.6) | 1.6 (1.2~2.2) | 1.1 (0.8~1.6) | 1.5 (1.1~2.1) | 3.2 (2.5~3.9) | 3.1 (2.4~4.0) |
| 70 | 5.3 (4.4~6.5) | 3.6 (2.7~4.8) | 1.1 (0.8~1.6) | 1.6 (1.2~2.2) | 1.1 (0.8~1.6) | 1.6 (1.2~2.2) | 3.3 (2.7~4.1) | 3.3 (2.6~4.2) |

注:FS(25%)27%~40%(47%),EPSS≤6mm

根据幂律关系所推荐的犬正常 M 型测量值,测量值=$BW^{1/3}$。此测量值可能不适应于过肥过瘦的犬,以及幼龄、老龄犬也不适用于运动犬。

*犬正常的 M 型平均测量值与 95% 可信度区间。

†M 型测量无法反映 LA 的最大直径。LA 的大小需在 2D 模式下测量。

AO,主动脉根部;BW,体重;EPSS,二尖瓣 E 峰至室间隔距离;FS,射血分数;$IVS_D$,舒张期室间隔;$IVS_S$,收缩末期室间隔;LA,左心室;$LVID_D$,舒张末期左心室内径;$LVID_S$,收缩末期左心室内径;$LVW_D$,舒张末期左心室壁;$LVW_S$,收缩末期左心室壁;(摘自 Cornell CC et al:Allometric Scaling of M-mode Cardiac measurements in normal adult dogs,*J vet Intern Med*.18:311,2004)。

若进行心电图同步检测,应在 QRS 波群起始处进行舒张期的测量,左心室收缩期测量从室间隔向下运动的最低点处开始至左心室游离壁内壁前缘的距离。室间隔和左心室壁正常情况下收缩时为相向运动,但在电激动不同步时其最大位移处可能并不严格重叠。

反常性室间隔运动,即室间隔在收缩期远离左心室壁向探头运动,可在某些右心室容量和/或压力超载的情况下出现。这种室间隔运动异常可在二维图像中显现,此时无法使用缩短分数来准确评估左室的收缩功能。

表 2-4　猫超声心动图测量值参考标准*

| LVID$_D$* (mm) | LVID$_S$ (mm) | LVW$_D$ (mm) | LVW$_S$ (mm) | IVS$_D$ (mm) | IVS$_S$ (mm) | LA† (mm) | AO (mm) |
|---|---|---|---|---|---|---|---|
| 12~18 | 5~10 | ≤5.5 | ≤9 | ≤5.5 | ≤9 | 7~14 | 8~11 |
| FS 35%~65% | | | | | | | |
| EPSS≤4 mm | | | | | | | |

†：左心房测量的 M 型光标位置存在一定的个体差异；LA 内径在二维模式下测量可获得最大值。AO，主动脉根部；EPSS，二尖瓣 E 峰至室间隔距离；FS，射血分数；IVS$_D$，舒张末期室间隔；IVS$_S$，收缩末期室间隔；LA，左心房（收缩期）；LVID$_D$，舒张末期左心室内径；LVID$_S$，左心室收缩末期内径；LVW$_D$，舒张末期左心室壁；LVW$_S$，收缩末期左心室壁。

\* 这些值为作者经验及某些出版刊物的结合。氯胺酮可升高心率、降低 LVID$_D$。

缩短分数（FS；%ΔD）常用于评估左心室功能，是指从舒张期至收缩期左心室大小变化的百分比[（LVID$_D$ － LVID$_S$）/LVID$_D$×100]。多数健康犬的 FS 介于 25%（~27）%和 40%（~47）%，猫则介于 25%~65%，但会有一定的变化。该收缩性指数与其他心脏射血期测量指数相同，由于其与心室负荷状况相关而具有显著的限制性。例如，左心室后负荷降低（由二尖瓣闭锁不全、室间隔缺损或外周血管扩张引起）可促进射血，从而使收缩末期的左室内径更小和射血分数更高，但内在的心肌收缩力却并未增加。因此，严重二尖瓣反流

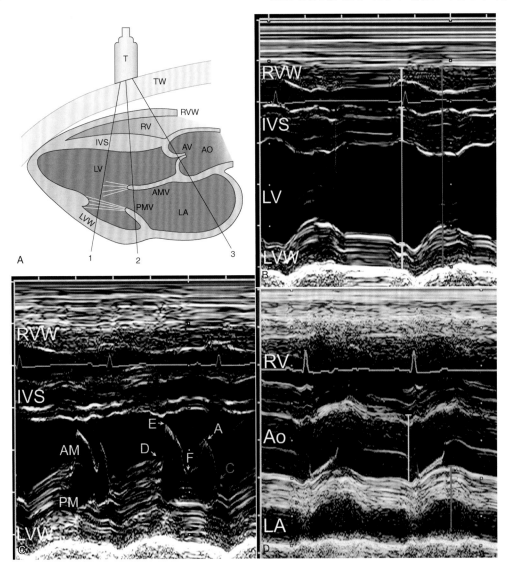

图 2-25

常用 M 型切面。**A** 图显示的是超声声束的大致方向与所获得的相对应 M 型图像。需连接同步Ⅱ导联 ECG 以定位超声图像所处的心动周期。舒张末期位于 QRS 波群的起始处（黄线所示）；收缩末期位于室间隔与游离壁距离最短处（红线所示）。**B** 图显示的是左室腱索水平的 M 型图像，与 **A** 图中的 1 号线对应；左室内径的测量自室间隔的前缘壁开始，至游离壁的前缘壁终止；室间隔厚度的测量自室间隔的右室内前缘壁起始，至其在左室面的前缘壁，必须包括收缩期及舒张期；游离壁厚度测量自其左室内前缘壁起始，至（不包括）心外膜面前缘壁。**C** 图显示的是左室二尖瓣水平的 M 型图像，与 **A** 图中的 2 号线对应；二尖瓣前叶与后叶的运动用图示的字母来表示；舒张期瓣叶在 **D** 点开放，收缩期在 **C** 点关闭（详见正文）。**D** 图为主动脉根部 M 型图像，与 **A** 图的 3 号线对应（可见到瓣膜）；主动脉直径在舒张期测量，自主动脉近场壁的前缘起始，至远场壁的前缘；左心房（LA，一般是心耳区域）在主动脉前向运动最大处测量。**RV**，右心室腔；**RVW**，右心室壁。

患畜经常出现夸张的 FS 而使原本正常的心肌功能表现为收缩力增强,这可能会掩盖减弱的心肌收缩力。局灶性心室壁运动异常和心律失常也会影响 FS 的测量值。

对于存在二尖瓣反流的犬来说,使用计算出来的收缩末期容积指数(ESVI)能更准确地评估心肌收缩力。该指数(ESV/m² 身体表面积)将收缩末期心室大小与体型对比而不是与舒张末期心室大小对比。建议在二维图像而非 M 型图像中测量左室的容积。根据人医的研究推演,ESVI 小于 30 mL/m² 为正常,30～60 mL/m² 提示轻度左室收缩功能不全,60～90 mL/m² 提示中度的左室功能不全,超过 90 mL/m² 提示严重左室功能不全。其他测量方法所给出的数据也可用于评估左室功能。

M 型可也用于评估二尖瓣的运动情况。前瓣(室间隔瓣)最为突出在 M 模式下运动形成"M"形轨迹。后瓣(游离壁瓣)较小,其运动轨迹与前叶呈镜像关系,呈"W"形。三尖瓣的运动形式与之相似。二尖瓣的运动形式可以字母标示(图 2-25):E 点出现于心室快速充盈期瓣膜开启最大化时。F 点代表心室快速充盈末期瓣膜移至更闭合的位置。心房收缩可使瓣膜重新打开至 A 点。心率较高时,E 与 A 可能发生融合。在心室开始收缩时,二尖瓣闭合(C 点)。正常动物二尖瓣 E 点靠近室间隔,E 点至中隔距离增大通常提示心肌收缩性差,尽管主动脉闭锁不全会产生相似表现。

在左心室流出道受阻的健康动物,二尖瓣前叶在射血期可被吸向室间隔,称为收缩期前向运动(systolic anterior motion,SAM),它可使正常时较直的二尖瓣回声(C 点和 D 点之间)在收缩期向室间隔弯曲(见图 8-4)。二尖瓣前叶舒张期扑动有时可见于主动脉闭锁不全时的反流束引起瓣膜振动(图 2-26 及图 2-27)。

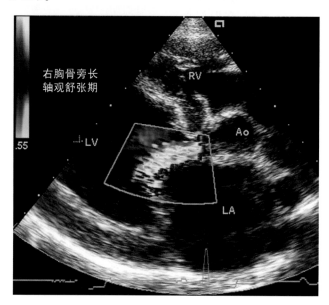

**图 2-26**

患有主动脉瓣心内膜炎的 2 岁罗威纳犬,图示为主动脉反流束彩色多普勒图像,可见反流束朝向二尖瓣前叶;该反流束引起二尖瓣瓣叶在舒张期扑动(图 2-27)。图像为右胸骨旁长轴观。**Ao**,主动脉;**LA**,左心房;**LV** 左心室;**RV** 右心室。

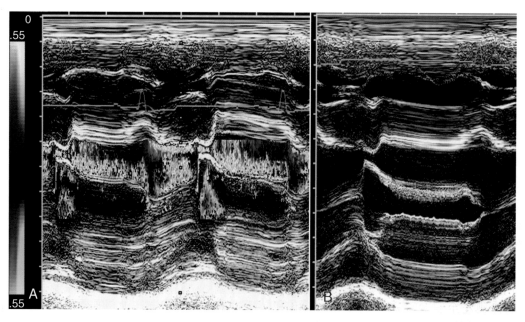

**图 2-27**

与图 2-26 为同一只犬,图像显示的是二尖瓣的彩色 M 型(A)和普通 M 型(B)图像;在左室流出道区域可见沿二尖瓣前叶分布的主动脉瓣反流所形成的湍流。B 图中可见二尖瓣前叶细微扑动;与薄而清晰的后叶相比,前叶显得宽而"模糊"。

M 型声像图也常用于测量主动脉根部直径,有时也用于评估主动脉的运动。主动脉根壁在收缩期可出现两条向右运动的平行线。在舒张期,1 个或两个动脉瓣瓣叶可在动脉壁回声中央显示为一条与动脉壁平行的直线。开始射血时,瓣叶迅速向主动脉壁方向打开,在射血末期重新闭合。常将这两个瓣叶的回声描述为矩形波串或小矩形方块串状排列。主动脉的直径测于舒张末期,在根部水平。主动脉根的后至前的移动幅度在心输出量不足时通常会减小。左心房大小(后壁至主动脉根部)测于主动脉最大收缩位移时。在正常犬猫,左心房与主动脉根部比值约为 1∶1,但这种方法测得的左心房偏小,因为(尤其在犬)在此 M 型图像中,取样线通常穿过左心房靠近左心耳的部位,而非左心房的最宽处。M 型波束通常可穿过猫的左心房体,但其声束的指向存在不确定性。一些动物的声束入射位置不易确定,所以有可能不经意间误测到肺动脉的影像。因此,左心房的大小最好在二维图像中进行测量。

收缩间期(systolic time intervals,STIs)有时也可用于评估心脏功能,但其受心脏充盈和后负荷的影响。若动脉瓣开闭的 M 型图像较为清晰,并且进行心电图实时监测时,可对收缩间期进行计算。收缩间期包括左心室射血时间(主动脉瓣开启时期)、射血前期(QRS 开始至主动脉瓣开启时期)及整个机电收缩期(左心室射血时期及射血前期)。STIs 也可通过多普勒超声心动获取。

## 心脏超声造影术
### (CONTRAST ECHOCARDIOGRAPHY)

心脏超声造影术又称为"气泡研究法(bubble study)",是将含有"微气泡"的物质通过外周静脉或选择性注入心脏的一项技术。这些微气泡通过超声波束时可产生很多小回声,使血池暂时显像(图 2-28)。微气泡像为随血流移动的闪亮点。振荡的生理盐水、生理盐水与患畜血液的混合物及其他物质都可用作造影剂。注射入外周静脉后可使右心腔出现回声,左心或主动脉内出现气泡可提示右至左分流。生理盐水微气泡无法通过肺毛细血管网(虽然有些造影用商业制剂可透过),故在检测左至右分流或二尖瓣反流时,需通过左心导管注入造影剂。多普勒超声心动图现已普遍取代超声造影术,但造影术仍然有其独特的用处。

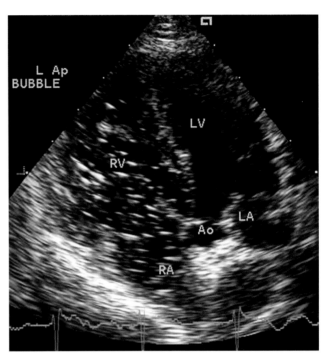

**图 2-28**

**1** 只患肺动脉高压的犬进行超声"气泡"造影。经外周注射震荡生理盐水后可见右心腔充满明亮的小点。由于该犬不存在心内短路,因此在左心腔内看不到气泡,即使右心压力已异常升高。图示为左心尖观。Ao,主动脉;LA,左心房;LV,左心室;RA,右心房;RV,右心室。

## 多普勒超声心动图
### (DOPPLER ECHOCARDIOGRAPHY)

多普勒超声成像技术可用于检测血流方向和速度。临床上使用的多普勒超声心动技术包含几种类型,包括脉冲多波普勒(PW)、持续波多普勒(CW)和彩色血流成像,是临床检测异常流向或湍流以及血流过速的手段。多普勒技术可用于检测和测量瓣膜反流、阻塞性病灶和心脏短路。心输出和其他收缩功能相关指数以及来源于多普勒的舒张功能指数也可进行评估。完整的多普勒超声心动检查需要熟练的技术、对血液动力学原理和心脏解剖结构的熟悉,有时还较为耗时。

多普勒成像原理基于检测发出波束与运动血细胞产生的反射之间频率的改变(多普勒频移*)。血细胞背向探头运动时产生的回声频率较低,而朝向探头移动时产生的回声频率较高。细胞的运动速度越快,频移便越大。在声束与血流方向平行时,可获得最佳血流图像并可对最大流速进行测量。准确的多普勒成像必须使声束与血流平行,这与 M 型和二维成像正好相反,这两者检查时都需使声束与被检物垂直。多普勒成像时,当声束与血流成一定角度,即两者非 0°关系,由于流速计算值都是与该角度的余弦值成反比($\cos 0° = 1$),故此时测得的血液流速将比实际值偏小。在声束与血流所成角度小于 20°时,所估算的最大血流速的准确度还是可以接受,当此角度增大时,计算得到的速率偏低。在入射角为 90°时,计算得流速为 0($\cos 90° = 0$),故在声束与血流垂直时,无法检测流动信号。流动信号通常在 $x$ 轴按时间顺序展开,而流速(刻度单位 m/s)则表示于 $y$ 轴。零刻度基线可区分血流是远离探头(基线以下)或朝向探头(基线以上)运动。流速越高,离基线越远。其他流体特性(如湍流)也可影响多普勒频谱图。

### 脉冲波多普勒

PW 多普勒用短促的脉冲波向特殊的部位(称为采样容积)发射超声波,然后对声波的反射进行分析。其优点是对心脏或血管的特定部位进行定量的血流速度、方向及频谱特性的测定;主要缺陷为测得的最大流速有限。脉冲的重复频率(用于发送、接受和处理返回声波的时间),以及声波的发送频率和探头与采样容积间距离都可影响最大测定流速[称为尼奎斯特极限(Nyquist limit)]。尼奎斯特极限即为脉冲重复频率的 2 倍。使用低频探头并缩短与采样容积的距离可提高尼奎斯特极限。若血流速度高于尼奎斯特极限,则可出现"混叠"或速度模糊,表现为信号带在基线上下浮动(环绕),无法测得速度或方向(图 2-29)。在 PW 所形成的速率频谱中,若取样处红细胞流向和速率较为一致,则波形显得窄(紧凑);若速率不同,则频谱增宽。

不同瓣膜区域所得的血流图像都具有一定的特点。双侧房室瓣处血流图像相似,同样,双侧半月瓣处血流图像相似。在心室舒张期,血流快速通过二尖瓣和三尖瓣处注入心室(图 2-30)形成一个较高速度的信号(E 波),随后心房收缩出现较低速信号(A 波)。品种、年龄与体重对正常多普勒检测的影响不大。在二尖瓣处出现的最高流速(通常 E 峰≤0.9~1.0 m/s,A 峰≤0.6~0.7 m/s)一般高于三尖瓣处(E 峰通常≤0.8~0.9 m/s,A 峰通常≤0.5~0.6 m/s)。左心尖四腔观通常用于测量二尖瓣血流流入速度,而三尖瓣血流流入速度测量通常取左心前短轴观;有些病例也可从其他的切面进行测量。目前已有数种脉冲多普勒指数用以评估心脏的舒张功能,包括等容舒张时间、二尖瓣 E/A 比、肺静脉血流比率以及其他的参数(更多信息请参考推荐阅读)。

肺动脉瓣和主动脉瓣处流速在射血期迅速增大(图 2-31),然后缓慢减速。多数犬收缩期肺动脉处最高流度通常小于或等于 1.4~1.5 m/s,左心前区是较佳的测量侧面,取样容积放置于瓣口处或者瓣口稍远处;主动脉瓣处最高流度常小于或等于 1.6~1.7 m/s,一些正常犬因心搏量增大、交感神经紧张或者品种相关性流出道结构特点,主动脉瓣处流速可略高于 2 m/s,尤其在非镇静状态时。心室流出道受阻可增大血流加速度和最高流速,导致出现湍流。一般主动脉流速超过 2.2~2.4 m/s 时,提示发生流出道梗阻。但流速在 1.7~2.2 m/s 间为一个"灰色地带",此时可能存在轻微的左心室流出道受阻(如某些原因引起的主动脉瓣下狭窄),但无法肯定地与正常而有力的左心室射血相区别。犬的主动脉/左室流出道最高流速通常在肋弓下(剑突软骨下)的切面获得,但是,有些犬在左心尖切面能测得最高的流速。因此,评估左室流出道时需包含上述两个切面,然后选取速率最高的一个。

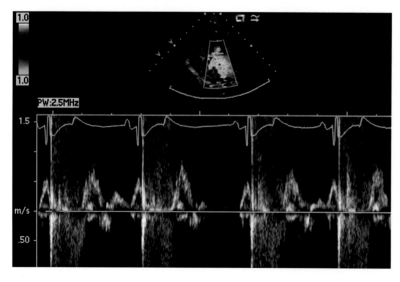

图 2-29
左后胸骨旁切面,犬退行性二尖瓣疾病,患犬舒张期流入道及收缩期反流的二尖瓣 PW 多普勒成像。二尖瓣反流方向远离探头(基线以下);但由于流速过高而用脉冲成像无法测量真实的数据。信号围绕基线(混叠)。

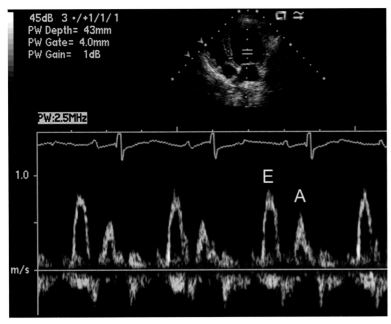

图 2-30

左后胸骨旁切面,犬正常二尖瓣血流的脉冲波(PW)多普勒成像。紧接心电图 QRS-T 的血流信号(基线上方)表明舒张早期血液流入心室(E);P 波后第二个较小的峰表示心房收缩流入血流。左侧为速度标尺。

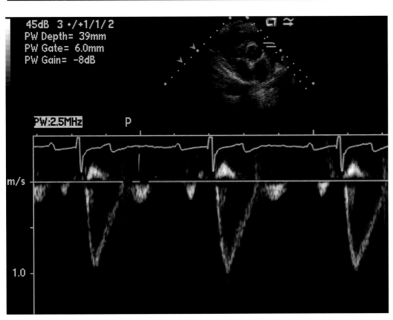

图 2-31

左心前短轴切面,犬正常肺动脉血流在 PW 模式下的图像。可见血流在进入肺动脉后快速加速(基线以下),峰速大 1.0 m/s,速度标尺在图像左侧,单位是 m/s。

## 持续波多普勒

CW 多普勒可在取样线上连续且同时发送和接收信号。理论上它不会受最大流速限制,可用于测量高速流(图 2-32)。CW 多普勒的缺陷是不同深度的血流速度和方向样本全部沿着超声束被返回,而不能够确定于特定区域(又称距离模糊)。

## 压力梯度计算

多普勒可与 M 型和二维成像联合应用于压力梯度估测,并评估先天性或获得性流出道梗阻的严重性,也可通过反流口最大射流速度估测反流瓣膜处的最大压力梯度。通过测得的瞬时最大流速来估测该狭窄处或反流瓣膜区域的压力梯度。CF 多普勒可用于描述射流的方向。调整多普勒声束使其平行以检测最大流速。若使用 PW 多普勒是出现混叠现象,则需要换为 CW 多普勒模式。可使用改良的伯努利方程(Bernoulli equation,其他影响这种关系的因素通常临床相关性较小,一般忽略不计)进行计算:

$$压力梯度 = 4 \times (最大流速)^2$$

根据最大三尖瓣反流口流速(TR$_{max}$),可评估肺动脉收缩压(无肺动脉狭窄时),所测得的收缩压梯度

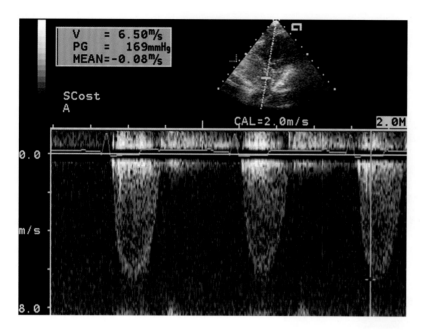

图 2-32

肋弓下切面,患严重主动脉瓣瓣下狭窄的犬采用 CW 对其主动脉流出速率进行成像。根据测得的最高流速 **6.5 m/s**,在流出道区域估算的压力梯度为 **169 mmHg**,速度标尺在图像左侧,单位是 **m/s**。

加上 8~10 mm Hg(或者测得的中心静脉压)即为右心室收缩压,后者约等于肺动脉压。当 $TR_{max}$ 超过 2.8 m/s 时提示存在肺动脉高压。肺动脉高压可分为轻度($\approx 35 \sim 50$ mm Hg $TR_{max} = 2.9 \sim 3.5$ m/s)、中度($\approx 51 \sim 75$ mm Hg $TR_{max} = 3.6 \sim 4.3$ m/s)和重度($> 75$ mm Hg $TR_{max} > 4.3$ m/s)。与此类似,可通过测量舒张末期肺动脉反流(PR)流速来估算肺动脉舒张期压力梯度。将计算得到的右室与肺动脉压力差加上估算的右室舒张压,即为肺动脉舒张压。若 PR 峰速超过 2.2 m/s,同样提示肺动脉高压。

### 彩色血流成像

彩色血流成像是 PW 多普勒的一种形式,将 M 型或二维图像与血流成像相结合。但这种方法是沿多条扫描线对多个取样容积进行分析,而非单条扫描线对单个取样容积。将从多个取样容积获得的平均频移用色彩编码标识方向(相对于探头)和速度。多数系统编码朝向探头血流为红色,背离探头血流为蓝色,0 速率用黑色编码,表示速率为 0 或者声束与取样处垂直。通过改变图像的亮度和颜色,可计算相关血流速度差异和是否出现多速和多向(湍流)。即使在血流正常时,也常出现混叠的情况,因为尼奎斯特极限较低。信号混叠显示为色彩发生颠倒[如红色变为蓝色(图 2-33)]。湍流可在同一区域内产生多种方向和流速的血流,此种信号可通过色差成像增强,即在红色/蓝色图像中加入黄色或绿色阴影(图 2-34)。

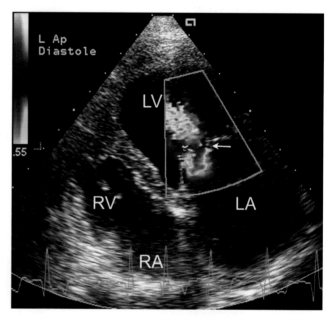

图 2-33

二尖瓣狭窄伴房颤患犬的彩色血流混叠现象。舒张期血流朝向狭窄的二尖瓣口(箭头)加速并超过尼奎斯特极限,导致出现红色血流呈蓝色伪像,后又呈红色,又一次呈蓝色。二维成像顶部是左心室,内可见湍流。

在彩色多普勒模式下通过评估回反流口的大小和形状,可对瓣膜反流的程度进行判断。虽然技术因素和血液动力学因素可影响这种检测的准确性,但宽而长的反流束通常比窄的反流束更严重。另外也有其他方法用于定量评估反流的严重程度,最大反流速度并非评估反流严重程度的指标,尤其是二尖瓣反流,评估慢性反流严重性时,腔径大小的变化是更好的指标。

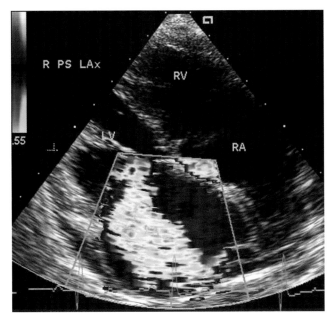

**图 2-34**
右侧胸骨长轴四腔心切面,二尖瓣反流患犬收缩期湍流,反向流入增大的心房。反流束沿左心房背侧弯曲。LA,左心房;LV,左心室;RA,右心房;RV,左心室。

## 经食道超声心动图
## (TRANSESOPHAGEAL ECHOCARDIOGRAPHY)

使用包埋于柔韧、可调控的内窥镜末端的特殊探头可透过食道壁对心脏结构显像。由于经食道超声心动图(transesophageal echocardiography,TEE)可避免胸壁和肺的干扰,故该方法比胸部超声心动图对心脏结构成像更为清晰(尤其是在房室交界处或其上方的结构)。该技术尤其适用于确定某些类型的先天性心脏缺陷、血栓、肿瘤和心内膜炎病灶,以及指导心脏的介入性操作(图 2-35)。该检测需对动物进行深度镇静或全身麻醉,内窥镜探头较昂贵,是 TEE 的缺陷。内窥镜的操作相关并发症较少。

## 其他超声心动技术
## (OTHER ECHOCARDIOGRAPHIC MODALITIES)

### 组织多普勒成像

组织多普勒技术(DTI)是通过改变信号处理过程以及过滤返回的回声,用于评估组织运动而非血细胞运动的技术。心肌速率模式可借助彩色血流和脉冲波频谱DTI 技术进行评估。频谱 DTI 具有更高的瞬时分辨率,对特定部位(例如二尖瓣瓣环的外侧和室间隔侧)的心肌运动速率进行定量(图 2-36)。彩色 DTI 评估多个区域的平均心肌速率。其他用于评估局部心肌功能和同步性的技术也有来源于 DTI 技术的,包括,心肌速率梯度、心肌应变和应变率。心肌应变与应变率可能有助于评估亚临床性心肌壁运动异常或者心室不同步运动。应变用以测量心肌的形变,或者其自原来的大小所发生的变化的百分比。应变率反映的是瞬时的形变比率。基于多普勒的技术的最大限制点在于其对角度的依赖性,而心脏的异位运动使这一问题变得更复杂。最近,一种基于二维超声心动而非 DTI 的"斑点追踪"技术,可用于更准确的评估区域性心肌运动、应变和应变率,具有更好的应用前景。该技术通过追踪心肌组织中的灰阶"斑点"在心动周期中的运动而成像。更多信息请参考推荐阅读。

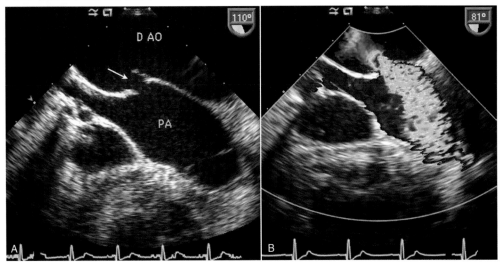

**图 2-35**
**A,**1 只 5 岁的英国史宾格猎犬的心基部在 TEE 下的图像,可见动脉导管未闭位于降主动脉(D AO)和肺动脉(PA)之间。**B,**在同一位置打开彩色血流信号,可见血流朝向导管的主动脉端开口处加速,并在导管和肺动脉中产生湍流。

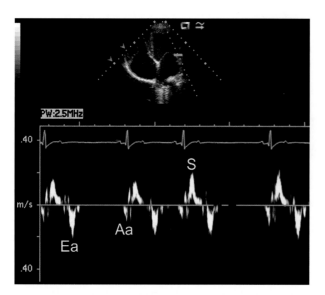

**图 2-36**
一只猫的脉冲组织多普勒图像。二尖瓣瓣环在收缩期朝左心尖(探头)运动(S)。在舒张充盈早期(Ea),随着左室舒张,瓣环远离心尖,左心房收缩(Aa),瓣环产生额外运动。

### 三维超声心动

随着对心脏和其他结构的三维成像和信号处理的技术日益普及,我们有更多可用于评估心脏的结构与功能的方法。通过旋转或等分图像,可实现在任意角度观察任何解剖学和血流异常。为获取足够的数据来重建整个心脏的三维图像,需要采集数个心动周期的信息。

## 其他技术
## (OTHER TECHNIQUES)

### 中心静脉压测定
### (CENTRAL VENOUS PRESSURE MEASUREMENT)

中心静脉压(CVP)是右心房内的静水压,可延伸为胸腔内前腔静脉的静水压。可受血管内容量、血管顺应性及心脏功能的影响。中心静脉压的测量可帮助鉴别右心充盈高压(如右心充血性心力衰竭或心包疾病导致)与其他原因导致的胸腔或腹腔积液。但胸腔积液可使胸腔内压力升高,此时虽不存在心脏疾病,CVP 也会升高。因此在中度至重度的胸腔积液患畜,测量 CVP 前应先进行胸腔穿刺术。CVP 也可用于监护输液量较多的病例。但CVP 无法准确反映左心充盈压,故不能用于预测心源性肺水肿。正常犬猫的 CVP 为 0~8(可至 10)cm $H_2O$,呼吸时该值可随胸腔内压力的改变出现一定的波动。

CVP 的测定是通过将大管径的导管无菌插入颈静脉并置入右心房附近,用延长管和三通阀门与患畜输液器和晶体液相连接,确认静脉液体能通过导管系统自由进入动物体内(关闭阀门的侧孔)。并在三通阀门另一端连接液体测压计,使其位置相垂直,阀门(表示0 cm $H_2O$)与患畜右心房位置水平等高。将动物侧阀门关闭,在测压计中灌注类晶体液体,关闭储液池阀门,使测压计内液柱与动物中心静脉压达到平衡状态。相同的动物摆位和测压计位置以及动物呼气阶段应进行多次重复测量。测压计液面可随心搏发生轻微波动,随呼吸的波动幅度相对较大。液柱高度随心跳发生显著改变时通常提示发生严重的三尖瓣闭锁不全或导管端进入右心室。

### 生物化学标记物
### (BIOCHEMICAL MARKERS)

某些心脏生化标记物对于犬猫来说具有潜在的诊断和预后价值,尤其是心肌钙蛋白与利钠肽。心肌肌钙蛋白是与收缩丝上的肌动蛋白相连的调节蛋白。心肌损伤使心肌钙蛋白被释放进细胞质和细胞外液。cTnI 对心肌损伤的敏感性比肌酸激酶同工酶(CK-MB)和其他心肌损伤生物化学标记更高。循环血中心肌肌钙蛋白I(cTnI)和心肌肌钙蛋白 T(cTnT)可提供特定的心肌损伤或坏死信息,尽管其释放的模式和量受到损伤的类型与程度的影响。在发生急性心肌损伤之后,循环中的cTnI在12 d 时达到峰值,在 2 周内逐渐消除,在犬的半衰期约为 6 h。持续性的升高提示进行性的心肌损伤。慢性心脏病动物的 cTn 释放模式尚未完全清楚,但可能与心脏重塑相关。心脏炎症、创伤、各种先天性和获得性心脏病、充血性心衰以及胃扩张扭转与其他一些非心源性疾病可引起 cTn 浓度升高。正常灰猎犬的 cTn 较高(品种特异性)。cTn 持续升高并非特定的诊断指标,但适合作为预后的指标,通常与存活时间呈负相关。人用的cTnI 和 cTnT 检测试验适用于犬猫,但由于方法学未标准化,因此正常范围不定。此外,关于 cTn 为何值时提示具有临床意义的心肌疾病或损伤,目前也尚不清楚。

利钠肽-房利钠肽(ANP)与脑利钠肽(BNP)或者他们的前体,是有助于识别心脏病和心衰并提供预后相关信息的标记物。当血管容量扩张、肾清除率下降或者释放刺激增强(例如,心房牵拉、心室应变和肥厚、缺氧、过速性心律失常以及偶然的心外异位释放)都会使其循环浓度升高。利钠肽有多种作用,包括协助调节血容量、血压以及拮抗肾素-血管紧张素-醛固酮轴。他们以前激素原形式被合成,之后降解为激素原,最后被代谢为无活性的氨基酸端(NTproBNP 和 NTproANP)以及具有活性的羧基短 BNP 片段。与活性激素分子相比,N 端片段在循环中存在时间更长,可累计的浓度更高。

NTproBNP 的升高与心脏病的严重程度呈正相关,可协助医师区分犬猫的呼吸困难是由 CHF 还是非心脏原因引起。但是,患氮质血症时,NTproBNP 和 NT-proANP 都会升高。与 cTn 类似,利钠肽是一种心脏病的功能性标记物,而无法提示具体的疾病。尽管人、犬、猫的 ANP 和 NT-proANP 氨基酸序列存在一定的相似性,三者的 BNP 仍存在显著差异,不能交互检测。犬和猫的 NTproBNP 有商品化的检测手段(IDEXX Cardiopet proBNP)。血浆浓度低于 900 pmol/L(犬)和 50 pmol/L(猫)可视为正常。数值超过 1 800 pmol/L(犬)和 100 pmol/L(猫)说明浓度升高,高度提示存在心脏病和/或心衰,对于此类动物要进行进一步的心脏检查。有趣的是,正常的灰猎犬使用此种方法检测出来的数据也是偏高的。还有另外一种商品化检测手段(ANTECH Cardio-BNP),据生产商报道,临界值为 6 pg/mL 时,该方法对于呼吸困难的 CHF 动物的诊断敏感性和特异性都非常高。对于上述两种检测方法,均需要邮寄血浆至相应的实验室进行检测。尽管 HCM 患猫的 NT-proBNP 和 NT-proANP 都明显升高,但该标记物对于甄别无症状猫的心肌病的严重程度尚无统一的说法。患心脏病、心律失常和心衰的犬,其肽类会出现不同程度的升高,但是,无心脏病的犬,其测量值有时会与患病动物的数值发生重叠。

其他的生化标记物尚在评估阶段。患心衰和肺动脉高压的犬猫,其内皮素系统将被激活,因此检测血浆中内皮素样免疫反应可能有所帮助。肿瘤坏死因子(TNFα)或其他的促炎性细胞因子如 C 反应蛋白或各种白细胞介素可能会成为心脏病的预后指标,但这些不具备心脏特异性。

## 心血管造影术
### (ANGIOCARDIOGRAPHY)

非选择性心血管造影可用于诊断很多获得性和先天性疾病,包括猫心肌病和心丝虫病、严重肺动脉瓣、主动脉瓣或主动脉瓣下狭窄、动脉导管未闭及法洛四联症。心内中隔缺陷及瓣膜反流通常无法通过该法准确诊断。使用大口径导管对体型较小动物快速注射阳性造影剂时可获得较好的效果。在大多数病例,与非选择性心血管造影术相比,超声心动图可提供相同的信息且更为安全。但使用非选择性心血管造影术在评估肺脉管系统时具有较好的效果。

选择性心血管造影术是通过对心脏或大血管的特定位置安置心导管进行操作,在注射造影剂之前应先测量压力和氧饱和度。该项技术可用于检查解剖学异常和血流路径。多普勒超声心动可提供相应的诊断信息,但是,选择性血管造影是很多心脏介入性操作的必要手段。

## 心导管
### (CARDIAC CATHETERIZATION)

心导管检查用以测量某些特定区域的压力、心输出量和血氧浓度。需要使用特定导管沿颈静脉、颈动脉或股部血管选择性置入心脏和血管的不同位置,通过这些方法与选择性心血管造影术可对先天性和某些获得性心脏异常进行检测并量化。虽然多普勒超声心动图检查通常优于心导管检查,尤其是对比某些多普勒和心导管检查的测得结果后,但心导管检查仍在球囊瓣膜成形术及其他介入性治疗中起到至关重要的作用。

肺毛细血管楔压(pulmonary capillary wedge pressure,PCWP)在罕见情况下用以测量心衰动物的左心充盈压。PCWP 是通过使用端孔(Swan-Ganz)气囊导管插入肺动脉干,使气囊膨大,导管成楔形位于小肺动脉内,可有效堵塞该血管的血流。从导管末端测得的压力可反映肺毛细血管压,该压力即为左心房压。这种侵入性技术可用于鉴别心源性与非心源性水肿,并可对心衰治疗效果进行监测。但该技术需要精确、无菌的操作和维护,且需对动物进行连续监护。

### 心内膜心肌活组织检查

通过将特殊活组织检查刀穿过颈静脉进入右心室,可对心内膜和周边心肌进行小量取样。使用常规组织病理学及其他技术处理活检样本,评估心肌异常代谢。该项技术主要用于心肌病的研究,在兽医临床心脏病中极少使用。

## 其他影像学技术
### (OTHER IMAGING TECHNIQUES)

### 心包气体成像

心包气体成像可用于鉴别心包积液的原因,尤其在无法进行超声心动图检查时。该项技术及心包穿刺术在第9章有详细论述。

## 核心脏病学

在某些兽医转诊中心也使用放射性核素方法检测心脏功能。这些方法可非侵入地评估心输出量、射血分数及其他心脏功能测量指标,以及心肌血流和代谢情况。

## 心脏断层扫描与核共振成像

心脏 CT 与 MRI 在很多兽医诊所已逐渐开始使用。CT 通过整合多张放射图像,以产生重组的三维图像并在三维图像汇总分离出细节更清晰的横断面图像。MRI 使用放射波与磁场来产生细节清晰的图像。这些技术能帮助医师更好的区分不同的心脏结构、不同的组织类型以及血池。由于心脏会在图像采集过程中运动,因此其图像质量会受影响,使用生理性电波(心电图)有助于改善图像质量。其主要的用途是识别病理性的形态变化,例如先天性结构异常或者心脏肿物。有时也可用于评估心肌功能、灌注或者瓣膜功能。根据检查目的和类型的不同选择不同的心脏 MRI 影像检查序列。例如,"黑血"MRI 扫查能更好地评估结构细节和异常,而"亮血"序列则用于评估心脏功能。

### ◉推荐阅读

**放射学**

Bavegems V et al: Vertebral heart size ranges specific for Whippets, *Vet Radiol Ultrasound* 46:400, 2005.

Benigni L et al: Radiographic appearance of cardiogenic pulmonary oedema in 23 cats, *J Small Anim Pract* 50:9, 2009.

Buchanan JW, Bücheler J: Vertebral scale system to measure canine heart size in radiographs, *J Am Vet Med Assoc* 206:194, 1995.

Coulson A, Lewis ND: *An atlas of interpretive radiographic anatomy of the dog and cat*, Oxford, 2002, Blackwell Science.

Ghadiri A et al: Radiographic measurement of vertebral heart size in healthy stray cats, *J Feline Med Surg* 10:61, 2008.

Lamb CR et al: Use of breed-specific ranges for the vertebral heart scale as an aid to the radiographic diagnosis of cardiac disease in dogs, *Vet Rec* 148:707, 2001.

Lehmkuhl LB et al: Radiographic evaluation of caudal vena cava size in dogs, *Vet Radiol Ultrasound* 38:94, 1997.

Litster AL, Buchanan JW: Vertebral scale system to measure heart size in radiographs of cats, *J Am Vet Med Assoc* 216:210, 2000.

Marin LM et al: Vertebral heart size in retired racing Greyhounds, *Vet Radiol Ultrasound* 48:332, 2007.

Sleeper MM, Buchanan JW: Vertebral scale system to measure heart size in growing puppies, *J Am Vet Med Assoc* 219:57, 2001.

**心电图**

Bright JM, Cali JV: Clinical usefulness of cardiac event recording in

dogs and cats examined because of syncope, episodic collapse, or intermittent weakness: 60 cases (1997-1999), *J Am Vet Med Assoc* 216:1110, 2000.

Calvert CA et al: Possible late potentials in four dogs with sustained ventricular tachycardia, *J Vet Intern Med* 12:96, 1998.

Calvert CA, Wall M: Evaluation of stability over time for measures of heart-rate variability in overtly healthy Doberman Pinschers, *Am J Vet Res* 63:53, 2002.

Constable PD et al: Effects of endurance training on standard and signal-averaged electrocardiograms of sled dogs, *Am J Vet Res* 61:582, 2000.

Finley MR et al: Structural and functional basis for the long QT syndrome: relevance to veterinary patients, *J Vet Intern Med* 17:473, 2003.

Hanas S et al: Twenty-four hour Holter monitoring of unsedated healthy cats in the home environment, *J Vet Cardiol* 11:17, 2009.

Harvey AM et al: Effect of body position on feline electrocardiographic recordings, *J Vet Intern Med* 19:533, 2005.

Holzgrefe HH et al: Novel probabilistic method for precisely correcting the QT interval for heart rate in telemetered dogs and cynomolgus monkeys, *J Pharmacol Toxicol Methods* 55:159, 2007.

MacKie BA et al: Retrospective analysis of an implantable loop recorder for evaluation of syncope, collapse, or intermittent weakness in 23 dogs (2004-2008), *J Vet Cardiol* 12:25, 2010.

Meurs KM et al: Use of ambulatory electrocardiography for detection of ventricular premature complexes in healthy dogs, *J Am Vet Med Assoc* 218:1291, 2001.

Miller RH et al: Retrospective analysis of the clinical utility of ambulatory electrocardiographic (Holter) recordings in syncopal dogs: 44 cases (1991-1995), *J Vet Intern Med* 13:111, 1999.

Nakayama H, Nakayama T, Hamlin RL: Correlation of cardiac enlargement as assessed by vertebral heart size and echocardiographic and electrocardiographic findings in dogs with evolving cardiomegaly due to rapid ventricular pacing, *J Vet Intern Med* 15:217, 2001.

Norman BC et al: Wide-complex tachycardia associated with severe hyperkalemia in three cats, *J Feline Med Surg* 8:372, 2006.

Perego M et al: Isorhythmic atrioventricular dissociation in Labrador Retrievers, *J Vet Intern Med* 26:320, 2012.

Rishniw M et al: Effect of body position on the 6-lead ECG of dogs, *J Vet Intern Med* 16:69, 2002.

Santilli RA et al: Utility of 12-lead electrocardiogram for differentiating paroxysmal supraventricular tachycardias in dogs, *J Vet Intern Med* 22:915, 2008.

Stern JA et al: Ambulatory electrocardiographic evaluation of clinically normal adult Boxers, *J Am Vet Med Assoc* 236:430, 2010.

Tag TL et al: Electrocardiographic assessment of hyperkalemia in dogs and cats, *J Vet Emerg Crit Care* 18:61, 2008.

Tattersall ML et al: Correction of QT values to allow for increases in heart rate in conscious Beagle dogs in toxicology assessment, *J Pharmacol Toxicol Methods* 53:11, 2006.

Tilley LP: *Essentials of canine and feline electrocardiography*, ed 3, Philadelphia, 1992, Lea & Febiger.

Ulloa HM, Houston BJ, Altrogge DM: Arrhythmia prevalence during ambulatory electrocardiographic monitoring of beagles, *Am J Vet Res* 56:275, 1995.

Ware WA, Christensen WF: Duration of the QT interval in healthy cats, *Am J Vet Res* 60:1426, 1999.

Ware WA: Twenty-four hour ambulatory electrocardiography in normal cats, *J Vet Intern Med* 13:175, 1999.

**超生心动图**

Abbott JA, MacLean HN: Two-dimensional echocardiographic assessment of the feline left atrium, *J Vet Intern Med* 20:111, 2006.

Adin DB, McCloy K: Physiologic valve regurgitation in normal cats, *J Vet Cardiol* 7:9, 2005.

Borgarelli M et al: Anatomic, histologic, and two-dimensional echocardiographic evaluation of mitral valve anatomy in dogs, *Am J Vet Res* 72:1186, 2011.

Campbell FE, Kittleson MD: The effect of hydration status on the echocardiographic measurements of normal cats, *J Vet Intern Med* 21:1008, 2007.

Chetboul V: Advanced techniques in echocardiography in small animals, *Vet Clin North Am Small Anim Pract* 40:529, 2010.

Concalves AC et al: Linear, logarithmic, and polynomial models of M-mode echocardiographic measurements in dogs, *Am J Vet Res* 63:994, 2002.

Cornell CC et al: Allometric scaling of M-mode cardiac measurements in normal adult dogs, *J Vet Intern Med* 18:311, 2004.

Culwell NM et al: Comparison of echocardiographic indices of myocardial strain with invasive measurements of left ventricular systolic function in anesthetized healthy dogs, *Am J Vet Res* 72:650, 2011.

Cunningham SM et al: Echocardiographic ratio indices in overtly healthy Boxer dogs screened for heart disease, *J Vet Intern Med* 22:924, 2008.

Feigenbaum H et al: *Feigenbaum's echocardiography*, ed 6, Philadelphia, 2005, Lippincott Williams & Wilkins.

Fox PR et al: Echocardiographic reference values in healthy cats sedated with ketamine HCl, *Am J Vet Res* 46:1479, 1985.

Gavaghan BJ et al: Quantification of left ventricular diastolic wall motion by Doppler tissue imaging in healthy cats and cats with cardiomyopathy, *Am J Vet Res* 60:1478, 1999.

Griffiths LG et al: Echocardiographic assessment of interventricular and intraventricular mechanical synchrony in normal dogs, *J Vet Cardiol* 13:115, 2011.

Jacobs G, Knight DV: M-mode echocardiographic measurements in nonanesthetized healthy cats: effects of body weight, heart rate, and other variables, *Am J Vet Res* 46:1705, 1985.

Kittleson MD, Brown WA: Regurgitant fraction measured by using the proximal isovelocity surface area method in dogs with chronic myxomatous mitral valve disease, *J Vet Intern Med* 17:84, 2003.

Koch J et al: M-mode echocardiographic diagnosis of dilated cardiomyopathy in giant breed dogs, *Zentralbl Veterinarmed A* 43:297, 1996.

Koffas H et al: Peak mean myocardial velocities and velocity gradients measured by color M-mode tissue Doppler imaging in healthy cats, *J Vet Intern Med* 17:510, 2003.

Koffas H et al: Pulsed tissue Doppler imaging in normal cats and cats with hypertrophic cardiomyopathy, *J Vet Intern Med* 20:65, 2006.

Ljungvall I et al: Assessment of global and regional left ventricular volume and shape by real-time 3-dimensional echocardiography in dogs with myxomatous mitral valve disease, *J Vet Intern Med* 25:1036, 2011.

Loyer C, Thomas WP: Biplane transesophageal echocardiography in the dog: technique, anatomy and imaging planes, *Vet Radiol Ultrasound* 36:212, 1995.

MacDonald KA et al: Tissue Doppler imaging and gradient echo cardiac magnetic resonance imaging in normal cats and cats with hypertrophic cardiomyopathy, *J Vet Intern Med* 20:627, 2006.

Margiocco ML et al: Doppler-derived deformation imaging in unsedated healthy adult dogs, *J Vet Cardiol* 11:89, 2009.

Morrison SA et al: Effect of breed and body weight on echocardiographic values in four breeds of dogs of differing somatotype, *J Vet Intern Med* 6:220, 1992.

Quintavalla C et al: Aorto-septal angle in Boxer dogs with subaortic stenosis: an echocardiographic study, *Vet J* 185:332, 2010.

Rishniw M, Erb HN: Evaluation of four 2-dimensional echocardiographic methods of assessing left atrial size in dogs, *J Vet Intern Med* 14:429, 2000.

Schober KE et al: Comparison between invasive hemodynamic measurements and noninvasive assessment of left ventricular diastolic function by use of Doppler echocardiography in healthy anesthetized cats, *Am J Vet Res* 64:93, 2003.

Schober KE, Maerz I: Assessment of left atrial appendage flow velocity and its relation to spontaneous echocardiographic contrast in 89 cats with myocardial disease, *J Vet Intern Med* 20:120, 2006.

Schober KE et al: Detection of congestive heart failure in dogs by Doppler echocardiography, *J Vet Intern Med* 24:1358, 2010.

Simak J et al: Color-coded longitudinal interventricular septal tissue velocity imaging, strain and strain rate in healthy Doberman Pinschers, *J Vet Cardiol* 13:1, 2011.

Sisson DD et al: Plasma taurine concentrations and M-mode echocardiographic measures in healthy cats and in cats with dilated cardiomyopathy, *J Vet Intern Med* 5:232, 1991.

Snyder PS, Sato T, Atkins CE: A comparison of echocardiographic indices of the non-racing, healthy greyhound to reference values from other breeds, *Vet Radiol Ultrasound* 36:387, 1995.

Stepien RL et al: Effect of endurance training on cardiac morphology in Alaskan sled dogs, *J Appl Physiol* 85:1368, 1998.

Thomas WP et al: Recommendations for standards in transthoracic two-dimensional echocardiography in the dog and cat, *J Vet Intern Med* 7:247, 1993.

Tidholm A et al: Comparisons of 2- and 3-dimensional echocardiographic methods for estimation of left atrial size in dogs with and without myxomatous mitral valve disease, *J Vet Intern Med* 24:1414, 2011.

Wess G et al: Assessment of left ventricular systolic function by strain imaging echocardiography in various stages of feline hypertrophic cardiomyopathy, *J Vet Intern Med* 24:1375, 2010.

Wess G et al: Comparison of pulsed wave and color Doppler myocardial velocity imaging in healthy dogs, *J Vet Intern Med* 24:360, 2010.

其他技术

Adin DB et al: Comparison of canine cardiac troponin I concentrations as determined by 3 analyzers, *J Vet Intern Med* 20:1136, 2006.

Boddy KN et al: Cardiac magnetic resonance in the differentiation of neoplastic and nonneoplastic pericardial effusion, *J Vet Intern Med* 25:1003, 2011.

Chetboul V et al: Diagnostic potential of natriuretic peptides in occult phase of Golden Retriever muscular dystrophy cardiomyopathy, *J Vet Intern Med* 18:845, 2004.

Connolly DJ et al: Assessment of the diagnostic accuracy of circulating cardiac troponin I concentration to distinguish between cats with cardiac and non-cardiac causes of respiratory distress, *J Vet Cardiol* 11:71, 2009.

DeFrancesco TC et al: Prospective clinical evaluation of an ELISA B-type natriuretic peptide assay in the diagnosis of congestive heart failure in dogs presenting with cough or dyspnea, *J Vet Intern Med* 21:243, 2007.

Ettinger SJ et al: Evaluation of plasma N-terminal pro-B-type natriuretic peptide concentrations in dogs with and without cardiac disease, *J Am Vet Med Assoc* 240:171, 2012.

Fine DM et al: Evaluation of circulating amino terminal-pro-B-type natriuretic peptide concentration in dogs with respiratory distress attributable to congestive heart failure or primary pulmonary disease, *J Am Vet Med Assoc* 232:1674, 2008.

Fox PR et al: Multicenter evaluation of plasma N-terminal probrain natriuretic peptide (NT-pro BNP) as a biochemical screening test for asymptomatic (occult) cardiomyopathy in cats, *J Vet Intern Med* 25:1010, 2011.

Gookin JL, Atkins CE: Evaluation of the effect of pleural effusion on central venous pressure in cats, *J Vet Intern Med* 13:561, 1999.

Herndon WE et al: Cardiac troponin I in feline hypertrophic cardiomyopathy, *J Vet Intern Med* 16:558, 2002.

MacDonald KA et al: Brain natriuretic peptide concentration in dogs with heart disease and congestive heart failure, *J Vet Intern Med* 17:172, 2003.

Oyama MA, Sisson D: Cardiac troponin-I concentration in dogs with cardiac disease, *J Vet Intern Med* 18:831, 2004.

Prosek R et al: Distinguishing cardiac and noncardiac dyspnea in 48 dogs using plasma atrial natriuretic factor, B-type natriuretic factor, endothelin, and cardiac troponin-I, *J Vet Intern Med* 21:238, 2007.

Prosek R et al: Biomarkers of cardiovascular disease. In Ettinger SJ, Feldman EC, editors: *Textbook of veterinary internal medicine*, ed 7, Philadelphia, 2010, WB Saunders, p 1187.

Raffan E et al: The cardiac biomarker NT-proBNP is increased in dogs with azotemia. *J Vet Intern med* 23:1184, 2009.

Shaw SP, Rozanski EA, Rush JE: Cardiac troponins I and T in dogs with pericardial effusion, *J Vet Intern Med* 18:322, 2004.

Singh MK et al: NT-proBNP measurement fails to reliably identify subclinical hypertrophic cardiomyopathy in Maine Coon cats, *J Feline Med Surg* 12:942, 2010.

Sisson DD: Neuroendocrine evaluation of cardiac disease, *Vet Clin North Am: Small Anim Pract* 34:1105, 2004.

Spratt DP et al: Cardiac troponin I: evaluation of a biomarker for the diagnosis of heart disease in the dog, *J Small Anim Pract* 46:139, 2005.

Wells SM, Sleeper M: Cardiac troponins, *J Vet Emerg Crit Care* 18:235, 2008.

Wess G et al: Utility of measuring plasma N-terminal pro-brain natriuretic peptide in detecting hypertrophic cardiomyopathy and differentiating grades of severity in cats, *Vet Clin Pathol* 40:237, 2011.

# 第3章
## CHAPTER 3

# 充血性心力衰竭的治疗
## Management of Heart Failure

## 心力衰竭的概述
### (OVERVIEW OF HEART FAILURE)

心力衰竭包括心脏收缩功能和/或舒张功能异常。心力衰竭并不总是伴随异常体液蓄积(充血),尤其是在疾病早期阶段。充血性心力衰竭(CHF)以心脏充盈压升高并导致静脉充血和体液在组织内异常蓄积为特征。心力衰竭并不是一个特定的病因学诊断,而是一种复杂的临床综合征。心肌收缩力下降(收缩功能障碍)是一个原发病因,它可刺激一系列神经体液的应答反应,心力衰竭的生理机制非常复杂,牵涉心脏、血管和其他器官的结构及功能的改变。心力衰竭所固有的进行性心室重塑可继发于瓣膜疾病、基因突变、急性炎症、缺血、收缩压负荷增大或其他原因导致的心脏损伤或压力变化。

### 心脏反应
#### (CARDIAC RESPONSES)

心室重塑是指潜在的损伤或压力负荷所介导的机械性、生化性、分子性信号所引起的心脏大小、形状和僵硬度的改变。这些改变包括心肌细胞肥大、心脏细胞失控或自毁(凋亡)、细胞间质基质过度形成、纤维化和连接心肌细胞的胶原破坏。这种胶原破坏通常由心肌胶原酶或基质金属蛋白酶所诱导,可使心室肌细胞滑动而发生扩张或变形。引起重塑的刺激性因素包括机械性压力(如容量负荷或压力负荷引起室壁压力增大)、多种神经内分泌物质(如血管紧张素II、去甲肾上腺素、内皮素、醛固酮)和促炎细胞因子[如肿瘤坏死因子(TNF)-α]的作用,其他细胞因子(如骨桥蛋白和心

肌营养素-1)也能起到一定作用。这些因素在不同心力衰竭模型和临床病例中,被证实可引发与细胞能量生成、钙离子转运、蛋白合成及儿茶酚胺代谢相关的生化异常。肌细胞肥大和纤维化反应引起心室的离心性或向心性肥厚(少数情况下),可导致心肌总质量增大。心室肥厚可增加心室的僵硬度,损伤舒张功能,增大充盈压。这些舒张功能异常可促发和导致收缩功能衰竭。心室重塑还可促发节律异常。最初潜在的致病因素刺激了慢性心脏重塑,此过程可能发生于出现心衰症状的数年之前。

心室充盈(前负荷)的急性增加可诱发更强的心脏收缩力及更大的射血量。这种反应叫作弗-斯二氏机理,可对心输出进行瞬时调整,以调整双心室输出的平衡,还可增加心脏整体的输出量,以应对突然增加的血液动力学负荷。短期内,弗-斯二氏作用可在压力负荷和/或容量负荷增大的情况下,帮助改善心输出情况,但这也使心室壁压力增加和耗氧量增大。

心室壁压力与心室压和心腔内径直接相关,并与室壁厚度呈负相关(拉普拉斯定律)。心肌肥厚可降低心室壁压力,不同的心脏疾病可引起不同形式的心室肥厚。心室收缩压力负荷主要导致"向心性肥厚",心肌纤维和心室壁厚度作为收缩单位,发生并联性增生。发生严重肥厚时,心肌的毛细血管密度和灌注可能不足,而慢性心肌缺氧或缺血可诱导进一步的纤维化和功能不全。慢性容量负荷增加了舒张期室壁压力,从而引起"离心性肥厚",此时新生的心肌小节呈串联性增生,导致心肌纤维伸长和腔室扩张。在患二尖瓣闭锁不全而出现慢性容量超负荷的患犬身上,可观察到细胞外胶原基质和细胞间支持结构减少的现象。代偿性心肌肥厚可削弱弗-斯二氏机制对稳定的慢性心力衰竭的影响。尽管容量超负荷不会显著地增加心肌耗氧量,且能让动物更好地耐受,但是长此以往,无论是

压力超负荷还是容量超负荷,都将损伤心脏的功能。最后,出现失代偿和心肌衰竭。患有原发性心肌病的动物,其心腔压力和容量负荷在初始阶段是正常的,但心肌的内在缺陷最终将导致心壁肥厚和腔室扩张。

心脏肥厚和其他形式的心室重塑在心力衰竭显现前早已发生,在此过程可出现细胞能量生成、钙离子转运和心肌蛋白功能等生化过程的异常。临床上的心衰指的是心脏肥厚的失代偿阶段,此时心室功能随心室收缩和舒张功能的进一步异常,而发生进行性恶化。

交感神经对心脏刺激的持续性增强,会降低心脏对儿茶酚胺的敏感性。心肌 $\beta_1$-受体下调(数量减少)和其他细胞信号通路的变化,有助于保护心脏免受儿茶酚胺的心脏毒性和致心律失常性损伤。$\beta$-受体阻断剂可逆转 $\beta_1$-受体下调,但可能会加重心衰。$\beta_2$-受体和 $\alpha_1$-受体不出现下调,但可能会引起心肌重塑和心律失常。此外,另一种心脏受体亚型($\beta_3$-受体)可通过负性心力作用而加速心肌功能退化。

# 全身性反应
(SYSTEMIC RESPONSES)

## 神经内分泌机制

神经内分泌(NH)反应是引起心脏重塑的因素之一,并且其影响也较其他因素更为深远。随着时间的推移,神经内分泌"代偿性"机制的过度激活将引起充血性心力衰竭这种临床综合征。尽管这些机制能够支持循环去应对急性低血压、低血容量等情况,但这种慢性激活最终将加速心脏功能的衰退。心力衰竭的主要神经内分泌变化包括交感神经紧张性增加、迷走神经减弱、肾素-血管紧张素-醛固酮系统激活、抗利尿激素(加压素)和内皮素释放,这些神经内分泌系统相互独立,又能共同作用,使血容量增大(引起水钠潴留和增加渴感)和血管紧张性增加(图3-1)。尽管淋巴回流增加有助于缓解升高的静脉压,但液体过度潴留最终仍会引起水肿和积液。长期全身性血管收缩增大了心脏负担,降低前向心输出量,并可能加重瓣膜反流。根据心力衰竭的病因和严重程度的不同,神经内分泌激活的程度存在差异,但总体上,神经内分泌激活随心衰的加重而增强。内皮素和促炎细胞因子的产生,以及血管扩张和利钠尿因子表达的变化,这些均参与神经内分泌机制对机体的调控及其对机体的影响。

交感神经兴奋的效应(如收缩力增强、心率增快、静脉回流增加)在初始阶段可增加心输出量,但随着时间的推移,这种效应可使心脏后负荷增大、心肌需氧量增加、加剧细胞损伤和心肌纤维化,并增加了心律失常的风险,从而对心脏产生有害影响。交感神经及内分泌系统正常的反馈调节有赖于动脉及心房压力感受器的功能。在发生慢性心力衰竭时,压力感受器反应性下降,导致交感神经及内分泌系统持续激活,并降低迷走神经的抑制作用。逆转心衰状况、改善心肌收缩力、降低心脏负荷或抑制血管紧张素Ⅱ和醛固酮(直接降低压力感受器敏感性)的作用均可改善压力感受器功能。地高辛可增强压力感受器的敏感性。

肾素-血管紧张素系统具有深远的影响。在出现明显的心衰表现之前,是否总是存在全身性肾素-血管紧张素-醛固酮系统激活尚无定论,这在一定程度上取决于潜在的病因。肾素由肾小球旁器产生,当肾动脉灌注压下降、肾 $\beta$-肾上腺素能受体激活,及远曲小管致密斑处小管液中钠转运减少时,可引起肾素分泌增加。严格限盐日粮及利尿剂或血管扩张剂治疗也可增加肾素的释放。肾素可促进血管紧张素肽前体转化成血管紧张素Ⅰ(无活性形式)。血管紧张素转换酶(ACE)存在于肺部多个组织,可将血管紧张素Ⅰ转化成具有活性的血管紧张素Ⅱ,并参与某些血管扩张激肽的降解。血管紧张素Ⅱ也可通过其他途径产生。

血管紧张素Ⅱ有多种重要作用,包括强力的血管收缩作用及刺激肾上腺皮质分泌醛固酮。此外,血管紧张素Ⅱ还可增加渴感和对盐的需求;增强去甲肾上腺素的合成与释放;阻断神经元重新摄取去甲肾上腺素;刺激抗利尿激素(加压素)的释放;并且促进肾上腺分泌肾上腺素。抑制ACE可减轻神经内分泌激活,并扩张血管,增强利尿。犬猫的心脏、血管、肾上腺及其他组织也可产生局部血管紧张素Ⅱ,它通过增强交感神经作用、促进重塑(包括致肥厚、炎症和纤维化),进而改变心血管的结构和功能。在心肌细胞和细胞外基质中,组织胃促胰酶(chymase)在血管紧张素Ⅱ活性转化过程所起的作用,被认为比ACE更重要。

醛固酮可促进钠和氯的重吸收,并能增加集合管钾和氢离子排泄,钠重吸收所伴随的水分重吸收可扩充血容量。醛固酮浓度升高引起低钾血症、低镁血症,并损伤压力感受器的功能。醛固酮还可通过阻断去甲肾上腺素(NE)重摄取而增强儿茶酚胺的作用。在心脏和血管有其受体分布,心血管系统局部所产生的醛固酮可介导炎症和纤维化。醛固酮长期作用于心血管系统可造成心脏病理性重塑和心肌纤维化。

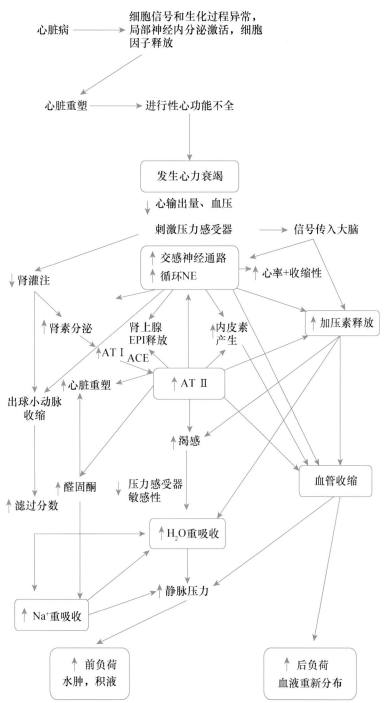

**图 3-1**

充血性心力衰竭时，重要的神经内分泌机制引起容量蓄积和后负荷增强。注意：其他的机制和相互作用也起到一定的作用。在 **CHF** 的发展过程中，内源性血管舒张和利钠尿机制也逐渐被激活。**ACE**，血管紧张素转换酶；**AT**，血管紧张素；**EPI**，肾上腺素；**NE**，去甲肾上腺素。

抗利尿激素（ADH，精氨酸加压素）由脑垂体后叶分泌，它能直接引起血管收缩并促进远端肾单位对游离水的重吸收。虽然血浆渗透压升高或血容量下降可刺激抗利尿激素释放，但在动物心衰时，有效循环血量下降和其他非渗透性因素刺激（包括交感神经刺激和血管紧张素Ⅱ），可导致抗利尿激素的持续性释放，这

种抗利尿激素的持续性释放可引起一些心衰动物发生稀释性低钠血症。

在患严重心衰的动物中，还发现其循环血中其他物质的浓度增加，这些物质对异常的心血管肥大和/或纤维化起着一定的作用，其中包括细胞因子（如 TNF-α）和内皮素。内皮素是一种强力血管收缩剂，其前体是

一种由血管内皮所产生的肽。内皮素主要由缺氧和血管机械性因素刺激所产生,但其他的因素也有相似的作用,包括血管紧张素Ⅱ、ADH、去甲肾上腺素、细胞因子(TNF-α 和白介素-1)。

为对抗血管收缩剂的作用,机体将激活一些内源性机制。这些内源性机制的介质包括利钠肽、肾上腺髓质素、一氧化氮和舒血管前列腺素。正常情况下,血管扩张与血管收缩保持平衡状态,以维持循环系统的内环境稳定和肾溶质排泄。随着心衰的恶化,血管收缩机制的影响占主导地位,尽管此时血管扩张机制的活性也有所增强。

利钠肽在心脏中合成,其在调节血容量及血压中起重要作用。一些利钠肽已被确定。心房肽(atrial natriuretic peptide,ANP)的前体在心房肌合成,当心房壁受到牵拉刺激时,释放心房肽,并被裂解为活性肽。脑钠肽(brain natriuretic peptide,BNP)也由心脏合成,但其主要是在心肌功能不全或缺血时由心室所合成和释放。利钠肽可引起利尿、利钠和外周血管扩张,能对抗肾素-血管紧张素系统作用,改变血管通透性,并抑制平滑肌细胞的生长。利钠肽由中性肽链内切酶降解。发生心力衰竭的动物,其循环血液中ANP、BNP 以及这些肽类的前体物质(如 NT-proBNP)浓度会增加。在犬和人,这些物质的浓度升高与肺毛细血管楔压和心衰的严重程度均有关。肾上腺髓质素是另外一种具有利钠、利尿和血管舒张作用的肽类,由肾上腺髓质、心脏、肺脏和其他组织所产生,在心衰的发生和发展过程中起着一定作用。

一氧化氮(nitric oxide,NO)由内皮一氧化氮合成酶(nitric oxide synthetase,NOS)作用于血管内皮所产生。NO 是一种内皮素和血管紧张素-Ⅱ的功能性拮抗剂。此种拮抗作用在动物发生心衰时受到削弱。在血管内皮产生NO 的同时,心肌诱导性NOS 的表达也增加,但心肌细胞所释放的 NO 对心肌功能具有负面影响。肾内舒血管前列腺素也能对抗血管紧张素Ⅱ对肾脏脉管系统的作用。给严重心力衰竭的犬猫使用前列腺素合成抑制剂,可能会降低肾小球滤过率(通过增加入球小动脉的阻力),并加重钠潴留。

### 肾脏因素

由交感神经和血管紧张素Ⅱ引起肾出球小动脉收缩,可在心输出量及肾血流量下降时维持肾小球的滤过率。肾小管周围毛细血管胶体压升高、静水压下降,进而促进肾小管重吸收水和钠。血管紧张素Ⅱ介导的

醛固酮释放可进一步增强水钠潴留。这些机制持续激活将引起水肿和积液。

内源性前列腺素和利钠肽可引起入球小动脉扩张,这可部分抵消出球小动脉的收缩作用,但肾脏血流进行性减少最后会导致肾功能不全。利尿剂不仅会加重氮质血症和电解质丢失,还能进一步降低心输出量并激活神经内分泌机制。

### 其他影响

心力衰竭可引发运动不耐受。患病动物的心输出量在静息时相对正常,但其随运动而增强心输出量的能力受限。舒张期充盈较差、向前心输出不足、肺水肿或胸腔积液都可影响运动能力,此外,运动过程中血管舒张能力下降可引起骨骼肌灌注不足,并导致疲劳。患充血性心衰的动物,外周交感神经紧张性过度增强、血管紧张素Ⅱ(包括循环和局部所产生的)和加压素过多,都会损伤骨骼肌血管的舒张能力;血管壁钠含量增加和组织液静水压升高使血管的僵硬度和压力升高。其他相关机制还包括内皮素-依赖性舒张受损、内皮素水平升高、多种神经内分泌缩血管物质的促生长作用引起的血管壁变化。ACE 抑制剂(ACEI)单独使用或者与螺内酯联用时,可改善内皮的血管运动功能和动物的运动能力;此外,ACEI 还可改善充血性心衰患犬的肺脏内皮功能。

## 引起心力衰竭的一般原因
### (GENERAL CAUSES OF HEART FAILURE)

引起心力衰竭的病因各不相同,因此,以潜在的病生理机制来描述这些病因可能更实用。对于绝大多数心衰来说,初始主要的异常可能为心肌(收缩泵)衰竭、收缩期压力超负荷、容量超负荷或者心室顺应性下降(充盈受损)。值得一提的是,数种病理异常通常共存;发生严重衰竭时,心脏收缩功能及舒张功能均发生异常。

心肌衰竭的特征是心室肌收缩功能下降,这通常是继发于特发性扩张性心肌病;在疾病的初始阶段可能有/无瓣膜闭锁不全,但随着心室的扩张,最终会出现反流。持续性快速性心律失常、某些营养元素的缺乏或者其他原因引起的心脏损伤,也可引起心肌衰竭(见第7章和第8章)。导致心脏容量过负荷的疾病通常与原发性"管道"功能异常相关(如瓣膜泄漏或体循环-肺循环连通异常)。心脏的泵血功能通常能长时间维持在接近正常的水平,但心肌收缩力最后将发生

衰退(见第 5 章、第 6 章)。当心室需要产生高于正常的收缩压以保证射血时,将出现压力超负荷。发生向心性肥厚时,心室壁增厚变硬并因此而容易发生缺血。过大的压力负荷最后会导致心肌收缩力下降。心肌压力超负荷由心室流出道梗阻(先天性或获得性)和系统性高血压或肺高压(见第 5 章、第 10 章和第 11 章)引起。限制心室充盈的疾病可导致心脏舒张功能受损,包括肥厚性心肌病、限制型心肌病和心包疾病(见第 8 章和第 9 章)。初期收缩能力并不会受到影响,但高充盈压可使单侧或双侧心室后方发生充血,进而可能降低心输出量。引起充盈障碍的其他疾病包括先天性房室瓣狭窄、三房心和心内团块样病变。根据初始主要病生理改变及充血性心力衰竭的典型症状归类的常见疾病见表 3-1。

**表 3-1　充血性心力衰竭(Congestive Heart Failure, CHF)的常见病因**

| 主要的病生理 | 典型的 CHF 表现 |
| --- | --- |
| **心肌衰竭** | |
| 特发性扩张性心肌病 | 左心或右心 CHF |
| 心肌缺血或梗死 | 左心 CHF |
| 药物中毒(如阿霉素) | 左心 CHF |
| 感染性心肌炎 | 左心或右心 CHF |
| **容量过负荷** | |
| 二尖瓣反流(退行性、先天性、感染性) | 左心 CHF |
| 主动脉瓣反流(感染性心内膜炎、先天性) | 左心 CHF |
| 室间隔缺损 | 左心 CHF |
| 动脉导管未闭 | 左心 CHF |
| 三尖瓣反流(退行性、先天性、感染性) | 右心 CHF |
| 三尖瓣心内膜炎 | 右心 CHF |
| 慢性贫血 | 左心或右心 CHF |
| 甲状腺素中毒 | 左心或右心 CHF |
| **压力过负荷** | |
| 主动脉瓣(下)狭窄 | 左心 CHF |
| 全身性高血压 | 左心 CHF(罕见) |
| 肺动脉狭窄 | 右心 CHF |
| 心丝虫病 | 右心 CHF |
| 肺动脉高压 | 右心 CHF |
| **心室充盈受损** | |
| 肥厚性心肌病 | 左心和/或右心 CHF |
| 限制性心肌病 | 左心和/或右心 CHF |
| 心脏填塞 | 右心 CHF |
| 限制性心包疾病 | 右心 CHF |

## 心衰的治疗方法
### (APPROACH TO TREATING HEART FAILURE)

目前管理 CHF 的观点不局限于减轻神经内分泌过度激活所带来的后果(尤其是水钠潴留),还包括调节或阻断激活的过程,以尽量减缓心肌的重塑和功能不全的发展。利尿剂、膳食中限制盐的摄入和某些血管扩张剂,有助于控制充血症状,而 ACEI、醛固酮和交感神经拮抗剂可调节神经内分泌反应。治疗方案的重心在于控制水肿和积液、改善心输出、降低心脏负荷、支持心肌功能和控制并存的节律失常。具体治疗方法因病而异,特别是引起心室充盈受限的疾病。

### 心脏病分级

心力衰竭分级指南(美国心脏病协会和美国心脏病学会,American Heart Association and American College of Cardiolog,AHA/ACC)被越来越多地运用于兽医临床(表 3-2)。指南通过 4 个期来描述疾病的发展。这个系统着重于强调病例筛查和早期诊断的重要性。该系统被建议用作指导不同分期、不同严重程度的临床症状的病患的用药依据(最好为实证性依据)。该系统在描述心衰时不刻意强调"充血性"这个词,因为不是每个期都一定会出现容量超负荷的情况。但是,留意动物的水合状态还是不容忽视的。

临床心力衰竭程度分级有时也可参考改良的纽约心脏病协会(New York Heart Association,NYHA)的分级表或者国际小动物心脏健康委员会(International Small Animal Cardiac Health Council,ISA-CHC)的标准。这种分级系统是基于临床观察,而非潜在的病因或心肌功能进行功能性分类。这种分类方法概念明确,也有助于对分类的病例进行研究,也可作为以往分级系统的补充。除了临床分类外,探究潜在的致病因素与病生理学,以及判断疾病的临床严重程度对于个体化治疗都是至关重要的。

**表 3-2　心力衰竭分级系统**

| 类别 | 程度描述 |
| --- | --- |
| **改良 AHA/ACC 心力衰竭分级系统** | |
| A | 动物存在心衰的风险,但是心脏没有明显的结构性异常 |
| B | 存在心脏结构性异常的迹象(例如存在心杂音),但没有心衰的临床表现 |

续表 3-2

| 类别 | 程度描述 |
|------|---------|
| B1 | X线片和心动超声未见心脏重塑/心腔增大 |
| B2 | 潜在的心脏病或血液动力学异常已引起心腔增大 |
| C | 心脏结构异常,既往或目前存在心衰表现 |
| D | 心衰症状持续存在或心衰晚期,常规标准治疗难以控制 |

**改良 NYHA 功能分级**

| | |
|---|---|
| Ⅰ | 存在心脏病,但无心衰的临床表现或运动不耐受;心脏轻微增大或正常 |
| Ⅱ | 出现心脏病症状及运动不耐受;X线检查出现心脏增大 |
| Ⅲ | 正常活动或晚上出现心衰症状(如咳嗽、端坐呼吸);X线检查出现显著心脏增大、肺水肿或胸腔/腹腔积液 |
| Ⅳ | 严重的心力衰竭,休息或轻微活动时表现症状;X线检查出现明显充血性心力衰竭(CHF)征象及心脏增大 |

**ISACHC 功能分级**

| | |
|---|---|
| Ⅰ | 无症状的病例 |
| Ⅰa | 有心脏病的表现但没有心腔增大 |
| Ⅰb | 有心脏病的表现,并有代偿的迹象(心腔增大) |
| Ⅱ | 轻度至中度心衰,在静息或轻度运动时可见心衰症状,影响生活质量 |
| Ⅲ | 晚期心脏病,CHF 相关症状显而易见 |
| Ⅲa | 病例可以进行居家管理 |
| Ⅲb | 建议住院治疗(心源性休克、危及生命的肺水肿、大量的胸腔积液、顽固性腹水) |

# 急性充血性心力衰竭的治疗
## (TREATMENT FOR ACUTE CONGESTIVE HEART FAILURE)

### 一般原则
### (GENERAL CONSIDERATIONS)

突发性充血性心力衰竭的特征是出现严重的心源性肺水肿、伴有或不伴有胸腔和/或腹腔积液,或心输出较差,这可见于 C 期或 D 期的动物。治疗方案主要是快速清除肺水肿、改善氧合和增强心输出量(框 3-1)。若出现严重胸腔积液应考虑应急胸腔穿刺,存在大量腹水时也应抽出积液,以改善通气状况。患有严重充血性心力衰竭动物处于明显应激的状态。应最大程度限制活动以降低总耗氧,建议进行笼养。应尽可能避免

不利的环境应激因素,如过热或过潮或者过冷。当需移动动物时,尽量将其置于推车上或者人工协助转移。尽量减少不必要的移动,避免口服给药。

### 供氧
### (SUPPLEMENTAL OXYGEN)

使用面罩、临时头罩、鼻管、气管内插管或氧舱均对病患有益。无论采用哪种方式,都应防止加重动物的病情。能够调整温度和湿度的氧舱是较为理想的选择,对体温正常的动物可推荐设定温度在 65°F(18.3℃)。氧流量设为 6~10 L/min 较为适宜,最初可能需要 50%~100% 的氧浓度,但必须在数小时内降至 40%,以防止肺脏损伤。使用鼻氧管时,加湿的氧气按 50~100 mL/(kg·min) 的流速输送。极其严重的肺水肿伴呼吸衰竭的病例,可能需要安置气管内插管或实施气管切开术、气道抽吸和机械通气。呼气末正压(positive end-expiratory pressure,PEEP)通气可清洁小气道和扩张肺泡。但正压通气对血液动力学不利,而且慢性高氧浓度(>70%)可损伤肺组织(更多资料请参考推荐阅读)。对插管动物应进行连续监测。

### 药物治疗
### (DRUG THERAPY)

#### 利尿

静脉注射呋塞米可产生快速利尿作用,给药后 5 min 内起效,峰效出现于给药后 30 min,持效时间通常为 2 h 左右;此种给药途径还具有轻度的静脉舒张作用。一些病患需要给予更激进的初始剂量,或将总剂量分成多次,并密集使用(见框 3-1)。匀速静脉滴注(CRI)呋塞米的效果可能比单次静脉推注的利尿效果更好。兽用剂型(50 mg/mL)可使用 5% 葡萄糖溶液、乳酸林格氏液或者无菌用水稀释至 10 mg/mL 以供 CRI,也可使用 5% 葡萄糖溶液或无菌用水稀释至 5 mg/mL。病患的呼吸频率及其他生理参数(下文将详述)将用于指导呋塞米的使用。当出现利尿作用,且呼吸症状得到缓解后,即应降低给药剂量,以避免出现血容量下降或电解质丢失。对于存在突发性心源性肺水肿的病患,还可进行静脉穿刺放血,但此种辅助性方法一般不使用。

**框 3-1　失代偿性 CHF 的紧急治疗**

避免动物应激和兴奋！
　进行笼养/搬运动物时使用推车（避免任何形式的活动）
　避免过热和过潮
增强氧合：
　确保气道通畅
　吸氧（避免氧浓度＞50%超过 24 h）
　必要时协助维持一定的姿势（保持动物俯卧、抬头）
　若存在明显的泡沫，抽吸气道
　必要时进行气管插管及进行机械通气
　怀疑或确认存在胸腔积液时，进行胸腔穿刺放液
利尿：
　呋塞米（犬：2～5[8] mg/kg IV 或 IM，q 1～4 h 直至呼吸频率下降，之后改为 1～4 mg/kg，q 6～12 h 或者 0.6～1 mg/kg/h，CRI（详见正文）；猫：1～2[4] mg/kg IV 或 IM，q 1～4 h 直至呼吸频率下降，之后改为 q 6～12 h）
　利尿开始后提供饮用水
支持心脏的泵血功能（正性肌力—血管舒张剂）
　匹莫苯丹（犬 0.25～0.3 mg/kg，PO，q 12 h；尽快使用）
缓解焦虑：
　布托啡诺（犬 0.2～0.3 mg/kg，IM 猫 0.2～0.25 mg/kg，IM）；或者
　吗啡（犬 0.025～0.2mg/kg，IV，q 2～3 min 至起效；或者 0.1～0.5 mg/kg，单次使用，IM 或 SC）或者
　乙酰丙嗪（猫 0.05～0.2 mg/kg，SC；或者 0.05～0.1 mg/kg 与布托啡诺合用，IM）或者
　地西泮（猫 2～5 mg，IV；犬 5～10 mg，IV）
±血容量再分布的调节：
　血管舒张剂［硝普钠，若能密切监测血压，可按：0.5～1 μg/(kg · min) CRI，用 5%葡萄糖溶液稀释，可根据需要将剂量逐渐上调至 5～15 μg/kg/min；或者 2% 硝酸甘油软膏——犬：1/2～1½ 英寸，涂抹于皮肤，q 6 h；猫：1/4～1/2 英寸，涂抹于皮肤，q 6 h］
　±吗啡（仅适用于犬）
　±放血术（6～10 mL/kg）

±进一步降低后负荷（尤其针对二尖瓣反流）：
　肼屈嗪［若不使用硝普钠；犬：0.5～1 mg/kg PO，2～3 h 内重复给药 1 次（至动脉收缩压为 90～110 mmHg），之后 q 12 h；见正文］；或者
　依那普利（0.5 mg/kg PO q 12～24 h）或其他 ACEI——避免使用硝普盐；或者
　氨氯地平［犬：0.05～0.1 mg/kg 起始（最多可至 0.3 mg/kg），PO q 12～24 h；见文］
±额外的正性肌力支持（若出现心肌衰竭或者持续性的低血压）：
　多巴酚丁胺*［1～10 μg/(kg · min) CRI；从低剂量起始］或
　多巴胺#［犬：1～10 μg/(kg · min) CRI；猫：1～5 μg/(kg · min) CRI；从低剂量起始］
　氨力农［1～3 mg/kg IV；10～100 μg/(kg · min) CRI］，或者米力农［按 50 μg/(kg · min) 起始，缓慢静推 10 min，然后按 0.375～0.75 μg/(kg · min) CRI（人的使用方法）］
　地高辛 PO（见表 3-3）；［地高辛负荷剂量（适应证见正文）：PO——按维持剂量的 2 倍使用 1 或 2 次；犬 IV：0.01～0.02 mg/kg——总量的 1/4 在 2～4 h 内缓慢静推至起效；猫 IV：0.005 mg/kg——先给予 1/2 的总量，必要时在 1～2 h 后再静推总量的 1/4］
±缓解支气管收缩：
　氨茶碱（犬：4～8 mg/kg 缓慢 IV、IM、SC，或者 6～10 mg/kg PO q 6～8 h；猫：4～8 mg/kg IM、SC、PO q 8～12 h）或者使用其他类似的药物
监护并尽可能处理异常状况：
　呼吸频率、心率和节律、动脉压、氧饱和度、体重、尿量、水合状况、姿势、血清生化及血气分析、肺毛细血管楔压（有条件时）
舒张功能不全（例如，患肥厚性心肌病的猫）：
　一般建议，吸氧和呋塞米的使用如前所述
　±硝普盐和轻度镇静
　尽早开始使用依那普利或者贝那普利
　考虑静脉使用艾司洛尔（0.1～0.5 mg/kg IV，静推 1 min，此后按 0.025～0.2 mg/(kg · min) CRI）或者地尔硫䓬（0.15～0.25 mg/kg，缓慢静推 2～3 min）以降低心率，缓解动态流出道梗阻（艾司洛尔）

　＊将 250 mg 的多巴酚丁胺用 500 mL 5% 的葡萄糖溶液或者乳酸林格氏液稀释，可得到浓度为 500 μg/mL 的溶液，0.6 mL/(kg · h) 的液速等于 0.5 μg/(kg · min)。
　♯将 40mg 的多巴胺用 500 mL 5% 的葡萄糖溶液或者乳酸林格氏液稀释，可得到 80 μg/mL 的溶液，0.75 mL/(kg · h) 的液速等于 1 μg/(kg · min)。
ACE：血管紧张素转化酶；CRI：恒速输注。

## 血管舒张

　血管扩张剂可通过增加全身静脉容量、降低肺静脉压、降低全身动脉阻力来减轻肺水肿。尽管 ACEI 是慢性 CHF 管理的核心药物，对于患急性肺水肿的动物来说，需要更高效的药物以降低后负荷。动脉舒张剂的使用应从低剂量开始，并根据动物的血压和临床反应来调整后续剂量。对于舒张功能不全或心室流出道梗阻引起的心衰，不建议使用动脉舒张剂。

　硝普钠是一种强效小动脉和静脉舒张剂，对血管平滑肌有直接作用。使用此类药物时，要密切监测动脉血压；并调整剂量将平均动脉血压维持在 80 mmHg 左右（至少＞70 mmHg），或者将动脉收缩压维持在 90～110 mmHg。硝普钠通常持续 CRI 使用 12～24 h。动物会对该药物快速产生耐受，因此可能需要在使用过程中调整剂量。主要的副作用为严重低血压。过量或长时间使用（如连续使用超过 48 h）可引起氰化物中毒。硝普钠不可与其他药物混合注射，并且须避光保存。

肼屈嗪为单纯的小动脉扩张剂,可作为硝普钠的替代物。可用于由二尖瓣反流(有时为扩张性心肌病)引起的顽固性肺水肿。它可有效降低反流血量和左心房压力。通常口服给药初始剂量为 0.5~1 mg/kg,之后每 2~3 h 给 1 次药,直至收缩压在 90~110 mmHg 之间,或临床症状明显缓解。在无法监测血压的情况下,以 1 mg/kg 的初始剂量给药 1 次,若未出现临床症状减轻,则 2~4 h 内可再行给药。也可配合使用 2%硝酸甘油软膏以额外提供静脉扩张作用。

ACEI 或氨氯地平,配合或不配合硝酸甘油软膏,可作为肼屈嗪/硝酸甘油替代物。前两者起效缓慢且作用较弱,但也能对病患有所帮助。

硝酸甘油(或其他口服或经皮使用的硝酸盐)主要作用于静脉平滑肌,以增加静脉容量,并减低心脏的充盈压。硝酸甘油的主要适应征为急性心源性肺水肿。硝酸甘油软膏(2%)通常应用于腹股沟、腋下区域或内耳廓,但其对心衰的实用性还有待考证。工作人员在给药时应穿戴手套,或者用纸张隔开,以防直接接触药物。

## 正性肌力支持

正性肌力—血管舒张剂匹莫苯丹是治疗由慢性二尖瓣疾病或扩张性心肌病所引起的急性 CHF 的药物之一。尽管是经口给药,但是其起效迅速。起始用药应尽可能快,后续的给药则按心衰长期管理的方案执行(见表 3-3)。

 **表 3-3 管理慢性心衰的药物**

| 药物 | 犬 | 猫 |
|---|---|---|
| **利尿剂** | | |
| 呋塞米 | 1~3 mg/kg(或者更多) PO q 8~24 h(长期使用);使用最低有效剂量 | 1~2 mg/kg(或者更多) PO q 8~12 h;使用最低有效剂量 |
| 螺内酯 | 0.5~2 mg/kg PO q 12~24 h | 0.5~1 mg/kg PO q 12~24 h |
| 氯噻嗪 | 10~40 mg/kg PO q 12~48 h 低剂量起始 | 10~40 mg/kg PO q 12~48 h,低剂量起始 |
| 氢氯噻嗪 | 0.5~4 mg/kg PO q 12~48 h,低剂量起始 | 0.5~42 mg/kg PO q 12~48 h,低剂量起始 |
| **ACEIs** | | |
| 依那普利 | 0.5 mg/kg PO q 12~24 h | 0.25~0.5 mg/kg PO q 12~24 h |
| 贝那普利 | 0.25~0.5 mg/kg PO q 12~24 h | 0.25~0.5 mg/kg PO q 12~24 h |
| 卡托普利 | 0.5~2 mg/kg PO q 8~12 h | 0.5~1.25 mg/kg PO q 8~24 h |
| 赖诺普利 | 0.25~0.5 mg/kg PO q 12~24 h | 0.25~0.5 mg/kg PO q 24 h |
| 福辛普利 | 0.25~0.5 mg/kg, PO,q 24 h | — |
| 雷米普利 | 0.125~0.25 mg/kg,PO, q 24 h | 0.125 mg/kg,PO, q 24 h |
| 咪达普利 | 0.25 mg/kg,PO, q 24 h | — |
| **其他血管扩张剂** | | |
| 肼屈嗪 | 0.5~2 mg/kg PO q 12 h(初次可至 1 mg/kg) | 2.5~10 mg/猫 PO q 12 h |
| 氨氯地平 | 0.05(起始)~(0.3~0.5) mg/kg PO q 12~24 h | (0.625~1.25) mg/猫 或 (0.1~0.5 mg/kg) PO q 24(~12)h |
| 哌唑嗪 | 0.05~0.2 mg/kg PO q 8~12 h | — |
| 2%硝酸甘油软膏 | 0.5~1.5 英寸表皮涂抹 q 6~8 h | 0.25~0.5 英寸表皮涂抹 q 6~8 h |
| 硝酸异山梨酯 | 0.5~2 mg/kg PO q(8~12)h | — |
| 单硝酸异山梨酯 | 0.25~2 mg/kg PO q 12 h | — |
| **正性肌力药物** | | |
| 匹莫苯丹 | 0.2~0.3 mg/kg PO q 12 h | 与犬相同,或 1.25 mg/猫 PO q 12 h |
| 地高辛 | PO:犬 < 22 kg 0.005~0.008 mg/kg q 12 h 犬>22 kg 0.22 mg/m² 或 0.003~0.005 mg/kg q 12 h,使用 Elixir 时剂量减少 10%。杜宾犬的最高剂量 为 0.5 mg/d 或 0.375 mg/d(静脉负荷见框 3-1) | 0.007 mg/kg(或 0.125 mg 片剂的 1/4) PO q 48 h(静脉负荷见框 3-1) |

其他正性肌力疗法也可应用于由心肌收缩力下降引起的心衰，或者出现持续性低血压的病患。当动物出现心肌衰竭或者严重低血压时，经静脉使用拟交感类药物（儿茶酚胺）或者磷酸二酯酶（PDE）抑制剂1～3 d可有助于维持动脉血压、前向心输出量和器官灌注。

儿茶酚胺作用于环磷酸腺苷（cAMP）使细胞内的钙离子浓度升高，从而增强心肌收缩力。此类药物亦可促发节律失常，并增加肺部和全身血管阻力（有加速肺水肿发生的可能性）。其半衰期短（<2 min），且肝脏代谢迅速，使得此类药物需要进行持续的静脉滴注，以维持药效。用药数天内将引起$\beta$-受体下调和失偶联，从而限制其药效。与$\beta$-受体阻断剂合用也将钝化儿茶酚胺的效果。多巴酚丁胺（一种合成的多巴胺类似物）对心率和后负荷的影响较小，因此比多巴胺更合适。此种药物主要激动$\beta_1$-受体，而对$\beta_3$-受体和$\alpha$-受体的作用弱。低剂量使用时［如3～7 $\mu m/(kg \cdot min)$］对心率和血压的影响甚微。其起始使用剂量要低，此后再在数小时内逐渐增加剂量，直至获得满意的正性肌力作用，并使动脉收缩压维持在90～120 mmHg；在此过程中要密切监测动物的心率、节律和血压变化。尽管与其他类型的儿茶酚胺相比，多巴酚丁胺致心律失常的概率更低，但是，当以较高的剂量输注时［如10～20 $\mu g/(kg \cdot min)$］，可促发室上性和室性节律失常。猫对此种药物的不良反应更明显，在使用相对低剂量时，就可能出现恶心和癫痫发作。

低剂量多巴胺［<2～5 $\mu g/(kg \cdot min)$］可刺激某些区域性循环的舒血管性多巴胺能受体。低至中等剂量可增强心肌收缩和心输出，而高剂量［10～15 $\mu g/(kg \cdot min)$］时可引起外周血管收缩，增加心率及氧消耗，并有引起室性节律失常的风险。静脉使用时可按1 $\mu g/(kg \cdot min)$的剂量起始，然后逐渐上调剂量至获得目标效应；若动物出现窦性心动过速，或其他快速性节律异常时，必须降低剂量。

双吡啶类PDE抑制剂（如氨力农和米力农）通过抑制PDEⅢ（一类降解cAMP的细胞内酶）来增加细胞内的钙离子浓度。cAMP浓度升高可促进血管平滑肌松弛，从而使此类药物具备舒血管的作用。高剂量使用时可能出现低血压、心动过速和胃肠道症状；此类药物也可能加重室性节律失常。静脉给药时，氨力农在健康犬体内的持效短（<30 min），因此需要进行CRI才能维持药效。犬CRI使用时，其峰效出现于给药后45 min。氨力农有时也可先缓慢Ⅳ，然后再CRI；

并且在20 min或30 min之后，可再按起始剂量的一半重复静脉注射一次。米力农的药效要明显强于比氨力农，但关于其静脉使用剂型在小动物临床应用的资料较匮乏。此类药物可与地高辛或者儿茶酚胺合用，但与匹莫苯丹合用则会显得多余。

地高辛通常不建议静脉使用，除非动物出现室上性快速性节律异常，并且无其他药物可供使用，或者其他紧急疗法无效（见第4章）。严重的肺水肿所引起的酸中毒和低氧血症可增加心肌对洋地黄诱导性节律失常的敏感性。若需要静脉使用地高辛，则必须缓慢推注（至少15 min以上）；快速推注可引起外周血管收缩。计算所得到的总量后，通常分次使用，起始推注剂量为总量的1/4，并且必须经数小时缓慢推注。

若在静脉使用正性肌力药物的过程中出现节律失常，则需减缓给药速度，或停止给药。对出现房颤的动物静脉使用儿茶酚胺可增加房室结的传导性而增加室率。若房颤的动物必须使用多巴酚丁胺或者多巴胺，则必须同时使用地尔硫䓬（IV或者PO）以降低心率（见表4-2）。此时经口（负荷剂量）或者谨慎经静脉给予地高辛是另一种选择。

### 其他紧急治疗

轻度镇静（犬使用布托啡诺或者吗啡，猫则是布托啡诺与乙酰丙嗪合用，更多药物选择见框3-1）可缓解动物的焦虑。由于吗啡可能引起犬呕吐，因此布托啡诺可能是更好的选择。但是，吗啡也有其自身优点，这包括抑制呼吸中枢而使动物的呼吸变得更缓更深、舒张外周血管而减少肺部血容量。吗啡可升高颅内压，因此忌用于患神经源性水肿的犬。吗啡禁用于猫。

支气管舒张剂可能对一部分患有严重肺水肿和支气管收缩的犬有益。氨茶碱经静脉缓慢推注或者肌肉注射后，除了具有舒张支气管和减缓呼吸肌疲劳的作用外，还有轻度利尿和正性肌力作用；其不良反应包括增强交感神经的兴奋性和致心律失常。当动物的呼吸状态改善后，可改为口服给药，经口给药吸收迅速。

## 舒张功能不全引起的心衰
(HEART FAILURE CAUSED BY DIASTOLIC DYS-FUNCTION)

当肥厚性心肌病或限制型心肌病引起急性CHF

时,按前文所述的方法进行胸腔穿刺(如有必要)、利尿和吸氧治疗;还可经皮肤使用硝酸甘油。当严重的呼吸困难减轻后,可给予地尔硫革,以减缓心率和延长心室充盈时间;此外也可选用某些 $\beta_1$-受体阻断剂,例如阿替洛尔或者经静脉使用的艾司洛尔。对于患突发性肺水肿的动物,尽量避免使用普洛萘尔(或者其他非选择性 $\beta$-阻断剂),因为附带的 $\beta_2$-阻断作用可引起气管收缩。

若动物存在动态左室流出道梗阻,使用小动脉舒张剂会恶化病情,因为此时降低后负荷将进一步加重收缩期梗阻(见第 8 章)。但是,使用标准剂量的 ACEI 并未增加左室流出道两侧的压力梯度。一旦动物的状态允许口服给药,建议尽快增加 ACEI。

## 监护与追踪
(MONITORING AND FOLLOW-UP)

在治疗监测中,反复评估动物对治疗的反应、预防由过度利尿所引起的低血压和严重氮质血症等,均是至关重要的。轻度氮质血症较常见,激进的利尿还可能引起低钾血症和代谢性碱中毒。对于存在节律失常的动物,将其血钾维持在参考范围的中值至上限也是非常重要的。在动物恢复正常食欲前,建议每 24~48 h 进行一次血清生化检查。

必须监测动物的动脉血压,因采用直接动脉通路会加重动物应激,通常使用间接测量的方式。间接评估器官的灌注情况,包括评价动物的 CRT、黏膜颜色、意识水平以及测量其血氧饱和度、尿量和指间温度等都有所益处;对于接受激进利尿治疗的动物尤其如此。

中央静脉压(CVP)并不能充分反映动物的左心充盈压;因此不能用于指导患心源性肺水肿动物的利尿治疗和输液疗法。尽管肺毛细血管楔压可用于指导治疗,但是放置和维护肺动脉插管需要极其严格的无菌条件和密切的监护。

脉搏血氧仪有助于监测动物的血氧饱和度 ($S_{pO_2}$)。当血氧饱和度低于 90% 时,需进行供氧,若供氧后血氧饱和度仍低于 80%,需进行机械通气。动脉血气分析所提供的氧饱和度更准确,但是该操作容易引起动物应激。X 线片上肺水肿征象的消除与动物的临床状态改善不同步,一般前者滞后于后者 1~2 d。

在动物的呼吸异常开始消除和明显的利尿效果出现之后,可以开始提供低钠的饮用水。对于患突发性CHF 的动物,不建议经胃肠道外给予液体(IV 或者 SC)。对于多数的病例来说,即使经历过激进的利尿治疗,最好还是让动物通过自由饮水(低钠),来逐渐改善其水合状态。但是,对于同时患有肾衰、明显低钾血症、低血压、地高辛中毒、持续性厌食或者其他严重的全身性疾病的心衰动物,有时可能需要进行输液治疗。一些动物需要较高的充盈压,以维持心输出,尤其是那些患有心力衰竭或者心室顺应性明显降低(例如患肥厚性心肌病或者心包疾病)的动物;此类动物在接受利尿和舒血管治疗后,可能会出现心输出量不足和低血压的情况。对于大多数患有失代偿性 CHF,并需要静脉 CRI 给药的动物,必须将液体的量控制在最低限度。细心监护和持续利尿治疗对于防止肺水肿复发至关重要。若动物需要额外经静脉给予液体,可选择 5% 葡萄糖溶液或者低钠溶液(如 0.9% 氯化钠溶液与 5% 葡萄糖溶液等量混合),并添加氯化钾,按保守的速度输注[如 15~30 mL/(kg・d,IV)]。此外,也可皮下输注 0.9% 氯化钠溶液与 5% 葡萄糖溶液等量混合液或者 LRS。

钾离子以 0.05~0.1 mEq/(kg・h)[或者更保守的剂量:0.5~2 mEq/(kg・d)]的维持剂量补充。患低钾血症的动物需要更高的剂量:轻度者按 0.15~0.2 mEq/(kg・h) 补充,中度者按 0.25~0.3 mEq/(kg・h) 补充,重度者按 0.4~0.5 mEq/(kg・h) 补充。对于患中度至重度低钾血症的动物,建议每 4~6 h 复查一次血钾。使用低钠的静脉溶液,可能会使一部分动物出现低钠血症和体液潴留,此时可选择更平衡晶体溶液。针对 CHF 和潜在疾病的其他支持性疗法,必须依动物的个体情况而定。一旦动物开始有饮食欲,则应逐渐减少经胃肠道外的给液量。

# 慢性心力衰竭的治疗
(MANAGEMENT OF CHRONIC HEART FAILURE)

## 一般原则
(GENERAL CONSIDERATIONS)

下文主要介绍慢性充血性心力衰竭管理的一般原则。其他相关信息详见各论章节。心衰的治疗因个体而异,通过对每个动物进行药物剂量调整、增加或更换药物及调整生活方式和饮食,而达到个体化治疗的目的。经药物治疗仍无法缓解的胸腔积液和大量腹水,应首先进行穿刺放液以改善呼吸。同样,当心包积液影响心脏回流时,放液疗法也是必需的。随着心脏病的发展,动物通常需要更激进的疗法。

不管何种病因导致心衰,限制运动可有助于减轻心脏负担,剧烈运动可能触发呼吸困难甚至是严重的心律失常,即使处在代偿期的 CHF 患病动物也是如此。慢性心衰可引起骨骼肌变化而使动物易于疲劳和呼吸困难。适当的体育训练可改善慢性心衰动物的心肺功能和生活质量;这部分归因于血管内皮功能改善和血流依赖性舒血管机制的重建。尽管难以判定什么样的训练强度最合适,但建议进行有规律的(不是零散的)轻度到中度强度日常活动,以不出现过度的费力呼吸为标准。避免突然的剧烈运动。

# 利尿剂
(DIURETICS)

利尿疗法可减轻心源性肺水肿和积液,因此仍然是治疗 CHF 的基石(见表 3-3)。呋塞米(以及其他的髓袢利尿剂)在亨氏袢中干扰离子转运,因此具备强力的利钠和利水作用。其他类的利尿剂如噻嗪类和保钾利尿剂,有时可与呋塞米联合,以进一步增强患晚期心衰的动物的利尿效果。但过度使用利尿剂可使血容量过度减少,从而激活肾素-血管紧张素-醛固酮系统的级联反应。利尿剂也能加剧脱水和氮质血症,故应明确在这些动物中使用利尿剂的适应证,并且使用最低有效剂量。

## 呋塞米

呋塞米是犬猫发生心衰时应用最广泛的髓袢利尿剂或强效利尿剂(见急性心衰章节),其作用于亨氏袢的升支,抑制 $Cl^-$、$K^+$ 和 $Na^+$ 的转运活性,从而促进这些离子和 $H^+$ 的排出;$Ca^{2+}$ 和 $Mg^{2+}$ 也同时从尿中丢失。髓袢利尿剂可扩增全身静脉的容量,可能是通过间接促进肾脏前列腺素的释放实现。呋塞米也能通过增加肾脏总血流量并优先增加肾皮质灌注而促进盐分流失。髓袢利尿剂口服吸收较好。口服给药时 1 h 内出现利尿作用,1~2 h 达到高峰,持效 6 h。呋塞米具有高度蛋白结合性,约 80% 以原型从肾近曲小管排出,其余以葡萄糖醛酸苷排出。

虽然在出现急性、突发性肺水肿时,应进行激进的呋塞米疗法;但对于慢性心衰而言,必须使用最低的有效剂量。呋塞米的使用剂量并不固定,根据具体的临

床状况而定。应监测动物的呼吸模式、水合状况、体重、运动耐受性、肾功能和血清电解质浓度,以评估动物对治疗的反应。由于呋塞米能增强神经内分泌活性,降低肾功能,故一般不推荐单独使用呋塞米治疗慢性心衰。

副作用通常为液体和/或电解质过度丢失,猫通常比犬更为敏感,故一般用药剂量较小。虽然低钾血症是犬最为常见的电解质紊乱,但一般在非厌食犬较少发生。过度利尿可引起低钠性、低氯性碱中毒。

## 其他髓袢利尿剂

其他更强效的髓袢利尿剂的使用较呋塞米少,包括托拉塞米(0.2~0.3 mg/kg PO q 12~24 h,或者按既往呋塞米用量的 1/10 使用)和布美他尼(0.02~0.1 mg/kg PO q 8~12 h)。托拉塞米代替呋塞米使用时,对患顽固性 CHF 和利尿耐受的犬有效。该药的半衰期比呋塞米更长,并且可能对慢性心衰有额外治疗作用。托拉塞米的不良反应与呋塞米相似并且可能更严重。

## 螺内酯

螺内酯在心脏和其他组织中所发挥的抗醛固酮作用可能比其利尿作用更有意义,尽管其利尿作用也可作为顽固性心衰的管理手段之一。螺内酯是醛固酮的竞争性拮抗剂,其作用于肾脏远端肾小管而起到保钾排钠的作用,也可减少呋塞米或其他利尿剂所引起的肾脏钾丢失,后者在醛固酮浓度升高的情况下表现得更为明显。但是对于健康犬来说,螺内酯的利尿作用甚微。

尽管在使用 ACEI 的初期,机体所释放的醛固酮会减少,但是,随着时间的推移,醛固酮的浓度将逐渐升高(所谓的"醛固酮逃逸")。引起这种现象的原因可能有:肝脏对醛固酮的清除率下降、钾离子升高或者钠离子丢失,刺激醛固酮产生或者局部组织生成醛固酮。螺内酯的抗醛固酮效应可能包括减缓醛固酮介导的心血管重塑和改善压力感受器功能不全。在人医中,螺内酯可延长中度到重度 CHF 患者的存活时间。对于患扩张性心肌病和慢性二尖瓣反流的犬来说,螺内酯[2 mg/(kg·d)PO]可改善其发病率和死亡率。

螺内酯起效缓慢,峰值效应一般出现在用药后的第 2~3 天。与食物混合口服可提高其生物利用度。保钾利尿剂慎用于使用 ACEI 治疗或者补钾剂的动

物,禁用于患高钾血症的动物。其副作用通常与过度钾蓄积和胃肠道紊乱有关。螺内酯可能会降低肝脏对地高辛的清除率。有些猫使用螺内酯可能出现溃疡性面部皮炎,尤其当剂量较高时。

依普利酮(Eplerenone)是一种更具选择性作用的醛固酮拮抗剂。在实验性的心衰模型中,依普利酮可显著减缓心室重塑和纤维化。但是,目前尚无该药物应用于犬猫的临床经验,亦不清楚该药物是否比螺内酯更具优势。

### 噻嗪类利尿剂

噻嗪类利尿剂可降低远曲小管中钠和氯的吸收,增加钙吸收。具有轻度至中度利尿作用,同时、促进$Na^+$、$Cl^-$、$K^+$ 和 $Mg^{2+}$ 的排泄,可能引起碱血症。噻嗪类利尿剂降低肾血流量,不应用于氮质血症动物。对非氮质血症动物副作用较小,但当与其他利尿剂合用、过量使用或应用于厌食病患时,可引起明显的低钾血症、其他的电解质紊乱、脱水或者氮质血症。噻嗪类利尿剂可通过抑制胰岛素原向胰岛素转化而使糖尿病或糖尿病前期病患发生高血糖症。氯噻嗪给药 1 h 内起效,4 h 达到峰效,持效 6～12 h。氢氯噻嗪给药 2 h 内起效,4 h 达到峰效,持效 12 h。当用于治疗慢性顽固性心衰的动物时,为了避免出现严重的氮质血症和电解质紊乱,可能需要每 2 d(或者更长的时间间隔)给药 1 次(而不是每 12～24 h 给药 1 次)。

### 血管紧张素转化酶抑制剂
### (ANGIOTENSIN-CONVERTING ENZYME INHIBITORS)

ACEIs 几乎适用于各种原因引起的慢性心衰(见表 3-3)。在人医中,该类药物可改善心衰患者的临床症状,并降低死亡率。该药物对于心肌衰竭或容量超载且 C 期或 D 期的患犬可能具有相似的作用。ACEIs 对于患舒张功能不全的猫可能有一定作用。关于 ACEIs 对患慢性二尖瓣疾病且 B 期(无症状期)的犬是否有帮助,目前仍有争议,因为缺乏确切的证据证明 ACEIs 可延缓 CHF 的发生。

由于 ACEIs 可通过多种途径调节过度激活神经内分泌反应,其往往比肼屈嗪和其他小动脉扩张剂更具有优势。ACEIs 只有轻微的利尿和血管舒张作用,其主要来自于其抗神经内分泌激活和抗心血管异常重塑作用。通过阻止血管紧张素Ⅱ的形成,AECIs 促使小动脉和静脉扩张,并降低水钠潴留(通过减少循环血

醛固酮),从而减轻水肿/渗出,也可抑制醛固酮对心脏的直接不良效应。ACEIs 还可减少室性心律失常的发生,降低心衰病人(可能对动物也有类似的作用)的猝死率,这可能与血管紧张素Ⅱ诱导的抑制去甲肾上腺素和肾上腺素释放。ACE 正常降解形成的舒血管激肽可增强 ACEIs 的血管扩张作用,尽管有时循环血液中肾素水平并不高,通过抑制血管壁内 ACE,也可起到局部血管扩张的作用。局部 ACE 抑制可通过调整血管平滑肌和心室重塑而起到有益作用。但是,目前尚不清楚 ACEIs 是否能抑制患自发性心脏病的犬所出现的心室重塑和扩张。ACEIs 对犬的高血压有一定作用。

多数 ACEIs(除了卡托普利和赖诺普利)以前体的形式存在,在肝脏代谢转换为活性形式,因此,严重的肝功能不全可影响到这个转换过程。ACEIs 的不良反应包括低血压、呕吐/腹泻、肾功能恶化和高血钾(特别是在配合使用保钾利尿剂或补钾时发生)。血管紧张素Ⅱ在调节肾出球小动脉收缩中具有重要作用,在肾脏血流降低时保证肾小球的滤过率。当心输出量及肾脏灌注经治疗改善后,肾脏功能通常能维持正常。过度利尿、血管过度扩张或严重的心肌功能障碍可导致肾小球滤过下降。建议在开始治疗的 1 周内,检测血清肌酐和电解质水平,随后定期复查。处理氮质血症的第一步是降低利尿剂的剂量,必要时再降低 ACEIs 的剂量或者停用 ACEIs。使用较低的起始剂量通常就可避免发生低血压。其他人医报道的不良反应还包括皮疹、瘙痒、味觉损伤、蛋白尿、咳嗽及嗜中性粒细胞减少症。ACEIs 引起病人咳嗽的机制目前尚不清楚,可能与内源性缓激肽降解抑制或与一氧化氮产生增多有关。一氧化氮对支气管上皮细胞有致炎性反应作用。

### 依那普利

依那普利的生物利用度为 20%～40%,与食物同用不会降低其生物利用度。依那普利在肝脏中水解为依那普利拉,后者是其最具活性形式。犬使用 ACEIs 的峰效在用药后的 4～6 h 内出现,持效为 12～14 h,按推荐的剂量每日使用 1 次时,其药效在用药后 24 h 基本消失。治疗犬的 CHF 时,一般初始按每天 1 次的频率给药,尔后再增加至每日 2 次。猫按 0.25～0.5 mg/kg 的剂量口服该药后,2～4 h 内作用达到峰值,一些 ACE 抑制剂(50%对照)持效时间可达 2～3 d。依那普利及其活性代谢产物通过尿液排泄,肾衰

竭和严重充血性心力衰竭可延长其半衰期,故该药在使用于此类病患时应降低剂量,或者更换为贝那普利。严重肝功能不全可干扰依那普利及其活性形式——依那普利拉的转化。依那普利拉有注射用剂,但在兽医临床使用较少,且这种物质口服吸收不佳。

### 贝那普利

贝那普利在体内被代谢为其活性物质——贝那普利拉。口服的吸收率只有 40%,但食物不影响其吸收率。犬猫口服后 2 h 内达峰效,其持效时间可长达 24 h 以上。在猫,按 $0.25\sim0.5$ mg/kg 的剂量给予 ACE 抑制剂后,可产生 100% 的 ACE 抑制作用,并且在接下来的 24 h 里仍可维持 90% 的抑制率,然后在接下来的 36 h 里逐渐消减到 80%。贝那普利在猫体内的起始半衰期为 2.4 h,其终末半衰期可达 29 h。重复给药后血清中的药物浓度会适度增加。肾衰动物更推荐使用贝那普利。犬贝那普利经尿液和胆汁排出(两种途径的排泄比例相似)。在猫中,85% 的代谢产物经粪便排出,15% 从尿液排出。药物的耐受性较好。该药物似乎能减缓 CKD 患猫肾功能的恶化速度。

### 其他血管紧张素转换酶抑制剂

卡托普利是临床最早使用的 ACEI。与依那普利及其他药物相反,卡托普利含有巯基,二硫化物代谢物具有清除自由基的作用,这可对某些心脏病的治疗有益,但其临床意义尚不清楚。卡托普利口服吸收良好(75% 生物利用度),但食物可降低其 30%~40% 的生物利用度。在犬,血液动力学作用约在给药后 1 h 内出现,1~2 h 达到峰效,持效小于 4 h。卡托普利通过尿液排泄。赖诺普利是依那普利拉的赖氨酸类似物,具有直接 ACE 抑制作用。其生物利用度在 25%~50%,食物不影响其吸收。在给药后 6~8 h 作用达到峰效,持效时间较长,但缺乏该药物对动物作用的更详细信息。有人尝试过每日 1 次的给药频率,效果显著。

福辛普利结构上与上述各药物不同,它含一个磷酸根(而非巯基或羧基),因此可在肌细胞中停留更久。福辛普利也是一种药物前体,可在胃肠道黏膜和肝脏中转化成其活性形式——福辛普利拉。该药通过肾脏与肝脏消除,若其中某一途径受损,则另一代谢途径代偿性增强。该药在人身上能持续 24 h 以上。福辛普利可使 RIA 分析法测得的血清地高辛浓度假性偏低。

其他应用于心衰动物的 ACEIs 还包括雷米普利、喹那普利和咪达普利。后者的药效与依那普利相似并且有液体制剂,还有其他种类的 ACEIs 也有悬液制剂。

## 正性肌力药
## (POSITIVE INOTROPIC AGENTS)

### 匹莫苯丹

匹莫苯丹是一种正性肌力血管舒张剂,可同时增强心肌收缩力和舒张全身与肺循环的血管(见表 3-3)。作为一种苯并咪唑衍生性磷酸二酯酶抑制剂,匹莫苯丹减缓 cAMP 的降解,并增强肾上腺素能对钙离子流和心肌收缩力的作用。匹莫苯丹还可通过增强肌钙蛋白 G 对钙离子的亲和力而发挥钙离子增敏效应。此种正性肌力作用不伴随细胞内钙离子浓度的增加,因此也不会增加心肌耗氧量。该药物还可通过调节神经内分泌和促炎细胞因子的激活而发挥其他功效。匹莫苯丹还有一定的抗血栓作用。口服给药后 1 h 内即可达到峰值浓度。犬的生物利用度约 60%,食物会降低其吸收率,因此有时建议至少饭前 1 h 服用。匹莫苯丹具有高蛋白结合性,主要通过肝脏代谢和胆汁排泄进行清除。其具有磷酸二酯酶Ⅲ抑制作用的活性代谢产物可增强该药物对全身循环和肺循环血管的舒张作用。同时使用钙离子阻断剂或者 β 受体阻断剂可削弱该药物的正性肌力作用。不良反应包括厌食、呕吐和腹泻,但是一般不常见。

有多项研究显示,在标准治疗的基础上添加匹莫苯丹可改善 CHF(由扩张性心肌病或者慢性二尖瓣反流引起)患犬的临床状态和延长存活时间。与 ACEIs 相比,匹莫苯丹可使 CHF 患犬存活更长的时间,但是,实际上这两种药物经常一起使用。与其他磷酸二酯酶抑制剂相似,匹莫苯丹似乎会增加室性节律异常和猝死的发生频率。目前尚不清楚匹莫苯丹对处于心脏病临床前期的动物是否有益处。但是,目前不建议给无症状的二尖瓣疾病患犬使用该药,因为有证据表明使用该药物可能会加速二尖瓣疾病的发展[译者注:新的强有力证据支持在无症状期使用匹莫苯丹]。匹莫苯丹可能有益于隐性扩张性心肌病、且出现渐进性心肌功能障碍的患犬,但是,目前尚无确切的临床试验证据支持这一观点。匹莫苯丹对晚期心肌病和顽固性 CHF 患猫可能有效,虽然此种用法尚属于标签外用药。目前不建议给患肥厚性心肌病的猫使用该药,尤其当存在动态左心室流出道梗阻时。

## 地高辛

作为一种口服的正性肌力药物,地高辛几乎已被匹莫苯丹所替代;但是,对于一些患扩张性心肌病或者晚期二尖瓣反流的动物,仍会联合使用地高辛和匹莫苯丹。地高辛可令心衰动物的压力感受器更敏感,从而可调节神经内分泌的活化功能,这是目前主要的用药目的。地高辛只有轻微的正性肌力作用,且治疗窗较窄。尽管该药无法延长存活时间,但是若将其血药浓度控制在治疗范围的低限时,该药确实能减少 CHF 患者的住院时间。但是,若血药浓度偏高,会出现较高的猝死率。地高辛可在一定程度上减缓房颤患犬的房室传导速率,也可抑制其他的一些室上性心律失常(见第 4 章)。该药禁用于存在窦房结或房室(atrioventricular,AV)结疾病的病患,其他禁忌证还包括氮质血症、室性心动过速(可加重此种心律失常),联用会增加地高辛副作用的药物。地高辛也禁用于患肥厚性心肌病病例,尤其是心室流出道梗阻的病例,目前该药几乎不用于猫。地高辛不适用于治疗心包疾病。由于其具有潜在的毒性,必须使用低剂量并监测血药浓度,最好将血药浓度维持在治疗范围的中低限。

地高辛通过竞争性结合及抑制心肌细胞膜上的 $Na^+$、$K^+$-ATP 泵而增加心肌收缩力。细胞内 $Na^+$ 蓄积,使 $Ca^{2+}$ 通过钠-钙交换进入细胞。但在病变的心肌细胞内,$Ca^{2+}$ 的舒张期扣押及收缩期释放都会受损,此时地高辛不仅不能起到正性肌力作用,还会加重细胞内的 $Ca^{2+}$ 超负荷、延迟后去极化和电活动不稳定性。

地高辛的抗心律失常作用是通过增加副交感神经对窦房结、房室结和心房的作用实现的,它也能进一步延长传导时间及房室结的不应期,减缓窦性节律,降低心房纤颤及扑动时的心室应答率,并抑制心房期前去极化。虽然这类药物可抑制某些室性心律失常(可能通过增强迷走神经兴奋性),但洋地黄苷本身具有致心律失常作用,尤其当应用于心衰动物时。

多数病例开始使用地高辛进行治疗时,可使用口服维持剂量。当危急情况下需要快速达到治疗浓度时,可按 2 倍口服推荐量使用 1~2 次,但是,负荷给药可能会使血药浓度达到中毒浓度。多数情况下没必要静脉负荷给予地高辛。静脉给予其他药物治疗室上性心动过速的效果更好(见第 4 章)。其他经静脉使用、用于紧急增强心肌收缩力的正性肌力药物也比地高辛更安全有效(见表 3-1)。

地高辛口服吸收良好,经肝脏代谢少,片剂吸收率为 60%,酏剂为 75%。白陶土-果胶混合物、抗酸药、食物及吸收不良综合征均可降低其生物利用度。血清中约 27% 的药物与蛋白结合,犬的血清半衰期少至 23 h,多可达 39 h。按照剂量每 12 h 给药 1 次,可在 2~4.5 d 内达到血清治疗浓度。猫的地高辛血清半衰期范围较宽,25~78 h,长期口服给药可增加其半衰期。其含酒精的酏剂对猫来说适口性差,血清浓度约比片剂高出 50%。地高辛容易引起猫中毒。猫每 48 h 给予 1 次地高辛可达到有效血药浓度,且在 10 d 左右达到稳定水平。一旦达到稳定状态后,需在给药 8 h 后检测血药浓度。犬体内地高辛主要通过肾小球滤过及肾脏分泌排泄,也有近 15% 通过肝脏代谢。猫肾脏和肝脏排泄途径似乎同等重要。

由于肾衰时肾脏的药物清除率及容量分布下降,血清地高辛浓度(以及中毒的风险)通常升高。犬氮质血症严重程度与血清地高辛浓度似乎并无相关性,因此人医上根据肾衰来调整地高辛的用量不适用于犬。所以对于肾病动物来说,使用较低剂量,并严密监测血药浓度可能更实用。

对于犬来说,心衰对给药剂量与血清浓度之间的关系无明显影响,这表明有其他因素影响到血药浓度。由于该药物大部分与骨骼肌结合,肌肉丢失、恶病质及肾功能下降病患在使用常规量时较容易发生中毒。地高辛脂溶性差,故使用剂量应根据动物的瘦肉体重进行计算,这一点对于肥胖动物来说尤其重要。地高辛中毒的处理方法将在下文详述。使用保守剂量并对血清地高辛浓度进行监测,可有效避免中毒的发生。

一般推荐在初次用药(或改变剂量)7 d(犬)至 10 d(猫)后监测血药浓度,须在给药后 8~10 h 采样检测,很多兽医院和人医院可提供此项服务。血清靶浓度最好控制在 0.8~1.5 ng/mL,这一范围比旧文献所推荐的更低且更安全。若血药浓度低于 0.8 ng/mL,则剂量可在原有基础上增加 25%~30%,并在 1 周后重新检测血药浓度。如果无法监测血药浓度但怀疑发生中毒,则应停药 1~2 d,之后按原始剂量的半量进行治疗。

## 地高辛中毒

氮质血症和低钾血症均使动物易发地高辛中毒。因此在治疗过程中需要监测动物的肾功能和血清电解质浓度。低钾血症增加细胞膜上与洋地黄结

合的 $Na^+$、$K^+$-ATP 酶结合点，从而加重心肌毒性。相反，高钾血症则会与洋地黄竞争这些结合点。高钙血症和高钠血症既可增大药物的变力性，同时也增大其毒性作用。高钙血症和高钠血症均可增强该药物的正性肌力作用和毒性。异常甲状腺激素水平可影响机体对地高辛的反应。甲状腺功能亢进可促进药物对心肌的作用；在人，甲状腺功能减退可延长地高辛半衰期，但在犬上并没有发现存在这些药代动力学的改变。缺氧可增加心肌对洋地黄毒性的敏感性。同时使用某些药物可影响地高辛的血清浓度，这包括维拉帕米、碘胺酮和奎尼丁。奎尼丁促进地高辛从骨骼肌结合点释放，并降低地高辛的肾脏清除率，从而升高地高辛的血清浓度，故一般不推荐同时使用这两种药物。其他可引起地高辛血清浓度增加的药物还有地尔硫䓬、哌唑嗪和螺内酯，氨苯蝶啶也有一定可能。凡影响肝微粒体酶的药物都可能会影响地高辛的代谢。

地高辛中毒将引起胃肠道、心肌或者中枢神经系统症状。胃肠道毒性可能先于心肌毒性出现，症状包括厌食、沉郁、呕吐、肠鸣及腹泻。这些症状中的一部分是由洋地黄直接刺激髓质末端的化学感受器引起的。中枢神经系统症状包括沉郁和定向障碍。

心肌毒性可引起多种心脏节律紊乱，包括发生室性过速性心律失常、室上性早搏/心动过速、窦性停搏、MobitzⅠ型Ⅱ度房室传导阻滞及交界性节律。心肌毒性也可先于其他临床症状出现之前，表现为虚脱和死亡，尤见于心肌衰竭的患病动物。因此，不能根据 P-R 间期延长或胃肠道毒性反应情况指导洋地黄用药。它可以通过诱发和增强晚期后除极而激发心肌细胞的自律性。细胞牵拉、钙过载、低钾血症都可促使该过程的发生。中毒量的地高辛亦可通过刺激交感神经对心脏的作用而使自律性增强。同时，副交感神经传导减慢及改变不应期的作用，可促进折返性心律失常的发生。使用该类药物的动物若出现室性心律失常和/或过速性心律失常，并伴有传导受损时，应怀疑出现了地高辛中毒。

地高辛中毒的治疗方法主要依据其出现的临床表现而定。发生胃肠道反应时，通常停药并纠正水合、电解质紊乱即可好转；出现房室紊乱时，停药一般能好转，必要时也可使用抗胆碱能药物。出现地高辛引起的室性心动过速时，通常选用利多卡因进行治疗，因为利多卡因可抑制折返及后除极晚期引起的心律失常，且其对窦性节律或房室结传导的作

用甚小。若患犬对利多卡因无反应，考虑使用苯妥英（苯妥英钠），后者的作用与利多卡因相似。静脉输注苯妥英时，须缓慢推注，以避免出现由丙二醇载体引起的低血压及心肌抑制。苯妥英偶尔可经口给药，用于治疗或预防地高辛引起的室性过速性心律失常。猫不能使用苯妥英。

出现地高辛中毒时还有其他处理方法。血清钾浓度在 4 mEq/L 以下时，需进行静脉补钾。镁的补充也有利于抑制心律失常的发生，硫酸镁按 $25\sim40$ mg/kg 作为负荷剂量缓慢静推，然后在接下来的 $12\sim24$ h 恒速滴注（总剂量与负荷剂量相同）。液体疗法可纠正脱水状态，增强肾功能。在有些病例，$\beta$-阻断剂有助于控制室性过速性节律失常，但在发生房室传导阻滞时应避免使用。奎尼定由于能增加洋地黄的血药浓度，必须避免使用。口服类固醇结合剂考来烯胺树脂可在意外使用过量地高辛后马上使用，因为该药进入肝肠循环量极少。有一种来源于羊抗地高辛抗体的地高辛特异性抗原结合片段制剂（digoxin-immune Fab），也可用于地高辛过量。该抗原结合片段可灭活地高辛，其产生的抗原结合片段-地高辛复合物可通过肾脏排泄。根据犬体内地高辛分布容积而修订的计算公式为（Senior 等，1991）：所需量＝[体内总地高辛量（mg）]/0.6 mg 地高辛；体内总地高辛量＝[血清地高辛浓度（ng/mL）/1 000×14（L/kg）×体重（kg）]。

## 其他血管扩张剂
### (OTHER VASODILATORS)

血管扩张剂可作用于小动脉、静脉容量血管或两者同时作用（平衡性血管扩张剂）。小动脉扩张剂可使小动脉平滑肌放松，从而降低全身血管阻力和心脏后负荷，增强心脏泵血功能。降低小动脉阻力的药物也可用于治疗高血压。在二尖瓣反流病患，小动脉扩张剂可降低二尖瓣收缩期压力梯度，减轻反流，促进血液泵入主动脉。降低回流可减小左心房压，减轻肺充血，也可能使左心房变小。小动脉扩张剂用于二尖瓣反流（有时也用于扩张性心肌病）所引起的晚期心脏病，协助 ACEIs 或者其他常规药物以提供额外的降后负荷作用。

小动脉（或混合型）血管扩张疗法通常以低剂量起始治疗，以避免低血压和反射性心动过速。与利尿剂合用时建议减少利尿剂的剂量。留意低血压相关症状是十分重要的。每次增加药物剂量后，数小时内最好

连续监测血压。一般建议用药剂量逐渐增加至平均动脉压在 70～80 mmHg,或静脉 $p_{O_2}$ 分压大于 30 mmHg(自然流动的颈静脉血),注意避免收缩压降至 90～100 mmHg 以下。药物相关的低血压症状包括:虚弱、嗜睡、心动过速和外周灌注不良。血管扩张剂的剂量可根据需要上调,但每次调整剂量时要进行监测以防出现低血压。

静脉扩张剂可舒张全身静脉,增加静脉的容量,降低心脏充盈压(前负荷),并缓解肺充血。此类药物只要用于治疗急性 CHF。静脉血管扩张剂的治疗目的是将中心静脉压维持在 5～10 cm H₂O,且肺毛细血管楔压介于 12～18 mmHg。

### 肼屈嗪

在血管内皮完整性良好时,肼屈嗪可直接松弛小动脉平滑肌,但其对静脉系统几乎无作用。对二尖瓣闭锁不全所引起的心力衰竭的患犬来说,该药物可降低动脉血压、改善肺水肿、增加颈静脉氧分压(可能是通过增加心输出量实现)。肼屈嗪(当硝普钠的使用受限)最适用于二尖瓣反流所引起的急性、严重充血性心力衰竭。肼屈嗪可引起某些动物出现显著的反射性心动过速,此时应降低用药剂量。该药可使心衰动物神经内分泌反应增强,故在长期使用时,选择 ACEIs 更为合适。

肼屈嗪起效比氨氯地平更快,峰效出现在给药后 3 h 内,最长可持效 12 h。肼屈嗪与食物同服时,生物利用度可下降 60% 以上,该药的首过效应也非常显著。但在犬,增大给药剂量可饱和这种代谢,从而增加生物利用度。其初始用药及增量的注意事项详见前文。

肼屈嗪最常见毒副作用是低血压,有时也可发生胃肠道不适,严重时需考虑停药。人使用高剂量时可能会出现狼疮样综合征,但在动物并无相关报道。

### 氨氯地平

氨氯地平为一种 L 型二氢吡啶类钙离子通道阻断剂,其主要作用是扩张外周血管,可抵消任何由该药物引起的负性肌力作用。氨氯地平几乎不影响房室传导。除了用于治疗猫(有时也用于犬)的高血压,该药物也可作为 C 期和 D 期心衰的辅助治疗药物。对于无法耐受 ACEIs 的犬来说,可联合使用氨氯地平和硝酸盐。

氨氯地平口服的生物利用度良好。持效时间长(在犬至少为 24 h)。血药峰值出现在给药后的 3～8 h,半衰期约为 30 h。长期用药时,血药浓度将逐渐上升。峰效一般出现在开始治疗后的 4～7 d。药物经肝脏代谢,经粪便和尿液排泄。由于该药物的峰效存在延迟,因此建议低剂量起始,并且在上调剂量的过程中,每周监测血压。对于正接受心衰治疗并需要额外降低后负荷的犬来说,推荐的起始剂量为 0.05～0.1 mg/kg,PO,q 24 h(或者 12 h)。小部分长期使用氨氯地平(超过 5 个月)治疗慢性退行性瓣膜性疾病的犬会出现牙龈增生,后者一般在停药后即可复原。

### 哌唑嗪

哌唑嗪可选择作用于动静脉壁的 $\alpha_1$-受体。该药物不适用于 CHF 患病动物的长期管理,因为动物会逐渐出现耐受,并且药物的规格不便于临床使用。此外,该药在犬的临床研究较少。最常见的副作用为低血压,尤其在首次给药后。哌唑嗪不像肼屈嗪那样容易引起心动过速,因为其并不阻断突触前 $\alpha_2$-受体,该受体对去甲肾上腺素释放反馈控制具有重要作用。

### 硝酸盐

硝酸盐是一种静脉扩张剂(尽管硝普钠本身是一种混合型血管扩张剂)。硝酸盐在血管平滑肌被代谢并产生 NO,从而间接舒张血管。在管理慢性 CHF 时偶尔会用到硝酸甘油软膏或硝酸异山梨酯,通常是配合标准的治疗以管理顽固性 CHF 或者与肼屈嗪或氨氯地平合用以管理无法耐受 ACEIs 的动物。硝酸盐可影响人的血液再分布,犬相关的研究很少,其经口使用以管理 CHF 的研究就更为匮乏。该类药物首过效应显著,因此口服给药的有效性值得商榷。硝酸甘油软膏(2%)通常经皮给药。自黏性、缓释制剂可能有效,但在小动物临床缺乏系统性的研究。表皮贴剂[0.2 mg/h,(5 mg/24 h)硝酸甘油经皮使用],每 12 h 用药 1 次,对于大型犬有一定的疗效。大剂量、频繁给药或者长效剂型最有可能引起药物耐受。目前尚不清楚间断性给药(存在药物空窗期)是否能预防犬猫出现硝酸盐耐受。硝酸异山梨酯和单硝酸异山梨酯是硝酸盐的口服制剂。其在犬的有效性未知,尽管有时会使用这些药物来管理顽固性心衰或者与其他的小动脉扩张剂合用,以管理无法耐受 ACEIs 的病患。

## 膳食管理
## （DIETARY CONSIDERATIONS）

对于大多数患慢性心衰的动物来说，一款含足量能量和蛋白质以及中度限盐的日粮更为合适。患犬的能量摄入至少达到 60 kcal/kg 才能减缓慢性心衰相关的体重减轻。除非同时存在肾病，否则不推荐限制蛋白质。心力衰竭可干扰肾脏排泄钠和水。限制食盐摄入有助于控制液体蓄积，并可减少药物使用。但是，过度限盐也会激活肾素血管紧张素系统。目前尚不清楚处于临床前期的心脏病病患是否需要限盐，但是，避免饲喂高盐的餐桌食物和零食的做法较为明智。高盐食物包括加工后的肉类、肝脏、肾脏、罐装鱼、乳酪、人造黄油或奶油、罐装蔬菜、面包、薯片、椒盐卷饼和其他加工零食，以及犬零食如生牛皮和饼干。

当出现心衰的临床症状时，建议中度限盐，即钠摄入量约为 30 mg/（kg · d）（罐装食物含盐量约为 0.06%，干粮为 210～240 mg/100 g）。老年犬犬粮及肾病处方粮的含盐量通常在此水平，此时可额外添加蛋白质（例如熟鸡蛋或者水煮鸡肉）。市面上也有其他一些限盐、含足量蛋白质并添加 ω-3 脂肪酸（FA）的商品粮（包括皇家的 Canine Early Cardiac、希尔斯的 j/d 处方粮、普瑞纳的 JM Joint Mobility 和普瑞纳的 CV Cardiovascular Feline Formula）。心脏病处方粮限钠程度更大［即 13 mg/（kg · d），或干粮为 90～100 mg Na/100 g，或罐装食物为 0.025%］，适用于管理顽固性的 CHF 病患。过度限钠［如 7 mg/（kg · d）］会导致神经内分泌活性增加，并引起低钠血症。可参考低钠食谱自制食物，但难以提供均衡的维生素和微量元素。日粮的更换需循序渐进，且不要在疾病的急性期引入（例如，开始的几天新粮与旧粮 1:3，然后再按 1:1 的比例饲喂数天，然后按 3:1 的比例饲喂数天，最后完全更换为新粮）。有些地区的饮用水中含有大量的钠，一般建议使用未经软化的水（自来水钠含量高于 150 ppm 的地区）、蒸馏水以进一步限钠。

食欲不振是晚期心脏病动物常见的问题，而其实际的能量需求却是增加的。疲劳、呼吸费力加重、氮质血症、药物不良反应（包括地高辛中毒）和食物口味不佳都会进一步降低病患的食欲。与此同时，处于晚期 CHF 的动物，还可能出现内脏灌注不良、肠道和胰腺水肿、继发性肠道淋巴管扩张可降低营养吸收并引起蛋白丢失，导致低白蛋白血症和免疫功能下降。这些

因素以及肾脏或肝脏功能障碍，可使某些药物的药代动力学发生改变。

一些小技巧可用于改善动物的食欲，这包括：加热食物以增加其风味，添加少量美味的人用食物（如无盐的肉或肉汁、低钠汤），选用限盐的猫罐头、使用盐替代物［如氯化钾（KCl）］、大蒜粉，人工喂食或者少量多餐饲喂。

心源性恶病质是指肌肉消耗、脂肪丢失，并伴有慢性充血性心力衰竭的综合征。其可能的原因包括能量消耗增加、代谢异常和食物摄入减少。心源性恶病质一般只出现于 CHF 症状显之后（C 期）；犬比猫更常见，尤其是发生右心衰和/或扩张性心肌病时。肌肉丢失一般首先出现在脊柱区域和臀部，肌肉总量丢失可导致动物出现虚弱、疲劳的症状，心脏的重量也会受到影响。在人医中，心源性恶病质往往与免疫功能下降相关，且可提示预后不良。心源性恶病质的发病机制与多种因素有关，尤其是促炎细胞因子、TNF-α、白介素-1（IL-1）。这些物质可降低食欲并引起分解代谢增强。在食物中添加富含 ω-3 脂肪酸的鱼油［二十碳五烯酸（EPA）和二十二碳六烯酸（DHA）］可减少细胞因子的产生，也能改善内皮功能，并具有其他有益作用，如抗心律失常的作用。EPA 和 DHA 的推荐剂量分别为 40 mg/（kg · d）和 25 mg/（kg · d）。非处方鱼油胶囊每 1 g 含 180 mg EPA 和 120 mg DHA；每 10 磅的体重每天可使用 1 颗胶囊。不推荐使用鳕鱼鱼肝油和亚麻籽油来补充 ω-3 脂肪酸。

过度肥胖且患有心脏病的动物可考虑选用减肥日粮。肥胖也能导致心脏代谢需要和血容量增加。对呼吸运动的机械性干扰可引起通气不足，进而导致肺心病或使已存在的心脏病变得更为复杂。值得一提的是，轻度过重，或者在疾病的发展过程中能维持体重甚至增重的心衰动物，存活时间可能更长。

### 牛磺酸

对猫而言，牛磺酸是一种必需的营养元素，长期缺乏可导致心肌衰竭及其他异常情况的发生，大多数商品粮及处方猫粮均特别添加了足量的牛磺酸，这可有效降低猫牛磺酸反应性扩张性心肌病的发病率。患有扩张性心肌病的猫必须进行血清牛磺酸测定，因为有些粮食中牛磺酸含量可能不足。患猫可口服补充牛磺酸（250～500 mg），每日 2 次。

一些扩张性心肌病患犬缺乏牛磺酸和/或 L-肉毒碱，最常见是美国可卡犬，但其他品种也有报道。饲喂

限制蛋白量或者素食的犬可出现牛磺酸缺乏,有些可出现扩张性心肌病的症状。犬可按下述方法补充牛磺酸:小于 25 kg 的每次 500~1 000 mg,每 8 h 1 次;25~40 kg 的每次 1~2 g,每 8~12 h 1 次,尽管并非所有缺乏牛磺酸的美国可卡犬都要同时补充牛磺酸和 L-肉毒碱,但是实际操作中通常同时进行补充。

### L-肉毒碱

尽管 L-肉毒碱缺乏可见于某些患有扩张性心肌病的拳师犬和杜宾犬,但其在心脏病动物群体中的流行率较低,而患病动物对 L-肉毒碱补充有反应的数量就更低。尽管如此,还是建议进行试验性补充(按高剂量补充)。在连续补充至少 4 个月后,进行超声心动检查以重新评估左心室的功能是否改善。补充肉毒碱的犬可能会散发出一股奇怪的味道。

L-肉毒碱的最低有效剂量尚不清楚,但可能与缺乏的类型相关。推荐的剂量有以下几种:50~100 mg/kg,PO,每 8~12 h 1 次(针对系统性缺乏)或者 200 mg/kg,每 8 h 1 次(针对肌病性缺乏)。其他的补充方法还包括:小于 25 kg 的犬按 1 g/次,PO,每 8 h 1 次;25~40 kg 的犬按 2 g/次,PO,每 12 h 1 次。半茶勺的纯 L-肉毒碱约为 1 g。肉毒碱和牛磺酸均可与食物混在一起以方便服用。

### 其他添加剂

其他膳食添加剂的作用尚不清楚,氧化应激和自由基损伤可能导致心肌功能不全。在发生心衰时,细胞因子在循环血中浓度升高,这会加剧氧化应激。在人,补充维生素 C 可增强内皮功能、降低心脏病发病率和死亡率,但是,此类抗氧化维生素对心衰动物的作用尚不清楚。辅酶 Q-10 是一种抗氧化剂和细胞产能辅因子,但对辅酶 Q-10 是否具有明确的有益作用目前尚有争议。有人推荐按 30~90 mg 剂量给药,PO,q 12 h,但是其效果有待考证。

### β-阻断剂对心衰动物的作用

β-阻断剂需谨慎使用,尤其是应用于心力衰竭的动物,因为此类药物具有负性肌力作用。其主要是用于管理某些节律异常,例如房颤和其他一些室性心动过速(见第 4 章)。β-阻断剂还可用于调节心衰过程中所出现的一些病理性心脏重塑。众所周知,在人医领域,有些药物长期使用可改善心功能、逆转病理性心室重塑和降低死亡率。卡维地洛(第 3 代 β-阻断剂)就是

这其中的佼佼者,其他一些 β-阻断剂(包括美托洛尔和比索洛尔)也可延长患者的存活时间。这些药物可能对患犬也有相似的益处,但其临床实用性尚需进一步验证。

卡维地洛可阻断 $\beta_1$-受体、$\beta_2$-受体和 $\alpha_1$-受体,但无内在拟交感活性。该药物还具有抗氧化、减少内皮素释放、一定程度的钙离子阻断和促血管舒张(通过影响 NO 或者前列腺素的机制)作用。口服后血药浓度峰值出现的时间不定。该药物主要通过肝脏排泄。在犬的半衰期较短(<2 h),其活性代谢产物产生非选择性 β-阻断作用,且此种阻断作用可持续 12~24 h。实验性研究结果显示,美托洛尔对犬的心肌功能具有一定益处,但是是否能改善临床病例的心功能和存活时间仍有待考证。

由于 β-阻断剂具有潜在的心肌保护作用,有些临床医生会选择此类药物用以管理无症状的心肌功能不全或慢性二尖瓣反流动物,或者那些较稳定的代偿性 CHF 患病动物(例如至少有 1 周的时间无充血相关表现)。除了说必须低剂量起始并在 2~3 个月逐渐上调剂量外,目前尚无其他关于 β-阻断剂规范性使用的详细指南。剂量需每 1~2 周上调 1 次,直至目标剂量或者动物能耐受的剂量。卡维地洛的经验推荐起始剂量为 0.05~0.1 mg/kg,PO,q 24 h,在动物能耐受的情况下,最终目标剂量为 0.2~0.3 mg/kg,q 12 h(或者更高)。无明显心肌功能不全的犬或许能耐受更高的剂量。美托洛尔的起始剂量为 0.1~0.2 mg/(kg·d),最终的目标剂量为 1 mg/kg(若动物能耐受)。对于患扩张性心肌病或 C 期心脏病(二尖瓣反流所致)的犬来说,同时使用匹莫苯丹,有助于消除 β-阻断剂的负性肌力作用。用药过程需严密监控,因为动物可能出现 CHF 失代偿、心动过缓和低血压,此时需要降低 β-阻断剂的用量甚至停药观察。

## 慢性舒张功能不全
### (CHRONIC DIASTOLIC DYSFUNCTION)

患肥厚性心肌病或其他引起舒张功能不全的心脏病的动物出现 CHF 后,需继续口服呋塞米。逐渐将用药剂量和给药频率降至最低有效水平(能控制住水肿),是药物调整的目的。此类病患使用 ACEIs 通常具有一定益处,但存在动态左心室流出道梗阻的猫,需谨慎使用此类药物,因为可能出现低血压(见第 8 章)。螺内酯可作为辅助治疗药物,尤其对

于反复出现胸腔积液的病例。有些医生还会用到地尔硫䓬或者 $\beta$-阻断剂,但对于患肥厚性心肌病并出现 CHF 的猫来说,这两种药物不仅长期作用不明确,还可引起一些不良后果。伊伐布雷定(ivabra-dine,一种 $I_f$ 电流通道阻断剂)是一种控制心率的药物,有助于改善舒张期充盈时间,但目前缺乏能提供指导性建议的临床使用经验。

## 复查与监护
(REEVALUATION AND MONITORING)

客户教育是优化慢性心衰管理方案的重点之一。要让客户很好地明确他们宠物的潜在疾病、心衰症状、所给的每种药的目的和副作用,这可使客户有更好的服从性并更及时地发现并发症。让客户在动物睡眠或在家休息时监测其呼吸频率(可能的情况下监测心率),正常休息时,动物每分钟呼吸次数不超过 30 次。肺水肿可增加肺的僵硬度,导致快而浅的呼吸,休息状态呼吸次数持续增加(增加 20% 以上)通常是心衰恶化的早期表现。与此相似,静息心率持续升高与交感神经紧张性增强有关,后者提示失代偿性心衰。

由于并发症较常见,对慢性心衰动物进行定期复查是十分必要的。复查的时间频率依心脏病的严重程度和动物的状态是否稳定而定,从 1 周到 6 个月不等。每次复查时应评估患病动物的药物使用情况,并需要确定给药的难易程度和是否出现药物副作用。另外还需评估动物的静息呼吸频率、采食状况和食欲、活动性及其他任何客户关切的问题。

每次复查时均要进行详细的全身性体格检查(见第 1 章)。根据动物的病况,检查项目还可能包括静息心电图(ECG)、动态心电监测、胸部 X 线检查、血清生化分析、超声心动图、血清地高辛浓度检测或其他项目。建议严密监测血清电解质和肌酐或血清尿素氮(BUN)水平。利尿剂、ACEIs 的使用和限盐可引起电解质平衡紊乱(尤其是低钾血症或高钾血症、低镁血症、偶可发生低钠血症)。长期厌食可导致低钾血症,但在未确定存在低钾血症之前,不应补钾,尤其是同时使用 ACEIs 或螺内酯时。血清镁离子浓度并不能准确反应机体总储量,但在病患使用呋塞米和地高辛并发生室性心律失常时,补充镁是非常有益的。严重的 CHF 可引起低钠血症,其原因是机体游离水排泄障碍(稀释性低钠血症),而非机体的总钠量降低。此种低钠血症难以纠正,是预后不良的指征。减少呋塞米和/或其他利尿剂、谨慎添加或增量动脉扩张剂(改善肾灌注)或增强正性肌力支持(增加匹莫苯丹的剂量或者添加另一种正性肌力药物),可改善部分患病动物的低钠血症;但是,使用这些措施时需严密监测动物,以防出现充血症状加剧、低血压和其他可能的不良反应。多种因素可加重心衰的症状,包括体力过支、感染、贫血、补液(容量或钠含量过多)、高盐日粮或饮食不当、用药随意、用药剂量不适于病况、出现心律失常、环境应激(如炎热、潮湿、寒冷、烟雾)、心外疾病的出现或加重、潜在心脏病的恶化(如腱索断裂、左心房撕裂、肺动脉高压或继发性右心衰竭)。慢性进行性心力衰竭病患常出现急性失代偿性充血性心力衰竭的反复发作,此时需要进行住院治疗并增强利尿。

## 针对顽固性充血性心力衰竭的策略
(STRATEGIES FOR REFRACTORY CONGESTIVE HEART FAILURE)

反复发作的 CHF 在初期可通过增加利尿剂的剂量进行管理,此外,建议将 ACEIs 增加至 12 h 1 次(而非每天 1 次),并添加标准剂量的匹莫苯丹(有适应证时)。若尚未使用螺内酯,则应及时添加。由于其抗醛固酮的作用更胜于其利尿作用,因此在疾病早期添加螺内酯更能发挥该药物的功效。若动物复发 CHF,且正在使用 $\beta$-阻断剂作为心脏保护剂,考虑减少剂量(可能的情况下停药)。若动物出现心律失常,使用合适的抗心律失常药物以尽可能维持窦性节律。对于房颤,调整用药方案(例如使用地高辛或者地尔硫䓬)将心率维持在 80~160 次/min。

若按上述方案进行联合用药后,动物的水肿情况仍需呋塞米(6 mg/kg,q 12 h)方能控制住,则该动物的心衰已处于 D 期。急性 CHF 需住院治疗,并按框 3-1 的方案进行管理。还有其他针对慢性 CHF 的策略,通常每次只选择其中 1 种方案(无需按所列的顺序选择),并进行疗效评估。作为一贯的方针,治疗必须针对每个不同的个体进行调整,以做到"量体裁衣"。对于二尖瓣反流和某些扩张性心肌病的动物,额外的后负荷减负(氨氯地平或肼屈嗪)可能有一定帮助,具体做法是低剂量起始给药,并按需逐渐上调剂量,注意同时监测血压。动脉扩张剂不适用于患肥厚性心肌病的猫和患固定心室流出道梗阻(例如主动脉瓣瓣下狭窄)的犬。添加第三种利尿剂(噻嗪类),但是需保守给药,并密切留意肾功能和电解质,因为该类药物可快速引起上述指标的异常。若动物此前尚未使用地高辛,且不存在使用禁忌证,添加地高辛可提供额外的正性肌力支持;增加匹莫苯丹的剂量(增加至 q 8 h,标签外用药)也可发挥类似的功效。对于存在肺动脉高压的动物,添加西地那非(sidenafil 1～2 mg/kg q 12 h PO)可能有助于改善症状。更严格的限盐措施可能有一定帮助,但必须保证动物的食欲和采食量不受影响。某些病例可能得益于支气管扩张剂,而其他一些存在持续性、机械压迫性咳嗽(左心房增大所引起)的病例,可能得益于镇咳药。

◆ 推荐阅读

### 心力衰竭的病理生理学

Francis GS: Pathophysiology of chronic heart failure, *Am J Med* 110:37S, 2005.

Freeman LM et al: Antioxidant status and biomarkers of oxidative stress in dogs with congestive heart failure, *J Vet Intern Med* 19:537, 2005.

Meurs KM et al: Plasma concentrations of tumor necrosis factor-alpha in cats with congestive heart failure, *Am J Vet Res* 63:640, 2002.

Oyama MA, Sisson DD: Cardiac troponin-I concentration in dogs with cardiac disease, *J Vet Intern Med* 18:831, 2004.

Sanderson SL et al: Effects of dietary fat and L-carnitine on plasma and whole blood taurine concentrations and cardiac function in healthy dogs fed protein-restricted diets, *Am J Vet Res* 62:1616, 2001.

Sisson DD: Pathophysiology of heart failure. In Ettinger SJ, Feldman EC, editors: *Textbook of veterinary internal medicine*, ed 7, Philadelphia, 2010, Saunders-Elsevier, p 1143.

Spratt DP et al: Cardiac troponin I: evaluation of a biomarker for the diagnosis of heart disease in the dog, *J Small Anim Pract* 46:139, 2005.

Tidholm A, Haggstrom J, Hansson K: Vasopressin, cortisol, and catecholamine concentrations in dogs with dilated cardiomyopathy, *Am J Vet Res* 66:1709, 2005.

Turk JR: Physiologic and pathophysiologic effects of natriuretic peptides and their implication in cardiopulmonary disease, *J Am Vet Med Assoc* 216:1970, 2000.

Weber KT: Aldosterone in congestive heart failure, *N Engl J Med* 345:1689, 2001.

### 心力衰竭的治疗

Abbott JA: Beta-blockade in the management of systolic dysfunction, *Vet Clin North Am: Small Anim Pract* 34:1157, 2004.

Abbott JA et al: Hemodynamic effects of orally administered carvedilol in healthy conscious dogs, *Am J Vet Res* 66:637, 2005.

Adin DB et al: Intermittent bolus injection versus continuous infusion of furosemide in normal adult greyhound dogs, *J Vet Intern Med* 17:632, 2003.

Adin DB et al: Efficacy of a single oral dose of isosorbide 5-mononitrate in normal dogs and in dogs with congestive heart failure, *J Vet Intern Med* 15:105, 2001.

Atkins C et al: Guidelines for the diagnosis and treatment of canine chronic valvular heart disease. (ACVIM Consensus Statement), *J Vet Intern Med* 23:1142, 2009.

Atkins CE et al: Results of the veterinary enalapril trial to prove reduction in onset of heart failure in dogs chronically treated with enalapril alone for compensated, naturally occurring mitral valve insufficiency, *J Am Vet Med Assoc* 231:1061, 2007.

Arsenault WG et al: Pharmacokinetics of carvedilol after intravenous and oral administration in conscious healthy dogs, *Am J Vet Res* 66:2172, 2005.

BENCH study group: The effect of benazepril on survival times and clinical signs of dogs with congestive heart failure: results of a multicenter, prospective, randomized, double-blinded, placebo-controlled, long-term clinical trial, *J Vet Cardiol* 1:7, 1999.

Bernay F et al: Efficacy of spironolactone on survival in dogs with naturally occurring mitral regurgitation caused by myxomatous mitral valve disease, *J Vet Intern Med* 24:331, 2010.

Bonagura JB, Lehmkuhl LB, de Morais HA: Fluid and diuretic therapy in heart failure. In DiBartola SP, editor: *Fluid, electrolyte, and acid-base disorders in small animal practice*, ed 4, St Louis, 2012, Elsevier Saunders, p 514.

Bristow MR: Beta-adrenergic receptor blockade in chronic heart failure, *Circulation* 101:558, 2000.

Chetboul V et al: Comparative adverse cardiac effects of pimobendan and benazepril monotherapy in dogs with mild degenerative mitral valve disease: a prospective, controlled, blinded, and randomized study, *J Vet Intern Med* 21:742, 2007.

Freeman LM, Rush JE: Nutritional modulation of heart disease. In Ettinger SJ, Feldman EC, editors: *Textbook of veterinary internal medicine*, ed 7, Philadelphia, 2010, Saunders-Elsevier, p 691.

Freeman LM: Cachexia and sarcopenia: emerging syndromes of importance in dogs and cats, *J Vet Intern Med* 26:3, 2012.

Gordon SG et al: Pharmacodynamics of carvedilol in conscious, healthy dogs, *J Vet Intern Med* 20:297, 2006.

Goutal CM et al: Evaluation of acute congestive heart failure in dogs and cats: 145 cases (2007-2008), *J Vet Emerg Crit Care* 20:330, 2010.

Haggstrom J et al: Effect of pimobendan or benazepril HCl on survival times in dogs with congestive heart failure caused by naturally occurring myxomatous mitral valve disease: the QUEST study, *J Vet Intern Med* 22:1124, 2008.

Hoffman RL et al: Vitamin C inhibits endothelial cell apoptosis in congestive heart failure, *Circulation* 104:2182, 2001.

Hopper K et al: Indications, management, and outcome of long-term positive-pressure ventilation in dogs and cats: 148 cases (1990-2001), *J Am Vet Med Assoc* 230:64, 2007.

IMPROVE Study Group: Acute and short-term hemodynamic, echocardiographic, and clinical effects of enalapril maleate in dogs with naturally acquired heart failure: results of the Invasive Multicenter Prospective Veterinary Evaluation of Enalapril study, *J Vet Intern Med* 9:234, 1995.

Kvart C et al: Efficacy of enalapril for prevention of congestive heart failure in dogs with myxomatous valve disease and asymptomatic mitral regurgitation, *J Vet Intern Med* 16:80, 2002.

Lefebvre HP et al: Angiotensin-converting enzyme inhibitors in veterinary medicine, *Curr Pharm Design* 13:1347, 2007.

Lombarde CW, Jöns O, Bussadori CM: Clinical efficacy of pimobendan versus benazepril for the treatment of acquired atrioventricular valvular disease in dogs, *J Am Anim Hosp Assoc* 42:249, 2006.

Luis Fuentes V: Use of pimobendan in the management of heart failure, *Vet Clin North Am: Small Anim Pract* 34:1145, 2004.

Luis Fuentes V et al: A double-blind, randomized, placebo-controlled study of pimobendan in dogs with cardiomyopathy, *J Vet Intern Med* 16:255, 2002.

Marcondes-Santos M et al: Effects of carvedilol treatment in dogs with chronic mitral valvular disease, *J Vet Intern Med* 21:996, 2007.

Morita H et al: Effects of long-term monotherapy with metoprolol CR/XL the progression of left ventricular dysfunction and remodeling in dogs with chronic heart failure, *Cardiovasc Drugs Ther* 16:443, 2002.

O'Grady MR et al: Efficacy of pimobendan on case fatality rate in Doberman Pinschers with congestive heart failure caused by dilated cardiomyopathy, *J Vet Intern Med* 22:897, 2008.

O'Grady MR et al: Efficacy of benazepril hydrochloride to delay the progression of occult dilated cardiomyopathy in Doberman Pinschers, *J Vet Intern Med* 23:977, 2009.

Oyama MA et al: Carvedilol in dogs with dilated cardiomyopathy. *J Vet Intern Med* 21:1272, 2007.

Oyama MA et al: Perceptions and priorities of owners of dogs with heart disease regarding quality versus quantity of life for their pets, *J Am Vet Med Assoc* 233:104, 2008.

Peddle GD et al: Effect of torsemide and furosemide on clinical, laboratory, radiographic and quality of life variables in dogs with heart failure secondary to mitral valve disease, *J Vet Cardiol* 14:253, 2012.

Pouchelon JL et al: Long-term tolerability of benazepril in dogs with congestive heart failure, *J Vet Cardiol* 6:7, 2004.

Rush JE et al: Clinical, echocardiographic and neurohormonal effects of a sodium-restricted diet in dogs with heart failure, *J Vet Intern Med* 14:512, 2000.

Rush JE et al: Use of metoprolol in dogs with acquired cardiac disease, *J Vet Cardiol* 4:23, 2002.

Senior DF et al: Treatment of acute digoxin toxicosis with digoxin immune Fab (ovine), *J Vet Intern Med* 5:302, 1991.

Slupe JL et al: Association of body weight and body condition with survival in dogs with heart failure, *J Vet Intern Med* 22:561, 2008.

Smith PJ et al: Efficacy and safety of pimobendan in canine heart failure caused by myxomatous mitral valve disease, *J Small Anim Pract* 46:121, 2005.

Thomason JD et al: Gingival hyperplasia associated with the administration of amlodipine to dogs with degenerative valvular disease (2004-2008), *J Vet Intern Med* 23:39, 2009.

Uechi M et al: Cardiovascular and renal effects of carvedilol in dogs with heart failure, *J Vet Med Sci* 64:469, 2002.

Ward DM et al: Treatment of severe chronic digoxin toxicosis in a dog with cardiac disease, using ovine digoxin-specific immunoglobulin G Fab fragments, *J Am Vet Med Assoc* 215:1808, 1999.

Ware WA: Managment of heart failure. In Ware WA, editor: *Cardiovascular disease in small animal medicine*, London, 2011, Manson Publishing, p 164.

# 第4章
## CHAPTER 4

# 心律失常及抗心律失常治疗
## Cardiac Arrhythmias and Antiarrhythmic Therapy

## 概　述
### (GENERAL CONSIDERATIONS)

引起心律失常的原因有多种。虽然有些心律失常并不引起临床表现,但有些则可引起严重的血流动力学改变和猝死,尤其是有潜在心脏病的病患。在决定是否进行抗心律失常治疗之前,不仅要做出准确的心电图诊断,还要考虑到心律失常出现于何种情况。众所周知,心肌功能缺陷的病人在发生室性心动过速时更容易猝死,心肌病患犬的猝死风险也很高,尤其是杜宾犬及拳师犬。幼龄德国牧羊犬因存在遗传性疾病而易于发生猝死。另外,原本健康的动物,在发生胸腔外伤或者脾切除后常出现室性早搏,但此种节律异常通常为良性,且可自愈。

很多动物偶尔会发生室性早搏,而无随任何临床表现。但心律失常可使心输出量和冠状动脉灌注下降,导致心肌缺血、心泵功能衰退,有时甚至引发猝死。这些引发严重临床后果的心律失常通常过快(如持续性室性或室上性心动过速)或过慢(如严重房室传导阻滞伴有不稳定的心室逸搏节律),但有时发生致命心律失常[例如心室颤动(ventricular fibrillation,VF)]之前,可能不出现持续性心律失常。来源于心室或室上性持续性心动过速可迅速降低心输出量,最后导致心肌功能障碍和充血性心力衰竭。

### 心律失常的形成
#### (DEVELOPMENT OF ARRHYTHMIAS)

心脏节律紊乱的诱因较多。心脏结构或生理性重塑引起的传导或自律性异常可引发心律失常,甚至是在无明显心脏病表现的情况下也可能出现心律失常。

遗传因素和环境应激可促使其发生,但必须存在一些促发事件(如期前刺激或心率的突然改变)和/或调节因素(自主神经紧张性、循环儿茶酚胺、缺血或电解质紊乱等改变),来启动和维持节律紊乱。例如,犬和人在突然愤怒或发生攻击行为时,都更易出现缺血性心律失常和突发心律失常所致的猝死。各种应激也可导致心脏重塑而促进心律失常的发生。这种重塑包括肌细胞肥大、离子通道结构和功能改变、组织纤维化或其他与神经内分泌活性、细胞因子以及其他信号传导系统有关的改变(见第3章)。虽然有些重塑改变在短期内是有益的代偿机制,但长远来看是不利的,并具有致心律失常性。有观点认为,控制住这些潜在的致心律失常性调节因素,可减少心律失常的发生。在一些心衰病人的治疗中,使用血管紧张素转换酶抑制剂(ACEI)、螺内酯和/或β-阻断剂,可使他们的存活率提高,这些事实佐证了上述观点。ACEI在扩张性心肌病患犬的应用中,存在相似的证据支持,因此有足够的理由相信其他治疗手段可能也存在相似作用。

### 心律失常的管理方法
#### (APPROACH TO ARRHYTHMIA MANAGEMENT)

并非所有的病例均需要进行特异性抗心律失常治疗(见下文的指南)。若决定进行抗心律失常治疗,则需要明确治疗预期和目标。例如,最紧急和直接的治疗目的为恢复血流动力学稳定性。虽然将心律转换为窦性节律、治疗原发病、控制心律失常的进一步发展、抑制猝死是理想的目标,但是抑制所有的异常搏动并不现实。成功的治疗可定义为使异搏波的发生频率和复发率显著下降(如频率降低70%～80%)并消除临床症状。但值得一提的是,即使心律完全恢复至窦性节律,发生致死性心律失常所引起的猝死的可能性仍会存在。此外,必须记住所有的抗心律失常药物均可能引起不良反应,包括促发新的心律失常(促心律失常作用)。

各种心律失常的类型及其心电图特征性变化在第2章已有详细论述。本章将介绍一些管理心律失常的通用方法;但是,关于什么是有效的抗心律失常治疗,以及如何预防猝死的发生,仍然存在很多值得进一步学习和探讨的内容。

1. 记录和判读心电图(见框4-1),识别并定义任何类型的心律失常。有时可能需要较长的ECG记录(如Holter监护仪或长时间住院监测)。

**框4-1　心电图判读指南**

1. 确定心率。过快、过慢或是正常?
2. 节律是否整齐?
3. 是否为窦性心律(是否存在其他异常),或P-QRS-T是否存在稳定的相关性?
4. 是否所有P波之后都跟随QRS波群,以及所有QRS波群前都有P波?
5. 若存在期前收缩(早搏)波,其形状是否与窦性QRS波群一致〔提示激动起源于心房或交界(室上性)〕,或比正常的QRS波群宽且形状异常(提示由室性起源或室上性起源伴发心室传导异常)?
6. 早搏的QRS波群之前是否出现异常P波(提示起源于心房)?
7. 清晰且形状一致的P波是否消失,代之以基线波动,并伴有快速、不规则的QRS波群(提示心房纤颤)。
8. 在出现异常波群前是否出现较长的间歇(逸搏)?
9. 是否存在间歇性的房室传导紊乱?
10. P波与QRS波群间是否无固定的相关性,并且出现缓慢且规则的QRS波群(提示出现完全房室传导阻滞伴逸搏节律)?
11. 若为窦性和室上性波群,计算额面电轴是否正常?
12. 是否所有指标和波形时长都在正常范围之内?

更多信息可参考第2章。

2. 全面评估患病动物,包括病史、体格检查结果、临床/实验室检查结果。是否存在血流动力学异常表现(如间歇性虚弱、晕厥、充血性心力衰竭的临床症状)? 是否出现其他心脏病的表现(如心杂音、心脏肥大)? 是否出现其他异常(如发热、血液生化检测值异常、呼吸异常伴缺氧或其他心外疾病、外伤或疼痛)?动物的用药情况? 尽可能纠正潜在的问题。

3. 根据动物的体征、病史、临床症状、潜在疾病,以及所选药物预期的作用或副作用,决定是否对动物使用抗心律失常药物进行治疗。

4. 若使用抗心律失常药物,明确所要达到的目的。

5. 开始治疗并观察所选用药物的有效性。根据需要调整剂量或更换药物。

6. 监护病畜状况。评估心律失常的控制情况(可考虑使用Holter监护仪反复监测)、治疗潜在疾病、观察药物副作用和其他并发症。

## 常见心律失常的诊断和管理 (DIAGNOSIS AND MANAGEMENT OF COMMON ARRHYTHMIAS)

某一具体病患所出现的心律失常通常间断性出现,并受药物、优势自主神经、压力感受器反射及心率变化的影响。治疗决定需考虑其起源(室上性或室性)、时相(早搏或逸搏)和节律紊乱的严重程度,以及发生背景。正确的心电图诊断无疑是十分重要的。虽然常规的(静息)心电图检查可发现动物在检查时段内是否存在心律失常,但这只能提供关于动物整体心律非常有限的信息。由于心律失常的发生频率和严重性可在较长一段时间内发生显著的变化,常规心电监测可能会漏诊一些严重的心律失常。因此,Holter监护仪或其他可采集较长时间心电图的方法,有助于医生评估心律失常的严重性及发生频率,并可监测病患对治疗的反应。有些节律异常并不需要治疗,而有些则需要进行及时而激进的处理。患有严重心律失常的动物需要进行严密的监护。

引起室上性心动过速的机制有很多,包括涉及房室结、附旁通路或窦房结的折返性电活动,和起源于心房或交界处组织的异常自律性电活动。多数病患存在心房增大,常见的潜在心脏病包括慢性二尖瓣或三尖瓣退行性变化并伴随反流、扩张性心肌病、先天性结构异常和心脏肿瘤。其他因素也可使动物易于发生房性心动过速(框4-2)。

疾病通过神经内分泌效应直接或间接作用于心脏组织,引起室性期前收缩(VPCs)(框4-2)。例如,中枢神经系统疾病可对心脏产生异常的神经效应,从而引起室性或室上性节律异常(脑-心综合征)。若VPC不频繁且动物无潜在心功能异常,则其所产生的血流动力学效应可忽略。但是,若动物潜在有心脏病、室率过快或者存在引起心肌抑制的全身性疾病,则此种心律异常可产生严重的血流动力学后果。

诸如缺氧、电解质或酸碱紊乱和异常的激素水平(例如,甲状腺功能亢进)等因素可加重心律失常。因此,纠正这些问题是控制心律失常的重点。由于某些药物可促发心律失常,此种情况下应考虑降低药物的剂量或者停药。

**框 4-2　诱发心律失常的因素**

**房性心律失常**
　**心源性**
　　二尖瓣或三尖瓣闭锁不全
　　扩张性心肌病
　　肥厚性心肌病
　　限制性心肌病
　　心脏肿瘤
　　先天性异常
　　房室结附旁道
　　心肌纤维化
　　交感神经紧张性增强
　　缺血
　　心房导管的安置
　**心外因素**
　　儿茶酚胺
　　电解质紊乱
　　其他药物(麻醉药、支气管扩张剂)
　　地高辛中毒
　　酸中毒/碱中毒
　　缺氧
　　甲状腺毒症
　　严重贫血
　　电击
　　胸腔手术
**室性心律失常**
　**心源性**
　　充血性心力衰竭
　　心肌病(尤其是杜宾犬与拳师犬)
　　心包炎

退行性瓣膜疾病伴有心肌纤维化
缺血
外伤
心脏肿瘤
先天性心脏病
心室扩张
机械刺激(心内导管、起搏器)
心丝虫病
**心外因素**
缺氧
电解质紊乱(尤其是 $K^+$)
甲状腺毒症
酸中毒/碱中毒
低体温
发热
败血病/毒血症
外伤(胸部或腹部)
胃扩张/肠扭转
脾脏肿物或脾切除术
血管肉瘤
肺部疾病
尿毒症
胰腺炎
嗜铬细胞瘤
其他内分泌疾病(如糖尿病、阿狄森病、甲状腺功能减退)
交感神经兴奋(疼痛、焦虑、发热)
中枢神经系统疾病(交感神经或迷走神经刺激增加)
电击
药物(洋地黄、拟交感神经药、麻醉剂、安定药、抗胆碱能药、抗心律失常药)

## 临床表现
(CLINICAL PRESENTATION)

框 4-3 根据对心跳的临床描述将常见的心律异常进行分类列举。

## 心动过速
(TACHYARRHYTHMIAS)

### 快速不规则节律

心律不齐较为常见,而心电图可用于区分异常的心律与窦性心律不齐。在体格检查时,有时可发现脉搏缺失及不规则、较弱的脉搏伴心音强度和节律不一。期前收缩影响心室充盈并使每搏输出量下降,严重时该心动周期甚至不出现有效射血(图 4-1)。任何原因引起的快速心房纤颤和期前收缩,均可导致脉搏缺失。

**框 4-3　常见心率及节律紊乱的临床特征**

**缓慢性、不规律节律**
窦性过缓性心律失常
窦性停搏
病窦综合征
高阶Ⅱ度房室阻滞
**缓慢性、规则节律**
窦性心动过缓
完全房室传导阻滞伴室性逸搏节律
心房静止伴室性逸搏节律
**过速性、不规则节律**
房性和室上性期前收缩
阵发性房性或室上性心动过速
心房扑动或纤颤
室性期前收缩
阵发性室性心动过速
**过速性、规则节律**
窦性心动过速
持续性室上性心动过速
持续性室性心动过速

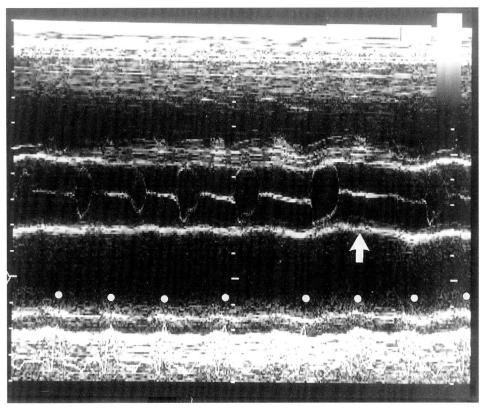

**图 4-1**
存在心房纤颤并患扩张性心肌病的杜宾犬主动脉根部 **M-**型超声心动图。心律失常导致主动脉瓣开启变化(或消失)进而引起脉搏缺失或脉搏强度改变,此为其超声心动图图解。平行的主动脉根部回声之间可见两片主动脉瓣叶的运动。大多数心动周期的每搏输出量不同或减小,伴主动脉瓣开张不完全,但左数第六个 **QRS** 波群(箭头)时主动脉瓣未出现开张。**R** 波以白色圆点标识。

心室期前收缩引起的心室活动不同步而形成明显的心音分裂。室性或室上性心动过速及房颤比单独的期前收缩更易引发更严重的血流动力学变化,尤其是潜在有心脏病的动物。

### 快速规则节律

快速规则节律包括窦性心动过速、持续性室上性心动过速(SVT)和持续性室性心动过速。交感神经紧张性升高或药物介导的迷走神经阻滞可导致出现窦性心动过速。潜在原因包括焦虑、疼痛、发热、甲状腺毒症、心衰、低血压、休克、摄入刺激物或毒物(如巧克力、咖啡因)及药物(如儿茶酚胺类、抗胆碱能药、茶碱及相关药物)。窦性心动过速的犬猫心率通常远低于 300 次/min,但在甲状腺毒症或摄食刺激物或毒物(尤其是猫)时可偏高。缓解潜在问题、静脉输液以逆转低血压(未发生水肿的动物)可使交感神经紧张性和窦性心率降低。

鉴别持续性室上性心动过速与窦性心动过速通常较为困难。发生 SVT 时心率通常高于 300 次/min,但窦性心率罕见达到该水平。SVTs 类似于窦性心动过速,其 QRS 波群形状正常(II 导联上窄而直立),但在出现心室内传导紊乱时,SVT 可类似于室性心动过速。迷走神经操作(又称迷走神经刺激)有助于区分窄 QRS 波型心动过速。

持续的快速性心律失常可导致心输出量、动脉血压、冠状动脉灌注下降。最终可能导致充血性心力衰竭。心输出量不足和低血压的临床症状包括虚弱、沉郁、苍白、毛细血管再充盈时间延长、运动不耐受、晕厥、呼吸困难、肾前性氮质血症、节律紊乱加重,有时可出现精神状态改变、癫痫发作,甚至猝死。

### 室上性心动过速

偶发的期前收缩无须进行特别的治疗,应尽可能减少导致发生心律失常的因素(如停用或减量使用某些药物、控制心衰、纠正代谢紊乱)。

**口服药物治疗频繁室上性早搏或阵发性心动过速。**用于治疗频繁房性早搏或阵发性室上性心动过速的初始口服药物包括地高辛、地尔硫䓬、β-阻断剂,或者这些药物的组合。尽管一直以来地高辛(见表 3-3)更适合心衰患犬(扩张性心肌病患猫),但目前地尔硫䓬的使用更广泛(图 4-2)。

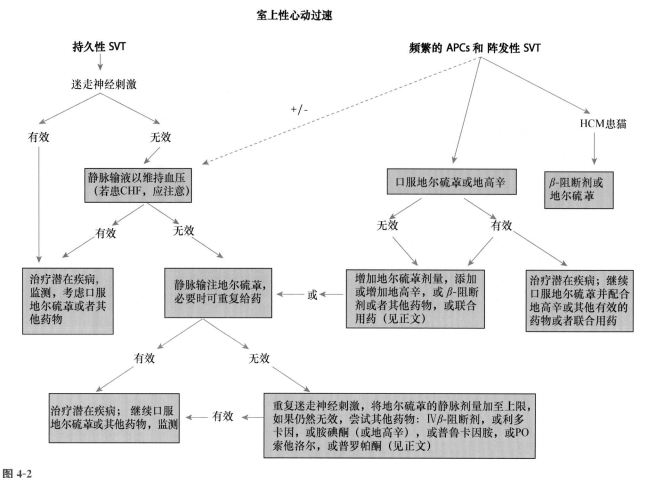

**图 4-2**
室上性心动过速的治疗流程。药物用量见表 4-2,其他内容详见正文。**APCs**,房性期前收缩;**CHF**,充血性心力衰竭;**HCM**,肥厚性心肌病;**IV**,静脉注射;**PO**,口服;**SVT**,室上性心动过速。

若在使用常规控制心衰的药物的基础上单独使用地尔硫䓬(或地高辛)无法很好地控制节律失常,可考虑联合使用地尔硫䓬与地高辛,或者 β-阻断剂与地高辛。肥厚性心肌病或甲状腺功能亢进患猫通常可使用 β-阻断剂,如阿替洛尔,也可考虑使用地尔硫䓬。顽固性间断性室上性心动过速可考虑使用碘胺酮、索他洛尔、普鲁卡因胺或者普罗帕酮。

**室上性心动过速的紧急治疗。**对患有快速且持续的室上性快速性心律失常动物,尤其在出现血流动力学障碍时,应采取更激进的治疗方案。先给予迷走神经刺激。建立静脉通路并输液以维持血压,增强内源性迷走神经的紧张性。对于(疑似)患有 CHF 的动物,最好不进行静脉输液或者少量低速输液。若迷走神经刺激无法终止心律失常,地尔硫䓬(IV 或 PO)是首选的药物。该药的负性肌力作用较维拉帕米小,后者负性肌力作用较强,故不建议用于心肌功能障碍或心衰患犬。静脉缓慢给予 β-阻断剂(如普萘洛尔、艾司洛尔)是另外的选择,但该类药物同样具有负性肌力作

用。静脉使用利多卡因有时候能控制某些折返性室上性心动过速或者自主性房性心动过速,因该药较为安全,有时可考虑尝试使用。顽固性 SVT 可考虑静脉使用碘胺酮、口服索他洛尔、或ⅠA、ⅠC 类药物。若无其他药物可供选择可尝试静输给予地高辛,但其作用不如钙离子通道阻断剂。地高辛起效较慢,虽可增强迷走神经紧张性,但静脉注射时也可增强中枢交感神经信号输出。若情况得到逆转或室率降至 200 次/min 以下时,应进行进一步的心脏诊断性检查。用于长期口服治疗以控制节律不齐复发的药物包括地尔硫䓬、β-阻断剂、碘胺酮或者普罗帕酮;有时可能需要联合使用这些药物。

阵发性房室折返性心动过速通常是由于存在旁路及房室结发生激动折返引起。通过减缓冲动在环路上的传导速度,或者延长环路的不应期可控制此种心动过速。迷走神经刺激有时可将房室传导速率降低到足够终止此种心动过速的程度。地尔硫䓬和 β-阻断剂可减缓房室传导和延长不应期。静脉使用碘胺酮或普鲁

卡因胺也有类似的效果。地高辛不用于存在预激的病例,虽然它能减缓房室传导,但是也有可能会加速附旁路的传导,促发室性心动过速或者室颤。普鲁卡因胺和奎尼丁可通过延长附旁路的不应期而控制房室折返性心动过速。高剂量的普鲁卡因胺,或联合 β-阻断剂或地尔硫䓬,可很好地防止某些病例复发心动过速。心内电生理描记术与附旁路射频导管消融术相结合,已成功用于消除犬的顽固性 SVT 伴预激,但此项技术尚未普及。

有时很难抑制持续性自主神经异位起搏灶所引起的房性心动过速。若上述抗心律失常措施无法有效逆转异常心律,则治疗的重心应偏向于控制室率。通过延长房室传导时间和不应期,可减少传达心室的房性冲动而降低室率(室律通常是不规则的)。联合使用地尔硫䓬或 β-阻断剂与地高辛、索他洛尔或胺碘酮可能有效。若条件允许,此种患持续性自主神经性房性心动过速的病例是进行心内电生理描记与射频消融术的对象。此外,通过房室结消融术并植入永久性起搏器也可起到控制心率的作用。

**迷走神经刺激。** 迷走神经刺激有助于鉴别是由异位自主灶,涉及房室结的折返回路,还是窦房结紧张性增强所引起的各种心动过速。迷走神经刺激可使房室传导减慢,或间歇性阻滞房室传导,以暴露异常心房 P 波,并确定异位心房灶。迷走神经刺激可通过中断房室结回路而终止折返性室上性心动过速。该手法也可暂时性减慢过速的窦率。

迷走神经刺激手法为对颈动脉窦(下颌骨下方的颈静脉沟内)周围区域进行按摩或用力按压双眼 15～20 s。尽管在刚开始的时候单纯的刺激经常无明显效果,但是在使用抗心律失常药物后进行反复的刺激可能起效;因为 β-阻断剂、地尔硫䓬、地高辛和其他的抗心律失常药物能增强迷走神经刺激的作用。犬还可使用硫酸吗啡(0.2 mg/kg IM)或依酚氯铵(应准备好阿托品和气管插管),以增强该手法的作用。

**室性心动过速**

动物偶然出现 VPCs,但无任何临床症状时,无须对其进行治疗。中度频率的单个 VPCs 通常也不需要使用抗心律失常药物治疗,尤其是在心功能正常的情况下。但是,关于间断性室性心动过速是否需要介入、介入的时机,以及选择什么样的介入手段,目前尚无特定的指南可供参考。抗心律失常药物具有严重的副作用,可导致发生额外的心律失常

(致心律失常效应),也可能无明显疗效。治疗前后 24～48 h 动态心电图结果表明,药物控制可使心律失常的发生率降低至少 70%～80%,这很好地说明了药物控制心律失常的有效性。间歇性心电图检测不能(或不能完全)真实地反映药物的作用情况,以及心律失常自发的、显著的变化情况,一般最实用的方法为住院观察,进行持续 15 s 至数分钟的心电图描记,以监测心律失常状况。

是否使用抗心律失常药物由多个因素决定,包括动物的潜在疾病、心律失常的严重性,以及是否存在血流动力学变化。由于扩张性心肌病、拳师犬致心律失常右心室心肌病、肥厚性心肌病、主动脉瓣下狭窄等疾病比其他疾病更易引发心律失常而导致猝死,所以对于患此类疾病的动物,治疗室性心律失常最紧要,但准确预测某种疗法的效果较为困难,并且也无法确定该种疗法是否可以延长动物的寿命。一般在制定室性抗心律失常治疗方案时,需要考虑心律失常时异常的QRS波群的出现频率、提前程度以及其形状的不一致程度。提示电不稳定性增加的表现包括快速的阵发性或持续性室性心动过速、多形性 VPCs、VPCs 与之前的波群发生联合(R-on-T 现象),但并无相关资料证实这些状况的发生可导致猝死的危险性升高。更为重要的是,需考虑动物潜在的心脏病及心律失常是否会引起低血压或低心输出量症状。对于存在血流动力学不稳定或存在可引起猝死的心脏病的动物,应及早进行有效治疗。

**室性心动过速的紧急治疗。** 持续性室性心动过速必须进行积极的治疗,因为此种心律可导致动脉血压急剧下降,尤其是室率特别快的时候。犬发生严重的室性心动过速时,静脉注射利多卡因通常是首选治疗方法。利多卡因可有效针对多种不同机制引起的心律失常,且对血流动力学影响较小。由于静脉推注后药效只可持续 10～15 min,故若该药治疗有效,则可采用恒速静脉滴注法(CRI)。为维持药物的治疗浓度,在 CRI 时可经静脉进行小剂量推注,直至药物的血药浓度达到稳态。必要时可连续静脉给药数天。若利多卡因用至最大剂量仍无效,可尝试其他药物(图 4-3)。

IV 碘胺酮、口服索他洛尔或者口服美西律对有些病例效果更好。IV 碘胺酮时要选择保守剂量并缓慢推注,建议在整个注射过程监测血压,因为该药可引发严重的低血压以及超敏反应。此外,普鲁卡因胺(IV、IM 或 PO)或奎尼丁(IM 或 PO)也是可供选择的药物。在单次 IM 或 PO 上述两种药物的负荷剂量后 2 h

紧急治疗-室性心动过滤

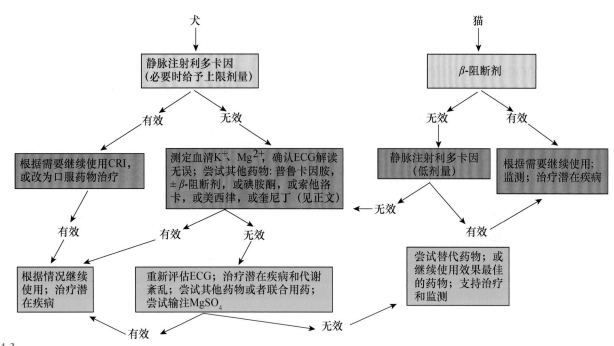

**图 4-3**
室性心动过速的紧急治疗流程。药物剂量见表 **4-2**,其他内容详见正文。**CRI**,恒速滴注;**ECG**,心电图。

内应出现疗效。若药物治疗效果较好,则可降低剂量,每 4~6 h 给药 1 次,IM 或 PO;若疗效不佳,则可增加用药剂量或选用其他抗心律失常药。奎尼丁由于其致低血压作用,通常不通过静脉给药;该药物也不推荐用于正在接受地高辛治疗或者存在 QT 间期延长的动物。若仍不能有效控制心律失常,还可增用 $\beta$-阻断剂。

猫在频繁出现室性心动过速时,通常首选 $\beta$-阻断剂。此外,也可低剂量给予利多卡因,但是,猫有时候对该药物的神经毒性反应较明显,也可选择普鲁卡因胺和索他洛尔。

地高辛通常不用于治疗室性心动过速。由于地高辛可使动物易于出现室性心律失常,故患心衰和/或室上性心律失常的动物若正在接受地高辛治疗且出现频繁或反复的 VPCs 时,应添加其他抗心律失常药物或者停用地高辛。苯妥英只在犬发生洋地黄介导的室性心律失常且利多卡因治疗无效时使用。辅助性补充氯化钾(若血清钾浓度≤4 mEq/L)和硫酸镁(必要时)可增强抗心律失常药物的效果。

在开始治疗后,要密切监护动物以及监测心电图,并开展进一步的诊断性试验。没必要完全抑制住持续性的室性心动过速。动物的状态、潜在的疾病、药物是否成功控制异常的心律以及药物的剂量(例如是否需

要加量),都将影响医师决定是继续还是终止目前的治疗,或者更换其他的药物。动物的临床状态以及诊断试验结果也有助于指导慢性口服药物的使用。

若室性心律失常在初始治疗后无明显好转,可尝试使用以下方法:

1. 重新评估心电图——心电图初始判读是否有误?例如,发生室上性心动过速伴有室内传导障碍时,可能与室性心动过速相混淆;在这种情况下,静脉注射地尔硫草可能比利多卡因更有效。

2. 重新检测血钾(及血镁)浓度。低钾血症可降低 I 类抗心律失常药物(如利多卡因、普鲁卡因胺、奎尼丁)的作用,并可能使病患易于发生心律失常。若血钾浓度低于 3 mEq/L,以 0.5 mEq/(kg·h)的速度静脉滴注氯化钾;若血钾浓度在 3~3.5 mEq/L,以 0.25 mEq/(kg·h)的速度输注,治疗的目标是将血清钾浓度维持在参考范围的上限。若血镁浓度低于 1.0 mg/dL,可使用硫酸镁或氯化镁,用 5% 葡萄糖稀释,以 0.75~1.0 mEq/(kg·d)的剂量恒速滴注。

3. 将药效最明显的抗心律失常药物用至极量。

4. 尝试使用胺碘酮(IV)、索他洛尔(PO)或 $\beta$-阻断剂与 I 类抗心律失常药物(如普萘洛尔、艾司洛尔或阿替洛尔与普鲁卡因胺或利多卡因合用)联合使用,或联合使用 I A 类与 I B 类(普鲁卡因胺与利多卡因或美

西律)。

5.考虑药物治疗加重节律紊乱的可能性(致心律失常性),奎尼丁、普鲁卡因胺及其他药物中毒可引起多形性室性心动过速(尖端扭转型室性心动过速)。

6.硫酸镁可用于由地高辛中毒引起的室性心动过速,或怀疑出现多形性室性心动过速(尖端扭转型室性心动过速)病患,以 25~40 mg/kg 的剂量,用 5% 葡萄糖稀释后缓慢静推,然后在接下来的 12~24 h 恒速滴注同量的硫酸镁。由于每克硫酸镁中含 8.13 mEq 镁,即镁使用量为 0.15~0.3 mEq/kg。

7.若动物能较好地耐受心律失常,继续使用支持疗法,尽可能纠正其他异常,并对其进行密切的心血管系统监护,或联合使用最有效的抗心律失常药物。

8.有些转诊中心提供直流电(DC)心脏复律或人工心室起搏;此种情况下还需要配备 ECG 同步设备以及进行麻醉或镇静操作。对于快速的多形性室性心动过速或向纤颤恶化的扑动,可考虑进行高能非同步电击(除颤)。

**室性过速性心动过速的慢性口服药物治疗。**若需要长期治疗,通常选择紧急治疗过程中效果最佳的药物(或者相似的药物)进行口服治疗。虽然控制室性异搏是治疗目标之一,但降低由心律失常所致的猝死是长期治疗更重要的目标。而 I B 类药物(利多卡因和美西律)比 I A 类药物(普鲁卡因胺和奎尼丁)更能提高纤颤阈。Ⅲ类药物比 I 类药物具备更强的抗纤颤效果,尽可能纠正并发病。与人医的观点相似,存在潜在心脏疾病和心律失常的动物,使用 β-阻断剂、ACE 抑制剂和其他治疗方法可能有一定帮助。但单独使用 β-阻断剂无法有效控制患心肌病的杜宾犬所出现的室性过速性节律失常。鱼油(n-3 脂肪酸)似乎能降低患 ARVC 的拳师犬出现 VPC 的频率;推测该营养品对其他病例可能同样有益处。

针对室性心动过速,目前有几种长期口服用药方案可供选择;其中最常用的 3 种包括:索他洛尔、美西律或缓释普鲁卡因胺与阿替洛尔或胺碘酮合用。对于有些犬来说,联合美西律和索他洛尔可取得更强的效果;与单纯使用 I 类药物相比,该组合能提供更强的抗纤颤作用。但是,长期或过量使用可能会引起严重的不良反应。

在长期使用抗心律失常药物治疗心律紊乱(任何一种节律紊乱)时,对动物进行频繁监测是十分必要的。尽管不是最佳的策略,但是指导主人在家自行使用听诊器或触诊胸壁,计数每分钟所缺失的搏动,以大致判断心律失常的发生频率(单发性或阵发性),这种方案也是可行的。使用 24~48 h 动态心电图监测则更为准确。是否继续进行抗心律失常治疗应取决于动物的临床状况和潜在心脏疾病。

## 心房纤颤

心房纤颤通常发生于心房明显增大的犬猫。心房纤颤是一种严重的心律失常,尤其当心室反应率高的时候。扩张性心肌病、慢性退行性房室瓣疾病、引起心房增大的先天性畸形、猫的肥厚性或限制性心肌病,都是引发心房纤颤的易患因素,而且这些疾病的病患通常存在心力衰竭。心房纤颤的特点是节律不规则,且通常心室应答率很高。当心室充盈时间不足时,每搏输出量将下降,此外,心房收缩也将消失,而心房收缩在快速室率的情况下对于心室充盈起着举足轻重的作用。对于存在心功能不全的动物,心房纤颤时将显著的降低心输出量。

对于存在心脏疾病的动物,即使在心脏电复律成功后,其心律也罕见能长期保持窦性节律。因此,对于多数病例来说,治疗的目标是通过减慢房室传导来降低心室应答率(图 4-4)。减慢心率可保证心室充分充盈,并减小心房收缩的相对作用。住院治疗时需将心率控制在犬 150(猫 180)次/min 以下。病患的室率需以 ECG 记录为准,对于存在房颤的动物,通过听诊或触诊所获取的心率通常很不准确。动物家中静息心率(有些主人可自行监测)可更好地反映药物的作用情况,犬心率控制在 70~120 次/min,猫控制在 80~140 次/min 时尚可接受。

**房颤的治疗。**若休息状态心率超过 200~220 次/min 时,尤其存在心衰的情况下,建议开始 IV 地尔硫䓬以迅速降低心率。地尔硫䓬的负性肌力作用弱于 IV β-阻断剂或维拉帕米。紧急情况下可谨慎给予艾司洛尔,因为其半衰期短。而在非紧急情况下,对于存在基础心脏病的犬,初始的心率控制通常选择口服地高辛(见表 3-3)。为更快的起效,在初始的 1~2 d 可给予维持剂量的两倍。在使用多巴酚丁胺或多巴胺支持心脏功能(见框 3-1)时,应避免使用 β-阻断剂,此时建议静脉注射地尔硫䓬,若无法获得此药,可考虑 PO 或 IV 给予负荷剂量的地高辛。

很多动物单独使用地高辛时无法良好地控制心率。CHF、运动或者兴奋所引起的交感神经紧张性增强可能会掩盖地高辛对房室传导的迷走神经效应。在长期治疗过程中,若需进一步减慢房室传导或降低室

心房纤颤

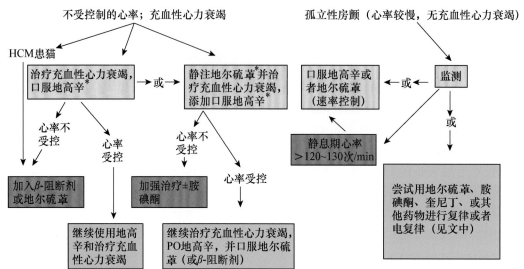

**图 4-4**

心房纤颤的治疗流程。药物剂量见表 4-2，更多内容请参考正文。HCM，肥厚性心肌病。

* 见正文中关于动物同时存在预激和房颤时的注意事项。

率，可添加 β-阻断剂或地尔硫䓬的口服剂型，按保守剂量起始并根据需要逐步上调剂量。因 β-阻断剂和钙离子通道阻断剂具有潜在的心肌抑制作用，应用于存在心肌衰竭的动物时需谨慎。建议同时使用匹莫苯丹，或者先单独使用地高辛治疗 1～2 d 后，再考虑添加上述药物。肥厚性心肌病患猫在发生心房纤颤时，不应使用地高辛，而是使用 β-阻断剂或地尔硫䓬。胺碘酮是另外一种用于控制犬心率的药物。有些犬在使用胺碘酮甚至是地尔硫䓬后，心律可恢复至窦性节律。对于同时存在房颤和心室预激的动物，严禁使用房室结阻断药物（例如，钙离子通道阻断剂、地高辛，β-阻断剂也可能不能使用）以防出现矛盾性心室应答率升高。此种情况下推荐胺碘酮，也可使用索他洛尔或者普鲁卡因胺。

已有成功使用心电复律治疗房颤患病动物的案例。使用双向电流配合胺碘酮(或者其他药物)可能会增加复律的可能性。但是，多数潜在严重心脏病的动物都会很快复发房颤。来自人医的经验显示，控制好心率相比于电复律，对于存活具有相似的益处且副作用更少。

### 孤立性心房颤动

有些大型、巨型犬种可以在不存在心脏增大或者结构性心脏病的情况下发生房颤，这就是所谓的"孤立性房颤"。此种房颤有时只伴有较缓慢的心室应答率。

房颤有时候可能呈一过性，此种房颤一般与创伤或者手术有关。不伴有心脏病或者心衰表现的急性房颤可能会自发恢复为窦性节律或者经药物治疗后恢复为窦性节律，可供选择的药物包括胺碘酮、地尔硫䓬(口服约 3 d)、索他洛尔或其他Ⅲ类或ⅠC类药物。迷走神经紧张性增强的急性房颤有时可通过静脉输注利多卡因进行复律。一些大型犬在没有心脏病表现的情况下出现的急性房颤可通过 IM 或 PO 奎尼丁进行复律，但该药物潜在的副作用包括心室应答率升高(该药物具有迷走神经松弛作用)、共济失调，严重时会出现癫痫发作或者多形性室性心动过速。若药物起效，可在复律后停药。对于无法复律的病例，考虑使用地高辛或者继续使用地尔硫䓬以控制速率。此外，若犬在静息状态下心室应答率一直都偏低，可不治疗并定期监控，但该类病患的心率很可能在运动或兴奋时过快。

## 过缓性心律失常
### (BRADYARRHYTHMIAS)

### 窦性心动过缓

缓慢的窦性节律(或心律失常)可能为正常情况，尤其在运动犬。窦性心动过缓更易发生于以下情况，如使用某些药物(如赛拉嗪、镇定剂氯丙嗪、麻醉剂、美托咪定、地高辛、钙通道阻断剂、β-阻断剂、拟副交感神经药)、外伤或中枢神经系统疾病、窦房结器质性疾病、体温过低、高钾血症、甲状腺功能减退。引起迷走神经紧张性升高的因素(如呼吸系统或胃肠道疾病、影响到迷走交感干的团块)可能引起窦性心动过缓。慢性肺部疾病可引起显著的呼吸性窦性心律失常。

多数发生窦性心动过缓的病例,心率可在运动或使用阿托品后升高,且此种低心率并不引起临床症状。犬心率小于 50 次/min 或存在严重的潜在疾病时,可出现临床症状。由于窦性心动过缓及窦性过缓性心律失常在猫极少发生,因此猫出现心率缓慢时,应查找潜在的心脏疾病或系统性疾病(如高钾血症)。

当窦性心动过缓引起虚弱、运动不耐受、晕厥或使潜在疾病恶化时,应给予抗胆碱能药物(或肾上腺素能药)(图 4-5)。若窦性心动过缓由药物引起,则应停药、降低剂量或使用其他治疗方法(如麻醉拮抗剂、使用钙盐或者阿托品治疗钙通道阻断剂过量、多巴胺或阿托品治疗 β-阻断剂中毒)。若用药后无法使心率提高,可进行暂时或永久性起搏器植入(见参考文献)。

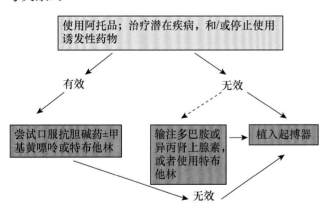

**图 4-5**
症状性过缓性心律失常的治疗流程。药物剂量见框 3-1 和表 4-2,更多内容详见正文。

### 病窦综合征

不稳定的窦房功能可导致出现间歇性虚弱、晕厥、斯-阿二氏病(Stokes-Adams seizure)式癫痫发作,这些都是病窦综合征的特征性表现。该病常见于老年雌性迷你雪纳瑞犬和西高地白梗,也可见于腊肠犬、可卡犬、巴哥犬及杂种犬。患犬可出现严重窦性心动过缓并发生窦性停搏(或窦房阻滞)。病窦综合征在猫极少见。

该病可并发房室传导系统异常,引起次级起搏点活性下降,最后导致长时间的心搏暂停。有些患犬还出现阵发的室上性心动过速,又名心动徐缓—心动过速综合征(图 4-6)。在经历长时间的心搏暂停之后,在窦房结恢复活性之前可能出现期前收缩,这表明窦房结恢复时间延长。有时也可能出现间断性加速性交界性节律,以及速率不定的交界性或室性逸搏节律。

临床症状可能由心动过缓和窦性停搏或者阵发性心动过速所引起,有时动物的症状类似于神经或代谢紊乱引起的癫痫发作。常并发退行性房室瓣疾病。有些犬可出现充血性心力衰竭的临床表现,通常由房室瓣回流引起,而心律失常可能只是一个并发因素。

长期病窦综合征患犬,其心电图异常通常容易被察觉,但有些犬静息状态也可出现一次或数次正常的心电图检测结果。所以进行正确的确诊需要进行 24 h 动态监护或延长心电图检测时间。对持续性心动过缓患犬可进行阿托品刺激实验,心率增加 150% 或超过 130～150 次/min 为正常反应,病窦综合征患犬则通常反应低下。

口服抗胆碱能药、甲基黄嘌呤支气管扩张剂、特布他林,可暂时性用于治疗对阿托品刺激实验有反应的动物,但是,抗胆碱能药或拟交感神经药可用于提高窦性心律,同时也可加剧潜在的心动过速。相反,用于抑制室上性心动过速的药物可加重心动过缓。对于窦房结功能未受到进一步抑制的动物来说,谨慎使用地高辛和地尔硫䓬可用于管理一些存在阵发性 SVT 的犬。病窦综合征病患若频繁出现临床症状或症状较为严重时,最好使用人工永久心脏起搏器(更详细内容请参考推荐阅读)。在植入功能正常的起搏器后若仍出现阵发的室上性心动过速并引起临床症状,也可进行合理的抗心律失常治疗。

### 心房静止

持续性心房静止是由于心房缺少有效电活动而引起的节律紊乱(P 波消失,只有 1 条平稳基线),心脏被交界性或室性逸搏节律控制。这种缓慢性心律失常在犬较少见,猫极少见,尽管心房肌的浸润性及炎性疾病也可导致心房静止,但该病最常见于肌肉营养不良(肩胛肱骨类型)的英国史宾格激飞猎犬。由于心房肌器质性病变也可影响到心室肌,故持续性心房停顿可能是严重进行性心脏病的预兆。

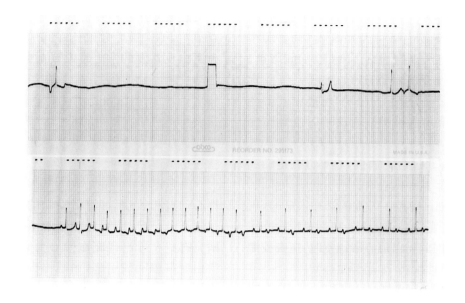

**图 4-6**
1 只患病窦综合征的 11 岁雌性迷你雪纳瑞的心电图,可见典型的心动过缓和心动过速。上图为连续性心电监测,可见持续性窦性停搏和 3 种不同来源的逸搏波,最后出现 1 个房性期前收缩,记录纸中间出现了 1 个 1 mV 的校正标记。心动过缓被 250 次/min 的房性心动过速打断,开始为 1∶1 房室传导,但在中部时开始出现阻滞的 P'波(2∶1 房室传导)。

　　一般不建议使用药物对心房静止进行治疗,但抗胆碱能药或静输多巴胺或异丙肾上腺素有时可暂时性加速逸搏节律。若此种治疗方法引发室性心动过速,则应停药或降低剂量。口服特布他林也有一定的疗效。由于抗心律失常药物可抑制逸搏节律及心动过速,故禁用于心房静止病患。可选择植入永久性心脏起搏器,但并发室性心肌功能障碍的患犬预后较差。

　　心电图上无 P 波的动物应首先排除高钾血症的可能。高钾血症所引起的心房电活性和机械活性丧失(心房静止)经治疗后可好转。在血钾浓度恢复正常时,窦房结活性(和 P 波)即得到恢复。

### 房室传导阻滞

　　Ⅱ度或间歇性房室阻滞通常可导致心搏不规律。相反,Ⅲ度或完全房室阻滞时出现的室性逸搏节律,其节律通常较规律,除非出现期前收缩或逸搏灶的转移而导致一定程度的不规律节律。房室传导紊乱可与某些药物(如 α₂-激动剂、阿片类药物、地高辛)的使用、迷走神经紧张性增强或房室结器质性疾病相关。可导致房室结传导紊乱的疾病有细菌性心内膜炎(主动脉瓣)、肥厚性心肌病、浸润性心肌疾病,以及心肌炎。特发性心脏传导阻滞可发生于中年至老年犬,有些犬也可能出现先天性Ⅲ度心脏阻滞。猫由于心脏传导阻滞而出现临床症状的病例较少见,但若发现存在房室传

导紊乱,则应进行进一步诊断评估,多数病例均与肥厚性心肌病相关。有些无明显器质性心脏病的老龄猫偶尔也可发生心脏传导阻滞。

　　犬Ⅰ型Ⅱ度房室阻滞及Ⅰ度房室阻滞通常与迷走神经紧张性增强或药物作用有关。这些动物一般不出现临床症状,通过运动或注射抗胆碱能药物(阿托品或格隆溴铵)即可消除这种传导紊乱。高阶(频繁出现阻滞 P 波)Ⅱ度房室阻滞或完全房室阻滞通常可导致嗜睡、运动不耐受、虚弱、晕厥或其他低心输出量的临床表现,这些症状在心率持续性低于 40 次/min 时变得更为严重。长期的心动过缓可导致一些犬出现充血性心力衰竭,尤其当存在其他心脏疾病时。

　　阿托品刺激实验可用于检测迷走神经对房室阻滞的影响程度。对阿托品有反应且存在临床症状的动物可尝试长期口服抗胆碱能药物进行治疗(图 4-5)。但是,阿托品或之后的口服抗胆碱能药物通常是无效的,因此通常需要植入人工心脏起搏器。紧急输注多巴胺(见框 3-1)或异丙肾上腺素可增加高阶Ⅱ度房室阻滞或Ⅲ度房室阻滞动物的心室逸搏率,但也可引发室性心动过速。口服异丙肾上腺素通常无效。在植入人工永久性心脏起搏器前,需对动物进行全面的心脏功能的检查,若存在某些潜在疾病(如心肌病、心内膜炎),即使使用起搏器,其预后仍较差。在植入永久性起搏器之前可先试用经静脉的暂时性起搏器 1～2 d,以观察动物对正常心率的反应情况。关于起搏器的更多信

息请参考推荐阅读。

# 抗心律失常药
# (ANTIARRHYTHMIC AGENTS)

用于抑制心律失常的药物是通过调节心脏组织的电生理特性,和/或自主神经系统的效应而发挥减缓过快的心律、终止折返性节律异常,或抑制异常起搏的形成和传导的作用。传统的抗心律失常药物的分类依据(Vaughan-Williams 分类法)为药物对心脏细胞的动作电位的主要电生理效应(表 4-1)。尽管该分类法存在某些弊端(某些具有抗心律失常作用的药物不属于该分类系统、有些药物具有多种效应、某些药物主要作用的离子通道还不甚清楚),但目前在临床应用抗心律失常药物的时候还会参考这一分类体系。抗心律失常药物的用药剂量以及恒速输注(CRI)的计算方法见表4-2 和框 4-4。

 **表 4-1 抗心律失常药的分类及作用**

| 类别 | 药物 | 机制及对心电图作用 |
|---|---|---|
| Ⅰ | | 降低快 $Na^+$ 通道电流;稳定细胞膜(降低传导性、兴奋性和自律性) |
| Ⅰ A | 奎尼丁<br>普鲁卡因胺<br>丙吡胺 | 适度降低传导、延长动作电位时长;延长 QRS 波群及 Q-T 间期时限 |
| Ⅰ B | 利多卡因<br>美西律<br>苯妥英 | 对传导性无影响、缩短动作电位时长;不影响 QRS 波群及 Q-T 时限 |
| Ⅰ C | 氟卡尼<br>恩卡尼<br>普罗帕酮 | 显著降低传导性、对动作电位时长无影响 |
| Ⅱ | 普萘洛尔<br>阿替洛尔<br>艾司洛尔<br>美托洛尔<br>卡维地洛<br>其他 | β-肾上腺素能阻断剂——降低交感神经刺激作用(临床使用剂量对心肌无直接作用) |
| Ⅲ | 索他洛尔<br>胺碘酮<br>溴苄胺<br>伊布利特<br>多非利特<br>其他 | 选择性延长动作电位时长和不应期;抗肾上腺素能作用;延长 Q-T 间期 |
| Ⅳ | 维拉帕米<br>地尔硫䓬<br>其他 | 降低 $Ca^{2+}$ 内流(对窦房结和房室结作用较大) |
| 其他抗心律失常药物 | 地高辛 | 主要通过间接的自主神经作用而发挥抗心律失常作用(尤其是增强迷走神经紧张性) |
| | 阿托品<br>格隆溴铵<br>其他 | 抗胆碱能物质,可对抗迷走神经对窦房结和房室结的作用(格隆溴铵和其他药物也有该作用) |
| | 阿糖腺苷 | 短暂打开 $K^+$ 通道并间接降低 $Ca^{2+}$ 内流(对窦房结和房室结作用最强);可暂时阻滞房室传导,但对犬无效 |

**表 4-2 抗心律失常药的剂量**

| 药物 | 剂量 |
|---|---|
| **Ⅰ类** | |
| 利多卡因 | 犬:初始剂量为 2 mg/kg,慢速 IV,累计不超过 8 mg/kg;或以 0.8 mg/(kg·min)快速 IV;若起效,则以 25~80 μg/(kg·min)CRI |
| | 猫:初始剂量为 0.25~0.5 (或 1)mg/kg,慢速 IV;可按 0.15~0.25 mg/kg 的剂量重复给药,累计不超过 4 mg/kg;若有效,则以 10~40 μg/(kg·min)的速度 CRI |
| 普鲁卡因胺 | 犬:6~10(可至 20)mg/kg IV 5~10 min 以上;10~50 μg/(kg·min)CRI;6~20(可至 30)mg/kg q 4~6 h IM;10~25 mg/kg q 6 h PO(缓释剂:q 6~8 h) |
| | 猫:1~2 mg/kg,慢速 IV;10~20 μg/(kg·min) CRI;7.5~20 mg/kg q(6~)8 h IM 或 PO |
| 奎尼丁 | 犬:6~20 mg/kg q 6 h IM(负荷剂量:14~20 mg/kg);6~16 mg/kg q 6 h PO;缓释制剂:8~20 mg/kg q 8 h PO |
| | 猫:6~16 mg/kg q 8 h IM 或 PO |
| 美西律 | 犬:4~10 mg/kg q 8 h PO |
| | 猫:— |
| 苯妥英 | 犬:10 mg/kg,慢速 IV;30~50 mg/kg q 8 h PO |
| | 猫:不使用 |
| 普罗帕酮 | 犬:2~4 (可至 6) mg/kg PO q 8 h (低剂量起始) |
| | 猫:— |
| 氟卡尼 | 犬:1~5 mg/kg PO q(8~)12 h |
| | 猫:— |
| **Ⅱ类** | |
| 阿替洛尔 | 犬:0.2~1 mg/kg q 12~24 h PO |
| | 猫:6.25~12.5 mg/猫 q 12~24 h PO |
| 普萘洛尔 | 犬:初始以 0.02 mg/kg 慢速 IV(最大可至 0.1 mg/kg);初始口服剂量:0.1~0.2 mg/kg q 8 h PO,可至 1 mg/kg q 8 h |
| | 猫:IV 同犬;2.5~10 mg/猫 q 8~12 h PO |
| 艾司洛尔 | 犬:0.1~0.5 mg/kg IV 1 min 以上(负荷剂量),之后 25~200 μg/(kg·min) CRI |
| | 猫:同犬 |
| 美托洛尔 | 犬:初始剂量 0.1~0.2 mg/kg q 24(~12)h PO,可至 1 mg/kg q 8(~12)h(针对心衰动物的使用请看正文第 70 页) |
| | 猫:2~15 mg/cat PO q 8(~12)h |
| **Ⅲ类** | |
| 索他洛尔 | 犬:1~3.5 (5)mg/kg q 12 h PO |
| | 猫:10~20 mg/只 PO q 12 h (或者 2~4 mg/kg PO q 12 h) |
| 胺碘酮 | 犬:10 mg/kg q 12 h PO,连用 7 d,此后 8 mg/kg q 24 h PO(也可使用更低或更高剂量);3~(5) mg/kg 慢速 IV(10~20 min 以上)(可重复给药但 1 h 内给药量不可超过 10 mg/kg) |
| | 猫:— |
| 溴苄胺 | 犬:2~6 mg/kg IV;1~2 h 后可重复给药(人) |
| | 猫:— |
| **Ⅳ类** | |
| 地尔硫草 | 犬:初始剂量 0.5(可至 2) mg/kg q 8 h PO,可至 2 mg/kg;用于紧急治疗室上性心动过速:0.15~0.25 mg/kg,2~3 min 以上缓慢 IV,可每 15 min 重复用药直至复律或到达最大剂量 0.75 mg/kg;Papich:CRI 1~8 mcg/(kg·min);Morgan Small Animal Handbook:2~6 μg/(kg·min)IV;口服负荷给药:0.5 mg/kg PO,之后 0.25 mg/kg PO q 1 h 至总剂量达 1.5(至 2)mg/kg 或复律。地尔硫草 XR,1.5~4 (至 6) mg/kg PO q 12~24 h |
| | 猫:同犬。治疗肥厚性心肌病:1.5~2.5 mg/kg(或 7.5~10 mg/猫)q 8 h;缓释制剂:地尔硫草 XR,30 mg/(猫·d)(240 mg 明胶胶囊内含 60 mg 地尔硫草片剂的一半),某些猫可用至 60 mg/d。Cardizem-CD,10 mg/(kg·d)(45 mg/猫,即约 105 mg 的 Cardizem-CD,或装满空的 No.4 明胶胶囊的剂量) |

续表 4-2

| 药物 | 剂量 |
| --- | --- |
| 维拉帕米 | 犬:初始剂量 0.02~0.05 mg/kg,慢速 IV,可每 5min 重复用药至总量达到 0.15(至 0.2)mg/kg;0.5~2 mg/kg q 8 h PO(注意:地尔硫䓬效果更佳)<br>猫:初始剂量 0.025 mg/kg,慢速 IV,可每 5min 重复用药至总量达到 0.15(至 0.2)mg/kg;0.5~1 mg/kg q 8 h PO(注意:地尔硫䓬效果更佳) |
| **抗胆碱能药** | |
| 阿托品 | 犬:0.02~0.04 mg/kg IV、IM、SC;0.04 mg/kg PO q 6~8 h<br>猫:同犬<br>阿托品刺激试验:0.04 mg/kg IV(见正文第 93 页) |
| 格隆溴铵 | 犬:0.005~0.01 mg/kg IV 或 IM;0.01~0.02 mg/kg SC<br>猫:同犬 |
| 溴丙胺太林 | 犬:0.25~0.5 mg/kg 或 3.73~7.5 mg q 8~12 h PO<br>猫:— |
| 莨菪碱 | 犬:0.003~0.006 mg/kg PO q 8 h<br>猫:— |
| **拟交感神经药** | |
| 异丙肾上腺素 | 犬:0.045~0.09 μg/(kg·min)CRI<br>猫:同犬 |
| 特布他林 | 犬:1.25~5 mg/只 q 8~12 h PO<br>猫:2.5 mg 的片剂按 1/8~1/4 片,q 12 h PO 起始,最高不超过半片,q 12 h |
| **其他药物** | |
| 地高辛 | 见表 3-3 |
| 腾喜龙 | 犬:0.05~0.1 mg/kg IV (备好阿托品与气管插管)<br>猫:同犬 |
| 去氧肾上腺素 | 犬:0.004~0.01 mg/kg IV<br>猫:同犬 |

CRI:恒速输注;—:有效剂量未知。

 **框 4-4　恒速输注(CRI)的计算公式**

**方法 1**
(适用于精准调节液体流速以及药量)
确定药物的滴注速率=μg/(kg·min)×kg 体重=μg/min (A)
确定液体的滴注速率=mL/h÷60=mL/min (B)
(A)÷(B)=μg/min ÷ mL/min=μg 药物/mL 液体
药物单位由 μg 转换为 mg(1 μg=0.001 mg)
mg 药物/mL 液体×1 袋(或瓶或滴定管)液体 mL=加入 1 袋液体的药物量 mg

**方法 2**
(适用于输液 6 h 的总剂量,需计算液体量和输注速率)
用于输液 6 h 的总药量 mg=体重(kg)×剂量[μg/(kg·min)]×0.36

**方法 3(用于利多卡因)**
(计算简便,但不太适用于药物剂量需适时改变或者液速需控制的情况)
利多卡因的恒速输注速率为 44 μg/(kg·min),可将 25 mL 2%的利多卡因加入 250 mL 5%葡萄糖中
输液速度为 0.25 mL/(25 lb·min)

Ⅰ类药物通过其膜稳定作用起到减慢传导、降低自律性和兴奋性的作用,老式的室性抗心律失常药物属于该类。Ⅱ类药物包括 β-肾上腺能阻断剂,可抑制儿茶酚胺对心脏的作用。Ⅲ类药物可延长心脏动作电位的有效不应期但不影响传导速率,适用于抑制折返性心律失常或室性纤颤。Ⅳ类药物是钙通道阻断剂,该类药物对室性心律失常一般无效,但却是针对室上性心动过速的重要药物。属于该分类系统的抗心律失常药物禁用于存在完全性心脏阻滞的动物,慎用于存在窦性心动过缓、病窦综合征和Ⅰ度、Ⅱ度房室传导阻滞的动物。

## Ⅰ类抗心律失常药
### (CLASS Ⅰ ANTIARRHYTHMIC DRUGS)

Ⅰ类药物可阻滞细胞膜钠通道,抑制动作电位升支(0 期),从而减缓冲动在心脏细胞间的传导。根

据其他电生理特性差异可对该类药物进行进一步分类，这些差异（表4-1）可影响其治疗特定心律失常的有效性。该类中多数药物需依赖细胞外的钾离子浓度发挥作用，因此该药物在低钾血症的情况下无效。

### 利多卡因

盐酸利多卡因是犬静脉用室性抗心律失常的首选药物，对室上性心律失常通常无效，但是对病程较短、由迷走神经介导的房颤或心动过速可能有效。该药对窦率、房室传导速率及不应性几乎无作用。利多卡因可抑制正常浦肯野纤维及受损心肌细胞的自律性，减慢传导，缩短超常期（该期内细胞在完全去极化发生之前可再度接受刺激）。该药对受损及缺氧的心肌细胞作用更强，且异常节律越快，效果越好。利多卡因的电生理作用主要取决于细胞外的钾浓度，低钾血症可减弱其药效，而高钾血症可加剧其对心肌细胞膜的抑制作用。慢速静脉给药时，治疗剂量的利多卡因缓慢静脉推注时几乎不抑制或只轻微抑制收缩功能。所以在犬发生心衰时仍可使用该药，利多卡因的同源物妥卡尼和美西律的负性心力和致低血压作用较小。中毒剂量的利多卡因可引起低血压。

利多卡因在肝脏经细胞色素酶 P-450（CYP）作用后快速代谢，其代谢产物可能起到抗心律失常作用和毒性作用。利多卡因经首过效应后几乎完全被肝脏清除，故口服无效，因此通常静脉注射，一般是先静脉缓慢推注之后开始恒速输注（CRI），效果最强。犬静脉注射后 2 min 内起效，持效 10～20 min。CRI 之前不经静脉推注给予负荷剂量需要 4～6 h 方可达到稳定的血药浓度。该药在犬体内的半衰期小于 1 h。犬初始负荷剂量为 2 mg/kg，如有需要可重复用药 2～3次。猫使用该药时应选择较低剂量，以免发生中毒（负荷剂量为 0.25～0.5 mg/kg）。猫的半衰期为 1～2 h。犬的血清治疗浓度为 1.5～6 μg/mL。作为抗心律失常药物使用时，必须选择不含肾上腺素的利多卡因。若无法经静脉使用，可考虑肌肉注射，但效果不如静脉注射。

犬使用利多卡因后最常见的毒性作用为中枢神经系统刺激，症状包括易激、定向障碍或共济失调、肌颤、眼球震颤、全身性癫痫发作，也可出现恶心。与其他存在心脏电生理作用的药物相似，该药物偶尔可导致心律失常加重（致心律失常作用）。有报道显示有些无意识的犬在使用利多卡因后出现呼吸抑制甚至是暂停。

猫对该药的毒性作用尤其敏感，用药后可能出现癫痫发作、呼吸暂停、过缓性心律失常和猝死。发生利多卡因中毒时，应停止用药直至中毒症状消失，之后使用较低剂量进行输注。地西泮（0.25～0.5 mg/kg IV）可用于控制由利多卡因引起的癫痫发作。肝病可减缓该药的代谢。普萘洛尔、西咪替丁和氯霉素可引起肝脏血流减少，从而减缓利多卡因的代谢，使动物易于中毒。动物发生心衰时也可能出现肝血流灌注下降，因此也应降低用药剂量。

### 普鲁卡因胺

盐酸普鲁卡因胺的电生理作用类似于奎尼丁，具有直接和间接（松弛迷走神经）药效。可用于治疗室性（有时房性）期前收缩和心动过速，但该药对房性心律失常的作用不如奎尼丁，普鲁卡因胺可延长有效不应期，并减缓冲动在顺向房室折返性心动速患犬的附旁通路中的传导速率。低血压动物慎用普鲁卡因胺。

普鲁卡因胺在犬口服吸收良好，但半衰期仅为 2.5～4 h，缓释制剂半衰期稍长，为 3～6 h，但可能吸收较差。食物可能会减缓药物的吸收。该药通过肝脏代谢并经肾脏排泄，且与肌酐清除率成比例。该药 PO 或 IM 均无明显的血流动力学作用，但快速静脉注射可导致低血压和心脏抑制，但其程度较静脉注射奎尼丁轻。若静脉注射效果良好，则可采用 CRI，12～22 h 后可达到稳定的治疗浓度。治疗性血药浓度为 4～10 μg/mL。

普鲁卡因胺的毒性反应与奎尼丁（见后文内容）相似但通常较轻，可能出现胃肠道不适及 QRS 时限或 Q-T 间期延长。普鲁卡因胺不与地高辛或 β-阻断剂、钙通道阻断剂联合使用时，可加剧心室对心房纤颤的应答率。更严重的毒性反应包括低血压、房室传导抑制（有时可导致Ⅱ度或Ⅲ度心脏传导阻滞）及致心律失常性，后者可引起晕厥或心室纤颤。静脉补液、儿茶酚胺或含钙液体可用于治疗低血压。口服给药出现的胃肠道反应可通过降低药量改善。高剂量口服普鲁卡因胺在人医可引起可逆性狼疮样综合征，症状包括嗜中性粒细胞减少、发热、沉郁及肝肿大，但犬暂未发现相似反应。黑毛杜宾犬长期使用该药可引起被毛变棕色。

### 奎尼丁

奎尼丁是ⅠA类的原形药，用于治疗室性心动过速,偶用于治疗室上性心动过速。新近发生心房纤颤且心室功能正常(孤立性房颤)的大型犬,奎尼丁可能使其转为窦性节律。该药慎用于心衰或高钾血症病患,该药的电生理效应特点为降低自律性和传导速率,延长有效不应期。其直接的电生理及迷走神经松弛作用可引起剂量相关性心电图变化(如 P-R 间期、QRS 时限、Q-T 间期延长)。低剂量使用时,奎尼丁的迷走神经松弛作用可对抗药物的直接作用,导致窦性心律或心室对心房纤颤的应答率增加。与其他Ⅰ类药物相似,低钾血症可降低奎尼丁的抗心律失常作用。

该药口服吸收良好,但已基本不用于长期口服治疗,因为经常引起不良反应以及干扰地高辛的药代动力学。奎尼丁经肝脏广泛代谢。犬的奎尼丁半衰期为 6 h,而猫仅为 2 h。由于其蛋白结合率较高,严重低蛋白血症的动物更容易中毒。西咪替丁、胺碘酮和抗酸剂可减慢药物的清除,导致动物更容易中毒。奎尼丁和地高辛同时使用时,奎尼丁可置换与骨骼肌结合的地高辛并使地高辛的肾脏清除率降低,从而导致地高辛中毒。由于静脉使用奎尼丁易致血管扩张(通过非特异性 $\alpha$-肾上腺能受体阻滞)、心脏抑制和低血压,故一般并不推荐静脉给药。口服或肌肉注射给药通常不会引起血流动力学的副作用,但初始用药时需进行密切监测。口服或肌肉注射给药后通常可在 12~24 h 达到血药治疗浓度(2.5~5 $\mu$g/mL)。缓释制剂如硫酸盐(83% 的活性成分)、葡萄糖酸盐(62% 活性成分)、聚半乳糖醛酸盐(80% 活性成分)可延长奎尼丁的吸收和排泄。硫酸盐吸收比葡萄糖酸盐快,峰效一般在口服给药后的 1~2 h 出现。

明显的 Q-T 间期延长、右束支阻滞、QRS 时限比治疗前延长 25% 则表明发生药物中毒。其他的毒性表现还包括多种传导阻滞和室性心动过速。Q-T 间期延长说明心肌不应性的离差性暂时增大,这可使动物易于出现尖端扭转型室性心动过速或心室纤颤。服用奎尼丁的病人出现晕厥可能与一过性的严重的心律失常(上述)有关。药物的负性心力和血管扩张作用以及继发的低血压,可引起嗜睡、虚弱、充血性心衰表现。碳酸氢钠(1 mEq/kg IV)可有限缓解奎尼丁引起的心脏毒性和低血压,碳酸氢钠可暂时降低血钾浓度,促进奎尼丁与白蛋白结合并降低其对心脏的电生理作用。胃肠道反应(恶心、呕吐和腹泻)在口服使用奎尼丁的病患较为常见。人使用奎尼丁可出现血小板减少症,犬猫也可能会发生,停

药后即可恢复。

## 美西律

美西律的电生理、血流动力学、毒性及抗心律失常特性与利多卡因类似。该药可有效抑制犬的室性心动过速。$\beta$-阻断剂(或普鲁卡因胺、奎尼丁)与美西律联合使用可能更为有效,且在有些动物,两者合用比单用美西律副作用少。药物口服吸收良好,但有报道表明,抗酸剂、西咪替丁和麻醉镇痛剂可降低人对该药的吸收。美西律通过肝脏代谢(受肝脏血流量影响)和部分肾脏排泄(碱性尿时排泄下降)。肝微粒体酶诱导物可加速其清除速率。该药在犬的半衰期为 4.5~7 h(部分取决于尿液的 pH)。大约有 70% 的药物与蛋白相结合。血清治疗浓度为 0.5~2.0 $\mu$g/mL(人)。该药对猫的作用情况尚不清楚。药物副作用包括呕吐、厌食、颤抖和定向障碍、窦性心动过缓和血小板减少症。总之,美西律比妥卡尼副作用小。

## 苯妥英

苯妥英的电生理作用类似于利多卡因。但该药具有慢钙通道阻滞作用和中枢神经系统作用,这可能解释了该药用于治疗洋地黄引起的心律失常的机理。现该药仅用于利多卡因治疗无效的洋地黄诱导性心律失常,其在犬的使用禁忌证同利多卡因。静脉注射和口服只会产生轻微的血流动力学效应,但是,该药的口服吸收率低。应避免快速静脉注射该药,因为丙二醇载体可抑制心肌收缩性、加重心律失常、引起血管扩张、低血压或呼吸骤停。苯妥英在犬的半衰期约为 3 h。药物通过肝脏代谢,其自身可刺激肝微粒体酶而加快清除率。联合使用西咪替丁、氯霉素或其他可抑制肝微粒体酶活性的药物可导致血清苯妥英浓度升高。静脉注射苯妥英可引起心动过缓、房室阻滞、室性心动过速及心脏停搏,其他中毒表现还包括中枢神经系统症状(抑郁、眼球震颤、定向障碍,以及共济失调)。该药在猫的半衰期超过 24 h,且容易引起中毒,故该药不应用于猫。

## 其他Ⅰ类药物

氟卡尼和普罗帕酮也是ⅠC类药物,可显著降低心脏传导速率,但几乎不影响窦率和不应性。但高剂量使用可引起窦房结和特化的传导组织自律性下降。静脉注射该药可能引起血管扩张、心肌抑制以及严重

低血压。犬可出现心动过缓、心室内传导紊乱、持续性(尽管只是暂时性)低血压,以及恶心、呕吐、厌食。致心律失常性是这些药物的一个严重的副作用。氟卡尼可用于治疗阵发性 SVT 或 AF,但不用于 AF 的长期管理,也不用于患心功能不全、心室肥厚、瓣膜疾病或缺血性心脏病的动物。普罗帕酮有微弱的 $\beta$-阻断作用。该药可有效针对多种 SVTs,包括那些涉及附旁通路的异常节律。

## Ⅱ类抗心律失常药:$\beta$-肾上腺素能阻断剂 (CLASS Ⅱ ANTIARRHYTHMIC DRUGS:$\beta$-ADRENERGIC BLOCKERS)

Ⅱ类抗心律失常药物通过阻断儿茶酚胺而发挥作用。该类药物可减缓心率、降低心肌耗氧量、延长房室传导时间和不应期。$\beta$-阻断剂的临床抗心律失常作用是通过阻滞 $\beta_1$-受体实现,而非通过直接的电生理机制。$\beta$-阻断剂通常与Ⅰ类药物(例如普鲁卡因胺或美西律)合用;该类药具有负性肌力作用,慎用于心衰动物。$\beta$-受体阻断剂可用于治疗肥厚性心肌病、某些先天性及获得性心室流出道梗阻、系统性高血压、甲亢性心脏病、室上性及室性心动过速(尤其是交感神经紧张性增加导致的)及其他引起交感神经紧张性增加的疾病或中毒。$\beta$-阻断剂有时可与地高辛联合用于减慢心房纤颤时心室应答率。$\beta$-阻断剂如普萘洛尔或阿替洛尔是治疗猫室上性或室性快速性心律失常的一线抗心律失常用药。通过研究病情稳定的心衰病人发现,在能耐受药物的前提下,使用某种 $\beta$-阻断剂进行长期治疗可改善心脏功能,并延长病人的存活时间。

$\beta$-肾上腺能受体可分多种亚型:$\beta_1$-受体主要位于心肌,可上调收缩性、心率、房室传导速率,以及特化的纤维组织的自律性。心外 $\beta_2$-受体可介导支气管扩张和血管扩张,以及肾素和胰岛素的释放。心脏内也有少量 $\beta_2$-受体、$\beta_3$-受体。非选择性 $\beta$-阻断剂可同时阻滞儿茶酚胺与 $\beta_1$-受体和 $\beta_2$-受体结合,其他药物则更具选择性,主要只针对某一种亚型(表4-3)。第一代 $\beta$-阻断剂(如普萘洛尔)具有非选择性 $\beta$-阻滞作用。第二代药物(如阿替洛尔、美托洛尔)具有相对的 $\beta_1$ 选择性。第三代 $\beta$-阻断剂可作用于 $\beta_1$-受体、$\beta_2$-受体和 $\alpha_1$-受体,并可具有其他作用。有些 $\beta$-阻断剂具有一定的内在拟交感神经活性。

 **表 4-3  选择性 $\beta$-阻断剂的特性**

| 药物 | 肾上腺受体选择性 | 脂溶性 | 主要清除途径 |
|---|---|---|---|
| 阿替洛尔 | $\beta_1$ | 0 | RE |
| 卡维地洛 | $\beta_1$、$\beta_2$、$\alpha_1$ | + | HM |
| 艾司洛尔 | $\beta_1$ | 0 | BE |
| 拉贝洛尔 | $\beta_1$、$\beta_2$、$\alpha_1$ | ++ | HM |
| 美托洛尔 | $\beta_1$ | ++ | HM |
| 纳多洛尔 | $\beta_1$、$\beta_2$ | 0 | RE |
| 吲哚洛尔* | $\beta_1$、$\beta_2$ | ++ | B |
| 普萘洛尔 | $\beta_1$、$\beta_2$ | ++ | HM |
| 索他洛尔+ | $\beta_1$、$\beta_2$ | 0 | RE |
| 噻吗洛尔 | $\beta_1$、$\beta_2$ | 0 | RE |

\* 具有内在拟交感神经活性
＋同时具有Ⅲ类抗心律失常活性
RE,肾脏排泄;BE,血液酯酶;HM,肝脏代谢;B,肾脏排泄和肝脏代谢同等重要

Ⅱ类药物的抗心律失常作用可能与其阻断 $\beta_1$-受体有关,而非其直接的电生理机制。对于健康的动物来说,$\beta$-阻断剂只有轻微的负性心力作用。但潜在严重的心肌疾病的病患通常通过增强交感神经激动而维持心输出量,若使用该类药物可能引起显著的心肌收缩力抑制、传导性和心率下降以及 CHF 加重等情况,故应谨慎使用。$\beta$-阻断剂禁用于窦性心动过缓、病窦综合征、高阶房室传导阻滞或严重 CHF 病患,也不与钙离子通道阻断剂同时使用。非选择性 $\beta$-阻断剂可增加外周血管阻力(无拮抗 $\alpha$ 肾上腺能的作用),并引起支气管收缩。$\beta$-阻断剂也可掩盖糖尿病病患发生低血糖的早期症状(如心动过速和血压变化),并可降低高血糖引起的胰岛素释放。因 $\beta$-阻断剂的药效与用药个体的交感神经激活水平有关,因此具体的治疗反应存在较大的个体间差异。所以,治疗要从低剂量起始并谨慎上调剂量。

$\beta$-阻断剂可增强洋地黄、Ⅰ类抗心律失常药物、钙离子通道阻断剂的房室传导抑制作用。同时使用 $\beta$-阻断剂与钙离子通道阻断剂可导致心率和心肌收缩力严重下降。由于长期的 $\beta$-阻滞可能引起 $\beta$-受体上调(受体的数量或亲和力上升),故禁止突然停药。长期使用 $\beta$-阻断剂可增加麻醉过程中出现低血压和心动过缓的风险。

## 普萘洛尔

盐酸普萘洛尔为非选择性 $\beta$-阻断剂。患有肺水肿、哮喘或慢性小气道疾病的动物不建议使用普萘洛尔，因为该药的 $\beta_2$-受体拮抗作用可能引发气管收缩。

普萘洛尔口服给药后经肝脏广泛代谢（首过效应显著），因此口服的生物利用度低，随着肝酶逐渐饱和，其生物可利用度将增加。普萘洛尔可降低肝脏血流量，故可延长自身及其他依赖肝血流进行代谢的药物（如利多卡因）。饲喂可延迟该药的口服吸收，静脉注射给药后将加快药物的清除（肝脏血流量增加）。在犬，普萘洛尔的半衰期仅为 1.5 h（猫为 0.5～4.2 h），但活性代谢产物仍存在。犬猫给药间隔 8 h 较为适宜。静脉注射该药主要用于治疗顽固性室性心动过速（与 I 类药物联合使用）及突发房性或交界性心动过速。

普萘洛尔的毒性常与过度的 $\beta$-阻滞相关，有些动物即使使用较低的剂量也可能出现毒性反应。中毒时可出现心动过缓、心衰、低血压、支气管痉挛及低血糖，注射儿茶酚胺类药物（如多巴胺或多巴酚丁胺）可改善症状。普萘洛尔及其他亲脂性 $\beta$-阻断剂可作用于中枢神经系统而导致动物出现精神沉郁和定向障碍。

## 阿替洛尔

阿替洛尔是一种选择性 $\beta_1$-阻断剂，该药一般用于减慢窦率和房室传导速率，以及抑制交感神经介导的室性早搏。阿替洛尔在犬的半衰期略多于 3 h，在猫为约 3.5 h，口服生物可利用率均为 90%。阿替洛尔通过尿液排泄，肾功能不全可延缓其清除。其 $\beta$-阻滞作用在健康的猫可维持 12 h，但通常小于 24 h。这种亲水性药物不能快速穿透血脑屏障，故不易发生中枢神经系统的不良反应。其他 $\beta$-阻断剂相似，该药可导致虚弱或加重心衰。

## 美托洛尔

酒石酸美托洛尔也是一种选择性 $\beta$-受体阻断剂。口服吸收良好，但首过效应明显会影响其生物利用度。该药的蛋白结合率较低，经肝脏代谢而由肾脏排泄。犬猫的半衰期分别为 1.6 h 和 1.3 h。美托洛尔因具有潜在的心脏保护作用而被应用于某些患有扩张性心

肌病和慢性瓣膜性疾病的犬。

## 艾司洛尔

艾司洛尔是一种超短效选择性 $\beta$-受体阻断剂。经血液酯酶快速代谢，因此半衰期不足 10 min。静脉使用时，在 30 min 后达到稳态浓度，若初始给予负荷剂量，则到达稳态浓度的时间将缩短至 5 min。在中断静脉给药后 10～20 min，其药效将消失。该药物主要用于紧急治疗心动过速和猫的肥厚性阻塞性心肌病。

## 其他 $\beta$-阻断剂

另外还有很多 $\beta$-阻断剂，其受体选择性和药性特点存在差异。索他洛尔在高剂量时可延长动作电位的时长，因此通常将其当作一种 III 类药物（见下文），而非单纯的 $\beta$-阻断剂。对于那些患有慢性心力衰竭，但病情较稳定的动物来说，某些 $\beta$-阻断剂可减弱过度的交感神经刺激所引起的心脏毒性作用、改善心功能、促进心脏 $\beta$ 受体的上调以及延长存活时间而会对病患有所益处。第三代 $\beta$-阻断剂中的卡维地洛、第二代 $\beta$-阻断剂中的美托洛尔以及其他一些 $\beta$-阻断在人医上显出上述作用，而非选择性 $\beta$-阻断剂（第一代，如普萘洛尔）和一些较新一代的药物却无上述的益处；而具有内在拟交感神经活性的 $\beta$-阻断剂可能有害处。

卡维地洛可阻滞 $\beta_1$-受体、$\beta_2$-受体、$\alpha_1$-受体，具有抗氧化作用、减少内皮素释放、具有一定的钙离子通道阻滞作用，并且可通过影响一氧化氮或前列腺素机制促进血管扩张。犬口服给药后，血浆峰值浓度存在较大的个体间差异。卡维地洛主要经肝脏代谢，其在犬的最终半衰期为 1～2 h（比在人体内的半衰期短），该药物的蛋白结合率非常高。其 $\beta$ 阻断作用持效 12 h，其残留药效有时可达 24 h。这与其活性代谢产物有关。对于健康的犬来说，低剂量的卡维地洛几乎不产生血流动力学效应，但心衰犬可能无法耐受该药（即使是低剂量），因此需引起重视。

## III 类抗心律失常药
### (CLASS III ANTIARRHYTHMIC DRUGS)

抗心律失常药物的共性包括延长心脏动作电位时长和有效不应期，并且不降低传导速率，这些作用是通

过抑制复极化钾离子通道(延迟整流电流)而实现的。可用于治疗室性心律失常,尤其是折返引起的室性心律失常。Ⅲ类药物也具有抗心脏纤颤作用。现常用药物除了具有Ⅲ类药物特性外,还具有其他类药物的抗心律失常特性。

### 索他洛尔

索他洛尔是非选择性β-阻断剂且高剂量时具有Ⅲ类药物的作用。其口服生物利用度很高,尽管与食物合用会降低吸收率。索他洛尔在犬的半衰期约为5 h,该药以原型通过肾脏排泄,肾功能不全可延缓其清除。索他洛尔的β-阻滞作用长于其血清半衰期。该药对血流动力学作用较小,但可能引起窦率减慢、Ⅰ度房室阻滞和低血压。索他洛尔具有致心律失常性(与所有抗心律失常药物一样),包括尖端扭转型室性心动过速。犬欲获得该药的Ⅲ类药物作用,其使用剂量需比人的更高。犬临床剂量主要可产生β-阻滞作用。另外,索他洛尔在给人使用时,其致心律失常作用(尤其是尖端扭转型室性心动过速)发生率较高,但在犬却并无相关临床报道。实验表明,低钾血症患犬联合使用美西律,可降低这种致心律失常作用。

索他洛尔在给扩张性心肌病病患使用时可加重心衰,但是,索他洛尔的负性肌力作用小于普萘洛尔。索他洛尔的其他副作用包括低血压、抑郁、恶心、呕吐、腹泻及心动过缓。偶尔有报道称使用该药后动物出现攻击行为,但在停药后能恢复正常。某些患有室性心动过速的拳师犬使用索他洛尔后会出现神经源性心动过缓或者加重原有的神经源性心动过缓。与其他的β-阻断剂一样,索他洛尔不能突然断药。

### 胺碘酮

胺碘酮通过延长心房和心室组织动作电位时长及有效不应期,进而发挥抗心律失常的作用。虽然该药属于Ⅲ类药物,但其同时存在其他3类抗心律失常药物的特性。胺碘酮是一种碘化物,可非竞争性结合$\alpha_1$-受体和$\beta_1$-受体,以及阻滞钙离子通道的作用。给药后可迅速产生β-阻滞作用,长期给药数周后才能达到最佳的Ⅲ类作用(延长动作电位时长和Q-T间期)。胺碘酮的$Ca^{2+}$阻滞作用可通过降低后除极而抑制促发性心律失常。该药治疗剂量可降低窦率、减慢房室传导速率,轻微降低心肌收缩力和血压。胺碘酮的适应证包括:顽固性的房性和室性心动过速,尤其是涉及附旁路的折返性心律失常。静脉注射剂型可用于治疗心房纤颤或室性心动过速,但建议选择保守剂量并至少需要10~20 min缓慢注射以防出现低血压和心动过缓。此外,有些犬可能出现急性过敏反应(见下文),该不良反应可能与聚山梨醇酯80溶剂有关,目前有一款新的不含溶剂的液体制剂。

胺碘酮的药代动力学较为复杂,长期口服使用可延长稳定状态(达数周)、药物集中在心肌及其他组织的时间,以及活性代谢产物(去乙基盐酸胺碘酮)蓄积的时间。治疗血药浓度为1~2.5 $\mu g/mL$。胺碘酮可较一致性地延长整个心室的复极化并抑制浦肯野纤维的自律性,故与其他药物相比,该药致心律失常作用更小,并且可降低猝死概率。对正常犬静脉注射胺碘酮,在蓄积剂量达到12.5~15 mg/kg之前不会降低心肌收缩力。但对心肌病患犬静脉注射胺碘酮,可存在潜在的更严重的心脏抑制和低血压。胺碘酮不用于猫。

胺碘酮有很多潜在的不良反应,杜宾犬使用胺碘酮可出现肝功能障碍、胃肠道异常、库姆斯试验阳性。其他长期用药引起的副作用包括食欲减退、胃肠道不适、肺炎(可发展为肺纤维化)、甲状腺功能不全、血小板减少症和嗜中性粒细胞减少症。犬静脉使用此药可能出现过敏反应(表现为急性红斑、血管性水肿、瘙痒、易激)、低血压或震颤。人使用胺碘酮还可能出现角膜微沉淀、光过敏、淡蓝色皮肤脱变色及外周神经病变。胺碘酮可使地高辛、地尔硫䓬以及普鲁卡因胺或奎尼丁的血清浓度升高。

### 其他Ⅲ类药物

富马酸伊布利特可纠正人新近出现的房颤,但该药较少在兽医临床使用。对于实验性快速起搏导致的心肌病患犬,伊布利特可能诱发尖端扭转型室性心动过速。

多非利特是另一种复极化$K^+$快速通道选择性阻断剂。该药在人医可用于逆转房颤并维持逆转后的窦性节律;就这一点而言,其作用与其他Ⅲ类药物相似,不会加重左室功能不全。美国已无甲苯磺酸溴苄铵。

## Ⅳ类抗心律失常药物:钙通道阻断剂 (CLASS Ⅳ ANTIARRHYTHMIC DRUGS: CALCIUM ENTRY BLOCKERS)

钙通道阻断剂包含多种具有相似特性的药物,它

通过阻滞跨膜 $L$-型钙离子通道而降低细胞 $Ca^{2+}$ 内流。此类药物可扩张冠状动脉和全身血管、增强心肌舒张，以及降低心脏收缩力。二氢吡啶类钙离子通道阻断剂（例如氨氯地平）主要是舒张血管，对心脏的传导性和收缩力无明显影响。而非二氢吡啶类（例如地尔硫草）通过减缓内流的钙离子而减慢心脏组织（如窦房结和房室结）的传导速度，从而具有一定的抗心律失常作用。另外钙离子通道阻断剂对其他情况如肥厚性心肌病、心肌缺血和高血压有一定的疗效。

钙离子通道阻断剂可能的不良反应包括收缩力下降、低血压、精神沉郁、厌食、嗜睡、心动过缓和房室传导阻滞。一般低剂量起始，并逐渐上调至目标剂量或者上限剂量。钙离子通道阻断剂的使用禁忌证包括：窦性心动过缓、房室阻滞、病窦综合征、地高辛中毒和心肌衰竭（具有明显负性心力作用的药物）。对于正接受 $\beta$-阻断剂治疗的动物，一般不同时使用钙离子通道阻断剂，因为可能对收缩力、房室传导性和心率产生负性作用。用药过量或者动物对药物反应过于敏感可进行支持性治疗，包括使用阿托品治疗心动过缓和房室阻滞、多巴胺或多巴酚丁胺（见表 3-1）和呋塞米治疗心衰以及多巴胺或静脉注射钙盐治疗低血压。

## 地尔硫草

盐酸地尔硫草是苯并噻氮草类钙通道阻断剂，可减慢房室传导，引起强力的冠状动脉扩张和轻微的外周血管扩张，并且该药负性变力作用比原型钙通道阻断剂维拉帕米小。地尔硫草通常与地高辛联用于进一步降低心衰患犬房颤的心室应答率，也适用于其他室上性心动过速的治疗。地尔硫草常用于肥厚性心肌病患猫，其可能的益处包括：增强心肌舒张与灌注，并轻度降低心率、收缩力和心肌氧需求（见第 8 章）。但是，目前尚不清楚地尔硫草是否能显著地逆转心肌肥厚或者改善动物的状况。

该药口服 2 h 内达到作用高峰，犬的药效可持续 6 h 以上。因存在广泛的首过效应而影响了该药的生物利用度，犬尤其明显。地尔硫草在犬的半衰期仅略微超过 2 h，长期口服治疗可由于肝肠循环而使半衰期延长。猫在用药后 30 min 内达到血药浓度峰值，且可持效 8 h 左右。血清治疗浓度范围为 $50\sim300\ \mu g/mL$。该药经肝脏代谢，存在活性代谢产物。抑制肝酶系统活性的药物（如西咪替丁）可降低地尔硫草的代谢。并且普萘洛尔与地尔硫草联合使用时，两者清除率可受

到相互抑制。该药的缓释制剂（Cardizem-CD）在猫可以 10 mg/kg 的剂量每日使用，给药 6 h 可达到血药高峰，且治疗浓度可维持 24 h。地尔硫草以 45 mg/猫，每日 1 次的剂量，相当于 105 mg Cardizem-CD（或相当于四号明胶胶囊中小半颗的量；300-mg 胶囊约为 6.5 倍量）。Dilacor XR（现为 Diltia XT）是另一种缓释型地尔硫草制剂，240-mg 胶囊中可含 4 片药片的剂量，每片含有 60 mg 地尔硫草，该剂型虽然使用较方便，但其药代动力学存在较大的个体间差异。

该药在治疗剂量时副作用并不常见，但可能出现厌食、恶心及心动过缓，在罕见情况下还可出现其他胃肠道、心脏及神经系统的不良反应。猫偶尔出现肝酶活性升高及厌食现象，部分猫使用地尔硫草时出现攻击性或其他类型的性格改变。

## 维拉帕米

维拉帕米是一种苯烷基胺，是临床应用的钙通道阻断剂中对心脏作用最强的药物。它可引起剂量依赖性窦率下降和房室传导减慢。该药可用于治疗非心衰动物的室上性和房性心动过速，但目前已极少使用。维拉帕米在犬的半衰期约为 2.5 h。该药存在肝脏首过代谢，吸收率较差，因此口服用药生物可利用率较低。该药在猫的药代动力学与犬相似。

维拉帕米具有显著的负性心力作用和一定的血管扩张作用，故可使潜在心肌病的病患出现严重的失代偿、低血压，甚至死亡。因此，初始用药时一般慢速静脉注射小剂量，间隔 5 min（或更久）后若未出现副作用而心律失常仍然存在，可进行重复用药。由于该药具有潜在的致低血压作用，在用药时应监测血压。维拉帕米禁用于存在充血性心力衰竭的动物。维拉帕米的毒性作用包括窦性心动过缓、房室阻滞、低血压、心肌收缩力下降以及心源性休克。维拉帕米可降低地高辛的肾脏清除率。

## 其他钙通道阻断剂

苯磺酸氨氯地平是一种二氢吡啶类钙离子通道阻断剂，是治疗猫高血压的一线药物，也可与 ACEI 联合用于治疗一些犬的高血压（见第 11 章）。该药具有降低后负荷的作用，因此可用于某些犬的慢性顽固性心衰的治疗（见表 3-3）。该药不作为抗心律失常药物使用。硝苯地平是另一种强效的血管扩张剂，且同样不具备抗心律失常的作用。

## 抗胆碱能药
(ANTICHOLINERGIC DRUGS)

### 阿托品和格隆溴铵

抗胆碱能药物可增加迷走神经紧张性升高的动物的窦率和房室传导速度(表 4-2)。肠道外使用阿托品或格隆溴铵适用于麻醉、中枢神经系统损伤及某些其他疾病或中毒引起的心动过缓或房室阻滞。阿托品是一种竞争性毒蕈碱受体拮抗剂,用于判断与窦房结和/或房室结功能不全相关的节律异常是否与迷走神经紧张性过度增强有关。这就是所谓的阿托品刺激试验(或者称之为阿托品反应试验)。进行阿托品试验时,静脉注射使用的剂量以 0.04 mg/kg 最为合适。在注射阿托品 5～10 min 进行心电图检测。若心率升高不超过 150%,则在给药后的 12～20 min 再检测心电图。有时候,该药初始的拟迷走神经效应可持续 5 min 以上。正常的窦房结反应为给药后心率增加至 150～160 次/min(或者>135 次/min)。阿托品刺激试验阳性的动物不一定对口服抗胆碱药反应良好。阿托品对于窦房结或房室结内在疾病引起的心动过缓作用甚微或者无效。

阿托品经肠道外给药后可暂时加重迷走神经引起的房室阻滞,此时心房节率过快而房室传导无法完全响应。但与肌肉注射或皮下注射相比,静脉注射可最快而最一致性地清除过度阻滞,并引起最快的心动过缓后心率。与阿托品不同,格隆溴铵不具备中枢介导性效应,但其药效比阿托品持久。

### 口服抗胆碱能药物

有些对肠道外使用阿托品或格隆溴铵有反应的动物,口服抗胆碱能药物也可能会有所反应,口服疗法可能会减轻这些动物的临床症状,但可能是暂时的。出现症状性过缓性心律失常的动物,通常需要植入永久性心脏起搏器,以对心率进行有效控制。常用的药物包括溴丙胺太林和硫酸莨菪碱,也可使用其他的口服抗胆碱能药物。药物剂量因个体而异,需根据实际调整至目标效果。丙胺太林口服吸收率不定,食物可能降低药物的吸收。

迷走神经松弛药物可加重阵发性室上性心动过速(如发生病窦综合征),存在上述风险的动物长期使用该药时要谨慎。其他与抗胆碱能治疗有关的副作用包括呕吐、口干、便秘、干燥性角膜结膜炎、眼内压升高及呼吸道易于干燥。

## 拟交感神经药
(SYMPATHOMIMETIC DRUGS)

盐酸异丙肾上腺素是一种 $\beta$-受体激动剂,可用于治疗症状性房室阻滞或阿托品治疗无效的心动过缓,尽管使用电起搏器通常更为安全有效,该药对尖端扭转型室性心动过速也有效。由于对 $\beta_2$-受体的亲和作用,该药可引发低血压,且不用于治疗心衰或心脏停搏。异丙肾上腺素与其他儿茶酚胺类药物一样,具有致心律失常性。可使用该药的最低有效剂量(表 4-2),并严密监测动物是否发生心律失常。由于该药存在显著的肝脏首过代谢,口服给药无效。

硫酸特布他林是一种 $\beta_2$-受体激动剂,口服使用该药可对心率有轻微的刺激作用。甲基黄嘌呤支气管扩张剂(氨茶碱和茶碱)使用高剂量时可使某些病窦综合征或房室传导阻滞的患犬心率增加。

## 其他药物
(OTHER DRUGS)

氯化腾喜龙是一种短效的抗胆碱制药,具有烟碱和毒蕈碱作用。尽管该药主要用于诊断重症肌无力,但也可减慢房室传导,从而有助于诊断和消除某些急性 SVT。静脉注射后 1 min 起效,持效可达 10 min。其不良反应主要为胆碱能效应,包括:胃肠道(呕吐、腹泻、流涎)、呼吸道(支气管痉挛、呼吸肌瘫痪、肺水肿)、心血管(心动过缓、低血压、心搏暂停)和肌肉(抽搐、无力)症状。必要时需要使用阿托品和支持治疗。

盐酸去氧肾上腺素是一种 $\alpha$-受体激动剂,通过收缩外周血管而产生升血压的作用。由此所产生的压力反射介导性迷走神经紧张性增强可减慢房室传导,这可能是该药用于治疗 SVT 的机理。去氧肾上腺素的升压作用在静脉注射后迅速起效,可持续近 20 min。该药禁用于患有高血压或室性心动过速的动物。血管外漏可引起周围组织缺血坏死。

伊伐布雷定是一种选择性窦房结 $I_f$ 通道阻断剂,可产生剂量依赖性的减缓心率作用。该药物对其他离子通道和心脏的机械功能只产生轻微的影响。该药应用于状态稳定的心绞痛病人以降低心率和减少心绞痛的发生率；在美国，目前该药尚未在人医获得授权。伊伐布雷定具有降心率作用，可能对 HCM 患猫有所帮助（见第 8 章）。

◉ 推荐阅读

**心律不齐和抗心律不齐药物**

Bicer S et al: Effects of chronic oral amiodarone on left ventricular function, ECGs, serum chemistries and exercise tolerance in healthy dogs, *J Vet Intern Med* 16:247, 2002.

Bright JM, Martin JM, Mama K: A retrospective evaluation of transthoracic biphasic electrical cardioversion for atrial fibrillation in dogs, *J Vet Cardiol* 7:85, 2005.

Brundel BJJM et al: The pathology of atrial fibrillation in dogs, *J Vet Cardiol* 7:121, 2005.

Calvert CA, Brown J: Influence of antiarrhythmia therapy on survival times of 19 clinically healthy Doberman Pinschers with dilated cardiomyopathy that experienced syncope, ventricular tachycardia, and sudden death (1985-1998), *J Am Anim Hosp Assoc* 40:24, 2004.

Calvert CA, Sammarco C, Pickus C: Positive Coombs' test results in two dogs treated with amiodarone, *J Am Vet Med Assoc* 216:1933, 2000.

Cober RE et al: Adverse effects of intravenous amiodarone in 5 dogs, *J Vet Intern Med* 23:657, 2009.

Cote E et al: Atrial fibrillation in cats: 50 cases (1979-2002), *J Am Vet Med Assoc* 225:256, 2004.

Estrada AH et al: Avoiding medical error during electrical cardioversion of atrial fibrillation: prevention of unsynchronized shock delivery, *J Vet Cardiol* 11:137, 2009.

Gelzer ARM, Kraus MS: Management of atrial fibrillation, *Vet Clin North Am: Small Anim Pract* 34:1127, 2004.

Gelzer ARM et al: Combination therapy with digoxin and diltiazem controls ventricular rate in chronic atrial fibrillation in dogs better than digoxin or diltiazem monotherapy: a randomized crossover study in 18 dogs, *J Vet Intern Med* 23:499, 2009.

Gelzer ARM et al: Combination therapy with mexiletine and sotolol suppresses inherited ventricular arrhythmias in German Shepherd dogs better than mexiletine or sotolol monotherapy: a randomized cross-over study, *J Vet Cardiol* 12:93, 2010.

Jacobs G, Calvert CA, Kraus M: Hepatopathy in four dogs treated with amiodarone, *J Vet Intern Med* 14:96, 2000.

Johnson MS, Martin M, Smith P: Cardioversion of supraventricular tachycardia using lidocaine in five dogs, *J Vet Intern Med* 20:272, 2006.

Kellum HB, Stepien RL: Third degree atrioventricular block in 21 cats (1997-2004), *J Vet Intern Med* 20:97, 2006.

Kovach JA, Nearing BD, Verrier R: Anger-like behavioral state potentiates myocardial ischemia-induced T-wave alternans in canines, *J Am Coll Cardiol* 37:1719, 2001.

Kraus MS et al: Toxicity in Doberman Pinschers with ventricular arrhythmias treated with amiodarone, *J Vet Intern Med* 23:1, 2009.

Menaut P et al: Atrial fibrillation in dogs with and without structural or functional cardiac disease: a retrospective study of 109 cases, *J Vet Cardiol* 7:75, 2005.

Meurs KM et al: Use of ambulatory electrocardiography for detection of ventricular premature complexes in healthy dogs, *J Am Vet Med Assoc* 218:1291, 2001.

Meurs KM et al: Comparison of the effects of four antiarrhythmic treatments for familial ventricular arrhythmias in Boxers, *J Am Vet Med Assoc* 221:522, 2002.

Miyamoto M et al: Acute cardiovascular effects of diltiazem in anesthetized dogs with induced atrial fibrillation, *J Vet Intern Med* 15:559, 2001.

Moneva-Jordan A et al: Sick sinus syndrome in nine West Highland White Terriers, *Vet Rec* 148:142, 2001.

Oyama MA, Prosek R: Acute conversion of atrial fibrillation in two dogs by intravenous amiodarone administration, *J Vet Intern Med* 20:1224, 2006.

Pariaut R et al: Lidocaine converts acute vagally associated atrial fibrillation to sinus rhythm in German Shepherd dogs with inherited arrhythmias, *J Vet Intern Med* 22:1274, 2008.

Penning VA et al: Seizure-like episodes in three cats with intermittent high-grade atrioventricular dysfunction, *J Vet Intern Med* 23:200, 2009.

Saunders AB et al: Oral amiodarone therapy in dogs with atrial fibrillation, *J Vet Intern Med* 20:921, 2006.

Sawangkoon S et al: Acute cardiovascular effects and pharmacokinetics of carvedilol in healthy dogs, *Am J Vet Res* 61:57, 2000.

Sicilian Gambit members: New approaches to antiarrhythmic therapy, Part I, *Circulation* 104:2865, 2001.

Sicilian Gambit members: New approaches to antiarrhythmic therapy, Part II, *Circulation* 104:2990, 2001.

Smith CE et al: Omega-3 fatty acids in Boxer dogs with arrhythmogenic right ventricular cardiomyopathy, *J Vet Intern Med* 21:265, 2007.

Stafford Johnson M, Martin M, Smith P: Cardioversion of supraventricular tachycardia using lidocaine in five dogs, *J Vet Intern Med* 20:272, 2006.

Thomason JD et al: Bradycardia-associated syncope in seven Boxers with ventricular tachycardia (2002-2005), *J Vet Intern Med* 22:931, 2008.

Thomasy SM et al: Pharmacokinetics of lidocaine and its active metabolite, monoethylglycinexylidide, after intravenous administration of lidocaine to awake and isoflurane-anesthetized cats, *Am J Vet Res* 66:1162, 2005.

Wall M et al: Evaluation of extended-release diltiazem once daily in cats with hypertrophic cardiomyopathy, *J Am Anim Hosp Assoc* 41:98, 2005.

Wright KN: Interventional catheterization for tachyarrhythmias, *Vet Clin North Am: Small Anim Pract* 34:1171, 2004.

Wright KN, Knilans TK, Irvin HM: When, why, and how to perform cardiac radiofrequency catheter ablation, *J Vet Cardiol* 8:95, 2006.

**心脏起搏**

Bulmer BJ et al: Physiologic VDD versus nonphysiologic VVI pacing in canine third degree atrioventricular block, *J Vet Intern Med* 20:257, 2006.

Côté E, Laste NJ: Transvenous cardiac pacing, *Clin Tech Small Anim Pract* 15:165, 2000; (erratum: *Clin Tech Small Anim Pract* 15:260).

Fine DM, Tobias AH: Cardiovascular device infections in dogs: report of eight cases and review of the literature, *J Vet Intern Med* 21:1265, 2007.

Francois L et al: Pacemaker implantation in dogs: results of the last 30 years, *Schweiz Arch Tierheilkd* 146:335, 2004.

Johnson MS, Martin MWS, Henley W: Results of pacemaker implantation in 104 dogs, *J Small Anim Pract* 48:4, 2007.

Oyama MA, Sisson DD, Lehmkuhl LB: Practices and outcomes of artificial cardiac pacing in 154 dogs, *J Vet Intern Med* 15:229, 2001.

Wess G et al: Applications, complications, and outcomes of trans- venous pacemaker implantation in 105 dogs (1997-2002), *J Vet Intern Med* 20:877, 2006.

Zimmerman SA, Bright JM. Secure pacemaker fixation critical for prevention of Twiddler's syndrome, *J Vet Cardiol* 6:40, 2004.

# 第 5 章
## CHAPTER 5

# 先天性心脏病
## Congenital Cardiac Disease

## 概　述
## (GENERAL CONSIDERATIONS)

本章将主要阐述犬猫常见的先天性心脏异常,对于其他一些零星报道的异常,也将进行简单描述。大多数先天性缺损在听诊时可发现心杂音(图 5-1),但有些严重的心脏异常可能无法听诊到心杂音。根据缺陷的类型和严重程度,以及缺陷对血流动力学的影响,先天性心脏病相关的心杂音可能非常明显,也可能非常轻微。除了先天性心脏病所产生的心杂音,幼犬和幼猫还经常存在无临床意义的"良性"心杂音。良性杂音通常为轻柔的收缩期喷射型杂音,最佳听诊部位在左心基部,其强度可随心率或身体姿势而变化。此类心杂音随年龄增长逐渐减弱,通常在 4 月龄时消失。先天性疾病相关的心杂音通常持续存在,且可能随年龄增长而逐渐增强,但亦有例外。对动物进行仔细的检查和听诊,这对于种用动物、工作犬和宠物都非常重要。对于存在轻柔心杂音,但无临床表现和异常 X 线征象的幼犬和幼猫,建议进行定期听诊,以判断杂音是否有消失的趋势。对存在持续性或明显心杂音、出现其他症状、价值较高或种用的动物,应做进一步诊断性检查。先前未被诊断患有先天性缺陷的成年犬猫,在确诊时不一定会出现相关的临床症状。

先天性心脏缺陷最常表现为瓣膜(或瓣膜区)异常,或在体循环和肺循环之间形成异常连接。异常瓣膜可能闭合不全、狭窄或者两者同时存在。有些病例可能同时存在其他异常,出现多发性心脏发育异常。先天性异常的类型和严重程度差异甚大,因此患病动物的预后和治疗选择取决于确切的诊断以及疾病的严重程度。初始的非侵入性检测手段通常包括胸部 X 线检查、心电图(ECG)和超声心动检查[M-型、二维(2-D)和多普勒]。部分存在右到左分流的动物,可能会出现 PCV 升高(红细胞增多症)。可能需要心导管检查及选择性心血管造影术,来确定先天性结构异常及其严重性,或作为经血管介入的必要操作。在个别病例中,可考虑使用手术修复或修整、球形瓣膜成形术、经导管分流阻断术,或其他介入性技术。

不同的调查结果显示,动脉导管未闭(Patent ductus arteriosus,PDA)和主动脉瓣下狭窄(subaortic stenosis,SAS)是犬最常见的先天性心血管异常,肺动脉狭窄(pulmonic stenosis,PS)也较为常见。持久性右主动脉弓(血管环异常)、室间隔缺损(ventricular septal defect,VSD)、房室(AV)瓣畸形(发育不良)、房间隔缺损(atrial septal defect,ASD)及法洛四联症(tetralogy of fallot)较不常发生,但也并非罕见。心内膜垫缺损可出现下述部分或全部缺损:高位 VSD、低位 ASD 和单侧或双侧 AV 瓣畸形。猫最常见的畸形为 AV 瓣发育不良、房间隔或室间隔缺损,其他先天性异常包括 SAS、PDA、法洛四联症和 PS。心内膜弹力纤维增生症也有报道,主要发生在缅甸猫和暹罗猫。雄性猫患先天性畸形比率高于雌性猫。先天性异常通常为单独的缺损,也可多种缺损联合发生。

纯种动物的先天性缺损发病率高于混血动物。虽然近期更关注在其他修饰基因影响下的单基因效应,在其他一些研究报道中,也有观点认为先天性缺陷是多基因遗传模式。能够确认的易发先天性缺损的品种列于表 5-1,但前文所述缺损也可发生于任意品种的动物。

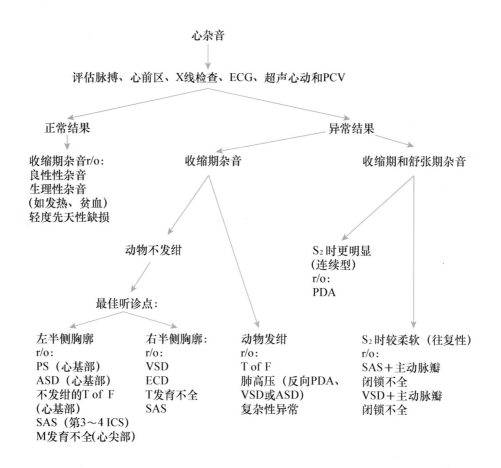

**图 5-1**

幼犬与幼猫心杂音的鉴别流程表。ASD:房间隔缺损,ECD:心内膜垫缺损,ECG:心电图,ICS:肋间隙,M:二尖瓣,PCV:红细胞比容,PDA:动脉导管未闭,r/o:排除,SAS:主动脉瓣瓣下狭窄,T:三尖瓣,T of F:法洛氏四联症,VSD:室间隔缺损。

**表 5-1 先天性心脏病的品种倾向**

| 疾病 | 品种 |
| --- | --- |
| 动脉导管未闭 | 马尔济斯、博美犬、喜乐蒂牧羊犬、英国史宾格猎犬、荷兰毛狮犬、比熊犬、玩具和迷你贵宾犬、约克夏㹴、柯利犬、可卡犬、德国牧羊犬、吉娃娃、凯利蓝㹴、拉布拉多巡回犬、纽芬兰犬、威尔士柯基犬 ;雌性>雄性 |
| 主动脉瓣下狭窄 | 纽芬兰犬、金毛巡回犬、罗威纳犬、拳师犬、德国牧羊犬、大丹犬、德国短毛指示犬、法兰德斯畜牧犬、萨摩耶犬;(瓣膜性主动脉狭窄:牛头㹴) |
| 肺动脉狭窄 | 英国斗牛犬(雄性>雌性)、獒犬、萨摩耶犬、迷你雪纳瑞、西高地白㹴、可卡犬、比格犬、拉布拉多犬、巴吉度猎犬、纽芬兰犬、万能㹴、帕金猎犬、吉娃娃、苏格兰㹴犬、拳师犬、松狮犬、迷你杜宾犬、其他㹴类或猎犬 |
| 室间隔缺损 | 英国斗牛犬、英国史宾格猎犬、荷兰毛狮犬、西高地白㹴;猫 |
| 房间隔缺损 | 萨摩耶犬、杜宾犬、拳师犬 |
| 三尖瓣发育不良 | 拉布拉多巡回犬、德国牧羊犬、拳师犬、魏玛猎犬、大丹犬、英国古代牧羊犬、金毛巡回犬;其他大型品种;(雄性>雌性§);猫 |
| 二尖瓣发育不良 | 牛头㹴、德国牧羊犬、大丹犬、金毛巡回犬、纽芬兰犬、獒犬、大麦丁犬、罗威纳犬(§);猫;(雄性>雌性) |
| 法洛四联症 | 荷兰毛狮犬、英国斗牛犬 |
| 持久性右主动脉弓 | 德国牧羊犬、大丹犬、爱尔兰雪达犬 |

# 心外动静脉分流
## (EXTRACARDIAC ARTERIOVENOUS SHUNTS)

PDA 是最常见的先天性动静脉分流。主动脉肺动脉窗（aroticopulmonary window，升主动脉和肺动脉之间的连接）或肺门区域一些其他的作用相似的连接，也可引起类似的血流动力学和临床异常，但较为罕见。

## 动脉导管未闭
## (PATENT DUCTUS ARTERIOSUS)

### 病因学及病理生理学

正常情况下，动脉导管在出生后数小时内发生功能性闭合，在此后数周内，以上结构改变，形成永久性闭合。有 PDA 遗传倾向的动物，导管壁组织结构异常，其所含的平滑肌减少，而弹力纤维增多，与主动脉壁结构相似，因此无法有效收缩闭合。当导管无法闭合时，血液由降主动脉分流入肺动脉。在一个心动周期中，正常情况下主动脉压总是高于肺动脉压，故收缩期和舒张期均可发生分流。这种左至右分流导致肺循环、左心房和左心室容量超负荷。分流量与两循环间的压差（梯度）和导管直径直接相关。

动脉脉搏亢进是 PDA 的特征。血液由主动脉流出进入肺循环系统，使舒张期主动脉压迅速降至正常值之下，脉搏压（收缩压减舒张压）增宽，使得动脉脉搏

触诊更强（图 5-2）。

代偿机制（如心率加快、体液潴留）维持全身正常的血流。但由于需将增加的血容量泵入相对高压的主动脉，左心室承受较大的血液动力学负荷，尤其是未闭的导管较粗时。左心室和二尖瓣环扩张，导致二尖瓣反流和更严重的容量负荷。过多的液体潴留、慢性容量过载，导致心肌收缩力下降和心律失常，这些因素共同作用引发充血性心力衰竭。

过多的肺血流偶可导致肺血管改变、阻力异常增加和肺动脉高压。若肺动脉压升高至主动脉压水平，分流血量将逐渐减少。若肺动脉压大于主动脉压，则可发生反向分流（右至左分流）。报道显示，15％的遗传性 PDA 犬发生反向分流。

### 临床特征

左至右分流的 PDA 是迄今最为常见的形式。反向 PDA 的临床特征见第 106 页。某些特定品种犬 PDA 发生率较高，且普遍认为是多基因遗传模式。雌性犬 PDA 的发病率比雄性犬高 2～3 倍。多数 PDA 病患在最初确诊时并无临床症状，有些病例出现运动能力下降、呼吸急促或咳嗽。左到右分流的特征是在左心基部偏背侧听诊到持续性心杂音，通常伴有心前区震颤，但有些动物可能只存在邻近二尖瓣区的收缩期杂音。其他特征还包括动脉脉搏亢进（洪脉，"水锤"样）和黏膜粉色。

### 诊断

X 线检查常显示心影伸长（左心扩张）、左心房和心耳增大，以及肺循环过度（表 5-2）。通常降主动脉

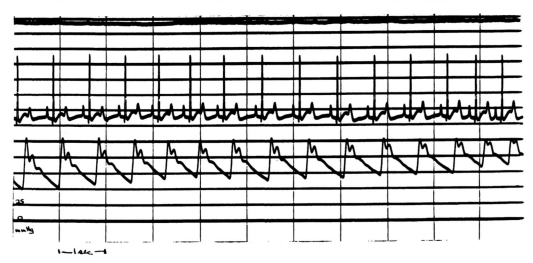

图 5-2

1 只 **PDA** 贵宾犬通过手术结扎未闭的动脉导管，术中连续的股动脉压记录。较宽的脉搏压曲线（左侧描记线）在导管闭合后变窄（右侧描记线）。舒张期动脉压由于流入肺动脉的血液减少而升高（**Courtesy Dr. Dean Riedesel**）。

("导管凸出")和/或肺主动脉干出现膨出(图 5-3),三处均发生膨大的三联症(即肺动脉干、主动脉和左心耳),在背腹位(DV)X 线片的 1 点至 3 点钟方向顺序分布,是典型征象,但并非一定出现。心衰竭的病患还可出现肺水肿。特征性 ECG 征象包括在 Ⅱ 导联、aVF、CV6LL 导联上出现 P 波增宽、R 波增高和 Q 波加深。ST-T 段可出现继发于左心室增大的变化。但是,部分 PDA 病患的 ECG 未见异常。

**表 5-2　常见先天性心脏缺损的 X 线表现**

| 缺损 | 心脏 | 肺血管 | 其他 |
|---|---|---|---|
| PDA | LAE、LVE;左心耳膨出;±心脏增宽 | 过度循环 | 降主动脉＋肺主动脉干膨出;±肺水肿 |
| SAS | ±LAE,LVE | 正常 | 心脏前腰增宽(升主动脉扩张) |
| PS | RAE、RVE;倒"D" | 正常到循环不足 | 肺动脉干膨出 |
| VSD | LAE、LVE;±RVE | 过度循环 | ±肺水肿;±肺动脉干膨出(大分流) |
| ASD | RAE、RVE | ±过度循环 | ±肺动脉干膨出 |
| T dys | RAE、RVE;±球形 | 正常 | 后腔静脉扩张;±胸腔积液、腹水、肝增大 |
| M dys | LAE、LVE | ±静脉高压 | ±肺水肿 |
| T of F | RVE、RAE;倒"D" | 循环低;±支气管血管明显 | 正常至偏小的肺动脉干;±侧位前主动脉膨出 |
| PRAA | 正常 | 正常 | 气管局部向腹侧、左侧偏移±气管在心前区变窄;前纵隔增宽;巨食道;(±吸入性肺炎) |

　　ASD,房间隔缺损;LAE,左心房增大;LVE,左心室增大;M dys,二尖瓣发育不良;PDA,动脉导管未闭;PRAA,持久性右主动脉弓;PS,肺动脉狭窄;RVE,右心室增大;RAE,右心房增大;SAS,主动脉下狭窄;T dys,三尖瓣发育不全;T of F,法洛四联症;VSD,室间隔缺损。

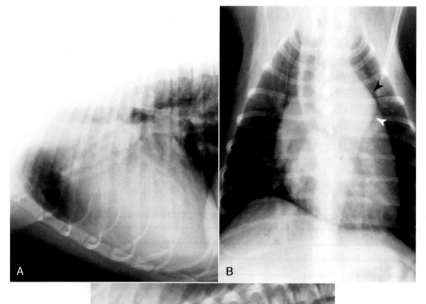

图 5-3

1 只动脉导管未闭患犬的侧位(A)和背腹位(DV)(B)X 线影像。注意观察增大伸长的心脏和异常明显的肺脉管结构。DV 位中可见降主动脉上一个较大膨出(B 图中箭头所指)。C,心血管造影,向左心室注入造影剂可显示左心室、主动脉和未闭的动脉导管(箭头),以及肺动脉。

超声心动也可显示左心增大及肺动脉干增粗。左心室缩短分数可能正常或减小,且 E 点至室间隔距离(EPSS)通常增加。导管可能由于其位于降主动脉和肺动脉之间而难以看到。使用左前胸骨旁短轴观更容易发现。多普勒检查可证实肺动脉中存在连续性湍流(图 5-4),需测量主动脉—肺动脉压力梯度。确诊通常无须使用心导管,除非需要进行介入性操作。导管检查结果包括肺动脉氧含量高于右心室(氧"增加"),主动脉脉压差增宽等。心血管造影可显示分流的血液经导管自左向右流动(见图 5-3,C)。

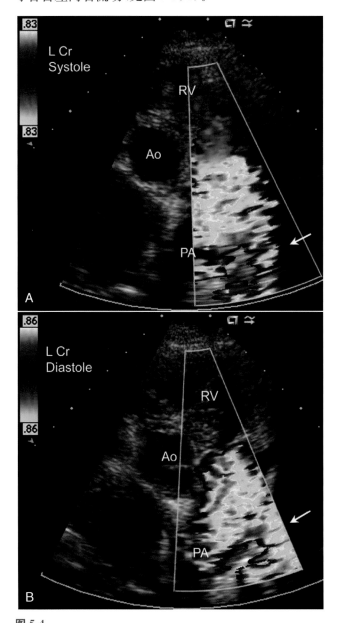

**图 5-4**
1 只成年雌性史宾格猎犬的左前胸骨旁切面彩色血流多普勒图像,可见收缩期(A 图)和舒张期(B)经开放的动脉导管(箭头所指)分流入肺动脉的血流形成连续性的湍流信号。Ao,升主动脉;PA,肺主动脉;RV,右心室。

## 治疗和预后

建议尽可能、尽早对所有病患实施左至右分流导管闭合术,可选择经手术的方式或者经插管的方式。尽管有报道称手术期死亡率约为 10%,但手术结扎的成功率非常高,尤其是不复杂的病例,但需由经验丰富的外科医师主刀。目前有数种经插管封堵 PDA 的方法可供选择,包括在未闭的导管内放置 Amplatz 犬导管封堵器或金属丝线圈(带致血栓结构)。通常经股动脉插管,有些也可通过静脉通路进入未闭导管。在条件允许的情况下,经插管 PDA 封堵技术提供一种手术结扎以外的、侵入性较小的方法。但并非所有病例都适合经插管封堵 PDA 的方法,此类技术也存在并发症(包括线圈异位栓塞、导管分流残留等)。在导管闭合后无并发症的动物可有正常的寿命。如果瓣膜结构正常,导管结扎或闭塞后,伴发的二尖瓣反流一般可消失。

充血性心力衰竭病患可使用呋塞米、血管紧张素转换酶抑制剂、静养和限制钠摄入(见第 3 章)治疗。由于心肌收缩力随疾病发展而逐步下降,此时可考虑添加匹莫苯丹(或地高辛)。根据情况治疗心律失常。

若不闭合导管,依据导管大小和肺血管阻力水平判断预后。大多数未经导管闭合的病例最终发展为充血性心力衰竭。超过 50% 的患犬在 1 岁龄内死亡。存在肺高压和反向分流的动物,不能进行导管闭锁,这些病例的导管可作为降低右侧高压的阀门。存在反向分流 PDA 的动物,结扎导管后病情不会有改善,反而会引起右心室衰竭。

# 心室流出道梗阻
## (VENTRICULAR OUTFLOW OBSTRUCTIONS)

心室流出受阻可发生于半月瓣、瓣膜的下方(瓣膜下),或在瓣膜的上方血管侧(瓣膜上)。主动脉瓣下狭窄和肺动脉瓣狭窄是犬猫最常见的梗阻类型。狭窄使患侧心脏压力超负荷,此时需要更高的压力和更长的射血时间,以推动血液通过狭窄的出口。在狭窄区域形成瞬时收缩压力梯度,而狭窄下游压力(外周收缩压)正常。此压差大小与梗阻的严重程度以及心室的收缩强度相关。

向心性心肌肥大是对收缩压超负荷的典型反应,但患侧心室也可出现一定程度的扩张。心室肥大可妨碍舒张期心室充盈(通过增加心室僵硬度)或导致继发性房室瓣反流。心室舒张压和心房压过高时将出现心衰。

心律失常也是引起心衰的原因之一。流出道梗阻、阵发性心律失常和/或继发于压力感受器刺激的异常心动过缓等，可引发低心输出量的临床症状，这些症状更常见于严重的流出道梗阻，包括运动不耐受、晕厥及猝死。

# 主动脉瓣下狭窄
(SUBAORTIC STENOSIS)

## 病因及病理生理学

犬左心室流出道狭窄的最常见类型为由纤维环或纤维肌环引起的瓣膜下狭窄。某些大型犬种易发此类缺损。通常认为主动脉瓣下狭窄(SAS)是常染色体显性遗传，含有影响其表型表达的修饰基因。SAS偶见于猫，猫还可能出现瓣膜上狭窄。瓣膜性主动脉狭窄可见于牛头狗犬。

SAS的严重程度轻重不一；对患SAS纽芬兰犬可分3级进行描述。轻度(I级)患犬无临床症状或心杂音，仅在死后尸检时发现轻微的主动脉下纤维组织脊皱。中度(Ⅱ级)SAS患犬仅出现轻微临床症状和血流动力学改变，死后尸检可发现主动脉下方有不完整的纤维环。重度(Ⅲ级)SAS患犬状况严重，在流出道附近出现完整纤维环。有些病例发生细长的类通道样梗阻。可能同时存在二尖瓣及其附属结构畸形。某些金毛巡回犬可发生流出道狭窄和动态梗阻，伴有或不伴有明显的瓣下脊皱，其他犬也可存在动态左心室流出道梗阻。

SAS的梗阻性病变形成于出生后的前几个月，在早期可能无法听诊到心杂音。有些犬的心杂音需到1～2岁时才会出现，此后其梗阻性病变可能继续加重。通常杂音强度在运动或兴奋时增强，而有些动物可能存在生理性杂音，因此，单纯依靠听诊可能难以进行确诊，也难以对繁殖者提出合适的繁殖建议。

狭窄的严重程度决定了左心室压力负荷和所致的向心性肥大程度。严重左心室肥厚的病患，其冠状动脉灌注易受影响。随着肥大加重，毛细血管密度会相对不足。此外，高的收缩期室壁压力以及冠状动脉狭窄可导致小冠状动脉收缩期逆流。这些因素导致间断性心肌缺血和纤维化，所导致的临床表现包括心律失常、晕厥和猝死。由于相关的畸形或继发性变化，很多SAS病患也存在主动脉瓣或二尖瓣反流，这额外地增加了左室容量负荷，一些病例最后发展为左心充血性心力衰竭。SAS病患由于出现瓣膜下方的射流损伤，易发主动脉瓣心内膜炎(见图6-4)。

## 临床特征

约1/3的SAS患犬会出现疲劳、运动不耐受或劳累性虚弱、晕厥等症状或猝死。由于严重流出道梗阻、过速性心律失常、突然反射性心动过缓或心室机械感受器刺激而导致的低血压，患病动物可出现低心输出量的临床表现。病患可发生左心充血性心力衰竭，通常见于并发二尖瓣或主动脉瓣反流、其他心脏畸形或获得性心内膜炎的动物。SAS患猫最常见的临床症状为呼吸困难。

中度至重度狭窄的患犬，体格检查特征性结果包括微弱且延迟的股动脉搏(细迟脉)、左心基部下方心前区震颤。在左胸主动脉瓣区域或稍下部位可听诊到粗糙的收缩期喷射性杂音，因主动脉弓的走向，此杂音可辐射至右胸，使右心基部听诊到等量甚至更大的杂音。通常心杂音也可在颈动脉处听到，甚至可辐射至颅顶。较轻的病例，可能只能在左侧(有时也可在右心基部)听到轻柔且辐射范围小的喷射性杂音。健康灰猎犬或者其他视觉猎犬、拳师犬通常存在与SAS无关的功能性左室流出道杂音。主动脉瓣反流可在左心基部听诊到舒张期杂音，也可能听不到。严重的主动脉瓣反流可使动脉脉搏增强。动物还可能出现肺水肿或节律失常的表现。

## 诊断

X线片异常(见表5-2)可能细微，尤其是患轻度SAS的动物。左心室可能正常或增大。严重SAS或同时存在二尖瓣反流时，更可能出现左心房增大。升主动脉狭窄后扩张导致心影出现明显的前腰(尤其在侧位胸片)以及前纵隔增宽。ECG通常正常，也可显示左心室肥大(电轴左偏)或增大(QRS波增高)。心肌缺血或继发性肥大导致Ⅱ导联和aVF导联出现S-T段压低，运动可导致缺血性S-T段变化加剧。常见室性过速性心律失常。

超声心动显示左心室肥大和主动脉瓣下狭窄的程度。很多中度至重度病患主动脉瓣下明显的组织脊皱(图5-5)。严重梗阻的动物常见左心室心内膜下回声增强(可能由于纤维化导致)，收缩期二尖瓣前叶前向运动以及收缩中期主动脉瓣部分关闭，提示存在动态左心室流出道梗阻。也能见到升主动脉扩张及左心房肥厚性增大。病情较轻微的动物，其二维和M型超声可能无明显异常表现。多普勒超声心动检查可发现自主动脉瓣下向主动脉处分布的收缩期湍流及很高的收缩期流速峰值(图5-6)。很多动物存在一定程度的主动脉瓣或二尖瓣反流。频谱多普勒检查用于评估狭窄

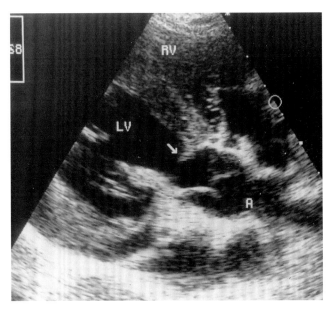

**图 5-5**

患有严重主动脉瓣下狭窄的 6 月龄德国牧羊犬的超声心动图。注意观察主动脉瓣下方明显的脊样组织（箭头）形成固态的流出道梗阻。LV，左心室；RV，右心室。

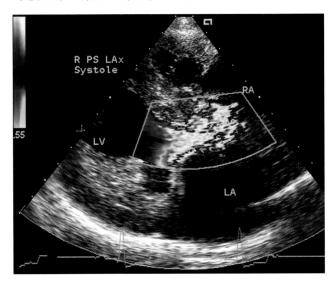

**图 5-6**

患有严重主动脉瓣下狭窄的 2 岁雌性罗威纳犬的左室流出道彩色血流多普勒图像。注意湍流信号起始于主动脉瓣下，也可见增厚的室间隔、乳头肌和左心游离壁。这是右侧胸骨旁长轴观。LA，左心房；LV，左心室；RA，右心房。

的严重性。多普勒测得的非麻醉动物的收缩压压差，通常比麻醉状态下心脏插管测得值高 40%～50%。严重的 SAS 病例，通过其最高反流速计算的压差大于 100～125 mm Hg。应从多个位置扫查左心室流出道，以使取样线尽可能与血流方向平行。肋骨下（剑状软骨下）位置通常可获得最高的速率信号，而有些动物在左心尖位置测量更佳。多普勒测得的轻度 SAS 病患的主动脉流速可能介于正常与轻度升高之间，尤其

是多普勒取样位置不理想时。取样位置较理想时，未镇静犬的正常主动脉根部速率应低于 1.7 m/s，速率超过 2.25 m/s 为异常。峰值速率介于灰色区域，提示存在轻度 SAS，尤其存在其他可提示本病的证据时，如主动脉瓣下脊状结构、流出道或降主动脉湍流和流速骤增，以及主动脉瓣反流，这些信息对于种用动物意义更大。部分犬种（如拳师犬、金毛巡回犬、灰猎犬）的正常流出道峰速可介于灰色区域（1.8～2.25 m/s）。这可能与不同犬种间左心室流出道的解剖或对交感刺激的反应存在差异有关，而非 SAS 所致。使用估算的压差评估流出道梗阻严重程度的局限性在于，该压差与血流量具有相关性。凡引起交感神经刺激和心输出量增加的因素，都可增加流出道血流速度；而心肌衰竭、心脏抑制药物和其他引起射血量降低的因素可降低所测量的速率。目前心导管和心血脏造影已较少用于诊断或定量评估 SAS，除非同时要对狭窄区域进行球囊扩张术。

### 治疗和预后

　　有多种姑息性手术技术可用于严重的 SAS 病患，但这些技术最佳的效果也只是降低左心室收缩压压差，改善动物的运动能力，但存在并发症发病率高、费用昂贵以及缺乏长期存活优势的弊端，限制了这些技术的使用。狭窄区域经导管球囊扩张术可减少一些犬所测得的压差，但无资料表明此技术可显著延长动物的存活时间。

　　目前推荐使用 β-肾上腺能阻断剂进行内科治疗，此类药物可降低心肌耗氧量，并尽可能减少心律失常的发生频率及严重程度。该药对压差高、出现明显的 S-T 段压低、频繁的室性早搏波，或有晕厥史的病患可能更有利。尚不清楚 β-阻断剂是否能延长存活时间。中度至重度 SAS 病患应限制运动。SAS 病患在进行任何可能引起菌血症的操作（如牙科操作）之前，建议进行预防性抗生素治疗，尽管此措施能否有效预防心内膜炎仍不清楚。

　　严重狭窄（经导管测得压差＞80 mmHg 或经多普勒测得压差＞100～125 mmHg）的犬猫预后谨慎。50% 以上的重度患犬在 3 岁以前发生猝死。SAS 患犬猝死的整体流行率略高于 20%。病患在 3 岁之后更易发感染性心内膜炎和充血性心力衰竭。房性和室性心律失常以及二尖瓣反流加重使得病情更为严重。轻度狭窄患犬（如经导管测得压差＜35 mmHg 或多普勒测得压差＜60～70 mmHg）更有可能不出现症状，并且存活时间较长。

# 肺动脉狭窄
## (PULMONIC STENOSIS)

### 病因和病理生理学

肺动脉狭窄(PS)更常见于小型犬种。虽然一些肺动脉狭窄的病例是由单纯的瓣叶融合导致,但肺动脉瓣发育不良更为常见。发育不良的瓣叶有不同程度的增厚、不对称和部分融合,并伴有瓣膜环发育不全。右心室压力超负荷引起向心性肥厚及继发性心室扩张,严重的心室肥大可促使发生心肌缺血及其后遗症。瓣膜下漏斗部心肌过度肥厚,可形成动态的右室流出道梗阻。其他PS类型较为罕见,包括瓣膜上狭窄和右心室心肌分隔(双腔右心室)。

高速的血流通过狭窄的瓣孔时形成湍流,导致肺主动脉干出现狭窄后扩张。继发性三尖瓣闭锁不全和右心室充盈压增加,导致右心房扩张,易引发房性心律失常和充血性心力衰竭。PS和卵圆孔未闭或ASD联合发生,可导致心房处出现右至左分流。

一些患PS的英国斗牛犬和拳师犬存在单支畸形的冠状动脉,此畸形动脉可导致流出道梗阻。在这些病例中,手术和球囊瓣膜成形术可引起冠状动脉左主分枝横断或撕裂,而导致死亡。

### 临床特征

很多PS犬在诊断时无症状,有些可能存在右心充血性心力衰竭,或有运动不耐受或晕厥的病史。但即使在严重狭窄的病患,这些症状可能直到若干年后才会发生。中度至重度PS患犬体格检查特征包括明显的右侧心前区搏动、左心基部上方震颤、股动脉脉搏正常至轻度减弱、黏膜粉色,及偶然出现颈静脉搏动。听诊左心基部上方可发现收缩期喷射性杂音,有些病例的心杂音可向前腹侧辐射,但通常无法在颈动脉处听到。有时可发现收缩早期喀喇音,可能是在射血开始时融合的瓣膜突然停止导致。在一些病例也可能听到三尖瓣闭锁不全杂音和心律失常。有些病例可能出现腹水或者其他右心衰的症状。偶尔有些病例可并发房间隔或室间隔缺损而出现右到左分流,从而出现发绀。

### 诊断

PS病患的典型X线片异常列于表5-2。明显的右心室肥大通常可引起心尖向左侧和背侧移位。心脏可能在DV或腹背(VD)位上成倒"D"形状。在DV或VD位的1点钟方向(图5-7),可观察到肺动脉干不

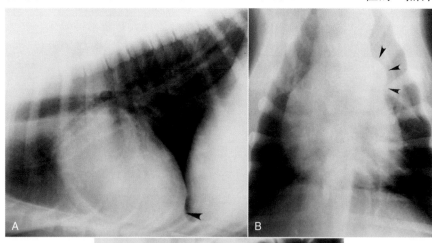

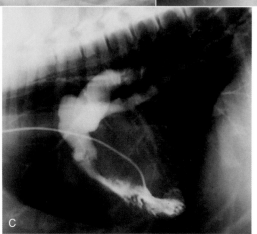

图 5-7
肺动脉狭窄的患犬的侧位(A)和背腹位(DV)(B)X线片,可见右心室增大[侧位心尖上抬(A中箭头)和在DV位上倒"D"形],DV位中伴有肺动脉干膨出(B中箭头)。C,选择性右心室心血管造影显示肺动脉干狭窄后的扩张和肺动脉分支。在此舒张期图像中增厚的肺动脉瓣是闭合的。

同程度的膨出(狭窄后部扩张)。但狭窄后部扩张的程度并不总是与压差的严重程度相关。一些动物也可见外周肺血管变细和后腔静脉扩张。

　　中度至重度 PS 更常见 ECG 异常。ECG 特征包括右心室肥大、电轴右偏,以及较少见的右心房增大和过速性心律失常。中度至重度 PS 病患超声心动的特征表现包括右心室向心性肥厚和增大。当右心室的压力超过左心室而使室间隔左移时,可出现室间隔变平的征象(图 5-8,A)。继发性右心房增大较常见,尤其当并发三尖瓣反流时。虽然流出道处可能较为狭窄,且难于看清晰,但通常

可辨认出增厚、不对称或畸形的肺动脉瓣(见图 5-8,B)。肺动脉干狭窄后扩张较常见。出现胸腔积液和明显的右心扩张时,通常伴发继发性充血性心力衰竭。在这些病例也可见到室间隔反常运动。可根据多普勒超声心动检查以及剖检结果来估测 PS 的严重程度。可通过心脏导管插入和心血管造影来确定狭窄瓣膜的跨瓣压差、右心充盈压和其他解剖学特征。并且多普勒测得的未麻醉动物的收缩压压差通常较心脏导管插入法测得值高 40%～50%。若多普勒测得的压差小于 50 mmHg 则为轻度 PS,如超过 80～100 mm Hg 则为重度 PS。

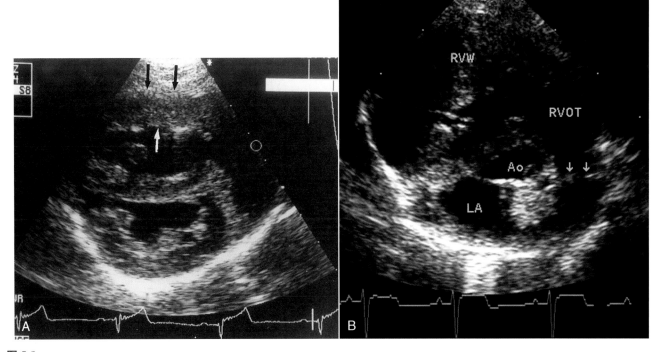

**图 5-8**
两只严重肺动脉狭窄患犬的超声心动图。A,4 月龄雄性萨摩耶犬右侧胸骨旁心室短轴观的心室水平切面,可见右心室肥厚(箭头)和增大;此舒张期图像中,较高的右心室压使室间隔向左偏移。B,5 月龄雄性博美犬,可见畸形的瓣膜小叶(箭头所指)出现增厚和部分融合。**Ao**,主动脉根部;**LA**,左心房;**RVOT**,右心室流出通道;**RVW**,右心室室壁。

### 治疗和预后

　　推荐通过球囊瓣膜成形术来减轻严重狭窄及部分中度狭窄,尤其适用于不存在漏斗部明显肥大的患病动物。该方法可减轻或消除重度病患的临床症状,还可能提升动物的长期存活率。球囊瓣膜成形术结合心脏导管插管和心血管造影术,使用一个特殊设计的带球囊的导管穿过狭窄的瓣口,然后给球囊充气以扩张瓣口。在轻度至重度的瓣膜增厚和单纯的肺动脉瓣尖融合的患犬中,此操作更易成功。该方法对发育不良的瓣膜则效果一般,但对部分病例仍然有效。最近的回顾性研究(Locatelli 等,2011)发现,经球囊瓣膜成形

术后,58% 的 PS 患犬的多普勒测得压力梯度可下降至 50 mmHg 或以下。尽管 62% 患轻度至中度瓣叶增厚和融合且瓣环正常(A 型 PS)的犬可达到上述效果,但只有 41% 的重度瓣膜增厚和/或瓣环发育不良(B 型 PS)的患犬能达到上述效果,但两者之间并不存在显著的统计学差异。在该研究的报告中,唯一提示球囊扩张效果不佳的指标为成形术前过高的压力梯度。多种手术方法可用于减轻犬中度至重度 PS。通常手术之前先尝试球囊瓣膜成形术,因为该方法危险性较小。但对单支冠状动脉异常病患,球囊或其他手术扩张瓣环的操作均不可行,因为其致死风险较高,但有报道称,保守的球囊扩张术可减缓部分动物的病情。可通过超声心动或

血管造影确认冠状动脉解剖学结构是否正常。

通常建议限制运动,尤其对中度至重度肺动脉狭窄病患。若右心室漏斗部肥大明显,β-阻断剂可能对其有所帮助。充血性心力衰竭的症状需用药物进行治疗(见第3章)。PS病患预后不尽相同,主要由狭窄的严重程度以及是否存在其他异常所决定。轻度至中度PS病患可有正常寿命,但严重狭窄病患通常在确诊后3年内死亡。动物可能发生猝死,出现充血性心力衰竭的病患更易猝死。伴有三尖瓣反流、心房纤颤或其他过速性心律失常或充血性心力衰竭的病患,通常预后较差。

# 心内分流
## (INTRACARDIAC SHUNT)

心内分流的血流量与缺损的大小及缺损两侧压差相关。大多数病例为左向右分流,并引起肺循环过度。由于部分血液从系统循环中转移,引起血容量和心输出量代偿性增加。承担主要工作的一侧心腔发生容量过载。当肺阻力增加或并发PS时右心压力升高,血液分流可能达平衡或反转(即变为右至左分流)。

## 室间隔缺损
### (VENTRICULAR SEPTAL DEFECT)

### 病因和病理生理学

VSD大多位于室间隔膜部,即位于主动脉瓣正下方及右侧三尖瓣中隔小叶下方(嵴下VSD)。VSDs偶尔会发生于室间隔的其他位置,包括室间隔的肌肉部,以及肺动脉瓣的正下方(嵴上VSD)。VSD可伴随其他的房室隔(心内膜垫)异常,尤其是猫。VSD通常使肺循环、左心房、左心室和右心室流出通道出现容量过载。小的缺损可能无临床意义,但中度至较大的缺损易引起左心扩张,导致左心充血性心力衰竭。非常大的VSD使两侧心室形成公共腔室,并引起右心室扩张和肥大。分流严重的动物易因循环过度而继发肺动脉高压。一些VSD病患舒张期瓣膜小叶脱垂可导致主动脉瓣反流,这可能是由于变形的中隔无法为主动脉根提供足够的解剖学支撑。主动脉反流为左心室额外添加了容量负荷。

### 临床特征

VSD最常见的临床表现为运动不耐受和左心充血性心力衰竭相关症状,但很多动物在确诊时并无症状。体格检查的特殊发现包括在右前胸骨旁听诊到最清晰的全收缩期杂音(与分流的位置相符合)。严重分流可引起相对或功能性PS(左心基部可听诊收缩期喷射性杂音)。若VSD并发主动脉瓣反流,可在左心基部听到相应的舒张期递减型杂音。

### 诊断

VSD病患的X线征象与缺损的大小和分流多少有关(表5-2)。严重分流通常引起左心增大和肺循环过度,但严重分流可引起肺血管阻力和压力增加,从而引发右心室增大。大量血液分流(伴随或不伴随肺高压)可使肺主动脉干增粗。

ECG可为正常或显示左心房或左心室增大,有些病例可出现心室内传导紊乱,表现为"分割"或分裂的QRS波群。右心增大征象通常提示存在较大的缺损、肺高压、或并发右心室流出道梗阻,但也可由右束支传导阻滞所致。

严重分流的犬猫超声心动显示左心扩张(伴有或不伴有右心室扩张)。通常可在右侧胸骨旁长轴面观察到主动脉瓣正下方较大的缺损,三尖瓣的中隔叶位于缺损的右侧。有时超声心动在中隔黏膜较薄的区域可发生"失真",易与VSD相混淆。应对可疑缺损部进行多个平面扫查,在做出确诊前需对动物仔细检查,以判断是否存在支持性的临床证据和心杂音。多普勒(或超声造影)技术通常可显示分流(图5-9)。频谱多普勒

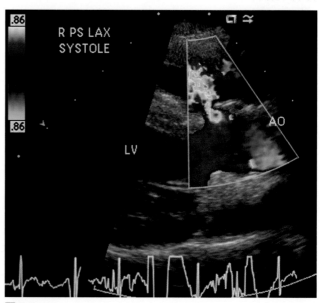

**图5-9**

1岁龄雄性梗的右侧胸骨旁长轴观收缩期彩色血流图像,可见流经主动脉根部下方的、小的室间隔膜部缺损的血流所产生的湍流(左到右)。AO,主动脉根;LV,左心室。

可测量分流血流的峰速,从而评估分流两侧的收缩期压力梯度。由于双侧心室正常就存在较大的压力差,小(限制型或阻力型)的缺损可引起较高流速(4.5~5 m/s)。分流流速峰值降低通常提示右室收缩压升高,后者通常由 PS 或者肺高压造成。

心导管、血氧仪和心血管造影术可用于测量心内压,以提示在右心室流出道处存在血氧浓度升高,并可显示异常血流路径。

### 治疗和预后

患有轻度至中度缺损的犬猫,寿命相对正常。缺损在最初 2 年偶可自发闭合,缺损部位可由缺损周围肥大的心肌将其闭合,或由三尖瓣室中隔小叶或脱垂的主动脉小叶封合。严重室中隔缺损易引起左侧充血性心力衰竭。有些病例可能在幼龄时出现肺高压伴反向分流。

治疗 VSD 须进行心肺分流术或低温心内手术,有些病例经插管放置封堵装置后可成功控制。严重的左至右分流有时可在肺动脉干处放置束带,通过形成轻度瓣上 PS,而使病情减轻。该法使右心室收缩压增高,故由左心室到右心室的分流血量减少,但过紧的束带可引起右至左分流(作用类似法洛四联症)。发生左心衰的病患应用药物进行治疗。存在肺高压和反向分流的病患,不应实施此姑息手术。

## 房间隔缺损
(ATRIAL SEPTAL DEFECT)

### 病因学与病生理学

ASD 存在数种类型。犬更常见卵圆窝(继发孔型缺损)区域的 ASD,在房间隔低处的缺损(原发孔型缺损),可能会成为房室隔缺损(心内膜垫缺损)的一部分,这在猫上更常见。静脉窦型缺损较为罕见,其位于房间隔高处前腔静脉入口附近。ASD 通常伴发其他的心脏异常。在大多数病例中,血液由左心房向右心房分流,造成右心容量超负荷。若同时存在 PS 或肺动脉高压,可能发生右至左分流及发绀。卵圆孔未闭,见于胚胎期心房分隔正常,但原发中隔与继发中隔之间的重叠处未闭合,这并非真正意义上的 ASD。若右心房压力异常升高,此处可能出现右到左分流。

### 临床特征

ASD 动物的临床病史通常不特异。单纯 ASD 的动物体格检查可能无明显异常,由于双侧心房间的压力差很小,一般的 ASD 不产生心杂音,而严重的左至右分流可引起相对 PS 而引发心杂音。持续的第二心音($S_2$)分裂(不随呼吸改变)是典型的听诊异常,这是由肺动脉瓣关闭延迟,而主动脉瓣关闭提前所致。偶可听到由三尖瓣相对狭窄而产生的轻微的收缩期杂音。严重的 ASD 可能引起右心衰相关表现。

### 诊断

严重分流的患病动物的 X 线片表现为右心增大,伴有或不伴有肺动脉干增粗(表 5-2)。除非已出现肺动脉高压,否则可显示肺循环增加。左心一般不增大,除非存在类似二尖瓣闭锁不全的其他缺损。ECG 可为正常,或显示右心室及心房增大征象。房室中隔缺损患猫可出现右心室扩张和电轴左偏。

超声心动可显示存在右心房及心室扩张,伴有或不伴有异常的室间隔运动。严重的 ASD 可被观察到,但需注意房间隔上较薄的卵圆窝区域,可能会由于超声失真而与室中隔缺损相混淆。多普勒超声心动可鉴别二维超声检查中无法看见的较小分流,但静脉回流可能会干扰检查。心导管可显示右心房水平的血氧浓度升高,向肺动脉中注入造影剂后,有时可显示出分流。

### 治疗和预后

与 VSD 类似,严重的分流可通过手术治疗。发生充血性心力衰竭的病患需要进行药物治疗。根据分流的大小、是否存在其他缺损及肺循环血管阻力判定动物预后。

## 房室瓣畸形
(ATRIOVENTRICULAR VALVE MALFORMATION)

## 二尖瓣发育不良
(MITRAL DYSPLASIA)

二尖瓣结构先天性畸形包括腱索缩短、融合和冗长、瓣叶直接附着于乳头肌、瓣叶过厚、瓣叶有裂口或过短、瓣叶脱垂、乳头肌位置异常或畸形,以及瓣膜环过度扩张。二尖瓣发育不良(Mitral valve dysplasia, MD)最常见于大型犬,猫也有发生。主要的功能性异常为瓣膜反流,且可能较为严重。其病理生理学和后遗症通常与获得性二尖瓣反流病患相同。二尖瓣狭窄不常见,心室流入道梗阻使左心房压力增大,易引发肺水肿。二尖瓣狭窄通常伴发着反流。

除了发病年龄较小,多数二尖瓣发育不良病患的临床症状与严重退行性二尖瓣疾病的老年犬相似,常出现运动不耐受、左心充血性心力衰竭的呼吸系统症状、厌食及房性心律失常(尤其是心房纤颤)。二尖瓣反流通常表现为收缩期杂音,最佳听诊点在左心尖。患严重 MD 的动物(尤其是伴有二尖瓣狭窄),可能出现运动性晕厥、肺高压和双侧 CHF。

MD 动物的 X 线、ECG、超声心动和心脏插管检查结果类似于严重获得性二尖瓣闭锁不全的动物。超声心动可识别具体的二尖瓣结构畸形,也可评估腔室增大的程度和功能变化。二尖瓣狭窄的动物通常出现典型的二尖瓣流入模式,表现为加速时间延长,这反映了舒张压压力梯度的变化。

治疗包括针对充血性心力衰竭症状的药物疗法。患轻度至中度二尖瓣功能不全的动物,可能数年内不表现出症状。但是,那些患有重度二尖瓣反流或狭窄的动物,通常预后不良。手术治疗可尝试瓣膜重建或置换术。

## 三尖瓣发育不良
### (TRICUSPID DYSPLASIA)

三尖瓣发育不良(tricuspid dysplasia,TD)病患的瓣膜及其支持结构畸形类似于二尖瓣发育不良的动物。有些病例中三尖瓣向心室移位(一种埃勃斯坦样畸形),这些动物易发生心室预激。三尖瓣发育不良在大型犬较为常见,尤其是拉布拉多巡回犬以及一些雄性犬。猫也可能罹患此病。

TD 的病理生理学特征与获得性三尖瓣反流相同。病情严重的动物可出现显著的右心腔增大。右心房和心室的舒张末期压力渐进性升高,最终导致右心充血性心力衰竭。三尖瓣狭窄较为罕见。

TD 动物的症状和临床检查结果与严重退行性三尖瓣疾病患犬相似。最初动物可能无症状,或轻度的运动不耐受。但会逐渐出现运动不耐受、腹围增大(腹水所致)、呼吸困难(胸腔积液所致)、厌食以及心源性恶病质。三尖瓣反流产生的心杂音是特征表现,但是,并非所有的病例均会出现杂音,因为发育不良的瓣膜可能在收缩期严重闭锁不全,导致反流的血液无法形成湍流。颈静脉搏动较常见。充血性心力衰竭病患还可出现颈静脉扩张、心音和肺音低沉以及腹水所引起的球形腹部。

X 线检查可见右心房及心室增大,有些病例的心影较圆,类似于心包积液或扩张性心肌病征象。通常出现后腔静脉扩张、胸腔或腹腔积液或肝肿大。

ECG 常显示右心室增大,偶见右心房增大征象。可能出现 QRS 波群分裂,常见心房纤颤和其他房性过速性心律失常。有时可见心室预激。

超声心动常显示右心扩张,且可能非常严重。可在多个扫查位置发现清晰的瓣膜结构畸形(图 5-10),但左侧胸骨旁心尖四腔观是最佳扫查位置。TD 的多普勒血流模式与 MD 相似。确诊埃勃斯坦畸形必须进行心内心电图检测,发生该种畸形时三尖瓣向右心室

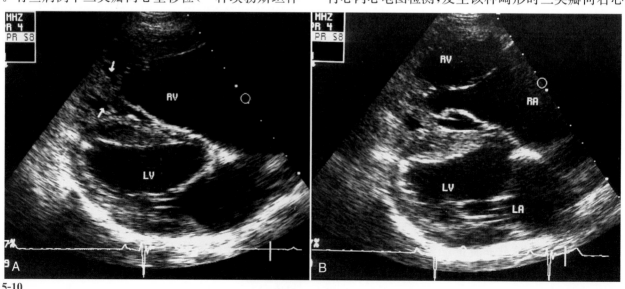

**图 5-10**
1 岁龄患有三尖瓣发育不全的雄性拉布拉多巡回犬,右侧胸骨旁长轴观,舒张期(A)和收缩期(B)的超声心动图。瓣膜环显示向腹侧移位;瓣膜小叶尖系于一个畸形且宽的乳头肌上(A 中箭头)。收缩期(B)宽的瓣膜小叶分离引起严重的三尖瓣反流和临床充血性心力衰竭。LA,左心房;LV,左心室;RA,右心房;RV,右心室。

移位,在右心房记录到心室心电图可确诊该病。充血性心力衰竭和心律失常需通过药物控制。对有些无法通过药物和食物控制的心衰和胸腔积液患病动物,可定期进行胸腔穿刺术。此病预后谨慎或不良,尤其是出现显著的心脏增大,但一些犬可存活数年,已有数例病例通过心肺分流术成功进行人工瓣膜的置换。球囊瓣膜成形术有时可用于治疗三尖瓣狭窄。

# 引起发绀的心脏畸形
## (CARDIAC ANOMALIES CAUSING CYANOSIS)

心脏畸形使未氧合的血液到达全身循环导致低血氧。当不饱和血红蛋白达到 5 g/dL 以上时,出现可见的发绀。动脉低血氧会刺激红细胞生成增多而引发红细胞增多症,从而增加血液的携氧能力。但随着 PCV 增加,血液黏滞度和血流的阻力也随之升高。严重的红细胞增多症(PCV≥65%)可引起微血管淤滞、组织氧合不足、血管内血栓、出血以及心律失常。红细胞增多症可能极其严重,以至于一些动物的 PCV 可达 80% 以上。高黏滞性被视为是多种临床症状的潜在原因,这些症状包括凝血异常、抽搐以及心脑血管意外。这些病例中,静脉栓子可能通过分流进入全身循环而引起新的问题。

引起犬猫发绀最常见的畸形为法洛四联症和继发于严重 PDA、VSD 或 ASD 的肺高压。其他复杂而并不常见的畸形有大血管移位或永久性动脉干(truncus arteriosus),也会使未氧合血液进入全身循环。来自全身循环的支气管动脉可形成侧支与肺循环相通,这些小而扭曲的血管会增加胸片中中央肺野整体的密度。

体力运动可使外周血管阻力减小,骨骼肌肉血流增加,从而导致右向左分流加剧和发绀。虽然右心压力超负荷,但分流形成了一个“减压”阀而使充血性心力衰竭不常发生。

# 法洛四联症
## (TETRALOGY OF FALLOT)

### 病因和病理生理学

法洛四联症畸形包括 VSD、PS、主动脉骑跨以及右心室肥大,VSD 可能较为严重。PS 可能累及瓣膜或漏斗部,有些病例出现肺动脉发育不良甚至是闭锁。粗大的主动脉根部右移,骑跨在室中隔之上,引起右心室至主动脉分流。有些动物也可出现主动脉畸形。右心室肥大继

发于 PS 和全身动脉循环所产生的压力负荷。右心室泵入主动脉的血量取决于固有的 PS 与全身动脉阻力之间的压力差,其分流量是可以改变的。运动或其他引起动脉阻力下降的情况可增加右至左的分流血量。严重的漏斗部肥厚可产生动态右室流出道梗阻,这会进一步加重部分病例的右到左分流。法洛四联症病患的肺血管阻力通常正常。目前已发现荷兰狮毛犬的法洛四联症为多基因遗传模式,但此缺陷也存在于其他犬种和猫。

### 临床特征

病史常见劳累性虚弱、呼吸困难、晕厥、发绀和发育障碍。体格检查结果因该病各种畸形严重程度不同而异。有些动物可见休息状态时发绀,其他一部分动物黏膜粉色,但这些动物在运动时通常发绀更为明显。病患右侧胸壁心前区搏动强度可能与左侧胸壁相同或更强。触诊病患右侧胸骨缘或左心基部有时可发现心前区震颤,但并非总是如此。可触诊到颈静脉搏动。右胸骨缘可听诊到与 VSD 一致的全收缩期杂音,或在左心基部听到与 PS 一致的收缩期喷射音,或两者均可听到。但有些动物听诊并无明显杂音,这是由于红细胞增多症导致血液黏度较高,从而减小了血液湍流和心杂音强度。

### 诊断

胸腔 X 线片表现为不同程度的心脏增大,通常为右心增大(见表 5-2)。肺动脉可能显示较细,但偶尔可见其膨出。肺血管纹理常见减弱,尽管支气管循环代偿性增强可使肺密度整体升高。异常的主动脉在侧位片上显示向前方膨出。右心室增厚使左心向背侧移位,易与左心增大相混淆。ECG 通常显示右心室增大,但在患病猫偶见电轴左偏。

超声心动可显示 VSD;增大的主动脉根右移,且骑跨于室间隔之上;一定程度的 PS 和右心室肥大。多普勒检查显示右至左分流和狭窄的肺动脉口处高速血流。超声心动造影检查也可证实右至左分流。特征性的病生理学异常包括 PCV 增加和动脉氧分压下降。

### 治疗和预后

法洛四联症的手术修补须实施心内手术。姑息手术是通过制造一个左至右分流而使肺部血流增加。目前有两种已成功使用的技术,分别为锁骨下动脉与肺动脉吻合术、在升主动脉和肺动脉间开窗术。

出现严重红细胞增多症及与高黏滞度相关的临床症状(如虚弱、呼吸急促、癫痫)的动物可采用定期放血

疗法,或者使用羟基脲。治疗的目标是将PCV降至动物无明显临床症状的水平,过分降低PCV(至正常的范围)可加剧缺氧症状。有些法洛四联症患犬可使用β-肾上腺素能阻断剂减轻临床症状。虽然其作用机制尚不清楚,但通常认为β-肾上腺素能阻断剂可降低交感紧张、右心室收缩力、右心室(肌肉)流出道梗阻和心肌耗氧,并使外周血管阻力增加,这些被认为是其可能的作用。建议限制运动。应避免使用全身性血管扩张剂,吸氧对患法洛四联症的动物作用很有限。

法洛四联症病患的预后取决于PS和红细胞增多症的程度。轻症病患或成功耐受控制分流手术的动物可存活至中年。但更多的动物是在较年轻的时候就发生进行性低氧血症、红细胞增多症和猝死。

# 肺动脉高压伴反向分流
## (PULMONARY HYPERTENSION WITH SHUNT REVERSAL)

## 病因和病理生理学

小部分患有分流的犬猫可发生肺动脉高压。可并发肺动脉高压的先天性疾病有PDA、VSD、房室中隔缺损或总AV通道(common AV canal)、ASD,以及主动脉肺动脉窗。正常低阻力的肺血管系统能承受血容量骤升,而不会出现肺动脉压显著升高。某些动物发生肺动脉高压的原因目前尚不清楚,只知道这些动物相应的缺损通常较严重。这些动物可能是由于正常较高的胎儿期肺阻力未能退化,或由于其严重的原发性左至右分流,而使肺血管系统发生异常反应。在所有这些病例中,肺小动脉的不可逆性组织学变化引起血管阻力升高,这些变化包括内膜增厚、中层肥大和特征性"丛状"病变。

由于肺血管阻力升高,肺动脉压升高,左至右的分流血量减少。当右心及肺循环压大于体循环压时,分流可发生逆转,未氧合的血液流入主动脉。这种改变一般在动物幼龄时(6月龄之前)出现,但也可有例外。"艾森曼格综合征"即指严重肺动脉高压并发反向分流的情况。

肺动脉高压导致的右至左分流时,心脏的病理生理学变化和临床后遗症与法洛四联症相似,主要区别为前者阻碍肺循环血流的部位在肺部小动脉,而非肺动脉瓣。动物可出现低血氧、右心室肥厚和增大、红细胞增多症及其后遗症,分流随运动增加,从而出现发绀。同样,右心充血性心力衰竭并不常见,但可因继发性心肌衰竭或三尖瓣闭锁不全而发生。右至左分流可使静脉栓子进入系统动脉而引发中风或其他动脉栓塞。

## 临床特征

肺动脉高压并发反向分流病患的病史和临床表现与法洛四联症病患相似,常见运动不耐受、呼吸急促、晕厥(尤其在运动或兴奋时)、抽搐和猝死,也可能发生咳嗽和咳血,发绀可能仅在运动或兴奋时出现。心内分流引起全身均一性发绀。反向PDA可引起典型单纯性尾侧黏膜发绀(差异性发绀)。这些病例中,正常氧合血通过臂头动脉干和左锁骨下动脉(来源于主动脉弓)流向体前部,而动物的后躯则通过降主动脉导管获得未氧合血(图5-11)。反向PDA病患常出现后肢无力的临床症状。

能闻及的心杂音通常与潜在缺陷相关,但由于红细胞增多症导致血液黏滞度增大,通常无法听诊到心杂音或仅有轻微收缩期杂音。反向PDA无持续性心杂音。肺动脉高压时,可能$S_2$声音较强并出现"噼啪声"或$S_2$分裂。偶可听到奔马律。其他异常的体格检查结果包括明显的右心前区搏动和颈静脉搏动。

## 诊断

胸腔X线检查通常显示右心增大、肺动脉干明显并弯曲、肺动脉近端增粗。反向PDA患犬常见降主动脉弓处膨出。反向PDA或VSD病患也可见左心增大。ECG通常提示存在右心室增大,有时也可出现右心房增大,伴有电轴右偏。

超声心动证实存在右心室肥大,并可能显示解剖学缺陷(有时可见大的导管)和肺动脉干增粗。多普勒或超声心动造影检查可确认存在心内右至左分流。注射静脉超声造影剂可使腹主动脉显像,反映出反向的PDA血流。通过测量三尖瓣反流的峰速可计算右心室(或肺动脉)的压力峰值(在无PS的前提下)。肺动脉反流可用于评估肺动脉的舒张压。心导管可确诊并量化肺动脉高压和全身缺氧的程度。

## 治疗和预后

治疗主要为管理继发性红细胞增多症以减轻高黏滞血引发的症状,并尝试降低过高的肺动脉压。建议同时限制运动。红细胞增多症可通过定期放血和使用口服羟基脲进行治疗(见下文)。PCV控制的目标是将高黏滞血相关的症状(例如,后肢虚弱、呼吸急促、嗜睡)控制在最低限度。一般的做法是将PCV维持在62%左右,但这一标准并不适用于所有的病例。禁忌手术闭合分流。存在肺高压和逆向分流的动物预后差,但也有部分动物通过药物管理能存活数年。

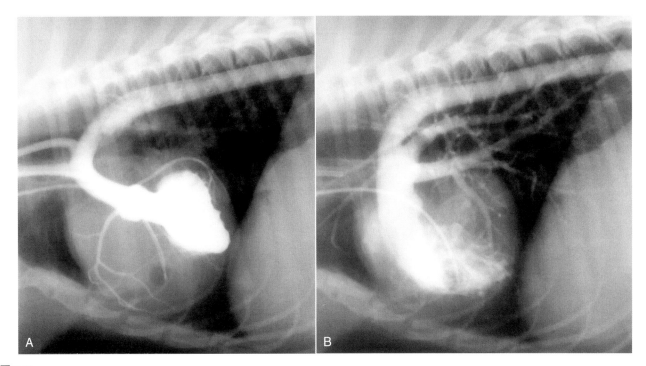

图 5-11

患有动脉导管未闭、肺动脉高压和反向分流的 **8** 月龄雌性可卡犬的心血管造影。左心室注射造影剂(**A**)显示由于右心室增大使左心室向背侧移位。注意观察造影剂在降主动脉处出现稀释现象(与来自导管的可透射线的血液混合)和明显的右侧冠状动脉。右心室注射造影剂(**B**)显示右心室肥大和继发于严重肺动脉高压的肺动脉干扩张。显影的血流穿过一条较粗的导管进入降主动脉。

根据需要进行静脉放血。可按 5～10 mL/kg 体重的量进行放血疗法,并补充等量等渗液。另外一种方法(Cote 等,2001)是在初次治疗时放循环血量的 10%但不进行补液。放血量(mL)的计算公式为 8.5%×体重(kg)×1 000 g/kg×1 mL/g。笼养休息 3～6 h 后,若动物初始 PCV 超过 60%,应放去多余的血量。具体的操作是:当初始 PCV 为 60%～70%时,再放去循环血量的 5%～10%;当初始 PCV 超过 70%时,再放去循环血量的 10%～18%。

羟基脲治疗(40～50 mg/kg PO q 48 或 3 次/周)可作为定期放血疗法的有效替代方法,用于控制红细胞增多症。治疗开始后应每周或两周监测 CBC 和血小板计数。羟基脲可能的副作用包括厌食、呕吐、骨髓再生不良、脱毛和瘙痒。根据动物反应情况,治疗期间可将当日剂量拆分为两份,然后每 12 h 服用 1 份,每周 2 次,或按低于 40 mg/kg 的剂量给予。

枸橼酸西地那非是一种选择性磷酸二酯酶-5 抑制剂,可产生一氧化氮依赖性肺血管舒张而降低肺部血管的阻力。该药物可改善部分患肺高压动物的临床症状和运动能力,尽管在多数情况下其舒张肺部动脉的能力有限。1～2(或 3)mg/kg,q 12 h 或 8 h 的剂量能被较好地耐受,且可降低多普勒测得的肺动脉压。也有人建议以更低的剂量起始,并逐步上调。该药物有更方便动物使用的剂型,不推荐使用"非专利"的枸橼酸西地那非,因为其药效可能不确实。该药物的不良反应包括鼻腔充血、低血压或者性相关不良反应,尤其是未绝育的动物。其他血管扩张药物产生的全身作用可能与其对肺动脉系统的作用相同或更强,故无明显疗效或可产生不良反应。低剂量阿司匹林(5 mg/kg)可能对患肺高压并发逆向分流的动物有效,但该疗法有待进一步研究。

## 其他心血管异常 (OTHER CARDIOVASCULAR ANOMALIES)

### 血管环异常 (VASCULAR RING ANOMALIES)

有多种血管畸形起源于胚胎期发育异常的主动脉弓系统,这些血管环可在心基部位置卡住食道,有时也可卡住气管。犬最常见的血管环异常是持久性右主动脉弓,其锁住食道背侧,与食道右侧的主动脉、左侧的动脉导管索以及腹侧心基部将食道包围。不同的血管环异常可同时存在,此外,其他的血管异常(如左前腔静脉或 PDA),有时也可与血管环畸形并发。血管环畸形在猫较为罕见。

由于血管环阻碍固体食物正常通过食道,动物通常在断奶6个月内出现反流和发育障碍。血管环前部食道扩张且可能出现食物滞留。狭窄后方食道偶也可发生扩张,表明食道可能同时存在蠕动性改变。

在疾病初期,动物尚能维持正常的体况,但通常会逐渐消瘦。有些病患可在胸腔入口处触摸到颈部扩张的食管(含有食物或气体)。发热以及呼吸系统症状如咳嗽、喘鸣和发绀通常提示吸入性肺炎,但双主动脉弓病患也可出现继发于气管狭窄的喘鸣音(stridor),以及其他呼吸系统症状。血管环异常本身不产生异常心音。

胸部背腹位X线检查常可显示心脏前缘的气管向左侧移位;其他常见征象还包括前纵隔增宽、气管局部狭窄或向腹侧移位、胸腔头侧食道内积气积食,有时可出现吸入性肺炎的表现。钡餐造影可显示心基部上方食道狭窄和前方食道扩张(伴有或不伴有后方食道扩张)。

治疗包括手术剪断动脉导管索(若非持久性动脉弓则剪断其他血管)。有些病例可能同时存在食道后左锁骨下动脉或左主动脉弓,此时应对这些血管进行分离以解放食道。药物治疗的方法为多次、少量给予半液体或液体食物,动物在进食过程保持直立姿势,此种管理方法可能需要终生使用。有些犬在成功手术后仍持续反流,表明其已发生明显的食道蠕动功能紊乱。

# 三房心
## (COR TRIATRIATUM)

三房心是一种不常见的畸形,由右心房(右侧)或左心房(左侧)被异常的膜组织分隔成两个腔室导致。犬的右侧三房心偶见报道,而左侧三房心则更罕见。右侧三房心的心内隔膜由胚胎时期右侧静脉窦瓣膜未完全退化形成。后腔静脉和冠状窦排空入右心房(RA)后心腔,三尖瓣口位于右心房前心腔内。通过异常隔膜内入口的静脉血流受阻,可导致后腔静脉及其引流的器官压力升高。

该病在大型犬和中型犬最易发生。幼年出现持续的腹水是最明显的临床症状,其他可能出现的症状还包括运动不耐受、嗜睡、腹部皮下血管扩张及偶发腹泻。但该种畸形一般不出现心杂音或颈静脉扩张。

胸腔X线检查显示后腔静脉扩张,无全心增大。大量腹水可使横膈向前移位。ECG通常正常。超声心动可显示异常的隔膜,并出现明显的RA后腔和腔静脉。多普勒检查可估测RA内压差,并可观察到血流紊乱。

治疗方法包括扩大隔膜口,或切除异常隔膜以去除血流阻碍。手术通过阻断流入道,低温或不降温,切除隔膜或使用瓣膜扩张器破坏隔膜。经皮肤球囊扩张隔膜口是一种侵入性较小的方法,但该方法要求球囊体积须足够大。体型较大的犬可能需要同时放置多个球囊扩张导管,方可达到满意的效果。

# 心内膜纤维弹性组织增生
## (ENDOCARDIAL FIBROELASTOSIS)

心内膜纤维弹性组织增生是一种先天异常,以左心房、左心室心内膜的弥漫性纤维弹性增厚和心腔扩张为特征。此病偶见于猫,尤其是缅甸猫和暹罗猫,也可偶发于犬。左侧或双侧心衰通常出现于幼龄时期。可能出现二尖瓣反流音。X线检查、ECG和超声心动可显示LV和LA增大。可出现LV心肌功能下降的表现。死前确诊可能较为困难。

# 其他血管异常
## (OTHER VASCULAR ANOMALIES)

曾有多种静脉异常的报道,但通常无临床意义。持久性左前腔静脉是胎儿期静脉的残迹,其经过左房室沟侧面,汇入右心房后方的冠状窦。其并不引起临床症状,但可能会妨碍手术时暴露左心基部的其他结构。门体静脉分流较为常见,且可引发肝性脑病及其他症状。通常认为这些异常的易发品种有约克夏㹴、巴哥犬、迷你雪纳瑞犬、标准雪纳瑞犬、马尔济斯犬、北京犬、西施犬和拉萨犬,此类血管异常将在第38章详述。

◉推荐阅读

一般参考文献

Buchanan JW: Prevalence of cardiovascular disorders. In Fox PR, Sisson D, Moise NS, editors: *Textbook of canine and feline cardiology*, ed 2, Philadelphia, 1999, Saunders, p 457.

Oliveira P et al: Retrospective review of congenital heart disease in 976 dogs, *J Vet Intern Med* 25:477, 2011.

Oyama MA et al: Congenital heart disease. In Ettinger SJ, Feldman EC, editors: *Textbook of veterinary internal medicine*, ed 7, St Louis, 2010, Saunders Elsevier, p 1250.

心室流出道梗阻

Belanger MC et al: Usefulness of the indexed effective orifice area in the assessment of subaortic stenosis in the dog, *J Vet Intern Med* 15:430, 2001.

Buchanan JW: Pathogenesis of single right coronary artery and pulmonic stenosis in English bulldogs, *J Vet Intern Med* 15:101, 2001.

Bussadori C et al: Balloon valvuloplasty in 30 dogs with pulmonic stenosis: effect of valve morphology and annular size on initial and 1-year outcome, *J Vet Intern Med* 15:553, 2001.

Estrada A et al: Prospective evaluation of the balloon-to-annulus ratio for valvuloplasty in the treatment of pulmonic stenosis in the dog, *J Vet Intern Med* 20:862, 2006.

Falk T, Jonsson L, Pedersen HD: Intramyocardial arterial narrowing in dogs with subaortic stenosis, *J Small Anim Pract* 45:448, 2004.

Fonfara S et al: Balloon valvuloplasty for treatment of pulmonic stenosis in English Bulldogs with aberrant coronary artery, *J Vet Intern Med* 24:354, 2010.

Jenni S et al: Use of auscultation and Doppler echocardiography in Boxer puppies to predict development of subaortic or pulmonary stenosis. *J Vet Intern Med* 23:81, 2009.

Kienle RD, Thomas WP, Pion PD: The natural history of canine congenital subaortic stenosis, *J Vet Intern Med* 8:423, 1994.

Koplitz SL et al: Aortic ejection velocity in healthy Boxers with soft cardiac murmurs and Boxers without cardiac murmurs: 201 cases (1997-2001), *J Am Vet Med Assoc* 222:770, 2003.

Locatelli C et al: Independent predictors of immediate and long-term results after pulmonary balloon valvuloplasty in dogs, *J Vet Cardiol* 13:21, 2011.

Meurs KM, Lehmkuhl LB, Bonagura JD: Survival times in dogs with severe subvalvular aortic stenosis treated with balloon valvuloplasty or atenolol, *J Am Vet Med Assoc* 227:420, 2005.

Orton EC et al: Influence of open surgical correction on intermediate-term outcome in dogs with subvalvular aortic stenosis: 44 cases (1991-1998), *J Am Vet Med Assoc* 216:364, 2000.

Pyle RL: Interpreting low-intensity cardiac murmurs in dogs predisposed to subaortic stenosis (editorial), *J Am Anim Assoc* 36:379, 2000.

Schrope DP: Primary pulmonic infundibular stenosis in 12 cats: natural history and the effects of balloon valvuloplasty, *J Vet Cardiol* 10:33, 2008.

Stafford Johnson M et al: Pulmonic stenosis in dogs: balloon dilation improves clinical outcome, *J Vet Intern Med* 18:656, 2004.

心脏分流

Birchard SJ, Bonagura JD, Fingland RB: Results of ligation of patent ductus arteriosus in dogs: 201 cases (1969-1988), *J Am Vet Med Assoc* 196:2011, 1990.

Blossom JE et al: Transvenous occlusion of patent ductus arteriosus in 56 consecutive dogs, *J Vet Cardiol* 12:75, 2010.

Buchanan JW, Patterson DF: Etiology of patent ductus arteriosus in dogs, *J Vet Intern Med* 17:167, 2003.

Bureau S, Monnet E, Orton EC: Evaluation of survival rate and prognostic indicators for surgical treatment of left-to-right patent ductus arteriosus in dogs: 52 cases (1995-2003), *J Am Vet Med Assoc* 227:1794, 2005.

Campbell FE et al: Immediate and late outcomes of transarterial coil occlusion of patent ductus arteriosus in dogs, *J Vet Intern Med* 20:83, 2006.

Chetboul V et al: Retrospective study of 156 atrial septal defects in dogs and cats (2001-2005), *J Vet Med* 53:179, 2006.

Cote E, Ettinger SJ: Long-term clinical management of right-to-left ("reversed") patent ductus arteriosus in 3 dogs, *J Vet Intern Med* 15:39, 2001.

Fujii Y et al: Transcatheter closure of congenital ventricular septal defects in 3 dogs with a detachable coil, *J Vet Intern Med* 18:911, 2004.

Fujii Y et al: Prevalence of patent foramen ovale with right-to-left shunting in dogs with pulmonic stenosis, *J Vet Intern Med* 26:183, 2012.

Goodrich KR et al: Retrospective comparison of surgical ligation and transarterial catheter occlusion for treatment of patent ductus arteriosus in two hundred and four dogs (1993-2003), *Vet Surg* 36:43, 2007.

Gordon SG et al: Transcatheter atrial septal defect closure with the Amplatzer atrial septal occlude in 13 dogs: short- and mid-term outcome, *J Vet Intern Med* 23:995, 2009.

Gordon SG et al: Transarterial ductal occlusion using the Amplatz Canine Duct Occluder in 40 dogs, *J Vet Cardiol* 12:85, 2010.

Guglielmini C et al: Atrial septal defect in five dogs, *J Small Anim Pract* 43:317, 2002.

Hogan DF et al: Transarterial coil embolization of patent ductus arteriosus in small dogs with 0.025 inch vascular occlusion coils: 10 cases, *J Vet Intern Med* 18:325, 2004.

Moore KW, Stepien RL: Hydroxyurea for treatment of polycythemia secondary to right-to-left shunting patent ductus arteriosus in 4 dogs, *J Vet Intern Med* 15:418, 2001.

Nguyenba TP et al: Minimally invasive per-catheter patent ductus arteriosus occlusion in dogs using a prototype duct occluder, *J Vet Intern Med* 22:129, 2008.

Orton EC et al: Open surgical repair of tetralogy of Fallot in dogs, *J Am Vet Med Assoc* 219:1089, 2001.

Saunders AB et al: Pulmonary embolization of vascular occlusion coils in dogs with patent ductus arteriosus, *J Vet Intern Med* 18:663, 2004.

Saunders AB et al: Echocardiographic and angiocardiographic comparison of ductal dimensions in dogs with patent ductus arteriosus, *J Vet Intern Med* 21:68, 2007.

Schneider M et al: Transvenous embolization of small patent ductus arteriosus with single detachable coils in dogs, *J Vet Intern Med* 15:222, 2001.

Schneider M et al: Transthoracic echocardiographic measurement of patent ductus arteriosus in dogs, *J Vet Intern Med* 21:251, 2007.

Singh MK et al: Occlusion devices and approaches in canine patent ductus arteriosus: comparison and outcomes, *J Vet Intern Med* 26:85, 2012.

Stafford Johnson M et al: Management of cor triatriatum dexter by balloon dilatation in three dogs, *J Small Anim Pract* 45:16, 2004.

Stokhof AA, Sreeram N, Wolvekamp WTC: Transcatheter closure of patent ductus arteriosus using occluding spring coils, *J Vet Intern Med* 14:452, 2000.

Van Israel N et al: Review of left-to-right shunting patent ductus arteriosus and short term outcome in 98 dogs, *J Small Anim Pract* 43:395, 2002.

其他异常

Adin DB, Thomas WP: Balloon dilation of cor triatriatum dexter in a dog, *J Vet Intern Med* 13:617, 1999.

Arai S et al: Bioprosthesis valve replacement in dogs with congenital tricuspid valve dysplasia: technique and outcome, *J Vet Cardiol* 13:91, 2011.

Buchanan JW: Tracheal signs and associated vascular anomalies in dogs with persistent right aortic arch, *J Vet Intern Med* 18:510, 2004.

Famula TR et al: Evaluation of the genetic basis of tricuspid valve dysplasia in Labrador Retrievers, *Am J Vet Res* 63:816, 2002.

Isakow K, Fowler D, Walsh P: Video-assisted thoracoscopic division of the ligamentum arteriosum in two dogs with persistent right aortic arch, *J Am Vet Med Assoc* 217:1333, 2000.

Kornreich BG, Moise NS: Right atrioventricular valve malformation in dogs and cats: an electrocardiographic survey with emphasis on splintered QRS complexes, *J Vet Intern Med* 11:226, 1997.

Lehmkuhl LB, Ware WA, Bonagura JD: Mitral stenosis in 15 dogs, *J Vet Intern Med* 8:2, 1994.

Muldoon MM, Birchard SJ, Ellison GW: Long-term results of surgical correction of persistent right aortic arch in dogs: 25 cases (1980-1995), *J Am Vet Med Assoc* 210:1761, 1997.

# 第6章
## CHAPTER 6
# 获得性瓣膜与心内膜疾病
## Acquired Valvular and Endocardial Disease

## 退行性房室瓣疾病
### (DEGENERATIVE ATRIOVENTRICULAR VALVE DISEASE)

慢性退行性房室(degenerative atrioventricular, AV)瓣疾病是引起犬心力衰竭最常见的原因,约占犬心血管疾病的 70% 以上。随着年龄的增长,几乎所有的小型犬种均存在不同程度的瓣膜退行性变化。退行性瓣膜性疾病又称为心内膜病、黏液性或黏液瘤样瓣膜退行性变化和慢性瓣膜纤维化等。临床上猫的退行性瓣膜性疾病很罕见,因此本章节主要阐述犬的慢性瓣膜性疾病。二尖瓣是最常发生病变且病变程度通常较严重的瓣膜,但很多犬也存在三尖瓣退行性变化,但是,单纯的三尖瓣退行性疾病并不常见。主动脉瓣或肺动脉瓣的退行性疾病偶见于老龄动物,但一般只引起轻度反流。

### 病因与病生理学

退行性瓣膜疾病的病因尚不清楚,但目前认为可能与瓣膜所受的机械性压力和多种化学性刺激有关。血清素(五羟色胺)和转化生长因子 β 信号通路,以及瓣膜、骨骼和软骨组织的通用发育调节通路,可能与人类和犬的退行性瓣膜病变相关。正常的瓣膜间质细胞可维持正常的细胞外基质,但其可能转型成为活化的成肌纤维型细胞而参与瓣膜的退行性变化过程。特征性瓣膜变化包括胶原退变与紊乱、瓣膜弹性纤维崩解以及蛋白聚糖和黏多糖过度沉积,这些因素可引起瓣膜增厚和弱化。在组织学上此变化称之为"黏液瘤样退行性变化"。

本病最常见于中年至老年的小型和中型犬,可能

存在较强的遗传倾向。随年龄的增长,疾病的流行率和严重性增加。约有 1/3 年龄超过 10 岁的小型犬患有此病。常见的易感品种包括查尔斯王小猎犬、玩具贵妇犬、迷你贵妇犬、迷你雪纳瑞犬、吉娃娃犬、博美犬、猎狐狸、可卡犬、北京犬、腊肠犬、波士顿狸、迷你杜宾犬和惠比特犬。在查尔斯王小猎犬中,该病的遗传性受多基因控制,其表达受年龄及性别影响,具体的流行病学特征为:流行率非常高,发病早。雄犬和雌犬出现二尖瓣反流(mitral regurgitation, MR)和退行性瓣膜性疾病的概率相当,但雄犬发病更早,且疾病发展速度更快。该病也见于某些大型犬种,其中德国牧羊犬的流行率可能偏高。

患病犬瓣膜的病理变化随年龄增长而发展。早期损伤包括瓣膜游离缘的小结节,这些结节逐渐增大,并融合成斑块,使瓣膜增厚和变形。这些黏液瘤样间质退变引起瓣膜出现结节性增厚和变形。病变的瓣膜和腱索也将变弱。腱索附着处的冗长组织会膨出(脱垂),像降落伞或气球一样突向心房。至少在某些犬种,二尖瓣脱垂可能是该病重要的致病因素之一。在严重病变的区域,瓣膜表面可能会损伤,并伴内皮细胞剥落。尽管瓣膜处的内皮完整性受到破坏,但血栓和心内膜炎极少发生。

因为边缘不能充分对合,瓣膜逐渐开始泄漏。反流通常在数月至数年间逐渐发展,由此引起患侧心腔出现容量超负荷相关的病生理学变化。在此过程中,平均心房压仍然能维持在较正常的水平,除非反流量突然增大(例如,腱索断裂)。随着瓣膜退行性病变的加重,在心室和心房之间做来回无效运动的血量增大,流向主动脉的血流减少。为满足机体循环的需求,代偿机制增加循环血流(见第 3 章)。这些代偿机制包括交感神经活性增加和肾素-血管紧张素系统(renin-angiotensin-aldosterone system, RAAS)激活。反流的血液引起继发性的射

流损伤和心内膜纤维化,严重的病例还可能出现部分或全层心房撕裂。病变侧的心室(和心房)逐渐重塑,以应对逐渐升高的舒张末期心壁压力。据研究显示,在此过程中,左心室基因表达出现多方面的变化,包括上调促炎性反应和胶原降解,以及下调间质基质产生的基因的表达。左心室的重塑过程以心肌细胞间正常的胶原排列降解和丢失为特征,目前认为此种变化的主要原因为肥大细胞产生的基质金属蛋白酶和糜蛋白酶增多。在心肌组织中,影响间质血管紧张素 II 产生和后续的心室重塑的主要物质为糜蛋白酶,而非血管紧张素转换酶(angiotensin-converting enzyme,ACE)。间质胶原丢失使得心肌细胞更容易出现相互滑动,心肌细胞自身延长和肥大、左心室几何结构的改变,共同引起心腔出现典型的慢性容量超负荷变化,表现为渐进性的离心性(扩张性)肥厚。心室扩张引起瓣环牵张,从而进一步加重瓣膜反流和容量超负荷。

　　这些心脏大小和血容量的代偿性变化,使得大多数犬在患病后很长时间内不表现症状。在心衰的症状出现之前可能会发生显著的 LA 增大,一些犬甚至永远不会出现心衰的临床症状。反流加重的速度,以及心房可扩张性和心室收缩力的变化程度,影响动物对此疾病的耐受程度。心房、肺静脉和毛细血管流体静水压逐渐升高,刺激肺淋巴回流代偿增加。当超过肺淋巴系统容量时则会发生明显的肺水肿。在很多晚期的病例,长期的左心房高压引起肺高压,进而加重三尖瓣反流并引起右心充血性心力衰竭的相关表现。除了肺静脉高压,其他引起肺血管阻力增加的因素还包括缺氧性肺小动脉收缩、内皮依赖性血管舒张功能受损以及慢性神经内分泌激活。

　　一些犬可能存在严重的充血性心力衰竭,但仍能维持相当好的心室泵血功能,直到疾病晚期。但是,来自分离的心肌细胞的研究结果显示,患早期、亚临床二尖瓣反流的犬,其心肌已出现收缩力下降、钙离子流异常和氧化应激的迹象。进行性心肌功能不全会加剧心室扩张和瓣膜反流,并因此加重充血性心力衰竭。临床上,很难评估二尖瓣反流患犬的心肌收缩力;因为常见的指数(如超声心动图中的缩短分数、射血分数)过高评估心肌收缩力,因为反流会降低后负荷,使得这些射血期的指数出现偏差。测量收缩末期的容量指数以及其他一些超声/多普勒指数,有助于评估左室的收缩与舒张功能。

　　慢性瓣膜性疾病还可引起心壁内冠状动脉硬化、微观壁内心肌梗死和局灶性心肌纤维化。但关于这些变化对心肌功能的影响程度仍不清楚,因为没有瓣膜

性疾病的老年犬也存在相似的血管病变。

## 并发因素

　　虽然退行性瓣膜性疾病通常进程缓慢,并发因素可引起先前处于代偿期的犬出现临床症状的急性发作(框 6-1)。例如,严重的过速性心律失常可能引起失代偿性充血性心力衰竭、昏厥或两者都有。频繁的心房早期收缩、阵发性房性心动过速或心房纤颤可缩短心室充盈时间、降低心输出量、增加心肌需氧量、加重肺充血和水肿。室性快速性心律失常也有发生,但较少见。

---

**框 6-1　慢性房室瓣疾病的潜在并发症**

**引起肺水肿急性恶化的因素**
心律失常
　频繁的房性早搏
　阵发性房性/室上性心动过速
　心房纤颤
　频繁的室性快速性心律失常
　排除药物毒性(如地高辛)
腱索断裂
医源性容量超负荷
　静脉输注大量液体或血液
　高钠液体
不稳定或不合适的给药
给药方案与疾病病程不符
心脏负荷增加
　强体力活动
　贫血
　感染/败血症
　高血压
　其他器官系统疾病(如肺、肾、肝、内分泌腺)
　潮热的环境
　过冷的环境
　其他环境应激
　摄入高盐
　心肌退行性变化和收缩力差

**引起心输出量减少或虚弱的因素**
心律失常(见上)
腱索断裂
咳嗽-晕厥反射
左心房撕裂
　心包内出血
　心包填塞
心脏负荷增加(见上)
继发性右心衰竭
心肌退行性变化和收缩力差

---

　　腱索突然断裂会突增反流量,使先前处于代偿期或无症状的犬暴发肺水肿或低心输出量相关症状。小

腱索的断裂有时是偶然性的发现。

严重增大的 LA 本身可挤压左侧主支气管,可在无充血性心力衰竭的情况下引起持续咳嗽,但是,此种说法已受到质疑。患慢性二尖瓣反流的小型犬经常会同时存在气道炎性疾病或支气管软化。严重的左心房(或右心房)扩张会引起部分或全层的心房撕裂。心房破裂可引起急性心包填塞或获得性房间隔缺损,雄性可卡犬、腊肠犬以及少数迷你贵妇犬出现该并发症的概率较高。该并发症在查尔斯王小猎犬中的流行率无性别差异。这些病例中大多数有严重的瓣膜疾病、明显的心房增大、心房射流损伤,以及一级腱索断裂。

## 临床特征

退行性 AV 瓣膜疾病在最初的数年内可能不会引起临床症状,甚至有些犬终生不出现心衰的症状。而那些出现心衰的动物,其症状通常表现为运动耐受性降低,或其他与肺瘀血和水肿相关的症状。最初的主诉通常是动物运动能力下降、咳嗽或呼吸急促且费力。随着肺瘀血和间质水肿加重,静息呼吸频率也会增加。咳嗽发生于夜间、清晨和运动时。严重的水肿导致明显的呼吸窘迫,通常伴有湿咳。可能会逐渐发生严重肺水肿的症状,或呈急性发作。数月至数年出现间歇性肺水肿症状,但心脏衰竭代偿期也很常见。疾病晚期的动物常出现一过性虚弱或虚脱(晕厥)发作,此种表现可能与过速性心律失常、急性血管迷走反射、肺高压或心房撕裂有关。持续咳嗽、运动或兴奋可能引发晕厥。三尖瓣反流的症状经常被二尖瓣反流的症状所掩盖,包括腹水、胸腔积液导致的呼吸窘迫,以及较罕见的皮下组织水肿。内脏瘀血可能加重胃肠道症状,主支气管压迫所引起的咳嗽通常被描述为"雁鸣音"。

二尖瓣反流通常伴有全收缩期杂音,左心尖为最佳听诊部位(左侧第 4~6 肋间)。然而,轻度反流可能仅在收缩早期(收缩初)可听到,或可能听不到。杂音可向任意方位辐射。运动和兴奋会增加二尖瓣反流杂音的强度。较强的杂音一般提示较严重的疾病,但有大量反流和严重心衰的犬的心杂音也可能很弱,甚至听不到。心杂音偶尔会像乐音或鸣声。一些犬收缩中期到后期可听到咔嗒音,伴有或不伴有柔软的杂音。疾病晚期的犬可能会在左心尖处听到 S3 奔马律。三尖瓣反流引起的杂音类似于二尖瓣反流的杂音,右心尖处为最佳听诊点。颈静脉搏动、右心尖心前区震颤、在三尖瓣区域上可听到不同音质的心杂音,这些细节有助于区分三尖瓣反流音和辐射至右心的二尖瓣反流音。

肺音可能正常或不正常。当肺水肿加重时,会出现呼吸音增粗增强,以及吸气末啰音(尤其在腹侧肺野)。暴发的肺水肿引起广泛性吸气和呼气啰音及喘鸣音。一些有慢性二尖瓣反流的犬,其异常肺音与潜在的肺和气道疾病相关,而与心衰无关。虽然不具备确切的指示意义,但一般而言,患有慢性心衰的犬易发生窦性心动过速,而患有慢性肺病的犬经常有明显的窦性心律失常。胸腔积液引起腹侧呼吸音减弱。

其他体格检查所见可能正常,或无明显诊断意义。即使一些快速性心律失常伴有脉搏缺失,但外周毛细血管灌流和动脉脉搏强度通常良好。(5~6)/6 级的心杂音伴有可感知的心前区震颤。单纯的二尖瓣反流不会有颈静脉扩张和搏动。有三尖瓣反流的动物,在心室收缩时出现颈静脉搏动,并在活动或兴奋后变得更明显。右心充盈压升高导致颈静脉扩张。在实施前腹按压期间,颈静脉搏动和扩张(阳性的肝颈静脉回流)更加明显。右心衰的动物可能出现明显的腹水或肝脏增大。

## 诊断

### ◆X 线检查

胸部 X 线的典型表现包括一定程度的左心房和左心室增大,通常在数月至数年内缓慢加重(图 6-1)。随左心房增大,气管隆突向背侧抬高,左主支气管向背侧移位。严重 LA 增大的犬伴有气管隆突和左主支气管压迫。多数患犬并存气道疾病,X 线透视可能显示动态的气道塌陷(左主支气管或者其他区域),此种现象可在动物咳嗽或者安静呼吸时出现。即使临床上没有心衰表现,随时间的推移,左心房将逐渐变得极度扩张。慢性三尖瓣反流的动物右心不同程度增大,但可能被并发的二尖瓣疾病引起的左心和肺的改变所掩盖。

左心充血性心力衰竭引起肺静脉瘀血和间质水肿;随后可发生渐进性间质和肺泡肺水肿,但是肺静脉增粗并非总是可见。早期肺水肿的 X 线征象与慢性气道或肺实质疾病的表现相似。犬心源性肺水肿的典型 X 线表现为肺门、背尾端的双侧对称性分布,但是一些可能表现为非对称性分布。肺水肿的有无以及严重性并不一定与心脏增大的程度一致。急性、严重的二尖瓣反流(如腱索断裂)可在 LA 无明显增大的情况下,出现严重的心源性水肿。相反,缓慢发展的反流可引起明显的 LA 增大,但无充血性心力衰竭的迹象。右心心衰的早期征象包括后腔静脉扩张、胸膜裂隙线和肝肿大。严重的右心衰出现明显的胸腔积液和腹水。

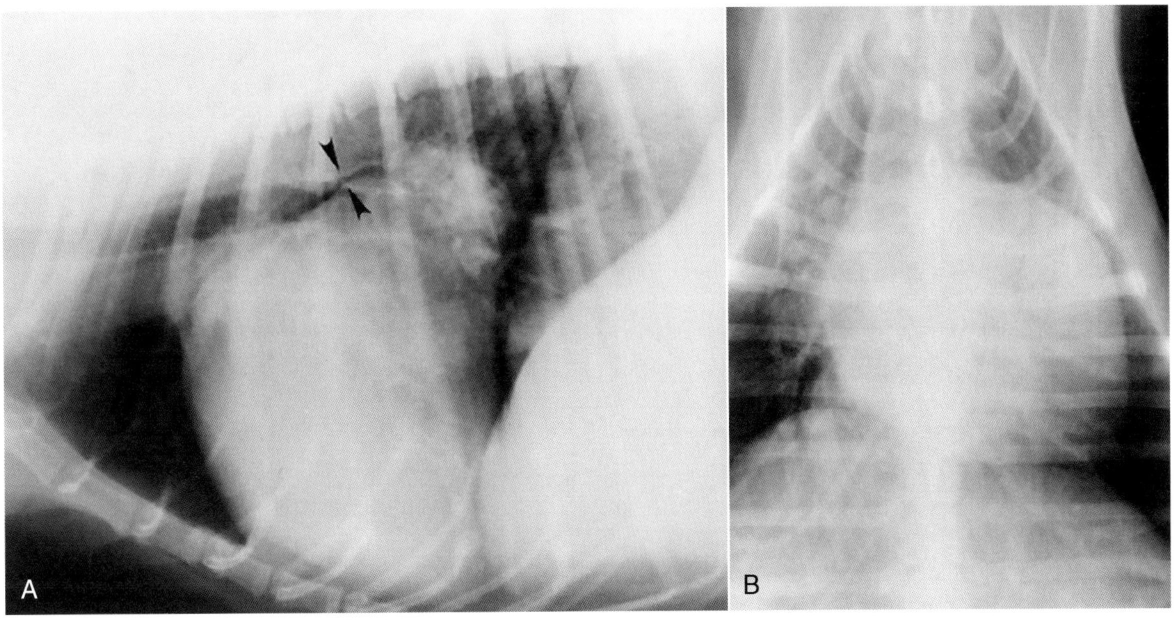


**图 6-1**
**1 只患严重二尖瓣反流的贵宾犬的侧位(图 A)和背腹位(图 B)X 线片。左心房和左心室明显增大,左主支气管狭窄(图 A 中箭头所致部位)。**

◈心电图

心电图检查通常正常,有时可提示存在左心房或双侧心房的增大和左心室扩张。右心室增大的表现偶见于有严重三尖瓣反流的犬。心律失常常见于病情更严重的犬,包括窦性心动过速、室上性期前收缩、阵发或持续的室上性心动过速、室性期前收缩和心房纤颤。这些心律失常可能与失代偿的充血性心力衰竭、虚弱或昏厥相关。

◈超声心动图

超声心动图可显示出继发于慢性 AV 瓣膜闭锁不全的心房和心室扩张。根据容量超负荷的程度,此种增大可能会很严重。存在二尖瓣反流时,当收缩力正常时左心室游离壁和室间隔运动增强(图 6-2),缩短分数升高,E 峰至室间隔距离(E point-septal separation, EPSS)变小或者消失。尽管动物的舒张期心室内径增加,但收缩期心室内径维持正常,除非出现心肌衰竭。计算收缩末期容量指数有利于评估心肌功能。心室壁厚度通常正常。患有严重三尖瓣疾病的犬右心室和右心房增大,可能出现反向室间隔运动。右心充血性心力衰竭可能伴发轻度的心包积液。发生 LA 撕裂后可出现心包积血,此时可能发现积液中存在血凝块或者出现心包填塞的迹象;对于此类病例,应积极排查其他引起信号填塞的原因(例如心脏肿瘤)。

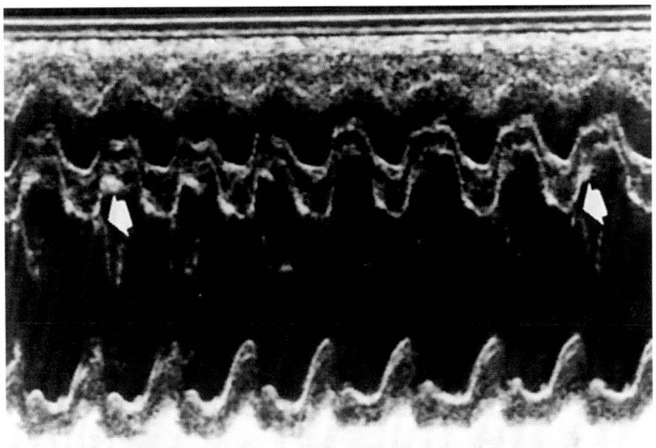

**图 6-2**
**1 只患严重二尖瓣闭锁不全和左心衰的马尔济斯犬的 M 型超声心动图。室间隔和左心室游离壁运动增强(缩短分数=50%),EPSS 消失(箭头所指)。**

患病的瓣膜尖增厚且可能呈结节状表现。均匀增厚是退行性疾病的特征(心内膜病),相反,细菌性心内膜炎通常引起瓣膜出现粗糙、不规则性赘生样病变。然而,单纯依靠超声通常无法准确区分退行性和感染性增厚。M 型超声检查可见夸张的运动和二尖瓣强回声。瓣膜增厚通常在前小叶最明显。有退行性 AV 瓣膜疾病的犬常见收缩期瓣膜垂脱,1 个或两个瓣膜小叶的一部分突向心房(图 6-3,A)。有时断裂的腱索或小叶尖在收缩期脱垂进入心房(见图 6-3,B)。彩色血流多普勒可显示心房内湍流的方向和程度(见图 2-34)。尽管湍流所占面积的大小可用于评估

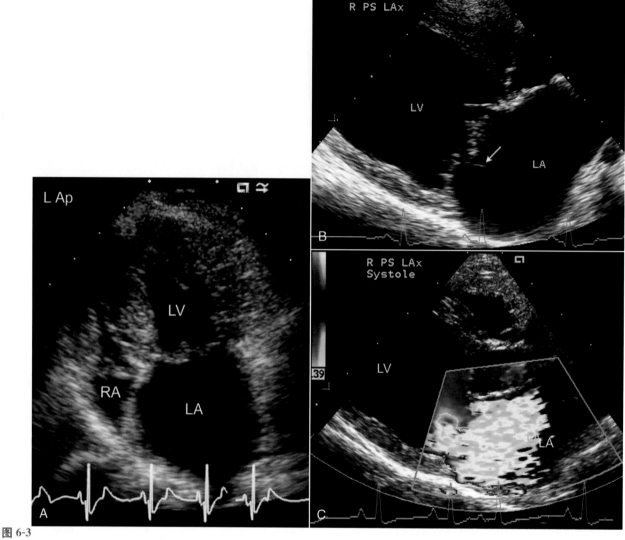

图 6-3

**A,** 1 只患严重退行性房室瓣疾病的老年腊肠犬的左心尖观,可见二尖瓣增厚、轻度脱垂以及左心房增大,三尖瓣也增厚。**B,** 1 只老年混血犬出现腱索断裂,可见明显的连枷样瓣膜脱垂和左心房增大。**C,** 1 只混血犬的心脏彩色血流图像,可见严重的二尖瓣反流束引起大范围的湍流信号;注意其左心房和左心室均增大。**LA,** 左心房;**LV,** 左心室;**RA,** 右心房。

反流的严重程度,但此项技术存在一定的局限性。有些人认为近端等速表面积法(proximal isovelocity surface area,PISA)能更精确地评估二尖瓣反流的程度。其实,在二维图像中利用 LA 的大小来评估慢性二尖瓣反流的严重程度更为直观和简单(见第 2 章)。其他多普勒技术也可用于评估心室收缩和舒张功能。三尖瓣反流的峰速可用于判定是否存在肺高压,还可评估肺高压的严重程度。

### 临床病理学检查

　　临床实验室数据可能正常,也可能反映出与充血性心力衰竭或并发的心外疾病相关的变化。与退行性

房室瓣疾病引起的充血性心力衰竭症状相混淆的疾病包括气管塌陷、慢性支气管炎、支气管扩张、肺纤维化、肺肿瘤、肺炎、咽炎、心丝虫病、扩张性心肌病和细菌性心内膜炎。测量动物的血浆脑利钠肽浓度有助于区分呼吸窘迫是心源性或是非心源性(见第 3 章)。

### 治疗和预后

　　对于处在心脏病 C 期的犬(见第 3 章),药物治疗可有助于控制心衰症状、支持心脏功能,调节过度激活的神经内分泌系统,后者与疾病的发展有关(框 6-2)。减小左心室大小的药物(如利尿剂、血管扩张药、正性肌力药物)可通过减小二尖瓣瓣环大小而减少反流血量。微

框 6-2　慢性房室瓣疾病的治疗指南

**无症状（B 期）**
客户教育（关于疾病的病程和心衰早期的症状）
日常健康的维持
　血压测量
　基础胸部 X 线片（±心超）和年检
　维持正常的体重/体况
　有规律、有节制的运动
　避免过度的体力活动
　在疫区进行心丝虫的检查和预防
管理其他疾病
避免高盐食物，考虑中度限盐的日粮
若 LA±LV 明显增大，考虑使用 ACEI，用于对抗神经内分泌激
　活的治疗效果不定

**轻度至中度充血性心力衰竭症状〔C 期，慢性/居家管理的病例（C2 期）〕**
考虑上述措施
呋塞米，根据需要调整
匹莫苯丹
ACEI
±螺内酯±地高辛（房性过速性心律失常时适用，包括房颤）
根据需要添加其他抗心律失常药物
在症状消除前严格限制运动
中度限盐的日粮
在家监测静息呼吸频率

**严重的充血性心力衰竭症状〔C 期，急性/住院管理病例（C1 期）〕\***
吸氧
笼养并尽量减少操作
呋塞米（更激进的剂量、肠道外给药）

血管扩张剂治疗
考虑经静脉使用硝普钠或者口服肼屈嗪或氨氯地平±经皮使
　用硝酸甘油
±布托啡诺或吗啡
必要时使用抗心律失常药物
匹莫苯丹（在动物允许口服药物时使用）
±IV 其他正性肌力药物（若持续性低血压或心肌衰竭，见表 3-1）
在动物情况稳定后±地高辛治疗
±支气管扩张剂
若存在中等至大量胸腔积液，进行胸腔穿刺

**慢性反复性或顽固性心衰〔D 期；住院治疗病例（D1）或门诊治疗病例（D2）〕\***
确认 C 期所使用的药物的剂量和频率达到最佳要求，包括呋塞
　米、ACEI、匹莫苯丹和螺内酯
排除全身性高血压、心律失常、贫血和其他并发症
按需增加呋塞米的剂量和频率，可以在症状消除的数天后尝试
　减少剂量
在症状消除前强制静养
将 ACEI 的给药频率增加到 q 12 h
添加地高辛（若未使用）；监测血清药物浓度；只有结果低于治
　疗浓度时方可增加剂量
添加第二种利尿剂（或增加剂量），如螺内酯或氢氯噻嗪
进一步降低后负荷（例如使用氨氯地平或肼屈嗪）；监测血压
进一步限制钠的摄入，确保饮用水为低盐水
必要时进行胸腔穿刺（或腹腔穿刺）
管理心律失常（见第 4 章）
若存在继发性肺高压，考虑使用西地那非
（1～3 mg/kg，PO q 8～12 h）
考虑使用支气管扩张剂或镇咳药

动脉扩张剂通过降低全身微动脉阻力，增加前向心输出量和减少反流血量。随着疾病发展，需频繁地再评估，并调整药物。一些患严重的二尖瓣反流的犬（有或无三尖瓣反流）通过适当的治疗，临床代偿可维持几个月至几年。有的犬会逐渐表现充血性心力衰竭或反复发作，而有的会迅速发生严重的肺水肿及昏厥。一些接受长期心衰治疗的犬，会间歇性突发失代偿情况，但一般可被成功治疗。治疗必须根据犬的临床状况以及并发因素的特点进行调整。部分患犬适合一些外科治疗措施，例如二尖瓣瓣环成形术、瓣膜修复技术或二尖瓣置换术。

◆ 无症状的房室瓣反流

　　无症状的犬（B 期）一般不需要药物治疗。目前没有有力证据能证明使用血管紧张素转换酶抑制剂（ACEI）或其他治疗，能延缓无症状的犬发展为心衰的过程。心脏明显增大时，能否从调节病理性重塑的治疗中获益尚不清楚。实验性研究表明，在二尖瓣反流早期，使用 β-阻断剂可改善心肌功能、延缓 LV 的几何变形，且可能有助于延缓临床症状出现的时间。但是截至目前，对 B 期心脏病的犬所进行的临床试验中，未发现 β-阻断剂能明显延缓充血性心力衰竭的发生，也不能延长动物的存活时间。

　　对主人的教育很重要，以使其对心衰的早期症状有所警觉。主人可观察动物的静息呼吸频率，以掌握正常的基础值。定期评估若发现动物的静息呼吸频率持续上升（超过基础值的 20% 以上），可提示即将出现肺水肿。此阶段不建议主人饲喂高盐食物，对肥胖犬进行减肥，并避免剧烈运动。选择中度限盐的日粮可能会有益处。建议定期评估（每 6～12 个月或者更频繁）动物的心脏大小（以及功能）以及血压。在充血性心力衰竭出现的 2～4 个月里，心脏增大的速度和程度将达到最大化，可通过 X 线（VHS 测量法）或心超

(LA/Ao 比、LV 舒张期和收缩期内径或者其他参数)进行评估。其他并存疾病可根据实际情况进行管理。

◉ **轻度到中度的充血性心力衰竭**

当动物出现运动或活动相关的充血性心力衰竭表现时,有若干种治疗方案可供选择(见框 6-2、表 3-3 和框 3-1)。处在此阶段的动物属于心脏病 C 期,状态足够稳定,可进行居家管理的患犬属于 C2 期。心衰的严重程度和并发因素的特性影响所选择的治疗方案的强度。

X 线检查证实有肺水肿和/或更严重临床症状的犬用呋塞米治疗。水肿更严重时,增加给药剂量或给药次数。若动物需要住院进行充血性心力衰竭的管理(见下文以及第 3 章),则被归类于 C1 期心衰。当心衰的症状得到控制,给药剂量和频率降到最低有效水平,并长期服用。不推荐单独使用呋塞米(如,无 ACEI 或其他药物)进行心衰的长期治疗。当无法区分患犬的呼吸道症状是由充血性心力衰竭还是非心源性疾病引起时,使用呋塞米进行治疗性试验(如,1~2 mg/kg PO q 8~12 h)和/或测量 NT-proBNP。心源性肺水肿的动物通常对呋塞米治疗反应迅速。

通常在出现早期的心衰症状时给予 ACEI(见第 3 章)。ACEI 最主要的优点是能够调节与心衰相关的神经内分泌反应。虽然并不清楚 ACEI 是否能提高存活时间,但长期使用可改善运动耐受力、缓解咳嗽和呼吸困难的症状。

匹莫苯丹适用于 C 期心衰的动物(见第 3 章)。这种药物具有正性肌力、血管舒张和其他作用。该药物延长存活时间的作用强于 ACEI(贝那普利),通常与 ACEI 合用。螺内酯是一种醛固酮拮抗剂,由于治疗心衰时有一定的益处,因此,对于处在 C 期心衰的犬,通常在上述的"三联疗法"的基础上添加此药。

在治疗初期建议进行中度限盐(见第 3 章)。有明显症状的犬应当禁止运动。在肺水肿消除之后可重新进行少量到中量有规律的活动(以不引起过度的呼吸费力为标准),避免激烈运动。无肺水肿的犬若存在主支气管机械性压迫引起的持续性咳嗽,可能需要镇咳药治疗(例如,重酒石酸氢可酮,0.25 mg/kg PO q 8~12 h;或布托啡诺,0.5 mg/kg PO q 6~12 h)。

◉ **严重、急性充血性心力衰竭**

有严重肺水肿且休息时也呼吸短促的犬,需紧急治疗(见第 3 章,框 3-1)。应尽快胃肠道外给予呋塞米进行激进的利尿,还要供氧和笼养。轻柔的操作是关键,因为任何附加的应激均可引起心肺骤停。可能需要推迟胸部 X 线片拍摄和其他诊断性操作,直至动物的呼吸状态变得更加稳定。

血管扩张剂适用于严重充血性心力衰竭的动物。若有良好的监控措施,可考虑经静脉使用硝普钠,以舒张小动脉和静脉,此过程应密切监测血压,以防止发生低血压。或选用口服肼屈嗪,由于肼屈嗪有直接和快速扩张小动脉的作用,可增加前向血流,并减少反流量。氨氯地平是另一种选择,但其起效较慢。经皮使用硝酸甘油可直接扩张静脉,从而可能有助于降低肺静脉压。

一旦急性呼吸困难消退,应立即开始使用匹莫苯丹。对于存在顽固性房颤或者频繁阵发性房性心动过速的动物,建议静脉注射地尔硫䓬以控制心率(见第 4 章)。地尔硫䓬或 β-阻抗剂(见表 4-2)联合地高辛口服,可用于慢性管理(见第 4 章)。对于存在持续性低血压的犬,可静脉注射正性肌力药物(如多巴酚丁胺,见框 3-1)。其他辅助性治疗包括进行轻度镇静,以缓解动物的焦虑,或使用支气管扩张剂,详见第 3 章。

有中量到大量胸腔积液的患犬,可进行胸腔穿刺以改善肺功能。影响到呼吸的严重腹水也应进行引流。在调整治疗方案的过程中,应进行密切的监控,以尽早识别并发症(例如,氮质血症、电解质紊乱、低血压、心律失常)。

一旦动物状况稳定之后,经过几天到几周的药物调整,以确定长效治疗的最佳剂量。将呋塞米调整到最低(及间隔最长),能控制充血性心力衰竭症状的剂量。如果之前未使用 ACEI,可考虑添加。肼屈嗪和氨氯地平可考虑停药,而对于邻近 D 期心衰的动物,可继续使用。

◉ **晚期心衰的慢性管理**

随着 CHF 逐渐恶化,治疗方案需根据个体的实际情况进行强化或者调整。通常需要渐进性增加呋塞米的剂量或者给药次数;同时,在动物能够耐受的前提下,将 ACEI、匹莫苯丹和螺内酯的用量增加至最高推荐剂量。在标准治疗基础上,若动物每日所需的呋塞米达到或者超过 6 mg/kg 时,则该患犬的心衰为 D 期。D 期心衰又可进一步细分为 D1 和 D2 期,D1 期指动物存在严重的反复性 CHF 症状,需接受住院治疗;D2 期的患犬可进行居家治疗。慢性顽固性心衰管理的其他方法可参考第 3 章。长期管理严重二尖瓣反流所引起的 CHF 时,通常会添加地高辛。地高辛致敏压力感受器的作用可能比起轻度正性肌力作用更有意义（见第 3 章）。左心室显著扩张、存在心肌收缩力下降的迹象或者在增加呋塞米或其他药物剂量的情况下，仍然反复出现肺水肿，则需要考虑添加地高辛进行治疗。地高辛还可控制犬的房颤，对某些病例所出现的频繁房性早搏或者室上性心动过速也有一定的作用。建议使用保守剂量，并监测血清药物浓度以防止中毒。

间歇性过速性心律失常可加速失代偿性充血性心力衰竭的发生，引起一过性虚弱或昏厥。可能也会发生咳嗽引起的昏厥、肺高压、心房破裂或其他原因导致的心输出量减少。与慢性二尖瓣反流相关的肺高压通常为轻度或中度，但偶尔也会很严重。肺高压的症状与晚期心脏病的症状相似，包括运动不耐受、咳嗽、呼吸困难、晕厥、紫绀和右心充血性心力衰竭的症状。若犬出现与明显肺高压相关的晕厥和/或右心衰症状，添加西地那非（1～3 mg/kg PO q 8～12 h）可能有一定帮助。

◉病患的监测和复查

客户教育的内容包括疾病的进程、心衰的临床症状和需要使用的药物，这些内容是成功长期管理的要素。随着疾病的发展，通常需调整药物（如现用药物剂量的调整和/或添加药物）。慢性退行性房室瓣膜疾病的数种常见潜在并发症可引起失代偿（见框 6-1）。居家监测是识别早期失代偿症状的重要手段。定期检测犬安静休息或睡觉时的呼吸频率（±心率），持续性心率或呼吸频率升高提示早期的失代偿。

无症状的犬至少在常规预防性健康年检时复查 1 次。接受心衰药物治疗的犬，复查时间可根据动物状况和其并发因素来决定。新近确诊的犬或失代偿性心衰的犬，应更频繁地复查（大约几天到 1 周），直到其状况稳定。有慢性心衰但控制良好的犬复查频率可减少，通常一年几次。每次主人携病患前来复查时，应检查药物的种类和剂量、药物的来源、主人的依从度、动物的精神状态、活动量以及饮食情况。

每次复查时，除了进行一般的体格检查，还需要特别关注动物的心血管参数、呼吸频率和呼吸模式。如果听诊有心律失常或心率过高或过低，需进行 ECG 检查。当怀疑心律失常但常规 ECG 无法证实，动态心电图可能有帮助（如 24 h Holter 监测）。如果听到有异常肺音或主诉有咳嗽、其他的呼吸症状以及休息时呼吸频率增加的情况，需进行胸腔 X 线检查。如果未见肺水肿或静脉充血且休息时呼吸频率未增加，应考虑其他引起咳嗽的原因。主支气管压迫或塌陷可引起动物干咳。诸如前文所述，镇咳药对此类咳嗽有所帮助，但应在排除其他咳嗽原因之后给药。

超声心动图可显示腱索断裂、渐进性心脏增大或心肌功能恶化。经常监测血浆电解质浓度和肾功能是很重要的。也应定期检测其他常规的血检和尿检。接受地高辛治疗的犬应在开始治疗或变更剂量后的 7～10 d 检测血浆药物浓度。如果动物出现中毒症状（包括食欲减退或其他胃肠道症状），或怀疑有肾脏疾病或电解质失衡（低血钾），则需进行额外的检测。

有退行性瓣膜疾病且表现出症状的犬预后不定。尽管充血性心力衰竭是引起心源性死亡的最常见原因，偶尔有些动物会出现猝死。一些犬在初次暴发性肺水肿期间死亡。大多数出现症状犬的存活时间由几个月到几年不等。适当地治疗并仔细管理并发症，一些犬在心衰症状首次出现之后 4 年多仍能存活。引起死亡风险升高的重要指征包括左心房、左心室的增大程度（反应慢性二尖瓣反流的严重程度），以及循环中利钠肽的浓度。

# 感染性心内膜炎
## (INFECTIVE ENDOCARDITIS)

### 病因与病生理学

菌血症，不论持续的或一过性的，都是发生心内膜感染的必要条件。在有高毒力的微生物存在时，或细菌数量很大时，心脏感染的机会增加。反复的菌血症可能是由皮肤、口腔、尿道、前列腺、肺或其他器官的感染所致。牙科操作会引起一过性的菌血症。其他一些操作也可能会引起一过性的菌血症，包括内窥镜、尿道插管、肛门手术和其他较"脏"的一些操作。一部分发生感染性心内膜炎的动物，不能确定明显的病因。

血流流经瓣膜的心内膜表面而直接引起感染。强毒力的细菌可入侵正常的瓣膜，引起急性细菌性心内膜炎。亚急性细菌性心内膜炎可能由原先受损或病变的瓣膜经持续性菌血症而发生感染所致。此类损伤可由机械性创伤导致（如由湍流导致的射流损伤或由心导管所致的心内膜的损伤）。但是，慢性退行性二尖瓣疾病与二尖瓣感染性心内膜炎之间不存在显著相关性。

心内膜炎的典型损伤位于血液湍流的下游位置。常见部位包括存在主动脉瓣下狭窄时主动脉瓣的心室侧、室间隔缺损时的右心室侧和有二尖瓣反流时的心房表面。抗体的凝聚作用易引起细菌形成凝块并附着到瓣膜上。另外,慢性压迫和机械性创伤易形成无菌性血栓心内膜炎,无菌的血小板和纤维聚集物可黏附于瓣膜表面。此类无菌性栓子可由其赘生物上脱落,并在其他部位引起栓塞。菌血症也可在这些地方引起继发的感染性心内膜炎。

引起犬猫心内膜炎的最常见病原体有葡萄球菌属、链球菌属、棒状杆菌(隐秘杆菌)属和大肠杆菌属。由心内膜炎犬分离到的猪丹毒丹毒丝菌属也被鉴别为扁桃体丹毒丝菌。越来越多心内膜炎患犬被发现感染了文氏巴尔通体伯格霍夫亚种以及其他巴尔通体。在一项研究中,45%患感染性心内膜炎的犬中,其致病原为巴尔通体,但血液培养结果为阴性,且巴尔通体在该群体中的流行率为20%。由感染性瓣膜分离到的其他较不常见的病原体有巴氏杆菌属、绿脓假单胞菌属、猪丹毒丹毒丝菌(扁桃体丹毒丝菌)和其他菌属,包括厌氧丙酸杆菌和梭菌属。猫最常见的致病原为巴尔通体,其他病原还包括葡萄球菌属、链球菌属、大肠杆菌和厌氧菌。培养阴性的心内膜炎可能是由惰性病原或巴尔通体引起,后者可定植在内皮细胞内或者红细胞内。

在犬猫中,二尖瓣和主动脉瓣是最常受感染的瓣膜。微生物定植导致瓣膜内皮形成溃疡;而内皮下胶原暴露,又反过来刺激血小板聚集,激活凝血级联效应,导致形成赘生物。赘生物主要由聚集的血小板、纤维、血细胞和细菌构成。新鲜赘生物易碎,此后其纤维含量逐渐增多,并可能出现钙化。沉积于细菌菌落表面的纤维可保护细菌免受正常宿主防御和多种抗生素的伤害。虽然赘生物通常累及瓣膜小叶,但病变可能蔓延到腱索、主动脉窦、心内膜壁或邻近的心肌。赘生物引起瓣膜变形,包括小叶或多个小叶的穿透或撕裂,并导致瓣膜闭锁不全。罕见的大赘生物可引起瓣膜狭窄。链球菌似乎更常感染二尖瓣。巴尔通体通常感染主动脉瓣,引起与其他病原菌感染稍微不同的病变,包括纤维化、矿化、内皮增殖和血管新生。

瓣膜闭锁不全引起容量过载通常导致充血性心力衰竭的发生。由于二尖瓣和主动脉瓣通常会受到影响,因此动物通常出现左心衰相关的肺充血和水肿表现。严重的瓣膜破坏、腱索断裂、多个瓣膜病变或存在其他易感因素的动物,将迅速出现临床心衰表现。心肌损伤可引起心功能下降,引起前者的原因包括由冠状动脉栓塞导致的心肌梗死、脓肿或感染直接蔓延到心肌等。病变通常会导致收缩力下降,及房性或室性过速性心律失常。主动脉瓣心内膜炎可能蔓延到房室结而引起部分或完全的房室阻滞。心律失常可引起虚弱、昏厥和猝死或加剧充血性心力衰竭。

赘生物的碎片通常疏松而容易脱落,可引起于身体其他器官发生梗死或转移性感染,并导致不同的临床症状。人心脏内较大的可移动赘生物(通过超声心动图评估)更容易引起栓塞,动物可能存在相似的情况。栓子可能是有菌或者无菌(不含感染性微生物)。患病动物常见败血性关节炎、椎间盘脊椎炎、尿道感染和肾、脾脏梗死。败血性栓子导致局部脓肿的形成,可引起反复的菌血症和高烧。肥大性骨病可能与细菌性心内膜炎相关。循环免疫复合物和细胞介导性反应引起此类综合征。无菌性多关节炎、肾小球肾炎、脉管炎和其他免疫介导性器官损伤较常见。类风湿因子和抗核抗体检测结果可能为阳性。

## 临床特征

犬细菌性心内膜炎的发病率相对较低,猫更低。雄犬发病率高于雌犬,而发病率随年龄增长而增大。德国牧羊犬和其他大型品种(尤其是拳师犬、金毛犬、拉布拉多犬和罗威纳犬)的发病风险似乎更高。已知主动脉瓣下狭窄是主动脉瓣心内膜炎的风险因素。严重的牙周疾病可能与心内膜炎或心肌病有一定的相关性,但是,对于小型犬而言,虽然其发生严重牙周疾病和退行性二尖瓣疾病的概率更高,但发生心内膜炎的概率却偏低。患嗜中性粒细胞减少症或免疫缺陷的动物,可能有更高的风险罹患心内膜炎。

心内膜炎所引起的临床症状千差万别。一些患病动物可能有既往或现在感染迹象,但更多情况是病史调查中未发现明确的易感因素。动物所表现出的症状可能有左心CHF或节律失常所引起,但是,心脏症状可能被全身性梗死、感染或免疫介导性疾病(包括多关节炎)中的单个或多个所引起的症状所掩盖。非特异性症状包括跛行或僵直(可能呈游走性)、嗜睡、震颤、反复发热、体重减轻、食欲不振、呕吐、腹泻、虚弱等,这些可能是最主要的表现。多数患犬存在心杂音;杂音的特点取决于受影响的瓣膜。最常见的心律失常是室性过速性心律失常,但也可发生室上性过速性心律失常或房室传导阻滞(尤其当主动脉瓣感染时)。

感染性心内膜炎通常与免疫介导性疾病很类似。患心内膜炎的犬通常有"无名高热",感染性心内膜炎所导致的后果见框6-3。心内膜炎被称为"伟大的模仿者",因此,要对此病时刻保持警惕的态度。

**框 6-3　感染性心内膜炎的潜在后遗症**

**心脏**
瓣膜闭锁不全或狭窄
　心杂音
　充血性心力衰竭
冠状血管血栓(主动脉瓣膜*)
　心肌梗死
　心肌脓肿
　心肌炎
　收缩力下降(节段性或全心室)
　心律失常
心肌炎(微生物直接入侵)
　心律失常
　房室传导异常(主动脉瓣*)
　收缩力降低
心包炎(微生物直接入侵)
　心包积液
心包填塞(§)

**肾脏**
梗死
　肾功能减退
脓肿形成和肾盂肾炎
　肾功能减退
　尿道感染
　肾痛
肾小球肾炎(免疫介导性)
　蛋白尿
　肾功能减退

**肌肉骨骼**
败血性关节炎
　关节肿胀和疼痛
　跛行
免疫介导性多关节炎
　游走性跛行

关节肿胀和疼痛
败血性骨髓炎
　骨疼痛
　跛行
肌炎
　肌肉疼痛

**脑和脑膜**
脓肿
　相关神经症状
脑炎和脑膜炎
　相关神经症状

**一般的血管系统**
血管炎
　血栓
　出血点和局部出血(如眼睛、皮肤)
梗阻
　涉及组织缺血,有相关症状

**肺**
肺栓塞(三尖瓣或肺瓣膜,罕见*)
肺炎(三尖瓣或肺瓣膜,罕见*)

**非特异性**
败血症
发热
厌食
不适和沉郁
震颤
隐痛
炎性白细胞像
轻度贫血
±阳性抗核抗体检测
±阳性血液培养

* 与特定的病变瓣膜相关的特异性异常。

若在不合理的情况下出现充血性心力衰竭的症状,或发生于新近才出现心杂音的动物时,可能指示存在瓣膜感染和损伤,尤其当存在其他具有提示意义的症状时。然而,这种"新近"的杂音可能由后天的非感染性疾病(如退行性瓣膜疾病、心肌病)、先前未诊断的先天性疾病或生理变化(如发热、贫血)所致。反过来,因患有其他心脏病而存在心杂音的动物也可能出现心内膜炎。虽然杂音的质量或强度在短时间改变可能提示活动性瓣膜损伤,但也常见生理性原因所致的心杂音变化。在左心基部出现舒张期杂音,则怀疑有主动脉瓣心内膜炎,尤其当动物存在发热或其他症状时。

## 诊断

很难对感染性心内膜炎做出确切的生前诊断。感染性心内膜炎的假定性诊断建立在两次或多次阳性血液培养(或者阳性的巴尔通体)基础之上,且有赘生物或瓣膜破坏的超声心动证据,或证实最近出现反流心杂音。当血液培养结果为阴性或间歇性阳性时,如果超声心动图表明有赘生物或瓣膜破坏,且伴有其他异常表现时(框 6-4 心衰的临床症状),也可能有心内膜炎。新出现的舒张期杂音、亢进的脉搏和发热,强烈提示有主动脉瓣心内膜炎。

**框 6-4** Criteria for Diagnosis of Infectious Endocarditis*

**Definite Endocarditis by Pathologic Criteria**

Pathologic (postmortem) lesions of active endocarditis with evidence of microorganisms in vegetation(or embolus) or intracardiac abscess

**Definite Endocarditis by Clinical Criteria**

Two major criteria(below), or
One major and three minor criteria or
Five minor Criteria

**Possible Endocarditis**

Findings consistent with infectious endocarditis that fall short of "definite" but not "rejected"

**Rejected Diagnosis of Endocarditis**

Firm alternative diagnosis for clinical manifestations
Resolution of manifestations of infective endocarditis with 4 or fewer days of antibiotic therapy
No pathologic evidence of infective endocarditis at surgery of necropsy after 4 or fewer days of antibiotic therapy

**Major Criteria**

Positive blood cultures
  Typical microorganism for infective endocarditis from two separate blood cultures
  Persistently positive blood cultures for organism consistent with endocarditis(samples drawn>12 hours apart or three or more cultures drawn≥1 hour apart)
Evidence of endocardial involvement
  Positive echocardiogram for infective endocarditis (oscillating mass on heart valve or supportive structure of in path of regurgitant jet or evidence of cardiac abscess)
  New valvular regurgitation(increase or change in preexisting murmur not sufficient evidence)

**Minor Criteria**

Predisposing heart condition(see p. 123)
Fever
Vascular phenomena: major arterial emboli, septic infarcts
Immunologic phenomena: glomerulonephritis, positive antinuclear antibody or rheumatoid factor tests
Medium to large dog†
*Bartonella* titer>1:1024†
Microbiologic evidence: positive blood culture not meeting major criteria above
Echocardiogram consistent with infective endocarditis but not meeting major criteria above
(Rare in dogs and cats: repeated nonsterile IV drug administration)

  * Adapted from Duke criteria for endocarditis. In Durack DT et al: New criteria for diagnosis of infective endocarditis utilization of specific echocardiographic findings. *Am J Med* 96:200,1994.

  † Proposed minor criteria.

进行血液培养前的采样准备包括对采样部位进行剃毛和外科消毒。无菌采集多份样本,总血量至少10 mL(小型犬或猫采集 5 mL),采集间隔 1 h 以上;细菌培养超过 24 h。理想的做法是每次抽血更换不同的部位,此外,也可从新近无菌放置的颈静脉插管处采样。不推荐经外周静脉留置针进行采样。较大的血量(如20~30 mL)可增加培养敏感性。尽可能在采样前停用(或推迟使用)抗生素,使用一些抗生素清除装置可能对一些病例的诊断有所帮助。对于危重病例,不建议推迟24 h 再使用抗生素,此时可在 10~60 min 内采集 2~3次样本进行培养。进行血液培养所选用的培养瓶大小有一定要求,一般建议将血样和肉汤按 1:10 的比例混合,尽量消除病患自身的血清所存在的抗菌效应。将采集的血样转移进培养瓶之前,应对瓶顶进行消毒,并更换新的注射器针头。在转移过程中避免注入空气,转移后轻柔的上下倒置培养瓶数次混匀。虽然常规厌氧培养有一定疑问,但推荐既做需氧也做厌氧培养。推荐做长时间培养(3 周),因为一些细菌生长缓慢。虽然多数感染性心内膜炎患犬的血液培养结果为阳性,但在一些研究中,超过一半被确诊为感染性心内膜炎的犬,培养结果为阴性。阴性结果可能出现于下述情况,慢性心内膜炎、最近有抗生素治疗、间歇性菌血症、惰性细菌感染、生长缓慢的细菌感染,也可能为非感染性心内膜炎。对于培养阴性的犬,聚合酶链式反应(PCR)检测以及血清学检测可能会发现潜在的巴尔通体感染。巴尔通体血清学检查阳性的犬,其血清学检查结果可能提示同时存在其他蜱媒传染性疾病。由于肾脏可能出现原发性和继发性细菌感染,建议进行尿液培养。超声心动检查发现有游移性赘生物和异常的瓣膜运动时,高度提示本病(图 6-4)。超声可识别的病变根据病灶的大小、位置、超声设备的分辨力,以及超声技师的娴熟程度而异。对于"损伤"可能存在假阴性和假阳性的结果;需谨慎解读这些结果。早期损伤包括轻度瓣膜增厚和/或回声增强。赘生物损伤显示为不规则、密度增高的团块。慢性病灶所出现的回声增强可能与营养不良性钙化有关。随着瓣膜损坏加重,可见腱索断裂、连枷状瓣叶或其他异常的瓣膜运动。不太可能区别二尖瓣赘生物和退行性增厚,尤其是疾病早期。然而,典型的赘生物性心内膜炎为粗糙的、不均匀的回声;而退行性疾病显示瓣膜平滑增厚。图像差或清晰度不高,或使用低频探头,会妨碍一些赘生物的识别。瓣膜闭锁不全的继发性效应包括容量超负荷导致的腔室增大和连枷状瓣叶,或其他异常瓣膜小叶运动。动物也可出现心肌功能不全和节律失常。主动脉闭锁不全可引起二尖瓣前叶在舒张期高频震颤，这由于反流血流冲击此瓣膜所致。偶尔可在左室腔内观察到自发性超声造影现象，这可能与高纤维蛋白原血症和血沉加快有关。多普勒可探测到湍流的血液（图 6-5）。

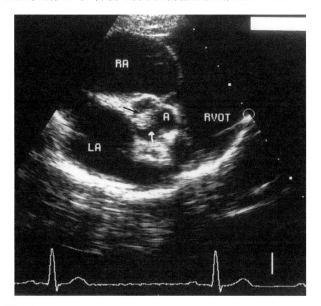

**图 6-4**
右侧胸骨旁短轴超声心动图，主动脉—左心房水平切面。2 岁雄性威斯拉犬（Vizsla）患有先天性主动脉瓣膜下狭窄和肺动脉狭窄。可见心内膜炎导致的主动脉瓣赘生物（箭头）。A，主动脉；LA，左心房；RA，右心房；RVOT，右心室流出道。

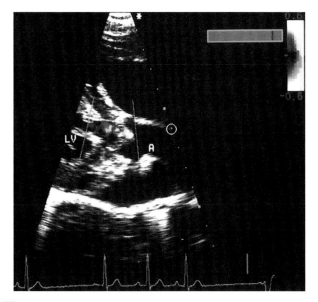

**图 6-5**
右侧胸骨旁长轴切面，舒张期多普勒彩色血流影像，与图 6-4 为同一只犬。主动脉反流的火焰样喷射血流从闭合的主动脉瓣延伸到左心室流出道。A，主动脉；LV，左心室。

ECG 可能正常也可能表现有期前异位起搏、心动过速、传导紊乱或心肌缺血迹象。X 线检查可能正常，或显示有左心衰或者其他器官异常（例如椎间盘脊柱炎）的迹象。疾病早期心脏增大不明显，但随着瓣膜闭锁不全的持续而逐渐加重。

临床病理学结果通常反映炎症。嗜中性粒细胞增多伴有核左移是典型的急性心内膜炎，而成熟的中性粒细胞增多伴有或不伴有单核细胞增多通常是存在慢性疾病的表现。但是，有些病例可能不出现炎性白细胞像。约有一半的患犬发生非再生障碍性贫血。血小板减少症也较常见。生化结果多变。常见氮血症、高球蛋白血症、血尿、脓尿或蛋白尿。菌血症的动物可能出现肝酶活性升高和低血糖。患亚急性或慢性细菌性心内膜炎的犬抗核抗体检测结果可能为阳性。据报道，约 75％感染文氏巴尔通体的犬抗核抗体阳性。

## 治疗和预后

有效治疗动物感染性心内膜炎，需选择能穿透纤维蛋白的杀菌性抗生素和支持疗法。理想的药物选择是根据培养结果和体外敏感试验结果指导选药，但因等待培养结果而推迟治疗的做法并不明智，通常在采集完血液培养样本之后立即进行广谱抗生素联合治疗。通常按推荐剂量的上限给药。当获得培养结果可根据情况更换抗生素；培养结果为阴性的动物应继续给予广谱抗生素。最初选择一种头孢类或人工合成青霉素衍生物（如氨苄西林、替卡西林、哌拉西林）与一种氨基糖苷类抗生素（庆大霉素或阿米卡星）或氟喹诺酮类抗生素（如恩诺沙星）联合使用。此种给药方案能有效对抗绝大多数引起感染性心内膜炎的病原微生物。阿奇霉素或替卡西林-克拉维酸是可用选择的备用药物。克林霉素、甲硝唑或头孢西丁可提供额外的抗厌氧菌作用。对于肾功能不全而病原不明的动物，可联合使用恩诺沙星和克林霉素（尽管后者是抑菌性抗生素）。不幸的是，细菌耐药性日益严重的现状让人担忧，多数凝血酶阳性的葡萄球菌对氨苄西林（以及青霉素）具有耐药性。增谱青霉素（替卡西林、哌拉西林和羧苄西林）可能效果更好，且对某些革兰阴性菌有效，但很多葡萄球菌也对这些药物产生耐药性。替卡西林-克拉维酸可能对产 β-内酰胺酶的葡萄球菌更有效。一代头孢菌素通常对葡萄球菌、链球菌和某些革兰阴性菌有效，但其耐药现象也日益加重。第二代和第三代头孢菌素对革兰阴性菌和一些厌氧菌更有效。对于猫来说，选择一种一代头孢菌素与哌拉西林或克林霉素联用，能更好地针对革兰阴性菌和厌氧菌感染。针对巴尔通体的最佳药物尚不清楚。有人推荐使用阿奇霉素、恩诺沙星或者高剂量的多西环素。患巴尔通体相关心内膜炎的犬若情况较危重，可选择激进的氨基糖苷类疗法,但必须考虑犬的肾功能和对静脉输液的耐受性。

抗生素在第一周或更长时间静脉注射给予(或至少肌肉注射),以获得较高的或可预测的血液浓度。此后因可操作性的问题一般改为口服给药,但胃肠道外给药仍然是最好的给药途径。合适的抗生素治疗应至少坚持 6~8 周,但通常会使用更长的时间,有些医师甚至建议使用 1 年。但是,如果出现肾毒性,氨基糖苷类必须在 1 周或更短的时间内停药。密切检测尿沉渣可用于发现早期氨基糖苷类所引起的肾毒性。对于确诊或疑似感染文氏巴尔通体感染的动物,建议在治疗 1 个月后复查 PCR 或者血清学。抗体滴度下降提示治疗有效。

支持性治疗包括治疗充血性心力衰竭(见第 3 章)和心律失常(见第 4 章)。与原发感染源相关的并发症、血栓或免疫反应应尽力纠正。水合状态、营养支持和一般的护理也很重要。在人医临床中,使用阿司匹林和氯吡格雷(不是其他的口服抗凝剂)能减小赘生物、限制细菌的扩散,以及减少栓塞的风险。

对于血液或尿液培养阳性的动物,在停药 1~2 周后以及数周后,重复进行培养。在治疗期间以及停药后进行定期超声心动评估,可用于监控病变瓣膜功能以及其他心脏参数的变化。根据病例的实际情况需要,进行 X 线检查、血常规、血清生化及其他检测项目的复查。

长期预后谨慎或不良。超声心动图证实有赘生物、容量超负荷者预后不良。其他与预后负相关的指征包括巴尔通体或革兰阴性菌感染、对治疗反应差的肾脏或心脏并发症、败血性栓子和血小板减少症。使用糖皮质激素以及不合适的抗生素治疗与预后不良有关。如果瓣膜机能障碍不严重,也不存在大的赘生物,积极的治疗可能会成功。充血性心力衰竭是最常见的死亡原因,虽然败血症、全身性血栓、心律失常或肾衰也可引起死亡。

预防性使用抗生素仍有争议。根据人医的经验,绝大多数感染性心内膜炎是不可预防的;操作(如牙科)引发心内膜炎的风险相比日常活动累积的风险要低得多。但是,高的心内膜炎流行率似乎与某些心血管异常相关,因此建议此类动物在进行牙科操作或其他"污染"操作(如,涉及口腔或肠道或泌尿生殖系统)之前最好预防性使用抗生素。主动脉下狭窄是被普遍认同的易感因素;心内膜炎也与室间隔缺损、动脉导管未闭和发绀型先天性心脏病相关。有植入起搏器或其他装置或有心内膜炎病史的犬,可预防性使用抗生素,也应考虑用于有免疫功能不全的动物。目前推荐的预防性抗生素使用的方案有多种,包括在进行口腔或上

呼吸道操作前 1 h 和之后 6 h 内使用高剂量的氨苄西林、阿莫西林、替卡西林或一代头孢菌素,或者联用氨苄西林和一种氨基糖苷类(在消化道和泌尿生殖道操作前 30 min 和操作后 8 h 静脉注射)。也有人建议在对犬进行牙科操作时使用克林霉素。

◉ 推荐阅读

**退行性房室瓣膜疾病**

Atkins C et al: Guidelines for the diagnosis and treatment of canine chronic valvular heart disease (ACVIM Consensus Statement), *J Vet Intern Med* 23:1142, 2009.

Atkins CE, Haggstrom J: Pharmacologic management of myxomatous mitral valve disease in dogs, *J Vet Cardiol* 14:165, 2012.

Atkins CE et al: Results of the veterinary enalapril trial to prove reduction in onset of heart failure in dogs chronically treated with enalapril alone for compensated, naturally occurring mitral valve insufficiency, *J Am Vet Med Assoc* 231:1061, 2007.

Atkinson KJ et al: Evaluation of pimobendan and N-terminal pro-brain natriuretic peptide in the treatment of pulmonary hypertension secondary to degenerative mitral valve disease in dogs, *J Vet Intern Med* 23:1190, 2009.

Aupperle H, Disatian A: Pathology, protein expression and signalling in myxomatous mitral valve degeneration: comparison of dogs and humans, *J Vet Cardiol* 14:59, 2012.

Bernay F et al: Efficacy of spironolactone on survival in dogs with naturally occurring mitral regurgitation caused by myxomatous mitral valve disease, *J Vet Intern Med* 24:331, 2010.

Borgarelli M, Buchanan JW: Historical review, epidemiology and natural history of degenerative mitral valve disease, *J Vet Cardiol* 14:93, 2012.

Borgarelli M et al: Survival characteristics and prognostic variables of dogs with preclinical chronic degenerative mitral valve disease attributable to myxomatous valve disease, *J Vet Intern Med* 26:69, 2012.

Chetboul V et al: Association of plasma N-terminal Pro-B-type natriuretic peptide concentration with mitral regurgitation severity and outcome in dogs with asymptomatic degenerative mitral valve disease, *J Vet Intern Med* 23:984, 2009.

Chetboul V, Tissier R: Echocardiographic assessment of canine degenerative mitral valve disease, *J Vet Cardiol* 14:127, 2012.

Diana A et al: Radiographic features of cardiogenic pulmonary edema in dogs with mitral regurgitation: 61 cases (1998-2007), *J Am Vet Med Assoc* 235:1058, 2009.

Dillon AR et al: Left ventricular remodeling in preclinical experimental mitral regurgitation of dogs, *J Vet Cardiol* 14:7392, 2012.

Falk T, Jonsson L, Olsen LH, et al: Arteriosclerotic changes in the myocardium, lung, and kidney in dogs with chronic congestive heart failure and myxomatous mitral valve disease, *Cardiovasc Pathol* 15:185, 2006.

Fox PR: Pathology of myxomatous mitral valve disease in the dog, *J Vet Cardiol* 14:103, 2012.

Gordon SG et al: Retrospective review of carvedilol administration in 38 dogs with preclinical chronic valvular heart disease, *J Vet Cardiol* 14:243, 2012.

Gouni V et al: Quantification of mitral valve regurgitation in dogs with degenerative mitral valve disease by use of the proximal isovelocity surface area method, *J Am Vet Med Assoc* 231:399, 2007.

Haggstrom J et al: Effect of pimobendan or benazepril hydrochloride on survival times in dogs with congestive heart failure caused by naturally occurring myxomatous mitral valve disease: the QUEST study, *J Vet Intern Med* 22:1124, 2008.

Hezzell MJ et al: The combined prognostic potential of serum high-sensitivity cardiac troponin I and N-terminal pro-B-type natriuretic peptide concentrations in dogs with degenerative mitral valve disease, *J Vet Intern Med* 26:302, 2012.

Hezzell MJ et al: Selected echocardiographic variables change more rapidly in dogs that die from myxomatous mitral valve disease, *J Vet Cardiol* 14:269, 2012.

Kellihan HB, Stepien RL: Pulmonary hypertension in canine degenerative mitral valve disease, *J Vet Cardiol* 14:149, 2012.

Kittleson MD, Brown WA: Regurgitant fraction measured by using the proximal isovelocity surface area method in dogs with chronic myxomatous mitral valve disease, *J Vet Intern Med* 17:84, 2003.

Kvart C et al: Efficacy of enalapril for prevention of congestive heart failure in dogs with myxomatous valve disease and asymptomatic mitral regurgitation, *J Vet Intern Med* 16:80, 2002.

Ljungvall I et al: Assessment of global and regional left ventricular volume and shape by real-time 3-dimensional echocardiography in dogs with myxomatous mitral valve disease, *J Vet Intern Med* 25:1036, 2011.

Ljungvall I et al: Cardiac troponin I is associated with severity of myxomatous mitral valve disease, age, and C-reactive protein in dogs, *J Vet Intern Med* 24:153, 2010.

Lombard CW, Jöns O, Bussadori CM: Clinical efficacy of pimobendan versus benazepril for the treatment of acquired atrioventricular valvular disease in dogs, *J Am Anim Hosp Assoc* 42:249, 2006.

Lord PF et al: Radiographic heart size and its rate of increase as tests for onset of congestive heart failure in Cavalier King Charles Spaniels with mitral valve regurgitation, *J Vet Intern Med* 25:1312, 2011.

Marcondes-Santos M et al: Effects of carvedilol treatment in dogs with chronic mitral valvular disease, *J Vet Intern Med* 21:996, 2007.

Moesgaard SG et al: Flow-mediated vasodilation measurements in Cavalier King Charles Spaniels with increasing severity of myxomatous mitral valve disease, *J Vet Intern Med* 26:61, 2012.

Moonarmart W et al: N-terminal pro B-type natriuretic peptide and left ventricular diameter independently predict mortality in dogs with mitral valve disease, *J Small Anim Pract* 51:84, 2010.

Muzzi RAL et al: Regurgitant jet area by Doppler color flow mapping: quantitative assessment of mitral regurgitation severity in dogs, *J Vet Cardiol* 5:33, 2003.

Orton EC et al: Technique and outcome of mitral valve replacement in dogs, *J Am Vet Med Assoc* 226:1508, 2005.

Orton EC, Lacerda CMR, MacLea HB: Signaling pathways in mitral valve degeneration, *J Vet Cardiol* 14:7, 2012.

Orton C: Transcatheter mitral valve implantation (TMVI) for dogs. In *Proceedings, 2012 ACVIM Forum*, New Orleans, LA, 2012, p 185.

Oyama MA: Neurohormonal activation in canine degenerative mitral valve disease: implications on pathophysiology and treatment, *J Small Anim Pract* 50:3, 2009.

Reineke EL, Burkett DE, Drobatz KJ: Left atrial rupture in dogs: 14 cases (1990-2005), *J Vet Emerg Crit Care* 18:158, 2008.

Schober KE et al: Effects of treatment on respiratory rate, serum natriuretic peptide concentration, and Doppler echocardiographic indices of left ventricular filling pressure in dogs with congestive heart failure secondary to degenerative mitral valve disease and dilated cardiomyopathy, *J Am Vet Med Assoc* 239:468, 2011.

Serres F et al: Chordae tendineae rupture in dogs with degenerative mitral valve disease: prevalence, survival, and prognostic factors (114 cases, 2001-2006), *J Vet Intern Med* 21:258, 2007.

Singh MK et al: Bronchomalacia in dogs with myxomatous mitral valve degeneration, *J Vet Intern Med* 26:312, 2012.

Smith PJ et al: Efficacy and safety of pimobendan in canine heart failure caused by myxomatous mitral valve disease, *J Small Anim Pract* 46:121, 2005.

Tarnow I et al: Predictive value of natriuretic peptides in dogs with mitral valve disease, *Vet J* 180:195, 2009.

Uechi M: Mitral valve repair in dogs, *J Vet Cardiol* 14:185, 2012.

感染性心内膜炎

Breitschwerdt EB et al: Bartonellosis: an emerging infectious disease of zoonotic importance to animals and human beings, *J Vet Emerg Crit Care* 20:8, 2010.

Calvert CA, Thomason JD: Cardiovascular infections. In Greene CE, editor: *Infectious diseases of the dog and cat*, ed 4, St Louis, 2012, Elsevier Saunders, p 912.

Glickman LT et al: Evaluation of the risk of endocarditis and other cardiovascular events on the basis of the severity of periodontal disease in dogs, *J Am Vet Med Assoc* 234:486, 2009.

MacDonald KA: Infective endocarditis. In Bonagura JD, Twedt DC, editors: *Kirk's current veterinary therapy XIV*, St Louis, 2009, Elsevier Saunders, p 786.

Meurs KM et al: Comparison of polymerase chain reaction with bacterial 16s primers to blood culture to identify bacteremia in dogs with suspected bacterial endocarditis, *J Vet Intern Med* 25:959, 2011.

Miller MW, Fox PR, Saunders AB: Pathologic and clinical features of infectious endocarditis, *J Vet Cardiol* 6:35, 2004.

Peddle G, Sleeper MM: Canine bacterial endocarditis: a review, *J Am Anim Hosp Assoc* 43:258, 2007.

Peddle GD et al: Association of periodontal disease, oral procedures, and other clinical findings with bacterial endocarditis in dogs, *J Am Vet Med Assoc* 234:100, 2009.

Pesavento PA et al: Pathology of *Bartonella* endocarditis in six dogs, *Vet Pathol* 42:370, 2005.

Smith BE, Tompkins MB, Breitschwerdt EB: Antinuclear antibodies can be detected in dog sera reactive to *Bartonella vinsonii* subsp. *berkhoffii, Ehrlichia canis,* or *Leishmania infantum* antigens, *J Vet Intern Med* 18:47, 2004.

Sykes JE et al: Evaluation of the relationship between causative organisms and clinical characteristics of infective endocarditis in dogs: 71 cases (1992-2005), *J Am Vet Med Assoc* 228:1723, 2006.

Sykes JE et al: Clinicopathologic findings and outcome in dogs with infective endocarditis: 71 cases (1992-2005), *J Am Vet Med Assoc* 228:1735, 2006.

Tou SP, Adin DB, Castleman WL: Mitral valve endocarditis after dental prophylaxis in a dog, *J Vet Intern Med* 19:268, 2005.

# 第 7 章
## CHAPTER 7

# 犬心肌病
## Myocardial Diseases of the Dog

心肌病导致的心脏收缩功能降低和心室增大是造成犬心力衰竭的重要原因之一。特发性或原发性扩张性心肌病(dilated cardiomyopathy,DCM)是最常见的犬心肌病,主要发生于大型犬。继发性和感染性心肌病较少发生。致心律失常右心室心肌病(ARVC),又称为拳师犬心肌病,是一种拳师犬中常见的心肌疾病,其他犬种很少发生此类心肌病。犬的肥厚性心肌病(HCM)不常见。

## 扩张性心肌病
## (DILATED CARDIOMYOPATHY)

### 病因学与病生理学

扩张性心肌病以心肌收缩力降低为特征,可能伴有或不伴有心律失常。尽管被定义为特发性,但涉及心肌细胞和细胞外基质的多种病理进程或代谢缺陷所引起的心脏病,在末期时也表现为 DCM,DCM 不仅仅是一个单独的疾病。多数患有 DCM 的犬可能存在遗传倾向,尤其是对于高发病率或家族发病的品种。大型和巨型犬种易发此病,包括杜宾犬、大丹犬、圣伯纳犬、苏格兰猎鹿犬、爱尔兰猎狼犬、拳师犬、纽芬兰犬、阿富汗犬和大麦町犬。有些体型更小的犬种如可卡犬和斗牛犬也易发此病。体重小于 12 kg 的犬种罕见发病。杜宾犬是 DCM 流行率最高的犬种,该病在杜宾犬中呈常染色体显性遗传,目前已发现的突变位点有两个,一个(在染色体 14)与收缩功能差相关性较高,另一个(在染色体 5)与严重的室性过速性心律失常和猝死相关性较高。目前有针对第一个突变(染色体 14)的商业化检测手段(北卡罗来纳州立大学,兽医心脏遗传实验室;http://www.cvm.ncsu.edu/vhc/csds/vcgl/index.html)。

杜宾犬和其他犬种可能还存在其他多种突变位点。在患有室性心律失常的拳师犬中发现了常染色体显性遗传模式,其外显率不定;已发现其 striatin 基因上存在突变(见下文)。至少在某些大丹犬,该病为 X 染色体隐性遗传。爱尔兰猎狼犬的 DCM 呈家族性常染色体隐性遗传,伴性别特异性等位基因。影响青年葡萄牙水猎犬的家族性 DCM 呈常染色体隐性遗传,突变的纯合子幼犬将迅速死亡。

对于不同的 DCM 个例,其发病机制可能涉及多种生化缺陷、营养缺乏、毒素、免疫机制和感染性因子。在发病的杜宾犬的心肌细胞生化研究中发现,病变心肌的细胞内能量稳定性受到破坏,且心肌中的三磷酸腺苷(ATP)浓度下降。在患 DCM 的大丹犬身上发现,调节细胞内钙离子释放的兰尼碱受体的基因表达出现异常。人的特发性 DCM 与既往病毒感染存在一定关系。但是,对一组 DCM 患犬的心肌样本进行聚合酶链式反应(PCR)检测,结果显示病毒成分并不常见。

心室收缩力下降(收缩功能不全)是 DCM 的主要功能缺陷。随着收缩泵功能和心输出量下降,代偿性机制被激活,引起进行性心腔增大(重塑)。心肌收缩力下降可引起虚弱、晕厥和心源性休克。舒张期心室僵硬将引起舒张末期压力上升、静脉充血和充血性心力衰竭。心脏增大和乳头肌功能不全通常引起二尖瓣和三尖瓣对合不齐,从而导致瓣膜闭锁不全。尽管DCM 患犬通常不会同时存在严重的退行性房室瓣疾病,但少数可能存在轻度到中度瓣膜性疾病,从而加重瓣膜闭锁不全。

随着心输出量减少,交感神经、激素和肾脏代偿机制被激活。这些机制升高心率、外周血管阻力并促进体液潴留(见第 3 章)。慢性神经内分泌活性加剧了心肌的进行性损伤和充血性心力衰竭。前向血流不足和心室舒张压升高可引起冠状动脉灌注不良,心肌缺血进一步损伤心肌功能,并易引发心律失常。DCM 患犬常出现低输出量心力衰竭和右侧、左侧充血性心力衰竭(见第 3 章)的症状。

DCM 患犬常发生房颤。心房的收缩显著影响心室充盈,特别是在心率较快时。心房纤颤继发的"心房驱血"丧失可显著降低心输出量,并引发急性临床失代偿。心房纤颤相关的持续性心动过速可能也加快了疾病的发展。室性过速性心律失常也常常发生,并且可导致动物猝死。对杜宾犬进行系列的 Holter 记录显示,在出现超声心动可辨认的 DCM 相关变化的数个月甚至 1 年多之前,患犬就已存在室性早搏。一旦左心室的功能开始下降,过速性节律失常将变得更频繁。杜宾犬所出现的低心输出量相关症状,还可能与兴奋诱导性过缓性心律失常有关。

犬 DCM 典型的变化是所有心腔出现扩张,但是左心房和心室的增大可能更显著。与扩张的心腔相比,心室壁显得变薄。乳头肌通常扁平萎缩,可能出现心内膜增厚。若同时存在房室瓣病变,通常为轻度至中度。组织病理学特征包括散在心肌坏死、变性和纤维化,左心室尤其明显。常见心肌细胞变窄(衰减)呈波浪状。可能出现炎性细胞浸润、心肌肥大和脂肪浸润(主要见于拳师犬和少数杜宾犬)。

## 临床表现

DCM 的发病率随着年龄增长而升高,大多数心力衰竭就诊患犬年龄在 4～10 岁。雄犬比雌犬发病率高,但若将处于隐匿期的病例也包括进来的话,则拳师犬和杜宾犬的 DCM 并无性别倾向。拳师犬的心肌病将在下文详述。雄性杜宾犬通常比雌犬发病更早。

DCM 通常发展缓慢,在临床症状显现之前,一般有长达数年的临床前期(隐匿期)。对于存在运动不耐受、虚弱或晕厥病史,或者在常规体格检查过程中发现有心律失常、心杂音或奔马音的动物,需进行更详细的检查。隐匿性 DCM 通常需要借助超声心动进行诊断。有些患轻度至中度左室功能不全的巨型犬,即使存在房颤也可能无明显临床症状。

DCM 的临床症状似乎发展迅速,特别是对于不活跃的犬,早期的症状通常不易发现。在 CHF 症状出现前发生猝死的现象相对常见。就诊时主诉包括:虚弱、嗜睡、呼吸急促或呼吸困难、运动不耐受、咳嗽(有时描述为干呕)、厌食、腹围增大(腹水)和昏厥(见图 1-1)。

肌肉组织减少(心源性恶病质),尤其在背中线两侧明显,晚期病例可能更为严重。

体格检查结果依心脏失代偿的程度不同而有所差异。隐匿期的犬体格检查可能正常,但也可能存在轻柔的二尖瓣、三尖瓣反流音或心律失常。对于患末期疾病或心输出量不足的犬,由于交感神经紧张和外周血管收缩,表现为黏膜苍白和毛细血管再充盈时间延长。股动脉脉搏和心前区搏动通常弱而快,控制不良的心房纤颤和频繁的室性期前收缩(VPCs)引起心脏搏动变快并不规则,伴有频繁的脉搏缺失和脉搏强度变化(见图 4-1)。左侧和/或右侧充血性心力衰竭时,通常出现呼吸急促、呼吸音增强、肺啰音、颈静脉怒张或搏动、胸腔积液或腹水和/或肝脾增大的症状。心音沉闷通常继发于胸腔积液或心脏收缩强度不足。可听见典型的第 3 心音($S_3$ 奔马律),但是可能被不规则的心律所掩盖。常见轻度到中度收缩期二尖瓣和三尖瓣反流杂音。

## 诊断

### ◆X 线检查

疾病的阶段、胸型和水合状况可影响 X 线检查结果。处在早期(无症状期)的患犬可能无异常的 X 线表现。处于 DCM 晚期的患犬通常全心增大显著,且通常以左心增大更为明显(见图 7-1)。杜宾犬可能主要表现为左心房增大,而没有明显的全心增大;而其他犬可能出现严重的心脏增大,而类似于大量心包积液所引起的球形轮廓。肺静脉扩张、肺间质或肺泡透射线性降低(特别是肺门和尾背侧区域),指示左心衰竭和肺水肿。肺水肿可能呈不对称分布或广泛性分布。胸腔积液、后腔静脉扩张、肝脏增大和腹水通常伴随着右心充血性心力衰竭出现。

### ◆心电图

DCM 患犬的心电图检查结果不定。一般的基础心律为窦性节律,但房颤也较为常见,尤其是大丹犬和其他巨型犬种(见图 2-11)。其他类型的房性过速性心律失常、阵发性或持续性室性心动过速、融合波和多形性室性早搏也较常见。QRS 波可能升高(提示左心室扩张)、正常或缩小。心肌病可使 QRS 波变宽、R 波降支变缓和 S-T 段不清。有时可出现束支传导阻滞或其他心室内传导紊乱。窦性节律的 P 波通常增宽并有切迹,提示左心房增大。

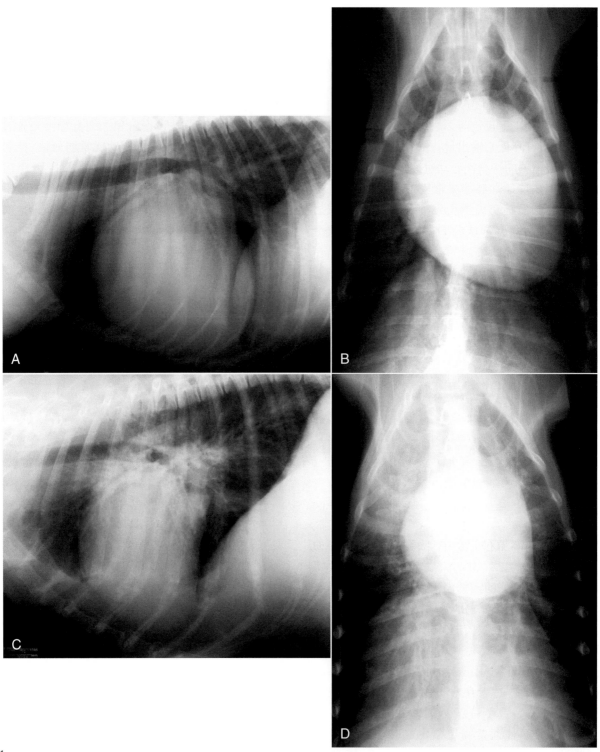

**图 7-1**
犬扩张性心肌病的 X 线示例。雄性拉布拉多犬侧位(A)和背腹位(B)显示全心增大,注意 A 图中前叶肺静脉略粗于伴行的肺动脉。杜宾犬侧位(C)和背腹位(D)显示左心房显著增大,心室中度增大,该品种犬常见此种 X 线征象,还可见到支气管周围轻度的肺水肿。

24 h holter 监测有助于识别室性异搏以及出现的频率,可作为杜宾犬和拳师犬心肌病的筛查手段。若杜宾犬出现成对、三连室性早搏或者孤立的室性早搏

数量超过 50 次/d,提示患犬可能在将来出现症状性DCM。也有一部分在初诊时出现少于 50 次/d 的室性早搏的患犬,在数年后发展为 DCM。室性过速性心律

失常的频率和复杂性似乎与缩短分数呈负相关,持续性室性心动过速可增加动物猝死的风险。同一只犬每次经 holter 所记录到的室性早搏波个数会存在较大的变动。借助信号平均心电图(若条件允许)可能发现心室晚期电势,处于隐匿期 DCM 的杜宾犬若存在该现象,则可能有更高的猝死风险。

◈ *超声心动图*

超声心动图可用于评价心腔内径和心肌功能,也可用于区分心包积液、慢性瓣膜闭锁不全与 DCM。DCM 的特征包括心腔扩张、收缩期游离壁与室间隔运动能力差,严重病例的室间隔运动会特别微弱。病变通常涉及所有心腔,但是右心房和右心室直径可能显示正常,特别是杜宾犬和拳师犬。左心室收缩期(以及舒张期)内径增加(与品种正常的参考值相比),且心室会显得更圆。缩短分数和射血分数降低(图 7-2)。其他常见的征象包括二尖瓣 E 点-室中隔间距变宽、主动脉根运动减弱。左心室游离壁和室间隔厚度正常或降低。对处在症状期 DCM 的犬来说,其收缩末期容量指数通常>80 mL/m$^2$(正常为小于 30 mL/m$^2$)。处于疾病晚期的动物通常会出现异常舒张和收缩功能相关迹象。多普勒超声心动检查通常可见轻度到中度房室瓣反流(图 7-3)。

超声心动还可用于筛查隐匿期 DCM 病例,尽管在疾病早期可能无确切识别异常变化。此外,健康的杜宾犬、灰猎犬和其他一些运动犬种的缩短分数可能较其他多数犬种的偏低。对于杜宾犬来说,隐匿期 DCM 且在 2~3 年内有较高的风险发展为症状性 DCM 的犬,需满足以下标准:LVID$_d$ 大于 4.6 cm(体重<42 kg)或者超过 5.0 cm(体重>42 kg);LVIDs 大于 3.8 cm,或者在初诊时发现 VPC;EPSS 大于 0.8 cm(LVID:左心室内径,s:舒张期,s:收缩期)。

**图 7-2**
扩张性心肌病患犬 **M** 型超声心动图,腱索(图像左侧)和二尖瓣(图像右侧)水平。显示心壁运动性降低(缩短分数=**18%**)和 **EPSS** 变宽(**28 mm**)。

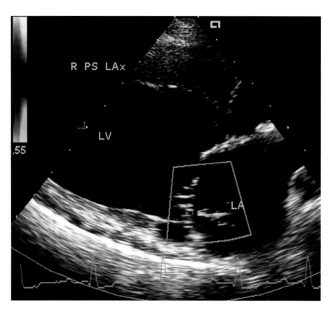

**图 7-3**
患扩张性心肌病的标准贵宾犬,心脏收缩期相对小区域的湍流,提示轻微的二尖瓣反流。注意左心房和左心室扩张。右侧胸骨旁长轴观,左心室流入道的最佳观测切面。**LA**,左心房;**LV** 左心室。

◈ *临床病理学*

随着 CHF 的发展,循环中利尿肽(BNP、ANP)和心肌钙蛋白浓度升高。研究显示,处于 DCM 隐匿期的杜宾犬,上述生物标记物浓度异常升高。虽然 BNP(实际测量 NT-proBNP)更适合于诊断 DCM(敏感性和特异性较高),但是,由于犬正常的范围较大,且隐匿期与症状期 DCM 之间有较多的重叠,因此,该指标无法作为单独的筛查方法而替代 holter 监测和超声心动检查。其他临床病理学检查结果对于多数病例无确切的诊断意义,尽管 DCM 时常见肾灌注不足,可引起肾前性氮血症和肝脏被动充血引起的肝酶活性轻度升高。严重心力衰竭可能引起低蛋白血症、低钠血症和高钾血症。某些 DCM 患犬可发生与高胆固醇血症相关的甲状腺功能减退。还有一些 DCM 患犬甲状腺激素浓度偏低,但无甲减表现(甲状腺病态综合征);多数病例的 TSH 和游离 T$_4$ 浓度正常。循环中神经内分泌激素(例如,去甲肾上腺素、醛固酮、内皮素以及利尿肽)浓度升高主要见于那些有明显 CHF 症状的 DCM 患犬。

## 治疗

◈ *隐匿期扩张性心肌病*

目前认为 ACEI 对于 LV 扩张或者 FS 降低的犬

有益。初步证据显示,ACEI 可延缓杜宾犬充血性心力衰竭的发生;但尚不清楚该结论是否适用于其他犬种。其他针对早期神经内分泌激活反应和心室重塑的治疗有一定的理论依据,但是其实际效果尚不清楚。关于某些 β-阻断剂(卡维地洛、美托洛尔)、螺内酯、匹莫苯丹以及其他药物的进一步研究正在开展。

关于存在室性过速性节律失常的犬是否能使用抗心律失常药物的问题,需考虑下列因素:是否出现相关症状(如阵发性虚弱、晕厥)、Holter 记录仪所显示的心律失常的频率与复杂程度。常用抗心律失常药物有很多种,但是关于哪种(些)药物效果最好,以及何时开始治疗的问题尚无定论。选用的药物需要具备增加心室颤动的阈值和降低心律失常的发生频率等特点。索他洛尔、胺碘酮、联合美西律和阿替洛尔或者联合普鲁卡因胺和阿替洛尔的效果可能最好(见第 4 章)。

### ◉ 症状期扩张性心肌病

治疗的目的在于控制充血性心力衰竭症状,改善心脏输出、控制心律失常以改善动物生活质量,并且尽可能地延长动物存活时间。对于大多数患犬,核心药物包括匹莫苯丹、血管紧张素转换酶抑制剂(ACEI)和呋塞米(剂量随调)(框 7-1)。螺内酯也是推荐使用的药物之一。是否使用抗心律失常药物取决于个体的实际情况。

患急性 CHF 的犬的治疗原则参照框 3-1 所示,一般包括胃肠道外给予呋塞米、吸氧、正性肌力支持和谨慎使用血管扩张剂,其他药物需根据患犬的实际情况进行添加。若怀疑或者确认动物存在胸腔积液,应进行胸腔穿刺。

对于存在收缩力差、持续性低血压或者暴发性 CHF 的犬,通过静脉输注多巴酚丁胺或多巴胺 2～3 d,进行额外的正性肌力支持,可能会起到积极的作用。对于无法口服匹莫苯丹的动物,经静脉使用磷酸二酯酶抑制剂(氨力农或米力农),有助于在短期内迅速稳定动物,并且该类药物可与儿茶酚胺合用。长期使用正性肌力药物可能会对心肌产生不利影响。在使用上述药物的过程中,需密切监测动物,以防出现心动过速或节律失常(尤其是室性早搏)恶化。

若动物出现节律异常,上述药物需停用或者给药速度减半。在心房纤颤的情况下,输注儿茶酚胺可增

### 框 7-1 扩张性心肌病患犬的治疗原则

**隐匿期心肌病(B 期)**
客户教育(关于疾病的病程和心衰早期的症状)
日常健康的维持
管理其他疾病
考虑使用 ACEI
考虑逐渐使用 β-阻断剂(如卡维地洛或美托洛尔)
考虑使用匹莫苯丹
根据需要添加抗心律失常药物(见第 4 章)
避免高盐食物,考虑选择中度限盐日粮
监测 CHF 早期症状(静息呼吸频率,活动量)

**轻度至中度充血性心力衰竭症状[C 期,慢性/居家管理的病例(C2 期)]***
呋塞米,根据需要调整
匹莫苯丹
ACEI
考虑添加螺内酯
根据需要添加抗心律失常药物(见第 4 章)
根据前述进行客户教育与管理并存疾病
在症状消除前严格限制运动
中度限盐的日粮
考虑额外补充营养(鱼油±牛磺酸或肉毒碱)
在家监测静息呼吸频率(±心率)

**严重的充血性心力衰竭症状[C 期,急性/住院管理病例(C1 期)]***
吸氧
笼养并尽量减少操作
呋塞米(更激进的剂量、胃肠道外给药)
必要时使用抗心律失常药物(对无法控制的房颤 IV 地尔硫䓬,室性心动过速时使用利多卡因)
匹莫苯丹(在动物允许口服药物时使用)
考虑静脉注射其他正性肌力药物,尤其出现持续性低血压时(见框 3-1)
ACEI
必要时考虑谨慎使用血管扩张剂(警惕低血压)若存在中等至大量胸腔积液,进行胸腔穿刺

**慢性反复性或顽固性心衰[D 期;住院治疗病例[D1]或门诊治疗病例(D2)]***
确认 C 期所使用的药物的剂量和频率达到最佳要求,包括呋塞米、ACEI、匹莫苯丹和螺内酯
排除并发因素:节律异常、肾脏或其他代谢性异常、系统性高血压、贫血或其他问题
按需增加呋塞米的剂量和频率(在肾功能允许的前提下)
在症状消除前强制静养
将 ACEI 的给药频率增加到 2 次/d
添加地高辛(若未使用)并监测血清药物浓度,只有结果低于治疗浓度时方可增加剂量添加第二种利尿剂(或增加剂量),如螺内酯或氢氯噻嗪
监测肾功能与离子进一步降低后负荷(例如使用氨氯地平或肼屈嗪)
监测血压进一步限制钠的摄入,确保饮用水为低钠水
必要时进行胸腔穿刺(或腹腔穿刺)
管理心律失常(见第 4 章)

*更多信息和剂量见正文第 3 章表 3-2、表 3-3 和框 3-1。
ACEI,血管紧张素转换酶抑制剂;AF,心房纤颤;CHF,充血性心力衰竭;IV,静脉注射。

强房室传导,从而增加心室的应答率。如果房颤的动物不得不使用多巴胺或多巴酚丁胺,可静脉输注或者口服负荷剂量的地尔硫䓬,以减缓心率;也可选择口服或者谨慎静脉给予负荷剂量地高辛。

DCM 患犬的临床状况可能急剧恶化,因此严密的监护至关重要。监护的内容包括患犬的呼吸频率和特点、肺音、脉搏质量、心率和节律、外周灌注、直肠温度、体重、肾功能、意识水平、脉搏血氧饱和度和血压。由于很多严重 DCM 患犬的心室收缩力非常差,且其心肌储备力所剩无几,此时进行利尿和舒血管治疗,可引起低血压甚至是心源性休克。

## 长期治疗

匹莫苯丹基本已替代地高辛,成为口服的正性肌力药物,相比于地高辛,其有若干优势。匹莫苯丹是一种磷酸二酯酶Ⅲ抑制剂,通过钙离子增敏作用而增加心肌收缩力;该药物还具备舒张血管及其他有利作用。但是,地高辛因具备神经内分泌调节和抗心律失常作用,因此仍有一定的使用价值,可与匹莫苯丹联合使用。目前,地高辛主要用于减缓房颤动物的心室应答速率,亦可用于抑制某些其他类型的室上性过速性心律失常。

地高辛治疗通常以维持量开始口服给药。对某些犬在相对较低的剂量时也有毒性作用,特别是杜宾犬。大型犬和巨型犬每日总量通常为 0.5 mg,而杜宾犬的每日总量为 0.25～0.375 mg。应在初次给药或变换剂量后的 7～10 d 检测血液中地高辛浓度。对于房颤且室率超过 200 次/min 的犬,在初始治疗时选择静脉或者快速口服给予地尔硫䓬比快速给予地高辛更安全。但是,若无法获得地尔硫䓬,可在第一天给予两倍的口服剂量(或者谨慎静脉给予地高辛,见框 3-1)以快速达到有效的血药浓度。如果单独使用地高辛无法有效地降低心率,可增加地尔硫䓬或 β-阻断剂进行慢性管理(见表 4-2)。由于这些药物有负性肌力作用,建议从低剂量开始逐渐增加剂量,至有效或最大推荐剂量。控制心率对于心房纤颤的患犬来说非常重要。推荐在医院时(即应激时)应将心室心率控制在 140～150 次/min,回家后心率可能降低(如接近 100 次/min 或更低)。对于发生心房纤颤的犬,很难通过听诊或触摸胸壁准确地计算心率,推荐使用 ECG 进行记录。在发生心房纤颤时,不推荐以股动脉脉率评价心率。

呋塞米按最低的有效口服剂量长期给予(见表 3-3)。低钾血症和碱中毒并不常见,除非动物厌食或呕吐。只有在证实存在低血钾时才能进行补钾治疗,且补钾要谨慎,因为同时使用 ACEI 和/或螺内酯(见表 3-3)可能会引起高血钾。尤其是存在肾病的动物。

DCM 的长期管理需包括 ACEI,ACEI 可能会减缓心室的进行性扩张和继发的二尖瓣反流。ACEI 对于心衰患者的存活具有积极作用。此类药物可减轻临床症状,并增加运动的耐受性。依那普利和贝那普利的应用最为广泛,但其他的 ACEI 也具有类似的作用。

螺内酯可能具有有利作用,因为其既是醛固酮拮抗剂,又具有微弱的利尿作用。众所周知,醛固酮具有促心血管纤维化和异常重塑的作用,从而可能加速心脏病的发展。因此,在长期管理 DCM 患犬时,建议在联合使用 ACEI、呋塞米和匹莫苯丹(±地高辛)的基础上添加螺内酯。

氨氯地平或肼屈嗪(见表 3-3)也可作为犬顽固性心衰的辅助治疗,在治疗时必须严格监测动脉血压。肼屈嗪更有可能引发急性低血压和反射性心动过速,从而进一步激活神经内分泌。心力储备降低的动物在使用任何血管扩张剂时都应非常谨慎,因为其发生低血压的风险更高。治疗由低剂量开始,如果能够耐受,增加剂量并维持在较低的水平。在每一次增加剂量后数小时内,都要对动物进行监护,最好能够测量血压。出现心动过速加重、脉搏变弱或嗜睡提示发生了低血压。颈静脉 $PO_2$ 可用于评价心输出量的变化趋势,理想的静脉 $PO_2$ 应超过 30 mmHg。

有其他一些治疗方法可能对某些 DCM 个体有一定的作用,但需要进一步的研究来提供最佳建议。这些方法包括:ω-3 脂肪酸、左旋肉毒碱(针对心肌肉毒碱浓度偏低的犬)、牛磺酸(针对血清浓度偏低的犬)补充,长期使用 β-阻断剂(例如,卡维地洛或美托洛尔)以及其他可能的方法(详见第 3 章)。有数种针对 DCM 的姑息性手术治疗方法,但目前均不推荐。双室起搏可使双侧心室收缩更同步,这可改善患心肌功能不全的病人的临床状态;但此种再同步治疗对 DCM 患犬的疗效如何尚不明确,目前还缺乏相关的临床经验。

## 监护

告知动物主人关于每种药物的作用、剂量和副作用很重要。在家监测动物静息时的呼吸频率和心率,有助于评估 CHF 的控制效果。动物复诊的时间间隔依具体的病情而定,在初始治疗时可能需要每周复查 1~2 次,状态稳定的心衰患犬可 2~3 个月复查 1 次。复诊时需回顾动物目前使用的药物、膳食情况以及主人任何相关的疑问。需评估动物的活动能力、食欲和精神状态,以及血清电解质和肌酐(或尿素氮)浓度、心率和节律、肺部状况、血压、体重以及其他相关信息,并根据结果调整治疗方案。

### 预后

DCM 患犬一般预后谨慎或预后不良。纵观历史,自出现心力衰竭开始,大部分患犬存活时间不超过 3 个月,若动物对最初的治疗反应良好,25%~40% 患犬存活时间超过 6 个月。QRS 波时长超过 0.06 s 与存活时间缩短相关。2 年存活率为 7.5%~28%。但是,新近的治疗方案的改善可能会改变这种糟糕的现状。胸腔积液以及腹水或肺水肿是预后不良的独立因素。

在出现明显的心衰之前,动物也可能发生突然死亡。20%~40% 患 DCM 的杜宾犬会出现猝死。尽管室性过速性节律失常被认为是引起突发性心脏骤停的最常见因素,过缓性节律失常可能是引起某些 DCM 患犬猝死的原因。

处于 DCM 隐匿期的杜宾犬的病情通常在之后的 6~12 个月里逐渐加重。在初始就诊时就已出现明显 CHF 症状的杜宾犬,通常存活时间较短,报道的中期存活时间小于 7 周。若存在房颤,则情况会更糟糕。大部分有症状的犬通常在 5~10 岁时死亡。但是对于每一个病例,在宣布预后不良之前,都应该合理地评价动物对最初治疗的反应。早期诊断也许能够延长动物的寿命。

# 致心律失常右心室心肌病
## (ARRHYTHMOGENIC RIGHT VENTRICULAR CARDIOMYOPATHY)

## 拳师犬的心肌病
### (CARDIOMYOPATHY IN BOXERS)

患心肌病的拳师犬容易发生室性心律失常和晕厥。拳师犬心肌病与人的致心律失常性右心室心肌病(ARVC)有着相似的特征。拳师犬心肌病比其他品种犬的心肌病的组织学变化更加广泛,组织学病变包括肌纤维萎缩、纤维化和脂肪浸润,尤其是右心室壁。局灶性肌细胞溶解、坏死、出血和单核细胞浸润也很常见。拳师犬的 ARVC 的超微结构异常与人的有一定的差异,包括心肌间的缝隙连接和桥粒数量减少。

某些血统的犬发病率较高,并且可能呈常染色体显性遗传,但是该病的遗传外显率存在较大的变化。拳师犬的 ARVC 可能与染色体 17 上的 striatin 基因突变有关,该基因编码参与细胞间黏附的一种蛋白质。但是,不同血统的人所出现的 ARVC 存在不同的基因突变,犬可能也存在类似的情况。有些存在室性过速性心律失常的犬可能不表现症状;而有些犬可能出现与阵发性或持续性室性心动过速相关的晕厥或虚弱临床症状,尽管其心脏大小和左心室功能仍然正常。有些患病的拳师犬可能同时出现心肌收缩功能下降、CHF 和室性过速性节律失常。那些出现轻微超声心动学异常表现,或者有晕厥或虚弱病史的犬,可能会逐渐出现左心室功能不全和 CHF。不同地区的患犬临床表现似乎存在差异(例如,美国的拳师犬似乎更容易出现过速性节律异常伴左心室功能正常,而欧洲部分地区的拳师犬则更常见左室功能不全)。

### 临床表现

任何年龄段的犬均可能发病,但报道的平均年龄为 8.5 岁(1~15 岁)。最一致的主诉是晕厥。对于患 ARVC 的拳师犬来说,绝大多数的晕厥是由潜在的室性过速性节律失常所引起。也有部分病例的晕厥可能与心动过缓有关,此种现象被称为神经心源性晕厥,由突发的交感神经(引起反射性迷走神经刺激)或副交感神经活性显著增强所致,使用索他洛尔或者其他的 β-阻断剂可能会加剧此种现象。

患犬的体格检查可能正常,而多数拳师犬存在轻柔的左心基部收缩期心杂音,尽管该心杂音与 ARVC 无关;对于多数拳师犬来说,此种心杂音为品种相关性生理性杂音,可能与潜在的主动脉瓣瓣下狭窄有关。一些犬的心律失常可通过体格检查或者 ECG 检查发现,而有些犬的静息心律是正常的。当发生充血性心力衰竭时,更常出现左心衰竭的症状,腹水等右心衰竭的表现较少见,部分拳师犬还出现二尖瓣闭锁不全引起的心杂音。

X 线征象各异,多数拳师犬没有眼观可见的异常。

出现 CHF 的患犬通常表现出心脏增大和肺水肿的征象。超声心动图检查结果也很多样,多数患犬的心脏大小和功能正常,有些患犬出现缩短分数降低和不同程度的心腔扩张,和其他品种 DCM 的表现类似。

典型的 ECG 表现是心室异位起搏,VPCs 呈单个、成对、阵发性或持久性的室性心律失常。在 Ⅱ 导联和 aVF 导联中,大多数室性异搏波呈正向(图 7-4)。一些拳师犬可能出现多形性 VPCs。多数患犬存在基础的窦性节律,AF 并不常见。有时候心电图可能表现出室上性过速性心律失常、传导异常或心腔增大的迹象。

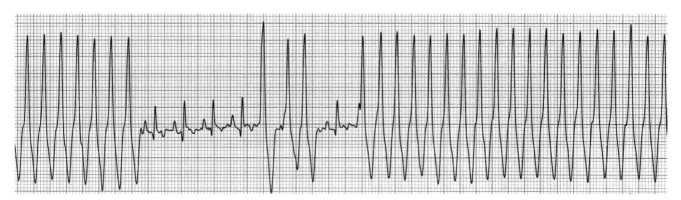

图 7-4
患 ARVC 拳师犬发生阵发性室性心动过速,心率约 **300 bpm**。注意图中尾侧典型的直立(左束支传导阻滞样)异位室性异搏波。**II 导联,25mm/s。**

对于疑似患 ARVC 的拳师犬,通常推荐进行 24 h Holter 监护,该法也可用于定量评估室性过速性节律失常的频率和复杂性,也可作为一种筛查疾病的工具。Holter 也推荐用于评估抗心律失常治疗的效果,尤其当犬接受抗心律失常药物后出现晕厥加重时。频繁的 VPCs 和/或复杂性室性心律失常是患犬的特征性表现。尽管尚无绝对的标准用于区分异常和正常的动物,但是若 24 h VPCs 总数超过 50~100 个,或者出现二联、三联 VPCs 或者阵发性的室性心动过速时,则视为异常,且可能与 ARVC 相关,尤其当犬出现临床表现时。其他类型的节律异常也可能出现。室性节律异常在每天中所出现的时间点较为随机,且即使在同一只犬进行重复的 Holter 记录,VPCs 个数可能出现很大的差异。尽管如此,患犬的 VPCs 个数还是会在数年内逐步增多。因此建议在年度体检时进行 Holter 监测,尤其是种犬。尽管无绝对的确诊标准,但是,若动物出现晕厥、CHF 相关症状、静息或 Holter 监测出现阵发性的室性心动过速时,不推荐作为种用。非常频繁的 VPCs 或室性心动过速发作被认为是发生晕厥和突然死亡风险增加的信号。对于无 CHF 的动物,生物标记物如心肌钙蛋白和 BNP 无法准确区分正常和患病。目前已有用于筛查 striatin 基因的基因检测项目(北卡罗来纳大学兽医心脏遗传实验室;http://www.cvm.ncsu.edu/vhc/csds/vcgl/index.html)。

## 治疗

对于心脏大小正常、左心功能正常但出现过速性节律失常相关症状的拳师犬,通常需要给予抗心律失常药物进行治疗。对于无症状但存在室性心动过速、Holter 检测发现 VPCs 超过 1 000 个/d,或者 VPCs 与前一个 QRS 波形距离过近的情况时,也需要进行抗心律失常治疗。但是,最好的疗法以及最佳治疗时机尚不清楚。根据 Holter 监护仪记录,抗心律失常药可显著减少 VPCs 发生的次数,在一定程度上减少晕厥的次数,但是仍不能避免突然死亡或增加存活时间。索他洛尔和美西律均具有减少 VPC 次数和复杂性的作用。联合使用美西律(或普鲁卡因胺)与一种 β-阻断剂,或单独使用胺碘酮,可能对部分病患有效(见第 4 章)。额外添加鱼油也可减少 VPC 的次数。有些犬可能需要针对持续性的室上性过速性心律失常进行治疗。

CHF 的治疗与 DCM 患犬相似。目前已发现部分患 DCM 和心衰的拳师犬的心肌缺乏肉毒碱;并且有一些患犬对口服左旋肉毒碱有反应。出现频繁的室性过速性心律失常时,尽量避免使用地高辛。

## 预后

患病拳师犬的预后谨慎。如果出现了心力衰竭,动物通常在 6 个月内死亡。无症状的 ARVC 患犬的预后可能稍微乐观一些,但是出现猝死的的概率仍然很高。室性过速性节律异常将随着时间的推移而加重,且可能逐渐抵抗药物治疗。存活时间较长的动物,可能出现心室扩张和收缩力下降。

## 非拳师犬的致心律失常右心室心肌病
### (ARRHYTHMOGENIC RIGHT VENTRICULAR CARDIOMYOPATHY IN NONBOXER DOGS)

犬可发生极为少见的主要影响右心室的心肌病。与人和猫发生的 ARVC 相似,该病特征性的病理变化是右室心肌被纤维组织和脂肪组织广泛性替代。在某些区域,该病应与锥虫病进行鉴别诊断。临床表现主要与右心室充血性心力衰竭和严重的室性过速性心律失常相关。明显的右心扩张是典型的表现。猝死是人患该病的常见结果。

## 继发性心肌疾病
## (SECONDARY MYOCARDIAL DISEASE)

已知有多种损伤和营养缺乏可引起心肌收缩功能下降。心肌感染、炎症、创伤、缺血、肿瘤浸润和代谢异常可损伤正常的收缩功能。高温、辐射、电击、某些药物和其他一些有害因素可损伤心肌。有些物质具有心脏毒性。

## 心肌毒素
### (MYOCARDIAL TOXINS)

### 多柔比星

抗肿瘤药物多柔比星可引起急性和慢性心肌中毒。组胺、继发性儿茶酚胺释放和自由基产生可能是引起心肌损伤的因素,这些不良因素引起心输出量下降、节律失常和心肌细胞变性。多柔比星介导性心脏毒性与血药浓度呈直接的正相关;将该药进行稀释(0.5 mg/mL)后缓慢给药(20~40 min)可最大限度地减少心肌中毒的风险。当累计剂量超过 160 mg/m$^2$(有时低至 100 mg/m$^2$)可引起进行性的心肌损伤和纤维化。对于治疗前心肌功能正常的犬,出现临床心脏中毒的可能性较低。例如,一家繁忙的肿瘤治疗机构每周开具 15~20 次多柔比星进行治疗,但每年只有

1~2 例出现多柔比星心肌病。尽管很难预估动物是否以及何时出现心肌中毒,但当多柔比星的剂量超过 240 mg/m$^2$ 时,更容易发生中毒。中毒动物的循环心肌钙蛋白浓度升高,但该检测方法用于监测多柔比星介导性心肌损伤的有效性仍有待研究。

中毒的动物可能出现心脏传导异常(房室结下阻滞和束支传导阻滞),以及室性或室上性过速性心律失常,但是 ECG 表现不一定出现于心衰之前。存在潜在心脏异常或者那些特发性 DCM 流行率较高的犬种,出现多柔比星介导性心脏毒性的风险更高。卡维地洛可降低人出现多柔比星介导性心脏中毒的风险,据说犬也存在类似的情况。此种类型的心肌病的特征与特发性 DCM 相似。

### 其他毒素

乙醇,尤其当静脉注射用于治疗乙二醇中毒时,可引起严重的心肌抑制和死亡;建议稀释(≤20%)后缓慢给药。其他心脏毒素还包括植物毒素(例如,红豆杉 Taxus、毛地黄 foxglove、洋槐 black locust、金凤花 buttercups、铃兰 lily-of-the-valley、棉酚 gossypol);可卡因、麻醉药、钴、儿茶酚胺和离子载体类药物如莫能菌素。

## 代谢和营养缺乏
### (METABOLIC AND NUTRITIONAL DEFICIENCY)

### 左旋肉毒碱

左旋肉毒碱是脂肪酸进行线粒体膜穿梭的必要成分之一,而脂肪酸是心脏最主要的能量来源。左旋肉毒碱也可以通过肉毒碱酯化的方式将潜在的毒性代谢产物自线粒体转运出来。某些患 DCM 的犬的心肌代谢存在左旋肉毒碱连接缺陷;这种缺陷并非只是单纯的肉毒碱缺乏,可能涉及一种或者多种潜在的遗传或获得性代谢缺陷。某些族系的拳师犬、杜宾犬、大丹犬、爱尔兰猎狼犬、纽芬兰犬和可卡犬的 DCM 可能与肉毒碱缺乏有关。左旋肉毒碱主要来源于动物性食品。某些严格素食的犬可能出现 DCM。

血浆肉毒碱浓度并不能敏感的反映心肌肉毒碱是否缺乏。绝大多数经心内活检确诊心肌肉毒碱不足的犬,其血浆肉毒碱浓度正常或者偏高。此外,患犬对口服补充肉毒碱的反应不一致。患犬可能出现主观意义上的好转,但是很少有超声心动学上功能的改善。在

开始补充肉毒碱的第一个月里临床状态有好转的犬，其超声心动参数可能会在接下来的 2～3 个月内出现一定的改善。补充左旋肉毒碱无法抑制已经存在的节律异常或者预防猝死。

### 牛磺酸

尽管多数 DCM 患犬并不缺乏牛磺酸，但是有些可能出现血浆牛磺酸浓度偏低。患 DCM 的可卡犬，其牛磺酸浓度偏低，有时可能同时出现肉毒碱浓度偏低。在可卡犬中，补充这些氨基酸可改善左室大小与功能，并可减少用于控制心衰的药物的剂量。某些患 DCM 的金毛巡回犬、拉布拉多巡回犬、圣伯纳犬、大麦町犬和其他犬种可能出现血浆牛磺酸浓度偏低；但这些犬中，有的日粮中牛磺酸的含量是足够的，有的则饲喂低蛋白日粮、羊肉米饭日粮或者素食日粮。补充牛磺酸对这些犬所起的作用尚不明确。尽管牛磺酸缺乏的犬在补充牛磺酸后可能出现一定程度的超声心动改善，但仍不明确其存活时间是否延长。此外，测量血浆牛磺酸浓度或者进行至少 4 个月的试验性牛磺酸补充，可能会起到有利的作用，尤其当患 DCM 的犬为非典型犬种。血浆牛磺酸浓度低于 25（至 40）nmol/mL 以及血液牛磺酸浓度低于 200（或 150）nmol/mL，通常判定为牛磺酸缺乏。特定的采样和送检方法需咨询具体的实验室。

### 其他因素

自由基介导的心肌损伤可能在许多疾病中发挥作用。有证据显示，CHF 和心肌衰竭会引起氧化应激增强，但这种现象的临床效应尚未明确。诸如甲状腺功能减退、嗜铬细胞瘤和糖尿病的疾病可降低心肌功能，但在临床实践中，单纯由这些疾病所继发引起的心衰并不常见。脑部或脊髓损伤所引起的交感神经过度激活可引起心肌出血、坏死和节律异常（脑-心综合征）。面-臂型肌营养不良（见于英国史宾格犬）可引起心房静止和心衰。金毛巡回犬和其他犬种的杜兴型肌营养不良，可引起心肌纤维化和矿化。在罕见情况下，非肿瘤性（例如糖原蓄积病）和肿瘤性（转移或原发）浸润可影响正常的心肌功能。对于某些患心肌炎的犬，免疫机制是引起心肌功能不全的重要致病机理之一。

### 缺血性心肌疾病
### (ISCHEMIC MYOCARDIAL DISEASE)

由冠状动脉栓塞所引起的急性心肌梗死并不常见；绝大多数病例是因为存在引起血栓栓塞风险升高的基础疾病，例如，细菌性心内膜炎、肿瘤、严重的肾脏疾病、免疫介导性溶血性贫血、急性胰腺炎或弥散性血管内凝血，有些动物可能是因为使用了皮质醇。有零星报道的心肌梗死病例与先天性心室流出道梗阻、PDA、肥厚性心肌病和二尖瓣闭锁不全相关。与严重的犬甲状腺功能减退相关的主冠状动脉粥样硬化，罕有引起急性的心肌梗死。急性主冠状动脉阻塞的症状包括节律异常、肺水肿、ECG 上明显的 ST 异常以及超声心动检查出现局部或全室的心肌收缩功能异常。在心肌损伤和坏死之后会出现心肌钙蛋白浓度以及肌酸激酶活性（不一定）升高。

小冠状动脉也可能出现病变。小冠状动脉出现的非粥样硬化性狭窄可能比以前所认为的更具临床意义。小冠状动脉的透明样变性和心壁内心肌梗死可见于患慢性退行性瓣膜疾病的犬，但也可见于无瓣膜疾病的老龄犬。小冠状动脉的纤维肌性动脉硬化也有报道。这种小冠状动脉壁的病变可引起管腔狭窄，并影响静息状态下的冠状血流，还会影响小动脉的舒张反应。小的心肌梗死和继发性纤维化可引起心肌功能下降，继而出现各种节律异常。很多患壁内冠状动脉粥样硬化的病例最终发展为 CHF 并死亡。猝死并不常见。大型犬种更易感，但更小的犬种如可卡犬和查尔斯王小猎犬也较常患病。

### 心动过速介导性心肌病
### (TACHYCARDIA-INDUCED CARDIOMYOPATHY)

心动过速介导性心肌病（TICM）指由快速、持续性心动过速所引起的进行性心肌功能不全、神经内分泌代偿性机制激活和 CHF。若异常的心律能及时恢复，心肌衰竭可能被逆转。有数例因存在附加传导通路（绕过房室结）而引起房室结折返性心动过速（如 WPW 综合征）的犬出现 TICM。快速人工起搏（超过 200 bpm）所诱导的试验性心肌衰竭，是 DCM 研究的常用造模方法。

### 肥厚性心肌病
### (HYPERTROPHIC CARDIOMYOPATHY)

与猫相比，犬的肥厚性心肌病（HCM）较少见。病因未知，可能有遗传基础。其病生理学机制类似于猫的 HCM(见第8章)。异常过度的心肌肥厚增加了心室硬度,导致舒张功能不全。肥大通常是双侧的,也可能出现室壁或室中隔局部不均匀增厚。严重的心室肥大容易引起冠状动脉灌注不良,引起心肌缺血,进一步加剧心律失常和限制心室舒张和充盈的程度。心室充盈压力过高容易引起肺静脉瘀血和水肿。除了舒张期功能障碍之外,某些犬还会出现动态的收缩期左心室流出道梗阻。二尖瓣错位可能加剧收缩期二尖瓣前向运动、流出道梗阻以及二尖瓣反流。有些犬所出现的非对称性室间隔肥厚,也可引起流出道梗阻。左心室流出道梗阻增加了心室壁的压力和心肌需氧量,同时也影响了冠脉血流。随着心率增加,这些异常愈发明显。

## 临床特征

HCM 可发生于各种年龄和品种的犬,但是最常见于青年到中年的大型犬。雄性的发病率可能更高。某些犬出现 CHF 症状、间歇性虚弱和/或晕厥,有些犬唯一的表现是猝死。有假设认为心肌缺血导致的室性心律失常是引起低输出量症状和猝死的原因。听诊时可能发现左心室流出道梗阻或二尖瓣闭锁不全引起的收缩期杂音。当心室收缩增加(如运动或兴奋)或后负荷降低时(如使用血管扩张剂),心室流出道梗阻引起收缩期射血性杂音将增强。某些患犬可听到 $S_4$ 奔马律。

## 诊断

超声心动检查是最佳的诊断方法。左心室异常增厚,典型征象包括伴随或者不伴随左心室流出道狭窄或室中隔非对称性肥厚和左心房增大。多普勒检查可发现二尖瓣反流。动态的流出梗阻可能引起收缩期二尖瓣前向运动,也可能出现收缩期主动脉瓣部分关闭。其他引起左心室肥厚而需要进行排除的病因包括先天性主动脉瓣下狭窄、高血压性肾病、甲状腺毒症和嗜铬细胞瘤。胸部 X 线检查可能显示左心房和左心室增大,可能伴随肺瘀血或水肿。有些病例的胸部 X 线片未见异常。ECG 异常表现包括室性过速性心律失常和传导异常,后者包括完全心脏阻滞、I 度房室传导阻滞和束支阻滞。可能存在左心室增大的 ECG 表现。

## 治疗

HCM 治疗的目标是改善心肌的舒张和心室充盈

功能、控制肺水肿和心律失常。β-受体阻断剂和钙离子通道阻断剂可降低心率、延长心室充盈时间、降低心室收缩力和心肌需氧量。β-受体阻断剂还可缓解动态左室流出道梗阻,抑制由交感神经活性增强引起的心律失常,钙离子通道阻断剂可改善心肌的舒张。地尔硫䓬对心肌收缩的影响很小,因此对动态流出道梗阻的作用有限,但其具有扩张血管的作用。对于某些动物,β-受体阻断剂和钙离子通道阻断剂可加剧房室传导异常,因此禁用于有此类问题的动物。如果出现充血性心力衰竭,可使用利尿剂和 ACEI。地高辛会增加心肌需氧量、加剧流出道梗阻、并具有促室性心律失常的作用,因此不能使用。与地高辛相似,匹莫苯丹也不适用于此类病患,除非动物出现心肌衰竭且不存在左室流出道梗阻。HCM 患犬应限制活动。

# 心肌炎
# (MYOCARDITIS)

心肌可受多种因子的影响,但是这些因子对其他器官造成的损伤可能掩盖心脏的症状。心脏可因致病源的直接侵袭、代谢的毒素或宿主的免疫反应而损伤。非感染性因素包括心脏毒性药物和药物的超敏反应。心肌炎可引起持续性心律失常,并逐步损伤心肌功能。

## 感染性心肌炎
(INFECTIVE MYOCARDITIS)

### 病因学和病生理学

◈病毒性心肌炎

在实验动物和人,急性病毒感染可引起淋巴细胞性心肌炎。嗜心脏病毒在多个物种的心肌炎和后续的心肌病的致病过程中,扮演着重要的角色,但犬不常见。宿主动物对病毒和非病毒抗原所产生的免疫反应是导致心肌炎症和损伤的重要因素。

在 20 世纪 70 年代末至 80 年代初,人们已认识到细小病毒可引起心肌炎综合征。该病以超急性坏死性心肌炎和猝死(可能伴随急性呼吸窘迫)为特征,最常发生于 4～8 周龄的健康幼犬。典型的尸检变化包括心脏扩张、心肌苍白的条纹、充血性心力衰竭的眼观病变，以及大的嗜碱性或无定性核内包涵体、心肌细胞变性和局部单核细胞浸润等组织病理学变化。该病症如今已不常见，可能与母体暴露及疫苗接种后的抗体产生有关。但是，初生时感染细小病毒而存活的幼犬也可发生 DCM。从某些犬的心肌样本中可检测到病毒的遗传物质，但这些样本没有典型的核内包涵体。

犬瘟病毒也可引起幼犬发生心肌炎，但是更常见多系统症状。与典型的细小病毒心肌炎相比，心肌的组织学变化较轻微。对妊娠期犬胚胎实验性接种疱疹病毒可引起有核内包涵体的坏死性心肌炎，造成胚胎或围产期幼犬死亡。

据报道，西尼罗病毒感染可引起严重的淋巴细胞和嗜中性粒细胞性心肌炎和血管炎，并伴有局部心肌出血和坏死。非特异性临床症状包括：嗜睡、食欲减退、心律失常、神经症状和发热。可用选择的诊断方法包括免疫组化、RT-PCR、血清学和病毒分离。

◉ 细菌性心肌炎

菌血症、细菌性心内膜炎或心包炎可引起局部或多灶性化脓性心肌炎症或脓肿。感染源可能是身体其他部位的局部感染。临床症状包括身体不适和体重减轻，可能伴随发热。心律失常和心脏传导异常很常见，并发瓣膜性心内膜炎或其他潜在的心脏缺陷时，才会出现心杂音。连续的血液细菌（或真菌）培养、血清学或者 PCR 有助于发现病原。文氏巴尔通体亚种与犬的心律失常、心肌炎、心内膜炎和猝死有关。

◉ 莱姆性心脏炎症

莱姆病在特定的地域更为常见，特别是在美国东北部、西海岸和中北部，以及日本、欧洲和其他地区。博氏疏螺旋体（以及其近亲种）通过蜱（特别是单明尼硬蜱）或其他昆虫叮咬而传染给犬（见第 71 章）。莱姆病患犬可能会发生 III 度（完全的）和高阶的 II 度传导阻滞。患犬还可表现晕厥、CHF、心肌收缩功能下降和室性心律失常。莱姆病心肌炎的病理学特征为浆细胞、巨噬细胞、嗜中性粒细胞和淋巴细胞浸润以及心肌坏死，与人莱姆病心炎的表现相似。当血清滴度呈阳性（或增加）或者 SNAP 检测呈阳性，并且同时出现心肌炎症状时，无论是否有其他系统的症状，都可进行假设诊断。如果可进行心内膜心肌的活组织检查，将有助于确诊。在等待诊断结果期间，应开始适当的抗生素治疗。必要时使用心脏病药物。即使进行合适的抗微生物治疗，房室传导阻滞也可能无法恢复。

◉ 原虫性心肌炎

克氏锥虫、刚地弓形虫、犬新孢子虫、犬巴贝斯虫、犬肝簇虫和利什曼原虫均可感染心肌。在美国，锥虫病（恰加斯氏病）主要发生在得克萨斯州、路易斯安那州、俄克拉荷马州、弗吉尼亚州和其他南部各州的青年犬。应该承认人类感染的可能性，在中美洲和南美洲，该病是引起人心肌炎和后续的心肌病的重要病因。病原体通过猎蝽科的吸血昆虫传播，并且在上述地域野生动物中流行。无鞭毛体的克氏锥虫引起的心肌炎，可造成心肌纤维单核细胞浸润、断裂和坏死。恰加斯氏病心肌炎可能表现急性、潜伏性和慢性病程。急性锥虫病患犬表现昏睡、沉郁和其他系统症状，以及各种过速性心律失常、房室传导异常和猝死，但有时临床症状不明显。急性阶段可通过外周厚血涂片找到锥虫虫体而确诊，病原体可通过细胞培养而分离，也可接种于小鼠。经历急性阶段而存活的动物进入潜伏期，潜伏期长短不定，在潜伏期，寄生虫血症已消除，机体产生针对病原体和心脏抗原的抗体。慢性恰加斯氏病以进行性右心或全心增大以及心律失常为特征。室性过速性心律失常最为常见，但也可发生室上性过速性心律失常。右束支传导阻滞和房室传导异常也有报道。超声心动检查通常可见心室扩张和心肌功能降低，双侧心室衰竭的表现也很常见。慢性病例有时可通过血清学检查而做出死前诊断。急性期的治疗目的在于清除病原体，并最大程度减少心肌炎症，已有的数种治疗方案的成功率有所差异。慢性恰加斯氏病的治疗目标是支持心肌功能、控制充血性心力衰竭症状和心律失常。有一种半胱氨酸蛋白酶抑制剂，可能有助于减轻心脏异常的严重程度。

弓形虫病和新孢子虫病可引起临床型心肌炎并伴有广泛的系统性感染，尤其是免疫功能不全的动物。初次感染后，虫体在心脏和其他组织中形成包囊。随着包囊破裂，缓殖子释放引起过敏反应和组织坏死。通常心肌炎的症状会被其他系统的症状所掩盖。免疫功能抑制的犬患慢性弓形虫病（或新孢子虫病）更容易出现疾病活化，出现临床相关的心肌炎、肺炎、脉络膜视网膜炎和脑炎。使用适当的抗原虫药进行治疗可能有效。

巴贝斯虫病有时可引起犬的心脏出现损伤,包括心肌出血、炎症和坏死。某些病例还可见心包积液和各种 ECG 异常。巴贝斯虫病患犬血清中 cTnⅠ浓度与临床严重程度、存活率和心脏组织学变化相关。

美洲肝簇虫是与犬肝簇虫不同的新种,一开始只见于得克萨斯州海岸,目前已知的分布更为广泛。猎狗、啮齿类和其他野生动物是重要的自然储存宿主。犬通过食入寄生虫的终末宿主(血红扇头蜱)或者捕猎储存宿主而感染。骨骼肌和心肌是美洲肝簇虫的感染靶组织。组织包囊破裂后所释放的裂殖子,可引发严重的炎症反应,从而导致脓性肉芽肿性肌炎。临床症状包括四肢强直、厌食、发热、嗜中性粒细胞增多症和骨膜反应、肌肉萎缩,患病动物常以死亡结束。

利什曼虫病在某些地区呈地区性流行,可引起心肌炎、多种心律失常和心外膜炎伴心包填塞,以及其他系统性和皮肤症状。

◈其他病因

在罕见情况下,真菌(曲霉、隐球菌、球孢子菌、芽生菌、组织胞浆菌和拟青霉菌)、立克次体(立克次体、犬埃里希体和伊丽莎白巴尔通体)、藻类(原壁菌属)和线虫幼虫(弓蛔虫属)移行可引起心肌炎。患病动物通常处于免疫抑制状态,并且有全身症状。落基山斑疹热($R. rickettsii$)偶尔可引起致命的室性心律失常,伴随坏死性血管炎、心肌血栓和缺血。血管圆线虫感染以及并发的免疫介导的血小板减少症极少引起心肌炎、栓塞性动脉炎和猝死。

## 临床表现与诊断

近期发生感染性疾病或者使用药物之后出现无法解释的心律失常或心力衰竭,这是急性心肌炎的典型临床特征。但是,由于心肌炎的临床和临床病理学表现既无特异性,又存在较大的个体差异,因此难以做出确切的诊断。全面的检查项目包括全血细胞计数、血清生化检查(包括肌酸激酶活性)、血清心肌钙蛋白Ⅰ(以及 NT-proBNP)浓度、胸部和腹部 X 线检查,以及尿液分析。ECG 的变化包括如 S-T 段偏移、T 波或 QRS 波振幅变化、房室传导异常,以及其他类型的节律异常。超声心动检查可能发现局部或全室运动减弱、心肌回声变化或心包积液。对于出现持续性发热的患犬,可能需要进行连续的血液细菌(或真菌)培养。对于有些病例,血清学筛查有助于发现特定的感染性

因子。用于诊断心肌炎的组织病理学标准为炎性细胞浸润伴心肌细胞变性坏死。心内膜心肌活组织检查是目前唯一的死前诊断方法,但是当病变很局限时可能无诊断价值。

## 治疗

除非已确定具体的致病源,方能进行针对性治疗,否则只能依靠支持疗法。支持疗法包括严格休息、使用抗心律失常药物(见第4章)、支持心肌功能,以及管理 CHF 症状(见第3章),必要时采取其他的支持措施(见第3章)。目前尚未证实皮质类固醇对犬的心肌炎有积极的治疗作用,考虑到可能存在感染性因素,不推荐用于非特异性治疗;除非已确认存在免疫介导性疾病、药物相关或嗜酸性心肌炎,或者难以康复的顽固性心肌炎。

## 非感染性心肌炎
### (NONINFECTIVE MYOCARDITIS)

某些药物、毒素或免疫反应可造成心肌的炎症。这种情况在犬中记录较少,但已证实大量潜在因素可造成人的非感染性心肌炎。除了众所周知的多柔比星和儿茶酚胺类的毒性作用,导致非感染性心肌炎的其他因素包括:重金属(如砷、铅和汞)、抗肿瘤药(环磷酰胺、5-氟尿嘧啶、白介素-2 和 $\alpha$-干扰素)、其他药物(如甲状腺素、可卡因、苯丙胺类和锂)和其他毒素(黄蜂或蝎子叮咬、蛇毒、蜘蛛咬伤)。免疫介导的疾病和嗜铬细胞瘤也可引起心肌炎。已证实许多抗感染制剂或药物的过敏反应可引起人的心肌炎。药物引起的心肌炎通常以嗜酸性粒细胞和淋巴细胞浸润为特征。

## 创伤性心肌炎
### (TRAUMATIC MYOCARDITIS)

犬猫胸壁和心脏的非穿透性或钝性损伤比穿透性创伤更常见。创伤后心律失常很常见,特别是犬。胸壁碰撞、压迫、外力加速或减速都可造成心脏的损伤。心肌损伤和致心律失常的其他机制包括自主功能紊乱、缺血、再灌注损伤,或电解质和酸碱平衡紊乱。推荐通过胸部 X 线片检查、血清生化检查、循环心肌钙蛋白浓度检查、ECG 检查以及超声心动检查来评估病例的情况。超声心动检查适用于确定先前存在的心脏疾病、心肌功能以及预料之外的心血管异常,但是对于

心肌小面积的损伤并不敏感。

　　心律失常通常在创伤后 24～48 h 出现，但间断性 ECG 记录可能无法发现异常。与室上性过速性心律失常和过缓性心律失常相比，VPCs、室性心动过速和加速性室性自主节律（60～100 次/min 或更快一些）更为常见。加速性室性自主节律通常只在窦性节律减慢或停止时出现，在大多数心脏功能正常的犬为良性，并且随时间延长而消失（一般在 1 周左右）。此种情况下出现的加速性室性自主节律通常无须进行抗心律失常治疗。但必须密切监护动物及其 ECG。如果发生更严重的心律失常（如节律更快）或血液动力学改变，应进行抗心律失常的治疗（见第 4 章）。

　　乳头肌撕脱性、间隔穿孔、心脏破裂或心包破裂也有报道。创伤性乳头肌撕脱引起急性容量过负荷，并迅速引起充血性心力衰竭。在心脏创伤之后，动物可能很快出现低心输出性心衰和休克，以及心律失常。

### ◉ 推荐阅读

**非感染性心肌病**

Baumwart RD et al: Clinical, echocardiographic, and electrocardiographic abnormalities in Boxers with cardiomyopathy and left ventricular systolic dysfunction: 48 cases (1985-2003), *J Am Vet Med Assoc* 226:1102, 2005.

Baumwart RD, Orvalho J, Meurs KM: Evaluation of serum cardiac troponin I concentration in boxers with arrhythmogenic right ventricular cardiomyopathy, *Am J Vet Res* 68:524, 2007.

Borgarelli M et al: Prognostic indicators for dogs with dilated cardiomyopathy, *J Vet Intern Med* 20:104, 2006.

Calvert CA et al: Results of ambulatory electrocardiography in overtly healthy Doberman Pinschers with echocardiographic abnormalities, *J Am Vet Med Assoc* 217:1328, 2000.

Dukes-McEwan J et al: Proposed guidelines for the diagnosis of canine idiopathic dilated cardiomyopathy, *J Vet Cardiol* 5:7, 2003.

Falk T, Jonsson L: Ischaemic heart disease in the dog: a review of 65 cases, *J Small Anim Pract* 41:97, 2000.

Fascetti AJ et al: Taurine deficiency in dogs with dilated cardiomyopathy: 12 cases (1997-2001), *J Am Vet Med Assoc* 223:1137, 2003.

Fine DM, Tobias AH, Bonagura JD: Cardiovascular manifestations of iatrogenic hyperthyroidism in two dogs, *J Vet Cardiol* 12:141, 2010.

Freeman LM et al: Relationship between circulating and dietary taurine concentration in dogs with dilated cardiomyopathy, *Vet Therapeutics* 2:370, 2001.

Maxson TR et al: Polymerase chain reaction analysis for viruses in paraffin-embedded myocardium from dogs with dilated cardiomyopathy or myocarditis, *Am J Vet Res* 62:130, 2001.

Meurs KM et al: Genome-wide association identifies a deletion in the 3′ untranslated region of striatin in a canine model of arrhythmogenic right ventricular cardiomyopathy, *Hum Genet* 128:315, 2010.

Meurs KM et al: A prospective genetic evaluation of familial dilated cardiomyopathy in the Doberman Pinscher, *J Vet Intern Med* 21:1016, 2007.

Meurs KM, Miller MW, Wright NA: Clinical features of dilated cardiomyopathy in Great Danes and results of a pedigree analysis: 17 cases (1990-2000), *J Am Vet Med Assoc* 218:729, 2001.

O'Grady MR et al: Effect of pimobendan on case fatality rate in Doberman Pinschers with congestive heart failure caused by dilated cardiomyopathy, *J Vet Intern Med* 22:897, 2008.

O'Sullivan ML, O'Grady MR, Minors SL: Plasma big endothelin-1, atrial natriuretic peptide, aldosterone, and norepinephrine concentrations in normal Doberman Pinschers and Doberman Pinschers with dilated cardiomyopathy, *J Vet Intern Med* 21:92, 2007.

O'Sullivan ML, O'Grady MR, Minors SL: Assessment of diastolic function by Doppler echocardiography in normal Doberman Pinschers and Doberman Pinschers with dilated cardiomyopathy, *J Vet Intern Med* 21:81, 2007.

Oxford EM et al: Ultrastructural changes in cardiac myocytes from Boxer dogs with arrhythmogenic right ventricular cardiomyopathy, *J Vet Cardiol* 13:101, 2011.

Oyama MA, Chittur SV, Reynolds CA: Decreased triadin and increased calstabin2 expression in Great Danes with dilated cardiomyopathy, *J Vet Intern Med* 23:1014, 2009.

Oyama MA et al: Carvedilol in dogs with dilated cardiomyopathy, *J Vet Intern Med* 21:1272, 2007.

Palermo V et al: Cardiomyopathy in Boxer dogs: a retrospective study of the clinical presentation, diagnostic findings and survival, *J Vet Cardiol* 13:45, 2011.

Pedro BM et al: Association of QRS duration and survival in dogs with dilated cardiomyopathy: a retrospective study of 266 clinical cases, *J Vet Cardiol* 13:243, 2011.

Scansen BA et al: Temporal variability of ventricular arrhythmias in Boxer dogs with arrhythmogenic right ventricular cardiomyopathy, *J Vet Intern Med* 23:1020, 2009.

Sleeper MM et al: Dilated cardiomyopathy in juvenile Portuguese water dogs, *J Vet Intern Med* 16:52, 2002.

Smith CE et al: Omega-3 fatty acids in Boxers with arrhythmogenic right ventricular cardiomyopathy, *J Vet Intern Med* 21:265, 2007.

Stern JA et al: Ambulatory electrocardiographic evaluation of clinically normal adult Boxers, *J Am Vet Med Assoc* 236:430, 2010.

Thomason JD et al: Bradycardia-associated syncope in seven Boxers with ventricular tachycardia (2002-2005), *J Vet Intern Med* 22:931, 2008.

Vollmar AC et al: Dilated cardiomyopathy in juvenile Doberman Pinscher dogs, *J Vet Cardiol* 5:23, 2003.

Wess G et al: Cardiac troponin I in Doberman Pinschers with cardiomyopathy, *J Vet Intern Med* 24:843, 2010.

Wess G et al: Evaluation of N-terminal pro-B-type natriuretic peptide as a diagnostic marker of various stages of cardiomyopathy in Doberman Pinschers, *Am J Vet Res* 72:642, 2011.

Wright KN et al: Radiofrequency catheter ablation of atrioventricular accessory pathways in 3 dogs with subsequent resolution of tachycardia-induced cardiomyopathy, *J Vet Intern Med* 13:361, 1999.

**心肌炎**

Barr SC et al: A cysteine protease inhibitor protects dogs from cardiac damage during infection by *Trypanosoma cruzi*, *Antimicrob Agents Chemother* 49:5160, 2005.

Bradley KK et al: Prevalence of American trypanosomiasis (Chagas disease) among dogs in Oklahoma, *J Am Vet Med Assoc* 217:1853, 2000.

Breitschwerdt EB et al: Bartonellosis: an emerging infectious disease of zoonotic importance to animal and human beings, *J Vet Emerg Crit Care* 20:8, 2010.

Calvert CA, Thomason JD: Cardiovascular infections. In Greene CE, editor: *Infectious diseases of the dog and cat*, ed 4, St Louis, 2012, Elsevier Saunders, p 912.

Cannon AB et al: Acute encephalitis, polyarthritis, and myocarditis associated with West Nile virus infection in a dog, *J Vet Intern Med* 20:1219, 2006.

Dvir E et al: Electrocardiographic changes and cardiac pathology in canine babesiosis, *J Vet Cardiol* 6:15, 2004.

Fritz CL, Kjemtrup AM: Lyme borreliosis, *J Am Vet Med Assoc* 223:1261, 2003.

Kjos SA et al: Distribution and characterization of canine Chagas disease in Texas, *Vet Parasit* 152:249, 2007.

Schmiedt C et al: Cardiovascular involvement in 8 dogs with *Blastomyces dermatitidis* infection, *J Vet Intern Med* 20:1351, 2006.

# 第 8 章

# 猫心肌病
## Myocardial Diseases of the Cat

猫的心肌病包含一系列影响心肌功能的原发性和继发性疾病。这些疾病的解剖学和病理生理学特征多种多样。猫肥厚性心肌病的临床特征最为常见，尽管许多病理生理分类的特征同时存在于某些猫身上。限制性心肌病也较为常见。典型的扩张性心肌病目前在猫较为少见，该病的临床特征与犬相似（见第 7 章）。有些猫的心肌病不能确切地归为肥厚性、扩张性或限制性心肌病，因此称为"不确定"或未分型的心肌病。在猫中很少确诊致心律失常性右心室心肌病。系统性血栓栓塞仍然是猫心肌病中很麻烦的并发症。

## 肥厚性心肌病
## (HYPERTROPHIC CARDIOMYOPATHY，HCM)

### 病因学

猫原发性或特发性肥厚性心肌病（hypertrophic cardiomyopathy，HCM）的病因不清，某些病例被认为与遗传有关。缅因猫、波斯猫、布偶猫和美国短毛猫已被确认具有常染色体显性遗传基因，缅因猫具有不完全外显性；一些具有异常基因型的猫可能会出现正常的表型。其他一些品种也具有较高的发病率，例如英国短毛猫、挪威森林猫、苏格兰折耳猫、孟加拉猫和力克斯猫。同窝幼猫和血缘相近的家养短毛猫也有发生 HCM 的报道。在人的家族性 HCM 研究中发现，存在多种不同的基因突变，但其中最常见的几种突变基因尚未在猫的 HCM 病中检测出来。已经在发生 HCM 的缅因猫和布偶猫中发现了两种心肌肌球蛋白结合蛋白 C 基因突变。然而可能还存在其他突变基因，因为并不是所有患 HCM 的缅因猫都能检测出该突变基因，也不是所有检测有突变基因的猫都会出现 HCM。

目前已经可以检测这些基因突变（联系 http://www.cvm. ncsu. edu/vhc/csds/vcgl/）。

除了编码心肌收缩和调节蛋白的基因发生突变以外，病因还可能包括心肌对儿茶酚胺的敏感性增加，或儿茶酚胺产生增多；对心肌缺血、纤维化或营养性因素的异常肥厚反应；原发性胶原异常；以及心肌钙离子调控异常。与猫肥厚性肌营养不良相关的心肌肥厚可出现钙化灶；X 染色体隐性抗肌萎缩蛋白缺乏与人的杜氏肌营养不良相似，但是在这些猫中少见充血性心力衰竭。某些 HCM 患猫血清生长激素浓度较高。病毒性心肌炎在猫心肌病中的作用尚不明确。

### 病理生理学

肌纤维功能异常造成了异常细胞信号传输，最终导致肌细胞肥厚和排列异常，并导致胶原合成增加。其特征性结果是左心室壁和/或室间隔增厚，但是 HCM 的肥厚程度和范围各异。大部分患猫出现对称性肥厚，但是有些出现非对称性室间隔肥厚，少数出现游离壁和乳头肌肥厚。左心室腔通常变小，心内膜、传导系统和心肌内可出现局灶性或者弥漫性纤维化，心壁间的小冠状动脉狭窄可能会继发缺血性纤维化。还有可能会出现局限性心肌梗死和心肌纤维排列异常。当患猫出现明显的二尖瓣收缩期前向运动（systolic anterior motion，SAM）时，由于二尖瓣前叶与室间隔反复接触，室间隔可能会出现局部纤维化。

心肌肥厚和之后的变化会使得心肌僵直的可能性增大，另外早期心室有效舒张会减缓且不完全，特别是出现心肌缺血和钙离子流动异常时，会导致心室扩张性下降，进一步降低心脏舒张功能，心室僵直会导致心室充盈减少，舒张压增加，左心室容量正常或者下降，进而导致输出量下降和神经激素系统的启动。心率增加会更加干扰心室的充盈，促使心肌缺血，舒张充盈时间变短会继发肺静脉充血和肺水肿。患猫的心脏收缩功能通常正常,但是有些会渐进性发展至收缩功能衰竭和心室扩张。

心室充盈压力的升高导致左心房(LA)和肺静脉压力升高,左心房渐进性扩张也会导致肺静脉充血和肺水肿,左心房增大程度会随着时间越来越严重,有时候能在心内发现血栓,大部分出现在左心耳,有时也出现在左心房、左心室或者附着在心室壁上。动脉血栓是猫HCM及其他心肌病的主要并发症(见第12章)。有些会出现二尖瓣反流,左心室的几何形状、乳头肌结构的变化、SAM运动都会导致瓣膜闭合障碍,瓣膜反流会导致左心房的大小和压力进一步增大。

有些患猫会出现收缩期左心室流出道动态梗阻,也称为肥厚性阻塞性心肌病(或者功能性主动脉下狭窄)。左心室乳头肌肥厚和瓣膜异常移位(前叶)是导致SAM和影响左心室正常流出道的原因。室间隔基部过度非对称性肥厚也会导致动力性梗阻。收缩期流出道梗阻能增加左心室和心壁压力、心肌氧气需求,并加剧心肌缺氧。射血期间,压力将前叶向室中隔推移,使得二尖瓣反流加剧(二尖瓣收缩期前移,见图8-3)。左心流出道湍流增强的猫通常可听见不同程度的喷射性心杂音。

许多因素可能引起患HCM的猫发生心肌缺血。包括不同程度心肌肥厚时壁内冠状动脉狭窄、左心室充盈压增加、冠状动脉灌注压降低,以及毛细血管密度不足。心动过速会导致心肌需氧量增加,且舒张期冠状动脉充盈时间减少,从而出现缺血,在缺血损伤早期,心室松弛增加了心室充盈压力,长期作用引起心肌纤维化,也易于发生致死性心律失常和胸部疼痛。

心房纤颤(AF)及其他快速性心律失常能进一步降低心室舒张期充盈程度,加剧静脉充血;特别是心房纤颤导致的心房收缩异常和心率加快,更加致命。室性心动过速或其他类型的心律失常可导致晕厥和猝死。

肺静脉充血和水肿通常是由左心房压力增大引起的,肺静脉和毛细血管压力增加可导致肺血管收缩,增加肺动脉压力,并继发右心衰竭症状,最终,某些患有HCM的猫出现胸膜渗出。最常见的胸腔积液为改性漏出液,也可能是(或发展为)乳糜。

## 临床特征

HCM主要发生于中年雄性猫,但出现临床症状的年龄可从几个月到老龄不等。病变轻微的患猫可能在几年内都没有临床症状。在进行常规体检时如果听到有心杂音、心律失常或者偶发的奔马律,通过超声心

动图检查能够发现很多亚临床性HCM。一些研究发现,表面正常的猫出现心杂音的概率是大于15%~34%(见第1章),通过超声心动图评估发现具有心杂音的猫发生亚临床性心肌病的比率为31%~50%,无心杂音或者其他异常体格检查结果的猫,也可能出现亚临床性心肌病,比率为11%~16%。

有症状的猫通常因不同程度的呼吸症状或发生急性血栓栓塞而就诊。呼吸系统症状包括呼吸急促、活动时喘息、呼吸困难或咳嗽(少见,可能被误认为呕吐)。虽然疾病的病理变化已逐渐发展,但对于较稳定的猫,发病似乎可能是急性的。有时只出现无力和厌食的症状。有的猫在没有其他症状时会发生晕厥或突然死亡。麻醉、手术、补液、系统疾病(如发热和贫血)以及运输等应激因素,可使心脏功能已处于代偿状态的猫突发心力衰竭。一项研究显示,半数出现心力衰竭症状的猫,在发病前经历了上述的应激情况,或者进行了皮质类固醇药物的治疗。

收缩期杂音常预示着二尖瓣反流或心室流出道阻塞。但是有的猫即使发生明显的心室肥厚,也没有明显心杂音。当心力衰竭明显或危急时,可听见舒张期奔马律(通常 $S_4$)。心律失常相对常见。股动脉脉搏通常很强,除非发生了远端动脉血栓栓塞。通常可触到心前区搏动有力。明显的肺呼吸音、湿啰音和发绀伴随严重的肺水肿出现,但是猫发生肺水肿时不常出现湿啰音,胸腔积液可使腹侧的肺呼吸音减弱。

## 临床诊断

### ◆X线检查

大多数患有轻微HCM的猫心脏轮廓正常,而严重HCM病患的X线征象包括左心房显著增大,左心室不同程度的增大(图8-1)。虽然背腹位或腹背位投照时,左心室心尖位置正常,但不一定能见到典型的爱心形。在发生慢性左心房高压和肺静脉高压时,可见肺静脉增大扭曲。发生左心衰竭时,可见不同程度的斑块状间质型或肺泡型肺水肿浸润。X线片上肺水肿的分布有差异,肺野常见弥散性或局灶性病灶,犬的心源性肺水肿以肺门病变为特征。严重的或者双侧心力衰竭患猫常出现胸腔积液。

### 心电图

很多HCM患猫有ECG异常。通常包括左心房和心室增大、室性和/或室上性(较少见)快速性心律失

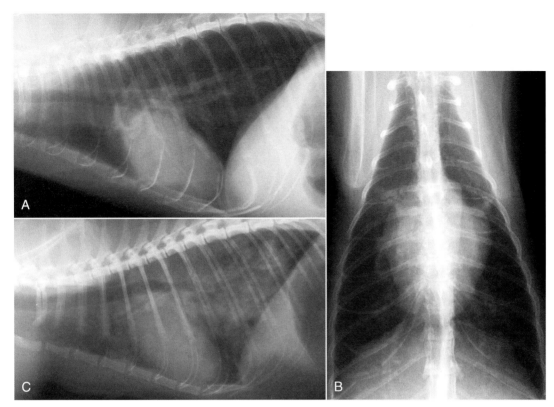

**图 8-1**
猫肥厚性心肌病的 X 线征象,侧位(A)和背腹位(B)显示的是一只雄性家养短毛猫的心房增大和心室轻微增大。1 只雄性暹罗猫侧位(C)X 线片显示明显的脉静脉扩张和心房增大侧位(C)X 线片。

常,或左前分支传导阻滞的心电图征象(见图 8-2 和第 2 章)。偶尔出现房室传导延迟、完全的房室传导阻滞,或窦性心动过缓。但是心电图确实不适合用于监测 HCM,敏感性较低。

◈ *超声心动图*

　　超声心动图是该病最好的诊断方法(见第 2 章)。可鉴别 HCM 和其他类型的心肌病。二维超声心动图和 M-型可探查心室壁、中隔和乳头肌肥厚的程度及分布。多普勒技术可用于发现左心收缩或舒张功能异常。

　　心肌广泛性增厚很常见,心肌肥厚在左心室壁、中隔和乳头肌的分布通常不对称。也可发生局灶性肥厚。使用二维线引导的 M 型超声有助于确认声束的正确位置,获得标准 M 型超声图切面,并进行测量,标准切面之外的增厚区域也需测量(图 8-3)。二维右侧胸骨旁长轴观可用于测量室中隔基部肥厚,如果仅有轻度或局灶性增厚,作为疾病早期的诊断是可疑的。脱水或者心动过速可能会导致心壁假性增厚(假性肥舒张期心壁厚度测量误差还可能发生于超声束与室壁/室间隔不垂直、测量时机不在舒张末期、没有同时使用心电图监测,或者进行二维图像采集时参数设置不厚),当。当舒张期末期(标准图像)左心室壁和中隔厚

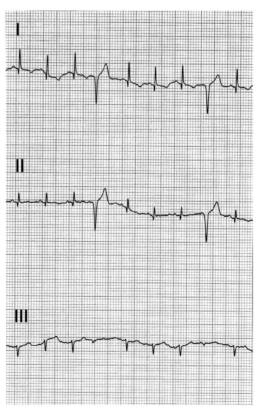

**图 8-2**
1 只 HCM 患猫的心电图,图中显示的是偶发的室性期前收缩和心电轴左偏。Ⅰ、Ⅱ、Ⅲ导联为 25 mm/s,1 cm＝1 mV。

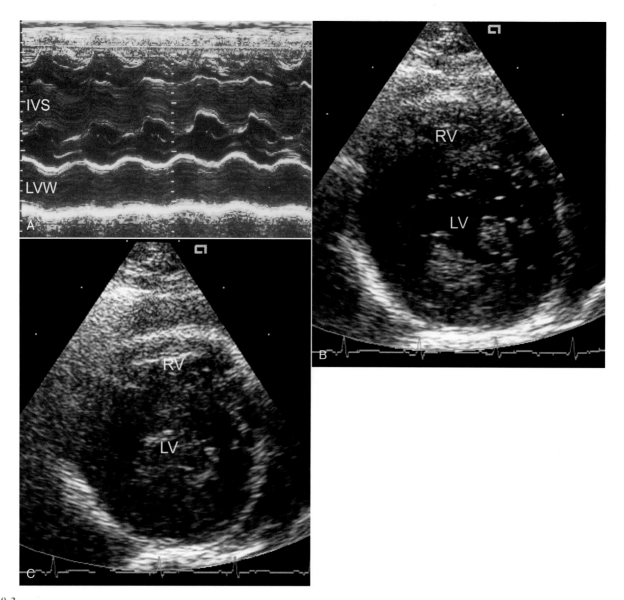

**图 8-3**
猫肥厚性心肌病的超声心动图。1 只 7 岁家养短毛猫左心室水平的 **M** 型超声图像(**A**),左心室舒张期游离壁和室中隔增厚,厚度约为 8 mm。1 只患有肥厚性梗阻性心肌病的雄性缅因猫的右侧胸骨旁二维图像,**B** 为舒张期,**C** 为收缩期。B 图中注意肥厚且回声增强的乳头肌,在 **C** 图中,显示左心室腔室在收缩期几乎完全闭塞。IVS,室中隔;LV,左心室;LVW,左心室游离壁;RV,右心室。

度超过 5.5~5.9 mm 时通常认为是异常的。患有严重 HCM 的猫其舒张期左心室壁和中隔厚度可能超过 8 mm 或更多,但是肥厚的程度不一定与临床症状的严重性相关。目前使用多普勒评估舒张功能(例如等容舒张时间),二尖瓣血流和肺静脉流速模型及组织多普勒技术越来越广泛地应用于疾病特性的评估。

乳头肌的肥厚可能很明显,某些猫出现收缩期左心室腔闭塞。乳头肌和心内膜下区域回声增强(亮度高)被认为是慢性心肌缺血导致心肌纤维化的表现。左心室缩短分数(FS)通常正常或增加。但是有的猫出现轻度到中度左心室扩张,收缩性降低(FS 为 23%~29%,FS 正常值为 35%~65%)。偶尔可出现右心室增大

和心包或胸腔积液的征象。

患有动态左心室流出道阻塞的猫,在 M 型超声图像上通常也出现二尖瓣收缩期前移(图 8-4)或主动脉瓣提前闭合。二尖瓣的结构异常,包括乳头肌肥厚和二尖瓣前叶变长,与 SAM 和左心流出道动态梗阻的严重程度有关。在短轴观和长轴观(左心流出道切面)来评估二尖瓣运动情况。多普勒模式可证实二尖瓣反流和左心室流出道湍流(图 8-5),频谱多普勒的最大流速测量线通常难以准确定位,收缩期压力梯度容易被低估。左侧心尖五腔观十分有用,脉冲多普勒(PW)可显示二尖瓣血流舒张延迟(E 峰:A 峰<1)或者严重舒张功能异常的相关证据,但是许多猫的心率过快,或者负荷条

件的改变会导致舒张功能的评估不准确。二尖瓣环的组织多普勒图像可用于评估纵向心肌纤维的早期舒张功能，HCM 患猫可能会出现早期二尖瓣环运动减少。

左心房可能轻微至显著增大（见第 2 章），当猫出现心力衰竭症状时表现为明显的左心房增大。有的猫增大的左心房内会出现自发性造影（烟雾状回声）。该现象被认为是瘀血和细胞聚集的结果，是血栓栓塞的前兆。左心房内偶尔可见血栓，通常位于心耳（图 8-6）。

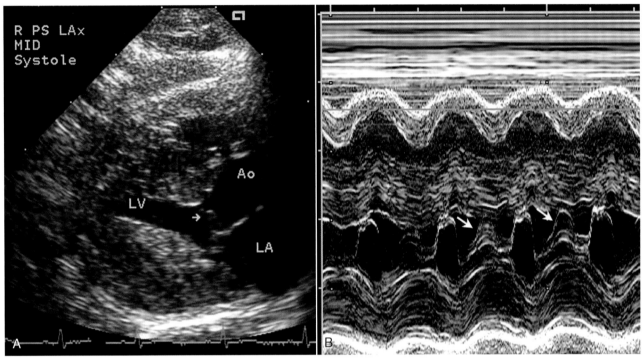

**图 8-4**
A 图为图 8-3，B 和 C 猫的二维超声图像，因为二尖瓣前叶的收缩期前向运动导致二尖瓣前叶位于左心流出道路径上（箭头处）。B，二尖瓣水平的 M 形超声图，显示的是二尖瓣的 SAM（箭头处）。Ao，主动脉；LA，左心房；LV，左心室。

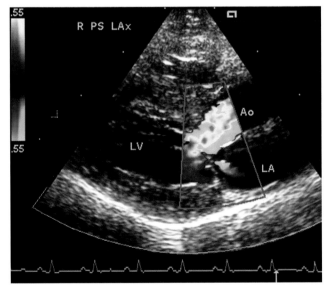

**图 8-5**
1 只患肥厚性阻塞性心肌病猫收缩期的彩色多普勒血流图像。注意在增厚的室中隔上方血流紊乱，流入左心室流出道，以及一小束二尖瓣反流射向左心房，这常见于 SAM 的患猫。右侧胸骨旁长轴观；Ao，主动脉；LA，左心房；LV，左心室。

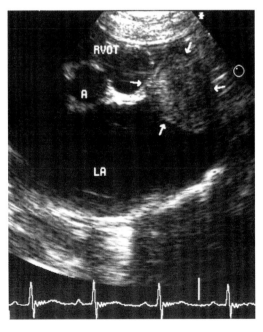

**图 8-6**
1 只患限制型心肌病的雄性家养短毛猫，在右侧胸骨旁短轴观主动脉—左心房水平的超声心动图图像。注意广泛性的左心房增大和心耳内血栓。A，主动脉；LA，左心房；RVOT，右心室流出道。

在诊断为特发性 HCM 之前,应排除其他原因引起的心肌肥厚。浸润性疾病(淋巴瘤)也可造成心肌增厚,这些病例可见心肌回声变化或心室壁不规则。左心室腔内腱索过多,呈明亮的线性回声。

### 临床病理学结果

临床病理学检测通常无相关提示。NT-proBNP检测结果能够鉴别猫呼吸困难的原因是心力衰竭还是原发性呼吸系统疾病,中度或者重度 HCM 患猫血液循环中脑钠肽浓度和心肌钙蛋白浓度升高。一些研究显示,有多种方法确定亚临床性 HCM。但是最近有一篇多中心性研究(Fox 等,2011)显示,血浆 NT-proBNP 浓度与多个用于评估 HCM 严重程度的超声心动图指标相关,并且能够区别正常猫与无症状的 HCM 患猫。当其浓度超过 99 pmol/L 的界定标准时,诊断为 HCM 的特异性为 100%,敏感性为 71%;当其浓度超过 46 pmol/L 的界定标准时,诊断为 HCM 的特异性为 91%,敏感性为 86%。研究发现心力衰竭患猫的 $TNF_\alpha$ 浓度会出现不同程度的升高。

### 治疗

◈ *亚临床性肥厚性心肌病*

对于无症状的 HCM 患猫是否需要(或怎样)进行治疗尚存争议,目前仍然不清楚在出现症状之前进行药物治疗是否能够延缓猫的疾病进程及存活时间。许多小型研究已经使用 $\beta$-阻滞剂(地尔硫草)、血管紧张素转化酶抑制剂(ACEI)和螺内酯,但是仍然未证明这些干预是否有明确的好处。即使如此,对于出现持续性动态流出道梗阻或者心律失常的 HCM 患猫,一些临床医生仍然建议使用 $\beta$-阻滞剂;而那些出现严重的、非阻塞性心肌病,可能建议使用 ACEI 或者地尔硫草。对于出现心房增大,特别是同时出现心房内产生回声物质的患猫,应开始谨慎的使用预防性抗血栓治疗(见第 12 章)。

应避免应激情况导致的持续性心动过速,并建议每年复查一次或两次。应该排除导致继发性肥厚性心肌病的病因,例如全身性动脉高血压或者甲状腺功能亢进(如果发现,应立即治疗)。

◈ *临床性肥厚性心肌病*

治疗的主要目标是促进心室充盈、减轻充血、控制心律失常、减少缺血,并防止血栓栓塞(框 8-1)。在长期慢性治疗中,呋塞米使用只能稳定在能控制充血症

状的剂量,对于中度至重度胸腔积液患猫,需要轻微保定,于胸骨附近进行胸腔穿刺放液治疗。

 **框 8-1 肥厚性心肌病的治疗原则**

**严重的、急性心力衰竭症状**[*]
供氧
尽量减少对动物的操作
呋塞米(非口服给药)
如果出现胸腔积液,进行胸腔穿刺
如果需要,进行心率控制和抗心律失常治疗(地尔硫草,艾司洛尔,±普萘洛尔,IV[†])
±硝酸甘油(皮肤给药)
±支气管扩张剂(如氨茶碱或者茶碱)
±镇静剂
监测:呼吸速率,心率和节律,动脉血压,肾功能,血清离子等)

**轻度至中度充血性心力衰竭症状**[*]
呋塞米
ACEI
血栓预防(阿司匹林、氯吡格雷、LMWH 或华法林)[‡]
限制运动
少盐食物,如果猫咪愿意吃
±$\beta$-阻滞剂(如阿替洛尔)或者地尔硫草

**慢性 HCM 管理**[*]
ACEI
呋塞米(最低有效剂量及频率)
血栓预防(阿司匹林、氯吡格雷、LMWH、华法林)[‡]
如有需求进行胸腔穿刺
±螺内酯或氢氯噻嗪
±$\beta$-阻断剂或地尔硫草
±抗心律失常治疗,如果有需求的话[†]
在家监测安静时呼吸速率(＋心率,如果能做到的话)
少盐食物,如果能够接受
监测肾功能、离子等)
管理其他疾病问题(需排除甲亢及高血压)
±匹莫苯丹(对于顽固性心力衰竭、心肌收缩功能减退且没有左心室流出道梗阻的可以使用)

[*] 更多细节见正文和第 3 章、第 4 章。
[†] 其他抗室性心律失常药物见第 4 章。
[‡] 更多细节见第 12 章。
ACEI,血管紧张素转换酶抑制剂;IV 静脉注射;LMWH,低分子质量肝素。

对于严重肺水肿的患猫,应及时吸氧并经肠外途径使用呋塞米,通常首先肌肉注射(2 mg/kg q 1~4 h 见框 3-1),直至能够放置静脉留置针,且不会对猫造成过多应激。也可使用硝酸甘油软膏(q 4~6 h,见框 3-1),但是没有研究表明其有效性。当患猫能够接受口服药时给予 ACEI 药物,给予药物后应让患猫好好休息,在记录初始呼吸速率后,在不影响其休息的前提下每隔

15～30 min 记录一次呼吸频率,呼吸频率和用力程度可指导之后的利尿剂治疗。放置留置针、采集血样、X线检查和其他检查及治疗应在猫的状况稳定后进行。布托啡诺可用于减轻动物焦虑(见框 3-1),乙酰丙嗪也可作为代替药物,它的 α-受体阻断作用能够促进外周血液重新分配,但是对于梗阻性肥厚性心肌病,它会加剧左心流出道梗阻,其外周血管舒张作用会使低体温情况恶化。吗啡不能用于猫。氨茶碱(5 mg/kg q 12 h IM,IV)的支气管扩张作用和轻微的利尿作用对严重肺水肿患猫有一定效果,且不会引起心率增加。在极端病例中,可使用抽痰技术和机械性正压通气。

当呼吸困难减轻后,呋塞米可以继续减量(≈ 1 mg/kg q 8～12 h)。一旦肺水肿被控制住,呋塞米可改为口服,并将剂量逐渐减至最低。猫初始给药剂量通常以 6.25 mg/猫,q 8～12 h,根据猫的反应,在数日到数周内逐渐减量。有的猫每周给药几次即可控制病情,而有的猫需一天给药数次。利尿剂使用过量的并发症包括氮血症、厌食、电解质紊乱和左心室充盈不足。如果猫咪自己无法通过自主饮水补足液体,应进行谨慎的肠外补液疗法[如 0.45% 盐溶液和 5% 葡萄糖溶液,或其他低钠液体,15～20 mL/(kg·d)]。

可通过降低心率和增强舒张功能改善心室充盈。应尽量减少应激和活动。尽管钙离子阻断剂地尔硫草或 β-受体阻断剂(见第 4 章,表 4-5)在以前常作为长期治疗的基本口服药物,但是对于心力衰竭猫来说,使用 ACEI 有更多好处。ACEI 药物可以减少神经激素活化和心肌异常的重塑。依那普利和贝那普利是最常用药物,尽管其他同类药物也可用(见第 3 章,表 3-3)。

负性变时作用药物伊伐布雷定可能控制 HCM 患猫的心率,伊伐布雷定是一种选择性"funny"电流抑制剂(I$_f$),它对窦房结(起搏点)的作用意义重大,该电流能够提高细胞膜对 $Na^+$ 和 $K^+$ 的通透性,从而增加窦房结自发 4 期(舒张)去极化的斜率,增加心率。之前的研究显示伊伐布雷定可造成剂量相关性心率下降,且副作用很低,特殊的使用建议需进一步研究。是否使用其他药物取决于超声心动图的结果和患猫的其他检测结果。

越来越多严重的对称性左心肥厚的猫使用地尔硫草后,它的钙离子阻断作用能够适当降低心率及心室收缩性(减少心肌耗氧量),它还能促进冠脉舒张和心肌舒张。慢性病例更方便使用长效地尔硫草,虽然血清浓度变化较大。最常使用的是地尔硫草 XR,给于 240 mg 胶囊内的 1.5 片(60 mg 片剂)q 12～24 h;或者与地尔硫草 CD 混合使用,剂量为 10 mg/kg q 24 h。

与地尔硫草相比,β-受体阻滞剂在降低心率和左心流出道动态梗阻方面更为有效。它们还能抑制猫的快速性心律失常。另外其交感神经抑制功能能够减少心肌需氧量,这对于心肌缺血和梗死的病例来讲非常重要。β-受体阻滞剂还常用于并发甲亢的猫。β-阻滞剂能够通过抑制儿茶酚胺诱导的心肌损伤减少心肌纤维化。它能缓慢启动心室舒张,但是其降低心率的作用比这个更有价值。最常用的非选择性阻断药物是阿替洛尔,也可使用普萘洛尔和其他非选择性阻断药物,但是肺水肿时应避免使用,以防出现 β$_2$ 受体拮抗作用导致支气管收缩。普萘洛尔(脂溶性药物)能够使一些猫出现嗜睡和食欲下降。

有时候为了治疗猫顽固性慢性心力衰竭,或者出现房颤时为了进一步降低心率,可在地尔硫草的基础上联合使用 β-阻滞剂(反之亦然),但是应该小心预防出现心率过缓或者低血压。慢性长期管理应该包括预防动脉血栓的出现(见第 12 章)。如果猫咪能够接受的话,建议限制食物含盐量,但不能导致猫咪出现厌食。

有的药物在猫患 HCM 时是禁忌的。包括地高辛和其他正性肌力药,由于这些药物增加了心肌耗氧量,并使左室流出道动态阻塞恶化。但是对于慢性顽固性心力衰竭的患猫来说,匹莫苯丹是有效的。任何可提高心率的药物都可能有害,因为心动过速会缩短心室充盈时间,易于造成心肌缺血。由于 HCM 患猫心脏前负荷储备很少,血管扩张剂可引起低血压和反射性心动过速。低血压还可加剧流出道动态阻塞。ACIEs 扩张血管的作用通常很轻微,但是也有这样的风险。

◆慢性顽固性充血性心力衰竭

顽固性肺水肿或者胸腔积液很难控制,中度至重度胸腔积液需要进行穿刺放液治疗。许多用药策略可减缓异常的液体积聚,包括:使用最大剂量(或者加用) ACEI 药物;增加呋塞米剂量(增加至约 4 mg/kg, q 8 h);加用匹莫苯丹;使用地尔硫草或者 β-阻滞剂控制心率;加用螺内酯;加用其他利尿剂(例如氢氯噻嗪,见表 3-3)。螺内酯能制成风味混悬剂,以达到更精确的剂量。当患猫出现顽固性右侧心力衰竭且无左心室流出道梗阻,HCM 末期心肌收缩功能下降时,可以考虑使用地高辛,但是容易出现毒副作用。需要频繁监测是否出现氮质血症、离子紊乱和其他并发症。

## 预后

HCM 患猫的预后多样,取决于许多因素,包括疾病的发展速度、是否发生了血栓栓塞、是否出现心律失常以及对治疗的反应。仅有轻度至中度左心室肥厚和心房增大的无症状患猫,通常可很好地存活数年。但是,心肌肥厚和左心房严重增大的猫患心力衰竭、血栓栓塞和突然死亡的风险很高。左心房大小和猫的年龄与存活率呈负相关。充血性心力衰竭患猫的平均存活时间为1~2年。如果出现心房纤颤或顽固性右心衰竭,则预后谨慎。跟正常体型猫相比,肥胖猫和瘦猫的预后更差。发生血栓栓塞和充血性心力衰竭的患猫预后谨慎(平均存活时间2~6个月),如果充血的症状得到控制、重要的器官没有发生梗死,则预后较好。血栓栓塞常复发。

## 继发性肥厚性心肌病 (SECONDARY HYPERTROPHIC MYOCAR-DIAL DISEASES)

某些心肌肥厚是继发于应激或其他疾病的代偿性反应,某些猫会出现左心室和室中隔增厚以及心力衰竭的表现,但这些病例不能被看作特发性HCM。如果已确认左心室肥厚,应排除继发性病因。

6岁以上患肥厚性心肌病的猫应检查是否有甲状腺功能亢进。甲亢时,甲状腺素直接作用于心肌,或因组织和循环中过多的甲状腺素增强交感神经系统的活性而影响心肌功能。心脏对甲状腺素的反应是发生心肌肥厚、心率增加和心肌收缩力增强。发生甲状腺功能亢进时机体代谢加快,使动物处于心输出量增加、耗氧量增加、血容量增加和心率加快的高代谢状态。系统性高血压可引起并进一步刺激心肌肥厚。临床可见的心血管症状包括收缩期杂音、心前区心搏动增强和动脉脉搏增强、窦性心动过速和各种心律失常,以及在ECG、胸部X线片或超声心动图上出现左心室增大和肥厚的迹象。甲状腺功能亢进的猫约有15%可出现充血性心力衰竭的症状,大多数心脏缩短分数(FS)正常或偏高,少数患猫心脏收缩功能弱。除了心脏病治疗之外,还需要进行甲状腺功能亢进的治疗。$\beta$-阻断剂可暂时控制过多甲状腺素引起的有害的心脏作用,特别是对于快速性心律失常。地尔硫草可作为替代药物。充血性心力衰竭的治疗与后文HCM的治疗相同。罕见心室收缩力不足的心力衰竭(扩张性的),其治疗与扩张性心肌病相同。但是$\beta$-阻断剂或其他治疗心脏的措施不能替代抗甲状腺功能亢进的治疗。

左心室向心性肥厚是心室收缩压增高的反应(后负荷)。因为动脉血压和阻力升高,系统性动脉高压(见第11章)使后负荷增加。固定的(如先天性)主动脉瓣下狭窄或动态性左心室流出通道梗阻(肥厚性阻塞性心肌病)也会引起心室流出阻力增加。生长激素分泌增多(肢端肥大症)时,生长激素作用于心脏,也可引起心肌肥厚,随后发生充血性心力衰竭。浸润性心肌疾病偶尔可导致心肌增厚,以淋巴瘤最为显著。

## 限制性心肌病 (RESTRICTIVE CARDIOMYOPATHY)

### 病因学和病理生理学

限制性心肌病(RCM)与广泛性的心内膜、心内膜下或心肌纤维化相关,病因不清,可能是多因素引起的。可能是心内膜炎的后遗症、心肌衰竭的末期表现,或HCM引起的心肌梗死。RCM偶尔继发于肿瘤(如淋巴瘤)或其他浸润性或感染性疾病。

猫RCM的病理学表现很多,包括严重的血管周围和间质纤维化、壁内冠状动脉狭窄、心肌肥厚和局灶性变性与坏死。有些猫会由于左心广泛性心内膜心肌纤维化而使腔室变形,或者在室中隔及左心游离壁之间形成纤维组织桥接,二尖瓣和乳头肌可能与周围组织融合或发生扭曲。

通常可见左心房明显增大,主要由左心室壁纤维化而引起左心室充盈压长期升高。左心室可能正常、减小或者轻度扩张。左心室肥厚程度各异,可能是局部肥厚。常见心内血栓和系统性动脉血栓。

左心室纤维化导致舒张期充盈受损。大多数患猫心肌收缩性正常或轻微减弱,但是随着心肌功能进一步丧失会发生恶化。某些猫发生局部左心室功能障碍,可能与心肌梗死有关,可造成全心收缩功能降低。但是这些病例更应该归为未分类的心肌病,而非限制型心肌病。如果出现二尖瓣反流,通常较轻微。心律失常、心室扩张、心肌缺血或梗死也会促发舒张功能障碍。左心充盈压力慢性升高及代偿性神经内分泌活化,可引起左心或双侧充血性心力衰竭。RCM的亚临床疾病期时长未知。

### 临床特征

RCM最常见于中年或老龄猫,年轻猫也可能出现。近期病史常表现为不活泼、食欲差、呕吐和体重减轻。临床症状多样,但通常表现为肺水肿或胸腔积液导致的呼吸系统症状。在出现应激或并发疾病时,心血管系统负担增加,症状可能加速或突然恶化。常见血栓栓塞。有时通过心音听诊异常、常规检查发现心律不齐或 X 线检查显示心脏增大的征象,可诊断出无症状的患猫。

RCM 患猫的常规体格检查异常包括:二尖瓣或三尖瓣反流造成的收缩期杂音、奔马律和/或心律失常。发生肺水肿时肺音异常;发生胸腔积液时肺音不清。股动脉脉搏正常或稍弱。右心衰竭时常出现颈静脉怒张和搏动。出现急性远端动脉血栓栓塞的症状可能是患猫就诊的主要原因。

## 诊断

检查结果通常与猫 HCM 相似。X 线检查显示左心房或双侧心房增大(可能严重),左心室或全心增大(图 8-7)。轻度至中度心包积液使得猫的心影增大。心力衰竭的猫可见近端肺静脉扩张、扭曲;其他典型充血性心力衰竭的 X 线征象包括肺水肿浸润、胸膜腔积液,有时出现肝脏增大和腹水。

ECG 异常通常包括许多种心律失常,例如室性或房性期前收缩、室上性心动过速或心房纤颤,可能出现明显的 QRS 波增宽、R 波振幅升高、出现心室内传导紊乱的表现、P 波增宽。超声心动图征象包括:左心房(有时候是右心房)显著增大、左心室游离壁和中隔厚度正常或者轻度增加,室壁运动正常或轻度下降(缩短分数通常超过 25%)。左心室壁和/或心内膜可能存在明显的纤维化的高回声区域。偶尔可见隔缘肉柱过多产生的管腔样高回声。有时广泛性左心室心内膜纤维化,游离壁与室间隔间瘢痕组织桥连,可使心室腔缩小。通常出现右心室扩张。有时在左心耳或左心房内可见心内血栓,偶尔位于左心室(见图 8-6)。多普勒检查可能显示轻度二尖瓣或三尖瓣反流及典型的限制性二尖瓣流入血流模式。有的猫出现显著的局部心壁功能障碍,特别是左心室游离壁,发生缩短分数降低,伴有轻微的心室扩张。这些异常可能并非是 RCM,而是心肌梗死或未分类心肌病的表现。

临床病理学检查没有特异性。胸腔积液通常为改性漏出液和乳糜液。有的患猫血清牛磺酸浓度偏低,如果心肌收缩性降低应检测牛磺酸浓度。

## 治疗和预后

急性心力衰竭的治疗与 HCM 患猫相同,可以恒速输注(CRI)多巴酚丁胺来提高收缩性。血栓栓塞的

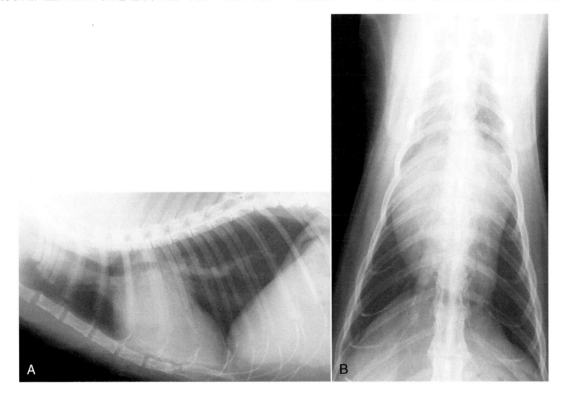

**图 8-7**
**1 只患有限制性心肌病的老年家养短毛猫的 X 线片,A 图为侧位,B 图为背腹位。图片中可见左心室显著增大,肺静脉增粗。**

治疗在下文中讲述。

心力衰竭的长期治疗包括使用最低有效剂量的呋塞米和ACEI(表3-3)。最好在开始治疗或调整治疗用量时监测血压。通过监测静息呼吸频率、活动量和X线征象评价治疗效果。β-受体阻断剂通常用于治疗快速性心律失常或心肌梗死。单独或联合使用索他洛尔和美西律对于顽固性室性心律失常的治疗有效。对于无法使用β-受体阻断剂的猫,地尔硫草可作为替换药物,减缓心率,提高舒张能力,但是该药对严重心肌纤维化的情况是否有作用仍然存在争议。对于需要长期提高心肌收缩性的猫,可使用匹莫苯丹(或地高辛,见表3-3)。可检测是否出现牛磺酸缺乏。推荐进行血栓预防治疗。如果动物能够接受的话,推荐使用低盐食物。定期监测肾功能和离子。如果出现氮质血症、低血压或其他并发症,应该调节药物剂量。

伴有胸腔积液的顽固性心力衰竭较难管理。除了反复性胸腔穿刺外,可谨慎增加ACEI或呋塞米的剂量。如果还未使用匹莫苯丹(或地高辛),可以使用该药物帮助控制顽固性心力衰竭,治疗方案中可加入螺内酯(或者继续添加氢氯噻嗪)或硝酸甘油。

出现心力衰竭的RCM患猫总体预后谨慎或较差,偶尔可见有些猫在诊断后很好的存活1年以上。通常出现血栓栓塞和顽固性胸腔积液。

# 扩张性心肌病
## (DILATED CARDIOMYOPATHY)

## 病因学

在20世纪80年代后期,研究发现牛磺酸缺乏是造成猫扩张性心肌病(DCM)的主要原因。随后,商品化猫粮中的牛磺酸含量提高,目前临床上猫的DCM已不常见。由于并不是所有饲喂缺乏牛磺酸的日粮的猫都会发生DCM,所以该病的发生不仅仅是单一必需氨基酸缺乏的结果,其他因素(包括遗传因素和可能与钾消耗有关的因素)也促使该病的发生。目前确诊的少数病例通常不是牛磺酸缺乏造成的,而可能是先天性的、其他心肌代谢异常末期、中毒或感染造成。

多柔比星可以对犬猫造成特殊的心肌组织学损伤,在接受累积剂量为170~240 mg/m² 的多柔比星后,有的猫在超声心动图上表现出DCM的征象。但是临床上还没有见过多柔比星诱导的猫心肌病;有传

闻即使累积剂量达到600 mg/m²(23 mg/kg),也不会出现心脏毒性。

## 病理生理学

猫DCM的病理生理学表现与犬相似。心肌收缩性差是其显著特征(图8-8)。通常所有的心腔都扩张,心腔增大和乳头肌萎缩造成房室瓣闭锁不全。心输出量下降引起代偿性神经内分泌机制被激活,造成充血性心力衰竭和低心输出量。除了肺水肿,心律失常和胸腔积液在DCM患猫中也很常见。

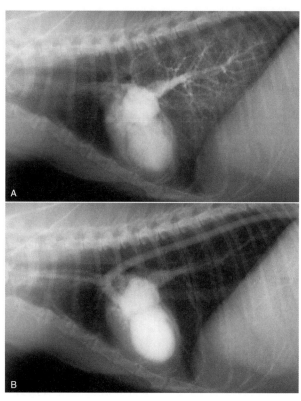

图8-8
非选择性心血管造影图像。1只患有扩张性心肌病的13岁雌性暹罗猫。造影剂由颈静脉注入。A,注射后3 s,一些造影剂仍在右心室和肺血管中。可见肺静脉扩张,进入左心房。显示扩张的左心房和心室。B,注射后13 s,左心和肺静脉仍然呈高密度,显示心肌收缩性差,循环速度极慢。左心室后壁和乳头肌变薄,在该图像中很容易看到。

## 临床特征

DCM可发生于任何年龄的猫,尽管常见于中老年猫;无品种或性别倾向。临床表现通常包括厌食、嗜睡、呼吸用力或窘迫、脱水或低体温。细微的心室功能下降常与呼吸症状被同时发现。常见颈静脉膨胀、心前区搏动减弱、股动脉脉搏减弱、奔马律(通常是S₃),以及左侧或右侧心尖收缩期杂音(二尖瓣或三尖瓣反

流)。可出现心动过缓和心律失常,但许多猫有正常的窦性节律。有的猫听诊出现肺音增强和肺部啰音,胸腔积液可使肺呼吸音发闷。还可能出现动脉血栓栓塞的临床表现。

### 诊断

全心增大的常见 X 线征象是心尖钝圆。胸腔积液会掩盖心脏的轮廓、同时掩盖已有的肺水肿或静脉瘀血的表现。可能出现肝脏增大和腹水。

ECG 的检查结果多样,包括室性或室上性心律失常(罕见心房纤颤)、房室传导异常、左心室增大,但是在猫心电图上不一定能反映腔室增大。最好根据超声心动图检查结果鉴别 DCM 与其他心肌病。猫的 DCM 表现与犬相似。诊断猫 DCM 的标准包括:缩短分数下降(<26%)、左心室舒张末期(>1.8 cm)和收缩末期(>1.1 cm)直径增加、二尖瓣 E 峰室间隔距离 EPSS 增加(>0.4 cm)。有些猫表现为局灶性肥厚,只有左心室游离壁或者室中隔出现运动机能减退,这种应归为心肌病,而非典型的 DCM。在左心房内可发现血栓。

非选择性心血管造影比超声心动检查危险大,目前很少应用。血管造影图像包括全心腔增大、乳头肌萎缩、动脉直径减小和循环时间延长(见图 8-8)。该操作的并发症(特别是对于心肌功能差或充血性心力衰竭的动物)包括呕吐和误吸、心律失常和心跳停止。DCM 患猫胸腔积液通常为改性漏出液,也可能为乳糜液。临床病理学常见肾前性氮血症、肝酶活性轻度增加、应激性白细胞像,常出现 NT-proBNP 浓度升高。可发生与血栓栓塞相关的血清肌肉酶活性增高、血液凝集异常。推荐检测血浆或全血中的牛磺酸浓度,以确定是否发生牛磺酸缺乏,对血样的采集和邮寄有特殊要求。血浆牛磺酸浓度受日粮中牛磺酸含量、日粮种类和进食时间的影响,但是 DCM 患猫血清牛磺酸浓度一旦低于 30~50 nmol/mL,即可诊断为牛磺酸缺乏。饮食正常的猫若血浆牛磺酸浓度低于 60 nmol/mL,应该补充牛磺酸或改变日粮。全血样本比血浆测得的结果更可靠。正常全血牛磺酸含量应超过 200~250 nmol/mL。

### 治疗和预后

治疗目的与犬 DCM 相同。通过胸腔穿刺排出胸腔积液。如果发生急性衰竭,与前文提到的 HCM 相同,给予呋塞米促进排尿。但是对于收缩功能很差的病例,过度利尿会造成心输出量显著降低。推荐动物吸氧。对于严重肺水肿的猫,血管扩张剂硝酸甘油可能有效。若动物的状态能够接受口服药,给予匹莫苯丹和 ACEI 药物,其他血管扩张剂(如硝普钠、肼屈嗪或氨氯地平)有助于最大限度地增加心输出量,但是有发生低血压的风险(见框 3-1)。应密切监测血压、水合状况、肾脏功能、电解质平衡和外周灌注。失代偿性 DCM 患猫通常体温过低,必要时提供外部加热措施。

可能需要使用额外的正性肌力药物。对于危重病例,以恒定速率输注多巴酚丁胺或多巴胺(见框 3-1)。多巴酚丁胺的副作用可能包括抽搐或心动过速,一旦出现,输注速率应降低 50%或停药。建议使用匹莫苯丹作为口服正性肌力药物,也可使用地高辛(见表 3-3),但是容易出现毒副作用,特别是当猫同时服用多种药物时。用药时应该检测血清地高辛浓度,许多猫无法接受液体药物,因此通常使用片剂。

频繁发生的室性心动过速可使用利多卡因、美西律、保守剂量的索他洛尔,或者使用联合抗心律失常药物治疗(见表 4-2)。因为 β-阻滞剂(包括索他洛尔)具有负性肌力作用,应慎用于患 DCM 且心力衰竭的猫。严重的室上性心动过速可使用地尔硫草治疗,或者与地高辛联用。

急性心力衰竭时使用利尿剂和血管扩张剂可导致低血压,使得 DCM 患猫易发生心源性休克。可使用 0.45%的盐水加 2.5%葡萄糖,或其他低钠液体,静脉输注以维持血压[如 20~35 mL/(kg·d),分几次输完,或以恒定速率输注];可能需要补钾。必要时可进行皮下输液,但是这些病例中,血管外液体吸收可能比较困难。

对发生急性心力衰竭但存活的 DCM 患猫,可进行慢性治疗,包括口服呋塞米(最低有效剂量)、ACEI、匹莫苯丹(地高辛)、抗血栓预防性治疗、添加牛磺酸(如果牛磺酸缺乏),或饲喂高牛磺酸含量的日粮。一旦检测出血清牛磺酸浓度偏低,应尽快进行补充,其剂量为 250~500 mg PO q 12 h。牛磺酸补充几周后才能出现临床改善,大多数牛磺酸缺乏的患猫在补充牛磺酸 6 周内,可从超声心动图上见到心脏收缩功能改善。

有的猫在 6~12 周后不再需要进行药物治疗,但是建议通过 X 线检查确认没有胸腔积液和肺水肿后再停药。当超声心动检查心肌收缩功能正常或接近正常时,可逐渐降低牛磺酸补充量,直到患猫的日粮能保证血清牛磺酸浓度(如大多数名牌的商品化日粮),然后停止额外的补充。每千克成年猫干粮牛磺酸含量达 1 200 mg,每千克罐头牛磺酸含量达 2 500 mg,即可维持血清牛磺酸的正常浓度。对于以米饭或者米糠为主粮的猫则需要添加更多。建议在停止补充 2~4 周后再次检测血清牛磺酸的浓度。

牛磺酸缺乏的猫开始治疗后存活 1 个月以上者,可停用全部或大部分药物,只补充牛磺酸。这些猫的一年存活率约为 50%。不补充牛磺酸,或对牛磺酸无应答的病例预后谨慎或较差。DCM 患猫出现血栓栓塞即为濒死相。

# 其他心肌病
# (OTHER MYOCARDIAL DISEASES)

## 致心律失常性右心室心肌病
## ( ARRHYTHMOGENIC RIGHT VENTRICULAR CARDIOMYOPATHY)

与人相似,致心律失常性右室心肌病(ARVC)是一种罕见的特发性心肌病。特征性病变包括右心室腔中度至重度扩张、局部或弥散性右心室壁变薄。也可见右心室壁动脉瘤。可发生右心房扩张,左心房扩张较少见。典型组织学异常包括心肌萎缩,伴有脂肪和/或纤维组织替代、局灶性心肌炎和细胞凋亡,这些异常在右心室壁最为显著。纤维组织或脂肪浸润有时可发生在左心室和动脉壁。

通常出现右心充血性心力衰竭、胸积液造成的呼吸困难、颈静脉扩张、腹水或肝脾增大,偶尔发生晕厥。临床症状也可表现为嗜睡和食欲不振,没有明显的心力衰竭表现。

胸部 X 线检查显示右心增大,偶尔出现左心房增大。常见胸腔积液、腹水、后腔静脉充盈和心包积液的症状。患猫 ECG 检查可见不同程度的心律失常,包括室性期前收缩(VCPs)、室性心动过速、心房纤颤和室上性快速性心律失常。常见右束支传导阻滞,有的猫出现 I 度房室阻滞。超声心动图显示严重的右心房和右心室增大,这与先天性三尖瓣发育不良相似,但是 ARVC 的瓣膜结构正常。其他回声特征包括异常的肌小梁形成、动脉瘤样扩张、局部动力障碍和中隔反向运动。多普勒检查时可见三尖瓣反流。如果左心室心肌受到影响,有些猫还会出现左心房增大。

一旦出现心力衰竭,预后谨慎。推荐治疗方案包括必要时使用利尿剂、匹莫苯丹(或地高辛)、ACEI 和抗血栓预防性治疗。可能需要进行额外的抗心律失常治疗(见第 4 章)。在人患有类似疾病时,室性快速性心律失常都很显著,突然死亡也很常见。

## 皮质类固醇相关性心力衰竭
## (CORTICOSTEROID-ASSOCIATED HEART FAILURE)

有些猫在接受皮质类固醇治疗后会出现心力衰竭,不清楚这是不是一种之前未知的心力衰竭,抑或与已经存在的 HCM、高血压和甲亢相关。患猫出现突然精神沉郁、厌食、呼吸急促和呼吸窘迫。大部分猫如果不出现心动过速时,听诊无异常。

典型的 X 线征象包括中度心影增大、广泛性肺部浸润、轻度或中度胸腔积液。ECG 可能表现为窦性心动过缓、心室内传导异常、心房静止、心房纤颤和 VPCs。大部分患猫的超声心动图表现为不同程度的左心室游离壁、室中隔肥厚和左心房增大,有些出现房室瓣反流或者收缩期二尖瓣运动异常。

心力衰竭的治疗与 HCM 相同;应停止使用皮质类固醇。据报道有些猫的异常表现部分缓解且最后成功停药。

## 心肌炎
## (MYOCARDITIS)

与其他物种相似,猫会发生心肌和附属结构的炎症。一项研究调查显示,一半以上心肌病患猫的样本可见心肌炎的组织学特征,而对照组没有心肌炎表现;心肌炎患猫中,几乎 1/3 的样本可扩增出猫瘟病毒的 DNA(Muers 等,2000)。但是,病毒性心肌炎在心肌病发生中的作用还有待进一步研究。严重的广泛性心肌炎可能会发展成为充血性心力衰竭,或致死性心律失常。局部心肌炎患猫可能没有临床症状。有急性或慢性病毒性心肌炎的报道。虽然病毒性心肌炎很少得到证实,但猫的冠状病毒可引起心包炎-心外膜炎。

报道的心内膜炎大多数发生于年轻猫。最常见的表现为急性死亡,伴有或不伴有持续 1~2 d 肺水肿症状。急性心肌内膜炎的组织病理学特征包括局部或弥散性淋巴细胞、浆细胞、组织细胞和少量嗜中性粒细胞浸润。相邻的心肌细胞出现变性和溶解。慢性心肌内膜炎的炎症反应很轻,但是心肌变性和纤维化较明显。

推测 RCM 是非致命性心肌膜炎的最后阶段。治疗包括控制充血性心力衰竭和心律失常，以及其他支持疗法。

败血症或细菌性心内膜炎或心包炎可引起细菌性心肌炎。猫实验性感染巴尔通体时可发生亚临床淋巴浆细胞性心肌炎，但是自然感染在猫心肌病中的作用还不清楚。刚地弓形虫偶尔也可引起心肌炎，通常发生在免疫抑制的猫，是全身性疾病的一部分。猫的创伤性心肌炎不常见。

### ◉推荐阅读

Cober RE et al: Pharmacodynamic effects of ivabradine, a negative chronotropic agent, in healthy cats, *J Vet Cardiol* 13:231, 2011.

Ferasin L et al: Feline idiopathic cardiomyopathy: a retrospective study of 106 cats (1994-2001), *J Feline Med Surg* 5:151, 2003.

Finn E et al: The relationship between body weight, body condition, and survival in cats with heart failure, *J Vet Intern Med* 24:1369, 2010.

Fox PR: Hypertrophic cardiopathy: clinical and pathologic correlates, *J Vet Cardiol* 5:39, 2003.

Fox PR: Endomyocardial fibrosis and restrictive cardiomyopathy: pathologic and clinical features, *J Vet Cardiol* 6:25, 2004.

Fox PR et al: Multicenter evaluation of plasma N-terminal probrain natriuretic peptide (NT-proBNP) as a biochemical screening test for asymptomatic (occult) cardiomyopathy in cats, *J Vet Intern Med* 25:1010, 2011.

Fox PR et al: Utility of N-terminal pro-brain natriuretic peptide (NT-proBNP) to distinguish between congestive heart failure and non-cardiac causes of acute dyspnea in cats, *J Vet Cardiol* 11:S51, 2009.

Fries R, Heaney AM, Meurs KM: Prevalence of the myosin-binding protein C mutation in Maine Coon cats, *J Vet Intern Med* 22:893, 2008.

Granstrom S et al: Prevalence of hypertrophic cardiomyopathy in a cohort of British Shorthair cats in Denmark, *J Vet Intern Med* 25:866, 2011.

Harvey AM et al: Arrhythmogenic right ventricular cardiomyopathy in two cats, *J Small Anim Pract* 46:151, 2005.

Koffas H et al: Pulsed tissue Doppler imaging in normal cats and cats with hypertrophic cardiomyopathy, *J Vet Intern Med* 20:65, 2006.

MacDonald KA et al: Tissue Doppler imaging in Maine Coon cats with a mutation of myosin binding protein C with or without hypertrophy, *J Vet Intern Med* 21:232, 2007.

MacDonald KA, Kittleson MD, Kass PH: Effect of spironolactone on diastolic function and left ventricular mass in Maine Coon cats with familial hypertrophic cardiomyopathy, *J Vet Intern Med* 22:335, 2008.

MacLean HN et al: N-terminal atrial natriuretic peptide immunoreactivity in plasma of cats with hypertrophic cardiomyopathy, *J Vet Intern Med* 20:284, 2006.

Mary J et al: Prevalence of the MYBPC3-A31P mutation in a large European feline population and association with hypertrophic cardiomyopathy in the Maine Coon breed, *J Vet Cardiol* 12:155, 2010.

MacGregor JM et al: Use of pimobendan I 170 cats (2006-2010), *J Vet Cardiol* 13:251, 2011.

Meurs KM et al: A cardiac myosin binding protein C mutation in the Maine Coon cat with familial hypertrophic cardiomyopathy, *Hum Mol Genet* 14:3587, 2005.

Paige CF et al: Prevalence of cardiomyopathy in apparently healthy cats, *J Am Vet Med Assoc* 234:1398, 2009.

Riesen SC et al: Effects of ivabradine on heart rate and left ventricular function in healthy cats and cats with hypertrophic cardiomyopathy, *Am J Vet Res* 73:202, 2012.

Rush JE et al: Population and survival characteristics of cats with hypertrophic cardiomyopathy: 260 cases (1990-1999), *J Am Vet Med Assoc* 220:202, 2002.

Sampedrano CC et al: Systolic and diastolic myocardial dysfunction in cats with hypertrophic cardiomyopathy or systemic hypertension, *J Vet Intern Med* 20:1106, 2006.

Sampedrano CC et al: Prospective echocardiographic and tissue Doppler imaging screening of a population of Maine Coon cats tested for the A31P mutation in the myosin-binding protein C gene: a specific analysis of the heterozygous status, *J Vet Intern Med* 23:91, 2009.

Schober KE, Maerz I: Assessment of left atrial appendage flow velocity and its relation to spontaneous echocardiographic contrast in 89 cats with myocardial disease, *J Vet Intern Med* 20:120, 2006.

Schober KE, Todd A: Echocardiographic assessment of left ventricular geometry and the mitral valve apparatus in cats with hypertrophic cardiomyopathy, *J Vet Cardiol* 12:1, 2010.

Smith SA et al: Corticosteroid-associated congestive heart failure in 12 cats, *Intern J Appl Res Vet Med* 2:159, 2004.

Trehiou-Sechi E et al: Comparative echocardiographic and clinical features of hypertrophic cardiomyopathy in 5 breeds of cats: a retrospective analysis of 344 cases (2001-2011), *J Vet Intern Med* 26:532, 2012.

Singletary GE et al: Effect of NT-proBNP assay on accuracy and confidence of general practitioners in diagnosing heart failure or respiratory disease in cats with respiratory signs, *J Vet Intern Med* 26:542, 2012.

Wess G et al: Association of A31P and A74T polymorphisms in the myosin binding protein C3 gene and hypertrophic cardiomyopathy in Maine Coon and other breed cats, *J Vet Intern Med* 24:527, 2010.

# 第9章
## CHAPTER 9

# 心包疾病和心脏肿瘤
## Pericardial Diseases and Cardiac Tumors

## 概述
### (GENERAL CONSIDERATIONS)

心包膜和心包腔疾病大多会影响心脏功能。尽管在因心脏病相关症状而就诊的病例中，心包疾病只占一小部分，但正确识别心包疾病很重要，因为其处理流程与其他心脏病存在很大差异。心包不仅能固定心脏，还可对邻近组织的感染或炎症起到屏障作用。心包是一个闭合的浆膜囊，能完整地包围住心脏，并附着于心基部的大血管。直接附着于心脏的部位称为心包脏层或心外膜，由薄层间皮细胞构成，于心基部折返，形成外面纤维性的心包壁层。心包壁层腹侧延伸至横膈，形成胸骨心包韧带。在这两层之间含少量（大约0.25 mL/kg）澄清、浆性液体作为润滑剂。虽然除去心包很少有明显的临床影响，但心包可辅助平衡右心室和左心室输出量，并限制急性心脏扩张。

最常见的心包异常是心包腔内异常或过量液体积聚，犬尤其常见。其他获得性或先天性心包疾病不常见。猫很少发生伴有临床症状的获得性心包疾病。

## 先天性心包异常
### (CONGENITAL PERICARDIAL DISORDERS)

### 腹膜心包囊横膈疝
#### (PERITONEOPERICARDIAL DIAPHRAGMATIC HERNIA)

腹膜心包囊横膈疝（peritoneopericardial dia-phragmatic hernia，PPDH）是犬猫最常见的心包畸形，由胚胎发育异常（很可能为原始横膈发育异常）引起，使腹正中线上心包和腹腔的连通持续存在。该畸形不涉及胸膜腔。其他先天性缺陷可能伴随 PPDH，如脐疝、胸骨畸形和心脏异常。腹腔内容物可不同程度地疝入心包，并引起相关临床症状。虽然腹膜—心包连通并非创伤引起，但创伤易使腹腔内容物穿过已存在的缺损。

### 临床特征

PPDH 的初始临床症状可发生于任何年龄（4 周至 15 岁均有报道），但大多数病例在 4 岁内确诊，并且通常是在第一年内。有一部分动物从不表现临床症状。雄性比雌性更常发病，魏玛猎犬可能为易发品种。在猫也常见，波斯猫、喜马拉雅猫和家养短毛猫可能为易发品种。

临床症状通常为消化道或呼吸道症状。最常被报道的症状包括呕吐、腹泻、厌食、体重下降、腹部疼痛、咳嗽、呼吸困难和哮鸣；也可发生休克和虚脱。体格检查结果可能包括：在一侧或双侧胸部听到沉闷的心音、心尖部心搏移位或减弱、腹部触诊"空虚"感（伴有疝入很多器官），罕见心包填塞的症状（更详细内容在后面讨论）。

### 诊断

胸腔 X 线片通常可诊断或高度怀疑 PPDH。特征性 X 线片表现包括心影增大、气管背侧移位、膈肌和心脏后缘重叠，以及在心影内存在异常的脂肪和/或气体密度影像（图 9-1，A 和 B）。猫的胸膜褶（背侧腹膜心包的间皮残迹）可能非常明显，在侧位片中位于心影后方与后腔静脉腹侧的横膈之间。有时也可见到含气体的肠袢通过横膈进入心包囊、肝影缩小、腹腔内器官减少等影像。当通过 X 线片无法确诊时，可考虑进行超声心动（或腹部超声）检查（图 9-2）。如果胃和/或小肠在心包腔中，胃肠道钡餐造影即可确诊（图 9-1，C）。

透视检查、非选择性血管造影术(尤其当只有镰状韧带脂肪或肝脏疝入)、腹腔造影术也可辅助诊断。ECG表现不一,心脏位置改变有时可引起波群幅度降低,以及电轴偏移。

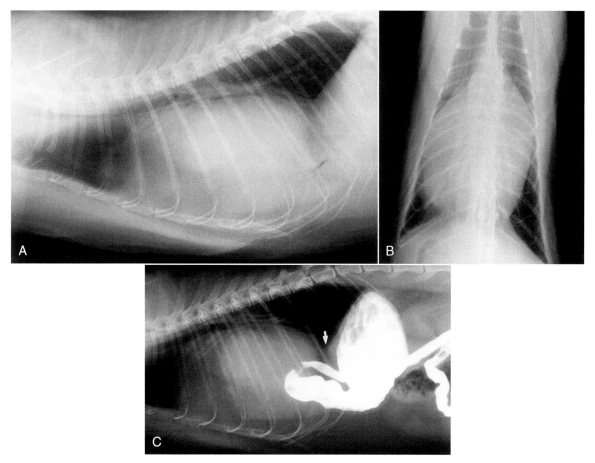

图 9-1
患先天性腹膜心包囊横膈疝(PPDH)的 5 岁雄性波斯猫的侧位(A)和背腹位(B)X 线片。注意明显增大的心脏轮廓(含有脂肪、软组织和气体密度影像),以及气管上抬。在两种体位中,均可见心脏和膈影重叠。进行钡餐造影后,明显可见胃和部分十二指肠位于心包内(C);网膜脂肪和肝脏也出现在心包囊中。在图 C 中,在心包和横膈之间的背侧胸膜褶非常清晰(箭头)。

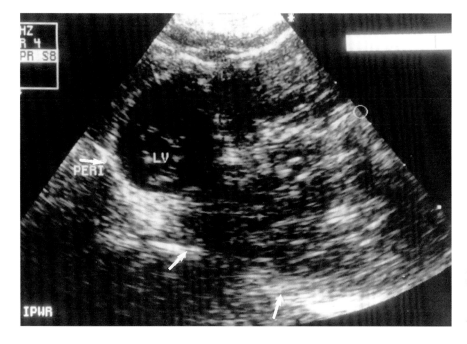

图 9-2
患先天性腹膜心包囊横膈疝(PPDH)的雌性波斯猫,右侧胸骨旁心短轴超声心动图。箭头所指示的心包 (PERI) 包裹肝脏、网膜组织以及心脏。LV,左心室。

## 治疗

治疗包括将有活性的器官还纳至正常解剖位置,之后手术闭合腹膜—心包缺损。其他先天性异常以及动物的临床症状将影响手术方案的选择。病情不复杂的病例预后良好。手术期并发症较常见,但多数较为轻微,少数可能致死。年龄较大且没有临床症状的动物可能不手术也能有良好的生活质量,尤其当器官慢性黏附于心脏或心包时,手术剥离复位可能造成损伤。

## 其他心包异常
(OTHER PERICARDIAL ANOMALIES)

心包囊肿较为罕见。可能是起源于胎儿间质细胞异常发育或由小的 PPDH 导致的网膜或镰状韧带脂肪嵌闭。其病理生理和临床症状类似于心包积液。心脏 X 线片影像可能显示增大和变形。超声心动检查可确诊。手术去除囊肿并结合部分心包切除术,一般可消除症状。

犬猫的心包先天性缺陷极其罕见,大多在死后尸检中意外发现。偶见部分(通常在左侧)或全部心包缺失的病例报道。心包部分缺失可能的并发症为部分心脏疝出,由此可能引起晕厥、血栓疾病或猝死。超声心动或心血管造影可用于生前确诊。

# 心包积液
(PERICARDIAL EFFUSION)

### 病因学和液体类型

大多数犬心包积液是血清血性或血性的,并且通常为肿瘤性或原发性的。偶见漏出液、改性漏出液和渗出液,乳糜性渗出较为罕见。猫的心包积液多数与心肌病引起的充血性心力衰竭(congestive heart failure,CHF)有关,但很少会引起心包填塞。少数猫的心包积液与肿瘤性疾病、猫传染性腹膜炎、PPDH、心包炎和其他传染性或炎症性疾病有关。

◈出血

血性积液常见于犬。液体通常为暗红色,细胞压积(PCV)超过 7%,比重超过 1.015,蛋白浓度超过

3 g/dL。细胞学检查主要为红细胞,也可见到反应性间皮细胞、肿瘤性细胞或其他细胞。除新鲜出血外,血性积液通常不凝集。超过 7 岁的犬易发生肿瘤性血性积液。中年大型犬容易发生特发性"良性"血性积液。

血管肉瘤是迄今为止最常见的引起犬出血性心包积液的肿瘤,但猫罕见。导致血性心包积液的原因包括:不同种的心基部肿瘤、心包间皮瘤、恶性组织细胞增多症(MH),偶见淋巴瘤及罕见的转移性腺癌。血管肉瘤通常源于右心,尤其在右心耳区域。化学感受器瘤是最常见的心基部肿瘤,起源于主动脉基部的化学感受器细胞。其他心基部肿瘤包括甲状腺、甲状旁腺、淋巴和结缔组织肿瘤。心包间皮瘤有时可在心基部或者其他部位形成团块样病灶,但更多时候呈弥漫性分布,类似于特发性疾病。淋巴瘤可涉及心脏不同部位(通常引起改性漏出液),并且猫比犬更常见。犬恶性组织细胞增多症引起的心包积液通常伴有胸腔渗出和腹水(三腔积液),并且通常不会出现心包填塞。

原发性(良性)心包积液是引起犬出血性心包积液的第二大病因。其病因未明,尚无证据显示与病毒性、细菌性或免疫介导性原因相关。特发性心包积液最常见于中型到大型犬。金毛巡回犬、拉布拉多巡回犬和圣伯纳犬易发。任何年龄的犬都可能发病,但中位年龄为 6~7 岁。报道显示雄性发病率高于雌性。组织病理学检查常见轻度心包炎症,伴弥漫性或血管周围纤维化和局灶性出血。某些病例心包层出现纤维化,提示存在反复的病程。限制性心包疾病是一种潜在后遗症。

其他不常见的心包内出血的病因包括继发于严重二尖瓣闭锁不全的左心房破裂、凝血病(主要为鼠药中毒或弥散性血管内凝血)、穿透性创伤(包括在心包穿刺时的医源性冠状动脉撕裂)和尿毒性心包炎。

◈漏出液

纯漏出液是清澈的,细胞计数低(<1 500 个/$\mu$L),比重低(<1.012),蛋白含量低(<2.5 g/dL)。改性漏出液可呈轻微混浊或淡红色;其细胞计数(≈1 000~8 000 个/$\mu$L)通常较低,但总蛋白浓度(≈2.5~5 g/dL)和密度(1.015~1.030)比纯漏出液高。漏出性积液可由充血性心力衰竭、低白蛋白血症、PPDH 和心包囊肿以及导致血管通透性增加的毒血症所引起。这些状况通常只引起少量心包积液,罕见能引起心包填塞。

◉ 渗出液

渗出液为混浊至不透明的或浆液纤维蛋白性到血浆血性液体。渗出液以高有核细胞计数（通常远高于3 000 个/μL）、高蛋白浓度（通常远高于 3 g/dL）和高比重（> 1.015）为特征。细胞学检查结果与病因相关。犬猫不常见渗出性心包积液，但猫传染性腹膜炎除外。

感染性心包炎通常与植物芒尖移行、胸膜和纵隔感染蔓延、咬伤以及菌血症（可能）相关。已发现的感染性疾病包括不同的细菌感染（需养菌和厌氧菌）、放线菌病、球孢子菌病、腐霉菌病、散播性结核病以及罕见的全身性原虫感染。犬无菌性渗出液与钩端螺旋体病、犬瘟热和特发性心包积液有关，猫无菌性渗出液与传染性腹膜炎和弓形虫感染有关。FIP 是引起猫出现症状性心包积液的最重要原因。慢性尿毒症偶尔引起无菌的、浆液纤维性或出血性积液。

### 病理生理

心包腔内少量聚集的液体通常不会引起临床症状，除非心包内压力上升至等于或高于心脏充盈压；液体积聚影响静脉回流和心脏充盈。只要心包内压升高不明显，心脏充盈和输出仍能维持相对正常。如果液体缓慢聚集，心包可充分扩张，以适应增加液体量，而维持较低的压力。但是，由于心包组织的顺应性相对较低，快速的液体聚集或非常大量的积液会引起心包内压急速升高，从而引发心包填塞。心包纤维化和增厚进一步限制了心包的顺应性。

大量心包积液本身也可引起与心包填塞无关的临床症状。当压迫肺和/或气管时，可影响通气并诱发咳嗽；当挤压食道时可引起吞咽困难或反流。

◉ 心包填塞

当心包液聚集使心包腔内压力等于或高于心脏舒张压时，可发生心包填塞。此种心外挤压逐步限制心室充盈（顺应性更好的右心首先受影响，而后是左心），进而出现心输出量下降和全身静脉压升高。最终，心脏各腔室以及大静脉之间的压力差在舒张期消失（都相等）。心包填塞激活神经体液代偿机制。心包积液逐渐累积，将引起代偿性液体潴留，并直接影响心脏充盈，最终将引发充血性心力衰竭。由于右心壁更薄，且压力较低，因此心包填塞的动物主要表现为全身静脉充血和右心充血性心力衰竭的相关症状（腹水与胸膜腔积液）。心包积液通常不直接影响心脏收缩力，但在填塞时冠状动脉灌流减少，可损伤心脏收缩和舒张功能。心输出量低、低血压以及器官灌流不足最终可导致心源性休克和死亡。

液体聚集的速度和心包囊扩张性能决定了是否发生心包填塞，以及发生速度。少量液体若快速积聚，也可使心包内压明显升高。大量心包液提示有渐进性疾病。心包填塞常见于犬，而罕见于猫。

奇脉是由心包填塞引起的，动脉血压在一个呼吸周期中出现显著波动。吸气时心包内压和右心房压降低，促进心脏充盈，增加肺部血液量，由于更多血液聚于肺部，使左心填充减少；同时，吸气时右心室充盈增加，室中隔向左膨出。结果使左心输出量和全身动脉压在吸气时下降。有心包填塞和奇脉的动物，其呼气相与吸气相之间的动脉收缩压差通常高于 10 mmHg。奇脉并非总能通过触诊股动脉而感知。

### 临床特征

心包填塞的动物，临床表现主要与右心充血性心力衰竭与心输出量下降有关。在发生明显腹水之前，可能出现的非特异性症状包括嗜睡、虚弱、运动不耐受和食欲不振。病史通常包括运动不耐受、腹围增大、呼吸急促或者呼吸困难、虚脱以及偶见的咳嗽或呕吐。患肿瘤性疾病的动物更易出现虚脱。一些病程较长的动物可能出现显著的肌肉减少（图 9-3）。

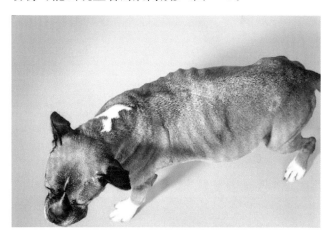

**图 9-3**
继发于化学感受器瘤的慢性心包填塞和右心充血性心力衰竭的老年雄性拳师犬。腹部因腹水明显膨大，从脊椎、骨盆和肋骨的极度凸出可看出肌肉慢性丢失。

体格检查常见颈静脉怒张和/或阳性肝颈静脉回流、肝肿大、腹水、呼吸窘迫和股动脉脉搏弱。患心包填塞的犬猫可出现胸膜腔积液和腹水，有些病例在触诊时可发现动脉脉搏强度在吸气时减弱（奇脉）。交感神经紧张性增强可引起窦性心动过速、黏膜苍白和毛细血管再充盈时间延长。当心包积液量足够大时,可引起心前区心搏动减弱。中到大量心包积液使心音低沉,胸腔积液可能引起胸部腹侧肺音不清。虽然心包积液不引起心杂音,但同时存在心脏病的动物会出现心杂音。液体快速积聚可导致急性填塞,从而引起休克和死亡,但不会出现胸、腹积液的症状,X线片也不显示心脏增大。在这样的病例中,可能出现颈静脉扩张、低血压和肺水肿。感染性心包炎还可能伴有发热,但罕能听到心包摩擦音。

## 诊断

常见中心静脉压(CVP)升高并超过10~12 cm $H_2O$;正常CVP低于8 cm $H_2O$。当颈静脉很难评估或不清楚右心充盈压是否升高时,测量CVP将提供有价值的信息。存在大量胸腔积液时,测量CVP之前应进行引流,这不仅可稳定病患也可减少CVP的假性升高。

### ◈ 放射影像学

心包积液使心影轮廓增大(图9-4)。大量心包积液引起心影在正、侧位片上呈现典型的球形。液体聚集较少时可见到不同的心脏轮廓,尤其表现于背侧。其他与填塞相关的征象包括胸膜腔积液、后腔静脉增

粗、肝增大和腹水。肺水肿浸润以及肺静脉增粗较罕见。心基部肿瘤可引起气管移位或软组织团块的影像。转移性肺病灶常见于血管肉瘤的犬。由于心脏被液体包围,X线透视检查表现为心脏影像运动减少到缺失。

### ◈ 心电图

心包积液没有特征性心电图(ECG)变化,且不一定与疾病的出现一致,以下异常情况提示可能出现心包积液:QRS复合波振幅较低(犬 < 1 mV)、心电交替、ST段抬高(出现心外膜损伤)。心电交替是指每隔几个心搏动,QRS复合波(或者有时为T波)的大小不断改变(图9-5)。这是由于心脏在心包内前后摆动造成的,且常见于心包内液体量大的病例。心电交替可能在心率处于90~140次/min、动物站立时较明显。心包填塞时常见窦性心动过速,偶见室性心动过速,较少出现房性心动过速。

### ◈ 心脏超声

心超在探测心包积液时具有很高的敏感性。因为液体是透声波的,心包积液表现为无回声暗区,位于发亮的心外膜层与心包壁层之间(图9-6)。异常的心壁位移、腔室形状和心包内或心内的团块病灶都可以显

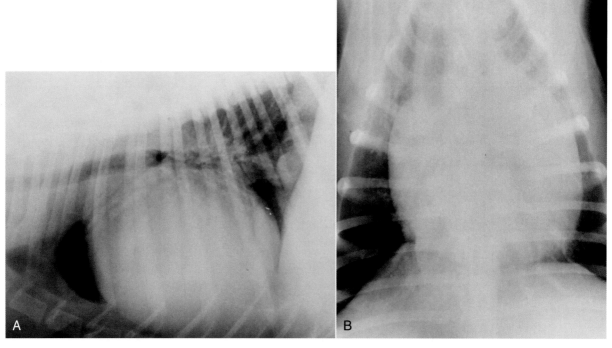

**图9-4**

患大量心包积液的杂种犬的侧位(A)和背腹位(B)的胸腔影像。注意心脏的球形轮廓和增粗的后腔静脉(A)。

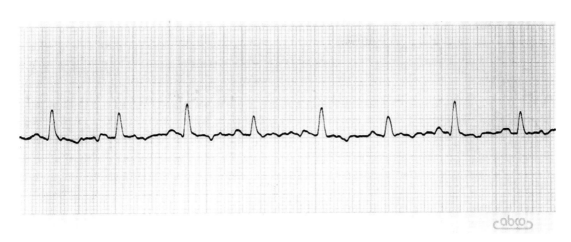

**图 9-5**
10 岁雄性斗牛犬，患有大量心包积液，在 II 导联上心电交替现象很明显。同时需留意低电压的 QRS 复合波和窦性心动过速(心率≈170 次/min)。

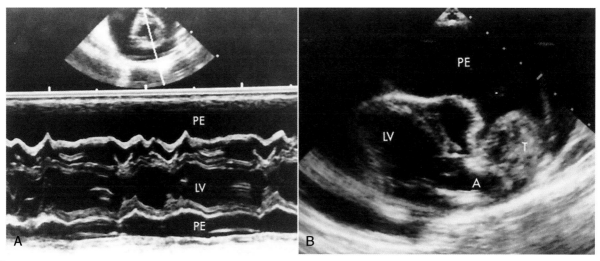

**图 9-6**
心包积液的心电图示例。A,M 超模式下二尖瓣和腱索水平的短轴观。在心脏两侧可见大量无回声(液体)空间；右心室壁清晰可见。M-模式上的小的两维图像可见心脏(被 M 模式的采样线横断)被心包积液(在图像中呈黑色)环绕。B,1 只患有大型心基肿瘤和心包积液的雪纳瑞的左胸骨旁位二维长轴观。A,主动脉；LV,左心室；PE,心包积液；T,肿瘤。

示出来。存在大量心包积液时,心脏可能会在心包囊内前后摇摆运动。心脏填塞表现为右心房(RA)舒张性压缩/塌陷,有时为右心室(RV;图 9-7)。切记心包内压是血液动力学的主要决定因素,而不是积液量。因为周围液体的缘故,右心室和右心房壁通常容易被观察到,且表现为高回声,在进行心包穿刺前能呈现出较好的心基部和团块病灶征象。在排查肿瘤时,需仔细评估右心房和右心耳、右心室、主动脉升支和心包本身。将探头放置于左头侧胸骨旁和经食道超声,是最为常用的方法。有些团块病灶很难被看见。间皮瘤不会出现独立的团块,因此可能难以与特发性心包积液相区别。

有时候胸膜腔积液、显著增大的左心房(LA)、扩张的冠状窦、持久性左前腔静脉等容易与心包积液混

淆。多体位仔细扫查有助于鉴别这些情况。通过辨认无回声暗区的液体和高回声的心包壁层,有助于区分心包积液和胸膜腔积液。因为心包层是一个相对强的超声反射质,当增益不断降低时,心包的回声通常最后消失。大多数心包液聚集在心尖处,因为心包与心基的连接更为紧密;在左心房背后通常有少量液体。另外,在胸膜腔积液中通常能看到肺叶塌陷或胸膜皱褶的迹象。

◆**临床病理学表现**

血液学和生化检查结果通常不具特异性。全血细胞计数可能表现为轻度非再生性贫血,尤其是患有肿瘤疾病,或提示有炎症或者感染时。心脏血管肉瘤可能伴发再生性贫血,出现有核红细胞和裂红细胞(有或

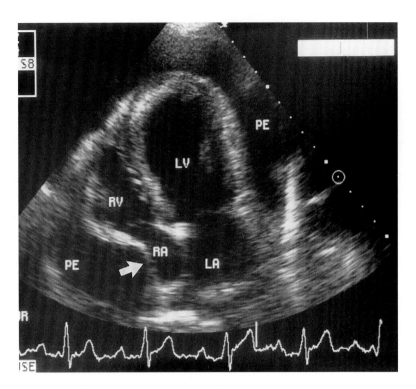

图 9-7

**1 只患有心包填塞的 3 岁雌性圣伯纳犬,在该左尾侧四腔室心超图像中,右心房壁的舒张期塌陷(指示箭)很明显。LA,左心房;LV,左心室;PE,心包积液;RA,右心房;RV,右心室。**

无棘形红细胞)以及血小板减少症。在某些患病动物中,可见轻度低蛋白血症。循环心肌肌钙蛋白浓度或者酶活性可能升高,这是由于局部缺血或者心肌受到侵袭所造成的。尽管有研究发现肌钙蛋白水平增加无法区分不同原因造成的积液,有一项研究(Chun 等,2010)发现,患有心包积液的犬,若血浆 cTnl 浓度高于 0.25 ng/mL,可用来诊断心脏血管肉瘤,其敏感性为 81%,特异性为 100%。肝酶活性轻度升高和肾前性氮质血症可继发于心衰,有时可见更明显的肝酶水平上升,尤其是在有肿瘤性积液时。其他患有心包积液的犬有报道的生化异常包括高乳酸血症、低钠血症、高血糖和高镁血症。有心包填塞的犬猫的胸水和腹水通常为改性漏出液。

心包穿刺(见下文)通常穿出血性积液,偶尔为化脓性积液。样本用于细胞学分析,以及可能的细菌(或真菌)培养。尽管如此,瘤性积液与良性出血性心包炎不能单靠细胞学进行区别。积液中的反应性间皮细胞可能类似于肿瘤细胞。另外,化学感受器瘤和血管瘤不一定会有细胞脱落进入积液。因此通过心超来辨认团块病灶对诊断很有帮助。患有淋巴瘤或恶性组织细胞增生的动物,其积液通常为改性漏出液,且肿瘤细胞易于辨认。许多肿瘤性(和其他非炎性)积液的 pH 为 7.0 或者更高,然而炎性积液 pH 通常较低。然而,由于心包液 pH 重叠范围较大,因而不能作为一个可靠的鉴别方法。如果细胞学和

pH 提示感染或炎症,则需进行心包积液培养 。一些病例需进行真菌滴度测定(如球孢子菌病),或进行其他血清学检测,对诊断也很有帮助。此时进行心包液的心肌钙蛋白或其他物质分析,对潜在病因的鉴别意义不详。

## 治疗和预后

区别心包填塞与其他引起右侧充血性心力衰竭的原因非常重要,因为两者的治疗方法非常不同。增强肌肉收缩药物不能改善填塞的症状,利尿剂和血管扩张药可进一步减少心输出量,降低血压,从而可引起休克。心包穿刺(见下文)是首要选择,且能提供有助于诊断的信息。尽管单剂量或两倍剂量的利尿剂在某些做了心包穿刺的动物身上有帮助,大多数充血性心力衰竭的症状在心包液去除后都会消失。继发于其他疾病所产生的心包积液导致的充血性心力衰竭、先天性畸形或低白蛋白血症通常不会引起填塞,且管理好潜在疾病后通常会消退。

对于特发性心包积液,起初应采用心包穿刺术进行保守治疗。在通过心包液培养或细胞学分析排除感染因素后,常常使用糖皮质激素[如口服泼尼松,1 mg/(kg・d),逐渐减量服用 2～4 周];然而此方法对于预防特发性心包积液复发的有效性尚不清楚。有时会同时选用 1～2 周疗程的广谱抗生素治疗。在这些犬中,推荐通过周期性进行 X 线或超声心动图探

查是否复发。半数患犬在 1～3 次心包液排出后明显康复。心包填塞可能在不同时间周期（数天或者数年）复发。不管怎样，这一方法可增加患特发性心包积液犬的存活时间，甚至用于某些需要 3 次以上心包穿刺的病例。然而复发的积液可能源于间皮瘤、恶性组织细胞增生或者其他肿瘤，这些情况有时会在反复超声心动检查中变得很明显。

当反复发生心包积液，重复的心包穿刺术和抗炎性治疗都无效时，通常需要进行部分心包切除术来治疗。手术去除膈神经腹侧的心包，使心包液排入有更大吸收表面的胸腔。使用胸腔镜进行部分心包切除术，其侵袭性小，已成功用于原发性和一些肿瘤性心包积液的治疗。通过胸腔镜对肿物采样活检（如果可诊断），甚至对小的右心耳肿物切除都是可行的，侧位或者剑状软骨下通路都有报道。心包切除术后若持续出现胸膜腔积液，提示有潜在的间皮瘤。

对某些心包积液病例而言，经皮下气囊心包切开术可能是一种有效且侵袭较小的选择。然而，鉴于血管肉瘤的易碎特性，患有血管肉瘤的犬并不推荐这种方法。此方法需在全身麻醉和透视指导下进行。该手术需要穿过胸壁放置一经皮的有鞘导管进入心包腔，接着通过之前预置的导丝位置，放入一个大的气囊扩张导管。调节鞘管，以便气囊可以穿过心包膜；当气囊充气扩张后，心包壁层的孔会扩大。在心包开口术小口周围所产生的粘连，可能会引起液体再次蓄积，或增加缩窄性心包炎的风险，这些情况需要考虑 。

肿瘤性心包积液最初也可引流以减轻心包填塞。治疗可能包括手术切除（取决于肿瘤的大小和位置）或手术活检、化疗试验（根据活检或临床病理结果）或保守治疗，直至心包填塞无法控制。考虑到肿瘤的大小和范围，手术切除血管肉瘤通常是不可能的。仅牵涉右心耳尖的小肿瘤可成功切除；使用心包补片移植时，可切除更大的、侵袭右心房侧壁的肿物。然而，单纯的心耳切除术极少能延长患病动物的存活期，部分心包切除术可避免填塞的复发。但这可能会促进肿瘤在整个胸腔的扩散，此方法与单独进行心包穿刺术相比，对于患血管瘤或间皮瘤的犬的存活时间上并无差异。单纯手术治疗或者主人不配合治疗的患犬预后差（中位存活期为 2～3 周）；据报道，在某些患心房血管肉瘤的犬采用联合化疗（VAC 疗法）或者卡铂治疗后，可有 4～8 个月的存活时间。患间皮瘤的犬的存活时间比患血管肉瘤的犬稍长，但总体预后还是很差。静脉注射和腔内使用多柔比星的疗法可能会延长某些犬的存活时间。

心基部肿瘤（如化学感受器瘤）趋于生长缓慢、局部侵袭性且转移性低。部分心包切除术可能延长数年的存活时间。经皮的气囊心包切开术也是一种有效的缓解方法。由于存在局部侵袭，几乎不可能完全切除心基部肿瘤；尝试激进的切除通常会导致严重出血和死亡。然而，小的、界限清楚的肿物可被完全切除。如果打算开始化疗，手术活检有提示意义。继发于心肌/心包淋巴瘤的积液，一般易于通过细胞学检查诊断，心包穿刺和化疗通常有效。有些病例甚至可存活 1 年。

感染性心包炎应使用抗生素积极治疗，抗生素的选择应取决于微生物培养和药敏试验的结果，有时可能需要进行心包穿刺术。心包穿刺后直接将抗微生物药物注入心包层可能有一定帮助。若怀疑有异物，或间断性心包穿刺无效时，则需要安置留置心包导管持续引流，或者手术扩创。手术疗法可去除扎入的异物、更彻底的清除渗出液，还能管理狭窄性心包疾病。若有感染性心包炎，则预后谨慎。即使感染被成功消除，心外膜和心包的纤维沉积也可导致狭窄性心包疾病。

不论是由于创伤、左心房破裂或系统性凝血病引起的血液进入心包腔，如果出现心包填塞的症状都应及时去除积血。仅去除使填塞症状得到控制的血量即可，因为持续的引流易引起更进一步出血。剩下的血一般可通过心包吸收（自体输血）。可能需手术以停止持续出血或移除大的血凝块。左心房破裂导致的心包内出血早期存活的犬，由于左心房撕裂会周期复发，其预后不良。不明原因的心包内出血的动物应评估是否有凝血障碍。正常凝血的动物出现创伤引起心包内出血，适用手术探查。

## 并发症

引起心包积液疾病的并发症有：①液体聚集本身的并发症［如心包填塞和挤压周围结构（肺、食管、气管）］；②相关炎症进程的瞬时影响（如心律失常、感染介质导致的局部和全身影响、更进一步的液体形成）；③心包纤维化和继发性缩窄性心包炎；④肿瘤形成的后遗症（如进一步出血、转移、局部侵袭和梗阻、胸膜种植、功能丧失）；⑤心包穿刺的并发症（见下文）。手术过度地去除心脏肿瘤或整个心包囊是致命的，且部分心包切除术会加强特定肿瘤的胸内散播，如间皮瘤和癌。

◈心包穿刺术

心包穿刺术是对心包填塞动物首选的、起稳定作用的治疗选择。如前文所述,给予利尿剂或血管扩张剂,而不进行心包穿刺,可能会引起更进一步的低血压和心源性休克。心包穿刺术在小心实施时,是一种相对安全的操作。对患心包填塞的动物,即使去掉少量心包液,都可明显降低心包内压。

心包穿刺术一般从右侧实施,以减小对肺(通过心脏切迹)和主要冠状血管(大部分位于左侧)造成损伤的风险。根据动物的临床状况和脾气来选择是否镇静。动物通常左侧位卧或俯卧,以保证更确实的保定,尤其当动物虚弱或兴奋时。有时可以在站立的动物身上成功进行针刺心包穿刺术,但如果动物突然运动,动物受伤的风险会增大。使用带有大缺口的心超检查桌,也可以保证穿刺成功,此时动物右侧卧摆位,从下面进行穿刺。此方法的优点是液体由于重力流向右侧;然而,如果没有足够空间进行大范围皮肤消毒或针/导管消毒操作,则不建议使用此方法。可进行超声引导穿刺,但这不是必需的,除非积液量非常少或出现分层。

心包穿刺时可选用不同的设备。如蝴蝶针/导管(19~21 G),在急救时,也可使用连接长度适当的延长管的皮下针或脊髓针。套管针装置是一个更加安全的选择,因为它减少了液体抽吸时心肺撕裂的风险。根据病例的体型选择套管(如 12~16 G、4~6 寸长的导管适用于大型犬,18~20 G、1.5~2 寸长的导管适用于小型犬和猫)。在较大套管近顶端处做一些光滑的洞(使用无菌剪刀),有利于液体清除的速度。套管最初放置期间,将延伸管连于针的管芯,当导管近入心包腔后,延伸管重新直接连接在套管上。完成以上所有步骤,需将三通阀放置于导管和收集液体的注射器之间。

在心包穿刺时建议使用 ECG 监控,因为针/导管与心脏接触可能会引起室性心律不齐。右侧心前区皮肤需大面积剃毛(3~7 肋间,从胸骨到肋骨软骨交界),并做术前准备。操作需戴灭菌手套,无菌操作。穿刺部位为触摸到心脏搏动最强处(通常在第 4 和第 6 肋骨间胸骨旁)。然而,若积液量大,会影响到心搏动的触诊。当使用大导管时必须进行局麻,且推荐使用针来做心包穿刺。使用利多卡因(2%)对皮肤穿刺部位、深下方的肋间肌肉和胸膜做浸润麻醉。然后在皮肤上刺开一小切口,以使导管插入。

肋间血管位于每一个肋骨的尾侧,进入胸腔时应当避开这些血管。一旦针头刺入皮肤,术者缓慢向心脏方向进针,助手应轻轻向相连的注射器施以负压。针尖朝向动物对侧肩部有助于定位。观察延伸管,做到液体一抽出即可被发现。胸腔液(通常为稻草色)首先进入管中,需尽可能抽干。心包使针头前进的阻力增大,且产生一种轻微的擦划感。轻轻加压以使针头穿进心包。针穿透心包时可感到阻力消失,抽吸进入管里的液体通常为暗红色。如果针接触到心脏,可感觉到明显的抓擦感或轻击感,针头会随心搏动而运动,且常引发室性早搏。如果发现接触到心脏,应适当退针。注意避免针在胸腔内过度地运动。当使用套管针装置时,在针/管芯针进入心包腔时,推进导管,去除管芯针,并将延伸管连接到导管上。最初收集的液体样本需保存,用于细胞学检查和可能的微生物培养,然后尽可能多地抽吸液体。

心包积液通常表现为出血性的。看见从心脏周围抽吸出暗的血性液体让人很担忧,但是可以通过几种方法来区分心包液和心脏内的血液。首先,心包液不会凝集,除非积液是由刚发生的心包出血造成的(可以滴几滴在桌上或者加入血清管中检查);其次,心包液的 PCV 通常比外周血液低得多(除了在一些患血管肉瘤的犬);再次,上清液为黄色(淡黄色的)。当心包液排除后,ECG 复合波的振幅通常会增加、心动过速减缓,且动物通常会做深呼吸,看起来会更舒服一些。

心包穿刺的并发症包括:①心脏损伤或穿刺引起的心律不齐(最常见的并发症,在退针后常消失);②肺撕裂引起的气胸和/或出血;③冠状动脉撕裂伴发心肌梗死,导致血液进一步流入到心包腔;④感染介质或肿瘤细胞散播至胸膜腔中。

# 缩窄性心包炎
## (CONSTRICTIVE PERICARDIAL DISEASE)

### 病因学和病理生理学

缩窄性心包疾病偶尔可见于犬,罕见于猫。当心包脏层和/或壁层增厚并形成瘢痕时,限制了心室舒张期扩张,并阻碍正常的心脏血液充盈。两个心室都会受到影响。通常整个心包层都会一起被牵连。一些病例中,心包的壁层和脏层融合使心包腔消失。也可能只有脏层（心外膜层）受影响。可能出现少量心包积液（缩窄-渗出性心包炎）。

组织病理检查可见大量纤维结缔组织和各种炎性和反应性心包浸润。虽然缩窄性心包炎的病因尚不明确，伴有纤维沉积的急性炎症和不同程度的心包积液被视作疾病的前驱性症状。犬中的某些病例可能是因为以下原因造成的：反复、特发性出血性积液；感染性心包炎（尤其是球孢子菌病产生的，但也可能是放线菌、分枝杆菌、芽生菌或细菌）；心包内的金属异物；肿瘤；特发性骨化和/或心包纤维化。

随着缩窄性心包炎的发展，心室充盈在舒张早期受限，即心室扩张前即被突然缩减，进一步充盈只能依靠较高的静脉压。充盈减少将导致心输出量下降，心衰的代偿机制则会引起液体潴留、心动过速和血管收缩。

### 临床表现

大型到中型中年犬最易发病。雄性犬和德国牧羊犬可能患病风险更高。有些患犬有心包积液的病史。临床症状主要表现为右心充血性心力衰竭。主诉包括腹部扩张（腹水）、呼吸困难或呼吸急促、疲劳、晕厥、虚弱和体重减轻。这些症状可能在数周至数月才会出现。与心包填塞患犬一样，腹水和颈静脉扩张是最常见的临床表现。股动脉脉搏减弱和心音沉闷也很典型。也有报道显示舒张早期的心室充盈突然减少引起舒张期心包敲击声，但在犬上少见。可能会听到收缩期杂音或咔嗒音，这是由于瓣膜疾病而非心包疾病造成的，也可能听到舒张期奔马律。

### 诊断

缩窄性心包疾病的诊断十分困难。典型的影像学表现包括轻度到中度心脏肥大、胸腔积液和后腔静脉扩张。透视检查可见心脏运动减少。缩窄性心包疾病的超声心动变化很小；具有提示意义的发现包括左心室游离壁在舒张中后期扁平，室间隔舒张期运动异常。心包可能增厚，并产生强回声，但无法与正常心包的回声相区别。有些病例可见轻度心包积液，但没有舒张期右心房塌陷。其他可能的发现包括轻度心房增大、二尖瓣提早关闭、肺动脉瓣提早开放、腔静脉、肝静脉扩张和胸膜腔腹膜腔积液。人医相关报道中，通过血流多普勒可见吸气时（呼气时看不见）二尖瓣早期流入减少和等容舒张时间延长，以及明显的肝静脉心房收缩时（"a"）反向波，舒张早期的前向波（深"y"下

降）。可能出现的 ECG 异常包括窦性心动过速、P 波延长和 QRS 复合波变小。

中心静脉压常常超过 15 mmHg。心内血液动力学测量极具诊断价值。除了平均动脉压和舒张期心室压升高以外，心房的血压波形图也明显下降（在心室舒张期时）。这与心包填塞的"y"形下降减弱相反。心包填塞时，心室舒张期扩张可立刻提高心包内压，并影响进入右心房的腔静脉血流，因此会阻碍正常舒张早期的中心静脉压下降（"y"形下降），即使此时心室收缩，流入右心房的血流（及心房波的"x"形下降）仍在。患有缩窄性心包炎的病例，其充盈压只在舒张早期（"y"形下降时）时较低。另外一个缩窄性心包疾病的经典表现是舒张早期心室压稍微下降，紧接着是一个舒张中期的平台期，但是这在犬并不总是能见到。心血管造影的图像可能为正常，或者表现出心房和腔静脉增大，并伴有心内膜心包膜距离增加。

### 治疗和预后

缩窄性心包疾病的治疗为外科心包切除术。如果仅涉及心包壁层，此方法通常可成功。如果疾病波及脏层，则需要剥离心外膜。这会增加手术难度，并增加可能的并发症。据报道，肺动脉栓塞是术后常见的并发症，并可能致命。心动过速是手术的另外一个并发症。在术后期间，利尿剂和血管紧张素转换酶抑制剂（ACEI）可能有帮助。通常并不要求使用正性肌力药物和血管扩张剂。缩窄性心包疾病具有渐进性，若手术干预不成功，最终会致命。在疫区建议做球孢子菌（或其他真菌病原）的血清学检查。对于受感染的犬，使用抗真菌药物辅助治疗，有助于提高心包切除术的预后。

# 心脏肿瘤
## (CARDIAC TUMORS)

### 病因和病理

虽然心脏肿瘤的总体发病率低，但随着超声心动的逐渐应用，心脏肿瘤的生前确诊已很常见。尽管一些心脏肿瘤是被偶然发现的，但心脏肿瘤可引起严重的临床症状。患心脏肿瘤的犬多为中老年犬。超过 85% 的患病犬为 7～15 岁；然而，奇怪的是非常老的犬（>15 岁）的发病率却很低。生殖状况是犬心脏肿

瘤的影响因素,总体上雄性和雌性的发病率相似。绝育犬的危险性相对更高,尤其是绝育雌性犬,它比未绝育雌性犬的患病风险高 4~5 倍。未去势和去势的雄性犬也比未绝育雌性犬的患病风险高。特定品种的犬患心脏肿瘤的概率高于一般品种的犬(表 9-1)。心脏肿瘤猫的年龄分布不同于犬,≤7 岁的猫约占 28%。尚不清楚生殖状况对猫心脏肿瘤的风险是否有影响。

**表 9-1　犬心脏肿瘤高发品种**

| 品种 | 肿瘤 | 样本量 | 相对风险 | 95%置信区间 |
|---|---|---|---|---|
| 萨路基猎犬 | 6 | 401 | 7.75 | 3.92~15.38 |
| 法国斗牛犬 | 3 | 215 | 7.19 | 2.72~19.23 |
| 爱尔兰水猎犬 | 2 | 168 | 6.13 | 1.81~20.83 |
| 平毛巡回犬 | 4 | 534 | 3.85 | 1.54~9.62 |
| 金毛巡回犬 | 215 | 32 940 | 3.73 | 3.26~4.27 |
| 拳师犬 | 52 | 8 496 | 3.22 | 2.47~4.18 |
| 阿富汗猎犬 | 12 | 2 080 | 2.97 | 1.72~5.10 |
| 英国塞特犬 | 21 | 3 796 | 2.86 | 1.89~4.31 |
| 苏格兰㹴犬 | 16 | 3 290 | 2.50 | 1.55~4.03 |
| 波士顿㹴犬 | 25 | 5 225 | 2.47 | 1.68~3.62 |
| 斗牛犬 | 24 | 5 580 | 2.22 | 1.49~3.29 |
| 德国牧羊犬 | 129 | 37 872 | 1.81 | 1.52~2.17 |

修改自 Ware WA, Hopper DL: Cardiac tumors in dogs: 1982—1995, *J Vet Intern Med* 13;95,1999.

犬最常见的心脏肿瘤为血管肉瘤,大多数位于右心房和/或右心耳,一些也浸润到心室壁。血管肉瘤也会偶发于左心室、室间隔或者在心基处。血管肉瘤通常伴有出血性心包积液和心包填塞。在确诊之时,通常已发生转移。超过 1/4 的心脏血管肉瘤患犬同时并发脾脏血管肉瘤。存在脾脏血管肉瘤的犬偶尔也会有心脏血管肉瘤。金毛巡回犬、德国牧羊犬、阿富汗猎犬、可卡犬、英国雪达犬和拉布拉多巡回犬较其他犬的发病率较高。

心基部肿物是犬第大二常见的心脏肿瘤。它们通常是主动脉体化学感受器肿瘤(化学感受器瘤、主动脉体瘤);异位甲状腺组织或异位甲状旁腺组织,或混合细胞类型的肿瘤也可能会在这里出现。心基部肿瘤趋于围绕主动脉根部和周围组织局部侵袭,然而,也报道有转移到其他器官,且比之前所认为的更多。化学感受器瘤更常报道于短头犬(如拳师犬、波士顿㹴、斗牛犬),但其他犬种也有发生。心基部肿瘤相关的临床症状通常包括心包积液和心包填塞。

间皮瘤偶见于文献报道,但在某些地理区域较流行。尽管对于金毛巡回犬,人们怀疑之前的特发性心包疾病的慢性炎症是间皮瘤的诱发因素,但间皮瘤在犬上无品种或性别倾向性。间皮瘤在猫罕见。其他侵袭心脏的原发肿瘤在犬中很少见,包括肌瘤、各种肉瘤和其他肿瘤。大多数病例累及右心结构。转移性或全身性肿瘤可能会侵袭心脏,尤其是淋巴瘤,但也包括其他肉瘤(包括血管肉瘤)和其他癌。MH 可能侵袭心脏或心包层;多数患病犬是金毛巡回犬、拉布拉多巡回犬、罗威纳或灰猎犬。没有心包填塞迹象的轻度心包积液会与胸膜腔和腹膜腔积液同时出现。

淋巴瘤是猫最常见的心脏肿瘤,之后是多种(大多数是转移性)癌。血管肉瘤罕见;其他肿瘤(例如主动脉体瘤、纤维肉瘤、横纹肌肉瘤)在猫中也较为罕见。

心脏肿瘤可以引起多种病理生理学异常,这主要取决于肿瘤的位置和大小。最终,动物会出现单个或多个临床症状的结合。许多肿瘤通过造成心包积液和心包填塞(前文有描述)来阻碍心脏充盈。心包内肿物自身在外形上即可压迫心脏并产生心包积液。有时,心脏内的肿瘤可造成心脏流入道和流出道物理梗阻。心肌肿瘤侵袭或继发的局部缺血可以扰乱心脏节律,并影响收缩性。如果肿瘤很小或没有明显影响到心脏功能,可能不会出现临床症状。

## 临床症状

右侧充血性心力衰竭是由右心房或心室内血流受阻或心包填塞造成的。也可能出现晕厥、劳累性虚弱和其他由心包填塞、血流受阻、心率异常,或继发于肿瘤的心肌功能受损所引起低输出的表现。任何类型的心动过速都可能出现;心内传导障碍有时也是因为肿瘤浸润引起的。嗜睡或昏厥可能与发生在心外的出血性肿瘤(如血管肉瘤)有关。

心音听诊差别较大。常见心律不齐或心音沉闷(如果有大量心包积液)。有时心杂音是由于肿瘤阻碍心内血流所引起的,但心杂音更常来源于其他疾病(例如退行性二尖瓣反流)。听诊也可能表现为正常心音。

## 诊断

影像学发现差别也较大。心脏轮廓可能正常,也可能有异常的隆起、与心脏相邻的团块效应、并发心积液时心影呈球形。心包内的肿物会被心包积液掩盖。其他继发于心脏充盈受损的影像学异常包括胸膜腔积液、肺水肿、尾侧腔静脉(和/或肺静脉)变宽、肝肿大和腹水。有些患心基部肿瘤的犬气管向背侧移位,肺门周围密度升高。有些原发或继发(转移性)心脏肿瘤有肺转移的迹象;然而对于小的肺转移灶而言,放射诊断的敏感性过低。

ECG 异常可能提示病灶位置以及潜在的疾病,例如腔室扩张、心包积液和多种心律不齐。心超可显示心脏肿物,并确认是否存在心包积液,也能确定是否有继发的心脏腔室大小、形态和心室功能改变。多普勒技术可评估相应的血流异常。出现心包积液时,更容易见到心基部肿瘤扩大进入心包腔内,这和心脏内肿物在无回声血液环绕下会更清晰的道理相同(图9-8)。探头位于左头侧胸骨旁,可用于评估升主动脉、右心耳和其周围结构。肿物病灶的位置和回声特征可能提示肿瘤类型,但是需要细胞学或组织病理学评估才可做出最终诊断。典型的血管肉瘤通常有多种回声,有囊性区域(低回声)。化学感受器瘤和其他心基部肿物更倾向于均一的软组织回声。心肌淋巴瘤通常呈斑驳样,回声混杂。在决定手术或者活检时,超声评估心脏肿瘤的位置、大小、附着情况(有蒂或宽基底)和范围(表面或者侵袭到邻近的心肌层)是很有帮助的。对于疑似肿物的病灶,应进行多个切面观察,有助于确诊并减少伪影的错误判读。有些病例可以在超声引导下通过细针抽吸进行细胞学检查。间皮瘤少见独立的肿物病灶。

推荐进行心包液检查,即使肿瘤疾病通常并不是单靠细胞学检查来确诊的。心脏淋巴瘤或者 MH 更容易通过心包积液来诊断。然而,也需要通过心超、CT 或其他方法观察肿瘤并进行诊断。患心脏肿瘤的犬猫其血液学和血清学生化检查通常不具有特异性。血管肉瘤 HSA 时犬血浆 cTnI 浓度升高。血清 ALT 水平轻度增高和氮质血症可能与 CHF 一起出现。HSA 常常伴发再生性贫血,有核红细胞和裂红细胞数量增多(有或者没有棘红细胞)、白细胞增多、血小板减少。胸膜腔和腹膜腔积液常常为改性漏出液。

## 治疗和预后

不幸的是,患心脏肿瘤的动物长期预后不理想。若出现心包填塞则应进行处理。有些动物也可以作保守治疗(需要时做心包穿刺,可能需要使用糖皮质激素减少炎症)。对于心包填塞复发的动物,部分心包切除术或心包切开术可能有用。

是否可以通过手术切除肿瘤,取决于肿瘤位置、大小和肿物侵袭情况。如果肿物位于右心耳尖端或蒂部可切除区域,切除的可能性较高。可通过静脉流入阻塞技术和快速心脏切开术到达右侧心脏内的肿物;然而左心病灶的手术通路和大的或者中度附着在右心的肿物,需要进行体外循环。

不可手术的肿物若考虑化疗,手术活检可能会有帮助。尽管许多心脏肿瘤对化疗的反应较差,但有些在短期内还是有效的。有些心脏血管肉瘤对长春新碱、多柔比星和环磷酰胺(4~8月)的联合化疗有反应;卡铂也可使用。淋巴瘤和 MH 需按照标准方案来治疗。某些良性心房团块对腔静脉造成压迫产生积液的病例,支架也是可行的。

◉推荐阅读

Boston SE et al: Concurrent splenic and right atrial mass at presentation in dogs with HSA: a retrospective study, *J Am Anim Hosp Assoc* 47:336, 2011.

Brisson BA, Holmberg DL: Use of pericardial patch graft reconstruction of the right atrium for treatment of hemangiosarcoma in a dog, *J Am Vet Med Assoc* 218:723, 2001.

Chun R et al: Comparison of plasma cardiac troponin I concentrations among dogs with cardiac hemangiosarcoma, noncardiac hemangiosarcoma, other neoplasms, and pericardial effusion of nonhemangiosarcoma origin, *J Am Vet Med Assoc* 237:806, 2010.

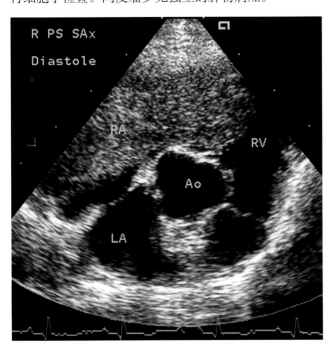

**图9-8**
1只患有腹水且虚弱的16岁美国可卡贵宾混血犬的右胸骨旁短轴心超图像。在这幅舒张期图像中,一个大的心房肿瘤从三尖瓣孔延伸至心室。该犬未见心包积液;Ao,主动脉;LA,左心房;RA,右心房;RV,右心室。

Crumbaker DM, Rooney MB, Case JB: Thoracoscopic subtotal pericardiectomy and right atrial mass resection in a dog, *J Am Vet Med Assoc* 237:551, 2010.

Davidson BJ et al: Disease association and clinical assessment of feline pericardial effusion, *J Am Anim Hosp Assoc* 44:5, 2008.

Day MJ, Martin MWS: Immunohistochemical characterization of the lesions of canine idiopathic pericarditis, *J Small Anim Pract* 43:382, 2002.

De Laforcade AM et al: Biochemical analysis of pericardial fluid and whole blood in dogs with pericardial effusion, *J Vet Intern Med* 19:833, 2005.

Ehrhart N et al: Survival of dogs with aortic body tumors, *Vet Surg* 31:44, 2002.

Fine DM, Tobias AH, Jacob KA: Use of pericardial fluid pH to distinguish between idiopathic and neoplastic effusions, *J Vet Intern Med* 17:525, 2003.

Hall DJ et al: Pericardial effusion in cats: a retrospective study of clinical findings and outcome in 146 cats, *J Vet Intern Med* 21:1002, 2007.

Linde A et al: Pilot study on cardiac troponin I levels in dogs with pericardial effusion, *J Vet Cardiol* 8:19, 2006.

MacDonald KA, Cagney O, Magne ML: Echocardiographic and clinicopathologic characterization of pericardial effusion in dogs: 107 cases (1985-2006), *J Am Vet Med Assoc* 235:1456, 2009.

Machida N et al: Development of pericardial mesothelioma in Golden Retrievers with a long-term history of idiopathic haemorrhagic pericardial effusion, *J Comp Path* 131:166, 2004.

Martin MW et al: Idiopathic pericarditis in dogs: no evidence for an immune-mediated aetiology, *J Small Anim Pract* 47:387, 2006.

Mellanby RJ, Herrtage ME: Long-term survival of 23 dogs with pericardial effusions, *Vet Rec* 156:568, 2005.

Monnet E: Interventional thoracoscopy in small animals, *Vet Clin North Am Small Anim Pract* 39:965, 2009.

Morges M et al: Pericardial free patch grafting as a rescue technique in surgical management of right atrial HSA, *J Am Anim Hosp Assoc* 47:224, 2011.

Reimer SB et al: Long-term outcome of cats treated conservatively or surgically for peritoneopericardial diaphragmatic hernia: 66 cases (1987-2002), *J Am Vet Med Assoc* 224:728, 2004.

Sidley JA et al: Percutaneous balloon pericardiotomy as a treatment for recurrent pericardial effusion in 6 dogs, *J Vet Intern Med* 16:541, 2002.

Stepien RL, Whitley NT, Dubielzig RR: Idiopathic or mesothelioma-related pericardial effusion: clinical findings and survival in 17 dogs studied retrospectively, *J Small Anim Pract* 41:342, 2000.

Stafford Johnson M et al: A retrospective study of clinical findings, treatment and outcome in 143 dogs with pericardial effusion, *J Small Anim Pract* 45:546, 2004.

Tobias AH. Pericardial diseases. In Ettinger SJ, Feldman EC, editors: *Textbook of veterinary internal medicine*, ed 7, Philadelphia, 2010, WB Saunders, p 1342.

Vicari ED et al: Survival times of and prognostic indicators for dogs with heart base masses: 25 cases (1986-1999), *J Am Vet Med Assoc* 219:485, 2001.

Ware WA, Hopper DL: Cardiac tumors in dogs: 1982-1995, *J Vet Intern Med* 13:95, 1999.

Zini E et al: Evaluation of the presence of selected viral and bacterial nucleic acids in pericardial samples from dogs with or without idiopathic pericardial effusion, *Vet J* 179:225, 2009.

# 第 10 章
## CHAPTER 10

# 心丝虫疾病
## Heartworm Disease

## 概 述
### (GENERAL CONSIDERATIONS)

### 肺动脉高压
#### (PULMONARY HYPERTENSION)

在疫病流行区，心丝虫病（Heartworm disease，HWD）是肺动脉高压的一个重要原因。HWD 和其他引起肺动脉血管阻力升高的因素会使肺动脉血压增加，依据下面的公式：心输出量 = Δ 血压/阻力。肺动脉高压通常被定义为肺动脉收缩压高于 35 mmHg 或平均肺动脉压超过 25 mmHg。

除 HWD 以外，与犬肺动脉高压相关的疾病还包括低氧性肺病和血管阻塞性疾病（如肺动脉栓塞）。血管阻塞会通过机械性阻断血管引起局部缺氧性肺动脉收缩和其他反应变化，从而减少肺动脉血管总横截面积。肺实质相关性疾病也会减少血管面积。

肺静脉压慢性增高（如源于二尖瓣反流）可能会增加肺动脉压，但通常是轻度或中度（见第 6 章）。高静脉压伴发的肺水肿或充血会通过减少肺的顺应性和提高气道阻力来引起肺血管阻力增加。先天心脏分流引起的肺循环过载会导致血管损伤和肺动脉重塑，引起高血管阻力、肺动脉高压和逆向分流（Eisenmenger's 艾森曼格生理现象）。

中度至严重肺动脉高压常常伴发活动耐受性下降、疲劳、持续性呼吸困难、咳嗽和晕厥。通过 X 线片，心脏超声通常可发现右心增大、肺动脉扩张和不同程度的右心室肥厚，有时也可在心电图中发现。常见继发的三尖瓣反流（tricuspid regurgitation，TR），其最

大流速可以用来估量肺动脉高压的严重程度（见第 2 章）。患肺动脉高压的动物应当先排除 HWD。非 HWD 的肺动脉高压患犬应考虑其他潜在病因，并尽可能治疗。严重的肺动脉高压可用 5-磷酸二酯酶抑制剂（例如昔多芬）辅助治疗，配合活动限制，对某些病例有帮助（见第 5 章）。

心丝虫病（HWD）在美国广泛流行，尤其是东海岸和 Gulf 海岸及密西西比河山谷。未免疫犬的感染率可达 45% 甚至更高。其他地区和加拿大也有零星报道；该病也在世界其他国家流行。被犬恶丝虫（*Dirofilaria immitis*）感染后，疾病程度由轻度、亚临床至严重的肺部疾病和继发心衰不等。犬和其他犬科动物是主要宿主物种。尽管猫和其他物种也可感染心丝虫，它们对其抵抗性比犬强。同一区域内，猫的成熟心丝虫感染率仅为犬的 5%～15%。但是据估计，通过宿主反应接触并清除幼虫的情况更为常见。

### 心丝虫生活史
#### (HEARTWORM LIFE CYCLE)

心丝虫（*D. immitis*）通过多种蚊子传播，蚊子是其中间宿主。起初蚊子摄入微丝蚴或者是一期幼虫（L1），它们通过血液循环进入并感染宿主。在蚊子体内，L1 幼虫发展成 L2 接着进入感染性 L3 期，这一周期为 2～2.5 周。沃巴赫氏菌（*W. pipientis*）是一种共生菌，对幼虫在蚊子体内的发育有很大帮助。感染性幼虫在蚊子吸血时进入新的宿主体内。L3 幼虫在新宿主的皮下移行，9～12 d 变成 L4 期，并在感染后 2～3 月进入 L5（最终期）。新生 L5 虫在感染后 100 d 左右进入血管组织，然后选择性移行到肺尾叶的外周肺动脉。通常于 7～9 个月（最少 5～6 个月）后由幼虫发展成成虫；交配后，妊娠雌虫释放微丝蚴（L1），转为显性感

染。成年雄虫可以长到 15～18 cm，而雌虫可以长达 25～30 cm 长。成虫可在犬身上存活 5～7 年。心丝虫的传染受季节影响。L1 期幼虫在蚊子体内长至成熟的感染期需要日均温度高于 64°F(18℃)，且持续约 1 个月。心丝虫在北半球传染的高峰期是 7～8 月份。

通过输血或胎盘传染至另一个动物的微丝蚴不会发育成成虫，因为没有蚊子这一宿主无法完成寄生虫生活周期。因此小于六个月的幼犬若循环血中有微丝蚴，很可能是通过胎盘传播，且此时不是显性感染心丝虫病。据报道微丝蚴的寿命最多为 30 个月。

心丝虫在猫身上的生长过程要慢一些，因为猫不是其自然宿主，并且若感染后时间不足 7～8 个月，无法表现为显性(成熟)感染。成虫可以在猫身上存活 3～4 年，微丝蚴仅在一小部分猫身上有明显表现。然而，L3 至不成熟的 L5 的心丝虫会引起肺实质疾病，这是宿主尝试排除寄生虫的反应。

# 犬心丝虫疾病
## (HEARTWORM DISEASE IN DOGS)

### 病理生理学

肺动脉内的成虫会造成血管反应性病变，使血管顺应性下降、管腔尺寸缩小。疾病的严重程度与许多因素有关，包括虫的数量、出现的时间长短和动物对寄生虫的反应。心丝虫幼虫进入肺动脉末梢数天内，该处血管即开始发生病理变化。尽管大量心丝虫寄生可引起严重的病变，但与虫体数量相比，宿主与寄生虫间的相互作用对临床症状的发展更为严重。HWD 的发病机理可能受 W. pipientis 这一专性胞内寄生菌调控，这些细菌藏匿在心丝虫内，对心丝虫的生长发育很重要。这可能与细菌内毒素及宿主对沃尔巴克氏体表面蛋白的免疫反应有关，它可能对肺部和肾脏炎症产生一定的作用。运动造成肺血流量增加，这会加剧肺血管病的病理变化。虫体数量少时也可造成严重的肺损伤，心输出量增大时肺血管阻力会显著升高。

该病的特征性病变为心丝虫寄生的肺动脉发生绒毛状肌内膜增生。心丝虫引起的变化为内皮细胞肿胀、细胞间隙增加、内皮细胞通透性增大、动脉周围水肿。内皮脱落导致白细胞和血小板黏附。多种营养因子刺激血管内膜的平滑肌细胞向内皮中移行并增殖。成虫到达血管后 3～4 周，内膜发生绒毛状增殖，绒毛

增殖包括平滑肌和具有内皮样覆盖层的胶原。增殖会引起较小的肺动脉管腔出现狭窄，并造成内皮进一步损伤与增生。内皮损伤形成血栓，也会产生血管周围反应和动脉周围水肿。然而肺梗死较为少见，肺的侧支循环很丰富。过敏性(嗜酸性粒细胞性)肺炎可能会引起肺实质损伤。X 线片中可见肺泡和间质浸润；有些动物会出现部分肺实变。缺氧性血管收缩会引起血管改变，导致肺血管阻力增加，且最终引起肺动脉高压。肺脏浸润和/或肺血栓栓塞(pulmonary Thromboembolism，PTE)的肺区会出现缺氧症，引起通气/灌注不良。肺血管收缩可能会因内皮素-1 增多或心丝虫引起的血管收缩而进一步恶化。死亡的虫体会刺激产生更强的宿主反应，并且使肺部疾病恶化。虫碎片和栓子会导致栓塞，且产生更激烈的炎症反应，最终会导致纤维化。

肺脏后叶和副叶的虫体分布与动脉绒毛样增生最为严重。受侵害的肺动脉失去原有的向外周逐渐变细的影像，呈现钝圆或截枝样。可发生动脉瘤扩张及外周阻塞。当肺血管阻力增加而需更高的灌注压时，血管发生曲折和扩张。

机体对提高收缩压的慢性需求反应会引起右心室扩张及向心性肥厚。严重的肺动脉高压最终会导致右心室心肌衰竭、右心室舒张压增加和右心充血性心力衰竭的表现，尤其是伴发的继发性三尖瓣反流。心输出量会随着右心室衰竭而下降。当心输出量因运动而不足时，动物可能出现劳累性呼吸困难、疲劳和晕厥。无论是使用除成虫药后或是偶发性肺血栓栓塞(PTE)，都会使得肺动脉高压和充血性心力衰竭的症状恶化。

心丝虫病继发的慢性肝瘀血可引起永久性肝损伤和肝硬化。循环中的免疫复合物或者微丝蚴抗原可以造成肾小球性肾炎。犬心丝虫病也能引发肾淀粉样变，但较为罕见。尽管肺尾叶动脉是成虫的首选位置，但心丝虫也可能随血流移行到右心，虫体量大时甚至会到达腔静脉。大量心丝虫会引起右心室流出道、肺动脉、三尖瓣区域或腔静脉的机械性堵塞，即所谓的腔静脉综合征。全身动脉蠕虫异常迁移会导致大脑、眼睛动脉栓塞，其他动脉偶发。也有后肢跛行伴感觉异常和缺血性坏死的病例零星报道。

### 心丝虫疾病检查

◆血清学(抗原)检测

心丝虫成虫抗原检测是犬心丝虫筛查的首选推荐

方式。虽然不确定是否需要每年检查 1 次,但美国心丝虫协会推荐每年进行心丝虫检查,以保障动物达到预防和控制疾病的效果。这种抗原检测试剂盒的准确性较高。每月预防性使用心丝虫药物(大环内酯)可清除循环中的微丝蚴,抗原检测可为心丝虫感染的诊断提供高敏感性结果。通常在感染后 6.5～7 个月时,可检测到循环血中的抗原,但不应早于 5 个月。小于 7 个月的幼犬不需要检查。推荐在易感季节过后 7 个月对成犬进行检查。受气候影响,每月的心丝虫预防可先于(或继续于)易感季节进行。

商品化试剂盒采用免疫测定法,检测循环血液中成年雌性心丝虫生殖系统产生的抗原,多数使用酶联免疫吸附法(ELISA),也有免疫层析法。这些检测方法特异性一般,但敏感性较高。阳性结果表明至少存在 4 条(通常较少)7～8 个月或以上的雌虫。多数试剂盒无法检测雄虫和 5 个月以下的幼虫。检测的敏感性随雌性虫体数量下降而下降,所以有时会出现假阴性结果。弱阳性或模棱两可的结果可能需要复查,包括使用不同的试剂盒,或在一段时间后使用同种试剂盒重复检查;微丝蚴检测和胸部 X 线片可以帮助确定是否存在感染。假阳性结果往往是操作错误引起的。假阴性结果可能是因为虫体量少、只有未成熟雌虫、只有雄虫感染或者试剂盒操作不当。因为猫的成虫量很低,而且全雄虫感染的可能性很高,所有很容易出现假阴性结果。

◈ 微丝蚴鉴别

现已不推荐循环血液中微丝蚴的检测作为心丝虫筛查的方法,但其可作为抗原检测阳性病例的确认,并在每月预防用药前评估体内是否有大量微丝蚴。在使用乙胺嗪(DEC)预防心丝虫时,强制要求进行微丝蚴检测;每月预防性使用大环内酯类药物,可通过损害雌虫(也可能包括雄虫)生殖功能减少并清除微丝蚴。多数经过 6～8 个月治疗的患犬,均可达到微丝蚴阴性。但有 90% 不使用大环内酯类药物治疗的心丝虫阳性患犬循环血内存在微丝蚴,其余的 10% 为隐性感染,即循环血中无微丝蚴,可能是免疫反应消除了肺内微丝蚴(真性的隐性感染)、单性感染、无繁殖力的心丝虫、或均为未成熟的幼虫感染(潜伏期感染)。这些隐性感染通常伴随严重的症状。微丝蚴量少和外周循环血液中微丝蚴数量的昼夜变化,均可使微丝蚴检测呈假阴性。心丝虫病患猫循环血中很少会出现微丝蚴。

浓缩法检测外周血中微丝蚴时,建议至少使用 1 mL 血液。不推荐使用非浓缩法检测,尽管也可以观察到微丝蚴的运动,但少量微丝蚴感染时易被漏诊。恶丝虫相对静止,而不是呈运动模式。非浓缩检测包括新鲜血液抹片或旋转血球容积管中的血沉棕黄层检测。

浓缩检测需使用微孔过滤或者改良的 Knott's 离心技术,这两种技术均为将红细胞溶解,并固定微丝蚴。改良的 Knott's 技术更受喜爱,用来测量幼虫大小和鉴别犬心丝虫和非致病性丝虫幼虫,如棘唇线虫(Dipetalonema)(表 10-1)。只含微丝蚴但无活体成虫的患病动物的检查结果可能为假阳性。

**表 10-1　微丝蚴形态的鉴别诊断**

| 抹片 | 恶丝虫属 | 棘唇线虫属 |
|---|---|---|
| 新鲜抹片 | 少至大量<br>在一处波动 | 通常少量<br>在视野内穿越 |
| 染色抹片* | 身体平直<br>尾巴平直<br>锥形头<br>长度>295～325 μm<br>宽度>6 μm | 弯身体<br>后段吊钩<br>("钮钩"尾);<br>前后不一致<br>钝头<br>长度<275～288 μm<br>宽度<6 μm |

*大小标准使用改良 Knott's 法溶解(1 mL 血液混合 9 mL 2% 福尔马林,离心 5 min;沉淀后使用亚甲蓝染色);过滤溶解检测的微丝蚴更小。宽度和形态学是最好的辨别方式。

**临床特征**

心丝虫犬的年龄和品种没有倾向性。虽然大多数感染犬为 4～8 岁,但小于 1 岁(大于 6 个月)的犬中,也有一些被诊断为心丝虫病,当然还有老龄动物。雄性动物感染率是雌性的 2～4 倍。大型犬和主要生活在户外的犬,感染的可能性远大于小型犬和室内生活的犬。被毛长度对感染率没有影响。

常规筛查为阳性的犬通常不表现症状。隐性感染或未进行常规检查的犬,更易出现严重的肺动脉变化,以及与肺动脉高压、肺实质浸润和继发心脏影响相关的临床症状。有临床症状的犬通常有运动不耐受、呼吸困难、昏厥、咳嗽、体重下降或腹水的病史。偶有报道犬吠声发生变化或失声。

体格检查在疾病早期或轻度时可能正常。然而重度疾病的患犬通常体况较差,出现呼吸急促或呼吸困难、颈静脉扩张或搏动、腹水或其他右心衰竭症状。可发现肺音增强或异常(喘鸣音、湿啰音),第二心音(S2)较强且常出现分裂,三尖瓣闭锁不全时可听诊到杂音。偶尔在左心基部可听到喷射咔嗒音或心杂音以及心律失常。严重肺动脉疾病及血栓最终造成呼吸困难和发绀、咳血、发热、弥散性血管内凝血(DIC)、血小板减少和鼻衄。这些症状和血红蛋白尿也与腔静脉综合征相关。虫体异常移行到中枢神经系统、眼、股动脉、皮下组织、腹腔和其他部位,会引起相关组织器官出现症状。

## 诊断

### ◈放射学检查

疾病早期或虫体少时胸部 X 线检查可能正常。而严重感染的犬可出现明显的变化,且发展迅速。特征性征象包括:右心室增大、肺动脉干膨出、肺叶动脉中央增大并扭曲,末梢变钝(图 10-1)。肺尾叶动脉最容易受到严重影响,以背腹位片(DV)评估最佳,正常情况下,这些血管的宽度不应大于第九肋(其与血管交叉处)。肺叶动脉增粗(无并发的静脉扩张),强烈提示存在心丝虫病或其他原因造成肺动脉高压。肺实质间质或肺泡型浸润提示存在肺炎、肺血栓或纤维化,尤其是浸润部位位于肺尾叶时。这些肺密度增高主要集中

于血管周围。有时会出现嗜酸性肉芽肿、伴发间质性结节、支气管淋巴结增大,及胸膜腔积液。也会出现后腔静脉增粗和肝脾肿大、有或没有胸腔或腹腔积液。心丝虫病导致的右心衰的症状与 X 线中肺动脉疾病及右心增大的严重程度相关。

### ◈心电图

心电图通常正常,重度患犬可出现电轴右偏或心律失常。心丝虫病继发充血性心力衰竭的患犬,心电图检查通常可见右心室增大的征象,偶发 P 波增高,提示右心房增大。

### ◈超声心动图

严重心丝虫患犬超声心动图检查显示右心房和右心室扩张、右心室肥厚、室间隔反向运动,左心变小及肺动脉扩张。虽然超声心动无法探查到肺动脉末端的心丝虫,但位于心脏内部,肺动脉主干及其分叉处和腔静脉内的心丝虫表现为短的双轨亮线(图 10-2)。超声心动图可快速确诊疑似的腔静脉综合征。胸积液或心包积液、腹水可证实发生继发性右心衰竭。彩色多普勒图像通常可提示三尖瓣反流,即使此时听不到心杂音。频谱多普勒测量三尖瓣(或肺动脉瓣)最大反流速度可估测出肺动脉高压的严重程度。

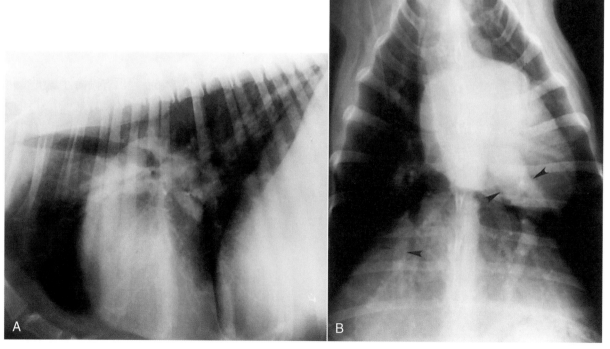

**图 10-1**

1 只患严重心丝虫病的德牧犬的侧位(A)和腹背位(B)图像。可见肺动脉增粗,腹背位尤为明显(箭头)。

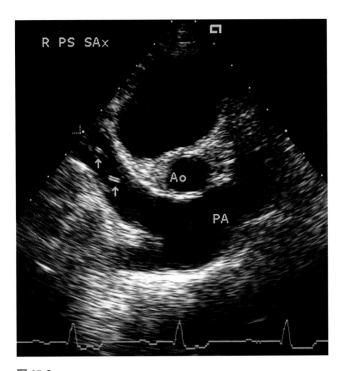

**图 10-2**
1 只严重心丝虫患犬的超声图。注意其主肺动脉（PA）增粗，且右侧主肺动脉内心丝虫的双轨回声（指示箭）。Ao，主动脉根。

◉临床病理学检查

　　全血细胞计数常见嗜酸性粒细胞、嗜碱性粒细胞、嗜中性粒细胞和单核细胞增加，但也可能与此变化不一致。疾病严重的患犬更容易发生轻度再生性贫血。肺动脉系统中的血小板消耗可能造成血小板减少症，特别在使用驱虫药治疗后。有些严重的心丝虫患犬可发生弥漫性血管内凝血（DIC）。对心丝虫的免疫反应可产生多细胞系丙种球蛋白病。可能出现轻度至中度肝酶活性升高，尤其是出现充血性心力衰竭症状的动物。有时会出现肾前性或者继发于肾小球肾炎的氮质血症。10%～30% 的患犬会出现蛋白尿，特别是重病患犬。重病动物可能发生低白蛋白血症。对心丝虫感染的咳嗽患犬进行气管冲洗采样，结果常表现为嗜酸性粒细胞炎症。充血性心力衰竭患犬的中心静脉压（central venous pressure，CVP）升高。

## 心丝虫患犬的治疗

◆治疗前评估

　　对于心丝虫患犬的治疗，基本原则为推荐驱虫。所有犬在治疗前都应该进行完整的病史和体格检查。

　　胸部 X 线检查是整体评估肺动脉和实质病变的最佳手段。已出现临床症状且 X 线检查存在严重肺血管疾病的患犬，尤其是伴有右心衰竭或感染虫体量较多时，使用杀虫剂后发生肺血管栓塞的风险更高。可能的话，在治疗前应进行的检查包括全血细胞计数（CBC）、血清生化检查、尿液分析和微丝蚴检查。患严重肺动脉疾病的犬，应进行血小板计数。若检出低白蛋白血症或蛋白尿，则应对丢失的尿蛋白进行定量检测，或计算尿蛋白/肌酐比值（UPC）。肝瘀血可使肝酶活性轻度至中度升高，但无须禁止使用美拉索明（抗寄生虫药物）治疗。若怀疑有潜在的肝脏疾病，可检测血清胆汁酸水平评估肝功能。对于之前无肝脏疾病的犬，通常在治疗 1～2 个月后，肝酶活性即可恢复至正常范围。有些心丝虫患犬会出现氮质血症和/或严重的蛋白尿。使用驱虫药前，对肾前性氮质血症患犬，应使用液体疗法治疗。严重的肾小球疾病会提高栓塞的风险。不建议使用阿司匹林作为杀虫前常规治疗，因为其抗凝血效果不确定，对血管损伤的缓解程度不明，且可能有副作用。推荐在 PTE 的病例使用皮质激素疗法（如泼尼松或地塞米松），来对微丝蚴反应、嗜酸性肺炎或肉芽肿进行治疗或预防，也用来减轻组织对美拉索明的反应。另外，考虑到激素有可能造成肺血管损伤、液体潴留、肺血流减少和凝血病进一步恶化的可能性，应避免使用皮质激素。

　　目前，对于临床症状稳定的犬，推荐在使用驱虫药之前，先采用伊维菌素按预防剂量治疗 2～3 个月。该方案可以通过减少或清除循环微丝蚴、组织中移行的幼虫阻止未成熟幼虫发育，损伤雌性成虫的生殖系统以减少心丝虫抗原。晚几个月使用美索拉明，可以让晚期幼虫更进一步成熟，增加驱虫药的效力。第一次伊维菌素治疗后，微丝蚴阳性犬应留院观察，以防发生副反应。对于有大量微丝蚴的患犬，在第一次使用大环内酯类药物预防剂量治疗前 1 h，不管有没有使用抗组胺药物（如苯海拉明），使用抗炎剂量的糖皮质激素，可能会产生很多额外的好处，特别是使用米尔贝肟时。使用成虫驱虫药前，没必要使用特异性微丝蚴驱虫药。心丝虫病诊断后，应立即限制活动，并一直持续到最后一次美索拉明治疗后 1～2 个月。

　　使用多西环素治疗沃尔巴克氏体，有助于降低心丝虫的生育能力和生存能力。实验中，每周给予预防剂量的伊维菌素的同时再使用多西环素，可以对心丝虫的微丝蚴和成虫产生更大影响，且减少美拉索明诱导的肺血管栓塞，虽然其对自然感染病例的疗效尚不明确,但还是在驱成虫药前4周,推荐给犬使用多西环素(10 mg/kg,PO q 12 h)治疗。

对无症状的心丝虫病例,驱成虫药治疗的方案仍存在争议,也不推荐。虽然对于预防剂量的伊维菌素,每月连续使用,最终可杀死所有新生成虫,但达到这种效果需要较长时间(超过1~2年)。较老的虫体更加耐受伊维菌素,且仍然可以引起临床疾病。此外,肺动脉进一步变化,肺部疾病,和其他相关的心丝虫诱导的变化(如肾小球肾炎),可能会增加驱成虫药治疗的风险,但应该在未来能得到解决。心丝虫感染犬若只使用预防药物,可能会增加感染的抗药性。美国心丝虫协会不建议将单一大环内酯类药物作为驱成虫的治疗方案。然而在一些各种原因所致的无法给予驱成虫药的病例,应使用伊维菌素,或者配合塞拉菌素持续治疗(至少2年),塞拉菌素也有驱除成虫的作用。推荐同时使用多西环素(10 mg/kg PO q 12 h),持续4周为1个周期,每3~4个月1次。整个治疗过程都应该限制活动。推荐每6个月进行1次心丝虫抗原检查。应持续进行大环内酯类/多西环素联合治疗,除非连续出现两次抗原阴性检查结果。对于防止传染而言,心丝虫预防是相当重要的(通过减少微丝蚴的数量)。

### ◈犬的驱成虫药治疗

美拉索明是一种驱成虫药。美拉索明对心丝虫成虫和幼虫均有效,更易杀死雄性心丝虫。美国心丝虫协会推荐对所有感染犬都使用分步给药(3个剂量或分开给)的方案进行治疗,不仅仅是对严重的心丝虫感染动物。这种分步给药方案有助于更彻底的杀虫。首先使用一次初始剂量治疗,1个月后(或更久)间隔24 h再给两次药。按该方案进行第一次给药时,可让半数虫体死亡,会降低与肺血管栓塞相关的并发症的发生率;接下来两次给药后,可杀掉约98%的虫体。该治疗方案花费会更高(3次给药合计)、砷中毒的可能性增大,且需要限制运动的时间更长(从第一次给药算起,至少要到最后一次给药后1个月)。也可选择标准的两次给药方案,尤其是客户经济承受能力较差,且病例的病情没那么严重时,或者出现严重的肾病或肝病时(这种动物砷中毒的可能性更高)。据报道,两步给药方案可杀掉约90%的成虫。即使在虫体未被彻底清除的情况下,临床症状也可能会有明显改善。

美拉索明可通过肌肉注射快速吸收。药物原型及主要代谢物可很快经肠道排出,少量代谢物通过尿液排泄。正如说明所示,应通过深度肌肉注射至腰轴上肌(L3~L5区域),腰部肌肉注射点具有良好的血管供应和淋巴引流,且筋膜面积较小。另外,重力作用可防止药物渗入皮下组织,从而避免更多刺激。药物确实会在注射部位产生反应,临床治疗患犬中有1/3反应明显。注射美拉索明前至注射后数日使用非甾体抗炎药,可以减少疼痛。美拉索明制剂一般为50 mg瓶装无菌冻干粉末。如果在冰箱避光保存,水合后的制剂可稳定保存24 h。

治疗后出现咳嗽、呕吐及呼吸困难(较少),可能和心丝虫病本身或肺血管栓塞有关,但据报道,用药过量也可导致出现肺瘀血。美拉索明治疗后,患犬的临床症状多表现为行为性(如震颤、嗜睡、摇摆和共济失调、躁动不安)、呼吸性(如气喘、呼吸浅表、呼吸困难、湿啰音),或是与注射位点相关(如水肿、发红、敏感、捻发声、AST和CK活性增高)。通常注射位点反应为轻度至中度,并在4~12周内痊愈,偶尔可发生严重反应。厂商报道注射位点可持续出现小结节。15%以下的犬易出现嗜睡、抑郁、厌食症状;其他副作用则较少发生,如发热、呕吐、腹泻等。按照推荐剂量给药的患犬,出现副作用的情况较轻。使用推荐剂量美拉索明的病患,并无报道出现肝肾相关变化。总之,美拉索明比其上一代药物硫乙胂胺毒性更小。尽管如此,美拉索明的安全剂量范围较窄,过量可能会出现虚脱、严重流涎、呕吐、肺炎或水肿引起的呼吸困难、昏迷和死亡。

生产厂商所给的美拉索明治疗指南(表10-2)是基于患病动物心丝虫疾病的严重程度来定的,即推荐给犬的所谓的轻度(1级)至中度(2级)疾病治疗方案。标准疗法(框10-1)包括两次肌肉注射(2.5 mg/kg),间隔24 h。然而,美国心丝虫协会目前推荐所有HWD感染患犬使用更保守的(分步)给药方案,并不仅针对那些严重病例(3级)。分步给药的方案是为了在一定程度上减少第一次给药后的虫体量,间隔1个月后再给予标准量的驱成虫药。使用该方案可减少因初始给药后杀死大量虫体所引起的严重肺血管栓塞与死亡的风险。应当认真遵照厂商的说明进行注射。患腔静脉综合征的犬(4级)在手术移除虫体前,禁止使用驱成虫药。

表 10-2　犬心丝虫疾病严重程度分类

| 分类 | 临床症状 | X线征象 | 临床病理异常 |
|---|---|---|---|
| 1（轻度） | 没有或偶尔咳嗽，运动疲惫，或体况轻度下降 | 无 | 无 |
| 2（中度） | 没有或偶尔咳嗽，运动疲惫，或体况轻度至中度下降 | 右心室增大和/或部分肺动脉增粗；±血管周围和肺泡/间质混合密度升高 | ±轻度贫血（PCV 至 30%）；±蛋白尿（试纸条 2+） |
| 3（重度） | 通常体况下降或恶病质；运动或轻度活动后疲惫；偶尔或持续咳嗽；±呼吸困难；±右心衰 | 右心室±心房增大；中度至重度肺动脉增粗；血管周围或弥散性肺泡/间质混合密度升高；±血栓栓塞征象 | 贫血（PCV<30%）；蛋白尿（试纸条≥2+） |
| 4（重度）腔静脉综合征 | | | |

PCV 红细胞比容。

框 10-1　犬心丝虫疾病管理方案[*]

**第0日**：诊断并证实心丝虫阳性
- 抗原（Ag）检测或微丝蚴（microfilaria，MF）检测阳性
- Ag 测试和 MF 测试阳性的临床症状（状态）

开始限制运动
- 症状越明显，限制越严格

如果犬有症状：
- 通过适当的治疗和护理稳定体况
- 泼尼松：第 1 周 0.5 mg/kg PO q 12 h，第 2 周 0.5 mg/kg q 24 h，第 3 和第 4 周 0.5 mg/kg q 48 h

**第1日**：心丝虫预防管理
- 若存在微丝蚴，且之前没有给予泼尼松，预先给予抗组胺剂和糖皮质激素，降低过敏风险
- 至少留院 8 h 观察反应

**第1～28日**：多西环素 10 mg/kg PO q 12 h，4 周
- 减少虫体死亡相关病理变化
- 破坏心丝虫传播

**第30日**：心丝虫预防管理

**第60日**：心丝虫预防管理

第 1 次美拉索明注射，2.5 mg/kg，IM[†]
- 泼尼松：第 1 周 0.5 mg/kg PO q 12 h，第 2 周 0.5 mg/kg q 24 h，第 3 和第 4 周 0.5 mg/kg q 48 h

进一步降低活动水平
- 限制运动，笼养

**第90日**：心丝虫预防管理

第 2 次美拉索明注射，2.5 mg/kg，IM

**第91日**：第 3 次美拉索明注射，2.5 mg/kg，IM
- 泼尼松：第 1 周 0.5 mg/kg PO q 12 h，第 2 周 0.5 mg/kg q 24 h，第 3 和第 4 周 0.5 mg/kg q 48 h

最后一次美拉索明注射后继续限制活动 6～8 周

**第120日**：微丝蚴检测
- 若阳性，使用多西环素，进行 30 d 微丝蚴治疗，并在 4 周后复查

建立整年的心丝虫预防

**第271日**：结束 6 个月后进行抗原检测

[*] 2012 年美国心丝虫协会推荐（www.heartwormsociety.org）
[†] 严格按照厂商说明注射美拉索明

在每次给药后 4～6 周内，动物应严格静养，以减少成虫死亡和肺血管栓塞的影响。工作犬的休息时间应更长，活动引起的肺血流增加会加剧肺毛细血管床的损伤，进一步引起纤维化。

驱成虫药治疗后 6 个月内应复查心丝虫抗原；治疗成功后结果应为阴性。许多犬在驱成虫药治疗 3～4 个月后心丝虫抗原检测转为阴性。驱虫不彻底会使得血液内抗原持续存在。根据病患的整体健康情况、预期表现和年龄来决定是否再次进行驱成虫治疗。可能没有必要将虫体全部清除；驱成虫治疗后即使有些成虫存活，肺动脉疾病也会得到很大改善。

硫乙胂胺是一种较老的砷化物，也是之前唯一可用的驱成虫药。与美拉索明相比，它没有明显的优势，且有更大的潜在毒性，现在已经不再使用。同样，其他药物如左旋咪唑或锑波芬也不推荐作为杀成虫药。左旋咪唑似乎对雄虫有效且可能使雌虫绝育，但不一定能杀死成年心丝虫。

杀虫治疗前，经透视或经食道超声引导使用鳄鱼钳取虫，可作为一种减少肺主动脉和肺分叉内虫体数量的方式。可降低严重感染犬在杀虫后出现肺血管栓塞的风险。但是，由于可能需要重度镇静或麻醉、并存在蠕虫破裂、肺反应加剧的影响，这一技术受到限制。

### ◆微丝蚴治疗

可在使用驱成虫药 3～4 周后，针对犬循环血中的微丝蚴进行特异性微丝蚴治疗，但该治疗并不是必需的，因为每月给予的预防药物会逐渐产生微丝蚴毒性作用。口服伊维菌素（以 $50\mu g/kg$）和米尔贝肟（使用标准的预防剂量）可迅速减少微丝蚴的数量。该剂量的伊维菌素不会对柯利犬产生危险。首次给药后 3～8 h（有时 12 h）后，大量微丝蚴的快速死

亡可能会引起全身性反应,包括嗜睡、食欲下降、过度流涎、干呕、排便、面色苍白、心动过速。这些副作用通常较轻,但循环血内感染大量微丝蚴的犬,可能会出现循环性虚脱。使用糖皮质激素和抗组胺剂预处理,可降低风险(见前面)。糖皮质激素(例如,泼尼松龙琥珀酸钠,10 mg/kg,或地塞米松,2~4 mg/kg,IV)和静脉补液(例如,80 mL/kg,超过2 h输液)如果及时使用,通常对微丝蚴反应有效。所有使用大环内酯类药物的病患,在首次给药治疗微丝蚴后,应密切观察8~12 h。另一项优点在于可以预防新的感染。预防剂量的莫昔克丁和塞拉菌素也被用作杀灭微丝蚴,但速度较慢。其他过去作为驱除微丝蚴的药物(如左旋咪唑、二噻扎宁、倍硫磷),由于低疗效且频繁出现副作用,都不做推荐。

### 驱成虫后的肺栓塞并发症

在驱成虫治疗后5~30 d,肺动脉疾病加重,且之前已经出现症状的犬尤为严重。死亡和濒死的心丝虫可引起血栓和肺动脉梗阻,并伴发血小板黏附加重、肌内膜增殖、绒毛状肥大、肉芽肿动脉炎、血管周围水肿和出血。肺灌注不足、缺氧性血管收缩及支气管收缩、肺部炎症和液体聚集等,均可导致严重的通气/灌注不匹配。严重的肺栓塞最常发生于驱成虫治疗后7~17 d。肺后叶和副叶最易受侵害且病变最为严重。肺血流梗阻和血管阻力增加,会加重右心室应变,并提高需氧量。最终引起心输出量降低和低血压。

最常见的临床症状包括沉郁、发热、心动过速、呼吸急促或呼吸困难、咳嗽。也会出现咳血、右心CHF、虚脱或死亡。间质性和肺泡性炎症以及液体蓄积,会使听诊时出现湿啰音。局部肺实变可能引起区域性肺音不清。胸部X线片可见不均匀的肺泡空气支气管征,尤其是靠近尾叶动脉区域。CBC检查可能出现血小板减少症,或嗜中性粒细胞增多伴核左移。

肺栓塞(无论驱成虫治疗前或治疗后出现)的治疗包括严格休息(即笼养限制)和糖皮质激素治疗,减轻肺部炎症[如泼尼松,0.5 mg/(kg·d)PO q 12 h,持续1周;之后降至0.5 mg/kg q 24 h,持续1周;最后减少至0.5 mg/kg q 48 h,再用1~2周]。供氧治疗可减轻低血氧导致的肺血管收缩。支气管扩张剂(如氨茶碱,10 mg/kg PO IM IV q 8 h;或茶碱,9 mg/kg PO q 6~8 h),正确的输液治疗(若发生心血管性休克)和镇咳药可能有一定效果。根据经验给予抗生素,但除非并发细菌感染,否则其作用仍受置疑。实验性给予

肼屈嗪可降低肺血管阻力,且一些犬似乎对地尔硫䓬有临床反应。使用血管扩张剂时应避免发生全身性低血压和心动过速。对严重栓塞的患犬,可考虑使用肝素(肝素钠,200~400 U/kg SC q 8 h,或肝素钙,50~100 U/kg q 8~12 h),但其严重的副作用是过度出血。低分子肝素是一种比普通肝素更为安全的替代品,但其在犬的优势还未经证实。驱成虫药使用4~6周内,内皮反应回归正常。肺动脉高压和血管疾病以及一些影像学变化,会在接下来几个月内减少。最终肺动脉压力和近端肺动脉轮廓会恢复正常,但会残存部分纤维化。

### 复杂心丝虫病患犬的治疗

#### ◆肺部并发症

少数心丝虫患犬可能出现过敏性或嗜酸性粒细胞性肺炎。这是机体对死在肺部微血管系统内的幼虫表现出的免疫反应,出现于疾病早期。心丝虫肺炎的临床表现包括渐进性咳嗽加重、听诊啰音、呼吸急促或呼吸困难、发绀(偶见)、体重减轻和厌食。有时可能出现嗜酸性粒细胞增多、嗜碱性粒细胞增多及高球蛋白血症。心丝虫抗原检测通常为阳性,但大多数病例外周循环中没有微丝蚴。X线检查常见后叶弥散性间质和肺泡浸润;这一征象与肺水肿、芽生菌病或转移性血管肉瘤的征象相似。通常无临床相关的心脏增大或肺叶动脉增粗。气管灌洗细胞学检查为无菌性嗜酸性渗出液,伴大量完好的嗜中性粒细胞和巨噬细胞。使用糖皮质激素治疗(如泼尼松,0.5 mg/kg PO q 12 h)可快速而明显地改善患犬的状况,根据需要可继续使用泼尼松,并逐渐减量(0.5 mg/kg q 24 h),它不会减弱美拉索明杀成虫的效果。

肺嗜酸性肉芽肿病是心丝虫不常见的综合征,不过一些患犬心丝虫检测为阴性。本病的致病因素包括对心丝虫抗原和/或免疫复合物超敏反应。肺肉芽肿主要由混合的嗜酸性粒细胞和巨噬细胞组成。典型变化包括肉芽肿内支气管平滑肌增生,以及周围区域内充满大量肺泡细胞,也会出现血管周围淋巴细胞和嗜酸性细胞浸润。淋巴结、气管、扁桃体、脾、胃肠道均可发生嗜酸性肉芽肿,肝肾也可能同时发生。肺嗜酸性肉芽肿病的临床症状与嗜酸性肺炎相似,临床病理学结果多变,包括白细胞增多、嗜中性粒细胞增多、嗜酸性粒细胞增多、嗜碱性粒细胞增多、单核细胞增多和高球蛋白血症。有些病例会出现以嗜酸性粒细胞为主的

胸腔渗出液。X 线检查发现肺部多个大小不一和位置不同的结节,并伴有肺泡和间质混合浸润,也可能存在肺门和纵隔淋巴结病。嗜酸性肉芽肿病首先使用泼尼松(1~2 mg/kg PO q 12 h)治疗,可能也需联合细胞毒性疗法(如环磷酰胺或硫唑嘌呤)。并非所有犬都能完全反应,复发也较为常见,尤其在治疗频率减少或中断时。复发后动物对免疫抑制药物的反应会变差。有时手术切除严重病变的肺叶也是一种方案。肺部病变减轻后,可以开始治疗心丝虫成虫。

长期心丝虫感染且成虫较多的患犬,尤其是较为活泼的犬,容易出现严重的肺动脉疾病。临床症状包括严重咳嗽、运动不耐受、呼吸急促或呼吸困难、偶尔虚弱、晕厥、体重减轻、发热、皮肤苍白和腹水;有时甚至致死。影像学典型征象包括肺动脉明显增粗、扭曲和变钝圆,也有肺间质和肺泡浸润,且往往尾叶较为严重。有些病例会出现明显的低氧血症。有可能出现嗜酸性粒细胞增多的炎性白细胞像。严重肺动脉疾病和血栓栓塞的患犬,可能出现血小板减少症和溶血。建议监测血小板计数和 PCV 的水平。有些犬可能会发展成 DIC。对于严重病例,与使用驱成虫药后的 PTE 病例处理方法类似,应给予吸氧、泼尼松,并严格笼内休息,有时可能需要使用支气管扩张剂(如氨茶碱),以改善氧合状态,并降低肺动脉压力。有时可能用到的其他治疗包括谨慎的体液管理,使用广谱抗生素和血管扩张剂(如西地那非、肼屈嗪、地尔硫䓬、氨氯地平)。注意避免系统性低血压。一般认为隔日低剂量的泼尼松(如 0.5 mg/kg PO)有很好的抗炎作用,尽管长期使用高剂量皮质类固醇会减少肺血流量,增加血栓栓塞的风险,并有碍血管疾病的痊愈过程。低剂量肝素(如 75 IU/kg q 8 h SC)或阿司匹林[如 5~7 mg/(kg · d),PO]的疗效还未得到证实。

患犬体况得到初步稳定之后,可开始使用美拉索明治疗。阿司匹林疗效不佳,且咳血时应避免用阿司匹林。有时推荐预防性使用抗生素,以避免失活的肺组织发生继发性细菌感染。

### ◈ 右心充血性心力衰竭

严重的肺动脉疾病和肺动脉高压可导致充血性心力衰竭。典型症状包括颈静脉怒张和搏动、腹水、晕厥、运动不耐受和心律失常,胸积液或心包积液,以及其他继发于肺动脉高压和肺实质疾病的体格检查异常和听诊异常。一般不会出现心源性肺水肿。其治疗与严重肺动脉疾病相同,需要时采用胸腔穿刺或腹腔穿

刺术,呋塞米[如 1~3 mg/(kg · d),或根据需要]、血管紧张素转换酶抑制剂(如依那普利或贝那普利 0.5 mg/kg q 12~24 h,使用 1 个月)及中度食盐限制。对这种病例使用地高辛尚存争议,地高辛具有潜在毒性作用,并造成肺血管收缩。匹莫苯丹在该种情况可能较为实用,但药效没有被评估过。西地那非、肼苯哒嗪、地尔硫䓬或氨氯地平等额外的血管扩张剂(见表 3-3 和表 4-2)可能有助于治疗,但目前缺乏相关证据。如果使用的话,应监测血压。阿司匹林能部分控制肺血管收缩和血管病变。对于难治性病例,额外使用利尿剂(螺内酯或氢氯噻嗪)可能是有益的,前提是动物肾功能良好。在抗成虫药治疗前,即患有 CHF 的犬,对心衰治疗反应良好,且临床状态稳定数周后,可以承受美拉索明的分步治疗。

### ◈ 腔静脉综合征

当流入心脏的静脉血被成团的心丝虫阻塞时,会出现腔静脉综合征,引起低输出性心血管休克。该情况的其他术语包括后腔静脉综合征、急性肝性综合征、肝脏衰竭综合征、心丝虫性血红蛋白尿和后腔静脉栓塞。它并不常见,但对于严重患病动物而言,是一种致命性的并发症。随着虫体量增多,一部分肺动脉中的成虫移行至右心室、右心房和后腔静脉。虫体超过 40 只的患犬发生腔静脉综合征的概率升高。除了虫体量增多,其他因素也可能导致腔静脉综合征的发生,主要包括不同程度的肺动脉高压。腔静脉综合征在心丝虫病疫源地区多发。据估计疫区超过 20% 的心丝虫病患犬存在该并发症。

大多数腔静脉综合征患犬为雄性。通常无心丝虫病相关症状的病史。常见急性虚脱,通常伴有厌食、虚弱、呼吸急促或困难、苍白、血红蛋白尿和胆红素尿。血红蛋白尿是腔静脉综合征的特征病变。有时发生咳嗽或咳血和腹水。常可发现三尖瓣闭锁不全杂音、颈静脉扩张和搏动、脉搏微弱、S2 增强并可能分裂以及心脏奔马律。在伴发肺动脉高压时,三尖瓣闭锁不全和虫体引起的右心室流入道不完全梗阻,可导致右心充血性心力衰竭的症状,及心输出量较低。

临床病理学结果包括微丝蚴血症、Coomb's 试验阴性碎片溶血性贫血(由红细胞损伤导致)、氮质血症、肝功能异常、肝脏酶活性升高;常见 DIC。血管内溶血可引起血红蛋白血症和血红蛋白尿。

胸部 X 线检查与严重的 HWD 相符,可能出现右心和肺动脉增大。ECG 通常提示右心室增大。常见

室性或室上性期前收缩。超声心动图显示三尖瓣处、右心房和后腔静脉中缠绕心丝虫团(图 10-3),其他典型特征包括右心室扩张和肥厚、中隔反向运动且左心室较小。

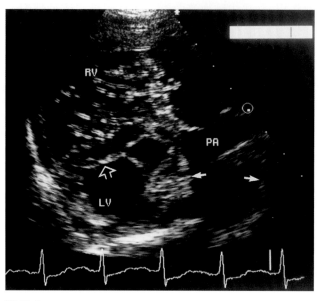

**图 10-3**
9 岁雄性杂种犬腔静脉综合征的超声心动图。探头置于右侧胸骨旁短轴位置,主动脉下水平。此图显示扩张、肥厚的右心室及其流出道。舒张期右心室(RV)内显示很多小而亮的双轨回声,这是由于心丝虫在三尖瓣处缠结成团所形成。注意观察增宽的肺主动脉呈典型的肺动脉高血压(小箭头)。室中隔扁平且由于右心室压升高而向左心室(LV)移位(空心箭头)。因为心丝虫阻滞右心血流,所以左心室较小。PA,肺主动脉。

除非能够进行积极治疗,否则多数患犬在 24~72 h 内死于心源性休克伴发的代谢性酸中毒、DIC 和贫血。应尽快通过手术取出后腔静脉和右心房中的虫体。若有需要,患犬需采用轻度镇静。通常选用左侧卧保定,行右侧颈静脉切开术。右颈部区域剃毛并进行外科准备后进行局部麻醉。分离出颈静脉后,使用环形湿胶带胶布或缝合材料控制切开时的出血。使用长的鳄鱼钳、内窥镜篮回收设备和马毛刷,通过颈静脉切口夹持并取出虫体。将器械轻柔地经静脉进入右心房,经胸腔入口时可调整动物的头与颈部位置使器械顺利通过。透视或超声引导有助于操作。目标是在不造成虫体破裂的前提下尽可能拖出更多的虫体;一般来说,连续 5~6 次拖不出虫体就该停止。如果一次抓住太多虫体,或抓住心血管结构,器械从静脉回抽时可能会感受到阻力。之后结扎颈静脉的近端和远端,常规闭合皮下组织和皮肤。据报道,该手术犬的存活率为 50%~80%。体型较小的患犬可通过另一项技术,即开胸术实施右心耳套管插入术移除心丝虫(更多信息请参阅推荐阅读)。

在手术驱虫过程中以及术后,需要静脉注射补液(半糖半盐或 5% 葡萄糖液)并进行其他支持护理。输液速度取决于个体情况;推荐对休克但无明显系统性静脉充血的犬使用 10~20 mL/(kg·h)初始休克剂量,对有明显静脉充血的动物使用 2~4 倍的维持速度[1~2 mL/(kg·h)]。CVP 监测有助于临床评估虫体移除和液体疗法的效果。然而,在除虫前放置颈静脉导管(用于 CVP 监测)会干扰除虫的过程。正性肌力药物或碳酸氢钠治疗通常不是必需的,但推荐使用广谱抗生素和阿司匹林。监测贫血、血小板减少症、DIC 和器官功能障碍的出现十分重要;一旦出现应给予治疗。严重的 PTE 和肝肾衰竭预后不良。度过急性腔静脉综合征的犬仍会存在严重的肺动脉疾病。驱成虫药治疗(分步方案)可在动物稳定数周后使用来清除体内残存的心丝虫。

◆ *心丝虫的预防*

生活在疫区的犬都应进行心丝虫预防。美国心丝虫协会推荐长年使用药物来预防心丝虫病、提高适应性、控制病源和/或传染性寄生虫。由于心丝虫的传播需要长期温暖潮湿的环境,美国多数疫区的感染时间较为特定。美国最北部和加拿大通常只有几个月会流行;然而,局部微气候会使幼虫在蚊子体内存活更长时间。在美国大陆最南部可全年性传播该病。尽管对于美国大部分地区而言,只有 6—11 月必须每月进行预防,但全年性化学预防可能更加实用,这不仅适用于那些生活在每年有大半年都会流行的区域的犬,对那些旅行至温暖地区的犬同样也适用。6~8 周龄的幼犬在可能感染时期也应进行心丝虫预防治疗;有些预防药物可以在该年龄段使用(见后文)。推荐 6 个月及以上的犬在首次给予预防药物之前做心丝虫抗原和微丝蚴检测。对于所有年龄段的犬,如果中途不小心忘记给予心丝虫预防药,建议至少在接下来的 12 个月内持续进行预防。对宠物主人进行关于心丝虫感染的严重性教育和持续给予预防药物的需要性相当重要。

现有可用于预防心丝虫疾病的大环内酯类药物有:阿维菌素(伊维菌素、塞拉菌素)和米尔倍霉素(米尔贝肟、莫昔克丁)。这些都需要每月给药。乙胺嗪(DEC)是另一种需要每天给药且只对未感染犬有用的预防药物。阿维菌素和米尔倍霉素可通过作用于细胞膜的氯离子通道,使线虫(和节肢动物)神经肌肉麻痹而死亡。它们对感染两个月内的三期和四期幼虫有效,对微丝蚴和一些年轻成虫也有效;连续使用伊维菌素 16 个月以上,可有效对抗成年犬心丝虫;长期使用塞拉菌素也具有驱成虫作用。单次给药后,追溯其预防作用至少持续 1 个月,甚至超过 2 个月。在哺乳动物身上按说明书使用这些药物是很安全的,即使在敏感的柯利犬和其他 P-糖化蛋白缺失的犬身上也一样。临床中毒病例通常与使用剂量计算错误有关。

阿维菌素和米尔贝霉素将每月的剂量按体重范围进行包装。药物应在心丝虫流行的当月开始使用,并持续至流行季节结束。根据地理位置不同可能推荐全年用药。可以每月口服的药物包括伊维菌素(6～12 $\mu$g/kg;犬心保),米尔贝肟(0.5～1 mg/kg;Interceptor),和莫昔克丁(3 $\mu$g/kg;ProHeart)。塞拉菌素(大宠爱)和莫昔克丁/吡虫啉(爱沃克)可用在肩峰之间的皮肤上,每月给 6～12 mg/kg;为了防止药效受到影响,用药 2 h 内不洗澡或游泳。莫西菌素脂溶剂(ProHeart 6)需皮下注射;作用可以持续 6 个月。有些在心丝虫预防剂量下对其他寄生虫也有作用(如对钩虫使用米尔贝霉素;对跳蚤、耳螨和蜱使用塞拉菌素)。这些药物有时也会与其他抗寄生虫药物混合做成抗体内外寄生虫的广谱药物制剂贩卖。

DEC(3 mg/kg,或 6.6 mg/kg 50% 柠檬酸盐制剂,每日口服)是另一种心丝虫预防药物,但并不受人喜欢,因为它必须每天给药才有效。DEC 在感染后第 9～12 天作用于 L3～L4 幼虫蜕皮期。开始(或再次)DEC 治疗前,犬必须为微丝蚴阴性。如果用药间断期＜6 周,需使用 1 次按月给的预防药物恢复其保护力;间断用药时间更长的话,每月的预防药物应延长使用 1 年。微丝蚴阳性犬不应使用 DEC。各种程度的不良反应都会出现,尤其在犬体内有大量微丝蚴时。症状通常出现在用药 1 h 内,包括嗜睡、呕吐、腹泻、面色苍白、心动过缓;有些犬会出现低血容量休克、呼吸急促、唾液分泌增多甚至是致死的。需要静脉注射地塞米松(≥2 mg/kg)、静脉输液和其他支持措施来治疗低血容量和休克;阿托品用于治疗严重的心动过缓。心丝虫预防性治疗可以在 6～8 周龄开始。对于那些年龄大且之前可能有过感染的犬,在首次使用预防药物之前,应该检查循环血当中是否有抗原及(如果有要用 DEC)是否有微丝蚴。对于每月都给予预防药物的犬,每 2～3 年复查 1 次心丝虫抗原即可。如果选择 DEC 为预防药物,每年重新给 DEC 前应做微丝蚴检查。

有关于心丝虫预防失效的报道中,在大多数案例中,动物都没有充分且连续地使用药物。这可能包括无意(或故意)间断给药,或犬没有完全咽下或吸收药物。但是在某些病例中,有可能是因为基因多态性造成了寄生虫抗性。

# 猫心丝虫疾病 (HEARTWORM DISEASE IN CATS)

猫感染的成年心丝虫虫体数量通常比犬少。其心丝虫成熟的更慢,从感染幼虫成熟至成虫数量更少,且猫心丝虫成虫寿命更短。活虫在体内可以存活 2～4 年。猫右心室和肺动脉内的成虫数量通常少于 6 条,且大多数猫只有 1～2 条成虫感染。但即使只有 1 条成虫也会引起动物死亡。常见单性感染,大多数既有雄虫又有雌虫感染的患猫没有或只有一个短暂的微丝蚴血症时期。猫心丝虫异位移行的现象比犬更加常见,因此尸检确诊更加复杂。异位移行区域包括脑、皮下结节、体腔、全身动脉。

有些部位的心丝虫感染难以到达成熟期,这是因为与成虫相比,宿主对幼虫的炎性反应更加强烈。这种心丝虫在早期"暴露"并被摧毁的情形,被称作"肺心丝虫幼虫症"或"心丝虫相关呼吸系统病"(heartworm-associated respiratory disease,HARD)。

## 病理生理学

心丝虫病患猫的病理生理变化可分为两个阶段,大多数感染只发展到第一阶段。感染后 3～4 个月,幼虫到达肺动脉,且大多数死于肺血管内巨噬细胞活性相关的急性宿主炎性反应。该巨噬细胞是猫毛细血管临床特有的,犬无此种细胞。寄生虫使这些巨噬细胞活化后,造成急性嗜酸性和嗜中性粒细胞炎症以及肺动脉、肺组织内和细支气管的增生病灶。肺血管通透性增加会形成水肿,且在猫更常见(与犬相比)广泛性肺泡 2 型(产表面活性剂)增生,影响肺泡氧气的交换。最初即 HARD 阶段,引起的症状与猫过敏性支气管炎(哮喘)相似,会导致猫感染后 3～9 个月出现急性呼吸窘迫。虽然有些猫会痊愈,但对有些猫是致命的。可能出现猝死。

存活的猫急性炎症会消退,体内残存的虫体继续发育成为成虫。血管损伤会导致肺动脉肌内膜增生、肌肥厚、管腔狭窄、弯曲,并形成血栓。这些病变往往是局部的,这是临床猫少见肺动脉高压、继发右心室肥厚和右心衰的原因。在猫会发展为充血性心力衰竭，出现胸水(改性渗出液或乳糜性)、腹水，或两者同时出现。和犬一样，支气管肺循环有助于预防肺梗死。

宿主通常可耐受心丝虫成虫，但死亡和老化的虫体会再次引起肺炎和肺血栓栓塞，并且有致死性。后叶发病最为严重。绒毛增生、栓塞或心丝虫尸体会引起后叶动脉阻塞。由于猫相对较小(与犬相比)，成虫更容易造成猫的肺动脉栓塞。

患心丝虫病的猫常见呕吐。其作用机理可能涉及炎性介质对中枢的刺激(对化学感受区)。抗炎剂量的糖皮质激素可以控制此症状。

## 临床特征

虽然猫任何年龄都能感染，大多数报道病例为3~6岁。严格室内饲养并不能预防感染。部分猫的感染为自限性。许多患猫可能直到清除感染都不会表现出症状。一些临床医生注意到秋季和冬季确诊病例较多，推测可能为春季感染，而另一些报道表明下半年病例较少。

临床症状多样，可能为暂时出现或非特异性。半数以上出现症状的猫存在呼吸症状，尤其是呼吸急促、阵发性咳嗽和/或与猫哮喘相似的呼吸费力增加。其他症状包括嗜睡、厌食、体重下降、呕吐、晕厥、其他神经症状以及猝死。呕吐通常与饮食无关，在有些患猫中很常见，且可能是唯一的症状。严重的临床症状通常与未成熟虫体到达肺动脉有关(HARD)，也与1只或多只成虫死亡相关。突发的神经症状，伴有或不伴有厌食、嗜睡，通常与虫体异常移行相关。症状包括癫痫、痴呆、明显失明、共济失调、圆周运动、瞳孔放大和唾液分泌增多。心肺和神经症状很少同时出现。虽然心丝虫会造成严重肺部疾病，但有些猫并不出现临床症状。

听诊可发现肺部啰音、肺音不清(由于肺实变或胸腔积液)、心动过速、有时会有奔马律或心杂音。右心充血性心力衰竭引起胸膜腔积液和晕厥，患猫并不如患犬常见。但乳糜胸和腹水偶发于患心丝虫病的猫，很少出现气胸。急性呼吸窘迫、共济失调、虚脱、痉挛、咳血或猝死都可能出现。也有少数猫腔静脉综合征的病例报道。

## 诊断

猫最终确诊比犬难。综合血清学检查、胸片检查和心超检查较为有用。微丝蚴检查偶有帮助。

### ◈猫心丝虫的血清学检查

**抗原检测**：心丝虫抗原检查对于成虫感染(雌虫)度特异性高，但敏感性取决于虫体性别、年龄和数量；因此结果常常是阴性。在早期感染时，尽管猫可能有临床症状但血清学检查结果可能为阴性。感染后的前5个月进行抗原检测为阴性时，在6~7个月可能变为阳性；雌性成虫感染在7个月时才能被检测出来。猫的心丝虫抗原检测结果呈假阴性，可能是因为虫体量过少；同时，猫需要更长的时间使其抗原检查变为阳性。50%的心丝虫病患猫抗原检测呈阴性。抗原阴性的猫可能出现急性死亡和严重的症状。此外如果虫体位于肺动脉远端或者异常位置，尸检也很难进行确诊。有时会出现抗原检测阳性但尸检没有发现虫体的猫。这种情况可能源于虫体自发性死亡、评估肺部时忽略心丝虫和异位感染。

**抗体检测**：心丝虫抗体(Ab)检查被用于猫心丝虫病的筛查。它们对成虫极具敏感性，但特异性差。使用雌虫或雄虫的重组体或心丝虫抗原进行分离纯化，再进行抗体检测。这种抗体检测与胃肠道寄生虫之间的交叉反应性很低，甚至没有。由于任何性别的幼虫都可引起宿主的免疫应答，抗体检测的敏感性比抗原检测高；然而，不同抗体检测对不同时期的幼虫的敏感性不同。血清抗体最早可在感染后60 d检测到。据估计，大约50%的抗体阳性，但抗原阴性猫可发展为HARD。抗体检测阳性说明可能有移行的幼虫或成虫，不能特异性提示心丝虫成虫。当抗体检测为阳性，需寻找其他证据来佐证心丝虫病的诊断。这包括心丝虫抗原检测阳性，或与心丝虫病相关的胸片或超声心动检查。

抗体浓度与猫体内虫体量无相关性，与疾病的严重程度或影像学表现也无关。高抗体滴度常见于心丝虫死亡及严重感染。心丝虫感染清除后，抗体在循环中持续存在的时间尚不明确。

也常发生抗体检测假阴性结果(大约14%)。心丝虫抗体检测阴性的提示意义如下：①猫未感染心丝虫，②猫感染的时间小于60 d，③猫产生针对抗原的IgG抗体浓度太少，以至于检测不出来。当临床表现提示存在心丝虫但抗体检测又是阴性时，应使用不同的抗体再做一次血清学检查及抗原检查。同时推荐做胸片和心超。也可在数月后复查抗体。

### ◈X线片

提示存在心丝虫病的影像学检查结果包括：肺

动脉增粗,同时伴有或不伴有可见扭曲和消减、右心室或全心增大,弥漫或局灶性肺支气管间质渗出(图10-4)。有时可见肺通气过度,与猫哮喘类似。猫肺动脉及右心的变化通常比犬更为细微。影像学发现可能与临床症状或血清学检测结果不符。在感染的前 7 个月内,肺动脉扩张程度可能达到最大;接着可能会出现一些消退,尤其是前叶动脉。评估后叶动脉最理想的体位是背腹位(DV 位),此体位较易显示影像学异常。右后叶动脉的影像可能更为突出;但据报道,区分猫是否感染心丝虫最为明显的影像学表现为,左后叶肺动脉与第九肋交界处的宽度大于等于第 9 肋骨宽的 1.6 倍。肺主动脉在猫背腹位和腹背位通常都不可见,因为与犬相比,猫的肺动脉主干更接近正中位置。出现右侧充血性心力衰竭时(如胸腔积液),常见右心出现明显扩张。若存在胸腔积液,应进行胸腔穿刺术以评估心脏、肺血管及肺实质。有些心丝虫患猫会出现腹水,但这在心肌病导致的猫心衰中较为少见。

心丝虫相关的肺炎和肺栓塞会造成肺部浸润。局部血管周围和间质的密度升高,比弥漫性渗出更为常见,但不具特异性。没有临床症状的患猫 X 线检查结果趋于正常。

对于抗原检测假阴性但心超正常的猫,若怀疑心丝虫,可使用肺动脉造影来诊断。该检查可能需使用大号颈静脉导管。肺动脉形态改变显影时,虫体呈线性充盈缺损。

◈ 心超

除非虫体位于心脏、肺主动脉段或左右肺动脉内,否则心超检查结果可能正常。然而,1/2～3/4 的患猫中可见到心丝虫。虫体量大时,心超可增加发现虫体的可能性。由于肺动脉比右心腔室更常见虫体,怀疑和仔细检查这些结构就显得至关重要。

◈ 心电图

心电图检测结果通常正常,多数心丝虫导致充血性心力衰竭的患猫心电图提示存在右心室增大。不常发生心律失常。严重的肺动脉疾病和充血性心力衰竭易导致室性心动过速。

◈ 其他检查

1/3～2/3 的患猫在感染后 4～7 个月会出现外周血嗜酸性粒细胞增多症。很多时候嗜酸性粒细胞计数正常。不常见嗜碱性粒细胞增多。约 1/3 的病例出现轻度非再生性贫血。严重的肺动脉病变和肺血栓栓塞可伴有嗜中性粒细胞增多症(有时出现核左移)、单核细胞增多症,血小板减少症和 DIC。高球蛋白血症是最常见的生化异常,但不一定出现。肾小球病在心丝虫患猫中的发病率未知,但似乎并不高。

气管冲洗、支气管肺泡灌洗物的细胞学检查可发现嗜酸性渗出液,提示存在过敏性或寄生虫性疾病,类似于猫哮喘或肺部寄生虫感染的结果。通常可在感染

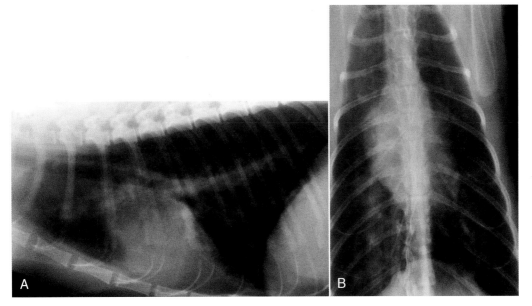

**图 10-4**
**1 只患心丝虫病猫的侧位(A)和背腹位(B)X 线片。整个肺野可见间质浸润,两图都可见肺动脉增粗。**

后4～8个月检查出来。随着病情的发展,气管冲洗物细胞学检查可能无意义,或提示非特异性慢性炎症。心丝虫引起的充血性心力衰竭而产生的胸水通常是改性漏出液,偶尔会发展为乳糜胸。

大约50%的心丝虫病患猫在感染后6.5～7个月后会发生轻微且短暂的(1～2个月)微丝蚴血症,故微丝蚴浓缩检测结果通常为阴性。尽管如此,猫的微丝蚴浓缩检测法在某些个体中仍有其价值。通常需使用3～5 mL血液(而非1 mL)以增加微丝蚴检出率。

### 猫心丝虫病的治疗

◉药物治疗和并发症

由于猫较易发生严重的并发症,故不建议杀虫治疗。与其他动物相比,猫并非心丝虫生活史中的主要宿主,且由于心丝虫在体内存活时间短,患猫有自愈的可能。

对患猫推荐使用更为保守的方法,针对呼吸症状和影像学提示肺间质浸润的猫,可使用泼尼松治疗。每月使用心丝虫预防药而非驱成虫药。每6～12个月应进行血清学检查(心丝虫抗原和抗体)以监测感染状况。抗原阳性患猫常在4～5个月内随虫体死亡而转为阴性。抗体检测阳性的持续时间尚不清楚。连续的胸部X光片和心超检查也有助于对存在异常的猫进行监测。肺间质浸润对泼尼松通常有反应(如初始时2 mg/kg PO q 8～24 h,两周内逐渐减至0.5 mg/kg q 48 h,继续使用两周后停药)。该疗法可在呼吸症状复发时再次使用。

猫肺部血栓的致死率高于犬。随时都可能发生严重的呼吸困难和死亡,尤其在虫体死亡后。肺部血栓的临床症状有发热、咳嗽、呼吸困难、咳血、苍白、肺部听诊啰音、心动过速和低血压。相应的X线表现包括出现边缘不清晰、钝圆或楔形的间质高密度区域遮住相关的肺血管影像结构。一些病例可见肺泡浸润。急性患病的猫需要支持疗法,包括供氧、糖皮质激素(例如泼尼松琥珀酸钠100～200 mg IV或地塞米松1 mg/kg IM或IV)、支气管扩张剂和液体疗法。不推荐使用利尿剂。阿司匹林或其他非甾体抗炎药无明显疗效并可能使肺脏疾病恶化,故在心丝虫病患猫治疗中不推荐使用。目前,多西环素抑制心丝虫相关沃尔巴克氏体的疗效尚不明确,但对于感染猫,可能存在额外的治疗策略。

一些伴有严重肺动脉疾病的患猫可能发生右心充血性心力衰竭。可出现咳嗽和其他肺间质疾病的症状或血栓。呼吸困难(胸腔积液引起)和颈静脉扩张或搏动较为常见。X线检查和心电图检查常提示右心室增大。治疗目的在于控制心衰的症状,包括胸腔穿刺、笼养和呋塞米疗法(如1 mg/kg q 12～24 h)。血管紧张素转化酶抑制剂可能有效。通常不推荐使用地高辛。可以考虑使用匹莫苯丹,但缺乏临床经验。根据患猫的病程发展和临床病理学异常选择其他支持疗法。

猫罕见腔静脉综合征。可通过颈静脉切开术成功取出成虫。

对于使用泼尼松治疗后仍表现明显临床症状的患猫,可考虑使用杀成虫药。即使只有1条虫体也可能导致致命的血栓栓塞。很大比例的猫在使用杀成虫药治疗后,被认为出现了血栓栓塞的并发症,严重感染的患猫危险性则更高。不要仅凭抗原、抗体阳性或微丝蚴检查结果就使用杀成虫药物。美拉索明(Immiti-cide)在猫的治疗中临床经验不足,可按照犬的标准和分步给药方案治疗,但剂量低至3.5 mg/kg时,都有可能对猫产生毒性作用。过去偶尔会静脉给予硫乙胂胺,按犬的剂量(2.2 mg/kg q 12 h IV,连用两日)给药,并配合泼尼松,同时密切监护两周,但有时还会因虫体死亡或砷化物的影响出现急性呼吸衰竭和死亡。对于猫,按推荐的抗幼虫预防剂量长期使用伊维菌素,疗效不明。杀成虫药治疗成功的话,3～5个月内成虫抗原检测结果应为阴性;抗体滴度变为阴性所需的时间可能更长。目前没有证据表明杀成虫药治疗是否会增加感染成虫的猫的存活率。

◆手术疗法

猫有多种方法来移除心丝虫成虫,尽管它们对技术有极大的挑战。术前超声对虫体定位很重要。通过右颈静脉切开术,使用小型鳄嘴钳、窥镜抓钩或回收篮或其他设备,到达右心房、腔静脉或右心室的虫体位置。有人成功经开胸术、右心房切开术、心室切开术或肺动脉切开术取虫体。术中可能破坏虫体,这会造成致命性过敏反应。推荐术前使用糖皮质激素和抗组胺药。尚不清楚预先给予数天肝素是否可降低与手术移除虫体相关的血栓栓塞。

◆微丝蚴疗法

因为微丝蚴血症较短暂,所以很少有必要进行微丝蚴治疗。然而,伊维菌素和米尔贝肟在该治疗中应该是可行的。

## 心丝虫预防

推荐疾病流行区域的猫使用心丝虫预防药物，包括那些只在"室内"饲养的猫。塞拉菌素（大宠爱）、伊维菌素（猫用犬心保）、米尔贝霉素肟（猫用 Interceptor）和莫昔克丁/吡虫啉混合剂（猫用爱沃克）都是猫的有效预防药物。塞拉菌素的使用剂量与犬相同（6～12 mg/kg，局部外用）；其对控制跳蚤和耳螨也有效，也用于感染钩虫和蛔虫的猫。伊维菌素可按每月 24 μg/kg 的剂量口服（犬剂量的 4 倍）。米尔贝肟的最低推荐口服剂量为 2 mg/kg（犬剂量的 2 倍）。莫昔克丁 1 mg/kg，局部外用。所有这些药均可安全用于 6 周龄及以上的猫。为了确认当地心丝虫流行程度，同时为了确认个体患 HARD 或心丝虫成虫病的可能性，推荐用药前先做血清学检查。这些药物可以用在血清学检查阳性的猫身上。DEC 对猫的预防效果不明。

## 推荐阅读


**一般参考文献**

Atkins C: Heartworm disease. In Ettinger SJ, Feldman EC, editors: *Textbook of veterinary internal medicine*, ed 7, St Louis, 2010, Saunders Elsevier, p 1353.

Bourguinat C et al: Correlation between loss of efficacy of macrocyclic lactone heartworm anthelmintics and P-glycoprotein genotype, *Vet Parasit* 176:374, 2011.

Brown AJ, Davison E, Sleeper MM: Clinical efficacy of sildenafil in treatment of pulmonary arterial hypertension in dogs, *J Vet Intern Med* 24:850, 2010.

Giglielmini C et al: Serum cardiac troponin I concentration in dogs with precapillary and postcapillary pulmonary hypertension, *J Vet Intern Med* 24:145, 2010.

Kellihan HB, MacKie BA, Stepien RL: NT-proBNP, NT-proANP, and cTnI concentrations in dogs with pre-capillary pulmonary hypertension, *J Vet Cardiol* 13:171, 2011.

Kellum HB, Stepien RL: Sildenafil citrate therapy in 22 dogs with pulmonary hypertension, *J Vet Intern Med* 21:1258, 2007.

Litster A et al: Radiographic cardiac size in cats and dogs with heartworm disease compared with reference values using the vertebral heart scale method: 53 cases, *J Vet Cardiol* 7:33, 2005.

McCall JW et al: Heartworm and *Wolbachia:* therapeutic implications, *Vet Parasitol* 158:204, 2008.

McCall JW et al: Heartworm disease in animals and humans, *Adv Parasitol* 66:193, 2008.

**犬心丝虫病**

American Heartworm Society: *2012 Guidelines for the diagnosis, prevention, and management of heartworm* (Dirofilaria immitis) *infection in dogs*, American Heartworm Society; www.heartwormsociety.org. Accessed 6/5/2012.

Atkins CE, Miller MW: Is there a better way to administer heartworm adulticidal therapy? *Vet Med* 98:310, 2003.

Bazzocchi C et al: Combined ivermectin and doxycycline treatment has microfilaricidal and adulticidal activity against *Dirofilaria immitis* in experimentally infected dogs, *Int J Parasit* 12:1402, 2008.

Bove CM et al: Outcome of minimally invasive surgical treatment of heartworm caval syndrome in dogs: 42 cases (1999-2007), *J Am Vet Med Assoc* 236:187, 2010.

Dillon AR: Activity of pulmonary intravascular macrophages in cats and dogs with and without adult *Dirofilaria immitis*, *Vet Parast* 158:171, 2008.

Hettlich BF et al: Neurologic complications after melarsomine dihydrochloride treatment for *Dirofilaria immitis* in three dogs, *J Am Vet Med Assoc* 223:1456, 2003.

Hopper K, Aldrich J, Haskins SC: Ivermectin toxicity in 17 collies, *J Vet Intern Med* 16:89, 2002.

Rohrbach BW, Odoi A, Patton S: Risk factors associated with failure of heartworm prophylaxis among members of a national hunting dog club, *J Am Vet Med Assoc* 238:1150, 2011.

Snyder DE et al: Ivermectin and milbemycin oxime in experimental adult heartworm *(Dirofilaria immitis)* infection of dogs, *J Vet Intern Med* 25:61, 2011.

**猫心丝虫病**

American Heartworm Society: *2012 Guidelines for the diagnosis, prevention, and management of heartworm* (Dirofilaria immitis) *infection in cats*. American Heartworm Society; www.heartwormsociety.org. Accessed 6/5/2012.

Atkins C et al: Heartworm infection in cats: 50 cases (1985-1997), *J Am Vet Med Assoc* 217:355, 2000.

Browne LE et al: Pulmonary arterial disease in cats seropositive for *Dirofilaria immitis* but lacking adult heartworms in the heart and lungs, *Am J Vet Res* 66:1544, 2005.

DeFrancesco TC et al: Use of echocardiography for the diagnosis of heartworm disease in cats: 43 cases (1985-1997), *J Am Vet Med Assoc* 218:66, 2001.

Dillon AR et al: Feline heartworm disease: correlations of clinical signs, serology, and other diagnostics—results of a multi-center study, *Vet Ther* 1:176, 2000.

Morchon R et al: Specific IgG antibody response against antigens of *Dirofilaria immitis* and its *Wolbachia* endosymbiont bacterium in cats with natural and experimental infections, *Vet Parasitol* 125:313, 2004.

Small MT et al: Successful surgical treatment of heart failure due to *Dirofilaria immitis* in two cats using a gooseneck snare, *J Am Vet Med Assoc* 233:1442, 2008.

Venco L et al: Clinical evolution and radiographic findings of feline heartworm infection in asymptomatic cats, *Vet Parasit* 158:232, 2008.

# 第 11 章
## CHAPTER 11

# 体循环动脉高压
## Systemic Arterial Hypertension

## 概 述
### (GENERAL CONSIDERATIONS)

体循环高压是指体循环动脉血压（blood pressure, BP）持续处于高水平。长期严重的高血压会引起严重的后果。已有多份研究试图确定犬猫正常的血压。然而，许多因素会影响健康动物和患病动物的收缩压、舒张压和平均动脉压的值。品种、年龄、性别和生殖状态等相关的因素都会影响血压。尽管年龄、性别和肥胖对正常动物的血压造成的影响很小，但不同品种的血压值可能有较大差异。例如，健康的灰猎犬和其他视觉猎犬的血压会比别的犬种高 10～20 mmHg，尽管这种现象可能与就诊所引起的持续性焦虑有关（白大褂效应）。此外，报道显示不同犬种间的正常血压也存在一定的差异。测量方法（直接测量及各种非侵入性测量方法）和动物的焦虑程度都会影响血压的测量值，为了将这种影响最小化，应该在医院内使用统一的规范化测量操作。"可接受"的血压和"异常"升高的血压之间无明确的界限。此外，尽管有些犬猫确实存在高血压所引发的疾病，但多数病例找不到与高血压有关的病变，有些犬猫可能存在诱发高血压的疾病。另外，健康动物的收缩压在应激情况下可能超过 180 mmHg。当怀疑高血压时，建议持续多次测量血压，并进行仔细的临床评估。

犬猫高血压的严重程度可根据高血压对靶器官的损伤风险进行划分。当血压低于 150/95 mmHg（收缩压/舒张压）时，损伤风险最低（风险等级 Ⅰ），这也是使用抗高血压药物的动物理想的血压控制范围。当血压反复测量结果为收缩压为 150～159 mmHg 或者舒张压为 95～99 mmHg 时，即为轻度高血压，有轻度靶器官损伤风险（风险等级 Ⅱ）。当收缩压为 160～179 mmHg 或者舒张压为 100～119 mmHg 时，即为中度高血压（风险等级 Ⅲ）。当动脉血压高于 180/120 mmHg 时，即为重度高血压，有严重的靶器官损伤风险（风险等级 Ⅳ）。某些特定犬种的血压可以有 20 mmHg 的上浮范围（例如视觉猎犬）。

患轻度高血压（风险等级 Ⅱ）的动物通常不需要给予降压药物，但需要治疗潜在病因。有调查显示，一些健康动物的血压可处于这一范围，这可能与焦虑有关（白大褂效应）。对于中度高血压的动物（风险等级 Ⅲ），特别是已经出现靶器官损伤，或者治疗潜在疾病后血压依然异常的动物，应进行针对性降压治疗。对于血压接近 160 mmHg，但很可能是白大褂效应导致血压升高的动物，通常不需要治疗，除非临床医师经评估后觉得有必要进行治疗。对于严重高血压的动物（风险等级 Ⅳ），应该进行降压治疗，以预防和减少靶器官的损伤。严重高血压需经多次测量方可确认，因为在少数情况下，动物严重焦虑和操作错误可能会导致血压测量结果到达该范围。有些动物的症状可能快速恶化，此时需要进行紧急的降压治疗。降压治疗期间，应该严密监测药物的效果、副作用以及潜在疾病是否恶化。对于所有的高血压动物，尽可能去纠正诱发高血压的病因。

### 病因

犬猫的高血压通常与其他疾病有关（框 11-1），而非原发性（特发性或真性高血压）。轻度及以上的高血压，在患肾病或甲状腺功能亢进的猫群中的流行率较高。患肾脏疾病（特别是涉及肾小球功能）和肾上腺皮质功能亢进的犬，通常伴发高血压。糖尿病同样有可能伴发高血压。由于上述疾病会增加动物患高血压的风险，所以应在确诊后测量患病动物血压，并随后定期监测。同样的思路,在常规体检中发现的高血压,可能是其潜在疾病的早期表现,此时建议进一步检查。有些药物,如糖皮质激素、盐皮质激素、非甾体抗炎药、苯丙醇胺、氯化钠、甚至于眼部外用的去氧肾上腺素都会引起血压升高。嗜铬细胞瘤虽然不常见,但是有很高的概率会引起高血压。犬猫有遗传性特发性(真性)高血压的报道,但不常见。特发性高血压可通过排除法确诊。

 **框 11-1　与高血压相关的疾病**

---

**犬猫有记载或疑似的病因**

　　肾病(肾小管、肾小球、血管)
　　肾上腺皮质功能亢进
　　甲状腺功能亢进
　　嗜铬细胞瘤
　　糖尿病
　　肝脏疾病
　　醛固酮增多症
　　颅内病变(颅内压升高)
　　高盐饮食(?)
　　肥胖
　　慢性贫血(猫)

**其他与高血压相关的人类疾病\***

　　肢端肥大症
　　抗利尿激素分泌异常
　　高黏血症、红细胞增多症
　　肾素分泌性肿瘤
　　高钙血症
　　伴随血管硬化的甲状腺功能减退
　　雌激素过多
　　主动脉缩窄
　　妊娠
　　中枢神经系统疾病

---

\* 真性(特发性)高血压常与家族史、高盐摄入、吸烟或肥胖相关。

## 病理生理

　　血压取决于心输出量与外周血管阻力之间的关系。各种增加心输出量(通过加快心率、增加每搏输出量和/或血容量)或增加外周血管阻力的因素均可使血压升高。在自主神经系统(如通过动脉压力感受器)、各个内分泌系统[肾素-血管紧张素系统(RAAS)、醛固酮、血管加压素/抗利尿激素和尿钠肽]、肾脏对血容量的调节和其他因素的作用下,动脉血压通常能够保持在一个较窄的范围内。

　　有多种疾病会影响上述系统,最终导致慢性高血压。例如,下列情况可能会引起高血压:交感神经活性

和反应性升高(如甲状腺功能亢进和肾上腺皮质功能亢进)、儿茶酚胺分泌增加(如嗜铬细胞瘤)、水钠潴留导致的血容量增加(肾衰时肾小球滤过率下降和钠排泄减少、高醛固酮血症、肾上腺皮质功能亢进和肢端肥大症);肾性疾病(例如肾小球性肾炎,慢性间质性肾炎)、血管紧张素原生成增加(例如肾上腺皮质功能亢进)、增强交感神经兴奋性或者影响肾脏灌注的肾外疾病(例如甲状腺功能亢进和肾动脉栓塞)可激活 RAAS 系统,导致水钠潴留和血管收缩;慢性肾衰竭时可能出现血管舒张物质(例如前列腺素和舒血管素)的生成减少和继发甲状旁腺功能亢进所带来的影响。

　　高灌流压可损坏毛细血管床。多数组织的毛细血管压是通过营养毛细血管的小动脉收缩来调节,若器官受损,则此调控功能可能不足。继发于慢性高血压的小动脉持续收缩可导致血管壁肥大及其他类型的血管重塑,从而进一步增加血管阻力。这些结构性变化和血管痉挛可引起毛细血管缺氧、组织损伤、出血和梗死,从而导致器官功能不全(框 11-2)。

 **框 11-2　高血压并发症**

---

**眼**

　　视网膜病(水肿,血管曲张、出血、局灶性缺血、萎缩)
　　脉络膜病(水肿,血管曲张、出血、局灶性缺血)
　　视网膜脱落(大疱性或全视网膜)
　　出血(视网膜、玻璃体、前房积血)
　　视乳头水肿
　　失明
　　青光眼
　　继发性角膜溃疡

**神经系统**

　　脑水肿,颅内压升高
　　高血压脑病(嗜睡、行为改变)
　　中风(局灶性缺血、出血)
　　抽搐或虚脱

**肾**

　　多尿/多饮
　　肾小球硬化,增生性肾小球肾炎
　　肾小管退行性病变和纤维化
　　肾功能进一步恶化

**心脏**

　　左心室肥厚(明显心衰罕见)
　　杂音或奔马律
　　主动脉扩张
　　动脉瘤或主动脉夹层罕见

**其他**

　　鼻出血

---

慢性高血压容易造成眼、肾脏、心脏和脑的损伤。这些结构通常被称为靶器官或终末器官。对于眼睛,高血压常会引起局灶性血管周围水肿、出血和局部缺血,尤其是视网膜和脉络膜。视网膜的泡状或全层脱落较常见。也可能发生前房积血、玻璃体出血和视神经疾病。当入球小动脉自我调节被破坏时,会发生肾小球高压。由此引起的肾小球超滤可导致肾小球硬化、肾小管退行性病变和纤维化。这些变化导致肾功能恶化及血管阻力增加,从而使慢性高血压出现恶性循环。蛋白尿是肾损害的重要表现。实验发现,蛋白尿程度与犬猫的高血压严重程度密切相关。蛋白尿减少表明治疗有效,尤其是猫。血压和血清肌酐浓度不直接相关,且高血压可先于氮质血症出现。体循环动脉压和血管阻力增高会增加心脏的后负荷应力,刺激左心室肥大。脑血管压力增高会增加水肿形成,升高颅内压,引起出血。

## 临床特征

临床高血压常见于中老年犬猫,这可能与潜在疾病的年龄分布特点有关。高血压所引发的严重靶器官损伤更常见于老年猫。高血压的症状与引起高血压的潜在疾病或高血压引起的终末器官损伤有关。

眼部症状是最常见的表现,尤其是突然失明,通常由急性视网膜出血或视网膜脱落引起。虽然视网膜可以再附着,但多数病例无法恢复视力。与高血压相关的眼底改变包括大泡状至完全的视网膜脱落、视网膜水肿和出血。血管曲张、高反射瘢痕、视网膜萎缩、视乳头水肿和血管周围炎症都是高血压性视网膜病的其他表现。也可能发生前房、后房或巩膜出血、闭角型青光眼和角膜溃疡。眼损伤更可能在收缩压>180 mmHg 时产生,但也可能在收缩压<180 mmHg 时出现。

另一个常见的主诉是多饮和多尿,这可能与肾脏疾病、肾上腺皮质功能亢进(犬),或甲状腺功能亢进(猫)有关。此外,高血压本身会造成所谓的压力性利尿。脑水肿和血管损伤引起的高血压脑病的症状包括:嗜睡、抽搐、意识水平异常、虚脱或其他神经学和非特异性症状。高血压性血管痉挛或出血引起的脑血管意外(中风)可导致麻痹和其他局部神经学异常。患高血压的动物常见轻微的收缩期心杂音。动物还可能也出现奔马律,尤其是猫。高血压很少引起心衰。鼻黏膜血管破裂可能引起鼻出血。

## 诊断

不仅是出现高血压相关表现的动物(如不伴有流出道梗阻的左心室肥厚),那些患有可能诱发高血压疾病的动物(如甲状腺功能亢进、肾病),都需要进行血压测量。血压测量还有其他价值,例如作为筛查工具或者获得动物的血压基础值。建议每 2～3 年测量 1 次血压。随着肾脏疾病和其他老年性疾病发生率增加,定期测量老年动物的血压极其重要。确诊动脉高血压需要经多日、反复的测量。对于所有患高血压的动物,都应建立常规的实验室数据库[全血计数(CBC)、血清生化和尿检,尿蛋白-肌酐比(UPC)是可选项],但并不是所有患高血压合并慢性肾病的动物都会出现氮质血症。还应该根据需要进行其他检查来排除可能的诱因或并发症,包括多种内分泌激素检测、胸部或者腹部 X 线片、超声检查(包括心动超声)、心电图、眼科检查和血清学检查。

胸部 X 线片通常能够发现患有慢性高血压的动物出现不同程度的心脏增大,猫可能出现主动脉弓突出和胸主动脉呈波浪状,尽管这些并不是高血压的特异性变化。心电图检查可能能够发现左心房或者左心室增大,心律不齐不常见。

超声心动显示大部分高血压动物心室测量值处于正常范围内,只有少数出现轻度至中度左心肥厚,左心室壁和室中隔可能出现对称性或非对称性增厚。还可能出现轻度左心房增大和二尖瓣或主动脉瓣反流。有些系统性高血压病例可能出现近端主动脉扩张,高血压患猫的降主动脉与主动脉瓣环直径比率一般大于等于 1.25。

### ◈ 血压测量

系统动脉压的测量方法有多种。在确诊高血压前,需进行反复测量确认血压升高情况。有些动物在临床检查时焦虑,导致血压假性升高(白大褂效应)。对清醒的动物尽可能减少保定,保证安静的环境,并给其足够时间(如 10～15 min)适应环境。使用统一的测量技术和相应大小的袖带(间接测量)非常重要。能否获得准确的结果与测量血压的工作人员的技术和经验也密切相关。

**直接测量**　直接测量是指通过将连接于压力传感器的针或插管直接插入动脉测量动脉血压。直接动脉压测量法被认为是金标准,但其技术要求较高。此外,对于清醒的动物,动脉穿刺时的物理保定和不适感可使动物血压假性升高。低血压动物的直接测量结果比间接测量结果更准确。

若需长时间监测动脉压,内置的动脉插管是最好的选择。该法通常使用跖背侧动脉。电子血压监测仪可对收缩压和舒张压进行连续的测量,并计算出平均压。使用液体填充设备来测量时,传感器须要放置于与动物右心房等高位置,以避免由于连接管道中液体的重力效应,引起测量结果假性升高或降低。

当只需间断性的血压测量时,可将与压力传感器直接相连的小号针头刺入跖背侧动脉或股动脉进行测量。移除测量动脉血压的导管或针后,应按压动脉穿刺部位数分钟,以免形成血肿。

**间接测量**　间接测量血压的无创方法有多种。该技术通过一个可充气的袖带环绕于一肢(通常为臂动脉、桡动脉或隐动脉)或是尾部(尾正中动脉)阻断其血流。控制袖带的减压速度来检测动脉血流是否恢复。动物通常轻微保定,腹卧或侧卧,测血压时袖带的位置要与右心房的高度一致。常用多普勒超声和示波计测量法,这两种技术的测量结果与直接测量法所得结果相关性较好,但无法精确相符。可能出现假性偏高或偏低。为了提高准确度,推荐连续多次测量(通常 5～7 次)并取平均值。通常需舍去第一个或最高和最低的数值。如果连续测量的数值偏差超过 20%,可能需要调整袖带的放置情况,以获取更准确的测量结果。如果怀疑血压测量结果的准确度,应暂缓测量,最好等到动物更放松以及对环境更适应时。间接测量方法在绝大多数血压正常和高血压的动物中较为可靠。每半年应校准 1 次血压仪,使其达到最高的准确度。

其他方法如听诊和触诊动脉脉搏也可用于估测血压,但不推荐使用。由于犬猫四肢的结构与人不同,听诊法(人医上用于采集柯氏音)的可操作性几乎为零。因为脉搏强度取决于脉压差(收缩压减舒张压)而非绝对的收缩压或平均压水平,直接触诊脉搏用于估测血压并不可靠。脉搏强度也受体型和其他因素所影响。

**袖带大小及放置**　供犬猫间接测量血压的袖带有多种不同大小的选择,包括人类幼儿或新生儿的型号。用于间接测量血压的袖带尺寸必须适用于患病动物。犬袖带的宽度应约为其环绕的肢部周长的 40%(猫为 30%～40%);袖带内充气气球(囊)的长度应至少覆盖肢端周长的 60%。将来需要反复测量血压的动物,其袖带大小和放置的位置需要在档案中做好记录。充气的袖带会对组织产生挤压,且袖带越窄,挤压越明显,这可导致血压假性升高;而袖带过宽则会低估血压测量值。袖带气囊应位于目标动脉的正上方。通常袖带置于肘部和腕部的中间位置或置于胫骨部位,应避开骨骼突起部位。袖带舒适地环绕于肢体,不可过紧。

使用胶布(不仅是袖带的粘扣带)固定袖带位置。

**示波法**　间接示波法是使用自动的系统来探测和处理袖带压示波信号。使用此系统时,袖带充气至压力高于收缩压时可阻断血流,之后缓慢放气,小幅度的减小袖带压力。微处理器可对压力信号进行测量和平均化,最后以收缩期、舒张期和/或平均压(取决于系统)的形式显示。示波法测量的结果的准确性,取决于是否严格按照使用说明进行操作,以及目标动物是否静止不动。因为肌肉收缩会引起振动,所以测量用的肢体不能负重。建议至少进行 5 次测量,舍去最高值和最低值,其余值取平均值。示波法不适用于体型较小的犬和猫,因为容易低估了真正的血压。

**多普勒超声法**　该方法通过辨别发射超声和反射回声(来自移动的血细胞或血管壁)的频率变化,探查浅表的动脉血流。此频率变化,即多普勒频率,可转换为听觉信号。动物常用的测量系统是通过探测血细胞的流动情况确定收缩压的(Ultrasonic Doppler Flow Detector,Model 811,Parks Medical Electronics,Inc,Aloha,Ore)。

有效的血压测量部位包括跖背侧动脉、掌侧指总动脉(前肢)和正中尾动脉(尾)。探头置于袖带放置处远端。检测时需剃除探头放置区域的毛发。将超声耦合凝胶涂于多普勒血流探头,以隔绝皮肤接触界面的空气干扰。放置探头以获取清晰的血流信号。探头不能贴得过紧,以免阻断血流。探头应保持不动来最大限度地减少噪音,可以在探头位置缠上胶带。调低多普勒设备的音响或是使用耳机来减少多普勒信号声响所引起的动物焦虑。

阻断血流的袖带连接到一个血压计上,逐渐加压至动脉血流停止,且听不见声音信号,之后再继续加压 20～30 mmHg。袖带慢慢放气(以每秒几毫米汞柱的速度)。在放气时,收缩期血细胞运动(或血管壁)的标志性脉搏血流信号会重新出现。收缩压是最先恢复血流信号时的压力值(短暂的"嗖嗖"声)。在袖带压力继续减小时,可以探测到血流声音从短暂的脉冲式声响变成较长、更连续的嗖嗖声,出现这种变化时的压力值约等于舒张压。由于此系统测定存在主观性,故该系统测得的舒张压值不太可靠。血流声音的变化可能无法被探测,尤其对于较小或较硬的血管。与示波计测定法相同,多普勒方法难以测定体型较小和低血压动物的真实血压。动物活动也可干扰测量。

## 治疗和预后

患严重高血压的动物需要降压治疗,许多患有中度高血压,以及出现疑似高血压相关症状的动物,也需要降压治疗。虽然高血压危象需要立即治疗及重症监护(详情见后文),大多数高血压动物可以使用更保守的方式控制(框 11-3)。对于患慢性高血压的动物,缓慢降低血压会更加安全。慢性高血压会导致脑部血管出现自身调节性的适应。如果血压突然下降,会对大脑灌注产生不利的影响。特异性降压治疗是否对所有患中度高血压的犬猫(例如持续测得的收缩压为 160~180 mmHg)有好处,尚不明确。尽管如此,治疗原发疾病后高血压仍持续存在以及存在终末器官损伤症状的动物,都应治疗。治疗的目标是将血压控制到 150/95 mmHg 以下。应考虑长期(通常是终身)降压治疗及监测所需的经济和时间投入,以及可能的药物副作用,并明确告知动物主人。

多种药物可作为犬猫降压药(表 11-1)。通常开始时只使用一种药物的小至中等剂量,7~10 d 后复查(如果不处于高血压危象),评估药效。如果需要,可以在推荐剂量范围内增加初始药物用量。可能需要用药两周或更长时间,血压才会显著下降。如果效果不理想,可以在 1 周后添加第二种降压药。最常用的药物为血管紧张素转化酶抑制剂(ACEIs)、钙离子通道阻断剂氨氯地平和肾上腺素 β-受体阻断剂。一些病例仅用 1 种药物治疗就有效,有些病例则可能需要联合用药才能较好地控制血压。ACEIs 是犬高血压的一线用药,猫则是氨氯地平,除非甲亢是高血压的潜在病因。对于甲亢引起的高血压,通常先使用阿替洛尔或其他 β-阻断剂,或与氨氯地平联用。患肾病和蛋白尿症的动物,联合使用 ACEIs 和氨氯地平可能更好。其他特殊情况可采用其他方案,如患嗜铬细胞瘤时使用交感神经拮抗剂、患醛固酮增多症时使用醛固酮拮抗剂(如螺内酯)。

辅助疗法可能有助于高血压患病动物的治疗,尽管单用可能不会显著降低血压。对于是否需要控制盐摄入仍有争议。低钠饮食的动物的神经内分泌会被激活,钾排泄也会增加,特别是对于肾脏功能紊乱的患猫。但是,中度限盐[如干物质中钠含量≤(0.22%~0.25%)]可能对一些患病动物有用。即使单用该方法无法使血压降至正常,但也可增强降压药的药效。虽然盐摄入一般不会影响正常动物的血压,高盐饮食可能导致一些猫出现高血压。对于肥胖动物,通常建议减肥。避免使用缩血管药物(如苯丙醇胺及 α₁-肾上腺能激动剂),也应避免使用糖皮质激素和孕酮衍生物,因为类固醇激素可升高血压。利尿剂(噻嗪类或呋塞

 **框 11-3　高血压患病动物的治疗**

**怀疑高血压病或与高血压相关疾病(见表 11-2 和正文)**
测量 BP(见正文)
- 选择安静的环境
- 至少给患病动物 5~10 min 的时间适应环境(如果动物很容易紧张,若有可能,让动物主人在场)
- 测量肢体周长,并用适当大小的袖带(后续的测量使用相同的袖带尺寸)
- 测量操作一致
- 至少获取 5 个 BP 读数;舍弃最高和最低值,剩余的读数取平均值
在其他时间重复测量血压(1~3 次),最好在不同的日期,以确认诊断高血压,除非
- 如果出现急性高血压引起的临床症状(例如,眼出血、视网膜脱落、神经症状),立即开始治疗(见表 11-1)
筛查潜在的疾病(见表 11-1)
- CBC、血清生化,尿检
- 根据动物的情况,做其他检查:内分泌检查、胸腹部 X 线平片、ECG、超声心动图检查、眼底检查和其他可能的检查

**如果高血压确诊:**
管理原发疾病
如果可能的话,避免使用升压的药物
考虑轻度至中度限盐
如果患者肥胖,则使用减重饮食
开始初始的降压药物治疗(见表 11-1)
- 犬:依那普利或其他 ACEIs
- 如果怀疑嗜铬细胞瘤
- 非甲亢猫:氨氯地平
- 甲亢猫:阿替洛尔或其他 β-阻滞剂(±氨氯地平)
- 如果需要紧急治疗
提供疾病相关的宠主教育,包括告知高血压的潜在并发症、药物治疗和再评估时间表、潜在的药物副作用和饮食注意事项

**患病动物的复查**
临床症状稳定的患病动物,7~10 d 后复查 BP
- 对于不稳定的患病动物,建议尽早复查,但可能降压药物的作用尚未表现出来
根据个体情况,进行其他检查
决定是否继续治疗或调整剂量(加量或减量)
继续每周或每两周监测一次 BP 和管理潜在疾病
- 如果使用初始最高剂量后,BP 仍无法控制,尝试联合治疗(或使用替代药物)
当血压(和潜在的疾病)得到控制时,逐步延长复查的间隔时间
- 复查,至少每 1~4 个月 1 次,因为可能需要改变药物用量
- 依据个体情况,每 6 个月复查 1 次实验室基础指标

ACEI,血管紧张素转换酶抑制剂;BP,动脉血压;CBC,全血细胞计数;ECG,心电图。

米,见第 3 章)可帮助血容量升高的动物降低血容,但单独使用利尿剂极少有效。氮质血症的动物应避免使用或慎用利尿剂,因为利尿剂会引起脱水和加重

氮质血症。应监测血清钾浓度,尤其对于慢性肾衰患猫。

使用降压药时,监测血压非常重要。需要连续测量以评估治疗的有效性和避免发生低血压。降压药治疗的副作用通常与低血压相关,表现为嗜睡或共济失调和食欲减退。首次治疗可能需要数周时间才能控制血压。对于非紧急病例,可能需要每 7～10 d 监测 1次,以评估治疗效果。如果达不到控制效果,则需增加降压药剂量;如果收缩压下降至小于(110～)120 mmHg,则应减少降压药剂量。一旦到达预期的控制效果,应根据患病动物的血压稳定情况,每 1～4个月测 1 次血压。有些动物刚开始治疗是有效的,但之后发展为顽固性高血压,此时可尝试增加降压药剂量、辅助治疗或换降压药。持续关注潜在疾病很重要。建议每 6 个月做 1 次例行的 CBC、血清生化和尿检(包含或不包含 UPC)。如有需要,可做其他检查。减轻与高血压相关的蛋白尿,是治疗的目标之一。

患高血压动物的长期预后通常较为谨慎,因为其潜在疾病大多是严重且进行性发展的。针对某些原发疾病的治疗,如液体疗法、皮质类固醇和促红细胞生成素的使用,可能会加剧高血压或者使其更难控制。对于患慢性肾病的猫,蛋白尿的程度是一个负性预后因素。

### ◉抗高血压药物

ACEIs 类药物(如依那普利、贝那普利、卡托普利)减少血管紧张素 II 的产生,从而降低血管阻力和缓解水钠潴留。该类药物在犬更为有效,但其作用取决于肾素-血管紧张素系统对高血压的影响程度。通常慢性肾衰患猫的高血压使用 ACEIs 无效。然而,ACEIs 可以通过优先减少出球小动脉收缩性和肾小球高压,保护肾脏免受高血压的损伤。

氨氯地平是一种长效二氢吡啶钙离子通道阻断剂,可舒张血管并对心脏无明显作用。该药是治疗猫高血压的一线用药,持效时间至少 24 h。对于慢性肾衰患猫,氨氯地平通常不会影响其血清肌酐浓度或体重。可通过口服补钾纠正轻度的低血钾。该药通常每天 1 次,食物不影响其吸收。体型较大或对低剂量无效的患猫,可每 12 h 给药 1 次。另外,若单用氨氯地平效果不明显,可联合使用 β-肾上腺能阻断剂或ACEIs。氨氯地平药品很难均分,但可使用乳糖作稀释剂将其制成悬液。

氨氯地平对一些犬也有效。最初尝试低剂量给药,根据需要,在数天内逐渐提高剂量。氨氯地平在犬的半衰期为 30 h;在首次给药后的 4～7 d 达到最大效果。经口给药的生物利用度高,用药后 3～8 h 达到血清峰值浓度,长期治疗的血药浓度会增加。药物经肝代谢,但首过效应不明显。肝功能不全时慎用。药物通过尿液和粪便排泄。在犬上,使用 ACEIs 联合钙离子通道阻断剂,可以在平衡肾小球压力和肾小球滤过率(通过均衡地舒张入球和出球小动脉)的同时控制血压。

β-肾上腺能阻断剂通过降低心率、心输出量和肾脏肾素释放,降低血压。最常用的药物有阿替洛尔和普萘洛尔。对于猫甲状腺功能亢进引起的高血压,推荐使用 β-肾上腺能阻断剂。然而,对于肾病患猫的高血压,单独使用 β-肾上腺能阻断剂通常无效。

$\alpha_1$ 肾上腺能阻断剂可拮抗 α 受体的血管收缩作用。主要用于治疗由嗜铬细胞瘤引起的高血压。酚苄明是一种非竞争型 α-拮抗剂,是治疗嗜铬细胞瘤引起的高血压最常用的 α 受体阻断剂。初始使用较低剂量,之后可根据需要加量。$\alpha_1$-拮抗剂哌唑嗪是大型犬的另一个选择。α 受体阻断剂治疗开始后,辅助使用β-受体阻断剂,有助于控制反应性心动过速或心律不齐。

降压治疗的不良反应通常为低血压,通常表现为周期性嗜睡或共济失调,还可能出现食欲下降。如果降压治疗突然停止,可能会出现反弹性高血压。当使用 β 或 $\alpha_2$ 受体阻断剂时,尤其需要注意。停用此类药物时,需逐渐减量。

### ◉高血压急诊

当出现新的或进行性高血压症状时,需采取紧急降压治疗。包括急性视网膜脱落和出血、脑病或其他提示颅内出血的表现,急性肾衰、主动脉瘤和急性心衰等症状。在动物的血压和其他急性症状得到控制之前,都应住院管理。

口服氨氯地平可以快速有效地降低血压,尤其是对于猫,且引起低血压的风险比硝普钠低。然而,直接作用的血管扩张药物可产生更快的降压效果(如硝普钠,肼曲嗪),但需密切监测动脉压,以防低血压。硝普钠通过持续静脉输液给药(见表 11-1)。也可选择肼曲嗪(IV 或 PO),尤其是犬。还可静脉输注 β 受体阻断剂(普萘洛尔、艾司洛尔或拉贝洛尔)、ACEIs(依那普利)或乙酰丙嗪(见表 11-1)。如果口服氨氯地平或肼曲嗪后 12 h 的降压效果不足,可添加这些药物中的一种。对于有严重或快速进行性症状的动物,建议 1～3 d 内复查 1 次血压。

当嗜铬细胞瘤或其他原因导致的儿茶酚胺过量引起高血压危象时,需静脉输注 α 受体阻滞剂酚妥拉明(见表 11-1)至起效。同时使用 β 受体阻断剂有助于缓解嗜铬细胞瘤引起的过速性心律失常,但不应单用或先于 α 受体阻断剂使用。不拮抗 $\alpha_1$ 受体,单用 β 受体阻断剂,可能加剧高血压。如果可行,推荐在手术切除嗜铬细胞瘤前先进行 2～3 周的降压治疗。对于无法手术切除的嗜铬细胞瘤,需继续口服用药以避免出现高血压危象。

 **表 11-1　治疗高血压用药**

| 药品 | 犬 | 猫 |
| --- | --- | --- |
| **ACEIs(见第 3 章)** | | |
| 依那普利 | 0.5 mg/kg,PO,q 12～24 h | 0.5 mg/kg,PO,q 24 h |
| 贝那普利 | 0.5 mg/kg,PO,q 12～24 h | 同犬 |
| 雷米普利 | 0.125～0.25 mg/kg,PO,q 24 h | 0.125 mg/kg,PO,q 24 h |
| 卡托普利 | 0.5～2 mg/kg,PO,q 8～12 h | 0.5～1.25 mg/kg,PO,q 8～24 h |
| **钙通道阻滞剂** | | |
| 氨氯地平 | 0.1～0.3(最大至 0.5)mg/kg,PO,q 12～24 h | 0.625 mg/猫[或 0.1～0.2(最大至 0.5)mg/kg],PO,q 12～24 h |
| **β-肾上腺素能阻断剂(见第 4 章)** | | |
| 阿替洛尔 | 0.2～1 mg/kg,PO,q 12～24 h(低剂量开始) | 6.25～12.5 mg/猫,PO,q 12～24 h |
| 普萘洛尔 | 0.1～1 mg/kg,PO,q8(低剂量开始) | 2.5～10 mg/猫,PO,q 8～12 h |
| **$\alpha_1$-肾上腺素能受体阻滞剂** | | |
| 酚苄明 | 0.25 mg/kg,PO,q 8～12 h 或 0.5 mg/kg,q 24 h | 2.5 mg/猫,PO,q 8～12 h 或 0.5 mg/kg,PO,q 12～24 h |
| 哌唑嗪 | 0.05～0.2 mg/kg,PO,q 8～12 h | — |
| **利尿剂(见第 3 章)** | | |
| 呋塞米 | 0.5～3 mg/kg,PO,q 8～24 h | 0.5～2 mg/kg,PO,q 12～24 h |
| 氢氯噻嗪 | 1～4 mg/kg,PO,q 12～24 h | 1～2 mg/kg,PO,q 12～24 h |
| **高血压危象用药** | | |
| 氨氯地平 | 0.1～0.3(最大至 0.5)mg/kg,PO,q 12～24 h | 0.625 mg/猫[或 0.1～0.2(最大至 0.5)mg/kg],PO,q 12～24 h |
| 肼酞嗪(见第 3 章) | 0.5～2 mg/kg,PO,q 12 h(从低剂量开始至有效);或 0.2 mg/kg,IV 或 IM,根据需要每 2 h 重复使用 | 同犬(或 2.5 mg/猫,q 12～24 h) |
| 硝普钠(见第 3 章) | 0.5～1(初始)至 5～15 μg/(kg·min),CRI | 同犬 |
| 依那普利拉 | 0.2 mg/kg,IV,根据需要每 1～2 h 重复 1 次 | 同犬 |
| 艾司洛尔 | 25～75(最大至 200)μg/(kg·min),CRI | 同犬 |
| 普萘洛尔 | 0.02(初始量)～0.1 mg/kg,缓慢 IV | 同犬 |
| 拉贝诺尔 | 0.25 mg/kg,缓慢 IV 超过 2 min,重复总剂量不超过 3.75 mg/kg,随后 25μg/(kg·min),CRI | 同犬 |
| 乙酰丙嗪 | 0.05～0.1 mg/kg(最大总剂量为 3mg),IV | 同犬 |
| 酚妥拉明 | 0.02～0.1 mg/kg,静脉推注,随后 CRI 至有效 | 同犬 |

ACEIs,血管紧张素转换酶抑制剂;CRI,恒速输注;IV,静脉注射;PO,口服。

### ◀▇推荐阅读

Acierno MJ et al: Agreement between directly measured blood pressure and pressures obtained with three veterinary-specific oscillometric units in cats, *J Am Vet Med Assoc* 237:402, 2010.

Atkins CE et al: The effect of amlodipine and the combination of amlodipine and enalapril on the renin-angiotensin-aldosterone system in the dog, *J Vet Pharmacol Ther* 30:394, 2007.

Bright JM, Dentino M: Indirect arterial blood pressure measurement in nonsedated Irish Wolfhounds: reference values for the breed, *J Am Anim Hosp Assoc* 38:521, 2002.

Brown S et al: Guidelines for the identification, evaluation, and management of systemic hypertension in dogs and cats. ACVIM Consensus Statement, *J Vet Intern Med* 21:542, 2007.

Brown S: The kidney as target organ. In Egner B, Carr A, Brown S, editors: *Essential facts of blood pressure in dogs and cats*, Babenhausen, Germany, 2003, BE Vet Verlag, p 121.

Buranakarl C, Mathur S, Brown SA: Effects of dietary sodium chloride intake on renal function and blood pressure in cats with normal and reduced renal function, *Am J Vet Res* 65:620, 2004.

Chetboul V et al: Spontaneous feline hypertension: clinical and echocardiographic abnormalities, and survival rate, *J Vet Intern Med* 17:89, 2003.

Chetboul V et al: Comparison of Doppler ultrasonography and high-definition oscillometry for blood pressure measurements in healthy awake dogs, *Am J Vet Res* 71:766, 2010.

Egner B: Blood pressure measurement: basic principles and practical applications. In Egner B, Carr A, Brown S, editors: *Essential facts of blood pressure in dogs and cats*, Babenhausen, Germany, 2003, BE Vet Verlag, p 1.

Elliot J et al: Feline hypertension: clinical findings and response to antihypertensive treatment in 30 cases, *J Small Anim Pract* 42:122, 2001.

Erhardt W, Henke J, Carr A: Techniques of arterial blood pressure measurement. In Egner B, Carr A, Brown S, editors: *Essential facts of blood pressure in dogs and cats*, Babenhausen, Germany, 2003, BE Vet Verlag, p 34.

Finco DR: Association of systemic hypertension with renal injury in dogs with induced renal failure, *J Vet Intern Med* 18:289, 2004.

Henik RA, Stepien RL, Bortnowski HB: Spectrum of M-mode echocardiographic abnormalities in 75 cats with systemic hypertension, *J Am Anim Hosp Assoc* 40:359, 2004.

Henik RA et al: Efficacy of atenolol as a single antihypertensive agent in hyperthyroid cats, *J Feline Med Surg* 10:577, 2008.

Jacob F et al: Association between initial systolic blood pressure and risk of developing a uremic crisis or of dying in dogs with chronic renal failure, *J Am Vet Med Assoc* 222:322, 2003.

Jepson RE et al: Effect of control of systolic blood pressure on survival in cats with systemic hypertension, *J Vet Intern Med* 21:402, 2007.

Kraft W, Egner B: Causes and effects of hypertension. In Egner B, Carr A, Brown S, editors: *Essential facts of blood pressure in dogs and cats*, Babenhausen, Germany, 2003, BE Vet Verlag, p 61.

Lalor SM et al: Plasma concentrations of natriuretic peptides in normal cats and normotensive and hypertensive cats with chronic kidney disease, *J Vet Cardiol* 11(Suppl 1):S71, 2009.

LeBlanc NL, Stepien RL, Bentley E: Ocular lesions associated with systemic hypertension in dogs: 65 cases (2005-2007), *J Am Vet Med Assoc* 238:915, 2011.

Maggio F et al: Ocular lesions associated with systemic hypertension in cats: 69 cases (1985-1998), *J Am Vet Med Assoc* 217:695, 2000.

Marino CL et al: White-coat effect on systemic blood pressure in retired racing Greyhounds, *J Vet Intern Med* 25:861, 2011.

Misbach C et al: Echocardiographic and tissue Doppler imaging alterations associated with spontaneous canine systemic hypertension, *J Vet Intern Med* 25:1025, 2011.

Nelson OL et al: Echocardiographic and radiographic changes associated with systemic hypertension in cats, *J Vet Intern Med* 16:418, 2002.

Rattez EP et al: Within-day and between-day variability of blood pressure measurement in healthy conscious Beagle dogs using a new oscillometric device, *J Vet Cardiol* 12:35, 2010.

Sansom J, Rogers K, Wood JLN: Blood pressure assessment in healthy cats and cats with hypertensive retinopathy, *Am J Vet Res* 65:245, 2004.

Stepien RL: Feline systemic hypertension: diagnosis and management, *J Feline Med Surg* 13:35, 2011.

Stepien RL et al: Comparative diagnostic test characteristics of oscillometric and Doppler ultrasound methods in the detection of systolic hypertension in dogs, *J Vet Intern Med* 17:65, 2003.

Syme HM et al: Prevalence of systolic hypertension in cats with chronic renal failure at initial evaluation, *J Am Vet Med Assoc* 220:1779, 2002.

Tissier R, Perrot S, Enriquez B: Amlodipine: one of the main antihypertensive drugs in veterinary therapeutics, *J Vet Cardiol* 7:53, 2005.

Wernick MB et al: Comparison of arterial blood pressure measurements and hypertension scores obtained by use of three indirect measurement devices in hospitalized dogs, *J Am Vet Med Assoc* 240:962, 2012.

# 第 12 章

# 血栓栓塞疾病
## Thromboembolic Disease

## 概 述
### (GENERAL CONSIDERATIONS)

无论是血小板及其他血液成分在局部聚集形成原位血栓,还是血栓或其他聚集物从初始位置脱落,沿血流移行形成栓子,都属于血栓栓塞(Thromboembolic,TE)疾病。不管是在血管里,还是在心脏里,血栓或栓子都可能部分或完全阻塞血流,一旦正常血液平衡调节被打破,就有可能出现 TE 疾病。临床上,大多数TE 位于主动脉远端、肺动脉、心脏或前腔静脉。(关于血栓栓塞病理机制,详见第 85 章)

TE 疾病的临床预后主要取决于血凝块的大小和位置。同时,血凝块大小和位置也决定着受影响的组织器官以及受损程度。血栓可导致疼痛及器官功能障碍等严重的急性临床症状,也会造成临床症状不明显的组织损伤及不同程度的病理损伤。人们可能会怀疑一些动物在死亡前会发生 TE 疾病,有些病例在尸检时才会发现血栓(有时没有)。

促凝因子、抑凝因子及促纤溶因子之间通常相互影响,这些因子之间保持适当的平衡,有助于维持血液流动性、并在血管损伤时最大程度上减少失血。血小板、血管内皮、凝血级联蛋白和纤溶系统均参与正常的止血过程。血管内皮细胞损伤会迅速引起一些反应,导致血管收缩、血栓形成,并修复血管以防失血。

完整的内皮细胞具有抗凝性,因为正常情况下它可以产生抗血小板、抗凝和具有纤溶作用的因子。抗血小板物质包括一氧化氮和前列环素,其中一氧化氮可以抑制血小板活化,促进局部血管扩张;而前列环素可抑制血小板活化和血小板聚集,同时调节血管平滑肌使其舒张。成熟内皮细胞合成的抗凝物质包括血栓调节蛋白,S 蛋白和硫酸肝素。这些物质通过多种途径来抑制凝血过程。

内皮细胞受损时会促进血栓形成,这虽然减少了在血管损伤受损时造成的失血,但同时也会导致 TE 疾病的发生。内皮损伤通过多种途径致使血栓形成,例如,受损的内皮细胞释放内皮素,从而促进血管收缩,减少局部血流量;同时释放组织因子(TF 或促凝血酶原激酶),以激活凝血级联反应的外源性途径。

暴露的内皮下胶原蛋白等物质会促进血小板黏附和聚集,使血小板活化,活化的血小板会释放一些物质,进一步促进血小板聚集。同时活化的血小板会使表面黏蛋白表达 Ⅱ b/Ⅲ a 受体,纤维蛋白原可与这些受体结合,进而连接形成初级血小板栓子;随后血小板收缩,纤维蛋白原通过凝血级联反应产生的凝血因子(凝血因子 IIa)反应转化为纤维蛋白,使栓子进一步稳固。

凝血级联反应的内源性途径和外源性途径都会进入共同途径(见第 85 章),以产生栓子。组织因子(单核细胞和受损细胞释放)通过活化凝血因子 VII 激活外源性途径。内源性途径会促进这个过程,并调节纤溶。纤维蛋白原在凝血酶的作用下转变为纤维蛋白单体,然后这些单体聚合成可溶性纤维蛋白,继而在活化凝血因子 X Ⅲ (或交联纤维蛋白稳定因子)的作用下相互交联,形成不溶性纤维蛋白,这种不溶性纤维蛋白会使血凝块更加稳固。凝血酶还会进一步促进血小板聚集,并与血栓调节蛋白、C 蛋白、S 蛋白及抗凝血酶(antithrombin,AT)相互作用,形成负反馈抑制凝血。

血栓形成后,多个机制会限制其进一步发展,并促进其分解。血栓的溶解需要纤溶酶。在存在纤维蛋白时,纤溶酶的惰性前体纤溶酶原会在组织纤溶酶原激活剂(t-PA)的作用下转化为纤溶酶。凝血级联反应的激活过程中,内皮细胞同时会释放 t-PA。其他一些物质也可作为纤溶酶原激活剂。纤溶酶纤维蛋白原和可溶性纤维蛋白(非交联)降解,产生纤维蛋白原/纤维蛋白降解产物(FDP)。纤溶酶也可裂解交联的纤维蛋白凝块,形成大碎片(X-低聚物),再进一步分解为 D-二聚体和其他小碎片。只有凝血激活过程,以及紧接着的纤溶过程会产生 D-二聚体。也有对纤溶系统负反馈限制的物质(例如纤溶酶原激活物抑制剂,$\alpha_2$抗纤溶酶,凝血酶激活的纤溶因子)。纤维蛋白溶解障碍在病理性血栓形成中起着重要作用。

抑制血小板黏附和活性对防止初级血小板栓子的形成非常重要。另外,有三大机制限制血栓的形成:抗凝血酶(AT)、C 蛋白和纤溶系统。AT 是由肝脏产生的一种小蛋白,它负责血浆中大部分的抗凝作用。AT 与其协同因子硫酸肝素与凝血酶结合并将其灭活;凝血因子 IXa、Xa、XIa、XIIa,激肽释放酶以及维生素 K 依赖性糖蛋白-C 蛋白,也参与对抗血栓形成的过程。这些系统中的 1 个或多个因子异常会促进血栓形成。

### 病理生理学

当正常止血过程发生变化使血栓易形成或影响溶栓时,将更容易发生 TE 疾病。通常有 3 种情况(即所谓的 Virchow's 三联征)会促进病理性血栓的形成:内皮细胞结构或功能异常、血流变缓或静止,以及血液高凝状态(无论是提高凝集前体物质或减少抗凝或纤溶物质)。框 12-1 列出了一些常见疾病产生的条件。

引起严重或广泛内皮损伤的疾病也会导致内皮细胞丧失正常的抗血小板、抗凝和纤溶功能。凝血和血小板活化增加有利于病理性血栓的形成。受损的血管内皮细胞也会释放组织因子和抗纤溶因子。内皮细胞受损后会暴露内皮下组织,为血栓的形成和刺激血小板黏附及聚集提供基质/场所,继而促进血栓形成。

体循环释放的炎性细胞因子[如肿瘤坏死因子(TNF)、各种细胞因子、血小板活化因子、一氧化氮]可引起广泛性血管内皮损伤,诱导 TF 的表达,并抑制抗凝反应。这在具有脓毒症和可能有其他全身炎症性疾病的患病动物也会发生。肿瘤侵袭、其他疾病导致的血管破坏和缺血损伤,也会造成内皮细胞损伤。血管内皮的机械损伤(如导管)也可以引起 TE,尤其是当存在其他诱发条件时。另外,众所周知,心丝虫病(HWD)会导致肺动脉内皮损伤(见 10 章),而死亡虫体和碎片的炎症反应会加重内皮细胞损伤和炎症反应,并促进血栓形成。

 **框 12-1　与血栓栓塞相关的疾病**

**内皮细胞受损**
败血症
系统性炎性疾病
心丝虫病
肿瘤
严重创伤
休克
静脉导管插入
注射刺激性物质
再灌注损伤
动脉粥样硬化
动脉硬化
高同型半胱氨酸血症

**血流异常**
血管阻塞(如:肿块压迫,心丝虫成虫,导管或者其他装置)
心脏病
心肌病(尤其是猫)
心内膜炎
充血性心力衰竭
休克
低血容量/脱水
长期躺卧
高黏血症(如:红细胞增多症,白血病,高球蛋白血症)
解剖学异常(如:动脉瘤,动静脉瘘)

**血液凝固性增加**
肾小球肾炎/蛋白丢失性肾病
肾上腺皮质功能亢进
免疫介导性溶血性贫血(±血小板减少症)
胰腺炎
蛋白丢失性肠病
败血症/感染
肿瘤
弥散性血管内凝血
心脏病

血流静止会阻碍凝血因子稀释和清除,从而促进血栓形成。血液流动性差也可加剧局部组织缺氧和内皮损伤。由于异常湍流可以机械性损伤内皮表面,与血栓的形成也有一定相关性。

血液高凝状态可能继发于犬猫的各种全身性疾病,其中牵涉多种机制。然而,这种情形的血栓形成过程,也可能取决于内皮完整性的改变,或血流情况的改变。AT 缺乏是高凝状态的常见原因,其损失过度、消耗增加以及肝脏合成不足会导致 AT 缺乏。C 蛋白活性减少等机制(包括高纤维蛋白原血症和凝血因子 II、V、VII、VIII、IX、X 或 XII)也可能导致血液的高凝状态。

在一些动物中,血小板的聚集增多与肿瘤、某些心脏病、糖尿病和肾病综合征有关。无血小板聚集增加的单一血小板增多症不会增加血栓形成的风险。

纤溶作用缺陷会阻止生理性血凝块有效分解,继而促进病理性血栓的形成。这可能是纤溶物质水平降低(例如,t-PA、纤溶酶、尿激酶纤溶酶原激活物抑制剂)或纤溶酶原激活物抑制剂增多(PAI)造成的,后者是高血压病人产生TE的主要机制。

胰腺炎、休克、创伤、感染、肿瘤、严重肝病、中暑、免疫介导性疾病、弥散性血管内凝血(DIC)和其他情况都可能会导致血栓形成。DIC牵扯到凝血酶和纤维蛋白溶解酶的大量活化,以及凝血因子和血小板大量消耗。DIC会产生广泛血栓和微循环出血,引起广泛的组织缺血和多器官衰竭。

蛋白丢失性肾病(肾小球肾炎、肾淀粉样蛋白沉积症或高血压损伤所导致)可导致AT明显不足。由于AT体积小,它比大多数凝血蛋白更容易在受损的肾小球内丢失,从而诱发血栓形成。蛋白丢失性肠病会引起AT缺乏,但同时也会导致作用较大的、维持凝血和抗凝血因子之间平衡的蛋白质丢失。其他因素也可能会导致患蛋白质丢失性肾病的动物产生TE,如继发于低白蛋白血症的血小板聚集增加。

与免疫介导性溶血性贫血(IMHA)相关的血栓形成也是多因素的,其中全身性炎症反应(免疫介导)是促进血栓形成的重要因素。血小板缺乏症、高胆红素血症、低白蛋白血症已被确定为形成TE的危险因素。高剂量皮质类固醇治疗在病理性血栓形成中的作用尚不清楚。然而,接受外源性糖皮质激素治疗的动物,及患有肾上腺皮质功能亢进的动物,比较常发TE疾病(见下一段)。这些病例通常会并发其他诱发血栓的因素。

一些自发性肾上腺皮质功能亢进的患犬会发生TE,这种内分泌疾病会引起纤溶作用降低(PAI活性增高导致)和一些凝血因子水平升高。皮质类固醇会导致正常犬猫形成高凝性血栓。糖尿病患犬偶发TE,这可能与血小板过度凝集和纤溶作用降低有关。临床也会偶见一些TE病例,没有任何可见的异常会导致血液高凝状态(例如,一些主动脉TE的灵猩犬并查不到任何凝血异常及心血管异常)。患心肌病的猫(见8章)有形成心内血栓的风险,之后也有继发动脉栓塞的风险。其机制可能与心内血流速度减慢[特别是在左心房(LA)]、血凝活性改变、局部组织或血管损伤,或这些因素的综合有关。这些猫当中,有些猫的血小板反应活性会增加。当出现二尖瓣反流时,异常湍流可能也是原因之一。DIC可能伴发血栓栓塞。有些TE患猫中,其血浆精氨酸、维生素$B_6$和维生素$B_{12}$浓度会降低;高同型半胱氨酸血症可能也是某些病例的病因。高同型半胱氨酸血症和血浆维生素B缺乏是人类栓塞病的风险因素。至于猫是否像人一样存在基因突变引起的血液高凝状态,目前尚不明确。

## 肺血栓栓塞
## (PULMONARY THROMBOEMBOLISM)

犬肺栓塞(Pulmonary thromboemboli,PTE)与HWD(见第10章)、其他心脏病、IMHA、肿瘤、DIC、脓血症、肾上腺皮质功能亢进、肾病综合征、胰腺炎、创伤、甲低和感染引起的右心房(RA)栓子相关。据报道,PTE见于骑士查理王小猎犬,不管它们有没有潜在的二尖瓣疾病。

除了那些患HWD病例(见第10章),与犬相比,猫的肺TE疾病可能较少。然而,猫的PTE与许多系统性及炎症异常有关,包括肿瘤、HWD、贫血(可能为免疫介导的)、胰腺炎、肾小球肾炎、脑炎、肺炎、心脏病、脓毒症、糖皮质激素用药史、蛋白丢失性肠病和肝脂质沉积。

引起肺动脉高压的肺TE病会造成不同程度的右心室(RV)增大和肥厚、室间隔扁平和在超声/多普勒检查可见的三尖瓣反流喷射高流速。有时在肺动脉或右心房(RA)可见血凝块。更多关于肺栓塞的内容见第19章和第26章。

## 猫体循环动脉血栓栓塞
## (SYSTEMIC ARTERIAL THROMBOEMBOLISM IN CATS)

心肌病是猫动脉TE病的最常见的病因(见第8章)。最初形成的血栓位于左心且可能会变得非常大。有些血栓滞留在心腔内[通常是左心房(LA)心耳;见图8-6],其他会在主动脉远端形成栓塞,极少数在其他位置出现。LA显著扩大会增大血栓形成的风险,但动脉血栓也偶见于LA大小相对正常的猫。患肿瘤和全身性炎症疾病的猫,有时会伴随体循环栓塞。无论猫的心脏功能如何,甲亢可能是患TE的风险因素。

猫动脉 TE 有种罕见的病因,为房间隔缺损,若静脉栓子从右心房越过间隔到了左心房,便易形成动脉 TE。在某些病例中,无法辨明诱因。

全身动脉栓塞通常嵌在主动脉分叉处(所谓的"鞍状血栓",更正确的名字可能是"鞍状栓子",图 12-1),但髂动脉、股动脉、肾动脉、臂动脉和其他动脉可能也会受到影响,这取决于栓子的大小和血流路径。血栓不仅阻塞相应动脉的血流,还会释放血管活性物质,引起血管收缩,并导致受阻血管周围的旁支血管血流增多。组织缺血是由于损伤和炎症造成的,并会进一步恶化损伤和炎症。受影响的肢体会发生缺血性神经肌肉病,伴发周围神经功能障碍和变性,以及相关的肌肉组织病理学变化。

患心脏病的猫可能会有伴心肌坏死的冠状动脉栓塞,尤其是那些患严重肥厚性心肌病或感染性心内膜炎的动物,也可能有肉瘤组织的栓子。

图 12-1
心肌病患猫死后远端主动脉开口图像。栓子(钳尖的左侧)位于动脉分叉。后肢位于图像左边,右边为头侧。

## 临床特征

患动脉 TE 病的猫通常会因为组织缺血坏死继而出现显著的急性临床症状(图 12-2)。公猫患 TE 的可能性可能更高,但是这一性别偏差似乎与肥厚心肌病的流行程度有关。大多数病例会出现主动脉远端栓塞。然而,其临床表现取决于被栓塞的位置,也与动脉阻塞的范围和时长有关。

通常会有疼痛和体循环灌流不足的表现,另常见低体温和氮质血症。通常还会发现心杂音、奔马律或心律不齐,但即使存在潜在的心脏病,这些症状也不总是那么明显。出现 TE 前通常不会出现心脏病的临床

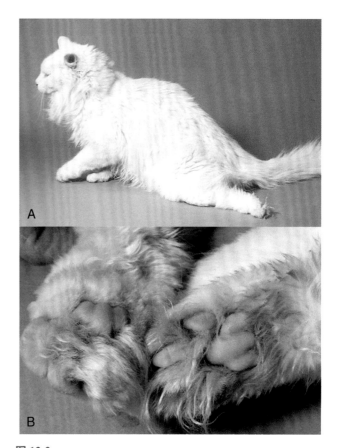

图 12-2
**A**,主动脉远端存在栓塞的猫。当猫试图行走时,左后肢只能拖行;右后肢功能稍好一些。**B**,该猫的左后肢爪垫(图片右侧)与左前肢的相比,颜色更加苍白且温度低(图像左侧)。

症状。患有急性动脉栓塞的猫常表现呼吸急促和张口呼吸。虽然这些症状通常与充血性心脏衰竭(CHF)有关,但它们也可能发生在没有明显 CHF 症状的猫身上。这些呼吸系统的症状可能来源于肺静脉压增加,或来自其对疼痛的反应。应尽快拍摄动物的胸部 X 线片,这对判断呼吸系统症状之外是否有肺水肿来说至关重要。

典型症状是急性后肢轻瘫且股动脉搏动消失。常见临床表现总结见框 12-2。大多数病例的后肢运动功能极微甚至缺失,尽管这些猫通常可以旋转和伸展胯部。四肢后段的感觉较差,一侧可能比另一侧缺失更严重。栓子偶尔可以小到嵌在单个四肢的远端,只造成肢体远段麻痹。位于腋窝处或更远端的肱动脉栓塞会产生(通常是右侧)前肢单肢轻瘫。很少发生间歇性跛行。在肾、肠系膜或肺动脉循环内的血栓栓子可导致这些器官的功能衰竭和死亡。大脑栓塞可以诱发癫痫或各种神经功能缺损。与其他易感疾病相关的临床症状可能在没有心肌病的猫更明显。

## 框 12-2　全身性动脉血栓栓塞患猫的常见临床表现

急性肢体麻痹
　　后肢麻痹
　　单肢轻瘫±间歇性跛行
受影响肢体特征
　　疼痛
　　四肢远端
　　冰冷
　　爪垫苍白
　　甲床发绀
　　脉搏缺失
　　受影响的肌肉发生痉挛(特别是腓肠肌和胫骨前肌)
呼吸急促/呼吸困难
　　排除充血性心力衰竭、疼痛或其他肺部疾病
叫(痛苦)
体温过低
厌食
嗜睡/虚弱
心脏病的征兆(不一致)
　　收缩期杂音
　　奔马律
　　心律不齐
　　心脏肥大
充血性心力衰竭的体征
　　肺水肿
　　积液
血液学和生化异常
　　氮质血症
　　丙氨酸氨基转移酶(ALT)活性增加
　　天冬氨酸转氨酶(AST)活性增加
　　乳酸脱氢酶(LDH)活性增加
　　肌酸激酶(CK)活性增加
　　高血糖(应激)
　　淋巴细胞减少症(应激)
　　弥散性血管内凝血

### 诊断

　　使用胸片来筛查心血管呼吸系统异常,例如心衰或其他与血栓栓塞有关的疾病(例如肿瘤、HWD)。如果心肌病是其潜在病因,大多数动脉栓塞的患猫会有一定程度的心脏扩张(尤其是 LA 增大)。心衰的症状包括肺静脉扩张、肺水肿或胸膜腔积液。少数受影响的猫无心脏扩张的影像学结果。

　　超声心动图可描绘心肌疾病的类型,并可能揭示心内血栓的存在(见图8-6)。心内血栓最常见的部位是左心耳。在大多数伴随患有心肌病的动脉 TE 的猫中,可见某种程度的 LA 扩张。尺寸大于 20 mm(二维心超图四腔观的长轴)的 LA 扩张可能会增加患 TE

的可能性,尽管许多患有主动脉 TE 的猫其 LA 要小一些。如果无法进行超声心动检查,非选择性心血管造影可帮助确定潜在心脏疾病的性质,并确定其位置及血栓栓塞的程度。

　　患动脉血栓栓塞的猫常发生氮质血症。这可能是肾前性的,因为该病会导致体循环灌流差或脱水;也可能是肾性氮质血症,因为肾动脉栓塞或先前存在肾病;或是两者的组合。常见代谢性酸中毒、DIC、电解质异常(尤其是血清钠离子、钙离子、钾离子下降,而血磷升高)和应激性高血糖。高血钾可能继发于肌肉缺血损伤及再灌注。TE 发生的 12 h 内,会发生骨骼肌损伤和坏死,伴发 ALP 和 AST 活性增加,在 36 h 后达到峰值。栓塞后,广泛的肌肉损伤会引起 LDH 和 CK 活性增加;这些酶活性升高可能会持续几个星期;也可能出现肌红蛋白尿。代谢性酸中毒、高钾血症、DIC 也可继发于缺血损伤和再灌注。患动脉 TE 的猫通常其凝血功能检查为正常。实验室检测也可提示与其他潜在疾病相关的异常,肾小球肾炎会出现低蛋白血症。

　　其他前肢急性麻痹需要考虑的病因包括椎间盘脊髓柱肿瘤(例如淋巴瘤)、创伤、纤维软骨梗死、糖尿病性肾病和可能存在的重症肌无力。

### 治疗和预后

　　治疗的目标是控制伴发的 CHF 和心律不齐(如果出现)、预防栓塞扩大和栓子进一步形成、提高侧支循环和提供支持治疗(框 12-3)。心衰的治疗见第八章和框 8-1。普萘洛尔对患有心肌病和动脉 TE 的猫效果差,因为其非选择性 β-受体阻断作用可能会在没有 α-受体拮抗情况下,造成外周血管收缩,并且该药物在临床治疗剂量时无抗血栓作用。

　　因为栓塞是一个疼痛的过程,所以推荐使用止痛药,尤其是出现栓塞的最初 24~36 h。对于尾侧的动脉堵塞,止痛药应在更偏头侧的位置使用,来增加其吸收作用(例如头静脉静注或腰部头侧区域肌注)。已知有效的药物包括布托菲诺、盐酸丁丙诺啡,氢吗啡酮、氧吗啡酮和吗啡(见框 12-3)。枸橼酸芬太尼(静脉推注,随后输液,见框 12-3)有时可用于顽固性疼痛。芬太尼贴剂(25 μg/h 的剂量)可在剃过毛的皮肤处使用,可用于缓解疼痛,维持时间达 3 d 以上,但因为它需要约 12 h 才能生效,在最初可同时使用另一种镇痛药。潜在副作用为呼吸抑制和胃肠道蠕动减少,麻醉剂有时会引起猫烦躁不安。不推荐对动脉 TE 患病动物使用乙酰丙嗪,尽管它具有 α-肾上腺素能受体阻断作用。尚未有侧支循环增加的情况,低血压和心室动态流出道堵塞恶化(肥厚性梗阻性心肌病患猫)是潜在的不利影响。可做其他支持性护理,以改善和维持足够的组织灌注,进一步减少血管内皮损伤和瘀血,改善器官功能,并保障有充足的时间来建立侧支循环。

使用抗凝血和抗血小板疗法来减少血小板聚集,以及以防现存血栓进一步增大。尽管在一些病例中,纤溶疗法有效,但其剂量不明确,并且因为治疗后需要密切护理,以及源于再灌流损伤造成的潜在严重并发症,限制了这一疗法的使用。

肝素可用于限制现有血栓增大,防止进一步血栓栓塞的情况发生;它不会促进溶栓反应。可以使用普通肝素及一些低分子肝素(low molecular-weight hep-arin,LMWH)产品。肝素的抗凝作用主要是通过激活AT,从而抑制凝血因子 IX、X、XI、XII 和凝血酶。普通肝素可与凝血酶和 AT 结合。肝素也会刺激血管内皮细胞释放凝血因子抑制剂,这有助于减少(外源性)凝血级联反应的激活。动物的最佳给药方案尚不清楚。首次使用肝素通常是先进行单次静脉注射,然后皮下注射(见框 12-3)。由于注射部位会有出血风险,所以不会肌注肝素。已使用的肝素剂量(75~500 U/kg)疗效不确定。初始静注的起始剂量为 200 IU/kg(375 IU/kg),接着是 150~250 IU/kg,皮下注射,q 6~8 h,2~4 d 为一个疗程。推荐监测患病动物的活化部分凝血活酶时间(APTT),尽管其结果可能不能准确预测血清肝素浓度;预处理混凝试验被用来当作对照,且目标是 APTT 延长到基础值的 1.5~2 倍。抗 Xa 因子活性的监测可更准确地评估肝素治疗。不推荐使用活化凝血时间来监测肝素治疗。出血是主要的并发症。硫酸鱼精蛋白可中和肝素引起的出血;然而,硫酸鱼精蛋白过量可导致不可逆的出血。硫酸鱼精蛋白用量指南如下:如果肝素是在 30 min 内给予的,缓慢静注 1 mg/100 U 肝素;如果肝素是在 30~60 min 以内给予的,注射 0.5 mg/100 U 肝素;如果肝素是超过 1 h 前给的,则给 0.25 mg/100 U 肝素。可能需要新鲜冷冻血浆来补充 AT。直到病患稳定,并且已进行抗血小板治疗数日,应继续肝素治疗。

低分子肝素是比普通肝素更安全的替代物。低分子肝素产品是一类不同解聚程度的肝素,其大小、结构和药代动力学不一。因为它们分子更小,可防止同时与凝血酶和 AT 结合。人用 LMWH 产品通过其可使AT 失活的作用,对 Xa 因子的影响更强。因为它们对凝血酶的抑制能力极小,所以不太可能引起出血。当皮下注射时,与普通肝素相比,低分子肝素产品有更大的生物利用度和较长的半衰期,因为它们与血浆蛋白以及内皮细胞和巨噬细胞结合得更少。然而,低分子肝素产品不会明显影响凝血时间,因此通常没必要监测 APTT。低分子肝素可通过检测抗 Xa 因子的活性来间接监测其活性(见框 12-3)。猫的最佳抗 Xa 因子活性水平尚不明确;据报道,人的目标范围为 0.5~1 U/mL,尽管也有使用 0.3~0.6 U/mL 的。不同低分子肝素产品的生物特征和临床疗效也不尽相同,不可互换。各种低分子量肝素产品在犬猫中的最有效剂量尚未确定。常用的达肝素钠和依诺肝素剂量(见框12-3)是从人类使用量推算出来的。虽然依诺肝素在猫使用 4 h 后产生的抗 Xa 活性接近这一水平,8 h 后便检测不到其活性。可根据这一发现推断,为了使抗 Xa 水平达到接近人类的目标范围,应当使用更高剂量,或给药频率更高。不过这个理由是有争议的,因为似乎对于保持峰值或目标抗 Xa 作用没有必要在整个给药期间这样做。最近的一项研究显示(Van De Wiele 等,2010),改良静脉瘀血猫模型病例使用 1 mg/kg 依诺肝素治疗,用药后 4 h 血栓形成被完全抑制,且 >91% 的猫在 12 h 后抗 Xa 因子的活性为零。因此在该模型中,依诺肝素的抗血栓作用与抗 Xa 水平无相关性。然而,猫的最佳治疗剂量范围和对患猫最有效的剂量尚不明确。

用于促进血凝块溶解的药物包括链激酶、尿激酶和人类重组组织型纤溶酶原激活剂(rt-PA)。这些药物可促进纤溶酶原转化为纤溶酶,从而促进纤维蛋白溶解。兽医范畴使用这些药物的经验相当有限。虽然他们可有效分解血栓,但再灌注损伤和出血相关的并发症、高死亡率(在一些报告中达 40%)、治疗费用、所需的重症监护,以及缺乏明确的给药方案等,使得这一疗法无法广泛使用。此外,该法尚无明显的生存优势。如果使用该法,这种疗法最好在血管堵塞后的 3~4 h 内使用。重症监护病房、包括经常监测血钾浓度和酸碱状态以及心电图监测,对再灌注引起的高钾血症和代谢性酸中毒的监测相当重要。对于脑、肾或内脏血栓栓塞患病动物,其溶栓治疗后效益风险可能更佳。

链激酶是一种非特异性纤溶酶原激活剂,可促进纤维蛋白和纤维蛋白原的分解。这一作用导致血栓内的纤维溶解及血凝块溶解,但也可能导致全身性纤溶、凝血功能障碍和出血。链激酶也可降解凝血因子 V、VIII 和凝血酶原。虽然它的半衰期约为 30 min,纤维蛋白原的消耗作用会持续更长时间。链激酶已在少量

**框 12-3   急性栓塞的治疗**

**初始诊断性检查**

全面的体格检查和病史采集

血常规、血清生化、尿常规胸部 X 线片(排除充血性心力衰竭、其他浸润疾病、胸腔积液的迹象)

如果可行,作凝血和 D-二聚体检查

**按需镇痛(特别是全身动脉血栓栓塞)**

布托啡诺

● 犬:0.2～2 mg/kg IM,IV,SC,q 1～4 h

● 猫:0.2～1 mg/kg IM(腰部头侧区域),IV,SC,q 1～4 h

或丁丙诺啡

● 犬:0.005～0.02 mg/kg,IM,IV,SC q 6～8 h

● 猫:0.005～0.02 mg/kg IM,IV,SC q 6～8 h;可以口服,透过黏膜吸收

或水合吗啡

● 犬:0.05～0.2 mg/kg,IM,IV,SC q 2～4 h

● 猫:0.05～0.2 mg/kg,IM,SC q 3～4 h

或羟吗啡酮

● 犬:0.05～0.2 mg/kg IM,IV,SC q 2～4 h

● 猫:0.05～0.2 mg/kg IM,IV,SC q 2～4 h

或吗啡

● 犬:0.5～2 mg/kg IM,SC q 3～5 h;0.05～0.4 mg/kg IV q 3～5 h

● 猫:0.05－0.2 mg/kg IM,SC q 3～4 h

或柠檬酸芬太尼(针对持久性疼痛)

● 犬:0.004～0.01 mg/kg IV,接着按 0.004～0.01 mg/(kg·h) 输液

● 猫:0.004～0.01 mg/kg IV,接着按 0.004～0.01 mg/(kg·h)输液

**支持治疗**

若出现呼吸系统异常,则供氧。按需提供静脉补液(如果没有充血性心力衰竭)

监测并纠正氮质血症

若有充血性心力衰竭,则需做相应处理(见第3章与第8章)

若补液后体温仍然过低,则需外源保温

鉴别并治疗潜在疾病。若仍有厌食,提供营养支持

**进一步检查**

完整的心脏评估,包括超声心动图

若有需要,进行其他检查(根据初步调查结果和心脏检查)排除诱发因素

**预防已存在的血栓增大和新血栓的形成**

抗血小板治疗

氯吡格雷

● 犬:2～4 mg/kg 口服,1 天 1 次

● 猫:18.75 mg/猫 口服,1 天 1 次

或阿司匹林

● 犬:0.5 mg/kg 口服,1 天 2 次

● 猫:20～40 mg/猫,口服,3 天 1 次或 1 周 2 次;低剂量,5 mg/猫,3 天 1 次(见正文)

**抗凝血治疗**

肝素钠(未分解)*

● 犬:200～300 IU/kg IV,若有需要随后按 200～250 IU/kg 皮下注射 2～4 d,每天 3～4 次

● 猫:200～375 IU/kg IV,若有需要随后按 150～250 IU/kg SC 2～4 d,1 天 3～4 次

或依诺肝素*

● 犬:1(～1.5) mg/kg SC q 6～12 h

● 猫:1(～1.5) mg/kg SC q 6～12 h

或达肝素钠*

● 犬:100(～150) U/kg SC q 8～12 h

● 猫:100～150 U/kg SC q (4～)6～12 h

**血栓溶解治疗(只能谨慎进行,见正文)**

链激酶

● 犬:90 000 IU,IV,输注时间＞20～30 min,接着按 45 000 IU/h,输 3 h(或更长时间),见正文

● 猫:同上

或尿激酶

犬:与猫一样(见正文)

猫:4 400 IU/kg SC,注射时间＞10 min,接着按 4 400 IU/(kg·h) 输液 12 h

或 rt-PA

犬:1 mg/kg 单次静脉注射,q 1 h,共 10 次(见正文)

猫:0.25～1 mg/(kg·h)(最大量至 1～10 mg/kg) IV(见正文)

\* 建议使用抗 Xa 因子监测。康奈尔大学的比较凝血实验室是一个为猫和犬提供这项服务的实验室。

猫:给药后 2～3 h 抽血检测低分子肝素抗 Xa 活性峰值。

犬:取血液样本,检测 3～4 h 后低分子肝素抗 Xa 活性峰值。

IM,肌肉注射;IV,静脉注射;PO,口服;rtPA,重组组织型纤溶酶原激活剂;Sc,皮下注射。

患动脉 TE 的犬获得不同程度的效果。有报道显示,用药方案是 90 000 IU 链激酶,静脉输注＞20～30 min,然后以 45 000 IU/h 的速度,输 3(～8)h。将 250 000 IU 加入 5 mL 生理盐水,然后再加入 50 mL 来稀释,可获得用于输注的 5 000 IU/mL 溶液,且建议猫使用注射泵。不良反应包括出血和再灌注损伤。在某些情况下,暂停使用链激酶会引起轻微出血,也有一定概率会有严重出血,且其致死率很高。急性高钾血症(继发于溶栓作用和再灌注损伤)、代谢性酸中毒、出血等并发症被认为是导致死亡的原因。链激酶可以增加血小板的聚集能力,引起血小板功能障碍。目前还不清楚是否使用低剂量会有效减少其并发症。链激酶联合肝素治疗可能会增加出血的风险,尤其是当病患的凝血时间增加时。链激酶是一个潜在抗原,它是由

β-溶血性链球菌所产生的。与常规治疗相比,猫使用链激酶(例如阿司匹林和肝素)后存活率并没有提高。

尿激酶也有类似链激酶的作用,但认为其作用在更特定的纤维蛋白上。在猫上已用的治疗方案为4 400 IU/kg,静注超过 10 min,接着再以 4 400 IU/(kg·h)的恒定速率输注 12 h。少数患主动脉栓塞的猫有不同程度的疗效,但死亡率 > 50%。

rt-PA 是一种单链多肽丝氨酸蛋白酶,对血栓内的纤维蛋白特异性更高,且对循环中的纤溶酶原的亲和力更低。虽然其出血风险小于链激酶,但也有出现严重出血等副作用。Rt-PA 也可能成为动物的抗原,因为它是一种人类蛋白,如同链激酶、rt-PA 也有诱导血小板功能障碍的作用,但不会过度。使用 rt-PA 的经验有限,最佳剂量尚不明确,且它相对较昂贵。一部分猫静脉注射该药进行治疗,剂量为 0.25~1 mg/(kg·h),总量为1~10 mg/kg;虽然有时会出现再灌注的表现,但死亡率高。尽管也存在充血性心力衰竭和心律失常,大多数猫的死因是再灌注(高钾血症、代谢性酸中毒)和出血。

不建议通过血栓栓子手术移除猫的血栓,因为手术的危险性很高,且在手术时就有可能会出现明显的神经肌肉缺血损伤。尚未有使用血栓导管切除术来移除猫血栓的成功案例。

抗血小板治疗可通过减少活化的血小板释放缩血管物质(如血栓素 A2 和血清素)来抑制血小板聚集和改善侧支血流。阿司匹林(乙酰水杨酸)已被普遍用在患有或有可能发生 TE 的患病动物身上来阻断血小板的激活和聚集作用。阿司匹林能不可逆地抑制环氧合酶,从而降低前列腺素和血栓素 A2 的合成,因此可减少随后的血小板聚集、血清素的释放和血管收缩作用。因为血小板不能合成更多的环氧合酶,故在血小板存活的周期(7~10 d)中,促凝的前列腺素和血栓素会减少。内皮产生的前列环素(也通过环氧合酶途径)也会被阿司匹林抑制,但这是短暂的,因为内皮细胞会合成更多的环氧合酶。阿司匹林的效果可能与原位血栓形成关系更大;急性动脉硬化性疾病的治疗中,临床剂量尚不明确。阿司匹林的不良反应往往较轻微,且通常表现为胃肠道不适的症状,主要是厌食和呕吐,最佳剂量尚不明确。猫缺乏一种代谢阿司匹林的酶(葡萄糖醛酸转移酶),所以与犬相比,需要的剂量更低。对于患实验诱导的主动脉血栓患猫,剂量 10~25 mg/kg(81 mg/猫),每 2~3 天口服 1 次,即可抑制血小板的聚集,并改善侧支循环。然而,也可使用低剂量阿司匹林(5 mg/猫,q 72 h),且肠道副作用更少,但其对预防血栓发生的效果未知。当患病动物能够服用食物并口服药物时,可开始阿司匹林治疗。

氯吡格雷(波立维)是一种抗血小板作用比阿司匹林更有佳的二代噻吩吡啶类药物;然而,尚未有与阿司匹林临床效果相比较的报道。噻吩并吡啶可抑制二磷酸腺苷(ADP)与血小板上的受体结合,并抑制随后 ADP 介导的血小板聚集作用。氯吡格雷的抗血小板作用在其被肝脏转化成活性代谢产物后会表现出来。其不可逆的拮抗血小板细胞膜上 $ADP_{2y12}$ 受体来抑制糖蛋白 IIb/IIIa 受体复合物的构象变化的用,会引起血纤维蛋白原和血友病因子结合作用减弱。氯吡格雷也会削弱血小板释放血清素、ADP,也会削弱其他促血管收缩物质和血小板聚集物质的释放。当口服剂量为 75 mg/(猫·d)[或 2~4 mg/(kg·d)],可在 72 h 内获得最大的抗血小板效力,且大约在停药后的 7 d 消失。犬在口服(10 mg/kg)90 min 内,可获得抗血栓作用。起效提前的作用也可能发生在猫身上。发生急性动脉栓塞后,尽快给予 75 mg/猫的氯吡格雷,可能有助提高侧支血流量。短期使用这种剂量似乎耐性较好。氯吡格雷不会像阿司匹林那样引起胃肠道溃疡,但有些猫会呕吐。这似乎可以通过在食物或凝胶胶囊中给药来改善。

在一般情况下,患动脉栓塞疾病的猫预后差。从历史上来看,无论猫是保守治疗还是溶栓治疗,只有约 1/3 的猫能撑过初始阶段,然而,当将安乐死的猫排除在外,或只统计近几年的病例时,生存率会有上升。如果只有 1 个肢体收到牵连,和/或在诊疗时如果见到动物仍保有一些运动功能,生存率会上升。诊疗时发现体温过低和 CHF 的患猫,生存率较低。其他负面因素可能包括:高磷血症;渐进性高钾血症或氮质血症;心动过缓;运动功能持续性不足;渐进性肢体损伤(肌挛缩持续 2~3 d 后坏死);左心房严重扩大;心超可见心内血栓或"盘旋的烟雾状"血栓;DIC 及有血栓栓塞病史。

去除并发症后,肢体功能应在 1~2 周内恢复。有些猫在 1~2 个月内会表现正常,虽然残留的缺陷可能持续的时间不同。若组织坏死,可能需要伤口处理和植皮。某些出现永久性肢体畸形的猫,有时需要截肢。常常复发,如果是肾脏、肠道或其他器官的显著栓塞,预后很差。

## 预防动脉血栓栓塞

通常在患 TE 疾病风险增加的动物中考虑使用抗血小板或抗凝药物的预防性治疗。这些疾病包括猫心肌病(特别是那些存在显著左心房扩大、超声下可见心内自发性收缩或血栓或之前出现过血栓栓塞的病例)和患败血症、IMHA、严重胰腺炎或其他促凝疾病的动物。然而,TE 预防的效果未知,用于防止血栓栓塞的方案尚不明确。

用于动脉血栓栓塞预防的药物包括阿司匹林、氯吡格雷、低分子肝素和华法林(香豆素)。阿司匹林和氯吡格雷与华法林相比,严重出血的风险较低,监护的要求也较低。在一些接受阿司匹林治疗的动物中会出现胃肠道反应(如呕吐、食欲不振、溃疡、呕血)。对阿司匹林制剂进行缓冲,或使用阿司匹林与抗酸药的组合可能会有帮助。在猫中,一直推荐使用低剂量阿司匹林(5 mg/猫,q 3 d)。虽然这种剂量不可能出现不良影响,但尚不明确其抗血小板效力是否会受到影响。现在氯吡格雷的使用更为普遍,而且可能比阿司匹林有更多优势。华法林(后文详述)的费用更贵,致死性出血的发生率更高。使用华法林和阿司匹林治疗的病患,存活率无差异。一些报告显示,用华法林治疗的猫中,几乎有一半存在复发性血栓栓塞。氯吡格雷或 LMWH 的预防治疗可能更有效,出血风险较低,但更多的临床证据表明这类疗法是必要的。低分子肝素较昂贵,且必须皮下注射,但一些主人更愿意这样做。对于无血小板减少症的猫,阿司匹林或氯吡格雷可同时与 LMWH 使用。使用临床剂量的地尔硫䓬,并未出现显著的血小板抑制作用。

华法林(维生素 K 环氧化物还原酶)会抑制负责激活维生素 K 依赖性因子相关的酶(Ⅱ、Ⅶ、Ⅸ、Ⅹ),以及蛋白 C 和 S。开始使用华法林治疗时,会导致短暂的高凝状态,因为抗凝蛋白比大多数凝血因子半衰期短。因此,应在华法林治疗 2~4 d 后开始使用肝素(例如,100 IU/kg SC q 8 h)或 LMWH。即使对患猫密切监护,也极有可能出现剂量反应和潜在的严重出血。华法林具有高度蛋白质结合性,同时使用其他蛋白质结合药物或血清蛋白浓度的变化,均可显著改变抗凝血剂的效力。出血可表现为乏力、嗜睡、苍白,而非显性出血。开始治疗之前,需停用阿司匹林,并获取凝血指标和血小板计数的基础值。常用的猫华法林初始剂量为 0.25~0.5 mg(总剂量),口服,q 24~48 h。据报道,药片内的药物分布不均,因此建议使用复合制剂而不要使用片剂。药品管理与采血次数应一致。

根据凝血酶原时间(PT)或国际标准化比值(international normalization ratio,INR)来调整剂量。INR 更精确,被推荐使用,可防止出现与商品化 PT 检测结果相关的问题。INR 是通过将动物的 PT 除以对照 PT 得到一个商值,按检查中所使用的凝血活酶的国际敏感指数(international sensitivity index,ISI)乘方,即可得出 INR,即 INR=(病患的 PT/对照 PT)$^{ISI}$。每批凝血活酶都应提供 ISI。从人类数据外推的结果表明,INR 为 2~3 时,其效力与更高的值相当时,出血机会较少。犬华法林的剂量为 0.05~0.1 mg/(kg·d)时,约 5~7 d 即可达到此 INR。INR 大于 2 时,推荐同时使用肝素。当使用 PT 来监测华法林的治疗时,推荐治疗目标为——在服药后 8~10 h 后达到给药前 PT 值的 1.25~1.5(至 2)倍。PT 大于基础值 1.25 倍时,需停止使用肝素。一开始每天需进行 PT 的评估(给药后几个小时),只要猫的病情较稳定,逐步增加时间间隔(例如,每周两次,之后 1 周 1 次,最后每月 1 次或每两个月 1 次)。

如果 PT 或 INR 过度增大,停止使用华法林,且开始使用维生素 K$_1$[1~2 mg/(kg·d)PO,SC],直到 PT 恢复正常,且红细胞比容(PCV)稳定下来。有时需输入冷冻血浆、压缩红细胞或新鲜全血。

人医中出现了一些新的抗血栓药。合成 Xa 因子抑制剂(如利伐沙班、阿哌沙班、磺达肝癸、艾卓肝素)可在不影响凝血酶或血小板功能的情况下,主导 AT 的效应。由于它们不影响常规凝血试验的结果,可通过抗 Xa 活性水平来监测治疗效果。达比加群酯是一种口服直接凝血酶抑制剂。替卡格雷和普拉格雷是一种新型 ADP$_{2y12}$ 血小板受体拮抗剂,具有类似于氯吡格雷的效果。

# 犬体循环动脉血栓栓塞
## (SYSTEMIC ARTERIAL THROMBOEMBOLISM IN DOGS)

与猫相比,犬的动脉硬化性疾病相对少见,确切的发病率尚不明确,原因也尚不明确,可能是因为发病机制和临床表现有一定差异导致的。动脉血栓栓塞病与许多因素有关,包括蛋白丢失性肾病、肾上腺皮质功能亢进、肿瘤(包括引起肺静脉局部血栓的肺部肿瘤)、慢性间质性肾炎、心丝虫病、甲状腺功能减退、胃扩张/扭转、胰腺炎及多种心血管疾病。远端主动脉是最常见的发病位置,然而,犬主动脉远端闭塞或部分闭塞是由于初级血栓所致,而不像猫那样,是一个急性栓塞过程,这些犬的临床症状的发展通常更加模糊且缓慢。

只有少数有主动脉血栓的犬被报告有并发的心脏病，并且这之中的大多数病例与血栓栓塞疾病的关系目前尚不明确。有潜在促凝状态的犬可能会形成主动脉血栓，尤其是蛋白丢失性肾病患犬；然而，在有易发因素的病例中，大约有一半未找到血栓。发生主动脉疾病的犬中，雄性犬比雌性犬多；目前还不清楚是否有真正的品种倾向，虽然有些报告显示，查尔斯王猎犬和拉布拉多巡回犬高发。

最常见到犬系统性血栓栓塞的心脏病是赘生性心内膜炎。其他与犬血栓栓塞相关的心脏病包括动脉导管未闭（手术结扎部位）、扩张性心肌病、心肌梗死、动脉炎、主动脉内膜纤维化、动脉粥样硬化、主动脉夹层、肉芽肿性炎症侵蚀到左心房，及其他在左心有血栓的疾病。在房间隔缺损或右向左分流性室间隔缺损的情况下，来源于静脉的血栓所形成的碎片可穿过缺损，导致全身动脉栓塞。血栓栓塞病是（A-V）动静脉瘘的一种罕见并发症；它可能与远端静脉高压引起的静脉瘀血有关。

动脉粥样硬化在犬中并不常见，但与人一样，它在犬中与血栓栓塞疾病伴发。与血栓形成有关的因素包括内皮破裂斑块的面积增加、高胆固醇血症、血浆纤溶酶原激活物抑制剂-1增多，以及其他可能的机制。动脉粥样硬化可能与严重的甲状腺功能减退、高胆固醇血症或高脂血症伴发。主动脉和冠状动脉及其他中大型动脉都会受到影响。一些病例还会出现心肌梗死和脑梗死，并有很大比例的患犬会有间质性心肌纤维化。

与感染性、炎性、免疫介导性、肿瘤或中毒性疾病有关的血管炎，可引起血栓形成或栓塞的发生。目前已经有一些关于年轻比格犬及其他品种犬发生免疫介导性血管炎的病理机理的描述。波及中小型动脉的炎症和坏死可能与血栓形成有关。

冠状动脉血栓会导致心肌缺血和梗死。有报道的原因包括感染性心内膜炎、直接涉及心脏的肿瘤或肿瘤栓子、冠状动脉粥样硬化、扩张性心肌病、伴发退行性二尖瓣疾病的充血性心力衰竭和冠状动脉血管炎。其他发生冠状动脉血栓栓塞的犬可能与严重肾脏疾病、外源性糖皮质激素或肾上腺皮质功能亢进、急性胰腺坏死有关。这些病例可能在其他部位也有血栓栓塞病变。

### 临床特征

临床上，主动脉远端是最容易发现血栓栓塞疾病的位置。患犬通常因间歇性后肢跛行和患侧股动脉脉搏差而就诊。与猫相比，大多数犬在就诊前1～8周就出现临床症状。小于1/4的病例会出现无跛行前兆的亚

急性瘫痪，这在猫中很常见。犬的临床表现包括活动耐受性下降、疼痛、单侧或双侧跛行或无力（可能为渐进性，也可能为间歇性）、后肢麻痹、瘫痪和啃舐或对患肢或腰部区域敏感。尽管只有大约一半的患犬会出现突发性瘫痪或麻痹，通常在跛行或运动不耐受前（数天至数月）出现。常见于出现外周血管阻塞性疾病的间歇性跛行，可能是远端主动脉血栓栓塞疾病的征兆。症状包括在运动过程中出现疼痛、虚弱和跛行。直到无法行走为止，这些症状会越来越严重，然后症状又会消失。运动过程中的灌流不足会造成乳酸堆积和痉挛。

主动脉血栓栓塞患犬的体格检查异常包括：股动脉脉搏缺失或虚弱、神经肌肉紊乱、末端冰冷、后肢疼痛、趾部感受丧失、感觉过敏和甲床发绀。臂动脉和其他动脉偶尔也会出现栓塞。影响到腹腔器官的血栓栓塞疾病会引起腹痛，会有被波及器官受损的临床和实验室检查特征。

冠状动脉血栓栓塞可能与心律失常、心电图ST段和T波变化有关。室性心律失常（或其他）较为常见，但如果房室（AV）结区域受损，也可能会导致传导阻滞。急性心肌梗死/坏死的临床表现，可能与肺部血栓栓塞症相似，包括乏力、呼吸困难和心力衰竭。出现呼吸困难可能是由于肺部异常或左心衰竭（肺水肿）造成的，具体取决于潜在的疾病和心肌功能障碍的程度。有些呼吸窘迫的动物没有明显的肺浸润影像。潜在原因包括出现明显水肿（急性心肌功能障碍）之前肺静脉压增加、并发的肺栓塞等。出现心肌坏死的动物的其他表现包括猝死、心动过速、脉搏虚弱，肺音增强或水泡音、咳嗽、心脏杂音、体温过高或过低及消化道症状（不常有）。也可能存在其他全身性疾病的迹象。通过常规的组织病理学检查可能检测不到导致急性猝死的急性缺血性心肌损伤。

### 诊断

胸部影像被用于筛查心脏异常，尤其是对于有系统性动脉血栓栓塞和怀疑有肺栓塞造成肺部影像异常的动物。也可能发现与血栓栓塞相关的心衰或其他肺部疾病（例如，肿瘤，HWD，其他感染）的迹象。

对于确定是否可能有心脏疾病（和什么类型的）来讲，一个完整的超声心动图检查至关重要。二维超声心动图可以很容易地看到左心室、右心室、近端大血管内的血栓。患冠状动脉血栓栓塞的犬，超声心动图检查可揭示伴随或不伴随部分功能失调的心肌收缩减少。与周围心肌组织相比，继发于慢性缺血或梗死的心肌纤

维化表现为高回声。在心脏心内膜炎、肿瘤和其他炎性疾病患犬中,有时会出现自体回声对比(旋转烟雾状)。犬和猫类似,它会伴随高纤维蛋白原血症,提示患血栓栓塞疾病的风险增加。腹部超声检查应该可以观察到主动脉远端(有时是其他血管)血栓。多普勒检查在某些病例中可以探测到部分或完全的血流阻塞。

当超声检查没有把握或不可行时,可用血管造影或其他成像方式来探测血管阻塞。血管造影也可显示出侧支循环的程度;根据患病动物的体型和血栓的疑似发生位置,来确定是使用选择性还是非选择性的检测方法。

常规实验室检查结果很大程度上取决于血栓栓塞相关疾病的病程。全身动脉血栓栓塞病也可使肌肉酶浓度升高,骨骼肌缺血、坏死等。在血栓栓塞发生不久后,AST 和 ALT 的活性就会上升。广泛的肌肉损伤也可导致乳酸脱氢酶和肌酸激酶(CK)的活性增加。

血栓栓塞病患的凝血试验结果可能性较多。FDP或 D-dimer 的浓度可能会升高,但有炎性疾病的患病动物也会升高,且对血栓栓塞或 DIC 而言,并非特异性诊断指标。在肿瘤、肝脏疾病和免疫介导性溶血等疾病中,病患的 D-dimer 水平也会轻度上升。这可能提示存在亚临床血栓栓塞或其他也会引起凝血机制激活的疾病。体腔出血也会导致 D-dimer 浓度升高。由于这种情况与纤维蛋白形成增加有关,D-dimer 水平升高可能并不表明血栓栓塞。D-dimer 浓度低时,用D-dimer 检测病理性血栓形成的特异性较低,但在较低浓度时,高灵敏度则是一项重要的筛选工具。D-dimer测试对于 DIC 而言,其特异性与 FDP 检测差不多。有很多种有关犬 D-dimer 检测的试验;有些是定性或半定量的(即乳胶凝集、免疫层析、免疫渗滤试验,以及其他),其他的则是定量的(即免疫比浊法,酶免疫测定法)。重要的是要在配合其他临床和试验结果的背景下,来综合判读 D-dimer 的检查结果。在犬猫上,也可作血液循环中的 AT 和 C 蛋白、S 蛋白的检查。这些蛋白质的缺陷与血栓形成风险的增加有关。

血栓弹力图(Thromboelastography,TEG)可作为一项评估凝血情况的检测方法,且在评估患血栓栓塞动物的情况时非常有价值。但是,大多数患主动脉血栓栓塞的灰猎犬和视觉猎犬的 TEG 结果却在正常范围内。

## 治疗和预后

急性血栓栓塞患犬的治疗目标与血栓栓塞患猫的相同:通过支持治疗来稳定患病动物的病情,防止已形成的血栓进一步扩大,以及形成新的血栓栓塞,减少栓子的大小,恢复灌注。采用支持护理来改善和维持足够的组织灌注、减少进一步的内皮损伤和瘀血、优化器官功能,以及有充足的时间建立侧支循环。尽可能纠正或管理潜在的疾病,这一点很重要。抗血小板和抗凝药物可用来降低现有血栓增大和血小板聚集(框 12-3)。华法林治疗已被成功用于主动脉血栓患犬的长期治疗(见后文);若血小板数目充足,可同时使用阿司匹林或氯吡格雷。如果可行的话,应该使用 TEG 的结果来监测血栓栓塞患病动物对抗凝血药的反应。

框 12-3 中列举了一些用于急性血栓栓塞疾病应对策略。虽然在某些病例中使用了溶栓治疗,但其剂量不确定,护理需求加强,以及潜在的严重并发症等因素,限制了其使用。据报道,犬的链激酶治疗方案是:90 000 IU,静脉滴注,注射时间超过 20~30 min,然后继续以 45 000 IU/h 的速率连续给药 3(~12)h。一小部分犬采用此方案后获得了极大的成功。尿激酶在犬身上的临床应用似乎更加有限,并与猫的治疗方案当中所描述的一样,其死亡率极高。rt-PA 已用于犬,有不同程度的疗效,单次注射剂量为 1 mg/kg,每小时1 次,连用 10 次,配合静脉补液和其他支持治疗,并密切监测病患的状况。犬 t-PA 的半衰期是 2~3 min,但由于结合在纤维蛋白上,效果持续的时间会变长。再灌注损伤所导致的后果是溶栓治疗的严重并发症。铁螯合剂甲磺酸去铁敏可用于涉及铁的自由基所引起的氧化损伤。也可使用别嘌呤醇,但效果不明确。采用取栓导管的栓子切除术,在猫上的应用中效果不佳,但可能在大型犬上效果较好。在一些患犬中,已成功使用动脉支架植入术来治疗来主动脉血栓栓塞。

液体疗法被用来扩大血容量、支持血压水平及纠正电解质和酸/碱异常,这取决于患病动物的个体需求。然而,对于心脏病,尤其是慢性心力衰竭的动物,液体治疗的使用应非常谨慎(如果需要的话)。在循环量恢复后仍然存在体温过低,可通过外部保温来解决。按前文所提供的指示来治疗心脏病,CHF 和心律失常(见第 3 章和第 4 章及其他相关章节)。急性呼吸症状可能提示有充血性心力衰竭、疼痛或肺栓塞。鉴别诊断相当重要,因为利尿剂或血管扩张剂治疗可能会使非慢性心力衰竭动物的灌注减少。

由于急性动脉栓塞会非常疼痛,所以镇痛治疗在这一类病例中非常重要,尤其是最初发生的 24~36 h(框 12-3)。对于某些患主动脉血栓栓塞的患病动物而言,对患肢作宽松包扎来预防自体损伤可能比较重要。

每日需监测肾功能和血液电解质浓度,若进行溶栓治疗,监测频率则应更大。在开始的数日进行持续 ECG 监护,可能有助于医生监测因再灌流而出现的高血钾(见第二章)。总的来说,预后较差。

长期华法林口服治疗可提高主动脉栓塞患犬的机动性。在开始治疗后数日内,后肢功能即可得到改善;然而,大多数病例需要 2 周或更长时间。主动脉栓塞患犬的华法林标准给药方案已有描述(Winter RL et al,2012)。华法林的初始剂量为 0.05～0.2 mg/kg,每天口服 1 次;一周的总剂量取决于表 12-1 中的指南所计算出的 INR。可能需通过改变每日剂量来改变每周总剂量。

 **表 12-1　每周华法林总量调整指南**[*]

| INR | 每周华法林总量调整方法 | INR 复查间隔 |
|---|---|---|
| 1.0～1.4 | TWD 增加 10%～20% | 1 周 |
| 1.5～1.9 | TWD 增加 5%～10% | 2 周 |
| 2.0～3.0 | TWD 不变 | 4～6 周 |
| 3.1～4.0 | TWD 减少 5%～10% | 2 周 |
| 4.1～5.0 | 华法林停药 1 天,TWD 减少 10%～20% | 1 周 |
| >5.0 | 华法林暂停,直到 INR < 3.0,TWD 减少 20%～40% | 1 周 |

INR,international normalized ratio:国际标准化比值,
$INR =($动物 $PT/$对照 $PT)^{ISI}$
对照 PT,平均凝血时间的实验室参考范围平均值;
ISI,international sensitivity index(of the thromboplastin reagent):凝血活酶的国际敏感指数;TWD,每周华法林总剂量。
引自:Winter RL et al: Aortic thrombosis in dogs: presentation, therapy, and outcome in 26 cases, *J Vet Cardiol* 14:333,2012.

### 预防动脉血栓栓塞

预防策略与猫使用的一样。可考虑使用的药物为阿司匹林、氯吡格雷、LMWH 或华法林。对于 IMHA 患犬,阿司匹林或氯吡格雷与免疫抑制疗法联用,可能会更有效。即使没有发现呕吐或厌食的临床症状,使用阿司匹林的犬内窥镜检查常发现胃肠道溃疡灶。正常犬使用氯吡格雷能抑制 ADP 诱导的血小板聚集,不会引起胃肠道溃疡。犬口服 1～3 mg/kg,在 3 d 内可以达到最大抗血小板作用。停药后 7 d 药效降至最低。用药后 1 h 后,氯吡格雷的活性代谢物(SR 26334)达到峰值浓度。更低剂量的氯吡格雷在肝 P450 酶的作用下具有抗血小板作用。为了更好地确定剂量选择指南,需要更多临床试验。如果使用华法林,常用的初始剂量为 0.1～0.2 mg/kg,口服,1 天 1 次。犬两天的负荷剂量

为 0.2 mg/kg,该剂量应该是安全的。

## 静脉栓塞
### (VENOUS THROMBOSIS)

临床上,大静脉栓塞比小静脉更明显。头侧腔静脉栓塞与犬的 IMHA 和/或免疫介导性血小板减少症、败血症、肿瘤、蛋白丢失性肾病、真菌病、心脏疾病和糖皮质激素治疗(尤其是患全身性炎症的动物)有关。大多数病例有多个易患因素。留置颈静脉导管会增加脑静脉血栓形成的风险,可能是通过引起血管内皮损伤、层流阻断或作为血凝的场所而造成的。

门静脉血栓形成,DIC,患胰腺炎和胰腺坏死的犬可能会有伴随 DIC 的门静脉血栓。患门静脉血栓的患犬有时候也会诊断有腹膜炎、肿瘤、肝炎、蛋白丢失性肾病、血管炎。大部分有门静脉或脾静脉血栓形成的犬有皮质类固醇用药史。

体循环静脉栓塞会产生与堵塞处静脉逆流压相关的症状。前腔静脉血栓栓塞会导致前腔静脉综合征。前腔静脉综合征的特点是头、颈、双侧前肢同时发生皮下水肿;产生这种综合征的另一原因是前腔静脉外部挤压,尤其是肿瘤组织。有时会出现胸膜腔积液。积液性质通常为乳糜液,因为汇入头侧腔静脉的胸导管内的淋巴液也会受到影响。某些病例可触及扩张至颈静脉的血栓。因为腔静脉堵塞会减少肺血管的血流和左心的充盈,常会出现与低心输出量相关的症状。

腔静脉栓塞可能在超声检查时发现,尤其是栓子扩张到右心房时。门静脉栓塞和主动脉或其他外周血管大栓子也可在超声检查时发现。

临床病理学发现通常会反映出血管堵塞造成的潜在疾病和组织损伤。前腔静脉栓塞与血小板减少症有关。处理方法在前文动脉栓塞的部分有介绍;其他治疗方法包括放置血管支架等。

### ◈推荐阅读

Alwood AJ et al: Anticoagulant effects of low-molecular–weight heparins in healthy cats, *J Vet Intern Med* 21:378, 2007.

Bedard C et al: Evaluation of coagulation markers in the plasma of healthy cats and cats with asymptomatic hypertrophic cardiomyopathy, *Vet Clin Pathol* 36:167, 2007.

Boswood A, Lamb CR, White RN: Aortic and iliac thrombosis in six dogs, *J Small Anim Pract* 41:109, 2000.

Bright JM, Dowers K, Powers BE: Effects of the glycoprotein IIb/IIIa antagonist abciximab on thrombus formation and platelet function in cats with arterial injury, *Vet Ther* 4:35, 2003.

Carr AP, Panciera DL, Kidd L: Prognostic factors for mortality and thromboembolism in canine immune-mediated hemolytic anemia: a retrospective study of 72 dogs, *J Vet Intern Med* 16:504, 2002.

De Laforcade AM et al: Hemostatic changes in dogs with naturally occurring sepsis, *J Vet Intern Med* 17:674, 2003.

Goggs R et al: Pulmonary thromboembolism, *J Vet Emerg Crit Care (San Antonio)* 19:30, 2009.

Goncalves R et al: Clinical and neurological characteristics of aortic thromboembolism in dogs, *J Small Anim Pract* 49:178, 2008.

Good LI, Manning AM: Thromboembolic disease: physiology of hemostasis and pathophysiology of thrombosis, *Compend Contin Educ Pract Vet* 25:650, 2003.

Good LI, Manning AM: Thromboembolic disease: predispositions and clinical management, *Compend Contin Educ Pract Vet* 25:660, 2003.

Goodwin JC, Hogan DF, Green HW: The pharmacodynamics of clopidogrel in the dog, *J Vet Intern Med* 21:609, 2007.

Goodwin JC et al: Hypercoagulability in dogs with protein-losing enteropathy, *J Vet Intern Med* 25:273, 2011.

Hogan DF et al: Antiplatelet effects and pharmacodynamics of clopidogrel in cats, *J Am Vet Med Assoc* 225:1406, 2004.

Hamel-Jolette A et al: Plateletworks: a screening assay for clopidogrel therapy monitoring in healthy cats, *Can J Vet Res* 73:73, 2009.

Kidd L, Stepien RL, Amrheiw DP: Clinical findings and coronary artery disease in dogs and cats with acute and subacute myocardial necrosis: 28 cases, *J Am Anim Hosp Assoc* 36:199, 2000.

Laurenson MP et al: Concurrent diseases and conditions in dogs with splenic vein thrombosis, *J Vet Intern Med* 24:1298, 2010.

Licari LG, Kovacic JP: Thrombin physiology and pathophysiology, *J Vet Emerg Crit Care (San Antonio)* 19:11, 2009.

Lunsford KV, Mackin AJ: Thromboembolic therapies in dogs and cats: an evidence-based approach, *Vet Clin North Am Small Anim Pract* 37:579, 2007.

Mellett AM, Nakamura RK, Bianco D: A prospective study of clopidogrel therapy in dogs with primary immune-mediated hemo-lytic anemia, *J Vet Intern Med* 25:71, 2011.

Moore KE et al: Retrospective study of streptokinase administration in 46 cats with arterial thromboembolism, *J Vet Emerg Crit Care* 10:245, 2000.

Nelson OL, Andreasen C: The utility of plasma D-dimer to identify thromboembolic disease in dogs, *J Vet Intern Med* 17:830, 2003.

Olsen LH et al: Increased platelet aggregation response in Cavalier King Charles Spaniels with mitral valve prolapse, *J Vet Intern Med* 15:209, 2001.

Ralph AG et al: Spontaneous echocardiographic contrast in three dogs, *J Vet Emerg Crit Care (San Antonio)* 21:158, 2011.

Respess M et al: Portal vein thrombosis in 33 dogs: 1998-2011, *J Vet Intern Med* 26:230, 2012.

Schermerhorn TS, Pembleton-Corbett JR, Kornreich B: Pulmonary thromboembolism in cats, *J Vet Intern Med* 18:533, 2004.

Smith CE et al: Use of low molecular weight heparin in cats: 57 cases (1999-2003), *J Am Vet Med Assoc* 225:1237, 2004.

Smith SA et al: Arterial thromboembolism in cats: acute crisis in 127 cases (1992-2001) and long-term management with low-dose aspirin in 24 cases, *J Vet Intern Med* 17:73, 2003.

Smith SA, Tobias AH: Feline arterial thromboembolism: an update, *Vet Clin North Am: Small Anim Pract* 34:1245, 2004.

Stokol T et al: D-dimer concentrations in healthy dogs and dogs with disseminated intravascular coagulation, *Am J Vet Res* 61:393, 2000.

Stokol T et al: Hypercoagulability in cats with cardiomyopathy, *J Vet Intern Med* 22:546, 2008.

Thompson MF, Scott-Moncrieff JC, Hogan DF: Thrombolytic therapy in dogs and cats, *J Vet Emerg Crit Care* 11:111, 2001.

Van De Wiele CM et al: Antithrombotic effect of enoxaparin in clinically healthy cats: a venous stasis model, *J Vet Intern Med* 24:185, 2010.

Van Winkle TJ, Hackner SG, Liu SM: Clinical and pathological features of aortic thromboembolism in 36 dogs, *J Vet Emerg Crit Care* 3:13, 1993.

Winter RL et al: Aortic thrombosis in dogs: presentation, therapy, and outcome in 26 cases, *J Vet Cardiol* 14:333, 2012.

Welch KM et al: Prospective evaluation of tissue plasminogen activator in 11 cats with arterial thromboembolism, *J Feline Med Surg* 12:122, 2010.

◆附件

### 附表　用于心血管疾病的药物

| 通用名 | 商品名 | 犬 | 猫 |
|---|---|---|---|
| **利尿剂** | | | |
| 呋塞米 | 速尿<br>Lasix<br>Salix | ≥1~3 mg/kg,8~24 h 1 次,长期口服(使用最低有效剂量);或者紧急治疗:2~5(~8) mg/kg,1~4 h 1 次,直至 RR 减少,然后 1~4 mg/kg,6~12 h 1 次,静脉注射/肌肉注射/皮下注射,或者 0.6~1 mg/(kg·h) CRI(恒速输注)(见第 3 章) | 1~2 mg/kg,8~12 h 1 次,长期口服(使用最低有效剂量);或者急性治疗:≤4 mg/kg,1~4 h 1 次,直至 RR 减少,然后据需要每 6~12 h 1 次,静脉注射/肌肉注射/皮下注射 |
| 螺内酯 | 安体舒通 | 0.5~2 mg/kg PO,(12~)24 h 1 次 | 0.5~1 mg/kg PO,(12~)24 h 1 次 |
| 氯噻嗪 | | 10~40 mg/kg PO,12~48 h 1 次,自低剂量开始 | 10~40 mg/kg PO,12~48 h 1 次,自低剂量开始 |

续附表

| 通用名 | 商品名 | 犬 | 猫 |
|---|---|---|---|
| 氢氯噻嗪 | | 0.5~4 mg/kg PO,12~48 h 1 次,自低剂量开始 | 0.5~2 mg/kg PO,12~48 h 1 次,自低剂量开始 |
| **血管紧张素转化酶抑制剂** | | | |
| 依那普利 | Enacard<br>Vasotec | 0.5 mg/kg,PO,12~24 h 1 次;<br>或用于高血压危像:依那普利拉:0.2 mg/kg IV,据需要每 1~2 h 重复 1 次; | 0.25~0.5 mg/kg,PO,(12~)24 h 1 次 |
| 贝那普利 | 洛汀新 | 0.25~0.5 mg/kg PO,(12~)24 h 1 次 | 0.25~0.5 mg/kg PO,(12~)24 h 1 次 |
| 甲巯丙脯酸 | 卡托普利 | 0.5~2 mg/kg PO,8~12 h 1 次 | 0.5~1.25 mg/kg PO,(8~)24 h 1 次 |
| 赖诺普利 | Prinivil<br>Zestril | 0.25~0.5 mg/kg PO,(12~)24 h 1 次 | 0.25~0.5 mg/kg PO,24 h 1 次 |
| 福辛普利 | 蒙诺 | 0.25~0.5 mg/kg PO,24 h 1 次 | — |
| 雷米普利 | Altace | 0.125~0.25 mg/kg PO,24 h 1 次 | 0.125 mg/kg PO,24 h 1 次 |
| 咪达普利 | 心安 | 0.25 mg/kg PO,24 h 1 次 | — |
| **其他血管扩张药** | | | |
| 肼苯哒嗪 | Apresoline | 0.5~2 mg/kg PO,12 h 1 次(初始剂量 1 mg/kg)<br>失代偿性慢性心力衰竭:0.5~1 mg/kg PO,2~3 h 重复给药 1 次,然后 12 h 1 次(见第 3 章);<br>高血压风险患者:0.2 mg/kg,IV 或 IM,据需要每 2 h 1 次 | 每头份 2.5(最高 10)mg/次,PO,12 h 1 次 |
| 苯磺酸氨氯地平 | 络活喜 | 0.05~0.3(~0.5)mg/kg PO,(12~)24 h 1 次 | 每头份 0.625(~1.25)mg(或 0.1~0.5 mg/kg),PO,24(~12)h 1 次 |
| 硝普钠 | Nitropress | 0.5~1 μg/(kg·min)(初始剂量),CRI,至 5~15 μg/(kg·min),CRI | 同犬 |
| 2%硝化甘油软膏 | 硝酸甘油 | 0.5~1.5 英寸,6~8 h 1 次,经皮给药 | 0.25~0.5 英寸,6~8 h 1 次,经皮给药 |
| 硝酸异山梨酯 | 异山梨醇硝酸酯 | 0.5~2 mg/kg,PO,(8)~12 h 1 次 | — |
| 枸橼酸西地那非 | 伟哥/万艾可 | 用于肺动脉高压:1~2(~3)mg/kg,8~12 h 1 次(见第 3 章及第 5 章) | 同犬? |
| 哌唑嗪 | 脉宁平 | 0.05~0.2 mg/kg PO,8~12 h 1 次 | 不使用 |
| 酚苄明 | Dibenzyline | 0.25 mg/kg PO,8~12 h 1 次,或 0.5 mg/kg,24 h 1 次 | 2.5 mg/猫,PO,8~12 h,或 0.5 mg/kg,(12~)24 h 1 次 |
| 酚妥拉明<br>乙酰丙嗪 | Regitine | 0.02~0.1 mg/kg IV,CRI 至起效<br>0.05~0.1 mg/kg(总量不超过 3 mg),IV(IM/SC) | 同犬<br>同犬 |
| **正性肌力药物** | | | |
| 匹莫苯丹 | Vetmedin | 0.2~0.3 mg/kg,PO,12 h 1 次 | 同犬,或 1.25 mg/猫,PO,12 h 1 次 |
| 地高辛 | Cardoxin<br>Digitek<br>Lanoxin | 口服:<br><22 kg:0.005~0.008 mg/kg,12 h 1 次;<br>>22 kg:0.22 mg/m² 或 0.003~0.005 mg/kg,12 h 1 次;按照 10% 的药量逐渐减少用药,最多不超过 0.5 mg/d;(杜宾犬 0.375 mg/d) | 口服:<br>0.007 mg/kg(或 0.25 片/只,0.125 mg/片),48 h 1 次<br>静脉注射(不推荐)负荷:0.005 mg/kg,先给总量的 1/2,1~2 h 后据需要再给 1/4; |

续附表

| 通用名 | 商品名 | 犬 | 猫 |
|---|---|---|---|
| | | 口服负荷剂量:维持剂量的1～2倍<br>静脉注射负荷剂量(不推荐):0.01～0.02 mg/kg,总剂量的1/4量负荷,2～4 h内缓慢给药至起效 | |
| 多巴酚丁胺 | 多巴酚丁胺 | 1～10(～20)$\mu g$/(kg·min),CRI(低剂量起始) | 1～5 $\mu g$/(kg·min),CRI(低剂量起始) |
| 多巴胺 | 多巴胺 | 1～10 $\mu g$/(kg·min),CRI(低剂量起始) | 1～5 $\mu g$/(kg·min),CRI(低剂量起始) |
| 氨吡酮 | 氨力农 | 1～3 mg/kg起始剂量,IV;<br>10～100 $\mu g$/(kg·min),CRI | 同犬? |
| 米力农 | Primacor | 50 $\mu g$/kg,在≥10 min静脉推注完毕;<br>0.375～0.75 $\mu g$/(kg·min),CRI(人) | 同犬? |
| **抗心律失常药**<br>**Ⅰ类** | | | |
| 利多卡因 | Xylocaine | 初始计量 2 mg/kg 缓慢静脉注射,最高 8 mg/kg;或者快速静脉输注:0.8 mg/(kg·min)至起效,然后 25～80 $\mu g$/(kg·min),CRI | 初始计量 0.25～0.5(或1)mg/kg缓慢静脉注射,可重复注射 0.15～0.25 mg/kg,总量不超过 4 mg/kg;起效后,10～40 $\mu g$/(kg·min),CRI; |
| 普鲁卡因胺 | Pronestyl<br>Pronestyl SR<br>Procan SR | 6～10(最高20)mg/kg,5～10 min IV;<br>10～50 $\mu g$/(kg·min),CRI;<br>6～20(最高30)mg/kg,IM,4～6 h 1 次;<br>10～25 mg/kg PO,6 h 1 次(缓释:6～8 h 1 次) | 1～2 mg/kg,缓慢静脉注射;<br>10～20 $\mu g$/(kg·min) CRI;<br>7.5～20 mg/kg,IM;<br>口服,(6～)8 h 1 次 |
| 奎尼丁 | Quinidex<br>Extentabs<br>Quinaglute<br>Dura-Tabs<br>Cardioquin | 6～20 mg/kg,肌肉注射,6 h 1 次(负荷剂量 14～20 mg/kg);<br>6～16 mg/kg,PO,6 h 1 次;<br>缓释剂:8～20 mg/kg PO,8 h 1 次 | 6～16 mg/kg IV PO,8 h 1 次 |
| 美西律 | Mexitil | 4～10 mg/kg PO,8 h 1 次 | — |
| 苯妥英 | 狄兰汀 | 10 mg/kg 缓慢静脉注射;<br>20～50 mg/kg PO,8 h 1 次 | 不使用 |
| 丙氨苯丙酮 | 普罗帕酮 | 2～4(最高 6)mg/kg PO,8 h 1 次(自最低剂量开始给药) | — |
| 氟卡尼 | Tambocor | 1～5 mg/kg PO,(8～)12 h 1 次 | — |
| **Ⅱ类** | | | |
| 阿替洛尔 | Tenormin | 0.2～1 mg/kg,PO,12～24 h 1 次(自最低剂量开始给药) | 6.25～12.5 mg/猫,PO,12～24 h 1 次 |
| 普萘洛尔 | 心得安 Inderal | IV:初始剂量 0.02 mg/kg,缓慢注射,最高 0.1 mg/kg<br>口服:初始剂量 0.1～0.2 mg/kg,8 h 1 次,最高剂量 1 mg/kg,8 h 1 次 | IV:同犬<br>口服:每头份 2.5～10 mg,8～12 h 1 次 |
| 艾司洛尔 | Brevibloc | 0.1～0.5 mg/kg IV,注射时间不低于 1 min(负荷剂量),而后以 0.025～0.2 mg/(kg·min)的速度持续静脉输注 | 同犬 |
| 美托洛尔 | Lopressor | 初始剂量 0.1～0.2 mg/kg PO,8(～12)h 1 次;<br>最高剂量 1 mg/kg,8(～12)h 1 次 | — |

续附表

| 通用名 | 商品名 | 犬 | 猫 |
|---|---|---|---|
| 卡维地洛 | Coreg | 0.05 mg/kg,24 h 1 次（用于心脏疾病的初始剂量）据效果可逐渐调整至 0.2～0.4 mg/kg PO,12 h 1 次;如有必要最高剂量可用至 1.5 mg/kg PO,12 h 1 次（见第 3 章） | — |
| 拉贝洛尔 | | （高血压危象）0.25 mg/kg IV,输注时间超过 2 min,可重复注射,最高剂量 3.75 mg/kg,而后以 25 $\mu$g/(kg·min)的速度 CRI | 同犬 |
| **Ⅲ类** | | | |
| 索他洛尔 | Betapace | 1～3.5(～5)mg/kg PO,12 h 1 次 | 每头份 10～20 mg(或 2～4 mg/kg),PO,12 h 1 次 |
| 胺碘酮 | Cordarone Pacerone | 10 mg/kg PO,12 h 1 次,连用 7 天,然后 8 mg/kg,PO,24 h 1 次（更低剂量与更高剂量也曾应用过）;3(～5) mg/kg 缓慢静脉注射(10～20 min 以上注射完),建议使用苯海拉明预处理(可重复使用胺碘酮,但 1 h 内使用剂量不超过 10 mg/kg) | — |
| **Ⅳ类** | | | |
| 地尔硫䓬 | Cardizem Cardizem-CD Dilacor XR | 口服维持剂量:首剂量 0.5 mg/kg(不超过 2 mg/kg),PO,8 h 1 次;室上性心动过速时紧急静脉注射:0.15～0.25 mg/kg,2～3 min 静脉注射完毕,可每 15 min 重复注射 1 次,直至好转或达最大剂量 0.75 mg/kg;CRI:2～8 $\mu$g/(kg·min);口服负荷剂量:0.5 mg/kg PO,随后 0.25 mg/kg PO,1 h 1 次,至好转或总剂量达 1.5(～2)mg/kg;地尔硫䓬 XR:1.5～4(～6)mg/kg PO,12～24 h 1 次 | 同犬 肥厚性心肌病患猫:1.5～2.5 mg/kg(或每头份 7.5～10 mg),PO,8 h 1 次;缓释剂:地尔硫䓬(Dilacor)XR:30 mg/(猫·天)(即规格为 240 mg 明胶胶囊中 60 mg 控释片的一半剂量),如有必要,部分患猫可增加剂量至 60 mg/d;地尔硫䓬-CD:10 mg/(kg·d)(45 mg/猫,≈105 mg 地尔硫䓬-CD,或者装满 4 号明胶胶囊小头端内的剂量 |
| 维拉帕米/异搏定 | Calan Isoptin | 0.02～0.05 mg/kg,缓慢静脉注射,可每 5 min 重复给药 1 次,总量不超过 0.15(～0.2)mg/kg;0.5～2 mg/kg,PO,8 h 1 次;(注意:首选地尔硫䓬,避免心力衰竭) | 首剂量 0.025 mg/kg 缓慢静脉注射,可每 5 min 重复给药 1 次,总量不超过 0.15(～0.2) mg/kg;0.5～1 mg/kg PO,8 h 1 次(注意:首选地尔硫䓬,避免心力衰竭) |
| **抗心律失常药** | | | |
| 阿托品 | | 0.02～0.04 mg/kg IV,IM,SC;阿托品试验:0.04 mg/kg IV（见第 4 章） | 同犬 |
| 格隆溴铵 | 胃长宁 | 0.005～0.01 mg/kg IV IM;0.01～0.02 mg/kg SC | 同犬 |
| 溴丙胺太林 | 普鲁本心 | 0.25～0.5 mg/kg 或 每头份 3.73～30 mg PO,8～12 h 1 次 | — |
| 莨菪碱 | Anaspaz, Levsin | 0.003～0.006 mg/kg PO,8 h 1 次 | — |
| **拟交感神经药** | | | |
| 异丙肾上腺素 | 异丙肾上腺素 | 0.045～0.09 $\mu$g/(kg/min),CRI | 同犬 |

续附表

| 通用名 | 商品名 | 犬 | 猫 |
|---|---|---|---|
| 间羟叔丁肾上腺素 | 特布他林/博利康尼 | 每头份 1.25~5 mg PO,8~12 h 1 次 | 首剂量每头份 1/8~1/4 片(2.5 mg/片),PO,12 h 1 次<br>最高剂量 1/2 片,12 h 1 次 |

**用于心丝虫疾病的药物**

**心丝虫成虫杀虫剂**

| | | | |
|---|---|---|---|
| 美拉索明 | Immiticide | 见第 10 章<br>严格按照制造商的注射说明;替代方案(首选):首次注射 2.5 mg/kg IM,1 个月后使用标准方案:2.5 mg/kg,腰肌深部注射,24 h 内分 2 次注射 | — |

**心丝虫预防**

| | | | |
|---|---|---|---|
| 伊维菌素 | 犬心保 | 0.006~0.012 mg/kg PO,每月 1 次 | 0.024 mg/kg,PO,每月 1 次 |
| 米尔贝肟 | Interceptor | 0.5(~1)mg/kg PO,每月 1 次 | 2 mg/kg PO,每月 1 次 |
| 塞拉菌素 | 大宠爱 | 6~12 mg/kg,每月 1 次 | 同犬 |
| 莫西菌素~吡虫啉 | Advantage Multi | 2.5 mg/kg 莫西菌素及 10 mg/kg 吡虫啉,每月 1 次 | 1 mg/kg 莫西菌素及 10 mg/kg 吡虫啉,每月 1 次 |
| 乙胺嗪 | Filaribits Nemacide | 3 mg/kg(50% 的柠檬酸盐需 6.6 mg/kg),PO,24 h 1 次 | 同犬 |

**抗血栓形成药**

| | | | |
|---|---|---|---|
| 阿司匹林 | | 0.5 mg/kg,PO,12 h 1 次 | 低剂量:每只猫 5 mg,72 h 1 次;<br>每只猫 20~40 mg,一周 2~3 次,PO(见第 12 章) |
| 氯吡格雷 | Plavix | 1-2~4 mg/kg PO,24 h 1 次;<br>(口服负荷剂量 10 mg/kg) | 每只猫 18.75(~37.5) mg PO,24 h 1 次;<br>(口服负荷剂量每只猫 75 mg) |
| 肝素钠 | | 200~300 IU/kg,IV;随后 200~250 IU/kg,SC,6~8 h 1 次,根据需要可后续用药 2~4 d | 200~375 IU/kg,IV;随后 150~250 IU/kg,SC,6~8 h 1 次,根据需要可后续用药 2~4 d |
| 达肝素钠 | 法安明 | 100(~150)U/kg SC,8~12 h 1 次(见第 12 章) | 100~150 U/kg SC,(4~)6~12 h 1 次(见第 12 章) |
| 依诺肝素 | 依诺肝素 | 1(~1.5)mg/kg SC,6~12 h 1 次 | 1(~1.5)mg/kg SC,6~12 h 1 次 |

注:CHF:充血性心力衰竭;CRI:恒速输注;IM:肌肉注射;IV:静脉注射;PO:口服;RR:呼吸速率;SC:皮下注射。

# 第13章
## CHAPTER 13

# 鼻部疾病的临床概述
## Clinical Manifestations of Nasal Disease

## 概 述
## (GENERAL CONSIDERATIONS)

　　鼻腔和鼻窦的结构较为复杂,其上均有黏膜覆盖,在喙部有正常菌群寄生。鼻部疾病常与黏膜水肿、炎症和继发细菌感染有关,发病部位为局灶性或多灶性。这些因素混合作用使得诊断难度更大,只有通过全面、系统的检查才能对鼻部疾病做出精确的诊断。

　　鼻腔和鼻窦疾病通常会出现:鼻部分泌物、打喷嚏、打鼾(鼾声或鼻息声)、面部畸形和全身性症状(如嗜睡、食欲不振和体重减轻等),极少数病例还会出现中枢神经系统症状。其中,最为常见的症状是出现鼻部分泌物。在本章中,鼻部疾病的一般检查将放在鼻部分泌物中讨论,然后针对打喷嚏、打鼾和面部畸形进行分析,鼻孔狭窄将在短头品种气道综合征章节中讨论(见第18章)。

　　在整个鼻部疾病的论述中,将不断提及鼻部异物。异物大多数情况下通过鼻孔进入鼻腔,但有时会从口腔摄入,随后因咳嗽而进入鼻咽后部。植物是最常见的鼻部异物,草叶、种子排列在顶部并具有刚毛的草(草芒;图13-1)和薄而坚硬的叶子(如铅笔柏和雪松)具有只能单向移动的物理特性。可以想象一下一根草在你指尖滑动的情形,通常情况下草可以从一个方向平滑的移动,但反方向则难以移动。正因如此,尝试通过咳嗽或打喷嚏将异物排出时,反而将异物移动至体内更深的部位。鼻部异物在美国西部更为常见,那里广布狐尾草(其具有草芒),草芒可通过各种小孔(甚至是不完整的皮肤)进入机体,鼻孔是最常见的路径之一。

图13-1
典型的草芒。种子位于"狐尾草"的头部,并有坚硬的刚毛。这种结构使得草芒只能单向移动而难以排出机体(Courtesy Lynelle R. Johnson.)

## 鼻部分泌物
## (NASAL DISCHARGE)

### 分类和病因学

　　鼻部分泌物常见于鼻腔和鼻窦疾病,也见于一些下呼吸道疾病,如细菌性肺炎和传染性气管支气管炎;也可见于全身性疾病,如凝血紊乱和全身性高血压。鼻部分泌物分为浆液性、血性(鼻衄)和黏液脓性3种,其中黏液脓性又有血性和非血性之分。浆液性鼻部分泌物呈清亮水样,根据量和持续时间的不同,这种分泌物可能是健康动物的,也可能是上呼吸道病毒感染初期出现的,或者是逐渐发展为黏液脓性分泌物期间出现的。也就是说,一些导致黏液脓性分泌物的病因同时也可以在早期引起浆液性分泌物(框 13-1)。

　　黏液脓性鼻部分泌物为黏稠状,呈白色、黄色或绿色,提示炎症。大多数鼻内疾病都会引起炎症和继发性细菌感染,所以多数鼻部疾病都会出现黏液脓性分泌物。病因包括:传染性因素、异物、肿瘤、息肉、过敏原和口腔疾病的延伸(见框 13-1)。如果出现黏液脓性分泌物同时还伴有下呼吸道疾病症状,如咳嗽、呼吸窘迫或者听诊啰音,则应重点检查下呼吸道和肺实质。任何导致黏液脓性分泌物的病因均可引起出血,而严重的长时间出血伴黏液脓性分泌物常提示肿瘤或真菌感染。

　　持续出血(鼻衄)见于创伤、局部侵蚀性疾病(如肿瘤、霉菌感染)、全身性高血压或全身性凝血障碍。全身性凝血障碍导致鼻衄的疾病包括血小板减少症、血小板病、冯·威利布兰德症(von Willebrand disease)、灭鼠药中毒和血管炎。埃利希体病和落基山斑疹热能通过这些多重机制引发鼻衄。鼻腔异物在初期会引起鼻腔出血,但一般不会造成长时间的出血。任何原因引起的用力打喷嚏均可引发鼻出血。

## 诊断流程

　　通过完整的病史和体格检查,可将鼻部分泌物的鉴别诊断进行排序(见框 13-1)。根据与症状发作有关的病史和动物体况判断疾病的缓急。急症常表现为突然发病,如异物或猫的急性病毒感染,动物体况较好。而在一些慢性疾病(如真菌感染或肿瘤)中,症状长期存在,且动物体况较差,例如一段时间内持续呕吐、干呕或逆向喷嚏,可能提示鼻咽后部存在肿物、异物或渗出物。

　　根据病史和体格检查可以判断病变部位为单侧还是双侧。当鼻部分泌物为单侧时,可将 1 块凉的载玻片放在鼻孔处,检查无分泌物一侧的鼻孔是否通畅。如果在该侧鼻孔前观察不到载玻片的水雾,则患部为双侧。但有些时候双侧病变开始时可能只表现在一侧,而有的单侧病变也可能逐渐发展为双侧。全身性和感染性疾病常累及双侧鼻腔,而异物、息肉和齿根脓肿则以单侧发病为主。肿瘤常始发于一侧鼻腔,但可能进而侵害到鼻纵隔,发展为双侧性病变。

　　鼻头溃疡常见于犬鼻曲霉菌病(图 13-2)。息肉从外鼻孔突出是犬鼻孢子菌病和猫隐球菌病的典型症状。

　　头部应进行全面检查,内容包括:面部对称性、齿、齿龈、硬腭和软腭、下颌淋巴结和眼部等。肿物侵蚀到鼻腔之外的部位可导致面骨或硬腭变形、眼球突出无法复原。触诊鼻骨疼痛是曲霉菌病的典型症状。若发现有齿龈炎、牙石、牙齿松动或齿龈沟流脓,尤其

**框 13-1　犬猫鼻分泌物的鉴别诊断**

**浆液性分泌物**
正常
病毒感染
黏液脓性分泌物疾病的早期

**血性或非血性黏液脓性分泌物**
病毒感染
　猫疱疹病毒(鼻气管炎病毒)
　猫杯状病毒
　犬流感病毒
细菌感染(通常为继发)
真菌感染
　霉菌
　隐球菌
　青霉菌
　鼻孢子菌
鼻部寄生虫
　肺刺螨(类肺刺螨属)
　毛细线虫(鞘属)
异物
肿瘤
　癌
　肉瘤
　恶性淋巴瘤
鼻咽息肉
口腔疾病的延伸
　齿根脓肿
　口鼻瘘
　腭畸形
过敏性鼻炎
猫慢性鼻窦炎
犬慢性/淋巴细胞-浆细胞性鼻炎

**血性分泌物(鼻衄)**
鼻部疾病
　急性创伤
　急性异物
　肿瘤
　真菌感染
　其他能够引起黏液脓性分泌物的病因,较为少见
全身性疾病
　凝血紊乱
　● 血小板减少症
　● 血小板病
　● 凝血不良
　血管炎
　高黏血症综合征
　红细胞增多症
　全身性高血压

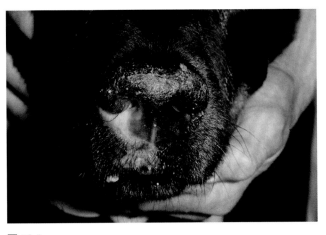

图 13-2

鼻头色素减退和溃疡是鼻曲霉菌病的特征。病变部位为单侧或双侧,腹侧最为严重。该犬表现为单侧色素减退和轻度溃疡。

是单侧发病时,应考虑口鼻瘘或齿根脓肿。当口腔背侧出现局灶性炎症和增生性齿龈时,应探查是否存在口鼻瘘。口腔常规检查并不能排除口鼻瘘或齿根脓肿。检查硬腭和软腭有无变形,是否有侵蚀性和先天性缺陷(如腭裂或发育不全)。下颌淋巴结增大提示可能有炎症或肿瘤,应对增大的淋巴结或硬实的结节进行细针穿刺,检查是否有微生物(例如隐球菌)及肿瘤细胞(图 13-3)。由于隐球菌病、埃利希体病和恶性淋巴瘤均伴有脉络膜视网膜炎,所以眼底检查十分必要(图 13-4)。全身性高血压或肿物侵蚀到眶骨都会导致视网膜剥离。鼻衄同时伴有其他部位的黏膜、皮肤出现瘀点,眼底、粪便和尿液出血则提示存在全身性凝血障碍。另外,黑粪症有可能是吞咽鼻腔内的血液造成的。

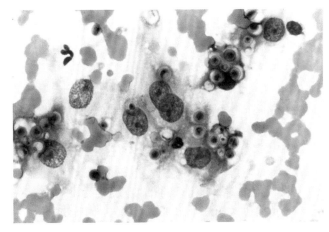

图 13-3

1 只面部畸形的猫细针抽吸显微检查。该猫鼻部分泌物或面部畸形的原因为隐球菌感染。通过对鼻分泌物进行抹片,对面部组织或增大的下颌淋巴结进行细针穿刺检查可观察到病原体。该病原体存在于细胞内或细胞外,大小不一,直径为 3～30 μm,荚膜较厚,小范围内有出芽生殖(narrow-based budding)。

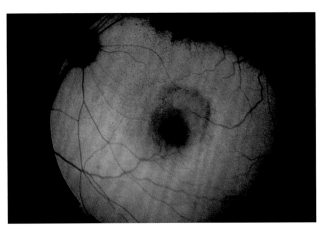

图 13-4

对有呼吸道疾病症状的动物进行眼底检查可以为诊断提供有用的信息。该图显示了由隐球菌导致的脉络膜视网膜炎的患猫视网膜中央区出现大片局灶性反射减弱的病灶。另外,还可见到反射减弱的小部分区域。左上角显示的是视神经乳头盘的图像。(**M. Davidson** 惠赠,**North Carolina State University, Raleigh, NC.**)

鼻部有分泌物的犬猫,应考虑进行诊断性检查(框 13-2)。通过症状、病史和体格检查做出初步判断,最终要通过以下检查进行确诊。一般来说,应从创伤较小的检查开始。对有鼻出血的犬猫进行的检查包括 CBC(全血细胞计数)、凝血检查(例如,活化凝血时间、凝血酶原或部分促凝血酶原时间)、口腔颊黏膜出血时间和动脉血压。对有鼻衄、黏膜出血时间延长的纯种犬可进行冯·威利布兰德因子测定。对生活环境中存在立克次氏体的鼻衄患犬进行埃利希体和落基山斑疹热筛查,还需考虑巴尔通体的筛查。对有可能与猫免疫缺陷病毒(FIV)和猫白血病病毒(FeLV)接触的长期流鼻涕的猫进行筛查。猫感染猫白血病病毒后易引起疱疹病毒或杯状病毒的慢性感染,感染免疫缺陷病毒后通常只是较长时间流鼻涕,但不并发其他上呼吸道病毒感染。

多数患鼻部疾病的动物胸部 X 线检查并无异常。然而,胸部 X 线检查有助于诊断原发性支气管肺部疾病、肺部隐球菌病和肿瘤病灶的转移;也有助于对需要进行鼻部影像学检查、鼻内窥镜和鼻部活组织检查的动物进行麻醉前检查。

用拭子在猫的鼻表面取样进行细胞学检查,可以检查到隐球菌(见图 13-3),另外,非特异性检查结果还包括:背景中的蛋白质物质、中等至大量炎性细胞,以及细菌。对于有急性或慢性鼻炎的猫,可以检查是否有疱疹病毒和杯状病毒感染。这些检查更有助于评估猫舍的问题,而非个体病例的情况(参见第 15 章)。

**框 13-2　犬猫慢性鼻部分泌物的一般诊断程序**

**第 1 步（无创检查）**

| 所有动物 | 犬 | 猫 | 有出血的犬猫 |
|---|---|---|---|
| 病史 | 霉菌滴度 | 鼻拭子细胞学检查 | CBC |
| 体格检查 | | （隐球菌病） | 血小板记数 |
| 眼底检查 | | 隐球菌抗原滴度 | 凝血时间 |
| 胸部 X 线检查 | | 病毒检测 | 口腔颊黏膜出血时间 |
| | | 　猫白血病病毒 | 立克次氏体滴度（犬） |
| | | 　猫免疫缺陷病毒 | 动脉血压 |
| | | 　±疱疹病毒 | 冯·威利布兰德（von Willebrand's） |
| | | 　±杯状病毒 | 　因子测定（犬） |

**第 2 步 所有动物（需要全身麻醉）**
鼻部 X 线检查和计算机断层摄影术（CT）
口腔检查
鼻内窥镜检查：外鼻孔和鼻咽
鼻部活组织/组织学检查
深鼻部培养
　真菌
　细菌（意义不确定）

**第 3 步 所有动物（通常在需要时进行）**
计算机体层摄影术（如果之前没有做过）或磁共振成像（MRI）
额窦探查（如果已进行 CT、MRI 或 X 线检查）

**第 4 步 所有动物（特定动物）**
重复第 2 步的 CT 或 MRI
施行鼻甲切开术进行探查

可以对犬的曲霉菌以及犬猫隐球菌进行抗体滴度检查。通过检查血液中的抗体来检测曲霉菌，如果结果为阳性，则说明存在该病原体感染，但如果结果为阴性，并不能排除感染，应结合 X 线检查、鼻内窥镜检查、鼻部组织学检查和微生物培养结果进行综合诊断。

血样中隐球菌的检查使用的是乳胶凝集荚膜抗原试验（latex agglutination capsular antigen test，LCAT）。通常可以从采集到的感染器官样本中确认微生物，从而做出确切诊断。当其他检查未发现病原体但怀疑有隐球菌感染时，可进行 LCAT。还可以在确诊此病之后用 LCAT 来监测治疗效果（参见第 95 章）。

一般来说，对于大多数非急性病毒感染的犬猫，都需要进行 X 线或 CT 检查、鼻内窥镜检查、鼻腔深部微生物培养，进而对鼻内疾病进行确诊。进行这些检查时动物需要全身麻醉。首先进行 X 线或 CT 检查，然后进行口腔检查和鼻内窥镜检查，最后进行取样。之所以按照这个顺序进行，是因为 X 线、CT 及鼻内窥镜通常有助于确定活检取样部位。另外，如果先进行活组织取样，很容易因为组织出血使 X 线和鼻内窥镜检查的视野模糊。此外，对于怀疑急性吸入异物的犬猫，先进行鼻内窥镜检查也是为了尽早识别并取出异物。（鼻部 X 线、CT 和鼻内窥镜检查详见第 14 章。）

综合影像学、鼻内窥镜和鼻部活组织检查等方法，犬鼻部疾病诊断的准确率达到 80%。靠上述方法仍无法确诊的患犬，需进一步检查。对猫来说，情况比较复杂。有慢性鼻分泌物的猫，在很大比例上患有猫慢性鼻窦炎（特发性鼻炎），所以只能通过排除法进行诊断。只有当出现的症状提示存在其他疾病、病情不断恶化或者动物主人无法忍受时，才需要对猫采取进一步检查。

依靠上述方法无法确诊时，应该考虑进行鼻部 CT 检查。CT 可清晰地呈现出鼻甲和一些小肿物，这是 X 线和鼻内窥镜检查无法做到的。同时，在评估鼻部肿瘤侵袭范围方面，CT 也比 X 线和鼻内窥镜检查更准确。磁共振成像（MRI）对于软组织的评估比 CT 更准确，例如鼻部肿物。如果没有确诊，需要在 1～2 个月之后再次进行影像学（最好是 CT 或 MRI）、鼻镜和活组织检查。

对于额窦内出现液体或软组织密度影像，但又没有得到诊断结果的患犬，应考虑进行额窦探查。特别是曲霉菌病，可能位于额窦内，而鼻内窥镜检查却无法发现。

鼻切开术是最后的诊断方法（需要将鼻甲切开）。

通过手术将鼻部切开可以直观地观察到鼻腔内的异物、肿物或真菌斑块，同时也易获得活组织检查和培养所需的样本。对于手术方式（鼻切开术和鼻甲切开术），应在充分权衡其与其他方法的利弊下进行选择。推荐读物部分列出了手术方法的相关信息。

# 打喷嚏
## (SNEEZING)

### 病因学和诊断程序

打喷嚏是气流从肺经过鼻腔和口腔时，暴发性呼出的表现。这是鼻腔对刺激原的一种防御性反射。偶尔间断性打喷嚏是正常的。持续阵发性的打喷嚏是异常的。急性发作、持续较长时间打喷嚏常与鼻腔异物或猫的上呼吸道感染有关。犬的鼻螨、类肺刺螨和刺激性烟雾较少会引起打喷嚏。所有导致鼻部分泌物的鼻部疾病均有可能导致打喷嚏，只是鼻部分泌物更容易引起主人的关注。

应向动物主人详细了解动物近期可能接触到的异物（如植物的根茎、草叶等）、粉末或烟雾。对于猫，还要了解其是否接触了其他初生猫或幼猫（呼吸系统病毒）。打喷嚏一般表现为急性发作，随时间发展，强度和频率逐渐降低。不应只根据其强度以及次数的减少而排除异物的可能性。犬鼻内异物的典型症状包括急性发作打喷嚏，以及随后出现的鼻部分泌物。

另外，还可通过其他的发现缩小鉴别诊断的范围。鼻内异物或鼻螨患犬可能会抓挠鼻部。异物通常为单侧性，伴有黏液脓性鼻部分泌物（最初可能是浆液性或浆液血性分泌物）。如果异物位于鼻咽后部，动物可能出现呕吐、干呕或逆向喷嚏。由烟雾、粉末或者其他刺激原所引起的喷嚏常为双侧性、浆液性鼻部分泌物。猫的其他症状也可以提示上呼吸道感染，如结膜炎、发热以及近期有接触过其他猫或幼猫的病史。

当犬出现急性发作打喷嚏时，应尽快进行鼻内窥镜检查（参见第 14 章）。由于异物很快会被黏液覆盖或者移行到鼻道深部，所以，一味地拖延只会增加识别及取出异物的难度。鼻螨也可通过鼻内窥镜检出。与犬不同，猫打喷嚏多由急性病毒感染造成的，而非异物。通常只有在确定有异物接触史，或体格检查、病史不支持病毒性上呼吸道感染的情况下，才对患猫采取鼻内窥镜检查。

# 逆向喷嚏
## (REVERSE SNEEZING)

逆向打喷嚏是由鼻咽受刺激引起的一种急性发作性吸气反应，会发出噪声。刺激可以是软腭背侧的异物或鼻咽炎症。异物通常为草或植物体，由口腔进入，通过咳嗽或刺激移行至鼻咽。有人认为会厌软骨被软腭包裹也是原因之一。多数病例为特发性。小型犬通常易出现这种症状，可能跟情绪激动或饮水有关。发作仅持续数秒，不会对呼吸造成显著的影响。虽然患病动物通常终身都有症状，但该情况很少呈进行性发展。

如果动物主人不熟悉这个症状，那么他们可能会带动物来就诊。然而，临床上，动物主人的描述能力有限，而且在体格检查中，患犬很少会表现出逆向喷嚏。这种患犬有一个非常重要的病史特征，即发作完会立即恢复正常呼吸和正常姿势。而对于其他较为严重的疾病（如上气道阻塞），则不会有这样的特点。可以通过给动物主人展示患犬发作时的录像，以此确认动物主人所描述的症状是否为逆向喷嚏。这些录像在网络中可以找到，例如北卡罗州立大学兽医卫生综合设施——小动物内科学服务网站（www. cvm. ncsu. edu/vhc）。这个方法要比让动物主人回家录制自家犬发生逆向喷嚏的视频更加有效，虽然后者的效果更为理想。

完整的病史和体格检查能够鉴别潜在的鼻部或咽部疾病所引起的症状。如果出现晕厥、运动不耐受、其他呼吸系统疾病的症状，或者逆向喷嚏很严重，甚至为进行性病变，则需进一步评估。

如果没有潜在疾病，一般说来，本病具有自愈性，不需要进行针对治疗。有些动物主人反映按摩颈部可延长发作的间隔时间，还有观点认为使用抗组胺药可降低发作强度和频率，但目前尚无可靠的研究证实这些方法的有效性。

# 打　鼾
## (STERTOR)

打鼾是呼吸时发出的可听见的较粗的声音，它常提示有上呼吸道梗阻。鼾声常由咽部疾病引起（参见第 16 章）。鼻部的原因包括先天性畸形、肿物、渗出或血凝块。本病的检查方法同上文鼻分泌物检查。

## 面部畸形
## （FACIAL DEFORMITY）

前臼齿齿根脓肿可引起犬面部肿胀，常伴有邻近

鼻腔和眼下方流脓。除了牙病，肿瘤是最常引起面部和鼻腔畸形的原因，在猫则为隐球菌病（图 13-5）。对可见的肿胀通常可通过直接细针抽吸或钻孔活组织检查来评估（参见图 13-3）。如果无法进行这些检查或检查不成功，则需进一步评估，方法同鼻分泌物检查。

图 13-5
两只患猫面部畸形，其上颌骨硬性肿胀。**A**，该猫的面部畸形由癌症引起。同侧眼睑出现痉挛；**B**，该猫的面部畸形由隐球菌病引起。该猫肿胀部位细针抽吸细胞学检查结果见图 **13-2**。

◀推荐阅读

Bissett SA et al: Prevalence, clinical features, and causes of epistaxis in dogs: 176 cases (1996-2001) *J Am Vet Med Assoc* 231.1843, 2007

Demko JL et al. Chronic nasal discharge in cats, *J Am Vet Med Assoc* 230:1032, 2007

Fossum TW· *Small animal surgery*, ed 4, St Louis, 2013, Elsevier Mosby.

Henderson SM. Investigation of nasal disease in the cat: a retrospective study of 77 cases, *J Fel Med Surg* 6:245, 2004

Pomrantz JS et al: Comparison of serologic evaluation via agar gel immunodiffusion and fungal culture of tissue for diagnosis of nasal aspergillosis in dogs, *J Am Vet Med Assoc* 203:1319, 2007

Strasser JL et al: Clinical features of epistaxis in dogs: a retrospective study of 35 cases 1999-2002), *J Am Anim Hosp Assoc* 41 179, 2005.

# 第 14 章
## CHAPTER 14

# 鼻腔和鼻窦的诊断性检查
## Diagnostic Tests for the Nasal Cavity and Paranasal Sinuses

## 鼻部影像学检查
### (NASAL IMAGING)

鼻部影像学检查是诊断评估患有鼻内疾病动物的重要组成部分,可评估在体格检查和鼻内窥镜中无法看见的骨性和软组织结构。而在这几种检查中,鼻部X线检查是最容易实现的检查方式,下面会详细叙述。然而,对于大多数病例,计算机断层扫描(CT)要优于X线检查。犬猫鼻部疾病的磁共振成像(MRI)还未得到广泛应用,但和CT相比,能够提供更准确的软组织图像。MRI之所以未能广泛应用,是因为其临床应用具有一定限制,并且花费相对较高。

由于鼻部影像学检查很少能够确诊疾病,因此通常需要结合鼻内窥镜和鼻部活组织检查诊断。所有这些操作均需要全身麻醉。影像学检查应该在这些操作之前进行,其原因包括:①鼻部影像学检查可确定病变最严重的部位,有助于确定活组织检查的采样部位②鼻内窥镜和活组织检查引起的出血会使得软组织细节模糊。

## X线检查
### (RADIOGRAPHY)

鼻部X线检查有助于确定病灶的范围和严重程度、活组织检查的采样部位,并为鉴别诊断提供依据。为了避免移动和便于摆位,犬猫需要进行全身麻醉。由于X线成像的异常通常较为细小,不易发现,所以应至少拍摄4个体位的X线片:侧位、腹背位、口腔内和额窦。由于患有鼻部疾病的猫易出现中耳炎,可对患猫进行鼓泡X线检查(Detweiler等,2006)。对于怀疑患有鼻咽息肉的猫,确定是否出现中耳炎尤为重要。斜位或齿部X线检查常用于犬猫齿根脓肿的诊断。口腔内投照尤其有助于检查两侧鼻腔的轻度不对称。

进行口腔内投照时,动物应做俯卧位保定,将无滤线栅的X线片一角尽可能多地放入口腔,置于舌背侧,射线垂直投照整个鼻腔(图14-1和图14-2)。进行额窦投照时,动物仰卧保定,将前肢向后牵拉让出投照范围,摆位时可用胶带帮助固定。用胶带扎口并固定于胸骨部,使头部垂直于脊柱和桌面。把气管内插管和麻醉机导管置于头部一侧并移出投照视野。X线光束置于鼻腔和额窦正上方进行投照(图14-3和图14-4)。额部投照检查可辨识出额窦疾病,例如肿瘤和曲霉菌病等,它们可能是只发生于此部位的疾病。观察鼓泡的最佳摆位是张口位,使射线垂直照射到颅底(图14-5和图14-6)。也可以进行双侧斜位投照,分别评估两侧的鼓泡。

**图 14-1**
对犬进行口腔内投照时的摆位。

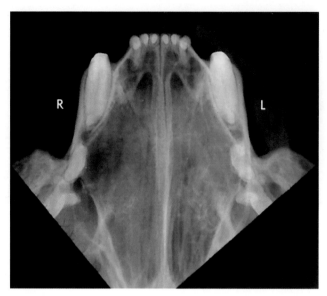

图 14-2

1 只癌症患猫口腔内投照 X 线片。左侧鼻腔(L)内可见正常的鼻甲骨纹理,与此相比,右侧(R)为异常影像。右侧鼻腔鼻甲骨纹理模糊,第 1 前臼齿附近的鼻甲骨出现局部溶解。

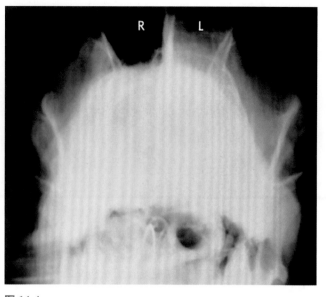

图 14-4

1 只鼻部肿瘤患犬的额窦投照影像。左侧(L)额窦出现软组织密度阴影,而右侧(R)表现为气体低密度影像。

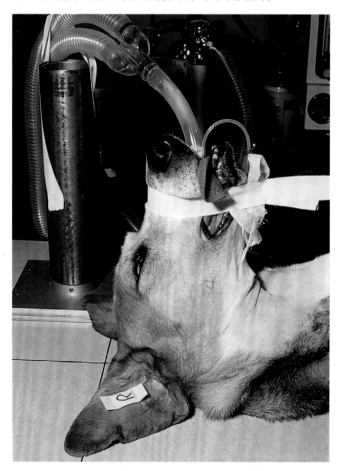

图 14-3

对犬的额窦进行投照。此时可将气管插管和麻醉机的导管向一侧固定在一个竖直的金属管上。

图 14-5

猫张口位鼓泡投照摆位。射线(箭头)穿过口腔射向颅底。可使用胶带(t)对头部和下颌进行固定。

鼻部异常 X 线征象包括：出现液体密度阴影、鼻甲缺失、面骨溶解、齿根边缘密度下降和出现不透射线异物（框 14-1）。液体密度阴影的产生可能是由于黏液、渗出液、血液的存在或者软组织肿物，如息肉、肿瘤或肉芽肿出现。软组织肿物可能为局灶性，其轮廓常因周围的液体而变得模糊。在高密度周围环绕着低密度环，可能提示异物。额窦内的液体密度可能代表引

**框 14-1 常见鼻部疾病的 X 线征象** *

**猫慢性鼻窦炎**
鼻腔内呈软组织密度，可能呈不对称性
鼻甲骨轻度溶解
额窦呈软组织密度

**鼻咽息肉**
软腭上方可见软组织密度结构
鼻腔内呈软组织密度，通常为双侧性
可能出现轻度鼻甲骨溶解
鼓泡骨炎：鼓泡内呈软组织密度，骨质增厚

**鼻肿瘤**
软组织密度，可能呈不对称性
鼻甲骨受到破坏
犁骨或面骨受到破坏
软组织肿物延伸至面骨

**鼻曲霉菌病**
鼻腔内出现边界清晰的低密度区域
喙部密度升高
可能出现软组织密度增加
虽然通常累及双侧，但不会出现犁骨或面骨的破坏
犁骨表面有时变得粗糙
额窦内呈液体密度；面骨有时增厚或呈虫蚀样

**隐球菌病**
鼻腔内呈软组织密度，可能呈不对称性
鼻甲骨溶解
面骨受到破坏
软组织肿物延伸至面骨

**犬慢性/淋巴细胞-浆细胞性鼻炎**
鼻腔内呈软组织密度
鼻甲骨溶解，尤其是喙部

**过敏性鼻炎**
鼻腔内呈软组织密度
可能出现轻度鼻甲骨溶解

**齿根脓肿**
齿根周围密度下降，通常发生于顶部

**异物**
矿物质和金属密度异物较易识别
植物体异物：局部的、轮廓清晰的软组织密度
异常组织周围可见低密度环（罕见）

* 注意，以上仅代表典型病变，并非特异性发现。

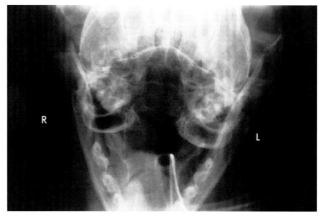
**图 14-6**
**1 只鼻咽息肉患猫使用图 14-5 图例所示的摆位投射的 X 线片。左侧鼓泡骨增厚且呈液体密度，提示该猫存在鼓泡骨炎，可能为息肉的延伸。**

流梗阻引起的正常黏液在鼻腔内聚集、疾病从鼻腔向鼻窦扩散，或者是发生累及额窦的原发性疾病。

各种原因所致的慢性炎症均可导致鼻腔内正常鼻甲骨的纹理消失，并伴有液体密度阴影。早期的肿瘤性病变也可使软组织密度增高并伴有鼻甲的破坏（见图 14-2 和图 14-4）。更具有侵蚀性的肿瘤病变包括犁骨或面骨出现显著的溶解和变形。如果鼻腔内出现多个边界清晰的骨溶解或密度下降区域，则预示着动物可能患有曲霉菌病（图 14-7）。犁骨可能会变得粗糙不平，但很少被完全破坏。鼻骨骨折早期以及继发性骨髓炎都可以通过 X 线检查做出诊断。

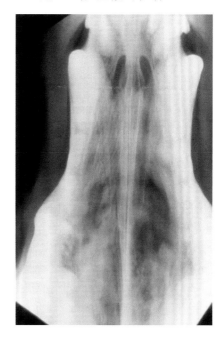
**图 14-7**
**1 只鼻曲霉患犬的口内 X 线片。两侧鼻腔内均可见明显的局部鼻甲溶解，犁骨尚且完整。**

## 计算机断层扫描和磁共振成像
(COMPUTED TOMOGRAPHY AND MAGNETIC RESONANCE IMAGING)

计算机断层摄影术(CT)可以清晰地显示鼻甲骨、鼻纵隔、硬腭和筛板的影像(图14-8)。对于猫来讲,CT

还有助于判断鼻咽息肉或其他鼻部疾病是否累及中耳。与X线平片相比,CT可以更准确地确定肿瘤范围,因此可对肿物做出准确的定位,并进行相关活组织检查和鼻内窥镜检查。另外,CT在肿瘤放疗过程中也起着重要作用。当其他检查没能诊断出鼻腔疾病时,CT检查有助于确定病变的区域。各疾病典型的病变见框14-1。对于软组织的评估,MRI比CT更加准确,例如鼻部肿瘤。

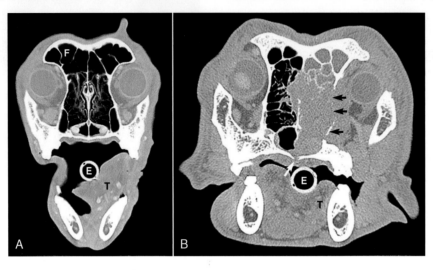

**图 14-8**
2只不同犬鼻腔(眼睛水平)计算机断层扫描图(CT)。A,可见正常的鼻甲骨及完好的鼻纵隔。B,右侧鼻腔内可见肿瘤性肿物;可见其侵蚀硬腭(白色箭头)、鼻纵隔及颧骨(小黑箭头),并进入球后间隙。E,气管插管;F,额窦;T,舌头。

# 鼻内窥镜检查
(RHINOSCOPY)

鼻内窥镜检查时可以通过使用硬性、软式内窥镜或检耳镜直观地看到鼻腔内的状况。鼻内窥镜检查可以发现和移除异物、肉眼评估鼻黏膜(炎症、鼻甲侵蚀、肿物病变、真菌斑块和寄生虫,还可采集用于组织病理学检查和微生物培养的样本。完整的鼻内窥镜检查通常包括口腔和鼻咽后部的全面检查,另外还要通过鼻孔检查鼻腔。

鼻腔内的可视程度取决于设备的优良程度及鼻镜外部的直径。对于大多数病患,细的(直径为2~3 mm)硬式光纤鼻镜可以通过鼻孔获得良好的视野。最好使用无活检或抽吸通道的内窥镜,这样其外部直径较小且相对便宜。关节镜、膀胱镜和用于鉴别鸟类性别的内窥镜同样适用于鼻腔检查。对于中大型犬,也可使用软式儿科支气管镜(例如外径为4 mm)。现在已有小号的软式内窥镜,类似于小号的硬镜,但是前者相对较贵且容易损坏。如果无法使用内窥镜,那么鼻腔前部

区域可使用耳镜检查。人医儿科检耳镜(直径为2~3 mm)可用于犬猫的检查。

进行鼻内窥镜检查时需要全身麻醉。除非强烈怀疑存在鼻腔异物,否则鼻内窥镜检查通常会在鼻部影像学检查之后立即进行。应该首先评估口腔和和鼻咽后部的情况。在检查口腔时,观察硬腭和软腭情况,触诊检查变形、糜烂和缺损部位,并探查齿龈沟处是否存在瘘管。

鼻咽后部检查主要观察该部位是否有息肉、肿瘤、异物或狭窄。猫比较容易在该处发现杂草或者植物叶子等异物,但这种情况在犬中比较少见。鼻咽后部检查最好使用软式内窥镜,以便于在软腭处可以随意折转(图14-9至图14-11)。另一种方法是用牙科镜、笔灯或绝育拉钩将软腭后缘向前牵拉以充分暴露检查视野。在观察鼻咽后部时,可能会见到鼻螨随麻醉气体(例如异氟烷和氧气)从受感染的患犬鼻孔吹出。

鼻内窥镜检查应尽可能全面、细心,避免粗暴操作,力求最大限度暴露病变部位,并尽可能减少出血。先检查较为健康的一侧。探头前端涂抹润滑剂,将其尖端从鼻孔正中伸入鼻腔。检查双侧鼻道,由腹侧向背侧探察,尽量避免出血。在不造成损伤的前提下,每

个鼻道的检查范围都应尽可能靠后。

　　鼻镜可用于评估鼻部较大的腔室,但是对于一些较小的隐窝,即使最小的探头也无法探及。如果疾病和异物仅累及这些隐窝,鼻镜检查会将其忽略掉。另外,鼻黏膜肿胀和炎症、由检查导致的出血、蓄积的渗出液和黏液都会干扰鼻腔检查。一些看起来比较轻微的渗出、黏液或者血液,都有可能使异物和肿物的影像被掩盖。这些黏附物必须清除。可以将橡胶导管的尖端剪掉,将其与吸引器相连,用于清除黏附物。如果需要的话,可以用生理盐水对其进行润洗,但润洗残留的水滴可能会对观察造成一定的干扰。有的医师喜欢将标准输液器管与一段导管(最好是鼻镜的活组织检查用管道)相连,这样在检查过程中始终有生理盐水向鼻腔输注。

　　为避免导管从筛板进入颅顶,插入鼻腔的导管前端不应超过内眼眦的水平线。另外,一定要确保气管插管的气囊是充盈的,咽背侧用纱布覆盖,以防止血液、黏液或盐水误吸入肺。同时必须避免气囊过度充盈,以免造成气管撕裂。

　　正常的鼻黏膜为粉红色,表面平滑,有少量浆液或黏液覆盖。用鼻镜可以观察到以下病变:鼻黏膜的炎症、肿物、鼻甲侵蚀(图 14-12,A)、真菌斑块(见图 14-12,B)和异物,在极少数情况下还可以看到鼻螨或者毛细线虫(图 14-13)。眼观鼻内窥镜检查异常的鉴别诊断见于框 14-2。

　　应注意记录病变的具体部位,包括方位(整个鼻部、背侧、腹侧或者正中)、在鼻孔外的对应位置,以及与鼻孔的距离。准确定位对异物取出和活组织取样都很重要,而且可以避免造成不必要的损伤。

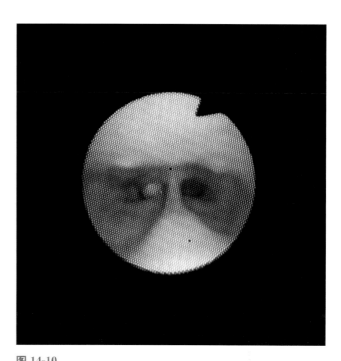

图 14-10

对出现打喷嚏症状的犬进行检查,将软式支气管镜沿软腭边缘翻转,获得内鼻孔图。可以看到鼻腔左侧近纵隔处有一小的白色物体,而右侧鼻孔没有阻塞物。左侧内鼻孔狭窄,右侧正常呈卵圆形。取出该阻塞物后发现其为一粒爆米花。该犬的软腭较短,阻塞物很有可能是通过口咽进入鼻腔后部。

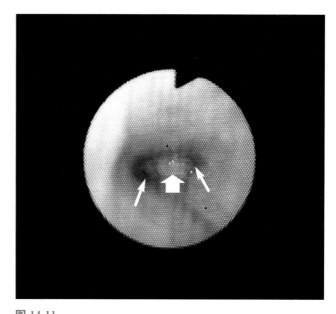

图 14-11

对出现分泌物的犬进行检查(如细箭头所示),将软式支气管镜沿软腭的边缘翻转,获得内鼻孔图。通过内镜可以看到一个软组织肿物(如粗箭头所示)贴着正常较薄的纵隔,并阻塞部分气道管腔。可以将此图片与图 14-10 中的正常纵隔和右侧内鼻孔进行对比。

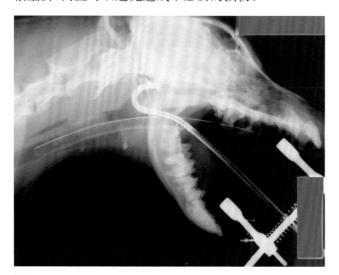

图 14-9

软式内窥镜是检查鼻咽后部的最佳选择。可见软式内窥镜从口腔伸入,在软腭边缘向后翻转 180°进行检查(如 X 线片所示)。

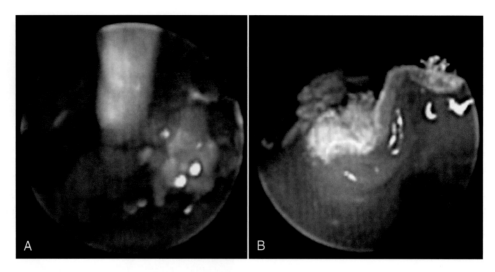

图 14-12

A,1 只患有曲霉菌病的犬,经外鼻孔得到的鼻镜图片。可见鼻甲受到侵蚀和一个棕绿色的肉芽肿。B,真菌斑块近观,可见白色细丝状结构(菌丝)。

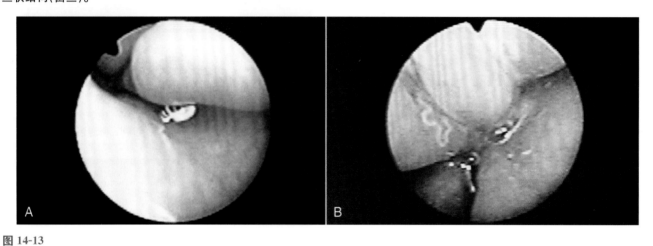

图 14-13

通过外鼻孔进行鼻内窥镜检查。A,在这只类肺刺螨(*Pneumonyssoides caninum*)患犬的鼻腔内可见 1 只鼻螨;B,在这个波姆氏毛细线虫[*Capillaria* (*Eucoleus*) *boehmi* 优鞘属]患犬的鼻腔看到 1 条细小的白色毛细线虫。

框 14-2　犬猫眼观鼻内窥镜检查异常的鉴别诊断

**炎症(黏膜肿胀、充血、黏液增多和渗出液)**
非特异性表现;考虑所有造成黏液脓性鼻部分泌物的疾病(感染性、炎性和肿瘤性)

**肿物**
肿瘤
鼻咽息肉
隐球菌病
真菌菌丝或真菌性肉芽肿(曲霉菌病、青霉病、和鼻孢子病)

**鼻甲侵蚀**
轻度
　猫疱疹病毒
　慢性炎性过程

重度
　肿瘤
　曲霉菌病
　青霉病
　隐球菌病

**真菌斑块**
曲霉菌病
青霉病

**寄生虫**
螨虫:犬类肺刺螨
蠕虫:波姆氏毛细线虫(优鞘属)

**异物**

## 额窦探查
### (FRONTAL SINUS EXPLORATION)

疾病的原发部位偶尔位于额窦,犬该部位最常见的病变为曲霉菌感染。发现骨破坏时,应该经外鼻孔进行鼻腔内检查和取样。然而,如果在影像学上发现病变累及额窦,或仅凭鼻镜和活组织检查无法诊断时,可能需要进行额窦探查。

## 鼻部活组织检查:适应证和技术
### (NASAL BIOPSY: INDICATIONS AND TECH-NIQUES)

鼻内窥镜检查发现有异物或者寄生虫即可确诊。但是对于大多数犬猫来说,还需要综合考虑鼻部活组织样本的细胞学、组织病理学和微生物检查结果。应在鼻部影像学和鼻内窥镜检查之后,动物还处于麻醉状态下,进行鼻部活组织取样检查。早期进行这些检查有助于确定病变部位,最大可能地获得原发疾病中有诊断意义的组织。

鼻部活组织检查技术包括:鼻拭子、鼻冲洗、钳夹活组织检查和鼻甲切除术。利用细针抽吸可以采集肿物样本,详见第 72 章。非手术取样方法中,首选钳夹活组织检查,与鼻拭子和鼻冲洗相比,其更容易采集到表面炎性区域之下的组织。在许多鼻部疾病中,浅表炎症较为常见。另外,损伤较大的方法采集到的样本可进行组织学检查,而那些损伤较小的方法取得的样品可能只适用于细胞学检查。而对于鼻部疾病的诊断来说,组织病理学检查较细胞学检查的实用性更强,因为多数鼻部疾病都会伴有明显的炎症,但在细胞学上很难辨别是否为原发性炎症、继发性炎症及肿瘤性上皮细胞反应。在细胞学上癌症可能很像淋巴瘤,反之亦然。

无论采用哪种方法(除鼻拭子外),都应该确保气管插管的气囊是充满气体的(但应避免过度充气),同时应在咽后垫上纱布以免液体误吸。为防止动物因长时间麻醉出现低血压,或者因为活检采样造成出血过多,推荐经静脉补充晶体液[(10~20 mL /(kg·h)+估计失血量)]。如果动物有血性渗出物、鼻衄或其他凝血紊乱的病史,在进行更具侵袭性的活检之前,应该首先评估动物的凝血状况。

## 鼻拭子
### (NASAL SWAB)

鼻拭子和鼻冲洗是两种损伤最小的检查方法。与其他方法不同,鼻拭子不需要对动物进行麻醉。鼻拭子可用于检查隐球菌病,在猫慢性鼻炎早期较为常用。其他发现一般不具有特异性。用棉拭子迅速蘸取鼻孔内或流到鼻孔外的分泌物。相对较小的拭子有助于对分泌物极少的猫进行采样。取样后将拭子在载玻片上滚动,然后进行常规细胞学染色,可用黑墨水对隐球菌染色(参见第 95 章)。

## 鼻冲洗
### (NASAL FLUSH)

鼻冲洗是一种侵入性最小的检查技术。将软管从口腔和内鼻孔插入直至鼻腔后方,管口朝向外鼻孔。动物俯卧保定,头部悬垂鼻端朝向地面。将 100 mL 无菌生理盐水用注射器加压冲入,在外鼻孔旁用容器收集冲洗液,然后进行细胞学检查。偶尔可在鼻冲洗液中见到鼻螨。可能需要使用放大镜或将样品放置在深色的纸上才能看见鼻螨。可以将部分收集液用纱布过滤,回收过滤到的大颗粒可以用于组织病理学检查。但此项检查结果并不能提供充分的确诊依据。

## 钳夹活组织检查
### (PINCH BIOPSY)

钳夹活组织检查是作者首选的一种鼻部活检方法。在该操作中,为了对鼻黏膜取样进行组织病理学评估,需要用鳄口杯型活检钳(最小号,2 mm×3 mm)(图 14-14)。该方法可以采集到全层组织,而且比前面提到的方法更为简便。紧贴硬镜插入活检钳,直至病变组织。如果用的是软式内窥镜,可以将活检工具从内镜的活检管道插入,但是这种方法取到的组织量非常少,甚至难以达到诊断的目的。首选较大的鳄口钳。如果病变部位不是显而易见,但能通过 X 线片或 CT 观察到,可根据病变位置与上齿位置的关系来获得活检通路。

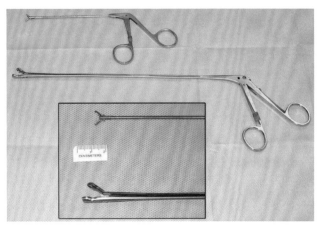

**图 14-14**
各种大小的杯型活组织检查钳。为了能获得足够的组织,建议使用的最小型号为 2 mm× 3 mm。而在犬鼻部肿物的活组织取样中,较大的钳子会更有帮助。

第一次采样后,由于组织出血会使视野变得模糊,再次取样需要参照之前鼻内镜检查来定位(如所涉及的管道以及距离外鼻孔的深度等)。在距离组织很近时再打开活检钳,向前伸入一段距离,直到感到明显的阻力。较大的钳子能够更好地从中型或大型犬鼻腔肿物中获取大块组织,例如母马子宫活检器械。在不可视的情况下,切记勿将钳子伸入鼻腔深部(不应超过内眼眦的水平线),以防止穿透筛骨板进入颅顶。

每个病变部位应至少采集 6 个样本(用 2 mm × 3 mm 活检钳)。如果通过 X 线片或鼻镜无法定位病变,则应从双侧鼻腔随机采集更多样本(一般为 6~10 个)。

## 鼻甲切除术
(TURBINECTOMY)

鼻甲切除术可以为组织学检查提供最好的组织样本,也可以将异常或不良血管化组织、真菌性肉芽肿切除,另外还可以放置导管进行后续的局部治疗。鼻甲切除术与鼻切开术的通路一致,并且比先前描述的方法创伤更大。手术难度较大,只有通过其他侵入性较小的方法无法确诊时才考虑使用。潜在的术中和术后并发症包括:疼痛、出血过多、误入颅顶、复发感染。猫在手术之后可能会厌食。如有必要,应考虑术后通过食道切开放置胃管(见第 30 章)提供营养。(手术方法详见第 13 章)。

### 并发症

鼻内窥镜检查最主要的并发症是出血。出血的

严重程度取决于所选用的方法,但即使采用侵入性最强的方法,动物也很少会因为失血而危及生命。需要注意的是,在操作过程中为避免伤及主要血管,应尽量避免触碰鼻腔底部。少量出血时可加快输液速度,并停止对鼻腔的操作,直至出血得到控制。可以将生理盐水或生理盐水稀释的肾上腺素溶液(1∶100 000)轻轻注入鼻腔,以促进止血。持续大量出血则需要使用胶带胶布对鼻腔进行压迫。胶带必须从外鼻孔压迫至鼻咽,否则达不到止血效果。同样,若将海绵或者纱布堵在外鼻孔处也只会使血液流向后方。在极少数大出血情况下,可以将对应一侧的颈动脉结扎起来,不会因此而出现不良反应。应该避免使用鼻切开术。大多数情况下,只需要一些时间或者冰生理盐水血即可止住,不应该因为惧怕出血而影响样本采集的质量。

为了避免脑部损伤,不要在无可视引导下将任何物体插入鼻腔且超过内眼眦的水平线。通过将器械或导管固定在脸部,用一段胶带或记号笔在其上标记出从外鼻孔到内眦顶部的距离。永远不要将物体插入到标记之外。

还必须避免血液、生理盐水或者渗出液被误吸入肺。在手术过程中,应将气管插管插入适当的位置,并在眼观评估口腔和鼻咽部后,于后咽部垫上纱布以防误吸。轻度按压麻醉机气囊的过程中,气管插管的套囊应充分充气,以防气体泄漏。套囊过度充气可能损伤或撕裂气管。动物的头部在检查桌边缘垂悬,使鼻端朝向地面,在鼻镜检查和活检后,鼻腔内的血液和液体能及时从外鼻孔流出。最后,在撤去咽后纱布和拔掉气管插管之后检查咽部有无残存的液体。检查纱布的数量,确保口腔内无残留的纱布。

## 鼻部培养:采样和判读
(NASAL CULTURES:SAMPLE COLLECTION AND INTERPRETATION)

建议对鼻部样本进行微生物培养,但是结果判读有很大难度。鼻拭子、鼻冲洗或者活检所取得的样本均可用做需氧菌、厌氧菌、支原体和真菌的培养。Harvey 在 1984 年报道,鼻部的正常菌群包括:大肠杆菌、葡萄球菌、链球菌、假单胞菌、巴氏杆菌和曲霉菌及其他各种各样的细菌和真菌。因此,并不能说明是培养出的这些细菌和真菌引起了感染。

用于微生物培养的样本应该从麻醉动物的鼻腔后部取样。从浅表样本中培养出来的细菌不太具有临床意义,例如鼻部分泌物或仅伸入非麻醉动物外鼻孔的拭子。将培养拭子伸入鼻腔后部的过程中,很容易被浅表的微生物污染(无临床意义)。使用具有保护套的取样拭子能够防止样本被污染,但其相对昂贵。此外,可使用无菌活组织钳获取用于微生物培养的鼻腔后部黏膜活组织检查样本。虽然还是可能存在污染,但其结果较拭子的结果更能真实的反映感染情况。从理论上讲,这些微生物已侵袭组织。

无论使用哪种方法,培养出一种或两种细菌的大量菌群要较培养出大量不同种类微生物更能反映感染情况。微生物实验室应如实报道所培养出的所有微生物。否则,实验室如果只报告最常致病的 1 种或 2 种微生物,可能会提供误导信息。如果组织学检查提示存在感染性炎症,同时动物也对抗生素疗法敏感,则可确诊细菌感染。尽管细菌性鼻炎很少作为原发病出现,我们还可通过鼻分泌物的改善情况看到细菌的治疗效果,但这种改善只是暂时的,除非针对潜在病因进行治疗。有些动物在未发现原发病因的情况下(如猫慢性鼻窦炎)对长期抗生素疗法反应良好。药敏试验对抗生素的选择很有必要。进一步的治疗方法见第 15 章。

支原体在犬猫呼吸道感染中的作用仍未被阐明。对于猫慢性鼻窦炎可考虑进行支原体培养并根据结果选择恰当的抗生素治疗。

对鼻曲霉菌病和青霉病的诊断需要有几个症状作为依据,只要鉴别诊断中包括真菌病,就需要进行真菌培养。曲霉菌和青霉菌培养结果的判读需要结合其他的临床检查结果,例如 X 线检查、鼻内窥镜检查及血清学滴度检查。只有当其他检查结果也支持时,真菌生长才会支持霉菌性鼻炎的诊断。事实上,真菌感染有时继发于鼻部肿瘤,因此在初诊时不应忽视鼻部肿瘤的可能性,并应监测治疗效果。通过鼻镜直接在真菌斑或真菌性肉芽肿上取样,能够提高拭子或活组织检查中真菌培养的敏感性。

◆推荐阅读

Detweiler DA et al: Computed tomographic evidence of bulla effusion in cats with sinonasal disease: 2001-2004, *J Vet Intern Med* 20:1080, 2006.

Harvey CE: Therapeutic strategies involving antimicrobial treatment of the upper respiratory tract in small animals, *J Am Vet Med Assoc* 185:1159, 1984.

Harcourt-Brown N: Rhinoscopy in the dog, Part I: anatomy and techniques, *In Practice* 18:170, 2006.

Lefebvre J: Computed tomography as an aid in the diagnosis of chronic nasal disease in dogs, *J Small Anim Pract* 46:280, 2005.

McCarthy TC: Rhinoscopy: the diagnostic approach to chronic nasal disease. In McCarthy TR, editor: *Veterinary endoscopy for the small animal practitioner*, St Louis, 2005, Saunders, p 137.

Saylor DK, Williams JE: Rhinoscopy. In Tams TR, Rawlins CA, editors: *Small animal endoscopy*, ed 3, 2011, Elsevier Mosby, p 563.

Schoenborn WC et al: Retrospective assessment of computed tomographic imaging of feline sinonasal disease in 62 cats, *Vet Rad Ultrasound* 44:198, 2003.

# 第 15 章
## CHAPTER 15

# 鼻腔疾病
## Disorders of the Nasal Cavity

## 猫上呼吸道感染
### (FELINE UPPER RESPIRATORY INFECTION)

### 病因学

上呼吸道感染（upper respiratory infections，URIs）在猫上十分常见。其中 90% 的感染由猫疱疹病毒（feline herpesvirus，FHV）（又名猫鼻气管炎病毒）和猫杯状病毒（feline calici virus，FCV）引起。支气管败血性博代氏杆菌（*Bordetella bronchiseptica*）和猫衣原体（*Chlamydophila felis*）〔先前又称鹦鹉热衣原体（*Chlmydia psittaci*）〕感染次之。其他病毒和支原体（*Mycoplasmas*）可能作为原发性或继发性病因出现，而细菌感染通常为继发性。

病毒通过患病猫、携带者和污染物进行传播。幼龄、应激状态下或者免疫抑制的猫更容易发病。感染猫临床症状消退后常会成为猫疱疹病毒或猫杯状病毒携带者。带毒时间尚不确定，可能持续数周至数年。从无症状的猫中可以分离到博代氏杆菌，但其传染性尚不清楚。

### 临床表现

该病的病程有急性、慢性间歇性和慢性持续性 3 种表现。最常见急性，表现为发热、打喷嚏、浆液性或黏液脓性鼻分泌物、结膜炎和眼分泌物增多、唾液分泌增多、厌食和脱水。猫疱疹病毒还会导致角膜溃疡、流产和新生儿死亡；猫杯状病毒则引起口腔溃疡、轻微的间质性肺炎或多关节炎。曾出现过杯状病毒强毒株短期暴发（罕见），患病动物伴有严重的上呼吸道疾病，其症状包括全身性血管炎（面部和肢体水肿，进而发展为

局部坏死）和高死亡率。博代氏杆菌主要引起咳嗽和幼猫肺炎。而衣原体感染通常并发结膜炎。

一些猫急性发病恢复后很可能会周期性复发，通常与应激或免疫抑制有关。另一些猫可能会转为慢性持续性症状，最明显的就是浆液性至黏液脓性鼻部分泌物，可能会伴有喷嚏。慢性鼻部分泌物可能与持续活动性病毒感染或疱疹病毒对鼻甲和黏膜造成的不可逆性损伤有关。而后者会使得患猫对刺激物更加敏感，从而继发细菌性鼻炎。不幸的是，在试验中，确认接触过病毒或病毒感染的猫与其临床症状相关性较差（Johnson 等，2005）。病毒感染在猫慢性鼻窦炎中所起的作用目前尚不明确，这一部分内容将会在猫慢性鼻炎鼻窦炎部分讨论。

### 诊断

急性上呼吸道感染通常可以根据病史和体格检查做出诊断。猫疱疹病毒、猫杯状病毒、博代氏杆菌和衣原体的特异性检查方法包括聚合酶链式反应（PCR）、病毒分离或细菌培养以及血清抗体滴度检查。可以用灭菌棉拭子采集咽、鼻或者结膜处的样本，或采集组织样本（例如扁桃体活检取样，或黏膜刮取样本）进行 PCR 检测和病毒分离试验，通常首选后者。取得的样本置于病毒转移培养基中。常规结膜涂片细胞学检查可观察到胞浆内包涵体，提示衣原体感染，但这些发现并无特异性。常规的口咽部细菌培养即可观察到博代氏杆菌，但健康猫和感染猫中均有可能存在这种细菌。如果 2～3 周内抗体效价呈持续上升，这一趋势则可证明为该病毒感染。不论使用何种技术，为了获得理想的结果，建议病理实验室在样本采集和处理中进行严密协作。

当本病在猫舍中暴发时，对特殊病原体的检查就显得特别重要，因为此时兽医师还应提供针对性的预

防措施。无论是否表现症状，当需要进行猫舍调研时，都应对每一只猫进行病原体检测。可以使用针对多种呼吸道病原体的商业 PCR 试剂盒。对每只猫逐一进行特殊检查的意义不大，因为最终的结果不会改变治疗方案。如果是鼻损伤所造成的持续性鼻分泌物，或者取得的样本中恰好没有病原体存在，就会得到假阴性结果。阳性结果可能只是反映了一只猫受感染的情况。还可能有例外情况，譬如衣原体感染等，此时就应该给予相应的特异性治疗。

## 治疗

对于多数猫来说，上呼吸道感染是一种自愈性疾病，对急性症状患猫，主要是采取合理的支持疗法。应满足其对水和营养的需求。将脸上或鼻孔周围的黏液和渗出物清理干净。可以把猫放在充满蒸汽的浴室或者设有蒸发器的小房间里，每天 2～3 次，每次 15～20 min，这对分泌物的清除很有帮助。可用一些儿科局部缓解充血的药物对严重的鼻充血进行治疗，如 0.25% 去氧肾上腺素或 0.025% 羟甲唑啉。每天滴鼻 1 次，每侧鼻孔各 1 滴，连用 3 d。如果有必要，可间隔 3 d 再用 1 次，以防止停药后反弹。另一种推荐的方法是隔日用 1 次药。

如果患猫的临床症状十分严重，则需采取抗生素控制继发性细菌感染。最初可选用氨苄西林（22 mg/kg q 8 h）或阿莫西林（22 mg/kg q 8～12 h），因为它们通常比较有效，而且副作用少，可用于幼猫的治疗。如果怀疑有博代氏杆菌、衣原体或支原体感染，可以使用多西环素（5～10 mg/kg q 12 h，口服或随大量水服用）。使用多西环素治疗猫衣原体或支原体感染，需要持续给药 42 d 至病原消失（Hartmann 等，2008）。病情顽固的猫也可使用阿奇霉素（5～10 mg/kg q 24 h 连用 3 d，然后每 48 h 用药 1 次，口服）。

赖氨酸对疱疹病毒患猫的治疗可能有一定帮助。有假设认为，高浓度赖氨酸能够拮抗精氨酸，而后者是疱疹病毒复制的启动子。可在宠物健康食品商店中购买赖氨酸（每只猫 500 mg，q 12 h），并添入患病动物的食物中。给予猫重组 ω 干扰素或人重组 α-2b 干扰素可能对疱疹病毒患猫有一定帮助（Seibeck 等，2006）。

如果动物生活在衣原体多发地区或有结膜炎表现，则应考虑衣原体感染的可能性。此时，应至少口服抗生素 42 d。另外，每天涂抹氯霉素或四环素眼膏，至少每天 3 次，在症状消失后至少再用 14 d。

由猫疱疹病毒引起的角膜溃疡可用局部抗病毒药进行治疗，如曲氟尿苷、腆苷或阿糖腺苷等。每天用药 5～6 次，每次每只眼各 1 滴，连续用药不超过 2～3 周。另外，还要对溃疡进行常规治疗。应用四环素或氯霉素眼膏，每天 2～4 次。局部使用阿托品可以使瞳孔扩大并缓解疼痛。治疗时间为 1～2 周，直至上皮形成。

在急性上呼吸道感染或由疱疹病毒引起眼部病变时，禁止局部或全身使用皮质类固醇。它们会使病程延长并增加病毒排泄。

有关慢性症状患猫的治疗，详见下文。

## 对独养猫的预防

本病的预防措施主要是将动物与传染源（如 FHV、FCV、博代氏杆菌和衣原体等）隔离，增强自身免疫力。大多数家猫对上呼吸道感染所致的慢性疾病具有一定的抵抗力，一般来说健康猫皮下注射疫苗就可以产生有效的保护。疫苗可以极大地减轻上呼吸道感染导致的一系列症状，但并不能预防感染的发生。应建议动物主人严格限制猫的户外活动。

目前最常用的是猫三联弱毒疫苗，它为猫提供针对 FHV、FCV 和猫瘟病毒的保护。疫苗使用方便，且合理使用此疫苗并不会引起临床症状，在不与强毒密切接触的情况下，可以为猫提供充分的保护。疫苗对于尚有母源免疫的幼猫不具有保护作用。通常幼猫首次免疫在 6～10 周龄时进行，3～4 周后再注射 1 次。也就是说首免必须注射 2 次，并且确保幼猫在已满 16 周龄时进行第二次注射，1 年后加强免疫 1 次。此后推荐每 3 年对其进行 1 次加强免疫，除非动物暴露在高感染风险的环境下，则需要改变免疫计划。通过检测猫血清中 FHV 和 FCV 抗体水平可了解动物的抵抗能力以及是否需要再次接种疫苗（Lappin 等，2002）。母猫在繁育之前应进行免疫。

皮下注射弱毒 FHV 和 FCV 疫苗很安全，但如果猫通过常规口鼻感染途径接触到该疫苗则可能会导致发病。应避免猫接触到雾化的疫苗，如果注射时不慎将疫苗漏在动物身上，应立即将其洗净，以防猫在舔舐过程中接触到病毒。

弱毒疫苗不宜用于妊娠母猫。针对 FHV 和 FCV 的灭活苗可以用于妊娠母猫，灭活苗还可以用于感染猫白血病病毒（feline leukemia virus，FeLV）和猫免疫缺陷病毒（feline immunodeficiency virus，FIV）的猫。

弱毒 FHV 和 FCV 疫苗同样可经鼻腔内给药。给药后有时会出现急性上呼吸道感染的症状。需要留意这些经鼻腔给药的疫苗是否包含猫瘟疫苗,是否需要另外经皮下注射猫瘟疫苗。

针对博代氏杆菌和衣原体的疫苗仅推荐猫舍或疾病流行区域使用。其感染并没有 FHV 和 FCV 那么普遍,且博代氏杆菌感染主要发生于群居猫舍。另外,这些疾病可通过抗生素疗法进行有效的治疗。

## 预后

急性上呼吸道感染患猫预后良好。大多数宠物猫很少发展为慢性疾病。

# 细菌性鼻炎
## (BACTERIAL RHINITIS)

由支气管败血性博代氏杆菌引起的急性细菌性鼻炎偶发于猫(见猫上呼吸道感染),罕见于犬(参见第21章,犬传染性气管支气管炎)。支原体和马腺疫链球菌可作为原发性鼻部病原体。多数情况下,细菌性鼻炎只是一种继发性并发症,而非原发性疾病。几乎所有鼻腔疾病都有可能继发细菌性鼻炎。当正常黏膜保护屏障受到破坏时,鼻腔内的常在细菌很容易出现过度生长。抗生素治疗通常可使一些症状得到改善,但也只是暂时的。因此,犬猫细菌性鼻炎最主要的工作是进行全面的诊断性检查,寻找其潜在病因,并针对原发病进行治疗,尤其是对那些病程较长的动物。

### 诊断

多数患有本病的犬猫都会出现黏液脓性鼻部分泌物。细菌性鼻炎没有特异性临床症状,而且正常的鼻腔内会有很多种细菌,因此难以做出明确诊断(参见第14章)。对于多数有鼻部症状的动物来讲,显微镜下观察到的细菌和嗜中性粒细胞性炎症并没有特异性诊断意义(图15-1)。对于这种情况,可在鼻腔内采用鼻拭子或者采集鼻黏膜深层组织样本进行细菌培养。如果培养结果只有1种或两种优势菌群,则可提示感染。如果各病原体生长水平相当或者只有少量菌落,则很可能是正常菌群生长的结果。微生物学检查结果应包括所有细菌的生长情况。支原体培养需要使用专用培养基,并使用特殊方法分离。另外,抗生素疗法的有效反应通常也有助于诊断出可能存在的细菌感染。

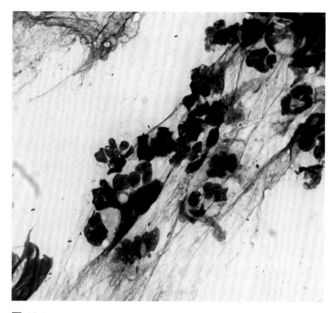

图 15-1

慢性黏液脓性分泌物病患的鼻拭子显微照片。可见典型的黏液、嗜中性粒细胞性炎症及胞内、胞外细菌。这些都是非特异性表现,通常是继发的。

### 治疗

针对鼻部不同细菌感染进行抗生素治疗。如果细菌培养结果具有充分的诊断意义,则可根据细菌的种类选取合适的抗生素。也可能存在厌氧菌感染,口服广谱抗生素可能有效,例如阿莫西林(22 mg/kg q 8～12 h)、甲氧苄啶-磺胺嘧啶(15 mg/kg q 12 h)或者克林霉素(5.5～11 mg/kg q 12 h)。多西环素(5～10 kg q 12 h,随大量水服用)或氯霉素通常对于博代氏杆菌和支原体感染的治疗效果较好。

对于那些急性感染或者已消除原发病因的感染(如异物、齿根疾病等),需要使用抗生素治疗7～10 d。慢性感染需要更长时间。开始时,使用抗生素治疗1周,如果效果明显,还需继续用药4～6周。如果停药后4～6周之内症状又出现反复,则可以继续使用之前的抗生素进行更长时间的治疗。

如果用药最初1周症状没有改善,则要停药。在进一步探求其原发病因的同时,可尝试其他抗生素治疗。和猫相比,犬较少出现特发性疾病,进一步开展诊断性检查对其非常重要。不建议频繁更换抗生素(如每隔7～14 d更换1次),因为可能会由此引发耐药革兰阴性菌感染。

### 预后

通常抗生素疗法对细菌性鼻炎有一定效果,但只有从根本上发现并且纠正潜在的病因才是长远的解决办法。

# 鼻真菌病
## (NASAL MYCOSES)

### 隐球菌病
### (CRYPTOCOCCOSIS)

新型隐球菌（*Cryptococcus neoformans*）是一种可以感染犬猫的真菌。相比之下，犬的感染比猫少一些。主要由呼吸道进入体内，在有些动物中，还可能散播到其他脏器。在猫，主要表现为鼻腔、中枢神经系统、眼睛、皮肤和皮下组织感染相关的临床症状。而在犬，中枢神经系统的症状最为常见。肺部感染在这两种动物都很普遍，但是它们很少表现出相应的临床症状（如咳嗽、呼吸困难等）。隐球菌病的临床特征、诊断和治疗详见第 95 章。

### 曲霉菌病
### (ASPERGILLOSIS)

烟曲霉（*Aspergillus fumigatus*）在很多动物中都是作为一种常驻菌存在。但在一些犬和极少数猫中，它是一种病原体。这些微生物可以形成侵害鼻黏膜的真菌斑块（即"真菌簇"）和真菌性肉芽肿。一般来说，动物患曲霉菌病都是由其他鼻部疾病，如肿瘤、异物、创伤或者免疫缺陷等，导致机体抵抗力降低，进而继发真菌感染。但多数情况下无法识别潜在疾病。而那些健康动物频繁发病，则很可能是与曲霉过度接触所致。另一种真菌——青霉菌可以引起与曲霉菌病相似的症状。

#### 临床特征

鼻曲霉菌病可以发生于任何年龄和品种的犬中，在雄性幼犬最常见。猫很少感染。可能会出现黏液性、黏液脓性（带血或不带血）或者血性鼻部分泌物。这种鼻部分泌物可能为单侧性或双侧性。动物可能会打喷嚏。面部触诊敏感、外鼻孔处的色素减退和溃疡高度提示存在鼻曲霉菌病（见图 13-2）。病变很少累及肺部。

全身性曲霉菌病多由土曲霉（*Aspergillus terreus*）或者其他种类的曲霉菌（*Aspergillus* spp.）引起，而非烟曲霉（*A. fumigatus*）。烟曲霉菌病并不多见，感染常原发于德国牧羊犬，而且通常是致命的。目前还没有有关患病动物鼻部症状表现的报道。

#### 诊断

仅凭一项检查并不能确诊曲霉菌病。需要综合评价患犬的临床症状。另外，曲霉菌是一种条件性致病菌，所以还必须考虑其他潜在的鼻部疾病。

鼻曲霉菌病的 X 线征象包括鼻腔内出现界限清晰的病变区域、吻侧可透射线性增强（见图 14-7）。虽然骨骼可能变得粗糙，但犁骨和面骨并不会出现骨破坏，这一点很具有代表性。在极少数重病情况下，还有可能会出现这两部分和筛板的破坏。X 线片上还可能出现液体密度阴影。额窦内的液性密度阴影主要是黏液蓄积造成的，可能和感染或排出受阻有关。在一些动物中，额窦可能是唯一的感染部位。

鼻内窥镜检查可以观察到鼻甲侵蚀和鼻黏膜上白色到绿色的真菌斑块（见图 14-12）。如果没有观察到这些现象也不能排除曲霉菌感染。对于疑似菌斑，为确诊真菌菌丝，可进行细胞学检查（图 15-2）和组织微生物培养（活检或鼻拭子取样）。在进行鼻内窥镜检查时，可对真菌斑块进行用力刮擦或强力冲洗，这样可以提高局部治疗的效果。

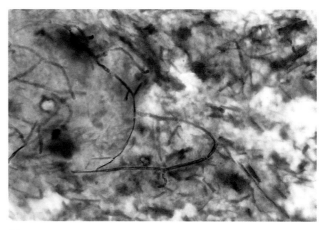

**图 15-2**
由可见的真菌斑中挑取的烟曲霉菌丝。

侵入性曲霉菌可通过对受感染的鼻黏膜活检取样、常规染色观察到，如果需要观察更为细微的病变，还可以进行特殊染色。患病动物通常表现出嗜中性粒细胞性、淋巴细胞-浆细胞性或混合性炎症。对于本病需要进行多重取样活检，因为黏膜病变通常为多灶性，而不是弥散性。如果在鼻黏膜中发现真菌病原体，则可证明存在感染。

除非样本取自于可见的真菌斑块，否则很难对真菌培养结果进行判读。健康动物的鼻腔内也可能存在真菌，所以有可能会出现假阴性结果。也就是说，只有培养结果为阳性,并且出现相应的临床症状和检查结果时才可以确诊本病。

血清抗体出现阳性结果也可以说明感染。虽然抗体阳性只能间接证明存在感染,但是曲霉菌作为正常菌群的一部分,很少会诱导机体产生抗体。Pomerantz等(2007)发现,通过血清抗体检查来诊断鼻腔真菌的敏感性和特异性分别为67%和98%,而阳性预测值和阴性预测值分别为98%和84%。

## 治疗

目前对于鼻曲霉菌病通常推荐在清创术后进行局部治疗。当疾病扩散超出鼻腔和额窦时,建议口服伊曲康唑。口服药物治疗相对于局部用药更为方便,但其有效性不如局部用药,而且具有潜在的全身性副作用,治疗时间也比较长。可口服伊曲康唑,5 mg/kg,每12 h 1次,而且必须连续服用60~90 d,甚至更长。有些医师会将其与特比萘芬合用。(药物的具体用法详见第95章。)

最早的成功用于治疗鼻曲霉菌病的药物是恩康唑,该方法是将导管通过手术方法放置在额窦或双侧鼻腔,每2 d 通过导管给1次药,持续7~10 d。但后来发现,通过手术埋管方法将非处方药克霉唑散布到病变部位,也可达到同样的效果,在这个方法中,动物需要在埋管用药后1 h 之内始终保持麻醉状态,并将鼻咽后部和外鼻孔全部堵住,使药物充满整个鼻腔(单独使用时成功率为70%;Mathews 等,1996)。目前已经证实可通过另一种非侵袭性技术取得同样的效果(如下所述),也是用相似的方法使克霉唑通过导管作用于病变部位。

在一项回顾性研究中发现,单独局部治疗时,使用的药物(恩康唑或克霉唑)与治疗的成功率没有统计学相关性(Sharman 等,2010)。综合所有的研究发现,单一治疗时的起效率只有46%。因此,目前推荐在非侵袭性克霉唑浸泡后加以辅助治疗。在进行局部治疗之前或在鼻内窥镜检查时,应先清除可见的真菌斑块。对于已累及鼻窦的患犬,除清创外,还应向额窦内给予克霉唑软膏。患犬在治疗2~3周后复查,如果仍有症状,可重复鼻内窥镜检查、清创和局部治疗。最近的报道显示,70%患犬在接受多重治疗后康复(Sharman 等,2010)。

对动物使用非侵入性克霉唑治疗时,应进行全身麻醉和气管插管供氧。患犬仰卧保定,牵拉鼻部使其与桌面平行(图15-3 和图15-4)。对于大型犬可以用24 号的弗利氏(Foley)导尿管(带有5 mL 球囊)从口腔插入,经过软腭到达鼻咽后部。此时,球囊刚好位于硬腭与软腭交界处。向球囊中注入约10 mL 的空气使其将鼻咽堵住。为了确保堵住鼻咽部,还可将剖腹术所用的海绵放置于球囊后方。另外,在口腔后部,气管插管部位的周围也应放置一些海绵,以防鼻咽部海绵内的水进入下呼吸道。

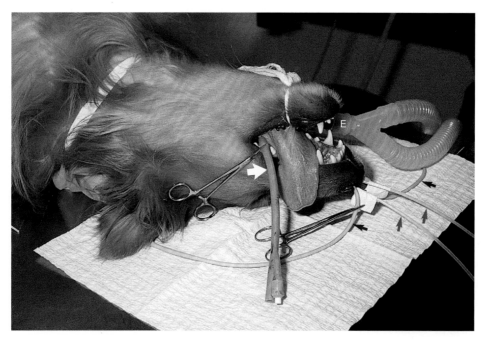

**图 15-3**
对鼻部真菌感染的犬用克霉唑浸泡1 h。放置带套囊的气管插管(E)。将24 号弗利氏导管(粗箭头)置于鼻咽后部。用12 号弗利氏导管(黑箭头)将双侧鼻孔堵住。将药液从置于鼻腔背侧的10 号聚丙烯导管(红箭头)注入。将鼻咽后部、气管插管周围以及口腔后部用剖腹术所用海绵堵住。

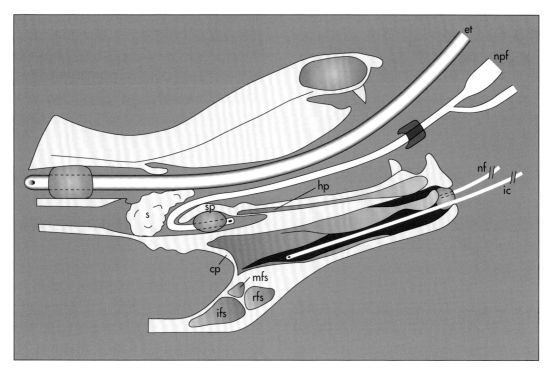

**图 15-4**

用克霉唑进行药浸的示意图。et,气管内插管;npf,置于鼻咽后部的弗利氏导管;s,咽部的海绵;ic,聚丙烯导管;nf,用于堵住鼻孔的弗利氏导管一端;hp,硬腭;sp,软腭;cp,筛板;rfs,吻侧额窦;mfs,中部额窦;ifs,外侧额窦。(摘自 Mathews KG et al: Computed tomographicassessment of noninvasive intranasal infusions in dogs with fungal rhinitis, Vet Surg 25:309,1996)

　　将 10 号聚丙烯导尿管从背侧插入鼻腔,导尿管进入的深度约为外鼻孔至内眼眦距离的 1/2。为防止插入过深,可以将进入的长度标记在导管上。然后再将 12 号的弗利氏导尿管(带 5 mL 球囊)紧贴这两根导管插入两侧的鼻腔。将气囊充满气,使其刚好可以停留在鼻腔内。每侧各缝 1 针,将导管与两侧鼻孔固定在一起,防止气囊来回活动。把一块纱布海绵放在气管插管和上切齿后的切口之间,以防渗漏。

　　通过聚丙烯导尿管注入 1% 克霉唑溶液。对于一般巡回猎犬体型的犬,每侧鼻孔应分别注入30 mL 左右的药液。确保每侧的弗利氏导尿管都充气足够,并将管口夹住以防药液流出。该药液比较黏稠,但注入时并不费力。1 h 之后,再推注 1 次药液,以药液从每侧鼻孔流出的速度为每秒钟 1 滴为宜。对于上文描述的犬共需要推注 100~120 mL药液。

　　在最初的 15 min 之后,将头部稍微倾向一侧,下一个 15 min 后再倾向另一侧。药液在鼻腔内存留1 h 后,令犬俯卧,头部悬垂。将两侧导管取出,使药液自行流出。药液全部流出通常需要 10~15 min。也可以用可弯曲的吸引头抽吸,加快液体流出。将鼻咽处和口腔内的海绵全部取出,清点数目以防残留。取出鼻咽处导管,并将口腔内残留的药液全部擦去或吸干。

　　这种方法有两种潜在的并发症,吸入性肺炎和脑膜脑炎。如果克霉唑及其载体通过筛板进入大脑,就会引起脑膜脑炎,而脑膜脑炎通常是致命的。如果不借助 CT 或者 MRI 检查,单凭 X 线片可能无法了解筛板的结构是否完整。另外,一旦发现鼻腔后部的 X 线征象出现显著异常,则需要考虑这一问题。幸运的是很少会出现这些并发症。

　　一些患犬在进行曲霉菌病治疗后,会出现持续性鼻分泌物。大多数情况下,这些分泌物提示仍然存在真菌感染。然而,一些犬可能是因鼻腔解剖结构和黏膜遭到破坏,从而继发细菌性鼻炎,或是对吸入的刺激物变得更加敏感。如果在重复治疗多次后仍然有症状,而又确定无真菌感染复发,则可按照本章中犬慢性淋巴细胞-浆细胞性鼻炎处理。

## 预后

　　犬鼻曲霉菌病的预后因清创术和重复局部治疗而得到改善。对于多数动物来说预后良好。在治疗部分已列出文献报道中的治愈率。

# 鼻部寄生虫
## (NASAL PARASITES)

### 鼻螨
#### (NASAL MITES)

犬类肺刺螨(*Pneumonyssoides caninum*)是一种白色的、约 1 mm 长的螨虫(见图 14-13,A)。感染后动物一般不表现临床症状,但有些犬会出现中度至重度临床症状。

#### 临床特征和诊断

鼻螨常见的临床特征是打喷嚏,而且通常表现剧烈。甩头、抓挠鼻部、逆向喷嚏、慢性鼻部分泌物以及鼻阻塞都可能出现。这些表现与异物引起的症状十分相似。本病的确诊是通过鼻镜或逆行性鼻腔冲洗检查发现螨虫,具体方法参见第 14 章。肉眼一般很难发现鼻冲洗液中的虫体,应该通过一定的放大或者用深色物体作为对照,然后再进行观察。此外,鼻螨通常位于鼻腔后方和额窦。用混有麻醉气体的氧气对鼻腔进行冲洗,可使鼻螨移行到鼻咽后部,这样就可以通过内窥镜检查到它们。

#### 治疗

米尔倍霉素(0.5~1 mg/kg PO,每 7~10 d 1 次,连续 3 次)可以有效去除鼻螨。也可以使用伊维菌素(0.2 mg/kg SC,3 周后再注射 1 次),但对于某些特定品种有一定的危险。与感染病患直接接触的动物也应该给予治疗。

#### 预后

本病预后良好。

### 鼻毛细线虫病
#### (NASAL CAPILLARIASIS)

鼻毛细线虫病是由波姆氏毛细线虫[Capillaria-boehmi(Eucoleus) boehmi]引起的,最初发现于狐狸的额窦中。成虫为细小的白色虫体,生活在犬的鼻腔黏膜和额窦中(参见图 14-13,B)。成虫产卵后通过粪口途径传播给其他动物。临床症状包括打喷嚏和黏液脓性鼻部分泌物(带血或不带血)。一般通过粪便浮集法可检查到双倍鳃盖的毛细线虫卵(类似于嗜气毛细线虫卵,见图 20-12,C),或者通过鼻内窥镜检查发现成虫进而确诊。治疗药物包括伊维菌素(0.2 mg/kg,口服,1 次)或者芬苯达唑(25~50 mg/kg q 12 h,连用 10~14 d)。如果粪检复查没有虫体,并且临床症状完全消除,则说明治疗有效。如果动物再次接触传染源还有可能再次发病。

# 猫鼻咽息肉
## (FELINE NASOPHARYNGEAL POLYPS)

鼻咽息肉是发生于幼猫和年轻成猫的一种良性赘生物。它们通常与咽鼓管的底部相连,但是具体起源目前尚不清楚,可能会延伸至外耳道、中耳、咽部和鼻腔;呈息肉样生长,颜色粉红,通常有蒂(图 15-5)。肉眼观容易与肿瘤混淆。

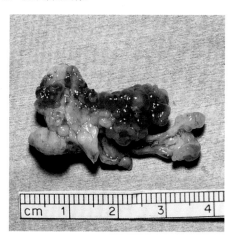

**图 15-5**
1 只有慢性鼻部分泌物的猫,通过鼻内窥镜观察到鼻咽息肉,息肉是通过牵拉摘除的,其具有明显的蒂部。

#### 临床特征

鼻咽息肉可以引起一系列上呼吸道症状,如鼾声、上呼吸道梗阻和浆液至黏液脓性鼻部分泌物。还有可能出现一些外耳炎、中耳炎或内耳炎症状,如头倾斜、眼球震颤或霍纳氏综合征等。

#### 诊断

如果 X 线片可见软腭上出现软组织密度阴影,鼻咽、鼻腔或者外耳道有团块样组织,则可初步诊断为鼻咽息肉。对猫息肉的进一步检查需要借助检耳镜、鼓泡 X 线或 CT 检查，进而确定病变范围。多数患病猫在 X 线片上会出现骨质增生、鼓泡内软组织密度增高（见图 14-6）等中耳炎征象。通过活组织检查可确诊，取样可以在手术过程中完成。鼻咽息肉由炎性组织、纤维结缔组织和上皮组织构成。

## 治疗

鼻咽息肉的治疗包括手术切除。通常采取经口腔牵引进行手术的方法。另外，如果 X 线检查或 CT 检查显示鼓泡异常，还需要进行鼓泡截骨术。极少数情况下，需要进行鼻切开术以切除所有病变组织。

一项早期研究报道（Kapatkin 等，1990）显示，31只猫在进行鼻咽息肉切除后，5 只出现复发，而在这 5只猫中，有 4 只没有进行鼓泡截骨术。这个发现表明，对于鼻咽息肉患猫，解决鼓泡骨化具有重要意义。然而，后来还有一些猫单独使用牵引切除手术成功治疗的报道（Anderson，2000），特别是术后使用泼尼松龙治疗的病例。泼尼松龙剂量为每日 1～2 mg/kg，口服，持续 2 周；然后剂量减半，服用 1 周；之后每隔 1 d服用 1 次（7～10 d）。同时还给予抗生素（例如阿莫西林）治疗。

## 预后

本病预后良好，但可能需要在复发时继续治疗。如未将病变组织完全切除，通常在 1 年之内还会在原部位复发。对于在初始治疗中未进行鼓泡截骨术的患猫，如果出现复发或中耳炎症状，应该考虑进行鼓泡截骨术。

# 犬鼻息肉
## (CANINE NASAL POLYPS)

犬罕见鼻息肉。这些肿物会引起慢性鼻分泌物，伴有或不伴有出血。它们通常会造成局部鼻甲和骨头的破坏，因此可能误诊为肿瘤。通过活检进行组织病理学分析可诊断该病。推荐积极的外科手术切除息肉。有时可能无法完全切除息肉，因此可能会复发。

# 鼻肿瘤
## (NASAL TUMORS)

犬猫的大部分鼻肿瘤都是恶性的。腺癌、鳞状细胞癌和未分化癌是犬常见的几种鼻肿瘤。淋巴瘤和腺癌常见于猫。纤维肉瘤和其他肉瘤在犬猫均有发生。良性肿瘤包括腺瘤、纤维瘤、乳头状瘤和传染性性病肿瘤（后者仅见于犬）。

## 临床特征

鼻肿瘤多发于年龄较大的动物，但也不能从幼龄犬猫鼻病的鉴别诊断中排除。品种倾向性始终没有定论。

鼻肿瘤的临床特征（常为慢性）主要表现在其对健康组织的侵蚀性上。鼻分泌物是最常见的症状，其性状可能是浆液性、黏液性、黏液脓性或者血性，可能会出现在单侧或者双侧鼻孔中。对于双侧的情况，通常表现为其中一侧鼻部分泌物较严重。很多动物开始时只表现为单侧鼻分泌物，随着病情的发展，逐渐转为双侧。动物还可能会有打喷嚏的表现。由肿瘤所造成的鼻腔阻塞可能会阻碍该侧的气体流通。

本病还可能出现面骨变形、硬腭或上颌骨齿弓变形等（见图 13-5）。如果肿瘤延伸到颅顶还会引起神经症状。眼眶内肿瘤可能会引起眼球突出或不能回缩。动物极少会出现单纯的神经症状（如抽搐、行为改变或精神异常等）和眼部异常（即没有鼻分泌物症状），也有少数动物除呼吸系统症状之外还伴有体重减轻和厌食。

## 诊断

本病主要是根据临床症状、鼻腔和额窦的影像检查或者鼻内窥镜检查进行诊断。虽然细针穿刺鼻部肿物取样也可能得到相似的结果，最终确诊还需用活组织样本进行组织病理学检查。影像学检查（X 线、CT或 MRI）和鼻内窥镜检查可观察到软组织团块病变，以及鼻甲、犁骨或面骨的破坏（见图 14-2、图 14-4 和图14-8，B）；还可看到黏膜上肿瘤细胞和炎性细胞的弥漫性浸润。

对于所有动物都应进行病变组织深部的活检取样和组织学确诊。鼻肿瘤常常会引起鼻黏膜的显著炎性反应，一些动物还可能发生继发性细菌或真菌感染。考虑到并发的炎症和潜在的增生和化生等变化，在对肿瘤进行细胞学诊断时应非常小心。此外，还应注意淋巴瘤和癌在细胞学特征上十分相似，所以很可能会误诊。

不是所有犬猫的肿瘤都可以在初诊时被发现。对于那些不能确诊、持续表现临床症状的动物可能需要在1～3个月之后再次进行影像学检查、鼻内窥镜检查和活组织检查。CT和MRI均较X线更能清晰地显示出鼻部肿瘤的影像,如果有条件,应该进行CT和MRI检查(见图14-8,B)。另外,偶尔需要借助手术探查的方法进行最终确诊。

一旦确诊本病,就需要根据病变范围决定是选择手术还是放疗或化疗。高品质的X线片可以提供一些信息,但相比之下,CT和MRI可以更为准确地确定病变范围。应对下颌淋巴结进行细针抽吸细胞学检查,这样有助于判断扩散的范围。虽然肿瘤在初诊时很少发生肺转移,但还是需要对胸部进行X线检查。对于患淋巴瘤的动物,还应进行骨髓细胞学检查以及腹部X线或超声检查。患淋巴瘤的猫还应进行FeLV和FIV检查。

## 治疗

良性肿瘤可以手术切除。恶性鼻肿瘤需要进行放疗(手术/不手术)和/或化疗。也可以尝试姑息疗法。对于猫的鼻淋巴瘤可以通过常规淋巴瘤治疗程序进行化疗(参见第77章)或放疗。放疗可以避免一些由化疗药物带来的全身性副作用,但是当肿瘤侵袭到其他器官时,单凭这种方法可能达不到治疗效果。

放疗适用于大多数恶性鼻肿瘤。如果采用常电压放射疗法,建议在放疗前对肿瘤进行大范围手术切除。在手术之后采用兆伏放射疗法(钴或者线性加速器)进行治疗,此方法对于手术的后续治疗并没有明显帮助。但是,手术之前进行兆伏放射疗法却可以改善治疗效果(Adams等,2005)。对于某些病例,姑息性放疗可改善生活质量,延长存活时间的同时,还可避免一些全剂量放疗的副作用。

对于恶性鼻肿瘤,单靠手术疗法并不能延长动物的存活时间,反而可能会缩短它们的寿命。因为大多数病例不能保证将病变组织完全切除。

如果没有条件进行放射治疗,或者放射疗法无效,可尝试采用化学疗法。顺铂、卡铂或者多种药物化疗可能对癌症控制有所帮助。具体的化疗原则详见第74章。

如果不采用放射疗法,可以尝试使用吡罗昔康,这是一种非甾体类抗炎药。报道显示它可以缓解或改善一些癌症患犬的临床症状,包括膀胱移行上皮癌、口腔鳞状上皮癌以及一些其他癌症。其副作用包括胃肠道溃疡(可能会很严重)和肾功能损伤。对于犬的其他类型的肿瘤,抗炎剂量的糖皮质激素可能会改善动物的临床症状。对于犬,泼尼松或泼尼松龙[0.5～1 mg/(kg·d),PO;逐渐减至最低有效量];对于猫,泼尼松龙[0.5～1 mg/(kg·d),PO;逐渐减至最低有效量]。泼尼松、泼尼松龙不能与吡罗昔康联合使用。

## 预后

未采取治疗措施的恶性鼻肿瘤动物预后不良。确诊之后动物往往只有几个月的存活时间。如果动物表现持续的鼻衄/鼻分泌物、厌食、体重减轻、神经症状或呼吸困难,则建议实施安乐死。鼻衄是预后不良的指征。一项关于132只未进行治疗的鼻癌患犬的研究(Rassnick等,2006)显示,鼻衄患犬的中位存活时间为88 d(置信区间为95%,65～106 d),无鼻衄患犬的中位存活时间为224 d(置信区间为95%,54～467 d)。整体中位存活时间为95 d(范围为7～1 114 d)。

对于有些动物,放射疗法可以延长其存活时间,并改善其生活质量。多数动物都可以耐受这一疗法,而那些症状得到缓解的动物的生活质量通常较好。早期关于进行兆伏放射治疗的研究发现(手术/不手术),患犬的中位存活时间约为1年。术后进行兆伏放射治疗的患犬的中位存活时间为47.7个月,术后2年和3年存活率分别为69%和58%(Adams等,2005)。

Adams等发现,术后不进行放疗的患犬中位存活时间为19.7个月,并且术后2年和3年的存活率下降(分别为44%和24%)。

关于患猫的预后信息较少。一项关于16只进行放疗的非淋巴瘤患猫的研究发现(Theon等,1994),患猫术后1年和2年的存活率分别为44%和17%。接受放疗和化疗的鼻淋巴瘤患猫的中位存活时间为511天(Arteaga等,2007)。8只接受环磷酰胺、长春新碱和泼尼松龙化疗(COP)的鼻淋巴瘤患猫中(未进行放疗),6只(75%)病情完全缓解(Teske等,2002)。中位存活时间为358 d,1年存活率为75%。

# 过敏性鼻炎
# (ALLERGIC RHINITIS)

## 病因学

目前还没有犬猫过敏性鼻炎的详细描述,相关研究很少。但有专家表明,患异位性皮炎的犬除皮肤病变外,还会出现鼻部瘙痒、浆液性鼻分泌物等症状。该病通常被认为是一种由空气中的过敏原引起的鼻腔或鼻窦的超敏反应。在一些病患中，食物过敏原可能会起一定作用。另外，其他一些原因也可引起机体的超敏反应，所以还应与潜在的寄生虫、其他感染性疾病以及肿瘤进行鉴别诊断。

### 临床特征

患本病的犬猫通常会有打喷嚏和/或浆液性或黏液脓性鼻部分泌物。症状可能是急性或慢性。对主人进行详细的问诊可能会发现引起过敏的原因。例如，症状可能与特定季节有关，在吸烟时发生，或者在新引进其他动物、香水、清洁剂、家具或者织物后出现。需要注意的是，症状恶化可能只是简单的暴露在刺激物之中，而不是急性过敏反应。动物一般不会出现虚弱现象。

### 诊断

确定症状与特定过敏原的历史关系，如果在去除这些过敏原后症状得以消除，则可以确诊为过敏性鼻炎。如果无法采取此法或者此法不成功，则需要对鼻腔进行全面检查（见第 13 章和第 14 章）。鼻部 X 线检查显示软组织密度增加，鼻甲破坏轻微或无破坏。鼻部活组织检查显示有嗜酸性炎症，这是过敏反应的特征。有时候，慢性疾病会出现混合性炎症反应，可能会干扰诊断。诊断前应先排除侵袭性疾病、寄生虫病或者其他活动性感染或肿瘤。

### 治疗

消灭过敏原是治疗本病的最佳方案。如果无法消除过敏原，给予抗组胺药可以使症状得到一定缓解。可以使用氯苯那敏，口服，4～8 mg/犬，每 8～12 h 服用 1 次；或者 2 mg/猫，每 8～12 h 服用 1 次。第二代抗组胺药西替利嗪（Zyrtec，Pfizer）对猫更有效。一项药物代谢动力学研究报道显示，健康猫口服该药，剂量为 1 mg/(kg·24 h)，即可维持血浆药物浓度（Papich 等，2006）。如果抗组胺药无效可以使用糖皮质激素类药物，如泼尼松，开始时 0.25 mg/kg，每 12 h 服用 1 次，直至症状消除，然后降低至最低有效剂量。如果治疗有效，症状一般会在一段时间内消失。只要再次出现症状，就需要继续用药。

### 预后

如果可以消除过敏原，则预后良好。否则，可以有效控制但不能完全治愈。

# 特发性鼻炎
# (IDIOPATHIC RHINITIS)

与犬相比，特发性鼻炎更多见于猫。只有经系统的评估，排除其他特异性疾病后，才能诊断该病（见第 13 章和第 14 章）。

## 猫慢性鼻窦炎
## (FELINE CHRONIC RHINOSINUSITIS)

### 病因学

猫慢性鼻窦炎一直被认为是由 FHV 或 FCV 感染引起的（见猫上呼吸道感染章节）。虽然认为该病与持续性病毒感染有关，但在该研究中却并没有发现病毒感染与临床症状之间的相关性。可能是因为这些病毒的感染会破坏鼻黏膜，使得患犬更易出现细菌感染，或对刺激物/植物更易出现过度炎症反应。血清抗体滴度或鼻组织 PCR 初步研究结果显示，猫慢性鼻窦炎与巴尔通体无关（Berryessa 等，2008）。由于该病病因不明，因此会使用术语"特发性猫慢性鼻窦炎"。

### 临床特征与诊断

慢性黏液性或黏液脓性鼻分泌物是特发性猫慢性鼻窦炎最常见的临床症状，通常为双侧性。在一些患猫的分泌物中可见鲜血，但这通常不是动物主人就诊的主要原因，可能会出现打鼾，考虑到这是个特发性疾病，因此排除其他病因较为重要。患猫不应存在眼底病变、淋巴结病、面部或腭畸形；牙齿和齿龈应该是健康的；罕见厌食和体重减轻。应对患猫进行全面的诊断检查，详见第 13 章和第 14 章。通过这些诊断试验，应该无法确诊某个特异性疾病。通常非特异性发现包括：鼻部影像学和鼻内窥镜检查可见鼻甲骨侵蚀、黏膜炎症、黏液聚集增多。鼻分泌物细胞学检查可见伴有细菌的嗜中性粒细胞性炎症或混合性炎症；鼻组织活检可见淋巴浆细胞性和/或嗜中性粒细胞性炎症。还可见一些由慢性炎症引起的非特异性异常，例如上皮增生和纤维化。可能存在继发性细菌性鼻炎或支原体感染。

## 治疗

特发性慢性鼻窦炎患猫通常需要治疗数年。幸运的是,大多数患猫都能康复。治疗措施包括:促进鼻分泌物的排出;减少环境中的刺激物;控制继发的细菌感染;治疗可能存在的支原体或FHV;减轻炎症;鼻甲切除术和额窦消融术(作为最后的治疗手段)(框15-1)。

> **框 15-1  特发性慢性鼻窦炎患猫的治疗**
>
> **促进鼻分泌物排出**
> 雾化器治疗
> 局部使用生理盐水
> 麻醉下鼻腔冲洗
> 使用局部解充血药物
>
> **减少环境中的刺激物**
> 改善室内空气质量
>
> **控制继发的细菌感染**
> 长期抗生素治疗
>
> **治疗可能存在的支原体感染**
> 抗生素治疗
>
> **治疗可能存在的疱疹病毒感染**
> 赖氨酸治疗
>
> **减轻炎症**
> 第二代抗组胺药
> 口服泼尼松龙
> 其他未经证实的可能减轻炎症的治疗
>    阿奇霉素
>    吡罗昔康
>    白三烯抑制剂
>    $\omega$-3 脂肪酸
>
> **手术治疗**
> 鼻甲切除术
> 额窦消融术

保持分泌物湿润;进行间歇性鼻腔冲洗;谨慎地局部使用减充血药,促进分泌物排出。可将患猫关在一个有雾化器的房间,经证明,这样可以通过保持分泌物的湿润,从而缓解症状。另外,可以向鼻孔滴入无菌生理盐水。有些猫使用大量盐水或稀释的碘伏溶液冲洗鼻腔数周后,临床症状明显改善。操作时患猫需要全身麻醉,为了保护下呼吸道,必须使用气管插管以及纱布海绵,并且应将患猫调整成有利于液体从外鼻孔流出的体位。在出现严重充血时,使用局部解充血药物可缓解症状,参考猫上呼吸道感染部分。

环境中的刺激物可加重黏膜的炎症。应避免烟雾(来自香烟或壁炉)和香水等刺激物。鼓励动物主人逐

步改善家里的空气质量,例如清洗地毯、家具、窗帘和火炉,使用空气净化器,定期更换空气过滤器。美国肺脏协会(American Lung Association)网站上提供了一些改善室内空气质量的建议(www. lung. org)。

对于继发的细菌感染,可能需要进行长期抗生素治疗。口服广谱抗生素(例如阿莫西林 22 mg/kg q 8～12 h;甲氧苄氨嘧啶-磺胺嘧啶 15 mg/kg q 12 h),通常效果较好。如果对其他药物疗效不佳的猫,可使用多西环素(5～10 mg/kg q 12 h,随大量水服用),其可以有效对抗一些细菌、衣原体和支原体。对于病情顽固的猫,还可以使用阿奇霉素(5～10mg/kg q 24 h,连续 3 d 之后用药间隔改为 48 h)。作者还推荐氟喹诺酮类药物,用以治疗耐药性革兰阴性菌感染。如果第 1 周内患猫对最初的抗生素治疗反应良好,那么应该继续抗生素治疗至少 4～6 周;如果疗效不佳,则应停止抗生素治疗。需要注意,不建议每 7～14 d 频繁更换抗生素,这样可能导致患猫出现耐药性革兰阴性菌感染。对于虽然长期抗生素治疗反应良好,但停药后很快复发的患猫(尽管症状得到了 4～6 周的缓解),需要继续长期抗生素治疗。通常可以继续使用先前的抗生素治疗。每日给予两次阿莫西林已经足够。

赖氨酸的治疗对于活动性疱疹病毒患猫可能有效。有假设认为,过量的赖氨酸能够拮抗精氨酸,而后者是疱疹病毒复制的启动子。由于通常无法确定明确的病原体,所以开始时需要进行尝试性治疗。可将源自优质食物的赖氨酸(500mg/猫 q 12 h)添加到日粮中进饲喂。一般至少需要 4 周时间才会看到明显的疗效。

有个别猫使用第二代抗组胺药(Zyrtec,Pfizer)治疗成功的报道,参见过敏性鼻炎章节。

对于病程较长、病情较重的患猫,尽管可能由于使用糖皮质激素(减轻炎症)而使上述支持性治疗产生较为明显的效果,但还是有一定风险。皮质激素能够引起细菌或真菌的继发感染,加速病毒排泄,还能掩盖严重的病情。只有其他疾病完全消除时才可使用糖皮质激素。开始时,可以每天口服 2 次泼尼松龙,每次 0.5 mg/kg。如果 1 周之内症状得到改善,可以逐渐降低使用剂量,直至最低维持量。一般说,0.25 mg/kg 每 2～3 d 给药 1 次足以使临床症状得到控制。如果 1 周之内未见明显疗效则应立即停药。

其他具有潜在抗炎效果的药物包括:阿奇霉素(抗

生素中有介绍）、吡罗昔康和白三烯抑制剂。ω-3 脂肪酸补充剂也可抑制炎症反应。只有个别病例报道显示这些药物可成功治愈慢性症状的患猫。

对于那些虽然精心照顾，但症状依然十分严重或病情恶化的病例，如果已进行了完整的诊断性评估，排除了其他导致慢性鼻分泌物的病因，应考虑进行鼻甲切除术和额窦切除术（参见第 13 章和第 14 章）。这两个手术比较复杂，应注意避免破坏主要的血管以及颅顶，并且不能有组织残留。动物术后可能会出现食欲减退，所以应进行食道切开术或胃切开术放置饲管，为其提供充足的营养需求。手术通常无法使症状完全消除，但可以使病情得到很大改善。手术方法可参考 Fossum 的著作（见推荐读物部分）。

## 犬慢性/淋巴细胞-浆细胞性鼻炎
### (CANINE CHRONIC/LYMPHOPLASMACYTIC RHINITIS)

### 病因学

特发性慢性鼻炎患犬的鼻黏膜组织活检有时可见炎性浸润，因此又称淋巴细胞-浆细胞性鼻炎。起初认为该病为类固醇反应性疾病，但之后的报道（Windsor 等，2004）以及临床经验发现，皮质类固醇并非对所有的淋巴细胞-浆细胞性鼻炎有效。该病有时可见嗜中性粒细胞性炎症，并明显伴有淋巴细胞-浆细胞的浸润。出于这些原因，现在使用的是非特异性术语"特发性犬慢性鼻炎"。

可能是因为疾病本身，或是作为对感染的继发效应的反应，抑或是作为对刺激物的增强反应，引起鼻部疾病的许多特定病因均能够同时引起炎性反应；正因为如此，对于这些病患，我们需要进行全面的诊断评估。有研究对患有特发性慢性鼻炎患犬的鼻组织进行多重 PCR 检测（Windsor 等，2004），其结果并没有发现细菌（根据 DNA 载量）、犬腺病毒 Ⅱ 型、副流感病毒、衣原体和巴尔通体存在的证据。在患犬中发现了大量真菌 DNA，提示其可能与临床症状有关。另外，该结果可简单地反映出，在动物患有鼻腔疾病时，真菌清除率较低。

虽然没有得到证实，但之前有研究认为巴尔通体感染对该病有潜在作用，血清巴尔通体阳性与鼻分泌物或鼻衄有一定相关性（Henn 等，2005），并且有报道显示 3 例鼻衄患犬存在巴尔通体感染（Breitschwerdt 等，2005）。但是我们实验室的一项研究（Hawkins 等，2008）却未发现巴尔通体与特发性鼻炎直接有明显相关性，这与 Windsor 等（2004）的发现相符。

### 临床特征与诊断

特发性犬慢性鼻炎的临床特征和诊断与特发性猫慢性鼻窦炎相似。慢性黏液性或黏液脓性鼻分泌物是最常见的临床症状，鼻分泌物通常为双侧性。在一些患犬的分泌物中可见鲜血，但这通常不是动物主人就诊的主要原因。考虑到这是个特发性疾病，因此排除其他病因较为重要。患犬不应存在眼底可见病变、淋巴结病、面部或腭畸形；患犬的牙齿和齿龈应该健康。患犬罕见厌食和体重减轻。应进行全面的诊断性检查，详见第 13 章和第 14 章。通过这些诊断性检查，应该无法确诊某种特异性疾病。通常非特异性发现包括：影像学和鼻内窥镜检查可见鼻甲骨侵蚀、黏膜炎症、黏液聚集增多；鼻分泌物细胞学检查可见伴有细菌感染的嗜中性粒细胞性或混合性炎症；鼻组织活检可见淋巴细胞-浆细胞性或嗜中性粒细胞性炎症。同样还可见一些由于慢性炎症引起的非特异性异常，例如上皮增生和纤维化。可能存在继发性细菌性鼻炎或支原体感染。

### 治疗

特发性犬慢性鼻炎的治疗与特发性猫慢性鼻窦炎相似（详情可见上文和框 15-1）。对于患犬，主要治疗继发细菌性鼻炎，并减少周围环境中的刺激物。与猫一样，通过加湿空气或向鼻腔内滴注无菌生理盐水促进鼻分泌物的排出，对患犬也有一定帮助。

在猫的治疗中所描述的抗炎治疗在一些患犬中也可能有效，最早报道的成功案例为淋巴浆细胞性鼻炎患犬，治疗时采用了免疫抑制剂量的泼尼松（1 mg/kg PO q 12 h）。一般两周内可见到明显疗效，之后可将泼尼松逐渐降至最低有效剂量。如果初始治疗无效，可增加其他免疫抑制药物，例如硫唑嘌呤（见第 100 章）。然而，免疫抑制疗法并非总是有效。如果使用皮质类固醇治疗期间症状恶化，临床医生应立即停药并重新评估患犬，检查是否可能患有其他疾病。

伊曲康唑对本病也可能有效。据 Kuehn（2006）的研究报道，给予伊曲康唑（5 mg/kg q 12 h）可明显改善一些特发性慢性鼻炎患犬的临床症状，但至少需要治疗 3～6 个月。这种疗法有效的原因可能是因为患犬较易感染真菌（Windsor 等，2004）。

病情严重或对药物治疗无效的患犬应考虑鼻切开

术和鼻甲切除术。

## 预后

特发性慢性鼻炎患犬的治疗一般能有效控制其临床症状，保证其生活质量，预后良好。不过有些患犬可能会持续存在一定程度的临床症状。

◆ *推荐阅读*

Adams WM et al: Outcome of accelerated radiotherapy alone or accelerated radiotherapy followed by exenteration of the nasal cavity in dogs with intranasal neoplasia: 53 cases (1990-2002), *J Am Vet Med Assoc* 227:936, 2005.

Anderson DM et al: Management of inflammatory polyps in 37 cats, *Vet Record* 147:684, 2000.

Arteaga T et al: A retrospective analysis of nasal lymphoma in 71 cats (1999-2006), Abstract, *J Vet Intern Med* 21:573, 2007.

Berryessa NA et al: Microbial culture of blood samples and serologic testing for bartonellosis in cats with chronic rhinitis, *J Am Vet Med Assoc* 233:1084, 2008.

Binns SH et al: Prevalence and risk factors for feline *Bordetella bronchiseptica* infection, *Vet Rec* 144:575, 1999.

Breitschwerdt EB et al: *Bartonella* species as a potential cause of epistaxis in dogs, *J Clin Microbiol* 43:2529, 2005.

Buchholz J et al: 3D conformational radiation therapy for palliative treatment of canine nasal tumors, *Vet Radiol Ultrasound* 50:679, 2009.

Fossum TW: *Small animal surgery*, ed 4, St Louis, 2013, Elsevier Mosby.

Gunnarsson L et al: Efficacy of selemectin in the treatment of nasal mite *(Pneumonyssoides caninum)* infection in dogs, *J Am Anim Hosp Assoc* 40:400, 2004.

Hartmann AD et al: Efficacy of pradofloxacin in cats with feline upper respiratory tract disease due to *Chlamydophila felis* or *Mycoplasma* infections, *J Vet Intern Med* 22:44, 2008.

Hawkins EC et al: Failure to identify an association between serologic or molecular evidence of *Bartonella* spp infection and idiopathic rhinitis in dogs, *J Am Vet Med Assoc* 233:597, 2008.

Henn JB et al: Seroprevalence of antibodies against *Bartonella* species and evaluation of risk factors and clinical signs associated with seropositivity in dogs, *Am J Vet Res* 66:688, 2005.

Holt DE, Goldschmidt MH: Nasal polyps in dogs: five cases (2005-2011), *J Small Anim Pract* 52:660, 2011.

Johnson LR et al: Assessment of infectious organisms associated with chronic rhinosinusitis in cats, *J Am Vet Med Assoc* 227:579, 2005.

Kapatkin AS et al: Results of surgery and long-term follow-up in 31 cats with nasopharyngeal polyps, *J Am Anim Hosp Assoc* 26:387, 1990.

Kuehn NF: *Prospective long term pilot study using oral itraconazole therapy for the treatment of chronic idiopathic (lymphoplasmacytic) rhinitis in dogs, Abstract,* British Small Animal Veterinary Association Annual Congress, 2006, Prague, Czech Republic.

Lappin MR et al: Use of serologic tests to predict resistance to feline herpesvirus 1, feline calicivirus, and feline parvovirus infection in cats, *J Am Vet Med Assoc* 220:38, 2002.

Mathews KG et al: Computed tomographic assessment of noninvasive intranasal infusions in dogs with fungal rhinitis, *Vet Surg* 25:309, 1996.

Papich MG et al: Cetirizine (Zyrtec) pharmacokinetics in healthy cats, Abstract, *J Vet Intern Med* 20:754, 2006.

Piva S et al: Chronic rhinitis due to *Streptococcus equi* subspecies *zooepidemicus* in a dog, *Vet Record* 167:177, 2010.

Pomerantz JS et al: Comparison of serologic evaluation via agar gel immunodiffusion and fungal culture of tissue for diagnosis of nasal aspergillosis in dogs, *J Am Vet Med Assoc* 230:1319, 2007.

Rassnick KM et al: Evaluation of factors associated with survival in dogs with untreated nasal carcinomas: 139 cases (1993-2003), *J Am Vet Med Assoc* 229:401, 2006.

Richards JR et al: The 2006 American Association of Feline Practitioners Feline Vaccine Advisory Panel Report, *J Am Vet Med Assoc* 229:1405, 2006.

Schmidt BR et al: Evaluation of piroxicam for the treatment of oral squamous cell carcinoma in dogs, *J Am Vet Med Assoc* 218:1783, 2001.

Seibeck N et al: Effects of human recombinant alpha-2b interferon and feline recombinant omega interferon on in vitro replication of feline herpesvirus, *Am J Vet Res* 67:1406, 2006.

Sharman M et al: Muti-centre assessment of mycotic rhinosinusitis in dogs: a retrospective study of initial treatment success, *J Small Anim Pract* 51:423, 2010.

Teske E et al: Chemotherapy with cyclophosphamide, vincristine and prednisolone (COP) in cats with malignant lymphoma: new results with an old protocol, *J Vet Intern Med* 16:179, 2002.

The 2006 American Association of Feline Practitioners Feline Vaccine Advisory Panel Report. *J Am Vet Med Assoc* 229:1405, 2006.

Theon AP et al: Irradiation of nonlymphoproliferative neoplasms of the nasal cavity and paranasal sinuses in 16 cats, *J Am Vet Med Assoc* 204:78, 1994.

Windsor RC et al: Idiopathic lymphoplasmacytic rhinitis in dogs: 37 cases (1997-2002), *J Am Vet Med Assoc* 224:1952, 2004.

# 第 16 章

# 喉咽疾病的临床表现
## Clinical Manifestations of Laryngeal and Pharyngeal Disease

## 临床症状
### (CLINICAL SIGNS)

### 喉部
#### (LARYNX)

不管是什么原因引起的喉部疾病,都具有相似的临床症状,主要表现为呼吸窘迫和喘鸣。有时可见呕吐或咳嗽。声音改变是喉病所特有的,但并不是所有喉病都会出现声音的改变。动物主人可能会反映他们的犬猫声音发生了变化,从另一个角度来说,我们也应该通过有针对性的提问获得这一重要信息。通过病史调查和体格检查可以确定病变部位为喉部,结合喉镜、X 线和喉部活组织检查可以对本病进行确诊。

喉病所表现出的呼吸窘迫是由气道梗阻造成的。虽然大多数病例都经历了数周到数月的病程,但患病动物通常表现为急性呼吸窘迫。开始时,犬猫可以通过自我保护(限制运动)机制使症状得到缓解。一些常见的诱因会使呼吸力度明显增强,例如运动、兴奋或环境温度升高。呼吸力度增强导致病变喉部负压过度,将周围的软组织吸入气道腔,会导致喉部炎症和水肿。当气道梗阻变得更严重时,会导致呼吸力度进一步增大(图 16-1)。气道梗阻最终将危及生命。

由胸外(上)气道梗阻引起的呼吸窘迫在进行体格检查时常有特征性呼吸模式,如喉部疾病(见第 26 章)。呼吸频率正常或略有升高(通常为 30~40 次/min),当有明显的呼吸困难时,频率升高的表现尤其显著。与呼气相比,吸气时间延长,并且比较吃力。吸气时,由于胸内负压的作用,使得喉部周围的组织被吸向气道

内,进一步加重了吸气困难的程度。呼气时,气道内的正压可以将软组织推开。但是即使如此,呼气过程可能还是有些费力。在一些复杂的气道梗阻中,呼气也会受到阻碍,如喉部肿物。甚至在喉麻痹引起的动态梗阻时,虽然呼气不会受到任何阻碍,但是喉部水肿和炎症还是会对呼气造成影响。此时听诊可以听到上呼吸道呼吸音,以及正常至增强的肺音。

喘鸣是一种尖锐的喘息音,有时会出现在吸气时。不用听诊器也可以听到这种声音,但借助于听诊器(听诊颈部)可能有助于发现更轻微的疾病。喘鸣音是空气在通过狭窄的喉部时出现的湍流音。胸外气管狭窄很少导致喘鸣,一般产生较粗的鼾声。

有些不表现出呼吸困难的患病动物(如运动不耐受或者声音改变),可能需要让动物进行运动,以确定喉部疾病伴有的特征性呼吸模式和喘鸣音。

一些患有喉病的动物,尤其是那些由于早期弥散性神经肌肉疾病引起喉麻痹或喉部解剖异常的动物,其正常的解剖结构受到破坏,保护机制也被破坏,从而表现出一些亚临床吸气异常或明显的吸入性肺炎。此时,动物可能在吸气时出现一些临床症状,例如咳嗽、嗜睡、厌食、发热、呼吸急促和异常肺音。

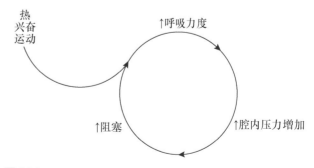

**图 16-1**
发生胸腔外(上)呼吸道阻塞的动物常由于某个诱因使得气道阻塞逐步加剧,进而表现出呼吸窘迫。

# 咽部
## (PHARYNX)

与前面提到的喉病一样,咽部的占位性病变会引起同样的上气道梗阻症状,但只有比较严重的病例才会出现明显的呼吸窘迫。咽部疾病更典型的症状包括鼾声、逆向喷嚏、呕吐、干呕和吞咽困难。鼾声是一种大而粗糙的声音,就像在打鼾或喷嚏时听到的一样。鼾声是由于咽部过多的软组织引起的空气湍流所致,例如过长的软腭或肿物。呕吐或干呕可能是由于组织本身的局部刺激或继发性分泌物所致。呼吸困难可见于物理性梗阻,通常是肿物引起的。与喉部疾病一样,咽部疾病的确诊需要结合视诊、影像学检查和病变组织的活组织检查。视诊还包括对口腔、喉和鼻咽的全面检查。对于一些病例,可能需要进行透视检查或CT检查,前者只适用于在特定的呼吸阶段才可见的异常,后者则适用于存在气道外部肿物的压迫。

## 犬猫喉部症状的鉴别诊断
## (DIFFERENTIAL DIAGNOSES FOR LARYN-GEAL SIGNS IN DOGS AND CATS)

对犬猫呼吸窘迫鉴别诊断的讨论见第26章。

相对于猫来说,犬的喉部疾病更为常见,而且犬常出现喉麻痹(框16-1)。犬猫均会出现喉部肿瘤。阻塞性喉炎是一种无特异性症状的炎性疾病。其他可能的喉部疾病包括喉部塌陷、网状组织形成(喉头处粘连或

 **框 16-1　犬猫喉部症状的鉴别诊断**

喉麻痹
喉肿瘤
阻塞性喉炎
喉部塌陷
网状纤维组织形成
创伤
异物
腔外肿物
急性喉炎

形成纤维化组织,通常是手术并发症的一种)、创伤、异物和管腔外肿物压迫。犬猫急性喉炎是一种无特征性的疾病,可能是由病毒(或其他病原体)感染、异物或者过度吠叫造成的。胃食道反流会引起人的喉炎,最近有文献报道它也会导致犬喉功能不全(Lux,2012)。

## 犬猫咽部症状的鉴别诊断
## (DIFFERENTIAL DIAGNOSES FOR PHARYNGEAL SIGNS IN DOGS AND CATS)

犬咽部最常见的异常为短头品种气道综合征和软腭过长(框16-2)。软腭过长也是短头综合征的一部分,但也见于非短头犬,对于这部分的讨论详见第18章。猫最为常见的咽部异常为淋巴瘤和鼻咽息肉(Allen等,1999)。鼻咽息肉、鼻部肿瘤和异物详见鼻部疾病章节(见第13~15章)。其他鉴别诊断包括脓肿、肉芽肿及造成腔外压迫的肿物。鼻咽狭窄是犬猫慢性炎症(鼻炎或咽炎)、呕吐或胃食道反流的一种并发症。

 **框 16-2　犬猫咽部症状的鉴别诊断**

短头品种气道综合征
软腭过长
鼻咽息肉
异物
肿瘤
脓肿
肉芽肿
腔外肿物
鼻咽狭窄

### ◆推荐阅读

Allen HS et al: Nasopharyngeal diseases in cats: a retrospective study of 53 cases (1991-1998), *J Am Anim Hosp Assoc* 35:457, 1999.

Hunt GB et al: Nasopharyngeal disorders of dogs and cats: a review and retrospective study, *Compendium* 24:184, 2002.

Lux CN: Gastroesophageal reflux and laryngeal dysfunction in a dog, *J Am Vet Med Assoc* 240:1100, 2012.

# 第 17 章

# 喉咽疾病的诊断性检查
## Diagnostic Tests for the Larynx and Pharynx

## X 线检查
### (RADIOGRAPHY)

对怀疑有上呼吸道疾病的动物都应进行 X 线检查(图 17-1 和图 17-2)。尤其对于不透射线的异物,如缝针等,很可能由于深埋入组织中,难以通过喉镜观察到,并且会受临近骨性病变的干扰。可以观察到软组织团块和软腭异常,但有一些异常密度常被忽略,尤其是动物的头颈发生偏转的时候,经常无法确认明显的病变。X 线片上显示的异常软组织密度或者狭窄的气道都应通过喉镜、内窥镜和活组织检查确定。X 线检查无法识别喉麻痹。

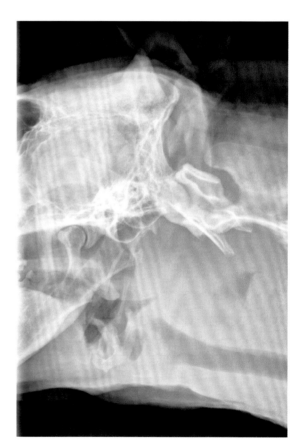

图 17-2

**1 只颈部肿物患犬的侧位 X 线片,可见喉头明显移位。**

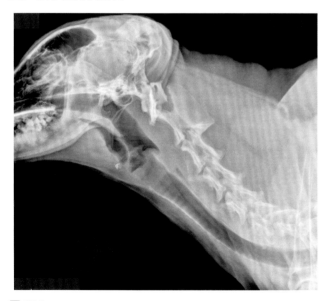

图 17-1

正常颈部、咽部和喉部的侧位 X 线片。注意病患的头颈部是没有旋转的。软腭和会厌显影良好。摆位不良时,常常由于正常结构倾斜和重叠,而误诊为肿物或异常的软腭。

通常对动物进行侧位投照,检查内容包括喉、鼻咽后部和颈部气管的前段。背腹位或腹背位投照时,脊柱会干扰气道的评估。如果侧位 X 线片上可见异常密度影像,则还需要再进行腹背位或斜位投照来对其作出准确的定位。当对喉部进行投照时,应将头部稍稍伸展,可以将垫料置于颈下或头部周围帮助摆位。不透射线的异物很容易被识别。有时还可以观察到气道中的一些软组织肿物,如肿瘤、肉芽肿、脓肿、息肉或者过长的软腭等。

## 超声检查
## (ULTRASONOGRAPHY)

超声检查是另外一种无创检查方法,它可以显示咽部和喉部的动态影像。由于空气会干扰声波,所以很难对该部位做出准确的评估。此外,超声检查还有助于诊断犬的喉部麻痹(Rudorf 等,2001)。兽医经验丰富可有效避免误诊。超声检查还有助于肿物性病变的定位,并引导细针穿刺。

## 透视检查
## (FLUOROSCOPY)

有些病患只有在深呼吸时才表现出上呼吸道阻塞的症状。因此常规的 X 线检查和麻醉下眼观检查可能会漏诊。对于这些病例,在出现症状时进行透视检查是非常有价值的。一些特殊疾病通过其他方法可能无法诊断,例如会厌后屈和咽背侧壁塌陷。透视检查还能诊断胸外气管塌陷。胸外气管塌陷属于上呼吸道阻塞的鉴别诊断之一,一般是咽部或喉部疾病引起的。

## CT 和 MRI 检查
## (COMPUTED TOMOGRAPHY AND MAGNETIC RESONANCE IMAGING)

CT 和 MRI 检查对于压迫咽部和喉部肿物的识别较为敏感。通过 CT 和 MRI 检查,可以评估气道内外肿物的范围及局部淋巴结的大小。

## 喉镜和咽镜检查
## (LARYNGOSCOPY AND PHARYNGOSCOPY)

通过喉镜和咽镜可以观察喉部和咽部的形态结构有无异常,同时还可检查喉部功能是否正常。该检查适用于疑似上呼吸道梗阻或咽喉疾病的所有犬猫。应该注意的是,由于上气道梗阻致使呼吸力度增大,动物麻醉恢复的时间也会延长。动物在拔出气管插管后,需要一定的时间完全恢复神经肌肉功

能,在此期间其自身可能无法保持气道畅通。因此,除非需要麻醉后进行手术治疗,否则不应对这些动物进行喉镜检查。

动物俯卧保定。使用短效注射用麻醉剂进行诱导和维持,之前无须使用镇静剂,一般使用丙泊酚。密切监护麻醉深度,麻醉剂量达到能保证看到喉部软骨即可;有些动物的下颌张力仍然存在,并且会发生自发性深呼吸。将纱布置于犬齿后的上颚下方,用手或通过绷带将口腔打开(图 17-3)。这个姿势可以避免外界压力作用于颈部。用纱布绷带将舌头牵开,以便观察咽后部及喉部。喉镜光源的照射也可以使该部位的视野变得清晰。

可以在动物深呼吸时检查杓状软骨的活动性。此时需要一个助手根据胸壁的起伏提供吸气或者呼气的信息。正常情况下,杓状软骨在每次吸气时对称性张开,在呼气时闭合(图 17-4)。喉麻痹所表现的临床症状通常是双侧性的,动物在吸气时软骨不会张开,而呼气时由于气流的作用反而会打开和/或向内吸。

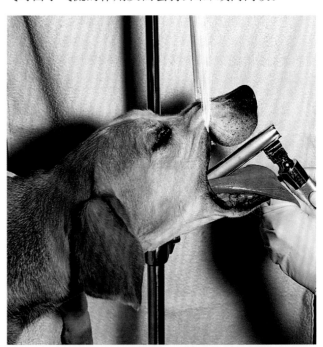

图 17-3
将犬的上颌用绷带绑住并悬挂于输液架上。将舌牵出,通过喉镜检查咽部结构以及喉部运动。

如果病患没有出现深呼吸,可以给予多沙普仑(1.1~2.2 mg/kg,IV)刺激呼吸。在一项研究中(Tobias 等,2004),对于这个药,并没有发现潜在的全身性副作用。但是,有些犬由于呼吸力度增加而出现喉部气流梗阻,这时需要进行气管插管。

如果动物的喉部不具备正常的关闭机制,需要继

续对其进行监护直至麻醉苏醒。麻醉的副作用和浅呼吸是导致喉麻痹误诊的最常见原因。

检查完喉部功能,加大麻醉深度,对喉咽后部进行全面检查。观察有无结构异常、异物或病变组织,然后采集具有代表性的样品,进行组织病理学检查和微生物培养。应评估软腭长度,正常情况下,吸气时软腭可以伸展至会厌的边缘。软腭过长会导致上呼吸道梗阻。

如第 14 章所述,检查鼻咽后部有无鼻咽息肉、肿物和异物。针或其他尖锐物体可能刺入组织内,所以检查时要仔细进行视诊和触诊。

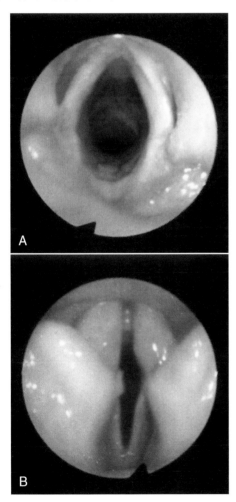

**图 17-4**
犬的喉部。A,吸气时,杓状软骨和声襞外展,使气道对称性充分张开;B,呼气时,杓状软骨和声襞将声门关闭。

肿瘤、肉芽肿、脓肿或其他肿物都可能出现在咽或喉的内、外部,引起压迫或使正常组织结构变形。喉部黏膜严重弥散性增厚可能是浸润性肿瘤或梗阻性喉炎所致。由于这些疾病的预后差别很大,很有必要对病变组织取样进行组织学检查。咽部正常菌群的存在使

得微生物培养结果难以判读。从脓汁或肉芽肿组织中培养出细菌,可能提示感染。

大部分气道被周围黏膜阻塞称为喉塌陷(图 17-5)。随着阻塞时间的延长,犬猫努力将空气吸入肺内,呼吸道增大的负压将软组织吸入气道。由此导致喉小囊外翻、软腭伸长和增厚,咽部黏膜出现炎性增生。喉软骨可能变软和变形,以至于不能很好地支撑咽部周围的软组织。目前尚不清楚这种软骨的软化是与喉塌陷同时发生,还是继发于喉塌陷。塌陷较常发生于短头气道综合征患犬,也见于任何慢性梗阻性疾病。

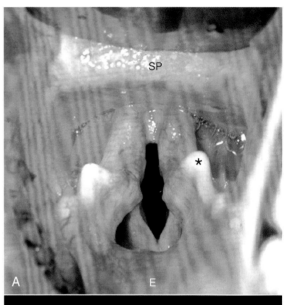

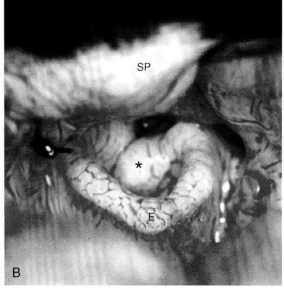

**图 17-5**
A,一只健康犬的喉部解剖。B,喉塌陷时,可见杓状软骨的楔状突( * )向内折叠,并阻塞大部分气道。还可见软腭(SP)和会厌(E)。在健康犬中,软腭的背侧有牵缩肌(银灰色反光处)牵拉,会厌尖端不可见。(Elizabeth M. Hardie 惠赠)

　　如果对有上呼吸道梗阻症状的犬猫进行喉镜检查未发现明显异常，还应通过 X 线或者内窥镜做进一步检查。在这些动物中，如果无法进行内窥镜检查，可以在喉镜检查时用气管插管将喉软骨撑开，对近端气管进行大致检查。

◆推荐阅读

Rudorf H et al: The role of ultrasound in the assessment of laryngeal paralysis in the dog, *Vet Radiol Ultrasound* 42:338, 2001.

Tobias KM et al: Effects of doxapram HCl on laryngeal function of normal dogs and dogs with naturally occurring laryngeal paralysis, *Vet Anaesth Analg* 31:258, 2004.

# 第 18 章
## CHAPTER 18

# 喉咽疾病
## Disorders of the Larynx and Pharynx

## 喉麻痹
### (LARYNGEAL PARALYSIS)

喉麻痹是指杓状软骨吸气时不能正常外展,致使胸腔外(上)呼吸道出现梗阻的一种疾病。外展肌受左右两侧喉返神经支配。随着症状逐渐加重,两侧的杓状软骨都会受到影响。犬猫均可患上该病,但犬更易表现出临床症状。

### 病因学

可引起喉麻痹的潜在病因详见框 18-1。大多数喉麻痹为特发性。以前认为特发性喉麻痹是喉神经异常引起的功能障碍,现在认为特发性喉麻痹是广泛性神经肌肉疾病的一部分。一项研究显示(Stanley 等,2010),经吞咽测试发现特发性喉麻痹患犬,同时患有食道功能障碍。该研究还发现,基础神经学检查显示,这些患犬在 1 年内都出现了广泛性神经肌肉疾病的症状。有报道称(Thieman 等,2010),患犬出现肌电图测试异常及外周神经组织学变化。喉麻痹可能是多发性神经病——多肌炎病患犬最主要的临床症状。多发性神经病与免疫介导性疾病、内分泌疾病或其他全身性异常有关(见第 68 章)。

报道显示,先天性喉麻痹可见于弗兰德牧羊犬,还有关于西伯利亚哈士奇和牛头梗的疑似病例。在年轻大麦町犬、挪威纳犬和大丹犬中,均有同时发生喉麻痹和多发性神经病的报道。喉麻痹在拉布拉多巡回犬中发病率较高,虽然发病征兆出现的年龄较晚,也被认为可能存在遗传倾向(Shelton,2010)。

喉神经或喉部直接损伤也可导致喉麻痹。颈部腹侧创伤或肿瘤可直接或通过炎症和瘢痕化来损伤喉返神经。由于喉返神经经过锁骨下动脉(右侧)和动脉导管索(左侧),所以胸腔前部肿物或创伤都会使其受到损伤。这些原因引起的喉麻痹相对少见。

### 临床特征

本病发生于任何品种、年龄的犬猫,而特发性喉麻痹在老龄大型犬中最为常见。拉布拉多巡回犬发病率较高。该病在猫中并不常见。杓状软骨和声门裂处的气道狭窄是导致呼吸窘迫和喘鸣音的最直接原因,动

 **框 18-1　喉麻痹的潜在病因**

**特发性**
**颈腹侧病变**
神经损伤
　　直接损伤
　　炎症
　　纤维化
肿瘤
其他炎性或肿物病变

**胸前部病变**
肿瘤
创伤
　　术后
　　其他
其他炎性或肿物病变

**多发性神经病和多肌病**
特发性
免疫介导性
内分泌性
　　甲状腺功能减退
其他系统性异常
　　中毒
先天性疾病

**重症肌无力**

物主人可能还会留意到动物的声音发生了改变。尽管本病是慢性进行性的,但大多数动物都表现出急性呼吸窘迫。动物自身有一定的代偿机制,但一旦出现运动、兴奋或环境温度升高等可引发呼吸力度增大的诱因时,随着呼吸力度的逐渐增大,气道内的负压增大,周围的软组织被吸向气道内,从而导致喉部出现炎症和水肿。梗阻的气道阻碍了气体交换,致使呼吸力度进一步增大。此时动物会表现出发绀、晕厥,甚至死亡。出现呼吸窘迫的动物应进行紧急抢救。

一些犬在进食或喝水的时候会出现呕吐或咳嗽,可能是继发性喉炎或并发的咽部/近端食道机能障碍引起的。犬罕见吸入性肺炎。

### 诊断

通过喉镜检查可确诊该病。动物麻醉较浅时可在其深呼吸时观察到杓状软骨的活动。而喉麻痹时,杓状软骨和声门裂在吸气时始终是关闭的,呼气时会轻微张开。声门裂在吸气和呼气时可能会发生振动,应将其与正常呼吸时的活动区分开来。喉镜检查还可以发现咽部炎症和水肿。另外,还应检查咽部和喉部有无肿瘤、异物或者其他影响正常功能和导致喉部塌陷的疾病(见图17-5)。

一旦确诊动物患有喉麻痹,需要对其进行相应的诊断性检查,以确定潜在或伴发疾病,排除并发的肺部疾病(例如吸入性肺炎),或者排除并发的咽部和食管功能障碍(框18-2)。如果选择对喉麻痹施行手术治疗,咽部和食管功能检查就显得尤为重要。

### 治疗

对呼吸窘迫的动物,需立即采取急救措施,解除气道梗阻(见第26章)。然后待动物情况稳定,再进行全面的诊断评估,通常需要采取手术治疗。除非可以针对相应的疾病(如甲状腺功能减退)进行特异性治疗,否则喉麻痹的症状很难完全消退。

目前有很多关于喉成形术的相关报道,包括杓状软骨单侧结扎术、喉部分切除术和城堡样喉成形术等。手术的目的是为气体充分交换提供通道。气道不应过大,以防发生吸入性肺炎。一些逐渐扩大声门的手术方法,有助于减少误吸。一般在多数犬猫中推荐采取杓状软骨单侧结扎术。

如果不进行手术治疗,可选用抗炎剂量的短效糖皮质激素(如泼尼松,起始剂量为 0.5 mg/kg q 12 h)进行治疗,而且要施行笼养,尽可能减少继发性咽喉炎症和水肿的可能性,并增强空气流通。长期管理中,应避免延长呼吸时间,或增加呼吸强度,例如剧烈运动和高温环境。

### 预后

虽然会存在进行性、全身性疾病,喉麻痹患犬手术治疗整体预后良好。对于进行杓状软骨单侧结扎术的患犬,在术后1年或更长时间进行回访,90%的动物主人认为手术较为成功(Hammel 等,2006;White,1989)。有报道(MacPhail 等,2001)显示,对140只犬用不同的方法进行手术治疗,它们的平均存活时间为 1 800 d(约5年)。但是由术后并发症引起的犬死亡率高达14%,其中最常见的并发症是吸入性肺炎。如果有误吸、吞咽困难、巨食道或者全身性多发性神经病或多肌病的症状,则预后谨慎。一项小样本调查显示(Thunberg 等,2010),猫的杓状软骨单侧结扎术预后良好。虽然术后并未出现吸入性肺炎,但术中必须小心,尽量减少对脆弱的软骨的损伤,还必须考虑是否存在并发疾病。

 **框 18-2　喉麻痹犬猫的诊断评估**

**潜在病因**
胸部X线检查
颈部X线检查
血清生化检查
甲状腺激素评估
根据不同的病例进行辅助性诊断
　评估多发性神经病—多肌炎
　● 肌电图
　● 神经传导测量
　抗核抗体试验
　抗乙酰胆碱受体抗体试验

**并发的肺部疾病**
胸部X线检查

**并发的咽部疾病**
评估咽反射
观察对食物和水的吞咽
透视检查钡餐吞咽

**并发的食道功能障碍**
胸部X线检查
食管造影
透视检查钡餐吞咽

# 短头品种气道综合征
## （BRACHYCEPHALIC AIRWAY SYNDROME）

短头品种气道综合征或上呼吸道梗阻综合征，是指由短头品种犬及少数短脸猫（如喜马拉雅猫）的一系列解剖结构异常引起的综合征。这些解剖学异常包括鼻孔狭窄、软腭过长以及英国斗牛犬的气管发育不良。持续的上呼吸道梗阻会引起吸气力度增加，从而导致喉小囊外翻，最终出现喉塌陷（图 17-5）。不同动物结构异常的程度有可能相差很大，短头品种犬或短脸猫可能同时具有 1 种或多种结构异常（图 18-1）。

**图 18-1**
患有短头品种气道综合征的幼龄英国斗牛犬（**A**）和波士顿㹴（**B**）。其异常包括：鼻孔狭窄、软腭过长、喉小囊外翻、喉部萎陷和气管发育不良。

短头品种气道综合征患犬常伴发胃肠道症状，例如流涎、反流和呕吐（Poncet 等，2005）。这些潜在的胃肠道疾病可能仅仅为伴发的疾病，也可能是由于上气道梗阻导致胸内压力增高引起的，而后者可能会加剧这些胃肠道症状。

## 临床特征

本病是由于空气通过胸腔外（上）呼吸道时受到阻碍，继而出现一系列的临床相关症状，如呼吸音增强、鼾声、吸气力度增大、发绀和晕厥等。这些症状会由于运动、兴奋以及环境温度升高而加重。由本病所导致的吸气力度增大，有可能会引起继发性咽喉黏膜炎症和水肿，加重喉小囊外翻，从而使声门裂变得更窄，临床症状进一步加重，并产生恶性循环。因此，一些犬会出现危及生命的上呼吸道梗阻，并需要紧急抢救。该病常伴发胃肠道症状。

## 诊断

基于品种、临床症状和外鼻孔的形态可以进行初步诊断（图 18-2）。鼻孔狭窄通常呈对称性，吸气时翼状襞被吸入鼻腔，进一步增加了空气流通的阻力。喉镜（见第 17 章）和 X 线检查（见第 20 章）对于评估这种结构异常的程度及范围都十分必要。可通过这些检查排除其他原因所致的上呼吸道梗阻（见第 26 章以及框 16-1 和框 16-2）。

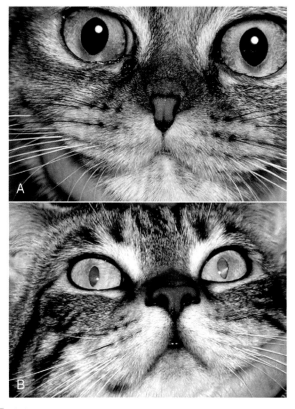

**图 18-2**
鼻孔狭窄患猫（**A**）与正常猫（**B**）的比较。强烈推荐对鼻孔狭窄和其他可矫正的上气道梗阻（例如软腭过长）病例进行早期矫正。

## 治疗

应尽可能减少可使临床症状加重的诱因(如过度运动、兴奋和温度过高等),并增强呼吸道气体的流通。对于解剖缺陷,手术矫正是治疗选择之一。根据具体情况选择合理的手术方法,如扩大外鼻孔,切除多余的软腭和外翻的喉小囊等。

鼻孔狭窄矫正术是一种简单方法,能有效减轻患病动物的临床症状。鼻孔狭窄的动物可在 3～4 月龄时安全地进行手术矫正,理想条件下,应在出现临床症状前进行干预。同时应评估软腭的形态,如果发现软腭过长则一并矫正。这些早期矫正措施可有效降低吸气时作用于咽喉的负压,进而延缓病程的发展。

药物治疗可选用短效糖皮质激素类抗炎药(如泼尼松,开始时 0.5 mg/kg q 12 h)。笼养可降低继发性咽喉炎症和水肿的发生率,但并不能确保完全消除这些问题。对出现呼吸窘迫的动物应采取急救措施,使上气道梗阻尽快得到缓解(见第 26 章)。

患有短头品种气道综合征的动物,还应控制其体重,以及伴发的胃肠道疾病。

## 预后

本病的预后取决于被诊断出来时解剖结构的畸形程度,以及手术的矫正效果。如果无法纠正潜在疾病,那么临床症状将持续恶化。一般来说,大多数动物早期手术后效果较好。尽管近期有研究发现,手术治疗对严重的喉塌陷患犬效果良好(Torrez 等,2006),但喉塌陷通常被认为是预后不良的指征。对于塌陷严重的动物,可考虑进行永久性气管造口术。手术无法对气管发育不良进行矫正,且尚无确切的资料显示这种先天性发育不全与发病率或死亡率之间的关系。

# 阻塞性喉炎
# (OBSTRUCTIVE LARYNGITIS)

喉部非肿瘤性炎性细胞浸润在犬猫均有发生,导致喉部不规则增生、充血和水肿,并因此出现一系列上呼吸道梗阻症状。喉镜检查可见其外观呈肿瘤样,但活组织检查和组织病理学检查可证明该组织与肿瘤有一定区别。这种炎性浸润可能为肉芽肿性、脓性肉芽肿性或者淋巴细胞-浆细胞性。尚未发现该病的病原体。

目前对于这一综合征的研究甚少,表现不典型,它可能包括几种不同的疾病。有些动物对皮质激素治疗敏感。初期可以使用泼尼松(1 mg/kg PO q 12 h)。一旦症状消除,可降低泼尼松的用量至最低维持剂量。对于有严重上呼吸道梗阻或大块肉芽肿性肿物的动物,为保持气道畅通,可能需要对病变组织进行保守性切除。

本病的预后不确定,主要取决于病变大小、喉部损伤的严重程度和对皮质激素疗法的敏感程度。

# 喉肿瘤
# (LARYNGEAL NEOPLASIA)

原发性喉部肿瘤在犬猫并不常见。通常起源于喉部的邻近组织,如甲状腺癌和淋巴瘤,它们对喉部造成压迫或侵蚀,使其正常形态发生改变,由此发生胸腔外(上)呼吸道梗阻。喉部肿瘤包括癌(鳞状上皮癌、未分化癌和腺癌)、淋巴瘤、黑色素瘤、肥大细胞瘤和其他肉瘤,另外还有一些良性肿瘤。猫最为常见的是淋巴瘤。

## 临床特征

喉部肿瘤所表现的症状与其他喉部疾病相似,包括喧躁呼吸、喘鸣音、呼吸力度增大、发绀、晕厥和声音的改变。肿块可能会引起吞咽困难或吸入性肺炎,颈腹侧可能看到或触到肿块。

## 诊断

触诊颈部通常可发现喉外肿块。肿瘤形成初期一般不能触到,此时就需要借助于喉镜。喉部 X 线检查、超声检查或者 CT 检查都有助于确定病变范围。鉴别诊断包括:阻塞性喉炎、鼻咽息肉、异物、创伤性肉芽肿和脓肿。一般通过对肿物进行细针抽吸细胞学检查即可做出诊断。通过超声介导操作取样更为安全和可靠。确诊需要对肿物进行组织学检查。单凭肉眼无法确定肿瘤的性质。

## 治疗

根据组织学检查结果选择相应的治疗方法。如果是良性肿瘤,则应尽可能将其切除。对于恶性肿瘤,很难完全切除。手术可以使呼吸困难得到暂时缓解,也为放疗和化疗赢得了时间。对于有些动物,可考虑施行喉完全切除术和永久性气管造口术。

## 预后

良性肿瘤如果可全部切除,则预后良好。恶性肿瘤预后不良。

◆推荐阅读

Gabriel A et al: Laryngeal paralysis-polyneuropathy complex in young related Pyrenean mountain dogs, *J Small Anim Pract* 47:144, 2006.

Hammel SP et al: Postoperative results of unilateral arytenoid lateralization for treatment of idiopathic laryngeal paralysis in dogs: 39 cases (1996-2002), *J Am Vet Med Assoc* 228:1215, 2006.

Jakubiak MJ et al: Laryngeal, laryngotracheal, and tracheal masses in cats: 27 cases (1998-2003), *J Am Anim Hosp Assoc* 41:310, 2005.

Lodato DL et al: Brachycephalic airway syndrome: pathophysiology and diagnosis, *Compend Contin Educ Pract Vet* 34:E1, 2012.

MacPhail CM et al: Outcome of and postoperative complications in dogs undergoing surgical treatment of laryngeal paralysis: 140 cases (1985-1998), *J Am Vet Med Assoc* 218:1949, 2001.

Poncet CM et al: Prevalence of gastrointestinal tract lesions in 73 brachycephalic dogs with upper respiratory syndrome, *J Small Anim Pract* 46:273, 2005.

Riecks TW et al: Surgical correction of brachycephalic airway syndrome in dogs: 62 cases (1991-2004), *J Am Vet Med Assoc* 230:1324, 2007.

Schachter S et al: Laryngeal paralysis in cats: 16 cases (1990-1999), *J Am Vet Med Assoc* 216:1100, 2000.

Shelton DG: Acquired laryngeal paralysis in dogs: evidence accumulating for a generalized neuromuscular disease, *Vet Surg* 39:137, 2010.

Stanley BJ et al: Esophageal dysfunction in dogs with idiopathic laryngeal paralysis: a controlled cohort study, *Vet Surg* 39:139, 2010.

Thieman KM et al: Histopathological confirmation of polyneuropathy in 11 dogs with laryngeal paralysis, *J Am Anim Hosp Assoc* 46:161, 2010.

Thunberg B et al: Evaluation of unilateral arytenoid lateralization for the treatment of laryngeal paralysis in 14 cats, *J Am Anim Hosp Assoc* 46:418, 2010.

Torrez CV et al: Results of surgical correction of abnormalities associated with brachycephalic airway syndrome in dogs in Australia, *J Small Anim Pract* 47:150, 2006.

White RAS: Unilateral arytenoid lateralisation: an assessment of technique and long term results in 62 dogs with laryngeal paralysis, *J Small Anim Pract* 30:543, 1989.

Zikes C et al: Bilateral ventriculocordectomy via ventral laryngotomy for idiopathic laryngeal paralysis in 88 dogs, *J Am Anim Hosp Assoc* 48:234, 2012.

# 第 19 章

# 下呼吸道异常的临床表现
## Clinical Manifestations of Lower Respiratory Tract Disorders

## 临床症状
### (CLINICAL SIGNS)

在此处，下呼吸道异常是指气管、支气管、细支气管、肺泡、肺间质和肺血管疾病(框 19-1)。患下呼吸道疾病的犬猫常因咳嗽来就诊。干扰血液氧合的下呼吸道疾病可引起呼吸窘迫、运动不耐受、虚弱、发绀或晕厥。非特异性症状包括发热、厌食、体重减轻和抑郁，有些动物可能仅表现出这些非特异性症状。极少数动物会出现易引起误导的症状，例如有些患有下呼吸道疾病的动物会出现呕吐。对于这些动物，听诊和胸部X线检查有助于下呼吸道疾病的定位。患有下呼吸道疾病的动物的两大症状——咳嗽和呼吸窘迫可通过病史调查和体格检查进一步确定。

## 咳嗽
### (COUGH)

咳嗽是从肺部来的气体经口腔暴发性释放的表现。一般情况下，这是一种将异物排出气道的保护性反射，但炎症或气道受压迫也能刺激引发咳嗽。有时下呼吸道外部疾病也能引起咳嗽。乳糜胸也可引起咳嗽。虽然在犬猫中没有确切的文献记载，但胃食道反流和鼻后滴注是人咳嗽的常见原因。

一般来说，根据病因可将咳嗽的鉴别诊断分为有痰咳嗽和无痰咳嗽。有痰咳嗽使黏液、渗出液、水肿液或血液由气道排入口腔，咳嗽时经常能听到湿啰音。动物很少咳出液体，但咳嗽后能看到吞咽，如果出现液体，动物主人可能会将咳嗽与呕吐相混淆。在人医中，由于患者能描述咳嗽时是否有分泌物，因此很少会出现难以区分有痰咳嗽和无痰咳嗽的情况。在兽医中，要辨认出有痰咳嗽较为困难。如果动物主人或兽医曾听到或看到咳嗽时有痰，通常就是有痰咳嗽，然而，如果没有听到或看到有痰的证据，也不能排除有痰的可能性。有痰咳嗽多由气道或肺泡的炎性或感染性疾病、心衰等引起(框 19-2)。

当猫尝试吐毛球时容易与咳嗽混淆。从未吐过毛球的猫有类似表现时很可能是咳嗽。

咯血指的是咳出物带血。咳嗽后，在口腔或嘴角可见轻微带血的唾液。咯血是一个较少见的临床症状，最常见于患有心丝虫或肺肿瘤的动物。引起咯血的其他病因还包括霉菌感染、异物、严重充血性心力衰竭、血栓栓塞、肺叶扭转和一些全身性出血性疾病，例如血管内凝血(见框 19-2)。

咳嗽强度有助于将鉴别诊断进行排序。与气道炎症(如支气管炎)或气道塌陷有关的咳嗽经常声音大、刺耳，且突然出现。与气管塌陷有关的咳嗽经常被描述为"雁鸣音"。气管疾病引起的咳嗽通常可通过触诊诱发，但也可能同时累及较深的气道。与肺炎和肺水肿有关的咳嗽通常比较柔和。

分析咳嗽与诱发因素的关系也很有用。按压颈部时(例如拉扯动物的脖圈)，气管疾病引起的咳嗽会加剧；心衰引起的咳嗽晚上会出现得更频繁；而气道炎症(支气管炎)引发的咳嗽更易出现在睡醒时、运动中、运动后，以及暴露于冷空气中时。动物主人对咳嗽频率的感觉可能会因为与动物接触的时间而产生偏差，主人经常在晚上和遛狗时与动物接触得比较多。

令人惊讶的是，框 19-2 中许多猫的疾病不会引起咳嗽。猫咳嗽时，出现支气管炎、肺部寄生虫和心丝虫病的可能性较大。

框 19-1　患下呼吸道疾病犬猫的鉴别诊断

**气管和支气管异常**
犬传染性气管支气管炎
犬慢性支气管炎
气管塌陷
猫支气管炎(特发性)
过敏性支气管炎
细菌感染(包括支原体)
奥斯勒丝虫感染
肿瘤
异物
气管撕裂
支气管压迫
　　左心房增大
　　肺门淋巴结病
　　肿瘤

**肺实质和血管异常**
传染病
　病毒性肺炎
　　● 犬流感
　　● 犬瘟热
　　● 杯状病毒
　　● 猫传染性腹膜炎
　细菌性肺炎
　原虫性肺炎
　　● 弓形虫病
　真菌性肺炎
　　● 芽生菌病
　　● 组织胞浆菌病
　　● 球孢子菌病
　寄生虫病
　　● 心丝虫病
　　● 肺部寄生虫
　　　■ 肺并殖吸虫感染
　　　■ 猫圆线虫感染
　　　■ 毛细线虫感染
　　　■ 环体线虫感染
　吸入性肺炎
　嗜酸性肺病
　特发性间质性肺炎
　特发性肺纤维化
　肺部肿瘤
　肺挫伤
　肺动脉高压
　肺血栓栓塞
　肺水肿

框 19-2　犬猫有痰咳嗽的鉴别诊断*

**肺水肿**
　心脏衰竭
　非心源性肺水肿
**黏液或渗出液**
　犬传染性气管支气管炎
　犬慢性支气管炎
　猫支气管炎(特发性)[†]
　过敏性支气管炎[†]
　细菌感染(支气管炎或肺炎)
　寄生虫病[†]
　吸入性肺炎
　真菌性肺炎(严重)
**血性(咯血)**
　心丝虫病[†]
　肿瘤
　真菌性肺炎
　血栓栓塞
　严重心脏衰竭
　异物
　肺叶扭转
　全身性出血异常

　*由于在兽医中难以区分,因此在无痰性咳嗽的动物也应该考虑这些鉴别诊断。
　　[†]猫最常见的下呼吸道疾病。猫罕见有痰咳嗽。

## 运动不耐受和呼吸窘迫
(EXERCISE INTOLERANCE AND RESPIRATORY DISTRESS)

　　下呼吸道疾病能通过不同机制危害肺脏血液的氧合功能(参见第 20 章)。其临床症状在初期表现为呼吸轻微加快和活动轻度减少,随后逐渐发展为运动不耐受(表现为不愿活动或费力的呼吸窘迫),最后在休息时也会有明显的呼吸窘迫。由于机体存在代偿机制、大部分动物能自我调节,主人也无法与宠物进行沟通,所以一些肺功能受损的动物在就诊时已发展为明显的呼吸窘迫。明显呼吸窘迫的患犬站立时,脖子会伸展,肘关节也会外展。呼吸时腹部肌肉运动明显。健康猫很少能看出呼吸增强。当猫出现明显的胸部活动或张嘴呼吸时,病情会比较严重。对于呼吸窘迫的病患,在采取进一步的诊断性检查前需要快速进行体况评估,尽快稳定病情,见第 26 章。

### 静息呼吸频率

　　静息呼吸频率可作为评估还未出现呼吸窘迫病患

的肺功能指标。理想情况下,动物主人应该在家里测量动物的呼吸频率,这样可以避免病患在医院受到刺激产生应激。在非应激情况下,犬猫休息时正常的呼吸频率每分钟应少于20次。在医院的应激可使呼吸出现难以觉察的轻度升高,在常规体格检查时,每分钟30次一般也是正常的。

### 黏膜颜色

发绀指的是正常的粉色黏膜变为淡蓝色,这是严重缺氧的表现,意味着呼吸力度增强的程度不足以补偿呼吸功能障碍。然而,呼吸疾病引起的急性缺氧更常见黏膜苍白。

### 呼吸模式

由下呼吸道(而不是大气道)疾病引起呼吸窘迫的病患,其典型表现为呼吸快而浅,呼气或吸气力度增加,并有异常呼吸音(听诊)。患有胸内大气道阻塞(胸内气管和/或大支气管)的病患一般呼吸频率正常或轻微增大,呼气延长且费力,不管听诊与否,都有可能听到呼气音(见第26章)。

## 犬猫下呼吸道疾病的诊断程序
### (DIAGNOSTIC APPROACH TO DOGS AND CATS WITH LOWER RESPIRATORY TRACT DISEASE)

### ▌初步诊断性评估
(INITIAL DIAGNOSTIC EVALUATION)

下呼吸道疾病症状的犬猫的初步诊断性评估包括完整的病史、体格检查、胸部X线检查和全血细胞计数(CBC)。然后根据这些检查所获得的信息进行深入检查,包括下呼吸道样本的评估、特殊疾病检查及动脉血气分析。病史包括的信息已经在上文讨论过。

### 体格检查

呼吸频率的测量、黏膜颜色的评估以及呼吸模式在前面已有描述。这些疾病可能同时或继发性侵袭肺脏(如全身性霉菌病、转移性肿瘤和巨食道症),完整的体格检查(包括眼底检查)是确定疾病症状的保证。应该仔细评估心血管系统,因咳嗽而被带到医院的中老龄小型犬,听诊时常会发现因二尖瓣闭锁不全产生的心杂音。二尖瓣闭锁不全经常是意外发现,但在这些动物中,鉴别

诊断必须要同时考虑心脏和呼吸道疾病。二尖瓣闭锁不全能引起左心房增大,从而压迫主支气管,引起咳嗽,二尖瓣闭锁不全也可引起充血性心力衰竭。充血性心力衰竭患犬常伴有心动过速,且咳嗽较为柔和。心脏病的其他症状包括毛细血管再充盈时间延长、脉搏虚弱或不规律、颈静脉脉搏异常、腹水或皮下水肿、奔马律以及脉搏短促。在排除心脏问题是引起下呼吸道症状的病因之前,需进行胸部X线检查,偶尔也需要进行超声心动检查。

**胸部听诊(Thoracic auscultation)**　在对有呼吸道症状的犬猫进行体格检查时,上气道和肺部仔细听诊非常关键。应该在动物平静状态下,于安静的环境中进行听诊。喘息和猫呼噜不会引起深吸气,深吸气会妨碍肺音的评估。首先应听诊心脏和上气道的声音,然后兽医要排除这些声音对肺音的干扰。

开始时,将听诊器放在近喉部气管上(图19-1)。源自鼻腔和咽部的间断性鼾声和鼻息声提示存在结构异常所致的梗阻(例如软腭过长或肿物性病变),或有过多黏液或渗出液。胸外气管塌陷同样可引起呼吸音增粗。喘鸣是一种连续的高音调声音,出现于患梗阻性喉部疾病的动物,如喉麻痹、肿瘤、炎症或异物。无听诊器听诊时,不连续的鼾声和喘鸣听起来分别像打鼾和喘息。然后听诊整个颈部气管,在气道狭窄部位可出现高音调的声音。在每个部位听诊数次,并要注意出现异常呼吸音的阶段。胸外疾病引起的异常音,一般在吸气时声音最大。

接下来听诊肺脏。正常情况下,肺脏向前延伸到胸腔入口,向后在腹侧沿胸骨大概到第7肋,在背侧沿脊柱大概到第11肋间(见图19-1)。双侧肺的前腹侧、中央和背侧区域的声音听起来有对称性。任何左右侧的不对称音都是异常的。

尽管所有的声音均来自大气道,但正常的肺音被描述为"支气管"和"肺泡"的混合音。在肺的中心区,支气管音最明显。支气管音是管状呼吸音,与气管上听到的声音特征一致,但比较轻微。在肺的外周区,肺泡音最明显。肺泡音较为轻柔,就像微风拂过树叶。这些声音经常被称为"正常呼吸音"。

患胸腔积液、气胸、膈疝或肿物性病变的犬猫会出现单侧或双侧肺音减弱。令人惊讶的是,实变的肺叶和肿物性病变能引起肺音增强,这是由于相邻肺叶对气道声音的传播增强导致的。异常肺音包括呼吸音增强(或者刺耳的肺音)、湿啰音或喘鸣音。呼吸音增强是一种非特异性变化,但在患肺水肿或肺炎的动物中很常见。湿啰音是一种难听的不连续噪声,听起来像纸张正在被弄皱或气泡爆裂。而引起水肿或气道渗出

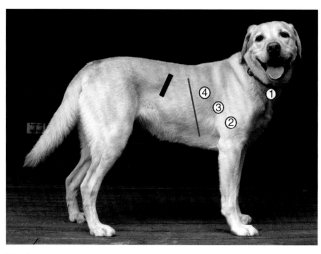

**图 19-1**

呼吸道的听诊起始于气管(听诊器位置 1)。在评估完上气道后,将听诊器放置于两侧胸腔的前腹侧、中部和背侧肺区(听诊器位置 2、3 和 4)。注意肺区从胸腔入口处沿胸骨延伸至约第 7 肋骨,沿脊柱延伸至约第 11 肋间(细红线)。常见的错误包括忽视前腹侧肺区的听诊,只听诊两前肢之间和胸部,以及听诊区域太靠后(超出肺区,到达肝区)。(粗黑线为第 13 肋骨的位置)。

的疾病(如肺水肿、肺炎和支气管炎)和一些间质性肺炎,尤其是肺间质纤维化,可产生湿啰音。喘鸣音是一种有规律、连续的声音,出现该声音表明存在气道狭窄。狭窄的原因有很多种,包括支气管收缩、支气管壁增厚、支气管腔内有渗出或液体、腔内肿物或气道外压迫。患支气管炎的猫经常可听到喘鸣音。胸内气道梗阻引起的喘鸣音在呼气早期声音最大。在一些胸内气管塌陷的犬中,呼气末能听到突然出现的噼啪声。

### X 线检查

有下呼吸道症状的犬猫需要进行胸部 X 线检查。怀疑有气管疾病的动物也应该进行颈部 X 线检查。对于患有胸内疾病的犬猫,X 线检查可能是最有用的诊断方法,它可对组织器官的病变进行定位(如心脏、肺脏、纵隔和胸膜腔),确定病变累及的下呼吸道部位(如血管、支气管、肺泡和间质),并可将鉴别诊断的范围缩小。X 线检查还有助于制订诊断计划(见第 20 章)。对于大多数动物,为了确诊,兽医还需要进一步的诊断性检查。

### 全血细胞计数

患有下呼吸道疾病动物的全细胞计数可能表现出炎性贫血、继发于慢性缺氧性红细胞增多或肺部炎症

过程的白细胞反应。但是血液学变化敏感性不高,而且血液学无变化并不能排除炎性肺病。例如,仅有一半患细菌性肺炎的犬会出现嗜中性粒细胞性白细胞增多和核左移。很多异常表现也无特异性。例如,除肺脏外,其他器官的过敏性或寄生虫性疾病也常引起嗜酸性粒细胞增多。

### 肺组织取样和特异性疾病的检查 (PULMONARY SPECIMENS AND SPECIFIC DISEASE TESTING)

根据病史、体格检查、胸部 X 线检查和全细胞计数可将鉴别诊断进行排序。为了采取最佳治疗手段,获得最佳治疗效果,通常需要最终确诊,因此几乎所有病例都要进行进一步检查(图 19-2)。检查项目的选择取决于最有可能的鉴别诊断、下呼吸道疾病的位置(如弥散性支气管疾病、单个肿物性病变)、呼吸损害的程度,以及客户想要获得最佳看护的需求程度。

可选择有创和无创检查。无创检查的明显优势是几乎没有危险,但通常用于确定特异性诊断。为了进一步缩小鉴别诊断列表或进行确诊,多数患下呼吸道疾病的动物需要通过采集肺脏样本进行显微镜检查和微生物分析。虽然肺脏样本的采集被认为是有创的,仍有不同程度的危险,但这与所用的方法和呼吸道疾病的严重程度有关,在大多数情况下危险性很小。

无创检查包括血清学检查、尿液抗原检查、肺部病原体 PCR 检查、粪便寄生虫检查以及特殊影像学检查,如荧光镜透视检查、血管造影术、CT、超声、MRI 和核成像。肺脏样本的采集不需要使用特殊设备,方法包括气管灌洗、支气管肺泡灌洗和经胸壁的肺脏抽吸。可通过支气管镜进行可视化采样。支气管镜的其他优点是能在可视状态下对气道进行评估。在患有进行性疾病的动物中,如果通过肺脏样本检查和无创检查结果仍然无法确诊,建议使用开胸术或胸腔镜进行肺脏活组织检查。

通过动脉血气分析评价肺功能,也能提供一些关于下呼吸道疾病的有效信息。虽然结果对最终诊断的帮助不大,但却有助于确定病变程度,并可监测动物对治疗的反应。脉搏血氧检测法是一种无创检测血氧饱和度的方法,尤其有利于在麻醉或呼吸危象时监护呼吸功能受损的动物。

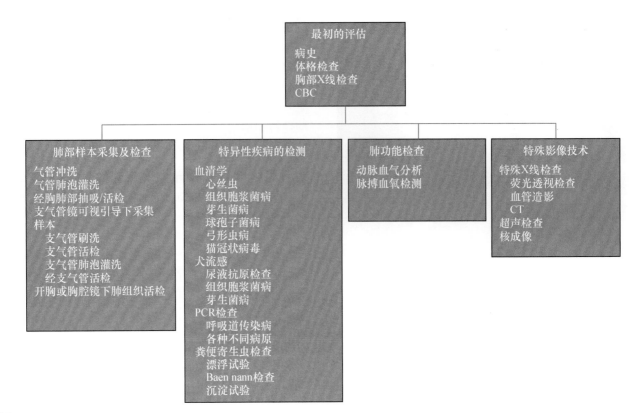

**图 19-2**
犬猫下呼吸道疾病诊断程序

◈推荐阅读

Hamlin RL: Physical examination of the pulmonary system, *Vet Clin N Am Small Anim Pract* 30:1175, 2000.

Hawkins EC et al: Demographic and historical findings, including exposure to environmental tobacco smoke, in dogs with chronic cough, *J Vet Intern Med* 24:825, 2010.

# 第 20 章

# 下呼吸道的诊断性检查
## Diagnostic Tests for the Lower Respiratory Tract

## 胸部 X 线检查
### (THORACIC RADIOGRAPHY)

### 整体原则
#### (GENERAL PRINCIPLES)

在对有下呼吸道症状的犬猫进行评估时,胸部 X 线检查是不可或缺的部分。胸部 X 线检查适用于评估症状模糊、无特异性的疾病,以及检查是否有潜在的肺脏疾病;还有助于定位病灶,缩小鉴别诊断的范围并进行排序,确定疾病的发展程度,监测治疗进程和治疗效果。

所有犬猫在诊断时至少需要拍摄两个体位的胸部 X 线片。通常优先采用右侧位和腹背位(ventrodorsal, VD)。如果同时投照左侧位和右侧位,可增加 X 线诊断的敏感性;当怀疑有右肺中叶疾病、转移性疾病或其他细微变化时,适合采取该方法。远离台面一侧的肺充气更好,其软组织不透射线的对比度更好,相对于接近台面一侧的肺而言,远离侧肺还有轻微放大作用。在疑似患心丝虫病、肺血栓栓塞症或肺动脉高压的动物中,可通过背腹位(dorsoventral,DV)X 线影像来评估背侧肺动脉。与同时投照右侧位和左侧位投照作用一样,同时投照背腹位和腹背位有助于检查背侧血管的轻微变化。为了将呼吸窘迫动物的应激降到最低,要采用背腹位而非腹背位。在疑似有胸腔病变或胸腔积液的动物中,可让动物站立,采取水平线束侧位投照。

精细的投照技术对能获得含有诊断信息的胸部 X 线片来说至关重要。投照技术不良会导致判读不全或过度判读。投照时应合理调整曝光设置,记录相应的投照条件,以便在未来获得同一个动物相同条件的 X 线片,从而对疾病的发展进行更严格的评估。采用非数字 X 线系统时,应选择适当的投照和洗片程序。需要在合适的光线下判读 X 线片。

投照时,要对犬猫进行充分保定以防其会活动,并且曝光时间要短。胸片应在吸气末投照。完全扩张的肺可为软组织提供最好的空气造影,而且在呼吸循环的这一阶段内,胸部运动最小。吸气末的 X 线征象包括横隔与脊柱间的夹角增大(表明肺后叶最大程度扩张);在心影前有透明区(表明肺前叶最大程度扩张);横隔变平;心脏和横隔之间的接触最少;后腔静脉显影好,接近水平。在呼吸时(非吸气末)投照的肺部 X 线片很难判读。例如,肺部扩张不全会增加肺的不透射线性,使其看起来像病理变化,从而导致误诊。

气喘的动物应在检查前使其安静下来。可将一个纸袋套在动物嘴上,增加其吸入气体的二氧化碳浓度,使动物呼吸加深。必要时需对一些动物进行镇静。

为了提高诊断的准确性,应对所有动物的胸腔结构进行系统评估。这样做的原因是,肺病可能继发于肺外异常,而且可能是 X 线片上的唯一发现(例如气管撕裂后皮下气肿)。另一方面,肺病可能继发于其他明显的胸腔疾病,如二尖瓣闭锁不全、巨食道症以及体壁肿瘤。

### 气管
#### (TRACHEA)

在幼龄动物中,前纵隔可见气管和胸腺影像。对疑似患有上气道梗阻或原发性气管疾病的犬猫,必须进行颈部气管 X 线检查,并特别注意是否有气管塌陷。在评估气管时,要获得吸气时颈段气管、呼气及吸气时的胸段气管 X 线片,这对识别管腔直径的动态变化非常重要。

正常情况下 X 线片上仅可见气管内壁。如果能辨认出气管外壁,则表明有纵隔积气。一般情况下气管较直,内径均一,当气管向隆突延伸时,会在侧位片上由椎体向腹侧偏移。如果心脏增大或有胸腔积液,近分叉处气管可能会抬高。颈部屈曲和伸展可能使气管拱起。腹背位时,一些犬的气管可能会偏向中线右侧。在一些年龄较大的犬和软骨营养不良的品种中,气管软骨会钙化。

还要评估气管腔的整体尺寸和连续性。正常气管的管腔接近喉腔的宽度。弹性差的气管直径小于正常的一半(图 20-1)。狭窄和骨折的软骨环能引起气流在局部突然变窄。气管临近组织的肿物性病变会压迫气管,引起气流在局部逐渐变窄。胸外气管塌陷的动物,吸气时气流在颈部气管可能会变窄。胸内气管塌陷的动物,呼气时胸片上的气流可能会变窄。转诊中心有荧光镜透视检查,对气管塌陷诊断的敏感性更高。气管内空气造影有时能辅助诊断异物或肿物。多数异物位于气管分叉处或支气管内。不过也无法排除 X 线检查无法显示的异物。

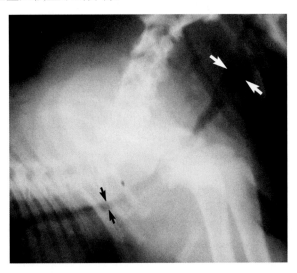

**图 20-1**
**1 只气管发育不全斗牛犬的侧位 X 线片。胸段气管腔(箭头处)直径小于喉部的一半。**

# 肺
(LUNGS)

临床医生必须要谨慎,不要过度解读胸片上的肺部异常。绝大多数动物不能仅凭胸片确诊疾病,还需要对肺部样本进行显微镜检查,对心脏进行进一步评估,或对特异性疾病进行检查。肺部主要有 4 种异常肺型,分别为血管型、支气管型、肺泡型和间质型。肿物性病变呈间质型。其他潜在异常包括肺叶实变、肺不张、肺囊肿和肺叶扭转。有严重呼吸窘迫但胸部 X 线影像正常的动物通常有血栓栓塞性疾病,或最近肺部受损,例如创伤或误吸(框 20-1)。

 **框 20-1** 存在呼吸道症状但胸部 X 线检查正常犬猫的下呼吸道疾病的鉴别诊断

**呼吸窘迫**
肺血栓栓塞
急性误吸
急性肺出血
急性吸入异物

**咳嗽**
犬传染性气管支气管炎
犬慢性支气管炎
气管塌陷
猫支气管炎(特发性)
急性吸入异物
胃食道反流[*]

[*] 胃食道反流是引起人咳嗽的常见原因之一。虽然关于犬猫的文献有限,但也应该考虑这种可能性。

## 血管型

通过评估侧位片肺前叶的血管、VD 或 DV 位肺后叶的血管来评估肺的脉管系统。正常情况下,血管应该从左心房(肺静脉)或右心房(肺动脉)向肺外周逐渐变细。伴行的动脉和静脉的大小相似。动脉和静脉与相应的支气管的位置关系较为恒定。在侧位片上,肺动脉位于支气管背侧,肺静脉位于支气管腹侧。在 VD 或 DV 位,肺动脉位于支气管外侧,而肺静脉位于支气管内侧。直接朝向或远离 X 线束的血管"断端"表现为环形结节。通过与线性血管及临近支气管的比较,可将其与病变区分开。

异常肺型一般都会出现动脉或静脉增粗或变细(框 20-2)。动脉比伴行的静脉粗,表明存在肺动脉高压或血栓栓塞,最常由心丝虫病导致,这种征象在犬猫上均可见(图 20-2)。肺动脉在这些动物中常表现为卷曲状和截断样。在患病犬中可能会发现肺主动脉和右心同时增大。在患心丝虫病的犬猫中,由于同时有炎症、水肿或出血,也可能同时存在间质性、支气管性或肺泡性浸润。猫深奥圆线虫感染可导致肺动脉增粗。

框 20-2  犬猫胸部 X 线检查出现异常肺血管型的鉴别诊断

**动脉增粗**
心丝虫病
深奥圆线虫病(猫)
肺血栓栓塞
肺动脉高压

**静脉增粗**
左心衰竭

**动脉和静脉增粗(肺循环过度)**
左到右分流
  动脉导管未闭
  室间隔缺损
  房间隔缺损

**动脉和静脉变细**
肺循环不足
  心源性休克
  低血容量
    ●严重脱水
    ●失血
    ●肾上腺皮质功能减退
  肺动脉瓣狭窄
肺充气过度
  猫支气管炎(特发性)
  过敏性支气管炎

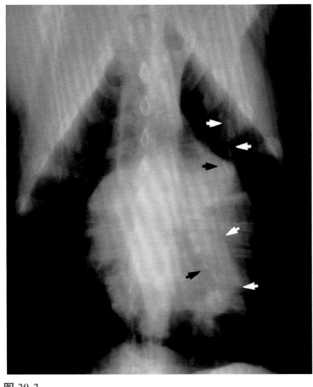

**图 20-2**
该心丝虫患犬的胸部腹背位 X 线片上可见肺动脉明显扩张。左后叶动脉严重增粗。箭头指出了左前和左后肺叶动脉的边界。

静脉比伴行的动脉粗提示左心衰引起的充血,也可能出现肺水肿。

除幼龄动物外,动静脉均扩张并不常见。肺循环过度征象提示从左到右的心脏或血管分流,例如动脉导管未闭和室间隔缺损。

动脉和静脉比正常偏小,提示肺循环不足或充气过度。肺循环不足最常伴发心脏过小,这是由于肾上腺皮质功能减退,或其他病因导致的严重低血容量引起的。某些犬的肺动脉狭窄也可能导致 X 线片上可眼观的循环不足。充气过度与梗阻性气道疾病有关,例如猫的过敏性或特发性支气管炎。

### 支气管型

正常情况下,肺门处的支气管壁最容易在 X 线片上识别;它们向每个肺叶的外周延伸时逐渐变细变薄。正常情况下,肺外周区支气管组织在 X 线片上是看不到的。年龄较大的犬和软骨营养不良的犬种可能会出现软骨钙化,从而导致支气管壁显影更加明显,但其界限仍然很清晰。

支气管型由支气管壁增厚或支气管扩张引起。在肺的外周区域,支气管壁显示为"双轨"征和"多纳圈"征(图 20-3)。双轨征由横穿过 X 线束的气道产生,造成气流两边有平行增厚的线。"多纳圈"征由朝向或背离 X 线束的气道产生,造成 X 线片上有一个可见的厚圆环,同时气道管腔形成"空洞"样的影像。支气管壁通常模糊不清。壁增厚的征象表明有支气管炎,原因包括黏液或渗出液沿管壁在管腔内聚集,壁内有细胞炎性浸润、肌肉肥大、上皮细胞增生或上述各种变化的混合。框 20-3 列出了造成支气管疾病的潜在原因。

框 20-3  犬猫胸部 X 线支气管型征象的鉴别诊断*

犬慢性支气管炎
猫支气管炎(特发性)
过敏性支气管炎
犬传染性气管支气管炎
细菌感染
支原体感染
肺部寄生虫

* 支气管疾病与肺实质性疾病伴发。混合肺型的鉴别诊断见框 20-4 至框 20-6。

慢性支气管疾病能够引起气道不可逆性扩张,称为"支气管扩张症"。在 X 线片上出现变宽且完满气体的气道(图 20-4)。支气管扩张呈圆柱状(管状)或囊状。管状支气管扩张的特征为气道均一性扩张。此外,

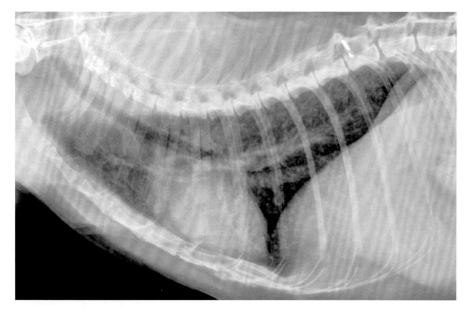

图 20-3
1 只过敏性支气管炎患猫的侧位胸片，呈支气管型。支气管型由支气管壁增厚引起，形态特征为"双轨"征和"多纳圈"征。在这张胸片中，支气管的变化在尾肺叶中最为明显。

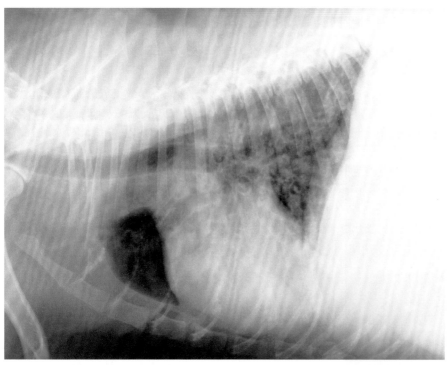

图 20-4
1 只患慢性支气管炎和支气管扩张犬的侧位 X 线片。气道腔严重增大，看不到气道壁的正常变化(变细)。

囊状支气管扩张表现为外周局部扩张，外观呈蜂窝状。所有主支气管都会受到影响。

### 肺泡型

通常情况下，肺泡在 X 线片上不可见。当肺泡内充满液体密度物质时，会出现肺泡型(框 20-4)。液性不透射线性变化可能由水肿、炎症、出血或肿瘤浸润引起，一般来源于间质组织。充满液体的肺泡被周围环绕的气道壁衬托出轮廓；在没有明确气道壁的情况下，气道腔内可看到空气条纹。这种条纹是一种空气支气管征(图 20-5)。如果液体继续聚集，气道腔最终也会充满液体，引起液性不透射线性的固体区域形成或者实变。当液体密度区域位于肺叶边缘时，则出现肺叶征。与相邻的充气叶相比，受影响肺叶的曲线边缘比较明显。

水肿多数由左心衰竭所致(见第 22 章)。在患犬体内，液体最初聚集在肺门区，最后影响到整个肺部。在患猫体内，水肿斑样病变区最初可见于整个肺野。肺静脉增粗表明液体浸润为心源性的。在尾部肺叶非心源性肺水肿通常最为严重。

框 20-4　犬猫胸部 X 线检查肺泡型征象的鉴别诊断*

**肺水肿**
**严重的炎性疾病**
细菌性肺炎
吸入性肺炎

**出血**
肺挫伤
肺血栓栓塞
肿瘤
真菌性肺炎
全身性凝血障碍

    \* 如果与严重的炎症、水肿或出血有关,任何间质型的鉴别诊断都能引起肺泡型(框 20-5 和框 20-6)。

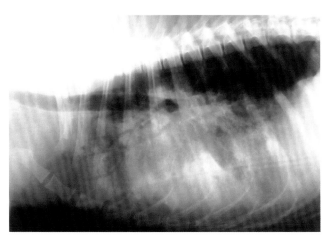

图 20-5

1 只患吸入性肺炎犬的胸部侧位 X 线片。软组织不透射线性增强使空气支气管征变得更加明显,呈肺泡型。空气支气管征为看不到气管壁的支气管空气带。在这张 X 线片中,肺腹侧(重力侧)区的病变最为严重,与细菌性肺炎或吸入性肺炎一致。

    炎性浸润可能由感染原、非感染性炎性疾病或肿瘤引起。浸润位置常有助于建立假定诊断。例如,多数细菌和吸入性肺炎等气道源性疾病主要影响相邻的肺叶(例如:右中叶、右前叶及左前叶)。相反,心丝虫、血栓栓塞、全身性真菌感染等动脉源性疾病和细菌性感染的血源性疾病主要影响肺后叶。仅浸润一个肺叶的局灶性病变提示存在异物、肿瘤、脓肿、肉芽肿或肺叶扭转。

    出血最常见于创伤。血栓栓塞、肿瘤、凝血疾病和真菌感染也可引起血液进入肺泡。

## 间质型

    许多犬猫在老年时肺部间质组织使肺实质呈细小的"蕾丝边"型,但无明显呼吸道疾病的临床症状。正常情况下,在年轻成年动物的吸气末 X 线片上看不到这些变化。

    异常间质型呈网状(无结构)、结节状或网状结节。结节性间质型的特征是在 1 个或多个肺叶中发现体积较大的、圆形、液体密度病变。然而,一般情况下,结节直径必须接近 1 cm 才能检查出来。炎性结节表明可能为活动性炎症、非活动性炎症或肿瘤(框 20-5)。

框 20-5　犬猫结节间质性肺型的鉴别诊断

**肿瘤**
**真菌感染**
芽生菌病
组织胞浆菌病
球孢子菌病

**肺部寄生虫**
猫深奥圆线虫感染
并殖吸虫感染

**脓肿**
细菌性肺炎
异物

**嗜酸性肺病**
**特发性间质性肺炎**
**非活动性病变**

    活跃性炎性结节往往边界不清。真菌感染通常会导致多发性弥漫性结节。结节可能很小(粟粒性;图 20-6)或很大,且融合在一起。寄生虫性肉芽肿通常为多发性,但肺吸虫病能引起单个肺结节的形成。脓肿可能是异物引起的,或者是细菌性肺炎的后遗症。在一些患嗜酸性肺病和其他非感染性炎性疾病动物的 X 线片上,也能看到结节型肺征象。

    疾病痊愈后,炎性结节可变为非活动性病灶持续存在。与活动性炎性结节相比,无活性的结节边界通常很清晰。在某些疾病中,结节也可能被矿化,例如组织胞浆菌病。在无病史且健康的老年犬中,有时也能看到小的、界限清晰的非活动性结节。数月后这些动物的 X 线片通常显示,这些非活动性病灶的大小无变化。

    肿瘤性结节可能是单个或多个的(图 20-7)。虽然继发性炎症、水肿或出血可能使边界模糊,但它们的边界很清晰。肿瘤疾病无特征性 X 线征象。由寄生虫、真菌感染和一些嗜酸性粒细胞肺病、特发性间质性肺炎引起的病变可能与肿瘤性病变难以区分。当缺少强有力的临床证据时,必须通过细胞学或组织学检查才可确诊恶性肿瘤。如果无法进行这些检查,可在 4 周后再次进行 X 线检查来评估疾病的发展。

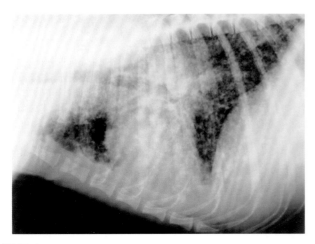

**图 20-6**
1 只芽生菌病患犬的胸部侧位 X 线片。可见粟粒性、结节性间质型。肺门淋巴结肿大导致心脏基部上方软组织密度增强。

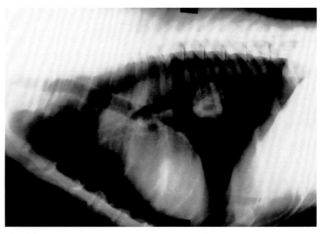

**图 20-7**
1 只患恶性肿瘤犬的胸部侧位 X 线片。在肺后叶有个界限清晰、单个的圆形肿物。手术切除后被诊断为乳头状腺癌。

根据胸片不能完全排除肺实质的肿瘤侵袭,因为在病变大小可通过 X 线片诊断出来之前,恶性肿瘤细胞已经存在一段时间。投照两个侧位胸片可提高辨识肿瘤性结节的灵敏度。

网状间质型的特征是在肺间质的不透射线区有弥散性、非结构性"蕾丝边样"增强,使得正常的血管和气道影像变得较为模糊。网状间质型常与结节间质型(也称为网状结节型)、肺泡型和支气管型一起出现(图 20-8)。

网状间质的不透射线性增强可能是由水肿、出血、炎性细胞、肿瘤细胞或间质纤维化引起的(框 20-6)。间质间隙围绕着气道和血管,而且在犬猫中,间质间隙通常很小。然而,随着液体或细胞的持续聚集,肺泡会被淹没,产生肺泡型。随着时间的推移,也会出现可见的细胞间质局灶性病变或结节。任何与肺泡和间质结节型有关的疾病都可能在疾病早期出现网状间质型(见框 20-4 和框 20-5)。该型也常见于无临床表现的老年犬,可能是肺纤维化的结果,特异性进一步下降。

## 肺叶实变

肺叶实变表现为肺叶软组织完全不透射线(图 20-9,A)。当肺泡或间质性疾病发展到整个肺叶都充满液体或细胞时,会发生实变。肺叶实变常见的鉴别诊断包括严重的细菌感染、吸入性肺炎(实质上引起整个肺叶脓肿)、肿瘤、肺叶扭转和出血。由于对外来物质的

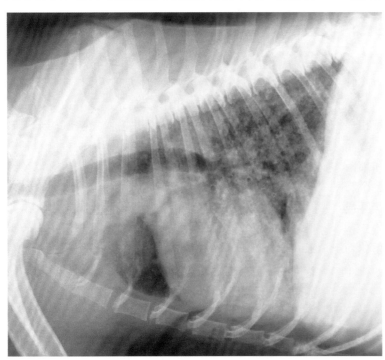

**图 20-8**
1 只肺癌患犬的侧位胸部 X 线片。该病例出现非结构性间质型病变,同时有支气管型。

**框 20-6　犬猫网状(无结构)间质型肺型的鉴别诊断**

肺水肿(轻度)
**感染**
病毒性肺炎
细菌性肺炎
弓形虫病
霉菌性肺炎
寄生虫感染(更常见支气管或结节间质型)
**瘤形成**
**嗜酸性肺部疾病**
**特发性间质性肺炎**
特发性肺纤维化
**出血(轻度)**

炎症反应和继发感染,吸入的植物也会导致受侵袭的肺叶实变。在狐尾草流行的国家应特别考虑这一鉴别诊断。

### 肺膨胀不全

　　肺膨胀不全的特征也是肺叶呈软组织密度影像。在这种情况下,由于气道梗阻,肺叶塌陷。肺叶内所有空气已经被吸收且未再次充盈。这种病变的肺叶较小,与小叶实变的情况不同(见图 20-9,B)。心脏常常偏向萎缩叶。肺膨胀不全常见于患有支气管炎猫的右肺中叶(见图 20-9,C),这些猫可能不会发生心脏移位。

### 空洞性病变

　　空洞性病变可用来描述肺中任何异常空气积聚,可能是先天性、后天性或特发性的。空洞性病变可分为不同的种类,大泡是由先天性组织无力和/或小气道阻塞使肺泡破裂引起的,见于某些特发性支气管炎的猫;气泡是一种位于胸膜内的大泡;囊肿是气道上皮细胞排列形成的空洞性病变。并殖吸虫周围可形成寄生虫"囊肿"(非上皮细胞排列形成的)。胸部创伤是空洞性病变的常见原因之一。其他鉴别诊断包括瘤形成、肺梗死(血栓栓塞所致)、脓肿和肉芽肿。空洞性病变表现为空气或液体局部积聚,通常还有部分眼观可见的囊壁(图 20-10)。通过站立位水平投照可能看到气液面。大泡和气泡在 X 线片上几乎不可见。

　　空洞性病变可能会被偶然发现,也可见于自发性气胸犬猫的胸部 X 线片中。如果出现气胸,通常需要手术切除病变部位(见第 25 章)。如果怀疑有炎性或肿瘤性疾病,则需要进一步检查。如果偶然发现病变,需定期进行 X 线检查,监测病变是否进一步发展或消失。如果病变在 1~3 月内没有消退,可考虑手术切除,避免发生可能危及生命的自发性气胸。

### 肺叶扭转

　　深胸犬能在自然状态下发生肺叶扭转,也可见于有胸水或做过肺切除手术的犬猫。右中叶和左前叶最常发生扭转。肺叶通常在肺门处扭转,阻断血液进出肺叶。静脉回流受阻早于动脉,从而引起肺叶充血。随着时间的推移,肺泡内的空气被吸收,最终引发肺膨胀不全。

　　通过 X 线片难以确认肺叶扭转。严重的细菌性或吸入性肺炎导致同一肺叶实变的现象更为普遍,而且会产生相似的 X 线征象。肺血管和支气管方向异常高度提示肺扭转。不幸的是,如果初期没有临床症状,会经常出现胸积液,使患病肺叶的 X 线影像变得模糊。

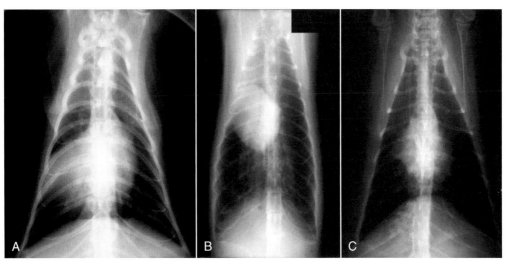

**图 20-9**
3 个不同病患的腹背部胸片。**A** 图显示肿瘤形成引起的右中肺叶实变。注意,肺部的软组织密度与心脏的阴影一样。**B** 图显示的是 1 只右肺中部肺不张和特发性支气管炎患猫,其肺部其他区域有明显肺过度充气。注意心脏阴影向塌陷区域移动。**C** 图显示另 1 只特发性支气管炎患猫右肺中叶肺不张。在这个病例中,相邻的肺叶扩大到先前的右中叶区域,以防心脏移位。

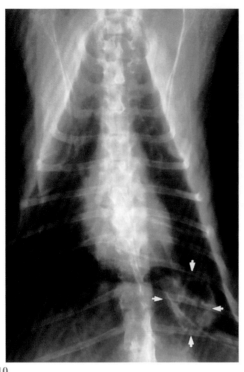

**图 20-10**

**1 只猫的腹背位胸部 X 线片,在肺的左后叶有一个囊肿性病变(箭头)。鉴别诊断包括肿瘤和肺吸虫感染。**

超声通常有助于诊断肺叶扭转。在某些动物中,需要通过支气管镜、支气管造影或开胸手术来确诊。

## 血管造影
## (ANGIOGRAPHY)

血管造影可以用来确诊肺血栓栓塞。正常时动脉逐渐变细并呈树枝状,梗阻后动脉会变钝或无上述变化,可能表现为扩张或扭曲。通过血管造影也可发现该病,血栓时局部血管外可出现造影剂渗漏。但是,如果栓塞已经发生数天,则无法确定病变;因此,应该在怀疑有栓塞且动物状态稳定时尽早进行造影。在怀疑有心丝虫病的猫中,如果成虫抗体检查和超声心动检查均为阴性,可通过血管造影来确诊(见第 10 章)。

## 超声成像
## (ULTRASONOGRAPHY)

超声检查可用来评估邻近体壁、横隔或心脏的肺脏肿物,也可评估实变的肺叶(图 20-11)。空气可以干扰声波,所以不能检查充气的肺,以及被其围绕的组织。在胸部 X 线片上有一些网状间质型肺征的病患,在靠近体壁的地方可见到浸润物。病变的质地常被确定为实质、囊肿样或充满液体。一些实质肿物的透射线性很差,超声检查证实为囊肿。可能会见到血管组织(尤其在进行多普勒超声检查时),有助于确定肺叶扭转。超声也可用于引导 FNA,或引导活检工具进入肿物实质,便于样本采集。通过临床症状无法确定是心脏疾病还是呼吸道疾病的动物,也可通过超声进一步评估。通过超声来评估胸膜疾病的讨论见第 24 章。

## 计算机断层摄影术和磁共振扫描
## (COMPUTED TOMOGRAPHY AND MAGNETIC RESONANCE IMAGING)

在人类医学中,计算机断层摄影术(CT)和磁共振扫描(MRI)常用于肺部疾病的诊断。动物 CT 检查普及后,在犬猫中的应用逐渐增加。与胸片相比,CT 检查的三维图像对于诊断特定的气道、血管和实质性疾病更加敏感、精确。在一项关于转移性肿瘤的研究中,CT 检查发现的结节中,只有 9% 可通过胸部 X 线片检查出来(Nemanic等,2006)。可通过 CT 诊断的病例包括:转移性疾病;肺血栓栓塞症;特发性间质性肺炎;特发性肺纤维化;或者是潜在可切除治疗的疾病(以确定疾病的程度、位置及涉及的其他结构,如主要血管)。需要进一步探索研究 CT 和 MRI 在特定犬猫肺部疾病诊断中的应用。

## 核成像
## (NUCLEAR IMAGING)

将 1 滴锝标记的白蛋白放置在隆突上,并用伽马照相机观察其移动来辅助诊断纤毛运动障碍,以估量黏膜纤毛清除作用。核成像可用于无创检测,如肺灌注和通气,有助于肺血栓栓塞的诊断。放射性同位素的处理和成像专用设备限制了这种方法在转诊中心的应用。

## 寄生虫检查
## (PARASITOLOGY)

侵袭下呼吸道的寄生虫可通过直接观察、血检、下呼吸道样本的细胞学检查或粪检来确认。奥氏奥斯勒丝虫(*Oslerus osleri*)寄居在气管分叉附近的结节内,可通过支气管镜确定。其他寄生虫很罕见。诊断心丝虫病通常要进行血检(见第 10 章)。

　　出现在气管或支气管灌洗液中的幼虫有奥氏奥斯勒丝虫(*O. osleri*)、深奥猫圆线虫(*Aelurostrongylus abstrusus*)(图 20-12，A)和狐环体线虫(*Crenosoma vulpis*)(见图 20-12，B)。出现的虫卵可能包括嗜气毛细线虫(*Capillaria aerophila*)和克氏并殖吸虫(*Paragonimus kellicotti*)(见图 20-10，C 和 D)。赫氏肺丝虫(*Filaroides hirthi*)和米氏猫圆线虫(*Aelurostrongylus milksi*)含幼虫的虫卵和幼虫可能会存在，但罕见临床症状。更多的寄生虫描述见表 20-1。

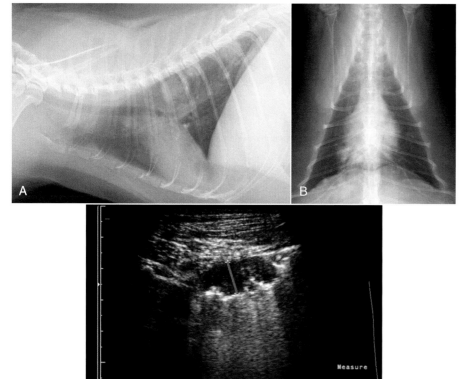

图 20-11

1 只有 1 年咳嗽病史的猫，最近出现呼吸窘迫及喘息，侧位 X 线片上可见多发性肺结节(A)。腹背位片(B)显示，结节没有明显延伸至胸壁。不过在右胸的超声检查中发现有 1cm 的肿块(C；红线位于超声标记之间，以指示测量部位)。超声引导穿刺，抽吸物中存在嗜酸性粒细胞，促使进一步进行粪便检查筛查肺寄生虫，通过特征性虫卵来诊断肺吸虫病。

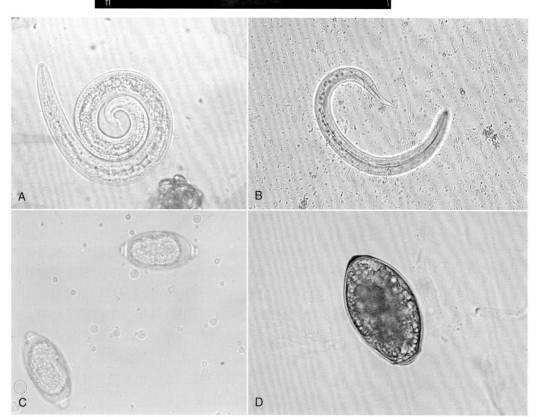

图 20-12

A，*Aelurostrongylus abstrusus* 幼虫。B，狐环体线虫幼虫。C，毛细线虫属的双盖卵。D，克氏并殖吸虫的单盖卵。

**表 20-1　呼吸道寄生虫虫卵或幼虫特征**

| 寄生虫 | 宿主 | 阶段 | 来源 | 描述 |
| --- | --- | --- | --- | --- |
| 嗜气毛细线虫 | 犬和猫 | 卵 | 常规粪便、气道样本漂浮试验 | 桶形、黄色、两极卵塞明显,不透明且不对称;稍小于鞭毛属虫卵;大小为(60~80)μm×(30~40)μm |
| 克氏并殖吸虫 | 犬和猫 | 卵 | 粪便、气道样本高浓度漂浮或沉淀试验 | 卵形、金褐色、单侧有卵盖;卵盖扁平且肩部明显;(75~118)μm×(42~67)μm |
| 深奥猫圆线虫 | 猫 | 幼虫 | 粪便、气道样本贝尔曼技术 | 幼虫具 S 形尾,存在背棘;大小为(350~400)μm×17 μm;在气道样品中可见卵或含幼虫虫卵 |
| 奥氏奥斯勒丝虫 | 犬 | 幼虫、卵 | 气管灌洗,结节的支气管刷洗,粪便硫酸锌漂浮 | 幼虫具 S 形尾,无背脊;虫卵壁薄无色,含有幼虫,但虫卵极少见;80 μm×50 μm |
| 狐环体线虫 | 犬 | 幼虫 | 粪便、气道样本,贝尔曼技术 | 幼虫尾部逐渐变细,尾部无严重纽结或脊凸;250~300 μm;气道样本中含幼虫虫卵 |

肺寄生虫宿主一般先将卵或幼虫咳出来,然后吞下去,通过粪便传染给其他宿主或中间宿主。针对虫卵或幼虫的粪便检查是一种简单无创的诊断方法。然而,由于虫卵排泄呈间歇性,不能仅根据粪便检查阴性就排除寄生虫病。对高度怀疑有寄生虫病的动物,应该进行多次检查(至少 3 次)。如果有可能,每次采集粪便应该间隔数天。

常规粪便漂浮法能用于富集嗜气毛细线虫虫卵。高浓度溶液粪便漂浮法(比重 1.30~1.35)能用于富集肺克氏并殖吸虫的虫卵。在富集和辨认肺克氏并殖吸虫时,沉淀实验更有效,尤其是虫卵数目少时。可使用贝尔曼技术查找幼虫。不过由于奥氏奥斯勒丝虫幼虫的活力不足,该技术的可靠性较差,推荐使用硫酸锌漂浮法(比重 1.18)。即便如此,也常见假阳性结果。所有这些技术成本较低且操作难度小。框 20-7 和框 20-8 介绍了沉淀技术和贝尔曼技术。

刚地弓形虫(*Toxoplasma gondii*)偶尔能引起犬猫肺炎。犬粪便内不会有弓形虫,但猫则有可能。然而,卵的排泄是弓形虫直接生命周期的一部分,但与间接生命周期引起的全身性疾病无关。根据肺样本发现速殖子,或血清学检查可直接或间接确诊。

**框 20-8　贝尔曼氏幼虫富集分离法**

1. 器械安装
   a. 将玻璃漏斗放入铁架台的铁环中
   b. 将带夹子的橡皮管接到漏斗底部
   c. 将粗筛(250 μm 筛孔)放置到漏斗内
   d. 在筛子上再放置双层纱布
2. 将粪样置于漏斗内的纱布上。
3. 缓慢地在漏斗内装满水以浸没粪样。
4. 室温下过夜放置。
5. 将橡皮管下端的夹子打开,用小烧杯收集流下的水。
6. 低倍镜下观察。

引自:Urquhart GM et al: *Veterinary parasitology*, ed 2, Oxford, 1996, Blackwell Science

肠道寄生虫移行可导致幼年动物出现短暂的肺部症状。在小肠内发育为成虫之前,寄生虫大多数移行于肠道内,因此粪便中可能找不到卵。

# 血清学
## (SEROLOGY)

血清学检查可检测多种肺部病原。但抗体检查仅能提供间接证据。一般来说,它们只能用来确认某种可疑的诊断,不能筛查疾病。无论何时,筛查传染性病原是首选诊断方法。可诊断的普通肺病原体包括组织胞浆菌、芽生菌、球孢子菌、弓形虫和猫冠状病毒。这些检查将在第 89 章中详细讨论。犬流感抗体检查将在第 22 章讨论。隐球菌的抗原检查见第 95 章,成年心丝虫检查见第 10 章。恶心丝虫的抗体检查主要用于猫心虫病的诊断,见第 10 章。

**框 20-7　沉淀法富集粪便虫卵**

1. 1~3 g 粪便样本加水混匀(至少加水 30 mL)。
2. 粗筛或纱布(250 μm 筛孔)过滤。
3. 滤过物倒入锥形尿瓶中,静止 2 min。
4. 将大部分上清倒掉。
5. 将剩下的 12~15 mL 倒入平底试管中,静置 2 min。
6. 弃去上清。
7. 加入 2~3 滴 5%亚甲蓝。
8. 低倍镜下观察。

引自:Urquhart GM et al: *Veterinary parasitology*, ed 2, Oxford, 1996, Blackwell Science

# 尿液抗原试验
## (URINE ANTIGEN TESTS)

　　尿液抗原试验可对尿样进行抗原检测，可用于检测组织胞浆菌和芽生菌抗原。对于芽生菌病的诊断，该试验比通过用琼脂凝胶免疫扩散法进行的血清抗体检测更敏感(Spector 等,2008)。关于组织胞浆菌抗原检测的研究尚未公布。

# 聚合酶链反应
## (POLYMERASE CHAIN REACTION TESTS)

　　分子诊断试验可用于鉴定各种各样的呼吸道病原体。可购买犬猫多种急性呼吸道感染的商业化检测套餐。可测试的样本包括口咽、鼻腔或结膜拭子、气管灌洗或支气管肺泡灌洗样本、支气管刷样本和组织样本。采集时间和位置与病原体的病理生理学特性相符时，结果最理想。建议咨询商业诊断实验室如何采集和处

理样本,以获得最佳检测结果。

# 气管灌洗
## (TRACHEAL WASH)

### 适应证与并发症

　　对于气道或肺实质引起的咳嗽或呼吸窘迫，或症状及胸部 X 线征象均模糊不清时，气管灌洗可提供有价值的诊断信息(大多数动物患有下呼吸道疾病)。气管灌洗一般是在病史、体格检查,胸部 X 线检查以及其他常规检查之后进行。

　　气管灌洗绕过口腔和咽部的正常菌群和碎屑，这些常驻菌等可提供用于识别涉及主要气道疾病的液体和细胞。所获得的液体需进行细胞学和微生物评估，因此应尽可能在抗生素治疗开始前采集。气管灌洗可为支气管或肺泡疾病患者提供有诊断价值的样本(表20-2),但很难辨别出间质性和小病灶的疾病。这种方法价格低廉且创伤很小，对大多数具有下呼吸道疾病的动物而言，如果其他采样方法风险太大，该方法则更

**表 20-2　下呼吸道采样技术的比较**

| 技术 | 采样部位 | 样本大小 | 优点 | 缺点 | 适应证 |
|---|---|---|---|---|---|
| 气管灌洗 | 大气道 | 中等 | 简单<br>费用低<br>不需要特殊设备<br>罕见并发症<br>采集量足够细胞学检查和微生物培养 | 为了诊断疾病样本采集必须涉及气道,可能会诱发支气管痉挛,特别是猫 | 支气管和肺泡疾病<br>由于操作简单安全,可用于所有肺部疾病<br>在间质性和小局灶性疾病中效果较差 |
| 支气管肺泡灌洗 | 小气道肺泡有时在间质 | 大 | 简单<br>非支气管镜技术,不需特殊设备,费用低<br>支气管镜技术可评估气道,并直接采样<br>造成的低氧血症为暂时性,且输氧有效<br>对病情稳定的动物安全<br>可采集到大量肺样本<br>细胞学检查质量高<br>可进行大量分析 | 需要全身麻醉<br>通过支气管镜采样时需要特殊设备和技术<br>呼吸窘迫的动物不推荐使用<br>可提供输氧<br>气道反应过度的动物可能会诱发支气管痉挛,尤其是猫 | 小气道、肺泡性或间质性疾病,尤其是间质性疾病;<br>支气管镜检查是一种常规检查 |
| 肺抽吸 | 间质,有时也在肺泡 | 小 | 简单<br>费用低<br>不需要特殊设备<br>邻近体壁的实质肿物:有效且危险性小 | 潜在的并发症:气胸、血胸、肺出血<br>肺采样区相对较小,样本仅够细胞学检查<br>样本被血液污染 | 邻近体壁的实质肿物(用于局灶性实质肿物,见"开胸术/肺活检")<br>弥散性间质性疾病 |
| 开胸术/肺活检 | 小气道、肺泡、间质 | 大 | 样本理想<br>除了培养外,还可进行组织学检查 | 相对昂贵<br>需要特殊技术<br>需要全身麻醉<br>需要手术 | 可通过切除进行诊断和治疗局灶性病变<br>任何进行性疾病都无法通过侵入性更小的方法诊断 |

为合适。潜在的并发症很少见,包括气管撕裂、皮下气肿和纵隔气肿。气道反应过度的病例(特别是支气管炎患猫)可能会诱发支气管痉挛。

## 技术
(TECHNIQUES)

采用经气管或气管内技术进行气管灌洗。经气管壁冲洗的方法为:动物处于清醒或镇静状态,术者通过环甲韧带或气管环之间间隙将导管插到气管内隆突处。气管内冲洗的方法为:动物处于麻醉状态,术者将导管从气管插管中插入。这两种技术适用于任何动物,但在猫和小型犬中,推荐使用气管内技术。病患的气管可能会在这个过程中反应过度,尤其是猫,此时可用支气管扩张剂进行治疗(参见气管内技术部分)。

### 经气管壁技术

使用 18～22 G 的管芯针静脉输液管(例如:Intra-cath; Becton, Dickinson and Company, Franklin Lakes, New Jersey)收集经气管灌洗的液体。导管的长度应足以到达气管隆突处,大概位于第 4 肋间。最长的静脉导管为 12 英寸(30 cm),对大多数犬而言,该长度足够从环甲韧带到达隆突。然而,对于巨型犬,为了确保导管

可到达隆突,导管应从气管环之间插入,或者用一个短的套在针上的 14 号导管在环甲韧带处进入气管,然后将一个 3.5 F 的聚丙烯公犬导尿管穿过这个导管插入气道。每次使用前要先检查导尿管是否能穿过 14 号导管。

犬可以采取坐立位或趴卧位,动物和操作人员舒服即可。犬鼻头朝天花板,与水平面呈 45°角保定(图 20-13,A)。颈部过度伸展会使动物更为抵抗。无法进行保定的犬应进行镇静。如果需要镇静,建议使用阿托品或格隆溴铵进行预处理,以减少口腔分泌物对气管的污染。避免使用麻醉剂,保持咳嗽反射,以促进液体回收。

在颈部腹侧触到气管,然后从喉部朝背侧移动,触到突起、光滑、狭窄的环状软骨带,以此确定环甲韧带;紧贴环状软骨上方有凹陷,就是环甲韧带(见图 20-13,B)。如果从环甲韧带上方进入气管,导管则会向背侧插入咽部,获得的样本无诊断意义。像这样将导管从背侧插出经常会引起过度呕吐和干呕。

要在插入处的皮下注射利多卡因。对环甲韧带上的皮肤进行手术准备,插导管时要戴无菌手套。导管针的斜面朝向腹侧,然后使韧带上的皮肤绷紧,将针穿过皮肤,用另一只手稳定喉部。为了恰当的控制喉部,操作人员应该用食指和拇指,抓住气道周长至少 180°的范围。无法稳定控制气道是最常见的技术失误。接下来,

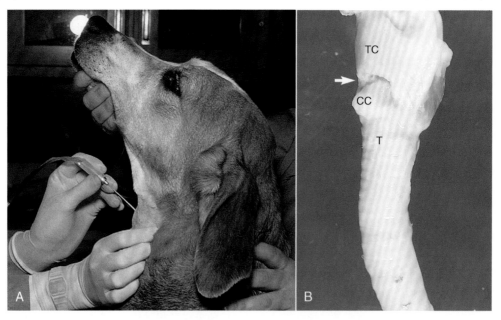

**图 20-13**
A,进行气管灌洗时,使动物鼻子朝向天花板,保持一个舒服的姿势。对颈部腹侧进行剃毛刷洗,操作者戴灭菌手套。确认环甲韧带,如图 B 所示。注射利多卡因后,将导管的针头穿过皮肤。用手指和拇指紧紧抓住喉头,围绕气道至少 180°。然后将针穿过环甲韧带插入气道腔。B,这个解剖样本的侧面图显示了气管和喉的位置,与图 A 犬的位置相似。通过从腹侧到背侧触摸气管(T),直到突起的环状软骨(CC),以确定环甲韧带(短箭)。环甲韧带是环状软骨上的第一个凹陷。环甲韧带附着在甲状软骨(TC)前方。不应该插入到甲状软骨上方可触到的凹陷(未显示)。

将针头顶着环甲韧带,用快而小的动作把针刺入韧带。

　　然后用稳定气管的手将针头固定在皮肤上,手要紧贴颈部,同时用另一只手将导管插入气管。临床医生保持手控制针头抵着动物的颈部,使手、针和颈部可以一体移动,防止喉部或气管撕裂,以及无意中将针从气管中拔出。插入导管会引起咳嗽。导管插入时阻力很小或无阻力。如果导管顶在气管壁上,轻度抬高针座,使针头向腹侧深入,或把针后撤几厘米,利于导管通过。不应该将导管从针头内拉出,因为导管头可能会被针头削掉,留在气管内。

　　一旦导管已经完全插入气道中,则将针撤回,放置导管护具,防止导管被折断。此时,保定人将导管护具

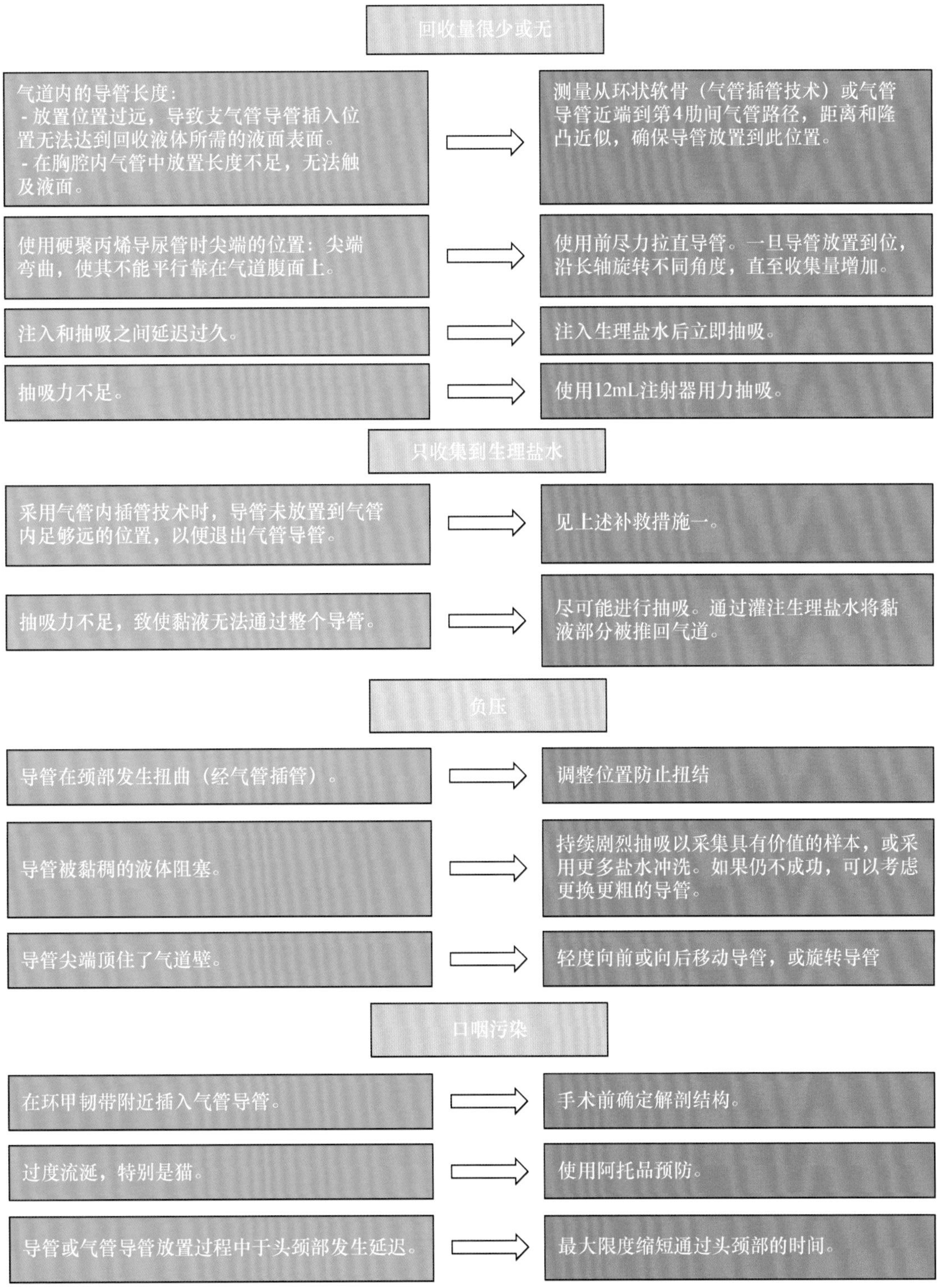

| 回收量很少或无 |
| --- |

| 气道内的导管长度: - 放置位置过远,导致支气管导管插入位置无法达到回收液体所需的液面表面。 - 在胸腔内气管中放置长度不足,无法触及液面。 | ⇒ | 测量从环状软骨(气管插管技术)或气管导管近端到第4肋间气管路径,距离和隆凸近似,确保导管放置到此位置。 |
| --- | --- | --- |
| 使用硬聚丙烯导尿管时尖端的位置:尖端弯曲,使其不能平行靠在气道腹面上。 | ⇒ | 使用前尽力拉直导管。一旦导管放置到位,沿长轴旋转不同角度,直至收集量增加。 |
| 注入和抽吸之间延迟过久。 | ⇒ | 注入生理盐水后立即抽吸。 |
| 抽吸力不足。 | ⇒ | 使用12mL注射器用力抽吸。 |

| 只收集到生理盐水 |
| --- |

| 采用气管内插管技术时,导管未放置到气管内足够远的位置,以便退出气管导管。 | ⇒ | 见上述补救措施一。 |
| --- | --- | --- |
| 抽吸力不足,致使黏液无法通过整个导管。 | ⇒ | 尽可能进行抽吸。通过灌注生理盐水将黏液部分被推回气道。 |

| 负压 |
| --- |

| 导管在颈部发生扭曲(经气管插管)。 | ⇒ | 调整位置防止扭结 |
| --- | --- | --- |
| 导管被黏稠的液体阻塞。 | ⇒ | 持续剧烈抽吸以采集具有价值的样本,或采用更多盐水冲洗。如果仍不成功,可以考虑更换更粗的导管。 |
| 导管尖端顶住了气道壁。 | ⇒ | 轻度向前或向后移动导管,或旋转导管 |

| 口咽污染 |
| --- |

| 在环甲韧带附近插入气管导管。 | ⇒ | 手术前确定解剖结构。 |
| --- | --- | --- |
| 过度流涎,特别是猫。 | ⇒ | 使用阿托品预防。 |
| 导管或气管导管放置过程中于头颈部发生延迟。 | ⇒ | 最大限度缩短通过头颈部的时间。 |

**图 20-14**
气管灌洗液体采集问题及解决途径。绿色框中为问题,蓝色框中为问题的原因,橙色框中为解决手段。

贴在动物的颈部,使颈部移动时导管不移动,头处于自然姿势。

准备4~6个内含3~5 mL灭菌生理盐水的12 mL注射器。将一个注射器中的盐水全部推注到导管中。之后立即进行多次抽吸。在每次抽完后,必须将注射器从导管上取下来,并排空空气而不损失任何回收的液体。在导管和注射器之间连接三通阀,使连接或取下注射器更容易。抽吸要用力,重复至少5~6次,保证导管内少量的气道分泌物也能被抽入注射器内。

重复使用额外的盐水再进行冲洗,直到获得足够分析量的液体。在多数病例中,总量1.5~3 mL液体足矣。不用担心注入适量液体后会使动物淹溺,因为液体会迅速被吸收进入循环。如图20-14所示,抽不到足量的混浊液体是因为几个技术性原因。

抽到足够的液体后拔掉导管。将带有抗菌软膏的敷料迅速盖在导管的位置,并围绕颈部缠绕绷带。使动物在笼子里安静的休息,保留绷带数小时。这些预防措施可把皮下气肿或纵隔气胸的概率降到最低。

## 气管内技术

气管内插管技术是指将5F公狗导尿管通过灭菌气管内插管插入。用短效静脉注射药物将动物麻醉到能插管的深度,可使用短效巴比妥或丙泊酚,在猫可合并使用氯胺酮和乙酰丙嗪或地西泮。术前给予阿托品,特别是猫,以最大限度地减少唾液对气管的污染。下呼吸道疾病的猫气道反应可能很大,一般应在气管灌洗前给予支气管扩张剂。对尚未接受口服支气管扩张剂的猫可皮下注射特布他林(0.01 mg/kg)。如果动物呼吸困难,谨慎地通过气管插管或者面罩,以保持定量吸入沙丁胺醇。

无菌气管导管通过时不能将末端在口腔内拖动。将动物的口腔打开,把舌头拉出来,使用喉镜,并且在猫中要把无菌利多卡因喷在喉软骨上,以便于插管插入,将污染降至最低。

保持无菌操作,把导尿管通过气管内插管插入到隆突处(大概第4肋间)。冲洗程序与经气管壁技术一样。但由于导管比较大,生理盐水需要量可能稍大。一般使用大于5F的导管似乎会降低冲洗液的量,除非分泌物非常黏稠。

## 样本处理
### (SPECIMEN HANDLING)

冲洗液内的细胞很脆弱。理想情况下,要在

30 min内对液体进行处理,尽量减少操作。细菌培养至少需要0.5~1 mL液体。如果鉴别诊断包括真菌疾病也需要进行真菌培养,并且对患支气管炎的犬猫考虑进行支原体培养或PCR检测。使用液体和液体内的黏液进行细胞学检查。由于病原体和炎性细胞能聚积在黏液内,因此液体和黏液都要进行检查,但蛋白质样物质使细胞成团,会干扰对细胞形态的评估。用针头挑起黏液,进行压片;也可对液体直接进行抹片,但这样处理的样本,细胞通常很少。为了进行充分的细胞学检查,一般需要检查沉渣或细胞离心物。不推荐对去掉黏液的液体进行染色检查,因为这种处理过程可能会使病原体丢失。采用常规细胞学染色。

玻片的显微镜检查包括细胞类型的鉴定、细胞的定性分析以及感染因子的检查。定性评估巨噬细胞活性、嗜中性粒细胞退行性、淋巴细胞反应性和恶性肿瘤的特征。不应将炎症继发的上皮增生解释为肿瘤。可能存在的感染因子包括细菌、原虫(刚地弓形虫)、真菌(组织胞浆菌、芽生菌和隐球菌)以及寄生虫幼虫或虫卵(见图20-12,图20-15至图20-17)。由于整个玻片上可能只有1~2个微生物,需要进行全面检查。

## 结果判读
### (INTERPRETATION OF RESULTS)

正常的气管灌洗液内主要含有呼吸道上皮细胞,很少有其他炎性细胞(图20-18)。偶尔从小气道和肺泡内可抽吸到巨噬细胞,这是由于插管超过了隆突,插

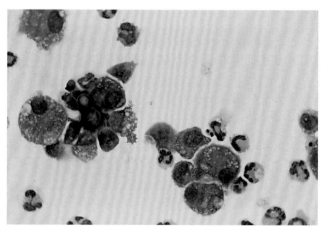

图 20-15

1 只芽生菌患犬肺部芽生菌的显微照片。这种微生物深度嗜碱性,直径5~15 μm,细胞壁厚,有折光性。如图所示,通常可以看到宽基出芽生殖。图示细胞为肺泡巨噬细胞和嗜中性粒细胞。(支气管肺泡灌洗液,瑞氏染色)。

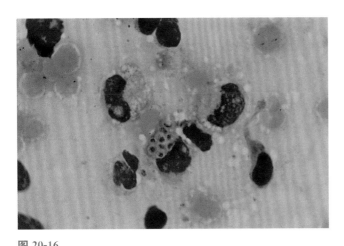

图 20-16
1 只组织胞浆菌患犬肺部组织胞浆菌的显微照片。这种微生物小(2~4 μm)而圆,中心深染,外有淡染环。组织胞浆菌常见于吞噬细胞内,在本图中为肺泡巨噬细胞。(支气管肺泡灌洗液,瑞氏染色)。

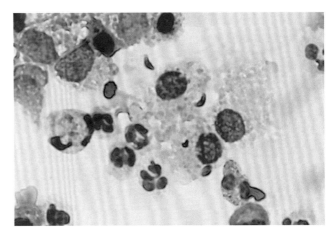

图 20-17
1 只患急性弓形虫病患猫肺部的刚地弓形虫(*Toxoplasma gondii*)速殖子显微图片。细胞外速殖子呈月牙形,中心有核。长度大约为 6 μm。(支气管肺泡灌洗液,瑞氏染色)。

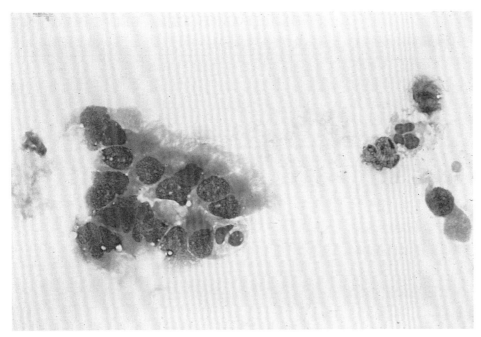

图 20-18
1 只健康犬的气管灌洗液,可见纤毛上皮和少量炎性细胞。

入了肺,或者是使用了相对大量的生理盐水。多数巨噬细胞无活性。出现巨噬细胞不代表有病,而是说明从肺部深处采集到了样本(见非支气管镜支气管肺泡灌洗)。

　　检查玻片上是否有明显的口腔污染迹象,经气管壁冲洗时,如果导管针头不小心插入环甲韧带近端,会有这种可能性。犬也能将导管咳入口咽部,但很罕见。口腔污染也可能是由唾液进入气管引起的,这通常发生在唾液分泌过多的猫或过度镇静的犬中,特别是头部和颈部长度超过气管插管通道或经气管留置导管过长的病例。上皮表面通常有细菌,当发现有许多鳞状上皮细胞和西蒙斯氏菌时表明有口腔污染(图 20-19)。西蒙斯氏菌是大的嗜碱性杆菌,经常会整齐地排列在

一起,并且有一定宽度。有明显口腔污染的样本一般不能准确提供气道相关的信息,尤其是和细菌感染有关的疾病。

　　当确定有病原体或恶性肿瘤细胞时,气管灌洗液细胞学检查结果是最有用的。刚地弓形虫、全身性真菌和寄生虫等病原体的发现可提供明确的诊断。没有口腔污染的细胞学涂片中如果存在微生物则提示感染。培养出任何系统性霉菌都具有临床意义,而培养出细菌时可能没有意义,因为在健康动物的大气道中可存在少量细菌。一般情况下,如果细胞学检查可见细菌,且富营养增菌液中没有其他细菌增殖,临床意义很大。如果细胞学检查未见细菌,而增菌培养后有细

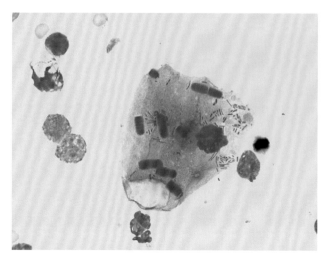

**图 20-19**
气管灌洗液检查显示有口咽部污染的迹象。大量均一排列的杆菌是西蒙氏菌(*Simonsiella*)——口腔正常定植菌。这些微生物和许多其他细菌一样,黏附于鳞状上皮细胞上。出现鳞状上皮也提示口腔污染。

菌生长,可能是由以下原因造成的:例如,事先使用了抗生素,使得感染菌数量减少,或采集到的样本无诊断价值。细菌阳性也可能无临床意义,可能是气管内的定植菌,或者采样时污染所致。因此在判读这些结果时,必须结合其他临床指标。目前,支原体在犬猫呼吸道疾病中的作用还不是很清楚。这些微生物在细胞学检查中看不到,且难以在培养基中生长。需要特殊的运输介质。气管灌洗液培养生长出支原体提示原发性或继发性感染,也可能无临床意义。一般建议治疗。

根据恶性肿瘤的判断标准来判读肿瘤时要非常谨慎。在没有并发炎症的情况下,必须在许多细胞内有恶性肿瘤的明显特征时才能确诊。

尽管混合性炎症反应很常见,气管灌洗液中炎性细胞的种类可以帮助缩小鉴别诊断的范围。细菌感染时常见嗜中性粒细胞性(化脓性)炎症。在使用抗生素前,嗜中性粒细胞可能是(但不总是)退行性的,而且经常能看到微生物。嗜中性粒细胞性炎症可能是对各种不同疾病的应答。例如,它可能是由其他感染因素引起的,也可见于犬慢性支气管炎、特发性肺纤维化、或其他特发性间质性肺炎,甚至是肿瘤。一些特发性支气管炎猫患有嗜中性粒细胞性炎症,而不是预期的嗜酸性粒细胞反应(见第21章)。在这些情况下,嗜中性粒细胞一般呈非退行性变化。

嗜酸性炎症表明有过敏反应,引起嗜酸性炎症的常见疾病包括过敏性支气管炎、寄生虫病和嗜酸性肺病。影响肺的寄生虫有原发性肺蠕虫或吸虫,移行性肠道寄生虫和心丝虫。随时间发展,患过敏症的病患会出现混合型炎症。偶见非寄生虫性感染或肿瘤引起的嗜酸性粒细胞增多症,这通常是混合型炎症反应的一部分。

巨噬细胞性(肉芽肿性)炎症的特征为活化的巨噬细胞数目增多,一般作为混合型炎症的一部分,同时伴有其他炎性细胞增多。活化的巨噬细胞有空泡且胞浆增多。这种反应无特异性,除非能确定病原。

单独发生的淋巴细胞性炎症不常见。这种情况要考虑病毒或立克次体感染、特发性间质性肺炎和淋巴瘤。

通过出现吞噬作用和充满含铁血黄素的巨噬细胞,可将真正的出血与引发创伤的采样区分开。通常也会出现炎症反应。出血的原因有肿瘤、霉菌感染、心丝虫病、血栓栓塞、异物、肺叶扭转或凝血疾病。在充血性心力衰竭或严重细菌性肺炎的动物中偶尔可见出血迹象。

# 非支气管镜性支气管肺泡灌洗
## (NONBRONCHOSCOPIC BRONCHOALVEO-LAR LAVAGE)

### 适应证和并发症

对于累及小气道、肺泡或间质的肺病所致的呼吸不畅或呼吸窘迫的动物,支气管肺泡灌洗(Bronchoalvelolar lavage,BAL)可用来进行诊断性评估(见表20-2)。患有弥散性间质性肺病的动物应首选BAL,这是因为其他肺活检样本采集方法(气管灌洗或肺部抽吸)通常没有结果。BAL采集到的肺样本量较大(图20-20和图20-21)。充足的样本可用于常规细胞学检查、特殊染色的细胞学检查(例如:革兰染色和抗酸染色)、多种培养(例如细菌、真菌和支原体),或在个别动物中进行辅助诊断性试验(例如:流式细胞术和PCR)。BAL液的细胞学样本质量很高,并且始终能提供大量染色良好的细胞以便检查。

尽管该操作需要全身麻醉,但是很少出现并发症,同时可对同一动物进行重复检查,以连续观察疾病的发展和对治疗的反应。BAL主要的并发症是暂时性低氧血症。低氧血症一般可通过吸氧纠正,但对于呼吸窘迫的动物,在室内环境下不宜进行该操作。对有细菌性或吸入性肺炎的动物,常规气管灌洗足以提供充足的细胞学和微生物学检查样本,避免全身麻醉。

BAL是诊断性支气管镜检查的常规部分,在可视状态下从特定的患病肺叶采集样本。而且目前已经开发出非支气管镜技术(NB-BAL),可在低成本的情况

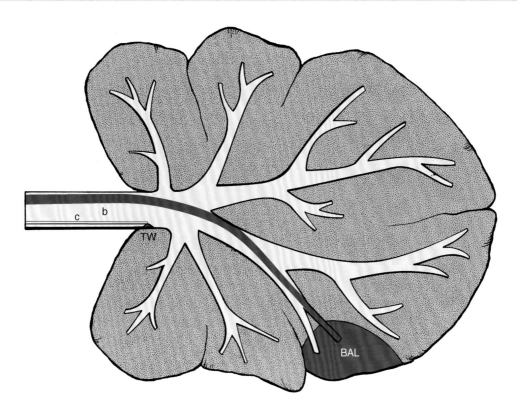

**图 20-20**
支气管肺泡灌洗(BAL)的下呼吸道采样区域与气管灌洗(TW)采样区域的比较。气道内的黑实线 b 代表支气管镜或改良的饲管。开放性线条 c 代表气管灌洗导管。支气管肺泡灌洗获得的液体反映了肺深部的状况,而气管灌洗获得的液体则主要反映了大气道的状况。

**图 20-21**
图为实施猫气管内插管、非支气管镜性支气管肺泡灌洗时假设的下呼吸道采样区。

下进行 BAL 检查。由于无法通过可视状态引导操作,这些技术主要用于有弥散性疾病的动物。所述方法用于猫时,可从靠桌面一侧的前叶和中叶采样,而犬可在后叶采样。

除了下文将描述的方法外,还有其他有关 NB-BAL 的报道,在这一报道中,可采用细长的无菌导管,通过无菌气管导管延伸至气道远端,并用少量生理盐水灌洗回抽。Foster 等(2011)使用的是 6～8 F 的犬导尿管,还需要两份 5～10 mL 无菌生理盐水。此方法似乎能够减少低氧血症的发生,但采集的肺脏样本也比较少。目前还没有疾病状态下不同 BAL 技术的对比研究报道。

## 猫的 NB-BAL 技术
(TECHNIQUE FOR NB-BAL IN CATS)

用无菌插管和注射器接头收集猫的支气管灌洗液(图 20-22;也见图 20-21)。猫(特别是患支气管炎的猫)应该在操作(气管内插管技术)前使用支气管扩张剂,以降低支气管痉挛危险的发生。猫在麻醉前静脉注射阿托品(0.05 mg/kg SC)或用氯胺酮和乙酰丙嗪或地西泮麻醉。气管插管通过口腔时尽量保持干净,以减少口腔对喉部的污染。将舌尖拉出以保持足够干净,使用喉镜,并在喉黏膜局部使用无菌利多卡因。给套囊充气,但要避免充气过度导致气管破裂(例如,使用 3 mL 注射器以 0.5 mL 的增量充气,至氧气袋上有轻微压力,但无泄漏)。

猫采用侧卧姿势,根据生理学特点和 X 线片定位,使患病较严重的一侧在下。通过插管吸氧(100%)数分钟,然后从插管上移走麻醉接头,换上注射器接头,要避免污染插管头或接头。之后立即通过插管,大约在 3 s 内注入温热的灭菌生理盐水(5 mL/kg)。注入后立即用注射器抽出,排空注射器内的空气,并数次抽吸,直到不能再抽出液体。再重复该操作 2~3 次。在注入生理盐水间期允许猫正常呼吸。最后一次注入后,移走注射器接头(因为它会严重干扰通气),通过抬高猫的后躯,排掉大气道和插管内过多的液体。此时根据"BAL 后动物苏醒"中的叙述对猫进行护理。

## 犬的 NB-BAL 技术
(TECHNIQUE FOR NB-BAL IN DOGS)

在犬,采集灌洗液可使用一种价格不贵的 16 F Levin 型胃管,长 122 cm,材料为聚氯乙烯。为了成功进行 NB-BAL,必须对胃管进行改造,整个过程中要保持无菌操作。为了去掉侧口,要把管的远端剪掉;剪掉胃管近端的突起,并使胃管的长度略大于犬气管插管开口至最后肋骨之间的距离。将注射器头插入胃管近端(图 20-23)。

削细胃管远端会增加收集到的 BAL 液。可使用金属单韧手动削铅笔刀(仅做此用)削细胃管,使用前要先经过高压高温灭菌(见图 20-19,A 和 B)。

犬麻醉前注射阿托品(0.05 mg/kg SC)或格隆溴铵(0.005 mg/kg SC),使用短效麻醉药进行诱导,例如丙泊酚、短效巴比妥或复合用美托咪定和布托啡诺。如果犬的体型允许使用 6 号或更粗的气管插管,尽可能采

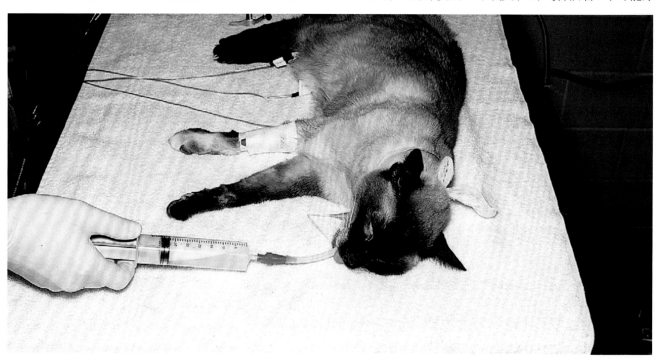

**图 20-22**
1 只通过气管内插管进行支气管肺泡灌洗的猫。由于肺泡有表面活性物质,抽出液产生大量的泡沫。在冲入和抽吸液体时气道会被完全堵塞,因此进行该操作时要迅速。

用无菌技术插管,将口腔对样本的污染降到最低。如果改良的胃管无法通过较小的气管插管,则必须在没有气管插管的情况下实施该操作,或者使用更小的胃管。如果不使用气管插管,在插入改良胃管时必须非常小心,以降低口腔带来的污染;此外,为了防止气道并发症以及利于采样,应该使用型号合适的气管插管。

通过气管插管或面罩给动物输送数分钟的纯氧(100%),然后采用无菌技术将改造过的胃管插入气管插管,直至感觉到阻力。插管的目标是将导管紧贴在气道中,而不是顶在气道分叉处。因此要稍微回撤胃管,然后再插入,直到可以在同一深度总能感受到阻力。插入过程中轻度旋转胃管可能有助于更顺利的深入。记住,如果气管插管的内径与胃管的外径接近,通气会受限,此时应该快速地完成该操作。

对于中型犬或更大体型的犬,要先准备两个 35 mL 注射器,每个含 25 mL 生理盐水和 5 mL 空气。当被改造的胃管插到预期部位后,将注射器直立,通过胃管将 25 mL 生理盐水通过胃管注入,然后注入 5 mL 空气(图 20-24)。注入后立即用同一注射器轻轻抽吸。如果感到有负压,要轻轻将胃管回撤。胃管回撤不应该超过几毫米,如果回撤太多,抽到的将是空气而非液体。然后第二次注入生理盐水,并用同样的方式抽吸,胃管要插到同一位置。该操作完成后犬的苏醒如下所述。

在非常小的犬,要适当减少每次所用生理盐水的量,尤其在使用更小直径的胃管时。应避免液体过多使肺扩张过度。

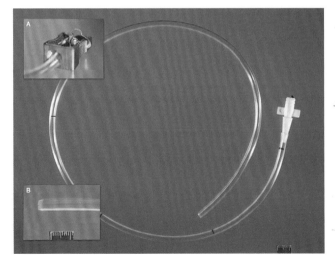

图 20-23

犬非支气管镜性支气管肺泡灌洗时采用的改良型 16 F Levin 型胃管。通过截取两端,使胃管变短。用削铅笔刀(A)使导管的一端变细(B)。在近端接上注射器接头。整个改造过程要保持无菌。

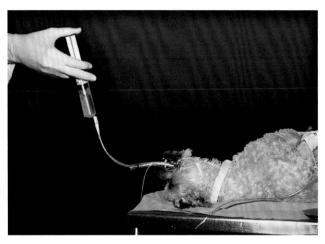

图 20-24

采用改良胃管对犬进行支气管肺泡灌洗。经灭菌气管插管,将改良胃管插入到一侧支气管。注射器中先抽入生理盐水和空气,向导管注入生理盐水时要将注射器竖立,先冲入生理盐水,然后冲入空气。

## BAL 术后恢复
### (RECOVERY OF PATIENTS AFTER BAL)

无论采用何种方法,BAL 都会引起动脉血氧浓度短暂下降,但低氧血症对输氧治疗的反应很快。如果有条件,在操作前、操作中和苏醒期间都使用脉搏血氧计对动物进行术后监护。只要条件允许,就要通过气管插管的方式为患犬或猫提供 100% 的氧气。挤压呼吸气囊数次,帮助扩张肺的塌陷部分。曾有 BAL 并发支气管痉挛的报道,对猫实施支气管镜和 BAL 检查后,其气道阻力增加(Kirschvink 等,2005)。如果动物有需要,应使用定量吸入器,经隔离空间或呼吸面罩给予沙丁胺醇缓解症状。

拔管后,密切监测动物的黏膜颜色、脉搏和呼吸特征。在 BAL 后数小时内能够听到肺啰音,无须对上述症状过度担心。如果有任何低氧血症迹象,应通过面罩、氧气笼或者鼻氧管连续实施供氧治疗。对于在室内空气环境下术前状况稳定的病例,在 BAL 之后应连续吸氧 10～15 min;然而如果病例出现呼吸困难,则需要更长时间来治疗,否则会发生失代偿。

## 样品处理
### (SPECIMEN HANDLING)

由于肺泡表面活性剂的作用,成功的 BAL 操作会产生更大量泡沫。灌洗用的生理盐水可被回收 50%～80%,气管支气管软化症(气道塌陷)患犬回收率较低。

收集到的液体应立即置于冰上,并尽快处理,最大限度地减少细胞裂解。为了方便起见,可将收集到的液体混合在一起分析;但是第一次抽到的液体内通常含有较多来自大气道的细胞,最后抽到的液体更能代表肺泡和间质的情况。

对 BAL 液进行细胞学和微生物学检查。使用血球仪对未经稀释的液体进行有核细胞计数;通过沉降或细胞离心法浓缩细胞,并将其置于玻片上进行细胞分类计数和定性分析;对高质量的玻片进行常规细胞学染色。细胞分类计数至少需要分析 200 个有核细胞。检查载玻片以寻找活化巨噬细胞、反应性淋巴细胞、退行性嗜中性粒细胞和恶性肿瘤标志的依据。所有的载玻片都要彻底检查以寻找可能的病原,例如真菌、原虫、寄生虫和细菌(见图 20-12、图 20-15 至图 20-17)。如气管冲洗所述,要通过压片来检查可见的黏液丝内是否有病原。

细菌培养需要大约 5 mL 液体。如果鉴别诊断中包含真菌疾病,需要用更多的液体进行真菌培养。有支气管炎征象的犬猫必须进行支原体培养。

## 结果判读
## (INTERPRETATION OF RESULTS)

正常情况下,BAL 液体的细胞学结果并不准确,因为使用的技术不同,同一物种也存在个体差异。通常情况下,正常动物有核细胞总数应小于 $400 \sim 500$ 个/$\mu$L。正常犬猫的细胞分类计数结果见表 20-3。请注意,上述结果来自健康动物的信息,除非患病个体的检测值出现 $1 \sim 2$ 个标准偏差,否则不应被视为异常。在犬的研究中,我们所建立的炎症指标为:嗜中性粒细胞$\geqslant 12\%$、嗜酸性粒细胞$\geqslant 14\%$,或淋巴细胞$\geqslant 16\%$。

**表 20-3**    来自正常动物的支气管肺泡灌洗液的细胞分类计数的平均值[±标准偏差(SD)或标准误差(SE)]

| 细胞类型 | 支气管镜 BAL | | 非支气管镜 BAL | |
| --- | --- | --- | --- | --- |
| | 犬(%) * | 猫(%) † | 犬(%) ‡ | 猫(%) § |
| 巨噬细胞 | 70 ± 11 | 71 ± 10 | 81 ± 11 | 78 ± 15 |
| 淋巴细胞 | 7 ± 5 | 5 ± 3 | 2 ± 5 | 0.4 ± 0.6 |
| 嗜中性粒细胞 | 5 ± 5 | 7 ± 4 | 15 ± 12 | 5 ± 5 |
| 嗜酸性粒细胞 | 6 ± 6 | 16 ± 7 | 2 ± 3 | 16 ± 14 |
| 上皮细胞 | 1 ± 1 | — | — | — |
| 肥大细胞 | 1 ± 1 | — | — | — |

\* 平均值 ± SD,源自 6 只临床和组织学均正常的犬。(引自:Kuehn NF:Canine bronchoalveolar lavage profile. Thesis for masters of science degree,West Lafayette,Indiana,1987,Purdue University.)

† 平均值 ± SE,源自 11 只临床正常的猫。(引自:King RR et al:Bronchoalveolar lavage cell populations in dogs and cats with eosinophilic pneumonitis. In Proceedings of the Seventh Veterinary Respiratory Symposium,Chicago,1988,Comparative Respiratory Society.)

‡ 平均值 ± SD,源自 9 只临床正常的犬。(引自:Hawkins EC et al:Use of a modified stomach tube for bronchoalveolar lavage in dogs,J Am Vet Med Assoc 215:1635,1999.)

§ 平均值 ± SD,源自 34 只无特定病原体的猫。(引自:Hawkins EC et al:Cytologic characterization of bronchoalveolar lavage fluid collected through an endotracheal tube in cats,Am J Vet Res 55:795,1994.)

虽然肺部深处的样本比气道样本更具代表性,但 BAL 液细胞学和培养结果的判读基本上与气管灌洗液相同。此外,巨噬细胞的正常细胞群不应被误解为巨噬细胞性炎症或慢性炎症(图 20-25)。对于所有细胞学样本而言,确诊需要确认存在微生物或异常细胞群。BAL 样本中的真菌、原虫或寄生生物数量可能极少;因此,必须对整个玻片进行仔细检查。炎症反应有时会出现严重的上皮增生,不要将其与肿瘤混淆。

如果可以进行细菌定量培养,微生物生长大于 $1.7 \times 10^3$ 菌落形成单位(CFUs)/mL 时,可被诊断为感染(Peeters 等,2000)。在没有定量培养的情况下,如果是通过 BAL 液直接接种于平板上获得的阳性结果,则具有临床诊断意义;如果在富含营养的增菌液中培养阳性,则有可能是正常菌群或污染所致。在采样时已经进行过抗生素治疗的动物可能有明显的感染,但可能培养不出细菌,或培养出的细菌很少。

## 诊断率
## (DIAGNOSTIC YIELD)

一项有关犬 BAL 液细胞学检查的回顾性研究显示,在被调查的转诊医院中,25% 的病例靠 BAL 结果确诊,还有 50% 可提供支持性诊断,该研究仅包含被确诊的犬。在确定感染病原的动物,或无明显炎症但

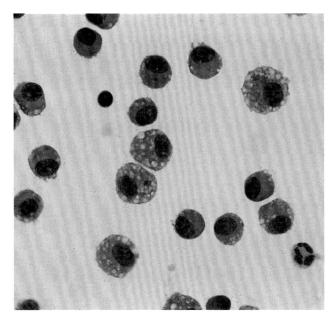

**图 20-25**
**1 只正常犬的支气管肺泡灌洗液。注意有明显的肺泡巨噬细胞。**

有明显恶性肿瘤细胞的动物，有时可以确诊。已有的结果显示，BAL 检查对肺部淋巴瘤的辨识能力比放射检查敏感。57% 的病例最终确诊为癌症，但没有发现其他肉瘤。仅有 25% 的病例被证实为真菌性肺炎，尽管此前对真菌性肺炎的研究发现，67% 的患犬检出了真菌。

# 经胸肺抽吸和活检
(TRANSTHORACIC LUNG ASPIRATION AND BIOPSY)

## 适应证和并发症

通过经胸细针抽吸或活组织检查可获得肺实质样本。尽管通过这些方法仅能获得小块肺组织，通过 X 线或超声引导采样能提高获得有代表性样本的可能性。通过气管灌洗和 BAL 检查，一些传染性或肿瘤性疾病患者也可得到确诊。非感染性炎性疾病患者需要通过胸腔镜检查或开胸活检才能确诊。

经胸细针穿刺或活检的潜在并发症包括气胸、血胸和肺出血。怀疑有囊肿、脓肿、肺动脉高压或凝血障碍的动物不推荐上述操作。临床严重的并发症不常见，除非临床医生准备放置胸导管或进行其他必需的支持治疗，否则不应该进行上述操作。

与胸壁有关的胸内肿物性病变，可采用肺脏抽吸和活检样本进行诊断。由于可以不破坏充气的肺脏进行采样，这些动物出现并发症的风险相对较低。从远离体壁并靠近纵隔的位置对肿物进行细针抽吸或者活检时，会对纵隔内重要器官如血管或神经造成撕裂的风险。针对单独的局灶性肿块病变，应考虑开胸手术和活检，而不是经胸取样，因为这样既可以诊断，又可以通过完全切除达到治疗的目的。

可对 X 线表现为弥散性间质性病变的动物实施经胸肺穿刺术。在某些病例中，紧挨体壁的肺组织实质性浸润可通过超声检查确诊，即使上述病变在胸部 X 线检查上并不明显（参见图 20-11）。超声引导下对浸润区进行细针抽吸能够提高诊断率和安全性。如果无法通过超声检查确定浸润区域，若体征允许，可在肺穿刺前首先考虑进行 BAL 检查，因为 BAL 能够采集大量诊断性样本。作者认为，在患呼吸窘迫的动物中使用 BAL 操作比经胸抽吸的危险更小。这些动物在进行肺抽吸前，一般也可进行气管灌洗（如果不能进行 BAL）和适当的辅助检查，风险会更低。

# 技术
(TECHNIQUES)

通过超声检查能很好地确定邻近体壁局灶性疾病的部位。如果无法进行超声检查，或由于病变部位被充气的肺包围，可通过两个体位的 X 线片对病变进行定位。通过与外部结构间的三维关系定位损伤部位：最近的肋骨及肋间隙、距肋软骨接合部的距离以及肺组织内与体壁间的距离。如果有条件，也可通过荧光镜或 CT 引导细针或活组织检查。

弥散性病变的采样部位位于动物肺脏后叶，在第 7 和第 9 肋间隙、肋软骨接合部距脊柱大约 2/3 处进针。

必须对动物进行保定，有些动物需镇静或麻醉。如果可能的话，要尽量避免麻醉，因为麻醉的犬猫在操作时引起的出血不易从肺中清除。对采样部位的皮肤剃毛，进行外科手术准备。将利多卡因注入皮下组织和肋间肌肉，进行局部麻醉。

可用注射器针头、脊髓穿刺针或用于人肺抽吸的薄管注射针进行肺抽吸。多数门诊易买到脊髓穿刺针，它的长度足够穿过胸壁，并带有针芯。22 号、1.5~3.5 英寸（3.75~8.75 cm）的脊髓穿刺针可满足临床需要。

操作者戴无菌手套。把带针芯的穿刺针刺入距目标穿刺部位几个肋间的皮肤，然后将针和皮肤移动至活检部位。由于皮肤与胸壁间的开口没有对齐，这样做可降低操作后空气进入胸腔的概率。然后针头通过体壁刺穿胸膜。将针芯移除，并立即用手指堵住针座，直至将 12 mL 注射器连于针座内。在抽吸过程中,将针头刺入胸部 X 线检查预定的深度,通常为 1 英寸(2.5cm),同时对注射器施加吸力(图 20-26)。为了防止进针过深,临床医生可以用另一只手的拇指和食指在最深处捏住针杆。在插入过程中,将针沿长轴旋转,以获得组织芯。然后把针迅速回撤到胸腔。可沿不同路径将针快速刺入肺部,以获得更多样本。

每次进针时间仅需 1 s。延长针头在肺组织内的停留时间会增加并发症的风险。即使保持针的稳定,也会因为肺组织随呼吸的移动引起组织撕裂。

将注射器从体壁抽出的过程应保持轻微负压。样本通常不会大到能够进入注射器内。将针头从注射器中取出,将注射器充满空气并重新装在针头上,将针的内容物用力冲到 1 个或多个载玻片上。总的来说,大多数样本内都含有大量血液。对样本进行压片,用常规程序染色,然后进行细胞学检查。可能的异常包括炎性细胞、感染病原或肿瘤细胞等数量增多。在肺实质样本中发现肺泡巨噬细胞是正常的,不应被误判为慢性炎症,应仔细检查是否有细菌、真菌或红细胞吞噬以及其他活化的迹象。炎症过程中发生的上皮增生不应与肿瘤混淆。有时会因为不注意而穿到肝脏,特别是在深胸犬中,获得的细胞可能与腺癌类似。但是,肝细胞内通常含有胆汁色素。在某些犬只,虽然获得的样本量非常小,但仍可进行细菌培养。

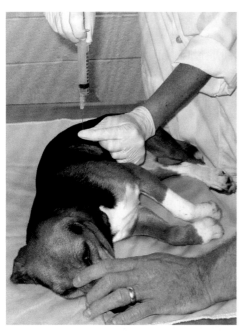

**图 20-26**
用脊髓针进行经胸肺抽吸。请注意采用无菌操作。可以用手指和拇指夹住针杆,以控制最大深度。此时,手指和拇指是防止针头过度插入的防护装置。在全身麻醉下实施本操作,但应用并不广泛。

对于有肿物病变的动物,可进行经胸肺组织活检。证明抽吸无诊断意义后,则需进行此项检查。细针活检器械(例如,EZ Core biopsy needles,Products Group International,Lyons,Colorado)可用于胸壁邻近组织的活检。在人医可使用芯更细、壁更薄的肺活组织检查设备。这些仪器收集的组织块较小,但对正常肺组织的影响很小。理想状况下能采集到足够的样本进行组织学检查;如果不够,要通过压片进行细胞学检查。

# 支气管镜
# (BRONCHOSCOPY)

## 适应证

支气管镜用于评估怀疑有结构异常动物的大气道;或者可视性评估气道炎症或肺出血;未确诊的下呼吸道疾病动物中,也可用于采样。支气管镜检查可用于确定主要气道的结构异常,如气管塌陷、肿物性病变、撕裂、狭窄、肺叶扭转、支气管扩张、支气管塌陷和外部气道压迫;也有可能会识别出异物或寄生虫;辨别并定位累及大气道的出血或炎症。

支气管镜检查的同时进行样本采集是很好的诊断方法,与气管灌洗技术相比,该方法可以在更深的肺区获得样本,并且可对特定病变或肺叶实施可视化定向采样。接受支气管镜检查的动物必须接受全身麻醉,但是支气管镜会影响通气。因此在患严重呼吸道疾病的动物禁用支气管镜,除非该操作具有治疗意义(例如:取出异物)。

## 技术
## (TECHNIQUE)

支气管镜技术比其他内窥镜技术要求高。病患经常会出现某种程度的呼吸困难,这会增加麻醉和手术风险。气道反应大会增加风险,尤其是猫(Kirschvink 等,2005)。应采用管径小、操作灵活的内窥镜,并在使用前消毒。支气管镜专家应熟悉气道的正常解剖结构,以确保每个肺叶都得到检查。在全面的可视化检查中,BAL 只是支气管镜诊断性检查的一部分。读者可以参考有关支气管镜检查和支气管镜性 BAL 的相关教材(Kuehn 等,2004;McKiernan,2005;Hawkins,2004;Padrid,2011)。图 20-27 为正常支气管镜下的图像。

表 20-3 提供的是 BAL 液的细胞计数报告。

　　支气管镜检查所获得的异常结果及其临床常见相关性见表 20-4。仅凭肉眼观察并不能确诊。将活检采集到的样本用于细胞学、组织病理学和微生物检查。

通过支气管灌洗、支气管刷或钳夹活检均可获得支气管样本。可用棉拭子小心采集用于细菌培养的样本。更深部的肺组织需要经由 BAL 或支气管肺活检取样。异物可使用异物钳取出。

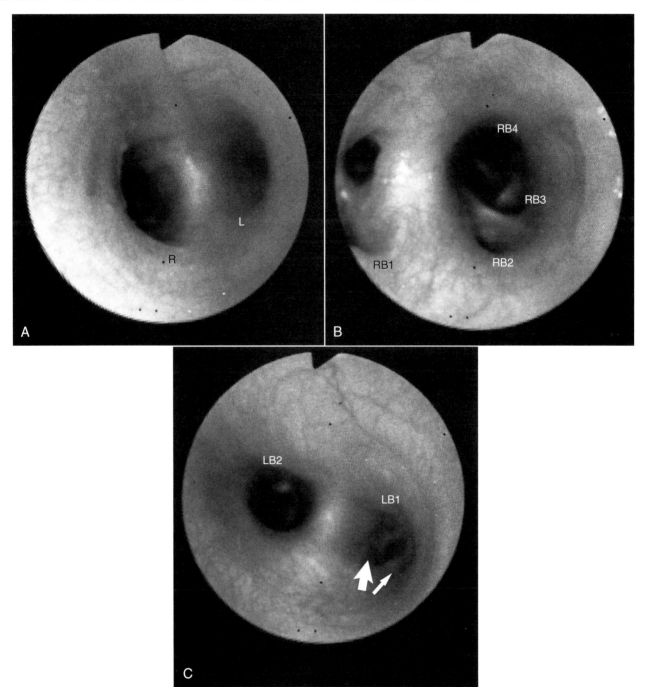

图 20-27

正常呼吸道的支气管镜图像。肺叶支气管的标记来源于 Amis 等(1986)提出的主要气道及其分支的命名系统。**A,** 支气管镜下正常隆突图像,它是右侧(**R**)和左侧(**L**)主支气管的分叉。**B,** 右侧主支气管入口处的支气管镜图像。右前支气管(**RB1**)在刚过隆突处向腹外侧延伸。右中支气管(**RB2**)开口位于前支气管的远端,并位于腹侧。副叶的开口(**RB3**)位于更远端,并向内侧延伸。右后支气管(**RB4**)起源于主支气管的远端。**C,** 左主支气管入口的支气管镜图像。可看到左前支气管(**LB1**)位于刚过隆突的主支气管腹外侧。它立即分为前支(窄箭头)和后支(宽箭头)。左后支气管(**LB2**)也起源于主支气管的远端。引自: Amis TC et al: Systematic identification of endobronchial anatomy during bronchoscopy in the dog, *Am J Vet Res* 47:2649,1986.

表 20-4 支气管镜检查异常及其临床病因

| 异常 | 临床病因 |
|---|---|
| **气管** | |
| 充血,失去正常的血管型,黏液过多,有渗出液 | 炎症 |
| 气管黏膜过多 | 气管塌陷 |
| 气管环变平 | 气管塌陷 |
| 统一变窄 | 气管发育不全 |
| 狭窄 | 之前有损伤 |
| 肿物性病变 | 气管环断裂、异物性肉芽肿、肿瘤 |
| 撕裂 | 通常是由于气管插管的套囊过度充盈导致 |
| **隆突** | |
| 变宽 | 肺门淋巴结病,腔外肿物 |
| 多个突起的结节 | 奥斯勒丝虫 |
| 异物 | 异物 |
| **支气管** | |
| 充血,黏液过多,有渗出液 | 炎症 |
| 呼气时气道塌陷 | 慢性炎症,支气管软化 |
| 吸气和呼气时气道均塌陷,内镜可通过狭窄的气道 | 慢性炎症,支气管软化 |
| 吸气和呼气时气道均塌陷,内镜不能通过狭窄的气道 | 腔外肿物性病变(肿瘤、肉芽肿或脓肿) |
| 黏膜起"皱褶",气道塌陷 | 肺叶扭转 |
| 出血 | 肿瘤、真菌感染、心丝虫、血栓栓塞病、凝血疾病、创伤(包括相关异物) |
| 单个肿物性病变 | 肿瘤 |
| 多个息肉样肿物 | 通常为慢性支气管炎;在隆突处,奥斯勒丝虫 |
| 异物 | 异物 |

## 开胸或胸腔镜肺活检
### (THORACOTOMY OR THORACOSCOPY VITH LUNG BIOPSY)

具有进行性下呼吸道疾病的动物,如果通过创伤较小的方法无法确诊,可实施开胸手术和外科活检。虽然开胸术比此前提及的诊断技术风险更高,但是,现有的麻醉、手术技术和和监护能力已经使该操作变得较为常规。用镇痛药控制术后疼痛,无并发症的动物可在术后2~3 d出院。手术活组织检查可采集到很好的样本,以进行组织病理学检查和微生物培养。需要对异常肺组织以及易受影响的淋巴结进行活组织检查。

切除异常组织活检可能会对动物的局灶性病变起到治疗作用。可以通过清除局部肿瘤、脓肿、囊肿和异物使动物得到治愈。即使是在有弥漫性肺部病变的动物中,手术取出大面积的局部病变也能改善通气和灌注机能,进而改善血液氧合作用,改善临床症状。对有问题或有明显局灶性疾病的动物,可在同样的麻醉情况下,将胸腔镜检查或"迷你"开胸术转变为完整开胸术。

在可以进行胸腔镜检查的医院,这种创伤小的技术可用于胸内疾病的初步评估。与开胸术类似,胸腔镜可通过相对较小的切口实施"迷你"开胸手术。如果疾病已经扩散至整个肺脏,即使手术介入也无法治疗,可采用小切口获得异常组织的活检样本。对于结果可疑,或者有明显局灶性病变的动物,可在同一麻醉期间,将胸腔镜或"迷你"开胸术换成完整开胸术。

## 血气分析
### (BLOOD GAS ANALYSIS)

**适应证**

测量动脉血样中的氧分压($Pa_{O_2}$)和二氧化碳分压($Pa_{CO_2}$)可提供肺功能的信息。静脉血气分析的作用有限,因为静脉血氧分压很大程度上会受到心脏功能和外周循环的影响。动脉血气测定适用于检查肺功能衰竭、鉴别通气不足与其他原因的缺氧、帮助确定是否需要支持治疗以及监护对治疗的反应。由于机体具有巨大的代偿机制,所以只有呼吸功能受到严重损伤时才能检测到异常。

### 技术
(TECHNIQUES)

采用肝素化的注射器收集动脉血液,因为使用液体肝素稀释样本会改变血气结果,所以推荐使用市售预装有冻干肝素的注射器。或者按照 Hopper 等(2005)所述的肝素化注射器操作流程操作:将 0.5 mL 肝素钠液体吸入带有 25 号针头的 3 mL 注射器中,将活塞拉至 3 mL 标记处,将所有空气从注射器中排出。重复上述过程 3 次。

　　常从股动脉采血(图 20-28)。动物侧卧保定。上面的后肢外展,位于桌面的后肢保持伸展姿势。股动脉位于腹股沟部贴近腹壁处,用两个手指进行定位。针从手指间刺入动脉;动脉壁厚,且松弛地附着于临近组织上;因此,针头必须锋利,并在动脉顶部刺入,采用快速短暂的手法更易刺入。

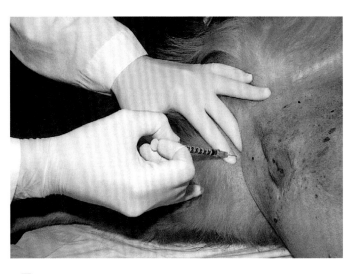

**图 20-28**
股动脉采血位置。犬侧卧,使右后肢垂直于桌面,暴露左腹股沟部。在股三角区触到脉搏,然后将股动脉固定于两手指间,将针头直接置于动脉上,然后小幅度迅速刺入。

　　中型和大型犬可采用足背侧动脉采血。图 20-29 显示了此动脉的位置。

　　一旦针头刺入皮肤,就要回抽注射器。针头进入动脉后,血液会马上进入注射器,有时会有一定的血液脉冲进入注射器。除非动物病情很严重,否则动脉血液应该为亮红色;相对而言,静脉血为暗红色。血液为暗红色,或者用注射器抽吸时比较困难,表明血液为静脉血。有时会同时采集到动脉血和静脉血,尤其在股部采样时。

　　拔出注射器后,按压采血部位 5 min,防止血肿形成。采血不成功时,偶尔也会刺破动脉,此时也要按压。

　　将注射器内的气泡排掉;如果不能立即进行分析,则要用软木塞或橡皮塞封住针头,并将整个注射器放在碎冰里。采集后应尽快进行分析,如果没有血气分析仪,将样本送到人医院之前置于冰内数小时,检测结果变化很小。现在,由于血气分析仪的价格比较合适,可在一些动物医院进行分析。

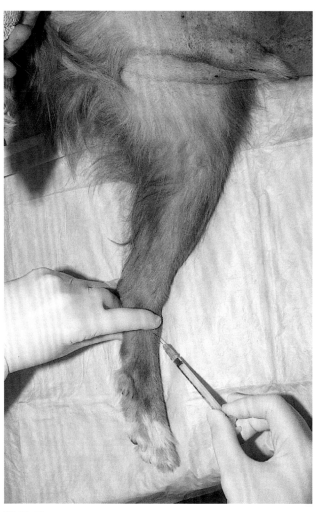

**图 20-29**
足背侧动脉采血位置。犬左侧卧,暴露左后肢内侧面。在中线和肢远端内侧面之间,跗部下方,跖部背侧面,可触到脉搏。

## 结果判读
**(INTERPRETATION OF RESULTS)**

　　表 20-5 列出了正常犬猫动脉血气值的大概范围。正常犬猫的精确血气值要根据具体的分析仪而定。

 **表 20-5　呼吸室内空气的正常犬猫动脉血气的大致范围**

| 测量指标 | 动脉血 |
| --- | --- |
| $Pa_{O_2}$ (mm Hg) | 85~100 |
| $Pa_{CO_2}$ (mm Hg) | 35~45 |
| $HCO_3$ (mmol/L) | 21~27 |
| pH | 7.35~7.45 |

### $Pa_{O_2}$ 和 $Pa_{CO_2}$

　　技术错误能引起 $Pa_{O_2}$ 和 $Pa_{CO_2}$ 检测值异常。判读血气值时要将动物的体况和采样技术考虑在内。例如,如果一个动物状态稳定,黏膜正常,在评估其运动耐受性时,静息 $Pa_{O_2}$ 不可能为 45 mmHg,采集到静脉血时更可能出现这种异常数值。

如果 $Pa_{O_2}$ 低于正常值,则出现缺氧。描述饱和血红蛋白浓度和 $Pa_{O_2}$ 关系的氧合血红蛋白离解曲线为S形,$Pa_{O_2}$ 较高时会出现平台期(图 20-30)。当 $Pa_{O_2}$ 大于 80~90 mmHg 时,正常的血红蛋白几乎完全处于氧饱和状态,在这种情况下,不太可能有临床症状;$Pa_{O_2}$ 较低时,曲线下降比较快;$Pa_{O_2}$ 低于 60 mmHg 时很危险,需要对缺氧进行治疗(见氧容量、输送和应用)。

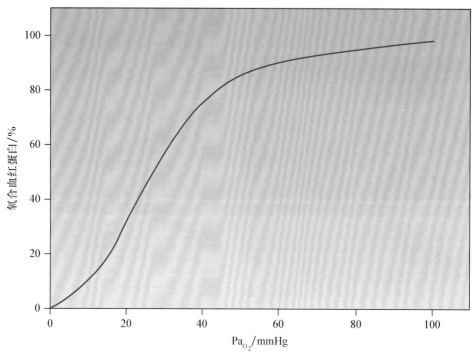

**图 20-30**
氧气-血红蛋白离解曲线(近似)。

一般情况下,$Pa_{O_2}$ 到达 50 mmHg 或更低时,去氧血红蛋白(不饱和血红蛋白)浓度为 5 g/dL 或更高,动物出现发绀。发绀是由于血液中的去氧血红蛋白浓度升高,但并不能直接反应 $Pa_{O_2}$。发绀的出现与氧分压和血红蛋白浓度均有关;红细胞增多症的动物比贫血的动物更容易出现黏膜发绀。肺病引起的急性缺氧更容易导致动物黏膜苍白,而不是发绀。缺氧治疗适用于所有发绀的动物。

确定缺氧的机制对于选择合理的支持治疗很有帮助。这些机制包括通气不足、弥散性疾病及肺通气/灌注不匹配。通气不足是指体外和肺泡间的气体交换不足。气体交换不足与缺氧有关的高碳酸血症会影响 $Pa_{O_2}$ 和 $Pa_{CO_2}$。通气不足的原因见框 20-9。

肺不同区域的通气和灌注必须相配,保证离开肺的血液能被完全氧合。通气(V)和灌注(Q)之间的关系用比值(V/Q)来表示。如果肺区 V/Q 升高或下降,可出现缺氧。

肺通气不足而血流正常的区域 V/Q 值较低。多数肺病可出现局灶性通气下降,例如肺泡积水、肺泡塌陷或小气道梗阻。完全通过未充气组织的血流被称为静脉混合或分流(V/Q 为零)。肺泡可能由于完全充盈或塌陷而未通气,引起生理性分流;或者肺泡因真正的解剖性旁路分流而被绕过。之后,来自上述区域未被氧合的血液与来自肺通气部的氧合血液混合,马上会引起 $Pa_{O_2}$ 下降和 $Pa_{CO_2}$ 升高。机体通过增加通气应对高碳酸血症,从而有效地将 $Pa_{CO_2}$ 恢复到正常,甚至低于正常水平。然而,通气量增加并不能纠正低氧血症,因为通气肺泡的血流已经达到饱和。

除分流的情况外,其他因素引起犬猫的肺区 V/Q 下降都可通过输氧改善,输氧的方法有面罩、氧气箱或鼻导管供氧。为了对抗肺膨胀不全,可能需要正压通气(见第 27 章)。

在患肺血栓的犬猫中,肺通气区会伴有循环不足(高 V/Q)。起初,由于血流转移到了未受影响的区域,动脉血气值所受影响很小;然而,随着疾病的加重,肺内正常区域的血流会增加,如前所述,V/Q 会降低至足以

出现 $Pa_{O_2}$ 降低和 $Pa_{CO_2}$ 正常或降低。在非常严重的栓塞病例中,可同时出现低氧血症和高碳酸血症。

单独的弥散性异常不会引起明显的临床缺氧,但与 V/Q 比例失调的疾病伴发时会出现缺氧,如特发性肺纤维化和非心源性肺水肿。通常气体通过呼吸膜,在肺泡和血液之间扩散。该膜由肺泡、肺泡上皮、肺泡基底膜、间质、毛细血管基底膜和毛细血管内皮组成。气体还必须通过血浆和红细胞膜扩散。促进肺泡和红细胞之间气体扩散的结构和功能适应性,为这一过程提供有效系统,并且很少受疾病影响。

**框 20-9　血气异常的临床意义**

$Pa_{O_2}$ 降低,$Pa_{CO_2}$ 升高($A\text{-}a$ 梯度正常)
静脉血
通气不足
　气道梗阻
　呼吸肌功能减弱
　● 麻醉
　● 中枢神经系统疾病
　● 多发性神经病
　● 多发性肌病
　● 神经肌肉接头异常(重症肌无力)
　● 过度虚弱(长期呼吸窘迫)
　肺扩张受限
　● 胸壁异常
　● 胸绷带过紧
　● 气胸
　● 胸腔积液
　死腔增大(肺泡通气量低)
　● 严重的慢性梗阻性肺病/气肿
严重肺实质疾病末期
严重的肺部血栓栓塞
$Pa_{O_2}$ 降低,$Pa_{CO_2}$ 正常或降低($A\text{-}a$ 梯度增大)
通气/灌注(V/Q)异常
　多数下呼吸道疾病(见框 19-1)

## $A\text{-}a$ 梯度

通过结合 $Pa_{O_2}$ 评估 $Pa_{CO_2}$ 来区分通气不足和 V/Q 异常。定性区分如前所述:通气不足伴有低氧血症和高碳酸血症,V/Q 异常一般伴有低氧血症和正常二氧化碳血症或低碳酸血症。通过计算肺泡-动脉氧梯度($A\text{-}a$ 梯度)将这种关系量化,排除通气和吸入氧浓度对 $Pa_{O_2}$ 的影响(表 20-6)。

$A\text{-}a$ 梯度(室内空气时 < 10 mmHg)的前提是 $Pa_{O_2}$(a)约等于肺泡内氧分压 $PA_{O_2}$(A),此时没有弥散性异常或 V/Q 比例失调。当发生弥散性异常或 V/Q 比例失调时,差距会增大(室内空气时 > 15 mmHg)。方程检查显示通气过度,引起低 $Pa_{CO_2}$,高 $PA_{O_2}$。相反,通气不足引起高 $Pa_{CO_2}$,低 $PA_{O_2}$。在生理学上,$Pa_{O_2}$ 永远无法超过 $PA_{O_2}$,因此负值表明有错误。这种错误可能是因为其中一个值测量错误,或者假设值错误(见表 20-6)。

**表 20-6　动脉血气测量值之间的关系**

| 公式 | 讨论 |
|---|---|
| $Pa_{O_2} \propto Sa_{O_2}$ | 两者的关系通过 S 形氧气-血红蛋白离解曲线表示。曲线较平的部分 $Sa_{O_2}$ 超过 90%,$Pa_{O_2}$ 值超过 80 mmHg。$Pa_{O_2}$ 值在 20～60 mmHg 时,曲线陡峭。(假设血红蛋白、pH、体温以及 2,3-二磷酸甘油酸均正常) |
| $Ca_{O_2} = (Sa_{O_2} \times Hgb \times 1.34) + (0.03 \times Pa_{O_2})$ | 血液的总氧容量受 $Sa_{O_2}$ 和血红蛋白浓度的影响很大。在健康动物中,血红蛋白运输的氧超过血浆中离解氧($Pa_{O_2}$)的 60 倍 |
| $Pa_{CO_2} = PA_{CO_2}$ | 这些值在肺泡通气不足时升高,通气过度时下降 |
| $PA_{O_2} = FI_{O_2}(P_B - P_{H_2O}) - Pa_{CO_2}/R$<br>在海平面,室温下:<br>　$PA_{O_2} = 150 \text{ mmHg} - Pa_{CO_2}/0.8$ | 用于交换的肺泡空气的氧分压直接受吸入氧浓度的影响,与 $Pa_{CO_2}$ 的变化相反。在禁食动物 R 假定为 0.8。肺功能正常时(V/Q 轻度失调),肺泡通气过度引起 $PA_{O_2}$ 升高,继而 $Pa_{O_2}$ 升高,而通气不足会引起 $PA_{O_2}$ 和 $Pa_{O_2}$ 降低 |
| $A\text{-}a = PA_{O_2} - Pa_{O_2}$ | $A\text{-}a$ 梯度通过消除肺泡通气和吸入氧浓度对 $Pa_{O_2}$ 测量值的影响,定量评估 V/Q 比例失调。$A\text{-}a$ 梯度正常(室内空气时为 10 mmHg),$Pa_{O_2}$ 低,表明仅存在通气不足。$A\text{-}a$ 梯度增大(室内空气时 15 mmHg),$Pa_{O_2}$ 降低,表明 V/Q 比例失调 |
| $Pa_{CO_2} \propto 1/pH$ | $Pa_{CO_2}$ 升高引起呼吸性酸中毒;$Pa_{CO_2}$ 降低引起呼吸性碱中毒。pH 与代谢($HCO_3$)有关 |

　$A\text{-}a$,肺泡-动脉氧梯度(mmHg);$Ca_{O_2}$,动脉血氧容量(mL/dL);$FI_{O_2}$,吸入空气氧分数(%);Hgb,血红蛋白浓度(g/dL);$Pa_{CO_2}$,动脉血中 $CO_2$ 分压(mmHg);$PA_{CO_2}$,肺泡中空气 $CO_2$ 分压(mmHg);$Pa_{O_2}$,动脉血 $O_2$ 分压(mmHg);$PA_{O_2}$,肺泡中空气 $O_2$ 分压(mmHg);PB,空气压力(mmHg);$P_{H_2O}$,肺泡中空气(潮湿度 100%)的水分压(mmHg);pH,$H^+$ 浓度的负对数(随 $H^+$ 浓度升高而降低);R,呼吸交换系数(每份 $CO_2$ 产生所需 $O_2$ 的比例);$Sa_{O_2}$,氧血红蛋白氧饱和度(%);V/Q,肺泡通气和灌注比。

对 $A$-$a$ 梯度计算和判读的临床举例见框 20-10。

### 框 20-10　　$A$-$a$ 梯度的计算和判读;临床举例

例1:1 只呼吸室内空气的健康犬,$Pa_{O_2}$ 值为 95 mmHg,$Pa_{CO_2}$ 值为 40 mmHg。计算的 $PA_{O_2}$ 为 100 mmHg。[$PA_{O_2}$ = $FI_{O_2}$ $(PB-P_{H_2O})-Pa_{CO_2}$ /R=0.21(765 mmHg-50 mmHg)- (40 mmHg/0.8)。$A$-$a$ 梯度为 100 mmHg-95 mmHg= 5 mmHg。该值正常。

例2:1 只由于麻醉过量而呼吸抑制的犬,呼吸室内空气,$Pa_{O_2}$ 值为 72 mm Hg,$Pa_{CO_2}$ 值为 56 mm Hg。计算的 $PA_{O_2}$ 为 80 mm Hg。$A$-$a$ 梯度为 8 mmHg。它的低血氧可以解释为通气不足。

当天晚些时候这只犬出现双侧啰音。重复血气分析显示 $Pa_{O_2}$ 值为 60 mmHg,$Pa_{CO_2}$ 值为 48 mmHg。计算的 $PA_{O_2}$ 为 90 mmHg。$A$-$a$ 梯度为 30 mmHg。通气不足会继续引起低氧血症,但通气不足已经被改善。$A$-$a$ 梯度增大表明 V/Q 比例失调。这只犬的肺内吸入了胃内容物。

### 氧容量、输送和利用

最常报道的血气值 $Pa_{O_2}$ 反映了扩散到动脉血中的氧气压力。该值对评估肺功能很关键。然而,临床医生必须记住,除 $Pa_{O_2}$ 外,影响氧气输送到组织还有其他因素,因此 $Pa_{O_2}$ 正常时也能发生缺氧。表 20-6 提供了动脉血总氧容量($Ca_{O_2}$)的计算公式。在健康动物,影响 $Ca_{O_2}$ 的最大因素是氧合血红蛋白。在正常犬($Pa_{O_2}$,100 mmHg;血红蛋白,15 g/dL),氧合血红蛋白为 20 mL $O_2$/dL,而离解氧仅为 0.3 mL $O_2$/dL。

血红蛋白定量分析一般通过 CBC 获得。也可在红细胞比容的基础上评估(红细胞比容除以 3)。血红蛋白氧饱和度($Sa_{O_2}$)由 $Pa_{O_2}$ 决定,如氧-血红蛋白离解曲线显示的 S 形(见图 20-30);同时也受其他因素影响,包括氧-血红蛋白离解曲线左移或右移(例如:pH、温度或 2,3-二磷酸甘油浓度),或干扰氧与血红蛋白结合(例如:一氧化氮中毒或高铁血红蛋白血症)。一些实验室可测定 $Sa_{O_2}$。

氧需要靠心输出量和局部循环才能成功输送到组织。最终,组织必须能有效利用氧,而一氧化氮或氰化物等中毒时可干扰这一过程。判读单个病例的血气值时,必须考虑每个环节。

### 酸碱状态

动物的酸碱状态可通过血气测量进行评估。酸碱状态受呼吸系统影响(表 20-6)。如果通气不足引起二氧化碳滞留,可导致呼吸性酸中毒。如果该问题持续存在数天,则可引起肾脏代偿的碳酸氢盐滞留。通气过度使肺将二氧化碳过度排出,引起呼吸性碱中毒。通气过度通常是一种急性现象,由潜在的休克、败血症、严重的贫血、焦虑或疼痛引起;因此,很少看到碳酸氢盐浓度的代偿性变化。

呼吸系统对原发性代谢性酸碱紊乱进行了部分代偿,这种代偿能很快出现。代谢性酸中毒可引起通气过度和 $Pa_{CO_2}$ 降低。代谢性碱中毒可引起通气不足和 $Pa_{CO_2}$ 升高。

在多数病例中,根据 pH 变化,可将酸碱紊乱分为原发性呼吸性或原发性代谢性。代偿反应永远不会过度,并使得 pH 超过正常限度。酸中毒(pH<7.35)动物如果 $Pa_{CO_2}$ 升高,出现原发性呼吸性酸中毒;如果 $Pa_{CO_2}$ 降低,会出现代偿性呼吸反应。碱中毒(pH>7.45)动物如果 $Pa_{CO_2}$ 降低,出现原发性呼吸性碱中毒;如果 $Pa_{CO_2}$ 升高,会出现代偿性呼吸反应。

如果 $Pa_{CO_2}$ 和碳酸氢盐浓度异常,均引起 pH 同样的变化,会出现混合型酸碱紊乱。例如,在酸中毒的动物中,$Pa_{CO_2}$ 升高,$H_{CO_3}$ 降低,有混合型的代谢性和呼吸性酸中毒。

## 脉搏血氧定量法
### (PULSE OXIMETRY)

### 适应证

脉搏血氧定量法是一种监护血液氧饱和度的技术。血红蛋白氧饱和度与 $Pa_{O_2}$ 的关系如氧-血红白离解曲线所示(见图 20-30)。脉搏血液定量法无创伤,能对犬猫进行连续监护,可提供即时结果,并且多数医院都能负担得起。对于患呼吸系统疾病的动物,如果必须进行麻醉处理,该设备极其有用;也可用来监测一些病例的疾病进程,或对治疗的反应。越来越多的临床医生将这些设备用于全身麻醉动物的常规监护,因其可设定报警值,人力受限时非常合适。

### 方法
### (METHOD)

多数脉搏血氧计的探头可夹在皮肤的皱褶处,例如舌、嘴唇、耳廓、腹股沟皮褶、爪或尾部（图 20-31）。探头测定的是组织对光的吸收。其他类型的探头可测定反射光，能放在黏膜上或食管或直肠内。外部光源对后者结果的影响很大。血氧计测定的是动脉血，能反应脉搏的变化。要考虑非脉搏性吸收对结果的影响。

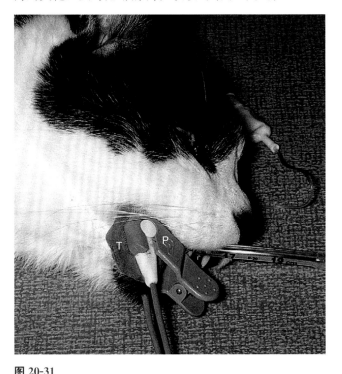

**图 20-31**

**1 只全身麻醉的猫，将脉搏血氧计的探头（P）夹在舌头（T）上监护氧饱和度。**

## 判读
（INTERPRETATION）

必须要谨慎判读脉搏血氧计提供的数值。仪器记录的脉搏必须与可触到的脉搏一致。任何实际脉搏与血氧计测量脉搏的不一致都表明读数不精确。干扰脉搏探测准确性的常见问题包括探头的位置、动物的活动（例如：呼吸或颤抖）和脉搏弱或不规则（例如：心动过速、低血容量、体温过低或心律失常）。

测量值代表局部循环的血红蛋白饱和度，它会受肺功能以外的因素影响，例如血管收缩、心输出量低以及局部血液的状况。其他影响血氧计读数的内在因素有贫血、高胆红素血症和高铁血红蛋白血症。外源性光线和探头位置也能影响读数。氧饱和度值＜80％时，脉搏血氧计测量值的准确性下降。

然而，这些可导致测量值错误的因素并不会影响临床医生对该项技术的认可，因为在个体动物中，氧饱

和度改变可提供有价值的信息。因此对结果的判读必须非常谨慎。

正常犬猫氧-血红蛋白离解曲线（图 20-30）的检查显示，$Pa_{O_2} > 85$ mmHg 时血红蛋白饱和度＞95％。如果 $Pa_{O_2}$ 降到 60 mmHg，血红蛋白饱和度接近 90％。$Pa_{O_2}$ 进一步下降可引起血红蛋白饱和度直线下降，表现在氧-血红蛋白离解曲线陡峭的部分。理想情况下，通过输氧或通气支持（见第 27 章）或对潜在疾病进行特殊治疗，血红蛋白饱和度应该保持在 90％以上。但是，由于影响脉搏血氧计的因素很多，这样严格的规定不一定实用。实践中，先测定基础血红蛋白饱和度，然后通过接下来的变化来评估氧合状态的改善或恶化。理想情况下，要比较基础值与同时检测到的血气 $Pa_{O_2}$ 值，确定检测值的准确性。

◆ 推荐阅读

Armbrust LJ: Comparison of three-view thoracic radiography and computed tomography for detection of pulmonary nodules in dogs with neoplasia, *J Am Vet Med Assoc* 240:1088, 2012.

Bowman DD et al: *Georgis' parasitology for veterinarians*, ed 9, St Louis, 2009, Saunders Elsevier.

Foster S, Martin P: Lower respiratory tract infections in cats: reaching beyond empirical therapy, *J Fel Med Surg* 13:313, 2011.

Hawkins EC: Bronchoalveolar lavage. In King LG, editor: *Textbook of respiratory disease in dogs and cats*, St Louis, 2004, Elsevier.

Hopper K et al: Assessment of the effect of dilution of blood samples with sodium heparin on blood gas, electrolyte, and lactate measurements in dogs, *Am J Vet Res* 66:656, 2005.

Kirschvink N et al: Bronchodilators in bronchoscopy-induced airflow limitation in allergen-sensitized cats, *J Vet Intern Med* 19:161, 2005.

Kuehn NF et al: Bronchoscopy. In King LG, editor: *Textbook of respiratory disease in dogs and cats*, St Louis, 2004, Elsevier.

Lacorcia L et al: Comparison of bronchoalveolar lavage fluid examination and other diagnostic techniques with the Baermann technique for detection of naturally occurring *Aelurostrongylus abstrusus* infection in cats, *J Am Vet Med Assoc* 235:43, 2009.

Larson MM: Ultrasound of the thorax (noncardiac), *Vet Clin Small Anim* 39:733, 2009.

McKiernan BC: Bronchoscopy. In McCarthy TC et al, editors: *Veterinary endoscopy for the small animal practitioner*, St Louis, 2005, Elsevier.

Neath PJ et al: Lung lobe torsion in dogs: 22 cases (1981-1999), *J Am Vet Med Assoc* 217:1041, 2000.

Nemanic S et al: Comparison of thoracic radiographs and single breath-hold helical CT for detection of pulmonary nodules in dogs with metastatic neoplasia, *J Vet Intern Med* 20:508, 2006.

Norris CR et al: Use of keyhole lung biopsy for diagnosis of interstitial lung diseases in dogs and cats: 13 cases (1998-2001), *J Am Vet Med Assoc* 221:1453, 2002.

Padrid PA: Laryngoscopy and tracheobronchoscopy of the dog and cat. In Tams TR et al, editors: *Small animal endoscopy*, ed 3, St Louis, 2011, Elsevier Mosby.

Peeters DE et al: Quantitative bacterial cultures and cytological examination of bronchoalveolar lavage specimens from dogs, *J Vet Intern Med* 14:534, 2000.

Sherding RG: Respiratory parasites. In Bonagura JD et al, editors: *Kirk's current veterinary therapy XIV*, St Louis, 2009, Saunders Elsevier.

Spector D et al: Antigen and antibody testing for the diagnosis of blastomycosis in dogs, *J Vet Intern Med* 22:839, 2008.

Thrall D: *Textbook of veterinary diagnostic radiography*, ed 6, St Louis, 2013, Saunders Elsevier.

Urquhart GM et al: *Veterinary parasitology*, ed 2, Oxford, 1996, Blackwell Science.

# 第 21 章
## CHAPTER 21

# 气管和支气管异常
## Disorders of the Trachea and Bronchi

## 概 述
### (GENERAL CONSIDERATIONS)

常见的气管与支气管疾病包括犬传染性气管支气管炎、犬慢性支气管炎、猫支气管炎、气管塌陷、过敏性支气管炎以及青年犬的奥斯勒丝虫感染。

除此之外,还有其他可能累及气道的疾病,以及原发性或并发性的肺实质疾病。这些疾病包括细菌感染、病毒感染、支原体感染、其他寄生虫感染和肿瘤,这些将在第 22 章详细阐述。猫的博代氏杆菌病能引起支气管炎症状(如咳嗽),但更常出现上呼吸道疾病的症状(参见第 15 章,猫上呼吸道感染)或细菌性肺炎的症状(参见第 22 章,细菌性肺炎)。大多数犬流感病毒患犬表现为犬传染性气管支气管炎的症状,常同时伴有鼻分泌物,详见后文。严重的犬流感病毒感染会引起肺炎,详细内容见第 22 章。

## 犬传染性气管支气管炎
### (CANINE INFECTIOUS TRACHEOBRONCHITIS)

### 病因学及与客户交流的挑战

犬传染性气管支气管炎或犬传染性呼吸道疾病综合征(即犬窝咳),是一种具有高度传染性、发病部位在气道的急性疾病。许多病毒和细菌都可引起这种综合征(框21-1)。支原体在各种呼吸道感染中的作用较为复杂,在眼观健康犬中也经常被分离出来,并可潜在影响宿主的免疫应答。然而,很多研究强烈支持支原体在疾病中的作用,特别是在犬传染性气管支气管炎中。犬流感病毒虽然是肺炎的一个病因(见下一章节),但常常会导致气管支气管炎和鼻炎。在一个病患中可见多种病原体(框 21-1)同时存在的合并感染,此时临床症状更加严重。在复杂病例中,由于药物作用,一般情况下,细菌感染可继发于原发病原感染之后,可引起肺炎。例如,博代氏杆菌可感染具有纤毛的呼吸道上皮(图 21-1),并减弱黏膜纤毛的清除功能。幸运的是,该病在大多数犬中是自限性的,临床症状可在 2 周左右消失。

 **框 21-1** 与犬传染性气管支气管炎(犬传染性呼吸道疾病综合征;"犬窝咳")相关的病原

> **病毒**
> 犬腺病毒 2 型
> 犬流感病毒(H3N8)
> 犬副流感病毒
> 犬疱疹病毒Ⅰ型
> 犬呼吸道
> 冠状病毒
>
> **细菌**
> 支气管败血性博代氏杆菌
> 链球菌属,亚种,兽疫链球菌
> 犬支原体

许多主人会误将"犬窝咳"等同于支气管败血性博代氏杆菌感染。他们认为"犬窝咳"疫苗(博代氏杆菌疫苗)可预防该病,且抗生素可治愈该病。他们常把犬窝咳与犬流感混淆。一些主人曾看到过该病会出现极为严重的肺炎,一些兽医建议犬在长途运输(如飞机)前必须注射疫苗,然而一些兽医却又不建议。一个有效教育客户的方法是把犬传染性气管支气管炎和人的"感冒和流感"相比较。它们会涉及多种不同的病原。感染一种病并不能排除其他病原的感染。日常在集体环境中生活的人更容易感染(例如托管所、有大量员工的工作环境、与公众互动),如同常与其他犬接触的犬更容易感染一样。大多数人和犬无须抗生素或支持治疗便能康复,并且事实上,抗菌药对病毒无治疗作用,但是如果一些人和犬发展为肺炎,则需更积极的治疗。人和犬很少死于这些感染。疫苗既无法防止感染,也不能完全防止症状出现,就如同季节性流感疫苗无法预防所有感染或症状一样。如果人和犬在感染前其抵抗力较差,则可能发展为严重疾病,但有时强毒株还是会对健康人或犬造成严重后果。需要注意的是,虽然较为罕见但还是有报道称支气管败血性博代氏杆菌可引起人的感染。能否将免疫功能受损的犬与传染性气管支气管炎患犬相互接触亟待讨论。

**图 21-1**
感染支气管败血性博代氏杆菌犬的气管活组织检查显微照片。在上皮细胞纤毛边缘可见小的嗜碱性杆菌。(吉姆萨染色,D. Malarkey 提供)

### 临床特征

患犬病初表现为突然出现的严重干咳或湿咳,通常在运动、兴奋或颈部项圈施压时加重,人工诱咳阳性,还可能出现呕吐、干呕和流鼻涕的症状。患犬通常近期(2周内)有以下经历:运输、住院治疗或者与有相似症状的幼犬或成犬接触。近期从宠物店、犬舍以及流浪动物保护组织领养的患病幼犬,通常因为曾暴露于病原。

大多数传染性气管支气管炎患犬被认为是"单纯性"、自限性疾病,不会出现全身症状。因此,当患犬有呼吸困难、体重减轻、持续厌食或者有其他器官症状如腹泻、脉络膜视网膜炎或抽搐时,提示可能存在其他更为严重的疾病,如犬瘟热或霉菌感染。传染性气管支气管炎可能会引起继发性细菌性肺炎,尤其在幼犬、免疫缺陷成犬以及先前有肺部异常(如慢性支气管炎)的成犬。对于有慢性呼吸道疾病或气管塌陷的犬,传染性气管支气管炎可能使原有的慢性病急性加重。对于这样的患犬,要想消除感染症状,需进一步治疗。此

外,博代氏杆菌感染也可能与犬慢性支气管炎有关。

### 诊断

单纯的犬窝咳根据临床症状即可进行诊断,但是鉴别诊断应包括上述其他更为严重的疾病。诊断性检查适用于患有全身性、进行性或症状未见好转的患犬。这些检查包括胸部 X 线检查、全血细胞计数(CBC)、气管灌洗液分析、聚合酶链式反应(PCR)、比较血清学,或针对框 21-1 列出的呼吸道病原体的其他检查。如果气管灌洗液细胞学检查显示急性炎症,那么可用细菌培养分离鉴定病原菌,通过抗生素敏感试验指导抗生素的选择。通过血清学或 PCR 对特定病原体的检查结果很少能改变个体患犬的治疗方案,但有助于疾病暴发时的管理。

### 治疗

单纯传染性气管支气管炎是一种自限性疾病。患犬应休息 7 d 以上,尤其避免运动与兴奋,以减少由过度咳嗽引起的对气道的持续刺激,镇咳药发挥的作用也在于此。但如果咳嗽为严重的湿咳,或者通过听诊、胸部 X 线检查怀疑有肺渗出时,不应使用镇咳药。如第 19 章所述,并非所有病例都能分清是否为湿咳。因此,要明智、审慎使用镇咳药治疗频繁或严重的咳嗽,保证病患睡眠休息,防止出现精疲力竭的情况。

可用于犬的镇咳药有很多种(表 21-1)。右美沙芬是一种非处方类镇咳药,但对犬疗效不佳。应避免使用含如抗组胺药及解充血剂等成分的感冒药。儿科液态制剂对于大部分犬来说适口性较好,而且其中的酒精成分具有温和的镇静效果。麻醉性镇咳药效果较好。布托啡诺(Torbutrol,Pfizer Animal Health)是一种获得许可的兽药。对于患有顽固性咳嗽的患犬可尝试使用酒石酸氢可酮治疗。

 **表 21-1　犬常用的镇咳药***

| 药物 | 剂量 |
| --- | --- |
| 右美沙芬† | 1~2 mg/kg PO q 6~8 h |
| 布托啡诺 | 0.5 mg/kg PO q 6~12 h |
| 酒石酸氢可酮 | 0.25 mg/kg PO q 6~12 h |

* 中枢性镇咳药较为罕见,如果有,可用于猫,但可引起副作用。上述列出的药物剂量仅供犬使用。
† 在犬中效果不佳。
PO,口服。

理论上,患传染性气管支气管炎的犬大多数不推荐使用抗生素,原因有如下 2 点:①该病通常具有自限性,

不管是否给予特异性治疗都可自愈;②没有哪种抗生素使用方案能证明可以从气道内清除博代氏杆菌和支原体。但是实际操作中往往给予抗生素,这是基于疾病中可能存在这些微生物,所以使用抗生素是合理的。强力霉素(5～10 mg/kg q 12 h,与大量水一起服用)对于支原体和许多博代氏杆菌有效。由于强力霉素在犬中具有较高的蛋白结合性,尚不清楚其在气道内是否能够达到治疗浓度,但炎症细胞可能会使其局部有效浓度增加,从而能够起效。阿莫西林克拉维酸(20～25 mg/kg q 8 h,口服)对许多博代氏杆菌有效。氟喹诺酮的优势在于其在气道分泌物中能达到较高浓度,但对更严重的感染效果有限。从气管灌洗液培养中得到的细菌敏感性数据可用来指导合理选择抗生素。抗生素治疗需持续 14 d 以上,或在临床症状消失后再用 5 d。

对于难治病例或犬舍暴发性感染,可考虑通过雾化给予庆大霉素,虽然目前没有关于对照的研究。一份较早的研究显示(Bemis 等,1977),使用雾化庆大霉素(并非口服)3 d 后,气管和支气管内的博代氏杆菌数量减少,且临床症状有所缓解。7 d 内微生物数量下降。通过这种方法,一些医师成功治疗了一些顽固病例和暴发性感染。具体方案(Bemis 等,1977)是将 50 mg 庆大霉素溶于 3 mL 无菌用水中,通过雾化和面罩(见图 22-1)给药 10 min q 12 h,连续 3 d。必须注意无菌操作,以防止其他细菌进入气道。雾化药物可能会引起支气管痉挛,因此在操作过程中应密切观察患犬。应考虑提前给予支气管扩张药,并准备好额外的支气管扩张药(定量雾化吸入器 MDI 和/或注射剂),以备不时之需。

不应使用糖皮质激素。无论是单独使用还是与抗生素联用,均无任何田间试验能证明类固醇治疗有效。

如果临床症状在 2 周内未能消除,则需要进一步诊断评估。请参阅第 22 章传染性支气管炎合并细菌性肺炎的复杂病例的管理。

## 预后

单纯传染性气管支气管炎预后很好。

## 预防

犬传染性气管支气管炎可通过免疫或减少动物暴露于病原的机会来预防。良好的营养、定期驱虫和减少应激可以增强患犬对尚未表现出严重症状的感染的抵抗力,避免出现严重的临床症状。对收容所及其设施的研究发现,时间是新来犬发生咳嗽的主要变量。

博代氏杆菌可在感染犬气管内持续存在 3 个月。为了减少暴露于博代氏杆菌和呼吸道病毒的机会,犬最好与近期入境的成年犬和幼犬隔离开。犬舍的设备应保持清洁;要指导饲养员对犬笼、食盆以及路径进行消毒;任何与犬接触的工作人员在处理完每个动物之后都必须洗手;犬之间不能有面对面的接触。房间内充足的换气与湿度控制对于室内多犬饲养非常重要,推荐每小时至少换气 10～15 次,湿度低于 50%。对于出现传染性气管支气管炎临床症状并且养在室内的犬,隔离是非常关键的。

目前市面上有注射疫苗和鼻内疫苗来预防犬传染性气管支气管炎(针对 3 种主要病原:犬腺病毒 II 型、副流感病毒和支气管败血性博代氏杆菌)。犬腺病毒 II 型和副流感病毒改良活毒注射苗适用于大部分宠物犬,大多数犬瘟热多联苗都包含这 2 种疫苗。由于母源抗体干扰疫苗的免疫应答,所以幼犬 6～8 周龄首次注射疫苗,之后每 2～4 周 1 次,直到 14～16 周龄。首免注射至少要 2 次,建议第二年加强免疫 1 次,之后每三年要进行 1 次加强免疫(参见第 91 章)。

对于那些犬舍中有该病流行,或者经频繁运输、发病风险很高的犬只,注射支气管败血性博代氏杆菌疫苗可能有一定帮助。这些疫苗虽然不能阻止感染,但是能够减轻感染发生时的临床症状。还可缩短感染后病原微生物存在的时间。Ellis 等(2001)一项研究指出,根据对暴露于微生物动物的抗体滴度、临床症状、上呼吸道培养以及组织病理学检查结果,鼻内和肠外给予这种疫苗具有相似的保护效果。联合使用这两种形式的疫苗,并间隔 2 周免疫(肠外免疫两次,然后鼻内免疫一次),可获得最佳效果,但是日常工作中并不推荐这种"激进"的方案。同样,在实验中给予鼻内支气管败血性博代氏杆菌和副流感病毒疫苗后,72 h 后开始具有保护性,效果可持续至少 13 个月(Gore,2005;Jacobs 等,2005)。鼻内博代氏杆菌疫苗偶尔会导致以咳嗽为主的临床症状。这些症状通常为自限性,但却使很多主人烦恼。犬副流感病毒的详细内容见第 22 章。

# 犬慢性支气管炎
## (CANINE CHRONIC BRONCHITIS)

## 病因学

犬慢性支气管炎是一种综合征,指的是在过去 1

年里连续 2 个月以上,大多数日子都有咳嗽,而且没有患其他活动性疾病的一种病症。气道的组织学变化是长期炎症导致的,包括纤维化、上皮增生、腺体增大以及炎性渗出。其中有些变化是不可逆的。在气道内有过多黏液,可能会出现小的气道阻塞。人的慢性支气管炎与吸烟密切相关。犬慢性支气管炎可能由感染、过敏原、吸入刺激物或中毒所导致的长期炎症引起。由于黏膜破坏、黏液过度分泌和气道梗阻损伤了正常黏膜纤毛清除功能,并且炎性介质增强了机体对异物和微生物的反应,可能出现持续的循环炎症。

### 临床特征

慢性支气管炎最常发生于中老年小型犬,常见的品种包括㹴类、贵宾犬、可卡犬。这些品种还易发气管塌陷和左心房增大的二尖瓣闭锁不全,从而导致主支气管受压迫。必须区分这些造成咳嗽的病因,并确定其对临床特征的影响,从而制定合适的治疗方案。

慢性支气管炎患犬一般因大声、刺耳的咳嗽就诊。该病会出现黏液分泌增多,但咳嗽听起来可能为湿咳也可能是干咳。咳嗽通常发展很慢,历经数月甚至数年,但动物主人一般将其描述为急性发作。该病不会出现如食欲不振或体重减轻等全身症状。当病情发展时,会出现明显的运动不耐受,随后可以观察到持续性咳嗽以及明显的呼吸窘迫。

慢性支气管炎的潜在并发症包括细菌或支原体感染、气管支气管软化、肺动脉高压(见第 22 章)和支气管扩张。支气管扩张指的是气道永久性扩张(图 21-2 和图 20-4)。支气管扩张可继发于其他病因引起的慢性气道炎症或气道梗阻,和一些先天性疾病相关,例如纤毛运动障碍(如纤毛不动综合征)。特发性肺纤维化可见于气道牵拉引起的支气管扩张,而非支气管疾病。一般情况下,支气管扩张患犬的所有大气道均扩张,偶尔可见局部扩张。支气管扩张患犬常见的并发症为复发性细菌感染和明显的细菌性肺炎。

慢性支气管炎患犬通常因症状突然加重前来就诊。症状的变化可能是慢性支气管炎暂时加重的结果,可能出现在异常兴奋、应激或者暴露于刺激物及过敏原之后;也可能由继发的并发症引起,比如细菌感染;或由并发病发展而来,例如左心房增大和支气管压迫或心衰(框 21-2)。除了常规病史,还应仔细询问主人患犬咳嗽的性质以及症状的发展过程。应该获取以下相关信息:环境情况,尤其是否暴露于吸烟环境和其他潜在刺激物、毒物或过敏原;是否暴露于传染源,例

如运输或与幼犬接触;所有之前和现在使用的药物及患犬对治疗的反应。

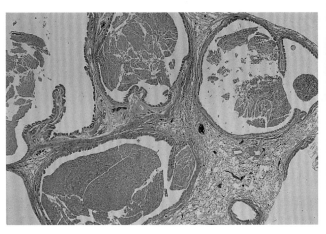

**图 21-2**
严重支气管扩张患犬的肺脏活组织检查显微照片。气道内充满渗出液,并且极度扩张(HE 染色)。

 **框 21-2** 出现犬慢性支气管炎症状诊断时需考虑的鉴别诊断

**其他活动性疾病(除犬慢性支气管炎)**
细菌感染
支原体感染
支气管压迫(例如左心房增大)
肺寄生虫
心丝虫病
过敏性支气管炎
肿瘤
异物
慢性误吸
胃食道反流*

**犬慢性支气管炎的潜在并发症**
气管支气管软化
肺动脉高压
细菌感染
支原体感染
支气管扩张

**最常见的并发的心肺疾病**
气管塌陷
支气管压迫(例如左心房增大)
心衰

*胃食道反流是人慢性咳嗽的常见病因之一。关于犬猫的文献有限。

体格检查中,慢性支气管炎患犬可听诊到呼吸音增强和啰音,偶尔可听到喘鸣音。病情严重的动物可能会听到由支气管主干或胸内支气管塌陷引起的呼气末咔嗒音。听诊患继发性肺动脉高压病的动物会听到突出或分裂的第二心音。呼吸窘迫的犬(疾病末期)由

于胸内大气道狭窄和塌陷,通常会出现明显呼吸困难。如果出现发热或其他全身性症状,则提示存在其他疾病,例如细菌性肺炎。

## 诊断

犬慢性支气管炎的定义是:在没有其他活动性疾病的情况下,在过去的 1 年内连续 2 个月以上大多数日子都有咳嗽。所以,慢性支气管炎的诊断不能仅靠临床症状,还要通过鉴别诊断排除其他疾病(见框 21-2)。继发性疾病可使这个简单的定义更加复杂。

在胸片上可看到典型的支气管型,伴有肺间质影像增强。但是这些变化通常较轻微,且难以和老年性变化相区分。胸部 X 线片最大的作用在于排除其他活动性疾病和诊断并发性或继发性疾病。

在症状出现早期和症状加重一段时间后,应采集气管灌洗液和支气管肺泡灌洗液。气管灌洗通常可为弥漫性气道疾病提供足够的样本。通常表现为嗜中性或混合性炎症和黏液增多。出现退行性嗜中性粒细胞提示可能有细菌感染。气道嗜酸性粒细胞增多提示超敏反应,可由过敏、寄生虫病或心丝虫病等引起。需仔细检查玻片上的微生物。可以做细菌培养,结果判读可参见第 20 章。虽然在这样的病例中支原体感染的作用尚不清楚,但是仍然应考虑进行支原体培养或 PCR 检查。

某些病例可做支气管镜检查,并采集样本,有助于排除其他疾病。在疾病早期,出现严重的持续性损伤之前进行支气管镜检查,可获得最佳效果,且这个时期操作的危险性最小。支气管镜检查可见的明显异常包括黏液量增加、黏膜粗糙以及充血。由于气管壁衰弱,主气道在呼气时可能塌陷(图 21-3),还可能出现黏膜息肉性增生。

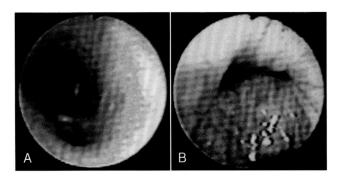

**图 21-3**

**1 只慢性支气管炎和严重支气管软化患犬右后支气管的支气管镜图像。吸气时气道正常(A),但呼气时完全塌陷,气道管腔消失(B)。**

为排除可引起慢性咳嗽的其他潜在病因,需进一步检查,具体的检查手段可根据临床症状与之前检查的初步结果来确定。要考虑的诊断性检查包括心丝虫检查、粪便检查(筛查肺部寄生虫)、超声心动图检查以及全身检查(如 CBC、血清生化检查和尿液检查)。超声心动图可以显示继发性肺动脉高压的征象,包括右心增大(如肺源性心脏病)。

纤毛运动障碍并不常见,但患支气管扩张或反复细菌感染的年轻犬,应考虑这种情况。所有纤毛组织都存在异常,且在这些患犬中,50% 的病例有内脏异位的情况(例如,胸腔与腹腔器官的水平易位,如左边的结构出现在右边,反之亦然)。与慢性支气管炎相关联的右位心尤其提示该病。未绝育的公犬还要进行精子活力评价。精子活力正常可以排除纤毛运动障碍。诊断基于在隆突沉积的放射性同位素的清除速度以及支气管活检、鼻活检和精液的电镜检查结果。

## 治疗

慢性支气管炎需对症治疗,只有在鉴别出并发症时才采用特异性治疗。每只慢性支气管炎患犬就诊时的病程都不同,伴有或不伴有并发性或继发性心肺病(见框 21-2),因此每只犬都要针对性处理。理想情况下,起始用药时每次只用 1 种,这样可比较出最有效的用药组合。很有可能在治疗一段时间后需要修正治疗方案。

◆综合管理

要避免那些已被证实或可能使疾病加重的因素。对嗜酸性炎症患犬要考虑潜在的过敏原,并且要尝试消除该过敏原(见过敏性支气管炎部分)。所有患犬都应避免与烟(香烟或壁炉产生)和香水等刺激物接触。鼓励动物主人通过清洁地毯、家具和窗帘来改善家里的空气质量;打扫壁炉及经常替换空气过滤器;使用空气清洁器。美国肺脏研究协会(American Lung Association)的网站上提供了一些改善室内空气质量的建议(www.lung.org)。另外,兴奋或应激会引起一些动物症状急性加剧,用乙酰丙嗪使动物在短期内安静,或采用苯巴比妥使动物镇静,均有助于缓解症状。对于少数病例,抗焦虑药也可能有一定帮助。

正常情况下,口咽菌群会被吸入气道。日常的牙病预防和刷牙有助于维持口腔的健康菌群,并在纤毛清除功能下降的动物中,降低吸入正常菌群对气道炎症的影响。

为促进黏膜纤毛的清洁功能,气道水合状态应良好。维持全身的水合状态可保证气道水合良好,因此要避免利尿。对于病情严重的患犬,可把动物放在蒸汽浴室或配有雾化器的房间以减缓症状,虽然此时水汽无法到达气道深部。雾化盐可使水汽运行到肺部深处,这项技术将在第 22 章细菌性肺炎部分详细介绍。

减肥(见第 54 章)和运动对于超重动物有一定帮助。要根据患犬现阶段的肥胖程度和肺功能不全程度进行适当的运动,以防出现过度呼吸甚至死亡。应留意观察患犬特定运动时的状况,例如短时间行走时,并给予动物主人初步建议。指导动物主人测量呼吸频率、观察黏膜颜色和呼吸困难的症状,这样可以提高动物主人评估患犬运动时状态的能力。

◉ *药物治疗*

用于控制临床症状的药物包括支气管扩张药、糖皮质激素和镇咳药。

茶碱是一种甲基黄嘌呤支气管扩张药,在人和犬的慢性支气管炎的治疗上已应用数年。随着副作用较小的新型支气管扩张药的出现,该药已不再流行。然而,人医上的研究认为,它能有效治疗慢性支气管炎的潜在炎症,甚至在茶碱浓度低于能够引起支气管扩张的浓度情况下,也能起效(副作用减少),而且其抗炎作用与糖皮质激素能起到协同作用。茶碱还可以改善黏膜纤毛清除功能,减轻呼吸肌疲劳,抑制肥大细胞释放炎性介质。茶碱的潜在功效(除扩张支气管)对犬尤为重要,因为犬的气道不如人和猫的气道反应强(如支气管痉挛)。然而,单独使用茶碱很少能控制慢性支气管炎的临床症状。

茶碱的其他优点包括:药物作用时间长(犬可每天给 2 次药),血浆药物浓度可以通过商业诊断实验室检测。茶碱也存在一个缺点,即有些药物(如氟喹诺酮)能够延迟其在体内的清除。如果同时使用这些药物时茶碱剂量未减少(减少量为 1/3～1/2),可能会引起茶碱中毒。茶碱的潜在副作用包括胃肠道症状、心律失常、神经过敏和癫痫。治疗浓度的茶碱很少会导致严重的副作用。

不同长效茶碱产品的血药维持浓度差异较大。目前某特定厂家茶碱的推荐剂量见框 21-3。如果药物无效,或者病患有出现副作用的倾向(甚至是已出现副作用),那么应检测其血药浓度。根据人医的统计数据,茶碱在治疗扩张支气管时,血药峰浓度为 5～20 μg/mL。应在药物达到峰浓度时采集血浆进行检

测。长效茶碱一般在给药 4～5 h 后到达血药峰浓度,短效茶碱一般在给药 1.5 h 后达到血药峰浓度。在下一次给药前测量血药浓度,可为治疗提供血药浓度维持时间的信息。

 **框 21-3　犬猫常见支气管扩张剂**

**甲基黄嘌呤类**
氨茶碱
　　猫:5 mg/kg PO q 12 h
　　犬:11 mg/kg PO q 8 h
茶碱(速释型)
　　猫:4 mg/kg PO q 12 h
　　犬:9 mg/kg PO q 8 h
长效茶碱(Theochron or TheoCap, Inwood Laboratories, Inwood, NY)*
　　猫:15 mg/kg q 24 h,晚上用
　　犬:10 mg/kg q 12 h
**拟交感神经药**
特布他林
　　猫:(1/8～1/4)×2.5 mg/(片·猫) PO q 12 h,或
　　　　0.01 mg/kg SC,可以重复 1 次
　　犬:1.25～5 mg/犬 PO q 8～12 h
沙丁胺醇
　　犬和猫:20～50 μg/kg PO q 8～12 h(0.02～0.05 mg/kg),从低剂量开始给药

＊这些产品中犬的使用剂量来源于 Inwood 实验室 Bach JF et al: Evaluation of the bioavailability and pharmacokinetics of two extended-release theophylline formulations in dogs, J Am Vet Med Assoc 224: 1113, 2004. 猫的剂量来源于 Guenther-Yenke CL et al: Pharmacokinetics of an extended-release theophylline product in cats, J Am Vet Med Assoc 231: 900, 2007. 对于存在中毒风险、出现中毒症状和对治疗无反应的病患,建议监测血药浓度。

　　PO,口服;SC,皮下。

在一些特殊情况下,茶碱及相关的非长效药物更为有效,但可能需要每天给药 3 次(见框 21-3)。茶碱类风味片(例如茶胆碱)对玩具犬给药较为方便。若使用非长效茶碱(液体剂型、片剂或胶囊),血药浓度能很快达到治疗浓度。对一些特殊病例来讲,监测血药浓度可指导给药剂量。

一些医师更偏好于使用拟交感神经药,而不是支气管扩张剂(见框 21-3)。特布他林和沙丁胺醇能选择性的作用 $\beta_2$-肾上腺素受体,减少对心脏的作用。潜在的副作用包括紧张、震颤、低血压和心动过速。在犬慢性支气管炎的治疗中,目前还没有有关定量支气管扩张吸入剂(例如沙丁胺醇和异丙托铵,后者为副交感神经阻止药)临床应用的报道。

糖皮质激素通常能有效控制慢性支气管炎的症

状,并且通过减轻炎症来减缓持续性气道损伤的发展。在患嗜酸性气道炎症的犬中尤其有用。潜在副作用包括:气道清除率降低的犬对感染的易感性增加;易出现肥胖、肝肿大和肌肉无力等不利于肺通气的情况;可能会导致肺血栓栓塞。介于以上原因,要使用短效糖皮质激素药物,剂量需下调到最低有效剂量(如果可能的话,口服泼尼松 0.5 mg/kg q 48 h 或更少),如果症状没有得到改善,不要继续用药。泼尼松的初始用量为 0.5~1.0 mg/kg q 12 h,口服,预期 1 周内可看到效果。

对于那些需要相对高剂量泼尼松、出现严重副作用或存在糖皮质激素禁忌(如糖尿病)的患犬,可局部使用定量吸入器。这种给药途径的详细内容见猫支气管炎部分。

镇咳药要慎用,因为咳嗽也是清除气道分泌物的一个重要机制。然而有些犬由于明显的气管支气管软化和气道塌陷,会出现连续、歇斯底里或者无效的咳嗽。对于这样的动物,使用镇咳药可减缓症状,甚至有利于换气并减少焦虑。

虽然表 21-1 给出的镇咳药的剂量是长效控制剂量,但是降低给药频率(如仅在 1 d 中咳嗽最严重时用药)可保留咳嗽的一些有利之处。对于咳嗽严重的患犬,氢可酮缓解效果最佳。

◆ 并发症的管理

抗生素常用于治疗犬慢性支气管炎。如果可以,应该培养气道样本(例如气管灌洗液)来确认细菌感染,并获得抗生素敏感性信息。由于慢性支气管炎患犬的咳嗽往往是时而严重时而缓和,所以很难通过患犬对治疗的反应做出感染与否的诊断。另外,与支气管感染相关的微生物一般来源于口咽部,通常为革兰阴性菌,且无法预测抗生素的敏感性。尚不完全清楚支原体在犬慢性支气管炎中的作用,它们可能只是偶然发现,也可能具有致病性。理想情况下,应根据培养结果选择抗生素。一般对支原体有效的抗生素包括多西环素、阿奇霉素、氯霉素和氟喹诺酮类药物。

在选择抗生素时,除了要考虑抗生素对特定微生物的敏感性,还要考虑其穿透气道分泌物到达感染部位的能力。对于敏感菌来说,能够达到有效浓度的抗生素包括氯霉素、氟喹诺酮类药物、阿奇霉素,还可能有阿莫西林克拉维酸。在健康动物中(非炎性),$\beta$-内酰胺类抗生素在其气道分泌物中一般无法达到治疗浓度,如果治疗支气管感染,应该使用最高治疗剂量。

通常推荐使用多西环素,因为它对支原体和博代氏杆菌株较为敏感。另外,多西环素还有轻度抗炎效果。但是多西环素在气道内是否能达到治疗浓度还尚存争议,因为在犬中,该药与蛋白的结合能力较强,但是炎性细胞可能会增加药物局部有效浓度。用药时最好保留氟喹诺酮类,可在出现耐药性时使用。

如果一种抗生素有效,那么 1 周之内即可看到很好的效果。临床症状稳定后,要继续用药 1 周以上,因为对于这样的动物感染,在 1 周内完全消除是不太可能的。抗生素治疗通常需要用 3~4 周,甚至更长,尤其是出现支气管扩张或明显肺炎的病例。有关抗生素治疗呼吸道感染的部分,将在本章犬传染性气管支气管炎以及第 22 章细菌性肺炎中详细讨论。

关于肺动脉高压的内容见第 22 章。

## 预后

犬慢性支气管炎无法完全治愈。如果主人有责任心,能够悉心给动物用药,并且愿意隔段时间调整用药,而且当出现继发疾病时愿意治疗,动物的病情会得到控制,生活质量良好,动物预后往往良好。

# 猫支气管炎(特发性)
# [FELINE BRONCHITIS(IDIOPATHIC)]

## 病因学

猫的多种呼吸道疾病都会表现出支气管炎或哮喘的症状。猫的气道较犬反应性强,更容易出现支气管收缩。很多疾病能引起患猫出现常见的支气管炎症状(如咳嗽、喘鸣和/或呼吸窘迫),包括肺寄生虫病、心丝虫病、过敏性支气管炎、细菌性或病毒性支气管炎、弓形虫病、特发性肺纤维化、肺癌和吸入性肺炎(表 21-2)。兽医往往认为支气管炎或哮喘的猫患的是特发性疾病,这是因为大多数猫无法找到潜在病因。然而,与犬慢性支气管炎一样,特发性猫支气管炎只能通过排除其他活动性疾病才能诊断出来。需要注意的是,当使用术语"猫支气管炎"或"猫哮喘"时,需要区分是表示符合广义上的支气管炎还是指临床诊断的特发性疾病。特发性支气管炎患猫往往会出现一定程度的气道嗜酸性粒细胞炎症,这是典型的过敏性反应。对于那些消除可疑过敏原后症状明显好转的病患,作者更倾向于过敏性支气管炎的诊断。

**表 21-2　存在支气管炎症状的猫的鉴别诊断(病因学)**

| 诊断 | 与猫特发性支气管炎相区别的特征 |
| --- | --- |
| 过敏性支气管炎 | 消除环境或饮食中的过敏原后,会有显著的临床反应 |
| 肺寄生虫(深奥猫圆线虫、嗜气毛细线虫、猫肺并殖吸虫) | 胸部 X 线片呈结节型。气管灌洗、BAL 液或粪便中可见幼虫(深奥猫圆线虫)或虫卵。粪便检查操作详见第 20 章 |
| 心丝虫病 | 胸部 X 线片可见肺动脉增粗。心丝虫抗原检测阳性或心动超声检查可见成虫(见第 10 章) |
| 细菌性支气管炎 | 气管灌洗或 BAL 液中可见胞内细菌,细菌培养阳性(见第 20 章) |
| 支原体性支气管炎 | PCR 检测阳性;气管灌洗或 BAL 液特殊培养可培养出支原体(提示原发性感染、继发性感染或偶然发现) |
| 特发性肺纤维化 | X 线片上渗出比特发性支气管炎患猫有更严重;确诊需要进行肺活检(见第 22 章) |
| 肺癌 | X 线片上渗出比特发性支气管炎患猫更严重。细胞学或组织学检查(气管灌洗或 BAL 液、肺细针抽吸或肺活检)可见恶性细胞。组织学检查是最理想的确诊手段 |
| 弓形虫病 | 通常存在全身性症状(发热、厌食、精神沉郁)。X 线片上渗出比猫特发性支气管炎更严重,可能见到结节型。在气管灌洗或 BAL 液中发现病原体(速殖子)即可确诊。血清中抗体滴度或 IgM 浓度升高可支持诊断(见第 96 章) |
| 吸入性肺炎 | 猫不常见。病史存在诱发因素或疾病。X 线片可见典型的肺泡型,重力侧肺叶(前叶和中叶)较严重。气管灌洗液中可见嗜中性粒细胞炎症,通常伴有细菌 |
| 猫特发性支气管炎 | 排除鉴别诊断中的其他疾病 |

BAL,支气管肺泡灌洗;PCR,聚合酶链式反应。

很多病理过程都可影响特发性支气管炎患猫。在临床上,症状的严重程度和对治疗的反应会表现出这种多样性。小气道梗阻是猫支气管疾病的共同特征,可见于任何病例,其发病原因可能是多重因素(框 21-4)。这些因素中一部分是可逆的(如支气管痉挛、炎症),而另一部分则是永久性的(如纤维变性、肺气肿)。Moise 等(1989)基于人的相似病理过程,将该病进行相关分类,这种分类能够更好地定义个体猫的支气管病(框 21-5),能达到指导治疗和预后的目的。个体患病猫可能有多种支气管炎。虽然在没有进行高级肺功能检查时,并不是总能确定支气管疾病的类型,但是对于大多数患病猫,日常的临床数据(如病史及体格检查、胸部 X 线片、气道样本检查以及症状的发展)可用于此病的分类。

**框 21-4　导致猫支气管疾病的小气道阻塞因素**

支气管收缩
支气管平滑肌肥大
黏液增多
黏液清除率下降
气道管腔内炎性渗出
气道壁炎性浸润
上皮增生
腺体肥大
纤维化
肺气肿

**框 21-5　猫支气管疾病的分类**

**支气管哮喘**
主要特征:可逆性气道阻塞,主要继发于支气管收缩
其他常见特征:平滑肌肥大;黏液量增加;嗜酸性炎症

**急性支气管炎**
主要特征:短期(<1~3 个月)可逆性气道炎症
其他常见特征:黏液量增加;嗜中性粒细胞性或巨噬细胞性炎症

**慢性支气管炎**
主要特征:引起不可逆损伤(如纤维化)的慢性气道炎症(>2~3 个月)
其他常见特征:黏液量增加;嗜中性、嗜酸性或混合性炎症;分离出导致感染的细菌或支原体,或定植的非致病性微生物;并发性支气管哮喘

**肺气肿**
主要特征:细支气管和肺泡壁的破坏引起外周气腔增大
其他常见特征:空腔性病变(大疱);并发于慢性支气管炎或者由慢性支气管炎所导致

引自:Moise NS et al﹐:Bronchopulmonary disease. In Sherding RG, editor, The cat: diseases and clinical management, New York, 1989, Churchill Livingstone.

## 临床特征

猫特发性支气管炎可发生于猫的任何年龄,但在青年猫与中年猫最为常见。主要临床症状为咳嗽或不

定期突发呼吸窘迫,或者两者同时出现。一些动物主人会将咳嗽与吐毛球混淆。从未吐过毛球的猫也很可能咳嗽。发作时主人可能会听到喘鸣。症状通常发展慢,并不出现体重减轻、食欲不振、精神沉郁或其他全身症状。如果出现全身症状,则应积极寻找其他病因。

应该仔细询问动物主人,并且考虑其爱宠是否接触了潜在过敏原或刺激物。不管病因是什么,环境中的刺激物均能加重支气管炎症状。这些刺激物包括新垫子(通常喷过香水)、香烟或壁炉、地毯清洗剂或者含香水的家居用品(如除臭剂或头发喷雾剂)。还应该仔细询问主人,近期病患的生活环境是否有所改变。病情季节性加重提示有潜在的过敏原。

体格检查异常的原因是小气道阻塞。患猫表现出呼吸急促,通常在呼气时呼吸力度增加,且听诊能听到呼气性喘鸣,偶尔能听到啰音。一些呼吸窘迫的病例中,气体滞留引起的肺过度膨胀可能会导致吸气力度增加和肺音减小。在发病间期,体格检查可能无明显异常。

## 诊断

猫特发性支气管炎的诊断需要结合典型的病史、体格检查和胸部 X 线检查,并排除其他可能的鉴别诊断(表 21-2)。即使一般情况下得不到具体的诊断,但还是高度建议针对其他疾病进行全面检查,如果能找到引起临床症状的原因,便能进行针对性治疗,甚至能够治愈个体病患。制定诊断计划时需要考虑以下因素:患猫的临床症状、主人的经济能力和承受风险的能力。对于那些呼吸窘迫或病情严重的患猫,在其病情稳定前不应进行任何可能造成应激的检查。而对于那些病情足够稳定的患猫,根据其临床症状、胸部 X 线片或其他检查结果,只要有任何诊断结果不提示特发性疾病,都需进行全面评估。有些检查是非常安全的,例如针对肺寄生虫的粪检,但诊断计划的制定主要取决于主人的经济状况。对于大多数有支气管炎症状的猫,推荐进行气管灌洗液细胞学检查及细菌培养、肺寄生虫和心丝虫检查。

CBC 通常是常规的筛查项目。通常认为特发性支气管炎患猫的外周嗜酸性粒细胞会增多。但是这个结果既不特异也不敏感,因此不能用于确诊或排除猫支气管炎。

支气管炎患猫的胸部 X 线片上一般可看到支气管型(见图 20-3),也能见到增强的网状间质影像和斑驳状肺泡影像。由于气体滞留,肺可能会过度膨胀,并且偶见肺右中叶萎陷(如肺膨胀不全)(见图 20-9)。但

是,由于临床症状可能先于影像变化之前出现,并且 X 线检查不能检测到轻微的气道变化,因此支气管炎患猫的胸部 X 线检查可能正常。X 线检查还可用于筛查其他特定疾病(见表 21-2)。

气管灌洗液或 BAL 液的细胞学检查一般可提示气道炎症、炎性细胞组成、黏液增加等。炎症可以是嗜中性、嗜酸性或混合性。虽然嗜酸性炎症并无特异性,但能够提示过敏原与寄生虫的过敏反应。细菌感染时可见嗜中性粒细胞呈退行性变化。镜检时要仔细观察玻片上的微生物,尤其是细菌和寄生虫幼虫或虫卵。冲洗液可用来培养细菌,但要牢记微生物生长不能确切提示真正的感染(见第 20 章)。支原体培养或 PCR 检查可能对诊断也有一定的帮助。

关于心丝虫的检查参见第 10 章。用特殊的浓集技术进行多重粪便检查,以诊断肺寄生虫,尤其是幼猫和气道嗜酸性粒细胞增多的猫(参见第 20 章)。针对个体病患可能还需要开展其他检查。

## 治疗

### ◈ 紧急稳定

对急性呼吸窘迫的猫,在诊断检查之前应该先稳定其病情。成功的治疗方法包括使用支气管扩张药、速效糖皮质激素和输氧。特布他林可以皮下给药,注意避免引起应激(见框 21-3)。病况威胁生命时,糖皮质激素推荐给予泼尼松龙琥珀酸钠(静脉给药,可达 10 mg/kg IV)。如果静脉给药应激性过强,可肌肉给药。还可以给予地塞米松磷酸钠(可达 2 mg/kg IV)。用药后的猫应被放在凉爽、无应激、氧气充足的环境中。如果需要额外给予支气管扩张药,可通过雾化或定量吸入器(MDI)给予沙丁胺醇(详见第 26 章猫呼吸窘迫)。

### ◈ 环境

需要调查环境对临床症状的潜在影响。需要通过排除环境中潜在的过敏原,才能做出过敏性支气管炎的诊断(见过敏性支气管炎部分)。然而,通过减少刺激物或未知过敏原改善室内空气质量后,即便是特发性支气管炎患猫,其临床症状也能改善。通过对主人仔细询问确定潜在过敏原或刺激物(见临床特征章节)。抽烟通常会有局部刺激作用,加重动物的症状。可通过把猫砂换成猫砂盒或纯陶土垫来评估猫砂香水的影响。室内猫可能对减尘、减少霉菌及减少室内发

霉物等措施反应良好。这些措施包括地毯、家具和帐帘的清洗,壁炉的清理,频繁过滤空气以及使用空气净化器。美国肺脏协会(American Lung Association)网站上提供了一些关于改善室内空气质量的建议(www. lung. org)。环境改变 1~2 周内通常可见到各种良好反应。

◈ 糖皮质激素

不管是否和支气管扩张药联用,大多数特发性支气管炎患猫都需要使用糖皮质激素进行治疗,疗效非常显著。但是,药物疗法能干扰环境测试,因此在开始进行药物治疗时,应当评估每个病例对延迟治疗的耐受力。糖皮质激素能减轻大部分猫的临床症状,并保护气道免受慢性炎症的侵害。推荐用如泼尼松之类的短效药物,因为给药量可以减少到最低有效量。根据经验和初步研究结果,对于猫来讲,泼尼松龙比泼尼松效果好(Graham-Mize 等,2004)。最初口服剂量为 0.5~1 mg/kg,每 12 h 给药 1 次,如果症状在 1 周内没有得到控制,用量加倍。症状一旦得到控制,药量可以逐渐减少,合理的目标是隔天用 0.5 mg/kg 或者更少。对于无法经常治疗的户外猫,可用长效类固醇药物,如醋酸甲基泼尼松龙(10 mg/猫,肌肉注射,效果可持续 4 周)。

可以通过定量吸入器(MDI)局部气道给予糖皮质激素,例如丙酸氟替卡松(Flovent,GlaxoSmithKline),此方法通常用于人哮喘的日常治疗。优点包括可以减少药物的全身副作用,且与药片相比,给药相对简单。与人不一样,猫使用 MDI 给药后,口腔和鼻腔黏膜有一定的药物沉积,增加了牙周疾病和潜在疱疹病毒感染的风险,同时又不能像人那样用水漱口。螨虫、真菌和细菌可引起局部皮炎。然而,多年以来兽医用糖皮质激素 MDI 治疗猫的特发性支气管炎,并未见到频繁、明显的副作用。

作者更愿意先通过口服药物来缓解临床症状,除非全身性糖皮质激素治疗对患猫来说是禁忌证,例如糖尿病。那些需要口服低剂量糖皮质激素来控制临床症状的患猫、无明显副作用的患猫,或口服药片不困难的患猫,口服糖皮质激素治疗通常较好。相反,一旦症状得到缓解,可以开始使用 MDI 治疗,并且应逐渐降低口服泼尼松龙的剂量。

使用 MDI 给药需要连接一个间隔管才能起效,而且猫的呼吸力度必须能打开间隔管的瓣膜。Padrid(2000)发现 Optichamber(Respironics Inc. ,Pitts-

burgh,PA)可达到上述要求(图 21-4)。间隔管上还连接一个带橡胶隔膜的小麻醉面罩。可加宽麻醉面罩的接头,使其更容易插入间隔管。可以通过使用"FAIR"吸收器的标准麻醉转接头而实现这一目的。或者使用猫专用的带有间隔管的面罩(Aerokat,Trudell Medical International,London,Ontario,Canada)。其存在能随呼吸运动的塑料瓣膜,这样可以让主人更容易识别患猫是否在吸入药物。患猫可以舒适的在桌上或主人的膝盖上休息。主人可以将其手臂放在患猫的两侧,或轻柔地扶着患猫的颈部和头部(图 21-5)。将 MDI 与间隔管相连,挤压 2 次。然后把面罩迅速罩到患猫的脸上,完全遮住口鼻,在患猫呼吸 7~10 次后固定好面罩,药物会进入气道。在网上可以搜索到相关标准操作视频。

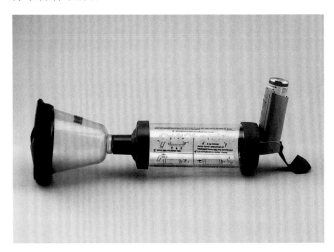

**图 21-4**
猫 MDI 用药装置,包括 1 个麻醉面罩、1 个间隔管(OptiCharnber Respironics ,Inc. ,Pittsburgh ,Pa) 和 MDI(Ventolin ,GlaxoSmithKline,Research Triangle N. C. )。

**图 21-5**
使用 MDI 给猫用药。面罩和间隔管来自 Aerokat(Trudell Medical International,London,Ontario,Canada)。

Padrid(2000)推荐以下治疗方案:症状较轻微的猫每天2次用MDI给予220 μg的丙酸氟替卡松以及需要量的沙丁胺醇,丙酸氟替卡松在治疗7～10 d内达到最佳效果;对于中度症状的猫,治疗同上,此外,要口服泼尼松龙10 d(1 mg/kg q 12 h,连用5 d,之后q 24 h,连用5 d);对于重度症状的猫,先给1次地塞米松(0.5～1 mg/kg 静脉给药),用MDI给沙丁胺醇,每30 min给1次药,连续给药4 h,同时输氧。一旦患猫病情稳定,可以用MDI,每12 h给一次丙酸氟替卡松(220 μg),每6 h给1次需要量的沙丁胺醇。口服需要量的泼尼松龙。

研究发现,对于实验诱导的过敏性支气管炎患猫,较低剂量(44 μg/泵)也能达到良好的效果(Cohn等,2010)。由于这种实验诱导的支气管炎可能比临床病例的并发症少,因此我更愿意在治疗初期使用较高的浓度,然后逐渐降低浓度,直至最低有效剂量。对于临床状况稳定的猫,可使用110 μg/泵的丙酸氟替卡松。

令人不安的是,有研究发现(Cocayne等,2011),70%自然感染的支气管炎患猫在口服泼尼松龙临床症状消失后,BAL细胞学检查显示存在气道炎症。尚不清楚这些持续性炎症的长期临床意义,但这个问题值得深入研究。

◈ 支气管扩张剂

对于需要相对大量糖皮质激素来控制临床症状、对糖皮质激素疗法反应不良或者症状周期性加重的猫,可用支气管扩张药来治疗(框21-3)。

作者更喜欢用茶碱类,因为它们经济有效,并且患猫每天只需给1次药;在监控有困难的病例中,可轻松测得其血药浓度。关于茶碱其他方面的介绍,如潜在药物相互作用和副作用,参见犬慢性支气管炎部分。

由于茶碱类药物在犬猫的药代谢动力学不同,其用药剂量也不同(见框21-3)。不同长效茶碱药在犬猫中的血浆维持浓度也不一样。目前不同公司的药物推荐剂量见框21-3。然而,不同个体对甲基黄嘌呤的代谢情况不一样。如果药效不明显,或该病患存在副作用倾向,甚至已出现副作用,应检测血浆茶碱浓度。根据人的数据,茶碱的治疗峰值浓度为5～20 μg/mL。应该在长效药晚间用药后12 h、短效药用药后2 h采集血浆,测量其浓度。下次给药前测量即时血药浓度,可为治疗浓度的持续时间提供有用信息。

拟交感神经药也是有效的支气管扩张药。特布他林可选择性作用于$\beta_2$-肾上腺素受体,能减轻其对心脏的影响。其潜在副作用包括紧张、震颤、低血压和心动过速。此药用于治疗呼吸系统急症时可皮下给药,也可以口服给药。要注意的是猫的口服推荐量(1/8～1/4 片,2.5 mg/片;见框21-3)比文献推荐剂量(每只猫1.25 mg)要低。皮下给药用量更低,为0.01 mg/kg,如果必要的话每5～10 min重复给药1次。

可通过MDI对急性呼吸窘迫(哮喘发作)的猫进行支气管扩张剂即时治疗。对于特发性支气管炎患猫,其可通过沙丁胺醇MDI、间隔管和面罩(详见糖皮质激素部分)在家中进行常规急救。

◈ 其他治疗方法

由于很难诊断出支原体感染,还应考虑针对支原体给予抗生素试验性治疗。作为试验性治疗,可用多西环素(5～10 mg/kg q 12 h,口服)治疗14 d。对于病情顽固的患猫,可尝试阿奇霉素(5～10 mg/kg q 24 h,口服3 d,然后改为 q 48 h)。如果在气道样本中分离出支原体,或疗效可见,则需要持续治疗数月以消除感染。以上方面还需进一步研究。需要注意的是,多西环素应该随大量水一起服用,以减少食道狭窄发生率。另外,多西环素除了有抗菌效果以外,在人上还有一定的抗炎效果。

不推荐使用抗组胺类药治疗猫的支气管炎,因为组胺能使一些猫出现支气管扩张。但是 Padrid 等(1995)的研究显示,赛庚啶(5-羟色胺拮抗剂)在体外有扩张支气管的作用。对于那些常规支气管扩张药和糖皮质激素不能控制症状的患猫,可以尝试口服该药,每12 h 1次,2 mg/猫。但这种治疗并不总是有效。

许多主人与兽医对猫口服白三烯抑制剂(如安可来、顺尔宁和齐留通)表现出很大的兴趣。但是临床医师应该清楚,在治疗人哮喘时,用白三烯抑制剂不如糖皮质激素有效。对于人来说,与糖皮质激素相比,其优点是副作用较小,而且给药方便。至今为止,尚无此药对猫的毒性研究,而且一些研究已经表明,白三烯抑制剂对猫的效果比对人的差。因此,在猫的治疗上,现在并不十分提倡使用这种药物。需进一步研究这些药物在猫支气管炎治疗上的作用。

◈ 治疗无效

如果糖皮质激素和支气管扩张药治疗无效,或者在长期治疗期间患猫的症状加重,那么临床医师应该问自己一些问题(框21-6)。

## 预后

特发性支气管炎患猫在控制住症状后预后通常良好,尤其是在未发生广泛的持久性损伤时。完全恢复是不太可能的,大部分猫需要持续用药。严重急性哮喘发作的猫有突然死亡的风险。猫的持续性、未治疗的气道炎症可能会发展成慢性支气管炎与肺气肿。

# 气管塌陷和气管支气管软化
(COLLAPSING TRACHEA AND TRACHEO-BRONCHOMALACIA)

## 病因学

正常气管的横切面呈环状(见图21-8,B和图20-27,A)。气管软骨环使气管在安静呼吸的任何阶段都保持为开放的空腔。这些软骨环通过纤维弹性环形韧带连接,从而保持柔韧性,因此颈部活动才不会损害气道。软骨环的背侧不完整。由纵向的气管肌和结缔组织构成的背侧气管膜也是气管环的一部分。术语气管塌陷是指由于软骨环无力,或者背侧气管膜过多,或这两种原因同时存在而导致气管狭窄。

从描述来看,该病似乎很简单,但该病的临床表现可能很严重。塌陷可见于气管软骨先天性异常的小型犬。在很多犬中,继发性炎症或其他加重疾病的因素,使得先天性易感倾向的可能更大。塌陷也可见于非先天性易患品种,是由慢性气道疾病导致的。另外,该病可单独发生于气管,也可同时波及支气管(支气管腔一般由壁内的软骨支撑)。在人医上,该病称为"气管支气管软化(tracheobronchomalacia,TBM)"。TBM可进一步分为原发性(先天性)和继发性(获得性)。这一术语能够更准确地描述该病在犬中的发病范围,建议兽医也采用该术语。

TBM在犬中可能具有先天性,因为小型犬发病率较高。许多研究也发现,与正常气管相比,患有气管塌陷的玩具犬的气管软骨超微结构上存在差异。有些犬的症状直到生命晚期才出现,这些症状可能是"慢性疾病急性发作"。一些因素会加剧患犬疾病的发展,出现呼吸费力、气道炎症或咳嗽。这些因素包括上气道梗阻、感染性气管支气管炎、心脏增大/心衰和寄生虫病,以及肥胖、吸烟和口腔问题。当患犬呼吸费力或咳嗽时,胸内和气道的压力发生改变,会引起气管狭窄和背侧韧带拉长。气管严重塌陷时,黏膜的颤动或物理性损伤会进一步刺激咳嗽。炎症也能促使咳嗽和塌陷的循环。炎性细胞所释放的胶原酶和蛋白酶能够削弱气道结构。气管上皮的破坏、黏液组成与分泌物的改变会损害气道清除功能。之前已经耐受的刺激物或微生物可使炎症和咳嗽持续存在。

如果上述致病因素足够严重或呈慢性,即便是非先天性软骨软化品种的犬,也可能发生TBM,更不用说那些先天性软骨异常的犬。TBM可能是促炎介质和抗炎介质失衡造成的,或其他尚不清楚的易感因素造成的。

TBM的临床结果包括慢性进行性咳嗽,可能最终引起大气道阻塞。在一些无咳嗽的病例中,主要症状是胸外大气道阻塞。多数患犬在运动或应激后会出现吸气力度增加、吸气时出现鼾声或最终发生低血氧。由于TBM引起的慢性进行性咳嗽与慢性气道炎症(如特发性慢性支气管炎、嗜酸性支气管肺病、细菌性支气管炎、寄生虫病)相似,而且这些疾病也可能导致或伴发TBM,因此要进行全面、仔细的诊断评估。

犬TBM的流行情况尚不清楚。目前的研究通常来自咨询机构,大多数病例为治疗效果较差的患犬,使得该病难以诊断。有研究对58只犬进行了支气管镜检查(Johnson等,2010),结果发现50%的犬存在气管塌陷。另外一项调查发现,40只短头犬中,35(87.5%)只犬有气管塌陷(Delorenzi等,2009)。我们的研究发现,115只慢性咳嗽患犬中,有59(51%)只犬患有TBM(Hawkins等,2010);而且,其中97%(31/32)的玩具犬患有TBM。

气管塌陷在猫中很罕见,往往继发于如肿瘤或创伤所致的气管阻塞。

## 临床特征

气管支气管软化(TBM)分为原发性和继发性,通常累及气管和/或支气管。从临床角度看,更为重要的是,这种塌陷可能主要影响胸外气道(颈部和/或胸腔入口处气管)或胸内气道(胸内气管和/或支气管)。以胸外气管塌陷为主的患犬可表现出上气道梗阻症状,例如呼吸窘迫(吸气时最明显)及明显的鼾声。胸内气管塌陷的患犬的呼吸窘迫在呼气时更明显,且通常伴有声音较大的喘鸣或咳嗽。

可能存在这样一种关系,胸外气道塌陷更常伴发于原发性(先天性)TBM,而胸内气道塌陷则更常伴发于继发性(见于易感或非易感品种)TBM。这种推测已得到一定的验证,在无其他呼吸道疾病的气管塌陷患犬中(主要针对玩具犬和小型犬),通过对潮气呼吸流速容量环的研究,最终发现主要异常发生于吸气阶段(Pardali 等,2010)。一项关于 18 只支气管软化患犬(但无气管塌陷)的研究发现,支气管肺泡灌洗与支气管活检中发现存在炎症,患犬存在轻度咳嗽和喘鸣(Adamama Moraitou 等,2012)。

整体上讲,TBM 最常见于中年玩具犬和迷你犬。症状可能突然出现,但之后可能发展很慢,长达数月甚至数年。大部分犬主要症状是干咳,通常被描述为鹅鸣音。在兴奋、运动或颈部受压时,咳嗽会加剧。发展到最后(通常经过数年慢性咳嗽),运动、过热和兴奋引起的气流梗阻会导致呼吸窘迫。但体重减轻、食欲减退和精神沉郁等全身症状并不常见。

综上所述,一些患犬主要表现为上气道梗阻的症状,不伴有咳嗽,且该症状会在兴奋、运动或环境温度较高时加剧。在呼吸力度增强时可听见鼾声。

猫罕见气管塌陷,通常继发于其他梗阻性疾病。需要仔细问诊是否存在创伤和异物的可能。

进行体格检查时,人工诱咳通常为阳性,特别是那些咳嗽是主要症状的患犬。当胸内气管完全塌陷时,听诊时呼气末可能会听到噼啪或者咔嗒音。运动不耐受或呼吸窘迫的患犬会出现吸气力度增强,且胸外气管塌陷处听诊可见鼾声,而呼气时胸内气管塌陷处听诊可见喘鸣音或咳嗽。因此,为了更好地识别特征性的呼吸模式和声音,对于临床症状轻微或者出现间歇性临床症状的患犬,可以让动物运动后继续检查。

进行病史调查及体格检查时,应该着重检查是否有病情加重或并发症,该病常并发犬慢性支气管炎。

其他可能并发的疾病包括可导致左心房增大、支气管受压迫或肺水肿的心脏病;因细菌感染、过敏性支气管炎、暴露于烟雾环境(如吸烟场所、壁炉处)或近期插管所导致的气道炎症;由于软腭过长、鼻孔狭窄或喉麻痹/塌陷所导致的上气道梗阻;以及由于肥胖或肾上腺皮质功能亢进导致的全身性疾病。

## 诊断

气管塌陷通常根据临床症状和颈部、胸部 X 线检查结果来诊断。通常在吸气时拍摄颈部 X 线片,来评估胸外气管管腔的大小(图 21-6),因为在气道负压状态时,气管塌陷导致的狭窄会更明显。相反,评价胸内气管管腔大小时,要在呼气时拍摄胸部 X 线片,因为此时增加的胸内压力会使塌陷更加明显(图 21-7)。胸腔 X 线片也可在吸气时拍摄,用来检查并发的支气管或肺实质异常(见第 20 章 X 线检查)。

荧光镜透视检查能提供大气道的"动态图像",比常规 X 线检查更易获得气道直径。在检查过程中,通过气管按压诱咳能够提高荧光镜检查对气道塌陷诊断的敏感性。轻度塌陷病例在咳嗽时可能表现正常。在人医上,如果被动呼气时管腔直径减小程度大于 70%,即可确诊为气管支气管软化。这个评判标准近年已被改为 50%,因为人医的研究显示,强烈咳嗽能导致一些看似健康的病人气道几乎完全塌陷。

支气管镜检查同样能够诊断气道塌陷(图 21-8 和图 21-3)。通过 X 线和荧光镜透视检查难以评估小型犬的支气管,用支气管镜则较为容易。支气管镜检查和气道取样(如 BAL)有助于识别引起疾病恶化的因素或并发的疾病。

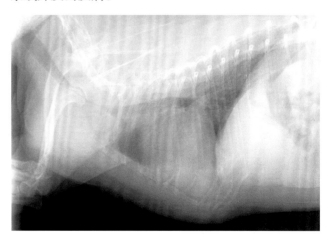

**图 21-6**

**1 只气管塌陷患犬吸气时拍摄的颈胸部侧位 X 线片。胸腔入口处前部的胸外气道严重狭窄。**

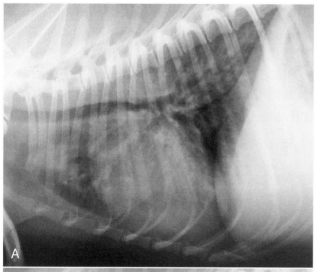

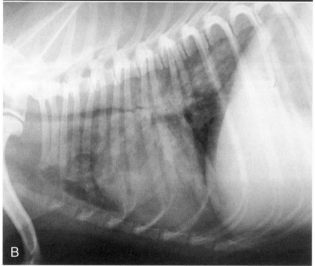

**图 21-7**

1 只气管支气管软化患犬的侧位 X 线片。吸气时(A)气管和主支气管接近正常。呼气时(B)胸内气管和主支气管明显狭窄。评估肺实质时不应该使用在呼气时拍摄的 X 线片。

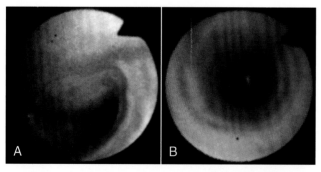

**图 21-8**

1 只气管塌陷患犬的支气管镜图像(A)。其背侧气管膜明显宽于正常犬(B)。气道腔室明显狭窄。

支气管镜检查需要在全身麻醉下进行,此时无法诱咳。但是可以允许病患处于较浅的麻醉深度,此时给予气道一些操作通常能使呼吸作用增强,从而提高气道塌陷的诊断率。

还可以进行其他检查来识别引起疾病恶化的因素或并发的疾病。如果没有进行支气管镜检查和 BAL,可对气管灌洗液进行细胞学检查和细菌培养。其他应该考虑的问题包括上呼吸道检查、心脏评估和全身性疾病筛查。

## 治疗

多数动物采用药物治疗即可控制病情。White 等(1994)对 100 只犬进行的研究中,仅通过药物疗法治疗,可使 71% 的患犬症状缓解时间至少维持 1 年。肥胖犬应饲喂减肥粮,用肩带代替颈圈,告诉主人避免使犬过热(例如不能把犬留在车里)或过度兴奋。一些动物可给予苯巴比妥类镇静剂,在预知的应激发生之前给动物用药。对于一些病患,抗焦虑药可能会有一定帮助。

镇咳药可用来控制症状,阻断持续性咳嗽的潜在循环(见表 21-1)。可根据实际需要调整镇咳药的剂量及给药频率。初期需要高频率地给予高剂量的镇咳药,以打破咳嗽循环。之后通常可以降低药物剂量和给药频率。支气管扩张药可能对有慢性支气管炎症状的犬有益。在症状加重期,可在短期内使用抗炎剂量的糖皮质激素(泼尼松 0.5~1 mg/kg,q 12 h,口服,用 3~5 d,之后逐渐减量,3~4 周后停药)。如果可能,要避免长期使用糖皮质激素,否则可能会导致潜在的副作用,如肥胖等。但为了控制症状,往往还是需要长期给予糖皮质激素,特别是慢性支气管炎病患。如果治疗反应良好,但又顾虑全身性副作用,可尝试使用吸入性糖皮质激素。因二尖瓣功能不全而引起本病症状的患犬也需要治疗(见第 6 章)。上气道阻塞患犬需要通过手术矫正。

虽然抗生素不是 TBM 的常规治疗药物,但是当气管灌洗液或 BAL 液检查显示有感染迹象时,应该给予合适的抗生素(根据药敏试验结果来选择)。由于大部分抗生素无法在气道内达到很高的浓度,所以应该采用高剂量治疗,并且连用几周,与犬慢性支气管炎的治疗相似。在进行诊断性评估期间,还要鉴别任何其他潜在的相关问题。

TBM 的治疗有一种新方法(Adamama Moraitou 等,2012),即通过康力龙(司坦唑醇)来改善气管壁强度。可能的机制包括:增强蛋白质或胶原合成、增加硫酸软骨素的含量、增加去脂体重(瘦体重)、减轻炎症。对于无支气管炎的气管塌陷患犬,可给予 0.3 mg/(kg•d)

司坦唑醇,分 2 次给药,口服 2 个月,随后 15 d 逐渐减少剂量。司坦唑醇实验组在给药 30 d 后,患犬的临床症状得到改善,75 d 后气管镜可见塌陷程度得到改善。

胸外或胸内气道梗阻的急性呼吸窘迫患犬的处理见第 26 章。

对药物治疗不再有效的 TBM 患犬应考虑放置气管支架。腔内放置气管支架很大程度上降低了发病率,提高了手术治疗的成功率。最常使用的是镍合金自膨胀式支架(图 21-9)。对于有经验的人,这些支架能够在短时间麻醉中,通过荧光透视或支气管镜被放置好。支架放置后该病复发的可能性很小,且支架放置后立即可见明显的改善效果。不过临床症状(尤其是咳嗽)可能无法完全消除,气管以外的气道塌陷和并发疾病并未得到直接治疗(通常需要继续药物治疗),且可能会出现一些并发症(感染、肉芽肿形成和支架断裂)。如果药物治疗气管塌陷失败,气管支架将是一个不错的选择,但应选择有经验的医师放置支架。也可使用塑料环放置腔外支架。该方法持久性强,可维持数年,但该方法的操作难度比腔内支架大,且围手术期发病率较高(由于喉神经或其他颈部结构遭到破坏),并且仅颈部气管容易操作。虽然如此,还是有使用该方法成功治疗的报道,甚至是胸内气管塌陷的患犬(Becker 等,2012)。该方法还是值得考虑的,尤其是对于非常年轻的患犬,有可能比使用腔内支架治疗的存活时间更长。

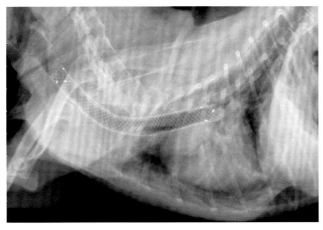

**图 21-9**

1 只气管塌陷患犬气管腔内放置支架后的侧位 X 线片(见图 21-6)。支架呈网状结构,且几乎延伸至整段气管。

**预后**

在症状持续加重期间,多数患犬的症状可通过药物治疗得到控制。而对于症状严重的动物,即使用药合理也预后谨慎,愿意积极治疗的主人应考虑给予患犬放置支架。报道称,12 只放置支架的患犬中,9 只存活时间大于 1 年,其中 7 只大于 2 年(Sura 等,2008)。

# 过敏性支气管炎
## (ALLERGIC BRONCHITIS)

过敏性支气管炎是由一种或多种过敏原引起的气道超敏反应。虽然食物过敏原也可致病,但一般认为这些过敏原都是经气道吸入的。确诊需要找到过敏原,且去除过敏原后症状能够消除。目前缺乏有关犬猫过敏性支气管炎的大样本对照研究。一项研究显示(Prost,2004),20 只皮内试验的猫中,15 只猫气源性过敏原阳性;对尘螨或蟑螂过敏的猫,建议停止饲喂任何干粮(例如只提供罐头食物)。通过这种疗法治疗后,3 只猫的症状得到缓解;剩余的猫中,有一部分接受免疫治疗后(脱敏疗法)症状得到缓解或消除。这是一项初步研究,还采用了其他一些治疗方法,但未进行对照研究。

由于难以发现特定的过敏原,因此一些患有过敏性支气管炎的病患很可能会被误诊。对于犬,过敏原长期存在可能会引起持续性病变,从而被诊断为犬慢性支气管炎。而对于猫,如果没有发现特定的过敏原,可诊断为猫特发性支气管炎。

过敏性支气管炎可引起犬急性或慢性咳嗽,很少发生呼吸窘迫和喘鸣。体格检查及 X 线检查可提示存在支气管疾病,详见犬慢性支气管炎部分。气管灌洗液和支气管肺泡灌洗液的分析结果提示存在嗜酸性炎症的患犬,还要进行心丝虫检查与粪便检查(筛查肺部寄生虫),以排除嗜酸性炎症的寄生虫性原因。对于小于 2 岁的犬,还应该考虑用支气管镜检查奥斯勒丝虫(见下文)。

猫过敏性支气管炎的表现及诊断结果与猫特发性支气管炎一样,气道样本检查结果为嗜酸性炎症。

过敏性支气管炎的初期治疗重点在于确定并消除环境中的潜在过敏原(见猫支气管炎部分)。还可以考虑进行新蛋白和碳水化合物的食物饲喂试验。根据之前的初步研究结果,改变饮食(饲喂罐头)可能对一些病例有一定帮助。这些环境和食物试验只适用于临床症状轻微,可延迟给予糖皮质激素和支气管扩张剂的病例,其治疗方法详见犬慢性支气管炎和猫支气管炎(特发性)部分。一旦通过药物控制了临床症状,仍然需要进行消除试验。但是需停药才能确认治疗反应是否良好,并再次引入过敏原以确诊。并非所有病例都需要用后面的方法来验证,既无必要也不实用。

有文献报道了人工诱发的猫过敏性支气管炎的特殊免疫疗法。可对自然发病的过敏性支气管炎病患进行脱敏治疗,效果良好,但目前还没有建立病患选择标准,而且预期成功率尚不明确。

# 奥斯勒丝虫
## (OSLERUS OSLERI)

### 病因学

奥斯勒丝虫是一种不常见的幼犬寄生虫,通常感染小于2岁的犬。成虫通常寄生于隆突和主支气管,能导致局灶性结节性炎症反应,并伴有纤维变性。第1期幼虫从气道中被咳出,然后被动物吞咽。对于犬来说,感染主要是通过幼犬与母犬的亲密接触获得。

### 临床特征

感染的幼犬表现为急性剧烈干咳,偶尔喘鸣。患犬在其他方面的表现都比较正常,因此从最初的症状很难和犬传染性气管支气管炎区分开来。但是患犬持续咳嗽,最后会因反应性结节形成而发生气道阻塞。

### 诊断

隆突上的结节偶尔可以通过X线检查确认。在一些犬的气管灌洗液细胞学检查中,可看到虫卵或幼虫,为确诊提供依据(表20-1)。用硫酸锌(比重1.18)漂浮法(优先)或贝尔曼法(见框20-8)检查粪便样品,很少能发现幼虫。

最敏感的诊断方法是支气管镜检查,用此方法很容易看见结节(图21-10)。得到结节的刷取物后,立即进行细胞学检查以找出幼虫。样本可以在氯化钠溶液中直接检查或者经新亚甲基蓝染色后再检查。如果通过刷取物检查还无法确诊,则需要做活组织采样检查来确诊。

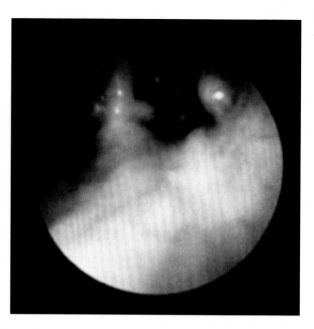

**图 21-10**
感染奥斯勒丝虫的犬的支气管镜检查图像,圈中可见隆突处有多个结节。

### 治疗

对于非柯利品种犬,推荐采用伊维菌素(400 μg/kg,口服或皮下注射)来治疗。每3周治疗1次,每次剂量相同,共治疗4次。该药不得用于柯利犬或相关品种,这些品种可使用芬苯达唑(50 mg/kg q 24 h,1~2周)。

### 预后

用伊维菌素治疗后的犬预后良好;在有限数量经过治疗的犬中,此药成功地消除了感染。个别病例需要跟进治疗,以确保消除感染。

● 推荐阅读

Adamama-Moraitou KK et al: Conservative management of canine tracheal collapse with stanozolol: a double blinded, placebo control clinical trial, *Int J Immunopathol Pharmacol* 24:111, 2011.

Adamama-Moraitou KK et al: Canine bronchomalacia: a clinico-pathological study of 18 cases diagnosed by endoscopy, *Vet J* 191:261, 2012.

American Animal Hospital Association (AAHA) Canine Vaccination Taskforce: 2011 AAHA canine vaccination guidelines, *J Am Anim Hosp Assoc* 47:1, 2011.

Bach JF et al: Evaluation of the bioavailability and pharmacokinetics of two extended-release theophylline formulations in dogs, *J Am Vet Med Assoc* 224:1113, 2004.

Becker WM et al: Survival after surgery for tracheal collapse and the effect of intrathoracic collapse on survival, *Vet Surg* 4:501, 2012.

Bemis DA et al: Aerosol, parenteral, and oral antibiotic treatment of *Bordetella bronchiseptica* infections in dogs, *J Am Vet Med Assoc* 170:1082, 1977.

Buonavoglia C et al: Canine respiratory viruses, *Vet Res* 38:455, 2007.

Chalker VJ et al: Mycoplasmas associated with canine infectious respiratory disease, *Microbiology* 150:3491, 2004.

Cocayne CG et al: Subclinical airway inflammation despite high-dose oral corticosteroid therapy in cats with lower airway disease, *J Fel Med Surg* 13:558, 2011.

Cohn LA et al: Effects of fluticasone propionate dosage in an experimental model of feline asthma, *J Fel Med Surg* 12:91, 2010.

DeLorenzi D et al: Bronchial abnormalities found in a consecutive series of 40 brachycephalic dogs, *J Am Vet Med Assoc* 235:835, 2009.

Dye JA et al: Chronopharmacokinetics of theophylline in the cat, *J Vet Pharmacol Ther* 13:278, 1990.

Edinboro CH et al: A placebo-controlled trial of two intranasal vaccines to prevent tracheobronchitis (kennel cough) in dogs entering a humane shelter, *Prevent Vet Med* 62:89, 2004.

Ellis JA et al: Effect of vaccination on experimental infection with *Bordetella bronchiseptica* in dogs, *J Am Vet Med Assoc* 218:367, 2001.

Foster S, Martin P: Lower respiratory tract infections in cats: reaching beyond empirical therapy, *J Fel Med Surg* 13:313, 2011.

Gore T: Intranasal kennel cough vaccine protecting dogs from experimental *Bordetella bronchiseptica* challenge within 72 hours, *Vet Rec* 156:482, 2005.

Graham-Mize CA et al: Bioavailability and activity of prednisone and prednisolone in the feline patient, *Vet Dermatol* 15(Suppl 1):9, 2004. Abstract.

Guenther-Yenke CL et al: Pharmacokinetics of an extended-release theophylline product in cats, *J Am Vet Med Assoc* 231:900, 2007.

Hawkins EC et al: Demographic and historical findings, including exposure to environmental tobacco smoke, in dogs with chronic cough. *J Vet Intern Med* 24:825, 2010.

Jacobs AAC et al: Protection of dogs for 13 months against *Bordetella bronchiseptica* and canine parainfluenza virus with a modi-fied live vaccine, *Vet Rec* 157:19, 2005.

Johnson LR et al: Clinical and microbiologic findings in dogs with bronchoscopically diagnosed tracheal collapse: 37 cases (1990-1995), *J Am Vet Med Assoc* 219:1247, 2001.

Johnson LR et al: Tracheal collapse and bronchomalacia in dogs: 58 cases (7/2001-1/2008), *J Vet Intern Med* 24:298, 2010.

Moise NS et al: Bronchopulmonary disease. In Sherding RG, editor: *The cat: diseases and clinical management*, New York, 1989, Churchill Livingstone.

Moritz A et al: Management of advanced tracheal collapse in dogs using intraluminal self-expanding biliary wall stents, *J Vet Intern Med* 18:31, 2004.

Padrid P: Feline asthma: diagnosis and treatment, *Vet Clin North Am Small Anim Pract* 30:1279, 2000.

Padrid PA et al: Cyproheptadine-induced attenuation of type-I immediate hypersensitivity reactions of airway smooth muscle from immune-sensitized cats, *Am J Vet Res* 56:109, 1995.

Pardali D et al: Tidal breathing flow-volume loop analysis for the diagnosis and staging of tracheal collapse in dogs, *J Vet Intern Med* 24:832, 2010.

Prost C: Treatment of allergic feline asthma with allergen avoidance and specific immunotherapy, *Vet Dermatol* 13(Suppl 1):55, 2004. Abstract.

Reinero CR: Advances in the understanding of pathogenesis, and diagnostics and therapeutics for feline allergic asthma, *Vet J* 190:28, 2011.

Ridyard A: Heartworm and lungworm in dogs and cats in the UK, *In Practice* 27:147, 2005.

Rycroft AN et al: Serologic evidence of *Mycoplasma cynos* infection in canine infectious respiratory disease, *Vet Microbiol* 120:358, 2007.

Speakman AJ et al: Antibiotic susceptibility of canine *Bordetella bronchiseptica* isolates, *Vet Microbiol* 71:193, 2000.

Sura PA, Krahwinkel DJ: Self-expanding nitinol stents for the treatment of tracheal collapse in dogs: 12 cases (2001-2004), *J Am Vet Med Assoc* 232:228, 2008.

White RAS et al: Tracheal collapse in the dog: is there really a role for surgery? A survey of 100 cases, *J Small Anim Pract* 35:191, 1994.

# 第 22 章
## CHAPTER 22

# 肺实质和血管疾病
## Disorders of the Pulmonary Parenchyma and Vasculature

## 病毒性肺炎
### (VIRAL PNEUMONIAS)

### 犬流感
#### (CANINE INFLUENZA)

#### 病因学

犬流感病毒可能是最近从一种马流感病毒变异而来(Crawford 等,2005)。1999 年在灰猎犬上发现该病毒存在于犬的血清学证据(Anderson 等,2007)。无论犬的年龄如何,该病毒大多数犬易感,相互接触很容易传染,特别是住在一起的犬。病毒可通过呼吸道分泌物的气溶胶传播,或通过与被呼吸道分泌物污染的手、衣物、食碗和犬舍的接触传播。患犬在第一次出现临床症状后,向外排毒期超过 10 d,那些无任何临床症状的患犬中,也会有近 20%的犬向外排毒。

美国宾夕法尼亚州和科罗拉多州分别开展了关于宠物犬感染流感病毒的风险因子的调查研究,这两项调查通过血清学检查发现,之前接触过流感病毒的病例比例分别是 3/100(3%)和 9/250(3.6%)。宾夕法尼亚州的研究对象是参加飞球比赛的参赛犬(Serra 等,2011),科罗拉多州的研究对象是转诊病例和社区病例。科罗拉多州的研究发现,寄养和托运均是风险因子。宾夕法尼亚州的研究中,3 只流感病毒抗体阳性犬并没有呼吸道症状的病史。

流感病毒感染患犬的临床症状和病理学严重程度受很多因素的影响(Castleman 等,2010)。这些因素包括基因、环境、应激和伴发的感染,以及病毒自身相关因素,例如病毒接触量和毒力。据报道,在单一品种集中饲养、处于高应激环境中的竞赛灰猎犬中,出现犬流感集中暴发。13 只伴发细菌感染的患犬中,7 只还感染了马链球菌兽疫亚种(*Streptococcus equi* subsp. *zooepidemicus*)。这些灰猎犬还出现严重的出血性和化脓性肺炎,并且有纵隔和胸膜腔出血。幸运的是,大部分有主人的犬很少会有诱发疾病恶化的危险。该病最常见的症状和传染性支气管炎一样,关于这种类型患犬的治疗已经在第 21 章中叙述过。患犬的一系列临床表现与人的流感病毒感染类似。大多数感染病例都能够恢复。流感病毒中变异为强毒株的病毒常需要格外关注,这种变异可导致高致死率或疫情广泛暴发。遗憾的是,目前使用的病毒疫苗不能抵抗新变异的病毒。

#### 临床特征

该病通常在群养场所暴发流行,如赛犬场和动物收容所。个体饲养的宠物犬通常有近期接触过其他犬的病史(通常在 1 周前)。大部分犬流感患犬的临床症状与传染性气管支气管炎相似(见第 21 章)。患犬出现的轻微症状与传染性支气管炎造成的典型症状相似,包括刺耳、响亮或柔和、湿润的咳嗽。有些患犬会伴有黏液脓性鼻腔分泌物,这在其他病原体引起的传染性支气管炎中较少见到。

患犬可能出现严重的临床症状,包括明显的急性肺炎,或咳嗽 10 d 后出现肺炎(Crawford 等,2005)。继发性细菌感染很常见,可能出现的临床症状包括:发热、呼吸频率加快,甚至发展成呼吸窘迫,听诊啰音。

#### 诊断

在临床诊断出传染性气管支气管炎后,对患有严重咳嗽但不伴有系统性疾病或更严重的呼吸道症状的犬,应进行适当的治疗。患犬出现相应的临床症状,并且胸部 X 线片表现为支气管间质型、支气管肺泡型、或两者同时出现时,可确诊为肺炎。建议使用气管灌洗来确定感染细菌的类型,及其对抗生素的敏感性。

确定流感病毒的存在可对寻找引起疾病暴发的原因有所帮助,或者为接触过流感病毒的感染犬提供一些建议。由于大部分暴发性传染性气管支气管炎病例存在多种病原,因此不能仅仅检测犬流感病毒(表 21-1)。可以通过多种方法来确诊流感,包括:血清学、酶联免疫吸附试验(ELISA,检测抗原)、病毒分离和 PCR 试验(扩增病毒 RNA)。血清学相对于其他方法有许多优势,因为血液容易采集、血清稳定性高,并且在动物停止排毒后也可被检测到感染。但是通过血清学方法不能快速确定感染,因为确诊需要看到抗体滴度上升。更快速的检测方法包括抗原检测(Directigen Flu A,Becton Dickinson & Company,Franklin Lakes,N. J. )和 PCR。Spindel 等(2007)获得的初步数据表明,使用鼻拭子采样,PCR 检测比 ELISA 抗原检测或病毒分离的敏感性更高。其他可以进行病毒分离或 PCR 检测的样本包括咽拭子、气管灌洗液和肺组织。任何病毒检测方法都可能出现假阴性,因为很多患病动物在出现临床症状后排毒期很短。为了得到最好的检测结果,最好在发热患犬刚发病时采集样本。

### 治疗

出现轻度临床症状的患犬,即使使用抗生素治疗,通常情况下咳嗽也会持续几周,需要使用止咳药来控制症状。继发细菌感染后可能会出现黏液脓性鼻腔分泌物,使用抗生素可能有一定效果。

患有肺炎的犬需要更积极的支持治疗,如有需要,可进行静脉输液治疗,以维持循环及气道的水合状态。可以从患犬分离到多种细菌,包括:马链球菌兽疫亚种、兽疫链球菌和革兰阴性菌,这些细菌对常用抗生素有耐药性。可以在初始治疗时使用广谱抗生素,之后通过细菌培养药敏实验结果,以及对治疗的反应来调整用药。最初可以联合使用氨苄西林舒巴坦和氟喹诺酮类药物,或氨基糖苷类药物,也可选择美罗培南。

### 预后

大部分接触流感病毒的犬会被感染。临床症状温和的患犬能够痊愈,但是咳嗽可能持续一个月。出现严重临床症状的患犬预后谨慎。该病的总体死亡率<5%(Yoon 等,2005)。

### 预防

在宠物医院、动物收容所或犬舍中,如果发现犬有流感症状,应立即将其隔离,并且应严格按照隔离流程进行。这种病毒很容易被常规消毒剂灭活。只有对桌子、笼子、碗和其他与患犬接触过的物体进行清洗和消毒,才能有效阻止病原体传播。另外,相关人员在接触患病动物后要认真洗手,在受污染区域工作时需使用一次性防护用具(如手套、鞋套、外套)。美国兽医协会给犬舍管理者和工作人员也提供了相关指导建议(www. avma. org/public _ health/influenza/canine _ guidelines. asp)。

灭活疫苗可用来预防犬流感。最早可以对 6 周龄的犬进行疫苗免疫,第二次免疫可以在首次免疫后2~4 周后进行。根据美国动物医院协会犬疫苗接种指南(2011),该疫苗并非"核心"疫苗,仅用于有高度感染风险的犬。

## 其他病毒性肺炎
### (OTHER VIRAL PNEUMONIAS)

还有一些病毒可感染下呼吸道,但症状很少以病毒性肺炎为主。之前已经讨论过犬腺病毒Ⅰ型和副流感病毒与犬传染性支气管炎的关系(见第 21 章)。犬瘟热病毒也可感染犬呼吸道上皮。肺炎的临床症状通常是由继发的细菌性肺炎引起。犬瘟热患犬的胃肠道或中枢神经系统也可能会被侵袭(见第 94 章)。猫的杯状病毒也会引起肺炎,但这种感染很少见。猫的干性传染性腹膜炎可影响肺脏,但一般会看到其他器官受到侵袭的症状。猫传染性腹膜炎的相关讨论详见94 章。

## 细菌性肺炎
## (BACTERIAL PNEUMONIA)

### 病因学

能感染肺部的细菌很多,从肺部感染的犬猫分离出的常见细菌有支气管败血性博代氏杆菌(*Bordetella bronchiseptica*)、链球菌(*Streptococcus* spp. )、葡萄球菌(*Staphylococcus* spp. )、大肠杆菌(*Escherichia coli*)、巴氏杆菌(*Pasteurella* spp. )、克雷伯氏菌属

(*Klebsiella* spp.)、变形杆菌(*Proteus* spp.)、假单胞菌属(*Pseudomonas* spp.)。厌氧菌可成为混合感染的一部分,尤其对患吸入性肺炎或肺实变的动物。目前已从患有肺炎的犬猫上分离出了支原体,但它在疾病中的作用尚不清楚。犬支原体可能对犬有致病性。

细菌能在气道、肺泡或间质组织中繁殖。肺炎是指肺部的炎症,但是这个术语并非特指细菌性疾病。临床症状限定在气道或支气管周围的感染称为细菌性支气管炎。如果这三个区域都被感染,则称为细菌性支气管肺炎或细菌性肺炎。多数细菌性肺炎病例是由口腔或咽部细菌通过气道进入肺部所致,主要侵袭重力侧前叶和腹侧肺叶(图20-5)。通过血液途径进入肺脏的细菌,通常引起后叶或弥散性肺炎,间质病变很明显。已经通过尸检证明,50%以上的猫细菌性肺炎是血液源性感染造成的(MacDonald等,2003)。细菌性肺炎是一种常见的肺部疾病,尤其常见于犬。已有幼犬出现群体性感染的报道,主要由支气管败血性博代氏杆菌引起(49%病例)(Radhakrishnan等,2007)。但是也要考虑细菌性肺炎的诱发因素。在成年犬,常存在诱发因素,这些诱发因素包括:由于腭裂、巨食道症等原因,动物吸入消化食物或胃内容物引起的吸入性肺炎;肺对正常吸入的碎片的清除能力下降,尤其在动物患有慢性支气管炎、纤毛运动障碍或支气管扩张等疾病时;药物造成的免疫抑制、营养不良、应激、内分泌疾病;其他感染,包括犬流感、犬瘟热、猫白血病病毒感染、猫免疫缺陷病毒感染;吸入异物或异物移行;罕见肿瘤、真菌或寄生虫感染。

## 临床特征

患细菌性肺炎的犬猫常因呼吸道症状、全身症状,或两者都有前来就诊。呼吸道症状包括咳嗽(通常为湿咳,并且柔和),双侧鼻孔均有黏液脓性分泌物,运动不耐受及呼吸窘迫。患有肺炎的猫罕见咳嗽。全身症状包括嗜睡、厌食、发热和体重减轻。动物可能有慢性呼吸道疾病或反流的病史。猫(尤其是幼猫)在应激环境中(如拥挤的室内)易出现博代氏杆菌感染引起的肺炎。患有传染性气管支气管炎的犬可能有近期剧烈咳嗽,或与其他患犬接触的病史(见第21章)。其他诱发因素在前面的章节已经介绍过,因此诊断时要仔细地询问病史。

体格检查可能会发现动物发热,但仅有一半的患病动物会发热。可能听到啰音,偶尔会听到呼气时喘鸣。对于气道感染的病例,异常肺音在肺野前腹部更为明显。

## 诊断

对细菌性肺炎的诊断需要依靠CBC、胸部X线片检查以及对气管灌洗液的细胞学检查和细菌培养结果。伴有核左移的嗜中性粒细胞增多、伴有退行性核左移的嗜中性粒细胞减少、嗜中性粒细胞呈中毒性变化(中度到严重)都支持细菌性肺炎这一诊断。CBC检查可能是正常的,也有可能出现应激白细胞像。

因潜在病因不同,胸部X线片表现出的肺型也不尽相同。典型异常为肺泡型变化,可能伴有实变,这是单个肺叶最严重的病变形式(见图20-5)。也经常出现支气管型和间质型。继发于异物的感染可见于肺部任何区域。单独间质型可出现于疾病早期或病变较为轻微或有血源性感染的动物。单独支气管型可能出现在主要病变为支气管感染的动物。X线检查也可用于巨食道症和其他肺外疾病的筛查。

可对肺部采样进行细胞学和微生物检查(细菌和支原体培养或PCR)来确诊,并指导抗生素用药。为最大限度地提高诊断率,应该在使用抗生素前采样检查。大多数病例进行气管灌洗即可。细菌性肺炎患病动物常见败血性嗜中性粒细胞性炎症,进行细菌培养可能会有病原体生长。在细菌培养帮助确定厌氧菌或不常见病原体(如分枝杆菌、丝状菌)感染之前,革兰染色可以指导早期用药。

还要有确定潜在问题的意识,一些动物最初的病因很明显,例如患有巨食道症的动物。根据临床病理学检查结果来确定是否需要进一步检查,包括使用支气管镜检查气道异常或异物,通过结膜刮片检查犬瘟热病毒,通过血清学或PCR检查特定病毒或真菌,通过激素分析检查是否有肾上腺皮质功能亢进。纤毛运动障碍见第21章。吸入性肺炎的诊断评估见相应章节。

## 治疗

### ◆抗生素

细菌性肺炎的治疗包括应用抗生素和合理的支持疗法,并进行后续监测(框22-1)。很难预测病原微生物对特定抗生素的敏感性,并且多数病例会出现革兰阴性菌以及多种微生物感染。首次使用抗生素时,可根据临床症状严重程度和肺脏样本的细胞学特征(例如革兰染色特征和形态学)来选择。根据治疗反应和药敏实验结果来调整用药。

治疗细菌性肺炎时不需担心某种抗生素渗透入气道分泌物的能力，一般情况下，抗生素在肺实质中的浓度与血浆浓度相当。因此很少采用雾化抗生素。

 **框 22-1　对细菌性肺炎的治疗建议**

**抗生素**
根据革兰染色和肺部样本细菌培养及药敏试验结果选择抗生素

**湿润气道**
保持机体水合
生理盐水雾化

**物理疗法**
对侧卧病例每 1～2 h 翻一次身
病情稳定的动物进行适当运动
叩击

**支气管扩张剂**
根据需要使用，尤其是猫

**供氧**
根据需要使用

**禁忌**
利尿剂
止咳药
糖皮质激素

对轻度或中度临床症状的患犬，在获得药敏结果前可以使用的抗生素包括阿莫西林-克拉维酸（犬 20～25 mg/kg q 8 h；猫 10～20 mg/kg q 8 h）、头孢氨苄（20～40 mg/kg q 8 h）和甲氧苄氨嘧啶磺酰胺（15 mg q 12 h）。有耐药性的革兰阴性菌感染可使用氟喹诺酮类药物。在应激环境中怀疑感染博代氏杆菌的幼猫，在培养结果出来之前应先使用阿莫西林-克拉维酸、多西环素（5～10 mg/kg q 12 h；之后要饲喂一次水）或氟喹诺酮类药物。多西环素或氟喹诺酮类药物可能更有效，但是幼猫非常有可能会出现副作用。

有严重临床症状或可能有败血症的动物，最初应该静脉注射抗生素。在感染危及生命的动物应使用广谱抗生素，例如美罗培南（8.5 mg/kg SC q 12 h 或 24 mg/kg IV q 12 h）、氨苄西林（20 mg/kg q 8 h）与舒巴坦和氟喹诺酮类联用，或氨苄西林舒巴坦和氨基糖苷类［例如：阿米卡星 15～30 mg/(kg·24 h)犬和 10～14 mg/(kg·24 h)猫］联用。舒巴坦与克拉维酸一样，是一种 β-内酰胺酶抑制剂，舒巴坦与氨苄西林合用静脉注射的作用类似于阿莫西林-克拉维酸。如果鉴别诊断包含弓形虫感染，可以联合使用氟喹诺酮类

和克林霉素，或氟喹诺酮类和阿奇霉素合用（见第 96 章）。

抗生素治疗应该在临床症状消失后再持续至少 1 周。

◆ 气道润湿

气道分泌物变干会引起黏性增加以及纤毛功能下降，影响肺的正常清除机制。因此必须保持气道分泌物的水分，在患肺炎的动物气道需要保持湿润。对有脱水迹象的动物要采用输液疗法。利尿剂可引起脱水，因此在这些动物禁用。

可通过加湿或雾化使气道湿润。这些治疗方法尤其推荐用于有肺实变或怀疑气道清除能力下降的动物，如患有支气管扩张的动物。由于温度的限制，变成蒸汽的水量有限，水蒸气仅能到达鼻腔和气管近端。水蒸气无法有效加湿肺的深部，但在呼吸道近端比较有效，尤其对有鼻腔分泌物的动物。加湿很方便，可将动物置于充满水蒸气的浴室，或在一个小屋内放置一个便宜的加湿器，这些在药店很容易买到。

为了加湿气道深部，需要进行雾化。雾化器能产生小的、不均一的水滴，直径为 0.5～5 $\mu m$，可到达较深的气道。市面上有几种不同型号的雾化器。一次性喷嘴雾化器很容易买到而且不贵，可将其接在氧气瓶或空气压缩机上（图 22-1）。有效便宜的便携式压缩机现在已经商业化，可在家使用。雾化溶液可通过面罩输给动物。颗粒看起来像水蒸气。可以在人医院网站上找到在家中使用和清洗雾化设备的说明，人医主要是用来控制囊性纤维化或支气管哮喘。

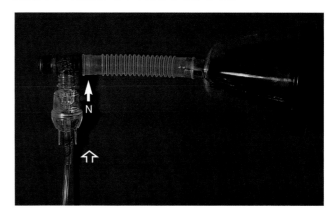

**图 22-1**
一次性喷射性雾化器容易买到且很便宜。雾化器（N）内装有灭菌生理盐水。氧气从雾化器底部（开放性箭头）进入，雾化的空气从顶部排出（闭合的箭头）。雾化的空气通过面罩输送给动物，如图所示，或者输入封闭的笼子内。

灭菌生理盐水可作为雾化的溶液,因为其有溶解黏液的作用,并且相对无刺激性。尽管给犬单独使用生理盐水通常没有问题,但为了减少支气管痉挛,可在之前先使用支气管扩张剂。推荐每天雾化 2～6 次,每次 10～30 min。雾化后立即进行理疗,促进分泌物(可因再水和作用体积增大)排出。在感染活跃的动物中,雾化器和导管 24 h 内需要更换,面罩需要清洗和消毒。

### ◈ 物理疗法

长时间一个姿势躺卧会损伤气道的清除能力,并且如果单侧躺卧时间过长可发生肺实变。因此侧卧的动物至少 2 h 翻一次身。活动可使动物的呼吸加深,引起咳嗽,促进气道清除分泌物,在动物状况足够稳定并且能耐受氧的需求时,应该进行适度运动。

雾化后进行理疗可促进动物咳嗽,并有助于清除肺部分泌物。如果可以,可让动物适度运动。此外,可以采用叩击法。操作人员双手叩击动物的肺脏所在的两侧胸壁。动作要有力,但不致痛,如果动物能够耐受,可持续 5～10 min。对于肺实变但无法接受雾化的动物,叩击法也有一定帮助。

### ◈ 支气管扩张剂

支气管痉挛可继发于炎症,尤其是猫。支气管扩张剂用于呼吸力度增加的动物,尤其是能听到呼吸性喘鸣时。使用支气管扩张剂时要密切监测动物的状态,因为支气管扩张剂可能使通气灌注比(V/Q)进一步失调,从而加重低血氧。如果临床症状加剧或无改善,则需要停药。支气管扩张剂已在第 21 章讨论过。

### ◈ 其他治疗

祛痰剂在犬猫中的作用尚存争议。乙酰半胱氨酸是一种黏液溶解剂,一些临床医生认为静脉注射这种药物对于患有严重支气管肺炎的动物有治疗作用。其原因很可能是由于这种药物的抗氧化效果,而非它的黏液溶解特性产生的作用。乙酰半胱氨酸不能雾化给药,因为它对呼吸道黏膜有刺激作用。患细菌性肺炎的动物慎用糖皮质激素。如果临床症状、动脉血气或脉搏血氧计监测显示低血氧,可吸氧治疗(见第 21 章)。

### ◈ 监护

需密切监护患细菌性肺炎的犬猫是否出现肺功能恶化的症状。每天至少检查 2 次呼吸频率、呼吸力度及黏膜颜色。每 24～72 h 进行一次胸部 X 线检查和 CBC 检查。如果动物状况在 72 h 内无明显改善,可能需要调整治疗方案或进行其他检查。有改善的动物可回家护理,并且每 10～14 d 复查 1 次。一旦临床症状和 X 线片征象都消失,继续使用 1 周抗生素。

感染初期的 X 线片征象可掩盖局部病变(比如肿瘤或异物)发展的表现。正在接受抗生素治疗的动物,胸部 X 线片局部不透射线性可能不明显。对于复发感染或怀疑有局灶性病变的动物,抗生素停药 1 周后应再次进行 X 线检查。长期抗生素治疗后持续存在局灶性疾病应进行支气管镜检查、胸腔镜检查或开胸检查。

### 预后

合理治疗易改善细菌性肺炎。在有潜在诱发因素时,预后更加谨慎,必须考虑能否去除这些诱发因素。

肺脓肿是细菌性肺炎不常见的并发症。X 线片上脓肿显示为局灶性病变,可能累及整个肺叶。为了确定病灶内是否含有液体,可以采取水平位投照。也可通过超声检查确定实变区域的性质。在一些动物中,长期药物治疗可以使脓肿消失,但如果无改善,或停止治疗后再次出现 X 线征象,则需要手术切除(如肺叶切除)。

## 弓形虫病
## (TOXOPLASMOSIS)

肺脏是猫弓形虫病最常侵袭的一个部位。典型胸部 X 线片显示整个肺部呈云絮状肺泡型和间质型(不透射线性)变化。不太常见的征象还包括结节性间质型、弥散性间质型或支气管型,肺叶实变或胸腔积液。气管灌洗很少能发现病原体。支气管肺泡灌洗发现病原体的概率更高一些(见图 20-17)。弓形虫病是一种多系统疾病,在第 96 章会详细讨论。

## 真菌性肺炎
## (FUNGAL PNEUMONIA)

侵袭肺的常见真菌性疾病包括芽生菌病、组织胞浆菌病和球孢子菌病。在多数病例中,病原体通过呼吸道进入机体。感染可能在动物无临床症状的情况下被清除,或动物可能仅出现短暂呼吸道症状。感染也可能逐渐发展为仅侵袭肺脏的疾病,或扩散到全身不同的靶器官,或者这两种情况都发生。隐球菌也能通过呼吸道进入机体,并能感染肺部,尤其是猫。然而,猫表现的症状一般是鼻部感染。肺部症状最常见于患芽生菌病的犬和患组织胞浆菌病的猫。

有进行性下呼吸道疾病症状的犬猫的鉴别诊断中,要考虑肺部真菌感染,尤其当动物同时出现体重减轻、发热、淋巴结病、脉络膜视网膜炎或其他多系统疾病的症状。胸部 X 线片的典型表现是弥散性、结节性、间质性肺型(见图 20-6)。结节常呈粟粒样。有可疑临床症状的犬出现该肺型,支持真菌感染这一诊断,但肿瘤、寄生虫、非典型细菌(如分枝杆菌)感染和嗜酸性肺病等疾病也能引起类似的肺型,因此诊断时要充分考虑这些因素。其他可能出现的 X 线检查异常包括肺泡型和支气管间质型和肺部实变。也可能出现肺门淋巴结病,多见于患组织胞浆菌病的动物。组织胞浆菌病引起的病变也可能出现钙化。

气管灌洗在一些病例可以冲洗出病原体。但是由于这些疾病为间质型,可能必须要进行支气管肺泡灌洗和肺脏细针抽吸检查才能得到更高的成功率(见图 20-15 和图 20-16)。细菌培养可能比单独进行细胞学检查更敏感。但是,肺部样本中未发现病原体也不能排除真菌性疾病。第 95 章将对全身性真菌病进行详细阐述。

# 肺寄生虫
## (PULMONARY PARASITES)

有些寄生虫可引发肺部疾病。特定的肠道寄生虫(尤其是犬弓形虫)能引起年轻动物出现一过性肺炎。这些动物通常只有几个月大,由幼虫在肺内移行所致。心丝虫能通过炎症和栓塞引起严重的肺部疾病(见第 10 章)。奥斯勒丝虫(Oslerus osleri)寄生在犬的气管隆突和主支气管,第 21 章已详细阐述。其他常见的犬猫肺部寄生虫有嗜气毛细线虫(Capillaria aerophila)和猫肺并殖吸虫(Paragonimus kellicotti),只寄生于猫的深奥猫圆线虫(Aelurostrongylus abstrusus),只寄生于犬的狐环体线虫(Crenosoma vulpis)。

动物吞食了易感阶段的寄生虫会引发感染,这些寄生虫存在于中间宿主或终末宿主体内,继而移行至肺脏。肺内常发生嗜酸性炎症反应,并不总能导致临

床症状。需要在呼吸道或粪便样本中发现特征性虫卵或幼虫才可确诊(见第 20 章)。

## 嗜气毛细线虫
### [CAPILLARIA (EUCOLEUS) AEROPHILA]

嗜气毛细线虫(Capillaria aerophila,又被称为 Eucoleus aerophila)是一种小线虫。成虫主要寄生在大气道上皮层下方。被毛细线虫感染的动物中,只有很少一部分会出现临床症状,大多数病例在进行常规粪便检查时意外发现有特征性虫卵,从而被诊断出来。

出现症状的动物很少有过敏性支气管炎的症状。胸部 X 线检查一般正常,但也可能会有支气管型或支气管间质型表现。气管灌洗液检查可能会发现有嗜酸性炎症。通过气管灌洗或粪便漂浮实验(见图 20-12,C)发现特征性虫卵可诊断毛细线虫。

有临床症状的犬猫可用芬苯达唑[50 mg/(kg·24 h)连续口服 14 d]治疗。犬也可使用左旋咪唑(8 mg/kg,连续口服 10～20 d)。也建议用伊维菌素,但尚未确定一致的有效剂量。患病动物预后良好。

## 猫肺并殖吸虫
### (PARAGONIMUS KELLICOTTI)

猫肺并殖吸虫是一种小的吸虫。蜗牛和龙虾都是其中间宿主,因此这种疾病主要见于美国的五大湖、中西部或南部。成对的成虫被纤维组织包裹,通常位于肺的后叶,与一个气道相连,使虫卵可以通过。成虫周围可出现局部肉芽肿反应,或者机体对虫卵出现全身性炎症反应。

猫的感染比犬常见。一些犬猫无临床症状。当出现临床症状时,与患过敏性支气管炎的动物一样。此外,囊肿破裂可引起自发性气胸。

典型的 X 线征象为单一或多个实质或空腔肿物病变,多见于右后叶(图 20-10)。胸部 X 线片的其他异常有支气管型、间质型(弥散性或结节性)或肺泡型,与炎症反应的严重程度有关(图 20-11)。

通过找到粪便样本(第 20 章描述的粪便沉降法)、气管灌洗液或支气管肺泡灌洗液中的虫卵进行确诊(见图 20-12,D)。然而并不总是出现虫卵,所以需要多次进行粪便检查。一些动物也需要进行假设性诊断。迭宫绦虫属(Spirometra)的虫卵很容易与并殖吸虫(Paragonimus)虫卵混淆(图 22-2)。

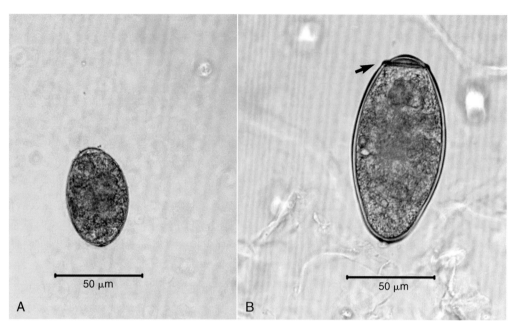

**图 22-2**

有卵盖的迭宫绦虫虫卵(A)容易与并殖吸虫虫卵(B)相混淆。迭宫绦虫虫卵与并殖吸虫虫卵相比,虫卵较小且颜色较浅。最明显的区别是并殖吸虫虫卵在卵盖边缘有轻微隆起(箭头)(Courtesy James R. Flowers)。

可用治疗毛细线虫剂量的芬苯达唑治疗并殖吸虫病。此外,也可以使用吡喹酮,23 mg/(kg·8 h),口服3 d。

在患气胸的动物,要通过胸腔穿刺稳定动物的病情。然而,如果空气继续在胸腔内聚集,在泄漏口闭合前要放置胸导管并进行抽吸(见第24章)。很少需要进行手术干预。

通过拍摄胸部X线片和定期粪便检查监护动物的治疗反应,一些动物可能需要重复治疗。该病预后良好。

## 深奥猫圆线虫
### (*AELUROSTRONGYLUS ABSTRUSUS*)

深奥猫圆线虫是一种小线虫,可感染猫的小气道和肺实质。中间宿主是蜗牛和蛞蝓。大多数感染猫无症状,通常是年轻猫。临床症状与猫支气管炎一样。一些猫的X线片会表现弥散性粟粒型或结节性间质型征象,但也可能出现支气管炎征象。患猫还可能会出现肺动脉增粗,需和心丝虫感染进行鉴别,在外周血液和气道样本中可能会见到明显的嗜酸性炎症。

使用贝尔曼氏法处理粪便(见图20-12,A)或通过气管、支气管肺泡灌洗样本发现幼虫即可确诊。尽管贝尔曼氏检测法是最敏感的病原体检测方法,但由于幼虫是间歇性外排的,需要进行多次粪便检查。动物

发生感染时,气道样本检查也经常是阴性的,对样本进行压片染色有助于增加诊断的敏感性(Lacorcia 等,2009)。

可使用芬苯达唑治疗猫的感染,剂量与毛细线虫的治疗一样。在一项研究中,4只感染猫按照50 mg/(kg·24 h)的剂量口服芬苯达唑,连续15 d,感染均被清除(Grandi 等,2005)。对比之前的报道,一只猫使用伊维菌素治疗无效(0.4 mg/kg SC)。通过胸部X线检查和定期粪便检查来监测治疗效果。有些猫可能需要多次治疗。

单独使用糖皮质激素进行抗感染治疗也可消除临床症状。但是,对于该病来讲,消除潜在的寄生虫才是治疗的最终目的,而且糖皮质激素可能会干扰抗寄生虫药的疗效。支气管扩张剂可改善症状,而且可能不会干扰抗寄生虫药的作用。该病预后良好。

## 狐环体线虫
### (*CRENOSOMA VULPIS*)

狐环体线虫是一种寄生于狐狸的肺线虫,亦可寄生于犬。该病常见于加拿大和欧洲部分地区的犬,美国则很少见到。但是随着人类居住地侵入狐狸的栖息地,美国的感染率可能会上升。这种寄生虫寄生在气道(气管、支气管、细支气管)。中间宿主是蜗牛或蛞蝓。临床症状和过敏性或慢性支气管炎相符。胸部X

线片可能出现支气管间质型，或局部肺泡型，或偶见结节性间质型。粪便检查（贝尔曼氏粪便检查，见框 20-8）、气管或支气管肺泡灌洗样本中找到幼虫（见图 20-12，B）即可确诊。由于不能总看到幼虫，怀疑感染的病例需要进行多次检查。单次口服米尔贝肟（0.5 mg/kg）即可消除临床症状，一项对 32 只感染犬的研究发现，治疗 4～6 周后粪便中无幼虫（Conboy，2004）。这种治疗可能对不成熟的幼虫无效。与其他肺寄生虫感染一样，需通过胸部 X 线检查和定期粪便检查来监测治疗效果。

# 吸入性肺炎
## （ASPIRATION PNEUMONIA）

### 病因学

健康动物有时可将少量液体和细菌从咽部吸入气道，但正常的气道清除机制可预防感染。在许多患有细菌性肺炎（尤其是细菌性支气管肺炎）的动物，通常认为病原菌来源于口咽部。在人医中，这样的感染被定义为吸入性肺炎。在兽医上，吸入性肺炎指的是肺部吸入过量固体或液体物质导致的肺炎。被吸入的物质通常是胃内容物或食物。在健康动物，功能正常的咽喉可以防止吸入异物，但偶见过度兴奋的幼犬或成犬在高草地上奔跑时吸入异物。另外，任何年龄的动物均可出现吸入性肺炎，这表明有潜在的诱发因素（框 22-2）。

吸入性肺炎是反流动物常见的并发症。巨食道症和食道运动障碍是反流最常见的病因（见第 31 章）。其他原因引起的反流不常见（如反流性食道炎和食道梗阻）。吸入性肺炎的其他原因还包括局限性或全身性神经或肌肉疾病，可影响喉部或咽部的正常吞咽反射。在意识出现异常或麻醉状态下的犬猫，这些反射也会受到抑制。喉麻痹常与食道功能异常同时发生，吸入性肺炎是治疗性喉成形术的一种并发症。也能发生于喉部解剖异常的动物，如肿物性病变、短头品种气道综合征或腭裂。支气管食管瘘是吸入性肺炎的一种罕见病因。

吸入性肺炎的医源性病因包括过度强饲（尤其对精神沉郁的动物），以及胃管错误放置到气管内。为了预防毛球而给猫饲喂矿物油，也有可能会引起吸入性肺炎，因为咽部对无味无臭的油剂感觉很差。

 **框 22-2　犬猫吸入性肺炎的潜在性病因**[*]

**食道异常**
巨食道症，第 31 章
反流性食管炎，第 31 章
食道梗阻，第 31 章
重症肌无力（局灶性），第 68 章
支气管食管瘘

**局灶性口咽异常**
腭裂
环咽肌运动功能障碍，第 31 章
喉部成形术，第 17 章
短头品种气道综合征，第 17 章

**全身性神经肌肉异常**
重症肌无力，第 68 章
多发性神经病，第 68 章
多肌病，第 69 章

**意识减弱**
全身麻醉
镇静
剧烈运动后，第 64 章
头部创伤
严重的代谢疾病

**医源性**[†]
强饲
胃管，第 30 章

**呕吐（合并其他诱发因素），第 28 章**

[*] 给出的章节内对每个病因都有进行讨论。
[†] 过度喂食，胃管放置不恰当，胃管的存在使得后段食道括约肌收缩能力消失。

吸入物对肺的损伤是由化学性损伤、气道梗阻、感染以及这些因素引起的炎症反应造成的。胃酸可引起下呼吸道严重的化学损伤，会出现组织坏死、出血、水肿和支气管收缩以及明显的急性炎症反应。肺泡通气和顺应性下降会引起致命的低血氧。

吸入物引起气道的物理性梗阻能导致严重的呼吸窘迫。多数情况下仅有小气道发生梗阻，偶尔也会出现大块食物引起主气道梗阻的情况。反射性支气管收缩和炎症会加重梗阻。吸入固体物引起的炎症反应，其内含有大量巨噬细胞。这种反应可被机化，形成肉芽肿。

细菌感染可能是吸入被污染的物质（例如存留在食道内的食物）引起的。酸性胃内容物可能是无菌的，但是在人医上，服用抗酸药、存在肠梗阻、存在牙周病时,胃酸被认为是有菌的。由于很多宠物都患有牙周病,所以吸入物是不能当作无菌物质来处理的,胃酸对肺造成的损伤易使动物发生继发感染。

吸入矿物油会引起慢性炎症反应,临床症状通常很轻微,但少数病例会有很严重的反应。X线检查会持续存在异常征象,并且有可能会被误诊为肿瘤性病变。

## 临床特征

患吸入性肺炎的犬猫经常表现急性、严重的呼吸道症状。全身症状如厌食和精神沉郁也很常见,这些患病动物甚至可能出现休克。在出现呼吸窘迫前数小时可能有呕吐、反流或进食。其他症状有慢性间歇性或进行性咳嗽或呼吸力度增强。有时,患病动物仅仅表现出精神沉郁或与其诱发病因相关的症状。要仔细问诊,仔细检查所有器官系统。要特别询问动物主人是否进行过强制饲喂或给药。

动物可能出现发热,但不是每个病例都可以见到。经常可以听到肺啰音,尤其在重力侧肺叶。一些病例可听见喘鸣音。一旦动物的病情稳定后,要对动物进行全面的神经肌肉检查。还要检查患病动物吞咽食物和水的能力。

## 诊断

需要结合X线检查的可疑结果和诱发因素才能确诊是否为吸入性肺炎。典型胸部X线征象表现为弥散性间质型,伴有肺泡型(空气支气管征)和重力侧肺叶实变(见图20-5)。胸部X线检查异常可能在吸入12～24 h后才比较明显。有时可以在慢性病例中见到结节性间质型。大结节能使周围硬化,吸入矿物油的动物经常会形成粟粒样结节。如果X线片显示大气道内有软组织肿物,要考虑大气道梗阻,但这种情况不常见。在严重继发性肺水肿的犬能看到明显的弥散性肺泡型。

外周血计数能反应肺炎的进程,但数值经常正常。可通过检查嗜中性粒细胞是否出现中毒性变化来判断动物是否有败血症。

气管灌洗适用于耐受该操作的动物,用这种方法可确定并发感染的细菌,并获得病原菌的药敏试验结果。细胞学样本中可看到有大量嗜中性粒细胞性炎症反应。误吸后处于急性期的动物,样本中可能见到血液,也可能看到细菌。所有病例都应进行细菌培养。

支气管镜可全面检查气道,探查并移除大的固体。但由于大气道梗阻的可能性很小,因此仅在临床症状

明确表明有大气道梗阻(见第26章)或动物没有意识时才进行支气管镜检查,当动物没有意识后不需要进行全身麻醉。

虽然大多数患吸入性肺炎的动物存在复合性异常,但通过血气分析有助于区分通气不足和通气-灌注异常(见第20章)。有严重通气不足的动物可能有大气道梗阻或肌无力,肌无力可继发于潜在的神经肌肉异常,例如重症肌无力。血气分析也有助于对这些动物进行治疗管理,并可有效监测动物对治疗的反应。

诊断性评估适用于筛查潜在性原发病(见框22-2),包括全面的口腔和咽部检查,食道造影检查或特异性神经肌肉检查。

## 治疗

气道抽吸仅对发生误吸且在医院内已经麻醉或无意识的动物有用,需要在误吸后立即进行抽吸。如果有支气管镜,可通过活组织检查通道进行抽吸,这样可在可视情况下进行。此外,也可将连接在抽吸泵上的灭菌橡胶管通过气管插管盲插入气道进行抽吸。过度抽吸可造成肺叶塌陷。因此要进行低压、间歇性抽吸,然后用呼吸机或气囊正压通气数次,以扩张肺叶。气管灌洗是禁忌证。

患严重呼吸窘迫的动物应该进行补液、吸氧、支气管扩张剂和糖皮质激素治疗。治疗休克时静脉补液速度要快(见第30章),并且动物病情首次稳定后应继续补液,以保持全身水合状态,这可使气道清除力保持最佳状态。然而,为了避免发生肺水肿,一定要防止过度水合。

要立即对患病动物进行吸氧治疗(见第27章)。对吸氧无反应的严重呼吸窘迫的动物,需要进行正压通气。

为了减轻支气管痉挛和呼吸肌疲劳,可给予支气管扩张剂,这对猫可能更有效。支气管扩张剂可加重V/Q值失衡,加重低血氧。如果用药后临床症状无改善或加剧,则需停药。

尽管糖皮质激素有抗炎效果,但它会干扰严重受损组织的正常防御机制。作者建议将糖皮质激素应用在那些使用抗生素和支持治疗后呼吸严重受损、临床症状恶化的动物上。短效制剂使用低剂量(抗炎剂量)给药时,给药时长可达48 h。

支气管镜检查和异物移除对大气道梗阻的动物有很大帮助。然而,一般不需要支气管镜检查,因为在进行该操作时需要全身麻醉,而且大气道梗阻并不常见。

出现明显的全身性败血症症状的动物需立刻给予抗生素。应该选用广谱抗生素，并通过静脉给药。这些药物包括美罗培南，或氨苄西林舒巴坦和氟喹诺酮类药物联用，或氨苄西林舒巴坦和氨基糖苷类药物联用。

为了确定存在感染，并获得药敏数据，在使用抗生素前要对情况稳定的动物进行气管灌洗。这些信息很重要，因为该病经常需要长时间治疗，而且人医上已经证明：对误吸的动物，如果一开始就给抗生素或按经验给使用抗生素，会引起耐药性继发感染。如上文细菌性肺炎中所述，革兰氏阴性菌以及混合感染的发生率很高，导致我们假定的药敏结果可能是错的。在培养结果出来前，可使用青霉素和 $\beta$-内酰胺酶抑制剂（如阿莫西林-克拉维酸或氨苄西林和舒巴坦）进行治疗。由于这些动物后续可能发生感染，需要经常进行体格检查、CBC 检查、胸部 X 线检查，监测其是否出现继发感染相关的恶化倾向。如果怀疑有感染，需重复气管灌洗。

进一步治疗和监测建议在细菌性肺炎中已经讨论过。为了预防复发，需要治疗潜在疾病。

## 预后

临床症状轻微以及潜在病因被纠正的动物预后很好。症状较严重或无法纠正潜在病因的动物，预后较差。

## 嗜酸性肺病（肺部嗜酸性粒细胞浸润和肺部嗜酸性肉芽肿）

### [EOSINOPHILIC LUNG DISEASE (PULMONARY INFILTRATES WITH EOSINOPHILS AND EOSINOPHILIC PULMONARY GRANULOMATOSIS)]

嗜酸性肺病是个广义术语，是指浸润细胞主要为嗜酸性粒细胞的炎性肺病。嗜酸性炎症主要涉及气道或间质。过敏性支气管炎和特发性支气管炎是猫最常见的嗜酸性肺病，这已经在第 21 章讨论过。伴有或不伴有支气管炎的间质型浸润有时被称为肺嗜酸性粒细胞浸润（pulmonary infiltrates with eosinophils，PIE），常见于犬。肺嗜酸性肉芽肿是犬 PIE 的一种严重类型，特征为出现结节，并经常伴有肺门淋巴结病。必须将其与真菌感染和肿瘤区分开。术语嗜酸性支气管肺病也用于描述嗜酸性肺病。这些名词只是描述性的，

可能包括许多肺部过敏性疾病。

由于嗜酸性炎症是一种过敏反应，所以要积极寻找患病动物体内潜在的抗原源，包括心丝虫、肺部寄生虫、药物和吸入性过敏原。食物过敏在这种疾病中起一定作用，但并未探究过两者的关系。第 21 章过敏性支气管炎中详细讨论了潜在过敏原。细菌、真菌和肿瘤也能引起过敏性反应，但这些反应通常不是主要发现。在许多病例中没有发现潜在疾病。肺嗜酸性肉芽肿病与心丝虫疾病有很大关系。

## 临床特征

年轻或年龄较大的犬均可患嗜酸性肺病。患犬常因慢性进行性呼吸道症状前来就诊，如咳嗽、呼吸力度增强及运动不耐受。全身症状如厌食和体重减轻通常很轻微。肺音听诊通常正常，但也可能听到啰音或呼气喘鸣音。

## 诊断

PIE 的定义包括外周嗜酸性粒细胞增多，但不是所有的患病动物都会出现，它也不是一个特异性征象。胸部 X 线片可见到弥散性间质型病变。嗜酸性肺肉芽肿会形成结节，通常界限不清晰。这些结节可能会很大，并且也可能出现肺门淋巴结病。也可能发现片状肺泡阴影和肺实变。

为了确诊 PIE，必须进行肺部采样检查。在一些 PIE 病例中，气管灌洗物中可能会发现嗜酸性炎症迹象。为了确定其他原因引起的嗜酸性反应，可能需要采取更激进的采样技术，例如支气管肺泡灌洗、肺抽吸或肺组织活检等。在这些样本中，其他炎性细胞的数目常较少。

应该考虑潜在的抗原。应仔细检查肺部样本中是否有感染因素和恶性肿瘤的特征。建议对所有病例进行心丝虫检查和粪便检查以排查肺部寄生虫。

## 治疗

需直接治疗诊断中确定的所有原发病。消除过敏原可能会治愈该病。

糖皮质激素抗感染治疗适用于无法确定抗原来源的犬，以及患有心丝虫并出现嗜酸性炎症损伤呼吸道的犬（见第 10 章）。嗜酸性肉芽肿患犬常需要更强的免疫抑制治疗。

患犬一般用糖皮质激素进行治疗，例如泼尼松，初始剂量为 1～2 mg/kg q 12 h。通过临床症状和胸部

X线片监测动物对治疗的反应,开始时应该每周评估一次。一旦临床症状消失,糖皮质激素应减至最低有效剂量。如果保持3个月无症状,可尝试停止治疗。如果采用糖皮质激素治疗时症状加重,要立即重新检查,寻找潜在的感染因素。

有大结节病变(嗜酸性肉芽肿病)的犬应该联合使用糖皮质激素和细胞毒性药物进行治疗。泼尼松使用剂量为1 mg/(kg・12 h),PO,联合使用环磷酰胺,50 mg/(m$^2$・48 h)。每1~2周检查一次临床症状和胸部X线片,直至痊愈。每1~2周进行一次CBC检查,以监测环磷酰胺是否引起了过度骨髓抑制。在病情缓解数个月后可以考虑停止治疗。环磷酰胺的停用要更早一些,因为长期治疗会引起无菌性、出血性膀胱炎(更多关于环磷酰胺治疗的副作用见第75章)。还没有其他免疫抑制药物疗效的相关报道,例如环孢素。

### 预后

根据症状的严重性和潜在病因,可以看到各种各样的疾病。预后尚可或良好,患严重嗜酸性肺肉芽肿病的犬预后慎重。

## 特发性间质型肺炎
### (IDIOPATHIC INTERSTITIAL PNEUMONIAS)

术语特发性间质型肺炎一般指肺泡间隔的炎症或纤维化,也可能影响到小气道、肺泡和肺部血管。肺泡间隔包括肺泡上皮、上皮基底层、毛细血管内皮基底层和毛细血管内皮,还包括成纤维细胞和肺泡巨噬细胞。只有在完全排除了间质型肺病后才能确诊为特发性疾病。引起间质性肺病的原因有很多,包括很多感染性因素及一些毒素和肿瘤。

特发性肺纤维化是犬猫特发性间质型肺炎中研究最多的。有些嗜酸性肺病也包含在这部分中(不包括猫过敏性或特发性支气管炎)。犬猫偶见其他病因不详的间质性炎性肺病。病变可能表现为某种形式的血管炎、系统性红斑狼疮的一部分、免疫复合物病或其他过敏反应。但这些疾病很少见,有关这些疾病的文献报道也很少。要确诊该病必须进行肺脏活组织检查。只有在进行了广泛的检测,排除肺部疾病的更常见原因(特别是感染性因素和肿瘤),并且排除了对免疫抑制治疗的长期阳性反应后才能确诊。淋巴瘤样肉芽肿病是一种结节性间质型疾病,与肺嗜酸性肉芽肿的临床表现类似。

起初认为这种疾病是肺部炎性疾病,但是目前认为它是一种肺淋巴组织增生性肿瘤(见第77章)。

## 特发性肺纤维化
### (IDIOPATHIC PULMONARY FIBROSIS)

人的特发性肺纤维化是根据组织病理学诊断的,组织学表现为普通的间质型肺炎。但是,根据美国胸科协会和欧洲呼吸协会共同声明(2002年),普通间质性肺炎的组织病理学表现也可能是其他疾病引起的。特发性肺纤维化的诊断需满足以下3点:①排除其他已知的间质性肺病的病因,包括药物毒性、环境因素和胶原血管病;②典型的X线片或CT异常征象;③典型的肺功能异常。在兽医上,最后一条判定标准很难应用,但是要注意其他2点。

典型的普通间质性肺炎的组织病理学表现包括:纤维化、区域性成纤维细胞增生、肺泡上皮细胞化生和轻度至中度炎症。有时可见肺部蜂窝样变化,是由异常肺泡上皮细胞排列导致肺泡扩张引起的。肺的各个部位不同程度地受损,导致肺部正常区域和异常区域混合在一起。异常区域经常出现在胸膜下。伤口愈合缺陷一直被怀疑为该病的病因。

猫特发性肺纤维化在组织病理学上与人类似(Cohn等,2004;Williams等,2006;图22-3)。与人和猫不同,这种疾病在犬中的主要病变是胶原沉积在肺泡隔上,且没有成纤维细胞病灶(Norris等,2005)。

在人上,肿瘤可与特发性肺纤维化同时发生,在一项研究中(Cohn等,2004),23只猫里有6只发生了这种情况。肺纤维化可能会被误诊为癌,在上述研究中,4只肺纤维化的猫最开始时也被误诊为癌。

### 临床特征

犬的肺纤维化有品种倾向,最常见的是西高地白狸,斯塔福斗牛狸、杰克罗素狸、凯恩狸和舒柏奇犬较为少见。犬和猫更倾向在中老年时出现临床症状,虽然也有动物在2岁时就出现了典型临床症状。

临床表现常常在几个月内缓慢发展。但猫的临床症状持续的时间可能较短,上述研究结果显示,23只患猫中,只有6只猫的临床症状持续2~14 d(Cohn等,2004)。呼吸受损是肺纤维化最主要的临床症状,表现为运动不耐受和/或快速用力呼吸。病患常出现咳嗽,但如果咳嗽是主要症状,需要高度怀疑支气管炎。犬也可能出现晕厥。

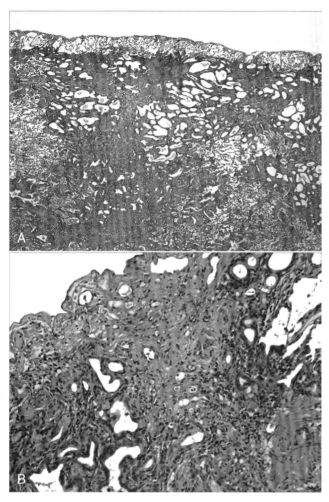

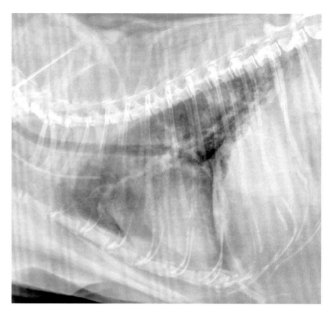

图 22-4
特发性肺纤维化患猫的侧位胸部 X 线片显示肺后叶弥散性间质型病变及片状肺泡疾病。心包周围和纵隔内脂肪也可显示出来。肺纤维化的猫的 X 线片异常征象多变,包括间质型、支气管型、肺泡型或混合型。

图 22-3
特发性肺纤维化患猫的肺活检显微照片。在低倍镜下(A),由于肺实质被杂乱的纤维组织和分散的单核细胞所取代,正常肺结构明显消失和扭曲。可见到少量可辨认的肺泡。肺泡间隔增厚,肺泡上皮化生。在高倍镜下(B),胸膜下肺泡显著扭曲并见肺泡隔纤维化,Ⅱ型上皮细胞增生。虽然这张图片没有正常的肺部区域,但是这种疾病的特征是肺部病变不均一(Stuart Hunter 惠赠)。

啰音是患犬的特征性听诊变化,在一些猫也可能听到。大约一半患犬和部分猫可听到喘鸣音。典型的呼吸异常是呼吸急促,且伴有相对不费力的呼气。

### 诊断

肺纤维化患犬的胸部 X 线片典型征象为弥散性间质型。中度至重度的异常密度变化才能与年龄相关的变化相区别。常伴发支气管型,使得肺纤维化和慢性支气管炎的症状相互重叠。可能会看到肺动脉高压的迹象。患有这种疾病的猫 X 线片征象可能是弥散性或云絮状浸润(图 22-4),可能出现间质型、支气管型、肺泡型或混合型,但常常很严重。随病情发展,犬猫都有可能由于气道受到牵引出现支气管扩张。

CBC、生化检查和尿液检查结果通常正常。慢性低血氧可能会引起红细胞增多症。可进行其他检查来筛查其他可引起间质性肺病的原因,这些检查包括:粪便检查(寄生虫)、心丝虫检查和合适的血清学检查(感染性疾病)。

应在体况足够稳定的患病动物上进行气道采样,主要是帮助诊断其他引起肺部疾病的原因。患有肺纤维化的动物可见到轻度至中度炎症,但它是非特异性的。支气管镜检查在一些动物上可能有助于确诊其他引起肺部疾病的原因,例如慢性支气管炎。

在人上使用 CT 扫查肺部,如果出现典型病变可以初步诊断为特发性肺纤维化。相同的病变也可以在犬上见到(Johnson 等,2005;Heikkila 等,2011)。目前还没有关于猫 CT 扫查的报道。

虽然目前内皮素-1(ET-1)的测定还没有商业化,但是这项检查有希望成为犬特发性肺纤维化的诊断方式。在一项包含有特发性肺纤维化、慢性支气管炎或嗜酸性支气管肺病(PIE 或过敏性支气管炎)患犬和健康比格犬的对照研究中,如果将 ET-1 作为特发性肺纤维化的诊断指标,在 ET-1 血清浓度大于 1.8 pg/mL 时,该检查的敏感性是 100%,特异性是 81%(Krafft 等,2011)。

要确诊肺纤维化需要通过开胸术或胸腔镜进行肺组织活检。活组织检查涉及的费用和侵入性限制了其临床应用。并且肺纤维化没有特异性治疗方案,使得活组织检查更加难以推广。但是,如果宠物体况稳定,并且宠物主人有充足的财力,可以考虑进行活组织检查。侵袭性小的检查不能完全排除其他可直接治疗的疾病(例如非典型细菌感染、真菌感染、寄生虫),如果组织学上确诊为肺纤维化,可以进行更加积极的治疗。

## 治疗

即使在人医上,目前也没有大型对照研究来确定特发性肺纤维化的理想治疗方案(Hoyles 等,2006)。大部分病例使用低剂量泼尼松和硫唑嘌呤进行治疗,单独使用糖皮质激素没有效果。其他药物包括秋水仙碱、青霉胺、N-乙酰半胱氨酸等都曾被用来治疗该病,但是到目前为止还没有证据显示这些药物有效。最近进行的一项安慰剂-对照组前瞻性研究结果(特发性肺纤维化临床研究网络工作小组,2012)显示,接受泼尼松、硫唑嘌呤、N-乙酰半胱氨酸联合用药的病例中,死亡率和住院的风险实际上是上升的。

最近一项小的非对照研究结果显示,使用氯沙坦治疗该病有一定效果(Couluris 等,2012)。氯沙坦是一种血管紧张素 Ⅱ 受体拮抗剂。血管紧张素 Ⅱ 在多种模型的肺纤维化中起到一定作用。该药的作用机理可能是通过降低转化生长因子-β 的产生而起治疗作用的。特发性肺纤维化患者在接受治疗的 12 个月中肺功能稳定。从长远来看,需要注意病人接受治疗后,5年存活率为 20%～30%。

大部分犬猫都用糖皮质激素和支气管扩张剂进行治疗。理论上,茶碱衍生物可能通过增强类固醇的活性起到一定的积极作用。根据人的临床治疗经验,推荐使用硫唑嘌呤,或环磷酰胺与 N-乙酰半胱氨酸联用。但是据最新的人医研究报道显示,这些药物的效果并不是很好。严重肺动脉高压的动物在治疗这个并发症后可能有所改善。

## 预后

犬猫特发性肺纤维化的预后不良,病情会不断恶化。但是,个别动物(特别是犬),可以存活 1 年以上。一项研究显示,犬从症状发作到死亡的平均时间是 18个月,最长时间为 3 年(Corcoran 等,1999)。猫的预后更差,在一项研究中,调查对象为 23 只患该病的猫,14只猫在出现症状数周内死亡或被安乐,只有 7 只存活时间超过 1 年(Cohn 等,2004)。

# 肺肿瘤
## (PULMONARY NEOPLASIA)

肺部可发生原发性肺肿瘤、转移性肿瘤和多中心性肿瘤。大部分原发性肺肿瘤都是恶性的,以癌为主,包括腺癌、支气管肺泡癌和鳞状细胞癌。肉瘤和良性肿瘤很少见。小细胞癌或燕麦细胞瘤常见于人,但在犬猫很少见。

身体其他部位的恶性肿瘤常转移至肺,甚至肺部原发性肿瘤也可以在此转移。肺部血流量低并且毛细血管网丰富,肿瘤细胞可经血流进入肺部。肿瘤细胞也可经淋巴途径或局部侵袭转移至肺。

肺部可发生多中心性肿瘤,包括淋巴瘤、恶性组织细胞增多症和肥大细胞瘤。淋巴瘤样肉芽肿是一种罕见的淋巴组织增生性肿瘤,仅肺部受侵袭。这种肿瘤的特点是血管周围或血管内发生多形淋巴网状内皮细胞和浆细胞浸润,同时可见嗜酸性粒细胞、嗜中性粒细胞、淋巴细胞和浆细胞。

同一动物可以发生多种不同来源的肿瘤。因此,身体某一部位的肿瘤与肺部肿瘤不一定相同。

## 临床特征

肿瘤通常发生于老龄犬,但是年轻成年犬也可发生。累及肺的肿瘤可表现出各种各样的临床症状。临床表现通常为慢性,发展缓慢,但是也可出现急性表现,如气胸或出血。

多数症状反映了呼吸道病变。肿瘤浸润肺部可影响氧合作用,导致呼吸困难和运动不耐受。肿块可以压迫气道,引起咳嗽,阻碍换气。肿瘤侵袭血管可引起肺出血。除了呼吸抑制外,还可能突发失血,导致急性血容量下降和贫血。肿瘤可引起水肿、非败血性炎症或细菌感染。侵袭气道可导致气胸。几乎任何性质的胸腔积液都可能发生。极少数病例会发生后腔静脉或前腔静脉阻塞,分别引起腹水、头颈部水肿。

犬猫肺肿瘤的非特异性症状包括体重减轻、厌食、沉郁和发热,胃肠道症状可能是最主要的症状。比较特别的是猫可能出现呕吐和反流。胸部肿物引起肥大性骨病的动物、癌症转移到脚趾的动物可能会出现跛行。

某些患有胸部肿瘤的动物不表现任何临床症状,胸部 X 线检查或死后剖检时才偶然发现肿瘤。患有转移性或多中心性肺肿瘤的动物,可能出现其他器官受到侵袭的情况。

肺呼吸音可能正常、减弱或增强。有气胸或胸水时整个肺野呼吸音降低。肺实变区听诊呼吸音可能降低或升高。在一些病例上,肺部听诊可能听到啰音和喘鸣音。也可出现其他器官的病变或肥大性骨病。

### 诊断

肿瘤诊断需要通过肺部采样进行细胞学或组织学检查,出现恶性特征即可诊断为肿瘤(图 22-5)。最初通常进行胸部 X 线检查,通过检查结果可进行初步诊断,X 线结果可定位病灶,并帮助临床医生选择最合适的采样方式。

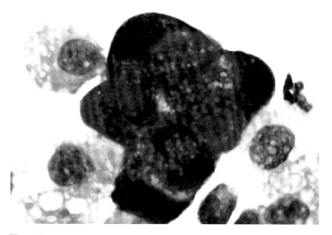

**图 22-5**

1 只侧位胸部 X 线片显示出严重非结构性间质型患犬(图 20-8)的支气管肺泡灌洗液细胞学检查。许多成簇且深染的上皮细胞有明显的恶性特质。该图显示了其中一簇细胞,细胞学诊断为癌。如果同时存在炎症则不能根据细胞学诊断为癌。周围着色较浅的细胞是肺泡巨噬细胞,是正常支气管肺泡灌洗液中最主要的细胞类型。

高质量的 X 线片应包括左侧位和右侧位投照。原发性肺肿瘤可导致局部团块(见图 20-7 和图 20-10)或整个肺叶实变(见图 20-9,A)。肿瘤边缘通常清晰,但是炎症和水肿可使其边缘模糊。可能形成明显的空腔。转移性或多中心性病变可导致肺部弥散性网状结节或网状间质性结节(见图 20-8)。猫原发性肺肿瘤通常为弥散性,X 线片征象可能提示支气管炎、肺水肿或肺炎。

肺肿瘤偶尔伴有出血、水肿、炎症、感染和气道阻塞,这些并发症可导致肺泡型和肺实变,也可出现淋巴结病、胸水或气胸。

某些非肿瘤性疾病也可表现出相似的 X 线片异常征象,包括真菌感染、肺寄生虫、吸入矿物油、嗜酸性肉芽肿病、非典型性细菌感染以及以往疾病遗留的无活性病灶。因此必须采集肺脏样本才能确诊。

气管灌洗液细胞学检查很少能确诊。确诊一般需要进行肺部抽吸、支气管肺泡灌洗或肺脏活组织检查。肿物位于体壁附近时,可以穿透胸壁进行肺部抽吸。超声引导下抽吸更为安全准确。已有细针抽吸肺腺癌导致肿瘤转移的相关报道(Warren-Smith 等,2011)。这种并发症很少见,但是如果需要手术切除时,不管病变是由何种原因引起,都可直接手术切除。

对于患多灶性肿瘤但无症状的动物,或有明显不相关症状的动物,应尽量推迟肺部采样。但是,需要在4～6 周后再次进行 X 线检查,以监测疾病的发展。不过对于潜在的可切除肿瘤的犬猫,不推荐延迟采样。

一旦确定其他器官有恶性肿瘤,并且在胸部 X 线片上出现典型异常,即可怀疑发生了肺部转移。应避免过度判读 X 线片上微小的变化。相反,X 线片上没有出现异常并不能排除肺部转移的可能性。

对于已经确诊或怀疑肿瘤的病例,可考虑进行胸部 CT 扫查。对于胸部转移性病灶,CT 的敏感性比 X 线检查更高(见第 20 章)。对于那些准备手术切除局部病灶的动物,CT 比 X 线检查能提供更多病灶周围解剖侵袭性的细节,判断气管支气管淋巴结转移情况也更准确(Paoloni 等,2006)。

### 治疗

单独的肺肿瘤可通过手术切除。为保证完全切除,通常应切除病变的整个肺叶。淋巴结和眼观异常的肺叶均采样进行组织学检查。

对于患有大肿物的动物,即使整个肺部都出现了转移性病灶,切除大肿物后呼吸道症状也会减轻。如果不能通过手术切除肿瘤,可尝试进行化疗(见 74章)。对于原发性肺肿瘤,没有统一有效的治疗方案。

对肺部转移性肿瘤进行化疗。对于大多数动物,最初的给药方案是根据原发性肿瘤的预期敏感性来确定的。但同一药物对转移性肿瘤的效果并不总是和原发性肿瘤一样。

无论是否存在肺部转移,都要对多中心性肿瘤采取标准程序的化疗。多中心性肿瘤见第 76 章。淋巴瘤样肉芽肿病与淋巴瘤的化疗方案一致(见第 77 章)。

### 预后

良性肿瘤预后很好,但这些肿瘤极少见。恶性肿瘤的预后与许多因素相关,包括肿瘤病史、是否有局部淋巴结转移、是否出现临床症状等。手术切除后存活时间可达数年。Ogilvie 等(1989)报道了 76 例原发性肺腺癌患犬的治疗效果,55 例犬手术切除肿瘤后症状消退(显微镜下所有肿瘤迹象都消失)。症状消退的犬中位存活时间为 330 d,未消退的中位存活时间为 28 d。研究结束时还有 10 只犬存活。McNiel 等(1997)对 67 只原发性肺肿瘤患犬进行的研究发现,肿瘤的组织学评分、临床症状和局部淋巴结转移与预后显著相关。有临床症状和没有临床症状的犬的中位存活时间分别是 240 d 和 545 d;发生淋巴结转移和没有淋巴结转移的犬的中位存活时间分别为 26 d 和 452 d;乳头状癌患犬的中位存活时间为 495 d,而其他类型肿瘤的患犬的中位存活时间为 44 d;存活时间从 0~1 437 d 不等。一项对 21 只原发性肺肿瘤患猫的报道显示,手术后中位存活时间为 115 d(Hahn 等,1998)。中等分化肿瘤患猫的中位存活时间为 698 d(13~1 526 d),而分化不良肿瘤患猫的中位存活时间为 75 d(13~634 d)。患多中心性肿瘤的动物预后未知,取决于是否有肺转移。

# 肺动脉高压
## (PULMONARY HYPERTENSION)

### 病因学

肺动脉压力升高(也就是肺动脉收缩压>30 mmHg)被称为肺动脉高压。最精确的诊断方法为经心导管直接测量肺动脉压,但是这个操作在犬猫上很少进行。对肺动脉或三尖瓣闭锁不全的动物,可以用多普勒超声估测肺动脉压(见第 6 章)。随着这项技术在兽医上的广泛应用,越来越多的肺动脉高压病例被诊断出来。引起肺动脉高压的原因包括:心脏病导致的静脉回流受阻(见第 6 章)、先天性心脏病导致的肺血流量增加(见第 5 章)、肺血管阻力增加。基因因素可能在一些病例上影响肺动脉高压的出现。当没有找到潜在疾病来解释肺动脉高压的原因时,可诊断为原发性(特发性)肺动脉高压。

肺血栓栓塞(见后文)或心丝虫病(见第 10 章)可导致肺血管阻力增加。血管阻力增加也可能是慢性肺实质疾病如犬慢性支气管炎(见第 21 章)和特发性肺纤维化的一个并发症。对肺部疾病引起肺血管阻力上升的一个简单解释就是,在低血氧时肺部通过血管收缩来提高通气灌注比(V/Q)。但是人医上认为其他因素是肺部疾病所导致的肺动脉高压的主要影响因素,例如内皮功能紊乱、血管重塑和原位血栓栓塞。

### 临床特征和诊断

犬比猫更易出现肺动脉高压。临床症状包括进行性低血氧,并且很难与潜在的心脏或肺部疾病区分。肺动脉高压的症状包括运动不耐受、虚弱、晕厥和呼吸窘迫。体格检查可能听到响亮的第二心音分裂(见第 6 章)。在严重肺动脉高压的病例中,X 线检查可见肺动脉扩张和右心增大。通过 X 线片仔细评估潜在心肺疾病。肺动脉高压最常用多普勒超声来诊断。用这种方式诊断肺动脉高压需要出现肺动脉瓣或三尖瓣反流,并且对检查者的技术要求较高。

### 治疗

肺动脉高压最好的治疗方案是确定和积极治疗潜在的疾病。在人医上,与慢性支气管炎有关的肺动脉高压通常较轻微,不会直接治疗肺动脉高压。常需要长期供氧治疗,但是这种治疗方式在兽医上并不实用。在那些出现临床症状但没有潜在疾病或治疗后肺动脉压未改善的病例上,可以尝试进行直接治疗。不幸的是,关于动物肺动脉高压的治疗知识较少,有时因为 V/Q 值进一步失衡或其他药物所产生副作用,会导致动物病情加重。因此需要小心监测动物的临床症状和肺动脉压力。

最常用来治疗犬肺动脉高压的药物是枸橼酸西地那非(伟哥,辉瑞),它是一种磷酸二酯酶 V 抑制剂,通过一氧化氮途径舒张血管。这种药主要用于治疗犬慢性瓣膜性心脏病。尚且没有该药物使用剂量和毒性方面的研究,但是最开始报道的用量范围是 0.5~2.7 mg/kg(中位 1.9 mg/kg)每 8~24 h 口服 1 次(Bach 等,2006)。初始治疗时按 1 mg/kg 剂量给药,每 8 h 口服一次,然后逐渐增加剂量直到有效。匹莫苯丹是一种磷酸二酯酶 Ⅲ 抑制剂,应用于慢性瓣膜性心脏病引起的肺动脉高压时,可降低肺动脉压力(Atkinson 等,2009)。更多关于匹莫苯丹的信息见第 3 章。人医上需要对肺动脉高压患者长期使用华法令或肝素进行抗凝,防止小血栓形成。目前还不知道这种做法是否对动物有益(见下一部分,肺动脉血栓栓塞的治疗)。

### 预后

肺动脉高压的预后可能受高压严重程度、临床症状和潜在病因等因素的影响。

# 肺血栓栓塞
## （PULMONARY THROMBOEMBOLISM）

肺部广泛的低压血管区是常见的栓塞部位。这是全身静脉系统或右心室内血栓通过的第一个血管床。患病犬猫的呼吸道症状可能很严重，甚至是致命的。除了血流量减小外，出血、水肿和支气管收缩也可危害呼吸系统。栓塞和血管收缩引起的梗阻会引起血管阻力升高，导致肺动脉高压，最终引起右心衰竭。

在前面部分已经讨论过，微血栓在肺动脉高压的形成中有一定作用。但是，大部分主要表现栓塞症状的病例，存在肺以外其他器官的诱发疾病。因此，寻找血栓形成的潜在病因是至关重要的。容易导致血栓形成的异常包括静脉瘀血、血液湍流、血管内皮破坏和血液高凝状态。除了血栓引起的栓塞外，栓塞也可能由细菌、寄生虫、肿瘤或脂肪引起。与肺栓塞形成有关的疾病以及相关章节见框 22-3。本讨论的其余部分仅限于肺血栓栓塞（pulmonary thromboembolism，PTE）。

 **框 22-3　可能与肺血栓栓塞有关的异常**[*]

---

手术
严重创伤
肾上腺皮质功能亢进，第 53 章
免疫介导性溶血性贫血，第 80 章和 101 章
高脂血症，第 54 章
肾小球病变，第 43 章
心丝虫病和杀成虫治疗，第 10 章
心肌病，第 7、8 章
心内膜炎，第 6 章
胰腺炎，第 40 章
弥散性血管内凝血，第 85 章
高黏血症
肿瘤

---

[*] 详见对应章节

## 临床特征

很多情况下，PTE 病患的主要症状为急性呼吸窘迫，也可能出现心血管休克和突然死亡。随着 PTE 被越来越多人所认识，越来越多患有轻度或慢性呼吸急促或呼吸力度增强的病例被诊断为 PTE。与潜在疾病相关的病史和体格检查结果可增加 PTE 的怀疑度。

听诊有明显的或分裂的第二心音，提示动物可能存在肺动脉高压。有些病例可听到啰音或喘鸣音。

## 诊断

常规诊断技术无法确诊 PTE。由于该病经常被忽视，必须保持高度警惕。根据临床症状、胸部 X 线检查、动脉血气分析、超声心动检查和临床病理学数据可做出初步诊断。确诊需要做螺旋 CT 肺部血管造影扫查、选择性血管造影或核灌注扫查，但是目前螺旋 CT 血管造影扫查已经成为诊断 PTE 的常规检查手段。

急性严重呼吸困难的犬猫要怀疑 PTE，尤其是 X 线片上没有见到明显征象或仅有轻微征象的病例。在许多 PTE 病例中，尽管有严重的下呼吸道症状，胸部 X 线片中肺的影像却是正常的。如果 X 线片出现异常征象，最常见的是后叶异常。在一些由血液或水肿液引起局灶性或楔形间质型或肺泡型影像的病例中，肺动脉可能不明显。无血液供应的肺区透光性增强。可出现弥散性间质型和肺泡型，以及右心增大。有些病例会出现胸腔积液，但通常较轻微。超声心动检查可见继发性变化（如右心室增大、肺动脉压升高）、潜在性疾病（如心丝虫病和原发性心脏病）或滞留的血栓。

动脉血气分析可见轻度或严重的低血氧症。呼吸急促会引起低碳酸血症，除非是严重的病例。肺泡-动脉氧梯度（$A-\alpha$ 梯度）异常表明有通气灌注异常（见第 20 章）。对吸氧治疗反应不佳也支持 PTE 的诊断。

如果临床病理学检查结果提示有血栓栓塞的倾向，进一步加深了对该病的怀疑。不幸的是，常规凝血指标的检测（PT、PTT）对诊断没有帮助，即使是风险很高的动物。血栓弹性描记法（TEG）可反映血液凝固的动态变化（包括纤维蛋白形成速度、血栓的坚固性、随后的溶解性）趋势。目前在兽医急诊中，该技术及相关技术受到的关注越来越多。这项检查本身不能作为 PTE 的诊断方法，但是有助于识别有风险的病例（凝固能力过强），直接对其实施治疗措施，并通过监测其凝固性评估治疗效果。

循环 $D$-二聚体（一种交叉链纤维蛋白的降解产物，D-dimer）可提示 PTE 的可能。其主要作用是从鉴别诊断中排除 PTE，不能将其作为特异性诊断指标。但是，在某些疾病状态下，或者有小血栓片段时，可能会被错误的测定为阴性。

目前商业化实验室可检测 D-dimer 浓度。一项针对 30 只健康犬、67 只无血栓栓塞迹象的犬和 20 只血栓栓塞患犬的研究可为 D-dimer 的判读提供一些有用的信息(Nelson 等,2003)。当 D-dimer 浓度大于 500 ng/mL 时,血栓栓塞诊断的敏感性为 100%,特异性为 70%(即假阳性率 30%)。D-dimer 浓度大于 1 000 ng/mL 时,敏感性下降至 94%,但是特异性上升至 80%。当 D-dimer 浓度大于 2 000 ng/mL 时,敏感性下降至 36%,但是特异性上升至 98.5%。因此 D-dimer 浓度升高的判读必须结合其他临床信息。

螺旋 CT 肺血管造影常用来确诊人的 PTE,兽医上也越来越频繁使用这种方法。CT 扫查不能排除肺动脉栓塞,因为有可能有多条小动脉栓塞。胸部 CT 扫查在犬猫上应用的局限是动物的体型,尤其是猫;而且患病动物不能屏住呼吸,必须被麻醉,并且在扫查时需要正压通气,以获得最大分辨率。需要一台高质量的 CT 扫描仪和一个经验丰富的放射检查师。

选择性血管造影仍然是 PTE 诊断的金标准。肺血栓栓塞的特征性表现是肺动脉突然改变或血管内有充盈缺损。但是这些变化可能仅在发病后几天内比较明显,因此必须在疾病早期进行检查。核素扫描可提供 PTE 的证据,且对动物的危害很小。但这项技术很少得到应用。很少能采集到可进行组织病理学检查的肺组织样本,除非进行尸体剖检。由于动物死亡后血栓会迅速消失,所以尸检时并不一定能够看到栓塞。因此在动物死亡后应立即采样并保存。由于血管网非常广泛,无法找到所有的栓塞部位,可能会遗漏特征性病变。

## 治疗

所有怀疑 PTE 的动物都应采取积极的支持疗法,并治疗其潜在的诱发疾病。所有患病动物都应该进行吸氧治疗(见第 27 章),还要进行输液治疗维持血液循环,但是注意避免容量过载。对于部分病例,茶碱可能有一定作用(见第 21 章)。对于肺动脉高压病例,西地那非可能有一定作用(见前一章肺动脉高压)。

在 PTE 的治疗中,还没有确定是否使用纤维蛋白溶解剂。对于怀疑有过度凝血的动物,抗凝血治疗可能有一定帮助。这种治疗的目的是为了防止产生血栓。目前还缺乏大样本量的 PTE 病患(犬猫)对抗凝血治疗反应的临床研究。抗凝血治疗仅用于很有可能患有肺动脉栓塞的动物。如果心丝虫患犬对杀成虫治疗有反应,通常不需要给予抗凝血药(见第 10 章)。对

于要进行手术的病例需小心治疗。需频繁监测凝血时间,将严重出血的风险降到最低。

血栓栓塞的预防和治疗建议见第 12 章。因为抗凝血治疗会产生严重的问题,所以需要排除其他诱发疾病。

## 预防

兽医领域还没有客观研究过高危患病动物如何预防 PTE。可能有帮助的治疗包括:长期使用低分子量肝素钠、阿司匹林或氯吡格雷。使用阿司匹林预防 PTE 尚存争议,因为阿司匹林可以改变局部前列腺素和白三烯代谢,对机体可能有害。

## 预后

预后与病患呼吸道症状的严重程度、对支持治疗的反应、消除潜在病因的能力有关。一般而言,预后谨慎。

# 肺水肿
# (PULMONARY EDEMA)

## 病因学

肺实质水肿的致病机理与身体其他部分水肿的机理一样,主要是血浆渗透压降低、血管过负荷、淋巴梗阻以及血管通透性增强等。能引起这些问题的原因见框 22-4。大部分肺水肿病例主要是由于血管通透性增强导致的,可以归在急性肺损伤(acute lung injury,ALI)和急性呼吸窘迫综合征(ARDS)的分类系统中。ALI 是肺脏对肺部或全身系统损伤的一种过度炎症反应。急性呼吸窘迫综合征是一种低血氧性的严重急性肺损伤。ALI 最重要的特征是高蛋白从受损的毛细血管中快速泄漏。在初期肺水肿幸存的动物中,上皮细胞增生和胶原蛋白沉积使肺功能进一步紊乱,最终在短时间内导致肺纤维化(数周内)。

无论什么原因引起的水肿,液体最初聚集在间质,但是由于间质的空间狭小,肺泡很快就会受到影响。大量液体聚集时甚至会充满气道。肺泡萎缩和表面活性剂浓度下降会导致肺萎陷和肺顺应性降低,使得肺功能进一步受到影响。小支气管的管腔狭窄会导致气道阻力增加。通气-灌注异常会导致低氧血症。

**框 22-4　引起肺水肿的可能原因**

**血浆渗透压下降**
低白蛋白血症
胃肠道丢失
肾小球疾病
肝病
医源性过度水合
饥饿

**血管容量过载**
心源性
左心衰竭
左到右分流
水合过度

**淋巴梗阻(罕见)**
肿瘤

**血管通透性增强**
吸入物质
吸入烟雾
吸入胃酸
氧中毒
药物或毒物
蛇毒
顺铂(猫)
百草枯
触电
创伤
　肺挫伤
　多系统
败血症或全身炎症反应(SIRS)
　胰腺炎
　尿毒症
　弥散性血管内凝血
　炎症(感染性或非感染性)

**其他原因**
血栓性血管栓塞
上呼吸道阻塞
濒临溺死
神经性水肿
抽搐
头部创伤

## 临床特征

　　患肺水肿的动物通常是由于咳嗽、呼吸急促、呼吸窘迫或刺激性疾病的症状前来就诊。除非是患病动物症状轻微或处于早期,一般都可听见啰音。肺水肿引起死亡前,在气管、喉部或鼻孔处可见血色泡沫。呼吸道症状可能为急性,和 ALI/ARDS 相似;也可能呈亚急性,和低蛋白血症相似。有长期呼吸道症状的动物

不能诊断为肺水肿。通过全面的病史和体格检查可大大缩小框 22-4 中列出的鉴别诊断范围。

## 诊断

　　多数犬猫肺水肿的诊断都需要结合胸部 X 线典型征象和相关临床表现[病史、体格检查、X 线片、超声心动检查和生化检查(尤其是白蛋白浓度)]。

　　肺水肿的早期 X 线征象为间质型,可进一步发展为肺泡型。犬心衰引起的肺水肿一般在肺门区更严重。在猫上,透光性增加的区域呈片状,且分布不规律。血管通透性升高引起的肺水肿一般在肺后背侧区域最严重。

　　应仔细评估 X 线片,判断动物是否有心脏病、静脉瘀血、PTE、胸腔积液和肿物性病变的征象。如果临床症状和 X 线征象比较模糊,超声心动检查有助于确定原发性心脏病。

　　通过检查血清白蛋白浓度确定血浆胶体渗透压是否下降。如果要确定渗透压降低是肺水肿的唯一病因,白蛋白浓度通常要低于 1 g/dL。纯粹由低蛋白血症引起的肺水肿很罕见。在许多动物中,容量过负荷或脉管炎是诱发因素。在紧急情况下,可通过折射仪测量血浆蛋白,可间接评估白蛋白的浓度。

　　血管通透性增加导致的肺水肿能引起各类损伤,症状可能轻微,可自然痊愈,也可能是致命的、急性的呼吸窘迫综合征。兽医领域对 ALI/ARDS 的定义已经达成共识(Wilkins 等,2007)。至少满足以下 4 条(最好是 5 条)标准才能确诊:呼吸急促及休息时呼吸费力,均呈急性发作(<72 h);已知风险因素;肺毛细血管渗漏但肺毛细血管压力未增加(例如在胸部 X 线片或 CT 上看到双侧肺弥散性浸润,气道内有含蛋白液体);有气体交换不足的迹象;气管灌洗或支气管肺泡灌洗液检查证实动物肺部存在广泛性炎症。气体交换不足有一种衡量方法,即在没有进行呼气末正压通气(PEEP)或持续正压通气(CPAP)时,氧分压/吸入氧浓度(Pao2/Fio2)比值下降。比值<300 mmHg 符合急性肺损伤(ALI),比值小于 200 mmHg 符合严重呼吸窘迫综合征(ARDS)。在选择治疗方案和监测治疗效果时,动脉血气分析和脉搏血氧测定有很大帮助。存在低氧血症时,通常伴有低碳酸血症和 A-a 梯度增大。

## 治疗

　　对机体而言,防止水肿液形成要比将已存在的液

体移走更加容易。对处于肺水肿初期的病例要积极治疗。水肿一旦得到解决,机体自身的代偿机制会更加有效,治疗强度也可以降低。

所有患肺水肿的动物都应该笼养,减少应激。应该对有明显低氧血症的犬猫输氧(见第27章)。严重的病例需要进行正压通气。甲基黄嘌呤类支气管扩张剂可能对一些动物有帮助。这类药物有轻度利尿作用,也能减轻支气管痉挛,也可能会减轻呼吸肌疲劳。但是有些病例在使用支气管扩张剂后 V/Q 失衡加剧。因此需要密切观察动物对支气管扩张剂的反应。

呋塞米适用于大多数形式的肺水肿,但是不能用于低血容量的动物。存在低血容量的动物通常需要保守的补充液体。如果需要维持患心脏病或渗透压低的动物的血容量,需要分别给予正性肌力药物或血浆。

低蛋白血症引起的水肿需要用血浆或胶体液进行治疗。但是,减轻水肿并不一定需要血浆蛋白浓度恢复到正常水平。呋塞米能更快地将液体从肺中移走,但是必须要防止出现临床脱水和低血容量。要诊断并治疗潜在疾病。

对心源性肺水肿的治疗见第3章。

水合过度时要停止补液。如果出现呼吸受损症状,要使用呋塞米。如果未曾给予过量的液体,必须寻找液体不耐受的原因,如少尿性肾衰、心衰和血管通透性增加。

很难治疗血管通透性增加引起的水肿。在一些病例中,肺损伤很轻微,且水肿是暂时性的。通过常规输氧支持治疗即可达到治疗效果,但是有时需要正压通气。应该确定并纠正任何活跃的潜在性疾病。

ALI/ARDS病患的治疗反应很差。需要进行呼气末正压通气,即使进行了积极的治疗,死亡率仍然很高。呋塞米对于血管通透性升高引起的肺水肿通常无效,但是由于我们的诊断能力有限,在最初使用本药也是合理的。糖皮质激素对这些动物无明显效果,但中度到严重症状的动物通常使用该药。尽管人医上已经进行了很多关于 ARDS 新疗法的研究,但迄今为止,还没找到一种稳定有效的方法。目前的研究重点在于炎症反应的特定抑制剂。

## 预后

肺水肿病患的预后和水肿的严重程度、动物对吸氧治疗的反应、消除或控制潜在疾病的能力有关。不管是什么原因引起的肺水肿,在水肿形成早期进行积极的治疗会改善动物的预后。患 ARDS 的动物预后谨慎或不良。

◉推荐阅读

American Thoracic Society/European Respiratory Society: International multidisciplinary consensus classification of the idiopathic interstitial pneumonias, *Am J Respir Crit Care Med* 165:277, 2002.

American Animal Hospital Association (AAHA) Canine Vaccination Taskforce: 2011 AAHA canine vaccination guidelines, *J Am Anim Hosp Assoc* 47:1, 2011.

Anderson TC et al: Serological evidence for canine influenza virus circulation in racing greyhounds from 1999 to 2003, *J Vet Intern Med* 21:576, 2007. Abstract.

Atkinson KJ et al: Evaluation of pimobendan and N-terminal pro-brain natriuretic peptide in the treatment of pulmonary hypertension secondary to degenerative mitral valve disease in dogs, *J Vet Intern Med* 23:1190, 2009.

Bach JF et al: Retrospective evaluation of sildenafil citrate as a therapy for pulmonary hypertension in dogs, *J Vet Intern Med* 20:1132, 2006.

Barrell EA et al: Seroprevalence and risk factors for canine H3N8 influenza exposure in household dogs in Colorado, *J Vet Intern Med* 238:726, 2010.

Bidgood T et al: Comparison of plasma and interstitial fluid concentrations of doxycycline and meropenem following constant rate intravenous infusion in dogs, *Am J Vet Res* 64:1040, 2003.

Bowman DD et al: *Georgis' parasitology for veterinarians*, ed 9, St Louis, 2009, Saunders Elsevier.

Brown AJ et al: Clinical efficacy of sildenafil in treatment of pulmonary arterial hypertension in dogs, *J Vet Intern Med* 24:850, 2010.

Castleman WL et al: Canine H3N8 influenza virus infection in dogs and mice, *Vet Pathol* 47:507, 2010.

Clercx C, Peeters D: Canine eosinophilic bronchopneumopathy, *Vet Clin Small Anim Pract* 37:917, 2007.

Cohn LA et al: Identification and characterization of an idiopathic pulmonary fibrosis-like condition in cats, *J Vet Intern Med* 18:632, 2004.

Conboy G: Natural infections of *Crenosoma vulpis* and *Angiostrongylus vasorum* in dogs in Atlantic Canada and their treatment with milbemycin oxime, *Vet Rec* 155:16, 2004.

Corcoran BM et al: Chronic pulmonary disease in West Highland white terriers, *Vet Rec* 144:611, 1999.

Couluris M et al: Treatment of idiopathic pulmonary fibrosis with losartan: a pilot project, *Lung*. Epub 19 July 2012.

Crawford PC et al: Transmission of equine influenza virus to dogs, *Science* 310:482, 2005.

Crawford C: Canine influenza virus (canine flu), University of Florida College of Veterinary Medicine Veterinary Advisory. www.vetmed.ufl.edu/pr/nw_story/CANINEFLUFACTSHEET.htm. Accessed February 12, 2008.

Declue AE, Cohn LA: Acute respiratory distress syndrome in dogs and cats: a review of clinical findings and pathophysiology, *J Vet Emerg Crit Care* 17:340, 2007.

DeMonye W et al: Embolus location affects the sensitivity of a rapid quantitative D-dimer assay in the diagnosis of pulmonary embolism, *Am J Respir Crit Care Med* 165:345, 2002.

Foster S, Martin P: Lower respiratory tract infections in cats: reaching beyond empirical therapy, *J Fel Med Surg* 13:313, 2011.

Goggs R et al: Pulmonary thromboembolism (state-of-the-art-review), *J Vet Emerg Crit Car* 19:30, 2009.

Grandi G et al: *Aelurostrongylus abstrusus* (cat lungworm) infection in five cats from Italy, *Vet Parasitol* 25:177, 2005.

Hahn KA et al: Primary lung tumors in cats: 86 cases (1979-1994), *J Am Vet Med Assoc* 211:1257, 1997.

Hahn KA et al: Prognosis factors for survival in cats after removal of a primary lung tumor: 21 cases (1979-1994), *Vet Surg* 27:307, 1998.

Heikkila HP et al: Clinical, bronchoscopic, histopathologic, diagnostic imaging, and arterial oxygenation findings in West Highland White Terriers with idiopathic pulmonary fibrosis, *J Vet Intern Med* 25:533, 2011.

Hoyles RK et al: Treatment of idiopathic pulmonary fibrosis, *Clin Pulm Med* 13:17, 2006.

Idiopathic Pulmonary Fibrosis Clinical Research Network: Prednisone, azathioprine, and *N*-acetylcysteine for pulmonary fibrosis, *N Engl J Med* 366:1968, 2012.

Johnson VS et al: Thoracic high-resolution computed tomographic findings in dogs with canine idiopathic pulmonary fibrosis, *J Small Anim Pract* 46:381, 2005.

Krafft E et al: Serum and bronchoalveolar lavage fluid endothelin-1 concentrations as diagnostic biomarkers of canine idiopathic pulmonary fibrosis, *J Vet Intern Med* 2:5990, 2011.

Lacorcia L et al: Comparison of bronchoalveolar lavage fluid examination and other diagnostic technique with the Baermann technique for detection of naturally occurring *Aelurostrongylus abstrusus* infection in cats, *J Am Vet Med Assoc* 235:43, 2009.

MacDonald ES et al: Clinicopathologic and radiographic features and etiologic agents in cats with histologically confirmed infectious pneumonia: 39 cases (1991-2000), *J Am Vet Med Assoc* 223:1142, 2003.

McMillan CJ, Taylor SM: Transtracheal aspiration in the diagnosis of pulmonary blastomycosis (17 cases: 2000-2005), *Can Vet J* 49:53, 2008.

McNiel EA et al: Evaluation of prognostic factors for dogs with primary lung tumors: 67 cases (1985-1992), *J Am Vet Med Assoc* 211:1422, 1997.

Nelson OL et al: The utility of plasma D-dimer to identify thromboembolic disease in dogs, *J Vet Intern Med* 17:830, 2003.

Norris AJ et al: Interstitial lung disease in West Highland white terriers, *Vet Pathol* 42:35, 2005.

Ogilvie GK et al: Prognostic factors for tumor remission and survival in dogs after surgery for primary lung tumor: 76 cases (1975-1985), *J Am Vet Med Assoc* 195:109, 1989.

Paoloni MC et al: Comparison of results of computed tomography and radiography with histopathologic findings in tracheobronchial lymph nodes in dogs with primary lung tumors: 14 cases (1999-2002), *J Am Vet Med Assoc* 228:1718, 2006.

Radhakrishnan A et al: Community-acquired infectious pneumonia in puppies: 65 cases (1993-2002), *J Am Vet Med Assoc* 230:1493, 2007.

Schermerhorn T et al: Pulmonary thromboembolism in cats, *J Vet Intern Med* 18:533, 2004.

Serra VF et al: Point seroprevalence of canine influenza H3N8 in dogs participating in a flyball tournament in Pennsylvania, *J Am Vet Med Assoc* 238:726, 2011.

Sherding RG: Respiratory parasites. In Bonagura JD et al, editors: *Kirk's current veterinary therapy XIV*, St Louis, 2009, Saunders Elsevier.

Speakman AJ et al: Antimicrobial susceptibility of *Bordetella bronchiseptica* isolates from cats and a comparison of the agar dilution and E-test methods, *Vet Microbiol* 54:63, 1997.

Spindel ME et al: Detection and quantification of canine influenza virus by one-step real-time reverse transcription PCR, *J Vet Intern Med* 21:576, 2007. Abstract.

Tart KM et al: Potential risks, prognostic indicators, and survival in dogs with presumptive aspiration pneumonia: 125 cases (2005-2008), *J Vet Emerg Crit Care* 20:319, 2010.

Traversa D et al: Efficacy and safety of imidacloprid 10%/moxidectin 1% spot-on formulation in the treatment of feline *Aelurostrongylus*, *Parasitol Res* 105:S55, 2009.

Warren-Smith CMR et al: Pulmonary adenocarcinoma seeding along a fine needle aspiration tract in a dog, *Vet Rec* 169:181, 2011.

Wilkins PA et al: Acute lung injury and acute respiratory distress syndromes in veterinary medicine: consensus definitions: the Dorothy Russell Havemeyer Working Group on ALI and ARDS in veterinary medicine, *J Vet Emerg Crit Care* 17:333, 2007.

Williams K et al: Identification of spontaneous feline idiopathic pulmonary fibrosis, *Chest* 125:2278, 2006.

Yoon K-J et al: Influenza virus in racing greyhounds, *Emerg Infect Dis* 11:1974, 2005.

# 第 23 章
## CHAPTER 23

# 胸膜腔和纵隔疾病的临床表现
## Clinical Manifestations of the Pleural Cavity and Mediastinal Disease

## 概　述
### (GENERAL CONSIDERATIONS)

犬猫胸膜腔的常见异常包括胸膜腔积液(胸水)和积气(气胸)。本章还将讨论纵隔肿物和纵隔积气。胸膜疾病可干扰肺的正常扩张,从而使患病动物表现出呼吸道症状。动物早期表现出运动不耐受,最终出现呼吸窘迫。体格检查所见有助于定位呼吸异常的原因在胸腔,例如呼吸频率增加、听诊发现肺音减弱等(参见第 26 章)。随着呼吸受损加重,患病动物可能会发现腹部起伏增强。吸气时相对呼气可能更费力,但并非所有病例都很明显。反常呼吸是指吸气时腹壁呈"内陷"状态的呼吸模式。反常呼吸与呼吸困难的犬猫的胸膜疾病有关(LeBoedec 等,2012)。对于患纵隔肿物的猫,触诊前胸时可见其回缩性下降。可通过胸部X线检查、胸部超声或胸腔穿刺来确诊胸腔疾病。

肺血栓栓塞(PTE)可导致胸腔积液,一般为轻度,且可能是渗出液或改性漏出液。但当患病动物的呼吸力度似乎超过其积液程度时,要将 PTE 作为重要的鉴别诊断(见第 22 章)。

## 胸膜腔积液:液体分类和诊断流程
### (PLEURAL EFFUSION: FLUID CLASSIFICA-TION AND DIAGNOSTIC APPROACH)

常通过胸部X线检查、胸部超声检查或胸腔穿刺确诊犬猫胸腔积液(见第 24 章)。对那些呼吸窘迫且怀疑有胸膜腔积液的动物,在进行X线检查前,应立即进行胸腔穿刺以稳定病情。虽然胸腔穿刺术比X线检查侵入性大,但其潜在治疗效果远大于并发症的发生风险。对于目前状况稳定的动物,可先通过X线检查确定胸腔积液及其位置,然后再进行胸腔穿刺。

超声检查可有效评估胸膜腔积液的患病动物。如果有设备的话,对于重症动物,可在最小应激情况下进行超声检查,以确定积液并引导穿刺。超声检查还可评估胸腔内是否有肿物、疝、原发性心脏病或心包疾病。因为声波不能通过充气的肺,所以只有靠近胸壁、心脏或膈的肿物才能被超声检出。胸腔积液有利于胸腔的超声检查。若患病动物病情稳定,则最好在抽出胸水前对胸腔进行超声检查。

从胸腔内尽可能多地抽出液体和气体,并给予肺足够的时间重新膨胀,然后应再次进行胸部X线检查。精确地评估肺实质需要肺完全扩张。积液还会使心脏的大小、形状以及肿物的影像模糊。如果常规影像检查和积液分析还不能确诊,需要进行胸部计算机断层扫描(CT)。

对于所有胸腔积液的动物,需要对穿刺所得的胸水进行细胞学检查。蛋白浓度测量、总有核细胞计数以及各个细胞的定性评估,对积液分类、制订诊断计划并启动合适的治疗非常关键(表 23-1)。

可根据蛋白浓度和有核细胞计数将胸水分为漏出液、改性漏出液和渗出液,进一步划分还需要其他细胞学或生化检查结果。临床上常分为脓毒性渗出液、乳糜液、出血性积液,以及肿瘤导致的积液。尽管各种类型的液体外观较为典型(图 23-1),但是如果仅根据眼观来判断积液类型,会导致一些病例因错误分类而误诊(未确认病原微生物和异常细胞群)。除了后面将讨论的每个细胞学分类内的炎性细胞,也常见间皮细胞,且经常呈反应性变化。

表 23-1　根据积液类型诊断患胸膜腔积液犬猫的方法

| 积液类型 | 常见病 | 诊断试验 |
|---|---|---|
| 纯漏出液及改性漏出液 | 右心衰竭 | 检查脉搏、听诊、ECG、胸部 X 线检查、超声检查 |
| | 心包疾病 | 见右心衰竭 |
| | 低蛋白血症（纯漏出液） | 血清白蛋白浓度 |
| | 肿瘤 | 胸部 X 线检查和超声检查、CT、胸腔镜检查、开胸术 |
| | 膈疝 | 胸部 X 线检查和超声检查 |
| 非脓毒性渗出液 | 猫传染性腹膜炎（FIP） | 胸膜腔积液细胞学检查通常足以诊断。对可疑病例还可采用很多检查方法，但这些方法都不能特异性地确诊 FIP。考虑全身检查、检眼镜检查、血清或积液电泳、冠状病毒抗体滴度、组织或渗出液 PCR（见第 94 章） |
| | 肿瘤 | 见上述肿瘤 |
| | 膈疝 | 见上述膈疝 |
| | 肺叶扭转 | 胸部 X 线检查和超声检查、支气管镜检查、开胸术 |
| 脓毒性渗出液 | 脓胸 | 革兰染色、需氧和厌氧培养、连续胸部 X 线检查 |
| 乳糜 | 乳糜胸 | 参见框 25-1 |
| 出血性积液 | 创伤 | 病史 |
| | 出血性疾病 | 全身检查、凝血检查（ACT、PT、PTT）、血小板计数 |
| | 肿瘤 | 见上述肿瘤 |
| | 肺叶扭转 | 见上述肺叶扭转 |

ACT，活化凝血时间；CT，计算机断层扫描；ECG，心电图；PCR，聚合酶链反应；PT，凝血酶原时间；PTT，部分凝血酶活化时间。

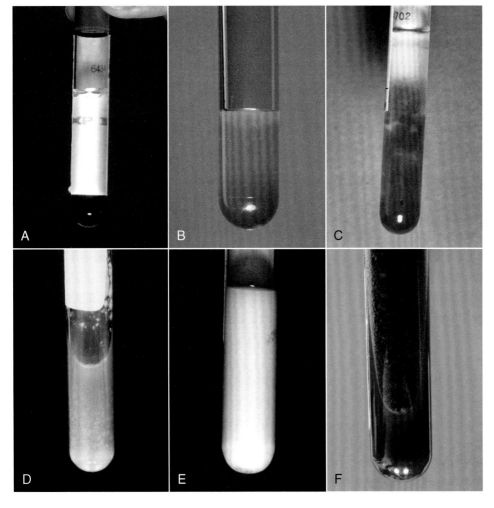

图 23-1

不同类型胸膜腔积液的外观特征。需要注意应时刻进行细胞学检查，对积液进行准确的分类，以免漏诊病原微生物或肿瘤细胞。A，漏出液。液体很清澈。B，改性漏出液。液体轻度混浊，该样本呈淡红色。C，非脓毒性渗出液，液体更加混浊。该液体取自患传染性腹膜炎（FIP）的猫。FIP 积液呈典型稻草黄色，可见纤维凝块。D，脓毒性渗出液。外观呈脓性，管底有沉积的细胞碎片。E，乳糜液。液体呈乳白色。F，出血性积液。出血性积液呈亮红至暗红色。该样本细胞学检查显示为丝状菌，所以细胞学检查很重要。

## 漏出液和改性漏出液
(TRANSUDATES AND MODIFIED TRANSUDATES)

纯漏出液的蛋白浓度低于 2.5～3 g/dL,且有核细胞计数低于 500～1 000 个/μL。主要的细胞类型为单核细胞,还包括巨噬细胞、淋巴细胞和间皮细胞。改性漏出液蛋白浓度略高,可达 3.5 g/dL,有核细胞计数可达 5 000 个/μL。主要细胞类型包括嗜中性粒细胞和单核细胞。

漏出液和改性漏出液是由于静水压升高、血浆胶体渗透压降低或者淋巴管阻塞而形成。静水压升高与右心充血性心衰或心包疾病有关。体格检查如发现颈静脉脉搏异常、奔马律、心律失常或心杂音等,均支持心脏病的诊断。心音可因心包积液而变得低沉不清。需通过胸部 X 线片(抽取积液以后)、心电图和超声心动图检查评估心脏(见第 2 章)。

血浆胶体渗透压降低是由低白蛋白血症引起的。单纯继发于低白蛋白血症的积液是纯漏出液,蛋白浓度非常低,可在身体重力侧区域出现皮下水肿。患肝脏疾病的动物白蛋白生成减少会导致低白蛋白血症,患肾小球病或蛋白丢失性肠病的动物白蛋白丢失增加也可导致低白蛋白血症。首次检测时,可用折射仪检查总蛋白浓度,依此判断动物是否为低白蛋白血症。血清生化检查可精确测量白蛋白浓度。白蛋白浓度低于 1 g/dL 时,才会出现单纯由低白蛋白血症导致的漏出液。

淋巴管阻塞可由肿瘤和膈疝引起。任何有创伤病史的动物都应怀疑是否有膈疝。该创伤可于最近或数年前发生。虽然慢性膈疝通常可形成改性漏出液,但也有可能出现渗出液。X 线检查或超声检查可确诊膈疝。为确诊膈疝,偶尔也需口服钡餐,并进行上胃肠道造影或腹腔内给予水溶性碘化造影剂进行腹部造影。但是,影像正常并不能完全排除膈撕裂。

虽然肿瘤造成的纯漏出液很少见,但任何类型的积液都必须考虑肿瘤的可能。(将于肿瘤导致的渗出液一章进一步讨论。)

## 脓毒性和非脓毒性渗出液
(SEPTIC AND NONSEPTIC EXUDATES)

渗出液比漏出液的蛋白浓度高(>3 g/dL)。有核细胞计数也高(>5 000 个/μL)。非脓毒性渗出液中的细胞类型包括嗜中性粒细胞、巨噬细胞、嗜酸性粒细胞和淋巴细胞。巨噬细胞和淋巴细胞可能为反应性的,嗜中性粒细胞一般为非退行性,见不到病原微生物。非脓毒性渗出液的鉴别诊断包括猫传染性腹膜炎(FIP)、肿瘤、慢性膈疝、肺叶扭转和转归中的脓毒性渗出液。若提前给脓毒性积液的动物使用抗生素,可使得液体中嗜中性粒细胞出现非退行性变化,且微生物数量下降,甚至不能被检测到。因此,应在治疗开始之前进行胸腔积液检查,以防细菌感染被忽略。

患 FIP 的猫可见发热或脉络膜视网膜炎,还有呼吸系统症状(见第 94 章)。这些动物胸水中的蛋白浓度通常很高,接近于血清中的浓度。积液内常见纤维蛋白丝或凝块。在 FIP 引起的胸腔积液与脓胸或恶性淋巴瘤引起的渗出液的鉴别中,胸水细胞学评估至关重要。对膈疝病患的检查已在前面(漏出液)描述过,对肿瘤的检查将在下面(见肿瘤导致的积液)讨论。

自发性肺叶扭转最常见于深窄胸的犬。扭转可引发积液,也可继发于犬猫胸膜腔积液。潜在的可导致肺叶膨胀不全的肺部疾病也可诱发肺叶扭转。若胸腔积液或肺部疾病病患的病情突然恶化,应考虑是否发生肺叶扭转。积液一般是非脓毒性渗出液,但也可能是乳糜性或出血性。胸部 X 线或超声检查可显示肺叶扭转的征象(见第 20 章)。某些动物需进行支气管镜检查和开胸检查。

脓毒性渗出液的有核细胞计数非常高(如 50 000～100 000 个/μL,甚至更高),且以退行性嗜中性粒细胞为主。常可在嗜中性粒细胞和巨噬细胞内和细胞外见到细菌(见图 25-1)。渗出液可散发恶臭。脓毒性渗出液可诊断为脓胸,可为自发性,也可继发于穿透胸壁或食管的外伤、草芒或其他异物移行,也可能是细菌性肺炎扩散所致。对所有患胸膜腔积液或气胸的动物进行胸腔穿刺及放置胸导管时,应采用无菌术以及防止医源性感染。

应对胸水进行革兰染色、需氧和厌氧培养,并进行抗生素敏感试验。微生物培养和药敏试验可为选择合适的抗生素和监测治疗效果提供有价值的信息。常见混合型细菌感染。然而,不是所有脓毒性渗出液都能培养出细菌,而且需要数天才能出结果。革兰染色可立即为选择抗生素提供信息,对于从胸水中培养不出细菌的情况,革兰染色也有很大帮助。

## 乳糜性积液
## (CHYLOUS EFFUSIONS)

乳糜性积液是由胸导管泄漏导致的，胸导管内有来自全身的富含脂质的淋巴液。这种泄漏可为特发性、先天性，也可继发于创伤、肿瘤、心脏病、心包疾病、心丝虫病、肺叶扭转或膈疝。乳糜液眼观通常为乳白色并且混浊（见图 23-1，E），主要是因为其中的乳糜微粒，这些微粒从肠道运送脂肪。乳糜液偶尔也会带淡血色，但这有可能是因之前的胸腔穿刺术造成的假象；还有可能为澄清无色液体，特别是在厌食的动物中，但是这种现象并不常见。

乳糜液的细胞学特征和改性漏出液或非脓毒性渗出液一样，蛋白浓度中等，通常高于 2.5 g/dL。乳糜液的有核细胞计数水平较低至中等，范围从 400～10 000 个/μL 不等。该病早期时主要的细胞类型为小淋巴细胞，还可见一些嗜中性粒细胞。随着时间的推移，非退行性嗜中性粒细胞逐渐占主导，而淋巴细胞越来越少。此外，巨噬细胞也随之增多，并出现浆细胞。

可通过检查胸水和血清中的甘油三酯浓度来确诊乳糜胸。由于脂质部分倾向于浮到液体表面，所以在实验室检查之前，每个样本都应充分混匀。乳糜液中的甘油三酯含量高于血清中的甘油三酯含量。少数情况下，需在厌食动物进食后重复检测。

大多数乳糜胸病例都是特发性的，但是只有在排除其他疾病以后才能作出诊断。若能找到乳糜胸的潜在病因并直接治疗，则很可能治愈。（有关乳糜胸的讨论见第 25 章。）

## 出血性积液
## (HEMORRHAGIC EFFUSIONS)

出血性积液由于含大量红细胞而外观为红色。出血性积液的蛋白含量大于 3 g/dL，且有核细胞计数大于 1 000 个/μL，细胞比例与外周血相似。嗜中性粒细胞和巨噬细胞的数量随时间推移而增多。除非血液刚进入胸腔，出血性积液很容易通过几个特征与胸壁透创恢复过程中的外周血区分开：出血性积液的细胞学评估显示噬红细胞作用和炎性反应；出血性积液不凝集，且血细胞压积（PCV）比外周血低。

低血容量和贫血会使患血胸（见第 26 章）的动物出现临床症状。血胸可由创伤、全身性出血性疾病、肿瘤和肺叶扭转引起。脓毒性渗出液眼观很少是出血性的（见图 23-1，F），应通过细胞学鉴别。血胸导致的呼吸窘迫可能是一些患出血性疾病动物唯一的临床症状，包括灭鼠药中毒。对这些动物早期应进行 ACT 和血小板计数评估，然后再进行特殊凝血检查（即 PT 和 APTT）。心脏或肺脏的血管肉瘤是出血性积液常见的肿瘤性病因，但是很少能通过细胞学检查找到恶性细胞。肿瘤性积液将在下一部分讨论。

## 肿瘤性积液
## (EFFUSION CAUSED BY IUEOPLASIA)

胸腔内的肿瘤可引起大多数类型的胸水（改性漏出液、渗出液、乳糜液或出血性积液）。肿瘤可侵袭胸内任何组织，包括肺、纵隔、胸膜、心脏和淋巴结。一些病例中，肿瘤细胞从肿瘤剥落进入胸腔积液内，这时可通过细胞学检查进行早期诊断，患纵隔肿瘤常会出现这种情况。不幸的是，除了淋巴瘤以外，仅通过胸水细胞学检查很难或不可能对肿瘤进行确诊。炎症可造成间皮细胞严重增生，很容易与肿瘤细胞混淆。除淋巴瘤以外，其他基于细胞学检查获得的肿瘤诊断都要极其谨慎。

大多数情况下，胸水中不会出现肿瘤细胞，或无法进行细胞学诊断。应进行胸部 X 线和超声检查评估是否存在肿瘤（见第 24 章）。超声检查可用于区分软组织肿物与局部积液。如果发现软组织肿物，应对肿物进行抽吸或活检取样，并进行细胞学或组织病理学检查，不可以仅凭 X 线或超声检查结果来确诊。

用以上这些影像技术无法检查到胸部弥散性肿瘤浸润和一些肿物。这样的病例需要重复进行胸部 X 线检查、计算机断层扫描、胸腔镜检查或手术探查。

# 气　胸
# (PNEUMOTHORAX)

气胸是指空气在胸膜腔内积聚。可通过胸部 X 线检查确诊。正常时胸膜腔为负压，在健康状况下这使肺部能膨胀起来。然而，如果在胸膜腔和大气或肺脏气道之间形成一个开口，则由于负压，空气可进入胸膜腔。若在泄漏处产生单向阀，吸气时空气逸入胸膜腔，但是呼气时空气不能再次进入气道或大气，则会形成张力性气胸。胸膜内压升高会迅速造成呼吸窘迫。

经胸壁的泄漏可见于创伤或胸腔引流失误。进行腹部手术时,空气也可以通过之前未检查出的膈疝进入胸腔,这些原因很容易确认。

肺部气体造成的气胸可见于胸部钝性创伤(创伤性气胸)或现存的肺部病变(自发性气胸)。常出现创伤性气胸,通过病史和体格检查可确诊。这些动物常见肺部挫伤。

当之前的肺部病变破裂时,可出现自发性气胸。肺部空腔疾病包括小疱、大疱和囊肿,可为先天性或特发性,或由之前的创伤、慢性气道疾病或并殖吸虫感染造成。侵袭气道的肿瘤、血栓栓塞、脓肿和肉芽肿内可出现坏死中心,一旦这些坏死中心破裂,空气可逸入胸膜腔内(见第20章空腔病变和第25章自发性气胸)。

患气胸和最近有创伤史的犬猫可进行保守治疗。建议笼养休息,通过定期进行胸腔穿刺或用胸导管将积聚的空气抽出,并进行X线检查监测病情。对于创伤性气胸的病患,若X线片上持续出现异常X线不透射区,几天后无好转迹象,则需进一步检查,详见自发性气胸部分(见第25章)。

## 纵隔肿物
## (MEDIASTINAL MASSES)

纵隔肿物压迫肺脏组织,或继发胸腔积液,可造成吸气窘迫。此外,临床症状还有咳嗽、反流和面部水肿。肿瘤是主要的鉴别诊断。常见侵袭纵隔的淋巴瘤,尤其是猫。其他类型的肿瘤还包括胸腺瘤以及罕见的甲状腺癌、甲状旁腺癌和化学感受器瘤。还有其他非肿瘤性肿物,如脓肿、肉芽肿、血肿和囊肿。

有时在轻压前胸时可感觉到猫的纵隔肿物。纵隔肿物在X线片上显示为前纵隔软组织密度阴影(图23-2)。不过胸腔积液时很难准确地辨别出纵隔肿物。胸腔积液与肿物的影像类似,并可使其边缘模糊。在积液抽出之前进行超声检查有助于确诊肿物,并确定周围受侵袭组织的范围。

对胸腔积液的动物应进行胸腔穿刺和胸水分析。淋巴瘤常可根据胸水中发现恶性细胞而确诊。可经胸进行细针抽吸或活检取样,然后对肿物进行显微镜检查。开始时可对抽吸样本做细胞学检查,如果未能确诊需进一步活检。超声引导下经胸活检取样相对比较

安全,尤其是实质肿物而非囊肿时。另外,也可通过两个体位的胸部X线片确定活检取样部位。活检取样时应避开背侧纵隔区域和心脏。Lana等(2006)的研究阐述了流式细胞术在区分犬纵隔肿物(淋巴瘤和胸腺瘤)抽吸物上的应用。

活检小病变、空洞腔病变、邻近心脏或主要血管的病变时,可能需要手术探查或胸腔镜检查。除非诊断为淋巴瘤,否则手术探查时应将肿物完全切除。(患纵隔肿瘤犬猫的具体治疗见第76章。)

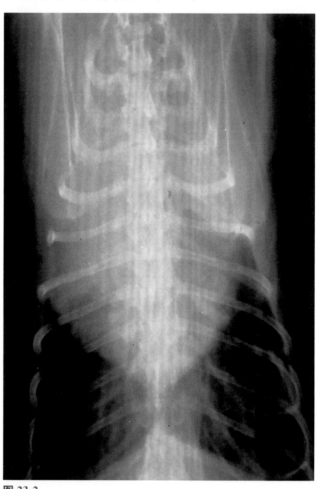

**图 23-2**
患前纵隔肿物的猫胸部腹背位X线片。前纵隔可见软组织密度团块,心脏边缘模糊。

## 纵隔积气
## (PNEUMOMEDIASTINUM)

纵隔积气可通过X线检查确诊,可并发或继发皮下气肿或气胸。气胸最常引起呼吸受损。纵隔内的气体常源自气管、支气管或肺泡破裂及撕裂。这种气体泄漏通常发生于颈部咬伤或胸内压力突然改变时,压

力改变是由于咳嗽、钝性创伤或对抗气管阻塞过度用力呼吸造成的。潜在的医源性原因包括气管灌洗、气管切开和放置气管插管（通常是由气管插管的气囊压力过高引起的）。空气也可通过撕裂的食管进入纵隔，食管撕裂一般由异物所致。

　　纵隔积气的动物需严格笼养休息，有利于撕裂部位自然封闭。若空气继续累积，导致呼吸困难，则应进行支气管镜检查，以查找可能需要手术修补的气管或支气管溃疡。

◈推荐阅读

Hardie EM et al: Tracheal rupture in cats: 16 cases (1983-1998), *J Am Vet Med Assoc* 214:508, 1999.

Lana S et al: Diagnosis of mediastinal masses in dogs by flow cytometry, *J Vet Intern Med* 20:1161, 2006.

LeBoedec K et al: Relationship between paradoxical breathing and pleural diseases in dyspneic dogs and cats: 389 cases (2001-2009), *J Am Vet Med Assoc* 240:1095, 2012.

Scott JA et al: Canine pyothorax: pleural anatomy and pathophysiology, *Compend Contin Educ Pract Vet* 25:172, 2003.

# 第 24 章

# 胸膜腔和纵隔的诊断性检查
# Diagnostic Tests for the Pleural Cavity and Mediastinum

## X 线检查
## (RADIOGRAPHY)

### 胸膜腔
### (PLEURAL CAVITY)

胸膜包裹着每个肺叶，是胸腔的内衬。正常情况下在 X 线片上胸膜腔不显影，且无法分辨单个肺叶。胸膜和胸膜腔的异常包括胸膜增厚、胸腔积液和气胸。犬猫的纵隔并不能绝对分隔左右胸腔，故胸腔积液和气胸通常为双侧。

#### 胸膜增厚

当胸膜与 X 线束垂直时，胸膜增厚会导致肺叶之间出现一条液体密度的细线。这些线从外周直到肺门区，被叫作胸膜裂隙线。先前患胸膜疾病并造成纤维变性、轻度活动性胸膜炎、少量胸膜腔积液都会显示该线。有时可在老年犬意外发现这种征象。胸膜的肿瘤细胞浸润一般会造成胸水而不是胸膜增厚。

#### 胸腔积液

根据动物的体型，胸膜积液量达到 50～100 mL 时，即可在 X 线片上辨识出来。积液早期可表现为胸膜裂隙线征象，这可能与胸膜增厚相混淆。随着液体积聚，肺叶回缩且边界变圆，尤其是肺尾叶的后背角会明显变圆。积液与心脏和膈重叠，使其边界模糊。肺漂浮于积液上，使气管向背侧移位，造成纵隔肿物或心脏增大的错觉（图 24-1，A）。随着积液的增多，肺实质因肺扩张不完全显示为密度异常。应仔细检查萎陷的

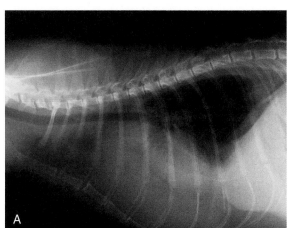

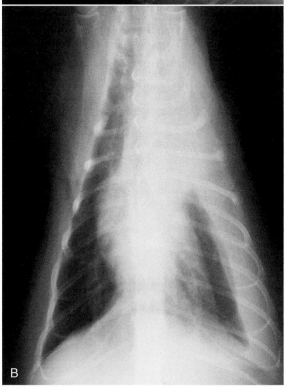

图 24-1

A,1 只胸腔积液患猫的胸部侧位 X 线片，见正文。B,胸部腹背位 X 线片显示为单侧积液。

肺叶是否有扭转(见第 20 章)。若积液形成袋状或仅有单侧积液,提示可能并发了胸膜粘连(见图 24-1,B)。

在积液被抽出之后,才能对患胸腔积液的动物进行 X 线评估,包括肺、心脏、膈和纵隔,因为存在积液时胸片判读容易出错。如果发现胸腔内有积气的肠管,可诊断为膈疝。为了提高肿物诊断的敏感性,应同时拍摄左侧位、右侧位和腹背位。

### 气胸

气胸是指胸膜腔内有气体。X 线片上可见肺叶和胸壁之间出现无血管或气道的气体密度阴影。需要仔细调整 X 线片的对比度来全面检查是否存在轻微气胸。由于较多气体积聚在胸膜腔内,肺不完全扩张会使肺叶不透射线性增加,而有助于 X 线片的判读。心脏一般在胸骨上方上抬,在两者之间可见明显空气密度阴影(图 24-2)。判读 X 线片时应仔细检查可能造成气胸的原因,如空洞性病变或肋骨骨折(指示为创伤性)。为了精确评估肺实质的影像,需将气体抽出,使肺部膨胀。X 线片上的空腔病变并不总是很明显。可通过 CT 等检查对自发性气胸动物的空腔病变作进一步评估。

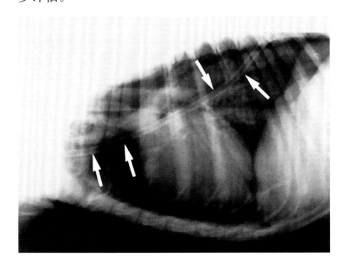

**图 24-2**

**1** 只气胸和纵隔积气患犬的胸部侧位 X 线片。心脏向胸骨上方上抬提示轻度气胸。X 线片对比度下降时还可见肺边缘回缩。由于纵隔积气,可见气管外壁以及前纵隔内主要血管。还可见为稳定动物病情放置的胸导管(箭头)。

### 纵　隔
### (MEDIASTINUM)

前纵隔和后纵隔包含心脏、大血管、食管、淋巴结

和相关的支持组织。涉及纵隔的 X 线异常征象包括纵隔积气、大小改变(如肿物病变)、移位和纵隔内结构异常(如巨食道)。

纵隔积气是指空气在纵隔内积聚。当发生纵隔积气时,气管外壁和其他前纵隔组织,如食管、主动脉弓的主要分支和前腔静脉与纵隔内的气体形成对比(见图 24-2)。这些组织正常情况下不可见。

前纵隔可出现异常软组织密度阴影,但同时存在的胸腔积液常使其模糊。局部病变可能为肿瘤、脓肿、肉芽肿或囊肿(见图 23-2)。分界模糊的病变可造成纵隔广泛增宽,且宽于腹背位的椎骨宽度。渗出液、水肿、出血、肿瘤浸润和脂肪可造成纵隔增宽。巨食道常可在前纵隔观察到,尤其在侧位片。

正常情况下,在后纵隔可见后腔静脉和主动脉。后纵隔最常见的异常是巨食道和膈疝。对有呼吸系统症状的动物,巨食道是一个重要的考虑因素,因为它是吸入性肺炎的常见原因之一。

正常情况下纵隔位于胸腔中央。患病时纵隔可移位,使得在腹背位或背腹位 X 线片上可看到心脏横向移位。肺不张(肺萎陷)、肺叶切除术和纵隔粘连到胸壁都可造成纵隔向同侧移位。占位性病变可使纵隔向对侧移位。

淋巴结和心脏是纵隔内组织,但是需要分别仔细评估。胸骨淋巴结紧贴于胸骨背侧,靠近胸廓入口,在第 1 至第 3 胸骨节处(图 24-3)。该淋巴结增大时可在侧位片上看到,显示为单个肿物性病变。肺门淋巴结位于心基部,气管隆突周围,增大时可在肺门周围区域形

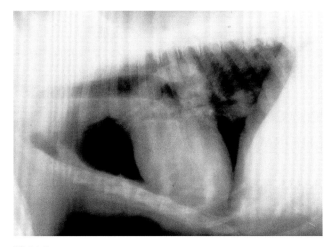

**图 24-3**

**1** 只患肺肿瘤和胸骨、肺门淋巴结病的犬的胸部侧位 X 线片。在第 **2** 胸骨后半部的背侧可见软组织密度阴影,该阴影是胸骨淋巴结。在气管隆凸周围可见密度增强的软组织阴影,为肺门淋巴结。肺部还可见几个散在的结节。

成密度广泛增加的软组织影像,最容易在侧位片中观察到。肺门淋巴结病常见的鉴别诊断是淋巴瘤和真菌感染(尤其是组织胞浆菌病)。其他鉴别诊断包括转移性肿瘤、肺嗜酸性肉芽肿病和分枝杆菌感染。任何炎性疾病都可能导致淋巴结病。肺门周围区域X线影像不透射线性增高时,其他需要考虑的因素还包括心房增大和心基部肿瘤。

心脏的评估已在第1章和第2章中论述。右心衰竭和心包积液可造成胸腔积液。

## 超声检查
### (ULTRASONOGRAPHY)

超声检查适用于诊断患胸腔积液的动物,以检查肿物、膈疝、肺叶扭转和心脏病。超声检查可辨别纵隔肿物、靠近体壁的肺实质肿物和从体壁延伸到胸腔的肿物,并可评估它们的产回声性。超声检查还可用于引导活检工具(抽吸针和活检针)进入病变部位,但活组织检查只对实质性肿物较为安全、适用。对于患局部胸腔积液的动物,超声检查有助于确定胸腔穿刺时穿刺针的放置方向。气体会干扰声波,所以无法检查充气肺周围的组织。

## 计算机断层扫描
### (COMPUTED TOMOGRAPHY)

正如第20章所述,评估胸部病变时CT比X线检查更敏感。CT可在开胸前更好地确定肿物范围,还有可能辨认出自发性气胸动物的空腔病变。

## 胸腔穿刺术
### (THORACOCENTESIS)

胸腔穿刺术适用于需采集胸腔积液的动物,用于抽出胸腔内积液或积气,稳定通气受阻犬猫的病情;患胸腔积液或积气的犬猫在做X线检查评估之前也可进行胸腔穿刺。胸腔穿刺术可能的并发症包括肺撕裂造成的气胸、血胸和医源性脓胸。若仔细操作,很少会发生这些并发症。

实施胸腔穿刺术时,动物侧卧或俯卧(选择应激小的体位)。积液和积气通常是双侧性的,可从第7肋间抽取。抽取时,从肋骨软骨交界到脊椎距离的约2/3处进针。若一开始不成功,则应尝试其他位置或者改变动物的体位。积液更容易从低处抽出(靠近肋骨肋软骨结合处),而积气则更容易从高处抽出。对于单侧积液,胸部X线检查可帮助选择胸腔穿刺入口。难以抽取积液的动物,可使用超声检查引导穿刺针的放置。

可在胸腔穿刺处进行局部麻醉。很少对动物实施镇静,但镇静可减少动物应激。穿刺处需剃毛,手术备皮,无菌操作。最常用的东西有蝶形导管、三通阀和注射器。通过注射器抽取积液和积气,而蝶形导管则预防注射器的运动影响胸腔内针头的位置。积气及大多数积液可用21G蝶形导管抽取。采用更大的导管抽取特别黏稠的液体,如猫传染性腹膜炎或脓胸的积液。将三通阀连接在导管上,防止排空或换注射器时空气进入胸腔。

将注射器接于三通阀上,打开导管和注射器的通道(将通向室内空气的通道关闭),然后仅将针穿透皮肤。接着将针和皮肤移动大概2个肋骨的距离,到达实际穿刺抽取部位。该方法可防止在穿刺后,空气从针道进入胸腔。然后穿刺针紧贴肋骨前刺入胸腔,避开肋间血管和神经。将拿针的手贴在动物的胸壁上,这样可在动物呼吸或移动时避免相对移动。通过注射器对导管施加轻微的负压,这样就可通过发现导管内抽出积液或积气立即确定针头已进入胸腔。可能需要轻微重置针头位置来维持积液或积气的排出。

除了蝶形导管以外,还可用静脉内套管针。在大型犬,可用3.25或5.25英寸(8或13cm)的14～16G导管。这些导管是软的,在胸腔内比蝶形导管的创伤性小,因此可允许动物换姿势或转向,促进液体或气体抽出。大型犬或肥胖犬可能需要用比蝶形导管针长的导管来到达胸膜腔。可在导管末端用手术刀无菌操作做几个小洞,增加液体进入。小洞之间应该间隔远一些,不能占据1/5的导管周长,并且应该没有粗糙边缘,因为导管可能在移动过程中断在动物体内。在放入导管后,应立即接上延长管和三通阀。做一个小皮肤切口,略微大于导管即可,有助于导管放置。与蝶形导管一样,用注射器保持轻微负压。接着导管尖端直接向前放置在肺与胸壁之间,以免引起肺组织创伤。

抽取细胞学检查和微生物检查的样本后,应尽可能将积液抽出,除非动物患急性血胸(见第26章)。

# 胸导管：适应证和放置方法
## (CHEST TUBES: INDICATIONS AND PLACEMENT)

放置胸导管可用于治疗脓胸病患(见第 25 章)，或用于治疗数次穿刺后仍有气体积聚的气胸动物。胸导管可使液体和气体不在胸膜腔内积聚，直到造成胸膜疾病的潜在病因被解决。若有可能，重症动物在放置胸导管前，应先用针进行胸腔穿刺，并治疗休克，以稳定患病犬猫的病情。

胸导管的主要并发症是气胸，因装置泄漏所致。对放置胸导管的动物需持续认真监护，确保它们没有破坏导管的连接，或者将导管拔出胸外造成导管开口留于体壁之外，或者啃咬导管。导管系统中任何部位泄漏都可能在几分钟内造成威胁生命的气胸。若放置导管的动物确实无人照看，则应将导管夹紧，贴于体壁，并用敷料好好保护起来。也可能会发生血胸、医源性脓胸和肺撕裂造成的气胸，但是若认真按无菌术操作，这些问题一般可以避免。

人医用的小儿胸导管可用于伴侣动物。这些胸导管有多个开口，长度有标记，且不透射线。若治疗脓胸，则导管应大到适合肋间宽度，而治疗气胸的导管大小没那么重要。在放置之前，导管末端用 1 个注射器接头、1 个三通阀和 1 个胶皮管夹将其封闭(图 24-4，A)。

放置胸导管应无菌操作。对于单侧患病动物，导管应放置在患侧胸内。若为双侧患病则可放置在任意一侧。放置前于动物单侧胸壁最后几个肋骨处剃毛，进行外科准备。动物需要麻醉或深度镇静。如果是镇静，需在第 10 肋间皮下和第 7 肋间的皮下组织、肋间肌肉和胸膜进行局部麻醉。局部麻醉时肋间背腹位置的定位是：从肋骨软骨交界到胸腰肌肉距离的 1/2 ~ 2/3，该距离应与肋骨最大限度弯曲处相对应。

进入胸腔的导管长度应通过胸部 X 线片判定或外部标记来评估。导管应从第 10 肋间延伸至第 1 肋。导管前小孔不能超出胸膜腔。

在第 10 肋间从皮肤做一个刺入的切口，然后在切口周围作荷包缝合，但是不打结。人用的一些胸导管内有管芯。插入更小的胸导管时需要弯止血钳辅助。用止血钳尖夹住导管头，使导管和钳体平行(见图 24-4，B)。

然后将有管芯或止血钳辅助的导管在皮下从第 10 肋间穿到第 7 肋间。若用止血钳，则止血钳尖朝外(见图 24-4，C)。一旦尖端到达第 7 肋间，则将管芯或止血钳抬起与胸壁垂直。将手掌放于管芯末端或止血钳的手柄，迅速向下猛然将导管刺入体壁(见图 24-4，D)。一旦导管进入胸膜腔，快速将导管向前推进，直到预设的长度进入胸膜腔，然后将管芯或止血钳撤出(见图 24-4，E)。

还可用另一种方法，尽可能减少导管刺入胸壁时对肺造成的创伤。这种方法是，在皮肤切开、荷包缝合以后，让一名助手站在动物的头侧，将胸壁皮肤向前牵拉，使皮肤切口从第 10 肋间向前拉至第 7 肋间(见图 24-5)。将皮肤固定在第 7 肋间，用止血钳钝性分开胸壁肌肉和肋间肌肉直至胸膜腔内，这样有管芯或止血钳协助的胸导管，易于用最小力量刺入胸腔。然后将导管向前推进并松开皮肤。

无论用何种方法，放置胸导管时胸膜腔内都会吸入空气，故在导管放置后应立即用 35 mL 注射器从胸导管抽出空气，然后将荷包缝合围绕导管束紧打结。在放置导管的皮肤处做一个切口，立即用缝线将环绕在导管上的蝶形胶布缝在体壁上(见图 24-4，F)，或者用"中国指套"缝法将导管固定在皮肤，这可防止导管被意外拔出。皮肤切口处用抗菌软膏涂抹的无菌海绵覆盖，然后轻轻将导管包扎在胸壁上，但是不能包扎得太紧，以免动物胸壁运动困难或加重其呼吸困难。从抽吸停止时，在动物和三通阀之间的导管上放置胶皮管夹，进一步防止气胸的发生。动物须一直佩戴伊丽莎白圈，因为只要动物一口咬穿导管就可能致命。

胸部 X 线检查可用于评估胸导管的位置和引流效果，必须拍摄 2 个体位的 X 线片。理想状态下，胸导管应该沿胸膜腔的腹侧一直延伸到胸腔入口处。胸导管放置成功的主要表现是没有持续的积液或积气，否则可能需要重置导管或者在另一侧再放置一个导管。

一旦胸导管放置完毕，并且认为其位置满意，则必须每 24 ~ 48 h 通过胸部 X 线片检查导管的位置和引流的有效性。还应监测患病动物是否继发并发症，并发症包括感染和漏气。包扎绷带需要至少每天换 1 次，检查导管进入皮肤处有无感染或皮下气肿的迹象，还应检查导管和皮肤缝线处有无移动的迹象。应保持导管周围的皮肤干净，然后将无菌海绵重新覆盖在皮肤切口处，最后重新包扎。不用三通时应用无菌帽保护其开口，且在使用之前用双氧水擦拭三通的开口。

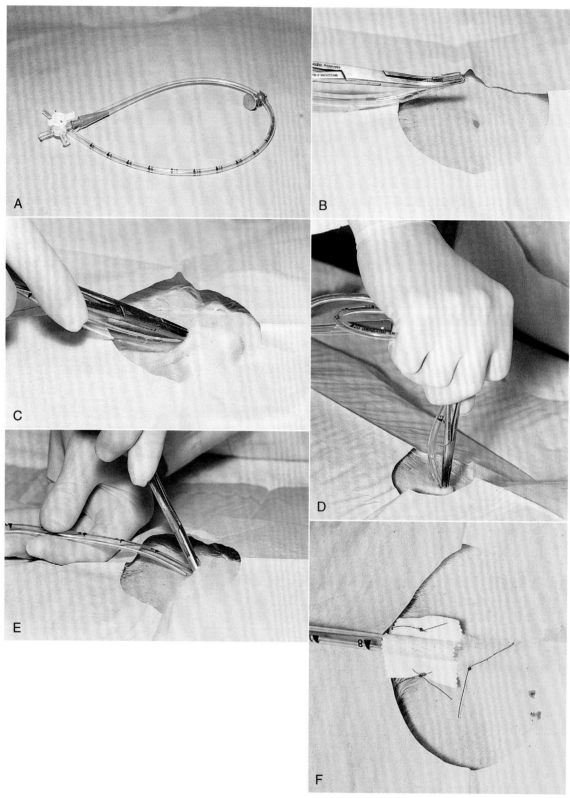

**图 24-4**
胸导管的放置。见正文。

**图 24-5**
助手把皮肤向前牵拉时，可在第 7 肋间处切开皮肤并钝性分离到达胸膜。在对肺最低程度创伤的前提下，把胸导管突然刺进胸膜腔。松开皮肤时，导管会沿着皮下通路往前移动，以免气体从管道泄漏。

# 胸腔镜检查和开胸术
## （THORACOSCOPY AND THORACOTOMY）

　　很难诊断胸腔积液的确切病因。在这些病例中，可能需要进行胸腔镜检查和开胸术，以眼观评估胸腔内情况，并采集样本进行组织学和细菌学检查。间皮瘤和胸膜癌扩散通常都是用这种方法确诊的。

◆推荐阅读

DeRycke LM et al: Thoracoscopic anatomy of dogs positioned in lateral recumbency, *J Am Anim Hosp Assoc* 37:543, 2001.
Lisciandro GR: Abdominal and thoracic focused assessment with sonography for trauma, triage, and monitoring in small animals, *J Vet Emerg Crit Care* 21:104, 2011.
Thrall D: *Textbook of veterinary diagnostic radiography*, ed 6, St Louis, 2013, Saunders Elsevier.

# 第 25 章

# 胸膜腔疾病
## Disorders of the Pleural Cavity

## 脓 胸
### (PYOTHORAX)

### 病因学

脓胸是指胸膜腔内有脓毒性渗出液,最常为特发性,尤其是猫。Barrs 等(2009a)认为该病的病原微生物来源于口咽部。异物、胸壁透创、食管撕裂(通常源自食入的异物)和肺部感染扩散都可以造成脓胸。胸部异物常为移行的草芒,在猫中较为罕见,但生活在遍布金色狗尾巴草的州(例如加利福尼亚州)的运动犬中很常见。

### 临床特征

患脓胸的犬猫有胸腔积液和脓肿相关的临床症状,症状可能是急性或慢性。胸腔积液的典型症状包括呼吸急促、肺音变轻以及呼吸时腹部起伏变大。另外,发热、昏睡、厌食和体重下降也很常见。动物还有可能表现为感染性休克或全身性炎症反应综合征。

### 诊断

脓胸的诊断基于胸部 X 线检查和胸腔积液细胞学检查。胸部 X 线检查用于确诊胸腔积液以及确定患病部位是局部、单侧还是双侧的。在大多数动物中,积液广泛分布于胸膜腔内。若发现局部液体聚集,则说明可能有胸膜纤维化、肿物性病变或肺叶扭转发生。在抽去积液后,再次进行胸部 X 线检查以评估肺实质,检查是否有可能导致脓胸的潜在疾病存在(如细菌性肺炎和异物)。超声对于识别粘连或"袋状"积液很有帮助。

胸腔积液中发现脓毒性渗出液可诊断为脓胸。除非动物正在用抗生素,否则脓胸胸腔积液的细胞学检查始终会看到化脓性炎症(图 25-1;也见第 23 章)。通过革兰染色以及需氧和厌氧培养可对胸腔积液进行进一步评估。这些检查方法可识别出常规细胞学染色检查不出来的微生物,为抗生素的选择提供有价值的信息。积液内常含厌氧菌,并且在很多犬猫的积液内不止存在一种细菌。虽然在细胞学检查中可看到细菌,但并非积液内所有细菌都能培养出来,可能跟细菌之间的竞争或渗出液的抑制作用有关。若进行常规培养,有些细菌生长不良,例如放线菌属和诺卡氏菌属,所以无细菌生长并不能排除脓胸。

还有可能会发现动物有活动性炎症、全身炎症反应综合征或败血症。正常白细胞像不能排除脓胸的可能。

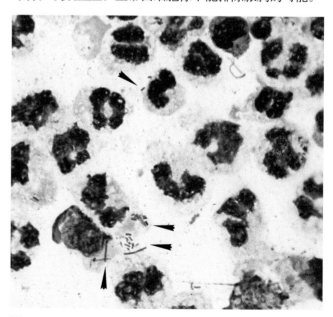

**图 25-1**

**1 只脓胸患猫的胸水样本的细胞学检查图片。细胞主要为退行性嗜中性粒细胞,细胞内外普遍可看见细菌(箭头)。还可见杆菌和球菌。**

## 治疗

脓胸的治疗方法包括使用抗生素、胸膜腔引流和适当的支持疗法（如输液疗法）。首先，凭经验通过静脉给予抗生素。革兰染色和细菌培养以及药敏试验结果有助于选择合适的抗生素。一般情况下，厌氧菌和巴氏杆菌属（常分离自脓胸的猫）对阿莫西林-克拉维酸敏感。其他革兰阴性菌常对阿莫西林-克拉维酸敏感，但是它们对抗生素的敏感性不可预料。不幸的是，该药不能通过静脉给予，可使用另外一种 $\beta$-内酰胺酶抑制剂，氨苄西林-舒巴坦（总量 22 mg/kg q 8 h）。其他对厌氧菌作用良好的药物包括甲硝唑和克林霉素。若使用甲硝唑或克林霉素，则需添加氟喹诺酮类或氨基糖苷类抗生素，以增强对革兰阴性菌的抗菌活性。若在最初几天内，患病动物的临床症状、CBC 和积液的细胞学检查结果都未得到改善，则可能也需要增加氟喹诺酮类或氨基糖苷类药物中的一种。

当病情得到很大改善时，可改用口服抗生素，更改时机通常在拆除胸导管时。对氨苄西林-舒巴坦敏感的患病动物可用阿莫西林-克拉维酸（犬，20～25 mg/kg q 8 h；猫，10～20 mg/kg q 8 h）。口服抗生素治疗要持续 4～6 周。

脓胸治疗中最关键的一部分是对脓毒性渗出液的引流。虽然单独抗生素治疗常可显著改善动物的症状，但症状一般会复发，且可能出现长期感染的并发症，如纤维化或脓肿（图 25-2）。放置在体内的胸导管能很好地排出积液，在抗生素治疗初期可避免渗出液积聚。动物就诊时如果病情危重，可先胸腔穿刺，治疗休克，稳定病情，然后再放置胸导管。间断性胸腔穿刺对动物胸膜腔引流效果差，故不推荐用于治疗，除非主人不能负担胸导管治疗的费用。

在第 24 章已讨论过胸导管的放置及位置评估。虽然间断性抽吸足以起效且便于操作，但持续从胸腔抽吸出渗出液的疗效更为迅速。持续性抽吸需要一个抽吸泵和收集装置。一次性儿科胸旁收集装置（如 Thora-Seal Ⅲ，Argyle，Sherwood Medical，St. Louis，Missouri）可通过医院供货商买到。这些装置可监控抽吸的液体量并调整抽吸压力。初始抽吸压力为 10～15 cm H₂O，但也有可能需要更高或更低的压力，这取决于胸膜腔积液的黏稠度和导管的塌陷度。必须仔细监测收集系统是否发生泄漏或失灵，否则可能会导致致命的气胸。

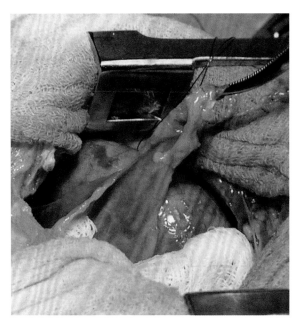

**图 25-2**
在 1 只慢性脓胸的猫开胸术时，胸膜明显增厚，证实有胸膜纤维化。这个病例采取单纯抗生素治疗，几周后猫的情况恶化。广泛性纤维化使得胸导管的常规引流不成功。最后采取外科手术清创、切除几个肺叶、手术放置引流导管，并长期抗生素治疗，患猫最终痊愈。

理想情况下，治疗的第 1 天每 2 h 用注射器抽吸一次，而且在夜里也要继续抽吸。几天后若积液产生量下降，则抽吸时间间隔可延长。若不能实现这种重病的特殊护理，则应至少在晚上排空一次动物胸膜腔积液，尽量使渗出液不要积聚过夜。

胸膜腔冲洗每天进行 2 次，这包括排除胸膜腔内的所有液体，然后慢慢向胸膜腔内注入温热的灭菌生理盐水。注入盐水的量约为 10 mL/kg，若动物表现出任何呼吸困难的迹象，都应停止注入。之后将动物轻轻地从一侧转向另一侧，最后将液体抽出。整个过程都要无菌操作。回收的液体应约占注入量的 75%，若回收的液体少于这个百分比，则说明胸导管已经不能充分引流，应通过 X 线片或超声检查来评估。向冲洗液中额外添加抗生素、抗菌剂或酶类无明显帮助。冲洗液中加入肝素（1 000～1 500 U/100 mL）可能会减少纤维蛋白的形成，并因此有更好的结果（Boothe 等，2010）。

所有连接胸导管的接口都应在不用时盖上无菌帽。当接触接口时，临床医生应戴上手套，并谨记在使用前用过氧化氢擦拭接口。

每 24～48 h 拍摄一次胸部 X 线片，确保胸腔积液被完全引流。由于胸导管需仔细护理，因此如果不进行 X 线检查评估引流效果，可造成昂贵的胸导管 ICU 监护时间延长。

也要监测血清电解质浓度。许多患脓胸的犬猫表现为脱水和厌食,需要静脉补液。可能需要静脉补钾。

何时停止引流和拆除胸导管取决于积液量及其细胞学特征。液体抽出量应下降到低于 2 mL/(kg·d)。每天制作积液涂片进行细胞学评估,细胞内外不应再发现细菌,应该有嗜中性粒细胞,但是不应表现为退行性(图 25-3)。若这些标准都达到了,且胸片上未见袋状积液,则可拆除胸导管,然后监护动物至少 24 h,观察是否发生气胸或复发积液。胸部 X 线片可更敏感地评估动物是否有这些潜在问题。

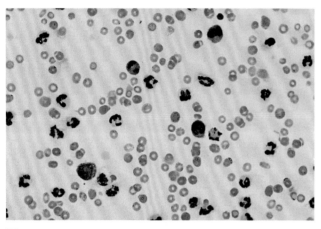

**图 25-3**
1 只脓胸患猫用胸导管引流和抗生素治疗成功后的细胞学检查。与图 25-1 的液体相比,有核细胞数较少,嗜中性粒细胞呈非退行性,没有发现微生物,并且出现单核细胞(用血细胞分离器制备的涂片)。

分别于拆除胸导管后 1 周、停止抗生素治疗后 1 周和 1 个月时,进行胸部 X 线检查。这样做可发现疾病的局部病灶(如异物或脓肿),还可在大量胸腔积液积聚起来之前发现脓胸复发。这种病灶在大量胸腔积液时通常不可见,或者在积极治疗时也不可见。

开胸探查适用于切除可疑感染灶,也适用于药物治疗无效的动物。对于后面这种情况,可能必须手术去除纤维化和病变组织或者异物。虽然有些病例报道显示,药物治疗后,动物可能需要使用更长时间的胸导管才能完全康复,但若在抗生素治疗且引流 1 周后治疗反应不佳,仍需使用胸导管。此外,虽然胸导管放置合适,若存在大袋状液体,仍需尽快开胸治疗。和 X 线检查相比,CT 对肺部病变的诊断更敏感。Rooney 等(2002)建议采用开胸术治疗,尤其是 X 线片显示犬纵隔或肺部病变时,或在胸水中发现放线菌时。

## 预后

如果能尽早确诊并积极治疗,脓胸动物预后通常为一般或良好。Waddell 等(2002)报道猫的存活率为66%,这一数据排除了治疗前就安乐死的病例。他们的调查中,80 只猫中有 5 只需要开胸。有报道显示患犬经药物治疗的成功率可高达 100%(Piek 等,2000)。Boothe 等(2010)报道无论手术与否,70%胸导管引流的犬存活时间约为 1 年,仅有 29%的犬通过间断性胸腔穿刺治疗能达到同等效果。然而,Rooney 等(2002)的调查发现,26 只犬中仅 25%的犬经药物成功治疗,78%的病例对开胸术反应良好。该研究显示药物治疗的成功率较低,可能跟地理位置有关,该地区常见草芒迁移。

对有胸腔异物的犬猫,需要进行手术探查,确保问题被完全解决。很难找到射线可透性异物,由此继发的脓胸的预后更为谨慎。胸膜纤维化和限制性肺病等长期并发症不常见。

# 乳糜胸
# (CHYLOTHORAX)

## 病因学

乳糜胸是指乳糜在胸腔内聚积。乳糜来自胸导管,胸导管从肠淋巴管收集富含甘油三酯的液体,并输送到前胸的静脉系统。液体内还含有淋巴细胞、蛋白质和脂溶性维生素。胸部创伤造成的胸导管破裂可导致暂时性乳糜胸。然而,大多数乳糜胸并非胸导管破裂所致。非创伤性乳糜胸的病因包括广泛性淋巴管扩张、炎症和淋巴液流出受阻。淋巴液流出受阻可能是物理性原因导致的,如肿瘤或静脉压增高。

乳糜胸可分为先天性、创伤性和非创伤性。有先天性遗传因素的动物可能在以后诱发乳糜胸。乳糜胸的创伤性原因分为手术性(如开胸术)和非手术性(如车祸)。乳糜胸的非创伤原因包括肿瘤(特别是猫纵隔淋巴瘤)、心肌病、心丝虫病、心包病以及其他原因的右心衰竭、肺叶扭转、膈疝和全身性淋巴管扩张。对于大多数动物,若查找不到潜在疾病,可诊断为特发性乳糜胸。

纤维化腹膜炎和心包炎可能与乳糜胸有关。尤其是猫可能会形成纤维化腹膜炎,这可能会干扰胸腔穿刺后肺的正常扩张。心包炎症和增厚会导致乳糜胸进一步形成。

## 临床特征

乳糜胸可发生于任何年龄的犬猫。阿富汗猎犬和柴犬似乎有遗传倾向。该病主要的临床症状为胸腔积液引起的典型呼吸窘迫。虽然呼吸困难常呈急性发作,但更微弱的征象一般可存在 1 个月以上。常见嗜睡、厌食、体重下降和运动不耐受,也可仅发生咳嗽。

## 诊断

基于胸部 X 线片征象及胸腔穿刺术获得的积液的细胞学和生化检查结果,可获得乳糜胸的诊断(见第 23 章)。外周血可能发生淋巴细胞减少和泛蛋白减少症(panhypoproteinemia)。当在 X 线片上发现肺叶边界变圆,或存在呼吸问题时胸膜腔液体量超过预期,则要怀疑出现了纤维化胸膜炎这一并发症。

一旦诊断为乳糜胸,要进行进一步诊断性检查来确诊其潜在疾病(见框 25-1)。这些检查包括胸部超声检查、超声心动检查、微丝蚴检查和心丝虫成虫抗原检

 **框 25-1　确定乳糜胸犬猫潜在疾病的诊断性检查**

**CBC、血清生化检查、尿液检查**
评估全身状况

**积液细胞学检查**
感染原
肿瘤细胞(尤其是淋巴瘤)

**胸部 X 线检查(在抽取积液以后)**
前纵隔肿物
其他肿瘤
心脏病
心丝虫病
心包疾病

**超声检查(理想情况下,在有积液时进行)**
前纵隔
　肿物
心脏(超声心动图)
　心肌病
　心丝虫病
　心包疾病
　先天性心脏病
其他靠近体壁的液性密度阴影
　肿瘤
肺叶扭转

**心丝虫抗体和抗原检查**
心丝虫病

**计算机断层扫描**
对某些情况下局部疾病的鉴别诊断,CT 可能比 X 线和超声
　检查更敏感

**淋巴管造影术**
术前和术后对胸导管进行评估

查,以及猫的甲状腺激素浓度的检查。淋巴管造影术可用于检查淋巴管扩张,确定淋巴管阻塞部位和罕见胸导管泄漏的部位。淋巴管造影术应在手术结扎淋巴管之前进行。

## 治疗

根据需要,可对患乳糜胸的犬猫进行胸腔穿刺和适当的输液治疗,以稳定动物的病情。患病动物可能表现出电解质失衡。要共同努力找到任何可能导致乳糜胸的病因,这样才能针对病因直接治疗。消除潜在病因可治愈乳糜胸,不过药物治疗(如下文特发性乳糜胸)通常需要持续数周甚至数月。创伤性乳糜胸是个例外,一般需要 1～2 周即可康复。

特发性乳糜胸目前还没有有效的常规治疗方法。一些病例会自发性减轻症状,因此首先推荐药物治疗。如果药物治疗不能解决,推荐结扎胸导管和进行心包切除术。

治疗主要包括间断性胸腔穿刺和低脂肪饮食。根据主人的观察,若动物呼吸频率加快或精神食欲变差,则需进行胸腔穿刺。初期可能需要每 1～2 周进行一次胸腔穿刺。若药物治疗起效,则胸腔穿刺的间隔可逐渐延长。在进行胸腔穿刺时,超声引导对抽取胸腔袋状乳糜胸积液非常有帮助,可更有效地引流,延长每次胸腔穿刺术的时间间隔。

虽然饮食管理的效果还未得到证实,但是低脂饮食可使动物体况良好(见第 54 章)。中链甘油三酯可绕过人的淋巴管,直接被吸收入血液,并可当作脂肪的补充物。不幸的是,犬的甘油三酯已被证实会进入胸导管。在猫中尚无研究。药物治疗用芦丁可能有效。芦丁是一种苯并吡药物,已被人医用于治疗淋巴结水肿。它被认为能通过影响巨噬细胞的功能降低积液中的蛋白质含量。从而使积液的再吸收能力加强,而胸膜纤维化病变也降到最低。该药可在保健食品店中买到。推荐每 8 h 按 50～100 mg/kg 剂量口服。

若药物治疗 1～3 个月后临床症状没有改善或者症状难以忍受,可以考虑进行手术治疗。乳糜胸的手术治疗包括胸导管结扎和心包切除;可切除乳糜池;胸导管结扎较难,并且理想情况下需要有经验的术者。若选择手术,要将胸导管及其侧枝结扎。在手术前通过淋巴管造影术确定胸导管,然后必须在结扎后重复进行造影以评估结扎是否成功。建议在结扎胸导管时切除心包,预后会更好(Fossum 等,2004)。有报道称切除乳糜池会提高成功率(McAnulty,2011)。

若乳糜胸使用药物和手术治疗不成功,建议进行胸膜腹膜分流或胸膜分流,或者在横膈上放置筛目(mesh),将液体引流出胸腔。这些引流方法可使泄漏的乳糜液重新进入循环,解决胸腔积液造成的呼吸困难。但不幸的是,放置几个月后引流可能无效。

### 预后

除非乳糜胸由创伤或者是一种可逆性疾病所致,否则预后一般。手术介入的病例中,50%~80%的动物反应良好(Singh 等,2012b)。然而,Fossum 等(2004)研究发现,犬和猫胸导管结扎及心包切除的总成功率分别为 100%和 90%。当猫患有纤维化胸膜炎时,很难确定这个并发症与临床症状的相关性。如果在解决积液后,患猫还有持续性呼吸困难,需考虑胸膜切除术。

# 自发性气胸
## (SPONTANEOUS PNEUMOTHORAX)

当先前的肺部空洞性病变破裂时,就会出现自发性气胸。该病比创伤性气胸少见,并且犬比猫更常见。发生张力性气胸的动物中,有一部分会迅速出现严重的呼吸窘迫。空洞性病变可能是先天性或特发性的,或由之前的创伤、慢性呼吸道疾病(猫特发性支气管炎)、并殖吸虫感染引起的。侵袭呼吸道的肿瘤、血栓栓塞区(心丝虫)、脓肿和肉芽肿可能形成坏死中心,且可能会破裂,使气体进入胸膜腔(参见第 20 章对空洞性病变的详细论述)。

胸腔穿刺术在初期有助于稳定动物的病情。若需要频繁穿刺控制气胸,应放置胸导管(见第 24 章)。为排除潜在疾病需进行积极检查,包括胸部 X 线检查(在肺充分扩张后重复一次)、胸部 CT 检查、多次粪便检查确定有无并殖吸虫卵(参见第 20 章)和心丝虫检查,还可进行气管灌洗液分析或支气管镜检查。鉴别大疱或小疱时,CT 比 X 线检查更敏感,并且应在开胸术前进行。Au 等(2006)的一项研究发现 12 只自发性气胸患犬中,只有 2 只犬的胸部 X 线检查发现大疱或小疱,另外 9 只是通过 CT 成功确认病变的。

感染并殖吸虫的动物一般对药物治疗反应良好(见第 22 章)。然而,手术治疗适用于大多数动物。在一个病例(21 例)回顾性研究中,Holtsinger 等(1993)发现采用药物治疗配合胸导管抽吸,多数自发性气胸患犬在最初住院期间或后来复发时,最终需要手术治疗来解决问题。因为自发性气胸复发时若未及时发现可能会致命,所以保守治疗比手术治疗风险更大。由 Puerto 等(2002)发表的一项病例报道(64 例)中进一步指出,与保守治疗相比,手术治疗的自发性气胸患犬的复发率和死亡率都比较低。因为术前常常不能定位所有病变,所以一般建议进行正中胸骨切开术显露所有的肺叶(图 25-4)。将异常组织进行组织学和微生物学检查即可确诊。

保守治疗包括笼养、放置胸导管并持续抽吸(见上文脓胸)。大型犬可用单向 Heimlich 阀代替抽吸。

无论采用何种方式治疗都可能复发。准确诊断出其潜在肺病并通过开胸术确定病变范围有助于确定该病的预后。

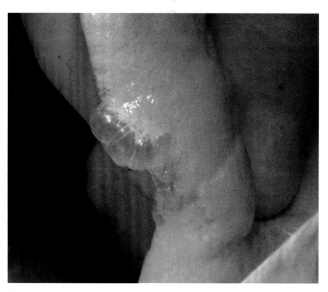

**图 25-4**
**1 只自发性气胸患犬术中肺部图像,可见肺大疱。由于这些大疱较小,在胸部 X 线或 CT 检查中无法发现。(Courtesy Dr. Guillaume Pierre Chanoit)**

# 肿瘤性积液
## (NEOPLASTIC EFFUSION)

由纵隔淋巴瘤造成的肿瘤性积液可通过放疗或化疗治疗(见第 77 章)。由胸膜表面的间皮瘤和癌引起的积液,腔内注射顺铂或卡铂姑息治疗有一定效果(Moore,1992),同时还可进行化疗。对那些除了胸腔积液症状外没有其他症状的动物,为了延长它们的生命,还可考虑进行胸膜腹膜分流或间断性胸腔穿刺,以减轻呼吸困难的程度。

◆▶推荐阅读

Au JJ et al: Use of computed tomography for evaluation of lung lesions associated with spontaneous pneumothorax in dogs: 12 cases (1999-2002), *J Am Vet Med Assoc* 228:733, 2006.

Barrs VR, Beatty JA: Feline pyothorax—new insights into an old problem: Part 1. Aetiopathogenesis and diagnostic investigation, *Vet J* 179:163, 2009a.

Barrs VR, Beatty JA: Feline pyothorax—new insights into an old problem: Part 2. Treatment recommendations and prophylaxis, *Vet J* 179:171, 2009b.

Boothe HW et al: Evaluation of outcomes in dogs treated for pyothorax: 46 cases (1983-2001), *J Am Vet Med Assoc* 236:657, 2010.

Fossum TW: *Small animal surgery*, ed 4, St Louis, 2013, Elsevier Mosby.

Fossum TW et al: Thoracic duct ligation and pericardectomy for treatment of idiopathic chylothorax, *J Vet Intern Med* 18:307, 2004.

Holtsinger RH et al: Spontaneous pneumothorax in the dog: a retrospective analysis of 21 cases, *J Am Anim Hosp Assoc* 29:195, 1993.

McAnulty JF: Prospective comparison of cisterna chyli ablation to pericardectomy for treatment of spontaneously occurring idiopathic chylothorax in the dog, *Vet Surg* 40:926, 2011.

Moore AS: Chemotherapy for intrathoracic cancer in dogs and cats, *Probl Vet Med* 4:351, 1992.

Pawloski DR, Broaddus KD: Pneumothorax: a review, *J Am Anim Hosp Assoc* 46:385, 2010.

Piek CJ et al: Pyothorax in 9 dogs, *Vet Q* 22:107, 2000.

Puerto DA et al: Surgical and nonsurgical management of and selected risk factors for spontaneous pneumothorax in dogs: 64 cases (1986-1999), *J Am Vet Med Assoc* 220:1670, 2002.

Rooney MB et al: Medical and surgical treatment of pyothorax in dogs: 26 cases (1991-2001), *J Am Vet Med Assoc* 221:86, 2002.

Singh A et al: Idiopathic chylothorax: pathophysiology, diagnosis, and thoracic duct imaging, *Compend Contin Educ* 34:E1, 2012a.

Singh A et al: Idiopathic chylothorax: nonsurgical and surgical management, *Compend Contin Educ* 34:E1, 2012b.

Smeak DD et al: Treatment of chronic pleural effusion with pleuroperitoneal shunts in dogs: 14 cases (1985-1999), *J Am Vet Med Assoc* 219:1590, 2001.

Thompson MS et al: Use of rutin for the medical management of idiopathic chylothorax in four cats, *J Am Vet Med Assoc* 215:245, 1999.

Waddell LS et al: Risk factors, prognostic indicators, and outcome of pyothorax in cats: 80 cases (1986-1999), *J Am Vet Med Assoc* 221:819, 2002.

Walker AL et al: Bacteria associated with pyothorax of dogs and cats: 98 cases (1989-1998), *J Am Vet Med Assoc* 216:359, 2000.

White HL et al: Spontaneous pneumothorax in two cats with small airway disease, *J Am Vet Med Assoc* 222:1573, 2003.

# 第 26 章

# 呼吸窘迫的急救处理
## Emergency Management of Respiratory Distress

## 概 述
## (GENERAL CONSIDERATIONS)

呼吸窘迫或呼吸困难是指呼吸异常费力。一些作者喜欢用过度换气和呼吸力度增强等术语来描述这些症状,因为不能在动物身上确定呼吸困难和呼吸窘迫的感觉。呼吸困难使人感到非常紧张而有压力,犬猫可能也是这样。呼吸困难也是对动物整个机体的耗竭,特别是对呼吸肌肉系统。应积极治疗休息时也存在呼吸窘迫的动物,并且应频繁评估其临床状态。

呼吸窘迫的犬猫可能表现为端坐呼吸,这是因为动物在某些姿势呼吸困难。端坐呼吸时,动物以肘部外展颈部伸长的姿势蹲坐或站立,腹部辅助通气的肌肉运动可能较为夸张。正常情况下很少能看到猫的呼吸动作。若发现猫的胸壁显著起伏或张口呼吸,则为严重的呼吸困难。发绀指的是正常粉红色黏膜变紫,这是严重低血氧的表现,说明呼吸力度增强并不能充分地代偿呼吸功能不全。黏膜苍白比发绀更常见于呼吸系统疾病导致的急性低血氧。

由呼吸道疾病造成的呼吸窘迫常见于大气道梗阻、严重肺实质或血管疾病(例如肺血栓栓塞)、胸腔积液或气胸。呼吸窘迫还可发生于造成灌注下降的原发性心脏病、肺水肿或胸腔积液(见第 1 章)。另外,还必须考虑可导致呼吸窘迫的非心肺源性原因,包括严重的贫血、血容量过低、酸中毒、体温过高和神经系统疾病。疼痛和类固醇药物可引起呼吸急促,在没有其他呼吸系统疾病症状的情况下,这两种原因也应被列入鉴别诊断。有非呼吸道疾病的犬猫,其呼吸音可能会增大,但不会出现啰音和喘鸣音。

应迅速对动物进行体格检查,特别要注意其呼吸模式、胸腔和气管听诊的异常以及脉搏、黏膜颜色和血液灌注情况,先稳定动物的病情,然后再做进一步的诊断性检查。

合理治疗休克的犬猫(见第 30 章)。严重呼吸窘迫的犬猫需减少应激和活动,将它们放置在凉爽的环境中,同时输氧,这会使大多数患病动物受益。笼养非常重要,在一开始就应使用应激最小的方法补充氧气(见第 27 章)。氧气箱可满足以上 2 个要求,缺点是无法接触动物。镇静可能对这些动物有一定的帮助(表 26-1)。根据造成呼吸窘迫的位置和原因确定更具体的治疗方案(表 26-2 )。

 **表 26-1** 用于减少呼吸窘迫动物应激的药物

| 上气道梗阻:减轻焦虑并减少呼吸力度,降低上气道内负压 | | |
|---|---|---|
| 乙酰丙嗪 | 犬和猫 | 0.05 mg/kg IV,SC |
| 吗啡 | 仅犬,特别是短头犬 | 0.1 mg/kg;每 3min 重复 1 次,直到起效;持续 1~4 h |
| **肺水肿:减轻焦虑;吗啡可降低肺静脉压** | | |
| 吗啡 | 仅犬 | 0.1 mg/kg;每 3 min 重复 1 次,直到起效;持续 1~4 h |
| 乙酰丙嗪 | 犬和猫 | 0.05 mg/kg;IV,SC;持续 3~6 h |
| **肋骨骨折,开胸术后,其他创伤:缓解疼痛** | | |
| 羟吗啡酮 | 犬 | 0.05 mg/kg IV,IM;每 3 min 重复 1 次,IV,直到起效;持续 2~4 h |
| | 猫 | 0.025~0.05 mg/kg IV,IM;每 3 min 重复 IV,直到起效,若出现瞳孔放大,立即停药;持续 2~4 h |
| 布托啡诺 | 猫 | 0.1 mg/kg IV,IM,SQ;每 3min 重复 1 次,IV,直到起效;持续 1~6 h |
| 丁丙诺啡 | 犬和猫 | 0.005 mg/kg IV,IM;重复直到起效;持续 4~8 h |

IV,静脉注射;SC,皮下注射;IM,肌肉注射

表 26-2 根据严重呼吸窘迫犬猫的体格检查结果定位呼吸道疾病

| 项目 | 大气道疾病 | | 肺实质性疾病 | | | 胸膜腔疾病 |
| --- | --- | --- | --- | --- | --- | --- |
| | 胸外(上) | 胸内 | 阻塞性 | 限制性 | 阻塞性和限制性 | |
| 呼吸频率 | NI—↑ | NI—↑ | ↑↑↑ | ↑↑↑ | ↑↑ | ↑↑↑ |
| 相对用力 | 吸气↑↑↑ | 呼气↑↑ | 呼气↑ | 吸气↑↑ | 无差别 | ↑吸气 |
| 可听到的声音 | 吸气喘鸣,鼾声 | 呼气咳嗽/喘鸣 | 罕见的呼气性喘鸣 | 无 | 无 | 无 |
| 听诊音 | 上呼吸道音;呼吸音↑↑ | 呼气末咔嗒声;呼吸音↑↑ | 呼气喘鸣或呼吸音↑↑;罕见呼吸音↓,有空气被圈闭的呼吸音 | 呼吸音↑↑;±啰音 | 呼吸音↑↑,啰音和/或喘鸣音 | 呼吸音↓ |

↑,轻度上升;↑↑,上升;↑↑↑显著上升;↓下降;NI,正常。犬猫休息时正常的呼吸频率 ≤ 20 次/min,在医院内,一般认为 ≤ 30 次/min 为正常。

# 大气道疾病
## (LARGE AIRWAY DISEASE)

大气道疾病通过阻塞空气入肺造成呼吸窘迫。为了便于讨论,胸外大气道(或称上气道)包括咽、喉和近胸腔入口处的气管,胸内大气道包括胸腔入口处远端的气管和支气管。由大气道阻塞导致的呼吸窘迫通常表现为显著的呼吸费力,而呼吸频率加快不显著(参见表 26-2),胸壁起伏可能会增加(即开始深呼吸),呼吸音变大。

## 胸外(上)气道阻塞
### [EXTRATHORACIC (UPPER) AIRWAY OBSTRUCTION]

上气道梗阻的动物通常在吸气时非常用力,且一般吸气相对于呼气时间延长。一般在吸气时可听到喘鸣音和鼾声。有声音变化提示可能有喉部疾病。

喉麻痹和短头品种气道综合征是上气道梗阻最常见的病因(见第 18 章)。其他咽喉疾病见框 16-1 和框 16-2。严重气管塌陷可引起胸外或胸内大气道梗阻。罕见胸外气管疾病,如异物、气管狭窄、肿瘤、肉芽肿和发育不良,都可造成呼吸窘迫。

如第 16 章所述,呼吸增强会导致梗阻更严重,这是一种恶性循环,所以尽管大多数这类疾病为慢性,但是患上气道梗阻的动物通常表现为急性呼吸窘迫。该循环一般可用药物治疗打破(图 26-1)。使患病动物镇静(见表 26-1),并为其提供一个凉爽、氧气充足的环境(如氧气箱)。对于短头品种气道综合征患犬,应给予吗啡。除此之外,可给予乙酰丙嗪。主观上认为,对短

头品种气道综合征患犬进行镇静时,在维持气道开放方面乙酰丙嗪似乎比吗啡的难度大一些。有人认为短效皮质类固醇对减轻局部炎症有效(例如地塞米松,0.1 mg/kg IV)。

在极少病例中,镇静和补充氧气不能解决呼吸窘迫,且需用物理方法绕过阻塞处。一般来说,放置气管内插管有效。给予动物短效麻醉剂,应用长而细的带芯气管内插管来绕过较大或较深的阻塞。若无法放置气管插管,则可经气管从阻塞远端插入导管(见第 27 章)。如果需要进行气管切开插管,可在病情已得到控制的状态下进行无菌操作,很少需要进行非无菌的紧急气管切开术。

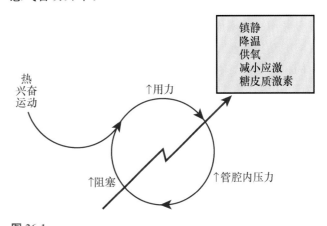

图 26-1
胸外(上)呼吸道阻塞的动物常表现为急性呼吸窘迫,因为随着病情的恶性循环,气道阻塞会进行性加重。药物干预几乎总能打破这个循环,稳定患病动物的呼吸状况。

## 胸内大气道阻塞
### (INTRATHORACIC LARGE AIRWAY OBSTRUCTION)

由胸内大气道阻塞导致的呼吸窘迫较为罕见。胸内大气道阻塞的动物通常在呼气时非常用力,因此相

对于吸气时间延长。胸内大气道阻塞最常见的原因是由于气管支气管软化造成的主支气管和/或胸内气管塌陷(见第 21 章)。这些患病动物呼气时,常可听见它们发出高音调的喘鸣音或咳嗽样的声音,听诊时可听见啰音或喘鸣音。其他鉴别诊断包括异物、奥斯勒丝虫感染晚期、气管肿瘤、气管狭窄和严重的肺门淋巴结病引起的支气管压迫。

治疗上气道阻塞的方法,如镇静、补充氧气和减少应激也能稳定这些动物的病情。高剂量的布托非诺或氢可酮有抑制咳嗽和镇静作用(见第 21 章)。慢性支气管炎患犬可用支气管扩张剂和皮质类固醇治疗。

# 肺实质疾病
## (PULMONARY PARENCHYMAL DISEASE)

肺实质疾病可通过各种机制造成低血氧和呼吸窘迫,包括小气道阻塞(阻塞性肺病,如猫特发性支气管炎)、肺顺应性下降(限制性肺病,"僵硬"肺,如肺纤维化)和干扰肺循环(如肺血栓栓塞)。对于大多数患肺实质疾病的动物,包括患肺炎或肺水肿的动物,通过这些机制会造成 V/Q 失调(通气与血流灌注比例失调)(见第 20 章),包括气道梗阻、肺泡积液以及顺应性下降。

由肺实质疾病造成的呼吸窘迫通常表现为动物的呼吸频率显著增加(见表 26-2)。对于患原发性阻塞性疾病的动物(通常是支气管疾病患猫),其呼气比吸气时间相对延长,同时呼气费力。常可听诊到呼气性喘鸣音。患原发性限制性肺病的动物(通常是肺纤维化患犬),其吸气时间比呼气时间相对延长,且呼气不费力,常可听诊到啰音。有时,患严重支气管疾病的猫会发展成为限制性呼吸模式,这与肺的空气滞留和过度充气有关。另外,同时患几种疾病的动物,它们呼气和吸气都费力,呼吸浅,听诊时可听见啰音、喘鸣音或呼吸音增强。患肺病犬猫的鉴别诊断见框 19-1。

输氧疗法可用于稳定由肺病导致严重呼吸窘迫的犬猫(见第 27 章)。若单独采用输氧疗法不够,还可考虑使用支气管扩张剂、利尿剂或糖皮质激素。

若怀疑为阻塞性肺病,则可用支气管扩张剂,如短效茶碱或 β-受体激动剂,因为它们可减少支气管狭窄,与输氧疗法配合,用于猫支气管疾病的治疗(见第 21 章)。急救常通过皮下注射特布他林(0.01 mg/kg,SC;若有需要,每 5～10 min 重复 1 次)或通过定量雾化吸入器吸入沙丁胺醇。支气管扩张剂在第 21 章有更详细的论述(框 21-3)。

利尿剂如呋塞米(2 mg/kg IV)可用于治疗肺水肿。对于病情不稳定的病患,如果鉴别诊断中包括肺水肿,那么可以尝试短时间内使用呋塞米治疗。然而,也要考虑它们可能导致的并发症,因为它们能使体液容量下降和脱水。患渗出性肺病或支气管炎的动物禁止长期使用利尿剂,因为全身脱水会导致气道和气道分泌物变干,黏膜纤毛对气道分泌物和污物的清除能力下降,气道会进一步被黏液栓阻塞。

糖皮质激素可减轻炎症。速效制剂如地塞米松(0.1 mg/kg IV)可用于由以下原因导致的严重呼吸窘迫:猫特发性支气管炎、杀虫剂治疗心丝虫病后造成的血栓栓塞、过敏性支气管炎、肺寄生虫病、治疗肺部霉菌病后随即出现的呼吸衰竭。患其他炎性疾病或急性呼吸窘迫综合征的动物也对糖皮质激素反应良好。在使用皮质类固醇药物前,应先考虑其潜在副作用,例如这些药的免疫抑制作用可导致感染性疾病加剧。虽然用短效皮质类固醇紧急稳定这类病的病情可能不会对抗微生物治疗产生太大影响,但应避免使用长效制剂或长期用药。糖皮质激素可能会影响后续诊断检查结果,特别是当淋巴瘤为鉴别诊断之一时。一旦动物能耐受应激,则可进行适当的诊断性检查。

若动物有败血症症状(如发热、伴有核左移的嗜中性粒细胞性白细胞增多,以及中度到重度嗜中性粒细胞中毒性变化),或高度怀疑细菌性或吸入性肺炎,则可使用广谱抗生素治疗。若有可能,应在开始使用广谱抗生素治疗之前采集气道样本进行培养(通常用气管灌洗),这样才能确诊细菌感染并得到药敏试验结果。在抗生素治疗后获取的样本一般无诊断意义,甚至在症状继续发展时也没有诊断意义。然而,对病情不稳定的患病动物可能不能进行气道样本采集。若怀疑败血症,血液和尿液培养可能有帮助。细菌性和吸入性肺炎的诊断和治疗见第 22 章。

若治疗无效,可能需要给予短效麻醉剂,给动物插管并维持正压通气(见第 27 章),直到做出诊断并开始特异性治疗。

# 胸膜腔疾病
## (PLEURAL SPACE DISEASE)

胸膜腔疾病妨碍肺的正常扩张,造成呼吸窘迫,它们和限制性肺病的致病机理相似。胸膜腔疾病造成呼吸窘迫的动物通常表现为呼吸频率显著增加（见表26-2），可见吸气力度相对增加，但不总是很明显。由胸膜腔疾病造成的呼吸急促，听诊时肺音减弱，可与肺实质疾病造成的呼吸急促区别开。可见呼吸时腹部起伏变大。

反常呼吸是指吸气时出现腹壁"吸入"的呼吸模式。反常呼吸常与呼吸窘迫犬猫的胸膜腔疾病有关（LeBoedec 等，2012），这种呼吸模式可缓解胸膜腔压力增高时肋间肌收缩受到的抑制。反常呼吸作为呼吸困难犬猫胸膜腔疾病的预测指标，敏感性和特异性分别为 0.67 和 0.83（犬），0.90 和 0.58（猫）。

由胸膜腔疾病造成呼吸窘迫的动物大多数患有胸腔积液或气胸（见第 23 章）。其他鉴别诊断包括膈疝和纵隔肿物。若怀疑胸腔积液或气胸造成动物呼吸窘迫，应在进一步诊断检查或药物治疗前，先进行胸腔穿刺（见第 24 章）。如果可以，可使用超声来快速评估胸腔积液或积气，这对动物的应激最小。TFAST 超声检查可用来评估胸部创伤，探头的放置位置以及特征性超声征象可参见 Lisciandro(2011)的文中所述。在进行穿刺时，可通过面罩给氧，不过若胸膜腔成功引流，可迅速改善动物的症状。偶尔需要紧急放置胸导管来快速排空聚积的气体（见第 24 章）。

应尽可能地排空积液和积气，除非动物患急性血胸。血胸通常由创伤或灭鼠剂中毒造成。与血胸有关的呼吸窘迫通常是急性失血而不是肺不张造成的。在这种情况下，需要抽除少量积液稳定动物病情（尽可能少），剩下的会被重吸收（自身输血），这对动物有一定帮助。需要对动物进行积极的输液疗法。

◀推荐阅读

LeBoedec K et al: Relationship between paradoxical breathing and pleural diseases in dyspneic dogs and cats: 389 cases (2001-2009), *J Am Vet Med Assoc* 240:1095, 2012.

Lisciandro GR: Abdominal and thoracic focused assessment with sonography for trauma, triage, and monitoring in small animals, *J Vet Emerg Crit Care* 21:104, 2011.

Mathews KA et al: Analgesia and chemical restraint for the emergent patient. *Vet Clin N Am: Small Anim Pract* 35:481, 2005.

# 第 27 章
## CHAPTER 27

# 辅助治疗：输氧和通气
## Ancillary Therapy: Oxygen Supplementation and Ventilation

## 输 氧
### (OXYGEN SUPPLEMENTATION)

输氧一般是为了将动脉血氧分压（$PaO_2$）维持在 60 mmHg 以上。输氧适用于每个有呼吸窘迫或呼吸费力症状的犬猫。发绀是另外一种明显的适应证。无论何时，若有可能，都应确定低血氧的原因，并对其进行特异性治疗。当动物在输氧后动脉氧浓度仍不足，或者动脉二氧化碳分压超过 60 mmHg 时，则需要辅助通气（见第 20 章）。

可用面罩、头罩、鼻导管、气管内插管、气管导管或氧气箱输纯氧，提高吸入氧浓度。鼻导管供氧适合大多数患病动物。

当给予动物纯氧时，应考虑到纯氧的无水性及毒性。因为来自氧气瓶的氧不含水分，呼吸道会很快变得干燥，特别是当导管完全绕过鼻腔时。所有患呼吸道疾病的动物全身应维持良好的水合状态。用导管输氧超过数小时就必须对动物的呼吸道进行加湿。长期使用的通气装置有可加热的加湿器。湿气交换过滤器也可以接在气管导管和气管内插管上，其作用是滞留呼出气体的水分，并将其加到吸入的气体中。这些过滤器有助于细菌生长，故必须每天更换。喷雾法也可用于向气道内增加水分。若其他方法不能实现，则可采用有效性差一些的补水方法，如直接向导管内滴注灭菌生理盐水。在回路中加入吹过型或起泡型加湿器，也可把一些水蒸气添入到氧气中。

吸入浓度超过 50% 的氧气对肺上皮组织有毒性作用，导致肺功能恶化，并可引起死亡。因此含氧量超过 50% 的气体不能连续输入 12 h 以上，若需要更高浓度来维持足够的动脉氧浓度，可进行辅助通气。

## 氧气面罩
### (OXYGEN MASKS)

氧气面罩对短期输氧很有用。动物受到的应激最小。可在放置静脉导管（留置针）和胸腔穿刺时给予氧气。需要小而合适的面罩来减少死腔，且氧流速要相对较高（表 27-1），要使用灭菌眼膏防止角膜干燥。

**表 27-1　各种吸氧方法能达到的最大氧浓度及其氧流量**

| 吸氧方法 | 最大氧浓度/% | 氧流量 |
|---|---|---|
| 面罩 | 50~60 | 8~12 L/min |
| 鼻导管 | 50 | 6~8 L/min 或 50~150 mL/(kg·min) |
| 经气管导管 | 30~40 | 1~2 L/min |
| 气管内插管 | 100 | 0.2 L/(kg·min) |
| 气管导管 | 100 | 0.3 L/(kg·min) |
| 氧气箱 | 60 | 2~3* |

\* 在氧箱充满气体后，流量应根据氧传感器中测得的氧气浓度进行调整。

引自：Court MH et al：Inhalation therapy：oxygen administration, humidification, and aerosol therapy, Vet Clin North Am Small Anim Pract 15：1041，1985.

## 氧气头罩
### (OXYGEN HOODS)

目前有可盖在动物头部的氧气头罩。一些氧气头罩在使用时动物必须侧躺不动，限制了氧气头罩的应用。这类氧气头罩仅适用于从麻醉中苏醒的动物、严重沉郁的动物和重度镇静的动物（图 27-1）。而另一些氧气头罩能完全环绕在动物头部并固定在其颈部。有专为伊丽莎白脖圈设计的氧气头罩（OxyHood, Jorgensen Laboratories, Inc.，Loveland, CO）。有些时候，动物对氧气头罩比氧气面罩的耐受性更强,并且氧气头罩比氧气面罩需要的人力更少。应在氧气头罩内建立呼出气体的排出途径,防止二氧化碳聚积在氧气头罩内。

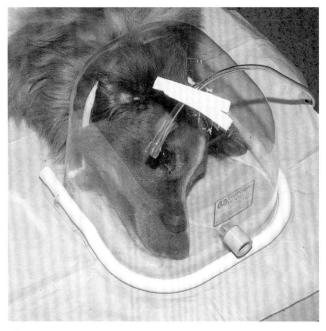

**图 27-1**
对侧卧动物可用氧气头罩代替氧气面罩。对于这只患犬,氧气从头罩顶端开口进入,并且开启可容纳标准麻醉导管的淡蓝色开口,以供空气交换。无论用什么方法增加吸入气体的氧浓度,都必须提供呼出 $CO_2$ 的排出通道。(**Disposa-Hood** 提供,**Utah Medical Products, Inc., Midvale, Utah**)

## 鼻导管
(NASAL CATHETERS)

鼻导管可用于长期输氧(图 27-2),动物可相对自由移动,并能接受评估和治疗。大多数动物能很好地耐受鼻导管。然而,鼻导管可因鼻部分泌物造成阻塞。可用红色软橡胶管或婴儿饲喂管或聚氨酯导管。导管的大小基于患病动物的大小。一般情况下,猫用 3.5～5 F 导管,犬用 5～8 F 导管。

导管的放置极少需要进行镇静。首先,测量动物头部,估计插入鼻腔的导管长度,导管应到达动物裂齿(下颚第一个前白齿)水平。在插入鼻腔段的导管上涂抹水溶性润滑剂或 0.2% 利多卡因凝胶。然后,将动物鼻孔朝天,将 0.2% 利多卡因从鼻孔慢慢滴入鼻腔,将鼻导管插入鼻孔,一开始向背内侧插,之后迅速向腹内侧插。当插入适当长度后,将导管在外侧软骨下轻轻弯折,在鼻孔后侧不超过 1 cm 的地方将导管缝在鼻部,进一步用缝线将导管固定在面部,使导管从双眼之

间走到头部后侧。给患病动物带上伊丽莎白圈,防止动物移动导管。

**图 27-2**
放置鼻内导管吸氧的犬。导管被缝在出鼻孔外不到 1 cm 的鼻部,然后在脸部再次缝合,使其固定到动物头部后方。通常可以给动物戴伊丽莎白圈,防止动物拔出导管。

可在导管上连接灭菌静脉输液器。可将输液管连接于半瓶灭菌生理盐水,并将其置于液面之上,然后从瓶内液面下输送氧气,这样氧气就能通过盐水携带一些水分。

## 经气管壁导管
(TRANSTRACHEAL CATHETERS)

可采用无菌术经气管壁放置颈部导管输送氧气。该方法可紧急稳定上气道梗阻的动物。该方法需要放置较大的颈部导管,放置方法见气管灌洗(见第 20 章)。

## 气管内插管
(ENDOTRACHEAL TUBES)

气管插管用于心肺复苏及手术中供氧。它们可绕过大多数上气道梗阻,可紧急稳定动物病情。短时间内可输纯氧,而长时间输氧则需要将纯氧与室内空气混合。可用带气囊的气管插管进行通气。高容量低压力气囊可减轻对气管的损害,气囊内少充一些气,但必须足够保证气管封闭,也可减轻对气管的损伤。若不用正压通气,气囊可不充气。

警觉的动物不耐受气管内插管,故长期治疗倾向于用气管导管。有意识的动物在进行气管插管时,必

须给予镇静、镇痛及神经肌肉阻断剂,或者联合用药。有可能的话气囊应放气,尽量减少对气管的损伤。应定期清洁导管,清除分泌物(见清洗气管导管的介绍),还应经常冲洗口腔。如前所述,必须在吸入的气体中加入水分。

## 气管导管
### (TRACHEAL TUBES)

气管导管经气管环放置,有意识的动物易耐受。动物很少需要进行紧急气管切开术,几乎所有动物都可用其他方法稳定病情。因此,放置气管导管时应非常谨慎,按无菌手术要求操作。气管导管一般用于上气道梗阻动物的救治。一旦绕过了梗阻部位,室内空气中的氧气对上气道梗阻的动物来说足够了。

导管直径应接近气管腔直径,长度为5~10个气管环。需要用高容量低压力套囊,避免损伤气管或造成狭窄,因此双腔导管很理想。内管可取出清洗,并且方便更换。也可用单腔导管,在一些小动物可能需要用单腔导管。

通常在使用短效麻醉剂麻醉后放置气管导管。在咽部尾侧腹中线做一个切口,暴露出气管。在环状软骨下段几个气管环处,平行于气管但垂直于气管环做切口,切口刚好够气管导管插入即可。两端切口均可通过横向切开拓宽。为了方便放置导管,在有意或无意移动导管时,可在切口两边放置缝线。然后将导管插入切口中。用纱布轻轻将导管缠绕在动物颈部,尽可能减轻对气管的压迫。为防止皮下积气,可基本不缝合或完全不缝。将纱布海绵剪一个狭长的切口,涂上抗菌软膏,然后将其覆盖于切口上,并围绕在导管周围。

必须时刻检查导管,保持干净通畅。双腔导管的内管很容易拿出来。开始时,每30~60 min清洗一次导管,之后的间隔时间根据分泌物的积聚程度进行调整,保证尽可能少的分泌物聚集。处理导管时需要无菌操作,导管一旦被污染则必须更换。

除非固定缝线还在,否则很难在最初几天移除单腔导管并安全重置。所以应在原位进行定期清洁,可向导管内滴入无菌生理盐水。将末端有几个开口的无菌导尿管连接至吸引器,然后插入气管导管中进行抽吸,以清除气管和气管导管内的分泌物。为了能让肺重新扩张,抽吸间隔要短。开始时每几个小时清理一次,此后无分泌物聚积,可降低清理频率。

动物在室内空气条件下氧合良好时,可用小号导管。在小号导管阻塞的情况下,如果动物能够从导管周围呼吸空气且氧合良好,则可撤除导管。不缝合切口,让其自行愈合。对导管头做细菌培养。

不推荐预防性使用抗生素。若治疗前或治疗过程中发生感染,则根据细菌培养和药敏试验结果进行抗生素治疗。

气管导管的并发症较为常见。一项关于暂时气管切开插管的报道称(Nicholson 和 Baines,2012),86%(36/42)的病患出现并发症。大多数并发症在临床上不显著(例如气纵隔和皮下气肿)或可治疗。常见的并发症包括导管阻塞(26%)、导管移位(21%)、吸入性肺炎(21%)和切口肿胀(21%)。整体上来讲,34 只犬(81%)暂时性气管切开插管治疗成功。

## 氧气箱
### (OXYGEN CAGES)

氧气箱可提供富含氧气的环境,并且对动物的应激最小。但是动物因此被隔离,无法直接接触,这是一个缺点。必须监测和控制其他环境因素,如湿度、温度和二氧化碳浓度,否则动物可能产生极大的应激,甚至可能死亡。动物完全依靠氧气箱的正常运作而生存。每个氧气箱维持正常环境的能力不同,且对每个动物也不同。目前有兽医用商品化氧气箱。人用保温箱可在改造后用于小动物。

## 通气支持
### (VENTILATORY SUPPORT)

通气支持的目的是减少二氧化碳潴留,改善氧合作用。然而,通气支持需要较多人力(labor intensive),且有一些并发症。当其他呼吸支持方法不能满足时可进行通气支持。

通气不足的动物可发生二氧化碳潴留或高碳酸血症。自发通气可因神经功能障碍而受损,如严重头部创伤、多发性神经病和一些中毒。若动物的 $PaCO_2$ 超过 60 mmHg,推荐进行通气支持。胸腔积液或气胸造成的通气不足需要移除积液和积气,而不是正压通气。上气道梗阻造成的通气不足需确保气道开放。

患严重肺病的动物如果不通气支持,可能无法维持足够的氧合作用。正压通气是患急性呼吸窘迫综合征(ARDS;见肺水肿,第 22 章)的动物的常规治疗方法。如先前所述,长期给予氧浓度高于 50% 的气体会导致严重的肺损伤。若在不补充高浓度氧的情况下,$PaO_2$ 达不到 60 mmHg 以上,则需要进行通气支持。

正压通气与正常负压吸气不同。正压通气时,肺内通气分布被改变。每次肺充满气时胸内压升高,导致静脉回心血流下降,伴随其他影响,可导致全身性低血压,严重的可造成急性肾衰。接受正压通气的动物,肺的顺应性随时间而下降。当肺变硬时,需要更大的压力来使其膨胀。通气过程中需要仔细监护动物,监护的重要指标包括血气值、顺应性、黏膜颜色、毛细血管再充盈时间、脉搏性质、动脉血压、中心静脉压、肺音和排尿量。这些动物需要多方面的护理和监护,严重限制了长期通气支持在大型转诊医院的应用。

◉ 推荐阅读

Clare M, Hopper K: Mechanical ventilation: indications, goals, and prognosis. *Compendium* 27:195, 2005.
Nicholson I, Baines S: Complications associated with temporary tracheostomy tubes in 42 dogs (1998 to 2007), *J Small Anim Pract* 53:108, 2012.

 附表　呼吸系统疾病用药

| 通用名称 | 商品名 | 犬(mg/kg*) | 猫(mg/kg*) |
|---|---|---|---|
| 乙酰丙嗪 | — | 0.05 IV,IM,SC(最多 4 mg) | 0.05 IV,IM,SC(最多 1 mg) |
| 阿米卡星 | Amiglyde | 15～30 mg/kg IV,SC q 24 h | 10～14 IV,SC q 24 h |
| 氨茶碱 | — | 11 PO,IV,IM q 8 h | 5 PO,IV,IM q 12 h |
| 阿莫西林 | Amoxi-tab,Amoxi-drop | 22 mg/kg PO q 8～12 h | 相同 |
| 阿莫西林-克拉维酸 | Clavamox | 20～25 mg/kg PO q 8 h | 10～20 PO q 8 h |
| 氨苄西林 | — | 22 mg/kg PO,IV,SQ q 8 h | 相同 |
| 氨苄西林-舒巴坦 | 优立新 | 22 mg/kg(氨苄西林)IV q 8 h | 相同 |
| 阿托品 | — | 0.05 SC | 相同 |
| 阿奇霉素 | 希舒美 | 前3 d 5～10 mg/kg PO q 24 h,然后 48 h | 前3 d 5～10 mg/kg PO q 24 h,然后 q 48 h |
| 布托啡诺 | Torbtrol | 0.5 PO q 6～12 h(镇咳药) | 不推荐 |
| 头孢唑林 | — | 20～25 IM,IV q 8 h | 相同 |
| 头孢氨苄 | Keflex | 20～40 PO q 8 h | 相同 |
| 西替利嗪 | 仙特明 | 1 mg/kg q 12～24 h | 1 PO q 24 h |
| 氯霉素 | — | 50 PO,IV,SC q 8 h | 10～15 PO,IV,SC q 12 h |
| 氯苯那敏 | Chlor-Trimeton | 4～8 mg/只 q 8～12 h | 2 mg/只 q 8～12 h |
| 克林霉素 | Antirobe | 5.5～11 PO,IV,SC q 12 h | 相同 |
| 环磷酰胺 | Cytoxan | 50 mg/m² PO q 48 h | 相同 |
| 赛庚啶 | Periactin | — | 2 mg/只 PO q 12 h |
| 地塞米松 | Azium | 0.1～0.2 IV q 12 h | 相同 |
| 右美沙芬 | — | 1～2 PO q 6～8 h | 不推荐 |
| 地西泮 | 安定 | 0.2～0.5 IV | — |
| 苯海拉明 | Benadryl | 1 IM;2～4 PO q 8 h | 相同 |
| 多西环素 | — | 5～10 PO,IV q 12 h | 相同 |
| 恩诺沙星 | 拜有利 | 10～20 PO,IV,SC q 24 h | — |
| 芬苯达唑(治疗肺蠕虫) | Panacur | 25～50 mg/kg PO q 12 h 持续 14 d | 相同 |
| 呋塞米 | Lasix | 2 mg/kg PO,IV,IM q 8～12 h | 相同 |
| 格隆溴铵 | — | 0.005 IV,SC | 相同 |
| 肝素 | — | 200～300 U/kg SC q 8 h | 相同 |
| 重酒石酸二氢可待因酮 | Hycodan | 0.25 PO q 6～12 h | 不推荐 |
| 氢吗啡酮 | — | 0.05 IV,IM;可 q 3 min 重复静脉注射一次,直到起效;持续 2～4 h | 0.025～0.05 IV,IM;可 q 3 min 重复静脉注射一次,直到起效;若出现瞳孔散大则停止给药 |

续附表

| 通用名称 | 商品名 | 犬(mg/kg*) | 猫(mg/kg*) |
|---|---|---|---|
| 伊曲康唑(治疗曲霉菌病) | 斯皮仁诺 | 5 mg/kg PO q 12 h 与食物一起服用 | |
| 伊维菌素 | — | 参见正文特定寄生虫部分 | 参见正文特定寄生虫部分 |
| 氯胺酮 | Ketaset,Vetalar | — | 2～5 IV |
| 赖氨酸 | — | — | 500 mg/只 PO q 12 h |
| 马波沙星 | Zeniquin | 3～5.5 mg/kg PO q 24 h | 相同 |
| 美洛培南 | Merrem IV | 24 mg/kg IV q 12 h 或 8.5 mg/kg SC q 12 h | 相同 |
| 醋酸甲基氢化泼尼松 | Depo-Medrol | — | 10 mg/只 IM q 2～4 周 |
| 甲硝唑 | Flagyl | 10 PO q 8 h | 10 PO q 12 h |
| 米尔贝肟(治疗鼻螨虫) | Interceptor | 0.5～1 PO q 7～10 d 治疗 3 次 | — |
| 吗啡 | — | 0.1 IV;q 3 min 重复一次直到起效;持续 1～4 h | — |
| 羟甲唑啉 0.025% | 安福能(0.025%) | — | 1 滴/鼻孔 q 24 h 用 3 d,然后停 3 d |
| 去氧肾上腺素 0.25% | NEO-Synephrine | — | 1 滴/鼻孔 q 24 h 用 3 d,然后停 3 d |
| 吡喹酮(治疗并殖吸虫) | Droncit | 23～25 mg/kg PO q 8 h 用 3 d | 相同 |
| 泼尼松 | — | 0.25～2 mg/kg PO q 12 h | 相同 |
| 氢化泼尼松琥珀酸钠 | Solu-Delta-Cortef | 上限为 10 IV | 相同 |
| 西地那非 | 万艾可 | 1 mg/kg q 12 h;2 mg/kg q 8 h 重复一次直到起效 | — |
| 特布他林 | Brethine | 1.25～5 mg/只 PO q 8～12 h | 每只猫开始使用 2.5 mg 药片,1/8～1/4,q 12 h PO;0.01 mg/kg SC,若有需要,5～10 min 重复给药一次 |
| 四环素 | — | 22 mg/kg PO q8h | 相同 |
| 四环素眼膏 | — | | q 4～8 h |
| 茶碱基(速释型) | — | 9 PO q 8 h | 4 PO q 12 h |
| 茶碱(长效成分)† | — | 10 PO q 12 h | 15 PO q 24 h,傍晚时服用 |
| 甲氧苄啶-磺胺嘧啶 | Tribrissen | 15 PO q 12 h | 相同 |
| 维生素 K1 | Mephyton Aquamephyton | 2～5 PO,SC,q 24 h | 相同 |
| 华法林 | Coumadin | 0.1～0.2 PO q 24 h | 0.5 mg/只 |

\* 除非另有说明。

† 茶碱 SR 的剂量(Theochron or TheoCap,Inwood Laboratories,Inwood,NY)。由于不同的产品有一定差异,没有统一剂量;在治疗中,应对动物进行监测。进一步讨论见第 21 章。

IM,肌肉注射;IV,静脉注射;PO,口服;SC,皮下注射。

# 第 28 章
## CHAPTER 28

# 胃肠紊乱的临床表现
## Clinical Manifestations of Gastrointestinal Disorders

## 吞咽困难、口臭和流涎
### (DYSPHAGIA, HALITOSIS, AND DROOLING)

许多患有口腔疾病的动物可能同时存在吞咽困难、口臭和流涎。吞咽困难(即进食困难)常由口腔疼痛、肿物、异物、创伤、神经肌肉功能障碍或这几种因素共同引起(框 28-1)。口臭的原因通常为组织坏死、牙垢、牙周炎或口腔/食道食物残留所继发的细菌异常增殖(框 28-2)。流涎则是因为动物不能吞咽或者疼痛所致的吞咽困难(假性流涎)所导致。过度流涎常由恶心引起,无恶心的动物很少发生过度流涎(框 28-3)。尽管许多疾病都会导致吞咽困难急性发作,但通常兽医应首先怀疑异物或创伤,同时还要通过环境和疫苗接种史来排除狂犬病。

下一步是对口腔、咽部和头部进行全面检查。通过体格检查可部分或完全确诊大多数引发口腔疼痛的疾病,因而体格检查通常是最重要的诊断步骤。理想状态下,应在无化学药物镇静情况下进行疼痛检查。而实际情况是,动物必须处于麻醉状态,才能配合检查。检查包括解剖结构异常、炎性病变、疼痛和不适。如果存在疼痛,应确定是否在张口时出现(如眼球后炎症);是否与口腔外结构相关(如咀嚼肌),或疼痛是否源于口腔。此外,排查是否有骨折、撕裂伤、捻发音、肿物、淋巴结增大、炎性或溃疡病灶、瘘管、牙齿松动、颞肌过度萎缩、麻醉时无法张嘴和眼部问题(如眼球突出、炎症,或提示球后疾病的斜视)等。若口腔疼痛明显,但无法定位,应考虑是否存在眼球后病变、颞下颌关节疾病和咽后部病变,特别是口腔检查提示系统性疾病时(如尿毒症引起的舌坏死、肾上腺机能亢进继发

的慢性感染),临床病理学评估效果更好。

存在黏膜病变(如肿物、炎性或溃疡病灶)和咀嚼肌疼痛的情况,应进行活检。但对于难以识别且不会引发黏膜破损的肿物,特别是位于喉中线和背侧的肿物,有时只能通过仔细触诊才能发现。细针抽吸和细胞学评估是肿物诊断的第一步。但是细针抽吸只能发现疾病,无法排除疾病。较小的或喉背侧肿物可能需要在超声引导下才能准确穿刺。楔形切开或钻取活检(punch biopsy)之前需要多次抽吸。

切下的活检样本需包含大量黏膜下层组织。正常口腔菌群可以引起浅表坏死和炎症,因此,许多口腔肿瘤不能仅凭浅表活组织样本来确诊。这些病变取样时会引起大量出血并且难以缝合,因此通常不会进行大范围活检。采样时应该避开大血管(如腭动脉)并使用硝酸银止血。虽然要得到足够的活检样本会导致止血困难,但是与出血少而无诊断意义的样本相比,前者的临床意义更大。如果是弥漫性病变,应仔细寻找是否存在囊泡(如天疱疮)。如果有囊泡,需完整取下进行组织病理学检查和免疫荧光检查。如果没有囊泡,需采集 2～3 个含有新旧病灶的样本进行分析。

如果口腔检查没有发现,下一步要进行口腔和喉部的影像学检查。正常口腔菌群会干扰细菌培养结果,因此口腔细菌培养意义通常不大。除非存在瘘管或脓肿,否则即使动物患有继发于细菌感染的严重口臭或口炎,也难以从细菌培养中得到有用信息。

口臭常伴有吞咽困难,此时,最好先确诊吞咽困难的原因。如果口臭没有伴发吞咽困难,临床医生应该首先确认臭味是否异常,之后检查动物是否食入有臭味的物质(如粪便)。全面口腔检查仍是最重要的。非口咽病变引起的口臭可能源于食道。食道造影检查或

内窥镜检查可能会发现肿瘤、因食道狭窄或无力造成的食物残留。如果病史和口腔检查只发现轻至中度牙结石,应该尝试清洁牙齿来解决口臭。

流涎通常由恶心、口腔疼痛或吞咽困难引起。口腔疼痛和吞咽困难的诊断步骤在本书相应章节有所描述,恶心见呕吐章节相关内容。

 **框 28-1    吞咽困难的原因**

**口腔疼痛**
骨折或牙齿断裂
创伤
牙周炎或龋齿(尤其是猫)
上颌骨或下颌骨骨髓炎
其他原因
　　眼球后脓肿/炎症
　　口腔其他脓肿或肉芽肿
　　颞肌-咬肌炎
口炎、舌炎、咽炎、齿龈炎、扁桃体炎或唾液腺炎
　　免疫介导性疾病
　　猫病毒性鼻气管炎、杯状病毒、白血病病毒或免疫缺陷病毒
　　舌异物,其他异物或肉芽肿
　　齿根脓肿
　　尿毒症
　　电线烧伤
　　其他原因
　　　● 铊
　　　● 腐蚀剂
吞咽疼痛:食道狭窄或食道炎

**口腔肿物**
肿瘤(恶性或良性)
嗜酸性肉芽肿
异物(口腔、咽部或喉部)
咽后淋巴结肿大
中耳炎性息肉(主要是猫)
唾液腺囊肿

**口腔创伤**
骨折(如上/下颌骨)
软组织撕裂
血肿

**神经肌肉疾病**
局部肌无力
颞肌-咬肌炎
颞下颌关节疾病
口、咽或环咽机能障碍
　　环咽失弛缓症
蜱叮咬性瘫痪
狂犬病
破伤风
肉毒杆菌中毒
各种脑神经功能障碍/中枢神经系统疾病

 **框 28-2    口臭原因**

**细菌因素**
口腔食物残留
　　解剖结构缺陷引起的残留(齿根暴露、肿瘤、大溃疡灶)
　　神经肌肉缺陷引起的残留(咽期吞咽困难)
食道食物残留
牙垢或牙周炎
口腔组织损伤
　　口腔或食道肿瘤/肉芽肿
　　严重的口炎/舌炎

**误食有害物质**
腐败或发臭的食物
粪便

 **框 28-3    流涎的主要原因**

**流涎**
恶心
肝性脑病(尤其是猫)
癫痫发作
化学或毒性物质刺激流涎[有机磷酸酯类、腐蚀剂、苦味药
　　(如阿托品、甲硝唑)]
行为相关
高热
唾液腺分泌过多

**假性流涎**
口腔疼痛,尤其是口炎、舌炎、咽炎、扁桃体炎或唾液腺炎(见
　　框 28-1)
口或咽部吞咽困难(见框 28-1)
面神经麻痹

如果动物表现吞咽困难,但无明显损伤或疼痛,则可能患有神经肌肉系统疾病。肌源性吞咽困难通常是由萎缩性肌炎引起(见第 69 章);颞肌肿胀疼痛提示急性肌炎;颞肌-咬肌严重萎缩并发张口困难(即使动物处于麻醉状态),则提示慢性颞-咬肌肌炎。肌肉活检是有意义的,但前提是要确认肌肉组织的可再生性,肌肉活检很容易造成纤维性疤痕组织。血液学检查 2 M 肌纤维抗体有助于诊断,阳性结果提示动物患有咀嚼肌炎而非多肌病。

神经源性吞咽困难则是由口腔、咽部或环咽部疾病造成的,后两种将在反流一章中探讨。虽然狂犬病相对少见,但也要考虑。假设排除狂犬病后,应排查脑神经缺陷(尤其是脑神经 Ⅴ、Ⅶ、Ⅸ、Ⅻ)。临床症状取决于受影响的神经,所以需进行仔细的神经学检查。

动物采食时,如果出现无法衔起食物或食物从嘴部掉出的情况,通常为捕捉障碍(prehensile disor-der)。咽部和环咽部功能障碍的犬猫会表现出明显的

吞咽困难,但反流现象更突出。动态造影检查(透视影像检查或荧光透视法)是检查和确定神经肌肉性吞咽困难最好的方法。若通过上述影像学检查排除神经肌肉问题,则要考虑解剖结构病变和疼痛的潜在原因(如软组织炎症或感染)。

## 反流、呕吐和咳痰的鉴别诊断
## (DISTINGUISHING REGURGITATION FROM VOMITING FROM EXPECTORATION)

反流是指物质(如食物、水、唾液)从口、咽或食道排出,应与呕吐(内容物从胃和/或肠道排出)和咳痰(从呼吸道排出)区分开。有时根据病史和体格检查即可分辨三者(表 28-1)。咳痰一般与并发的咳嗽有关。然而,咳嗽和过度作呕都会刺激犬本身呕吐,因此仔细检查病史很重要。动物在反流或偶尔呕吐时,可能会由于误将排出物吸入气管而引起咳嗽,但是这种反流或呕吐不总与咳嗽相关。

 **表 28-1　反流与呕吐的辨别** *

| 症状 | 反流 | 呕吐 |
|---|---|---|
| 前期恶心† | 无 | 常见 |
| 干呕‡ | 无 | 常见 |
| 物质类型 | | |
| 　食物 | ± | ± |
| 　胆汁 | 无 | ± |
| 　血液 | ±(未消化) | ±(消化或未消化) |
| 物质的量 | 任意 | 任意 |
| 相对于进食的时间 | 任何时间 | 任何时间 |
| 颈段食道扩张 | 罕见 | 无 |
| 物质测定分析 | | |
| 　pH | ≥7 | ≤5 或 ≥8 |
| 　胆汁 | 无 | ± |

*指南通常有助于区分呕吐和反流。但有时(特别是动物呕吐症状和反流类似的时候)需要通过拍摄 X 线平片和/或造影来区分,反之不常见。

†可能包括流涎、舔唇、踱步和焦虑,主人可能将其简单描述为动物"呕吐"前预兆。

‡这些通常表现为腹部强有力收缩或干呕,不要与反流常见的作呕混淆。

表 28-1 列举了一些鉴别指南。一些动物表现为反流,但其实是呕吐,反之亦然。如果不能根据病史和体格检查进行区分,可以用尿液试纸检测新鲜呕吐物的 pH 和胆红素。若 pH≤5,物质可能来源于胃,则动物表现为呕吐;如 pH≥7,且没有胆红素,则更可能是反流;如含有胆红素,则表示排出物来源于十二指肠(如呕吐)。在尿液试纸检测结果中发现血液,没有临床意义。

若仍无法区分呕吐和反流,通常进行胸部 X 线平片或结合食道钡餐造影来检查是否存在食道功能障碍。然而,如果 X 线检查不仔细或没有进行透视检查,可能会遗漏一些食道疾病(如食道裂孔疝、局部狭窄、局部或节段性运动障碍)。有时需要用内窥镜辅助排查影像学检查易遗漏的食道病变(如食道炎)。

## 反流
## (REGURGITATION)

一旦确诊为反流,病灶应定位于口腔/咽部或食道(图 28-1)。根据病史或观察动物采食,判断是否存在吞咽困难(如吞咽时,颈部过度伸展或屈曲,重复吞咽,食物从口掉出等)。一些神经肌肉性吞咽困难的动物,吞咽流体食物比固体食物更难,这可能是因为流食更容易误吸。吞咽困难的动物饮水时也会咳嗽。

如果反流的动物存在吞咽困难,应考虑口腔、咽部和环咽部功能障碍,后两者情况相似。为了鉴别咽部和环咽部功能障碍,需要灌服钡餐,进行吞咽的 X 线透视检查。如果不能明确区分两者就采取不恰当的治疗,可能会导致动物发病或死亡。

如果反流的动物没有吞咽困难,则更可能是食道功能障碍。食道功能障碍的两个主要原因是阻塞和肌无力,初步确诊的最好方法是胸部 X 线平片检查,和/或结合钡餐造影。X 线透视检查适用于局部蠕动减弱、节段性蠕动停止、胃食道反流或滑动性食道裂孔疝的动物。若怀疑动物为反流,但 X 线造影检查没有发现食道功能障碍,则可能是诊断错误或潜在疾病引起(如食道局部狭窄、食道炎、胃食道反流)。使用液态硫酸钡造影可能会遗漏一些病变(如局部狭窄),这样的病例建议使用钡餐混合罐头或颗粒粮重复食道造影或食道镜检查(或两者都采用)。

食道阻塞大多由异物和血管异常引起,也可见于瘢痕、肿瘤和食道下括约肌不能弛缓(十分罕见)(框 28-4)。食道阻塞可分为先天性或获得性,以及食道内、食道壁内和食道外阻塞。先天性阻塞通常是由食道外血管环异常引起;获得性食道内阻塞通常是异物或食道炎继发的食道狭窄引起。临床医生应先确认食道异物的原因是否为食道局部狭窄。食道内窥镜可以同时确诊并治疗此类病例,很少需要开胸术来治疗瘢痕或食道内异物。

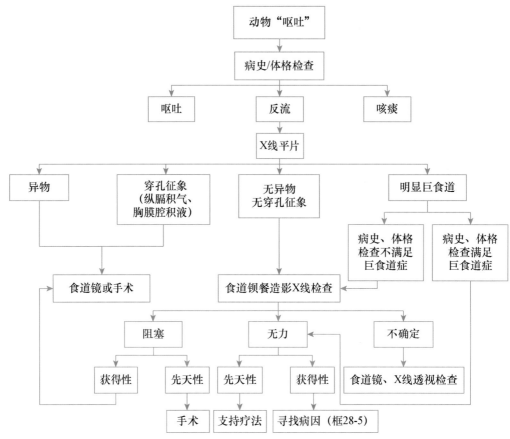

**图 28-1**
犬猫反流的一般诊断流程

食道无力可能是先天性或获得性的。先天性无力的病因不确定,进一步检查也往往无意义。获得性食道无力通常源于潜在性神经肌肉问题。虽然很少诊断出潜在病因,但若发现,则往往是对因治疗而不是对症治疗。获得性食道无力的检测包括全血细胞计数(CBC)、血清生化、血清乙酰胆碱受体抗体滴度测定、静息时血清皮质醇(见第53章),和/或检查粪便卢氏旋尾线虫卵(框28-5)。此外,还需排查铅中毒(CBC发现有核红细胞和嗜碱性点彩、血清和尿液铅浓度)、犬瘟热(视网膜损伤)和各种神经-肌肉疾病(肌电图、神经组织活检、肌肉组织活检)。美洲锥虫病会引起人的食道疾病,但仍不清楚是否会引起犬食道无力。

食道内窥镜可检测出食道造影无法发现的食道炎或小病灶(如局部狭窄)。若发现食道炎,需仔细查找病因(如裂孔疝、胃流出道阻塞)。内窥镜进入胃之后,翻转内窥镜镜头来检查食道下括约肌是否存在平滑肌瘤或者畸形(如裂孔疝)。同时使用胃十二指肠镜检查胃和十二指肠,查找反流和呕吐的原因。对食道下部括约肌进行透视检查时,有时需要观察数分钟来确定

胃食道反流的次数和严重程度(正常动物偶尔出现反流)。

 **框 28-4 食道阻塞的原因**

**先天性原因**
血管环
　　持久性第4右主动脉弓(最常见类型)
　　其他血管环
食道蹼(罕见)
**获得性原因**
异物
瘢痕/狭窄
肿瘤
　　食道肿瘤
　　● 癌
　　● 卢氏旋尾线虫引起的肉瘤
　　● 食道下括约肌的平滑肌瘤
　　食道外肿瘤
　　● 甲状腺癌
　　● 肺癌
　　● 纵隔淋巴肉瘤
食道下括约肌失迟缓症(很罕见)
胃食道套叠(很罕见)

## 框 28-5　食道无力的原因

**先天性原因**
自发性

**获得性原因**
肌无力(全身性或局部性)
肾上腺皮质功能减退
严重食道炎
　　胃食道反流
　　● 食道裂孔疝
　　● 麻醉相关反流
　　● 自发性反流
　　异物
　　腐蚀性物质摄入
　　● 医源性(如多西环素、克林霉素、环丙沙星)
　　● 消毒剂、化学品等
　　持续呕吐
　　胃酸过度分泌
　　● 胃泌素瘤
　　● 肥大细胞瘤
　　真菌(如腐霉病)
肌病/神经疾病
其他原因
　　家族性自主神经异常
　　卢氏旋尾线虫
　　皮肌炎(主要见于柯利犬)
　　肉毒杆菌中毒
　　破伤风
　　铅中毒
　　犬瘟热
特发性

# 呕　吐
## (VOMITING)

　　呕吐的原因通常有①晕动病;②食入催吐物质(如药物);③胃肠(GI)道阻塞;④腹部(尤其是消化道)炎症和刺激;⑤刺激延髓呕吐中枢或化学感受器反应区的胃肠道外的疾病(框 28-6),还偶见中枢神经系统(CNS)疾病、行为和对特定刺激的习得反应引起的呕吐。如果病史和体格检查没有发现呕吐的原因,那么下一步须判断呕吐是急性的还是慢性的,是否呕血(图28-2 和图 28-3)。需要注意的是,呕吐物中的血液可能是新鲜的(即红色),或是不同消化程度的(即"咖啡渣"或"渣滓"样)。

　　急性呕吐但没有呕血的动物,首先应该从最常见

的病因开始排查(如食入异物、中毒、器官衰竭、细小病毒病)。同时,应及时对继发的体液紊乱、电解质紊乱、酸碱紊乱或败血症进行对症治疗。若动物体况稳定且没有明显病因,则尝试 1～3 d 的对症治疗。如果动物太虚弱而诊断不容有失、对症治疗后持续呕吐 2～4 d 或者动物体况恶化时,则通常应采取更激进的诊断方法。

　　医生应查找患病动物是否有食入异物、毒素、不合适的食物或药物的病史。体格检查常用于查找动物有无腹部异常(如肿物)、舌下线性异物和腹外疾病(如尿毒症、甲状腺功能亢进)。对于呕吐的猫,临床医生要考虑线性异物的可能性,并且仔细检查舌根部。检查该部位时,可适当采用化学镇静(如静脉注射盐酸氯胺酮 2.2 mg/kg)。触诊检查腹部是否有肿物或疼痛,但对于腹部头背侧较短的回结肠套叠,即使仔细检查也可能会遗漏。还可进行粪便检查,因为寄生虫也能引起呕吐。若没有找到病因,且动物没有重病,可采取尝试治疗(如噻嘧啶和饮食试验,见表 30-7 和第 30 章)。即使尝试治疗失败,也能从中排除某种病因。

　　如果急性呕吐的动物经过对症治疗无效,或动物太虚弱不能经受无效治疗时,则需要更进一步的诊断。没有呕血的急慢性呕吐的动物,应进行腹部影像学检查(即 X 线检查、超声),排查肠梗阻、异物、肿物、胰腺炎、腹膜炎、浆膜细节丢失,以及腹膜腔有无游离液体和气体。腹部超声可能比腹部 X 线平片更能发现问题,但后者对于异物的检出可能更敏感。此外,还需要全血细胞计数、血清生化和尿液检查。对于猫,应检测猫白血病病毒、猫免疫缺陷病毒和甲状腺功能亢进。血清生化检查无法判断肝脏和肾上腺机能不全,需要分别测定血清胆汁酸(血氨),或血清可的松。

　　如果全血细胞计数、血清生化、尿液分析和腹部常规影像学检查都无法确诊,下一步应进行腹部 X 线造影、内窥镜活检或开腹探查。对存在呕吐症状的动物来说,内窥镜检查比腹部 X 线造影检查更有诊断意义。内窥镜检查时,不管黏膜外观如何,都要做胃和十二指肠活检。猫的内窥镜检查中,回肠和升结肠的活检可能会发现呕吐的原因。若选择开腹探查而不是内窥镜检查,应对整个腹腔进行检查,并且对胃、十二指肠、空肠、回肠、肠系膜淋巴结、肝脏和猫的胰腺进行活检。

　　如果活检后仍无法确诊呕吐的原因,应该重新考虑之前被排除的疾病,因为一些检查的局限性可能会不合理地排除(或诊断)某些疾病。例如,肾上腺皮质

功能减退的犬,电解质可能正常;炎性胃病或肠病的病灶可能只局限于胃或肠道的一部分,很少引起白细胞计数显著变化;甲状腺功能亢进的猫,血清甲状腺素浓度可能正常;肝功能衰竭的犬猫,血清胆红素、丙氨酸氨基转移酶和碱性磷酸酶可能正常;胰腺炎的犬猫,血清淀粉酶、脂肪酶和腹部超声检查可能都正常;粪便检查几乎不能诊断泡翼线虫感染。最后,还要考虑难以诊断的罕见疾病(如特发性胃动力减弱、潜在的神经中枢疾病、"边缘系统癫痫")。

# 呕 血
# (HEMATEMESIS)

临床医生常依据病史和体格检查帮助诊断呕血,并鉴别病因。呕出的血液包括已消化的血液(咖啡渣

 **框 28-6 呕吐的原因**

| | |
|---|---|
| **晕动病(急性)** | **胃炎** |
| **饮食** | 无溃疡/糜烂 |
| 饮食不谨慎 | 有溃疡/糜烂 |
| 食物不耐受 | 非梗阻性异物 |
| **致呕吐的物质(急性)** | 寄生虫(如泡翼线虫、盘头线虫) |
| 药物:大多药物都能引起呕吐(尤其是口服药),但下列药物引起呕吐可能性更高: | **肠炎(急性)** |
| 地高辛 | 细小病毒病 |
| 化疗药物(如环磷酰胺、顺铂、达卡巴嗪、阿霉素) | 出血性肠胃炎 |
| 选择性抗生素(如红霉素、四环素/多西环素、阿莫西林＋克拉维酸) | 寄生虫(急性或慢性) |
| | 炎性肠病(IBD) |
| 青霉胺 | **胰腺炎** |
| 非甾体类抗炎药 | 腹膜炎(急性或慢性;败血性或非败血性) |
| 阿扑吗啡 | 结肠炎(急性或慢性) |
| 赛拉嗪 | 脾炎 |
| 毒性化学物质 | **非消化道疾病(急性或慢性)** |
| 士的宁 | 尿毒症 |
| 重金属 | 肾上腺机能不全 |
| **胃肠道梗阻(急性或慢性)** | 高钙血症 |
| 胃流出道梗阻 | 肝功能不全或肝病 |
| 良性幽门狭窄 | 胆囊炎 |
| 异物 | 糖尿病酮症酸中毒 |
| 胃窦黏膜肥厚 | 子宫积液 |
| 肿瘤 | 内毒素血症/败血症 |
| 非肿瘤浸润性疾病(如腐皮病) | **其他原因(急性或慢性)** |
| 胃异位 | 家族性自主神经异常 |
| ● 胃扩张或扭转(无呕吐物的干呕) | 猫甲状腺功能亢进 |
| ● 部分胃扩张/扭转(并不总是表现临床症状) | 术后恶心/肠梗阻(罕见) |
| 肠道 | 暴食 |
| 异物 | 特发性运动不足(胃动力不足) |
| ● 非线性异物 | 中枢神经系统疾病 |
| ● 线性异物 | 边缘性癫痫("Limbic" epilepsy) |
| 肿瘤 | 肿瘤 |
| 肠套叠 | 脑膜炎 |
| 瘢痕 | 颅内压增高 |
| 扭转/肠扭转 | 唾液腺炎/唾液腺病 * |
| 胃肠道/腹部炎症(急性或慢性) | 行为 |
| | 生理性(哺乳期雌性犬) |

* 注意区分是呕吐病因还是由呕吐引起。

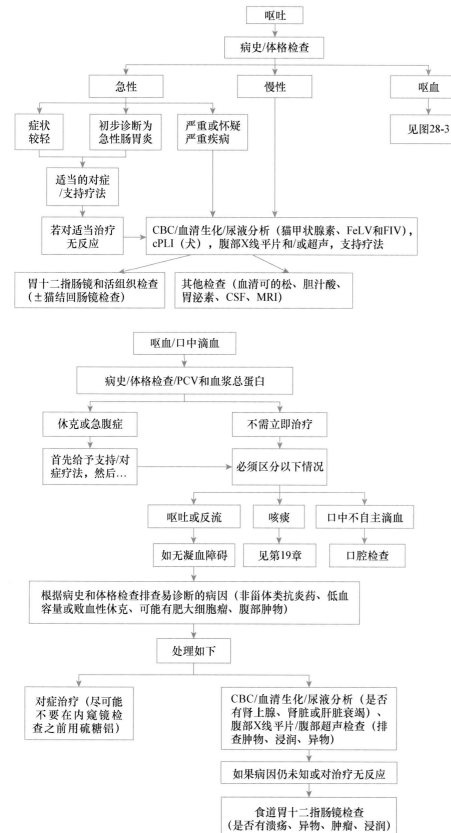

图 28-2

犬猫呕吐常规诊断流程。CBC，全血细胞计数；FeLV，猫白血病病毒；FIV，猫免疫缺陷病毒；CSF，脑脊液；MRI，磁共振成像；cPLI，犬胰脂肪酶免疫反应性。

图 28-3

犬猫呕血常规诊断流程。PCV，血细胞压积；CBC，全血细胞计数。

样)或新鲜血液。患有口腔疾病的动物,会从唇部滴出血液,但这不是呕血。同样地,咳血(即咳出血)也并非呕血。

　　临床医生还要进一步鉴别带有少量血液性呕吐和大量血液性呕吐。前者可能是由任何原因引起强烈的呕吐,导致胃黏膜损伤,患病动物一般按照之前呕吐章节的治疗方案处理即可。但是大量呕血的动物,其处理方法则不一样。虽然呕血常由胃十二指肠溃疡和糜烂(gastroduodenal ulceration and erosion,GUE)引起,但临床医生不应该草率假设 GUE 为吐血的原因,并直接使用抗酸剂、细胞保护剂或硫糖铝来进行治疗。首先,临床医生应该排除休克(如低血容量、败血性)和急腹症的情况,通过检测红细胞比容和血浆总蛋白来决定是否需要输血(见图 28-3)。接下来,筛查呕吐的原因、排查凝血障碍(不常见)和是否从其他部位摄入的血液(如呼吸道),或血液来源于胃肠道(gastrointestinal tract,GIT;如 GUE)(框 28-7)。询问病史和体格检查可能有助于排除凝血障碍或呼吸道疾病所引起的呕血。但是,更推荐进行血小板计数和凝血功能检查(如颊黏膜出血时间)。下一步,排查 GIT 出血的常见病因[如急性胃炎、出血性胃肠炎(hemorrhagic gastroenteritis,HGE),或致溃疡药物引起的 GUE(如非甾体类抗炎药、地塞米松),近期有无严重低血容量性休克,或系统性炎症反应综合征、腹腔胃黏膜肿物、皮肤肥大细胞瘤等]。谨记:肥大细胞瘤与其他良性或恶性肿瘤很相似,尤其是脂肪瘤。

　　若强烈怀疑动物患有急性胃炎、HGE、非甾体类抗炎药或地塞米松诱发的 GUE 或休克引起的 GUE,临床医师可能会选择有限的诊断性检查(如全血细胞计数、血清生化)来确定失血程度,以及是否存在肾脏、肝脏或肾上腺机能障碍。然后可对症治疗 3～5 d,并观察临床治疗效果。内窥镜检查对这些情况作用不大,因为内窥镜检查无法准确辨认溃疡是需要药物治疗还是手术切除。如果病因不明,特别是严重或慢性的呕吐/失血时,则需要进一步检查(如腹部超声和胃十二指肠镜检查)(见图 28-3)。应该对胃和十二指肠进行影像学检查,特别是通过超声排查消化道浸润、异物和肿物。内窥镜检查是发现和评估 GUE 最敏感和最特异的方法。上消化道失血的动物,使用内窥镜的适应证如下:①对于有生命危险的 GI 出血动物,区分是可切除溃疡还是广泛性不可切除的糜烂;②当考虑手术切除时,对溃疡灶进行定位;③对于不明原因引起上消化道出血的动物,诊断 GUE 的病因。内窥镜检查时,

 **框 28-7　呕血的原因**

**凝血障碍(不常见)**
血小板减少/血小板功能障碍
凝血因子缺乏
弥散性血管内凝血

**消化道病变**
胃肠道溃疡/糜烂(重要)
　浸润性疾病
　　● 肿瘤(平滑肌瘤、癌症、淋巴瘤)
　　● 腐皮病(尤其是美国东南部的幼年犬)
　　● 炎性肠病(不常见)
　"应激性"溃疡
　　● 低血容量休克(常见)
　　● 败血性休克(即全身炎性反应综合征)
　　● 胃扩张或扭转后
　　● 神经源性休克
　　● 极度或持续运动(工作动物常见)
　胃酸过多
　　● 肥大细胞瘤
　　● 胃泌素瘤(罕见)
　医源性原因
　　● 非甾体类抗炎药(常见且重要)
　　● 皮质类固醇(主要是地塞米松)(重要)
　其他原因
　　● 肝脏疾病(常见且重要)
　　● 肾上腺皮质功能减退(不常见但重要)
　　● 胰腺炎(常见且重要)
　　● 肾脏疾病(不常见)
　　● 炎性疾病
　异物(很少作为主要原因,但是会使先前存在的溃疡或糜烂恶化)
胃炎
　急性胃炎(常见)
　出血性胃肠炎(常见)
　慢性胃炎
　幽门螺杆菌相关疾病(尚不清楚是否与犬猫呕血相关)
剧烈呕吐引起的胃黏膜创伤*
胃息肉
食道疾病(不常见)
　肿瘤
　严重食道炎
　创伤
出血性口腔病变
胆囊疾病(罕见)

**非消化道病变(吞下血液后呕吐)(罕见)**
呼吸系统紊乱
　肺叶扭转
　肺肿瘤
鼻腔后部病变
饮食不谨慎

*剧烈呕吐引起的呕血常为少量出血而不是大量出血。

临床医生应该对黏膜组织进行活检以排除肿瘤或炎性疾病。或者采取腹部探查手术代替内窥镜检查，但是在检查浆膜表面时容易遗漏黏膜出血；术中进行内窥镜检查（即开腹时对胃和十二指肠黏膜面进行内窥镜检查）有时可以发现术者无法从浆膜面发现的病变。

如果使用胃十二指肠镜仍无法找到出血原因，应该怀疑出血位置可能超出内窥镜到达的范围，也有可能血液来源于口腔损伤、鼻腔后部、气管或肺，还有可能是胆囊出血、胃或十二指肠损伤所致的间歇性出血。有些病例中使用内窥镜检查支气管和鼻后孔可得出诊断。

# 腹　泻
## (DIARRHEA)

腹泻是指粪便含有过量水分。因此，许多患有严重小肠疾病的动物并不会腹泻。当出现腹泻时，首先应区分是急性还是慢性。

急性腹泻常由饮食、寄生虫或传染性疾病引起（框28-8）。饮食问题可通过病史发现；寄生虫可通过粪便检查发现；传染性疾病则根据病史（即存在传染和接触史）、CBC、犬细小病毒的粪便酶联免疫吸附试验（ELISA），以及排除其他疾病来诊断。如果急性腹泻恶化或持续存在，则应进一步做其他检查，所采取的诊断方法与动物慢性腹泻的评定方法相似。

慢性腹泻的动物，首先排查寄生虫，通常采集多份粪便样本来判断是否感染线虫、贾第鞭毛虫和三毛滴虫。其次确定腹泻源于大肠还是小肠，最好的方法往往是询问病史（表28-2）。即使是慢性腹泻，如果体重或体况并未降低，大多提示大肠疾病。虽然严重的大肠疾病（腐皮病、组织胞浆菌病、恶性肿瘤）也会引起体重下降，但体重下降通常提示小肠疾病。大肠疾病所致的体重减轻常常伴随明显的结肠疾病（即粪便有黏液、明显的里急后重、便血）。如果出现里急后重，需要确认是否出现在疾病发生时；如果是直到疾病后期才出现，则可能仅仅是由慢性刺激引起的会阴或肛门疼痛所致。

慢性小肠腹泻可以分为消化不良、非蛋白丢失吸收不良性疾病和蛋白丢失性肠病。消化不良主要是由胰腺外分泌不足（EPI）引起，很少引起低白蛋白血症（即血清白蛋白≤2.0 g/dL，正常范围为2.5～4.4 g/dL）。采用胶片消化试验可检测粪便中胰蛋白酶活性，使用

苏丹染色法可检测粪便中未消化的脂肪，但脂肪吸收试验会出现许多假阴性和假阳性结果。测定血清胰蛋白酶样免疫反应性（trypsin-like immunoreactivity，TLI）是EPI诊断最敏感和最特异的方法，建议对慢性小肠性腹泻的犬进行检测。cPLI检查对EPI的诊断意义不大。猫的EPI相对少见，若怀疑，则建议检测猫血清胰蛋白酶样免疫反应性（fTLI）。

 **框28-8　急性腹泻的原因**

**饮食（常见且重要）**
不耐受/过敏
劣质食物
食物突然改变（尤其是幼年犬猫）
细菌性食物中毒
饮食不谨慎

**寄生虫（常见且重要）**
蠕虫
原虫
　贾第虫
　三毛滴虫（猫）
　球虫

**传染性因素**
病毒
　细小病毒（犬猫）（犬：常见且重要）
　冠状病毒（犬猫）（不常见不重要）
　猫白血病病毒（包括引起的继发感染）
　其他多种病毒（如轮状病毒、犬瘟热病毒）
细菌
　沙门氏菌（不常见）
　产气荚膜梭菌（大肠腹泻中常见且重要）
　产志贺毒素大肠埃希氏菌
　空肠弯曲杆菌（不常见）
　小肠结肠炎耶尔森氏菌（尚未确定）
　其他多种细菌
立克次体感染
　鲑鱼中毒（地域性差异）

**其他原因**
出血性胃肠炎
肠套叠
"肠易激综合征"
摄入"毒素"
　"垃圾罐头"中毒（腐败食物）
　化学物质
　重金属
　各种药物（抗生素、抗肿瘤药物、抗蠕虫药、抗炎药、洋地黄、乳果糖）
急性胰腺炎（腹泻通常为轻度症状，但也可能是主要的临床表现）
肾上腺皮质功能减退

表 28-2　慢性小肠性腹泻与大肠性腹泻的区别

| 症状 | 慢性小肠性腹泻 | 大肠性腹泻 |
|---|---|---|
| 体重下降* | 常见 | 不常见* |
| 多食 | 有时 | 罕见或无 |
| 肠蠕动频率 | 基本接近正常 | 有时显著增加但多为正常 |
| 粪便量 | 常增多或正常 | 有时减少(因为排便次数增加)或正常 |
| 粪便带血 | 黑粪症(罕见) | 便血(有时†) |
| 粪便黏液 | 不常见 | 有时 |
| 里急后重 | 不常见(但慢性疾病后期会出现) | 有时 |
| 呕吐 | 可能出现 | 可能出现 |

　*体重或体况无变化是诊断大肠性疾病的最可靠依据。然而,结肠组织胞浆菌病、腐皮病、淋巴瘤或类似的严重浸润性疾病的动物,可能会因大肠性疾病引起体重下降。

　†便血是有体重下降动物非常重要的鉴别特征,不管动物有无体重下降,只要出现便血就证实与大肠相关(可能为大肠疾病或并发小肠性疾病)。

　　不建议通过治疗动物和评估其对治疗的反应来诊断 EPI。如果补充胰酶对患犬有效,病因可能是 EPI 或抗生素反应性肠病,又或者仅仅是偶然的暂时反应。这时应反复停止和给予胰酶,来观察腹泻症状是否改善。EPI 假阳性诊断会导致补充不必要且昂贵的胰酶。给 EPI 患犬的饮食中补充胰酶,高达 15% 的犬没有反应。这种情况下如果错误排除 EPI,会引起不必要的内窥镜和手术检查。因此,在采用其他诊断性检查或治疗前,应准确诊断或排除 EPI。

　　肠道吸收不良可为蛋白丢失性肠病(PLE)或非蛋白丢失性肠病(图 28-4)。只有在超过结肠吸收能力时,才会出现腹泻,所以犬猫会因小肠性疾病导致体重下降或/和白蛋白丢失,但不会出现腹泻(见体重下降一章)。如果动物存在明显的低白蛋白血症,在排除蛋白丢失性肾病、肝功能不全或皮肤损伤后,要考虑 PLE。PLE 的动物通常有显著的低白蛋白血症(即白蛋白 ≤ 2.0 g/dL,正常范围为 2.5~4.4 g/dL),有时还会出现低球蛋白血症,但是大多不会出现泛蛋白减少症。

　　诊断非蛋白丢失性吸收不良的疾病时,需要根据病情采取其他诊断方法(如肠道活检)或试验性治疗。试验性治疗是诊断抗生素反应性肠病(antibiotic-responsive enteropathy,ARE;也称抗生素敏感性腹泻和/或菌群失调)或食物反应性疾病的最佳方法。ARE 不能通过十二指肠细菌数量、血清钴胺素和叶酸浓度异常来诊断。一旦选择试验性治疗,临床医生应严格执行诊断计划(如时间足够长、剂量合适),确保患有怀疑疾病的动物能治疗成功。当动物病情较重(如体重显著下降)或怀疑患 PLE 时,下一步应该采取超声检查和肠道活组织检查,因为试验性治疗需要 2~3 周才能知道治疗效果,如果治疗不当疾病恶化,那么治疗后果很严重。如果选择诊断性检查,接下来应该进行腹部影像学检查(尤其是超声)和胃十二指肠镜与结肠直肠镜检查,对于非 ARE 或食物反应性疾病的动物出现 PLE 和非蛋白丢失性肠病的病例,这些检查结果有助于排查病因(见框 28-9 和框 28-10)。吸收试验和钡餐造影很少有用。腹部超声可能具有诊断价值,如能发现肠道黏膜淋巴管扩张、淋巴结病变或肠道浸润,可以经皮肤穿刺采样。猫肠道固有肌层增厚提示淋巴瘤,可开腹探查或使用内窥镜检查进行活组织采样。若超声检查发现是内窥镜无法探及的局部病变,则开腹探查比内窥镜检查更好。反之,与开腹探查相比,内窥镜操作更快更安全,且临床医生可采集浆膜面观察不到的病变。若内窥镜医生在采集活组织样本方面未经精心培训,则所采集的样本可能不具有诊断意义。对低白蛋白血症动物施行开腹手术时,要慎用非可吸收缝线和/或浆膜修补移植术。肠道淋巴结肿大或肠壁脂肪肉芽肿提示肠道淋巴管扩张。若肠道活检仍不能判断病因,主要原因可能是样本不足(如深度不足、采样点错误、太多人为因素干扰),或动物患有潜在的贾第虫病、ARE、食物不耐受或局部疾病(如淋巴管扩张或炎症)。

　　猫慢性小肠性疾病与犬有很大差异。猫的 PLE 不常见,一旦发现则提示严重浸润性疾病(通常不是淋巴管扩张),且需要活检。血清维生素 $B_{12}$ 和叶酸浓度检查对猫来说更重要,因为常采取补充维生素 $B_{12}$ 的方法来治疗维生素 $B_{12}$ 缺乏的猫。与犬相比,猫的线虫感染引起的慢性腹泻相对少见。

　　对患有慢性大肠性腹泻的犬(框 28-11),首先进行直肠指检,查看是否存在黏膜增厚或增生。犬结肠肿瘤高发部位是直肠,发现明显黏膜病变时应进行活检。如果没有发现明显直肠黏膜病变(犬),并且动物没有体重下降或低白蛋白血症(即犬猫白蛋白小于 2.0 g/dL),应首先尝试试验性治疗,也可进行多次粪便检查以排查鞭虫、贾第虫(引起的小肠问题与大肠疾病相似)和三毛滴虫(猫)。试验性治疗通常包括高纤维日粮、低过敏性日粮、抗生素控制梭菌性结肠炎,以及治疗寄生虫感染。

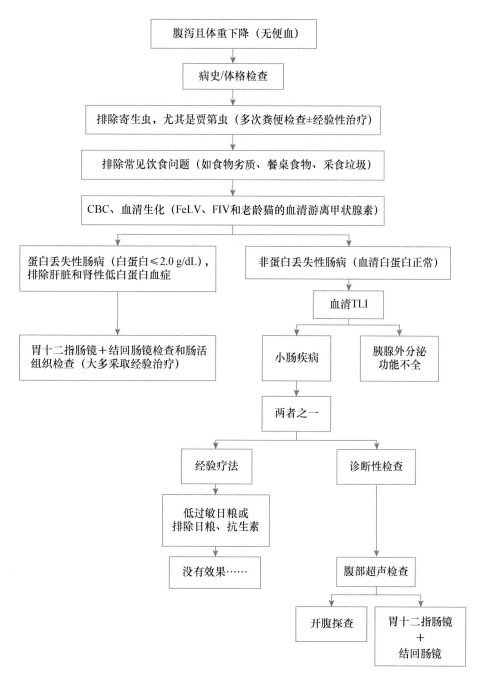

**图 28-4**
**犬猫小肠性腹泻的常规诊断流程。CBC,全血细胞计数;FeLV,猫白血病病毒;FIV,猫免疫缺陷病毒;TLI,胰蛋白酶样免疫反应性。**

其他可代替试验性治疗的诊断性检查主要包括使用结肠镜进行结肠黏膜活组织检查、粪便中毒素(如梭菌毒素)和/或特定有机物(如弯曲杆菌、沙门氏菌)的检测。如果根据病史强烈怀疑动物可能是传染性疾病或对治疗无反应,应进行特定病原体的粪便培养和抗原检测。应在灌肠或给予大量冲洗液之前进行粪便抗原或DNA检测,否则在流行病学怀疑某种细菌感染的情况下,粪便培养和抗原/DNA检测量低,导致结果很难判读。结肠镜/活检有时可以诊断犬的组织胞浆菌病、组织细胞溃疡性结肠炎或肿瘤,以及猫的结肠性炎性肠病。

如果通过这些检查仍无法确诊疾病,应考虑三种可能:第一,活组织检查样本可能不代表全部结肠黏膜特征。如果疾病位于回盲瓣,必须用一个更灵活的内窥镜到达该区域。第二,病理学家可能没有认出病变。这种情况偶尔发生,特别当动物患有结肠组织胞浆菌病或肿瘤时。第三,病变可能没有造成黏膜损伤,常见于动物对食物不耐受或过敏、梭菌性结肠炎或纤维反应性腹泻,这些都是犬的常见问题。

**框 28-9　吸收不良的主要原因**

**犬**
饮食敏感(食物不耐受或过敏;常见且重要)
寄生虫:贾第虫、线虫(常见且重要)
抗生素敏感性肠病(也称菌群失调)(常见且重要)
炎性肠病
肿瘤性肠病(特别是淋巴瘤;重要但不常见)
真菌感染(某些地区重要)
　腐皮病
　组织胞浆菌病
**猫**
饮食敏感(食物不耐受或过敏;常见且重要)
寄生虫:贾第虫
炎性肠病:淋巴细胞—浆细胞性肠炎(常见且重要)
肿瘤性肠病(特别是淋巴瘤;常见且重要)

 **框 28-10　蛋白丢失性肠病的主要原因\***

**犬**
肠道淋巴管扩张(常见且重要)
消化道淋巴瘤(常见)
严重炎性肠病
消化道真菌感染
　组织胞浆菌病(某些地区重要)
　腐皮病(某些地区重要)
慢性肠套叠(尤其是幼龄犬)
消化道出血(如溃疡或糜烂、肿瘤、寄生虫)
不常见的肠病(如慢性化脓性肠病、黏膜隐窝严重扩张)
严重钩虫或鞭虫感染(某些地区重要)
**猫**
消化道淋巴瘤(常见)
严重炎性肠病(常见且重要)
消化道出血(如肿瘤、十二指肠息肉、特发性溃疡)

　\* 任何胃肠道疾病都能引起蛋白丢失性肠病,但这些是最常见的病因。除了淋巴管扩张,这些疾病并不会始终引起蛋白丢失性肠病。

# 便 血
## (HEMATOCHEZIA)

　　便血(粪便中带有新鲜血液)及腹泻的诊断与大肠性腹泻相同。若便血动物的大便正常,诊断方法则稍有不同。正常粪便外带丝状血液表明存在结肠远端或直肠损伤,而血液混入粪便中则提示出血点在结肠近端。凝血异常是直肠出血的罕见病因。结肠远端、直肠或会阴部的局部出血尤其重要(框 28-12)。此外,创伤也可能引起急性便血。

 **框 28-11　慢性大肠性腹泻的主要原因**

**犬**
食物反应性(不耐受或过敏;重要且常见)
纤维素性反应(重要且常见)
　功能紊乱(所谓的肠易激综合征)
寄生虫
　鞭虫(某些地区重要且常见)
　贾第虫(某些地区重要且常见——有时小肠疾病症状类似大肠疾病)
　异比吸虫属(某些地区重要)
细菌
　"梭菌性"结肠炎(重要且常见)
　组织细胞的溃疡性结肠炎(主要为拳师和法国斗牛犬)
真菌(某些地区重要且常见)
　组织胞浆菌病
　腐皮病
炎性肠病
肿瘤
　淋巴瘤
　腺癌
**猫**
食物反应性(不耐受或过敏;重要且常见)
纤维素反应性(重要且常见)
　功能紊乱(所谓的肠道易激综合征)
炎性肠病(重要)
三毛滴虫(对于国外猫舍的猫尤其重要)
猫白血病病毒感染(包括其所致的继发感染)
猫免疫缺陷病毒感染(特别是其所致的继发感染)

　　开始最好进行直肠的全面检查(即使需要麻醉),临床医生要反复检查每侧肛门腺及内容物。若为慢性疾病,且这些检查结果均正常,则需进行结肠镜检查和活检。良好的钡餐灌肠通常比内窥镜检查效果差。活检样本应包括黏膜下层,否则可能会漏掉一些肿瘤性病灶。便血很少会严重到贫血,全血细胞计数可评估贫血的原因。

# 黑粪症
## (MELENA)

　　黑粪症是因为血液被消化从而使粪便呈煤焦油一样的黑色(不是深黑色)。临床医生应仔细区分黑粪症和深绿色粪便。黑粪症强烈提示上消化道出血或摄入血液(框 28-13)。然而,要形成黑粪症,需要大量血液短时间内进入胃肠道,这也是为何胃肠道上部出血大多不会形成黑粪症的原因。可通过全血细胞学计数发现缺铁性贫血（即小红细胞症、低血红蛋白血症）。然而，对缺铁性贫血来说，最好的检测方法是测定血清总铁浓度、总铁结合能力以及骨髓铁染色。超声检查有助于发现浸润性、出血性病变（如肠道肿瘤）。胃十二指肠镜检查对 GUE 诊断最敏感（超声检查通常漏诊）。若超声和胃十二指肠镜检查未发现异常，则说明病灶在内窥镜无法到达的部位，即使造影检查也难以检测出小肠病变。如果影像学发现了内窥镜无法到达的部位出现病变，则需要开腹探查。临床医生可能会立即采取开腹手术，但在检查浆膜或触摸肠道时，很容易遗漏出血性黏膜病变。当开腹探查也未发现病变时，建议术中结合内窥镜检查。

 **框 28-12　便血的主要原因** *

**犬**
**肛门直肠疾病**
肛门腺炎（重要且常见）
肿瘤
　直肠腺癌（重要）
　直肠息肉（重要）
　结肠直肠平滑肌瘤或平滑肌肉瘤
肛周瘘管（重要）
肛门异物
直肠脱出
肛门直肠创伤（如异物、温度计、灌肠管、粪便采样环、骨盆骨折）

**结肠/肠道疾病**
寄生虫
　鞭虫（重要且常见）
　钩虫（严重感染会波及结肠）
食物反应性（不耐受或过敏；常见）
"梭菌性"结肠炎（常见）
出血性肠胃炎（重要）
细小病毒性肠炎（重要且常见）
组织胞浆菌病（某些地区重要且常见）
腐皮病（某些地区重要）
肠套叠（幼龄动物更常见）
　回结肠
　盲结肠
炎性肠病
结肠创伤
凝血障碍
血管扩张

**猫**
食物反应性（不耐受或过敏）
炎性肠病（重要）
球虫
直肠肿瘤（不常见）

　* 这些疾病不一定会引起便血，但出现便血时，这些是最常见的原因。

 **框 28-13　黑粪症的主要原因** *

**犬**
钩虫
胃十二指肠溃疡/糜烂（见框 28-7）
胃或小肠肿瘤/息肉
　淋巴瘤
　腺癌
　平滑肌瘤或平滑肌肉瘤
摄入血液
　口腔病变
　鼻咽部病变
　肺部病变
　饮食
肾上腺皮质功能减退
凝血障碍

**猫（罕见）**
小肠肿瘤
　淋巴瘤
　十二指肠息肉
　其他肿瘤（腺癌、肥大细胞瘤）
凝血障碍：维生素 K 缺乏（中毒或吸收不良所致的）

　* 这些疾病不一定会引起黑粪症，但若出现黑粪症，这些是最常见的原因。

## 里急后重
### (TENESMUS)

　　里急后重（如排便和排尿徒劳或痛苦）和排便困难（如排便疼痛或直肠粪便难以排尽）主要是由结肠远端阻塞或炎症、膀胱或尿道病变所致（框 28-14）。结肠炎、便秘、会阴疝、肛周瘘管、前列腺疾病和膀胱/尿道疾病是引起里急后重的常见病因。直肠肿物或直肠狭窄大多会引起便血，但是有些则不会破坏结肠黏膜，仅引起里急后重。

　　首要目的（尤其是猫）是区别下泌尿道疾病和消化道疾病。猫继发于尿路阻塞的里急后重常被误认为便秘。临床医生通过观察猫的行为和动作，可以判断是排便还是排尿，也可以触诊膀胱（若膀胱充盈扩张，则表明尿路阻塞；若无充盈但触诊敏感，则提示炎症）或尿液检查；必要时还可插入导尿管来判断尿路是否顺畅。

　　若怀疑里急后重是由消化道疾病引起的，可对腹部和直肠进行触诊，并观察肛门和会阴部。有时即使出现便秘也不能确定是否会引起里急后重。剧烈疼痛（如直肠炎引起）可能使动物不排便，从而继发便秘。直

**框 28-14　里急后重和/或排便困难的主要原因**

**犬**

会阴部炎症或疼痛:肛门腺炎

直肠炎症/疼痛

　肛周瘘管

　肿瘤

　直肠炎(原发性或继发于腹泻或直肠脱出)

　组织胞浆菌病/腐皮病

结肠/直肠梗阻

　直肠肿瘤

　直肠肉芽肿

　会阴疝

　便秘

　前列腺肥大

　骨盆骨折

　其他骨盆腔肿物

　直肠异物

**猫**

尿道梗阻

直肠梗阻

　骨盆骨折

　会阴疝

便秘

直肠附近脓肿

肠检查时,常会发现肠道狭窄、会阴疝、肿物、前列腺增大、骨盆骨折和直肠肿瘤。对于大型犬,临床医生检查时需用两根手指检查是否存在直肠局部狭窄。肛周瘘很容易发现,但只有在直肠增厚时才可见。随后,挤压肛门腺并检查其内容物。最后检查粪便,观察是否坚硬或含有异物(如毛发或垃圾等)。

直肠检查若发现肿物、狭窄或浸润性病变,应进行活组织检查。有些情况下(如组织胞浆菌病),直肠刮片即可,但带有黏膜下层组织的活检样本(如使用硬性活检钳)更有利于诊断疾病。结肠外偶见脓肿,因此结肠外肿物需进行细针抽吸。

如果体格检查结果指示不明确,那么观察动物排便过程可能有助于下一步工作的进行。存在炎症的动物,排便后仍会努责,而便秘的动物只在排便时出现努责。里急后重时,动物若呈半蹲坐姿势,通常由结肠炎引起;半蹲坐半行走姿势则常由便秘引起。

# 便　秘
## (CONSTIPATION)

便秘(排便次数少和排便困难)和顽固性便秘(难以

解决的便秘)是由多种原因引起的(框 28-15)。虽然对症治疗一开始往往很有效,但重要的是查找病因,因为对症治疗会掩盖症状,时间过长会使潜在疾病难以治愈。

首先,临床医生要对动物的用药史(医源性)、饮食习性、饲养环境或异常行为的原因进行调查,然后检查粪便中是否有塑料、骨头、毛发、玉米粒或其他类似物。根据体检和直肠检查结果判断是否有直肠阻塞或浸润;通过检查骨盆 X 线片,观察动物是否存在解剖结构异常或之前未发现的直肠梗阻(如前列腺肥大、髂内淋巴结增大),超声检查是检查浸润性病变的最佳选择。血清生化可提示结肠无力的病因(如高血钙、低钾血症、甲状腺功能减退)。

若怀疑结肠梗阻,而梗阻部位又太靠前,指检无法触及时,可利用结肠内窥镜检查。在超声引导下,对结肠浸润性病变进行细针抽吸有时会发现具有诊断意义的结果。此外,内窥镜检查(尤其是硬质镜)会获得更具有诊断意义的样本。若上述方法都找不出结肠扩张的原因,则可能是特发性巨结肠症。

# 排便失禁
## (FECAL INCONTINENCE)

排便失禁是由神经肌肉疾病(如马尾综合征、腰荐狭窄)或直肠部分梗阻引起的。严重刺激性直肠炎可引起急性排便失禁。患有直肠梗阻的动物,由于肛门充满粪便而不断尝试排便。直肠炎可在直肠检查的基础上,通过直肠镜检和活组织检查确诊。若肛门反射异常可初步诊断为神经肌肉疾病,并常与肛门、会阴部、后肢或尾骨部的神经缺陷联系在一起。尾骨部的神经缺陷将在第 67 章探讨。

# 体重下降
## (WEIGHT LOSS)

体重下降通常由几类原因引起(框 28-16)。若同时出现容易鉴别的症状(如腹水、呕吐、腹泻、多尿/多饮),需首先查找这些症状的原因(较易发现)。若没有上述能够用于快速判断病因的并发症,临床医生应确定动物体重开始下降时的食欲(图 28-5)。几乎任何疾病都能导致厌食/食欲减退。体重出现下降,而食欲良好,常提示消化不良、吸收不良,或过度消耗(如甲状腺功能亢进、泌乳),或不适当的能量丢失(如糖尿病)。

框 28-15　便秘的原因

**医源性因素**
药物
　麻醉剂
　抗胆碱药
　胃溃宁(硫糖铝)
　钡餐

**行为/环境因素**
家庭成员/日常生活改变
便盆污染/没有便盆
室内训练
无活动

**拒绝排便**
行为
直肠/会阴部疼痛(见框 28-14)
无法摆出排便姿势
　骨科问题
　神经学问题

**饮食因素**
脱水动物饲喂过量纤维
异常饮食
　毛发
　骨骼
不消化物质(如植物、塑料)

**结肠梗阻**
假性积粪
直肠移位:会阴疝
腔内和壁内疾病
　肿瘤
　肉芽肿
　瘢痕
　直肠异物
　先天性狭窄
腔外疾病
　肿瘤
　肉芽肿
　脓肿
　骨盆骨折治愈
　前列腺肥大
　前列腺或前列腺旁囊肿
　髂下淋巴结病

**结肠无力**
全身性疾病
　高钙血症
　低钾血症
　甲状腺功能减退
局部神经肌肉性疾病
　脊髓创伤
　骨盆神经创伤
　家族性自主神经异常
　结肠慢性严重扩张引起的不可逆性结肠肌肉拉伸

**其他原因**
严重脱水
特发性巨结肠(尤其是猫)

 框 28-16　体重下降的原因

**食物**
不足(尤其是多动物家庭)
食物劣质或能量密度低
不可食用的食物

**厌食**(见框 28-17)

**吞咽困难**(见框 28-1)

**反流/呕吐**(即能量丢失导致的体重下降;见框 28-4 至框 28-6)

**消化不良**
胰腺外分泌不全(通常与腹泻相关,但并不总是)

**吸收不良**(见框 28-9)
小肠性疾病(粪便可能正常)

**同化不良**
器官衰竭
　心脏衰竭
　肝功能衰竭
　肾功能衰竭
　肾上腺机能减退

**癌症恶病质**

**能量消耗过度**
泌乳
工作量增加
极度寒冷环境
妊娠
发热或炎症引起的分解代谢加强
甲状腺功能亢进

**营养丢失增加**
糖尿病
蛋白丢失性肾病
蛋白丢失性肠病

**神经肌肉疾病**
下位运动神经元性疾病

　　若动物存在明显的饮食问题、吞咽困难、反流、呕吐或能量过度消耗(如泌乳、工作或极度低温),应详细回顾病史。临床医生要辨认某些特征性症状(如老年猫甲状腺功能亢进、幼犬肝功能衰竭伴门静脉短路的表现)。需要注意的是,动物患有严重的小肠疾病时,可能不会出现腹泻症状。

　　通过体格检查来辨别异常情况,有助于将病因缩小至某一特定系统(如鼻部疾病引起嗅觉消失;吞咽困难;心律不齐提示的心力衰竭;无力提示神经肌肉疾病;器官大小或形状异常;液体异常积聚)。视网膜检查可能有助于发现炎症或浸润性疾病,尤其是猫。

其次,通过全血细胞计数、血清生化和尿液分析判断是否存在炎症、器官衰竭和副肿瘤综合征。猫还应该检查血液中猫白血病病毒抗原和猫免疫缺陷病毒抗体。中老年猫应检查血清 $T_4$(有时检查 $fT_4$)。如果临床病理学检查结果对诊断疾病毫无帮助,下一步进行影像学检查。胸部 X 线检查(腹背位和左右侧位)很重要,因为严重的胸部疾病不能仅靠体格检查排除。大多猫和一些犬腹部触诊效果良好,所以诊断早期并不十分需要腹部 X 线检查。腹部超声检查可以发现无法触诊到的局灶性或浸润性病变(X 线片很少能显示出这些病灶)。

如果采取上述检查后,体重下降的原因仍不明,有必要进行其他检查。可每天进行体格检查,这是定位疾病最好的方法。检查时应注意不明原因的发热(见第 88 章)。还可进行器官功能的检查(如血清胆汁酸、ACTH 刺激试验、血清胰蛋白酶免疫反应性、血清钴胺素)。同样,若怀疑猫患有甲状腺功能亢进,而血清

$T_4$ 浓度正常,那么应复查血清 $fT_4$ 或其他检查(如核素闪烁法)(见第 51 章)。

如果仍未诊断出体重下降的原因,应考虑治疗试验(如 ARE)或胃肠道活组织检查。如果采取开腹探查,应检查整个腹部,对消化道、肝脏和肠系膜淋巴结进行多处采样。猫还应做胰腺活组织检查。

其他可能的诊断性检查包括评估中枢神经系统(central nervous system,CNS)(如脑脊液分析、脑电扫记法、电子计算机断层扫描、磁共振成像;由于严重 CNS 疾病导致厌食的动物并不总是存在明显的脑神经缺陷或抽搐)以及外周神经和肌肉(如肌电图描记法、肌肉或神经活组织检查;有时神经疾病和肌肉疾病引起的无力会被误认为嗜睡;见第 61 章)。若仍未找出体重下降的原因,病史和体格检查仍无意义时,潜在的癌症可能是主要的鉴别诊断。这时临床医生只能对动物进行观察和复查,希望癌症发展到足以被发现。

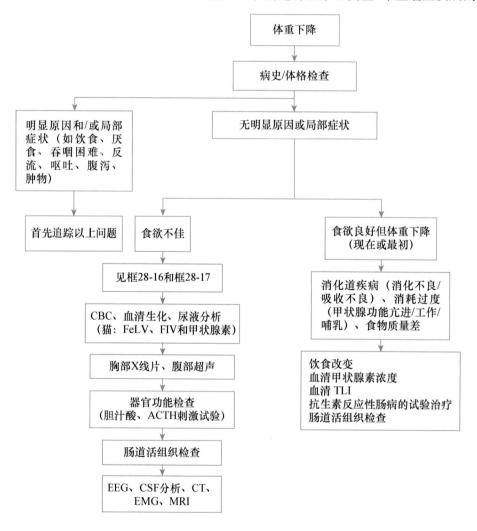

**图 28-5**
犬猫体重下降的常规诊断流程。CBC,全血细胞计数;FeLV,猫白血病病毒;FIV,猫免疫缺陷病毒;ACTH,促肾上腺皮质激素;EEG,脑电图;EMG,肌电图;CT,计算机断层扫描;CSF,脑脊髓液;MRI,磁共振成像。

与体重下降相关但特别难以诊断的疾病包括：无呕吐的胃病，不引起呕吐和腹泻的肠病，血清丙氨酸氨基转移酶和碱性磷酸酶正常的肝病，潜在的炎性疾病，血清电解质正常的肾上腺皮质功能减退，潜在癌症，猫的"干性"传染性腹膜炎，以及无脑神经缺陷或抽搐的中枢神经系统疾病。

## 厌食/食欲减退
## （ANOREXIA/HYPOREXIA）

不明原因导致的动物厌食的诊断方法与体重下降的诊断相似（见图 28-5），鉴别诊断也类似（框 28-17）。通过全血细胞计数和发热情况来排查是否存在炎症（见第 88 章）。胃肠道疾病可能会引起厌食，而不伴有呕吐或腹泻。虽然比较罕见，但癌症恶病质（厌食为主要症状）可能源于易忽略的小肿瘤。最后，无论何时，

 **框 28-17　厌食/食欲下降的主要原因**

**炎性疾病（身体任何部位）**
细菌感染
病毒感染
真菌感染
立克次体感染
原虫感染
无菌性感染
　免疫介导性疾病
　肿瘤性疾病
　坏死
　胰腺炎
不明原因发热
**消化道疾病**
吞咽困难（特别是疼痛所致）
**恶心**
任何原因刺激延髓呕吐中枢，尤其是胃或肠道疾病，即使不
　足以引起呕吐（常并发胃疾病；见框 28-6）
**代谢性疾病**
器官衰竭（如肾脏、肾上腺、肝脏、心脏）
高钙血症
糖尿病酮症酸中毒
甲状腺功能亢进（常引起多食，但一些猫无症状）
**中枢神经系统疾病（常无明显神经异常）**
**癌症恶病质**
**嗅觉缺失（罕见）**
**心理原因**

只要动物的精神状态发生改变，都应考虑中枢神经系统疾病。但是，精神状态改变可能与其他疾病导致的精神沉郁和嗜睡类似。

## 腹腔积液
## （ABDOMINAL EFFUSION）

腹膜腔积液通常由低白蛋白血症、门脉高压和/或腹膜炎引起。消化道紊乱引起的积液主要是由 PLE（单纯低蛋白漏出液）或消化道破裂引起（即败血性腹膜炎）。一些患 PLE 的动物粪便正常，只存在腹水症状。恶性肿瘤可能阻塞淋巴管回流或增加血管通透性，产生改性漏出液，或发展为非败血性腹膜炎。改性漏出液通常源于肝脏疾病、心脏疾病或恶病质。有关腹膜腔积液的更多信息见第 35 和 36 章。

## 急腹症
## （ACUTE ABDOMEN）

急腹症指多种导致休克（低血容量性或败血性）、败血症和/或严重疼痛的腹部疾病（框 28-18），病因包括消化道梗阻或泄漏、血管危象（如充血、扭转、肠扭转、局部缺血）、炎症、肿瘤或败血症。该问题的诊断方法取决于临床症状的严重程度（图 28-6）。

对于休克、胃扩张扭转（GDV），临床医师必须立即确诊和治疗。若这些疾病被排除，下一步应判断是否开腹探查或开始药物治疗。一旦支持治疗降低了麻醉风险，应当对腹部肿物、异物、引起小肠疼痛的聚集祥（如线性异物）或自发性败血性腹膜炎实施手术。如果急腹症病因不确定，很难决定是否需要手术。在某些情况下（如胰腺炎、细小病毒性肠炎、肾盂肾炎、前列腺炎），外科手术没有必要，甚至对动物有害。在决定开腹手术前，应做腹部影像学检查（如腹部 X 线平片或超声检查）和临床病理学检查（如全血细胞计数、生化）。超声检查常可显示一些 X 线检查未发现的变化（如浸润），有时可进行抽吸诊断（且可排除手术需要）。然而，X 线片有时也能发现超声遗漏的病变（如小肠异物）。X 线检查可以发现自发性气腹、腹部肿物、异物、消化道梗阻、胃或肠系膜扭转

(这些需要外科手术治疗)或游离的腹腔积液(需腹腔穿刺和液体分析)。钡餐造影对诊断意义不大,并且对后续的治疗和手术有影响。

 **框 28-18　急腹症的主要原因**

**化脓性炎症**
化脓性腹膜炎(常见且重要)
　穿孔性胃溃疡(NSAIDs,肿瘤)(重要)
　肠道穿孔(肿瘤、术后裂开、线性异物、严重炎症)(常见且重要)
　肠道失活(肠套叠、血栓形成/梗死)
　化脓性胆囊炎或黏液囊肿所致的胆囊破裂(重要)
　脓肿/感染
　● 脾脏
　● 肝脏
　● 胆囊炎
　● 前列腺
　● 肾脏
　子宫积脓(破裂)(重要)

**非化脓性炎症**
胰腺炎(常见且重要)
尿腹症(重要)
全脂肪组织炎

**器官扩张或梗阻**
胃扩张或扭转(常见且重要)
多种原因导致的肠道梗阻(常见且重要)
肠套叠(重要,尤其是幼龄动物)
难产
肠系膜扭转(罕见)
嵌闭性梗阻(罕见)

**缺血性**
脾脏、肝叶、睾丸或其他器官的扭转(罕见)
腹部器官血栓栓塞(罕见)

**腹痛其他原因(见框 28-19)**

**腹部出血**
腹部肿瘤(血管肉瘤、肝细胞癌)(常见且重要)
创伤
凝血障碍

**腹部肿瘤**

注:NSAIDs,非甾体类抗炎药。

　　如果对动物进行合适的药物治疗,机体状况在治疗 2~5 d 后明显恶化或没有改善,或者仍有剧痛,则建议开腹探查。需提前告知动物主人,动物可能患有手术无法治愈的疾病(尤其是胰腺炎),或无任何异常。如果是后者,需对各种腹部器官进行活组织检查,在等待检查结果的同时进行对症治疗。

# 腹　痛
## (ABDOMINAL PAIN)

　　腹部疼痛首先应确定疼痛位于腹部,而不是由腹腔外器官疼痛引起的(如胸腰部疼痛常被误认为源于腹部)。腹部疼痛的动物会表现出明显不适(如蹒步或反复摆出不同姿势、不断看或舔舐腹部),还有的犬伸展四肢,呈"祈祷"姿势(减轻痛苦)。如果触诊腹部,动物可能哀号、咆哮或狂咬。而有的犬则呈现难以察觉、易忽略的症状(如动物发出咕噜声或躲避触诊,以及腹部紧张)。此外,如果触诊水平不佳或动作粗暴,正常动物也可能出现类似腹部疼痛的表现。腹痛的主要原因列于框 28-19。

　　如果发生腹部疼痛,诊断目标是判定腹痛的起源。如果腹痛起源于腹腔,诊断方法取决于严重程度、病程以及是否有明显病因。腹痛病因的诊断方法和急腹症相似。但是有些腹痛的病因很难诊断(如急性胰腺炎、局灶性腹膜炎)。

## 腹部扩张或腹围增大
### (ABDOMINAL DISTENTION OR ENLARGEMENT)

　　腹部扩张或腹围增大可能伴发急腹症,但二者又是典型的不同问题。在找到病因前,最好暂且相信主诉的动物腹部扩张的情况。腹部扩张的主要病因有 6 个方面(框 28-20)。

　　首先应考虑动物是否患有急腹症(如 GDV、败血性腹膜炎、血腹和休克)。排除急腹症以后,根据体格检查和腹部影像学检查(如 X 线检查或超声检查),按照框 28-20 对腹部扩张原因进行归类。其中,肥胖和妊娠应能明显看出。按照第 36 章所述,应采集游离腹腔积液进行分析。除非有特殊原因(如严重右心衰竭引起的肝脏增大),否则应对腹部肿物和增大的器官进行活组织检查。虽然有时细针抽吸会引起败血性内容物漏出或肿瘤细胞转移,但通常来说细针抽吸是安全的。超声检查有助于判断机体潜在的出血或渗漏(如囊肿、具有血管肉瘤超声特征的肿物)。自发性气腹表明存在消化道破裂或败血性腹膜炎,需要立即进行手术探查。含空腔脏器出现气体性扩张提示梗阻(如胃扩张、肠阻塞)或生理性肠梗阻(图

29-5 和图 32-4）。若倾向于梗阻则需要外科手术。若怀疑腹部肌无力，应筛查肾上腺皮质功能亢进。全血细胞计数、血清生化、尿液分析的结果可判定某一器官

功能是否异常（如肾上腺皮质功能亢进）。通常超声检查足以进行诊断，但消化道或尿道造影对某些疾病还是有帮助的。

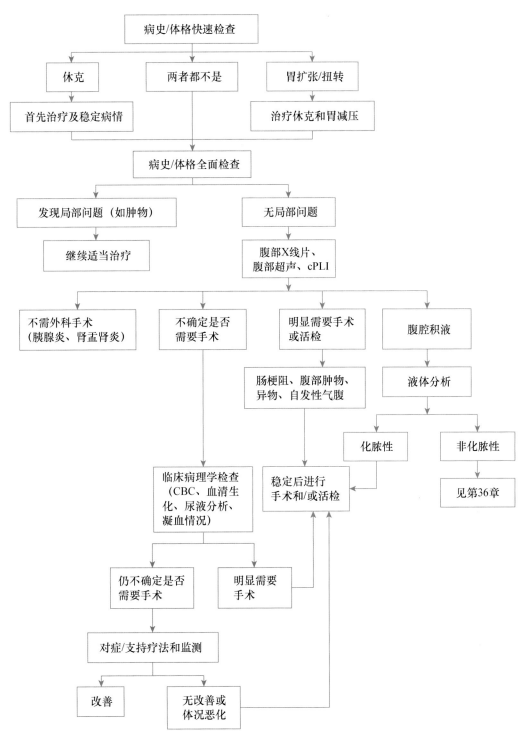

**图 28-6**
犬猫急腹症的常规诊断流程。CBC，全血细胞计数；PLI，胰脂肪酶免疫反应性。

**框 28-19　腹痛的原因**

**触诊水平不佳（"假性疼痛"）**
**肌肉骨骼系统（类似腹痛）**
骨折
椎间盘疾病（重要且常见）
椎间盘脊椎炎（重要）
脓肿

**腹膜**
腹膜炎
　化脓性（常见且重要）
　非化脓性（如尿腹症）（重要）
粘连（罕见）

**胃肠道**
胃肠道溃疡
异物（特别是线性异物）
肿瘤
粘连（罕见）
肠道缺血（罕见）
肠道痉挛（罕见）
同见框 28-18，器官扩张或梗阻

**肝胆系统**
肝炎
胆结石或胆囊炎

**胰腺**
胰腺炎（常见且重要）

**脾脏**
扭转（罕见）
破裂
肿瘤
感染（罕见）

**泌尿生殖系统**
肾盂肾炎（重要）
下泌尿道感染
前列腺炎（常见）
非化脓性膀胱炎（猫常见）
膀胱或输尿管梗阻或破裂（常见，尤其在创伤之后）
尿道炎或梗阻（常见）
子宫炎
子宫扭转（罕见）
肿瘤
睾丸扭转（罕见）
乳腺炎（没有引起真正的腹痛，但症状类似腹痛）

**其他原因**
术后疼痛（特别是缝线过紧）
医源性因素
　药物（如米索前列醇、氨甲酰甲胆碱）
肾上腺炎（与肾上腺皮质功能减退有关）（罕见）
重金属中毒（罕见）
血管疾病（罕见）
　落基山斑疹热血管炎
梗死

 **框 28-20　腹围增大的原因***

**组织**
怀孕（常见且重要）
肝脏增大（浸润性或炎性疾病、脂质沉积、肿瘤）
脾脏增大（浸润性或炎性疾病、肿瘤、血肿）
肾脏增大（肿瘤、浸润性疾病、代偿性肥大）
其他肿瘤
肉芽肿（如腐皮病）

**液体**
器官内
　扭转或右心衰竭引起的充血
脾脏
肝脏
　囊肿
前列腺旁囊肿
肾周囊肿
肝脏囊肿
　肾盂积水
　肠道或胃（梗阻所致）
　子宫积液
腹腔游离液体（常见且重要）
漏出液、改性漏出液、渗出液、血液、乳糜

**气体**
器官内
　胃（胃扩张或扭转）（常见且重要）
　肠道（梗阻所致）
　实质器官内（如肝脏）感染产气细菌所致
腹腔游离气体
　医源性（腹腔镜检查或开腹手术后）
　消化道或雌性生殖道破裂
　细菌代谢产生（腹膜炎）

**脂肪**
肥胖
脂肪瘤

**腹部肌肉无力**
肾上腺皮质功能亢进（重要）

**粪便**

◆推荐阅读

Case V: Melena and hematochezia. In Ettinger SJ et al, editors: *Textbook of veterinary internal medicine*, ed 7, St Louis, 2010, WB Saunders.

Foley P: Constipation, tenesmus, dyschezia, and fecal incontinence. In Ettinger SJ et al, editors: *Textbook of veterinary internal medicine*, ed 7, St Louis, 2010, WB Saunders Elsevier.

Forman M: Anorexia. In Ettinger SJ et al, editors: *Textbook of veterinary internal medicine*, ed 7, St Louis, 2010, WB Saunders Elsevier.

Niemiec B: Ptyalism. In Ettinger SJ et al, editors: *Textbook of veterinary internal medicine*, ed 7, St Louis, 2010, WB Saunders Elsevier.

Twedt DC: Vomiting. In Ettinger SJ et al, editors: *Textbook of veterinary internal medicine*, ed 7, St Louis, 2010, WB Saunders Elsevier.

Willard MD: Diarrhea. In Ettinger SJ et al, editors: *Textbook of veterinary internal medicine*, ed 7, St Louis, 2010, WB Saunders Elsevier.

Willard MD et al: Gastrointestinal, pancreatic, and hepatic disorders. In Willard MD et al, editors: *Small animal clinical diagnosis by laboratory methods*, ed 5, St Louis, 2011, Elsevier.

# 第 29 章
## CHAPTER 29

# 消化道诊断性检查
## Diagnostic Tests for the Alimentary Tract

## 体格检查
### (PHYSICAL EXAMINATION)

常规体格检查是评估动物胃肠道疾病的第 1 步,有时对于不配合的动物,可能会跳过口腔检查。如果高度怀疑动物有口腔、腹部或直肠疾病,但不配合检查,常常需要镇静或麻醉后检查和触诊。线性异物缠绕舌根引起猫的呕吐就是常见的例子。因此,即使需要化学保定,临床医生也应该彻底检查口腔。

腹部触诊应系统地检查各个器官。在犬上常能触诊到小肠、大肠和膀胱(腹腔积液、腹部疼痛或肥胖等情况除外)。猫常可触及双肾。通过触诊,临床医生经常能探查到犬猫的脾脏肿大、肝脏肿大、肠道或肠系膜肿块以及肠道异物。动物可能对腹痛敏感,有时轻度触诊也会引发嚎叫,但许多动物仅表现腹部紧张(如保护)或试图躲避触诊。粗暴的触诊会引起健康动物产生与腹痛反应相似的紧张或呻吟,因而轻柔、小心的触诊可让临床医生尽可能多地检查腹部器官。有大量腹水时,无法进行有意义的腹部触诊,此时可用冲击式触诊法检查,这种方法能检查出腹水的波动。

直肠检查时,检查者应能辨别和评价直肠黏膜、肛门括约肌、肛门腺、骨盆、直肠周围肌肉、泌尿生殖器和直肠内容物。然而,很容易把黏膜息肉误认为是黏膜皱褶;如果狭窄的腔隙能轻易通过一根手指,则易遗漏局部狭窄。

## 实验室常规检查
### (ROUTINE LABORATORY EVALUATION)

### 全血细胞计数
#### (COMPLETE BLOOD COUNT)

CBC 在诊断嗜中性粒细胞减少症(如细小病毒性肠炎、严重败血症)、感染(如吸入性肺炎)、贫血(如黏膜苍白、黑粪症、呕血),以及某些潜在疾病所导致的发热、体重下降或厌食过程中起着重要作用。临床医生应计算不同类型白细胞的绝对值而非百分比,因为有的动物虽然白细胞百分比异常,但是绝对数量却正常(反之亦然)。如果动物贫血,CBC 检查可评估患病动物是否为再生性贫血(如网织红细胞、多染性细胞)及是否缺铁(如血红蛋白过少、小红细胞症、血小板增多症、红细胞分布宽度增大)。

### 凝血检查
#### (COAGULATION)

血小板计数很重要。血小板数量可以通过制备良好的血涂片来估算(例如,每个油镜视野下,犬应当有 8~30 个血小板;每个视野发现 1 个血小板表明血小板数量大概为 15 000~20 000 个/μL)。血凝试验可发现未知的凝血障碍(如弥散性血管内凝血)。活化凝血时间可通过内在凝血途径粗略估算;部分促凝血酶原激酶对时间敏感性更高。对于能够引起临床症状的严重凝血障碍,黏膜出血时间是一项很好的筛查试验。

## 血清生化分析
## (SERUM BIOCHEMISTRY PROFILE)

血清生化指标包括丙氨酸氨基转移酶和碱性磷酸酶、尿素氮、肌酐、总蛋白、白蛋白、钠、钾、氯、总二氧化碳、胆固醇、钙、磷、镁、胆红素和葡萄糖，这些指标对严重呕吐、腹泻、腹水、不明原因体重下降或厌食的动物非常重要。这些参数对准确诊断疾病非常重要，但有时候即使知道病因所在，也不能对某些动物的病情发展做出准确预测。虽然总二氧化碳不如血气分析精确，但也有助于确定酸碱状态（血液酸碱度同样也不可准确预测）。

血清白蛋白浓度比总蛋白浓度更有诊断意义。许多疾病（如心丝虫、慢性皮炎、埃里希体病）可能导致低白蛋白血症的患犬出现高球蛋白血症，从而造成血清总蛋白正常。严重的低白蛋白血症（即 $< 2.0$ g/dL）对诊断具有重要意义，常见于肠道淋巴管扩张、胃肠道血液丢失、浸润性消化道疾病、细小病毒性腹泻或腹水。需使用犬猫专用仪器测定血清白蛋白，因为一些人用仪器测出来的结果会假性偏低。不同实验室设定的白蛋白参考范围可能会有轻微差别，因而最好在同一实验室复查，否则在监测白蛋白时会引起不必要的困惑。

患病动物（尤其是接受多种药物治疗的动物）容易继发肾脏和肝脏功能衰竭。幼龄和体型非常小的犬猫，如果不能进食或不能消化吸收营养物质，很容易出现低血糖。若发现患病动物存在高钙血症或低白蛋白血症，可能会为体重减轻或厌食的诊断提供线索（确诊某些疾病可能性变大）。

## 尿液分析
## (URINALYSIS)

尿液分析结合尿蛋白/肌酐比，可准确评估肾脏功能，有助于判定低白蛋白血症的病因。尿液样本应在液体治疗开始前采集。

## 粪便寄生虫检查
## (FECAL PARASITIC EVALUATION)

几乎所有患消化道疾病或体重下降的动物都需要进行粪便漂浮检查，特别是幼年犬猫。尽管寄生虫感染可能不是主要问题，但也可导致机体衰弱。粪便漂浮法需要使用浓缩的盐溶液或糖溶液。即使在溶液浓度不准确，较重的虫卵不能漂浮（如鞭虫卵）的情况下，盐溶液的效果也通常比较好。此外，浓缩盐溶液能使贾第鞭毛虫卵变形，会造成诊断困难。硫酸锌溶液漂浮法是检查线虫卵和贾第鞭毛虫卵的首选方法。离心可促使孢囊从粪便中分离，可提高粪便检查的敏感性。有些寄生虫间歇性排出少量虫卵或孢囊，需要不断重复粪便检查。鞭虫和贾第鞭毛虫感染尤其难以检测。

大部分常见绦虫因有许多节片而不能通过漂浮法分离。沉淀法可用于检查多种吸虫卵，但鲑隐孔吸虫（寄生在鲑鱼的吸虫）虫卵能用许多漂浮溶液检出。隐孢子虫虽然能用漂浮法检出，但需要高倍数的显微镜（×1 000）才行。含球虫的粪便样本，应将其送到对球虫熟悉并能进行特殊检查的实验室。酶联免疫吸附试验（ELISA）、聚合酶链式反应（PCR）、间接荧光抗体检测（IFA）对检测隐孢子虫比粪便漂浮法的敏感性更高（见下文）。

虽然直接粪检简便，但对线虫不敏感，不能代替漂浮法。漂浮法很可能会漏检不常见的阿米巴虫病、类圆线虫病和鞭虫病，这些寄生虫用直接粪检比较好。如果粪便新鲜并且用盐水适度稀释，可发现活动的贾第鞭毛虫和三毛滴虫的滋养体。但是与硫酸锌漂浮法、IFA、PCR 及 ELISA 相比，通过直接粪检检出贾第鞭毛虫的敏感性较低。

粪便沉淀法比较耗时，在检测常见的胃肠道寄生虫卵时没有优势，但可检测到其他方法漏检的吸虫卵，尤其是阔盘吸虫、扁体吸虫、对体吸虫和异毕吸虫。

保存粪便样本时，可将粪便与 $10\%$ 的中性福尔马林溶液等体积混合，或使用商品化的试剂盒。例如，聚乙烯酒精试剂盒可以将粪便保存几周至几个月。这种方法尤其适用于不能立即检测出原虫包囊的情况。

PCR 方法可用于检测异毕吸虫属（GI Lab，Texas A&M University，College Station，TX）。这种方法至少与粪便沉淀法同样敏感。

## 粪便消化试验
## (FECAL DIGESTION TESTS)

使用苏丹染色（针对脂肪）和碘染（针对淀粉和肌纤维）对粪便涂片，以鉴定粪便中未消化完全的食物颗粒,但其结果可疑。虽然粪便里含有大量未消化的脂肪提示胰腺外分泌功能不全(EPI),但这种方法存在许多假阳性和假阴性结果。如果 EPI 是鉴别诊断中的一项,检测血清胰岛素样免疫反应性(TLI)是最好的确诊方式(详见下文的消化和吸收试验)。

粪便蛋白分解活性检查(如粪便胰蛋白酶活性)也是一种 EPI 的诊断方法。定性评估并不可靠(如粪便胶片消化、粪便明胶消化)。一般也没必要进行定量检测,因为 TLI 更容易操作。诊断胰管阻塞所导致的 EPI 时(极罕见),没有必要定量评估粪便的蛋白分解活性,有时 TLI 也无法察觉。这种情况下,应连续 3 d 采集粪便,粪便样本在送往实验室之前应冷冻保存。

虽然粪便脂肪的定量检测对脂肪吸收障碍和消化不良敏感,但这项检查技术成本较高,不易操作,并且不能鉴别消化不良和 EPI,因此,很少需要定量检测粪便中的脂肪含量。

粪便潜血检查很少有诊断价值,因为大部分宠物吃的肉制品都可以导致阳性结果。使用西咪替丁、口服铁制剂和某些蔬菜也可能引起假阳性结果。再者,由于不同技术的敏感性不同,所以不同结果之间无法准确比较。最后,血液在粪便中经常分布不均匀,粪便采样不当可能造成阴性结果(特别是后段肠道疾病的动物)。

如果需要进行粪便的潜血检查,在检测前 3~4 d 应饲喂素食。检测血红蛋白时,联苯胺或邻甲基苯胺试剂敏感性较高(因此特异性较差),而愈创木脂的敏感性较低(所以特异性较高)。敏感性和特异性都较高的荧光检测法已经可用于犬的诊断。间歇性出血可能需要重复检测。

## 粪便细菌培养
### (BACTERIAL FECAL CULTURE)

临床中,很少使用小动物的粪便进行培养,除非高度怀疑某一种传染性细菌疾病,或通过其他检验项目(如内窥镜或活组织检查)未做出诊断。建议用特殊的培养方法来检测某种病原菌。因此,粪便送检之前,应告诉送检的实验室,要培养的菌种在何种条件下适宜生长,并且按照实验室提供的操作说明处理样本。但是粪便培养不能用于诊断抗生素反应性肠病(ARE)。

小动物粪便培养的常见病原菌有产气荚膜梭菌、艰难梭菌、沙门氏菌、空肠弯曲杆菌、小肠结肠炎耶尔森菌和产神经毒的大肠埃希菌。细菌分离培养产生的毒素需要使用 PCR 或生物鉴定法来确定。气单胞菌属和邻单胞菌属感染,也可导致腹泻。沙门氏菌的培养最好是先将至少 1 g 新鲜粪便接种到营养培养基中,然后再用沙门氏菌选择培养基培养。有时候从结肠黏膜中可培养出沙门氏菌。培养空肠弯曲杆菌时,必须将新鲜粪便接种到选择性培养基上,并在约为 40℃ 条件下培养而不是 37℃。如果接种延迟,需要使用特定的接种媒介,而不是常规的商品化接种设备(如培养拭子)。粪便中偶尔能培养出念珠菌。这些发现的重要性常不确定,但这些微生物可能会引起一些动物患病(如接受化疗的动物)。

有一项培养技术,可以从猫的粪便中培养胎儿三毛滴虫(InPouch TF,BioMed Diagnostics)。此方法技术成熟,且敏感性及特异性良好,比直接镜检敏感。

值得注意的是,这些细菌中的任何一种出现在动物粪便中,并不足以说明它就是致病菌。培养结果必须和临床症状及其他实验室检测项目的结果有相关性。

## 粪便 ELISA、IFA 及 PCR 分析
### (ELISA、IFA AND PCR FECAL ANALYSES)

ELISA 能用于各种抗体或抗原的检测。虽然 ELISA 对犬细小病毒的检测特异性很强,但患病动物在出现临床症状后的最初 24~48 h 内可能不排毒,因此,如果强烈怀疑犬感染了细小病毒,而初次结果呈阴性,则很有必要在 2~3 d 后复查。另外,感染初期的犬,尽管排出大量病毒,但在随后的 7~14 d,随粪便排出的病毒会慢慢减少。因此,重复的阴性结果并不能排除细小病毒感染,但也应考虑其他急性、发热性胃肠炎(如沙门氏菌感染)。如果结合流行病学(如繁殖犬舍),那么 ELISA 将具有特别的诊断价值。

ELISA 可用于检测人的粪便(ProSpecT/Microplate ELISA assay for Giardia,Alexon,Inc.)和犬/猫粪便(SNAP Giardia Test,Idexx Laboratories)中贾第虫的特异性抗原。粪便贾第虫 SNAP 检测敏感性高,且具有良好的阴性预测值,但与粪便 IFA 检测相比,其阳性预测值低。然而,SNAP 检测有实际操作性强的优点。虽然 IFA 检测(MERIFLUOR Cryptosporidium/Giardia direct immunofluorescent kit,Meridian

Bioscience,Inc)贾第虫的敏感性和特异性极高,但需要把粪便样本送到商业实验室。

与常规粪便检查相比,ELISA 检测粪便中隐孢子虫抗原的敏感性更高(ProSpecT Cryptosporidium Microplate Assay,Meridian Diagnostics,Inc 和 ProSpecT Cryptosporidium microplate assay,Remel,Inc)。使用改良姜-尼二氏抗酸染色法(Ziehl-Neelsen acid-fast)对粪便涂片进行特殊染色,虽然工作量大,但敏感性高。当寻找隐孢子虫时,IFA 检测的敏感性不如 ELISA。

粪便中细菌毒素的检测可能有助于提示腹泻是由特异性细菌所导致的。很多检测艰难梭菌毒素的 ELISA 方法已经应用于人,但这些检测对犬粪便的敏感性差。粪便中艰难梭菌毒素的组织培养方法敏感性高,但只能用在学术研究型实验室中实施。ELISA 检测(*C. perfringens* Enterotoxin Test,TechLab)及反向被动乳胶凝集检测(Oxoid PET-RPLA,Unipath Co.)可用于检测产气荚膜梭菌产生的肠毒素。然而,这些检测的结果与疾病出现与否不完全一致,它们在临床上的应用价值仍待定。

实际上,PCR 检测由于其敏感性及特异性,应用越来越广泛。正如文中所述,商业实验室中有很多粪便检测套餐。犬粪便检测套餐可以检测贾第鞭毛虫、隐孢子虫、沙门氏菌、产气荚膜梭菌肠毒素 A、肠道冠状病毒、细小病毒及犬瘟热病毒。猫粪便检测套餐可以检测胎儿三毛滴虫、贾第鞭毛虫、隐孢子虫、弓形虫、沙门氏菌、产气荚膜梭菌 A 型肠毒素、冠状病毒及泛白细胞减少症病毒。胃肠道实验室(Texas A&M University)也可以提供空肠和结肠弯曲杆菌的 PCR 检测。从所有病例来看,虽然 PCR 有一定的敏感性,但仍不能满足更高要求,尤其是对病原菌发生变异或病原菌分离量少的病例。此外,粪便中检测到以上提及的任何一种细菌,并不能保证它就是导致疾病的原因。

## 粪便细胞学评估
## (CYTOLOGIC EVALUATION OF FECES)

粪便的细胞学检查可能会发现病原微生物或炎性细胞。操作方法是将一张薄的自然干燥的涂片,用革兰染色或罗曼诺夫斯基染色(如 Diff-Quick 染色)。后者在细胞鉴别方面优于革兰染色。

粪便中发现大量带芽孢的细菌(每×1 000 视野超过 3～4 个),曾一度强烈提示梭菌性结肠炎(见图 33-1)。

但粪便细胞学检查出现芽孢既不敏感也不特异。菌群形态相对一致,除了显示正常菌群被破坏外,其诊断价值并不明确。但目前尚无关于这些现象的原因或其意义的解释。

短而弯曲的革兰阴性杆菌(即"逗点"或"海鸥翅膀"形)提示患有弯曲杆菌病。腹泻粪便中经常大量存在较大的螺旋菌,并不是空肠弯曲杆菌,且致病性不确定。尽管小动物腹泻病例中,细胞学检查没有那么重要,但在人医中,弯曲杆菌细胞学检查是一种特异的诊断方法。粪便检查很少能检查出真菌(如组织胞浆菌、假丝酵母)。组织胞浆菌病的诊断通常需要黏膜刮片细胞学检查,或者活检样本的组织学检查。

粪便中发现白细胞提示透壁性结肠炎,而不仅仅是表面黏膜的炎症。但不能以此得出确定性诊断。

## 电子显微镜检查
## (ELECTRON MICROSCOPY)

电子显微镜可用于观察粪便中的各种病毒颗粒(如冠状病毒、细小病毒、星状病毒)。ELISA 足以检测细小病毒,因而很少用电子显微镜。然而,如果其他检测结果没有诊断价值,且考虑流行病学因素影响时,可用电子显微镜观察。用于电子显微镜检查的样本应在疾病早期采集,因为粪便中的病毒浓度会在症状出现后 7～14 d 内急剧下降。而且有的病毒会快速降解(如冠状病毒),所以当临床医生怀疑患病动物感染这类病毒时,必须按照实验室的指导正确处理粪便样本,这样才能获得有意义的结果。

## 消化道放射学检查
## (RADIOGRAPHY OF THE ALIMENTARY TRACT)

影像学技术(如 X 线)可用于评估体格检查检查不到的结构(如食道、胃),还可能发现腹部触诊遗漏的异常情况(如胃肿物、异物、脾实质肿物)。在做造影前,一般先进行 X 线平片检查,这是因为:①可能通过前者就能得到诊断结果,没必要进行造影检查;②X 线造影检查可能有禁忌证;③需要通过平片检查确保造影技术得到正确实施。X 线造影检查可发现 X 线平片检查不到的异常情况(如胃流出道梗阻)。

X线检查有助于诊断动物吞咽困难、反流、呕吐、腹部肿物、腹部扩张、腹痛或急腹症,对动物便秘、体重下降或不明原因的厌食也有一定的诊断意义,但是这些动物通常会先进行其他指向明确的检查,一般没必要做X线检查。X线检查对腹泻或大量腹腔积液的犬猫几乎没有诊断意义。

## 消化道超声检查
### (ULTRASONOGRAPHY OF THE ALIMENTARY TRACT)

超声检查可与X线检查相结合,或代替X线检查,但其检查结果和操作者水平密切相关。超声检查对急腹症、腹腔积液、呕吐、体重减轻或不明原因厌食的动物很有帮助,同时也有助于腹腔肿块、扩张或疼痛的诊断。超声检查常用于诊断胰腺炎、各器官的浸润和X线检查遗漏的肠套叠。此外,积液虽使得X线检查变得毫无作用,却加强了超声检查的对比度。一个急腹症的动物需确定是否需要手术时,超声检查比X线检查提供的信息更多。最后,超声可用来引导穿刺检查和腹腔病灶活组织检查(无须手术或腹腔镜检的)。

### 技术

5-MHz探头可能是最实用的。为防止残存空气影响质量,应剃掉被毛。腹腔或胃内灌入液体有助于检查,但很少需要这么做。

### 结论

超声检查可评估器官(如肝脏、脾脏、肠道、胃、肠系膜淋巴结和肿物)的厚度、回声强度和实质回声均匀性,也能看到X线检查难以发现的实质内浸润。消化道病变的特定超声征象将在以后的章节进行讨论。

## 口腔、咽和食道的影像学检查
### (IMAGING OF THE ORAL CAVITY, PHARYNX, AND ESOPHAGUS)

### 适应证
#### (INDICATIONS)

任何吞咽困难、口腔疼痛、不明原因的口臭、肿胀或肿物的动物都应该进行影像学检查。如果怀疑为神经肌肉性的吞咽困难,建议进行动态检查(如荧光镜检查)。超声检查可为评估浸润或肿块提供特别重要的信息。

### 技术

为了使动物在拍摄头部X线片时摆位良好,需要对其进行麻醉。如果要寻找异物或骨折,可拍摄侧位、背腹位(DV)和斜位。张口腹背位(VD)及嘴吻位也有助于检查。CT扫查在寻找骨折方面要优于X线检查。核磁共振成像在诊断软组织损伤方面有较大优势。如果要寻找吞咽困难的神经肌肉性病因,则需要对有意识的动物饲喂不同形式的钡餐(即液体、糊状和混在食物中的钡餐)来做动态检查(如荧光镜检查、荧光屏电影摄影检查术)。这些检查最好采用俯卧位,因为侧卧位会增加钡餐经过的时间,而且还会改变蠕动波的类型。

### 结论

影像学检查通常可发现异物、骨折、骨溶解、软组织肿块或软组织密度物体以及气肿。临床医生应检查齿根周围的骨骼是否有明显溶解,颞下颌关节是否存在关节炎。谨记动物头骨两侧对称,在评估腹背位影像时要对比两侧。当进行造影检查和动态检查时,要避免误吸,并观察钡餐在食道内被推进时的力度,以及钡餐在咽部吞咽时环咽肌肉的开张情况。

### 食道影像学检查的适应证
#### (INDICATIONS FOR IMAGING OF THE ESOPHAGUS)

食道X线检查的适应证包括反流(包括咽部吞咽困难)、吞咽疼痛、不明原因的反复性肺炎或咳嗽,以及不明原因的胸部肿块(通过X线影像观察到的)。除非X线平片能发现明显的食道扩张、异物、食道穿孔的征象(如胸膜腔渗出、气胸、气纵隔)或明显的食道裂孔疝,否则很有必要进行钡餐造影。任何时候检查食道时,都应该确保颈部食道在检查范围内。平片上发现明显的食道扩张,通常足以得出诊断;但有些平片上检查到食道扩张的犬,在做钡餐检查时,却又发现食道功能是正常的。患有食道疾病的犬猫,除非有胸部团块,否则超声检查对食道疾病的帮助不大。

### 技术

液体钡餐是检查食道最好的造影剂,能提供很好的细节信息,而且如果误吸,没有糊状钡餐或食物的危害性大。临床医生不能给动物使用影响食道蠕动的药物(如赛拉嗪、氯胺酮、麻醉剂)。使用注射器给动物灌服钡餐,经数次吞咽后,快速拍摄右侧位和腹背位的图像。如果没有液体钡餐,糊状钡餐也可以。高渗碘制剂达不到钡餐那么好的造影效果,且如果误吸会引发严重的问题;等渗水溶碘造影剂优于高渗碘制剂。如果高度怀疑食道疾病,而采用液体或糊状钡餐造影检查不能发现异常时,应该用钡餐和食物(罐头或干粮)混合饲喂后再次检查。这时可能发现先前检查中未发现的食道部分狭窄或肌无力的情况。

如果食道中有钡餐残留,而在胃内很少或几乎没有,则应将动物直立,利用重力使钡餐顺利进入胃内。如果钡餐顺利进入胃内,表明食道下括约肌没有阻塞;如果怀疑有食道裂孔疝但看不到时,可压迫腹部,同时进行胸后部侧位 X 线检查。这样做的目的是试图强迫胃通过疝进入胸部,从而证明疝的存在。

如果怀疑食道疾病,但通过静态 X 线检查无法发现时,则需要进行荧光镜检查。如果条件允许,临床医师应该在动物吞下钡餐时,立即进行荧光透视检查,来评估食道的蠕动能力,寻找是否存在食道局部狭窄、食道部分肌无力、胃食道反流及食道咽反流(即环咽机能障碍)等病症。采取动态检查时,最好让动物采取俯卧位。可能需要观察数分钟(或更长)才能发现异常(如胃食道反流或食道咽反流)。边缘性食道疾病的动物有必要使用荧光镜检查来证明存在原发性或继发性的食道波动,虽然有时微弱或不容易刺激。如果不能进行荧光透视检查,可在吞咽 5~10 s 后迅速拍摄多张 X 线片(一般为侧位)。

如果怀疑食道穿孔(如败血性胸膜炎或纵隔炎、气纵隔或气胸),可以使用等渗性碘造影剂。然而,这项检查的唯一目的是定位穿孔位置,如果已经知道漏洞可能的位置(如食道内可见一骨性异物),则造影检查意义不大。

## 结论

根据平片结果,通常可以发现食道扩张、异物、软组织密度、椎关节强直提示的旋毛虫病和食道裂孔疝。充满空气的食道并不总是指向病理性食道无力。虽然在出现明显的异常症状时,经常使用平片作为诊断食道疾病的基础,但很容易出现错误判读或遗漏钡餐造影时显示出的异常。虽然少见,但有些动物的 X 线平片上出现食道含气扩张,而在钡餐造影检查时,其食道

功能却正常(图 29-1,A)。同样,一些动物的平片上显示食道变化相对较小,但其可能患有食道功能异常(见图 29-1,B)。极少数病例中,在血管环位置出现异常食物样物质积聚,可能是由于食道局部无力或胸腺囊肿引起的。

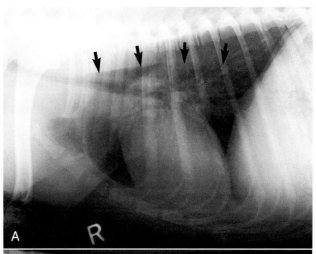
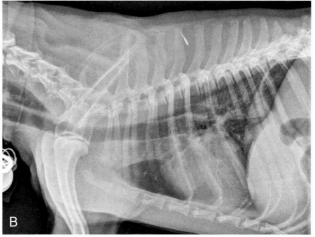

**图 29-1**
A,咳嗽犬的胸部侧位 X 线片。注意扩张、充满气体的食道(箭头)。**2 d** 后,食道造影(采用荧光镜检查)证实其食道大小和功能正常。B,咳嗽、有时吐出食物犬的胸部侧位 X 线片。胸部食道有少量气体残留,但环咽括约肌后的颈部食道可见大量气体残留。这只犬患有食道功能障碍,主要是颈部食道。这个影像显示 X 线平片容易漏诊颈部食道的局部食道无力。

通过 X 线平片可以看到食道中的很多异物(如骨头)。尽管如此,还是有必要使用最好的 X 线技术。因为,一些骨头(如鸡骨头)和生牛皮零食是可透射线的(图 29-2)。食道穿孔有时会引起气胸、气肿性纵隔炎、胸膜腔或纵隔积液。

当犬猫有无法识别的胸部肿块时,应采用食道造影检查。这是因为在 X 线平片上,很多食道肿瘤看起来像肺实质团块(见图 31-5)。借助造影技术可清晰的

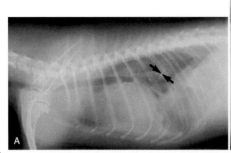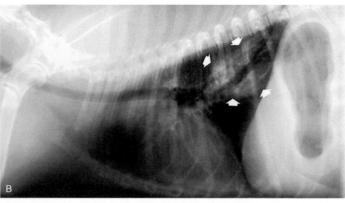

**图 29-2**

**A**,食道异物(箭头处)犬的胸部侧位 X 线片。注意同时伴有胸腔积液。鸡骨头引起食道穿孔,导致败血性胸膜炎。**B**,犬的胸部侧位 X 线片,可看到食道内的一块生牛皮异物。根据骨(箭头处)的密度可以判断,比在 A 中更弥散化,更像是肺实质密度。(图 **A** 摘自 Allen D,editor: Small animal medicine,Philadelphia,1991,JB Lippincott. )

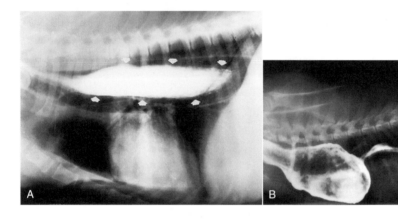

**图 29-3**

**A**,广泛性食道无力患犬的胸部侧位食管造影 X 线片。可看到钡餐残留在整个食道(箭头处)。**B**,患猫因血管环异常导致食道阻塞,胸部侧位造影 X 线片。

区分食道组织和其他组织。如果钡餐在向尾端流动时,在食道中突然中止,那么提示食道阻塞;食道无力也可导致造影剂在整个食道滞留(图 29-3),食道部分无力的情况除外。如果混合钡餐的食物滞留,而不是液体或糊状钡餐,则提示部分阻塞(见图 31-4)。

　　使用钡餐造影可显示出位置异常(如食道疝;见图 31-2)。但是,一次 X 线片检查显示位置结构正常并不能保证会一直正常(如一些横膈内或横膈外的滑动性食道裂孔疝,在进行 X 线检查时可能位置正常)。X 线检查很难诊断动物胃食道反流和食道炎。钡餐可能会附着在病变严重的食道黏膜层,但轻度食道炎可能不会发生附着。此外,造影时正常犬可能会发生胃食道反流,而胃食道疾病患犬,在短期诊断期间可能不发生反流。

　　如果怀疑动物有反流症状,但钡餐造影又不显示,这可能表明之前的评估是错误的,或者患有潜在疾病。这时,可使用内窥镜或荧光镜对食道再次进行检查。

# 胃及小肠的影像学检查
## (IMAGING OF THE STOMACH AND SMALL INTESTINE)

### 不使用造影剂的腹部 X 线平片检查的适应证 (INDICATIONS FOR RADIOGRAPHIC IMAGING OF THE ABDOMEN WITHOUT CONTRAST MEDIA)

　　腹部 X 线平片检查的适应证包括呕吐、急腹症、便秘、腹部疼痛、腹围增大、膨胀或腹部肿块。存在明显腹腔积液(液体掩盖了浆膜细节)或慢性腹泻的动物,X 线平片几乎没有诊断作用。当腹部能够完全触诊时,X 线平片的诊断价值较低;而对于较难触诊的动物价值较高(如大型或肥胖动物,疼痛的动物)。X 线平片检查特别有助于诊断不透射线的异物,以及梗阻、异物或团块引起的消化道扩张。

## 技术

临床医生在给患病动物做 X 线片检查时，至少拍摄两个体位，通常是右侧位和腹背位。清洁的灌肠剂可能会改善有大量粪便的动物的诊断结果。除非 X 线平片显示需要使用灌肠剂，否则对严重疾病或急性腹痛的动物一般不使用灌肠剂。

## 结论

通过腹部平片，临床医生可以诊断肿块、异物、空腔器官气体或液体性扩张、实质器官畸形或气肿、气腹、腹腔积液，以及提示肿块或粘连的器官位移。

存在明显的胃扩张时，胃流出道梗阻很容易诊断（见图 29-4）。然而，如果患病动物近期呕吐过，胃可能空虚且缩小。胃扩张很容易被诊断出，特别是伴有扭转时（见图 32-4）。X 线片上很容易观察到不透射线的异物，而对于可透射线的异物仅在吞入的空气勾勒出其轮廓时可见。

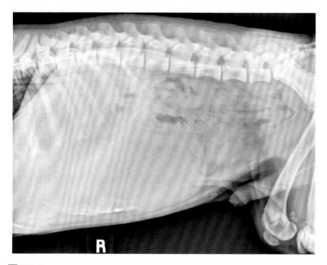

**图 29-4**
胃流出道梗阻犬的侧位 X 线平片。注意扩张的胃超出了肋弓。

通常在 X 线平片上，肠道阻塞比胃阻塞更容易诊断。因为阻塞的肠道充满了气体、液体或摄入物而明显扩张，当动物呕吐时，这些内容物不会被彻底排空（除非梗阻位于十二指肠近端）。但是，肠道扩张（如肠梗阻）也可能是由炎症（如动力性或生理性肠梗阻）或阻塞（如机械性、闭塞性或结构性肠梗阻）引起。与生理性肠梗阻相比，结构性肠梗阻引起的肠道扩张不均一，且扩张程度更大（见图 29-5）。如果在膨大的肠部看到肠道扩张的"堆积物"或是清晰的弯曲和扭转，通常提示结构性梗阻。动物站立位拍摄的侧位片很难区分生理性肠梗阻和结构性肠梗阻。即使是经验丰富的影像学专家偶尔也会把生理性肠梗阻误诊为梗阻。引起严重炎症的疾病（如细小病毒性肠炎）在临床诊断和 X 线诊断上与肠梗阻相似。

特殊类型的肠梗阻伴有独特的 X 线征象。如果整个肠道含气均匀扩张（见图 29-6），且临床症状相符，则可以诊断为肠系膜性肠扭转。如果发现肠道明显扩张，但扩张仅限于局部，并且向外突出（如疝气），就应该考虑嵌闭性肠梗阻和狭窄（见图 33-9）。

线性异物很少造成气胀性肠祥，但是容易造成肠管聚在一起，有时还会出现小的气泡（见图 33-10），造成这种现象的原因是肠管聚集在线性异物周围，并试图将其排出，而且线性异物主要影响上段小肠（如十二指肠），因此这就意味着很少能引起肠祥扩张积气。有时在 X 线平片上可以看到褶皱的肠道（如手风琴样）（见图 33-10）。

X 线平片上很难判断肠管厚度。腹泻和肠腔内大量液体的动物常被误诊为肠壁增厚。

浆膜对比度下降是由于缺乏脂肪或腹水过多造成的（见第 36 章）。器官移位（见图 29-7）常意味着出现占位性团块。如果同时可见胸腔和腹腔的横隔面或是容易看到肝脏、胃和肾脏的浆膜面就可诊断为气腹（见图 34-1，A）。然而，有时仅可在腹膜腔看到少量气泡（见图 34-1，B）。

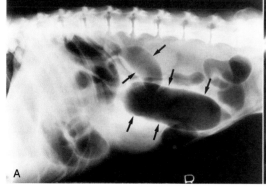
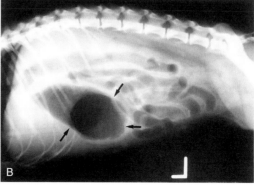

**图 29-5**
**A**，肠梗阻引起肠道扩张患犬的腹部侧位 X 线平片。注意小肠肠腔直径明显增大（箭头）。**B**，腹膜炎引起生理性肠梗阻患犬的腹部侧位 X 线平片。与 A 相比，小肠膨胀程度较小，胃幽门充满大量气体（箭头）。（图片由 Dr. Kenita Rogers 提供，Texas A&M University，College Station，TX.）

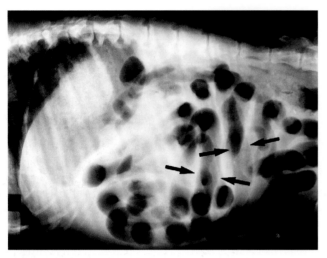

**图 29-6**

急性呕吐、腹痛和休克犬的腹部侧位 X 线片,可见均匀的肠扩张,并不像图 29-5A 中那么严重,但扩张的肠管比图 29-5B 中的多。有一些肠袢呈现出垂直的方向(箭头),这提示存在阻塞。诊断此犬患有肠系膜扭转。(图片由 **Dr. Susan Yanoff** 提供,**U. S. Military.**)

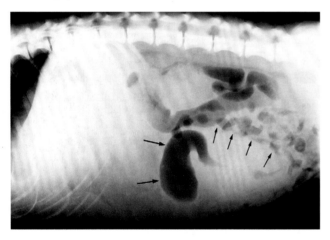

**图 29-7**

腐霉病引起大型肉芽肿的患犬腹部侧位 X 线片。小肠肠袢向背侧和尾侧移位(小箭头)。肿块取代肠袢位置,并且边缘不清晰。图中肠袢膨胀(长箭头),与阻塞表现一致。

## 胃及小肠超声检查的适应证
(INDICATIONS FOR ULTRASONOGRAPHY OF THE STOMACH AND SMALL INTESTINES)

一般超声检查可发现 X 线平片检查到的几乎所有的软组织变化,以及 X 线检查不出的浸润。超声检查尤其有助于诊断肠套叠、胰腺炎、腹部浸润性疾病,以及 X 线片上看不到的少量腹水,还可评估肝脏实质及伴有大量渗出的腹部肿瘤。对于脂肪含量少、腹部对比度差的动物,超声检查的诊断意义更大。然而,极度脱水动物的成像质量差,临床医生很容易漏诊比较小的异物(尤其是充满气体和食物的胃内小异物)。超声检查不能发现通过 X 线片能发现的微小病变及轻度肝脏缩小。工作人员的技术水平在超声检查诊断中起着重要作用。

### 技术

为提高成像质量,在超声检查前,应对腹部剃毛,被毛稀少的动物除外。胃或肠道内的气体会限制超声检查,因此在检查之前,应避免动物运动或使用药物(如麻醉剂),防止换气过度。此外,检查前也应避免给动物使用灌肠剂。

### 结论

超声检查可发现 X 线平片所能发现的几乎所有软组织变化,还能发现一些 X 线检查不到的胃肠道浸润(见图 29-8,A)、肠套叠(见图 29-8,B)、淋巴结增大(见图 29-8,C)、肿块(见图 29-8,D)、某些可透射性异物和少量游离腹水。如果发现组织浸润,临床医生可在超声引导下进行细针穿刺。

## 胃 X 线造影检查的适应证
(INDICATIONS FOR CONTRAST-ENHANCED GAS-TROGFAMS)

当超声检查和腹部 X 线平片无法对呕吐动物做出诊断时,可进行胃部 X 线造影检查。该技术主要用于检查胃流出道梗阻、胃内肿块/异物及胃蠕动性疾病。除原发性胃蠕动问题外,内窥镜常常是更好的选择。

### 技术

检查前动物应禁食 12 h(最好 24 h),并且灌肠清除肠道内粪便。在造影检查前应拍摄 X 线平片,以确保拍摄技术恰当,腹部摆位正确。不能将平片结果当作唯一的诊断依据。在造影剂的选择上,可口服液体硫酸钡(小型犬猫 8~10 mL/kg,大型犬 5~8 mL/kg),也可口服碘海醇(碘含量为 700~875 mg/kg,即 1.25~1.5 mL/kg)。造影剂应通过胃管投服以确保胃适度充盈,并有利于胃部的评估。造影时,不能使用改变运动性的药物(如吩噻嗪、氯胺酮、副交感神经阻断药),这些药物可能会延缓造影剂的排出。

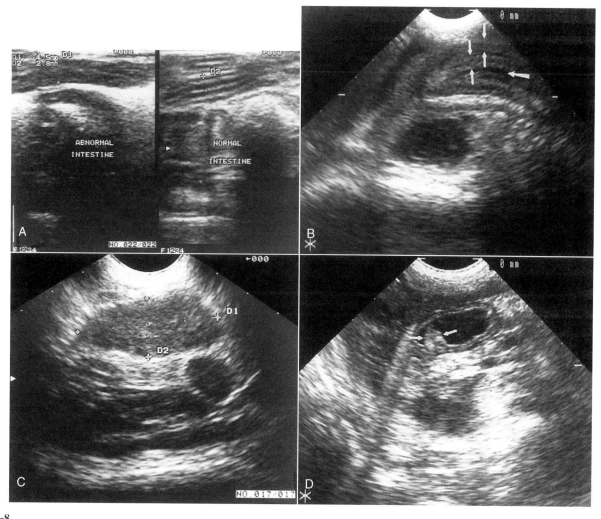

**图 29-8**

**A,**消化道淋巴瘤患猫的两部分小肠超声图像。右侧正常肠壁的厚度为 **2.8 mm**(在 D2 处标记的 2 个"十"),肿瘤浸润导致的左侧异常的肠壁厚度则为 **4.5 mm(D1)**。**B,**回肠套叠的超声图像,在 X 线平片上不明显。在肠腔(大箭头所指)两侧有 2 层肠壁(小箭头所指)。**C,**淋巴瘤导致肠系膜淋巴结增大患犬的超声图像。这个淋巴结在 X 线片上或腹部触诊时不会被发现。**D,**犬胃窦内良性息肉的超声图像,可以看到一个息肉(箭头所指)突进胃腔内。(图片由 **Dr. Linda Homco** 提供,Cornell University,Ithaca,NY.)

服完钡餐后,应立即拍摄腹部左侧位、右侧位、DV 位和 VD 位 X 线片。侧位和 DV 位 X 线片应在 15～30 min 后再次拍摄,可能在 1～3 h 后还要再加拍 1 次。右侧位可促使钡餐在幽门处聚集。左侧位可让钡餐在胃体聚集,DV 位则使钡餐沿胃大弯聚集,VD 位可以更好地看到幽门和胃内的状态。胃双重造影比单一造影能提供更多的细节。通过胃管给予钡餐,然后用同样的胃管导出大部分钡餐,再向胃内注入气体直到胃轻度扩张。

如果条件允许,灌服钡餐后最好立即进行荧光镜检查,以用来评估胃蠕动、胃流出道和幽门的最大扩张度。与灌服液体钡餐相比,饲喂钡餐与食物的混合物时(只有在怀疑动物患有胃流出道阻塞而液体钡餐造影检查正常的时候建议这样做),胃排空时间明显延长。

## 结论

如果液体钡餐在灌服后 15～30 min 不能进入十二指肠,或胃不能在 3 h 内将液体钡餐排空,则考虑存在胃排空延迟(见图 32-2)。在诊断胃腔充盈缺损(如新生物和透射线的异物)、溃疡、阻滞胃排空的幽门病变和浸润性损伤时(见图 32-2,C),可以参考此时间段。然而,正常蠕动、摄入食物或气泡可能导致检查结果与异常相似,因此在确诊疾病之前至少要判读 2 张不同的 X 线片。

在探查胃溃疡方面,胃造影 X 线检查不如内窥镜检查敏感,并且也检查不到糜烂。如果钡餐进入胃壁或十二指肠壁,或在胃肠排空造影剂后仍有残余钡餐长时间停留在胃部,那么 X 线就可用于诊断是否患有溃疡(见图 32-6)。临床医生应仔细检查十二指肠是否存在狭窄或浸润性病变,因为很多呕吐的动物肠道病变的概率(如炎性肠病、肿瘤)高于胃部(见第33章)。

## 小肠X线造影检查的适应证
(INDICATIONS FOR CONTRAST-ENHANCED STUD-IES OF THE SMALL INTESTINE)

呕吐是对小肠前段造影检查最重要的原因。造影检查对鉴别结构性肠梗阻和生理性肠梗阻有很大帮助。如果经口投服造影剂,那么近口侧梗阻比远口侧梗阻更易观察到。如果怀疑远口侧梗阻(如回肠套叠),那么钡餐灌肠(或超声检查)比上消化道造影效果更好。虽然线性异物在X线平片上不明显,但在X线造影检查时经常可看到由线性异物引起的典型肠道"皱褶"和"聚集"(见图33-10,C)。

肠道造影检查对腹泻的动物很少具有诊断价值,这是因为X线检查结果正常也不能排除严重的肠道疾病。即使X线检查结果表明动物患有浸润性疾病,仍有必要进行活组织检查以确定病因。有时一系列的造影检查有助于临床医生决定是否实施内窥镜或腹部手术。但是如果省略了X线造影检查,内窥镜检查或手术通常花费更多。

如果怀疑消化道穿孔,可使用碘制剂(最好是碘海醇)。但若强烈怀疑是自发性败血性腹膜炎,通过超声介导腹腔穿刺及液体分析即可确诊。如果无法进行超声检查,也不能进行盲穿,这种病例最好实施详细的开腹探查,效果远优于X线造影检查。

### 技术

按照胃X线造影检查所描述的方法灌服液体硫酸钡,并立即拍摄侧位和VD位X线片,并在30、60、120 min后连续拍摄。如果有必要,可以追加拍片。一旦造影剂到达结肠,检查就可结束。如果必须使用化学保定,可使用乙酰胆碱。很少需要使用荧光镜进行小肠检查。

对小肠检查而言,高渗性碘化物造影剂的造影效果不如钡餐。这是因为它们在肠内的运行时间较短,且能引起大量体液因渗透压差进入胃肠道内。虽然在诊断穿孔时相对安全,但它们的优势很难胜过劣势。碘海醇与高渗性碘化造影剂相比更安全,且能提供更好的细节。

### 结论

肠道完全阻塞时,钡餐不能通过某一位点,且近端

肠管明显扩张。肠道部分阻塞或肠腔狭窄时,钡餐通过某一位点延迟(该位点之前可能有或没有肠腔扩张)。小肠X线片很容易被过度判读,因此在确诊疾病前,至少要比较不同时间拍摄的2张不同的X线片所反映出的变化。

如果在腔内发现细致的"刷状缘",常会误诊为肠炎。然而这个结果实际是正常情况下钡餐分布于小肠绒毛间造成的。锯齿状边缘(有时也称为拇指纹印)提示浸润(图29-9),可见于肿瘤(如淋巴瘤)、炎性肠病、真菌感染(如组织胞浆菌病)或细小病毒性肠炎。但是,就算没有观察到锯齿状边缘,也不能排除动物患有浸润性疾病的可能。不过由于梗阻导致的局部扩张(如憩室)很少见,且常表明有局部肿瘤浸润。少数病例可确诊为小肠盲肠袢综合征或短肠综合征。蠕动性疾病可能会引起造影剂通过消化道时速度减慢,但是这种疾病大多继发于其他疾病。

**图 29-9**
**1** 只十二指肠淋巴瘤患犬的腹部侧位造影 X 线片。注意小肠边缘的刷状缘。

## 钡餐灌肠造影的适应证
(INDICATIONS FOR BARIUM CONTRAST ENEMAS)

如果可以使用软式结肠镜和超声检查,则很少使用钡餐灌肠。如果仅有硬式结肠镜,则常用钡餐灌肠法来检查硬式结肠镜不能到达的升结肠和横结肠。如果没有结肠镜,钡餐灌肠法有助于寻找浸润性病灶(如直肠-结肠肿瘤引起的便血)、部分或完全阻塞、回肠结肠型或盲肠结肠型的肠套叠。钡餐灌肠法也可用来评估结肠口几乎完全阻塞的直肠,在可触及的直肠附近,确定是否还有更多浸润性病灶或阻塞。

## 技术

患病动物至少要禁食 24 h,结肠必须用灌肠剂或消化道灌洗液进行排空及清理。应将患病动物麻醉,将一个球囊导管置入结肠,对该球充气,使钡餐不能从直肠漏出。将温度接近正常体温的液体钡餐按 7~10 mL/kg 的剂量灌入结肠,直到其均匀分布,拍摄侧位和 VD 位 X 线片。随后,可将结肠内的钡餐排空,灌入空气,从而实现双重钡餐灌肠造影,可提供更多细节。如果钡餐灌入太多,回肠可能充满造影剂,使结肠细节模糊,降低检查价值。

## 结论

用钡餐灌肠检查黏膜疾病(如溃疡、炎症),其结果不可靠。如果前期准备适当,钡餐灌肠检查能显示肠腔内的充盈缺损,可反映回肠结肠型套叠或盲肠结肠型套叠(见图 33-11)、结肠肿瘤性增生(如息肉、腺癌)、腔外压迫(可看到结肠肠腔内钡造影剂的平滑表面的移位)及浸润性疾病(如粗糙的部分阻塞或"苹果核"状病灶;图 29-10)。但是,临床医生必须至少检查不同时间拍摄的 2 张不同的 X 线片所反映出的变化,确保不是伪影。

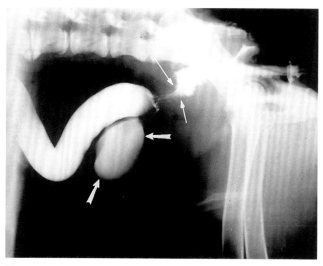

**图 29-10**
用钡剂灌肠犬的腹部侧位 X 线片。与结肠其余肠管相比,狭窄部边缘粗糙(细箭头所示)。该犬患有浸润性腺癌,并引起肠梗阻。先前的造影导致膀胱也可见(粗箭头)。

## 腹水分析
## (PERITONEAL FLUID ANALYSIS)

腹水分析将在第 36 章中详细谈论。使用注射器和针头进行腹腔穿刺获得腹水样本。如果这样收集不到液体,可用多孔导管收集(如透析导管、无菌的乳头套管,或者用手术刀剪出多孔的 18 号导管)。有时最好让液体从导管中自动流出,而无须负压。

如果怀疑腹膜炎,但抽不到腹腔液体,可采用诊断性腹膜灌洗法。将一个无菌的导管(最好是多孔的)插入腹腔,快速注入温热的无菌生理盐水(20 mL/kg),剧烈按摩腹部 1~2 min,然后吸出一些液体,之后采用细胞学方法判读。

## 消化与吸收检测
## (DIGESTION AND ABSORPTION TESTS)

胰腺外分泌功能的检查包括粪便中的蛋白分解活性(不推荐)、涉及或不涉及胰酶的脂肪吸收功能检测(不推荐),或血清 TLI 检测(推荐)。

脂肪吸收试验很简单,但其敏感性和精确度可疑,现在不再推荐这个检测项目。读者可以参考本书之前的版本了解检测流程及结果判读。

血清 TLI 检测是诊断 EPI 最敏感、最特异性的检测方法,并且非常方便实用,只需过夜禁食的动物提供 1 mL 的冷藏血清即可检测。TLI 是检测外分泌功能正常的胰腺所产生的循环蛋白,即使动物在口服胰酶补充剂,该方法也有效。胰腺炎、肾衰竭和严重营养不良可能使血清 TLI 浓度升高,但是很少造成结果误判。然而,与腺泡细胞萎缩或损坏(常见)相对应,如果是胰管阻塞(很少见)导致的 EPI,血清 TLI 检测可能不能发现消化障碍。在这种情况下,需要定量评估粪便中的蛋白分解活性。

正常犬的血清 TLI 范围为 5.2~35 μg/L,小于 2.5 μg/L 即可确诊为 EPI。正常猫血清 TLI 较高(28~115 μg/L)。血清 TLI 检测主要适用于慢性小肠性腹泻或未知原因的慢性体重下降的犬。猫的 EPI 很少见,因此该检测很少应用于猫。虽然血清 TLI 主要用于检测 EPI,但当其值显著大于正常值时,可提示动物患有胰腺炎。

## 血清维生素浓度
## (SERUM CONCENTRATIONS OF VITAMINS)

有时,慢性小肠性腹泻或慢性体重下降的动物可测定血清钴胺素和叶酸。这些检测可能为严重的小肠黏膜疾病提供依据。日粮中钴胺素主要经肠道吸收,主要是回肠。当动物患有 ARE 时,细菌有时会与钴胺素结合并阻止其吸收,从而降低钴胺素在血清中的浓度。EPI 患犬一般血清钴胺素浓度比较低,可能是由于这些动物的 ARE 发病率高造成的。严重黏膜病变(特别是回肠部位)也可引起血清钴胺素浓度降低,这可能是由维生素吸收障碍引起的。血清钴胺素检测最重要的适应证是查找未知原因导致病患体重下降的证据,或更好地诊断猫的已知小肠疾病(钴胺素缺乏的猫会有代谢性并发症)。对于未知原因的体重下降的动物,如果其钴胺素降低,病因可能是小肠疾病。补充复合维生素 B 可增加血清钴胺素的含量。

日粮中的叶酸在小肠中吸收。如果小肠前段有大量细菌,这些细菌有时可合成并释放叶酸,引起血清叶酸含量增高。同样,严重的黏膜疾病致使肠道吸收能力下降,造成血清叶酸含量降低,补充复合维生素 B 可增加血清叶酸含量。

光照可降解钴胺素,因此在药物的贮藏和运输过程中,应冷藏保存于黑暗环境中。血清钴胺素浓度降低和叶酸浓度升高在 ARE 诊断中的敏感性及特异性差。

## 消化道疾病的其他特殊检查
## (OTHER SPECIAL TESTS FOR ALIMENTARY TRACT DISEASE)

如果要排查吞咽困难或神经肌肉源性食道无力的原因,应测定乙酰胆碱受体抗体水平。获取血清后送往可有效评估这类样本的实验室。即使犬猫没有全身症状,该抗体滴度升高强烈提示重症肌无力。假阳性结果很少见。该检测可由 Diane Shelton 教授完成(Comparative Neuromuscular Laboratory,Basic Science Building,University of California at San Diego,La Jolla,CA 92093-0612)。

对怀疑患有咀嚼肌肌炎的犬,可测定 2M 肌纤维的抗体滴度。在多肌炎患犬体内没有发现这类抗体,但在多数咀嚼肌肌炎的患犬体内可检测到该抗体。该检测需要血清,也可送到 Diane Shelton 教授那里检测。

当动物的临床症状提示胃泌素瘤时(如慢性呕吐、体重下降和老年犬腹泻,尤其同时存在食道炎或十二指肠溃疡),应测定血清胃泌素的浓度。胃泌素可刺激胃液分泌,且为胃黏膜提供营养。测定胃泌素的动物要禁食过夜,血液样本为快速冷冻的血清。胃泌素瘤、胃流出道梗阻、肾衰竭、短肠综合征、萎缩性胃炎及抗酸治疗(如 $H_2$ 受体拮抗剂和质子泵抑制剂)的动物,其血清胃泌素浓度会升高。胃泌素瘤的动物处于肿瘤静止期时,血清胃泌素可能变化很大,有时可能会在正常参考范围内。对强烈怀疑胃泌素瘤,但具基础血清胃泌素正常的动物,建议进行激发试验(见第 52 章)。

可通过检测胃黏膜中脲酶活性来查找幽门螺杆菌。幽门螺旋杆菌的脲酶活性很强,为了检测其活性,可将 1~2 片(最好是 2 片)新鲜的胃黏膜放入脲酶琼脂中,观察 24 h。如果存在产脲酶的细菌,所产生的酶会分解琼脂中的尿素为氨,造成琼脂中的 pH 指示剂从琥珀色变成粉红色(有时可在 15 min 内出现)。脲酶琼脂管可以从微生物供应商获取。现在也有专门检测幽门螺旋杆菌的试剂盒。对犬猫来说,与对多个胃活检样本特殊染色(如 Warthin-Starry 染色)相比,目前没有很好的证据表明这种检测方式效果更好。

粪便中的 $\alpha_1$-蛋白酶抑制剂是胃肠道蛋白丢失的标记物。临床上,这个检测很少有指示意义,但对已存在肾性蛋白丢失或肝性蛋白供应不足的病患,可区分低白蛋白血症是否部分由蛋白丢失性肠病引起的。

该方法也可以用于检测腐霉菌病,在路易斯安娜州立大学(Louisiana State University)可以做 ELISA 抗体检测及 PCR 抗原检测(Dr. Amy Grooters,College of Veterinary Medicine,Louisiana State University,Baton Rouge,LA 70803)。

## 内窥镜
## (ENDOSCOPY)

如果 X 线检查和超声检查不能对慢性呕吐、腹泻或体重下降的病犬做出诊断,内窥镜检查常常是有效的手段。内窥镜检查无须开胸术或开腹术就可对特定部位的消化道进行探查,并进行黏膜活组织检查。虽然内窥镜检查可以很好地检查形态学变化(如肿块、溃疡、梗阻),但是对器官功能异常不敏感(如食道无力)。

结肠硬式内窥镜比软式窥镜便宜、容易操作,并可提供良好的活检样本。软式窥镜可用来检查不能通过硬式内窥镜检查的组织。但是软式内窥镜成本高,并且需要花很长时间才能熟练应用。此外,临床操作者会被仪器的发展程度限制;再者,除非操作者技术很精湛,否则通过软式内窥镜得到的组织样本常有人为误差,或者可能太小而不足以获得诊断。

食道内窥镜很容易诊断出食道肿瘤(图 29-11)、异物(图 29-12)、炎症(图 29-13 和图 29-14)及由瘢痕造成的阻塞(图 29-15)。异物和瘢痕应优先用内窥镜治疗。食道内窥镜检查能发现食道造影检查未发现的部分阻塞。内窥镜进入胃后,将尖端折转,检查食道下括约肌区域,即可检查有无平滑肌瘤(图 29-16)。由于食道内腔被鳞状上皮细胞覆盖,这些鳞状上皮细胞不能用软式内窥镜的钳子拨开。因此,除非猫远端食道已经被活检过,或动物患有肿瘤、严重炎症疾病,否则很难采集到食道黏膜活检样本。

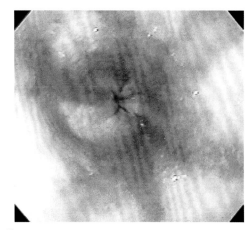

**图 29-13**
呕吐继发严重反流性食道炎患犬的食道下括约肌内窥镜影像。注意图中的充血区域。

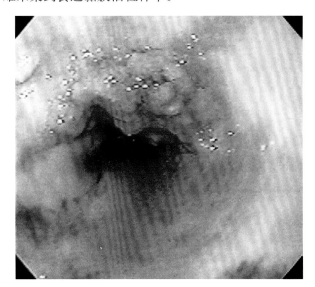

**图 29-11**
1 只患息肉样肿块松狮犬食道的内窥镜影像,指示其为腺癌。

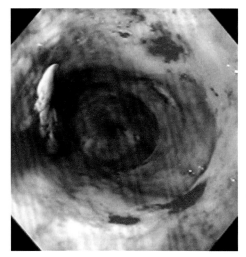

**图 29-14**
由骨性异物继发食道远端食道炎犬的内窥镜影像。可在 9 点钟位置看到白斑,这是异物造成的压迫性坏死。

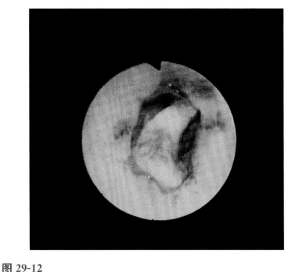

**图 29-12**
食道内有一块鸡颈骨的犬内窥镜影像。这块骨头最终通过使用硬式内窥镜和鳄牙钳移走。

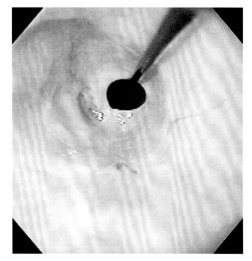

**图 29-15**
与图 29-13 是同一只犬,同样部位 10 d 后的内窥镜影像。内腔明显缩小,这是由瘢痕形成造成的,一根引导线已经穿过瘢痕,正在准备对气囊进行扩张。

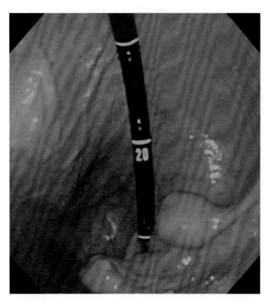

**图 29-16**
平滑肌瘤(肿物的表面像正常外观的黏膜层)患犬的食道下括约肌内窥镜影像。肿瘤引起呕吐和反流。

虽然食道内窥镜有时可以检查出食道无力(图 29-17),但对这种疾病及其他一些疾病(如憩室)的检查是不敏感的。并非所有的异物都能用内窥镜安全移出。当临床医生试着去除异物时,应防止造成病变的食道破裂。最后,必须小心操作,以避免食道狭窄的动物发生胃扩张,或食道穿孔的动物伴发张力性气胸。

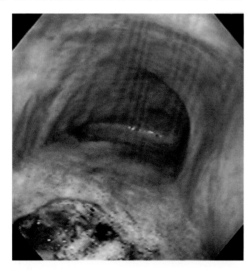

**图 29-17**
巨食道症患犬的内窥镜影像。图中可见管腔扩张,并且有大量食物样物质聚集。

尽管软式内窥镜更易于操作,但硬式内窥镜在移出异物时更有效,因为硬式内窥镜在移出异物时,能够避免划破食道,且硬式钳夹能更紧地抓住异物。但使用硬式内窥镜移出异物时,必须注意保证食道尽可能地伸直。如果使用软式内窥镜,则可穿过环咽括约肌

放置一个硬式套管,然后让软式内窥镜从中间穿过,这样有助于异物通过环咽括约肌。

胃肠内窥镜检查和活组织检查适用于呕吐、胃十二指肠明显出血、胃十二指肠明显反流或者小肠疾病的动物。在检查黏膜溃疡(图 29-18)、腐烂(图 29-19)、肿瘤(图 29-20)及炎性病变(图 29-21 至图 29-23)时,敏感性及特异性比 X 线检查高。内窥镜检查比腹腔手术更快捷,且对动物损伤更小。许多胃肠道近端异物(图 29-24)能够经内窥镜移出,并且可以获得大量活组织样本。有时,可能会获取到意想不到的诊断结果(如泡翼线虫感染,图 29-25)。体重小于 4～5 kg 的犬猫,需要用外径为 9 mm 或更小的内窥镜来检查。为获得更大的样本,尽可能使用 2.8 mm 的活检通道,并且使用更好的异物取回装置。

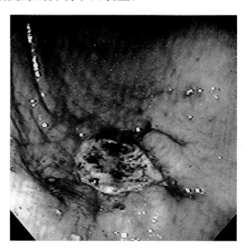

**图 29-18**
胃大弯处胃溃疡松狮犬的内窥镜影像。图中可见黏膜已经明显腐烂,直至黏膜下层。

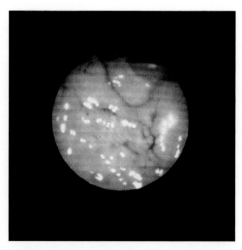

**图 29-19**
胃黏膜出血患犬的胃黏膜内窥镜影像。这只犬曾服用过非类固醇类药物,无法通过 X 线或超声诊断出血表现的黏膜侵袭。(引自:Fossum T,editor:Small animal surgery,St Louis,1997,Mosby.)

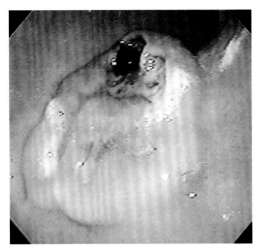

图 29-20
患犬胃大弯处可见明显肿块，胃内窥镜影像。此肿块是溃疡性平滑肌瘤，可被成功切除。

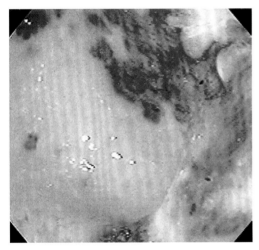

图 29-21
不明原因的弥漫性炎症、溃疡和糜烂患猫的胃内窥镜影像。

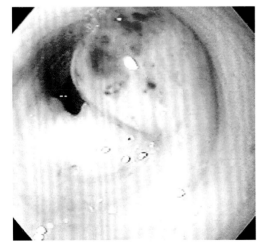

图 29-22
幽门附近存在局灶性胃炎患犬的内窥镜影像。图中可见损伤面上有红点，这是引起间歇性呕血的主要原因。

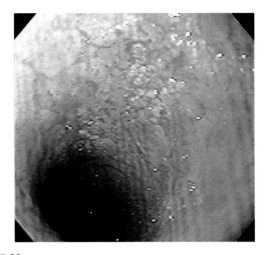

图 29-23
犬十二指肠明显炎性肠病，内窥镜影像。图中可见伪膜样外观，提示患有严重疾病。

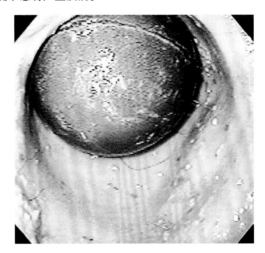

图 29-24
犬胃窦内有一个存在数月的球形异物，内窥镜影像。此异物未在超声检查或 X 线平片上检测到。

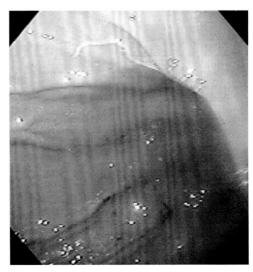

图 29-25
胃大弯附着泡翼线虫患犬的内窥镜影像。

胃肠道内窥镜检查需空腹进行,通常至少禁食 24 h。大多数动物在检查时,胃可能没有像正常时那样快速排空。在操作过程中,必须充入空气,以使胃适当扩张,从而对黏膜进行详细评估。移走分泌物或空气时,必须利用抽吸装置。为避免病灶遗漏,内窥镜医师必须有步骤地检查黏膜,特别是很容易遗漏的幽门内部病灶(如溃疡或者糜烂)。视诊正常也不能完全排除严重的黏膜病变,所以应采集胃和十二指肠黏膜的活检样本。与食道镜检查一样,胃镜检查在判定胃功能问题(如胃蠕动减弱)上也不敏感。

直肠镜检查或结肠镜检查适用于对饮食疗法、抗生素疗法或驱虫疗法无效的慢性大肠性疾病的犬猫,也同样适用于体重下降或低白蛋白血症的犬猫。结肠镜检查更为敏感,也更明确,但价格比 X 线平片和造影检查高。直肠镜检查适用于有明显直肠异常的动物(如直肠指检感觉狭窄)。硬式活检钳可获取极好的组织样本,包括黏膜下组织,可为大多数病变的诊断提供机会。软式内窥镜使用的活检器械不能获得深层的活组织标本,但足以获取黏膜损伤处样本。

直肠镜检查和结肠镜检查较容易实施,对动物的保定要求较少,与其他内窥镜检查相比,不需要太昂贵的软式仪器。结肠必须清洗干净以便正确探查黏膜。检查前犬猫应至少禁食 36~48 h,在检查前夜可给犬猫喂服缓泻剂(如比沙可啶),并在前一大晚上和早上检查前用大量温水灌肠。直肠镜检查的清洁度比结肠镜检查要求低。商用灌洗液(如 GoLytely,CoLyte)清理结肠的效果优于灌肠剂,特别适用于将要进行回肠镜检查(要求十分干净的回肠结肠)的大型犬,以及因疼痛抗拒灌肠的动物。灌肠剂应在检查前夜给予两次,检查当天早晨可再给予 1 次。灌肠剂很少会引起胃扩张或扭转。

镇静加上人工保定往往可以代替麻醉,然而许多经历结肠镜检查的动物都会出现结肠或直肠刺激,通常首选麻醉。另外,也应准备抽吸装置。

正常结肠黏膜平滑、光亮且可见黏膜下血管(图 29-26)。灌肠剂导管可能会引起线性伪影。结肠扩张直径应均一,但也可能弯曲。如果使用软式内窥镜,临床医师应当识别并且检查回肠结肠瓣和盲肠(图 29-27 和图 29-28)。一定要对黏膜进行活组织检查,外观正常并不能完全排除疾病。若狭窄部位的黏膜相对正常,则一般由黏膜下层病变引起。这种情况下,活组织取样必须足够深,以确保样本中含有黏膜下组织。细胞学可以检查组织胞浆菌病、原藻菌病、某些肿瘤及嗜酸性结肠炎。

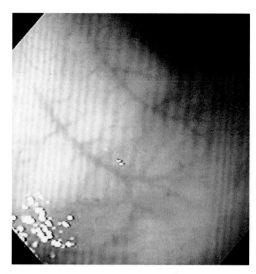

**图 29-26**
犬正常结肠的内窥镜影像。图中可见典型的黏膜下血管。如果看不到这些血管可能提示有炎性浸润。

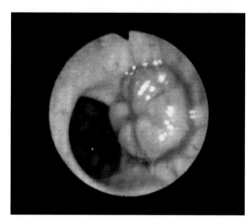

**图 29-27**
犬的正常回肠结肠瓣区域,回肠结肠瓣呈蘑菇状,下瓣的开口是盲肠结肠瓣。

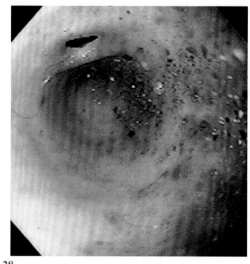

**图 29-28**
正常猫回肠结肠瓣内窥镜影像。盲袋为盲肠,而位于其上方的小开口为回肠结肠瓣。

成年人或幼儿的乙状结肠镜也可当作硬式结肠镜使用。硬式活检钳的顶端应有剪切功能（当闭合时，两端吻合，就像一副剪刀），而不是挖取（也叫双匙）功能，头和底部的边缘能轻易合拢。

回肠镜检查主要适用于腹泻犬，呕吐或腹泻的猫。通常使用软式结肠镜检查时，应仔细清洗结肠，以便清楚看见回肠结肠瓣。虽然很难或不可能进入大多数猫的回肠（由于大小因素），但活检钳可通过回肠结肠瓣，并盲采回肠黏膜活组织样本（图 29-29）。对于患有淋巴瘤的猫，十二指肠活组织检查未能诊断病因时，回肠镜检查特别有意义。

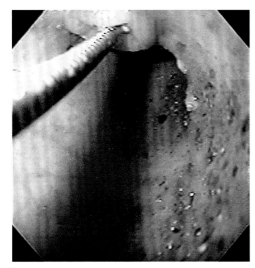

**图 29-29**
与图 29-28 一样的位置。因内窥镜不能穿过狭窄的瓣口，图中显示活检器械盲穿进入回肠。

## 活组织检查技术和样本送检
### (BIOPSY TECHNIQUES AND SUBMISSION)

### 细针抽吸活组织检查
#### (FINE-NEEDLE ASPIRATION BIOPSY)

对增大的淋巴结、腹部肿块或腹部器官的浸润性病变，细针抽吸或组织芯活检可在腹部触诊或超声引导下进行。经常使用 23～25 号针头，这样即使不经意穿透肠道或血管也不会有不良后果（见第 72 章）。

### 内窥镜活组织检查
#### (ENDOSCOPIC BIOPSY)

硬式内窥镜检查通常能提供良好的降结肠活组织

样本（大块样本里包含黏膜全层，也包括一些黏膜肌层），但是胃和小肠不能使用硬式内窥镜进行活组织检查。软式内窥镜可到达消化道的大部分区域，但是所获得的这些组织样本由于不够深，不能为黏膜疾病的诊断提供充足的证据。理想的活组织检查应该是可视化的，但是，如果内窥镜不能到达这些部位，可将活检钳通过幽门或回肠结肠瓣向前盲插，对十二指肠或回肠进行活检。

并非所有的实验人员都善于处理和判读这些样本。比起 2.0 mm 或 2.2 mm 内窥镜活检通道，临床医生往往更喜欢使用 2.8 mm 活检通道获得样本，因为这样可以获取更大及更深处的组织样本。

对肠道或胃黏膜进行活检时，组织样本必须谨慎处理，尽量减少伪像的产生和样本扭曲变形。被检组织应小心用 25 号针头从活检钳上取下。组织样本压片可进行细胞学分析，其他的样本则固定在福尔马林中进行组织学检查。细胞学检查应该由熟悉胃肠道细胞学的病理专家操作。胃黏膜细胞涂片可能会发现腺癌、淋巴瘤、炎性细胞或大量螺旋体（见图 32-1）。而肠黏膜细胞涂片可能显示嗜酸性肠炎、淋巴瘤、组织胞浆菌病、原藻菌病，偶尔会有贾第虫病、细菌或异毕吸虫虫卵。即使缺乏细胞学征象，也不能排除这些疾病，而一旦有细胞学征象，就可以确诊。

应该咨询实验室获取内窥镜活组织样本的正确送检方式。作者的实验室内，组织样本放在塑料盒海绵上，壁层贴近海绵表面，脏层远离海绵表面，然后把海绵放置在 10% 的中性福尔马林溶液中。应注意必须将不同部位采集的组织放置于不同的福尔马林溶液小瓶中，且每个小瓶应该做好标记。在将组织样本放入福尔马林溶液之前，应避免样本干燥和受损。

内窥镜获得的组织样本有 2 个常见问题，样本太小或存在过多伪像。如位于黏膜深层（或黏膜下层）的淋巴瘤，表层的活组织样本只能反映肿瘤之上的组织变化，从而导致误诊为炎性肠病。至少应采集 6～8 个大小和深度理想的样本（如黏膜全层）。最重要的是，要联系病理学家，判定所采集的样本质量是否合适、组织损伤的严重程度是否与临床症状一致。

### 全层活组织检查
#### (FULL-THICKNESS BIOPSY)

如果无法使用内窥镜对胃肠道进行检查，需要通过腹部手术活检。手术获得的全层活检组织样本相对内窥镜来说伪像较少。临床医生必须考虑腹部手术对体弱或患病动物带来的利弊。医生可通过内窥镜直接活检浆膜面无法发现的病变。如果进行手术,为追求利益最大化,应对动物的整个腹部进行检查(如从胃的起始部一直到结肠最末端,并且包括所有的实质器官)。对所有具有明显病变的组织采集活检样本。除非发现明显的病变(如大肿物),否则应该采集胃、十二指肠、空肠、回肠、肠系膜淋巴结和肝脏(猫的胰腺)活检样本,不管这些器官看起来多么正常。结肠很容易裂开,除非有必要,否则应避免活检取样。最明智的做法是不要将令人印象深刻的病变归结为造成临床症状的原因,即使诊断看似明了,也要进行活组织检查。当血清白蛋白低于 1.5 g/dL 时,有创口开裂的风险,使用非可吸收性缝线,并将浆膜覆盖在缝线上,以将这种风险降到最低。关闭腹腔前,临床医师应考虑是否对虚弱的动物进行食道造口术、胃造口术、肠道造口术或放置饲管。

### ◈ 推荐阅读

Allenspach K: Diseases of the large intestine. In Ettinger SJ et al, editors: *Textbook of veterinary internal medicine*, ed 7, St Louis, 2010, WB Saunders.

Bonadio CM et al: Effects of body positioning on swallowing on esophageal transit in healthy dogs, *J Vet Intern Med* 23:801, 2009.

Bonfanti U et al: Diagnostic value of cytologic examination of gastrointestinal tract tumors in dogs and cats: 83 cases (2001-2004), *J Am Vet Med Assoc* 229:1130, 2006.

Cave NJ et al: Evaluation of a routine diagnostic fecal panel for dogs with diarrhea, *J Am Vet Med Assoc* 221:52, 2002.

Chouicha N et al: Evaluation of five enzyme immunoassays compared with the cytotoxicity assay for diagnosis of *Clostridium difficile*-associated diarrhea in dogs, *J Vet Diagn Invest* 18:182, 2006.

Dryden M et al: Accurate diagnosis of *Giardia* spp. and proper fecal examination procedures, *Vet Therap* 7:4, 2006.

Gaschen L et al: Comparison of ultrasonographic findings with clinical activity index (CIBDAI) and diagnosis in dogs with chronic enteropathies, *Vet Radiol Ultrasong* 49:56, 2009.

Grooters AM et al: Development of a nested polymerase chain reaction assay for the detection and identification of *Pythium insidiosum*, *J Vet Intern Med* 16:147, 2002.

Gualtieri M: Esophagoscopy, *Vet Clin N Am* 31:605, 2001.

Tams TR et al: Endoscopic examination of the small intestine. In Tams TR et al, editor: *Small animal endoscopy*, St Louis, 2011, Elsevier/Mosby.

Hall EJ et al: Diseases of the small intestine. In Ettinger SJ et al, editors: *Textbook of veterinary internal medicine*, ed 7, St Louis, 2010, WB Saunders Elsevier.

Jergens A et al: Endoscopic biopsy specimen collection and histopathologic considerations. In Tams TR et al, editors: *Small animal endoscopy*, ed 3, St Louis, 2011, Elsevier.

Larsen M et al: Diagnostic utility of abdominal ultrasonography in dogs with chronic vomiting, *J Vet Intern Med* 24:803, 2010.

Leib MS: Diagnostic utility of abdominal ultrasonography in dogs with chronic vomiting, *J Vet Intern Med* 24:803, 2010.

Leib MS: Colonoscopy. In Tams TR et al, editor: *Small animal endoscopy*, St Louis, 2011, Elsevier/Mosby.

Marks SL et al: Comparison of direct immunofluorescence, modified acid-fast staining, and enzyme immunoassay techniques for detection of *Cryptosporidium* spp. in naturally exposed kittens, *J Am Vet Med Assoc* 225:1549, 2004.

Marks SL et al: Diarrhea in kittens. In August JR, editor: *Consultations in feline internal medicine*, ed 5, St Louis, 2006, Elsevier/Saunders.

Mansell J et al: Biopsy of the gastrointestinal tract, *Vet Clin N Am* 33:1099, 2003.

Mekaru S et al: Comparison of direct immunofluorescence, immunoassays, and fecal flotation for detection of *Cryptosporidium* spp and *Giardia* spp in naturally exposed cats in 4 northern California animal shelters, *J Vet Intern Med* 21:959, 2007.

Patsikas MN et al: Ultrasonographic signs of intestinal intussusception associated with acute enteritis or gastroenteritis in 19 young dogs, *J Am Anim Hosp Assoc* 39:57, 2003.

Patsikas MN et al: Normal and abnormal ultrasonographic findings that mimic small intestinal intussusception in the dog, *J Am Anim Hosp Assoc* 40:14, 2004.

Rishniw M et al: Comparison of 4 *Giardia* diagnostic tests in diagnosis of naturally acquired canine chronic subclinical giardiasis, *J Vet Intern Med* 24:293, 2010.

Rudorf H et al: Ultrasonographic evaluation of the thickness of the small intestinal wall in dogs with inflammatory bowel disease, *J Small Anim Pract* 46:322, 2005.

Schmitz S et al: Comparison of three rapid commercial canine parvovirus antigen tests with electron microscopy and polymerase chain reaction, *J Vet Diagn Invest* 21:344, 2009.

Willard MD et al: Bacterial causes of enteritis and colitis. In August JR, editor: *Consultations in feline internal medicine*, ed 5, St Louis, 2006, Elsevier/Saunders.

Willard MD et al: Effect of sample quality on the sensitivity of endoscopic biopsy for detecting gastric and duodenal lesions in dogs and cats, *J Vet Intern Med* 22:1084, 2008.

Willard MD et al: Gastrointestinal, pancreatic, and hepatic disorders. In Willard MD et al, editors: *Small animal clinical diagnosis by laboratory methods*, ed 5, St Louis, 2011, WB Saunders Elsevier.

Steiner JM: Canine pancreatic disease. In Ettinger SJ et al, editors: *Textbook of veterinary internal medicine*, ed 7, Philadelphia, 2010, WB Saunders Elsevier.

Zajac AM et al: Evaluation of the importance of centrifugation as a component of zinc sulfate flotation examinations, *J Am Anim Hosp Assoc* 38:22, 2002.

Zwingenberger A et al: Ultrasonographic evaluation of the muscularis propria in cats with diffuse small intestinal lymphoma or inflammatory bowel disease, *J Vet Intern Med* 24:289, 2010.

# 第 30 章
## CHAPTER 30

# 一般治疗原则
## General Therapeutic Principles

## 液体疗法
### (FLUID THERAPY)

液体疗法主要用于治疗休克、脱水、电解质和酸碱平衡紊乱。临床指标并不能准确预测电解质和酸碱的变化,因此必须检测血清电解质。呕吐出胃内容物,并不总能引起所谓的典型低钾血症、低氯血症及代谢性碱中毒。肠道内容物流失,会引起典型的低钾血症,伴有或不伴有酸中毒,但也可能会发生低血钾性代谢性碱中毒。通常认为呕吐的动物存在低钾血症,但是肾上腺皮质功能减退或者无尿性肾衰的动物可能出现高钾血症。如果不能检测血清电解质,或者必须要先开始液体治疗,合理的方案是每升生理盐水加上 20 mEq 氯化钾(表 30-1),为满足机体需要应补液 1~2 次。心电图(electrocardiographic,ECG)的 Ⅱ 导联监测可避免中度至严重高钾血症的发生(见第 55 章)。

 **表 30-1　静脉补钾的常规指导**

| 血钾浓度<br>(mEq/L) | 以维持速率补液时加入的氯化钾量*<br>(mEq/L) |
|---|---|
| 3.7~5.0 | 10~20 |
| 3.0~3.7 | 20~30 |
| 2.5~3.0 | 30~40 |
| 2.0~2.5 | 40~60 |
| ≤2.0 | 60~70 |

*钾制剂不应超过 0.5 mEq/(kg·h),除非动物出现低钾血症急症,并且持续密切监测心电图(ECG)。无论何时,只要输注 30~40 mEq/L 以上的钾,就应该确保常规监测血钾浓度。

再次扩张血管和改善外周灌注有助于缓解乳酸酸中毒,因而很少需要补充碳酸氢盐。碳酸氢盐主要用于存在生命危险的严重酸中毒动物(即 pH<7.05 或 HCO$_3^-$<10 mEq/L)。如果疑似发生碱中毒(例如源于胃的呕吐),不应该使用碳酸氢盐、乳酸林格氏液及 Normosol-R。

如果动物出现严重低血容量,或者无法吸收肠液(如严重的肠道疾病、阻塞、呕吐或肠梗阻),可采取肠外液体疗法。如果动物没有休克,能吸收液体,可耐受多次皮下给药,则可使用皮下输液。根据动物体型大小,每个部位皮下补液量可达 10~50 mL。在皮下补充更多液体前,应检查注射点能否吸收液体。严重脱水的动物皮下补液时,吸收速度并没有预期的快,而原始的静脉输液(IV)常常更有效。严重脱水或休克的动物,需要静脉输液(IV),甚至必要时可切开静脉。如果需要静脉输液,但无法埋置输液针,则可采用髓内补液。将一个大号皮下注射针或骨髓穿刺针(更适合)插入股骨(转子窝)、胫骨、髂骨或肱骨翼,液体则经髓内以维持速率或更快速度输注。相对于静脉输液或者髓内补液,腹膜内补液血容量补充速度太慢,不推荐使用。

休克的犬(如伴有心动过速、外周灌注不良、末梢冰凉、毛细血管再充盈时间延长、股动脉脉搏微弱和/或呼吸困难)可在第 1 个小时内静脉输注 88 mL/kg 或更多的等渗晶体溶液。有时输液速率必须超过"最大值",以重建足够的外周灌注,并且加强监护,监测是否输注过快。同时记住,全身炎症反应综合征(systemic inflammatory response syndrome,SIRS)在出现典型休克症状之前,其表现出的症状很重要,即口腔黏膜颜色呈砖红色、末梢温暖、股动脉脉搏强而有力。严重休克的大型犬(如胃扩张/扭转),可能同时需要 2 个 16~18 号的输液针,并且将输液袋放入空气压缩装置,以达到足够流速。猫很容易出现水合过度,因此,在快速输液时应密切监护。一般来说,猫休克时,第1个小时内的补液量不超过55 mL/kg。治疗休克最常用的液体是乳酸林格氏液或生理盐水。快速输液时,要确保输入的液体中含钾量不高,以防止心脏中毒。

高渗性盐溶液(如7%盐溶液)可用于治疗严重低血容量或内毒素引起的休克。相对小的剂量(如以4~5 mL/kg的剂量输液10 min以上)和大剂量等渗性晶体溶液的输液效果一样。高渗溶液促使细胞内液和组织间隙液进入血管内,并刺激血管反射。高渗溶液不能用于高钠性脱水、心源性休克或肾衰的动物。无法控制出血时,切忌使用高渗性溶液。当动物再次输注高渗性溶液时,可按2 mL/kg的剂量,直到总量达到10 mL/kg,或血钠浓度达到160 mEq/L或以上。高渗性溶液输液完毕后,可继续输注其他液体,但应降低输液速度[如10~20 mL/(kg·h)],直到休克得到控制。7%的生理盐水加上右旋糖酐70的混合溶液,作用时间比单独使用高渗性溶液的时间要长;混合液体可按3~5 mL/kg的剂量,输液5 min以上。右旋糖酐很少引起过敏或肾衰竭,但应谨慎使用,凝血紊乱的动物禁用。

胶体液(如羟乙基淀粉)也有助于治疗休克。和高渗性盐溶液一样,胶体液可使水分从间质进入血管,但作用持续时间较长,且不会增加全身钠负荷。相对小剂量快速输入(如5~10 mL/kg,每天最多20 mL/kg),随后降低静脉输液的速率,防止高血压。对于具有出血倾向的动物,慎用胶体液。

如果患病动物的收缩压难以维持在80~90 mmHg以上,则需要使用血管升压类药物。即便多巴酚丁胺和多巴胺无效,匀速输注加压素效果也很好。一些因重度炎症性疾病而休克的动物,肾上腺皮质功能可能相对减弱,其他治疗方法无效时,生理剂量的甾体类药物可能会有良好效果。

体重在10~50 kg犬,其维持输液量为44~66 mL/(kg·d),大型犬每千克所需液体量比小型犬要少。体重低于5 kg的犬,可能需要80 mL/(kg·d)。一定要选择正确的液体以防止患病动物电解质紊乱,尤其是低钾血症。一般来说,如果病患厌食、呕吐、腹泻,或正在接受长期或大量的液体治疗,应该补充钾(见表30-1中的补钾指导原则)。对动物进行监测(如ECG或血钾浓度),防止出现医源性高钾血症,并且补钾速度不能超过0.5 mEq/(kg·h)。如果病患没有呕吐,那么口服补钾比肠外补钾更有效。猫在静脉输液时,血钾浓度会呈现初始降低,即使每升液体中含40 mEq或更多氯化钾。因此,如果可行的话,严重低钾血症的猫,应该口服葡萄糖酸钾进行补钾。

脱水但未休克的动物应该补充所缺液体。因此,首先评估脱水程度。机体脱水5%~6%时,可见皮肤回弹时间延长。但是对于体重减轻的犬猫,皮肤回弹时间也可能延长。肥胖动物和特急性脱水的动物,虽然严重脱水,皮肤回弹时间也常不表现出延长。通常口腔黏膜干燥、发黏,表明机体脱水6%~7%;但是脱水并呕吐的动物,口腔黏膜可能潮湿。另一方面,水合状态良好、气喘或呼吸困难动物也会口腔干燥。将估计的脱水百分数乘以动物体重(kg)可得出脱水量(L)。依据动物的情况,在2~8 h内补充脱水量。输液速度通常不超过88 mL/(kg·h)。通常情况下,除非动物患有充血性心力衰竭、无尿型或少尿型肾衰、严重的低蛋白血症、严重贫血或肺水肿,适当高估脱水量要比低估好。通常猫比犬更容易受到补液过度的伤害。

通过观察动物呕吐、腹泻和尿量来估算正在丢失量,但常常都会低估损失量。定期称重可作为估算输液维持量的方法。体重急剧下降表明液体治疗不当。对比结果时,应该使用同一单位,1 lb(0.45 kg)代表约500 mL的水。

吸气性肺湿啰音、奔马律或水肿(尤其是颈部)可能表明水合过度。新出现的心杂音并不总是水合过度的征兆;瓣膜闭锁不全且伴有严重脱水的患犬可能听不到心杂音,直到液体量足够时才能听到。中心静脉压(central venous pressure,CVP)是监测输液是否过量的最有效的方法,但很少有必要测定,除非动物伴有严重心脏或肾脏衰竭,或输液过量。CVP正常值低于4 cmH$_2$O,即使在大量补液情况下,一般也不会超过10~12 cmH$_2$O。测定技术不熟练常造成中心静脉压假性升高。

口服补液治疗促进肠道钠的吸收。单糖(如葡萄糖)或氨基酸与盐溶液一起输注会加快钠的吸收,从而增加水分摄入。这种途径对能吸收口服液体(即不发生呕吐),并且肠黏膜功能正常(及小肠绒毛功能正常)的动物很有效。吸收部位主要是肠绒毛顶端附近的成熟上皮细胞。人医有许多商品制剂可以使用,也有各自的配方。不能监护动物或不按照说明使用可能会导致严重的高钠血症。对于并非由严重细小病毒引起的急性肠炎的犬猫,一般可采取口服补液疗法。

低蛋白血症的动物,液体种类的选择取决于低白蛋白血症的程度。过量液体会稀释并降低血清蛋白的浓度和血浆胶体渗透压,引起腹水、水肿、外周灌注减少,或这些症状同时发生。因此要仔细计算液体需要量和正在丢失量。严重低白蛋白血症的动物(如血清白蛋白为 1.5 g/dL 或更低),可能会考虑输入血浆(最初 6~10 mL/kg)。然而,临床上经常发生给予不适当的血浆量来增加血清白蛋白的情况,因此在输注 8~12 h 后检测一次血清白蛋白,确保补充足够量的血浆。此外,严重蛋白丢失性肠病(protein losing enteropathies,PLE)和蛋白丢失性肾病的动物会快速排泄出补充的蛋白质,要维持血浆白蛋白就要不断输液。因此,对于低白蛋白血症的大型患犬,补充白蛋白的费用会特别昂贵。人用白蛋白可用于代替犬血浆,且效果很好,但可能会引起某些动物(尤其是病情不是太差的)出现过敏反应,造成急性死亡,因而可使用犬用白蛋白(5~6 mL/kg)代替人用白蛋白,这样较为安全,但犬用白蛋白很难获得。羟乙基淀粉[5~20 mL/(kg·d)]和右旋糖酐 70 可用于代替血浆或白蛋白。羟乙基淀粉(6%浓度的液体)比白蛋白分子量大,因此在血管内的持续时间比白蛋白长,有助于严重蛋白丢失性肠病的动物维持血浆胶体渗透压。一旦使用羟乙基淀粉,必须降低输液速度,以免发生高血压。有时,输注羟乙基淀粉可引起大量液体潴留,以及更严重的腹水。

## 饮食管理
### (DIETARY MANAGEMENT)

对症的饮食治疗或特定食疗对胃肠道疾病动物很重要。对症治疗通常采用刺激性小且容易消化的日粮,而特定食疗主要采用无过敏原或低过敏原的日粮、严格限制脂肪含量的日粮、补充纤维的日粮,或上述混合物。

刺激小且易消化的日粮适用于急性胃炎或急性肠炎的动物。这种日粮已有商品粮,见框 30-1。家庭自制粮常由水煮禽肉或瘦肉汉堡、低脂奶酪、熟米饭和/或熟土豆组成。水煮鸡肉、火鸡肉,或鱼及青豆等更有益于猫。一种典型的混合日粮由一份水煮鸡肉或奶酪和 2 份熟土豆混合而成,限制脂肪含量以助于消化。这些日粮乳糖含量低,能够预防消化不良。少量多次饲喂可以缓解犬猫腹泻,之后逐渐替换为原有日粮;或在疾病恢复后继续饲喂。如果长期饲喂自制日粮,必须保证营养均衡(尤其对于幼犬幼猫)。

 **框 30-1　商品化无刺激性\*日粮举例**

希尔斯:处方量 i/d
爱慕斯:肠道低残留成年日粮
普瑞纳:CNM-EN 配方日粮
皇家:胃肠道高能 HE
皇家:犬低脂肪日粮

注:只是列举一部分该类型商品日粮,并非全部。
\*:"无刺激性"是指易消化的日粮,它比其他宠物食物中所含脂肪少。

易消化日粮有利于止呕,其脂肪和纤维含量都低(二者都可以延迟胃排空),且复合碳水化合物含量高。极度高渗的日粮(如浓缩糖溶液或蜂蜜)也会延迟胃排空,应避免使用。

食物排除日粮适用于疑似日粮过敏(如免疫介导性超敏反应)或不耐受(如非免疫介导性疾病)的动物。这种日粮可能有助于治疗和控制抗生素反应性肠病。该日粮成分可与刺激性小的日粮相同,但必须按配方配制,以便动物采食的日粮是以前从未吃过的(因此不会引起过敏或不耐受),或使用引起过敏或不耐受概率很低的食物(如水解蛋白、土豆)。可饲喂质量好的商品化的蛋白选择性日粮,或医生推荐的自制日粮。自制低敏性日粮见框 30-2。

 **框 30-2　自制低过敏性日粮\*举例**

1 份去皮白鸡肉或火鸡肉+2 份煮熟或烤熟的去皮土豆
1 份煮熟或烤熟的去皮鱼肉+2 份煮熟或烤熟的去皮土豆
1 份煮熟的去皮羊肉、鹿肉或兔肉+2 份煮熟或烤熟的去皮土豆
1 份沥干的低脂肪奶酪+2 份煮熟或烤熟的去皮土豆

注:可每周补充 3 次无风味添加剂的维生素。
可用大米代替土豆,但对大多数犬猫来说,土豆比米饭容易消化。
这些食物营养不平衡,但对成熟的动物饲喂可 3~4 个月。如果饲喂生长期动物,应咨询营养师平衡钙磷。
\*低过敏性是指专为动物特制的配方日粮,在过去饲喂中,对动物无潜在的过敏威胁。因此,必须获得详细的饲喂史,以确定对特定动物来说,哪种食物不会造成过敏。

如果食物排除性日粮有效,3~4 周后临床症状会得到很大的改善,但也有很少部分病患可能需要 6 周以上的时间才能明显改善。在此期间,至关重要的是不要饲喂其他日粮或零食(如风味药片、玩具、药物)。如果在此期间,动物症状消失,应继续饲喂 4~6 周以上,以确定是日粮改善动物病情,而不是疾病的自发性波动。如果使用自制日粮,应该尝试慢慢地将自制日粮更换为商品化日粮,或加入适量的维生素、矿物质和

脂肪酸来保持营养均衡。

部分水解日粮(雀巢普瑞纳的 Purina HA;希尔斯的 Hill's z/d;皇家犬低过敏处方粮 HP19、皇家猫低过敏处方粮 HP23)正尝试消除大分子蛋白质引起的免疫反应。虽然这些日粮并不是都有效,但给胃肠道疾病犬猫单独饲喂这些日粮时,临床症状会有很大改善。部分水解蛋白可使患病动物的消化道更容易消化和吸收。

要素日粮(Elemental diets,例如雀巢的 Vivonex TEN)是一种以氨基酸和单糖类的形式提供营养的配方饮食。这类日粮为低过敏性,更重要的是,即使在小肠发生病变时,它们也非常容易消化吸收。此外,肠道疾病会造成渗透性增加,肠道内容物会泄露到黏膜里,这种泄漏也许是顽固性肠炎重要的作用机理。而要素日粮中的氨基酸和单糖在进入间质组织时,不会导致炎症反应,因此不会引起肠道的顽固性炎症反应。人类使用的要素日粮(如 Vivonex TEN)比动物日粮中,蛋白质含量少。因此,在使用该类日粮时,需要添加 350 mL 的水和 250 mL 8.5% 的氨基酸(注射用氨基酸),而不是 600 mL 的水。添加 1~2 mL 具有风味的维生素糖浆,适口性会更好。如果动物不喝这种制剂,可使用鼻-食道饲管饲喂。这类日粮一般适用于患严重肠道疾病的极度虚弱动物。

超低脂日粮常用于肠淋巴管扩张的犬。长链脂肪酸能进入乳糜管被酯化,从食物中除去长链脂肪酸,可避免乳糜管扩张和破裂,避免造成小肠淋巴丢失。以前推荐在该日粮中添加中链甘油三酯(Medium-chain triglycerides,MCTs),剂量为 1~2 mL/kg,MCTs 可以不经过乳糜管和胸导管,直接被吸收到门静脉中。然而,这种日粮口感不佳,开始时应小剂量添加(每磅食物一茶匙量),否则病患可能拒绝采食。若饲喂易消化、超低脂日粮则无须补充 MCTs。MCTs 有助于患严重胃肠道疾病的消瘦动物吸收营养和增加体重。

补充纤维对大多数患大肠疾病(和少数小肠疾病)的犬猫,是有利的。纤维可分为可溶性纤维和不可溶性纤维,但很多纤维同时具有这两种性质。不可溶性纤维可增加粪便量,肠道细菌很难消化和代谢这种纤维。一些不可溶纤维能使结肠肌电生理活动明显正常化,还能防止肠痉挛。可溶性纤维经过细菌代谢,从而分解成短链的挥发性脂肪酸,对结肠黏膜有很好的营养作用,还能减缓小肠对营养物质的吸引。

对很多患大肠疾病(特别是轻度炎症)的动物来说,富含纤维的食物也许能改善腹泻,缓解便秘(肠梗阻和直肠疼痛以外原因引起的便秘)。虽然大多数动物在饲喂 1 周后,病情有所好转,但在评估病情之前,应至少连续饲喂 2 周。可使用商品化的高纤维日粮,也可将纤维素添加到当前日粮中。如可添加车前草水胶体(如洋车前草)或粗糙未加工的小麦麸糠(每罐食物应分别添加 1~2 茶匙和 1~4 汤匙量)于动物日粮中。一些猫也许不爱吃这些食物或添加的纤维,但罐头南瓜派也是一种有效的纤维,且适口性好,每天饲喂 1~3 汤匙量。确保给予动物足够的饮水,以免食物中的纤维过多导致顽固性便秘。但是如果饲喂太多可溶性纤维,动物会排泄过量的粪便,主人可能会误认为宠物的大肠疾病仍在继续。

## 特殊营养供应 (SPECIAL NUTRITIONAL SUPPLEMENTATION)

如果病患不能摄入足够的能量,则需特殊的营养供应。估算每日营养需求量,以避免供应不足。对于成年犬猫来说,除了泌乳期以及正在丢失的大量能量或蛋白质,每天的维持能量约为 60 kcal/(kg·d)。如果动物患有严重的疾病,或进行性液体和营养丢失,推荐更精确的计算(框 30-3)。

对于一些动物,只要将它们安置在家,给予加温食物或者饲喂可口的食物(例如给犬喂鸡肉婴儿食品)就能够满足其能量需求。对十状食的动物,用手将食物放进嘴里,强制喂食的方法很少有效。米氮平是最有效的食欲刺激剂,犬每日给药 1 次;猫每 3 d 给药 1 次。赛庚啶(2~4 mg/猫,口服)可以刺激采食,特别是对轻度厌食的猫,但是很难刺激严重厌食的猫(如严重脂肪肝的猫)摄取足够的能量。地西泮很少引起急性肝功能衰竭。醋酸甲地孕酮能够很好地促进食欲,但偶尔也会引发糖尿病、繁殖障碍或肿瘤。有些病患注射钴胺素可刺激食欲。食欲刺激剂对犬的作用比猫要差。

饲管饲喂对保证能量摄入是一个很可靠的方法。间歇性胃管饲喂法适用于需要在短时间内补充营养的动物,但对于无母乳喂养的幼犬和幼猫,使用时间可能会较长。保定动物并使用开口器,每天饲喂 2~3 次。测量鼻端到胸腔中部的距离,然后在胃管上做标记。如果动物咳嗽或呼吸困难,胃管可能误入气管,需要重新插入。最安全的办法是在投喂流食前,用水冲洗胃管。饲喂流食时,要用时数秒至 1 min。采用直径相对较粗的胃管,一般可饲喂自制流食。这种方法的最大缺点是需要物理保定动物。放置留置管(见下面详细讨论)可避免这个问题。

**框 30-3　能量需求计算公式和全肠外营养配方**

真实体重＝_____ kg

**基础能量需求**

　30×体重(kg)＋70＝_____ kcal/d

　但是,如果体重＜2 kg 或＞25 kg,使用:70×体重(kg)$^{0.75}$

**维持能量需求**

| 调节系数: | 犬 | 猫 |
|---|---|---|
| 笼内休息 | 1.25 | 1.1 |
| 手术后 | 1.3 | 1.12 |
| 创伤 | 1.5 | 1.2 |
| 脓毒症 | 1.7 | 1.28 |
| 严重烧伤 | 2.0 | 1.4 |

**基础能量需求×调节系数 ＝ 维持能量需求**_____ kcal/d

**蛋白质需求量**

　成年犬:4 g/kg

　猫和低蛋白血症犬:6 g/kg

　肾功能不全的犬:1.5 g/kg

　肾功能不全的猫:3 g/kg　　_____ g/d

液体配方:

　____ g 蛋白质需要____ mL 8.5%或 10%氨基酸溶液(每毫升分别含 85 或 100 mg 的蛋白质)。

　计算由蛋白质获得的能量(每克蛋白质提供能量 4 kcal),将其从每天的能量需求中减去,其余能量由葡萄糖和脂肪提供,需要____ kcal。

　脂肪乳提供至少 10%的能量,最好提供 40%的能量。20%脂肪乳含 2 kcal/mL 的能量。不要用于脂血症的动物。胰腺炎动物慎用。脂肪乳需要____ mL,剩余能量由 50%葡萄糖(1.7 kcal/mL)提供,需要____ kcal。

　可使用含有电解质的氨基酸溶液或同时添加电解质,调节液体钠含量为 35 mEq/L,氯含量为 35 mEq/L,钾含量为 42 mEq/L,镁含量为 5 mEq/L,磷含量为 15 mmol/L。依据动物血清电解质浓度对上述量进行调整。肠外的营养液体可添加大量维生素和微量元素(特别是铜和锌)。

　部分(同样也称外周)肠外营养的配方可见于 Zsombor-Murray et al; Peripheral parenteral nutrition,Compend Contin Educ Pract Vet 21: 512,1999.

鼻饲管适用于需要营养支持并且食管、胃和肠道功能正常的动物。鼻饲管很容易放置,但对于呕吐的动物则很难持续放置。放置导管时,在鼻孔内慢慢滴几滴利多卡因溶液,然后将无菌聚氯乙烯、聚氨酯或硅树脂导管(直径根据动物个体大小而定,但一般为 5～12 F)用无菌水溶性凝胶润滑,插入鼻腔的腹正中部。将动物的头部保定,尽量保证其处于正常姿势。插入鼻饲管直至尖端进入胸腔入口处。如果在推进过程中遇到阻碍,需要将其撤出,改变方向后再前进。如果临床医师不确定导管是否插入食道内,可拍摄胸部 X 线片,或将几毫升无菌盐溶液灌入鼻饲管,观察动物有无咳嗽。

可使用胶带固定鼻饲管,然后将胶带粘牢,必要时沿鼻背面缝合到皮肤上。不要让导管接触到鼻腔触毛,否则会引起动物不耐受。佩戴伊丽莎白圈,防止动物将管拔出。对于小型犬或猫,只有小管径导管(如 5 F)可用,这就限制了饲喂速率,必要时可使用商品化的液体日粮替代自制流食(表 30-2)。每次饲喂后都要用水冲洗导管,防止堵塞。此法适合长时间使用,但一些动物会发生鼻炎。

有些犬猫不适应鼻饲管,会频频将饲管拔出。但是,通常这些插管对短期治疗(如 1～10 d)很有效,一些动物可耐受达数周。

咽造口插管和食道切开插管适用于需要营养支持,食道及胃肠功能正常,且不能耐受鼻饲管和间歇插管饲喂的动物。虽然呕吐不利于插管的维持,但可使用数周至数月。

放置咽造口插管的方法如下:动物麻醉后,将一根手指插入口腔,指尖伸向舌骨根部,并且尽可能向背侧靠近环咽括约肌。指尖向侧面按压,并切开皮肤。用止血钳钝性分离组织直到咽部。然后将一根柔软的乳胶或橡胶导管(18～22 F,导尿管)经切口插入食道中。通常需将导管前段送至胸部食道中段。导管通过牵引缝合和局部绷带包扎固定保护。常见创口周围出现炎症,应定期清洁和更换绷带。不需要使用全身性抗生素。如果犬猫试图拔掉导管,可佩戴伊丽莎白圈。拆除导管的方法是:剪断缝合线拔出导管即可。伤口将会在 1～4 d 内自动愈合。咽造口插管可有效避免口腔损伤。这类插管的好处是:易放置,易拆除,如果插入正确,可将并发症降到最小限度(即胃造口术或肠造口术插管可引起腹膜炎)。尽管咽造口插管易放置,但会引起干呕和食物反流(在碰到喉头的情况下,特别是猫和小型犬)。使用剪刀或刀片分离时,要小心血管和神经,不能将其切断。咽造口插管比鼻饲管的管径大,可饲喂自制流食。

食道切开插管的放置方法与咽造口插管方法相似,犬猫右侧卧,打开口腔,将一把长的直角止血钳通过环咽括约肌之后,止血钳钳尖朝上在左侧颈部区域显示切口位置,切口位于环咽括约肌和胸腔入口处中线上,止血钳钳尖向上穿过食道和皮肤切口,之后夹住插管前端插入食道内,从口腔穿出,以便于张开的插管末端(即连接注射器部位)突出留在颈部。随后用硬式结肠镜、长止血钳,或其他仪器将导管远端朝下送到食道内。食道切开插管不会引起干呕,其他方面与咽造口插管类似。

胃肠道功能正常的犬猫,胃造口插管可避开口腔和食道,也可在鼻咽插管、咽造口插管、食道切开插管及间歇性胃插管不耐受的情况下使用。呕吐不是胃造口插管的禁忌证。为埋置这些插管，外科手术、内窥镜及胃造口插管安置的特殊仪器是必不可少的。

经皮放置导管时，更适合使用内窥镜，而且这是最安全的方法。没有内窥镜时，使用专门的工具放置胃造口插管更容易、快捷，但是"盲插"很容易放错导管。强烈建议初学者使用软性内窥镜进行操作，这样可以向胃内充气，使胃膨胀(这就推开了其他器官)，而且可以明确导管放置位置。胃管可饲喂稠的流食，并能保存数周至数年。无论自制流食还是商品液体日粮(见表30-2)都可以饲喂。胃管必须停留至少7～10 d，以便胃和腹壁能粘连，这样可避免胃管移除时胃内容物漏入腹腔。胃管常用于咽造口、食道造口或鼻饲管不耐受的猫。每次饲喂后，导管必须用水和空气冲洗。虽然放置胃管后，机体所需的全部能量都可经胃管给予，但最好先补充机体所需能量的1/2,1～3 d后再满足机体所需全部能量。如果胃管阻塞，可使用软式内窥镜钳或滴入新鲜的碳酸饮料来消除阻塞。当需要移除胃管时，用力牵拉胃管使伞状顶端塌陷，从而使其能经过胃和皮肤切口移除。瘘管通常1～4 d后自动闭合。胃管的主要风险是漏出和腹膜炎，虽然发生率很低，但对动物是潜在的灾难。体重大于20～25 kg的犬，需要手术放置胃管，缝线穿过腹壁进入胃壁，确保胃壁及腹壁对合良好，这样就能很好地贴合以防止漏出。这种方法操作不当可使胃管放置错误和/或腹部器官的穿孔(如脾脏、网膜)。

如果采用常规胃插管造口，可用低侧面胃管，其最大优点是可以代替正在分解或意外扯出的常规胃插管，并且放置时可以不用麻醉动物或手术/内窥镜监测，通常只需镇静即可。为利用已存在的造口，低侧面胃插管必须在移除旧胃管12 h内放置，或者必须将其他管子(如红色乳胶的雄性犬导尿管)快速插入人造口中，避免原有孔道封闭。

肠造口插管适用于需要绕过胃(如刚进行胃部手术)而肠道功能正常的动物。一般需要开腹手术或内窥镜放置这类插管。放置时，用12号针头刺入肠系膜对侧边缘，将无菌5F塑料导管经针头进入肠腔约15 cm。移除12号针，荷包缝合防止导管移动。用同样的方式将导管穿出腹壁。将肠系膜对侧边缘缝合到腹壁上，以便插管进入肠道的位点和穿出腹壁的位点相对应。之后，用牵引线缝合固定导管。

 **表 30-2　选择性肠道日粮**

| 日粮 | 注解 |
| --- | --- |
| Osmolite* | 聚合日粮;包含牛磺酸、肉碱和MCT;不含谷蛋白;乳糖含量低;等渗 |
| CliniCare* | 聚合日粮;包含牛磺酸,但不含乳糖 |
| EleCare* | 要素日粮;包含MCT;不含谷蛋白、乳糖奶蛋白、豆类蛋白 |
| Impact† | 低聚合日粮;包含精氨酸,不含谷氨酸、乳糖,等渗 |
| Jevity* | 聚合日粮;包含牛磺酸、纤维、肉碱和MCT;不含谷蛋白;乳糖含量低,等渗 |
| Peptamen† | 低聚合日粮;包含牛磺酸、肉碱和MCT;不含谷氨酸、乳糖,残渣少,等渗 |
| Pulmocare* | 聚合日粮;包含牛磺酸、肉碱和MCT,不含谷氨酸,乳糖含量低 |
| Vital HN* | 低聚合日粮;限制脂肪含量,包括MCT,不含谷氨酸,乳糖含量低 |
| Vivonex T. E. N.† | 要素日粮;高碳水化合物,低蛋白和脂肪,包括谷氨酰胺和精氨酸,不含谷蛋白、乳糖,残渣少 |

注: * Abbott Animal Health, North Chicago, Ill. (http://abbott-nutrition. com/Products/Nutritional-Products. aspx)

†Nestle Nutrition, Deerfield, Ill. (http://www. nestle-nutrition. com/Products/Category. aspx)

‡为提高蛋白质含量，将1包粉末溶于350 mL水中，再加上250 mL的8.5%注射用氨基酸。

MCT:中链甘油三酯。

医生可能会尝试经胃造口插管放置空肠造口插管，将空肠插管(如 Peg-J 管)通过胃管，接下来在软式内窥镜的引导下，使空肠插管进入十二指肠。为达到这一目的，可能会使用内窥镜在十二指肠留置引导线。此外，还可以将该引导线从鼻孔经食道穿入空肠，然后经过引导线放置导管(如鼻-空肠插管)。

小直径的肠插管通常饲喂商品化的液体日粮(见表30-2)，最好恒速饲喂。计算出每日饲喂能量的需要速度。第1天以一半的速度饲喂动物需求量一半的日粮，第2天以计算速度饲喂需求量一半的日粮，第3天则按计算速度饲喂全部需求日粮。如果出现腹泻，可以降低饲喂速度或在液态日粮中加入纤维(如亚麻)。如果通过手术或腹腔镜放置插管，插管至少保留10～12 d，使插管部位周围粘连，以防泄露。当不再需要肠内饲喂时，可直接移除缝合线，取出导管。

## 肠内插管专用日粮
### (DIETS FOR SPECIAL ENTERAL SUPPORT)

肠道插管可使用商品化日粮（见表 30-2）。如果饲管直径足够大，也可以使用稍便宜的混合商品日粮。1 罐猫 p/d 日粮（Hill's Pet Products）加上 0.35 L 水，制成混合流食，能量密度约 0.9 kcal/mL，犬猫均有效。患肠道疾病的动物，要素日粮比混合流食好很多。但是，某些要素日粮（如 Vivonex，Nestle Nutrition）不能满足犬猫的蛋白质需求（见表 30-2）；所以，临床医生在配制要素日粮时，要用 8.5% 的注射氨基酸替代部分水分（如 350 mL 水 + 250 mL 的 8.5% 氨基酸）。饲喂猫时，确保食物中添加足够的牛磺酸。

鼻饲管、咽饲管、食道饲管和胃饲管通常用于大量快速饲喂。一般厌食数天到数周的动物，刚开始时，每隔 2～4 h 饲喂少量食物（如 3～5 mL/kg）。逐渐增加饲喂量，降低饲喂频率，直到 3～4 d 后满足动物能量需求量。理想状态下，大多数犬猫最终能达到每次饲喂至少 22～30 mL/kg。如果没有呕吐或应激，可以较大量给予。

空肠插管一般用于恒定速率饲喂，最好使用肠饲喂泵。最初以半速饲喂需求量一半的日粮，最终满足动物的能量需求。如果在 24～36 h 内未出现腹泻，则增加流速到机体的最终需求量。如果仍未发生腹泻，则从半需求量过渡到全需求量。对饲喂流食容易呕吐的动物（如严重脂肪肝患猫），可通过胃插管和食道插管持续饲喂相同的日粮。病情严重及呕吐的动物受益于"微量液体疗法（microalimentation）"，即通过鼻饲管注入少量液体日粮（如 30～40 kg 的犬，剂量为 1～2 mL/h），这样就能使肠道黏膜获得一些营养，并能防止细菌移植和败血症。

## 肠外营养
### (PARENTERAL NUTRITION)

肠外营养适用于肠道不能有效吸收营养的动物。肠外营养是对此类动物提供营养的最有效的手段。但是，该方式比较昂贵，而且有代谢性和感染性并发症的风险。肠外营养有两种类型：全肠外营养（total parenteral nutrition，TPN）及部分肠外营养（partial/peripheral parenteral nutrition，PPN）。总的来说，PPN 比 TPN 方便，且价格便宜。TPN 则使用中央静脉导管，且导管只适用于完全给予肠外营养（如禁止输注其他溶液和采血）。推荐使用双侧颈静脉导管并最好通过同一管道给予肠外营养和饲喂液体。导管应无菌放置和护理，防止败血症，预防性抗生素无效。测定每日能量和蛋白质需要量（见表 30-3），通过静脉持续性输入预定的液体。临床医师必须定时监测动物体重、直肠温度，以及血清钠、氯、钾、磷和葡萄糖浓度（及尿液葡萄糖），从而调整输入的液体，防止或纠正血液指标紊乱。PPN 和 TPN 相似，但①PPN 的目标是提供 50% 的能量需求；且②输入液体比 TPN 溶液的渗透压要低，可经外周静脉输入；③使用 1 周左右，目的是在开始采用肠外营养前，确保病情严重或日渐消瘦的犬猫度过危险期。但无论是 TPN 还是 PPN，犬猫需经口饲喂一些食物，尽可能防止肠绒毛萎缩。

 表 30-3　选择性止吐药物

| 药物 | 剂量* |
| --- | --- |
| **作用于外周的药物** | |
| 白陶土和果胶制剂/水杨酸铋（效果很差）[†] | 1～2 mL/kg，PO，q 8～24 h（仅用于犬） |
| **抗胆碱能药物（轻度有效）** | |
| 氨戊酰胺（Centrine） | 0.01～0.03 mg/kg，SC 或 IM，q 8～12 h（犬）；0.02 mg/kg，SC 或 IM，q 8～12 h（猫） |
| **作用于中枢的药物** | |
| 神经激肽-1 受体拮抗剂（马罗皮坦，Cerenia） | 1 mg/kg，SC，q 24 h（犬猫）；2 mg/kg，PO，q 24 h（犬）；1 mg/kg，PO，q 24 h（猫），口服不超过 5 d |
| **神经递质类受体拮抗剂** | |
| 昂丹司琼（Zofran） | 0.1～0.2 mg/kg，IV，q 8～24 h |
| 多拉司琼（Anzemet） | 0.3～1 mg/kg，SC 或 IV，q 24 h |
| 格拉司琼（Kytril） | 0.1～0.5 mg/kg，PO，q 12～24 h（据说，仅用于犬）；1～2 mg/kg，IV 或 IM，q 8～12 h |
| 甲氧氯普胺（Reglan） | 0.25～0.5 mg/kg，PO，IM 或 IV，q 8～24 h；1～2 mg/(kg·d)，持续静脉输注 |
| **吩噻嗪衍生物** | |
| 氯丙嗪 | 0.3～0.5 mg/kg，IM，IV，或 SC，q 8 h |
| 丙氯拉嗪 | 0.1～0.5 mg/kg，IM，q 8～12 h |
| **抗组胺药** | |
| 苯海拉明（效果很差） | 2～4 mg/kg，PO，q 8 h；1～2 mg/kg，IV 或 IM，q 8～12 h |

\* 剂量犬猫相同，除非特殊标注。
† 这种药物含有水杨酸，且与其他有肾毒性的药物合用可能会有肾毒性。
IM，肌肉注射；PO，口服；SC，皮下。

# 止吐剂
# (ANTIEMETICS)

止吐剂适用于急性呕吐动物的对症治疗,或由呕吐引起的异常(如不适,或体液、电解质过量丢失)的治疗。作用于外周的药物(表30-3)没有作用于中枢的药物效果好,但可能满足轻度呕吐病患的需要。一些药物可口服,但对于呕吐的动物,这是最无效的给药途径。副交感神经阻断剂(如阿托品、地美戊胺)已经广泛使用。虽然这类药物经肠外给予且有一定的中枢活性,但对严重呕吐的动物很少有效。

作用于中枢系统的止吐剂更有效。对呕吐的病患,一般肠外给药,以确保血药浓度。栓剂使用方便但吸收不稳定。

马罗匹坦(Cerenia)是神经激肽-1(NK-1)受体拮抗剂,已证实该药能有效防止很多原因引起的呕吐。用于犬猫时,口服生物活性差(食物不影响药物的吸收),但皮下注射吸收效果好。马罗匹坦相对安全,但药代动力学呈非线性关系,且常在重复使用后产生药物蓄积。因此,只能连续使用5 d,之后停药2 d。有报道称,马罗匹坦对年龄小于11~16周龄的幼犬有骨髓抑制作用。该药对异物阻塞引起的呕吐特别有效,所以确定呕吐的原因很重要。由于马罗匹坦止吐效果良好,会延误异物的诊断和取出,因此会导致胃肠道穿孔的情况发生。另外,该药对于内脏疼痛也有很好的止痛效果。

昂丹司琼(Zofran)和多拉司琼是一种5-羟色胺(5-HT)受体拮抗剂,人医用于治疗化疗引起的呕吐,且对吩噻嗪类或胃复安无法控制的呕吐(如严重的犬细小病毒性肠炎)有效。当需要口服药物时,推荐使用格拉司琼(Kytril),但其效果不确定。米氮平(主要用作食欲刺激剂)因其具有5-HT拮抗剂作用,故有部分止吐效果。

胃复安(Reglan)与NK-1和血清素受体拮抗剂相比,止吐效果较差。胃复安能抑制化学感受器触发区,增加胃张力和蠕动,从而抑制呕吐。动物在用药后很少表现出行为异常。药物从尿液中排出,因而很可能对严重肾衰动物有副作用。胃复安很少会恶化呕吐,可能是由于它能够引起胃的过度收缩。猫通常不能接受口服液体形式的胃复安。由于该药的促运动活性,因而对于患有胃或十二指肠阻塞的动物应禁用。严重

呕吐的动物,如果按照1~2 mg/(kg·d)的剂量恒速静脉输注,可能更有效。实际上,对于难以控制且对单一治疗反应差的病患,胃复安与NK-1和血清素受体拮抗剂合用可加强治疗效果。

吩噻嗪类衍生物(如丙氯拉嗪)通常有效,能够抑制化学感受器触发区;高剂量时,也可抑制延髓呕吐中枢。止吐剂量不会产生镇静效果。然而,这些药物能引起血管扩张,导致脱水动物外周灌注减少。长期以来,吩噻嗪被认为还能降低癫痫动物的发作阈值,但仍存在质疑。

其他很多药物也有止吐作用。麻醉药(如芬太尼、吗啡、美沙酮)起初会引起呕吐,一旦药物渗透到延髓呕吐中枢,即可抑制呕吐。布托啡诺虽然止吐作用不强,但有时可用于接受化疗的病患。

# 抗酸药物
# (ANTACID DRUGS)

抗酸药(表30-4)适用于降低胃酸酸度(如溃疡、肾衰引起的胃酸分泌过多、肥大细胞瘤或胃泌素瘤)。虽然抗酸药不能止吐,但可减少胃酸过多造成的消化不良。

抗酸药物可中和胃酸,为非处方药,但药效很有限。含有铝或镁的复合制剂往往更有效,且不会导致胃酸分泌反弹,而含钙抗酸药物有时会引起胃酸分泌反弹。抗酸药物应每4~6 h口服一次,以确保持续控制胃酸。但这可能会引起腹泻,特别是使用含镁复合物的动物。虽然可能性不大,但大量使用氢氧化铝后可能发生低磷血症。尽管也不太可能,但肾衰犬猫用含镁复合物后有可能发生高镁血症。这些类型的抗酸药物也可能会干扰其他药物的吸收(如四环素、西咪替丁)。

组胺-2(H₂)受体拮抗剂比抗酸药更有效,其作用是阻止组胺刺激胃壁细胞。西咪替丁(Tagamet)有效,但每天应给予3~4次才能获取最佳疗效;它可抑制肝细胞色素P-450酶,从而减缓某些药物的代谢。如果每天使用法莫替丁(甲磺噻脒,Pepcid)和尼扎替丁(Axid)1次或2次,效果和西咪替丁差不多(或更好),但对肝酶活性影响较小。H₂受体拮抗剂现已为非处方药,主要适用于胃和十二指肠溃疡。这些药物是组胺的竞争性抑制剂,所以病情严重或应激的动物可能需要使用比推荐使用量更高的剂量来抑

**表 30-4 选择性抗酸药**

| 药物 | 剂量* |
|---|---|
| **酸中和药** | |
| 氢氧化铝(很多商品名) | 10～30 mg/kg,PO,q 6～8 h |
| 氢氧化镁(很多商品名) | 5～10 mL,PO,q 4～6 h(犬);q 8～12 h(猫) |
| **胃酸分泌抑制剂** | |
| **H₂ 受体拮抗剂†** | |
| 西咪替丁(Tagamet) | 5～10 mg/kg PO,IM,或 IV q 6～8 h |
| 雷尼替丁(Zantac) | 1～2 mg/kg,PO 或 IV,q 8～12 h(犬);2.5 mg/kg,IV 或 3.5 mg/kg,PO,q 12 h(猫) |
| 尼扎替丁(Axid) | 2.5～5 mg/kg PO q 24 h(犬) |
| 法莫替丁(Pepcid,Pepcid AC) | 0.5～2 mg/kg,PO 或 IV,q 12～24 h |
| **质子泵抑制剂** | |
| 奥美拉唑(Prilosec) | 0.7～2 mg/kg,PO,q 12～24 h(犬) |
| 兰索拉唑(Prevacid) | 1 mg/kg IV q 24 h(犬)‡ |
| 泮托拉唑(Protonix) | 1 mg/kg,IV,q 24 h(犬)‡ |
| 埃索美拉唑(Nexium) | 1 mg/kg IV q 24 h(犬)‡ |
| 右旋兰索拉唑(Dexilant) | 犬猫的剂量未知 |

\* 为犬猫剂量,除非特别指出。

† 这些药物是组胺的竞争性抑制剂。对于病情严重、极其应激或那些由于胃酸分泌引起的刺激(如肥大细胞瘤、胃泌素瘤)的患病动物,据说高剂量可能会抑制其胃酸分泌。

‡ 根据报道给出的剂量。这些药物还没有被广泛使用,它们对犬的安全及有效性尚且未知。

IM,肌肉注射;IV,静脉注射;PO,口服;SC,皮下注射。

制胃酸分泌。有些病例中,作者使用法莫替丁的剂量已达到 2 mg/kg,口服或静脉输注,每天 2 次。一些临床医生会预防性的使用这些药物,以防止甾体类或非甾体类抗炎药引起的溃疡,但这个剂量无效。这类药物对已经停止使用非甾体类抗炎药(NSAIDs)或甾体类抗炎药后产生的溃疡有效。尼扎替丁和雷尼替丁对胃有促运动作用。这些药物很少会引起骨髓抑制、中枢神经系统问题或腹泻。肠外使用(特别是快速静注雷尼替丁)可能会导致恶心、呕吐或心动过缓。

质子泵抑制剂(如奥美拉唑、兰索拉唑、泮托拉唑、埃索美拉唑和右旋兰索拉唑)可非竞争性阻断胃酸分泌的共同途径。这是降低胃酸分泌最有效的一类药物。口服时,常需要 2～5 d 才能最大限度抑制胃酸分泌,但口服后即时效果和 H₂ 受体拮抗剂效果一样好或更好。奥美拉唑主要用于患有食道炎、胃食道反流或胃泌素瘤(通常该病单独使用组胺拮抗剂效果不佳)的动物。奥美拉唑作为严重应激动物的预防性用药比 H₂ 受体拮抗剂好。目前,与 H₂ 受体拮抗剂治疗相比,尚不能确定这类药物能否阻止胃酸分泌,是否对大多数胃溃疡动物有益。

# 肠道保护剂
## (INTESTINAL PROTECTANTS)

肠道保护剂(表 30-5)包括药物和惰性吸附剂,如白陶土、果胶和硫酸钡造影剂。很多人相信惰性吸附剂能促进轻微炎症动物临床症状的缓解,可能是此类药物能包被黏膜或能吸附毒素的原因。惰性吸附剂能增加粪便的黏度,从而使粪便黏稠度正常。惰性吸附剂对胃炎或肠炎的治疗效果还未得到证实。严重患病动物仅依靠这些药物治疗是不恰当的。

硫糖铝(Carafate)一般适用于胃十二指肠溃疡或糜烂的动物,可能对食道炎(特别是以流质形式给药时)动物也有效。但硫糖铝作为预防性用药尚存在质疑。硫糖铝是一种不可吸收的硫酸化蔗糖复合物,能够紧紧地贴在裸露的黏膜表面,起到保护作用。它也可以抑制胃蛋白酶的活性,改变前列腺素的合成以及内源性巯基化合物的作用。根据动物的体重,从人类的用量可以推断出犬猫用药量。硫糖铝和 H₂ 受体拮抗剂常同时用于严重胃肠道溃疡或糜烂的动物,但没有证据表明联合用药对动物有益。硫糖铝可能会吸附其他药物,减缓其他药物的吸收,其他口服药最好在服用硫糖铝前后 1～2 h 使用。酸性 pH 可提高硫糖铝活性,因此动物经 $H_2$ 受体拮抗剂治疗后,胃内有足够剩余的酸以保证硫糖铝发挥药效。硫糖铝的应用没有绝对禁忌证,其最大缺点就是必须口服,而许多需要该药物的动物都正发生呕吐。硫糖铝可引起便秘。

**表 30-5　选择性胃肠道保护和细胞保护药物**

| 药物 | 剂量* | 注释 |
|---|---|---|
| 硫糖铝 (Carafate) | 0.5～1 g(犬)或 0.25 g(猫),PO,q 6～8 h,依据动物体型 | 潜在便秘,吸收其他口服药,主要用于已存在的溃疡 |
| 米索前列醇 (Cytotec) | 2～5 $\mu$g/kg,PO, q 8 h(犬) | 可能导致腹泻/腹部痉挛,主要用于预防溃疡,不能用于怀孕动物 |

\* 除非特别指出,即为犬猫剂量。PO:口服。

米索前列醇是前列腺素 $E_1$ 同系物,用于预防非甾体类抗炎药引起的胃十二指肠溃疡。这种药物主要适用于需要使用非甾体类抗炎药的犬,但后者会引起厌食、呕吐或胃肠道出血。对于使用非甾体类抗炎药,可能引起胃肠道疾病高风险的的动物也适用该药。米索前列醇在预防犬非甾体类抗炎药引起的溃疡方面不如人医中有效。米索前列醇的主要副作用是导致腹部痉挛和腹泻,这些症状通常在治疗 2～3 d 后消失。怀孕犬猫禁用。有证据表明,米索前列醇具有免疫抑制特性,特别是在与其他药物合用时。

## 消化酶补充剂
## (DIGESTIVE ENZYME SUPPLEMENTATION )

胰酶补充剂适用于治疗胰腺外分泌功能不全。但兽医常根据经验使用,而不是基于腹泻动物病情的评估。这类药物有很多产品,但药效变化很大。肠溶片往往无效,但药片可能有效,而粉状药物更有效;胰脂肪酶-V(A. H. Robins Co.)和胰酶(Daniels Pharmaceuticals)非常有效。这种粉状药物应当和食物混合使用(每顿饭 1～2 茶勺),但是在饲喂前将混合物加热至微热,并未发现有好处。脂肪是胰腺外分泌功能不全动物必须消化的主要营养物质。饲喂低脂食物能缓解腹泻。抗酸或抗生素疗法(或两者联合疗法),可能

能够防止胃酸或小肠细菌破坏消化酶补充剂的功效。当犬给予大量酶补充剂后,偶尔会发生胃炎或腹泻。

## 运动调节剂
## (MOTILITY MODIFIERS)

延长食糜在肠道内停留时间的药物主要用于腹泻的对症治疗。虽然不常用,但如果腹泻引起大量液体或电解质丢失,或宠物主人需要在家控制腹泻时,可使用此药。阿片类药物(表 30-6)通过增加节段性收缩来增加流动阻性,比作用于副交感神经的药物效果更加明显,后者会麻痹肠道的蠕动(即导致肠梗阻)。这两种药物都有抗分泌作用。猫对麻醉药的耐受性不如犬,因此,应避免对猫使用阿片类药物,需谨慎使用洛哌丁胺。

洛哌丁胺(易蒙停)是非处方药。理论上,此药增加了细菌在肠腔内增殖的风险。这样可能会引发潜在疾病或使病情持续,但这种情况在临床病例中很少发生。该药物使用过量可引起麻醉剂中毒(如虚脱、呕吐、共济失调、过度流涎),可使用麻醉药拮抗剂治疗。缺乏 P-糖蛋白〔如那些有 MDR 基因突变(柯利犬、澳大利亚牧羊犬)〕的犬,患中枢神经症状的风险更高。

地分诺酯(止泻宁)和洛哌丁胺的作用相似,但效果稍有降低。地芬诺酯比洛哌丁胺的潜在毒性大,可能还有止咳作用。然而,很少有犬对止泻宁有效,而对洛哌丁胺无反应。该药物不能用于猫。

缩短转运时间的药物(促运动的药物)可加速胃的排空,或使肠道蠕动增加,或两者都有。胃复安是一种促进运动的药物,只对胃和十二指肠近端有效,可口服或经肠外使用。其副作用已经在止吐药物部分提到。西沙必利是 $5-HT_4$ 兴奋剂,可刺激下段食道括约肌到肛门的正常活动。除非组织受到不可恢复的破坏(如猫的巨结肠),一般都会有效。该药主要用于治疗便秘,也可用于控制胃轻瘫(常常比胃复安有效)和小肠梗阻。据极少数报道,该药也可治疗犬的巨食道症(也许是由于犬确实存在胃食道反流)。人医药店已经不再提供西沙必利,但兽医领域仍有使用。西沙只有口服剂型。虽然大剂量可引起腹泻、肌肉震颤、共济失调、高热、具有攻击性和其他中枢神经系统症状,但很少有明显的副作用。此药不应与肝 P450 拮抗剂或阻断 P-糖蛋白的药物合用。在写这本书时,美国还购买不到莫沙必利。莫沙必利也是 $5-HT_4$ 受体拮抗剂,同

样有促进蠕动作用,可静脉注射。红霉素在低于抗菌剂量(如 2 mg/kg)时,可刺激促胃动素受体,提高胃蠕动活性,也可提高肠道的蠕动。尼扎替丁和雷尼替丁是 H₂ 受体拮抗剂,常规剂量也可促进胃肠运动。氨甲酰甲胆碱(乌拉胆碱)是一种拟乙酰胆碱药,能刺激肠道运动和腺体分泌,但会产生器官的强烈收缩,造成动物疼痛和损伤。因此,该药除了用于增强膀胱收缩,其他方面已经很少使用。如果存在胃肠道阻塞,禁用促进运动的药物,因为强烈的收缩可导致疼痛或肠穿孔。泌尿道阻塞也应禁用氨甲酰甲胆碱。

溴吡斯的明(麦斯提龙)可抑制乙酰胆碱酯酶,用于治疗重症肌无力(见第 68 章),比毒扁豆碱和新斯的明适用性更高。溴吡斯的明用于治疗伴有乙酰胆碱受体抗体生成相关的获得性巨食道症。溴吡斯的明过量使用会引起中毒,造成伴有副交感神经过度兴奋的症状(如呕吐、缩瞳、腹泻),因此使用需谨慎。

 **表 30-6** 用于对症治疗腹泻的药物

| 药物 | 剂量 |
|---|---|
| **肠道运动调节剂(阿片制剂)** | |
| 地芬诺酯(止泻宁) | 0.05～0.2 mg/kg PO q 8～12 h(犬) |
| 洛哌丁胺(易蒙停) | 0.1～0.2 mg/kg PO q 8～12 h(犬);0.08～0.16 mg/kg PO q 12 h(猫) |
| **抗炎药/抑制分泌药物** | |
| 次水杨酸铋† | 1 mL/(kg·d) PO,分开饲喂,q 8～12 h(犬),可用 1～2 d |

\* 除非特别指出,即为犬猫剂量。
† 药物含有水杨酸盐,如果与其他肾毒性药物合用会产生肾毒性。PO,口服。

## 抗炎和抗分泌药物
**(ANTIINFLAMMATORY AND ANTISECRETORY DRUGS)**

肠道抗炎药物、抗分泌药物或这两种药物同时使用,可减轻腹泻造成的体液丢失,或控制对饮食疗法或抗菌疗法无效的肠道炎症。

碱式水杨酸铋(胃肠用铋、白陶土和果胶制剂)是一种治疗腹泻的非处方药,对许多急性肠炎患犬有明显的治疗作用(见表 30-6),这可能是因为水杨酸盐的抗前列腺素合酶作用。其主要缺点是机体可以吸收水

杨酸盐(使用其他肾毒性药物治疗的犬猫慎用),使粪便变黑(类似于黑粪症)。这种药物必须口服(很多动物不喜欢其味道)。铋对特定有机体(如螺旋杆菌)具有杀灭作用。

奥曲肽(Sandostatin)是一种人工合成的类似于生长激素抑制剂的物质,可以抑制消化道的运动和胃肠激素及液体的分泌。该药限制用于犬猫,但可能对一些顽固性腹泻的动物有效。犬的用量不确定(建议 10～40 mg/kg,SC,q 12～24 h)。

柳氮磺胺吡啶(水杨酸偶氮磺胺吡啶)适用于结肠炎的动物,但对患小肠疾病的动物无效。该药物由磺胺嘧啶和 5-氨基水杨酸合成。结肠内细菌可分解该药物分子,使 5-氨基水杨酸(可能是具有活性的部分)沉淀在病变的结肠黏膜上。一般情况下,犬常用治疗剂量是 50～60 mg/kg,每日 3 次,但每天不能超过 3 g。如果使用柳氮磺胺吡啶的同时联用糖皮质激素,低剂量口服该药物也可能会有效。一些经验显示,每日 15～20 mg/kg,有时分成 2 次饲喂,猫可耐受这个剂量,但必须密切观察,以防止水杨酸中毒(如嗜睡、厌食、呕吐、高热以及呼吸急促)。对于一些呕吐或厌食的猫,可能会对肠溶片耐受。许多结肠炎患犬,在 3～5 d 内对这种疗法反应良好。无论如何,只有使用 2 周后才能确定该药物是否有效。如果结肠炎症状缓解,药物剂量应逐渐降低。如果动物不能完全停用该药,应继续使用最低有效剂量,并定期对动物进行监护,观察药物引起的副作用(特别是磺胺类药物的副作用)。柳氮磺胺吡啶可导致动物出现暂时性或永久性干性角膜结膜炎。其他可能的并发症包括皮肤血管炎、关节炎、骨髓抑制、腹泻,以及其他与使用磺胺类药物或 NSAIDs 有关的问题。

奥沙拉嗪和美沙拉嗪里含有或可代谢为 5-氨基水杨酸的成分,但不含磺胺,磺胺是多数柳氮磺胺吡啶类药物产生副作用的主要原因。这两种药物在人医的使用效果和柳氮磺胺吡啶一样,但更加安全。奥沙拉嗪和美沙拉嗪对犬有效,剂量为柳氮磺胺吡啶的一半。使用美沙拉嗪的患犬,也可出现干性角膜结膜炎。

皮质类固醇特别适用于慢性消化道炎症(如中度至重度炎性肠病),以及对专门设计的日粮排除试验无反应的动物。对猫来说,泼尼松龙的效果比泼尼松更好。开始可使用相对较高的剂量[如泼尼松龙 2.2 mg/(kg·d),口服],并逐渐减量来确定最低有效剂量。有时当泼尼松龙无效时,地塞米松更有效,但地塞米松的副作用更多(如胃糜烂/溃疡)。如果给猫口服药物很困难,可尝

试注射长效激素(如醋酸甲基泼尼松龙)。

甲基泼尼松龙比泼尼松龙更有效,使用剂量是泼尼松龙的 80%。布地奈德(Entocort)是类固醇药物,肝脏首过效应可清除大量药物。布地奈德效果没有泼尼松龙药好,但全身性影响较小,可能会迅速产生药效,也可能数周后才出现。

皮质类固醇药物有利于患炎性肠病(IBD)的猫,但可能会使一些患肠道疾病犬猫的病情恶化。医源性库兴综合征主要见于犬,但也有可能发生在激素用量严重超量的猫上。因此,使用高剂量泼尼松龙治疗前,最重要的是进行组织学诊断,因为一些疾病类似于类固醇反应性淋巴细胞性结肠炎(如组织胞浆菌病),而该病用类固醇治疗是绝对禁忌的。虽然组织胞浆菌病在美国东南部和俄亥俄州河谷地区更常见,但几乎所有的州都有发生。

皮质类固醇或 5-氨基水杨酸留滞灌肠很少用于严重的末端性结肠炎的动物。犬的剂量按人用剂量估算。这些灌肠剂可将大量抗炎药物直接作用于患部,从而减少全身反应。虽然该法对控制临床症状有效,但容易引起动物及主人的反感。此外,如果有大面积炎症且黏膜的通透性增加,机体可能会吸收活性成分(即使用皮质类固醇灌肠的动物,出现多尿和多饮)。当临床症状得以控制,或其他疗法(如柳氮磺吡啶、日粮)有效的时候,可以停止治疗性的留滞灌肠剂。禁忌证与全身使用灌肠活性成分的禁忌证相同。

严重炎性肠病且对皮质类固醇和日粮疗法无效的动物,可使用免疫抑制剂(如硫唑嘌呤、苯丁酸氮芥、环孢素)。这类药物也适用于最初需要激进疗法的严重患病动物。只有经组织病理学确诊的动物,才能使用这类药物。免疫抑制疗法比单纯的皮质类固醇疗法更有效,并且可以降低皮质类固醇的使用剂量,缩短用药时间,从而降低其副作用。然而,由于这类药物具有潜在副作用,限制了其在严重患病动物中的使用。读者可参考第 100 章关于免疫抑制疗法的其他信息。

硫唑嘌呤(Imuran)主要用于患严重消化道炎症的犬,有时也可用于淋巴管扩张的情况(每天或隔天 50 mg/m²,口服)。硫唑嘌呤对猫具有较高的骨髓毒性风险,所以猫禁用。较小的犬,可将 50 mg 硫唑嘌呤片剂完全压碎并混在液体中(如 15 mL 的维生素补充液体),以便获得更精确的剂量。每次用药前一定要将溶液混合均匀。隔天使用很安全,但 2～5 周才能看到临床效果。该药的副作用包括肝病、胰腺炎及骨髓抑制。

口服烷化剂(如苯丁酸氮芥)的适应证与硫唑嘌呤相同,但副作用较小。体重小于 7 lb(3.5 kg)的猫,合理的最初剂量是 1 mg,每周 2 次;体重大于 3.5 kg 的猫,则为 2 mg,每周 2 次。给药 4～5 周时,也可能看不到较好的效果。但如果出现效果,应在接下来的 2～3 个月内慢慢地减少剂量,同时应监护动物以防出现骨髓抑制。据说,苯丁酸氮芥对胃肠道疾病患犬有效。刺激性强的烷化剂(如环磷酰胺)很少用于非肿瘤性胃肠道疾病的治疗。

环孢素是一种强效免疫抑制剂,有时用于犬的炎性肠病、淋巴管扩张及肛周瘘。剂量为 3～5 mg/kg,口服,每 12 h 给药 1 次,但其生物利用度不稳定,需要监测药物,并调整后续剂量。不同环孢素药剂的生物利用度不相同。呕吐患犬可以静注,但最初剂量应减半。由于药费太贵,有时会与低剂量的酮康唑(3～5 mg/kg,口服,每 12 h 给药 1 次)合用,这样就能抑制环孢素的代谢,从而使用较低剂量,减少客户花费。摄入过多的动物通常最先表现出低血氧,因而在治疗伴发低血氧的胃肠道疾病时,可能会产生困惑。

# 抗菌药物
## (ANTIBACTERIAL DRUGS)

胃肠道疾病的犬猫,如果发现或怀疑吸入性肺炎、发热、提示败血症的白细胞像、严重的嗜中性粒细胞减少症、抗生素反应性肠病(有时也称失调,见第 33 章)、梭菌性结肠炎、有症状的螺旋杆菌胃炎、呕血或黑粪症等一系列疾病,首先应使用抗生素治疗。确定急腹症病因后,可用抗生素进行合理治疗。如果强烈怀疑梭菌性结肠炎,则应用阿莫西林(22 mg/kg,口服,q 12 h),但大多数不明原因的胃肠炎(包括急性出血性胃肠炎)并不能从抗生素治疗中受益。不建议常规使用抗微生物药物治疗消化道疾病,除非该动物感染的风险高,或强烈怀疑对抗微生物药物有反应的其他疾病。

不可吸收的氨基糖苷类药物(如新霉素)常用于肠道的"灭菌",但不能杀死肠道常见的厌氧细菌。抗生素对许多病毒和日粮引起的急性肠炎没有作用。因此,口服氨基糖苷类药物没有效果,除非强烈怀疑存在特定感染(如弯曲菌病)。

对厌氧菌和需氧菌有效的广谱抗生素,可用于抗生素反应性肠病(ARE)的治疗。甲硝唑(10～15 mg/kg,口服,每日 1 次)也可用于此目的(见后面讨论),但就目前作者经验来看,有时单独用药不成功。副作用不常见,但可能的副作用有流涎(由于味道)、呕吐、中枢神经系统问题(如中枢前庭症状),还有可能会出现嗜中性粒细胞减少症,这些副作用常常在停药后消失。对猫来说,有时口服液体药物比片剂(250 mg)更容易接受,因为片剂必须切开,且气味不好。一些诊断为炎性肠病的猫,对甲硝唑的反应比皮质类固醇好。有时结肠炎患犬也同样如此。这就支持了之前的假设:很多/大部分炎性肠病可能(至少部分)是由细菌引起的。

泰乐菌素(20～40 mg/kg,口服,q 12 h)常用来治疗 ARE 和梭菌性结肠炎。四环素(22 mg/kg,口服,q 12 h)也同样用于治疗 ARE。怀疑由 ARE 引起的严重病患,可联合用药[如甲硝唑和恩氟沙星(7 mg/kg,口服,q 24 h)]。理论上,抗生素不合理使用可促使结肠病原菌过度增殖,但犬猫很少表现相关临床问题。临床医师应该在确定 ARE 的治疗无效前,至少治疗了 2～3 周。

宠物偶尔会患由特殊细菌引起的肠炎,但这不一定需要使用抗生素。使用抗生素时,部分肠道细菌(如沙门氏菌、败血性大肠杆菌)引起的临床症状通常不能快速解决,即使是对药物敏感的细菌。

患病毒性肠炎但没有明显的全身性败血症的犬猫,在可能继发败血症时(如存在或可能发展为嗜中性粒细胞减少症)可使用抗生素合理治疗。第 1 代头孢菌素(如头孢唑林)通常有效。

如果怀疑全身或腹部败血症起源于消化道(如细小病毒性肠炎、肠穿孔),可使用广谱抗生素。使用对革兰阳性需氧菌和厌氧菌都有效的抗生素[如替卡西林＋克拉维酸(特美汀),50 mg/kg,每天静脉注射 3～4 次;或克林霉素,11 mg/kg,每天静脉注射 3 次],并结合对多数需氧菌有效的药物[如阿米卡星,25 mg/kg,每天静脉注射 1 次;或恩氟沙星,15 mg/kg,每天静脉注射 1 次(猫 5 mg/kg)]。为提高对厌氧菌的抗菌谱,尤其是用头孢菌素代替氨苄西林时,临床医生应同时使用甲硝唑(10 mg/kg,IV,每天 2～3 次),也可选择性使用二代头孢菌素(如头孢西丁,22 mg/kg,IV,每天 3～4 次)。通常,至少要 48～72 h 才能看出是否有效。

尽管临床上需要尽快控制威胁生命的感染,但作为医学团体中负责任的一员,我们应该特别注意对多重耐药(MDR)感染有效的抗生素。一些抗生素被指定为"最后的防线",因为有些细菌仅对最后 1 种或 2 种抗生素敏感。除非细菌对药敏培养的抗生素都耐药,而且已经没有更有效的治疗方法了,才可使用万古

霉素、亚胺培南、美罗培南、多利培南、噁唑烷酮利奈唑胺(Zyvox)、达福普汀和奎奴普丁混合的链阳性菌素(Synercid)、替加环素(Tygacil)、脂肽达托霉素(Cubicin)、莫西沙星(Avelox)及第 4、5 代头孢菌素类药物(头孢吡肟、头孢匹罗、头孢吡普)。

螺旋杆菌性胃炎可用多种药物联合治疗。目前,阿莫西林、甲硝唑及铋的联合使用对犬猫很有效。抗酸药(如法莫替丁或奥美拉唑;见表 30-4)及大环内酯类药物已经应用于人医,但还不确定是否需要应用于犬猫。人的幽门螺菌只用单一疗法很难成功,但有些犬猫对红霉素及阿莫西林的单一治疗性反应很好。如果高剂量红霉素(22 mg/kg,口服,每天 2 次)引起呕吐,剂量可减至 10～15 mg/kg,每天 2 次。尽管感染有可能会复发,但对于大多数动物来说,10～14 d 的疗程已经足够。

# 益生菌/益生元
## (PROBIOTICS/PREBIOTICS)

使用活菌或食物中的酵母菌,以期产生良好疗效的方法叫益生菌疗法。使用特定饮食来增加或减少某些特定细菌的数量称为益生元疗法。同时使用益生菌和益生元称为共生疗法。目前只有少量报道,声称益生元/益生菌对犬猫有益。

乳酸杆菌、双歧杆菌和肠球菌属均可用于犬。这些细菌可刺激肠道上皮细胞的 Toll 样受体,从而改善病情。从动物服用这些细菌开始就持续起效。没有证据表明,这些细菌会暂时建立胃肠道微生物菌群。并不是所有药物或商店销售的益生菌都包含商标上所展示的成分,至少部分说明为什么它不如声称的起效快。总的来说大量有益菌是很有必要的,这就解释了为什么饲喂酸奶(含有相对适量的乳酸杆菌)无效。编写这部书时,市场上兽用产品主要有 3 类:Fortiflora(Purina)包含肠球菌属;Proviable(Nutramax)包含多种细菌的混合物;Prostora(Iams)包含动物双歧杆菌属。此外,还有其他益生菌。

# 肠道驱虫药物
## (ANTHEMINTIC DRUGS)

有消化道疾病的犬猫也应定期使用驱虫药,即使

寄生虫不是主要问题。疑似寄生虫感染,且伴有急性 的。肠道驱虫药的选择见表30-7。
或慢性腹泻的动物,按照经验使用这些药物也是合理

 表 30-7 选择驱肠虫药/抗原虫药

| 药物 | 剂量*(口服) | 使用 | 注释 |
|---|---|---|---|
| 阿苯达唑(丙硫咪唑,Valbazen) | 25 mg/kg q 12 h,3 d,(犬);25 mg/kg q 12 h,5 d(猫) | G | 可能引起白细胞减少症,不能用于妊娠早期。未批准用于犬或猫 |
| 芬苯达唑(苯硫哒唑;SafeGuard) | 50 mg/kg,每天 1 次,3～5 d | H/R/W/G | 未批准用于猫,但常对猫使用3～5 d 来去除贾第虫。混合食物饲喂 |
| 甲硝唑(灭滴灵) | 25～50 mg/kg,每天 1 次,5～7 d(犬);25～50 mg/kg,每天 1 次,5 d(猫) | G | 罕见神经症状 |
| 罗硝唑 | 20～30 mg/kg PO q 24 h,10 d(猫,未批准) | G | 对猫三毛滴虫感染;药物未批准用于动物。罕见神经症状 |
| 噻嘧啶(Nemex) | 5 mg/kg(犬);20 mg/kg,仅用一次(猫) | H/R/PH/R | 饭后给药 |
| 噻嘧啶/非班太尔/吡喹酮(Drontal Plus) | 1 片/10 kg | T/H/R/W | |
| 吡虫啉/莫昔克丁(Advantage multi) | 局部给药-依厂商建议 | H/R/W | |
| 伊维菌素 | 200 μg/kg 口服,一次(犬)(未批准使用此剂量) | H/R/P | 禁用于柯利犬、雪特兰种马、边境柯利犬或澳大利亚牧羊犬。谨慎用于英国古代牧羊犬。可预防性用于心丝虫。可安全用于恶丝虫微丝蚴患犬。治疗类圆线虫。总的来说,其他药物无效时,可使用该药 |
| 伊维菌素(Heartguard 咀嚼片,猫用) | 24 μg/kg | H | |
| 伊维菌素/噻嘧啶(Heartguard plus,犬用) | 伊维菌素 5 mg/kg 噻嘧啶 6 μg/kg | H/R | |
| 米尔贝霉素(Sentinel,Trifexis) | 0.5 mg/kg,每月 1 次 | H/R/W | 未批准用于猫。对 D. immitis 微丝蚴患犬不安全 |
| 妥曲珠利砜(泊那珠利) | 30 mg/kg,10 d 重复给药一次 | C | 未批准用于犬猫 |
| 吡喹酮(Droncit) | 犬＞6.8 kg,5 mg/kg 犬＜6.8 kg,7.5 mg/kg 猫＜1.8 kg,6.3 mg/kg 猫＞1.8 kg,5 mg/kg 异毕吸虫,20 mg/kg SC q 8 h,1 d(犬) | T | 幼态棘球蚴或跌宫绦虫属:10 mg/kg |
| 依西太尔(Cestex) | 5.5 mg/kg PO,1 次(犬) 2.75 mg/kg PO,1 次(猫) | T | — |
| 赛拉菌素(Revolution) | 6 mg/kg,猫,体表用药 | H/R | 只批准用于心丝虫或外寄生虫患犬 |
| 磺胺地托辛(Albon) | 第 1 天 50 mg/kg,之后 9 d,27.5 mg/kg,q 12 h | C | 可能会引起干眼症、关节炎、细胞减少、肝病 |
| 甲氧苄啶-磺胺嘧啶(Tribrissen) | 30 mg/kg,10 d | C | 可能会引起干眼症、关节炎、细胞减少、肝病 |

*除非特别指出,即为犬猫剂量。
C:球虫目;G:贾第虫;H:心丝虫;P:泡翼属线虫;PO:口服;R:蛔虫;SC:皮下;T:绦虫;W:鞭虫。

# 灌肠剂、缓泻剂和泻药
## （ENEMAS，LAXATIVES，AND CATHARTICS）

灌肠剂可分为清洗剂或留滞剂。

留滞性灌肠剂残留在结肠内，直到发挥理想效果（如用于炎性肠病的抗炎性留滞性灌肠剂、顽固便秘的水化性灌肠剂）。顽固便秘的动物可能需要经常加入中等容量的水（如 20～200 mL，依动物体型而定），以便于水分停留在结肠内，并逐渐软化粪便。临床医生应防止结肠过度扩张，或灌入可吸收的药物而产生不良效果。如果怀疑或未确诊结肠破裂，禁用灌肠剂，但这很难预计。神经手术术后（如半椎板切除术）和使用皮质类固醇药物（如地塞米松）治疗的动物，很可能会增加结肠穿孔的风险。除非有重要原因，患结肠肿瘤、近期进行结肠手术或活组织检查的动物，也不宜使用灌肠剂。

清洗性灌肠剂主要用于清除粪便，其中包括不断给予大量温水。由于重力作用，水会从高处的水桶或袋子中流出，将水管轻轻伸入犬的肛门中，轻松进入结肠（理想位置至少在降结肠与升结肠的转折处）。大多数小型犬可灌入 50～100 mL，中型犬可灌入 200～500 mL，大型犬可灌入 1～2 L。特别注意要避免结肠过度扩张或穿孔。一般猫进行灌肠时，可用公犬的软导尿管和 50 mL 注射器。如果液体灌入过快，猫经常会呕吐。疑似或未确诊是否存在结肠穿孔也是清洗性灌肠的禁忌证。

高渗性灌肠剂具有潜在危险，需谨慎使用（如果必须使用时）。高渗性灌肠剂可引起水和电解质大量转移，足以致命（如高磷血症、低钙血症、低钾血症、高钾血症），特别是猫、小型犬，以及其他一些因便秘而不能迅速清除灌肠剂的动物。

泻药和缓泻药（表 30-8）仅用于肠道未堵塞的动物，促进排便。小动物不做常规推荐，除非在腹部 X 线造影检查或内窥镜检查前，可作为下段肠道清洗的一部分。

刺激性缓泻药（如比沙可啶）可刺激排便而不是软化粪便。这些药物可用于结肠镜检查前，以及由于环境因素改变不愿排便的动物。这些药物可能不适合长期使用，人医使用不当后，发现存在药物依赖性和结肠问题。通常情况下，甘油栓剂或润滑棍可代替刺激性缓泻药，可将这些东西小心放入直肠，以刺激排便。

膨胀剂和渗透性缓泻药包括多种药物：各种纤维（特别是可溶性纤维）、硫酸镁和乳果糖；乳糖不耐受的动物，还可选择冰激凌或牛奶。这些药物促进了粪便中水的保留，并适用于非异物所引起的粪便过度坚硬。这些缓泻药与刺激性泻药相比更适合长期使用。猫比犬能更有效地潴留液体，所以可能需要较大剂量。

纤维是膨胀剂，可添加到食物中，或单独使用。商品日粮中纤维的使用量相对较高。或在现有日粮中添加纤维。最重要的是提供足够的水，以保证添加的纤维不会引起粪便变硬。纤维过多会引起粪便过多，或降低适口性，从而引起食欲降低（肥胖猫有引发脂肪肝的危险）。消化道部分或完全阻塞的动物不应饲喂纤维，可能会发生阻塞。

乳果糖可用于控制肝性脑病的症状，同时也是非常有效的渗透性泻药。乳果糖是二糖，可被结肠细菌分解成不能吸收的微粒。乳果糖对拒绝食入高纤维日粮的动物非常有效。每个动物软化粪便的药物剂量必须确定，小型犬和大型犬分别给予 0.5 mL 和 5 mL，每天 2～3 次。猫一般需要较高剂量（如 5 mL，每天 3 次）。如果过量使用，会引起水分大量丢失，造成高钠性脱水。乳果糖没有明显的禁忌证。

**表 30-8　缓泻药、泻药、粪便软化剂和膨胀剂**

| 药物 | 剂量（口服） | 注释 |
|---|---|---|
| 比沙可啶（双醋苯啶） | 5 mg（小型犬和猫）<br>10～15 mg（大型犬） | 不要破坏片剂 |
| 粗糙的小麦麸 | 1～3 汤匙/454 g 食物 | |
| 罐装南瓜饼 | 1～3 汤匙/d（仅用于猫） | 主要用于猫 |
| 辛丁酯磺酸钠（多库酯钠） | 10～200 mg，q 8～12 h（犬）<br>10～25 mg，q 12～24 h（猫） | 当治疗时确定动物未脱水 |
| 乳果糖（乳醛糖） | 犬：1 mL/5 kg，q 8～12 h，根据犬的需求调整剂量<br>猫：5 mL，q 8～12 h，根据需要调整剂量 | 可引起严重的渗透性腹泻 |
| 车前草（洋车前草） | 1～2 汤匙/454 g 食物 | 确保动物饮水充足，否则可能发展为便秘 |

◉推荐阅读

Allen HS: Therapeutic approach to cats with chronic diarrhea. In August JR, editor: *Consultations in feline internal medicine*, ed 6, St Louis, 2011, Elsevier/Saunders.

Allenspach K et al: Pharmacokinetics and clinical efficacy of cyclosporine treatment of dogs with steroid-refractory inflammatory bowel disease, *J Vet Intern Med* 20:239, 2006.

Allenspach K: Diseases of the large intestine. In Ettinger SJ et al, editors: *Textbook of veterinary internal medicine*, ed 7, St Louis, 2010, Saunders/Elsevier.

Allenspach K et al: Antiemetic therapy. In August JR, editor: *Consultations in feline internal medicine*, ed 6, St Louis, 2011, Elsevier/Saunders.

Boothe DM: Gastrointestinal pharmacology. In Boothe DM, editor: *Small animal clinical pharmacology and therapeutics*, ed 2, St Louis, 2012, Elsevier/WB Saunders.

Boscan P et al: Effect of maropitant, a neurokinin 1 receptor antagonist, on anesthetic requirements during noxious visceral stimulation of the ovary in dogs, *Am J Vet Res* 72:1576, 2011.

Bybee SN et al: Effect of the probiotic *Enterococcus faecium* SF68 on presence of diarrhea in cats and dogs housed in an animal shelter, *J Vet Intern Med* 25:856, 2011.

Campbell S et al: Endoscopically assisted nasojejunal feeding tube placement: technique and results in five dogs, *J Am Anim Hosp Assoc* 47:e50, 2011.

Chan DL et al: Parenteral nutrition. In DiBartola SP, editor: *Fluid, electrolyte, and acid-base disorders in small animal practice*, ed 4, St Louis, 2012, Elsevier/WB Saunders.

Charles SD et al: Safety of 5% ponazuril (toltrazuril sulfone) oral suspension and efficacy against naturally acquired *Cystoisospora ohioensis*-like infection in beagle puppies, *Parasitol Res* 101:S137, 2007.

Galvao JFB et al: Fluid and electrolyte disorders in gastrointestinal and pancreatic disease. In DiBartola SP, editor: *Fluid, electrolyte, and acid-base disorders in small animal practice*, ed 4, St Louis, 2012, Elsevier/WB Saunders.

Hall EJ et al: Diseases of the small intestine. In Ettinger SJ et al, editor: *Textbook of veterinary internal medicine*, ed 7, St Louis, 2010, Saunders/Elsevier.

Herstad H et al: Effects of a probiotic intervention in acute canine gastroenteritis—a controlled clinical trial, *J Small Anim Pract* 51:34, 2010.

Holahan ML et al: Enteral nutrition. In DiBartola SP, editor: *Fluid, electrolyte, and acid-base disorders in small animal practice*, ed 4, St Louis, 2012, Elsevier/WB Saunders.

Hopper K et al: Shock syndromes. In DiBartola SP, editor: *Fluid, electrolyte, and acid-base disorders in small animal practice*, ed 4, St Louis, 2012, Elsevier/WB Saunders.

Hughes D et al: Fluid therapy with macromolecular plasma volume expanders. In DiBartola SP, editor: *Fluid, electrolyte, and acid-base disorders in small animal practice*, ed 4, St Louis, 2012, Elsevier/WB Saunders.

Marshall-Jones ZV et al: Effects of *Lactobacillus acidophilus* DSM13241 as a probiotic in healthy adult cats, *Am J Vet Res* 67:1005, 2006.

Puente-Redondo VA et al: The anti-emetic efficacy of maropitant (Cerenia) in the treatment of ongoing emesis caused by a wide range of underlying clinical aetiologies in canine patients in Europe, *J Small Anim Pract* 48:93, 2007.

Remillard RL et al: Parenteral-assisted feeding. In Hand MS et al, editors: *Small animal clinical nutrition*, ed 5, Topeka, Kan, 2010, Mark Morris Institute.

Rosado TW et al: Neurotoxicosis in 4 cats receiving ronidazole, *J Vet Intern Med* 21:328, 2007.

Saker KE et al: Critical care nutrition and enteral-assisted feeding. In Hand MS et al, editors: *Small animal clinical nutrition*, ed 5, Topeka, Kan, 2010, Mark Morris Institute.

Tumulty JW et al: Clinical effects of short-term oral budesonide on the hypothalamic-pituitary-adrenal axis in dogs with inflammatory bowel disease, *J Am Anim Hosp Assoc* 40:120, 2004.

Tsukamoto A et al: Ultrasonographic evaluation of vincristine-induced gastric hypomotility and the prokinetic effect of mosapride in dogs, *J Vet Intern Med* 25:1461, 2011.

Unterer S et al: Treatment of aseptic dogs with hemorrhagic gastroenteritis with amoxicillin/clavulanic acid: a prospective blinded study, *J Vet Intern Med* 25:973, 2011.

Williamson K et al: Efficacy of omeprazole versus high-dose famotidine for prevention of exercise-induced gastritis in racing Alaskan sled dogs, *J Vet Intern Med* 24:285, 2010.

Zoran DL: Nutrition for anorectic, critically ill, or injured cats. In August JR, editor: *Consultations in feline internal medicine*, ed 5, Philadelphia, 2006, Elsevier/WB Saunders.

# 第 31 章

# 口腔、咽和食道疾病
# Disorders of the Oral Cavity, Pharynx, and Esophagus

## 口腔肿块、增生及炎症
## (MASSES, PROLIFERATIONS, AND INFLAMMATION OF THE OROPHARYNX)

### 唾液腺囊肿
### (SIALOCELE)

#### 病因

唾液腺囊肿是由于唾液腺管阻塞和/或破裂，以及唾液腺分泌物大量泄漏，导致渗出的唾液聚集于皮下组织的一种疾病。大多数情况由创伤引起，但也有特发性。

#### 临床特征

位于下颌或舌下部，偶尔可见咽内较大的肿胀。急性肿胀可能会有疼痛感，但大多数都无痛。口腔的唾液腺囊肿可能引起吞咽困难，而咽部囊肿常会造成干呕或呼吸困难。如果受到损伤，囊肿可能出血，或因不适造成厌食。该病主要发生于 2～4 岁龄的犬，常见于德国牧羊犬和迷你贵宾犬。

#### 诊断

用大号针头从囊肿中抽出带有嗜中性粒细胞的黏稠液体。此液体类似黏液，强烈提示来源于唾液腺。有时 X 线造影检查（唾液腺管造影 X 线检查）能确定病变的器官。

#### 治疗

切开肿块并引流，产生分泌物的唾液腺必须切除。

#### 预后

如切除病变的腺体，则预后良好。

### 唾液腺炎/唾液腺管狭窄/唾液腺坏死
### (SIALOADENITIS/SIALOADENOSIS/SALIVARY GLAND NECROSIS)

#### 病因

病因尚不明确，但从表观看，特发性因素以及呕吐/反流可导致本病。

#### 临床特征

一处或多处唾液腺（一般为颌下腺）出现无痛性肿大。如有大面积炎症，动物可能出现吞咽困难。与呕吐有关的非炎性肿胀（唾液腺管狭窄），可用苯巴比妥治疗。该病原因和影响尚不明确，但可确定的是，长期呕吐会引起唾液腺炎，甚至造成一些犬的唾液腺坏死。

#### 诊断

活检和细胞学或组织病理学检查可证实病变肿块为唾液腺组织，也可用于确定有无炎症或坏死。

#### 治疗

若存在大面积的炎症和疼痛，手术切除最有效。如果动物呕吐，应寻找潜在病因。如果找到病因应及时治疗，并随时检查唾液腺大小。如果没有发现呕吐的其他病因，参照苯巴比妥的抗惊厥作用剂量用药（见第 64 章）。

## 预后

一般预后良好。

# 犬口腔肿瘤
(NEOPLASMS OF THE ORAL CAVITY IN DOGS)

## 病因

大多数口腔软组织肿物均为肿瘤,其中大部分为恶性(如黑色素瘤、鳞状上皮癌、纤维肉瘤),也会出现棘皮瘤型成釉细胞瘤(之前称为齿龈瘤)、纤维性龈瘤(特别是拳师犬)、口腔乳头状瘤和嗜酸性肉芽肿(如在西伯利亚哈士奇和查理王小猎犬中)。

## 临床特征

口腔肿瘤最常见的症状是口臭、吞咽困难、出血或肿物突出口腔。乳头状瘤和纤维瘤性牙周增生是良性肿瘤,可引起采食不适,偶尔表现为出血、轻度口臭或口腔内有组织突起。各种不同肿瘤的生物学行为见表31-1。

**表 31-1 口腔肿瘤的部分特征**

| 肿瘤 | 典型外观/发病部位 | 生物学行为 | 最佳治疗 |
|---|---|---|---|
| **鳞状上皮癌** | | | |
| 齿龈 | 肉质或溃疡/吻端齿龈 | 恶性,局部侵袭 | 吻端齿龈大范围手术切除±放疗;吡罗昔康可能有助于减轻痛苦 |
| 扁桃体 | 肉质或溃疡/单侧或双侧扁桃体(罕见) | 恶性,通常蔓延至局部淋巴结 | 无(化疗可能有一定效果);吡罗昔康可能有助于减轻痛苦 |
| 舌缘(犬) | 溃疡/舌缘 | 恶性,局部侵袭 | 手术切除舌/放疗;吡罗昔康可能有助于减轻痛苦 |
| 舌根(猫) | 溃疡/舌根 | 恶性,局部侵袭 | 无(舌部放疗和/或化疗可能缓解) |
| **恶性黑色素瘤** | 灰色、黑色或粉红色,光滑,一般肉质/牙床、腭或舌 | 恶性程度很高,早期转移至肺 | 手术切除和/或放疗只能局部控制。为全身性治疗,应用卡铂化疗,但效果不佳。已经生产出疫苗,先前报道认为在疾病初期使用可增加成活率 |
| **纤维肉瘤** | 粉色、肉质/腭或牙床 | 恶性,局部侵袭性很强 | 对于年轻拉布拉多犬、金毛巡回猎犬、德国牧羊犬的生物学上高级、组织病理学上低级的肿瘤,大范围切除(有些手术切除后的病例,放疗可能有效)后转移的可能性很高 |
| **棘皮瘤型成釉细胞瘤(齿龈瘤)** | 粉色、肉质/牙床或吻端下颌骨 | 良性,局部侵袭至骨骼 | 手术切除±对较大病变或小病变的放疗,必须去除病变的牙齿和牙周韧带 |
| **纤维性龈瘤** | 粉色、肉质、单个或多个/牙床 | 良性 | 手术切除,必须去除病变的牙齿及牙周韧带 |
| **齿龈骨化** | 粉色、肉质、单个或多个/牙床 | 良性 | 手术切除,必须去除病变的牙齿及牙周韧带 |
| **乳头状瘤** | 粉色或白色、菜花样、多个/随处可见 | 良性;恶性转移成鳞状上皮癌(罕见) | 无,手术切除或冷冻疗法 |
| **浆细胞瘤** | 肉质或溃疡/齿龈 | 恶性,局部侵袭,很少转移 | 手术切除和/或放疗或美法仑化疗 |

## 诊断

详细的口腔检查(动物需要麻醉)通常可见齿龈有肿块,扁桃体区、硬腭和舌部也可发病。虽然通过眼观即可高度怀疑乳头状瘤和黑色素瘤,但确诊需要细胞学和组织病理学检查。犬口腔肿瘤最佳的诊断方法是切开活检,并拍摄胸部X线片,CT检查受影响的头部。如果怀疑为恶性肿瘤,胸部X线片可用于排查恶性肿瘤是否发生转移(很少见,但如果出现,就是预后不良);CT检查上下颌,以评估是否对骨组织产生影响。即使局部淋巴结表现正常,也要进行细针抽吸来检查是否发生转移。黑色素瘤可能无黑色素,可能在细胞学上与纤维肉瘤或癌症类似,确诊可采用活检和组织病理学检查。

### 治疗和预后

对临床未发现肿瘤转移的犬口腔恶性肿瘤,最佳治疗方法就是大面积切除肿物及周围组织(如上颌骨切除术、下颌骨切除术)。切除肿大的局部淋巴结,并进行组织病理学检查,即使细胞学检查未见肿瘤细胞。早期完全切除齿龈或硬腭的鳞状上皮癌、纤维肉瘤、棘细胞性龈瘤和(极少)恶性黑色素瘤,可能治愈这些肿瘤。棘细胞性龈瘤和成釉细胞瘤可能仅对单独放疗有反应(首选完全切除)。术后辅助放疗可以对鳞状上皮癌和纤维肉瘤的术后残留病灶产生较好的疗效。舌根部和扁桃体的鳞状上皮癌常预后不良;完全切除或放疗通常引起较高的死亡率。黑色素瘤出现转移早,预后谨慎。犬的鳞状上皮癌、棘细胞性龈瘤和黑色素瘤,化疗通常疗效不佳,但应咨询肿瘤学家寻找新的治疗方案。吡罗昔康可缓解一些动物鳞状上皮癌的病情。联合化疗可能有助于一些纤维肉瘤患犬的治疗(见第74章)。放疗配合热疗已成功治疗部分口腔纤维肉瘤的患犬。

乳头状瘤常可自行恢复,但是如果肿块影响进食,应手术切除。虽然罕见,但乳头状瘤有可能转变为恶性鳞状上皮癌。如果纤维性龈瘤影响正常生理功能,也要将其切除。

## 猫口腔肿瘤
### (NEOPLASMS OF THE ORAL CAVITY IN CATS)

### 病因

猫的口腔肿瘤不如犬多发,但几乎都为恶性肿瘤。猫的口腔肿瘤通常为鳞状上皮癌,诊断和治疗与犬相同。与犬不同的是,猫还有舌下鳞状上皮癌和嗜酸性肉芽肿(形态与癌极为相似,但预后较好)。

### 临床特征

这些肿瘤的常见症状是吞咽困难、口臭、厌食和/或出血。

### 诊断

鉴别恶性肿瘤和嗜酸性肉芽肿至关重要,需要获取大面积、深层的活组织样本。由于口腔正常菌群的增殖,许多肿块浅表发生溃疡和坏死,因而难以对这样的肿块做出诊断。

### 治疗

手术切除是最理想的治疗方法。对未完全切除的鳞状上皮癌,放疗和/或化疗有一定疗效(患猫的舌或扁桃体无肿瘤)。

### 预后

总体来说,舌部或扁桃体的鳞状上皮癌,预后不良(见第79章)。

## 猫嗜酸性肉芽肿
### (FELINE EOSINOPHILIC GRANULOMA)

### 病因

病因尚不明确,可能是(食物?)过敏反应,也可能有基因倾向。

### 临床特征

猫嗜酸性肉芽肿的症状复杂,包括无痛性溃疡、嗜酸性斑块和线性肉芽肿,而这些症状是否有联系尚不明确。中年猫的唇部或口腔黏膜处(特别是上颌骨的犬齿)常可见无痛性溃疡。在猫大腿内侧及腹部的皮肤常出现嗜酸性斑块。线性肉芽肿常见于青年猫后腿背侧,也可见于舌、上腭和口腔黏膜处。严重的嗜酸性口腔溃疡或斑块常引起吞咽困难、口臭和/或厌食。猫的口腔嗜酸性肉芽肿还可能并发皮肤损伤。

### 诊断

舌根或硬腭、舌腭弓或口腔任何部位均可见溃疡性肿块。确诊本病需对肿块进行深部活组织检查。血常规检查不一定出现嗜酸性粒细胞增多。

### 治疗

高剂量皮质类固醇[口服泼尼松龙,2.2~4.4 mg/(kg·d)]通常可控制病变,但有时醋酸甲基泼尼松龙注射液(必要时每2~3周,20 mg)是治疗猫嗜酸性肉芽肿最好的药物。虽然醋酸甲地孕酮对本病有效,但可能会引起糖尿病、乳腺肿瘤和子宫疾病,除特殊情况外一般不使用。当皮质类固醇无效时,可用苯丁酸氮芥或者环孢素。特别在病情较轻的情况下,抗生素有利于治疗。

## 预后

预后良好,但是病变会复发。

# 牙龈炎/牙周炎
## (GINGIVITIS/PERIODONTITIS)

### 病因

细菌的增殖和毒素的产生,常与牙垢的形成、正常牙龈结构的破坏和炎症有关。猫白血病病毒(FeLV)和猫免疫缺陷病毒(FIV)和/或猫杯状病毒造成的免疫抑制,使猫容易发生本病。

### 临床特征

犬猫均可发病。多数无症状,临床上可表现为口臭、口腔不适、拒食、吞咽困难、流涎和牙齿脱落。

### 诊断

视诊牙龈可见齿缘周围充血。牙龈萎缩可能暴露牙根。口腔X线片和完整探查可以帮助临床医生做出准确诊断。牙周病阶段的诊断由X线片结果而定。

### 治疗

清除上下牙龈的牙垢,抛光牙冠。清洁牙齿前后,使用抗菌药物(如阿莫西林、克林霉素、甲硝唑)可有效抑制厌氧菌。定期使用兽用洗必泰刷牙和/或漱口,有助于控制疾病。

### 预后

用药得当则预后良好。

# 口腔炎
## (STOMATITIS)

### 病因

犬和猫口腔炎的病因很多(见框31-1)。临床兽医师应考虑由免疫缺陷(如FeLV、FIV、糖尿病、肾上腺皮质功能亢进)引发口炎的可能。

### 临床特征

多数患有口腔炎的犬猫唾液黏稠混浊、严重口臭

和/或由疼痛引起厌食。某些动物表现为发热和体重减轻。

**框31-1　口炎常见病因**

肾衰
创伤
　异物
　咀嚼或误食腐蚀剂
　咬电线
免疫介导疾病
　天疱疮
　狼疮
慢性溃疡性牙周口炎(代表品种:马尔济斯㹴犬)
上呼吸道病毒(猫病毒性鼻气管炎、猫杯状病毒)
免疫抑制继发感染(猫白血病病毒、猫免疫缺陷病毒)
牙根脓肿
重度牙周炎
骨髓炎
铊中毒

### 诊断

详细的口腔检查需要在动物麻醉情况下进行。虽然口腔炎可通过观察大体病变做出诊断,但应找出潜在病因。活检、常规临床病理检查和上下颌骨(包括牙根)的X线检查应作为本病的常规诊断方法。细菌培养并不能给予帮助。

### 治疗

治疗包括对症治疗(控制症状)和特殊治疗(针对潜在病因)。彻底清洁牙齿和积极的抗菌治疗(即使用针对需氧菌和厌氧菌的全身抗生素,应用抗菌溶液清洁口腔,如洗必泰)对治疗本病有一定帮助。一些动物,拔掉发病最严重部位的牙齿对治疗本病也有所帮助。据报道,牛乳铁蛋白可改善患猫的顽固性损伤。

### 预后

预后取决于潜在病因。

# 猫淋巴细胞-浆细胞性牙龈炎/咽炎
## (FELINE LYMPHOCYTIC-PLASMACYTIC GINGIVITIS/PHARYNGITIS)

### 病因

本病属于特发性疾病,杯状病毒、汉赛巴尔通体、

FeLV 或 FIV 引起的免疫缺陷，或任何能造成持续性牙龈炎症的刺激都可导致本病的发生。患猫的口腔炎症反应过大，引起牙龈严重增生。

### 临床特征

常见的症状是厌食和/或口臭。患猫牙齿周围的牙龈和/或咽背根部变红（后者不会出现齿龈炎）。病情严重时，牙龈显著增生，容易出血。牙龈炎往往伴发牙齿颈部损伤。偶尔可见牙齿松动。

### 诊断

诊断需对病变牙龈（尤其是增生的牙龈）进行活检。组织学检查可见淋巴细胞-浆细胞性浸润。血清球蛋白可能升高。

### 治疗

目前没有可靠的治疗方法。适当的清洁和抛光牙齿，以及应用抗生素有效的抑制厌氧菌，对治疗本病有一定帮助。高剂量的皮质类固醇[泼尼松龙，2.2 mg/(kg·d)，或甲强龙 10~20 mg，皮下注射]常有较好的疗效。对于某些严重的病例，拔掉多颗牙齿（尤其是前臼齿和臼齿）可减轻炎症，重点是要同时清除牙根和牙周韧带。如果可能，尽量避免拔除犬齿。免疫抑制药物（如苯丁酸氮芥或环孢素）也可用于症状顽固的病例，也可尝试使用猫干扰素和乳铁蛋白。

### 预后

预后谨慎，病情严重的动物治疗效果常不佳。

# 吞咽困难
## (DYSPHAGIAS)

## 咀嚼肌肌炎/萎缩性肌炎
### (MASTICATORY MUSCLE MYOSITIS/ATROPHIC MYOSITIS)

### 病因

咀嚼肌肌炎/萎缩性肌炎是一种影响犬咀嚼肌的特发性免疫介导性疾病。该病在猫未见报道。

### 临床特征

在本病的急性期阶段，颞肌和咬肌可能肿胀或疼痛。但临床上多数犬无临床表现，直到肌肉严重萎缩且无法张口。

### 诊断

颞肌和咬肌出现萎缩，或麻醉时犬无法张开口腔，可对本病初步诊断。颞肌和咬肌的肌肉活检可确诊。发现 2M 纤维抗体，则强烈提示本病。

### 治疗

单独使用高剂量泼尼松龙[2.2 mg/(kg·d)]，或同时使用硫唑嘌呤(50 mg/m$^2$,q 24 h)常可治愈本病。一旦病情得以控制，泼尼松龙和硫唑嘌呤每隔 48 h 使用 1 次；之后逐渐减少泼尼松龙的剂量，以免发生不良反应。但减少剂量要缓慢进行，防止本病复发（见第 100 章免疫抑制药物部分）。如果需要可使用胃管，直至动物能自主进食。

### 预后

一般预后良好，但可能需要持续用药。

## 环咽弛缓/机能障碍
### (CRICOPHARYNGEAL ACHALASIA/DYSFUNCTION)

### 病因

环咽弛缓/机能障碍的病因尚不明确，但一般认为是先天性的。如果环咽肌和其余参与吞咽反射的肌肉出现不协调，在吞咽时，环咽括约肌处会发生阻塞（即括约肌无法在适当的时候打开）。金毛巡回猎犬有患此病的遗传基础。

### 临床特征

本病主要见于幼龄犬，而获得性环咽弛缓很少发生。主要症状为吞咽时或吞咽后立即发生反流。一些动物表现为厌食、体重严重降低。临床上与咽机能障碍很难区别。

### 诊断

使用钡餐造影或其他造影剂，对动物进行荧光透视或 X 线透视活动造影检查，可确诊本病。幼龄动物若吞咽时立即反流，则疑似本病，但是动物环咽括约肌功能正常，偶尔也会发生吞咽困难，这是一种先天性功能缺陷，必须与环咽肌疾病进行区分。

## 治疗

环咽肌手术切开可治愈本病。手术时,临床兽医必须小心,避免在手术部位留下瘢痕。手术前,必须区分咽机能障碍及评估前段食道的功能(见下一部分咽吞咽困难)。已经开始尝试对环咽肌肉注射肉毒素,且对某些病例有效。对老年患病动物,使用甲状腺素治疗可能有一定疗效。

## 预后

如果术后不产生瘢痕,则预后良好。

# 咽期吞咽困难
## (PHARYNGEAL DYSPHAGIA)

### 病因

咽期吞咽困难大多数是由后天性疾病引起,神经病变、肌肉疾病和结缔组织病(如局部性重症肌无力)是本病的主要病因。舌根部不能形成正常食团和/或食团无法进入食道,常与第9或10对脑神经损伤有关。同时,食道前部机能障碍可使食物滞留在环咽括约肌后部。

### 临床特征

咽期吞咽困难在老龄动物中多发,但幼龄动物偶尔也会出现暂时性症状。临床上,咽期吞咽困难往往与环咽弛缓类似,反流与吞咽有关。咽期吞咽困难时,有时吞咽液体比固体更困难。因为食道近端无力而使食物滞留,会使食物容易逆流到咽部。临床上常见吸入性肺炎(尤其是吸入液体)。

### 诊断

通过钡餐造影,对动物进行荧光透视或荧光活动透视,可对本病做出诊断。有经验的放射学家要鉴别诊断咽期吞咽困难和环咽吞咽困难。对于前者,动物没有足够的力量使食团进入食道;而对于后者,动物有足够的力量,但环咽括约肌却保持关闭或在吞咽的错误时间张开,阻止食物从咽部到食道近端的正常移动。有时候,某些病例会通过喉头、咽部及食道肌肉的肌电图发现。

## 治疗

环咽肌手术切开可治愈动物的环咽失弛缓症,但手术对咽期吞咽困难的动物,可造成更大的伤害,因为这会使食管近端的食物更容易返回到咽部而被吸入气管。对于这种情况,临床医生可选择绕过咽部(如使用胃管),或是处理潜在病因(如治疗或控制重症肌无力)来解决。

## 预后

预后谨慎,因为本病的潜在病因通常很难发现和治疗,犬或猫容易出现体重逐渐减轻和复发吸入性肺炎。

# 食道无力/巨食道
## (ESOPHAGEAL WEAKNESS/MEGAESOPHAGUS)

### 先天性食道无力
(CONGENITAL ESOPHAGEAL WEAKNESS)

### 病因

先天性食道无力(例如先天性巨食道症)病因尚不明确。目前也无证据表明患犬出现脱髓鞘或神经变性,而且迷走神经传出支配也表现正常。

### 临床特征

该病主要发生于犬,患犬常表现为"呕吐"(实际是反流),体重减轻或无变化,咳嗽,或因肺炎导致体温升高。有时,主人叙述的唯一症状仅为咳嗽及吸入性支气管炎和/或肺炎的其他症状。

### 诊断

临床医师首先通过了解动物病史,确定该动物的症状更偏向反流。X线检查可见与阻塞无关的广泛性食道扩张(见图29-3,A),据此可初步诊断为食道无力。食道无力偶尔会导致胸前部憩室,且容易与血管环阻塞混淆(见图31-1)。幼龄动物出现反流和/或吸入性疾病,通常怀疑该病是先天性而非后天性的。如果临床症状相对较轻或呈间歇性发作,通常可能检测不出,也有可能在动物年龄较大时才能诊断出来。但通过询问病史可以发现,动物幼龄时就已经出现了症状。在疾病诊断方面，内窥镜不如 X 线造影实用。柯利犬可能患有皮肌炎，也可造成食道无力。有些品种（如迷你雪纳瑞犬、大丹犬、大麦町犬、中国沙皮犬、爱尔兰猎犬、拉布拉多巡回猎犬）患病风险较大。

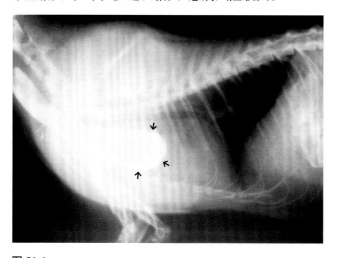

**图 31-1**
1 只猫的胸部侧位 X 线造影影像。注意大的憩室提示梗阻（箭头）。这只猫患有无梗阻的广泛性食道无力。

### 治疗

虽然在极少数情况下，使用西沙比利（0.25 mg/kg）可改善本病症状（特别是胃食道大量反流的病患），但先天性食道无力一般不能通过药物治愈或解决。保守的饮食管理常用于防止食道进一步扩张或吸入性疾病。常采用的方法是从高台上饲喂流食，要求动物后腿着地。这种方式采食时，颈胸部食道接近于垂直，可利用重力帮助食物从食道进入胃内。这种姿势在进食和饮水结束后仍需保持 5～10 min。有很多设备（如贝利椅，详情见 http://petprojectblog. com/archives/dogs/megaesophagusand-the-bailey-chair/）可以帮助主人在饲喂时保持患犬处于垂直状态。每天少食多餐有助于防止食道积食。

有些动物饲喂干粮或罐头食物反应较好，而有些动物全天自由采食反应较好。无法预测流食或干粮哪一个效果更好，因此，为确定最适合的饮食，试验和错误在所难免。某些食道扩张的犬，食道可能会部分恢复到正常的大小和功能。即使食道仍然处于扩张状态，某些患犬也可通过饮食管理而提高生活质量。

使用胃管绕过食道，可使反流和/或吸入性疾病得到缓解。但动物可能仍会反流唾液，如有胃食道反流，也可反流食物。一些使用胃管的动物在一段时间内疗效较好。

### 预后

预后谨慎，有些动物预后良好，而有些动物不管如何治疗仍会发生吸入性疾病。吸入性肺炎是本病的主要致死因素。

## 后天性食道无力
### (ACQUIRED ESOPHAGEAL WEAKNESS)

### 病因

犬后天性食道无力常由神经疾病、肌肉疾病或结缔组织疾病（如重症肌无力）所致（见框 28-5）。德国牧羊犬、金毛巡回猎犬和爱尔兰赛特犬患本病的风险较大。特发性喉麻痹的犬，可能因广泛性神经疾病出现食道无力。猫的食道炎可能是后天性食道无力的病因。

### 临床特征

获得性食道无力主要见于犬。有些患犬常表现为"呕吐"（实际是反流），有些则表现呼吸道症状（如咳嗽）且没有明显的反流（即反流出的食物可能又被动物再次吞下）。如大部分食物反流，则犬可能出现体重减轻。

### 诊断

诊断的第一步是证实患病动物发生的是反流而不是呕吐。临床发现广泛性食道扩张，在 X 线片和造影检查时未见阻塞（见图 29-3，A）通常可诊断为后天性食道无力。临床症状的严重程度与 X 线片变化的程度并不总呈正相关性。一些有症状的动物出现部分食道无力，主要影响环咽肌后的颈部食道。但正常犬也会在该处出现少量钡餐残留，所以一定要区分这些残留在临床上是否有意义。虽然临床上很少见后段食道痉挛和狭窄，但影像上两者与食道无力的征象相似。理想情况下，应该进行荧光透视来排查胃食道反流的证据，且胃食道反流采用促动力疗法治疗有效（如西沙必利）。

确定获得性食道无力的病因很重要（见框 28-5）。可检测患犬乙酰胆碱受体抗体滴度（重症肌无力的指标）。"局部性"肌无力可能只影响食道和/或口咽部的肌肉。疾病最初检查时很少呈阴性，但数月后复查时呈阳性。静息血清皮质醇检测可提示其他潜在的肾上腺皮质功能减退（即使血清电解质浓度正常，见 53 章）。肌电图可显示广泛性神经疾病或肌肉疾病。偶尔发生的家族性自主神经异常可依据临床症状推断

(如结肠扩张、鼻干燥、瞳孔散大、角膜结膜炎和/或心动过缓,对阿托品反应差)。猫胃流出道梗阻可引起顽固性呕吐和继发性食道炎。血清甲状腺素、游离甲状腺素和促甲状腺激素(TSH)浓度变化可提示犬甲状腺功能减退,很少与神经肌肉功能障碍相关(存在争议)。其他病因很少见(见框28-5)。如未发现潜在病因,则这种疾病被称为特发性后天性食道无力(例如特发性后天性巨食道症)。

### 治疗

局部重症肌无力或肾上腺皮质功能减退所致的犬后天性巨食道,经适当的治疗通常有效(见第53章及第68章)。溴吡斯的明(使用毒扁豆碱和新斯的明之前的优先选择)对治疗局限性重症肌无力有一定疗效。硫唑嘌呤的免疫抑制疗法可能会有疗效,但并不清楚是否优于单独使用溴吡斯的明。不推荐使用类固醇治疗。胃食道反流可用促动力剂和抗酸剂治疗(首选西沙必利0.25 mg/kg和奥美拉唑1~2 mg/kg)。如果是特发性疾病,只能采取跟治疗先天性食道无力一样的保守饮食疗法。某些患有先天性食道无力的病犬,经治疗后食道功能可不同程度的恢复,但特发性获得性食道无力的患犬则少恢复。严重食道炎可能会引起继发性食道无力,适当治疗后会好转(详细讨论见本章后部)。胃管可减少吸入性疾病的发生,确保正氮平衡,以及严重患病动物口服药物的摄入。有的患犬长期使用胃管效果较好,而对于另一些患犬,由于严重的胃食道反流或食道蓄积大量唾液,即使使用胃管仍会发生反流和吸入性疾病。

### 预后

所有后天性食道无力的动物均有吸入性肺炎和突然死亡的风险。如果潜在病因得到治疗,食道扩张和无力得到解决,消除了吸入性疾病的风险,则本病预后良好。患吸入性肺炎和那些临床发病年龄超过13月龄的特发性巨食道症病患,预后较差。对饮食管理反应差的病患,预后也较差。X线片上显示的食道扩张的大小与预后无关。

## 食道炎
### (ESOPHAGITIS)

### 病因

食道炎主要由胃食道反流、胃酸性持续性呕吐、食道异物和腐蚀剂引起。口服片剂时(如四环素、克林霉素、非甾体类抗炎药)如未用水或食物冲服,药片可在食道内长期滞留,这也是造成严重食道炎的原因(尤其是猫)。

麻醉期间的胃食道反流,会导致严重的食道炎并继发食道狭窄。不幸的是,我们无法预测麻醉期间哪个动物会发生反流。很多原因都可促使动物在麻醉期间的反流风险增加,但是临床上没有找到与之密切相关的指标。现已发现短头品种犬的远端食道(表面上由于胃食道反流引起)和上呼吸道疾病有一定关系。嗜酸性食道炎很罕见,且犬的发病原因不明。

### 临床特征

临床症状取决于炎症的严重程度。尽管临床上多见由吞咽时疼痛引起的厌食和流涎,但反流为预期症状。如果误食腐蚀剂(如消毒剂),口腔和舌头常常充血和/或溃疡,且其主要症状是厌食。

### 诊断

呕吐和反流的病史可提示食道炎是由胃酸流出过多引起。这种症状也可见于细小病毒性肠炎和其他疾病。同样,麻醉后不久即反流或厌食,提示可能发生了反流导致的食道炎。X线片和造影检查可见食道裂孔疝、胃食道反流或食道内异物。用X线造影检查诊断食道炎不可靠,确诊需要使用食道镜(有或无活检)检查。

### 治疗

降低胃内酸度、防止胃内容物反流进入食道,以及保护裸露的食道是本病治疗的要点。其中降低胃酸度是治疗本病的关键因素,质子泵抑制剂(如奥美拉唑、泮托拉唑)远比$H_2$受体拮抗剂效果更好。胃复安可促进胃排空,从而减少胃容积,以防止胃内容物反流到食道;且其具有可以静脉给予的优点。西沙必利(0.25~0.5 mg/kg)效果更好,但必须口服。如果美国允许使用莫沙必利,则可经静脉给予。硫糖铝(尤其是悬浮液)可在胃食道反流时保护裸露的食道黏膜(见表30-5),但有效性尚不清楚。使用抗生素效果可疑。对于严重病例,胃管饲喂有利于保护正在愈合的食道黏膜,并确保正氮平衡。皮质类固醇[如泼尼松龙1.1 mg/(kg·d)]可用于预防瘢痕形成,但其效果不确定。食道裂孔疝需要进行手术修复。

质子泵抑制剂可用来预防麻醉相关的反流继发的食道炎。尽管这些疗法都减少了胃酸反流频率,但并不能消除症状。目前尚不明确预防性治疗的临床意义。

## 预后

预后取决于食道炎的严重程度，以及潜在病因是否被发现并得到控制。本病初期，积极治疗有助于防止瘢痕形成，预后良好。

## 食道裂孔疝
### (HIATAL HERNIA)

### 病因

食道裂孔疝是一种隔膜异常性疾病，它使部分胃（通常是贲门）突出进入胸腔。严重时，可引起胃食道反流。本病可能是先天性的。

### 临床特征

中国沙皮犬易发生本病。患犬的主要症状是反流，但某些患犬无症状。

### 诊断

X线片和食道阳性造影检查可见胃疝入胸腔（图31-2）；然而，食道裂孔疝可能是活动性的，有时很难发现。有时在腹部X线检查时，须对腹部施加压力，使胃部移位以便诊断。胃镜偶尔也可发现食道裂孔疝。

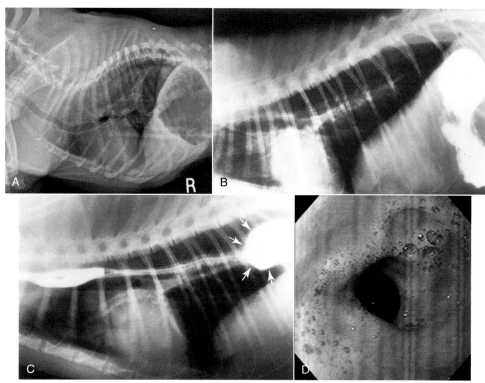

**图 31-2**
A，1 只食道裂孔疝犬的侧位 X 线片，显示胃部阴影向膈肌位移。B，1 只食道裂孔疝猫的食道 X 线造影侧位片。未见裂孔疝，因其已经滑至腹部。C，与 B 图中相同的猫食道 X 线造影侧位片。可见胃已经滑至胸腔（箭头处），表明存在裂孔疝。D，一只食道裂孔疝患犬的远端食道括约肌（LES）内窥镜影像。可见胃的皱褶。（A，Courtesy Dr. Russ Stickle，Michigan State University，East Lansing，Mich. B and C，Courtesy Dr. Royce Roberts，University of Georgia，Athens，Ga）

### 治疗

如果幼龄时出现食道裂孔疝的症状，可采用手术治疗，且有希望治愈。如果老年时才出现症状，积极使用药物治疗胃食道反流（如西沙必利、奥美拉唑）通常有效。如药物治疗无效，再考虑手术。

### 预后

手术修复（先天性病例）或积极的药物治疗（后天性病例），预后一般良好。

## 自主神经异常
### (DYSAUTONOMIA)

### 病因

犬猫自主神经异常是一种特发性疾病，可造成自主神经系统功能丧失。少数是由梭状芽孢杆菌毒素中毒引起。

## 临床特征

临床症状有很大差异,常见巨食道和继发的反流(常有不同)。据报道,其他症状包括:排尿困难、膀胱扩张、瞳孔散大和瞳孔对光反射缺乏、黏膜干燥、体重减轻、便秘、呕吐、肌肉松弛和/或厌食。本病具有地域性差异(如密苏里及周边的州),且发病率有上升趋势。

## 诊断

临床上出现排尿困难、黏膜干燥和瞳孔对光反应异常,一般首先怀疑自主神经异常。X线检查可见消化道多个区域扩张(如食道、胃、小肠)也提示该病。生前初诊常通过在一只眼中滴1~2滴0.05%毛果芸香碱,观察对瞳孔大小的影响。若滴药的眼睛迅速收缩,而未用药的仍保持原状,即可初诊为自主神经异常。同样,排尿困难的患犬(膀胱因充满尿液而增大)在使用氯贝胆碱(0.04 mg/kg,SQ)后即可排尿,也提示本病(虽然并不是所有患犬均出现此种反应)。确诊只能通过尸检,对自主神经节进行组织病理学检查。

## 治疗

治疗只能缓解病情。使用氯贝胆碱(1.25~5 mg,每天1次)有助于尿排空。必要时需要按压膀胱排尿。胃促动力剂(如西沙必利)可用于减少呕吐。抗生素可防止继发于巨食道的吸入性肺炎。

## 预后

预后通常不良。

# 食道阻塞
# (ESOPHAGEAL OBSTRUCTION)

## 血管环异常
## (VASCULAR RING ANOMALIES)

### 病因

血管环异常是一种先天性缺陷。胚胎时期的主动脉弓持续存在,以环状组织围绕食道。持续性右侧第4主动脉弓(Persistent right fourth aortic arch,PRAA)是最常见的血管环异常(见第5章)。

### 临床特征

犬猫均可发生血管环异常。虽然可能出现吸入性疾病的症状(如咳嗽或呼吸困难),但最常见的症状是反流。动物第一次吃固体食物后,不久即会表现出本病的临床特征。有的动物临床症状相对轻微,直到几岁后才能被诊断出本病。

### 诊断

确诊常采用食道X线造影检查(见图29-3,B)。心基部之前的食道通常扩张,而心脏后的食道则表现正常。除心基部食道狭窄外,很少见整个食道发生扩张(并发巨食道的结果)。如果反流的年轻动物,其腹背位或背腹位的X线片中发现心基部气管局部向左侧移位,足以诊断为PRAA。内窥镜检查可见心基部附近食道存在壁外狭窄(图31-3,例如,不是黏膜增生或瘢痕)。

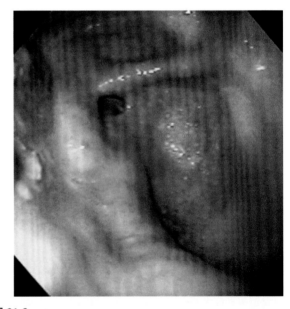

**图31-3**
因血管环异常导致食道管腔狭窄的患病动物内窥镜影像。血管环头侧可见严重的食道扩张,从而"勾勒"出了器官及主动脉。并不是所有的血管环都能引起这种能通过内窥镜观察到如此清晰结构的扩张。

### 治疗

手术切除异常的血管是必要的。保守性的饮食管理(如流质食物)对治疗本病并不合适,因为食道扩张会持续存在,并可能进一步恶化,特别是PRAA处易发生异物阻塞。饮食疗法对某些术后动物可能有帮助。

## 预后

大多数病患术后恢复很好,但有的术后临床症状改善轻微或没有改善。一些犬伴发食道无力,预后谨慎。如术后发生狭窄,可以考虑食道气囊术或二次手术。

## 食道异物
### (ESOPHAGEAL FOREIGN OBJECTS)

### 病因

几乎任何东西都可在食道中滞留,但锐物(如骨头、鱼钩)可能最常见。食团、毛球及玩具也有可能。多数阻塞发生在胸腔入口处、心基部或横膈前部。

### 临床特征

犬进食时辨别能力较差,易发生本病。临床上常见由食道疼痛引起的反流或厌食。急性反流(而不是呕吐)可提示食道内有异物。临床症状取决于阻塞部位、完全阻塞或部分阻塞、异物存在的时间,以及是否发生食道穿孔。完全阻塞可引起固体和液体反流,而部分阻塞可能会使一部分液体进入胃内。如果食道内异物压迫呼吸道或造成吸入性肺炎,可导致急性呼吸困难。食道穿孔常引起发热、沉郁和/或厌食,呼吸困难可能是由胸腔积液或气胸造成。很少发生皮下气肿。

### 诊断

胸部 X 线片可发现大多数食道异物(见图 29-2),但仍需要仔细找出家禽骨头或其他透射线的物体。排查食道穿孔(即气胸、胸腔积液、纵隔积液)也同样重要。食道 X 线检查很少有助于诊断本病;食道镜可用于本病的诊断且常用于治疗。

### 治疗

异物最好经内窥镜移除,除非异物在食道内卡得牢固无法取出或 X 线检查提示食道穿孔。虽然极少数小的食道穿孔可经药物治疗,但上述两种情况最好采用开胸手术。对于不易移除的异物,移除时不要用力过大,因为这样可产生或扩大穿孔。当确定异物无锐利边缘时,可将异物推进胃内。治疗时一定要小心,避免食道薄弱处破裂或造成张力性气胸。另一种可用于移除具

有平滑边缘的食道异物的方法,就是在食道内放置较大的 Foley 导管,将导管经过异物,给气囊充气,扩张食道,然后将导管(及异物)回抽出。Foley 导管同样可以帮助打开下食道括约肌,使异物易于推进胃内。

异物被移除后,用内窥镜复查由异物引起的损伤。重复胸部 X 线检查,排查气纵隔或气胸等穿孔的指征。异物移除后,根据损伤程度进行治疗,包括抗生素、质子泵抑制剂、促动力剂、埋置胃管和/或皮质类固醇[泼尼松龙,1.1 mL/(kg·d)]。如果发生穿孔,则常常需要使用开胸手术,以清除腐败组织残屑和闭合食道的缺损处。但对于没有引起纵隔感染的小穿孔,可放置胃管,然后观察穿孔是否会自愈。

### 预后

有食道异物而无穿孔的动物,预后一般良好。食道穿孔的动物,预后需视穿孔大小及胸部是否有感染或感染的严重程度而定,预后较谨慎。如黏膜大量损伤,则会形成瘢痕和梗阻。骨性异物、动物体型较小(例如低于 10 kg)及病程较长等因素会增加并发症的风险。

## 食道瘢痕
### (ESOPHAGEAL CICATRIX)

### 病因

任何原因(尤其是继发于异物或严重的胃食道反流)引起的严重的食道深部组织的炎症都可能会引发食道瘢痕化。

### 临床特征

犬猫均可发生食道瘢痕,主要症状是反流(特别是固体)。临床上某些动物表现厌食,因为在进食时,食物可滞留在食道狭窄处,强迫食道蠕动常引起疼痛。少见病患由于胃酸反流引起的鼻咽部瘢痕,从而出现喘鸣(见第 16 章)。

### 诊断

部分阻塞常难以诊断。诊断本病常需要食道阳性造影 X 线检查(常使用钡餐混合食物)(图 31-4)。食道镜可确诊本病。大型犬的食道部分狭窄可能不明显,除非内窥镜专家经验丰富,且对食道进行了仔细检查。

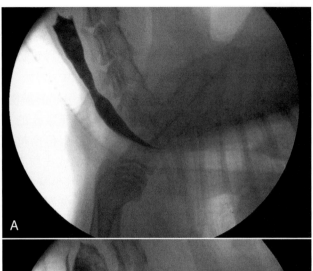

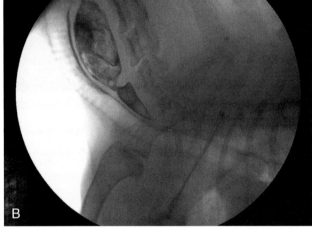

**图 31-4**

**A,**液体钡餐造影后的胸部侧位透视影像。可见钡餐造影剂的轻微狭窄,但不明显。**B,**液体钡餐混合灌装食物;颈部中段食道的狭窄明显可见。注意狭窄不在胸腔入口处,但在第一个影像中可能会怀疑狭窄在该处。

## 治疗

治疗包括纠正可疑病因(如食道炎)和/或采用气囊或探条扩张狭窄部。避免手术切除,因为在吻合处常发生医源性食道狭窄。气囊的优点是创伤轻、穿孔可能性小,在食道镜检查的同时就可以完成。临床上,血管成形术导管或食道扩张气囊比 Foley 导管更实用,因为前者在食道充气时不会滑至阻塞的一侧。探条扩张更容易引起破裂,但相对安全,如果操作人员训练有素得到同样的治疗效果。食道扩张后,常应用抗生素和/或皮质类固醇[泼尼松龙 1.1 mg/(kg·d)],以防感染及狭窄复发,但效果尚不明确。如发生食道炎,应积极治疗。有的动物进行一次气囊扩张即可治愈,但有些病患需要多次。

对于扩张术后狭窄复发的顽固病例,可能需要尝试进一步的治疗。可尝试经在内窥镜帮助下于病变内

注射类固醇,使用内窥镜勒除器及电刀对狭窄处分三份或四份切断,局部使用丝裂霉素 C 以及使用支架。每种方法都会使一些病例受益,但没有一种方法能保证一定有效,任何一种方法可能失败。

对于高风险动物(即严重食道炎或食道异物移除后的动物)应尽早确诊,并给予适当治疗,以降低形成狭窄的可能性。治疗食道炎可以减轻炎症和纤维结缔组织的形成。

## 预后

受影响的食道越短,治疗越早,预后越好。对于大面积成熟性狭窄和/或持续性食道炎的动物,往往需要多次扩张,预后需谨慎。大多数良性食道狭窄的动物预后较好,但技术方面的经验很重要。初学者在扩张气囊时很容易引起不必要的创伤,这样就会引起狭窄复发。但有些动物有必要长期使用胃管。

# 食道肿瘤
(ESOPHAGEAL NEOPLASMS)

## 病因

犬原发性食道肉瘤常由卢氏尾旋线虫引起。原发性食道癌的病因不明。老年犬的食道下括约肌处可见平滑肌瘤和平滑肌肉瘤。犬的甲状腺癌和肺泡癌可侵袭食道。鳞状上皮癌是猫最常见的食道肿瘤。

## 临床特征

犬猫原发性食道肿瘤在发展为晚期之前都有可能无临床症状。这些动物通常是拍摄胸部 X 线片诊断其他疾病时被偶然发现的。如肿瘤较大或造成食道功能障碍,则症状表现为反流、厌食和/或口臭。如果食道的临床症状是继发的,食道功能障碍或肿瘤可能影响其他组织而引起其他症状。

## 诊断

胸部 X 线平片检查在肺部尾侧可见一软组织密度影像。利用 X 线检查难以将这些肿瘤与肺部或纵隔内的病变区分开来,临床上常需要对比食道 X 线造影(图 31-5)或内窥镜(图 31-6)结果才能确诊。内窥镜学家可区分造成食道狭窄的是腔内团块还是腔外团块。在胃内翻转内窥镜尖端,是确诊食管下括约肌平滑肌瘤和贲门处平滑肌肉瘤的最好办法。

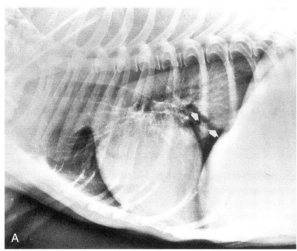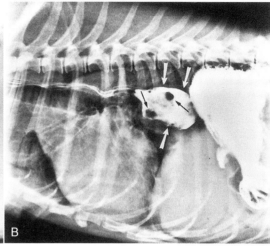

**图 31-5**

A，1 只之前未怀疑有食道肿瘤的犬胸部侧位 X 线片，肿物（箭头处）与食道的关系不清。B，同一犬的食道造影 X 线侧位片，表明食道扩张（大箭头处），扩张的区域内有充盈缺损（小箭头）。这只犬患有原发性食道癌。（图 A，摘自 **Allen D，editor：Small animal medicine，Philadelphia，1991，JB Lippincott.**）。

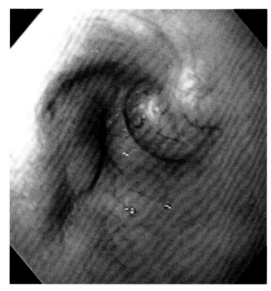

**图 31-6**

犬下食道括约肌的内窥镜影像。可见食道腔 3 点钟方向有一个肿物由管壁凸向管腔。

## 治疗

手术切除很少能治愈本病（食道下括约肌平滑肌瘤除外），因为当诊断出本病时，多数食道肿瘤发展为晚期。但是，手术切除是一种姑息疗法。光动力学疗法可能对犬猫食道浅表小肿瘤有一定疗效。食道下括约肌附近的手术，需要经验丰富的外科医生来操作。缺乏经验的外科医生手术时，可能会引起更多问题。

## 预后

预后常不良（平滑肌瘤除外）。

◆推荐阅读

Bexfield NH et al: Esophageal dysmotility in young dogs, *J Vet Intern Med* 20:1314, 2006.

Bissett SA et al: Risk factors and outcome of bougienage for treatment of benign esophageal strictures in dogs and cats: 28 cases (1995-2004), *J Am Vet Med Assoc* 235:844, 2009.

Buchanan JW: Tracheal signs and associated vascular anomalies in dogs with persistent right aortic arch, *J Vet Intern Med* 18:510, 2004.

Cannon MS et al: Clinical and diagnostic imaging findings in dogs with zygomatic sialoadenitis: 11 cases (1990-2009), *J Am Vet Med Assoc* 239:1211, 2011.

Davidson AP et al: Inheritance of cricopharyngeal dysfunction in Golden Retrievers, *Am J Vet Res* 65:344, 2004.

DeBowes LJ: Feline caudal stomatitis. In Bonagura JD et al, editor: *Current veterinary therapy XIV*, St Louis, 2009, Elsevier/Saunders.

Dewey CW et al: Mycophenolate mofetil treatment in dogs with serologically diagnosed acquired myasthenia gravis: 27 cases (1999-2008), *J Am Vet Med Assoc* 236:664, 2010.

Doran I et al: Acute oropharyngeal and esophageal stick injury in forty-one dogs, *Vet Surg* 37:781, 2008.

Fracassi F et al: Reversible megaoesophagus associated with primary hypothyroidism in a dog, *Vet Rec* 168:329, 2011.

Fraune C et al: Intralesional corticosteroid injection in addition to endoscopic balloon dilation in a dog with benign oesophageal strictures, *J Small Anim Pract* 50:550, 2009.

Gianella P et al: Oesophageal and gastric endoscopic foreign body removal complications and follow-up of 102 dogs, *J Small Anim Pract* 50:649, 2009.

Gibbon KJ et al: Phenobarbital-responsive ptyalism, dysphagia, and apparent esophageal spasm in a German Shepherd puppy, *J Am Anim Hosp Assoc* 40:230, 2004.

Gualtieri M: Esophagoscopy, *Vet Clin N Am* 31:605, 2001.

Gualtieri M et al: Reflux esophagitis in three cats associated with metaplastic columnar esophageal epithelium, *J Am Anim Hosp Assoc* 42:65, 2006.

Han E et al: Feline esophagitis secondary to gastroesophageal reflux disease: clinical signs and radiographic, endoscopic, and histopathologic findings, *J Am Anim Hosp Assoc* 39:161, 2003.

Harkin KR et al: Dysautonomia in dogs: 65 cases (1993-2000), *J Am Vet Med Assoc* 220:633, 2002.

Jergans AE: Diseases of the esophagus. In Ettinger SJ et al, editors: *Textbook of veterinary internal medicine*, ed 7, St Louis, 2010, Elsevier/Saunders.

Johnson BM et al: Canine megaesophagus. In Bonagura JD et al, editor: *Current veterinary therapy XIV*, St Louis, 2009, Elsevier/Saunders.

Leib MS et al: Esophageal foreign body obstruction caused by a dental chew treat in 31 dogs (2000-2006), *J Am Vet Med Assoc* 232:1021, 2008.

Mazzei MJ et al: Eosinophilic esophagitis in a dog, *J Am Vet Med Assoc* 235:61, 2009.

McBrearty AR et al: Clinical factors associated with death before discharge and overall survival time in dogs with generalized megaesophagus, *J Am Vet Med Assoc* 238:1622, 2011.

Niemiec BA: Oral pathology, *Top Companion Anim Med* 23:59, 2008.

Nunn R et al: Association between Key-Gaskell syndrome and infection by *Clostridium botulinum* type C/D, *Vet Rec* 155:111, 2004.

Poncet CM et al: Prevalence of gastrointestinal tract lesions in 73 brachycephalic dogs with upper respiratory syndrome, *J Small Anim Pract* 46:273, 2005.

Ranen E et al: Spirocercosis-associated esophageal sarcomas in dogs: a retrospective study of 17 cases (1997-2003), *Vet Parasitol* 119:209, 2004.

Rousseau A et al: Incidence and characterization of esophagitis following esophageal foreign body removal in dogs: 60 cases (1999-2003), *J Vet Emerg Crit Care* 17:159, 2007.

Ryckman LR et al: Dysphagia as the primary clinical abnormality in two dogs with inflammatory myopathy, *J Am Vet Med Assoc* 226:1519, 2005.

Sale C et al: Results of transthoracic esophagotomy retrieval of esophageal foreign body obstructions in dogs: 14 cases (2000-2004), *J Am Anim Hosp Assoc* 42:450, 2006.

Sellon RK et al: Esophagitis and esophageal strictures, *Vet Clin N Am* 33:945, 2003.

Shelton GD: Oropharyngeal dysphagia. In Bonagura JD et al, editor: *Current veterinary therapy XIV*, St Louis, 2009, Elsevier/Saunders.

Stanley BJ et al: Esophageal dysfunction in dogs with idiopathic laryngeal paralysis: a controlled cohort study, *Vet Surg* 39:139, 2010.

Warnock JJ et al: Surgical management of cricopharyngeal dysphagia in dogs: 14 cases (1989-2001), *J Am Vet Med Assoc* 223:1462, 2003.

Willard MD et al: Esophagitis. In Bonagura JD et al, editor: *Current veterinary therapy XIV*, St Louis, 2009, Elsevier/Saunders.

Wilson DV et al: Postanesthetic esophageal dysfunction in 13 dogs, *J Am Anim Hosp Assoc* 40:455, 2004.

# 第 32 章

# 胃部疾病
## Disorders of the Stomach

# 胃 炎
## (GASTRITIS)

## 急性胃炎
### (ACUTE GASTRITIS)

### 病因

急性胃炎的常见病因包括：食入变质或污染的食物、异物、有毒植物、化学品和/或刺激性药物[如非甾体类抗炎药(NSAIDs)]。犬猫常发感染性、病毒性和细菌性胃炎，但应区分这类疾病的病因。

### 临床特征

可能是因为犬对食物的辨别能力较差，所以急性胃炎更常见于犬。临床症状通常为急性呕吐，常呕吐出食物和胆汁，可能混有少量血液(常常是血斑而不是大量血)。患病动物常厌食，也可能会体虚。少见发热和腹痛。

### 诊断

除非看见动物食入一些刺激性物质，急性胃炎通常是通过了解病史和体格检查进行排除性诊断。如果动物病情严重或怀疑其他疾病，可对其进行腹部 X 线检查和/或临床病理学检查。一旦排除消化道异物、阻塞、细小病毒性肠炎、尿毒症、糖尿病酮症酸中毒、肾上腺皮质功能减退、肝病、高钙血症和胰腺炎后，则可初步诊断为急性胃炎。如在对症治疗和支持治疗 1～2 d 后，厌食/呕吐得到缓解，初诊则是正确的(但仍应考虑

急性胰腺炎，见第 40 章)。有些患犬在胃镜检查(不建议)时可见胆汁或胃糜烂/充血。

由于急性胃炎的诊断要排除其他原因，而且其症状在其他疾病(如异物、中毒)中也可出现，所以了解病史和体格检查十分重要。动物主人应注意监护动物，如动物病情恶化，或在 1～3 d 内病情没有改善，应进行影像学检查(最好是腹部超声)、CBC 和血清生化检查。

### 治疗

治疗主要是对患病动物进行肠外补液，24 h 内禁食禁水，往往可以控制呕吐。如果呕吐持续或加重，或因呕吐使动物精神沉郁，可肠外给予中枢性止吐药(如马罗皮坦、昂丹司琼)。患病动物开始进食时，应少量多次给予冷水。如动物饮水后未见呕吐，再饲喂少量刺激性小的食物(如 1 份干酪＋2 份马铃薯；1 份煮鸡肉＋2 份马铃薯)。一般很少应用抗生素和皮质类固醇。

### 预后

只要补液和保持电解质平衡，则预后良好。

## 出血性胃肠炎
### (HEMORRHAGIC GASTROENTERITIS)

### 病因

出血性胃肠炎的病因不明。

### 临床特征

犬出血性胃肠炎的症状比急性胃炎更严重，常引起动物大量呕血和/或便血。一般发生于不能食入垃圾物品的小型犬，本病发病急，可快速引起严重的临床

表现(严重脱水、弥散性血管内凝血、氮质血症)。有些严重病例,动物在就诊前就已经生命垂危。

## 诊断

患出血性胃肠炎的动物通常血液浓缩[即红细胞比容(PCV)≥55%],但血浆总蛋白浓度正常。可根据动物急性发作的典型临床症状和明显的血液浓缩对本病做出初诊。部分重症动物可见血小板减少、肾性或肾前性氮质血症。

## 治疗

积极补液以治疗或预防休克、灌注不良引起的弥散性血管内凝血,以及血容量减少引发的肾衰竭。经肠道外应用抗生素以控制肠道内厌氧菌的增殖,但其疗效并不确实。如果动物有严重的低蛋白血症,则可能需要补充合成胶体液或血浆。

## 预后

如果治疗及时,大多数动物预后良好。若治疗不当,动物可能会死于循环系统衰竭、DIC和/或肾衰竭。

# 慢性胃炎
(CHRONIC GASTRITIS)

## 病因

慢性胃炎有若干种类型(如淋巴细胞/浆细胞性、嗜酸性粒细胞细胞性、肉芽肿性、萎缩性)。淋巴细胞-浆细胞性胃炎可能是多种抗原产生的免疫反应和/或炎性反应。螺旋杆菌在有些动物(尤其是猫)中可引起此类反应,稀泡翼线虫(*Physaloptera rara*)在某些犬中也可引发此类反应。嗜酸性粒细胞性胃炎可能是某种由食物抗原引起的过敏反应。慢性胃炎和/或免疫反应都可导致萎缩性胃炎,三尖壶肛线虫可引起猫肉芽肿性胃炎。

## 临床特征

相对于犬来说,猫的慢性胃炎更常见,可能与慢性肠炎相关。患病犬猫最常见的症状是厌食和呕吐,呕吐频率从每周1次到1日多次不等。某些动物只表现轻度厌食,从表面上看是由于轻度恶心引起的。

## 诊断

虽然嗜酸性粒细胞性胃炎有时会引起外周嗜酸性

粒细胞增多,但临床病理学检查并不能确诊。有时超声检查可见胃壁黏膜层增厚。诊断本病需要对胃黏膜进行活检,内窥镜采样最简单有效。胃炎病灶可能会呈广泛分布或局灶性分布。可通过内窥镜可对整个胃黏膜表面进行多处活检;而手术活检时,术者并不清楚整个胃黏膜外观,且通常只能采取一处活检样本。不管胃黏膜外观如何,都应对胃壁组织进行活检。肠炎远比胃炎更常见(因此,十二指肠活检通常比胃活检更为重要)。胃淋巴瘤周围可见淋巴细胞性炎症,若活检样本采集不当,可能会将其误诊为炎性疾病。正确使用2.8 mm的活检管通常可避免这种误诊(除非肿瘤位于胃的肌肉层即平滑肌瘤)。对消化道组织做出有意义的组织病理学诊断通常很困难,如果诊断不符合病症,或治疗反应与诊断不相符(或对治疗无反应),临床兽医师应及时询问别的组织学专家的意见。如果怀疑有三尖壶肛线虫感染,应对呕吐物或胃冲洗液进行寄生虫检查,三尖壶肛线虫也可经胃活检检出。在内窥镜下可见到泡翼线虫的虫体。

## 治疗

有时单纯的饮食疗法(低脂肪、低纤维、排除饮食)对淋巴细胞-浆细胞性胃炎的治疗效果良好。如果此类治疗尚未达到预期效果,可同时使用皮质类固醇[如泼尼松龙,2.2 mg/(kg·d)]。在应用皮质类固醇时,采用饮食疗法可大幅度减少皮质类固醇的用量,以避免皮质类固醇的副作用。如必须使用皮质类固醇治疗,用药剂量应逐渐减少以确定最小有效量。类固醇治疗有临床效果后,不能快速降低剂量,否则临床症状容易复发,且比最初更难控制。在个别情况下,需要使用硫唑嘌呤或类似的药物(见第30章)。有时同时使用$H_2$受体拮抗剂或质子泵抑制剂有助于治疗。胃溃疡应按前面的讨论部分进行治疗。

严格的排除饮食疗法对犬嗜酸性粒细胞性胃炎有良好的治疗效果,如单纯的饮食疗法无效,可协同应用皮质类固醇[如泼尼松龙1.1～2.2 mg/(kg·d)],治疗常有效。猫的嗜酸性粒细胞性综合征对很多疗法都无反应。

萎缩性胃炎和肉芽肿性胃炎往往很难治愈。低脂肪和低纤维饮食(如1份干酪+2份马铃薯)有助于控制症状。抗炎、抗酸和/或促胃肠动力治疗对萎缩性胃肠炎有效,促胃肠动力可使胃排空,尤其是在夜间。肉芽肿性胃炎很少发生于犬猫,饮食疗法和皮质类固醇治疗效果均不佳。

## 预后

患淋巴细胞-浆细胞性胃炎的犬猫经适当治疗,通常预后良好。有的研究者认为猫患的淋巴细胞性胃炎可能会发展为淋巴瘤。但这也可能是最初对淋巴细胞性胃炎的错误诊断造成的,淋巴瘤的发生可能与胃炎并不相关。

犬嗜酸性粒细胞性胃炎经治疗后,通常预后良好。猫嗜酸性粒细胞性胃炎可视为嗜酸性粒细胞增多综合征的一部分,通常治疗效果不佳。如出现嗜酸性粒细胞增多综合征则预后谨慎或预后不良。

## 螺旋杆菌属相关疾病
### (HELICOBACTER-ASSOCIATED DISEASE)

### 病因

幽门螺杆菌是人胃黏膜内最主要的螺旋菌,而猫螺杆菌(Helicobacter felis)、Helicobacter heilmannii、Helicobacter bizzozeronii 和 Helicobacter salomonis 是犬猫主要的胃螺旋杆菌,但幽门螺杆菌很少在猫上发现。

### 临床特征

很多人感染幽门螺杆菌无症状,有症状的患者常因嗜中性粒细胞浸润引发胃溃疡及胃炎。这种细菌也可引起低级黏膜相关淋巴样组织(low-grade mucosal-associated lymphoid tissue,MALT)淋巴瘤,应用抗生素可治愈。大多数犬猫感染胃部的幽门螺杆菌常常无症状。有些病患可能表现恶心、厌食和/或与淋巴细胞和嗜中性粒细胞(偶尔)浸润相关的呕吐。由于大多数感染螺旋杆菌的动物不表现临床症状,所以其病因及症状不能与有症状的胃病明确区分。H. pylori 引起的猫组织损伤最重,H. felis 次之,H. heilmannii 最轻。有些病例表明,当清除螺旋杆菌后,一些动物的症状可得到缓解。不管动物"痊愈"是因为清除了螺旋杆菌还是因为清除了其他病原,但螺旋杆菌的确能导致一些动物发病。

### 诊断

对螺旋杆菌感染进行确诊需进行胃活检。病理学家采用特殊染色方法(如吉姆萨染色法、W-S 染色法)很容易识别螺旋杆菌。螺旋杆菌并非均匀分布于胃内,最好分别从胃体部、胃底部和胃窦采集活检标本。通过对胃黏膜进行细胞学检查(图 32-1),或检测胃黏膜尿素酶活性,同样能确诊该病(见第 29 章)。由于螺旋杆菌属的致病性尚不确定,在认定螺旋杆菌是病因前,最好先排除可以引起动物相同症状的其他更常见的病因。

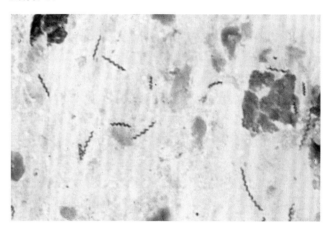

**图 32-1**
胃黏膜风干涂片,经内窥镜采集和 Diff-Quik 染色。由图可见大量的螺旋体。平滑肌瘤溃疡引起患犬呕吐,而螺旋体不是引起该动物疾病的原因(×1 000 倍)。

### 治疗

联合应用甲硝唑、阿莫西林和铋制剂(次水杨酸铋或次柠檬酸铋)对患病动物疗效良好。临床医生也可使用法莫替丁,但可能没有必要。在猫上,阿奇霉素及克拉霉素已经取代铋制剂。有些动物只对红霉素或阿莫西林有反应。治疗可能至少要持续 14 d。

### 预后

患有本病的动物如治疗确切,则预后良好。但由于螺旋杆菌与疾病的因果关系不确定,对治疗无效的动物应再次进行仔细检查,以确定是否患有其他疾病。患病动物治疗 6 个月后常常会复发,但不清楚是初次感染复发,还是外源病原菌的再次感染。

## 泡翼线虫
### (PHYSALOPTERA RARA)

### 病因

泡翼线虫是一种有间接生活史的线虫,甲虫和蟑螂是其中间宿主,而蛙、蛇、老鼠和鸟类可作为其虫载体转运宿主。

## 临床特征

即使1条线虫寄生于胃黏膜层也可引起顽固性呕吐。该寄生虫感染主要发生于犬。止吐药常无效。呕吐物中可能会含有胆汁,患病动物可能看起来很健康。

## 诊断

粪便中很少见到虫卵,但如需粪检,则需要用重铬酸钠或硫酸镁溶液来检测其中的虫卵。很多病例都是在做胃十二指肠镜检查时发现该寄生虫而确诊的(见图29-25)。引发临床症状的可能只是1条泡翼线虫,并且很难发现,尤其是当它附着于幽门部时。有时,可根据经验治疗(如本节所述)。

## 治疗

应用噻吩嘧啶或伊维菌素治疗本病通常有效。如内窥镜检查发现虫体,可用镊子清除。

## 预后

在清除和杀灭虫体后,动物即停止呕吐。

## 三尖壶肛线虫
### (OLLULANUS TRICUSPIS)

### 病因

三尖壶肛线虫有直接型生活史,通过呕吐物传播。

### 临床特征

三尖壶肛线虫最常感染猫,偶见犬和狐狸感染。该病主要临床症状为呕吐,但临床表现正常的猫也可能携带该虫体。感染猫有时可见大范围的胃黏膜损伤,也可能没有。

### 诊断

三尖壶肛线虫可在猫间可直接传播,因此猫舍最易促发传染。然而,与其他猫无接触的猫偶尔也可感染。利用解剖显微镜在胃冲洗液或呕吐物中检测到三尖壶肛线虫是诊断本病的最好方法。有时在胃黏膜活检样本中也可见此线虫。

### 治疗和预后

治疗方法尚不确定,但奥芬达唑(10 mg/kg 口服

每天2次,持续5 d)或芬苯达唑可能有效。有时动物因患严重胃炎而表现虚弱。

# 胃流出道梗阻/胃滞留
# (GASTRIC OUTFLOW OBSTRUCTION/GASTRIC STASIS)

## 良性幽门肌肥厚(幽门狭窄)
[BENIGN MUSCULAR PYLORIC HYPERTROPHY (PYLORIC STENOSIS)]

### 病因

良性幽门肌肥厚的病因尚不明确,但也有一些实验性研究表明:胃泌素可促发幽门狭窄。

### 临床特征

良性幽门肌肥厚常引起年轻动物的持续性呕吐(尤其是短头犬和暹罗猫),但任何动物都可发生。这些动物通常在进食后不久即呕吐食物,呕吐有时呈喷射状。动物在其他方面表现正常,但可能有体重减轻的现象。有些幽门狭窄的猫呕吐频繁,从而继发食道炎、巨食道和反流,而使临床表现具有迷惑性。有时发生低氯血症－低钾血症性代谢性碱中毒,但与胃流出道梗阻不相符且症状具有非特异性(有时也可能是因为利尿剂的使用)。

### 诊断

诊断幽门狭窄,首先要通过X线平片、钡餐造影(图32-2)、超声、胃十二指肠镜和/或手术探查找出胃流出道梗阻,然后再通过活检排除幽门黏膜的浸润性疾病。内窥镜下可见幽门处正常黏膜皱褶增多。手术探查时,浆膜看起来正常,但触诊幽门壁通常增厚。手术医师可打开胃部并尝试用手指通过幽门评价其开放程度。也应排除消化道外疾病引起的呕吐(见框28-6)。

### 治疗

可通过手术矫正。幽门成形术(如Y-U成形术)比幽门肌切开术更有效。然而,幽门成形术或幽门切开术操作不当可导致穿孔或梗阻。有些临床医生在开腹探查手术不能找到呕吐的病因时会进行这些手术中的一种。这种治疗方式极为不好,不提倡这种做法。

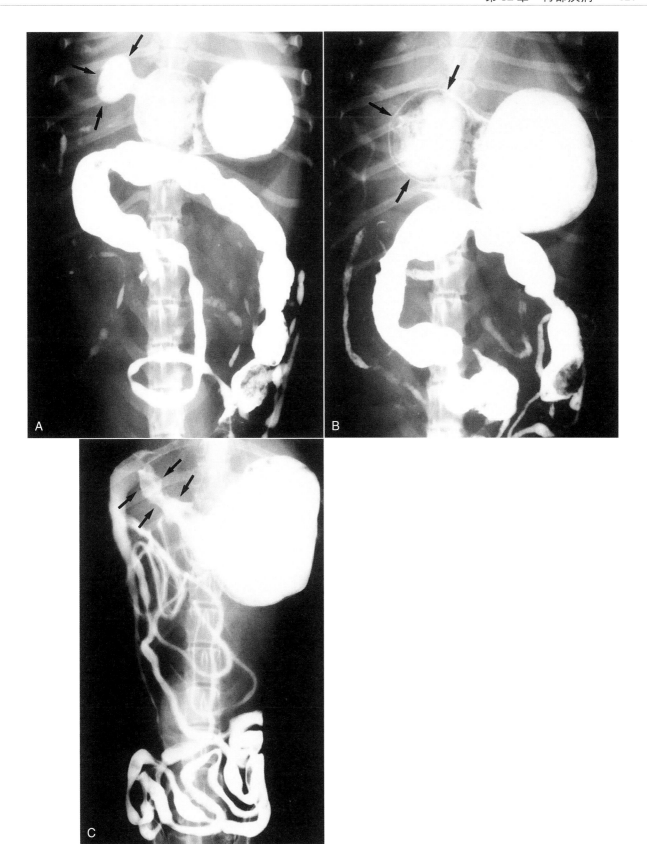

**图 32-2**

**A** 和 **B**,患有胃流出道梗阻犬的腹部腹背位造影 X 线片。这些 X 线片是喂服钡餐大约 **3 h** 后拍摄的。虽然胃蠕动明显但还是存在胃排空不全的情况。注意胃窦内钡餐影像的轮廓平滑(箭头),与 C 形成对比。这是一个幽门狭窄的病例。**C**,胃腺癌患犬的背腹位造影 X 线片。胃窦轮廓不规则,且没有扩张(箭头)。多张 X 线片出现持续扩张不良,指示浸润性病变。

## 预后

手术可治愈,预后良好。

# 胃窦黏膜肥厚
## (GASTRIC ANTRAL MUCOSAL HYPERTROPHY)

## 病因

胃窦黏膜肥厚是一种特发性疾病。过多的非肿瘤性黏膜堵塞远端胃窦,导致胃流出道梗阻(图 32-3)。本病与良性幽门肌狭窄不同,良性幽门肌狭窄病因是黏膜下层增厚而形成皱褶。

## 临床特征

主要发生于老龄的小型犬,胃窦肥厚与幽门狭窄临床症状相似(即临床上动物常呕吐食物,尤其是在喂食后)。

## 诊断

诊断胃流出道堵塞可采用 X 线检查、超声检查或胃镜,但确诊胃窦黏膜肥厚则需要活检。内窥镜下,胃窦黏膜冗长,看起来像黏膜下肿瘤引起黏膜褶皱的旋转。有些病例中,黏膜会明显变红发炎。然而胃窦黏膜肥厚患犬的黏膜不像浸润性癌症或平滑肌瘤一样结实或坚硬。如果手术时发现胃窦黏膜肥厚,应不会出现指示肿瘤或恶性幽门狭窄的黏膜下浸润或黏膜增厚的征象。明确区分黏膜肥厚与其他疾病很关键,可给予适当治疗建议(如胃癌预后极差,且不建议手术)。

## 治疗

胃窦黏膜肥厚通过黏膜切除术治疗,常常同时进行幽门成形术。单纯幽门肌切开术常不足以解决黏膜肥厚引起的临床症状。

## 预后

预后良好。

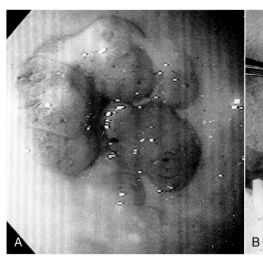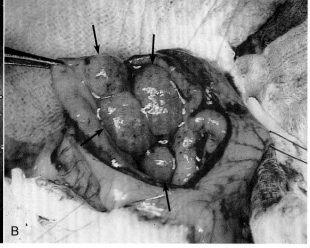

图 32-3

**A,**胃窦黏膜肥厚患犬幽门区的内窥镜检查图像。如未进行活检,这些褶皱可能很容易被误诊为肿瘤。**B,**患犬幽门开放术的术中照片。注意:由于胃窦黏膜肥厚造成许多黏膜皱褶突出(箭头处)。

# 胃内异物
## (GASTRIC FOREIGN OBJECTS)

## 病因

可通过食道的异物可能会成为胃内或肠内异物,因此呕吐可能是由胃流出道梗阻、胃扩张或胃内刺激引起的。起源于幽门的线性异物可能会引起肠道穿孔,继发腹膜炎,必须快速解决。

## 临床特征

由于犬进食时辨别性差,因此犬胃内异物比猫常见。主要临床表现为呕吐(而不是反流),但有的动物仅仅表现厌食,也有的动物并无症状。

## 诊断

表现为急性呕吐但无其他临床症状的动物提示可

能摄入异物,尤其是幼犬。临床医师在体格检查时也许能触诊到异物,或在X线平片上看到异物。影像学检查和内窥镜检查是诊断本病最可靠的方式。然而,如果胃内充满大量食物,则很难进行诊断。有些疾病症状与异物引起的梗阻特别相似。尤其是犬细小病毒性肠炎,最初可能引起强烈呕吐,但是这阶段并不会在粪便中检查到病毒性颗粒。胃液丢失会导致高钾血症-低氯血症代谢性碱中毒。不只是胃流出道梗阻能引起胃液丢失(任何原因的呕吐都有可能),但并不是所有胃流出道梗阻的动物都有这些电解质的紊乱。利尿药过度使用也可导致致命性电解质紊乱。因此,电解质紊乱对胃流出道梗阻的诊断既不敏感又缺乏特异性。

## 治疗

虽然较小的异物可能不会引起损伤,能够通过胃肠道,但如怀疑动物胃内存在异物,建议取出。如果临床医师确信通过强制呕吐排出异物时不会造成损伤(即异物边缘不尖锐或足够小可以通过消化道),可以进行诱导呕吐[如阿扑吗啡用于犬剂量为0.02或0.1 mg/kg,分别静脉给药或皮下注射;过氧化氢(3%)用于犬剂量为1~5 mL/kg,口服;赛拉嗪用于猫的剂量为0.4~0.5 mg/kg,静脉给药]来清除异物。如果怀疑诱导呕吐的安全性,则采用内窥镜或手术清除异物。

在动物麻醉进行手术或内窥镜检查前,应检查其电解质和酸碱状态。虽然电解质的改变很常见(如低血钾),但不能准确预见。严重低钾血症极易引起心律不齐,所以在诱导麻醉前应予以矫正。

内窥镜清除异物需要有一个易弯的内窥镜和适宜的检查钳。在动物被麻醉前,应为其拍摄X线片以确保异物仍在胃内。避免夹着异物的抓钳划破食道。如使用内窥镜无法清除异物,应实施胃切开术。

## 预后

除动物虚弱或胃穿孔后继发败血性腹膜炎外,一般预后良好。

# 胃扩张/扭转
(GASTRIC DILATION/VOLVULUS)

## 病因

导致胃扩张/扭转(gastric dilation/volvulus,GDV)的病因尚不明确,可能与胃动力异常有关。本病的发生可能与胸型有一定关系,如爱尔兰赛特犬为深胸犬,更易发生GDV。如犬的父母曾患过GDV,也可增加该犬发病的风险。如今对于犬GDV的发病原因仍存在争议。如动物每次进食太多、每天进食一次、进食过快、体重较轻、从高台上进食、雄性、年长及脾气暴躁都可增加患病风险。饲喂高脂肪含量的干粮也可能增加患病风险。当胃因气体过多而过度扩张时,就会发生GDV。胃可能维持正常的解剖学位置(胃扩张)或发生胃扭转。发生胃扭转时,幽门从腹中线右侧胃体下方移到体中线左侧贲门背侧。如胃完全扭转,胃流出道会发生梗阻,使胃扩张积气进一步加剧。该病可能会伴发脾扭转,即脾脏扭转至腹部右侧。胃扩张严重时,可引起肝门静脉和后腔静脉阻塞,导致肠系膜充血、心输出量减少、严重休克和DIC。胃部血液供应减少可导致胃壁坏死。

## 临床特征

GDV主要发生于大型和巨型深胸犬,在小型犬或猫几乎不发生。患犬的典型症状是干呕,可能表现腹痛,随后可见明显的前腹扩张。然而,肌肉发达的犬腹胀不一定明显。最后患犬沉郁,处于濒死状态。

## 诊断

体格检查可对GDV做出初诊(即前腹部严重扩张的大型犬干呕),但不能对胃扩张和GDV加以区分。确诊需拍摄腹部右侧位X线片。胃扭转可见幽门移位,和/或在胃阴影处形成组织分隔(图32-4)。不能依靠是否能插入胃管来区分胃扩张与胃扩张/扭转。

## 治疗

治疗包括积极治疗休克(输注羟乙基淀粉或高渗盐水,可对休克做出及时有效的治疗),然后进行胃部减压。而对于窒息动物,应首先进行胃部减压。胃部减压通常使用胃管来完成,之后用温水灌洗以清除内容物。胃扩张及许多患GDV的犬也可采取此法减压。由胃扩张导致的肠系膜充血常易发生感染和内毒素血症,可使用全身性抗生素治疗(如头孢唑林20 mg/kg,静脉给药)。治疗过程中应评估动物血清电解质和酸碱状态。

如遇阻力,不要强行将胃管插入胃内,因为它可引起下段食道破裂。如胃管不能进入胃部,可在左侧肋弓后部用一大号针(如3英寸的12~14号针)刺入左侧肋间隙的胃部以减压(常引起腹部污染),或在左侧腰椎旁做一个暂时性胃造口术[即胃壁与皮肤缝合,然后切开胃以排除其中积聚的气体和其他内容物(现在很少这样做)]。动物稳定后治疗的第二步为关闭暂时胃造口(如果存在),胃复位、切除脾脏(若大部分梗死)、对坏死的胃壁进行切除或内陷术,并进行胃固定术。胃固定术(如切除、肋环、带环、胃瘘管)有助于防止扭转复发,可延长病犬的存活期。另一种办法是在动物稳定之前,胃部减压后,立即进行剖腹术。先稳定动物还是立即进行手术,取决于病犬就诊时的状态和稳定后麻醉风险是否降低。

若犬患有 GDV(见图 32-4),需要通过手术将胃复位,随后进行胃固定术以防止复发。如果能承受麻醉风险,手术应尽快进行,因为扭转会减少胃壁灌流,引起坏死(即使在胃部减压时)。胃壁坏死区应切除,或最好进行内陷术以防止穿孔和腹部污染。对于患有胃扩张而无扭转的患犬,当患犬症状完全恢复后,可选择做胃固定术。胃固定术可防止扭转但不能防止扩张。

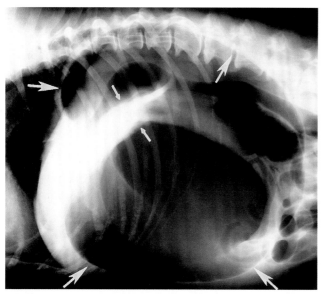

**图 32-4**
**GDV 患犬的侧位 X 线片。图中显示胃扩张(大箭头),并有"架子"样组织(小箭头),证实胃变位。右侧位 X 线片表现这一结构比其他体位好。如果胃同样出现扩张,但是没有移位,应诊断为胃扩张。**

术后,利用心电图对动物监护 48~72 h。若心律不齐致使患病动物心输出量减少(见第 4 章),可利用利多卡因、盐酸普鲁卡因胺和/或索他洛尔对其进行治疗。临床上常见低钾血症,导致的心律失常可用药物进行控制,因此要纠正低钾血症。连续检测血浆乳酸盐浓度可指示是否需要采取更积极的液体疗法。

该病病因尚不明确,且很难预防。虽然在采食后避免运动和饲喂软化食物可能有用,但没有数据证实这一推测。预防性胃固定术(常常在做绝育手术时进行)可用于有患病风险的动物。

## 预后

预后取决于诊断和治疗的速度。据报道,本病的死亡率为 10%~45%。越早治疗预后越好,然而从发病开始至兽医院就诊期间的时间延迟多于 5~6 h,低体温、低血压、术前心律失常、胃壁坏死、腹膜炎、败血症、严重 DIC,加上部分胃切除术及脾脏摘除术,以及术后发生急性肾衰会使预后恶化。术前血清乳酸浓度升高曾被认为有预兆性,但现在认为乳酸浓度的变化(即降低幅度大于 50%)常提示预后较差。虽然进行了胃固定术,但是少数情况下仍会复发。对于患有 GDV 高风险的犬,可进行预防性的胃固定术。腹腔镜辅助的胃固定术是侵入性最小的方式。

## 部分或间歇性胃扭转
**(PARTIAL OR INTERMITTENT GASTRIC VOLVULUS)**

### 病因

导致部分或间歇性胃扭转的病因可能与典型的 GDV 相同。

### 临床特征

部分或间歇性胃扭转患犬不会出现典型的 GDV 发病时那种威胁生命的渐进性症状。部分胃扭转的易发品种与 GDV 相似,但通常呈慢性、间歇性,且难以诊断。本病可能反复发作,自行恢复,在两次发作期间患犬可能表现正常。有些犬有持续性无扩张的胃扭转,且无临床症状。

### 诊断

常采用 X 线平片进行诊断(图 32-5),但有可能需要重复放射检查和/或造影检查。内窥镜检查几乎不能诊断慢性扭转。在扩张积气的胃内操作胃镜有可能(很少病例)引起暂时性胃扭转,所以临床医生很难区分自发性和医源性胃扭转。

### 治疗

诊断后,进行手术复位和胃固定术常可治愈。

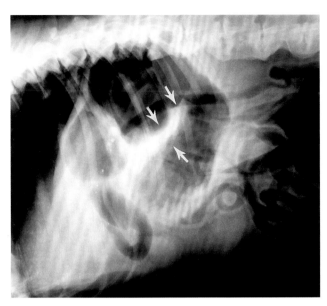

**图 32-5**
爱尔兰赛特犬腹部侧位 X 线片，该犬因胃扭转引发慢性呕吐，但没有胃扩张。"架子"样组织（箭头）证实发生了胃扭转。

### 预后

只要查明问题所在并且手术得当，通常预后良好。

## 特发性胃动力不足
(IDIOPATHIC GASTRIC HYPOMOTILITY)

### 病因

特发性胃动力不足是无机械性梗阻、炎性疾病或其他疾病时，以胃排空和动力不足为特征的综合征。

### 临床特征

临床上主要见于犬。该病患犬常在进食后数小时发生呕吐，但是其他方面正常。患犬体重可能减轻或正常。

### 诊断

透视检查可证实胃动力减退，但确诊需要排除胃流出道梗阻、浸润性肠道疾病、腹部炎性疾病及消化道之外的疾病（如肾病、肾上腺疾病或肝功能衰竭；严重的低钾血症或高钙血症）。

### 治疗

胃复安（表 30-3）可增强部分犬的胃蠕动。若无效，可使用西沙必利或红霉素。低脂肪和低纤维的饮食可促进胃排空，对治疗可起辅助作用。

### 预后

药物治疗有效的患犬，预后良好；药物治疗无效的患犬，即使症状不明显其预后也不良。

## 胆汁性呕吐综合征
(BILIOUS VOMITING SYNDROME)

### 病因

胆汁性呕吐综合征可能由胃空虚时间过长（如整晚禁食）引起胃十二指肠反流所致。

### 临床特征

胆汁性呕吐综合征常发生于其他方面健康，但每天只在早上饲喂一次的犬，这类犬典型的表现是每天呕吐一次含有胆汁的液体，时间一般在夜间或早上进食前。

### 诊断

临床医师必须排除梗阻、胃肠道炎症及消化道以外的疾病后，结合强烈指示胆汁性呕吐综合征的病史再做出诊断。

### 治疗

晚上多饲喂一次，防止胃长时间空虚，通常即可治愈。若继续呕吐，可在晚间应用促胃动力剂以防止反流。

### 预后

预后非常好。多数病犬治疗有效，而且那些治疗有效的犬在其他方面一般都表现健康。

## 胃肠道溃疡/糜烂
(GASTROINTESTINAL ULCERATION/EROSION)

### 病因

犬的胃肠道溃疡/糜烂（Gastrointestinal ulceration/erosion，GUE）比猫常见，此病的病因有多种。应激性溃疡是由严重的低血容量性、败血性或神经源性休克引起的，如发生创伤、手术或内毒素血症后。这些溃疡主要发生在胃窦、胃体和/或十二指肠。患犬用力过度(如雪橇犬及其他工作犬)引起的胃溃疡/糜烂主要发生在胃体和胃底,原因可能是由于灌注不足、糖皮质激素循环水平升高、核心体温的变化和/或饮食(即高脂肪饮食减缓排空)的影响。

NSAIDs(如阿司匹林、布洛芬、萘普生、吡罗昔康、氟尼辛)是犬 GUE 的主要病因,因为这些药物在犬的半衰期比人长。其中萘普生、布洛芬、消炎痛及氟尼辛对犬尤其危险。同时使用一种以上 NSAIDs,再加上皮质类固醇(尤其是地塞米松)药物,会增加动物患 GUE 的风险[泼尼松配合超低剂量阿司匹林(0.5 mg/kg)除外]。新的 COX-2 选择性 NSAIDs(如卡洛芬、地拉考昔、美洛昔康、依托度酸、菲罗考昔)引起 GUE 的可能性较低。然而,这些药物仍有一些抗 COX-1 的活性,如果这些药物使用不当可引起 GUE 和胃穿孔(如过量使用、同时使用其他 NSAIDs 或皮质类固醇类药物)。内脏灌流不足(如心衰、休克)的动物使用 NSAIDs 时,也可增加患 GUE 的风险。很多糖皮质激素类药物(即泼尼松龙、泼尼松)很少能引起 GUE,除非动物有高 GUE 风险(如休克或贫血导致的胃黏膜层缺氧)。然而地塞米松及高剂量甲强龙琥珀酸钠有明确的致溃疡作用。与COX-2 NSAIDs 不同的是,5-脂氧合酶抑制剂(如替泊沙林)对患病动物来说较为安全。

肥大细胞瘤能释放组胺(尤其是经放射治疗和化学治疗后),组胺可诱使胃酸分泌。胃泌素瘤是主要在胰腺中发现的胺前体摄取脱羧细胞瘤,一般发生在老年犬,而猫少见。这些肿瘤分泌胃泌素,从而引发严重的胃酸过多、十二指肠溃疡、食道炎和腹泻。

肾衰很少引发 GUE,但肝衰是犬 GUE 的一大诱因。异物很少引起 GUE,但异物可影响本病的治愈和增加溃疡处出血。炎性肠病可能与 GUE 有关,虽然大多数患炎性肠病的动物未见 GUE。胃肿瘤和其他浸润性疾病(如腐霉病)也可引发 GUE。肿瘤是猫和老年犬 GUE 很重要的一大病因。

## 临床特征

犬 GUE 较猫常见。主要症状是厌食。患病动物发生呕吐时,可能会有出血(即新鲜血或经消化的血)。偶尔发生贫血和/或低蛋白血症,并可出现一些相关症状(即水肿、黏膜苍白、虚弱、呼吸困难)。如果在短时间内有严重血液丢失,就可能出现黑粪症。多数 GUE 患犬,即使病情严重,在腹部触诊时也不表现疼痛。胃穿孔的症状可能与继发的败血性腹膜炎有关。一些溃疡在发生穿孔出现全身性腹膜炎发生前可自行闭合。在这种情况下,溃疡处可进一步发展为小脓肿,从而引起腹部疼痛、厌食和/或呕吐。

## 诊断

无凝血障碍的动物如发现胃肠出血(如呕血、黑粪症、缺铁性贫血、再生性贫血伴随低白蛋白血症)即可初诊为 GUE。然而,即便没有血液丢失也并不能降低GUE 的概率。根据病史及体格检查可分辨原因(如应激、MSAID 药物的使用、肥大细胞瘤)。穿孔可引起腹膜炎、急腹症及败血症。由于肥大细胞瘤与很多皮肤病变相似(尤其是脂肪瘤),所有的皮肤肿块或结节都应进行细胞学检查。肝衰竭常可通过生化检查来诊断。造影检查可诊断异物,但很少能显示 GUE(图 32-6)。超声检查有时可发现胃壁增厚(就像浸润性疾病所见的)和/或黏膜层损伤。内窥镜是诊断 GUE 的最敏感和最特异的工具(见图 29-18 至图 29-21),且配合活组织检查可用于诊断肿瘤(见图 29-20)、异物(见图29-24)和炎性疾病引起的 GUE。如果发现十二指肠糜烂,内窥镜检查可提示胃泌素瘤。如怀疑胃泌素瘤或未见其他病因,可测定血清胃泌素浓度。

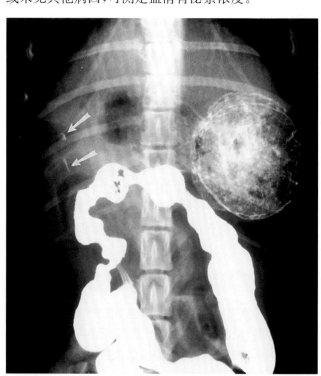

**图 32-6**
持续性呕吐患犬的钡餐造影后腹背位 X 线片。小的条状物表示幽门部有钡餐滞留(箭头),且多次拍片这个区域都一直存在。内窥镜检查和手术确认该处有 1 个大的已穿孔又自行闭合的溃疡。这张 X 线片表明 X 线在诊断胃肠道溃疡时难度相当大。

## 治疗

治疗取决于 GUE 的严重程度和是否查明潜在病因。若临床兽医师清楚病因,对于疑似 GUE 且无生命危险的患犬(即无严重贫血、休克、败血症、严重腹痛或沉郁),可先对其进行对症治疗。

对症治疗[如抗酸治疗(H2 受体拮抗剂或质子泵抑制剂)或使用硫糖铝]一般疗效佳。其他治疗应该针对消除潜在病因(如 NSAIDs、休克)及一切胃内异物。如适当药物治疗 5～6 d 后仍不见效,或出现危及生命的出血,临床医生应该切除溃疡。在进行手术前应对胃部进行内窥镜检查,以确定溃疡的数量及位置,因为开腹手术过程中极其容易遗漏溃疡。

患胃泌素瘤的动物使用质子泵抑制剂治疗后,通常可缓解数月(表 30-4)。

GUE 的预防重于治疗。合理使用 NSAID 及类固醇治疗很重要。在预防地塞米松导致的 GUE(及其他类固醇类药物比如泼尼松龙及泼尼松引起较小的患病风险)时达不到很好的效果。硫糖铝(胃溃宁,见表 30-5)和 H2 受体拮抗剂(表 30-4)用于预防使用 NSAIDs 治疗的犬出现 GUE,但是没有证据表明这些药物是有效的预防性因素。质子泵抑制剂可有效地预防雪橇犬及工作犬应激导致的溃疡,它们可能在预防 NSAID 引起的 GUE 方面也有效,但尚不明确。米索前列醇(见表 30-5)在预防 NSAIDs 引起的溃疡时比其他药物有效,但它不能有效预防所有 NSAIDs 导致的 GUE。

## 预后

如潜在病因得到控制,且治疗阻止了溃疡穿孔,则预后良好。

# 浸润性胃病
## (INFILTRATIVE GASTRIC DISEASES)

## 肿瘤
### (NEOPLASMS)

### 病因

肿瘤性浸润(如犬腺癌、淋巴瘤、平滑肌瘤、平滑肌肉瘤和犬间质瘤,猫淋巴瘤)通过直接性黏膜破裂可引发 GUE。胃淋巴瘤是一种典型的弥散性损伤,但可产生肿块。良性胃息肉的病因及意义尚不明确。这些肿瘤似乎更常见发生于胃窦。

### 临床特征

胃部有肿瘤的犬猫常无症状,直到疾病晚期才表现出症状。最常见的临床症状为厌食(无呕吐)。胃肿瘤所致呕吐常意味着疾病进入晚期,或胃流出道梗阻。腺癌呈典型的浸润性,它通过降低胃动力和/或阻塞胃流出道而使胃排空减少。营养流失或癌症恶病质综合征常导致体重减轻。偶见呕血,平滑肌瘤常引起严重的急性上消化道出血。即使胃肠道出血不明显,其他胃部肿瘤常也能引起缺铁性贫血。除阻塞幽门外,息肉很少引起其他症状。

### 诊断

无明显失血的犬猫发生缺铁性贫血,常提示有胃肠道出血,一般由肿瘤引起。再生性贫血伴随低白蛋白血症也提示失血,当铁缺乏时,发病更急。平片和造影检查可能揭示胃壁增厚、活力减弱和/或黏膜不规则。黏膜下层腺癌的唯一症状是某处因扩张而衰竭(图 32-2,C)。胃壁增厚处进行超声引导下细针抽吸,可对腺癌或淋巴瘤做出诊断。内窥镜检查可见多个黏膜皱褶蔓延进入管腔,没有溃疡或糜烂。

大部分肿瘤在内窥镜检查时很容易看到。用内窥镜对病灶进行活检时,采集的样本必须足够深,以确保样本包含黏膜下层组织。此外,硬癌性腺癌可能很厚,用内窥镜软镜检查钳很难采集到有诊断价值的活检标本。总体外观(即伴中心硬黑的增厚溃疡病变)很有指示意义。同样,平滑肌瘤、平滑肌肉瘤和间质瘤的大体外观很有指示意义(如黏膜下层肿块挤向腔内,表面黏膜层外观相对正常,常常伴有 1 个或多个明显的溃疡)。通过内窥镜软镜检查钳可以很容易地取到黏膜淋巴瘤和非硬性腺癌的组织样本。息肉在内窥镜检查时很明显,但是也应该取得活检样本来评估以确保没有出现腺癌。

### 治疗

大多数腺癌在临床症状明显时,都已经到了晚期,很难通过手术彻底切除,甚至无法切除。相比而言,平滑肌瘤和平滑肌肉瘤更可能被切除。胃十二指肠吻合术可以缓解由不可切除的肿瘤导致的胃流出道梗阻。除犬猫淋巴瘤外,其他肿瘤化疗意义不大。

## 预后

腺癌和淋巴瘤除非在及早期时发现，否则往往预后不良。如诊断及时，平滑肌瘤和平滑肌肉瘤可经手术治愈。猫的低分化、单发胃淋巴瘤与人类的由螺旋杆菌引起的、黏膜相关淋巴样组织相关的淋巴瘤相似，手术和/或抗生素治疗可能会有效果。胃息肉如不造成胃流出道梗阻，一般没必要进行切除。

# 腐霉病
（PYTHIOSIS）

## 病因

腐霉病是一种由腐霉菌属真菌引起的疾病。该菌首次在美国东南部墨西哥岸地区发现，但是从东海岸至西海岸都能发现该菌踪迹。该菌可感染消化道或皮肤任何部位。该菌引起的典型病变包括严重的黏膜下纤维结缔组织浸润和化脓性、嗜酸性、肉芽肿性炎症，可导致 GUE。这些浸润抑制胃蠕动，导致胃停滞。

## 临床特征

本病主要感染犬，典型症状是呕吐、厌食、腹泻和/或体重减轻。因为胃流出道梗阻频发，常见呕吐。结肠受侵袭后会导致里急后重和便血。

## 诊断

诊断需要血清学、细胞学或组织病理学检查。酶联免疫吸附试验（ELISA）及聚合酶链式反应（PCR）可分别用来检测抗体和抗原。因为病原菌存在于黏膜下层（而不是黏膜层）的可能性更大，所以采集活检样本时要包含黏膜下层。由于浸润部位致密，用内窥镜软镜很难采集到足够深的样本，所以活检样本可用硬质内窥镜采得。用手术刀刮取切除的黏膜下层组织样本，可用于细胞学诊断。利用经典的罗曼诺夫斯基染色法染色时，菌丝就像"鬼魂"一样，不着色，强烈提示本病。在即使样本较大，也可能因样本中菌丝稀疏而导致难以发现菌丝。

## 治疗

彻底手术切除是治愈本病最好的方法。伊曲康唑（5 mg/kg，口服，q 12 h）或脂性的两性霉素 B（每次 2.2 mg/kg）联用/不联用特比萘酚，或许对一些不同

发病时期的动物有效果。最近一些免疫抑制疗法可被用于治疗疾病，但临床效果无从考证。

## 预后

本病常扩散到不能被外科手术切除的部位（如肠系膜根部、围绕胆管的胰腺），从而导致预后不良。

◆推荐阅读

Beck JJ et al: Risk factors associated with short-term outcome and development of perioperative complications in dogs undergoing surgery because of gastric dilatation-volvulus: 166 cases (1992-2003), J Am Vet Med Assoc 229:1934, 2006.

Bergh MS et al: The coxib NSAIDs: potential clinical and pharmacologic importance in veterinary medicine, J Vet Intern Med 19:633, 2005.

Bilek A et al: Breed-associated increased occurrence of gastric carcinoma in Chow-Chows, Wien Tierarzti Mschr 94:71, 2007.

Boston SE et al: Endoscopic evaluation of the gastroduodenal mucosa to determine the safety of short-term concurrent administration of meloxicam and dexamethasone in healthy dogs, Am J Vet Res 64:1369, 2003.

Bridgeford EC et al: Gastric Helicobacter species as a cause of feline gastric lymphoma: a viable hypothesis, Vet Immunol Immunopathol 123:106, 2008.

Buber T et al: Evaluation of lidocaine treatment and risk factors for death associated with gastric dilatation and volvulus in dogs: 112 cases (1997-2005), J Am Vet Med Assoc 230:1334, 2007.

Case JB et al: Proximal duodenal perforation in three dogs following deracoxib administration, J Am Anim Hosp Assoc 46:255, 2010.

Cohen M et al: Gastrointestinal leiomyosarcoma in 14 dogs, J Vet Intern Med 17:107, 2003.

Dowers K et al: Effect of short-term sequential administration of nonsteroidal anti-inflammatory drugs on the stomach and proximal portion of the duodenum in healthy dogs, Am J Vet Res 67:1794, 2006.

Glickman LT et al: Incidence of and breed-related risk factors for gastric dilatation-volvulus in dogs, J Am Vet Med Assoc 216:40, 2000.

Glickman LT et al: Non-dietary risk factors for gastric dilatation-volvulus in large and giant breed dogs, J Am Vet Med Assoc 217:1492, 2000.

Graham A et al: Effects of prednisone alone or prednisone with ultralow-dose aspirin on the gastroduodenal mucosa of healthy dogs, J Vet Intern Med 23:482, 2009.

Grooters AM et al: Development and evaluation of an enzyme-linked immunosorbent assay for the serodiagnosis of pythiosis in dogs, J Vet Intern Med 16:142, 2002.

Hensel P et al: Immunotherapy for treatment of multicentric cutaneous pythiosis in a dog, J Am Vet Med Assoc 223:215, 2003.

Jergens A et al: Fluorescence in situ hybridization confirms clearance of visible Helicobacter spp associated with gastritis in dogs and cats, J Vet Intern Med 23:16, 2009.

Lascelles B et al: Gastrointestinal tract perforation in dogs treated with a selective cyclooxygenase-2 inhibitor: 29 cases (2002-2003), J Am Vet Med Assoc 227:1112, 2005.

Leib MS et al: Triple antimicrobial therapy and acid suppression in dogs with chronic vomiting and gastric *Helicobacter* spp, *J Vet Intern Med* 21:1185, 2007.

Levine JM et al: Adverse effects and outcome associated with dexamethasone administration in dogs with acute thoracolumbar intervertebral disk herniation: 161 cases (2000-2006), *J Am Vet Med Assoc* 232:411, 2008.

Lyles S et al: Idiopathic eosinophilic masses of the gastrointestinal tract in dogs, *J Vet Intern Med* 23:818, 2009.

MacKenzie G et al: A retrospective study of factors influencing survival following surgery for gastric dilation-volvulus syndrome in 306 dogs, *J Am Anim Hosp Assoc* 46:97, 2010.

Neiger R et al: *Helicobacter* infection in dogs and cats: facts and fiction, *J Vet Intern Med* 14:125, 2000.

Peters R et al: Histopathologic features of canine uremic gastropathy: a retrospective study, *J Vet Intern Med* 19:315, 2005.

Raghavan M et al: Diet-related risk factors for gastric dilatation-volvulus in dogs of high-risk breeds, *J Am Anim Hosp Assoc* 40:192, 2004.

Raghavan M et al: The effect of ingredients in dry dog foods on the risk of gastric dilatation-volvulus in dogs, *J Am Anim Hosp Assoc* 42:28, 2006.

Sennello K et al: Effects of deracoxib or buffered aspirin on the gastric mucosa of healthy dogs, *J Vet Intern Med* 20:1291, 2006.

Simpson K at al: The relationship of *Helicobacter* spp. infection to gastric disease in dogs and cats, *J Vet Intern Med* 14:223, 2000.

Steelman-Szymeczek SJ et al: Clinical evaluation of a right-sided prophylactic gastropexy via a grid approach, *J Am Anim Hosp Assoc* 39:397, 2003.

Swan HM et al: Canine gastric adenocarcinoma and leiomyosarcoma: a retrospective study of 21 cases (1986-1999) and literature review, *J Am Anim Hosp Assoc* 38:157, 2002.

Tams TR et al: Endoscopic removal of gastrointestinal foreign bodies. In Tams TR et al, editor: *Small animal endoscopy*, ed 3, St Louis, 2011, Elsevier/Mosby.

Waldrop JE et al: Packed red blood cell transfusions in dogs with gastrointestinal hemorrhage: 55 cases (1999-2001), *J Am Anim Hosp Assoc* 39:523, 2003.

Ward DM et al: The effect of dosing interval on the efficacy of misoprostol in the prevention of aspirin-induced gastric injury, *J Vet Intern Med* 17:282, 2003.

Webb C et al: Canine gastritis, *Vet Clin N Am* 33:969, 2003.

Wiinberg B et al: Quantitative analysis of inflammatory and immune responses in dogs with gastritis and their relationship to *Helicobacter* spp infection, *J Vet Intern Med* 19:4, 2005.

Williamson KK et al: Efficacy of omeprazole versus high dose famotidine for prevention of exercise-induced gastritis in racing Alaskan sled dogs, *J Vet Intern Med* 24:285, 2010.

Zacher L et al: Association between outcome and changes in plasma lactate concentration during presurgical treatment in dogs with gastric dilatation-volvulus: 64 cases (2002-2008), *J Am Vet Med Assoc* 236:892, 2010.

# 第 33 章

# 肠道疾病
## Disorders of the Intestinal Tract

# 急性腹泻
## (ACUTE DIARRHEA)

## 急性肠炎
### (ACUTE ENTERITIS)

### 病因

急性肠炎的病因包括感染性因素、食物劣质、突然更换食物、食物不当、添加剂(如化学制剂)和/或寄生虫。近来曾生活于犬舍、食入腐败食物或近期更换食物都是引发急性腹泻的风险因素。除了细小病毒、寄生虫及明显的饮食不当外,其他病因很难诊断,可能需要支持疗法,但多数发病动物可自行改善。

### 临床特征

临床上常发生不明原因的腹泻,尤其是幼犬和幼猫。症状表现为腹泻(有或无呕吐)、脱水、发热、厌食、沉郁、吠叫和/或腹部疼痛。幼龄动物可出现低体温、低血糖及昏迷。

### 诊断

病史、体格检查及粪便检查可用于确定可能的病因。需要做粪便漂浮(使用硫酸锌漂浮溶液进行离心漂浮)及直接粪便检查,因为即便寄生虫不是主因,它们也可能会使病情恶化。是否需要其他诊断方法取决于该病的严重程度和患传染病的风险。临床上,轻度肠炎实施的诊断性检查很少,通常对症治疗。如动物发热、有血便,这可能是肠炎病发的一部分;如果病情严重,应结合其他化验结果进行确诊[如全血细胞计数(CBC)筛查嗜中性粒细胞减少,进行粪便酶联免疫吸附试验(ELISA)筛查犬细小病毒,进行血清学分析筛查猫白血病病毒(FeLV)和猫免疫缺陷病毒(FIV),测血糖筛查低血糖症,测定血清电解质筛查低钾血症]。若怀疑有腹痛、肿块、梗阻或异物,还可结合腹部 X 线检查和/或超声检查进行诊断。

### 治疗

通常对症治疗足矣。病因常不清,或由无特效疗法的病毒引起。对症治疗的要点是重新建立体液、电解质和酸碱平衡。严重脱水的动物[判定标准:眼球内陷、绝食、脉搏快速且弱,精神明显沉郁,脱水量≥(8%～10%);或病史有严重的体液丢失和液体摄入量不足]应静脉(IV)补液,而脱水不太严重的动物,可经口或经皮下注射补液。通常需要补充钾离子,但很少需要补充碳酸氢盐。家养动物常采用口服补液,尤其是同窝幼崽均发病时(详见第 30 章关于液体、电解质及酸碱治疗的讨论)。

很少使用止泻药,除非排泄过多难以维持体液及电解质平衡,但通常客户要求应用止泻药。阿片制剂是最有效的止泻药。犬轻度至中度肠炎可选用碱式水杨酸铋止泻(见表 30-6)。但在某些动物,水杨酸盐吸收后会导致肾毒性(尤其是动物在同时使用其他肾毒性药物时),而且多数犬不喜欢它的味道。猫很少用上述药物(详见第 30 章关于药物延长肠道运输时间的讨论)。如止泻药疗程超过 2～5 d,对动物要再次慎重评估。最近益生菌的话题很热门,因为益生菌可以缩短救助站的猫急性腹泻的持续时间。

严重肠道炎症常可引起难以控制的呕吐。中枢性止吐药(如马罗匹坦或昂丹司琼,见表 30-3)常常比作用于外周神经的药物更有效。

对患严重肠炎的动物禁食,可以使它们的肠道得到休息,但这种禁食可能对肠道有害。饲喂少量食物能帮助肠道更快地治愈,并能防止细菌在黏膜层的移行。有时动物采食会引起严重呕吐或剧烈腹泻,伴有大量液体丢失,在这种情况下,要限制经口摄取食物。然而,如果饲喂不会引起动物呕吐或剧烈腹泻,饲喂少量食物可能比禁食更有效。通常是少量多次饲喂易消化的、无刺激性食物(如乳酪、煮熟的鸡肉、土豆)。如果必须禁食,应尽早恢复饮食。少数患严重肠炎的动物需经肠外补充营养以建立正氮平衡。

若动物发热、嗜中性粒细胞减少或出现全身炎性反应综合征(systemic inflammatory response syndrome,SIRS,之前称为败血性休克),可应用广谱抗生素(如 $\beta$-内酰胺类配合氨基糖苷类或喹诺酮类)。临床医师应注意监测血糖,尤其是幼年动物。为避免血糖过低,可在静脉输入液体中加入 $2.5\%\sim5\%$ 葡萄糖溶液或静脉注射 $50\%$ 葡萄糖($2\sim5$ mL/kg)。

若腹泻病因不明,兽医应假定其为传染性腹泻,并进行场所消毒。漂白剂与水 1∶32 倍稀释可消灭由细小病毒和多数引起腹泻的传染源。消毒剂应远离动物,以防动物不小心接触造成伤害。接触动物、笼架或废弃物的人员应穿戴防护服(如靴子、手套、大褂),离开消毒区后防护服弃用或消毒后再用。

肠病的临床症状得到治疗后,患病动物在 $5\sim10$ d 内逐渐恢复正常饮食。如果之前腹泻较严重,则再推迟 5 d 恢复正常饮食。

## 预后

预后取决于动物体况,也受动物的年龄及其他胃肠道疾病影响。年幼动物或衰弱的动物,以及那些患有 SIRS 或存在大量的肠道寄生的动物,预后谨慎。急性肠炎可能会继发肠套叠,一旦发生肠套叠,其预后会变差。

# 肠毒血症
## (ENTROTOXEMIA)

## 病因

尽管在病患中几乎从未分离到病原微生物,但常认为肠毒血症是细菌所致。

## 临床特征

严重的急性发病,主要以黏液样出血性腹泻为主,可能会伴有呕吐。严重的病例,常常排出肠道黏液管型,使它看起来就像是肠道黏膜破损。与急性肠炎患病动物相比,这些动物常常体弱,可能在疾病早期就表现出典型的休克症状。CBCs 表现为典型的嗜中性粒细胞增多,常伴有核左移,有时伴有白细胞中毒。

## 诊断

据病史、体格检查排除其他疾病后,再结合 CBC 检查出现的严重的白细胞变化(如中毒像、核左移)可将该病初步诊断为肠毒血症。应该同时检查可能引起这种疾病的肠道寄生虫。粪便培养常常无用。

## 治疗

这些病患需要使用积极的静脉液体疗法配合广谱抗生素治疗(如替卡西林和克拉维酸)。必须监测血清白蛋白浓度,如果需要可补充胶体类液体。如有弥散性血管内凝血(disseminated intravascular coagulation,DIC),可能需要血浆和/或肝素治疗。

## 预后

预后取决于动物就诊时的疾病状态。

# 饮食诱导性腹泻
## (DIETARY-INDUCED DIARRHEA)

## 病因

尤其是在幼龄动物中,由饮食导致的腹泻很常见。常见病因包括:食物质量不好(如有酸败的脂肪)、细菌性肠毒素或霉菌毒素、动物对食物成分过敏或不耐受,以及动物消化正常食物的功能低下。动物消化正常食物功能低下的发病机制和肠刷状缘酶有关,存在底物(如二糖酶)就可刺激其产生。若饮食突然改变,有些动物(尤其是幼犬、幼猫)则不能消化或吸收某些营养物质,直至肠刷状缘适应了新的饮食。其他动物可能不产生消化特定营养物质(如乳糖)的必需酶(如乳糖酶)。

## 临床特征

饮食诱导性腹泻在犬猫都可发生,若结肠没有病变,则本病倾向于反映小肠功能障碍(即粪便中不含血液或黏液)。一般在更换新日粮后不久(如 $1\sim3$ d)即可发生轻度至中度腹泻。如无寄生虫或其他复杂原因,患病动物无其他症状。

## 诊断

根据病史、体格检查及粪便检查可排除其他常见病因。如饮食改变后不久即发生腹泻(如宠物刚被购买回家),则怀疑与饮食相关,但是也可能是传染病的早期症状。动物应经常做肠道寄生虫检查,虽然寄生虫不是导致本病的主因,但它可促使本病发生。

## 治疗

少量多次饲喂清淡的食物1～3 d以消除腹泻(如土豆＋去皮熟鸡肉)。待腹泻症状得到缓解,可逐渐恢复动物的常规饮食。

## 预后

除消瘦、脱水或低血糖的幼龄动物外,一般预后良好。

# 传染性腹泻
## (INFECTIOUS DIARRHEA)

### 犬细小病毒性肠炎
### (CANINE PARVOVIRAL ENTERITIS)

#### 病因

感染犬的细小病毒有两个型:犬细小病毒-1(CPV-1)又名犬微小病毒,相对无致病性,有时可使1～3周龄幼犬发生胃肠炎、肺炎和/或心肌炎;犬细小病毒-2(CPV-2)可引起典型的细小病毒性肠炎,并且现在已有至少3种亚型(CPV-2 a,b和c)。犬经粪-口途径感染CPV-2之后,通常在5～12 d后出现症状,它最先侵入和破坏快速分裂的细胞(如骨髓干细胞、肠隐窝上皮细胞)。

#### 临床特征

该病毒从首次发现之日起就在不断地变异,近来发现变异病毒对一些犬可能有更强的致病性。CPV-2b及近来发现的CPV-2c还可以感染猫。临床症状取决于病毒的致病力、感染量、机体防御力、幼犬的年龄和是否伴有其他肠道病原(如寄生虫)。杜宾犬、罗威纳犬、比特犬、拉布拉多犬及德国牧羊犬比其他品种更

易感。该病毒对肠隐窝的破坏可引起绒毛萎缩、腹泻、呕吐、肠出血和继发细菌感染,但是一些动物可能症状轻微或呈亚临床表现。多数犬最初因沉郁、厌食和/或呕吐(与摄入异物相似)、无腹泻就诊。本病最初24～48 h内不出现腹泻,若发生腹泻也少见便血。炎症会继发肠道蛋白丢失,造成低蛋白血症。呕吐常是主要的症状,可严重到与异物造成的梗阻相似,可能会引起食道炎。骨髓干细胞的破坏可引起暂时性或长期性嗜中性粒细胞减少,而使动物易受到严重的细菌感染,尤其是肠道破坏使细菌易于穿透肠黏膜。病情严重的犬可见发热和/或SIRS,不严重的犬少见。幼犬可经子宫感染本病,在8周龄前的幼犬可进一步发展为心肌炎。罕见的是,细小病毒感染可能与红斑性皮肤病变(多形性红斑)有关。

#### 诊断

根据病史和体格检查可作初诊。嗜中性粒细胞减少为提示性变化,而对本病既无特异性,也无敏感性。沙门氏菌病或任何一种严重的传染病都可引起白细胞产生相似的变化。不管是否出现腹泻,患犬粪便中都会排出大量病毒颗粒($>10^9$个/g)。使用电镜对粪便检查可发现病毒的存在,但是无法在形态上区分CPV-1(除对新生动物有致病性外,常常无致病性)与CPV-2。所以对粪便进行CPV-2的ELISA检查是最好的诊断方法(并且可以在室内操作),而且可以诊断包括CPV-2b及CPV-2c亚型。动物在接种改良细小病毒弱毒疫苗后5～15 d可引起检测弱阳性。如在疾病早期进行ELISA检查,结果可能为阴性(即粪便还未排出病毒)。对疑似患有细小病毒性肠炎,但初期检查为阴性的患犬,临床医生应重复进行ELISA检测。感染10～14 d后,排出物会迅速减少,病毒也就不易被发现。罕见的是,临床症状正常的犬及患有慢性肠炎的犬检测会呈阳性,这可能是由于病毒的不典型感染或其处于肠内时期。

检测结果呈阳性可证实细小病毒性肠炎的初诊。检测结果呈阴性则提醒与细小病毒相似的疾病(如沙门氏菌病、肠套叠)。现在可使用商品化聚合酶链式反应(PCR)对粪便进行检测,敏感性比其他方法都要高。如果患犬死亡,典型的组织学损伤(如肠隐窝坏死)和荧光抗体及原位杂交技术可用于本病的确诊。

#### 治疗

犬细小病毒性肠炎的治疗原则基本上与其他严重

感染的急性肠炎相同。补液和电解质治疗是最重要的,通常结合抗生素应用(见框 33-1)。只要支持治疗时间够长,多数病犬可存活。而幼龄犬、患严重 SIRS 的犬及患有其他疾病的特定品种预后谨慎。治疗失误包括:补液不足(常见)、补液过量(尤其是患严重低蛋白血症的患犬)、对于低血糖的病患未给予足够的葡萄糖、未给予适当的钾、未诊断出败血症,及未考虑到并发的胃肠道疾病(如寄生虫、肠套叠)。

 框 33-1　治疗犬细小病毒性肠炎的一般原则*

**补液††**
补充平衡电解质溶液,含氯化钾 30～40 mEq/L
计算维持量[如一般为 66 mL/(kg·d),但如犬体重低于 5 kg 需要上升至 80 mL/(kg·d)]
评估脱水程度(轻度高估比评估不足强)
轻度脱水病例可以接受皮下补液(最好是静脉补液),但是一定要注意疾病的突然恶化
中度至重度脱水病例需要静脉补液或髓内补液
如果病患低血糖或患有 SIRS 或存在这个风险,静脉补液时需添加 2.5%～5%的葡萄糖
如果动物血清蛋白低于 2 g/dL,需要补充血浆或羟乙基淀粉
血浆:6～10 mL/kg,输注时间大于 4 h;重复进行直至到达理想的血清蛋白浓度
羟乙基淀粉:10～20 mL/kg(常常不会同时使用血浆及羟乙基淀粉)

**抗生素†**
对发热或严重嗜中性粒细胞减少的犬使用
对不发热的嗜中性粒细胞减少的动物预防性使用抗生素(如头孢唑林)
对发热、嗜中性粒细胞减少的患犬使用广谱抗生素[如针对革兰阳性菌及革兰阴性菌的 β-内酰胺类抗生素(如替卡西林/克拉维酸)加上针对革兰阴性菌的广谱抗生素(阿米卡星或恩氟沙星)]

**止吐药**
呕吐或恶心的犬根据需要使用:
马罗匹坦(对低于 11～16 周龄的犬有骨髓抑制的风险)
昂丹司琼
胃复安(持续恒速输注比间歇性饲喂流食有效)

**抗酸药**
质子泵抑制剂
泮托拉唑(静脉)

**抗蠕虫药**
噻嘧啶(应在饭后给药)
伊维菌素(在口腔黏膜吸收;不要对有给药风险的犬使用,如柯利犬、英国古代牧羊犬等)

**继发食道炎的犬**
如果犬除了呕吐还发生反流,则使用质子泵抑制剂(注射型)

**特殊营养治疗**
在饲喂不加重呕吐的情况下,尝试饲喂少量食物
如果犬拒绝饮食但饲喂不会加重呕吐,则使用肠内营养(通过鼻饲管向肠内慢慢滴入食物)
如果发生长期的持续厌食,则使用肠外营养
部分肠外营养比全肠外营养更方便

**监测体况**
体格检查(根据症状严重程度,每天 1～3 次)
体重(每天 1～2 次评估脱水动物的变化)
血钾(取决于呕吐或腹泻的严重程度,每 1～2 d 测 1 次)
血清蛋白(取决于症状的严重程度,每 1～2 d 测 1 次)
葡萄糖(对出现 SIRS 或最初低血糖症的患犬每 4～12 h 测 1 次)
细胞压积(每 1～2 d 测 1 次)
白细胞计数:全血计数或从血涂片上评估(对发热动物每 1～2 d 测 1 次)

**存在争议的治疗**
猫重组干扰素-ω:有一篇报道称这种治疗方法有用
奥司他韦(达菲)(认为如果在疾病早期使用会有效)

\* 与其他原因导致的急性肠炎/胃炎的治疗原则是一样的。
† 动物就诊时首要考虑。
‡ 不管患犬表面上看起来是否有脱水,根据摄入不足和由呕吐和/或腹泻造成的过度丢失水分的病史判断是否存在脱水。

　　如果患病动物血清蛋白浓度低于 2 g/dL,需要补充血浆或胶体液如羟乙基淀粉(更便宜些)。血浆内的抗体被认为对动物有益,但没有证据表明它们对病患有帮助。如果患病动物有感染的迹象(如发烧、SIRS)或有感染的风险(如严重的中性粒细胞减少),必须使用抗生素治疗。如动物嗜中性粒细胞减少而无发热,可适当使用第 1 代头孢菌素。如动物患有 SIRS,建议联合应用针对需氧菌及厌氧菌的抗生素(如替卡西林或氨苄西林,联合阿米卡星或恩诺沙星)。在脱水情况纠正前或肾脏再灌注情况重新建立起来之前,不能使用氨基糖苷类药物。对幼龄大型犬慎用恩诺沙星,以免破坏软骨。严重呕吐常使治疗更为复杂,临床上可应用马罗匹坦或昂丹司琼(见表 30-3)缓解症状。如果这些药物无效,则联合使用胃复安恒速输注来加强疗效。如果发生食道炎,质子泵抑制剂可能会有效(见表 30-4)。人细胞集落刺激因子(G-CSF 5 μg/kg SC q 24 h)可用于增加嗜中性粒细胞数量,泰米氟氯(磷酸奥司他韦,2 mg/kg,口服,每天 1～2 次)可对抗病毒,但是没有迹象表明确实会让病患受益。有建议对 SIRS 病患使用葡甲胺氟尼辛,但有引起医源性溃疡和/或穿孔的风险。猫重组干扰素-ω(rFeIFN-ω,2.5×10⁶ U/kg IV)可提高成活率,

且有证据证明其有效性。

如果可能,通过鼻饲管(NE)饲喂少量液体食物可以帮助肠道更快痊愈。呕吐一旦停止,18~24 h后可饲喂刺激性小的食物,对那些持续不能经口喂食,或不能接受肠内营养的患犬,必要时可采用完全肠外营养来维持生命。由于经济原因,不能接受全肠外营养的,可采用部分肠外营养。之后病犬应与易感动物隔离2~4周,主人应慎重处理病犬的粪便,而且应考虑对全部其他家养动物进行免疫接种。

为阻止细小病毒性肠炎的传播,需注意以下几点:①细小病毒在环境中长期存在(数月),难以防止动物与之接触;②无症状犬可通过粪便传播有致病性的CPV-2;③母源免疫可破坏一些幼犬的疫苗病毒;④漂白剂(1:32)可有效杀灭该病毒,但需要10 min才能起效。

建议在幼犬6~8周龄时接种疫苗。抗体浓度及疫苗的免疫原性、母源获得的抗体量决定了幼犬成功免疫的时机。灭活苗不如弱毒苗有效,且最好进行一系列免疫。弱毒苗可以更好地产生长时间的免疫保护效果。如果幼犬的免疫状态未知,常推荐在6、9和12周龄时注射弱毒苗。如果在5~6周龄前免疫,灭活苗更安全。不管什么类型的疫苗,幼年动物都会有2~3周的易感细小病毒空窗期,而且这期间尚未完全免疫。尽管初次免疫之后每三年免疫一次就足够,但还是建议每年加强一次细小病毒免疫。对于以前未接种的成年犬,需间隔2~4周接种2次。接种细小病毒疫苗是否应与犬瘟热疫苗分开进行,目前尚无定论。然而,5周龄前、怀疑处于潜伏期或已感染犬瘟热的患犬不能接种改良活疫苗。CPV-2b病毒的疫苗也可防止CPV-2c感染。现在有及时的检测方法,可以检测是否出现了可产生保护力的抗体滴度。

家养多只犬时,如其中1只发现患细小病毒性肠炎,应对其他犬加强免疫,免疫时最好选用灭活苗以防止潜伏期的犬发病。如果客户购入幼犬,而家养犬中刚好近期发生过细小病毒性肠炎,幼犬最好隔离饲养,直到它免疫接种完成。

## 预后

经及时、合理治疗的患犬可存活,尤其是在出现临床症状4 d后仍存活的,则存活概率很大。肠套叠可能是本病的一个后遗症,导致康复幼犬发生持续性腹泻。患犬如从CPV-2所致的肠炎中康复,可获得终身免疫。是否需要进行CPV-1免疫尚不清楚。

# 猫细小病毒性肠炎
# (FELINE PARVOVIRAL ENTERITIS)

## 病因

猫细小病毒性肠炎(猫瘟、猫泛白细胞减少症)是由猫泛白细胞减少症病毒(FPV)引起的,这种病毒不同于CPV-2b。然而,CPV-2a、CPV-2b及CPV-2c都可感染猫并引发疾病。幼猫为了预防该病需在12周龄以后进行免疫。

## 临床特征

很多感染猫从未出现相应的临床症状。患猫常常与细小病毒性肠炎患犬的症状相似。胚胎期感染的幼猫常会导致小脑发育不全。

## 诊断

诊断与犬细小病毒的诊断相似。现在可以对粪便进行商业化PCR检测,但是犬粪便CPV的ELISA检测也可以很好地检测猫细小病毒。但需要注意的是,检测仅仅在感染后的1~2 d内呈阳性,当猫表现临床症状时,ELISA检测可能无法检测出粪便中排出的病毒。

## 治疗

患细小病毒性肠炎的猫与犬的治疗相同。犬猫最大的不同就是免疫方面:细小病毒疫苗对猫能产生更好的免疫应答。然而,小于4周龄的幼猫不能接种改良活毒苗,以免发生小脑发育不全。并且疫苗不能口服,但是鼻内使用有效。

## 预后

与犬相同,若严重的败血症得以控制,且支持治疗时间足够长,许多患猫可以存活。血小板减少、低蛋白血症及低钾血症常会导致预后较差。

# 犬冠状病毒性肠炎
# (CANINE CORONAVIRAL ENTERITIS)

## 病因

冠状病毒侵入并破坏犬肠绒毛上的成熟细胞时,

即可发生犬冠状病毒性肠炎。由于肠隐窝保持完整，患冠状病毒性肠炎的犬，其肠绒毛的再生速度比细小病毒性肠炎的患犬快，且骨髓细胞也不被感染。

### 临床特征

犬冠状病毒性肠炎的典型症状没有犬细小病毒性肠炎严重，且很少引起出血性腹泻、败血症或死亡。任何年龄的犬都可感染。症状可能持续 1～1.5 周。小型或幼年犬如果治疗不当，可因脱水或电解质紊乱而死亡。细小病毒的双重感染可导致患犬发病率和死亡率升高。

### 诊断

由于本病一般没有其他肠炎严重，所以临床上很少确诊。多数患犬均以急性肠炎进行对症治疗，直至症状得到改善。现在也可对粪便进行商业化 PCR 检测。在疾病发展过程早期采集粪便，通过电镜检查可诊断本病，但是如粪便处理不当，其中的病毒易被破坏。由于冠状病毒可在临床症状正常犬粪便中发现，因此，检测到冠状病毒一般说明有冠状病毒存在，一定要考虑冠状病毒的毒株，而不是直接简单地认为该犬感染冠状病毒。传染病病史调查和排除其他病因可作为确诊本病的依据。

### 治疗

多数情况下，结合使用补液、胃肠动力调节剂（见第 30 章）和治疗足够长时间即可治愈。除幼龄动物外，对症治疗一般行之有效。此外，免疫接种也是一种有效的方法，但对于那些感染风险高的动物，存在不确定性（如在犬舍或犬展中感染）。

### 预后

预后通常良好。

## 猫冠状病毒性肠炎
### (FELINE CORONAVIRAL ENTERITIS)

成年猫常无症状，幼龄猫可能有轻度、暂时性腹泻和发热。患猫较少死亡，预后良好。本病之所以重要，因为：①感染动物血清转化后，可使猫传染性腹膜炎的血清学检查呈阳性；②猫冠状病毒变异可成为猫传染性腹膜炎的病因。现在可对猫的粪便进行商业化 PCR 检测。

## 猫白血病病毒相关性泛白细胞减少症（成髓细胞性）
### [FELINE LEUKEMIA VIRUS-ASSOCIATED PANLEU-KOPENIA(MYELOBLASTOPENIA)]

### 病因

准确来说，猫白血病病毒相关的泛白细胞减少症（成髓细胞性）可能是由猫的 FeLV 及 FPV 共同感染所致。肠道损伤在组织学上类似猫细小病毒性肠炎，但骨髓和淋巴结不受影响。

### 临床特征

常见慢性体重减轻、呕吐及腹泻。腹泻以大肠性腹泻为主。常可见贫血。

### 诊断

患有慢性腹泻的猫发现 FeLV 感染具有指征性。患猫常常出现嗜中性粒细胞减少。应确定伴有 FeLV 的 FPV 患猫组织学病变。

### 治疗

采取对症治疗（补液/补充电解质、抗生素、止吐药和/或必要时饲喂易消化且刺激性小的食物），同时解决肠道其他问题（如寄生虫、日粮差）。

### 预后

由于 FeLV 能引起其他并发症，本病常预后不良。

## 猫免疫缺陷病毒引起的腹泻
### (FELINE IMMUNODEFICIENCY VIRUS-ASSOCIATED DIARRHEA)

### 病因

猫免疫缺陷病毒（feline immunodeficiency virus, FIV）可引起严重的化脓性结肠炎。发病机制尚不明确，可能与多种机制有关。

### 临床特征

临床上常见患病动物患有严重的大肠疾病，偶尔发生结肠破裂。患病动物呈病态，而大多由炎性肠病

(IBD)或食物不耐受所致的慢性大肠疾病的猫表面上无症状。

### 诊断

检测FIV抗体,加上严重的化脓性结肠炎可做出初诊。

### 治疗

采用支持治疗(如补液/补电解质、止吐药、抗生素和/或必要时饲喂易消化且刺激性小的食物)。

### 预后

尽管有些猫可维持数月,但长期预后非常差。

## 鲑鱼中毒/埃洛科吸虫热
### (SALMON POISONING/ELOKOMIN FLUKE FEVER)

### 病因

鲑鱼中毒是由蠕虫新立克次氏体(*Neorickettsia helminthoeca*)引起的。犬食入带有立克次氏体的吸虫(鲑隐孔吸虫)感染的鱼肉(主要是鲑鱼)而发病。立克次氏体扩散到肠和大量淋巴结后引起炎症。本病主要在美国太平洋西北部发现,这一地区存在鲑隐孔吸虫(*Operculated trematode*)的中间宿主——螺。埃洛科吸虫热中间媒介可能是新立克次氏体一个品系。

### 临床特征

犬易感,猫不易感。症状的严重程度不同,最典型症状是最初发热,后来体温降低,发展成低体温。发热后还可能有厌食、体重减轻,也可能包括呕吐和/或腹泻。腹泻主要以小肠性腹泻为主,但也可能便血。

### 诊断

可根据动物的生活习性和近期食入生鱼肉或到过溪流或湖泊的病史做出诊断。动物粪便中有鲑隐孔吸虫卵(含盖吸虫卵)可提示本病。细针抽吸检查肿大淋巴结中有立克次氏体可确诊。

### 治疗

治疗包括对脱水、呕吐、腹泻的对症治疗,以及驱除体内立克次氏体和吸虫。四环素、土霉素、多西环素或氯霉素可用于立克次氏体(见第90章),可用吡喹酮

杀灭吸虫(见表30-7)。

### 预后

预后取决于诊断时患犬病情的严重程度。多数病犬经四环素和支持疗法即可获得较好的疗效。治疗本病的关键在于发现本病。鲑鱼中毒不予治疗的患犬预后不良。

## 细菌性疾病:总论
### (BACTERIAL DISEASES: COMMON THEMES)

接下来的细菌性疾病在某些方面都会有相同之处。首先,这些细菌都可在临床症状正常的犬猫粪便中分离到。在动物的粪便中仅仅分离到细菌或发现细菌毒素并不能证明它们就是引发肠道疾病的病原。仅在临床症状与特定病原相符,发现病患粪便中含有该病原菌或毒素,且排除其他发病原因,并观察治疗效果后,才能做出诊断。如果要对粪便进行培养,一定要提前告知实验员通过粪便培养想要寻找的目标菌种,并且按照他们的要求采集和送检样本。

使用之前提及的标准进行诊断存在很明显的问题,而且对病因及结果做明确性诊断时一定要谨慎。很多病例中,要做出一个确切的诊断需要遵循上述原则和使用分离细菌毒素的分子生物学技术来证明毒素的产生。

## 弯曲杆菌病
### (CAMPYLOBACTERIOSIS)

### 病因

弯曲杆菌种属很多。虽然也涉及乌普萨拉弯曲杆菌(*Campylobacter upsaliensis*),但常常和GI疾病相关的是空肠弯曲杆菌。这些病原菌喜欢高温(即39～41℃),因此家禽可能是该菌的储存宿主。在健康犬猫肠道内同样可见空肠弯曲杆菌及乌普萨拉弯曲杆菌,可能比腹泻动物的粪便中更常见。

### 临床特征

临床上,主要是小于6月龄、生活在拥挤环境下(如犬舍、救助站)的动物常诊断出本病,另外弯曲杆菌病可经医源性感染。主要症状包括:黏液样腹泻(有或

无血液)、厌食和/或发热。在犬、猫及人类,弯曲菌病往往倾向于自限性,但也偶尔会引起慢性腹泻。

### 诊断

在对粪便涂片进行细胞学检查时,偶尔可发现典型的弯曲杆菌(如呈逗号状、海鸥翼状)。虽然细胞学检查提示弯曲杆菌,但无特异性,且敏感性不确定。粪便 PCR 检查的敏感性及特异性均较高,且还可以对弯曲杆菌进行种属鉴定。

### 治疗

对疑似病例使用红霉素(11～15 mg/kg 口服,q 8 h)或新霉素(20 mg/kg 口服,q 12 h)常有效。氟喹诺酮类疗效也较好,$\beta$-内酰胺类抗生素常无效(青霉素、第一代头孢菌素类)。治愈本病的疗程不定,在临床症状消失后,病犬至少还要治疗 1～3 d;大约 50%的患犬对治疗有效果。抗生素治疗不能根除该菌,在犬舍中,可能会再次感染。慢性感染时,要延长治疗时间(如数周)。

### 公共卫生

该菌对人类具有潜在的传染性,且已有经动物感染人类的病例(如空肠弯曲杆菌)。感染的犬猫应该隔离,工作人员(常接触动物及其环境、废物)应穿防护服并定期消毒。然而人类感染的主要来源是食物。目前,如果主人患有弯曲杆菌病,没有必要检测无症状的犬猫。

### 预后

应用适当的抗生素,一般预后良好。

# 沙门氏菌病
## (SALMONELLOSIS)

### 病因

许多血清型的肠道沙门氏菌均可导致疾病的发生。伤寒沙门氏菌(引起人类伤寒发热的病原)在犬上未见报道。鼠伤寒沙门氏菌属于肠道沙门氏菌血清型的一种,常导致动物发病。病原菌通过已感染动物(如感染的犬猫)的排出物或受污染的食物(尤其是禽类和蛋)传播。饲喂生肉的犬感染概率更高(不一定致病)。

### 临床特征

沙门氏菌病在犬猫疾病诊断中不常见,其可引发动物的急性/慢性腹泻、败血症和/或突然死亡,尤其是幼年或老年动物。幼龄动物沙门氏菌病症状与细小病毒性肠炎极其相似(包括严重的嗜中性粒细胞减少),这就是使用 ELISA 诊断细小病毒很有用的原因之一。在发生细小病毒性肠炎期间或之后,偶尔会发生沙门氏菌病,也使得病情更加复杂。

### 诊断

从正常动物无菌区域(如血液中)培养出沙门氏菌则提示沙门氏菌感染。对粪便进行 PCR 检测是一种敏感的诊断方法。正常犬或腹泻犬的沙门氏菌流行病学相似,有些地区(如阿拉斯加州雪橇犬)的流行率较高(即 60%～70%)。因此,粪便中发现沙门氏菌不足以诊断本病。与传染病学家会诊可能会有帮助。

### 治疗

治疗取决于临床症状。仅表现腹泻的动物可能只需要液体支持疗法(包括对低蛋白血症病患输注血浆)。可使用非类固醇类药物来减少肠道分泌。抗生素效果不确定,它可能使动物处于带菌状态(尚未得到证实)。患有败血症(如发热)的动物应进行支持治疗,并进行体外药敏试验以选择抗生素,但是喹诺酮类、磺胺类、阿莫西林及氯霉素初始治疗是不错的选择。积极的血浆疗法对这些病患可能会有一定帮助。

受感染动物可威胁公共健康(尤其是孕妇及老年人),应该对其进行隔离,直至症状消失。即使症状消失,也要重新进行粪便培养(4～6 次培养阴性)或进行 PCR 检测(3 次检测阴性)来确保动物停止排毒。常接触动物及其环境、废物的工作人员应穿防护服并定期消毒,可选用酚化合物和漂白剂(1∶32倍稀释)。

### 预后

只发生腹泻的动物,一般预后良好;患败血症的动物,预后谨慎。

### 公共卫生

尽管从犬猫传染至人类的风险很小,但还是有可能的(但不是真正的伤寒热)。

# 梭状芽孢杆菌病
## (CLOSTRIDIAL DISEASES)

### 病因

在临床症状正常犬中可发现产气荚膜梭菌和艰难梭菌,但在某些情况下也可导致腹泻。产气荚膜梭菌引发疾病的前提是细菌必须具有产生毒素的能力,且外界环境中适宜毒素的产生。

### 临床特征

产气荚膜梭菌主要引起急性、出血性、自限性腹泻;急性、潜在致命性、出血性腹泻(罕见);或慢性大肠或小肠(或两者都有)腹泻(存在或不存在出血或黏液)。该病主要见于犬。由艰难梭菌引起的疾病在小动物中症状不典型,但是可能会引起大肠性腹泻,尤其是在其使用抗生素治疗后。

### 诊断

通过粪便涂片发现具有芽孢形态的细菌(图 33-1)不具有诊断性。最好对梭状芽孢杆菌内毒素进行 ELISA 或 PCR 检测,但检测结果与疾病可能不相符。对于艰难梭菌,最好的方法是先对细菌抗原进行 ELISA 检测,如果呈阳性,再对 A 毒素或 B 毒素进行 ELISA 检测。不过尚没有用于犬猫艰难梭菌毒素分析的商业化试剂盒,且其分析结果与病患的临床症状不一定相符。具有大肠性腹泻但不发生体重丢失或低蛋白血症的动物,排除其他疾病,且经合理治疗(见下段),症状减轻或痊愈后,可以对该病做出初诊。

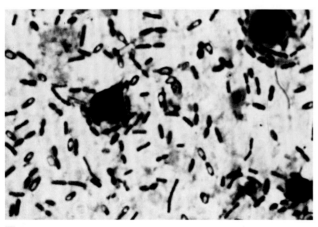

**图 33-1**
犬风干粪便经 **Diff-Quik** 染色的显微镜下图片。在深染的杆状小体上可见大量清晰的空泡,即芽孢(×1 000)。

### 治疗

如果怀疑是产气荚膜梭菌性结肠炎,可使用泰乐菌素或阿莫西林治疗;如果诊断正确,会很快见效,一些动物会在 1~3 周时间内治愈。然而,抗生素治疗不能彻底消除细菌,多数犬需要长期治疗。泰乐菌素[20~80 mg/(kg·d),分开饲喂,q 12 h]或阿莫西林(22 mg/kg PO q 12 h)有效且副作用最小。甲硝唑治疗效果不如泰乐菌素和阿莫西林。有些动物可能最终需要每天 1 次或每两天 1 次的抗生素治疗来维持。怀疑是由梭状芽孢杆菌引起的慢性腹泻的犬食用纤维补充性食物效果较好。尽管有大量人与犬之间传染的证据,但该病预后良好,且没有明显的公共卫生威胁。

如果怀疑疾病是由艰难梭菌引起的,依据症状的严重程度进行液体疗法及电解质治疗。甲硝唑可以有效地杀灭细菌,但必须保证使用剂量足以使粪便中甲硝唑浓度充足。万古霉素常常用来治疗人类的艰难梭菌病,但对于犬猫没有必要。

### 预后

梭状芽孢菌引起的腹泻预后良好;艰难杆菌病预后不确定。

# 其他细菌病
## (MISCELLANEOUS BACTERIA)

### 病因

小肠结肠炎耶尔森氏菌、嗜水气单胞菌和类志贺邻单胞菌可导致犬、猫和人类发生急性或慢性小肠结肠炎。然而,在美国,这些细菌(尤其是后两种)在病例中并不常见。小肠结肠炎耶尔森氏菌主要在寒冷的环境中发现,猪是该菌的宿主之一。由于它能在低温下生长,所以也是食物中毒的原因之一。肠出血性大肠杆菌(Enterohemorrhagic *Escherichia coli*,EHEC)虽然不常见,但可能与犬猫腹泻有一定关系。然而,黏附-侵袭性大肠杆菌(adherent-invasive *E. coli*,AIEC)可影响拳师犬、法国斗牛犬,以及可能影响边境牧羊犬。

### 临床特征

这些细菌都可引起小肠性腹泻。耶尔森氏菌常感染结肠,并引起慢性大肠性腹泻。感染人可出现严重腹痛。

## 诊断

对于患有顽固性结肠炎的动物,尤其是与猪有接触的动物,如果进行细菌培养,可能会发现小肠结肠炎性耶尔森氏菌。

## 治疗

可以使用支持疗法。隔离感染动物,与动物、环境和排泄物接触的人员应穿防护服,用消毒剂进行清洗消毒。虽然抗生素不能缩短 EHEC 所致疾病的病程,但仍需根据培养特性和药敏试验选择合适的抗生素(如小肠结肠炎性耶尔森氏菌常对四环素敏感)。抗生素的用药疗程不定,最好在症状消失后再连用 1~3 d。

## 预后

预后情况不定。如通过培养可鉴定病菌,且感染治疗得当,则预后较好。

# 组织胞浆菌病
## (HISTOPLASMOSIS)

## 病因

组织胞浆菌病是由荚膜组织胞浆菌引起的一种霉菌性疾病,可感染胃肠道、呼吸系统和/或网状内皮系统,以及骨和眼。本病主要在美国密西西比河和俄亥俄河流域发生,其他地区也可发生。

## 临床特征

犬主要表现为消化道症状,最常见的症状为腹泻(有无出血或黏液)和体重减轻。肺、肝、脾、淋巴结、骨髓、骨和/或眼也可被感染。而猫消化器官症状不多见,常见呼吸功能障碍(如呼吸困难、咳嗽)、发热和/或体重减轻。

胃肠道组织胞浆菌病,感染最严重的部位是结肠。出现弥散性、严重性、肉芽肿性、溃疡性和黏膜性疾病时,可引起血便、肠蛋白损失、间歇性发热和/或体重减轻。有时也会造成小肠病变。本病可能长期存在,呈现轻度到中度非进行性症状。组织胞浆菌病偶尔引起局灶性结肠肉芽肿,或在看似正常的结肠黏膜上发生。

## 诊断

诊断需要发现该菌(图 33-2)。可以使用酶免疫检测方法检测尿液中排泄的抗原。对犬来说,其效果不确定,但至少有助于诊断。对于来自本病流行地区且患有大肠性腹泻的病犬,临床医生应尤其怀疑其患有该病。严重组织胞浆菌病患犬常见蛋白丢失性肠病;不管患犬来自何处,出现低蛋白血症伴有大肠疾病的即提示患有本病。

直肠检查有时可见直肠皱襞增厚。用钝器或注射器刮帽刮取直肠皱襞以获取细胞学样本。结肠活检标本可用于诊断本病,但需要特殊染色。几乎不需要肠系膜淋巴结样本或反复作结肠活检。眼底检查偶尔可见脉络膜视网膜炎。腹部 X 线检查可见肝脾增大,胸部 X 线检查有时可见肺部病变(如粟粒状间质性病变和/或肺门淋巴结病)。肝脾的抽吸物可用于细胞学诊断。CBC 很少在循环白细胞中的发现该病原,可能会发生血小板减少症。对骨髓或血液淡黄层涂片进行细胞学检查可见该菌。血清学试验和粪便培养并不能有效诊断该菌的感染。

## 治疗

在凭经验应用皮质类固醇激素治疗疑似犬结肠 IBD 前,关键是需要查明该病是否为组织胞浆菌病。皮质类固醇激素疗法会降低宿主免疫系统的功能,并且可使病情进一步发展而导致动物死亡。治疗时,单用伊曲康唑或先用两性霉素 B,疗效均不错(见第 95 章)。疗程至少为 4~6 个月,以减少本病的复发。

## 预后

治疗相对早的话,多数犬可治愈。多个器官系统发生病变可使预后恶化。中枢神经系统受到影响,也是本病预后不良的一种表现。

# 原藻菌病
## (PROTOTHECOSIS)

## 病因

原藻菌属是一种侵害组织的藻类。本病的发生与环境有关,某些类型的宿主免疫系统缺陷为该病的发生提供了可能。

## 临床特征

本病感染犬,偶尔感染猫,主要侵害皮肤、结肠和眼,也可能散播至全身。柯利犬发病比例大。结肠病变可引发便血,结肠炎的其他症状类似组织胞浆菌病。

原藻菌病不如组织胞浆菌病常见,感染患犬主要表现为胃肠型。

## 诊断

诊断需要发现病原菌(图 33-3)。

## 治疗

没有药物能持续有效。高剂量两性霉素 B(以脂质体应用)可能对某些病患有利。

## 预后

本病呈弥散性时,预后不良,因为没有一种治疗方法可持续有效。

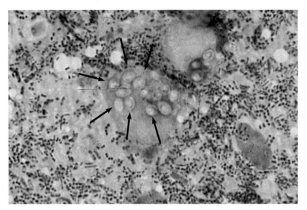

**图 33-2**
结肠黏膜刮片的细胞学检查图片,显示荚膜组织胞浆菌。巨噬细胞胞浆内含有多个酵母菌(箭头)(瑞氏-吉姆萨染色;×400)。(摘自 Allen D,editor: Small animal medicine,Philadelphia,1991,JB Lippincott)

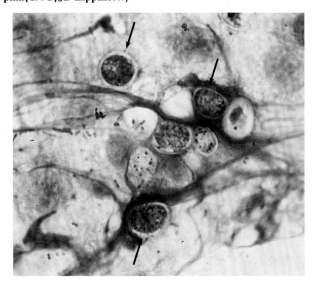

**图 33-3**
结肠黏膜刮片的细胞学检查图片,显示原藻菌。注意豆形结构,内部含有颗粒样结构,且呈现光环样(箭头)(瑞氏-吉姆萨染色,×1 000)。(图片由 Dr. Alice Wolf 惠赠,Texas A&M University.)

# 消化道寄生虫病
# (ALIMENTARY TRACT PARASITES)

## 鞭虫病
## (WHIPWORMS)

### 病因

狐毛首线虫(Trichuris vulpis)主要在美国东部发现。动物经吞食虫卵而感染,成虫钻入结肠和盲肠黏膜上,可引起炎症、出血和肠蛋白丢失。

### 临床特征

犬吞食鞭虫后(猫少见)而表现轻度至重度结肠疾病,包括便血和蛋白丢失性肠病。严重的鞭虫病可引起低钠血症和高钾血症,类似于肾上腺皮质功能减退。严重低钠血症可导致中枢神经系统症状(如抽搐)。猫感染鞭虫的症状比犬的症状轻。

### 诊断

对出现血便或其他结肠疾病的病犬应寻找可能致病的鞭虫。常依据粪便检查出虫卵(图 33-4)或内窥镜观察到成虫做出诊断。但是鞭虫虫卵相对稠密,要选择适当的溶液漂浮。此外,虫卵呈间歇性排出,有时需要进行多次粪便检查才能发现。

### 治疗

由于确诊鞭虫病有一定难度,所以在进行内窥镜检查前,可先凭经验对患慢性大肠性疾病的犬进行经验性治疗,可应用芬苯达唑或其他合适的药物(表 30-7)。治疗犬鞭虫病时,在初次治疗过后 3 个月内,应重复治疗一次,以杀灭在第一次治疗时还没进入肠腔的鞭虫。虫卵在外界环境中可以长期存活。

### 预后

预后良好。

## 蛔虫病
## (ROUNDWORMS)

### 病因

蛔虫在犬(犬弓首蛔虫和狮弓首蛔虫)和猫(猫弓

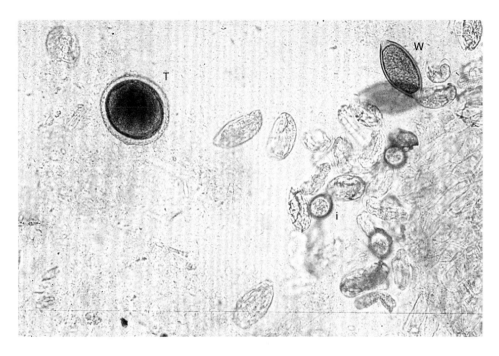

图 33-4

犬粪便漂浮集卵检查显微照片，显示鞭虫（W）、犬弓首蛔虫（T）和等孢子球虫（I）的虫卵。其他的虫卵是不常见的绦虫。（×250）（图片由 Dr. Tom Craig 惠赠，Texas A&M University）

首蛔虫和狮弓首蛔虫）常见。犬猫通过食入蛔虫虫卵感染（直接吞食或通过中间宿主）。犬弓首蛔虫可经胎盘垂直传播；猫弓首蛔虫可经乳汁传播；狮弓首蛔虫可经中间宿主传播。未成熟的蛔虫经组织移行可引起肝纤维变性和显著的肺损伤。成虫寄居在小肠腔内，并逆食糜移行，在肠壁可引起炎性浸润（如嗜酸性粒细胞）。

## 临床特征

蛔虫可引起动物（尤其是幼龄动物）腹泻、生长发育障碍、被毛粗乱、增重迟缓。幼龄动物出现"大腹"则提示严重的蛔虫感染。有时蛔虫进入胃内，可经呕吐排出。蛔虫数量过多时，可阻塞肠道或胆管。

## 诊断

本病易于诊断，蛔虫产卵数量多，采用粪便漂浮法即可发现虫卵（图 33-4 及图 33-5）。偶尔新生动物表现出蛔虫感染的临床症状，但在粪便中检测不出虫卵。蛔虫可经胎盘移行并在新生动物体内大量聚集，在虫体成熟和产卵前，就可使动物表现临床症状。

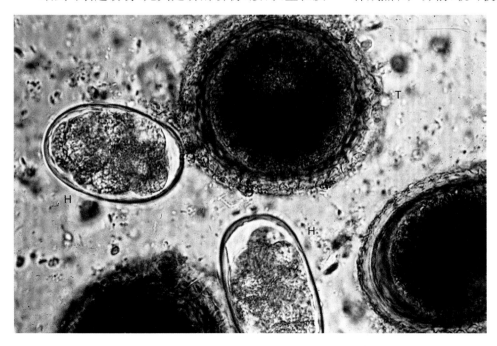

图 33-5

犬粪便漂浮集卵检查，显示钩虫（H）和犬弓首蛔虫（T）虫卵。（×400）（图片由 Dr. Tom Craig 惠赠，Texas A&M University）

## 治疗

多种驱虫药均有效(表 30-7),其中噻嘧啶对幼龄犬猫,特别是发生腹泻的幼龄犬猫尤其安全。患病动物应隔 2~3 周再驱虫一次,以杀灭在上一次驱虫后才从组织移行至肠腔的蛔虫。

母犬应用高剂量的芬苯达唑[即妊娠 40 d 至产后 2 周,50 mg/(kg·d)PO]可降低体内蛔虫数,减少蛔虫经胎盘传播给幼犬。新生犬可用芬苯达唑进行治疗(100 mg/kg,连用 3 d),能杀灭 90% 以上的产前感染的幼虫,2~3 周后再驱虫 1 次。由于犬弓首蛔虫和猫弓首蛔虫可威胁人类的健康(如内脏和眼内的幼虫移行),所以断奶前幼犬应分别在 2、4、6 和 8 周龄时各用药 1 次,断奶前幼猫应分别在 6、8 和 10 周龄各用药 1 次,以减少环境污染。

## 预后

如果动物在接受治疗时生长未严重受阻,预后通常良好,否则可能无法达到预期的体型大小。

## 钩虫病
(HOOKWORMS)

### 病因

犬感染钩虫属和弯口属钩口线虫比猫常见。通常经口食入虫卵或母乳传播而感染,新孵化幼虫可穿透皮肤感染动物。成虫寄生于小肠腔内,附着于肠黏膜。不同种属的钩虫可探入小肠黏膜和/或吸食血液。在严重感染时,可在结肠发现钩虫。

### 临床特征

犬感染钩虫比猫严重。在幼年动物可引起危及生命的失血或缺铁性贫血、黑粪症、便血、腹泻和/或生长不良。除非钩虫数量较多,否则老龄犬很少单独因感染钩虫而发病,但这些钩虫可引起肠道其他问题而导致发病。

### 诊断

钩虫繁殖可产生大量虫卵,因而较易在粪便中发现,如发现即可做出诊断(图 33-5)。5~10 日龄的幼犬经母乳感染钩虫后,可因失血过多而死,而此时在粪便中虫卵尚未出现。但年龄较大的动物如从外界突然感染大量钩虫,很少出现感染潜伏期。这些动物的特

征和临床症状可用于诊断本病。没有跳蚤的幼犬和幼猫如发生缺铁性贫血,则很可能是感染了钩虫。

## 治疗

多种驱虫药均有效(表 30-7)。初次用药大约 3 周后应重复用药一次以杀灭从组织进入肠腔的钩虫。贫血的幼犬和幼猫应进行输血治疗。

给妊娠 55 d 的母犬使用莫西克丁可减少经胎盘的传播。钩虫对人的潜在危害较大(如幼虫可经皮肤传播)。使用犬心丝虫预防药物(含有噻嘧啶或米尔倍霉素)对预防钩虫感染有一定疗效。

## 预后

成年犬猫预后良好,但严重贫血的幼犬和幼猫预后谨慎。如果幼犬和幼猫发育严重受阻,则它们可能无法生长至正常体型。

## 绦虫病
(TAPEWORMS)

### 病因

多种绦虫可感染犬猫,最常见的是犬复孔绦虫。绦虫通常有间接生活史,犬或猫食入被感染的中间宿主后感染。跳蚤和虱子是犬复孔绦虫的中间宿主,而野生动物(如野兔)是某些绦虫的中间宿主。人和绵羊是细粒棘球绦虫的中间宿主,啮齿类动物是大鼠棘球绦虫的中间宿主。

### 临床特征

绦虫形态丑陋,很少引起小动物发病,但中殖孔绦虫属可在宿主体内繁殖并致动物发病(如腹腔积液)。被感染犬猫最常见的症状为肛门周围可见排出的绦虫节片堆积,从而刺激肛门。通常动物主人在粪便中发现活动的绦虫节片后才要求治疗。绦虫节片偶尔会进入肛囊,引起炎症。极少数情况下,大量绦虫引起肠道阻塞。

### 诊断

绦虫属尤其是复孔绦虫的虫卵常包于节片中,采用常规粪便漂浮法无法检测到虫卵。可在粪便中发现棘球属绦虫和某些绦虫属虫卵。通常当动物主人告知在粪便或会阴部发现绦虫节片时(如发现米粒状

物），即可诊断为本病。

## 治疗

吡喹酮和依西太尔（Episprantel）对所有种类的绦虫均有效（表 30-7）。预防绦虫需要控制中间宿主（即携带犬复孔绦虫的跳蚤和虱子）。

## 公共卫生

棘球属绦虫对人类有危害，故给犬使用抗绦虫药物很有必要。

## 类圆线虫病
（STRONGYLOIDIASIS）

### 病因

粪类圆线虫主要感染幼犬，尤其是生活于拥挤环境中的犬只。活动的幼虫可穿透无损伤的皮肤或黏膜，甚至幼虫尚未从结肠排出前，动物也有可能因自身的粪便感染。因此动物体内可以很快蓄积大量虫体。多数动物在接触到被虫卵污染的粪便后即可被感染，动物收容中心和宠物商店是可能的传染场所。

### 临床特征

感染动物通常有黏液性或出血性腹泻，表现出全身症状（如无力）。如果寄生虫进入肺部可引起呼吸症状（如蠕虫性肺炎）。

### 诊断

通过粪便直接检查或使用贝尔曼沉淀法在新鲜粪便中发现幼虫即可诊断出类圆线虫。必须区分类圆线虫幼虫与类丝虫幼虫。送检粪便应新鲜，如果粪便时间较长，可能存在从卵囊孵化出来的钩虫幼虫（与类圆线虫幼虫很相似）。

### 治疗

芬苯达唑（使用 5 d 而不是使用 3 d）（表 30-7）、噻苯达唑和伊维菌素均为有效的驱类圆线虫药。由于幼虫可穿透未破损的皮肤，因此可威胁人类健康。免疫抑制的患犬受感染后可能会引发严重疾病。

### 预后

发生腹泻和/或肺炎的幼龄动物，预后谨慎。

## 球虫病
（COCCIDIOSIS）

### 病因

等孢球虫属主要见于年轻犬猫，动物从外界环境中食入感染性卵囊后感染，球虫可侵入肠道并破坏绒毛上皮细胞。

### 临床症状

球虫病的临床症状不明显（尤其是老龄犬可能无症状），或可引起轻度至严重腹泻，有时带血。幼年犬或猫可能失血过多而需进行输血治疗，但这种情况极少。

### 诊断

通过粪便漂浮检查发现球虫卵囊即可诊断为本病（图 33-4）；但需进行多次检查，而且如果发现卵囊的数量较少也不能说明感染轻微。不要把这些球虫卵囊与贾第鞭毛虫属卵囊混淆。如果对动物进行尸检，应在肠道多处取样，因为感染可能只局限于某个部位。食入鹿或兔排泄物的犬，偶尔可在其粪便中发现艾美耳球虫卵囊。

### 治疗

如果球虫引起动物发病，应连续使用磺胺二甲嘧啶和磺胺甲氧苄氨嘧啶 10～20 d（表 30-7）。磺胺药不能消灭球虫，但对球虫有抑制作用，以便重建机体的防御机制。幼犬可应用氨丙林（每 24 h 口服 1 次，25 mg/次，连用 3～5 d），成年犬不宜应用，且对猫有潜在毒性。妥曲珠利砜（30 mg/kg，一次口服）可暂时减少卵囊排出，尚不能用于犬。

### 预后

除潜在原因使球虫具有致病性外，预后一般良好。

## 隐孢子虫病
（CRYPTOSPORIDIA）

### 病因

动物吞食孢子化卵囊后被感染，这些卵囊来源于受感染的动物,可经水传播。卵囊壁薄,可在肠道内破裂而导致自身感染。隐孢子虫寄生于小肠上皮细胞的刷状缘而引起腹泻。

### 临床特征

腹泻是感染犬猫最常见的临床症状,但也有很多患猫不表现症状。出现腹泻的病犬多在 6 月龄以下,猫的易发年龄尚不清楚。

### 诊断

若发现卵囊[粪便漂浮法 ± 免疫荧光试验(IFA)]或抗原检测阳性(ELISA 或 PCR)可诊断为本病。微小隐孢子球虫是体积最小的球虫,粪便检查时很难发现,应在 1 000 倍显微镜下进行检查。对粪便涂片进行快速酸染色以及采用荧光抗体技术可以提高本病诊断的灵敏性。最好将粪便呈送给诊断微小隐孢子虫经验丰富的实验机构进行检测,必须告知该机构粪便中可能含有微小隐孢子虫,因为它可感染人。ELISA 和 PCR 检测的灵敏性高于常规粪便检查和 IFA。

### 治疗和预后

可使用阿奇霉素、硝唑尼特、巴龙霉素和螺旋霉素治疗猫隐孢子虫病,但总体而言尚无可靠的治疗方法。具有免疫力的人和牛通常可自行消除感染,但尚不清楚小动物是否具有同样的能力。由微小隐孢子虫引起腹泻的多数幼龄犬会死亡,或被施以安乐死。很多患猫不表现症状,表现腹泻症状的患猫,预后情况不明。

## 贾第鞭毛虫病
(GIARDIASIS)

### 病因

贾第鞭毛虫病是由贾第鞭毛虫属原虫引起的一种寄生虫病。动物吞食从感染动物体内排出的卵囊后感染,通常经饮水感染。贾第鞭毛虫主要见于小肠,可通过尚不明确的机制妨碍动物的消化。对于人,贾第鞭毛虫偶尔会上行至胆管而引发肝脏疾病。

### 临床特征

症状根据感染程度从轻度到重度不同,可能表现为持续性、间歇性或自限性(腹泻)。典型的腹泻表现为"牛肉饼样",不伴有血液或黏液,但有时变化很大。

某些动物体重减轻,有些则无体重变化。有些贾第虫引起的腹泻可能与大肠腹泻相似。猫贾第虫卵囊的排泄可能与隐孢子虫或球虫卵囊的排泄有一定联系。

### 诊断

在新鲜粪便或十二指肠冲洗液内发现活动的滋养体(图 33-6),粪便漂浮法或 IFA 发现卵囊,或通过 ELISA 或 PCR 检测发现粪便中有贾第鞭毛虫蛋白都可诊断为本病。硫酸锌溶液是使贾第鞭毛虫卵囊显现的最佳溶液(尤其是在进行离心悬浮时),而其他溶液可使卵囊变形。当怀疑为贾第鞭毛虫病时,应在感染 7～10 d 内至少做 3 次粪便检查。一些粪便 ELISA 技术(如贾第虫 SNAP,Idexx Laboratories)具有较高的敏感性,且比粪便离心法方便,但都不能保证 100% 的敏感性。一些无症状的动物即使粪便检查不能检出卵囊,反复检测 ELISA 也为阳性。因此粪便 IFA 试验被认为是比 ELISA 更具特异性。当其他方法检测不到贾第虫时,通过十二指肠肠腔冲洗(进行内窥镜检查或以手术方式滴注生理盐水,然后再从十二指肠肠腔回收 5～10 mL)和对十二指肠黏膜进行细胞学分析有时可见贾第鞭毛虫。在检测无症状的患病动物,没有与已知受感染的动物有密切接触史时,也可怀疑其患有该病。

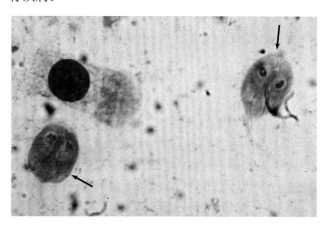

**图 33-6**
犬粪便涂片中的贾第虫滋养体(箭头),染色以显示内部结构。
(×1 000)(图片由 Dr. Tom Craig 惠赠,Texas A&M University)

### 治疗

贾第鞭毛虫虫体很难被发现(尤其是经止泻药治疗的动物),通常可根据治疗效果进行诊断(表 30-7)。但该方法具有局限性,因为这些药物都不是百分之百有效,意味着即使用药无效也不能排除贾第虫。治疗贾第虫病的首选用药可能是芬苯哒唑,连用 5 d。甲硝唑副作用较少,如果剂量适当似乎有效(治疗后 7 d 大约85%治愈)。然而,动物无贾第鞭毛虫病时使用甲硝唑治疗也可能缓解临床症状。替硝唑和洛硝哒唑似乎也有效。不再使用或不推荐阿的平、呋喃唑酮和阿苯达唑。

贾第鞭毛虫难以清除的原因:首先(最重要的),容易二次感染,因为贾第鞭毛虫卵囊对外界环境抵抗力很强,且少量贾第鞭毛虫卵囊可重新感染犬或人。因此,要成功治愈该病,在治疗的同时给患病动物洗浴,且对环境进行消毒,这些都是十分重要的,季铵盐复合物和松焦油可有效消毒环境;第二,免疫缺陷或宿主并发其他疾病,都会增加清除贾第鞭毛虫的难度;第三,贾第鞭毛虫可能对某些药物产生抵抗力;第四,有时其他原虫(如三毛滴虫)会被误认为贾第鞭毛虫。对药物治疗无效的动物接种疫苗并不能成功治疗疾病,但可预防与患病动物同舍的动物发病,当然这只是个建议。

是否对偶然发现的贾第虫、无症状的动物进行治疗是有争议的,人畜共患风险是主要的讨论对象(见下文)。

## 预后

预后通常良好,但某些情况下贾第鞭毛虫很难清除。

## 公共卫生

犬猫贾第虫病是否构成了公众健康风险是有争议的。有 7 个相关基因组合(A～G),其中 2 个(A 和 B)可能发生在人与动物,但其他 5 个只出现在动物身上。在一般情况下,在目前日常卫生条件下经犬猫传播给人的风险似乎很小,但在写这篇文章的时候,仅是一种猜测。它对幼儿(通常没有养成良好的卫生习惯)的风险未知。

# 滴虫病
**(TRICHOMONIASIS)**

## 病因

猫滴虫病是由胎儿三毛滴虫引起的一种寄生虫病,动物可经粪-口途径感染。胎儿三毛滴虫可以在猫和牛之间反复感染。

## 临床特征

滴虫病的典型症状为大肠性腹泻,排泄物中少见黏液或血液。异国血统品种的猫(如索马里猫、欧西

猫、孟加拉猫)患病风险似乎更高。患猫除肛门疼痛和随地排便外,其他方面均表现正常。腹泻可能会自行痊愈,但可能需要花费数月时间。

## 诊断

发现动物有活动的滋养体即可确诊本病,三毛滴虫滋养体常被误认为贾第虫滋养体(图 33-7,A)以及非致病性人五毛滴虫。新鲜粪便经温热生理盐水稀释后及时进行检查是最简单易行的方法,但敏感性较差。用于牛阴道滴虫的粪便培养技术敏感性更高,商业化的粪便 PCR 检查也可行。结肠黏膜活组织检查也可发现虫体,但至少要采集 6 处样品。

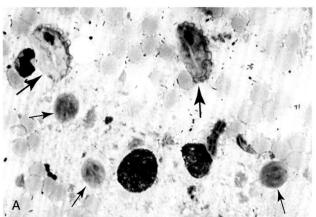

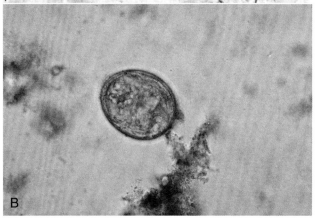

**图 33-7**

**A,涂片中显示贾第虫滋养体(小箭头)与三毛滴虫滋养体(大箭头)。涂片经染色以显示两者的内部结构。需注意的是三毛滴虫滋养体较大,且有一大的波动膜(×1 000)。B,粪便沉淀中的美洲异毕吸虫卵(图片由 Dr. Tom Craig 惠赠,Texas A&M University)**

## 治疗和预后

罗硝唑(20～30 mg/kg PO q 24 h,连用 10～14 d)是目前已知的唯一一种可安全消除三毛滴虫的药物,但已有报告称使用该药可引起动物出现神经系统症状。如诊断为滴虫病,仍需寻找引起腹泻的其他

病因(如产气荚膜梭菌、饮食原因、隐孢子虫),因为对这些病因进行治疗可使患病动物的腹泻症状得到改善。患猫应激时(如择期手术)腹泻可能会复发,但多数滴虫病患猫的临床症状最终会改善。

## 异毕吸虫属
### (HETEROBILHARZIA)

### 病因

异毕吸虫属能感染犬,且在肝脏内定居。其在静脉内排卵然后寄居在肠道,从而引发肉芽肿性炎症。异比吸虫属感染主要发生于墨西哥海岸及南大西洋海岸。

### 临床特征

虽然在大肠和小肠都可看到虫卵,但主要临床症状表现为大肠疾病。典型症状包括腹泻、血便和体重降低。可能会发生蛋白丢失性肠病,有些犬的肉芽肿性反应与高血钙相关。有可能出现不同程度的肝病。

### 诊断

在粪便或黏膜活检样本中发现虫卵即可诊断该病(见图33-7,B)。目前有针对粪便的商业化PCR检测。

### 治疗与预后

芬苯达唑和吡喹酮可有效杀灭寄生虫及其虫卵。然而,预后转归取决于肠道及肝脏的肉芽肿性反应的严重程度。

## 消化不良性疾病
### (MALDIGESTIVE DISEASE)

## 胰腺外分泌功能不全
### (EXOCRINE PANCREATIC INSUFFICIENCY)

### 病因

犬胰腺外分泌功能不全(exocrine pancreatic insufficiency,EPI)是由胰腺炎导致的胰腺腺泡细胞萎缩或破坏引起的。

### 临床特征

EPI主要发生于犬,少见于猫。典型临床症状主要表现为慢性小肠性腹泻、贪食和体重减轻。有时可见脂肪痢(石板灰色粪便),不表现腹泻的动物偶尔会发生体重减轻。EPI造成的腹泻被归类为小肠疾病(由于其体重减轻及腹泻的症状)。体格检查及常规临床病理学结果不具有诊断意义。对于犬EPI,最敏感、最特异的诊断方法是测定血清胰蛋白酶样免疫活性(trypsin-like immunoreactivity,TLI;患犬活性低)。如果发现犬胰腺脂肪酶活性(canine Pancreatic lipase immunoreactivity,cPLI)低到无法检测,也可能提示EPI,但不如TLI下降的特异性高。治疗包括伴随食物饲喂胰酶,以及将饮食中的脂肪处理后饲喂。读者可以参考第40章获取更多关于EPI的信息。

## 吸收不良性疾病
### (MALABSORPTIVE DISEASES)

## 抗生素反应性肠病
### (ANTIBIOTIC-RESPONSIVE ENTEROPATHY)

### 病因

抗生素反应性肠病(antibiotic-responsive enteropathy,ARE;也称为抗生素反应性腹泻)是由于十二指肠和/或空肠细菌繁殖过度(即大于 $10^5$ CFU/mL),以及宿主对这些细菌反应异常而引起的一种综合征。近年来用"菌群失调"描述这一病症。宿主的反应很重要,事实表明,某些犬可在小肠内含有大量细菌(即大于 $10^8$ CFU/mL禁食肠液)而不表现临床症状。同样,正常猫小肠近端也可能含有大量细菌。细菌存在的原因包括:①解剖学缺陷导致食物滞留(如部分狭窄或某部位运动减弱);②其他疾病(如肠黏膜疾病);③宿主防御机能受损[如胃酸过少、免疫球蛋白(Ig)A不足];④未知原因。引起ARE的细菌通常呈混合生长,而且可通过动物吞咽进入消化道(即病源来自口腔或食物)。肠道内可能出现任何种类的细菌,但大肠杆菌、肠球菌和厌氧菌(如梭状芽孢杆菌)在肠道内最常见。胆汁酸早期解离、脂肪酸羟基化和乙醇类及其他一些机制可破坏肠上皮细胞。

## 临床特征

ARE 可发生于任何犬,临床症状主要表现为腹泻和/或体重减轻,有时也发生呕吐。

## 诊断

目前可用于诊断 ARE 的方法敏感性及特异性较差。很难得到大量十二指肠液培养液,且结果难以解释。小肠培养的主要价值是用于那些已经诊断为 ARE 的动物,这一点毫无疑问,但常用抗生素治疗无效的病患,最后的问题是哪种抗生素可能有效。评估血清中维生素 $B_{12}$ 和叶酸浓度对于疾病诊断的特异性和敏感性较差。十二指肠细胞学及组织病理学检查无法诊断 ARE。有些病患在肠道黏膜层有非特异的轻度至中度淋巴细胞质细胞性浸润。由于诊断 ARE 存在这些问题,很多临床医生都进行治疗性诊断,然后观察病患效果。

## 治疗

由于 ARE 难以诊断,所以一旦怀疑为本病就应合理治疗。治疗包括消除潜在病因[如肠襻滞留(罕见)]、应用抗生素及饲喂消化道处方粮。由于致病菌为混合菌群,应用广谱抗生素可有效抑制需氧菌和厌氧菌。泰乐菌素(10～40 mg/kg q 12 h)或四环素(20 mg/kg q 12 h)常常有效。有时单用甲硝唑(15 mg/kg q 12 h)也有效。对之前使用其他疗法无效的病患联合使用甲硝唑(15 mg/kg q 24 h)及恩氟沙星(7 mg/kg q 24 h)常常有效。同时饲喂高质量、易消化的消化道处方粮(不管是新蛋白质或水解蛋白饮食)常常可使抗生素疗法更有效,且在抗生素治疗停止后可维持控制疾病。

很少在十二指肠中发现某一特异性细菌的纯培养物,这样就需要对其应用特异性抗生素,但这种情况较少。当怀疑 ARE 时,在认为治疗无效之前,应先治疗 3 周。治疗预期是病患可以完全停用抗生素,且使用消化道处方粮可以维持病情。有些动物需要很长时间抗生素治疗,但是很少见,有些从几月龄开始反复发病的犬可能需要这种治疗。这些病患可能有 ARE 的遗传倾向,可能是由于缺乏宿主保护机制。临床医生应告诉主人治疗的目的主要是控制症状,而不是治愈。有些连续腹泻但一直未治疗的病患可能需要短期连续抗菌治疗。有些每 3～4 个月发作一次的病患最好在发病时治疗,而不是持续抗生素治疗。

## 预后

控制 ARE 症状的预后良好,但临床医生必须关注可能的潜在病因。

## 饮食反应性疾病 (DIETARY-RESPONSIVE DISEASE)

## 病因

饮食反应性疾病包括食物过敏(对食物抗原超免反应)及食物不耐受(对食物的非免疫介导性反应)。站在临床角度上,没必要区分两者,除非并发过敏疾病导致的皮肤症状。

## 临床特征

患病动物可能表现呕吐和/或腹泻(大肠和/或小肠),也会表现为过敏性皮肤疾病。

## 诊断

诊断时需要先给患病动物饲喂适当的排除饲粮(见第 30 章的饮食管理),然后观察动物效果。区分过敏性和饮食不耐受性的意义不大。检测血液中 IgE 抗体鉴别抗原特异性及敏感性不如食物排除的效果。食物必须小心选择,必须是非致敏性物质,或动物之前从来未食用过的物质。为了寻找饮食反应性腹泻原因,水解蛋白类饮食常常是食物试验最好的选择,但是它们不是选择排除性饮食的金标准。有些犬对新蛋白质饮食反应良好。最好逐个进行尝试,如果失败,可以试验其他蛋白。这些动物一般要避免高脂肪饮食(因为脂肪很难消化),但是对于猫的排除性饮食,没有证据表明其脂肪含量越低越有效。大多数犬猫会在 3 周内对合适的饮食做出反应,但是有些犬猫可能需要更长时间。

## 治疗

很多病患可以通过简单的饲喂试验,选出反应良好的食物(假定认为是均衡的)。很少病患会对排除性日粮过敏,因此也不需要每 2～3 周更换不同的排除性日粮。

## 预后

通常预后良好。

# 小肠炎性肠病
## (SMALL INTESTINAL INFLAMMATORY BOWEL DISEASE)

### 临床特征

现在对于犬猫 IBD 没有统一的诊断。此文中，IBD 被定义为特发性肠道炎性病变，可影响犬猫肠道的任何部分。病因和肠道免疫系统对细菌和/或食物抗原的不正常反应有关。最常诊断的犬猫 IBD 是淋巴细胞-浆细胞性肠炎（lymphocytic-plasmacytic enteritis，LPE）。慢性小肠性腹泻很常见。有些病患即使大便正常，也会有体重减轻。如果十二指肠受损严重，最主要的症状可能为呕吐，而腹泻症状很轻微或不表现腹泻。蛋白丢失性肠病发病会更严重。IBD 的临床特征或组织学变化与消化道淋巴瘤很相似，尤其是猫的小细胞性淋巴瘤。

嗜酸性胃肠炎（eosinophilic gastroenterocolitis，EGE）通常是对食物（如牛肉、牛奶）的过敏反应，这种疾病不属于 IBD。然而，临床症状并不会总与饮食变化相一致，有些犬可能会表现真正的 IBD 症状。该病不如 LPE 常见。有些患有嗜酸性综合征（hypereosinophilic syndrome，HES）的猫会表现嗜酸性肠炎。猫 HES 的病因不明，但可能和免疫介导性及肿瘤机制相关。非 HES 的病情不太严重的猫患病况与 EGE 患犬相似。

### 诊断

由于 IBD 常常是特发性，所以其诊断过程为排除性诊断，而不仅仅是依赖组织学。体格检查、病史、临床病理学、影像学或组织病理学不足以诊断 IBD。诊断需要排除导致腹泻的病因（如食物反应、抗生素反应、寄生虫、肿瘤等）加上炎性细胞浸润的组织学证据、结构改变（绒毛萎缩、隐窝改变）和/或上皮病变。黏膜层细胞学评估对于诊断淋巴细胞性炎症不可靠，因为淋巴细胞及浆细胞正常存在于肠道黏膜层。不幸的是，黏膜炎症的组织学诊断很主观，活检样本常常被过度解读。轻微的 LPE 常常指示正常组织。因为诸多病理学家意见不一，所以即使观察到中度或严重的 LPE 也可能存在质疑。即使采集样本涵盖全层组织，也很难区分分化完全的小细胞性淋巴细胞性淋巴瘤与严重的 LPE。有些对食物反应剧烈的动物活检结果与淋巴瘤相似。如果活检样本质量不

高（不管是从大小还是人为方面），很容易误诊为 LPE，而不是淋巴瘤，尤其是后者引起继发的组织反应时。多处活检（比如十二指肠、回肠，而不只是十二指肠）对于发现炎性或肿瘤性变化很关键。猫 LPE 的诊断与犬相似，但是要注意 IBD 患猫也可能会有轻度至中度肠系膜淋巴结病，这种淋巴结病对肠道淋巴瘤不具有诊断性。

EGE 的诊断与 LPE 相似。患 EGE 的犬可能有嗜酸性细胞增多症，和/或并发的嗜酸性呼吸道病，或对食物过敏的皮肤瘙痒。德国牧羊犬是好发品种。猫 EGE 的诊断主要集中于肠道嗜酸细胞性浸润，但是也常见脾脏、肝脏、淋巴结及骨髓浸润，以及外周血嗜酸性粒细胞增多症。

### 治疗

轻度 IBD 的治疗起初常使用排除性饮食疗法（新蛋白或水解蛋白）及抗菌治疗，有些像 IBD 的病例实际上是饮食反应性或抗生素反应性肠病。其他治疗方法取决于 LPE 的严重程度。一些对饮食疗法或抗生素疗法无效或病情较严重动物常常需要使用皮质类固醇治疗［如泼尼松龙 2.2 mg/(kg·d)，PO，对类固醇不耐受的动物使用布地奈德］。如动物患病更严重，尤其是与低蛋白血症有关，有时需要使用免疫抑制疗法（如硫唑嘌呤、苯丁酸氮芥或环孢素）。环孢素相对硫唑嘌呤来说更有效，且每 2 d 1 次给药时起效更快，但是价格较贵。排除性日粮虽然贵，但其不会引起更多的肠黏膜刺激，对于极度消瘦或伴有严重炎症的严重低蛋白血症动物十分有效。钴胺素治疗很安全，且很方便，但是对于低钴胺素血症的犬不会有太明显的效果。犬治疗无效可能是由于治疗不当、主人不配合或误诊（如淋巴瘤病例诊断为 LPE）。

猫 LPE 的治疗与犬相似。对于血清钴胺素浓度严重下降的猫，肠道外使用钴胺素通常有效，有时腹泻可自愈。易消化的排除性饮食对食物不耐受的 IBD 病例有效。如果猫能接受治疗性饮食，应该一直使用。甲硝唑（10~15 mg/kg PO q 12 h）通常有效。因高剂量皮质类固醇治疗效果好，且猫对医源性肾上腺皮质功能亢进有适当抵抗力，应在早期使用。泼尼松龙比泼尼松效果好，而甲基泼尼松龙比泼尼松龙效果好。布地奈德主要适用于不能耐受类固醇副作用的猫（如糖尿病）。经活检证实的严重 LPE 且对其他治疗（见第 30 章）无效果的患猫，或患分化完全的小细胞性淋巴瘤的患猫，可用苯丁酸氮芥代替硫唑嘌。经肠道或肠

道外的营养供给对消瘦猫有好处(见第 30 章)。如果猫对治疗有效果,当药物逐渐减量时,应该继续使用排除性食物治疗。

　　犬 EGE 的治疗应该注重严格的低过敏性饮食(如鱼及土豆、火鸡及土豆)。部分水解蛋白饮食也可能有效,但是它们并不是所有的胃肠道饮食过敏/不耐受的万能药。重要的是在开始选择饮食治疗时,要了解患犬之前饲喂的食物。如果饮食治疗后症状未好转,皮质类固醇通常有效。消化道处方粮比皮质类固醇效果好。有时初始饮食疗法效果良好,但是继续饲喂时复发,这是由于患犬开始对其中一种成分过敏造成的,这种情况就需要更换处方粮。有些极易出现饮食不耐受的动物,需要每 2 周反复更换消化道处方粮,有助于防止复发(更多治疗见第 30 章)。

　　与嗜酸性综合征相关的 EGE 猫常需要高剂量皮质类固醇治疗[即泼尼松龙 4.4~6.6 mg/(kg·d),PO],但效果较差。患有嗜酸性肠炎的猫(不是由于HES 引起的)对排除性饮食及皮质类固醇治疗反应良好。

　　如果犬猫经治疗后临床症状好转,应继续治疗2~4 周不作改变,以确保临床症状的好转是治疗的结果,而不是与治疗无关的暂时好转。如果医生确认症状好转是由于适当的治疗,动物应该缓慢停药,且首先从副作用最大的药物开始减少剂量。如果最初需要抗炎或免疫抑制治疗,医生应尝试维持每两天 1 次的皮质类固醇及硫唑嘌呤治疗。如果治疗成功,应逐渐减至最小剂量。每次只能改变一种治疗方案,且每 2~3周内最多只能更改一种治疗方案。如果患病动物起初食用的是自制食物,则临床医生需要寻找时机将其饲粮过渡为全价、平衡的商品化排除性饲粮。通常最后调整的是饮食和抗生素治疗。对于临床症状好转的病患重新进行活检并没有明显的好处。

### 预后

　　如果在犬猫消瘦前采取治疗措施,则其 LPE 预后良好。严重的低蛋白血症且体况较差的动物可能预后不良。血清钴胺素浓度明显降低可能预示犬预后较差,但不确定。很多动物终生都需要特殊的食物。中度至重度疾病的患病动物需要进行长期药物治疗,最后慎重的减量。避免医源性库兴氏综合征。病情严重的动物最初可能会受益于肠道或肠外营养疗法。虽然关系不确定,但是 LPE 被认为是潜在淋

巴瘤前期病变,这种关系在犬上还不确定(见巴辛吉犬免疫增生性肠病),且猫的小细胞性淋巴瘤与 LPE的关系也不明确。如果犬猫最初诊断为 LPE,而后又诊断为淋巴瘤,很有可能初诊为 IBD 是错误的(如动物患有淋巴瘤),或淋巴瘤的发生与 IBD 无关。

## 大肠炎性肠病
### (LARGE INTESTINAL INFLAMMATORY BOWEL DISEASE)

### 临床特征

　　基于作者的临床经验,所谓的梭菌性结肠炎、寄生虫、食物不耐受及纤维素反应性腹泻是引起大多数犬"顽固性"大肠"IBD"的主要病因。犬淋巴细胞-浆细胞性结肠炎(lymphocytic-plasmacytic colitis,LPC)主要引起大肠性腹泻(如可能混有血液或黏液的软便、没有明显体重减轻)。总体来说,患病动物除了软便外其他基本正常。对于猫来说,便血是最常见的临床症状,腹泻是第二常见的临床症状。猫 LPC 有可能是自发的,或与 LPE 同时发生,而犬大肠 IBD 似乎与小肠IBD 关系不大。

### 诊断

　　诊断与小肠 IBD 相似(即排除其他原因,且发现黏膜组织学病变)。需要注意的是,三毛滴虫可能会引起猫结肠黏膜内大量单核细胞浸润。

### 治疗

　　低过敏性及高纤维性食物对患病犬有益。如果单一的饮食疗法不能控制,可能需要添加甲硝唑或甾体类药物。如果需要立即缓解病况,柳氮磺胺吡啶、美沙拉秦或奥沙拉秦有时有用。皮质类固醇和/或甲硝唑可能有用,联合使用低剂量柳氮磺胺吡啶也会有效。在进行免疫抑制治疗前,一定要排除结肠真菌感染(尤其是组织胞浆菌)。

　　高纤维伴低过敏性饮食也常对猫有帮助。事实上,基于作者的临床经验,大多数顽固性猫 LPC 病例最终都与饮食有关。大多数患 LPC 的猫对泼尼松龙和/或甲硝唑反应较好,很少需要使用柳氮磺胺吡啶。

### 预后

　　结肠 IBD 病患的预后通常比小肠 IBD 预后良好。

## 肉芽肿性肠炎/胃炎
### (GRANULOMATOUS ENTERITIS/GASTRITIS)

犬肉芽肿性肠炎/胃炎不常见,且只能通过组织学检查诊断本病。医生应该积极寻找病原(如真菌)。肉芽肿性肠炎/胃炎临床症状与其他形式的 IBD 相似。虽然常将其与人类的克罗恩氏病相比较,但两种病不一样。如果是局部发病,且医生确信没有系统性疾病(如真菌),应该考虑手术切除。如果广泛分布,应考虑使用皮质类固醇、甲硝唑、抗生素、硫唑嘌呤及饮食疗法。相关报道及治疗的病例太少,不具有代表性。预后较差。

猫肉芽肿性肠炎是一种罕见的 IBD,可导致体重减轻、蛋白丢失性肠病,可能会有腹泻,其诊断也需要组织病理学检查来证实。患猫对高剂量皮质类固醇疗法效果较好,但是尝试降低糖皮质激素的剂量时,可能会引起临床症状复发。预后谨慎。

## 巴辛吉犬免疫增生性肠病
### (IMMUNOPROLIFERATIVE ENTEROPATHY IN BASENJIS)

### 病因

巴辛吉犬的免疫增生性肠病是一种严重的淋巴细胞-浆细胞性小肠浸润,常与绒毛肥厚、轻度乳糜管扩张、胃皱襞增厚、淋巴细胞性胃炎和/或胃黏膜萎缩有关。本病可能具有遗传基础或有遗传倾向,肠道细菌也可能是主要病因。

### 临床特征

疾病往往呈现为 LPE 的一种严重形式,尤其是动物应激时(如旅行、发病),病情时好时坏。常可见体重减轻、小肠性腹泻、呕吐和/或厌食。大多数患病的巴辛吉犬 3～4 岁时开始发病。

### 诊断

常可见显著的低白蛋白血症及高球蛋白血症,尤其在疾病后期特别明显。疾病的早期与很多其他肠道疾病相似。疾病后期,由于临床症状特别有指征性,所以通常不需活检便能进行初步诊断。然而,由于其他疾病(如淋巴瘤、组织胞浆菌病)与免疫增生性肠病相似,在侵入性免疫抑制治疗前有必要进行消化道活组织检查。

### 治疗

治疗包括调整饮食(易消化、排除性或要素日粮),使用针对 ARE 的抗生素、使用高剂量皮质类固醇、甲硝唑及硫唑嘌呤或环孢素。疗效不定,对治疗有效的患犬常有复发的风险,尤其是应激时,复发风险更高。

虽然怀疑遗传因素,但不足以制定确切的繁育程序。对于没有临床症状的犬,进行肠道活组织检查来判断哪个动物会发展为该病的做法并不可靠,因为临床症状正常的巴辛吉犬也可能有病变,且与腹泻及体重减轻的病例病变相似,只是病变会很轻微。

### 预后

很多患病犬在诊断为本病后的 2～3 年后死亡。预后较差,但是有些犬可以通过细心监护及饲养照顾延长存活时间。少数犬后期发展成淋巴瘤。

## 中国沙皮犬的肠病
### (ENTEROPATHY IN CHINESE SHAR-PEIS)

### 病因

中国沙皮犬易患严重肠病,也易患其他免疫系统异常导致的相关疾病(如沙皮高热综合征、肾脏淀粉样变性),而免疫系统异常就更容易导致沙皮犬胃肠道的严重炎性反应。沙皮犬血清钴胺素浓度也常常很低。

### 临床特征

主要的临床症状是腹泻和/或体重减轻(如小肠功能不全)。

### 诊断

诊断基于小肠活检。主要可见嗜酸性粒细胞及淋巴细胞-浆细胞性肠道浸润。

### 治疗

治疗与 IBD 相似,排除性饮食疗法、抗菌及抗炎/免疫抑制药物。添加钴胺素可能有帮助。

### 预后

患病的中国沙皮犬预后谨慎。

## 柴犬的肠病
### (ENTEROPATHY IN SHIBA DOGS)

### 病因

柴犬肠病只有在近期被报道,病因不明。

### 临床特征

最常见的症状就是腹泻和体重减轻(即小肠功能不全),其他常见症状还有厌食。

### 诊断

可能出现白细胞增多、低白蛋白血症及低胆固醇血症。典型的组织病理学变化包括十二指肠和回肠中度至重度淋巴细胞/浆细胞性浸润,也可见结构性病变(如肠隐窝扩张、小肠绒毛变钝、淋巴管扩张)。

### 治疗

最佳治疗方法尚不确定(这种病仅在近期报道)。当前推荐使用 IBD 的治疗方法,即排除性饮食疗法、抗菌药物及抗炎/免疫抑制药物。

### 预后

大多数犬在诊断 3 个月后死亡。

# 蛋白丢失性肠病
## (PROTEIN-LOSING ENTEROPATHY)

## 蛋白丢失性肠病病因
### (CAUSES OF PROTEIN-LOSING ENTEROPATHY)

任何能引起大量炎症、浸润、充血或出血的肠道疾病都可以导致蛋白丢失性肠病[protein-losing entero-patry,PLE(如果影响胃则引起胃病),见框 28-10]。IBD 及消化道淋巴瘤是成年犬 PLE 的常见病因,而钩虫及长期肠套叠是幼年犬 PLE 的常见病因。如果病因是 IBD,通常是较严重的 LPE,有时 EGE 或肉芽肿性疾病也是致病原因。有些动物的 IBD 有可能源于 ARE,因而 ARE 也可能会引起 PLE。巴辛吉犬免疫增生性肠炎、胃肠道溃疡/坏死及出血性肿瘤也可能会导致 PLE。犬淋巴管扩张比之前认为的要更为常见,但很难进行

诊断。猫很少见 PLE,但是当发生时,常常是由 LPE 或淋巴瘤导致。治疗应该解决潜在病因。

## 肠道淋巴管扩张
### (INTESTINAL LYMPHANGIECTASIA)

### 病因

肠道淋巴管扩张(intestinal lymphangiectasia,IL)主要发生于犬,是肠道淋巴系统疾病。淋巴管阻塞会引起肠道乳糜管的扩张及破裂,导致大量淋巴物质的泄露(如蛋白、淋巴细胞及乳糜微粒)并进入肠道黏膜下层、固有层及肠腔。尽管这些蛋白质可能会被消化或重吸收,但超过了肠道重吸收的能力就会出现蛋白大量丢失(如大量小肠绒毛破裂)。肠壁或肠系膜边缘的淋巴管破裂会导致脂肪肉芽肿形成,继而加重淋巴管阻塞。常见的误区是认为所有肠道都会受影响,但是很多症状特别严重的动物现仅存在局灶性病变(如仅仅影响空肠或回肠)。犬的很多潜在疾病(如淋巴管阻塞、心包炎、肠系膜淋巴结浸润性病变、肠道黏膜浸润性病变、先天性畸形)都会引起淋巴管扩张。大多数典型的 IL 都是特发的。

### 临床特征

约克夏、软毛麦色梗及 Lundehunds 都是高发品种。软毛麦色㹴同样也是蛋白丢失性肠病的高发品种。患犬在疾病早期或晚期出现间断性腹泻,因而由 IL 引起的疾病的最初症状可能是漏出性腹水。手术时有时可见肠道脂肪肉芽肿(即肠道浆膜面或肠系膜上的白色结节)。这些脂肪肉芽肿可能继发于扩张淋巴管造成的脂肪泄漏,但是它们可能会进一步阻塞淋巴管,从而加重 IL。患病犬血液呈高凝状态,有时会发生肺血栓栓塞。

### 诊断

临床病理学评估不具有诊断性,但能发现高凝血症及低胆固醇血症。虽然低蛋白(白蛋白及球蛋白)血症是引起 PLE 的主要病因,但最初表现高球蛋白血症的动物可能会丢失很多血清蛋白质,即使血清球蛋白浓度仍然正常。淋巴细胞减少很常见,但不一定所有病例都会出现。黏膜层发现强回声条纹强烈指示淋巴管扩张,但其敏感性尚不确定。诊断需要肠道组织病理学检查;统计学上,扩张的乳糜管与低蛋白血症有关。内窥镜如果使用得当,也可以做出诊断。回肠镜

检查及十二指肠镜检查很重要。在内窥镜检查前一天晚上给动物饲喂脂肪(人类医学公认的操作)能让病变更明显。对于低蛋白血症病患,如果通过内窥镜可看到大量扩张的乳糜管(图 33-8),就可以初步诊断为淋巴管扩张。然而,正常犬有时也可看到少量扩张的乳糜管。没有看到扩张的乳糜管并不能说明不存在淋巴管扩张;疾病可能仅局限于某一段内窥镜没有检查到的肠管。高质量的组织取样很重要,送检样本受损、定点取得黏膜碎片或绒毛碎片较差都很难诊断淋巴管扩张。有时需要手术活检。如果对严重低白蛋白血症的病患进行肠道全层手术活检,浆膜移植及使用不可吸收缝合材料可降低开裂的风险。

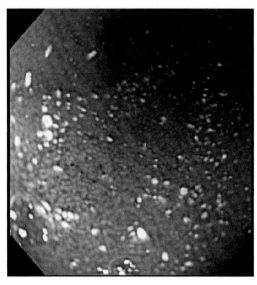

图 33-8
患淋巴管扩张的犬的十二指肠内窥镜照片。大的白色"点"即为绒毛上扩张的乳糜管

### 治疗

很少可以确定 IL 的潜在病因,因而主要采取对症治疗。脂肪含量极低的食物可避免长链脂肪酸的摄入,预防肠乳糜管进一步充血及随后大量蛋白质丢失。泼尼松龙[1.1~2.2 mg/(kg·d) PO]、硫唑嘌呤(2.2 mg/kg PO q 48 h)或环孢素(3~5 mg/kg PO q 24 h~q 12 h)有时可减轻脂肪肉芽肿周围的炎症,改善淋巴管流通。一旦使用环孢素,如果病患临床上无效果,一定要做治疗药物监测。

评估治疗效果最好的方法可能是检测血清白蛋白浓度。如果动物通过饮食疗法得到改善,可能需要长期饲喂这种食物。硫唑嘌呤或环孢素治疗可能会有助于巩固饮食疗法的效果,且维持缓解状态。

### 预后

预后不定。有些犬在饮食治疗外还要使用泼尼松龙,尽管其对极低脂肪含量饮食反应较好。极少数犬虽然进行饮食治疗及泼尼松龙治疗,但仍然会死亡。早期诊断及治疗可能预后较好。

## 软毛麦色㹴的蛋白丢失性肠病 (PROTEIN-LOSING ENTEROPATHY IN SOFT-COATED WHEATEN TERRIERS)

### 病因

软毛麦色㹴有易发 PLE 及蛋白丢失性肾病的倾向。虽然有些患犬被报道有食物超敏反应,但具体病因不明。

### 临床特征

犬有可能患有 PLE 或蛋白丢失性肾病(或两者都有)。主要临床症状可能包括呕吐、腹泻、体重减轻及腹水。当确诊时患犬通常已是中年犬。

### 诊断

患 PLE 的犬常见低白蛋白血症及低胆固醇血症。肠道黏膜的组织病理学检查可能显示淋巴管扩张、淋巴管炎或淋巴细胞性炎症。

### 治疗及预后

治疗主要与淋巴管扩张和/或 IBD 相似。对于有临床症状严重的动物,预后谨慎至不良,很多在确诊1年内死亡。

# 功能性肠病 (FUNCTIONAL INTESTINAL DISEASE)

## 肠应激综合征 (IRRITABLE BOWEL SYNDROME)

### 病因

人类肠应激综合征(irritable bowel syndrome, IBS)的临床特征是腹泻、便秘和/或腹部绞痛(常常是大肠),但不会出现器质性病变。该病是一种特发性大肠疾病,在排除所有可以导致腹泻的原因后,并推测可能是功能性异常。犬 IBS 不同,被定义为特发性、慢性、大肠性腹泻,且排除寄生虫、饮食、细菌及炎性等因素。犬的肠应激综合征可能有多种病因,但是大多数犬似乎是纤维素反应性的。

### 临床特征

主要的症状就是慢性大肠性腹泻。常见黏液样粪便,便中不常见带血,罕见体重减轻。有些患有 IBS 的犬是小型犬。临床症状可能在犬离开心爱的主人后出现。其他神经过敏及高度紧张的犬(如警犬,尤其是德国牧羊犬)也会发病。有些犬没有明显发病原因。

### 诊断

通过体格检查、临床病理学检查、粪便检查、结肠镜检查、活检、适当的治疗性试验排除其他可知原因。

### 治疗

使用高纤维素性日粮(即干物质含量中纤维素占超过 7%～9%)治疗常常有效。很多动物必须长期服用纤维素以防止复发。抗胆碱药很少有效果。

### 预后

预后良好。大多数动物的症状通过饮食或药物治疗都可得到控制。

# 肠梗阻
## (INTESTINAL OBSTRUCTION)

## 单纯性肠梗阻
### (SIMPLE INTESTINAL OBSTRUCTION)

### 病因

单纯性肠梗阻(即肠腔梗阻,但没有腹膜腔泄漏、严重的血管闭塞或肠道坏死)通常是由异物导致的,也可由浸润性疾病及肠套叠引起。

### 临床特征

单纯性肠梗阻常引起呕吐,可能伴有食欲下降,精神沉郁或腹泻,腹部疼痛不常见。梗阻越靠近口腔,呕吐往往越频繁且更严重。如果发生肠道坏死及败血性腹膜炎,动物可能处于垂危状态或 SIRS 期。

### 诊断

腹部触诊、腹部 X 线片或超声检查如果能发现异物、团块或明显的肠梗阻即可做出诊断(见图 29-5,A)。每种方法都可发现团块或扩张的肠祥。腹部超声往往最敏感(除非肠道充满气体),且可以显示 X 线片上不明显(即由于腹膜腔液体异常或缺少腹部脂肪导致浆膜细节下降)或触诊不到的肠管扩张或增厚。如果很难与生理性梗阻区分,可考虑腹部造影检查。很多肠道异物患犬由于呕出胃内容物常发生低血氯-低血钾性代谢性碱中毒。

找到异物足以做出诊断。如果发现腹部团块或明显的梗阻,可初诊为梗阻,并进一步进行超声检查或开腹探查。手术前对团块进行细胞学检查可能有助于诊断一些疾病(如淋巴瘤)。

### 治疗

一旦诊断为肠道梗阻,临床医生应进行常规麻醉前实验室检查(呕吐动物常会发生血清电解质及酸碱平衡紊乱),稳定动物体况,然后准备进一步手术。胃内容物的呕出(不仅仅是由于胃流出道梗阻)主要引起低血氯-低血钾性代谢性碱中毒及反常酸性尿,然而肠内容物的呕出主要被认为可造成不同程度的低血钾,伴发由于灌注不良引起的不同程度的酸中毒。然而,即使已知呕吐的原因,也无法预测到这些变化,这就使得在制定治疗计划时,血清电解质及酸碱度的测定很重要。

### 预后

如果没有出现败血性腹膜炎或未大段切除肠管,预后常常良好。

## 嵌顿性肠梗阻
### (INCARCERATED INTESTINAL OBSTRUCTION)

### 病因

嵌顿性肠梗阻是由肠祥在通过疝(如腹壁、肠系膜)或类似裂缝时被卡住或"绞住"而引起。被卡住的肠祥迅速扩张,蓄积大量液体,细菌大量繁殖并释放内毒素,很快发生 SIRS。本病属于外科急诊,如果不移除卡住的肠祥,动物病情很快恶化。

## 临床特征

患有嵌顿性肠梗阻的犬猫表现为急性呕吐、腹痛和渐进性沉郁。触诊腹部常引起剧烈疼痛,有时伴发呕吐。当体格检查发现黏膜"浑浊"及心动过速,表明动物发生内毒素性休克。

## 诊断

诊断时如发现有扩张且触发动物疼痛的肠袢,尤其是此肠袢位于疝内,即可初诊为本病。X线检查可见有显著扩张的肠管(图33-9),有时显著突出于腹腔外。此外,在进行探查术时可见明显被绞住的肠袢。

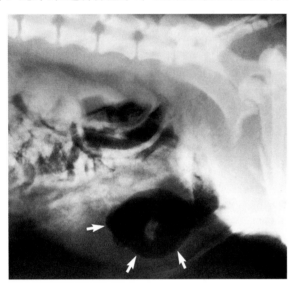

**图 33-9**
犬前耻腱断裂和肠管嵌顿的腹部侧位 X 线片。可见疝区肠管扩张(箭头)。(摘自 Allen D, editor: Small animal medicine, Philadelphia, 1991, JB Lippincott. )

## 治疗

及时进行手术,积极治疗内毒素性休克。小心切除坏死肠道,并避免肠内腐败物溢出而污染腹部。

## 预后

预后谨慎。及时诊断和进行手术,以避免死亡。

# 肠系膜扭转/肠扭转
(MESENTERIC TORSION/VOLVULUS)

## 病因

肠系膜扭转/肠扭转是肠道在肠系膜根部发生扭转引起血管严重受损的疾病。进行手术时,肠道已大部分坏死。

## 临床特征

这种由不常见病因所致的肠梗阻主要发生于大型犬(尤其是德国牧羊犬)。肠系膜扭转呈急性发作,临床症状表现为重度恶心、干呕、呕吐、腹痛及精神沉郁,有时可发生血便。腹围增大,但不如胃扩张/扭转(GDV)时明显。

## 诊断

诊断本病常采用腹部 X 线检查,检查时可见广泛一致的肠梗阻(图 29-6)。

## 治疗

及时进行手术,将肠道复位,切除坏死肠道。

## 预后

预后极差。大多数动物经竭力治疗仍会死亡。如大段肠道被切除,存活动物可能发展为短肠综合征。

# 线性异物
(LINEAR FOREIGN OBJECTS)

## 病因

许多物质都可以造成消化道内的线性异物(如细绳、细线、尼龙袜、布条)。异物在某处固着(如舌根、幽门部),而剩余部分则进入肠道。小肠通过肠蠕动推进异物,同时使异物团在一起而形成褶皱状。如果小肠持续推进异物,将线性异物断裂为数段后而进入小肠,常在小肠系膜对侧边缘多处造成穿孔,进而引起致死性腹膜炎。

## 临床特征

线性异物在猫比犬多发。临床常见呕吐食物、胆汁和/或黏液,某些动物则表现厌食或沉郁。异物持续进入肠道时,一些动物(尤其是发生慢性线性异物性疾病的病犬)可能数天至数周都不表现症状。

## 诊断

了解病史对诊断本病有所帮助(如猫玩耍布条或

细绳）。腹部触诊偶尔可见肠道聚集成束、疼痛。有时可见异物固着于舌根部，但是，如果在舌根没有发现异物，并不能说明没有线性异物。即使异物固着在舌下，如果不经过仔细彻底的口腔检查也很难发现；某些异物甚至已经包埋在系带内，必要时，对动物进行化学保定（如氯胺酮，2.2 mg/kg，IV），然后进行全面口腔检查。

如异物固着于幽门并逐渐进入十二指肠时，必须采用触诊、影像学检查或内窥镜来对其进行诊断。X线检查很少能发现异物，而且异物很少引起肠袢扩张，提示结构性梗阻，异物周围的肠皱褶阻止了肠道扩张。X线平片可见肠道内（尤其是在十二指肠处）有小气泡，而且偶尔可见明显的肠道皱褶（图 33-10）。如使用造影，可见肠道褶皱或肠聚束，此法对线性异物具有诊断意义。内窥镜检查有时也可发现固着于幽门的异物。

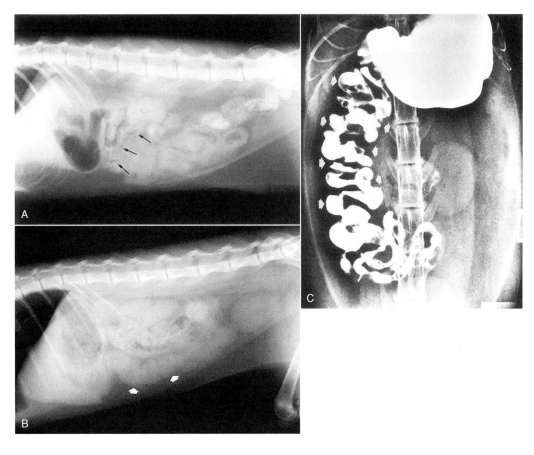

**图 33-10**

A，幽门处线性异物猫的腹部 X 线平片。图中显示在肠管聚集部位有小气泡（箭头）。B，线性异物猫的腹部 X 线平片。图中显示小肠明显皱褶（箭头）。C，线性异物猫的腹部 X 造影图片。图中显示肠道呈皱褶、聚束状（箭头）。（图 A 摘自 Allen D，editor：Small animal medicine，Philadelphia，1991，JB Lippincott.）

## 治疗

常常需要进行腹部手术来移除线性异物。然而，如果动物其他方面均表现健康，或线性异物仅出现1~2 d，或者异物固着于舌下，可以割断异物，观察其是否能顺利通过肠道。如果动物在割断异物12~24 h后症状没有好转，则需进行手术。

如果无法判定异物的存在时间，或者异物固着于幽门，手术是较安全的治疗方法。内窥镜取出异物偶尔可行，但是临床兽医师必须小心操作，因为它很容易破坏坏死的肠道并导致腹膜炎。如果内窥镜顶端可以接近到线性异物远端，并且可以通过抓住线性异物的远端将其取出，则无须进行手术。

## 预后

如果动物没有严重的败血性腹膜炎且无须切除大段肠道，预后一般良好。若线性异物已存留较长时间，可能深埋入肠系膜，则有必要切除肠道。切除大段肠道可导致短肠综合征，常使预后谨慎或预后不良。

# 肠套叠
(INTUSSUSEPTION)

## 病因

肠套叠就是某一段肠管(套入部)伸入其相邻的肠管(鞘部)。肠套叠可发生于消化道任何部位,但回肠结肠套叠最常见(即回肠进入结肠)。回肠结肠套叠貌似与肠炎(尤其是幼年动物)有关,肠炎会扰乱肠道正常的活动,促进较小的回肠套入直径较大的结肠。然而,回肠结肠套叠也可能与急性肾衰竭、钩端螺旋体病、肠道手术病史及其他疾病有关。

## 临床特征

急性回肠结肠套叠可引起肠腔阻塞和套入部肠管黏膜充血。临床常见少量带血腹泻、呕吐、腹痛和可触诊的腹部肿块。慢性回肠结肠套叠较少引起呕吐、腹痛和便血。患病动物通常表现为顽固性腹泻和低蛋白血症(由肠黏膜充血导致蛋白质丢失所致)。如果是患PLE但未发生钩虫病的青年犬,或患有细小病毒性肠炎但难以康复的幼犬,则应怀疑其患有慢性肠套叠。急性空肠套叠通常不会引起便血,但黏膜充血会比回肠结肠套叠严重,最后会发生肠道坏死,而细菌及其产生的内毒素也由此进入腹膜腔。

## 诊断

触诊时若发现有一细长、明显增厚的肠袢,即可初诊为本病;但有些浸润性疾病也可产生类似征象。回结肠套叠很短,回肠并不会被套入到降结肠远端,又因为其发生在肋弓下,难以触诊。有时肠套叠可能会"滑出",因此进行腹部触诊时很容易漏诊。如果肠套叠突至直肠,触诊时手感则类似于直肠脱出,所以临床兽医师要仔细触诊直肠,弄清是否存在穹隆(即表示直肠脱出),以避免漏诊肠套叠(发生肠套叠时无穹隆)。

腹部X线平片检查很少用于诊断回肠结肠套叠,因为回肠结肠套叠常引起轻微的肠道积气。如果钡剂灌肠造影操作得当,可见因回肠套叠而引起的具有特征性的结肠填充不足(图 33-11)。在诊断本病时,腹部超声检查更快捷,且敏感性和特异性较高(图 29-8,B)。结肠镜检查如可以看到发生套叠的肠道延伸进入结肠(图 33-12)即可确诊。空肠套叠由于其位置明显所以很容易被触诊到。而且,由于梗阻不会位于太

远端,所以腹部X线平片更能显示肠梗阻(即积气扩张的肠袢)。

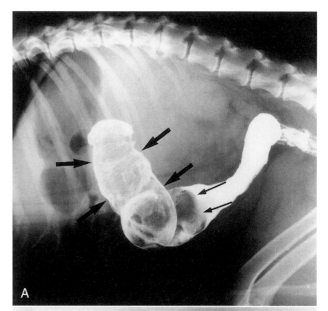

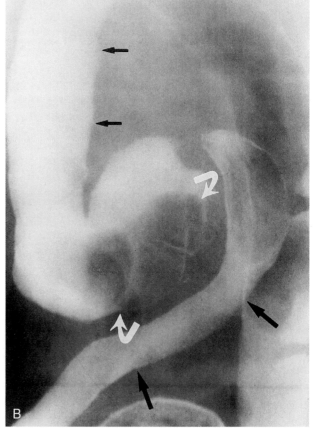

**图 33-11**

A,钡餐灌肠犬的腹部侧位 X 线片。造影剂显示了回肠结肠套叠的轮廓(细箭头)。注意由于长段的充盈缺损(粗箭头),钡剂并没有充盈正常的结肠肠腔。B,图为钡剂灌肠后犬的局部 X 线片。结肠降至左侧(短箭头),回肠(长箭头)进入结肠。没有钡剂的区域为套叠的盲肠(弯箭头)。(图 A 由 **Dr. Alice Wolf** 惠赠,**Texas A&M University.** )

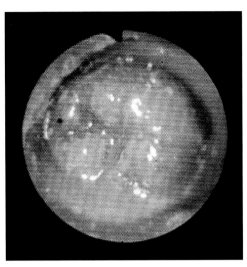

**图 33-12**
回肠结肠套叠患犬升结肠的内窥镜图像。图中显示的结肠肠腔内大块（"热狗"样）状肿物，即为肠套叠。

应该积极查明引起肠套叠的病因（如寄生虫、肿块、肠炎）。同时应对病患进行粪便检查以判定粪便中有无寄生虫，在手术整复肠套叠时，需全层采样进行活组织检查。尤其应检查被套叠的肠道顶端（及套入部）有无肿块病变（如肿瘤），该病变作为一种肠道病灶可导致肠套叠的发生。同时根据了解病史、体格检查和临床病理学检查。结果，可添加额外诊断测试。

### 治疗

肠套叠需经手术治疗。急性肠套叠应复位或切除，而慢性肠套叠常需切除。肠套叠常出现复发（在原发部位或其他部位）。肠道折叠术有助于防止疾病复发。

### 预后

如果没有发生败血性腹膜炎，肠道没有再次套叠，预后通常良好。

# 其他肠道疾病
# (MISCELLANEOUS INTESTINAL DISEASES)

## 短肠综合征
## (SHORT BOWEL SYNDROME)

### 病因

短肠综合征常发生于大部分肠道被切除后，需要特殊营养治疗，直到肠道能够适应这种情况。短肠综合征是一种由于切除了 75%～90% 小肠所致的典型的医源性疾病，剩余小肠不能充分消化和吸收营养物质。回盲瓣被切除后，大量细菌可到达小肠上段。但并非所有切除小肠的动物都会患该病。一般来说，犬猫比人更能耐受高比例的小肠切除。

### 临床特征

发病动物常表现为严重的体重减轻和顽固性腹泻（以不含黏膜或血液为特征），腹泻常在进食后不久发生。粪便中常见有未消化的食物颗粒。

### 诊断

根据了解有无切除小肠病史，结合临床特征就能确诊本病。钡餐造影 X 线检查可确定小肠的剩余长度，而依据手术估算的长度则非常不准确。

### 治疗

最好的治疗方法就是预防。应尽可能避免切除大段肠管，即使这意味着在 24～48 h 后可能需要二次手术探查。如果需要切除大段肠管，且单靠口腔饲喂不能维持动物体重，就需要补充全肠道外营养，直至肠道适应和临床症状得以控制。之后，坚持经口腔饲喂动物至关重要，它可以刺激肠道黏膜增厚。提供的食物必须极易消化（如低脂干奶酪、土豆），并少饲多餐，一天至少 3～4 次。阿片类止泻药（如洛哌啶胺）和 $H_2$ 受体拮抗剂可减轻腹泻，减少胃酸分泌。抗生素可控制小肠内细菌大量繁殖。

### 预后

如果肠道适应，可给动物饲喂接近正常的饮食。但是，某些动物无法恢复正常的饮食，且有些动物经竭力治疗后仍会死亡。最初营养不良的动物与营养好的动物相比预后较差。某些犬猫尽管切除了近 85% 的小肠，但预后要比想象的好。

# 小肠肿瘤
# (NEOPLASMS OF THE SMALL INTESTINE)

## 消化道淋巴瘤
## (ALIMENTARY LYMPHOMA)

### 病因

淋巴瘤是淋巴细胞的肿瘤性增殖（见第 77 章），也可将之归为在消化不良疾病部分。该病发病原因不明,FeLV可能是引起猫淋巴瘤的原因(即使ELISA检测为阴性)。LPE可被认为是有些动物淋巴瘤的前期病变,但是LPE向淋巴瘤恶性转移的概率仍不清楚。淋巴瘤虽然在犬中常以肠道外形式表现(如淋巴结、肝脏、脾脏),但也常影响肠道。猫消化道淋巴瘤比犬更常见。消化道淋巴瘤有不同的形式。犬猫常见淋巴母细胞型淋巴瘤(lymphoblastic lymphoma,LL),而分化完全的小细胞性淋巴瘤(small cell lymphoma,SCL)主要发生于猫。罕见大颗粒淋巴细胞性淋巴瘤,如在猫中发现,可能患有很严重的疾病。

## 临床特征

消化道LL往往会表现很多不同的症状(如慢性进行性体重减轻、厌食、小肠性腹泻、呕吐)。消化道淋巴瘤可因浸润性疾病而引起结节、肿块、弥漫性肠道增厚(图29-9),部分扩张的肠道发生阻塞和/或病灶性狭窄,表观正常的肠道也可出现上述病变,也可引起LPE。肠系膜淋巴结病(即肿大)在本病中较为典型,但不是一成不变的。需要注意的是,IBD可引起轻度至中度肠系膜淋巴结病,尤其是猫。患有消化道淋巴瘤的犬猫有时可见肠道外异常(如外周淋巴结病)。

猫消化道SCL的侵袭性通常不太强,仅表现为轻度体重减轻、呕吐和/或腹泻。

## 诊断

通过对病变部位进行细针抽吸、压片、细胞学压片检查,确定肿瘤性淋巴细胞即可诊断为本病。副肿瘤性高钙血症可提示淋巴瘤,但既不敏感也不特异。对肠道活检样品进行组织病理学分析是本病最可靠的诊断方法。有些学者表示通过手术或腹腔镜所取的全层组织样本优于通过内窥镜采样。虽然有时使用这些方法取样是必要的,但是大多数病患都可以通过内窥镜成功诊断。良好的组织样本很重要,且取样部分不仅限于十二指肠。很多病患(尤其是猫)只在回肠(或结肠)有淋巴瘤。肿瘤性淋巴细胞偶尔只在浆膜层被发现,在这种情况下,则需进行手术全层采样活检,不过这种情况不常见。

犬猫LL的诊断(发现一些明显的恶性淋巴细胞即可)相对容易,但是对诊断猫SCL很困难。超声发现猫肠道黏膜层增厚可指示T细胞淋巴瘤,但并不能代替组织病理学。质量差的内窥镜活检样本(如取样太浅表,存在大量伪影)则会导致病理医师将淋巴瘤误诊为LPE。在黏膜下层发现淋巴细胞对诊断淋巴瘤不具有特异性;患有IBD的猫也可在黏膜下层发现淋巴细胞。有些病例中,在不该发现淋巴细胞的器官(如肝脏)中找到淋巴细胞可诊断为SCL。

猫肠道SCL往往是T细胞淋巴瘤,且有时存在明显的嗜上皮性。常规苏木精-伊红(H&E)染色并不能明确区分SCL与LPE,免疫组化(即CD3和CD79a染色)有助于区分两者。然而,有时连组织病理学家和免疫组化学家都难以区分两者。有些(许多?)病例需要使用PCR进行克隆性检测来准确诊断SCL。克隆性检测需要将样本送入特定实验室,耗时耗力。还有一个重要的问题,即区分严重的LPE与SCL到底有多重要(见下文)。

## 治疗

化疗可以减缓患淋巴瘤的病患症状,但是如果给予侵入性化疗,可能会加重病情。不同的是,使用泼尼松龙及苯丁酸氮芥进行同样的治疗,患SCL的猫比患IBD的猫反应好。治疗方案见第77章。

## 预后

淋巴瘤病患长期预后不良。很多患SCL的猫经治疗后能存活数年。

# 肠腺癌
## (INTESTINAL ADENOCARCINOMA)

犬的肠腺癌比猫常见。本病常引起弥漫性小肠增厚或局部环形病灶。主要症状表现为小肠梗阻所致的呕吐和体重减轻。发现肿瘤上皮细胞即可诊断本病,诊断方法有内窥镜、手术及超声介导细针活检。硬癌有非常致密的纤维结缔组织,其活检标本很难用细针活检或软性内窥镜采集,所以有时需手术采集活检样本。如果可以手术彻底切除,则预后良好。但诊断时常见肿瘤转移至局部淋巴结。术后进行辅助性化疗,疗效不佳。

# 肠平滑肌瘤/平滑肌肉瘤/间质肿瘤
## (INTESTINAL LEIOMYOMA/LEIOMYOSARCOMA/ STROMAL TUMOR)

肠平滑肌瘤、平滑肌肉瘤及间质肿瘤都是结缔组织肿瘤,通常为明显的肿块,主要在老龄犬的小肠和胃中发现。主要症状表现为肠道出血、缺铁性贫血和肠梗阻,也可能引起副肿瘤性低血糖。检查到肿瘤细胞即可对本病做出诊断。B 超引导的细针抽吸可检测到肿瘤细胞,与其他一些癌或淋巴瘤相比,这类肿瘤细胞不易脱落,常需进行活检。如果肿瘤没有发生转移,手术切除即可治愈。如发生转移,虽然在某些动物可通过化疗缓解病情,仍预后不良。

# 大肠炎症
# (INFLAMMATION OF THE LARGE INTESTINE)

## 急性结肠炎/直肠炎
## (ACUTE COLITIS/PROCTITIS)

### 病因

急性结肠炎的病因很多(如细菌、饮食、寄生虫)。因为本病为自限性疾病,所以很难诊断出其潜在病因。急性直肠炎与急性结肠炎的病因相似,同样可由粗糙异物损伤直肠黏膜而继发。

### 临床特征

犬的结肠炎比猫常见。患急性结肠炎时,动物即使有严重的大肠性腹泻(如便血、粪便带黏液、里急后重),其精神状态仍然良好。不常发生呕吐。急性直肠炎的主要症状是便秘、里急后重、便血、大便困难和/或精神沉郁。

### 诊断

直肠检查很重要,患急性结肠炎的动物表现为直肠不适和/或便血。排除明显病因(如饮食、寄生虫原因),进行对症治疗后病情缓解,即可对本病做出初诊。结肠镜及活检可确诊本病,但除非最初症状特别严重,一般不需要。患有急性直肠炎动物在直肠检查时可能会发现粗糙、增厚的和/或明显的黏膜溃疡,动物可表现正常。直肠镜及直肠黏膜活检可确诊本病,但很少需要。

### 治疗

急性直肠炎和结肠炎通常是特发性疾病,所以有必要进行对症治疗。动物禁食 24～36 h 可减轻症状,然后饲喂少量刺激性小的食物(如干奶酪、米饭),可添加或不添加纤维。临床症状消失后,可逐渐恢复至原来的饮食。脱肛部分清理干净,涂敷抗生素-类固醇软膏。大多数动物能在 1～3 d 内康复。对患有直肠炎的动物使用广谱抗生素抑制厌氧性细菌,并且使用粪便软化剂软化粪便。

### 预后

特发性疾病预后良好。

## 慢性结肠炎(IBD)
## [CHRONIC COLITIS (IBD)]

由 IBD 导致的慢性结肠炎的讨论参见相应章节。

## 肉芽肿性/组织细胞性溃疡性结肠炎
## (GRANULOMATOUS/HISTIOCYTIC ULCERATIVE COLITIS)

### 病因

该病主要侵害拳师犬及法国斗牛犬,其他品种犬很少发病。该病是由于黏附侵袭性大肠杆菌(*Adherent-Invasive Escherichia coli*,AIEC)引起的,且可反映受侵袭品种的免疫系统特性。

### 临床特征

感染动物最初常常与其他慢性结肠炎患犬表现相同(如除了腹泻±便血,无其他症状)。然而,这种疾病常常表现为进行性,病程较长的病例可能会发生体重减轻及低蛋白血症,最终导致死亡。

### 诊断

虽然会在观察慢性结肠炎动物对驱肠道寄生虫药、饮食及抗微生物疗法是否有效之后再使用结肠镜,但对于怀疑患有慢性大肠症状的拳师犬及法国斗牛犬应在早期进行内窥镜检查。组织病理学是诊断该病的唯一方法,在黏膜层(常常是黏膜层深层)发现 PAS-阳性的巨噬细胞具有诊断意义。

### 治疗

细菌感染会对抗生素有反应,恩诺沙星是治疗本病的典型药物。应该至少治疗 8 周(即使病患在 2 周时感觉正常),8周前停止抗生素治疗常常会导致复发及恩诺沙星耐药。

## 预后

如果病患在恶病质出现之前诊断出该病且抗生素治疗疗程较长,则预后较好。

# 大肠套叠/脱垂
# (INTUSSUSCEPTION/PROLAPSE OF THE LARGE INTESTINE)

## 盲肠结肠套叠
## (CECOCOLIC INTUSSUSCEPTION)

### 病因

盲肠结肠套叠就是盲肠套入结肠内,这种情况很少见。病因不明,但有些人认为可能是鞭虫导致的结肠炎引发。

### 临床特征

主要发生于犬,发生套叠的盲肠可能会大量出血,从而引起贫血。主要症状是便血。它不会导致肠梗阻,且不会经常引起腹泻。

### 诊断

体格检查触诊很难检查到盲结肠套叠。利用软性内窥镜、超声检查及钡剂灌肠(图 33-11,B)通常可检查出套叠。

### 治疗

盲肠切除术可治愈疾病,预后较好。

## 直肠脱垂
## (RECTAL PROLAPSE)

### 病因

幼龄动物直肠脱垂常继发于肠炎和结肠炎。由于直肠受到刺激,动物用力努责而导致一部分或全部直肠黏膜脱出。黏膜暴露又加剧了刺激和直肠努责,进

而引起直肠脱垂。因此,形成了一种正反馈循环。曼岛猫有直肠脱垂易发倾向。

### 临床特征

犬猫(特别是幼龄犬猫)易感。体格检查时可见结肠或直肠黏膜从肛门中脱出。

### 诊断

诊断本病取决于体格检查所见,需要进行直肠检查以区分直肠脱垂和直肠套叠。

### 治疗

治疗包括尽可能解决引起直肠努责的病因、直肠黏膜复位,防止额外努责/脱落。在手指上涂抹润滑油进行直肠黏膜复位。如果复位后还容易脱垂,可在肛门做一个荷包缝合,保持 1~3 d。直肠开口要足够大,以保证动物顺利排便。偶尔需要进行硬脊膜外麻醉以防止直肠反复脱垂。如果外翻的黏膜受到刺激而使直肠持续用力,用白陶土或钡餐连续灌肠即可缓解症状。如果脱垂严重或直肠黏膜发生不可逆的损伤,则需进行手术切除。

### 预后

预后良好,但也有反复发作的病例。

# 大肠肿瘤
# (NEOPLASMS OF THE LARGE INTESTINE)

## 腺癌
## (ADENOCARCINOMA)

### 病因

腺癌的病因不明。与人腺癌不同,犬结肠腺癌很少由息肉发展而来。这些肿瘤可扩散至肠腔内,或呈浸润性生长,在肠腔中形成环形狭窄。

### 临床特征

主要发生于犬,结肠和直肠腺癌在老龄动物中多见,常见便血。浸润性肿瘤很可能由于梗阻而导致里急后重和/或便秘。

## 诊断

发现癌细胞即可对本病做出诊断。组织病理学检查优于细胞学检查,因为良性病变部位可能出现肠上皮细胞发育异常,而诊断为假阳性。用硬性活检钳进行深部活检,可用于诊断黏膜下层腺癌。癌症侵袭至黏膜下层是直肠恶性腺癌的重要特征,所以黏膜下层活检还能区分良性息肉和腺癌。大多数结肠肿瘤发生于直肠内或直肠附近,因而直肠指检是一种很好的筛选方法。结肠镜检用于检查结肠远端的肿瘤。影像学检查可用于检查髂内淋巴结和肺部病变(即转移)。

## 治疗

彻底的手术切除可治愈本病。切除经肛门脱出的直肠也适用于一些病例。也可经腹部处理远端结肠,但不确定长期预后情况。然而,很多患直肠腺癌的动物由于诊断延误,以及大量局部侵袭,再加上淋巴结远端转移,预后不好。

## 预后

及时诊断及手术可能会最多延长 4 年的存活时间,而没有切除腺癌则预后较差。术前及术中的放疗可能对不可切除的结直肠腺癌患犬能起到缓解作用。

# 直肠息肉
## (RECTAL POLYPS)

## 病因

直肠息肉的病因不明。

## 临床特征

主要发生于犬,主要症状是便血(可能很严重)和里急后重,少见肠梗阻。

## 诊断

通常在直肠检查时发现,某些腺瘤性息肉与固着性腺癌类似,体积都相当大,所以不易发现较窄的、柄状附着物。在直肠附近几厘米的一段结肠中,偶尔可触诊到多个小息肉(图 33-13)。组织病理学检查可对其做出诊断,而且可以用于区分息肉和恶性肿瘤。

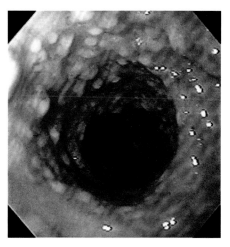

**图 33-13**
犬结肠末端的内窥镜影像,有多个良性息肉。需要通过活检确定其是否为炎症或恶性肿瘤。

## 治疗

通过手术(外翻直肠黏膜)或内窥镜(使用直肠息肉圈套器)完全切除可治愈。如条件允许,在手术前对结肠进行全面的内窥镜或影像学检查,以确定没有其他息肉。如果切除不完全,息肉复发,必须再次切除。如一段区域内有多个息肉,可能需要切除一段结肠黏膜。

## 预后

多数犬直肠和结肠息肉不会导致原位癌,这很可能是因为犬结肠息肉比人的诊断相对早。预后良好。

# 其他大肠疾病
## (MISCELLANEOUS LARGE INTESTINAL DISEASES)

# 腐霉病
## (PYTHIOSIS)

## 病因

如第 32 章所讲,本病由隐匿腐霉菌属引起。常发于美国东南部,但远在西部的加利福尼亚也在犬中发现该病。

## 临床特征

大肠腐霉病通常发生于直肠或直肠附近,也可发生在肠道的任何部位。直肠病变经常引起肠道部分阻塞。可发展为与肛周瘘相似的瘘。病犬表现为便秘和/或出血,严重者体重减轻。少见局部缺血引起的黏膜或血管的梗塞。猫很少感染。

## 诊断

因为损伤位于黏膜下,且发生纤维变性,所以需要借助硬性活检钳采集深部样本,包括黏膜下的实质组织(病变所在部位,图 33-14)。需要用特殊染色(如Warthin-Starry)寻找病原。有时找不到病原,但存在嗜酸性粒细胞性炎症和脓性肉芽肿。可使用血清学方法检测抗原及抗体(见第 29 章)。

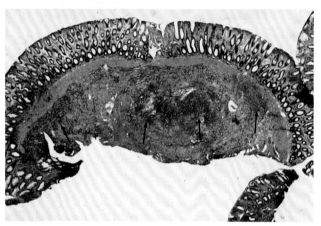

**图 33-14**
结肠活检样本的显微镜图像。黏膜层完整,肉芽肿位于黏膜下(箭头),内含真菌菌丝。浅表黏膜采样见不到这些肉芽肿。这些肉芽肿由腐霉菌病引起。

## 治疗

最好能完全切除。暂无十分有效的药物,伊曲康唑或脂质体两性霉素 B+/-特比萘酚可能对有些犬有一定效果。免疫疗法被认为有效果,但缺乏依据。

## 预后

除非完全切除病变组织,否则预后不良。

# 会阴/肛周疾病
## (PERINEAL/PERIANAL DISEASES)

## 会阴疝
### (PERINEAL HERNIA)

## 病因

骨盆横隔(如尾骨肌和提肛肌)无力,直肠管横向偏离时会形成会阴疝。

## 临床特征

主要发生于未去势的老龄公犬(尤其是波士顿梗、拳师犬、柯基犬和北京犬),猫少见。多数动物表现为大便困难、便秘或会阴肿胀。如果膀胱陷入疝中,可能会引起严重且有潜在致命性的肾后性尿毒症,表现为呕吐和沉郁。

## 诊断

直肠指检可检查到直肠偏移、缺乏肌肉支撑和/或形成直肠憩室。临床医师应检查是否有膀胱掉入疝中引起翻转。如果怀疑是此种疝,可通过超声检查、X 线检查、膀胱导尿或(造影后)抽吸肿胀物看疝中是否有尿液的方法进行确诊。

## 治疗

患肾后性尿毒症的动物需紧急处理,需排空膀胱并复位,并进行静脉输液。首选的治疗方法是进行肌肉重建,但手术可能失败,动物主人要有再次进行肌肉重建手术的心理准备。

## 预后

预后一般全谨慎。

## 肛周瘘
### (PERIANAL FISTULAE)

## 病因

肛周瘘的病因不明,可能由阻塞的肛门隐窝和/或肛囊发生感染,破溃至深部组织所致。由于已经观察到对免疫抑制药物的临床反应,可能与免疫介导机制有关。

## 临床特征

肛周瘘发生于犬,且多见于身体上呈一定坡度、尾根宽大的品种(如德国牧羊犬)。肛周有一个或多个有痛感的瘘管。动物常表现便秘(疼痛引起)、有臭味、直肠疼痛和/或直肠脱出。

## 诊断

通过体格检查和直肠检查可对本病做出诊断。检查时必须小心,因为患犬肛门区域会特别疼。有时见不到瘘管,但通过直肠可触诊到肉芽肿和脓肿。直肠腐霉病与肛周瘘几乎没有相似性。

### 治疗

多数患犬应用免疫抑制药物[如环孢素 3～5 mg/kg PO q 12 h;硫唑嘌呤 50 mg/m² PO q 48 h;或局部使用 0.1% 的他罗利姆(tacrolimus)q 24 h～q 12 h],使用或不使用抗生素(如甲硝唑、红霉素)均可治愈。口服酮康唑(5 mg/kg q 12 h)可降低环孢素的起效用量,从而降低动物主人的费用。如果使用环孢素,应注意监测血药浓度,以确定达到充足的血药水平。饲喂低过敏性食物也有一定作用。少数情况下,药物治疗无效时,就要进行手术治疗,但手术可能造成大便失禁。术后护理很重要,要保持创面清洁。有时需使用粪便软化剂。

### 预后

多数病犬能治愈。但预后谨慎,有时需要反复药物治疗或手术。

## 肛囊炎
### (ANAL SACCULITIS)

### 病因

发生肛囊炎时,肛门囊受感染可导致脓肿或蜂窝织炎。

### 临床特征

肛囊炎常发生于犬,偶见于猫。小型犬(如贵妇犬、吉娃娃犬)更易患病。轻度肛囊炎能引起刺激(即患犬舔或咬发炎部位),偶见粪便带血。严重者有明显的疼痛、肿胀和/或形成瘘管。动物因不愿排便而发展为排便困难或便秘。犬猫严重的肛囊炎还可能有发热症状。

### 诊断

体格检查和直肠检查通常可诊断该病。肛囊炎常有痛感,囊内有脓液、出血,或表观正常,但分泌物增多。病情严重时,难以挤出囊内容物。如肛囊破裂,可在肛周 4 点和 7 点方位形成肛周瘘。偶尔有明显的脓肿。

### 治疗

对于轻度肛囊炎病例,挤出肛囊内容物,然后注入抗生素－皮质类固醇水溶液即可。注入生理盐水有助于挤出阻塞的囊内容物。如果主人在家中能帮助其挤出内容物,可以防止囊内容物阻塞,减少严重并发症。

脓肿需要切开、引流、冲洗和热敷,同时应用全身性抗生素。热敷能够软化刚形成的小脓肿。若复发、加重或药物治疗无效,可手术切除发病的肛囊。

### 预后

一般预后良好。

## 肛周肿瘤
### (PERIANAL NEOPLASMS)

### 肛囊(顶泌腺)腺癌
[ANAL SAC(APOCRINE GLAND)ADENOCARCINOMA]

### 病因

肛囊腺癌起源于顶浆分泌腺,常见于老龄母犬。

### 临床特征

触诊可发现肛囊或肛周肿块,但有些并不明显。副肿瘤性高钙血症常引起动物厌食、体重减轻、呕吐和多饮多尿。高钙血症或会阴肿物偶尔也可造成便秘。病程的早期癌细胞可转移至腰下淋巴结,少见转移到其他器官。

### 诊断

细胞学和/或组织病理学检查可对本病做出诊断。患高钙血症的老年母犬需仔细进行肛囊和肛周检查。腹部超声检查可见腰下淋巴结肿大。

### 治疗

如发生高血钙症,则必须进行治疗(见第 55 章)。肿瘤必须切除,但这些肿瘤在诊断时可能已经转移到了局部淋巴结。对有些患犬进行姑息化疗(见第 74 章),有一定疗效。

### 预后

预后谨慎。

## 肛周腺肿瘤
## (PERIANAL GLAND TUMORS)

### 病因

肛周腺肿瘤起源于变性的皮脂腺,肛周腺瘤上有睾酮受体。

### 临床特征

肛周腺肿瘤通常与周围组织界线分明,隆起、发红或有瘙痒。肿瘤常见于肛门和尾根部,呈单个或多个发生于犬身体的整个后半部。雄性激素可刺激其生长,通常发生于老龄公犬(特别是可卡犬、比格犬和德国牧羊犬)。瘙痒易引起犬舔舐病变部位,从而造成溃疡。肛周腺腺癌少见,通常较大,呈浸润性、溃疡性肿块,易发生转移。

### 诊断

诊断需要细胞学和/或组织病理学检查,但两者都不能很好区分良性肿瘤和恶性肿瘤。发现转移灶(如转移至局部淋巴结、肺)是诊断恶性肿瘤最确定的方法。

### 治疗

对于良性或没有转移的单个肿瘤,最好手术切除。建议对患犬实施绝育手术。对多中心肿瘤和一些恶性肿瘤建议进行放射治疗。对腺癌患犬进行化疗[长春新碱、多柔比星(阿霉素)、环磷酰胺(VAC)方案]有一定帮助。

### 预后

良性肿瘤预后良好,恶性肿瘤预后谨慎。

## 便秘
## (CONSTIPATION)

任何导致疼痛(如肛周瘘、会阴疝、肛囊炎)、阻塞或结肠无力的会阴或肛周疾病都可导致便秘。便秘也可由其他疾病引起(框28-15)。

## 陈旧性骨盆骨折愈合不良引起的骨盆阻塞
## (PELVIC CANAL OBSTRUCTION CAUSED BY MALALIGNED HEALING OF OLD PELVIC FRACTURES)

### 病因

陈旧性创伤(如车祸造成的损伤)是猫发生骨盆阻塞的常见病因,只要可以休息,其骨盆创伤可自行愈合。一旦骨折愈合,猫临床表现正常,但是骨盆变窄,并可引起巨结肠和/或难产。

### 诊断

直肠检查可用于诊断本病。X线检查可以进一步确定疾病的严重程度。

### 治疗

由轻微骨盆狭窄引起的便秘可经粪便软化剂控制,但可能还是需要实施骨科手术扩大骨盆腔。预后取决于结肠扩张的严重程度。除结肠严重变形外,一般结肠可以在排空状态下恢复其正常结构和功能。促动力药如西沙比利(0.25 mg/kg 口服,q 8～12 h)能刺激肠道蠕动;但是,如果有排便阻塞,则不能用促胃肠动力药物。

### 预后

预后取决于结肠的扩张程度、病程长短和手术扩张骨盆成功与否。

## 良性直肠狭窄
## (BENIGN RECTAL STRICTURE)

### 病因

病因不明,可能为先天性疾病。

### 临床特征

主要症状为便秘和里急后重。

### 诊断

直肠指检发现狭窄,但对大型犬触诊检查不仔细或狭窄处过深,都可能漏检本病。对狭窄的直肠进行直肠镜检查和深部活检(包括黏膜下层),能确定该病变是良性纤维化,还是肿瘤性或真菌性。

## 治疗

有的动物经气囊或牵拉器对狭窄部位进行简单的扩张后,就可正常排便;而有些动物则需进行手术治疗。要告知动物主人在直肠愈合过程中仍会形成狭窄,极少数病例会因手术引起排便失禁。皮质类固醇[如泼尼松龙,1.1 mg/(kg·d) PO]可防止狭窄再次形成。

## 预后

预后谨慎至预后良好。

# 饮食不慎所致便秘
(DIETARY INDISCRETION LEADING TO CONSTIPATION)

## 病因

发病原因多为犬饮食不当或食入其他东西(如纸、爆米花、头发或骨头)。如果动物脱水时,过多的补充纤维素也能引起便秘。

## 诊断

犬误食垃圾是本病的常见病因。通过检查采集自结肠的粪便即可对本病做出诊断。

## 治疗

改善宠物的饮食习惯,在日常饮食中加入适量纤维,饲喂湿粮(尤其是猫)以防止便秘。可能需要反复进行灌肠冲洗(非高渗性灌肠剂)。避免用手捏碎硬性粪便,但如果有必要,此时需将动物麻醉以防结肠受伤。也可以用器械如海绵钳和弯止血钳来破碎粪便。通常是先在粪便上方插入一个硬性直肠镜,然后再插入一根管子,用接近体温的水蒸气经此管冲洗肠道,如此即可软化粪便,冲掉散碎的粪便。

## 预后

预后通常良好。结肠经冲洗后,功能即恢复正常,但粪便滞留于肠道时间过长或病情严重者除外。

# 特发性巨结肠
(IDIOPATHIC MEGACOLON)

## 病因

病因不明,但可能与行为(如不愿排便)和结肠神经递质的改变有关。

## 临床特征

特发性巨结肠主要见于猫,犬也偶有发生。患病动物沉郁、厌食,常因排便次数太少而就诊。

## 诊断

触诊发现异常扩张的结肠(非正常充盈体积),排除饮食、行为、代谢和结构性的原因即可诊断为本病。应做腹部 X 线检查来诊断。

## 治疗

必须清除阻塞的粪便。2~4 d 内多次用温水灌肠清洗通常有效。饲喂添加纤维素的湿粮(如美达施天然纤维素、南瓜饼填充物)以防止粪便再次淤积,保持猫砂清洁,以及应用渗透性轻泻剂(如乳果糖)和/或促动力剂(如西沙比利)。一般不用润滑剂,因为它不能改变粪便硬度。如果保守疗法失败,或动物主人拒绝使用保守疗法,可对猫进行结肠全切除术(犬耐受度较差)。患猫在术后至恢复正常粪便硬度之前,会有几周出现软便,有些可能终身排软便。

## 预后

预后一般或预后谨慎。如果就诊较早,有的患猫采用保守疗法即可。

◀ 推荐阅读

Abdelmagid OY et al: Evaluation of the efficacy and duration of immunity of a canine combination vaccine against virulent parvovirus, infectious canine hepatitis virus, and distemper virus experimental challenges, *Vet Ther* 5:173, 2004.

Allenspach K et al: Pharmacokinetics and clinical efficacy of cyclosporine treatment of dogs with steroid-refractory inflammatory bowel disease, *J Vet Intern Med* 20:239, 2006.

Allenspach K et al: Chronic enteropathies in dogs: evaluation of risk factors for negative outcome, *J Vet Intern Med* 21:700, 2007.

Allenspach K: Diseases of the large intestine. In Ettinger SJ et al, editors: *Textbook of veterinary internal medicine*, ed 7, St Louis, 2010, Elsevier/WB Saunders.

Batchelor DJ et al: Breed associations for canine exocrine pancreatic insufficiency, *J Vet Intern Med* 21:207, 2007.

Bender JB et al: Epidemiologic features of *Campylobacter* infection among cats in the upper midwestern United States, *J Am Vet Med Assoc* 226:544, 2005.

Berryessa NA et al: Gastrointestinal pythiosis in 10 dogs from California, *J Vet Intern Med* 22:1065, 2008.

Boag AK et al: Acid-base and electrolyte abnormalities in dogs with gastrointestinal foreign bodies, *J Vet Intern Med* 19:816, 2005.

Bowman DD et al: Efficacy of moxidectin 6 month injectable and milbemycin oxime/lufenuron tablets against naturally acquired *Trichuris vulpis* infections in dogs, *Vet Ther* 3:286, 2002.

Briscoe KA et al: Histopathological and immunohistochemical evaluation of 53 cases of feline lymphoplasmacytic enteritis and low-grade alimentary lymphoma, *J Comp Pathol* 145:187, 2011.

Brissot H et al: Use of laparotomy in a staged approach for resolution of bilateral or complicated perineal hernia in 41 dogs, *Vet Surg* 33:412, 2004.

Casamian-Sorrosal D et al: Comparison of histopathologic findings in biopsies from the duodenum and ileum of dogs with enteropathy, *J Vet Intern Med* 24:80, 2010.

Carmichael L: An annotated historical account of canine parvovirus, *J Vet Med B* 52:303, 2005.

Coyne MJ: Seroconversion of puppies to canine parvovirus and canine distemper virus: a comparison of two combination vaccines, *J Am Anim Hosp Assoc* 36:137, 2000.

Craven M et al: Canine inflammatory bowel disease: retrospective analysis of diagnosis and outcome in 80 cases (1995-2002), *J Small Anim Pract* 45:336, 2004.

Dossin O et al: Protein-losing enteropathies in dogs, *Vet Clin N Am* 41:399, 2011.

Dryden M et al: Accurate diagnosis of *Giardia* spp. and proper fecal examination procedures, *Vet Ther* 7:4, 2006.

Eleraky NZ et al: Virucidal efficacy of four new disinfectants, *J Am Anim Hosp Assoc* 38:231, 2002.

Epe C et al: Intestinal nematodes: biology and control, *Vet Clin N Am* 39:1091, 2009.

Evans SE et al: Comparison of endoscopic and full-thickness biopsy specimens for diagnosis of inflammatory bowel disease and alimentary tract lymphoma in cats, *J Am Vet Med Assoc* 229:1447, 2006.

Evermann JF et al: Canine coronavirus-associated puppy mortality without evidence of concurrent canine parvovirus infection, *J Vet Diagn Invest* 17:610, 2005.

Foster DM et al: Outcome of cats with diarrhea and *Tritrichomonas foetus* infection, *J Am Vet Med Assoc* 225:888, 2004.

Foy DS et al: Endoscopic polypectomy using endocautery in three dogs and one cat, *J Am Anim Hosp Assoc* 46:168, 2010.

Garci-Sancho M et al: Evaluation of clinical, macroscopic, and histopathologic response to treatment in nonhypoproteinemic dogs with lymphocytic-plasmacytic enteritis, *J Vet Intern Med* 21:11, 2007.

Gaschen FP et al: Adverse food reaction in dogs and cats, *Vet Clin N Am* 41:361, 2011.

Geiger T: Alimentary lymphoma in cats and dogs, *Vet Clin N Am* 41:419, 2011.

German AJ et al: Comparison of direct and indirect tests for small intestinal bacterial overgrowth and antibiotic-responsive diarrhea in dogs, *J Vet Intern Med* 17:33, 2003.

German AJ et al: Chronic intestinal inflammation and intestinal disease in dogs, *J Vet Intern Med* 17:8, 2003.

Goodwin LV et al: Hypercoagulability in dogs with protein-losing enteropathy, *J Vet Intern Med* 25:273, 2011.

Gookin J et al: Efficacy of ronidazole for treatment of feline *Tritrichomonas foetus* infection, *J Vet Intern Med* 20:536, 2006.

Gorman S et al: Extensive small bowel resection in dogs and cats: 20 cases (1998-2004), *Am J Vet Res* 228:403, 2006.

Hall EJ: Antibiotic-responsive diarrhea in small animals, *Vet Clin N Am* 41:273, 2011.

Holt PE: Evaluation of transanal endoscopic treatment of benign canine rectal neoplasia, *J Small Anim Pract* 48:17, 2007.

Hong C et al: Occurrence of canine parvovirus type 2c in the United States, *J Vet Diagn Invest* 19:535, 2007.

Jergens AE: Clinical assessment of disease activity for canine inflammatory bowel disease, *J Am Anim Hosp Assoc* 40:437, 2004.

Jergens AE et al: Comparison of oral prednisone and prednisone combined with metronidazole for induction therapy of canine inflammatory bowel disease: a randomized-controlled trial, *J Vet Intern Med* 24:269, 2010.

Johnson KL: Small intestinal bacterial overgrowth, *Vet Clin N Am* 29:523, 1999.

Johnston SP et al: Evaluation of three commercial assays for detection of *Giardia* and *Cryptosporidium* organisms in fecal specimens, *J Clin Microbiol* 41:623, 2003.

Kiupel M et al: Diagnostic algorithm to differentiate lymphoma from inflammation in feline small intestinal biopsy samples, *Vet Pathol* 48:212, 2011.

Kruse BD et al: Prognostic factors in cats with feline panleukopenia, *J Vet Intern Med* 24:1271, 2010.

Kull PA et al: Clinical, clinicopathologic, radiographic, and ultrasonographic characteristics of intestinal lymphangiectasia in dogs: 17 cases (1996-1998), *J Am Vet Med Assoc* 219:197, 2001.

Kupanoff P et al: Colorectal plasmacytomas: a retrospective study of nine dogs, *J Am Anim Hosp Assoc* 42:37, 2006.

LaFlamme DP et al: Effect of diets differing in fat content on chronic diarrhea in cats, *J Vet Intern Med* 25:230, 2011.

Littman MP et al: Familial protein-losing enteropathy and protein-losing nephropathy in Soft Coated Wheaten Terriers: 222 cases (1983-1997), *J Vet Intern Med* 14:68, 2000.

Maas CPHJ et al: Reclassification of small intestinal and cecal smooth muscle tumors in 72 dogs: clinical, histologic, and immunohistochemical evaluation, *Vet Surg* 36:302, 2007.

Mandigers PJJ et al: A randomized, open label, positively-conducted field trial of a hydrolyzed protein diet in dogs with chronic small bowel enteropathy, *J Vet Intern Med* 24:1350, 2010.

Mantione N et al: Characterization of the use of antiemetic agents in dogs with parvoviral enteritis treated at a veterinary teaching hospital: 77 cases (1997-2000), *J Am Vet Med Assoc* 227:1787, 2005.

Marks SL et al: Dietary trial using commercial hypoallergenic diet containing hydrolyzed protein for dogs with inflammatory bowel disease, *Vet Ther* 3:109, 2002.

Marks SL et al: Bacterial-associated diarrhea in the dog: a critical appraisal, *Vet Clin N Am* 33:1029, 2003.

Marks SL et al: Editorial: small intestinal bacterial overgrowth in dogs—less common than you think? *J Vet Intern Med* 17:5, 2003.

Marks SL et al: Enteropathogenic bacteria in dogs and cats: diagnosis, epidemiology, treatment, and control, *J Vet Intern Med* 25:1195, 2011.

McCaw DL et al: Canine viral enteritis. In Greene CE, editor: *Infectious diseases of the dog and cat*, ed 3, St Louis, 2006, Elsevier.

Miura T et al: Endoscopic findings on alimentary lymphoma in 7 dogs, *J Vet Med Sci* 66:577, 2004.

Mohr AJ et al: Effect of early enteral nutrition on intestinal permeability, intestinal protein loss, and outcome in dogs with severe parvoviral enteritis, *J Vet Intern Med* 17:791, 2003.

Morello E et al: Transanal pull-through rectal amputation for treatment of colorectal carcinoma in 11 dogs, *Vet Surg* 37:420, 2008.

Morely P et al: Evaluation of the association between feeding raw meat and *Salmonella enterica* infections at a Greyhound breeding facility, *J Am Vet Med Assoc* 228:1524, 2006.

O'Neill T et al: Efficacy of combined cyclosporine A and ketoconazole treatment of anal furunculosis, *J Small Anim Pract* 45:238, 2004.

Ohmi A et al: A retrospective study in 21 Shiba dogs with chronic enteropathy, *J Vet Med Sci* 73:1, 2011.

Patterson EV et al: Effect of vaccination on parvovirus antigen testing in kittens, *J Am Vet Med Assoc* 230:359, 2007.

Payne PA et al: Efficacy of a combination febantel-praziquantel-pyrantel product, with or without vaccination with a commercial *Giardia* vaccine, for treatment of dogs with naturally occurring giardiasis, *J Am Vet Med Assoc* 220:330, 2002.

Payne PA et al: The biology and control of *Giardia* spp and *Tritrichomonas foetus*, *Vet Clin N Am* 39:993, 2009.

Pedersen NC et al: Pathogenesis of feline enteric coronavirus infection, *J Feline Med Surg* 10:529, 2008.

Peterson PB et al: Protein-losing enteropathies, *Vet Clin N Am* 33:1061, 2003.

Ragaini L et al: Inflammatory bowel disease mimicking alimentary lymphosarcoma in a cat, *Vet Res Commun* 27(Suppl 1):791, 2003.

Roccabianca P et al: Feline large granular lymphocytic (LGL) lymphoma with secondary leukemia: primary intestinal origin with predominance of a CD3/CD8aa phenotype, *Vet Pathol* 43:15, 2006.

Rossi M et al: Occurrence and species level diagnostics of *Campylobacter* spp. enteric *Helicobacter* spp. and *Anaerobiospirillum* spp. in healthy and diarrheic dogs and cats, *Vet Microbiol* 129:304, 2008.

Russell KN et al: Clinical and immunohistochemical differentiation of gastrointestinal stromal tumors from leiomyosarcomas in dogs: 42 cases (1990-2003), *J Am Vet Med Assoc* 230:1329, 2007.

Schmitz S et al: Comparison of three rapid commercial canine parvovirus antigen detection tests with electron microscopy and polymerase chain reaction, *J Vet Diagn Invest* 21:344, 2009.

Schulz BS et al: Comparison of the prevalence of enteric viruses in healthy dogs and those with acute haemorrhagic diarrhoea by electron microscopy, *J Small Anim Pract* 49:84, 2008.

Simpson KW et al: Pitfalls and progress in the diagnosis and management of canine inflammatory bowel disease, *Vet Clin N Am* 41:381, 2011.

Stavisky J et al: A case-control study of pathogen and life style risk factors for diarrhoea in dogs, *Prevent Vet Med* 99:185, 2011.

Stein JE et al: Efficacy of *Giardia* vaccination in the treatment of giardiasis in cats, *J Am Vet Med Assoc* 222:1548, 2003.

Steiner JM et al: Serum lipase activities and pancreatic lipase immunoreactivity concentrations in dogs with exocrine pancreatic insufficiency, *Am J Vet Res* 67:84, 2006.

Sutherland-Smith J et al: Ultrasonographic intestinal hyperechoic mucosal striations in dogs are associated with lacteal dilation, *Vet Radiol Ultrasound* 48:51, 2007.

Vasilopulos RJ et al: Prevalence and factors associated with fecal shedding of *Giardia* spp. in domestic cats, *J Am Anim Hosp Assoc* 42:424, 2006.

Washabau R et al: Endoscopic, biopsy, and histopathologic guidelines for the evaluation of gastrointestinal inflammation in companion animals, *J Vet Intern Med* 24:10, 2010.

Weese JS et al: Outbreak of *Clostridium difficile*-associated disease in a small animal veterinary teaching hospital, *J Vet Intern Med* 17:813, 2003.

Westermarck E et al: Exocrine pancreatic insufficiency in dogs, *Vet Clin N Am* 33:1165, 2003.

Westermarck E et al: Tylosin-responsive chronic diarrhea in dogs, *J Vet Intern Med* 19:177, 2005.

Westermarck E et al: Effect of diet and tylosin on chronic diarrhea in Beagles, *J Vet Intern Med* 19:822, 2005.

Willard MD et al: Effect of tissue processing on assessment of endoscopic intestinal biopsies in dogs and cats, *J Vet Intern Med* 24:84, 2010.

Williams LE et al: Carcinoma of the apocrine glands of the anal sac in dogs: 113 cases (1985-1995), *J Am Vet Med Assoc* 223:825, 2003.

Wilson HM et al: Feline alimentary lymphoma: demystifying the enigma, *Top Companion Anim Med* 23:177, 2008.

Woldemeskel M et al: Canine parvovirus-2b-associated erythema multiforme in a litter of English setter dogs, *J Vet Diagn Invest* 23:576, 2011.

Yoon H et al: Bilateral pubic and ischial osteotomy for surgical management of caudal colonic and rectal masses in six dogs and a cat, *J Am Vet Med Assoc* 232:1016, 2008.

Zwingenberger AL et al: Ultrasonographic evaluation of the muscularis propria in cats with diffuse small intestinal lymphoma or inflammatory bowel disease, *J Vet Intern Med* 24:289, 2010.

# 第 34 章
## CHAPTER 34

# 腹膜疾病
## Disorders of the Peritoneum

## 炎症疾病
## (INFLAMMATORY DISEASE)

### 败血性腹膜炎
### (SEPTIC PERITONITIS)

#### 病因

败血性腹膜炎通常由消化道或胆道系统泄漏引起。有些败血性腹膜炎也叫由子宫积脓破裂引起，称之为继发性腹膜炎。犬胃肠道穿孔或坏死通常由肿瘤、溃疡（通常是药物诱发）、肠套叠、异物或缝线开裂引起的。胆道系统泄漏常由坏死性胆囊炎（黏液囊肿或慢性细菌感染）引起胆囊破裂所致。败血性腹膜炎也可能由腹部枪伤、手术或血源性扩散引起。猫更常见的原因是外伤（即枪伤、车祸、咬伤）。

犬猫偶尔可能发生原发性（自发性）细菌性腹膜炎（primary bacterial peritonitis，PBP；即无法确认来源）。猫的口腔细菌怀疑可能是其 PBP 的来源；犬的病因可能是肠道细菌转移造成。PBP 病原更常为革兰阳性菌。

#### 临床特征

如果手术缝线开裂后继发腹膜炎，一般术后 3～6 d 动物即可表现出症状。据报道，犬有如下 2 项或 2 项以上症状即表明有较高风险存在缝线开裂：血清白蛋白低于 2.5 g/dL、小肠异物和术前腹膜炎。继发于 GI、胆道或子宫泄露的败血性腹膜炎患犬通常表现为极度沉郁、发热（或低体温）、呕吐，可能伴有腹痛（若过于沉郁则不表现）。腹腔通常有少量至中等量渗出液。

疾病症状发展很快，直到出现全身性炎症反应综合征（systemic inflammatory response syndrome，SIRS；即败血性休克）。但一些发病动物症状轻微，可能只是轻微呕吐、低热和大量腹腔积液，其在数日或更长时间内表现相对正常。猫由败血性腹膜炎引发的 SIRS 表现与犬差异较大。有些患 SIRS 的猫甚至仅表现出心动过缓和低体温（测量血压可能发现低血压）。

患自发性腹膜炎的犬可能比胃肠道或胆道泄漏的继发性腹膜炎有更多的腹水，且临床症状（特别是 PBP 并发严重肝脏疾病）相对轻微一些。但是与 GI 泄漏继发的腹膜炎犬猫相比，PBP 患猫与其临床症状差异不大。

#### 诊断

多数由 GI 或胆道穿孔引起败血性腹膜炎的动物仅有少量腹腔积液，经体格检查无法查明，但在腹部 X 线平片拍摄时可观察到腹腔浆膜细节下降（与体脂较少的动物类似）。超声检查对少量腹腔积液的敏感性较高。腹腔内游离气体（近期进行腹腔手术的除外）强烈提示胃肠道破裂（图 34-1），或者感染产气菌。超声检查能探查到腹腔团块（例如肿瘤）、胆囊黏液囊肿、胆囊炎或子宫积脓。患败血性腹膜炎的犬猫常见非特异性嗜中性粒细胞增多。严重败血症者可见低血糖。

如果存在腹腔积液或怀疑败血性腹膜炎，可进行腹腔穿刺，对抽取的液体进行细胞学检查和微生物培养。若腹腔积液量很少，临床医生在超声引导下穿刺可以获得检验需要的样本。腹腔积液应为渗出液，如在其中发现细菌（尤其是被白细胞吞噬的细菌）或肠内容物则可诊断为败血性腹膜炎（图 34-2）。然而，即使感染很严重，有时也观察不到细菌或肠内容物。先前使用的抗生素可能显著抑制细菌数量，并降低退行性嗜中性粒细胞的比例。而且近期腹部手术也会造成腹腔积液中嗜中性粒细胞轻度至中度退行性变化。

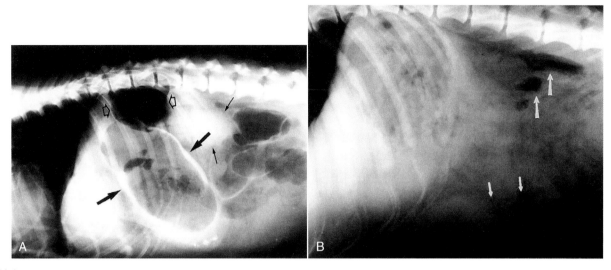

**图 34-1**

**A,**犬腹部侧位 X 线平片。阴性造影剂(空气)勾勒出肾脏(小实心箭头)和胃的轮廓(大实心箭头)。此外,腹腔内有数个袋状游离气体(空心箭头)。该犬因胃溃疡造成自发性穿孔。**B,**脾脓肿患犬侧位 X 线平片。脾脏(短箭头)内有气泡,腹腔背侧有游离的气体(长箭头)。

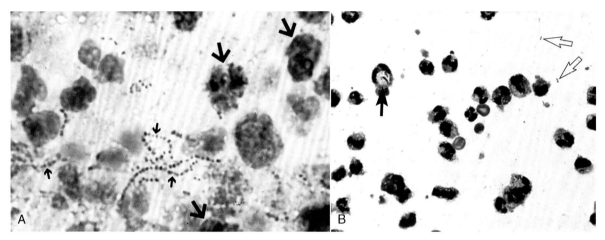

**图 34-2**

**A,**败血性腹膜炎患犬腹腔渗出液显微镜下照片。显示细菌(小箭头)和嗜中性粒细胞的重度退行性变化,甚至难以辨别嗜中性粒细胞(大箭头)(瑞氏染色;×1 000)。**B,**败血性腹膜炎渗出液显微镜下照片。细胞内有一个细菌(大箭头),以及另外两个疑似细菌的东西(小空心箭头)。嗜中性粒细胞的退行性变化不如图 A 严重。(图片由 **Dr. Claudia Barton** 惠赠,Texas A&M University.)

通常我们遇到的关键问题在于,对于部分患犬,在不进行开腹探查术的情况下,如何快速鉴别败血性腹膜炎和无菌性胰腺炎,因为这两者都可引起 SIRS,且超声检查在诊断胰腺炎时效果并不理想。积液的乳酸水平不能准确区分败血性或非败血性积液。腹腔液中退行性嗜中性粒细胞提示败血性腹膜炎,但是与感染一样,严重的无菌性胰腺炎也可引起同样的嗜中性粒细胞退行性变化。遗憾的是,当强烈怀疑败血性腹膜炎时,临床医生通常来不及等待腹腔液培养结果。

犬胰脂肪酶免疫反应性(canine pancreatic lipase immunoreactivity,cPLI)对于鉴别诊断有一定帮助,敏感性较好(阴性结果提示急性胰腺炎并不是原发疾病),但是并不能特异诊断某种疾病。患病动物并不存

在明显的胰腺炎,也会出现高水平的 cPLI,而且犬患败血性腹膜炎可能因广泛腹腔炎症而继发胰腺炎症。临床医师需要告知动物主人,动物也许不需要手术,但是术前没有快速可靠的鉴别诊断方法。

PBP 与继发性败血性腹膜炎之间存在潜在差异。犬 PBP 在腹腔液分析的基础上可能较难诊断。首先,PBP 存在渗出液、改性漏出液或者是漏出液。再者,腹腔液中可能含有相对微量的细菌,通过离心技术(例如细胞离心器)可证实存在细菌。最后,一些 PBP 患犬的临床症状并不像继发性腹膜炎那么明显。但是这些都不是绝对的。

## 治疗

败血性腹膜炎的动物通常有来自消化道、胆道或子

宫积脓的破裂,临床医生应在其病情稳定时尽快进行手术探查。但是对于细菌性腹膜炎手术作用微弱,如果有理由强烈怀疑是 PBP(例如,肝硬化患犬伴有革兰阳性球菌感染的轻度腹膜炎,且没有证据怀疑胃肠道或胆道破裂),保守治疗和严密观察是较为合理的治疗方案。

如果临床医生怀疑患病动物为败血性腹膜炎,或没有理由强烈怀疑 PBP,则需要进行手术。麻醉前进行 CBC、血液生化检查和尿液检查。且在等待实验室检查结果时,手术不应拖延。手术时应仔细检查肠和胃的缺损。对穿孔周围组织进行活检,以诊断潜在的肿瘤和炎性肠病(IBD)。修补缺损后,应用大量温热晶体液进行多次腹腔冲洗,以稀释或除去碎片和细菌。除非是极轻度的病例,否则使用引流管或腹膜透析管充分冲洗腹腔。肠道黏合很快形成,除非必须检查肠道,否则不应破坏黏合部位。如果肠道功能丧失,应予以切除。粘连肠道有时没有必要切除,否则可能会造成短肠综合征,有潜在致命风险。

实质性腹部污染需要较长时间的引流,闭合式引流已在术后被成功应用,更推荐彭罗斯氏引流。也可进行开放式引流,但耗时耗力。大多数动物不需要进行开放式引流(开放性引流相关信息见早期版本)。目前大多数临床医师建议闭合腹腔,可以进行或不进行引流。

一开始就应使用广谱抗生素经肠道外进行全身性抗生素治疗。联合应用 β 内酰胺类(如替卡西林 克拉维酸)、甲硝唑和氨基糖苷类(如阿米卡星)是治疗病情严重(如 SIRS)患病动物的极佳用药方案(见肠道疾病的抗菌药使用,422 页)。恩诺沙星可以替代氨基糖苷类,但必须稀释,且每隔 30～40 min 给 1 次药。氨基糖苷类和喹诺酮类药物是剂量依赖性药物,每日 1 次注射全天剂量可能比每日 2～3 次小剂量给药更安全有效。对于非重度患病动物,临床医生可以选择非激进性抗生素[如头孢西丁(30 mg/kg,静脉给药,q 6～8 h)]。患 SBP 的犬通常可以用口服抗生素治疗(如阿莫西林和恩诺沙星)。

补充液体和电解质可防止应用氨基糖苷类药物所致的肾毒性。患病动物可能发生低白蛋白血症,尤其是进行开放式引流时。如果存在弥散性血管内凝血(DIC),最好采用新鲜冷冻血浆补充抗凝血酶Ⅲ(ATⅢ)和其他凝血因子。给予血浆直至 ATⅢ浓度、凝血酶原时间(PT)、部分凝血活酶时间(PTT)恢复正常或大有改善。也可应用肝素。

## 预后

预后取决于病因,SBP 患犬预后相对较好。胃肠道破裂的动物取决于破裂的原因(如恶性肿瘤引起的穿孔)和动物的体况。小肠手术后低血压、长时间手术、应用皮质类固醇及术后低白蛋白血症提示预后不良。结肠术后应用皮质类固醇是主要的导致死亡的风险因素。高乳酸血症提示预后不良,尤其是猫。

正如黏液囊肿破裂或感染性胆汁泄漏至腹腔,动物会出现突然迅速进入代谢失调。

## 硬化包裹性腹膜炎
(SCLEROSING ENCAPSULATING PERITONITIS)

### 病因

报道的病因包括细菌感染、脂肪组织炎和摄入玻璃纤维。这种腹膜炎不常见。

### 临床特征

硬化包裹性腹膜炎是一种慢性疾病状态,可见厚层结缔组织覆盖并包裹腹部器官。典型症状包括呕吐、腹痛和腹水。开腹探查可见此病的损伤状况与间皮瘤较为相似。腹腔积液分析可见红细胞、混合炎性细胞和巨噬细胞。对腹部器官外的厚包裹层进行手术活检即可诊断该病。

### 治疗

可尝试应用抗生素(联合或不联合使用皮质类固醇)。最理想的治疗是消除病因(如猫脂肪组织炎),但通常不能确认病因。

### 预后

不管尝试性治疗情况如何,多数发病动物最终还是死亡。

## 血 腹
(HEMOABDOMEN)

多数红色的积液是微带血的渗出液,而不是血腹。如果渗出液的红细胞比容大于或等于 10%～15%,通常表示是血腹。腹腔中如果有血液,原因可能是医源性(即腹腔穿刺引起)、外伤性(如车祸、脾扭转或脾血肿)、凝血障碍(如摄入维生素 K 拮抗剂)或者自发性疾病。样本中如有血凝块或血小板表明出血是医源性,或是由腹腔穿刺术部附近出血所致。老龄犬自发性血腹通常是由出血性肿瘤引起(如血管肉瘤、肝癌)。根据病史、体格检查、凝血试验和/或腹部超声检查可对本病进行诊断。应注意鉴别血小板减少所致的腹部出血或是由腹部大量出血导致的血小板减少。此外,即使凝血障碍继发于血腹的原发疾病(如肿瘤),可能会严重到引起出血。在猫,引起血腹的原因分别为肿瘤性(即血管肉瘤和肝癌)和非肿瘤性(如凝血障碍、肝脏疾病、膀胱破裂)疾病。预后取决于病因。

## 腹腔血管肉瘤
(ABDOMINAL HEMANGIOSARCOMA)

### 病因

腹腔血管肉瘤通常起源于脾脏(见第 79 章)。它能经腹腔扩散,引起广泛性腹腔渗血,也可转移至较远部位(如肝脏、肺)。

### 临床特征

多发生于老龄犬,尤其是德国牧羊犬和金毛巡回猎犬。常见症状有贫血、腹腔积液和周期性虚弱或由外周灌注不良造成的晕厥。一些动物可能存在双腔出血性积液。

### 诊断

超声检查对肝脏和脾脏的肿块最敏感,特别是在腹腔有大量渗出液时。如果有少量游离腹腔渗出液,X 线检查可见肿瘤。腹腔穿刺可诊断出血腹,但不能发现肿瘤细胞。确诊需要进行活检(通过开腹探查),因为脾脏血肿、血管瘤以及广泛性脾附属组织与血管肉瘤很难区分,而前者预后较好。脾脏组织样本需要采集 2 个或 2 个以上,且临床医师需要准备多次采样。血管肉瘤周围通常有血肿,因而在组织学上很难找到。细针活检(特别是细针组织芯活检)有时具有诊断意义,但可引起出血而危及动物生命,穿刺后必须密切关注是否出现血容量减少的迹象。

### 治疗

肿块应及时切除。对于有多个肿块的动物,化疗可缓解病情;化疗也可用于术后辅助治疗(见第 79 章)。

### 预后

肿瘤易在早期就发生转移,所以预后不良。

# 其他腹膜疾病
(MISCELLANEOUS PERITONEAL DISORDERS)

## 腹部癌扩散
(ABDOMINAL CARCINOMATOSIS)

### 病因

腹部癌扩散是起源于多个部位的一种粟粒状、广泛分布于腹膜的癌症。小肠腺癌和胰腺癌是引起癌扩散的常见肿瘤。

### 临床症状

某些动物表现为明显的腹腔积液,但主要症状是体重减轻。

### 诊断

体格检查和 X 线检查对诊断本病意义不大。如果团块或浸润足够大,超声检查可以发现,但粟粒状小病变易被漏诊。腹腔液分析可以提示为非败血性渗出或改性漏出液;偶尔可见肿瘤性上皮细胞(见第 36 章)。本病确诊需要进行腹腔镜或开腹探查采集活检样本,并进行组织病理学检查。

### 治疗

本病无有效的治疗方法,进行腔内化疗只能缓解一部分动物的病情。使用顺铂(50～70 mg/m$^2$,每 3 周 1 次)和 5-氟尿嘧啶(150 mg/m$^2$,每 2～3 周 1 次),可减少患犬腹腔积液;顺铂及 5-氟尿嘧啶不能用于猫,使用卡铂(150～200 mg/m$^2$,每 3 周 1 次)可能对猫有效。

### 预后

预后不良。

## 间皮瘤
(MESOTHELIOMA)

### 病因

病因不详。

468 小动物内科学(第 5 版)

## 临床症状

间皮瘤通常会引起双腔积液。肿瘤可能呈现为易碎的结节,附着在腹腔各种器官腹膜表面。

## 诊断

影像检查只能发现液体积聚。积液细胞学诊断意义很有限,因为反应性间皮细胞和恶性肿瘤细胞非常类似,病理学家普遍无法区分腹腔液中的肿瘤细胞和非肿瘤细胞。临床医生通常需要进行腹腔镜检查或剖腹手术才能做出明确的诊断。

## 治疗

可以尝试进行腔内顺铂化疗。

## 预后

预后不良,但有报道称化疗可延长动物数月生命。

# 猫传染性腹膜炎
## (FELINE INFECTIOUS PERITONITIS)

猫传染性腹膜炎(feline infectious peritonitis, FIP)是猫的一种病毒性疾病,在第 94 章有详细讨论,这里只讨论 FIP 的腹腔积液。尽管 FIP 是引起猫腹腔积液的主要病因,但不是唯一病因,而且不是所有 FIP 患猫都发生腹腔积液。FIP 腹腔积液是一种典型的化脓性肉芽肿(即巨噬细胞和非退行性嗜中性粒细胞),伴有少量有核细胞(不大于 10 000 个/$\mu$L )。而在某些 FIP 患猫渗出液中主要含有嗜中性粒细胞。非氮质血症患猫有非败血性渗出液,如未见其他病因,则怀疑 FIP。

◀推荐阅读

Aronsohn MG et al: Prognosis for acute nontraumatic hemoperitoneum in the dog: a retrospective analysis of 60 cases (2003-2006), *J Am Anim Hosp Assoc* 45:72, 2009.
Boysen SR et al: Evaluation of a focused assessment with sonography for trauma protocol to detect free abdominal fluid in dogs involved in motor vehicle accidents, *J Am Vet Med Assoc* 225:1198, 2004.
Costello MF et al: Underlying cause, pathophysiologic abnormalities, and response to treatment in cats with septic peritonitis: 51 cases (1990-2001), *J Am Vet Med Assoc* 225:897, 2004.
Culp WTN et al: Primary bacterial peritonitis in dogs and cats: 24 cases (1990-2006), *J Am Vet Med Assoc* 234:906, 2009.
Culp WTN et al: Spontaneous hemoperitoneum in cats: 65 cases (1994-2006), *J Am Vet Med Assoc* 236:978, 2010.
Grimes JA et al: Identification of risk factors for septic peritonitis and failure to survive following gastrointestinal surgery in dogs, *J Am Vet Med Assoc* 238:486, 2011.
Levin GM et al: Lactate as a diagnostic test for septic peritoneal effusions in dogs and cats, *J Am Anim Hosp Assoc* 40:364, 2004.
Mueller MG et al: Use of closed-suction drains to treat generalized peritonitis in dogs and cats: 40 cases (1997-1999), *J Am Vet Med Assoc* 219:789, 2001.
Parsons KJ et al: A retrospective study of surgically treated cases of septic peritonitis in the cat (2000-2007), *J Small Anim Pract* 50:518, 2009.
Pintar J et al: Acute nontraumatic hemoabdomen in the dog: a retrospective analysis of 39 cases (1987-2001), *J Am Anim Hosp Assoc* 39:518, 2003.
Ralphs SC et al: Risk factors for leakage following intestinal anastomosis in dogs and cats: 115 cases (1991-2000), *J Am Vet Med Assoc* 223:73, 2003.
Ruthrauff CM et al: Primary bacterial septic peritonitis in cats: 13 cases, *J Am Anim Hosp Assoc* 45:268, 2009.
Saunders WB et al: Pneumoperitoneum in dogs and cats: 39 cases (1983-2002), *J Am Vet Med Assoc* 223:462, 2003.
Shales CJ et al: Complications following full-thickness small intestinal biopsy in 66 dogs: a retrospective study, *J Small Anim Pract* 46:317, 2005.
Smelstoys JA et al: Outcome of and prognostic indicators for dogs and cats with pneumoperitoneum and no history of penetrating trauma: 54 cases (1988-2002), *J Am Vet Med Assoc* 225:251, 2004.

 附表 胃肠道疾病用药

| 通用名 | 商品名 | 犬用量 | 猫用量 |
|---|---|---|---|
| 阿苯达唑 | Valbazen | 25 mg/kg PO q 12 h,连用 3 d(不推荐) | 同犬,连用 5 d(不推荐) |
| 氢氧化铝 | Amphojel | 10～30 mg/kg PO q 6～8 h | 10～30 mg/kg PO q 6～8 h |
| 阿米卡星 | Amiglyde | 20～25 mg/kg IV q 24 h | 10～15 mg/kg IV q 24 h |
| 氨基戊酰胺 | Centrine | 0.01～0.03 mg/kg PO,IM,SC q 8～12 h | 每只 0.1 mg PO SC q 8～12 h |
| 阿莫西林 | | 22 mg/kg PO IM SC q 12 h | 同犬 |
| 两性霉素 B | Fungizone | 0.1～0.5 mg/kg IV q 2～3 d;谨防中毒 | 0.1～0.3 mg/kg IV q 2～3d;谨防中毒 |
| 两性霉素 B(脂类或脂质体 | Abelcet AmBisome | 一次量 1.1～3.3 mg/kg IV;谨防中毒 | 一次量 0.5～2.2 mg/kg IV(未批准);谨防中毒 |

续附表

| 通用名 | 商品名 | 犬用量 | 猫用量 |
|---|---|---|---|
| 氨苄西林 | | 22 mg/kg IV q 6～8 h | 同犬 |
| 氨丙啉 | | 25 mg/kg(幼犬) 连用 3～5 d(未批准) | 不使用 |
| 阿朴吗啡 | | 0.02～0.04 mg/kg IV;0.04～0.1 mg/kg SC | 不使用 |
| 阿托品 | | 0.02～0.04 mg/kg IV SC q 6～8 h;有机磷中毒时 0.2～0.5 mg/kg IV IM | 同犬 |
| 硫唑嘌呤 | Imuran | 50 mg/m$^2$ PO q 24～48 h(未批准) | 不使用 |
| 阿奇霉素 | Zithromax | 10 mg/kg PO q 24 h(未批准) | 5～15 mg/kg PO q 48 h(未批准) |
| 乌拉胆碱 | Urecholine | 1.25～15 mg/犬 PO q 8 h | 1.2～5 mg/猫 PO q 8 h |
| 比沙可啶 | Dulcolax | 5～10 mg/犬 PO ,根据需要 | 5 mg/猫 PO q 24 h |
| 碱式水杨酸铋 | Pepto-Bismol | 1 mL/kg/day PO q 8～12 h,连用 1～2 d, 分批饲喂 | 不使用 |
| 布地奈德 | Entocort | 0.125 mg/kg PO q 24～48 h(未批准) | 每只 0.5～0.75 mg PO q 24～72 h(未批准) |
| 布托菲诺 | Torbutrol,Torbugesic | 0.2～0.4 mg/kg IV SC IM 根据需要 q 2～3 h 重复给药 | 0.2 mg/kg IV SC 根据需要用药 |
| 头孢唑啉 | Ancef | 20～25 mg/kg IV,IM,SC q 6～8 h | 同犬 |
| 头孢噻肟 | Claforan | 20～80 mg/kg IV IM SC q 6～8 h(未批准) | 同犬(未批准) |
| 头孢西丁 | Mefoxin | 30 mg/kg IV,IM,SC q 6～8 h(未批准) | 同犬(未批准) |
| 苯丁酸氮芥 | Leukeran | 2～6 mg/m$^2$ PO q 24～48 h(未批准) | 体重小于 3.5 kg 的猫,1 周 2 次,每次 1 mg;体重大于 3.5 kg 的猫,1 周 2 次,每次 2 mg(未批准) |
| 氯霉素 | | 50 mg/kg PO IV SC q 8 h | 50 mg/kg PO IV SC q 12 h |
| 氯丙嗪 | Thorazine | 治疗呕吐 0.3～0.5 mg/kg IV IM SC q 8～12 h | 同犬 |
| 西咪替丁 | Tagamet | 5～10 mg/kg PO,IV,SC q 6～8 h | 同犬 |
| 西沙必利 | Propulsid | 0.25～0.5 mg/kg PO q 8～12 h | 总剂量 2.5～5 mg PO q 8～12 h(最大剂量 1 mg/kg) |
| 克林霉素 | Antirobe | 11 mg/kg PO q 8 h | 同犬 |
| 环孢霉素 | Atopica | 3～5 mg/kg PO q 12 h,根据监测效果调整剂量 | 5 mg/kg PO q 24 h |
| 赛庚啶 | Periactin | 不用于厌食治疗 | 2 mg/猫 PO |
| 地塞米松 | Azium | 用于炎症治疗 0.05～0.1 mg/kg IV SC PO q 24～48 h | 同犬 |
| 磺琥辛酯钠 | Colace | 根据体重 10～200 mg/犬 PO q 8～12 h | 10～200 mg/猫 PO |
| 苯海拉明 | Benadryl | 2～4 mg/kg PO;1～2 mg/kg IV IM q 8～12 h | 同犬 |
| 地芬诺酯 | Lomotil | 0.05～0.2 mg/kg PO q 8～12 h | 不使用 |
| 多拉司琼 | Anzemet | 0.3～1 mg/kg SC 或 IV q 24 h(未批准) | 同犬(未批准) |
| 强力霉素 | Vibramycin | 10 mg/kg PO q 24 h 或 5 mg/kg PO q 12 h | 5～10 mg/kg PO q 12 h |
| 恩诺沙星 | 拜有利 | 2.5～20 mg/kg PO IV(稀释) q 12～24 h | 5 mg/kg PO q 24 h(高剂量可能会引发失明) |
| 依西太尔 | Cestex | 单次 5.5 mg/kg PO | 单次 2.75 mg/kg PO |

续附表

| 通用名 | 商品名 | 犬用量 | 猫用量 |
|---|---|---|---|
| 红霉素 | | 11~22 mg/kg PO q 8 h(用于抑菌);<br>0.5~1 mg/kg PO q 8~12 h(用于促进肠动力) | 同犬 |
| 埃索美拉唑 | Nexium | 1 mg/kg IV q 24 h(未批准) | 未知 |
| 法莫替丁 | Pepcid | 0.5~2 mg/kg PO IV q 12~24 h(严重应激动物必要时可用更高剂量) | 同犬(未批准) |
| 非班太尔+噻嘧啶+吡喹酮 | 拜宠清(Drontal Plus) | 见商品说明书;见表30-7 | 未批准 |
| 芬苯达唑 | Panacur | 50 mg/kg PO q 24 h 连用 3~5 d | 未批准,可能同犬 |
| 氟尼辛葡胺 | Banamine | 1 mg/kg IV(危险尚存在争议) | 不推荐 |
| 格拉司琼 | Kytril | 0.1~0.5 mg/kg PO q 12~24 h(未批准) | 未知 |
| 羟乙基淀粉 | | 10~20 mg/(kg·d) | 10~15 mg/(kg·d) |
| 吡虫啉/莫西菌素 | Advantage Multi | 见商品说明书 | 同犬 |
| IFN-ω | Virbagen Omega | 2 500 000 units/kg IV,SC q 24 h | 1 000 000 units/kg SC q 24 h |
| 伊曲康唑 | Sporanox | 5 mg/kg PO q 12 h(未批准) | 同犬(未批准) |
| 伊维菌素 | | 单次 200 μg/kg PO,用于肠道寄生虫(禁用于柯利犬和其他敏感犬) | 单次 250 μg/kg PO |
| 白陶土 | Kaopectate | 1~2 mL/kg PO q 8~12 h | 不推荐 |
| 氯胺酮 | | 不推荐 | 1~2 mg/kg IV,留置 5~10 min |
| 酮康唑 | Nizoral | 10~15 mg/kg PO q 24 h;用于抑制环孢霉素代谢 5 mg/kg PO q 12 h(未批准) | 5~10 mg/(kg·d)(通常分次给药) |
| 乳果糖 | Cephulac | 0.2 mL/kg PO q 8~12 h,随后调整(未批准) | 每只 5 mL PO q 8 h(未批准) |
| 兰索拉唑 | Prevacid | 1 mg/kg IV q 24 h | 未知 |
| 洛哌丁胺 | Imodium | 0.1~0.2 mg/kg PO q 8~12 h | 0.08~0.16 mg/kg PO q 12 h |
| 氢氧化镁 | 氧化镁乳剂 | 每只 5~10 mL PO q 6~8 h(抗酸剂) | 每只 5~10 mL PO q 8~12 h(抗酸剂) |
| 马罗匹坦 | Cerenia | 1 mg/kg SC 或 2 mg/kg PO q 24 h,连用 5 d | 1 mg/kg SC PO q 24 h |
| 美沙拉秦 | Pentasa | 5~10 mg/kg PO q 8~12 h(未批准) | 不推荐 |
| 醋酸甲基泼尼松 | Depo-Medro | 1 mg/kg IM q 1~3 周 | 10~20 mg/猫 IM q 1~3 周 |
| 甲氧氯普胺 | Reglan | 0.25~0.5 mg/kg IV PO IM q 8~24 h;1~2 mg/(kg·d)CRI | 同犬(未批准) |
| 甲硝唑 | Flagyl | 用于治疗贾第虫 25~50 mg/kg PO q 24 h,连用 5~7 d;用于 ARE 10~15 mg/kg PO q 24 h | 用于治疗贾第虫 25~50 mg/kg PO q 24 h,连用 5 d;用于 ARE 10~15 mg/kg PO q 24 h |
| 美倍霉素 | Sentinel | 0.5 mg/kg PO 每月一次 | 不推荐 |
| 米氮平 | Remeron | 根据体型大小每只 3.75~7.5 mg PO 一天一次(传闻并未批准) | 每只 1.9~7.5 mg PO q 72 h(传闻并未批准) |
| 米索前列醇 | Cytotec | 2~5 μg/kg PO q 8 h | 未知 |
| 新霉素 | Biosol | 10~15 mg/kg PO q 6~12 h | 同犬 |
| 尼扎替丁 | Axid | 2.5~5 mg/kg PO q 24 h | 未知 |
| 奥沙拉秦 | Dipentum | 10 mg/kg PO q 12 h(未批准) | 未知 |
| 奥美唑 | Prilosec | 0.7~2 mg/kg PO q 12~24 h(未批准) | 同犬(未批准) |
| 昂丹司琼 | Zofran | 0.5~1 mg/kg PO;0.1~0.2 mg/kg IV q 8~24 h | 未知 |

续附表

| 通用名 | 商品名 | 犬用量 | 猫用量 |
|---|---|---|---|
| 奥比沙星 | Orbax | 2.5～7.5 mg/kg PO q 24 h | 7.5 mg/kg PO q 24 h |
| 奥沙西泮 | Serax | 不用于治疗厌食 | 2.5 mg/猫 PO |
| 土霉素 | | 22 mg/kg PO q 12 h | 同犬 |
| 胰酶 | Viokase V，Pancrea-zyme | 1～3 茶匙/454 g 食物 | 同犬 |
| 泮托拉唑 | Protonix | 1 mg/kg IV q 24 h | 未知 |
| 哌嗪 | | 单次 44～66 mg/kg PO | 同犬 |
| 吡喹酮 | Droncit | 见商品说明书；见表 30-7 | 见商品说明书；见表 30-7 |
| 泼尼松龙 | | 1.1～2.2 mg/kg PO IV SC q 24 h 或分次服用用于抗炎 | 同犬 |
| 丙氯拉嗪 | Compazine | 0.1～0.5 mg/kg IM q 8～12 h | 0.13 mg/kg IM q 12 h |
| 欧车前亲水胶 | Metamucil | 1～2 茶匙/10 kg | 同犬 |
| 噻嘧啶 | Nemex | 单次 5 mg/kg PO | 单次 20 mg/kg PO |
| 嗅吡斯的明 | Mestinon | 0.5～2 mg/kg PO q 8～12 h | 未使用 |
| 雷尼替丁 | Zantac | 1～2 mg/kg PO IV IM q 8～12 h（未批准） | 2.5 mg/kg IV；3.5 mg/kg PO q 12 h |
| 罗硝唑 | | 未知 | 20～30 mg/kg q 24 h PO，连用 10 d |
| 塞拉菌素 | Revolution | 外用 6 mg/kg（未批准） | 外用 6 mg/kg |
| 硫糖铝 | Carafate | 根据体型 0.5～1 g PO q 6～8 h | 0.25 g PO q 6～12 h |
| 磺胺地索辛 | Albon | 第一天 50 mg/kg PO，之后 27.5 mg/kg PO q 12 h，连用 9 d | 同犬 |
| 柳氮磺吡啶 | Azulfidine | 10～20 mg/kg PO q 6～8 h，不超过 3 g/d | 未推荐，可用 7.5～20 mg/kg PO q 12 h |
| 四环素 | | 22 mg/kg PO q 8～12 h | 同犬 |
| 噻苯达唑 | Omnizole | 50 mg/kg PO q 24 h，连用 3 d（未批准） | 125 mg/kg PO q 24 h，连用 3 d |
| 替卡西林/克拉维酸 | Timentin | 50 mg/kg IV q 6～8 h（未批准） | 40 mg/kg IV q 6～8 h（未批准） |
| 托曲珠利 | Ponazuril | 单次 30 mg/kg PO（未批准） | 未知 |
| 甲氧苄啶-磺胺嘧啶 | Tribrissen Bactrim | 30 mg/kg PO q 24 h，连用 10 d | 同犬 |
| 泰乐菌素 | Tylan | 20～40 mg/kg PO q 12～24 h 混于食物 | 同犬 |
| 维生素 $B_{12}$（钴胺素） | | 每只 100～200 μg PO q 24 h 或 250～500 μg IM SC q 7 d | 每只 50～100 μg PO q 24 h 或 250 μg IM SC q 7 d |
| 塞拉嗪 | Rompun | 1.1 mg/kg IV；2.2 mg/kg SC IM | 用于呕吐 0.4～0.5 mg/kg IM IV |

ARE：抗生素反应性肠病；CRI：恒速输液；IBD：炎性肠病；IM：肌肉注射；IV：静脉注射；PO：口服；SC：皮下注射。

# 第 35 章
## CHAPTER 35

# 肝脏胆管疾病的临床表现
## Clinical Manifestations of Hepatobiliary Disease

## 概 述
### (GENERAL CONSIDERATIONS)

犬猫肝胆管疾病的临床症状差异很大,从厌食、体重减轻至出现腹腔积液、黄疸和肝性昏迷(框 35-1)。不过这些都不是肝胆疾病的特征性临床症状,必须与其他有相同症状的器官和系统疾病进行鉴别。虽然犬猫肝胆疾病晚期会同时出现几种不同的症状(包括腹水、肝功能不全引发的代谢性肝性脑病,以及获得性门脉短路引起的胃肠道出血),但是临床症状的严重程度与预后以及肝脏损伤程度的关系不密切。最近一项研究显示,对于慢性肝炎患犬,腹水是一项极其不利的预后因素。但我们也要清楚,这些结论是基于某一批病患的统计分析,对于个体患犬而言,慢性肝炎病例中若出现腹水,也可能预后良好。肝脏具有巨大的修复能力,有些肝胆疾病位于另一个极端,除了选择性麻醉前检查发现筛查结果异常外,可能没有其他任何能够提示动物患肝胆疾病的线索。

## 腹围增大
### (ABDOMINAL ENLARGEMENT)

### ▌器官巨大症
### (ORGANOMEGALY)

腹围增大可能是通过患肝胆管疾病犬猫主人的主诉,也可能在体格检查时发现。器官巨大症、腹膜腔积液通常是腹围增大的主要原因。

导致腹围增大的器官主要是肝脏、脾脏(见 86章),偶尔为肾脏(见 41 章)。正常情况下,通常沿着腹部肋弓后缘才可触到犬猫的肝脏,但并非所有犬猫都可触到。触诊不到肝脏并不意味着肝脏异常变小,特别是犬;对于消瘦的猫有可能会触诊到肝脏的膈面。当犬猫有胸腔积液或其他疾病导致的胸廓扩张时,肝脏往往向后移位,呈肿大表现。

肝脏疾病中,猫比犬更常见肝脏增大。犬比较容易患慢性肝炎并伴发纤维化,因此容易出现肝脏体积缩小。根据病因不同,肝脏可能是弥散性或局部性的增大。在浸润性和充血性疾病,或能够刺激肝细胞肥大、单核-巨噬细胞异常增生的疾病中,多表现为平滑或轻微不规则的、坚硬的弥散性肝肿大。在形成实质或囊状增生或扩张性疾病中,肝脏往往是局部或不对称性肿大。有关不同疾病导致的肝脏大小变化见表 35-1。

平滑且弥散性肝脾肿大通常不是由肝脏自身疾病造成的,如右心充血性衰竭或心包疾病,可引起血管内静水压升高(被动性充血)。在一些罕见病例中,肝静脉闭塞(巴-希二氏综合征)也可以引起相似的症状。对于存在黄疸的犬猫,肝脾肿大可能是由于免疫介导性溶血性贫血引起的良性单核-巨噬细胞异常增生和髓外造血。浸润性疾病也可引起肝脾肿大,如淋巴瘤、系统性肥大细胞疾病或白血病。

肝脾肿大的另一个主要原因是伴有肝门脉高压的肝实质性疾病。当犬猫患有这种综合征时,触诊可以感觉到坚硬、不规则的肝脏,肝脏常因纤维化而缩小。但门脉高压可造成脾脏肿大和充血。主要表现为脾脏肿大的疾病见第 86 章。

框 35-1　患肝胆管疾病犬猫的临床症状和体格检查异常*

**系统性、非特异性症状**
　　厌食
　　精神沉郁
　　嗜睡
　　体重减轻
　　身材矮小
　　被毛无光泽或蓬乱
　　恶心、呕吐
　　腹泻
　　脱水
　　多饮多尿

**特异性较强但非病征性症状**
　　腹围增大(器官巨大症、腹腔积液和肌肉张力减退)
　　黄疸、胆红素尿和无胆汁粪
　　代谢性脑病
　　凝血疾病

　*个体病例会出现一些症状，但不会出现所有症状；还有一些患有肝胆管疾病的动物没有任何症状

## 腹腔积液
## (ABDOMINAL EFFUSION)

　　肝脏疾病中，犬比猫更易出现腹水。除了猫传染性腹膜炎，很少疾病会引起腹水。对于患肝胆管疾病犬猫来说，腹腔积液的来源取决于腹腔液体的化学性质和细胞成分，检查结果可以反映积液的生成机制(图35-1，表36-1)。根据积液的细胞和蛋白含量，腹腔积液可分为漏出液、改性漏出液(细胞量少或中等，蛋白含量低)、渗出液(细胞量大，蛋白含量高)、乳糜、出血(表36-1)。腹水这一术语主要用于描述低蛋白和低细胞含量的液体，它与肝脏疾病或心血管系统疾病有关，也可能是严重的蛋白丢失性肠病或肾病引起的。在体格检查腹部触诊有"波动"感时，应怀疑存在少量积液。中等到大量的积液常常很明显，会引起腹部扩张，触诊时使其他腹部器官的界限变得模糊。无论是少量积液还是大量积液，无论是单一原因还是多种原因，第三间隙液体积聚的发病机制(由于静脉静水压升高、血管内血液渗透压降低、血管通透性改变或重吸收不足而生成大量液体)都适用犬猫肝胆疾病。另外，犬猫肝脏疾病时形成腹水的另一个机制为肾素-血管紧张素-醛固酮系统(renin-angiotensin-aldosterone system，RAAS)活化，这样会导致肾脏中钠潴留，从而使得血管内液体积聚。系统性低血压会触发 RAAS 活化，将内脏循环中的血液大量转移到血管内。我们已

表 35-1　肝脏大小变化的鉴别诊断

| 诊断 | 物种 |
|---|---|
| **肝肿大** | |
| **弥散性肝肿大** | |
| 浸润 | |
| 　原发性或转移性肿瘤 | C,D |
| 　胆管炎 | C |
| 　髓外造血* | C,D |
| 　单核-巨噬细胞增生* | C,D |
| 　淀粉样变性(少见) | C,D |
| 被动充血 | |
| 　右心衰竭 | C,D |
| 　心包疾病 | D |
| 　后腔静脉阻塞 | D |
| 　腔静脉综合征 | D |
| 　巴-希二氏综合征(少见) | C,D |
| 肝细胞肿大 | |
| 　脂肪肝 | C(中度至严重),D(轻度) |
| 　皮质醇增多症(类固醇性肝病) | D |
| 　抗惊厥药治疗 | D |
| 急性肝外胆管阻塞 | C,D |
| 急性肝中毒 | C,D |
| **局部或不对称性肝肿大** | |
| 　原发性或转移性肿瘤 | C,D |
| 　结节性增生 | D |
| 　慢性肝病伴纤维化和结节再生 | D |
| 　脓肿(罕见) | C,D |
| 　囊肿(罕见) | C,D |
| **肝脏减小(仅限于肝整体性变小)** | |
| 肝组织减少† | |
| 　肝细胞渐进性丢失引起的慢性肝病 | D |
| 肝细胞萎缩引起的门脉血流减少 | |
| 　先天性门脉短路 | C,D |
| 　肝内门静脉发育不良 | D |
| 　慢性门静脉血管栓塞 | D |
| 低血容量 | |
| 　休克? | ? |
| 　阿迪森综合征 | D |

　*可能并发脾肿大
　†肝门静脉血流减少会造成肝叶萎缩
　C,主要是猫；D,主要是犬；C、D,犬和猫

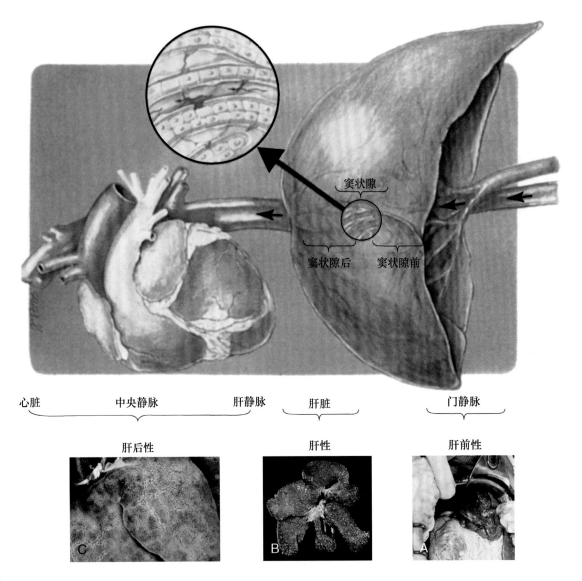

**图 35-1**

门静脉和肝血流量改变导致腹腔液体积聚的机制和临床症状。A,肝前性。B,肝性。C,肝后性。肝前性:动静脉瘘管(A)或门静脉阻塞/发育不全。肝内窦状隙前的,门脉周围纤维化或小门静脉;肝内窦状隙:细胞浸润或胶原化(B);肝内窦状隙后:中央静脉纤维化。肝后性(被动充血):肝静脉阻塞或胸内后腔静脉阻塞、右心衰竭(C)或心包疾病;箭头指示方向为静脉流动方向。(摘自 Johnson S. E. : Portal hypertension. I. Pathophysiology and clinical consequences,Compend Contin. Educ. 9:741,1987. )

经观察到,除非肾脏钠潴留程度增加,液体形成和吸收平衡改变,否则很多病例并不会导致过多腹水。在这些病例中,醛固酮拮抗剂(例如螺内酯)对治疗起着至关重要的作用。

　　对于患肝胆疾病的伴侣动物(尤其是犬),肝内门静脉高压是导致腹水的主要机制。是否出现腹腔积液取决于静脉流出缺陷的部位、速度或程度。在肝门静脉三联处,由于肝内门静脉血流的持续性抵抗力,使液体容易从邻近的淋巴系统(在门静脉血流的方向,如肠内)进入腹腔。液体的蛋白含量低,细胞成分少。但是,如果液体在腹腔内停留时间过长,积液的蛋白含量会有所升高,变为改性漏出液。有一种情况例外,即如

果动物出现严重的低白蛋白血症,并伴有肝脏疾病,那么腹水的蛋白含量会很低。肝脏疾病中,某些区域炎症或肿瘤细胞浸润、纤维化等能引起漏出液,这也是漏出液最常见的原因。由再生结节或胶原沉积或细胞浸润造成的窦状隙梗阻可引起肝脏和肠道淋巴液漏出,这类液体的蛋白含量往往不定,细胞成分少。

　　肝前门静脉阻塞或存在大动静脉瘘可导致门静脉血容量过高,且门静脉血流量增加引起肝内血管阻力增加后,可导致低蛋白含量和低细胞浓度的积液,淋巴瘤引起的肠系膜淋巴结弥散性阻塞也会出现这种积液。后者有时还会引起单侧或双侧乳糜胸。引起门静脉阻塞的原因包括血管腔内梗阻性物质(如血栓)、血

管腔外压迫性物质(如肠系膜淋巴结、肿瘤等)和门静脉发育不全或闭锁。

疾病造成主要的肝静脉和其他部位(如胸段后腔静脉、心脏、肝后静脉)充血,肝淋巴液生成增加,即肝浅表淋巴管液渗出增加。窦状隙的表面为内皮细胞,其渗透性很高,因此肝淋巴液的蛋白含量很高。这种腹腔积液多见于犬,少见于猫。目前已得到证实,犬的反应性肝静脉与窦状隙后括约肌的行为相似,可增加肝静脉血流的冲击力。肝实质性衰竭的一些并发症状主要见于犬(猫罕见),如低白蛋白血症(蛋白浓度不超过 1.5 g/dL),可进一步加速液体进入腹腔的速度。猫患传染性腹膜炎时,腹膜壁层和脏层小静脉周围的脓性肉芽肿性浸润会增加血管通透性,导致富含蛋白的淡黄色液体进入腹腔。一般情况下,这种液体细胞量为少量至中量,细胞成分为嗜中性粒细胞和巨噬细胞,蛋白浓度中量至大量。虽然这种积液被归为漏出液,但有时也归为改性漏出液。

扩散至腹膜的肝胆恶性肿瘤或其他腹腔内癌症也能够引起炎症反应,继发引起淋巴液和纤维蛋白原渗出。液体可能呈血清性、血性或乳糜性。如果原发性肿瘤是癌、间皮瘤或淋巴瘤,无论液体的整体外观如何,蛋白浓度差异很大,还可能含有脱落的恶性肿瘤细胞。

从破裂胆管中溢出的胆汁会引起强烈的炎症反应,而且会刺激浆膜表面淋巴液的漏出。在实验动物模型上已经得到证实,胆汁的破坏性成分为胆汁酸。与大多其他肝胆疾病引起腹腔积液的病因不同的是,在对患胆汁性腹膜炎的犬猫进行体格检查时,会表现出前腹部疼痛或弥散性腹部疼痛。漏出液呈暗橙黄色、黄色和绿色,胆红素浓度较高(高于血清胆红素水平),且主要细胞是正常的嗜中性粒细胞,胆管感染时除外。正常胆汁是无菌的,所以胆汁性腹膜炎早期是非败血性,但如果不及时治疗,易继发源自于肠道的厌氧菌感染,这时将会威胁到动物的生命。

## ▍腹部肌肉张力减退
### (ABDOMINAL MUSCULAR HYPOTONIA)

当腹围增大时,除了器官巨大症和腹腔积液外,可能提示腹部肌肉张力减退。严重营养不良引起的分解代谢、过多外源性或内源性皮质类固醇(更常见于犬)减少了肌张力,均可引起腹围增大。犬猫肾上腺皮质功能亢进,结合弥散性肝肿大(轻度或伴有糖尿病的猫),腹部储存脂肪再分布、肌肉萎缩等,会造成腹围增大。

体格检查时,应该仔细区分腹围增大属于何种情况:器官巨大症、腹腔积液还是肌肉张力减退,如图 35-2 所示。辅助检查有助于确诊。

## 黄疸、胆红素尿和粪便颜色改变
### (JAUNDICE, BILIRUBINURIA, AND CHANGE IN FECAL COLOR)

犬猫黄疸的定义是过量的胆色素和胆红素引起血清或组织黄染(图 35-3)。"jaundice"和"icterus"这两个术语通用。正常肝脏可以吸收和排泄大量胆红素,因此当组织出现黄染(血清胆红素浓度超过 2 mg/dL)或血清出现黄疸(血清胆红素浓度超过 1.5 mg/dL)前,已经持续产生大量的胆色素(高胆红素血症)或胆管排泄过程出现损伤(伴有高胆红素血症的胆汁瘀积)。

对于正常动物,胆红素是血红素蛋白降解产物。血红素蛋白的主要来源是衰老的红细胞、少量肌红蛋白和肝脏中含有血红素的酶系统。红细胞被脾脏和骨髓中的单核-巨噬细胞吞噬后,血红素加氧酶打开血红蛋白的原卟啉环,生成胆绿素。胆绿素还原酶可将胆绿素转变为脂溶性胆红素Ⅸa,它可以释放进入循环并与白蛋白结合,转移至肝脏的窦状隙膜上。被肝细胞吸收后,经肝细胞转运并与不同的碳水化合物结合,形成结合胆红素,这时由脂溶性变为水溶性,排入胆小管。结合胆红素结合形成微团,与其他胆汁成分一起贮存在胆囊内,直至排入十二指肠。研究表明,犬生成的胆汁产物中,只有 29%～53% 储存在胆囊内,剩余的都被直接排泄到十二指肠(Rothuizen 等,1995)。进入小肠后,结合胆红素被细菌降解为尿胆素原,大部分尿胆素原被吸收进入肝肠循环,一小部分尿胆素原经尿液排泄,另外一小部分仍在肠道内转变为粪胆素,形成粪便的正常颜色。

犬猫遗传性胆红素代谢异常的机理目前还不清楚。因此,除了动物溶血引起胆红素的生成大量增加外,黄疸多归因于弥散性肝细胞疾病或胆管疾病,或胆汁排入十二指肠受阻等疾病造成的胆红素(还有胆汁的其他成分)排泄障碍。在许多原发性肝细胞疾病中,胆汁淤积通常由胆红素吸收、细胞内转化和排入胆小管(进行浓度控制的步骤)异常造成的。与位于小叶中心区(3 区)的肝细胞损伤相比,门静脉周围(1 区)肝细胞(图 35-4)损伤更容易出现黄疸的临床症状。肝内大胆管结构的炎症和肿胀也可延迟胆汁的排泄。

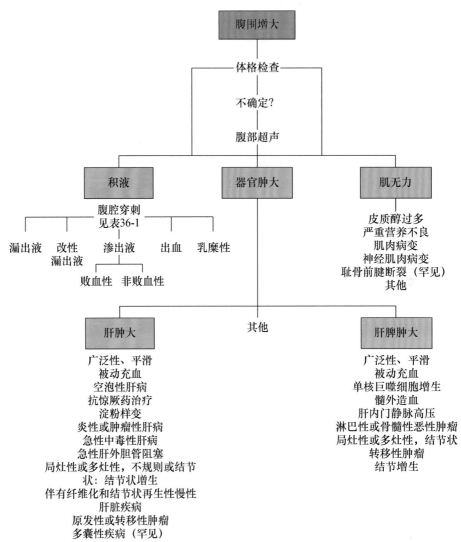

**图 35-2**
犬猫腹围增大的检查流程图。

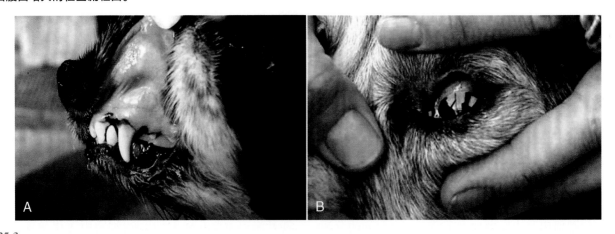

**图 35-3**
1 只患犬黏膜黄疸(**A**,口腔黏膜;**B**,巩膜)。该病例因 IMHA 而出现黄疸,并非肝脏疾病。由于黏膜苍白且发黄,所以很容易采集照片(**Sara Gould** 惠赠)。

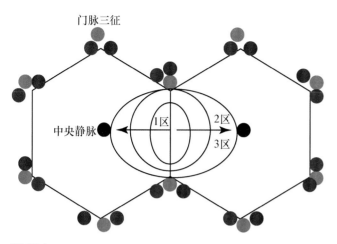

**图 35-4**

肝小叶功能结构(腺泡),基于生物学功能进行分区(1958 年)的拉帕波特图解。由两个门脉三征连成一线,然后从门脉三征至中央静脉进行功能分区。例如,1 区的主要功能是合成蛋白质、产生尿素和胆固醇、糖原异生、形成胆汁和脂肪酸 $\beta$ 氧化;2 区也合成白蛋白,且在糖酵解和色素形成过程中发挥作用;3 区是脂肪和酮体生成以及药物代谢的主要部位。3 区的肝细胞远离肝动脉和肝门静脉,氧含量最低,最易发生缺氧损伤。箭头代表血流方向。门脉三征由一至多个胆管分支(绿色)、肝动脉(红色和)肝门静脉(紫色)构成。

十二指肠附近的胆管阻塞会引起胆管腔内压力升高,胆汁就会向肝细胞内回流进入体循环,从而引起黄疸的出现。如果仅仅是一个输出胆管发生阻塞,或是排入胆囊的胆囊管因某种原因发生阻塞时,则会出现与胆汁瘀积相关的生化变化,如血清 ALP 活性升高。此时,肝脏整个分泌功能仍然正常,且不会出现黄疸。创伤性或病理性胆管破裂也会造成胆汁泄漏入腹腔,且某些胆汁成分会被吸收。根据病因和胆管发生破裂至确诊时间的不同,发病动物可出现轻度至中度黄疸。如果发生胆管破裂,腹腔积液的总胆红素浓度远远高于血清总胆红素浓度。

不同实验室的犬猫血清总胆红素浓度参考范围并不相同,但目前公认的标准是:猫胆红素浓度超过0.3 mg/dL,犬超过 0.6 mg/dL 即为异常。判读实验室检查结果时,需要考虑犬猫在合成和肾脏处理胆红素能力中的种属差异。犬肾小管重吸收胆红素的阈值较低。犬(雄性更显著)需要肾脏的特殊酶系统来处理胆红素,且处理能力有限。因此,尿比重超过 1.025 的尿样出现胆红素尿(在对尿浸渍片进行分析时高至2+到 3+)是正常的。猫没有这种能力,但其肾小管重吸收胆红素的能力是犬的 9 倍。猫的胆红素尿通常伴有高胆红素血症,且肯定是病理性的。因为非结合胆红素和多数结合胆红素都是以与白蛋白结合的形式

存在于体循环中,只有少量非蛋白结合胆红素可在生理或病理状态下出现在尿液中。对于肝胆疾病患犬,通常尿中胆红素量的增加先于高胆红素血症和黄疸症状,且可能是动物主人最先发现的临床症状。

一些非肝胆疾病阻碍胆红素分泌的机制仍不清楚。在患败血症的人、犬和猫中,曾报道存在肝细胞功能不全的表现,并引起黄疸,但无显著组织病理学变化。细菌释放产物(如内毒素)能可逆地干扰胆汁的流动。甲状腺功能亢进患猫中,有 20% 的患猫会出现轻度高胆红素血症( $\leqslant 2.5$ mg/dL),但目前仍无法解释这一现象。实验室研究发现甲状腺素中毒的试验动物,胆红素生成增加,这可能与肝血红蛋白降解增加有关。光学显微镜下检查患猫肝脏组织,未见胆汁瘀积表现,且甲状腺功能恢复正常时,高胆红素血症也会消失。黄疸犬猫的检查流程见图 35-5。最后,高血脂也是引起犬假性高胆红素血症的常见原因。

肠道内完全无胆色素时,会出现无胆汁粪(图 35-6)。一般机体只需要很少量的胆色素转变为粪胆素,就可以产生正常粪便颜色。因此要出现无胆汁粪,胆汁进入肠道的通道必须被完全阻断,但这种情况在犬猫中非常罕见。无胆汁粪之所以苍白,除了缺乏粪胆素和其他色素,还有一个原因是胆汁酸缺乏,这会导致脂肪吸收不良引起腹泻。肝外胆管系统的机械性损伤[如持续性完全的肝外胆管堵塞(extrahepatic biliary duct obstruction,EBDO)、创伤性胆管十二指肠撕脱]是犬猫无胆汁粪最常见的原因。广泛性肝衰竭也可能会造成胆红素吸收、结合和排泄障碍,理论上也会引起无胆汁粪。然而,整个肝脏的功能分区是不同的(见图 35-4),且原发性肝脏疾病不会均匀地影响到所有肝细胞,因此肝脏内仍然保留有处理胆红素的能力,但整个肝脏处理胆红素的能力都会发生变化。

## 肝性脑病
## (HEPATIC ENCEPHALOPATHY)

当犬猫患严重肝胆疾病时,会出现精神异常和神经功能紊乱的症状,这是肠道吸收的毒素未经肝脏处理,作用于大脑皮质的结果。氨、硫醇、短链脂肪酸、粪臭素、吲哚及芳香族氨基酸单独或联合作用时,对肝性脑病(hepatic encephalopathy,HE)的发生起着重要作用。肝门静脉短路引起肝门血流量减少或肝脏功能明显降低,都会阻碍胃肠内毒素的脱毒。大多数获得性

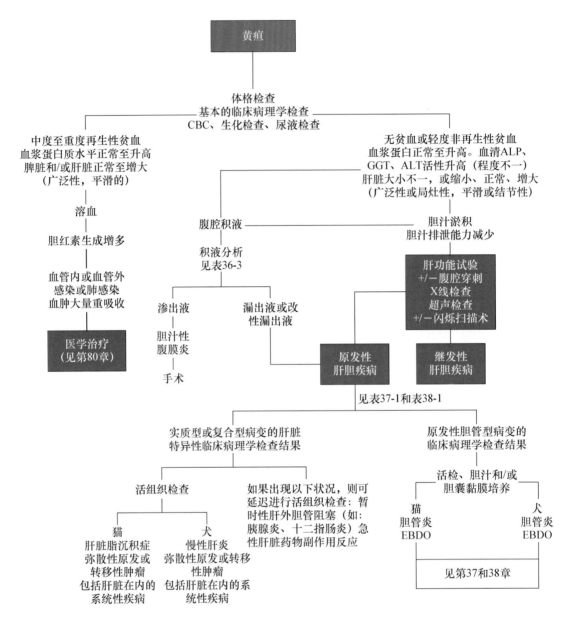

**图 35-5**
犬猫黄疸的检查流程图。ALP,碱性磷酸酶;GGT,γ-谷氨酰转移酶;ALT,丙氨酸转氨酶。EBDO,肝外胆管阻塞。

**图 35-6**
7 岁绝育雌性柯利犬的无胆汁粪。该犬在严重急性胰腺炎恢复 3 周后,出现胆管狭窄及胆管完全阻塞。

门脉短路病例同时存在血管性和肝脏功能下降这两种原因,从而导致 HE(图 35-7)。如果由于先天性血管异常,或者继发于严重原发性肝脏疾病的持续性门静脉高压引起获得性"释放阀"综合征,形成肉眼可见的大血管,即门脉短路。当无法找到异常的门脉血管时,应考虑为肝内微小门脉短路,或者是大量肝细胞解毒功能丧失造成肠道毒素蓄积,引起肝性脑病。排除先天性门静脉畸形和严重原发性肝胆疾病引起获得性血管短路后,可考虑先天性尿素酶循环缺陷及有机酸酸中毒,导致氨无法代谢为尿素,这种情况比较少见。曾有先天性钴胺素缺乏患犬也出现 HE 的报道(Battersby 等,2005)。患有全身性疾病的动物出现肝脏疾病的临床症状时,如果肝脏功能未大量丧失或肝脏血流未改变时,则不会引起肝性脑病的临床症状。

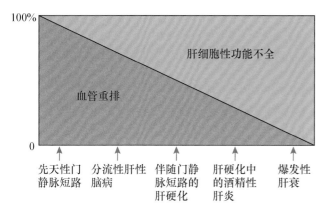

**图 35-7**
**单纯性血管病至单纯性肝细胞病因引起的犬猫肝性脑病。**

　　*临床上仅见于犬猫;†临床上仅见于人。(引自:Schafer D F et al:Hepatic encephalopathy. In Zakim D et al, editors: hepatology: a textbook of liver disease,Phhiladelphia,1990,WB Saunders.)

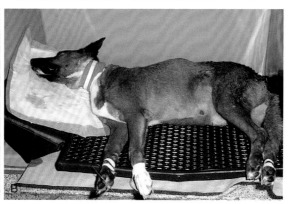

**图 35-8**
**2 只空腹血氨浓度相似的患犬。通过对比 2 个病例,旨在强调血氨浓度和肝性脑病的严重程度并不相关。A,雌性迷你贵宾犬患有先天性 PSS。血浆氨浓度为 454 μg/dL。B,1 只雄性混血犬患有慢性肝脏衰竭和获得性 PSS,血氨浓度为 390 μg/dL。**

　　肝脏疾病时,血氨水平增加的潜在因素见图 35-9,包括:①细菌分解未消化的氨基酸和嘌呤,到达结肠;②细菌和肠道脲酶作用,可从血液中自由扩散到结肠中;③小肠肠上皮细胞主要通过代谢谷氨酰胺供能;④食物蛋白过剩、胃肠道出血、肌肉分解等因素产生的蛋白代谢为内源性肝脏蛋白。

　　传统观点认为,毒素是 HE 的主要原因,而且主要来源于食物。虽然对饲喂高蛋白日粮的动物来讲,NH₃ 主要源自肠道,但在很多动物中——尤其是那些蛋白质能量营养不良的动物,减少内源性 NH₃ 可能比限制日粮中蛋白含量更为重要。如果进一步限制日粮中的蛋白含量,会加剧恶化高氨血症。HE 的阈值也会随炎症细胞因子的释放而下降(见第 39 章),从一定程度上解释了为什么不同患犬虽然血氨浓度相

　　目前对于脑代谢过程中出现这种可逆性异常的机理仍不完全清楚。血氨浓度升高可能是 HE 的主要病因,大多数有关 HE 的诱发因素和治疗推荐都和高氨血症有关。神经递质和脑脊液环境较为复杂。大脑对 NH₃ 的毒性作用非常敏感,但无尿素循环,所以脑脊液中的 NH₃ 不能脱毒变成谷氨酰胺。PSS 患犬脑脊液中的谷氨酰胺浓度和临床症状结合更为紧密,血氨浓度和临床症状结合度稍差(图 35-8)。先天性 PSS 患犬脑脊液中芳香族氨基酸(尤其是色氨酸及其代谢产物)浓度和脑脊液中的 NH₃ 浓度直接相关,它们共用一个转运系统。中枢神经系统(CNS)的血清素活性也有一定影响,NMDA(N-methyl-d-aspartate acid,N-甲基-D-天冬氨酸)受体、外周型苯二氮䓬受体受到刺激后,星形胶质细胞受体改变,对谷氨酰胺产生一定的作用,最终导致 CNS 中的血清素活性下降。患有 HE 的病人中,血清和 CNS 中的锰浓度也会受到影响。先天性 PSS 患犬的血清锰浓度会升高,但尚不清楚这种变化会引起什么样的临床症状(Gow 等,2010)。

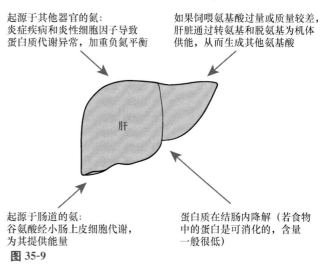

**图 35-9**
**可影响肝性脑病的氨来源。请注意结肠中细菌降解蛋白质生成的氨并非犬高氨血症的主要影响因素。**

似,但症状却大相径庭。

犬猫肝性脑病的轻度非特异性症状可见于任何时候,提示慢性亚临床肝性脑病,包括厌食、精神沉郁、体重下降、嗜睡、恶心、发烧、流涎(尤其是猫)、间歇性呕吐和腹泻等。患有 HE 的犬猫可能会出现任何 CNS 症状,典型症状可能呈非局限性,提示广泛性脑部损伤,包括震颤、共济失调、歇斯底里(兴奋)、痴呆、行为显著改变(通常出现攻击性)、转圈、顶头、皮质盲或癫痫(框 35-2)。高氨血症的患病动物偶尔也会出现非对称性局部神经症状,治疗后可得到缓解。

 **框 35-2　肝性脑病犬猫的典型临床症状**

嗜睡
沉郁
行为改变
顶头
转圈
踱步
中枢性失明
抽搐(不常见)
昏迷(不常见)
多涎症(尤其是猫)

## 凝血障碍
## (COAGULOPATHIES)

由于肝脏在止血过程中起主要作用,所以患严重肝胆疾病的犬猫通常会有出血倾向。尽管除了假性血友病因子(可能还包括因子Ⅷ)外,绝大多数凝血蛋白和抑制因子都是在肝脏合成的(框 35-3),但凝血障碍引发临床症状的概率非常低。完全 EBDO 或腹腔创伤引起胆管横断继发胆汁酸依赖性脂肪吸收障碍,造成不能合成维生素 K 依赖性凝血因子(Ⅱ、Ⅶ、Ⅸ 和 Ⅹ 因子),临床上可引起明显的出血。猫比犬更易出现这种情况,因为猫的胆管疾病发生率很高,并发胆管、胰腺和肠道疾病的猫对脂溶性维生素的吸收会变得更差。患有严重肝实质疾病的动物也会表现出临床和亚临床凝血障碍。在对肝脏部分切除犬进行凝血机制的早期研究中发现,犬切除 70% 肝脏后,血浆凝血因子浓度出现显著改变,但无自发性出血。严重肝脏疾病的犬猫不仅易因肝细胞功能不全造成凝血因子活性改变,而且还能引起弥散性血管内凝血(见第 38 章)。一些临床兽医师发现急性肝坏死患犬会有血小板减少症,这可能是由于血小板消耗增加或血小板"扣押"引起的。

**框 35-3　通过肝脏合成的凝血蛋白和抑制因子**

S 蛋白和 C 蛋白
抗凝血酶
纤维蛋白原
血纤维蛋白溶酶原
维生素 K 依赖性凝血因子
　Ⅱ(凝血酶原)
　Ⅶ
　Ⅸ
　Ⅹ
(凝血)因子 V
(凝血)因子 Ⅺ
(凝血)因子 Ⅻ
(凝血)因子 ⅩⅢ

除明显的凝血因子活性异常外,患有严重肝脏疾病的犬猫出现出血的唯一机制是由于肝门高压引起血管充血和脆性增加。犬比猫更易发生这种情况,这是由于它们所患的肝胆疾病不同引起的,常见出血部位是上段胃肠道(胃、十二指肠),因此咯血和黑粪症也是出血常见的症状。病人与患病犬猫之间存在明显不同,人的食道较脆弱,血管易持续曲张并突然出血,引起严重的大出血,且通常是致命的。动物发生胃肠道出血的机理目前并不清楚,但认为与黏膜灌注不良及上皮细胞更新能力降低(门脉高压或内脏储血减少引起的)有关。在实验性肝硬化犬发现了高胃泌素血症,一般理论认为这是由于血清胆汁酸浓度过高而刺激产生的。但最新的研究不能证实这个理论,事实上,肝脏疾病患犬的胃泌素水平通常较低,溃疡通常发生于十二指肠而非胃部。

## 多尿和多饮
## (POLYURIA AND POLYDIPSIA)

渴感增加和尿量增加可能是严重肝细胞功能不全的临床表现。几种因素都可能是引起多尿和多饮的原因,这种情况一般出现在伴有严重肝功能不全的患犬,较少见于猫。渴感改变可能是肝性脑病的临床症状。早期研究提示先天性或获得性 PSS 与高皮质醇血症有关,皮质醇在肝脏中的代谢减少,血浆中的皮质醇结合蛋白浓度会下降。但是,最新一项研究并不能证明这一结论;通过该研究得出了先天性 PSS 患犬的皮质醇基础值及 ACTH 刺激后水平值(Holford 等,

2008)。门静脉渗透压感受器功能发生改变,在未出现高渗透压时可刺激肝脏疾病动物产生渴感,不过目前这种报道仅见于人和大鼠。由于丧失了将氨转变为尿素的能力,肾髓质内失去了尿素的浓度梯度,会先引起多尿,进而引起多饮。

◆推荐阅读

Battersby IA et al: Hyperammonaemic encephalopathy secondary to selective cobalamin deficiency in a juvenile Border collie, *J Small Anim Pract* 46:339, 2005.

Gow AG et al: Whole blood manganese concentrations in dogs with congenital portosystemic shunts, *J Vet Intern Med* 24: 90, 2010.

Holford AL et al: Adrenal response to adrenocorticotropic hormone in dogs before and after surgical attenuation of a single congenital portosystemic shunt, *J Vet Intern Med* 22: 832, 2008.

Maddison JE: Newest insights into hepatic encephalopathy, *Eur J Compar Gastroenterol* 5:17, 2000.

Moore KP, Aithal GP: Guidelines on the management of ascites in cirrhosis, *Gut* 55(Suppl VI):vi1, 2006.

Rothuizen J et al: Postprandial and cholecystokinin-induced emptying of the gall bladder in dogs, *Vet Rec* 19:126, 1990.

Rothuizen J et al: Chronic glucocorticoid excess and impaired osmoregulation of vasopressin release in dogs with hepatic encephalopathy, *Dom Anim Endocrinol* 12:13, 1995.

Shawcross D, Jalan R: Dispelling myths in the treatment of hepatic encephalopathy, *Lancet* 365:431, 2005.

Sterczer A et al: Fast resolution of hypercortisolism in dogs with portosystemic encephalopathy after surgical shunt closure, *Res Vet Sci* 66:63, 1999.

Wright KN et al: Peritoneal effusion in cats: 65 cases (1981-1997), *J Am Vet Med Assoc* 214:375, 1999.

# 第 36 章
## CHAPTER 36

# 肝胆系统诊断性试验
## Diagnostic Tests for the Hepatobiliary System

## 诊断方法
### (DIAGNOSTIC APPROACH)

由于肝脏的生理和解剖十分复杂，单一的诊断方法无法诊断肝脏疾病及其潜在病因。因此，我们必须用一组诊断方法来评估肝胆系统。很多检查只能提示肝脏受到损伤，但不能用于评估肝脏功能。如果某个动物疑似患肝胆疾病，我们将会进行一系列筛查，这些检查包括：全血细胞计数、血清生化分析、尿液检查、粪便检查、腹部 X 线检查或超声检查。这些检查的结果能为我们的怀疑提供一些依据，但对疾病的确诊还必须依赖其他更为特异的检查方法。要在第一时间尽可能排除继发性肝病，确定是否为原发性肝病，因为对于继发性肝病而言，要尽快找到并治疗潜在病因，而非把精力放在对肝脏的评估上面。其他实验室检查[如血清胆汁酸（serum bile acid，SBA）、腹腔穿刺、凝血试验]主要是根据动物的病史和临床检查结果而定。

在对肝胆疾病的筛查中，血清生化检查能为肝胆疾病的分布和活性状态（如高胆红素血症、酶活性情况）提供特异信息，而且还可评估肝胆功能损伤情况（如蛋白质合成不足、毒素排泄能力改变）。肝功能试验不仅为诊断评价提供了重要指标，同时也是鉴别诊断和推测预后的合理依据。同时须记住，虽然有些肝胆疾病的酶活性只有轻微改变，但却存在严重的功能紊乱；而有些肝胆疾病的酶活性明显升高，但肝功能指标正常。另外，继发性肝病可能也会导致肝酶指标严重升高，但肝功能并未受到损害，所以在这些病例中，肝酶水平并无预后指示意义。肝脏具有巨大的代偿功能，所以，如果采用传统方法检测，只有当肝实质损失超过 55％以上时，才能检查出肝脏功能减退。急性肝损伤疾病可能会比慢性疾病更早出现肝功能损伤，剩下的肝细胞则有足够的时间代偿。慢性肝炎病例中，除非肝脏损伤超过 75％，否则不会出现肝功能下降的表现。肝脏疾病时推荐的检查指标包括肝酶水平、血清白蛋白、尿素氮、胆红素、胆固醇和葡萄糖浓度，检查这些指标可评价肝脏合成蛋白质的能力、蛋白质降解产物的解毒能力、有机阴离子和其他物质的排泄能力，以及维持正常血糖的能力。禁食和餐后 SBA 是一种灵敏但相对非特异性肝胆功能指标。如果存在持续性肝脏特异性血清生化异常，或者怀疑有肝脏疾病（例如肝脏缩小或重尿酸铵结晶），应测定 SBA 浓度。由于胆汁淤积会导致胆汁酸排泄受阻，所以黄疸动物中，SBA 并非是评估肝功能的可靠指标。这种情况下，血氨浓度比胆汁酸更可靠。普通的生化分析仪并不能检测胆汁酸水平，但美国有商品化的 SBA SNAP 检测试剂盒（IDEXX Laboratories，Westbrook，Maine）。

实验室结果的评价只能反映动态变化中某一时间点的情况。如果检测结果可疑，而临床症状又不能确定，则应待疾病完全表现后再进行其他检测和评估。

结合病史、体格检查结果、筛查结果及肝胆特异性实验室检查，临床医生能判断出该病处于活动期还是静止期，是原发于肝细胞或胆管，还是混合型，还可评估肝胆功能下降的程度。临床医师应该意识到，如果未进行组织活检，分型结果可能不可靠。例如，1 只犬的临床病理学检查结果提示为胆管疾病，但活检则提示以肝细胞病变为主；继发性（反应性）肝脏疾病的动物也可能患有原发性肝脏疾病。只要未经过组织病理学检查证实，其他任何手段都只是推测。一旦被诊断为肝脏疾病，可由检查结果推测出肝脏功能，不管患犬/患猫是否为肝脏衰竭，均会出现一定程度的肝脏损伤。有些原发性肝脏疾病可能发展为肝衰竭，但大多数继发性肝病则不会（见表 37-1 和表 38-1）。通常情况下,肝衰竭意味着预后不良。如果能去除原发病因,患病动物有可能会康复。最重要的是,确诊之前一定要进行全面检查,大多数患有原发性肝胆疾病的犬猫都要进行活组织检查。

# 诊断试验
## (DIAGNOSTIC TESTS)

## 评价肝胆系统的试验
### (TESTS TO ASSESS STATUS OF THE HEPATOBILI-ARY SYSTEM)

### 血清酶活性

肝特异性血清酶活性包括在常规血清生化检查项目内,是肝细胞和胆管损伤及反应的标志。血清酶活性正常的动物可能患有严重的肝脏疾病,因此酶活性正常的动物仍需进一步检查,特别是临床症状和其他实验室检查结果都提示存在肝脏疾病的病例。肝细胞胞浆内存在高浓度的酶,血浆酶活性升高表明细胞膜的结构和功能受损,酶逃逸或漏出到血液中。对于犬猫,最有诊断价值的两种酶是丙氨酸氨基转移酶[(alanine transaminase,ALT),旧称谷丙转氨酶(glutamic pyruvic transaminase,GPT)]和天冬氨酸氨基转移酶[aspartase transaminase,AST,旧称谷草转氨酶(glutamic oxaloacetic transaminase,GOT)]。ALT主要存在于肝细胞内,而AST(位于肝细胞线粒体内)则存在于多种组织(如肌肉)中,因此ALT最能准确反映肝细胞损伤。虽然一些研究表明AST是猫肝细胞损伤一种比较可靠的标志,但AST在伴侣动物各种肝胆疾病中的作用尚不清楚。AST升高也可见于肌肉损伤,需和肌肉特异性酶[血清肌酸激酶(CK)]结合起来综合判读。最近几项研究证明,骨骼肌坏死患犬也会出现ALT活性轻度至中度升高,但无肝脏损伤的组织学和生化表现,另外,AST和肌肉特异性CK均出现升高。

一般来说,血清ALT和AST活性升高的幅度可近似反映肝细胞损伤的程度,但反过来并非如此。急性肝细胞坏死通常比慢性肝病引起的肝酶水平升高程度更高。然而,广泛性缺氧、再生和代谢性活动也会导致肝酶活性中度至重度升高,通常比原发性慢性肝病更高,作者曾经见到1只膈疝(1叶肝脏进入胸腔)患

犬,其肝细胞酶水平显著升高,但并无潜在肝脏疾病。肝酶升高程度不能当作预后指标。ALT的升高程度通常比AST低,犬使用糖皮质激素治疗也会引起AST升高,但升高程度比ALP低。

碱性磷酸酶(alkaline phosphatase,AP)和γ-谷氨酰胺转移酶(γ-gluetamylcransferase,GGT)的活性能反映一些胆管刺激酶的合成和释放。胆汁淤积是这些酶生成的最强刺激。与ALT、AST不同的是,ALP和GGT在肝细胞和胆上皮细胞中的浓度较低,且与膜相关。因此,他们只是单纯地从损伤细胞中渗出而不会引起血清酶活性升高。在犬猫非肝胆组织(包括成骨细胞、肠黏膜、肾皮质和胎盘)中,也存在可检测出的ALP,但健康成年犬猫ALP活性升高只来源于肝脏,而在快速生长的幼年犬和不足15周龄幼猫中,骨骼同工酶也可以起一些作用。肾脏中的ALP可经尿液检测;肠道中的ALP半衰期很短,通常很难检测出,尽管皮质醇刺激会导致犬肠道ALP同工酶半衰期延长。猫ALP的半衰期比犬短,因此存在同等程度的胆汁淤积时,猫ALP的活性比犬低。与此相反,即使猫的ALP只是轻度升高,临床症状也可能会非常显著。在1只健康幼年(7月龄)西伯利亚雪橇犬家族中(Lawler等,1996),血清骨源性ALP活性明显升高(平均总血清ALP超过其他仅测出少量骨源性同工酶正常犬的5倍)。这些变化一般被认为是良性和家族性的。判读这个血统犬ALP活性的结果时应注意。也有报道显示苏格兰㹴犬的血清ALP活性升高(Gallagher等,2006)。这种变化被认为和空泡性肝病及肾上腺机能障碍有关,详见第38章。

一些特定的药物可以引起犬血清ALP活性急剧升高(高达100倍)(而GGT活性的升高幅度较低些),而猫却不升高,其中最常见的药物是抗惊厥药(尤其是:苯妥英、苯巴比妥和去氧苯巴比妥)和皮质类固醇。通常无其他与胆汁淤积有关的临床病理学和显微变化(如高胆红素血症)。抗惊厥药可刺激ALP的产生,它与肝同工酶相同,而GGT活性无变化。皮质类固醇经口服、注射或局部用药都能达到一定浓度,刺激产生一种ALP同工酶,这种酶可用电泳技术和免疫分析技术进行分离。在伴有轻度临床症状的医源性或自发性肾上腺皮质功能亢进患犬中,有助于判读其血清总ALP活性。近来,在一些兽医院和商业实验室中,ALP皮质类固醇同工酶已成为犬常规血清生化分析中的一部分。但是也有文献显示,ALP同工酶对犬苯巴比妥治疗监测(Gaskill等,2004)及肾上腺皮质功能

亢进(Jensen 等,1992)的意义有限。在犬肾上腺皮质功能亢进中,ALP 敏感性很高,但特异性很低,因此要找到一种皮质醇诱导水平较低的同工酶才能排除肾上腺皮质功能亢进,但高浓度皮质醇诱导同工酶可见于其他多种疾病。皮质类固醇对血清 GGT 活性升高的影响与 ALP 相似,但作用较不明显。患胆汁淤积性肝脏疾病的犬猫,其血清 ALP 和 GGT 的活性趋于平行,但猫血清 ALP 和 GGT 的变化较不明显。同时测定犬血清 ALP 和 GGT 活性可能有助于区分良性药物效应和非黄疸性胆汁淤积性肝病,而同时测定猫血清 ALP 和 GGT 活性,也可能为肝脏疾病的分类提供线索。这两种酶在猫肝脏中的浓度均比犬低,且半衰期也较短,因此,血清活性升高的幅度也相对较小,尤其是 GGT,这是猫肝脏疾病的一个重要表现。猫血清 ALP 明显升高而 GGT 变化较不明显是肝脂质沉积综合征最常见的表现(见第 37 章),但还须考虑肝外胆管阻塞。

## 评价肝胆系统功能的试验
### ( TESTS TO ASSESS HEPATOBILIARY SYSTEM FUNCTION)

### 血清白蛋白浓度

事实上,肝脏几乎是体内唯一可以产生白蛋白的脏器,因此,低白蛋白血症可能是肝脏不能合成这种蛋白的表现。在把低白蛋白血症归咎为肝脏功能不全之前,必须排除其他非肝脏合成蛋白减少的原因(例如,经肾小球或胃肠道蛋白大量丢失、出血)。肾性蛋白丢失可用常规尿检推测出来。蛋白试纸持续出现阳性,尤其是无活性沉渣的稀释尿尿蛋白持续阳性,提示至少需测定随机尿蛋白/肌酐比作进一步检查(犬猫正常比率为小于 0.2)。如果排除蛋白尿,则需考虑引起胃肠道蛋白丢失的疾病,然而这些疾病会引起等量的球蛋白丢失,即泛蛋白减少症。慢性炎性胃肠道疾病病例中,γ-球蛋白会升高,从而掩盖球蛋白丢失的情况。与此相反,虽然肝脏疾病引发的低蛋白血症并非泛低蛋白血症,但也可能会下降,尤其是门静脉短路的病例,这和球蛋白(γ-球蛋白除外)在肝脏生成有关。球蛋白浓度通常在犬猫慢性炎性肝脏疾病时正常或者升高,它是炎症的一种反应。由于犬猫血浆白蛋白的半衰期比较长(8~10 d),且只有肝细胞损失近 80%时,才会出现低白蛋白血症,因此出现低白蛋白血症通常提示严重慢性肝功能不全。

低白蛋白血症有一种例外情况,可见于负急性期反应或者急-慢性炎性肝脏疾病。即使动物不患有肝功能不全,当急性期反应蛋白增多时,其血清白蛋白水平也会下降,血清蛋白电泳有助于区分是否有肝功能问题。Sevelius 和 Andersson 于 1995 年的报道显示,低白蛋白血症和低浓度急性期反应蛋白结合起来判读,可有效提示严重肝功能衰竭,患病动物预后不良;与此相对应,若动物同时出现低白蛋白血症和急性期反应蛋白正常或升高的现象,则提示预后良好。猫很少出现低白蛋白血症,除非是肾病综合征。在判读低蛋白血症时,临床医师应牢记幼年犬猫的总蛋白水平低于成年犬猫,幼犬的血清白蛋白浓度和成年犬相似,而幼猫的血清白蛋白浓度低于成年猫。

### 血清尿素氮浓度

生成尿素是肠道内氨的一种解毒方式,这种解毒作用只在肝脏中进行。虽然该指标有特异性反映肝功能的明显优点,但血清尿素浓度常受一些非肝脏因素的影响;另外,肝脏对氨的脱毒作用过于强大,以至于只有到了肝病末期脱毒作用才会明显降低。血中尿素氮(blood urea nitrogen,BUN)浓度下降的主要原因在于厌食或出于治疗目的(例如慢性肾病、尿酸、胱氨酸或鸟粪石结石)而延长、限制蛋白摄入等。之前的输液疗法和/或非肾性多饮多尿也会导致 BUN 水平下降。和其他指标一样,判读结果时要参照其所属物种的参考范围。例如,BUN 浓度为 12 mg/dL,这一结果处于犬的参考范围之内,却处于猫参考范围之下。如果 1 只犬或猫食欲良好,饮水量正常,食物中蛋白含量适当(干物质含量:犬 22%,猫 35%~40%),而 BUN 值偏低的话,须调查是否存在肝脏不能把氨转换为尿素的可能性。

### 血清胆红素浓度

由于巨大的单核-巨噬细胞系统贮存能力和肝脏处理胆红素的能力(如切除 70%的肝脏也不会引起黄疸),高胆红素血症仅见于胆色素生成显著增加或胆色素排泄减少的情况。犬猫中尚未报道过特异性先天性胆红素吸收、结合和排泄异常。红细胞破坏引起的胆红素升高见于血管外和血管内溶血,极少数见于大血肿的重吸收。在上述情况下,犬血清胆红素浓度通常低于 10 mg/dL。除非胆红素排泄障碍,胆红素浓度的升高一般不超过 10 mg/dL。免疫介导性溶血性贫血的研究可证明这一点,即使在使用类固醇治疗之前,也可见患病动物肝酶活性明显升高,但胆红素排泄中度延迟。还有观点认为,有些病例会出现由缺氧诱发的肝脏损伤会出现早期弥散性血管内凝血(disseminated intravascular coagulation,DIC),从而引起胆汁淤积。因此在严重溶血时,胆红素生成增加和排泄减少,血清胆红素浓度可高达 35 mg/dL。猫单纯性溶血性疾病很少出现黄疸,即使存在,也很轻微。实验诱导或自然发生的猫溶血性疾病所产生特异性胆红素浓度尚且不详。

几乎所有与高胆红素血症有关的犬猫疾病,其特征都是以结合胆红素与非结合胆红素混合的胆红素血症,因此,临床用范登伯格氏试验(检测血清内胆红素)定量这两种成分并区分原发性肝病或胆管疾病与非肝胆管疾病是无效的。范登伯格氏试验无效可能与疾病发生至检查的时间有关,通常是数天。急性大量溶血时,最初的血清总胆红素可能主要是非结合胆红素。当溶血持续存在时,肝脏会吸收非结合胆红素并将其变为结合胆红素,这是结合胆红素和非结合胆红素混合存在的原因。

许多原发性肝胆疾病的表现之一是红细胞膜的改变,所以红细胞破坏速度增加也可导致血清胆红素浓度升高。这些病例中,存在胆汁淤积的明显临床病理学特征(血清 ALP 活性和血清 GGT 活性升高,并伴有 ALT 活性中度至明显升高)。如果存在贫血,贫血为轻度或非再生性。当存在中度至严重贫血,伴有强烈的再生性表现(前 3 d 可能无再生表现),并表现出轻度胆汁淤积的血清标志变化时,高胆红素血症的主要原因是溶血。

### 血清胆固醇浓度

许多商业实验室的生化检查套餐中都包括总胆固醇浓度,但这项指标只能为为数不多的肝胆疾病提供有用信息。在患严重影响胆管的肝内胆汁淤积或肝外胆管阻塞的犬猫中,由于游离胆固醇排泄障碍,并继发回流进入血液,总胆固醇浓度会升高。血清总胆固醇浓度降低曾见于慢性严重肝细胞疾病患犬,常见于先天性门静脉短路的犬猫。据推测,这种情况和 PSS 一样,胆汁酸肝肠循环紊乱时,用于合成胆汁酸的胆固醇吸收明显改变(且胆固醇利用增加),从而出现标志性低胆固醇血症。在犬猫其他肝胆疾病中,血清总胆固醇浓度在参考范围内的变化很大。4 周龄幼猫的血清胆固醇正常值比成年猫高一些;8 周龄幼犬的血清

固醇参考范围与成年犬相同。

### 血清葡萄糖浓度

在犬猫肝胆疾病很少会出现低血糖,尤其是猫。当动物患获得性慢性进行性肝胆疾病,且肝脏丧失 80% 甚至更多功能时,可能无法维持正常的血糖浓度。不能维持正常血糖浓度的原因可能在于,具有糖异生和糖分解酶系统功能的肝细胞丧失,或肝脏降解胰岛素能力下降。低血糖多见于犬慢性进行性肝胆疾病晚期。与此明显不同的是犬先天性 PSS 常出现低血糖,尤其是小型犬。PSS 患犬出现低血糖可能是肝脏首过代谢降低,循环胰岛素浓度增加引起的,人也会出现这种现象。最新一项研究显示,PSS 患犬虽然血糖低,但胰岛素浓度也低,不支持这一假设,所以这一推测并不准确(Collings 等,2012)。低血糖也是犬肝细胞癌常见的一种副肿瘤综合征,这种现象可能是由肿瘤产生的胰岛素样生长因子导致的(Zini 等,2007)。在任何一个病例中,如果反复检测均为低血糖,且经过氟化钠试验验证,若排除了非肝性病因(功能性低血糖、败血症、胰岛素瘤和其他能够产生类胰岛素样物质的肿瘤、阿迪森氏病;见第 53 章),应怀疑原发性肝肿瘤(如肝细胞癌)、PSS 或严重弥散性肝病。

### 血清电解质浓度

血清电解质的测定有利于犬猫肝胆疾病的支持治疗,但对本病无特殊意义。最常见的异常是低钾血症,主要是肾脏和胃肠道钾离子过度丢失、食物摄入减少和严重慢性肝胆疾病继发醛固酮增多症复合引起的。代谢性碱中毒通常是过度利尿治疗犬慢性肝衰竭和腹水引起的,其表现是血气分析可见血清总二氧化碳浓度升高。低钾血症和代谢性碱中毒有协同增强作用,还可促进细胞膜持续扩散氨,加重肝性脑病的症状。

### 血清胆汁酸浓度

最近批准了一种快速而简单的犬猫血清胆汁酸分析法,可为肝细胞功能和肝肠门脉循环的完整性提供一种敏感的检测,但该项检测的特异性在不同物种中并不相同。"初级"胆汁酸(如胆酸、鹅去氧胆酸)只能在肝脏合成,并在分泌入胆汁前与各种氨基酸(主要是牛磺酸)结合。胆汁主要贮存在胆囊内并在胆囊中浓缩,直至在胆囊收缩素作用下被释放到十二指肠。在小肠中促进脂肪吸收后,大部分"初级"胆汁酸会被高效地吸收,进入门静脉并回到肝脏,等待再次被摄取和

分泌进入胆汁。一小部分初级胆汁酸逃避了重吸收，会被肠道细菌转换成"次级"胆汁酸(如脱氧胆酸和石胆酸)，其中的一部分也会被重吸收进入门脉循环。肠道吸收胆汁酸是非常高效的，但肝脏从门静脉血中吸收胆汁酸的效率则较差。这是禁食犬猫外周循环血液中存在少量胆酸、鹅去氧胆酸和脱氧胆酸的原因[酶学方法测定的总量小于 $5\ \mu mol/L$，放射免疫方法测定(radioimmunoassay,RIA)其含量为 $5\sim10\ \mu mol/L$]。采食时，大量胆汁酸释放进入小肠和门脉循环；正常犬猫餐后总胆汁酸比餐前升高 $3\sim4$ 倍(酶学方法测定犬猫的总量为 $15\ \mu mol/L$，RIA 测定犬的量为 $25\ \mu mol/L$)。幼龄动物的参考值与成年动物相似。禁食或餐后血清总胆汁酸浓度异常升高反映了肝脏分泌胆汁酸功能紊乱，或胆汁酸沿门静脉返回到肝脏的路径或肝细胞摄取胆汁酸异常。

　　框 36-1 列举出了评价血清胆汁酸浓度(serum bile acid,SBA)的标准方法。经验表明，在本试验中促发肝性脑病的可能性极低，即便在易患动物也是如此。采集血样后，可冷藏保存几天或冷冻待检。血样稳定性较高，远比血氨检测更可靠。

**框 36-1　血清胆汁酸刺激试验和餐后血氨刺激试验**

**胆汁酸刺激试验**
动物禁食 12 h 之后，采集 3 mL 血样。
然后饲喂少量脂肪含量正常的食物[犬食物的脂肪约为
　　20%(干物质计算)]。
餐后 2 h，再次采集 3 mL 血样检测。

**餐后血氨刺激试验**
动物禁食 12 h 之后，采集 3 mL 血样。
　　然后饲喂少量食物(占日常能量的 25%)。
餐后 6 h，再次采集 3 mL 血样检测。

　　近来对血清胆汁酸的研究发现，在需要开展确诊试验的犬猫肝胆疾病中，胆汁酸浓度有非常重要的价值，特别是非黄疸、临床症状模糊且肝酶活性升高原因不清的动物。目前在疾病诊断中，关于单独测定禁食或餐后总胆汁酸浓度，还是两项均需要测定，仍有很大争议。如果只能获取到一个血样(动物有食欲或能耐受强饲少量食物)，则餐后 SBA 值对确定多数犬猫是否存在肝胆疾病的意义更大，但不能确定肝胆管病的类型。对于患有疑似获得性肝胆疾病的犬猫，目前建议用酶学方法检测餐后胆汁酸浓度，如果犬的检测值超过 $25\ \mu mol/L$，猫的超过 $20\ \mu mol/L$，则推荐进行活组织检查。但其他一些研究者则认为血清胆汁酸水

平在 $20\sim40\ \mu mol/L$ 范围时，很难做出诊断，这个范围常被称为"灰色区域"(Hall 等,2005)。有些疾病的血清胆汁酸可能处于这一范围，包括继发性肝病、肾上腺皮质功能亢进、小肠细菌过度生长等。这些变化可能和肝脏清除结合胆汁酸能力下降有关。如果清胆汁酸水平超过 $40\ \mu mol/L$，作者推荐肝脏活检。PSS 疾病中，胆汁酸浓度升高程度和分流程度或临床症状的严重程度无关。无论是宏观还是微观(肝内)门静脉短路，禁食和餐后胆汁酸浓度的变化是相对应的。各原发性肝胆管疾病的禁食和餐后胆汁酸浓度都严重重叠，无法判断特异肝胆疾病的病因。偶尔还会出现禁食胆汁酸水平高于餐后胆汁酸水平的现象，这种现象可能和禁食期间胆囊自发性收缩有关。一般来说，继发性肝脏疾病会出现中度肝胆管机能障碍(SBA<$100\ \mu mol/L$)。有一点需要牢记，肝性、肝后性黄疸犬猫中，SBA 升高和肝功能变化之间并无直接联系。这些疾病中，为诊断先天性 PSS，建议测定禁食和餐后 SBA 浓度以增加检出率，因为先天性 PSS 动物的 SBA 禁食值在正常范围内，而餐后值通常为健康犬的 $10\sim20$ 倍。SBA 升高主要反映了胆汁淤积，检测 SBA 并不能提供更多有用信息。

　　现在已建立一些测定 SBA 的简易方法(如酶学方法、RIA)，且送检方便。总 SBA 检测已成为确定犬猫肝胆功能的一种简便而实用的方法。一些参考实验室使用了一种改良酶学方法，即一种商业化酶试剂盒(Enzabile;Nyegaard and Co. ,Olso,Norway)，或 RIA 试剂盒(结合胆汁酸固相放射免疫测定试剂盒[125]I)。尽管 RIA 检测所需样品量(50 μL)比酶学方法检测所需样品量($400\sim500$ μL)少得多，但它们的测定结果相近。由于禁食和餐后 SBA 检测与 $NH_4Cl$ 耐受量试验的评估作用相同，且无潜在危险，因此是首选的检测方法。如同其他特需试验一样，选择的试验方法必须是临床已经证实可用于某特定种属，且能提供相关参考范围。

　　IDEXX 公司现在有商品化的台式 SNAP 检测试剂盒，可用来检测胆汁酸(见 http://www.idexx.com/view/xhtmL/en_us/smallanimal/inhouse/snap/bile-acids.jsf)。SNAP 检测的劣势在于其检测的上限节点值较低，为 $25\ \mu mol/L$，因此不能区分原发性或继发性肝胆管疾病。

　　一些因素会影响 SBA 值，从而影响判读。SBA 刺激试验未标准化的部分是饲喂步骤。目前尚未确定理想的饲喂量和饲喂食物成分。试验食物量的多少，

食物全部消化还是部分消化都会影响胃排空。胃排空延迟可使 SBA 峰浓度延迟 2 h。肠道消化转化时间加快和延迟，或存在肠道疾病（特别是回肠），都有可能阻碍和推迟试验食物吸收峰值的出现时间。试验食物的脂肪含量可能非常重要，因为脂肪可刺激小肠黏膜分泌胆囊收缩素，引起胆囊收缩。在两次进食之间，胆囊在生理性收缩时也会排出胆汁，这可能会导致禁食血样结果难以判读。脂血症会严重干扰试验结果，尤其是肝素化血液。基于这个原因，最好选用血清进行检测，不管是外部样本还是 SNAP 试验。可用抗生素治疗剂量（$1 \sim 2.5$ mg/kg，PO）的红霉素刺激胆囊的排空。这种治疗方法对胆囊的排空作用已得到证实，但其对胆汁酸刺激试验的作用尚未经过充分研究（Ramstedt 等，2008）。

　　如果要在犬猫临床上使用 SBA 检测，还需回答下列几个问题。SBA 检测可对患有各种肝胆疾病的犬猫提供有用的信息，但不能针对任何一种肝胆疾病提供清晰而特异的信息。一系列 SBA 浓度是否可用于精确监控犬猫疾病的进展？当这个问题和其他问题都回答后，SBA 分析则可被当作一个敏感且相对特异的筛检方法，用于临床表现明显的肝胆疾病动物或门静脉短路的动物，但仍需开展其他诊断试验以确定特定的病因。

### 尿液胆汁酸浓度

　　尿液中胆汁酸浓度测量也可用于评估肝胆管功能。在尿液形成过程中，尿液胆汁酸被认为能够反映平均胆汁酸浓度。尿液胆汁酸/肌酐值能够消除尿液浓度和流速的影响。随机尿样对样本采集时间点要求不高，不需要在肝肠刺激时或禁食后采集尿样。有关尿液胆汁酸浓度的研究显示，犬猫肝胆管疾病和门静脉血管异常时，其尿液胆汁酸浓度比非肝病时高，但犬肝脏肿瘤除外（Balkman 等，2003；Trainor 等，2003）。尿液中未硫酸化胆汁酸/肌酐值、尿液硫酸化＋非硫酸化胆汁酸/肌酐比和血清胆汁酸检查结果正相关，诊断意义也相似，但比犬胆汁酸特异性高，和猫胆汁酸特异性相似。因此比较推荐这些检查，不过测定尿液硫酸化胆汁酸/肌酐值，要比血清胆汁酸的敏感性低一些。

### 血浆氨浓度

　　血浆氨浓度检测虽然没有包含在标准筛检项目中，但在参考实验室可以检测血浆氨浓度。如果犬猫病史检查或体格检查提示可能存在肝性脑病（HE），则应测定禁食血氨浓度。无论是先天性还是后天性 HE，其症状是相同的（框 35-2）。定量测定血氨浓度是十分重要的，不仅可证实 HE（虽然肝胆疾病动物的禁食血氨浓度正常相对常见），还可提供基础值，并且有助于评价治疗反应。SBA 测量值（尤其是餐后 SBA）能为先天性 PSS 提供相似的信息。血氨浓度升高提示肝脏不能有效处理代谢产生的氨，PSS 会干扰氨进入肝脏解毒。血样中的氨水平非常不稳定，例如，血样在环境中被尿液污染后，血氨可能会假性升高。样本处理要非常小心，有些台式分析仪的检测结果并不准确，尤其是血氨轻微升高的病例，需谨慎判读。基于以上原因，SBA 是一项很理想的检测指标，但怀疑 HE 并伴发胆汁淤积的病例除外。正如前文所列举的，由于胆汁酸会排泄入胆汁，因此，SBA 在胆汁淤积病例中可能会升高，和其他任何肝脏功能或短路无关。血氨浓度可为潜在的 PSS 病例或 HE 病例提供有用信息。

　　一项研究显示，在诊断 PSS 时，将健康犬和肝脏疾病患犬进行对比后，研究者发现禁食 12 h 后，血氨浓度的敏感性和特异性均比胆汁酸高（Gerritzen-Bruning 等，2006）。但是，在 PSS 的诊断方面，胆汁酸刺激试验（禁食和餐后 2 h 胆汁酸水平）比禁食胆汁酸的敏感性更高，单独检测餐后胆汁酸浓度和禁食血氨浓度的敏感性相似。

　　虽然不同实验室的参考范围并不一致，正常犬禁食血氨值 $\leqslant 100$ mg/dL，猫禁食血氨值 $\leqslant 90$ mg/dL。采集血样前，动物须禁食 6 h 以上。血样须用冰冻无氨肝素化管采集，然后立即用冷冻离心机离心。必须在 30 min 内分离血浆，因为红细胞中氨的浓度为血浆中的 $2 \sim 3$ 倍，溶血会使血氨假性升高。为获得准确的结果，猫血浆可在 $-20$℃下冻存 48 h，而犬血浆必须在 30 min 内检测。

　　如果采样时动物的临床症状与肝性脑病一致，则只需采集禁食血样。如果动物没有肝性脑病症状，且其他检测结果模糊不清，则可进行餐后刺激试验（框 36-1）。这种情况下禁用传统的氯化铵刺激试验（口服或直肠给药），因为这种方法可能会引发严重的肝性脑病危象。餐后血氨检测比较安全，对 PSS 的敏感性约为 91%，但对弥散性肝脏疾病的敏感性仅为 31%（Walker 等，2001）。

### 血浆蛋白 C 活性

　　血浆蛋白 C 活性已经被用于评估犬的肝脏疾病。

蛋白 C 是一种抗凝蛋白,在肝脏中合成,在血浆中以酶原的形式循环。蛋白 C 活性下降与人、动物的血栓疾病有关。文献显示犬的先天性和获得性肝脏疾病均会引起蛋白 C 活性下降,PSS 患犬的蛋白 C 活性可能是最低的。Toulza 等人于 2006 年的报道显示,先天性或获得性 PSS 患犬的蛋白 C 活性浓度显著低于无 PSS 疾病的犬。手术结扎短路的血管之后,蛋白 C 活性能够得到改善,甚至恢复正常。血浆蛋白 C 活性反映了肝门灌注情况,在结扎异常的血管之后,蛋白 C 浓度可作为监测肝门灌注的有效指标。回顾性研究显示,血浆蛋白 C 活性也有助于区别肝内门静脉发育不良(活性不小于 70%)和门静脉系统性血管异常(活性小于 70%)。

## 尿液检查
### (URINALYSIS)

肝胆管疾病最常见的尿检异常包括非贫血犬存在高胆红素尿(不少于 2+,尿比重不大于 1.025),猫尿液中存在胆红素和正确处理的尿样中存在重尿酸铵结晶(图 36-1)。对于犬来说,高胆红素尿可先于高胆红素血症和黄疸出现。正常犬的浓缩尿样中可能存在少量胆红素结晶,也见于正常犬和大麦町犬(尿酸代谢异常)(见第 46 章)。PSS 疾病中不存在其他异常特征。高氨血症伴发尿酸在肝脏中转化为尿素的能力下降,会引起严重高尿酸血症,当超过肾排泄阈值时,会促进结晶的形成,尤其是碱性尿液中。它们在尿液中时有时无,但用几滴氢氧化钠或氢氧化钾碱化尿液样品,可增加尿沉渣中检出重尿酸铵结晶的可能性。

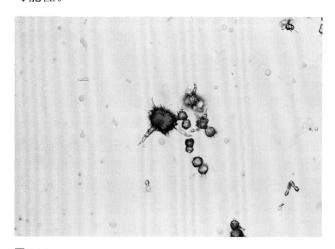

**图 36-1**
先天性门静脉短路患犬尿液中的尿酸铵结晶。

传统情况下使用试纸法测定尿胆原来评价肝外胆管系统的状态。有很多因素(如肠内菌群和停留时间、肾功能、尿液 pH 和尿比重、尿液样品未避光)都会影响尿液中尿胆原的检测,所以这项检测在 EBDO 诊断中参考价值不大。如果可连续采集尿样,且操作无误,持续无尿胆原提示完全 EBDO,但不能确诊。

持续性稀释尿(尿比重低达 1.005)和多饮多尿有关,可能是先天性 PSS 和严重肝细胞疾病的特征(见第 35 章)。判读尿比重时,须考虑是否同时使用药物治疗,如利尿剂、皮质类固醇或抗惊厥药。

血糖正常但出现尿糖可能提示肝性钩端螺旋体,尤其在那些并发氮质血症的病例中。

## 粪便检查
### (FECAL EVALUATION)

除了两种特异性疾病中,粪便外观会有所改变外,粪便检查很少能为犬猫肝胆管疾病的评价提供有用信息。粪便没有色素(无胆汁粪,见图 35-6)和脂肪痢是慢性完全 EBDO 的结果;而黑色、橘黄色的粪便则反映了严重溶血后胆红素生成和排泄增加。胃肠道溃疡也是门静脉高压疾病中一种很严重也很重要的并发症(见第 39 章),因此在慢性肝脏病例中,临床医师要常常观察粪便,注意其是否往黑粪症方向发展。

## 腹腔穿刺术/液体分析
### (ABDOMINOCENTESIS-FLUID ANALYSIS)

如果在体格检查、腹部 X 线检查或超声检查时发现腹水,应采样分析。对于中量至大量积液,简单穿刺即可获得 5～10 mL 的液体进行外观检查、蛋白质含量检测、细胞学检查和一些情况下的特殊生化分析。如果临床上出现积液后的继发症状(如呼吸困难),或排出腹水是临床治疗的一部分(如胆汁性腹膜炎),可用套管针或附有胶管的针(如 E-Z 输液器)排出大量腹水。

除非临床需要,否则不要轻易移除大量腹水,不然可能会导致血清蛋白浓度显著下降,因为肝脏不能合成足够的蛋白以补充腹水中丢失的蛋白。除了腹膜炎病例需要逐渐把腹水移除之外,其他病例主要采用利尿治疗。需要移除大量积液的病例(例如呼吸困难),同时还要静脉补充新鲜冷冻血浆或胶体液。犬慢性肝衰竭和持续肝内门脉高压时,其腹水通常是改性漏出液。这种液体的细胞含量和蛋白浓度都较为中等(表36-1)。如果患犬有低蛋白血症,积液为纯漏出液,这种积液的细胞量少(<2 500 个/μL),且蛋白质浓度低(<2.5 g/dL),外观清亮,几乎无色,比重通常小于1.016。当犬患肝内窦状隙后静脉阻塞(如静脉阻塞疾病)或肝后静脉阻塞(如任何原因引起的右心衰竭)时,其腹腔液的颜色可能多样,但最典型的颜色是淡红色或淡黄色,为典型的改性漏出液。猫传染性腹膜炎和肿瘤性积液也通常被归为改性漏出液或非败血性渗出液。胆汁性腹膜炎也会导致渗出,初期可能是无菌的,后期可能是败血性的。肿瘤疾病时,积液可能是乳糜状,甚至呈血性,后者也可见于淀粉样变(如果肝囊撕裂),反应性间皮细胞易被误认为肿瘤细胞,因此评价细胞学标本时,经验很重要。渗出液细胞含量较高(>20 000 个/μL),蛋白质浓度较高(>2.5 g/dL),并根据炎性细胞是否有中毒性变化或有吞噬的细菌,可进一步将其分为败血性和非败血性渗出液。积液分析可为肝胆管疾病的原因提供额外线索,故不容忽视。积液分析结果判读见表 36-1。

**表 36-1　肝胆疾病腹腔积液的特征**

| 积液类型 | 外观 | 有核细胞数 | 蛋白含量 | 比重 | 举例 |
|---|---|---|---|---|---|
| **漏出液** | | | | | |
| 纯 | 清亮、无色 | <1 500 个/μL | <2.5 g/dL | <1.016 | 慢性肝衰竭伴低白蛋白血症 |
| 改性 | 血清色、琥珀色 | <7 000 个/μL | ≥2.5 g/dL | 1.010~1.031 | 慢性肝衰竭、右心衰竭、心包疾病、腔静脉综合征、布-加样综合征、肝内门静脉发育不良、慢性门静脉栓塞、FIP(有些病例)、肿瘤(有些病例) |
| **渗出液** | | | | | |
| 败血性 | 云雾状、红色、深黄色、绿色 | >7 000 个/μL | ≥2.5 g/dL | 1.020~1.031 | 十二指肠溃疡穿孔、胆汁性腹膜炎(液体胆红素浓度超过血清胆红素浓度) |
| 非败血性 | 清亮、红色、深黄色、绿色 | >7 000 个/μL | ≥2.5 g/dL | 1.017~1.031 | FIP、浆膜肿瘤、血管肉瘤破裂、胆汁性腹膜炎早期、胰腺炎伴 EBDO |
| **积液** | | | | | |
| 乳糜性积液 | 不透明,白色至粉色"草莓奶昔" | 数量不一,1 000~10 000 个/μL | 范围较大,2.5~6.5 g/dL | 1.030~1.032 | 肿瘤(有些病例)、淋巴回流梗阻性疾病 |
| 出血 | 红色 | 数量不一,1 000~1 500 个/μL | 常>3.0 g/dL | <1.013 | 肿瘤(有些病例)、淀粉样变伴肝囊破裂、血管肉瘤破裂 |

FIP:猫传染性腹膜炎;EXBO:肝外胆管堵塞。

## 全血细胞计数
### (COMPLETE BLOOD COUNT)

肝脏疾病很少有特征性血液学变化。大多数红细胞变化为细胞破裂或大小异常,或者细胞膜构成异常。先天性 PSS 患犬常见小红细胞增多[除秋田犬和柴犬以外,其他犬的平均红细胞体积(mean corpuscular volume,MCV)<60 fL]及正细胞正色素性或轻度低色素性(MCHC 32~34 g/dL)贫血(≥60%)。先天性 PSS 患猫中则没那么常见(≤30%)。慢性肝衰竭及获得性 PSS 患犬也可能会出现小红细胞增多症,但出现频率较低,这一变化可能和肝脏中铁螯合有关,而非铁绝对缺乏引起,因此补铁并没有什么帮助。门静脉血流恢复正常后,红细胞大小变化可恢复正常。如果也出现了贫血,必须将小红细胞增多症和炎症疾病引起的贫血区分,炎症也会导致小红细胞和相对性缺铁。慢性胃肠道失血引起的缺铁性贫血也可见于慢性肝炎患犬或门静脉高压患犬(见第 38 章),它们也会引起小红细胞增多症。PSS 的小红细胞性贫血程度通常较为轻微。若出现显著的小红细胞性贫血,高度怀疑慢性胃肠道失血。

如果一只犬存在强烈的再生性贫血同时伴有大红细胞增多,网织红细胞数量升高,血清蛋白浓度轻度升高并伴有黄疸,尤其是再出现一些球形红细胞时,则高度提示溶血性贫血,黄疸的原因是胆红素生成过度。犬猫溶血性贫血疾病中,肝酶和胆汁酸浓度较高,提示肝脏变化继发于显著溶血,例如缺氧和血栓。

红细胞特定形态能提示某些显著的肝胆管疾病、脂蛋白代谢变化和红细胞膜结构异常。异形红细胞(异常红细胞形态)就是最好的例子,例如棘红细胞(红细胞表面有凸起)、薄红细胞(拉长状态、红细胞染色较淡)、靶形红细胞等。猫先天性 PSS 和其他肝胆管疾病(偶见)中,会出现一些病理机制不清的异形红细胞。慢性肝胆管病例的红细胞中,常见海因茨小体。DIC 动物可见容易破碎的红细胞和裂红细胞;如果还能见到一些数量不合时宜的有核红细胞,则提示血管肉瘤。猫轻度和中度非再生性贫血常见于各种疾病,包括肝胆管疾病。

犬猫患肝脏疾病时白细胞几乎没有什么形态异常,除非出现感染(组织胞浆菌、细菌性肝胆管炎、犬钩端螺旋体)或并发胰腺炎(猫中很常见,见第 40 章)。当感染伴发原发性肝胆疾病时,也会出现白细胞异常,例如肝硬化患犬伴发革兰阴性菌性败血症、败血性胆汁性腹膜炎等。这些疾病易出现嗜中性粒细胞性白细胞增多症,而弥散性组织胞浆菌、猫严重的弓形虫病和犬传染性肝炎早期则会出现泛细胞减少症。

## 凝血试验
### (COAGULATION TESTS)

临床上除了一些急性肝衰竭、完全 EBDO 或 DIC

之外,患肝胆疾病犬猫很少会出现凝血病。在犬猫严重实质性肝病中,较常见的是活化部分凝血酶原时间轻度延长(APTT,延长 1.5 倍)、纤维蛋白降解产物异常(10~40 或更高)、纤维蛋白原浓度变化不定(<100~200 mg/dL)。D-二聚体在肝脏疾病中经常升高,但在这些病例中不能提示 DIC。血小板数可能正常或偏低,轻度血小板减少症(130 000~150 000 个/μL)通常见于脾隔离(splenic sequestration)。更严重的血小板减少症(≤100 000 个/μL)可见于急性 DIC 或慢性失代偿性 DIC。一些严重肝衰但常规凝血试验无明显异常的动物,其维生素 K 拮抗剂(vitamin K antagonism,PIVKA)激发蛋白的血清活性升高,也会引起出血倾向。肝脏原发性或转移性癌也会引起凝血病,这与肝细胞合成或降解凝血蛋白的能力无关。最近一项研究评估了部分或完全肝外胆管梗阻患犬的血栓弹力图(thromboelastography,TEG),结果发现受评估的这 10 只犬均出现了高凝血症,和预期结果完全相反(Mayhew 等,2013)。

犬猫肝胆疾病实验室检查总结及其判读见表 36-2。

 **表 36-2　肝胆疾病诊断中首选和次选的临床病理学检查总结**

| 筛查试验 | 筛查目标 | 结果判读 |
| --- | --- | --- |
| 血清 ALT、AST 活性 | 肝细胞膜完整性,细胞内溢出 | 升高程度大致与病变肝细胞数量相关 |
| 血清 AP、GGT 活性 | 各种刺激引起的肝细胞和胆管上皮细胞反应,合成和释放增加 | 其升高与肝内或肝外胆汁淤积或药物作用(仅见于犬)有关,药物包括皮质类固醇类、抗惊厥药物(仅与 ALP 有关,与 GGT 无关) |
| 血清白蛋白浓度 | 蛋白质合成 | 排除其他原因引起的浓度下降(肾小球或肠道蛋白丢失);白蛋白浓度降低提示≥80%肝脏丧失功能,但也可能是负急性期反应 |
| 血清尿素浓度 | 蛋白质降解和解毒 | 浓度下降时,排除长期厌食、限制食物蛋白量、严重 PU/PD、尿素循环酶缺乏(罕见);先天性门脉系统短路;严重获得性慢性肝胆管疾病 |
| 血清胆红素浓度 | 胆红素吸收和排泄 | 首先排除严重溶血;如果 PCV 正常,则存在肝内或肝外胆汁淤积 |
| 血清胆固醇浓度 | 胆汁排泄、肠道吸收、肝肠循环的完整性 | 升高见于各种严重的胆汁淤积;降低则提示先天性门静脉短路,抗惊厥剂诱导的变化,严重获得性慢性肝胆管疾病;严重肠内同化不全 |
| 血清葡萄糖浓度 | 肝细胞糖原异生或糖酵解,胰岛素和其他激素代谢 | 降低表明严重肝细胞功能障碍、门静脉短路或原发性肝肿瘤 |
| 血清氨浓度 | 肝肠循环、肝功能与实质大小的完整性 | 禁食或刺激试验后升高表明先天性或获得性门静脉短路,或急性肝细胞功能障碍,无法把氨转化为尿素(泛发性坏死) |
| 血清胆汁酸浓度 | 肝肠循环、肝功能和实质大小的完整性 | 禁食或刺激试验后升高表明肝细胞功能障碍、先天性 PSS 或肝实质丧失;胆汁淤积依赖性肝细胞功能障碍或 PSS 时升高,需首先排除 |
| 凝血分析 | 肝细胞功能、维生素 K 吸收或贮存充足 | 异常可能提示显著的肝细胞功能障碍、急性或慢性 DIC、完全 EBDO |

ALT,丙氨酸氨基转移酶;AST,天冬氨酸氨基转移酶;AP,碱性磷酸酶;GGT,γ-谷氨酰转移酶;PU/PD,多尿/多饮;PSS,门静脉短路;PCV,红细胞比容;DIC,弥散性血管内凝血;EBDO,肝外胆管阻塞。

# 影像学诊断
## (DIAGNOSTIC IMAGING)

### X 线平片检查
#### (SURVEY RADIOGRAPHY)

　　腹部 X 线片检查可作为体格检查的一部分,或者临床病理学结果提示可疑的肝胆疾病时,用来确定病变的特征和位置。X 线平片可提供肝脏大小和形状方面的主观信息(表 35-1)。胃肠道排空时,动物的影像学检查状态最佳。正常犬右侧卧时,其胃轴与第十肋相平行,肝后腹部(左外叶)边缘锐利。当与富含脂肪的镰状韧带对比时,即可显现出这种影像(见图 36-2)。某些品种犬的胸腔窄而深,整个肝脏影像可能都在肋弓里面。而对于胸宽而浅的犬,其肝脏可能轻微露出肋弓。腹背位时,肝脏边缘可用十二指肠前段和胃底部来确定。该体位时,胃的影像垂直于脊柱。这个体位对评估肝脏大小来说意义不大,除非肝脏显著增大或非对称性增大。在健康动物的 X 线检查中,无法识别胆囊和肝外胆管树。

　　如果被检动物存在中等至明显的腹部积液,X 线检查的意义不大。因为肝脏与液体的透射线特征相近,除非采用间接评价方法(如充满气体的胃和十二指肠错位,图 36-3),否则难以确定肝脏的形状与大小。对于腹部无脂肪存贮的消瘦动物或幼年动物,腹部细节不清,也难以确定肝脏的细微变化。

　　犬猫弥散性肝肿大时,肝脏常超出肋弓,侧位片可见胃轴和幽门背后方移位,而腹背位片可见胃向左后方移位(见图 36-2)。右侧位投照时,偶尔可见肝脏与脾脏直接接触,无法区分两个器官。腹背位有助于确定各个器官的大小、形状和位置。深吸气、严重胸膜渗出或肺膨胀过度时,胸廓体积会增大,可能导致肝脏后方移位,使用其他放射学标准判断时,可能得出肝肿大的错误印象。

　　正常犬猫的肝脏可能完全位于肋弓内,所以小肝比肝肿大更难发现。右侧位片可见胃底角度发生改变(见图 36-2)且该角度与脊柱较垂直,尤其是当胃非常接近膈肌时,可能显示小肝。当动物患创伤性膈疝且肝叶突入胸腔或患先天性腹膜心包疝时,也可见小肝影像。

　　当邻近患病肝叶的器官发生移位时,提示局部肝肿大。X 线检查最常见的局部肝肿大部位是肝右侧叶(见图 36-4)。在该病例中,胃体和幽门区背侧移位(侧位)和左侧移位(腹背位),但胃底部仍位于正常位置。猫的胃移到左侧是正常的,不可误认为右侧肝肿大。如果肝左外叶或左侧肝叶肿大时,则胃底部左后方移位;胃小弯可能呈锯齿状。如果局部肝肿大或肝边缘不规则但无肿大,最常见的原因包括原发性或转移性肿瘤、增生性或再生性结节、囊肿等。如果由于 EBDO

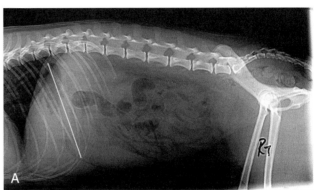
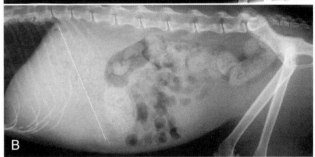
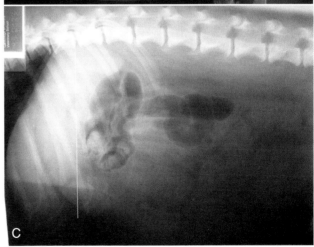

**图 36-2**

腹部侧位 X 线片,提示胃轴(白线)可指示肝脏大小。A,1 只健康猫的腹部侧位 X 线片,肝脏正常。B,1 只弥散性淀粉样变患猫,肝脏增大,胃轴胃部异位。C,1 只中年英国史宾格犬患有肝硬化,其腹部侧位 X 线片可见头侧胃轴异位,提示肝脏缩小。(引自:Courtesy Diagnostic Imaging Department, Queen's Veterinary School Hospital, University of Cambridge, Cambridge, England.)。

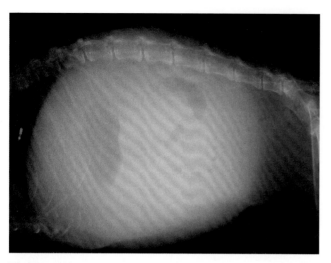

**图 36-3**

1 只 8 岁古代长须牧羊犬的腹部侧位 X 线片,该犬患有慢性肝炎、门静脉高压,腹腔内有大量游离腹水,腹部细节丢失,使得 X 线检查丧失诊断价值(引自:Courtesy Diagnostic Imaging Department,Queen's Veterinary School Hospital,University of Cambridge,Cambridge,England.)。

而导致胆囊严重扩张,它可能类似于右前腹部的肿瘤或肿大钝圆的肝叶。肝脏密度变化很罕见,通常和产气细菌引起的肝脏或胆管感染密度不均匀,有密度下降的线性区域有关,也可能和矿化(胆管局灶型或弥散性点状矿化,也或者是胆结石,图 36-5)有关。

自开展超声和 CT 检查后,很少需要使用 X 线造影检查确诊肝肿物、胆结石、EBDO、先天性门静脉短

路和其他结构性疾病。虽然目前 CT 血管造影在诊断 PSS 方面是大家的首选,但兽医诊所可能实现不了,这种情况下,私人诊所可以选择门静脉造影。这个技术公认的方法包括:脾门静脉造影术、手术肠系膜门静脉造影术和手术脾门静脉造影术。这两个外科手术需要全身麻醉和在腹部做一个小切口,但几乎不需要先进的仪器,且术后几乎没有并发症。

脾静脉或肠系膜静脉放置一根 22 号导管(图 36-6),并用水柱压力计测定静态门脉压力(正常范围为 6~13 cm $H_2O$)。长时间全身麻醉可能会干扰其判读,故术中应尽快测定门静脉压力。迅速推注 0.5~1 mL/kg 碘类造影剂后,拍摄侧位,还可拍摄腹背位和斜位的 X 线片。正常犬猫注射造影剂后,造影剂流向门静脉,进入肝脏,并多次分支,整个肝外和肝内门脉血管不透射线。造影剂进入体循环表明门静脉短路(见图 36-7)。手术过程中,可以测量门脉压和肝脏活组织检查,以鉴别获得性门静脉短路和先天性门静脉短路的原因,这是制订正确的治疗计划和得出准确预后所必需的。一般来说,先天性 PSS 是单个血管异常,而获得性 PSS 是多个血管异常,因此肠系膜门静脉造影术可提示诊断。先天性门静脉短路血管结扎后,如果要确定肝内门脉血管是否充足,可能需要再做造影检查。结扎术后,肝内门静脉造影不透射线的程度可提示手术预后情况(Lee 等,2006)。

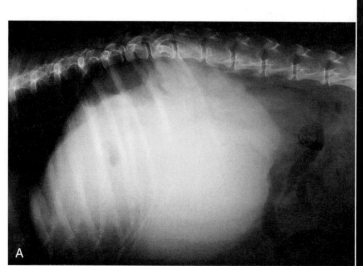
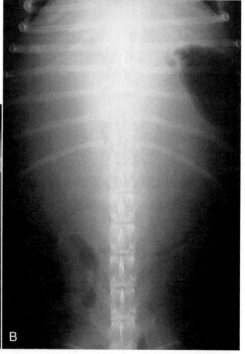

**图 36-4**

A 和 B 分别为 9 岁已绝育杂种母犬的侧位和腹背位 X 线片,该犬患有肝细胞癌,右侧肝叶扩张。同时该犬患有严重的低血糖症。

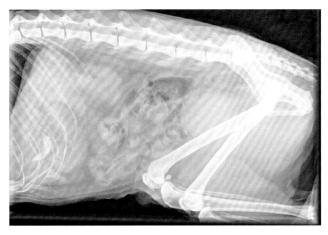

图 36-5

1 只 12 岁去势家养短毛猫的腹部侧位 X 线片,该猫患有慢性胆管炎、胆囊炎和胰腺炎。注意观察肝脏上有一个重叠的高密度阴影,手术证实其为胆总管结石。(引自:Courtesy Diagnostic Imaging Department,Queen's Veterinary School Hospital,University of Cambridge,Cambridge,England. )

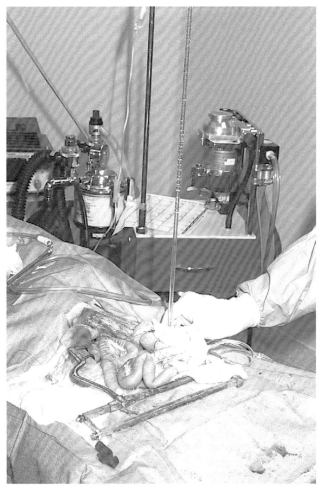

图 36-6

将 22 G 静脉内导管与三通活塞和水压计连接,将其放置在肠系膜静脉内准备好,用来测量术中静息门静脉压。导管是用来实施门静脉造影的,放置应非常稳固。

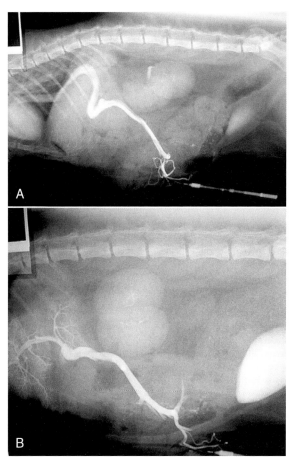

图 36-7

1 只先天性门静脉短路患猫在 PSS 纠正术前(A)和术后(B)的手术肠系膜门静脉造影图片。注意肝脏门静脉血流改善(B图),肝脏内门静脉造影剂呈树枝状分布。(引自:Courtesy Diagnostic Imaging Department,Queen's Veterinary School Hospital,University of Cambridge,Cambridge,England. )

## 超声检查
(ULTRASONOGRAPHY)

　　腹部超声检查(ultrasonography,US)是犬猫肝胆疾病诊断中非常受欢迎的一种检查手段,但我们也要认识到这种方法对肝脏疾病诊断的敏感性和特异性均有限。根据声波通过两种不同物质的界面时会出现反射(回声)的原理,超声检查能够区分低回声均质液体,如血液和胆汁,以及由多种软组织组成的非均质结构。当腹腔积液造成 X 线片腹部细节不清时,却有利于超声波探测异常结构(图 36-8)。由于骨头和充气的器官可完全反射声波(声影),因此超声波无法检查该器官下面的组织。该操作无须动物全身麻醉,但必须安静不动,且须剪毛和使用声波耦合剂,以保证腹部皮肤与声波转换器(探头)接触良好。动物通常仰卧或侧卧。

在正常犬猫的肝脏中,超声检查通常可见肝实质、胆囊、肝内大静脉和门静脉以及邻近的后腔静脉。与 X 线平片不同,超声不需要两个体位来完成相关检查,可在多个方位制造多个切面,对某个目标进行三维结构重建。

超声检查和判读记录图像是操作技巧和经验的综合体现。需要注意超声检查对肝脏疾病的诊断敏感性并非 100%。最近一项研究显示,组织学检查证实为慢性肝炎的患犬中,仅有 48% 表现出超声异常;肝脏淋巴瘤患犬的超声检查也仅有 68% 出现异常。因此,超声检查未见异常并不能排除肝脏疾病或肿瘤(Warren-Smith 等,2012)。我们还要牢记,超声检查并不能诊断出病变类型(例如不能取代组织学诊断),但有关胆管、血管的病变除外。在提示良性或恶性病变方面,超声检查和组织学检查的临床意义很相似,由于良性增生、局部炎症病变和肿瘤的超声征象可能很相似,因此,什么时候都不能只根据超声检查结果就做出安乐死的决定,必须在组织学诊断指导下工作。表 36-3 列举出了典型肝脏病变的超声征象。

肝脏肿瘤可能是高回声或低回声的,可能是局灶性的,也可能是弥散性的,但也可能无明显异常。肝脏淋巴瘤通常呈弥散性低回声,但也可能高回声或正常。有些肿瘤呈经典的结节状低回声外观,例如血管肉瘤(图 36 9),也可能是特征性病变,对肿瘤来说相对特异,大约 15% 的血管肉瘤病例不能通过超声诊断。超声增强造影已经用于犬肝脏肿瘤微转移的诊断(O'Brien,2007)。犬肝脏疾病中,超声检查回声增强的病变包括肝脏脂质沉积、类固醇性肝病、弥散性纤维化(例如肝硬化)等。但是,硬化的肝脏超声检查可能表现正常。

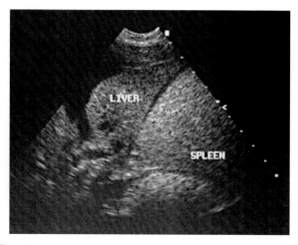

图 36-8

腹水可增强腹部超声检查的对比度。上图为 1 只慢性肝炎患犬伴腹水的超声征象。(引自:Courtesy Diagnostic Imaging Department,Queen's Veterinary School Hospital,University of Cambridge,Cambridge,England.)。

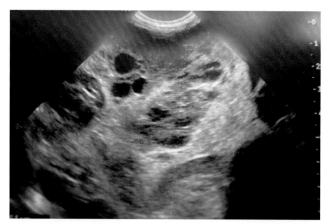

图 36-9

肝脏血管肉瘤患犬的超声检查。注意观察多个低回声结节。(引自:Courtesy Diagnostic Imaging Department,Queen's Veterinary School Hospital,University of Cambridge,Cambridge,England.)。

表 36-3　患肝胆疾病犬猫的超声检查

| 临床表现 | 判　　读 |
| --- | --- |
| **实质** | |
| **无回声** | |
| 局灶性 | 囊肿——可能是单个或多个带中隔的结构,壁薄 |
| | 脓肿——界限不清晰,回声不均质 |
| | 血肿——外观取决于血肿的成熟状态 |
| | 淋巴瘤——如果是单一的,可能像囊肿 |
| **低回声** | |
| 局灶性 | 局灶性或多灶性肿瘤 |
| | 形成再生性结节 |
| | 髓外造血 |
| | 被高回声肝组织包围的正常肝组织 |
| | 血肿 |

续表 36-3

| 临床表现 | 判　读 |
| --- | --- |
| 弥散性 | 脓肿或肉芽肿 |
| | 肿瘤或炎症细胞浸润(肝炎) |
| | 被动瘀血 |
| | 肝细胞坏死 |
| | 淀粉样变 |
| | 髓外造血 |
| **高回声** | |
| 局灶性 | 局灶性或多灶性肿瘤 |
| | 增生性结节 |
| | 钙化(产生假性声影) |
| | 纤维化 |
| | 气体(产回声伪影) |
| | 血肿或脓肿 |
| 弥散性 | 脂肪浸润(声波束减弱) |
| | 淋巴瘤 |
| | 纤维化 |
| | 肿瘤或炎性细胞浸润(肝炎) |
| | 肝细胞坏死 |
| | 类固醇肝病(仅限于犬) |
| **管状结构—胆管** | |
| 肝内和肝外胆管扩张 | 肝外胆管阻塞;持续或近期改善 |
| | 严重胆管炎综合征(猫) |
| | 胆总管囊肿(罕见) |
| 胆囊扩张 | 正常(长期禁食) |
| 胆囊和胆囊管扩张 | 胆囊管阻塞 |
| 胆囊和胆总管扩张 | 肝外胆管阻塞;持续或近期改善 |
| 胆管和胆囊内存在重力依赖性局部高回声区,形成声影 | 胆石症 |
| 当动物的体位发生改变时,胆囊固定部位出现局部高回声 | 严重胆汁淤积、长期厌食和脱水形成"胆泥"或浓缩胆汁 |
| 胆囊呈星状或猕猴桃外观 | 胆囊黏液囊肿 |
| 胆囊内回声性物质 | 增生物(息肉、恶性肿瘤)、黏附的浓缩胆汁 |
| 胆囊壁显著增厚 | 囊性增生(局部) |
| | 胆囊炎、胆管炎 |
| | 犬传染性肝炎 |
| | 低白蛋白血症并发水肿 |
| | 腹腔积液 |
| | 肿瘤 |
| **管状结构—血管** | |
| 肝静脉和门静脉扩张 | 右心充血性心力衰竭 |
| | 心包疾病 |
| | 胸内后腔静脉阻塞 |
| | 肝静脉闭锁(布-加氏综合征) |
| 肝动脉明显 | 门静脉血流量减少 |
| 门静脉扩张但血流速度减慢和血流量减少 | 任何原因引起的门脉高压(多普勒检查) |
| 肝脏血管不明显 | 肝硬化 |
| | 严重脂肪浸润 |
| 门静脉不明显 | 先天性门静脉短路 |
| | 门静脉栓塞 |
| | 肝内门脉发育不全 |
| 与体循环吻合的异常血管 | 肝内或肝外先天性门静脉短路 |
| 一个或多个肝叶内动脉与门静脉吻合 | 动静脉瘘 |
| 左肾周围沿结肠周围存在许多扭曲的静脉丛 | 伴有门脉高压的获得性门静脉短路 |

需识别扩张的无回声(暗区)血管和有回声的胆管;胆管影像学检查对猫胆管疾病和犬猫 EBDO 的诊断来说意义非凡(图36-10)。可沿小肠扫查胆管,从而检查出胰腺病变或十二指肠梗阻。胆囊膨胀可能提示长期厌食,当伴有胆管扩张,尤其是胆总管扩张时,提示肝外胆管阻塞(图36-10),或猫慢性胆管炎/胆管性肝炎。急慢性肝胆管炎患猫的胆管和胆囊征象可能正常。

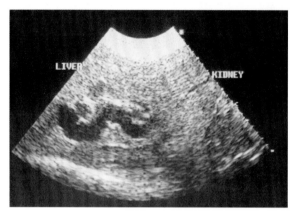

**图 36-10**
**1 只慢性肝胆管炎患猫的胆管超声征象。(引自:Courtesy Diagnostic Imaging Department, Queen's Veterinary School Hospital, University of Cambridge, Cambridge, England. )。**

在临床病理学特征表明存在慢性肝胆疾病或先天性门静脉短路的动物中,曾检查出肝内或肝外吻合血管(图36-11)。先天性 PSS 通常为单个血管短路,而获得性 PSS 通常为多个血管短路。多普勒彩色血流成像法可确定疑似血管的位置和血流方向。虽然通过超声评估门静脉压比在肝静脉内直接用压力计测量的准确性低,但依然可以采用多普勒影像评价门脉血流的速度和方向,为肝内门脉高压提供依据。门脉血流朝向肝脏(向肝性血流)是正常的,远离肝脏(离肝性血流)则为异常,提示门静脉高压。在 PSS 患犬中,可采用超声检查技术和微泡造影技术评估短路的血管(用生理盐水将微泡注射入脾脏内,避开肝脏血窦)(Gómez-Ochoa 等,2011)。

无论病灶是局灶性还是弥散性,超声引导下可采集细胞学或组织学检查样本。当然,不能通过穿刺的胆囊来诊断犬猫的化脓性肝胆管炎。超声引导下细针抽吸和"Tru-Cut"活检也有一些潜在局限性(见下文"肝脏活检")。

人医可使用合适的超声检查仪(Fibroscan; http://www. echosens. com/Products/fibroscanr-502. html; http://www. fibroscan. co. uk/),借助其瞬时弹性成像技术,评估慢性肝脏疾病中肝脏纤维化的严重程度。该项技术的原理在于超声波通过肝脏平面时会出现反射,根据反射幅度来评估纤维化的程度。机器的设置对评估病人来说至关重要,法国有一项关于犬纤维化评估的初步研究,结果显示该项技术在犬的应用中也很有希望,未来可能在犬中能得到广泛应用。

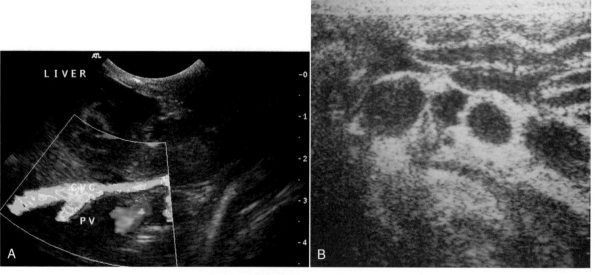

**图 36-11**
**A,1 例先天性肝外门腔静脉分流患犬(英国史宾格犬)的多普勒超声检查。B,1 例多发性、获得性肝外门静脉短路患犬的超声征象,该犬为 6 岁的德国牧羊犬,并发非硬化性门静脉高压。CVC,后腔静脉;PV,门静脉。(引自:Courtesy Diagnostic Imaging Department, Queen's Veterinary School Hospital, University of Cambridge, Cambridge, England. )。**

## 断层扫描
### （COMPUTED TOMOGRAPHY）

CT 在兽医临床中的应用越来越广,可以用来诊断一些肝脏疾病和肿物性病变。在 PSS 的诊断中,越来越多的病例选用 CT 诊断代替 X 线造影检查,并且能够提供更为翔实的解剖信息(Nelson 和 Nelson,2011;Zwingenberger 等,2005)。CT 检查需要全身麻醉,但比 X 线造影检查的侵入性小。超声检查可在镇静作用下进行,价格比 CT 便宜。如果能够通过普通超声检查或微泡技术诊断出短路,则不需要 CT 检查。对于超声检查难以辨识的复杂短路,CT 检查在术前也不能提供更有价值的信息(图 36-12)。

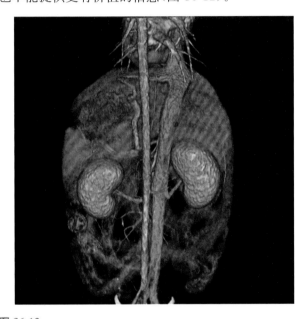

**图 36-12**
CT 三维血管图,2 岁边境牧羊犬,雌性绝育,患有先天性门静脉异常。短路的血管从胃静脉出发到达肾脏,蜿蜒穿过肝脏,最终到达横膈后的后腔静脉。(引自:Courtesy Diagnostic Imaging Department, Queen's Veterinary School Hospital, University of Cambridge, Cambridge, England.)。

## 闪烁扫描法
### （SCINTIGRAPHY AND MAGNETIC RESONAIVCE IMAGIVG）

其他一些成像方法,如闪烁扫描法(核素显像)、核磁共振成像诊断术和无害性超声造影增强检查技术等,主要局限于教学机构或一些大型转诊医院。在这上述诊断方法中,闪烁扫描法在诊断犬猫肝胆疾病中的研究是最详细的。临床上最常使用的同位素是锝

99 m($^{99m}$Tc),它是用于特定研究的放射性药物之一。例如,$^{99m}$Tc 与硫胶体结合,可被肝脾的单核-巨噬细胞吞噬,从而用来评估肝实质。使用 γ 照相机对准动物的肝区,拍下同位素衰变散发射线,获得并记录射线照片。同位素的半衰期比较短(6 h),动物需要相对隔离 24～48 h,尿液和粪便也应存贮至放射活性下降至基础水平,但它对动物或人的放射危害十分小。可用地索苯宁(hepatolite)与 $^{99m}$Tc 结合来区分黄疸的起因。静脉内注射放射性药物后,连续在 3 h 内进行一系列闪烁扫描成像,确定同位素是否被肝脏吸收,分泌进入到胆管或排至肠道。在患 EBDO 的犬猫中,其胆囊或肠道内无放射性药物。

闪烁扫描法的另一个应用是诊断犬猫门静脉短路(PSS)。将 $^{99m}$Tc 标记的高锝酸盐放置于降结肠后,被吸收同位素经过的血管通路可以被描绘出来。从时间/活性曲线可以确定同位素是先到达肝脏(正常的),还是先到达心脏和肺部(表明存在肝门静脉短路)。该方法的优点是可特异性评价门静脉供血情况,而不能评价肝实质。在动物先天性门静脉短路或原发性肝胆疾病,及获得性门静脉短路中,门静脉的供血量也可能降低。虽然该检测结果不能提供详细的解剖结构显像,但可以显示是否存在先天性或获得性门静脉短路。

MRI 在人医胆管和胰管疾病中的应用很广泛。磁共振胰胆管成像(MR cholangiopancreatography)能准确地呈现出胆管异常,不需要额外使用造影剂。目前尚无有关犬猫的报道,但最新一项有关健康猫的研究显示,该项技术在未来可用于临床(Marolf 等,2011)。

## 肝脏活组织检查
### （LIVER BIOPSY）

## 概论
### （GENERAL CONSIDERATIONS）

对于许多犬猫原发性肝胆疾病,都需要肝脏活检来确诊、预后,并指导治疗。有些病例还须做胆汁培养。如果不做活检,很难做出科学诊断,并提供科学的治疗方案;如果不做活检,肝脏疾病的治疗可能非常盲目,甚至背道而驰,徒增风险。所以,只要有可能,必须进行活检,否则不要轻易使用一些特定的类固醇、铜螯合剂和抗纤维化治疗药物。活组织检查的适应证包括:①解释肝脏状态,以及肝功能检查的异常结果,尤其是持续

1个月以上时;②解释不明原因的肝肿大;③确定与肝脏有关的系统性疾病;④判断肿瘤的临床分期;⑤客观评价治疗反应;⑥评价非特异性治疗下原发疾病的发展。对于临床疾病的诊断来说,肝脏活检(适应证1~4)远比评估治疗效果(适应证5~6)简单。肝脏活检是一种侵入性检查,只能在为动物争取到最大利益的前提下使用,例如能够影响治疗和预后。评估治疗的连续活检监测受限于治疗效果。另外,在弥散性肝病中也常遇到不合适的样本:由于活检样本体积较小,且病理变化本身就是局灶性的,不同的小块组织样本可能会出现不同的诊断结果,这样会使得连续活检监测的结果很难判读。有时候活检结果显示的疾病恶化,可能仅仅是因为采到不同部位的肝组织造成的。采样方法有很多种,使用哪一种方法取决于动物和术者的考虑(框36-2)。另外,在大多数肝脏疾病中,大块样本(手术或开腹楔形取样)比小块样本的组织学诊断准确性高。

无论选用哪种方法,肝活组织检查的犬猫至少禁食12 h。总之,经皮芯针(肝穿刺针)穿刺活检或抽吸(细胞学分析)时,应避免用于非淋巴性肿瘤实质或腔体采样,除非主人不愿意使用手术作完全切除。一般来说,并不推荐经皮活检或细针抽吸细胞学检查,因为这些检查手段的诊断价值较低,而且可能会误导大家。猫肝脏脂质沉积综合征或肝脏淋巴瘤除外,不过最终还需要组织学诊断来确诊(图36-13)。总体来讲,肝脏疾病的诊断中,细胞学诊断和组织病理学的相符率约为30%(犬)和51%(猫)(Wang等,2004)。

一个特别小和/或特别硬的纤维化肝脏,经皮穿刺很难获得肝活检样本,小而碎的样本对诊断来说是一个很大的挑战(图36-14)。在某些肝胆管疾病中(如慢性肝炎/肝硬化、胆管炎、门脉血管畸形、纤维化),18号针活检与楔形活检结果的符合率不到40%。如果选择了穿刺方法,则尽量使用最大的针进行穿刺(最好为14号针;最小为16号针),并且采集多个样本,以确保获得足够的诊断样本。为获取到准确的诊断,病理学家建议至少采集6份门脉三征样本,不过活检样本通常达不到这种要求(见图36-14)。

不管使用何种方法,肝脏活检之前都必须先检测动物的凝血状态。最理想的是获得一份完整的凝血象数据[一期凝血酶原时间(OSPT)、APTT、纤维蛋白降解产物、纤维蛋白原含量、血小板计数]。血小板计数、活化凝血时间、全血凝血时间(玻璃管中)等可作为内源性凝血级联反应的筛查试验。如果血小板数量少于80 000 个/μL,或者如果OSPT(犬)或APTT(猫)

时间延长(Bigge等,2001),则超声引导的肝活检很可能引发出血。对易患血管性假性血友病因子(von Willebrand's factor)缺乏的动物进行肝脏活检前,尽可能检测血管性假性血友病因子,因为患犬的标准凝血试验结果通常是正常的。口腔颊黏膜出血时间也可间接评价血小板的功能(见第87章)。如果犬患有血管性假性血友病疾病,术前可给予一定量的醋酸去氨加压素(DDAVP)(凝血病,1~4 μg/kg,静脉注射,单次给药。用20 mL生理盐水稀释),可增强血管性假性血友病因子从内皮细胞向血浆转运的活性。

凝血检查结果轻度异常仍可考虑肝活检。事实上,与一项关于人医患者的研究结果一样,常规凝血检查结果可能与肝脏出血时间无关。如果存在临床出血表现,或凝血检查结果显著异常,须推迟肝脏活检。动物(尤其是猫)患完全EBDO时,可能缺乏维生素K(通过OSPT和APTT时间延长推断),术前须用维生素 $K_1$(每天1次或2次,5 mg,皮下注射)治疗1~2 d。EBDO患犬可能没有高凝血症(见前文),因此,并不推荐补充维生素K。其他肝病动物(尤其是猫)在补充维生素K之后凝血时间也可能会改善。给予维生素 $K_1$ 的24 h内,应再次测定OSPT和APTT值,直至结果正常或接近正常。反之,则须调整药物剂量,并推迟手术。虽然术前给予患严重实质性肝胆疾病的动物维生素 $K_1$ 可能是不理智的,但对有些动物是有益的,且正确给药对动物是无损害的。这些动物的维生素K拮抗诱发蛋白的血清活性可能很高,从而引起出血倾向。如果给予维生素 $K_1$ 后,凝血试验结果无明显改善,活检前可给动物注射新鲜冷冻血浆。如果活检中或活检后出现大出血,且直接压迫或使用促凝血相关药物无法控制时,需要输注新鲜全血或血浆(见第80章输血指南)。

 **框36-2　肝脏活检时患病动物和术者的考虑事项**

**患病动物**
1. 可疑肝胆疾病的特征:肝脏大小(小、正常、大);质地(纤维化或易碎的);局灶性、多灶性或弥散性;腹腔积液。
2. 麻醉所需的临床稳定性和适应性。
3. 凝血状态和血小板计数。

**术者**
1. 设备齐全。
2. 所选技术的经验。
3. 所选技术出现并发症的概率。
4. 所需样品的大小。
5. 与可靠的兽医病理学实验室建立联系。
6. 手术花费和客户经济状况。
7. 准确预言结果。

图 36-13

**DSH,4 岁,绝育母猫,怀疑患有肝脏脂质沉积综合征,右侧细针盲穿抽吸进行细胞学检查。为了避免伤到脾脏,应从腹中前靠前的位置将针刺入肝脏。**

## 活检技术
(TECHNIQUES)

兽医优先选择开腹或腹腔镜进行楔形活检,这种方法比经皮"Tru cut"针(超声引导或盲采)采集的样本更可靠。一项研究对比了同一个病例使用穿刺针活检和楔形活检的结果,最终发现吻合率仅有 48% (Cole 等,2002)。这一结果是可信的,因为穿刺活检会导致不良样本的概率增加(见前文)。超声引导下经皮活检技术的侵入性比开腹或腹腔镜技术小,可在重度镇静或全身麻醉的情况下进行,好过于不做活检。不过,这种方法采集的样本常常太小或无诊断意义(见图 36-14),而且"Tru-Cut"活检采集的样本太少,不能定量分析铜含量。尽可能选择更大的"Tru-Cut"活检针,以提高获取到有诊断价值的样本的机会。虽然出血这一并发症并不常见,但出血往往是致命的,因此,活检结束后需认真监控患病动物的出血情况(最好能住院监控,过夜)。

开腹术的侵入性很强,但是可探查到其他腹部器官(例如胰腺、小肠等),可检查肝脏并活检。出血风险比"Tru-Cut"活检低,因为所有的出血都是可视的,可在术中及时处理。开腹活检所取样本也比较大,诊断价值高,除非病灶在肝实质深处,之前也未经超声检查诊断,否则漏诊概率较小。如果肝脏看起来有的地方

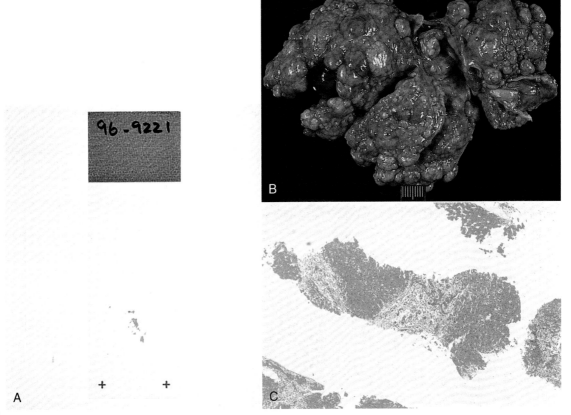

图 36-14

**A,经皮肤穿刺获得的肝脏样本(B 超引导下),该犬患有肝脏纤维化和再生性结节。B,由于肝脏的质地坚韧,样本不好采集。C,很难从组织学上判读不良样本的结果。**

正常,有的地方不正常,则两处都要采集样本,以防病变发生在"貌似正常"的肝组织中。如果肝脏上面有可切除的肿物,则可进行开腹手术(图 36-15)。腹腔镜和开腹术的优势相似,但侵入性更小。如果有设备,而且有经验丰富的操作人员,可选择腹腔镜操作(图 36-16)。采用腹腔镜操作的动物恢复速度很快,当天就能回到家里。开腹和腹腔镜检查时要注意,可通过抽吸获取胆汁样本,同时还可从其他器官(例如胰腺)获取活检样本。还要慎重考虑同时放置饲管的问题,以防术后再次麻醉放置饲管。

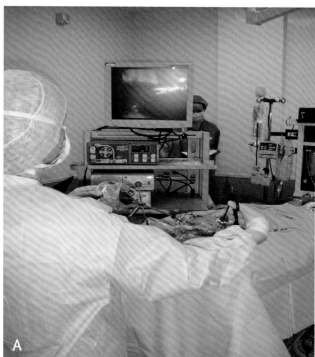
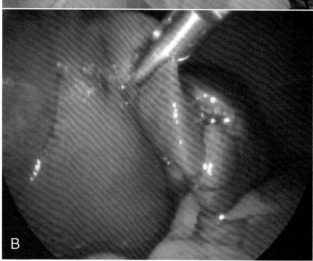

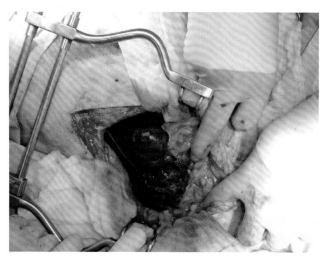

图 36-15

肝脏肿物患犬开腹切除肿瘤,组织学检查证实为肝细胞癌。(引自:Courtesy Dr. Laura Owen, Soft Tissue Surgery Department, Queen's Veterinary School Hospital, University of Cambridge, Cambridge, England. )。

图 36-16

A,1 只 7 岁杂种母犬开腹活检肝脏,该犬有呕吐、厌食和肝酶升高的病史,组织学检查诊断为慢性自发性肝炎。B,对肝叶进行活检采样。左侧可见胆囊。在开腹情况下,对其胆囊进行抽吸采样。(引自:Courtesy Dr. Laura Owen, Soft Tissue Surgery Department, Queen's Veterinary School Hospital, University of Cambridge, Cambridge, England. )。

开腹和腹腔镜检查需要全身麻醉,有些慢性肝炎末期患犬和急性肝脏脂质沉积综合征患猫麻醉风险很高,而且随时可能死亡。这些病例需采用细针抽吸采样,或者"Tru-Cut"活检针采样,还需小心镇静,只有当其状况明显改善时才能进行全身麻醉。

超声引导下"Tru-Cut"活检技术可能需要镇静或全身麻醉。如果同时需要抽吸胆囊,最好全身麻醉,这样可以在呼吸暂停状态下操作。如果犬猫患弥散性肝肿大,且术者对穿刺路径非常自信,则可盲穿。最常用的活检针是"Tru-Cut"活检针(Cardinal Health, Dublin, Ohio)和 Jamshidi Menghini 负压抽吸针(Cardinal Health, Kormed, Seoul, Korea)。后者可以用一只手操作,抽吸是为了切断组织,并把样品保存在 6 mL 或 12 mL 的注射器内。"Tru-Cut"针需要两只手来操作,其原理是组织进入样品槽后,被外层锋利的套管切断(图 36-17)。目前也有一只手来操作的半自动

"Tru-Cut"针(如 Tenmo Evolution biopsy needle, Cardinal Health;Vet-core biopsy needle, Smiths Medical, Dublin, Ohio;Global Veterinary Products, Amarillo, Tex)和其他半自动设备(Pro-Mag Ultra Automatic biopsy instrument, Angiotech, Wheeling, Ill;Bard Biopty biopsy instrument and Bard Biopty-Cut biopsy needle, Bard Biopsy Systems, Tempe, Ariz),这

些活检针是一次性的。全自动活检针和半自动活检针可用于采集犬的肝脏样本,但猫只能用半自动活检针。

一项研究指出,猫的肝脏活检使用全自动活检针具有致命风险(Proot 和 Rothuizen,2006)。

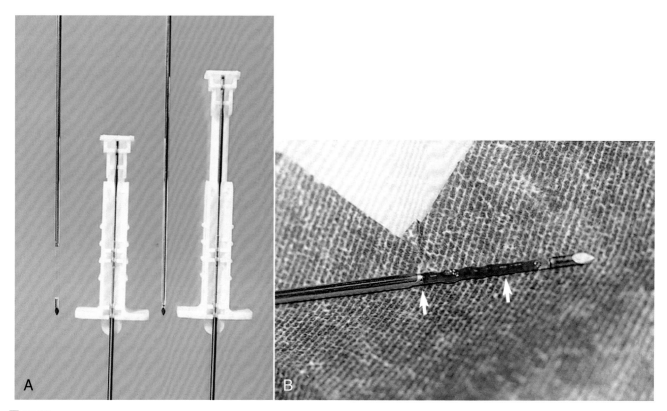

**图 36-17**

**A,**切割活检针内可看见样本槽(左),其后有锋利的套管(右)。**B,**样本槽内填满肝组织(两处箭头中间)。

肝活检可用于任何一个触诊肿大的肝叶,只需在穿刺时注意进针角度,避免刺破胆囊即可。通常动物采取右侧卧保定,对左外叶活检。稍微提升头部和胸腔有利于把肝脏"呈现"给术者。一般采集 2 份或 3 份完整的针芯样品;如果需要,应保存 1 份针芯样品于无菌容器中,以便细菌培养与药敏试验。每份剩余针芯样品在浸泡固定之前,需按正确方向(图 36-18)放置在硬纸片上(如滤纸),以便作组织学检查和/或特殊检查。

活检后,须用绷带包扎穿刺部位,以保证恢复期穿刺部位的清洁,且动物须按某一姿势躺卧(如左侧卧),使其身体重力压在肝脏活检部位上。肝脏穿刺部位可能很痛,术后应考虑镇痛。穿刺后几个小时之内也需要密切观察有无出血的相关症状。如果穿刺过程顺利,无突发情况(动物苏醒或挣扎),只需监测黏膜颜色和皮肤穿刺部位即可。当然,如果盲穿后出现大出血,或伤及其他器官,诊断和治疗都会延迟。

**图 36-18**

**穿刺针获取的活检样本在固定到福尔马林溶液之前,应先黏附在硬纸板上,以保持样本原有的方位。**

在超声或改良腹腔镜(图 36-19)的帮助下,可视经皮穿刺活检技术可选择穿刺位置,穿刺后还可进行直接或间接监测。只要操作正确,罕见严重的并发症。使用改良腹腔镜时,通常需要全身麻醉。超声或腹腔镜引导下,可抽吸胆汁进行细胞学检查和细菌培养。即使使用最小号的针抽吸,都可能发生胆汁渗漏,因此,须尽量完全排空胆囊。胆囊抽吸时,最好通过肝脏实质进针,这样可有效防止渗漏。有些外科医生喜欢在开腹术时采集胆汁,然后再对抽吸部位进行荷包缝合,以阻止胆汁渗漏。腹腔大量积液会妨碍看清肝脏以及相关结构,因此腹腔镜引导组织活检前必须抽出腹腔液体。如果活检推迟,最佳方案是使用利尿剂治疗,缓慢移除腹水。除非输注血浆治疗,否则手术期间快速移除腹水,会导致血浆白蛋白浓度显著降低。

　　用于组织病理学检查的肝脏组织样本,需浸泡在 10% 的福尔马林溶液中固定,福尔马林的体积至少为组织样本的 10 倍;用于检测铜的组织化学染色样本或组织定量样本,应根据特定病理实验室的要求来操作;用于 RNA 检测和其他分子试验(PCR 或肿瘤克隆试验)的组织样本,可冰冻或储存(见 http://www.invitrogen.com/)。对于特殊肝脏疾病动物,应将肝脏送至兽医病理学家处诊断。准备铜染色、纤维染色和其他染色样本,具体细节要和做诊断的病理学家探讨。

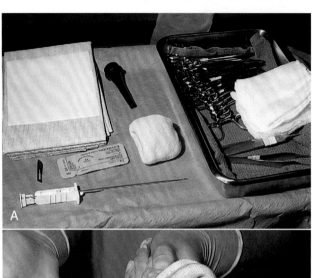
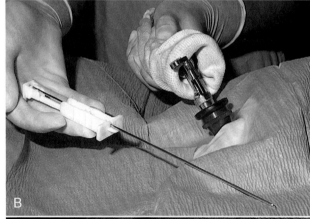
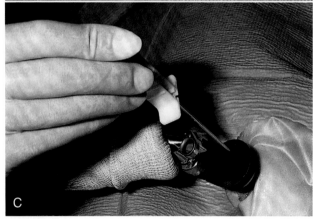

**图 36-19**

肝组织活检的改良腹腔镜检查方法。A,操作所需材料。B,用来采集肝脏样本的"Tru-Cut"活检针。C,首先检查肝脏,然后将针穿过已灭菌的检耳镜镜筒到达肝组织抽吸取样。该操作的详细步骤可参考 **Bunch** 等(1985),见推荐读物。

◉推荐阅读

Balkman CE et al: Evaluation of urine sulfated and nonsulfated bile acids as a diagnostic test for liver disease in dogs, *J Am Vet Med Assoc* 222:1368, 2003.

Bexfield NJ et al: Diagnosis of canine liver disease, *In Practice* 28:444, 2006.

Bigge LA et al: Correlation between coagulation profile findings and bleeding complications after ultrasound-guided biopsies: 434 cases (1993-1996), *J Am Anim Hosp Assoc* 37:228, 2001.

Bunch SE et al: A modified laparoscopic approach for liver biopsy in dogs, *J Am Vet Med Assoc* 187:1032, 1985.

Clifford CA et al: Magnetic resonance imaging of focal splenic and hepatic lesions in the dog, *J Vet Intern Med* 18:330, 2004.

Cole T et al: Diagnostic comparison of needle biopsy and wedge biopsy specimens of the liver in dogs and cats, *J Am Vet Med Assoc* 220:1483, 2002.

Collings AJ et al: A prospective study of basal insulin concentrations in dogs with congenital portosystemic shunts, *J Small Anim Pract* 53:228, 2012.

Gallagher AE et al: Hyperphosphatasemia in Scottish Terriers: 7 cases, *J Vet Intern Med* 20:418, 2006.

Gaskill CL et al: Serum alkaline phosphatase isoenzyme profiles in phenobarbital-treated epileptic dogs, *Vet Clin Pathol* 33:215, 2004.

Gerritzen-Bruning MJ et al: Diagnostic value of fasting plasma ammonia and bile acid concentrations in the identification of portosystemic shunting in dogs, *J Vet Intern Med* 20:13, 2006.

Gómez-Ochoa P et al: Use of transsplenic injection of agitated saline and heparinized blood for the ultrasonographic diagnosis of macroscopic portosystemic shunts in dogs, *Vet Radiol Ultrasound* 52:103, 2011.

Hall EJ et al: Laboratory evaluation of hepatic disease. In Villiers E, Blackwood L, editors: *BSAVA manual of canine and feline clinical pathology*, ed 2, Gloucestershire, England, 2005, British Small Animal Veterinary Association.

Head LL, Daniel GB: Correlation between hepatobiliary scintigraphy and surgery or postmortem examination findings in dogs and cats with extrahepatic biliary obstruction, partial obstruction, and patency of the biliary system: 18 cases (1995-2004), *J Am Vet Med Assoc* 227:1618, 2005.

Jensen AL et al: Preliminary experience with the diagnostic value of the canine corticosteroid-induced alkaline phosphatase isoenzyme in hypercorticism and diabetes mellitus, *Zentralbl Veterinarmed* 39:342, 1992.

Koblik PD et al: Transcolonic sodium pertechnetate Tc 99m scintigraphy for diagnosis of macrovascular portosystemic shunts in dogs, cats, and pot-bellied pigs: 176 cases (1988-1992), *J Am Vet Med Assoc* 207:729, 1995.

Lawler DF et al: Benign familial hyperphosphatasemia in Siberian Huskies, *Am J Vet Res* 57:612, 1996.

Lee KC et al: Association of portovenographic findings with outcome in dogs receiving surgical treatment for single congenital portosystemic shunts: 45 cases (2000-2004), *J Am Vet Med Assoc* 229:1122, 2006.

Liptak JM: Hepatobiliary tumors. In Withrow SJ, Vail DM, Page R, editors: *Withrow and MacEwen's small animal clinical oncology*, ed 5, St Louis, 2013, Saunders Elsevier, p 405.

Marolf AJ et al: Hepatic and pancreaticobiliary MRI and MR cholangiopancreatography with and without secretin stimulation in normal cats. *Vet Radiol Ultrasound* 52:415, 2011.

Mayhew PD et al: Evaluation of coagulation in dogs with partial or complete extrahepatic biliary obstruction by means of thromboelastography, *J Am Vet Med Assoc* 242:778, 2013.

Müller PB et al: Effects of long-term phenobarbital treatment on the liver in dogs, *J Vet Intern Med* 14:165, 2000.

Nelson NC, Nelson LL: Anatomy of extrahepatic portosystemic shunts in dogs as determined by computed tomography angiography, *Vet Radiol Ultrasound* 52:498, 2011.

O'Brien RT: Improved detection of metastatic hepatic hemangiosarcoma nodules with contrast ultrasound in three dogs, *Vet Radiol Ultrasound* 48:146, 2007.

Proot SJ, Rothuizen J: High complication rate of an automatic Tru-Cut biopsy gun device for liver biopsy in cats, *J Vet Intern Med* 20:1327, 2006.

Ramstedt KL et al: Changes in gallbladder volume in healthy dogs after food was withheld for 12 hours followed by ingestion of a meal or a meal containing erythromycin, *Am J Vet Res* 69:647, 2008.

Sevelius E, Andersson M: Serum protein electrophoresis as a prognostic marker of chronic liver disease in dogs, *Vet Rec* 137:663, 1995.

Toulza O et al: Evaluation of plasma protein C activity for detection of hepatobiliary disease and portosystemic shunting in dogs, *J Am Vet Med Assoc* 229:1761, 2006.

Trainor D et al: Urine sulfated and nonsulfated bile acids as a diagnostic test for liver disease in cats, *J Vet Intern Med* 17:145, 2003.

Walker MC et al: Postprandial venous ammonia concentrations in the diagnosis of hepatobiliary disease in dogs, *J Vet Intern Med* 15:463, 2001.

Wang KY et al: Accuracy of ultrasound-guided fine-needle aspiration of the liver and cytologic findings in dogs and cats: 97 cases (1990-2000), *J Am Vet Med Assoc* 224:75, 2004.

Warren-Smith CMR et al: Lack of association between ultrasonographic appearance of parenchymal lesions of the canine liver and histological diagnosis, *J Small Anim Pract* 53:168, 2012.

Zini E et al: Paraneoplastic hypoglycemia due to an insulin-like growth factor type-II secreting hepatocellular carcinoma in a dog, *J Vet Intern Med* 21:193, 2007.

Zwingenberger AL et al: Helical computed tomographic angiography of canine portosystemic shunts, *Vet Radiol Ultrasound* 46:27, 2005.

# 第 37 章
## CHAPTER 37

# 猫肝胆疾病
## Hepatobiliary Diseases in the Cat

## 概 述
### (GENERAL CONSIDERATIONS)

猫肝胆管系统疾病的病因、临床表现和预后都与犬颇为不同。表 37-1 列举了猫肝脏疾病的原发性和继发性病因。猫常见的肝脏疾病为肝胆管疾病或急性肝脏脂质沉积,很少会出现慢性肝实质疾病;另外猫的肝脏疾病很少会发展成肝硬化,但犬有时会。猫肝胆管疾病的临床症状通常为非特异性的,与炎性肠病(Inflammatory bowel disease,IBD)和胰腺炎的症状相似;这 3 种疾病可能同时存在,使得诊断更加扑朔迷离。肝脏脂质沉积会呈现出更为典型的临床症状,包括黄疸和肝性脑病等。表 37-2 列举了犬猫肝胆管疾病最重要的区别。

 **表 37-1　猫临床相关的肝胆疾病**

| 原发性 | 继发性 |
| --- | --- |
| **常见** | |
| 自发性脂质沉积 | 继发性脂质沉积 |
| 嗜中性粒细胞性胆管炎 | 甲状腺功能亢进 |
| 淋巴细胞性胆管炎 | 胰腺炎、糖尿病 |
| **不常见或罕见** | |
| 先天性门静脉短路 | 继发性肿瘤(比原发性肿瘤少见) |
| 肝外胆管阻塞 | 肝外败血症相关的胆汁淤积 |
| 肝吸虫(疫区捕猎猫常见) | 肝脏脓肿 |
| 原发性肿瘤 | |
| 感染(见框 37-5) | |
| 药物或毒素诱发性肝性脑病 | |
| 胆管结晶 | |
| 硬化性肝胆管炎/胆管硬化 | |
| 肝脏淀粉样变 | |
| 肝内动静脉短路 | |

本章中的猫肝脏疾病是按照美国临床诊疗中的发生率这一顺序来编写的。据统计,美国最常见的是肝脏脂质沉积,而欧洲最常见的是胆管炎,但欧洲肝脏脂质沉积病例正逐渐增加,并且在美国胆管炎也逐渐得到广泛认识。

## 肝脏脂质沉积综合征
### (HEPATIC LIPIDOSIS)

### 病因和发病机制

猫肝脏脂质沉积综合征可能是原发的,也可能继发于其他疾病,但无论哪种情况都很危险,除非得到精心照顾。

◆ **原发性肝脏脂质沉积综合征**

原发性或自发性肝脏脂质沉积综合征常影响肥胖猫,在北美仍然是猫最常见的肝脏疾病;在欧洲发病率也逐渐升高。该病为一种急性肝病,大量脂肪积聚在肝细胞导致肝细胞功能受损,但如果这些脂肪能够动员起来,这一病程是可逆的(图 37-1)。该病在不同国家的流行率不同,这一有趣的原因尚不清楚。有些研究者认为是环境差异(例如室外猫和室内猫的生活方式或饲养习惯)造成的,有些则认为是遗传差异造成的,还有人认为两者兼有。

原发性肝脏脂质沉积综合征的机制尚未完全明了,似乎与外周脂肪过度动员进入肝脏、食物中蛋白质和其他营养素缺乏引起脂肪代谢并将其转运出肝脏、并发影响食欲的原发疾病等因素有关。厌食或应激的肥胖猫常出现外周脂肪过度动员。与此同时,厌食会导致蛋白质和其他营养素缺乏;猫对营养的需求很高,因此特别容易出现这些问题(见表 37-2)。其他一些营

表 37-2 犬猫肝胆管疾病的重要区别

| 指标 | 猫 | 犬 | 原因(不同之处) |
|------|----|----|------|
| 疾病范围 | 猫的肝胆管疾病比犬更常见。<br>慢性实质性、纤维化、硬化性疾病和门静脉高压比犬少见。<br>犬猫均可能并发胆管疾病、胰腺炎和炎性肠病,但猫更常见。<br>猫尤其易发严重的肝脏脂质沉积综合征(原发或继发)。 | 慢性实质性疾病最常见,通常发展为纤维化和硬化性疾病,伴门静脉高压。<br>会发生胆管疾病(急性或慢性),但不常见。<br>继发性肝脏脂质沉积可能和其他疾病并发,但通常不是严重的临床问题。 | 不清楚。胆管疾病发病率高可能和解剖结构有关,但尚未得到证实。<br>大多数猫的胆管先和胰管汇合(十二指肠大乳头处)之后才进入小肠,而大多数犬的胆管和胰管独立进入小肠(见图37-1)。 |
| 药物或毒素代谢能力 | 猫相对缺乏葡糖醛酸基转移酶,代谢药物和毒素的能力下降,更易发生氧化损伤。但猫对食物很挑剔,因此会更少机会摄入毒素。 | 犬通常更容易乱吃东西,因此它们接触肝毒素的机会更多。<br>犬一般不缺相关酶,但品种间有差异(例如杜宾犬对磺胺增效剂的解毒能力较差)。 | 在环境毒素相关性肝损伤方面,猫比犬少见。但是猫代谢毒素的能力比犬差,很多潜在肝毒性药物对猫均有风险。 |
| ALP 同工酶和皮质类固醇性肝病 | 猫不会产生类固醇诱导性 ALP 同工酶,且猫 ALP 的半衰期很短(6 h)。<br>猫罕见 HAC。 | 犬会产生类固醇诱导性 ALP 同工酶,且半衰期较长。肝胆管 ALP 同工酶的半衰期为 66 h,糖皮质诱导性 ALP 的半衰期为 74 h。<br>犬常见 HAC。 | 猫 ALP 即使轻度升高也提示其患有显著的临床疾病。<br>猫使用类固醇治疗后(或 HAC 发展为糖尿病之前)ALP 不会升高。<br>类固醇治疗和 HAC 是犬 ALP 升高的主要鉴别诊断。 |
| 肝脏对葡萄糖和蛋白质的代谢 | 适应高蛋白饮食——餐后利用蛋白质异生为糖,蛋白催化酶活性较强,且不能下调。<br>对精氨酸的需求量大,用于肝脏尿素循环。<br>牛磺酸是必须氨基酸,胆盐均结合于牛磺酸。 | 能适应日粮中的淀粉;餐后胰岛素释放会引起葡萄糖贮存增加。当给予低蛋白饮食时,犬会根据需求下调肝脏蛋白和代谢酶。<br>对精氨酸的需求少于猫。<br>日粮中含有充足的含硫氨基酸时,牛磺酸则不是必须氨基酸。 | 若肝脏疾病限制了蛋白摄入,猫会迅速发展为蛋白质‐能量营养不良症,并开始分解自身蛋白质。<br>如果肝脏疾病患猫饲喂缺乏精氨酸的食物(例如,乳蛋白),精氨酸缺乏能促进高氨血症的发生。<br>牛磺酸、精氨酸和蛋白质缺乏能促进猫肝脏脂质沉积综合征的形成。 |

HAC:肾上腺皮质功能亢进

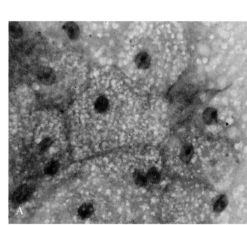
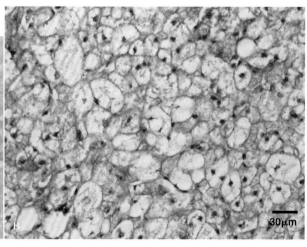

30μm

**图 37-1**

**A**,肝脏脂质沉积综合征患猫的肝脏细胞学检查,肝细胞严重肿胀,含有大量脂滴。**B**,肝脏脂质沉积综合征患猫的肝脏组织病理学检查。注意肝细胞肿胀,并含有脂肪(HE 染色)。标尺为 **30μm**。(A,Courtesy Elizabeth Villiers from Hall EJ et al,editors:BSAVA manual of canine and feline gastroenterology,ed 2,Gloucestershire,England,2005,British Small Animal Veterinary Association.)

养素对脂肪代谢和动员来说也很重要,例如甲硫氨酸、肉碱和牛磺酸。因此,这些营养素缺乏可能对该病的

形成也有一定作用。甲硫氨酸是合成肝脏抗氧化剂和谷胱甘肽的一种重要的前体物质,而肝脏脂质沉积患

猫的谷胱甘肽浓度可能会显著下降。精氨酸相对缺乏可导致尿素循环下降引起肝性脑病。原发性食欲紊乱会导致显著且持续的厌食,这一现象可能是神经激素复合物紊乱引起的。最近的研究提示外周胰岛素抵抗对本病没有影响。

◆继发性肝脏脂质沉积综合征

　　继发性肝脏脂质沉积综合征在猫中也很常见,其发病机制和原发性疾病相似,但同时也因为神经内分泌对应激的反应而更为明显,也更为复杂。继发性肝脏脂质沉积综合征可见于没那么肥胖的猫,甚至是体况评分正常或消瘦的猫。任何厌食猫都有发生肝脏脂质沉积的风险,需尽快给予饮食支持。继发性肝脏脂质沉积也可见于任何能引起厌食的疾病,如猫胰腺炎、糖尿病、其他肝脏疾病、IBD和肿瘤等疾病最常继发该病。

**临床特征**

　　多数患猫为中年猫,但任何年龄和品种均可发病,没有关于品种倾向性的报道。原发性患猫通常肥胖,在室内生活,且有应激史(如家里养了一只新宠物或突然改变猫粮),或发生引起猫厌食和体重迅速下降的疾病。有时无法查出该病的激发原因。继发性脂质沉积可能会发生于正常、消瘦或肥胖的动物,其临床表现因并发其他疾病而变得较为复杂。例如,急性糖尿病酮症酸中毒和进行性肝脏脂质沉积的临床症状相似。

　　临床表现通常和急性肝细胞功能丧失、肝细胞肿胀、肝内胆汁淤积有关。患猫通常会出现黄疸、间歇性呕吐和脱水,也可能会出现腹泻或便秘。临床触诊通常可发现肝脏肿大。肝性脑病通常表现为精神沉郁和流涎,可能与严重肝细胞功能障碍或厌食猫易发的精氨酸缺乏有关。先前肥胖猫的肌肉组织被大量消耗,但维持一定量的脂肪存贮,如镰状韧带和腹股沟部位(图37-2)。

**诊断**

　　组织病理学检查是诊断肝脏脂质沉积、识别并发疾病和致病原因的唯一明确可靠的方法,可通过开腹或腹腔镜技术采集楔形肝脏样本,也可使用"Tru-Cut"活检针在超声引导下采集样本(可靠性稍差)。不过,所有这些操作都需要全身麻醉,而大多数患猫就诊时病情很严重,很难承受麻醉。因此,可采用FNA技术建立初步诊断,可盲穿,也可在超声引导下穿刺,患猫可能需要镇静。患猫需要密切监护,并且用鼻饲管饲

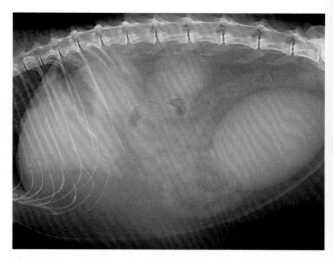

图 37-2

1 只 DSH 的腹部左侧卧 X 线片,该猫患有肝脏脂质沉积综合征,继发于换粮引起的长期空腹。请注意:虽然该猫体重下降,脊柱背侧皮下脂肪丢失,但其肝脏后缘有 1 个镰状脂肪垫(Courtesy Diagnostic Imaging Department, Queen's Veterinary School Hospital, University of Cambridge, Cambridge, England.)。

喂几天后才能承受麻醉,进行更加明确的诊断。该病还常引起凝血病,术前需要治疗几天,纠正凝血指标。临床医师需要注意,虽然FNA细胞学检查可对急症病例做出及时诊断,但有时也会误诊,有些肝实质病变会被误诊为肝脏脂质沉积综合征。另外,如果不开腹或进行腹腔镜检查,肝脏和其他器官(包括胰腺和胆囊)的并发症可能会被忽视。重要的是,在细胞学上需要将轻、中度肝细胞脂质沉积与临床上严重脂质沉积区分开来,因为前者在生病和厌食的猫上很常见,但不会引起严重的临床问题(见图37-1)。

　　FNA可在超声引导下进行,如果肝脏触诊提示肝增大,也可进行盲穿。此操作与肿物穿刺相似。在触诊到增大的肝脏后,先剪毛备皮,然后用22 G的针穿透皮肤,从左腹侧进入肝脏,以免刺穿胆囊。用5 mL注射器轻轻抽吸2~3次,拔针后将针头里的内容物打到玻片上(见图36-13)。肝脏穿刺较为疼痛,上述两种方案都建议进行镇痛,阿片受体部分激动剂(例如丁丙诺啡)是不错的选择,对猫的效果似乎也比布托菲诺强。

　　有临床表现的肝脏脂质沉积综合征很容易通过细胞学(常规吉姆萨染色或 Diff-Quik 染色)和组织学(HE 染色)诊断(见图37-1),可对快速冷冻样本进行特殊的油红染色,以确定肝脏内的空泡的确就是脂肪,但这一操作在私人诊所里很难实现。另外,猫的肝细胞并不常见糖原贮积症,而犬正好相反。

　　典型的临床病理学表现是胆汁淤积和显著的肝细胞功能障碍。95%以上的病例会出现高胆红素血症,且

大多数患猫肝细胞酶 ALT 和 AST 活性显著升高；超过 80% 的病例 ALP 活性也会升高，这一点在猫中很重要，猫的 ALP 半衰期很短，并且无类固醇诱导性同工酶（见表 37-2）。猫典型的原发性肝脏脂质沉积综合征还有一个显著特征，即 γ-GGT 仅表现轻微升高，而其他胆汁淤积指标（胆红素和 ALP）显著升高，这一点和原发性胆道疾病有显著区别，后者的 ALP 和 GGT 水平同时显著升高。不过，对于猫的继发性肝脏脂质沉积综合征来说，如果存在潜在的原发性肝脏疾病或胰腺炎，GGT 水平也会显著升高。所以，如果发现 GGT 显著升高，并不能排除肝脏脂质沉积综合征，而需要积极寻找潜在疾病。大约半数病例会出现 BUN 下降，反映了广泛性肝细胞功能障碍。电解质异常相对常见，如果不及时控制，可能会导致患猫死亡。超过 1/3 的猫有低钾血症，而 17% 的病例有低磷血症。也有报道显示会出现低镁血症。低钾血症是一项不良预后因素（Center 等，1996）。由于胆汁淤积会导致胆汁酸水平升高，因此胆汁酸不能作为肝功能评估指标。禁食胆固醇和血糖浓度也可能很高，有时还会因血糖过高而引发糖尿。这种现象通常是代谢应激反应，通过合适的治疗能有效控制。但是，有些猫可能会因潜在疾病发展出糖尿病，糖尿病也可能会引发脂质沉积。所以，要认真监控血糖、尿糖、酮体的水平。酮尿比糖尿更倾向于指向糖尿病。

该病也常引起猫的凝血异常，20%~60% 的病例会出现凝血异常。大约 25% 的猫会出现贫血，其红细胞上也常见海因茨小体。嗜中性粒细胞增多症并非特征性变化，可能见于同时发生了其他疾病（例如胰腺炎）的病例。

X 线检查可见弥散性肝肿大，腹水并不常见（见图 37-2）。超声检查有助于区分实质病变和肝胆管疾病，也有助于评估其他腹部器官，寻找潜在疾病，尤其是胰腺和肠道疾病。肝脏脂质沉积综合征超声检查的特征是弥散性高回声，但这一发现并非特异性变化，其他广泛性肝实质病变的动物也会出现这种表现，例如淋巴瘤和肝脏淀粉样变。

若要确定是否存在引起长期食欲减退和继发肝脏脂质沉积综合征，需进行进一步诊断性检查。须根据病史、体格检查、临床病理学检查和超声检查结果进行选择。例如，怀疑胰腺炎的患猫，可检查其血清胰脂肪酶免疫反应活性（见第 40 章）。

## 治疗和预后

框 37-1 列举了猫肝脏脂质沉积综合征的治疗建

 **框 37-1　猫肝脏脂质沉积综合征患猫的治疗概述**

- 治疗任何可辨别的潜在疾病，但需同时开展其他治疗。不要指望单靠治疗潜在疾病便能治愈该病，大多数病例会持续厌食，除非采取积极饲喂措施。
- 尽快开始输液疗法和营养支持。
  - 输液疗法：治疗早期需要输液支持（维持速度应考虑所有的体液丢失量，例如呕吐丢失）。发现和治疗任何电解质缺乏，尤其是低钾血症和低磷血症。认真监控血糖和电解质水平，尤其是血钾和血磷，在治疗期间可能会变低。加有氯化钾的生理盐水是最有效的液体。避免使用葡萄糖以防加重高血糖症；由于乳酸可能会代谢为重碳酸盐，因此在肝细胞功能障碍病例中使用乳酸林格氏液可能是禁忌。无任何证据表明输液时加入胰岛素对治疗有帮助，事实上还会增加严重低钾血症和低磷血症的风险。治疗初期可经饲管补充液体和电解质。
  - 应尽早开始营养支持疗法。最初几天可安装鼻饲管，病情稳定后可在全身麻醉下留置胃管或食道胃管，因为大多数病例需饲喂 4~6 周。需给予蛋白含量尽可能高的食物，可采取其他措施控制肝性脑病，例如少量多餐。这就意味着，高代谢患猫需饲喂特殊设计的日粮。如有可能，可饲喂 royal canin feline concentration instant 或 Hill's a/d。有些兽医会添加牛磺酸、精氨酸、VB 或肉碱，如果已经使用营养均衡的猫粮，没有证据表明上述添加物是必须的。
  - 饲喂量：初期按照静息能量需求量（resting energy requirement，RER）饲喂，长期厌食的猫可能会出现饲喂并发症。为避免再饲喂综合征，可在第 1 天饲喂 RER 的 20%~50%，之后逐渐增加。初期少量多餐（甚至用恒速输注方法缓慢饲喂），然后逐渐增加总量，减少饲喂次数。卡里路逐渐增加至代谢能量需求量（metabolic energy requirement，MER）。

$$RER = 50 \times BW$$
$$MER = 70 \times BW$$

- 不推荐使用食欲刺激剂，这些药物的疗效有限，而且具有潜在肝毒性。
- 有些猫需要额外补充维生素；可能缺乏钴胺素（VB₁₂），尤其是并发胰腺炎和/或回肠疾病时（见第 40 章）。患猫常见维生素 K 反应性凝血病，有些人推荐给所有患猫使用维生素 K 治疗，在治疗初期给予 0.5 mg/kg，IM，q 12 h，连用 3 次。
- 如果患猫呕吐或胃排空减慢，食物经饲管反流，可能需要使用止吐药和促蠕动药，例如雷尼替丁（2 mg/kg PO 或 IV，每天 2 次）和胃复安（0.5 mg/kg IM 或 PO q 8 h；或者 1~2 mg/kg q 24 h IV）。
- 也推荐使用抗氧化剂，尤其是 S-腺苷甲硫氨酸（20 mg/kg；或总量 200 mg，PO，每天 1 次），对有些猫有明显效果。目前没有证据表明熊去氧胆酸有效。

议。降低死亡率的最佳措施为及早加强饲喂高蛋白食物。大多数病例都需要留置饲管。如果患猫病情很严重，需在前几天安装鼻饲管（框 37-2；图 37-3），直到患猫状态稳定时,可留置食道管或胃管(图 37-4;见框 37-2)用于长期饲喂。大多数猫需要经饲管饲喂 4～6 周,但很多猫状态稳定后,可装上胃管送回家中照顾。高蛋白饮食是最理想的,如那些为重症监护患猫设计的食物(例如 Royal Canin Feline Concentration Instant, Royal Canin USA, St Charles, Mo; Hill's a/d diet, Hill's Pet Nutrition, Topeka, Kan; or Fortol liquid feed, Arnolds, Amsterdam, New York)。对于有些猫来讲,治疗初期饲喂高蛋白饮食会加重肝性脑病,因此需采用其他方法控制这一现象,例如少量多餐,而非更

换为低蛋白日粮。并发胰腺炎不会改变营养管理;胰腺炎患猫目前建议要尽快饲喂食物,而且无须限制脂肪(见第 40 章)。

体液和电解质异常应该在初期便得到控制,若有需要可使用止吐药。偶见患猫因饲喂而出现再饲喂综合征,血磷和血钾浓度显著下降,导致溶血(Brenner 等,2011)。认识和治疗这一综合征至关重要:可通过静脉注射磷酸钾[0.01～0.03 mmol/(kg·h), IV]补磷,直至血磷正常,食物的逐步引入需要更加缓慢。

 **框 37-2 饲管放置技术**

### 鼻饲管
用于短期营养支持(<1 周)。患猫状态稳定后可放置食道管或胃管。

### 放置技术
1. 事先测量饲管,保证其能达到食道尾部而非胃部;这样能最大程度的减少胃反流。事先测量鼻部至第 7 肋间的距离;如果患猫太胖触诊不到肋骨,可测量鼻部至最后肋骨距离的 75%。用笔或带子在饲管上做标记。
2. 对鼻部进行局部麻醉。可能需要轻度镇静,首选丁丙诺啡或布托菲诺。
3. 润滑饲管,使其沿鼻腔腹侧进入;重要的是,不能沿中部或背侧进管,否则会卡在筛鼻甲骨处。轻抬猫头部有助于进行该操作。
4. 饲管进入咽部时正常托举患猫头部,以防其进入气管。患猫有吞咽动作后,继续进管,直至标记处。
5. 检查饲管位置是否正确,注入水和空气,从左侧听诊胃部是否有水泡音。如果还是不能确定,可拍摄 X 线片。如果饲管没有影线,可先向饲管内注入一些含碘造影剂。
6. 经猫的头部送入导管,在鼻孔处和头顶缝合导管;小心操作,避免干扰其胡须。
7. 套上伊丽莎白圈。
8. 饲喂前后均用温水冲洗饲管。

### 胃管
适合长期营养支持(超过 1～2 周)。手术放置的饲管必须至少留置 5～7 d,经内窥镜放置的导管至少留置 14～21 d,这样才能使胃部和体壁之间形成粘连。
和鼻饲管相比,这一方法的优势在于能长期饲喂:可饲喂浓稠食物;动物的耐受性好,更易接受进食;易于管理;主人在家也可管理患猫。但是,放置胃管需全身麻醉。

### 开腹放置导管
常经左副肋开腹放置导管,也可经腹中线开腹。
1. 将胃部拉到体壁处,将胃部和体壁之间的器官移走。
2. 在胃大弯和胃底部做两处荷包缝合,在其中间切开。
3. 插入饲管或导尿管;最好使用佩尔泽蘑菇头导管(Pezzer mushroom-tipped catheter),而非弗利氏导尿管(Foley catheter),后者可能会很快碎裂。

4. 收紧荷包缝合处;力度要足够,但也不能过紧,以防胃壁坏死。
5. 将胃部缝合到腹壁上,使用简单间断缝合;网膜可在胃部和体壁间包裹饲管。
6. 经单独切口退出导尿管,将其固定到皮肤上。
7. 插入导管塞,以防胃部进气或食物外漏。外部穿上衣服或缠上绷带。戴上伊丽莎白圈。
8. 定期清洗气门,用温水冲洗饲管(即使不使用)。

### 经内窥镜放置导管
如果不做开腹术,这种方法更为迅速,侵入性较小,但是需要光纤内窥镜。可采用胃造口引导装置,可盲穿,但无经验的操作人员会造成创伤,很容易穿透胃部脏层,损伤脾脏(甚至穿透脾脏)。如果盲穿,最好先将胃内充气,在有经验的操作者指导下操作,并先在尸体上练习。有些公司会生产兽用经皮内窥镜胃造瘘管(percutaneous endoscopic gastrostomy,PEG)。
1. 在左肋弓处胃部剪毛,备皮。
2. 经口插入内窥镜至胃部,充气。
3. 在剃毛备皮区做一个小切口,将导尿管插入胃部。
4. 移走通管针,经导尿管插入一根粗尼龙线。
5. 使用内窥镜的活检装置抓住线头,经口拽出。
6. 根据生产商说明书连接缝线和饲管。
7. 将整个装备后移至胃部,轻轻牵引尼龙线至体壁。
8. 经体壁拔出饲管,用第二个支架和缝线将其固定于体壁外。
9. 根据说明封口包扎,并戴上伊丽莎白圈以防污染。
10. 常规清洗气门,用温水冲洗饲管(即使不使用)。

### 胃管移除注意事项
11. 手术放置的饲管必须至少留置 5～7 d,PEG 管至少留置 14～21 d。移除方法取决于放置的导管。需根据制造商说明操作,不要试图简单地拔出饲管。大多数人用饲管并不能拔出来,必须在体壁处剪断,使用内窥镜将其末端从胃部移除。对于中型或大型犬来说,末端可经粪便排出,但猫不能,反而会形成幽门异物。手术放置的佩尔泽蘑菇头导管,可使用通管针完全移除。

不管是手术放置还是盲穿放置胃造口管,都强烈推荐训练过的人员操作。

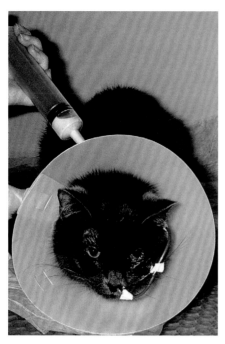

**图 37-3**
1 只患猫使用放置的鼻饲管饲喂流食。

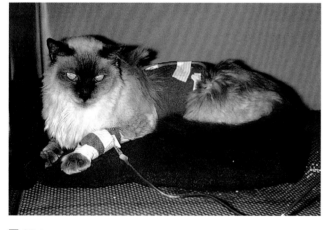

**图 37-4**
留置胃管的猫，可长期饲喂。

很多猫还需要补充维生素 K 来控制凝血病，维生素 $K_1$ 0.5 mg/kg，SC 或 IM，每 12 h 一次，连用 3 d。凝血功能恢复正常前兽医师不应留置中央管或侵入性饲管。患有凝血病的猫可能会在中央静脉管附近出现肉眼可见的出血。由于一些肝脏脂质沉积综合征患猫会出现谷胱甘肽缺乏症，可能需要抗氧化治疗。可考虑使用维生素 E 和 S-腺苷甲硫氨酸，20 mg/kg，PO，每日 1 次，空腹投喂（药物不能掰开，犬猫剂量通用）；或者为每只猫每日总剂量为 100～400 mg。维生素 E 的使用剂量并不清楚，但我们常用剂量为每天 100 IU。

如果患猫能快速有效地饲喂，则预后良好。报道显示积极饲喂患猫的存活率为 55%～80%，而未饲喂

患猫的死亡率很高。一项大样本调查（Center 等，1996）结果显示，贫血、低钾血症和老年等均为不良预后因素，且继发性肝脏脂质沉积综合征比原发性病变的预后稍微差一些，不过差异不显著，这表明继发性肝脏脂质沉积综合征的患猫也是值得积极治疗的。

# 胆管疾病
## （BILIARY TRACT DISEASE）

胆管疾病是美国猫病中的第二常见的肝脏疾病，是欧洲最常见的猫肝脏疾病（见表 37-1）。而犬最常见的是实质性肝病。如前文所述，猫常同时患有胰腺炎和/或肠道疾病，一度被认为是胰腺和胆管解剖结构所决定的，胰管和胆管先汇合到一起后才进入十二指肠，所以如果猫出现呕吐时，肠内容物有可能会逆流入胰腺和胆管。但是，这些疾病的关联性也可能是独立于解剖结构以外的。

WSAVA 曾经对猫胆管系统疾病做了标准化分类（WSAVA；Rothuizen 等，2006；表 37-3）。但是，淋巴细胞性胆管炎和慢性嗜中性粒细胞性胆管炎之间有一定交叉重叠，或许可以将这两种归为一类（广义）——非化脓性胆管炎-胆管性肝炎（Warrwn 等，2011）。以前的文献中还有许多各种各样的名称，使得分类变得模糊，研究也变得非常困难。似乎该病有几种不同的慢性表现，它们的病因有所不同，随着我们认知水平的提高，未来也必然会完善这些命名。猫所有胆管疾病的临床表现相似，包括嗜睡、厌食和黄疸。临床表现、临床病理学变化和影像学检查不能够对疾病进行分类；大多数病例需要进行细胞学检查、胆汁培养和组织病理学检查才能做出准确的诊断和有效的治疗。

## 胆管性肝炎
### （CHOLANGITIS）

胆管炎指的是胆管的炎症疾病，在一些猫（并非所有猫）中可能会扩展到肝实质。该病在猫中更常见，犬较为少见，按照病因通常被分为 3 种典型疾病——嗜中性粒细胞性胆管炎、淋巴细胞性胆管炎和慢性胆管炎伴肝吸虫感染。

### 嗜中性粒细胞性胆管炎

嗜中性粒细胞性胆管炎也被称为一种化脓性胆管炎，渗出性胆管炎-胆管肝炎和急性胆管炎-胆管肝炎。

## 表 37-3　WSAVA 猫胆管疾病的分类

| 疾病名称 | 曾用名 | 疾病原因 | 肝脏病理学检查 | 推荐诊断流程 |
|---|---|---|---|---|
| 嗜中性粒细胞性胆管炎,急性期 | 化脓性或渗出性胆管炎-胆管性肝炎。 | 可能是小肠细菌逆行感染。 | 在胆管或其上皮中出现嗜中性粒细胞。<br>也可能在汇管区、实质区出现水肿和嗜中性粒细胞,偶见肝脏脓肿。 | 细胞学和胆汁抽吸培养对诊断来讲很有必要。<br>超声和组织病理学检查可能有提示意义,但非强制性检查,可能无明显异常。 |
| 慢性嗜中性粒细胞性胆管炎(包括WSAVA 定义的嗜中性粒细胞性胆管炎,但和淋巴细胞性胆管炎重叠) | 有些报道中采用"淋巴细胞性"或"慢性"胆管型肝炎。 | 不确定。有些病例可能是慢性持久性细菌感染,但有些病例的病因和淋巴细胞性胆管炎相同。 | 门脉区混合性炎症,包括嗜中性粒细胞、淋巴细胞、浆细胞,有时出现纤维化和纤维增生。 | 肝脏组织病理学检查很有必要。<br>超声和胆汁细胞学检查可能异常,但敏感性有限;可能无法确诊。 |
| 淋巴细胞性胆管炎 | 淋巴细胞性胆管性肝炎、淋巴细胞性门脉区肝炎、慢性胆管性肝炎、非化脓性胆管炎,这些疾病和嗜中性粒细胞性胆管炎慢性期相互重叠。 | 不清楚;可能是免疫介导性疾病。 | 门脉区小淋巴细胞浸润。<br>门脉区纤维化和胆管增生。<br>胆管上皮中可见淋巴细胞。<br>偶见浆细胞和嗜酸性粒细胞。<br>很难和分化良好的淋巴瘤区分开来。 | 诊断需要进行肝脏组织病理学检查。<br>超声检查和胆汁细胞学检查可能异常,但敏感性有限;可能无法确诊。 |
| 慢性胆管炎,和肝吸虫感染有关 | — | 肝吸虫 | 胆管扩张伴乳头状凸起、胆管周围和门脉区明显纤维化。<br>门脉区轻度至重度炎症,出现嗜中性粒细胞、巨噬细胞和少量嗜酸性粒细胞。<br>胆管内出现吸虫、虫卵。 | 超声检查可见胆管扩张,可能接触过吸虫。粪便检查发现吸虫或胆汁抽吸发现吸虫(见正文)。<br>组织病理学检查支持这一诊断。 |

改编自 Rothuizen J. et al:WSAVA standards for clinical and histological diagnosis of canine and feline liver diseases,Oxford,England,2006,Saunders Elsevier.

◈病因和发病机制

该病被认为和小肠细菌上行感染有关。最常见的病原微生物是大肠杆菌,虽然链球菌、产气荚膜梭菌、沙门氏菌等均可引发该病。常并发胰腺炎和肠道疾病(见前文)。嗜中性粒细胞浸润胆管腔和胆管壁,门脉区也常见水肿和嗜中性粒细胞浸润(图37-5)。也会偶发肝脏脓肿。也可能会同时出现胆囊炎(胆囊出现炎症),但这两种情况也可能会单独出现。嗜中性粒细胞性胆管炎会有一种慢性阶段;这些病例的门脉区会出现混合性炎症细胞,包括嗜中性粒细胞、淋巴细胞和浆细胞。这些病例被认为是更为慢性、持久性胆管感染,但是最近一项研究采用原位荧光杂交技术并没有发现存在更多细菌(相对于对照组的猫而言)(Warren 等,2011)。猫的慢性嗜中性粒细胞性胆管炎和慢性淋巴

细胞性胆管炎之间有一定交叉重叠;下文将针对急性嗜中性粒细胞性胆管炎进行讨论。

◈临床特征

任何年龄任何品种的猫都可能会发病,但急性胆管炎最常见于青年至中年猫。该病常呈急性发作(病史小于1个月),但也可能持续更长时间。患猫通常会出现胆汁淤积和败血症,表现出嗜睡、发热和黄疸等症状。

◈诊断

其他胆管疾病和该病的临床病理学、影像学检查结果可能存在重叠,因此,不能仅凭病史和临床病理学检查结果做出嗜中性粒细胞性胆管炎的诊断。但是,急性嗜中性粒细胞性病患比淋巴细胞性病患更易出现

分叶和杆状嗜中性粒细胞升高,以及 ALT 和总胆红素升高。出人意料地,最近一篇文献显示有些猫出现了急性嗜中性粒细胞性胆管炎,但白细胞计数和肝酶水平正常,因此急性嗜中性粒细胞性胆管炎、慢性嗜中性粒细胞性胆管炎和淋巴细胞性胆管炎等疾病在临床病理学检查方面有很大程度的重叠。临床病理学检查结果可能既不敏感也不特异(Callahan Clark 等,2011)。另外,肝脏超声检查也既不敏感也不特异。患猫肝脏可能增大,且回声增强;慢性病可能会出现胆管扩张,但急性病患超声检查时通常并不会出现胆管扩张,肝实质也见不到异常征象(Callahan Clark 等,2011;Marolf 等,2012)。

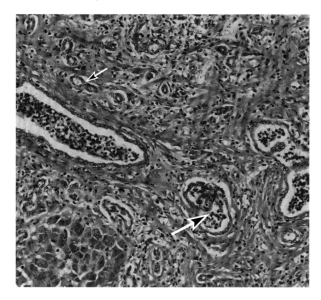

**图 37-5**
**1 例嗜中性粒细胞性胆管炎患猫的肝脏样本显微照片。图中可见嗜中性粒细胞性炎症,胆管周围也有这种炎症(大箭头)。图中也可见胆管增生(小箭头)(HE 染色)。**

由逆行感染引起的急性嗜中性粒细胞性胆管炎需进行细胞学检查和胆汁培养来建立诊断。由于很多疾病都局限于胆管,且肝脏组织学病变可能较为轻微或无特异性变化,因此仅凭肝脏的组织病理检查不足以建立确诊。腹腔镜检查、开腹或超声引导下均可采集胆汁样本,进行细菌培养。这些操作由胆汁渗漏的风险,尤其是胆囊壁脆弱或囊内压升高的情况下。一项研究中,6 例嗜中性粒细胞性胆囊炎病例进行了超声引导下胆囊穿刺,结果有 1 例出现胆囊破裂和胆汁性腹膜炎(Brain 等,2006)。不过另外一项有关 12 例猫经皮穿刺胆囊的调查中,没有病例出现胆囊破裂(Savary-Bataille 等,2003)。如果兽医师担心胆囊壁的完整性,最好通过腹腔镜或开腹进行

采样,而不要选择超声引导下采样。超声引导下穿刺时最好先对病例进行全身麻醉,以防穿刺针在胆囊中时动物挣扎引起破裂。穿刺针需经肝实质刺入胆囊内,这样可以减少渗漏风险。穿刺后要密切监护,任何怀疑出现渗漏的情况均提示手术治疗。该病的胆汁细胞学检查常见细菌和嗜中性粒细胞,建议进行细菌培养和药敏试验。

◈治疗和预后

需根据细菌培养和药敏试验结果选择合适的抗生素治疗 4~6 周。首选阿莫西林,15~20 mg/kg,PO q 8 h。也可选择熊去氧胆酸,15 mg/kg,PO q 24 h,有利胆和抗炎作用,虽然目前没有正式文献报道其对猫的功效。败血症患猫或极其严重的患猫初期需住院输液,并经静脉输注抗生素。厌食患猫需小心照顾,以防出现肝脏脂质沉积综合征,而一项调查显示约 1/3 的胆管炎病例会出现这一并发症(Callahan Clark 等,2011)。重症病例需高蛋白饮食,比限制蛋白日粮有明显优势,肝脏脂质沉积综合征章节有相关讨论。预后通常较好,如果治疗及时,且方法得当,患猫通常能完全恢复。慢性嗜中性粒细胞性胆管炎可能提示长期低水平感染,出现在未得到治疗或仅得到部分治疗的猫上。

## 淋巴细胞性胆管炎

淋巴细胞性胆管炎也被称为淋巴细胞性胆管肝炎、淋巴细胞性门脉肝炎和非化脓性胆管炎。WSA-VA 定义的慢性嗜中性粒细胞性胆管炎可能和淋巴细胞性胆管炎有一定交叉重叠。

◈病因和发病机制

淋巴细胞性胆管炎是一种慢性进行性疾病,特征为肝脏门脉区出现小淋巴细胞浸润,偶见浆细胞和嗜酸性粒细胞。出现嗜中性粒细胞可能会改变疾病的名字(慢性嗜中性粒细胞性胆管炎),但有些人认为,如果小淋巴细胞占主导,即使出现少量嗜中性粒细胞,也将其归为慢性淋巴细胞性胆管炎。不同病例的组织病理学检查结果差异很大,反映了可能存在各种各样的未知病因。最大规模的组织学调查(Warren 等,2012)结果显示,很多猫出现胆管增生和胆管周围纤维化,少数出现胆管减少(胆管丧失)。浸润的淋巴细胞主要为 T 细胞,但门脉区可能会出现 B 细胞聚集的现象,也是该病的一个典型特征。胆管周围常见大量炎症

细胞。对于有些病例,组织学主要鉴别诊断为淋巴瘤,且有时很难将两者区分开来。病因不详,临床表现和组织学检查变化多端,提示病因可能不止一种。有些研究怀疑该病是免疫介导性的,但免疫抑制治疗无效。其他研究提示可能是感染,例如幽门螺杆菌或巴尔通体(Boomkens 等,2004;Greiter-Wilke 等,2006;Kordick 等,1999),但最近的研究并不支持感染性因素(Warren 等,2011)。无论如何,免疫抑制治疗备受争议。

◉ 临床特征

以往的报道显示,淋巴细胞性胆管炎常见于幼年至中年猫,且波斯猫存在品种倾向,但最近的调查显示老年猫易患该病,且无品种倾向性(Callahan Clark 等,2011;Warren 等,2011)。患猫病史较长(数月至数年),病征时好时坏。很多猫有黄疸症状,体重下降,间歇性厌食和嗜睡,和嗜中性粒细胞性胆管炎患猫相比,很少发热。约 1/3 的猫会出现高蛋白腹水,英国最常见这种病例报道。这种需要和 FIP 相互鉴别。该病最终需要组织学确诊。

◉ 诊断

确诊该病最终需要肝脏组织病理学检查,虽然超声检查和临床病理学检查也能提供初步诊断或临床诊断。肝酶轻度至中度升高,比嗜中性粒细胞性胆管炎升高的程度低。和急性疾病相比,外周血嗜中性粒细胞增多症较为少见,但也会出现。该病另外一个特征是 $\gamma$-球蛋白水平升高,进一步和 FIP 相混淆。但是,有些猫白细胞计数和肝酶指标正常,不过这些发现既不敏感也不特异(Callahan Clark 等,2011)。X 线检查也无特征性变化;可能有肝肿大(通常是由胆管扩增引起的)征象,有些病例还会出现腹腔积液(图 37-6)。超声检查更有助于显示胆管扩张的情况(见图 36-10)。胆总管通常呈扩张状态,胆囊也可能扩张,且其内有胆泥。主要鉴别诊断为肝外胆管阻塞(EBDO),可通过超声检查来排除该疾病,并扫查周围胰腺、小肠和肠系膜等组织。

对于患有肝脏疾病的患猫,肝脏活检之前需评估凝血机能,这一点至关重要。活检前可给予维生素 K(维生素 $K_1$,0.5 mg/kg,SC 或 IM,q 12 h,连用 3 d)。如果怀疑活检后出血,可使用新鲜冷冻血浆治疗。建议对多个肝叶进行活检,不同肝叶的组织病理检查结果可能差异很大(Callahan Clark 等,2011;Warren

等,2011)。除非为急性发作,或者怀疑为嗜中性粒细胞性胆管炎,否则不需要进行胆汁抽吸检查。组织病理学检查对排除 FIP(见第 94 章)和淋巴瘤(见第 77 章)来讲至关重要。猫肝脏淋巴瘤好发于门脉区,也是本病的一项重要的鉴别诊断。大淋巴细胞性淋巴瘤很容易诊断,但小淋巴细胞性淋巴瘤在细胞学和组织学检查方面与该病很像。淋巴瘤特征包括大量淋巴细胞浸润、胆管周围无纤维增生,及其他组织中也出现存在淋巴瘤的证据,例如肠道和腹腔淋巴结。PCR 检查和抗原受体重组分析(Antigen receptor rearrangement assay,PARR,见第 77 章)有助于区分淋巴瘤和炎症性病变。FIP 的典型病变为多灶性肉芽肿性反应、血管炎或血管周围炎症,和猫的淋巴细胞性胆管炎截然不同,后者主要为门脉周围淋巴细胞浸润(图 37-7)。可进行血清学或 PCR 检查排除巴尔通体感染,不过这种病原引发的自然感染病例尚且不详。

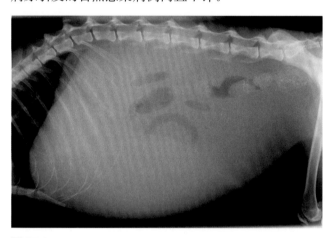

**图 37-6**
1 只淋巴细胞性胆管炎患猫(伴腹水)的 X 线平片,左侧位。主要鉴别诊断为 FIP(Courtesy Diagnostic Imaging Department, Queen's Veterinary School Hospital, University of Cambridge, Cambridge, England.)。

◉ 治疗和预后

研究者对该病的推荐治疗方案意见不一,这一现象也反映该病病因并不明了。有些人推荐免疫抑制剂量的类固醇,但是这种方案虽然能缓解急性发作,并不能从根本上缓解病情,疾病最终会复发。抗生素治疗是疾病早期较为合理的选择,除非能够排除感染性病因。由于熊去氧胆酸有利胆和抗炎功效,并能调节胆汁储存、降低胆汁毒性作用,因此,可使用该药治疗,剂量为 15 mg/kg,PO,q 24 h。由于胆汁具有潜在的肝脏氧化损伤毒性,可使用抗氧化剂治疗,例如 S-腺苷甲硫氨酸(20 mg/kg 或总剂量 200~400 mg,每天 1

次,空腹给药)和维生素 E(每天大约 100 IU)。一项回顾性研究显示,26 例淋巴细胞性胆管炎患猫中,老年雄性猫和挪威森林猫在数量上占有一定优势,其统计结果显示,单用泼尼松龙比单用熊去氧胆酸的存活时间更长(Ott 等,2013)。在该病的治疗方面,需要进一步的前瞻性研究来评估这些治疗方案,患猫的年龄范围也要更宽,各种品种的猫都应纳入研究,然后才能将结果推广到所有淋巴细胞性胆管炎患猫上。再次强调,一定要保证患猫能够进食,以防其发展为肝脏脂质沉积综合征。如前文所述,需要高消化性、高质量日粮,且不需限制蛋白含量。由于患猫有较高风险并发IBD,推荐猫肠道处方食品(例如,Eukanuba feline intestinal,Procter & Gamble,Cincinnati,Ohio；Royal Canin feline selected protein；or Hill's i/d)。如有需要,可考虑使用"饲管"饲喂(见前文肝脏脂质沉积综合征)。有急性症状的患猫需要住院治疗和静脉输液治疗,尤其是那些并发肠道和胰腺疾病的患猫。

该病预后较差,病程较慢,即使治疗也起伏不定。不过,很少病例会死于淋巴细胞性胆管炎本身,死亡病例多同时伴发了胰腺和肠道疾病,因此预后较差(Callahan Clark 等,2011)。该病和犬的相反,一般不会发展为晚期肝硬化。

## 硬化性胆管炎

硬化性胆管炎或胆管硬化症,涉及肝脏末期纤维化,在猫并不常见。组织病理学检查表现为胆管壁弥散性增生性纤维化,病变延伸至肝叶,影响其结构和循环功能。对于大多数病例来说,硬化代表慢性胆管疾病末期,通常是完全梗阻或慢性严重肝吸虫感染(见下一节)。猫的嗜中性粒细胞性或淋巴细胞性胆管炎很少会发展成硬化性胆管炎。患猫常出现慢性胆管疾病的典型症状(见后文"胆管炎"和"肝外胆管阻塞")。患猫可能会出现门静脉高压,逐渐形成腹水、胃肠溃疡,和/或获得性 PSS 和肝性脑病(见第 39 章)。猫获得性 PSS 发生率远低于犬。硬化性胆管炎需经肝脏活检确诊,再次强调,肝脏活检之前需评估凝血机能。由于慢性胆管阻塞患猫常缺乏维生素 K,活检前可给予维生素 $K_1$,0.5 mg/kg,SC或 IM,q 12 h,连用 3 d。硬化性胆管炎患猫 X 线检查可能出现肝脏增大,而犬肝硬化常见肝脏缩小。这种病例会出现胆管扩张和胆管周围纤维化。治疗是支持性治疗,仅当门静脉高压引起相关临床症状时采取治疗,措施见第 39 章。

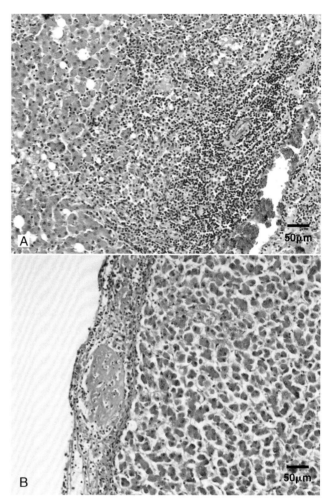

**图 37-7**

**A,1 例严重淋巴细胞性胆管炎患猫的肝脏显微照片。门脉周围有大量单核细胞浸润。B,猫传染性腹膜炎病例的肝脏显微照片。血管周围有肉芽肿性炎症反应,肝脏被膜处也可见这种反应(A & B,HE 染色)。Bar = 50 μm。(Courtesy Pathology Department, Queen's Veterinary School Hospital, University of Cambridge, Cambridge, England.)**

## 肝吸虫感染

◈病因和发病机制

肝吸虫感染是后睾吸虫(Opisthorchiidae)疫区的常见病,偶见于肝吸虫(*Amphimerus pseudofelineus*)和中性肝吸虫(*Metametorchis intermedius*)疫区。据估计,佛罗里达和夏威夷地区法斯特平体吸虫(*Platynosomum fastosum*,猫最常见的肝脏吸虫)流行率高达 70%。临床上该病又被称为蜥蜴中毒。吸虫需经两个中间宿主传播：水螺和蜥蜴、两栖动物、壁虎或鱼,具体宿主取决于吸虫的种类。猫是终末宿主,通过摄入第二中间宿主体内的囊蚴而感染。未成熟的幼虫通过胆管从肠道移行至肝脏,8～10 周后变成成虫。

粪便和抽吸的胆汁中可检测出虫卵,但后者更可靠。疾病的严重程度和寄生虫量及个体反应相关。很多病例症状轻微。有些病例胰腺也会受到伤害。肝脏中胆管周围炎症、增生等会引发临床症状,发展至最后阶段,严重病例会出现阻塞性黄疸。试验性感染病例中,肉眼可见的肝脏损伤(经组织学检查证实)出现于感染后3周。近端胆管扩张,出现嗜中性粒细胞和嗜酸性粒细胞性炎症反应,进一步发展为慢性腺瘤样导管增生和周围组织纤维化。疾病晚期可能见不到嗜酸性粒细胞,组织病理学检查也可能见不到虫卵或成虫。

◈临床特征

通常来讲,低水平感染患猫一般无症状。但是,高水平感染可能导致严重疾病,且往往具有致死性(Haney等,2006;Xavier等,2007)。在这些病例中,临床表现通常为肝后性黄疸和炎症性肝脏疾病(例如黄疸、厌食、沉郁、体重下降和嗜睡等)。腹泻和呕吐是特征性临床症状,但试验感染病例并无此症状;患猫也可能会有肝肿大和腹水。

◈诊断

诊断建立在吸虫接触史(患猫有捕猎蜥蜴的历史)和粪便/胆汁中找到虫卵的基础之上。其他支持诊断的数据包括由胆汁淤积引起的肝酶水平升高;ALT、AST和胆红素水平显著升高,但令人惊讶的是ALP通常仅有轻微升高。嗜酸性粒细胞增多症并不总是出现。超声检查可见到胆管疾病的典型特征,例如胆管扩张。1例吸虫感染病例还出现了获得性胆管多囊性病变(Xavier等,2007)。

福尔马林乙醚沉淀法处理粪便可能发现虫卵(框37-3)。但由于排卵不定期,且胆管完全梗阻也会导致粪便中见不到虫卵。因此发现虫卵最可靠的诊断方式是胆汁抽吸检查。

**框37-3 用于诊断优美平体吸虫(*Platynosomum concinnum*)的福尔马林乙醚沉淀技术**

1. 将1 g粪便加到25 mL饱和生理盐水中,用细筛过滤。
2. 离心溶液,1 500 r/min,5 min,弃掉上清液。
3. 用7 mL中性福尔马林再悬浮沉渣;静置10 min。
4. 加3 mL冷乙醚,用力摇动1 min。1 500 r/min,离心3 min。
5. 弃掉上清,滴加数滴生理盐水,再悬浮溶液,制备玻片,镜检。

引自:Bielsa L M et al: Liver flukes (Platynosomum concinnum) in cats, J Am Anim Hosp Assoc 21:269,1985.

◈治疗

有关猫肝吸虫的最佳治疗措施尚存争议。目前,最常用的推荐药物为吡喹酮(20 mg/kg SC q 24 h,连用3 d)。严重感染患猫预后不良。

## 胆囊炎 (CHOLECYSTITIS)

胆囊炎指的是胆囊出现炎症。嗜中性粒细胞性胆囊炎常见于猫,罕见于犬。该病可单独发生,也可伴发于嗜中性粒细胞性胆管炎。超声检查可见胆囊壁增厚,有时胆囊壁不规则;胆囊内可能会有胆泥或胆盐。临床症状、诊断和治疗均和嗜中性粒细胞性胆管炎相似(见前文)。有时也会诊断出淋巴细胞性胆囊炎。

## 胆管囊肿 (BILIARY CYSTS)

猫的大多数囊性肝病源自于胆管,可能是先天性的,也可能是获得性的。先天性囊肿通常是多发性的,可能是多器官多囊性病变(包括多囊肾)的一部分。囊液清亮。波斯猫和杂种波斯猫发病风险较高。囊肿可能是影像学检查时的意外发现,尤其是体积很小的囊肿。大囊肿可能会引发临床症状,它既能破坏肝脏组织,也会压迫胆管引发胆管阻塞(见下文)。如果胆囊较小且无明显增大趋势,一般不需要治疗,但如果囊肿较大,引发了相关疾病,可以手术移除或者用网膜覆盖(Friend等,2001)。

获得性囊肿可能是单个的,也可能是多发性的,大小不定。内容物可能是清亮的,也有可能呈血性或胆汁样。该病可继发于创伤、炎症或肿瘤(包括胆管囊腺瘤;图37-8),个别病例由肝吸虫引发。治疗措施取决于病因,如果囊肿较大可能需要手术治疗。

# 肝外胆管阻塞 (EXTRAHEPATIC BILE DUCT OBSTRUCTION)

### 病因和发病机制

肝外胆管阻塞是一种综合征,由几种不同潜在病因造成的。可分为腔外压迫和腔内梗阻性病变,但EBDO

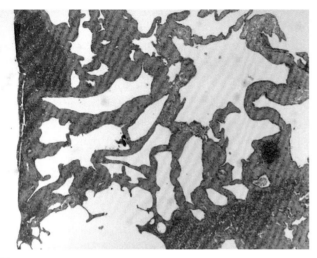

**图 37-8**
肝脏囊腺瘤患猫的肝脏显微照片。多囊腔旁排列着胆管上皮（HE 染色）。（由 Pathology Department, Queen's Veterinary School Hospital, University of Cambridge, Cambridge, England 惠赠.）。

通常由多种因素引发，例如胆管炎既能造成腔外压迫（水肿和炎症），也能造成腔内梗阻（滞留的胆汁）。所以，更接近临床的做法是将病因分为常见和不常见两类（框 37-4）。一些研究显示，猫 EBDO 最常见的原因是小肠、胰腺、胆管炎症或这些器官的多重炎症（三体炎），而胆管和胰腺肿瘤是第二大原因。文献也报道了猫的十二指肠炎症或肿瘤导致胆总管括约肌（奥狄氏括约肌）功能不全，但由于诊断较难，可能没有得到足够的重视（Furneaux，2010）。胆结石在猫中并不常见，文献报道的通常是胆固醇结石或钙盐，也可能是两者的混合物，和胆囊炎有关。这种结石透射的程度取决于胆盐中的钙含量，但超声检查很容易辨识（图 37-9）。曾有 3 例胆红素结石的报道，其中 2 例是患有丙酮酸激酶缺乏症的索马里猫，可能继发于慢性溶血（Harvey 等，2007）。因此，如果在猫身上发现了胆红素胆结石，提示我们要寻找潜在的溶血性疾病。

## 临床特征

从临床表现、临床病理学变化和影像学检查等方面，很难将 EBDO 和其他严重胆汁淤积性肝病区分开来。黄疸、厌食、沉郁、呕吐和肝肿大是最主要的临床特征。如果胆管完全梗阻，那么粪便可能是苍白或无胆汁的。由于胆囊严重扩张或有潜在肿瘤，触诊前腹部可能会发现团块，但也经常无异常发现（肝肿大除外）。由于肠道胆盐不足，脂肪消化能力下降，所以 EBDO 患猫极有可能对脂溶性维生素（包括维生素 K）吸收不良。并发肠道或胰腺疾病会进一步降低脂肪吸

收，很多病例都会存在这些情况。如前文所述，肝脏活检之前需评估凝血机能，如有必要可补充维生素 K。不过据作者所知，目前没有发现凝血异常和术后出血之间有明显相关性。

 **框 37-4　猫 EBDO 病因**

**常见病因**
胰腺、十二指肠或胆管系统（最常见）炎症（单个或多个器官炎症）
肿瘤，尤其是胆管系统或胰腺（第二大原因）

**不常见病因**
继发于炎症、手术或创伤的胆管狭窄
奥狄氏括约肌功能不全
横膈疝，胆囊、胆总管受压迫
胆结石
　　通常为胆固醇和/或钙盐，继发于胆囊炎
　　偶见胆红素，和丙酮酸激酶缺乏症有关——诱发索马里猫溶血
囊肿（先天性或获得性）压迫胆管系统
肝吸虫

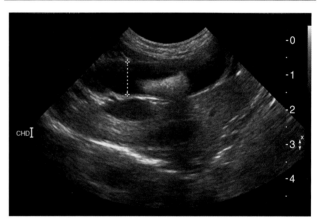

**图 37-9**
1 只患有胆结石的猫出现肝外胆管阻塞，上图为胆总管的超声征象。胆管显著扩张，内有结石，伴后方声影。（Courtesy Diagnostic Imaging Department, Queen's Veterinary School Hospital, University of Cambridge, Cambridge, England.）。

## 诊断

在鉴别 EBDO 和其他胆管疾病方面，超声检查是最重要的诊断工具；有时可找到病因。临床病理学变化是非特异性的；肝细胞酶和胆汁淤积酶升高、胆红素和胆固醇也升高，这些都是胆汁淤积的表现，很难和其他胆汁淤积性肝病相区别。超声检查能发现胆囊扩张、肝外或肝内胆管系统扩张（见图 37-9），虽然胆囊扩张并非至关重要的发现。认真检查小肠、肝脏和胰腺，

排查梗阻的原因,寻找潜在炎症或肿瘤。胆管破裂可能以相似的方式出现,假如存在任何腹腔积液应进行分析以作排除。胆管破裂后积液中胆红素浓度很高。由于 EBDO 时胆囊内压力升高,穿刺时可能会渗漏,所以应避免超声引导下胆囊穿刺,或者在操作时格外小心。这种猫最好通过手术抽吸胆汁。可能需要开腹探查评估胆管病变,寻找梗阻原因,但需首先评估凝血功能,使用维生素 K(维生素 $K_1$,0.5 mg/kg,SC 或 IM,q 12 h,连用 3 d)进行治疗。肝脏、胰腺和小肠应仔细评估,如有必要需进行活检。

### 治疗

治疗取决于 EBDO 的潜在病因,以及是否完全梗阻。猫胆总管手术的死亡率很高,只有在有必要解除完全梗阻时才进行手术。更加小的操作耐受性较好,比如括约肌切开术和植入导管。部分梗阻病例使用药物治疗的预后非常好,并非所有病例都需要手术治疗。最近有关人慢性胰腺炎急性发作引起的 EBDO 的研究显示,对于大多数病人来讲,药物治疗比手术或植入导管更有效,通常无长期后遗症(Abdallah 等,2007)。目前在猫中并未出现相似的报道。

如果粪便不是无胆汁的,且有证据表明胆汁能流入十二指肠,则可使用利胆剂(熊去氧胆酸,15 mg/kg PO q 24 h)和抗氧化剂(例如,S-腺苷甲硫氨酸,20 mg/kg 或总剂量 200~400 mg,每天 1 次,空腹给药)治疗,防止胆汁对肝细胞造成氧化损伤。应治疗潜在疾病。但是,如果患猫治疗数天后症状没有改善,或发展成完全梗阻,则需考虑手术治疗。如果患猫需要进行胆囊小肠吻合术,预后较差。

# 肝脏淀粉样变
## (HEPATIC AMYLOIDOSIS)

### 病因

肝脏淀粉样变是一种不常见的疾病,但是一种新兴的猫肝脏疾病。淀粉样变通常被认为是喜马拉雅猫的家族性疾病,肝脏和肾脏都会受到影响。阿比西尼亚猫也可能会有家族性淀粉样变,但主要集中于肾脏。该病也散发于一些其他品种(包括 DSH),仅侵袭肝脏,不侵袭肾脏(Beatty 等,2002)。家族性淀粉样变和散发病例都是淀粉样蛋白 A(炎症)沉积,散发病例通常有其他器官的潜在慢性炎症疾病(例如慢性齿龈炎),这可能是炎症性淀粉样变的源头。

### 临床症状

患猫通常出现贫血和低血压症状,这些表现和肝囊破裂及血腹有关。由于肝脏增大,质地很硬,即使遇到正常的创伤(例如跳跃)也很容易破裂,所以这些猫易发肝脏破裂。患猫常出现嗜睡、厌食、黏膜苍白、洪脉、继发于贫血的心杂音等,很少出现特异性症状。腹部触诊可能有肝肿大表现。

### 诊断

诊断取决于肝脏活检的组织病理学检查结果;临床病理学和超声检查具有一定辅助作用,一定要排除 FIP、肝脏脂质沉积综合征和肝脏淋巴瘤等主要鉴别诊断。一过性贫血可能会在血液被重吸收(相当于自体输血)之后缓解。ALT 活性和球蛋白水平可能呈轻度至重度升高,ALP 和 GGT 水平一般不升高,根据上述变化,可以将淀粉样变和其他胆管疾病、脂肪肝等区分开来。超声检查方面,淀粉样变类似于淋巴瘤和肝脏脂质沉积,肝肿大和肝实质回声广泛性增强,或者高低回声混杂(Beatty 等,2002),但胆管并不扩张。淀粉样变在细胞学尚无明显变化,所以 FNA 细胞学检查无明显帮助。评估凝血功能后,推荐进行肝脏活检来建立诊断。

### 治疗和预后

该病没有特异性治疗药物,只能进行支持治疗。秋水仙碱的效果不明确,且有潜在毒性作用,猫不适合使用该药。应该把注意力转移到减少或消除潜在炎症疾病(导致淀粉样物质沉积)上来,并给予支持治疗,例如使用抗氧化剂、补充维生素 K 等(0.5 mg/kg SC 或 IM,每 7~20 d 1 次)。急性血腹患猫可能需要输血。长期预后较差,大多数动物死于腹腔内出血。

# 肿 瘤
## (NEOPLASIA)

### 病因

猫罕见原发性肝脏肿瘤,但在犬中较为常见。犬猫的肝脏肿瘤发病率比人低,可能和风险因素有关,人肝癌的两大风险因素（肝炎病毒感染和 $\alpha$-蛋白酶抑制剂缺乏）在小动物中尚未得到认识。人肝硬化也容易导致肝脏肿瘤，但在猫中很罕见。肝脏肿瘤占猫肿瘤疾病的 1%～3%（Liptak，2007），但占造血系统肿瘤疾病的 7%。该病无明显易感因素。和犬相比，猫肝脏肿瘤多为良性，常在诊断其他疾病时意外发现肿瘤。

猫有一种不常见的良性肿瘤——髓脂瘤，可能和慢性缺氧、横膈疝有关。胆管癌是猫最常见的恶性肿瘤，使得猫胆管系统疾病发病率较高。吸虫也是人胆管癌的一项风险因素，对猫也可能一样。不过无吸虫感染的猫也会有胆管癌，所以也可能有其他风险因素。和犬相比，猫原发性肝胆肿瘤比继发性肿瘤更常见。继发性肿瘤包括造血系统肿瘤，例如淋巴瘤、白血病、组织细胞瘤和肥大细胞瘤，也可能是其他器官转移而来的肿瘤（例如胰腺、乳腺和胃肠道）。肝脏血管肉瘤可能是原发或继发性的，如果多个器官出现肿瘤，很难确定起源，虽然猫的原发性肝脏血管肉瘤比犬更为常见。

猫常见原发性肝肿瘤和其生物学行为见表 37-4。

 **表 37-4　猫原发性肝脏肿瘤**

| 肿瘤类型 | 生物学行为 |
| --- | --- |
| **胆管肿瘤** | |
| 胆管癌（包括囊腺癌）<br>胆管腺瘤<br>胆囊瘤 | 最常见的原发性肝脏肿瘤（>50%）<br><br>胆管癌是最常见的猫恶性肝脏肿瘤<br><br>侵袭性行为——67%～80% 的病例会出现弥散性腹腔内转移 |
| **肝细胞瘤** | |
| 肝细胞癌（hepatocellular carcinoma，HCC）<br>肝细胞腺瘤（肝母细胞瘤；罕见） | 比胆管瘤少见<br>腺瘤比癌症更常见 |
| **神经内分泌瘤** | |
| 肝脏类癌 | 非常罕见，但侵袭性很强 |
| **原发性肝脏肉瘤** | |
| 血管肉瘤、平滑肌肉瘤和其他 | 不常见<br>通常在局部有侵袭性，转移率很高<br>血管肉瘤是猫最常见的肝脏原发性肉瘤 |

注：猫的良性肿瘤比恶性肿瘤更常见。

## 临床特征

肝脏原发性恶性肿瘤常见于老年猫（平均年龄，10～12 岁），无性别倾向。各种原发性肝脏肿瘤很难通过临床表现和临床病理学变化区分开来。患病动物可能有嗜睡、呕吐、体重减轻、腹水和黄疸等症状。有些猫触诊时可发现肝脏肿大、腹水、肝脏肿物等。但至少 50% 的肝脏肿瘤患猫无临床症状。

## 诊断

诊断依赖各种影像学检查、细胞学和组织病理学检查。临床表现可作为怀疑的依据，但一半以上的病例并没有临床症状，往往是在检查其他疾病时意外发现患有肿瘤。临床病理学方面，肝酶活性和胆汁酸浓度升高，常见轻度贫血和嗜中性粒细胞增多症。黄疸并不常见，但会出现。肝功能通常正常，但 70% 以上的肝脏细胞受到肿瘤侵袭后才会引起肝功能障碍，但弥散性造血系统恶性肿瘤（例如淋巴瘤）例外，它会导致严重的肝细胞功能障碍（包括凝血病）。化疗缩减肿瘤体积之后，肝功能可恢复。

X 线检查可见肝肿大，某个肝叶上可能会出现不规则的局部增大。其他器官也可能受到侵袭（例如，淋巴瘤患猫的淋巴结病），胸腔 X 线检查提示转移。不过有时 X 线检查见不到明显异常。一些恶性肝肿瘤可能会在腹膜处定植，向局部淋巴结或肺部转移。和其他肝脏疾病一样，超声检查对评估肝脏肿瘤及其转移来说很有帮助，也能辅助进行细针抽吸检查。肝脏肿瘤也可能是囊性的，尤其是囊腺癌（见图 37-8）。猫和犬不同，很少会出现肝脏良性增生性结节，因此，这并非肝脏肿物的鉴别诊断。弥散性肝脏肿瘤（例如淋巴瘤）可能会出现弥散性回声改变，但也有可能表现正常。弥散性肝肿瘤的其他鉴别诊断包括 FIP、肝脏脂质沉积综合征和淀粉样变。需进行腹部全面超声检查排查肿瘤转移情况。需牢记猫的良性肿瘤比恶性肿瘤更常见，如果仅发现肝脏肿物，但超声下未见任何转移迹象，不应对任何患猫进行安乐处理。

确诊须对肝脏进行细胞学和组织病理学检查。如前文所述，患有肝脏淋巴瘤的猫在超声检查时可能见不到异常征象，应对疑似患猫进行肝脏 FNA 检查。有些病例 FNA 可做出诊断，但有些很难判读，尤其是良性肝细胞瘤，它们的细胞和正常肝细胞之间很难区分。超声引导下的"Tru-cut"活检采样通常都具有诊断价值；也可通过腹腔镜或开腹进行活检。对于明显的单个病灶,临床医师可选择直接手术切除然后活检。活检前需评估凝血功能。原发性肿瘤患猫较少出现凝血酶原时间和活化部分凝血酶时间延长,但弥散性淋巴瘤和其他弥散性转移肿瘤(例如肥大细胞瘤)患猫的凝血时间可能会显著延长。除非已经使用新鲜冷冻血浆补充过凝血因子,否则不可能考虑进行活检。

## 治疗

原发性肝脏肿瘤需要手术切除(如果可以切除的话)。良性肿瘤患猫也推荐手术治疗,包括胆管腺瘤。弥散性、结节性或转移性肿瘤很难治疗。原发性肝脏肿瘤一般对化疗反应较差。肝细胞(不管是正常细胞还是变异细胞)多重药物耐药膜相关糖蛋白表达水平很高,肝细胞通常也有很高水平的解毒酶,这些特点也许能够解释化疗效果为何很差。由于正常肝细胞对放疗非常敏感,因此不推荐放疗。更多信息请参阅第 77 章(淋巴瘤)和第 79 章(肥大细胞瘤)。

## 预后

猫良性肿瘤切除后预后良好,但任何猫的肝脏恶性肿瘤预后都较差。不过猫肝脏淋巴瘤对化疗反应良好(见第 77 章)。

# 先天性门静脉短路
## (CONGENITAL PORTOSYSTEMIC SHUNT)

### 病因和发病机制

PSSs 是指门静脉和体循环之间的异常血管连接。该病可能是先天性的,也可继发于门静脉高压。后者往往存在多个血管异常,但由于该病常继发于肝脏严重纤维化和肝硬化,所以在猫中很罕见。继发于先天性肝脏动静脉瘘的获得性 PSS,曾见于 1 例年轻猫,但非常罕见(McConnell 等,2006)。

大多数猫 PSS 是先天性的,比犬少见。先天性 PSS 通常为单个(大多数)或两个血管异常,可能是肝内的,也可能是肝外的(Lipscomb 等,2007)。肝外 PSS 代表门静脉或向门静脉输送血液的静脉(例如胃左侧静脉、脾脏静脉、肠系膜后侧静脉或胃十二指肠静脉)与后腔静脉或奇静脉短路。肝内 PSS 可能是左侧血管异常,被认为是出生后胎儿导管异常(动脉导管未闭,patent ductus venosus,PDV;Whitw 等,2001);也

有可能是右侧或中间血管异常。

PSS 的病理生理学反应是未经过滤的血液直接进入全身循环,导致高氨血症和肝性脑病(hepatic encephalopathy,HE)。HE 的病理生理学见第 35 章。短路血管的作用类似于向门静脉开通了低阻力通路,躲避了高阻力的肝内门静脉。先天性 PSS 患猫的门静脉压比正常猫低,这是与获得性 PSS 相区分的重要特征,后者存在门静脉高压。并发的肝脏微血管障碍或门静脉发育不良会进一步混淆这一诊断,这种情况可见于一些犬(见第 38 章),在猫中还未见相关报道。短路可能会引发菌血症或潜在血源性感染,不过很罕见。门静脉短路的另外一个后果是肝脏萎缩、肝内代谢活性下降,导致食物成分利用不良、生长不良和肌肉减少。

肝脏萎缩(微小肝)和肝功能变化的部分原因是肝脏灌注不良。门静脉能大约提供肝脏所需氧气量的 50%,但猫患有 PSS 时供氧会显著下降。患有该病的猫为了代偿门静脉血流减少,会出现小动脉增生,即使这样还是有一定程度的灌注下降。另外,PSS 会导致肝脏营养因子(例如胰岛素)的运输减少,进一步加剧肝脏的萎缩。

### 临床特征

一项小样本调查报道显示,波斯猫和喜马拉雅猫发病风险增高,而另外一系列调查显示纯种猫风险较高。事实上,任何品种的猫都有可能会发病。无性别倾向。无报道显示品种和短路类型有关,这一点和犬颇为不同,不过也有一篇文献显示 13 例肝内 PSS 患猫中,有 6 例喜马拉雅猫(Lipscome 等,2007)。大多数病例 2 岁前出现症状;很多甚至在 1 岁前就开始发病,但经常会在老年猫身上发现先天性 PSS。

猫先天性门静脉短路的典型临床表现是胃肠道异常、泌尿道异常或神经症状(肝性脑病)。后者易出现于猫,症状也往往比犬严重。患猫的 HE 症状时好时坏,而非急性肝性脑病危象。HE 的典型症状见框 35-1。多涎是 HE 患猫的常见症状,但犬比较罕见。有时 HE 症状和进食之间有一定联系,可能和谷氨酰胺被肠上皮细胞代谢后释放氨有关,但并非所有猫均出现这一症状。急性危象患猫可能会出现昏迷或抽搐,不管是术前还是术后,猫可能比犬更容易抽搐。这一现象的原因尚不清楚,但可能和血氨浓度突变、术后其他代谢产物浓度突变、药物干扰神经递质等因素有关。常见药物不耐受,尤其是常规麻醉(绝育或去势)苏醒

时间延长。患病动物还会有间歇性呕吐、腹泻等症状。泌尿道症状和尿酸盐结石引起的膀胱炎、多饮多尿有关，不过猫中不常见，犬较为常见。必须认识到，很多膀胱内有尿酸结石的猫并没有 PSS。美国一项结石中心的调查显示，159 例有尿酸结石的猫中，仅有 7 例被诊断出先天性 PSS(Dear 等，2011)。先天性 PSS 患猫比同窝小猫生长缓慢(见图 37-10)。也曾有报道显示先天性 PSS 患猫的虹膜呈古铜色(见图 37-10)，但并非典型症状，不会总是出现。

**图 37-10**
1 只 6 月龄的先天性 PSS 幼猫，体型远比同龄猫小，虹膜也呈古铜色，常在 PSS 幼猫中见到这一现象。

由于门静脉压较低，腹水并非典型特征，可以此区分先天性 PSS 和后天性 PSS(猫罕见)，后者因静脉压升高更为常见。

### 诊断

根据神经症状反复出现的病史，结合禁食或餐后胆汁酸、血氨浓度升高的检查结果可怀疑动物患有先天性 PSS。传统的血氨耐受试验一定要慎重，因为可能会导致严重的 HE。餐后血氨或胆汁酸浓度则是较为安全的检查。餐前和餐后 2 h 测量血清胆汁酸水平(框 36-1)。如果只测量血氨水平，应在餐后 6 h 采集血样(Walker 等，2001)。猫的其他典型临床病理学异常包括血清尿素浓度下降、肝酶活性轻度升高、小红细胞症等。和犬极为不同的是，猫很少出现血清总蛋白或白蛋白水平下降、低血糖和贫血。很多患犬的尿比重会下降，但仅见于 20% 的患猫。如果禁食胆汁酸浓度很高，则不需再检测餐后胆汁酸。不过两者均测的敏感性远高于单独检测禁食胆汁酸浓度。如果可以排除胆汁淤积(也会导致胆汁酸浓度升高)、肝脏脂质沉

积综合征(导致肝细胞衰竭、HE、胆汁酸浓度和血氨浓度升高)，那么病例极有可能患有先天性 PSS，因为它们会出现 HE 和胆汁酸浓度升高。最近一项病例报道显示，一例先天性甲减患猫禁食血氨和胆汁酸浓度均升高，但甲减治疗缓解后这些指标也逐渐恢复。原因尚不清楚，但我们应该清楚这是年轻猫的一项重要的鉴别诊断(Quante 等，2010)。腹部 X 线检查也显示 50% 的病例脏肝缩小(Lamb 等，1996)，但必须在观察到短路血管后才能确诊。

可通过超声、门静脉造影或 CT 血管造影观察到短路血管(见第 36 章)，手术或门静脉造影时可进行肝脏活检以排除其他并发肝病，但必须先评估凝血机能。组织病理学特征和犬相似，有门静脉灌注不良的典型表现，较小的门静脉丢失，小动脉增加、肝细胞萎缩伴脂肪肉芽肿，有时会出现门静脉周围肝窦扩张，但很少出现炎症。

### 治疗

治疗包括短路血管的完全或部分结扎，结扎方法多种多样，可选择丝线、赛璐玢、缩窄环等，本文不做详细阐述。该手术最好在转诊中心操作，尤其是猫，它们比犬在术后更容易出现并发症。猫术后死亡率远比犬高，很难克服严重的神经症状。治疗前可使用苯巴比妥，但病例很少，数据难以支撑论点。输注丙泊酚常用于缓解犬 HE 症状，但猫输注丙泊酚会有海因茨小体溶血性贫血的风险，需慎用。

患猫术前需先接受药物治疗，术后也要继续治疗 2 个月左右，直至门静脉血管和肝脏恢复。需小心限制日粮蛋白含量，并添加抗生素(阿莫西林，15～20 mg/kg PO q 8 h)，有时也可添加可溶性纤维(例如乳果糖，2.5～5 mL PO q 8 h，直至有效)。有些数据提示猫比犬的给药频率要更为频繁，以防病例抽搐(例如首先改变日粮，然后 1 周后给予抗生素，随后加入可溶性纤维)。HE 的药物治疗见第 39 章。由于猫对蛋白的需求很高，所以患猫并不能耐受日粮蛋白显著下降(见表 37-2)。可饲喂肝脏处方粮(例如希尔斯 L/D)。和犬不同之处在于猫不能饲喂以乳蛋白为基础的家庭自制日粮，因为这种食物中缺乏精氨酸，其对尿素循环至关重要。精氨酸缺乏会进一步加剧高氨血症。药物治疗对犬的长期治疗来说是有效的(见第 38 章)，但猫先天性 PSS 可能无效，可能跟专性高蛋白代谢有关，不管饲喂什么日粮，都更容易出现高氨血症。

## 预后

如果 PSS 能够手术结扎,预后良好,不过已报道的相关病例并不多,不能很好地估计长期预后。无论如何,应该警告主人,术后短期死亡率相对较高。

## 肝胆系统感染
### (HEPATOBILIARY INFECTIONS)

有些微生物会感染肝脏,将其作为主要目标或广泛性感染的一部分(框 37-5)。另外,大多数猫的嗜中性粒细胞性胆管炎可能存在原发性感染(见上文)。

肝脏病变常见于猫的"干式"和"湿式"FIP(见第 94 章)。由于渗出性 FIP 的临床表现可能和淋巴细胞性胆管炎相似,所以是该病的重要鉴别诊断。肝脏活检可区分这两种疾病;一项研究显示,在 FIP 的诊断方面,肝脏"Tru-cut"活检或 FNA 细胞学检查比肾脏相关检查更敏感(Giordano 等,2005)。

弥散性弓形虫病在猫中并不常见,一旦发生通常会涉及肝脏,因为弓形虫是在细胞内生长的,会导致细胞死亡。迟发性过敏反应和免疫复合性血管炎对临床疾病也有一定推动作用。肺部、肝脏和中枢神经系统(包括眼睛)滋养体感染常引发相关临床症状。如前文所述,肝脏受到侵袭时 ALT 水平会升高,伴高胆红素血症,这些指标变化和肝细胞坏死有关。胆管上皮感染引发的临床病理学变化常见于试验性和自发性弓形虫感染患猫。感染组织分布通常呈弥散性,包括肺部、眼睛、骨髓、脾脏、淋巴结、皮肤、骨骼和肝脏。巴尔通体感染也会导致猫出现胆管炎。

**框 37-5　引发猫肝脏感染的传染病**

| |
|---|
| 弥散性分枝杆菌感染 |
| 组织胞浆菌病 |
| 猫焦虫感染 |
| 新生儿 B 族和 G 族链球菌感染 |
| 钩端螺旋体感染(极其罕见) |
| 肝吸虫感染(详见正文) |
| FIP |
| 弓形虫 |
| 巴尔通体感染 |
| 沙门氏菌病 |
| 结核(土拉热弗朗西丝斯菌) |
| 泰勒氏病(Tyzzer disease) |

注:嗜中性粒细胞性胆管炎常由肠道细菌上行感染引发。巴尔通体可能会引发部分病例出现淋巴细胞性胆管炎。

## 中毒性肝病
### (TOXIC HEPATOPATHY)

### 病因和发病机制

中毒性肝病的定义是由于接触环境毒素或某些治疗药物导致直接肝损伤。除了环境毒素外,任何治疗药物都可能具有肝毒性(特异质反应),但已报道的对猫有肝毒性的药物则不多,见框 37-6。由于猫肝脏的葡萄糖醛酸转移酶活性有限,所以猫对酚类毒物十分敏感。报道显示很多精油对猫都有很强的毒性作用。精油(经口或皮肤)吸收迅速,经过肝脏代谢为葡萄糖醛酸和甘氨酸结合物;对于肝毒素的影响,一般认为猫比犬更加敏感(Means,2002)。

**框 37-6　导致肝损伤的环境毒素或某些治疗药物**

| |
|---|
| **治疗药物** |
| 对乙酰氨基酚,>50~100 mg/kg,但任何剂量都有潜在毒性作用 |
| 胺碘酮 |
| 阿司匹林,>33 mg/(kg・d) |
| 地西泮 |
| 精油 |
| 灰黄霉素 |
| 酮康唑 |
| 甲地孕酮 |
| 甲巯咪唑 |
| MTP 抑制剂(标签外用;见正文) |
| 呋喃妥因 |
| 非那吡啶 |
| 司坦唑醇 |
| 四环素 |
| **环境毒素** |
| 黄曲霉毒素 |
| 条蕈(Amanita phalloides,一种毒蘑菇) |
| 干洗液(三氯乙烷) |
| 无机砷(砷酸铅、砷酸钠、亚砷酸钠) |
| 酚类 |
| 松油＋异丙醇 |
| 铊 |
| 白磷 |
| 磷化锌 |

在猫肝毒性物质、肝中毒发生频率及临床特征等方面，目前尚无全面的总结性资料。因此临床医生只能依靠以前的病例报告、临床观察和通过中心机构积累的资料，如乌尔班纳国家动物毒物控制中心，伊利诺伊州（888-426-4435，每个病例＄55，信用卡支付）和美国华盛顿食品药品管理中心兽药部门（报告疑为毒物中毒可拨打电话 1-888-FDA VETS）。一般而言，药物或毒素引起肝损伤在猫中是非常罕见的，且通常是急性发病（接触毒物后 5 d 内）。毒性反应的症状和严重程度取决于毒物的种类、特性、剂量和时间。

最近发现 3 种治疗性药物对一些猫具有肝毒性：四环素、地西泮、司坦唑醇。兽医已经使用这些药物多年，但并不知道其副作用。按推荐剂量口服这些药物，连续服用 2 周，就会出现中毒性肝病的临床症状和临床病理学变化。四环素对肝脏的毒性很严重但不是致死性的，停药并支持治疗 6 周后，猫可完全康复（Kaufman 等，1993）。肝脏组织学检查可见小叶中心纤维变性、轻度胆管性肝炎、轻度肝细胞脂质沉积。对于地西泮引起肝衰竭的猫，尽管经过积极治疗，17 只猫中仍有 16 只死亡。在治疗猫不恰当排尿时，地西泮口服剂量范围为 1 mg q 24 h 至 2.5 mg q 12 h。肝脏的组织学病变与四环素引起的肝损伤相似，但更为严重：广泛性病变，主要是肝小叶中心坏死、化脓性胆管炎、一些猫出现轻度脂质空泡化。由于报道显示，地西泮引发肝坏死的猫会出现严重病变，故给猫口服地西泮的 3～5 d 内，需检测血清肝酶活性。现在仍无更多的信息有助于理解这一致命的和不可预测的肝脏反应，因此推荐使用其他药物来控制排尿行为。司坦唑醇对猫的副作用有时无临床症状，有时引起慢性肾功能衰竭（14/18 的猫）或齿龈炎或口炎（2/3 的猫；Harkin 等，2000）。司坦唑醇 1 mg q 24 h 口服数月，或 4 mg PO q 24 h（25 mg 肌肉注射 1 次），连用 3 周后，多数猫的血清 ALT 活性显著升高。停药并积极支持治疗后，仅有 1 只存活。组织学损伤为中度至显著损伤，弥散性小叶中心脂质沉积和肝内胆汁淤积（肝细胞和枯否氏细胞内胆汁和脂褐素蓄积）。

新型微粒体甘油三酯转运蛋白（microsomal triglyceride transfer protein，MTP 抑制剂）在市场上是一种用于犬减重的药物，可能会引起肝酶水平升高，会引起猫的肝脏脂质沉积综合征，对猫来说是标签外用药。由于该药禁用于猫，所以还无相关报道，不过兽医要意识到这个风险。

猫比较挑剔的饮食习惯，让其较少摄入环境毒素（如杀虫剂、家庭垃圾和其他化学物质）而出现肝中毒。当然也可能存在未注意到的药物或毒性化学物质引起的肝脏副反应，因为首先出现的临床症状是呕吐和腹泻，之后就会停止药物治疗。如果呕吐和腹泻消失，通常不会进行进一步检查，而且也不会再次使用该药来证明它可引起肝反应。

### 诊断

药物或毒素引起肝损伤的临床证据包括：支持性病史（如已知接触史），正常至轻度弥散性肝肿大，实验室检查结果提示急性肝损伤（如 ALT/AST 活性升高、高胆红素血症），且如果接触的药物或毒素为非致命性的，动物在停药后经特异性或支持性治疗即可恢复健康。尽管轻度炎症和脂质蓄积被认为是"典型"的表现，但肝脏没有特征性的组织病理学病变。多数时候肝脏存在肝毒性损伤的所有临床症状和临床病理学变化，但无法检出诱发的化学物质。虽然药物剂量过大是引起肝损伤的常见原因，但也会发生与剂量无关的特异质反应（如四环素或地西泮）。

### 治疗

对于疑似急性肝中毒的猫，治疗的基本原则如下：防止进一步的接触和吸收；控制危及生命的心肺和肾脏并发症；加速有毒物质的排出；如果可能，实施特异性解毒治疗；提供支持治疗。

由于很少肝毒素有特效解毒药，因此治疗的成功经常取决于治疗时间和积极的支持治疗。急性肝病支持疗法指南见框 38-4。

对于猫来讲，对乙酰氨基酚是其中一种有特效解毒药的毒素。对乙酰氨基酚对猫有毒性作用，因为猫的肝脏解毒通路中，硫酸和葡萄糖醛酸作用非常有限。对乙酰氨基酚被氧化为一种毒性代谢产物，摄入数小时内即可引发高铁血红蛋白血症、海因茨小体、溶血，2～7 h 内可导致肝脏衰竭。N-乙酰半胱氨酸是一种特殊的解毒剂，它能结合毒性代谢产物，增加葡萄糖苷酸化作用。可按照 140 mg/kg（负荷剂量）给药，IV 或 PO，然后 70 mg/kg q 6 h，一共进行 7 次治疗，或者再连续给药 5 d。对于对乙酰氨基酚中毒的猫来讲，也有证据表明 S-腺苷甲硫氨酸（20 mg/kg，或每天 200～400 mg/kg）有一定帮助，它能补充谷胱甘肽，阻止毒性产物的代谢(Webb 等,2003)。另外,最近一项研究显示,水飞蓟素对试验诱发的对乙酰氨基酚中毒的猫也有一定帮助。对乙酰氨基酚中毒 4 h 后单次给予水飞蓟素,可预防肝酶、胆红素水平升高,以及高铁血红蛋白血症,同时可给予一次 N-乙酰半胱氨酸(Avizeh 等,2010)。不清楚如何将这些发现用于临床,但 N-乙酰半胱氨酸、水飞蓟素和 S-腺苷甲硫氨酸等均为合理的选择。

# 系统性疾病的肝胆表现
## (HEPATOBILIARY MANIFESTATIONS OF SYSTEMIC DISEASE)

　　有几种猫的全身性疾病同时存在肝脏病变,这些病变可以通过体格检查、临床病理学检查或 X 线检查确认,但主要的临床症状是由其他疾病引起的(表 37-1)。在这些病例中,当原发性疾病得到有效治疗后,肝损伤也会消退。

　　虽然猫的原发性肝脏肿瘤比转移性肿瘤更常见,但后者依然可能会引起肝肿大或罕见的恶性腹腔渗出液,这是导致腹部扩张的潜在原因。一些甲状腺功能亢进的症状,尤其是偶发呕吐、腹泻和体重减轻,与原发性肝胆疾病相似。甲状腺功机亢进猫的肝酶活性通常会升高。75%以上患猫的血清 ALP 活性升高(2~12 倍),但不知道 ALP 起源于肝脏还是骨骼,也有可能和甲状腺功能亢进病人一样,两种起源都有。50%以上甲状腺功能亢进患猫的 ALT 或 AST 活性升高(2~10 倍)。超过 90%患猫的血清肝酶(ALP、ALT、AST)中至少有一种会升高。大约 3%的患猫存在高胆红素血症。组织病理学变化是轻度的,且几乎无功能紊乱。营养不良、肝细胞缺氧及甲状腺激素对肝细胞的直接作用都与这些肝脏异常有关。糖尿病患猫在体格检查时常可见轻度至中度脂质沉积,引发肝肿大,少数猫可能还存在黄疸。肝特异性酶活性出现典型的轻度或中度升高。较为严重的肝脂质沉积综合征患猫可能存在较严重的临床病理学异常。肾上腺皮质功能亢进在猫中较为罕见,与犬肾上腺皮质功能亢进不同,患猫肝脏并无明显增大,血清 ALP 和 ALT 活性也很少升高。和犬相比,猫也不会出现皮质醇诱导的 ALP 同工酶,如果 ALT 同时升高,则有可能和并发的糖尿病有关。

◆推荐阅读

Abdallah AAL et al: Biliary tract obstruction in chronic pancreatitis, *HPB (Oxford)* 9:421, 2007.

Aronson LR et al: Acetaminophen toxicosis in 17 cats, *J Vet Emerg Crit Care* 6:65, 1996.

Avizeh R et al: Evaluation of prophylactic and therapeutic effects of silymarin and N-acetylcysteine in acetaminophen-induced hepatotoxicity in cats, *J Vet Pharmacol Ther*, 33:95, 2010.

Bacon NJ et al: Extrahepatic biliary tract surgery in the cat: a case series and review, *J Small Anim Pract* 44:231, 2003.

Beatty JA et al: Spontaneous hepatic rupture in six cats with systemic amyloidosis, *J Small Anim Pract* 43:355, 2002.

Boomkens SY et al: Detection of *Helicobacter pylori* in bile of cats, *FEMS Immunol Med Microbiol* 42:307, 2004.

Brain PH et al: Feline cholecystitis and acute neutrophilic cholangitis: clinical findings, bacterial isolates and response to treatment in six cases, *J Feline Med Surg* 8:91, 2006.

Brenner K et al: Refeeding syndrome in a cat with hepatic lipidosis *J Feline Med Surg* 13:614, 2011.

Broussard JD et al: Changes in clinical and laboratory findings in cats with hyperthyroidism from 1983 to 1993, *J Am Vet Med Assoc* 206:302, 1995.

Brown B et al: Metabolic and hormonal alterations in cats with hepatic lipidosis, *J Vet Intern Med* 14:20, 2000.

Buote NJ et al: Cholecystoenterostomy for treatment of extrahepatic biliary tract obstruction in cats: 22 cases (1994-2003), *J Am Vet Med Assoc* 228:1376, 2006.

Callahan Clark JE et al: Feline cholangitis: a necropsy study of 44 cats (1986-2008), *J Feline Med Surg* 13:570, 2011.

Center SA: Feline hepatic lipidosis, *Vet Clin N Am Small Anim Pract* 35:224, 2005.

Center SA et al: A retrospective study of 77 cats with severe hepatic lipidosis: 1975-1990, *J Vet Intern Med* 7:349, 1996.

Center SA et al: Fulminant hepatic failure associated with oral administration of diazepam in 11 cats, *J Am Vet Med Assoc* 209:618, 1996.

Center SA et al: Proteins invoked by vitamin K absence and clotting times in clinically ill cats, *J Vet Intern Med* 14:292, 2000.

Cole TL et al: Diagnostic comparison of needle and wedge biopsy specimens of the liver in dogs and cats, *J Am Vet Med Assoc* 220:1483, 2002.

Dear JD et al: Feline urate urolithiasis: a retrospective study of 159 cases, *J Feline Med Surg* 13:725, 2011.

Friend EJ et al: Omentalisation of congenital liver cysts in a cat, *Vet Rec* 149:275, 2001.

Furneaux RW: A series of six cases of sphincter of Oddi pathology in the cat (2008-2009). *J Feline Med Surg* 10:794, 2010.

Giordano A et al: Sensitivity of Tru-cut and fine-needle aspiration biopsies of liver and kidney for diagnosis of feline infectious peritonitis, *Vet Clin Pathol* 34:368, 2005.

Greiter-Wilke A et al: Association of *Helicobacter* with cholangiohepatitis in cats, *J Vet Intern Med* 20:822, 2006.

Haney DR et al: Severe cholestatic liver disease secondary to liver fluke (*Platynosomum concinnum*) infection in three cats, *J Am Anim Hosp Assoc* 42:234, 2006.

Harkin KR et al: Hepatotoxicity of stanozolol in cats, *J Am Vet Med Assoc* 217:681, 2000.

Harvey Met al: Treatment and long-term follow-up of extrahepatic biliary obstruction with bilirubin cholelithiasis in a Somali cat with pyruvate kinase deficiency, *J Feline Med Surg* 4:424, 2007.

Havig M et al: Outcome of ameroid constrictor occlusion of single congenital extrahepatic portosystemic shunts in cats: 12 cases (1993-2000), *J Am Vet Med Assoc* 220:337, 2002.

Hunt GB: Effect of breed on anatomy of portosystemic shunts resulting from congenital diseases in dogs and cats: a review of 242 cases, *Aust Vet J* 82:746, 2004.

Kaufman AC et al: Increased alanine transaminase activity associated with tetracycline administration in a cat, *J Am Vet Med Assoc* 202:628, 1993.

Kordick DL et al: Clinical and pathologic evaluation of chronic *Bartonella henselae* or *Bartonella clarridgeiae* infection in cats, *J Clin Microbiol* 37:1536, 1999.

Lamb CR et al: Ultrasonographic diagnosis of congenital portosystemic shunt in 14 cats, *J Small Anim Pract* 37:205, 1996.

Lipscomb VJ et al: Complications and long-term outcomes of the ligation of congenital portosystemic shunts in 49 cats, *Vet Rec* 160:465, 2007.

Liptak JM: Hepatobiliary tumors. In Withrow SJ, Vail DM, editors: *Withrow and MacEwen's small animal clinical oncology*, ed 4, St Louis, 2007, Saunders.

Marolf AJ et al: Ultrasonographic findings of feline cholangitis *J Am Anim Hosp Assoc* 48:36, 2012.

Mayhew PD et al: Pathogenesis and outcome of extrahepatic biliary obstruction in cats, *J Small Anim Pract* 43:247, 2002.

McConnell JF et al: Ultrasonographic diagnosis of unusual portal vascular abnormalities in two cats, *J Small Anim Pract* 47:338, 2006.

Means C: Selected herbal hazards, *Vet Clin Small Anim* 32:367, 2002.

Otte CM et al: Retrospective comparison of prednisolone and ursodeoxycholic acid for the treatment of feline lymphocytic cholangitis, *Vet J* 195:205, 2013.

Quante S et al: Congenital hypothyroidism in a kitten resulting in decreased IGF-I concentration and abnormal liver function tests, *J Feline Med Surg* 12:487, 2010.

Rothuizen J et al: *WSAVA standards for clinical and histological diagnosis of canine and feline liver diseases*, Oxford, England, 2006, Saunders Elsevier.

Savary-Bataille KC et al: Percutaneous ultrasound-guided cholecystocentesis in healthy cats, *J Vet Intern Med* 17:298, 2003.

Walker MC et al: Postprandial venous ammonia concentrations in the diagnosis of hepatobiliary disease in dogs, *J Vet Intern Med* 15:463, 2001.

Wang KY et al: Accuracy of ultrasound-guided fine-needle aspiration of the liver and cytologic findings in dogs and cats: 97 cases (1990-2000), *J Am Vet Med Assoc* 224:75, 2004.

Warren A et al: Histopathologic features, immunophenotyping, clonality and eubacterial fluorescence in situ hybridization in cats with lymphocytic cholangitis/cholangiohepatitis. *Veterinary Pathology* 48:627, 2011.

Webb CB et al: S-adenosylmethionine (SAMe) in a feline acetaminophen model of oxidative injury, *J Feline Med Surg* 5:69, 2003.

Weiss DJ et al: Relationship between feline inflammatory liver disease and inflammatory bowel disease, pancreatitis, and nephritis in cats, *J Am Vet Med Assoc* 209:1114, 1996.

White RN et al: Anatomy of the patent ductus venosus in the cat, *J Feline Med Surg* 3:229, 2001.

Willard MD et al: Fine-needle aspirate cytology suggesting hepatic lipidosis in four cats with infiltrative hepatic disease, *J Feline Med Surg* 1:215, 1999.

Xavier FG et al: Cystic liver disease related to high *Platynosomum fastosum* infection in a domestic cat, *J Feline Med Surg* 9:51, 2007.

# 第 38 章

# 犬肝胆疾病
## Hepatobiliary Diseases in the Dog

## 概　述
### (GENERAL CONSIDERATIONS)

犬猫肝脏疾病的原因、种类和表现都有显著不同（见表 37-2）。犬的慢性肝病比急性肝病更常见，尤其是慢性实质性肝病（慢性肝炎），几乎总会导致进行性纤维化和肝硬化。这些与猫很不同，猫更常见原发性胆管疾病，而且纤维化和硬化非常罕见。犬肝脏疾病的临床症状比猫的还要不典型和无特异性。慢性肝实质疾病不常引起黄疸，可能与肝脏的巨大储备能力有关，只有肝脏损伤 75% 以上才会表现出临床症状。犬慢性肝炎的病因通常不详，只有少数几种例外，其治疗目的集中于减缓病情发展和治疗临床症状上。慢性肝炎常会发展为门静脉高压，治疗其相关并发症也是重中之重（犬，见第 39 章）；猫罕见门静脉高压。犬的先天性 PSS 比猫更常见；另外，犬的空泡性和继发性肝病很常见，很容易和原发性肝病相混淆。犬最常见的原发性和继发性肝病见表 38-1。

## 慢性肝炎
### (CHRONIC HEPATITIS)

慢性肝炎主要是组织学上的定义。WSAVA 肝病标准化小组将其特征描述为肝细胞凋亡或坏死，出现单核细胞或混合性炎症细胞浸润，同时伴有肝细胞再生和纤维化（van den Ingh 等，2006；图 38-1）。组织学的定义没有提到任何有关时间方面的内容，而有些专家则建议，如果炎性肝脏疾病引起肝酶升高超过 4

个月，则可认为符合犬慢性肝炎的定义。

慢性肝炎是犬的常见疾病，有一定品种倾向，提示可能有遗传倾向性。框 38-1 列举了易患慢性肝炎的一些品种，而框 38-2 则列举了可能的遗传因素，所有这些在人的慢性肝炎中都已经得到证实，其中有一些也在犬的其他疾病中得到验证。犬慢性肝炎中，唯一一个被证实的遗传因素是与铜贮积症相关的基因突变（见下文）。其他的只是怀疑，尚未得到证实。

 **表 38-1　犬肝脏疾病**

| 原发性 | 继发性 |
|---|---|
| 慢性肝炎 | 类固醇诱导性肝病 |
| 铜贮积性肝病 | 肝脏脂肪变性（脂肪肝）（继发于糖尿病或甲减） |
| 先天性 PSS<br>药物或毒素诱导性肝病 | 先天性：心力衰竭或心丝虫病<br>苏格兰㹴犬和其他品种特发性空泡性肝病<br>反应性肝炎（例如继发于胰腺炎、炎性肠病）<br>转移性肿瘤 |
| **不常见或罕见** | |
| 胆管疾病，所有种类 | 肝皮综合征 |
| 肝脏感染（见正文） | |
| 门静脉发育不良，微血管发育不良 | |
| 肝脏动静脉瘘 | |
| 急性重型肝炎（各种原因） | |
| 原发性肝肿瘤 | |

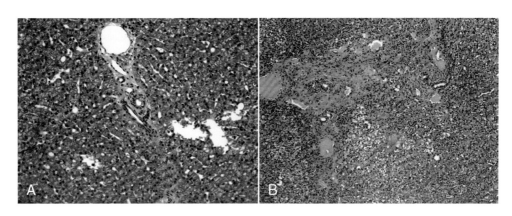

**图 38-1**

**A,** 1 例中年约克夏犬的正常肝脏组织病理学检查。肝门三联征处肝门静脉、动脉和胆管,肝窦中间的肝索排列整齐(图片正下方空白"空洞"为切片伪像,HE 染色,×200)。**B,** 英国史宾格犬,3 岁,雌性,患有严重慢性肝炎。正常肝小叶结构被破坏(和 A 图相比),伴炎症、纤维化、肝细胞空泡化和坏死(HE 染色,×100)。(由 Pathology Department, Veterinary Medicine, University of Cambridge, Cambridge, England 惠赠。)

年轻至中年犬最易发病,不同品种的犬性别倾向也不同。品种相关性肝病也有一定的地域差异,不同国家好发品种有所不同,美国常发疾病在英国则有可能很不常见。还要注意的是慢性肝炎同时见于纯种犬和杂种犬,某个品种的病因并不代表这个病因适用于所有品种。例如大多数杜宾犬和西高地白㹴的慢性肝炎是由铜贮积性肝病引起的,但其他品种则不是。很多犬慢性肝炎病因不详。人的慢性肝炎则不然,多数是由病毒引起的,且治疗能扭转病情。犬慢性肝炎的病例中,组织学检查怀疑病毒起源,但未经证实,还需继续寻找感染源。对于大多数病例来说,慢性肝炎无特异性诊断措施。然而小部分例外,如铜贮积性肝病和中毒性肝病,可能会找到病因,且有特异性治疗措施。本章中将单独举这些疾病。

 **框 38-1 慢性肝炎风险较高的犬种**[*]

---

美国和英国可卡犬(世界性分布,公犬大于母犬)
贝灵顿㹴犬(世界性分布,铜贮积性肝病)
凯恩㹴犬(英国)[†]
大麦町犬(美国,铜贮积性肝病;英国,尚未报道病理生理机制[†])
杜宾犬(世界性分布,有些为铜贮积性肝病,有些不是;斯堪的纳维亚的报道提示为免疫介导性因素,见正文,雌性大于雄性)
大丹犬(英国)[†]
拉布拉多巡回猎犬(世界性分布;美国和荷兰为铜贮积性肝病;英国则是与铜无关的肝病,雌性大于雄性)
萨摩耶犬(英国)[†]
凯斯猎犬(仅在英国有报道,可能和铜贮积有关,见正文)
西高地白㹴(世界性分布;有些为铜贮积性肝病,有些不是)

---

[*] 截至报道无性别倾向。
[†] 数据为英国最新发表,引自 Bexfield N H, et al: Breed, age and gender distribution of dogs with chronic hepatitis in the United Kingdom, Vet J 193:124, 2012.

 **框 38-2 品种相关性肝脏疾病的可能原因**

---

● 引起慢性肝炎或慢性感染的感染源的易感性增加
● 有关金属储存或排泄的基因突变
● 其他代谢(例如蛋白酶抑制剂)相关基因突变
● 中毒性肝炎的易感性增加(例如药物脱毒受损)
● 易患免疫介导性疾病

---

## 特发性慢性肝炎
### (IDIOPATHIC CHRONIC HEPATITIS)

### 病因和发病机制

特发性慢性肝炎可能提示未识别出的病毒、细菌或其他感染,或者是未识别出的中毒事件,甚至是免疫介导性疾病。不过,免疫介导性慢性肝炎目前在犬中尚未得到证实,所以仅在已排除其他潜在原因,且组织学检查提示为免疫介导性疾病时,才可谨慎使用免疫抑制药物。

慢性肝炎的致病机制与肝实质丧失、门静脉高压有关。很多病例中,肝细胞肿胀、纤维化、门静脉高压也会导致胆汁淤积和黄疸。持续的炎症也会导致阵热、肝痛(伴胃肠道症状)和其他症状,很多慢性肝炎患犬会发展成负氮平衡和蛋白质-能量营养不良。肝功能丧失导致患犬出现凝血病及药物副作用。

门静脉高压是慢性肝炎和纤维化的一项严重后果,会导致动物出现相应的临床症状,甚至导致其死亡(见第 39 章)。由门静脉高压导致典型的三联症状包括腹水、胃肠道溃疡和肝性脑病。健康犬中,门静脉压通常低于后腔静脉压。但是,如果纤维化作用和肝细胞肿胀使得肝窦出现梗阻或撕裂,门静脉压会升高,直至超过后腔静脉压。这会导致内脏充血、脾脏充血、肠壁水肿,甚至腹水。犬因肝病而产生腹水的机制非常复杂,可能和肾素-血管紧张素-醛固酮系统(renin-angiotensin-aldosterone system,RAAS)有关,肾脏钠潴留会引起循环中液体增加。

如果门脉血压持续升高,无功能的血管打开以后,会引发获得性PSS。门脉血越过肝脏直接进入门静脉(图38-2)。这种获得性PSS和先天性PSS不同,它们是多发性的,并且门静脉压升高;而先天性PSS的门静脉压较低。获得性PSS的HE发病机制和先天性PSS相似(见第39章),然而必须使用药物治疗,而不能手术结扎。因为获得性PSS是缓解门静脉高压的重要途径,所以任何结扎短路血管的行为都有可能导致致命的内脏充血。在人医中,获得性PSS能显著降低严重胃肠道溃疡的风险。正是出于这个原因,治疗人的肝硬化疾病时,有时会人为制造短路以缓解出血。这个情况在犬中也相似。胃肠道溃疡是慢性肝炎患犬最重要的死亡原因,获得性PSS可降低这一风险。

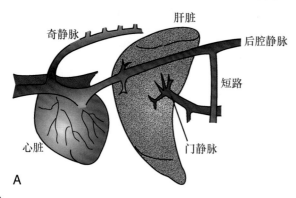
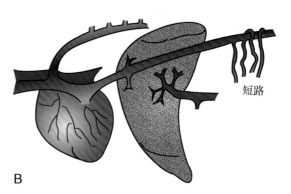

图 38-2
先天性或获得性门脉短路示意图。A,先天性门脉短路。B,多发性获得性门脉短路,门静脉比后腔静脉压高的情况下才会出现。

## 临床特征

任何品种的犬在任何年龄都可能会患上特发性慢性肝炎。框38-1列举出了中年好发品种。由于肝脏功能和结构的储备能力,慢性肝炎患犬通常无临床症状,只有在肝病晚期、肝功能损失75%以上才会出现症状。在这个阶段,肝脏受到过度破坏,治疗效果也比疾病早期差(图38-3)。早期诊断对该病的治疗有很大帮助,肝酶(尤其是肝细胞酶,例如ALT)持续升高的患犬应得到足够重视。如果肝酶活性连续升高数月,且已排除其他病因(见后文继发性肝病),可进行肝脏活检。这对发病风险高的品种和可以治疗的疾病(例如铜贮积性肝病)来说非常重要。

一旦犬丢失了大量肝组织,他们会表现出相关临床症状,但这些症状通常是非特异性的,时好时坏,很难和其他疾病相互鉴别。患犬通常有呕吐、腹泻、多饮、多尿的表现。有些犬就诊时有黄疸、腹水等症状,有些犬会在之后出现,但并非所有病例都会出现。腹水是肝病患者的不良预后因素,两项有关犬的研究也支持这一观点(Poldervaart 等,2009;Raffan 等,2009),因为这可能代表着更加严重的继发性门静脉高压。Poldervaart 等(2009)发现黄疸也是犬急慢性肝

图 38-3
1只6岁长须柯利牧羊犬的肝脏,去世前1个月出现临床症状,该犬死于晚期肝病。该犬被诊断为慢性肝炎,伴大结节性肝硬化,仅剩余很少量的正常肝组织。

炎的一项不良预后因素。HE并不常见,通常仅见于末期肝病。出现HE强烈提示获得性PSS。慢性肝炎患犬通常会因慢性肝功能损伤和并发GI出血而导致蛋白质-能量营养不良。它们可能会很消瘦。考虑到病情的严重程度,他们可能会精神沉郁,但通常表现出让人惊讶的警觉状态。

## 诊断

确诊需要进行肝脏活检,但可通过临床表现和临

床病理学变化得出初步诊断。临床表现、临床病理学变化和影像学检查可支持慢性肝炎的诊断，但无特异性。血清生化检查可见肝细胞酶（ALT 和 AST）和胆汁淤积酶（ALP 和 GGT）升高，也会出现肝实质功能下降的相关变化，例如尿素、白蛋白下降，胆红素和胆汁酸浓度升高。ALT 持续升高最符合犬慢性肝炎的表现，但也可见于其他原发或继发性肝病。ALP 活性对犬肝病的特异性较低，尤其在有类固醇诱导同工酶的病例中。肝病末期由于大量肝组织丧失活性，肝细胞酶可能在正常范围内，但肝功能试验（氨和胆汁酸）结果将表现异常，犬也可能会出现黄疸。

影像学检查是非特异性的。慢性肝炎患犬肝脏较小（和猫不同，猫更常见肝肿大），但与正常大小有一定重叠，且深胸犬的胃轴变化使得肝脏大小的评估更加困难。如果出现腹水，积液将掩盖腹腔脏器的细节，X 线检查的诊断意义明显下降。超声检查在评估肝脏结构方面非常有用（见第 36 章）。慢性肝炎患犬超声检查可见肝脏变小，弥散性高回声，不过也有一些病例肝脏超声征象正常。还有一些病例会有结节性征象，表现为大结节性硬化，或并发良性增生。不可能仅通过超声检查区分良性和恶性结节，确诊需要细胞学和组织学检查。

伴肝硬化的末期慢性肝炎可能和非硬化性门静脉高压有相似的表现，但两者的治疗方案不同，且后者的长期预后比肝硬化要好。所以需要做活检来确诊，并寻找合适的治疗方案。活检之前需要进行凝血功能（凝血酶原时间、活化部分凝血酶原时间、血小板计数）检查。一项有关犬内脏器官（主要为肝脏）活检的大型调查显示，血小板减少症和 PT 延长患犬出血风险明显增加（Bigge 等，2001）。FNA 细胞学检查对慢性肝炎的诊断价值很有限，最有意义的诊断样本为开腹或腹腔镜下采集的楔形样本，超声引导下的"Tru-cut"活检也有一定帮助（更多技术详见第 36 章）。

## 治疗

犬慢性肝炎治疗目标包括：治疗潜在病因（见下文），减慢病情发展，支持肝脏功能，满足营养代谢需要。

### ◆ 饮食

饮食管理对肝病动物的治疗很关键，肝脏是营养从肠道转运到全身循环的第一个中转站，和营养物质的代谢密切相关。肝病动物的代谢会受到损害；另外，

慢性肝炎患犬通常会出现蛋白质-能量营养不良，过分限制营养对机体是不利的。

肝病动物的营养需要见表 38-2。最重要的考虑是食物蛋白含量。患肝病的人和犬应避免负氮平衡，日粮不能限制蛋白质。不过，最好饲喂一些高质量、易消化的蛋白质，以减少肝脏负担，减少能到达结肠的未消化蛋白质，减少氨的生成。大多数先天性和获得性 PSS 患犬中经门静脉到达全身循环的氨并非源自日粮蛋白质，而是由肠道上皮细胞中谷氨酰胺分解而来的，谷氨酰胺是肠道上皮细胞主要的能量来源。如果不使肠道上皮细胞处于饥饿状态，就不能控制上述现象，所以控制 HE 其他方式之一就是限制饮食。肝脏疾病的推荐日粮为处方粮（Hill's l/d diet，Hill's Pet Nutrition，Topeka，Kan；Royal Canin Hepatic Formula，Royal Canin USA，St Charles，Mo），但这些日粮蛋白质含量低，并非慢性肝炎患犬的最佳选择。因此这些处方粮可作为基础日粮，少量多餐，额外再添加一些高质量的蛋白质。牛奶和蔬菜蛋白能为肝病患者和患犬提供最优蛋白质，脱脂奶酪也是很好的选择，但很难判断需要添加多少。每餐可添加 1～2 勺脱脂奶酪，并根据临床症状及血清蛋白水平酌情调整。

### ◆ 药物

特发性慢性肝炎患犬的药物支持并非特异性，只是尝试减慢病情发展速度，控制临床症状。若能知道潜在病因，可选择特异性治疗药物。若未进行活检，非特异性治疗应包括利胆剂、抗氧化剂，并配合日粮。只有活检确诊的病例才可给予糖皮质激素治疗。

**糖皮质激素**　糖皮质激素常用于特发性慢性肝炎患犬，但未经活检确诊不要轻易使用。活检不仅可以证实假定诊断，也可用于排除任何禁忌证。对于大多数特发性慢性肝炎病例，目前几乎未发现免疫介导性因素存在，所以这些病例使用糖皮质激素的目的在于抗炎和抗纤维化，而非免疫抑制。肝脏中的纤维组织在肝脏中以贮脂细胞（星形细胞）形式排列，患犬受到炎症细胞生成的细胞因子间接刺激后，可将这种贮脂细胞转化为胶原生成细胞。图 38-4 列出了自发性慢性肝炎的链状效应。

糖皮质激素在该病早期起着重要作用。其抗炎作用减少细胞因子生成，降低对贮脂细胞的刺激作用，减少纤维组织的沉积。如果在疾病早期能发现炎症和少量

**表 38-2 肝脏疾病患犬的饮食考虑\***

| 食物成分 | 饮食推荐 |
|---|---|
| 蛋白质 | 饲喂高品质(含所有必需氨基酸,且含量达到最优)、易消化蛋白质(这样结肠处就不会有蛋白质剩余从而分解为氨),总量正常即可。<br>少量多餐,避免高蛋白食物,以免增加肝脏代谢负担和血氨浓度。<br>据说直链氨基酸含量低、支链氨基酸含量高的食物有助于降低 HE 风险,但证据不充分。<br>蛋白质的理想来源是牛奶和蔬菜。<br>脱脂奶酪应用广泛,但精氨酸含量较低。<br>饲喂犬肠道或肝脏处方粮是获取足量高品质蛋白质最简单的方式,可根据个体案例的临床表现酌情调整。<br>需注意犬肝脏疾病处方食品的蛋白质含量较低,所以如果患犬体重下降或白蛋白水平下降,可能要酌情添加蛋白质(例如脱脂奶酪)。<br>急性肝炎恢复期可饲喂单一蛋白来源的食物,例如牛奶或大豆蛋白。 |
| 脂肪 | 肝病时没有特别的建议。<br>脂肪不需严格限制,它是卡路里(能量)的重要来源。<br>有脂肪痢的病例需严格限制脂肪。脂肪消化不良和脂肪痢多由胆汁淤积(罕见胆盐缺乏)引发。<br>限制高脂肪食物,尤其是胆汁淤积或门静脉高压患犬,否则会恶化其胃肠道症状。<br>Ω-3 和 Ω-6 优化有助于减少炎症反应(需要更多研究佐证)。 |
| 碳水化合物 | 使用易消化的碳水化合物作为能量来源,可减少对脂肪和蛋白质(进行肝糖异生)的需求。<br>肝脏疾病通常会扰乱碳水化合物的代谢。<br>因此肝脏疾病动物使用复合碳水化合物作为能量来源优于葡萄糖。 |
| 纤维 | 可发酵纤维(例如乳果糖)对 HE 可能有减轻作用(人的肝病中有争议,犬也很缺乏证据)。<br>在结肠中分解为短链脂肪酸,将氨转化为铵离子。<br>对结肠细菌有益,使得细菌不能充分利用含氮物质,减少氨的生成。<br>非发酵纤维也很重要,可预防便秘(HE 的一项潜在风险因素);它还能增加结肠细菌作用于粪便的时间,促进氨的生成。<br>混合性纤维来源较为有用,但总量不能太多,否则会干扰营养物质的消化和吸收。 |
| **矿物质** | |
| 锌 | 慢性肝病病人常常缺锌,犬跟人可能有相似的表现,但目前缺乏直接证据。<br>补锌可能会减少 HE 的发生,它在尿素循环和肌肉代谢为氨的过程中是一种金属酶组成成分。<br>锌也会减少肠道对铜的吸收及肝脏对铜的利用,因此铜贮积性肝病也适合补锌。<br>减少胶原在肝脏内的生成,稳定溶酶体酶,并有一定的抗氧化作用。<br>任何患有慢性肝炎的犬猫均推荐补锌,但如果犬在服用铜螯合剂,则不要补锌,锌会和铜竞争。 |
| 铜 | 患有铜贮积性肝病的动物要饲喂低铜、高锌日粮。 |
| **维生素** | |
| 脂溶性 | 维生素 E 有抗氧化作用,补充维生素 E 有细胞保护作用(尤其对铜的毒性作用)。<br>如果凝血时间延长可补充维生素 K,尤其是活检前。<br>不能补充维生素 A 和维生素 D。维生素 A 会导致肝脏损伤,维生素 D 会导致组织钙化。 |
| 水溶性 | 伴多饮多尿症状的肝病病患维生素 B 丢失会增加,需补充维生素 B。<br>肝病动物推荐补充双倍剂量的维生素 B。<br>由于抗坏血酸会增加铜、铁性肝病中的组织损伤作用,所以肝病时不需补充维生素 C。 |

\* 需少吃多餐(一天 4~6 次),且适口性要求高。肝组织再生及肝功能维护离不开充足的高品质饮食。

纤维化作用,且已排除感染源,可使用该药。这种情况下,糖皮质激素能延缓病情发展,但功效尚未得到证实。不过糖皮质激素可能会增加胃肠道出血的风险,所以要慎用。泼尼松抗炎剂量约为 0.5 mg/kg,口服,随后逐步降低剂量(倍减法减量),直至隔日治疗。有时也会使用免疫抑制剂量,只是目前没有证据表明哪种剂量更合理。如果有些特发性慢性肝炎病例是由未知的犬肝脏病毒引起的。在这些病例中,如果使用类固醇治疗,反而会增加病毒量,所以这种情况应禁止使用这类药物。但目前还没有什么检查手段可证明该病是由假设病毒引起的,临床医师和病理学家只能根据组织病理学变化做出判断。

糖皮质激素不能用于该病晚期阶段，如果有门静脉高压和晚期纤维化，或者是非炎症性纤维化（非硬化性门静脉高压），则没有理由使用该药物。在这些情况下使用该药，也很可能因为胃肠道溃疡的风险增加而缩短动物寿命，（见图 39-1）。所以，如果没有组织学诊断和分期，不能使用糖皮质激素治疗。

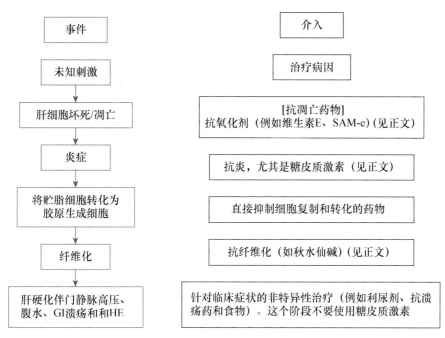

**图 38-4**
**犬特发性肝炎和介入治疗要点。括号内的潜在治疗措施目前还不能用于犬临床治疗中。**

**其他抗炎和免疫抑制药物**　一些用于肝病治疗的药物也具有抗炎作用，尤其是锌、S-腺苷甲硫氨酸（S-adenosylmethionine，SAM-e）、熊去氧胆酸（见下文）。偶尔也会给慢性肝炎患犬使用硫唑嘌呤，但没有证据表明其有效性；除非有明确的证据表明为免疫介导性慢性肝炎，否则不要使用该药及其他免疫抑制剂。

**利胆剂**　熊去氧胆酸广泛用于犬慢性肝炎。它是一种合成亲水性胆酸，也是一种利胆剂，可调节胆道系统的胆酸分布，降低胆汁对肝细胞的毒性作用。它还有抗炎和抗氧化活性，研究显示它还能增强 SAM-e 和维生素 E 的活性。该药禁用于胆管完全梗阻的病例，这也是其唯一的禁忌证。完全梗阻罕见于犬，且会出现明显的无胆汁粪。慢性肝炎患犬（尤其是伴有胆汁淤积的病例）可直接使用该药，无须活检。但和其他治疗药物一样，疗效并不确实。该药在某些疾病的效果可能优于另外一些疾病，但这在犬中尚不清楚。推荐剂量为 10～15mg/kg PO q 12 h（分两次给药，q 12 h）。

**抗氧化剂**　一系列抗氧化剂均可用于治疗犬的慢性肝炎。记录最为全面的药物为维生素 E 和 SAM-e。对于一只 30 kg 的犬来讲，维生素 E 剂量为 400 IU/d，每天 1 次。小型犬剂量要酌情减量。SAM-e 是一种谷胱甘肽前体，对中毒性肝病和胆汁淤积病例（胆汁有潜在氧化作用）有重要的意义（见下文）。它还是维生素 E 和熊去氧胆酸的增效剂，任何慢性肝炎患犬均可使用该药进行治疗。推荐剂量是 20 mg/kg PO q 24 h。一些文献记载了该药在犬中的应用情况，但需要更多研究来证明在哪种疾病中更有用。SAM-e 是一种很不稳定的小分子，作为一种甲基供体，必须谨慎包装，空腹给药。该药在犬中的药物动力学和 GI 有效性已经公开发表（Denosyl, Nutramax Laboratories, Edgewood, Md; Center 等, 2005），威隆（Vetoquinol）制药公司也有一份其产品的吸收代谢数据（http://www.vetoquinolusa.com/CoreProducts/HepaticSupport/HepaticSupport.html）。不过，市售的 SAM-e 是一种复方保健品，还含有其他营养成分和维生素。需要从其生产商处获取其药物动力学和吸收数据，以保证 SAM-e 以有效方式吸收。

治疗犬慢性肝炎的另外一种常用抗氧化剂为奶蓟草（milk thistle, *Silybum marianum*）。其活性形式为黄酮类物质，大家熟悉的名字为西利马林（silymarin），其最有效的成分为水飞蓟素（silybin）。目前很少有关于黄酮类物质在犬肝病治疗中的研究，唯一的一项临床研究与急性中毒性肝炎有关。毫无疑问，水飞蓟素对有些病例有潜在治疗作用，但需要更多有关吸收、生物活性和最佳剂量等方面的数据。许多犬肝脏疾病保健品中都含有水飞蓟素。一项研究(Filburn等,2007)显示,单用该药时其吸收非常差,但和卵磷脂联合应用时生物活性更高。丹诺士(Denamarin,Nutramax Laboratories)包含SAM-e和水飞蓟素这两种活性形式,虽然出版数据也支持这一结果,但数据较为缺乏。

抗氧化剂对犬慢性肝炎有很强的功效,不需活检的情况下即可给药。不过临床医师需要意识到这些药物的生物活性和有效性,谨慎选择合适的药物。

**抗纤维化药物**　糖皮质激素在炎症性肝病和早期纤维化中有潜在的抗纤维化活性,通过减少炎症反应,后续章节中将会详细列举。在疾病后期,如果有过度纤维化,可直接使用抗纤维化药物秋水仙碱,虽然数据较少,但零散的病例显示效果良好。它是一种生物碱衍生物,结合微管蛋白,可逆转纤维化作用。犬推荐剂量为0.03 mg/(kg·d),PO。可能会有骨髓抑制、厌食和腹泻等副作用,但在犬中并不常见。秋水仙素在犬上有良好的抗肝脏纤维化效果,但很难相信,即使经过很多年的研究,在人类已经证实它没有抗肝脏纤维化作用(Friedman,2010)。

**抗生素**　慢性肝炎中,抗生素的主要适应证为胆管逆行感染或疑似细菌感染。后者很罕见,但可能是不典型的钩端螺旋体感染(例如有接触感染源的慢性肝炎患犬,例如去河边或沟渠边),可使用合适的抗生素进行治疗,以此排除感染。钩端螺旋体治疗推荐用药为阿莫西林,静脉注射给药,22 mg/kg q 12 h,以终止感染,减少肝脏和肾脏并发症。如果钩端螺旋体感染被证实(血清学滴度升高,暗视野显微镜、尿液PCR检查阳性),随后还要使用多西环素(5 mg/kg PO q 12 h,连用3周)直至肝功能恢复正常,或消除慢性肾脏携带状态。有关钩端螺旋体的详细信息参见第92章。巴尔通体也和犬慢性肝病有关,但犬巴尔通体感染尚无最佳治疗方案。大环内酯类(例如红霉素)或其他氟喹诺酮类、多西环素类对犬巴尔通体也有一定功效,消除感染需给药4~6周(见第92章)。

在慢性肝炎末期时,由获得性PSS导致的HE症状可通过抗生素进行支持治疗,给药方式和先天性PSS患犬相似,以此减少肠道对毒素的吸收,降低系统性感染的风险(见第39章)。氨苄西林或阿莫西林可用于长期治疗,10~20 mg/kg PO q 8~12 h。

和其他药物一样,临床医师应避免使用那些能增加肝脏负担的抗生素,减轻肝脏毒性作用。四环素、增效磺胺、呋喃妥因和红霉素等药物有潜在肝脏毒性作用,除非很有必要(例如证实有钩端螺旋体或巴尔通体感染),否则应尽量避免。

## 铜贮积性肝病 (COPPER STORAGE DISEASE)

### 病因和发病机制

有些品种的急慢性肝炎是铜贮积性肝病造成的,目前研究最为清楚的是贝灵顿㹴犬(见框38-1)。其他品种包括大麦町犬(美国和加拿大)、拉布拉多巡回猎犬(美国和荷兰)、杜宾犬(荷兰),不过这些品种也都被报道过患有非铜贮积性的慢性肝炎。另外,西高地白㹴和凯斯㹴犬也可能有铜贮积性肝病,但还未展开大范围调查。一项在荷兰展开的研究显示,101只急慢性肝炎患犬中,36%被归为铜贮积性肝病,64%为与铜无关的特发性肝炎(Poldervaart等,2009)。正常犬如果饲喂高铜食物后,也可能会发展为铜贮积性慢性肝炎(van den Ingh等,2007)。

铜通过胆汁排泄,任何伴胆汁淤积的慢性肝炎病例均可继发该病。这种情况下,铜贮积量通常较少,且主要聚集在1区(围胆管区),铜的贮积量和疾病的严重程度并不相关。一项早期研究则指出,除非患犬被饲喂了高铜食物,否则很难会因胆汁淤积而出现铜的蓄积(Azumi,1982)。肝脏内铜的蓄积可能是遗传因素和环境之间(例如日粮中铜浓度和并发胆汁淤积)相互作用的结果。尚不清楚铜螯合剂是否对继发性肝病有帮助,但很可能没有。胆管周围铜分布情况、铜贮积和临床症状之间缺乏相关性等,均有助于鉴别动物是否为"真性"铜贮积性肝病,真正的铜贮积性肝病中,铜贮积(3区,见前文,图35-4肝脏分区)是原发病因,而非一种偶见症状,而且其贮积量很高,贮积程度和疾病严重程度有关。

真正的铜贮积性肝病是一种遗传缺陷,患病动物不能正常转运和/或储存铜,唯一被确定的品种是贝灵顿㹴。该病在这一品种中是一种常染色体隐性遗传病,有些国家被报道60%以上的贝灵顿㹴犬都有该病,不过现在该病的流行率因选择育种而出现下降趋势。该病局限于肝内,肝胆管出现特异性铜排泄障碍,可能和铜经肝细胞溶酶体向胆管转运障碍有关。研究发现该病至少有一个遗传缺陷,即MURR1基因(现在为COMMD1;van de Sluis等,2002)缺失。该基因编码一个功能不详的蛋白质。但是,COMMD1基因不缺失的贝灵顿㹴犬也会出现铜贮积性肝病,在美国、英国、澳大利亚等均有报道(Coronado 等,2003;Haywood,2006;Hyun 等,2004),提示该病可能在该品种中还有其他突变。

## 临床特征

　　贝灵顿㹴患犬可能会出现急慢性肝炎相关的临床症状,这些取决于个体因素,例如食物中的铜含量、其他因素(包括并发的应激和疾病等)。如果铜迅速贮积,患病动物可能会出现急性暴发性肝脏坏死,之前并无相关临床症状。这种现象在年轻至中年犬中较为常见,同时由于铜释放入循环中,还会出现急性血管内溶血。预后很差,大多数动物数天内死亡。幸运的是,这种现象并不常见。大多数犬会出现慢性、迁延的过程,数年内逐渐贮积铜,伴有 ALT 活性持续升高;随着慢性肝炎的发展,逐渐出现坏死、炎症和纤维桥接。疾病发展到晚期才会出现临床症状,这个阶段通常有慢性肝炎。患犬通常在 4 岁时出现这些症状,但也有可能更年轻(图38-5)。如果不进行治疗,患犬会发展为肝硬化。

**图 38-5**
患有铜贮积性肝病的贝灵顿㹴犬。(引自 Hall EJ et al,editors:BSAVA manual of canine and feline gastroenterology,ed 2,Gloucestershire,United Kingdom,2005,British Small Animal Veterinary Association)

　　其他品种的临床症状和病情发展和贝灵顿㹴犬相似。大麦町犬患有该病时通常会急性发作,发作很迅速,肝脏铜贮积量非常高,但缺乏与胆汁淤积相关的临床症状、临床病理学和组织病理学变化。患犬通常是年轻成年犬,会急性发作,出现 GI 症状、多饮多尿等,此时患犬已经出现严重的肝脏疾病。患铜贮积性肝病的拉布拉多巡回猎犬平均年龄为 7~9 岁(发病年龄为 2.5~14 岁),临床症状较轻,包括厌食、呕吐和嗜睡

等。杜宾犬会有很长一段时间都处于亚临床阶段,而那些未经治疗的病例,会出现急性发作,并迅速恶化。不过,目前尚无文献显示一共有多少杜宾犬患有该病,也不清楚有多少是特发性或潜在免疫介导性慢性肝炎,所以,该品种铜贮积性肝病实际呈现的症状是不清楚的。大多数已发表的调查中,杜宾犬的铜贮积性肝病在亚临床阶段已得到诊断和治疗。

## 诊断

　　该病和特发性慢性肝炎相似,均会出现肝酶活性升高和相似的影像表现,所以只有活检或评估肝脏中铜浓度之后才可确诊该病。福尔马林固定样本,后采用罗丹宁染色或红氨酸染色可定性检测铜浓度;文献也报道了铜的定量和定性分析之间的相关性(Shih 等,2007)。通过细胞学检查(红氨酸染色),在肝细胞内发现大量铜贮积,可怀疑该病(图 38-6;Teske 等,1992)。也可进行铜的定量分析,但需要大块活检组织,并且要小心储存于不含铜的试管中。肝脏活检除了评估肝脏铜含量,也能提示肝脏损伤程度,从而影响治疗方案(和慢性肝炎相似)。贝灵顿㹴在繁殖前可检测 COMMD1 基因缺失情况,以此评估发病风险,不过不存在 COMMD1 基因缺失并不代表不会发病。目前可通过口腔拭子来筛查这项遗传病,英国的 Animal Health Trust in Newmarket(details at http://www.aht.org.uk/cms-display/genetics_toxicosis.html)和

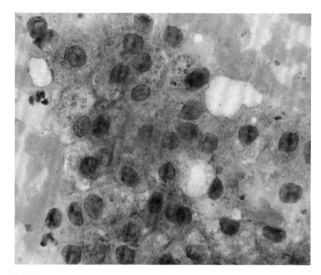

**图 38-6**
1 只患有铜贮积性肝病的贝灵顿㹴犬肝脏细胞学检查,可见铜颗粒(红氨酸染色)。(引自:Courtesy Elizabeth Villiers;from Hall EJ et al,editors:*BSAVA manual of canine and feline gastroenterology*,ed 2,Gloucestershire,United Kingdom,2005,British Small Animal Veterinary Association.)

美国的 VetGen(www. vetgen. com)均可进行该项检测。繁育前可通过肝脏活检排除铜贮积性肝病,需在繁育犬 12 个月龄时采集活检样本,这个时期肝脏内已经蓄积了足够的铜,可以获得诊断。更老的动物可能会出现硬化伴结节增生,且结节内的铜比肝脏中的铜含量低,会混淆诊断。

## 治疗

对犬来讲,该病的最佳治疗手段为预防。伴 COMMD1 基因突变的贝灵顿㹴犬需饲喂低铜高锌食物,肝脏疾病处方粮(Royal Canin Hepatic Support 或 Hill's canine l/d)铜含量低,锌含量高,但限制蛋白质含量,所以,生长期患犬最好再补充一些低铜蛋白质(例如脱脂奶酪)。普瑞纳(Purina)EN 犬胃肠道处方粮(Produits Nestlé SA,Vevey,Switzerland)也增加了锌含量,且铜含量比其他处方粮更低,蛋白质含量也较高,所以也可用于该病动物。软水区要避免给患犬饲喂铜管里流出来的自来水,最好使用瓶装水。框 38-3 列举了一些应避免饲喂的高铜日粮和需要补充的高锌日粮。

**框 38-3　富含铜锌的食物**

**铜**
- 贝壳*
- 肝脏*
- 肾脏、心脏
- 谷物
- 可可
- 豆类
- 软水(铜管传送的自来水)

**锌**
- 红肉
- 蛋黄
- 牛奶
- 蚕豆、豌豆
- 肝脏
- 全谷物、扁豆
- 大米
- 土豆

\* 铜含量非常高。

和急性肝炎患犬相似,出现急性危象的动物需密集看护(框 38-4),如果溶血很严重,动物需要输血治疗,直至铜血被控制住,患病动物新输入的红细胞才会停止溶解。急性肝炎患犬中,铜螯合剂并无帮助,但可考虑使用2,2,2-三乙撑四胺(Trientine)(如果可以,也

可使用 2,3,2-三乙撑四胺)。Trientine 是一种获得批号的人药(Syprine,Valeant Pharmaceuticals,Bridgewater,N. J. )。犬的推荐剂量为 10~15 mg/kg PO q 12 h,餐前 30 min 给药。2,3,2-Trientine 很难找到,青霉胺不能用于急性危象的治疗,它需要数周至数月才能发挥螯合作用。和 D-青霉胺不同的是,有关 Trientine 在犬体内的药动药代学、药物相互作用、毒性作用等信息非常少。据报道,由该药引起的副作用包括恶心、胃炎、腹痛、黑粪症和虚弱等。恢复后,动物应继续长期管理,在下文列出。

 **框 38-4　急性暴发性肝衰竭的治疗推荐**

- 如有可能,发现和治疗潜在病因:
  - 移除相关药物。
  - 治疗钩端螺旋体。
  - 使用 N-乙酰半胱氨酸(150 mg/kg,IV;药物放入 200 mL 的 5% 葡萄糖注射液中,给药时间超过 15 min;随后 50 mg/kg,IV,用 500 mL 葡萄糖稀释,给药时间超过 4 h;然后剂量调整为 100 mg/kg,IV,用 1 000 mL 葡萄糖注射液稀释,给药时间超过 16 h)。可使用西咪替丁(5~10 mg/kg IV,IM 或 PO q 8 h)治疗对乙酰氨基酚的潜在毒性。
- 输液:
  - 谨慎的静脉输液治疗——糖盐水中加入钾,该方法通常最合适。
  - 每隔几个小时测量血糖和电解质浓度,适时调整剂量。
  - 使用外周留置针,随时监控肾功能;只有确认无凝血异常,或者导管周围无严重出血风险,才能使用中央静脉管。
  - 小心监控。确保尿液排出量足够,能够解决脱水情况,但不要过度灌注或恶化液体潴留。
- 如有必要,需治疗凝血病。可使用新鲜冷冻血浆和维生素 K。
- 治疗急性肝性脑病。可静脉输注丙泊酚和使用乳果糖-新霉素灌肠。
- 治疗胃肠道溃疡。给予制酸剂(雷尼替丁和奥美拉唑)。
- 使用螺内酯和呋塞米治疗腹水(见第 39 章)。
- 所有病例都要考虑使用抗生素,以治疗感染,尤其是源自肠道的败血症。所有发热病例都要静脉注射抗生素,要考虑使用肝毒性很小的广谱抗生素。
- 食物——初始治疗前 1~3 d 禁食,直至液体平衡,且患犬可自由吞咽;然后饲喂以牛奶和大豆蛋白为基础的食物,使用高品质蛋白。

经活检证实的犬铜贮积性肝病病例在使用螯合剂(或者补锌)治疗后,如果不再出现急性危象,之后可通过食物或其他辅助治疗来维持。由铜贮积性肝病继发的慢性肝炎需采用相同的方案治疗,包括使用抗氧化剂、熊去氧胆酸和其他药物(见下文"慢性特发性肝

炎")。金属诱导性肝损伤中,维生素 E 和 SAM-e 有特殊的抗氧化效果。也可使用 D-青霉胺和曲恩汀来螯合治疗。D-青霉胺在治疗铜贮积性肝病时需数月才能起到显著效果,但很容易买到,并且犬的药动药代学记录很完整,还有微弱的抗纤维化和抗炎效果。推荐剂量为 10～15 mg/kg PO q 12 h,餐前 30 min 给药。起始治疗剂量为最低推荐剂量,1 周后加量(也可分次给药,增加给药频率),这样可减少呕吐、厌食等副作用,但报道显示可能会引发犬出现肾病综合征、白细胞减少症、血小板减少症等表现,治疗期间需定期监测 CBC、尿液检查等。使用 D-青霉胺治疗的犬,其肝脏铜含量每年可下降 900 μg/g(干重)。2,2,2-三乙撑四胺(Trientine)是一种有效的铜螯合剂,降铜的速度比 D-青霉胺快,其剂量和潜在副作用见前文。

肝脏铜浓度恢复正常之前要一直使用铜螯合剂治疗,可通过肝脏活检定量分析或细胞学评估来确定。可通过每 2～3 个月监测一次血清肝酶活性来评估治疗效果,直至肝酶活性正常。为预防铜缺乏症,也要在合适的时机停止治疗。过度铜螯合会导致严重缺铜,出现体重下降和咯血。所以,当肝脏铜浓度恢复正常之后,可饲喂低铜食物或补充锌含量。

## 传染性病原引起的犬慢性肝炎
(INFECTIOUS CAUSES OF CANINE CHRONIC HEPA-TITIS)

虽然一些犬的特发性慢性肝炎可能是由传染性病原导致的,但不常见。临床医师在开具免疫抑制药物处方时要谨记这一点。

截至目前,并没有发现犬病毒性慢性肝炎,不过有几个散在病例怀疑病毒感染。导致人慢性肝炎的最常见病毒为 B 型肝炎病毒,这是一种嗜肝 DNA 病毒。和嗜肝 DNA 病毒有关的肝炎曾报道于土拨鼠、地松鼠、树松鼠和鸭子。研究者试图通过 PCR 检查验证慢性肝炎或肝细胞癌患犬中是否有嗜肝 DNA 病毒,但之前的试验均未发现。C 型肝炎病毒是一种丙型肝炎病毒,也可导致人的慢性肝炎。最近一项研究发现犬中有类 C 型肝炎病毒,很有可能和犬的慢性肝炎有关(Kapoor 等,2011)。但是,该病毒是从犬呼吸道分离出来的,后续试验也不能证明它和犬慢性肝炎之间有确切的关系(Bexfield 等,2013)。还有两种病毒可能和犬慢性肝炎有关,包括犬腺病毒 I 型(canine adenovirus type 1,CAV-1)和犬嗜酸性细胞肝炎病毒。对于

未免疫的犬,CAV-1 可引发急性重型炎,试验条件下,也可引发免疫犬的慢性肝炎,但它在自然发生的慢性肝炎病例中的作用尚不清楚,各种研究结果也充满争议。Jarrett 和 O'Neil 于 1985 年在格拉斯哥市提出了另外一种病毒可导致肝炎的说法,该病毒被命名为犬嗜酸性细胞肝炎病毒,可导致犬出现急性、持久性和慢性肝炎。这种肝炎可通过 SC 或 IV 途径感染肝脏,引发慢性肝炎,诱发纤维化和肝细胞坏死,但炎症变化较为分散(Jarrett 和 O'Neil,1985;Jarret 等,1987)。那段时间里,该病毒被认为是格拉斯哥市犬肝炎的最重要的病因。不过事后再无相关研究出版,所以该病毒的发现及其意义尚不明确。

也有零散的报道指出细菌感染也会引发犬慢性肝炎,其重要性尚不明确。耐胆汁酸的幽门螺杆菌也可引发大鼠的肝炎(以胆管为中心),一项报道显示,一只幼犬出现了坏死性肝炎(Fox 等,1996),但之后再无相关报道,目前也无确切的证据表明犬肝病和幽门螺杆菌有关,有待后续研究。

不典型的钩端螺旋体感染也可能会引发犬的慢性肝炎。在美国,大多数犬已接受犬钩端螺旋体和出血黄疸型钩端螺旋体疫苗的免疫,所以该病在美国可能较为罕见。不过,最近的研究则显示其他血清型也会引起疾病。非典型钩端螺旋体(尤其是感冒伤寒型钩端螺旋体,*Leptospira grippotyphosa*)会导致慢性肝炎和腹水,尤其是幼年犬,但氮质血症并不常见。组织学上,由非典型钩端螺旋体感染的患犬有门静脉和小叶内炎症(例如,主要是淋巴细胞质细胞性炎症,伴嗜中性粒细胞和巨噬细胞)。门静脉周围纤维化(periportal and portoportal fibrosis)会影响肝脏结构。病原微生物较少,传统染色方法很难发现病原,所以有些钩端螺旋体性肝炎病例会被误诊为免疫介导性疾病(组织病理学结构相似)。血清学反应也较差,使得诊断更加困难。

Adamus 等于 1997 年发现钩端螺旋体性肝炎和小叶性分隔性肝炎在发病年龄(6～9 个月)和组织病理学表现上很相似,而且有人认为,未诊断出的感染原是有些年轻犬患小叶分隔性肝炎的原因(见后文)。有些零散的报道显示犬的慢性肝炎病例中检测出了汉塞巴尔通体和 *Bartonella clarridgeiae*,但是巴尔通体和肝炎之间的因果关系尚且不详。人巴尔通体引起最常见的组织病理学特征是紫癜性肝炎,而非慢性肝炎,也曾在一只犬中有报道(Kitchell 等,2000)。血清学、培养、PCR 检查均可证实巴尔通体感染(见第 92 章)。

一项研究通过巢式 PCR 检查评估了 98 例犬肝脏样本,分别筛查了嗜肝 DNA 病毒,幽门螺杆菌,钩端螺旋体和螺旋体属,A 型、C 型和 E 型肝炎病毒,犬腺病毒和犬细小病毒,但并未从这些患犬中发现任何病原。另外一项最新研究中,患有慢性肝炎的英国可卡犬中也未能发现 CAV-1、犬细小病毒、犬疱疹病毒和致病性钩端螺旋体(Bexfield 等,2011)。需要做更多工作才能彻底排除犬慢性肝炎潜在的感染因素。

## 小叶分隔性肝炎
(LOBULAR DISSECTING HEPATITIS)

小叶分隔性肝炎是一种特发性炎症疾病,主要见于年轻犬,组织病理学检查可见小叶实质间纤维化,把一簇簇的肝细胞(少量)间隔开。该病曾报道于一些品种,包括标准贵宾犬和芬兰尖嘴犬。它并非一种独立的疾病,而是年轻的肝脏对各种侵袭的一种反应。这种病征可能是由传染性病原导致的,虽然没有得到证实,但发病年龄和组织学检查结果和非典型钩端螺旋体感染极为相似。推荐治疗方法和犬慢性肝炎相似(见前文)。

## 中毒性慢性肝炎
(TOXIC CAUSES OF CHRONIC HEPATITIS)

毒素和药物反应通常会导致急性坏死性肝炎,而非慢性疾病。苯巴比妥或扑痫酮可导致急性或慢性肝中毒(见后文)。洛莫司汀也可引发迟发性、累积性和剂量相关性慢性肝中毒,并且是不可逆的,有可能会致命。最近一项调查显示,CCNU 引起的犬肝中毒,SAM-e 可起到保护作用(Skorupski 等,2011)。另外一项报道显示保泰松也会导致肝脏损伤。大多数其他肝毒性药物和毒素会导致急性肝炎(见后文"急性肝炎";框 38-5)。某些霉菌毒素(包括黄曲霉毒素)会导致犬的急慢性肝病,病情和摄入量及接触程度有关。犬比人接触污染食物的概率大很多,所以可能有些犬慢性肝炎病例是由短期或长期摄入不确定的毒素而引起的。由于大量药物对人或者犬都有肝脏副作用,任何长期药物治疗的犬若出现了慢性肝炎,都应考虑是否由药物反应引起的。只有存在明确的时间关系(吃药和疾病的发生),并且已经排除了其他因素的情况下,才可考虑慢性肝炎是由药物引起的。

# 急性肝炎
(ACUTE HEPATITIS)

### 病因和发病机制

犬的急性肝炎比慢性肝炎少见,但严重的急性肝炎预后很差。治疗应聚焦于支持疗法,给肝脏提供足够的恢复时间。急性肝炎患犬发生 DIC 的风险很高。肝功能严重损伤也是致命的,肝组织没有时间恢复,目前也无肝脏透析治疗。由于肝脏有很强的再生能力,急性期幸存的动物能够完全恢复,只要能进行合适的支持治疗和饲喂,患病动物不会留下永久性肝损伤。

犬大多数急性重型肝炎是感染性或中毒性的(见框 38-5),而未免疫患犬中,CAV-1 和钩端螺旋体是重要的鉴别诊断。铜贮积性肝病多为急性的,常伴随血清铜浓度升高和急性肝脏坏死。木糖醇是一种人造甜味剂,可导致犬的急性肝坏死和凝血病(Dunayer 等,2006),且死亡率很高。被黄曲霉毒素污染的食物也会导致急性、亚急性肝炎,且死亡率很高(Newman 等,2007)。可导致犬急性肝坏死的常见药物见框 38-5,但任何药物都有可能导致特异质反应性肝坏死。破坏性胆管炎(术语为胆管消失综合征,*disappearing bile duct syndrome*)可见于阿莫西林克拉维酸、双甲脒、米尔贝肟等药物(或者这些药物联用)反应(Gabriel 等,2006);作者也见过一例疑似对阿莫西林克拉维酸产生特异质反应而引起急性肝炎的病例。

### 临床特征

不管什么原因导致的急性重型肝炎,其临床特征都和急性肝功能损伤、广泛性细胞坏死、炎症细胞因子和组织因子释放有关,患犬通常呈急性发作,出现厌食、呕吐、多饮、脱水、肝性脑病伴进行性抽搐、昏迷、黄疸、发热、前腹部疼痛、凝血病(伴瘀点)、吐血和黑粪症等,有些病例还会因门静脉高压而出现腹水和脾肿大。肾功能衰竭是一种严重的并发症,同时包含肾前性和肾性因素。人的急性肝衰竭还会出现低血压、心律不齐、脑水肿和肺水肿、胰腺炎等,有些犬也有可能会有类似的表现,虽然目前尚未有具体报道。

**框 38-5 急性重型肝炎的潜在病因**

**感染**
- 犬腺病毒 I 型
- 新型犬肝炎病毒
- 肾脏钩端螺旋体（各种血清型）
- 内毒素血症
- 耶尔森氏鼠疫杆菌
- 曾有一例免疫抑制患犬出现新型肝炎的报道（Fry et al, 2009）

**温度**
- 热休克

**代谢**
- 贝灵顿㹴犬、大麦町犬、拉布拉多巡回猎犬和杜宾犬铜贮积性肝病引起的急性肝坏死（见框 38-1）

**中毒性或药物诱发**
- 对乙酰氨基酚
- 苯巴比妥或扑痫酮
- 卡洛芬（尤其是拉布拉多巡回猎犬）
- 甲苯咪唑
- 硫乙胂胺
- 汞
- 磺胺增效剂
- 海水和淡水中的蓝藻（蓝绿色藻类）
- 木糖醇
- 黄曲霉毒素
- 呋喃妥因
- 洛莫司汀

## 诊断

诊断通常基于病史、临床表现、临床病理学变化等信息。肝脏组织病理学检查能够确诊，但由于该病通常很严重，且呈急性发作，一般情况下直到病情恢复（或者尸检）才能获得检查结果。最近的用药史或毒素接触史对疾病有重要的提示作用，免疫情况对传染性疾病也有重要的提示意义。

在临床病理学方面，急性肝炎患犬常出现肝细胞酶显著升高（ALT 和 AST，升高 10 倍至 100 倍），也会出现黄疸和胆汁淤积指标显著升高。破坏性胆管炎早期会出现严重黄疸、ALP 活性显著升高和高胆红素血症。低血糖和低钾血症是急性肝炎患犬的常见表现，有些病例还会出现肾前性和肾性氮质血症。患犬也常会出现凝血问题，包括凝血时间延长、血小板减少症等，这些可能是 DIC 的表现（见第 85 章）。影像学检查一般对急性肝炎患犬的诊断意义有限，可能有肝肿大和弥散性肝脏回声下降。有些病例可能有脾脏充血和/或腹水，但这些变化并非特异性的，对确定损伤的

原因和程度没有帮助。有些病例超声检查结果没有异常。

### 治疗和预后

急性重型肝炎患犬的治疗主要为支持治疗，见框 38-4。与此同时，还要尽一切努力治疗原发病因。这种病例要避免使用皮质类固醇，以防造成胃肠道溃疡和血栓，从而恶化病情。应警告主人，即使经过密集的支持治疗，预后也很差。对于严重病例，应尽早送至 ICU。能熬过急性期的动物有很大机会能够完全康复。一些有关人和动物的研究显示，如果治疗期间饲喂单一蛋白质来源的（牛奶或者大豆为基础）日粮，患犬发展为慢性肝损伤的概率较小。

# 胆管疾病
## (BILIARY TRACT DISORDERS)

与猫相比，犬的胆管疾病没那么常见，但犬也会出现原发性胆管疾病和肝外胆管阻塞。另外，由药物反应引发的破坏性胆管炎会引起严重的胆汁淤积和黄疸，这种情况偶见于犬，猫则无此现象。犬偶尔会有先天性肝脏和肾脏囊肿，和人的卡洛里氏病（Caroli's disease）相似。

## 胆管炎和胆囊炎
### (CHOLANGITIS AND CHOLECYSTITIS)

如前文所述，犬的原发性胆管炎比猫少见。临床表现和诊断评估和猫的嗜中性粒细胞性胆管炎相似（见第 37 章）。任何年龄、任何品种的犬都有可能发病，常表现为急性厌食、黄疸、呕吐，而且有可能有发热。有些病例可能有急性肠炎或胰腺炎病史，提示感染可能是从肠道逆行进入胆管的。应首先通过超声排除胆囊机械梗阻和黏液囊肿（见后文），然后还要采集肝脏和胆汁或胆囊组织进行组织病理学检查，细菌培养和药敏试验，最好在给予抗生素治疗前进行该项检查。

肝脏活检和胆汁样本可通过开腹手术或腹腔镜采集，也可经超声引导下采集，但后者胆汁渗漏的风险很高。为避免渗漏，可采用 22G 的针头配 12 mL 的注射器。为减少动物挣扎的风险，可在麻醉状态下而非高度镇静状态下穿刺。如果胆囊壁本身有病变（超声评估），则有可能引发医源性胆汁渗漏或胆汁性腹膜炎，

若有必要,需进行手术治疗。猫胆管微生物与肠道微生物相似,最常见的分离菌株是大肠杆菌。其他肠道起源的细菌包括肠球菌、克雷伯氏菌、梭状芽孢杆菌、粪链球菌、短小棒状杆菌和类杆菌。梭状芽孢杆菌可能是一种产气的细菌,会导致胆囊气肿,X线或超声检查时可见到这种现象。抗生素耐药的现象在分离菌株中很常见,治疗过程中也会出现,所以尽可能获取胆汁样本进行细菌培养和药敏试验。胆结石时常伴有胆囊炎和胆管炎,它们的因果关系不清。

## 胆囊黏液囊肿
### (GALLBLADDER MUCOCELE)

胆囊黏液囊肿是犬胆管疾病中常见的一种临床表现(图38-7)。病因尚不清楚,但最常见于中老年犬,在

美国似乎有品种倾向(喜乐蒂牧羊犬)。其他高发品种包括可卡犬和迷你雪纳瑞犬。胆囊壁的无菌性或败血性炎症刺激、胆囊动力紊乱等对黏液囊肿的形成有一定的促进作用。喜乐蒂牧羊犬中,胆囊黏液囊肿和血脂异常之间有一定关系,而后者可能是由其他并发疾病导致的,包括胰腺炎、肾上腺皮质功能亢进、甲状腺功能减退和糖尿病等。最近研究者发现,在几乎所有患有黏液囊肿的喜乐蒂牧羊犬和其他品种的犬中,其胆道磷脂转运蛋白均出现了突变(Mealey等,2010)。磷脂酰胆碱对胆管上皮细胞(抵抗胆汁酸的去污作用)有保护作用,突变会导致胆管上皮的慢性损伤,日渐形成胆囊黏液囊肿。胆囊运动障碍也会导致黏液囊肿。一项最新的影像学调查(超声评估)显示,黏液囊肿患犬餐后的胆囊排泄分数显著下降,这种情况也见于胆汁淤积患犬(Tsukagoshi等,2012)。

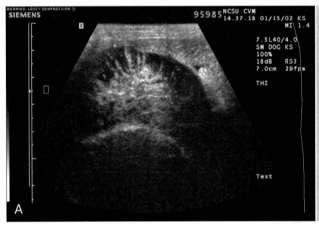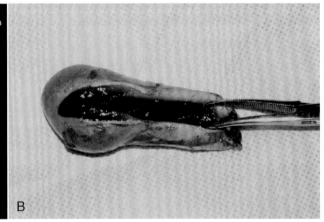

**图38-7**
A,1 只胆囊黏液囊肿患犬的超声检查结果。胆囊内的胆汁呈"星型"。黏液状物质不会随体位的改变而改变。B,手术移除的胆囊及其内容物。(Courtesy Dr. Kathy A. Spaulding, North Carolina State University, College of Veterinary Medicine, Raleigh, NC.)

临床症状多变。有些犬的黏液囊肿无临床表现,只是在做影像学检查时偶然发现(见图38-7)。一些非特异性症状和其他肝胆管疾病相似,包括厌食、嗜睡、呕吐和黄疸。有些犬因胆囊破裂和胆汁性腹膜炎呈急性发作。

有临床表现的患犬通常采取手术治疗;可切除胆囊的同时进行胆汁引流。围手术期死亡率较高,尤其是那些进行了胆汁引流的患犬。不过,术后恢复的患犬长期预后良好。一些无临床症状的喜乐蒂牧羊犬采取药物治疗来控制疾病(Aguirre等,2007),包括饲喂低脂食物(Hill's i/d;Royal Canin Waltham Gastrointestinal Low Fat;Eukanuba Intestinal Diet,Procter & Gamble Pet Care,Mason,Ohio)、同时给予利胆剂(熊去氧胆酸10~15 mg/kg/d PO,最好分2次给药)和抗氧化剂(SAMe,20 mg/kg PO q 24 h)。在已报道的使用

药物控制的病例中,1只犬恢复,2只犬仍然胆汁淤积(1只死于胆囊破裂,1只死于肺部栓塞,2只均于诊断2周内死亡),2只跟踪失败。不管是否进行手术或药物治疗,最好能够找到血脂异常的潜在病因。

## 肝外胆管阻塞
### (EXTRAHEPATIC BILE DUCT OBSTRUCTION)

犬猫肝外胆管阻塞的病因(Extrahepatic bile duct obstruction,EBDO)相似(见框37-4),肝吸虫除外(犬不常见)。犬EBDO最常见的病因为急慢性胰腺炎引起的腔外梗阻(见第40章),但肠道异物、肿瘤、横膈疝(涉及胆管)及其他原因也可导致EBDO(图38-8)。犬在胆管损伤愈合会导致胆管狭窄(数周后出现);横膈

疝患犬中,如果肝脏进入胸腔,则有可能出现胆总管(Common bile duct,CBD)压迫的现象。肝外压迫性病变则相对少见,例如胰腺、胆管或十二指肠肿瘤。胆石症很少会引起 EBDO。如果是 EBDO,则必须找到阻碍胆汁从 CBD 流入十二指肠的原因。只有胆汁流

出过程被完全阻断,患病动物则会排出无胆汁粪便,出现维生素 K 反应性凝血病,尿液中无尿胆原(重复检测均为这种表现,操作无误)。如果是不完全梗阻,则不会有上述特征表现,但会出现与非梗阻性胆道疾病相似的症状和临床病理学变化。

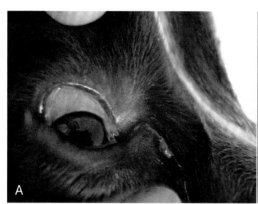

**图 38-8**
结膜黄疸(A)口腔黏膜黄疸(B)。这是 1 只 6 岁的英国史宾格犬,该犬患有肝外胆管阻塞(急性胰腺炎引发),经药物治疗后黄疸最终消退。

## 胆汁性腹膜炎
(BILE PERITONITIS)

由腹部创伤引发的 CBD 受损(贯穿伤、马蹄伤、车祸)或病理性胆囊破裂会引发胆汁性腹膜炎,有时也可见于超声引导下穿刺。早期症状无特异性,但是随着病程的延长,会出现黄疸、发热和腹腔积液。当正常为无菌的胆汁接触到腹膜表面时,可导致细胞坏死和渗透性改变,从而细菌易于贯穿肠壁发生感染。有些未检出胆汁性腹膜炎的动物可能会出现低血容量和败血症。

### 临床特征

除非是 EBDO 或胆汁性腹膜炎,上述所有这些胆管系统疾病的临床症状、临床病理学变化和体格检查结果差异不大。不论何种潜在病因,典型症状包括黄疸、急慢性呕吐、厌食、精神不振、体重减轻和前腹部疼痛。由于胆囊的解剖位置比较隐蔽,通常情况下触诊不到,除非患犬的胆囊异常增大。

### 诊断

胆道疾病的典型临床病理学变化是高胆红素血症、ALP 和 GGT 升高、禁食和餐后胆汁酸(serum bile acid,SBA)升高、高胆固醇血症和 ALT 显著升高。胆汁淤积患犬早期即出现 SBA 升高,这种情况下,SBA

升高程度对肝功能无提示意义。一般来说,胆汁淤积损伤越严重,临床病理学变化也越严重,总胆红素分为直接和间接胆红素(范登堡试验,van den Bergh 试验),它不能区分肝内和肝外胆汁淤积,也无法鉴别梗阻性胆汁淤积。影像学检查可见肝肿大、胆囊区域可见肿物效应。如果胆囊和胆管内有气体阴影,则提示产气细菌的上行感染。EBDO 与其潜在病因慢性胰腺炎急性发作有相似的影像学结果,包括胰腺周围浆膜细节丢失(提示局灶性腹膜炎)、十二指肠区积气、十二指肠移位等。不过很多慢性胰腺炎病例中,尽管胆管周围存在广泛的纤维化,但影像学表现可能不严重,或者是正常的。犬胆结石的形成方式与猫相似,通常和胆汁淤积和感染有关,但也可在无临床症状的犬中发现。这种"结石"在没有钙质沉积之前能够被 X 射线穿透,约 50% 的病例在检查时存在这情况。炎症性腹腔积液可见于胆汁性腹膜炎,但大多数 EBDO 患犬不会出现这种积液,除非同时患有胰腺炎或胰腺癌。

随着超声检查技术的发展,即使不能保证万无一失,但其在区分内科性和外科性黄疸方面有很重要的意义。肝胆管和 CBD 弯曲扩张、胆囊扩张提示 EBDO 发生于 CBD 或胆道口括约肌处。当只见胆管扩张时,除非发现阻塞原(如胰腺肿瘤、胆总管结石),否则可能难以把需要外科手术治疗的 EBDO 与严重急性胰腺炎引起的暂时性可恢复性 EBDO,或非阻塞性胆管疾病(如细菌性胆囊炎或胆管炎)相鉴别。禁食时间过长时胆囊

排空也出现延迟,所以会出现胆囊增大,不应过度解读。另外,老年犬常会出现囊性增生和上皮息肉,不可与胆囊结石相混淆。胆囊黏液囊肿时,其内容物呈"星形"外观(见前文)。通过监测血清胆红素浓度来决定何时进行外科手术是不适宜的,因为在实验性 EBDO 犬猫中,即使阻塞未解除,血清胆红素浓度也会在数天至数周内持续下降。与此相反,有些犬的胆红素不可逆地结合到白蛋白上(胆素蛋白质),导致血清胆红素排泄延迟,最初刺激解除后其浓度还能持续升高 2 周以上。

### 治疗和预后

如果内科性和外科性黄疸界限不清,尤其在怀疑胆汁性腹膜炎时,可能手术治疗会更加安全,以防过度延误。胆汁性腹膜炎和胆囊黏液囊肿患犬需要手术治疗。如果是完全阻塞性、持久性 EBDO,为防止胆汁逆流引发硬化,需尽早通过手术解除梗阻。迄今为止,没有任何兽医文献记载手术前硬化的发生概率以及胆管完全梗阻的最长时间。

对于胆管阻塞引发的胆管硬化,人类医学中有明确的概念。一篇有关人的慢性胰腺炎导致的胆管阻塞的文献综述中,Abdallah 等于 2007 年指出,只有 7% 的病人随后发展为胆管硬化。由慢性胰腺炎导致的胆管阻塞如果能在 1 个月内恢复,则被视为一过性疾病;大多数病人都是一过性的,一旦急慢性炎症缓解,水肿消除,胆管阻塞也会得到缓解。如果病人没有显著疼痛或者肿物,将持续监测 1 个月,如果黄疸持续存在则进行手术治疗。动物不能遵循上述原则,但由慢性胰腺炎引起的 EBDO 可小心等候,然后再决定是否进行手术治疗。

和其他类型的肝病一样,需要通过输液疗法稳定体况,先做凝血功能检查和血小板计数,结果合格之后再进行手术。若凝血时间延长,需使用维生素 K 注射剂(1 mg/kg SC q 24 h,24~48 h,术前术后均给药),若效果不佳,可输注新鲜冷冻血浆,以补充凝血因子。如果治疗胆汁性腹膜炎的手术要推迟,需进行腹膜引流,以移除有害物质和含有胆汁的积液,也有利于腹腔冲洗。如果未找到阻塞或胆管损伤部位,那么至少可以采集组织样本(肝脏、胆囊黏膜)和胆汁进行组织病理学检查和细胞学评估,并进行细菌培养和药敏试验。任何腹腔积液都应进行细胞学检查、需氧和厌氧培养。所有病例都需要采集肝脏活检样本。早期 EBDO 患犬的肝脏组织病理学检查常可见小管内出现胆汁栓塞和小胆管增生,慢性病例中伴不同程度的汇管区炎症和纤维化。并发的胆道感染会引发汇管区出现更严重的炎症反应。原发性胆管感染仅通过活检很难诊断。胆汁需氧和厌氧培养、细胞学检查等有助于感染性胆管炎的诊断。胆管感染病例的肝脏活检样本进行细菌培养也可能呈阳性,但比胆汁培养的敏感性低。

手术目标为缓解梗阻或胆汁渗漏,恢复胆汁流通。如果 EBDO 不能解除,则可进行胆管流通系统的重建。不过,由于该病长期预后较差,所以可以选择侵入性小的治疗措施,例如支架手术。犬的胆道改道术中,胆管支架是一种风险较小的选择,虽然在一项调查中,13 只犬进行了该项手术,4 只于围手术期死亡(Mayhew 等,2006)。

胆汁样本采集后应立即开始抗生素治疗,如果患病动物没有长期抗生素使用史,可经验性选择氨苄西林或阿莫西林(22 mg/kg IV,SC,PO,q 8 h)、第一代头孢菌素(22 mg/kg IV/PO q 8 h)或甲硝唑(7.5~10 mg/kg PO q 12 h,若肝胆管功能不全,减低剂量)。

在未完全梗阻的病例(例如上行性胆管炎)或一过性阻塞性病例(大多数慢性胰腺炎急性发作)中,可单独采用药物治疗。如果排除了完全 EBDO,可给予利胆剂熊去氧胆酸,推荐剂量为 10~15 mg/kg,PO,每天给药。另外,由于胆汁反流入肝有潜在的氧化毒性,所有病例(药物或手术)都应使用抗氧化剂治疗,推荐药物为维生素 E(400 IU/30 kg 患犬,PO,根据提醒调整剂量;片剂规格为 100,200 或 400 IU)和 SAM-e(20 mg/kg,PO q 24 h)。患犬需饲喂高质量日粮,也不能限制蛋白含量:一般情况下,重症特需日粮比肝脏处方粮更好,因为患犬有炎症或败血性疾病,但肝功能通常没有问题。

EBDO 患犬或胆汁性腹膜炎患犬的预后和病因有关。如果不需要手术解除梗阻,预后一般或良好;但如果需要手术,预后不良。

## 先天性血管异常
## (CONGENITAL VASCULAR DISORDERS)

犬的先天性血管异常(不管是肝内还是肝外)比猫更为常见。有一定的品种倾向性,提示该病有遗传倾向,但还假设大多数病例是因为在子宫内受到某些类型(不确定)的刺激造成的。试验研究中,将绵羊和其他物种的脐静脉血流量减少,可诱发 PSS 和肝叶不对称。犬也有可能出现这种情况。这也可以解释为什么多个先天性肝内血管异常[例如,先天性 PSS 伴发肝内门静脉发育不良或微血管发育障碍(micro vascular dysplasia,MVD)]同时存在的现象在犬身上相对常见,也可解释为什么先天性 PSS 患犬患其他先天性缺陷的概率更高,例如隐睾和心脏病。

为了便于分类,并且因为它们有不同的临床表现,可将先天性血管异常分为门静脉低压型和门静脉高压型。不过,如果肝脏内不止一处血管异常,这个分类就没那么准确了。

## 和门静脉低压有关的疾病:先天性门静脉短路
### (DISORDERS ASSOCIATED WITH LOW PORTAL PRESSURE:CONGENITAL PORTOSYSTEMIC SHUNT)

### 病因学与发病机制

先天性 PSS 是犬最常见的先天性血管异常。病因和发病机制与猫相似,详见第 37 章。犬有很多不同类型的先天性门脉血管异常,有时会同时存在肝内、肝外门静脉发育不良、肝内 MVD(见后文)。不过,单独的先天性 PSS 病例中,由于部分血流经短路血管分流,其典型特征为门静脉压下降。对于这种病例,除非有严重的低白蛋白血症,否则不会出现腹水。可通过

这一点与其他引起门静脉压升高的先天性血管异常和获得性 PSS(见下文)相区分,获得性 PSS 会存在门静脉高压且常引起腹水。

犬的先天性 PSS 既有可能是肝外的,也有可能是肝内的。肝外 PSS 是连接门静脉的血管异常,也可能是其中一个供血血管(例如左侧胃静脉、脾静脉、肠系膜头侧或尾侧静脉、胃十二指肠静脉)和后腔静脉或奇静脉短路。该病常见于小型犬,尤其是凯恩狸、约克夏狸、西高地白狸、马尔济斯、哈瓦那犬、其他狸和迷你雪纳瑞犬(图 38-9)。肝内 PSS 可能位于左侧,这种病例被认为永久性胎儿静脉导管。肝内 PSS 也可能位于右侧或中央,这种病例有不同的胚胎学起源。肝内 PSS 常见于大型犬,但柯利犬倾向于肝外 PSS,虽然它也是大型犬。品种流行率增加提示可能有遗传因素,但该病仅在爱尔兰猎狼犬中有一定研究,已证明该品种有静脉导管未闭的遗传基础;而在患有肝外 PSS 的凯恩狸犬中,可能会有常染色体多基因遗传或单基因遗传,表达形式各异(van Straten 等,2005)。受影响的爱尔兰猎狼犬可能会产下较小的幼犬,并且一窝内可能不止一只幼犬患有 PSS。

一项报道显示,PSS 风险不高的品种更易出现不常见的 PSS 类型,通过手术解决短路问题的概率也越低(Hunt,2004)。

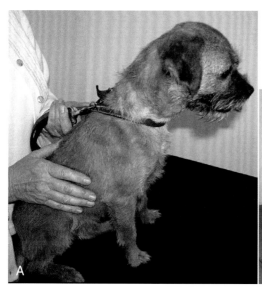
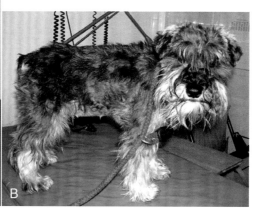

**图 38-9**
患有先天性 **PSS** 的典型小型犬。**A**,8 月龄的雌性边境狸犬。**B**,9 月龄的迷你雪纳瑞犬。

### 临床特征

类似于猫,主要表现为神经症状、GI 和泌尿道症状(详见第 37 章)。约 75% 的犬在 1 岁以内发病,但有些发病年龄较大,甚至高达 10 岁才被诊断出来。神

经症状的严重程度不一,严重的年轻犬会表现出持续转圈、中枢盲、抽搐或昏迷,非常轻微的症状则难以辨识。这种变化反映出 PSS 类型、日粮和环境对症状有一定的影响。常见多饮多尿伴低渗尿,可能和多种因素有关,包括 ADH 释放增多、肾髓质浓缩梯度下降等

(见第35章)。狭犬更常见肾结石,且出现结石的动物一般都无神经症状。患犬通常比同窝其他犬体型小,可能有非局限性神经症状,有些病例还有肾肿大症状。后者是由循环系统变化导致的,而非肾脏疾病或尿石症导致;它也不会引起临床症状,短路血管结扎后可恢复。还有可能出现其他先天性异常,尤其是隐睾,报道显示50%以上的先天性PSS雄性患犬同时患有隐睾。

### 诊断

犬先天性PSS的诊断和猫相似(见第37章),需

通过超声找到短路的血管、CT扫描下动脉、静脉造影(图38-10),或者手术探查。闪烁扫描可发现短路血管,但不能区分先天性和获得性PSS,所以有时需要其他影像学检查才能准确地指导治疗。更多有关PSS影像学检查的信息参见第36章。

若有可能,可在结扎术后重复进行门静脉造影检查,或者手术时采集肝脏组织进行组织病理学评估,这样可以评估术后的肝门血管。这是一项进行性工作,手术预后取决于肝内血管的恢复情况,术后效果不佳的患犬可能同时有门静脉发育不良和/或MVD(见后文)。

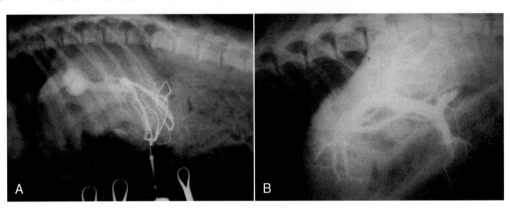

**图38-10**
A,1岁金毛巡回猎犬肝内PSS门静脉造影。该病例短路类型为中央分区分流(central divisional shunt),X线片中有一个静脉窦状结构。B,正常犬门静脉造影,可将其与A图进行对比。(Courtesy Diagnostic Imaging Department, Queen's Veterinary School Hospital, University of Cambridge, Cambridge, England.)

不管是什么种类的血管异常,50%以上的患犬都存在非特异性临床病理学变化,包括小红细胞症、低白蛋白血症、血清ALP和ALT活性轻度升高、低胆固醇血症、BUN浓度下降;禁食胆汁酸正常或升高,但餐后胆汁酸均升高。不过这些指标的变化不能区分先天性PSS、获得性PSS和早期胆汁淤积(也会导致胆汁酸浓度升高)。餐后血氨浓度可能会升高而禁食血氨正常或升高(血氨刺激试验详见框36-1)。血氨耐受试验和刺激试验有加重肝性脑病的风险,因此有一定的危险性。已经评估了其他检测在PSS诊断中的敏感性和特异性。蛋白质C是一种起源于肝脏的抗凝剂,在PSS患犬中会下降,但结扎后会升高,该指标有助于区分PSS和MVD。

发病风险高的品种可在购买前筛查胆汁酸或血氨浓度,但这些检查存在假阳性。在进一步检查之前,任何幼犬均不能因胆汁酸或血氨高而被安乐死,或者被贴上PSS的标签。爱尔兰猎狼犬在6~8周龄之间会有一过性血氨升高,在3~4月龄时会恢复正常。Zandvliet等(2007)指出这一现象是由尿素循环缺陷所致。马尔济斯幼犬餐后胆汁酸会莫名的升高,而非

PSS所致,使得该项检查在该品种中的应用变得更为复杂(Tisdall等,1995)。

影像学检查常见肝脏变小。超声对肝内和肝外PSS的诊断敏感性和特异性均较高;另外,超声检查也可观察其解剖结构。最近还有一项研究指出,超声检查中,微泡技术有助于PSS的诊断(Gómez-Ochoa等,2011)。如果超声找不到短路血管,CT则是诊断的首选,并且目前已经取代了门静脉造影术(详见第36章)。

### 治疗和预后

治疗的首选是将异常血管闭合,以恢复正常门脉血流量。很多病例可使肝功能恢复正常或接近正常。主人必须意识到,即使风险不高,但也有可能在术后出现门静脉高压和难治性癫痫,所以,为降低这种风险,可能需要部分结扎或不完全结扎短路血管。由于门静脉最初很难容纳所有的分流血流,所以首次手术时采取部分结扎很常见。有些病例在晚些时候还会再次手术进一步结扎短路的血管,但这通常不是控制临床症状的必要操作。少数犬在部分结扎后会出现门静脉高

压和多发性获得性 PSS,其临床症状也会复发。PSS 结扎也有不同手术方法,但本文不做详细介绍。另外,也可用缩窄环(图 38-11)或栓塞线圈进行治疗。曾经有两例 PSS 患犬使用腹腔镜结扎手术(Miller 等,2006)。一般来说,PSS 结扎手术需要经验丰富的外科医生。

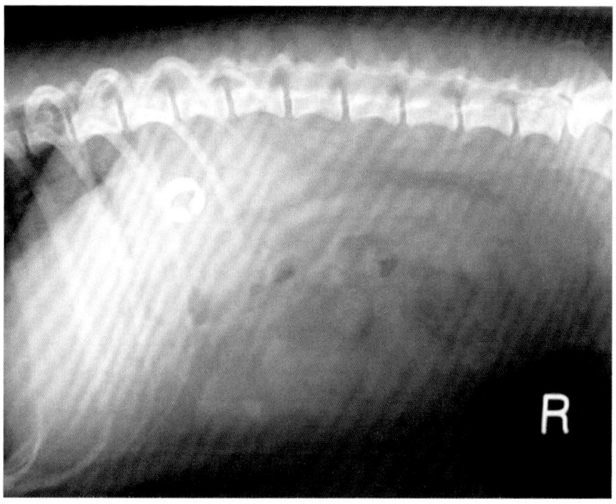


**图 38-11**
**1 只 3 岁迷你雪纳瑞犬的腹部侧位 X 线片。该犬患有肝外门静脉短路,1 年前手术放置了缩窄环来结扎短路血管,在腹部头侧可见到不透 X 线的戒指状缩窄环。(由 Diagnostic Imaging Department, Queen's Veterinary School Hospital, University of Cambridge, Cambridge, England. 惠赠)**

术前术后 8 周均需进行药物治疗,以稳定病情。还要结合饮食管理。很多病例还需要抗生素和可溶性饮食纤维,详见第 39 章。作为手术治疗的替代方案,有些病例可使用药物治疗来延续生命。这种情况可见于经济困难不能转院的主人,或者是不愿接受手术风险(多发性或肝内 PSS)的主人。病情轻微的病患和老年动物也是药物治疗的代表,不过这些动物分流的血液较少。有尿酸盐结石的老年患犬(通常为㹴犬)如果没有神经症状,也可使用药物治疗。对于那些门静脉低压和/或 MVD 的患犬,手术风险较高,最好也选择药物治疗。药物治疗不能治愈该病,但能长期改善病情。最近有一项回顾性调查,该调查中一共有 126 只先天性 PSS 患犬,通过对比手术治疗和药物治疗的效果,作者发现手术治疗患犬存活率更高(Greenhalgh 等,2010)。不过,只有 18 只犬于调查期间死亡,两组犬的存活时间都很长(平均时间为 729 d)。手术时间(年龄)对预后没有明显影响。

患犬一旦成年,没有任何证据表明其肝脏会呈渐进性萎缩。还需要更多研究来探索药物或手术治疗中影响预后的最重要因素,以便在术前就能发现术后预后不良的病例。

## 和门静脉高压有关的疾病
## (DISORDERS ASSOCIATED WITH HIGH PORTAL PRESSURE)

一些不太常见的先天性血管异常患犬的门静脉压正常或者升高,而非呈现出与先天性 PSS 相关的门静脉低压。由于门静脉高压,患犬常表现出相关临床症状(见第 39 章),包括腹水、GI 溃疡和多发性获得性 PSS 和 HE。除了动静脉瘘,其他疾病均不能通过手术解决,不过有些患犬药物治疗长期预后良好。

### 原发性门静脉发育不全、微血管发育异常、非硬化性门静脉高压

#### ◈病因学和发病机制

有些报道显示一些血管异常的年轻犬有门静脉高压,且常伴有腹水,肝脏组织病理学变化提示门静脉分支变小、小动脉数量增加和轻度纤维化。有一些关于肝外门静脉明显发育不全的报道,但大多数非硬化性门静脉高压和 MVD 的研究所描述的门静脉发育不全都局限于肝内血管。这些疾病可能是不同的异常引起,或者同一个异常的不同程度,但其临床症状、治疗和预后相似。肝内或肝外门静脉分支缺失会导致门静脉高压,其潜在后果与慢性肝炎相同(见前文),会出现腹水、肠壁水肿和 GI 溃疡、获得性 PSS。MVD 患犬一般不会出现显著的门静脉高压,除了这些,WSAVA 肝病标准化小组已将 MVD 与这些疾病进行分类(Cullen 等,2006)。伴有 MVD 的患犬常表现为肝叶短路,但没有和门静脉高压相关的症状。

任何品种都有可能发病,但 MVD 好发于小型犬,约克夏㹴和凯恩㹴发病风险较高,而非硬化性门静脉高压常见于大型犬。

#### ◈临床特征

所有患这些疾病的犬通常都比较年轻,伴有门静脉高压和 PSS 的症状,其疾病严重程度和损伤程度有关。由于这些患犬会出现获得性 PSS,所以其临床症状与临床病理学变化和先天性 PSS 有一定的交叉重叠,因为所有这些疾病通常都出现在年轻犬上。所以,和门静脉高压相关的其他表现(例如腹水)是重要的临床线索,可提示获得性 PSS,而非先天性 PSS。

门静脉发育不全或特发性非硬化性门静脉高压通

常于1～4岁发病,且通常为纯种犬,无性别倾向,以大型犬为主。早期报道中,德国牧羊犬的先天性或幼年性肝脏纤维化,也可能是非硬化性门静脉高压的一种表现

形式。临床表现也与门静脉高压有关,包括腹部扩张(和腹腔积液有关)、胃肠道症状、多饮、体重减轻等,还有可能出现 HE,但比较少见。患犬通常高度警觉(图38-12)。

**图 38-12**
雌性德国牧羊犬非硬化性门静脉高压。A,14 月龄,腹水,体况很差,但高度警觉。B,5 年后患犬(仅通过药物治疗)状态非常稳定,无可视腹水。该犬生活了 8 年,生活质量很高,最后出现了胃十二指肠溃疡(见第 39 章)。C,该犬长期使用的药物,它还接受了辅助饮食管理。(图 B 和图 C 获得相关授权,于 Watson P J: Treatment of liver disease in dogs and cats. Part 2: Treatment of specific canine and feline liver diseases, *UK Vet* 9:39,2004. )

MVD 患犬与先天性门静脉短路患犬的临床病理学变化相似,但没有门静脉高压或腹水。MVD 好发于㹴犬,和先天性 PSS 的高风险品种有一定的交叉重叠。另外,还有一些犬会同时出现先天性 PSS 和 MVD/门静脉发育不良,使得诊断更为困难。已报道的 MVD 好发品种包括凯恩㹴和约克夏㹴,凯恩㹴的血管异常部位位于门静脉终端。该品种为常染色体遗传病,但遗传模式尚不清楚。典型症状包括呕吐、腹泻和 HE 等,但 HE 的临床表现较为轻微(和先天性 PSS 相比)。仅患有 MVD 的犬年龄较大,很多几乎没有临床表现,或者很轻微。对于那些已筛查过先天性 PSS 的年轻纯种犬,如果出现了非肝脏相关疾病,SBA 升高可能是唯一的异常发现。

◆诊断

MVD、肝内门静脉发育不全、非硬化性门静脉高

压的诊断取决于肝脏活检的发现,见到肝内门静脉发育不全且无明显短路血管可支持诊断。仅靠肝脏活检并不能区分先天性和继发性 PSS,因此存在并发门静脉高压所引起的临床表现、排除短路血管是最终诊断的重要组成部分。临床病理学变化和犬先天性 PSS 相似,包括肝功能不全(低白蛋白血症)和等渗尿。

与先天性 PSS 相比,MVD 少见小红细胞症。一项研究显示,利用蛋白质 C 浓度正常(活性＞70%)可有效区分 MVD 和先天性 PSS,且敏感性和特异性均较高,因为后者蛋白质 C 浓度通常会下降(Toulza 等,2006)。非硬化性门静脉高压患犬超声检查下,常见小肝和低回声腹腔积液;多发性获得性 PSS 在超声下可能可见。单独 MVD 患犬比真正的先天性 PSS 患犬出现腹水的概率低,SBA 浓度升高程度也比后者低。

识别 MVD、门静脉低发育不全和/或非硬化性门

静脉高压最重要的方面在于排除可经手术纠正的PSS、识别门静脉高压(需要治疗,见第39章),进行肝脏活检以确定或排除其他肝病。门静脉发育不全和慢性肝炎末期伴肝硬化的临床表现、临床病理学变化、影像学检查相似,唯一的区别手段为肝脏组织学检查。一般来说,门静脉发育不全-非硬化性门静脉高压比硬化性肝病的长期预后好,所以区分两者是非常重要的。

◉治疗和预后

如果能够控制临床症状,这些疾病预后相对较好。它们不是进行性疾病,并且无法进行手术治疗。临床上通常可以有效控制 HE、腹水、胃肠道溃疡(见第39章)。糖皮质激素治疗禁用于这类患犬,因为极有可能恶化病情(门静脉高压和胃肠溃疡)。这也进一步强调活检的重要性,也有利于将其和慢性肝炎区分开来。

一项有关犬非硬化性门静脉高压的研究指出,如果实施合适的治疗,患犬可存活 9 年以上(Bunch 等,2001)。少数犬会因持续性门静脉高压(例如出现十二指肠溃疡)引起的问题而被安乐死。MVD 患犬的临床症状比先天性 PSS 患犬轻微,可通过药物长期治疗。患犬可舒适地存活至少 5 年时间。

## 动脉-门静脉瘘

肝内动脉-门静脉瘘不常见,它可引起门脉循环血容量过度负荷,引起门静脉高压、获得性 PSS 和腹水。腹部多普勒超声检查通常可见连接动脉和过度灌注门静脉或静脉的管状扭曲。有时在体壁可听诊到动静脉瘘形成的湍流音。如果仅一个肝叶有动脉-门静脉瘘,该肝叶可用手术切除。如果肝内门脉系统血管充足,一旦门脉循环过度负荷消退,获得性门静脉短路也会退化。但临床病例通常是多个肝叶发生动脉-静脉瘘,致使无法通过手术治疗。

# 局灶性肝损伤
## (FOCAL HEPATIC LESIONS)

# 脓肿
## (ABSCESSES)

### 病因

肝脓肿通常是腹腔内细菌感染形成败血性栓塞的

结果。在幼犬中,多为脐静脉炎的继发症,而对于成年犬,最常继发于胰腺或肝胆系统炎症。患某些内分泌疾病的成年犬,如糖尿病或皮质醇增多症,也易患本病。感染也可见于一些非腹腔部位(不常见),如心内膜、肺脏或血液,都可转移到肝脏,导致脓肿。

最近一项 14 例犬肝脓肿的病例回顾中,10 个病例的肝组织培养出了细菌,其中有 9 例分离出了需氧菌(Farrar 等,1996)。虽然最常分离到的细菌是革兰阴性菌,但在 2 只犬中分离到葡萄球菌;在 7 例脓肿液厌氧培养的病例中,4 只犬分离到厌氧菌,且都是梭状芽孢杆菌。

### 临床特征

肝脓肿患犬的典型临床特征和体格检查结果主要取决于潜在病因。8 岁以上的犬最常受到影响,因为肝脓肿的诱发因素多见于老年犬。无论何种病因,最常见的临床症状为厌食、嗜睡和呕吐。体格检查结果包括发热、脱水和腹痛。一些糖尿病、肾上腺皮质功能亢进、原发性肝胆疾病中可见肝肿大现象。

### 诊断

嗜中性粒细胞增多且核左移,伴有或不伴有中毒性变化,血清 ALP 和 ALT 活性升高,但这些均为非特异性临床病理学变化。腹部 X 线片可见在肝实质区域内存在不规则肝肿大、肿物或气体不透明区域(图 38-13)。但超声检查是首选的影像学检查方法。其特征性征象是一个或多个低回声或无回声的肝脏肿物,而周围可能存在高回声边缘。如果肝实质中存在多个肿物,不能通过手术摘除或主人拒绝手术,则应通过细针抽吸作细胞学检查,鉴别脓肿、结节性增生、肿瘤(如血管肉瘤)或肉芽肿。理论上,用于细胞学检查和需氧厌氧培养的样本应取自肝实质深部的代表性肿物处,以避免脓肿破裂和腹腔污染。在手术过程中也应该通过这方法采集脓肿样本,术后即可使用抗生素治疗。超声引导下抽吸引流也是一种治疗手段,可联合抗生素治疗(见后文)。初步的临床病理学和 X 线片检查可用于排除上述提到的相关或诱发性疾病。

### 治疗和预后

肝脓肿的治疗包括手术切除感染组织、给予合适的抗生素、支持疗法、消除潜在诱发病因。如果有可能,切除所有感染的肝脏组织并进行组织病理学检查和细菌培养。还应补充液体、电解质和纠正酸碱紊乱。在得到细菌培养和药敏试验结果前,开始联合使用针对革兰阴性菌和厌氧菌的抗生素。由于葡萄球菌、梭菌是最常见的分离菌株,阿莫西林(10～20 mg/kg IV q 8 h)或恩诺沙星(5 mg/kg IV 或 PO q 24 h),联合甲硝唑[10 mg/kg PO q 12 h 或 7.5 mg/kg PO q 12 h(肝功能减退犬)]或克林霉素(10 mg/kg IV 或 PO q

12 h)都是经验用药的首选药。当动物患多发性脓肿时,不适宜手术治疗。超声引导穿刺和排空脓肿可能是更适宜的辅助治疗方法。抗生素应长期使用,通常需持续6～8周或直至临床病理学检查和超声检查表明败血性脓肿完全消失为止。从这种罕见疾病有限的资料中,似乎可认为只要做积极的内科和外科治疗,肝脓肿患犬的预后并没有以前想象中那么差。

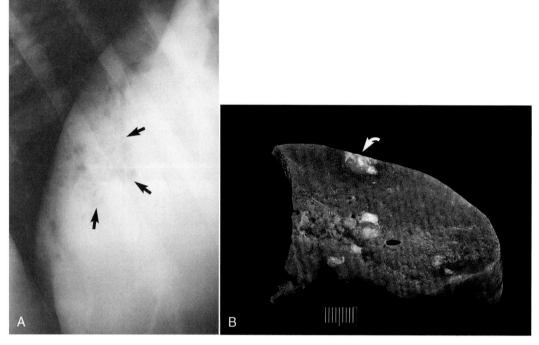

**图 38-13**
A,1 岁雌性大丹犬由于感染梭状芽孢杆菌导致肝脓肿,腹部侧位 X 线片(箭头处);原因不明。B,切出的肝叶表面粗劣,有一块脓肿(箭头处)。

## 结节性增生
(NODULAR HYPERPLASIA)

肝脏结节性增生是老年犬的一种良性疾病,它不会引起临床疾病,但易被误诊为较严重的疾病,如原发性或转移性恶性肿瘤或与肝硬化相关的再生性结节。该病的发病风险随年龄增长,14 岁以上的犬中,约 70%～100%存在微观或宏观可见的增生。患犬的 ALP 活性升高(一般升高 2.5 倍,但也可高达 14 倍),这提示需要进行肾上腺皮质功能亢进相关检查。血清生化分析中无肝功能不全的表现。超声检查或手术时,可见多数患犬存在多个肉眼(或超声)可见的结节,其直径为 2～5 cm。一些犬只有一个结节。

微结节较不常见,并且仅可通过肝脏活组织检查发现。病变由正常肝细胞空泡化而形成,与正常肝脏相比有丝分裂象增加,双核细胞减少;仍保持正常肝脏的结构成分(如汇管区、中央静脉);由于结节生长,邻近肝实质被结节压迫;无纤维化、坏死、炎症和胆小管增生等现象。因为各种结节性疾病的预后不同,活检样本须包括病变边缘和邻近肝组织,推荐使用楔形活检。穿刺样本可能太小而无法准确区别结节性增生和原发性肝细胞癌或腺瘤。引起这种病变的原因不清。根据在啮齿类动物结节性增生的实验研究,有些研究者怀疑其与食物有关(蛋白含量极低)。

## 肿瘤
(NEOPLASIA)

### 病因学

犬原发性肝脏肿瘤较为罕见,还不到所有犬肿瘤的 1.5%。和猫不同,犬的恶性肿瘤比良性肿瘤更常见,且转移性肿瘤的发病率是原发性肿瘤的 2.5 倍。转移性肿瘤主要来自脾脏、胰腺和胃肠道(图 38-14)。

**图 38-14**
1 只 2 岁雄性西伯利亚哈士奇尸检后的肝脏大体外观,该犬患有转移性癌症。

虽然某些化学物质可试验性诱导肝脏肿瘤,且慢性肝炎、脂肪性肝炎和慢性胆管疾病也是肝脏肿瘤的诱发因素,但自发性肝肿瘤的病因仍不清楚。犬原发性肝脏肿瘤的类型和其转移风险见表 38-3。

### 临床特征

除弥散性或结节性肝肿大外,其他原发性或继发性肝脏肿瘤病例的临床特征和体格检查均是非特异性的。这些疾病跟大结节性硬化或良性结节增生难以区分,后面这两种疾病也常见于老年犬。所以,如果仅通过临床检查或影像学检查发现肝脏上有结节,在未进行组织学确诊之前,不能因此将患犬安乐。肝细胞癌多发于左侧肝叶,存在三种不同形式:团块型(单个大结节,最常见)、结节型(多个小结节)和弥散型(弥散性无法鉴别的小结节)。每种肿瘤的生物学行为均不同,详见表 38-3。

 **表 38-3　犬的原发性肝肿瘤***

| 肿瘤类型 | 注解 |
| --- | --- |
| **肝细胞肿瘤** | |
| 肝细胞癌(HCC) | 肝细胞癌是犬最常见的肝脏肿瘤(50%) |
| 肝细胞腺瘤、肝细胞瘤 | 大多数为大团块型,有些是结节型或弥散型的 |
| 肝母细胞瘤——非常罕见 | 迷你雪纳瑞犬、公犬的转移率较高,0~37% 为大团块型,93%~100% 为结节型或弥散型 |
| | 腺瘤不常见,且多为意外发现 |
| **胆管肿瘤** | |
| 胆管癌(包括囊腺癌) | 胆管癌是犬原发性肿瘤中的第二大常见肿瘤(22%~41% 为恶性肝脏肿瘤) |
| 胆管腺瘤 | 拉布拉多巡回猎犬、雌性犬发病风险较高,且通常为侵袭性 |
| 胆囊肿瘤 | 转移率高达 88% |
| | 腺瘤不常见,胆囊肿瘤非常罕见 |
| **神经内分泌肿瘤** | |
| 肝脏类癌 | 非常罕见,但常为弥散型或结节型,有很强的侵袭性 |
| **原发性肝脏肉瘤** | |
| 血管肉瘤、平滑肌肉瘤、胃肠道梭形细胞瘤、其他 | 不常见 |
| | 通常是局部侵袭性,弥散型或结节型,转移率高 |

*恶性肿瘤比良性肿瘤更常见,犬的转移至肝脏的肿瘤比原发性肿瘤更常见。
MR. Metaslatic rate

肝脏肿瘤的临床病理学变化同样是非特异的,并且血液学检查可能正常(即使肿瘤已全身转移)。淋巴瘤浸润肝脏通常会出现 ALT 和 ALP 升高,但很少会出现黄疸。肝脏回声可能正常。肝细胞癌患犬会出现低血糖,也可能跟副肿瘤综合征(胰岛素样生长因子)有关。细胞学检查通常可区分孤立型肝细胞癌和结节性增生。团块型肝细胞癌的转移率很低。结节型和弥散型肝细胞癌或胆管癌通常早期发生转移,最常见的转移位置是局部淋巴结、肺脏和腹膜表面。肝细胞腺

瘤是一种良性肿瘤,它多为单个肿瘤,且通常小于肝细胞癌,但也可能为多灶性。肝细胞腺瘤的组织学特征和结节性增生(正常肝脏)很相似,但肝细胞腺瘤周围有网硬蛋白包裹且缺乏明显的正常结构(如无肝门束,无中央静脉)。

### 治疗和预后

当在肝脏中发现单个体积较大的肝脏肿物时,难以鉴别分化良好的肝细胞癌、结节性增生和肝细胞腺

瘤,但细胞学检查通常有一定帮助。对于原发性肝肿瘤和大团块型肝细胞癌,手术切除是首选的治疗方法。对于后者,由于其转移率比弥散型或结节型低,预后通常较好,肝叶切除后局部复发约率13%。大团块型肝细胞癌患犬手术切除后存活期长(2～3年)。对于影响单个肝叶的肿瘤病例,手术切除肝叶是一种不错的选择,不但能获得诊断信息,对很多病例来讲还有治疗效果。

弥散性或结节性肝细胞癌和其他原发性恶性肿瘤患犬预后不良。肝脏不能承受累积剂量的射线,所以肝脏肿瘤不能放疗。肝脏肿瘤化疗效果也比较差,肝细胞瘤很快会出现抗药性。继发性肝肿瘤对化疗的反应与肿瘤类型和原发位置有关。肝脏淋巴瘤如果只是多中心淋巴瘤的一部分,则对化疗反应良好,但如果是原发性肝脏淋巴瘤,化疗反应较差。且最近有项研究显示,如果原发性肝脏淋巴瘤化疗不能达到完全缓解,且血清白蛋白水平下降,预后非常差(Dank等,2011)。转移性血管肉瘤对VAC化疗方案(长春新碱、多柔比星和环磷酰胺)反应良好(见第79章)。转移性癌症或类癌对化疗反应较差。更多资料见"肿瘤学"中转移性肿瘤部分。

## 肝脏皮肤综合征和浅表性坏死性皮炎(HEPATOCUTANEOUS SYNDROME AND SUPERFICIAL NECROLYTIC DERMATITIS)

### 病因和发病机制

肝脏皮肤综合征(也被称为浅表坏死性皮炎、代谢性表皮坏死和坏死性游走性红斑)是一种皮肤病,该病与某些特定的肝病有关,预后一般较差。该病(犬)的病理生理机制和潜在病因尚不清楚,可能是多种因素共同作用的结果。超声检查或组织病理学检查可见到特殊征象,但一般很难找到病因。不过,因为很多病例似乎代表了对潜在内分泌肿瘤或疾病的肝脏反应,所以浅表坏死性皮炎可能是原发性或继发性肝病的一种中间状态。

潜在的病理机制可能跟循环氨基酸浓度异常低下有关,因此皮肤营养不良,尤其是血供不良的地方,例如肢端。由于组织病理学检查结果显示其变化和锌反应性皮肤病相似,所以也有可能跟缺锌有关;还有一种说法是与脂肪酸缺乏有关。人医中,该

病通常和胰高血糖素分泌瘤有关。不过该病在犬中很少有报道,而且循环胰高血糖素浓度通常正常,虽然偶尔会很高。血浆氨基酸浓度可能很低,不管患犬有没有胰腺肿瘤。犬的浅表性坏死性皮炎可能和代谢性肝病有关,肝脏对氨基酸的异化作用较强,使其对外周利用性下降。

报道显示,11例犬在治疗癫痫时,出现了和慢性苯巴比妥有关的浅表性坏死性皮炎(March等,2004)。患犬的平均发病年龄为10岁,苯巴比妥平均给药时间为6年。未找到其他潜在病因。血浆氨基酸浓度显著下降。

不管是什么潜在机制,患犬发展为糖尿病的风险很高,约为25%～40%。如果胰高血糖素浓度升高那么很容易解释糖尿病的高风险,因为它是一种致糖尿病激素,但单纯基于氨基酸水平的变化则难以解释。

### 临床表现

自发性浅表坏死性皮炎通常可见于老年小型犬,一项研究中,75%的患犬为雄性犬(Outerbridge等,2002)。大多数犬是因为皮肤病就诊的,而非肝脏疾病。典型症状包括红斑、结痂、角化过度,影响脚垫、鼻子、眶骨周围、肛周、生殖器区域和四肢受力点。足部病变可能很痛(裂开),可能会有跛行和继发性感染。可能也会出现肝脏疾病相关症状,随后还有可能会发展为糖尿病,尤其是那些使用致糖尿病药物(例如糖皮质激素,使用该药试图控制皮肤病)的动物。

### 诊断

确诊需要皮肤活检(有独特的变化)。锌反应性皮肤病(唯一一种)和该病的组织病理学检查结果相似。组织学检查可见显著的角化不全性角化过度,伴细胞内和细胞外水肿和增生的基底细胞,HE染色显示特征性红色、白色和蓝色。

肝脏检查特异性差,除了超声检查。常出现肝酶活性升高,有些病例还会出现低白蛋白血症。糖尿病患犬还有高血糖和糖尿。超声检查典型表现为"瑞士奶酪"样肝脏,由多个低回声区域组成,边界回声较高(图38-15)。所有病例的肝脏组织学检查结果均相似,和大结节性肝硬化表现相似。肝脏被分成再生性增生性结节,伴纤维性隔膜,有特征性膨胀,肝细胞空泡化,有些有少量炎症或坏死反应,有些无炎症或坏死。

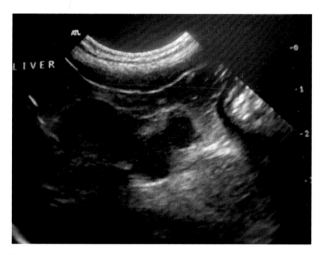

图 38-15
1 只 6 岁边境牧羊犬患有肝皮综合征,该病继发于长期苯巴比妥治疗(治疗自发性癫痫)。肝实质内有典型的低回声暗区(图片左侧)。(Courtesy Diagnostic Imaging Department, Queen's Veterinary School Hospital, University of Cambridge, Cambridge, England.)

### 治疗和预后

除非能找到并治愈潜在病因,否则预后很差。大多数犬存活期少于 6 个月。曾经有报道显示,查明胰腺肿瘤并将其摘除后患犬的病情恢复。虽然目前尚未得到证实,但和苯巴比妥有关的肝脏-皮肤症状可在停药后缓解,需进一步探索无肝毒性的癫痫治疗药物。溴化钾可能是一种替代选择,但需要数周才能达到稳态。也可使用加巴喷丁,但仅有部分犬有效,也需要经过肝脏代谢。详见第 64 章。

如果找不到潜在病因,需进行对症治疗和支持治疗。最重要的是补充氨基酸和蛋白质。少数病例需长期治疗。单个有关人的病例报道显示,补充氨基酸和常规食物蛋白(例如鸡蛋)后病人的病情缓解;有些狗在饲喂蛋黄后也会出现临床改善。尚不清楚鸡蛋是否有帮助,因为它们富含高质量氨基酸,且可能还含有其他有益的微量营养物质。肝皮综合征患犬不应饲喂肝脏疾病专属日粮,因这种日粮限制蛋白含量。其他支持疗法包括抗生素控制继发感染(例如头孢氨苄,20 mg/kg PO q 12 h)、使用抗氧化剂等(见前文“慢性肝炎的治疗”)。另外,有些病例补充锌和脂肪酸也有一定帮助。由于这种病例有糖尿病的倾向,所以禁止使用糖皮质激素治疗。我们团队曾成功治疗了 2 例肝皮综合征患犬,这些患犬饲喂的是高质量易消化日粮,还额外补充鸡蛋、维生素 E 和 SAM-e,应用抗生素。即使这样,还是有 1 只犬在诊断该病的 1 个月后出现糖尿病。

## 继发性肝脏疾病
## (SECONDARY HEPATOPATHIES)

犬常见继发性肝病(反应性和空泡性)。病理研究表明它们比原发性肝病更常见。这类肝病患犬大多会出现肝酶升高,但肝脏变化和临床相关性不高,通常也不会引起肝功能损伤。这些疾病常和原发性肝脏疾病相混淆。肝酶升高的患犬应尽力排除继发性肝病,这样才能治疗潜在的原发疾病(例如内分泌疾病、炎症疾病或其他内脏疾病)。除了原发性肝病之外,老年犬肝酶升高还有可能有许多其他原因,在确定病因之前,一定不能过于匆忙地给予蛋白限制日粮以及用于肝病的药物。很多继发性肝病患犬未进行肝脏组织病理学检查,因为可以通过其他方式获得诊断。根据组织病理学检查结果可将继发性肝病进行分为三大类——与肝细胞肿胀或空泡化相关的继发性肝病、肝脏充血或水肿、反应性肝炎。

### 肝细胞空泡化
### (HEPATOCYTE VACUOLATION)

与肝细胞空泡化相关的继发性肝病分为:类固醇诱导性肝病和肝细胞脂肪变性(脂质沉积、脂肪化)。类固醇诱导性肝病以肝细胞内糖原贮积为特征,和脂肪变性(肝细胞内脂肪沉积)不同。这两种病变可通过特殊染色识别出来,过碘酸雪夫氏染色标记糖原,油红或苏丹黑标记脂肪。常规 HE 染色也有不同特征。糖原空泡一般不会导致细胞核偏离中心,且细胞质中会出现嗜酸性物质,而经典的脂肪变性会出现空泡化,而且染色过程中会出现脂肪丢失,细胞核则偏于细胞一侧(图 38-16)。

如果能消除潜在病因,空泡化肝病是可逆的,这在内分泌疾病中很常见(见表 38-1)。类固醇诱导性肝病可见于肾上腺皮质功能亢进、给予外源性类固醇药物等。其他激素和药物治疗也会引起空泡变性,例如 D-青霉胺、巴比妥盐等。苏格兰㹴犬中曾有自发性空泡性肝病的报道,其 ALP 水平显著升高,但找不到其他潜在病因。一项康奈尔大学(Sepesy 等,2006)的苏格兰㹴犬空泡化肝病研究显示,其变化可能和 21-羟化酶基因缺失导致的雄性激素生成过度有关。该项调查中,

**图 38-16**

1 只中年雪纳瑞犬的尸检肝脏大体外观(A)和组织病理学检查照片(B),该犬患有糖尿病,控制较差。其肝脏呈黄色、发白,呈弥散性脂肪变性。组织学检查显示肝细胞显著肿胀,内含脂肪,细胞核偏于细胞一侧。中央可见汇管区(HE 染色,×200)。(Courtesy Pathology Department, Veterinary Medicine, University of Cambridge, Cambridge, England.)

约 30% 的肝脏空泡化苏格兰㹴犬发展为肝细胞癌,提示犬慢性空泡化肝病可能会增加肿瘤发病风险。空泡化也会引起部分犬出现肝脏皮肤综合征,和糖原贮积性空泡化相似。脂肪变性通常和犬糖尿病有关,最初呈小叶中心性,然后四处发展。幼龄小型犬可能会出现低血糖。虽然犬肝脏脂肪变性有时很严重,但它本身不会引起显著疾病,这一点和猫颇为不同,猫的原发性或继发性肝脏脂质沉积会引发严重的临床疾病(见第 37 章)。

## 肝脏充血和水肿
### (HEPATIC CONGESTION AND EDEMA)

肝脏充血是右心衰竭的一种常见症状,也常见于肝后静脉充血,例如心丝虫。它们会导致肝酶升高。这种表现通常是可逆的,但一些慢性疾病中充血和心脏疾病有关,会导致纤维化和永久性病变(所谓的心源性硬化)。

## 非特异性反应性肝炎
### (NONSPECIFIC REACTIVE HEPATITIS)

非特异性反应性肝炎是一些肝外疾病的非特异性肝脏反应,尤其是内脏炎症性疾病,例如胰腺炎和炎性肠病。肝窦、汇管区、肝实质会出现轻度炎症浸润,但和肝细胞坏死或纤维化无关,找不到原发性肝炎的相关变化。这种变化相当于反应性淋巴结病,应积极寻找潜在病因。

## 诊断

所有继发性肝病的诊断建立在潜在病因的寻找上。临床表现和原发性疾病有关但和肝脏无关。但是,有时其临床症状和肾上腺皮质功能亢进、糖尿病有一定交叉,例如多饮多尿、腹围增大,如果同时有肝酶升高,原发性肝病的可能性较大。要想鉴别原发性或继发性肝病,需从肝酶水平升高和其他临床症状着手。例如,若一只犬出现多饮多尿、腹围增大、皮肤异常、ALP 活性显著升高及 ALT 活性变化不明显,则高度怀疑肾上腺皮质功能亢进,之后要进行相应的实验室检查,寻找潜在疾病。通常不需要肝脏活检。不过,有些原发性肝病病例的变化很轻微或者不典型,需要进行肝脏活检以排除原发性肝病。积极寻找肝脏的非特异性变化,然后再次寻找潜在病因。

### ◆推荐阅读

Abdallah AAL et al: Biliary tract obstruction in chronic pancreatitis. *HPB (Oxford)* 9:421, 2007.

Adamus C et al: Chronic hepatitis associated with leptospiral infection in vaccinated beagles, *J Comp Path* 117:311, 1997.

Aguirre AL et al: Gallbladder disease in Shetland Sheepdogs: 38 cases (1995-2005), *J Am Vet Med Assoc* 231:79, 2007.

Azumi N: Copper and liver injury—experimental studies on the dogs with biliary obstruction and copper loading, *Hokkaido Igaku Zasshi* 57:331, 1982.

Bexfield NH et al: Chronic hepatitis in the English Springer Spaniel: clinical presentation, histological description and outcome, *Vet Rec* 169:415, 2011.

Bexfield NH et al: Breed, age and gender distribution of dogs with chronic hepatitis in the United Kingdom, *Vet J* 193:124, 2012.

Bexfield NH et al: Canine hepacivirus is not associated with chronic liver disease in dogs, *J Viral Hepat*, Aug 12, 2013. [Epub ahead of print]

Bigge LA et al: Correlation between coagulation profile findings and bleeding complications after ultrasound-guided biopsies: 434 cases (1993-1996), *J Am Anim Hosp Assoc* 37:228, 2001.

Boomkens SY et al: PCR screening for candidate etiological agents of canine hepatitis, *Vet Microbiol* 108:49, 2005.

Bunch SE: Hepatotoxicity associated with pharmacologic agents in dogs and cats, *Vet Clin N Am Small Anim Pract* 23:659, 1993.

Bunch SE et al: Idiopathic noncirrhotic portal hypertension in dogs: 33 cases (1982-1988), *J Am Vet Med Assoc* 218:392, 2001.

Center SA et al: Evaluation of the influence of S-adenosylmethionine on systemic and hepatic effects of prednisolone in dogs, *Am J Vet Res* 66:330, 2005.

Christiansen JS et al: Hepatic microvascular dysplasia in dogs: a retrospective study of 24 cases (1987-1995), *J Am Anim Hosp Assoc* 36:385, 2000.

Coronado VA et al: New haplotypes in the Bedlington terrier indicate complexity in copper toxicosis, *Mammalian Genome* 14:483, 2003.

Cullen JM et al: Morphological classification of circulatory disorders of the canine and feline liver. In Rothuizen J et al, editors: *WSAVA standards for clinical and histological diagnosis of canine and feline liver disease*, Oxford, England, 2006, Saunders Elsevier.

Dank G et al: Clinical characteristics, treatment, and outcome of dogs with presumed primary hepatic lymphoma: 18 cases (1992-2008), *J Am Vet Med Assoc* 239:966, 2011.

Dunayer EK et al: Acute hepatic failure and coagulopathy associated with xylitol ingestion in eight dogs, *J Am Vet Med Assoc* 229:1113, 2006.

Farrar ET et al: Hepatic abscesses in dogs: 14 cases (1982-1994), *J Am Vet Med Assoc* 208:243, 1996.

Filburn CR et al: Bioavailability of a silybin-phosphatidylcholine complex in dogs, *J Vet Pharmacol Ther* 30:132, 2007.

Fox JA et al: *Helicobacter canis* isolated from a dog liver with multifocal necrotizing hepatitis, *J Clin Microbiol* 34:2479, 1996.

Friedman SL: Evolving challenges in hepatic fibrosis, *Nat Rev Gastroenterol Hepatol* 7:425, 2010.

Fry DR et al: Protozoal hepatitis associated with immunosuppressive therapy in a dog, *J Vet Intern Med* 23:366, 2009.

Gabriel A et al: Suspected drug-induced destructive cholangitis in a young dog, *J Small Anim Pract* 47:344, 2006.

Gillespie TN et al: Detection of *Bartonella henselae* and *Bartonella clarridgeiae* DNA in hepatic specimens from two dogs with hepatic disease, *J Am Vet Med Assoc* 222:47, 2003.

Gómez-Ochoa P et al: Use of transsplenic injection of agitated saline and heparinized blood for the ultrasonographic diagnosis of macroscopic portosystemic shunts in dogs, *Vet Radiol Ultrasound* 52:103, 2011.

Görlinger S et al: Congenital dilatation of the bile ducts (Caroli's disease) in young dogs, *J Vet Intern Med* 17:28, 2003.

Greenhalgh SN et al: Comparison of survival after surgical or medical treatment in dogs with a congenital portosystemic shunt, *J Am Vet Med Assoc* 236:1215, 2010.

Haywood S: Copper toxicosis in Bedlington terriers, *Vet Rec* 159:687, 2006.

Hoffmann G et al: Copper-associated chronic hepatitis in Labrador Retrievers, *J Vet Intern Med* 20:856, 2006.

Hyun C et al: Evaluation of haplotypes associated with copper toxicosis in Bedlington terriers in Australia, *Am J Vet Res* 65:1573, 2004.

Hunt GB: Effect of breed on anatomy of portosystemic shunts resulting from congenital diseases in dogs and cats: a review of 242 cases, *Aust Vet J* 82:746, 2004.

Jarrett WF, O'Neil BW: A new transmissible agent causing acute hepatitis, chronic hepatitis and cirrhosis in dogs, *Vet Rec* 15:629, 1985.

Jarrett WFH et al: Persistent hepatitis and chronic fibrosis induced by canine acidophil cell hepatitis virus, *Vet Rec* 120:234, 1987.

Kapoor A et al: Characterization of a canine homolog of hepatitis C virus, *Proc Natl Acad Sci USA* 108:11608, 2011.

Kitchell BE et al: Peliosis hepatis in a dog infected with *Bartonella henselae*, *J Am Vet Med Assoc* 216:519, 2000.

Lee KC et al: Association of portovenographic findings with outcome in dogs receiving surgical treatment for single congenital portosystemic shunts: 45 cases (2000-2004), *J Am Vet Med Assoc* 229:1122, 2006.

Liptak JM: Hepatobiliary tumours. In Withrow SJ, Vail DM, editors: *Withrow and MacEwan's small animal clinical oncology*, ed 4, St Louis, 2007, Saunders Elsevier.

Mandigers PJ et al: Improvement in liver pathology after 4 months of D-penicillamine in 5 doberman pinschers with subclinical hepatitis, *J Vet Intern Med* 19:40, 2005.

March PA et al: Superficial necrolytic dermatitis in 11 dogs with a history of phenobarbital administration (1995-2002), *J Vet Intern Med* 18:65, 2004.

Mealey KL et al: An insertion mutation in ABCB4 is associated with gallbladder mucocele formation in dogs, *Comp Hepatol* 9:6, 2010.

Mayhew PD et al: Choledochal tube stenting for decompression of the extrahepatic portion of the biliary tract in dogs: 13 cases (2002-2005), *J Am Vet Med Assoc* 228:1209, 2006.

Miller JM et al: Laparoscopic portosystemic shunt attenuation in two dogs, *J Am Anim Hosp Assoc* 42:160, 2006.

Newman SJ et al: Aflatoxicosis in nine dogs after exposure to contaminated commercial dog food, *J Vet Diagn Invest* 19:168, 2007.

O'Neill EJ et al: Bacterial cholangitis/cholangiohepatitis with or without concurrent cholecystitis in four dogs, *J Small Anim Pract* 47:325, 2006.

Outerbridge CA et al: Plasma amino acid concentrations in 36 dogs with histologically confirmed superficial necrolytic dermatitis, *Vet Dermatol* 13:177, 2002.

Pike FS et al: Gallbladder mucocele in dogs: 30 cases (2000-2002), *J Am Vet Med Assoc* 224:1615, 2004.

Poldervaart RP et al: Primary hepatitis in dogs: a retrospective review (2002-2006), *J Vet Intern Med* 23:72, 2009.

Raffan E et al: Ascites is a negative prognostic indicator in chronic hepatitis in dogs, *J Vet Intern Med* 23: 63, 2009.

Schermerhorn T et al: Characterization of hepatoportal microvascular dysplasia in a kindred of cairn terriers, *J Vet Intern Med* 10:219, 1996.

Seguin MA et al: Iatrogenic copper deficiency associated with long-term copper chelation for treatment of copper storage disease in a Bedlington Terrier, *J Am Vet Med Assoc* 15:218, 2001.

Sepesy LM et al: Vacuolar hepatopathy in dogs: 336 cases (1993-2005), *J Am Vet Med Assoc* 229:246, 2006.

Shawcross D et al: Dispelling myths in the treatment of hepatic encephalopathy, *Lancet* 365:431, 2005.

Shih JL et al: Chronic hepatitis in Labrador Retrievers: clinical presentation and prognostic factors, *J Vet Intern Med* 21:33, 2007.

Skorupski KA et al: Prospective randomized clinical trial assessing the efficacy of Denamarin for prevention of CCNU-induced hepatopathy in tumor-bearing dogs, *J Vet Intern Med* 25:838, 2011.

Szatmari V, Rothuizen J: Ultrasonographic identification and characterization of congenital portosystemic shunts and portal hypertensive disorders in dogs and cats. In Rothuizen J et al, editors: *WSAVA standards for clinical and histological diagnosis of canine and feline liver disease*, Oxford, England, 2006, Saunders.

Teske E et al: Cytological detection of copper for the diagnosis of inherited copper toxicosis in Bedlington terriers, *Vet Rec* 131:30, 1992.

Tisdall PL et al: Post-prandial serum bile acid concentrations and ammonia tolerance in Maltese dogs with and without hepatic vascular anomalies, *Aust Vet J* 72:121, 1995.

Tobias KM et al: Association of breed with the diagnosis of congenital portosystemic shunts in dogs: 2,400 cases (1980-2002), *J Am Vet Med Assoc* 223:1636, 2003.

Toulza O et al: Evaluation of plasma protein C activity for detection of hepatobiliary disease and portosystemic shunting in dogs, *J Am Vet Med Assoc* 229:1761, 2006.

Tsukagoshi T et al: Decreased gallbladder emptying in dogs with biliary sludge or gallbladder mucocele, *Vet Radiol Ultrasound* 53:84, 2012.

Van den Ingh TSGAM et al: Morphological classification of parenchymal disorders of the canine and feline liver. In Rothuizen J et al, editors: *WSAVA standards for clinical and histological diagnosis of canine and feline liver disease*, Oxford, England, 2006, Saunders.

Van den Ingh TSGAM et al: Possible nutritionally induced copper-associated chronic hepatitis in two dogs, *Vet Rec* 161:728, 2007.

Van de Sluis B et al: Identification of a new copper metabolism gene by positional cloning in a purebred dog population, *Hum Molecr Genets* 11:165, 2002.

van Straten G et al: Inherited congenital extrahepatic portosystemic shunts in Cairn terriers, *J Vet Intern Med* 19:321, 2005.

Watson PJ: Canine chronic liver disease: a review of current understanding of the aetiology, progression and treatment of chronic liver disease in the dog, *Vet J* 167:228, 2004.

Watson PJ et al: Medical management of congenital portosystemic shunts in 27 dogs—a retrospective study, *J Small Anim Pract* 39:62, 1998.

Webb CB et al: Copper-associated liver disease in Dalmatians: a review of 10 dogs (1998-2001), *J Vet Intern Med* 16:665, 2002.

Zandvliet MM et al: Transient hyperammonemia due to urea cycle enzyme deficiency in Irish wolfhounds, *J Vet Intern Med* 21:215, 2007.

# 第 39 章

# 肝脏疾病及肝功能衰竭并发症的治疗
## Treatment of Complications of Hepatic Disease and Failure

## 概　述
## (GENERAL CONSIDERATIONS)

　　下文将探讨常见于犬肝脏衰竭的疾病，它们通常与功能性肝组织急性或渐进性丧失、原发性肝胆疾病引起肝内门脉高压、获得性门静脉短路（PSSs）或多种上述因素有关。犬肝衰竭常见的临床症状为腹腔积液、获得性门静脉短路（PSSs）、GI溃疡风险较高，常见于犬的慢性肝脏疾病，罕见于猫。但凝血病更常见于猫，这跟猫易并发胆管疾病、胰腺炎和小肠疾病有关。先天性PSS引发的肝性脑病在犬猫中均较为常见。犬猫均常见蛋白质-能量营养不良，尤其是慢性疾病。有效管理这些问题对患病动物至关重要，可有效改善其生活质量；如果消除不了原发病因，或特异性治疗有效时，可促进患病动物肝脏恢复。

## 肝性脑病
## (HEPATIC ENCEPHALOPATHY)

### 慢性肝性脑病
### (CHRONIC HEPATIC ENCEPHALOPATHY)

#### 治疗

　　犬猫肝性脑病（hepatic encephalopathy，HE）的治疗目的是恢复正常神经功能，主要通过减少肠源性和外源性脑毒素，消除促发因素，纠正机体酸碱和电解质紊乱。有很多种脑毒素可能会导致HE（见第35章），但治疗重点为控制血氨水平。曾经认为氨最主要的来源是未消化的蛋白质在结肠中被细菌代谢而产生。但现在观点已经转变，主要为内脏器官代谢和小肠上皮细胞代谢谷氨酰胺所产生。食物蛋白质被认为是不太重要的来源。炎症介质也是HE的重要促发因素。先天性或获得性PSS病例中，HE临床症状通常由应激或感染激发的，不仅仅和饲喂有关，这种现象强调了代谢亢进、炎症、机体蛋白质分解在HE发展中的重要作用。最近一项有关先天性PSS患犬的研究显示，有HE症状的犬比无HE症状的犬有更高的血清C反应蛋白（C-reactive protein，CRP）水平（Gow等，2012）。CRP是一种急性期反应蛋白，是犬炎症反应的一种敏感标记物，但特异性差。该项研究也提出一种新的理念——炎症可能会激发PSS患犬出现HE。负氮平衡和肌肉分解也是激发HE的重要因素（图39-1），尤其是获得性PSS伴蛋白质-能量营养不良患犬。在这些情况下饥饿或限制食物蛋白质可能会恶化病情。

　　慢性肝性脑病长期治疗的标准方法包括：完善的饮食方案、使用阻止氨生成和加速胃肠道排空的局部作用药物、使用抗生素抑制能产生氨和其他肠源性脑毒素的细菌（框39-1）。饮食管理和治疗潜在疾病是最重要的治疗措施，但最近几年治疗指南做出了相应的调整，现在我们已经知道，先天性或获得性PSS病患（犬和猫）比正常动物需要更多的蛋白质。长期饲喂低蛋白质日粮会导致蛋白质-能量营养不良。现在强调饲喂少量易消化蛋白质，减少小肠工作量和谷氨酰胺代谢。初步研究证据表明大豆和牛奶蛋白比其他蛋白更合适。

　　不管HE是由先天性PSS（犬猫）还是由获得性PSS（主要为犬）引发的，治疗均非常相似。主要差别在于获得性PSS通常是由门静脉高压所致，所以需同时治疗潜在肝脏疾病和对症治疗（见后文"门静脉高压"）。最近人医的研究对一些HE治疗措施提出质疑，

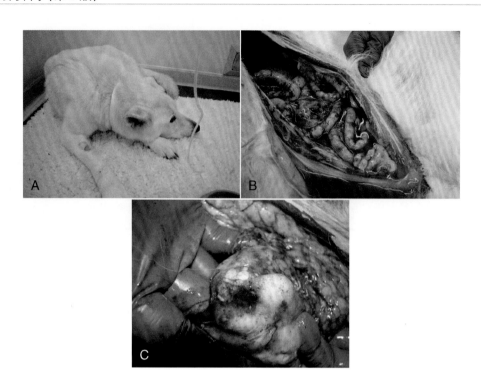

**图 39-1**

A,德国牧羊犬,9 岁,雌性绝育。该犬之前为非硬化性门静脉高压,状态稳定,药物治疗 8 年。就诊时患犬精神极度沉郁,长期厌食(和第 38 章里的图 38-12 为同一只犬)。B 和 C,尽管立即通过饲管饲喂食物,但是患犬很快因胃十二指肠结合处的溃疡撕裂发展为败血性腹膜炎。该犬有亚临床肾盂肾炎。转诊前的兽医发现患犬有肝性脑病,试图通过为期 1 周的饥饿疗法来控制 HE,但事实上肌肉分解导致氨生成增加,且肠内营养缺乏也增加了溃疡风险。

包括乳果糖的使用(Shawcross 等,2005)。目前尚无动物对照实验以确定动物肝性脑病各阶段(轻度、中度、重度)的最佳治疗方案。因此,目前推荐的治疗方案都是基于人医的相关研究,以及犬猫的一些零散报道。

◉**饮食**

用于长期控制 HE 的理想食物和犬慢性肝脏疾病的食物相似,饮食推荐见框 39-1 和表 38-2。因为以前认为未消化的蛋白质在结肠中被细菌分解后会产生氨,是肠道内氨生成的重要途径,所以对于 HE 病例,长期以来都推荐限制其日粮中的蛋白质含量。不过,正如前文所述,肠道细菌仅仅会代谢结肠中未消化的蛋白质。如果食物中的蛋白质是易消化的,而且食物量没有超过小肠的消化能力,则不会发生上述情况。门脉循环有较高含量的氨,尤其在进食后,主要是因为小肠代谢谷氨酰胺作为其主要能量来源。人的硬化性疾病中,小肠谷氨酰胺浓度会莫名地升高,导致肠道氨产物增加。

目前并没有关于 HE 病例中氨来源(小肠和大肠)的报道,但对于餐后 1~2 h 内出现临床症状的病例,血氨主要来源可能是小肠。事实上,实验诱导 PSS 患犬、获得性 PSS 患病动物和人类对蛋白质的需求量均大于正常范围。因此,目前对于先天性或获得性 PSS 病患的饮食推荐中,日粮中蛋白质含量正常或轻微降低,且易消化、生物利用度高,尽可能减少到达结肠的未消化蛋白质,通过转氨作用或脱氨基作用生成能量,以消耗过量的非必需氨基酸。有些专家建议减少日粮中的芳香族氨基酸含量,它们和 HE 密切相关,但目前并无证据表明日粮中芳香族氨基酸和支链氨基酸的比例对 HE 有直接影响。饲喂时需少量多餐,减少能量需求和小肠内的谷氨酰胺代谢,避免超过肝脏代谢和吸收氨基酸的能力。使用商品化肝脏处方粮(例如 Hill's l/d diet, Hill's Pet Nutrition, Topeka, Kan; Royal Canin Hepatic Formula, Royal Canin USA, St Charles, Mo)是一个很好的选择,但它们都是限制蛋白质的食物,还需补充高质量蛋白质,例如脱脂奶酪或鸡肉。还可饲喂肠道疾病处方粮,这种日粮含有高质量易消化的蛋白质(例如,Hill's canine or feline i/d; Eukanuba canine or feline intestinal formula, Procter & Gamble Pet Care, Cincinnati, Ohio; Royal Canin Canine or Feline Digestive; Purina EN Gastroenteric Canine Formula, Purina, Nestlé SA, Vevey, Switzerland,这些日粮中锌含量增加,铜含量减少)。对于大多数先天性或获得性 PSS 患犬,如果同时有其他治疗,可耐受正常需求量的蛋白质,见框 39-1。有时需要在短期内严格限制蛋白质摄入,但长期控制中需尽最大努力维持正常蛋白质含量。需密切监测体况评分和血清蛋白浓度,避免负氮平衡。

 **框 39-1　肝性脑病的长期管理**

**饮食管理**

- 饲喂正常量(如有可能)高品质易消化蛋白质,减少蛋白质到达结肠的机会,减少氨的生成。兽医推荐增加支链氨基酸,减少芳香族氨基酸(例如色氨酸),但没有证据表明改变饮食水平会影响脑脊液水平。增加门冬氨酸鸟氨酸,可为氨转化为尿素(鸟氨酸)和谷氨酰胺(门冬氨酸)提供底物。只有在绝对有必要控制神经症状的情况下才限制蛋白质摄入,需监测肌肉量和血液蛋白浓度。
- 避免禁食时间过长或过度限制蛋白质,以预防蛋白质-能量营养不良,否则会导致蛋白质分解引起高氨血症。
- 少量多餐以减少肝脏工作负担,降低小肠谷氨酰胺代谢的能量需求,减少未消化食物到达结肠的机会。
- 脂肪需求无特殊建议,饲喂量正常,不需限制含量,除非发展为脂肪痢(罕见)。避免高脂肪含量日粮,GI 症状可能会恶化。
- 使用易消化的碳水化合物作为能量来源,可减少对脂肪和蛋白质(进行肝糖异生)的需求。
- 可发酵纤维和乳果糖一样,可减少 HE 发生率。非发酵性纤维也很重要,它可预防便秘,减少和结肠细菌的接触时间,降低氨的生成。
- 尿素循环和肌肉代谢为氨的反应中,锌参与多种金属酶构成,所以补锌可减轻 HE 的发生率。

**乳果糖**

- 乳果糖是一种可溶性纤维,它可酸化结肠内容物,减少氨的吸收,也可促进结肠细菌细胞壁的生长,从而将氨转移到细菌细胞壁内。猫剂量为 2.5～5 mL PO q 8 h,犬为 2.5～15 mL PO q 8 h。起始治疗剂量较低,逐渐增加至有效(每天排 2～3 次软便)。

**抗生素**

- 阿莫西林(22 mg/kg PO q 12 h)或甲硝唑(7.5 mg/kg PO q 12 h),减少肠道菌群,减轻细菌感染。

**认识并治疗并发感染和炎症**

- 要及时发现并治疗任何泌尿道感染(肾盂肾炎或膀胱炎),慎重对待!

◀乳果糖

乳果糖是一种半合成二糖苷乳果糖,哺乳动物不能消化,进入结肠后被细菌分解为短链脂肪酸(short-chain fatty acids,SCFAs),尤其是乳酸和醋酸。SCFAs 能控制肝性脑病的原因在于它可有效酸化肠道内容物,结合铵离子并阻止氨的生成,还通过诱发渗透性腹泻而起

作用。另外,SCFAs 是结肠细菌的一种能量来源,能促进细菌生长,并把结肠里的氨并入它自身的细菌蛋白里,最后随粪便排出(细菌捕获氨的一种方式)。

使用乳果糖时需调整剂量,直至动物每天排 2～3 次软便为止(见框 39-1);剂量过大会引起水样腹泻。除了腹泻,目前并未发现动物长期服用乳果糖的其他并发症。不过,从来都没有关于乳果糖对犬猫 HE 功效的详细评估,但最近有关人的研究显示乳果糖对该病的帮助没有想象中那么大(Shawcross 等,2005)。当动物患急性肝性脑病时,乳果糖也可作为一种灌肠剂给药(框 39-2)。许多犬猫非常不喜欢乳果糖的甜味,拉克替醇是一种很好的替代品,它和乳果糖同属于一类化合物,可以用粉剂给药[500 mg/(kg·d),分 3～4 次服用,可适当调节至每天排 2～3 次软便]。但是,目前在患肝性脑病的犬猫还没有相关试验。目前在美国可购买到拉克替醇,它是一种食品甜味剂,但在患肝性脑病的犬猫上还未进行过研究。

 **框 39-2　急性肝性脑病危象的治疗**

- 移除或治疗任何已确定的促发因素。
- 禁食 24～48 h,静脉输液。
- 避免容量过载;测量中心静脉压或细心观察临床症状。
- 避免或治疗低血糖(每隔 1～2 h 监测一次血糖,尤其是小型动物,低血糖很常见,并且会出现永久性脑损伤)。
- 监测体温,需要时缓慢升温或降温(癫痫会导致体温上升)。
- 使用温水、乳果糖或醋对结肠进行灌肠,静脉注射氨苄西林。
- 治疗癫痫发作:
  - 详细排查任何可治疗的病因(例如电解质紊乱、低血糖、高血压、自发性癫痫)。
  - 维持其他重症监护措施(见上文)。
  - 使用抗惊厥药物:
    - 丙泊酚(猫:1 mg/kg,犬:3.5 mg/kg)输液,输液速度为 0.1～0.25 mg/(kg·min),该剂量效果最好。
    - 也可使用苯巴比妥。
    - 可尝试使用左乙拉西坦(Levetiracetam)治疗(见正文)。
    - 地西泮的作用有限。

◀抗生素

如果单独用食物治疗或结合乳果糖治疗不能完全控制肝性脑病的症状,则需要添加其他药物治疗。可供选择的抗菌类药物有:作用于厌氧细菌的抗生素(甲硝唑 7.5 mg/kg PO q 8～12 h;阿莫西林 22 mg/kg

PO q 12 h),或者是对分解尿素的革兰阴性细菌有效的抗生素(硫酸新霉素 20 mg/kg PO q 8 h),虽然新霉素对急性 HE 功效较强,但长期治疗可导致肠道细菌耐药。另外,这类药物不会全身吸收,会停留在肠道内,所以它不是长期系统治疗细菌感染的最佳选择。由于甲硝唑有潜在肝排泄延缓的副作用,应使用低剂量,以避免神经毒性。

传统观点认为抗生素疗法的作用机制很简单,仅通过减少结肠细菌代谢来起作用。不过最近的研究指出炎症介质是诱发 HE 的重要因素,这一观点为抗生素治疗提供了新的依据,也可同时治疗潜在感染(例如,泌尿道感染)(Gow 等,2012;Wright 等,2007)。人类慢性 HE 的其他治疗措施包括补充门冬氨酸鸟氨酸(框 39-1)、补充益生菌(增加有益菌)等。这些可能对犬的治疗也有一定帮助,但目前还没有任何出版文献记载其在小动物中的应用。

### ◈控制诱因

某些因素是肝性脑病已知的诱发或促发因素,应当尽量避免,并对已知诱发病因进行积极治疗(框 39-3)。很多病例中,食物并非 HE 最重要的诱发因素。诊断和治疗任何并发的炎症是非常重要的。最近有关人、试验动物和自然发病患犬的研究,强调了炎症和炎性因子在诱发 IIE 的重要性(Gow 等,2012;Wright 等,2007)。在我的经验中,最初未被发现的感染通常在泌尿道中,尤其是肾盂肾炎或膀胱炎,这可能诱发 HE。这可能涉及两方面,一部分是因为炎性因子的产生,另一部分是泌尿道产脲酶细菌生成的氨被机体吸收所致。

## 急性肝性脑病
### (ACUTE HEPATIC ENCEPHALOPATHY)

### 治疗

急性肝性脑病是一种真正的内科急症。幸运的是它的发生率远低于慢性、波动性 HE。其治疗原则与慢性肝性脑病相同,但其治疗措施应更积极(框 39-1)。动物可能出现持续癫痫或昏迷,虽然 HE 最初不会导致永久性脑损伤,但持续的抽搐、癫痫发作或昏迷会导致脑部损伤。长时间严重 HE,自身也会导致严重脑水肿,因为渗透性物质谷氨酰胺(源于氨的解毒过程)在星状胶质细胞里的积蓄。另外,急性 HE 的全身影响,特别是低血糖,如果未及时发现和治疗则可能是致命的。框

39-2 列举出了急性肝性脑病危象的治疗方案。需要强化治疗,不过这些治疗都是值得的,有些动物可完全恢复,并能通过长期药物治疗来控制其症状,尤其是那些有明确诱发病因的动物(例如,慢性肝病和门静脉高压患犬伴急性 GI 出血)。禁食(nothing by mouth,NPO)、灌肠和静脉输液是急性肝性脑病的基本治疗方法。温水灌肠有助于清除结肠内容物并阻止肠道吸收脑毒素。

**框 39-3　犬肝性脑病的促发因素**

**肠道内氨生成增加**
- 高蛋白质日粮(例如幼犬或幼猫日粮)
- 消化不了的蛋白质到达结肠后,细菌将其代谢为氨
- 小肠代谢谷氨酰胺增加,为小肠消化大量食物和增加能量需求提供能量来源
- 胃肠道出血(例如,获得性门静脉短路伴门静脉高压时出现出血性溃疡)或摄入血液
- 便秘(结肠内细菌和粪便的接触时间增加,增加氨的生成)
- 氮质血症(尿素可在结肠自由扩散,可被细菌分解为氨)

**全身性氨生成增加**
- 输注贮存血
- 分解代谢、代谢亢进、蛋白质-能量营养不良(增加肌肉组织的分解,氨释放增加)
- 饲喂低品质蛋白质(蛋白质去氨基以提供能量)

**影响氨在脑部的摄取、代谢和作用**
- 代谢性碱中毒(循环内非离子氨增加,增强血脑屏障)
- 低钾血症(导致碱中毒,与上述一样的后果)
- 镇静剂或麻醉剂(直接干扰各种神经递质)
- 发情(可能和神经甾体生成有关,具有神经效应)
- 炎症(炎性因子,被认为有直接的中枢影响)

也可使用乳果糖或稀释醋灌肠,可酸化结肠,减少氨的吸收。最有效的灌肠液是乳果糖溶液(3 份乳果糖兑 7 份水,20 mL/kg),利用 Foley 导管将其导入结肠,并滞留 15～20 min。如乳果糖起作用,结肠排出的内容物 pH 应为 6 或更低。这种灌肠剂可每隔 4～6 h 使用一次。因为乳果糖具有渗透活性,所以如果灌肠剂使用过度且未注射补充液体,可能会发生脱水。用于补充丢失量、扩充血容量和维持的液体不能含有乳酸盐,因为乳酸盐能转化为碳酸氢盐,碱性溶液会促进易于扩散的氨分子的形成,从而诱发或恶化肝性脑病。一种较理想的经验性液体首选是:含 2.5% 葡萄糖和 0.45% 氯化钠的糖盐水,同时按血钾浓度补充钾(表 55-1)。肝性脑病患犬血清电解质变化非常大,在获得血清电解质测定结果前,液体中氯化钾浓度 20 mEq/L 是较为安全的。抽搐患犬可通过输注低剂量丙泊酚或苯巴比妥来稳定状态(图 39-2)。丙泊酚的

剂量可通过首次有效剂量计算出来,通常为 1 mg/kg,然后计算再次出现症状(例如,肢体滑动)的时间,然后用剂量除以时间算出输注速度。例如,如果初始有效剂量为 1 mg/kg,如果 10 min 后再次出现轻度抽搐症状,输注速度则为 1/10=0.1 mg/(kg·min)。临床工作中,丙泊酚恒速输注的剂量一般为 0.1~0.2 mg/(kg·min)。患犬有时需连续输液数小时至数天。输注速度可逐渐下降,下降至既保证能控制癫痫,也允许动物恢复意识的剂量,甚至是允许动物开始进食的剂量。丙泊酚可导致犬猫出现海因茨小体性溶血性贫血。曾有报道显示肝外 PSS 患犬通过放置缩窄环手术治疗前,可给予左乙拉西坦,20 mg/kg PO q 8 h,术前至少 24 h 给药,可有效降低术后抽搐及死亡的风险(Fryer 等,2011)。目前缺乏 PSS 患犬癫痫发作时使用左乙拉西坦治疗的相关研究,但由于该药对其他类型的抽搐有效,或许可以用于该病。

**图 39-2**
1 只雪纳瑞患犬有先天性门体分流,结扎手术后出现抽搐,正在使用丙泊酚输液治疗。

除了抗生素和乳果糖,目前尚无相关证据支持其他药物对 HE 的治疗效果,所以目前并不推荐其他药物。有关氟马西尼(苯二氮䓬类受体拮抗剂)对急性顽固性 HE 病人的研究结果显示,治疗效果差异较大。目前氟马西尼在动物上的临床研究仅限于它对苯并二氮䓬类镇静作用的逆转效果,并无急性 HE 患病动物的相关临床研究。

# 门静脉高压
## (PORTAL HYPERTENSION)

### 发病机制

门静脉高压表现为门脉系统的血压持续升高。最

常见于慢性肝病患犬,偶见于急性肝病患犬。门静脉高压罕见于猫,其诱发原因可能是血液流经肝窦时阻力增大,较少见的原因是门静脉、后腔静脉直接梗阻,例如血栓栓塞。慢性肝病早期门静脉高压可导致肝脏星形细胞增殖和表型转化,在肝窦周围演变为具有收缩功能的肌纤维母细胞,可引发收缩。长期病程中,转化的星形细胞排列在一起成为纤维组织,最终导致不可逆的肝窦阻塞。犬门静脉高压最常见的病因是硬化性慢性肝炎(图 39-3),也可见于肝脏肿瘤或弥散性肝肿胀。

门静脉循环中血流动力学的改变(反压)会导致典型的三联症,包括肠壁水肿和溃疡、腹水、获得性PSSs。如果门静脉压持续高于后腔静脉压,则可诱发获得性 PSSs(图 38-2)。获得性 PSSs 通常是多发性的,源自之前的非功能性网膜血管开放。这种是重要的代偿机制,可部分减轻门静脉压,减轻内脏压力,降低胃肠道溃疡风险。慢性门静脉高压病人中,获得性PSSs 可延长病人的寿命,降低 GI 和食道出血风险。如果之前无 PSSs,可通过手术建立 PSSs。犬中还没有相似的资料,但手术结扎是获得性 PSSs 的禁忌,可导致致死性内脏充血。获得性 PSSs 和先天性 PSSs均可导致 HE,机理相似,需终身药物治疗。前文有详细的治疗措施。

## 内脏充血和胃肠道溃疡
### (SPLANCHNIC CONGESTION AND GASTROINTESTI-NAL ULCERATION)

### 发病机制

内脏充血是门静脉高压早期的常见并发症,是血液在内脏循环淤积和流入门脉循环减少的结果(图39-3)。这会导致肠壁明显充血和水肿,可通过超声检查或在手术时发现壁增厚、分层消失。这种变化在腹水出现之前出现,在腹水消退之后持续存在。内脏充血会使胃肠道溃疡的风险增加。未进行肝脏移植的门静脉高压病人中,胃肠道溃疡或食道溃疡是最常见的致死性因素,也是慢性肝病患犬最常见的死因(图39-1)。与人类门静脉高压相关的溃疡常表现为食道静脉曲张破裂出血,但犬常表现为十二指肠远端溃疡,可能是两个物种门脉系统解剖结构差异的反映。预防胃肠道溃疡至关重要,所以门静脉高压病例要限制致溃疡药物(例如,类固醇)的使用。非甾体消炎药

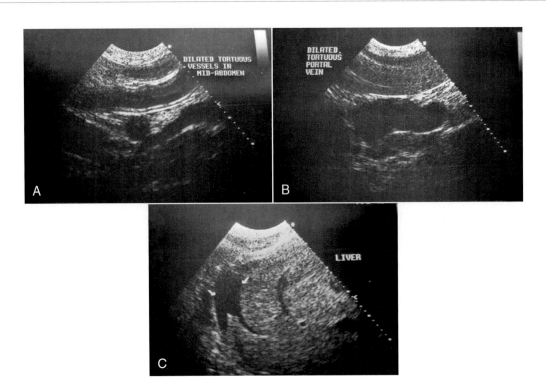

**图 39-3**
一只肝硬化伴门静脉高压患犬的腹部超声征象,逐渐发展为腹水。A,首次超声检查未见腹水,但腹中部血管扩张(包括脾脏充血)和肝静脉扩张(B)。C,患犬 2 周后复诊进行肝活检时,超声检查显示其出现了少量腹水。(由 Diagnostic Imaging Department, Queen's Veterinary School Hospital, University of Cambridge, Cambridge, England. 惠赠)

(NSAIDs)可增加 GI 溃疡的风险,且其肝毒性风险较高,因此禁用于肝脏疾病患犬。皮质类固醇可缩短慢性肝炎并发门静脉高压病人的寿命,除非理由很充分,否则不要用于门静脉高压患犬。如果确实很有必要使用这类药物,主人应被充分告知其潜在的严重副作用,一旦出现黑粪症,剂量应下调。门静脉高压患犬中,GI 溃疡其他激发因素包括败血症和蛋白质-能量营养不良(见后文),尤其是伴一段时间的厌食(见图 39-1)。小肠需要肠道谷氨酰胺和其他营养物质促进有效愈合,厌食时间延长可导致谷氨酰胺消耗,从而使得 GI 溃疡风险增加。

临床医师必须认识到内脏充血患犬会出现急性 GI 溃疡。血液从小肠流入到大肠可能需要几个小时的时间,因此患病动物出现明显的黑粪症之前,临床症状可能会有明显恶化。在这之前,患病动物还有可能会突然出现 HE 相关症状,因为血液富含蛋白质(见前文),甚至出现溃疡穿孔引起的腹膜炎(见图 39-1)。

## 治疗

GI 溃疡的控制主要在于预防(尽量避免激发因素出现,例如类固醇或 NSAIDs,避免手术期间低血压)。任何门静脉高压患犬如果出现长时间厌食都需要强

饲,因为如果没有获得营养,GI 溃疡的风险会升高(见图 39-1)。对于这些患犬,肠外营养不能为肠道上皮细胞提供肠道营养,因此补充肠外营养不是有效措施。上段胃肠道溃疡是补充肠外营养病人的常见副作用,非门静脉高压的病人也会出现。需尽早开始肠道营养支持。由于门静脉高压病人通常会出现十二指肠溃疡,而非胃溃疡,因此胃酸抑制剂(H₂ 受体阻断剂或质子泵抑制剂)的使用有一定争议。曾有报道指出肝脏疾病患犬的胃泌素代谢出现变化,因此其 pH 可能高于正常犬,但最近一项研究指出两者之间胃泌素浓度并无明显差异(Mazaki-Tovi 等,2012)。若出现溃疡和黑粪症,可使用胃酸分泌抑制剂,可能有一定效果。在这些情况下,禁止使用西咪替丁,因为它对肝脏细胞色素 P450 酶有一定影响,所以推荐雷尼替丁(2 mg/kg PO 或缓慢静注,q 12 h)或法莫替丁(0.5~1 mg/kg PO q 12~24 h)。对显性出血的病例,质子泵抑制剂奥美拉唑可能更有效,剂量为 0.5~1 mg/kg PO q 24 h。硫糖铝(Carafate,胃溃宁)的有效性值得怀疑;它对胃溃疡最为有效,伴有 pH 下降,剂量为每只犬 500~1 000 mg PO q 8 h。还需评估凝血功能,凝血异常的动物需使用维生素 K 治疗(见后文"凝血病")或输注血浆。

# 腹水
（ASCITES）

## 发病机制

　　腹水是漏出液或改性漏出液积聚到腹膜腔后形成的，是门静脉高压的后果之一（见图 39-3）。不过其发病机制较为复杂，相关研究仅见于人，但有可能和犬相似（Buob 等，2011）。犬和人的肝源性腹水有一点很不同，犬不会出现肠道细菌进入腹腔而引发腹膜炎的现象，但人会出现自发性感染。腹水是慢性肝炎病人的一种不良预后因素，犬有可能也是一样的（Raffan 等，2009）。低白蛋白血症可促进腹水的发展，但仅仅这一项很难成为腹水形成的关键因素。门静脉高压是一项至关重要的因素。肝病患者腹水的发展也会导致肾脏钠潴留。很多病例会有全身性低血压，肾脏钠离子潴留增加，部分原因是肾小球滤过率（GFR）下降和肾小管排泄减少（钠离子），肾素-血管紧张素-醛固酮（renin-angiotensin-aldosterone，RAAS）释放增加也会导致远端小管钠潴留。循环体液量增加会促进腹水的形成，反过来又使静脉回流减少，后腔静脉压升高，激发肾脏钠潴留和腹水这一恶性循环。所以对于门静脉高压继发腹水的患犬，醛固酮拮抗剂（例如，螺内酯）最为有效，单用髓袢利尿剂（例如，呋塞米）效果不良。有些病例中，单独使用呋塞米引发血液浓缩，继发启动 RAAS 系统，导致血压进一步下降。

## 治疗

　　治疗肝脏衰竭引起的腹水需要使用利尿剂，首选为醛固酮拮抗剂（螺内酯，1～2 mg/kg PO q 12 h），顽固病例可加上呋塞米（螺内酯，2～4 mg/kg PO q 12 h）。螺内酯通常需要使用 2～3 d 才能起到最大效果，可通过称量体重来监测腹水量；任何体重骤变的情况都有可能是体液改变引起的。推荐限制钠离子的食物，不过目前还不知道这样做的重要性及有效性。然而毋庸置疑，限制高盐的零食和点心是明智的选择。

　　血清电解质浓度监测至关重要，重点监测钠离子和钾离子，在治疗初期每天都要监测，之后每周、每月都要监测，监测频率取决于患犬的稳定程度及用药剂量。应避免出现低钾血症，因为它可继发 HE（见前文），不过这种情况很少见于醛固酮拮抗剂和髓袢利尿剂的治疗，更常见于单独使用呋塞米治疗。也可能会

出现低钠血症，如果过于严重，马上停用利尿剂，输液治疗直至钠离子水平正常。

　　如果病例的腹水太严重已经影响呼吸，那么可选择治疗性腹腔穿刺。事实上这种治疗并不常见，如果腹水量太大，腹部叩诊呈击鼓声；患犬也难以安静地躺下。穿刺治疗的同时需要静脉输液，补充胶体扩充剂、血浆或白蛋白。移除大量富含白蛋白的积液可导致极为严重的低白蛋白血症和胶体渗透压下降，引发肺水肿。这是慢性肝病患犬一项问题，因为这时候肝脏合成蛋白的能力下降。目前还没有关于患犬的明确推荐，框 39-4 则是根据人的推荐做出的修订，可用于犬。

> **框 39-4　肝源性腹水患犬的治疗指南**
>
> 仅用于那些严重腹水病例，已经影响到呼吸
> - 穿刺抽取少量积液：随后静脉输注血浆扩张剂，佳乐施（gelofusine）2～5 mL/kg，或胶体（例如尿素交联明胶）IV。
> - 穿刺抽取大量积液：使用容积扩张剂，首选白蛋白，每移除 1 L 腹水需补充 8 g 白蛋白（每 3 L 腹水需补充 20% 的白蛋白 100 mL）。如果效果不佳，可使用新鲜冷冻血浆（10 mL/kg，缓慢静注）。

改编自 Moore KP, Aithal GP：Guidelines on the management of ascites in cirrhosis, *Gut* 55(Suppl 6)：vi1, 2006.

# 凝血病
（COAGULOPATHY）

## 发病机制

　　肝脏在凝血和纤溶系统方面起着重要作用。肝脏可合成除了凝血因子 Ⅷ 之外的其他所有凝血因子，也会生成凝血抑制因子和纤维溶解因子。因子 Ⅱ、Ⅶ、Ⅸ 和 Ⅹ 都需要肝脏活化（通过维生素 K 依赖性羧化反应）。凝血异常常见于患有肝脏疾病的犬猫，一项有关肝脏疾病的研究显示，50% 患犬的一期凝血酶原时间（one-stage prothrombin time，OSPT）延长，75% 患犬的活化部分凝血活酶时间（activated partial thromboplastin time，APTT）延长（Badylak 等，1983）。另外一项研究显示，82% 的肝脏疾病患猫会出现凝血异常（Lisciandro 等，1998）。猫特别容易出现凝血时间延长，部分原因和维生素 K 吸收减少有关。维生素 K 反应性凝血病犬猫的 OSPT 和 APTT 时间均会延长，且 OSPT 可能比 APTT 更长。维生素 K 是一种脂溶性维生素，其吸收和胆管疾病有关（常见于猫），吸收不良

会导致胆汁酸分泌(进入小肠)减少。而且慢性胆管疾病患猫常并发炎性肠病,它们也会导致脂肪吸收减少。最后,有些慢性胆管疾病患猫也会并发慢性胰腺炎,这会导致胰腺外分泌功能不全、进一步减少脂肪吸收(维生素K吸收)。

慢性肝病患犬很少会出现临床凝血时间延长。不过,在犬、猫这两个物种中,有些弥散性肝病会导致急性凝血因子下降(肝细胞受损,肝脏合成能力下降),尤其是脂质沉积综合征(猫)、淋巴瘤(犬和猫)、末期硬化(犬)等。淋巴瘤或脂质沉积病例中,如果潜在疾病能够得到有效控制,凝血因子活性可迅速恢复。一项有关猫的研究显示,凝血病最常见于脂肪肝患猫、并发炎性肠病和胆管炎患猫(Center 等,2000)。

患有肝脏疾病的犬猫也会因弥散性血管内凝血(DIC)而导致凝血异常,这种情况下会出现凝血时间延长、血小板减少症、溶血(裂红细胞)。DIC 是急性暴发性肝炎和一些肝脏肿瘤的一种特殊并发症,预后不良(见第85章)。

### 临床特征和诊断

除了凝血异常,自发性出血是慢性肝脏疾病动物不常见的并发症,但在急性肝病中较为常见。由于门静脉高压和 GI 出血患犬也有凝血病,有出血倾向,需要全面评估。不过,一旦凝血功能受到刺激,出血风险就会增加,例如肝脏活检,所以肝脏活检前需全面评估凝血机能。一项研究(Bigge 等,2001)显示,对于超声引导下活检来说,血小板减少症比 OSPT 和 APTT 延长更易引发出血。所以,临床医师在决定做肝脏活检前,还要对病例进行血小板计数检查。可通过血涂片人工计数评估血小板(见第85章),初步评估10个油镜视野下的血小板数,求平均值,然后乘以 15 000~20 000,即可得出血小板计数。凝血时间延长也会增加出血风险。在同一项研究中,OSPT 和 APTT 延长和活检后出血并发症高度相关。理想条件下,应在肝脏活检前评估 OSPT 和 APTT,不过实际工作中,至少应评估活化凝血时间(ACT)。ACT 在玻璃管内检测,管内可含有硅藻土(接触活化剂),不过从理论上讲这种方法在猫上比在犬上更有帮助,它不仅能够评估内源性凝血途径(APTT),也能评估共同途径。

凝血因子消耗量超过70%以上时才会引起 OSPT 和 APTT 延长,但很多犬猫都可能有微量凝血因子异常,这些可通过更敏感的试验来评估,例如检测个别凝血因子或 PIVKA(维生素 K 缺乏诱导蛋白),不过该

项检测还缺乏大量犬猫临床病例的验证。如果有可能,可通过血栓弹力图来快速定量全面凝血功能(见第85章)。

有严重急性肝病的犬猫中,自发性出血可源自凝血因子的消耗;同时还有发展为 DIC 的风险(见第85章)。DIC 患犬中,APTT 和 OSPT 可能会延长,但很难将其与凝血因子减少区分开来。不过,$D$-二聚体和纤维降解产物增多,再结合血小板计数(PLT)下降和裂红细胞,提示 DIC。肝脏疾病患犬的肝脏清除率下降,可能会导致 $D$-二聚体浓度轻度至中度增加,这些并不代表患犬有血栓或者 DIC。

### 治疗

患有肝脏疾病的犬猫如果出现凝血时间延长,通常情况下单纯补充维生素 K 即可有反应。推荐所有的病例在肝脏活检前使用维生素 $K_1$ 治疗,剂量为 $0.5\sim2$ mg/kg,IM 或 SC,q 12 h,至少重复给药 3 d。

在长期治疗中,监测凝血功能(OSPT + APTT 或 PIVKA)非常重要,一旦恢复正常则需停止治疗,维生素 K 过量会导致海因茨小体性溶血,尤其是猫。如果凝血病对维生素 K 治疗没有反应,或者存在出血(由该病引起)相关症状,可使用新鲜血浆或新鲜冷冻血浆补充丢失的凝血因子。起始剂量为 10 mL/kg,缓慢静注。血浆量根据 OSPT 和 APTT 来计算。在凝血时间恢复正常之前,不能进行肝脏活检、手术或放置中央静脉导管。

DIC 的治疗很困难,而且通常不成功。最有效的治疗是移除诱发病因,这意味着急性肝衰病人需要快速进行肝移植。犬猫没有这种选择,所以由急性暴发性肝炎导致的 DIC 病例,死亡率为 100%。推荐治疗方法为输注血浆,补充消耗的凝血因子,血液高凝阶段还要慎用肝素。人的 DIC 治疗中肝素治疗备受争议,在犬猫 DIC 的治疗中也没有临床数据支持肝素治疗(见第85章)。

# 蛋白质-能量营养不良
## (PROTEIN-CALORIE MALNUTRITION)

### 发病机制

慢性肝炎患犬常出现蛋白质-能量营养不良,其原因包括厌食导致摄入减少、呕吐和腹泻导致丢失增加

或代谢亢进和肝功能不良导致能量浪费等。蛋白质-能量营养不良对寿命和生活质量有严重的影响。没有针对营养不良对肝脏疾病患犬的寿命及感染等方面的研究，但在其他疾病中，已知败血症的风险会升高。门静脉高压病人中，营养不良也会导致肠道溃疡。另外，负氮平衡和肌肉减少也会诱发 HE。蛋白质分解会增加氨的生成，在正常动物体内 50% 以上的氨在骨骼肌内代谢，通过谷氨酸转化为谷氨酰胺这一过程，所以肌肉量丢失会降低对氨的解毒能力。小动物中，需要考虑蛋白质-能量营养不良的原因在于临床医师缺乏相关认知，或者"好心办坏事"，给予不正确的营养支持（下文将继续讨论）。对于这一原因，临床医师在治疗慢性肝病患犬时需要时刻警惕蛋白质能量-营养不良的可能性。

营养不良也可见于先天性 PSS 患犬和患猫，都是肝脏合成能力下降或临床医师不恰当地限制蛋白质摄入的结果。慢性肝病患猫可能有负氮平衡，通常是因为并发肠道和胰腺疾病减少了食物的摄入和吸收。另外，猫负氮平衡会增加急性肝脏脂质沉积综合征的发病风险（见第 37 章），因此，猫如果出现蛋白质-能量营养不良，需特别积极的管理。

## 临床症状和诊断

严重营养不良的犬猫会出现消瘦、肌肉量减少。但肌肉量减少出现的时间较晚，蛋白质-能量营养不良早期，虽然动物的体况评分可能正常，但对免疫系统和肠壁已经产生了有害影响。没有一项良好的实验室指标可以评估营养不良。最有效的措施是仔细询问病史，并进行体格检查。任何肝病动物都要考虑蛋白质-能量营养不良。部分或完全厌食 3 d 以上或最近体重减轻 10% 以上的动物需要马上介入积极的营养管理。

## 治疗

治疗主要在于饲喂合理的饮食。尽量避免限制蛋白质含量，有些慢性肝病动物会出现明显的恶病质，提示需要额外补充高品质蛋白质（例如，牛奶蛋白质）的日粮。如果病例不主动进食，需短期内放置饲管，尤其是肝脏脂质沉积患猫，它们几乎都不能自主进食，需要经胃饲管、咽饲管或食道饲管饲喂（见第 37 章）。同时还要积极查找任何可以引起厌食的潜在病因，例如传染病（图 39-1）。

动物住院期间要尽量避免医源性营养不良。禁食数天有利于各种检查（例如，肝脏活检、内窥镜检查），但也会引发相应的问题。如有必要，可将各种检测周期拉长，便于利用中间的空闲时间饲喂动物。由于记录不全和护理人员流动频繁，住院期间也可能会发展为营养不良。最后，患肝脏疾病的犬猫饲喂过度限制蛋白质的日粮会导致负氮平衡。

◉推荐阅读

Aronson LR et al: Endogenous benzodiazepine activity in the peripheral and portal blood of dogs with congenital portosystemic shunts, *Vet Surg* 26:189, 1997.

Badylak SF et al: Alterations of prothrombin time and activated partial thromboplastin time in dogs with hepatic disease, *Am J Vet Res* 42:2053, 1981.

Badylak SF et al: Plasma coagulation factor abnormalities in dogs with naturally occurring hepatic disease, *Am J Vet Res* 44:2336, 1983.

Bigge LA et al: Correlation between coagulation profile findings and bleeding complications after ultrasound-guided biopsies: 434 cases (1993-1996), *J Am Anim Hosp Assoc* 37:228, 2001.

Buob S et al: Portal hypertension: pathophysiology, diagnosis, and treatment, *J Vet Intern Med* 25:169, 2011.

Center SA et al: Proteins invoked by vitamin K absence and clotting times in clinically ill cats, *J Vet Intern Med* 14:292, 2000.

Fryer KJ et al: Incidence of postoperative seizures with and without levetiracetam pretreatment in dogs undergoing portosystemic shunt attenuation, *J Vet Intern Med* 25:1379, 2011.

Gow AG et al: Dogs with congenital portosystemic shunting (cPSS) and hepatic encephalopathy have higher serum concentrations of C-reactive protein than asymptomatic dogs with cPSS, *Metab Brain Dis* 27:227, 2012.

Kummeling A et al: Coagulation profiles in dogs with congenital portosystemic shunts before and after surgical attenuation, *J Vet Intern Med* 20:1319, 2006.

Laflamme DP et al: Apparent dietary protein requirement of dogs with portosystemic shunt, *Am J Vet Res* 54:719, 1993.

Lisciandro SC et al: Coagulation abnormalities in 22 cats with naturally occurring liver disease, *J Vet Intern Med* 12:71, 1998.

Mazaki-Tovi M et al: Serum gastrin concentrations in dogs with liver disorders, *Vet Rec* 171:19, 2012.

Moore KP, Aithal GP: Guidelines on the management of ascites in cirrhosis, *Gut* 55(Suppl 6):vi1, 2006.

Niles JD et al: Hemostatic profiles in 39 dogs with congenital portosystemic shunts, *Vet Surg* 30:97, 2001.

Raffan E et al: Ascites is a negative prognostic indicator in chronic hepatitis in dogs, *J Vet Intern Med* 23:63, 2009.

Shawcross D et al: Dispelling myths in the treatment of hepatic encephalopathy, *Lancet* 365:431, 2005.

Wright G et al: Management of hepatic encephalopathy in patients with cirrhosis, *Best Pract Res Clin Gastroenterol* 21:95, 2007.

# 第 40 章
## CHAPTER 40

# 胰腺外分泌
## The Exocrine Pancreas

## 概 述
## (GENERAL CONSIDERATIONS)

　　胰腺位于前腹部,左叶位于横结肠和胃大弯之间,右叶沿十二指肠分布。如果胰腺出现炎症病变,任何临近的组织结构都可能被波及。胰腺外分泌腺泡约占胰腺组织的90%,剩下10%为内分泌胰岛,散在分布于外分泌腺泡之间(图40-1)。胰腺腺泡和胰岛之间密切的解剖关系,使它们之间有微妙的信号以协调机体消化和新陈代谢,但同时也意味着糖尿病(diabetes mellitus,DM)和胰腺炎之间有着错综复杂的因果关系。胰腺外分泌的主要功能是分泌消化酶、碳酸氢钠和内源性因子(intrinsic factor,IF),这些物质进入十二指肠近端发挥相应的功能。胰酶主要负责较大食物分子的初步消化,由于其需要在碱性 pH 条件下发挥作用,所以同时腺管细胞会分泌碳酸氢盐进入十二指肠。胰腺不但会分泌蛋白酶、磷脂酶、核糖核酸酶和脱氧核糖核酸酶等活性成分前体(即酶原),还会分泌有活性的 $\alpha$-淀粉酶和脂肪酶分子。胰腺是脂肪酶的唯一来源,所以脂肪痢是胰腺外分泌功能不全(exocrine pancreatic insufficiency,EPI)的主要症状。胰蛋白酶对胰腺炎的致病机制非常重要,胰蛋白酶原在胰腺腺泡内被过早激活为胰蛋白酶,它是触发胰腺炎的最后共同途径,后文将详细探讨。健康的动物中,食物及胃充盈会刺激胰腺分泌,最强有力的刺激因子为小肠中的脂肪和蛋白质。迷走神经、局部肠道神经系统、激素分泌、小肠内的胆囊收缩素等均会刺激胰腺分泌。胰蛋白酶原在小肠刷状缘肠激酶作用下被激活,该作用使胰蛋白酶原切割掉一个肽(胰蛋白酶激活肽,trypsin activation peptide,TAP)形成胰蛋白酶。被激活的胰

蛋白酶可激活肠道内的其他酶原。IF 对回肠内维生素 $B_{12}$ 的吸收起着关键作用,在猫中仅由胰腺分泌。在犬中,虽然胰腺是 IF 的主要来源,但胃黏膜也能分泌少量 IF。

　　胰腺外分泌疾病相对常见,但通常临床表现无特异性,对器官进行诊断性影像学检查和活检相对困难,同时临床病理学检查缺乏敏感性和特异性,所以很容易误诊。胰腺炎是犬猫最常见的胰腺外分泌疾病,EPI 虽然较为少见,但也经常能被诊断出来。胰腺的其他不常见疾病包括胰腺脓肿、假性囊肿和肿瘤。

　　尽管在所有品种中,急性胰腺炎的治疗仍然是非特异性的,而且缺乏实证支持。但是最近有关犬猫胰腺炎的研究进展包括病理生理机制、流行病学、潜在病因等,可为将来的治疗提供理论依据。

　　有关犬猫胰腺及其周围组织的解剖差异见表40-1。

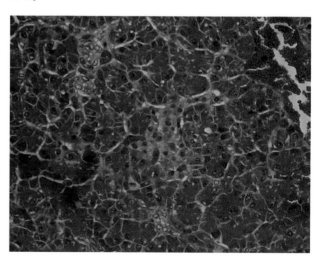

**图 40-1**
一只健康犬的正常胰腺组织学检查,图中两个浅染区的细胞为胰岛的郎格汉氏细胞,其周围为胰腺腺泡。胰岛仅占胰腺总体积的 10%～20%。

**表 40-1 犬猫胰腺组织结构、功能和相关疾病的区别**

| 特征 | 犬 | 猫 |
|---|---|---|
| 解剖（差异很大；有些犬和猫相似） | 通常有两个胰管——副胰管较大，从胰腺右叶进入十二指肠小乳头；胰管较小，从胰腺左叶进入十二指肠大乳头（和胆管邻近，但无交汇）<br>奥狄氏括约肌没有明显的临床意义 | 通常只有一个大胰管汇入胆总管，然后一起进入十二指肠，具体位置在离幽门 3 cm 处的十二指肠大乳头<br>20％的猫有一个副胰管；偶见胰管分离<br>猫的奥狄氏括约肌和人的同等重要 |
| 胰腺功能 | 内源性因子主要由胰腺分泌，胃部也有少量分泌；EPI 时常见维生素 $B_{12}$ 缺乏，但有时正常 | 所有的内源性因子均由胰腺分泌，因此 EPI 时维生素 $B_{12}$ 缺乏非常常见；维生素 K 缺乏也很常见，并发的肝脏疾病和肠道疾病会进一步降低其吸收 |
| 胰腺炎——其他疾病相关性 | 胰腺炎常与内分泌疾病有相关性（见正文）<br>未证实与肝脏、小肠疾病有相关性<br>与一些品种的免疫介导性疾病有相关性，尤其是干燥性角膜结膜炎（见正文） | 常与胆管性肝炎和/或炎性肠病相关<br>并发肝脏脂质沉积综合征的风险很高<br>也可能与肾脏疾病有相关性 |
| 外分泌胰腺，其他病理 | 常见胰腺结节性增生<br>罕见囊性腺泡变性 | 常见胰腺结节性增生<br>常见囊性腺泡变性，与慢性胰腺炎有关 |
| **胰腺炎** | | |
| 疾病谱 | 大多数急性病例就诊<br>越来越多的轻度慢性病例得到识别，尸检时慢性病例比急性病例更常见 | 大多数病例有轻度、慢性间质性疾病，很难诊断<br>急性严重疾病也可被识别 |
| 诊断 | 组织学是金标准<br>催化法和免疫分析法也可用于诊断<br>超声诊断很敏感<br>急性病例中可见明显的或具提示性的临床症状 | 组织学是金标准<br>催化法对诊断没有帮助<br>免疫分析法较为有用<br>超声诊断的敏感性低于犬<br>临床症状通常较为轻微，没有特异性，即使是急性病例 |
| 胰腺外分泌功能不全的病因 | 常表现为胰腺腺泡萎缩——某些品种中发病风险会增加（尤其是德国牧羊犬）<br>慢性胰腺炎末期也很常见该病，诊断率较低，尤其是一些特殊品种的中老年犬（见正文） | 大多末期慢性胰腺炎腺泡萎缩的病例都未被报道 |

# 胰腺炎
# （PANCREATITIS）

胰腺炎包括急性和慢性两种。和急慢性肝炎相似，急、慢性差异是指组织学上，而非临床表现上（表40-2；图 40-2），两者在临床表现上有重叠。慢性疾病可能最初表现为慢性疾病急性发作；有关致死性急性胰腺炎犬猫的尸检研究发现，一半以上的病例为慢性胰腺炎急性发作。区分急性病和慢性疾病急性发作对初期治疗并无明显帮助，在所有病例中都是这样，但区分出慢性疾病有利于识别出其长期后遗症（见后文）。急、慢性胰腺炎的病因可能不同，但两者之间也有一定的交叉。

 **表 40-2 犬猫急、慢性胰腺炎的区别**

| 参数 | 急性胰腺炎 | 慢性胰腺炎 |
|---|---|---|
| 组织病理学 | 不同程度的腺泡坏死、水肿、炎症，伴嗜中性粒细胞和胰腺周围脂肪坏死<br>可能完全可逆，而不造成永久性胰腺结构或功能改变 | 以淋巴细胞性炎症和纤维化为特征，伴永久性结构破坏<br>可能有慢性胰腺炎急性发作的病例，伴并发的嗜中性粒细胞性炎症和坏死 |
| 临床表现 | 从严重致死性（通常为坏死型）到轻微或亚临床（较为少见） | 从轻度、间歇性胃肠道症状（更常见）到慢性胰腺炎急性发作（难以和急性胰腺炎区分开来） |
| 诊断 | 酶检测和超声检查的敏感性比慢性胰腺炎的高 | 酶检测和超声检查的敏感性比急性胰腺炎的低；诊断更有挑战 |
| 死亡率和长期后遗症 | 短期死亡率高，但没有长期后遗症 | 死亡率低，除非有慢性胰腺炎急性发作<br>外分泌和内分泌不全的风险较高 |

**图 40-2**

A,一只急性胰腺炎患猫开腹探查的大体外观,可见广泛性充血。急性胰腺炎外观也可能正常。B,一例年轻西高地白㹴,雌性,患有急性胰腺炎,图片为胰腺组织学检查结果。显著水肿和炎症已经破坏了腺泡结构。这种情况是致命的,但如果患犬能够从急性期幸存下来,这样的病变有可能是完全可逆的(H&E 染色,×100)。C,捷克罗素㹴犬,中年犬,患有慢性胰腺炎,胰腺大体外观。胰腺有结节样变化,广泛粘连于十二指肠,和肠系膜难以区分。慢性胰腺炎也有可能是看起来正常。D,查理士王小猎犬,10 岁,雄性,患有慢性胰腺炎,图片为其胰腺的组织病理学检查结果。图片中可见纤维化表现,单核细胞性炎症细胞和胆管增生(H&E 染色,×200)。E,查理士王小猎犬,11 岁,雌性绝育,患有糖尿病和胰腺外分泌功能不全;组织学检查显示末慢性胰腺炎末期。扩张的纤维(绿色)和残存的岛状排列的腺泡(红色)。(马松三色染色,×40)。(A and C,引自:Villiers E,Blackwood L,editors:*BSAVA manual of canine and feline clinical pathology*,ed 2,Gloucestershire,Britain,2005,British Small Animal Veterinary Association)

## 急性胰腺炎
### (ACUTE PANCREATITIS)

### 病因和发病机制

    近年来,对人类急性胰腺炎的病理生理学的认识逐渐加深,研究发现胰蛋白酶遗传突变会增加胰腺炎的发病风险;理论上讲,该病的病理生理机制在犬猫上被认为是相似的。所有病例的最后共同途径是胰蛋白酶原在胰腺内被过早激活,这是胰蛋白酶原自体活化增加或过早活化胰蛋白酶的自体溶解减少的结果。胰蛋白酶是胰腺分泌的主要的蛋白酶,如果在腺泡细胞内被不恰当地过早激活,会导致自体消化和严重的炎症反应。正常情况下,保护机制可预防酶原被过早激活。胰蛋白酶以酶原颗粒(无活性的前体)的形式储存在胰腺腺泡中,正常情况下高达 10% 的胰蛋白酶原可在颗粒内自体活化,但由于存在其他胰蛋白酶分子、共分离保护分子及胰蛋白酶分泌抑制剂(pancreatic secretory trypsin inhibitor,PSTI,也被称作丝氨酸蛋白酶抑制剂 Kazal 型 1,或者 SPINK1)等,这些活化的胰蛋白酶也不能发挥作用。胰蛋白酶原的遗传突变使得其对水解作用产生抗性,PSTI 易诱发人的胰腺炎,在某些犬中也有相似作用(表 40-3)。在犬中,有关突变诱发急性胰腺炎的研究集中在迷你雪纳瑞犬上。最初的研究显示该品种的胰腺炎病例中,发现阳离子胰蛋白酶基因没有突变,但编码 SPINK1 基因出现突变(Bishop 等,2004,2010)。不过最近一项研究则发现,在迷你和标准雪纳瑞犬中,不管其是否患有胰腺炎,均可见 SPINK1 突变现象,因此该研究对 SPINK1 突变的意义提出了质疑(Furrow 等,2012)。

 **表 40-3 犬猫急性胰腺炎的发病原因**

| 发病风险 | 病因 |
| --- | --- |
| 特发性,90% | 不清楚(有些可能是遗传,或受环境刺激激发了遗传倾向) |
| 导管阻塞±分泌过度±胆汁逆流进入胰管 | 试验性;肿瘤;手术±胆管炎＋慢性胰腺炎 |
| 高甘油三酯血症 | 先天性脂肪代谢异常(与品种相关,例如迷你雪纳瑞犬)<br>内分泌疾病——糖尿病、肾上腺皮质功能亢进、甲状腺功能减退 |
| 品种、性别(?) | 㹴犬风险增加 ±绝育母犬——可能反映了高脂血症的风险(也见于迷你雪纳瑞犬,见上文)和潜在的其他突变(见正文) |
| 饮食 | 饮食不慎重、高脂肪饮食<br>营养不良、肥胖(?) |
| 创伤 | 交通事故、手术、高楼综合征 |
| 缺血、再灌注 | 手术(不仅仅是胰腺)、胃扩张、肠扭转;休克、炎症免疫介导性溶血性贫血(如果贫血严重则很常见) |
| 高钙血症 | 试验性(猫比犬更常见);恶性高钙血症(临床不常见);原发性甲状旁腺功能亢进 |
| 药物、毒素 | 有机磷、硫唑嘌呤、天冬氨酸、噻嗪类利尿剂、呋塞米、雌激素、磺胺类药物、四环素、普鲁卡因胺、溴化钾、氯米帕明 |
| 感染 | 弓形虫、其他(不常见) |

改编自 Villiers E,Blackwood L,editors:*BSAVA manual of canine and feline clinical pathology*,ed 2,Gloucestershire,Britain,2005,British Small Animal Veterinary Association.

需要更多研究来阐述突变对犬胰腺炎的作用。如果太多胰蛋白酶在胰腺内自体活化,其保护机制则过载,将会引发一连串反应,已活化的胰蛋白酶会激活更多的胰蛋白酶和其他酶。胰腺自体消化、炎症和胰腺周围脂肪坏死,从而导致局灶性或广泛性无菌性腹膜炎。即使是轻度胰腺炎也会引发全身性炎症反应(systemic inflammatory response,SIR)。很多器官都会被波及,在大多数严重病例中,会出现多器官衰竭(multiorgan failure,MOF)和 DIC。循环蛋白酶抑制剂——$\alpha_1$ 抗胰蛋白酶($\alpha_1$-antitrypsin,$\alpha_1$ 胰蛋白酶抑制剂)和 $\alpha$ 巨球蛋白在清除胰蛋白酶和其他蛋白酶方面起着重要作用。循环中过量的胰蛋白酶会引起这些蛋白酶抑制剂饱和,从而促进全身性炎症的发展,但广泛性嗜中性粒细胞活化和细胞因子释放可能是 SIR 的主要原因。

上一段讨论了犬猫急性胰腺炎的最后共同途径,但其潜在病因通常很难发现(表 40-3)。有些品种似乎和犬胰腺炎之间有很强的关联,因此遗传也可能是一项风险因素。很多之前的报道都认为,潜在诱发因素对遗传风险高的品种有激发作用。

## 临床特征

急性胰腺炎好发于中年犬猫,不过个别非常年轻或非常老的动物也会发病。㹴犬、迷你雪纳瑞犬和家养短毛猫发病风险较高,不过任何品种(包括杂种犬)均可患上该病。一些调查显示,有些品种的犬发病风险较低,尤其是大型犬或巨型犬,不过拉布拉多巡回猎犬和哈士奇(尤其是澳大利亚地区的)经常受到影响。品种相关性提示可能有潜在的遗传倾向,和人的胰腺炎相似。该病可能是多因素的,遗传倾向和其他诱发因素叠加。例如,高脂肪食物可能是㹴犬(易感动物)的激发因素。有些研究认为雌性犬发病风险轻度升高,而其他研究则认为无性别倾向。肥胖可能是犬的易患因素,但目前尚不清楚肥胖是否为一种病因,或者是共存的一种疾病(例如,急性胰腺炎发病风险高的品种碰巧也可能是肥胖风险高的品种)。有些猫还同时有胆管炎、炎性肠病和肾脏疾病,它们被认为与急性胰腺炎有关联。急性胰腺炎患猫出现肝脏脂质沉积综合征的风险也很高。

患犬的病史里经常会有激发因素,如高脂肪饮食或狼吞虎咽(表40-3)。最近的药物治疗也可能是激发因素,例如溴化钾、硫唑嘌呤或天门冬氨酸酶。并发的内分泌疾病也会增加犬患严重致死性胰腺炎的风险,例如甲状腺功能减退、肾上腺皮质功能亢进或糖尿病。所以,了解病史是非常重要的。患猫的病史里可能包括并发的胆管炎、炎性肠病、肝脏脂质沉积综合征的特征。

患犬的临床表现差异很大,从轻度腹痛、厌食到急腹症,并且有潜在 MOF 和 DIC 的风险。严重急性疾病的动物通常表现为急性呕吐、厌食、显著腹痛和不同程度的脱水、虚弱、休克等。呕吐最初是胃排空延迟(起源于腹膜炎)的表现,初期在饲喂后呕吐未消化的食物,逐渐发展到只呕吐胆汁。主要鉴别诊断为其他原因引起的急腹症,尤其是肠道异物或梗阻;呕吐可能非常严重,如果一开始不进行仔细的检查,患犬可能会经历不必要的开腹探查以排除梗阻。有些动物会表现出经典的祈祷样姿势,前肢着地,后肢站立(图40-3),但这种症状并非胰腺炎特有,任何前腹部疼痛都有可能会出现,例如肝脏、胃部或十二指肠疼痛。与此相比,患有急性、致死性、坏死性胰腺炎的猫通常仅有轻微的临床症状,例如厌食和嗜睡;少于一半的病例会出现呕吐和腹痛。与犬不同,即使有严重的腹膜炎猫也很少在临床检查中表现出腹痛的症状。

轻度急性胰腺炎患病犬猫,可能会表现出轻微的胃肠道症状,包括厌食和轻度呕吐、随后会出现结肠炎样的粪便(例如,里急后重、血便和频繁排便),之后会出现鲜血(横结肠处存在局部腹膜炎)。主要的鉴别诊断包括炎性肠病、轻度传染性肠炎、慢性食物不耐受、慢性肝炎等。未禁食的动物可能表现出明显的餐后不适。

图 40-3

**犬呈现能缓解疼痛的体位,提示前腹部疼痛(由 Dr. William E. Hornbuckle, Cornell University, College of Veterinary Medicine, Ithaca, NY. 惠赠)**

患急性胰腺炎的犬猫可能在初次就诊时出现黄疸,或者是急性症状缓解后几天出现黄疸。对于大多数病例而言,急性胰腺炎伴黄疸病例是慢性胰腺炎急性发作的表现(见后文慢性胰腺炎)。需认真评估脱水和休克的程度,以及任何并发的疾病(尤其是内分泌疾病),要认真进行腹部触诊。严重的病例,可能出现提示 DIC 的淤点、淤斑,还可能出现呼吸窘迫综合征引起的呼吸窘迫。认真评估临床病理学变化、休克程度及并发的器官损伤对预后和治疗来说至关重要(见后文)。腹部触诊需识别出胰腺疼痛,并且尽可能排除异物、肠套叠,尽管可能需要进行腹部影像学检查来排除这些疾病。在严重的病例中,广泛性腹膜炎可能会导致广泛、显著的腹部疼痛;但在一些较为轻微的病例中,需要认真触诊前腹部以识别出局部腹部疼痛(图40-4);对于猫,疼痛可能并不明显。偶尔会有可能触诊到前腹部肿物(其实是脂肪坏死),尤其是猫。

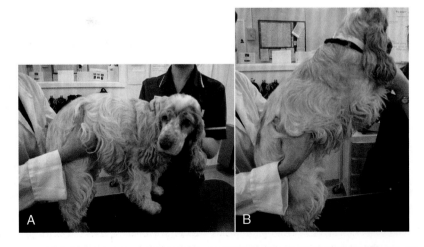

图 40-4

**一只可卡犬前腹部疼痛,认真进行腹部触诊。A,临床医师应触诊肋弓下的头腹侧,寻找局部胰腺疼痛的证据,如图中所示,患犬回头便是其中一种表现。B,对于深胸犬,可以和助理一起检查,助理可抬高患犬头部,利于暴露胰腺尾侧(利于定位,图40-3)。**

# 诊断

◆ 常规临床病理学检查

常规实验室检查（CBC、生化检查和尿液检查）

一般不能得到特异性诊断，但却是至关重要的，它能为所有病例（除了最轻微的病例）提供重要的预后信息，并辅助有效的治疗（见后文）。表 40-4 列举出了犬猫急性胰腺炎病例非常典型的临床病理学异常。

**表 40-4　犬猫急性胰腺炎的典型临床病理学变化**

| 指标 | 犬 | 猫 | 病因和表现 |
| --- | --- | --- | --- |
| 尿素 ± 肌酐 | 50%～65% 病例升高 | 57% 的病例尿素升高，33% 的病例肌酐升高 | 通常是肾前性的，原因为脱水和低血压（尿素＞肌酐），提示需要积极的输液治疗<br>也可见肾衰竭（败血症和免疫复合物） |
| 钾离子 | 20% 病例下降 | 56% 病例下降 | 呕吐和输液治疗导致的肾脏丢失增加 ＋ 摄入减少和低血容量导致醛固酮释放<br>需要治疗，可能会导致胃肠迟缓 |
| 钠离子 | 升高（12%）、下降（33%）或正常 | 通常正常或下降（23%），仅 4% 升高 | 脱水导致升高；胃肠道丢失增加和呕吐会导致钠离子下降 |
| 氯离子 | 常见下降（81%） | 不清楚 | 胃肠道丢失伴呕吐 |
| 钙 | 9% 病例升高，3% 病例下降 | 40%～45% 的病例总钙下降；60% 的病例离子钙下降；5% 总钙升高 | 钙下降对猫来说是不良预后因素，对犬没有意义；原因是胰腺周围脂肪皂化（未经证实）和胰高血糖素释放会刺激降钙素释放（有些病例）<br>钙升高可能是该病的原因，而不是该病的结果 |
| 磷 | 常见升高（55%） | 27% 升高，14% 下降 | 继发于肾损伤的肾排泄减少导致血磷升高；糖尿病治疗（猫）导致血磷下降 |
| 葡萄糖 | 30%～88% 升高，高达 40% 下降 | 64% 升高，罕见下降 | 胰岛素下降，胰高血糖素、皮质醇和儿茶酚胺升高，导致血糖升高；50% 的病例可能会恢复正常，败血症和厌食会导致血糖下降 |
| 白蛋白 | 39%～50% 升高，17% 下降 | 8%～30% 升高，24% 下降 | 脱水导致升高；肠道丢失、营养不良、并发的肝脏疾病和肾脏丢失导致下降 |
| 肝细胞酶（ALT 和 AST） | 61% 升高 | 68% 升高 | 败血症会引起肝脏坏死和空泡化<br>胰腺酶的局部效应 ± 并发的肝脏疾病 |
| 胆汁淤积酶（ALP 和 GGT） | 79% 升高 | 50% 升高 | 胆管阻塞，原因包括猫慢性胰腺炎急性发作 ± 并发的胆管炎 ± 脂质沉积综合征（猫）；类固醇诱导性 ALP（犬） |
| 胆红素 | 53% 升高 | 64% 升高 | 和 GGT 相同 |
| 胆固醇 | 48%～80% 升高 | 64% 升高 | 可由胆汁淤积引起；不清楚是病因还是结果；通常由并发或易发疾病引起 |
| 甘油三酯 | 常见升高 | 很少检测 | 不清楚是病因还是结果；通常由并发或易患疾病引起 |
| 嗜中性粒细胞 | 55%～60% 升高 | 约 30% 升高，15% 下降 | 炎症反应导致升高；有些猫因过度消耗导致下降；可能是不良预后因素 |
| 血细胞比容 | 约 20% 升高，约 20% 下降 | 和犬相同 | 脱水导致升高；慢性疾病引起贫血、胃肠道溃疡导致下降 |
| 血小板 | 严重病例常下降（59%） | 通常正常 | 循环蛋白酶 ± 弥散性血管内凝血导致血小板减少 |

数据引自 Schaer M：A clinicopathological survey of acute pancreatitis in 30 dogs and 5 cats，*J Am Anim Hosp Assoc* 15：681，1979；Hill RC et al：Acute necrotizing pancreatitis and acute suppurative pancreatitis in the cat：a retrospective study of 40 cases（1976—1989），*J Vet Intern Med* 7：25，1993；Hess RS et al：Clinicopathological，radiographic and ultrasonographic abnormalities in dogs with fatal acute pancreatitis：70 cases（1986—1995），*J Vet Med Assoc* 213：665，1998；Mansfield CS et al：Review of feline pancreatitis. Part 2：clinical signs，diagnosis and treatment，*J Feline Med and Surgery* 3：125，2001.

◉胰腺特异性酶分析

胰腺更特异的检查包括淀粉酶和脂肪酶催化分析、胰蛋白酶免疫反应性(trypsin-like immunoreactivity,TLI)、胰脂肪酶免疫反应性(pancreatic lipase like immunoreactivity,PLI)。催化分析依赖于体外催化反应的分子,同时也依赖于酶活性;不过它们不具有种属特异性。在猫中,淀粉酶和脂肪酶的诊断意义备受质疑。免疫分析中,如果使用远离酶分子活性中心的部位的抗体进行相关检测,可能会导致同时检测出无活性的前体(例如,胰蛋白酶原);这些可能有器官或种属特异性。表 40-5 列举出了这些检测手段的优点和缺点。一般来说,PLI 的敏感性最高,在两种动物中的特异性也最高,目前对猫胰腺炎来说是最准确的诊断指标。最近有关 PLI 对犬急性胰腺炎诊断的研究认为其敏感性为 86.5%～94.1%,特异性为 80%～90%或 66.3%～77.5%,取决于研究中的参考值和检测方法(Mansfield 等,2012;McCord 等,2012)。一项有关猫的研究显示,PLI 对急性胰腺炎病例的敏感性高达100%,但轻度胰腺炎中敏感性仅为 54%,特异性为91%(Forman 等,2004)。不过,其敏感性在慢性胰腺炎犬猫中较低(见下文)。在市面上可购买到针对犬猫PLI 的 SNAP 检测试剂盒,有助于这两种动物的快速诊断(详见 http://www.idexx.com/animalhealth/testkits/snapcpl/index.jsp)。

实验室血液检查结果可为犬猫提供预后信息。犬的最佳预后指标为改良器官评分,见表 40-6 和表 40-7。这一体系的开发本来是为人医服务的,但在猫上的使用未经严格评估。TAP 是一种从胰蛋白酶中去除的肽,到达小肠后被活化,在不同物种中均可被良好地保护,所以人的 ELISAs 试验也可用于犬猫。在胰腺炎诊断方面,血浆或尿液 TAP 水平和目前的血液检查相比,在敏感性或特异性方面都没有优势,但它有一定的预后意义。在单项诊断性检查中,下文将列举犬的不良预后指标:尿液 TAP 肌酐比升高、血清脂肪酶活性显著升高、血清肌酐和磷浓度显著升高、尿比重下降。最近一项研究则指出低温、代谢性酸中毒也是犬急性胰腺炎的不良预后因素(Pápa 等,2011)。在猫中,不良预后因素为离子钙下降和血小板减少症。尿液或血浆 TAP 水平在猫中预后价值不大,TLI 升高程度在犬猫中预后意义也不大。犬 PLI(cPLI)升高程度的预后指示意义尚不明确。

表 40-5 犬猫急慢性胰腺炎诊断的酶催化试验和免疫分析试验

| 试验 | 优势 | 缺点 |
| --- | --- | --- |
| **催化反应** | | |
| 仅限于犬,对猫无效 | | 严重病例中可能是正常的,原因可能是酶消耗±组织丢失;升高程度没有预后价值,除非是固定的;均经肾脏排泄,氮质血症时会升高 2～3 倍 |
| 淀粉酶 | 在诊所内应用广泛;类固醇不会诱导其升高,有助于肾上腺皮质功能亢进患犬胰腺炎的诊断 | 敏感性和特异性均较低,可来源于其他组织,包括小肠 |
| 脂肪酶 | 在诊所内应用广泛;敏感性高于淀粉酶;升高程度可能有预后指示意义 | 可来源于胰腺以外的组织,皮质类固醇可使其水平升高 5 倍以上 |
| **免疫分析试验** | | |
| 犬 TLI | 升高——对胰腺炎诊断的特异性高 | 对胰腺炎诊断的敏感性低(对 EPI 敏感性高);比淀粉酶和脂肪酶半衰期短;经肾脏排泄:氮质血症时升高 2～3 倍 严重慢性病例可能会因消耗±组织丢失而出现检测值下降;无明确的预后指示意义 |
| 猫 TLI | 猫仅可用的两项检测之一 | 敏感性和特异性均低于犬 TLI,在 EPI 诊断中有一定作用;经肾脏排泄,氮质血症时会升高 |
| 犬 PLI | 犬胰腺炎诊断中敏感性和特异性最高(见正文);器官特异性,无胰腺外来源的干扰 可在诊所内操作(见正文 URL 部分) | 肾脏疾病时会升高,但可能不会显著升高(?)(目前尚不清楚是否受类固醇影响) |
| 猫 PLI | 一项相对新型的检测项目,可能是猫胰腺炎诊断中敏感性和特异性最高的检测(见正文);可在诊所内操作(见正文 URL 部分) | 目前很少有关这项检查的文献 |

PLI,胰脂肪酶免疫反应性;TLI,胰蛋白酶免疫反应性。

**表 40-6　急性胰腺炎诊断和预后的改良器官评分系统**

| 严重性和疾病评分* | 评分 | 预后 | 预期死亡率（%） |
|---|---|---|---|
| 轻度 | 0 | 良好 | 0 |
| 中度 | 1 | 良好至一般 | 11 |
|  | 2 | 一般至较差 | 20 |
| 严重 | 3 | 较差 | 66 |
|  | 4 | 很差 | 100 |

\* 评分系统建立在初次诊断时胰腺以外的出现损伤或衰竭的其他器官的数量；见表 40-7。该评分系统可用于犬的急性胰腺炎。不清楚该系统是否可用于猫或慢性胰腺炎急性发作的犬。

引自 Ruaux CG et al：A severity score for spontaneous canine acute pancreatitis，*Austr Vet J* 76：804，1998；and Ruaux CG：Pathophysiology of organ failure in severe acute pancreatitis in dogs，*Compend Cont Edu Small Anim Vet* 22：531，2000.

**表 40-7　犬急性胰腺炎器官系统损伤严重程度的评估标准**

| 器官系统 | 受损评估标准 | 实验室参考范围 |
|---|---|---|
| 肝脏 | ALP、ALT 或 AST ＞ 参考范围上限的 3 倍 |  |
| 肾脏 | 血液尿素 ＞ 84 mg/dL<br>肌酐 ＞ 3.0 mg/dL | 血尿素 ＝ 15～57 mg/dL<br>肌酐 ＝ 0.6～1.8 mg/dL |
| 白细胞 | 杆状细胞＞ 10% 或白细胞总数 ＞ 24×10³/μL | 杆状嗜中性粒细胞＝0.0～0.2×10³/μL<br>白细胞总数＝(4.5～17)×10³/μL |
| 胰腺内分泌* | 血糖＞234 mg/dL 及 β-羟丁酸 ＞ 1 mmol/L | 血糖＝59～123 mg/dL<br>β-羟丁酸 ＝ 0～0.6 mmol/L |
| 酸碱平衡* | 碳酸氢根＜13 或＞26 mmol/L，和/或阴离子间隙＜15 或＞ 38 mmol/L | 碳酸氢根＝15～24 mmol/L<br>阴离子间隙 ＝ 17～35 mmol/L |

\* 如果血糖升高、丁酸盐增多和酸中毒同时存在，列入同一个系统。

引自 Ruaux C G et al：A severity score for spontaneous canine acute pancreatitis，*Austr Vet J* 76：804，1998.

◆ 影像学诊断

　　对犬猫胰腺疾病的诊断来说，超声检查是敏感性最高、最简单易行的影像学检查手段。内窥镜检查的敏感性更高，但只有少数中心有这种设备。胰腺炎动物腹部 X 线检查通常只有轻度变化或无明显变化，即使病情很严重（图 40-5）。不过，在急性病例中，腹部 X 线检查在排除肠梗阻方面起着重要作用，肠梗阻通常会有明显的变化，主要为肠管扩张、积气、肠管堆叠和不透射线异物征象。犬猫急性胰腺炎征象包括腹背位投照时前腹部对比度下降，伴局灶性腹膜炎；十二指肠近端扩张、呈非游离状（C 型）；横结肠尾侧移位。胰腺区域偶见团块效应，通常是脂肪坏死的表现。胰腺肿瘤通常比较小，但仅通过影像学检查无法区分脂肪坏死和肿瘤。很多犬猫急慢性胰腺炎的腹部放射学检查看起来是正常的。应避免钡餐造影，该措施对胰腺炎的诊断没有帮助。

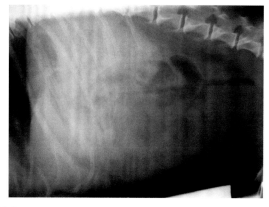

**图 40-5**

杰克罗素狗，7 岁，急性胰腺炎，腹部左侧位 X 线检查。X 线征象变化很小，仅表现为腹部细节下降，虽然病情很严重。由于肠管没有扩张或积气，通过 X 线检查确实也可以排除急性梗阻。（由 **Diagnostic Imaging Department, Queen's Veterinary School Hospital, University of Cambridge, Cambridge, England.** 惠赠）

　　人医在诊断急性胰腺炎时敏感性最高的影像学检查包括 MRI、CT 和内窥镜超声检查（endoscopic ultrasonography,EUS)。除此之外,人医还会进行经内镜逆行性胰胆管造影(endoscopic retrograde cholan-giopancreatography,ERCP)检查,以便进行胰腺活检。

CT检查的效果在犬猫胰腺炎的诊断中很令人失望。最近出现了猫胰腺MRI检查的报道(犬中尚无),结果差强人意,不过尚未被广泛应用(Marolf等,2013)。EUS尚未被广泛应用,不过最新一项研究显示,除了胰腺右叶远端1/3处,EUS检查可见到大部分胰腺,可用于采集细针活检(FNA)样本(Kook等,2012)。ERCP在正常比格犬和慢性胃肠道疾病患犬中均有相关报道

(Spillmann等,2004,2005),但很难用于10 kg以下的犬,否则有加重胰腺炎的风险。由于这些技术均需要在全身麻醉下操作,所以在诊所中,很难用于那些严重的急性胰腺炎病例。经皮超声检查对胰腺疾病的诊断特异性很高——如果能找到病变,通常是真实的病变,但敏感性不一定,这和检查人员的经验和疾病的严重程度有关。对于犬猫急性胰腺炎来说,超声检查是一项敏感性很高的检查措施,胰腺水肿、胰腺周围脂肪坏死进一步增加了可视性。不过犬猫慢性胰腺炎中,超声诊断的敏感性远低于急性胰腺炎(图40-6)。

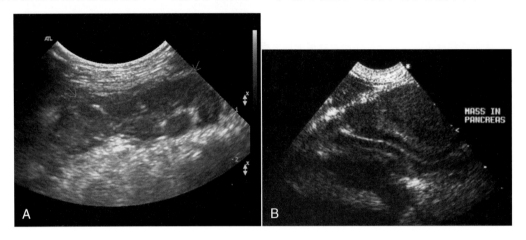

**图40-6**

A,迷你雪纳瑞犬,胰腺出现弥散性低回声区域(灰色箭头),周围组织回声增强。B,英国可卡犬,慢性胰腺炎超声征象。十二指肠位置有团块效应。很多慢性胰腺炎犬猫腹部超声检查无明显异常。(由 Diagnostic Imaging Department,Queen's Veterinary School Hospital,University of Cambridge,Cambridge,England. 惠赠)

### ◈积液分析

有些胰腺炎犬猫会有腹腔积液。积液分析通常提示无菌性浆液性血性渗出,不过改性漏出液和乳糜性积液也曾在猫上有报道。积液中的淀粉酶和脂肪酶活性高于血清,积液中脂肪酶活性升高的诊断价值最高(Guija de Arespacochaga等,2006)。少数急性胰腺炎患犬可能出现胸腔积液,可能是广泛性血管炎的表现。

### ◈组织病理学检查

急性胰腺炎只能靠胰腺活检确诊,但这种方法有侵入性,且这种检查对大多数病例都不适合。不过,如果该动物需要开腹探查,临床医师应时刻记住观察胰腺外观,并且尽可能进行胰腺活组织采样。胰腺通常看起来有炎症反应,外观呈肿物样。后者通常是由脂肪坏死和纤维化导致的,而非肿瘤;基于这一表现,在进行细胞学或组织病理学检查之前,胰腺任何有肿瘤

样外观的动物都不应被安乐死,因为胰腺上的大团块很少会是肿瘤。一般情况下,胰腺肿瘤的恶性程度很高,它会广泛转移,在肿物变大之前即可导致动物死亡。和小肠疾病相似,尽管存在临床相关疾病,胰腺大体外观仍可能是正常的,尤其是病症较轻的慢性病。胰腺活检较为安全,只要操作轻柔,没有撕裂供血的大血管,术后胰腺炎风险也不高。一项27例健康犬胰腺活检结果显示,活检后胰酶水平升高,但cPLI水平未升高,胰腺手术后也无任何临床表现(Cordner等,2010)。最好在叶尖上获取小的样本,不要结扎任何血管,尤其是右叶(右叶上的血同时供应十二指肠近端)。胰腺活检也可在腹腔镜下安全操作,这种情况下常使用抓钳操作(详见第36章开腹探查)。

不过,大多数病例不能进行活检,而是依靠临床怀疑、特异性酶检测和影像学综合诊断。对于犬猫胰腺炎的诊断,没有哪种非侵入性手段的敏感性和特异性能达到100%;有时候有些很严重的病例检测结果却是阴性的。

## 治疗和预后

犬猫急性胰腺炎的治疗和预后取决于就诊时动物的严重程度。严重急性胰腺炎是一种死亡率很高的疾病,需要强化治疗和护理,中度急性胰腺炎则可通过静脉输液和镇痛进行治疗,轻度急性胰腺炎有时不需要住院治疗。

器官评分系统是评估犬急性胰腺炎的治疗和预后最简单、最实用的方式,改编自人医器官评分系统,由Ruaux、Atwell(1998)和 Ruaux(2000;见表 40-6 和表40-7)改编而来。猫很难采用该系统进行评估,即使病情非常严重,临床症状也可能较为轻微,所以该评分系统不适用于猫。鉴于上述因素,所有患有胰腺炎的猫均应假定病情严重(除非有其他信息证明并非如此),并进行积极的治疗,以预防脂肪肝和其他致命并发症的出现。

对于少数查明胰腺炎激发因素的病例,需治疗或移除其激发因素(例如,高钙血症或药物诱导),治疗期间也需尽最大努力避免出现其他激发因素(详见表 40-3)。大多数胰腺炎是自发性的,多采取对症治疗,但英国可卡犬的慢性胰腺炎除外。英国可卡犬中,慢性胰腺炎可能是免疫介导性的,需要激素或其他免疫抑制药物(名义上的特异性治疗)(详见后文"慢性胰腺炎")。患有慢性胰腺炎的英国可卡犬可能会呈急性发作,可考虑进行免疫抑制治疗。不过目前尚无证据表明糖皮质激素对其他品种的犬(包括㹴犬)有效,反而会增加胃肠道出血的风险,降低网状内皮系统对 $\alpha_2$-巨球蛋白-蛋白酶复合物的清除力,使得预后变差。有些病例可能同时有免疫介导性溶血性贫血(IMHA)或炎性肠病,需要糖皮质激素治疗,这种情况下,糖皮质激素的功效超过了其潜在危害作用。

患有严重坏死性胰腺炎(评分为 3 或 4;见表 40-6和表 40-7)的犬猫预后较差或很差。这些病例有严重的水和电解质失衡,并伴有全身性炎症疾病、肾脏损伤和高 DIC 风险,需积极治疗,包括输注血浆、经饲管饲喂,或者补充肠外营养(见下一章节)。这些病例可能需要转诊给专科医生。如果不能转诊,则需要在诊所内强化治疗,但是需警告主人预后很差,费用很高。人类医学中严重急性胰腺炎预后也很差,但过去 5 年内,联合积极的输液治疗和早期营养支持,死亡率显著下降。

患很轻微胰腺炎(评分为 0)的动物,如果有呕吐和脱水,可能需要住院 12~24 h 进行静脉输液;如果动物精神良好(警觉)、水合良好,可在家中治疗,24~

48 h 内使胰腺得到充分休息(期间仅喂水),并给予镇痛治疗,随后长期饲喂合适的食物。

治疗所有病例时都需要遵循以下原则:静脉补充液体和电解质、镇痛、营养支持和支持疗法(例如,止吐药和抗生素)。

### ◈ 静脉输液和电解质

输液疗法对所有病例(轻微病例除外)都很重要,纠正呕吐和胃肠道蠕动差(胃肠道积液)引起的脱水和电解质失衡,维持胰腺循环,在全身性炎症反应综合征时维持有效的外周循环。要尽力避免灌注不良,以防止胰腺局部缺血,因为这会引起胰腺坏死。替代液[例如乳酸林格氏液或勃脉力(醋酸林格氏液)]的补液量和补液速度取决于脱水和休克程度——维持液的 2 倍速度[100~120 mL/(kg·d)]对轻度至中度病例(0级和 1 级)来说已经足够,但更为危重的病例可能最初需要使用休克治疗速度[90 mL/(kg·h),维持 30~60 min],之后用合成胶体液。密切监测尿量至关重要。对危重病例来说,快速输注晶体液会增加其血管通透性,增加肺水肿的风险,因此治疗期间需严密监护。极度危重患犬最好测量中央静脉压,根据中央静脉压调整输液速度。

需仔细监测血清电解质浓度。潜在电解质异常见表 40-4,但最具临床相关性的是低钾血症,由呕吐和摄入减少引起。低钾血症不仅会引起骨骼肌无力,也会引起胃肠道迟缓,加重临床症状,延迟饲喂,从而显著影响动物的恢复,严重时甚至导致死亡。激进的输液疗法会增加肾脏钾离子丢失,尤其是猫,因此监测血清钾离子浓度很重要,如果动物有呕吐症状,至少每天监测一次,必要时在输液里添加氯化钾。理想条件下,要根据低钾血症的程度酌情补充。乳酸林格氏液或勃脉力中钾离子含量仅为 4 mEq/L,大多数病例至少需要替代速度补液(20 mEq/L)。即使不能测量血清钾离子浓度,一只呕吐厌食的犬在没有肾衰迹象时也要按照替代速度补充钾离子。只要能够定期监测血清钾浓度,并且控制输液速度,低血钾更严重的犬应该补充更多的钾离子。血钾低于 2.0 mEq/L 的犬猫,输液中钾浓度为 40~60 mEq/L,输液速度要严格控制。一般来说,钾离子的输液速度不能高于 0.5 mEq/(kg·h)。

严重胰腺炎病例(器官评分为 2~4)可输注血浆以补充 $\alpha_1$-抗胰蛋白酶和 $\alpha_2$-巨球蛋白。它也可以补充凝血因子,可与肝素治疗联合应用于 DIC 风险高的动物,但肝素在 DIC 动物和人类中的疗效尚存争议,目前没有对照试验支持或驳斥其在犬猫胰腺炎中的应用(见第85章)。

### ◤镇痛

胰腺炎通常是一种很痛的疾病。住院动物应认真监测其疼痛情况,必要时给予镇痛药。在临床上,几乎所有胰腺炎动物都需要镇痛药,猫的疼痛难以评估,也要常规给药。通常使用吗啡受体激动剂或部分激动剂,尤其是丁丙诺啡或布托啡诺。布托啡诺也有止吐作用,这些部分阿片受体激动剂对轻度至中度疼痛有效,但重度疼痛需要阿片受体激动剂。可使用吗啡、美沙酮、哌替啶、芬太尼(IV 或贴片)(表 40-8)。阿片类药物对人和犬的奥狄氏括约肌有不良作用,但最近的研究显示两者之间的相关性很小,除非多次高剂量使用吗啡。该药目前常规用于人的胰腺炎,没有发现有明显问题。芬太尼贴片需一定时间才能起效(犬平均需要 24 h,猫平均需要 7 h),所以建议在使用芬太尼贴片后的最初数小时内使用阿片类药物。应避免使用非甾体类抗炎药(nonsteroidal antiinflammatory drugs, NSAIDs),因为会增加患病动物胃肠道溃疡的风险,增加低血压和/或休克动物的肾衰风险。人的急性胰腺炎和 NSAIDs 的使用有一定关系。环氧合酶-2 (COX-2)抑制剂会降低传统 NSAIDs 的风险,例如对乙酰氨基酚,如果谨慎使用的话(见表 40-8)。在严重病例中,其他镇痛方案包括低剂量 IV 氯胺酮或 IV 利多卡因,前者对胃肠道运动的影响很小(Fass 等, 1995)。更多镇痛剂详见表 40-8。

可将镇痛剂配好后让主人带回家,自行对病情较轻的动物进行镇痛,但这可能是一种挑战。不应低估这些病例的疼痛,且很难找到一种可在家中安全使用、效果良好的止痛药。阿片类药物在诊所中的应用应非常谨慎,致溃疡作用较小的 NSAIDs 或对乙酰氨基酚可在家中谨慎使用。猫黏膜给予丁丙诺啡有一定效果(Robertson 等,2003),可在家中简单给药,但口服给药对犬无效。有趣的是,已发现曲马多对犬有帮助。饲喂低脂食物有助于减轻人餐后疼痛,据说对犬也有一定帮助。不过,食物中添加胰酶似乎不能减轻犬的疼痛,但缺乏其在犬猫中止痛作用的证据。

### ◤营养

考虑急性胰腺炎动物的恰当营养管理至关重要。传统观念认为,急性胰腺炎动物需要避免经口给予任何东西(包括水或钡剂),意图让胰腺得到充分的休息。

起初人们认为早期肠道营养是一种禁忌证,会导致胆囊收缩素分泌和释放,从而导致胰酶释放,加重胰腺炎及其相关的疼痛。全肠外营养(total parenteral nutrition, TPN)在疾病早期似乎更符合逻辑,此后使用空肠饲管饲喂,目的在于绕过刺激胰酶分泌的区域。然而,最近有关人及实验犬模型的研究则强烈推荐肠道营养,而非 TPN;严重急性胰腺炎病人给予早期肠道营养后,可缩短住院时间,降低死亡率。

目前人医中的最佳推荐方案见框 40-1,和兽医推荐相似。现在我们不再认为长期饥饿等待康复是一种明智的选择,人医中越来越多的证据表明早期肠道营养对胰腺炎有很大帮助;胰腺炎程度越严重,越需要早期营养支持。最近的研究认为幽门前饲喂(鼻饲管或胃饲管)的安全性和空肠相当。人医急诊工作也认为营养也有免疫调节作用,不过益生菌在胰腺炎中的应用尚存争议,一项研究显示使用益生菌会增加人的死亡率(Besselink 等,2008)。目前还没有研究评估早期或晚期肠道营养支持对犬猫自发性胰腺炎的疗效。所以,目前所有的建议均来自零星的报道、人的探索性研究和犬的实验研究。不过,最近一项初步研究比较了早期肠道营养(经食道管)和肠外营养在急性胰腺炎患犬中的应用,试验共 10 只患犬,结果发现患犬能很好地耐受幽门前饲喂(低脂犬粮,添加胰酶和中链脂肪酸)。接受肠道营养的患犬无明显餐后疼痛反应。与肠道营养组相比,肠外营养组中更多数量的患犬出现呕吐和反流(Mansfield 等,2011)。

对猫的急性胰腺炎来说,饥饿也是一种禁忌证,它会增加肝脏脂质沉积综合征的风险。目前的建议是,无论如何,必须在 48 h 内建立肠道饲喂方式。疾病越严重,越需要早期饲喂。严重病例最好放置空肠饲管,连续输注要素饮食(elemental diet),不过大多数中度胰腺炎患犬也能良好地耐受经胃饲管少量多次饲喂低脂食物。初期可饲喂婴儿米粉和水,随后饲喂兽医低脂处方粮(例如 Eukanuba Intestinal Formula, Procter & Gamble Pet Care, Cincinnati, Ohio; Hill's i/d Low Fat, Hill's Pet Nutrition, Topeka, Kan; Royal Canin Digestive Low Fat, Royal Canin USA, St Charles, Mo; Purina EN Gastroenteric Canine Formula, Nestlé SA, Vevey, Switzerland)(图 40-7),甚至可能并不需要低脂食物。目前没有证据表明标准日粮会加重急性胰腺炎病例的病情,所以如果少量多次给予流质重症监护处方粮(liquid critical care diet),动物也应该能耐受。目前有关人的研究显示高脂日粮会增加疼痛,延长住院时间,在犬中也有零星报道。在很多情况下,同时给予止吐剂对有效饲喂来说是必不可少的(见后文)。对于不能应用肠道营养或每天只能经肠道给予少量能量的动物,可考虑补充肠外营养,最实际的做法是补充周围静脉营养(peripheral parenteral nutrition,PPN)(Chandler 等,2000)。

 **表 40-8　急性胰腺炎的止痛药**

| 镇痛药 | 适应证和注意事项 | 剂量和给药途径 | | 其他 |
|---|---|---|---|---|
| | | 犬 | 猫 | |
| 丁丙诺啡 | 住院病例最常用的镇痛药;猫(非犬)可在家经黏膜给药 | IV,SC,IM,0.01～0.02 mg/kg | IV,SC,IM,剂量和犬相同;猫可经黏膜给药* | 对奥狄氏括约肌的作用尚且不详 |
| 布托啡诺 | 作者使用经验有限;该药镇痛作用较差,有潜在的心血管副作用(见注解),额外的止吐作用可能是有益的 | 0.05～0.6 mg/kg IM,SC,IV,q 6～8 h;0.1～0.2 mg/(kg·h),CRI PO 0.5～1 mg/kg,q 6～12 h | 和犬相同 | 使用人的镇痛剂量时,会增加肺动脉压和心脏负担,优先选择其他阿片类药物 |
| 吗啡 | 常见呕吐 严重急性疼痛有效,缓慢 IV 给药直至起效 | 0.1～0.5 mg/kg,SC,IM,IV 0.1 mg/(kg·h),CRI | 0.1～0.2 mg/kg SC,IM,IV | 可刺激人的奥狄氏括约肌,犬猫中尚不清楚 |
| 美沙酮 | 略微恶心或呕吐,比吗啡更有效 | 0.2～0.4 mg/kg SC,IM,q 4～6 h,根据需要调整剂量 | 0.2 mg/kg SC,IM q 4～6 h,根据需要调整剂量 | 可产生躁动 |
| 芬太尼贴片 | 非常有效,但如果回家照顾,需更多护理 | 2～4 μg/(kg·h),贴片 | 25 μg/(kg·h),贴片,半暴露 | 犬24 h 起效,猫 7 h 起效,犬猫药效均维持 72 h |
| 芬太尼透皮溶液 | >20 kg 的动物使用后需住院48 h,<15 kg 的儿童在 72 h 内不能触摸动物 | 2.6 mg/kg | 不能使用 | 仅用于犬的皮肤 6 h 内起效,维持 4 d;7 d 内勿重复使用 |
| 曲马多 | 作者没有在急性胰腺炎病例中使用过,对于轻度至中度疼痛,在家中口服该药可能有效 | PO 2～5 mg/kg,q 8～12 h | PO 2～4 mg/kg,q 8～12 h | 曲马多可降低心肌收缩力;急性期(心肌抑制因子可能会释放)禁止使用;尚未发表其在小动物中的药动药代学、经验性剂量;可能会引发猫躁动 |
| 氯胺酮注射液 | 住院动物的严重顽固性疼痛 | 2 μg/(kg·min) | 和犬相同 | 辅助用药,不适合单独镇痛;高剂量可引发躁动 |
| 利多卡因注射液 | 对住院动物镇痛效果良好 | 1 mg/kg IV 冲击治疗;随后改为 20 μg/(kg·min)缓慢输注 | 0.1 mg/(kg·h) | 利多卡因对猫有毒性作用,猫慎用 |
| 对乙酰氨基酚 | 胰腺炎病人最常用的 NSAIDs;犬中常被忽略,但有效,对胃肠道和肾脏没有毒性作用(不同于其他同类药物) | 10 mg/kg,PO,IV,q 8～12 h | 对猫有毒性作用——勿用于猫 | 如果同时有显著的肝脏疾病,勿用该药 |
| 卡洛芬和其他NSAIDs | 主要在家应用;应非常慎重,胰腺炎疾病中有潜在肠道和肾脏副作用;急性病、并发肾上腺皮质功能亢进、使用类固醇治疗时勿使用该药 | 卡洛芬 4 mg/kg SC,IV,PO,q 24 h;维持2 mg/kg,q 12 h | 卡洛芬 2 mg/kg SC,IV,PO;维持 2 mg/kg | 有效性被低估 COX 1:2 抑制比率为 65 |

*引自 Robertson S A et al: Systemic uptake of buprenorphine by cats after oral mucosal administration,Vet Rec 152:675,2003.

COX,环氧合酶;CRI,恒速输注;GI,胃肠道。

致谢 Dr. Jackie Brearley, Senior Lecturer in Veterinary Anaesthesia, the Queen's Veterinary School Hospital, University of Cambridge, Cambridge, England.

框 40-1　急性胰腺炎病例的最佳饲喂方式

最近在急性胰腺炎病人的研究和 Meta 分析结果已经改变了最佳喂食的建议(Al-Omran 等,2010;Quan 等,2011)。请注意,严重病例尤其适合早期肠道营养,可能与目前临床的一些做法正好相反。

- 急性胰腺炎病例常见负氮平衡,这会使死亡率增加 10 倍,但目前还缺乏疾病严重程度和负氮平衡之间关系的研究。这在小动物中也可能是成立的,但缺乏具体研究。
- IV 葡萄糖、蛋白质或脂类物质不会刺激胰腺分泌。不管是 IV 还是经肠道饲喂,都需要将血糖控制在正常范围内,高血糖和低血糖预后均不良。但只有在重症监护下,通过定期(每小时)监测血糖,才能做到这点。
- 给患胰腺炎的病人和实验犬空肠输注要素饮食后,不会显著刺激胰酶分泌。
- 早期经口饲喂会增加急性胰腺炎病人的疼痛感,但空肠饲喂不会。在小动物上未得到证实。
- 早期空肠饲喂优于 TPN,尤其是严重病例。Meta 分析显示人 48 h 后进行空肠饲喂可显著减少感染风险和手术干预,缩短住院时间和肠外营养的开支。这些研究仅限于急性胰腺炎实验犬,还未用于临床病例,不过在犬的其他胃肠道疾病中也

得到相似的发现,例如细小病毒性肠炎(Mohr 等,2003)。最近的研究显示经胃饲管饲喂在急性胰腺炎病人中较为安全,不过还需要更多研究。

- 至于食物的种类,大多数病人的研究都采用了要素饮食(连续输注)。没有研究评估非要素饮食是否同样有效。有关免疫调节营养元素(谷氨酰胺、纤维素、精氨酸、ω-3 脂肪酸和益生菌)的研究结果比较鼓舞人心(Pearce 等,2006),但得出明确结论之前还需更多研究。犬猫中还没有相似的研究。
- 轻度急性胰腺炎病人中,目前最好的推荐是禁食时间稍微延长。2~5 d 内需要补液、调整电解质、镇痛治疗,并给予富含碳水化合物、中等量脂肪和蛋白质的食物。在出院后 4~7 d 内恢复正常饮食。轻度急性胰腺炎犬猫没有具体的营养推荐。
- 目前有些零星报道推荐猫胰腺炎(轻度、中度、重度)要立即饲喂,优先选择空肠饲喂,不过胃饲管少量多次饲喂应该也是很安全的。仅有一个报道显示用内窥镜给急性胰腺炎患猫放置 J-管(Jennings 等,2001)。早期饲喂理论源自饥饿会诱发肝脏脂质沉积综合征的风险。

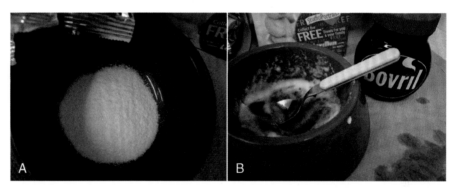

**图 40-7**
婴儿米粉是急性胰腺炎患犬的首选,不含脂肪和蛋白质。它是水磨米粉(A),和水混合搅匀后饲喂,可添加肉汁提高风味(B)。

### ◈ 止吐药

止吐药常用于犬猫急性胰腺炎病例的急性呕吐。神经激肽(neurokinin,NK1)受体激动剂马罗皮坦具有中枢和外周止吐作用,是犬猫急性胰腺炎的最佳止吐剂。马罗皮坦有商品化药物——赛瑞宁(Cerenia,Zoetis,Madison,N. J.),这是一种注射液(10 mg/mL)或片剂(16、24、60、160 mg)。注射剂量为 1 mg/kg(1 mL/10 kg q 24 h,最多连用 5 d)。口服片剂的剂量为 2 mg/kg,最多连用 5 d。马罗皮坦也有镇痛效果,因为 P 物质也会作用于 NK1 受体,会引起胰腺疼痛,但目前缺乏该药物镇痛效果的临床研究。

胃复安已成功用于胰腺炎的治疗(0.5~1 mg/kg,IM,SQ,PO,q 8 h;1~2 mg/kg,IV,连续缓慢输注

24 h 以上)。但该药物对胃运动有刺激作用,可能会增加痛感和刺激胰酶分泌。该药对猫的作用有限。布托啡诺可用于轻度至中度疼痛的胰腺炎病例,也有一定的止吐作用。吩噻嗪类止吐药(氯丙嗪)可能对某些病例有效,但这类药物有镇静和降压作用,如果和阿片类止痛药联用,要仔细观察动物的情况。5-HT$_3$ 受体拮抗剂(如昂丹司琼)对犬其他类型的呕吐有效(化疗引起的呕吐),但最好避免用于胰腺炎,人医中有零星报道显示该药会引发胰腺炎。

### ◈ 胃肠保护剂

急性胰腺炎病例患胃十二指肠溃疡的风险增加,可能是由局部腹膜炎引起的。需严格监测黑粪症或吐血的情况,必要时给予硫糖铝和制酸剂(例如 H$_2$ 受体

阻断剂,例如西咪替丁、法莫替丁、雷尼替丁或尼扎替丁;质子泵抑制剂奥美拉唑)。并发肝脏疾病的动物不能使用西咪替丁,该药对细胞色素 P-450 系统有影响。这种动物可使用雷尼替丁,但该药有促胃动力作用,会导致有些动物出现呕吐症状;一旦出现需立即停药。法莫替丁没有这些促胃动力作用,一般会优先选择该药。

### ◈ 抗生素

很少有报道显示急性胰腺炎患犬会出现感染性并发症,一旦发生可能非常严重;胰腺炎病人的治疗中有关预防性使用抗生素的做法有很大争议。虽然如此,对于严重的急性胰腺炎病例,大多数兽医专家建议预防性使用广谱抗生素。胰腺炎轻症病例并不需要抗生素。氟喹诺酮类药物或增效磺胺可穿透胰腺,有效控制大多数进入该区域的细菌,可用于人的胰腺炎病例。然而增效磺胺可能有潜在肝毒性作用,有并发肝脏疾病的动物禁止使用;氟喹诺酮类只对需氧菌有效,如有必要,需联合使用可杀灭厌氧菌的药物,例如甲硝唑或阿莫西林。如果有并发炎性肠病或小肠细菌过度生长,甲硝唑的使用更有优势。

### ◈ 胆道梗阻和胰腺炎的治疗

对于大多数继发于慢性胰腺炎急性发作的肝外胆管阻塞病例,通过传统治疗即可缓解;患病犬猫一般不需要手术、细针减压(胆囊)和旁路排泄胆汁等措施。人医中已经证明,假设黄疸在一个月内得到缓解,对于大多数患者而言,手术干预没有优势,并且药物治疗和手术干预对继发性肝病的严重程度和慢性程度的影响没有差异(Abdallah 等,2007)。小动物中没有类似的研究,多基于经验性治疗;如果粪便仍然有颜色(非白色或无胆汁粪便,这两种提示胆管完全阻塞),黄疸于 1 周至 10 d 内消退,不推荐手术干预,推荐传统治疗,使用抗氧化剂和熊去氧胆酸等(见第 37 和第 38 章)。

## 慢性胰腺炎
### (CHRONIC PANCREATITIS)

### 病因和发病机制

慢性胰腺炎被定义为"一种持续的炎症疾病,其特征是胰腺实质破坏导致持续性或永久性胰腺内分泌和/或外分泌功能受损"(Etemad 等,2001)。诊断金标准为组织学检查(见图 40-2),但犬猫中很少进行这项检查。目前的影像学检查、临床病理学检查等非侵入性检查对该病的敏感性低于急性胰腺炎。

慢性胰腺炎一直被认为是犬的一种罕见而且不是特别重要的疾病,但却被认为是猫胰腺炎中最常见的表现形式。不过 20 世纪 60—70 年代期间发表的早期文献则显示这是一种有临床意义的常见疾病。有人指出该病是导致犬 EPI 的重要因素,约 30% 的 DM 也是由该病引起的。最新的病理学和临床研究显示它是犬(Bostrom 等,2013;Newman 等,2004;Watson 等,2007,2011)和猫(De Cock 等,2007)的一种重要临床疾病,而且很常见。它会导致间歇性或持续性胃肠道症状和上腹部疼痛,但发病率常常被低估,因为这种疾病很难通过非侵入性检查诊断出来。尸检发现犬慢性胰腺炎的发病率高达 34%,尤其在高发品种;有关致死性急性胰腺炎的研究显示,约 40% 的病例为慢性疾病急性发作。据报道,在尸检中猫慢性胰腺炎的发病率约 60%。必须要注意的是,尸检研究可能会高估一些慢性疾病的发病率(慢性疾病会导致永久性器官结构变化),而一些可逆的急性疾病的发病率被低估,除非动物在发作期间死亡。不管怎样,很明显在兽医临床中还有更多的慢性胰腺炎病例,比目前公认的还要多,而且其中一些具有临床意义。

### ◈ 特发性慢性胰腺炎

和急性胰腺炎相似,犬慢性胰腺炎病因不详(见表 40-3)。任何年龄或品种的犬都有可能发病,但在英国最常见于中老年犬,尤其是查理士王小猎犬、可卡犬、柯利犬和拳师犬(Watson 等,2007,2010;图 40-8)。美国最近一项研究显示,美国养犬俱乐部(AKC)分类中的玩具犬和非运动犬发病风险更高(Bostrom 等,2013)。一项有关 EPI 的大型研究显示,查理士王小猎犬的发病风险较高。其他地区的研究则显示北极地区的犬发病风险较高,例如西伯利亚哈士奇。该病和急性疾病还有一定的交叉,虽然有些病例还有独立的病因。有些病例可能会呈急性急病慢性复发,但很多病例从一开始就表现为慢性病,伴有单核细胞浸润。遗传因素在犬中可能很重要,可以解释某些品种发病风险高的问题。慢性胰腺炎患猫没有品种倾向,家养短毛猫易患该病。

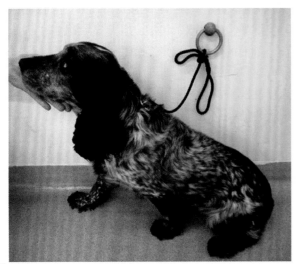

**图 40-8**
英国可卡犬,8 岁,去势公犬,慢性胰腺炎。

### 自体免疫性慢性胰腺炎

英国可卡犬的慢性胰腺炎被认为是一种免疫介导性疾病(Watson 等,2011;见图 40-8)。和人的免疫介导性胰腺炎相似,通常会影响中老年犬,公犬发病率较高,至少 50% 的犬之后会逐渐发展为 DM、EPI,甚至两者都有。患犬也常有其他并发的自体免疫性疾病,尤其是干燥性角结膜炎和肾小球肾炎。超声检查可见肿物样病变(见图 40-6B)。活检显示出典型的小叶周围的、弥散性、纤维性和淋巴系统疾病,在小叶导管和血管周围,伴大导管消失和小导管增生。免疫组化染色显示导管数量增加,并且可见 CD3⁺ 淋巴细胞(例如,T 细胞)聚集在静脉周围。人的慢性胰腺炎会有以导管为中心的免疫反应。最近的研究显示浆细胞会分泌免疫球蛋白 G(IgG4)。人的慢性胰腺炎被认为是多系统性疾病,通常会侵袭其他器官。目前该病被定义为 IgG4 阳性硬化性疾病(Bateman 等,2009),并发干燥性角结膜炎、唾液腺炎、胆管疾病和肾小球肾炎。早期研究也发现英国可卡犬的胰腺和肾脏里也有 IgG4 阳性浆细胞(Watson 等,2012)。人医中该病对类固醇治疗反应良好,包括减少某些糖尿病患的胰岛素用量。该病和年轻德国牧羊犬的自体免疫性胰腺腺泡萎缩有明显的区别,后者是以腺泡为中心,且不会导致 DM(见后文)。目前还没有针对英国可卡犬慢性胰腺炎使用免疫抑制药物治疗的评估研究,但已经有足够的详细证据表明这个品种的慢性胰腺炎可使用免疫抑制剂治疗。不过临床医师需要注意,该病为品种特异性,例如英国㹴犬,其组织病理学和临床表现不符合自体免疫性疾病。不推荐患有慢性胰腺炎的㹴犬使用类固醇治疗。

### 临床表现

不管是什么原因导致的犬慢性胰腺炎,患犬均会表现出间歇性胃肠道症状。一般情况下,患犬会有厌食、偶发呕吐、轻度氮质血症和明显的餐后疼痛,咨询兽医前这些症状可能持续数月至数年。患犬可能因慢性病急性发作、EPI 或 DM 等前来就诊。主要鉴别诊断是轻度炎性肠病和原发性胃肠功能紊乱。换成低脂日粮后,患犬可能更喜欢玩耍且没那么挑食,提示它们之前可能存在餐后疼痛。慢性上腹部疼痛是人慢性胰腺炎的典型标志,有时严重到足以导致对鸦片成瘾或需要进行手术,所以在小动物临床也不应该忽视或低估这情况。一些更严重的慢性胰腺炎急性发作很难和典型的急性胰腺炎区分开来(见前文),通常有呕吐、脱水、休克和潜在 MOF。第一次严重的临床发作往往是在一个长时间亚临床阶段(通常是几年)结束时,悄无声息地渐进性广泛破坏胰腺。对于临床医师来讲,了解这一点很重要,因为这些患犬出现胰腺外分泌或内分泌功能障碍的风险高于急性胰腺炎患犬;另外,就诊时患犬通常已经出现蛋白质-能量营养不良,使得控制的挑战更大。慢性胰腺炎患犬也常于初次就诊时表现为 DM 及慢性胰腺炎急性发作,从而出现酮症酸中毒危象。有些犬在发展成 EPI、DM 之前没有明显的临床症状。如果是中老年 EPI 患犬,但没有明显的胰腺腺泡萎缩,那么慢性胰腺炎的可能性较大。慢性胰腺炎犬猫破坏 90% 以上的胰腺外分泌或内分泌组织才会发展为 EPI 或 DM,提示组织破坏或疾病末期。

猫慢性胰腺炎的临床症状通常比较轻微,且无特异性。这并不奇怪,因为即使是急性坏死性胰腺炎,患猫也可能仅表现出轻微的临床症状。一项研究指出,经组织学检查证实,难以通过患猫的临床症状将慢性化脓性胰腺炎和急性坏死性胰腺炎区分开来(Ferreri 等,2003)。不过,慢性胰腺炎患猫比急性胰腺炎患猫更可能会伴发其他疾病,尤其是炎性肠病(IBD)、胆管性肝炎、脂肪肝和/或肾脏疾病。这些并发症的临床表现可能占优势,进一步混淆诊断。虽然如此,有些猫最终会发展至末期,从而导致 EPI 和/或 DM。

慢性胰腺炎是犬肝外胆管阻塞的最常见原因(见第 38 章),慢性胰腺炎急性发作的犬猫常出现黄疸。

## 诊断

### ◆ 非侵入性诊断

活检是诊断的金标准,如果不做活检,临床医师必须结合临床病史、超声检查和临床病理学检查进行诊断。影像学和临床病理学的发现与前面所述的类似(见"急性胰腺炎"和表 40-4、表 40-5)。然而,慢性胰腺炎犬猫的变化则没有那么显著,诊断敏感性较低。由于胰腺水肿程度比急性胰腺炎低,超声检查的敏感性较低。慢性胰腺炎可见到多种超声变化,包括正常的胰腺、团块样病变、高回声和低回声不均匀的表现;有时和典型的急性胰腺炎表现相似,胰腺回声下降,周围组织回声增强(Watson 等,2011;见图 40-6)。另外,患有慢性疾病的动物中,胰腺可能会与肠道粘连,胰腺和十二指肠的解剖关系也可能会改变。有些病例,尤其是英国可卡犬有肿物样病变,这与纤维化和炎症有关;有些胰腺导管扭曲、扩张,形状不规则;很多病例很严重,但胰腺超声检查结果正常。

与此相似,临床病理学检查可能有一定帮助,但结果可能正常。胰酶水平升高可见于慢性胰腺炎急性发作,而非疾病静止期,和人的慢性肝炎相似,肝酶会忽高忽低。和肝硬化相似,慢性胰腺炎末期可能没有足够的胰腺组织使得胰酶升高,急性发作期也可能会出现这种变化。另外,EPI 病例的血清 TLI 水平可暂时升高至参考范围以上,使得诊断更加困难。cPLI 在犬慢性胰腺炎诊断方面敏感性最高,但比急性病低。fP-LI 对猫慢性胰腺炎诊断的敏感性未知。

慢性胰腺炎病例中,血清维生素 $B_{12}$ 浓度检测很重要。EPI 呈渐进性发展,通常伴发回肠病变(尤其是猫),最终导致钴胺素缺乏(见后文"胰腺外分泌功能不全")。如果血清维生素 $B_{12}$ 浓度很低,可经肠外补充钴胺素(0.02 mg/kg,IM,SQ,每 2 周一次,直至犬猫血清浓度正常)。

### ◆ 活检

犬猫慢性胰腺炎的诊断难度很大,并且这些诊断困难会导致对该病的认识不足。确诊需要胰腺活检。但活检是一种侵入性检查,而且活检结果不会改变治疗措施或预后(英国可卡犬除外),所以活检并不是大多数临床病例的指征,除非存在有效的治疗方案。然而随着特异性疗法的推行,常规活检在未来可能会得到发展。在人医中首选的诊断方法是经内镜超声引导

下细针活检。经内镜超声活检很昂贵,在兽医学中应用范围很窄,犬猫中经手术或腹腔镜进行活检仍然是最常用的手段。超声介导经皮细针活检(FNA)细胞学检查有助于区分肿瘤、发育不良或炎症,但兽医学中的经验很有限。如果临床医师要进行开腹探查或其他活检,可进行胰腺活检。只要对胰腺的操作轻柔,没有阻断其血液供应,那么引发胰腺炎风险较低。不过,活检样本需要从末端采集,体积不能过大,这样可能会导致漏诊,因为胰腺炎通常为片状,尤其是早期病变,也可能位于大导管附近。非常遗憾,活检也有自身局限性。

## 治疗和预后

慢性间歇性胰腺炎犬猫可能会有轻度胃肠道症状和厌食,主人最关心的是动物某一餐不进食。只要患病动物不再长期厌食,可在家中治疗,可告知主人短期饥饿不会造成伤害。

和急性胰腺炎患犬相似,通常为对症治疗。急性发作犬猫需要强化治疗,和典型的急性胰腺炎一样,死亡风险很高(见前文)。它与单独的急性胰腺炎的区别在于,如果动物能从急性发作状态中恢复过来,似乎仍然有相当大部分外分泌和/或内分泌功能受损。轻度病例中,对症治疗可能改善动物的生活质量。低脂日粮(例如 Hill's i/d Low Fat,Royal Canin Digestive Low Fat,or Eukanuba Intestinal)也能减轻餐后疼痛,减少急性发作。主人通常会低估脂肪零食的影响,从而导致易患个体发作。有些动物需要镇痛(间歇性或持续性)(见"急性胰腺炎"和表 40-8)。根据零星报道,急性发作后使用甲硝唑(10 mg/kg PO q 12 h)进行短期治疗有一定帮助,可能是因为相邻的十二指肠出现淤滞而引起细菌过度繁殖。需定期监测血清维生素 $B_{12}$ 浓度,肠外补充钴胺素(0.02 mg/kg IM,每 2～4 周一次,直至浓度恢复正常)。

慢性疾病急性发作引起的肝外胆管阻塞的治疗详见急性胰腺炎章节,大多数病例可通过药物治疗。疾病末期,动物可能会发展为胰腺外分泌和/或内分泌缺乏,可通过给予胰酶(见后文)和胰岛素(见第 52 章)治疗 EPI 和/或 DM。从长远来看,大多数动物能得到良好的控制。

# 胰腺外分泌功能不全
# (EXOCRINE PANCREATIC INSUFFICIENCY)

EPI 是一种功能性诊断,是胰酶缺乏的结果。因

此与胰腺炎不同,该病的诊断是基于临床症状和胰腺功能试验,而非胰腺组织病理学检查结果。不过,组织学检查中胰腺腺泡显著减少也支持 EPI 的诊断。胰腺是胰脂肪酶的唯一重要来源,所以 EPI 的主要症状为脂肪消化不良(脂肪痢)和体重减轻。

### 发病机制

胰腺腺泡萎缩(pancreatic acinar atrophy,PAA)是犬 EPI 的主要原因,不过有些研究指出慢性胰腺炎末期也是一个重要原因(图 40-9;Batchelor 等,2007a;Watson 等,2010)。猫中尚未报道过 PAA,慢性胰腺炎末期是猫 EPI 的主要原因(图 40-10)。脂肪酶生成减少 90% 以上,或胰腺腺泡大量丢失,才会引起临床 EPI。一次严重的胰腺炎发作一般不会引起这种疾病,而慢性进行性疾病则有可能。不过,慢性疾病一般没有明显的临床症状,或者只有在慢性病急性发作期间才会出现症状,所以胰腺的损伤程度有可能是被低估的。

PAA 在德国牧羊犬中的认识程度较高(图 40-9A),是一种常染色体遗传病,不过最近一项研究显示遗传更为复杂(Westermarck 等,2010)。粗毛柯利犬中也有关于 PAA 的报道,英国塞特犬是可疑品种,其他品种中也有零星报道。英国一项报道中显示幼年松狮也有发病倾向(Batchelor 等,2007a)。发病机制不详,但幼年发病则提示 PAA 或遗传性缺陷。

德国牧羊犬中的组织学研究提示 PAA 是一种针对腺泡的自体免疫性疾病(Wiberg 等,2000)。胰岛没有受到破坏(spared),所以 PAA 患犬一般没有糖尿病。然而,患犬对免疫抑制治疗无反应。大多数犬于幼年发病,不过有些德国牧羊犬可能在很长一段时间内呈亚临床状态,在很晚时才发病。

美国有一项关于年轻灰猎犬 EPI 的报道(Brenner 等,2009)。这些犬和德国牧羊犬不同,它们也有内分泌组织丢失和 DM,有些犬在很年轻时便发病了(4 周龄)。导致灰猎犬出现这一病变的原因不详。

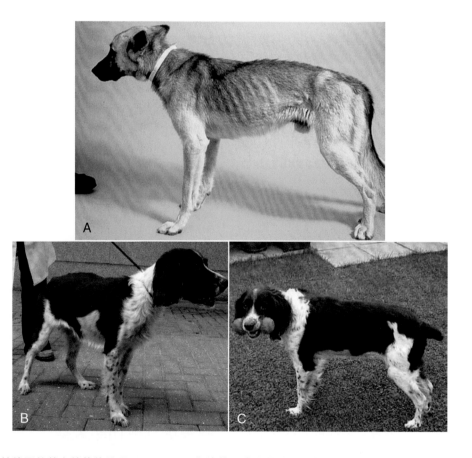

**图 40-9**

A,患 EPI 的 2 岁雄性德国牧羊犬的体格外观。B,一只 11 岁的英国史宾格犬,慢性胰腺炎末期出现 EPI。这只犬同时有 DM,DM 控制良好的情况下体重仍然持续下降。C,一开始并未诊断出 EPI,诊断出来后补充胰酶,患犬在 6 个月内逐渐恢复正常体重和被毛。(A 由 Dr. William E. Hornbuckle,Cornell University,College of Veterinary Medicine,Ithaca,NY 惠赠;B 摘自 Watson PJ:Exocrine pancreatic insufficiency as an end stage of pancreatitis in four dogs,J Small Anim Pract 44:306,2003. )

**图 40-10**
一只中年波斯猫,慢性胰腺炎末期伴 EPI,注意被毛黏附着粪便,体况很差。

与此相比,很多慢性胰腺炎末期患犬在出现 EPI 之前或之后也会发展为 DM,这一病变是胰岛细胞破坏引起的(Watson,2003;Watson 等,2010)。这一情况和患有慢性胰腺炎末期的猫很像,但慢性胰腺炎末期引发的 EPI 多发生于中老年中型犬,尤其是查理士王小猎犬、英国可卡犬和柯利犬(见图 40-8)。有趣的是,一项研究显示,英国拳师犬慢性胰腺炎发病风险较高,但 DM 发病倾向显著低于其他犬。这表明在这一品种中,它们的慢性胰腺炎不会慢慢发展至末期。一项有关 EPI 的大型研究显示,金毛巡回猎犬、拉布拉多巡回猎犬、罗威纳犬和魏玛猎犬的发病风险较低(Batchelor 等,2007a)。在这些品种中如果发现有相关症状,可首先排查其他疾病,例如慢性感染或炎性肠病。

犬猫 EPI 的其他原因包括胰腺肿瘤、十二指肠中未激活的脂肪酶过度酸化、单纯酶缺乏(尤其是脂肪酶)等。这些病因都很罕见。胰腺肿瘤通常有其他原因,但肿瘤引发的 EPI 有以下原因,包括肿物压迫胰腺导管、胰腺腺泡组织破坏和胰腺炎等。

70% 以上的 EPI 患犬并发小肠细菌过度生长(small intestinal bacterial overgrowth,SIBO),这些会引发一些临床症状,在治疗 EPI 动物时需考虑这一情况。SIBO 疾病中,细菌不结合胆盐,因此会降低脂肪乳化作用和脂肪消化。细菌可将未消化的脂肪分解为羟化脂肪酸。这些未结合的胆盐会损伤结肠黏膜,刺激分泌时可能会引发大肠性腹泻。EPI 患犬倾向同时出现小肠性和大肠性腹泻。

相当大一部分犬(尤其是体况评分低的患犬)会出现十二指肠酶活性下降,部分原因可能是 SIBO,也可

能跟肠道营养不良或营养损失影响胰腺分泌的有关。钴胺素缺乏在患有 EPI 的犬猫中很常见,在未经治疗的犬中可能是一项不良预后因素(Batchelor 等,2007b)。钴胺素从远端回肠吸收,通过载体与 IF 结合。IF 在猫中完全由胰腺产生,在犬中主要由胰腺产生,不过犬的胃部也会产生少量 IF。因此可以预期,绝大多数 EPI 患猫会出现维生素 $B_{12}$ 缺乏,但犬并不会如此。在一项关于犬 EPI 的大型研究中,82% 的患犬存在低钴胺素血症(Batchelor 等,2007b)。由于 IBD 通常会降低结肠对维生素 $B_{12}$ 的吸收能力,因此在胰腺炎末期患猫中,IBD 这一并发症会加重低钴胺素血症,而且发病率很高。猫的钴胺素缺乏会导致绒毛萎缩、胃肠道功能减弱、体重下降、腹泻等。因此不但要发现低钴胺素血症,还要肠外补充维生素 $B_{12}$(0.02 mg/kg IM,每 2～4 周一次,直至浓度恢复正常)。

## 临床特征

大多数患有 EPI 的犬猫因慢性腹泻、恶心,但同时食欲旺盛前来就诊(见图 40-9)。由于脂肪消化不良,腹泻可能是脂肪痢,个体表现有一定差异。有些病例中,腹泻不是主要的特征,由于消化过程在很早就被阻断,以至于分子的渗透作用影响较小。由于必需脂肪酸缺乏和恶病质,患病犬猫也会有慢性脂溢性皮肤病,有些病例因皮肤病前来就诊。如果 EPI 是由慢性胰腺炎导致的,由于混杂了间歇性厌食和呕吐,诊断可能较为复杂。慢性炎症末期可能会发展为 EPI,数月至数年后才会发展为 DM。

EPI 患犬常见并发疾病,可能和胰酶缺乏有关。一项有关犬的研究显示,胃肠道、骨骼肌和皮肤病都是常见的并发疾病(Batchelor 等,2007b)。胰腺炎患猫同时有胆管炎和/或炎性肠病,有些还有肝脏脂质沉积综合征;这些疾病的临床症状很相似,有时很难真正鉴别出病因。

## 诊断

### ◆常规临床病理学检查

患有 EPI 的犬猫中全血细胞计数(CBC)和血清生化检查结果通常是正常的。恶病质动物中,可能有少量非特异性变化,包括营养不良、负氮平衡、肌肉分解等,例如,低白蛋白血症和低球蛋白血症、肝酶轻微升高、血清胆固醇和甘油三酯浓度下降、淋巴细胞减

少症。

EPI 患犬如果出现显著的低蛋白血症或更严重的 CBC 及血清生化变化,提示需要积极寻找潜在的并发疾病。很大一部分末期胰腺炎(>50%)病例也会并发 DM,所以会出现 DM 的典型临床病理学表现(见第 52 章)。

◈ 胰酶

犬猫 EPI 的诊断取决于胰酶分泌是否减少。敏感性和特异性最高的诊断依据为循环酶活性下降。

在犬猫 EPI 的诊断中,血液中 TLI 水平下降的敏感性和特异性均较高。进食后胰酶释放会引起血清 TLI 活性增强,因此需检测禁食样本,这一点非常重要。检测血清 TLI 水平前不需要停止外源性胰酶的补充,因为外源性胰酶不会经肠道吸收进入外周循环。由于该项检查为免疫分析,不会和胰蛋白酶或胰蛋白酶原之间产生交叉反应,即使外源性胰酶吸收入外周循环,也不会干扰检测结果。有关结果判读的问题见框 40-2。

犬猫的 EPI 和人不同,由于胰酶在其他器官中的水平较高,患病犬猫血清淀粉酶和脂肪酶水平不会持续下降。cPLI 水平下降对犬 EPI 的诊断也有很高的敏感性和特异性(Steiner 等,2001)。不过该项检查和 TLI 相比并无优势。PLI 在 EPI 患猫中也可能比较低。

很少用粪便检查来诊断 EPI,其敏感性和特异性均比血清检测差。粪便胰蛋白酶水平对 EPI 的诊断敏感性和特异性均很差,粪便蛋白水解活性或显微镜检查(未消化的脂肪、淀粉和肌纤维)的效果同上。所有这些检查均被 TLI 和 cPLI 所取代。在慢性胰腺炎或者胆管堵塞病例中,TLI 的判读有一定误区,所以可进行胰弹性蛋白酶检测。在诊断犬 EPI 时,弹性蛋白酶试验似乎比粪便检查的敏感性和特异性高。弹性蛋白是一种胰酶,目前已经有商品化的犬特异性 ELISA 检测试剂盒(ScheBo Elastase 1 Canine,ScheBo Biotech AG,Giessen,Germany;Spillmann 等,2000,2001)。和犬的 TLI 相似,由于弹性蛋白酶和其他品种之间没有交叉反应,补充外源性胰酶不会干扰检查结果。和人相比,健康犬的胰弹性蛋白酶水平差异较大。可通过采集 3 d 内 3 份独立的粪便样本,提高该项检查的敏感性和特异性,并使用自建的参考范围(大多数犬的检测值低于这一范围)来诊断 EPI。

框 40-2  犬 EPI 诊断中 TLI 的结果判读

- 血清 TLI 水平下降(<2.5 μg/L,犬)且和临床症状相符(尤其是高发品种),可诊断为 EPI。
  - 建议猫、非 GSD 的老年犬在数周至数月内重复检测以做出确诊。胰腺炎患犬中胰酶水平暂时下降,因此单次 TLI 可能会下降。
- 血清 TLI 水平下降(<2.5 μg/L,犬),但和临床症状不相符(没有体重减轻或腹泻),不能诊断为 EPI,但需重复检测。
  - TLI 水平持续下降,但没有脂肪痢或体重减轻,可考虑为亚临床 EPI,不应治疗,但需监测临床疾病。TLI 刺激试验可提供更多信息,但很少做这种试验。亚临床 EPI 可见于少数患有 PAA 的 GSD(Wiberg 等,1999),在猫中尚无报道。这种情况并不常见。
- TLI 水平在灰色区域(2.5~5.0 μg/L,犬),不能诊断为 EPI,可在数周至数月后重复检测。
- 有些犬[一项研究(Wiberg 等,1999)中 45%的犬 TLI 水平会恢复正常。另外一项研究中约 10%],TLI 水平会下降至可诊断为 EPI 的水平,有些犬中则仍在灰色区域。
- 非 GSD 的老年犬中,TLI 水平可能会波动,如下文所述,无急性发作时可重复检测样本。
- GSD 的 TLI 水平正常可排除 PAA 引起的 EPI,需积极检测其他可引起这种临床症状的疾病。
- 存在可疑临床症状的非 GSD 的老年犬中,如果单次 TLI 水平正常或升高,并不能排除 EPI。继发于慢性胰腺炎的 EPI 患犬,其 TLI 水平可因炎症反应出现暂时或间歇性升高。由于 EPI 会导致 TLI 下降,胰腺炎会导致 TLI 升高,当两个病同时出现时,很难判读检测结果。猫也会出现这种变化,虽然没有相关报道。任何怀疑胰腺炎继发 EPI 的动物都需要重复检测 TLI,尤其在无胰腺炎症状时。这种动物也可进行肠道胰弹性蛋白酶检测。

注:TLI 刺激试验可用于亚临床 EPI 动物(TLI 水平低,无临床症状)或 TLI 水平持续位于灰色区域的动物。胰酶排泄受胆囊收缩素刺激的影响,试验性进食后也会分泌;刺激前后均需检测 TLI 水平(Wiberg 等,1999)。真正的 EPI 病例不需要刺激,亚临床 EPI 仍有足够的胰酶活性,可在受到刺激后出现 TLI 升高。由于治疗基于临床表现,所以刺激试验在临床病例中受到很大限制。该试验在监控疾病进展的临床研究中更有价值。EPI,胰腺外分泌功能不全;PAA,胰腺腺泡萎缩。

◈ 其他诊断试验

也可检测 EPI 动物的血清钴胺素水平,胰腺内源性因子缺乏时钴胺素会下降。如果血清维生素 $B_{12}$ 浓度较低,需要经肠外补充(0.02 mg/kg IM,每 2~4 周检测一次,直至血清浓度正常)。

约 1/3 的 EPI 患犬血清钴胺素浓度较高,可提示 SIBO,不过血清钴胺素水平升高对 SIBO 诊断的敏感性和特异性均较差。SIBO 的定义和诊断均尚存疑问;

最好假设所有新确诊 EPI 的患犬同时患有 SIBO 并进行合适的治疗,而非依赖于诊断结果。猫 EPI 中 SIBO 的重要性不详。有些患有 EPI 的犬猫中叶酸浓度较低,可提示饮食缺乏或结肠中炎症浸润。与钴胺素不同,没有证据表明叶酸水平下降时需进行补充。

## 治疗

### ◉ 药物

所有有 EPI 症状的犬猫都需要终身补充胰酶。大多数病例使用粉末或胶囊状胰酶,可与食物混用。最近一项研究证实了犬胰酶外包裹肠衣能提高效果(Mas 等,2012)。新鲜生胰腺可按等份冰冻起来,也可用于 EPI 的治疗,但也是胃肠道感染的潜在原因(例如,沙门氏菌和弯曲杆菌)。起始治疗剂量可参照厂商推荐剂量,根据个体需要酌情调整。大部分胰酶活性(>83% 的脂肪酶和 65% 的胰蛋白酶)在胃部酸性 pH 条件下损失。为克服这一问题,可增加胰酶剂量,或者同时给予 $H_2$ 受体阻断剂以增加胃 pH。不需要和食物一起投饲,胰酶只有在小肠的碱性环境中才能工作。报道显示,长期使用时,胰酶剂量可减少 6%～58%,但不能完全停止,可能跟继发性细菌过度生长、慢性营养不良、肠上皮细胞和刷状缘酶的钴胺素缺乏有关。

患 EPI 的犬猫并发 SIBO 时需要合适的抗生素治疗(例如土霉素、泰乐菌素、甲硝唑)。由于 EPI 并发 SIBO 的风险很高,且 SIBO 很难诊断,因此推荐在 EPI 治疗初期给予预防性的抗生素治疗(3～4 周),不过初期抗生素治疗对预后的作用尚不清楚。

出现低钴胺素血症的犬猫需要肠外补充维生素 $B_{12}$(0.02 mg/kg IM,每 2～4 周检测一次,直至血清浓度正常)。出现 PAA 的 GSD 常并发炎性肠病,这也必须得到解决。继发于胰腺炎的 EPI 动物也需要胰岛素治疗来控制并发的 DM,还需要治疗其他急性发作,包括镇痛(见前文)。

### ◉ 食物

脂肪消化障碍是 EPI 最重要的特征。传统做法是推荐饲喂低脂食物,但可能不足以维持大型犬(例如,GSD)的能量需求。脂肪通常是日常能量摄入的主要来源,其能量密度比碳水化合物高。患有 EPI 及恶病质的大型犬很难靠低脂日粮增重。低脂日粮可迅速改善临床症状,但目前并没有文献证明 PAA 患犬长期饲喂低脂日粮可改善预后。不管怎样还是要避免饲喂高脂日粮(例如,肾脏处方粮)。推荐给 PAA 患犬饲喂正常或中等限制脂肪含量、易消化、能量密度合适的日粮。纤维会损害胰酶活性,可溶性纤维还会吸收胰酶,因此日粮中纤维含量较低。纤维也会减少肠道吸收,降低刷状缘酶活性。兽医专用处方粮(例如,Hill's i/d,Royal Canin 低脂易消化粮 HE,Eukanuba 肠道或皮肤 FP)可满足以上需求,也被兽医推荐,至少在初期稳定期需饲喂处方粮。长期治疗中,肠壁恢复以后,可饲喂脂肪含量正常的食物。有些 PAA 个体病例中,食物中可增添额外的能量,例如中链甘油三酯(椰子油)。不过这些不能用于猫,在犬中也不能过量,否则会增加渗透性腹泻的风险。日常推荐剂量为每只犬 1/4～4 勺。中链甘油三酯也不能携带脂溶性维生素,有些犬食用后会出现呕吐,也不能用于肝病患犬(可能会增加肝性脑病的风险)。

继发于慢性胰腺炎的 EPI 患犬的饮食推荐则略有不同。很多犬受益于长期饲喂低脂日粮(Hill's i/d 低脂日粮,Royal Canin 低脂易消化粮,或 Eukanuba 肠道处方粮),可减少餐后疼痛和急性发作。因此,低脂食物可用于这些病例的治疗。慢性胰腺炎患犬不推荐中链甘油三酯的治疗,但可用于无恶病质的小型犬和患有 PAA 的 GSD。

最好一天饲喂 2～3 次,每餐都要添加胰酶,不可让患犬自由采食。这个操作难度较大,因为这些犬常表现多食,但自由采食,尤其是摄入含脂肪的食物后,会导致腹泻复发,恢复较慢。

患有 EPI 的猫通常能使用肠道低过敏处方粮(例如 Hill's d/d,Eukanuba Dermatosis LB,Royal Canin limited ingredient diets)得到良好的管理,因为猫炎性肠病并发风险较高。如果动物有糖尿病,不清楚是否需要饲喂肠道处方粮或猫糖尿病专用处方粮(例如,Hill's m/d,Royal Canin 糖尿病处方粮,Purina DM)。

## 预后

EPI 的预后较好,大多数犬可被成功治疗。但是很多犬(一项研究中约 19%)在治疗第一年会因治疗反应差而被安乐(Batchelor 等,2007b)。同一项研究则显示对治疗反应良好的犬的中位存活时间较长(>5 岁)。这里强调了定期复诊的重要性,尤其是在治疗的初始阶段,可评估疾病进展情况,以备适时调整。大多数慢性胰腺炎末期导致的 EPI 犬猫的预后较好,即使并发了 DM,在大多数情况下还是能够存活数年。

# 胰腺外分泌肿瘤
## (EXOCRINE PANCREATIC NEOPLASIA)

犬猫罕见胰外分泌肿瘤,胰腺腺癌生物学行为非常具有侵袭性,通常在诊断出来时已经出现弥散性转移。它们在转移前通常呈亚临床表现,有些胰腺肿瘤和副胰腺综合征有关,例如,犬的无菌性脂膜炎,猫的皮肤脱毛、高钙血症等。慢性胰腺炎是人胰腺腺癌的一项风险因素;在犬中也相似,已发表的文献显示可卡犬和查理士王小猎犬也有类似的现象。

胰腺腺瘤罕见于小动物,猫中曾有报道。老年犬猫常见胰腺外分泌结节增生。这些通常是多发性小肿物,而胰腺肿瘤通常是单个的,可进行细胞学或组织学检查来区分增生和肿瘤。急慢性胰腺炎犬猫有时会呈大肿物样变化,但这是脂肪组织坏死和纤维化的表现,不要和肿瘤相混淆。需要组织学检查来区分这些病变。超声引导下 FNA 检查是一项重要的检查手段,可提示胰腺炎症反应和肿瘤变化(Bjorneby 和 Kari,2002)。犬猫的临床应用很有限,但有些研究中有助于诊断(Bennet 等,2001)。

胰腺肿瘤无特征性临床病理学变化,对胰酶水平无影响。它们会引发胰腺炎复发,出现典型的血液学变化;也有可能会发展为 EPI。有些病例中,可能会出现胆管阻塞,出现黄疸和肝酶水平显著升高。胰腺肿瘤偶见高脂血症。

犬猫胰腺腺癌的预后很差。肿瘤的侵袭性很高,化疗和放疗的效果也很差,并且通常在确诊时已经出现大面积转移。

神经内分泌肿瘤(例如,胰岛素瘤和胃泌素瘤)似乎比胰腺腺癌更常见,可见于不同品种,主要为大型品种(Watson 等,2007)。这些是胰腺内分泌肿瘤,可产生和激素分泌相关的临床症状,本章不做详细阐述。

# 胰腺脓肿、囊肿和假性囊肿
## (PANCREATIC ABSCESSES, CYSTS, AND PSEUDOCYSTS)

胰腺脓肿、囊肿和假性囊肿不常见于犬猫,通常是胰腺炎的并发症或后遗症。胰腺囊肿可能是先天性的(例如,波斯猫的多囊肾),也可能和囊性肿瘤(例如,囊腺癌)有关,但最常继发于胰腺炎的假性囊肿。胰腺假性囊肿是一种积液性病变,非上皮细胞性囊肿内含胰酶和碎屑。假性囊肿和犬猫胰腺炎有关,虽然罕见,但胃管腺泡囊肿可见于猫的慢性胰腺炎。假性囊肿和任何临床病理学变化均无关,但是和潜在的胰腺炎有关。由 FNA 采集到的假性囊肿积液通常为改性漏出液。囊液可进行淀粉酶和脂肪酶检查。人的胰腺炎导致的假性囊肿中,其胰酶含量高于囊性腺癌病例,但该检测在小动物中的价值尚且不详。细胞学检查可将假性囊肿和脓肿区分开来,假性囊肿中含有无定型碎屑、一些嗜中性粒细胞和巨噬细胞,罕见少量反应性纤维细胞,而脓肿中含有很多退行性嗜中性粒细胞,以及数量不一的胰腺腺泡细胞,呈典型的炎症反应。

胰腺脓肿是一种败血性渗出,继发于感染、坏死性胰腺组织或胰腺假性囊肿,预后不良,但罕见于犬猫。

可通过手术或药物治疗胰腺假性囊肿。超声引导下囊肿穿刺治愈率较高。胰腺脓肿可手术治疗,可进行网膜覆盖或腹腔引流。两种方法的死亡率均较高,但一项研究则提示网膜覆盖的方法较好(Johnson 等,2006)。

◈推荐阅读

Al-Omran M et al: Enteral versus parenteral nutrition for acute pancreatitis, *Cochrane Database Syst Rev* (1):CD002837, 2010.

Abdallah AA et al: Biliary tract obstruction in chronic pancreatitis, *HPB (Oxford)* 9:421, 2007.

Batchelor DJ et al: Breed associations for canine exocrine pancreatic insufficiency, *J Vet Intern Med* 21:207, 2007a.

Batchelor DJ et al: Prognostic factors in canine exocrine pancreatic insufficiency: prolonged survival is likely if clinical remission is achieved, *J Vet Intern Med* 21:54, 2007b.

Bateman AC et al: IgG4-related systemic sclerosing disease—an emerging and underdiagnosed condition, *Histopathology* 55:373, 2009.

Bennett PF et al: Ultrasonographic and cytopathological diagnosis of exocrine pancreatic carcinoma in the dog and cat, *J Am Anim Hosp Assoc* 37:466, 2001.

Besselink MG et al: Probiotic prophylaxis in predicted severe acute pancreatitis: a randomised, double-blind, placebo-controlled trial, *Lancet* 371:651, 2008.

Bishop MA et al: Evaluation of the cationic trypsinogen gene for potential mutations in miniature schnauzers with pancreatitis, *Can J Vet Res.* 68:315, 2004.

Bishop MA et al: Identification of variants of the SPINK1 gene and their association with pancreatitis in Miniature Schnauzers, *Am J Vet Res* 71:527, 2010.

Bjorneby JM, Kari S: Cytology of the pancreas, *Vet Clin North Am Small Anim Pract* 32:1293, 2002.

Bostrom BM et al: Chronic pancreatitis in dogs: a retrospective study of clinical, clinicopathological, and histopathological findings in 61 cases, *Vet J* 195:73, 2013.

Brenner K et al: Juvenile pancreatic atrophy in Greyhounds: 12

cases (1995-2000), *J Vet Intern Med* 23:67, 2009.

Chandler ML et al: A pilot study of protein sparing in healthy dogs using peripheral parenteral nutrition, *Res Vet Sci* 69:47, 2000.

Cordner AP et al: Effect of pancreatic tissue sampling on serum pancreatic enzyme levels in clinically healthy dogs, *J Vet Diagn Invest* 22:702, 2010.

De Cock HE et al: Prevalence and histopathologic characteristics of pancreatitis in cats, *Vet Pathol* 44:39, 2007.

Etemad B et al: Chronic pancreatitis: diagnosis, classification, and new genetic developments, *Gastroenterology* 120:682, 2001.

Fass J et al: Effects of intravenous ketamine on gastrointestinal motility in the dog, *Intensive Care Med* 7:584, 1995.

Ferreri JA et al: Clinical differentiation of acute necrotizing from chronic non-suppurative pancreatitis in cats: 63 cases (1996-2001), *J Am Vet Med Assoc* 223:469, 2003.

Forman MA et al: Evaluation of serum feline pancreatic lipase immunoreactivity and helical computed tomography versus conventional testing for the diagnosis of feline pancreatitis, *J Vet Intern Med* 18:807, 2004.

Furrow E et al: High prevalence of the c.74A>C SPINK1 variant in Miniature and Standard Schnauzers, *J Vet Intern Med* 26:1295, 2012.

Gerhardt A et al: Comparison of the sensitivity of different diagnostic tests for pancreatitis in cats, *J Vet Intern Med* 15:329, 2001.

Guija de Arespacochaga A et al: Comparison of lipase activity in peritoneal fluid of dogs with different pathologies—a complementary diagnostic tool in acute pancreatitis? *J Vet Med* 53:119, 2006.

Hess RS et al: Clinical, clinicopathological, radiographic and ultrasonographic abnormalities in dogs with fatal acute pancreatitis: 70 cases (1986-1995), *J Am Vet Med Assoc* 213:665, 1998.

Hess RS et al: Evaluation of risk factors for fatal acute pancreatitis in dogs, *J Am Vet Med Assoc* 214:46, 1999.

Hill RC et al: Acute necrotizing pancreatitis and acute suppurative pancreatitis in the cat: a retrospective study of 40 cases (1976-1989), *J Vet Intern Med* 7:25, 1993.

Jennings M et al: Successful treatment of feline pancreatitis using an endoscopically placed gastrojejunostomy tube, *J Am Anim Hosp Assoc* 37:145, 2001.

Johnson MD et al: Treatment for pancreatic abscesses via omentalization with abdominal closure versus open peritoneal drainage in dogs: 15 cases (1994-2004), *J Am Vet Med Assoc* 228:397, 2006.

Kimmel SE et al: Incidence and prognostic value of low plasma ionised calcium concentration in cats with acute pancreatitis: 46 cases (1996-1998), *J Am Vet Med Assoc* 219:1105, 2001.

Kook PH et al: Feasibility and safety of endoscopic ultrasound-guided fine needle aspiration of the pancreas in dogs, *J Vet Intern Med.* 26:513, 2012.

Mansfield CS et al: Trypsinogen activation peptide in the diagnosis of canine pancreatitis, *J Vet Intern Med* 14:346, 2000.

Mansfield CS et al: Review of feline pancreatitis. Part 2: clinical signs, diagnosis and treatment, *J Feline Med Surg* 3:125, 2001.

Mansfield CS et al: A pilot study to assess tolerability of early enteral nutrition via esophagostomy tube feeding in dogs with severe acute pancreatitis, *J Vet Intern Med* 25:419, 2011.

Mansfield CS et al: Association between canine pancreatic-specific lipase and histologic exocrine pancreatic inflammation in dogs: assessing specificity, *J Vet Diagn Invest* 24:312, 2012.

Mas A et al: A blinded randomised controlled trial to determine the effect of enteric coating on enzyme treatment for canine exocrine pancreatic efficiency, *BMC Vet Res* 8:127, 2012.

Marolf AJ et al: Magnetic resonance (MR) imaging and MR cholangiopancreatography findings in cats with cholangitis and pancreatitis, *J Feline Med Surg* 15:285, 2013.

McCord K et al: A multi-institutional study evaluating the diagnostic utility of the spec cPL and SNAP cPL in clinical acute pancreatitis in 84 dogs, *J Vet Intern Med* 26:888, 2012.

Mohr AJ et al: Effect of early enteral nutrition on intestinal permeability, intestinal protein loss, and outcome in dogs with severe parvoviral enteritis, *J Vet Intern Med* 17:791, 2003.

Newman S et al: Localization of pancreatic inflammation and necrosis in dogs, *J Vet Intern Med* 18:488, 2004.

Pápa K et al: Occurrence, clinical features and outcome of canine pancreatitis (80 cases), *Acta Vet Hung* 59:37, 2011.

Pearce CB et al: A double-blind, randomised, controlled trial to study the effects of an enteral feed supplemented with glutamine, arginine, and omega-3 fatty acid in predicted acute severe pancreatitis, *JOP* 7:361, 2006.

Quan H et al: A meta-analysis of enteral nutrition and total parenteral nutrition in patients with acute pancreatitis, *Gastroenterol Res Pract* article ID 698248, 2011.

Ruaux CG: Pathophysiology of organ failure in severe acute pancreatitis in dogs, *Compend Cont Educ Small Anim Vet* 22:531, 2000.

Ruaux CG et al: A severity score for spontaneous canine acute pancreatitis, *Aust Vet J* 76:804, 1998.

Robertson SA et al: Systemic uptake of buprenorphine by cats after oral mucosal administration, *Vet Rec* 152:675, 2003.

Schaer M: A clinicopathological survey of acute pancreatitis in 30 dogs and 5 cats, *J Am Anim Hosp Assoc* 15:681, 1979.

Spillmann T et al: Canine pancreatic elastase in dogs with clinical exocrine pancreatic insufficiency, normal dogs and dogs with chronic enteropathies, *Eur J Comp Gastroenterol* 5:1, 2000.

Spillmann T et al: An immunoassay for canine pancreatic elastase 1 as an indicator of exocrine pancreatic insufficiency in dogs, *J Vet Diagnost Invest* 13:468, 2001.

Spillmann T et al: Evaluation of serum values of pancreatic enzymes after endoscopic retrograde pancreatography in dogs, *Am J Vet Res* 65:616, 2004.

Spillmann T et al: Endoscopic retrograde cholangio-pancreatography in dogs with chronic gastrointestinal problems, *Vet Radiol Ultrasound.* 46:293, 2005.

Steiner JM et al: Serum canine lipase immunoreactivity in dogs with exocrine pancreatic insufficiency, *J Vet Intern Med* 15:274, 2001.

Swift NC et al: Evaluation of serum feline trypsin-like immunoreactivity for diagnosis of pancreatitis in cats, *J Am Vet Med Assoc* 217:37, 2000.

Watson PJ: Exocrine pancreatic insufficiency as an end stage of pancreatitis in four dogs, *J Small Anim Pract* 44:306, 2003.

Watson PJ et al: Prevalence and breed distribution of chronic pancreatitis at post-mortem examination in first opinion dogs, *J Small Anim Pract* 48:609, 2007.

Watson PJ et al: Observational study of 14 cases of chronic pancreatitis in dogs, *Vet Rec* 167:968, 2010.

Watson PJ et al: Characterization of chronic pancreatitis in cocker spaniels, *J Vet Intern Med* 25:797, 2011.

Watson PJ et al: Chronic pancreatitis in the English Cocker Spaniel shows a predominance of IgG4+ plasma cells in sections of pancreas and kidney. Presented at the American College of Veterinary Internal Medicine Forum, New Orleans, May 30-June 2, 2012.

Weiss DJ et al: Relationship between inflammatory hepatic disease and inflammatory bowel disease, pancreatitis and nephritis in cats, *J Am Vet Med Assoc* 206:1114, 1996.

Westermarck E et al: Exocrine pancreatic insufficiency in dogs, *Vet Clin North Am Small Anim Pract* 33:1165, 2003.

Westermarck E et al: Heritability of exocrine pancreatic insufficiency in German Shepherd dogs, *J Vet Intern Med* 24:450, 2010.

Wiberg ME: Pancreatic acinar atrophy in German shepherd dogs and rough-coated collies: etiopathogenesis, diagnosis and treat-ment. A review, *Vet Q* 26:61, 2004.

Wiberg ME et al: Serum trypsin-like immunoreactivity measurement for the diagnosis of subclinical exocrine pancreatic insufficiency, *J Vet Intern Med* 13:426, 1999.

Wiberg ME et al: Cellular and humoral immune responses in atrophic lymphocytic pancreatitis in German shepherd dogs and rough-coated collies, *Vet Immunol Immunopathol* 76:103, 2000.

Williams DA, Batt RM: Sensitivity and specificity of radioimmunoassay of serum trypsin-like immunoreactivity for the diagnosis of canine exocrine pancreatic insufficiency, *J Am Vet Med Assoc* 192:195, 1988.

 **附:肝胆和胰腺疾病用药**

| 药物名称(商品名) | 剂量 | 适应证与备注 |
|---|---|---|
| 止痛药 | | 详见表40-8 |
| **抗生素** | | |
| 阿莫西林<br>氨苄西林 | 10～20 mg/kg PO,SC,IV,q 8～12 h,犬/猫 | 有广谱杀菌作用,并且在肝脏和胆汁中能达到治疗水平<br>胆道感染;控制肝性脑病中的肠道菌群;控制肠源性系统感染<br>最好基于药物敏感试验选择使用 |
| 头孢氨苄或头孢唑啉 | 10～20 mg/kg PO,SC,IV,q 8～12 h,犬/猫 | 和氨苄西林的抗菌活性和抗菌谱非常相似——详见氨苄西林<br>适用于青霉素过敏病例<br>和头孢氨苄的交叉反应＜10% |
| 恩诺沙星(拜有利) | 5 mg/kg PO,SC,IV,IM,q 24 h,犬/猫 | 具有杀菌作用,尤其对于革兰阴性细菌;<br>对厌氧菌和链球菌效果差;组织穿透力强<br>胆管系统感染,尤其是革兰阴性菌引起的<br>也适用于胰腺炎的感染性并发症<br>最好基于药物敏感试验选择使用<br>生长期幼犬禁用(对软骨生长具有毒性作用)<br>猫慎用——有损害视网膜的风险 |
| 马波沙星(Zeniquin) | 2 mg/kg PO,SC,IV,q 24 h,犬/猫 | 同恩诺沙星 |
| 甲硝唑 | 10 mg/kg PO 或缓慢 IV,q 12 h,犬/猫<br>若有显著的肝功能障碍,将剂量降低至 7.5 mg/kg,q 12 h | 对厌氧菌特别有效<br>常与氨苄西林合联用来控制胆道感染,或在肝性脑病时控制肠道细菌 |
| 新霉素 | 20 mg/kg PO,q 6～8 h 或灌肠,犬/猫 | 特别适用于急性肝性脑病<br>若并发胃肠道溃疡,会全身吸收,可导致耳、肾毒性,尤其是猫 |
| 增效磺胺类药物(例如,复方新诺明) | 组合成分(甲氧苄氨嘧啶 + 磺胺类药)<br>15 mg/kg,口服,q 12 h | 广谱杀菌,胰腺炎继发感染性并发症的首选药物<br>对易感个体有肝毒性,肝病动物尽量不使用<br>因肝脏清除力低,避免用于杜宾犬<br>偶尔出现不良反应,例如免疫介导性疾病 |
| **止吐药** | | |
| 氯丙嗪 | 0.2～0.4 mg/kg SC,q 8 h,犬/猫 | 适用于胰腺炎与某些肝炎所致的呕吐,是一种吩噻嗪类镇静剂,仅于其他止吐药无效时使用<br>有效的止吐药,但具镇静作用,使用时确保水合状态良好,肝性脑病或心脑血管受损的动物应避免使用,或使用很低的剂量 |

续表

| 药物名称(商品名) | 剂量 | 适应证与备注 |
| --- | --- | --- |
| 胃复安 | 0.2～0.5 mg/kg PO,SC,q 8 h,或 1～2 mg/kg IV,q 24 h,恒速输液 | 用于肝脏疾病与某些胰腺炎所致的呕吐;但外周促动力作用可增加胰腺炎疼痛<br>偶见神经不良反应;避免用于肝性脑病病例 |
| 马罗皮坦(赛瑞宁) | 犬＞8 周龄——1 mg/kg SC,q 24 h 连续 5 d,或 2 mg/kg PO,q 24 h 连续 5 d<br>猫＞16 周龄—1 mg/kg SC,q 24 h 连续 5 d;目前尚未注册用于猫的口服治疗 | 新型中枢性止吐药（NK1 受体拮抗剂）<br>用于犬胰腺炎止吐药,无明显的促动力效应<br>因其在肝内代谢,肝病动物慎用,显著肝功能异常动物禁用<br>尚未注册可用于猫 |
| 昂丹司琼（枢复宁） | 犬/猫——0.5 mg/kg IV<br>以0.5 mg/(kg·h)剂量持续输液 q 6 h 或 0.5～1 mg/kg PO q 12～24 h | 顽固性呕吐;可能是胰腺炎的禁忌,据报道会引起人呕吐 |
| **抗脑病药** | | |
| 乳果糖 | 5～15 mL PO q 8 h(犬)<br>0.25～1 mL PO q 8 h(猫)<br>可在急性脑病中用于灌肠 | 获得性或先天性门静脉短路引起的肝性脑病<br>过量可致腹泻<br>尝试用药直至有效(每天 2～3 次软便) |
| 抗生素(如氨苄西林、甲硝唑、新霉素) | 详见抗生素部分 | |
| 丙泊酚 | 恒速输液;通过首次有效剂量(通常 ≈ 1 mg/kg)和作用时间计算输注速度;通常为 0.1～0.2 mg/(kg·min) | 用于肝脏疾病所致的抽搐和肝性脑病<br>是一种脂质载体,不应该用于胰腺炎 |
| 苯巴比妥 | 5～10 mg/kg PO q 24 h 术前给药<br>3～5 mg/kg q 12 h 术后给药 3 周 | 可在术前和术后预防性使用,以降低结扎 PSS 术后癫痫发作的风险,但其有效性仅有零星报道 |
| 左乙拉西坦（Keppra） | 犬——20 mg/kg(最小剂量)门静脉短路术前 24 h 给药,q 8 h<br>30 mg/kg 或 60 mg/kg IV,报道显示可治疗犬持续性癫痫 | 仅在门静脉短路手术术前给药中报道过对预防肝性脑病的有效性<br>短期治疗最有效<br>未见口服治疗的药效报道 |
| **抗炎药-抗纤维化** | | |
| 泼尼松龙(泼尼松) | 抗炎剂量——0.5 mg/kg PO q 24 h<br>免疫抑制剂量——1～2 mg/kg PO q 24 h<br>按照 0.5 mg/kg q 24 h 或 q 48 h 的剂量减量 PO | 对猫淋巴细胞性胆管炎、犬慢性肝炎、可疑性英国斗牛犬免疫介导性胰腺炎具有抗炎与免疫抑制作用<br>化脓性胆管炎禁用<br>门静脉高压或有腹水的动物禁用(潜在胃肠道溃疡风险)<br>避免与地塞米松合用——极可能产生溃疡 |
| 秋水仙素 | 仅用于犬——0.03 mg/(kg·d)PO | 用于犬中度肝脏纤维化的治疗,但疗效不明确<br>监测血液以观察骨髓抑制作用<br>常见胃肠道副作用,也是最可能导致停药的原因 |
| **抗氧化剂** | | |
| S-腺苷甲硫氨酸(SAM-e)(丹诺仕) | 犬——20 mg/kg(或加量)口服 q 24 h<br>猫——20 mg/(kg·d)或 200～400 mg/d | 用于任何肝脏疾病,尤其是猫脂肪沉积综合征、犬猫中毒性肝炎、中毒性疾病所致的胆汁淤积<br>空腹整片给药以保证药物的吸收 |
| 水飞蓟素（西利马林,silibin） | 犬——50～200 mg/kg PO q 24 h | 从牛奶蓟中提取的抗氧化剂<br>有一定的有效性和安全性,有关犬的基础给药剂量研究有限,主要集中于肝脏毒性 |
| 维生素 E(生育酚) | 中型犬 400 IU/d(据体型改变用量);5～25 IU/kg PO,犬/猫 | 用法同 SAM-e,也用于犬慢性肝炎 |
| 锌(详见铜离子螯合剂)和熊去氧胆酸(详见利胆剂);也具有抗氧化作用 | | |

续表

| 药物名称(商品名) | 剂量 | 适应证与备注 |
|---|---|---|
| **解毒药** | | |
| N-乙酰半胱氨酸 | 猫/犬——140 mg/kg IV 或 PO,作为负荷剂量;然后 70 mg/kg q 6 h 共给药 7 次或连续 5 d | 对乙酰氨基酚的解毒药,可结合其代谢产物,加快葡萄糖醛酸化反应;<br>口服给药可致恶心、呕吐<br>由于其味道不适,若不用鼻胃管则很难给药 |
| 西咪替丁 | 犬——5～10 mg/kg IV, IM, PO q 6～8 h<br>猫——2.5～5 mg/kg IV, IM, PO, q 8～12 h | 通过与微粒体细胞色素酶 P-450 结合减缓氧化性肝脏药物的代谢,因此可作为犬猫对乙酰氨基酚中毒的解毒剂 |
| 抗氧化剂(例如:S-腺苷甲硫氨酸)<br>维生素 C 和维生素 E 也可用于氧化损伤的治疗,例如对乙酰氨 | 详见抗氧化剂和维生素部分 | |
| **溃疡治疗** | | |
| 雷尼替丁(Zantac) | 2 mg/kg PO 或缓慢 IV q 12 h,犬/猫 | 肝病动物可选择的制酸剂<br>若胃 pH 较高则可能不需要该药<br>由于其对细胞色素 P-450 的作用,应避免和西咪替丁联用,除非用作解毒剂(详见上) |
| 硫糖铝(胃溃宁) | 犬——1 g/30 kg PO q 6 h<br>猫——每只猫 250 mg PO q 8～12 h | 适用于肝脏疾病或胰腺炎引起的胃溃疡 |
| **铜离子螯合剂** | | |
| 青霉胺 | 仅用于犬——10～15 mg/kg PO q 12 h | 铜离子螯合剂适用于铜贮积性疾病;需数月时间才能将铜从肝脏中清除<br>空腹给药;常见副作用为呕吐<br>可导致免疫介导性疾病、肾病、皮肤病 |
| 2,3,2-羟化四甲铵四盐酸盐和 2,2,2-羟化四甲铵四盐酸盐 | 仅用于犬——10～15 mg/kg PO q 12 h | 铜离子螯合剂适用于犬铜贮积性疾病<br>比青霉胺起效快,因此更适用于急性病例<br>2,3,2-羟化四甲铵可更好地促进铜的排出,但作为药物还不可用;<br>有犬的个别病例报告,但缺乏大量试验支持<br>除长期使用可出现低铜症相关临床症状外,其他毒性数据尚不明确 |
| 乙酸锌或硫酸锌 | 犬——1～20 mg/(kg·d)(锌元素)<br>猫——7 mg/(kg·d)(锌元素) | 适用于铜贮积性疾病以减少铜的吸收<br>具有抗氧化、抗纤维化作用,增强氨脱毒作用,故可用于任何慢性肝炎和肝性脑病<br>每1～2 周监测血药浓度并保证其低于 200～300 g/dL 以避免毒性作用(缺铁、贫血)<br>主要副作用为呕吐,餐前 1 h 给药可减少呕吐 |
| **利胆剂** | | |
| 熊去氧胆酸(Ursodiol) | 4～15 mg/(kg·d)等分为 2 份,每 12 h 分开给药(犬);<br>15 mg/kg PO,1 d 1 次(猫) | 利胆药,可调节胆汁酸储存来降低毒性<br>抗炎、抗氧化,适用于胆汁淤积和不完全胆道阻塞;<br>胆管完全阻塞禁用,以防胆囊破裂 |
| **利尿药** | | |
| 呋塞米 | 2 mg/kg PO q 8～12 h,犬/猫 | 在肝脏疾病引起腹水时用作附加利尿药<br>通常与螺内酯合用,避免代偿性醛固酮增加导致进一步的水潴留和低钾血症 |

续表

| 药物名称(商品名) | 剂量 | 适应证与备注 |
|---|---|---|
| 螺内酯 | 2～4 mg/(kg·d),分 2 次或 3 次口服给药,犬/猫 | 肝脏疾病所致腹水,利尿药(详见 39 章)<br>给药后 2～3 d 逐渐起效<br>可与呋塞米合用加强利尿作用 |
| **凝血障碍治疗** | | |
| 新鲜冰冻血浆 | 犬/猫——初始剂量 10 mL/kg;血浆补充量取决于 OSPT 和 APTT 检查结果 | 严重的急性或慢性肝脏疾病时补充耗竭的凝血因子,尤其适用于 OSPT 和/APTT 延长并对单独使用维生素 K 无效的病例 |
| 维生素 K$_1$(phytomena-dione)(Konakion) | 0.5～2 mg/kg,SC,IM,活检前 12 h 开始给药,q 12 h,连用 3 d | 用于治疗肝病引起的凝血障碍,尤其是并发胆汁淤积和/或肠道疾病导致维生素 K 吸收减少的动物 |
| **维生素** | | |
| 维生素 B$_{12}$(cyanoco-balamin) | 犬/猫——0.02 mg/kg IM,SC 每 2～4 周给一次药,直至血清浓度正常(由于 EPI 时吸收障碍,口服无效) | 用于维生素 B$_{12}$ 缺乏的治疗,特别是 EPI 和胰腺内源性因子缺乏引起的 |
| 维生素 K$_1$(phytomena-dione) | 详见凝血障碍治疗部分 | |
| 维生素 E | 详见抗氧化剂部分 | |
| 维生素 C(抗坏血酸) | 用于猫/犬氧化性毒素的治疗——30～40 mg/kg SC q 6 h,共给药 7 次 | 仅用于氧化性毒素的支持治疗(例如,对乙酰氨基酚)<br>因促进吸收和肝脏内金属蓄积,不适用于其他原因导致的肝炎和铜贮积性疾病 |

　　APPT,activated partial thromboplastin time,活化部分凝血酶原时间;EPI,exocrine pancreatic insufficiency,胰腺外分泌机能不全;GI,胃肠道;IM,intramuscular,肌肉注射;IV,intravenous,静脉注射;NK1,neurokinin 1,神经激肽 1;OSPT,one-stage prothrombin time,一期凝血酶原时间;PO,口服;PSS,门脉短路;SC,皮下注射。

Stephen P. DiBartola and Jodi L. Westropp

# 第 41 章
## CHAPTER 41

# 泌尿系统疾病的临床表现
## Clinical Manifestations of Urinary Disorders

氮质血症(azotemia)是指血液中非蛋白源性含氮化合物浓度升高,通常指尿素和肌酐水平升高。肾前性氮质血症由肾脏血流灌注减少引起(如重度脱水、心脏衰竭);肾后性氮质血症则由于尿液无法排出体外(如梗阻、尿腹)而引起的。原发性肾性氮质血症由肾实质病变引起。肾功能衰竭(renal failure)指肾脏无法维持调节、排泄及内分泌功能,导致含氮物质潴留,水、电解质、酸碱平衡紊乱,并引发临床症状。当超过75%的肾单位丧失功能时,即出现肾脏衰竭。尿毒症(uremia)指大量功能性肾单位损失所引发的一系列临床表现及生化指标异常,包括肾脏衰竭所引起的肾外表现(如尿毒症性胃肠炎、甲状旁腺功能亢进)。肾病(renal disease)指不考虑其严重程度,单个或双肾出现形态或功能性病变。

## 诊断步骤
### (CLINICAL APPROACH)

请回答下列问题
1. 是否出现肾病?
2. 是肾小球、肾小管、肾间质或混合性肾病?
3. 肾病的严重程度?
4. 是急性还是慢性、可逆还是不可逆、持续性还是非持续性肾病?
5. 患病动物目前的肾功能如何?
6. 是否可对疾病进行治疗?
7. 是否存在泌尿系统以外的并发因素,是否需要治疗(如感染、电解质或酸碱紊乱、脱水、梗阻)?
8. 预后如何?

诊断肾病首先需仔细评估患病动物的病史及体格检查结果。

## 病史

进行全面的病史调查,包括基本信息(年龄、品种、性别)、主诉、饲养情况并全面评估机体各个系统。病史主诉应包括发病(急性或慢性)、发展(好转、无变化或是恶化)以及对先前治疗的反应。饲养信息应包括患病动物的日常生活环境(室内或室外)、用途(宠物、种用、展示或工作动物)、地理位置来源及运输史、是否接触过其他动物、免疫情况、饮食以及有关先前创伤、疾病或手术的信息。

与泌尿系统相关的问题包括饮水、排尿频率、排尿量是否发生改变。询问是否出现尿频(pollakiuria)、排尿困难(dysuria)、血尿(hematuria)。应注意将排尿困难、尿频和多尿(polyuria)区分开,并区分多尿和尿失禁(urinary incontinence)。因为多尿可能是上泌尿道疾病引起的,而尿频和排尿困难通常为下泌尿道疾病的表现,所以区分两者非常重要。夜尿症(nocturia)可能是多尿的早期表现,但也见于排尿困难。与多尿相比,动物主人通常更容易发现患病动物多饮(polydipsia)。与动物主人沟通时,应使用其熟悉的体积计量单位,如杯(约 250 mL/杯)或夸脱(约 1 L/夸脱)。询问动物是否接触过有毒物质,如防冻剂乙二醇(ethylene glycol)、百合(仅指猫)、氨基糖苷类药物、非甾体类抗炎药。

## 体格检查

对动物进行全面的体格检查,包括眼底(fundic)检查和直肠检查。认真评估动物的水合状态,是否出现腹水或皮下水肿等肾病综合征(如肾小球肾病)的表现。

检查患病动物是否出现口腔溃疡、舌尖坏死及黏膜苍白。进行眼底检查时注意是否出现视网膜水肿、脱落、出血或血管扭曲。有时肾病继发的严重高血压可导致视网膜脱落并引起急性失明。发生肾衰的年轻生长期动物可能会出现明显的纤维性骨营养不良(fibrous osteodystrophy)，其特征是上下颌骨增大变形(所谓的"橡皮颌")，但这种情况在肾衰的成年犬中罕见。

可对大多数猫进行双肾触诊，大多数犬可触诊左肾。触诊时应评估肾脏大小、形状、质地、位置及疼痛情况。除非膀胱空虚，否则大多数犬猫的膀胱易于触诊，应评估膀胱的充盈程度、疼痛情况、膀胱壁厚度、膀胱壁内(如肿瘤)或腔内(如结石、血凝块)团块。在无梗阻的情况下，动物脱水但膀胱过度充盈常提示肾功能异常或使用了影响尿液浓缩的药物(如糖皮质激素、利尿剂)。直肠检查需评估前列腺及骨盆腔内尿道。检查阴茎，触诊睾丸。检查阴道，并注意是否出现异常分泌物、团块及尿道口异常。

## 主诉问题
## (PRESENTING PROBLEMS)

### 血尿
### (HEMATURIA)

所有可造成泌尿生殖系统黏膜损伤出血的疾病均可引起血尿。因此，血尿可能与泌尿道(即肾脏、输尿管、膀胱、尿道)或生殖道(即前列腺、阴茎、包皮、子宫、阴道、阴道前庭)疾病有关。血尿可被分为显性(肉眼可见)和隐性(仅在显微镜下发现尿沉渣中红细胞数量增多)血尿。前者的尿液为红色、粉红或棕色，通过离心即可区分尿样是色素尿(如血红蛋白尿、肌红蛋白尿)还是血尿(沉渣为红细胞，上清为黄色清亮液体；图 41-1)。引起血尿的原因包括泌尿道感染、肿瘤、尿结石、创伤、凝血性疾病、血管异常(如威尔士柯基犬的肾毛细血管扩张)及特发性肾性血尿(框 41-1)。由于膀胱穿刺常会引起微观性血尿，因此，当穿刺尿样的沉渣中红细胞数量异常(即大于 3 个/高倍镜视野)时，应通过挤压膀胱采样来进行确定。有时曾经患过特发性膀胱炎的猫，膀胱穿刺采样造成的微观性血尿可能会被认为是疾病持续存在的证据。仅仅通过比较穿刺和挤压膀胱获得的尿样，很多时候就可避免这种错误的结论(以及持续的诊断检查)。

进行病史调查时，需注意血尿动物是否同时存在排尿困难(见下文)。若存在排尿困难(如尿频、痛性尿淋漓)，则提示为下泌尿道(即膀胱、尿道)存在异常，而不伴有疼痛的血尿则提示为上泌尿道病变。对于出现血尿的动物，应询问主人尿液出血的时间，排尿初期的出血可能提示是尿道或生殖道疾病；排尿结束或排尿全程出血可能提示是膀胱或上泌尿道(肾脏或子宫)的问题。与肾脏肿瘤患犬相比，膀胱肿瘤患犬更易出现血尿。前者通常仅出现非特异性表现，如体重下降、食欲降低。当动物因凝血疾病发生血尿时，通常还可能会出现其他凝血异常的症状，如鼻衄、黑粪症、淤血及静脉穿刺处凝血时间延长。

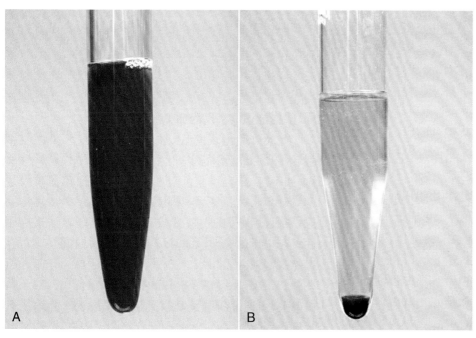

**图 41-1**
**A，血尿患犬的未离心尿样。尿样不离心则难以区分是色素尿(如血红蛋白尿)还是血尿(即出现红细胞)。B，血尿患犬尿样离心后，红细胞沉淀于管底。**

**框 41-1　血尿原因**

源于泌尿道(肾脏、输尿管、膀胱、尿道)
- 创伤
  - 创伤性采样(如导管导尿、膀胱穿刺)
  - 肾脏活检
  - 钝性创伤(如交通事故)
- 尿石症
- 肿瘤
- 炎性疾病
- 泌尿道感染
  - 猫特发性膀胱炎、尿道炎(特发性猫下泌尿道疾病)
  - 化学物质引起的炎症(如环磷酰胺诱发性膀胱炎)
  - 息肉性膀胱炎
  - 增生性尿道炎(肉芽肿性尿道炎)
- 寄生虫
  - 肾膨结线虫(*Dioctophyma renale*)
  - 狐膀胱毛细线虫(*Capillaria plica*)
- 凝血异常疾病
  - 维生素 K 拮抗剂中毒
  - 凝血因子缺乏
  - 弥散性血管内凝血
  - 血小板缺乏
- 肾脏梗死
- 肾盂血肿
- 血管畸形
  - 肾毛细血管扩张(威尔士柯基犬)
  - 特发性肾性血尿
- 多囊性肾病
生殖道污染(如前列腺、包皮、阴道)
- 发情期
- 子宫复旧不全
- 生殖道炎症、肿瘤、创伤

血尿诊断的第一步是通过尿液分析及微生物培养来确定是否存在泌尿道细菌感染,前提是尿样采集方式必须恰当。尿沉渣中白细胞增多(即脓尿)提示存在炎症,高度怀疑泌尿道细菌感染。挤压膀胱采集的尿样为血尿,而膀胱穿刺获得的尿样并非血尿,提示尿道或生殖道出血。若在瑞氏-吉姆萨染色的尿沉渣中观察到异常的移行上皮细胞,则提示可能存在移行上皮癌。由于刺激或炎症可导致上皮细胞变形,从而影响常规细胞学评估,因此,最终诊断必须由组织病理学获得,可通过尿道膀胱镜或导管(抽吸)采集活组织样品。血尿导致患病动物发生失血性贫血的情况比较少见,主要见于伴有良性肾性血尿(见下文)的犬。虽然血尿较少见于凝血疾病的患病动物,但若常规的诊断评估(包括尿液分析、全血细胞计数、血清生化及影像学诊断)无法找出血尿原因,则应进行凝血试验、血小板计

数来评估动物的凝血情况。感染泌尿道寄生虫的动物,可在其尿沉渣中观察到虫卵(图 41-2)。腹部 X 线平片可用于诊断不透射线的结石(如鸟粪石、草酸盐结石)。膀胱双重造影、尿道阳性造影或排泄性尿路造影可用于诊断透射线结石或调查血尿的其他潜在原因(如肾脏或膀胱血凝块)。腹部超声检查可用于诊断软组织病变,如肿瘤或息肉性膀胱炎。

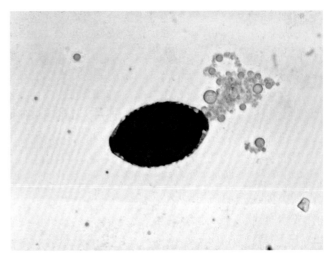

**图 41-2**
猫尿沉渣中的狐膀胱毛细线虫卵(Sedi-Stain, ×100)

## 特发性肾性血尿

这种情况的尿血起源于肾脏,但具体原因不明。通常为单侧肾脏出血,有时可影响双肾。常见于大型(如魏玛犬、拳师犬、拉布拉多犬)雌性或雄性犬。多数病例发生于 5 岁以下,且报道病例中有近 1/3 为未成年犬(<1 岁)。

典型的主诉情况为患犬出现严重的显性血尿,且血尿在整个排尿过程中持续发生,患犬无任何不适(即无排尿困难);尿液可能会出现血凝块;尿血可能在持续数天甚至数周后消失,数月后再次复发;患犬无创伤史,体格检查也未发现明显异常。

患犬可能出现急性(如大红细胞症、多染性红细胞、网织红细胞增多症)再生性贫血,或慢性缺铁性贫血(如小红细胞症、低色素性红细胞)。血清肌酐及尿素氮(BUN)水平正常,尿比重(USG)显示为中度浓缩尿,凝血试验及血小板计数正常,尿液培养结果为阴性。在进行影像学诊断时,若发生血凝块梗阻,则可在患侧观察到肾盂积水、输尿管积水的征象。有时还可在膀胱中观察到血凝块引起的充盈缺损征象。对于雌性患犬,可通过膀胱镜观察到正常尿液从一侧输尿管开口进入膀胱,而对侧输尿管开口则流入血液,由此可

辨别是哪一侧发生肾脏病变(图 41-3)。

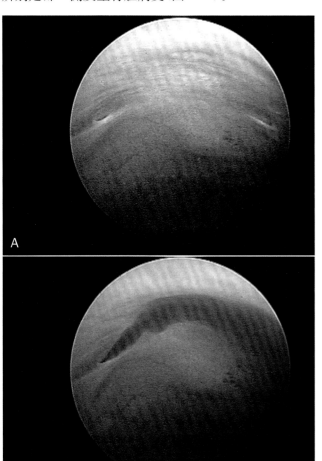

**图 41-3**
**A,**通过膀胱镜观察健康犬三角区的正常输尿管开口。**B,**特发性血尿患犬,可观察到血液从一侧输尿管开口流入膀胱三角区。

对于确诊为单侧肾脏出血,且出血难以控制并引起重度贫血的患犬,应考虑实施肾脏切除术。尽管手术可消除这类患犬的血尿症状,但有些病例术后可能出现对侧肾脏出血。因此,需仔细斟酌是否进行肾脏切除术。有些患犬会出现长期无症状性间歇性出血,若未表现出贫血,或仅出现轻度贫血,那么应优先考虑对患犬进行观察,并监测其红细胞比容,而非直接实施肾脏切除术。

## 排尿困难
(DYSURIA)

排尿困难(dysuria)指排尿过程疼痛或困难,并通常表现为尿频(pollakiuria)(排尿次数增多,但每次尿量较小)及尿淋漓(stranguria)(由于膀胱或尿道肌肉

痉挛而使动物必须用力排尿)。通常由下泌尿道疾病引起,尤其是膀胱炎、尿道炎、膀胱结石、膀胱肿瘤以及结石或肿瘤造成的尿道梗阻(框 41-2)。此外,排尿困难还可由生殖道(如前列腺或阴道)肿瘤或炎性疾病引起。排尿困难的犬猫常会舔舐外生殖器周围。发生会阴疝的犬有时也会出现排尿困难。

 **框 41-2 排尿困难的原因**

炎性疾病
- 泌尿道感染
- 猫特发性膀胱炎、尿道炎(猫特发性下泌尿道疾病)
- 化学物质引起的炎症(如环磷酰胺性膀胱炎)
- 息肉性膀胱炎
- 增生性尿道炎(肉芽肿性尿道炎)

尿结石
- 膀胱结石
- 尿道结石

肿瘤
- 膀胱或尿道移行上皮癌
- 前列腺肿瘤
- 阴道肿瘤

创伤
- 膀胱或尿道破裂
- 尿道狭窄(早先发生创伤或手术)

神经性异常
- 反射协同失调

其他
- 会阴疝

在进行病史调查时,还须对动物主人的描述加以辨别。因为许多主人难以区分患犬或患猫是在用力排尿还是用力排便,所以有些被误以为是发生便秘的动物,其实是排尿困难。另外,有些主人会以为患犬在家中的不当排尿是尿失禁。虽然尿失禁患犬确实会在趴卧的地方遗留一滩尿液,但出现多饮多尿(PU-PD)的患犬也会不合时宜地到处撒尿,但排尿过程是自主控制的,只是由于尿量太大、无法经常外出而不得不在家中排尿。因此谨慎地进行病史调查对于查找问题来说至关重要。

排尿困难的犬猫通常排尿姿势正常,但排尿时间延长,且排出的尿量较小。它们通常会变换位置、起身,到其他地点后重新摆出排尿动作。有时即便膀胱空闲,但由于黏膜受到刺激,患病动物还是会重复进行排尿。出现尿道梗阻的猫有时会在排尿时发出哀号声。这种情况下需认真评估动物是否发生尿道梗阻。腹部触诊发现膀胱肿大、疼痛,则可判定为完全梗阻;若膀胱小而疼

痛,则提示为非梗阻性膀胱炎。应注意对于怀疑出现尿道梗阻的动物,膀胱触诊时不可用力过度。

观察动物的排尿过程有助于判断是否确实发生了排尿困难。临床兽医可利用导尿管来快速判断尿道是否通畅。膀胱空虚或半充盈时易于触诊到其中的团块或结石。当膀胱内有大量小结石时,触诊可感觉到摩擦感;而仅有一块较大的结石时,则难以与肿瘤或大血凝块相区别。对于发生排尿困难的动物,不论是雌性还是雄性,均应进行直肠检查,这样做不仅有利于评估雄性动物的前列腺,还可用于雌性犬尿道肿瘤或增生性尿道炎的诊断。应仔细检查动物的会阴部,以排除会阴疝,另外,应将雄性犬的阴茎完全暴露出来,以检查是否存在传染性性病肿瘤。

## 多饮和多尿
### (POLYURIA AND POLYDIPSIA)

犬的正常饮水量可高达 60~90 mL/(kg·d);健康猫的最高饮水量为 45 mL/(kg·d)。多饮(PD)和多尿(PU)常同时发生,除了犬精神性多饮(PPD,见下文)以外,大多情况为多尿导致多饮。可通过主人在家记录饮水量来确定动物是否发生多饮,但这种方法对犬比对猫更实用。与排尿量相比,正常饮水量更易发生变化,主要受到下述因素变化的影响,包括环境温度及呼吸蒸发失水、运动水平、食物含水量、粪便含水量、年龄及生理状态(如妊娠、泌乳)。犬猫正常排尿量为26~44 mL/(kg·d)。

许多疾病可导致多饮多尿,特别是肾脏及内分泌系统疾病。多数情况下,PU-PD 是多因素作用引起的(表 41-1)。病史调查应包括患病动物是否使用过可导致 PU-PD 的药物,尤其指皮质类固醇(任何给药途径,包括局部用药)及利尿剂。应区分尿频和多尿,因为有些主人会错误地认为排尿次数增加,尿量也会增加。多尿动物的排尿次数也可能会增加,但每次排尿量都很大,且没有尿淋漓的表现。夜尿症常伴发于多尿,这可能是动物主人最先察觉到的异常表现。

 **表 41-1　小动物临床常见的引起多饮多尿的原因**

| 疾病 | 多饮多尿的原因机制 | 验证性试验 |
|---|---|---|
| 慢性肾病(S)* | 剩余肾单位渗透性利尿<br>因发生器质性病变而使髓质结构遭到破坏 | ECC、CBC<br>血清生化<br>尿液分析<br>X 线片<br>腹部超声<br>碘海醇清除率 |
| 肾上腺皮质功能亢进(W)* | ADH 释放异常或活性降低<br>精神性 | LDDST<br>血浆 ACTH 浓度<br>腹部超声 |
| 糖尿病(S)* | 尿糖导致的渗透性利尿 | 血糖浓度<br>尿液分析 |
| 甲状腺功能亢进(W)* | 肾髓质血流增加,MSW<br>精神性<br>高钙尿症 | 甲状腺素<br>甲状腺锝扫描 |
| 子宫积脓(W) | 大肠杆菌内毒素<br>免疫复合体性肾小球肾炎 | 病史<br>体格检查、CBC、腹部 X 线片 |
| 梗阻后利尿(S) | 排出潴留的溶质<br>对 ADH 的反应性降低<br>钠的重吸收减少 | 病史<br>体格检查<br>尿液分析 |
| 高钙血症(W) | ADH 活性降低<br>肾髓质血流增加<br>髓祥 NaCl 转运减少<br>高钙血症性肾病<br>直接刺激渴觉中枢 | 血清钙浓度 |

续表 41-1

| 疾病 | 多饮多尿的原因机制 | 验证性试验 |
|---|---|---|
| 肝脏疾病(W) | 尿素合成减少,肾髓质溶质丢失<br>内源性激素(如可的松、醛固酮)的代谢减少<br>精神性(肝性脑病)<br>低钾血症 | 肝酶水平<br>血清胆汁酸<br>血氨<br>肝脏活检 |
| 肾盂肾炎(W) | 大肠杆菌内毒素<br>肾脏血流增多<br>MSW<br>肾实质损伤 | 尿液分析<br>尿液培养<br>CBC<br>排泄尿路造影<br>腹部超声 |
| 肾上腺皮质功能减退(W) | MSW 伴有肾钠丢失 | 血清钠钾浓度<br>ACTH 刺激试验 |
| 低钾血症(W) | ADH 活性降低<br>肾髓质血流增加伴有髓质溶质丢失 | 血清钾浓度 |
| 少尿性 ARF 的利尿期(S) | 排出潴留的溶质<br>钠重吸收减少 | 病史<br>CBC<br>血清生化<br>尿液分析<br>腹部超声<br>肾脏活检 |
| 泌尿道不完全梗阻(S) | 肾脏血流重新分布<br>钠重吸收减少<br>肾实质损伤 | 病史<br>体格检查 |
| 药物(W) | 不同药物的作用机制不同 | 病史 |
| 盐摄入(S) | 钠摄入过多造成的渗透性利尿 | 病史 |
| 肠外补液过多(W)(仅多尿) | 水摄入过多造成水利尿 | 病史 |
| 中枢性尿崩症(CDI)(W) | 先天性 ADH 缺乏(罕见)<br>获得性 ADH 缺乏(特发性、肿瘤、创伤) | 禁水试验<br>外源性 ADH 试验<br>ADH 分析 |
| 肾性尿崩症(NDI)(W) | 肾脏对 ADH 无反应,先天性病变(非常罕见)<br>肾脏对 ADH 无反应,获得性病变 | 禁水试验<br>外源性 ADH 试验<br>ADH 分析<br>ECC |
| 精神性多饮(PP)(W) | 神经行为学紊乱(焦虑?)<br>肾脏血流增加<br>MSW | 禁水试验<br>外源性 ADH 试验<br>行为学病史 |
| 肾性糖尿(S) | 尿糖导致的溶质利尿 | 血糖浓度<br>尿液分析 |
| 原发性甲状旁腺功能减退(W) | 不明(精神性?) | 血清钙磷<br>PTH 浓度 |
| 肢端肥大症(W、S) | 胰岛素抵抗<br>葡萄糖不耐受<br>患猫发生糖尿病 | 计算机断层扫描或磁共振成像<br>胰岛素样生长因子I分析 |
| 红细胞增多症(W) | 不明(血液黏稠度升高?) | CBC |
| 多发性骨髓瘤(W) | 不明(血液黏稠度升高?) | 血清蛋白电泳 |
| 肾性 MSW(W) | 肾髓质间质溶质(尿素、钠、钾)减少 | 逐级(3~5 d)禁水试验<br>黑-希二氏试验 |

*多饮多尿最常见的原因。
ACTH:促肾上腺皮质激素;ADH:抗利尿激素;ARF:急性肾衰竭;CBC:全血细胞计数;PTH:甲状旁腺激素;ECC:内生肌酐清除率;MSW:肾髓质溶质洗脱(medullary washout of solute);LDDST:低计量地塞米松抑制试验;S:溶质利尿;W:水利尿。
引自 DiBartola SP:*Fluid,electrolyte,and acid-base disorders in small animal practice*,ed 4,St Louis,2012,Elsevier,p. 71.

对 PU-PD 动物进行诊断评估的第一步为常规尿液分析,包括 USG 的测定。犬全天的 USG 变化较大,但通常在早上进食饮水之前为最高水平(通常大于 1.035~1.040)。猫全天的 USG 变化较小,进食干粮的猫通常排出中度浓缩尿(通常大于等于 1.035)。犬猫禁水直至出现脱水表现,正常的尿比重分别为 1.050~1.076 和 1.047~1.087。通常,发生脱水的患病犬猫的 USG 应不低于 1.040。若患病动物的 USG 相对较高(> 1.025),则应确定其是否真的发生 PU-PD。若患病动物就诊时的 USG 为低渗尿(<1.007)或等渗尿(1.007~1.014),则至少需检查血象、血清生化、血清甲状腺素水平(猫)。大多可通过这些信息找出 PU-PD 的原因。当出现 PPD、中枢性尿崩症及肾性尿崩症时,动物的尿比重可达到最低水平(即 1.001~1.007)。若 USG 高于 1.014 且动物临床健康,则在进行诊断性评估之前,首先应使动物主人在家明确动物的饮水量。完成对 PU-PD 的初步诊断且动物的血液检查结果正常时,方可考虑禁水试验(见第 42 章)。若 USG 处于等渗尿范围,且引起 PU-PD 的原因不明时,应利用腹部超声评估肾脏形态。为了排除非氮质血症性慢性肾病(即肾单位丢失小于 75%)对 PU-PD 的影响,需通过内生肌酐或碘海醇清除率来评估肾小球滤过率。

### 精神性多饮

PPD 是一种不常见的疾病,常发生于大型犬(如德国牧羊犬、杜宾犬),猫罕见或不存在此病。患犬主人有时会说犬的性格原本就容易紧张或在多饮发生前出现过应激。有时动物主人会无意间强化动物的饮水行为。有些 PPD 患犬在住院后会出现饮水量急剧下降,这有利于诊断。PPD 患犬的尿液通常极度低渗(即 USG 为 1.001~1.003)。尽管并非完全可靠,但轻度低钠血症和显著低渗尿可提示患犬发生了 PPD。对近期发生 PPD 的患犬进行禁水试验常可得到正常的尿浓缩反应;而长期 PPD 的患犬则由于血浆低渗透压抑制垂体释放加压素,从而出现肾髓质溶质洗脱(renal medullary washout of solute)。正常情况下,加压素促进内层肾髓质重吸收尿素,从而维持髓质高渗性。逐级禁水试验给肾髓质溶质梯度的重建提供了时间,因此是 PPD 患犬优选的诊断试验。治疗 PPD 主要通过逐渐限水,使患犬在数天内恢复正常饮水量。

# 肾脏增大
## (RENOMEGALY)

肾脏增大(renomegaly)指肾脏变大,可为单侧或双侧增大;双侧增大可为对称或非对称性增大。肾脏增大的发生可呈急性或慢性,且多数病例的发展过程非常隐匿。急性肾脏增大(如肾结石造成单侧肾的急性梗阻)的动物通常因急腹症(即腹痛、趴卧不动、呕吐)前来就诊,但较为少见。慢性肾增大病例通常为中度或重度增大,但有时也可为轻度增大。例如,发生肾脏淀粉样变性的犬或急性肾衰病例(如钩端螺旋体病)会因肾脏肿胀而发生轻度增大。不过,肾包膜会限制急性肿胀的程度。只有一个肾或对侧肾处于重度疾病末期的动物,由于代偿性肥大从而会出现单侧肾增大。

正常猫的肾脏长 3.5~4.5 cm,在猫配合的情况下很容易触及。犬肾脏的大小随体型变化较大,且不像猫那样容易触诊。有时可在犬配合的情况下触诊到左肾。犬的肾脏长度及体积与体重相关,例如,15 kg 以内的犬肾脏长度为 3~5.5 cm,而 30~45 kg 的犬,肾脏长度则为 7~8 cm。一条使用多年的经验法则是,在 X 线平片上观察肾脏与第二腰椎(L2)的长度比,猫为 2.5~3.0,犬为 2.5~3.5。

可引起肾脏增大的异常包括多囊性肾病、肿瘤及梗阻。犬猫均可发生肾脏增大,但猫更常见。多囊性肾病是牛头㹴及波斯猫(常染色体显性多囊性肾病,ADPKD)的一种常染色体显性遗传性疾病。波斯猫由于多囊蛋白-1 的第 29 号外显子基因变异而发生本病,该品种的发病率可达 30%。许多患有 ADPKD 的幼龄波斯猫无临床症状,但被意外发现肾脏增大。随时间的延长,ADPKD 患猫的肾脏因囊的数量增多、体积变大而出现持续性增大,且形状不规则。患猫通常在 7 或 8 岁时发生肾衰。目前,超声是诊断猫 ADPKD 的最佳临床检查方法,一项研究表明,猫 4 月龄时,肾脏超声诊断 ADPKD 的敏感率为 75%,而 9 月龄时为 91%。原发或转移性肾肿瘤可导致肾脏增大,尤其对猫而言,最常见的是淋巴肉瘤。猫的肾脏淋巴瘤通常累及双侧肾脏,且多出现消化道表现。有时受侵袭的肾脏可能出现功能衰竭。可通过肾脏细针抽吸来诊断肾脏淋巴肉瘤,细胞学表现为单形性、未成熟淋巴细胞。因肾结石、输尿管结石或在子宫卵巢切除时意外将输尿管结扎而引起的肾梗阻,可造成肾盂积水及肾脏增大。少数情况下,因先前去除输尿管结石造成的输尿管纤维化或特发性输尿管纤维化也可造成肾盂积水。腹部钝性创伤可引起肾包膜下出血及肾脏增大,但肾包膜通常会限制肾脏增大的程度。细菌感染可造成肾脓肿或肾盂肾炎,从而出现肾脏增大。非渗出性猫传染性腹膜炎通常会累及肾脏、肝脏、肠系膜淋巴结、中枢神经系统及眼睛。许多患猫出现肾脏侵袭,肾脏增大、不规则。

## 肾周假性囊肿

尽管肾周假性囊肿并非肾脏疾病,但在触诊时很容易与肾脏增大相混淆。它们是肾周围充满液体的纤维囊,并没有上皮细胞被覆,因此被称为"假性囊肿"。肾周假性囊肿为特发性疾病,但通常发生于伴有慢性肾衰的老年(> 10 岁)猫,无性别或品种倾向性。大多数患猫至少同时存在轻度慢性肾衰,有些病例则已经有很长的慢性肾衰病史。少数情况下可在发生肾周假性囊肿之前诊断出肾脏变小及慢性肾衰。主诉问题可能与潜在的慢性肾衰(如 PU-PD、厌食及体重下降)相关,但通常主人只会注意到动物腹围增大。肾周假性囊肿可单侧或双侧发病。首选的诊断方法是肾脏超声,显示为单侧或双侧肾包膜与实质之间充满无回声的液性暗区(图 41-4)。最终治疗需要通过手术切除假囊。对于发生单侧肾周假性囊肿的患猫,由于切除患侧肾脏可加速剩余肾脏的疾病发展,使肾衰快速恶化(图 41-5),因此不应切除患侧肾脏。从根本上而言,肾周假性囊肿患猫的预后主要与潜在的肾功能不全的严重程度相关。

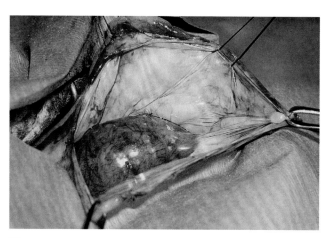

**图 41-5**
患有肾周假性囊肿的猫,手术打开假囊后的肾脏外观。

◈ 推荐阅读

Chew DJ: Approach to polyuria and polydipsia. In Chew D, DiBartola S, Schenck P, editors: *Canine and feline nephrology and urology*, ed 2, St Louis, 2011, Elsevier Saunders, p 465.

DiBartola SP: Miscellaneous syndromes. In Chew D, DiBartola S, Schenck P, editors: *Canine and feline nephrology and urology*, ed 2, St Louis, 2011, Elsevier Saunders, p 487.

Forrester SD: Diagnostic approach to hematuria in dogs and cats, *Vet Clin North America Small Animal Pract* 34:849, 2004.

Helps CR et al: Detection of the single-nucleotide polymorphism causing feline autosomal dominant polycystic kidney disease in Persians from the UK using a novel real-time PCR assay, *Mol Cell Probes* 21:31, 2007.

Watson ADJ: Dysuria and haematuria. In Elliott J, Grauer GF, editors: *BSAVA manual of canine and feline nephrology and urology*, Gloucester, England, 2007, British Small Animal Veterinary Association.

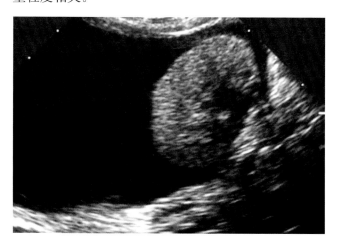

**图 41-4**
猫肾周假性囊肿的声像图。左侧:囊内无回声的液体(黑色区域);右侧:产回声的结构为肾脏。

# 第 42 章
## CHAPTER 42

# 泌尿系统的诊断性检查
## Diagnostic Tests for the Urinary System

## 肾小球功能
### (GLOMERULAR FUNCTION)

由于肾小球滤过率(GFR)与功能肾单位的数量直接相关,因此对于怀疑发生肾病的动物,评估肾小球功能是至关重要的诊断步骤。常用的筛查性检查包括血清肌酐及尿素氮(BUN)浓度;对于 BUN 和肌酐水平正常的动物,可使用肌酐清除率来进一步评估。血浆放射性同位素清除率及肾脏闪烁造影术是更高级的诊断技术,无需收集尿液,即可用于确定 GFR 及单个肾脏功能。碘海醇清除率无需尿样、放射性同位素和专业设备即可估计 GFR。尿蛋白排泄评估可了解患病动物是否出现肾小球疾病(如肾小球肾炎、肾小球淀粉样变性)。

### ▌血尿素氮
### (BLOOD UREA NITROGEN)

外源性(即日粮)或内源性蛋白质在动物体内分解为氨基酸,后者代谢产生的氨在肝脏经鸟氨酸循环合成尿素。肾脏通过肾小球滤过将尿素排出体外,且 BUN 浓度与 GFR 成反比。尿素可在肾小管内被重吸收,当脱水或血容量降低引起小管液流速降低时,尿素重吸收增多。所以通过尿素清除率来评估 GFR 并不可靠,当血容量降低时,即便 GFR 未出现下降,尿素清除率也会降低。

尿素的产生和排出速率并非一成不变。在摄入高蛋白质饮食后,尿素的产生及排出增多,因此,为了避免饲喂的影响,测定 BUN 之前应禁食 8~12 h。胃肠道出血由于内源性蛋白质分解增多,故也会升高 BUN 水平。

凡是促进分解代谢(如饥饿、感染、发热)的情况均可升高 BUN 水平。有些药物由于可促进组织分解代谢(如糖皮质激素类、硫唑嘌呤)或减少蛋白质合成(如四环素类),也可使 BUN 水平升高,但它们的作用通常很轻微。相反,低蛋白日粮、促同化激素、重度肝功能不全或门体分流可造成 BUN 水平降低。由于这些非肾性因素的限制,BUN 无法用于评估 GFR。犬的正常 BUN 浓度为 8~25 mg/dL,猫为 15~35 mg/dL。反应试纸(Azostix,拜耳,埃尔克哈特,印第安纳州)可用犬猫全血测定 BUN 水平,敏感性和特异性均较高。

### ▌血清肌酐
### (SERUM CREATININE)

肌酐是肌肉中的磷酸肌酸经非酶促反应分解的产物;每天产生的肌酐量主要取决于机体肌肉量。幼龄动物的血清肌酐水平较低,而雄性肌肉发达的动物则较高。血清肌酐浓度几乎不受日粮的影响,也不会进一步代谢,完全经肾小球滤过由肾脏排出,排出速度相对稳定。血清肌酐浓度与 GFR 呈反比,因此,肌酐清除率可用于评估 GFR。

肌酐浓度通过碱性苦味酸反应测定,但该反应并非对肌酐完全特异,另外一类被称为非肌酐色原的物质也参与反应。这些物质存在于血浆中,在血清肌酐水平正常的情况下,可占到肌酐测定浓度的 50%,但尿中不含有非肌酐色原。随着肾病的发展及 GFR 的降低,血清肌酐浓度逐渐升高,由于非肌酐色原的含量保持不变,故所占总肌酐测定值的比例越来越低。犬、猫正常血清肌酐水平分别为 0.3~1.3 mg/dL 和 0.8~1.8 mg/dL。灵缇犬的血清肌酐水平高于其他犬,主要原因是肌肉组织较多,而非 GFR 降低。

BUN 或血清肌酐浓度与 GFR 的关系呈直角双曲

线关系。当 GFR 轻度或中度降低时,曲线斜率较小,但当 GFR 严重降低时,曲线斜率变大(图 42-1)。因此,肾病初期,当 GFR 发生较大变化时,方可引起 BUN 或血清肌酐浓度的小幅升高,这种变化在临床中较难察觉;而肾病后期时,GFR 的轻微变化即可引起 BUN 或肌酐浓度的巨大改变。此外,只有当机体处于稳定状态时,血清肌酐浓度与 GFR 的反比关系才成立。

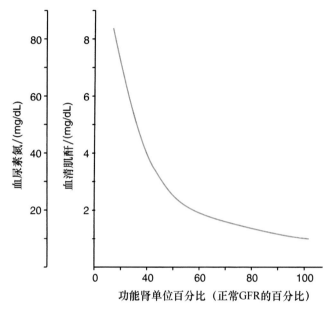

**图 42-1**

血尿素氮(BUN)或血清肌酐浓度与功能肾单位百分比的关系。GFR,肾小球滤过率。

在排除非肾性因素之后,若 BUN 或血清肌酐浓度上升,则提示至少 75% 的肾单位已经失去功能(见图 42-1)。无法通过 BUN 或血清肌酐浓度的改变来预测这种功能障碍的原因或是否可逆,不可预测这种变化是肾前性、肾性还是肾后性氮质血症;也不可用于分辨是急性还是慢性、可逆还是不可逆、进行性还是非进行性变化。肾前性或肾后性氮质血症时,由于小管液流速降低,尿素经肾小管重吸收增加,故 BUN 与肌酐的比值可能会升高;另外,尿腹时,由于尿素比肌酐更易透过腹膜被吸收,故此时的 BUN 与肌酐的比值也可能会升高。输液治疗后 BUN 与肌酐的比值通常会降低,主要原因是肾小管重吸收的尿素减少,而非 GFR 升高。

## 半胱氨酸蛋白酶抑制剂 C/胱抑素 C
(CYSTATIN C)

半胱氨酸蛋白酶抑制剂 C/胱抑素 C(cystatin C)是

一种小的多肽蛋白酶抑制剂,可自由滤过肾小球。由于它不经肾小管分泌,滤过后几乎完全被近端肾小管细胞重吸收并分解为相应的氨基酸;且所有组织产生半胱氨酸蛋白酶抑制剂 C 的速率稳定,不受年龄、性别或日粮的影响,因此,血清半胱氨酸蛋白酶抑制剂 C 浓度可作为 GFR 的指示剂,犬的正常水平约为 1 mg/dL。

## 肌酐清除率
(CREATININE CLEARANCE)

某物质的肾脏清除率是指每分钟多少毫升血浆经肾小球滤过,可将其内的该物质完全清除进入尿液。若这种物质既不被重吸收也不经肾小管排泄,那么其肾脏清除率与 GFR 相等。在稳定的条件下,该物质的滤过量等于排泄量,故 $GFR \times P_x = U_x \times V$,两边同时除以 $P_x$,即可得到为人熟知的清除率算式——$U_x V / P_x$——此时清除率等于 GFR。

肌酐产自于机体本身且大部分经肾小球滤过,在稳定条件下,可用肌酐清除率来估算 GFR。许多研究表明犬猫的内生肌酐清除率为 $2 \sim 5$ mL/(min·kg)。表 42-1 列出了犬猫肾小球功能检查的参考范围。

 **表 42-1　犬猫的肾小球功能检查**

| 检查项目 | 犬 | 猫 |
| --- | --- | --- |
| 血尿素氮浓度(mg/dL) | $8 \sim 25$ | $15 \sim 35$ |
| 血清肌酐浓度(mg/dL) | $0.3 \sim 1.3$ | $0.8 \sim 1.8$ |
| 血清半胱氨酸蛋白酶抑制剂 C 浓度<br>(mg/dL) | $0.5 \sim 1.5$ | NA |
| 内生肌酐清除率[mL/(min·kg)] | $2 \sim 5$ | $2 \sim 5$ |
| 外源性肌酐清除率[mL/(min·kg)] | $3 \sim 5$ | $2 \sim 4$ |
| 碘海醇清除率[mL/(min·kg)] | $1.7 \sim 4.1$ | $1.3 \sim 4.2$ |
| 24 h 尿蛋白排泄量[mg/(kg·d)] | $< 20$ | $< 20$ |
| 尿蛋白/肌酐比值 | $< 0.4$ | $< 0.4$ |

NA:无参考范围。

随着慢性肾病的发展,当 2/3 的肾单位失去功能时,尿浓缩能力出现障碍,而当 75% 的肾单位失去功能时才出现氮质血症。因此,对于出现多饮多尿但 BUN 和血清肌酐浓度正常的疑似肾病动物,可通过内生肌酐清除率进一步诊断,主要的测定要求是严格按时(最好是 12 h 或 24 h)收集尿液,同时称量动物体重并测定血清及尿肌酐浓度。尿液收集不全可导致计算结果错误。

为了消除非肌酐色原的影响,一些学者建议使用外源性肌酐清除率。这种方法需皮下或静脉给予外源性肌酐,使血清肌酐浓度升高约10倍,从而降低非肌酐色原的影响。犬的外源性肌酐清除率优于内生肌酐清除率,其准确性接近菊粉清除率。菊粉-肌酐清除率比不受性别、日粮蛋白或肾切除术后间隔时间的影响。而内生肌酐清除率能否准确地估计GFR取决于检测方法是否对肌酐特异。猫的外源性肌酐清除率略低于菊粉清除率。

## 用于评估肾小球滤过率的单次注射法
### (SINGLE-INJECTION METHODS FOR ESTIMATION OF GLOMERULAR FILTRATION RATE)

单次注射菊粉、碘海醇或肌酐的血浆清除率已被用于评估肾功能正常或降低的犬猫的GFR。注射某种物质(该物质不可与血浆蛋白结合,且仅通过肾小球滤过,如菊粉、碘海醇、肌酐)后,通过计算该物质的血浆浓度-时间曲线下面积与注射剂量的比值,得到该物质的血浆清除率。这种技术的优点是无需收集尿液,但其准确性取决于用于计算曲线下面积的药代动力学模型、时间点的选取及用于计算的样本数量。

## 碘海醇清除率
### (IOHEXOL CLEARANCE)

碘海醇是一种低渗、溶于水的非离子型碘造影剂,可用于评估人和家养动物的GFR。碘海醇无毒性、不进入细胞、不发生代谢反应、不与血浆蛋白结合,且注射24 h内即可将注射剂量100%经尿排出。

碘海醇清除率无需收集尿液,仅需几个血浆样品即可评估GFR,其他优点包括易得、无放射性、测定相对简单,另外,由于碘在血浆中非常稳定,因此可将样本运输至较远的实验室。尚无报道称碘海醇对犬猫有毒,其唯一的缺点是使用常规剂量(每千克体重300 mg碘)时大型犬所需的注射量较大。

通过计算注射剂量与血浆消失量曲线下面积比值得到碘海醇的清除率。可利于二室模型来描述碘海醇的清除过程:首先从血浆中消失(30~60 min),之后从组织间液中消失(6~8 h)。因此,临床可采2次样来计算其清除率,犬分别于注射后5 min和120 min采集血浆样品,猫则分别于20 min和180 min时采集。

根据所选用的药代动力学模型及实验室测定方法

的不同,碘海醇的清除率参考范围差异较大。计算结果应根据体重或体表面积进行校正。犬的正常范围是1.7~4.1 mL/(min·kg)或44~96 mL/(min·m²);猫的为1.3~4.2 mL/(min·kg)或22~65 mL/(min·m²)。

## 放射性同位素
### (RADIOISOTOPES)

通过测定放射性同位素[如¹²⁵I或¹³¹I-碘钛酸盐、⁵¹Cr-乙二胺四乙酸(EDTA)、⁹⁹ᵐTc-二乙烯三胺五乙酸(DTPA)]的血浆清除率或肾脏动态闪烁造影术,可评估犬猫的GFR。放射性同位素的血浆清除率法具有与碘海醇或外源性肌酐相类似的优点和缺点,但通常仅参考实验室才具备所需的专业技术及设备。⁹⁹ᵐTc-DTPA在一段时间内的肾排泄比率与评估GFR的金标准——菊粉清除率的相关性非常高。肾脏动态闪烁造影术的一个重要优点是可用于评估单个肾脏功能,但就患有肾病的犬而言,这种方法与菊粉清除率的相关性低于血浆清除率法。

## 尿蛋白/肌酐比值
### (URINE PROTEIN-TO-CREATININE RATIO)

若患病动物的常规尿液分析显示其存在持续性蛋白尿,那么应通过24 h尿蛋白排泄量或单次尿样的尿蛋白/肌酐比值(UPC)来评估蛋白尿的严重程度。犬猫24 h尿蛋白排泄量的正常值应低于20 mg/(kg·d)。患有原发性肾小球疾病(如肾小球肾炎、肾小球淀粉样变性)的犬,其24 h尿蛋白排泄量通常显著升高,其中出现淀粉样变性的犬,该值最高。测定UPC无需收集24 h尿液,且犬猫的该指标与24 h尿蛋白排泄量的相关性良好。其意义在于尽管尿肌酐和尿蛋白浓度均受尿液总溶质浓度的影响,但其比值则不然。犬猫的正常UPC不高于0.4。犬的UPC结果不受性别、尿样采集方法或时间以及禁食与否的影响,但脓尿或严重的血尿可能会干扰UPC结果。因此,评估尿蛋白浓度时应结合尿沉渣检查结果;只有当动物未出现脓尿时,才可进行UPC检查。常规尿液分析诊断为蛋白尿的犬,其UPC检查结果也会升高。由于患有肾小球肾炎和淀粉样变性的犬的24 h尿蛋白排泄量及UPC结果可能会非常相似,因此,需通过肾脏活检来鉴别这两种疾病。24 h尿蛋白排泄量及UPC的参考范围见表42-1。

## 微白蛋白尿
### (MICROALBUMINURIA)

人医定义的微白蛋白尿（microalbuminuria）是指尿白蛋白排泄量为 30～300 mg/d，可能是血管内皮损伤的早期指征。微白蛋白尿已被人医当作评估糖尿病人发生肾病的风险因子之一，且可用于预估原发性高血压患者出现肾病的可能性。犬猫的微白蛋白尿指尿白蛋白浓度为 1～30 mg/dL。这一浓度的尿白蛋白可通过酶联免疫试剂（ELISA；E. R. D-HealthScreen Urine Test, Heska, Fribourg, Switzerland）检测。有 15%～20% 临床健康的犬猫可检出微白蛋白尿，且随着动物年龄的增长，阳性率逐渐升高（如，<3 岁的犬，阳性率为 7%；≥12 岁的犬，阳性率为 49%）。某医院住院犬的阳性率达到 36%。脓尿对微白蛋白尿的影响不定，许多脓尿患犬的尿液白蛋白浓度极低（<1 mg/dL），UPC 正常（<0.4）。犬轻度血尿通常不会导致尿白蛋白浓度高于 1 mg/dL，但当尿液眼观呈粉红或红色，尿沉渣中红细胞（RBCs）数量高于 250 个/高倍镜视野（hpf）时，则白蛋白浓度会受到影响。犬尿血通常不会使 UPC 高至 0.4。

对于区别健康和全身性疾病动物，微白蛋白尿半定量检测（E. R. D.-HealthScreen Canine, E. R. D.-HealthScreen Felin, Heska）的特异性较高（犬为 92%，猫为 82%），但敏感性较低（犬为 37%，猫为 43%）。对于眼观健康但出现微白蛋白尿的犬猫，尚不明确其是否有发生进行性肾病的风险，在微白蛋白尿的预后意义明确之前，应对这类动物进行后续监测。

## 膀胱肿瘤抗原检测
### (BLADDER TUMOR ANTIGEN TEST)

第一代膀胱肿瘤抗原（BTA）检测试剂（V-BTA Test, Bard Diagnostic Sciences, Polymedco, Redmond, Wash）是一种定量乳胶凝集试纸条，可检测人医患者尿液中膀胱肿瘤相关的糖蛋白抗原复合体。巴德 BTA（Bard BTA）检测对于犬移行细胞癌的敏感性较高，但特异性较低，对于出现显著蛋白尿或糖尿以及出现脓尿或血尿的样本，可能会出现假阳性结果。由于巴德 BTA 检测的敏感性较高，且对脓尿或血尿样本的可靠性较低，因此，该检测最好用于老年犬移行细胞癌的常规筛查。第二、三代巴德 BTA 检测，以及其他

通过抗人膀胱肿瘤抗原的单克隆抗体进行的检测，由于对犬猫会出现假阴性结果，因此不建议使用。

## 肾小管功能
### (TUBULAR FUNCTION)

肾脏是一个保水器官，根据动物的需求，肾脏可产出高度浓缩或稀释的尿液。正常的尿浓缩能力通过下述方式调节：下丘脑渗透压感受器对血浆渗透压的变化产生反应，神经垂体释放抗利尿激素（ADH），远端肾单位对 ADH 发生反应；此外，尿浓缩能力还有赖于肾脏逆流倍增系统和物质交换系统所形成和维持的髓质高渗透性，数量充足的功能肾单位，从而能够对 ADH 做出反应。肾小管功能的实验室检测总结见表 42-2。

**表 42-2　犬猫肾小管功能检查**

| 检查项目 | 犬 | 猫 |
|---|---|---|
| 随机尿比重 | 1.001～1.070 | 1.001～1.080 |
| 脱水 5% 后的尿比重 | 1.050～1.076 | 1.047～1.087 |
| 脱水 5% 后的尿渗透压（mOsm/kg） | 1 787～2 791 | 1 581～2 984 |
| 脱水 5% 后的尿-血浆渗透压比 | (5.7～8.9)：1 | 无参考范围 |
| **电解质排泄分数(%)** | | |
| 钠 | <1 | <1 |
| 钾 | <20 | <24 |
| 氯 | <1 | <1.3 |
| 磷 | <39 | <73 |

## 尿比重和渗透压
### (URINE SPECIFIC GRAVITY AND OSMOLALITY)

通过尿比重（USG）或尿渗透压（$U_{Osm}$）来测量尿液总溶质浓度。$U_{Osm}$ 仅受具有渗透活性的颗粒数量的影响，而不受颗粒大小的影响。USG 是指溶液与相同体积的蒸馏水的质量之比。虽然该指标同时受到溶质颗粒的数量和分子质量的影响，但测量所需的设备便宜、方便。

正常情况下，由于尿液溶质主要为低分子质量的物质（如尿素、电解质），故尿比重和渗透压大致呈线性

相关关系,即尿比重有与之对应的渗透压范围。若尿液含有较多大分子质量的溶质,如葡萄糖、甘露醇或造影剂,这些物质可对尿比重产生较大影响,对渗透压影响较小。

等渗尿(isosthenuria)(USG 为 1.007~1.015;$U_{Osm}$ 为 300 mOsm/kg)指尿液溶质浓度与肾小球滤过液相同。低渗尿(hyposthenuria)指尿液溶质浓度低于肾小球滤过液(USG<1.007;$U_{Osm}$<300 mOsm/kg)。高渗尿(hypersthenuria)(高比重尿)在临床中较少使用,指尿液溶质浓度高于肾小球滤过液(USG>1.015;$U_{Osm}$>300 mOsm/kg)。犬猫的正常尿溶质浓度范围较宽(USG 为 1.001~1.080)。早晨采集的尿液 USG 较晚间的高;正常幼龄犬的 USG 较低,老年犬的尿浓度可随着年龄的增长而降低;性别对 USG 无影响。

## 禁水试验
### (WATER DEPRIVATION TEST)

禁水试验可用于检查肾小管功能,当动物确定出现多饮多尿,且经初步诊断评估之后仍原因不明时,可进行禁水试验,通常用于出现低渗尿(USG<1.007)、怀疑为中枢性或肾性尿崩症或精神性多饮的动物。若动物脱水却仍排出低渗尿,则已可证明该动物禁水试验失败,不应再进行该试验。这些动物的尿浓缩能力下降,可能由结构或功能损伤引起,抑或是使用了影响肾浓缩能力的药物(如糖皮质激素、利尿剂)。此外,禁水试验禁用于存在氮质血症的动物。若动物发生严重多尿而尿浓缩能力下降,则禁水试验很可能使动物在短时间内发生脱水,因此,操作时应非常谨慎。

禁水试验开始时,在动物排空膀胱后,收集其基本数据——体重、红细胞比容、血浆蛋白、皮肤弹性、血清渗透压、尿渗透压及 USG。动物开始禁水,每 2~4 h 监测上述指标。其中血清及尿渗透压是最佳监测指标,但由于通常无法直接测定,因此,USG 和体重是禁水试验中最重要的指标。与红细胞比容和皮肤弹性的变化相比,血浆总蛋白浓度升高,更可靠地表明动物发生进行性脱水。若禁水试验操作得当,则动物的血清肌酐和 BUN 水平不会升高。

动物失水达到 5% 后,ADH 释放达到峰值。当动物表现出足够的尿浓缩能力或发生脱水(体重降低超过 5%)时,禁水试验结束。称量动物体重时应注意使用同一个体重计。

动物发生脱水所需的时间不同,大多数犬猫会在 48 h 内出现明显脱水,但少数情况需要更长时间。患有尿崩症或精神性多饮的犬,通常在较短时间(<12 h)内即可出现脱水。犬猫脱水时,USG 通常高于 1.045。即使确定动物发生尿浓缩障碍,也无法确定功能障碍的部位,结构或功能异常可发生于下丘脑-垂体-肾轴的任意位置。此外,不论是何种原因引起的多饮多尿,若动物发生了肾髓质溶质洗脱,那么它们的尿浓缩能力也会下降。

若连续 3 次测定,动物的尿渗透压升高不超过 5%,或 USG 升高不超过 10%;或当动物体重降低超过 5% 时,可皮下注射 0.2~0.4 U/kg(不超过 5 U)水加压素(Pitressin),或 5 μg 去氨加压素(DDAVP),之后每 2~4 h 监测尿浓缩指标。注射后,犬猫的尿渗透压升高通常不超过 5%~10%。

## 逐级禁水试验
### (GRADUAL WATER DEPRIVATION)

逐级禁水试验可排除髓质溶质洗脱对诊断的干扰。正式禁水试验开始前 72 h,可指导动物主人将动物在家中的饮水量控制为 60 mL/(lb·d),前 48 h 可将饮水量控制为 45 mL/(lb·d),前 24 h 控制为 30 mL/(lb·d)。这样做可促进精神性多饮患犬释放内源性 ADH,增加内层髓质集合管对尿素的通透性,重建正常的肾髓质高渗透性梯度。另一种方法是指导动物主人在试验开始前 3~5 d,将动物的饮水量每天降低约 10% [但不低于 30 mL/(lb·d)]。只有当动物其他临床评估均正常,自由采食干粮,且动物主人可每日监测动物体重时,方可开展逐级禁水试验。试验时需注意将每日的饮水量在 24 h 内分成数次给予患犬,以防患犬一次将一天的量全部喝完。

## 电解质排泄分数
### (FRACTIONAL CLEARANCE OF ELECTROLYTES)

尿液中电解质的含量是肾小管重吸收和排泄结果的总和,电解质排泄分数($FC_x$)可用于评估肾小管功能。某电解质的排泄分数等于其($U_x V/P_x$)与肌酐清除率($U_{Cr}V/P_{Cr}$)的比值。

$$FC_x = (U_x V/P_x)/(U_{Cr}V/P_{Cr}) = (U_x P_{Cr})/(U_{Cr}P_x)$$

通常将该值乘以 100,排泄分数的结果用百分比表示。健康动物所有电解质的清除率均远低于 1.0

(100%),说明大多数电解质被保留在体内,但钾和磷的排泄分数显著高于钠和氯。该指标的优点是无需收集一段时间内的尿液,但实际上,单次尿样计算得到的排泄分数可能差异很大,且与收集 72 h 尿样计算得到的值吻合度较低。

钠的排泄分数可用于鉴别肾前性和肾性氮质血症。血容量降低的肾前性氮质血症动物,由于机体急需保留钠,因此其排泄分数通常非常低($<1\%$);而肾性氮质血症动物,钠的排泄分数通常会高于正常值($>1\%$)。电解质排泄分数的正常范围见表 42-2。

# 尿液分析
## (URINALYSIS)

用于尿液分析的尿样可通过挤压膀胱(中段尿)、导管导尿或膀胱穿刺获得,其中优先选择膀胱穿刺采集尿样,因为膀胱穿刺可避免尿道或生殖道对尿液的污染;当膀胱可触及时,该采样方法易于实施;感染风险较低;犬猫对该方法的耐受性良好。但是,当需要评估动物是否发生血尿时,应首选挤压膀胱采集尿液,因为其他方法可能会引起创伤而人为增加尿液中红细胞的数量。

尿液分析应尽量选用新鲜尿样。冰箱保存的尿样应先恢复室温再进行检查。应标注尿液采集方法,因为这有可能会影响结果的判读。尿液分析可分为三部分——物理性质、化学性质及尿沉渣评估。

## 尿液的物理性质
### (PHYSICAL PROPERTIES OF URINE)

### 外观

由于尿色素的关系,正常尿液呈黄色。浓缩尿液可能呈深琥珀色,而稀释尿液则可能几乎为无色。红色或红棕色尿液通常由红细胞、血红蛋白或肌红蛋白引起,而黄棕色或黄绿色尿液则可能由胆红素引起;胆红素尿的外观类似于浓缩尿。正常尿液应较清澈,当细胞成分、结晶或黏液增多时,尿液会变浑浊。产脲酶细菌释放氨气可使尿液散发出氨味,是最常见的尿液气味异常。

### 比重

USG 可反映尿液的总溶质浓度,应结合 USG 来判读尿液中某种物质的含量。例如,USG 分别为 1.010 和 1.045 的尿液均出现蛋白 4+,那么前者蛋白尿的严重程度高于后者。折射率法是普通兽医诊所测定 USG 的最好方法。试纸条测得的犬尿液 USG 结果并不可靠,因此不应使用。由于输液、利尿剂或糖皮质激素治疗可影响 USG,因此,应在开始治疗前测定 USG。

## 尿液的化学性质
### (CHEMICAL PROPERTIES OF URINE)

### pH

动物尿液的 pH 受饮食和机体酸碱平衡的影响。犬猫尿液的正常 pH 为 5.0～7.5,动物性蛋白饮食、服用酸化剂、代谢性酸中毒、呼吸性酸中毒、代谢性碱中毒时发生反常性酸性尿、机体蛋白分解加强时,尿液偏酸性;泌尿道脲酶阳性细菌感染、植物性蛋白饮食、尿样在室温下与空气接触过久、餐后碱潮、服用碱化剂、代谢性碱中毒、呼吸性碱中毒、远端肾小管酸中毒等,可使尿液偏碱性。试纸条法(如 Multistix PROTM,Bayer)与 pH 计法测得的尿液 pH 一致性不高,因此,如需准确测定 pH,应使用 pH 计测定。

### 蛋白质

正常犬随机采集的尿样蛋白含量很低(不高于 50 mg/dL)。临床常用的试纸条法(如 Multistix PROTM,Bayer)对白蛋白的敏感性明显高于球蛋白。评估蛋白尿时,应根据动物病史、体格检查及尿沉渣检查来定位蛋白质来源。若动物尿沉渣未见显著异常,但持续存在中度或重度蛋白尿,则高度怀疑为肾小球疾病(如肾小球肾炎、肾小球淀粉样变性)。而轻度或中度蛋白尿伴有尿沉渣异常,则应考虑为肾脏炎性疾病或下泌尿道或生殖道疾病。

### 葡萄糖

肾小球滤过液中的葡萄糖几乎可被近端肾小管完全重吸收,正常情况下,犬猫尿液中不含葡萄糖。当血糖浓度超出肾阈值(犬约为 180 mg/dL;猫约为 300 mg/dL)时,尿中可出现葡萄糖(糖尿)。大多数试纸条法(如 Multistix PROTM,Bayer)利用葡萄糖特异性酶促反应(葡萄糖氧化酶)产生变色,通过比色法测定尿中葡萄糖。可引起糖尿的疾病包括糖尿病、猫应激或兴奋、使用含糖液体治疗、肾小管疾病(如原发性肾性糖尿、范可尼综合征)。此外,糖尿偶见于慢性肾病、肾毒性物质引起肾小管损伤的犬猫以及家族性肾病的患犬。

## 酮体

酮体指 $\beta$-羟基丁酸、乙酰乙酸及丙酮,是脂肪酸过度及不完全氧化的产物。正常犬猫的尿液中不含酮体。试纸条法(如 Multistix PROTM,Bayer)中的硝普钠可与丙酮和乙酰乙酸反应,但与后者的反应更强烈,与 $\beta$-羟基丁酸不反应。可引起酮尿的原因包括糖尿病酮症酸中毒、长期饥饿或禁食、糖原贮积病、低碳水化合物饮食、长期发热、长期低血糖。酮尿更常发生于幼龄动物,在上述原因中,糖尿病酮症酸中毒是成年犬猫发生酮尿最重要的原因。

## 潜血

试纸对血液非常敏感,但是无法区分红细胞、血红蛋白和肌红蛋白。与完整的红细胞相比,试纸对血红蛋白更敏感;血红蛋白使试纸出现弥散性的变色反应,而红细胞则呈点状反应。当试纸潜血反应为阳性时,应结合尿沉渣检查(即是否存在红细胞)对结果进行判读。溶血引起的游离血红蛋白是尿液中最常见的异常色素。可引起溶血的原因包括免疫介导性溶血性贫血、弥散性血管内凝血、下腔静脉综合征(postcaval syndrome)、脾扭转及中暑。肌红蛋白尿相对少见,可伴发于重度的横纹肌溶解(如癫痫、挤压损伤)。可通过硫酸铵沉淀反应或尿蛋白电泳将肌红蛋白尿与血红蛋白尿区分开来。

## 胆红素

血红素被网状内皮系统分解产生胆红素,后者运输到肝脏,与葡萄糖醛酸结合后随胆汁排泄。只有直接反应产物或结合胆红素可进入尿液。犬的肾脏可将血红蛋白分解为胆红素,且肾对胆红素的阈值较低,因此,肝病患犬的血清胆红素浓度可能不高,但尿液中可检测到胆红素。健康犬,尤其是雄性犬的浓缩尿样中可含有少量胆红素。但健康猫的尿液中不应出现胆红素。可引起胆红素尿的原因包括溶血(如免疫介导性溶血性贫血)、肝脏疾病、肝外胆管阻塞、发热及饥饿。

## 白细胞酯酶反应

完整或裂解的白细胞中的酯酶释放出的吲哚酚可与重氮酸盐反应,被空气中的氧气氧化后可变为蓝色。该反应对于检测犬脓尿的特异性较高,但敏感性较低(假阴性结果)。猫白细胞酯酶反应的敏感性尚可,但特异性较低(假阳性结果)。

# 尿沉渣检查
## (URINARY SEDIMENT EXAMINATION)

根据数据分析标准的不同,犬猫尿液物理及化学性质正常的情况下,尿沉渣检查出现异常(如脓尿、菌尿、隐性血尿)的比例为 $3\%\sim16\%$。由于尿样中的管型及细胞成分可在室温下迅速分解,因此,检查尿沉渣应选用新鲜尿样。尿样 $1\,000\sim1\,500$ r/min 离心 5 min 后,根据检查人员的偏好,沉渣可用 Sedi-Stain(Becton Dickinson,Franklin Lakes,N. J. )染色或不染色进行检查。由于尿样采集方法可影响尿沉渣,USG 可影响有形成分的相对数量,因此,应结合上述因素评估尿沉渣。在低倍镜视野(lpf)中计数管型数量,在高倍镜视野(hpf)中计数红细胞、白细胞及上皮细胞数量。

## 红细胞

尿沉渣中偶见红细胞被认为是正常的,正常情况下挤压膀胱尿样:0~8/hpf;导管导尿:0~5/hpf;膀胱穿刺尿样:0~3/hpf。血尿(hematuria)(图 42-2)指尿液中红细胞数量增多,可分为隐性血尿和显性血尿。引起血尿的原因见框 41-1。

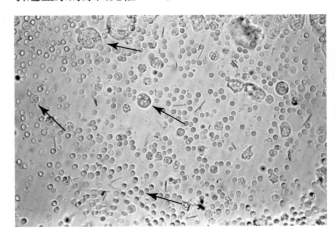

**图 42-2**
异常尿沉渣的显微照片。箭头(上部及图中央)指示了两种不同大小的移行上皮细胞;箭头(左中部)指示为白细胞;箭头(下部中央)指示的是红细胞(未染色,×100)。

## 白细胞

尿沉渣中偶见白细胞被认为是正常的,正常情况下,挤压膀胱尿样:0～8/hpf;导管导尿:0～5/hpf;膀胱穿刺尿样:0～3/hpf. 脓尿(pyuria)(图 42-3)指尿沉渣中的白细胞数量升高,若尿样采集得当,脓尿提示泌尿道存在炎症。除白细胞管型可提示肾脏病变外,无法通过尿样中的白细胞来确定病变部位。泌尿道感染是最常见的脓尿原因,挤压膀胱或导管导尿采集的尿样因受生殖道污染也可出现脓尿(框 42-1)。

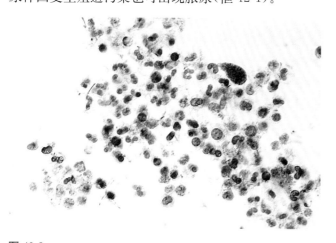

**图 42-3**
异常尿沉渣的显微照片,显示大量白细胞(Sedi-Stain,×100)。

 **框 42-1 引起犬猫脓尿的原因**

泌尿道(肾脏、输尿管、膀胱、尿道)
- 感染
  - 泌尿道感染(如肾盂肾炎、膀胱炎、尿道炎)
- 非感染
  - 尿结石
  - 肿瘤
  - 创伤
  - 化学物质(如环磷酰胺)
生殖道污染(如前列腺、包皮、阴道)

## 上皮细胞

尿沉渣中可见鳞状上皮细胞和移行上皮细胞,但二者的诊断意义不大。鳞状上皮细胞较大,呈多边形,核小而圆(图 42-4)。由于尿道或阴道污染,鳞状上皮细胞常见于挤压膀胱或导尿采集的尿样。正常情况下,尿沉渣中偶见鳞状上皮细胞,动物发情时该种细胞数量增多。

移行上皮细胞大小不一,来源于肾盂、输尿管、膀

胱及尿道的尿路上皮(图 42-5)。尽管从肾盂至尿道,移行上皮细胞的大小逐渐增大,但尿沉渣中不同大小的移行上皮细胞并无病变定位作用。末端逐渐变细的移行上皮细胞称为尾状细胞,来源于肾盂。正常情况下,尿沉渣中偶见移行上皮细胞,细胞数量升高提示泌尿道发生感染、炎症或肿瘤。肾细胞为小的上皮细胞,来源于肾小管,但只有在观察到细胞管型时,才可确定它们来源于肾脏。传统的血细胞染色法(如瑞氏-吉姆萨或 Diff-Quik)有助于对肿瘤上皮细胞的辨别。

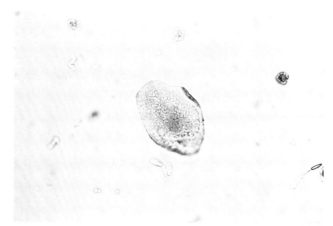

**图 42-4**
尿沉渣中鳞状上皮细胞的显微照片(Sedi-Stain,×400)。

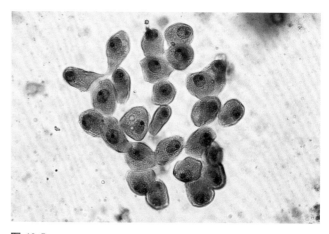

**图 42-5**
尿沉渣移行上皮细胞的显微照片(Sedi-Stain,×100)。

## 管型

管型是肾小管的圆柱形模型,由蛋白质或细胞聚集形成。由于髓袢升支及远端肾小管中液体酸性大,溶质浓度高,而流速较低,故管型大多形成于此。尿沉渣中出现管型表明肾脏本身出现疾病,因此,管型具有定位意义。正常情况下,低倍镜视野中可偶见透明管型及颗粒管型,但不应出现细胞管型。尿液中管型数

量增多称为管型尿(cylindruria)。管型可分为透明管型、颗粒管型、细胞管型及蜡样管型。透明管型(图42-6)完全由蛋白质沉淀(Tamm-Horsfall 黏蛋白和白蛋白)形成,由于透明管型在稀释尿或碱性尿中可迅速溶解,因此较难观察到。动物出现发热或运动后,尿沉渣中可见少量透明管型,较常见于患有肾病并出现蛋白尿(如肾小球肾炎、肾小球淀粉样变性)的动物。粗颗粒管型(图42-7)和细颗粒管型(图42-8)是由其他管型中的细胞成分发生变性或滤过的血浆蛋白发生沉淀形成的,提示缺血或肾毒性物质造成肾小管损伤。脂肪管型是含有脂质颗粒的粗颗粒管型,可见于肾病综合征或糖尿病。细胞管型包括白细胞或脓细胞管型(提示肾盂肾炎;图42-9)、红细胞管型(易被破坏,犬猫罕见)及肾上皮细胞管型(提示急性肾小管坏死或肾盂肾炎;图42-10)。蜡样管型由颗粒管型变性形成,性状相对稳定,提示存在肾内阻塞(图42-11)。蜡样管型通常盘曲,有裂纹,两端较钝。

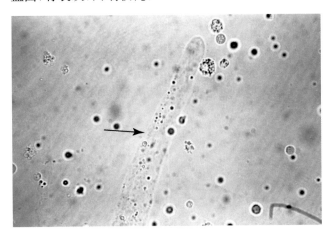

**图 42-6**
尿沉渣中透明管型的显微照片(箭头)(未染色,×400)。

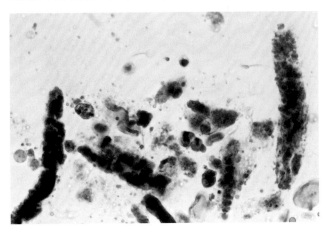

**图 42-7**
尿沉渣中粗颗粒管型的显微照片(Sedi-Stain,×400)。

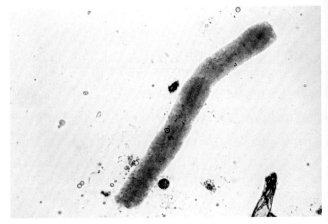

**图 42-8**
尿沉渣中细颗粒管型的显微照片(Sedi-Stain,×400)。

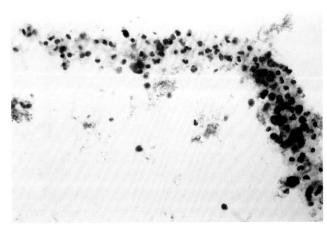

**图 42-9**
尿沉渣中白细胞管型的显微照片(Sedi-Stain,×400)。

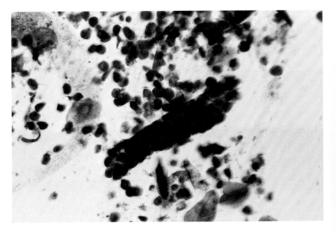

**图 42-10**
尿沉渣中上皮细胞管型的显微照片(Sedi-Stain,×400)。

## 微生物

正常膀胱内的尿液应无菌。远端尿道及生殖道存在细菌,故挤压膀胱或导尿采集的尿样可能被远端尿道、生殖道或皮肤的细菌污染。挤压膀胱或导尿获得

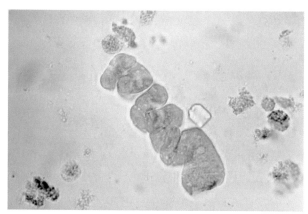

**图 42-11**
尿沉渣中蜡样管型的显微照片（Sedi-Stain，×400）。

的样品，不会因尿道污染而出现大量显微镜检可见的细菌。但如果尿样在室温下静置，污染的细菌可能会发生增殖。只有当尿液中杆菌数量高于 $10^4/mL$ 或球菌数量高于 $10^5/mL$ 时，才易于在显微镜下发现细菌。用改良瑞氏-吉姆萨染色法制备的尿沉渣利于在光学显微镜下辨认细菌。导尿或膀胱穿刺获得的尿样中出现大量细菌，提示泌尿道发生感染（图 42-12），通常还会伴有脓尿。尿液中的颗粒易于与细菌混淆，可能造成假阳性结果。另外，染液瓶可能被细菌污染。尿沉渣中未发现细菌并不能排除泌尿道感染的可能。尿沉渣中的酵母菌及真菌菌丝通常是外界污染所致。

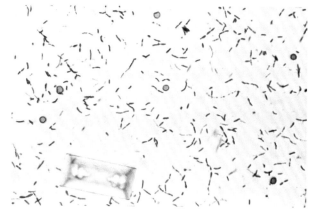

**图 42-12**
尿沉渣中大量杆菌及鸟粪石结晶（左下）的显微照片，视野中可见红细胞（Sedi-Stain，×400）。

## 结晶

结晶的溶解性取决于尿液的 pH、温度及比重。健康犬猫的尿液中通常可见结晶（表 42-3），如鸟粪石、无定形磷酸盐及草酸盐，无临床意义。尿液长时间储存（如 24 h 与 6 h 相比）或冷藏，尿沉渣中的结晶，尤其是草酸钙的数量及体积会增大。尿酸、草酸钙及胱氨

酸结晶通常见于酸性尿液；鸟粪石（$MnNH_4PO_4 \cdot 6H_2O$，即所谓的三重磷酸盐）、磷酸钙、碳酸氢钙、无定形磷酸盐及重尿酸铵通常见于碱性尿。使用某些药物（尤其是磺胺类）的动物，其尿沉渣中可见特征性结晶。有时可在健康犬的浓缩尿液中见到胆红素结晶。尿酸盐结晶通常见于大麦町犬，或患有肝病或门体分流的动物（图 42-13）。鸟粪石结晶见于特发性下泌尿道疾病的患猫，或存在鸟粪石尿结石的犬猫，也可见于健康动物的尿液（图 42-14）。对于发生少尿性急性肾衰（ARF）的动物，尿液中出现草酸钙结晶（图 42-15）高度提示乙二醇中毒。犬猫正常尿液中不应出现胱氨酸结晶，若出现，则提示为胱氨酸尿症（图 42-16）。

**表 42-3　可引起结晶尿的情况**

| 结晶类型 | 相关临床情况 |
|---|---|
| 鸟粪石 | 正常 |
| | 泌尿道脲酶阳性细菌感染 |
| | 鸟粪石结石 |
| | 植物源性蛋白饮食 |
| 草酸钙 | 正常 |
| | 乙二醇中毒 |
| | 草酸盐结石 |
| 重尿酸铵 | 品种相关（如大麦町犬、英国斗牛犬） |
| | 尿酸盐结石 |
| | 肝脏疾病 |
| | 门静脉短路 |
| 胱氨酸 | 胱氨酸尿症 |
| 胆红素 | 正常可见于犬（尤其是雄性犬）浓缩尿液；猫尿液出现则为异常 |
| | 溶血性疾病 |
| | 肝脏疾病 |
| | 肝后疾病 |

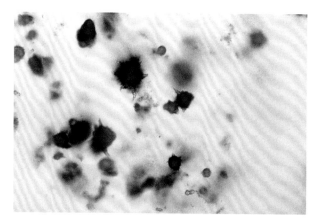

**图 42-13**
尿沉渣中重尿酸铵结晶的显微照片（Sedi-Stain，×400）。

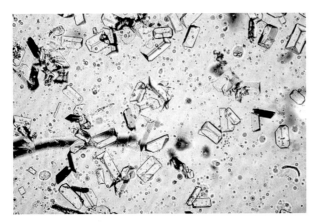

图 42-14
尿沉渣中大量鸟粪石结晶的显微照片(未染色,×400)。

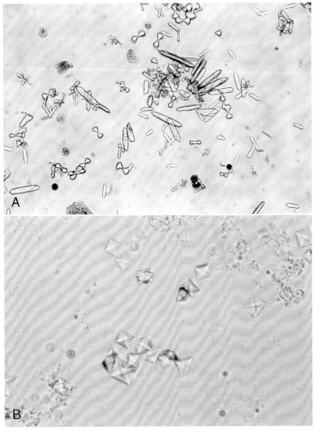

图 42-15
尿沉渣中一水草酸钙(A,未染色)及二水草酸钙的显微照片(B,Sedi-Stain,×400)。

### 其他

　　健康未去势雄性犬的尿液中常可见精子。少数情况下,尿沉渣中可见到肾膨结线虫或狐膀胱毛细线虫的虫卵。患有糖尿病或肾病综合征的动物,其尿液中可见到具有折光性的脂滴。猫的肾小管细胞含有丰富的脂质,当细胞发生变性时,也可在其尿液中发现脂滴。

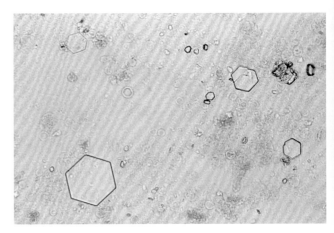

图 42-16
尿沉渣中胱氨酸结晶的显微照片(Sedi-Stain,×400)。

## 微生物学
### (MICROBIOLOGY)

　　虽然临床表现及尿液分析结果可能会提示存在泌尿道感染(UTI),但最终确诊需微生物学检查。正常犬猫的肾脏、输尿管、膀胱及近端尿道应无菌,而远端尿道、包皮及阴道则有细菌生存。UTI 指细菌定植于泌尿道正常无菌的部分。引起犬猫 UTI 的细菌多为革兰阴性需氧菌,另外,革兰阳性菌也可引起 UTI。大肠埃希菌是犬猫 UTI 最常见的细菌,其他细菌包括变形杆菌属、凝固酶阳性葡萄球菌及链球菌。UTI 患猫有时可分离出多杀性巴氏杆菌。肠杆菌属、克雷伯氏菌属及铜绿假单胞菌偶见于犬,罕见于猫。

　　尿液细菌培养的结果取决于尿样的采样方法。自然排尿的尿样(voided urine)最易受到细菌污染;导尿可能将远端尿道的细菌引入膀胱;健康动物膀胱穿刺获得的尿样应无菌。尿液细菌定量培养可确定每毫升尿液中生长的菌落数量(菌落形成单位,CFU)(CFU/mL)。理想情况下,尿液应于采集后 30 min 内送检培养,若无法做到,那么尿样应冷藏不超过 24 h,这样做不会使细菌发生显著的生长抑制。

　　健康犬猫中段尿的细菌培养结果通常为 $10^3 \sim 10^5$ CFU/mL 或更多。因此,自排尿样不推荐用于患病动物 UTI 的评估。但若自排尿样无细菌生长,则可排除动物发生 UTI。健康雌性犬导尿采集尿样,有 20% 的细菌培养结果可达到 $10^5$ CFU/mL 或更高。因此,若以 $10^5$ CFU/mL 作为判断 UTI 的标准,可能会出现许多假阳性结果。此外,导尿这项操作可能会引起 20% 的健康母犬发生 UTI。因此,诊断母犬

UTI,推荐使用膀胱穿刺采集尿样。健康公犬的导尿样本很少培养出细菌,当公犬导尿样本的细菌培养结果高于 $10^3$ CFU/mL,即可诊断为 UTI。用雌性或雄性猫的导尿样本进行细菌培养,当结果达到 $10^3$ CFU/mL或更高时,即可认为患猫出现 UTI。健康犬猫膀胱穿刺尿样的细菌培养结果应为阴性,因为这种采样方法不会受到尿道或生殖道正常菌群的污染。因此,尿液培养应以膀胱穿刺尿样的培养结果为准。有时膀胱穿刺尿样会被皮肤或环境细菌污染,若培养结果小于 $10^3$ CFU/mL,则认为是污染造成的。术中采集泌尿道组织进行细菌培养,若培养结果为阳性,则不论数量多少,均认为动物发生 UTI。

# 诊断影像学
(DIAGNOSTIC IMAGING)

## X 线片
(RADIOGRAPHY)

通常,肾脏大小很难通过体格检查进行评估,但 X 线片往往能够提供较为准确的信息。由于动物体型差异及 X 线投照造成的影像放大,最好选用肾脏周围的解剖结构作为评估肾脏大小的标准,通常在腹背位片上选用第二腰椎(L2)进行比较。犬的左肾通常易于观察,但右肾,尤其是头侧则不然。犬的左肾(靠近 L2~L5)位于右肾(靠近 T13~L3)尾侧。猫的双肾靠近 L3,右肾较左肾稍靠前。可通过 X 线片上肾脏与 L2 长度的比值来评估犬猫肾脏的大小。在腹背位片上,犬的肾脏与 L2 的比值为 2.5~3.5;猫为 2.4~3.0。

进行排泄尿路造影的动物需在静脉(IV)注射含碘有机化合物后,拍摄一系列腹部 X 线片。造影剂经肾脏滤过并排出,造影成功与否部分取决于动物的 GFR。为了获得有关肾实质和集合系统的信息,X 线片拍摄的时间间隔应适当(如<1、5、20、40 min)。排泄性尿路造影可用于评估肾脏大小、形状及位置和肾盂或输尿管充盈缺损,某些先天性缺陷(如单侧肾脏发育不全)、肾脏增大、急性肾盂肾炎及上泌尿道破裂的诊断。脱水或对造影剂过敏的动物不可进行排泄性尿路造影。虽然排泄性尿路造影对大多数动物是安全的,但健康犬 IV 注射造影剂后,数天内 GFR 可能低于正常,另有报道称一只犬在进行排泄性尿路造影后发生 ARF。

## 超声检查
(ULTRASONOGRAPHY)

肾脏超声检查是非侵入性的,检查结果不受肾功能影响,对动物无不良影响,且可评估肾脏内部结构。超声检查最重要的优点是可区分肾包膜、皮质、髓质、肾盂憩室及肾窦。正常肾脏的回声低于肝脏或脾脏。由于胶原及脂肪可形成声反射界面,因此,肾包膜、肾盂憩室及肾窦是肾脏中回声最强的结构。与皮质相比,肾髓质含水较多,声反射界面较少,故回声较低。猫的肾皮质回声高于髓质,且回声强度随远端肾小管细胞内脂肪含量不同而不同。

利用超声评估动物肾脏的长度和体积,犬的测量结果与体重呈线性相关;猫的肾脏长度为 3.0~4.3 cm。通过排泄性尿路造影测得的肾脏体积通常大于超声检查,原因是排泄尿路造影时发生渗透性利尿且存在影像放大效应;另外超声检查时,肾脏边界不清或扫查切面选择不当,均可影响测量结果。评估犬的肾脏大小,还可通过比较肾脏与主动脉的比值:纵向切面下,测量肾脏长轴以及主动脉直径(测量左肾动脉起点到尾侧的主动脉腔径),计算二者的比值即可。犬的正常参考范围为(5.5∶1)~(9.1∶1)。

肾脏超声可区分实质性病变和囊性病变,并可确定病变分布情况(即局部、多灶性、弥散性)。肾脏出现多个无回声腔样结构时,可高度提示为多囊性肾病,囊状结构通常边界光滑、清晰,无回声,声束"完全透射"。动物发生肾盂积水时,肾盂扩张,肾盂内为无回声液体;猫出现肾周假性囊肿时,其肾脏周围出现无回声液体积聚。局限性血肿、脓肿或坏死性结节通常回声混杂。而出现回声混杂的局部或弥散性病变,并伴有正常解剖结构的破坏时,通常提示为肿瘤。血供较少、细胞类型均一(如淋巴瘤)的肿瘤可能回声较低,有时会被误认为是囊性结构。肾脏出现以细胞浸润为主、正常结构未发生改变的弥散性实质病变(如慢性肾小管间质肾炎)时,其声像图可能表现为弥散性回声增强,有时也可出现正常图像。因此,超声检查结果正常并不能排除动物发生肾病的可能。进行肾脏或肾周病变的细针抽吸检查时,最好在超声引导下进行。

动物乙二醇中毒时,肾脏回声增强,主要原因是草酸钙结晶沉积于肾脏。

双功多普勒超声检查可通过计算阻力指数(RI)来评估肾内血流阻力。健康未镇静犬的肾 RI 值约为

0.6;健康未镇静猫的 RI 不高于 0.7。某些患有肾病的犬猫 RI 会高于参考值。

# 尿动力学检查
## (URODYNAMIC TESTING)

## 尿道压力分布测定
### (URETHRAL PRESSURE PROFILE)

尿动力学检查适用于尿失禁动物,尤其是采用标准方案治疗失败的动物。尿道压力分布测定(urethral pressure profile,UPP)可评估全段尿道的压力,适用于患有顽固性尿道括约肌机械性失禁(urethral sphincter mechanism incompetence,USMI),或患有 USMI 且对治疗药物产生严重不良反应的犬,但对单纯性 USMI 患犬的意义不大。UPP 还可用于尿道异位患犬的术前筛查,筛查结果可能提示患犬同时存在 USMI,那么手术纠正尿道异位后,需要药物治疗 USMI。此外,UPP 可用于怀疑出现功能性尿道流出道梗阻的犬猫。

### 操作方法

美国的许多诊断中心使用 Urovision Janus V 系统(Urolab System V, Life Tech, Stafford, Tex;http://www.life-tech.com),可对雄性或雌性犬以及大部分猫进行 UPP 检查。若动物存在 UTI,则应在治疗之后再进行尿动力学检查。

虽然所有麻醉药物均会不同程度地降低尿道闭合压力,但如果不对动物进行镇静,这项检查将难以进行。动物需要进行化学保定时,可静脉推注丙泊酚(2~3 mg/kg),以辅助导尿管的放置。动物被镇静后,将适当型号的双腔或三腔导尿管插入尿道至膀胱三角区水平。然后匀速(0.5~1 mm/s)抽出导尿管,同时以 2 mL/min 的流速注入温的灭菌水,这样可形成一条压力曲线,并可在电脑屏幕上观察。由这条曲线可计算尿道最大闭合压力(尿道最大压力减去膀胱静息压力)。雌性猫可进行 UPP 检查,雄性猫因无大小合适的商品化导尿管,UPP 检查受限。

## 膀胱内压描记法
### (CYSTOMETROGRAPHY)

膀胱内压描记法(CMG)可用于评估犬猫膀胱逼尿肌的功能,包括逼尿反射、膀胱充盈容积及顺应性。该检查适用于患有顽固性 USMI 的犬猫,或已经排除潜在病因,如细菌性膀胱炎、尿道炎、肿瘤或息肉性膀胱炎,但仍持续存在尿频的动物。CMG 还可用于怀疑存在逼尿肌迟缓的犬猫。检查时,用丙泊酚对动物进行麻醉,然后将导尿管插入膀胱。导尿管与压力探头相连后,缓慢匀速地用温灭菌水充盈膀胱(根据动物体型计算注水量),通过电脑屏幕监测注水量及膀胱内压。

### 操作方法

与 UPP 类似,所有药物均会不同程度地影响逼尿反射,许多药物(如吸入麻醉剂)会完全破坏该反射,因此,理想情况下,动物进行 CMG 检查时不应镇静,但这样通常不太现实。动物检查开始前,可静脉给予丙泊酚,镇静作用一旦起效,立即按照无菌操作,将双腔导尿管插入犬或猫的膀胱。导尿管的一个开口与压力探头相连,另一个用于匀速输注液体。液体输注速度非常重要,应根据动物的体型进行计算。随着膀胱越来越充盈,测定膀胱内压力,后者可指示膀胱的顺应性,记录膀胱静息压力、阈值压力(逼尿反射开始时的压力)以及阈值容积(逼尿反射开始时的膀胱容积),并以此计算膀胱的顺应性。

# 尿道膀胱镜
## (URETHROCYSTOSCOPY)

尿道膀胱镜利用硬式膀胱镜可观察母犬或 3 kg 以上猫的阴道前庭、阴道、尿道、输尿管开口及膀胱黏膜,对于下泌尿道疾病,如输尿管异位、脐尿管遗迹、增生性尿道炎、息肉性膀胱炎及膀胱或尿道移行细胞癌的诊断意义非常大。尿道膀胱镜是诊断犬输尿管异位的金标准,可用于确定异位输尿管开口的位置;该技术可对尿道或膀胱移行细胞癌进行初步诊断,并以较小的侵袭性完成活组织采样。对于反复发生 UTI 的母犬,可利用尿道膀胱镜评估患犬是否存在解剖异常。此外,该技术可用于诊断犬特发性肾性血尿,能够通过观察输尿管开口是否排出血性液体来确定是哪侧肾脏出血。不仅如此,还可利用尿道膀胱镜进行尿道黏膜下胶原注射,从而治疗括约肌机械性失禁;尿道膀胱镜上的水泵可移除小的膀胱结石,并可实施碎石术。

# 肾脏活组织检查
## （RENAL BIOPSY）

当组织学诊断结果可能改变治疗方案时，临床兽医需考虑进行肾脏活组织检查。组织学检查可用于区分各种蛋白丢失性肾小球疾病、区分 ARF 与慢性肾衰（CRF）、确定 ARF 时肾小管基膜的完整性、了解动物对治疗的反应或动物肾病的发展情况等。出现蛋白尿的犬猫通常需进行肾脏活组织检查。

肾脏活组织检查（活检）技术包括无引导的经皮采样（blind percutaneous）、腹腔镜采样、keyhole 采样、开放式采样或超声引导下采样。采样方法的选择主要取决于操作者的经验及技术水平、动物种类及所需样品量的多少。由于猫的肾脏易于触诊且位置较为固定，因此可采用无引导的经皮采样方法。尽管利用腹腔镜采样便于直接观察肾脏并确定出血情况，但对设备及操作技术要求较高。犬有时可通过 keyhole 技术采样，但操作者需要具备丰富的操作经验。改良 keyhole 技术或腹腔镜采样不一定能够提高活组织样本的质量，也不一定能够降低并发症的发生率。若操作者的采样经验较少或样本需求量较大，则推荐在开腹时进行楔形活组织检查（wedge biopsy），这种采样方法有助于眼观检查肾脏及其他腹腔器官，选取合适的活检部位，采集足够的样本以及观察肾脏的出血情况。超声引导下的活组织采样可在动物镇静时进行，能够在特定部位采样，并利于评估活检后的出血情况。许多活检技术需要在动物麻醉状态下进行，以保证良好的保定和镇痛效果，但犬猫的肾脏穿刺活检可在动物镇静时在超声引导下进行。当对样本的组织结构要求不高（如肾脏淋巴瘤、猫传染性腹膜炎）时，可使用 23 G 或 25 G 的针头采集肾脏抽吸样本，进行细胞学检查。

进行肾脏活检之前，应先给动物埋置静脉导管并评估其凝血情况（见第 85 章）。另外需检查动物的红细胞比容及血浆蛋白浓度，若动物脱水，则需首先通过肠外补液恢复水合状态。活检后可利用红细胞比容及血浆蛋白浓度来评估是否发生出血。

最常用的活检工具是改良 Franklin Vim Silverman 穿刺针及 Tru-Cut 活检穿刺针。弹簧加压活检装置（spring-loaded biopsy units）（如 Bard Biopty-Cut，Bard Biopsy Systems，Tempe，Ariz）可快速高效地采

集肾组织芯样本。使用改良 Franklin Vim Silverman 穿刺针时，应注意避免使外部套管过度穿透肾脏，以防采集到的肾皮质样本量过小。大多数活检针均带有向前突出 23～25 mm 的外部套管，使用时应注意避开肾门及大血管。若获得的样本中含有大量髓质组织，那么采集到较大血管并引起肾组织梗死的风险较高。因此，进行活检操作时，推荐将穿刺针沿肾长轴只采集皮质组织。由于猫的肾脏较小，活检时容易采集到较大量的髓质组织，可能会引起肾脏梗死及纤维化。

开放式或 keyhole 活检时，完成采样后应压迫肾脏 5 min，并认真检查腹腔确定没有发生出血。可用灭菌生理盐水水柱（如利用注射器）将活检针中的组织冲下来，或者直接将活检针浸入固定液中。常规组织病理学检查需将组织在 10% 福尔马林溶液中固定至少 3～4 h；而用于免疫荧光检查的样本可置于 Michel 氏运输基质中；用福尔马林固定的组织样本可通过过氧化物酶-抗过氧化物酶方法进行免疫病理学检查，无需进行特殊固定。

肾脏活检后，应进行输液利尿以防在肾盂内形成血凝块，并在 12～24 h 内定期监测动物的红细胞比容及血浆蛋白浓度，以确定是否发生出血。

出血是肾脏活检最常见的并发症，动物可能在采样时发生包膜下出血。有些动物可在活检后 48 h 内持续存在隐性血尿，显性血尿较为少见。一项研究表明，肾脏活检后有 10% 的犬及 17% 的猫发生重度出血，但眼观可见的血尿则较少（4% 的犬及 3% 的猫）。应积极治疗腹膜腔严重出血的动物，可进行腹部压迫绷带止血，输注新鲜全血，或必要时实施探查手术。肾脏活检后可偶见肾盂积水，若活检针刺透肾盂，可能引起出血并因血凝块造成肾梗阻及肾盂积水。对于活检后发生进行性肾脏增大的动物，应考虑肾盂积水这种并发症。活检时将采样部位局限于肾皮质组织，并在采样后进行输液利尿可降低肾盂积水的风险。

◈推荐阅读

Almy FS et al: Evaluation of cystatin C as an endogenous marker of glomerular filtration in dogs, *J Vet Int Med* 16:45, 2002.

Berent AC et al: Reliability of using reagent test strips to estimate blood urea nitrogen concentration in dogs and cats, *J Am Vet Med Assoc* 227:1253, 2005.

Goy-Thollot I et al: Simplified methods for estimation of plasma clearance of iohexol in dogs and cats, *J Vet Int Med* 20:52, 2006.

Henry CJ et al: Evaluation of a bladder tumor antigen test as a screening test for transitional cell carcinoma of the lower urinary tract in dogs, *Am J Vet Res* 64:1017, 2003.

Mareschal A et al: Ultrasonographic measurement of kidneyto-aorta ratio as a method of estimating renal size in dogs, *Vet Radiol Ultrasound* 48:434, 2007.

Vaden SL et al: Renal biopsy: a retrospective study of methods and complications in 283 dogs and 65 cats, *J Vet Intern Med* 19:794, 2005.

Whittemore JC et al: Evaluation of the association between micro-albuminuria and the urine albumin-creatinine ratio and systemic diseases in dogs, *J Am Vet Med Assoc* 229:958, 2006.

Whittemore JC et al: Association of microalbuminuria and the urine albumin-to-creatinine ratio with systemic disease in cats, *J Am Vet Assoc* 230:1165, 2007.

# 第 43 章
## CHAPTER 43

# 肾小球疾病
## Glomerular Disease

肾小球疾病是引起人慢性肾病(CKD)的重要原因,也越来越多地为兽医所认识。肾小球损伤会使整个肾单位失去功能,进行性肾小球损伤可引起肾小球滤过率下降、氮质血症及肾衰。犬重要的肾小球疾病包括肾小球肾炎(GN)、肾小球淀粉样变性、家族性肾小球基膜疾病及肾小球硬化。猫的肾小球肾炎相对较少,淀粉样变性则更多累及肾髓质而非肾小球。

原发性肾小球疾病的典型特征是显著的持续性蛋白尿。传统意义的肾病综合征(nephrotic syndrome)指出现蛋白尿、白蛋白尿、高胆固醇血症、水肿或腹水等一系列症状。但许多患有肾小球疾病的犬猫在就诊时并未出现腹水。一项针对犬肾小球疾病的研究显示,虽然肾病综合征并不具有特异的组织病理学表现,但与未出现肾病综合征的肾小球疾病患犬相比,出现肾病综合征的犬通常尿蛋白/肌酐(UPC)比值更高,且存活时间更短。人医认为,当患者每天通过尿排出的蛋白高于 $3.5 \text{ g}/1.73 \text{ m}^2$ 体表面积(犬约等同于 $2 \text{ g/m}^2$),或 UPC 高于 $2.0 \sim 3.5$ 时,即为肾性蛋白尿。

## 正常结构
## (NORMAL STRUCTURE)

肾小球是一个独特的血管结构,由两段小动脉之间的毛细血管床构成(图 43-1)。肾小球毛细血管构成一层具有大小及电荷选择性的滤过屏障。直径大于 35Å(血清白蛋白的分子直径为 36Å)的大分子难以通过该屏障,而分子大小一定的情况下,带负电的分子较中性分子更难通过滤过屏障。

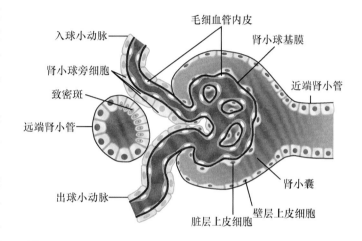

**图 43-1**
光学显微镜下正常肾小球形态图解。(引自 Chew DJ, DiBartola SP, Schenck PA: Canine and feline nephrology and urology, ed 2, St Louis, 2011, Elsevier Saunders)

肾小球滤过屏障由 3 层构成,从内至外分别为毛细血管内皮、肾小球基膜(GBM)及足细胞交错的足突(图 43-2)。肾小球毛细血管内皮上有许多窗孔,对水和晶体物质的通透性高于机体其他毛细血管;内皮细胞表面带负电荷,可影响肾小球滤过屏障对电荷的选择。GBM 由Ⅳ型胶原、蛋白聚糖、层粘连蛋白、纤维结合素及水构成。蛋白聚糖是带有较强负电荷的大分子,由蛋白骨架及多聚糖(葡胺聚糖)支链构成,是基膜电荷选择性的重要决定因素。GBM 中的Ⅳ型胶原形成网状结构,决定了肾小球毛细血管壁对滤过分子大小的选择性。脏层上皮细胞,即足细胞通过初级和交错的次级足突覆盖滤过屏障的外层。足细胞的足突表面带负电荷,构成了其独特的细胞形态并影响对分子电荷的选择性。足细胞分泌形成 GBM,并可吞噬困于滤过屏障中的大分子。

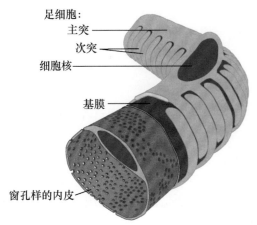

**图 43-2**
肾小球扫描电镜外观的三维图像。横断面显示了肾小球毛细血管屏障的三层结构。(引自 Chew D J, DiBartola S P, Schenck P A: Canine and feline nephrology and urology, ed 2, St Louis, 2011, Elsevier Saunders.)

肾小球系膜细胞为毛细血管袢提供结构支撑(图43-3)。这些细胞分泌肾小球系膜基质,后者的构成与基膜类似。肾小球系膜细胞可通过其吞噬作用清除系膜腔内的残体。它们还具有收缩能力,可在某些介质(如血管紧张素Ⅱ)的作用下,调节肾小球的滤过面积。肾小球系膜是较早出现免疫复合物及淀粉样原纤维沉积的部位,系膜细胞可释放类花生酸、细胞因子和生长因子,也可促进基质的产生,从而能够促进炎症及CKD的发展。最终,这些效应会造成肾小球硬化。

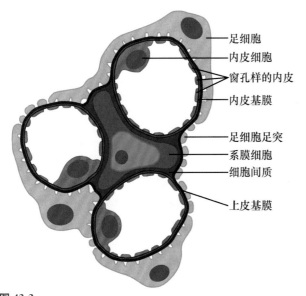

**图 43-3**
肾小球横断面图解,显示了系膜细胞的位置。(引自 Chew DJ, DiBartola SP, Schenck PA: Canine and feline nephrology and urology, ed 2, St Louis, 2011, Elsevier Saunders.)

脏层上皮细胞位于肾小球包囊(肾小囊,Bowman's capsule)的外层,在肾小球血管极与脏层上皮细胞

相延续,在尿极与近端肾小管相延续(见图43-1)。肾小球旁器位于血管极,由特化的入球小动脉和出球小动脉平滑肌构成,内含电子致密的肾素颗粒;致密斑是一段特化的远端肾小管。肾小球旁器参与肾小管球间反馈(tubuloglomerular feedback)。

## 发病机制
## (PATHOGENESIS)

肾小球损伤可由免疫或非免疫性因素介导。免疫介导性 GN(肾小球肾炎)通常由免疫复合物在肾小球沉积引起。非免疫介导性肾小球疾病包括淀粉样纤维沉积和超滤作用引起的肾小球损伤。微小病变肾病(minimal change nephropathy)是指滤过屏障负电荷消失、足突融合及重度蛋白尿,但不伴有免疫复合物沉积的肾小球疾病。犬猫曾有关于本病的报道,但数量极少。

免疫复合物性 GN 由免疫球蛋白或补体沉积于肾小球血管壁引起。免疫复合物通过两种机制沉积于肾小球滤过膜(见图43-4):当抗原-抗体等价或抗原轻度过量时,循环中的可溶性免疫复合物可沉积于肾小球(即所谓的血清病或Ⅲ型超敏反应);循环抗体与内源性肾小球或非肾小球性抗原(沉积或定植于肾小球滤过膜的外源性抗原)在肾小球原位(in situ)发生反应,并形成免疫复合物。免疫复合物可沉积于肾小球毛细血管壁的上皮下、内皮下或膜内部,也可沉积于肾小球系膜。影响沉积部位的因素包括复合物大小、所带电

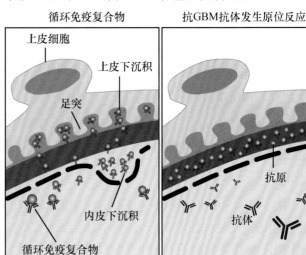

**图 43-4**
免疫复合物性肾小球肾炎。图中显示循环免疫复合物沉积于上皮下及内皮下(左图),原位反应形成的免疫复合物沉积于膜内部(右图)。(引自 Chew DJ, DiBartola SP, Schenck PA: Canine and feline nephrology and urology, ed 2, St Louis, 2011, Elsevier Saunders.)

荷及能否被吞噬作用清除。免疫复合物沉积部位不同，组织病理学表现及肾小球功能障碍的严重程度也不同。

　　根据所研究物种的不同，可通过抗免疫球蛋白或补体的荧光抗体对肾组织切片进行染色，从而检测肾小球中的免疫复合物。这种检测技术需要采集肾脏活组织样本，并置于特殊保存溶液（如 Michel's 溶液）中送检诊断实验室。最近，常规 10% 福尔马林缓冲液保存的样本也可利用过氧化物酶-抗过氧化物酶法进行免疫组织化学染色。若是预先形成的免疫复合物沉积在肾小球，则荧光显微镜下观察到的免疫荧光信号通常呈粗糙的团块或间断的颗粒样（见图 43-5A）。当循环抗体与内源性肾小球抗原或植入肾小球毛细血管壁的非肾小球性抗原反应，在肾小球内形成原位免疫复合物。这种情况下，通常可观察到平滑、线性、连续的免疫荧光信号（见图 43-5B）。抗内源性肾小球基膜抗原的抗体引起的真性自体免疫性 GN（抗 GBM 性 GN）尚未在犬猫中证实。

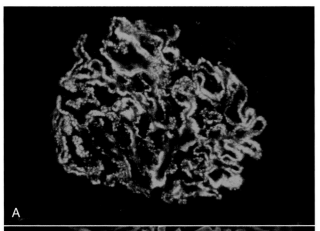

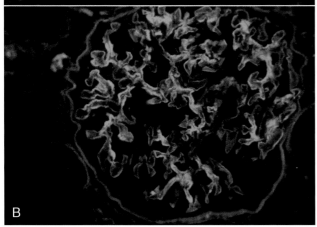

**图 43-5**
A，肾小球肾炎中因免疫复合物的间断性沉积而引起粗糙团块样的荧光信号，注意免疫复合物呈散在性沉积；B，免疫球蛋白与肾小球中植入的非肾小球性抗原（该病例与心丝虫病有关）反应并发生连续性沉积，免疫荧光信号呈线性。（A 引自 Chew D J，DiBartola S P，Schenck P A：Canine and feline nephrology and urology，ed 2，St Louis，2011，Elsevier Saunders.）

## 免疫损伤机制
## (MECHANISMS OF IMMUNE INJURY)

　　免疫复合体在肾小球中沉积可降低滤过膜的负电荷数量，并利于循环中带负电的大分子（如白蛋白）的滤过。补体的激活可导致滤过膜损伤及蛋白尿，可溶性补体成分可召集炎性细胞。内皮损伤或抗原抗体反应可导致血小板活化、聚集，并由于释放多种介质从而加重肾小球损伤。这些介质可导致肾小球系膜细胞和内皮细胞的活化、增殖、血管痉挛及局部高凝固性。局部嗜中性粒细胞及巨噬细胞会对可溶性介质（包括补体成分、血小板活化因子、血小板源生长因子及类花生酸类物质）发生反应。活化的嗜中性粒细胞释放活性氧及蛋白酶，导致进一步损伤。巨噬细胞可产生蛋白酶、氧化剂、花生酸类物质、生长因子、细胞因子、补体片段及凝血因子。犬猫的许多感染性或炎性疾病可能会导致肾小球免疫复合物沉积或原位形成（框 43-1）。然而，由于通常难以确定抗原来源或潜在疾病，肾小球疾病被认为是特发的。

## 发　展
## (PROGRESSION)

　　免疫复合物持续性沉积及炎性介质不断释放最终导致肾小球发生硬化。肾小球毛细血管阻塞可能会引起肾小管缺血及肾小管间质性疾病，并最终发展为 CKD。

　　蛋白尿本身可促进间质性炎症及肾小管间质疾病的发生。经肾小球滤过的蛋白质可被近端肾小管细胞重吸收并分解，但若蛋白质含量超出这些细胞溶酶体系统的负荷，则可引起细胞损伤和死亡。蛋白质重吸收增多还可上调炎性介质，加剧肾小管间质的炎性反应。不过，及早移除病因（如患有子宫积脓的犬实施卵巢子宫切除术，对心丝虫病进行治疗）有可能使肾小球肾炎消退。

## 肾小球肾炎的组织病理学病变
## ( HISTOPATHOLOGIC LESIONS OF GLOMERULONEPHRITIS)

　　肾小球肾炎（glomerulonephritis，GN）的形态学表

**框 43-1　引起犬猫免疫介导性肾小球肾炎的原因**

**犬**
**传染性疾病**
- 心丝虫病*
- 芽生菌病
- 球孢子菌病
- 子宫积脓*
- 细菌性心内膜炎
- 布鲁氏菌病
- 脓皮症
- 疏螺旋体病*
  - 伯恩山犬常染色体隐性遗传的膜增生性肾小球肾炎(GN)可能与伯氏疏螺旋体血清学阳性有关
- 埃里希体病*
- 落基山斑疹热(立克次氏立克次体)
- 巴尔通体病
- 其他慢性细菌感染
- 利什曼病
- 巴贝斯虫病
- 肝簇虫病
- 锥虫病
- 犬腺病毒Ⅰ型(犬传染性肝炎)
**非传染性炎性疾病**
- 全身性红斑狼疮(SLE)
- 免疫介导性多关节炎
- 慢性炎性皮肤病
- 胰腺炎
**肿瘤**
- 淋巴瘤
- 肥大细胞瘤
- 其他肿瘤

**其他相关疾病**
- 外源性或内源性(如肾上腺皮质功能亢进)糖皮质激素(使用糖皮质激素治疗的犬发生蛋白尿和肾小球病变,但无免疫复合物沉积)
- 药物反应(磺胺甲氧苄啶、马赛替尼及 toceranib,一例犬的微小病变肾病)
**家族性肾小球疾病**
- 软毛麦色㹴的家族性膜性或膜增生性 GN
  - 许多患犬伴有蛋白丢失性肠病
  - 逐渐引起肾小球硬化及晚期肾病
- 布列塔尼猎犬遗传性补体 C3 缺乏相关的膜增生性 GN
- 英国可卡犬常染色体隐性遗传的Ⅳ型胶原缺乏
- 萨摩耶犬 X 染色体显性遗传的Ⅳ型胶原缺乏
- 杜宾犬及斗牛㹴可能发生基膜异常
- 幼龄纽芬兰犬胶原沉积增多相关性肾小球病及肾小球硬化
**猫**
**传染性疾病**
- 猫白血病病毒感染
- 猫免疫缺陷病毒
- 猫传染性腹膜炎
- 慢性进行性多关节炎(支原体 *Mycoplasma gatae*)
- 其他慢性细菌感染
**非传染性炎性疾病**
- 胰腺炎
- 全身性红斑狼疮
**肿瘤**
- 淋巴瘤
- 肥大细胞增多症
- 其他肿瘤
**家族性疾病**(同窝猫患有 GN)

注:猫的 GN 大多数为特发性疾病,犬的 GN 很多(不低于 50％)也为特发性疾病。
　* 为犬猫 GN 最常见的原因。

现为基膜增厚或细胞增生,或二者同时出现,并根据这些表现进行分类。以基膜增厚为主要特征的疾病称为膜性 GN,而以肾小球细胞增多(炎性细胞浸润、膜细胞增殖,或二者同时存在)的疾病称为增生性 GN。而二者兼有的疾病称为膜增生性 GN。以肾小球纤维化为主要特征的疾病称为肾小球硬化。

可通过电子显微镜观察肾小球毛细血管壁中是否出现免疫球蛋白沉积并确定沉积部位,还可观察足细胞突的融合情况。超微结构病变包括基膜增厚或裂开,足细胞突融合,系膜腔内细胞数量增多,以及出现电子致密物沉积(即免疫复合物)。人医可利用超微结构变化来诊断某些疾病综合征,但由于超微结构检查很少应用于犬猫,因此这些变化对犬猫 GN 的临床意义不明。

# 淀粉样变性
## (AMYLOIDOSIS)

淀粉样变性(amyloidosis)是一类疾病的统称,其特征表现是细胞外纤维沉积,这些纤维由蛋白亚单位以 $\beta$-折叠的构象聚合而成。淀粉样沉积物的特殊生物物理学构象决定了其独特的屈光和染色特性,以及对体内蛋白质水解作用的抵抗力和不可溶性。使用苏木精-伊红(H&E)染色,并用普通光学显微镜观察时,淀粉样沉积物呈均一的嗜酸性着色(图 43-6);而用刚果红染色,并通过偏振光观察时,则呈绿色双折射光,后者可确诊为淀粉样变性。对于反应性(继发性)淀粉样变性的病例,事先通过高锰酸钾氧化,可使淀粉样沉积物失去对刚果红的亲和性,这一特点可用于初步区分反应性和其他类型的淀粉样变性。

淀粉样综合征(amyloid syndrome)可根据淀粉样蛋白的沉积部位(全身性或局部性)及发生代谢障碍的蛋白质的不同进行分类。局部性综合征通常涉及的器官只有一个,且少见于家养动物。局部淀粉样变性包括家猫胰岛细胞淀粉样变性和胃肠道或皮肤的单发性髓外浆细胞瘤引起的免疫球蛋白相关的淀粉样变性。全身性综合征使多个器官受到侵袭,包括反应性、免疫球蛋白相关性及家族遗传性综合征。

反应性(继发性)淀粉样变性是以组织淀粉样 A 蛋白(AA 淀粉样蛋白)沉积为主要特征的全身性综合征,如家养动物自发性全身性淀粉样变性即为一种反应性淀粉样变性。另外,阿比西尼亚猫、遥罗猫及东方短毛猫和中国沙皮犬、比格犬及英国猎狐犬的家族性淀粉样综合征也属于反应性全身性淀粉样变性。

反应性全身性淀粉样变性的患病动物组织沉积物中含淀粉样 A 蛋白,是急性期反应蛋白——血清淀粉样 A 蛋白(SAA)的氨基末端片段。出现组织损伤时,肝脏反应性合成急性期反应蛋白,其中包括 SAA。SAA 的正常血清浓度约为 1 mg/L,但发生组织损伤(如炎症、肿瘤、创伤、梗死)后,其浓度可上升 100～500 倍。炎性刺激去除后,SAA 的浓度可于 48 h 左右降至基础值。若炎症持续存在,那么 SAA 的浓度也保持在较高水平。SAA 是组织中淀粉样 A 蛋白的前体物质,组织中出现淀粉样沉积物前往往伴有 SAA 浓度的升高。慢性炎症和持续性 SAA 浓度升高是反应性淀粉样变性的前提条件。尽管如此,患有慢性炎性疾病的动物中,只有很少一部分出现了反应性淀粉样变性。因此,该病变很可能还受到其他因素的影响。

在所有家养动物中,犬最常发生反应性淀粉样变性,其他动物则相对少见。可引起犬出现反应性全身性淀粉样变性的疾病包括慢性感染、非感染性炎性疾病或肿瘤。但患有反应性全身性淀粉样变性的犬中,有高达 50% 的病例未明确发现炎性或肿瘤性疾病。

不同动物间反应性淀粉样沉积物的组织嗜性不同,造成这种差异的原因尚不明确。犬的淀粉样 AA 沉积物多见于肾脏,临床表现主要与肾衰和尿毒症有关。此外,脾脏、肝脏、肾上腺及胃肠道也可受到侵袭,但很少引起相关的临床症状。猫淀粉样沉积物的沉积部位非常广泛,但临床表现也多与肾衰和尿毒症有关。中国沙皮犬、遥罗猫及东方短毛猫可能不适用这些规

则,严重的肝脏淀粉样蛋白沉积可导致肝脏破裂和急性血腹。即使是肾脏,不同动物的沉积部位也不同。例如,犬的淀粉样变性主要发生于肾小球,而猫则主要分布于肾髓质。

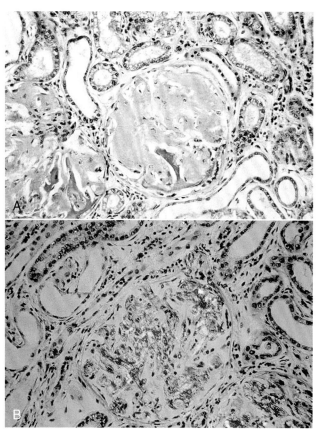

**图 43-6**
光学显微镜下,犬淀粉样变性的组织学表现。A,注意细胞外嗜酸性物质沉积引起的肾小球细胞数量减少(淀粉状蛋白;H&E,×400)。B,利用偏振光观察刚果红染色切片。注意淀粉样沉积物用刚果红染色时呈绿色双折射光(×400)。(A 引自 Chew D J, DiBartola S P, Schenck P A: Canine and feline nephrology and urology, ed 2, St Louis, 2011, Elsevier Saunders.)

## 临床表现
## (CLINICAL FINDINGS)

肾小球疾病多出现于中年或老年动物,犬无性别倾向,但有 75% 的 GN 患猫为雄性猫。所有品种均可发生肾小球疾病,但有报道软毛麦色㹴(可能与食物性抗原的异常处理有关)、布列塔尼猎犬(与遗传性 C3 补体缺陷有关)及伯恩山犬(多伴有伯氏疏螺旋体血清学阳性)出现家族性膜增生性 GN。英国可卡犬及雄性萨摩耶犬的遗传性肾小球基膜Ⅳ型胶原缺陷可能分

别为常染色体隐性遗传和 X 染色体显性遗传。杜宾及斗牛狸可能会出现基膜缺陷。幼龄阿比西尼亚猫、暹罗猫、东方短毛猫及中国沙皮犬可出现家族性肾脏淀粉样变性。另有报道称比格犬及英国猎狐犬发生家族性淀粉样变性。

## 病史及体格检查

患有肾小球疾病的犬猫可能出现多种临床表现。若超过 75% 的肾单位失去功能,动物会发生 CKD,临床表现也主要与 CKD 有关(如厌食、体重下降、嗜睡、多尿、多饮、呕吐),且这种就诊表现非常常见。另外,临床表现还可能与潜在感染、炎症或肿瘤性疾病有关,或者动物因其他疾病前来就诊,但偶然发现其存在蛋白尿。有时,动物的临床表现可能呈现为典型的肾病综合征(如腹水、皮下水肿)。还可能出现血栓相关的表现(如肺脏栓塞时突然发作的呼吸困难,髂骨动脉或股动脉栓塞时突然发生的后肢瘫痪),或由于全身性高血压造成视网膜脱落,而引起动物突然失明。

动物的体格检查结果也通常与 CKD 或尿毒症(如较差的体况和被毛、脱水、口腔溃疡、小而不规则的肾脏)有关。另外可能会发现潜在感染、炎症或肿瘤性疾病引起的体格检查异常。患病的中国沙皮犬可能曾有过所谓的"沙皮热"病史——暂时性关节肿胀(尤其是跗关节)及持续数日的高热,无论治疗与否,高热可自行消退。还有些体格检查异常可能与严重的蛋白丢失(如腹水、水肿、较差的体况及被毛)有关。另外,还可见全身性高血压引起的视网膜出血、血管扭曲及视网膜脱落。

## 实验室检查

已知某些疾病与肾小球疾病有关(见框 43-1),因此,虽然大多数肾小球疾病为特发性疾病,但仔细确认是否存在这些疾病非常重要。动物持续存在显著的蛋白尿,但尿沉渣检查未见明显异常,常提示肾小球疾病。发生肾单位相关蛋白尿的动物,其尿沉渣常可发现透明管型数量增多,偶见脂滴。动物排出等渗尿(尿比重为 1.007~1.015)表明超过 67% 的肾单位失去了功能,若动物发生肾髓质淀粉样物质沉积(如阿比西尼亚猫、中国沙皮犬),则可更早出现尿浓缩能力下降。

GN 及淀粉样变性可导致慢性肾衰竭,动物可出现相应的生化检查异常(如氮质血症、高磷血症、代谢性酸中毒)。很多肾小球疾病患犬(高达 75% 的淀粉样变性患犬以及 60% 的 GN 患犬)会发生低白蛋白血症;大多数(高达 60% 的 GN 患犬以及 90% 的淀粉样变性患犬)会出现高胆固醇血症,但患有肾病的猫则不一定会出现高胆固醇血症。高胆固醇血症的部分原因是慢性低白蛋白血症引起肝脏合成较多的富含胆固醇的脂蛋白。

UPC 比值可消除尿液总溶质浓度不同(即尿比重)对尿蛋白浓度定量评估的影响。UPC 比值与 24 h 尿蛋白丢失量的相关性良好,但比后者更容易测定——无需收集 24 h 尿液样本。UPC 的升高程度大致与肾小球疾病的类型相关。患有肾小球淀粉样变性的犬,UPC 通常非常高(大多 >10),而患有肾间质疾病的犬,UPC 则较低(通常 <10),患有 GN 的动物,UPC 值不定(正常或 >30)。动物发生血尿或脓尿可能会影响 UPC 比值的判读,可能会造成假阳性结果。犬猫正常的 UPC 比值应低于 0.4。一项针对犬的研究表明,3 份尿样分别测得的 UPC 比值与 3 份尿样混合后测得的 UPC 比值相关性良好,提示若需重复测定 UPC 比值,则可将样本混合后再测定,降低成本。随着肾小球疾病的发展及肾小球滤过率的不断下降,滤过的蛋白可能减少,UPC 比值可能下降,但通常伴有氮质血症的恶化。这种结果并不表明动物出现改善,反而是预后不良的表现。仅出现肾髓质淀粉样变性,而肾小球未受到侵袭的动物(如某些发生淀粉样变性的猫及中国沙皮犬),通常只出现轻度蛋白尿或不表现蛋白尿。

蛋白尿除了可用于诊断肾小球疾病外,还与 CKD 的发展有关。与 UPC 比值低于 1.0 的 CKD 患犬相比,UPC 比值为 1.0 或更高时,患犬出现尿毒症危象并死亡的风险是前者的 3 倍。CKD 存活率与 UPC 比值相关,UPC 比值为 0.2~0.4 的患猫,死亡或安乐的危害比为 2.9,而 UPC 比值高于 0.4 的患猫,其危害比为 4.0。对于 CKD 患病动物,血管紧张素转换酶(ACE)抑制剂已经成为减少蛋白尿及延缓 CKD 发展的重要治疗手段(见下文)。蛋白尿的诊断步骤总结见框 43-2。

区分 GN 和肾小球淀粉样变性唯一可靠的方法是肾脏活组织检查。虽然肾皮质活检可区分 GN 和肾小球淀粉样变性,但若要诊断肾髓质淀粉样变性,则需采集肾髓质组织。GN 在光镜下的病变表现非常轻微,可借助免疫病理学方法和荧光显微镜,或过氧化物-免疫过氧化物酶染色及透射电镜,对免疫复合物性 GN 进行诊断。若动物发生腹水,则腹水的分析结果通常为纯漏出液,伴有较低的细胞计数及总蛋白含量。测定血浆纤维蛋白原及抗凝血酶浓度有助于评估动物发生血栓的风险。

 **框 43-2 蛋白尿的临床诊断步骤**

**定位：** 膀胱穿刺采集的尿样，沉渣尿检查未见显著异常时，蛋白尿可能来源于肾脏。

**持续性：** 应连续对尿样测定 3 次，每次间隔 2 周，均出现蛋白尿，方可认为发生蛋白尿。

**程度：** 接下来应确定动物蛋白尿的严重程度。

- 通过酶联免疫吸附试验来诊断微白蛋白尿（ELISA；1～30 mg/dL）
  - 对于发生微白蛋白尿、其他均表现健康的老龄动物，应监测其是否持续存在或发展情况。
  - 对于发生微白蛋白尿的老龄动物，应寻找其是否存在先前未知的全身性疾病。
  - 若尿液微量白蛋白含量持续升高，则提示存在进行性肾损伤，应进一步评估动物。
- 尿蛋白/肌酐（UPC）比值
  - ＞（0.5～1.0）提示肾性（但不一定是肾小球性）蛋白尿。
  - ＞（1.0～2.0）提示伴有氮质血症的慢性肾病患病动物发病及死亡的风险升高。
  - ＞2.0 提示肾小球疾病。

数据引自 Lees G E et al：Assessment and management of proteinuria in dogs and cats：2004 ACVIM Forum Consensus Statement（small animal），J Vet Intern Med 19：377，2005。

# 肾小球疾病患病动物的管理
## （MANAGEMENT OF PATIENTS WITH GLOMERULAR DISEASE）

治疗犬猫肾小球疾病的主要指导原则是确定并治疗潜在的炎性或肿瘤性疾病（即尽可能去除刺激性抗原；框 43-3）。例如，对子宫积脓患犬实施卵巢子宫切除术，治疗犬心丝虫病，可能能够使潜在的 GN 消退。但若动物已经发生 CKD，则应根据第 44 章所列出的治疗原则进行治疗。

对于患有蛋白质丢失性肾病的犬猫，尽管理论上应通过日粮补充蛋白质，但实际上，这样做只会加剧蛋白质经尿丢失，而饲喂低蛋白质日粮则可缓解蛋白尿。一项研究中，给患有 X 染色体遗传性肾病的犬饲喂蛋白质含量为 14%（干物质基础）的日粮，其平均 UPC 比值为 1.8；而饲喂蛋白质含量为 35% 的日粮，犬的平均 UPC 比值为 4.7，但饲喂低蛋白质日粮的犬无法维持体重及血清白蛋白水平。低盐日粮（＜0.3%，干物

质基础）是辅助治疗犬高血压的方法之一，然而，一项针对猫肾功能不全的研究显示，限制钠的摄入非但对全身血压无影响，反而能够激活肾素-血管紧张素系统（renin-angiotensinsystem，RAS），引起钾排泄分数升高，甚至可能出现低钾血症。日粮添加 ω-3 多不饱和脂肪酸（如鱼油）可通过减少致炎性前列腺素的合成，从而抑制肾小球炎症及凝血作用。

 **框 43-3 肾小球疾病患病动物可以选用的治疗方法**

尽可能去除刺激性抗原（如治疗心丝虫病、对子宫积脓动物实施卵巢子宫切除术，治疗已确诊的传染病）
若存在慢性肾衰竭，根据第 44 章的内容进行治疗
饲喂蛋白质含量适度偏低的日粮
饲喂富含 ω-3 多不饱和脂肪酸的日粮
血管紧张素转换酶抑制剂（如依那普利、贝那普利）
醛固酮拮抗剂（如螺内酯）
血管紧张素受体阻断剂（如氯沙坦）
低剂量阿司匹林治疗[0.5～1 mg/（kg·d）]
免疫抑制药物（未证明有效）
- 糖皮质激素（犬不适用）
- 硫唑嘌呤（猫禁用）
- 环孢素（犬未证明有效）
- 来氟米特（信息有限）
- 吗替麦考酚酯（mycophenolate mofetil）（信息有限）
- 别嘌呤醇（对犬利什曼虫病继发的肾小球肾炎有效）
针对淀粉样变性的药物
- 二甲基亚砜（犬无明确益处）
- 秋水仙碱（可能对沙皮犬发热有效）
- 伊罗地塞（Eprodisate）（可能对人反应性淀粉样变性有效）

ACI 抑制剂（ACEIs），如依那普利和贝那普利，可通过降低球后小动脉的抵抗力，降低肾小球毛细血管静水压力，从而缓解蛋白尿。一项针对 GN 患犬的研究中，依那普利（0.5 mg/kg，口服[PO]，q 12～24 h）可减轻蛋白尿（通过 UPC 评估），降低血压，延缓肾病的发展。对自发性 CKD 患猫使用贝那普利（0.5～1 mg/kg，q 24 h）治疗，可显著减轻蛋白尿，且 UPC 比值越高的猫，作用效果越显著。其他可阻断 RAS 的药物包括血管紧张素受体阻断剂（如氯沙坦）及醛固酮拮抗剂（如螺内酯），但这些药物应用于犬猫肾小球疾病的信息非常有限。当联合使用多种 RAS 拮抗药物时，应考虑高钾血症这种潜在的副作用。发生腹水的动物可使用利尿剂（如速尿），但需注意避免引起脱水和肾前性氮质血症。

虽然理论上可利用免疫抑制药物（如糖皮质激素、硫唑嘌呤、环磷酰胺、环孢素）治疗免疫介导性 GN，但并没有兽医学研究来支持这种疗法的有效性。糖皮质

激素可导致犬发生蛋白尿,且一项回顾性研究表明,糖皮质激素对于患有自发性 GN 的犬是有害的。一项对照试验显示,GN 患犬服用环孢素(15 mg/kg,PO,q 24 h)后治疗效果不佳。硫唑嘌呤作为免疫抑制剂可被考虑用于特发性 GN 的患犬,但并无可靠数据证明其有效性。由于猫对硫唑嘌呤的代谢非常缓慢,当给予与犬相类似的剂量时,猫可发生骨髓抑制及严重的白细胞减少症,故不应使用,可用苯丁酸氮芥代替(见第 100 章)。尚不确定糖皮质激素对于猫 GN 是否有益。来氟米特(嘧啶合成抑制剂)和吗替麦考酚酯(嘌呤合成抑制剂)是相对较新的免疫抑制药物,可能用于治疗免疫介导性疾病,但有关治疗犬 GN 的信息有限。一项研究中,内脏利什曼虫病和 GN 患犬使用别嘌呤醇(10 mg/kg,PO,q 12 h)治疗,可减轻蛋白尿并延缓肾病的发展。

抑制血小板可降低肾小球内凝血及栓塞的风险。阿司匹林(0.5～1 mg/kg,PO,q 24 h)用于犬可抑制血小板环氧合酶的作用,而不影响前列环素的有益作用(如舒张血管、抑制血小板聚集)。猫也可考虑使用阿司匹林(5 mg,PO,q 72 h)。由于犬猫 GN 的生物学行为多种多样,因此,对于各种药物治疗效果的研究会受到影响。

尚无针对淀粉样变性的有效治疗方法。快速沉积期试验性使用二甲亚砜(DMSO)治疗,可使淀粉样沉积物消退,SAA 浓度持续性降低,并通过降低肾间质炎症和纤维化来改善肾功能。一项有关犬淀粉样变性的病例报道显示,每周皮下注射 90 mg/kg 的 DMSO 可起到有益作用(如蛋白尿减轻、肾小球滤过率提高)。但另一项研究中,数只患犬使用 DMSO 却并无效果,患犬尸体剖检时,肾脏淀粉样沉积物的量与使用 DMSO 治疗前相当。对于患有全身性 AA 淀粉样变性的病人,当患者的 SAA 浓度稳定在较低水平(<10 mg/L)时,淀粉样沉积物可发生消退,预后更好。伊罗地塞(eprodisate)可抑制淀粉样纤维在组织中聚合或沉积,对于全身性 AA 淀粉样变性的病人,该药物可延缓某些病人肾病的发展速度。

秋水仙碱可通过与微管结合阻止 SAA 的分泌,从而抑制 SAA 从肝细胞释放。患有家族性地中海热(FMF)——一种以反复发作的自限性发热为主要特征的遗传性浆膜炎(如胸膜炎、腹膜炎、滑膜炎)——的病人,使用秋水仙碱治疗可抑制淀粉样变性的发生。FMF 由 pyrin(marenostrin)基因变异引起,该基因在嗜中性粒细胞中表达,正常情况下,可抑制轻微刺激引起

的炎症。若对 FMF 不加以治疗,多数病人可在中年时出现反应性淀粉样变性、肾病综合征甚至肾衰。秋水仙碱可使这类病人发热的次数减少并抑制淀粉样变性的发生。对于出现反复发热、关节肿胀(所谓的沙皮热)的中国沙皮犬,尽管秋水仙碱[0.03 mg/(kg・d)]可降低其出现全身性淀粉样变性的风险,但并无针对这种治疗方法的前瞻性安慰剂对照研究。秋水仙碱的不良反应包括胃肠道不适,偶见嗜中性粒细胞减少症。

# 并发症
## (COMPLICATIONS)

### 低白蛋白血症
#### (HYPOALBUMINEMIA)

白蛋白经尿丢失是引起肾病综合征出现低白蛋白血症的原因之一。另外,由于肾脏需要重吸收滤过的蛋白质,因此对白蛋白的分解代谢加强。肾病综合征时,虽然血浆胶体渗透压下降可刺激肝脏合成更多白蛋白,但这并不足以抑制低白蛋白血症的发生。虽然增加日粮蛋白质含量可刺激肝脏合成白蛋白,但这样做不仅无法阻止低白蛋白血症的发生,反而会加重蛋白质经尿丢失。

### 钠潴留
#### (SODIUM RETENTION)

低充盈假说(the underfill hypothesis)认为肾病综合征中水肿和腹水症状的形成与 RAS 激活有关。白蛋白经肾小球丢失及肝脏白蛋白合成不足可导致低白蛋白血症,后者使血浆胶体渗透压下降,导致水和电解质从血管内漏出。循环血量降低引起肾血流下降、RAS 激活及醛固酮释放,从而使肾脏得以保留水、钠。但由于低白蛋白血症及胶体渗透压下降,水无法停留在血管内,因此,血容量无法重建。除了 RAS 以外,循环血量降低还可促进抗利尿激素(ADH)的释放及交感神经系统兴奋性增强,这样也会加剧水钠潴留。

过充盈假说(the overfill hypothesis)建立的基础是肾病综合征时出现原发性肾内钠潴留。人类患者的醛固酮水平通常正常甚至偏低,有的患者使用 ACEI 治疗钠潴留无效。肾病综合征时原发性肾内钠潴留发生于远端肾单位,可导致细胞外液增多及水肿的形成。

最近的研究表明,集合管上皮细胞的生电钠通道(ENaC)上调可能参与介导钠潴留。

肾病综合征中钠潴留及水肿形成的低充盈和过充盈假说适用于疾病的不同阶段。疾病早期,血清白蛋白浓度及血管内胶体渗透压正常,肾内钠潴留可导致循环容量增大及 RAS 的抑制(过充盈)。疾病后期,尽管同样存在肾内钠潴留机制,但血管内胶体渗透压下降可导致严重的低白蛋白血症及循环容量降低,并随之引起 RAS 的激活(低充盈)。

## 血栓
### (THROMBOEMBOLISM)

肾病综合征可导致血液的高凝状态。有时,动物就诊时的主要临床症状是由血栓引起的,这可能会掩盖潜在的肾脏疾病,导致就诊过程的复杂化及诊断延迟。肾病综合征引起的血液高凝性及血栓栓塞与凝血系统的异常有关。低白蛋白血症可导致轻度血小板增多症及血小板敏感性增强,使血小板更易发生黏附、聚集。正常情况下,血浆中的花生四烯酸与蛋白质结合,但低白蛋白血症时,更多的花生四烯酸游离出来,并且与血小板结合,从而引起血小板产生的血栓素增多以及血小板的高聚集特性。此外,高胆固醇血症也会因改变血小板膜构成,影响血小板腺苷酸环化酶对前列腺素的反应,从而促进血小板的高凝聚特性。

抗凝血酶(AT,相对分子质量 65 000)经尿液丢失也会造成血液的高凝性。AT 与肝素协同作用,可抑制丝氨酸蛋白酶(凝血因子 II、IX、X、XI 及 XII),对调节凝血酶及纤维素的产生至关重要。由于凝血因子 IX、XI 及 XII 经尿丢失,从而造成相应物质的血浆浓度下降。高纤维蛋白原血症及纤维蛋白溶解水平降低同样会加剧血液的高凝性。纤维蛋白溶解水平降低是由纤溶酶原浓度降低、$\alpha_2$-巨球蛋白(一种纤溶酶抑制剂)浓度升高导致的。和调控蛋白相比,大分子质量的凝血因子浓度升高可能会导致凝血因子水平相对升高,这种变化可能是肝脏为校正低白蛋白血症而加速蛋白合成引起的。

15%～25%的肾病综合征患犬会发生血栓,虽然罕见,但也有报道称患有肾小球疾病的猫发生血栓。当纤维蛋白原浓度高于 300 mg/dL,AT 浓度低于正常值的 70%时,动物有出现血栓的风险,应考虑进行抗凝治疗(如阿司匹林)。血栓最常发于肺脏血管,也可嵌于肠系膜动脉、肾动脉、髂动脉、冠状动脉、臂动脉及门静脉。发生肺动脉栓塞的犬通常出现呼吸困难及缺氧,肺实质的 X 线影像无明显变化。对于患有肾小球疾病并出现肺动脉栓塞的犬,治疗通常难以成功,预后不良。肺动脉栓塞的处理见第 12、第 22 及第 85 章。

## 高脂血症
### (HYPERLIPIDEMIA)

肾病综合征患病动物常会出现高胆固醇血症及高脂血症。低白蛋白血症引起血浆胶体渗透压下降,同时脂质代谢的调节因子经尿液丢失增多,导致肝脏脂蛋白合成增多,外周脂蛋白分解减少。富含胆固醇的大分子脂蛋白较难通过肾小球毛细血管,从而蓄积增多;而小分子蛋白,如白蛋白及 AT 则可经尿丢失。患有肾病的动物往往出现胆固醇及脂质浓度升高,白蛋白浓度降低。由于另一种糖蛋白,血清黏蛋白经尿丢失增多,肝脏为了代偿这种丢失,使必要的糖代谢中间产物发生转变,从而引起硫酸肝素的合成减少。后者是脂蛋白脂酶的辅助因子,患有肾病的动物由于硫酸肝素浓度降低而出现脂蛋白脂酶的功能异常,从而使肝脏分解脂蛋白的能力降低。此外,血清黏蛋白对维持正常的肾小球选择滤过作用非常重要。因此,血清黏蛋白经尿丢失不仅可引起高脂血症,还可加剧蛋白尿。

## 高血压
### (HYPERTENSION)

患有肾小球疾病的犬猫可因钠潴留、RAS 激活及肾血管舒张物质释放减少(见第 12 章)而发生全身性高血压。全身性高血压与免疫介导性 GN、肾小球硬化症及肾小球淀粉样变性有关,超过 50%的肾小球疾病患犬可出现全身性高血压。后者可导致视网膜出血、视网膜血管扭曲及视网膜脱落,患有肾小球疾病并出现高血压的犬猫可因失明前来就诊。

由于控制全身性高血压可延缓肾小球疾病的发展,因此,当怀疑犬猫患有肾小球疾病时,应测量血压。对于患有肾小球疾病并伴有高血压的犬猫,推荐的治疗药物是依那普利(0.5 mg/kg,PO,q 12～24 h),因为依那普利不仅可控制全身性高血压,还可抑制蛋白尿。在用依那普利治疗时,应对动物进行监测,以确保其血尿素氮(BUN)及血清肌酐水平稳定。若单用 ACEI 无法完全控制血压,可加用一种钙离子通道阻断剂,如氨氯地平[0.1～0.2 mg/(kg·d)]。

## 预后

淀粉样变性是一种进行性疾病,预后不良。患病动物就诊时通常已发生肾衰,并且诊断后的存活时间大多不超过 1 年。肾小球肾炎的病程不定,但当动物发展为 CKD 时,预后不良。患有 GN 的犬猫可能出现自发性痊愈,也可能病情稳定但持续数月或数年的蛋白尿,或者经数月或数年后发展为慢性肾衰。

◆推荐阅读

Dember LM et al: Eprodisate for the treatment of renal disease in AA amyloidosis, *N Engl J Med* 356:2349, 2007.

Donahue SM et al: Examination of hemostatic parameters to detect hypercoagulability in dogs with severe protein-losing nephropathy, *J Vet Emerg Crit Care* 21:346, 2011.

Jacob F et al: Evaluation of the association between initial proteinuria and morbidity rate or death in dogs with naturally occurring chronic renal failure, *J Am Vet Med Assoc* 226:393, 2005.

King JN et al: Tolerability and efficacy of benazepril in cats with chronic kidney disease, *J Vet Intern Med* 20:1054, 2006.

Klosterman ES et al: Comparison of signalment, clinicopathologic findings, histologic diagnosis, and prognosis in dogs with glomerular disease with or without nephrotic syndrome, *J Vet Intern Med* 25:206, 2011.

Lachmann HJ et al: Natural history and outcome in systemic AA amyloidosis, *N Engl J Med* 356:2361, 2007.

LeVine DN et al: The use of pooled vs serial urine samples to measure urine protein:creatinine ratios, *Vet Clin Pathol* 39:53, 2010.

Plevraki K et al: Effects of allopurinol treatment on the progression of chronic nephritis in Canine leishmaniosis *(Leishmania infantum)*, *J Vet Intern Med* 20:228, 2006.

Syme HM et al: Survival of cats with naturally occurring chronic renal failure is related to severity of proteinuria, *J Vet Intern Med* 20:528, 2006.

Zacchia M et al: Nephrotic syndrome: new concepts in the pathophysiology of sodium retention, *J Nephrol* 21:836, 2008.

# 第 44 章
## CHAPTER 44

# 急慢性肾衰
## Acute and Chronic Renal Failure

虽然很难区分动物发生的是急性肾衰(acute renal failure,ARF)还是慢性肾衰(CRF,chronic renal failure),但由于 ARF 可能是可逆的,而 CRF 是非可逆的,因此,区分二者非常重要。某些临床特征可用于区分 ARF 和 CRF,这些指征对 CRF 特异但不敏感(即出现这些指征可提示为 CRF,但不出现也无法排除)。例如,动物患有 ARF 时,肾脏大小通常正常(或有时轻度增大),而小而不规则的肾脏提示 CRF。但是,有些患有 CRF 的动物肾脏大小正常,有些患有慢性肾病的猫,肾脏可能增大(如肾脏淋巴瘤、多囊性肾病)。先前出现多饮多尿的病史通常(但并非总是)提示为 CRF,但 ARF 的动物通常无类似病史。患有 CRF 的犬猫在就诊时通常(但并非总是)可检验出非再生性贫血,但 ARF 病例起初并不出现贫血。若出现体重下降、体况不良及被毛粗糙,则提示为 CRF,ARF 患病动物通常不出现这些表现,但也有一些患有 CRF 的犬猫体况良好。肾衰患犬超声检查若发现甲状旁腺增大(>4 mm),则提示为 CRF,ARF 患犬的甲状腺大小通常正常(≤4 mm)。发生少尿或无尿的 ARF 或 CRF 患病动物可能会出现高钾血症。ARF 和 CRF 的临床鉴别总结见表 44-1。

**表 44-1 急慢性肾衰的临床鉴别**

| 临床特征 | 急性肾衰 | 慢性肾衰 |
| --- | --- | --- |
| 肾脏大小 | 正常或轻度增大 | 小而不规则或正常 |
| 多饮多尿病史 | 无 | 出现或无 |
| 非再生性贫血 | 无 | 出现或无 |
| 体重下降 | 无 | 出现或无 |
| 体况不良 | 无 | 出现或无 |
| 被毛粗糙 | 无 | 出现或无 |
| 超声检查甲状旁腺增大 | 大小正常 | 偏大 |

# 急性肾衰
## (ACUTE RENAL FAILURE)

急性肾衰是以血清肌酐和血尿素氮(BUN)浓度突然升高(氮质血症)为特征的一组临床综合征。因肾脏灌注减少造成含氮废物潴留时可发生肾前性氮质血症;泌尿道梗阻或尿腹时会出现肾后性氮质血症。名词"急性肾衰竭"在本文特指急性内在性肾衰竭(acute intrinsic renal failure,AIRF)。对于 AIRF 患病动物,若残余的肾单位数量足够多并及时进行治疗,AIRF 是可逆的,因此,及早发现至关重要。AIRF 的实际发生数量可能比观察到的更多,可能有部分 AIRF 病例未得到诊断或与 CRF 相混淆。与治疗已确诊的 AIRF 相比,应尽量在动物发展为 AIRF 前进行诊断并采取科学的预防措施。由于慢性肾病(CKD)时机体启动了许多代偿机制,而 AIRF 则往往没有,因此,AIRF 患病动物的临床病理学表现通常比 CRF 动物更严重。

## 病理生理学

肾脏缺血或接触肾毒素可导致肾小管发生变性甚至坏死等一系列损伤,称为肾病变(nephrosis)或急性肾小管坏死(图 44-1)。某些情况下,用光学显微镜观察时,即便未出现或仅出现轻度病变,也有可能发生严重的排泄障碍。ARIF 时氮质血症及少尿可由某些因素引起,包括肾小管回漏,腔内性肾小管阻塞(如管型、细胞碎屑、肾小管肿胀),腔外性肾小管阻塞(如肾间质水肿、细胞浸润),以及原发性滤过障碍(如入球小动脉血管收缩、出球小动脉血管舒张、肾小球通透性降低)。根据导致 AIRF 的潜在病因,患病动物可出现上述多种病理生理机制(图 44-2)。动物是否发生可逆性肾前性氮质血症或急性肾小管坏死,取决于肾脏缺血的持续时间及严重程度。肾皮质主要受肾上腺素能神经控制,肾缺血可引发血管收缩。由于肾脏血供储备丰富,暂时或轻度血流减少不会导致肾小管坏死。但若严重缺血或持续时间过长,则可引起细胞产能不足和细胞破坏。代谢旺盛的肾小管更容易在缺氧时发生损伤。髓质外部组织的代谢活性较高,但供氧相对较少,在发生缺氧时最容易出现损伤。由于非甾体类抗炎药(NSAIDs)可阻碍血管舒张物质前列腺素的产生,后者在脱水时对维持肾血流量非常重要,因此会引起肾脏缺血。真性肾毒素可与肾小管细胞膜结合并发挥毒害作用。名词"肾毒剂"指任何可导致肾损伤的化学品或药物,无论这种物质是直接引起了肾毒性损伤(如氨基糖苷类)还是肾缺血(如 NSAIDs)。与健康动物相比,原本患有潜在肾病的动物更易在刺激因素作用下发生 AIRF。发生肾缺血或接触肾毒素的动物,若同时脱水也可加剧 AIRF,部分原因是脱水可引起肾血管收缩,进一步导致肾缺血。引起犬猫 AIRF 的部分原因见框 44-1。

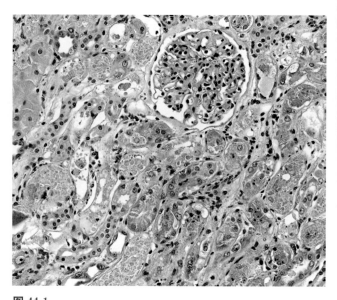

**图 44-1**

急性肾小管坏死的显微照片,图片显示肾小球正常,部分区域的肾小管坏死。注意部分肾小管上皮缺失,部分上皮细胞扁平,肾小管管腔填充坏死组织碎片(×200)。(由 Dr. Steve Weisbrode,Columbus,OH. 惠赠。引自 Chew DJ, DiBartola SP, Schenck PA: Canine and feline nephrology and urology, ed 2, St Louis, 2011, Saunders.)

 **框 44-1　引起犬猫 AIRF 的部分原因**

**肾毒素**
- 乙二醇
- 氨基糖苷类
- 两性霉素 B
- 百合(Easter lily)(猫)
- 葡萄或葡萄干中毒(犬)
- 高钙血症
  - 维生素 $D_3$ 杀鼠药
  - 卡泊三烯(达力士,和维生素 $D_3$ 类似)
- 抗肿瘤药物
  - 顺铂
- 静脉造影剂
- 重金属(如硫乙胺胺)
- 食物腐败(三聚氰胺、氰尿酸)

**肾脏缺血**
- 脱水

- 创伤
- 麻醉
- 败血症
- 中暑
- 色素性肾病
  - 肌红蛋白尿
- 休克
- 出血
- 手术
- 非甾体类抗炎药(NSAIDs)

**肾炎**
- 钩端螺旋体病——急性肾小管间质性肾炎
- 疏螺旋体——快速进行性肾小球肾炎

**急性高磷血症**
- 肿瘤溶解综合征

急性内在性肾衰竭可分为三个阶段(图 44-3)。潜伏期是指从接触肾毒素或出现肾脏缺血至发生氮质血症的这段时间。在这期间如果刺激因素持续存在,那么肾小管病变的数量及严重程度会逐渐升高。由于潜伏期内不会出现临床症状,因此通常难以察觉。及早去除刺激因素可使肾功能迅速恢复正常。

维持期的特征是肾小管发生显著的致死性损伤,

AIRF 通常会持续 1～3 周,之后肾功能开始恢复。在维持期去除刺激因素并不会使肾功能迅速重建。此期间可能会出现无尿、少尿、尿量正常或多尿,这取决于具体病因及肾损伤的严重程度。发生极其严重的肾损伤(如乙二醇、猫百合中毒)时可出现无尿或显著少尿,而氨基糖苷类肾毒素损伤时,尿量通常正常或偏多。AIRF 维持期的特征是即便排除肾前性因素(即补充

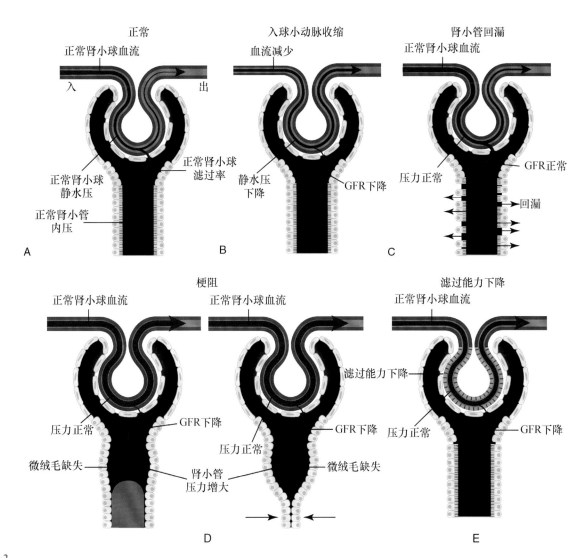

**图 44-2**

**AIRF** 时导致 **GFR** 下降及少尿的作用机制。**A**,正常肾单位。正常情况下,肾小管内压力较低,肾小球滤过压不会轻易发生改变;健康的肾小管上皮可防止小管液漏出肾小管;肾小管腔通畅。**B**,入球小动脉收缩(即血管收缩性肾病)。因入球小动脉收缩而使肾小球滤过能力严重下降,肾小球内压力降低导致氮质血症及产尿量下降。**C**,肾小管回漏。滤过压可能正常,但滤过液经破损的肾小管上皮回漏至肾间质。发生重度肾小管损伤的动物可能会出现肾小管回漏。当肾小管内压升高时(见 **D**),回漏增多。**D**,梗阻导致肾小管内压升高。肾单位梗阻段的近端小管内压升高,梗阻分腔内性和腔外性梗阻,小管内压升高导致肾小球滤过能力下降。引起梗阻的物质可能为细胞碎片、蛋白沉淀或结晶沉淀。间质性水肿或细胞浸润可引起腔外性梗阻,并通过压迫间质血管导致肾血流减少。肾小管肿胀也可增加管腔内压力。**E**,肾小球滤过能力下降。这种情况下,疾病导致肾小球滤过面积减少。肾小球系膜细胞收缩,肾小球窗孔(小孔)变小或窗孔数量减少均可导致肾小球滤过能力降低。

细胞外液并恢复肾灌注),血清肌酐浓度仍持续升高。若肾损伤严重,动物可能无法度过维持期。虽然维持期可通过扩充血容量重建肾脏血流(RBF),但肾小球滤过率(GFR)仍旧非常低。

恢复期时,随着 GRF 和 RBF 的恢复,BUN 和血清肌酐浓度可降至正常范围,先前发生少尿或无尿的动物通常会出现利尿作用。虽然尿浓缩能力的上限及尿液酸化度可能无法恢复至正常水平,但这些限制通常无临床意义。根据肾损伤持续的时间,BUN

和肌酐浓度也可能无法完全恢复正常。然而,作为 CKD 患病动物它们也会有显著改善并拥有良好的生活质量。

## 临床表现

AIRF 的临床表现无特异性,包括厌食、嗜睡、呕吐及腹泻。这些表现通常近期出现,且不伴有长期多饮多尿病史。一项有关犬 ARF 的研究中,大约 18% 的动物发生无尿,43% 少尿,25% 尿量正常,14% 多尿。

若动物近期发生过创伤、休克、手术或全身麻醉,那么出现缺血性 AIRF 的可能性较高。若动物近期服用过肾毒性药物,那么出现肾毒性 AIRF 的可能性较高。与肾前性氮质血症动物相比,AIRF 患病动物的体格检查结果通常更严重,包括脱水、尿毒症味口气及口腔溃疡。黏膜苍白可能会见于 CKD 患病动物,但 AIRF 动物通常不会出现。发生肾炎的 AIRF 动物还可能出现发热(如犬钩端螺旋体病或疏螺旋体病)。发生无尿或少尿的 AIRF 动物,若通过静脉补充过量液体,则可能发生水合过度。肾脏通常正常或增大,但不会变得小而不规则,后者更多见于 CKD 动物。膀胱大小取决于尿量。若动物发生心动过缓,则应测定血钾浓度。

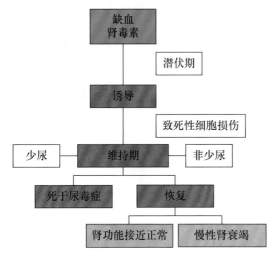

**图 44-3**
**AIRF** 的不同阶段及可能的转归结果。

### 临床病理学表现

AIRF 早期,动物通常不出现贫血,但之后由于多次采血检查及持续的胃肠道失血可能会发展为贫血。根据脱水程度,总蛋白浓度可能正常或偏高。全血细胞计数(CBC)通常可见应激反应(如成熟嗜中性粒细胞增多、淋巴细胞减少)。急性钩端螺旋体病患犬可见伴有核左移的白细胞增多症及血小板减少症。不论动物是否出现少尿或无尿症状,尿比重(USG)通常处于等渗尿范围(1.007~1.015)。可能出现蛋白尿、血尿或糖尿,尿沉渣可能出现许多管型(如肾小管细胞管型、粗颗粒管型及细颗粒管型)。

即便尿沉渣中无管型,也无法排除 AIRF 的诊断。AIRF 动物尿沉渣中出现草酸盐结晶提示乙二醇中毒。BUN 和血清肌酐浓度升高,且会持续升高,直至

稳定在一定水平之上。急性肾损伤后,血清肌酐浓度可能需要数天才能达到稳定水平,但若存在其他肾细胞致死性损伤(即持续存在的难以察觉的缺血或肾毒性物质刺激),血清肌酐水平还会进一步升高。BUN 或血清肌酐浓度升高的幅度不可用于区分 AIRF 和 CRF,或区分肾前性、内在性肾性及肾后性氮质血症。AIRF 时可能发生 BUN、血清肌酐及血清磷浓度迅速升高。根据排尿量,血清钾浓度可能正常或升高,但若钾正常或偏低,则多见于多尿的 CKD 患病动物。AIRF 动物常伴有高磷血症,且通常较严重。慢性进行性 CKD 动物可通过肾性继发性甲状旁腺功能亢进维持血磷平衡,但 AIRF 动物由于疾病发展较快,无法形成这种机制。血清总钙浓度通常正常或偏低。维持期的血气分析结果通常显示中度至重度代谢性酸中毒。

AIRF 动物的肾脏大小多正常或增大,形状正常。肾脏超声可能出现皮质或髓质回声增强,但即便超声检查肾脏形态正常,也无法排除 AIRF。动物若发生乙二醇中毒,其肾脏回声极度增强,这个特点可利于诊断(见图 44-4)。对于急性肾炎患犬,急性期和恢复期血清学检查可用于诊断钩端螺旋体。

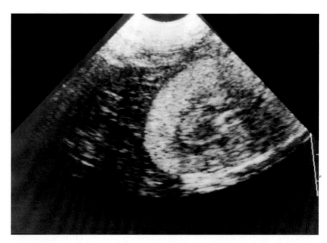

**图 44-4**
**乙二醇中毒患犬的肾脏超声形态。注意肾皮质回声极度增强。**

肾脏活检可用于确诊导致氮质血症的原发性肾病变,区分是急性还是慢性病变,并判断预后。AIRF 的肾脏病变特征包括肾小管变性、肾小管坏死及肾小管内管型。若肾小管基膜完好且肾小管有再生迹象,则预后良好;但若基膜遭到破坏,则预后较差。肾病引起的 AIRF,仅出现轻微的间质性炎症;肾炎引起的 AIRF,则会出现显著的间质性炎症。未出现纤维化提示为 AIRF,而非 CRF。某些 AIRF 患病动物光学显微镜检下的组织病理学表现可能很轻微甚至没

有。延迟恢复期的肾组织活检可辅助评估治愈情况——纤维化和肾单位丢失，还是肾小管再生和基膜修复。

## 治疗

AIRF维持期管理的最终目的是为治愈提供支持和时间。防止进一步肾损伤至关重要，需要加强输液治疗，提高肾灌注，但同时需避免补液过量。可能需要治疗3周才能判断肾功能是否能够恢复，若此后仍旧存在氮质血症，则动物疾病转变为CKD，氮质血症的严重程度决定了能否很好地控制CKD病情。

治疗开始时，应找出并纠正威胁动物生命的异常，同时查找AIRF的潜在病因。若动物服用了肾毒性药物，则应停止用药，且开的新药不应具有肾毒性。由于丧失了肾脏自体调节的功能，因此AIRF动物难以耐受持续存在的肾灌注减少，因此，应避免对动物进行全身麻醉和手术。

应为动物埋置静脉导管，以便补液和给药。因为埋置颈静脉导管可监测中心静脉压（central venous pressure，CVP），因此是首选。当CVP超过13 cm $H_2O$ 或10 min内的增幅≥2 cm $H_2O$ 时，应停止补液。可利用单次补液（10 min内输注20 mL/kg）来评估动物发生容量过负荷的可能性。若动物心脏功能正常，那么中心静脉压的增幅不应超过2 cm $H_2O$。理想状态下，为避免肾缺血引起的进一步肾损伤，应在6～8 h内迅速纠正脱水。一旦脱水得以纠正，可继续补液以平衡可感失水（即排尿量）、不可感失水[即GI和呼吸失水≈20 mL/(kg·d)]、持续暂时性失水（呕吐和腹泻丢失的液体量）。最初24～48 h内，留置导尿管可用于监测动物的排尿量，辅助补液治疗监测。若动物出现少尿，则需谨慎补液，以防补液过量。每天用同一体重计为动物称重2次，有助于评估动物的体液平衡情况。动物正常的排尿量为1～2 mL/(kg·h)，若补液充分扩容的情况下，动物的排尿量应达到2～5 mL/(kg·h)。对于正在输液且水合良好的动物，若排尿量少于2 mL/(kg·h)，则可认为动物相对少尿。

脱水动物首选生理盐水（0.9% NaCl）补液，因为其钠含量（154 mEq/L）较高且不含钾。当动物水合恢复后，可输注低渗溶液（0.45%氯化钠加2.5%葡萄糖）用于维持，以防高钠血症。

若动物需要补钾，必须在连续测定血钾浓度的基础上，谨慎调整补钾量。动物血清钾浓度与排尿量、肾排泄功能、代谢性酸中毒及口服摄入钾的量有关。

对于少尿动物，应注意治疗高钾血症。可利用心电图评估高钾血症对机体的影响，包括心动过缓、P-R间期延长、QRS复合波变宽、P波变钝或消失（心房静止）及T波呈帐篷样。当钾浓度超过8 mEq/L时，通常会出现心电图异常；血清钾浓度达到8～10 mEq/L时，对心脏功能来说是非常危险的；而超过10 mEq/L则会危及生命。当出现高钾血症相关的心电图变化时，应立即采取治疗。通常首选输注碳酸氢钠[0.5～1 mEq/kg，静脉（IV）]，尤其是同时伴有代谢性酸中毒的情况。或者输注20%～30%的高渗葡萄糖，可刺激内源性胰岛素的释放，并促使钾离子进入细胞内。当机体总钙或离子钙浓度过低、发生抽搐或出现代谢性碱中毒时，那么输注葡萄糖优于碳酸氢钠。目前对于是否能够同时输注胰岛素和高渗葡萄糖存在争议。输注10%的葡萄糖酸钙溶液（0.5～1 mL/kg）可以拮抗钾离子对心脏的影响，但这种方法不会降低血清钾的浓度。钙盐对低钙血症动物有益，但若动物存在高磷血症，则可能会引发软组织矿化。通常在采取治疗数分钟后，动物的心电图（ECG）就会恢复正常，但这些措施仅能暂时缓解高钾血症的影响。最大限度地恢复肾排泄功能，将血清pH及碳酸氢根浓度维持在正常范围内，将有利于血清钾浓度恢复正常。慢性高钾血症可使用离子交换树脂（硫酸聚苯乙烯钠，2 g/kg，每天分3次口服或灌肠）治疗，也可通过透析治疗。

AIRF维持期时，代谢性酸中毒可能会非常严重并需要进行治疗。无法进行血气分析时，总 $CO_2$ 浓度（<15 mEq/L）可作为代谢性酸中毒的标志。若总 $CO_2$ 低于15 mEq/L，则应开始进行碱治疗。可在不含钙的维持液（如0.9% NaCl）中加入碳酸氢钠（1～3 mEq/kg），以纠正代谢性酸中毒。碱治疗可能出现的并发症包括高钠血症、高渗透压、代谢性碱中毒及低离子钙血症。

AIRF维持期可能会出现严重的高磷血症，后者可通过多种机制使肾损伤和肾功能恶化，包括肾脏矿化、直接肾毒性及收缩血管反应。此外，高磷血症还会加剧代谢性酸中毒及低离子钙血症。肠道磷结合剂可在一定程度上降低血磷浓度，即便对于厌食动物，也可与GI分泌的磷结合。可选用30～90 mg/(kg·d)的氢氧化铝和碳酸铝进行治疗，并根据连续监测血清磷浓度调整药物剂量。过量服用含铝的磷结合剂可能会引起铝中毒，并出现痴呆症状，但后者很难与尿毒症的表现相鉴别。

相较而言,未出现少尿的动物更易管理,因为高钾血症及水合过度的情况较少发生,且含氮废物潴留的情况通常也较轻微。因此,少尿动物恢复水合后,通常会尝试利用利尿剂来促进动物排尿。由于透析在兽医临床的应用有限,因此使用利尿剂治疗后仍旧少尿的动物,预后不良。通常,少尿动物排尿量增加时并不会伴明显的 GFR 上升,即 BUN 和血清肌酐浓度不会随排尿量增加而同时降低。对利尿治疗反应明显的动物,为了避免脱水和进一步肾损伤,补充其经尿丢失的液体量至关重要。

渗透性利尿剂是指可经肾滤过但不会或很少被肾小管重吸收的低分子量物质。肾小球超滤液渗透压升高会迫使水分被排出。可静脉注射 $0.25\sim0.50$ g/kg 的甘露醇,若 $30\sim60$ min 内仍未见排尿量升高,可重复给药,每天给药的总剂量不得超过 2 g/kg。甘露醇的利尿作用强于等渗扩容剂(如 0.9% NaCl)和高渗葡萄糖。不良反应包括容量过负荷及高渗透压。

髓袢利尿剂(如呋塞米)可能是最常用于 AIRF 动物的利尿剂。当需要增加少尿动物的尿量时,可先静脉注射 $1\sim2$ mg/kg 呋塞米,之后按 1 mg/(kg·h)输注,注射时间不应超过 6 h。若动物尿量升高,用以维持尿量时,可恒速输注 0.1 mg/(kg·h)的呋塞米或间断给药。若动物的尿量未增加,则应停止给呋塞米,考虑使用多巴胺。呋塞米可能会加剧氨基糖苷类的毒性,这种情况下应禁用。

肾皮质血管及肾小管上存在多巴胺能受体。先前的研究认为猫的肾脏血管不含多巴胺能受体,但最近的报道显示是存在的。低剂量[$<10$ μg/(kg·min)]多巴胺可升高健康动物的 RBF,有时还可升高 GFR。较高剂量可引起血管收缩,从而降低 GFR 和 RBF。多巴胺可阻止远端肾小管重吸收钠,从而促进钠经尿排出。多巴胺肾脏剂量通常指 $2\sim5$ μg/(kg·min),人医或兽医研究并未指出多巴胺肾脏剂量优于支持治疗剂量,并且,静脉输注多巴胺需要使用输液泵精确地计算剂量。联合使用呋塞米和多巴胺可使重度肾毒性损伤的实验犬由少尿转变为非少尿,因此,当其他治疗无效时,可尝试使用这种方法。

透析是 AIRF 犬猫发展为晚期尿毒症时生存的唯一希望,尤其是发生少尿或无尿的动物。血液透析可高效地去除尿毒症性废物并保留水分,但对技术要求非常高,不但价格昂贵,而且仅有少数几家机构可为犬猫提供透析治疗。腹膜透析的技术要求较低,相对便宜,应用较血液透析广泛。过去只有在疾病后期,当动物体液、酸碱、电解质紊乱及氮质血症较为严重时,才尝试进行透析。及早开始透析治疗可提高重度 AIRF 病例的存活和康复概率。

### 预后

动物持续存在或在治疗时出现少尿或无尿,则预后不良。维持期 AIRF 患病动物在治疗初期死亡或安乐死的常见原因是高钾血症、代谢性酸中毒或重度氮质血症。激进的输液治疗导致水合过度继而引发肺水肿也是造成动物死亡或安乐死的重要原因。AIRF 的潜在病因同样会影响预后,因为某些病因(如乙二醇中毒、猫百合中毒)会较其他病因(如钩端螺旋体)更严重。氨基糖苷类肾毒性物质和 NSAID 诱导的 AIRF 预后也较差。若出现其他器官疾病或衰竭,则预后较差(如心衰、糖尿病、肝病、胰腺炎、弥散性血管内凝血、肿瘤、败血症)。另外,由于 AIRF 动物需要密切地监护,因此医疗护理水平也会影响预后。总体来讲,大约 50% 的 AIRF 犬猫会死亡或安乐死。而存活的动物中,有一半会出现 CKD,另一半就血清肌酐浓度而言,可恢复临床健康。

# 慢性肾衰
## (CHRONIC RENAL FAILURE)

当代偿机制无法维持 CKD 动物的排泄、调节及内分泌功能时,则会发生慢性肾衰竭。后者引发的含氮溶质潴留,体液、电解质和酸碱平衡紊乱,以及激素分泌障碍构成了 CRF 综合征。当上述异常存在超过 3 个月时,则可诊断为 CRF。引起犬猫 CRF 的原因见框 44-2,犬猫的家族性疾病见框 44-3。

### 分期

国家肾脏基金会使用术语慢性肾病(CKD,chronic kidney disease)来描述病人的五期肾病。第 5 期 CKD 指患者的 GFR 低于健康人的 17%[$<15$ mL/(min·1.73 m²)],病人通常出现氮质血症和 CRF。第 4 期 CKD 指 GFR 为健康人的 17%$\sim$32%[$15\sim29$ mL/(min·1.73 m²)],患者可能出现氮质血症和 CRF。国际肾病权益协会(IRIS, International Renal

**框 44-2　造成犬猫慢性肾病的原因**

**犬***

- 不明原因(最常见的诊断)导致的慢性间质性肾炎(CIN,chronic interstitial nephritis)
- 慢性肾盂肾炎(可能难以通过组织病理学变化与 CIN 相区分)
- 慢性肾小球肾炎(可能难以通过组织病理学变化与 CIN 相区分)
- 淀粉样变性
- 家族性肾病(某些品种的犬易得)
- 急性肾损伤治愈后

**猫**†

- 不明原因(最常见的诊断)导致的 CIN
- 慢性肾盂肾炎(可能难以通过组织病理学变化与 CIN 相区分)
- 慢性肾小球肾炎(可能难以通过组织病理学变化与 CIN 相区分)
- 淀粉样变性(杂种猫不常见,但阿比西尼亚猫具有家族遗传性)
- 多囊性肾病(波斯猫具有家族遗传性)
- 急性肾损伤治愈后
- 肿瘤(肾淋巴瘤)
- 猫传染性腹膜炎导致的脓性肉芽肿性肾炎

\* 老年犬慢性肾病的发病率为 0.5%～1.0%。
† 老年猫慢性肾病的发病率为 1.0%～3.0%。

Interest Society)是一家旨在帮助兽医更好地诊断和管理犬猫 CKD 的国际性组织,他们也提供了类似的用以对犬猫 CKD 进行分期的标准。根据血清肌酐浓度对犬猫 CKD 进行分期的标准见表 44-2。根据此标准,犬猫在 2、3、4 期 CKD 时分别会出现氮质血症及轻度、中度或重度 CRF。判读血清肌酐浓度时,应结合 USG、体格检查和影像学诊断结果(尤其是肾脏大小)。IRIS 建立的标准还通过蛋白尿(即 UPC 比值的高低)和高血压程度对 CKD 提供了亚期分期标准(见 www. iris-kidney. com)。

## 病理生理学

### ◆尿毒症性中毒

　　肾功能降低会导致许多物质蓄积,后者可引起尿毒症临床症状(框 44-4),称为尿毒症性毒素。尿毒症的病理生理机制与许多物质有关,且尿毒症多样化的临床症状并非由单一物质引起。甲状旁腺激素(PTH)可能是最具特征的尿毒症性毒素,是肾性继发性甲状旁腺功能亢进和骨质脱矿质的主要作用因素。

**框 44-3　犬猫家族性肾病***

**淀粉样变性**
- *阿比西尼亚猫*、比格犬、英国猎狐犬、东方短毛猫、*沙皮犬*、暹罗猫

**基膜异常**
- *牛头㹴*、牛头獒、大麦町、杜宾、*英国可卡*、纽芬兰犬、罗威纳、*萨摩耶*

**幼年肾小球病**
- 比格犬、法国獒(波尔多)

**膜增生性肾小球肾炎**
- *伯恩山犬*、布列塔尼猎犬、*软毛麦色㹴*

**多发性肾囊腺癌**
- 德国牧羊犬

**肾小球周纤维化**
- *挪威猎鹿犬*

**多囊性肾病**
- *牛头㹴*、凯恩㹴、*波斯猫*、西高地白㹴

**肾发育不良**
- 阿拉斯加犬、松狮、金毛巡回猎犬、*拉萨狮子犬和西施犬*、迷你雪纳瑞、*软毛麦色㹴*、标准贵宾犬

**肾毛细血管扩张**
- 彭布洛克威尔士柯基犬

**范可尼综合征**
- *巴辛吉犬*

**肾性糖尿**
- 挪威猎鹿犬

**单侧肾发育不全**
- 比格犬

\* *斜黑体*标注了最常见且病变特征最典型的品种。

**表 44-2　国际肾脏兴趣协会建立的犬猫慢性肾病分期标准**

| 分期 | 血清肌酐浓度(mg/dL) | |
| --- | --- | --- |
| | 犬 | 猫 |
| 1 | <1.4(尿浓缩能力受损,肾脏触诊异常,或二者同时存在) | <1.6(尿浓缩能力受损,肾脏触诊异常,或二者同时存在) |
| 2 | 1.4～2.0(出现轻度或不出现临床表现) | 1.6～2.8(出现轻度或不出现临床表现) |
| 3 | 2.1～5.0(出现全身性临床表现) | 2.9～5.0(出现全身性临床表现) |
| 4 | >5.0(出现全身表现且发生尿毒症危象的风险升高) | >5.0(出现全身表现且发生尿毒症危象的风险升高) |

框 44-4　慢性肾病的病理生理特征

尿毒症性中毒(即尿毒症性物质潴留)
超滤过作用
● 蛋白尿
● 肾小球硬化症
虽然肾小球滤过率进行性下降,但肾脏努力维持肾外溶质
　平衡
出现多饮多尿,尿浓缩能力下降
维持钙磷平衡,出现肾性继发性甲状旁腺功能亢进
维持酸碱平衡,出现代谢性酸中毒
出现非再生性贫血
凝血异常(如血小板功能不全)
胃肠道紊乱
心血管并发症(如高血压)
代谢紊乱(如胰岛素抵抗、正常甲状腺病态综合征)

◉超滤过作用

　　当大量肾单位遭到破坏后,肾脏疾病往往呈进行性发展的趋势。肾病这种特点的一个重要原因是肾小球超滤过作用。总 GFR 是指双肾全部肾单位的单个肾单位 GFR(single-nephron GFR,SNGFR)的总和。健康动物的 SNGFR 局限于较窄的范围之内(图 44-5,下图)。随着肾病的进行性发展,起初,残余肾单位的 SNGFR 升高以代偿总 GFR 下降(即所谓的肾小球超滤过作用)。这种情况下,病变肾单位的 SNGFR 下降,残余肾单位的 SNGFR 升高,因此正常较窄的 SNGFR 范围随着 CKD 的发展而逐渐增宽(见图 44-5,中图和上图)。这种调节的幅度非常高,实验性切除肾脏 4～6 周后,剩余肾单位的总 GFR 可升高 40％～60％。例如,GFR 为 40 mL/min 的犬,若切除一侧肾脏,那么其 GFR 可迅速降为 20 mL/min,但 1～2 个月内,又可因残余肾单位的超滤过作用,使 GFR 稳定在 30 mL/min。

◉残余肾组织的功能和形态学变化

　　超滤过作用使更多蛋白质穿过肾小球毛细血管进入肾小囊及肾小球系膜。超滤过作用对肾功能及形态造成的不良影响包括蛋白尿和残余肾单位的肾小球硬化,并使肾病恶化。肾小管细胞上有激素及生长因子受体,部分激素和生长因子是小分子蛋白,被滤出后可被近端肾小管细胞摄取,从而促进细胞增殖及细胞外间质沉积,导致肾小管间质损伤。滤出的蛋白质增多会加重肾小管细胞重吸收蛋白质的负荷,继而引起炎性及血管活性基因上调,进一步加剧肾损伤。肾小球损伤导致的肾单位下游部分缺血、肾组织矿化及局部

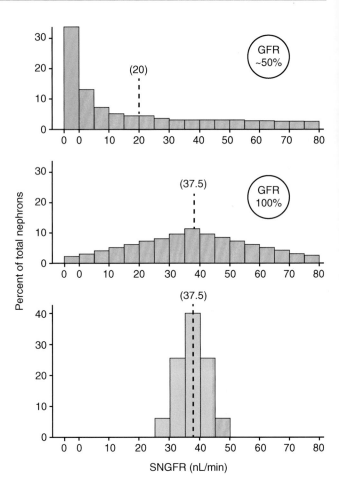

图 44-5

**Widening range of SNGFR as renal disease progresses.** *Lower panel*, normal situation. *Middle panel*, situation in which some nephrons are nonfiltering or have decreased SNGFR and others have increased SNGFR but the mean SNGFR remains unchanged and total GFR is still normal. *Top panel*, the total GFR has been reduced by 50%. In this setting, the mean SNGFR is decreased, many nephrons are nonfiltering or hypofiltering, and many are hyperfiltering. (From Brenner BM: Nephron adaptation to renal injury or ablation, Am J Physiol 249:F332,1985.)

氨蓄积也可加剧肾小管间质的损伤。不论原发性肾病是什么,这种进行性损伤会不断持续下去。

　　影响 CKD 进程的因素可能包括动物种属、肾组织损伤的程度及持续时间、饮食改变及并发症。犬猫只有当 85％～95％的肾组织被破坏时,才会发展为进行性损伤,而人和大鼠在 75％～80％的肾被切除时,即可出现进行性病变。切除犬 75％的肾组织后,4 年内并未出现进行性损伤的迹象;而切除 94％的肾组织时,犬可在 24 个月内出现进行性损伤。限制大鼠的蛋白质摄入可逆转肾小球的超滤过作用,但一项研究表明,切除犬 94％的肾组织(切除 15/16 的肾组织),饲喂蛋白质含量为 17％的日粮并不能阻止肾小球超滤过作用的发生。此外,对于试验诱导性肾病患犬,当日

粮蛋白质含量为 8% 时可造成营养不良（如体重降低、低白蛋白血症），并提高死亡率。降低日粮磷含量可使肾性继发性甲状旁腺功能亢进恢复并延缓肾病的发展。减少热量摄入也可缓解蛋白尿及肾形态学变化。日粮添加 ω-3 多不饱和脂肪酸（PUFAs, polyunsaturated fatty acids）也可起到有益作用。而高血压或泌尿道感染等并发症则可加速肾病发展。

◉ 肾外溶质平衡

为了理解肾脏对慢性进行性肾病的代偿机制，须了解"肾外溶质平衡"的概念。每一个动物个体每天摄入的水和溶质的量不同，肾脏通过调节水和溶质的排出量来维持机体液体量和成分的稳定。对 CKD 动物而言，尽管病程不断发展，GFR 进行性下降，但肾脏仍尽力维持这种平衡。健康动物随着 GFR 自发性地升高或降低，肾小管重吸收的量与 GFR 的变化一致。因此，即便 GFR 发生变化，滤过后被重吸收的量也可保持不变，这个原则称为"球管平衡（glomerulotubular balance）"。对于任意一种溶质，病变的肾脏为了维持球管平衡，随着 GFR 的降低，该溶质被滤出后，重吸收的部分减少，排出的部分增多。但在某些情况下，这种适应性变化机制会对动物产生有害影响。

Neil Bricker 博士于 1972 年阐述了矫枉失衡学说（trade-off hypothesis）："随着肾病的发展，机体为维持某种溶质的肾外溶质平衡，所要付出的生物学代价是引发一种或多种尿毒症性异常"。超滤过作用即为矫枉失衡学说的一个例子：机体保持总 GFR 不变的代价是蛋白尿、肾小球硬化及残余肾组织的进行性损伤。另一个典型的例子是，肾性继发性甲状旁腺功能亢进的目的是维持钙磷平衡，但却以骨密质被破坏为代价。此外，骨密质被破坏，以骨碳酸盐来缓冲蓄积的固定酸也是矫枉失衡学说包含的内容。通过限制某种溶质的摄入，可抑制不良代偿机制及其引起的后果。例如，限制日粮中磷的含量可抑制甚至逆转肾性继发性甲状旁腺功能亢进并延缓 CKD 的发展。

在 CKD 的发展过程中，肾脏对不同溶质的反应是不同的（图 44-6）。某些溶质不受肾脏调节，仅受肾小球滤过情况的影响（如尿素、肌酐）。因此，这些溶质的血浆浓度可实时反映 GFR。某些溶质受到部分调节，肾小球滤过率、肾小管重吸收和分泌可共同影响其浓度（如磷、氢离子）。只有当 GRF 低至正常水平的 15%～20% 时，这些溶质的血浆浓度才会出现异常。而有些溶质则受到完全调节，肾小球滤过率、肾小管重吸收和分泌可共同影响其浓度（如钠、钾），但只有当 GFR 低至正常水平的 5% 以下或动物发生少尿或无尿时，这些溶质的血浆浓度才会出现异常。

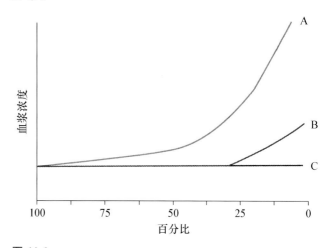

**图 44-6**
溶质平衡的肾脏调节。曲线 A 代表不受调节的溶质。曲线 B 代表部分受调节的溶质。曲线 C 代表完全受调节的溶质。（引自 Bricker NS, Fine LG: The renal response to progressive nephron loss. In Brenner BM, Rector FC: The kidney, ed 2, Philadelphia, 1981, WB Saunders, p. 1058.）

◉ 多饮多尿的形成

CKD 动物浓缩尿液（即保留水分）和排出水分的能力出现障碍。尿浓缩障碍的临床表现即为多尿（PU, polyuria），动物同时会出现代偿性多饮（PD, polydipsia）。而造成尿浓缩能力受损最主要的原因是每个残余肾单位的溶质负荷升高了，而非肾小管或肾间质的结构病变，即残余肾单位发生渗透性利尿。大多数情况下，当 67% 的肾单位失去功能时，动物会发生尿浓缩能力障碍，临床表现为出现等渗尿，尿渗透压为 300～600 mOsm/kg，或 USG 为 1.007～1.015。框 44-5 的例子解释了为何 CKD 动物的 GFR 进行性降低，但仍会发生 PU。

◉ 钙磷平衡

正常的钙磷代谢需要肾脏、胃肠道及骨骼参与，并在 PTH、1,25-二羟维生素 $D_3$（骨化三醇）及降钙素的调节下进行。25-羟维生素 $D_3$ 在肾脏内 1α-羟化酶的作用下转化为 1,25-二羟维生素 $D_3$。CKD 患犬中，约有 10% 会出现血清总钙浓度降低，而有 40% 会出现血清离子钙浓度下降。低离子钙血症可能与 CKD 动物的高磷血症相关,根据质量作用定律,溶质中的钙磷含量取决于[Ca]×[Pi]的值,其中[Ca]为血清钙浓度,[Pi]为血清磷浓度。当该值高于60~70时,即会发生软组织矿化。肾脏发生疾病时,骨化三醇的生成减少,从而影响肠道对钙的吸收,而肠道内的钙与磷酸盐结合则会进一步妨碍钙的吸收。有5%~10%的CKD患犬会出现高钙血症,高钙血症可引起肾血管收缩及间质矿化,从而加剧肾损伤。不过,即便测得的CKD患犬血清总钙浓度升高,其血清离子钙浓度也通常正常或偏低。

**框44-5 病例举例**

一只10 kg的健康犬,每日正常的排尿量为333 mL,尿渗透压为1 500 mOsm/kg,那么,其排出的溶质量为0.333×1 500,即500 mOsm/d。如果这只犬发生慢性肾衰(CRF),当其需排出500 mOsm的溶质时,若尿渗透压降为500 mOsm/kg,那么将需要排出1 000 mL尿液。随着慢性肾病的发展,该患犬肾脏处理水的能力可能会按照下述方式改变。

| | 健康 | 患病 |
|---|---|---|
| 肾单位数量 | 1 000 000 | 250 000 |
| 总 GFR(mL/min) | 40 | 15 |
| SNGFR(nL/min) | 40 | 60 |
| 排尿量(mL/d) | 333 | 1 000 |
| 排尿量(mL/min) | 0.23 | 0.69 |
| 单个肾单位排尿量(nL/min) | 0.23 | 2.76 |
| 滤过水被重吸收的比例 | 99.4% | 95.4% |
| 滤过水被排出的比例 | 0.6% | 4.6% |

注意:疾病状态下,滤过水被重吸收的比例降低,而被排出的比例升高。

进行性CKD病例通常伴有甲状旁腺功能亢进,主要原因是磷潴留影响了血清离子钙浓度,从而发生肾性继发性甲状旁腺功能亢进(图44-7A)。GFR降低导致磷排泄受阻并引起高磷血症,后者可通过质量作用定律([Ca]×[Pi]=定值)降低血清离子钙浓度。低离子钙血症会刺激甲状旁腺合成并释放PTH。PTH可促进肾脏磷的排泄及骨骼中钙磷的释放,在二者的共同作用下,血清磷及离子钙浓度得以维持正常。甲状旁腺激素通过降低肾小管对磷重吸收的上限从而减少肾脏对磷的重吸收。但是当GFR低至正常水平的15%~20%时,便达到代偿反应的上限;若GFR进一步降低,则会出现高磷血症。因此,虽然血清PTH浓度进行性升高能够使钙磷平衡得以维持,但PTH

浓度慢性升高可引起骨质脱矿化及其他尿毒症性毒素反应(如骨髓抑制、尿毒症性脑病)。这一系列反应都是进行性CKD为了维持钙磷平衡而发生的代偿作用。

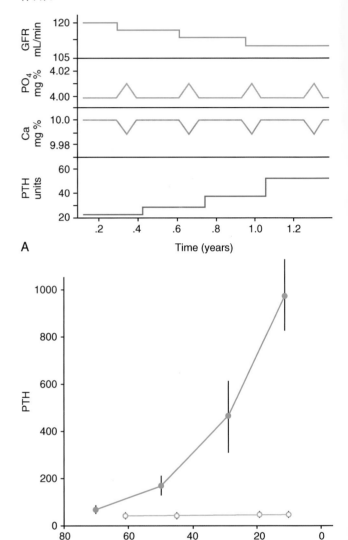

图 44-7

A,Classic theory of the development of renal secondary hyperparathyroidism according to Slatopolsky(see text for explanation). B, Effect of proportional restriction of dietary phosphorus in progressive CKD on serum PTH concentration(*open circles*)as compared to normal unrestricted dietary intake of phosphorus(*closed circles*). (From Slatopolsky E et al: On the pathogenesis of hyperparathyroidism in chronic experimental renal insufficiency in the dog,J Clin Invest 50:492,1971.)

磷潴留对肾骨化三醇生成的影响是造成肾性继发性甲状旁腺功能亢进的又一原因。磷潴留和高磷血症可抑制肾脏1α-羟化酶的活性,从而抑制25-羟维生素D₃向1,25-二羟维生素D₃(骨化三醇)转化。而骨化三醇生成减少则会降低胃肠道对钙的吸收,促进低离子钙血症的发生及 PTH 分泌。正常情况下,骨化三醇可作用于甲状旁腺细胞上的受体并减少 PTH 的合成和分泌。但由于 CKD 动物肾脏骨化三醇生成减少,故这种负反馈调节机制发生障碍,可进一步促进 PTH 的释放。成纤维细胞生长因子 23(FGF23)是骨骼产生的一种蛋白质,可抑制近端肾小管对磷的重吸收并抑制肾脏 1α-羟化酶的活性,从而减少骨化三醇的生成。动物发生 CKD 时,FGF23 生成增多可促进对磷的排泄,但同时因抑制了骨化三醇对甲状旁腺的负反馈调节而使肾性继发性甲状旁腺功能亢进进一步恶化。

对于实验诱导的 CKD 患犬,根据其 GFR 降低的程度,相应减少日粮磷的摄入,可防止或逆转肾性继发性甲状旁腺功能亢进(见图 44-7B)。

CKD 早期降低磷的摄入可激活肾脏 1α-羟化酶,导致骨化三醇生成增多。后者可促进肠道对钙的吸收并提高血清离子钙浓度,减少 PTH 的分泌。CKD 后期时,肾脏产生的骨化三醇减少,无法满足肠道对吸收钙的需求。不过,晚期肾病时限制磷的摄入仍可降低 PTH 的分泌,其作用机制尚不明确,但与血清离子钙或骨化三醇浓度关系不大。限制磷的摄入可延缓肾性继发性甲状旁腺功能亢进的发展并抑制肾间质的矿化、炎症及纤维化,从而减慢 CKD 的发展速度。出于上述原因,治疗 CKD 犬猫时应限制磷的摄入。

### ◈ 酸碱平衡

CKD 动物发生代谢性酸中毒的主要原因是肾脏排泄氨受阻。在慢性肾病发展过程中,肾脏通过上调谷氨酰胺生氨反应来维持氢离子平衡。尽管进行性 CKD 时氨的绝对排泄量降低,但其实单个残余肾单位排泄氨的量是显著升高的。按单个肾单位计算,肾脏氨排泄量可升高 3~5 倍。然而,当 GFR 降至正常水平的 10%~20% 时,即达到代偿机制的上限。此时,病变的肾脏已经难以有效地处理每日产生的固定酸,从而使血浆碳酸氢根浓度稳定在一个新的、较低的水平之上。CKD 病例的代谢性酸中毒通常不太严重,由于骨骼缓冲储备(如碳酸钙)很大,因此,血浆碳酸氢根浓度仅轻度降低。为了缓冲代谢性酸中毒而动员骨骼碳酸钙可加剧骨骼脱矿化,同时,肾脏氨蓄积可引发肾小管间质性炎症,这也是"矫枉失衡学说"的另一例证。用碱来纠正代谢性酸中毒可能会减缓 CKD 的发展。

### ◈ 贫血

促红细胞生成素是一种糖蛋白激素,可调节骨髓红细胞的生成。成年动物的促红细胞生成素主要由肾脏分泌。CKD 通常可见非再生性(即正色素性、正细胞性)贫血,但严重程度不一。贫血的主要原因是病变肾脏产生的促红细胞生成素减少,难以满足红细胞生成的需要。尿毒症患病动物的红细胞寿命约为健康动物的 50%,这可能是由血浆中尿毒症性毒素引起的。CKD 时血小板功能异常促进了隐性失血(如胃肠道出血)的发生。人重组促红细胞生成素已成功用于纠正人类 CKD 患者的贫血。这种产品也被用于贫血的 CKD 犬猫,但由于会产生抗体而限制了其在犬猫上的应用。

### ◈ 凝血缺陷

凝血异常及出血性倾向是尿毒症的特点之一。与猫相比,犬更易观察到胃肠道出血。血小板功能缺陷(血小板数量通常正常)是主要原因。评估动物出血风险的最佳标准是颊黏膜出血时间(通常在 2~3 min 及以下),但该检查很少在诊所内实施。其他凝血检查(如凝血酶原时间、部分促凝血酶原激酶时间、活化凝血时间)的结果通常均正常。血小板功能异常包括血小板黏附、聚集异常,血块凝缩程度减轻和血小板产生的血栓素减少。此外,血小板功能异常可能与尿毒症性毒素(如胍类、PTH)有关。

### ◈ 胃肠道紊乱

尿毒症患犬可能会观察到颊黏膜及舌部发生糜烂或溃疡,但猫非常少见。引起溃疡的原因可能是尿素经唾液排出并被口腔中的细菌降解为氨。尿毒症患犬因舌部局部缺血、坏死、溃疡而导致纤维素样坏死及动脉炎,故可能会出现舌尖坏死。CKD 患犬常可见胃肠炎及胃肠出血。其表现为血小板功能异常导致的出血、胃肠道内的细菌将尿素分解为氨、血管病变导致的缺血以及因肾排泄胃泌素障碍而导致的胃泌素浓度升高。尿毒症患犬常发呕吐,可能是由尿毒症性毒素对化学感受器的刺激所致,但猫很少见。

### ◈ 心血管并发症

CKD 犬猫出现全身性高血压的比例为 20%~30%,患有肾小球疾病的犬出现全身性高血压的比例为 50%~80%。犬猫的正常血压与人类似(即收缩压

120 mmHg,舒张压 80 mmHg),但由于医院环境会使犬猫的血压轻度升高(所谓的白大褂效应),因此,很难辨别动物是否出现轻中度高血压。引起动物高血压的因素包括 CKD 相关的肾脏缺血,从而激活肾素-血管紧张素系统,以及交感神经系统兴奋性增强。肾小球疾病时,肾内钠潴留机制是引起高血压的重要原因。全身性高血压的临床及病理学表现包括眼部异常(如视网膜脱落、视网膜出血、视网膜扭曲)及心血管异常(如左室增大、动脉中层肥厚、心杂音、奔马律)。

◈ 代谢相关的并发症

很多激素是小肽片段。正常情况下,这些小肽可经肾脏滤过并重吸收,然后在近端肾小管细胞中分解。当肾脏丧失这一清除功能时,即会引起代谢紊乱。尿毒症动物常会出现外周胰岛素抵抗及轻度空腹高血糖(<150 mg/dL),但无临床意义。过多的胃泌素会刺激胃分泌酸,促进尿毒症性胃肠炎的发生;过多的胰高血糖素会引起负氮平衡及组织分解。CKD 是导致正常甲状腺病态综合征的重要原因之一,会干扰对老年猫甲状腺功能亢进的诊断,因此,在评估治疗方案时须考虑是否存在 CKD。患病动物血浆皮质醇浓度可能会轻度升高,盐皮质激素浓度升高可能也是导致高血压的原因之一。

## 临床表现

对于患有 CKD 的犬猫,细心的动物主人可能会首先观察到多饮多尿。犬夜尿症非常易于发现,因为动物主人常会在夜间被犬唤醒外出排尿。若未注意到 PU 和 PD,则动物主人通常会觉察到一些非特异性尿毒症症状。CKD 犬猫常出现厌食、体重下降及嗜睡;犬还常见呕吐,但猫相对少见;腹泻比较少见,可能见于尿毒症晚期患犬。

体格检查时,体况较差和被毛干燥粗糙通常是慢性疾病的表现。当动物因采食和饮水量下降至不足以满足多尿时,通常发生脱水。CKD 患犬可能观察到口腔溃疡。显著贫血的动物可见黏膜苍白。患有 CKD 的成年犬猫罕见因骨骼脱矿化而出现的临床症状,但幼龄快速生长期的尿毒症患犬会出现非常严重的纤维性骨营养不良(所谓的橡皮颌)。动物出现皮下水肿或腹水,提示可能存在肾小球疾病。

## 临床病理学及影像学表现

患病动物的 CBC 结果可能会出现非再生性贫血,但有可能被脱水所掩盖——因此,红细胞比容应结合总蛋白浓度进行判读。成熟的嗜中性粒细胞增多及淋巴细胞减少提示慢性疾病引起的应激反应。血小板数量通常正常,但功能可能出现异常。通常情况下,CKD 动物的血清钾浓度正常,但若出现少尿或无尿,动物可能发生异常。当超过 75% 的肾单位发生功能障碍时,即会发生氮质血症;当超过 85% 的肾单位发生功能障碍时,动物会出现高磷血症。血清总钙浓度通常正常或轻度降低,某些情况下可能出现升高。碳酸氢根浓度通常轻度降低,只有当犬猫 CKD 晚期时,才会出现中度至重度代谢性酸中毒。

当超过 67% 的肾单位失去功能时,犬会出现等渗尿(USG,1.007~1.015),而一些 CKD 患猫即便出现了氮质血症,仍可保留尿浓缩能力。一项研究表明,猫 58%~83% 的肾单位失去功能时,仍可产生浓缩尿(USG,1.022~1.067)。因此,发生氮质血症的猫,即便排出浓缩尿,也不代表其为肾前性氮质血症。蛋白尿的严重程度可以作为评估肾病进程及肾小球内高压的指示。一项研究显示,尿蛋白/肌酐(urine protein-to-creatinine,UPC)比值高于 1.0 提示发生尿毒症危象或死亡风险升高,肾病发展速度较快。若动物持续存在严重的蛋白尿,而尿沉渣无显著异常时,提示为原发性肾小球疾病。微量蛋白尿指尿蛋白浓度为 1~30 mg/dL。微量蛋白尿是内皮损伤的早期指征,并且是肾病进程的风险因子。微量蛋白会随着年龄的提高及其他全身性疾病的出现而加重,但其对犬猫的预后价值仍不明确。脓尿及菌尿提示存在泌尿道感染。

CKD 犬猫的腹部 X 线平片上可能观察到肾脏形状不规则或变小(腹背位上<L2 脊椎的 2.5 倍),但若肾脏形状及大小正常也无法完全排除 CKD。与 X 线片类似,肾脏超声检查可能发现肾组织回声增强,当肾髓质回声增强,近似于皮质回声强度时,还会出现皮髓质分界不清,但肾脏超声检查无异常并不能排除 CKD。

## 保守治疗

◈ 整体原则

当遇到严重脱水的 CKD 犬猫时,不要太过悲观。若动物脱水,在征得主人同意后,应及早开始静脉输液以消除肾前性氮质血症(框 44-6)。动物可能需要花 1~5 d 才能恢复水合。通常情况下,在给予平衡晶体溶液(如乳酸林格氏液)并恢复水合后,动物本身及实验室检查结果都会好转很多。接下来应寻找引起肾衰的潜在可逆性病因(如肾盂肾炎、高钙血症、梗阻性肾病)并合理治疗。最后,针对可能导致肾衰恶化的可逆性因素加以治疗(如泌尿道感染、持续存在的电解质或酸碱紊乱、高血压)。经过这些步骤,治疗计划可分为维持补液、电解质、酸碱平衡及热量平衡,防止代谢废物的蓄积,并减轻因肾脏丧失内分泌功能而造成的不良影响。

---

 **框 44-6　慢性肾衰患病动物的治疗方案**

**在医院内**
- 静脉输注晶体液以恢复水合并消除肾前性氮质血症
- 纠正酸碱紊乱
- 纠正电解质紊乱
- 发现并消除引起肾衰的可逆性病因(如肾盂肾炎、高钙血症、梗阻性肾病)
- 发现并消除并发疾病(如下泌尿道感染、高血压)

**在家中**
- 饮食管理
- 随时保持饮水新鲜
  - 饲喂肾病处方粮——低蛋白、低磷、低钠;添加 B 族维生素、可溶性纤维、ω-3 多不饱和脂肪酸(PUFAs)、抗氧化剂
  - 提供充足的非蛋白能量[40~60 kcal/(kg·d)]
- 限制磷(磷结合剂)
  - 氢氧化铝
  - 碳酸铝
  - 碳酸钙
  - 醋酸钙
  - 盐酸司维拉姆
  - 碳酸镧
  - 壳聚糖,碳酸钙
- 补充碱和钾(如柠檬酸钾、葡萄糖酸钾)
- $H_2$ 受体阻断剂(如法莫替丁)
- 血管紧张素转换酶抑制剂(如依那普利、贝那普利)
- 重组人促红细胞生成素
- 骨化三醇
- 辅助使用抗高血压药物(如氨氯地平)
- 由动物主人给予晶体液(如乳酸林格氏液)

---

◈**饮食管理**

应随时为 CKD 犬猫提供新鲜的饮水。肾病处方粮可延长犬猫的存活时间。一项研究表明,患有 CKD 的猫食用肾病处方粮的存活时间为 12~14 个月,而食用普通日粮的患猫,存活时间则为 6~12 个月。由于肾病处方粮与普通日粮的差异很多,如低蛋白质、低磷、低钠,添加 B 族维生素、可溶性纤维、ω-3PUFAs 及

抗氧化剂,因此,这些研究无法明确具体是哪种营养物质在起作用,但它们为支持 CKD 犬猫食用肾病处方粮提供了 I 级证据(即证据源自以目标动物为临床研究对象而进行的随机对照临床研究)。

理论上,限制蛋白质摄入可减少蛋白质代谢所产生的毒性代谢产物,并降低残余肾单位的超滤过作用,从而减轻尿毒症相关的临床症状。但是,由于蛋白降解产物主要通过肾小球过滤,而肾脏大部分代谢能量的消耗来自钠重吸收,因此低蛋白质日粮并不能减轻肾脏负担。中等程度上限制蛋白质摄入可缓解尿毒症临床症状,并改善动物健康状况,但无法逆转 CKD 犬猫的超滤过作用。

至于在进行性肾病的过程中,何时开始限制蛋白质摄入仍尚存争议。但不推荐在肾病早期、蛋白分解产物尚未开始蓄积时就限制蛋白质摄入。若 CKD 患病动物的水合状态稳定但表现出中度的氮质血症(即 IRIS 猫第 2 期、犬第 3 期),则通常推荐进行日粮调整。对 CKD 患犬进行中度的蛋白质限制(如 15%~17% 的蛋白质含量)要优于饲喂蛋白质含量极高或极低的日粮,并且推荐在 2~4 周时间内,将原来的日粮逐渐过渡为处方粮。由于调整了日粮,BUN 浓度会降低,因此,BUN 对肾功能的指示作用降低,但血清肌酐浓度不会受到日粮的较大影响。

猫与犬的营养需求不同。犬至少约有 5% 的热量须由蛋白质提供,而猫则达到 20%。这还只是基本代谢需要,未计入氮质储存的需要量。此外,猫似乎更喜欢高脂肪含量的日粮,并且需要通过日粮提供牛磺酸。若动物能保持稳定的体重、稳定的血清白蛋白浓度,同时降低 BUN 浓度,则表明低蛋白质日粮起到良好效果。

为了维持动物体况的稳定,需通过碳水化合物和脂肪提供充足的非蛋白能量。通常推荐的能量标准约为 60 kcal/(kg·d),但老年动物需要的能量较少[如 40 kcal/(kg·d)]。在日粮中添加 ω-3 PUFAs 可起到保护肾脏的作用。提高日粮中 ω-3 PUFAs 与 ω-6 PUFAs 的比例可减少致炎并促进血小板聚集和血管收缩的前列腺素(PG,prostaglandin)TXA2 的产生,增加舒张血管的前列腺素(PGE、PGI)的产生。对于肾功能不全的犬,有研究表明添加 ω-3 PUFAs 有许多有益作用,如减轻蛋白尿、保持 GFR、减轻肾脏形态改变。不过这些研究所用的 ω-6/ω-3 的比例非常低,商品日粮可能很难达到。通常肾脏处方粮的(ω-6)/(ω-3)达到 2:1 即可;也可通过每天向日粮中添加 1~5 g

的 $\omega$-3 PUFAs 达到此目的。

进行性 CKD 时,钠排泄分数升高有助于维持钠平衡。患有 CKD 和高血压的犬、患有肾小球疾病并出现钠潴留和水肿的犬,应限制日粮中钠的含量。CKD 患病动物对日粮钠含量变化的适应性变差。许多宠物食品的钠含量很高,约为 1%,而适用于犬猫 CKD 的商品日粮的钠含量为 0.2%～0.3%。因此在更换为处方日粮时,应逐渐更换、慢慢对钠加以限制。

动物通常会对 CKD 引起的代谢性酸中毒产生良好代偿。但若代谢性酸中毒过于严重(血清碳酸氢根浓度≤12 mEq/L),则应通过补充碳酸氢钠进行治疗。调整碳酸氢钠的补充剂量,使血清碳酸氢根浓度不低于 14 mEq/L,并应注意通过这种方式摄入的钠。此外,可选用葡萄糖酸钾或柠檬酸钾来补碱,在补碱的同时又没有添加更多钠。CKD 犬猫通常不会出现高钾血症。在尿量得以保证的前体下,肾脏能够维持血清钾浓度的正常,除非 GFR 降至正常值的 5% 以下。CKD 犬猫的低钾血症可通过口服葡萄糖酸钾或柠檬酸钾来治疗。

### ◈ 限制磷

CKD 早期限制磷可抑制或逆转肾性继发性甲状旁腺功能亢进。一项研究中,切除犬 94% 的肾脏后,饲喂蛋白质含量为 17%、磷含量为 0.5% 或 1.5% 的日粮,结果饲喂高磷日粮的犬疾病发展更快,结果更差,肾小管间质性病变也更严重。另一项研究通过血清磷及 PTH 浓度评估自发性 CKD 患猫是否出现肾性继发性甲状旁腺功能亢进,结果有 84% 的患猫出现此并发症,而限制磷能起到有益作用。由于完全不含磷的日粮适口性很差,因此可口服磷结合剂限制磷在肠道的吸收并加速其排出。为了保证磷结合剂的效果,应在饲喂后 2 h 之内给予。一旦确诊为 CKD,动物应立即开始通过低磷、低蛋白质日粮来限制磷的摄入。必要时,可口服磷结合剂来进一步降低血清磷浓度。

人类患者服用含铝磷结合剂的重要并发症之一是慢性铝中毒,表现为骨病及脑病。由于含铝的磷结合剂无法保证既充分限制磷又不出现铝中毒的风险,因此,CKD 患者已换用其他磷结合剂来避免这一问题。对于 CKD 犬猫,尚不明确含铝的磷结合剂是否会引起铝中毒,但有报道称 2 只患犬出现了 ARF。不过,含铝磷结合剂仍被临床兽医师用于 CKD 犬猫的治疗。氢氧化铝(amphojel)可以 45 mg/kg,q 12 h 的剂量与食物同

食。治疗目标是将血清磷浓度控制在 5.0 mg/dL 之内。也可以选用碳酸钙作为磷结合剂,初始剂量为 45 mg/kg,q 12 h,与食物同食。碳酸钙的优点是不含铝,避免了胃肠道吸收引起中毒的风险。醋酸钙的磷结合效果优于含铝或其他含钙磷结合剂,故服用剂量稍低。对于服用含钙磷结合剂的动物,应监测并避免高钙血症的发生。磷结合剂可能引起动物便秘,可通过乳果糖来治疗这一问题。盐酸司维拉姆(Renagel)是一种不含铝或钙的磷结合剂,人类患者的治疗剂量为 800～1 600 mg,3 次/d,与食物同食。犬猫的参考剂量为 10～20 mg/kg,q 8 h,与食物同食。服用司维拉姆可能会引起包括便秘在内的胃肠不适,极高剂量下可能会影响胃肠道对叶酸及维生素 K、维生素 D、维生素 E 的吸收。碳酸镧(Fosrenol,Renalzin)不会被胃肠道吸收,因此不会在 CKD 患病动物体内蓄积。目前并未发现碳酸镧有毒性,参考剂量为 30 mg/(kg·d)。口服 Epakitin 能够抑制日粮中的磷被吸收,并吸附尿素及氨,从而进一步起到有益作用。使用剂量为 0.2 g/kg,q 12 h 时,Epakitin 能够提供 20 mg/kg 碳酸钙,q 12 h,但该药对 CKD 犬猫的效果尚不明确。

即使动物在疾病早期尚未出现高磷血症,限磷仍能够逆转已经发生的肾性继发性甲状旁腺功能亢进,从而起到有益作用。但应严密监测动物,以防低磷血症的发生。尤其对于绝食动物,应采取一切措施避免饲喂对血清磷浓度的影响,应将其稳定在 2.5～5.0 mg/dL 的范围内。连续测定 PTH 可用于监测肾性甲状旁腺功能亢进治疗效果,但针对犬猫较为可靠的检查尚未广泛开展。

### ◈ 针对胃肠道症状的治疗

患有尿毒症的犬猫因高胃泌素血症使得胃内酸性升高。$H_2$ 受体拮抗剂可阻断胃泌素介导的胃酸分泌,故可缓解胃肠道症状,如食欲下降、恶心、呕吐及胃肠道出血。通常使用法莫替丁(1 mg/kg,口服/PO,q 24 h)治疗。若单用 $H_2$ 受体阻断剂效果不佳,可配合止吐剂治疗。可选的药物包括甲氧氯普胺(0.1～0.4 mg/kg,PO 或皮下注射/SC,q 8～12 h)、5-HT₃(血清素 3 型)受体拮抗剂如昂丹司琼(0.6～1 mg/kg,PO,q 12 h)或 NK1(神经激肽)受体拮抗剂柠檬酸马罗皮坦(1 mg/kg,SC 或 2 mg/kg,PO,q 12～24 h)。若怀疑发生胃肠溃疡或出血,可使用胃保护剂如硫糖铝(每只犬 0.5～1 g,PO,q 8～12 h)。

◆血管紧张素转换酶抑制剂（angiotensin-converting enzyme inhibitors，ACEI）

　　血管紧张素转换酶（ACE）抑制剂（如依那普利、贝那普利）具有保护肾脏延缓 CKD 发展的作用。血管紧张素Ⅱ可使出球小动脉收缩，肾小球内高压及蛋白尿加剧。而进入球系膜的蛋白增多会促使肾小球发生硬化。ACEI 通过降低肾小球内的静水压，可减少经滤过作用进入肾小囊和球系膜的蛋白量。依那普利的使用剂量为 0.5 mg/kg，PO，q 24 h 或 q 12 h。或者选用贝那普利，剂量为 0.25～0.5 mg/kg，PO，q 24 h 或 q 12 h。CKD 患猫可很好地耐受贝那普利并缓解蛋白尿。

◆内分泌替代疗法

　　**促红细胞生成素。** 重组人促红细胞生成素，又称 EPO［epoetin alfa（Epogen），darbepoetin alfa（Aranesp）］被用于治疗 CKD 犬猫的非再生性贫血。经 EPO 治疗后，犬猫的贫血可得到缓解，体重增加，食欲和被毛改善，与动物主人的互动也增多了。初次使用 epoetin alfa 治疗后，犬猫有 20%～40% 的概率会在 30～90 d 内产生抗体。一旦产生抗体，患病动物可能会出现重度贫血并且需要依靠输血来维持。Epoetin alfa 的初始治疗剂量为 100 U/kg，SC，3 次/周。治疗过程中需严密监测动物的红细胞比容，并根据红细胞比容来调节用药剂量，使之达到并维持在 30%～40%。当动物的红细胞比容达到目标范围后，可将 EPO 的使用频率降至 2 次/周。若动物在使用 epoetin alfa 治疗时，红细胞比容出现连续性小幅度降低，提示可能出现了 EPO 抗体。其他可能观察到的不良反应包括呕吐、抽搐、高血压、葡萄膜炎及黏膜皮肤的超敏样反应。因 epoetin alfa 可能会引起不良反应且价格昂贵，所以，只当动物发生重度贫血［如红细胞比容在 12%～15% 及以下］并出现相关临床表现时，才开始使用 epoetin alfa 治疗。在使用 EPO 治疗的过程中（最好能够在治疗前），应为动物补铁，以确保机体铁源充足。

　　Darbepoetin alfa 多了 2 个糖基化位点，使半衰期延长了 2 倍。该药的治疗剂量非常低（0.25～0.5 μg/kg，SC，1 次/周），当红细胞比容达到目标下限（30%）后，可将给药间隔降为 2 周一次，达到上限（40%）后，可进一步降为 3 周一次。由于 darbepoetin alfa 的构型不同，且治疗剂量较低，犬猫进行治疗时产生抗体的可能性较低。已有人工合成的犬/猫重组促红细胞生成素，治疗效果较好，但尚无商品化产品。

　　**骨化三醇。** 25-羟维生素 $D_3$ 在肾脏 1α-羟化酶的作用下，转化为维生素 $D_3$ 的活性形式，1,25-二羟维生素 $D_3$（骨化三醇）。PTH 及低磷血症可提高 1α-羟化酶的活性，而骨化三醇及 FGF23 则能够抑制其活性。骨化三醇的主要作用是促进肠道对钙（和磷）的吸收，促进 PTH 介导的骨质中钙磷的溶解，提高肾小管对钙（和磷）的重吸收，并对甲状旁腺合成 PTH 起到负反馈调节作用，这种作用的缺失对 CKD 动物发生肾性继发性甲状旁腺功能亢进至关重要。

　　骨化三醇作用于甲状旁腺上的特异性受体，能够负反馈抑制 PTH 的合成和分泌，故可用于治疗肾性继发性甲状旁腺功能亢进。若［Ca］×［Pi］的可溶性产物高于 60～70，则不应使用骨化三醇，因为可能会造成软组织矿化。只有通过低磷日粮及口服磷结合剂完全控制住高磷血症之后，才可使用骨化三醇治疗。骨化三醇的治疗剂量非常低［2.5～3.5 ng/(kg·d)］，可用于预防或逆转 CKD 犬猫的肾性继发性甲状旁腺功能亢进。应连续监测血清钙浓度，以防发生高钙血症。CKD 犬猫使用骨化三醇治疗后，血清 PTH 浓度会显著下降。随机对照临床试验的结果表明，骨化三醇可延长动物的存活时间。

　　**合成类固醇。** 虽然市面上有多种合成类固醇的产品，但尚无长期研究结果能够证明其对 CKD 犬猫的有效性。合成类固醇司坦唑醇（Winstrol-V）对 CDK 患犬的效果不明，对猫具有肝毒性，可引起肝酶活性升高、维生素 K 反应性凝血疾病、胆汁淤积及肝脂质沉积。通常不推荐 CKD 犬猫使用合成类固醇治疗。

◆血压控制药物。

　　全身性高血压是 CKD 患犬出现尿毒症危象、加速疾病发展、提高死亡率的风险因素之一。评估猫的高血压时，很难判断是真实的高血压还是白大褂效应引起的血压升高。当犬猫的收缩压为 150～159 mm Hg 并出现终末器官损伤（如心血管或眼部并发症）时，应开始降压治疗。若收缩压达到 160～179 mm Hg 时，不论是否出现终末器官损伤，均应开始降压治疗。

　　适用于犬猫 CKD 的大多数商品粮的盐含量均较低。限制钠对全身性高血压的作用较小，且对猫而言，可能因激活肾素-血管紧张素系统而导致钾经尿丢失和低钾血症。利尿剂（如速尿、氢氯噻嗪）通常不用于 CKD 犬猫高血压的治疗，因为动物可能会出现脱水及肾前性氮质血症。虽然 ACEI 对全身性高血压只有中度调节作用,但由于其他潜在的有益作用,ACEI 可用于 CKD 犬猫(见前文)。双氢吡啶类钙通道阻断剂(如氨氯地平)可有效治疗猫的高血压,剂量为 0.625～1.25 mg,PO,q 24 h。氨氯地平也可用于犬,剂量为0.1～0.5 mg/kg,PO,q 12 h,但可能会引起可逆性齿龈增生。非双氢吡啶类的钙通道阻断剂(如维拉帕米、地尔硫䓬)可能缓解人类患者的蛋白尿,并且有保护肾脏的作用,但尚不明确是否对犬猫也有类似作用。

## 支持疗法

可尝试教主人在家中为动物进行皮下补液,这种做法尤其适用于猫和小型犬。例如,若动物主人愿意学习这种技术,且患猫较为配合,每天可分 2 或 3 次为动物皮下注入 60 mL 乳酸林格氏液。当动物主人发现上次注射的液体还未被吸收时,则应停止注射。此外,若动物主人难以操作,那么应建议其带动物到兽医门诊进行输液。额外的液体支持对动物的生活质量有改善作用。若动物主人无法使动物进食,那么应考虑使用饲喂管以保证动物的能量摄入及给药。大多数猫都能长期耐受经皮埋置的胃管,这种方法不仅方便给药,而且对主人及猫的应激均较小。

## 病程及预后

不同动物的 CKD 发展速度不同,患犬或患猫的存活时间为数月至数年不等。血清肌酐浓度的倒数(1/SCr)与时间之间关系的斜率可用于粗略评估 CKD 的发展速度。若采用输液及常规药物治疗后,动物仍表现出重度难治性贫血,难以维持体液平衡及进行性氮质血症,那么提示预后不良。

◉推荐阅读

Brown S et al: Guidelines for the identification, evaluation, and management of systemic hypertension in dogs and cats, *J Vet Intern Med* 21:542, 2007.
Chalhoub S et al: The use of darbepoetin to stimulate erythropoiesis in anemia of chronic kidney disease in cats: 25 cases, *J Vet Intern Med* 26:363, 2012.
Chew DJ: Acute renal failure. In Chew DJ, DiBartola SP, Schenck PA, editors: *Canine and feline nephrology and urology*, St Louis, 2011, Elsevier Saunders, p 63.
Chew DJ: Specific syndromes causing acute intrinsic renal failure. In Chew DJ, DiBartola SP, Schenck PA, editors: *Canine and feline nephrology and urology*, St Louis, 2011, Elsevier Saunders, p 93.
Jacob F et al: Evaluation of the association between initial proteinuria and morbidity rate or death in dogs with naturally occurring chronic renal failure, *J Am Vet Med Assoc* 226:393, 2005.
King JN et al: Tolerability and efficacy of benazepril in cats with chronic kidney disease, *J Vet Intern Med* 20:1054, 2006.
Plantinga EA et al: Retrospective study of the survival of cats with acquired chronic renal insufficiency offered different commercial diets, *Vet Rec* 157:185, 2005.
Roudebush P et al: An evidence-based review of therapies for canine chronic kidney disease, *J Small Anim Pract* 51:244, 2010.
Segev G et al: Aluminum toxicity following administration of aluminum-based phosphate binders in 2 dogs with renal failure, *J Vet Intern Med* 22:1432, 2008.
Syme HM et al: Survival of cats with naturally occurring chronic renal failure is related to severity of proteinuria, *J Vet Intern Med* 20:528, 2006.
Thomason JD et al: Gingival hyperplasia associated with the administration of amlodipine to dogs with degenerative valvular disease (2004-2008), *J Vet Intern Med* 23:39, 2009.

# 第 45 章

# 犬猫泌尿道感染
## Canine and Feline Urinary Tract Infections

## 引 言
## (INTRODUCTION)

约有 14% 的犬一生中至少会发生一次细菌性泌尿道感染(UTI),发病年龄各不相同。雌性绝育犬和老龄犬的发病风险较高,平均发病年龄为 7~8 岁。尿液中分离率较高的病原包括大肠埃希菌(约占所有分离菌株的 50%)、葡萄球菌、变形杆菌、克雷伯氏菌、肠球菌及链球菌属。虽然 UTI 患犬的尿液中曾有支原体被分离出来,但其临床意义尚不明确,因为患犬同时患有其他下泌尿道疾病,如潜在的肿瘤、尿结石或排尿异常。

猫的细菌性 UTI 较犬少见,转诊医院接诊的出现下泌尿道症状(lower urinary tract signs,LUTS)猫中,有 1%~3% 的发生细菌性 UTI,而欧洲私人诊所接诊的猫发病率更高。多数青年猫患伴有 LUTS 的特发性膀胱炎(见第 47 章),与细菌感染无关。患有 UTI 的猫常伴发其他疾病,如糖尿病、甲状腺功能亢进、慢性肾病(CKD)等。糖尿病患猫的 UTI 发生率为 11%~13%。曾进行过尿道导管插入术和/或会阴部尿道造口术的青年猫,UTI 的发病率更高。其他可提高猫 UTI 发病风险的因素包括雌性、老龄化、体重较轻等,不过其中一些风险因子可能与上述并发疾病有关。UTI 患猫常见的分离菌株与犬类似。

泌尿道通过数种防御机制来阻止外源性病原的黏附。首先,正常的排尿行为本身,以及频繁、彻底地排空膀胱即可起到清除细菌的作用。此外,近端尿道含有微皱褶,可在排尿时扩张并起到协助清除细菌的作用,以保障其无菌性。虽然远端尿道、包皮组织及外阴含有正常菌群,但有些细菌可产生细菌素,能够干扰其他细菌的代谢,从而抑制其他病原菌侵入泌尿道。不

仅如此,黏膜分泌物,如免疫球蛋白和氨基葡聚糖,可进一步阻止病原黏附于泌尿上皮。而尿液的高渗透压及高尿素浓度也可起到抑制细菌生长的作用。虽然等渗尿本身不是导致 UTI 风险升高的因素,但能够引起等渗尿的疾病(如 CKD 和甲状腺功能亢进)会使犬猫易于发生 UTI。不过,对于出现低渗尿(USG < 1.013),但尿沉渣检查未见明显异常或尚未怀疑为 UTI 的犬猫,送检尿液做培养是不划算的。

### 临床表现

细菌性膀胱炎的临床表现包括尿淋漓、尿频、排尿行为异常、排尿困难及血尿。也有关于犬猫隐性 UTI (亚临床 UTI、无症状性菌尿)的报道,发病年龄不等。急性肾盂肾炎或慢性肾盂肾炎的急性发作可引起动物食欲下降、嗜睡、发热或不发热、血尿以及氮质血症的临床症状,如呕吐和腹泻。此外,动物还可能出现多饮多尿。疾病晚期的动物可能无尿。慢性肾盂肾炎的犬猫可能不表现临床症状,或只出现多饮多尿。

## 泌尿道感染的分类
## (CLASSIFICATION OF URINARY TRACT INFECTIONS)

根据不同的标准,可将细菌性 UTI 分类(表 45-1)。发生于小动物的单纯性、无并发症的社区获得性 UTI 通常见于无潜在疾病的健康动物。若存在其他潜在疾病(如糖尿病、CKD、排尿异常或解剖结构异常)的动物发生 UTI,则称为并发性感染。并发性感染可能会引起 UTI 的反复发作,还可能造成动物发生特殊感染,如革兰阳性菌解脲棒状杆菌的感染,后者可引起结痂性膀胱炎(encrusting cystitis)(图 45-1)。这种病原还可产生脲

酶,造成磷酸钙和鸟粪石沉积并黏附于尿路上皮。患有糖尿病的犬猫可能发生气肿性膀胱炎,其特征是膀胱壁内的细菌能够产生气体(图 45-2)。最常见的病原是大肠杆菌,可发酵葡萄糖产气;此外,还可发生梭状芽孢杆菌属的细菌感染。除了发酵葡萄糖外,在不存在葡萄糖的情况下,细菌还可发酵蛋白质产生气体。

**表 45-1　泌尿道感染的定义**

| 名称 | 定义 |
| --- | --- |
| 单纯性、无并发症的泌尿道感染(UTI) | 散发性细菌感染,动物无其他疾病,泌尿道解剖和功能正常 |
| 并发性 UTI | 动物存在解剖或功能异常,或同时存在其他疾病,导致动物出现持续性UTI、复发感染或治疗失败 |
| 复发性 UTI(recurrent UTI) | 12 个月内发生 3 次或 3 次以上的 UTI |
| 顽固性 UTI(refractory UTI) | 尽管使用了体外药敏试验的敏感药物进行治疗,但治疗期间仍不止一次地分离出同一种微生物 |
| 再发性 UTI(relapsing UTI) | 感染经治疗得到清除后,3 个月内再次分离出同一种微生物 |
| 再感染(reinfection) | 治疗清除先前的感染后,6 个月内分离出不同微生物 |
| 亚临床菌尿 | 无下泌尿道临床症状(LUTS),但尿液细菌分离培养呈阳性。难以与亚临床 UTI 相鉴别 |

　　引自 Westropp J,Sykes J E:Bacterial infections of the genitourinary tract. In Sykes J E,editor:Canine and feline infectious diseases,St Louis,2013,Elsevier.

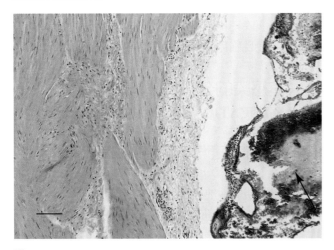

**图 45-1**
解脲棒状杆菌性膀胱炎患犬的膀胱切片显微照片。被覆于平滑肌之上的移行上皮细胞已完全被剥离,并被一层厚的、部分矿化的(嗜碱性)退行性细胞碎屑及纤维渗出物所取代(箭头)(H&E;标尺=100 μm)。只有清除这些斑块(膀胱镜或手术),抗菌药物才能穿透膀胱壁。

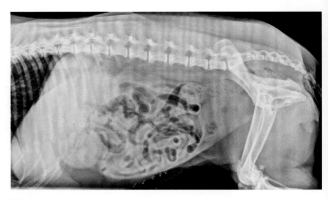

**图 45-2**
一只 13 岁雌性绝育狆犬的侧位 X 线片,该犬患有糖尿病并因 *E. coli* 感染而出现气肿性膀胱炎。注意膀胱腔内不规则的气体影像。

　　复发性 UTI 是指动物在一年之内发生了 3 次或 3 次以上的 UTI,可进一步分为再发性感染、再感染及持续性感染。尽管这三种类型的复发性感染可通过尿液细菌培养来区分,但通常还需要高级的分子诊断来支持,后者在临床的应用有限。若尿液定量培养显示感染菌株与先前相比是不同种属的细菌,便可确定为再感染。不论是否引起临床症状,只要再次分离出先前的致病菌即为再发性 UTI,有可能致病微生物持续存在,从未被完全清除。再次发作提示病原微生物可能定植于深部组织——抗菌药物难以到达,如肾脏、前列腺或息肉——或者尿液和/或尿路组织内的抗菌药物浓度低于治疗剂量,或者病原对所用的抗菌药物具有耐药性。持续性 UTI 是指在治疗期间,可持续性培养出同一种细菌,是再发性感染的一种变体。发生这种感染时,即便使用了合理的泌尿系统抗微生物药物,但病原微生物从未被彻底清除。持续性感染表明宿主局部防御机制严重缺失,或病原微生物对所用的抗微生物药高度耐药。对于发生复发性 UTI 的动物,应进行全面的诊断评估(见下文),以寻找导致动物易于感染的潜在疾病。框 45-1 列出了小动物临床中与复发性 UTI 相关的疾病。

　　亚临床菌尿源自人医的术语,是指尿液细菌培养呈阳性,但无 LUTS。兽医资料广泛使用亚临床 UTI 来指代这种情况。由于很难察觉小动物轻微的 UTI 症状,因此,对兽医而言,这一术语及如何处理这些临床表现仍尚存争议。犬猫常可见亚临床菌尿(或亚临床 UTI),尤其对于那些患有潜在内分泌疾病、肾病或排尿异常,以及使用糖皮质激素或免疫抑制剂治疗的犬猫,或者实施过会阴部尿道造口术的动物。对于出现亚临床菌尿的犬猫,可使用抗菌药物治疗,但选择何种药物尚不明确(见下文)。

**框 45-1　犬猫复发性泌尿道感染的鉴别诊断**

**解剖原因**
外阴内陷或外阴褶皱过度(D)
输尿管异位(D)
膀胱憩室(D,C)

**全身性疾病**
糖尿病(D,C)
肾上腺皮质功能亢进(D,C 罕见)
甲状腺功能亢进(C)
肿瘤(D,C)
免疫抑制(D,C)

**泌尿道相关的疾病**
肾病(D,C)
排尿异常(D,C)(引起尿失禁或尿潴留的疾病)
泌尿系统肿瘤(D,C 罕见)
尿结石(D,C)
增生性尿道炎(D)
膀胱息肉(D)

**其他**
管状膀胱切开术(D,C)
尿道切开术(D,C)
尿管插入术(D,C)
深部定植感染(D,C)
因卫生条件差或持续性腹泻导致细菌暴露过度(D,C)

C:猫;D:犬。

　　若发生下泌尿道的细菌逆行进入肾盂及肾实质,则会发生肾盂肾炎;血源性感染很少会引发肾脏感染。通常情况下,只能从尿液中分离出一种细菌。肾盂肾炎可为急性或慢性发病。肾髓质对细菌定植较肾皮质敏感,可能的原因是在高渗透压、低 pH、低血流灌注的环境下,宿主的防御机制受损。微生物黏附于肾盂、远端及近端肾小管上皮细胞,并可能出现在细胞内。机体对感染发生的炎性反应可引起严重的肾损伤。嗜中性粒细胞在毛细血管内聚集,细菌毒素和/或细胞因子造成的血管痉挛可引起肾脏缺血。

## 体格检查结果

　　发生单纯性 UTI 的犬猫,体格检查通常无明显异常。有些病例因持续的炎症及尿频,导致动物的膀胱空虚,壁增厚;有些患病动物可能出现后腹部不适感。有时,较为复杂的病例,动物可能因肿瘤(多为移行细胞癌,TCC)、增生性尿道炎或尿结石引起尿道阻塞,可能触诊到充盈的膀胱。应检查雌性动物的外阴,以确定动物是否存在外阴内陷和/或外阴脓皮症(图 45-3)。雄性

动物应检查包皮是否有分泌物、异物或团块。患有肾盂肾炎的动物可能会出现胁腹侧或背腹侧疼痛。此外,动物可能发生脱水并表现出急性肾损伤的症状。发生尿道肿瘤或增生性尿道炎的动物,直肠检查可能易于触诊到尿道,或尿道发生显著增厚。尿道结石通常也易触诊。

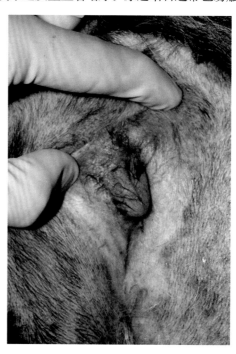

**图 45-3**
外阴内陷,外阴周围显著红斑。对于存在外阴内陷(兜帽样外阴)及复发性 UTI 的犬,可通过外阴成形术得到改善。(由 Dr. Dennis Chew,俄亥俄州立大学惠赠)

## 诊断

　　对于单纯无并发症的 UTI,需对膀胱穿刺采集的尿液进行定量需氧培养,然后对分离的菌株进行鉴定和药敏试验。尽管正常动物的膀胱穿刺尿样应呈阴性,但由于可能存在皮肤细菌污染,因此,只有当穿刺尿样的菌落数量超过 $10^3$ CFU/mL 时,才具有临床意义。表 45-2 列出了不同采样方法下菌尿的定义标准。若除了分离培养呈阳性外,动物的其他表现正常,则通常无须进行全血细胞计数(CBC)、血清生化及影像学检查。

　　不同实验室药敏试验所选用的药物各不相同,药敏试验方法及报告说明也有所不同。当出具报告的判断细菌敏感性与血清或尿液中抗菌药物的浓度是否相关时,临床兽医应咨询微生物学家。在动物肾功能正常,且不出现多饮多尿的情况下,有些抗菌药物在尿液中的浓度可能会显著高于血清。因此,有时虽然血浆药物浓度似乎达不到杀菌要求,但其实能够清除泌尿道内的细菌。

**表 45-2　犬猫菌尿标准**

| 采样方法 | 犬 | 猫 |
|---|---|---|
| 膀胱穿刺 | ≥1 000 CFU/mL | ≥1 000 CFU/mL |
| 导尿(雄性) | ≥10 000 CFU/mL | ≥10 000 CFU/mL |
| 导尿(雌性) | ≥100 000 CFU/mL | 未知 |
| 中段尿 | 不推荐 | 不推荐 |

虽然尿液培养是诊断UTI的金标准,但价格较昂贵。目前,市场上已有培养试剂盒及培养板可供伴侣动物临床使用。培养板虽然有助于筛查动物是否感染,但可能在微生物鉴定方面不够准确,尤其对于多重感染的病例。当有菌落生长时,应将培养板(或首选原尿样)送检至商业微生物诊断实验室进行细菌鉴定和药敏试验。另外,在进行容器和废物处理时,应遵循实验室和生物安全二级标准。

对于复发性UTI的犬猫,在保证先前抗感染治疗得当(见下文)的条件下,不仅需进行尿液培养,还应全面评估患病动物,查找使动物易于感染的风险因素。这些风险因素促使细菌发生逆行感染,引起UTI,并使定植的细菌难以被清除。应检查动物是否存在解剖或结构缺陷,如外阴内陷、输尿管异位、尿道憩室、息肉性膀胱炎、增生性尿道炎、尿结石、异物、前列腺疾病、尿道或膀胱肿瘤等。与下泌尿道相比,肾脏感染更难清除,尤其是慢性感染或存在感染灶,如肾结石、输尿管结石或输尿管部分梗阻。应确定动物是否存在尿失禁或尿潴留等排尿问题,可能的话,进行治疗。对于患有代谢性疾病,如糖尿病、肾上腺皮质功能亢进、甲状腺功能亢进和CKD,以及使用糖皮质激素或其他免疫抑制药物治疗的动物,现存的UTI更难治愈,也更易再次发生UTI。对于持续使用免疫抑制药物的动物,很难甚至不可能达到长时间不发生泌尿道感染。

对于患有复发性下泌尿道UTI的动物,应通过影像学检查,如腹部X线平片及腹部超声检查来排除结构或解剖异常。若无法使用超声检查,可考虑进行膀胱尿道造影,后者还利于检查雄性犬猫的尿道。排泄性尿路造影及肾脏超声检查有助于更全面地评估肾脏,并可用于排除是否发生上泌尿道梗阻。若影像学检查未发现动物存在结构或解剖异常,可考虑进行膀胱镜检查,同时可利于膀胱镜评估动物的尿道。即便膀胱镜检查未能发现任何异常,也可活检采集膀胱黏膜进行培养,以评估动物的深部定植感染情况(图45-4)。若复发性UTI的动物患有尿结石,也可清除结石并对结石进行培养。

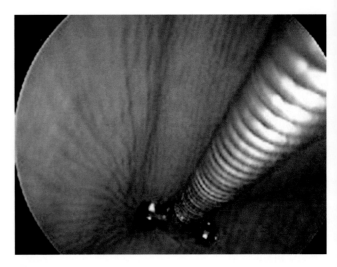

**图 45-4**
复发性UTI母犬的膀胱镜下视野,活检钳经硬式膀胱镜的工作管道进入膀胱并采集黏膜活组织。这种方法采集的样本可送检组织病理学并进行细菌和支原体的需氧培养。

## 治疗

### ◆单纯性泌尿道感染的治疗

当缺乏分离菌株的信息,需进行经验性治疗时,可选用国际伴侣动物传染病协会(ISCAID,International Society for Companion Animal Infectious Diseases)抗生素使用工作组推荐的药物进行治疗,这些抗菌药物可能对超过90%的泌尿道分离菌有效(Weese等,2011)。总体来说,ISCAID推荐用于单纯性UTI的初始治疗药物为阿莫西林[11~15 mg/kg,口服(PO),q 12 h]。初始治疗时,不推荐使用阿莫西林-克拉维酸,因为尚无证据证明添加克拉维酸的必要性。

依照惯例,单纯性UTI的常规治疗时间为7~14 d。人医有许多用来评估短期使用抗生素治疗女性单纯性UTI有效性的研究。兽医一项针对犬单纯性UTI的研究结果表明,用恩诺沙星(20 mg/kg)治疗3 d的效果与阿莫西林-克拉维酸治疗14 d的效果相当(Westropp等,2012)。副作用罕见,且两组出现副作用的情况类似。另一项临床试验中,61只患有单纯性UTI的犬,皮下注射(8 mg/kg)头孢维星(cefovecin)是有效的(Passmore等,2007)。对于UTI自然发病犬,还需评估使用其他抗生素(如阿莫西林和甲氧苄氨嘧啶-磺胺甲噁唑)进行短期治疗的效果。

### ◆复发性和并发性泌尿道感染

对于复发和并发性UTI,纠正潜在风险因子可提高长期、完全治愈的成功率。这种情况下，不应采取经验性治疗，而应根据培养和药敏试验结果选用药物。临床兽医应确保抗生素剂量正确，并考虑提高剂量（适用于浓度依赖型抗生素）或提高用药频率（适用于时间依赖型抗生素），尤其当选用中介（介于敏感与耐药之间）药物时。

依照惯例，患有复发性 UTI 的犬猫，推荐的治疗持续时间为 4～6 周，但治疗期稍短可能也是有效的。抗菌药物治疗开始后，以及治疗结束 7 d 后均应进行尿液培养。若培养结果呈阳性，则应进一步诊断潜在病因。尽管有些兽医推荐每日预防性使用抗生素以及冲击疗法，但尚无相关研究支持这种做法，并且致病菌长期接触低剂量抗生素可能会导致耐药性的产生。对于其他口服抗生素无效的 UTI，可考虑使用呋喃妥因，但由于这种药物在组织中的浓度不高，因此，不建议用于前列腺炎或肾盂肾炎病例。

◈ 亚临床泌尿道感染

对于无症状菌尿，人医有时不使用抗菌药物治疗，因为药物可能存在副作用，并可能会引起细菌耐药。尽管尚无针对犬猫的研究，但犬猫亚临床 UTI 也不是必须进行治疗，不过，对于发生免疫抑制或正在接受化疗的动物，由于发生肾盂肾炎的风险升高，应进行治疗。若无引起菌尿的潜在病因存在，且发生逆行性肾盂肾炎的风险较低（如膀胱造瘘术后临床表现健康的犬）的话，可不使用抗菌药物治疗。对于感染肠球菌属但不表现临床症状的人类患者，通常不进行治疗；我们不确定这种做法是否适用于犬猫，需要进一步研究。若发生肠球菌属和其他细菌混合感染时，传闻证据表明，当其他细菌被清除后，肠球菌属细菌感染也通常会被治愈。应根据病例的具体情况选用抗菌药物，并与主人沟通治疗的优缺点。

◈ 肾盂肾炎

凡是疑似发生肾盂肾炎的动物，均应对送检尿样进行尿液分析、细菌培养及药敏试验，在拿到结果前，为了避免加剧肾损伤，还应开始经验性抗菌药物治疗。治疗时，推荐使用组织药物浓度较高的抗菌药物，ISCAID 推荐使用氟喹诺酮类药物，例如恩诺沙星（犬 10～20 mg/kg，q 24 h；猫 5 mg/kg，PO，1 次/d），但可能需根据肾损伤的严重程度将剂量降低 25%～50%。住院犬猫应静脉给药，对于严重病例还应治疗急性肾损伤（见第 44 章）。抗菌药物治疗须持续 4～6 周，并

应在治疗开始（7 d）及结束后 7～10 d 进行尿液培养。

## 细菌性前列腺炎
## (BACTERIAL PROSTATITIS)

细菌性前列腺炎通常发生于未去势的雄性犬，可急性或慢性发作。凡是尿液培养呈阳性的未去势雄性犬，均应考虑细菌性前列腺炎的可能。急性前列腺炎通常表现出严重的全身症状，包括发热、沉郁、脱水、呕吐、腹泻，甚至败血性休克。动物可能出现伴有核左移的白细胞增多症。患犬可出现 LUTS，以及脓性或血性尿道分泌物并伴有腹痛。前列腺增大压迫远端直肠可能会导致动物发生里急后重。直肠检查时，前列腺可能发生不对称性增大，并表现出疼痛。慢性前列腺炎患犬可能出现嗜睡及轻度 LUTS，或不表现临床症状。触诊前列腺对称且无痛感。急性或慢性前列腺炎可能会引起前列腺脓肿，脓肿破裂会引发危及生命的腹膜炎。

大多数细菌性前列腺炎患犬会同时发生细菌性膀胱炎，分离的病原与 UTI 病例相似。尽管多数情况下，只进行尿液培养就足够了，但如果尿液培养呈阴性，或根据尿液培养结果进行合理治疗后，动物仍表现出临床症状，那么还应对前列腺进行培养。应利用诊断影像学，如腹部超声检查（图 45-5）或逆行性造影（图 45-6），评估前列腺的大小，囊肿或脓肿的情况以及提示肿瘤的表现（如矿化）。可通过射精、前列腺按摩及超声引导下细针抽吸获得前列腺液，应对样本进行细胞学检查及需氧培养。

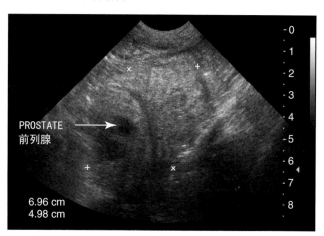

**图 45-5**
**6 岁雄性未去势的波佐犬的腹部超声图，患犬表现为体重减轻及里急后重。注意前列腺增大，边界不清，轮廓不平滑。前列腺实质组织中可见气体影像，及多个低回声囊样区域（箭头）。可见重度前列腺炎及败血性腹膜炎的超声影像。**

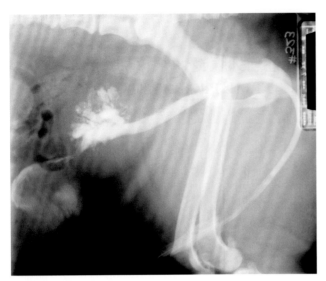

**图 45-6**

雄性犬的膀胱尿道造影,该犬患有重度的前列腺炎,前列腺增大,造影剂外渗进入前列腺实质组织。

　　急性前列腺炎的抗菌药物治疗须至少持续 4 周,慢性前列腺炎的治疗时间通常更长。由于血-前列腺屏障的存在,抗菌药物很难达到治疗细菌性病原所需的最小抑菌浓度(MIC,minimum inhibitory concentration)。尽管急性前列腺炎时,血-前列腺屏障通常会遭到破坏,但为了治愈感染,仍需谨慎选择抗菌药物,从而能够穿透该屏障。应选用脂溶性高、蛋白结合率低及 $pK_a$ 合适的药物。非离子型抗生素易于穿透脂质膜,离子型则不然。对于革兰阴性菌感染,推荐的药物有甲氧苄氨嘧啶-磺胺甲噁唑、氯霉素及氟喹诺酮类药物。犬细菌性前列腺炎的首选药物是恩诺沙星,因为其脂溶性高,蛋白结合率低,MIC 低,针对泌尿系统病原的抗菌谱广,并且与其他两种药物不同的是,恩诺沙星的不良反应很少。不可用口服环丙沙星代替恩诺沙星,因为犬的环丙沙星的生物利用率只有约 40%,且变化范围大。恩诺沙星治疗前列腺炎的常用剂量为 10~20 mg/kg,PO,q 24 h。治疗某些假单胞菌属的菌株可能需要更高剂量。推荐每天给药一次,这样比分多次给药所达到的最大浓度更高。

　　除了进行抗菌药物治疗之外,一旦动物体况稳定可以接受麻醉和手术后,即应对动物实施去势术。若种用动物无法去势,5α-还原酶抑制剂非那司提(0.1~0.5 mg/kg,PO,q 24 h)可用于减小前列腺体积,抑制前列腺分泌。前列腺脓肿需通过手术治疗,并通常进行网膜引流,以防液体和脓汁蓄积。可在超声引导下对前列腺囊肿引流,但通常需重复引流,且对小囊肿效果较好。

◆推荐阅读

Johnson JR et al: Identification of urovirulence traits in *Escherichia coli* by comparison of urinary and rectal E. coli isolates from dogs with urinary tract infection, *J Clin Microbiol* 41:337, 2003.

Ling GV: Therapeutic strategies involving antimicrobial treatment of the canine urinary tract, *J Am Vet Med Assoc* 185:1162, 1984.

Ling GV et al: Interrelations of organism prevalence, specimen collection method, and host age, sex, and breed among 8,354 canine urinary tract infections (1969-1995), *J Vet Intern Med* 15:341, 2001.

Litster A et al: Occult bacterial lower urinary tract infections in cats—urinalysis and culture findings, *Vet Microbiol* 136:130, 2009.

McGuire NC et al: Detection of occult urinary tract infections in dogs with diabetes mellitus, *J Am Anim Hosp Assoc* 38:541, 2002.

Passmore CA et al: Efficacy and safety of cefovecin (Convenia) for the treatment of urinary tract infections in dogs, *J Small Anim Pract* 48:139, 2007.

Seguin MA et al: Persistent urinary tract infections and reinfections in 100 dogs (1989-1999), *J Vet Intern Med* 17:622, 2003.

Tivapasi MT et al: Diagnostic utility and cost-effectiveness of reflex bacterial culture for the detection of urinary tract infection in dogs with low urine specific gravity, *Vet Clin Pathol* 38:337, 2009.

Wagenlehner FM et al: Emergence of antibiotic resistance and prudent use of antibiotic therapy in nosocomially acquired urinary tract infections, *Int J Antimicrob Agents* 23(Suppl 1):S24, 2004.

Weese JS et al: Antimicrobial use guidelines for treatment of urinary tract disease in dogs and cats: Antimicrobial Guidelines Working Group of the International Society for Companion Animal Infectious Diseases, *Vet Med Int* 2011:1, 2011.

Westropp JL et al: Evaluation of the efficacy and safety of high-dose, short-duration enrofloxacin treatment regimen for uncomplicated urinary tract infections in dogs, *J Vet Intern Med* 26:506, 2012.

# 第 46 章

# 犬猫尿石症
## Canine and Feline Urolithiasis

## 引 言
### (INTRODUCTION)

尿石症是犬猫常见的泌尿系统疾病。根据尿结石部位的不同,动物的临床症状也有所不同。动物可能出现尿频、尿淋漓、排尿困难及血尿,通常提示下泌尿道疾病。上泌尿道结石的临床表现不一,包括血尿和因输尿管梗阻继发性急性肾损伤而出现的临床症状。另外,输尿管结石可能只是意外发现,动物不表现临床症状。

犬猫最常见的尿结石是草酸钙结石和鸟粪石,二者均不透射线,大多通过 X 线平片即可发现。胱氨酸结石及尿酸盐结石的 X 线显像较差,通常需膀胱尿道造影或超声检查方能发现。虽然超声检查对膀胱和近端尿道结石的诊断敏感性较高(图 46-1),但无法对雄性犬猫的全段尿道进行扫查,若没有拍摄腹部 X 线片,可能会漏诊尿道结石。针对下泌尿道拍摄 X 线片时,需注意动物后肢的摆位,以防影响诊断(图 46-2)。

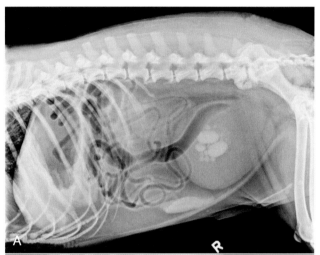

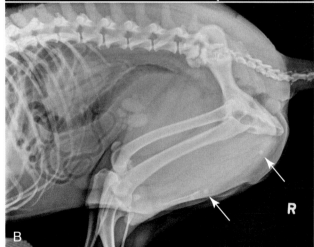

图 46-2
A,一只雄性犬的腹部侧位 X 线片,该犬膀胱内有多块结石。B,同一患犬,这种摆位下拍摄的 X 线片有利于评估尿道,故正确的腿部摆位非常重要。若未能将腿部尽量向前拉伸,腓肠豆可能会对尿道结石(箭头)的判读产生干扰,此外,投照范围需覆盖会阴部。

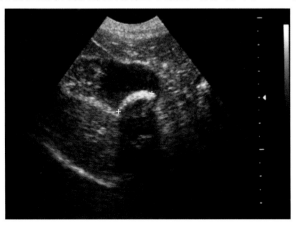

图 46-1
犬膀胱的声像图,可见一块较大的膀胱结石,注意结石后方产生的声影。

尿结石和其他下泌尿道疾病〔如肿瘤、肉芽肿性尿道炎、尿道异物、猫特发性梗阻性膀胱炎(feline idiopathic cystitis,FIC)、尿流出道功能性梗阻]可引起尿道梗阻。雄性犬因尿道更长、更狭窄,故更常发生尿道结石梗阻。结石通常梗阻于会阴部尿道,或卡在阴茎骨基部。有关尿道梗阻的处理请参见第47章,文中所描述的处理原则对犬是通用的。

## 结石分析原则
(PRINCIPLES OF STONE ANALYSIS)

有许多分析结石的方法可供选择。加州大学戴维斯分校 Gerald V. Ling 尿结石分析实验室(http://www. vetmed. ucdavis. edu/usal/index. cfm)在偏振光显微镜下,通过光学结晶照相术的油浸润法进行定量结晶分析。除了光学结晶照相术之外,还对所有怀疑含有尿酸结晶和/或尿酸盐结晶的结石样本进行常规红外线光谱(infrared spectroscopy, IR)处理,以确定结石样本中是否存在黄嘌呤、次黄嘌呤、别嘌醇或羟嘌呤醇(别嘌醇代谢产物)。这些代谢产物均可通过偏振光显微镜来分辨。若矿物质成分难以通过光学结晶照相术或 IR 分辨,还可选用其他先进的分析技术(如微探针分析法、X 线衍射法)。

## 清除结石
(STONE REMOVAL)

有些结石,如鸟粪石、尿酸盐结石、胱氨酸结石,可通过药物溶解。虽然犬猫鸟粪石相对易溶解,但对怀疑为尿酸盐及胱氨酸结石的病例,却不推荐使用药物溶解。溶解犬鸟粪石时,除了进行处方粮治疗(见下文),还需合理使用抗菌药物。虽然手术是清除犬猫尿结石最常用的方法,但更新、侵入性更小的技术已慢慢开展,如腹腔镜下膀胱切开、排空水推进术(voiding urohydropropulsion ,VUH)、膀胱镜介导的结石回收篮(图 46-3)、钬∶YAG 激光碎石术(图 46-4)。

VUH 用于清除较小的结石(图 46-5),但需考虑结石的大小、形状以及患病动物的体型。表面光滑的结石比表面不规则的结石更易通过狭窄的尿道。体型较大的动物可排出稍大的结石,不过也为手术带来许多不便。进行 VUH 时,需将动物全身麻醉,以防发生尿道痉挛,并方便挤压膀胱。动物麻醉后,将导尿管插入膀胱,并用灭菌生理盐水充盈膀胱,但不可过度充盈,

以防发生破裂。保持导管在膀胱内的位置,将动物举起,使脊柱垂直,然后晃动膀胱,使结石集中于膀胱颈。在移除导尿管的同时,挤压膀胱形成液体流,并收集排出物。注意,应使用手掌(而非手指)挤压膀胱,以防引起膀胱创伤。上述操作可能需要重复数次才能清除所有结石和碎片。这种操作可能会引起动物血尿,但通常可在 24 h 内消失。

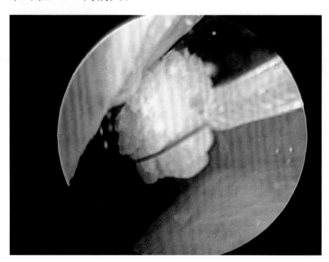

图 46-3
膀胱镜下,正在从一只母犬的膀胱中经回收篮取出草酸钙结石。

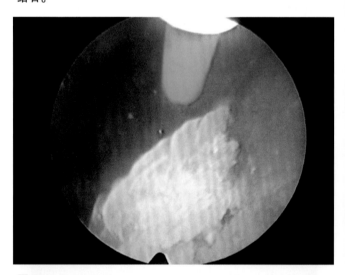

图 46-4
膀胱镜下,钬∶YAG 激光经内镜进入膀胱,正在切割一块较大的结石,这种去除结石的方法侵入性很小。据报道,所有种类的结石均可在体外被分割。

越来越多的转诊医院通过钬∶YAG 激光碎石术来切割结石。被切割后,结石碎片可通过膀胱镜置入的回收篮取出,残余的更小的碎片可用 VUH 移除。

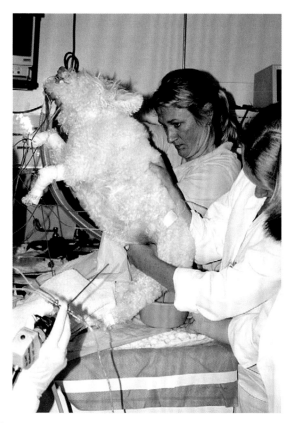

图 46-5
进行 VUH 时患犬的摆位。如图所示,患犬被举起并挤压膀胱,虽然这只患犬用膀胱镜注入灭菌生理盐水,但也可用导尿管。

# 鸟粪石和草酸钙结石
## (STRUVITE AND CALCIUM OXALATE CALCULI)

## 犬
### (IN DOGS)

### 病因

在送检至本实验室的结石中,草酸钙是犬最常见的尿结石。过去 20 年中,犬草酸钙结石的发病率呈上升趋势,鸟粪石的发病率反而下降。犬草酸钙结石送检率的提高,可能是多因素影响的,如地域、营养变化。另外,如饲喂酸化日粮、日粮矿物质含量的改变、肥胖犬数量增多、主人对草酸钙结石好发品种的喜爱程度的变化等,也会影响草酸钙结石的发病率。绝育老年雄性犬的发病率较高,小型犬,如比熊、迷你雪纳瑞、博美、凯恩㹴及马尔济斯等的发病率也较高。据报道,凯斯犬的草酸钙结石发病率较高,可能与它们具有原发性甲状旁腺功能亢进的遗传倾向有关,后者可导致高钙血症和高钙尿症。

与雄性犬相比,鸟粪石更常发于雌性犬。鸟粪石通常比草酸钙更大,表面光滑(图 46-6)。与猫不同的是,犬鸟粪石结石大都由感染引起,通常为中间葡萄球菌,或相对少见的奇异变形杆菌。这些细节能够水解尿素形成氨和二氧化碳,使尿液 pH 升高,铵含量升高,形成磷酸铵镁结晶。少数情况下,尿液中形成鸟粪石的矿物含量过多时,也可在无感染的情况下形成结石。若鸟粪石结石患犬的尿液培养呈阴性,也可对结石和/或膀胱黏膜进行培养,以排除细菌感染的可能。

图 46-6
犬鸟粪石结石。

## 猫
### (IN CATS)

### 病因

过去 25 年送检至我们实验室的尿结石中,猫的草酸钙与鸟粪石比例显著升高,但现在二者的送检率大致相同。15 年前的日粮大多促进尿液酸化,可能是导致草酸钙结石数量增多的原因。然而,我们近期的数据表明,送检鸟粪石的数量开始升高。虽然许多因素可促进鸟粪石的形成,但为了减少草酸钙结石的形成,成年猫维持日粮成分的变化,以及/或日粮酸化剂使用减少,这可能是造成结石流行趋势变化的原因。

这两种结石均常发于膀胱,不过,上泌尿道结石(肾脏和输尿管)中,含草酸钙的结石越来越多发。通常,X线片显影的猫上泌尿道结石大多数的主要成分为草酸钙。

　　遗憾的是,目前关于猫尿结石发病风险因素的研究较少,可能有内源和外源性因素使得某些猫易于形成尿结石,这些因素包括品种、年龄和环境。据报道,喜马拉雅猫和波斯猫发生鸟粪石和草酸钙结石的风险更高。雄性猫可能更易发生草酸钙结石。鸟粪石的发病年龄通常较草酸钙的低。虽然尚未严格评估过应激和肥胖对猫尿石症的影响,但有学者认为这些因素可促进某些猫结石的形成。人医关于尿结石的研究显示,体重、体重系数、腰围增加与肾结石的发生有关。此外,一些研究表明,人类患者应激可促进肾结石临床症状的出现。关于猫体重指数、体重、环境应激与尿结石的相关性有待研究。

# 犬猫输尿管结石
## (URETEROLITHIASIS IN DOGS AND CATS)

　　犬上泌尿道可发生鸟粪石、草酸钙、尿酸盐和胱氨酸结石。犬肾脏和输尿管鸟粪石结石通常与感染相关,在犬体况稳定的情况下,可尝试溶石。若发生输尿管完全梗阻,则需实施手术或其他干预手段(见下文)。

　　猫输尿管和肾脏结石大多为草酸钙结石,有时可能混合发生磷酸钙或尿酸盐结石。尽管每年送检至我们实验室的猫尿结石中,输尿管结石仅占2%,但含草酸钙的输尿管结石数量呈上升趋势。猫输尿管结石发病率的升高可能由于草酸钙结石发病率升高,人们对输尿管结石的认识程度升高,以及/或影像学越来越多地用于猫肾脏疾病的诊断。输尿管结石多发于中老年猫,中位发病年龄为7岁。

　　尽管报道相对较少,但其他原因也可引起输尿管完全梗阻,例如软组织栓塞(可能含有矿化成分)、猫肾盂肾炎时的炎性组织残渣,以及完全干燥固化的血液(DSB,dried solidified blood)结石。患有慢性上泌尿道结石的猫,可能因先前结石通过输尿管,引起输尿管炎症和/或狭窄,造成管腔进一步减小,使先前易于通过输尿管的组织碎屑也无法通过,发生梗阻的风险升高。

## 输尿管结石的临床症状
### (CLINICAL SIGNS OF URETEROLITHIASIS)

　　输尿管结石的临床症状不一,通常与梗阻相关。

与隐性梗阻相比,犬猫急性输尿管梗阻和肾包膜急速扩张通常更为疼痛。非特异性表现包括食欲下降、体重减轻、嗜睡及躲避。患病动物还可能发生血尿,但不表现其他下泌尿道疾病症状,如尿淋漓、尿频或排尿困难。若患猫仅出现血尿,而无其他下泌尿道症状,应检查是否发生肾脏和/或输尿管结石。无论是梗阻之前已经存在还是继发于梗阻,根据肾损伤的严重程度,许多患病动物可能会出现氮质血症的临床表现。

　　有些输尿管梗阻的动物不表现临床症状,因此,许多慢性输尿管梗阻是意外发现的。例如猫相对常见的"大小肾"综合征(图46-7),其形成原因是,发生双侧输尿管梗阻的猫,一侧因先前的梗阻导致肾脏失去功能并变小;另一侧肾脏因急性输尿管梗阻而出现肾盂积水。许多病例在只出现单侧梗阻时,动物并不出现临床症状,而只有患猫发生氮质血症,血尿素氮(BUN)和肌酐浓度升高时才被察觉。

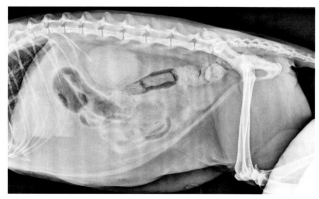

**图 46-7**
"大小肾"综合征患猫的侧位 X 线片。这张 X 线片中,患病动物小肾的影像与大肾重叠。

## 影像学诊断
### (DIAGNOSTIC IMAGING)

　　所有发生氮质血症的犬猫均应进行腹部影像学检查。含草酸钙和鸟粪石的结石可在X线片上显影,通常可通过腹部X线平片进行诊断(图46-8)。犬的鸟粪石结石可能因在肾盂内形成而呈鹿角形。

　　猫腹部X线平片对输尿管结石的诊断敏感性为81%。含有草酸钙的输尿管结石通常很容易在侧位片的腹膜后区域观察到;不过,侧位投照难以确定是单侧还是双侧,或者是哪一侧输尿管异常。因此,对于怀疑为输尿管结石的患猫,推荐进行腹部超声检查,其敏感性为77%。尽管诊断敏感性低于X线平片,但超声检查可确定是哪侧输尿管发生梗阻,以及肾盂积水和输尿管积水的严重程度。X线平片与超声检查结合诊断的敏感性为90%，因此，这是最推荐的方法。亚急性输尿管梗阻可能尚未发生输尿管或肾盂扩张，因此，即便是未出现扩张的病例，也无法排除输尿管梗阻的可能。对于X线平片或超声检查无法确定的病例，可能需要进行其他影像学诊断，如顺行性肾盂造影或计算机断层扫描（CT）。

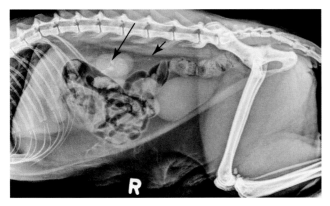

**图 46-8**
**5 岁雌性绝育猫的侧位 X 线片，可观察到多个肾结石（大箭头）和输尿管结石（小箭头）。超声检查可辅助判断是哪一侧输尿管发生梗阻，以及梗阻的严重程度。理想情况下，应在动物排便后再次拍摄 X 线片，以更好地观察腹膜后区域。**

## 药物治疗
(MEDICAL TREATMENT)

如前所述，对于体况稳定并怀疑为鸟粪石、尿酸盐或胱氨酸结石的动物，可尝试溶石。但溶石对猫上泌尿道最常见的结石——草酸钙结石无效。未发生肾损伤的患猫可进行保守治疗。尽管尚无研究来评估上述治疗方法的效果，但多数有经验的临床兽医认为体况稳定的动物可通过利尿将结石排出。例如，静脉补液利尿并给予利尿剂甘露醇，也可配合其他治疗药物，促进动物排尿。

人医通常用α-肾上腺素受体拮抗剂坦洛新来治疗输尿管结石，效果良好，尤其当结石位于输尿管远端1/3处时。坦洛新及其他α-受体拮抗剂，如酚苄明和哌唑嗪，也被尝试用于治疗猫输尿管结石，但疗效不一。一项报道显示，三环类抗抑郁药阿米替林可促进猫输尿管栓塞的排出。其他有关大鼠、猪和人输尿管组织的研究显示，阿米替林能够抑制平滑肌收缩，可能会成为治疗猫输尿管梗阻的有效药物。此外，为了避免疼痛引起的输尿管痉挛，利于输尿管结石的排出，还应使用镇痛药，如丁丙诺啡。

在进行保守治疗时，需密切注意动物的体况及体液平衡。血清肌酐和尿素氮浓度是当前用于指示梗阻是否得到改善的最好且方便测定的临床指标。需注意的是，若已经发生了显著的内源性肾损伤，那么即便解除输尿管梗阻，氮质血症也不一定会立即得到改善。对于发生梗阻前就已经存在重度肾病的动物，氮质血症可能会持续存在。连续拍摄X线片和超声检查也可有助于监测治疗效果。

52 只输尿管梗阻的患猫，药物治疗的一年存活率为66%。然而，其中有32%的患猫因对药物治疗无反应，而在诊断后 1 个月内死亡或被安乐。目前缺乏关于犬输尿管梗阻的大样本研究，可能跟这种疾病更常见于猫有关。若动物出现氮质血症或肾盂肾炎，则应考虑进行手术或其他侵入性较小的操作（如输尿管支架），以疏通梗阻。对于初次就诊时发生重度高钾血症或体液过负荷的患猫，激进的治疗可能会起到有益作用，例如血液透析。

## 输尿管结石的手术治疗
(SURGICAL INTERVENTION FOR TREATMENT OF U-RETERAL CALCULI)

对于犬猫输尿管结石，尚不确定何时应停止药物治疗、采取手术干预，并且去除结石后，肾功能的改善效果不一。然而，为了维持残余的肾功能，及早进行手术或其他低侵入性的干预可能会更好。确定动物发生输尿管完全或部分梗阻后，即可考虑手术取出输尿管结石。决定手术前，还需考虑结石的数量、梗阻程度、术者经验及是否具备所需材料。输尿管切开术更倾向用于只存在一个结石的患病动物。解除输尿管梗阻后，影响肾功能恢复的主要因素包括梗阻前肾功能不全的严重程度、梗阻持续的时间和范围。输尿管切开术形成的瘢痕组织可继发引起输尿管狭窄，造成二次梗阻；但置入输尿管支架后，这种并发症出现的概率将大大下降。对输尿管梗阻手术后的患猫进行回访，有40%（14/35）患猫术后再次发生输尿管结石。

### 输尿管支架

在治疗输尿管梗阻时，越来越多的病例开始置入输尿管支架，尤其对于发生多处输尿管结石的病例、先前发生输尿管梗阻的病例，或同时患有肾结石的病例。虽然缺乏有关小动物置入输尿管支架后的长期跟踪数据，但许多资料支持这种方法。犬可通过膀胱镜逆行性置入输尿管支架，虽然也试图将这种方法应用于猫，但多数病例无法成功。猫置入输尿管支架时,可进行侵入性相对较小的手术,即开腹后利用同轴技术将支架经肾脏通入膀胱。对多数病例来说,泌尿系统的手术创口只有肾脏穿刺口和膀胱切口。置入支架后,尿液可经支架内腔通过,输尿管会随着时间的推移,在支架的作用下发生被动扩张,使尿液、结晶甚至结石通过支架(图46-9)。通常情况下,除非患病动物发生感染或出现不适等情况,否则支架可长时间留置在体内。当无法为患猫置入输尿管支架或手术失败时,可考虑建立皮下输尿管旁路支架。

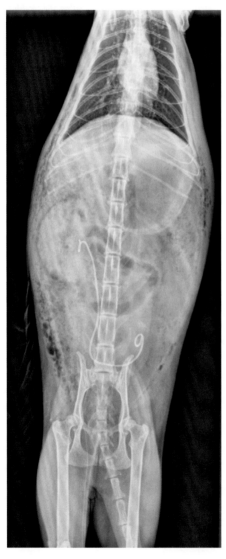

**图 46-9**
7岁绝育母猫的腹背位X线片,患猫因输尿管梗阻需置入输尿管支架,操作时使支架两端的螺旋位于肾盂和膀胱。

猫输尿管和肾脏草酸钙结石的长期管理类似于猫下泌尿道草酸钙结石,只是在选择日粮和治疗药物时,还需考虑患猫肾脏疾病的严重程度。发生肾损伤及高血压的患猫,需避免高钠日粮。

# 草酸钙结石的预防
## (PREVENTION OF CALCIUM OXALATE UROLITHIASIS)

草酸钙结石的预防方法犬猫通用。框46-1列出了草酸钙结石的管理方法。

**框 46-1　下泌尿道草酸钙结石的管理**

1. 取出所有结石,拍摄X线片以确认全部结石均被取出。
2. 将所有结石送检进行结晶定量分析。
3. 评估血清钙浓度。
- 若血清钙浓度升高,进行进一步诊断,如离子钙浓度和甲状旁腺激素(PTH)检查。
4. 评估血清甘油三酯浓度。
- 对于某些品种尤其重要,如迷你雪纳瑞,因为甘油三酯水平过高会影响日粮的选择。
5. 选择日粮。
- 选择日粮时,需考虑动物所患的全部疾病。
- 最好选择高水分含量的日粮(即罐头食品)。
6. 动物成功更换日粮1个月后,进行下述检查评估。
- X线检查和/或超声检查
- 尿液分析
  - 应在诊所内进行该项检查,因为采尿后数小时内在体外形成结晶尿,且冷藏会加剧这一人为干扰。
  - 保持尿比重(USG)犬<1.010,猫<1.025,并将其作为结石防控的指南之一。可用动物在家中排出的尿液监测USG。
  - 根据动物的USG调整摄水量。
  - 若单靠日粮无法保持理想的USG,尿沉渣检查仍为阳性,可考虑添加氯化钠(食盐)。
  - 患猫能够自由饮水时,添加100~250 mg食盐(约1/8茶匙)通常不会产生有害作用。
  - 注意:若动物患有肾病、高血压、充血性心衰或高钠血症,则不应添加氯化钠。
  - 尿pH——尽管生理性pH下,酸碱性对草酸钙的溶解性影响不大,但酸化剂可能是形成草酸钙结石的风险因子之一。
7. 对于复发草酸钙结石的患病动物,考虑使用氢氯噻嗪(犬:2 mg/kg,PO,q 12 h;猫:1 mg/kg,PO,q 12 h)进行治疗。
- 治疗1周后评估血清钙浓度,以确保未发生高钙血症。
- 根据需要调整日粮。
8. 对于复发性草酸钙结石,还可使用柠檬酸钾进行治疗,50~75 mg/kg,PO,q 12 h(根据临床反应调整剂量)。

## 调整日粮

当尿结石被取出后,推荐向动物饲喂高水分日粮,如果可能的话,最好饲喂罐头食品,以降低尿中结石矿物前体的浓度。框46-2列出了促进动物饮水的建议。由于没有溶解草酸钙结石的方案,因此,若结石逐渐变大或引起临床症状,应将结石取出并进行矿物定量分析。此外,需分析患病动物相关的风险因子,以确定无潜在疾病(如高钙血症、肥胖、其他全身性疾病),若存在的话,需同时进行治疗。若提高日粮含水量之后,动物的尿液还是过于浓缩,或尿沉渣检查仍存在异常,则可尝试向日粮中添加氯化钠(食盐),以促进尿液的产生,但前提是若动物不存在高血压、心血管疾病或肾病。

 **框 46-2 如何促进动物饮水**

1. 尽量选择罐头食品。
● 罐头食品的含水量约 85%。
● 同时为患猫提供罐头食品和干粮,因为猫通常无法适应突然变换食物。
2. 若无法长期饲喂罐头食品,也可向干粮中添加水分。
● 开始时,每杯干粮添加 1 杯水。
● 经过 3~4 周,逐渐增加水含量。
● 理想情况下,推荐每杯干粮添加 3~4 杯水(≈85% 的水分)。
● 定期评估尿比重(USG)和尿沉渣,最好采集动物在家中自然排出的尿液。
3. 调整动物的摄水量,或者必要时考虑添加氯化钠。

有许多犬猫的商品日粮可用于预防草酸钙结石(框 46-3),但有关这些日粮效果的研究较少。有些犬猫,尤其是同时存在多种疾病、需同时治疗的患病动物,还可选用家庭自制食物,但需咨询兽医营养学家。为了预防草酸钙,日粮中钙含量不可过低,因为钙含量过低会促进肠道吸收草酸盐;同时还需避免摄入过多钙和草酸盐。若主人想饲喂零食,可选用高水分、低热量、低草酸盐的零食(人类食物的草酸盐含量参见 www.ohf.org/docs/Oxalate2008.pdf)。兽医应使动物主人了解所列食物的草酸盐含量,同时应告知动物主人哪些食物是有毒的,如葡萄干、葡萄等。

为防治草酸钙结石而进行日粮管理时,还需考虑镁和磷的含量。尿液镁、磷酸盐及柠檬酸盐被认为能够抑制草酸钙结石的形成,因此,日粮不应限制这些物质的含量。另外,不可过度限制磷的摄入,因为在甲状旁腺激素(PTH)的作用下,肾脏 $1\alpha$-羟化酶可促进维生素 $D_3$ 向骨化三醇转化,后者可促进肠道对钙的吸收。另外,有学者认为日粮脂肪含量与大鼠和人的草酸钙结石有关。尽管不同动物草酸钙结石的成因有所不同,但高甘油三酯血症的动物应饲喂低脂日粮(<2 g/100 kcal)。选择日粮时,需综合考虑患病动物的病史及用药情况。

### 药物治疗

当日粮管理无法预防草酸钙结石复发时,药物治

疗可能有效。可尝试使用氢氯噻嗪[犬:2 mg/kg 口服(PO),q 12 h;猫:1 mg/kg,PO,q 12 h],因其可降低尿钙排泄。开始治疗后,应评估血清钙浓度,以防发生高钙血症。尽管尚无研究表明氢氯噻嗪可有效治疗猫草酸钙结石,但报道认为这一剂量可被多数健康猫耐受,并能够降低草酸钙的相对饱和度。另外,柠檬酸盐,如柠檬酸钾(犬猫:50~75 mg/kg,PO,q 12 h)可能有效,因为柠檬酸盐能够与钙结合,从而降低尿液草酸钙浓度。

 **框 46-3 用于预防草酸钙的商品日粮**

为预防尿结石的形成,通常需选用特定的日粮。不同尿结石商品日粮的营养成分会有所不同,有些非处方日粮也可用于防治尿结石。本表并未涵盖所有日粮,而只是总结了常见的用于预防草酸钙的商品日粮。

**犬草酸钙尿结石的管理**
皇家处方日粮
● 犬泌尿道 SO,罐头、干粮
希尔思处方日粮
● 犬 u/d,罐头、干粮
普瑞纳处方日粮
● NF 犬肾功能处方量,罐头、干粮

**猫草酸钙尿结石的管理**
皇家处方日粮
● 猫泌尿道 SO,罐头、干粮
● 猫泌尿道 SO,能量调整罐头、干粮
希尔思处方日粮
● 猫 c/d 多重护理,罐头、干粮
普瑞纳处方日粮
● UR 猫泌尿道 St/Ox 处方量,罐头、干粮
爱慕思处方日粮(爱慕思,Procter & Gamble Pet Care,Dayton,Ohio)
● 泌尿道处方粮 O——中度 pH/O

## 鸟粪石管理
### (STRUVITE STONE MANAGEMENT)

### 犬

犬鸟粪石的溶石方法与猫类似(见下文),但由于大多数犬鸟粪石继发于产脲酶的细菌感染,因此,患犬进行溶石治疗时,需全程使用抗菌药物,且抗菌药物的选用应基于最小抑菌浓度(MIC,minimum inhibitory concentration)的试验结果。目前市场上有两种可用于溶解犬鸟粪石的商品日粮(皇家处方日粮 S/O,Royal

Canin USA,St. Charles,MO;希尔思处方日粮犬 s/d, Hill's Pet Nutrition,Topeka,Kan)。若动物主人的配合度较高,但经 3~4 周,结石仍未变小,那么结石可能含有磷灰石层(成分为磷酸钙),或者结石并非鸟粪石。这种情况需通过其他方法取出结石(见前文)。

由于犬鸟粪石由感染引起,为了防止复发,治疗的重点在于预防泌尿道感染。虽然这种情况无须改变日粮,但需进行尿液培养,并定期评估 X 线片。患犬应接受抗菌药物治疗,对于单纯性感染,患犬通常无需进行长期治疗;犬复发性 UTI 的管理,参见第 45 章。

## 猫

若尿结石患猫的尿液持续呈碱性(pH>6.8),或曾有过鸟粪石结石病史,那么,很有可能患猫现在的尿结石成分为鸟粪石。此外,鸟粪石通常为单个较大的卵圆形结石,而草酸钙则通常为多个较小的结石。临床兽医可尝试使用溶石日粮(如皇家猫 S/O 处方日粮或希尔思 s/d 处方日粮)溶解鸟粪石结石,通过 X 线检查来检测尿结石的大小。由于尿结石通常可在 1 个月内(有时甚至 8~10 d)溶解,因此,患猫完全适应新的溶石日粮 2~3 周后即应评估腹部 X 线片。鸟粪石患犬也可采用这种治疗方法。治疗后,若尿结石变小,尿液较稀释(比重<1.016),pH 合适(至少<6.5),那么可继续饲喂处方日粮,并每隔 3~4 周对患猫进行评估。若处方日粮未能使结石变小,患猫的尿液 pH 和比重未能达到理想范围,则需询问动物主人是否饲喂其他食物或零食,动物主人可能没有完全按照要求饲喂患猫。若动物主人完全配合的话,那么很可能尿结石中含有其他矿质成分。犬猫鸟粪石溶石的禁忌证包括输尿管结石并已引起梗阻,或动物临床表现危重,须立即取出结石。许多动物在溶石前可先进行镇痛治疗,以解除动物的不适。

为了防止猫鸟粪石结石复发,应给患猫饲喂高水分含量并使尿液轻度酸化(pH<6.8)的日粮。预防鸟粪石的商品化处方日粮的成分与预防草酸钙结石的相类似。许多处方日粮通过酸化尿液,使尿液 pH 低于鸟粪石过饱和液的 pH,但并非高度酸化。可通过定期测定患猫的尿比重来评估其摄水量。拍摄腹部 X 线片(包含全部泌尿系统)以评估是否有新结石形成。若没有,也应定期评估 X 线片(起初每 2~3 个月,之后逐渐拉长时间间隔)。若再次出现小的尿结石,可通过 VUH 将结石去除。

# 犬尿酸盐结石
## (URATE UROLITHIASIS IN DOGS)

### 病因

每年送检至我们实验室的犬尿结石中,含尿酸盐的结石占大约 25%。与其他品种不同,大麦町犬因嘌呤代谢方式不同,无法通过尿液排泄溶解度较高的尿囊素,而主要排出尿酸(图 46-10)。所有大麦町犬尿液中的尿酸含量均较高(400~600 mg 尿酸/d,其他犬则为 10~60 mg/d),但并非所有大麦町犬都会形成尿酸盐结石。遗传性研究证实,这种代谢异常并非 X 染色体遗传,雄性大麦町犬的发病率为 26%~34%。Bannasch 等(2008)通过中间回交定位克隆技术发现 SLC2A9 转运体是大麦町犬尿酸代谢改变的主要原因,其他品种,如英国斗牛犬和黑俄罗斯梗同样存在这种变异的纯合子。其他易感品种及 DNA 检测信息参见 http://www.vgl.ucdavis.edu/services/Hyperuricosuria.php,这有助于动物主人和繁育者鉴别发病或变异基因携带犬。

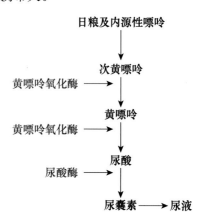

**图 46-10**
动物嘌呤代谢路径。大多数犬通过尿液排出可溶性代谢产物尿囊素。由于遗传学异常,大麦町犬及其他品种的 **SLC2A9** 基因发生变异,导致大量尿酸经尿排出,从而使这些品种易于形成尿酸盐结石。

### 尿酸盐结石的管理

框 46-4 总结了大麦町犬(及其他发生类似基因变异的品种)尿酸盐结石的治疗方法。推荐饲喂低嘌呤日粮,可选择低蛋白质日粮,或蛋白质含量稍高但嘌呤含量较低的日粮。也有报道向这些品种的犬饲喂素食日粮来防止尿酸盐结石的复发。由于尿酸铵在碱性尿液中的溶解度更高,因此,饲喂这些日粮时,患犬的尿液 pH 应高于 7.0。对于复发性尿酸盐结石,若处方日粮无法使尿液达到理想的 pH,可尝试添加柠檬酸钾,以碱化尿液。与其他尿结石患病动物相同,日粮的水分含量应较高。

**框 46-4　犬尿酸盐结石的管理**

1. 用超声检查或 X 线造影确认已去除所有结石。
2. 将所有结石送检,进行定量分析及红外光谱分析,后者可区分尿酸及其代谢产物。
3. 考虑患犬可能同时存在的所有疾病,并选择合适的处方日粮。用于预防尿酸盐结石的处方粮包括如下。
   - 皇家犬泌尿系统 U/C 处方日粮
   - 希尔思犬 u/d 处方日粮
   - 也可考虑素食日粮
4. 开始饲喂处方日粮约 1 个月后,对患犬进行如下评估。
   - 腹部超声检查(尿酸盐结石在 X 线片上的密度较低)
   - 尿液分析
     - 目标是尿液 pH>7.0,USG<1.020,尿沉渣检查无异常
     - 若尿液 pH 未达到理想状态,考虑添加柠檬酸钾
5. 若患犬仍复发尿酸盐结石,考虑使用别嘌呤醇治疗。
   - 除非患犬正在服用低嘌呤日粮,否则不可使用该药物。
   - 初始剂量为 5~10 mg/kg,PO,q 12 h。
   - 理论上,药物剂量应根据 24 h 尿液尿酸(UA,uric acid)排泄量进行调整。
   - 若尿液 UA<300 mg/d,降低别嘌呤醇的剂量。
   - 不良反应包括形成黄嘌呤结石及肝毒性。
   - 患犬服用别嘌呤醇期间所出现的所有结石均应送检分析,以确定患犬未发生黄嘌呤结石。
6. 定期用影像学检查评估患犬,并根据需要调整治疗方案。

若处方日粮治疗不成功,可考虑使用黄嘌呤氧化酶抑制剂别嘌呤醇(5~10 mg/kg,PO,q 12 h)。该药的上限剂量配合低嘌呤含量的日粮,被认为可用于溶解基因变异犬的尿酸盐结石。别嘌呤醇可降低尿液中尿酸含量。由于不同犬对这种药物的代谢速度不同,因此具体的治疗剂量因犬而异。理论上,应根据患犬 24 h 尿液中的尿酸排泄量来调整别嘌呤醇的剂量,但这种做法在临床中很少应用。

若非大麦町犬的品种出现尿酸盐结石,需查找动物是否发生潜在的门脉血管异常,如门体短路(PSS,portosystemic shunt)。另外,门静脉发育不良(PVH,portal venous hypoplasia,也称为微血管发育异常)的患犬也偶见尿酸盐结石。肝病患犬因将氨转化为尿素、尿酸转化为尿囊素的能力降低,故会发生高氨尿症及高尿酸尿症,从而易于发生尿酸盐结石。为了避免尿酸盐结石复发,应尽可能纠正患犬的血管异常。对于无法手术治疗的 PSS 或 PVH 患犬,肝病处方日粮可能减少尿液尿酸铵的含量并控制肝性脑病的症状。若未发现患病动物存在门脉异常,可考虑高尿酸尿症的 DNA 检测。

# 猫尿酸盐结石
## (URATE UROLITHIASIS IN CATS)

## 病因

送检至我们实验室的猫尿结石,尿酸盐结石数量位列第三,仅次于草酸钙和鸟粪石。猫尿酸盐结石发病无性别倾向,复发率不等。据报道,埃及猫和暹罗猫的发病风险较高。猫尿酸盐结石的主要病生理机制不详。与犬不同的是,目前尚未发表相关遗传学研究,并且,大多数患猫不存在潜在的肝功能不全,如 PSS。不过,一项研究显示,大多数尿酸盐结石患猫首诊时并未深入检查是否存在 PSS,但体格检查、临床病理学诊断及临床症状(无流涎、神经症状、沉郁等)均不支持动物患有肝病。

## 尿酸盐结石的管理

对于确诊发生尿酸盐结石的患猫,应进行全血细胞计数(CBC)及血清生化检查。若其临床表现和/或临床病理学异常符合肝病或血管异常的诊断,则需进一步检查,如腹部超声及血清胆汁酸检查。若确诊发生尿酸盐结石的患猫并无肝病相关的病史、临床症状或临床病理学异常,那么应向动物主人阐明进一步检查所需的花费,因为并非所有尿酸盐结石患猫都需要进一步评估。老年猫可能无需进一步检查。

为了防止尿酸盐结石复发,对于无其他异常的患猫,推荐饲喂水分含量高、蛋白质有所限制的日粮,如肾病处方量(如希尔思 k/d;皇家肾脏 LP;普瑞纳 NF)。在不降低蛋白质摄入量的情况下,有人尝试饲喂含水解大豆蛋白质的商品日粮(皇家成年猫低致敏性日粮 HP),从而减少嘌呤的摄入。但尚无对照研究表明这种做法的有效性。与所有尿结石的管理方法类似,高水分含量的日粮是控制结石的重要基础。此外,定期超声检查(X 线平片难以观察尿酸盐结石)对监测复发情况也非常重要。

## 犬猫磷酸钙结石
(CALCIUM PHOSPHATE CALCULI IN CATS AND DOGS)

犬磷灰石(羟磷酸钙)结石被称为"跟班"结石,因其通常伴随鸟粪石结石出现,可能与鸟粪石完全混合,或单独形成一层磷灰石。猫磷灰石结石相对少见,但可伴随鸟粪石、草酸钙或磷灰石形成。磷酸氢钙(二水合磷酸氢钙)是另一种形式的磷酸钙,与磷灰石不同,后者在碱性尿液中的溶解度更低。犬磷酸氢钙结石较少见,猫罕见。磷酸氢钙较易形成多个小结石,其防治方法不明。与草酸钙结石的管理类似,应寻找潜在的可引起血钙升高的原因。其推荐的管理方法同草酸钙结石,建议饲喂高水分含量,使尿液 pH 呈中性的日粮。

## 犬猫胱氨酸结石和二氧化硅结石
( CYSTINE AND SILICA UROLITHIASIS IN CATS AND DOGS )

### 病因及管理

犬胱氨酸结石及二氧化硅结石少见,猫罕见。我们实验室所分析的犬尿结石中,胱氨酸结石和二氧化硅结石仅分别占 1.3% 和 6.6%。相比之卜,胱氨酸结石更常见于年轻雄性犬,并且与尿酸盐结石类似,有研究表明犬胱氨酸尿与基因变异有关。常见的好发品种包括纽芬兰犬、腊肠犬及英国斗牛犬,但其他品种也有报道。有关纽芬兰犬基因变异的检查已经开展了数年。患犬一旦发生胱氨酸尿结石,那么,即便去除结石后也会时常复发。饮食控制包括饲喂高水分、低蛋白质日粮(如希尔思 u/d,皇家泌尿系 U/C)或素食日粮。胱氨酸在碱性尿液中的溶解度更高,因此,防治目标之一是将尿液 pH 控制在 6.5~7.0 以上。若通过日粮管理无法达到此目的,可通过添加柠檬酸钾(初始剂量为 50~75 mg/kg,PO,q 12 h)来碱化尿液,因为柠檬酸盐可生成碳酸氢盐。硫普罗宁(巯丙酰甘氨酸,2-MPG;15~20 mg/kg,PO,q 12 h;剂量上限用于溶解胱氨酸)也可用于预防甚至溶解胱氨酸尿结石,但这种巯基复合物的价格令许多主人难以承受。其不良反应包括胃肠道不适及动物攻击性。

二氧化硅结石患犬通常为老龄、雄性犬。二氧化硅结石通常呈多角形(图 46-11),使其在 X 线平片上易于辨认。复发率不详,但多数结石增大的速度缓慢。推荐

饲喂高水分含量、含较多动物蛋白而非植物蛋白的日粮,尤其是原料为大米、大豆荚及玉米蛋白的日粮。

图 46-11
犬二氧化硅尿结石,具有特征性的多角形外观。

## 猫干燥固化的血凝块结石
(DRIED SOLIDIFIED BLOOD CALCULI IN CATS)

我们曾经报道过一种称为干燥固化血凝块(DSB)的结石,这种结石仅见于猫。虽然有时犬尿结石表面可能含有数量不等的 DSB,但与猫 DSB 所不同的是这些结石并非 100% 由 DSB 构成。DSB 可发生于泌尿道的各个部位,这种结石质地坚硬,与"石头"类似,但通常不含晶体结构(图 46-12)。这种结石不常见,并且诊断较为困难。除非 DSB 含有较多的草酸钙、磷酸钙或其他不透射线的矿物质,否则,大多数 DSB 可透射线;并且,超声检查也难以辨认这种结石。该病的预防控制措施主要包括查找动物是否发生潜在的肾性或下泌尿道性的血尿,并提高日粮的水分含量。

图 46-12
猫干燥固化的血凝块结石的典型外观。

## 黄嘌呤尿结石
(XANTHINE UROLITHS)

犬猫罕见黄嘌呤结石。犬黄嘌呤结石最常见的原因是医源性摄入过多黄嘌呤氧化酶抑制剂别嘌呤醇，常见于大麦町犬和尿酸盐结石的好发品种。若别嘌呤醇剂量过高和/或日粮嘌呤含量较高，尿液黄嘌呤及次黄嘌呤的浓度便升高。查理士王小猎犬也有关于发生黄嘌呤尿结石的报道，可能与常染色体隐性遗传位点变异导致黄嘌呤氧化酶缺乏，从而引起尿次黄嘌呤及黄嘌呤排泄增多。这些查理士王小猎犬通常会继发肾衰，其饮食管理同尿酸盐结石，需限制蛋白质摄入并提高日粮水分含量。

## 结 论
(CONCLUSIONS)

从犬猫体内取出（手术、导尿管、挤压膀胱或碎石术）的尿结石，并进行结晶学分析，鉴定其中的矿物成分，这些举措对结石的防控非常重要。此外，对犬猫尿结石的流行趋势进行评估，可协助临床兽医确定何种预防措施（包括饮食管理及药物治疗）有效。无论是何种结石，高水分含量的日粮是预防尿结石复发的主要手段。利用动物主人在家中采集的动物尿液连续监测尿比重，可经济便捷地监测日粮水分是否充足。另外，应根据结石类型选择合适的影像学手段进行定期监测。

◈ 推荐阅读

Achar E et al: Amitriptyline eliminates calculi through urinary tract smooth muscle relaxation, *Kidney Int* 64:1356, 2003.

Adams LG et al: Use of laser lithotripsy for fragmentation of uroliths in dogs: 73 cases (2005-2006), *J Am Vet Med Assoc* 232:1680, 2008.

Bannasch DL et al: Inheritance of urinary calculi in the Dalmatian, *J Vet Intern Med* 18:483, 2004.

Bannasch D et al: Mutations in the SLC2A9 gene cause hyperuricosuria and hyperuricemia in the dog, *PLoS Genet* 4:e1000246, 2008.

Bannasch D, Henthorn PS: Changing paradigms in diagnosis of inherited defects associated with urolithiasis, *Vet Clin North Am Small Anim Pract* 39:111, 2009.

Bishop J et al: Influence of hydrochlorothiazide and diet on urinary calcium oxalate relative supersaturation in healthy adult cats, *JVIM* 21:599, 2007.

Cannon AB et al: Evaluation of trends in urolith composition in cats: 5,230 cases (1985-2004), *J Am Vet Med Assoc* 231:570, 2007.

Dear JD et al: Feline urate urolithiasis: a retrospective study of 159 cases, *J Feline Med Surg* 13:725, 2011.

Gatoria IS et al: Comparison of three techniques for the diagnosis of urinary tract infections in dogs with urolithiasis, *J Small Anim Pract* 47:727, 2006.

Henthorn PS et al: Canine cystinuria: polymorphism in the canine SLC3A1 gene and identification of a nonsense mutation in cystinuric Newfoundland dogs, *Hum Genet* 107:295, 2000.

Kyles AE et al: Clinical, clinicopathologic, radiographic, and ultrasonographic abnormalities in cats with ureteral calculi: 163 cases (1984-2002), *J Am Vet Med Assoc* 226:932, 2005.

Kyles AE et al: Management and outcome of cats with ureteral calculi: 153 cases (1984-2002), *J Am Vet Med Assoc* 226:937, 2005.

Low WW et al: Evaluation of trends in urolith composition and characteristics of dogs with urolithiasis: 25,499 cases (1985-2006), *J Am Vet Med Assoc* 236:193, 2010.

Lulich JP et al: Nonsurgical removal of urocystoliths in dogs and cats by voiding urohydropropulsion, *J Am Vet Med Assoc* 203:660, 1993.

Ruland K et al: Sensitivity and specificity of fasting ammonia and serum bile acids in the diagnosis of portosystemic shunts in dogs and cats, *Vet Clin Pathol* 39:57, 2010.

Westropp JL et al: Dried solidified blood calculi in cats, *J Vet Intern Med* 20:828, 2006.

# 第 47 章

# 猫梗阻性和非梗阻性特发性膀胱炎
## Obstructive and Nonobstructive Feline Idiopathic Cystitis

## 引 言
## (INTRODUCTION)

猫下泌尿道疾病(feline lower urinary tract disease,FLUTD)是一个含义非常宽泛的术语,猫所有涉及膀胱或尿道的疾病均可称为 FLUTD。临床表现包括尿频、痛性尿淋漓、排尿行为异常(periuria)、排尿困难及血尿,可能出现上述一个或多个表现。下泌尿道症状(lower urinary tract signs,LUTS)并非某种疾病的特异性表现,猫膀胱结石、泌尿道细菌感染或肿瘤等均可表现这些症状。出现上述症状并到转诊医院就诊的中青年猫,约有 2/3 并未最终确诊,因此,这种综合征被称为猫特发性(或间质性)膀胱炎(feline idiopathic cystitis,FIC)。猫特发性下泌尿道疾病(idiopathic feline lower urinary tract disease,iFLUTD)是 FIC 的同义词。现有研究表明,超重、活动减少、多猫家庭及室内饲养是 FIC 的风险因子。另外,诸如与家中其他猫打斗的环境应激原也被认为是风险因子之一。

## 病理生理学
## (PATHOPHYSIOLOGY)

### 组织病理学
### (HISTOPATHOLOGY)

FIC 从组织学上可分为两型,非溃疡性(Ⅰ型)和溃疡性(Ⅱ型)。几乎所有 FIC 患猫均为非溃疡型膀胱炎;但极少数猫也可出现人类患者典型的 Hunner溃疡(Ⅱ型)。这两种类型的 FIC 的病因学可能不同。Ⅱ型膀胱炎可出现更显著的炎症表现,而Ⅰ型则更可能与神经内分泌异常有关。慢性非溃疡性 FIC 患猫的组织病理学表现通常不具特异性,尿路上皮可能完整或受损,并伴有黏膜下层水肿,黏膜下层血管扩张、出血,嗜中性粒细胞聚集,有时可见肥大细胞数量增多。除了不具特异性之外,FIC 的组织病理学异常与临床表现的相关性也不强。

### 膀胱异常
### (BLADDER ABNORMALITIES)

由于 FIC 患猫通常表现出 LUTS,因此,许多研究致力于描述疾病状态下的膀胱异常。虽然有研究表明 FIC 患猫的膀胱顺应性下降,但在对雌性 FIC 患猫进行膀胱内压图评估时,并未发现膀胱的自发性收缩(膀胱活动性过度)。有假说认为尿路上皮细胞本身会受到多种刺激,包括三磷酸腺苷(ATP)及一氧化氮,二者均具有致炎性并可加剧临床症状。与健康猫相比,FIC 患猫膀胱的传入神经对理化刺激的反应性增强。一氧化二氮释放增多及继发性尿路上皮通透性增强提示 FIC 的发病机制可能由交感神经通过去甲肾上腺素介导。

### 感染原
### (INFECTIOUS AGENTS)

猫 FIC 与病毒感染的关系一直备受关注,其中猫杯状病毒 FCV-U1 及 FCV-U2 更是研究的重点。猫杯状病毒(FCV)可从 FIC 患猫及上呼吸道感染患猫分离出;但尚不确定它是否是导致临床症状的原发病因。血清学研究结果表明,FIC 患猫的 FCV 暴露风险高于对照组。另外,还有研究指出 FIC 与巴尔通体属血清学阳性结果存在较弱的相关性。目前尚不明确这些感染原与 FIC 患猫的 LUTS 是否相关,并且,就作者所知,尚无有关这些感染原与 FIC 全身表现相关性的研究。

## 全身性异常 (SYSTEMIC ABNORMALITIES)

动物的临床表现时而减轻、时而恶化,可能与内外环境刺激有关。有研究指出,与健康对照组相比,FIC 患猫在急慢性应激时,儿茶酚胺水平升高、血清皮质醇水平下降,提示患猫应激反应的两个重要参数出现失衡。即 FIC 时,尽管交感神经系统被完全激活,但下丘脑-垂体-肾上腺轴则不然。由于 FIC 患猫血清儿茶酚胺浓度升高,因此,动物出现临床症状时而减轻、时而恶化,并受到环境应激源的影响。

针对其他动物(如大鼠)的研究表明,在疾病发展过程中,应激因素可影响内脏感觉神经系统,并引起慢性特发性异常。虽然尚不明确 FIC 的病因,但部分患猫的 LUT 可受到其他疾病的影响,并且有些患猫会出现全身症状,因此,FIC 并非单纯的膀胱疾病。最近一项 FIC 患猫与健康猫的对照研究表明,环境应激源可导致 FIC 患猫出现更多症状(如呕吐、嗜睡、厌食)。FIC 患猫通常同时患有其他疾病,如行为、内分泌、心血管和胃肠道(GI)问题,因此,进行全面的体格检查及详尽的环境病史调查非常重要,而非将注意力全部集中在膀胱之上,治疗方案也应随之改变。

## 梗阻性 FIC 的病理生理学 (PATHOPHYSIOLOGY OF THE BLOCKED CAT)

公猫尿道栓塞是导致尿道梗阻最常见的原因,但尿结石、尿道狭窄、肿瘤或异物(罕见)均可导致尿道梗阻。母猫尿道梗阻较为少见,公猫因阴茎部尿道内径狭窄而更易发生尿结石、尿道栓塞或尿道痉挛引起的梗阻。许多尿道栓塞由鸟粪石和蛋白基质构成,并且其成分不会随时间发生变化(图 47-1)。虽然引起尿道栓塞的原因尚不明确,但有假说认为尿道下层毛细血管丛及继发性尿道炎(后者可通过膀胱内窥镜见于 FIC 患猫)导致血管扩张和血浆蛋白外渗,后者与结晶及其他碎屑结合后形成梗阻。炎症时,血浆蛋白渗出可升高尿液 pH,进一步促进鸟粪石结晶沉积并形成

栓塞。一旦解除梗阻,患猫体况稳定后,处理方法与非梗阻性 FIC 相似。

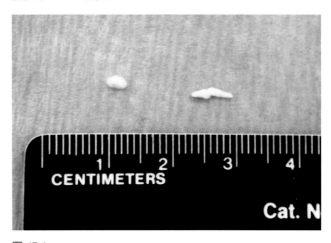

**图 47-1**
导致公猫尿道梗阻的栓塞,其主要成分通常为白蛋白、白蛋白降解产物和鸟粪石结晶。

## 伴有下泌尿道症状的猫的诊断性检查 (DIAGNOSTIC TESTS FOR CATS WITH LOWER URINARY TRACT SIGNS)

对出现 LUTS 的患猫选择诊断检查项目时,应考虑以下因素:患猫发病次数,临床症状严重程度以及动物主人的支付能力。目前尚无针对 FIC 的被广泛认可的诊断检查。人医研究了许多生物标记物,如抗增殖因子及肝素结合表皮生长因子,但尚无法应用于临床。人医和兽医都报道了一种血清生物标记物,还阐述了红外显微分光镜检查对 FIC 诊断的有效性(Rubio-Diaz 等,2009),但到目前为止,FIC 的诊断主要依靠排除法。

由于出现 LUTS 的患猫中大约有 20% 发生膀胱结石,因此推荐进行腹部 X 线检查。由于尿道难以通过超声扫查,因此,腹部超声对尿道梗阻患猫的意义不大。对于发生尿道梗阻的患猫,在保证其体况稳定的前提下,应先拍摄腹部 X 线片,然后通过膀胱穿刺解压膀胱。至少应对患猫(以及先前进行过导尿的患猫)进行一次尿液分析及尿液细菌培养,不过大多数无其他异常的青年猫并非发生细菌性膀胱炎。其他更先进的诊断方法,如膀胱尿道造影术、腹部超声检查甚至膀胱镜检查(图 47-2 和图 47-3),可用于复发性病例,以确定患猫无其他可引起这些临床症状的疾病。

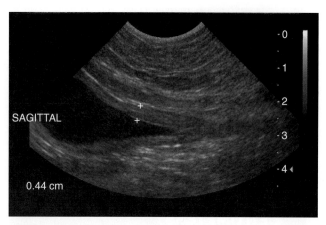

**图 47-2**
尿道梗阻患猫的腹部超声检查,结果显示膀胱壁增厚,但这种表现并不具有特异性,并且这种影像学检查方法不适于评估猫的尿道。

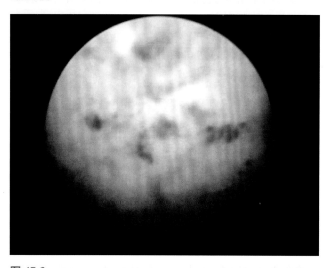

**图 47-3**
一只雌性 FIC 患猫的膀胱镜检查图像,患猫膀胱壁重度水肿,脆性升高。不过这些表现与动物的临床症状并不十分吻合。

# 治疗方案
## (TREATMENT OPTIONS)

## 急性发作
### (ACUTE EPISODES)

### 猫特发性梗阻性膀胱炎

一旦被确诊为尿道梗阻,应立即评估并通过静脉补液来稳定患猫的状态。应检查患猫的血清生化,以确定是否发生肾前性氮质血症、高钾血症或其他电解质酸碱紊乱,如低钙血症及酸中毒。若动物发生

高钾血症,应立即静脉给予液体、常规胰岛素(0.25～0.5 U/kg,缓慢推注)及 50%右旋葡萄糖,同时评估心电图;对于重症动物,可静脉给予 10%的葡萄糖酸钙,以拮抗高钾血症对心电传导的影响。通常可通过输液纠正酸中毒,此外,静脉给予碳酸氢钠(1～2 mEq/kg)还可用于纠正严重的高钾血症。不过,由于纠正酸中毒可能会恶化低钙血症,因此,注射碳酸氢盐时需慎重。

一旦患猫状态得到稳定,即应拍摄腹部 X 线片,从而确定患猫是否出现了那些较为常见的结石种类[鸟粪石和草酸钙(CaOx)]。为了及早排出尿液,应行膀胱穿刺术。通常使用 22G、1 或 1.5 英寸针头进针,并使针头斜面朝向膀胱三角区;针头另一端连接延长管、三通管及 20 mL 或 35 mL 的注射器(图 47-4)。这样做可尽量排出膀胱内的尿液,避免二次进针。镇痛药物通常可起到有益作用(如静脉给予丁丙诺啡 0.01 mg/kg,初始 q 8～12 h),并且通常在患猫进入麻醉(如异氟烷、七氟烷或丙泊酚)状态后,尿道梗阻即可解除。

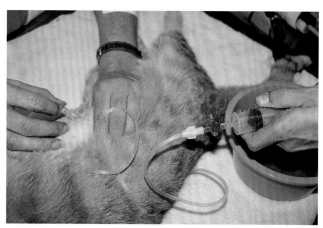

**图 47-4**
尿道梗阻的患猫通过膀胱穿刺术解压。

少数病例可通过按摩阴茎远端而去除尿道栓塞,但是,对于绝大多数病例,利用一端开放的非金属导尿管可安全便捷地移除梗阻。对阴茎部尿道进行剃毛和消毒后,在无菌操作下,将导尿管插入远端尿道。由于移除梗阻通常需要助手向尿道推注无菌生理盐水,因此,应在导尿管一端连接延长装置和三通管,这样做可为助手提供更多操作空间,从而减轻对尿道的损伤。另外,较小的注射器更易获得较强的水流,可能会有助于移除梗阻。

并非所有尿道梗阻患病动物都需要留置导尿管。留置导尿管可能会对尿道产生刺激,并有引起尿道痉挛和再次梗阻的风险。然而,如果患猫有重度氮质血

症,尿液中可见多量碎屑和出血,逼尿肌迟缓,或患猫的梗阻由结石引起(手术移除结石之前),则应留置导尿管。可留置质地较软的 3.5F 或 5F 的导尿管(如红色橡胶导尿管或滑质 Sam 导尿管);埋置导尿管时需严格进行无菌操作。对集尿系统进行封闭不仅有助于无菌,还可监测尿量(图 47-5)。氮质血症患猫通常可见显著的梗阻后利尿,因此需提供充足的静脉液体。埋置导尿管后,起初应每 4 h 记录患猫的排尿情况和尿量。并通过排尿量调整静脉补液量。因利尿期可能会发生低钾血症,故应监测肾脏相关指标和血钾浓度。移除导尿管后可考虑进行尿液培养,但无需培养导尿管顶端。

**图 47-5**
解除梗阻后的患猫,可见重度血尿,采用封闭集尿系统有助于兽医评估患猫的总尿量,并指导静脉补液。

除镇痛药之外,还可使用 $\alpha_1$-受体拮抗剂,如酚苄明[2.5 mg/猫,口服(PO),q 12 h]或哌唑嗪(0.5 mg/猫,PO,q 12 h),可用于缓解尿道痉挛。无对照研究表明,兽医使用更具选择性的 $\alpha_1$-受体拮抗剂坦洛新(Flomax,剂量为 0.004~0.006 mg/kg,PO,q 24 h 或q 12 h),可获得不同程度的疗效。由于这些药物可能会引起低血压,因此,只有当患猫状态稳定或处于警醒状态时方可使用,另外,可根据需要监测血压。当怀疑动物发生膀胱迟缓时,可使用拟副交感神经药物氨甲酰甲胆碱(2.5 mg/猫,PO,q 12 h)。此类药物的不良反应通常为胃肠道(呕吐和腹泻)症状。一旦利尿阶段结束,可逐渐减少静脉补液的量,并移除导尿管。尽管通常推荐使用利多卡因、膀胱冲洗或其他药物来避免

再次梗阻,但缺乏对照研究来支持这些治疗方法的效果。一项小型研究对尿道梗阻患猫进行膀胱内浸润利多卡因,并未显示出有益影响。移除导尿管之后的管理与非梗阻性 FIC 相同。

### 非梗阻性猫特发性膀胱炎

FIC 的转归情况多种多样,无论治疗与否,高达85%的患猫会于 2~3 d 内出现临床症状消退。当患猫被诊断为 FIC 时,急性期时应使用镇痛药物进行治疗。根据患猫疼痛的严重程度,可选用的镇痛麻醉药包括口服丁丙诺啡(0.01 mg/kg,喷入口腔经黏膜吸收,PO,q 8~12 h)、布托啡诺[0.2 mg/kg,皮下注射(SC)或 PO,q 8~12 h]或芬太尼贴片。另有研究显示,可选用非甾体类抗炎药(NSAIDs)治疗本病,但效果不定。不过,目前可用于猫的口服 NSAID 只有罗贝考西(robenacoxib),但尚无研究说明其对 FIC 的治疗效果。由于脱水可能降低肾脏血供并引起急性肾损伤,而这些药物可能会提高这种风险,故产生不良后果的可能较高。

## 慢性管理
(CHRONIC MANAGEMENT)

### 环境管理

目前尚无针对 FIC 的有效治疗方法;治疗的主要目的在于促进恢复,尽量减轻临床症状,并延长无病生存期。完成 FIC 的诊断后,不仅要了解是否存在致病因素,还需全面调查动物的生活环境,以协助兽医判断这种环境是否满足患猫需要。有一种基于兽医助理的方法可能起到有益作用,通过助理广泛参与患病动物的护理,保证主人明确本病的进程,从而使主人更易完成患猫管理。

对许多 FIC 患猫而言,分期管理可能非常有益,这种管理始于客户教育和多重环境调整(MEMO,multi-modal environmental modifications)。MEMO 治疗包括详尽的环境病史,如框 47-1 所列的内容。动物主人的答案需包含所有猫在内,之后兽医可根据列表进行评估并寻找引起患猫临床症状的原因。动物主人完成问卷后,兽医需进行评估并给出环境调整建议。起初无需改变太多,仅给出 1 或 2 点建议即可,否则动物主人和患猫都会感到有压力。建议目标是确保环境条件满足患猫需求。先前的研究表明,环境改善后,患猫的

儿茶酚胺水平会降低,临床症状也可得到改善。对绝大多数 FIC 患猫来说,后续 1 年多时间内,MEMO 方法都是奏效的。

---

**框 47-1　针对患猫主人的环境调查问卷**

1. 获得患猫的途径——收容所、弃猫、繁育者?
2. 家中饲养猫的数量
   ● 会不会出现猫打架的问题?
3. 其他宠物的种类和数量
4. 家庭成员的数量
5. 住房类型和面积
6. 猫砂盆
   ● 数量?
   ● 清洁频率?
   ● 更换频率?
   ● 在家中的放置位置?
   ● 猫砂类型?
   ● 患猫喜好的猫砂深度?
7. 饲喂
   ● 食物类型(包括品牌、湿粮还是干粮)?
   ● 食盆位置?
   ● 食物喜好?
   ● 家中是否会出现争抢食物的情况?
8. 活动和休息情况
   ● 喜好的玩具?
   ● 家中可供玩耍的空间?
   ● 喜好的游戏类型?
9. 室内还是室外饲养
10. 喜好的休息或躲避区域?
    ● 猫窝的数量?
11. 家中是否发生变化
12. 行为问题
    ● 攻击
    ● 害怕
    ● 紧张
    ● 分离焦虑
13. 其他病态行为或同时存在的疾病

---

作为 MEMO 方法的一部分,需和动物主人商讨变更日粮的问题。通过饲喂罐头或其他方法增加患猫摄水量,可能对患猫有好处,例如饲喂肉汤或使用自动补水器。通过饲喂干粮来酸化尿液的方法尚未被证明有益。然而,对于出现显著鸟粪石结晶尿但未出现梗阻的公猫,可饲喂溶解鸟粪石的日粮。此外,肥胖也是 FIC 的风险因素之一,对患猫实施减肥计划可能会有帮助。提出日粮和环境变更建议时,需考虑患猫所有的需求。

### 信息素

信息素是同种动物之间用来特异性传达信息的脂肪酸。虽然详细作用机制尚不明确,但据报道,信息素可诱导边缘系统和下丘脑发生改变,从而影响动物的情绪状态。Feliway(Ceva Animal Health,St. Louis)是猫面部信息素的 F3 片段,由人工合成。据报道,使用该种信息素可缓解猫因陌生环境产生的焦虑感,可能会对 FIC 患猫或其他焦虑相关的病症起到有益作用。Feliway 有两种制剂:喷剂和室内扩散剂。前者可用于诸如猫砂盆周围,或在车辆运输 10～15 min 之前,喷在笼子内;后者可置于猫居住的房内,从而减轻 FIC 患猫焦虑并改善临床症状。

### 药物治疗

尽管有许多药物被尝试用于治疗猫 FIC,但目前缺乏对照研究来确认这些药物的疗效。若 MEMO 和信息素治疗均无效,可考虑使用框 47-2 内所列的药物。但是这些药物不可用于急性 FIC 患猫,而应在环境条件已经满足患猫需求后才考虑使用,并且不可突然停药。许多药物需要使用 1 周以上才会显现出疗效;若使用药物后,患猫的临床症状并未得到改善,那么需在 1～2 周时间内逐渐减少用药剂量并停药。

---

**框 47-2　慢性猫特发性膀胱炎的治疗药物\***

阿米替林——三环抗抑郁药;2.5～5 mg/猫,PO,q 12～24 h;不良反应包括镇静、嗜睡和尿潴留。

氯丙咪嗪——三环抗抑郁药;0.25～0.5 mg/kg,PO,q 24 h;不良反应包括镇静、嗜睡和尿潴留。

氟西汀——血清素再摄取抑制剂;1 mg/kg,PO,q 24 h;不良反应包括胃肠道不适。

丁螺环酮——非苯二氮卓类抗焦虑药;2.5～5 mg/猫,PO,q 12 h;不良反应包括镇静。

戊聚硫钠†——半合成碳水化合物衍生物,与氨基葡聚糖似;辅助治疗猫慢性特发性膀胱炎;依据产品的不同,治疗剂量可有所不同;罕见不良反应,可能包括凝血酶原时间延长、出血问题及腹泻。

---

\* 有关这些药物的对照研究非常有限。

† 对于猫的研究显示,戊聚硫钠的疗效与安慰剂无显著差异。所有试验组均出现临床症状改善,提示出现了较强的"安慰剂"效应。

---

## 总　结
## (CONCLUSIONS)

FIC 是一种复杂的疾病,目前尚未完全了解本病。

但兽医和动物主人都应明白这并不是局限于膀胱的异常。由于 FIC 可能病程较长而令人沮丧，但若能进行良好的客户沟通，并结合 MEMO 方法、镇痛剂及其他药物，可能会对治疗急慢性病例起到有益作用。

◆ 推荐阅读

Buffington CA et al: Clinical evaluation of multimodal environmental modification (MEMO) in the management of cats with idiopathic cystitis, *J Feline Med Surg* 8:261, 2006.

Chew DJ et al: Amitriptyline treatment for severe recurrent idiopathic cystitis in cats, *J Am Vet Med Assoc* 213:1282, 1998.

Chew DJ et al: Randomized, placebo-controlled clinical trial of pentosan polysulfate sodium for treatment of feline interstitial (idiopathic) cystitis, *J Vet Intern Med* 23:690, 2009.

Gunn-Moore DA, Shenoy CM: Oral glucosamine and the management of feline idiopathic cystitis, *J Feline Med Surg* 6:219, 2004.

Gunn-Moore DA, Cameron ME: A pilot study using synthetic feline facial pheromone for the management of feline idiopathic cystitis, *J Feline Med Surg* 6:133, 2004.

Kruger JM et al: Changing paradigms of feline idiopathic cystitis, *Vet Clin North Am Small Anim Pract* 39:15, 2009.

Larson J et al: Nested case control study of feline calicivirus viruria, oral carriage, and serum neutralizing antibodies in cats with idiopathic cystitis, *J Vet Intern Med* 25:199, 2011.

Reche AJ, Buffington CA: Increased tyrosine hydroxylase immunoreactivity in the locus coeruleus of cats with interstitial cystitis, *J Urol* 159:1045, 1998.

Rubio-Diaz DE et al: A candidate serum biomarker for bladder pain syndrome/interstitial cystitis, *Analyst* 134:1133, 2009.

Welk KA, Buffington CA: Effect of interstitial cystitis on central neuropeptide and receptor immunoreactivity in cats. Presented at Research Insights into Interstitial Cystitis: A Basic and Clinical Science Symposium, Alexandria, Va, Oct 30-Nov 1, 2003.

Westropp JL et al: Small adrenal glands in cats with feline interstitial cystitis, *J Urol* 170:2494, 2003.

Westropp JL et al: Evaluation of the effects of stress in cats with idiopathic cystitis, *Am J Vet Res* 67:731, 2006.

# 第 48 章
## CHAPTER 48

# 排尿异常
## Disorders of Micturition

## 解剖和生理
### (ANATOMY AND PHYSIOLOGY)

排尿行为是由交感、副交感、内脏神经及中枢控制系统协调支配的（图 48-1）。这种协调系统可能位于动物的脑桥排尿中枢（pontine micturition center, PMC），又称巴灵顿氏核，位于脑干脑桥盖的背内侧。PMC 接收其他感觉神经的刺激信号，从而决定是否执行排尿行为。

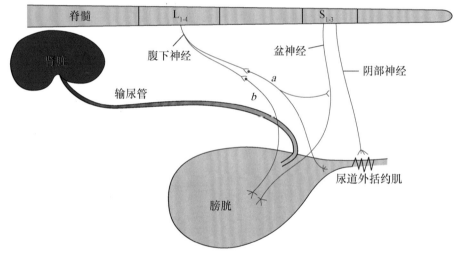

**图 48-1**
下泌尿道的交感、副交感及内脏神经支配示意图。实际的排尿神经通路比图示复杂许多；图中并未显示感觉神经通路及高级中枢。

胸腰段交感神经可向膀胱颈和尿道发送兴奋信号，向副交感神经（parasympathetic, PS）节发送抑制信号。交感神经节前纤维从腰段脊髓（犬：L1-L4；猫：L2-L5）伸出，与后肠系膜神经节交汇。节后神经纤维（腹下神经）释放去甲肾上腺素（norepinephrine, NE），可兴奋膀胱上的 $\beta$-受体，以及近端尿道平滑肌和尿道功能性内括约肌上的 $\alpha$-受体。这种作用可使膀胱松弛并持续接收尿液，但不会增加膀胱内压（通过 $\beta$-受体的作用），并保持尿道内括约肌的张力（通过 $\alpha$-受体作用）。

PS 节前运动神经元起于荐椎脊髓 S1-S3。节前神经与盆神经一同移行，后与膀胱壁上的外周神经节交汇。节后神经纤维较短，可通过 ACh 作用于膀胱上的胆碱能（毒蕈碱）受体，并释放兴奋信号，此外，节后神经纤维还可向尿道释放抑制信号，从而促进膀胱排空。

内脏神经由阴部神经支配，后者同样起始于荐椎段脊髓 S1-S3，可（通过 Ach 兴奋烟碱受体）刺激尿道外括约肌（横纹肌）。这种神经元的细胞体位于 Onuf 核的腹外侧。Onuf 核背外侧神经的神经纤维支配直肠外括约肌。

# 尿失禁定义及类型
## (DEFINITIONS AND TYPES OF URINARY INCONTINENCE)

　　许多动物主人会因宠物发生尿失禁(urinary in-continence,UI)而前来就诊,但是,临床兽医必须明白有多种类型的 UI。通常情况下,兽医所说的 UI 是指患病动物无意识地排尿。这种行为可由解剖异常或尿道闭合压力改变而引起。也有动物会在有意识的情况下,在不适当的场合(多尿)排出少量尿液,称为急迫性尿失禁(urge incontinence)。获得详细的病史,同时评估动物排尿时是否有意识,对鉴别诊断列表及诊断计划至关重要。此外,还需明确动物是否发生多尿和/或多饮(PU-PD)。同一患病动物也可同时出现多种异常,如 UI 和 PU。根据引起 UI 的原因,纠正 PU-PD紊乱通常即可显著改善 UI。例如,患有肾上腺皮质功能亢进的犬可出现尿失禁,而针对库兴氏综合征的治疗方案通常可缓解尿失禁。

## 输尿管异位
### (ECTOPIC URETERS)

　　输尿管异位(ectopic ureters,EUs)是造成幼龄犬尿失禁最常见的原因。输尿管异位是指输尿管开口不位于正常所在的膀胱三角区(图 48-2)。UI 是 EUs 患犬最常见的临床表现,常发于 1 岁以内的幼犬,但对于所有出现 UI 的患犬,尤其对病史不明确的动物,均应考虑发生 EUs 的可能。UI 的严重程度可能不同,有些患犬可能仅在休息时出现尿失禁的表现。出现EUs 风险较高的品种包括金毛巡回猎犬、拉布拉多巡回猎犬、西伯利亚哈士奇、纽芬兰犬及英国斗牛犬。雄性犬发生 EUs 相对少见,即便存在该异常,也很少有动物出现临床症状,或仅在年纪较大时才表现临床症状。猫罕见发生 EUs。

　　可通过排泄性尿路造影、荧光透视尿道或输尿管造影、腹部超声检查(图 48-3)、膀胱镜、螺旋计算机断层扫描(computed tomography,CT)或多种手段结合来确诊 EUs。据报道,后两种方法是诊断是否存在EUs 最敏感的确诊手段。EUs 患犬还可同时出现其他先天性异常(如肾脏发育不良、重度肾盂积水),因此,在纠正 EU 之前,需全面评估患病动物的泌尿系

统。另外,由于 EUs 患犬常发生泌尿道感染(urinary tract infections,UTIs),因此对于疑似 EUs 患犬,必须进行尿液培养。

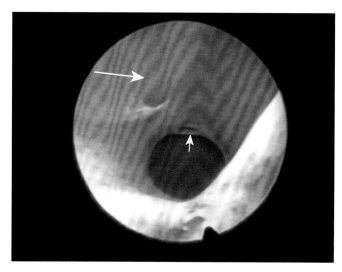

**图 48-2**
膀胱镜下可见该幼龄拉布拉多德利犬的左侧单侧输尿管异位(大箭头)。较小的右侧输尿管开口位于膀胱三角区内(小箭头)。

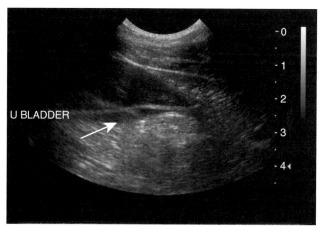

**图 48-3**
一只幼龄金毛巡回猎犬的超声检查横切面,该犬因持续性尿失禁而前来就诊。声像图显示膀胱腹侧的输尿管扩张,并移行进入膀胱三角区远端的下泌尿道(箭头)。患侧同时出现肾盂积水和输尿管积水。后通过膀胱镜确认患犬发生输尿管异位,并通过膀胱镜引导的激光消融术进行校正。

　　EUs 可通过手术矫正,但激光矫正技术越来越多地开展起来。大约有 65% 的病例可通过手术矫正达到完全节制。有研究表明,体重在 20 kg 以内的患犬,手术效果更好。手术成功与否受多种因素的影响,如辨认 EU 终末端有误,出现多个输尿管开口,同时伴发尿道括约肌机能性闭合不全(USMI,urethral sphincter mechanism incompetence),或同时存在上述多个因素。已有更加新颖、侵袭性更小的手段可应

用于治疗犬 EUs,如膀胱镜引导的激光消融术。初步研究表明,实施这种手术的患犬,其术后 UI 的情况类似或优于传统手术矫正。激光消融术可切除整个尿道沟,使得动物通常可更快恢复。对于怀疑患有 EU 而准备转诊进行激光矫正的动物,因术前会通过膀胱镜确认是否存在 EU,故无须做其他高级影像学检查。

## 尿道括约肌机能性闭合不全
### (URETHRAL SPHINCTER MECHANISM INCOMPETENCE)

腰骶部异常,如椎间盘疾病、退行性脊髓病、创伤、脊椎畸形(如曼克斯猫),以及一些罕见的疾病,如家族性自主神经机能异常,可导致尿道闭合压力降低。对于所有发生 UI 的患病动物,均应进行完整的神经学检查。一旦排除其他异常,即可诊断为 USMI。

USMI 与女性患者的应激性失禁类似,主要发生于犬,若猫被怀疑发生 USMI,则需排查是否感染猫白血病病毒(feline leukemia virus,FeLV),因为已有研究表明这二者之间可能存在相关性。USMI 常发于绝育母犬,但也可见于未绝育母犬和公犬。对于绝育母犬而言,患犬可能在绝育术后立即表现临床症状,也可能在手术 10 年之后才出现临床表现。动物主人通常会觉察出患犬发生夜尿症。UI 可能每日发作,也可能呈间歇性发作,其严重程度不一。大型犬绝育后发生 USMI 的风险高于小型犬。

引起 USMI 的原因尚不明确。由于乏情期不发生尿失禁的犬与绝育尿失禁患犬的雌激素水平相当,因此,尿失禁可能并非完全由雌激素缺乏导致。尽管已经证明雌激素可增加未绝育和非尿失禁绝育母犬的尿道括约肌闭合压力,但雌二醇对尿动力学的作用机制尚不完全明了。虽然确诊尿道闭合压力下降的金标准是尿道压力分析,但通常根据临床表现、病史及其他病因的排除来确诊 USMI。此外,对药物治疗有反应可协助确诊为 USMI。框 48-1 列出了推荐进行尿动力学测试的情况。尿动力学测试可用于评估膀胱和尿道功能,犬猫均可适用,通常需在丙泊酚镇静下完成。尿道压力分布图(urethral pressure profile,UPP)可评估全段尿道的压力情况;膀胱内压图可评估逼尿肌反射、膀胱充盈容量及顺应性。

 **框 48-1　尿道压力图及膀胱内压图的适应证**

> 输尿管异位矫正术前
> 采用苯丙醇胺(phenylpropanolamine, PPA)治疗尿道括约肌机能性闭合不全(urethral sphincter mechanism incompetence,USMI),但对治疗无反应时
> 己烯雌酚片(diethylstilbestrol,DES)治疗 USMI,但对药物无反应时
> 当怀疑动物发生 USMI,但使用药物进行治疗性诊断风险较高时,推荐首先确诊该病

表 48-1 列出了用于治疗各种排尿异常的药物和推荐剂量。USMI 的药物治疗主要包括通过 $\alpha_1$-肾上腺素能受体($\alpha_1$-ARs,$\alpha_1$-adrenoceptors),如苯丙醇胺(phenylpropanolamine, PPA)或伪麻黄碱(pseudo-ephedrine,PSE),来改善尿道压力。PPA 的药效强于 PSE 且不良反应小。通常于用药后 2~3 d 即可见效。若治疗 1 周后,仍无明显效果,则药物剂量可升至 1.5 mg/kg,PO,q 12 h;若临床症状仍无法控制,或出现副作用,则需考虑添加另一种药物,如雌激素制剂。使用 $\alpha$-激动剂的不良反应包括不安、焦虑及高血压,另有报道可见反射性心动过缓。不建议对患有心脏病、高血压或肾病的动物使用 $\alpha_1$-AR 激动剂。若必须对肾病患犬使用该药物,则应降低用药剂量,并定期(最好是服用 PPA 后 2~4 h)监测患犬血压。

由于雌激素可提高 $\alpha_1$-AR 对 NE 的敏感性,从而间接改善尿道闭合压力,因此也可使用雌激素治疗 USMI,但其具体作用机制仍不完全明确。尽管雌激素的疗效通常不及 $\alpha$-激动剂,但完成起始剂量给药后,人工合成雌激素己烯雌酚(DES,diethylstilbestrol)通常可每周给药 1~2 次,对动物主人更为方便。可使用 FDA 批准的雌激素复方制剂雌三醇(Incurin,Merck Animal Health,Summit)(见表 48-1)。不论患犬体型大小,所服用的药物剂量是相同的,最初 2 周,每天用药。之后可每 2 周降低剂量,直至最低有效剂量。绝大多数病例会在使用雌激素制剂后 1 周内起效,若 1 周之后仍未见效,则应考虑其他治疗方法。某些 USMI 病例需通过 PPA 和雌激素共同作用方可起效。

据报道,某些使用早期雌激素制剂己酸羟孕酮(depot)以及高剂量使用 DES 的患犬可能会发生骨髓抑制。不过,对于所有接受雌激素治疗的患犬,均应定期检查全血细胞计数(complete blood count,CBC)。因雌三醇与核结合受体的作用时间较短,故与其他雌

**表 48-1　小动物临床常用的排尿异常的治疗药物[1]**

| 药物(商品名) | 分类 | 作用机制 | 临床适用征 | 剂量 | 潜在不良反应 |
|---|---|---|---|---|---|
| 苯丙醇胺(PPA,Phenylpropanolamine) | α₁-激动剂 | 间接刺激α-和β-受体,引起去甲肾上腺素(norepinephrine,NE)的释放 | 为了治疗尿道括约肌机能性闭合不全(urethral sphincter mechanism incompetence,USMI) | 1～1.5 mg/kg,PO,q 12～14 h | 不安,焦虑;心动过速,高血压 |
| 己烯雌酚(DES,Diethylstilbestrol) | 合成雌激素 | 可能能增强α₁-肾上腺素能受体对NE的敏感性 | 用于提高USMI动物的尿道闭合压力 | 0.5～1 mg/犬,PO;起初3～5 d使用推荐剂量;之后逐渐减少药量至能够维持尿道紧张度的最低有效剂量(1～2次/周) | 血质不调(blood dyscrasias)(低剂量用药时罕见);乳腺肿瘤 |
| 雌三醇(Incurin) | 天然雌激素 | 可能能增强α₁-肾上腺素能受体对NE的敏感性 | 用于提高USMI动物的尿道闭合压力 | 起始剂量为2 mg/犬,PO,q 24 h;每2周调整剂量,直至降至最低有效剂量 | 脱毛,血质不调 |
| 乙酰丙嗪(PromAce) | 吩噻嗪衍生物 | 效力不等的解痉作用及α-肾上腺素能受体阻断作用 | 用于降低功能性尿道流出道梗阻动物的尿道闭合压力 | 0.01～0.05 mg/kg,SC,q 8～12 h | 镇静,低血压 |
| 哌唑嗪(Minipress) | α-肾上腺素能受体拮抗剂 | 抑制α₁-受体 | 用于降低功能性尿道流出道梗阻动物的尿道闭合压力 | 1 mg/15 kg体重,PO,q 8～12 h(犬);0.5 mg/猫,PO,去12 h | 镇静,低血压 |
| 酚苄明(Dibenzyline) | α-肾上腺素能受体拮抗剂 | 抑制α₁-受体 | 用于降低功能性尿道流出道梗阻动物的尿道闭合压力 | 2.5 mg/猫,PO,q 12 h(猫);0.25 mg/kg,PO,q 12 h(犬) | 镇静,低血压 |
| 坦洛新(Flomax) | α₁-肾上腺素能受体拮抗剂 | 抑制α₁-受体 | 用于降低功能性尿道闭合压力的尿道梗阻;无对照研究表明可用于尿道梗阻 | 无对照研究结果: 0.1～0.2 mg/(10 kg·d),PO(犬);0.004～0.006 mg/kg,PO,q 12～24 h(猫) | 镇静,低血压 |
| 氨甲酰甲胆碱(乌拉胆碱,urecholine) | 拟副交感神经剂 | 主要刺激毒蕈碱受体 | 提高膀胱收缩力(即逼尿肌张力) | 2.5 mg/猫,PO,q 12 h;5～15 mg/犬,PO,q 12 h | 呕吐,腹泻,流涎 |
| 阿米替林(Elavil) | 三环抗抑郁药 | 抑制NE再摄入,中枢和外周抗胆碱神经活性;拮抗H₁受体;抑制5-HT再摄取;钙酸和钠通道受体拮抗剂 | 特发性膀胱活动性增强(OAB);难治性慢性猫特发性膀胱炎;顺应性排尿(需与行为纠正相结合) | 2.5～5 mg/猫,PO,q 12 h;1～2 mg/kg,PO,q 12 h(犬) | 体重增加,嗜睡,尿潴留 |
| 奥昔布宁(Ditropan) | 抗胆碱能药 | 抗毒蕈碱药 | 特发性OAB | 0.2 mg/kg,PO,q 8～12 h(犬);总剂量不高于5 mg;0.5～1 mg/猫,PO,q 8～12 h | 便秘,腹泻,镇静,呕吐 |

激素制剂有所不同。虽然雌三醇可能较 DES 更安全，但由于曾有关于使用该药后发生白细胞减少、贫血、血小板减少的报道，所以，仍需监测 CBC。其他相关副作用包括局部和全身脱毛。

对药物治疗无反应或动物主人无法长期给动物服用药物的情况，可使用尿道黏膜下膨胀剂，如聚二甲基硅氧烷（Macroplastique，Uroplasty，Minnetonka，Minn）。过去曾使用胶原完成这种操作，但现在已不再采用这种方法。患犬麻醉后，在膀胱镜的辅助下，距膀胱三角区 1.5 cm 处，环形注入 3～4 处膨胀剂。部分患犬之后可能仍需进行药物治疗，但植入膨胀剂通常能够显著提高尿道的紧张度。对于植入聚二甲基硅氧烷后的短期研究显示，注入膨胀剂 3 个月内效果较

好，不过目前仍缺乏对这种治疗的长期效果研究。不同患犬对胶原植入的反应不一，持效期差异较大，尤其对于相对年轻的犬，通常需重复进行数次植入。但对于老龄犬，其效果通常较好，无须手术且持效期可满足患犬需要。

若药物治疗无效，还可考虑使用尿道阻塞器。通过手术向近端 1/3 尿道周围植入阻塞器，后者可从外部施力起到维持尿道紧张度的作用。当单独使用阻塞器效果不佳时，可通过其外部接口（图 48-4）向阻塞器内注入生理盐水，以提高其效果。尽管尚无针对这种治疗方法的大型综述性研究，但许多小型研究或无对照研究均显示出这种治疗方法的广阔前景，有的病例在术后 3 年内都能维持较好的尿道紧张度。

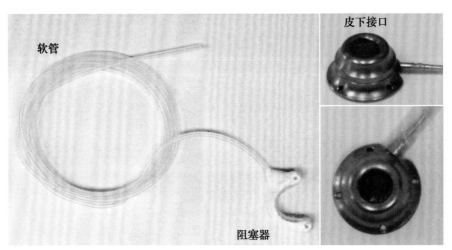

**图 48-4**
尿道阻塞器。这些阻塞器可植入近端尿道，从而提高尿道闭合压力并改善尿失禁。与尿道膨胀剂相比，其持效期更长。若阻塞器无法很好地维持尿道紧张度，还可通过皮下接口向硅胶阻塞器内注入生理盐水。（由加州大学戴维斯分校 Dr. William Culp 惠赠）

## 尿失禁
(URINARY INCONTINENCE)

### 尿道闭合压力升高

因机械性或功能性梗阻而导致的尿道闭合压力持续增高可继发引起膀胱功能障碍（迟缓）及充溢性尿失禁。引起尿潴留的机械性因素包括尿结石、膀胱和/或尿道肿瘤、增殖性尿道炎、尿道狭窄和异物、尿道栓塞、前列腺疾病（如脓肿、旁囊肿、前列腺良性增生），以及尿道外压迫。功能性梗阻的原因很多，包括骶骨上或脑干疾病（上运动神经元膀胱表现）、继发于尿道炎或机械性梗阻的尿道痉挛，以及特发性功能性尿流出道梗阻（又称为逼尿肌－尿道协同异常、反射性协同异

常）等。

可通过病史、完整的体格检查和神经学检查、全面的尿道影像学检查来诊断充溢性尿失禁。多数患病动物在发生 UI 之前有过间断性或持续性尿淋漓病史。观察患病动物的排尿情况并评估残余尿量可能会有助于诊断，健康动物排尿后的膀胱残余尿量不高于 0.5～1 mL/kg。X 线平片、膀胱尿道造影及膀胱镜可用于评估患病动物是否发生机械性梗阻。为了更好地评估近端尿道，在拍摄 X 线片前应为动物进行灌肠。膀胱镜可用于评估尿道黏膜，采集组织用于活检或培养，还可根据需要置入尿道支架。若动物未发生机械性梗阻，那么可通过尿动力学检查评估是否发生功能性梗阻。当所有这些可引起尿道闭合压力增大的原因均被排除时，可诊断动物发生特发性功能性尿流出道梗阻（逼尿肌-尿道协同障碍）。这种疾病常发于大型雄性

去势或未去势犬。

机械性梗阻的主要治疗方法是解除梗阻。对于尿道结石,可通过手术或钬：YAG 激光碎石术移除结石。膀胱尿道肿瘤,多为移行上皮癌(transitional cell carcinoma,TCC,图 48-5),应使用吡罗昔康或其他非甾体类抗炎药(nonsteroidal anti-inflammatory drug, NSAID)进行治疗,其他化疗药物如米托蒽醌或含铂制剂可提高存活率。慢性尿道感染可引起增殖性尿道炎,常见于雌性犬。通过膀胱镜观察增殖性尿道炎患病动物时,可见尿道腔内多个小叶样组织,增生严重时可造成尿道梗阻。因进行活检并与 TCC 相鉴别。另外,这种疾病需合理使用抗菌药物及 NSAID 进行治疗。一项病例研究表明,硫唑嘌呤对本病有效。

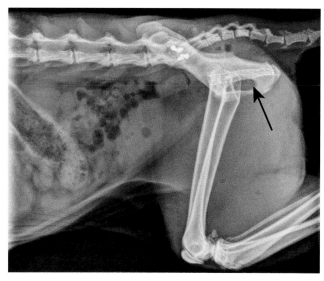

图 48-6

一只 1.5 岁的雄性去势家养短毛猫因创伤发生尿道狭窄。通过气球扩张狭窄处后,置入尿道支架(箭头)。考虑到患猫可能发生膀胱迟缓,同时采用拟副交感神经及氨甲酰甲胆碱进行治疗。

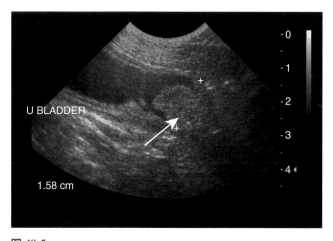

图 48-5

一只 11 岁的雌性绝育布列塔尼猎犬因尿淋漓和尿失禁前来就诊。患病动物的声像图显示一尿道团块伸入膀胱腔内(箭头)。团块通过细针抽吸检查诊断为移行上皮癌。本病例采用吡罗昔康治疗并置入尿道支架。

对于特发性、功能性尿流出道梗阻,可通过 $\alpha_1$-肾上腺素能受体拮抗剂,如酚苄明或哌唑嗪,来松弛尿道内括约肌。哌唑嗪的性价比相对较高,尤其适用于大型犬。更新的 $\alpha_1$-受体拮抗剂,如坦洛新(Flomax)也被用于治疗功能性尿流出道梗阻,无对照研究显示其治疗效果不定。骨骼肌松弛剂,如地西泮,对某些病例也有效。一旦上述药物起效或插入导尿管后,对于存在继发性膀胱迟缓的病例,可开始使用拟副交感神经剂进行治疗。氨甲酰甲胆碱是一种毒蕈碱剂,可用于改善膀胱张力并促进膀胱排空。对于较为严重的病例,可能需要实施管状膀胱切开,留置导尿管或尿道支架(图 48-6)来辅助排尿。

## 膀胱活动性增强

尿频动物可能存在膀胱活动性增强(overactive bladder,OAB),导致急迫性尿失禁。OAB 患病动物通常存在细菌、膀胱结石、肿瘤、息肉或药物(如环磷酰胺)引起的潜在性膀胱炎。需详细调查患病动物的病史,以确定是否存在其他下泌尿道症状。体格检查通常难以发现异常,触诊可觉膀胱不充盈,某些患病动物可能能触诊到团块或多个膀胱结石。因进行尿液分析和尿液培养检查。若培养结果呈阴性,但临床症状仍持续存在,则需进一步检查腹部超声和 X 线片。若仍无法找到引起临床症状的病因,则需考虑转诊并进行膀胱内压图和高级影像学检查。

某些病例可能发生特发性 OAB,并可通过药物治疗控制临床症状。特发性 OAB 可能与 USMI 同时存在,患犬的临床症状可能同时由尿失禁引起。抗胆碱剂奥昔布宁及托特罗定可用于解除膀胱痉挛,促进尿液潴留。三环抗抑郁药——阿米替林、咪帕明、氯咪帕明——也有抗胆碱作用,故可考虑用于治疗 OAB 患病动物。另外,这类药物也可用于因行为问题而发生急迫性尿失禁的患犬。但是,只有当行为纠正失败时,方可考虑使用这些药物,并在临床症状改善后立即停药。

◈推荐阅读

Berent A, Mayhew P: Cystoscopic-guided laser ablation of ectopic ureters in 12 dogs, *J Vet Intern Med* 21:600, 2007.

Blok BF, Holstege G: The central nervous system control of micturition in cats and humans, *Behav Brain Res* 92:119, 1998.

Byron JK et al: Effect of phenylpropanolamine and pseudoephedrine on the urethral pressure profile and continence scores of incontinent female dogs, *J Vet Intern Med* 21:47, 2007.

Carofiglio F et al: Evaluation of the urodynamic and hemodynamic effects of orally administered phenylpropanolamine and ephedrine in female dogs, *Am J Vet Res* 67:723, 2006.

Cannizzo KL et al: Evaluation of transurethral cystoscopy and excretory urography for diagnosis of ectopic ureters in female dogs: 25 cases (1992-2000), *J Am Vet Med Assoc* 223:475, 2003.

de Groat WC et al: Neurophysiology of micturition and its modification in animal models of human disease. In Maggi CA, editor: *Nervous control of the urogenital system: the autonomic nervous system*, Chur, Switzerland, 1993, Harwood Academic Publishers, p 227.

Hamaide AJ et al: Urodynamic and morphologic changes in the lower portion of the urogenital tract after administration of estriol alone and in combination with phenylpropanolamine in sexually intact and spayed female dogs, *Am J Vet Res* 67:901, 2006.

Hostutler RA et al: Cystoscopic appearance of proliferative urethritis in 2 dogs before and after treatment, *J Vet Intern Med* 18:113, 2004.

Lautzenhiser SJ, Bjorling DE: Urinary incontinence in a dog with an ectopic ureterocele, *J Am Anim Hosp Assoc* 38:29, 2002.

Reichler IM et al: Changes in plasma gonadotropin concentrations and urethral closure pressure in the bitch during the 12 months following ovariectomy, *Theriogenology* 62:1391, 2004.

Samii VF et al: Digital fluoroscopic excretory urography, digital fluoroscopic urethrography, helical computed tomography, and cystoscopy in 24 dogs with suspected ureteral ectopia, *J Vet Intern Med* 18:271, 2004.

 用于犬猫治疗泌尿道疾病的药物

| 药物 | 商品名 | 作用机制 | 剂量 |
| --- | --- | --- | --- |
| 别嘌呤醇 | Zyloprim | 黄嘌呤氧化酶抑制剂 | 5～10 mg/kg,PO,q 12 h(犬) |
| 碳酸铝、氢氧化铝 | Basaljel, Amphojel | 肠道磷结合剂 | 10～30 mg/kg,PO,q 8 h,与食物同食或餐后立即服用 |
| 阿米替林 | Elavil | 去甲肾上腺素(norepinephrine, NE)再摄取抑制剂 | 2.5～5 mg/猫,PO,q 12 h;1～2 mg/kg,PO,q 12 h(犬) |
| 氨氯地平 | Norvasc | 钙拮抗剂 | 0.1～0.2 mg/kg,PO,q 12～24 h(犬);0.625～1.25 mg,PO,q 24 h(猫) |
| 氯化铵 | | 尿液酸化剂 | 100 mg/kg,PO,q 12 h(犬);800 mg,与日粮同服(约1/4茶匙,猫) |
| 阿司匹林 | | 抗血小板、抗炎 | 0.5～5 mg/kg,PO,q 12 h(犬);0.5～5 mg/kg,PO,q 48～72 h(猫) |
| 硫唑嘌呤 | Imuran | 免疫抑制剂 | 初始剂量为1～2 mg/kg,PO,q 24 h,之后降为0.5～1 mg/kg,PO,q 48 h(仅用于犬) |
| 贝那普利 | Lotensin | 血管紧张素转换酶抑制剂 | 0.25～0.5 mg/kg,PO,q 24 h |
| 氨甲酰甲胆碱 | Urecholine | 拟副交感神经剂 | 总剂量为5～15 mg,PO,q 8 h(犬);2.5 mg/猫,PO,q 12 h(猫) |
| 醋酸钙 | PhosLo | 肠道磷结合剂 | 5～25 mg/kg,PO,q 8 h,餐后立即服用 |
| 氯丙嗪 | Thorazine | 止吐剂 | 0.25～0.5 mg/kg,IM,SC,PO,q 6～8 h(仅脱水后) |
| 秋水仙碱 | Generic | 抗炎、纤维抑制剂、抑制血清淀粉样A蛋白的合成和分泌 | 0.03 mg/(kg·d),PO(犬) |
| 环磷酰胺 | Cytoxan, Neosar | 免疫抑制剂 | 50 mg/m², PO,q 48 h(犬);200～300 mg/m²,PO,q 3周(猫) |
| 环孢素 | Neoral, Sandimmune | 免疫抑制剂 | 3～7 mg/kg,PO,q 12～24 h,监测并调整用药剂量 |
| 达贝泊汀 α | Aranesp | 刺激造血 | 0.25～0.5 μg/kg,SC,1次/周,根据 PCV 调整用药剂量 |

续表

| 药物 | 商品名 | 作用机制 | 剂量 |
|---|---|---|---|
| 地西泮 | Valium | 用于尿流出道功能性梗阻的骨骼肌松弛剂 | 总剂量 2～5 mg,PO,q 8 h(犬);排尿前 30 min 给药 |
| 己烯雌酚(DES) | | 提高尿道闭合压力 | 0.5～1 mg/犬,PO;前 3～5 d 每天按全剂量给药,之后降至可维持排尿张力的最低有效剂量(1～2 次/周) |
| 二甲基亚砜 | Domoso | 抗炎 | 90 mg/kg·周,SC(犬) |
| 多巴胺 | Inotropin | 肾上腺素能($\alpha$ 和 $\beta_1$)和多巴胺能受体激动剂;正性肌力作用;可提高肾血流供应及排尿量 | 2～5 $\mu$g/(kg·min),CRI(犬) |
| 雌三醇(Incurin) | 天然雌激素 | 提高尿道闭合压力 | 初始剂量为 2 mg/犬,PO,q 24 h;之后每 2 周调整剂量,直至降至最低有效剂量 |
| 1,25-二羟维生素 $D_3$,骨化三醇 | Rocaltrol | 维生素 $D_3$ 的活性形式,降低甲状旁腺激素水平 | 2.5～3.5 ng/kg,PO,q 24 h |
| 依那普利 | Enacard | 血管紧张素转化酶抑制剂 | 0.5 mg/kg,PO,q 12～24 h(犬);0.25～0.5 mg/kg,PO,q 12～24 h(猫) |
| 促红细胞生成素(重组人 EPO),依泊艾汀 $\alpha$ | Epogen | 刺激造血 | 35～50 U/kg,IV,SC,3 次/周或 400 U/kg,IV,SC,1 次/周;调整剂量至 PCV 达到 30%～35% |
| 法莫替丁 | Pepcid | $H_2$ 受体阻断剂 | 0.5 mg/kg,IM,SC,PO,q 12～24 h |
| 呋塞米 | Lasix | 髓袢利尿剂 | 2～4 mg/kg,IV,PO,q 8～12 h |
| 肼屈嗪 | Apresoline | 动脉舒张剂 | 0.5～2 mg/kg,PO,q 12 h(犬);2.5 mg,PO,q 12～24 h(猫) |
| 咪帕明 | Tofranil | 三环抗抑郁药,具有抗毒蕈碱和轻度 $\alpha$ 受体激动作用 | 5～15 mg/犬,PO,q 12 h;2.5～5 mg/猫,PO,q 12 h |
| 碳酸镧 | Fosrenol, Renalzin | 肠道磷结合剂 | 20～30 mg/(kg·d),PO,餐后立即服用 |
| 赖诺普利 | Prinivil, Zestril | 血管紧张素转化酶抑制剂 | 0.5 mg/kg,PO,q 24 h(犬) |
| 甘露醇 | Osmitrol | 渗透性利尿剂 | 20%～25%溶液 0.5～1 g/kg,5～10 min 内缓慢静注 |
| 枸橼酸马罗皮坦 | Cerenia | 止吐剂 | 1～2 mg/kg,SC 或 PO(犬);1 mg/kg,SC(猫) |
| 硫普罗宁 2-MPG | Thiola | 促进半胱氨酸二硫键的形成以预防胱氨酸尿结石 | 10～20 mg/kg,PO,q 12 h(犬);为了溶解胱氨酸结石,可尝试使用上限剂量 |
| 甲氧氯普胺 | Reglan | 止吐剂;促进胃动力 | 0.2～0.5 mg/kg,PO,SC,q 8 h |
| 昂丹司琼 | Zofran | 止吐剂 | 0.6～1 mg/kg,PO,q 12 h |
| 奥昔布宁 | Ditropan | 抗胆碱能药 | 0.2 mg/kg,PO,q 8～12 h(犬),总剂量不高于 5 mg;0.5～1 mg/猫,PO,q 8～12 h |
| 酚苄明 | Dibenzyline | $\alpha$ 受体拮抗剂,降低尿道闭合压力 | 0.25 mg/kg,PO,q 12 h(犬);总剂量 2.5 mg,PO,q 12 h(猫) |
| 苯丙醇胺 | Propagest | $\alpha$ 肾上腺素能受体激动剂,提高尿道闭合压力 | 1～1.5 mg/kg,PO,q 12～24 h |
| 哌唑嗪 | Minipress | $\alpha$ 受体阻断剂 | 1 mg/15 kg 体重,PO,q 8～12 h(犬);总剂量 0.5 mg,PO,q 12 h(猫) |
| 溴丙胺太林 | Pro-Banthine | 抗胆碱能剂,降低逼尿肌收缩力 | 0.25～0.5 mg/kg,PO,q 8～12 h(犬) |

续表

| 药物 | 商品名 | 作用机制 | 剂量 |
|---|---|---|---|
| *DL*-甲硫氨酸 | Uroeze，Me-thio-Form | 尿液酸化剂 | 100 mg/kg,PO,q 12 h(犬);1~1.5 g/d,PO(猫) |
| 雷尼替丁 | Zantac | $H_2$ 受体阻断剂 | 2 mg/kg,PO,IV,q 8 h(犬);2.5 mg/kg,IV,q 12 h,3.5 mg/kg,PO,q 12 h(猫) |
| 盐酸司维拉姆 | Renagel | 肠道磷结合剂 | 10~20 mg/kg,PO,q 8 h,与食物同服 |
| 硫糖铝 | Carafate | 胃肠道保护剂 | 0.5~1 g,PO,q 8~12 h |

PCV,血细胞压积。

## 第 49 章
## CHAPTER 49

# 下丘脑和垂体腺疾病
# Disorders of the Hypothalamus and Pituitary Gland

## 多尿和多饮
## (POLYURIA AND POLYDIPSIA)

　　水消耗和尿液生成取决于多种因素复杂的相互作用,包括血浆渗透压、血容量、渴觉中枢、肾脏、垂体腺和下丘脑。上述任一部位发生功能异常都会引起多尿(polyuria,PU)和多饮(polydipsia,PD)的临床症状。犬正常的饮水量通常小于 80 mL/(kg·d)。饮水量在 80~100 mL/(kg·d)提示可能为多饮,但对于有些犬是正常的。饮水量超过 100 mL/(kg·d)可以确定为多饮。尽管大多数猫饮水量均显著低于上述数值,但犬的评估指标在猫也同样适用。正常犬猫的尿量为 20~45 mL/(kg·d)[1~2 mL/(kg·h)]。尿量超过 50 mL/(kg·d)时可确定为多尿。即使尿量在正常范围内,也有个别犬猫的尿量是异常的。

　　各种代谢性紊乱均能引起 PU-PD(见第 41 章)。原发性多尿性疾病可基于病理生理学分为原发性垂体性和肾性尿崩症、继发性肾性尿崩症、渗透性利尿引发的多尿和下丘脑-垂体精氨酸加压素(AVP)释放紊乱。最常见的尿崩症是获得性继发性肾性尿崩症。这种类型的尿崩症是由各种肾性和代谢性紊乱引起,导致肾小管丧失对 AVP 充分应答的能力。消除潜在病因后,大多数获得性尿崩症是可逆的。

　　继发性肾性尿崩症的原因包括精氨酸加压素(AVP)和肾小管精氨酸加压素受体间的正常相互作用受干扰,细胞内环磷酸腺苷生成异常,肾小管上皮细胞功能异常以及肾髓质间质浓度梯度丧失。原发性多饮见于犬,且通常会有心理性或行为性强迫饮水(详见

精神性多饮)。多尿和多饮诊断流程的详见第 41 章。通过病史、体格检查、全血细胞计数(CBC)、生化、T4 浓度(猫)、尿液分析和尿液培养等检查,大多数引起多饮多尿的内分泌疾病可进行鉴别诊断。一般需要做一些特殊的试验进行确诊(表 49-1)。这些内分泌疾病的诊断和治疗详见相关章节。

 **表 49-1　引起犬猫多尿和多饮的内分泌疾病**

| 疾病 | 确诊试验 |
|---|---|
| 糖尿病 | 禁食血糖、尿检 |
| 肾上腺皮质功能亢进 | 尿C∶C 比值、低剂量地塞米松抑制试验 |
| 肾上腺皮质功能减退 | 电解质、ACTH 刺激试验 |
| 原发性甲状旁腺功能亢进 | 血钙/磷、颈部超声、血清 PTH 浓度 |
| 甲状腺功能亢进 | 血清 T4、fT4、TSH 浓度 |
| 尿崩症 | 改良限水试验、去氨加压素治疗反应 |
| 　垂体性 | |
| 　肾源性 | |
| 肢端肥大症 | 基础生长激素浓度或胰岛素样生长因子 1 浓度、CT 或 MR 扫描 |
| 原发性醛固酮增多症 | 电解质、血清醛固酮浓度 |

　　ACTH,促肾上腺皮质激素;C∶C 可的松/肌酐;CT,电子计算机断层扫描;MR,核磁共振;PTH,甲状旁腺激素;T4,甲状腺素;TSH,促甲状腺激素。

　　偶尔一些 PU-PD 犬猫的体格检查结果和初期的血液和尿液检查结果是正常的。这些犬猫的鉴别诊断包括尿崩症、精神性多饮、肾上腺皮质功能亢进、无氮质血症性肾功能不全以及轻度肝功能不全,尤其是门静脉短路。在鉴别诊断尿崩症或精神性多饮

前,应先排除肾上腺皮质功能亢进、肾功能不全和肝功能不全。诊断性试验包括多份尿液样本得出的尿比重范围(见详述)、肾上腺皮质功能亢进检查(如尿可的松/肌酐比值、低剂量地塞米松抑制试验)、肝功能检查(如测定餐前或餐后胆汁酸水平)、尿蛋白/肌酐比值(P:C)和腹部超声检查。在进行原发垂体性或肾性尿崩症和精神性多饮的诊断试验(特别是改良限水试验)之前,应先排除所有能引起获得性继发肾性尿崩症的病因。

把主人收集2~3 d不同时间点的多份尿液样品进行尿比重分析,可能为潜在疾病提供线索(表49-2)。尿液样品送到动物医院做尿比重分析前应冷藏保存。健康犬的尿比重范围很大,其24 h内的变化可为1.006以下至1.040以上。尚未有健康猫尿比重大范围波动的报道。如果尿比重一直都在等渗范围内(1.008~1.015),应先怀疑肾功能不全,特别是当尿素氮和肌酐处于参考值上限或升高时(如分别为≥25mg/dL和≥1.6mg/dL时)。犬患有肾上腺皮质功能亢进、精神性多饮、肝功能不全、肾盂肾炎和部分中枢性尿崩症的限水期时,常见等渗尿。但患这些疾病时,也有可能出现尿比重在等渗范围以上(例如肾盂肾炎、精神性多饮)或以下(例如肾上腺皮质功能亢进、部分中枢性尿崩症)。如果尿比重小于1.005(即低渗尿)时,可排除肾功能不全或肾盂肾炎,应考虑尿崩症、精神性多饮、肾上腺皮质功能亢进和肝功能不全。如果尿比重超过1.020,可排除原发性中枢性和肾性尿崩症。如果尿比重范围在低于1.005和高于1.030,怀疑精神性多饮。

**表 49-2　引起犬多饮多尿部分疾病的尿检结果**

| 疾病 | 犬数 | 尿比重 | | 蛋白尿 | WBC (>5/HPF) | 细菌尿 |
| | | 平均值 | 范围 | | | |
| --- | --- | --- | --- | --- | --- | --- |
| 中枢性尿崩症 | 20 | 1.005 | 1.001~1.012 | 5% | 0% | 0% |
| 精神性多饮 | 18 | 1.011 | 1.003~1.023 | 0% | 0% | 0% |
| 肾上腺皮质功能亢进 | 20 | 1.012 | 1.001~1.027 | 48% | 0% | 12% |
| 肾功能不全 | 20 | 1.011 | 1.008~1.016 | 90% | 25% | 15% |
| 肾盂肾炎 | 20 | 1.019 | 1.007~1.045 | 70% | 75% | 80% |

HPF,高倍视野;WBC,白细胞。

# 尿崩症
# (DIABETES INSIPIDUS)

## 病因

精氨酸加压素在调节肾脏对水重吸收、尿液生成和浓缩及水平衡方面具有重要作用。精氨酸加压素生成于下丘脑的视上核和室旁核,贮存于垂体腺后叶。当血浆渗透压升高或细胞外液量减少时释放,作用于肾脏远曲小管和集合管细胞,促进水重吸收并形成浓缩尿液。精氨酸加压素合成或分泌缺陷、肾小管对精氨酸加压素的反应降低都会引起尿崩症。

### ◈中枢性尿崩症

中枢性尿崩症(central diabetes insipidus,CDI)是一种综合征,由机体精氨酸加压素分泌不足导致尿液浓缩能力下降,进而使机体丧失储水功能,引起多尿综合征。这种缺乏可能是绝对或部分的。绝对精氨酸加压素缺乏(即完全CDI)会引起持续性低渗尿和严重利尿。即使存在严重脱水,完全CDI患犬猫的尿比重也通常保持在低渗状态(例如1.005或更低)。精氨酸加压素部分缺乏(部分CDI)时,只要不限制饮水,也会引起持续性低渗尿和显著利尿。限水时,尿比重会升高至等渗尿范围(1.008~1.015),但即使动物严重脱水,尿比重也不会超过1.015~1.020。对于患部分CDI的犬猫,脱水时最大尿浓缩能力与精氨酸加压素缺乏程度成反比。也就是精氨酸加压素缺乏越严重,脱水时尿比重越低。

任何损伤下丘脑的疾病都可能引起CDI(框49-1)。特发性CDI最常见,可发生于任何年龄、品种和性别的犬猫。特发性CDI犬猫死后剖检常无法查明精氨酸加压素缺乏的原因。虽然CDI常见于幼龄犬猫,但仍不清楚其遗传类型。犬猫CDI最常明确的病因是头部外伤(车祸或神经外科手术)、肿瘤和下丘脑垂体畸形(例如囊性结构)。根据视上核和室旁核上受损细胞活性的不同,头部外伤可能导致暂时性(一般持续1~3周)或永久性CDI。

引起犬猫中枢性尿崩症的原发性颅内肿瘤包括颅咽管瘤、垂体嫌色细胞腺瘤和垂体嫌色细胞腺癌。据报道犬乳腺癌、淋巴瘤、恶性黑色素瘤和胰腺癌可转移至垂体腺或下丘脑,引起CDI。目前尚未有转移性肿瘤引起猫CDI的报道。

◉肾性尿崩症

肾性尿崩症(nephrogenic diabetes insipidus,NDI)是一种多尿性疾病,它是肾单位对精氨酸加压素反应性受损引起的。在这类疾病中,血浆精氨酸加压素浓度正常或升高。NDI可分为原发性(家族性)或继发性(获得性)两种。原发性或家族性NDI是犬猫一种罕见的先天性疾病,文献中仅有少量报道。犬猫原发性NDI的病因至今仍不清楚。报道显示家族性NDI曾见于一个哈士奇家族,患犬精氨酸加压素受体与精氨酸加压素的亲和力降低。患病幼犬对高剂量的合成抗利尿激素(synthetic vasopressin,DDAVP)(去氨加压素)也会表现出抗利尿反应。

**框49-1　犬猫尿崩症的病因**

| 中枢性尿崩症 | 肾性尿崩症 |
| --- | --- |
| 特发性 | 原发性特发性 |
| 头部外伤 | 原发性家族性(哈士奇犬) |
| 肿瘤 | 继发性获得性(见表41-1) |
| 　颅咽管瘤 | |
| 　嫌色性细胞腺瘤 | |
| 　嫌色性细胞腺癌 | |
| 　转移性肿瘤 | |
| 下丘脑垂体畸形 | |
| 囊肿 | |
| 炎症 | |
| 寄生虫移行 | |
| 垂体切除术 | |
| 家族性(?) | |

## 临床特征

◉病征

CDI无明显品种、性别或年龄倾向性。在一研究中,犬CDI诊断时的年龄范围为7周~14岁,平均年龄为5岁(Harb等,1996)。同样,虽然曾有报道显示波斯猫和阿比西尼亚猫也会患病,但多数患猫为家养短毛猫和长毛猫。猫CDI诊断时的年龄范围为8周~6岁,平均为1.5岁。原发性NDI仅见于一些幼龄犬猫和一些小于18个月龄的青年犬猫。主人开始饲养这些宠物时,已经存在多饮多尿。

◉临床症状

PU和PD是尿崩症标志性症状,也是先天性和特发性CDI以及原发性NDI犬猫仅有的典型症状。由于排尿次数增加,失去正常的室内憋尿行为或漏尿,尤其是在动物休息或睡着时,许多主人会误认为患病动物存在尿失禁。尿崩症猫的主人常会抱怨换猫砂的频率高于正常猫。患继发性尿崩症犬猫还可能存在其他临床症状。最令人担忧的是神经症状,这表明无脑部创伤史的成年尿崩症犬猫可能存在下丘脑膨大或垂体肿瘤。

◉体格检查

虽然一些CDI犬猫饮水欲超过了正常食欲,导致消瘦,患病动物体格检查通常无明显异常。只要不限制饮水,动物的水合状态、黏膜颜色和毛细血管再充盈时间均正常。对于创伤引起的CDI或肿瘤引起下丘脑或垂体损伤的犬猫,会存在神经症状,包括恍惚、定向失调、共济失调、转圈、无目的漫步和抽搐。对于精神性创伤伴有未诊断CDI且液体治疗不足时,严重高钠血症也可引起神经症状(见第55章)。持续高钠血症还伴发低渗尿时,应怀疑尿崩症。

## 诊断

诊断PU和PD时,必须先排除获得性继发性尿崩症的病因(见第41章)。推荐初步诊断检查包括CBC、生化、$T_4$浓度(老年猫)、尿检、尿液培养、腹部超声、尿液可的松/肌酐比值和/或低剂量地塞米松抑制试验(犬)。犬猫患有CDI、原发性NDI或精神性多饮时,虽然常可见血清尿素氮浓度降低(5~10 mg/dL),但上述其他检测结果几乎都是正常的。如果犬猫未限制饮水,随机的尿比重检查通常小于1.006,常可低至1.001。尿渗透压小于300 mOsm/kg。尿比重在等渗范围(即1.008~1.015)内不能排除尿崩症(图49-1),特别是饮水受到限制时(例如,看病的路途遥远或在医院候诊时间过长)。患部分尿崩症的犬猫脱水时,其尿比重可在等渗尿范围内。限制饮水的犬猫,可见到红细胞增多(PCV 为 50%～60%)、高蛋白血症、高钠血症和氮质血症。

确诊和鉴别 CDI、原发性 NDI 和精神性多饮的试验包括改良限水试验、随机血浆渗透压的测定和精氨酸加压素治疗反应。只有排除所有获得性继发性 NDI 原因后,上述试验结果的分析才有意义。

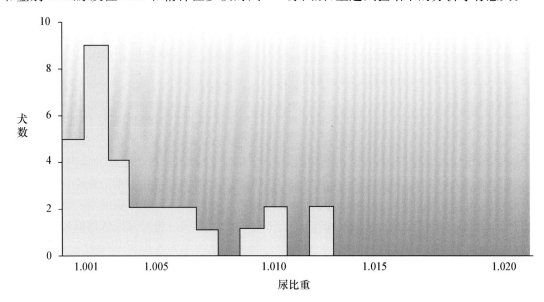

**图 49-1**
30 只中枢性尿崩症犬就诊时的尿比重。(引自 Feldman EC, Nelson RW: Canine and feline endocrinology and reproduction, ed 3, St Louis, 2004, WB Saunders. )

◈改良限水试验

改良限水试验的操作方法、结果判读、禁忌证和并发症等的详述见第 42 章。该试验包括两个步骤:第一步,通过检查脱水对尿比重的影响(即限水使动物的体重下降 3%～5%)以评价精氨酸加压素的分泌能力和肾远曲小管和集合管对精氨酸加压素的反应性。脱水时,正常以及精神性多饮的犬猫尿比重应在 1.030(猫为 1.035)以上。患部分或完全 CDI 和原发性 NDI 的犬猫,即使在脱水的情况下,浓缩尿液能力仍然受损(表 49-3 和图 49-2)。到达脱水 3%～5% 的时间有时对诊断也是很有帮助的。患完全 CDI 的犬猫通常不需 6 h 限水就能使脱水程度达到 3%～5%。而部分 CDI,特别是精神性多饮犬猫,通常需要超过 8～10 h 才能达到 3%～5% 的脱水程度。

**表 49-3 改良限水试验的判读**

| 疾病 | 尿比重 | | | 到达脱水 5% 的时间 | |
|---|---|---|---|---|---|
| | 初始时 | 5%脱水 | 注射 ADH 后 | 平均(h) | 范围(h) |
| 中枢性尿崩症 | | | | | |
| 完全 | <1.006 | <1.006 | >1.008 | 4 | 3～7 |
| 部分 | <1.006 | 1.008～1.020 | >1.015 | 8 | 6～11 |
| 原发性肾性 DI | <1.006 | <1.006 | <1.006 | 5 | 3～9 |
| 原发性多饮 | 1.002～1.020 | >1.030 | NA | 13 | 8～20 |

ADH,抗利尿激素;DI,尿崩症;NA,不适用。

限水试验的第二步用于第一步中那些尿液无法浓缩至 1.030 以上的犬猫。第二步是脱水时使用外源性精氨酸加压素后,确定它对肾小管浓缩尿液能力的作用(见图 49-2)。这步主要鉴别精氨酸加压素分泌障碍还是肾小管对精氨酸加压素的反应受损(见表 49-3)。

◈去氨加压素(DDAVP)的治疗效果

评估动物对 DDAVP 尝试治疗效果,是一种建立

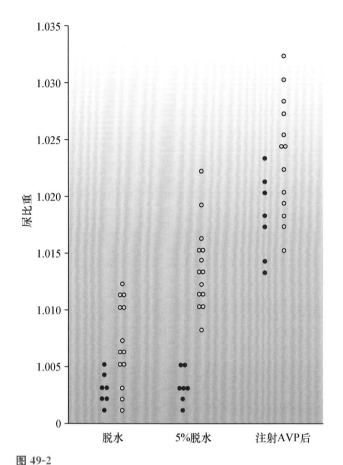

**图 49-2**
**7 只完全中枢性尿崩症(红圈)和 13 只部分中枢性尿崩症(黄圈)改良限水试验开始、结束和注射精氨酸加压素后的尿比重。**
(引自 Feldman EC, Nelson RW: Canine and feline endocrinology and reproduction, ed 3, St Louis, 2004, WB Saunders.)

诊断的替代方法(醋酸去氨加压素,Aventis Pharmaceuticals, Kansas City, Mo)。口服 DDAVP 片或结膜滴 DDAVP 鼻喷剂(详见后续治疗部分),每 12 h 一次,连用 7 d。CDI 犬猫用药 1 d 或 2 d 时,由于肾髓质溶质洗脱,不能形成浓缩尿,因此 DDAVP 治疗效果必须在治疗 5~7 d 后才能评估。如果 PU 和 PD 是由 CDI 引起的,主人在治疗末期可见到 PU 和 PD 症状明显改善。在试验性治疗的最后几天,主人应该收集多个尿样测定尿比重。与治疗前相比,尿比重升高 50% 或更多,尤其是超过 1.030 时,可确诊为 CDI。原发性 NDI 时,虽然可能对高剂量的 DDAVP 治疗有反应,但通常尿比重只轻微上升。患精神性多饮犬猫,因长期低血浆渗透压抑制精氨酸加压素的生成,饮水量和排尿量会轻度下降。

这种方法必须在排除(除 CDI、原发性 NDI 和精神性多饮以外)所有疾病后才能进行。用 DDAVP 尝试性治疗前,必须做肾上腺皮质功能亢进的检查。肾上腺皮质功能亢进与部分 CDI 相似,其部分原因是肾上腺皮质功能亢进抑制抗利尿激素的释放。肾上腺皮质功能亢进犬对 DDAVP 治疗有中度反应,这会误诊为部分 CDI 为 PU 和 PD 的病因。与部分 CDI 不同的是,肾上腺皮质功能亢进犬对 DDAVP 的治疗反应会在数周内变差。

◆ **随机血浆渗透压**

随机检测血浆渗透压有利于诊断原发性或精神性多饮。正常犬猫的血浆渗透压为 280~310 mOsm/kg。尿崩症是一种原发性多尿性疾病,为防止血浆渗透压升高,多引起多饮,随机血浆渗透压常大于 300 mOsm/kg;而精神性多饮是原发性多饮性疾病,代偿性引起多尿来防止血浆渗透压降低和水中毒,随机血浆渗透压应低于 280 mOsm/kg。然而这些患病动物的随机血浆渗透压有相当大的重叠区。未限水动物的随机血浆渗透压低于 280 mOsm/kg 时,提示精神性多饮,而血浆渗透压大于等于 280 mOsm/kg 时,提示 CDI、NDI 或精神性多饮。

◆ **其他诊断试验**

患有 CDI 的老年犬猫,应怀疑垂体或下丘脑肿瘤。确诊为特发性 CDI 前,特别是主人愿意采用放疗或化疗肿瘤时,应做完整的神经学检查,包括 CT 或 MR 扫描。同样,确诊老年犬猫的原发性 NDI 前,还要进行更全面的肾脏检查(例如,肌酐清除率试验、肾盂造影检查、CT 或 MR 扫描和肾活检)。

**治疗**

犬猫尿崩症的治疗方法列于框 49-2。合成抗利尿激素类似物 DDAVP 是 CDI 的标准疗法,其抗利尿效果是精氨酸加压素的 3 倍,只有轻度或无加压作用或催产作用。鼻内 DDAVP 制剂(DDAVP 滴鼻剂,有 2.5 mL 和 5 mL 规格,100 μg DDAVP/mL)最常用于治疗犬猫 CDI。鼻内用药对动物而言是可行的,但不推荐。DDAVP 鼻内制剂可装于无菌的眼药瓶,把药滴入犬猫的结膜囊内。虽然溶液是酸性的,但很少引起眼睛刺激。每滴 DDAVP 含有 1.5~4 μg DDAVP,对于多数 CDI 动物而言,1~4 滴/次,1~2 次/d 即可控制住病情。

DDAVP 鼻滴剂较为昂贵,且在用药过程中会因动物甩头、眨眼或是主人不注意过量用药而导致药物浪费。当用对 DDAVP 应答效果建立 CDI 诊断,并准备提供 CDI 长期治疗方案时,推荐先口服 DDAVP(DDAVP 片剂,0.1 mg 和 0.2 mg)。人口服 DDAVP

后临床反应各异,部分原因是口服 DDAVP 的生物利用度大约是鼻滴剂的 5%～15%。目前还没有犬猫的相关用药信息。体重<5 kg 的犬猫,口服 DDAVP 的初始用药剂量为 0.05 mg;5～20 kg 的犬,剂量为 0.1 mg;体重>20 kg 的犬,剂量为 0.2 mg,q 12 h。如果治疗 1 周后多尿和多饮仍持续存在,将用药频率提高到 q 8 h。如果每天 3 次口服 DDAVP 治疗效果甚微或是没有疗效,需要改为使用 DDAVP 滴鼻剂。一旦临床表现有所改善,可尝试降低用药频率或用药剂量或同时降低频率和剂量。到目前为止,大多数犬用 0.1～0.2 mg DDAVP,2～3 次/d;大多数猫用 0.025～0.05 mg DDAVP,2～3 次/d,即可控制 PU 和 PD。

**框 49-2　患中枢性尿崩症、肾性尿崩症或原发(精神性)多饮的 PU/PD 犬的治疗方法**

A. 中枢性尿崩症(严重)
　1. DDAVP(醋酸去氨加压素)
　　a. 有效
　　b. 昂贵
　　c. 口服或在结膜囊滴鼻喷剂
　2. LVP(赖氨加压素)
　　a. 持效时间短;作用不如 DDAVP 强
　　b. 昂贵
　　c. 需滴鼻或滴结膜囊
　3. 不治疗——提供足量的饮水
B. 中枢性尿崩症(部分)
　1. DDAVP
　2. LVP
　3. 氯磺丙脲
　　a. 30%～70%有效
　　b. 便宜
　　c. 片剂
　　d. 需 1～2 周起效
　　e. 可能引起低血糖
C. 肾性尿崩症
　1. 噻嗪类利尿剂
　2. 低钠食物(NaCl<0.9 g/1 000 kcal/ME)
　3. 不治疗——提供足量的饮水
D. 原发性(精神性)多饮
　1. 有时限制饮水
　2. 限制饮水
　3. 改变环境或生活规律;运动;增加与人或其他犬的互动
　4. 噻嗪类利尿剂
　　a. 轻度有效
　　b. 便宜
　　c. 片剂
　　d. 应与低钠食物同用(NaCl<0.9 g/1 000 kcal/ME)
　5. 低钠食物
　6. 不治疗——提供足量的饮水

无论什么剂型的 DDAVP,给药后 2～8 h 即可出现最大疗效,并可持续 8～24 h。增大 DDAVP 剂量既可增加抗利尿作用,还可延长持续时间,但高昂的费用限制了该药物的使用。只在晚上用药,可控制夜尿症。

氯磺丙脲、噻嗪类利尿药和限制氯化钠的摄入对 NDI 的治疗作用有限。大剂量使用 DDAVP(如 5～10 倍 CDI 的治疗量)可控制临床症状,但高昂的费用限制了该治疗方案。只要犬猫能自由饮水,并且生活环境不会因多尿受到严重影响,CDI 或 NDI 的治疗不是必需的。水供应十分重要,因为相对短时间限制饮水可能会引起非常严重的后果(如高钠血症、高渗性脱水和神经症状)。

## 预后

通过合理的治疗和适当的照顾,特发性或先天性 CDI 犬猫相对无症状,且存活时间较长。对于创伤性 CDI 的犬猫,PU 和 PD 通常会在 2 周内消失。患下丘脑和垂体瘤犬猫的预后慎重,在 CDI 确诊后 6 个月内会出现典型的神经症状,放疗和化疗的临床治疗反应各异,且不可预测。

原发性 NDI 患犬的预后慎重或不良,治疗方法有限,且疗效一般很差。继发性 NDI 动物的预后取决于原发病因。

# 原发性(精神性)多饮
## [PRIMARY(PSYCHOGENIC)POLYDIPSIA]

原发性多饮定义为水摄入显著增加,且无法用过多液体丢失引起的代偿解释。对于人,原发性多饮是由渴觉中枢缺陷或相关的精神性疾病引起的。原发性渴觉中枢功能不全引起强迫性水摄入的现象在犬猫中尚无报道,尽管曾有报道显示一例疑似原发性多饮的犬,在输注高渗盐水后抗利尿激素反应异常。曾有犬精神性或行为性强迫性饮水的报道,特别是年轻且过度活跃的犬,猫未见。精神性多饮可能是其他疾病的并发症(例如,肝功能不全、甲状腺功能亢进)或者是一种环境变化后习得行为的表现。多尿是为预防过度水合的代偿表现。

对于原发性或精神性多饮的犬(也可能是猫),其控制体液平衡的下丘脑-垂体-肾轴是完整的,并有不同程度的肾髓质溶质洗脱。由于 AVP 分泌和肾小管对 AVP 的应答是正常的,这些犬的尿可浓缩至 1.030 以上。根据肾髓质溶质洗脱程度不同,可能需要 24 h 或更长时间限水试验,才能获得浓缩尿。排除了其他引起 PU 和 PD 的原因,且限水时,尿比重可浓缩至 1.030 以上,才能确诊为犬猫的精神性多饮。

治疗主要是逐渐限制饮水量至正常摄入量上限。主人应该确定犬自由饮水时,24 h 的大概饮水量,然后把饮水量按每周 10% 递减,直至饮水量控制在 60~80 mL/(kg·d)。每天的总饮水量可均分为几份,最后一份在睡觉前给予。为了重建肾髓质浓度梯度,可口服盐(1 g/30 kg,q 12 h)和/或碳酸氢钠(0.6 g/30 kg,q 12 h)3~5 d。需还可考虑改变犬的环境和生活规律,如开始每天运动、养第二只宠物和提供分散注意力的东西,如主人不在家时放音乐或把犬带到能增加与人接触的地方。

# 内分泌性脱毛
## (ENDOCRINE ALOPECIA)

病史或临床检查排除皮肤炎症后,对称性脱毛通常是激素疾病或紊乱引起毛发生长周期中止,称为内分泌性脱毛(图 49-3)。毛囊萎缩,被毛易拔除,皮肤通常很薄且弹性下降,常见皮肤色素沉着。未见其他皮肤损伤,如鳞屑、结痂和丘疹。取决于原发病因,还可引发皮脂溢和脓皮症。

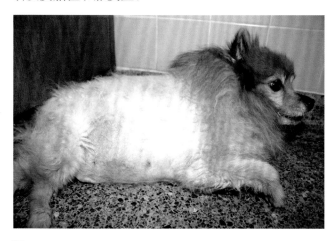

**图 49-3**
7 岁雄性已去势博美犬,该犬因长期使用泼尼松控制癫痫而患有医源性肾上腺皮质功能亢进,导致内分泌性脱毛,皮肤变薄,严重肥胖。注意除了头部和四肢外,躯干对称性脱毛。

引起内分泌性脱毛的病因列于表 49-4。犬内分泌性脱毛最常见的病因是甲状腺功能减退和糖皮质激素过多(医源性或自发性)。内分泌因素引起的脱毛在猫中并不常见。本病的诊断首先应进行全面的病史调查、体格检查、CBC、生化和尿液检查。上述检查结果常提示甲状腺功能减退或肾上腺皮质功能亢进。之后还要进行甲状腺功能减退和肾上腺皮质功能亢进的确诊试验(分别见第 51 章和第 53 章)。

一旦排除了甲状腺功能减退和肾上腺皮质功能亢进,还需进一步排除性激素过多或缺乏(通常是缺乏),尤其是雌激素和孕酮。大部分性激素引起的皮肤病的症状相似,如内分泌性脱毛(最先出现在会阴部、生殖器和腹部区域,并向头侧扩展)、被毛粗乱、干燥、易拔除、剪毛后不生长,以及不同程度的皮脂溢和色素沉着。高雌激素血症的雄性犬,其他临床表现有雄性乳腺发育、包皮下垂、吸引其他雄性犬、蹲坐排尿和单侧睾丸萎缩(对侧为睾丸肿瘤);母犬表现为阴户肿大、长期处于发情前期或发情期。CBC 检查可能会有再生障碍性贫血。皮肤活组织检查可用于判断非特异性内分泌相关的变化,并支持内分泌性脱毛的诊断(表 49-5)。性激素引起的皮肤病,无特征性组织学变化。阴道或包皮涂片出现角化上皮,提示动物存在高雌激素血症(见第 56 章)。血浆雌激素(如雌二醇)浓度升高提示雄性犬患功能性支持细胞瘤,雌性犬患高雌激素血症(非发情前期或发情期早期)。高雌激素母犬腹部超声可能会见到卵巢囊肿或肿瘤;高雌激素公犬睾丸超声可能会见到睾丸肿瘤。手术摘除卵巢囊肿、卵巢肿瘤或睾丸肿瘤后,高雌激素血症和内分泌性脱毛可治愈。

血清黄体酮异常升高可能是肾上腺皮质肿瘤(猫较犬更为常见)或是母犬功能性卵巢黄体囊肿。黄体酮升高可能会引起肾上腺皮质类固醇激素中间产物紊乱。功能性卵巢黄体囊肿可延长母犬的间情期或发情周期中止。分泌黄体酮的肾上腺皮质肿瘤的临床特征与肾上腺皮质功能亢进类似(见第 53 章)。黄体酮浓度升高可确诊该病,尤其是已绝育的犬猫。未绝育雌性犬猫间情期时,血清黄体酮通常升高。确定近期发情行为和腹部超声检查卵巢和肾上腺,有助于鉴别间情期、功能性黄体囊肿和肾上腺肿瘤。

犬 X 脱毛综合征,以毛发生长周期停止、内分泌性脱毛和高度色素沉着为特征。X 脱毛综合征可发生于多个品种,但多见于北欧品种、贵宾犬和"厚长绒毛"犬种(plush-coateddogs)",如博美犬、松狮、萨摩耶和荷兰狮毛犬(图 49-4)。脱毛常发生于青年成犬,未绝育和绝

**表 49-4　引起内分泌脱毛的疾病**

| 疾病 | 常见的临床病理学异常 | 诊断试验 |
|---|---|---|
| 甲状腺功能减退 | 高脂血症、高胆固醇血症、轻度非再生性贫血 | 基础 $T_4$,$fT_4$ 和 TSH 测定 |
| 肾上腺皮质功能亢进 | 应激性白细胞像、ALP 升高、高胆固醇血症、低渗尿、蛋白尿、泌尿道感染 | 尿可的松/肌酐比值、低剂量地塞米松抑制试验、腹部超声 |
| 高雌激素血症 | | |
| 　功能性支持细胞瘤——雄性犬 | 无(骨髓抑制不常见) | 体格检查、腹部超声、细胞或组织病理学检查、血浆雌激素浓度 |
| 　未绝育母犬的高雌激素血症(卵泡囊肿) | 无(骨髓抑制不常见) | 阴道细胞学检查、腹部超声、血浆雌激素浓度、卵巢子宫摘除后的反应 |
| 高黄体酮血症<br>　未绝育母犬黄体囊肿<br>　肾上腺皮质肿瘤 | 无 | 体格检查、腹部超声、血清黄体酮浓度 |
| 肾上腺皮质类固醇激素中间产物升高(潜在或非典型肾上腺皮质功能亢进) | 无 | 在使用 ACTH 前和后,检测肾上腺皮质类固醇激素中间产物 |
| 生长激素缺乏性垂体侏儒症 | 无 | 病征、体格检查、生长激素反应性试验 |
| X 脱毛症* | 无 | 在使用 ACTH 前和后,检测肾上腺皮质类固醇激素中间产物 |
| 猫内分泌性脱毛 | 无 | 黄体酮治疗反应 |
| 静止期脱毛(有恶臭) | 无 | 近期处于怀孕或间情期的病史 |
| 糖尿病 | 高血糖、尿糖 | 血液和尿液葡萄糖测定 |

　　* X 脱毛症是一个概括性的术语,包含了之前命名的一些综合征,如生长激素-反应性皮肤病,性激素-反应性皮肤病,活组织检查-反应性皮肤病,伪库兴氏综合征和肾上腺增生样综合征。
　　ACTH,促肾上腺皮质激素;ALP,碱性磷酸酶;$T_4$,四碘甲腺原氨酸;TSH,促甲状腺激素;US,超声检查。

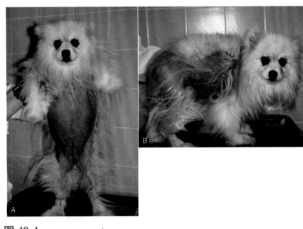

**图 49-4**
**A 和 B,6 岁的博美犬,该犬疑患成年型生长激素-反应性皮肤病,这是一种假定性诊断,现在称为 X 脱毛症。注意躯干对称性脱毛,而四肢远端和头部受影响较小。**

育公犬和母犬发病率相当。X 脱毛综合征不会引起全身性症状。血液和尿液检查结果都正常。患犬皮肤活组织检查表现为典型的内分泌脱毛变化(见表 49-5),且可能出现毛囊发育不良的特征。该病病因不明,可能是多因素引起,可能存在品种差异。X 脱毛综合征是一个概括性术语,包含了之前命名的一些综合征,如生长激素-反应性皮肤病,性激素-反应性皮肤病,活组织检查-反应性皮肤病,伪库兴氏综合征和肾上腺增生样综合征。一种或多种肾上腺皮质类固醇类激素中间产物升高,如黄体酮、17-羟孕酮和雄烯二酮,最初被认为是引起脱毛 X 综合征的潜在病因,但后续的研究未能证实,不过部分患犬中类固醇类激素起重要作用。X 脱毛症的诊断基于排除其他已知的会引起内分泌脱毛的内分泌疾病后进行。

　　褪黑素可能是一种副作用最小、非特异性的、可用于治疗怀疑 X 脱毛症患犬的药物。褪黑素是一种由松果体分泌的神经激素,有调节生理节律、季节性繁殖和毛发生长周期的作用。一项研究报道了 X 脱毛综合征患犬的褪黑素治疗方案,刚开始 6～8 周,体重≤15 kg 患犬,3 mg;体重>15 kg 患犬,6 mg,q 12 h,之后根据治疗效果调整用药量（如毛发重新生长，Frank 等，2004）。29 只褪黑色治疗犬中，62％出现部分或完全的毛发重新生长。曲洛斯坦和米托坦也曾用于治疗犬 X 脱毛症和潜在（非典型性）肾上腺皮质功能亢进［见第 53 章，潜在（非典型性）肾上腺皮质功能亢进部分］。褪黑素、曲洛斯坦和米托坦的治疗效果各异，且无法预测。

 **表 49-5　内分泌性脱毛的皮肤组织病理学变化**

| 异常 | 特异的皮肤疾病 |
| --- | --- |
| **支持内分泌疾病的非特异性异常** | — |
| 正角化性过度角化 | — |
| 毛囊角化病 | — |
| 毛囊扩张 | — |
| 毛囊萎缩 | — |
| 多数为终止期毛囊 | — |
| 皮脂腺萎缩 | — |
| 上皮萎缩 | — |
| 上皮黑皮症 | — |
| 真皮变薄 | — |
| 皮肤胶原萎缩 | — |
| **提示特异内分泌疾病的异常** | |
| 皮肤弹性纤维量和体积减小 | 生长激素过少症 |
| 毛鞘过度角质化（炎性毛囊） | 生长激素-反应性皮肤病和绝育-反应性皮肤病 |
| 立柱肌空泡化或肥大 | 甲状腺功能减退 |
| 皮肤黏蛋白含量增加 | 甲状腺功能减退 |
| 真皮增厚 | 甲状腺功能减退 |
| 粉刺 | 肾上腺皮质功能亢进 |
| 皮肤钙化灶 | 肾上腺皮质功能亢进 |
| 立柱肌缺失 | 肾上腺皮质功能亢进 |

一旦患犬排除了甲状腺功能减退、肾上腺皮质功能亢进、卵巢囊肿和肾上腺、卵巢或睾丸肿瘤，许多主人选择不进行治疗。对于这类患犬来说，即使不进行治疗，长期预后也是良好的。患犬除了出现脱毛和高度色素沉着外，其他方面都是健康的。

# 猫肢端肥大症
# （FELINE ACROMEGALY）

## 病因

成年猫长期过度分泌生长激素可引起肢端肥大

症，其特征是结缔组织、骨骼和内脏过度生长。对于猫，肢端肥大症常由垂体远端促生长细胞功能性腺瘤分泌过量的生长激素引起（图 49-5）。很多患猫的垂体瘤是大腺瘤，从背侧延伸至脑垂体蝶鞍部。黄体酮引起猫的肢端肥大症尚未有报道。黄体酮（包括醋酸甲地孕酮）不会刺激猫生长激素和 IGF-Ⅰ 的分泌增加。但是，犬肢端肥大症更常见于长期黄体酮作用的情况，包括外源性治疗（例如醋酸甲羟孕酮）或未绝育的老年母犬，间情期内源性黄体酮长期分泌。有报道称，垂体生长激素细胞腺瘤和产生长激素的乳腺肿瘤可引起犬肢端肥大症，但罕见。

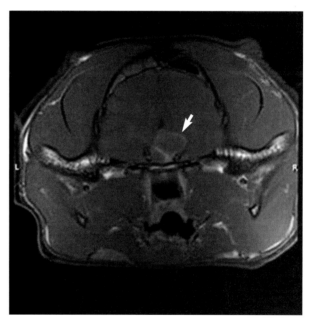

**图 49-5**
**6 岁患胰岛素抵抗和肢端肥大症的未去势家养长毛猫（见图 49-6）的垂体区核磁共振成像。下丘脑垂体区可见明显的肿物（箭头）。**

长期生长激素过度分泌有异化和同化双重作用。同化作用是由 IGF-Ⅰ 浓度升高引起的。IGF-Ⅰ 有促生长作用，引起骨骼、软骨和软组织增生，并引起器官肿大，最常见肿大的器官是肾脏和心脏。这些同化作用引起肢端肥大症的典型临床表现（框 49-3）。生长激素的异化作用是生长激素诱导胰岛素拮抗的结果，最终会引起碳水化合物不耐受、高血糖并发展为很快出现胰岛素抵抗性糖尿病。多数肢端肥大症患猫在确诊时存在糖尿病，并最终会发展成严重的外源性胰岛素抵抗。

## 临床特征

肢端肥大症主要发生于雄性、大于等于 8 岁的杂种

**框 49-3　犬猫肢端肥大症的临床症状**

---

**IGF-Ⅰ引起的同化代谢作用**

呼吸系统*
　吸气性喘鸣,打鼾
　暂时性呼吸暂停
　喘
　运动不耐受
　疲劳
皮肤
　黏液水肿
　皮褶过多
　多毛症
体格*
　增大
　口咽和咽部软组织增加
增大:
　腹部
　头部*
　足
　脏器*
脸变宽阔*
腭骨凸出*
下颌凸出*
齿间隙增大*
趾甲生长过快
退行性多关节病

**生长激素引起的异化代谢作用**

多尿、多饮*
多食*

**医源性**

黄体酮
　乳腺结节
　子宫积脓

**肿瘤引起**

嗜睡、木僵
渴感缺失症
厌食
温度调节紊乱
视乳头水肿
转圈
抽搐
垂体功能不全
　性腺机能减退
　甲状腺功能减退
　肾上腺皮质功能减退

---

\* 常见症状
　GH,生长激素;IGF-Ⅰ,胰岛素生长因子-Ⅰ。

猫。生长激素的异化作用和致糖尿病作用、肝脏长期分泌的 IGF-Ⅰ同化作用和垂体大腺瘤生长引起相对

应的临床症状(见框 49-3)。早期临床表现通常为并发的糖尿病引起的 PU、PD 和多食。多食可能会变得十分严重。体重是否下降,取决于 IGF-Ⅰ的同化作用和不可控高血糖的异化作用哪个占优势。多数猫初期体重下降,接着是一个稳定期,然后再缓慢上升。这是 IGF-Ⅰ逐步占优势的结果。最终可能会引起严重的胰岛素抵抗。肢端肥大症患猫的胰岛素剂量通常超过 2～3 U/kg,2 次/d,同时血糖浓度无明显下降。

糖尿病确诊时,生长激素分泌过多所致的同化代谢作用相关的临床症状可能已很明显了(见框 49-3)。更常见的是,糖尿病确诊后几个月,这些症状会愈发明显,同时伴有外源性胰岛素难以控制高血糖的情况。由于组织同化作用缓慢且呈隐性发生,动物主人常很难发现猫外观的细微变化,直至出现明显的临床症状。肢端肥大症患猫的组织同化作用引起的症状包括体型增大、腹部和头部变大、下颌凸出和体重增加(图 49-6)。糖尿病难以控制的患猫伴有体重增加是肢端肥大症非常重要的诊断依据。随着时间的推移,会出现器官肿大,特别是心脏、肝脏、肾脏和肾上腺。咽部软组织弥散性增厚会引起胸外上呼吸道阻塞和呼吸困难。

垂体瘤的生长对下丘脑和丘脑的浸润和压迫,可能会引起神经症状。症状包括昏迷、嗜睡、渴感缺乏、厌食、体温调节异常、转圈、惊厥和行为改变。由于视交叉位于垂体腺前方,不常见失明。眼部检查时可能出现视神经乳头水肿。外周神经性疾病可能会引起虚弱和共济失调。由于糖尿病很难控制,可能会继发跛行。肿瘤压迫垂体引起的其他内分泌和代谢异常不常见。

## 临床病理学

生化和尿常规中绝大多数异常都是由并发的难以控制的糖尿病引起的,包括高血糖、糖尿、高胆固醇血症、丙氨酸氨基转移酶和碱性磷酸酶活性轻度升高。酮尿不常见。有时可见到轻度红细胞增多、持续性轻度高磷血症但无氮质血症,以及电泳图谱分布正常的高蛋白血症(血清总蛋白浓度为 8.2～9.7 mg/dL)。肾功能衰竭是肢端肥大症的一个潜在后遗症,如果存在,还会出现氮质血症、等渗尿和蛋白尿。

## 诊断

猫肢端肥大症的诊断基于患有胰岛素抵抗的糖尿病患猫出现与肢端肥大症相关的体型变化(例如体重增加、头变大、下颌凸出和器官肿大),以及体重稳定或

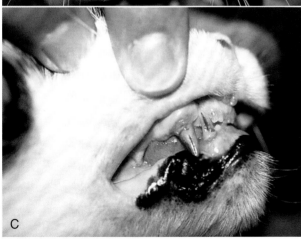

图 49-6

**A,6 岁已去势家养短毛猫,该猫患有胰岛素抵抗性糖尿病和肢端肥大症。主人注意到猫头部逐渐增大。注意脸变阔且下颌轻度凸出(下颌凸出)。B 和 C,8 岁已去势家养短毛猫,该猫患胰岛素抵抗性糖尿病和肢端肥大症。注意阔头、轻度凸颌和下颌凸出造成下颌犬齿异位的症状。(引自 Feldman EC,Nelson RW:Canine and feline endocrinology and reproduction,ed 3,St Louis,2004,WB Saunders.)**

渐进性增加。测定 IGF-Ⅰ浓度可进一步为肢端肥大症的诊断提供依据。商业实验室(如 the Diagnostic Center for Population and Animal Health,Michigan State University,East Lansing,Mich)可测定 IGF-Ⅰ。肢端肥大症患猫的血清 IGF-Ⅰ浓度通常是升高的,但在疾病早期,其浓度可能位于参考范围内(图 49-7)。如果存在肢端肥大症,4～6 个月后复检通常可见血清 IGF-Ⅰ浓度升高。血清 IGF-Ⅰ升高表明存在垂体促生长细胞腺瘤。少数非肢端肥大症引起的血糖控制不良的糖尿病患猫血清 IGF-Ⅰ浓度升高。判读血清 IGF-Ⅰ结果时,还应同时考虑血糖控制情况和胰岛素是否抵抗以及严重程度,并结合病史、体格检查、血常规、尿液检查及影像学检查,从而怀疑肢端肥大症的可能性。血清 IGF-Ⅰ浓度升高且患有胰岛素抵抗、血糖控制不良,临床表现怀疑肢端肥大症,可通过 CT 或 MR 检查垂体得到支持性的结果。CT 或 MRI 检查发现垂体肿物(图 49-5)可为诊断提供更多的证据,它适用于主人决定放疗的动物。用 CT 或 MRI 扫描时,通常需要用阳性造影剂来显现垂体肿物。

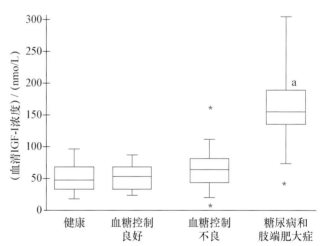

图 49-7

**38 只健康猫,15 只血糖控制良好,40 只血糖控制不良的糖尿病患猫和 19 只糖尿病并发肢端肥大症猫血清 IGF-Ⅰ的盒式图。对于每个盒式图,T-bar 代表数据主体,通常等于其范围。每个盒代表四分位距(即 25%～75%)。每个盒的水平线代表中值。星号代表脱离范围的数据。a,P<0.000 1,与健康猫、血糖控制良好和血糖控制不良的糖尿病患猫对比。(引自 Berg RIM et al:Serum insulin-likegrowth factor-I concentration in cats with diabetes mellitusand acromegaly,J Vet Intern Med 21:892,2007.)**

肢端肥大症的确诊需要基础血清生长激素浓度升高。肢端肥大症患猫的基础血清生长激素浓度通常超过 10 ng/mL(正常猫的浓度小于 7.2 ng/mL)。但目前没有猫生长激素的商业化检测。

### ◆ 肢端肥大症与肾上腺皮质功能亢进

肾上腺皮质功能亢进和肢端肥大症均不常见于老年猫,这两种疾病与糖尿病有很密切的关系,可导致严重的胰岛素抵抗,常由功能性垂体腺瘤引发。糖尿病患猫血糖控制不良的临床表现在肾上腺皮质功能亢进和肢端肥大症患猫中很常见。但这两种疾病的其他临床症状差异很大。肾上腺皮质功能亢进是一种消耗性疾病,常导致动物体重渐进性下降,引起恶病质和真皮、表皮萎缩,从而导致皮肤极脆、薄、易撕裂和皮肤溃疡(如猫脆性皮肤综合征)。肢端肥大症则相反,因长期 IGF-Ⅰ分泌的合成代谢起主要作用,引起动物体格变化,如体型增大、下颌增凸、尽管血糖控制不良但体重增加。猫脆性皮肤综合征不会与肢端肥大症同时出现。出现这两种疾病时,常规血液和尿液检查发现的大多数异常结果是由并发的控制不良的糖尿病所致。超声检查可见轻度双侧肾上腺增大。最终这两种疾病的鉴别诊断要依据垂体-肾上腺皮质轴的诊断结果(见第53章)和血清生长激素和/或 IGF-Ⅰ浓度。

## 治疗

对于肢端肥大症患猫,放疗是目前最好的治疗方法。钴远距放射疗法,总剂量为 45~48 Gy,5 d/周,连续放射 3~4 周。最近有一些大学的动物医院,采用伽马刀和直线加速器的方法给予 1~3 次大剂量放疗来治疗垂体肿瘤。采用分步给予或一次给予 1~3 次大放射剂量的放疗方法,50%以上肢端肥大症患猫的胰岛素抵抗、糖尿病临床症状都可有效改善,还能减小肿瘤体积。但放疗效果无法预测,可能效果明显或无效果。效果明显的特征是肿瘤缩小、生长激素分泌过多消失、胰岛素抵抗消失或转为亚临床糖尿病状态。通常情况下,在放疗后 3~6 个月后,肿瘤体积、血浆生长激素水平和血清 IGF-Ⅰ浓度都会下降,胰岛素抵抗情况改善。大多数放疗有效果的患猫,尽管 CT 或 MR 检查都没发现有垂体肿瘤生长,糖尿病和/或胰岛素抵抗会在治疗后 6 个月或之后复发。

据报道,同时进行经蝶骨的显微垂体摘除术和经蝶骨的垂体肿瘤冷冻疗法可成功治疗猫肢端肥大症。目前尚未有经济实惠的内科方法治疗猫肢端肥大症。

### ◆ 胰岛素抵抗糖尿病的管理

尽管使用大剂量胰岛素(≥20 U/次),2 次/d,肢端肥大症患猫的糖尿病都难以控制。不管使用什么剂量、什么类型的胰岛素,患猫血糖都会维持 400 mg/dL 以上。据作者经验,大多数肢端肥大症猫的血糖都难以控制。使用胰岛素治疗的目标并不是控制糖尿病,而是避免发生严重高血糖(血糖浓度>600 mg/dL)和低血糖。增加胰岛素剂量不应基于严重多尿、多饮、多食或持续高血糖和糖尿,而是根据主人描述动物的活动性、梳毛行为和与家人互动的情况。严重高血糖会导致嗜睡、迟钝和主人描述猫"感觉不好"。如果主人描述了上述表现,作者会考虑增加胰岛素的剂量,特别是血糖浓度大于 600 mg/dL 时。增加胰岛素剂量时,作者会十分谨慎,因为担心引发威胁生命的低血糖。低血糖可在持续数月的严重胰岛素抵抗后突然发生,这可能是生长激素不定时分泌减少和随后的胰岛素抵抗改善引起的。除主人描述患猫"感觉不好"或测量血糖浓度后确定出现严重高血糖以外,作者很少注射超过 12~15 U/次的胰岛素。应鼓励主人在家监测血糖和监测尿糖,这有利于预防低血糖的发生和确定胰岛素抵抗是否改善。

## 预后

肿瘤引起的猫肢端肥大症的短期和长期预后分别为谨慎至良好和不良。从确诊开始计算的存活时间为 4~60 个月(多为 1.5~3 年)。分泌生长激素的垂体瘤通常生长缓慢。除非到疾病后期,肿瘤压迫引起的神经症状并不常见。即使每天 2 次用大剂量胰岛素(每次 20 U 或更多),糖尿病还是难以控制。应避免使用大剂量胰岛素。多数肢端肥大症患猫通常因肾功能衰竭,充血性心功能衰竭、咽部严重的软组织增厚导致呼吸窘迫,严重低血糖引起的昏迷或垂体瘤扩张引起的神经症状而死亡或施行安乐死。

# 垂体性侏儒
## (PITUITARY DWARFISM)

## 病因

垂体性侏儒由先天性生长激素缺乏引起。经研究发现,侏儒德国牧羊犬先天性生长激素缺乏是由颅咽外胚层不向垂体前叶(垂体分泌细胞)分化引起的。垂体囊肿可通过 CT 或 MRI 扫描垂体区域发现,囊肿随垂体性侏儒患病动物长大而增大。近期研究表明,大多数垂体性侏儒患畜的垂体囊肿继发于原发性垂体前叶不发育。垂体性侏儒症为德国牧羊犬常染色体隐性遗传异常，类似的遗传方式也在卡累利亚熊犬（Carnelian bear dogs）中有过报道。遗传性垂体侏儒症可能由单纯的生长激素缺乏或几种垂体激素缺乏引起。德国牧羊犬患犬常见并发促甲状腺素和促乳素缺乏，而 ACTH 分泌是正常的。Kooistra 等（2000）假设，本病是产 ACTH 的促肾上腺皮质细胞分化后，发育转录因子变异，引起垂体干细胞发育不良造成的。由生长激素变异，或生长激素受体缺乏或缺陷引起机体对生长激素不敏感（如人拉伦型侏儒症）的垂体性侏儒症在犬猫中尚未有过报道。

## 临床特征

### ◉ 病征

垂体性侏儒症主要发生于德国牧羊犬，但其他品种也有发生，如魏玛猎犬、丝毛犬、玩具杜宾犬、卡累利亚熊犬和拉布拉多犬，也曾发现发生于猫。本病无性别倾向。

### ◉ 临床症状

垂体性侏儒症最常见的临床表现是生长停滞（即体型矮小）、内分泌性脱毛和皮肤色素沉着（框 49-4）。患病动物通常在 2～4 月龄时体形正常，但随后生长明显较同窝缓慢。患病犬猫 5～6 月龄时，会明显比同窝动物小，且通常无法达到正常成年动物的体格。单纯性生长激素缺乏引起的侏儒症通常保持着正常的体型和身材比例（即均衡型侏儒症）。而多种激素缺乏引起的侏儒症（特别是 TSH）可能会形成长方形或矮胖的体型，如同先天性甲状腺功能减退一样（即非均衡型侏儒症）（图 49-8）。

最明显的皮肤病症状是胎毛或次毛滞留，同时缺乏主毛。因此侏儒症动物早期的被毛软而蓬松。胎毛很容易拔除，且大多数患病动物逐渐发展为对称性脱毛。早期，脱毛局限于摩擦较多的部位，如颈部（项圈）和大腿后外侧（坐）。最终除四肢远端和面部外，整个躯干、颈部和四肢近端都会脱毛。初始时皮肤正常，但逐渐发展为色素沉着、变薄、出现皱褶和磷屑。成年侏儒症动物常见粉刺、丘疹和继发脓皮症。继发细菌感染是常见的长期并发症。

虽然一些侏儒症动物生殖功能正常，但有些患病动物也有可能发展为性腺机能低下。雄性动物出现隐睾、睾丸萎缩、无精症和阴茎包皮松弛的典型症状；垂

体促性腺激素分泌受损的雌性动物，长期处于乏情期。

 **框 49-4　垂体性侏儒症的临床症状**

**骨骼肌肉系统**
生长迟滞*
骨骼变细，面部特征不成熟*
长方、矮胖体形（成年）*
骨骼畸形
生长板闭合延迟
出牙延迟

**生殖系统**
睾丸萎缩
阴茎鞘松弛
无发情周期

**其他症状**
精神迟钝
刺耳、幼犬样吠叫*
继发甲状腺功能减退的症状
继发肾上腺皮质功能减退的症状（不常见）

**皮肤**
被毛松软*
胎毛滞留*
缺乏外层被毛*
脱毛*
　双侧对称性脱毛
　躯干、颈部和四肢近端
皮肤高色素沉着*
皮肤薄而脆
皱褶
皮屑
粉刺
丘疹
脓皮症
皮脂溢

\* 常见临床症状。

## 临床病理学

侏儒症患病动物无其他并发症和单纯性生长激素缺乏时，CBC、生化和尿检结果都正常。并发 TSH 分泌不足时，可能表现与甲状腺功能减退相关的临床病理学异常，如高胆固醇血症和贫血（见第 51 章）。GH、IGF-I 和 TSH 的缺乏，可能影响肾脏的发育和功能，引发氮质血症。

## 诊断

病征、病史和体格检查通常可以提供足够依据把

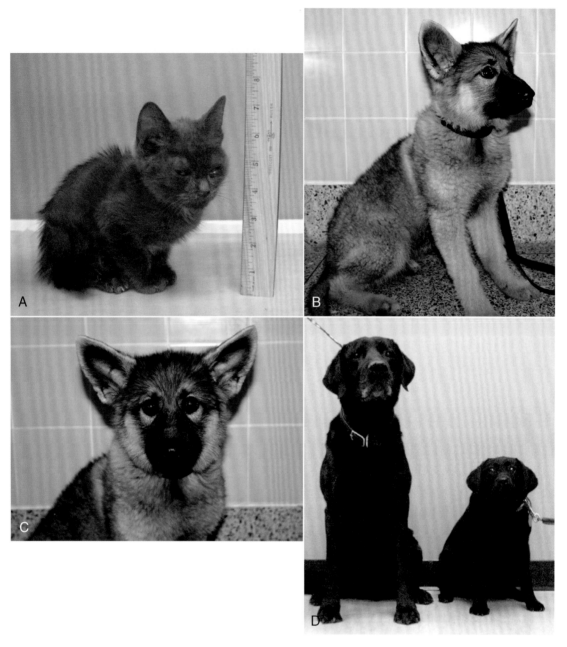

**图 49-8**
**A**,患垂体侏儒症的 **9** 月龄雄性家养短毛猫。其体型与 **8** 周龄幼猫相似。注意其正常的体型和幼稚的外观。**B** 和 **C**,患垂体侏儒症的 **7** 月龄雌性德国牧羊犬。注意其正常的体型、胎毛和幼稚的外观。**D**,患垂体侏儒症的 **2** 岁已绝育雌性拉布拉多犬和同龄正常的拉布拉多犬,患犬体型小,外观幼稚。上述侏儒症病患的主人都是因它们发育迟缓前去就诊的。

垂体性侏儒症列入身材矮小的鉴别诊断,通过详细的病史、体格检查、常规实验室检查(即 CBC、粪检、生化、血清 T$_4$ 浓度和尿检)和放射学检查排除其他可引起矮小的潜在原因(框 49-5)后,可强烈怀疑本病(图 49-9)。垂体性侏儒症患病犬猫的血清 IGF- I 浓度可能会降低或是在参考范围内。正常犬猫的基础血清生长激素可能较低。生长激素不足的确诊必须基于激发试验中促生长细胞的反应,激发药物为人生长激素释放激素(GHRH)、氯压定或噻拉嗪。目前尚没有商品

化的生长激素检测方法,垂体性侏儒症的诊断建立在排除了其他引起发育障碍的因素后。

### 治疗

　　垂体性侏儒症的治疗主要是给予 GH。但目前没有有效的 GH 产品用于犬。市场上无治疗用的犬生长激素。由于 GH 抗体形成和相关法律限制,不能使用合成人 GH 治疗。牛用商品化合成牛生长激素的浓度不适用于犬。猪 GH 的氨基酸序列与犬的完全一致,

**框 49-5　犬猫体型小的潜在原因**

**内分泌病因**
先天性生长激素过少症
先天性甲状腺功能减退
幼年型糖尿病
先天性肾上腺皮质功能减退
肾上腺皮质功能亢进
　　先天性(少见)
　　医源性

**非内分泌病因**
营养不良
胃肠道疾病
　　巨食道症
　　炎症
　　传染病
　　严重的肠道寄生虫
胰腺外分泌功能不全
肝脏疾病
　　门脉短路
　　糖原贮积性疾病
肾病和肾脏衰竭
心血管疾病,异常
骨骼发育不良;软骨营养障碍症
黏多糖贮积症
脑积水

但是很难获得。若能获得猪生长素,推荐皮下注射 0.1~0.3 IU/kg,3 次/周,连用 4~6 周。由于 GH 和甲状腺激素对生长的协同作用,甲状腺激素浓度低于正常时,可能降低 GH 治疗的效果。因此对于怀疑 TSH 缺乏的犬猫,必须每天同时补充甲状腺素,见第 51 章。

生长激素治疗的主要不良反应是过敏(包括神经性水肿)和胰岛素抵抗引起的糖尿病。治疗期间应频繁监测尿糖和血糖。如果出现上述任意一种并发症,应停止使用生长激素治疗。被毛重新生长、皮肤增厚和血清 IGF-I 浓度和血糖浓度的变化,可用于监测治疗效果。身高是否增加,主要取决于开始治疗时生长板的状态。如果生长板未闭合,身高可能明显增高;如果生长板已闭合或即将闭合,身高将无变化或只有轻度增高。

曾有报道侏儒症患畜,在生长板闭合或药物副作用出现前,使用醋酸甲羟孕酮(2.5~5 mg/kg,刚开始 3 周/次)治疗,体型增大,被毛生长完全。孕酮诱导犬乳腺生长激素基因表达,促使导管上皮细胞增生,分泌 GH 和血浆 GH 和 IGF-I 浓度升高。孕酮治疗的副作用有复发性瘙痒性脓皮症。母犬在使用孕酮治疗前应进行子宫切除。使用孕酮治疗时应监测血清 IGF-I 和血糖浓度。

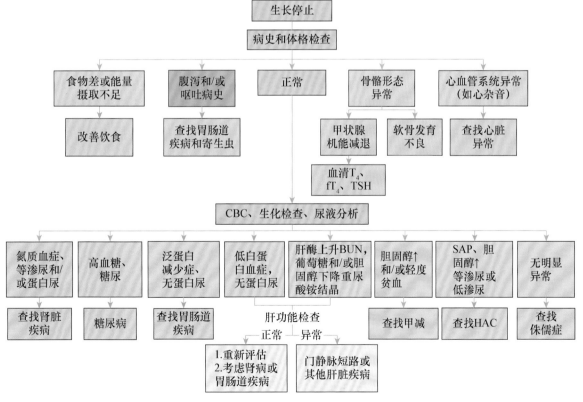

**图 49-9**
幼犬猫生长迟滞的诊断流程。(引自 Feldman EC, Nelson RW: Canine and feline endocrinology and reproduction, ed 3, St Louis, 2004, WB Saunders.)

## 预后

垂体性侏儒症动物的预后不可预测。预后取决于患病动物生长激素缺乏的严重程度(如部分缺乏或完全缺乏)、生长激素缺乏对系统发育的影响,如骨骼系统、神经肌肉系统和免疫系统,以及发病期间皮肤病变的严重程度。根据作者的经验,垂体性侏儒症患犬的寿命为3～10年。

◉推荐阅读

尿崩症

Aroch I et al: Central diabetes insipidus in five cats: clinical presentation, diagnosis and oral desmopressin therapy, *J Fel Med Surg* 7:333, 2005.

Harb MF et al: Central diabetes insipidus in dogs: 20 cases (1986-1995), *J Am Vet Med Assoc* 209:1884, 1996.

van Vonderen IK et al: Disturbed vasopressin release in 4 dogs with so-called primary polydipsia, *J Vet Intern Med* 13:419, 1999.

van Vonderen IK et al: Vasopressin response to osmotic stimulation in 18 young dogs with polyuria and polydipsia, *J Vet Intern Med* 18:800, 2004.

内分泌性脱毛

Ashley PF et al: Effect of oral melatonin administration on sex hormone, prolactin, and thyroid hormone concentrations in adult dogs, *J Am Vet Med Assoc* 215:1111, 1999.

Behrend EN et al: Atypical Cushing's syndrome in dogs: arguments for and against, *Vet Clin N Am* 40:285, 2010.

Frank LA et al: Retrospective evaluation of sex hormones and steroid hormone intermediates in dogs with alopecia, *Vet Derm* 14:91, 2003.

Frank LA et al: Adrenal steroid hormone concentrations in dogs with hair cycle arrest (Alopecia X) before and during treatment with melatonin and mitotane, *Vet Derm* 15:278, 2004.

猫肢端肥大症

Berg RIM et al: Serum insulin-like growth factor-I concentration in cats with diabetes mellitus and acromegaly, *J Vet Intern Med* 21:892, 2007.

Dunning MD et al: Exogenous insulin treatment after hypofractionated radiotherapy in cats with diabetes mellitus and acromegaly, *J Vet Intern Med* 23:243, 2009.

Meij BP et al: Successful treatment of acromegaly in a diabetic cat with transsphenoidal hypophysectomy, *J Fel Med Surg* 12:406, 2010.

Murai A et al: GH-producing mammary tumors in two dogs with acromegaly, *J Vet Med Sci* 74:771, 2012.

Niessen SJM et al: Feline acromegaly: an underdiagnosed endocrinopathy? *J Vet Intern Med* 21:899, 2007.

Posch B et al: Magnetic resonance imaging findings in 15 acromegalic cats, *Vet Radiol Ultrasound* 52:422, 2011.

Reusch CE et al: Measurements of growth hormone and insulin-like growth factor 1 in cats with diabetes mellitus, *Vet Rec* 158:195, 2006.

Sellon RK et al: Linear-accelerator-based modified radiosurgical treatment of pituitary tumors in cats: 11 cases (1997-2008), *J Vet Intern Med* 23:1038, 2009.

垂体性侏儒

Kooistra HS et al: Progestin-induced growth hormone (GH) production in the treatment of dogs with congenital GH deficiency, *Domest Anim Endocrinol* 15:93, 1998.

Kooistra HS et al: Combined pituitary hormone deficiency in German Shepherd dogs with dwarfism, *Domest Anim Endocrinol* 19:177, 2000.

# 第50章
## CHAPTER 50

# 甲状旁腺疾病
## Disorders of the Parathyroid Gland

## 甲状旁腺功能亢进的分类
## (CLASSIFICATION OF HYPERPARATHYROIDISM)

甲状旁腺功能亢进是甲状旁腺激素（parathyroid hormone，PTH）分泌持续增加的一种疾病。甲状旁腺内的主细胞合成和分泌 PTH———一种精确调节血液和细胞外液（extracellular fluid，ECF）中离子钙浓度的肽类激素。PTH 的分泌主要受血液中离子钙浓度的调节。血清离子钙浓度下降会促进 PTH 的分泌，反之亦然。PTH 促进肾脏重吸收钙并抑制磷的重吸收、促进肾脏合成活性维生素 D（骨化三醇）以及促进骨的重吸收。其总的作用是增加血清离子钙和总钙浓度，并降低血清磷浓度。

甲状旁腺功能亢进是血清离子钙浓度降低引起的正常生理反应（肾性、营养性或肾上腺继发性甲状旁腺功能亢进），或者是异常自主功能性甲状旁腺主细胞合成和分泌过多 PTH 所致的病理反应〔即原发性甲状旁腺功能亢进（primary hyperparathyroidism，PHP）〕。在 PHP 中，不论血清离子钙浓度升高还是降低，PTH 的分泌都是增加的。高钙血症和低磷血症可能是 PTH 生理作用的结果。

在肾继发性甲状旁腺功能亢进中，肾功能衰竭会引起磷滞留并发生高磷血症，反过来会刺激分泌磷的激素纤维母细胞生长因子 23 的释放。纤维母细胞生长因子 23 可抑制肾小管 1α-羟化酶的活性，引起骨化三醇（维生素 D 最具活性的形式）相对缺乏，还会降低肠道钙的吸收。磷滞留也可直接刺激 PTH 分泌，并促进钙磷复合物在组织中沉积。血清离子钙浓度下降又反过来刺激 PTH 分泌。总的作用是血清磷浓度升高、离子钙浓

度正常或下降、血清 PTH 浓度升高、骨化三醇浓度降低和弥散性甲状旁腺增生。营养性继发甲状旁腺功能亢进的病理机制也是如此，低血钙是由食物中钙磷比率降低引起的，如牛心或肝脏。长期食物中钙缺乏或磷过多，可引起 PTH 分泌增加和甲状旁腺增生。有一例肾上腺皮质功能亢进患犬，血清 PTH 升高的病例报道。血清 PTH 升高，被认为是钙丢失增加和/或血清磷浓度增加的代偿性反应，因此命名为肾上腺继发性甲状旁腺功能亢进。成功治疗肾上腺皮质功能亢进后，血清磷和 PTH 浓度下降，血清钙浓度回升。

## 原发性甲状旁腺功能亢进
## (PRIMARY HYPERPARATHYROIDISM)

### 病因

PHP 是由一个或多个异常甲状旁腺过度且相对不可控地分泌 PTH 引起的一种疾病。PTH 的生理活动，最终会引起高血钙和低血磷（表 50-1）。本病在犬不常见，罕见于猫。甲状旁腺腺瘤是最常见的组织学变化；甲状旁腺癌和甲状旁腺增生也曾报道道于犬猫，但不常见。甲状旁腺腺瘤通常很小，包囊清楚，呈淡棕色至红色，邻近甲状腺（图 50-1）。手术时，其余的甲状旁腺外观正常、萎缩或无法看到。甲状旁腺癌的外观与腺瘤类似，诊断主要是基于某些组织学特征，如包囊或肿瘤血管浸润。犬猫甲状旁腺癌的生物学行为至今未明。同样，甲状旁腺瘤和甲状旁腺增生的病理学鉴别诊断标准也尚未建立。尽管涉及多个甲状旁腺时，提示甲状旁腺增生，但在 PHP 患犬上曾发现甲状旁腺腺瘤涉及 2 个甲状旁腺，而甲状旁腺增生只涉及一个腺体。此外，虽然肾性和营养性继发性甲状旁腺功能亢进引起的增生

可能不会引起甲状旁腺的均匀增大,即使对于每个腺体的增大刺激是相同的。甲状旁腺增生和腺瘤的鉴别诊断有着十分重要的预后意义。对于甲状旁腺腺瘤,手术切除即可治愈,若保留一个以上正常的甲状旁腺,就能

防止出现甲状旁腺功能减退。但如果在手术切除增生性甲状旁腺时,其余外表正常的甲状腺组织是增生性的或在术后发展为增生性,甲状旁腺增生引起的高血钙在术后可能会持续存在,或在数周至数月后复发。

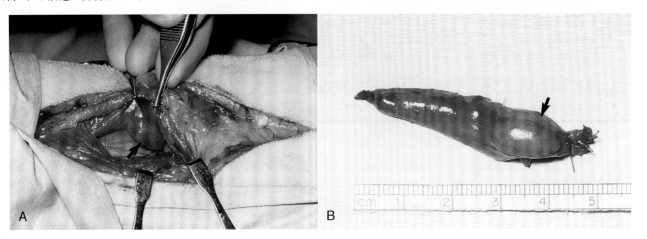

**图 50-1**

A,一只 12 岁患原发性甲状旁腺功能亢进(PHP)犬的手术部位。甲状腺叶上可见一个甲状旁腺腺瘤(箭头)。B,图 A 患犬甲状腺叶摘除后甲状腺叶和甲状旁腺腺瘤(箭头)的总体外观。

**表 50-1　影响钙磷代谢激素的生物学作用**

| 激素 | 骨 | 肾 | 肠道 | 总体作用 | |
| --- | --- | --- | --- | --- | --- |
| | | | | 血清钙 | 血清磷 |
| 甲状旁腺激素 | 增加骨吸收 | 钙吸收增加<br>磷排泄增加 | 无直接作用 | ↑ | ↓ |
| 降钙素 | 骨吸收减少 | 钙重吸收减少<br>磷重吸收减少 | 无直接作用 | ↓ | ↓ |
| 维生素 D | 维持钙转运系统 | 钙重吸收减少 | 钙吸收增加<br>磷吸收增加 | ↑ | ↑ |

↑:升高;↓:下降。

## 临床特征

### ◈病征

　　PHP 临床症状常见于 4～16 岁(平均 10 岁)犬,无性别倾向。任何品种的犬都有可能患病,但 PHP 在荷兰毛狮犬中很常见,这是一种常染色体遗传,从遗传学角度,该病可在该品种中传播。猫诊断为 PHP 的年龄范围是 8～20 岁,平均 13 岁。大多数患猫为混血猫和暹罗猫。未见性别倾向的报道。

### ◈临床症状

　　PHP 的临床症状是由过度分泌的 PTH 引起的生理反应,而不是肿瘤占位性病变。临床症状由高血钙引起,这是本病的主要特征。高血钙可引起膀胱结石

和下泌尿道感染。多数轻度 PHP 患病犬猫无临床症状,高血钙只有在进行生化检测时才被意外发现。当临床症状刚开始出现时,通常是非特异的,且不易察觉。犬主要的临床症状与肾、胃肠道和神经肌肉有关(框 50-1)。猫 PHP 最常见的临床症状是厌食、嗜睡和呕吐。便秘、多尿、多饮和体重减轻在 PHP 患猫中不常见。

### ◈体格检查

　　体格检查通常是正常的,这是鉴别诊断 PHP 和恶性肿瘤引起的高血钙是十分重要的手段(见第 55 章)。一些 PHP 患犬可发现嗜睡、全身肌肉萎缩、虚弱和膀胱结石(磷酸钙、草酸钙或两者混合物)。虚弱的严重程度各异,但通常是轻微的。触诊 PHP 患犬颈部,很难摸到甲状旁腺肿物。如果高血钙患犬颈部触诊有肿

**框 50-1　犬原发性甲状旁腺功能亢进的临床症状**

多尿和多饮*
肌肉无力*
活力下降*
下泌尿道症状*
　尿频
　血尿
　尿淋漓
食欲不振
尿失禁
体重下降/肌肉消耗
呕吐
震颤

\* 常见症状。

物，则应考虑甲状腺癌、鳞状细胞癌、淋巴瘤及相对较不常见的甲状旁腺癌；与犬不同的是，PHP 患猫可触诊到甲状旁腺肿物，通常位于甲状腺区域。因此，在颈腹侧触摸到肿物时，应怀疑猫甲状腺功能亢进（常见）和 PHP（罕见）。

## 诊断

当犬猫发生持续性高血钙且血磷浓度正常或降低时，应怀疑 PHP。血清钙浓度一般为 12～15 mg/dL，但可超过 16 mg/dL。血清离子钙浓度通常为 1.4～1.8 mmol/L，但可能超过 2.0 mmol/L。除同时存在肾功能不全外，血清磷浓度一般小于 4 mg/dL。虽然犬猫出现高血钙有很多病因（表 50-2），但高钙血症和

 **表 50-2　犬猫高钙血症的病因**

| 疾病 | 有助于诊断的试验 |
|---|---|
| 原发性甲状旁腺功能亢进* | 血清 PTH 浓度、颈部超声、手术 |
| 恶性肿瘤性高钙血症*<br>　体液介导性：LSA、顶浆分泌腺腺癌、癌（鼻、乳腺、胃、甲状腺、胰腺、肺）、胸腺瘤<br>　局部骨溶解（多发性骨髓瘤、LSA、鳞状细胞癌、骨肉瘤、纤维肉瘤） | 体格检查、胸腹部放射学、腹部超声、淋巴结、肝脏、脾脏和骨髓穿刺、血清 PTHrp |
| 维生素 D 中毒*<br>　胆钙化醇杀鼠药、植物（日香木，*Cestrum diurnum*）<br>　补充过量 | 病史、生化、血清维生素 D 浓度 |
| 肾上腺皮质功能减退* | 血清电解质、ACTH 刺激试验 |
| 肾衰（尤其是慢性）* | 血清生化、尿检 |
| 特发性*——猫 | 排除 |
| 肉芽肿性疾病（少见）<br>　全身性芽生菌性真菌病——酵母菌、组织胞浆菌、球孢子菌病<br>　血吸虫病、FIP | 胸腔放射、腹部超声、胃底检查、气管冲洗或肠道活组织细胞学检查、血清真菌滴度 |
| 非恶性肿瘤性骨骼疾病（少见）<br>　骨髓炎<br>　肥大性骨营养不良 | 四肢骨骼放射检查 |
| 医源性疾病（少见）<br>　钙补充过度<br>　口服磷结合剂过量<br>　葡萄/葡萄干中毒 | 病史 |
| 脱水（轻度高钙血症） | — |
| 人为性因素<br>　脂血症<br>　餐后检测<br>　幼年动物（<6 月龄） | — |
| 实验室错误 | 重复测定钙浓度 |

\* 常见病因。
LSA，淋巴肉瘤；ACTH，促肾上腺皮质激素；FIP，猫传染性腹膜炎。

低磷血症的主要鉴别诊断是恶性肿瘤引起的激素性高血钙(犬最常见淋巴瘤和猫的癌症)和 PHP(见第 55章)。病史、体格检查、血液常规检查、尿检、胸部 X 线片、腹部和颈部超声检查及测定 PTH 和甲状旁腺相关肽(parathroidhormone-related peptide,PTHrp)浓度通常可确诊。PHP 的临床症状通常为轻度或不存在,除高钙血症、低磷血症和膀胱结石外,体格检查正常,常规血液检查、胸腹腔放射学检查、腹腔超声检查也无明显异常。对于 PHP 患犬,用于排除淋巴瘤引起高血钙的其他检查结果正常,例如骨髓、淋巴结、肝和脾的细胞学检查和 PTHrp 浓度。

肾功能衰竭患犬伴发高血钙会造成诊断困难,但幸好 PTP 患犬很少发生高钙血症诱发的肾功能衰竭。长期严重高血钙会引起渐进性肾钙化、肾损伤和氮质血症。但大多数 PHP 患犬都有轻度高钙血症伴发低血磷。而低血磷可使机体维持钙磷乘积小于50,以保护肾脏。检测血清钙离子的浓度,有助于找出并发肾衰患犬发生高钙血症的病因。犬 PHP 伴发肾衰时血清离子钙浓度升高,而在原发性肾衰引起的高血钙中,离子钙浓度正常或下降。当肾衰患犬发生高钙血症后,检测尿比重对诊断无意义,因为高血钙会干扰抗利尿激素对肾小管细胞的作用。PHP患犬尿比重常小于 1.015。如果存在膀胱结石和继发细菌性膀胱炎,可见血尿、脓尿、细菌尿和结晶尿。高钙尿、伴有碳酸氢钠重吸收障碍的近端肾小管酸中毒和碱性尿,可促使患犬发生膀胱结石、肾结石和细菌性膀胱炎。一项研究表明,210 只 PHP 患犬中,29%患泌尿道感染,31% 有膀胱结石(Feldman 等,2005)。结石主要由磷酸钙、草酸钙或两者混合组成。

PHP 患病犬猫颈部超声检查可见一个或多个甲状旁腺肿大(图 50-2)。正常犬的甲状旁腺超声检查时最大宽度小于等于 3 mm。在一项 130 只 PHP 患犬研究中,异常甲状旁腺的最大宽度范围为 3～23 mm(中位值为 6 mm)(Feldman 等,2005)。其中 89%患犬有单侧甲状旁腺肿物,10%为双侧甲状旁腺肿物。

检测基础血清 PTH 浓度可确诊 PHP。最近,双位免疫放射测定(two-site immunoradiometric,IRMA)在兽医实验室中广泛使用,被认为是犬猫 PTH 定量的最可靠的检测方法。在美国,血清 PTH 浓度通常由密歇根大学(East Lansing,Mich)人畜健康诊断中心检测。目前,犬 PTH 参考范围 0.5～5.8 pmol/L,猫为0.4～2.5 pmol/L。PTH 分泌主要受血液离子钙浓度

调控。离子钙浓度降低促进 PTH 释放,反之亦然。判读 PTH 结果时,必须结合血清钙离子浓度,最好是同一份血清样品。如果高血钙时,甲状旁腺功能正常,PTH 浓度应降低或无法检测,这是因为高血钙对甲状旁腺功能有抑制作用。非甲状旁腺引起的高血钙患犬,PTH 浓度也应降低至无法检测。高血钙时,PTH 浓度在参考值范围以内或以上是异常的,表明存在自主活动的功能性甲状旁腺(图 50-3)。一项 185 只 PHP 患犬研究中,无患犬血清 PTH 浓度低于参考范围(2～13 pmol/L),45%在参考范围下半区(2.3～7.9 pmol/L),28%位于参考范围上半区(8.0～13.0 pmol/L),27%血清 PTH 浓度升高(13～121 pmol/L;Feldman 等,2005)。

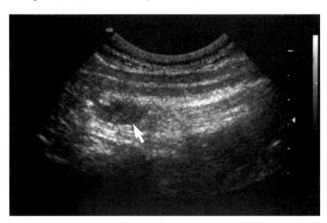

图 50-2
患高钙血症和甲状旁腺功能亢进的 13 岁拉布拉多犬右侧甲状旁腺叶的超声影像。甲状旁腺区域(箭头)可见一个低回声肿物。热烧灼治疗甲状旁腺肿物后,高血钙消除。

## 治疗

治疗方法是手术切除异常的甲状旁腺组织。Tobias 和 Johnson(2012)及 Fossum(2007)详细地描述了甲状腺甲状旁腺复合体切除的手术技术(见推荐阅读)。几乎所有 PHP 犬猫都有一个独立且易发现的甲状旁腺瘤(见图 50-1)。一个以上的甲状旁腺肿大时,表明存在多发性腺瘤或甲状旁腺增生。如果没有甲状旁腺肿大或所有肿物都很小,则须怀疑诊断结果,还应考虑高钙血症可能由未发现的肿瘤、异位性甲状旁腺肿瘤(如前纵隔)或非甲状旁腺肿瘤生成的 PTH所致。

超声介导下注射化学药物(如乙醇)或热烧灼异常甲状旁腺组织也是一种有效的 PHP 治疗方法(图50-4)。上述方法可避免手术、明显减少麻醉时间、无手术切口、也无伤口愈合相关的事情。但注射化学药

物和热灼烧的术后护理与手术切除一样。在一项回顾性研究中,手术移除、热灼烧和化学药物在控制 PHP 犬高血钙的成功率分别为 94%、90% 和 72%(Rasor 等,2007)。并非所有患犬都能用化学药物或热灼烧法

治疗,下列情况需要使用手术:颈部超声发现一个以上的甲状旁腺肿物、肿物最大宽度小于 4 mm 或大于 15 mm、未发现甲状旁腺肿物、肿物太靠近颈动脉,或腹部影像或超声检查有膀胱结石。

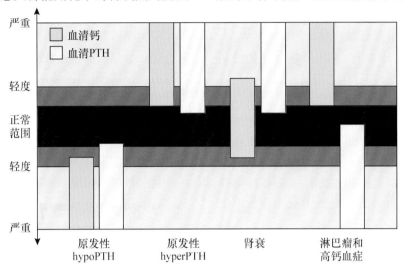

图 50-3

多种疾病能引起血清钙浓度、甲状旁腺功能或两者同时变化,其各自血清钙和甲状旁腺激素(PTH)浓度的范围如上图。PTH,甲状旁腺激素;hypo PTH,甲状旁腺功能减退;hyper PTH,甲状旁腺功能亢进。

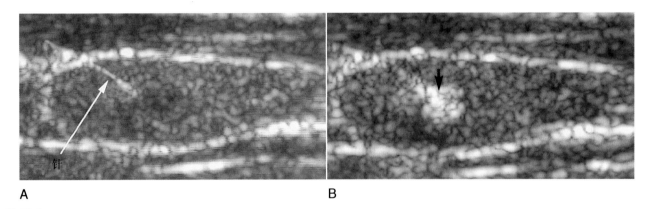

图 50-4

**A**,患高钙血症的 12 岁荷兰毛狮犬左侧甲状腺叶超声影像。肿块位于甲状旁腺区域(箭头),用烧灼法去除肿瘤前,在超声介导下,已用针(箭头)刺入肿块内部。**B**,对肿物施行烧灼后,肿块出现强回声影像(箭头)。

必须尽力保留一个完整的甲状旁腺以维持钙平衡,防止永久性低血钙。手术切除或烧灼甲状旁腺瘤后,循环 PTH 浓度会快速下降,血清钙离子浓度降低。早期 PHP 出现低血钙后,残留的甲状旁腺可能分泌 PTH,从而防止严重低血钙的发生。严重 PHP 患犬,术后或烧灼 7 d 内萎缩的正常甲状旁腺可能对低血钙不应答,从而引起严重低血钙和临床症状。这些患犬需要通过静脉或口服钙剂和口服维生素 D 以纠正和/或预防低血钙的发生。

有两种方法可用于甲状旁腺瘤切除或烧灼前后犬(和猫)的管理。一种方法是在术前或烧灼前 24～48 h,

给所有患病犬口服钙和骨化三醇(最具活性的维生素 D)。另一种方法是只给予口服钙制剂,直至血清钙或离子钙浓度分别低于 9.0 mg/dL 和 0.9 mmol/L,开始出现低钙血症临床症状前,才开始补充骨化三醇。不管使用哪种方式,需要每天监测 1～2 次血清总钙或离子钙的浓度,直到血清钙浓度稳定并维持在参考范围内。当甲状旁腺轻度萎缩,不需要骨化三醇治疗时,作者开始使用饮食疗法(在日粮中加入奶制品),并使用口服钙。犬猫术前血钙浓度越高,或高血钙持续的时间越长,或两者同时发生,切除异常甲状旁腺后越容易出现临床低血钙。一般情况下,如果术前或热烧灼前血清钙

或离子钙浓度分别小于 14 mg/dL 和 1.6 mmol/L,且出现高钙血症小于 6 个月,作者治疗初期不用骨化三醇治疗患犬的甲状旁腺功能亢进。患犬血清钙或离子钙浓度分别高于 14 mL/dL 和 1.6 mmol/L,且高血钙持续发生 6 个月以上,提示残余的甲状旁腺发生明显萎缩,且术后或热灼烧后出现低血钙症状的可能性很高。对于这类患犬,应在 PHP 治疗前 24～48 h 开始使用口服钙(奶制品和添加剂)和骨化三醇治疗。

　　甲状旁腺萎缩恢复期间,治疗低血钙的方法包括静脉注射钙,控制紧急的临床症状;长期口服钙和维生素 D 以维持血钙浓度在参考值下限(详见第 55 章和表 55-7)。钙和维生素 D 治疗的目的是将血清钙浓度维持在正常值下限(9.5～10.5 mg/dL)。血钙维持于参考值下限可预防低血钙症状的发生、减少高钙血症的风险和刺激残余萎缩的甲状旁腺恢复功能。一旦甲状旁腺重新控制钙平衡,且在家犬猫血清钙浓度维持稳定后,可在 3～6 个月内逐渐停止服用钙和维生素 D。这种逐渐停药可使甲状旁腺的功能有足够的时间恢复,并防止低血钙的发生。通常通过逐渐增加用药间隔来实现维生素 D 停药。当血钙浓度为 9.5 mL/dL 或更高时,用药间隔每 2～3 周增加 1 d。一旦犬猫无临床症状,血清钙浓度稳定在 9～11 mg/dL,且维生素 D 的用药时间间隔为 6～7 d 时,可停用维生素 D。

## 预后

　　如果术后可避免出现严重的低血钙,且 PHP 是由甲状旁腺腺瘤引起的,手术或热烧灼治疗的 PHP 动物预后良好。甲状旁腺增生引起的 PHP 犬猫,如果手术时保留一个或多个甲状旁腺,可能在术后几周至数月复发高钙血症。

# 原发性甲状旁腺功能减退
## (PRIMARY HYPOPARATHYROIDISM)

## 病因

　　原发性甲状旁腺功能减退是 PTH 分泌量相对或绝对不足的结果。由于缺乏了 PTH 对骨骼、肾脏和肠道的作用,最终引起低血钙和高磷血(见表 50-1)。甲状旁腺功能减退的症状与血液中离子钙浓度下降直接相关,离子钙浓度下降引起神经肌肉兴奋性增加。

　　自发性原发性甲状旁腺功能减退罕见于犬猫。多数病例都是特发性的(即未发现外伤、肿瘤、手术破坏或其他明显损害颈部或甲状旁腺因素)。肉眼很难定位腺体的位置,镜检可见腺体萎缩。组织学检查甲状旁腺可能发现弥散性淋巴细胞性、浆细胞性浸润和纤维结缔组织,提示可能由潜在的免疫介导性病因所致。

　　双侧甲状腺切除术治疗甲状腺功能亢进引起的医源性甲状旁腺功能减退常见于猫。这些动物的甲状旁腺常被切除或损伤,或手术时将供应腺体的血管切断。这种甲状旁腺功能减退可能是暂时或永久的,这主要取决于剩余甲状旁腺的活性或手术时腺体保留的情况。只需要一个有活性的甲状旁腺,则足以维持正常的血清钙浓度。

　　暂时性甲状旁腺功能减退可继发于严重的镁缺乏(血清镁<1.2 mg/dL)。严重镁缺乏抑制 PTH 释放但不损害甲状旁腺,增加靶器官对 PTH 的抵抗,损害活性维生素 D 的合成(如骨化三醇)。最终的结果是轻度低钙血症和高磷血症。镁的补充可逆转甲状旁腺功能减退。患特发性原发性甲状旁腺功能减退犬猫的血清镁浓度通常是正常的(关于镁更详细的信息见第 55 章)。

## 临床特征

### ◉病征

　　犬出现甲状旁腺功能减退临床症状的年龄为 6 周至 13 岁龄,平均年龄 5 岁,本病多发于母犬。尽管本病多见于玩具贵宾犬、迷你雪纳瑞犬、拉布拉多猎犬、德国牧羊犬和㹴类犬,但无明显的品种倾向性。这些品种的发病率较高,但这个现象只能反映这些品种较为流行。仅有少数猫原发性甲状旁腺功能减退的报道。到目前为止,患猫都是青年至中年(6 月至 7 岁龄)的几个品种猫,通常是公猫。

### ◉临床症状

　　犬猫原发性甲状旁腺功能减退的临床症状和体格检查类似。主要临床症状与低钙血症直接相关,特别是它对神经肌肉系统的影响。神经肌肉症状包括神经过敏、全身抽搐、局部肌肉痉挛、后肢痉挛或强直、共济失调和虚弱(框 50-2)。其他症状包括嗜睡、食欲减退、强烈地摩擦面部和喘息。临床症状通常是突发的,且很严重,多见于运动、兴奋和应激时。症状通常是间歇性的。时而出现临床性低钙血症,时而表现正常,症状通常持续数分钟至数天。即使在临床上无症状,低钙血症也持续存在。

框 50-2　犬原发性甲状旁腺功能减退的临床症状

---

全身抽搐*

步态僵硬、肌肉强直、后肢痉挛或疼痛*

局部肌肉震颤、颤搐、颤动*

摩擦面部(强烈)*

不安、紧张、叫唤*

喘、通气过度*

攻击行为*

共济失调

虚弱

无食欲、呕吐

精神沉郁、虚弱

咬、舔爪(强烈)

---

\* 常见症状。

◉体格检查

　　体格检查最常见的症状与肌肉僵直相关,包括步态僵硬、肌肉僵硬、腹壁紧张和肌肉震颤。发热、喘息和不安也很常见,且常会干扰检查。潜在的心脏异常包括心动过缓、阵发性过速性心律失常、心音低沉和股动脉脉搏微弱。据报道,一些原发性甲状旁腺功能减退犬猫,存在点状至线型的白内障,白色不透明物随机分布于晶状体前后皮质囊下,未丧失视力。尽管之前存在神经肌肉疾病的病史,但有时体格检查正常。

## 诊断

　　犬猫出现持续性低钙血症和高磷血症,且肾功能正常时,需要怀疑原发性甲状旁腺功能减退。血清钙浓度通常小于 7 mg/dL,血清离子钙浓度通常小于 0.8 mmol/L ,血清磷浓度通常大于 6 mg/dL。低钙血症和高磷血症也见于营养性或肾脏继发性甲状旁腺功能亢进、磷灌肠剂灌肠后和肿瘤溶解综合征。排除了其他引起低血钙的原因后,犬猫出现严重低钙血症而血清 PTH 浓度无法检测出时,可确诊原发性甲状旁腺功能减退(表 50-3)。病史、体格检查、血液检查、尿液检查和腹部超声检查通常可鉴别多数低血钙的原因。原发性甲状旁腺功能减退的犬猫,除低血钙引起的症状外,其他病史和体格检查通常无明显异常。犬猫血检和尿检唯一的相关异常是严重低血钙,且大多数患高磷血症。血清总蛋白、白蛋白、尿素氮、肌酐和镁浓度是正常的。腹部超声检查也正常。

　　血清 PTH 浓度的测定有助于确诊原发性甲状旁

腺功能减退。动物出现低血钙时,在开始维生素 D 和钙治疗前,需检测 PTH 的浓度。目前绝大多数兽医实验室使用双位免疫放射分析法分析 PTH,这种方法在定量测定犬猫 PTH 的可信度最高。血清 PTH 浓度的判读必须结合血清钙浓度。如果甲状旁腺功能正常,低血钙时,血清 PTH 浓度会增加,这是因为离子钙浓度下降刺激甲状旁腺功能。犬猫低血钙时血清 PTH 浓度下降或无法检测,强烈提示原发性甲状旁腺功能减退(图 50-3)。发生严重低血钙,但血清 PTH 浓度却接近参考范围下限时,也提示原发性甲状旁腺功能减退。除引起严重低镁血症的疾病外,非甲状旁腺因素所致的低血钙犬猫血清 PTH 浓度正常或升高。

表 50-3　犬猫低钙血症病因

| 疾病 | 有助于诊断的检查 |
|---|---|
| 原发性甲状旁腺功能减退 | 病史、血清 PTH 浓度、排除其他病因 |
| 　特发性 | |
| 　甲状腺切除后 | |
| 产后搐搦 | 病史 |
| 肾功能衰竭 | 血清生化、尿液分析 |
| 　急性 | |
| 　慢性 | |
| 乙二醇中毒 | 病史、尿液分析 |
| 急性胰腺炎 | 体格检查、腹部超声、血清 cPLI(犬)、fPLI(猫) |
| 败血症、全身性炎症反应综合征(SIRS) | 病史、体格检查、CBC |
| 肠道吸收不良综合征 | 病史、消化或吸收试验、肠活组织检查 |
| 低蛋白血症或低白蛋白血症 | 血清生化 |
| 低镁血症 | 血清总镁和离子镁 |
| 营养性继发性甲状旁腺功能亢进 | 食物史(犬猫采食什么日粮) |
| 维生素 D 缺乏(佝偻症) | 病史 |
| 软组织损伤/横纹肌溶解 | 病史 |
| 肿瘤溶解综合征 | 病史 |
| 含磷灌肠剂 | 病史 |
| 抗惊厥药物 | 病史 |
| 使用 $NaHCO_3$ | 病史 |
| 实验室错误 | 重新检测血钙 |

## 治疗

　　原发性甲状旁腺功能减退的治疗方法包括补充维

生素 D 和钙制剂(见第 55 章和框 55-7)。治疗一般分为 2 个阶段:第 1 阶段是(即急性期治疗)控制低血钙性抽搐,即缓慢静脉注射葡萄糖酸钙(非氯化钙),直至症状缓解为止。一旦控制住低钙血症的临床症状,可持续静脉注射葡萄糖酸钙,直至口服钙和维生素 D 治疗(即第 2 阶段治疗)开始起作用。葡糖糖酸钙的初始剂量为 60~90 mg/(kg·d)(约 2.5 mL/kg 10% 的葡萄糖酸钙加入输液液体中,用药间隔为 q 6~8 h)。为避免发生沉淀反应,钙制剂不能加入含乳酸、碳酸氢盐、醋酸盐或磷酸盐的液体中。血清钙浓度必须每天检测 2 次,钙的输液速度应根据临床症状和血清钙浓度(维持在大于 8 mg/dL)酌情调整。

第 2 阶段的治疗(即维持治疗)是通过每天给予维生素 D 和钙制剂,血钙浓度维持在 8~10 mg/dL。该血钙浓度高于出现低血钙临床症状的血钙水平,且低于会引起高钙尿(易形成结石)或严重高血钙和高磷血症(易发生肾钙化和肾衰)的血钙水平。当静脉注射钙控制住低血钙性强直后,应开始维持治疗。维生素 D 的起效时间,取决于不同形式的维生素 D。通常 1,25-二羟维生素 $D_3$(骨化三醇)起效时间最快,因此常被用于治疗甲状旁腺功能减退。骨化三醇的初始剂量为 0.02~0.03 μg/(kg·d)。只有无须用肠外补充钙制剂,而血清钙浓度维持在 8~10 mg/dL 时,患病犬猫方可出院治疗。应每周监测血清钙浓度,调整维生素 D 的剂量,使血清钙浓度维持在 8~10 mg/dL。治疗的目的是防止低血钙性抽搐,且避免高血钙。防止低血钙性抽搐,无须将血清钙浓度维持在高于 10 mg/dL 的水平,高于该浓度只会增加高血钙的风险。

一旦血清钙浓度稳定,应逐渐将口服钙和维生素 D 的剂量降到最低维持剂量,使血钙维持在 8~10 mg/dL 水平。维生素 D 对使血清钙浓度达到并维持正常血钙浓度是十分重要。多数原发性甲状旁腺功能减退犬猫需要终身服用维生素 D。钙制剂通常可在 2~4 个月内逐渐减量,一旦血清钙浓度稳定在 8~10 mg/dL,即可停止钙制剂治疗。食物中的钙通常是足以满足动物的钙需求量的。饲喂富钙的食物(如奶制品)有利于确保充足的钙源。一旦犬猫血清钙浓度稳定,且开始维持治疗,建议每 3~4 个月复查一次血钙。

## 预后

预后取决于主人的努力。如果治疗措施得当且及时复查,预后良好。良好的控制需要密切监测血清钙浓度。复检频率越高,则有更好的机会避免血钙异常,正常寿命的可能性也越高。

◉ 推荐阅读

Fossum TW: *Small animal surgery*, ed 3, St Louis, 2007, Mosby.

Tobias KM, Johnston SA: *Veterinary surgery: small animal*, St Louis, 2012, Elsevier Saunders.

原发性甲状旁腺机能亢进

Bolliger AP et al: Detection of parathyroid hormone-related protein in cats with humoral hypercalcemia of malignancy, *Vet Clin Pathol* 31:3, 2002.

Feldman EC et al: Pretreatment clinical and laboratory findings in dogs with primary hyperparathyroidism: 210 cases (1987-2004), *J Am Vet Med Assoc* 227:756, 2005.

Gear RNA et al: Primary hyperparathyroidism in 29 dogs: diagnosis, treatment, outcome and associated renal failure, *J Small Anim Pract* 46:10, 2005.

Goldstein RE et al: Inheritance, mode of inheritance, and candidate genes for primary hyperparathyroidism in Keeshonden, *J Vet Intern Med* 21:199, 2007.

Graham KJ et al: Intraoperative parathyroid hormone concentration to confirm removal of hypersecretory parathyroid tissue and time to postoperative normocalcaemia in nine dogs with primary hyperparathyroidism, *Aust Vet J* 90:203, 2012.

Ham K et al: Validation of a rapid parathyroid hormone assay and measurement of parathyroid hormone in dogs with naturally occurring primary hyperparathyroidism, *Vet Surg* 38:122, 2009.

Long CD et al: Percutaneous ultrasound-guided chemical parathyroid ablation for treatment of primary hyperparathyroidism in dogs, *J Am Vet Med Assoc* 215:217, 1999.

Pollard RE et al: Percutaneous ultrasonographically guided radiofrequency heat ablation for treatment of primary hyperparathyroidism in dogs, *J Am Vet Med Assoc* 218:1106, 2001.

Rasor L et al: Retrospective evaluation of three treatment methods for primary hyperparathyroidism in dogs, *J Am Anim Hosp Assoc* 43:70, 2007.

Sawyer ES et al: Outcome of 19 dogs with parathyroid carcinoma after surgical excision, *Vet Comp Oncol* 10:57, 2011.

原发性甲状旁腺机能减退

Barber PJ: Disorders of the parathyroid glands, *J Fel Med Surg* 6:259, 2004.

Russell NJ et al: Primary hypoparathyroidism in dogs: a retrospective study of 17 cases, *Aust Vet J* 84:206, 2006.

# 第 51 章
## CHAPTER 51

# 甲状腺疾病
## Disorders of the Thyroid Gland

## 犬甲状腺功能减退
### (HYPOTHYROIDISM IN DOGS)

### 病因

　　甲状腺结构或功能异常可引起甲状腺激素生成减少。根据下丘脑-垂体-甲状腺轴（图 51-1）的发病部位，可对甲状腺功能减退进行简单分类。原发性甲状腺功能减退是犬最常见的类型，其病因在于甲状腺内，通常由于甲状腺遭到破坏引起（框 51-1）。发生本病的 2 种常见组织学变化是淋巴细胞性甲状腺炎和特发性甲状腺萎缩（图 51-2）。淋巴细胞性甲状腺炎是一种免疫介导性疾病，以甲状腺内淋巴细胞、浆细胞和巨噬细胞弥散性浸润为特征。引发淋巴细胞性甲状腺炎的病因仍不清楚。遗传起主要作用，尤其是在一些品种和某品种的一个谱系中，该病的发病率明显增加（表 51-1）。环境因素在犬中未经证实。曾有人推测炎症会引起甲状腺损伤和淋巴细胞性甲状旁腺炎，但未经证实。还有人猜测注射疫苗可能会引起淋巴细胞性甲状腺炎，但也未经证实。

　　甲状腺的破坏是渐进性的，大于 75% 腺体受到破坏时，才会出现临床症状。血清甲状腺激素浓度下降和临床症状的出现是一个渐进的过程，通常需要 1～3 年，这也表明甲状腺的破坏过程缓慢。

　　特发性甲状腺萎缩的特征是甲状腺实质丢失。通常无炎性浸润，即使在小滤泡或残余滤泡周围也不出现。淋巴细胞性甲状腺炎检查为阴性。特发性甲状腺萎缩的病因不清。它可能是一种原发性退行性病变，也可能是自体免疫性淋巴细胞性甲状腺炎晚期的表现。

　　继发性甲状腺功能减退是由垂体促甲状腺激素细胞发育不良（引起垂体性侏儒症的垂体发育不良；见第 49 章）或垂体促甲状腺细胞功能异常，导致促甲状腺素（thyroid-stimulating hormone, TSH）分泌不足，以及"继发性"甲状腺激素合成和分泌缺乏所致。由于缺乏 TSH，腺泡逐渐发生萎缩。继发性甲状腺功能减退也可由垂体促甲状腺细胞破坏[如垂体肿瘤（少见）]或激素和药物[如糖皮质激素（常见）；见框 51-1]抑制促甲状腺细胞功能引起。

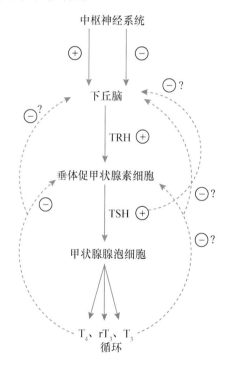

**图 51-1**
下丘脑-垂体-甲状腺轴。**TRH**，促甲状腺素释放激素；**TSH**，促甲状腺激素；**T₄**，甲状腺素；**T₃**，3，5，3′-三碘甲腺原氨酸；rT₃，3，3′，5′-三碘甲腺原氨酸；＋，刺激；－，抑制。

　　第三类甲状腺功能减退是下丘脑视上核和室旁核肽能神经元分泌的促甲状腺激素释放激素（thyrotropin-releasing hormone,TRH)分泌缺乏所致。目前仅发现下丘脑肿瘤浸润是引起犬出现本病的唯一病因。TRH 分泌减少会引起 TSH 分泌减少和继发性甲状腺腺泡萎缩。

先天性原发性甲状腺功能减退不常见于犬,病因包括食物碘摄入缺乏、内分泌机能缺陷(通常为碘有机化缺陷)和甲状腺发育不全。明显的 TSH 缺乏引起的继发性甲状腺功能减退曾在一巨型雪纳瑞犬家族和一拳师犬中有报道。谱系分析表明这是巨型雪纳瑞犬家族的一种常染色体隐性遗传病。甲状腺肿大(如甲状腺肿)主要与病因有关。如果下丘脑-垂体-甲状腺轴是完整的,TSH 受体功能和信号传导正常(如碘有机化缺陷),则可能出现甲状腺肿大;如果下丘脑-垂体-甲状腺轴 TSH 受体或信号传导异常(如垂体性 TSH 缺乏),将不会出现甲状腺肿大。

 **框 51-1　犬甲状腺功能减退潜在病因**

**原发性甲状腺功能减退**
淋巴细胞性甲状腺炎
特发性萎缩
肿瘤破坏
医源性
　手术切除
　抗甲状腺药物
　放射碘治疗
　药物(如磺胺甲噁唑)
**继发性甲状腺功能减退**
垂体畸形
　垂体囊肿
　垂体发育不良
垂体破坏
　肿瘤
垂体促甲状腺细胞抑制
　自发性获得性肾上腺皮质功能亢进
　正常甲状腺病态综合征
医源性
　药物治疗,常见于糖皮质激素
　放射治疗
　垂体摘除术
**第三类甲状腺功能减退**
先天性下丘脑畸形(?)
获得性下丘脑破坏(?)
**先天性甲状腺功能减退**
甲状腺发育不全(不发育、发育不良、扩张)
内分泌机能障碍(碘有机化缺陷)
食物碘摄入缺乏

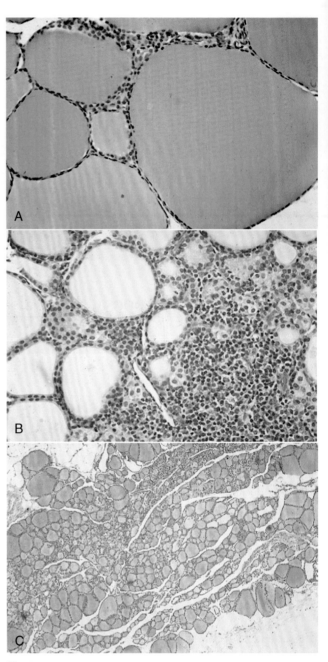

**图 51-2**
一健康犬甲状腺的组织切片(A),淋巴细胞性甲状腺炎和甲状腺功能减退犬甲状腺的组织切片(B),特发性甲状腺萎缩和甲状腺功能减退犬甲状腺的组织切片(C)。注意 B 图中单个核的细胞浸润、正常结构被破坏和缺乏含胶质的腺泡。C 图与 A 图相比,腺体腺泡变小,胶质减少,缺乏细胞浸润(A 和 B,苏木精和伊红染色;×250;C,苏木精和伊红染色;×40)。(引自 Feldman EC, Nelson RW: Canine and feline endocrinology and reproduction, ed 3, St Louis, 2004, WB Saunders.)

## 临床特征

较常见的原发性甲状腺功能减退临床症状通常发生于中年犬(2～6 岁)。易患品种通常比其他品种(表 51-1)更早出现临床症状。无明显的性别倾向性。

表 51-1　据报道易发甲状腺激素自身抗体的犬种

| 犬种 | 发病概率* |
|---|---|
| 波音达犬 | 3.61 |
| 英国赛特犬 | 3.44 |
| 英国波音达犬 | 3.31 |
| 斯凯㹴 | 3.04 |
| 德国刚毛波音达犬 | 2.72 |
| 英国古代牧羊犬 | 2.65 |
| 拳师犬 | 2.37 |
| 马尔济斯犬 | 2.25 |
| 库瓦兹犬 | 2.18 |
| 贝吉格里芬凡丁犬 | 2.16 |
| 美国斯塔福㹴 | 1.84 |
| 比格犬 | 1.79 |
| 美国比特斗牛㹴 | 1.78 |
| 大麦町犬 | 1.74 |
| 巨型雪纳瑞犬 | 1.72 |
| 罗德西亚脊背犬 | 1.72 |
| 金毛猎犬 | 1.70 |
| 喜乐蒂牧羊犬 | 1.69 |
| 切萨皮克湾猎犬 | 1.56 |
| 西伯利亚哈士奇犬 | 1.45 |
| 布列塔尼猎犬 | 1.42 |
| 俄国猎狼犬 | 1.39 |
| 澳大利亚牧羊犬 | 1.28 |
| 杜宾犬 | 1.24 |
| 爱斯基摩犬 | 1.22 |
| 英国可卡犬 | 1.17 |
| 杂种犬 | 1.05 |

*与其他品种犬相比，血清甲状腺激素自身抗体（THAA）概率。引自 Nachreiner RF et al：Prevalence of serum thyroid hormone autoantibodies in dogs with clinical signs of hypothyroidism，J Am Vet Med Assoc 220；446，2002.

　　临床症状各异，部分取决于出现甲状腺素缺乏时的年龄（框 51-2）。不同品种间临床症状也有一定的差异。例如一些品种的主要症状是躯干部脱毛，而另一些品种是被毛变薄。对于成年犬，甲状腺功能减退最常见的临床症状是由细胞代谢下降及其对动物精神状态和活动性的影响引起的。多数甲状腺功能减退患犬表现出反应迟钝、嗜睡、运动不耐受或不愿运动、食欲或食量不增加而体重增加。这些症状通常逐渐发生，不易察觉，一般不会引起主人的注意，直至补充甲状腺素后才发现这些症状。其他甲状腺功能减退典型临床症状为皮肤病，还有较少些的神经肌肉系统症状。

框 51-2　成年犬甲状腺功能减退的临床表现

**代谢性**
嗜睡*
反应迟钝*
不活泼*
体重增加*
不耐冷

**皮肤病**
内分泌性脱毛*
　对称性或不对称性
　"鼠尾"
被毛干燥、脆性增加
色素沉着
干性或油性皮脂溢或皮炎*
脓皮症*
外耳炎
黏液水肿

**生殖系统**
持续不发情
发情弱或安静发情
发情出血延长
异常乳溢或雄性乳腺发育
分娩延长
死胎
围产期胎儿死亡
睾丸萎缩（?）
性欲缺乏（?）

**神经症状**
虚弱*
运动不耐受
骨骼肌消耗
关节突出
共济失调
转圈
前庭症状（头部倾斜、眼球震颤）
面神经瘫痪
癫痫
喉部麻痹（?）

**眼部**
角膜脂质沉积
角膜溃疡
葡萄膜炎

**心血管**
收缩力下降
心动过缓
心律不齐

**胃肠道**
食道蠕动下降（?）
腹泻
便秘

**血液学**
贫血*
高脂血症*
凝血疾病

**行为异常（?）**

*常见。

◈皮肤症状

　　皮肤和被毛变化是甲状腺功能减退患犬最常见的临床症状。典型的皮肤症状包括双侧对称性、非瘙痒性躯干部脱毛,头部和四肢正常(图51-3)。脱毛可能是局部或全身性、对称或不对称的、可能仅尾部脱毛(如"鼠尾")或从易受摩擦的部位开始。虽然非瘙痒性内分泌性脱毛不是甲状腺功能减退特征性表现(见第49章),但如果同时伴有嗜睡、体重增加且无多尿、多饮时,该犬很可能患有甲状腺功能减退。

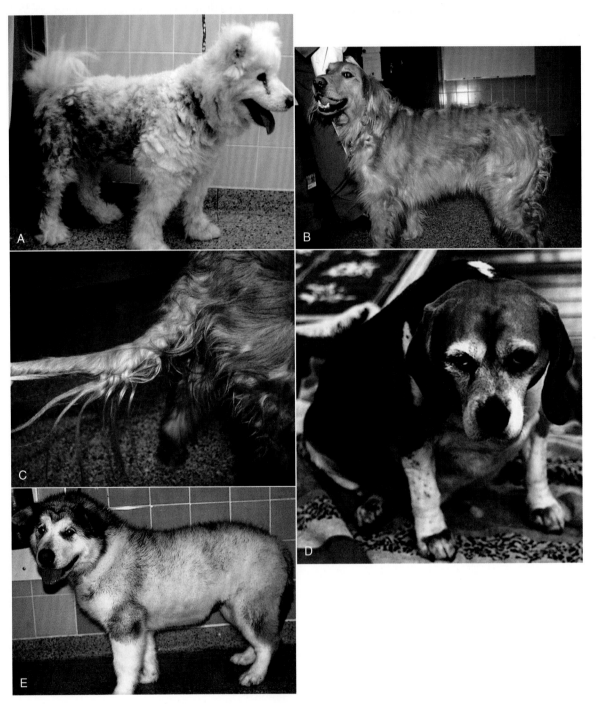

图 51-3
**A**,一只患甲状腺功能减退的 6 岁雌性萨摩耶犬;被毛干燥、无光泽,皮肤黑色素沉着和内分泌性脱毛。**B** 和 **C**,一只患甲状腺功能减退的 2 岁雌性已绝育金毛巡回犬,被毛稀疏,出现"鼠尾"。这两只犬均出现躯干部皮肤问题,但头部和四肢正常。**D**,一只患甲状腺功能减退已去势的 8 岁雄性比格犬,存在肥胖和面部黏液水肿。面部可见"悲惨的面部表情"和"精神迟钝"现象。**E**,一只患先天性甲状腺功能减退 7 月龄雌性阿拉斯加犬,该犬体格小且存在胎毛滞留。

皮脂溢和脓皮症也是甲状腺功能减退常见的临床症状。甲状腺素缺乏抑制体液免疫反应、损伤 T 细胞功能和减少循环中淋巴细胞数量——可用外源性甲状腺素逆转。所有形式的皮脂溢(如干燥症、油性皮脂溢和皮炎)都有可能发生。皮脂溢和脓皮症可能是局部性、多灶性或全身性的。由于两者经常引起瘙痒,甲状腺功能减退患犬继发脓皮症或皮脂溢时,主人通常由于皮肤瘙痒症状带犬去医院就诊。

甲状腺功能减退患犬的被毛通常暗淡、干燥且易脱落。毛发再生缓慢。过度角化会引起鳞屑和皮屑。有时可见不同程度的色素沉着。一些甲状腺功能减退患犬还存在慢性外耳炎。在严重甲状腺功能减退的病例中,皮肤真皮层会蓄积酸性或中性的黏多糖,与水结合,引起皮肤增厚。这种情况被称为黏液水肿(myxedema),主要发生于前额和面部,并导致额叶区变圆、面部皮肤皱褶浮肿和增厚,且伴有上眼睑下垂。

### ◈ 神经肌肉症状

对于一些甲状腺功能减退患犬,主要的临床症状可能是神经症状(框 51-2)。甲状腺功能减退导致部分脱髓鞘和轴索病变,引起外周或中枢神经系统症状。当黏多糖聚集于神经束膜和神经内膜,或出现大脑动脉粥样化、短暂缺血或大脑梗死,发生严重高脂血症时,可能会出现中枢神经系统相关的症状,包括惊厥、共济失调、转圈、虚弱、本体反射和姿势反射异常。这些症状常与前庭症状(如歪头、眼球震颤)或面神经麻痹同时存在。甲状腺功能减退患犬的外周神经症状包括面神经麻痹、全身虚弱(与下运动神经元受损引起四肢瘫痪有关)、关节突出或拖脚,伴有脚指甲背侧过度磨损。有趣的是,有研究表明甲状腺放射性治疗引起的慢性甲状腺功能减退,不会引起犬外周神经疾病的临床症状或电生理改变,但会引起亚临床肌肉病变(Rossmeisl,2010)。这项研究表明,出现外周神经病变的甲状腺功能减退患犬,需要使用左旋甲状腺素治疗,还要对同时发生的无关的外周神经病变进行全面检查(见第 68 章)。甲状腺功能减退肌肉病变是 Ⅱ 型肌纤维萎缩、肌纤维退化以及骨骼肌肉毒碱损耗,可导致骨骼肌消耗、虚弱和运动不耐受。甲状腺素反应性单侧前肢跛行也曾报道于犬。甲状腺功能减退和喉部麻痹或食道活动性下降的关系仍存在争议,部分原因是难以确定它们之间的因果关系,且治疗甲状腺功能减退后通常不会改善喉部麻痹或食道活动性下降引起的临床症状。

### ◈ 生殖症状

先前认为甲状腺功能减退会引起公犬性欲缺乏、睾丸萎缩和少精或无精。然而,Johnson 等(1999)在比格犬上的研究证明,实验性引起的甲状腺功能减退对各种雄性犬生殖功能无任何影响。虽然实验犬都出现了其他典型的临床症状和病理学异常,但性欲、睾丸大小和每次射精量均正常。假设比格犬可代表所有犬,这个研究结果至少可以表明甲状腺功能减退是公犬生殖功能紊乱的不常见原因。

临床实验表明,甲状腺功能减退可引起母犬乏情期延长和发情中止。其他生殖异常包括发情症状不明显或隐发情、发情期出血时间延长(可能是凝血系统出现问题所致)、异常乳溢和雄性乳腺发育。母犬胎儿吸收、流产、死胎和出生胎儿虚弱,可能与甲状腺功能减退有关。Panciera 等(2007)开展了短期(19 周)实验性甲状腺功能减退的繁殖母犬的研究,结果发现实验组的发情间隔、妊娠、幼犬体型或妊娠时长与对照组无差异。但发现实验组母犬分娩时间延长、子宫收缩无力、较多死胎,胎儿较小且分娩时较弱,围产期死亡率显著升高。

### ◈ 其他临床症状

眼、心血管、胃肠道和凝血系统异常在犬甲状腺功能减退中不常见(框 51-2)。这些器官的生化和功能性异常更常见于存在甲状腺功能减退临床症状的犬。超声心动图检查可见心收缩能力下降,且通常是轻度或无症状的,但需要长时间麻醉和积极液体治疗的手术时,可能会变得很明显。

因子Ⅷ相关抗原(血管假性血友病因子)活性下降在甲状腺功能减退患犬中的报道各异,且出血性疾病相关的临床症状在甲状腺功能减退患犬中也不常见。除非同时存在出血性疾病,否则一般不检查凝血级联因子或血管假性血友病因子。补充甲状腺素对凝血系统的作用不确定,有时在甲状腺功能正常的血管假性血友病患犬中,血管假性血友病因子的浓度会受到不利影响。

犬甲状腺功能减退和行为问题(如攻击性)之间的因果关系仍不清楚。最近 Radosta 等(2012)发现攻击性犬和无攻击性犬的甲状腺功能无差异。到目前为止,多数都是非正式的报道(轶闻趣事),且基于甲状腺素补充后行为改善。一些物种的攻击行为和中枢神经系统中 5-羟色胺活性间成反比关系,其中包括犬。对于手术切除甲状腺引起甲状腺功能减退的鼠,中枢神经系统内 5-羟色胺浓度降低,交感神经活性增加。鼠多巴胺受体的敏感性受甲状腺素的影响。甲状腺素可加强三环抗抑郁药对人某些类型抑郁症的作用。这些研究表明,无论甲状腺功能状态如何,甲状腺素可能对中枢神经系统内 5-羟色胺-多巴胺路径有影响。甲状腺素治疗犬行为异常(如攻击性)的作用仍有待研究。

犬甲状腺功能减退可能会降低肾小球滤过率(GFR)。因此,理论上会加剧患肾脏疾病犬的氮质血症。然而在一项研究中发现,实验性引起甲状腺功能减退犬 GFR 降低,但血清肌酐浓度没有升高。这可能是因为肌酐生成减少所致(Panciera 和 Lefebvre, 2009)。用左旋甲状腺素治疗,可提高甲状腺功能减退患犬的 GFR。

◈ *黏液水肿*

重度甲状腺功能减退的症状为严重虚弱、体温过低、心动过缓以及意识降低,并可迅速发展为昏睡之后昏迷,黏液水肿不常见。体格检查可发现严重虚弱,体温过低,皮肤、面部和脸颊水肿,低血压和肺通气不足。实验室检查除高脂血症、高胆固醇和非再生性贫血外,还可见血氧不足、高碳酸、低血钠和低血糖。血清甲状腺激素浓度通常极低或检测不到。血清 TSH 浓度各异,但通常升高。治疗方法为持续静脉注射左旋甲状腺素(5 $\mu g/kg$, q 12 h)。支持疗法的目标是纠正体温过低、低血容量、电解质紊乱和通气不足。一旦患犬病情得到稳定,可以开始口服左旋甲状腺治疗。

◈ *呆小症*

幼犬甲状腺功能减退称为呆小症。随着发病年龄的增长,呆小症犬临床表现与甲状腺功能减退成年犬逐渐相似。呆小症的典型特征是发育迟缓和心智发育障碍(框 51-3)。呆小症患犬的体型不成比例,头宽大、舌厚而突出、躯干宽呈矩形且四肢短(图 51-4)。这与生长激素缺乏所致体型均衡的侏儒症形成对比。呆小症患犬通常精神迟钝、嗜睡,缺乏正常幼犬爱玩的天性。其他症状包括胎毛滞留、脱毛、食欲不振、出牙延迟和甲状腺肿。生长迟缓的鉴别诊断包括内分泌性(如侏儒症)和非内分泌性因素(框 49-5 和图 49-9)。甲状腺肿的出现各异,主要与潜在病因有关。

**框 51-3　呆小症的临床症状**

非均衡性侏儒症
头短而宽
下颌骨短
颅骨大
四肢短
驼背
精神迟钝
便秘
食欲不振
步态异常
出牙延迟
脱毛
胎毛滞留
被毛干燥
皮肤增厚
嗜睡
呼吸困难
甲状腺肿

◈ *自体免疫性多内分泌腺病综合征*

由于自体免疫性机制在淋巴细胞性甲状腺炎中起着重要作用,因此淋巴细胞甲状腺炎可能与其他免疫介导性内分泌疾病同时存在。免疫介导性攻击可能直接针对的是整个内分泌系统的共同抗原。对于人,自体免疫多腺体综合征 II(Schmidt's 综合征)是最常见的免疫内分泌病综合征,它通常包括原发性肾上腺机能不全、自体免疫性甲状腺疾病和 I 型糖尿病。自体免疫性多内分泌腺病综合征在犬不常见,但当发现犬患多个内分泌腺功能减退时,应怀疑本病。甲状腺功能减退、肾上腺皮质功能减退及较少见的糖尿病、甲状旁腺功能减退和淋巴细胞性睾丸炎也被认为是一种综合征。在多数患犬中,每种内分泌疾病分开表现,其他疾病会在不同时期(几个月至几年)逐个出现。出现症状时,诊断和治疗方法主要是针对各个疾病,因为不可能确切地预测或防止其他疾病发生。对于患有这些综合征的犬,不推荐用免疫抑制药物治疗,免疫抑制治疗有副作用,也难以抑制腺体的免疫破坏,弊大于利。

## 临床病理学

犬甲状腺功能减退最常见的临床病理学表现是高胆固醇血症和高甘油三酯血症,后者称为脂血症。约 75% 的甲状腺功能减退患犬可见高胆固醇血症,胆固

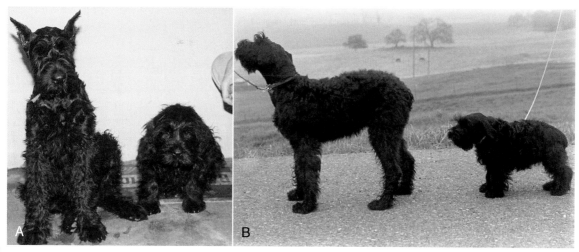

图 51-4

**A 和 B,2 只 8 月龄同窝的雌性巨型雪纳瑞犬。左侧犬正常,右侧较小的犬患先天性甲状腺功能减退(呆小症)。注意患呆小症犬的体型:体格不均衡、头宽而大、躯干宽而呈矩形、四肢短。(引自 Feldman EC,Nelson RW:Canine and feline endocrinology and reproduction,ed 3,St Louis,2004,WB Saunders.)**

醇浓度可超过 1 000 mg/dL。虽然禁食性高胆固醇血症和高甘油三酯血症也可能出现于其他几种疾病(见第 54 章),但若存在相应的临床症状,则很可能提示患甲状腺功能减退。

轻度正细胞正色素性非再生性贫血[红细胞比容(packed cell volume,PCV)28%～35%]是较不常见的表现。检查红细胞形态时,可见靶形红细胞数量增加,这是因为红细胞膜胆固醇含量增加。白细胞数一般正常,血小板数正常或增加。

乳酸脱氢酶、天冬氨酸氨基转移酶、丙氨酸氨基转移酶和碱性磷酸酶轻度或中度升高,偶见肌酸激酶升高,但不持续存在,与甲状腺功能减退并无直接关系。一些先天性甲状腺功能减退患犬,可见轻度高钙血症。甲状腺功能减退患犬的尿液分析结果通常正常。多尿、低渗尿和泌尿道感染也不是甲状腺功能减退的典型症状。

### 皮肤病理学检查

对于怀疑患内分泌性脱毛的犬,通常会进行皮肤活组织检查,特别当其他检查(包括甲状腺功能检测)未能找出病因时。包括甲状腺功能减退在内的各种内分泌疾病,会出现非特异组织学变化(见表 49-5)。有时也可见甲状腺功能减退特异的组织学变化,包括空泡化和/或竖毛肌过度生长、皮肤黏蛋白含量增加和皮肤增厚。存在继发性脓皮症时,可出现不同程度的炎性细胞浸润。

### 超声检查

甲状腺超声检查对于鉴别诊断甲状腺功能减退与

甲状腺功能正常的非甲状腺疾病引起低甲状腺激素可能有所帮助。淋巴细胞性甲状腺炎和特发性甲状腺萎缩,最终会引起甲状腺体积减小和超声回声改变。正常犬的甲状腺纵观呈梭形,横截面呈三角形或椭圆形,均质。与周围肌肉组织回声相比,呈高回声至等回声且有一有高回声囊状结构(图 51-5)。正常犬和甲状腺功能减退犬的甲状腺形状相似,但后者甲状腺的大小和体积显著较小。此外,甲状腺功能减退患犬甲状腺回声呈等回声到低回声,伴有高回声灶。同一只犬的不同甲状腺叶之间的回声模式常不同。犬的体型和甲状腺大小及体积有直接关系,体型越小的犬,甲状腺的大小和体积越小(图 51-6)。因此,在怀疑犬有甲状腺功能减退时,需要考虑其体型大小。

### 甲状腺功能检查

◆概况

评估甲状腺功能,主要通过测定基础血清甲状腺素浓度。大部分甲状腺素由甲状腺分泌,包括 3,5,3′5′-四碘甲状腺原氨酸(thyroxine,$T_4$)、少量 3,5,3′-三碘甲腺原氨酸($T_3$)和微量 3,3′,5′-三碘甲腺原氨酸[reverse $T_3$,($rT_3$)]。$T_4$ 进入循环后,99%都与血浆蛋白结合。蛋白结合的 $T_4$ 可作为一个存贮池,缓冲并维持血浆游离 $T_4$($fT_4$)浓度稳定。未结合或游离 $T_4$ 具有生物活性,通过负反馈机制抑制垂体 TSH 的分泌(图 51-1),也可进入全身组织细胞(图 51-7)。在细胞内,根据特定时刻组织代谢的需要,$fT_4$ 脱碘形成 $T_3$

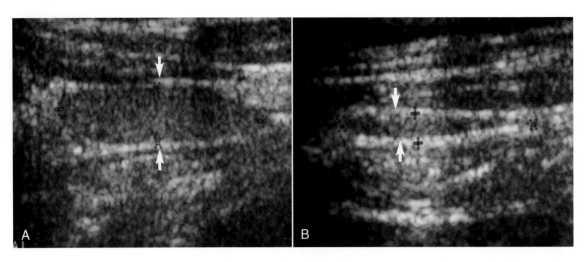

**图 51-5**

A,健康成年金毛犬的正常甲状腺左叶超声图像(箭头处)。B,患先天性甲状腺功能减退成年金毛犬甲状腺左叶超声图像(箭头处)。健康犬相比,甲状腺功能减退患犬的甲状腺体积显著变小。

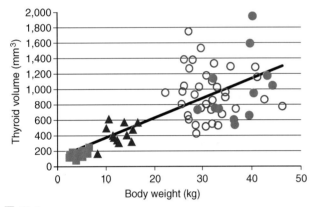

**图 51-6**

The relationship between total thyroid gland volume as determined by ultrasound and body weight in 12 healthy Akitas(*closed circles*), 36 Golden Retrievers(*open circles*), 12 Beagles(*triangles*), and 12 Miniature and Toy Poodles(*squares*). Note the positive correlation between body weight and size of the thyroid gland. (From Brömel Cetal: Comparison of ultrasonographic characteristics of the thyroid gland in healthy small-, medium-, and large-breed dogs, *Am J Vet Res* 67:70, 2006.)

或 $rT_3$,组织正常代谢时优先生成 $T_3$,而 $rT_3$ 无生物活性。$T_3$ 被认为是产生生理活性的主要激素。

无论与蛋白结合的 $T_4$ 还是 $fT_4$ 都来源于甲状腺,因此对怀疑甲状腺功能减退患犬,建议测定血清总 $T_4$、$fT_4$,并结合血清 TSH 浓度评价甲状腺功能。$T_3$ 主要存在于细胞内,相对于 $T_4$(图 51-8)甲状腺只分泌少量 $T_3$,因此不适合用于评估甲状腺功能。不推荐通过测定血清 $T_3$、$fT_3$ 和 $rT_3$ 来评价犬甲状腺功能。

◈ **基础血清 $T_4$ 浓度**

基础血清 $T_4$ 浓度是在血液循环中与蛋白结合 $T_4$ 和 $fT_4$ 的总和。血清 $T_4$ 浓度的检测可作为诊断甲状腺功能减退的初始筛查检查,或作为甲状腺功能检查组合(框 51-4)的一部分,该组合包括 $T_4$、$fT_4$、TSH 和淋巴细胞性甲状腺炎抗体检查。

血管

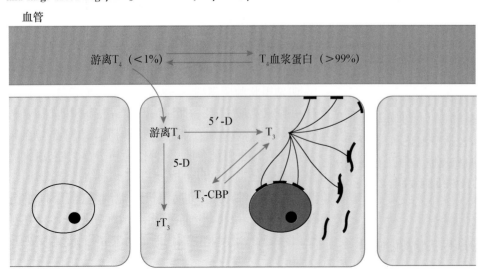

**图 51-7**

细胞内游离 $T_4$ 在 5′-单脱碘酶作用下转化为 $T_3$ 和在 5-单脱碘酶作用下转化为 $rT_3$ 的机制。游离 $T_4$ 单脱碘后形成的 $T_3$ 可以与细胞膜、线粒体或细胞核上的 $T_3$ 受体结合,激活甲状腺激素的生理功能或与细胞质蛋白(CBP)结合。后者形成细胞内 $T_3$ 的储存池。(引自 Feldman EC, Nelson RW: Canine and feline endocrinologyand reproduction, ed 3, St Louis, 2004, WB Saunders.)

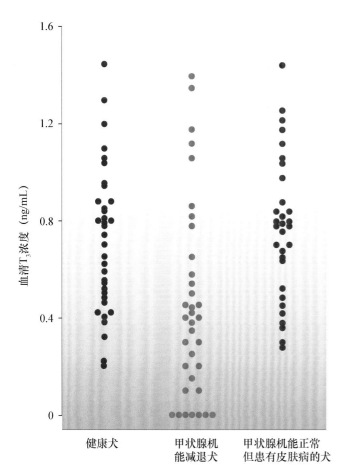

**图 51-8**

**35 只健康犬、35 只甲状腺功能减退犬和 30 只甲状腺功能正常但患皮肤病的犬的基础血清 $T_3$ 浓度。注意 3 组犬间血清 $T_3$ 浓度存在重叠。**

（纵轴：血清 $T_3$ 浓度（ng/mL）；横轴：健康犬　甲状腺机能减退犬　甲状腺机能正常但患有皮肤病的犬）

　　放射免疫测定法（radioimmunoassay，RIA）和酶免疫分析法是目前临床生化实验室用于检测 $T_4$ 的方法。酶联免疫吸附试验（enzyme-linked immunosorbent assays，ELISAs）也可即时检测 $T_4$，该方法较便宜、快速，且易于操作，临床医生可在当日获得患犬（或猫）的检查结果。最新的研究指出，使用 RIA、化学发光酶联免疫分析和即时 ELISA 法检测犬猫血清 $T_4$ 的结果一致（Kemppainen 和 Birchfield，2006）。绝大多数实验室设定犬 $T_4$ 的参考范围下限为 $0.8\sim1.0\ \mu g/dL$（$10\sim13\ nmol/L$），但有的犬种正常范围的下限可为 $0.5\ \mu g/dL$（$6\ nmol/L$）（犬种差异的讨论）。

　　理论上，判读甲状腺功能减退患犬的血清甲状腺素浓度是很直接的，甲状腺素浓度应比参考值低。然而甲状腺功能减退患犬与健康犬的 $T_4$ 浓度有重叠的区域，某些因素会抑制甲状腺功能正常犬的血清 $T_4$ 浓度至参考范围外（表 51-2），临床医生很难判断外源性因素对血清 $T_4$ 浓度的影响，特别是并发其他疾病时。这些异常能抑制甲状腺正常犬的基础血清 $T_4$ 浓

度（低于 $0.5\ \mu g/dL$）。在犬甲状腺功能减退的早期阶段，$T_4$ 浓度可能接近或低于参考范围下限（如 $0.8\sim1.2\ \mu g/dL$）。因此血清 $T_4$ 浓度的检查应该用于确诊甲状腺的功能正常，而不能用于甲状腺功能减退的诊断。$T_4$ 浓度在参考范围内，特别是高于 $1.5\ \mu g/dL$（$20\ nmol/L$）时，可判定甲状腺功能正常。罕见的例外是少数伴发淋巴细胞性甲状腺炎的甲状腺功能减退患犬（$<1\%$），由于其产生 $T_4$ 自身抗体，干扰 $T_4$ 的检测。$T_4$ 浓度低于参考范围下限，可诊断为甲状腺功能减退，尤其当 $T_4$ 浓度低于 $0.5\ \mu g/dL$，且其他检查结果与诊断相符时。如果 $T_4$ 浓度低于参考范围，但怀疑其他影响因素引起的甲状腺功能减退（如并发症、可疑临床表现及无高脂血症），则需进一步检查。

**框 51-4　评估犬甲状腺功能的推荐诊断试验**

决定评价甲状腺功能必须基于病史、体格检查和常规检查结果（CBC、血清生化检测和尿液分析）。

**血清甲状腺素（$T_4$）**
甲状腺功能减退的初步筛查检查。
结果正常，可排除甲状腺功能减退。但存在 $T_4$ 自身抗体会导致 $T_4$ 结果假性升高（少见）。
单纯 $T_4$ 降低，不能确诊为甲状腺功能减退。
非甲状腺疾病、药物和其他因素常引起甲状腺功能正常犬的 $T_4$ 浓度低于参考范围。

**血清游离甲状腺素（$fT_4$）**
常用于 $T_4$ 检查结果无诊断性、严重的非甲状腺疾病或两者同时存在的情况。是犬甲状腺检测组合的常用指标之一。
结果正常，可排除甲状腺功能减退。
单纯 $fT_4$ 降低，不能确诊为甲状腺功能减退。严重非甲状腺疾病、药物会抑制血清 $fT_4$ 浓度低于参考范围。

**血清促甲状腺激素（TSH）**
常用于无诊断性 $T_4$ 检查结果、严重非甲状腺疾病或两者同时存在的情况。是犬甲状腺检测的常用指标之一。
TSH 为支持或反对甲状腺功能减退的诊断提供依据。
TSH 检查假阳性和假阴性结果常见。
TSH 不可单独用于诊断甲状腺功能减退。

**血清 $3,5,3'$-三碘甲腺原氨酸（$T_3$）**
可为犬甲状腺检测组合的指标之一。
$T_3$ 不是甲状腺分泌的初始激素，而是由细胞内 $fT_4$ 脱碘后生成。
$T_3$ 对甲状腺功能检测意义有限，不能单独用于诊断甲状腺功能减退。

**血清甲状腺球蛋白（Tg）和甲状腺激素（$T_3$ 和 $T_4$）抗体检测**
是犬甲状腺检测组合的常用指标之一。
该项检查针对甲状腺病理学分析，而不是甲状腺功能。
该检查用于确诊淋巴细胞性甲状腺炎和异常的 $T_3$、$T_4$ 结果。
不能用于诊断甲状腺功能减退。

**表 51-2　影响犬基础血清甲状腺素功能试验结果的因素**

| 因素 | 影响 |
|---|---|
| 年龄 | 与 $T_4$ 和 $fT_4$ 呈反比<br>与 TSH 呈正比 |
| 体型 | 与 $T_4$ 和 $fT_4$ 呈反比<br>与 TSH 呈正比 |
| 品种 | |
| 　视觉猎犬(如灰猎犬)<br>　北欧品种(如哈士奇)<br>　英国赛特犬<br>　其他品种? | $T_4$ 和 $fT_4$ 比参考范围低,TSH<br>无区别 |
| 性别 | 无影响 |
| 当天时间 | 无影响 |
| 体重增加/肥胖 | $T_4$ 和 $T_3$ 增加 |
| 体重下降/禁食 | $T_4$ 下降,对 $fT_4$ 无影响 |
| 急性运动 | $T_4$ 增加,对 $fT_4$ 无影响 |
| 长期剧烈运动 | $T_4$ 和 $fT_4$ 下降 |
| 发情(雌激素) | 对 $T_4$ 无影响 |
| 妊娠(黄体酮) | $T_4$ 增加 |
| 手术/麻醉 | $T_4$ 下降 |
| 并发疾病* | $T_4$ 和游离 $T_4$ 下降;根据疾病不<br>同,TSH 可能下降、正常或<br>增加 |
| 中度或重度关节炎 | 对 $T_4$、$fT_4$ 和 TSH 无影响 |
| 食物碘的摄入 | 如果过量,$T_4$ 和游离 $T_4$ 下降;<br>TSH 增加 |
| 甲状腺激素自体抗体 | $T_4$ 增加或下降;对游离 $T_4$ 或<br>TSH 无影响 |

\* 疾病的严重程度、全身性疾病本质与对血清 $T_4$ 和游离 $T_4$ 的抑制作用有直接相关性。

　　TSH,促甲状腺激素。

◉**基础血清 $fT_4$ 浓度**

　　游离 $T_4$ 是循环血液中非蛋白结合型 $T_4$,小于循环总 $T_4$ 的 1%。目前最常用于检测血清 $fT_4$ 的方法有平衡透析法(Antech Diagnostics, Inc. , Levittown, Pa)、两步直接 $fT_4$ 免疫分析法(DiaSorin, Inc. , Saluggia, Italy)和模拟兽医 $fT_4$ 化学发光免疫分析法(IMMULITE 2000 Veterinary Free $T_4$, Siemens HealthcareDiagnostic Products, Los Angeles, Calif)。一项未发表的初步研究对这三种方法进行评估,发现三种方法用于评估犬猫甲状腺功能的敏感性、特异性和准确性都相当,三种中的任意一种都可用于检测犬猫 $fT_4$

浓度。大多数实验室设定犬 $fT_4$ 的参考范围下限接近 $0.5\sim0.8$ μg/dL($6\sim10$ pmol/L)。

　　$fT_4$ 常用于怀疑甲状腺功能减退,得出无诊断性 $T_4$ 检查结果、严重的非甲状腺疾病或两者同时存在的情况。平衡透析法检测 $fT_4$ 的敏感性与 $T_4$ 相当,但特异性更强。目前尚未见非平衡透析法检测 $fT_4$ 的相关报道。虽然严重非甲状腺疾病可使血清 $fT_4$ 浓度低于 $0.5$ ng/dL($6$ pmol/L),但非甲状腺疾病和药物对血清 $fT_4$ 抑制作用较 $T_4$ 小。平衡透析的放射免疫法检测的血清 $fT_4$,不受血清 $T_4$ 自身抗体影响,但模拟兽医 $fT_4$ 化学发光免疫分析法检测,可能引起血清 $fT_4$ 浓度上升。血清 $fT_4$ 与血清 $T_4$ 结果判读相似。血清 $fT_4$ 在参考范围内提示甲状腺功能正常,低于参考范围下限且其他检查结果也支持,则提示甲状腺功能减退。

◉**基础 TSH 浓度**

　　血清 TSH 的检测提供了垂体和甲状腺的相互作用信息。理论上,甲状腺功能减退患犬的血清 TSH 浓度应升高。犬血清 TSH 检测方法有免疫放射测定法、化学发光免疫分析法和酶联免疫吸附法。一项研究表明,尽管三种方法测量犬血清 TSH 的结果都符合要求,但化学发光免疫分析法的准确性最高(Marca 等,2001)。大多数临床实验室的血清 TSH 浓度参考值上限为 $0.6$ ng/mL。由于 TSH 参考范围的下限低于上述三种方法的检测范围,因此无法鉴别 TSH 浓度是正常还是低。

　　当怀疑犬患甲状腺功能减退和无诊断性血清 $T_4$ 结果时,需检测血清 TSH 浓度。血清 TSH 浓度大于 $0.6$ ng/mL,则提示甲状腺功能减退。然而甲状腺功能减退患犬的血清 TSH 浓度可能正常;并发非甲状腺疾病的甲状腺正常犬,或服用如苯巴比妥药物的犬,血清 TSH 浓度可能升高(图 51-9)。大部分实验表明,TSH 检测方法的敏感性和特异性分别是 $63\%\sim87\%$ 和 $82\%\sim93\%$。血清 TSH 结果的判读需要结合血清 $T_4$、$fT_4$ 或两者的结果,不可单独用 TSH 结果诊断甲状腺功能减退。当血清 TSH 结果和血清 $T_4$、$fT_4$ 结果一致的时候,它可增加甲状腺正常或甲状腺功能减退的可能性。在人的原发性甲状腺功能减退早期,会出现血清 $T_4$ 和 $fT_4$ 浓度正常,血清 TSH 浓度升高。虽然在犬上可见同样的甲状腺激素和 TSH 检测结果,但不清楚这些犬发展为临床甲状腺功能减退的概率。这些犬的甲状腺功能减退临床症状不明显,这可能是因为血清 $T_4$ 和 $fT_4$ 均在参考范围内的原因。此时不建议用左旋甲状腺素治疗,而是在 $3\sim6$ 个月后复查甲状腺功能,特别是当淋巴细胞性

甲状腺炎抗体检测阳性时。如果甲状腺被渐进性破坏,血清 $T_4$ 和 $fT_4$ 浓度会逐渐下降,并最终出现临床症状。

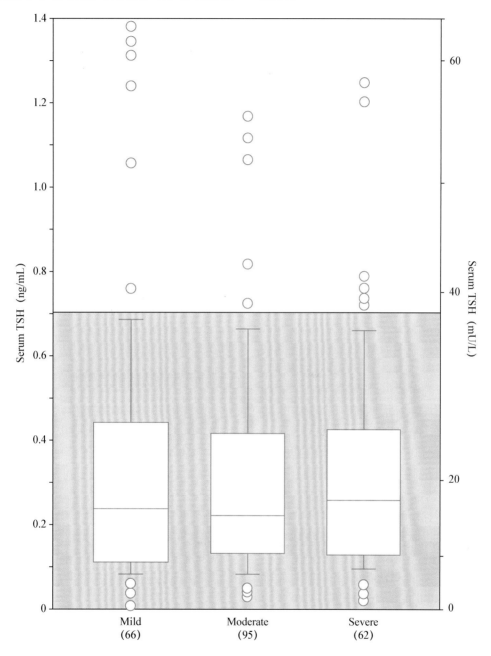

**图 51-9**

Box plots of serum concentrations of thyrotropin(TSH)in 223 dogs with nonthyroidal disease stratified according to severity of disease. For each box plot T-bars represent the main body of data, which in most instances is equal to the range. Each box represents an interquartile range(twentyfifth to seventy-fifth percentile). The horizontal bar in each box is the median. Open circles represent outlying data points. Numbers in parentheses indicate the numbers of dogs in each group. Shaded area is the normal range. (From Kantrowitz LB et al:Serum total thyroxine,total triiodothyronine, free thyroxine, and thyrotropin concentrations in dogs with nonthyroidal disease,*J Am Vet Med Assoc* **219**:765,2001.)

◈TSH 和 TRH 刺激试验

　　TSH 和 TRH 刺激试验分别用于评价甲状腺对外源性 TSH 和 TRH 的反应。这些试验最主要的优

点是有助于鉴别甲状腺功能减退和血清甲状腺素浓度下降的正常甲状腺病态综合征患犬。不幸的是,目前并没有可用的注射用 TRH。重组人 TSH(rhTSH)注射剂可刺激犬分泌甲状腺激素,但费用昂贵。目前犬

TSH 推荐刺激剂量为每只犬静脉注射 75 $\mu$g rhTSH，分别在注射前和注射后 6 h 采集血液检测血清 $T_4$ 浓度。高剂量 TSH 刺激试验(静脉注射 150 $\mu$g)，对健康犬而言，刺激后血清 $T_4$ 浓度明显升高，更易于鉴别诊断甲状腺正常和甲状腺功能减退犬。这提示有并发疾病和有用药史的犬应使用高剂量 TSH 刺激试验(Boretti 等，2009)。甲状腺功能正常的犬，rhTSH 刺激试验后 6 h，血清 $T_4$ 浓度应大于等于 2.5 $\mu$g/dL(30 mmol/L)，rhTSH 刺激试验后 6 h，血清 $T_4$ 浓度应大于等于血清 $T_4$ 浓度基础值的 1.5 倍。重组 rhTSH 可在 4℃保存 4 周，−20 ℃保存 8 周而不丧失生物活性(De Roover 等，2006)。

### ◉ 淋巴细胞性甲状腺炎的检测

循环中出现甲状腺球蛋白(thyroglobulin，Tg)和甲状腺素($T_4$ 和 $T_3$)自身抗体被认为与淋巴细胞性甲状腺炎有关。检测犬血清中存在 Tg、$T_4$ 和 $T_3$ 自身抗体，用于确定淋巴细胞性甲状腺炎，解释不常见的 $T_4$ 结果。也可用于由淋巴细胞性甲状腺炎引起的甲状腺功能减退的基因筛查。自身抗体主要针对抗甲状腺球蛋白。$T_3$ 和 $T_4$ 是半抗原，自身不具有抗原性。Tg 是蛋白，可作为抗原刺激物。因为 $T_3$ 和 $T_4$ 与 Tg 分子结合，所以自身抗体会针对 $T_3$ 和 $T_4$。有 $T_3$ 和 $T_4$ 自身抗体的犬通常有 Tg 自体抗体，但有 Tg 抗体的犬不一定有 $T_3$、$T_4$ 抗体。Tg 自身抗体检测是淋巴细胞性甲状腺炎较好的筛查方法。在市面上可获得检测犬 Tg 自身抗体的方法是 ELISA，该方法敏感且特异。检测结果有阴性、阳性和不确定 3 种。

Tg 自身抗体阳性，提示可能有淋巴细胞性甲状腺炎，但不能确定炎症的严重程度或发展程度。在后续的检测中，阳性的 Tg 自身抗体检测结果可能维持不变或转变为阴性。Tg 自身抗体检测不是甲状腺功能检测。如果 $T_4$ 和 $fT_4$ 浓度低，Tg 自身抗体阳性，则需怀疑甲状腺功能减退，但如果 $T_4$ 和 $fT_4$ 浓度正常，则不影响动物的临床症状。Tg 自身抗体不能单独用于诊断甲状腺功能减退。已确诊甲状腺功能减退患犬的 Tg 自身抗体结果可能为阴性，而甲状腺正常的犬结果可能是阳性。如果犬存在甲状腺功能减退相关的临床症状、体格检查结果和甲状腺激素试验结果，查出 Tg 自身抗体可确定患犬的甲状腺功能减退由淋巴细胞性甲状腺炎引起。血清 $T_3$ 和 $T_4$ 自身抗体检测阳性结果的判读与 Tg 自身抗体一样。

血清 Tg 自身抗体作为最终会发展为甲状腺功能减退标志的价值仍有待研究。密歇根州立大学的 Graham 等进行的近 1 年前瞻性研究(尚未发表)表明，在 171 只 Tg 自身抗体阳性、$fT_4$ 和 TSH 正常的犬中，1 年后约 20%犬的 $fT_4$ 和/或 TSH 出现与甲状腺功能减退一致的变化；15%的犬 Tg 变为阴性，且 $fT_4$ 和 TSH 无变化；65%的犬 Tg 仍为阳性或无结果而 $fT_4$ 和 TSH 无变化。目前 Tg 自身抗体阳性结果被认为可提示淋巴细胞性甲状腺炎，并且建议在 3~6 个月后复查甲状腺功能。

当犬血清 $T_4$ 值异常时，应测定血清 $T_4$ 或 Tg 自身抗体。$T_4$ 自身抗体会干扰 RIA 测定的血清 $T_4$ 浓度，造成测定值无效或不可靠。化学发光免疫分析法不会受到类似的干扰(Piechotta 等，2010)。干扰的类型主要取决于 RIA 检测的分离系统。大部分 $T_4$ RIAs 用自身抗体包被管一步分离法，从而导致 $T_4$ 值假性升高。然而商业实验室检测出的异常 $T_4$ 结果中，由临床上甲状腺激素抗体引起的异常不到总数的 1%。$T_4$ 自身抗体对血清 $fT_4$ 结果的影响，取决于 $fT_4$ 的检测方法(见基础血清 $fT_4$ 浓度)。

## 影响甲状腺功能测定的因素

许多因素会影响基础甲状腺激素和内源性 TSH 浓度(见表 51-2)。这些因素中多数可导致甲状腺功能正常犬基础甲状腺素浓度降低，内源性 TSH 浓度升高。如果不结合其他信息，可能会误诊为甲状腺功能减退。在甲状腺功能正常犬中，最常引起基础甲状腺激素浓度下降的因素是并发的疾病(如正常甲状腺病态综合征)、药物(特别是糖皮质类固醇、苯巴比妥和磺胺类抗生素，见表 51-2)和不同品种犬的参考范围差异(最明显的是视觉猎犬和北欧品种)。

### ◉ 非甲状腺疾病(正常甲状腺病态综合征)

正常甲状腺病态综合征(euthyroid sick syndrome)指由于并发疾病，甲状腺功能正常犬的甲状腺激素浓度下降。这可能是由下丘脑或垂体抑制引起 TSH 分泌减少、$T_4$ 合成减少、循环结合蛋白浓度或结合能力(如甲状腺结合球蛋白)降低、抑制 $T_4$ 脱碘形成 $T_3$、肝脏代谢和排泄 $T_4$ 增多或这些因素复合引起的。多数情况下，血清总 $T_4$ 和 $fT_4$ 浓度会相继下降，这是机体为了降低疾病时细胞代谢产生的适应性结果，而不是甲状腺功能减退。一般情况下，甲状腺素浓度变化的类型和程度并不指示某一特定疾病，但能反映疾

病或代谢的严重程度和代表一种连续的变化。全身性疾病(如与皮肤病相比)对血清甲状腺激素浓度降低的

影响更大。全身疾病越严重,血清甲状腺激素浓度被抑制作用越强(图 51-10)。

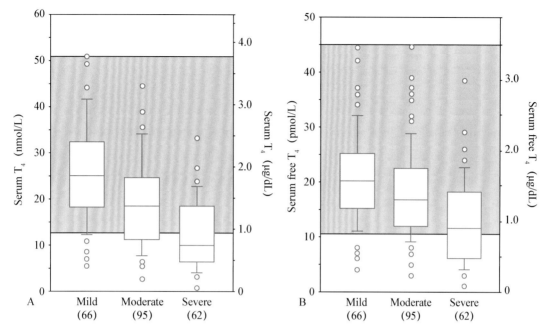

**图 51-10**

Box plots of serum total T4(A)and free T4(B)concentrations in 223 dogs with nonthyroidal disease stratified according to severity of disease. See Fig. 51-9 for an explanation. (From Kantrowitz LB et al:Serum total thyroxine, total triiodothyronine, free thyroxine, and thyrotropin concentrations in dogs with nonthyroidal disease,*J Am Vet Med Assoc* **219**:765,2001. )

甲状腺功能正常犬患并发疾病时,血清 $T_4$ 浓度常介于 $0.5\sim1.0\ \mu g/dL(6\sim13\ nmol/L)$。并发严重疾病(如心肌病、严重贫血)时,其浓度可能低于 $0.5\ \mu g/dL$。血清 $fT_4$ 和 TSH 浓度的变化较不确定,这部分取决于所患疾病的病理生理机制。一般情况下,有并发疾病犬的血清 $fT_4$ 浓度下降,但其下降程度小于总 $T_4$。如果存在严重疾病,$fT_4$ 浓度可能小于 $0.5\ ng/dL$。TSH 浓度可能正常或升高,这部分取决于并发疾病对 $fT_4$ 和垂体功能的影响。如果垂体功能受抑制,TSH 浓度可能在正常范围或无法检测。如果垂体对 $fT_4$ 产生反馈且不受并发疾病影响,$fT_4$ 浓度下降可引起 TSH 浓度反馈性升高。对于正常甲状腺病态综合征患犬,血清 TSH 浓度常超过 $1.0\ ng/dL$。

正常甲状腺病态综合征的治疗应针对其并发疾病。一旦并发疾病消除,血清甲状腺素浓度会回归正常。正常甲状腺病态综合征不推荐使用左旋甲状腺素钠治疗。

◆ 药物

由于研究人员持续进行药物与甲状腺激素检测结果相互作用的研究,关于不同药物和激素对犬血清甲

状腺激素和 TSH 浓度影响的临床知识正在扩展(表51-3)。一般而言,任何药物都有可能影响甲状腺激素检测结果,特别当病史、临床症状和临床病理学异常结果都不支持甲状腺功能减退时。影响血清甲状腺激素检测结果的常见药物有糖皮质激素、苯巴比妥和磺胺类药物。

**糖皮质激素**。糖皮质激素可导致血清 $T_4$ 和 $fT_4$ 浓度下降至确诊甲状腺功能减退的范围内——在开始用糖皮质激素治疗的数天内下降。TSH 浓度变化不确定,但一般在参考范围内。对血清甲状腺激素浓度抑制的程度和持续时间,取决于糖皮质激素的种类、剂量、给药途径和用药时长。剂量越高、使用时间越长、糖皮质激素作用效果越强,对血清甲状腺激素浓度抑制越严重。如果近期用过糖皮质激素治疗,则需推迟检测血清甲状腺激素浓度的时间或小心判读。最理想是停止使用糖皮质激素后 $4\sim8$ 周检测血清甲状腺激素和 TSH 浓度。

一般而言,使用外源性糖皮质激素不会引起甲状腺功能减退临床症状,但长期(数月到数年)使用糖皮质激素治疗慢性类固醇反应性疾病(如免疫介导性疾病)的犬除外。长期糖皮质激素诱导的血清 $T_4$ 和 $fT_4$

浓度下降,可导致这些犬嗜睡、体重增加和皮肤症状。使用左旋甲状腺素治疗后,这些症状会消失。如果不可停用糖皮质激素,则建议治疗药物引起的甲状腺功能减退。

 **表 51-3　影响犬基础血清甲状腺素功能试验结果的药物**

| 因素 | 影响 |
| --- | --- |
| 胺碘酮 | T₄ 升高,对 fT₄ 无影响 |
| 阿司匹林 | T₄ 和 fT₄ 下降,对 TSH 无影响 |
| 头孢氨苄 | 对 T₄、fT₄ 和 TSH 无影响 |
| 氯米帕明 | T₄ 和 fT₄ 下降,对 TSH 无影响 |
| 卡洛芬 | T₄、fT₄ 和 TSH 下降 |
| 地拉考西 | 对 T₄、fT₄ 和 TSH 无影响 |
| 依托度酸 | 对 T₄、fT₄ 和 TSH 无影响 |
| 糖皮质类固醇 | T₄ 和 fT₄ 下降;TSH 下降或无影响 |
| 呋塞米 | T₄ 下降 |
| 碘泊酸盐 | T₄ 升高;T₃ 下降 |
| 酪洛芬 | 对 T₄、fT₄ 和 TSH 无影响 |
| 美洛昔康 | 对 T₄、fT₄ 和 TSH 无影响 |
| 甲巯咪唑 | T₄ 或 fT₄ 下降;TSH 增加 |
| 苯巴比妥 | T₄ 或 fT₄ 下降;TSH 延迟升高 |
| 保泰松 | T₄ 下降 |
| 溴化钾 | 对 T₄、fT₄ 和 TSH 无影响 |
| 孕前激素 | T₄ 下降 |
| 心得安 | 对 T₄、fT₄ 和 TSH 无影响 |
| 丙硫氧嘧啶 | T₄ 或 fT₄ 下降;TSH 增加 |
| 磺胺类药物 | T₄ 或 fT₄ 下降;TSH 增加 |

TSH,促甲状腺激素。

**苯巴比妥。**犬长期用治疗剂量的苯巴比妥可能会引起血清 T₄ 和 fT₄ 浓度下降至甲状腺功能减退的范围之内。血清 TSH 延迟上升可能是继发于血清 T₄ 和 fT₄ 浓度下降引起的负反馈缺失。当停用苯巴比妥药物治疗时,TSH 很快恢复到参考范围,而血清 T₄ 和 fT₄ 浓度则需 4 周时间恢复到治疗前数值。溴化钾治疗不会对犬血清 T₄、fT₄ 和 TSH 浓度产生明显的影响。如果用苯巴比妥治疗的犬出现甲状腺功能减退相关临床症状,可用溴化钾治疗。

**磺胺类抗生素。**曾经有报道,磺胺类抗生素(如磺胺甲噁唑和磺胺嘧啶)治疗可引起犬血清 T₄ 和 fT₄ 浓度降低和 TSH 浓度升高。开始使用磺胺类抗生素治疗后,1~2 周内血清 T₄ 浓度下降至甲状腺功能减退范围,2~3 周内血清 TSH 浓度上升至参考范围以上。长期服用磺胺类抗生素可能会出现甲状腺功能减退的

临床症状。在停药后 1~2 周或长达 8~12 周内,甲状腺功能可能恢复正常。

◆**品种差异**

目前的参考范围是使用大量犬只建的,未考虑具体的犬种。目前发现视觉猎犬(最明显的是灰猎犬和北欧品种,如哈士奇)的血清 T₄ 和 fT₄ 浓度正常范围低于参考值,其他品种的甲状腺相关激素浓度也有可能低于参考范围。这些品种犬的血清 T₄ 和 fT₄ 浓度下限分别低至 0.4 μg/dL(5 nmol/L)和 0.4 ng/dL(5pmol/L)。对这些品种犬而言,根据参考范围血清 T₄ 和 fT₄ 浓度与甲状腺功能减退一致时,其结果可能实际上是正常的。对这些品种犬甲状腺功能减退的确诊,需结合临床症状相似度、体格检查结果、常规血液检查结果、血清 T₄ 和 fT₄ 浓度显著下降和血清 TSH 浓度升高。

**诊断**

诊断甲状腺功能减退需结合临床症状、体格检查结果、血常规、生化和甲状腺功能检测。出现相应的临床症状是必须的,特别是当用基础甲状腺激素浓度确诊时。成年犬最常见的临床症状包括嗜睡、体重增加、异常皮肤症状(如脱毛、皮脂溢和脓皮症)和神经肌肉症状(如虚弱)。其他器官可能受甲状腺激素缺乏的影响,但通常不是主人带宠物到医院就诊的原始原因。血常规存在中度非再生性贫血,生化存在脂血症(高甘油三酯)和高胆固醇血症,这些为确诊甲状腺功能减退提供更多证据。

基础血清 T₄ 浓度常用于甲状腺功能的初始筛查检测。需谨记的是血清 T₄ 浓度受多种因素抑制,最显著的是非甲状腺疾病和药物,如泼尼松和苯巴比妥。因此,血清 T₄ 浓度的检测应用于确诊正常甲状腺功能,而不是甲状腺功能减退。除非血清自身抗体存在和检测干扰,正常血清 T₄ 浓度提示甲状腺功能正常。若低血清浓度[理想情况下,小于 0.5 μg/dL(6 nmol/L)]结合高胆固醇血症和相应临床症状,则强烈提示有甲状腺功能减退,特别是不存在其他全身性疾病时。确诊应基于合成左旋甲状腺素治疗的反应。当血清 T₄ 浓度低于 0.8~1.0 μg/dL(10~13 nmol/L),但临床症状和体格检查结果未强烈支持甲状腺功能减退,并且无高胆固醇血症或存在严重的全身性疾病,患有正常甲状腺病态综合征的可能性很高,或怀疑曾经服用的药物引起血清 T₄ 浓度下降时,则可考虑进行其他甲

状腺功能检测。

甲状腺功能检查包括血清 $T_4$、$fT_4$、TSH 和 Tg 自体抗体。这些检测可提供更多关于垂体-甲状腺轴和甲状腺功能的信息,并且可用于甲状腺功能减退的初始筛查或用于血清 $T_4$ 浓度单独不能确诊时。当存在相应临床症状和临床病理学变化,犬血清 $T_4$ 和 $fT_4$ 浓度下降和血清 TSH 浓度升高时,强烈支持甲状腺功能减退的诊断。Tg 自身抗体阳性提示淋巴细胞性甲状腺炎是潜在的病因。

然而实验结果经常不一致。当出现这种情况时,相应的临床症状、异常的临床病理学检查结果和兽医的怀疑度,可用来决定是否用左旋甲状腺素钠进行治疗。血清 $fT_4$ 浓度是检查甲状腺功能最准确的方法,是最重要的检测,其次是总 $T_4$。当 TSH 检测结果与 $fT_4$ 一致时,TSH 浓度可增加甲状腺功能正常或减退确诊的可靠性,但 TSH 结果不能单独用作诊断甲状腺功能减退。约 20% 甲状腺功能减退患犬可见血清 $T_4$ 或 $fT_4$ 下降,而 TSH 正常。而 TSH 检测升高也可见于患正常甲状腺病态综合征和用过如苯巴比妥和磺胺类抗生素药物(见表 51-2 和表 51-3)的犬。血清 $T_4$ 或 $fT_4$ 正常且 TSH 升高可能意味着处于甲状腺功能减退的早期代偿期,但应考虑为何血清 $fT_4$ 浓度正常时会出现临床症状。Tg 自身抗体阳性仅提示可能存在淋巴细胞性甲状腺炎。Tg 自身抗体检测不是甲状腺功能检测的指标。如果血清 $T_4$ 和 $fT_4$ 都下降,其阳性结果增加了怀疑甲状腺功能减退的可能性。但如果血清 $T_4$ 和 $fT_4$ 正常,则不会出现临床症状。当面对不一致的检测结果时,临床医生需决定是否用合成左旋甲状腺素尝试治疗或以后复查——作者主要基于相应的临床症状和 $fT_4$ 测定结果做以上决定。

$T_4$、$fT_4$ 和 TSH 的判读不总是简单的。由于费用问题和检测手段的不可靠性,许多兽医和一些宠物主人更愿意采用治疗性诊断。只有当甲状腺素治疗不会对患犬引起严重副作用时,才能进行治疗性诊断。犬对左旋甲状腺素钠的反应是非特异性的。治疗效果明显的患犬可能是甲状腺功能减退或"甲状腺素反应性疾病"。由于它的组织合成作用,添加甲状腺素对无甲状腺功能异常犬也会有一定效果,特别是被毛的质量。因此,如果观察到尝试性治疗的效果时,一旦临床症状消失,左旋甲状腺素钠应逐渐停药。如果临床症状复发,可以证实是甲状腺功能减退并再用甲状腺素治疗。如果临床症状不复发,表明是"甲状腺素反应性疾病"或对并发疾病治疗的结果

(如抗生素、控制跳蚤)。

### ◉ 先前治疗过的犬的诊断

偶尔兽医会想知道用甲状腺素治疗的患犬究竟是不是甲状腺功能减退。外源性补充甲状腺素($T_4$ 或 $T_3$)会抑制垂体 TSH 分泌,引起促甲状腺细胞萎缩,继发引起甲状腺功能正常犬的甲状腺萎缩。血清 $T_4$、$T_3$ 和 TSH 均降低或无法检测。降低的严重程度取决于补充甲状腺素引起甲状腺萎缩的严重程度。如果停用甲状腺素 1 个月内做检测,即使先前甲状腺功能正常,血清 $T_4$ 和 $fT_4$ 检测结果通常提示存在甲状腺功能减退。在测定基础血清 $T_4$ 浓度之前,应先停止补充甲状腺素,使垂体-甲状腺轴功能恢复。停止补充甲状腺素至测定甲状腺功能的间隔,取决于治疗持续时间、用药频率和个体差异。一般在检测甲状腺功能前,至少停药 4 周,最好是 6~8 周。

### ◉ 幼犬的诊断

上述的诊断方法可用于先天性甲状腺功能减退的诊断,不过血清 TSH 浓度主要取决于病因。当犬患原发性甲状腺功能异常(如碘有机化缺陷)而下丘脑-垂体-甲状腺轴正常时,TSH 浓度可能会升高。而犬患垂体或下丘脑功能不全引起甲状腺功能减退时,TSH 浓度可能正常或无法检测。甲状腺增大(如甲状腺肿大)提示下丘脑-垂体-甲状腺轴完整、功能性 TSH 受体、TSH 与受体结合后的信号传递正常,表明甲状腺滤泡细胞的 TSH 受体后(post-TSH receptor)存在异常,如碘有机化缺陷引起的甲状腺功能减退。

## 治疗

### ◉ 左旋甲状腺素钠(合成 $T_4$)治疗

左旋甲状腺素钠的治疗和监测建议总结见框 51-5。合成左旋甲状腺素可用于治疗甲状腺功能减退。口服合成左旋甲状腺素可使血清 $T_4$、$T_3$ 和 TSH 浓度正常,证实它能被外周组织代谢成活性 $T_3$。推荐使用犬专用左旋甲状腺素钠产品。液体剂型和药片都均有效。初始剂量是 0.01~0.02 mg/kg。除用药间隔为 24 h 的左旋甲状腺素钠产品外,其他产品推荐初始用药间隔为 12 h(Le Traon 等,2009)。由于机体对其吸收和代谢的不确定性,在达到满意的治疗效果前,通常需要调整剂量和用药频率。这种不确定性是治疗时需要监测的原因之一。

**框 51-5　甲状腺功能减退犬左旋甲状腺素钠的初始治疗和监测建议**

**初始治疗**
选用可用于犬的合成左旋甲状腺素产品。
药片和液体剂型的左旋甲状腺素均有效。
初始剂量为 0.01～0.02 mg/kg。
除用药间隔为 24 h 左旋甲状腺素钠产品外,其他产品推荐初始间隔用药时间为 12 h。

**初始监测**
在初始治疗 4～8 周后,需仔细评估治疗效果。
用左旋甲状腺素 4～6 h 后,检测血清 $T_4$ 和 TSH 浓度。
血清 $T_4$ 浓度应在参考值范围内或轻微上升。
血清 TSH 浓度应在参考值范围内。
用左旋甲状腺素前检测血清 $T_4$ 浓度(如最低浓度)是非必需的,但如果左旋甲状腺素用药间隔为 24 h 时,建议检测。
血清 $T_4$ 的最低浓度应在参考值范围内。

TSH,促甲状腺激素。

◈ **左旋甲状腺素钠的疗效**

在评价治疗的效果前,必须连续补充甲状腺素至少 4 周。治疗适当,任何与甲状腺功能减退有关的临床症状和临床病理学异常都是可逆的。通常在初始治疗后数天,精神和活动性改善,这是甲状腺功能减退诊断正确的一项重要的早期指征。虽然一些内分泌脱毛犬被毛在第一个月就开始生长,但通常需要几个月被毛才能长好,色素沉积才会明显减少。治疗初期由于大量处于终止期的被毛脱落,被毛情况可能会恶化。通常治疗数天后,神经症状会明显改善,但完全消失的时间不确定,可能需要 4～8 周或更长。

◈ **左旋甲状腺素钠治疗无效**

如果治疗 8 周内未见症状改善,必须怀疑甲状腺素治疗的问题。误诊是最常见的。发生肾上腺皮质功能亢进但不表现常见的相关临床症状(如多饮、多尿)时,因为可的松对甲状腺素有抑制作用,常被误诊为甲状腺功能减退。未发现并发疾病对甲状腺素检查的影响是甲状腺功能减退误诊的另一常见原因。甲状腺功能减退犬常伴有并发疾病(如过敏性皮肤病、跳蚤过敏),如果未发现并发疾病,会影响左旋甲状腺素钠治疗效果的临床印象。治疗效果差的其他可能原因见框 51-6。当左旋甲状腺素钠对患犬的疗效不好时,应重新评估影响初始治疗决定的各项指标,包括病史、体格检查和化验结果,并重新检测血清甲状腺素浓度。

 **框 51-6　合成左旋甲状腺素钠疗效不佳的潜在原因**

主人未遵医嘱
使用过期或失效的药品
甲状腺素钠剂量不合适
使用频率不合适
药片强度不够*
生物活性差(如胃肠道吸收不良)
临床用药时间不足
甲状腺功能减退误诊

＊ 药片强度指药片中真正有效的药物量,而不是标注量。

◈ **治疗监测**

治疗监测包括评价甲状腺素的治疗反应、给予左旋甲状腺素钠前后的血清 $T_4$ 浓度,检测血清 TSH 浓度。治疗开始后 4 周,如果出现甲状腺毒症,或治疗效果微弱甚至无效时,必须监测上述项目。对于疗效不佳的犬,调整剂量 2～4 周后,也应检测上述项目。

通常在犬补充甲状腺素 4～6 h 后,检测血清 $T_4$ 和 TSH 浓度。服用甲状腺素前检测 $T_4$ 浓度(即最低浓度)不是必需的,但推荐用于用药频率为每天 1 次的犬。除存在 $T_4$ 自体抗体的犬外,检测 $fT_4$ 虽可替代 $T_4$,但更为昂贵,且提供不了更多信息。存在自体抗体不会干扰甲状腺素的生理学作用。

服用甲状腺素 4～6 h 后,理想的 $T_4$ 浓度应该在 1.5～4.5 μg/dL(20～60 nmol/L),并且血清 TSH 应该在参考值范围内。用药后,血清 $T_4$ 浓度经常高于参考值范围,但这不是减少甲状腺素剂量的绝对指征,特别是没有甲状腺毒症时。当血清 $T_4$ 浓度超过 5 μg/dL(65 nmol/L)时,应减少剂量。用药后血清 $T_4$ 浓度低于 1.5 μg/dL 时,如果出现甲状腺功能减退症状或血清 TSH 浓度仍然升高,或两者同时出现,则提示增加左旋甲状腺素的用药频率;如果用药后临床症状改善和血清 TSH 浓度在参考范围内,则无需调整用药。当用药后 $T_4$ 浓度接近参考值下限,考虑调整剂量时,消除临床症状和主人的满意度是最重要的指征。用药后血清 $T_4$ 和 TSH 浓度,及其治疗调整的推荐见图 51-11。

◈ **甲状腺毒症**

犬服用过量甲状腺素时,可能会出现甲状腺毒症,尤其是左旋甲状腺素血浆半衰期长,每天 2 次给药和

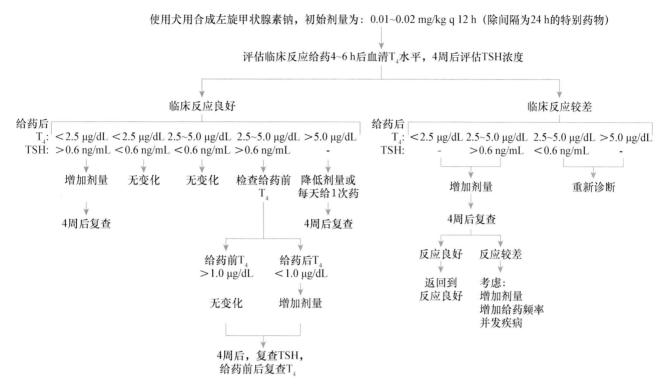

使用犬用合成左旋甲状腺素钠，初始剂量为：0.01~0.02 mg/kg q 12 h（除间隔为24 h的特别药物）

评估临床反应给药4~6 h后血清T$_4$水平，4周后评估TSH浓度

**图 51-11**
**犬甲状腺功能减退的治疗方法和推荐监测程序**

甲状腺素代谢受损的犬（如并发肾或肝功能不全）。极罕见服用微量左旋甲状腺素钠就引起犬甲状腺毒症。这种对甲状腺素高敏性的原因仍不清楚。甲状腺毒症的诊断主要基于临床症状，包括不安、气喘、呼吸急促、心动过速、攻击行为、多尿、多饮、多食和体重下降。血清 T$_4$ 和 fT$_4$ 升高，血清 TSH 浓度不可检测，支持该诊断。然而，有时即使存在甲状腺素中毒症状，血清 T$_4$ 和 fT$_4$ 浓度也在参考值范围内；而在有些犬中，血清甲状腺素浓度升高，但无甲状腺毒症的症状。当犬接受甲状腺素治疗，并出现相应的临床症状时，必须调整用药剂量或频率，或同时调整。如果临床症状严重，可停药数天。如果甲状腺毒症是由服用甲状腺素引起，且调整治疗合适，临床症状可在 1～3 d 内消失。

### 预后

原发性甲状腺功能减退的成年患犬，接受适当的治疗后，预后良好。幼犬甲状腺功能减退（呆小症）的预后慎重，并取决于开始治疗时骨骼和关节异常的严重程度。虽然治疗后多数临床症状会消失，但骨骼肌肉异常，特别是退行性骨关节炎，可能会因骨关节发育异常而发展。继发于先天性脑垂体发育异常（垂体性侏儒症）的甲状腺功能减退患犬预后谨慎，取决于垂体

激素分泌不足的程度（见第 49 章）。由于药物（如糖皮质激素）抑制垂体功能，从而继发甲状腺功能减退的犬，即使不能停药，需要使用左旋甲状腺素治疗，预后良好。由于占位性肿物的局部破坏引起继发性甲状腺功能减退犬，预后极差。

# 猫甲状腺功能减退
## (HYPOTHYROIDISM IN CATS)

### 病因

医源性甲状腺功能减退是猫甲状腺功能减退最常见的病因，可由双侧甲状腺切除、碘放射治疗或抗甲状腺药物过量所致。自然发生的获得性成年型甲状腺功能减退罕见。猫先天原发性甲状腺功能减退引起的非均衡型侏儒症较成年型甲状腺功能减退更常见。先天性甲状腺功能减退的病因包括甲状腺素生物合成缺陷（主要是碘有机化缺陷）和甲状腺发育不全。由于下丘脑-垂体-甲状腺轴和 TSH 受体后信号传导仍然完整，甲状腺素生物合成缺陷的猫常出现甲状腺肿大。文献曾报道，患先天性甲状腺功能减退的阿比西尼亚猫家族，疑似存在常染色体隐性遗传的碘有机化缺陷。只

饲喂肉食的幼猫,由于碘缺乏,导致甲状腺功能减退的情况罕见。

## 临床症状

猫甲状腺功能减退的临床症状见框51-7。最常见症状为嗜睡、食欲不振、肥胖和干性皮脂溢。嗜睡和食欲不振可能变得很严重。其他皮肤症状包括被毛粗乱、干燥、无光泽,容易拔出,再生缓慢和脱毛。体格检查还可发现心动过缓和轻度体温过低。

猫先天性甲状腺功能减退的临床症状与犬相似。患猫出生时正常,8周后可见明显的发育缓慢。在随后的几个月内,出现非均衡型侏儒症,即头大、颈宽短、四肢短(图51-12)。其他症状包括嗜睡、精神迟钝、便秘、低温、心动过缓和乳齿滞留时间延长。全身被毛稀疏,且以胎毛为主。

### 框 51-7　猫甲状腺功能减退的临床表现

**成年型甲状腺功能减退**
嗜睡
食欲不振
肥胖
皮肤变化
　　干性皮脂溢
　　被毛干燥、无光泽
　　被毛易拔出
　　被毛再生差
　　内分泌性脱毛
　　耳廓脱毛
　　皮肤增厚
　　面部黏液水肿
繁殖
　　发情中止
　　难产
心动过缓
轻度体温下降

**先天性甲状腺功能减退**
非均衡性侏儒症
发育迟缓
头大
颈短宽
四肢短
嗜睡
精神迟钝
便秘
体温低
心动过缓
胎毛滞留
乳齿滞留

**图 51-12**
1 岁患垂体性侏儒症的家养长毛猫。同样年龄的猫与垂体性侏儒症猫的体格形成鲜明对比。注意呈正方形、短胖的头部轮廓和迟钝的面部表情——这为呆小症的症状(与图 49-10 进行对比)。该猫甲状腺素和生长激素均缺乏。(引自 Feldman EC, Nelson RW: Canine and feline endocrinology and reproduction, ed 2, Philadelphia, 1996, WB Saunders.)

## 诊断

猫甲状腺功能减退的诊断需结合病史、临床症状、体格检查、常规血液检查、尿液检查、基础血清 $T_4$、$fT_4$ 和 TSH 浓度。常规血液检查和尿液检查的异常结果包括高胆固醇血症和轻度非再生性贫血。血清 $T_4$ 浓度常用作猫甲状腺功能减退的初始筛查。血清 $T_4$ 浓度正常,提示猫甲状腺功能正常。施行甲状腺切除或碘放射治疗的猫,或出现非均衡性侏儒症幼猫,其血清 $T_4$ 浓度下降,可支持甲状腺功能减退的诊断。幼猫血清 $T_4$ 浓度的判读,应考虑年龄的影响(见表 51-2)。由于猫自然获得性原发性甲状腺功能减退罕见,且成年猫出现血清 $T_4$ 下降通常是由非甲状腺疾病(见图 51-13)或一些其他非甲状腺因素引起的,对于之前没有进行甲状腺功能亢进治疗的成年猫,不可以只从血清 $T_4$ 浓度确诊甲状腺功能减退。有文献记载,血清 $fT_4$ 浓度下降,血清 TSH 浓度上升(血清 TSH 浓度)并且用 rhTSH(静脉注射 25 $\mu$g TSH 前和注射 6 h 后)刺激后血清 $T_4$ 浓度不上升,更有可能是甲状腺功能减退。确诊需要观察患猫对左旋甲状腺素的试验性治疗反应。

## 治疗

猫甲状腺功能减退的治疗与犬类似。对于先天性和自然发生的获得性成年型甲状腺功能减退和甲状腺功能亢进药物治疗后医源性甲状腺功能减退症状的患猫,推荐使用左旋甲状腺素钠治疗。甲状腺功能亢

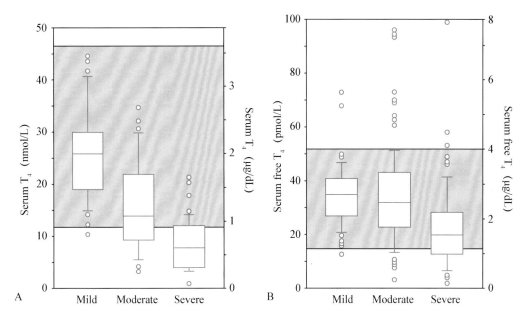

图 51-13

Box plots of serum total $T_4$ (A) and free $T_4$ (B) concentrations in 221 cats with nonthyroidal disease, grouped according to severity of illness. Of 221 cats with nonthyroidal illness, 65 had mild disease, 83 had moderate disease, and 73 had severe disease. See Fig. 51-9 for explanation. (From Peterson ME et al: Measurement of serum concentrations of free thyroxine, total thyroxine, and total triiodothyronine in cats with hyperthyroidism and cats with nonthyroidal disease, *J Am Vet Med Assoc* **218**:529, 2001.)

进药物治疗后,血清 $T_4$ 浓度下降,但患猫未表现相应的临床症状时,不应用药治疗。希望在这段时间里,萎缩或异位甲状腺组织功能可恢复。因为甲状腺功能减退可能降低 GFR,并恶化猫的氮质血症,治疗期间需监测肾脏功能。如果血清肌酐浓度超过 1.6 mg/dL,建议用左旋甲状腺素钠治疗。

合成左旋甲状腺素钠的初始剂量为 0.05 mg 或 0.1 mg,每天 1 或 2 次。评价猫对治疗的反应通常需要 4 周。同时还应评价病史、体格检查和测定血清 $T_4$ 和 TSH 浓度(见治疗监测)。治疗的目的是消除甲状腺功能减退的临床症状,并防止出现甲状腺功能亢进症状。血清 $T_4$ 浓度维持在 1.0~2.5 μg/dL(13~30 nmol/L)时,可达到满意的治疗效果。血清 TSH 浓度恢复正常是左旋甲状腺素钠治疗有效的指征。左旋甲状腺素钠的用药剂量和频率,应根据治疗反应进行调整。如果治疗 4~8 周后,血清 $T_4$ 和 TSH 浓度在参考范围内,但临床反应很少或没有,则应重新评价诊断。

### 预后

成年猫患原发性甲状腺功能减退时,若治疗得当,预后良好。先天性甲状腺功能减退幼猫的预后慎重,这取决于确诊时骨骼变化的严重程度。如果在骨骼和关节发生异常前,早期诊断出甲状腺功能减退,通过治疗后,许多临床症状是可逆的,并且体型也会增大。

## 猫甲状腺功能亢进
### (HYPERTHYROIDISM IN CATS)

### 病因

甲状腺功能亢进是由甲状腺生成和分泌 $T_4$ 和 $T_3$ 过多而引起的多系统性疾病,它多是单侧或双侧甲状腺慢性内在疾病的结果。多数患甲状腺功能亢进的猫,通常可在颈部腹侧触诊到一个或多个,通常是小的、离散性甲状腺肿物。多结节性腺体增生是甲状腺最常见的组织学变化,类似于人毒性结节性甲状腺肿;引起甲状腺腺叶增大和变形的甲状腺腺瘤较不常见;临床病例中,甲状腺腺癌所占比例不超过 5%。

甲状腺素中毒猫通常单侧或双侧腺叶发病。约 30% 的甲状腺功能亢进患猫是单侧性的(图 51-14)。由于高活性的患侧甲状腺组织对 TSH 分泌有抑制作用,健康侧甲状腺叶通常无功能并出现萎缩。超过 65% 的甲状腺功能亢进患猫为双侧性的(图 51-15)。在这些猫中,10%~15%甲状腺叶对称性肿大,其他为非对称性肿大。约 10% 肿大的甲状腺叶会下降到胸腔入口处,难以触诊。3%~5% 的甲状腺素中毒患猫出现异位高活性甲状腺组织,最常见的是前纵隔,颈部可能触到肿物,或触不到(图51-16)。如果出现多于2个甲状腺肿物,很可能提示功能性甲状腺腺癌(图51-16),但也有可能是甲状腺叶外的腺瘤型异位增生。一些甲状腺癌猫,刚开始仅出现1个或2个甲状腺肿物,这说明手术切除甲状腺组织后进行组织学评估的重要性。

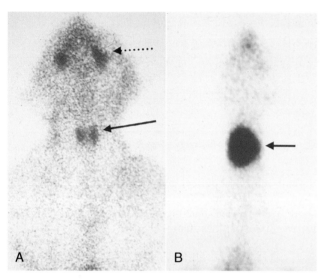

**图 51-14**
A,放射性高锝酸钠扫描健康猫头部、颈部和前胸的影像。注意2个甲状腺(实线箭头)与唾液腺(虚线箭头)吸收放射性高锝酸钠(如深色区)的比较。B,放射性高锝酸钠扫描患右侧性(箭头)甲状腺功能亢进猫的头部、颈部和前胸的影像。注意功能增强的甲状腺叶和唾液腺吸收放射性高锝酸钠的区别。

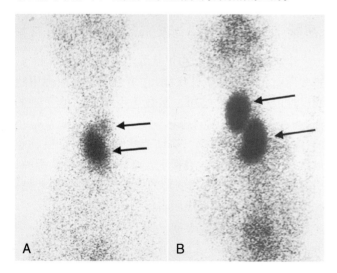

**图 51-15**
A,放射性高锝酸钠扫描双侧、非对称性甲状腺功能亢进患猫的头、颈和前胸的影像(箭头),其中右侧影响较重。这是本病最常见的表现。B,放射性高锝酸钠扫描双侧、对称性甲状腺功能亢进患猫的头部、颈部和前胸的影像(箭头)。低钙血症是双侧甲状腺切除后主要的问题。

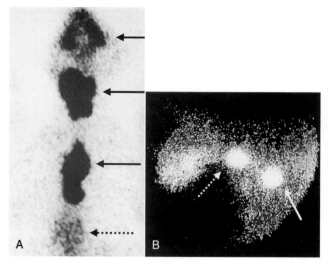

**图 51-16**
A,放射性高锝酸钠扫描甲状腺功能亢进患猫的头部、颈部和前胸的影像,患猫甲状腺功能亢进是由转移性甲状腺癌引起的,头、颈和前胸部存在多个肿瘤(箭头)。B,放射性高锝酸钠扫描两个高功能性肿瘤引起甲状腺功能亢进猫的头部、颈部和前胸的影像:一个位于颈部(虚线箭头)和一个位于前胸(即异位)(实线箭头)。$^{131}$I可用于本图两种甲状腺功能亢进的治疗。

目前,甲状腺腺瘤增生性变化的发病机制仍不清楚。有人推测是免疫性、传染性、营养性、环境性或遗传性因素相互作用引起的病理学变化。流行病学研究表明,食用商品罐装食物易发甲状腺功能亢进,这表明这类食物中可能存在促甲状腺肿形成的物质(如碘过量、大豆异黄酮)。碘过量或缺乏、大豆里的异黄酮、罐头化学合成物质(特别是双酚A)在储藏过程中进入食物、接触猫砂、破坏激素的物质如猫粮里多溴二苯醚和房间灰层,都被推测为可能的致病因素。最近的研究也发现在猫甲状腺结节的腺泡增生区域存在 *c-ras* 癌基因过度表达(Merryman 等,1999),并在甲状腺功能亢进患猫中,改变了 TSH 受体信号传导的 G 蛋白表达(Ward 等,2010)。后续的研究需阐明其对猫甲状腺功能亢进发生的作用。

**临床特征**

◆病征

甲状腺功能亢进是8岁以上的猫最常见的内分泌性疾病。初诊时的平均年龄为13岁,发病年龄范围为4~20岁。年龄小于8岁的病例所占比例不到5%。无性别倾向性。家养短毛猫和长毛猫是最常见的发病品种。暹罗猫和喜马拉雅猫的发病率较低。

◉临床症状

临床症状是甲状腺肿物过度分泌甲状腺素的结果。主人发现猫颈下部有一肿物带猫就诊的情况较为罕见。甲状腺功能亢进的典型临床症状是体重下降(可发展至恶病质)、贪食和不安或过度兴奋。其他临床症状包括被毛变化(斑片性脱毛、毛缠结、不理毛或过度理毛)、多尿、多饮、呕吐和腹泻(表51-4)。一些猫出现攻击行为,该行为变化在成功治疗甲状腺功能亢进后可消除。在一些猫中,除体重下降外,嗜睡、虚弱和厌食是主要的临床特征。由于甲状腺功能亢进对多系统有影响,临床症状各异,与猫其他疾病类似,因此任一老年猫患病时,都应怀疑是否患有甲状腺功能亢进。

◉体格检查

体格检查列于表51-4中。在约90%的甲状腺功能亢进患猫中,可触诊到一个游离性肿物。但在颈下部触诊到肿物并不是甲状腺功能亢进的特殊病征,因为在一些猫,触诊到甲状腺是正常的,且一些颈部的肿物不是甲状腺。通常单纯通过触诊评价单侧或双侧甲状腺叶患病比较困难。即使两侧甲状腺都增大,通常难以通过触诊鉴别。增大的甲状腺可能由于重力作用而降到胸腔入口处,并干扰触诊;有时,异常的甲状腺叶甚至可能下降至前纵隔,所以当甲状腺功能亢进患猫触摸不到肿物时,虽然存在小而无法触摸到的甲状腺肿物,但还应怀疑以上两种情况。

**表 51-4　猫甲状腺功能亢进的临床症状和体格检查异常**

| 临床症状 | 体格检查 |
| --- | --- |
| 体重下降* | 可触摸到甲状腺* |
| 多食* | 消瘦* |
| 被毛粗乱、斑片状脱毛* | 活动性增强,难以做检查* |
| 多饮-多尿* | 心动过速* |
| 呕吐* | 脱毛、被毛粗乱* |
| 不安、活动性增加 | 肾脏变小 |
| 腹泻、排便量增加 | 心杂音 |
| 食欲减退 | 易发生应激 |
| 震颤 | 脱水、恶病质外观 |
| 虚弱 | 期前收缩 |
| 呼吸困难、喘 | 奔马律 |
| 活力下降、嗜睡 | 攻击行为 |
| 厌食 | 抑郁、虚弱 |
| | 头下垂 |

\* 常见。

## 临床病理学

甲状腺功能亢进患猫的 CBC 通常正常,最常见的异常是 PCV 和 MCV 轻度升高。少于 20% 的患猫会出现嗜中性粒细胞增多症、淋巴细胞减少症、嗜酸性粒细胞减少症或单核细胞减少症。生化检测常见的异常包括丙氨酸氨基转移酶、碱性磷酸酶和天冬氨酸氨基转移酶活性升高,这种升高通常是轻度至中度的($100 \sim 400$ IU/L)。约 90% 甲状腺功能亢进患猫会出现一种或多种肝酶活性升高。如果肝酶活性超过 500 IU/L,应另外评估肝功能。甲状腺功能亢进引起的肝酶升高在治疗甲状腺功能亢进后可恢复。在作者的诊所中,约 25% 患猫出现血清尿素氮和肌酐浓度升高,20% 出现高磷血症,这对治疗有重要影响(见慢性肾病的讨论)。尿比重范围为 $1.008 \sim 1.050$ 或以上。多数甲状腺功能亢进患猫的尿比重高于 1.035。其他的尿检结果通常没有明显的变化,除非并发糖尿病或泌尿道感染。

## 常见的并发症

◉甲状腺毒症性心肌病

甲状腺功能亢进患猫可能出现肥厚性或较不常见的扩张性甲状腺毒症性心肌病。体格检查时发现的心血管异常包括心动过速、触诊胸壁时可感到心跳,较不常见的还有脉搏缺失、奔马律、心杂音和胸腔渗出引起的心音低沉。心电图异常包括心动过速、Ⅱ导联 R 波波幅增大,较不常见的有右束支阻滞、左前束支阻滞、QRS 波增宽以及房性和室性心律失常。胸部 X 线片可见心脏肥大、肺水肿或胸腔积液。甲状腺毒症性肥大性心肌病猫的超声心动图异常包括左心室肥大、室间隔增厚、左心房和心室扩张以及心肌收缩力增强。甲状腺毒症性扩张性心肌病猫的异常包括心肌收缩力不正常和心室明显扩张。两种心肌病都可能引起充血性心力衰竭。甲状腺功能亢进纠正后,甲状腺毒症性肥厚性心肌病通常是可逆的,而甲状腺毒症性扩张性心肌病不可逆。

◉肾功能不全

甲状腺功能亢进和肾功能不全是老年猫常见的疾病,且常同时发生。在对甲状腺功能亢进猫进行体格检查时,发现肾脏变小,或血清肌酐、尿素氮浓度升高和尿比重介于1.008~1.020时,应怀疑是否并发肾功能不全。甲状腺功能亢进会增加正常肾或受损肾的肾小球滤过率(glomerular filtration rate,GRF)、肾血流量和肾小管的重吸收和分泌能力。甲状腺功能亢进进行治疗后,肾灌注量和GRF可能急性下降,氮质血症或肾功能不全的症状可能变得明显或显著恶化。猫甲状腺功能亢进对肾脏功能的影响难以确定。当猫同时患有甲状腺功能亢进和肾脏疾病时,因为甲状腺功能亢进引起循环血量增加,从而增加了肾灌注量,肾衰的临床症状和生化异常常会被掩盖。甲状腺功能亢进经过治疗后,生化结果、血压、尿比重和蛋白尿无法准确评估氮质血症。由于以上原因,甲状腺功能亢进患猫初期应先给予逆转性治疗(即口服抗甲状腺药物),直至确定甲状腺功能正常时的肾功能状态。通常在甲状腺功能恢复正常的1个月内,GFR下降至最低。大部分甲状腺功能亢进患猫的慢性肾病IRIS(International Renal Interest Society)分级不变或增加1级。

### ◉泌尿道感染

下泌尿道感染在未治疗的甲状腺功能亢进猫中是相对常见的,报道的流行率为12%~22%。大肠杆菌是常分离到的细菌。对于有下泌尿道症状或有菌尿症、脓尿症或两者都有的患猫,建议做尿液培养。大多数患猫的泌尿道感染都是无症状的,所以尿液培养应作为新的诊断甲状腺功能亢进患猫常规全面检查项目之一。

### ◉全身性高血压

甲状腺功能亢进患猫常见全身性高血压,是由$\beta$-肾上腺素的活性增加对心率、心肌收缩力、全身血管扩张的作用,以及肾素-血管紧张素-醛固酮系统活化所致。甲状腺功能亢进引起的高血压,通常临床表现不明显。视网膜出血和视网膜脱落是甲状腺功能亢进患猫全身性高血压最常见的临床并发症。但眼部损伤在甲状腺功能亢进患猫中并不常见。甲状腺功能亢进治疗后不一定能解决全身性高血压,并且部分取决于引起高血压的潜在病因。大部分甲状腺功能亢进引起高血压的患猫,通过治疗后血压可恢复正常。一般而言,如果全身性血压持续性高于180 mmHg或存在眼部损伤,作者开始用氨氯地平治疗。否则,作者更倾向于在甲状腺功能亢进治疗

后,重新评估血压。如果甲状腺功能亢进得到控制后,仍然存在高血压,也需要用氨氯地平治疗(见第11章)。

### ◉胃肠道疾病

甲状腺功能亢进患猫常见胃肠道症状,包括多食、体重下降、厌食、呕吐、腹泻、排便次数增加和排便量增加。一些甲状腺功能亢进患猫出现肠道高蠕动性和同化不良,从而引起了一些胃肠道症状。炎性肠病是患猫常见的胃肠道并发症,甲状腺功能亢进得到治疗后,如果仍持续存在胃肠道症状,应考虑本病(见第33章)。猫多食和体重下降,最重要的鉴别诊断是肠道肿瘤,并以淋巴瘤最常见。腹部检查时应仔细触诊肠壁,确定是否存在增厚胃肠道和肠系膜淋巴结病——这可能是肠道淋巴结病的唯一线索。腹部超声检查也可为淋巴瘤提供诊断线索。

## 诊断

甲状腺功能亢进的诊断主要基于发现相应的临床症状、触诊到甲状腺结节和血清$T_4$浓度升高。

### ◉基础血清$T_4$浓度

对区别甲状腺功能亢进和无甲状腺疾病猫来说(图51-17)随机检测血清$T_4$浓度是十分可靠的。血清$T_4$浓度异常升高强烈支持甲状腺功能亢进的诊断,特别是同时存在相应的临床症状时,较低的血清$T_4$浓度可排除甲状腺功能亢进(表51-5)。血清$T_4$浓度位于参考值上半部(如3.0~5.0 $\mu$g/dL;40~65 nmol/L),特别是临床症状提示甲状腺功能亢进,且在颈下部触摸到一个结节时,会产生一个诊断难点。这种情况称为隐性甲状腺功能亢进(occulthypert hyroidism),常见于早期甲状腺功能亢进。与甲状腺功能亢进严重的猫相比,轻度甲状腺功能亢进患猫的血清$T_4$浓度更易受非甲状腺因素影响,更易在参考范围内随机波动(见图51-18和图51-13)。一次血清$T_4$浓度"正常"不能排除甲状腺功能亢进,特别是存在相应的临床症状,且在颈部可摸到一个肿物时。当血清$T_4$结果不能确诊时,需进行检测血清$fT_4$和TSH浓度、$T_3$抑制试验、放射性高锝酸钠扫描或3~6周内复检血清$T_4$。需要记住的是,甲状腺结节可能是无功能性的,而临床症状可能是由其他疾病引起。

<table>
<tr><td colspan="2">表 51-5　疑似甲状腺功能亢进患猫基础血清 $T_4$ 浓度的判读</td></tr>
<tr><td>血清 $T_4$ 浓度/($\mu$g/dL)</td><td>甲状腺功能亢进的可能性</td></tr>
<tr><td>＞5.0</td><td>非常可能</td></tr>
<tr><td>3.0～5.0</td><td>可能</td></tr>
<tr><td>2.5～3.0</td><td>未知</td></tr>
<tr><td>2.0～2.5</td><td>不可能</td></tr>
<tr><td>＜2.0</td><td>非常不可能*</td></tr>
</table>

*假设不存在严重的全身性疾病。

◈血清游离 $T_4$ 浓度

当疑似甲状腺功能亢进猫出现非诊断性血清 $T_4$ 结果时,推荐检测血清 $fT_4$ 浓度(检测方法见犬甲状腺功能减退)。评价甲状腺功能时,测定基础血清 $fT_4$ 浓度比测定血清总 $T_4$ 浓度更可靠,这部分是因为非甲状腺疾病对 $T_4$ 的抑制作用比 $fT_4$ 大,而且许多隐性甲状腺功能亢进和血清 $T_4$ 浓度"正常"的猫,血清 $fT_4$ 浓度是升高的。由于费用因素,测定血清 $fT_4$ 只用于疑似甲状腺功能亢进患猫出现非诊断性血清 $T_4$ 结果时。有时并发的疾病会引起血清 $fT_4$ 浓度升高——超出参考范围(图 51-18)。由于此原因,血清 $fT_4$ 必须结合用同份血样测定的总 $T_4$ 一起判读。血清 $fT_4$ 浓度升高、总 $T_4$ 升高或处于参考值上半部,且出现相应临床症状时,支持甲状腺功能亢进的诊断。血清 $fT_4$ 升高,而血清 $T_4$ 浓度下降或处于参考值下半部时,支持正常甲状腺病态综合征的诊断,而不是甲状腺功能亢进。

◈血清 TSH 浓度

虽然还没有可用于猫的商品化 TSH 检测,但 DPC 犬 TSH 检测曾用于猫,且当用于检测隐性甲状腺功能亢进患猫的甲状腺功能时,可提供有价值的信息(Wakeling 等,2008)。老年猫(大于 8 岁)的参考范围是小于 0.03～0.15 ng/mL(Wakeling 等,2007)。甲状腺功能亢进患猫的血清 TSH 浓度(小于 0.03 ng/mL)检测不出来。当血清 TSH 浓度结果与甲状腺功能亢进不符时,提示并非潜在甲状腺功能亢进。测定血清 TSH 浓度不能确诊甲状腺功能亢进,因为其参考范围可扩展至不可检测,并且甲状腺功能亢进患猫和甲状腺正常猫都有可能出现 TSH 结果检测不出来的情况。

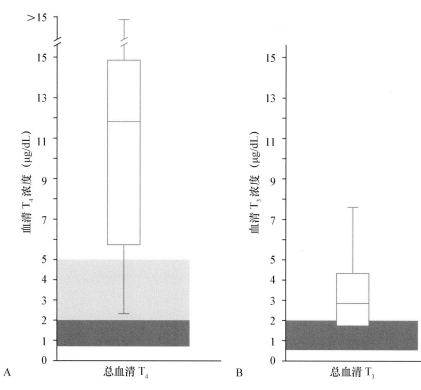

**图 51-17**
甲状腺功能亢进患猫随机总血清 $T_4$(A)和总血清 $T_3$(B)浓度的中位值和范围。75%甲状腺功能亢进患猫的结果位于盒式图范围内,平衡点位于盒式图上下的 Bar 之内。注意实际上所有甲状腺功能亢进患猫血清 $T_4$ 浓度均出现异常或接近边缘值,而血清 $T_3$ 浓度较不敏感。粉色区域代表正常参考范围。

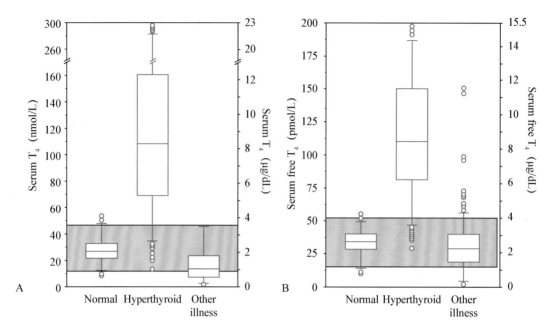

**图 51-18**

Box plots of serum total T₄ (A) and free T₄ (B) concentrations in 172 clinically normal cats, 917 cats with untreated hyperthyroidism, and 221 cats with nonthyroidal disease. See Fig. 51-9 for explanation. (From Peterson ME et al: Measurement of serum concentrations of free thyroxine, total thyroxine, and total triiodothyronine in cats with hyperthyroidism and cats with nonthyroidal disease, *J Am Vet Med Assoc* **218**:529, 2001. )

◈ T₃ 抑制试验

当血清 T₄ 和 fT₄ 结果不确定时,T₃ 抑制试验可用于鉴别猫甲状腺正常和轻度甲状腺功能亢进。T₃ 抑制试验的原理是,口服 T₃ 会抑制甲状腺正常猫的垂体分泌 TSH,从而导致循环 T₄ 浓度下降(图 51-19)。相反,对于甲状腺功能亢进患猫,垂体 TSH 分泌已受到抑制,口服 T₃ 不会引起进一步的抑制作用,血清 T₄ 浓度不下降。这个试验中,需每天口服 25 μgT₃(如三碘甲状腺氨酸钠,New York,NY)3 次,一共 7 d。在第一次用药前和最后用药后 8 h,检测血清 T₄ 和 T₃ 浓度。正常猫用药后血清 T₄ 浓度低于 1.5 μg/dL(20 nmol/L),甲状腺功能亢进患猫用药后血清 T₄ 浓度高于 2 μg/dL(26 nmol/L)。血清 T₄ 浓度在 1.5~2.0 μg/dL 范围内则无法做出诊断。虽然正常猫基础血清 T₄ 浓度会下降 50% 以上,而甲状腺功能亢进患猫不会,但血清 T₄ 浓度下降百分率不如绝对值可靠。血清 T₃ 浓度用于确定主人是否如实地给猫喂药。无论甲状腺功能如何,用药后血清 T₃ 浓度应比用药前升高。

◈ 甲状腺放射性核素扫描

甲状腺扫描能查找出功能性甲状腺组织,用于诊断猫隐性甲状腺功能亢进的筛查。对于出现甲状腺机

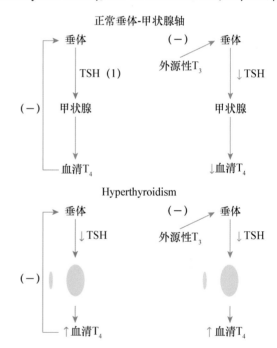

**图 51-19**

正常猫和甲状腺功能亢进患猫 T₃ 抑制试验对垂体-甲状腺轴的影响。对于正常猫,口服 T₃ 抑制垂体 TSH 分泌,血清 T₄ 浓度下降。对于甲状腺亢进猫,垂体 TSH 分泌已受到抑制;口服 T₃ 不会有影响。血清 T₄ 浓度依旧上升。

能亢进相应的临床症且血清 T₄ 浓度升高的患猫,即使颈部未触诊到甲状腺结节,可用该项检查来定位异位性甲状腺组织,发现猫甲状腺癌的转移位置,有助于

制订出最好的治疗计划,尤其是在考虑甲状腺切除手术时。放射性锝——99 m(高锝酸盐)用于猫甲状腺常规影像检查,其物理半衰期短(6 h),并在功能性甲状腺腺泡细胞内富集,从而反映腺体的浓集机制。由于抗甲状腺药物不会影响甲状腺泵的浓集机制,所以即使使用抗甲状腺药物后,仍然可做锝扫描。唾液腺和胃黏膜也会富集锝,并通过肾脏排泄。

扫描甲状腺提供了一个所有功能性甲状腺组织的图片,并定位和区分功能性甲状腺组织和非功能性甲状腺组织区域,但不能区分腺瘤状甲状腺增生、甲状腺腺瘤和甲状腺癌。图 51-14 也显示了一正常猫甲状腺叶大小和形态的相似性,以及甲状腺和唾液腺吸收锝的相似性。唾液腺和甲状腺吸收比例为 1:1,是判断甲状腺功能的标准。多数甲状腺功能亢进患猫的甲状腺扫描结果都明显异常,通常很容易判读(图 51-14 至图 51-16)。

### ◈颈部超声

甲状腺超声用于确定触诊的颈部肿块来源、分辨单侧或双侧甲状腺肿大、评估甲状腺肿块的大小,有助于制订出最好的治疗计划(图 51-20)。超声不能提供甲状腺肿物的功能性信息,不能用于确诊甲状腺功能亢进。颈部超声可作为定位颈部甲状腺组织的辅助工具。

### 治疗

猫甲状腺功能亢进的治疗方法有口服抗甲状腺药物、甲状腺切除术、放射性碘治疗或限制碘性饮食(表 51-6)。这 4 种治疗方法均有效。手术和放射性碘治疗是为了能永久治愈本病,而口服抗甲状腺药物和限制碘性饮食只能抑制甲状腺功能亢进,需每天用药以维持其疗效。

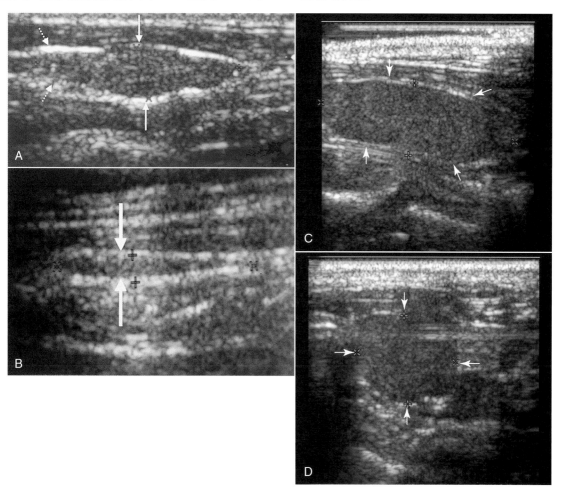

**图 51-20**

A,一只患甲状腺功能亢进的 13 岁家养短毛猫右侧甲状腺叶的超声影像。肿物位于甲状腺叶的中间区域(实箭头),可见甲状腺叶外正常的部分(虚箭头)。B,小的(萎缩)正常的左侧甲状腺叶的影像(实箭头)左侧甲状腺叶(小箭头)。超声检查结果表明右侧甲状腺叶患病,高锝酸钠扫描证实了上述结果。C 和 D,一只患甲状腺功能亢进的 14 岁家养短毛猫明显增大(1.1 cm×2.2 cm)的左侧甲状腺叶的长轴(C)和横截面(D)超声影像。右侧甲状腺叶体积相似。超声检查结果表明双侧甲状腺叶增大,高锝酸钠扫描证实了上述结果。

**表51-6　4种治疗猫甲状腺功能亢进方法的适应证、禁忌证和缺点**

| 治疗 | 适应证 | 相对禁忌证 | 缺点 |
|---|---|---|---|
| 甲巯咪唑、丙硫氧嘧啶、卡比马唑 | 长期治疗所有类型的甲状腺功能亢进;甲状腺切除或放射碘治疗前用于稳定猫体况和评价肾功能 | 无 | 需要每天用药;对肿瘤的生长无作用;轻度副作用常见;可能存在严重副作用 |
| 限制性碘饮食 | 可治疗所有类型的甲状腺功能亢进;甲状腺切除或放射碘治疗前用于稳定猫体况和评价肾功能;对甲巯咪唑治疗有副作用反应的患猫或主人无法给患猫喂药的情况来说,是可逆的治疗方案 | 处方粮厂家不建议与抗甲状腺药物同用 | 需要严格保证不能接触其他碘来源的食物;必须严格室内饲养患猫;多猫家庭难以实现 |
| 甲状腺切除术 | 单侧腺体患病;双侧腺体患病,大小不对称 | 异位甲状腺叶;转移甲状腺癌;双侧、对称、大腺叶(易发低血钙);严重全身性症状;心律不齐或心力衰竭 | 麻醉风险;疾病复发;术后并发症,特别是低钙血症 |
| 放射碘治疗($^{131}$I) | 治疗所有类型的甲状腺功能亢进;异位性甲状腺叶和甲状腺癌的治疗 | 肾功能不全 | 可用性有限;需住院治疗;可能需要再次治疗;对人有危害 |

◉ 初始治疗建议

　　甲状腺功能亢进患猫初始治疗时,应口服抗甲状腺药物(如甲巯咪唑和卡比马唑),逆转甲状腺素过量引起的代谢和心脏紊乱,减少甲状腺切除术时的麻醉风险,并评价它对肾功能的影响。当患猫主人无法喂药时,则需考虑饲喂限制性碘饮食(y/d,Hill's猫甲状腺处方粮,Topeka,Kan)。一些猫甲状腺功能亢进会掩盖慢性肾功能不全,甲状腺功能亢进得到控制后,可能会出现氮质血症或氮质血症恶化,还会出现肾功能不全的临床症状。由于难以确定甲状腺功能亢进对肾功能的影响,一般先用药物(如甲巯咪唑)进行可逆性治疗,直至确定甲状腺功能亢进对肾功能的影响。甲状腺功能亢进使用甲巯咪唑治疗得到缓解后,如果肾功能指标依然稳定或改善,可采用更为持久的治疗措施。如果甲巯咪唑治疗时,血清肌酐浓度明显升高(如到IRIS 3级或更高),应改进抗甲状腺药物的治疗方案,以更好地控制这两种疾病,并开始治疗肾功能不全。为提高肾灌注量和肾小球滤过率,避免肾功能衰竭出现尿毒症,维持轻度甲状腺功能亢进是必要的。

◉ 口服抗甲状腺药物

　　口服抗甲状腺药物包括甲巯咪唑、丙硫氧嘧啶、卡比马唑。这些药物便宜、易购买、相对较安全,同时也能有效地治疗猫甲状腺功能亢进。它通过阻断碘与甲状腺球蛋白上的酪氨基结合,并阻止碘酪胺酰偶联形成$T_3$和$T_4$,从而抑制甲状腺素的合成。抗甲状腺药物不能抑制存贮的甲状腺素释放入循环,也无抗肿瘤作用。这些药物不会干扰放射扫描结果和放射性碘治疗。口服抗甲状腺药物的适应证包括:①试验性治疗以使血清$T_4$浓度正常,并评价甲状腺功能亢进治疗对肾功能的影响;②初始治疗,用于甲状腺切除术或住院做放射性碘治疗前缓解或消除并发疾病;③甲状腺功能亢进的长期治疗。

　　甲巯咪唑(Felimazole,Dechra Veterinary Products,Overland Park,Kan)治疗的副作用比丙硫氧嘧啶小,是目前抗甲状腺药物的首选(表51-7)。甲巯咪唑以低剂量开始治疗,逐渐增加至有效治疗剂量时,很少发生副反应。甲巯咪唑推荐的初始剂量是2.5 mg,口服,每天2次,连续2周。2周治疗过后,如果主人未见副作用、体格检查未发现异常、CBC和血小板均在参考范围内,且血清$T_4$浓度超过2 $\mu$g/dL,剂量应增加至2.5 mg/d(如早上5 mg,晚上2.5 mg),每天2次,并于2周后复查。剂量应按每2周增加2.5 mg/d,直至血清$T_4$浓度处于1~2 $\mu$g/dL或出现副作用。在评估甲巯咪唑的治疗效果时,口服甲巯咪唑后的采血时间不是重要影响因素。一旦猫用合适剂量的药物治疗后,血清$T_4$浓度会在1~2周内下降到参考值范围内,且主人通常可在2~4周内看到临床症状改善。大多数猫口服5~7.5 mg/d甲巯咪唑有效,每天2次给药,效果最好。一旦临床症状消失和甲状腺恢复正常时,特别对于长期接受甲巯咪唑治疗的猫,可尝试降低每天用药剂量和用药次数,或两者同时减少。

罕见甲巯咪唑无效的情况,治疗剂量需高达 20 mg/d。对甲巯咪唑抵抗最常见的原因是一些主人无法给猫喂药。一种替代方法是把合成的甲巯咪唑加入猫的美味零食中。另一种替代方法是把甲巯咪唑外用于耳廓上。兽医制造商生产了一种经皮吸收,由普流罗尼卵磷脂有机胶(pluronic lecithin organogel, PLO)作为辅料的甲巯咪唑,这种溶胶可做成含不同浓度的甲巯咪唑,并通常装在 1 mL 注射器里,以便主人把合适的剂量放到指尖,涂抹到耳廓上。主人必须戴手套,以防甲巯咪唑吸收。需交换耳朵用药,并在每次用药后 30~60 min 内清除残留的有机胶。剂量和用药频率同口服甲巯咪唑。经皮甲巯咪唑的用药与口服相比,其生物利用度差异大,总体效果较差,胃肠道副作用较小,无其他副作用。需要引起注意的是,经皮甲巯咪唑的使用缺少合成药物规范,不同产品之间的差异大。

**表 51-7　262 只甲状腺功能亢进患猫使用甲巯咪唑治疗出现的异常**

| 临床症状和病理学 | 猫发病率 | 出现的时间(d) | |
|---|---|---|---|
| | | 平均值 | 范围 |
| **临床症状** | | | |
| 厌食 | 11 | 24 | 1~78 |
| 呕吐 | 11 | 22 | 7~60 |
| 嗜睡 | 9 | 24 | 1~60 |
| 表皮脱落 | 2 | 21 | 6~40 |
| 出血 | 2 | 31 | 15~50 |
| **临床病理学** | | | |
| 抗核抗体滴度阳性 | 22 | 91 | 10~870 |
| 嗜酸性粒细胞增多 | 11 | 57 | 12~490 |
| 淋巴细胞增多 | 7 | 25 | 14~90 |
| 白细胞减少症 | 5 | 23 | 10~41 |
| 血小板减少症 | 3 | 37 | 14~90 |
| 粒细胞缺乏症 | 2 | 62 | 26~95 |
| 肝病 | 2 | 39 | 15~60 |

改编自 Peterson ME et al: Methimazole treatment of 262 cats with hyperthyroidism, J Vet Intern Med 2:150, 1988.

甲巯咪唑的副作用一般见于治疗的前 4~8 周(见表 51-7)。甲巯咪唑治疗的前 3 个月内,每 2 周应复查一次 CBC、血小板计数、评估肾功能和血清 T_4 浓度。前 3 个月治疗后,必须每 3~6 个月复查一次 CBC、血小板数和生化和血清 T_4 浓度。采用上述用药方案治疗时,少于 10% 的猫会出现嗜睡、呕吐和厌食。这些轻度副作用通常是暂时的,即使持续用药,也会逐渐消失。甲巯咪唑引起的轻度血液学变化,发生率少于 10%,包括嗜酸性粒细胞增多、淋巴细胞增多和暂时性白细胞减少症。更为麻烦但较不常见(小于 5%)的变化是面部表皮脱落、严重血小板减少症(血小板数小于 75 000 个/mm³)、嗜中性粒细胞减少症(白细胞总数小于 2 000 个/mm³)和免疫介导性溶血性贫血。明显的肝毒性或损伤发生率不足 2%,其特征是肝病的临床症状(如嗜睡、厌食、呕吐)、黄疸和血清丙氨酸氨基转移酶和碱性磷酸酶活性异常。一些猫的抗核抗体阳性,但其重要性未知。曾有报道,甲巯咪唑治疗可引起重症肌无力。如果出现任何这些严重并发症,应停用甲巯咪唑并做支持治疗。通常副作用会在停药后 1 周内消失。无论使用什么剂量或类型的抗甲状腺药物,这些潜在威胁生命的副作用复发是很常见的,因此推荐替代治疗(如手术、碘放射和限制性碘饮食)。

卡比马唑(NeoMercazole, Amdipharm, Essex, United Kingdom)是可在体内转化为甲巯咪唑的抗甲状腺药物。如果无法购买到甲巯咪唑,可用卡比马唑代替。其用药剂量和用药频率与甲巯咪唑一样。每天用药 2 次,可长期有效地控制甲状腺功能亢进。副作用与使用甲巯咪唑类似,但发生概率更小。卡比马唑治疗的监测同甲巯咪唑。

### 限制性碘食物

新的食物(Hill's y/d,猫甲状腺处方粮)可用于治疗猫甲状腺功能亢进。猫 y/d 处方粮是限制性碘食物,可减少甲状腺分泌甲状腺激素,从而降低血清 T_4 浓度。初始临床试验表明,当只给甲状腺功能亢进患猫饲喂猫 y/d 处方粮,并且不摄入其他含碘食物时,患猫的血清 T_4 浓度下降。在开始饲喂限制性碘食物 8 周内,患猫血清 T_4 浓度恢复到正常范围。很关键的是患猫不能摄入其他来源的碘。许多食物(甚至一些水)中都含碘,如所有的其他宠物食品、奶制品、蛋黄、海鲜、水果干、蔬菜罐头、腌肉、新鲜鸡肉或火鸡肉、豆制品、海藻产品、有香味或有人工色素的药品或补充剂和一些合成药物所用的液体。所以患猫需严格饲养在室内。可用 y/d 处方粮饲喂健康家养猫,但需提供其他食物来补充碘。制造商不建议与抗甲状腺药物同用。当开始饮食疗法时,应在 1~2 周内逐渐停止使用抗甲状腺药物。开始饲喂 y/d 处方粮后 4～8 周应复查血清 $T_4$ 浓度。在 8 周时，血清 $T_4$ 浓度应在参考范围。

◆手术

甲状腺切除术是有效的治疗方案，但通常作为可选方案。如果患猫无法接受麻醉的风险、肾功能异常、术后低血钙的可能性大、胸腔内存在异位甲状腺组织或怀疑有已转移的甲状腺癌，则不建议手术治疗。如果动物有以上提及的情况，建议术前先口服甲巯咪唑 1～2 个月。如果可能，术前超声检查颈下部或用高锝酸钠扫描，检查异常甲状腺组织的位置、鉴别是单侧性还是双侧性，深入了解术后可能出现低血钙的可能性（图 51-15）。手术时，直接肉眼观察也可以得到类似的信息。

术后并发症见框 51-8。最麻烦的并发症是低钙血症。甲状腺叶的大小、能否看到外侧的甲状旁腺与低血钙的风险间存在直接的关系。手术中，必须小心保留 1 个（最好是 2 个）外侧甲状旁腺及其血管供应。如果不慎去除了 4 个甲状旁腺，应把 2 个外侧甲状旁腺从切除的甲状腺叶中取出，切碎，并平行于肌纤维钝性分离胸骨舌骨肌，并把甲状旁腺置于其肌腹内。如果甲状旁腺自体移植发生血管重建，甲状旁腺功能减退将在术后 1 个月内消失。

**框 51-8　甲状腺功能亢进患猫甲状腺切除后并发症**

暂时或永久性甲状旁腺功能减退引起低钙血症：
　　不安
　　兴奋性增加
　　行为异常
　　肌肉痉挛、疼痛
　　肌肉震颤，特别是耳和面部
　　强直
　　惊厥
　　咽部麻痹
　　霍纳氏综合征
　　甲状腺功能减退
　　并发的肾功能不全恶化
　　甲状腺功能亢进无改善

双侧甲状腺切除术后 5～7 d 内，应至少每天检测一次血清钙水平。低血钙临床症状一般在术后 72 h 内出现，然而有时术后 7～10 d 内都不出现低钙血症临床症状。这些症状包括嗜睡、厌食、不愿运动、面部颤搐（特别是耳）、肌肉震颤和痉挛、强直、惊厥。如果手术时去除了 4 个甲状旁腺，一旦猫苏醒，则应开始

补充适量的钙和维生素 D（见第 50 章）。如果至少保留有 1 个甲状旁腺，仍可能出现暂时性低钙血症，并可能持续数天至数周，这可能是术中损伤供应甲状旁腺的血管所致。在这些猫中，如果出现低钙血症临床症状或低钙血症十分严重（例如，血清总钙浓度小于 7.5 mg/dL，血清离子钙浓度小于 0.8 mmol/L），必须补充钙和维生素 D。血钙浓度下降不是开始补钙治疗的绝对指征，因为在出现临床症状和严重低钙血症前，剩余的甲状旁腺可能已起作用。

难以预测甲状旁腺功能减退是否持续。补充维生素 D 和钙数天、数周或数月后，甲状旁腺功能可能恢复。甲状旁腺功能减退消失后，可认为甲状旁腺的功能出现了可逆性损伤、副甲状旁腺可能开始代偿手术中腺体损伤或腺体摘除，或自体移植（术中施行）的甲状旁腺开始血管重建，并开始发挥功能。还有可能，在不存在甲状旁腺激素的情况下，钙调节机制发挥了作用。由于很难预测一只猫是否需要长期用维生素 D 治疗，在监测血清钙的过程中，必须逐步使所有的猫停止药物治疗。逐步减少药量的过程可能要持续至少 12～16 周。其目的是把血清钙浓度维持在 8～10 mg/dL。如果复发低血钙，应重新使用钙和维生素 D 治疗。

双侧甲状腺切除后，一些猫会出现甲状腺功能减退。左旋甲状腺素钠的介入治疗必须基于是否存在临床症状，而非血清 $T_4$ 浓度。术后血清 $T_4$ 浓度通常下降，常低于 0.5 μg/dL（6 nmol/L），但在出现明显临床症状之前，多数猫的甲状腺功能都会恢复。当出现临床症状（如嗜睡、无食欲）且血清 $T_4$ 浓度下降时，应用左旋甲状腺素钠治疗。患猫有可能由于血清 $T_4$ 浓度下降，引起 GFR 下降，发展为氮质血症。因为有些猫不需长期补充甲状腺素，补充治疗 1～3 月后，应逐步减少并停止甲状腺素用量，确定是否需要继续治疗。

如果甲状腺切除后临床症状持续存在，必须测定血清 $T_4$ 浓度。如果血清 $T_4$ 浓度为正常值下限或偏低［如小于 2.0 μg/dL（26 nmol/L）］，应怀疑其他疾病。如果血清 $T_4$ 浓度为正常值上限或偏高［如大于 4.0 μg/dL（50 nmol/L）］时，应怀疑异位的异常甲状腺组织、甲状腺癌转移，或单侧甲状腺切除猫对侧甲状腺仍存在异常组织。异位的甲状腺组织最可能存在于纵隔、心脏前部（图 51-16）。建议做甲状腺扫描以定位异位或转移的甲状腺组织。另外，还可以考虑口服抗甲状腺药物、放射碘治疗或限制性碘饮食。甲状腺切除后，甲状腺功能亢进的临床症状，可能会在数月至数

年后复发。所有施行甲状腺切除术治愈的猫,每年均应检测血清 $T_4$ 浓度 1～2 次。

### ◉ 放射碘

如果可以选择,放射碘是甲状腺功能亢进的首选治疗方案,其副作用和死亡率低,并且成功率很高(图 51-21)。放射性碘治疗不需要担心甲状腺功能减退,对异位甲状腺组织异常亢进的患猫有效。对于甲状腺癌转移或不可切除的患猫而言,这是唯一可能被治愈的方法。在放射性碘治疗之前,先用甲巯咪唑治疗 1～2 个月的原因在前面已经讨论过。之前或正在用甲巯咪唑治疗,不会影响放射性碘治疗的效果。

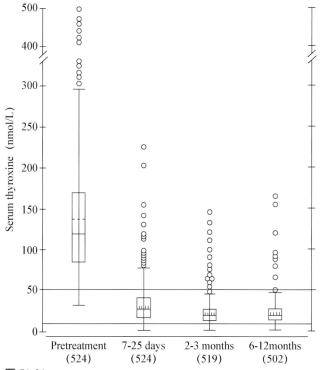

**图 51-21**

Box plots of serum thyroxine($T_4$) concentrations in **524 cats** before and at various times after administration of radioiodine for treatment of hyperthyroidism. The shaded area indicates the reference range for serum $T_4$ concentration. Please see Fig. 51-9 for the key. (From Peterson ME et al: Radioiodine treatment of 524 cats with hyperthyroidism,*J Am Vet Med Assoc* **207**:1422, 1995.)

碘 131($^{131}$I)半衰期为 8 d,是甲状腺功能亢进的放射性核素治疗的首选药物。$^{131}$I 经静脉或皮下给予后会浓集于甲状腺内,辐射的射线能破坏周围的功能性腺泡细胞,但对邻近组织造成的放射损伤十分轻微。对于典型甲状腺功能亢进患猫(如多结节性腺瘤增生),111～185 MBq(3～5 mCi)的 $^{131}$I 只会杀死功能性甲状腺细胞。萎缩的正常甲状腺细胞接受相对少量的辐射,并通常可恢复功能,因此多数猫不会出现永久性

甲状腺功能减退。根据使用剂量的不同,80％以上的猫甲状腺在 3 个月内可恢复正常(多数在 1 周内),95％以上的猫在 6 个月内恢复正常。放射性碘治疗最常见的并发症是甲状腺功能减退,多见于甲状腺叶大且呈弥散性、需要大剂量 $^{131}$I 治疗的猫。除非甲状腺功能减退症状明显,或由于血清 $T_4$ 浓度下降引起 GFR 下降,发展为氮质血症,否则不应该补充甲状腺激素,以提供足够的时间,允许甲状腺功能恢复正常。如果开始补充甲状腺素,在补充治疗几个月后,应逐步减少甲状腺素用量后停药,以确定是否需要继续治疗。

约 5％的患猫需要二次 $^{131}$I 治疗。有研究表明,治疗前放射性锝的甲状腺/背景比与放射性碘治疗后的甲状腺功能减退的恢复有关。但治疗前血清 $T_4$ 浓度或甲状腺/唾液腺比和随后的甲状腺功能亢进的控制无关(Wallcak 等,2010)。$^{131}$I 治疗后的住院时间,取决于每个州的管理条例和 $^{131}$I 的用量。治疗成功后,甲状腺功能亢进可能会在 1 年之后复发。

### 预后

对于大部分甲状腺功能亢进患猫,只要并发症得到控制且其病因不是甲状腺癌,预后良好。虽然手术和 $^{131}$I 治疗后数月至数年可能会复发,但它们都有治愈的可能。如果能避免甲巯咪唑的副反应,药物治疗可在数年内控制甲状腺增生或腺瘤引起的甲状腺功能亢进。最近一项回顾性研究表明,并发慢性肾病的患猫寿命比肾功能正常患猫的寿命短,并且只用甲巯咪唑治疗的患猫(中位时间为 2 年,四分位差范围,1～3.9 年)寿命远远低于只用 $^{131}$I 治疗(4 年;3.0～4.8 年)或甲巯咪唑治疗后用 $^{131}$I 治疗的患猫(5.3 年;2.2～6.5 年;Milner 等,2006)。长期(如 1 年以上)缺碘饮食疗法的并发症和效果尚不确定。

## 犬甲状腺肿瘤 (CANINE THYROID NEOPLASIA)

### 病因

甲状腺腺瘤通常是很小的非功能性肿瘤,不引起临床症状,通常为死后剖检偶然发现。例外情况是肿瘤为功能性的,它会引起甲状腺功能亢进,或在颈部超声检查时意外发现。甲状腺癌通常是在濒死前诊断出来的,因为它是较大的实质性肿物,易被兽医触诊到,

且由它引起的临床症状也易被主人发现。单侧或双侧甲状腺叶患病,位于前纵隔膜和心肌的异位甲状腺组织偶尔也可能会形成肿瘤。甲状腺癌血管丰富,有局部侵袭性,常浸润周围结构,如食道、气管、颈部肌肉组织。通常局部转移至咽后和颈部淋巴结,远端转移至肺,也可能转移至其他位置,包括肝、肾、心肌、骨骼和脑。甲状腺癌被诊断出来时,通常已发生转移。

多数甲状腺肿瘤患犬的甲状腺功能正常或减退。约10%的犬患有功能性甲状腺肿瘤,分泌过量甲状腺素,引起甲状腺功能亢进。这些犬可能存在甲状腺功能亢进的临床症状。甲状腺功能亢进可由功能性甲状腺腺瘤或腺癌引起。腺体增生是引起猫甲状腺功能亢进最常见的病因,但尚未报道于犬。

## 临床特征

甲状腺瘤在中年到老年犬多见,特别是10岁以上的犬,无性别倾向。虽然本病可发生于任何品种,但拳师犬、比格犬、金毛猎犬和哈士奇的发病率可能较高。

通常当主人看见或触摸到犬颈部有一肿物时,会把非功能性甲状腺肿瘤患犬带去就诊(图51-22)。肿瘤压迫邻近器官时可出现临床症状(如呼吸困难、吞咽困难)。发生转移时,还可能出现运动不耐受或体重下降(框51-9)。体积大的侵袭性肿瘤破坏双侧甲状腺叶时,可引起明显的甲状腺功能减退症状。约10%的甲状腺肿瘤患犬出现甲状腺功能亢进的临床症状,其症状类似于猫。

多数甲状腺肿瘤都是质地坚实、不对称、分叶和无痛性肿物,位于颈部,紧靠甲状腺区域。肿物通常被周围组织包埋,无游离性。其他症状包括呼吸困难、咳嗽、嗜睡、恶病质、霍纳综合征和被毛干燥、无光泽。由于肿瘤扩散或淋巴管阻塞,下颌或颈部淋巴结(或两者)可能肿大。功能性甲状腺肿瘤患犬可能存在不安、消瘦和喘,听诊常可发现心动过速。许多患犬体格检查十分健康。

CBC、血清生化和尿液分析通常对诊断无帮助。并发甲状腺功能减退时,常可见轻度正细胞正色素非再生性贫血、高胆固醇血症和高甘油三酯血症引起的脂血症。可能存在尿素氮浓度和肝酶活性轻度升高,但后者并不提示存在肝转移。少数犬可出现高钙血症。由功能性甲状腺肿瘤引起的甲状腺功能亢进患犬,可能出现全身性高血压。

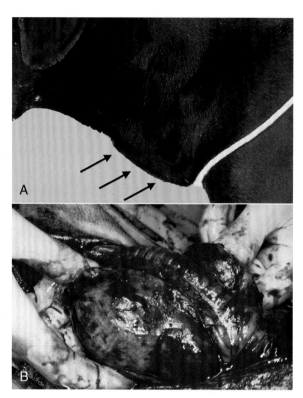

图 51-22

**A,** 一只13岁雄性拉布拉多猎犬,主人发现其颈部存在肿物(箭头)并带去医院就诊。该肿瘤是甲状腺腺癌。**B,** 患有甲状腺腺癌的11岁杂种犬。临床症状包括吞咽困难、咳嗽和颈下存在明显的肿瘤。

 **框 51-9 犬甲状腺肿瘤的临床症状**

**非功能性**
颈部肿胀或出现肿物
呼吸困难
咳嗽
嗜睡
吞咽困难
反流
厌食
体重下降
霍纳氏综合征
叫声改变
面部肿胀
**功能性(甲状腺功能亢进)**
颈部肿胀或出现肿物
多食和体重下降
活动性增强
多饮多尿
喘
行为变化(攻击行为)

犬患功能性甲状腺肿瘤引起甲状腺功能亢进时,基础血清 $T_4$ 和 $fT_4$ 升高,而血清 TSH 浓度检测不出来。不过多数犬的甲状腺肿瘤都是无功能性的,所以进行甲状腺功能评价时,多数正常。约 30% 甲状腺肿瘤患犬血清 $T_4$ 和 $fT_4$ 在参考范围以下,提示存在甲状腺功能减退,这是肿瘤损伤正常腺体组织的结果。然而要谨慎判读血清 $T_4$ 和 $fT_4$ 下降的结果,应考虑非甲状腺疾病对甲状腺功能的抑制作用。

无论其大小和位置如何,超声检查颈部可证实存在肿物,能鉴别腔性、囊性和实质性肿瘤,可发现是否存在局部肿瘤浸润及其严重程度,查出颈部是否存在肿瘤、转移位置,并提高肿物细针穿刺或经皮活组织检查获取到代表性组织的可能性(图 51-23)。由于甲状腺癌常见肺和心基部转移,因此怀疑甲状腺肿物时,胸部 X 线片也是常规检查的一部分。颈部 X 线片可发现体格检查无法确定的小肿瘤,显示出邻近器官变位的严重程度,发现肿瘤局部浸润入气管和咽。腹部超声检查可用于发现腹腔转移(多数为肝脏)。颈部 CT 和核磁共振成像可确定肿瘤侵入颈部周围组织的程度、肺脏和淋巴结转移以及纵隔的异位甲状腺组织(图 51-24)——如果考虑手术或放疗,这些信息非常有价值。

高锝酸钠甲状腺扫描可用于证实颈部肿物来源于甲状腺,评价局部组织的浸润程度,发现可能转移部位(头、颈和胸部)的异常吸收情况。大部分甲状腺肿瘤吸收高锝酸钠、腺体形状不规则、局部组织浸润。如果恶性肿瘤(特别是远端转移的位置)不能有效吸收碘,则高锝酸钠甲状腺扫描不能发现出其位置。高锝酸钠甲状腺扫描不能排除远端转移位置。甲状腺肿瘤吸收放射性核素的总量不能鉴别甲状腺功能(如正常甲状腺、甲状腺功能减退或甲状腺功能亢进)或良性与恶性肿瘤。X 线片对肺脏转移的诊断敏感性高于高锝酸钠甲状腺扫描。

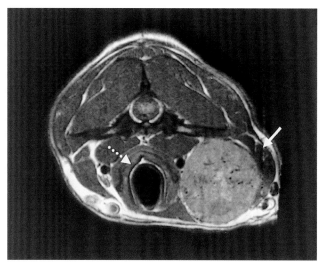

**图 51-24**

**10 岁雄性已去势金毛猎犬颈下一肿物,核磁共振成像显示右侧甲状腺肿瘤(实箭头)位于气管(点箭头)旁边。组织病理学检查为甲状腺 C-细胞癌,伴血管浸润。甲状腺切除后,颈部患区采用放射性治疗。**

## 诊断

确诊必须进行肿瘤活组织检查并作组织学评价。但犬甲状腺瘤血管丰富,活组织取样后,常见出血。推荐先用 21 或 23 号针做细针抽吸并做细胞学检查,以确定肿瘤来源于甲状腺。抽吸时常见血液污染,鉴别腺瘤和腺癌非常困难。确诊通常需要粗针活检、手术探查或超声介导下活组织检查。超声可发现活检所需的实质性肿瘤,并可避开大血管。如果细针抽吸无法确诊,推荐使用上述方法。

## 治疗

犬甲状腺肿瘤的治疗方案有手术、化疗、放疗、放射性碘和抗甲状腺药物。治疗方案的选择部分取决于肿瘤大小、浸润程度和局部或远端转移。功能性甲状腺肿瘤不会对治疗方案的选择产生显著影响。无论大小,在确诊前,所有甲状腺肿瘤都应被认为是恶性的(图 51-25)。即使是大型的局部浸润肿瘤,也应进行治疗。大部分大型局部浸润肿瘤患犬,在治疗后表现良好,并有可能寿命延长。此外,肿瘤局部控制可能会终止或降低转移扩散,转移可能不会影响最终的结果。甲状腺癌的治疗中,局部得到控制才是最重要的。

### ◆手术

手术切除可用于彻底治愈甲状腺瘤,以及体积小、包囊清晰且具游离性的甲状腺癌。无论什么体积的非

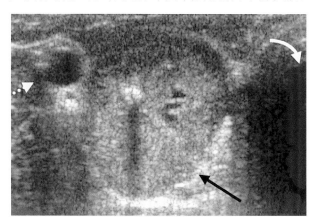

**图 51-23**

**超声检查 11 岁雌性已绝育拉布拉多杂种犬,右侧甲状腺叶区域可见一肿瘤(直箭头)、颈动脉(点箭头)和气管(弯箭头)。肿瘤内局部的小钙化形成声影。该肿瘤是常规体格检查时意外发现的。手术切除肿瘤后病理学检查确诊为甲状腺腺癌。**

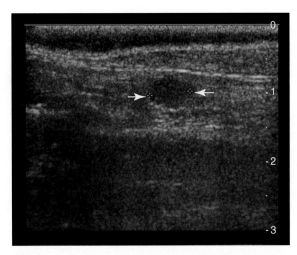

**图 51-25**

11 岁雄性去势巴哥犬的右侧甲状腺叶肿物超声检查,直径为 0.61 cm(箭头)。该患犬有高钙血症,在超声评估甲状旁腺时意外发现甲状腺肿物。手术移除肿物后组织病理学检查证实为甲状腺癌。

游离性局部浸润甲状腺癌,完全切除预后较差。这些肿瘤可选择用放疗。如果发现有远端转移,则推荐化疗。手术切除固定的局部浸润肿瘤,有助于缓解肿瘤引起的症状,如呼吸困难和吞咽困难,并为其他治疗方案提供更长的时间。放疗或化疗使得浸润的大肿瘤体积缩小后,可考虑手术切除。大范围切除浸润的肿瘤,特别是双侧性的,会损伤咽返神经、甲状旁腺和正常甲状腺组织的完整性。如果术中甲状旁腺可能被损伤或切除,术前和术后 7~10 d 监测血清钙浓度是十分重要的。如果出现甲状旁腺功能减退症状,应开始用维生素 D 和钙治疗(见第 50 章)。术后根据临床症状和补充甲状腺素的效果,2~3 周内监测血清 $T_4$、$fT_4$ 和 TSH 浓度。(见 Fossum,2012,and Tobias and Johnston,2012,for information on surgical techniques for the thyroparathyroid complex.)

◆ **外射线放疗**

放疗是局部严重甲状腺癌的首选治疗。放疗可单独使用,也可结合手术或化疗一起使用。患犬放疗后,甲状腺癌发展缓慢。一项 25 只患不可切除的分化甲状腺癌且无转移犬的研究中,放疗后 8~22 个月时肿瘤体积减少到最大程度(Theon 等,2000)。在这 25 只患犬中,85% 的患犬 1 年内无进展(指放疗完成到发现局部肿瘤复发,或死于与肿瘤发展无关的时间),75% 的患犬 3 年无进展,中位时间为 55 个月。放疗的急性辐射反应有食管、气管或喉黏膜炎症,引起吞咽困难、咳嗽、声音嘶哑和短暂的嗜中性粒细胞下降。这些

反应一般是轻度和自限性的。慢性辐射反应有皮肤纤维化、永久性脱毛、干咳引起的慢性气管炎和甲状腺功能减退。

◆ **化疗**

如果手术完全切除或放疗不成功、存在肿瘤转移、原发性肿瘤出现局部浸润或可能出现转移,即使诊断试验未见异常,也应考虑化疗。当甲状腺肿瘤体积超过约 27 cm³ 时,肿瘤转移的可能性非常高。多柔比星(30 mg/m²,静脉注射,间隔 21 d)和卡铂(300 mg/m²,静脉注射,间隔 21 d)是两种治疗犬甲状腺癌最常用的药物。也可两者每隔 3 周轮流使用,总共 6 次。犬甲状腺瘤对多柔比星和卡铂的反应不定。对于多数犬,多柔比星和卡铂可防止肿瘤进一步生长,并使肿瘤收缩,但很少完全消除。(见第 79 章和第 80 章化疗药物的讨论)

◆ **放射性碘**

有研究表明,单独用 $^{131}I$ 或结合手术治疗犬甲状腺肿瘤,可能延长患犬寿命。Worth 等(2005)报道,单独用放射性碘治疗,患犬中位存活时间为 30 个月;放射性碘与手术结合治疗,患犬中位存活时间为 34 个月;不进行治疗,患犬中位存活时间为 3 个月。Turrel 等(2006)报道,有局部肿瘤(如 II 级和 III 级疾病)的患犬,中位存活时间为 839 d;有转移的患犬,中位存活时间为 366 d。肿瘤的位置(颈部或异位)、年龄、体重、治疗方案($^{131}I$ 单独或和手术一起使用)和血清 $T_4$ 浓度,都与存活时间没有很明显的相关性。$^{131}I$ 治疗适用于任何可捕获碘甲状腺肿瘤组织,包括转移部位组织。高锝酸钠甲状腺扫描可用于确定肿瘤组织能否捕获碘。静脉注射高剂量的 $^{131}I$[如 1 100~3 700 MBq(30~100 mCi)]可治疗犬甲状腺肿瘤。可能的副作用有食管炎、气管炎和骨髓抑制。

◆ **口服抗甲状腺药物**

功能性甲状腺瘤患犬,口服抗甲状腺药物可缓解其甲状腺功能亢进的临床症状。由于口服抗甲状腺药物不具有细胞毒性,因此不推荐用作犬甲状腺肿瘤的主要治疗方法。治疗方法类似于甲状腺功能亢进患猫,初始时甲巯咪唑的剂量为 2.5~5 mg,每天 2 次,接着根据临床症状的控制和维持血清 $T_4$ 浓度在参考值范围内的需要逐步增加剂量。

## 预后

　　手术切除甲状腺腺瘤的预后极好。较小、包囊清楚的甲状腺癌病例，手术切除的预后谨慎到良好。但诊断时多数犬的甲状腺肿瘤都较大，常浸润周围组织或出现转移。对于这些犬，多种治疗方法综合使用可缓解临床症状。对于一些病例而言，可明显降低肿瘤负担，但其长期预后慎重至不良。存活时间取决于治疗方案的积极程度，一般为 6～24 个月。

### ◉ 推荐阅读

Fossum TW: *Small animal surgery*, ed 4, St Louis, 2012, Elsevier-Mosby.

Tobias KM, Johnston SA: *Veterinary surgery: small animal*, St Louis, 2012, Elsevier-Saunders.

#### 犬猫甲状腺功能减退

Blois SL et al: Use of thyroid scintigraphy and pituitary immunohistochemistry in the diagnosis of spontaneous hypothyroidism in a mature cat, *J Fel Med Surg* 12:156, 2010.

Boretti FS et al: Comparison of 2 doses of recombinant human thyrotropin for thyroid function testing in healthy and suspected hypothyroid dogs, *J Vet Intern Med* 23:856, 2009.

Bromel C et al: Ultrasound of the thyroid gland in healthy, hypothyroid, and euthyroid Golden Retrievers with nonthyroidal illness, *J Vet Intern Med* 19:499, 2005.

De Roover K et al: Effect of storage of reconstituted recombinant human thyroid-stimulating hormone (rhTSH) on thyroid-stimulating hormone (TSH) response testing in euthyroid dogs, *J Vet Intern Med* 20:812, 2006.

Espineira MMD et al: Assessment of thyroid function in dogs with low plasma thyroxine concentrations, *J Vet Intern Med* 21:25, 2007.

Gommeren K et al: Effect of thyroxine supplementation on glomerular filtration rate in hypothyroid dogs, *J Vet Intern Med* 23:844, 2009.

Higgins MA et al: Hypothyroid-associated central vestibular disease in 10 dogs: 1999-2005, *J Vet Intern Med* 20:1363, 2006.

Johnson C et al: Effect of [131]I-induced hypothyroidism on indices of reproductive function in adult male dogs, *J Vet Intern Med* 13:104, 1999.

Kemppainen RJ, Birchfield JR: Measurement of total thyroxine concentration in serum from dogs and cats by use of various methods, *Am J Vet Res* 67:259, 2006.

Le Traon G et al: Clinical evaluation of a novel liquid formulation of L-thyroxine for once daily treatment of dogs with hypothyroidism, *J Vet Intern Med* 23:43, 2009.

Marca MC et al: Evaluation of canine serum thyrotropin (TSH) concentration: comparison of three analytical procedures, *J Vet Diag Invest* 13:106, 2001.

O'Neill SH et al: Effect of an anti-inflammatory dose of prednisone on thyroid hormone monitoring in hypothyroid dogs, *Vet Derm* 22:202, 2010.

Panciera DL et al: Effect of short-term hypothyroidism on reproduction in the bitch, *Theriogenology* 68:316, 2007.

Panciera DL, Lefebvre HP: Effect of experimental hypothyroidism on glomerular filtration rate and plasma creatinine concentration in dogs, *J Vet Intern Med* 23:1045, 2009.

Piechotta M et al: Autoantibodies against thyroid hormones and their influence on thyroxine determination with chemiluminescence immunoassay in dogs, *J Vet Sci* 11:191, 2010.

Quante S et al: Congenital hypothyroidism in a kitten resulting in decreased IGF-1 concentration and abnormal liver function tests, *J Fel Med Surg* 12:487, 2010.

Radosta LA et al: Comparison of thyroid analytes in dogs aggressive to familiar people and in non-aggressive dogs, *Vet J* 192:472, 2012.

Rossmeisl JH: Resistance of the peripheral nervous system to the effects of chronic canine hypothyroidism, *J Vet Intern Med* 24:875, 2010.

Rossmeisl JH et al: Longitudinal study of the effects of chronic hypothyroidism on skeletal muscle in dogs, *Am J Vet Res* 70:879, 2009.

Schachter S et al: Comparison of serum free thyroxine concentrations determined by standard equilibrium dialysis, modified equilibrium dialysis, and 5 radioimmunoassays in dogs, *J Vet Intern Med* 18:259, 2004.

Scott-Moncrieff JCR et al: Lack of association between repeated vaccination and thyroiditis in laboratory Beagles, *J Vet Intern Med* 20:818, 2006.

Shiel RE et al: Thyroid hormone concentrations in young, healthy, pretraining greyhounds, *Vet Rec* 161:616, 2007.

Van Hoek IM et al: Thyroid stimulation with recombinant human thyrotropin in healthy cats with low serum thyroxine and azotaemia after treatment of hyperthyroidism, *J Fel Med Surg* 12:117, 2010.

#### 猫甲状腺功能亢进

Boag AK et al: Changes in the glomerular filtration rate of 27 cats with hyperthyroidism after treatment with radioactive iodine, *Vet Rec* 161:711, 2007.

Edinboro CH et al: Feline hyperthyroidism: potential relationship with iodine supplement requirements of commercial cat foods, *J Fel Med Surg* 12:672, 2010.

Fischetti AJ et al: Effects of methimazole on thyroid gland uptake of [99m]TC-pertechnetate in 19 hyperthyroid cats, *Vet Radiol Ultrasound* 46:267, 2005.

Harvey AM et al: Scintigraphic findings in 120 hyperthyroid cats, *J Fel Med Surg* 11:96, 2009.

Hibbert A et al: Feline thyroid carcinoma: diagnosis and response to high-dose radioactive iodine treatment, *J Fel Med Surg* 11:116, 2009.

Merryman JI et al: Overexpression of c-ras in hyperplasia and adenomas of the feline thyroid gland: an immunohistochemical analysis of 34 cases, *Vet Pathol* 36:117, 1999.

Milner RJ et al: Survival times for cats with hyperthyroidism treated with iodine 131, methimazole, or both: 167 cases (1996-2003), *J Am Vet Med Assoc* 228:559, 2006.

Nykamp SG et al: Association of the risk of development of hypothyroidism after iodine 131 treatment with the pretreatment pattern of sodium pertechnetate Tc 99m uptake in the thyroid gland in cats with hyperthyroidism: 165 cases (1990-2002), *J Am Vet Med Assoc* 226:1671, 2005.

Rutland BE et al: Optimal testing for thyroid hormone concentration after treatment with methimazole in healthy and hyperthyroid cats, *J Vet Intern Med* 23:1025, 2009.

Sartor LL et al: Efficacy and safety of transdermal methimazole in the treatment of cats with hyperthyroidism, *J Vet Intern Med* 18:651, 2004.

Wakeling J et al: Subclinical hyperthyroidism in cats: a spontaneous model of subclinical toxic nodular goiter in humans? *Thyroid* 17:1201, 2007.

Wakeling J et al: Diagnosis of hyperthyroidism in cats with mild chronic kidney disease, *J Small Anim Pract* 49:287, 2008.

Wallack S et al: Calculation and usage of the thyroid to background ratio on the pertechnetate thyroid scan, *Vet Radiol Ultrasound* 51:554, 2010.

Ward CR et al: Evaluation of activation of G proteins in response to thyroid stimulating hormone in thyroid gland cells from euthyroid and hyperthyroid cats, *Am J Vet Res* 71:643, 2010.

Williams TL et al: Survival and the development of azotemia after treatment of hyperthyroid cats, *J Vet Intern Med* 24:863, 2010.

**Canine Thyroid Neoplasia**

Nadeau ME, Kitchell BE: Evaluation of the use of chemotherapy and other prognostic variables for surgically excised canine thyroid carcinoma with and without metastasis, *Can Vet J* 52:994, 2011.

Simpson AC, McCown JL: Systemic hypertension in a dog with a functional thyroid gland adenocarcinoma, *J Am Vet Med Assoc* 235:1474, 2009.

Theon AP et al: Prognostic factors and patterns of treatment failure in dogs with unresectable differentiated thyroid carcinomas treated with megavoltage irradiation, *J Am Vet Med Assoc* 216:1775, 2000.

Tuohy JL et al: Outcome following simultaneous bilateral thyroid lobectomy for treatment of thyroid gland carcinoma in dogs: 15 cases (1994-2010), *J Am Vet Med Assoc* 241:95, 2012.

Turrel JM et al: Sodium iodide I 131 treatment of dogs with non-resectable thyroid tumors: 39 cases (1990-2003), *J Am Vet Med Assoc* 229:542, 2006.

Worth AJ et al: Radioiodide ([131]I) therapy for treatment of canine thyroid carcinoma, *Aust Vet J* 83:208, 2005.

Wucherer KL, Wilke V: Thyroid cancer in dogs: an update based on 638 cases (1995-2005), *J Am Anim Hosp Assoc* 46:249, 2010.

# 第 52 章
## CHAPTER 52

# 胰腺内分泌疾病
## Disorders of the Endocrine Pancreas

# 高血糖
## (HYPERGLYCEMIA)

### 病因

尽管血糖浓度大于肾糖阈值时,才会出现高血糖的临床症状,但血糖浓度超过 130 mg/dL 时,就认为存在高血糖。犬肾糖阈值为 180～220 mg/dL,猫肾糖阈值变化较大,一般为 200～280 mg/dL。糖尿病会引起渗透性利尿,从而引起多饮多尿,这是严重高血糖的典型临床症状。高血糖和糖尿最常见的病因是糖尿病。无糖尿性严重高血糖常见于猫应激性高血糖,主要由儿茶酚胺分泌引起。暂时性糖尿(糖尿试纸检测<1%)可见于一些严重或长期应激性高血糖的猫。

### 临床特征

血糖浓度为 130～180 mg/dL(猫可高达 250 mg/dL)时呈亚临床表现,常在怀疑其他疾病做血液检查时意外发现。如果多饮多尿的犬猫存在轻度高血糖(小于 180 mg/dL)且无糖尿时,应怀疑糖尿病外的其他疾病。犬猫 2 h 内采食富含单糖/双糖/玉米糖浆或丙二醇的食物、静脉注射全静脉营养液、应激、紧张、兴奋、糖尿病早期(如亚临床型糖尿病),以及患有的疾病或服用的药物均可引起胰岛素抵抗(框 52-1)时,可能出现轻度高血糖。如果禁食、未应激犬猫持续存在轻度高血糖,特别是血糖浓度随时间上升时,应查明引起胰岛素抵抗的病因。

 **框 52-1　犬猫高血糖的原因**

糖尿病*
应激、攻击、激动、紧张、打架*
餐后作用(进食含有单糖、双糖和丙二醇食物 2 h 内)
肾上腺皮质功能亢进*
肢端肥大症(猫)
间情期(母犬)
嗜铬细胞瘤(犬)
胰腺炎
胰腺外分泌肿瘤
慢性肾脏疾病
头部创伤
药物治疗*
　糖皮质激素
孕激素
　醋酸甲地孕酮
含糖液体*
胃肠外营养液*

*常见病因。

# 低血糖
## (HYPOGLYCEMIA)

### 病因

血糖浓度小于 60 mg/dL,表明存在低血糖。这通常是正常细胞(如高胰岛素血症、β-细胞瘤或摄入木糖醇)或肿瘤细胞过度利用葡萄糖、肝糖异生和糖原分解受损(如门脉短路、肝硬化)、升血糖激素缺乏(如肾上腺皮质功能减退)、葡萄糖或其他用于肝糖异生的物质摄入不足(如新生动物和玩具型品种的厌食症),或上述几种因素综合(如败血症,框 52-2)引起的。医源性低血糖常见于糖尿病患犬猫,多为胰岛素使用过量所致。

**框 52-2　犬猫低血糖的原因**

β-细胞瘤(胰岛素瘤)*
胰腺外肿瘤
　　肝细胞癌、肝瘤*
　　平滑肌肉瘤、平滑肌瘤*
　　血管肉瘤
　　癌(乳腺、唾液腺、肺)
　　白细胞增多症
　　浆细胞瘤
　　黑素瘤
肝胆疾病*
　　门静脉短路
　　慢性纤维化、硬化
败血症*
　　严重犬巴贝斯虫感染
　　败血性腹膜炎
肾上腺皮质功能减退*
特发性低血糖*
　　新生儿低血糖
　　幼年性低血糖(特别是玩具犬)
　　猎犬低血糖
胰腺外分泌肿瘤
胰腺炎
慢性肾脏疾病
垂体机能减退
肝酶缺乏
　　Von Gierke's 疾病(Ⅰ型糖原贮积性疾病)
　　Cori's 疾病(Ⅲ型糖原贮积性疾病)
长期饥饿
血样存贮时间过长*
医源性*
　　胰岛素治疗
　　磺酰脲类药物治疗
　　摄入乙二醇
　　摄入木糖醇
误差*
　　便携式血糖仪——测定仪器
　　实验错误

　　* 常见病因。

血清或血浆分离前,血液贮存时间过度延长会引起血糖浓度下降,速率约为 7 mg/(dL·h)。犬猫存在红细胞增多症、白细胞增多症或败血症时,红细胞和白细胞引起的糖酵解更为明显。因此,用于检测血糖浓度的全血应尽快分离(30 min 内),血清或血浆在待检期间应冷藏或冰冻保存,以减少人为性血糖降低。用于测定葡萄糖的血清和血浆分离后冷藏,可存放长达 48 h。血浆可用氟化钠管采集,但用氟化物管采血时,易出现溶血,并由于测定方法的因素,会引起血糖值轻

度下降。使用人用便携式家用血糖仪检测的血糖值,比用台式法测定的实际血糖值低,这可能造成误诊低血糖。而专门用于糖尿病犬猫的 AlphaTRAK 血糖仪(Abbott Laboratories,Abbott Park,Ill)检测的血糖结果可能偏高或偏低。最后,实验室失误也会引起血糖检测不准确。因此在分析低血糖原因前,应重新采集血样用台式法复检,确诊低血糖。

## 临床特征

　　通常血糖低于 45 mg/dL(这值可能变化很大)时,会出现低血糖的临床症状。临床症状的发生取决于低血糖的严重程度和持续时间(急性或是慢性),以及血糖浓度下降的速率。临床症状是神经性低血糖症和低血糖引起的交感肾上腺神经系统刺激的结果。神经性低血糖症状包括抽搐、虚弱、休克、共济失调,较不常见的症状为嗜睡、失明、异常行为和昏迷。儿茶酚胺分泌增多的症状包括不安、烦燥、饥饿和肌束震颤。

　　由于病因不同,低血糖的症状可能是持续性或间歇性的。无论什么病因,低血糖的典型临床症状(如抽搐)倾向于间歇性发作。由于逆向调节机制(如分泌儿茶酚胺和胰高血糖素)的活化可阻断胰岛素作用、刺激肝脏分泌葡萄糖和提高血糖浓度,犬猫低血糖性抽搐,通常会在几分钟内恢复。

## 诊断方法

　　开始鉴别病因前必须先确诊低血糖。病史调查、体格检查和常规血液、尿液检查(如 CBC、生化和尿液检查)通常可提供潜在病因的线索。幼龄犬猫的低血糖通常由特发性低血糖、饥饿、先天性门脉短路或败血症引起。对于青年犬猫,低血糖通常由肝胆疾病、门脉短路、肾上腺皮质功能减退或败血症引起。而老年犬猫,肝胆疾病、β-细胞瘤、胰腺外肿瘤、肾上腺皮质功能减退和败血症是最常见的病因。

　　犬猫患肾上腺皮质功能减退或肝功能不全时,低血糖通常是轻度的(> 45 mg/dL),且是偶然发现。通常还存在其他临床病理学异常(如阿狄森氏病患病动物存在低钠血症和高钾血症;肝胆疾病患病动物存在丙氨酸氨基转移酶活性升高、低胆固醇血症、低白蛋白血症和血清尿素氮浓度下降)。确诊需要进行 ACTH 刺激试验或肝功能试验(如餐前和餐后胆汁酸浓度)。严重低血糖(< 40 mg/dL)见于新生和青年犬猫(特别是玩具型品种)及患败血症、β-细胞瘤和胰腺外肿瘤的动物。其中最常见的胰腺外肿瘤是肝腺癌和平滑肌肉

瘤。败血症的诊断通常基于体格检查和异常血常规结果,包括嗜中性粒细胞增多(＞ 30 000 个/μL)、核左移和中毒性变化,易作出诊断。胰腺外肿瘤的诊断常基于体格检查、腹部或胸部 X 线检查、腹部超声检查。β-细胞瘤犬的体格检查通常正常,除低血糖外,其他检查通常也是正常的。血糖浓度低于 60 mg/dL(特别是低于 50 mg/dL)时应测定血清胰岛素浓度,从而确诊 β-细胞瘤。

## 治疗

无论什么时候,如果可能,都应对因治疗。如果无法消除病因且低血糖的症状持续存在,则须长期对症治疗,增加血糖浓度,以减少临床症状(见框 52-12)。转移性 β-细胞瘤或胰腺外肿瘤动物通常需要上述治疗方案。

严重低血糖急性发作时,对症治疗的药物是葡萄糖(框 52-3)。如果犬猫在家发生低血糖性抽搐,主人必须在其颊黏膜上抹上含糖物质(如糖浆)。多数犬猫会在 1～2 min 内有所反应。告诫主人禁止用手指把糖浆抹到或是将糖溶液直接灌入动物口中。一旦犬猫能趴着且识别周围环境,可饲喂少量食物并去医院就诊。虽然缺乏临床实验,但是用于人糖尿病低血糖的家用胰高血糖素急救盒也可用于治疗糖尿病犬猫的低血糖(Zeugswetter 等,2012)。

**框 52-3　急性低血糖抽搐的治疗方法**

---

**在家发生抽搐**
步骤 1. 在犬猫牙龈涂抹糖溶液
步骤 2. 一旦动物恢复意识,饲喂少量食物
步骤 3. 去医院就诊

**在医院发生抽搐**
步骤 1. 缓慢静注 1～5 mL 50%葡萄糖 10 min 以上
步骤 2. 一旦动物恢复意识,饲喂少量食物
步骤 3. 必要时开始长期药物治疗(见框 52-12)

**在医院发生顽固性抽搐**
步骤 1. 用 2.5%～5%葡萄糖,以 1.5～2 倍的维持输液速度输入
步骤 2. 在输液液体中加入 0.5～1 mg/kg 地塞米松,持续输液超过 6 h。如有必要,每 12～24 h 重复输液
步骤 3. 恒速输注胰高血糖素(美国药典 Eli Lilly),起始剂量为 5～10 ng/(kg·min)
步骤 4. 如果之前步骤均无效,将动物麻醉 4～8 h,同时继续之前描述的治疗方法

---

如果在医院出现休克、惊厥或昏迷,输注 50%葡萄糖缓解症状前,应先采血检测血糖浓度和其他变化。葡萄糖应缓慢少量而不是大量快速输入。这对于疑患 β-细胞瘤的犬特别重要,因为过量的葡萄糖会刺激肿瘤分泌大量的胰岛素,引起严重的低血糖。通常 2～15 mL 50%葡萄糖就能缓解症状。犬猫低血糖症状通常在输入葡萄糖 2 min 内出现改善。低血糖的复发取决于对潜在病因的控制。

有时伴有严重中枢神经症状(如失明、昏迷)的犬猫对葡萄糖治疗无反应。持续严重的低血糖和继而引起的脑缺氧可引起不可逆的脑损伤。这些动物的预后慎重或不良。治疗主要是静脉注射 2.5%～5%葡萄糖或恒速输入胰高血糖素以提高肝脏糖异生。抽搐可用地西泮或作用更强的抗惊厥药控制。必要时可用糖皮质激素和甘露醇控制脑水肿。

# 犬糖尿病
## (DIABETES MELLITUS IN DOGS)

## 病因及分类

实际上所有的犬糖尿病诊断时,均是胰岛素依赖型糖尿病 (insulin-dependent diabetes mellitus, IDDM)。胰岛素依赖型糖尿病的特征是低胰岛素血症,特别是确诊后用促胰岛素分泌剂(如葡萄糖或胰高血糖素),血清胰岛素水平不升高;处方食物或口服降糖药治疗无效,需要给予外源性胰岛素控制血糖。犬糖尿病病因仍不清楚,但肯定是多种因素复合作用的结果。遗传倾向、感染、胰岛素拮抗性疾病和药物、肥胖、免疫介导性和胰腺炎等被认为是引发 IDDM 的病因。最终的结果是 β-细胞丢失,低胰岛素血症,葡萄糖进入细胞障碍,以及肝脏糖异生和糖原分解增加。其引发的高血糖和糖尿可引起多饮、多尿、多食和体重下降。为弥补血糖利用不足,酮体生成增加会引起酮症酸中毒。IDDM 患犬 β-细胞功能的丧失是不可逆的,须终生使用胰岛素控制血糖。

与猫不同的是,犬罕见暂时性或可逆性糖尿病。最常见的犬暂时性糖尿病是间情期通过卵巢子宫摘除术纠正胰岛素拮抗作用。黄体酮可刺激母犬生长激素的分泌。卵巢子宫摘除后,黄体酮来源消失,血浆生长激素浓度下降,胰岛素拮抗解除。如果在胰腺内有足够数量有功能的 β-细胞,则不用胰岛素治

疗,也能控制血糖。更常见的是,在卵巢子宫摘除后1个月内使用胰岛素治疗。相对于健康犬,这些犬在间情期发生高血糖前,其 $\beta$-细胞数量明显减少(如亚临床糖尿病);卵巢子宫摘除术后,任何原因引起胰岛素拮抗时,还会再次发生高血糖和糖尿病。虽然不常见,但类似情况可发生于亚临床糖尿病患犬使用胰岛素拮抗药物治疗(如糖皮质激素)或胰岛素拮抗疾病的早期阶段(如肾上腺皮质功能亢进)。如果未快速纠正胰岛素拮抗,则发展为 IDDM,需终生用胰岛素控制高血糖。

一些新诊断的 IDDM 犬存在一个过渡期。其特征是,小剂量胰岛素[<0.2 U/(kg·次)]即可控制高血糖,这可能是由于残余 $\beta$-细胞发挥作用。但随着 $\beta$-细胞的破坏和内源性胰岛素分泌的减少,患犬的血糖通常在开始治疗的 3~6 个月内更难控制,并需要增加胰岛素剂量。虽然有报道称,肥胖可引起犬碳水化合物不耐受,以及一些糖尿病患犬残存功能性的 $\beta$-细胞,但犬的非胰岛素依赖型糖尿病(non-insulin-dependent diabetes mellitus,NIDDM)在临床上不常见。

## 临床特征

### ◈病征

多数犬被诊断为糖尿病时,多为 4~14 岁,7~9 岁为高发阶段。幼发型糖尿病是指小于 1 岁的犬患糖尿病,临床上不常见。雌性犬发病率是雄性犬的 2 倍。基于家族关系和血统分析的研究表明,该病在某些品种中存在遗传倾向(表 52-1)。品种的区域差异也会影响该病的流行。例如在瑞典,瑞典猎鹿犬、挪威猎鹿犬、瑞典拉普赫德犬、澳大利亚㹴和萨摩耶犬的糖尿病发病率最高。

### ◈病史

所有糖尿病患犬的病史均包括以下典型症状,即多饮、多尿、多食和体重下降。只有高血糖引起糖尿时,才会出现多饮多尿。有时一些主人会因白内障引起的突然失明带患犬就诊(图 52-1),而糖尿病典型的症状被主人忽视或认为是无关紧要的。如果患犬未出现并发症,主人也没有注意相关症状,且未发生白内障引起的视力异常,由于渐进性酮血症和代谢性酸中毒,患犬有可能出现全身性症状。开始出现临床症状至发展到糖尿病酮症酸中毒(DKA)的时间不定,可能为几天至几周。

**表 52-1　基于 1970—1993 年兽医医学数据(VMDB)高发或低发糖尿病的犬品种***

| 高发病率品种 | 比率 | 低发病率品种 | 比率 |
|---|---|---|---|
| 澳大利亚㹴 | 9.39 | 德国牧羊犬† | 0.18 |
| 标准雪纳瑞 | 5.85 | 柯利犬 | 0.21 |
| 迷你雪纳瑞† | 5.10 | 喜乐蒂牧羊犬 | 0.21 |
| 比熊犬 | 3.03 | 金毛巡回犬† | 0.28 |
| 波美拉尼亚丝毛犬 | 2.90 | 可卡犬 | 0.35 |
| 猎狐㹴 | 2.68 | 澳大利亚牧羊犬 | 0.44 |
| 迷你贵宾† | 2.49 | 拉布拉多犬 | 0.45 |
| 萨摩耶† | 2.42 | 杜宾犬 | 0.49 |
| 凯恩㹴 | 2.26 | 波士顿㹴 | 0.51 |
| 荷兰狮毛犬 | 2.23 | 罗威纳犬 | 0.51 |
| 马尔济斯犬 | 1.79 | 巴吉度犬 | 0.56 |
| 玩具贵宾† | 1.76 | 英国赛特犬 | 0.60 |
| 拉萨狮子犬 | 1.54 | 比格犬 | 0.64 |
| 约克夏㹴 | 1.44 | 爱尔兰长毛猎犬 | 0.67 |
| 巴哥犬† | — | 英国史宾格犬 | 0.69 |
|  |  | 美国比特犬† | — |

杂种犬为参考组(比率为 1.00)

\* VMDB 由美国和加拿大 24 所兽医学校的数据构成。VMDB 的病例分析数据是同一家兽医学校在同一年中 6 078 只初次就诊且诊断为糖尿病的犬和 5 922 只随机选择的非糖尿病的初诊动物。仅包含 25 例以上被诊断出糖尿病病例的品种。

† 该品种也在 Hess 等的研究报告中出现。Hess RS et al: Breed distribution of dogs with diabetes mellitus admitted to a tertiary care facility, *J Am Vet Med Assoc* 216:1414,2000.

引自 Guptill L et al: Is canine diabetes on the increase? In *Recent advances in clinical management of diabetes mellitus*, Dayton, Ohio, 1999, Iams Company, p 24.

**图 52-1**

糖尿病患犬双侧白内障引起的失明。(引自 Feldman EC, et al: Canine and felineendocrinology and reproduction, ed 3, St Louis, 2004, WB Sanuders.)

### ◈体格检查

体格检查结果取决于是否存在糖尿病酮症酸中毒及其严重程度、糖尿病诊断前的持续时间和其他并发症。非酮血症糖尿病患犬体格检查无典型异常。许多糖尿病患犬肥胖,但身体其他状况良好。长期未治疗的糖尿病患犬可能存在体重下降,但除非存在并发症(如胰腺外分泌功能不全),否则很少出现消瘦。被毛可能稀疏、干燥、易断、无光泽,且因过度角化而出现鳞屑。糖尿病引起的脂肪肝可能会引起肝肿大。常见伴随晶状体改变的白内障。其他异常可见于糖尿病酮症酸中毒。

## 诊断

糖尿病的诊断基于三大发现:相应的临床症状、持续禁食性高血糖和糖尿。用简易的血糖仪测定血糖浓度和尿试纸测定糖尿(如 KetoDiastix)可快速诊断糖尿病。同时存在酮尿,可诊断为糖尿病酮症(DK),同时存在代谢性酸中毒时可诊断为 DKA。

确诊糖尿病时,确定存在持续高血糖和糖尿很重要。因为高血糖可将糖尿病与原发性肾性糖尿区别开来,而糖尿可区分糖尿病和其他原因所致的高血糖(框52-1),特别是采血时肾上腺素引起的应激性高血糖。应激性高血糖在猫中常见,偶发于犬,特别是易兴奋、激动或具有攻击性的犬猫。读者可参考其他章节获取更多应激性高血糖的信息。

一旦诊断为糖尿病,建议对犬进行全身体检,以确定引起碳水化合物不耐受的潜在病因(如肾上腺皮质功能亢进),或碳水化合物不耐受引起的疾病(如细菌性膀胱炎),或发现可能需要调整治疗方案的疾病(如胰腺炎)。实验室检查至少应包括 CBC、生化、血清胰蛋白酶样免疫反应性、尿液分析和尿液细菌培养。如果患犬为未绝育雌性,无论其发情周期如何,都要检测血清孕酮浓度。如果情况允许,还应做腹部超声检查,确定是否存在胰腺炎、肾上腺肿大和子宫内膜炎,以及影响肝脏和尿道的异常(如肾盂肾炎或膀胱炎的变化)。基础血清胰岛素浓度测定或胰岛素反应性试验并不常用。病史调查、体格检查或确定酮症酸中毒后,可能需要其他检查。潜在的临床病理学异常见框52-4。

## 治疗

治疗的主要目的是消除主人发现的糖尿病临床症状。出现持续的临床症状和慢性并发症(框52-5),与高血糖程度和持续时间直接相关。对于糖尿病患犬,治疗包括给予适当的胰岛素、饮食、运动、防止或控制并发的胰岛素抵抗性疾病,停止使用引起胰岛素抵抗的药物。兽医必须警惕低血糖的发生,最有可能导致这种情况的是胰岛素的过量使用。

 **框 52-4　无并发症糖尿病患犬猫的临床病理学异常**

**全血细胞计数**
一般正常
如果存在胰腺炎或感染,会出现嗜中性白细胞增多、中毒性嗜中性粒细胞

**生化**
高血糖
高胆固醇血症
高甘油三酯血症(脂血症)
丙氨酸氨基转移酶活性升高(一般< 500 IU/L)
碱性磷酸酶活性升高(一般< 500 IU/L)

**尿液分析**
尿比重一般> 1.025
糖尿
酮尿不定
蛋白尿
细菌尿

**其他检查**
如果存在胰腺炎,血清特异性 cPL 或特异性 fPL 正常或升高
如果存在胰腺炎,脂肪酶活性升高
血清胰蛋白酶样免疫反应性
　如果存在胰腺外分泌功能不全,降低
　如果存在胰腺炎,正常或升高
基础血清胰岛素浓度不定
　IDDM:下降、正常
　NIDDM:下降、正常、升高
　胰岛素抵抗引起:下降、正常、升高

IDDM:胰岛素依赖性糖尿病;NIDDM:非胰岛素依赖性糖尿病;Spec cPL,犬特异性胰脂肪酶;Spec fPL,猫特异性胰脂肪酶。

 **框 52-5　犬猫糖尿病的并发症**

**常见**
医源性低血糖
持续多尿、多饮、体重下降
白内障(犬)
晶体性葡萄膜炎(犬)
细菌感染,特别是下泌尿道
慢性胰腺炎
反复酮症、酮症酸中毒
肝脏脂质沉积综合征
外周神经病(猫)
全身性高血压(犬)

**不常见**
外周神经病(犬)
糖尿病性肾病
显著蛋白尿
肾小球硬化症
视网膜病变
胰腺外分泌功能不全
胃轻瘫
糖尿病性腹泻
小肠运动降低,腹泻
糖尿病性皮肤病(犬)(如表皮坏死性皮炎)

◉胰岛素用药概览

家用治疗犬猫糖尿病的胰岛素种类有:中效胰岛素(NPH,Lente)和长效基础胰岛素(精蛋白锌胰岛素、甘精胰岛素和地特胰岛素,表52-2)。NPH(优泌林 N,诺和灵 N)是重组人胰岛素。Lente(Vetsulin,Caninsulin)是纯化猪源性胰岛素,为3种短效、无定形胰岛素和7种长效、微晶胰岛素的混合物。PZI(ProZinc,IDEXX)是重组人胰岛素。

重组 DNA 技术生产的胰岛素类似物和人源胰岛素相比,有更快或更缓的吸收特性。速效型胰岛素类似物有赖脯胰岛素(优泌乐)和天冬胰岛素(诺和锐)。糖尿病病人需每天三餐前服用(早餐、午餐和晚餐),用于控制餐后高血糖,也称为膳食胰岛素。

甘精胰岛素(Lantus)和地特胰岛素(Levemir)都是长效基础胰岛素类似物。皮下注射后,吸收缓慢、持久,可抑制肝糖原的分泌。睡前注射,1 d 1 次。人医常将其与速效胰岛素类似物同时使用。甘精胰岛素 A 链 A21 位点的天冬氨酸被甘氨酸替代,B 链 C-端加入 2 个精氨酸。通过氨基酸修饰将等电位点的 pH 从 5.4 调节到 7。与人源胰岛素相比,这样的调节让甘精胰岛素在弱酸性环境下溶解度增加,而在生理 pH 环境下溶解度降低。甘精胰岛素溶解液为酸性,可维持甘精胰岛素在溶液中呈溶解且稳定的状态(如溶液澄清,在用注射器抽取之前无需晃动瓶身)。胰岛素的溶解度取决于 pH,因此不能使用其他会改变 pH 的溶液溶解胰岛素,或与其混合。甘精胰岛素在皮下注射后会形成微沉淀,少量甘精胰岛素会缓慢释放并被吸收入循环系统。地特胰岛素也是一种长效基础胰岛素类似物。地特胰岛素的分子调整是去掉 B30 位的苏氨酸,B 链 B29 位赖氨酸与十四碳脂肪酸(豆蔻酸)结合。地特胰岛素在注射位点与白蛋白形成结合物,以此减少循环中游离地特胰岛素的浓度,延长药效。

 **表 52-2** 用于犬猫的人重组胰岛素制剂的特性*

| 胰岛素类型 | 来源 | 使用方法 | | 持效时间(h) | | | 常见问题 |
|---|---|---|---|---|---|---|---|
| | | 适应证 | 注射方法 | 次数 | 犬 | 猫 | |
| 常规胰岛素 | 人源重组 | DKA | IV | 持续输注 | — | — | 快速降低血糖浓度 |
| | | | IM | 初始治疗时每 1 h/次 | 4~6 | 4~6 | |
| | | | SC | q 6~8 h | 6~8 | 6~8 | 可能引起低血钾 |
| | | 家用治疗 | SC | q 8 h | 6~8 | 6~8 | |
| | | 严重高血钾 | SC | 一旦发生 | | | |
| Lispro | 人源重组衍生物 | DKA | IV | 持续输入 | — | — | 快速降低血糖浓度;可能引起低血钾 |
| NPH(低精蛋白) | 人源重组 | 家用治疗 | SC | q 12 h | 6~12 | 6~10 | 在犬猫持效时间短 |
| Lente | 100%猪源 | 家用治疗;犬初始治疗推荐 | SC | q 12 h | 8~14 | 6~12 | 在猫持效时间短 |
| PZI | 人源重组 | 家用治疗;猫初始治疗推荐 | SC | q 12 h | 10~16 | 10~14 | 每12 h/次使用,对一些犬持效时间过长。在有的犬无法预测血糖最低值出现时间 |
| 甘精胰岛素 | 人源重组衍生物 | 家用治疗;猫初始治疗推荐 | SC | q 12~24 h | 8~16 | 8~16 | 每12 h/次使用,对一些犬持效时间过长。血糖控制效果较差。在有的犬无法预测血糖最低值出现时间 |
| 地特胰岛素 | 人源重组衍生物 | 家用治疗 | SC | q 10~24 h | 10~16 | 10~16 | 每12 h/次使用,对一些犬猫持效时间过长。与其他胰岛素相比,用量很少 |

DKA,糖尿病酮症酸中毒;IM,肌肉注射;IV,静脉注射;SC 皮下注射。

◉胰岛素的稀释和储存

冷冻或加热胰岛素药瓶都会使胰岛素失活。尽管在"室温下"保存不会使胰岛素失活,但作者建议应将胰岛素放入冰箱贮存,保证稳定的环境温度,延长胰岛素的药效。有的兽医提倡每月将胰岛素更换到新瓶中,以防出现胰岛素活性降低或细菌污染。作者在临床工作中发现,在稳定环境下储存(如冰箱)和正确操作的情况下,包括甘精胰岛素和地特胰岛素在内,均未出现明显的活性降低。因此作者不推荐每个月买一瓶新的胰岛素,尤其是在糖尿病犬猫状态较好时。如果溶液出现絮状物或颜色改变,则提示污染、溶液 pH 改变(甘精胰岛素)和/或胰岛素活性降低。此时,应弃去并换一瓶新的胰岛素。同样当临床症状复发时,不管瓶内剩余液体量的多少,都应考虑胰岛素活性降低。

胰岛素经常需要稀释,尤其是针对体型很小的犬猫。虽然目前评估稀释胰岛素保存期限的研究还未发表,作者推荐每 4～8 周更换一次稀释的胰岛素。即使规范操作及合理稀释,但在有些犬猫上,稀释胰岛素的用量仍不足,而使用全效胰岛素后可纠正。需要引起注意的是,甘精胰岛素是 pH 依赖性胰岛素,不可稀释。

◉ *初始胰岛素治疗*

作者认为猪源性长效胰岛素(Vetsulin,Caninsulin)是治疗首次诊断为糖尿病患犬的首选治疗药物(见表 52-2)。也可选用重组人源性 NPH 胰岛素,但 NPH 胰岛素常存在持效短的问题。目前研究数据表明,使用长效和 NPH 胰岛素控制绝大多数糖尿病犬血糖的用药范围为 0.2～1 U/kg,中等剂量大约为 0.5 U/(kg·次)。使用胰岛素治疗早期的一个重要目标是防止出现低血糖症状,尤其是家庭护理时。因此,作者使用胰岛素的初始剂量为参考范围的底线(约为 0.25 U/kg)。由于大部分患犬需注射长效或者 NPH 胰岛素,每日 2 次,因而作者倾向于在初始治疗时每日给药 2 次。

虽然重组人源 PZI、甘精胰岛素和地特胰岛素都能有效控制一些糖尿病患犬的血糖,但由于如药效持续时间、血糖最低值时间各异、不可预测、持效时间过长和可能引起苏木杰现象等问题,都不推荐用于初次诊断为糖尿病的犬。但当使用短效胰岛素 Lente 或 NPH 难以控制时,需要考虑使用长效胰岛素。

◉ *饮食管理*

日粮在犬糖尿病的管理中有重要作用。饲喂的日粮取决于犬的体重、并发症及主人和犬的选择。减肥是改善血糖控制最有利的方式。肥胖可引起犬胰岛素抵抗,造成胰岛素治疗效果不确定。体重降低会减轻肥胖糖尿病犬的胰岛素抗性。减重通常需要结合以下几个方面:限制卡路里摄入、饲喂低卡路里日粮和通过

运动增加卡路里消耗。读者可参考第 54 章了解更多肥胖的治疗信息。

增加日粮纤维含量不仅有助于治疗肥胖,还能改善糖尿病犬的血糖控制效果。很多宠物食品公司都生产针对糖尿病犬的粮食,其中添加可溶性和不可溶性纤维,可减缓肠道吸收葡萄糖,有助于降低餐后高血糖(框 52-6)。与糖尿病粮相比,许多减肥粮中不可溶性纤维含量更高,脂肪含量更低,以降低日粮能量密度。这 2 种日粮均可用于肥胖的糖尿病犬,以达到减肥的目的。但不应给体形消瘦的糖尿病患犬饲喂高纤维日粮。而应直到患犬血糖得到控制,且饲喂高能量、低纤维日粮恢复正常体重后,再用高纤维日粮维持。

并发症是选择日粮时需要考虑的重要因素。如糖尿病犬并发慢性胰腺炎或胰腺外分泌机能不全(胰腺腺泡萎缩),应饲喂低脂、低纤维和易消化日粮。伴有慢性肾脏疾病应饲喂为肾衰设计的低蛋白日粮。伴发炎性肠病时需饲喂低敏日粮以控制炎症及相关临床症状。

 **框 52-6　糖尿病犬猫的日粮推荐**

纠正肥胖并维持体重在可接受范围内(见第 54 章)。
　控制日常能量摄入。
　增加日常锻炼。
　避免胰岛素过量。
定时定量饲喂。
　在胰岛素持效的时间内饲喂。
　采用 q 12 h 胰岛素治疗时,在每次注射胰岛素后饲喂一半
　　日粮;采用 q 24 h 胰岛素治疗时,胰岛素注射后及注射
　　后 8～10 h 饲喂一半日粮。
减小饮食对餐后血糖的影响。
　避免饲喂单糖、双糖、丙二醇和玉米糖浆。
　喜欢少量多餐采食的犬继续其采食方式;避免其他动物接
　　触食物。
　增加日粮中纤维含量(犬)。

| 犬糖尿病处方粮 | 猫糖尿病处方粮 |
| --- | --- |
| 希尔斯 w/d | 高蛋白、低碳水化合物日粮: |
| 希尔斯 r/d(肥胖糖尿病犬) | 普瑞纳 DM |
| 普瑞纳 DCO | 希尔斯 MD |
| 普瑞纳 OM(肥胖糖尿病犬) | 皇家糖尿病粮 |
| | 含纤维的日粮: |
| 皇家糖尿病处方粮 | 希尔斯 w/d |
| 皇家高纤维低能量粮(肥胖糖尿病犬) | 希尔斯 r/d(肥胖糖尿病猫) |
| 爱慕思血糖及体重控制日粮 | 普瑞纳 OM(肥胖糖尿病猫) |
| | 皇家能量控制粮(肥胖糖尿病猫) |

◉运动

　　运动在糖尿病患犬维持血糖控制中起着非常重要的作用,它主要是有利于促进体重下降,消除肥胖引起的胰岛素抵抗。运动可增加注射部位胰岛素的利用,产生降血糖的效果,这可能主要是通过增加血液和淋巴流动、增加运动肌肉的血流量(增加胰岛素到达肌肉)和刺激葡萄糖转运进入肌细胞来实现。糖尿病犬每天都应运动,定时运动更佳,但避免在胰岛素药效顶峰进行。由于剧烈运动和偶尔运动会引起严重低血糖,应尽量避免。动物进行偶尔的剧烈运动(运动量比平时增加)前,应降低胰岛素的剂量。为防止产生低血糖,胰岛素的降低量不定,应通过反复试验确定。一般推荐先减少50%,然后在未来的24~48 h内,根据出现低血糖的症状或多饮多尿的严重程度进行调整。另外,主人必须清楚低血糖的症状,且备有含糖物质(如糖浆、糖果和食物),以备出现低血糖症状时随时饲喂。

◉查出并控制并发症

　　并发症和胰岛素拮抗性药物会干扰组织对胰岛素的敏感性,引起胰岛素抵抗和糖尿病控制不良。并发症和胰岛素拮抗性药物通过改变胰岛素代谢(受体前机制),降低细胞膜上胰岛素受体数量和亲和力(受体机制),干扰胰岛素受体传递(受体后机制),或上述机制组合,引起胰岛素抵抗。胰岛素抵抗的严重程度部分取决于潜在病因,可能是轻度,易通过增加胰岛素剂量控制(如肥胖);也可能重度,无论用什么类型和多大剂量的胰岛素,都不能控制持续且显著的高血糖(如肾上腺皮质功能亢进);还有可能反复出现严重高血糖(如慢性胰腺炎;框52-7)。一些胰岛素抵抗的原因在糖尿病诊断时就很明显,如肥胖和使用胰岛素拮抗药物(如糖皮质激素)。其他胰岛素抵抗的原因一般不明显,需要全面的检查才能发现。一般任何并发的炎性、感染性、激素性或肿瘤性疾病都会引起胰岛素抵抗,并干扰胰岛素的疗效。发现和治疗并发疾病是成功治疗犬糖尿病不可或缺的一部分。对于新确诊的糖尿病犬,详细的病史、体格检查和完整的诊断评估都是必需的。

◉胰岛素初始治疗的调整

　　糖尿病患犬需要数天去适应胰岛素剂量的改变。

框 52-7　引起犬猫胰岛素抵抗的原因

**引起严重胰岛素抵抗的疾病**
肾上腺皮质功能亢进
肢端肥大症(猫)
母犬间情期(引起血清孕酮和生长激素升高)
分泌孕酮的肾上腺皮质癌
致糖尿病药物(尤其是糖皮质激素和孕酮)

**引起反复胰岛素抵抗的疾病**
肥胖
感染
慢性炎症
慢性胰腺炎
慢性炎性肠病
口腔疾病
慢性肾脏疾病
肝胆疾病
心脏病
甲状腺功能减退
甲状腺功能亢进
胰腺外分泌功能不全
高脂血症
肿瘤
胰高血糖素瘤
嗜铬细胞瘤

　　因此,新诊断出的糖尿病患犬应住院治疗,并在24~48 h内完成诊断评估,并开始胰岛素治疗。住院期间,应在注射胰岛素时和注射后3 h、6 h和9 h时测定血糖浓度。其目的是查出对胰岛素作用极为敏感犬的低血糖(即血糖<80 mg/kg)。如果出现低血糖,在犬出院前应降低胰岛素的剂量。在胰岛素治疗的前几天,仍存在高血糖的犬,无需调整胰岛素的剂量。第一次就诊的目的并不是要在犬出院前很好地控制血糖,而是开始纠正疾病引起的代谢紊乱,使患犬适应胰岛素治疗并变更食物,教主人如何使用胰岛素,并给主人数天时间去适应在家治疗糖尿病的患犬。当主人和患犬适应治疗程序后,再根据一系列后续检查调整胰岛素剂量。

　　糖尿病患犬应每周复查一次,直到确定一个有效的胰岛素治疗方案为止。当糖尿病临床症状消失,表明血糖得到控制。患犬在家健康而活泼,体重稳定(因纠正肥胖而引起的体重下降除外);主人对治疗过程满意;如果可能,尽量使犬全天的血糖维持在100~250 mg/dL,治疗的目的就达到了。在开始胰岛素治疗时,应告知主人,在不存在胰岛素抵抗疾病的情况下,需要大约1个月的时间来建立合适的胰岛素治疗剂量。还应告知主人治疗的目的。应让主人事先知道,在这个月中出现改变胰岛素治疗剂量、类型和用药频率的现象十分常见。每次检查,都应了解主人对患犬的饮水量、排尿量和整体状况的主观印象,然后做全面体格检查、关注体重变化,并在使用胰岛素后测定10～12 h的血糖曲线。基于上述信息,对胰岛素治疗进行调整,然后让犬回家,约定下周复查患犬对治疗的反应。如果患犬血糖控制不良,可每周增加1～5 U/次(取决于犬的体型大小)胰岛素剂量,直到血糖得到控制。这种胰岛素剂量调整幅度可有效地防止低血糖或苏木杰现象。对于大多数犬来说,当使用1 U/kg或更低剂量(0.5 U/kg)胰岛素,一天2次,就能控制血糖。如使用超过1 U/(kg·次)胰岛素,还无法控制血糖,则需要查明导致治疗失败的原因(见胰岛素治疗的并发症)。任何时候出现低血糖症状,都应降低胰岛素剂量,并进一步调整剂量,使其满足血糖控制的需要。

影响犬血糖控制的因素有很多,包括胰岛素剂量、机体对胰岛素的吸收、饮食、能量摄入、锻炼及影响胰岛素反应的各种情况(如应激、并发炎症和感染等)。因此控制血糖的胰岛素剂量常会随时间而变化。开始时主人在家使用固定剂量的胰岛素,且只有在兽医的同意下才能改变胰岛素剂量。当维持血糖水平的胰岛素剂量范围很明显,且确信主人能识别高血糖和低血糖的症状时,可允许主人在家根据患犬的临床表现做适当的微调。但主人必须只能在允许的范围内微调。如果胰岛素剂量在治疗范围的上限或下限,且患犬仍存在临床症状时,主人应在先咨询兽医的前提下进一步调整胰岛素剂量。

## 监测糖尿病控制的技术

胰岛素治疗的基本目的是消除糖尿病的临床症状的同时,避免出现常见的并发症(框52-5)。糖尿病患犬常见的并发症包括白内障引起的失明、体重下降、低血糖、酮症复发和多饮多尿复发。人糖尿病的慢性恶性并发症(如肾病、血管病和冠状动脉疾病)通常需要数十年才会出现,这在糖尿病患犬不常见。因此,对于糖尿病患犬,无需把血糖浓度控制在几乎正常的范围内。如果血糖浓度保持在100～250 mg/dL,多数主人会很满意,大多数犬也会很健康,且相对无临床症状。

◈病史和体格检查

评价血糖控制情况时,最重要的参数是主人对临床症状严重程度的主观印象、患犬整体健康状况、体格检查结果和体重的稳定情况。如果主人对治疗结果满意、体格检查表明血糖控制良好、体重稳定,说明糖尿病患犬控制良好。测定血清果糖胺浓度,可进一步客观评价血糖控制情况(后文详述)。如果主人讲述存在高血糖或低血糖相应的临床症状、体格检查发现血糖控制不良相关情况(如消瘦或被毛粗乱、虚弱),或患犬体重下降,则说明可能存在血糖控制不良,应做其他检查或调整胰岛素的治疗方案。

◈单次血糖浓度测定

只有发现低血糖,单次测定血糖浓度才有意义。低血糖提示胰岛素过量,应降低剂量,尤其是血糖控制不良时(苏木杰现象)。相反,仅凭单次血糖浓度升高,不能说明血糖控制不良。应激或激动都会引起血糖明显升高,它不能反映患犬对胰岛素治疗的反应,甚至会导致错误地认为糖尿病患犬的血糖控制不良。如果病史和体格检查结果与血糖浓度不相符或犬易兴奋、具有攻击性或恐惧,血糖浓度结果不可靠。这时应测定血清果糖胺浓度,以进一步确定血糖控制情况。此外,对于血糖控制不良的患犬而言,单一血糖值也不能作为评估所用胰岛素类型和剂量效果的指标(详见血糖曲线部分)。

◈血清果糖胺浓度

果糖胺是一种糖基化蛋白,是葡萄糖与血清蛋白结合的产物。这种结合是不可逆、非酶促性和非胰岛素依赖性的。血清蛋白糖基化的程度与血糖浓度直接相关。过去2～3周的血糖浓度越高,血清果糖胺浓度越高,反之亦然。血清果糖胺浓度不受血糖急性升高的影响,如激动和兴奋引起的高血糖。但并发的低白蛋白血症、高甘油三酯血症、甲状腺功能亢进、甲状腺功能减退、样品在室温保存时间过长或干扰物质,如溶血等,可影响果糖胺的浓度(表52-3)。在常规检测血糖评估时,可每3～6月检测血清果糖胺浓度,以说明兴奋或应激对血糖浓度的影响、分析病史和体格检查结果与血糖曲线浓度不一致的情况,以及评价胰岛素的疗效。

果糖胺需用血清检测,送检实验室时应冷冻保存或用冰袋保温。室温过夜保存血清果糖胺浓度会降低10%。每个实验室均应设置自己的果糖胺参考范围。作者实验室血清果糖胺的参考值范围为225～375 μmol/L。这个参考值范围是用血糖正常的健康犬统计出来的。判读糖尿病患犬的血清果糖胺浓度时,应考虑即使在血糖控制良好的犬,高血糖也是常见的(见表52-3)。如果血清果糖胺浓度保持在 350～450 $\mu$mol/L,多数主人对胰岛素治疗的效果满意。当血清果糖胺浓度超过 500 $\mu$mol/L 时,提示血糖控制不良。血清果糖胺浓度超过 600 $\mu$mol/L 时,表明血糖严重控制不良。血清果糖胺浓度位于参考值下半部(< 300 $\mu$mol/L)或低于参考值时,应考虑糖尿病患犬存在明显低血糖的时期,或并发症引起果糖胺浓度降低。血清果糖胺浓度升高(> 500 $\mu$mol/L)表明血糖控制不良,需要调整胰岛素剂量,但血清果糖胺浓度升高并不能提示潜在病因。

血清果糖胺不应用作血糖控制的唯一指标,而应结合动物病史、体格检查结果和体重稳定性分析。有的糖尿病患犬会出现果糖胺浓度和临床症状不一致,更常见的是与血糖浓度不符。当怀疑患犬血糖控制不良时,果糖胺浓度低,需分析引起低果糖胺(见表52-3)及高血糖的原因,反之亦然。血糖控制良好但果糖胺浓度高时,需要分析对应因素。每次分析血糖控制异常原因时,作者最依赖的指标是病史、体格检查结果和体重变化,以确定是否要调整胰岛素治疗。

### ◈ 尿糖的监测

有时,对于反复出现酮症或低血糖的犬,监测尿液中是否存在酮尿或持续性尿糖阴性是十分有用的。应告知主人除非反复出现低血糖或尿糖测定持续为阴性,否则不应根据每天早上糖尿病患犬的尿糖测定结果调节胰岛素剂量。大多数糖尿病患犬出现的并发症都是由于主人受早上尿糖浓度误导,增加胰岛素剂量,最终导致苏木杰现象引起的。全天持续糖尿提示糖尿病控制不良,需要配合其他检测(本章阐述的)完成糖尿病控制的评估。

### ◈ 连续血糖曲线

当病史、体格检查结果、体重变化和血清果糖胺浓度结果都明确需要调整胰岛素剂量时,应绘制血糖曲线,指导胰岛素剂量的调整,但兴奋、应激或攻击性引起的不可靠血糖浓度除外。在糖尿病患犬开始调整剂量时,或出现明显的高血糖或低血糖临床症状时,连续血糖曲线评估都是必需的。结合病史、体格检查、体重和血清果糖胺浓度等信息,决定何时需要绘制血糖曲线,这有助于减少做血糖曲线的频率。这样也能减少动物对这些检查的反感,同时增加获得有意义检查结果的机会。

 **表 52-3　实验室检测血清果糖胺浓度的血样处理、检测方法和参考值**

| | 果糖胺 |
|---|---|
| 血样 | 1～2 mL 血清 |
| 样品处理 | 冷冻待检 |
| 方法 | 氯化硝蓝四唑自动比色法 |
| 影响结果的因素 | 低白蛋白血症(下降)、高脂血症(轻度下降—犬)、氮质血症(轻度下降—犬)、甲状腺功能亢进(降低—猫)、甲状腺功能减退(降低—犬)、肥胖(轻度升高—猫)、室温保存(下降) |
| 参考范围 | 225～375 $\mu$mol/L(犬) |
| | 190～365 $\mu$mol/L(猫) |
| **糖尿病时的结果判读** | |
| 极好 | 350～400 $\mu$mol/L |
| 良好 | 400～450 $\mu$mol/L |
| 一般 | 450～500 $\mu$mol/L |
| 不良 | > 500 $\mu$mol/L |
| 长期低血糖<br>糖尿病恢复期(猫) | < 300 $\mu$mol/L |

绘制血糖曲线时,胰岛素注射和饲喂方案应维持一致,患犬早上到医院后,全天每 2 h 测定一次血糖。如果血糖快速降低或出现低血糖,则需要更频繁测定血糖。保持患犬每天正常的生活规律是十分重要的。住院期间,食欲下降或未按时注射胰岛素,血糖曲线的结果都可能不准确(图 52-2)。如果担心主人的胰岛素注射技术,采完第一次血后,可让主人在医院内注射胰岛素(使用自备的胰岛素和胰岛素注射器)。也可在主人接动物回家时,用生理盐水检查主人的胰岛素注射技术。兽医或兽医技师必须密切观察整个操作过程。通常全天检测每 2 h 的血糖,兽医可以确定对于该糖尿病患犬的胰岛素疗效、血糖曲线的最低点、胰岛素作用的峰时间、胰岛素作用的持续时间和血糖浓度范围。确定血糖曲线的最低点和注射胰岛素后最低点出现的时间,对于评估胰岛素的持效时间很重要。如果血糖曲线的最低点在下一次胰岛素注射前还未确定,则应继续做该血糖曲线,同时放弃胰岛素注射,同时给患犬饲喂晚餐(见胰岛素持效延长的讨论)。测定 1 或 2 次血糖浓度以评价某一剂量胰岛素效果是不可靠的(图 52-3)。持续血糖控制不良状态通常是仅基于一两次血糖评估而作出胰岛素效果误判的结果。

血糖浓度通常可用即时血糖分析仪,或便携式血糖仪(PBGM)测定。多数 PBGM 是为糖尿病人设计的,其测定值比推荐方法测出的实际值低,且两者的差距随高血糖恶化而增加(图 52-4)。这可能会引起误诊低血糖或误认为血糖控制得比实际情况好。如果未考虑到这种情况,可能会导致胰岛素剂量过低,或尽管血糖结果"可接受",但持续出现临床症状。有一个例外是 Abbott 实验室生产的 Alpha TRAK 血糖仪。这款便携式血糖仪的准确度很高,但测同份血样时其血糖值与台式分析仪相比,可能偏高或偏低,兽医必须接受这个事实(Cohen 等,2009)。

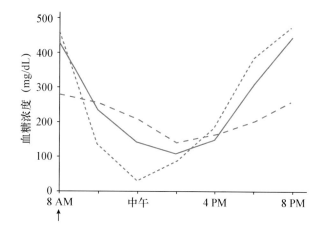

图 52-3

一腊肠犬使用人重组 Lente 胰岛素(剂量:0.8 U/kg,每天 2 次)的血糖曲线(实线);一迷你贵妇犬使用人重组 Lente 胰岛素(剂量:0.6 U/kg,每天 2 次)的血糖曲线(短线);一混血猁使用人重组 Lente 胰岛素(剂量:1.1 U/kg,每天 2 次)的血糖曲线(点线)。每只犬均在上午 8:00 给予胰岛素和食物。血糖曲线表明腊肠犬的胰岛素作用时间过短,迷你贵妇犬的胰岛素剂量不足而混血猁存在苏木杰现象。3 只犬在下午 14:00 点和 16:00 点的血糖浓度均接近;这时的血糖结果无法对任何犬作出诊断。

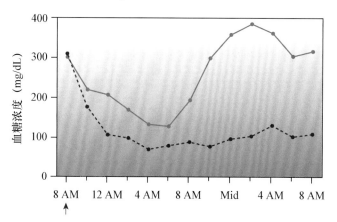

图 52-2

8 只糖尿病犬注射 NPH 胰岛素(↑)后,8:00 点和 18:00 点均饲喂等量食物(蓝线)与不喂食(红线)24 h 的平均血糖浓度。

根据单次血糖曲线评估结果调整胰岛素治疗方案。调整的效果应根据主人对临床反应和血清果糖胺浓度的变化进行初步评估。如果症状持续存在,需要重复做血糖曲线。如果条件允许,应避免连续数天做多个血糖曲线,以防出现应激高血糖。后续的曲线不

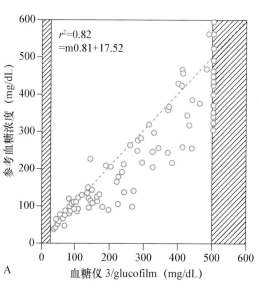

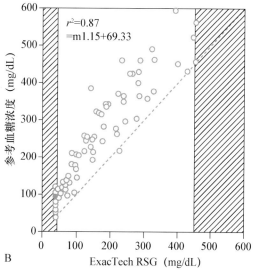

图 52-4

2 个便携式血糖仪和推荐方法所测血糖浓度散点图。数据来自 34 只犬的 110 份血样。阴影区域表示浓度大于或小于血糖仪的检测范围。虚线表示理论均值。注意到与推荐方法相比,A 图中血糖数值偏高,而 B 图血糖数值偏低。(引自 Cohn LA et al:Assessment of five portable blood glucose meters, a point-of-care analyzer, and color test strips for measuring blood glucose concentration in dogs,J Am Vet Med Assoc 216:198,2000.)

可能与之前的血糖曲线重合。很多兽医都会因每次血糖曲线结果不一致而沮丧，但这也直接反映出多种因素都会影响患犬的个体血糖浓度。糖尿病病人每天自己监测血糖浓度，并调整胰岛素剂量，以此减小各种因素对血糖的影响。未来家用血糖仪技术优化后，这也是犬猫糖尿病治疗的方向。就目前来说，血糖控制的初始评估要结合主人对糖尿病动物健康状态的看法和到医院定期复查的结果。怀疑血糖控制不良时应做血糖曲线。做血糖曲线的目的是了解胰岛素对该犬的疗效，以及找出糖尿病控制不良的可能原因。

◉在家制作血糖曲线方案

应激、攻击性或激动可引起高血糖，是引起血糖曲线不准确的最重要原因，特别是猫(图52-5)。引起应激性高血糖最大的因素是住院和多次静脉采血。一种替代医院内做血糖曲线的方法是主人在家进行耳静脉(猫)或脚垫(犬或猫)采血，用便携式血糖仪测血糖制作血糖曲线，这种血糖仪只需要主人用葡萄糖试纸沾一滴耳或脚垫的血，即可进行检测。互联网上很多优秀的网站都有介绍这些技术，并证实这些方法对主人有很大帮助。这种技术一般用于那些在医院测定的血糖结果不可靠的糖尿病患犬(和猫)。也逐渐成为客户常规使用的血糖监测技术。这种方法最大的问题是，有的主人过于频繁地检测血糖浓度，并在没有咨询兽医的前提下就开始判读结果和调整胰岛素剂量，最终造成注射胰岛素过量和出现苏木杰现象。读者可参见其他章节更多关于在家监测血糖浓度的信息。

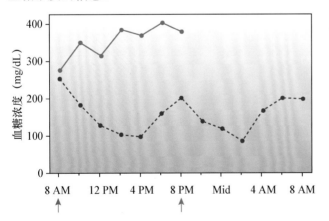

图 52-5
易怒混血猥的血糖曲线。2个曲线的NPH胰岛素剂量相同。其中一条曲线(蓝线)是犬处于激动期，需要保定才能采集血样所做的血糖曲线；另一条(红线)是通过颈静脉导管采样做的血糖曲线，检测过程中犬处于安静状态，无须保定或轻度保定。↑，给予胰岛素和食物。

◉持续葡萄糖监测系统

持续葡萄糖监测系统(continuous glucose-monitoring, CGM)常用于监测糖尿病患者的葡萄糖浓度，现在也开始用于糖尿病犬猫。CGM系统检测的是组织液葡萄糖浓度而不是血糖浓度。组织液和血液葡萄糖浓度的相关性良好。最常用CGM系统(Guardian REAL-time, Medtronic, Northridge, Calif)的操作方法是将柔软的小探头插入皮下，固定于皮肤。葡萄糖浓度的测定是通过葡萄糖氧化酶的反应，这主要是在探头内的电极中进行。检测结果通过无线传输器，传到纸张大小的监护仪上。该仪器每5 min记录并保存一次组织液葡萄糖数值，数据可用电脑下载进行分析。在开始使用和每12 h需对CGM系统进行校准。该系统测定血糖的范围为40～400 mg/dL。目前研究数据表明CGM的主要优势在于可以检测到血糖曲线和PBGM查不到的低血糖周期(获取更多CGM信息可参考推荐读物)。

◉血糖曲线的判读

血糖曲线判读的概述见图52-6。最理想的是全天血糖浓度都介于100～250 mg/dL。但有的患犬血糖在100～300 mg/dL也能维持良好的状况。胰岛素治疗的目标是控制血糖最高值在300 mg/dL以下，血糖最低值介于80～130 mg/dL，平均血糖值低于250 mg/dL。一般血糖浓度在每次胰岛素注射时最高，但并不总是如此。当血糖最低值高于130 mg/dL时，应增加胰岛素剂量；小于80 mg/dL时，应减小胰岛素剂量。

如果血糖最低值高于80 mg/dL，且注射胰岛素后血糖浓度未快速下降，应评价胰岛素的持效时间。当血糖浓度低于80 mg/dL或血糖下降过快时，可能会引起苏木杰现象，评价胰岛素的持效时间是无效的，因为苏木杰现象会造成胰岛素持续作用时间假性缩短。持效时间可粗略地通过测定血糖最低点时间获得。对于大多数糖尿病控制良好的犬，临近注射胰岛素时的血糖浓度常低于300 mg/dL，血糖最低点多见于胰岛素注射后8 h。初始血糖浓度大于300 mg/dL，胰岛素注射后小于8 h出现血糖最低点，且之后血糖浓度又升高且大于300 mg/dL，提示胰岛素持效时间短。如果血糖最低点在胰岛素注射后12 h或更长时间出现，提示胰岛素持效时间长。如果胰岛素作用时间超过14 h且每天注射2次，患犬可能会出现低血糖或苏木杰现象(图52-7)。

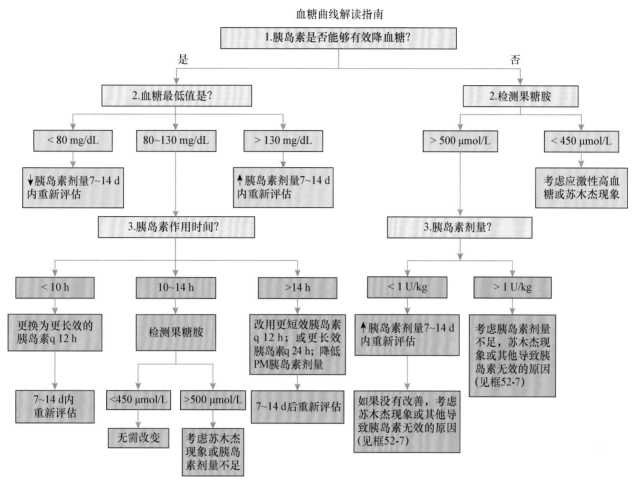

血糖曲线解读指南

1.胰岛素是否能够有效降血糖?

是 / 否

**是:**

2.血糖最低值是?

- < 80 mg/dL → ↓胰岛素剂量7~14 d内重新评估
- 80~130 mg/dL → 3.胰岛素作用时间?
- > 130 mg/dL → ↑胰岛素剂量7~14 d内重新评估

3.胰岛素作用时间?

- < 10 h → 更换为更长效的胰岛素q 12 h → 7~14 d内重新评估
- 10~14 h → 检测果糖胺 → <450 μmol/L → 无需改变 / >500 μmol/L → 考虑苏木杰现象或胰岛素剂量不足
- >14 h → 改用更短效胰岛素q 12 h;或更长效胰岛素q 24 h;降低PM胰岛素剂量 → 7~14 d后重新评估

**否:**

2.检测果糖胺

- > 500 μmol/L → 3.胰岛素剂量?
- < 450 μmol/L → 考虑应激性高血糖或苏木杰现象

3.胰岛素剂量?

- < 1 U/kg → ↑胰岛素剂量7~14 d内重新评估 → 如果没有改善,考虑苏木杰现象或其他导致胰岛素无效的原因(见框52-7)
- > 1 U/kg → 考虑胰岛素剂量不足,苏木杰现象或其他导致胰岛素无效的原因(见框52-7)

**图 52-6**
判读血糖曲线的流程图

◈**血清果糖胺对于具有攻击性、易兴奋或应激犬的作用**

由于应激性高血糖的因素,攻击性、兴奋或应激犬的血糖曲线是不可靠的。对于这些犬,兽医只能猜测可能存在的问题(如胰岛素剂型不符、剂量过低),并作相应的调整,然后根据血清果糖胺的变化评价调整的效果。读者可参见其他章节关于血清果糖胺对应激性高血糖糖尿病动物的作用。

### 手术期间胰岛素治疗

通常情况下,选择性手术应延期至患犬临床状况稳定、胰岛素控制住血糖后进行,必须用手术的方法来消除胰岛素抵抗的因素(如间情期母犬子宫卵巢摘除术)或挽救生命的情况例外。对于状况稳定的糖尿病患犬,手术本身的风险并不比非糖尿病患犬更大。应考虑的问题是胰岛素治疗和围术期禁食之间的相互作用。麻醉和手术的应激也会引起致糖尿病源性激素的释放,从而促进酮体的生成。围术期必须使用胰岛素

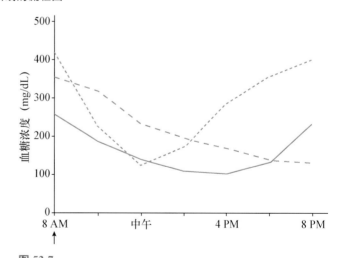

**图 52-7**

3 只每天注射 2 次人重组 Lente 胰岛素糖尿病患犬的血糖曲线,曲线表明不同犬的胰岛素持效时间不同。在这 3 只犬,胰岛素均能有效降低血糖,且血糖的最低点为 100~175 mg/dL。但 1 只犬的胰岛素作用时间约为 12 h(实线),血糖控制良好(理想的持效时间);1 只犬为 8 h(点线),伴有血糖控制不良(持效时间过短);最后 1 只持效时间超过 12 h(短线),其病史中血糖控制时好时坏(作用时间延长)——其病史提示存在苏木杰现象(见图52-8)。

以防止出现严重的高血糖,并减少酮体的生成。为弥补食物摄入缺乏和防止低血糖的产生,围术期胰岛素剂量应减少,必要时静脉注射葡萄糖。

犬猫即将进行手术时,应按下列方案进行操作。手术前一天给予正常量的胰岛素和正常饮食,22:00 后开始禁食。手术当天早上,注射胰岛素前测定血糖浓度。如果血糖低于 100 mg/dL,不注射胰岛素并静注 2.5%～5%的葡萄糖。如果血糖浓度介于 100～200 mg/dL,给予平时量 1/4 的胰岛素,并开始静注 2.5%～5%葡萄糖。如果血糖浓度高于 200 mg/dL,注射平时量 1/2 的胰岛素,且只有血糖浓度小于 150 mg/dL 时,才静脉给予葡萄糖。手术期间,所有三种情况都应每 30～60 min 测定一次血糖,其目的是手术期间维持血糖浓度在 150～250 mg/dL。据需要静注 2.5%～5%的葡萄糖以防止或纠正低血糖。当血糖浓度超过 300 mg/dL 时,应停止输葡萄糖,并在 30～60 min 后再次测定葡萄糖浓度。如果血糖浓度仍高于 300 mg/dL,肌肉注射常规结晶胰岛素,剂量约为平时家用长效胰岛素量的 20%。注射常规胰岛素的时间间隔不能短于 4 h(如果是皮下注射,应不短于 6 h),且应根据第一次注射的胰岛素对血糖的影响调整剂量。

手术第二天,糖尿病患犬猫通常可按照原来的程序给予胰岛素,并恢复正常采食。不能采食的动物静脉注射葡萄糖,并每 6～8 h 皮下注射常规结晶胰岛素。一旦能正常采食,可恢复正常的胰岛素剂量和饲喂模式。

## 胰岛素治疗的并发症

◆低血糖

低血糖是胰岛素治疗常见的并发症。突然大幅增加胰岛素剂量、每天给药 2 次以致胰岛素作用叠加、长期食欲减退、突然进行剧烈运动、并发胰岛素抵抗作用突然减轻,以及使用胰岛素治疗的猫转变为非胰岛素依赖阶段等,均可引起机体出现低血糖的临床症状。在这些情况下,在致糖尿病激素(即胰高血糖素、肾上腺素、可的松、生长激素)能代偿和逆转低血糖前,会出现严重的低血糖。临床症状的出现和严重程度取决于血糖下降的速度和低血糖的严重程度。在许多糖尿病患犬,主人未注意到明显的低血糖症状,常在做血糖曲线时发现或血清果糖胺浓度低时才怀疑存在低血糖。低血糖的临床症状和治疗已在其他章节讨论。如果出现低血糖症状,需停止胰岛素治疗,直至再次出现高血糖和糖尿。胰岛素剂量的调整通常是随意的。一般开始时胰岛素剂量减少 25%～50%,然后根据临床表现和血糖监测结果调整。在低血糖后未再次出现糖尿,提示转变为非胰岛素依赖性糖尿病状态或者血糖逆转机制受损。

◆临床症状的复发

对于糖尿病犬,临床症状反复或持续存在可能是胰岛素治疗最常见的"并发症"。这通常是由于主人注射胰岛素操作不当,胰岛素类型、剂量和用药频率不当以及并炎症、感染、肿瘤或激素性疾病(即胰岛素抵抗)引起胰岛素治疗效果不佳等原因引起的。

**主人操作和胰岛素活性因素** 未注射合适剂量具有生物活性的胰岛素会引起临床症状反复或持续出现。常见因素包括胰岛素失活(如过期、之前过热或冷冻过)、胰岛素稀释、注射器不匹配(如 U100 注射器用于 U40 的胰岛素)或胰岛素操作技术不当(如误读注射器刻度、注射技术不当)。这可通过评估主人注射胰岛素的技术、给予新的未稀释的胰岛素,并在一天内数次测定血糖浓度通常可查明这些原因。

**胰岛素治疗方案的因素** 在这类因素中,最常见的引起血糖控制不良的原因是胰岛素剂量过低、剂量过高引起苏木杰现象、Lente 和 NPH 胰岛素作用时间太短以及每天只注射一次胰岛素。应该仔细评估可能出现的问题,并作相应调整以提高胰岛素的疗效,特别是当病史和体格检查不提示存在可引起胰岛素抵抗的并发症时。

**胰岛素剂量不足** 对于多数犬而言,每天注射 2 次小于 1.0 U/kg(中位值 0.5 U/kg)的胰岛素即可控制高血糖。每天注射 1 次引起的剂量不足是临床症状持续出现的最常见原因。通常当胰岛素剂量小于 1.0 U/kg 且每天注射 2 次时,应考虑胰岛素剂量不足的情况。如果怀疑胰岛素剂量不足,可每周逐渐增加 1～5 U/次(根据犬体型大小)。根据临床症状的变化、血清果糖胺浓度或血糖曲线,评价剂量调整后的疗效。尽管有的犬需要 1.5 U/kg 的胰岛素剂量来控制血糖,但当胰岛素剂量超过每次 1 U/kg,每天 2 次注射,血糖仍控制不良时,仍应考虑其他原因引起的胰岛素无效,最常见的是苏木杰现象和引起胰岛素抵抗的并发症。

**胰岛素过量和苏木杰现象** 苏木杰现象是机体对过量胰岛素诱发低血糖的正常生理性反应。当血糖浓度低于 65 mg/dL 或血糖浓度下降过快,低血糖直接刺激肝糖原分解或致糖尿病激素(最主要的是肾上腺素和胰高血糖素)分泌时,机体会出现血糖浓度增加、低血糖的临床症状减少,并在 12 h 内通过葡萄糖反向调节引起显著的高血糖。低血糖后出现明显的高血糖,部分是由于糖尿病患犬体内无法分泌足量的胰岛素来抑制升高的血糖浓度。次日早上血糖浓度会极度升高(>400 mg/dL),晨尿尿糖试纸检测维持在 1~2 g/dL。之前所发现的造成犬苏木杰现象的最常见原因在于胰岛素持效时间短,同时根据晨尿尿糖结果调整胰岛素剂量。目前苏木杰现象最常见的原因是主人在家监测患犬血糖浓度,在未咨询兽医的情况下调整胰岛素剂量。

　　低血糖的临床症状通常是轻度的,常被主人忽略,而高血糖引起的临床症状更为显著。引起苏木杰现象的胰岛素剂量不定且无法预测。胰岛素剂量超过每次 1 U/kg,糖尿病控制不良患犬,应怀疑出现苏木杰现象,但小于每次 0.5 U/kg 剂量的用药也能造成苏木杰现象。玩具犬和迷你犬种的犬更容易在使用低于预期剂量的胰岛素下出现苏木杰现象。

　　诊断苏木杰现象需要证明注射胰岛素后出现低血糖(< 65 mg/dL),接着出现高血糖(>300 mg/dL)(图 52-8)。无论血糖最低值是多少,如果血糖浓度迅速降低(如在 2~3 h 内从 400 mg/dL 降至 100 mg/dL)时应怀疑苏木杰现象。如果胰岛素的持效时间超过 12 h,晚上注射胰岛素后,常在夜间出现低血糖,而第二天早晨血糖浓度常超过 300 mg/dL。然而苏木杰现象的诊断较为困难,部分是因为血糖逆调节后致糖尿病激素对血糖的影响所致。在出现苏木杰现象时,分泌的致糖尿病激素会引起胰岛素抵抗,且会在低血糖出现后持续存在 24~72 h(图 52-9)。如果在血糖逆调节期绘制血糖曲线,可发现低血糖并建立诊断。但如果在胰岛素抵抗期绘制血糖曲线,则无法发现低血糖,还会因血糖升高而错误地增加胰岛素剂量。如果反复出现开始 1~2 d 血糖控制良好,而后几天血糖控制不良,则应考虑血糖逆调节引起的胰岛素抵抗。血清果糖胺浓度对诊断无意义但通常升高(>500 μmol/L)。它可证实血糖控制不良,但不能确定潜在病因。

　　建立诊断需要住院并绘制血糖曲线,但这最终又会引起应激性高血糖。替代的方法是,先逐渐降低胰岛素量 1~3 U(根据犬体型大小和胰岛素剂量),同时让主人评估随后 2~5 d 的临床症状,尤其是和多饮多尿相关的症状。如果在初次降低胰岛素剂量后,多饮多尿症状加剧,则需要考虑其他因素造成胰岛

素无效。如果主人反馈多饮多尿没有改变或是有好转,应继续降低胰岛素剂量直到多饮多尿再次加剧,以此确认该犬的胰岛素剂量不足。或者,另一种方法是以 0.25 U/kg 胰岛素,每日 2 次为起始量来调节糖尿病患犬的血糖。

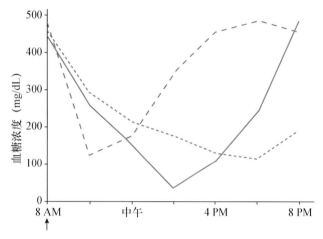

**图 52-8**

3 只血糖控制不良糖尿病患犬用人重组 Lente 胰岛素,每天 2 次的血糖曲线。典型的血糖曲线表明存在苏木杰现象。一只犬(实线)的曲线最低点小于 80 mg/dL,接着血糖浓度快速升高。另一只犬(短线)胰岛素注射 2 h 内血糖快速下降,接着出现血糖快速升高;尽管血糖的最低点>80 mg/dL,但它的快速下降会刺激血糖反向调节。第 3 只犬(点线)的血糖曲线本身未表现出苏木杰现象,但注射胰岛素可把白天的血糖降低约 300 mg/dL,其晚上注射胰岛素时,血糖浓度低于早晨 8:00 的血糖浓度。如果晚上注射的胰岛素产生白天类似的降血糖作用,晚上将出现低血糖和苏木杰现象,这就解释了早晨血糖过高和血糖控制不良的原因。

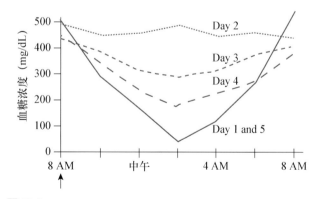

**图 52-9**

过量胰岛素引起低血糖造成苏木杰现象后连续几天的血糖曲线图。第 1 天出现低血糖和苏木杰现象。第 2 天,低血糖引起的致糖尿病激素分泌,引起胰岛素抵抗,血糖升高。之后胰岛素抵抗逐渐减弱(第 3 天、第 4 天),胰岛素敏感性恢复后,最终引起低血糖和苏木杰现象(第 5 天)。每天注射相同剂量胰岛素(箭头处)。

　　**胰岛素持效时间短**　对于多数犬,重组人源性 Lente 和 NPH 胰岛素的持效时间是 10~14 h,每天 2

次注射即可有效地控制血糖。但对于一些糖尿病患犬,Lente 或 NPH 胰岛素持效时间小于 10 h,这时无法避免高血糖和临床症状的出现(图 52-10)。胰岛素持效时间过短的诊断主要基于起始血糖浓度为 300 mg/dL、注射胰岛素 8 h 内最低血糖浓度高于 80 mg/dL 和注射 12 h 时再次出现高血糖(>300 mg/dL)(图 52-7)。解决办法是改用长效胰岛素(图 52-11)。虽然 PZI 胰岛素、甘精胰岛素和地特胰岛素都可有效控制糖尿病,但作者更倾向与先使用地特胰岛素,0.1 U/kg,每日 2 次。地特胰岛素常见的问题是持效时间过长(>14 h)。每日注射 2 次可能会引起低血糖和苏木杰现象。但大多数糖尿病患犬都需要每日注射 2 次地特胰岛素来控制血糖。这种情况下可以稍降低胰岛素剂量来补偿其作用时间过长的缺点。

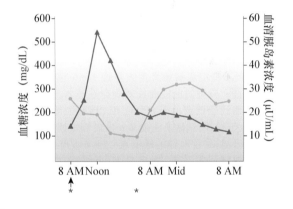

**图 52-10**

8 只糖尿病患犬每天皮下注射一次牛-猪源 NPH 胰岛素的平均血糖(蓝线)和胰岛素浓度(红线)。NPH 的作用时间过短引起晚餐后出现长时间的高血糖。↑,胰岛素注射; * 采食等量食物。

**胰岛素作用时间长**　在一些糖尿病患犬中,Lente 和 NPH 胰岛素的作用时间大于 12 h,每天注射 2 次可引起低血糖和苏木杰现象。在这些犬中,早上注射胰岛素后血糖的最低点通常在晚上注射胰岛素时间的前后出现,早上的血糖浓度通常高于 300 mg/dL(见图 52-7)。每天胰岛素降血糖的效果不定,这可能是低血糖引起致糖尿病激素分泌浓度不同的缘故。血清果糖胺的浓度也是不定的,但通常高于 500 μg/dL。良好的治疗部分取决于胰岛素的持效时间。早晨注射胰岛素,并在正常的多个时间饲喂后,应该绘制更长时间的血糖曲线。兽医可以评估晚餐对餐后血糖浓度的影响,还可评估早晨注射的胰岛素是否还存在于外周血中,及其预防餐后高血糖的能力。如果餐后血糖在饲喂后 2 h 内升高(通常≥75 mg/dL),持续约 12 h,则在改用长效胰岛素之前,可尝试调整胰岛素剂量或改

变饲喂和用药间隔,或两种方式都进行尝试。如果晚餐后 2 h 内或之后都未出现血糖升高,说明胰岛素作用过长(如持效 14 h 或更长)。可尝试改用长效胰岛素(如地特胰岛素),每天一次(见图 52-11)。

**胰岛素吸收不良**　用 NPH 或 Lente 胰岛素治疗的糖尿病患犬,皮下给药所引起的胰岛素吸收缓慢或不良并不常见。皮肤增厚和同一部位长期注射胰岛素引起皮下组织炎症(见胰岛素注射部位过敏反应)可引起胰岛素吸收不良。轮换注射部位可以避免这一情况出现。

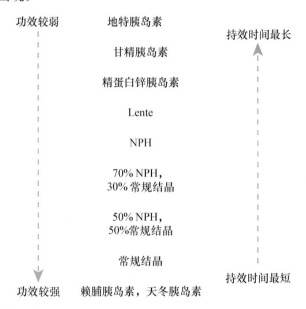

**图 52-11**

根据作用效果和持效时间归类各种商品胰岛素。作用效果和持效时间存在反比关系

**循环中的胰岛素结合抗体**　反复注射异源蛋白可刺激机体产生胰岛素抗体。相对于内源性胰岛素,外源性胰岛素的结构和氨基酸序列可影响胰岛素抗体的生成。与胰岛素分子线性亚基差异相比,胰岛素抗原决定簇的结构对胰岛素抗体生成更为重要。胰岛素分子与治疗动物的种属差异性越大,产生大量胰岛素抗体的可能性就越大。犬、猪和重组人胰岛素的氨基酸序列相似,所以猪源或重组人胰岛素用于糖尿病犬不易产生胰岛素抗体。与之形成鲜明对比的是犬和牛的氨基酸序列不同,用牛/猪或牛胰岛素治疗,45%~65%的患犬存在胰岛素抗体。使用猪和重组人胰岛素治疗犬糖尿病比牛胰岛素更能长期稳定地控制血糖。虽然使用重组人胰岛素引起抗体生成的情况并不常见,但出现血糖控制不良且未发现其他原因时,需要怀疑胰岛素抗体的产生。检测血清胰岛素抗体时应使用已在糖尿病犬中证明有效的方法。若确诊糖尿病控制

不良犬体内存在胰岛素抗体,则需考虑更换为猪源胰岛素,或纯度更高的胰岛素(如常规结晶胰岛素),或两者均考虑。

**胰岛素过敏性反应** 5%以上的糖尿病人会对胰岛素治疗出现明显的反应,包括红斑、瘙痒和注射部位出现硬结或脂肪萎缩。患糖尿病的犬猫对胰岛素过敏少见。胰岛素注射部位疼痛通常与注射操作不当、注射位置不当、胰岛素温度过低(冰箱保存)、甘精胰岛素酸性 pH 或动物行为等有关,而不是胰岛素的副反应。患糖尿病的犬猫在注射部位出现局灶性皮下水肿或肿胀的情况较为罕见。如果发生,可怀疑这些动物对胰岛素过敏。可通过更换抗原性较小的胰岛素或更纯的胰岛素制剂(如常规结晶胰岛素)来解决。还未证实犬猫会对胰岛素产生全身性过敏反应。

**引起胰岛素抵抗的并发疾病** 胰岛素抵抗是使用常规剂量胰岛素,但产生的效果低于正常生物反应的一种情况。胰岛素抵抗可发生于胰岛素与受体结合前、受体本身或胰岛素与受体结合时。没有准确的胰岛素剂量用于界定胰岛素抵抗。对于大多数糖尿病患犬,使用剂量≤1 U/kg,每日 2 次的 NPH 或 Lente 胰岛素就能控制血糖。当胰岛素剂量超过 1.5 U/kg 时血糖仍然控制不良;必须使用过量胰岛素(如剂量>1.5 U/kg)来控制血糖低于 300 mg/dL;血糖控制无规律,需不断调整胰岛素剂量以维持血糖稳定时,应考虑胰岛素抵抗。绘制血糖曲线期间,血糖无法控制在 300 mg/dL 以下时,只能提示胰岛素抵抗,但不能确定。应激性高血糖、苏木杰现象或其他胰岛素治疗的并发症都会引起与胰岛素抵抗一样的血糖曲线。出现引起轻微的胰岛素抵抗的其他疾病时,血糖浓度也会低于 300 μmol/L。出现胰岛素抵抗时,血清果糖胺浓度通常大于 500 μmol/dL,而严重胰岛素抵抗时,果糖胺浓度可能大于 700 μmol/L。

许多疾病会干扰胰岛素的作用(见框 52-7)。对于犬,干扰胰岛素的最常见因素包括致糖尿病性药物(如糖皮质激素)、严重肥胖、肾上腺皮质功能亢进、间情期、慢性胰腺炎、慢性肾脏疾病、炎性肠病、口腔疾病、泌尿道感染和高脂血症。在鉴别这些并发疾病时,完整的病史和详细的体格检查是最为重要的初始步骤。如果病史和体格检查未见明显异常,应做 CBC、生化、胰脂肪酶免疫反应、血清孕酮浓度(未绝育母犬)、腹部超声和尿液分析及细菌培养,以进一步寻找并发病因,同时可根据检查结果做后续检查(框 52-8)。

 **框 52-8 糖尿病患犬猫胰岛素抵抗的诊断试验**

CBC、血清生化、尿液分析
尿液细菌培养
犬/猫血清特异性脂肪酶(SpeccP/fPL)(胰腺炎)
血清胰蛋白酶样免疫反应性(TIL)(胰腺外分泌功能不全)
肾上腺皮质功能试验
ACTH 刺激试验(医源性肾上腺皮质功能亢进)
　　尿可的松/肌酐比(自发性肾上腺皮质功能亢进)
　　低剂量地塞米松抑制试验(自发性肾上腺皮质功能亢进)
甲状腺功能试验
甲状腺素
　　基础血清总和游离甲状腺素(甲状腺功能减退或甲状腺功能亢进)
　　血清 TSH(甲状腺功能减退)
血清黄体酮浓度(未绝育母犬间情期)
禁食血清甘油三酯浓度(高脂血症)
血浆生长激素或血清胰岛素样生长因子 1 浓度(肢端肥大症)
停止胰岛素治疗 24 h 后血清胰岛素浓度(胰岛素抗体)
腹部超声(肾上腺肿大、肾上腺肿物、胰腺炎、胰腺肿物)
胸部 X 线(心脏增大、肿瘤)
电子计算机体断层扫描或核磁共振成像(垂体肿物)

## 糖尿病的慢性并发症

在糖尿病患犬中常见的糖尿病或糖尿病治疗引起的并发症包括白内障引起的失明和前葡萄膜炎、低血糖、反复感染、血糖控制不良和酮症酸中毒(见框 52-5)。患犬诊断为糖尿病后,考虑到犬可能出现人糖尿病引起的慢性并发症,很多主人都不愿进行治疗。但主人需要了解的是,人糖尿病引起的恶性并发症(如肾病、血管病变和冠状动脉疾病)需要 10~20 年或更长的时间才能出现。因此,犬不常发生恶性并发症。

### ◈ 白内障

白内障是糖尿病患犬最常见的并发症,也是最重要的长期并发症之一。在一家转诊教学动物医院开展的 132 只糖尿病患犬回顾性分析中,14%的犬在诊断为糖尿病时已存在白内障。在 60 d、170 d、370 d 和470 d 后,分别有 25%、50%、75%和 80%的犬出现白内障(Beam et al,1999)。糖尿病性白内障的形成被认为与山梨醇和果糖蓄积引起的晶状体渗透性改变有关。这是由于晶体中葡萄糖和乳糖在醛糖还原酶的作用下生成糖醇,而糖醇具有很强的亲水性,引起水流入晶体,导致晶体纤维肿胀破坏,并形成白内障。白内障一旦形成,其过程是不可逆的,且发展速度非常快。血糖控制不良或血糖波动很大的糖尿病患犬易形成白内障。去除异常的晶状体可治疗失明。晶状体去除后，约80%的糖尿病患犬的视力可恢复。影响手术成功的因素包括术前血糖控制、现存视网膜疾病和晶状体引起的葡萄膜炎。对于老年糖尿病患犬，影响视力的获得性视网膜变性较糖尿病性视网膜疾病更常见。但幸运的是，白内障形成之前，具有视力的老年糖尿病患犬不太可能突然出现获得性视网膜变性。如果可能，术前应做视网膜电描记图评价视网膜功能。近期 Kador 等(2010)研究发现，使用外用醛糖还原酶抑制剂 Kinostat 在12个月内可显著延缓糖尿病患犬白内障的发生。Kinostat 商业化后，可作为预防或延缓糖尿病犬白内障的药物。

◆ 晶状体性葡萄膜炎

在胚胎形成期，晶状体在眼球晶状体囊内形成。晶状体结构蛋白未经机体免疫系统识别，因此，机体未形成对晶状体蛋白的免疫耐受。在白内障形成和重吸收过程中，晶体蛋白暴露于局部免疫系统，引起炎症和葡萄膜炎。葡萄膜炎见于吸收性、过度成熟的白内障，可造成白内障手术成功率下降，因此必须在术前控制炎症反应。晶状体性葡萄膜炎的治疗主要集中在降低炎症和预防进一步的眼内损伤。眼用类固醇药(醋酸泼尼松)是最常用于控制眼内炎症的药物。然而，局部使用的类固醇被机体吸收后，会引起胰岛素抵抗，还会干扰糖尿病的血糖控制，尤其是玩具型和迷你型犬。替代方法是外用非甾体类抗炎药如双氯芬酸(扶他林)或氟比洛芬(欧可芬)。

◆ 糖尿病性神经病

神经病变常见于糖尿病猫，但在糖尿病犬中较为罕见。与引起临床症状的严重神经病变相比，亚临床型神经病更为常见。糖尿病病程长(如5年或更长)的患犬最易出现糖尿病性神经病的临床症状。体格检查和临床表现包括：虚弱、指节隆突、步态异常、肌肉萎缩、四肢反射降低及本体反射检查异常。犬糖尿病性神经病主要是末梢多发性神经病，特征是部分脱髓鞘和轴突退行性变化。除严格控制血糖外，糖尿病性神经病尚无特异性治疗方法。

◆ 糖尿病性肾病

糖尿病性肾病偶见于糖尿病患犬。糖尿病性肾病是微血管疾病，主要损害毛细血管和前毛细血管动脉，表现为毛细血管基底膜增厚。组织病理病变包括：膜性肾小球肾病、肾小球和肾小管基底膜增厚、肾小球系膜基质增加、血管内皮下出现沉积物、肾小球纤维化和肾小球硬化。葡萄糖是造成微血管损伤的最重要的因素。临床症状取决于肾小球硬化的程度和肾脏排泄代谢废物的能力。起初糖尿病性肾病主要表现为以白蛋白为主的蛋白尿。随着肾小球病变恶化，肾小球滤过率逐渐下降，引起氮质血症，最终发展为尿毒症。严重肾小球纤维化可引起少尿和无尿性肾衰。除控制糖尿病，保守内科治疗肾病，使用血管紧张素转化酶(ACE)抑制剂减少蛋白尿和控制全身性高血压外，糖尿病性肾病目前还没有特异性的治疗方法。

◆ 全身性高血压

犬糖尿病和高血压常同时存在。Stuble 等(1998)定义高血压为收缩压、舒张压和平均血压分别高于160、100和120 mmHg时，50只胰岛素治疗的糖尿病患犬高血压的发病率为46%。高血压与糖尿病病程长短和尿白蛋白/肌酐比相关。病程越长，舒张压和平均压越高。血糖控制与血压的关系还未证实。收缩压持续高于160 mmHg时，应开始进行高血压治疗。

## 预后

预后取决于存在的并发疾病及其可逆性、胰岛素控制糖尿病的容易程度和主人对医嘱的服从程度。糖尿病患犬从诊断开始的平均寿命约为3年，这个存活时间略显偏颇，因为确诊时犬通常为8~12岁。由于并发致命的或无法控制的疾病(如酮症酸中毒、急性胰腺炎或肾功能衰竭)，确诊后前6个月的死亡率较高。度过前6个月的糖尿病患犬，如果主人照顾适当、定期复查以及主人和兽医沟通良好，通常可维持高质量的生活5年以上。

# 猫糖尿病
## (DIABETES MELLITUS IN CATS)

## 病因和分类

糖尿病患猫常见的组织学异常包括胰岛特异性淀粉样变、β-细胞空泡化变性，以及慢性胰腺炎。β-细胞变性原因未知。其他一些糖尿病患猫胰岛数量降低、胰岛中含胰岛素的β-细胞或两者同时存在，提示有其他病理生理机制引起猫糖尿病。虽然糖尿病猫胰岛有淋巴细胞浸润，伴有胰岛淀粉样变化和胰岛空泡化，但这种组织学表现非常罕见。在新确诊为糖尿病的猫上，并未发现β-细胞和胰岛素自身抗体。免疫介导性Ⅰ型糖尿病在猫中罕见。遗传因素无疑是引起澳大利亚缅甸猫猫糖尿病的原因。但对于其他品种的猫，遗传因素作用未知。

猫糖尿病主要为Ⅱ型糖尿病，其特征是胰岛素抵抗、胰岛淀粉样蛋白沉淀和β-细胞数量减少。取决于胰岛素抵抗和胰岛淀粉样病变的严重程度，Ⅱ型糖尿病可为胰岛素依赖性（IDDM）或非胰岛素依赖性（NIDDM）。胰岛淀粉样变和胰岛素抵抗是猫Ⅱ型糖尿病发展的重要因素。胰岛淀粉样蛋白多肽（IAPP）——即糊精，是成年糖尿病猫淀粉样蛋白的主要成分，糊精储存于β-细胞分泌颗粒，并与胰岛素同时分泌。刺激胰岛素分泌的因素也会刺激糊精的分泌。长期增加胰岛素和糊精分泌的因素（如肥胖或其他胰岛素抵抗疾病）会造成糊精在胰岛周围聚集并形成淀粉样蛋白（图52-12）。糊精的淀粉样蛋白微纤维对胰岛细胞有毒害作用，引起胰岛细胞凋亡。如果淀粉样蛋白沉积是渐进性的，如持续性胰岛素抵抗造成长期的胰岛素分泌增加，胰岛细胞会逐渐被破坏并最终形成糖尿病。胰岛细胞淀粉样变化和β-细胞破坏的严重程度部分决定了糖尿病猫的糖尿病类型是IDDM或NIDDM。胰岛完全破坏会引起IDDM，患猫需要终生使用胰岛素治疗。胰岛细胞部分破坏可能会导致糖尿病临床症状的出现，可能需要用胰岛素治疗来控制血糖且治疗后糖尿病可能会恢复。如果淀粉样蛋白渐进性沉淀，会从亚临床型糖尿病发展为NIDDM，并最终发展成IDDM。目前关于糖尿病机理的研究表明，IDDM和NIDDM的区别主要是β-细胞丢失的严重程度、并发胰岛素抵抗的严重程度及可逆性。糖尿病诊断时，猫可能为IDDM或NIDDM。随着时间发展，NIDDM可能发展为IDDM。患IDDM糖尿病的猫在胰岛素治疗后，糖尿病可能恢复。随着胰岛素抵抗和β-细胞功能损害的时好时坏，猫糖尿病也在IDDM和NIDDM之间变换。

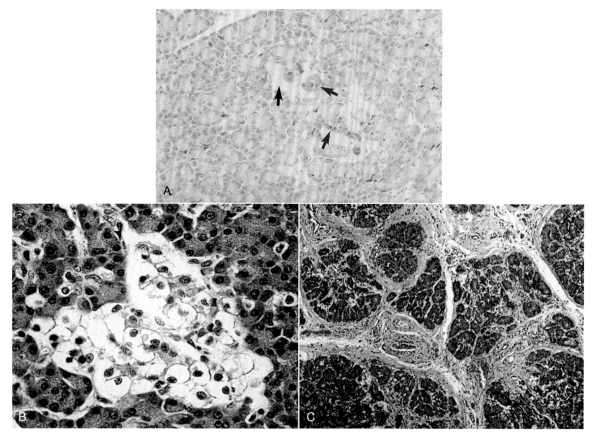

**图 52-12**
**A,**起初为 NIDDM 渐进发展为胰岛素依赖性糖尿病(IDDM)的严重胰岛淀粉样变(垂直箭头)。猫发展为 IDDM 时进行胰腺活组织取样。残余的 **β-**细胞含有胰岛素(倾斜箭头)(免疫过氧化物酶染色,×100)。**B,**胰岛细胞严重空泡化变性。胰腺组织取自糖尿病诊断后 **28** 个月,从 NIDDM 发展为 IDDM 后 **20** 个月,需要胰岛素控制血糖的猫。该猫死于转移性胰腺外分泌腺癌(H&E,×500)。**C,**IDDM 猫患严重慢性胰腺炎并伴有纤维化。由于持续存在嗜睡、无食欲和血糖控制不良,该猫被安乐死(H&E,×100)。(A 引自 Feldman EC,et al: *Canine and feline endocrinology and reproduction*,ed 3,St Louis,2004,WB Saunders)

在糖尿病诊断和开始治疗后 4～6 周内,糖尿病患猫会有一个恢复期。在这些猫中,高血糖、糖尿和糖尿病的临床症状均会消失,可停止胰岛素治疗。一旦临床糖尿病消失,这些猫可能永远不需要胰岛素治疗,而另一些猫会在几周或几个月后复发,并需要长期的胰岛素治疗。研究发现患暂时性糖尿病的猫在理论上均处于亚临床糖尿病状态,当胰腺受到同时存在的胰岛素抵抗性药物或疾病的刺激,尤其是糖皮质激素、醋酸甲羟孕酮或慢性胰腺炎的刺激时,就会变为临床型糖尿病(图 52-13)。与健康猫不同的是,经历糖尿病恢复猫的 β-细胞数量较少,β-细胞功能不全或两者兼有,使胰腺代偿并发胰岛素抵抗的能力下降。胰岛素应答不足而引起高血糖。持续高血糖会抑制残余 β-细胞的功能,引起低胰岛素血症,并通过促进葡萄糖转运系统下调,造成转运后胰岛素作用缺陷引起外周胰岛素抵抗。这种现象就称为葡萄糖毒性。β-细胞对胰岛素促泌素刺激也会受损害,类似于 Ⅰ 型 IDDM。一旦高血糖状态得到纠正,葡萄糖毒性的影响是可逆的。临床医生应对糖尿病进行正确的诊断,用胰岛素治疗,停止使用抗胰岛素药物和治疗胰岛素拮抗性疾病以降低血糖浓度和减少胰岛素抵抗,葡萄糖毒性消除后,β-细胞功能改善并重新分泌胰岛素,IDDM 的状态即消失。将来是否需要胰岛素治疗取决于胰岛内潜在的异常。如果是渐进性的(如淀粉样变),最终 β-细胞会被破坏并出现 IDDM。

## 临床特征

◈ 病征

虽然糖尿病可见于任何年龄的猫,但在诊断时多数糖尿病猫都大于 9 岁(平均为 10 岁)。糖尿病多见于去势公猫。虽然在澳大利亚缅甸猫多发,但未发现明显的品种倾向。

◈ 病史

实际上所有糖尿病动物的病史都包括多饮、多尿、多食和体重下降。猫主人最多的抱怨是需要不断换猫砂,以及猫砂团块变大。其他临床症状为嗜睡,与家庭成员互动减少,理毛行为减少,被毛干燥、无光泽、粗乱,跳跃活动减少,后肢虚弱或出现跖行姿势(图 52-14)。如果主人未观察到无并发症糖尿病的临床症状,猫易发糖尿病酮症酸中毒。开始出现临床症状至发展为糖尿病酮症酸中毒(DKA)的时间不确定。

◈ 体格检查

体格检查结果取决于是否存在 DKA 及其严重程度,以及其他并发症的性质。非酮症性糖尿病患猫无典型的体格检查异常。许多糖尿病猫除肥胖外其他体况良好。长期未治疗的糖尿病猫可能存在体重减轻,但除非存在并发症(如甲状腺功能亢进),否则很少出现瘦弱。新诊断或控制不良的糖尿病猫通常停止整理被毛,被毛表现为干燥、无光泽。糖尿病引起的脂肪肝会引起肝肿大。如果猫出现糖尿病性神经病,可能会出现明显的跳跃能力下降、后肢虚弱、共济失调或跖行姿势(即猫走路时后踝着地)。触诊趾部时,后肢远端肌肉变硬,且不愿被触诊后肢,这可能与神经病引起的疼痛有关。其他异常可见于糖尿病酮症酸中毒的猫。

## 诊断

犬猫糖尿病的诊断方法类似,主要基于存在相应的临床症状、持续高血糖和糖尿。暂时性、应激性高血

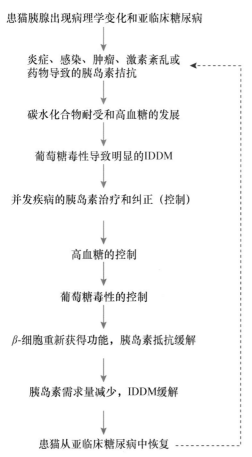

患猫胰腺出现病理学变化和亚临床糖尿病

炎症、感染、肿瘤、激素紊乱或药物导致的胰岛素拮抗

碳水化合物耐受和高血糖的发展

葡萄糖毒性导致明显的IDDM

并发疾病的胰岛素治疗和纠正(控制)

高血糖的控制

葡萄糖毒性的控制

β-细胞重新获得功能,胰岛素抵抗缓解

胰岛素需求量减少,IDDM缓解

患猫从亚临床糖尿病中恢复

图 52-13

暂时性糖尿病猫需要胰岛素治疗的糖尿病期发生和解决的流程图。(引自 Feldman EC, et al: Canine and felineendocrinology and reproduction, ed 3, St Louis, 2004, WB Saunders)

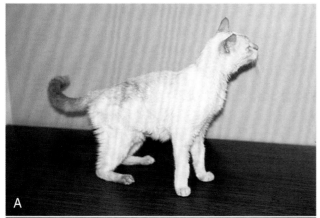

**图 52-14**

A,糖尿病和胰腺外分泌功能不全猫呈跖行姿势。B,调整胰岛素治疗和进行胰酶补充治疗后,血糖控制改善,后肢虚弱和跖行姿势消失。C,糖尿病猫严重的糖尿病性神经病。注意腕行和跖行姿势。神经病越严重且时间越长,糖尿病得到控制后,神经病改善的可能性越小。

糖是猫的一个常见问题,它可引起血糖升高至300 mg/dL 以上。但应激是一种主观的状态,难以准确测定,且不易发现,每只猫的反应也不一样。暂时性应激性高血糖时通常不出现糖尿。但如果应激持续存在(如几小时)时则会引起糖尿。因此,诊断猫糖尿病时须存在相符的临床症状、持续高血糖和糖尿。如果怀疑检测结果,可让主人在家监测无应激状态下猫的

尿中的糖浓度。另外,还可以测定血清果糖胺浓度。血清果糖胺浓度升高表明存在持续性高血糖。不过如果糖尿病在就诊前刚发生,糖尿病猫血清果糖胺浓度可能在参考值上限。

只有高血糖引起糖尿时,才会出现临床症状,且与胰岛功能状态无关。用于确诊糖尿病的信息无法反映胰岛细胞的功能状态、是否存在葡萄糖毒性、分泌胰岛素的能力和并发胰岛素抵抗的严重程度和可逆性。但测定血清胰岛素基础浓度或使用促胰岛素分泌激素后测定血清胰岛素浓度,对于猫 IDDM 和 NIDDM 的鉴别并非一直有效。新诊断且未治疗的糖尿病猫基础血清胰岛素浓度超过 15 $\mu$U/mL 时(参考范围 5~20 $\mu$U/mL 即 40~145 pmol/L),支持功能性 $\beta$-细胞的存在和胰岛部分破坏。然而,血清胰岛素浓度低或无法检测并不能排除 $\beta$-细胞部分丢失,因为葡萄糖毒性对循环胰岛素浓度有抑制作用。

猫糖尿病诊断建立后,推荐对患猫进行系统性健康检查。对任何糖尿病患猫的检查至少应包括 CBC、生化、血清甲状腺素浓度、尿液分析和尿液细菌培养。如果可能,腹部超声检查也应作为常规诊断的一部分,因为许多糖尿病患猫都存在慢性胰腺炎。因为存在葡萄糖毒性的可能,基础血清胰岛素或胰岛素反应试验不常规用于糖尿病患猫的检测。获得病史、完成体格检查或发现酮症酸中毒后,还应做其他检查。潜在的临床病理学变化参见框 52-4。

## 治疗

猫 NIDDM 流行率高产生了一个关于是否需要胰岛素治疗的有趣的问题。一些糖尿病患猫通过改变食物、口服降糖药、控制并发症、停止使用胰岛素拮抗药物或同时使用上述方法后,可以控制住血糖。IDDM 和 NIDDM 最终鉴别经常是回顾性的,通常是在兽医经过几周对治疗反应进行评价以及是否需要胰岛素治疗之后得出的。最初的治疗方案取决于临床症状和体格检查异常的严重程度、是否存在酮症酸中毒、猫的体况和主人的意愿。对于大多数新诊断为糖尿病的猫,治疗方法包括胰岛素、调整饮食和纠正或控制致胰岛素抵抗的并发症。

### ◆糖尿病患猫初始胰岛素剂量

糖尿病患猫对外源性胰岛素的反应是不可预测的,所有胰岛素对猫来说都可能持效时间过短。即使是每天注射 2 次,没有哪种类型的胰岛素可有效地控

制血糖。长期用于控制猫糖尿病的胰岛素有猪 Lente 胰岛素、重组人 PZI、甘精胰岛素和地特胰岛素(见图 52-11)。因为在猫胰岛素药效维持时间过短的现象十分常见,作者倾向于先用重组人 PZI(ProZinc)或甘精胰岛素(Lantus)。这两种胰岛素均能很好地控制血糖,引起猫糖尿病恢复。目前的研究数据表明,PZI 和甘精胰岛素有效地控制大多数猫血糖的中位剂量大约为每次 0.5 U/kg,剂量范围 0.2~0.8 U/kg。调节胰岛素用量初期的一个重要目标是避免出现低血糖的临床症状,尤其是在家调胰岛素剂量时。各种胰岛素引起低血糖的剂量范围存在明显重叠,它们都存在有时可良好地控制血糖,有时控制不良的情况。不引起低血糖的情况下,预测在胰岛素控制住糖尿病的有效剂量是很困难的,一部分原因是因为不同猫之间胰岛素反应不一。因此,作者的起始胰岛素剂量通常是参考范围下限(如约 0.25 U/kg,通常 1 U/次),且倾向于每天注射 2 次,因为大多数猫都需要每天使用 2 次 PZI 或甘精胰岛素。PZI 和甘精胰岛素最大的问题就是持效时间过长(>12 h)。每日 2 次使用这类胰岛素可引起低血糖和苏木杰现象。

◆ 日粮治疗

日粮治疗的基本原则见框 52-6。对于糖尿病患猫,需要考虑肥胖、饲喂方法和食物成分。肥胖常见于糖尿病患猫,通常是自由采食干性猫粮造成能量摄入过量所致。肥胖会引起可逆性胰岛素抵抗,肥胖纠正体重恢复正常后胰岛素抵抗会消失。糖尿病猫减肥后,血糖控制常会改善,一些猫甚至会变成亚临床糖尿病状态。对于无法增加消耗的猫(即运动),减肥是非常困难的,因为需要限制每天热量的摄入。推荐给肥胖糖尿病猫的经典减肥粮为增加蛋白质、降低碳水化合物含量和低卡路里日粮,以减少脂肪,增加纤维含量。读者可参考第 54 章纠正猫肥胖获得更多信息。

猫的饮食习惯变化很大,有些猫在饲喂时把食物吃光,而有些则整天断断续续采食。食物治疗的主要目的是减小采食对餐后血糖的影响。12 h 内少食多餐摄入等量的热量,比一次摄入的影响要小得多。猫每天总能量的一半应在每次注射胰岛素时给予,使其自由采食。要把一只自由采食的猫改成一次吃完食物是十分困难的,只要猫在随后 12 h 都能吃到食物,没必要一次采食完。对于挑食的犬,也可以采取类似的方法。

猫是肉食动物,其食物蛋白需要量比杂食动物高,

如犬和人。在杂食动物饮食习惯下,猫的肝葡萄糖激酶和己糖激酶活性较其他肉食动物低,这意味着糖尿病猫采食含高碳水化合物的食物后,餐后血糖会更高,反之亦然。糖尿病猫日粮研究表明高纤维、高蛋白和低碳水化合物能有效改善血糖控制。所有这些食物都有一个中心主题:无论是减少碳水化合物摄入(低碳水化合物日粮)还是用延缓肠道葡萄糖吸收(纤维),其目的是限制胃肠道吸收碳水化合物。直观来说,最有效的控制糖尿病猫胃肠道吸收碳水化合物的方法是饲喂极低碳水化合物日粮。目前作者起初会使用高蛋白、低碳水化合物日粮,但如果出现适口性、饱腹感、氮质血症或慢性胰腺炎等问题;或者尽管调整胰岛素治疗,血糖仍控制不良时,会改用专门为糖尿病猫设计的低卡路里含纤维日粮,或改用针对并发症的日粮(如出现氮质血症,使用肾脏处方粮;慢性胰腺炎使用中等蛋白含量、易消化日粮)。但是不推荐使用高脂肪、低碳水化合物日粮(如成长期日粮),因为高脂日粮可引起肥胖、脂肪肝、胰腺炎和胰岛素抵抗。胰岛素抵抗是因为循环非酯化脂肪酸、β-羟基丁酸和甘油三酯浓度升高所致。

◆ 查出并控制并发症

对于成功治疗猫糖尿病来说,查明并控制引起胰岛素抵抗或干扰胰岛素治疗的并发症是至关重要的。并发症包括肥胖、慢性胰腺炎或其他慢性炎症性疾病、感染和引起胰岛素抵抗的疾病,如甲状腺功能亢进、肾上腺皮质功能亢进和肢端肥大症。部分 β-细胞丢失的糖尿病患猫,在纠正胰岛素抵抗后,糖尿病类型可能会从胰岛素依赖型转变为非胰岛素依赖型或亚临床糖尿病。诊断糖尿病时或先前血糖控制良好的猫血糖突然控制不良时,应检查患猫的并发症。检查应包括详细的病史、体格检查、CBC、血清生化、血清甲状腺素浓度、尿液分析和细菌培养,以及腹部超声检查(如果条件允许)。

◆ 口服降糖药

口服降糖药是通过刺激胰腺胰岛素的分泌(磺酰脲类)、增强组织对胰岛素的敏感性(二甲双胍、噻唑烷二酮类)或延缓餐后小肠对葡萄糖的吸收而起作用(α-葡萄糖苷酶抑制剂)。尽管有争议,但微量元素铬和钒也可增强组织对胰岛素的敏感性。研究已证实磺脲类药物格列吡嗪可有效治疗猫糖尿病,而 α-葡萄糖苷酶抑制剂阿卡波糖可改善糖尿病犬的血糖控制。胰岛素

激活剂需要循环中有胰岛素才能起效,因而其单独用于治疗犬猫糖尿病的效果不确定。大多数糖尿病猫诊断时表现为 NIDDM 胰岛素浓度低或无法检测,部分原因是并发的葡萄糖毒性影响循环胰岛素浓度的结果。

**磺酰脲类** 磺酰脲类(如格列吡嗪、格列本脲)是治疗猫糖尿病最常用的口服降糖药。磺酰脲类的主要作用是直接刺激 β-细胞分泌胰岛素。磺酰脲类要能改善血糖控制,机体必须存在一定的内源性胰岛素分泌能力。糖尿病猫对格列吡嗪和格列苯脲治疗的临床反应性不定。根据 β-细胞丢失的严重程度,可从疗效极佳(即血糖下降至 200 mg/dL 以下)、部分有效(即临床症状改善但无法控制高血糖)至完全无效。约 20% 糖尿病猫用格列吡嗪治疗后可有效地改善临床症状和控制住严重的高血糖。选择格列吡嗪治疗猫糖尿病必须根据兽医对猫的健康状况、临床症状的严重程度、是否存在酮症酸中毒和其他糖尿病并发症(如外周性神经病)的评估和主人的意愿决定。磺酰脲类药物治疗的主要价值在于当主人最初不愿使用胰岛素治疗并考虑安乐死时的一个替代的治疗方式(针剂换成药片)。随后几周之后磺酰脲类药物治疗失败时,很多主人会开始愿意尝试胰岛素治疗。

格列吡嗪(2.5 mg/只,q 12 h)和格列苯脲(0.625 mg/只,q 12 h)主要用于无酮症和体格检查相对健康的猫,且与食物同服。治疗的第一个月,每只猫应每周检查一次。每次检查时,应评价病史、完整的体格检查、体重、尿糖/酮体以及血糖浓度。如果治疗 2 周后未出现副作用(表 52-4),剂量可分别提高到 5.0 mg/只、1.25 mg/只,每天 2 次。只要猫病情稳定,就应持续用药。如果血糖浓度正常或出现低血糖,应逐渐减少用量或停止给药,一周后重新评估血糖浓度以评价是否需要继续用药。如果口服降糖药 1 个月后临床症状持续恶化,猫并发其他疾病或出现酮症酸中毒或外周性神经病,血糖持续高于 300 mg/dL,应停用磺酰脲类药物并用胰岛素治疗。对于一些猫,磺酰脲类药物会在治疗几周至几个月后无效,并最终需要外源性胰岛素控制糖尿病。有假说认为使用磺酰脲类药物治疗可能会加剧 β-细胞的丢失,以致发展为 IDDM。

**阿卡波糖** 虽然 α-葡萄糖苷酶抑制剂阿卡波糖能改善糖尿病犬猫的血糖,但花费高和副作用大,不常使用。约有 35% 使用阿卡波糖治疗的犬因碳水化合物消化不良出现腹泻和体重降低。糖尿病猫推荐饲喂限制碳水化合物的日粮替代阿卡波糖。

 **表 52-4 格列吡嗪治疗猫糖尿病的副作用**

| 副作用 | 建议 |
|---|---|
| 用药后 1 h 内呕吐 | 用格列吡嗪治疗 2~5 d 后呕吐症状通常会减轻;如果呕吐严重,可减小剂量或减少用药频率;如果呕吐持续 1 周以上,停止给药 |
| 血清肝酶活性升高 | 继续治疗,开始时每 1~2 周监测肝酶活性;如果猫出现病态(嗜睡、无食欲、呕吐)或丙氨酸氨基转移酶活性超过 500 IU/L,停止给药 |
| 黄疸 | 停止格列吡嗪治疗;黄疸消退时(通常在两周内),使用较低剂量的格列吡嗪治疗;如果再次出现黄疸,永久停药 |
| 低血糖 | 停止格列吡嗪治疗;1 周内复测血糖;如果再次出现高血糖,使用较低剂量或较低频率的格列吡嗪治疗 |

◈ 确定初始胰岛素剂量

确定新诊断的糖尿病犬猫初始胰岛素剂量的方法相似并讨论。如果全天血糖浓度控制在 100~300 mg/dL,且平均血糖低于 250 mg/dL,多数主人都会对胰岛素治疗的效果满意。当胰岛素剂量相对小时(1~2 U/次),糖尿病猫常出现低血糖和苏木杰现象。因此,一旦控制了血糖,应要求主人用固定剂量治疗,并避免主人在家未咨询兽医的情况下自行调整剂量。

## 监测糖尿病控制的技术

监测糖尿病控制的技术已在其他章节讲述。一项影响监测猫糖尿病的重要因素是容易出现应激性高血糖,这通常由反复去医院采血引起的。一旦出现应激性高血糖,它会持续出现,测定的血糖不再准确。兽医必须小心糖尿病猫应激性高血糖的情况,并采取措施防止其发生。应避免对糖尿病猫的血糖进行"精细调节",只有确实需要改变胰岛素治疗时,才做血糖曲线。血糖控制良好与否主要基于主人对是否存在临床症状及其程度、糖尿病猫的整体健康状况、猫能否跳跃、梳毛、体格检查结果和体重的稳定性来评价。新诊断猫和血糖难以控制的猫都应该做血糖曲线。

◈ 在家做血糖曲线的步骤

医院内做血糖曲线的替代方法是主人在家用耳缘、脚垫采血,用便携式血糖仪制作血糖曲线,只需要主人用葡萄糖试纸在耳部沾一滴血即可测血糖(图 52-15)。耳缘静脉或脚垫针刺方法降低了采样时的保定程度,减少猫的不适感和应激。耳缘和脚垫采血与静脉血测出的血糖值相似。但为人医设计的便携式血糖仪测出的血糖值比参考方法的偏高或偏低(更常见)。当判读便携式血糖仪测出的血糖曲线时,须注意存在这个固有偏差。AlphaTRAK(Abbott Laboratories)血糖仪例外,这款便携式血糖仪在犬猫中的精确度很高,但血糖值与benchtop相比,可能偏高或偏低,迫使兽医只能接受仪器读出的血糖值。一些网站提供有耳刺技术详细的操作方法、主人操作经验以及不同血糖仪的信息。确诊糖尿病时,应给主人一个网址并要求主人浏览网页,看其是否愿意在家监测血糖浓度。对于愿意尝试者,应花时间教他/她如何操作并给予练习机会(理想的情况是不要太频繁,每4周绘制一天的血糖曲线),并告知应几小时做一次血糖检测(通常是注射时和注射后3、6、9和12 h测定)。对于猫,耳刺的效果很好。应激明显减少,血糖准确性明显改善。在家监测血糖的问题包括主人开始学习测定血糖浓度时测定过于频繁;自己判读血糖结果且未经兽医评估

就擅自加大胰岛素剂量而引起苏木杰现象;耳缘或脚垫采血困难;有的猫不能忍受耳部或脚垫针刺。

◈*血清果糖胺在应激性糖尿病猫中的作用*

　　用血清果糖胺评价血糖的控制见其他章节讨论。血清果糖胺的浓度不受暂时性血糖升高的影响。与血糖测定不同的是,血清果糖胺可准确客观地提供易怒或应激猫过去2~3周血糖控制的情况。对于易怒或应激的猫,兽医只能猜测问题所在(如胰岛素类型不适、剂量过低),并调整治疗,并根据血清果糖胺浓度评价调整治疗的效果。为评价调整治疗的效果时,应在调整前和调整后2~3周测定血清果糖胺浓度。如果胰岛素调整治疗合适,主人可观察到多尿、多饮得到改善,且血清果糖胺浓度下降幅度应超过 50 $\mu mol/L$。如果血清果糖胺相同或升高,表明调整治疗无效或血糖无改善。应根据猜测对治疗做进一步调整,并于2~3周后测定血清果糖胺浓度。

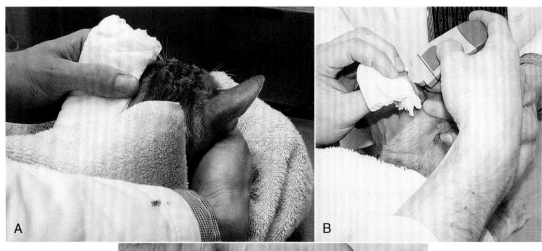

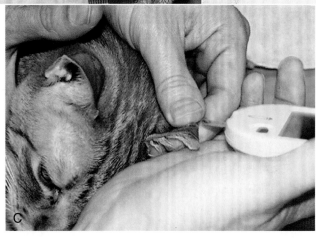

**图 52-15**
耳刺用于测定血糖浓度。**A**,热毛巾敷在耳廓上 **2~3 min**,增加耳循环。**B**,在耳廓背面确定一个点,涂上少量凡士林,并用血糖仪上的小针刺破。耳廓内面和手指间应垫一块纱布,防止刺穿耳廓时伤及手指。凡士林有助于血在耳廓上形成一个血珠。**C**,手指按压穿刺的皮肤促进出血,用血糖试纸条蘸取外周血液,当试纸条的血液足以激活血糖仪时移除。

### 手术期间的胰岛素治疗

手术期间犬猫糖尿病的处理方法相似。

### 胰岛素治疗的并发症

犬猫胰岛素治疗的并发症相似。糖尿病猫胰岛素治疗最常见的并发症是反复性低血糖和糖尿病复发；胰岛素过量引起苏木杰现象；由于应激性高血糖引起血糖评价不准确；NPH、Lente 持效时间短（PZI、甘精胰岛素和地特胰岛素较少见）；PZI、甘精胰岛素和地特胰岛素持效时间过长；并发炎症和激素性疾病引起的胰岛素抵抗，特别是慢性胰腺炎。评估血糖曲线前应先诊断潜在疾病。评价甘精胰岛素治疗血糖控制不良的猫时，最常见的问题是认为甘精胰岛素会被缓慢持续吸收，其血糖曲线相对平缓（图 52-16A），因此全天仅测定一或两次血糖。但糖尿病猫对甘精胰岛素的吸收形式和胰岛素持效时间不可预测（图 52-16B）。如果仅测一次或两次血糖浓度会误导诊断结果。对于临床症状持续存在且糖尿病控制不良的患猫，不管使用什么类型的胰岛素，都应绘制完整的血糖曲线（完整血糖曲线讨论见其他章节）。

◉ 应激性高血糖

易怒、恐惧和其他应激猫很容易出现暂时性高血糖。血糖升高是儿茶酚胺增多的结果。这些猫的血糖浓度通常超过 200 mg/dL，超过 300 mg/dL 也是常见的。在糖尿病患猫中，尽管用胰岛素治疗，应激性高血糖仍会引起血糖浓度明显升高，这会对兽医准确判断胰岛素疗效产生严重的影响。频繁住院和静脉穿刺采血是应激高血糖最常见的原因。尽管使用胰岛素治疗，全天血糖浓度仍持续高于 400 mg/dL。未认识到应激对血糖检测结果的影响会导致错认为血糖控制不良。接着调整胰岛素，通常是增加剂量，并在 1～2 周后再做血糖曲线。恶性循环的结果是最终引起苏木杰现象，临床明显的低血糖和转诊检查胰岛素抵抗的原因。

未发现应激性高血糖及其对血糖测定结果判读的影响是误判糖尿病猫血糖控制状态最重要的原因之一。如果保定或采血时猫出现明显的不安、攻击性和挣扎，应怀疑应激性高血糖。但那些很容易从笼子中抓出来和采血过程中不反抗的猫，也可能出现应激性高血糖。这些猫通常很恐惧，但没有攻击性。它们常蜷缩在笼子里，瞳孔散大，操作时通常全身松软。如果

血糖曲线结果与根据病史、体格检查结果和体重稳定性判断的不一致，或早上第 1 次的血糖浓度处于可接受范围内（即 150～250 mg/dL），但随后的血糖浓度逐渐升高（图 52-17）时，也应考虑应激性高血糖。一旦出现应激性高血糖，这将是一个永久的问题，血糖浓度就不再准确了。如果怀疑存在应激性高血糖，应转为在家监测血糖或检查血清果糖胺浓度，同时记录病史和体格检查。

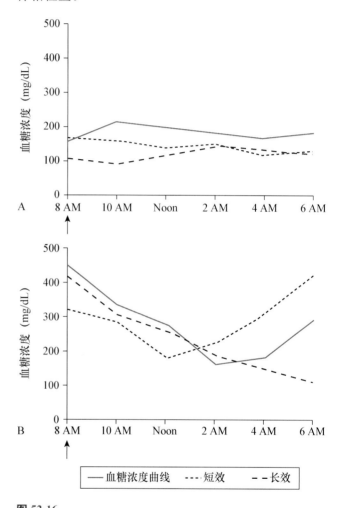

**图 52-16**

**6 只体重在 4～5 kg 糖尿病患猫，使用 2 次甘精胰岛素（1～2 U/次）的血糖曲线。图中显示胰岛素持效不同。图 52-16A 中 3 只猫血糖控制良好，最高血糖浓度控制在 100～200 mg/dL，表明甘精胰岛素缓慢持续吸收。图 52-16B 猫血糖控制不良，但甘精胰岛素疗效多样，从短效（点线）到持效过长（虚线）。**

◉ 低血糖和糖尿病恢复

低血糖是胰岛素治疗的一个常见并发症，对于糖尿病猫，突然大幅度增加胰岛素剂量，并发的胰岛素抵抗疾病改善，每天 2 次注射胰岛素时作用重叠过多，长期厌食恢复和胰岛素治疗正处于糖尿病恢

复的猫,均会引起低血糖的症状。在这些情况下,在致糖尿病激素(即胰高血糖素、儿茶酚胺、可的松、生长激素)能弥补或逆转低血糖前,会出现严重的低血糖。低血糖的初始治疗方法是在再次出现高血糖前停止胰岛素治疗,然后把胰岛素剂量减少 25%~50%。尽管减少了胰岛素剂量,仍反复出现低血糖,应考虑胰岛素持效作用过长或糖尿病恢复。如果使用低剂量胰岛素(≤1 U/次),且每日 1 次,但低血糖仍持续存在,在胰岛素治疗前血糖持续低于 200 mg/dL,血清果糖胺浓度低于 350 μmol/L(猫参考范围 190~350 μmol/L),或尿检试纸为阴性时,应考虑糖尿病恢复。应停止使用胰岛素治疗,在家里白天或晚上的任一时间周期性监测尿糖确定尿糖再次出现。

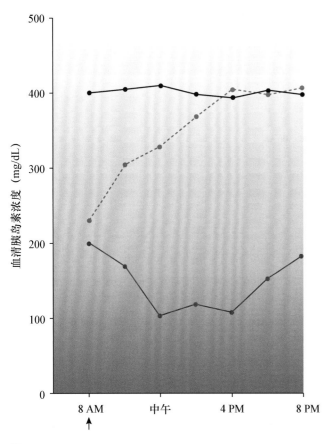

**图 52-17**
**5.3 kg 雄性猫注射 2 U 重组人 Ultralente 胰岛素治疗两周后的血糖曲线(粉线);注射 2 U 重组人 Ultralente 胰岛素治疗 2 个月后的血糖曲线(蓝线);注射 6 U 重组人 Ultralente 胰岛素治疗 4 个月后的血糖曲线(红线);根据血糖曲线,胰岛素剂量一直逐渐增加。主人发现无论剂量多少,猫均存在轻度的临床症状。4 月后复查时猫的体重稳定,体格检查正常。每次住院时,猫都变得更为凶猛,这支持应激性高血糖是血糖值和其他用于评价血糖控制的参数间不一致的原因。↑ 为皮下注射胰岛素和饲喂的时间。(引自 Feldman EC et al:Canine and feline endocrinology and reproduction,ed 3,St Louis,2004,WB Saunders.)**

◆**胰岛素过量和苏木杰现象**

胰岛素过量和苏木杰现象在其他章节中有过讨论。在临床糖尿病猫中,也存在类似的现象,其特征是血糖大幅度波动,接着出现几天持续性高血糖。但反向调节激素的准确作用仍有待阐明。胰岛素过量引起的苏木杰现象是糖尿病猫血糖控制不良最常见的原因之一。它可由每次注射 1~2 U 引起,当兽医因持续临床症状、高血糖和血清果糖胺浓度等因素逐步增加胰岛素剂量时,可造成每次注射 8 U 或更高。在病史中出现有 1 或 2 d 控制较好,接着几天血糖控制不良的循环时,应怀疑胰岛素过量和苏木杰反应。每 4~5 d 降低 1 U/次的胰岛素剂量,让主人观察每次减量后的临床表现可能是确诊的最好方法。另一种替代方法是,糖尿病患猫开始调节血糖时,应先用 1 U/只,每天 2 次。

◆**胰岛素剂量不足**

胰岛素剂量不足的讨论见其他章节。多数糖尿病猫用小于 1 U/kg(中位剂量 0.5 U/kg)的长效胰岛素,每天 2 次就可以控制高血糖的状况。如果胰岛素剂量小于每次 1 U/kg,每天 2 次,应怀疑胰岛素剂量不足。如果怀疑胰岛素剂量不足,胰岛素剂量应每周增加 0.5~1 U/次。同时通过主人观察改变治疗后的临床变化和测定的血清果糖胺浓度及血糖曲线,以判断调整后的疗效。胰岛素剂量增加至 1 U/kg 以上之前,应先排除其他引起血糖控制不良的原因。

◆**胰岛素作用时间过短**

胰岛素作用时间过短的讨论见其他章节。即使每天注射 2 次胰岛素,胰岛素作用时间过短仍然是个常见的问题。胰岛素作用时间过短最常见于 NPH 胰岛素和 Lente 胰岛素。但所有用于治疗猫糖尿病的胰岛素(包括 PZI 和甘精胰岛素)都会出现持效过短(见表 52-2)。当血糖曲线起始血糖浓度高于 300 mg/dL,胰岛素注射后最低血糖浓度仍高于 80 mg/dL,且见于注射后 8 h 内,注射胰岛素后 10 h 又出现高血糖(>300 mg/dL)(见图 52-7),可诊断为胰岛素作用时间过短。治疗方案是改用长效胰岛素(见图 52-11)。

◆**胰岛素作用时间过长**

胰岛素作用时间过长已在其他章节有过讨论。在糖尿病患猫中,胰岛素作用时间过长最常见于每天注射 2 次 PZI、甘精和地特胰岛素。

### ◉ 胰岛素吸收不良

### ◉ 循环中的胰岛素结合抗体

胰岛素结合抗体的讨论见其他章节。尽管人、猪和猫胰岛素有差异，但是使用重组人胰岛素或提纯的猪胰岛素治疗糖尿病猫很少会形成胰岛素抗体。在作者的经验中，多数有胰岛素抗体的猫抗体滴度呈弱阳性，持续存在抗体滴度的情况较少，且血清胰岛素抗体似乎不影响血糖控制。因此胰岛素抗体引起胰岛素抵抗的情况不常见于猫。

### ◉ 引起胰岛素抵抗的并发疾病

引起胰岛素抵抗的并发疾病讨论见其他章节。猫最常见的干扰胰岛素作用的并发疾病包括严重肥胖、慢性炎症如慢性胰腺炎和齿龈炎、慢性肾脏疾病、甲状腺功能亢进、肢端肥大症和肾上腺皮质功能亢进（框52-7）。获得完整的病史和进行详细的体格检查是发现这些并发疾病最重要的步骤。如果病史和临床检查结果无明显异常，应进行 CBC、生化、血清甲状腺素浓度、尿检及细菌培养，以及腹部超声检查（如果条件允许）以进一步寻找并发疾病。其他检查取决于上述检查结果（框52-8）。

### 糖尿病的慢性并发症

糖尿病慢性并发症已在其他章节讨论。猫最常见的并发症是低血糖、慢性胰腺炎、体重下降、理毛行为减少引起的被毛粗乱、干燥、无光泽，以及后肢的外周神经病引起虚弱、不能跳跃、跖行姿势和共济失调。糖尿病猫也易患酮症酸中毒。

### ◉ 糖尿病性神经病

糖尿病性神经病是糖尿病猫最常见的一种慢性并发症。糖尿病猫神经病的临床症状包括虚弱、不能跳跃、行走时跗关节着地呈跖行姿势（见图52-14）、肌肉萎缩、后肢反射抑制和体位反射消失。临床症状可渐进性发展到前肢（跖行姿势，见图52-14）。所有运动神经和外周感觉神经脱髓鞘时，电生理检查会出现异常，包括前后肢感觉神经和运动神经传导速度变慢和肌肉动作电位振幅减小。肌电图检查常正常，如果出现异常表明发生去神经支配。患猫神经活组织病理学检查可见神经内膜微血管病变，部分神经脱髓鞘和有髓鞘

神经轴突退行性变化，髓鞘纤维大量丢失。糖尿病性神经病的病因是多因素的，与代谢和血管有关。目前，糖尿病性神经病无特异性治疗方法。胰岛素控制血糖后可能会提高神经传导，并改善后肢虚弱和跖行姿势（图52-14）。但是，神经病对治疗反应是不定的，积极的胰岛素治疗容易引起低血糖。一般神经病存在的时间越长，病情越严重，控制血糖后神经病临床症状的恢复可能性越小（推荐读物中有更多猫糖尿病性神经病的信息）。

### 预后

糖尿病犬猫的预后相似。从诊断起糖尿病猫的平均存活时间约为 3 年。但这种存活时间呈偏态分布，因为多数猫在诊断出糖尿病时通常已经 8～12 岁，且由于并发危及生命或无法控制的疾病（如酮症酸中毒、胰腺炎、慢性肾脏疾病和肢端肥大症），前 6 个月的死亡率很高。度过前 6 个月的猫通常存活时间很容易超过 5 年。

## 糖尿病酮症酸中毒 （DIABETIC KETOACIDOSIS）

### 病因学

糖尿病酮症酸中毒的发病机制通常很复杂，且常受并发疾病的影响。实际上所有患 DKA 的犬猫都有相对或绝对的胰岛素缺乏。在有些犬猫中，即使每天注射胰岛素且血清胰岛素浓度甚至是升高的，也可能发生 DKA，这时因并发的胰岛素抵抗疾病（如胰腺炎、感染或慢性肾脏疾病）而存在"相对"胰岛素缺乏。循环致糖尿病激素（尤其是胰高血糖素）升高，增加胰岛素抵抗而加剧胰岛素缺乏，刺激脂肪分解而增加酮体生成和出现糖异生而恶化高血糖。

胰岛素缺乏、胰岛素抵抗以及循环中致糖尿病激素浓度增加等因素在刺激酮体生成中起着关键性作用。对于酮体生成（即乙酰乙酸、$\beta$-羟丁酸和丙酮）增加，代谢的中间过程必须存在 2 种重要变化：①脂肪组织中的甘油三酯分解成的游离脂肪酸增加；②肝脏的代谢由脂肪合成转化为脂肪氧化和酮体生成。胰岛素是脂肪分解和游离脂肪酸氧化的强效抑制剂。胰岛素绝对或相对缺乏时，会"允许"脂肪分解增加，从而使运送到肝脏的游离脂肪酸增加，并促进酮体生成。酮体

持续在血液中蓄积时,机体的缓冲系统被破坏,引起代谢性酸中毒。由于酮体蓄积于细胞外液,其量最终会超过肾小管重吸收阈值,导致酮体出现在尿液中,加剧葡萄糖引起的渗透性利尿,并增加电解质的丢失(如钠、钾、镁)。胰岛素缺乏本身也会引起肾丢失过量的水和电解质。总的结果是电解质和水分大量丢失,引起低血容量、组织灌注不良和肾前性氮质血症。血糖浓度升高会增加血浆渗透压,而渗透性利尿时水分丢失超过电解质丢失又会加剧血浆渗透压升高。血浆渗透压升高会导致细胞内水分转移至细胞外,引起细胞脱水。DKA 会导致严重代谢紊乱,包括严重酸中毒、高渗透性、渗透性利尿、脱水和电解质紊乱,最终会威胁生命。

## 临床特征

DKA 是糖尿病一种严重的并发症,最常发生于未诊断的患糖尿病的犬猫。有时,DKA 也可发生于使用胰岛素治疗的犬猫,剂量通常不足且同时伴有感染、炎症或出现胰岛素抵抗性激素性疾病。由于 DKA 和新诊断糖尿病的关系密切,犬猫 DKA 的病征与非酮体性糖尿病的病征相似。

病史和体格检查结果不定,部分是因为 DKA 本质上呈渐进性,从发生 DKA 至主人认识到生病的时间也不定。早期会出现多尿、多饮、多食和体重下降,但主人可能会忽视或认为不重要。当出现酮血症和代谢性酸中毒并恶化时,会出现全身性症状(如嗜睡、厌食、呕吐)。这些症状的严重程度与代谢性酸中毒的严重程度和并发疾病的本质直接相关。开始出现糖尿病临床症状至出现 DKA 全身性症状的时间间隔不定,可能从数天至数月不等。一旦出现酮症酸中毒,通常 7 d 内会呈现明显的症状。

常见的体格检查结果包括脱水、嗜睡、虚弱、呼吸急促、呕吐和有时呼吸中存在强烈的酮味。严重代谢性酸中毒可见缓而深的呼吸。DKA 还常见胃肠道症状如呕吐和腹痛,这些症状部分是由于常并发胰腺炎所致。还应考虑其他腹腔疾病,并采用相应的诊断方法(如腹部超声)查明胃肠道症状的病因。

## 诊断

要诊断糖尿病,首先应存在相应的临床症状、持续的禁食性高血糖和糖尿。测定乙酰乙酸的试纸条(KetoDiastix)测出酮尿可确诊糖尿病酮症,同时证明存在代谢性酸中毒时,即可确诊 DKA。常用的尿液检测试纸条不能检测 $\beta$-羟丁酸和丙酮。如果怀疑 DKA 但不存在酮尿时,应用酮体检查试剂片查血清或尿液中的丙酮。台式分析仪生化分析仪可检测出血清中 $\beta$-羟丁酸。可用尿液检测试纸测定肝素抗凝管中血清的乙酰乙酸。

## 患 DK 或 DKA 的"健康"犬猫的治疗

如果不存在或仅有轻度的全身症状,未出现食欲下降,体格检查不易发现明显的异常,如果代谢性酸中毒也是轻度的[即静脉二氧化碳总量($CO_2$)或动脉碳酸氢根浓度 > 16 mEq/L],可皮下注射短效常规结晶胰岛素,每天 3 次,直至酮尿消失。此时通常不需要输液和重症监护。胰岛素剂量应根据血糖浓度调整。为防止出现低血糖,注射胰岛素时可饲喂 1/3 日能量需求的食物,同时还应监测血糖浓度、尿酮体浓度以及动物的临床状况。血糖浓度下降意味着酮体生成减少,同时结合酮体代谢和经尿液排出,通常在胰岛素积极治疗 48～96 h 内即可纠正酮症。酮尿持续存在意味着存在明显的并发疾病(如慢性胰腺炎),或抑制脂肪分解和酮体生成的血清胰岛素浓度不足。一旦酮症消失,犬猫体况稳定,开始采食和饮水,应开始用长效胰岛素治疗。

## 重症 DKA 犬猫的治疗

如果犬猫出现全身性症状(如嗜睡、厌食、呕吐),应进行积极治疗。体格检查通常可见脱水、精神沉郁、虚弱或几种同时存在。静脉二氧化碳总量或动脉碳酸氢根浓度小于 12 mEq/L 表明存在严重代谢性酸中毒。严重糖尿病酮症酸中毒的 5 个治疗目标是:①提供足量的胰岛素抑制脂肪分解、酮体生成和肝脏糖异生;②补充丢失的水分和电解质;③纠正酸中毒;④查出促发本病的原因;⑤为保证持续使用胰岛素而不出现低血糖,提供碳水化合物底物(即葡萄糖)(框 52-9)。正确的治疗不是意味着尽快使犬猫恢复正常状态。如果积极治疗过度,也会引起渗透性、生化及疾病本身的问题。各种重要参数的快速变化带来的危害可能等同于无变化,甚至更严重。如果所有异常参数能缓慢回归正常(即 24～48 h),治疗更容易成功。

为了有助于制订治疗方案,应收集重症糖尿病酮症酸中毒各种检验结果。检查至少包括 PCV、血浆总蛋白浓度、血糖浓度、白蛋白、肌酐和尿素氮浓度、电解质、静脉二氧化碳总量或动脉酸碱度检查以及尿比重。DKA 常见的异常列于框 52-10。建立 DKA 治疗方案后,通常还需要进行 CBC、生化、尿检和尿液培养、胸部 X 线片和腹部超声或用于胰腺炎、间情期母犬和猫甲状腺功能亢进的筛查试验,以确定潜在的并发疾病(见框 52-8)。

◆**液体治疗**

DKA 治疗的第一步是采用合适的液体治疗。补充水分和维持正常体液平衡,以确保足量的心输出量、血压和组织灌注量都非常重要,尤为重要的是提高肾血液灌注量。除液体治疗对脱水动物的共同益处外,输液还能补充钠离子和钾离子的含量,减少胰岛素治疗的降钾作用,同时还有助于降低血糖浓度,甚至是在没有使用胰岛素时。但单纯的输液治疗不能抑制生酮作用,因此需要胰岛素治疗。

采用何种液体治疗主要取决于犬猫的电解质状态、血糖浓度和渗透性。无论血清钠浓度如何,所有 DKA 犬猫机体总钠量均严重缺乏。除非测定的血清电解质浓度确定需要用别的液体,作者在开始治疗时静脉液体制剂的首选是 0.9%氯化钠溶液,并添加适

当的钾(见表 55-1 和表 55-2)。可用其他等渗晶体液如林格液、乳酸林格、Plasma-Lyte 148(Baxter Healthcare Pty Ltd,Old Toongabbie,NSW,Australia)和 Normosol-R(Hospira,Lake Forest,Ⅲ)代替治疗。

多数严重 DKA 犬猫通常出现钠丢失,因此不会引起明显的高渗透性。即使出现严重高渗透状态,低渗液体(如 0.45%生理盐水)极少用于 DKA 犬猫。低渗液体不能提供足量的钠离子以恢复正常体液平衡或稳定血压。快速输注低渗液体会引起细胞外液(ECF)渗透压快速降低,导致脑水肿,精神意识恶化,最终引起昏迷。高渗状态下最好使用等渗液体配合胰岛素治疗。液体治疗的目的是在提供维持液及正在丢失液的同时,在 24 h 内逐渐纠正水合。除非犬猫出现休克,通常不需要快速补充液体。一旦犬猫脱离这一危险期,液体的补充速度应下降,以缓慢而平稳地纠正液体紊乱。开始时一般选择维持速度的 1.5～2 倍[即 60～100 mL/(kg·d)],接着根据脱水状态、尿液排出量、氮质血症严重程度和是否存在呕吐和腹泻进行调整。

 **框 52-9　严重糖尿病酮症酸中毒犬猫的早期治疗**

**液体治疗**

**类型**:如果出现低钠血症:0.9%氯化钠溶液;如果血清钠浓度正常,使用等渗晶体溶液:林格液、乳酸林格、Plasma-Lyte 148、Normosol-R。

**速率**:初始为 60～100 mL/(kg·d);根据动物脱水量、排尿量和正在丢失量调整

**补充钾**:基于血清钾浓度(见表 55-1);如果未知,初始时每升液体中加 40 mEq KCl

**补充磷**:血磷浓度<1.5 mg/dL 时,应补充磷;开始的静脉注射速度为 0.01～0.03 mmol,用无钙液体稀释

**补充糖**:当血糖浓度小于 250 mg/dL 时,需要开始静脉注射 5%葡萄糖

**碳酸氢钠治疗**

**适应证**:如果血浆碳酸氢根浓度小于 12 mEq/L 或静脉总二氧化碳小于 12 mmol/L 时,需要补充碳酸氢钠;如果未知,无需补充,但病情严重时,可补充一次量:mEq $HCO_3^-$ =体重(kg)× 0.4×(12-动物的 $HCO_3^-$)×0.5;如果动物的 $HCO_3^-$ 或 $TCO_2$ 浓度未知,用 10 代替(12-动物的 $HCO_3^-$)。

**使用**:加在液体中静脉给予,持续 6 h 以上;不可推注

**再次使用**:只有治疗 6 h 后碳酸氢钠浓度仍小于 12 mEq/L,才需要再次使用

**胰岛素治疗**

　　　　**类型**:常规结晶胰岛素

**使用技术**:间歇肌肉注射法:初始剂量为 0.2 U/kg IM;然后 0.1 U/(kg·h)IM,直至血糖浓度低于 250 mg/dL,然后换成皮下注射常规结晶胰岛素 1 次/6～8 h

**低剂量静输**:将 2.2 U/kg(犬)或 1.1 U/kg(猫)常规胰岛素加入 250 mL 0.9%生理盐水中,放液 50 mL 冲洗输液器。之后使用静脉注射或输液泵给药,必须单独使用一个静脉通路,速率 10 mL/h;根据每小时的血糖测定调整输液速度,当血糖下降至 250 mg/dL 以下时,换成皮下注射常规结晶胰岛素 1 次/6～8 h,或者降低胰岛素输液速度(防止低血糖出现)继续输液至更换为长效胰岛素

**目的**:逐渐降低血糖,最佳速度为 75 mg/(dL·h),直至血糖低于 250 mg/dL

**辅助治疗**

DKA 常并发胰腺炎;通常需要积极液体治疗,不能用口服药物

DKA 常并发感染;通常需要注射广谱抗生素。根据并发疾病的性质,可能还需要其他治疗

**监测患病动物**

初始时应每 1～2 h 测定血糖一次;当血糖低于 250 mg/dL 时,调整胰岛素治疗并开始输注葡萄糖

每 2～4 h 监测体液状态、呼吸和脉搏;并根据情况调整液体治疗

每 6～12 h 监测血清电解质和静脉总二氧化碳;根据情况调整液体治疗和补充碳酸氢钠

每 2～4 h 监测排尿量、尿糖、尿酮体;根据情况调整治疗

每天监测体重、PCV、体温和血压

根据并发疾病监测其他项目

嗜中性粒细胞增多性白细胞增多,败血症时存在中毒性表现

血液浓缩

高血糖

高胆固醇血症、高脂血症

碱性磷酸酶活性升高

丙氨酸氨基转移酶活性升高

BUN 和血清肌酐浓度升高

低钠血症

低氯血症

低钾血症

代谢性酸中毒(二氧化碳总量下降)

高渗透性

糖尿

酮尿

尿路感染

　　**补充钾**　多数 DKA 犬猫在开始治疗时血清钾离子浓度正常或降低。治疗 DKA 时,由于脱水的纠正(即稀释)、胰岛素介导的细胞吸收钾离子(伴随葡萄糖)、酸中毒的缓解(即细胞内氢离子进入细胞外液与钾离子交换;图 52-18)和持续的尿液丢失,血清钾离子浓度出现下降。在开始治疗 DKA 的 24 h 内,严重的低钾血症是最常见的并发症。犬猫出现低钾血症时,需要积极补充钾离子以弥补丢失、防止恶化,以防胰岛素治疗时出现威胁生命的低钾血症。例外的情况是犬猫伴有少尿性肾衰出现高钾血症。在这些犬猫中,只有当肾小球滤过功能恢复、尿液生成增加和高钾血症消失时,才可补充钾离子。

　　理想的钾离子补充量是由实际测定的血清钾离子浓度决定的。如果无法测定钾离子浓度,每升液体中可添加 40 mEq 钾离子。正常的生理盐水中不含钾离子,林格氏液中钾离子浓度为 4 mEq/L,生理盐水需添加 40 mEq 钾离子,林格氏液需添加 36 mEq 钾离子。随后钾离子的补充取决于每 6~8 h 的测定结果,直至犬猫病情稳定且血清电解质浓度正常。

　　**磷的补充**　大多数 DKA 犬猫治疗前磷浓度正常或降低。治疗 DKA24 h 内因输液引起体液稀释,随着胰岛素治疗,磷从细胞外液转移至细胞内,以及持续的肾脏和胃肠道丢失(见图 52-18),血磷浓度会降低至十分严重的状态(<1 mg/dL)。低磷血症主要是引起犬猫血液和神经肌肉系统问题。严重低磷血症引起的溶血性贫血是最常见的问题,如果未发现或不进行治疗,将危及生命。有时还可见虚弱、共济失调和惊厥。对于许多犬猫,严重低磷血症也可能无临床症状。

　　如果低磷血症引起临床症状或溶血,或血清磷浓度低于 1.5 mg/dL,应补充磷。静脉注射是补充磷的常规方法,磷酸钾和磷酸钠中还有 3 mmol 磷离子,每毫升溶液分别含 4.4 mEq 钾离子或 4 mEq 钠离子。磷推荐剂量是 0.01~0.03 mmol/(kg · h),最好用无钙液体(如 0.9%氯化钠)稀释后静脉给予。犬猫出现严重低血磷时,需要提高剂量至 0.03~0.12 mmol/(kg · h)。由于不能预测动物缺磷量和动物对治疗的反应,每 8~12 h 检测血清磷浓度十分重要,并根据检测结果调节治疗剂量。磷补充过度的副作用包括医源性低钙血症及其相关的神经肌肉症状、高钠血症、低血

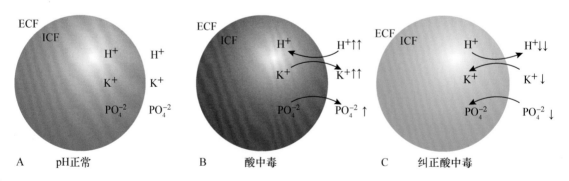

**图 52-18**
细胞外液(extracellular, ECF)pH 下降(即酸中毒)和细胞外液葡萄糖、渗透压增加,水分从 ICF 转移到 ECF,以及液体、胰岛素和碳酸氢钠治疗纠正酸中毒和高渗透性后,ECF 和细胞内液(intracellular, ICF)间氢离子、钾离子和磷酸根的再分布。A,ECF pH 正常。B,酸中毒时 ECF 氢离子浓度升高,氢离子进入细胞内,ECF 葡萄糖和渗透性升高引起水、钾离子和磷酸根转移至细胞外。C,纠正酸中毒时 ECF 氢离子浓度下降,引起细胞内氢离子向细胞外转移。胰岛素治疗和纠正酸中毒可引起葡萄糖、钾离子和磷酸根向细胞内转移,从而导致 ECF 钾离子和磷酸根浓度降低。(引自 Feldman EC, et al: Canine and feline endocrinology and reproduction, ed 3, St Louis, 2004, WB Saunders)

压和软组织钙化。测定磷离子浓度时应同时检测钙离子浓度,如果出现低血钙,应降低磷的输液速度。当犬猫存在高钙血症、高磷血症、少尿或怀疑出现组织坏死时,禁止补充磷。如怀疑动物存在肾脏问题时,需在了解肾脏功能和磷离子浓度后才能补充磷。

**镁的补充**　诊断犬猫 DKA 时,血清总镁或镁离子浓度可能在参考范围内或低于参考范围,通常在开始治疗 DKA 时浓度降低并在 DKA 消除时自愈。通常只有血清总镁或镁离子浓度分别低于 1.0 mg/dL 和 0.5mg/dL 时,才会出现低镁血症的临床症状。即使在如此低的血镁浓度,许多犬猫也不出现临床症状。通常不需要补充镁,但当连续输液治疗 24～48 h 后仍持续性嗜睡、厌食、虚弱、顽固性低钾血症或低血钙症,且未发现其他原因时,考虑补充镁。

**碳酸氢盐治疗**　根据犬猫的临床表现以及血浆碳酸氢根或静脉总二氧化碳来确定是否需要碳酸氢盐治疗。如果血浆碳酸氢盐(或静脉二氧化碳总量)浓度为 12 mEq/L 或更高,特别是犬猫很警觉时,不推荐用碳酸氢盐治疗。警觉犬猫的脑脊液(cerebrospinal fluid,CSF)pH 可能是正常或接近正常的。在这些动物中,酸中毒可用胰岛素和液体治疗纠正。肾灌注量提高可增加尿液酮酸的排出,而胰岛素能明显减少酮酸的生成。乙酰乙酸和 β-羟丁酸也是可代谢的阴离子,每 1 mEq 的酮酸代谢后可生成 1 mEq 的碳酸氢根。

血浆碳酸氢根为 11 mEq/L 或更低时(静脉总二氧化碳< 12 mEq/L),应开始碳酸氢盐治疗。多数犬猫会出现严重抑郁,这可能是并发严重的中枢神经系统酸中毒的结果。这些犬猫治疗起来较为困难,唯一安全的治疗方案是匀速静脉输液,缓慢纠正代谢性酸中毒,从而避免 CSF 的 pH 出现剧烈变化。因此,只需要补充部分的碳酸氢根丢失量,并在开始治疗时缓慢输入(6 h)。

碳酸氢根缺失量(即酸中毒纠正至碳酸氢根浓度为 12 mEq/L 所需的碳酸氢盐补充量,且应在开始时 6 h 内补充)可通过下列公式计算:

$$碳酸氢盐(mEq)=体重(kg)\times 0.4 \times$$
$$(12-测定碳酸氢盐)\times 0.5$$

如果未知血清碳酸氢根浓度,应采用下列公式:
$$碳酸氢盐(mEq)=体重(kg)\times 2$$

犬猫血清碳酸氢根浓度和临界值 12 mEq/L 间的差值代表 DKA 需补充的碱基础值。如果不知道血清碳酸氢根浓度,可用 10 代替可补充的碱基础值。因子 0.4 代表需要纠正碳酸氢根分布的细胞外液量(ECF)

(占体重的 40%)。因子 0.5 是静脉注射提供一半的碳酸氢根需要量。在这种情况下,应持续 6 h 给予碳酸氢盐的保守剂量。碳酸氢盐不能快速静推。治疗 6 h 后,应重新测定机体酸碱情况并计算新的需求量。一旦血浆碳酸氢根浓度超过 12 mEq/L,则不需要进一步补充碳酸氢盐。

### ◉ 胰岛素治疗

胰岛素治疗对消除酮症酸中毒是至关重要的。在开始治疗的 24 h 内,如果过度胰岛素治疗会引起严重低血钾、低血磷和低血糖。但配合科学输液,经常检测血清离子浓度和血清浓度,并根据情况调节初始胰岛素用量,可以避免上述情况的发生。治疗 DKA 的第一步永远是进行合理的液体治疗。至少推迟 2 h 再开始胰岛素治疗,在胰岛素治疗产生降血糖、降钾和降磷效果前,先让输液治疗的效果体现出来。之后根据血清电解质的浓度决定何时开始胰岛素治疗。如果在液体治疗 2 h 后,血清钾浓度在正常范围内,可开始胰岛素治疗。但如果低血钾持续存在,可再推迟 2 h 胰岛素治疗,先输液补充钾离子。初始胰岛素剂量应降低,以减少钾离子、磷离子或两者转移入细胞。胰岛素治疗必须在液体治疗 4 h 内开始。

每只犬猫需要的胰岛素量是难以确定的。因此,理想上是用起效快、作用时间短的胰岛素,这有利于根据需要快速调整胰岛素剂量和用药频率。快速作用的常规结晶胰岛素符合这些标准,推荐用于 DKA 的治疗。作为 DKA 初始治疗的有效药物,赖脯人胰岛素(Humalog)也是快速作用的胰岛素,可恒速输注(Sear 等,2012)。

胰岛素治疗 DKA 的方案包括每小时肌肉注射、持续低剂量静脉注射和间接肌肉结合皮下注射。胰岛素给予的 3 种途径(即静脉、肌肉和皮下)对降低血糖和酮体都是有效的。DKA 的成功治疗并不取决于用药途径,而是正确治疗每个与 DKA 有关的疾病。

**间歇性肌肉注射**　犬猫患严重 DKA 时,应先注射常规结晶胰岛素,剂量为 0.2 U/kg,然后每小时注射 1 次,剂量为 0.1 U/kg。如果出现低血钾,应在前 2～3 次注射时降低 25%～50%胰岛素剂量。胰岛素应注射入后肢肌肉,并确保注入肌肉而不是脂肪或皮下组织。常规胰岛素可用无菌生理盐水以 1∶10 稀释。注射小剂量胰岛素时,可用 0.3 mL 100 U 的胰岛素注射器注射。每小时可用即时化学分析仪和血糖仪测定血糖浓度,并根据情况调整胰岛素剂量。初始胰岛素治疗目标是缓缓将血糖降至200～250 mg/dL,最好是6～10 h内。每小时血糖浓度下降50 mg/dL较为理想。这样可使血糖浓度稳定下降,并避免渗透性出现大幅波动。血糖浓度下降的同时也确保了脂肪分解得到有效抑制,并阻断其为酮体生成提供游离脂肪酸,但通常血糖浓度比酮体下降快。一般高血糖在12 h内纠正,而酮症需要48～72 h消除。

一旦开始时每小时注射胰岛素将血糖降至250 mg/dL以下,应停止每小时肌肉注射胰岛素,并开始每4～6 h肌肉注射1次。如果动物水合状况较好,也可6～8 h皮下注射1次。通常初始剂量为0.1～0.3 U/kg,然后根据血糖变化进行调整。另外,这时静脉注射液体中必须添加50%的葡萄糖并配成5%的含糖溶液(即1 L液体中添加100 mL 50%的葡萄糖)。在动物开始采食或病情稳定前,血糖浓度应维持在150～300 mg。通常用5%的葡萄糖就可以维持所需的血糖浓度。如果血糖浓度低于150 mg/dL或高于300 mg/dL,应根据情况降低或增加胰岛素剂量。葡萄糖有助于预防低血糖并使胰岛素治疗方案继续执行。延迟注射胰岛素会延迟酮症酸中毒的纠正。

**持续低剂量胰岛素输注技术**　固定速率静脉输注常规胰岛素也是降低血糖的一种有效方法。液体配制方法是将常规结晶胰岛素(犬2.2 U/kg;猫1.1 U/kg)加入250 mL 0.9%生理盐水中。初始输液速度为10 mL/h,需要使用胰岛素专用输液通道,即不能与常规输液通道混用。这个输液速度等于胰岛素剂量为0.05(猫)和0.1(犬)U/(kg·h)。该用量可维持犬血浆胰岛素浓度在100～200 $\mu$U/mL(700～1 400 pmol/L)。由于胰岛素会黏附于玻璃或塑料表面,开始输胰岛素前,应先经输液器弃去约50 mL液体。如果担心出现低血钾,最初2～4 h可适当降低胰岛素输液速度。推荐在治疗时使用两条导管,外周导管用于胰岛素治疗,而中央导管用于输液治疗和采血。通常用输液泵确保恒定的输液速度。

根据每小时测定的血糖浓度调整输入速度。理想上是血糖浓度每小时降低50 mg/dL。一旦血糖接近250 mg/dL,应停止输注胰岛素并改成每4～6 h肌肉注射胰岛素1次,或如同间歇性肌肉注射方案一样,每6～8 h皮下注射1次。另外也可在胰岛素换成长效制剂前一直输常规结晶胰岛素(降低输液速度防止出现低血糖)。和间歇性肌肉注射技术一样,当葡萄糖浓度低于250 mg/dL时,应在静脉制剂中添加葡萄糖。

**间接肌肉/皮下注射**　虽然间接肌肉注射后皮下注射比其他方法的操作量小,但它会引起血糖快速下降,导致低血糖。开始时胰岛素剂量为0.2 U/kg,肌肉注射,每4 h注射1次。通常需要肌肉注射胰岛素1次或2次。一旦动物脱水得到纠正,换成每6～8 h皮下注射胰岛素。开始治疗时不推荐皮下注射胰岛素,因为犬猫脱水时皮下胰岛素吸收不良。肌肉和皮下注射的胰岛素剂量应根据血糖浓度调整,开始治疗期间血糖应每小时测定一次。理想上是血糖浓度每小时降低50 mg/dL。如果血糖降低超过理想值,应减少25%～50%后续胰岛素用量。和间歇性肌肉注射技术一样,当血糖浓度低于250 mg/dL时,应在静脉制剂中添加葡萄糖。

**开始长效胰岛素治疗**　只有当犬猫病情稳定或能开始采食,无需静脉注射维持体液平衡、无酸中毒、无氮质血症或电解质紊乱时,才开始使用长效胰岛素。这类长效胰岛素的开始剂量应与常规结晶胰岛素类似,且在最后一次注射常规结晶胰岛素后开始注射。根据临床反应、血糖和血清果糖胺检测结果调整剂量。

◆**并发疾病**

治疗DKA时还需治疗其他并发疾病,且这些疾病通常比较严重。犬猫DKA时常见的并发症包括细菌感染、胰腺炎、充血性心力衰竭、慢性肾脏疾病、肝脏疾病和胰岛素拮抗性疾病,如较常见的肾上腺皮质功能亢进(犬)、甲状腺功能亢进(猫)和间情期(未绝育母犬)。治疗这些犬猫时,应根据并发症的情况调整DKA的治疗(如并发充血性心力衰竭时的液体治疗)或辅助治疗(如抗生素)。但胰岛素治疗永远不能因并发疾病而延迟或停止。胰岛素治疗是消除酮症酸中毒的唯一方法。如果不能口服任何东西,应维持胰岛素治疗并用含糖液体维持血糖浓度。如果并发胰岛素拮抗性疾病,必须去除该病,从而提高胰岛素的作用,并消除酮症酸中毒(如间情期犬进行卵巢子宫切除术)。

◆**DKA治疗的并发症及预后**

DKA仍然是兽医内科中最难治疗的代谢性疾病之一。DKA治疗引起的并发症十分常见,通常是过度治疗、动物体况监测不足、未按时评价生化指标及未能诊断并发症所致。常见并发症包括低血糖、持续高血糖、电解质紊乱,严重低血钾、低血磷引起的溶血、脑水肿引起的中枢神经症状、并发心脏疾病或少尿性肾衰竭引起过度水合以及急性胰腺炎引起的长期食欲不振和呕吐。为了减小治疗并发症的风险,改善治疗成功概率,须频繁监测动物体况、精神状态、水合状态、排尿量和生化检查(如血糖、血清电解质、血气值),根据检查结果及时调整液体、胰岛素和碳酸氢盐治疗。即使采用了完善的预防措施和最佳的治疗方案,一些病例出现死亡在所难免。在住院期间,约 20% 严重 DKA 犬猫出现死亡或被施行安乐死。死亡通常是严重潜在性疾病、严重代谢性酸中毒或治疗过程中的并发症所致。不过,治疗合理,同时密切监护,仍可取得良好的结果。

# 泌胰岛素 $\beta$-细胞瘤
## (INSULIN-SECRETING $\beta$-CELL NEOPLASIA)

## 病因

起源于胰腺胰岛 $\beta$-细胞的功能性肿瘤是恶性肿瘤,它不受低血糖抑制作用的影响而分泌胰岛素。然而 $\beta$-细胞瘤并非完全自发的,多在激发因素刺激下分泌胰岛素,如血糖升高刺激胰岛素分泌且常过量。$\beta$-细胞瘤的免疫组化分析见多种激素分泌的发生率较高,包括胰多肽、生长抑素、胰高血糖素、5-羟色胺和胃泌素。但肿瘤细胞内最常见的生成物是胰岛素,这些动物的临床症状也主要是高胰岛素血症引起的低血糖症状。

$\beta$-细胞瘤在犬不常见,罕见于猫。实际上犬的所有这些肿瘤都是恶性的,手术时多数动物存在微小的或肉眼可见的转移性病变。最常见的转移位置是淋巴系统和淋巴结、肝脏和胰腺周围肠系膜和网膜。而肺部罕见转移,常出现在疾病晚期。多数犬手术切除肿瘤后数周或数月会复发低血糖。患犬确诊时肿瘤转移率较高,通常部分是由于发病至出现临床症状的时间过长、主人从观察到症状至前去就诊的时间很长所致。多数犬出现临床症状后 1~6 个月才去就诊。

## 临床特征

### ◆病征

泌胰岛素瘤通常发生于中老年犬(平均年龄 10 岁),但也可见于 3~4 岁。无性别倾向。泌胰岛素瘤最常见于大型犬,如德国牧羊犬、拉布拉多寻回猎犬和金毛寻回猎犬。$\beta$-细胞瘤也曾报道于 10 岁以上的暹罗猫和混血猫。

框 52-11　犬泌胰岛素瘤的临床症状

抽搐*
虚弱*
虚脱
共济失调
多食
体重增加
肌束震颤
后肢无力(神经病)
嗜睡
不安
异常行为

\* 常见临床症状。

### ◆临床症状

泌胰岛素瘤的临床症状通常是由低血糖和循环儿茶酚胺浓度升高引起的,包括虚弱、肌束震颤、晕厥、抽搐和异常行为(框 52-11)。临床症状的严重程度取决于低血糖的持续时间和严重程度。患长期低血糖或伴有偶尔发作的犬通常能长期耐受更低的低血糖(20~30 mg/dL)而无临床症状,但只要血糖轻度变化即可引起临床症状。因此禁食、激动、运动和采食均会诱发临床症状。当出现低血糖时,代偿性对抗机制会引起血糖升高,临床症状可能偶尔出现,且一般持续数秒至数分钟。如果这些对抗调节机制不足,当血糖持续下降时就会出现典型的抽搐症状。惊厥常是自限性的,持续 30 s 至几分钟,这可能刺激儿茶酚胺进一步分泌并激活其他对抗调节机制,使血糖浓度升高至危险值以上。

### ◆体格检查

患 $\beta$-细胞瘤动物的体格检查通常无明显异常。犬通常无可见或可触诊的异常。虚弱和嗜睡是最常见的临床症状,发生概率分别为 40% 和 20%。体格检查时可能出现昏厥和抽搐,但不常见。一些犬体重明显增加,这可能是胰岛素同化作用的结果。

**外周神经病**　有些泌胰岛素瘤患犬会出现外周神经病,$\beta$-细胞瘤可引起后肢轻瘫至四肢无力、面部瘫痪至全身麻痹、神经反射减弱至反射消失、肌肉张力消失、后躯肌肉及咀嚼肌和/或面部肌肉萎缩。感觉神经也可能受到影响。临床症状可呈急性发作(几天内)或潜伏出现(几周到几个月)。多发性神经病的病理机制不清。假设的理论包括慢性严重低血糖引起的神经代谢紊乱或一些肿瘤引起的代谢性缺乏,神经和肿瘤抗原相同引起免疫介导性副肿瘤综合征,或肿瘤分泌的毒性因子对神经的毒害作用。治疗的目标是手术移除 $\beta$-细胞瘤。泼尼松治疗(起始剂量 1 mg/kg 每 24 h 1 次)可改善临床症状。

◈ 临床病理学

患泌胰岛素瘤犬的 CBC 和尿液分析结果通常是正常的。生化检查唯一持续性异常是低血糖。作者医院随机检测时,90% 的泌胰岛素瘤患犬的血糖低于 60 mg/dL(平均值 38 mg/dL)。患泌胰岛素瘤犬血糖偶尔为 60~75 mg/dL。这种结果不能排除低血糖是偶尔虚弱或惊厥的原因。怀疑泌胰岛素瘤时,患犬应禁食数小时并多次测血糖。刺激低血糖的禁食时间部分取决于病程长短,时间范围从几小时到大于 24 h。其他血清生化指标通常是正常的。也可能出现低白蛋白血症、低磷血症、低钾血症、ALT 和 ALP 活性升高。但这些结果都是非特异性的,对诊断没有帮助。肝酶活性升高和存在明显的肝脏 $\beta$-细胞瘤转移间的关系仍不清楚。

## 诊断

泌胰岛素瘤的诊断需要证明出现低血糖,并存在胰岛素分泌异常且超声检查、计算机断层扫描(CT)或开腹探查时发现胰腺肿瘤。考虑到低血糖的鉴别诊断(见框 52-2),根据病史、体格检查结果和血液学检查除低血糖外无其他异常,可暂定为泌胰岛素肿瘤。腹部超声检查可用于检查胰腺区域肿瘤,并在肝脏和周围组织寻找转移病灶(图 52-19)。尽管手术时可发现胰腺肿瘤或转移性损伤,但由于多数泌胰岛素瘤很小,且肿瘤回声反射与邻近的正常胰腺相似,所以腹部超声检查经常是正常的。因此腹部超声检查正常不能排除泌胰岛素瘤的可能。与胰腺相比,$\beta$-细胞瘤血管更丰富。因而在开腹探查之前可用 CT 造影评估肿瘤及其转移灶的血管影像。胸腔放射学检查肿瘤转移的意义很小,因为该肿瘤处于晚期时才会出现肺部转移。

泌胰岛素瘤的确诊必须检查低血糖时血清胰岛素浓度。对于正常的动物,低血糖会抑制胰岛素的分泌,且抑制程度与低血糖的程度呈正比。如果胰岛素是由肿瘤细胞自主性合成和分泌,低血糖对胰岛素的分泌就无抑制作用,因为由肿瘤细胞合成和分泌的胰岛素对低血糖的反应性比正常 $\beta$-细胞的小。患泌胰岛素

瘤的犬,对于某一特定的血糖浓度,其胰岛素浓度都是过量的。确定胰岛素过度分泌的可能性与低血糖的程度有关。血糖浓度越低,异常高胰岛素血症就越肯定,尤其是当血清胰岛浓度处于参考范围内时。如果血糖浓度下降而胰岛素浓度处于参考值上限或升高,表明存在相对或绝对的胰岛素过多,这可用 $\beta$-细胞瘤来解释。

多数 $\beta$-细胞瘤犬出现持续性低血糖。如果血糖浓度低于 60 mg/dL(< 50 mg/dL 更佳),应将血清送到商业兽医内分泌实验室测定葡萄糖和胰岛素浓度。如果犬血糖大于 60 mg/dL,可能需要禁食诱发低血糖。禁食期间应每小时监测血糖浓度,当血糖低于 50 mg/dL 时采血检测葡萄糖和胰岛素浓度。需要记住便携式血糖仪的测定结果往往比台式分析仪低。因此只有用这些血糖仪测出的结果为 40 mg/dL 或更低时,才需采集血样送至商业实验室检测血糖和胰岛素浓度。一旦诱导低血糖成功,随后 1~3 h 应给犬饲喂少量食物,防止血糖明显波动和潜在的餐后反应性低血糖。

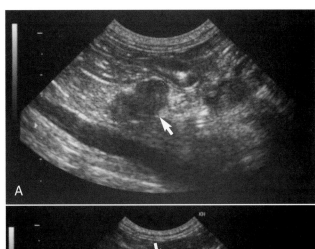
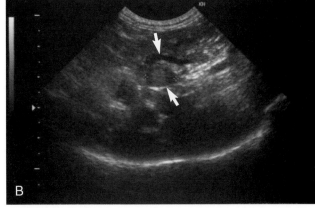

**图 52-19**
胰腺超声影像显示 9 岁可卡犬存在胰岛 $\beta$-细胞瘤(箭头)(A)和 $\beta$-细胞瘤转移至肝脏引起肝脏淋巴结肿大(B)。

应同时检查血清胰岛素浓度和血糖浓度。犬血清胰岛素浓度超过参考范围而血糖浓度低于 50 mg/dL,

再伴有相应的临床症状和临床病理学检查结果,则强烈支持泌胰岛素瘤的诊断。血清胰岛素浓度处于参考值上限时,泌胰岛素瘤也是可能的。其他原因或其他原因同时伴发泌胰岛素瘤引起低血糖时,胰岛素浓度通常处于参考值下限。需要细心评价病史、体格检查和其他诊断测试来鉴别诊断低血糖的病因。当出现严重低血糖时,反复的血糖和胰岛素测定通常可查出低血糖的原因。血清胰岛素浓度低于参考范围时,称为低胰岛素血症,表明不存在泌胰岛素瘤。诊断方案同样适用于怀疑 $\beta$-细胞瘤的猫。

## 治疗

### ◈ 治疗概览

$\beta$-细胞瘤的治疗方法包括手术探查、药物治疗慢性低血糖和上述两种方式联合治疗。患有可切除的独立性肿瘤时,手术可提供治愈的机会。当犬患不可切除的肿瘤或存在明显转移时,尽可能切除或"减缩"异常组织常可减轻病情,至少能缓解临床症状和改善药物疗效。与单纯使用药物治疗相比,手术探查并减缩肿瘤体积后使用药物治疗的存活时间也更长。尽管有这些优点,手术仍然是相对激进的诊断和治疗方法,部分是由于肿瘤高转移率、诊断 $\beta$-细胞瘤时犬年龄偏大,以及术后倾向发生胰腺炎的缘故。一般情况下,作者不支持对以下犬施行手术:老年犬(即年龄大于 12岁)、超声发现肿瘤转移的犬,以及患显著并发疾病的犬。(详细的手术操作信息参见推荐读物。)

### ◈ 手术动物的围手术期管理

手术治疗前,应防止 $\beta$-细胞瘤犬出现严重低血糖。这可通过少量多餐或使用糖皮质激素治疗进行预防(框 52-12)。围手术期连续静脉输注含 2.5%～5%葡萄糖的平衡电解质溶液是十分重要的。葡萄糖治疗的目的是避免低血糖引起临床症状,并维持血糖浓度超过 35 mg/dL,而不是恢复正常血糖浓度。

手术期间注射葡萄糖如果无法防止严重低血糖,可恒速输注胰高血糖素。胰高血糖素对肝脏糖异生有强大刺激作用,恒速静脉输注时可有效维持 $\beta$-细胞瘤患犬正常血糖浓度。冻干胰高血糖素 USP(1 mg)可用生产商提供的稀释液稀释,再加至 1 L 0.9%的生理盐水中,制成 1 $\mu$g/mL 溶液,用注射泵输入。开始剂量为 5～10 ng/(kg·min),然后根据情况调整剂量以维持血糖浓度正常。停止给予胰高血糖素时,剂量应在 1～2 d 内逐渐减少。

### ◈ 术后并发症

最常见的术后并发症是胰腺炎、高血糖和低血糖。这些继发症的发生直接与术者处理胰腺和切除肿瘤的技术、肿瘤在胰腺中的位置(即胰叶外周还是中心,图52-20)、是否存在功能性转移肿瘤和手术期间液体治疗是否充足有关。严重胰腺炎最常见于摘除位于胰腺中心位置的肿瘤后,因为该处是胰腺血液供应和胰管所在位置。尽管围术期进行合适的治疗防止胰腺炎的发生,但胰腺中央的肿瘤引起术后危及生命的胰腺炎概率很高,应考虑非手术治疗。读者参见第 40 章胰腺炎的治疗。

手术摘除 $\beta$-细胞瘤后,一些犬有时会出现暂时性糖尿病,但这不是治疗的后遗症。这通常是正常的 $\beta$-细胞萎缩造成胰岛素分泌不足引起的。摘除所有、大部分肿瘤组织会突然减少动物体内的胰岛素。在萎缩的正常细胞恢复分泌功能前,动物可能会出现低胰岛素血症,且需要注射外源性胰岛素以维持正常的血糖浓度。只有术后所有的含糖液体都停止后,持续出现血糖和糖尿超过 2～3 d,才需要用胰岛素治疗。起初的胰岛素治疗应保守些,即使用 NPH 或 Lente 胰岛素0.25 U/kg,每天 1 次。接着应根据临床反应和血糖浓度调整胰岛素剂量。胰岛素治疗通常是暂时的,持续数天至数月。偶尔有些犬的糖尿病会持续 1 年以上。主人对动物尿糖水平的评估有利于确定何时不需胰岛素治疗。尿中无葡萄糖,且没有多尿多饮的症状时,应停止胰岛素治疗。如果再次出现高血糖和糖尿,应重新给予较低剂量的胰岛素治疗。

切除泌胰岛素瘤后仍存在低血糖的犬,通常存在功能性肿瘤转移。如果出现胰腺炎,术后应继续使用葡萄糖和/或胰高血糖素治疗,直至胰腺炎治愈。当患犬病情稳定,饮食饮水正常,可开始药物治疗慢性低血糖(见框 52-12)。

### ◈ 药物治疗慢性低血糖

如果未开腹探查或术后低血糖复发时,应使用药物治疗慢性低血糖。药物治疗的目的是减少低血糖临床症状的发生频率和严重程度,并防止出现急性低血糖危症,而不是维持正常的血糖状态。这种治疗是姑息疗法,通过增加胃肠道吸收葡萄糖(勤饲)、增加肝脏糖异生和糖原分解(糖皮质激素)或抑制胰岛素合成、分泌或外周细胞对胰岛素的反应而减轻低血糖(糖皮质激素、二氮嗪、生长抑素等)(见框 52-12)。

**框 52-12　β-细胞瘤犬长期药物治疗**

**标准治疗**

1. 食物治疗
   a. 每天饲喂 3～6 次少量的罐头或干性日粮(少量多餐)
   b. 脂肪、复合碳水化合物和纤维有助于延长餐后血糖吸收
   c. 避免饲喂含单糖、双糖或丙二醇的食物及玉米糖浆
2. 限制运动；避免剧烈运动
3. 糖皮质激素治疗
   a. 泼尼松，初始剂量为 0.5 mg/kg，分成 2 次给予
   b. 根据情况逐渐增加剂量和用药频率
   c. 目的是控制临床症状，而不是维持正常血糖浓度
   d. 如果医源性高可的松血症的症状很严重或糖皮质激素无效，考虑替代治疗

**其他治疗**

1. 二氮嗪治疗
   a. 继续标准治疗；如果多饮多尿加剧，减少糖皮质激素剂量
   b. 当糖皮质激素剂量低、随后糖皮质激素无效或多饮多尿加剧时，可提前使用二氮嗪治疗
   c. 二氮嗪初始剂量为 5 mg/kg，q 12 h
   d. 根据需要逐渐增加剂量，不要超过 60 mg/(kg·d)
   e. 目的是控制临床症状，而不是维持正常血糖浓度
2. 生长抑素治疗
   a. 继续标准治疗，如果多饮多尿十分严重，减少糖皮质激素剂量
   b. 奥曲肽，10～40 μg/犬，SC，q 8～12 h

　　**勤饲**　勤饲可持续提供热量，并成为 β-细胞瘤过量分泌胰岛素的底物。含高脂肪、复合碳水化合物和高纤维的食物可延缓胃排空，减慢葡萄糖的吸收，有助于减少门脉血中葡萄糖浓度，降低肿瘤胰岛素分泌的刺激。单糖可很快吸收，对肿瘤性 β-细胞的胰岛素分泌有强大的刺激作用，因此应避免用于食物。推荐喂罐头和干日粮混合的食物，每天 3～6 次。由于高胰岛素血症会诱发肥胖，应控制每日能量摄入量。运动应局限于牵着狗短途行走。

　　**糖皮质激素治疗**　当食物控制不能再有效防止低血糖症状出现时，可开始用糖皮质激素治疗。糖皮质激素可在细胞水平上拮抗胰岛素作用。刺激肝糖原分解，间接提供必要的肝脏糖异生底物。泼尼松是最常用的糖皮质激素，初始剂量为 0.25 mg/kg，每天 2 次。根据临床反应调节剂量。当肿瘤生长或转移灶增多时，泼尼松剂量应持续增加直到能控制临床症状。最终会出现泼尼松的副作用，尤其是多饮和多尿，达到主人不能接受的状态。此时应减少泼尼松的剂量但不能停药，并考虑增加其他治疗方法。

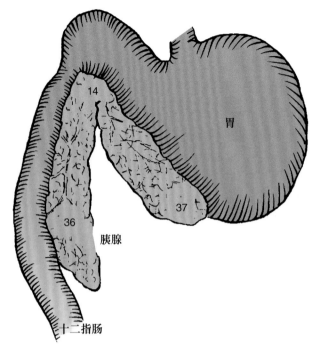

**图 52-20**

87 只胰岛 **β**-细胞瘤犬的肿瘤位置。〔引自 Feldman EC, et al: Canine and feline endocrinology and reproduction, ed 3, St Louis, 2004, WB Saunders.〕

　　**二氮嗪治疗**　二氮嗪是一种苯噻二嗪类利尿药，它可抑制胰岛素分泌、刺激肝脏糖异生和糖原分解以及抑制组织利用葡萄糖。总的作用是升高血糖。当糖皮质激素剂量低，且多饮多尿情况能被主人接受，可较早的开始二氮嗪治疗；当糖皮质激素不再能有效控制低血糖临床症状，或多饮多尿严重到主人不能接受时，也可开始二氮嗪治疗。针对后者，应继续低剂量胰岛素治疗。初始的剂量为 5 mg/(kg·d)，每 12 h 1 次。根据临床反应调节剂量，但不能超过 60 mg/(kg·d)。二氮嗪最常见的副作用是厌食和呕吐。与食物同服或降低剂量至少可暂时性控制胃肠道副作用。

　　**奥曲肽治疗**　奥曲肽是一种生长抑素类似物，它可抑制正常或肿瘤性 β-细胞合成和分泌胰岛素。β-细胞瘤对奥曲肽抑制作用的反应主要取决于肿瘤细胞上是否存在生长抑素受体。奥曲肽剂量 10～40 μg/犬，每天皮下注射 2～3 次，可有效缓解 40%～50%患犬的低血糖。该剂量未见副作用。由于费用因素，奥曲肽对多数主人都不是理想选择。

　　**链脲霉素治疗**　链脲霉素是一种天然合成的亚硝基脲，它可选择性破坏胰腺 β-细胞，已用于犬 β-细胞瘤的治疗。但链脲霉素对改善低血糖、控制临床症状和延长寿命的效果不定。其副作用大(呕吐、急性胰腺炎、肾功能衰竭等)，甚至危及生命。(读者可参见推荐

读物以获取更多关于链脲霉素治疗犬 β-细胞瘤的信息。）

### 预后

　　犬 β-细胞瘤长期预后慎重至不良。研究表明与仅用药物治疗的患犬相比，进行手术探查和摘除肿瘤后再使用药物治疗的存活时间更长。Tobin 等（1999）和 Polton 等（2007）两项回顾性报道显示，诊断后仅进行药物治疗患犬的中位存活时间分别为 74 d 和 196 d，而开始时用手术治疗接着用内科治疗的中位存活时间分别为 381 d 和 785 d。手术能改善预后的程度取决于疾病的临床阶段——最主要是肿瘤转移的程度。在作者的医院中，10%～15%施行 β-细胞瘤手术的犬由于严重肿瘤转移，引起无法控制的术后低血糖或胰腺炎相关的并发症，在手术时或术后 1 个月内死亡或安乐死。另外 20%～25%的犬由于反复出现临床低血糖且无法用药物控制，在术后 6 个月内死亡或安乐死。剩下能活过术后 6 个月的 60%～70%的犬，在出现无法控制的低血糖导致死亡或安乐死前，多数存活时间能超过 1 年。减缩转移肿瘤的手术也可改善动物对药物治疗的反应，并延长第一次术后对药物治疗无反应的犬的存活时间。

# 胃泌素瘤
## （GASTRIN-SECRETING NEOPLASIA）

　　胃泌素瘤是一种功能性恶性肿瘤，常出现于犬猫的胰腺中。转移的位置包括肝脏、邻近淋巴结、脾脏和肠系膜。临床症状主要是由肿瘤分泌过量的胃泌素引起大量胃酸分泌所致。

### 临床特征

　　最常见的临床症状是老年动物慢性呕吐、体重下降、厌食和腹泻（框 52-13）。常见胃和十二指肠溃疡及食道炎，反过来会引起呕血、便血、黑粪症和反流。酸化的肠道内容物引起胰腺消化酶失活、胆盐沉积、干扰乳糜微粒形成以及损伤小肠黏膜细胞后，还会出现伴有吸收不良和脂肪痢的腹泻。体格检查可发现动物嗜睡、发热、脱水、腹部疼痛，如果失血过多或溃疡引起胃肠穿孔可出现休克。潜在的 CBC 异常包括再生性贫血、低蛋白血症和嗜中性粒细胞增多症。血清生化异常包括低蛋白血症、低白蛋白血症、低钙血症以及 ALT 和 ALP

活性轻度升高。患犬猫若频发呕吐，可能会出现低钠血症、低氯血症、低钾血症和代谢性酸中毒。少数病例可见高血糖或低血糖。尿液分析通常无明显异常。

　　腹部放射学检查通常是正常的。如果溃疡穿透浆膜层，放射学检查可见腹膜炎表现。放射学造影检查可见胃或十二指肠溃疡；胃皱褶、幽门窦和肠壁增厚；小肠排空钡餐加快。一例并发严重食道炎的动物，经荧光透视检查可见继发的巨食道症及异常非蠕动性食道运动。超声可能发现胰腺肿瘤或其转移肿瘤。但胃泌素瘤体积变化非常大，超声可能无法查出。

　　胃十二指肠镜检查胃泌素瘤犬猫可见严重食道炎和溃疡，特别是接近贲门处。胃皱褶增厚。胃和十二指肠常可见充血、糜烂、溃疡。内窥镜取样做食道、胃和十二指肠活组织检查可见组织相对正常或不同程度的炎症，出现淋巴细胞、肥大细胞和嗜中性粒细胞浸润，胃黏膜增生、纤维化和丧失黏膜屏障。

**框 52-13　犬猫胃泌素瘤临床症状**

呕吐*
厌食*
嗜睡、抑郁*
腹泻*
体重下降*
黑粪症
呕血
发热
多饮
腹部疼痛
便血

\* 常见临床症状。

### 诊断

　　胃泌素瘤应列入犬猫出现黑粪症、呕血或严重胃肠溃疡病例的鉴别诊断中。除非超声检查发现胰腺肿瘤，多数胃泌素瘤犬猫都会被无意诊断为严重炎性肠病、胃十二指肠糜烂和溃疡，并用胃酸分泌抑制剂、黏膜保护剂、抗生素和改变食物治疗。如果超声检查发现胰腺肿瘤，针对非特异性胃肠道炎症和溃疡的药物治疗无效，或抗溃疡治疗停止后胃肠道溃疡复发，胃泌素瘤的可能性增加。手术时采集肿瘤组织做组织学或免疫细胞化学检查才能确诊胃泌素瘤。一夜禁食后基础血清胃泌素浓度升高也有助于犬猫胃泌素瘤的诊断。血清胃泌素升高的鉴别诊断包括胃流出道梗阻、肾脏衰竭、短肠综合征、慢性胃炎、肝脏疾病和抗酸治疗(如 $H_2$ 受体阻断剂、质子泵抑制剂等)。不同动物血清基础胃泌素浓度差异大。有的胃泌素瘤动物胃泌素浓度偶见在参考范围内。对于强烈怀疑胃泌素瘤但血清胃泌素浓度正常的犬,应考虑激发刺激试验(如胰泌素刺激试验、钙激发试验)或手术探查进行确诊。(关于激发试验参见参考文献。)

## 治疗

胃泌素瘤的治疗方法是手术切除肿瘤和控制胃酸过度分泌。胃肠道溃疡常可用 $H_2$ 受体阻断剂(如雷尼替丁、法莫替丁)、质子泵抑制剂(如奥美拉唑)、胃肠道保护剂(如硫糖铝)或前列腺素 $E_1$ 类似物(如米索前列醇)减少胃酸分泌,从而达到治疗目的(读者可参见第 30 章更多关于胃肠道药物方面的信息)。有时需要手术切除溃疡,特别是溃疡已发展至穿孔时。虽然常见肿瘤转移到肝、局部淋巴结和肠系膜,但要治愈本病必须切除肿瘤。即使存在转移,肿瘤减缩术也可增加药物治疗的成功率。

## 预后

犬猫胃泌素瘤长期预后慎重至不良。当确诊胃泌素瘤时,76%的犬猫存在肿瘤转移。手术、药物或两者结合治疗后犬猫的存活时间范围为 1 周至 18 个月(平均 4.8 个月)。不过近年来由于减少胃酸分泌性药物以及保护和促进溃疡愈合药物的利用,短期预后已有所改善。

◉推荐阅读

Fossum TW: *Small animal surgery*, ed 4, St Louis, 2012, Elsevier-Mosby.
Tobias KM et al: *Veterinary surgery: small animal*, St Louis, 2012, Elsevier-Saunders.

犬糖尿病

Beam S et al: A retrospective-cohort study on the development of cataracts in dogs with diabetes mellitus: 200 cases, *Vet Ophthalmol* 2:169, 1999.
Briggs C et al: Reliability of history and physical examination findings for assessing control of glycemia in dogs with diabetes mellitus: 53 cases (1995-1998), *J Am Vet Med Assoc* 217:48, 2000.
Cohen TA et al: Evaluation of six portable blood glucose meters for measuring blood glucose concentration in dogs, *J Am Vet Med Assoc* 235:276, 2009.
Davison LJ et al: Anti-insulin antibodies in diabetic dogs before and after treatment with different insulin preparations, *J Vet Intern Med* 22:1317, 2008.
Davison LJ et al: Autoantibodies to GAD65 and IA-2 in canine diabetes mellitus, *Vet Immunol Immunopathol* 126:83, 2008.
Della Maggiore A et al: Efficacy of protamine zinc recombinant human insulin for controlling hyperglycemia in dogs with diabetes mellitus, *J Vet Intern Med* 26:109, 2012.
Fall T et al: Diabetes mellitus in a population of 180,000 insured dogs: incidence, survival, and breed distribution, *J Vet Intern Med* 21:1209, 2007.
Fall T et al: Diabetes mellitus in Elkhounds is associated with diestrus and pregnancy, *J Vet Intern Med* 24:1322, 2010.
Fracassi F et al: Use of insulin glargine in dogs with diabetes mellitus, *Vet Rec* 170:52, 2012.
Kador PF et al: Topical Kinostat ameliorates the clinical development and progression of cataracts in dogs with diabetes mellitus, *Vet Ophthalmol* 13:363, 2010.
Monroe WE et al: Efficacy and safety of a purified porcine insulin zinc suspension for managing diabetes mellitus in dogs, *J Vet Intern Med* 19:675, 2005.
Mori A et al: Comparison of time-action profiles of insulin glargine and NPH insulin in normal and diabetic dogs, *Vet Res Commun* 32:563, 2008.
Niessen SJM et al: Evaluation of a quality-of-life tool for dogs with diabetes mellitus, *J Vet Intern Med* 26:953, 2012.
Palm CA et al: An investigation of the action of neutral protamine Hagedorn human analogue insulin in dogs with naturally occurring diabetes mellitus, *J Vet Intern Med* 23:50, 2009.
Sako T et al: Time-action profiles of insulin detemir in normal and diabetic dogs, *Res Vet Sci* 90:396, 2011.
Struble AL et al: Systemic hypertension and proteinuria in dogs with naturally occurring diabetes mellitus, *J Am Vet Med Assoc* 213:822, 1998.
Wiedmeyer CE et al: Continuous glucose monitoring in dogs and cats, *J Vet Intern Med* 22:2, 2008.
Zeugswetter FK et al: Metabolic and hormonal responses to subcutaneous glucagon in healthy beagles, *J Vet Emerg Crit Care* 22:211, 2012.

猫糖尿病

Alt N et al: Day-to-day variability of blood glucose concentration curves generated at home in cats with diabetes mellitus, *J Am Vet Med Assoc* 230:1011, 2007.
Bennett N et al: Comparison of a low carbohydrate-low fiber diet and a moderate carbohydrate-high fiber diet in the management of feline diabetes mellitus, *J Fel Med Surg* 8:73, 2006.
Casella M et al: Home-monitoring of blood glucose in cats with diabetes mellitus: evaluation over a 4-month period, *J Fel Med Surg* 7:163, 2004.
Dietiker-Moretti S et al: Comparison of a continuous glucose monitoring system with a portable blood glucose meter to determine insulin dose in cats with diabetes mellitus, *J Vet Intern Med* 25:1084, 2011.
Estrella JS et al: Endoneurial microvascular pathology in feline diabetic neuropathy, *Microvascular Res* 75:403, 2008.
Forcada Y et al: Determination of serum fPLI concentrations in cats with diabetes mellitus, *J Fel Med Surg* 10:480, 2008.
Gilor C et al: The effects of body weight, body condition score, sex, and age on serum fructosamine concentrations in clinically healthy cats, *Vet Clin Pathol* 39:322, 2010.
Gilor C et al: Pharmacodynamics of insulin detemir and insulin glargine assessed by an isoglycemic clamp method in healthy cats, *J Vet Intern Med* 24:870, 2010.
Henson MS et al: Evaluation of plasma islet amyloid polypeptide and serum glucose and insulin concentrations in nondiabetic

cats classified by body condition score and in cats with naturally occurring diabetes mellitus, *Am J Vet Res* 72:1052, 2011.

Michiels L et al: Treatment of 46 cats with porcine lente insulin—a prospective, multicentre study, *J Fel Med Surg* 10:439, 2008.

Moretti S et al: Evaluation of a novel real-time continuous glucose-monitoring system for use in cats, *J Vet Intern Med* 24:120, 2010.

Nelson RW et al: Transient clinical diabetes mellitus in cats: 10 cases (1989-1991), *J Vet Intern Med* 13:28, 1998.

Nelson RW et al: Field safety and efficacy of protamine zinc recombinant human insulin for treatment of diabetes mellitus in cats, *J Vet Intern Med* 23:787, 2009.

Niessen SJM et al: Evaluation of a quality-of-life tool for cats with diabetes mellitus, *J Vet Intern Med* 24:1098, 2010.

Roomp K et al: Intensive blood glucose control is safe and effective in diabetic cats using home monitoring and treatment with glargine, *J Fel Med Surg* 11:668, 2009.

Zini E et al: Predictors of clinical remission in cats with diabetes mellitus, *J Vet Intern Med* 24:1314, 2010.

### 糖尿病酮症酸中毒

Brady MA et al: Evaluating the use of plasma hematocrit samples to detect ketones utilizing urine dipstick colorimetric methodology in diabetic dogs and cats, *J Vet Emerg Crit Care* 13:1, 2003.

Di Tommaso M et al: Evaluation of a portable meter to measure ketonemia and comparison of ketonuria for the diagnosis of canine diabetic ketoacidosis, *J Vet Intern Med* 23:466, 2009.

Duarte R et al: Accuracy of serum β-hydroxybutyrate measurements for the diagnosis of diabetic ketoacidosis in 116 dogs, *J Vet Intern Med* 16:411, 2002.

Durocher LL et al: Acid-base and hormonal abnormalities in dogs with naturally occurring diabetes mellitus, *J Am Vet Med Assoc* 232:1310, 2008.

Fincham SC et al: Evaluation of plasma-ionized magnesium concentration in 122 dogs with diabetes mellitus: a retrospective study, *J Vet Intern Med* 18:612, 2004.

Hume DZ et al: Outcome of dogs with diabetic ketoacidosis: 127 cases (1993-2003), *J Vet Intern Med* 20:547, 2006.

Sears KW et al: Use of Lispro insulin for treatment of diabetic ketoacidosis in dogs, *J Vet Emerg Crit Care* 22:211, 2012.

Sieber-Ruckstuhl S et al: Remission of diabetes mellitus in cats with diabetic ketoacidosis, *J Vet Intern Med* 22:1326, 2008.

### 分泌胰岛素的胰岛细胞瘤

Fischer JR et al: Glucagon constant-rate infusion: a novel strategy for the management of hyperinsulinemic-hypoglycemic crisis in the dog, *J Am Anim Hosp Assoc* 36:27, 2000.

Iseri T et al: Dynamic computed tomography of the pancreas in normal dogs and in a dog with pancreatic insulinoma, *Vet Radiol Ultrasound* 48:328, 2007.

Jackson TC et al: Cellular and molecular characterization of a feline insulinoma, *J Vet Intern Med* 23:383, 2009.

Mai W et al: Dual-phase computed tomographic angiography in three dogs with pancreatic insulinoma, *Vet Radiol Ultrasound* 49:141, 2008.

Moore AS et al: A diuresis protocol for administration of streptozotocin to dogs with pancreatic islet cell tumors, *J Am Vet Med Assoc* 221:811, 2002.

Polton GA et al: Improved survival in a retrospective cohort of 28 dogs with insulinoma, *J Small Anim Pract* 48:151, 2007.

Tobin RL et al: Outcome of surgical versus medical treatment of dogs with beta-cell neoplasia: 39 cases (1990-1997), *J Am Vet Med Assoc* 215:226, 1999.

### 胃泌素瘤

Simpson KW: Gastrinoma in dogs. In Bonagura JD, editor: *Kirk's current veterinary therapy XIII*, Philadelphia, 2002, WB Saunders.

Diroff JS et al: Gastrin-secreting neoplasia in a cat, *J Vet Intern Med* 20:1245, 2006.

# 第 53 章

# 肾上腺疾病
## Disorders of the Adrenal Gland

# 犬肾上腺皮质功能亢进
## (HYPERADRENOCORTICISM IN DOGS)

## 病因

肾上腺皮质功能亢进（库兴氏疾病）可分为垂体依赖性、肾上腺皮质依赖性和医源性（即兽医或主人过量使用糖皮质激素所致）。

### ◆ 垂体依赖性肾上腺皮质功能亢进

垂体依赖性肾上腺皮质功能亢进（pituitary-dependent hyperadrenocorticism，PDH）是自发性肾上腺皮质功能亢进最常见的原因，占 80%～85%。在约85%PDH病例中，尸体剖检可见功能性垂体肿瘤（分泌促肾上腺皮质激素，adrenocorticotropic hormone，ACTH）。组织学检查表明垂体远侧部分的腺瘤最为常见，垂体中间部腺瘤次之，少数犬为功能性垂体癌。约50%患 PDH 犬的垂体瘤小于 3 mm，而其余的多数犬，特别是无中枢神经症状的犬确诊为 PDH 时，肿瘤直径为3～10 mm。少数犬（10%～20%）确诊为 PDH 时存在大垂体瘤（即肿瘤直径超过 10 mm）。这些肿瘤具有压迫或侵入周围组织结构的潜力，当它向背侧扩张至下丘脑和丘脑时，可引起神经症状（如大垂体瘤综合征）（见图 53-1）。

PDH 犬最主要的异常是过度分泌 ACTH，引起双侧肾上腺皮质增生并使皮质束状带分泌过量的可的松（图 53-2）。由于可的松引起 ACTH 分泌抑制的正常负反馈机制消失，虽然肾上腺皮质分泌可的松增加，但仍持续存在 ACTH 过量分泌。常见 ACTH 和可的松间歇性分泌，这会引起其血浆浓度的波动，有时检测值可能处于参考值范围内。

### ◆ 肾上腺皮质肿瘤

肾上腺皮质肿瘤所致肾上腺皮质功能亢进占犬自发性肾上腺皮质功能亢进的 15%～20%。肾上腺皮质肿瘤和肾上腺皮质癌的发病率相同。虽然肾上腺大肿物（>4 cm）更倾向于癌，但无固定的临床症状或生化特征可用于鉴别功能性肾上腺瘤和肾上腺癌。肾上腺皮质癌可侵入局部结构（如肾脏、膈腹静脉、后腔静脉），或通过血源性转移至肝脏和肺脏——这与肾上腺皮质瘤症状不同。

双侧肾上腺肿瘤（adrenocortical tumors，ATs）可发生于犬，但罕见。非功能性 AT 或 ATH 伴随对侧腺体的嗜铬细胞瘤是犬双侧肾上腺肿瘤较为常见的原因。也有报道显示犬会出现肾上腺出现大结节性增生。这些动物的肾上腺外观通常变大，而肾上腺皮质存在多个大小不同的小结节，虽然后一种症状可能是 PDH 所致的解剖变异引起的，但确切的机制仍不清楚。ATs 可分泌一种参与肾上腺类固醇合成的前体激素（如黄体酮和 17-羟黄体酮，详见非典型肾上腺皮质功能亢进）。

ATHs 是自发性和功能性的，可不受垂体控制任意地分泌过量的可的松。这些肿瘤生成的可的松可抑制循环血浆 ACTH 浓度，从而引起无病变肾上腺的皮质萎缩，以及病变肾上腺所有正常细胞萎缩（见图 53-2）。萎缩造成肾上腺形状不对称，这可通过腹部超声检查出来。多数肿瘤都存在 ACTH 受体，可对外源性 ACTH 产生反应。ATHs 对作用于下丘脑-垂体轴的糖皮质激素无反应，如地塞米松。

### ◆ 医源性肾上腺皮质功能亢进

医源性肾上腺皮质功能亢进是由过量使用糖皮质

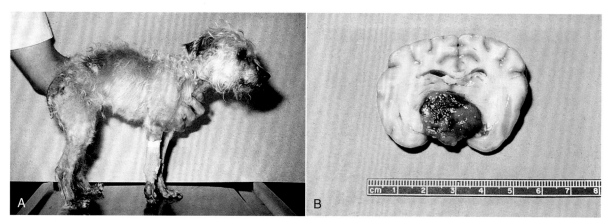

**图 53-1**
**A**,10 岁雄性去势杂种犬,该犬患垂体依赖性肾上腺皮质功能亢进。初始症状为多饮多尿和内分泌性脱毛,逐渐发展为严重昏呆、厌食、渴感缺乏、体重下降,并丧失体温调节功能。**B**,图 A 中犬脑部截面图,垂体大腺瘤严重压迫周围脑组织结构。

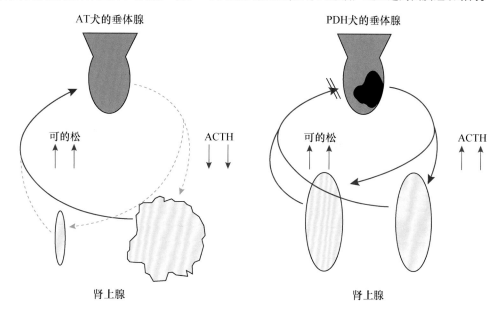

**图 53-2**
患功能性肾上腺皮质瘤(AT,左图)和垂体依赖性肾上腺皮质功能亢进(PDH,右图)犬的垂体-肾上腺皮质轴。**AT** 会分泌过量的可的松,抑制垂体,降低血浆 ACTH 浓度,并引起对侧肾上腺萎缩。**PDH** 犬分泌过量的 ACTH,通常是由功能性垂体腺瘤引起,然后 ACTH 引起双侧肾上腺肿大和血浆可的松浓度升高。

激素以控制过敏性或免疫介导性疾病所致。使用含糖皮质激素的眼、耳或皮肤药物时也可引起发病,尤其是长期用于小型犬(体重<10 kg)。由于下丘脑-垂体-肾上腺皮质轴是正常的,长期过量使用糖皮质激素会抑制循环血浆 ACTH 浓度,引起双侧肾上腺皮质萎缩。对于这些动物,尽管出现肾上腺皮质功能亢进的临床症状,但 ACTH 刺激试验结果却符合自发性肾上腺皮质功能减退。

## 临床特征

### ◆病征

肾上腺皮质功能亢进一般发生于 6 岁或 6 岁以上

的犬(平均为 10 岁),但也有 1 岁犬发病的报道。尽管 ATH 更常见于雌性犬,但总体上无明显性别倾向。很多品种都可发生 PDH 和 ATH,而贵宾犬、腊肠犬、各种㹴犬、德国牧羊犬、比格犬、拉布拉多寻回猎犬较常见。据报道,拳师犬和波士顿㹴也有易发 PDH 的倾向。PDH 更倾向发生于小型犬,约 75% PDH 患犬体重小于 20 kg。约 50% 功能性 ATH 患犬体重大于 20 kg。

## 临床症状

犬肾上腺皮质功能亢进最常见的临床症状是多饮多尿、多食、喘、腹部膨大、内分泌性脱毛和轻度肌无力(图 53-3,表 53-1)。并非所有肾上腺皮质功能亢进患犬的症状都一样,多数犬仅出现数个临床症状,而非全部症状。病史中出现的症状越多,肾上腺皮质功能亢进的可能性越大。其他体格检查结果(见表53-1)可为

肾上腺皮质功能亢进的诊断提供进一步依据,使得后续诊断试验的必要性增加。

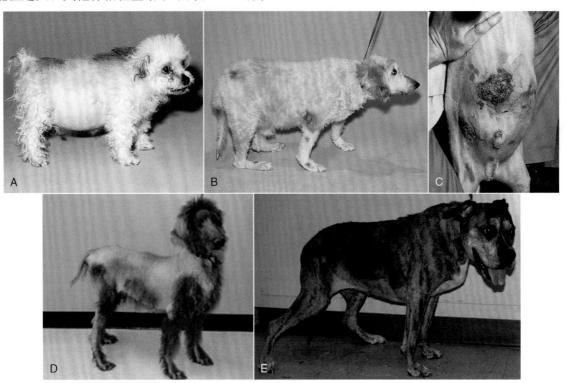

**图 53-3**
A,1 岁雄性迷你贵宾犬,该犬患垂体依赖性肾上腺皮质功能亢进(PDH)。注意内分泌脱毛在躯干上的分布以及壶腹肚外观。B,患 PDH 的 9 岁去势杂种犬。注意韧带严重松弛,引起腕韧带过度伸展以及后踝关节着地。该犬还存在"鼠尾",这种症状与甲状腺功能减退有关。C,患 PDH 的 8 岁去势吉娃娃犬。注意壶腹肚外观和严重皮肤钙化。D,患 PDH 的 7 岁标准贵宾犬。因其多饮、多尿以及对称性内分泌脱毛渐进严重而被主人带来就诊。E,患 PDH 的成年杂种犬,主人因其多饮多尿、过度喘和后肢严重无力就诊。注意该犬腹部无毛发生长,这是 2 个月前做腹部超声时剃去的。

　　其他肾上腺皮质功能亢进不常见的临床表现是由慢性皮质醇增多症引起的(见表53-1)。垂体功能抑制会导致持续间情期、睾丸萎缩和继发甲状腺功能减退。韧带松弛易引起韧带撕裂和跛行。严重多尿可引起犬漏尿,尤其是夜间熟睡时,主人常认为是尿失禁。血凝过快可导致自发性血栓的形成,常出现在肺部血管,引起呼吸窘迫急性发作。可的松引起胰岛素抵抗在犬糖尿病中起着重要的作用,且影响胰岛素的治疗效果。肾上腺皮质功能亢进是长期系统性高血压的鉴别诊断之一。除分泌的可的松外,垂体或肾上腺肿瘤的生长也可能是肾上腺皮质功能亢进的临床表现。对于这些肾上腺皮质功能亢进较不常见的临床症状,常通过完整的病史、体格检查、常规血液学检查、尿液分析和其他检查可得到本病的诊断证据,还需要其他检查。

◆ 垂体性大瘤综合征

　　由于垂体瘤生长或扩张进入下丘脑和丘脑,PDH

患犬可能会出现神经症状(见图 53-1)。神经症状可在 PDH 确诊时出现,但更常见于 PDH 确诊 12 个月后。最常见的神经症状是呆滞、无精打采(如昏迷)。垂体性大瘤的其他症状包括无食欲、漫无目的地行走、踱步、共济失调、低头、转圈和行为异常。下丘脑被严重压迫时,会出现自主神经系统功能异常,包括渴感缺失、体温调节功能丧失、心率异常以及无法从睡眠状态苏醒过来。如果要做确诊,需要使用电子计算机体层扫描(CT)或核磁共振成像(MRI)检查垂体瘤(见图 53-4)。生化或内分泌试验都不能可靠地反映垂体瘤的大小。

◆ 内科继发症:肺血栓栓塞

　　长期过量使用类固醇时,会出现多种内科继发症(见框 53-1)。其中最令人烦恼的是肺血栓栓塞(pulmonary thromboembolism,PTE),它常见于施行肾上腺切除术治疗 ATH 的患犬。血栓还能影响肾脏、胃肠道、心脏和中枢神经系统。肾上腺皮质功能亢进的控

## 表 53-1 犬肾上腺皮质功能亢进的临床症状和体格检查

| 临床症状 | 体格检查异常 |
|---|---|
| 多饮、多尿* | 内分泌性脱毛* |
| 多食* | 表皮萎缩* |
| 喘* | 毛发再生不良* |
| 腹部膨大* | 腹部膨大* |
| 内分泌性脱毛* | 肝肿大* |
| 虚弱* | 肌肉消耗* |
| 嗜睡 | 色素沉着过度 |
| 皮肤钙质沉着 | 粉刺 |
| 色素沉着过度 | 皮肤钙质沉着 |
| 漏尿 | 擦伤 |
| 持续间情期（母犬） | 睾丸萎缩 |
| 性欲下降（公犬） | 神经症状（PMA） |
| 神经症状（PMA） | 面部神经麻痹 |
| 　昏迷 | 呼吸困难（肺血栓栓塞） |
| 　共济失调 | 肌肉强直 |
| 　转圈 | 跛行（韧带松弛，撕裂） |
| 　无目的行走 | |
| 　踱步 | |
| 　行为异常 | |
| 呼吸窘迫-呼吸急促（PTE） | |
| 跛行（韧带问题） | |
| 步态僵硬（肌肉强直） | |

*常见症状。

PMA，垂体巨腺瘤；PTE，肺动脉栓塞。

制和 PTE 之间无明显相关性。肾上腺皮质功能亢进犬易发生 PTE 的因素包括纤维溶解抑制（类固醇刺激纤溶酶原激活物抑制物的释放）、全身性高血压、蛋白丢失性肾小球肾病、血清抗凝血酶Ⅲ浓度下降、几种凝血因子浓度增加和血细胞比容升高等。PTE 常见的临床症状包括急性呼吸困难、端坐呼吸和较不常见的颈静脉搏动。胸腔放射检查无异常或表现为灌注不良、肺泡浸润或胸腔积液。肺动脉可能变粗或不清晰，伴有部分肺血管因阻塞而灌注不良，未阻塞肺血管过度灌注。呼吸困难犬放射学检查结果正常且无大气道阻塞时，提示存在 PTE。动脉血气分析一般可见动脉氧和二氧化碳分压下降，伴有轻度代谢性酸中毒。血栓可通过肺血管造影术或肺核放射扫描术确诊。治疗包括一般的支持治疗、供氧、抗凝血剂（见第 12 章）。PTE 动物预后谨慎至不良。如果动物恢复，通常在需要氧气治疗 5～7 d。

## 框 53-1 犬肾上腺皮质功能亢进的并发症

全身性高血压
肾盂肾炎
膀胱结石（磷酸钙、草酸盐）
肾小球肾病、蛋白尿
充血性心力衰竭
胰腺炎
糖尿病
类固醇性肝病
肺血栓栓塞
垂体大瘤综合征

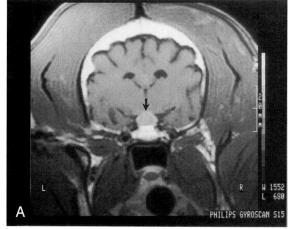
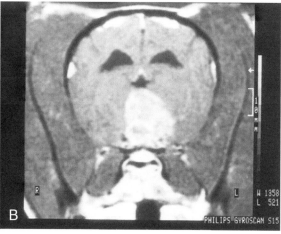

图 53-4
A，患垂体依赖性肾上腺皮质功能亢进和垂体肿瘤（箭头）的 9 岁去势德国牧羊犬注射钆后的 MRI 扫描图。进行 MRI 扫描时不存在神经症状。B，患 PDH 的 8 岁波士顿㹴注射钆后的 MRI 扫描图，一个大垂体肿瘤侵入脑干部，患犬同时存在定向障碍、共济失调和转圈症状。（引自 Feldman EC，Nelson RW：Canine and felineendocrinology and reproduction，ed 3，St Louis，2004，WB Saunders）

## 初步诊断分析

对于任何怀疑患肾上腺皮质功能亢进的犬,应进行全面检查,包括 CBC、生化、尿液分析和尿液培养,有条件者还应做腹部超声检查和测量血压。这些检查结果有助于增加或降低怀疑肾上腺皮质功能亢进的可能性,并查出常见的并发症(如尿路感染、系统性高血压)。超声检查可为定位疾病(即 PDH 和 AT)提供有价值的信息。内分泌试验可证实诊断,必要时可确定疾病的病因。

### ◉临床病理学

肾上腺皮质功能亢进常见的临床病理学异常列于框 53-2。但框中列出的异常发现不能用于确诊肾上腺皮质功能亢进。其他很多疾病都会出现这些异常。血清碱性磷酸酶活性(ALP)和胆固醇浓度升高是生化检查最常见的异常结果。ALP 升高的主要原因是类固醇刺激肝细胞胆小管膜产生 ALP 同工酶。约 85% 肾上腺皮质功能亢进犬的碱性磷酸酶活性超过 150 IU/L,常见超过 1 000 IU/L,偶见超过 10 000 IU/L,但血清 ALP 活性升高程度与肾上腺皮质功能亢进的严重程度、对治疗的反应或预后无关。血清 ALP 活性升高程度与肝细胞死亡或肝功能衰竭也无相关性。一些肾上腺皮质功能亢进患犬血清 ALP 活性可能是正常的,且血清 ALP 活性升高本身不能用于诊断肾上腺皮质功能亢进。同样,ALP 的类固醇同工酶(SIAP)活性升高对肾上腺皮质功能亢进或外源性类固醇也无特异性,因其升高也常见于许多其他疾病,包括糖尿病、原发性肝病、胰腺炎、充血性心力衰竭和肿瘤,还可见于服用一些药物(如抗癫痫药)的犬。但当血清中无 SIAP 时,可排除肾上腺皮质功能亢进。

肾上腺皮质功能亢进患犬在不限水的情况下,尿比重一般小于 1.020,常低于 1.006。限水时肾上腺皮质功能亢进患犬具有浓缩尿液的能力,但浓缩尿液能力小于正常犬。因此,限水后尿比重可能在 1.025～1.035。

蛋白尿常见于未治疗的肾上腺皮质功能亢进的患犬。蛋白尿可能是由糖皮质激素引起的全身性和肾小球性高血压、肾小球肾炎或肾小球硬化所致。尽管有时尿蛋白/肌酐比会大于 8,但通常小于 4。肾上腺皮质功能亢进经过治疗后,蛋白尿会减少且通常消失。

### 框 53-2　犬肾上腺皮质功能亢进常见的临床病理学异常

**血常规检查**
嗜中性粒细胞性白细胞增多症
嗜酸性粒细胞减少
淋巴细胞减少
血小板增多
轻度红细胞增多

**血清生化检查**
碱性磷酸酶活性升高
丙氨酸氨基转移酶活性升高
高胆固醇血症
高甘油三酯血症
脂血症
高血糖

**尿液分析**
尿比重＜1.020
泌尿道感染
蛋白尿
餐前和餐后胆汁酸轻度升高

泌尿道感染是肾上腺皮质功能亢进的常见继发症。低渗尿和糖皮质激素的抗炎作用通常会干扰尿液中细菌和炎性细胞的检测。当怀疑肾上腺皮质功能亢进时,无论尿检结果如何,都应穿刺采集尿液做细菌培养和药敏分析。

### ◉影像学诊断

胸腔和腹腔 X 线检查以及腹部超声检查异常见框 53-3。肾上腺皮质功能亢进患犬最常见的 X 线检查异常为腹腔脂肪分布增加引起对比度增加;类固醇性肝病引起肝肿大;多尿状态引起膀胱膨大;软组织钙化,常见于气管、支气管,皮肤和腹腔血管偶见。最重要但较不常见的 X 线片表现为肾上腺区域存在软组织肿物或钙化(见图 53-5)。这些表现提示存在肾上腺肿瘤。约 50%ATHs 会存在钙化。在肾上腺肿瘤中,腺瘤和癌出现钙化的概率相等。有时在胸部 X 线检查时可见肾上腺癌肺部转移的影像。

腹部超声可用于评价肾上腺的大小和形状,还可查看腹腔内其他异常(如膀胱结石、血管侵袭、肿瘤栓塞)(见图 53-6)。健康犬肾上腺最大厚度为 0.4～0.75 cm。双侧肾上腺大小正常或变大(最大厚度＞0.8 cm)表明肾上腺增生是由 PDH 引起的。近期 Choi 等(2011)的一项研究发现,体型越小的犬(体重＜10 kg),肾上腺体积越小,且推荐判定肾上腺增生的临界厚度为 0.6 cm。

框 53-3　肾上腺皮质功能亢进犬胸腹腔 X 线检查及腹腔超声检查异常

**腹部 X 线检查**
腹部细节清晰*
肝肿大*
膀胱膨大*
膀胱结石
肾上腺肿物
肾上腺钙化
软组织营养不良性钙化
　皮肤钙化
椎骨骨质疏松

**胸部 X 线检查**
气管和支气管钙化*
椎骨骨质疏松
肾上腺皮质癌肺转移
肺血栓栓塞
　肺野血管减少
　肺泡浸润
　右肺动脉扩张
　右心增大
　胸腔积液

**腹部超声**
双侧肾上腺肿大（PDH）*
肾上腺肿物（ATH）*
肿瘤栓塞（ATH）
肝肿大*
肝脏回声增强*
膀胱扩张*
膀胱结石
肾上腺钙化（ATH）
软组织营养不良性钙化

* 常见异常。ATH，肾上腺皮质肿瘤性肾上腺皮质功能亢进；PDH，垂体依赖性肾上腺皮质功能亢进。

PDH 犬的肾上腺相似，但形状和大小不完全一样，表面光滑，边缘规则，最大宽度可超过 2 cm，可能有球状前极或后极且不侵入周围血管或器官（图 53-6）。单个 AT 一般表现为肾上腺肿瘤（图 53-7）。大小不定，厚度从 1.0 cm 至超过 8 cm。小的肾上腺肿瘤（即最大厚度＜2 cm）常保持光滑的轮廓，仅部分肾上腺发生扭曲；1 个或 2 个肾上腺极可能仍然正常。对于大肾上腺肿瘤（一般最大厚度＞3 cm），肾上腺通常扭曲，且无法识别，腺体轮廓不规则并压迫和/或侵入周围血管和邻近器官（图 53-8）。这些变化提示存在肾上腺皮质癌。肿瘤内出现钙化，不能用于鉴别腺瘤和癌。一般肿物越大，癌的可能性越大。超声检查时肾上腺形态显著不对称（图 53-2）。对侧健康的肾上腺应该很小或无法看到（最大厚度＜0.4 cm），这是 ATH 引起肾上腺皮质萎缩的结果（图 53-7），但双侧肾上腺形态正常不能排除 ATH。发现肾上腺肿瘤并且对侧肾上腺正常或肿大，同时伴有肾上腺皮质功能亢进的临床症状，提示可能是 PDH 伴有肾上腺肿物，如嗜铬细胞瘤、功能性肾上腺皮质肿瘤或非功能性肾上腺肿瘤（图 53-9）。对于确诊的肾上腺皮质功能亢进犬，如果肾上腺大小正常，该犬极可能患有 PDH。双侧肾上腺肿大伴有多个不同大小的结节提示存在大结节性增生（图 53-10）。双侧肾上腺大结节性增生（图 53-10）被认为是一种 PDH 的解剖异常。肾上腺未探及时无法做出诊断。在这种情况下需要一段时间后做超声复查。

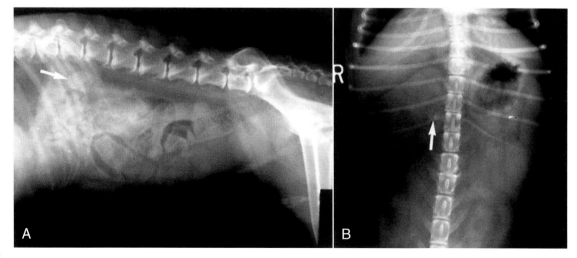

**图 53-5**
**A**，肾上腺依赖性肾上腺皮质功能亢进犬的 X 线侧位片，片中可见肾前肾上腺肿瘤钙化（箭头所示）。**B**，肾上腺依赖性肾上腺皮质功能亢进犬的腹背位 X 线片，片中可见肾前内侧脊柱旁存在钙化的肾上腺肿瘤。在肾上腺区域用一桨样物品压迫腹腔可增加 X 线片的对比度，能更清楚地看到肾上腺肿瘤。

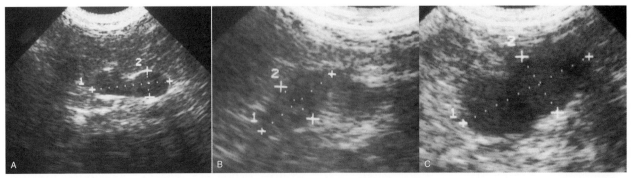

**图 53-6**

3 只垂体依赖性肾上腺皮质功能亢进（PDH）犬的超声影像，可见患 PDH 时肾上腺的大小和形状可能不同。**A**，该犬肾上腺呈肾豆形，与正常犬类似。但腺体最大宽度增大至 0.85 cm。对侧肾上腺大小和形状相似。**B**，该犬肾上腺整体均一性增厚且呈鼓状，而不是正常的肾豆形。腺体最大宽度为 1.2 cm。对侧肾上腺大小和形状相似。**C**，虽然这只犬的肾上腺仍保持一定的肾豆形外观，但腺体明显增大，最大宽度为 2.4 cm。对侧肾上腺大小和形状相似。

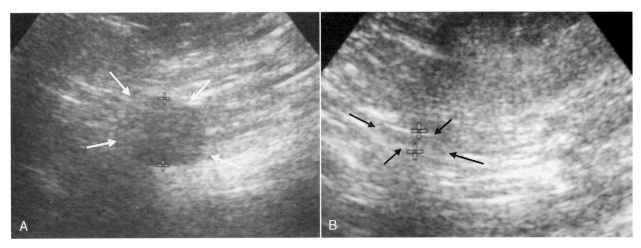

**图 53-7**

1 患肾上腺依赖性肾上腺皮质功能亢进的 11 岁去势金毛寻回猎犬的肾上腺超声影像。**A**，右侧肾上腺泌可的松肿瘤（箭头）。肾上腺肿瘤的最大宽度是 1.6 cm。**B**，左侧肾上腺明显萎缩（箭头和十字标处），这是肾上腺皮质肿瘤负反馈抑制垂体 ACTH 分泌的结果。左侧肾上腺最大宽度小于 0.2 cm。

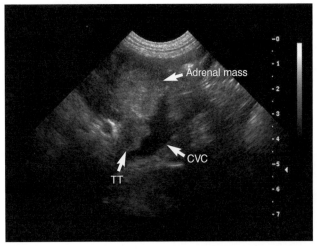

**图 53-8**

1 患左侧肾上腺肿瘤（实箭头）且损伤后腔静脉（caudal vena cava，CVC，点箭头）引起肿瘤栓塞的 9 岁雄性标准贵宾犬的超声影像。肾上腺肿瘤的最大宽度为 3.8 cm。组织学诊断为嗜铬细胞瘤。

CT 和 MRI 可用于检查垂体腺的巨腺瘤，评价肾上腺的大小和对称性，并用于检测肾上腺肿瘤是否引起邻近血管血栓。CT 和 MRI 检查时，分别用碘化造影剂（CT）或钆（MRI）持续静脉注射，有助于发现垂体大腺瘤和肾上腺（图 53-4）。CT 和 MRI 主要适应证是：（1）临床症状提示存在大肿瘤（见垂体性大肿瘤综合征），或诊断为 PDH 且主人愿意考虑放射治疗时，（见放射治疗）证明存在可见的垂体肿瘤；（2）肾上腺切除术前评估肾上腺肿物大小，及其对周围血管和组织的浸润性。检查小垂体瘤、相关的肿瘤特征（如水肿、囊、出血和坏死）以及肾上腺显影时，MRI 优于 CT。

◆垂体-肾上腺皮质轴试验

临床症状、体格检查和临床病理学变化可强烈支

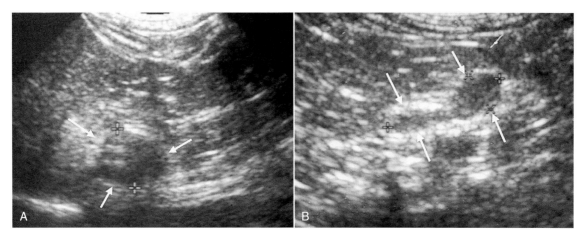

**图 53-9**

10 岁已绝育雌性卷毛比熊犬出现急性呕吐时肾上腺的超声影像。A，右侧肾上腺存在一个肿物，最大直径为 1.4 cm（箭头）。B，左侧肾上腺形状、大小均正常（箭头），最大直径为 0.6 cm。左侧肾上腺大小正常，提示右侧肾上腺肿物是嗜铬细胞瘤或非功能性肿瘤。血液学和肾上腺皮质功能亢进试验结果均正常。

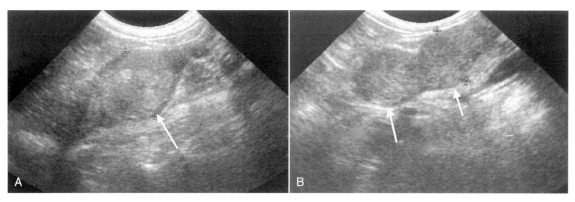

**图 53-10**

11 岁已绝育雌性西施犬肾上腺（箭头）的超声影像。右侧肾上腺（A）直径为 1.8 cm，且有一结节性回声区，然而左侧肾上腺（B）两极上均有一个大结节，结节的最大直径约为 1.4 cm。垂体-肾上腺皮质轴试验诊断为垂体依赖性肾上腺皮质功能亢进。这些结果结合超声检查提示存在肾上腺大结节性增生。

持做肾上腺皮质功能亢进的诊断，腹部超声检查可提供关于损伤部位（即垂体腺或肾上腺皮质）的有价值的信息。肾上腺皮质功能亢进确诊试验包括尿可的松/肌酐比（UCCR）、ACTH 刺激试验、低剂量地塞米松抑制试验（low-dose dexamethasone suppression，LDDS）以及口服地塞米松抑制试验（表 53-2）。

一旦确诊为肾上腺皮质功能亢进，可进行鉴别试验查出病因（即 PDH 与 AT），鉴别试验包括低剂量地塞米松抑制试验（LDDST）、高剂量地塞米松抑制试验（HDDST）和基础血浆内源性 ACTH 浓度。作者常用于诊断肾上腺皮质功能亢进的检测是 UCCR 和 LDDST。而用于查明病因（即 PDH 和 ATH）的检查是 LDDST 和腹部超声。如果不能做腹部超声，可用 HDDST 代替。当腹部超声提示肾上腺肿物但 LDDST 不能确诊或提示 PDH，或发现肾上腺肿物且对侧肾上腺肿大时，需评价内源性 ACTH 浓度。

单独的基础血清可的松检查对肾上腺皮质功能亢进的诊断无意义。作者用 ACTH 刺激试验诊断肾上腺皮质功能减退，医源性肾上腺皮质功能亢进和监测曲洛斯坦及米托坦的治疗效果。因检测的敏感性和特异性问题，作者不使用 ACTH 刺激试验来诊断肾上腺皮质功能亢进。作者也不会基于单纯的 ACTH 刺激试验建立肾上腺皮质功能亢进的诊断。

**尿液可的松/肌酐比率**　尿液可的松/肌酐比率（UCCR）是初始筛查犬肾上腺皮质机能亢进的最好方法。理想上来说，尿液可的松/肌酐比率的检测应用无应激时自主排泄的连续 2 次晨尿，这可由主人在家收集。驱车带犬去医院以及采集尿液前进行体格检查都会使测定值升高（图 53-11）。1 次或 2 次尿液的 UCCR 值正常可排除肾上腺皮质功能亢进。肾上腺皮质功能亢进犬 UCCR 值正常十分罕见。两次尿液 UCCR 升高支持但不能确诊为肾上腺皮质功能亢进。UCCR 的

**表 53-2　评价疑似肾上腺皮质机能亢进犬垂体-肾上腺皮质轴的诊断试验**

| 试验 | 目的 | 方案 | 结果 | 解释 |
|---|---|---|---|---|
| 尿可的松/肌酐比率 | 排除 HAC | 在家收集尿液 | 正常 | 不支持 HAC |
|  |  |  | 升高 | 提示 HAC,需要其他检测 |
| 低剂量地塞米松抑制试验 | 诊断 HAC,并鉴别 PDH 和 ATH | 地塞米松:0.01 mg/kg IV,给药前和之后 4 h,8 h 采集血液检测皮质醇浓度 | 给予地塞米松 4 h 后 / 给予地塞米松 8 h 后 |  |
|  |  |  | — / <1.0 μg/dL | 正常 |
|  |  |  | — / 1.0~1.4 μg/dL | 无法诊断 |
|  |  |  | <50%给药前浓度 / >1.4 μg/dL | PDH |
|  |  |  | — / >1.4 μg/dL | PDH |
|  |  |  | >50%给药前浓度 / >1.4 μg/dL 且<50%给药前浓度 | PDH 或 ATH |
|  |  |  | >1.4 μg/dL 且>50%给药前浓度 | PDH 或 ATH[†] |
| ACTH 刺激试验 | 诊断 HAC | 合成 ACTH* 5 μg/犬,IV;ACTH 给予前和之后 1h 采集血浆 | 给予 ACTH 后皮质醇浓度 |  |
|  |  |  | >24 μg/dL | 提示存在[†] |
|  |  |  | 19~24 μg/dL | 不确定[‡] |
|  |  |  | 19~24 μg/dL | 正常 |
|  |  |  | <6 μg/dL | 医源性 HAC |
| 高剂量地塞米松抑制试验 | 鉴别 PDH 和 ATH | 地塞米松:0.1 mg/kg IV,给药前和之后 4 h,8 h 采集血浆检测皮质醇浓度 | 给予地塞米松后可的松浓度 |  |
|  |  |  | 4 h 或 8 h <50%给药前浓度 | PDH |
|  |  |  | 4 h 或 8 h <1.4 μg/dL | PDH |
|  |  |  | 4 h 或 8 h ≥50%给药前浓度 | PDH 或 ATH |
| 口服地塞米松抑制试验 | 鉴别 PDH 和 ATH | 早晨连续接 2 次尿液检测 UCCR,之后用地塞米松:0.1 mg/kg PO,8 h/次,用药 3 次。次日早晨测定尿样 UCCR | 19~24 μg/dL | 无法诊断[‡] |
|  |  |  | 6~18 μg/dL | 正常 |
|  |  |  | <6 μg/dL | 医源性 HAC |
| 内源性 ACTH 试验 | 区分 PDH 和 ATH | 样本需经特殊处理 | 低于参考范围 | ATH |
|  |  |  | 参考范围上半部分或高于参考范围上限 | PDH |
|  |  |  | 参考范围下半部分 | 无诊断意义 |

\* 合成 ACTH:Cortrosyn,Synocthen,替可克肽。

PDH,垂体依赖性肾上腺皮质机能亢进;AT,肾上腺皮质肿瘤。

† 提示肾上腺皮质机能亢进。

‡ 无法诊断肾上腺皮质机能亢进。

§ 基础值为地塞米松用药前连续两次晨尿 UCCR 结果的平均值。

ACTH,促肾上腺皮质激素;ATH,肾上腺皮质激素;HAC,肾上腺皮质机能亢进;IM,肌肉注射;IV,静脉注射;PDH,垂体依赖性肾上腺皮质机能亢进;UCCR,尿可的松/肌酐比值。

特异性在犬仅为 20%。非肾上腺疾病以及临床症状与肾上腺皮质功能亢进一致但垂体-肾上腺皮质轴正常(图 53-12)的犬，UCCR 也会升高。当 UCCR 升高，

或 UCCR 正常但临床症状强烈提示肾上腺机能亢进时，需要做其他检查。

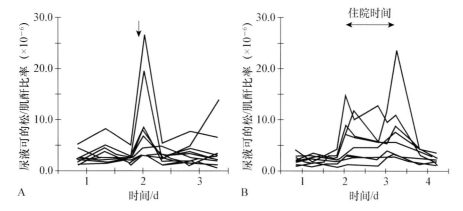

图 53-11

12 只宠物犬在去转诊医院做骨科检查前和之后的尿可的松/肌酐比值(A)。9 只健康犬在转诊医院住院前、住院中和住院 1.5 d 后的尿可的松/肌酐(C∶C)比值(B)。箭头指示就诊时间。注意少数犬就诊时尿 C∶C 值升高。(引自 van Vonderen IK et al：Influence of veterinarycare on the urinary corticoid∶creatinine ratio in dogs，J Vet Intern Med 12∶431，1998.)

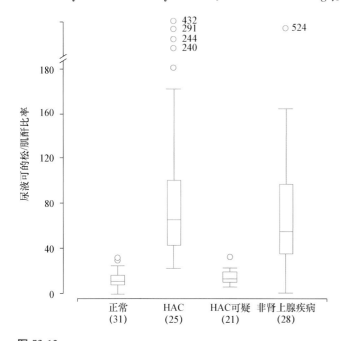

图 53-12

正常、肾上腺皮质功能亢进(hyperadrenocorticism, HAC)、怀疑为肾上腺皮质功能亢进但不是该病(可疑 HAC)和患各种严重非肾上腺疾病犬的尿可的松/肌酐比率的盒式图。对于每个盒式图，T-bar 代表数据主体，且多数情况下等于范围。每个盒代表四分位距范围(25%～75%)。每个盒的水平线是中位值。圆圈代表远离范围的数据点。括号内数据为该组犬的数量。(引自 Smiley LE et al：Evaluation of a urine cortisol∶creatinine ratio as a screening test for hyperadrenocorticism in dogs∶163,1993.)

**低剂量地塞米松抑制试验**　在正常犬中，静脉注射相对小剂量的地塞米松可抑制垂体分泌 ACTH，引起循环可的松浓度长时间下降(图 53-13)。之所以使

用地塞米松，是因为它不会干扰放射性免疫试验检测血浆可的松浓度。PDH 患犬的垂体异常会一定程度地抵抗地塞米松的负反馈作用，同时地塞米松的代谢清除作用也可能异常加快。当低剂量地塞米松用于 PDH 患犬时，会很快引起血浆可的松浓度不同程度地受抑制，但与正常犬相比，使用地塞米松 8 h 后，将不再有抑制作用。ATHs 的功能不受 ACTH 控制。当犬患 AT 时，无论地塞米松剂量大小以及何时采样，地塞米松都不会影响血浆可的松浓度，因为垂体促皮质激素细胞已经被抑制且血清 ACTH 浓度无法检测。

　　低剂量地塞米松抑制试验是鉴别正常犬与肾上腺皮质功能亢进犬的一个可靠诊断试验，可鉴别 PDH。其敏感性约为 90%，特异性约为 80%。它不能用于诊断医源性肾上腺皮质功能亢进，也不能用于评价犬对曲洛司坦和米托坦(lysodren)治疗反应。正常或无定论的低剂量地塞米松抑制试验结果本身不能排除肾上腺皮质功能亢进。如果怀疑肾上腺皮质功能亢进，应做垂体-肾上腺皮质轴的其他试验。同样异常的低剂量地塞米松抑制试验结果本身也不能确诊肾上腺皮质功能亢进。低剂量地塞米松抑制试验结果可能受抗癫痫药物、应激、激动、外源性糖皮质激素和非肾上腺疾病的影响。非肾上腺疾病越严重，低剂量地塞米松抑制试验结果越可能出现假阳性。进行低剂量地塞米松抑制试验时，应将所有的应激控制到最小，这是非常重要的。只有试验结束后才能做其他操作。判读结果时应考虑并发疾病的影响。

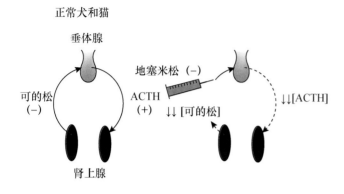

正常犬和猫

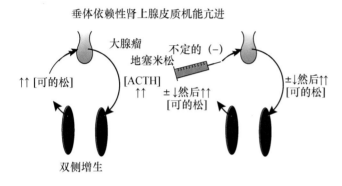

垂体依赖性肾上腺皮质机能亢进

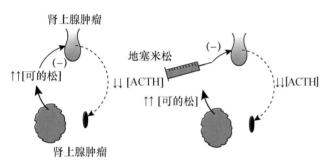

肾上腺肿瘤

**图 53-13**

给予地塞米松对正常犬猫、患垂体依赖性肾上腺皮质功能亢进犬猫和患肾上腺皮质肿瘤犬猫垂体-肾上腺皮质轴的影响。对于 PDH,地塞米松开始可能会抑制垂体 ACTH 的分泌,但抑制是短暂的。血浆可的松浓度开始时下降,但在给药后 **2~6 h** 会升高至超过正常值。对于肾上腺皮质肿瘤,垂体 ACTH 分泌已完全被抑制,因此地塞米松无作用。

低剂量地塞米松抑制试验方案和结果判读见表 53-2。可选用地塞米松磷酸钠或地塞米松聚乙二醇溶液。使用地塞米松 8 h 后血浆可的松浓度可用于确诊肾上腺皮质功能亢进。使用地塞米松 8 h 后,正常犬血浆可的松浓度小于 1.0 $\mu$g/dL(28 nmol/L),通常低于 0.5 $\mu$g/dL(14 nmol/L)。而 PDH 或 ATH 患犬使用地塞米松 8 h 后血浆可的松浓度高于 1.4 $\mu$g/dL(40 nmol/L)。通常情况下,使用地塞米松 8 h 后血清可的松浓度越高,肾上腺皮质功能亢进的可能性更大。血浆可的松浓度介于 1.0~1.4 $\mu$g/dL 时无诊断意义,

不能确诊或也不能排除诊断。如果结果处于无诊断性范围,但临床症状、血常规、尿检和 UCCR 结果强烈支持肾上腺皮质功能亢进,该结果为支持性诊断。但如果临床症状不支持该结果则不能用于诊断肾上腺皮质功能亢进。

如果使用地塞米松 8 h 后可的松浓度支持肾上腺皮质功能亢进的诊断,使用后 4 h 的可的松浓度则可用于鉴别 PDH。低剂量地塞米松抑制约 60% PDH 患犬垂体的 ACTH 分泌和血浆可的松浓度。而在 ATH 患犬中不会出现抑制作用,约 40% 的 PDH 患犬也不会出现。抑制定义为:①使用地塞米松 4 h 后血浆可的松浓度小于 1.4 $\mu$g/dL(40 nmol/L);②使用地塞米松 4 h 后血浆可的松浓度小于基础浓度的 50%;③使用地塞米松后 8 h 血浆可的松浓度小于基础浓度的 50%。任何肾上腺皮质功能亢进犬表现出上述一种或多种标准都可能是 PDH。如果未符合任一标准,低剂量地塞米松抑制试验结果表明无抑制作用。无抑制作用是非特异的结果,它可证实肾上腺皮质功能亢进,但无法鉴别垂体性还是肾上腺性。PDH 和 ATH 的鉴别必须取决于腹部超声、高剂量地塞米松抑制试验或血浆内源性 ACTH 浓度的结果。

**口服地塞米松抑制试验** 作为一种替代家用检测法,口服地塞米松抑制试验已在荷兰乌特勒支大学使用多年。该检测完全依赖 UCCR 的结果,来诊断肾上腺皮质功能亢进和发现 PDH。主人在医生指导下连续 2 d 采集犬的晨尿,并保存于冰箱。采集第 2 次尿液后,给犬口服地塞米松(每次 0.1 mg/kg),每 8 h/次,共 3 次。采集第 3 天晨尿后,将 3 次尿液样本送至医院做 UCCR 检查。前 2 次尿液用于筛查肾上腺皮质功能亢进。如果结果异常,支持肾上腺皮质功能亢进;结果正常可排除该病。如果前 2 次检查结果均异常,则它们的平均值作为基础值与第 3 次给地塞米松后的尿液结果比较。如果第 3 次尿液的 UCCR 结果低于基础值的 50%,表明该犬对地塞米松的抑制作用有反应,符合 PDH;如果结果不能证明地塞米松的抑制作用,则患犬可能是 ATH 或 PDH。

**ACTH 刺激试验** ACTH 刺激试验是诊断犬肾上腺皮质功能亢进,鉴别医源性肾上腺皮质功能亢进及监测曲洛斯坦和米托坦治疗的金标试验。考虑到该试验的敏感性(PDH,80%~83%;ATH,57%~63%)和特异性(85%~93%),作者不使用 ACTH 刺激试验来诊断肾上腺皮质功能亢进。ACTH 刺激试验的结果常无诊断性。非肾上腺皮质功能亢进犬的检查结果

也可能明显异常［> 30 μg/dL（800 nmol/L）］。ACTH 刺激试验也不能鉴别 PDH 和 AT。

　　ACTH 刺激试验的方案见表 53-2。只能使用合成 ACTH 进行试验。通常给予 5 μg/kg 合成 ACTH，IV，在给药前和给药 1 h 后检测血清可的松浓度。注射器中未使用的 ACTH 可放－20℃冰箱保存 6 个月，不会影响 ACTH 的生物活性。4 个范围值用于判读 ACTH 刺激试验（图 53-14）。ACTH 注射后血浆可的松浓度介于 6～18 μg/dL（150～500 nmol/L）为正常；浓度为 5 μg/dL（150 nmol/L）或更低时提示存在医源性肾上腺皮质功能亢进或肾上腺皮质功能减退；浓度介于 18～24 μg/dL（500～650 nmol/L）时为无定论；浓度超过 24 μg/dL（650 nmol/L）时，且结合临床症状和临床病理学结果，支持肾上腺皮质功能亢进。ACTH 刺激后血浆可的松浓度升高不能确诊为肾上腺皮质功能亢进，特别是临床特征和临床病理学与诊断不一致时。

　　如果注射 ACTH 后血浆可的松浓度与注射前相比未升高，特别是可的松浓度低于正常基础范围（见图 53-14）时，表明存在医源性肾上腺皮质功能亢进或自发性肾上腺皮质功能减退。近期用过糖皮质激素的病史和犬的临床表现有助于鉴别医源性肾上腺皮质功能亢进和自发性肾上腺皮质功能减退。在罕见情况下，AT 患犬对 ACTH 的反应很小，但在 ACTH 刺激前后的血浆可的松浓度都位于参考范围内或高于参考值上限。

　　**高剂量地塞米松抑制试验**　肾上腺皮质肿瘤的功能不受垂体 ACTH 的控制。因此如果可的松的来源是肾上腺皮质肿瘤，无论地塞米松剂量多少都不会抑制血浆可的松浓度。相反，地塞米松对垂体瘤分泌 ACTH 的抑制作用不定，主要取决于地塞米松的剂量。逐渐增加地塞米松剂量，最终可抑制多数 PDH 患犬垂体分泌 ACTH。除用于抑制垂体分泌 ACTH 的地塞米松的剂量更大（即 0.1 mg/kg）外，HDDST 方案与 LDDST 类似（见表 53-5）。抑制定义为注射地塞米松后 4 h 或 8 h 血浆可的松浓度小于 1.4 μg/dL（40 nmol/L），或注射地塞米松后 4 h 或 8 h 血浆可的松浓度小于基础血浆可的松浓度的 50%。任何肾上腺皮质功能亢进患犬表现出上述一种或多种血清浓度时，极有可能是 PDH。约 75% 的 PDH 患犬会表现出上述结果中一种以上的血浆可的松浓度。如果动物未出现上述血浆可的松浓度，表明无抑制作用。约 25% PDH 和 100% ATH 患犬对高剂量地塞米松抑制试验不表现出抑制作用。

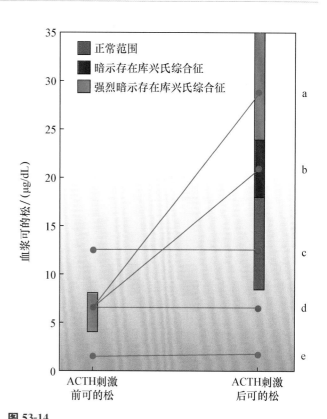

**图 53-14**
犬 ACTH 刺激试验判读。多数库兴氏综合征患犬在 ACTH 刺激后可的松浓度会升高（**a** 线）。ACTH 刺激后可的松浓度处于"灰色地带"（**b** 线）时，可能是库兴氏综合征或由并发疾病或慢性应激引起。库兴氏综合征患犬在 ACTH 刺激后可的松浓度也可能下降至正常范围。ACTH 刺激无反应提示存在肾上腺皮质肿瘤（**c** 线和 **d** 线）或医源性肾上腺皮质功能亢进（**d** 线和 **e** 线）。病史和体格检查结果有助于鉴别这些可能的结果。

　　**内源性 ACTH 浓度**　作者通常不会检测血浆 ACTH 浓度，因 LDDST 和腹部超声能有效鉴别 PDH 和 ATH。当有的病例出现试验结果和腹部超声不相符时，可检测 ACTH 浓度来验证（如犬有肾上腺肿物，但 LDDST 为抑制表现；或是犬有肾上腺肿物、双侧肾上腺增大，但 LDDST 无抑制作用）。基础血浆 ACTH 浓度的检测不能用于诊断肾上腺皮质功能亢进，是因为许多肾上腺皮质功能亢进犬的血浆浓度都在参考范围内。但是一旦确诊肾上腺皮质功能亢进后，测定单次基础血浆 ACTH 浓度有助于鉴别 ATH 和 PDH。肾上腺皮质肿瘤和医源性肾上腺皮质功能亢进会抑制 ACTH 分泌，而 PDH 是 ACTH 分泌过量的结果（见图 53-2）。ATH 犬内源性 ACTH 浓度低于参考范围，理想结果是检测不到，而 PDH 犬血浆 ACTH 浓度应在参考范围上限或是高于参考范围。ACTH 接近参看范围下限可见于 ATH 或 PDH 犬，该结果无诊断性。采集血样的时间不影响结检测果。规范操作、合理分析检测敏感度以及 ACTH 检测范围是保证结果准确和可解释的前提。采样前应和实验室联系确定采样和处理方法。测定结果应根据实验室建立的参考值判读。

**检查结果不一** 所有诊断肾上腺皮质功能亢进的检查方法都会出现假阳性和假阴性。当检查结果不符合预期或是怀疑结果时,需要做其他诊断性检查,或是几周之后重复相同的检查。有时在一只犬上会出现不同检查结果相悖的情况。出现这种情况时,需要临床医生根据病史、体格检查和诊断性试验的综合判断决定是否做其他鉴别诊断试验或是开始治疗。如果怀疑诊断或者不确定,不应开始肾上腺皮质功能亢进的治疗,应在数月后重复检查。

临床症状、体格检查、血常规、尿检和垂体肾上腺皮质轴检查均支持肾上腺皮质功能亢进时可开始治疗。但当检查结果相悖,无常见的肾上腺皮质功能亢进临床表现,肾上腺皮质功能亢进不符合鉴别诊断检查(如老年犬 ALP 升高),腹部超声肾上腺形状正常,LDDST 无诊断性,或并发严重疾病时,应慎重考虑治疗。在决定是否开始治疗时,作者认为最重要的信息是病史、体格检查结果和回顾所有血液和尿液检查结果后依然怀疑本病。在确诊之前,作者通常不会开始治疗。如果诊断结果不确定,作者更倾向于观察一段时间后复查或是等到出现明显的肾上腺皮质功能亢进临床症状。观察期间,需要做腹部超声排除肾上腺肿瘤。如果出现肾上腺肿瘤,不管是否患肾上腺皮质功能亢进都应进行肾上腺皮质切除。

## 药物治疗

治疗肾上腺皮质功能亢进的药物列于表53-3。最常用于犬肾上腺皮质功能亢进的药物是曲洛斯坦和米托坦。

**表 53-3 治疗犬肾上腺皮质功能亢进的药物**

| 药物 | 作用机理 | 适应证 | 初始剂量 | 有效率 |
|---|---|---|---|---|
| 米托坦 | 破坏肾上腺皮质 | PDH,ATH | 50 mg/kg,分 2 次和食物同时服用,12 h/次 | >80% |
| 曲洛司坦 | 抑制可的松合成 | PDH,ATH | 0.5~1 mg/kg 12 h/次 | >80% |
| 酮康唑 | 抑制可的松合成 | PDH,ATH | 5 mg/kg 12 h/次 | <50% |
| 苯甲炔胺 | 抑制多巴胺代谢* | PDH | 1 mg/kg 24 h/次 | 小于 20% |
| 赛庚啶 | 5-羟色胺拮抗剂† | PDH | — | 小于 10% |
| 溴隐亭 | 多巴胺激动剂 | PDH | — | 小于 10% |

\* 中枢神经系统多巴胺抑制 CRH 和 ACTH 分泌。

† 中枢神经系统 5-羟色胺刺激 CRH 混合 ACTH 分泌。

ACTH 促肾上腺皮质激素;ATH 肾上腺肿瘤性肾上腺皮质功能亢进;CRH 促肾上腺皮质激素释放激素;PDH 垂体依赖性肾上腺皮质功能亢进。

### ◈ 曲洛司坦

曲洛司坦是 3-$\beta$-羟类固醇脱氢酶的竞争性抑制剂,它在肾上腺内调节孕烯醇酮转化为黄体酮,及 17-羟基-孕烯醇酮转化为 17-羟基-黄体酮。总的作用是抑制可的松生成(图 53-15)。曲洛司坦是目前用于治疗肾上腺皮质功能亢进的首选酶抑制剂。曲洛司坦可有效治疗犬 PDH 和 ATH,临床效果极好(>80%),且可长期(> 1 年)有效地控制肾上腺皮质功能亢进犬的临床症状。曲洛司坦是治疗犬 PDH 的首选药,也可用于治疗 PDH 患犬,特别是由于米托坦治疗无效或药物敏感而不能用米托坦治疗的犬。曲洛司坦也是 ATH 犬肾上腺切除前纠正肾上腺皮质功能亢进引起的代谢紊乱的药物,还可用于控制出现转移的 ATH 的临床症状。

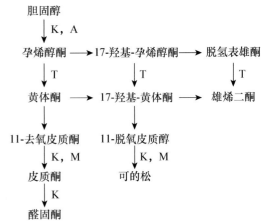

**图 53-15**

肾上腺皮质类固醇合成途径。分支是糖皮质激素、盐皮质激素和肾上腺雄激素合成途径。字母为合成途径中酶抑制剂阻断位置。曲洛司坦(T);酮康唑(K);美替拉酮(M)和氨鲁米特(A)。

曲洛司坦制剂规格是 10 mg、30 mg、60 mg 和 120 mg 的胶囊。当兽医需要 15 mg 或 45 mg 剂量时,常会使用曲洛司坦复合制剂。但近期一项研究发现与描述的药效相比,复合曲洛司坦的实际含量不一(Cook 等,2012)。曲洛司坦含量不同会影响犬的治疗反应。制药公司推荐的曲洛司坦用药方法是根据体重给予相对应的剂量,每日 1 次(如犬 5～20 kg,60 mg/d)。但这种给药方法的问题是可的松抑制时间短(<10 h),因此会引起临床症状持续出现、后续需要大剂量曲洛司坦和更易出现药物副作用。低剂量每日 2 次比每日 1 次的给药方式能更好地控制病情,且副作用的发生和严重程度较少见。作者常用的初始剂量为 1 mg/kg,每日 2 次。

使用曲洛司坦后 2 周应评估患犬的病史和体格检查以确保患犬健康,且不出现肾上腺皮质功能减退的症状(如嗜睡、食欲下降、呕吐等)。若开始治疗后 2 周内出现肾上腺皮质功能减退的反应,需要进行 ACTH 刺激试验和血清电解质检查。如果无肾上腺皮质功能减退的反应,则治疗 4 周,且在服用曲洛司坦 4 h 后进行 ACTH 刺激试验,复查血清电解质。此外,主人要在家采集 ACTH 刺激试验当天的晨尿用于 UCCR 检查。治疗的目标是改善临床症状且无其他疾病发展、肾上腺皮质对 ACTH 无反应和 UCCR 正常。ACTH 刺激试验的结果可用于调整曲洛司坦的药量。监测血清电解质的变化以防出现醛固酮减少。用药后,ACTH 刺激试验的目标结果是,ACTH 刺激后可的松浓度为 2～5 $\mu$g/dL(60～145 nmol/L)。要达到最大肾上腺皮质抑制作用可能需要数周。应避免频繁调整曲洛司坦剂量,特别是 ACTH 刺激后的可的松浓度为 5～8 $\mu$g/dL(145～225 nmol/L)时,主人反馈临床症状改善或犬表现良好。如果用药后不久犬刺激后可的松浓度达到 2～5 $\mu$g/dL 时,应密切观察以防出现肾上腺皮质功能减退的症状。一旦控制了肾上腺皮质功能亢进应每 3～4 月复检一次,ACTH 刺激试验、血清电解质和 UCCR。如果出现肾上腺皮质功能亢进或肾上腺皮质功能减退的临床表现,复检间隔应缩短。

曲洛司坦的副作用是与肾上腺皮质功能减退相关的嗜睡、呕吐和电解质紊乱。有报道少数犬使用曲洛司坦后出现永久性肾上腺皮质功能减退,原因可能是曲洛司坦引起肾上腺皮质坏死。有少数犬使用曲洛司坦治疗后出现急性死亡,原因不详,可能与并发疾病(如肝病)有关。

◉ **米托坦**

米托坦(o,p'-DDD)化疗是治疗 PDH 最常用的方法。米托坦还可不同程度地代替肾上腺切除术治疗 ATH。米托坦治疗有 2 种方案。传统方法的目的是控制肾上腺皮质功能亢进的状态,而不引起肾上腺皮质功能减退;药物性肾上腺切除方法的目的是破坏肾上腺皮质,并把肾上腺皮质功能亢进转换为肾上腺皮质功能减退。

**米托坦传统治疗方法**　传统米托坦治疗分为 2 个期:开始控制疾病的诱导期和防止疾病症状复发的终身维持期。

**诱导治疗**　诱导期米托坦治疗剂量为每天 50 mg/kg,分 2 次给予。在未出现多饮或并发糖尿病的患犬,米托坦的每天总剂量应减少至 25～35 mg/kg。与脂肪一起给药时,胃肠道吸收米托坦能力增强。米托坦磨碎、混合少量植物油以及与食物同服时,疗效会更好。诱导期是否使用泼尼松(0.25 mg/kg,24 h/次)治疗取决于个人偏好。如果诱导期不使用泼尼松治疗,开始诱导治疗时都应给主人一些泼尼松,当出现米托坦副反应时,主人可用泼尼松控制它。

米托坦诱导治疗一般在家中进行。诱导期间主人必须清楚犬的活动性、精神状态、食欲、饮水量和身体状况,这是成功治疗的关键。诱导期间,犬食物量应减少 25%,以使犬处于饥饿状态。如果犬出现嗜睡、食欲减退、呕吐、虚弱、饮水量下降或其他异常变化,主人应停止米托坦治疗并与兽医联系。一旦发现食欲减退或每天饮水量下降至正常范围(即≤80 mL/kg),诱导期治疗通常就完成了。这可用 ACTH 刺激试验结果来确证。即使仍有肾上腺皮质功能亢进的临床症状,也要在开始治疗 5～7 d 后进行 ACTH 刺激试验。在 ACTH 刺激试验结果出来之前应停止进一步治疗。

治疗的目的是注射 ACTH 后血浆可的松浓度为 2～5 $\mu$g/dL(60～145 nmol/L)。应继续每天的米托坦治疗并每周进行 ACTH 刺激试验,直至注射 ACTH 后血浆可的松位于理想范围内,或出现肾上腺皮质功能减退症状(如嗜睡、食欲减退、呕吐等)。对于多数犬,每天用 50 mg/kg 米托坦治疗 5～10 d 内可出现临床症状消失,且 ACTH 刺激后血浆可的松浓度小于 5 $\mu$g/dL 的结果。而少数犬在 5 d 内就出现治疗效果,同时也有一些犬连续治疗 20～30 d 才出现轻微改善。

影响动物对米托坦敏感性的因素包括剂量不足、

胃肠道吸收不良、同时使用的其他药物(如苯巴比妥)刺激肝脏微粒体药物代谢酶而促进米托坦代谢和降低其血浆浓度、动物患有 ATH 而非 PDH,以及主人的配合程度。如果与食物同服,特别是脂肪食物,或将药片磨碎,混合少量植物油并与食物同服,米托坦的吸收效果会更好。一般 ATH 患犬比 PDH 患犬更能耐受米托坦的肾上腺皮质溶解效果。如果未用试验鉴别 PDH 和 ATH,对治疗有抵抗的犬,即治疗 20 d 或更长时间后注射 ACTH 后血浆可的松浓度无下降或轻度下降,应做进一步检查(即腹部超声检查)确定 ATH 是不是治疗抵抗的原因。

**维持治疗** 为防止临床症状复发,应定期使用米托坦治疗。一旦注射 ACTH 后血清可的松浓度低于 5 μg/dL,且患犬表现健康,应开始维持治疗。无论米托坦是一周内一次给予、数次给予还是连续数天给予,它的维持量是基于每周剂量来计算的。当每周的量分成几次并于几天服用时,不常见对药物敏感引起的副作用。一般开始时每周米托坦维持剂量是 50 mg/kg,分 2~3 次于每周 2~3 d 口服(例如,周一、周四,或周一、周三、周五)。如果注射 ACTH 后血清可的松浓度低于 2 μg/dL(60 nmol/L),且患犬表现健康,需将维持剂量降低至 25 mg/kg/周。如果注射 ACTH 后血清可的松浓度低于 2 μg/dL,且出现肾上腺皮质功能减退的临床症状(如嗜睡、食欲减退、呕吐等),应暂时停止米托坦治疗和开始使用泼尼松治疗。

维持期治疗时初始剂量只是暂时的,随后应根据 ACTH 刺激试验结果调整。开始维持治疗 3~4 周后应进行第一次试验。对于其他方面健康的犬,维持治疗的目的是维持 ACTH 刺激试验的血浆可的松浓度介于 2~5 μg/dL。根据需要调整米托坦的剂量和用药频率,维持 ACTH 刺激试验呈肾上腺皮质功能减退反应。如果 ACTH 刺激后可的松浓度介于 2~5 μg/dL,无须改变治疗并于 6~8 周后再次进行 ACTH 试验。如果 ACTH 刺激后血浆可的松浓度大于 5 μg/dL,每次剂量或用药频率应增加;如果 ACTH 刺激后血浆可的松浓度小于 2 μg/dL,米托坦的剂量或用药频率应降低;如果出现肾上腺皮质功能减退的临床症状应暂停米托坦治疗。米托坦剂量或用药频率改变 3~4 周后,应复检 ACTH 刺激试验。一旦 ACTH 刺激的血浆可的松浓度稳定于 2~5 μg/dL,除非复发肾上腺皮质功能亢进临床症状,或出现肾上腺皮质功能减退的症状,ACTH 刺激试验可 3~6 月复检一次。对于多数犬,由于对抗米托坦的肾上腺皮质溶解作用,

体内血浆 ACTH 可能出现代偿性升高,造成初始的维持剂量不足。随着时间推移(即数月或数年),米托坦的剂量和用药频率通常需逐渐增加以代偿这种作用。周期性 ACTH 刺激试验可发现 ACTH 刺激后血浆可的松浓度高于 5 μg/dL,这可使兽医能在出现临床症状并需要再次诱导治疗前调整米托坦治疗方案。一些犬可能最终需要每天服用米托坦,且有时仍难以控制本病。当对米托坦不敏感时,可考虑替代治疗(如曲洛司坦)。

**米托坦治疗的副作用** 米托坦治疗的副作用源于对药物敏感或药物过量而继发糖皮质激素缺乏,严重时甚至引起盐皮质激素缺乏(框 53-4)。米托坦最常见的副反应是对胃的刺激,口服给药后很快出现呕吐。如果胃部不适是对药物敏感而不是肾上腺皮质功能减退的结果,把药物剂量进一步细分或增加用药时间间隔,或同时采用上述两种措施以减少呕吐。

---

**框 53-4 米托坦对犬的副作用**

**直接作用***

嗜睡
食欲不振
呕吐
神经症状
  共济失调
  转圈
  昏迷
  明显失明

**继发于过量***

低可的松血症
  嗜睡
  厌食
  呕吐
  腹泻
  虚弱
醛固酮减少症(高钾血症、低钠血症)
  嗜睡
  虚弱
  心脏传导紊乱
  低血容量
  低血压

---

*  ACTH 刺激试验、血清电解质浓度、米托坦停药反应和类固醇治疗效果可用于鉴别这类副反应。

过量使用米托坦会引起肾上腺皮质功能减退的临床症状,包括虚弱、嗜睡、厌食、呕吐和腹泻。使用泼尼松(0.25~0.5 mg/kg,口服)几小时内可见临床症状改善。如果犬出现临床症状改善,开始时的糖皮质激素的剂量应连用 3~5 d,随后的 1~2 周逐渐减少剂

量,并最后停止用药。当犬未服用泼尼松也表现正常时,才能开始用米托坦治疗。当犬表现健康且不需要糖皮质激素治疗时,进行 ACTH 刺激试验有助于确定是否开始米托坦治疗。ACTH 刺激后血浆可的松浓度为 2 $\mu$g/dL 或更高时,应开始用米托坦治疗。重新开始治疗时,每周的米托坦治疗剂量应减少。

米托坦过量最终会引起醛固酮减少症。任何犬出现皮质机能减退的症状且糖皮质激素治疗无效时,应考虑盐皮质激素缺乏的情况。低钠血症和高钾血症支持醛固酮减少症的诊断,这些犬须用盐皮质激素治疗。一些犬在开始米托坦治疗数天内就会发展为醛固酮减少症。醛固酮减少症可能会自行消失,并且肾上腺皮质功能亢进复发,但这些是不可预测的。一些犬会终身存在盐皮质激素缺乏。

米托坦治疗可能会引起神经症状,包括昏迷、低头、蹀步、转圈、抽搐、共济失调和失明。神经症状通常是暂时的,通常服用米托坦后持续 24~48 h,且常见于治疗超过 6 个月以上的犬。这些动物的主要鉴别诊断是垂体大瘤综合征、肾上腺皮质功能减退和血栓栓塞。调整米托坦的剂量或用药频率,或暂时停止治疗均可减轻神经症状。如果神经症状持续存在,可考虑替代治疗方法。

**米托坦药物性肾上腺切除**　替代传统米托坦治疗方案的方法是使用过量的米托坦完全破坏肾上腺皮质。理论上随后犬的余生均应进行肾上腺皮质功能减退的治疗。方案是使用米托坦 75~100 mg/kg 连用 25 d,每天分 3~4 次与食物同服,以减轻神经症状,并有利于肠道吸收药物。开始米托坦治疗时即应开始终身泼尼松(0.1~0.5 mg/kg 12 h/次)和盐皮质激素治疗。25 d 的治疗完成后,泼尼松剂量应逐渐减少。但这种方法治疗后,1 年内有 33% 的犬会复发肾上腺皮质功能亢进的临床症状,因此像传统米托坦治疗方案一样,需要周期性进行 ACTH 刺激试验。另外,这种治疗方法比米托坦长期治疗更昂贵,因为增加了治疗肾上腺皮质功能减退的费用。

**并发糖尿病的治疗**　犬肾上腺皮质功能亢进和糖尿病常并发存在。通常先出现肾上腺皮质功能亢进,并因引起胰岛素抵抗,导致亚临床糖尿病变成临床明显的糖尿病。对于多数犬,尽管用胰岛素治疗,血糖控制效果很差。除非控制了肾上腺皮质功能亢进,否则无法很好地控制血糖。有时糖尿病犬处于肾上腺皮质功能亢进早期时(常因查找 ALP 升高的原因而发现),胰岛素治疗的效果很好,能很好地控制血糖。由于血糖控制良好,是否治疗这些犬的肾上腺皮质功能亢进

取决于其他因素,如存在其他临床症状、体格检查结果和兽医怀疑本病的程度。如果这些犬的肾上腺皮质功能亢进表现不明显,可考虑继续观察,不予治疗。如果出现了肾上腺皮质功能亢进,最终血糖会难以控制。

当难以控制的糖尿病患犬伴有肾上腺皮质功能亢进时,初始时应着重治疗肾上腺皮质功能亢进状态。可同时用胰岛素治疗,但不应为了控制血糖浓度而积极调整胰岛素。通常用中效胰岛素(如 Lente 或 NPH)保守治疗(0.5~1.0 U/kg),每天 2 次,以防止出现酮症酸中毒和严重高血糖(血糖水平大于 500 mg/dL)。伴发糖尿病时,监测饮水量以了解曲洛司坦和米托坦治疗肾上腺皮质功能亢进的反应是不可靠的,因为两者都会引起多饮多尿,且如果血糖控制不良,尽管肾上腺皮质功能亢进控制良好,也会出现多饮多尿。当控制了肾上腺皮质功能亢进时,肾上腺皮质功能亢进引起的胰岛素抵抗作用消失,组织对胰岛素的敏感性也会改善。为了防止低血糖反应,主人应检测尿糖,最好每天 2~3 次。如果任何一次尿糖测定呈阴性,胰岛素剂量应降低 20%~25%,并进行 ACTH 刺激试验。一旦控制了肾上腺皮质功能亢进,根据情况开始评价血糖控制,并调整胰岛素治疗。

### ◉ 酮康唑

酮康唑能可逆地抑制肾上腺类固醇合成(见图 53-15)。酮康唑开始剂量是 5 mg/kg,每天 2 次,经 10~14 d 治疗后,应进行 ACTH 刺激试验,根据结果增加后续用药剂量,试验期间不停止给药。治疗的目的与米托坦相同。20%~25% 的犬由于胃肠道吸收不良而无疗效。副作用主要是肾上腺皮质功能减退的症状,包括嗜睡、厌食、呕吐或腹泻。但除非酮康唑引起肾上腺皮质功能减退,否则很难控制肾上腺皮质功能亢进的临床症状。

### ◉ L-司来吉兰

L-司来吉兰抑制多巴胺的代谢,并增加下丘脑和垂体的多巴胺浓度,从而抑制 CRH 和 ACTH 的分泌。当前司来吉兰的推荐剂量是 1 mg/kg,每天 1 次,如果治疗 2 个月后仍无效果,增加至 2 mg/kg,每天 1 次。司来吉兰治疗 PDH 效果最高只有 20%,大多数 PDH 患犬有垂体肿瘤,不会改变神经递质控制下丘脑-垂体的功能。用司来吉兰治疗时犬脑内内源性苯丙胺和苯乙胺浓度会增加,这可改善肾上腺皮质亢进犬的活性以及与家庭人员的交流。

◆肾上腺切除术

除非术前评估时发现出现肿瘤转移、浸润入周围器官或血管,或是考虑并发疾病引起的麻醉风险(如心力衰竭),否则肾上腺切除术可成为肾上腺肿瘤治疗的选择方案。肿瘤越大,肾上腺切除术成功的可能性越小,手术期间出现并发症的可能性越大。即使是有经验的手术人员,摘除 6 cm 以上的肿瘤也是十分困难的。无论术前检查结果如何,肿瘤越大,肾上腺肿瘤是癌和出现转移的可能性越大。米托坦或酮康唑治疗可一定程度替代肾上腺切除术,特别是老年犬或麻醉、手术和术后问题风险大以及出现转移和血管栓塞的犬。(手术技术的详细信息见推荐读物。)

分泌可的松的肾上腺肿瘤在肾上腺切除后的治疗是具挑战性的,部分原因是因为并发的免疫抑制、伤口难以愈合、系统性高血压、血液高凝、高发肿瘤入侵周围血管和组织、术后可能出现胰腺炎和引起肾上腺皮质功能减退。术后最令人担心的并发症是血栓,常在术中或术后 24 h 出现,死亡率高。有如下几个方法减少该并发症的发生。术前 3～4 周使用曲洛司坦(按上述治疗方法用药),可纠正肾上腺皮质功能亢进引起的代谢紊乱,减少肾上腺切除术后的并发症。术中使用肝素化血浆(见第 12 章)。术后数小时犬应频繁短时间散步,以促进血液流动并减少血凝。术后 4 h 内应多次给患犬注射止疼药,让患犬持续活动。

肾上腺切除术前不需要使用糖皮质激素治疗,因为它会恶化高血压、引起过度水合,增加血栓风险。麻醉时,应以手术维持速率静脉输液。肾上腺切除术后,都会出现急性肾上腺皮质功能减退。因此当术者摘除肾上腺肿瘤时,应在静脉液体中添加地塞米松(0.05～0.1 mg/kg),该剂量应输 6 h 以上。然后逐渐减少静脉注射地塞米松量(如每天减少 0.02 mg/kg),给药时间间隔为 12 h,直至犬能口服给药且不出现呕吐(通常为术后 24～48 h)。这时应开始口服补充泼尼松(0.25～0.5 mg/kg q 12 h)。一旦犬开始自主采食和饮水,泼尼松应降为每天 1 次,且早晨服用。泼尼松的剂量在随后的 3～4 月递减。如果做单侧肾上腺切除,一旦对侧肾上腺功能恢复,最终可停止补充泼尼松。对于做双侧肾上腺切除的犬,终生使用泼尼松通常可维持体况稳定,剂量为 0.1～0.2 mg/kg,每天 1 次或 2 次。

术后应密切监测血清电解质浓度。术后 48 h 常出现轻度的低血钠和高血钾。在多数情况下,随着外源性类固醇减量以及犬开始采食,这些电解质紊乱将在 1～2 d 内消失。如果血钠浓度低于 135 mEq/L,或血钾浓度高于 6.5 mEq/L 时,推荐用盐皮质激素治疗。推荐注射特戊酸脱氧皮质酮(desoxycorticoste-rone pivalate,DOCP),并在注射后 25 d 检测血清电解质浓度。如果第 25 天时犬十分健康,且电解质浓度正常,则不再需要 DOCP 治疗。

◆放射治疗

当诊断 PDH 时,CT 或 MRI 检查约 50% 的犬存在垂体肿瘤。这些垂体肿瘤患犬中,约 50% 的肿瘤会在随后 1～2 年继续生长,并最终引起垂体大腺瘤综合征。垂体大腺瘤可通过排除其他神经紊乱作暂时性诊断,并通过 CT 或 MRI 检查确诊(见图 53-4)。垂体大肿瘤引起神经症状是主人要求给 PDH 犬安乐死的一个常见原因。放射治疗曾成功地减小肿瘤体积,并减轻或缓解垂体大肿瘤引起的神经症状(图 53-16)。放射治疗的主要方式是钴-60 光子放射或线性加速光子放射。治疗通常在前几周先进行前驱放射。目前治疗肾上腺皮质功能亢进患犬的垂体大腺瘤时,放射总量为 48 Gy,每次 4 Gy,每周 3～5 d,连用 3～4 周。在少数教学动物医院使用伽马刀或线性加速器给予 1～3 次大剂量放射治疗垂体肿瘤。分次放射疗法和 1～3 次大剂量放射疗法均有效。

放射治疗后,影响存活时间的预后因素包括神经症状的严重程度和肿瘤的相对大小。一般犬出现轻微或轻度神经症状,且肿瘤较小时,疗效最好。Theon 等(1998)发现存在轻度神经症状的犬放射治疗后中位存活时间为 25 个月;而存在严重神经症状的中位存活时间为 17 个月;而伴有神经症状的未治疗犬,中位存活时间仅为 5 个月。Ken 等(2007)研究发现,19 只患垂体肿瘤的犬放射治疗后的中位存活时间为 1 405 d,预测存活时间为 1 年、2 年和 3 年的比率分别为 93%、87% 和 55%。而 27 只垂体肿瘤未治疗犬的中位存活时间为 551 d,预测存活时间为 1 年、2 年和 3 年的比率分别为 45%、32% 和 25%。

由于 PDH 确诊时出现垂体肿瘤的可能性很高,且将来可能会生长并出现神经症状,因此诊断时应告知主人应用 CT 或 MRI 检查垂体腺,且如果发现肿瘤应采取放射治疗。放射治疗的目的是减小肿瘤体积,防止出现大肿瘤综合征,同时应用米托坦治疗控制肾上腺皮质功能亢进的临床症状。

## 预后

肾上腺依赖性肾上腺皮质功能亢进犬肾上腺切除

术后如果能耐过 1 个月,其中位存活时间范围为 492~953 d,有的犬术后可存活 4~5 年(Schwartz 等,2008;Lang 等,2011;Massari 等,2011)。Helm 等(2011)研究发现,使用曲洛司坦和米托坦治疗肾上腺依赖性肾上腺皮质功能亢进的患犬,中位存活时间分别为 353 d[95% 置信区间(CI),95~528 d]和 102 d[95% 置信区间(CI),43~277 d]。患肾上腺皮质腺瘤和未转移肾上腺皮质腺癌患犬(不常见)的预后良好,而肾上腺皮质腺癌转移或癌侵袭周围静脉的犬(常见)预后不良,这些犬一般在 1~2 年内死亡。虽然临床症状可用曲洛司坦和米托坦控制,但最终会死于肿瘤引起的虚弱、静脉血栓并发症(如腹水)、或转移瘤生长、或其他老年性疾病(如慢性肾脏疾病、充血性心力衰竭)。

犬 PDH 的预后部分取决于犬的年龄、体况以及主人对治疗的配合程度。PDH 确诊后的平均存活时间约为 30 个月。较年轻犬的存活时间相对较长(即 5 年或更长)。许多犬最终因肾上腺皮质功能亢进的并发症(如垂体大瘤综合征)或其他老年性疾病而死亡或安乐死。

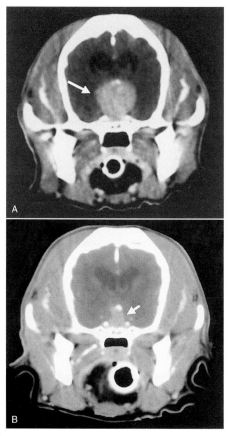

**图 53-16**

A,患 PDH 的 9 岁已绝育雌性可卡犬垂体部的 CT 影像。米托坦治疗 2 年时犬出现嗜睡、厌食和体重下降。下丘脑垂体区(箭头)出现直径约为 2 cm 的肿瘤。B,完成放射治疗 18 个月后垂体区的 CT 影像。肿瘤大小比放疗前下降约 75%。垂体大肿瘤的临床症状消失,且放疗后米托坦治疗停止。

# 犬非典型肾上腺皮质功能亢进
## [OCCULT(ATYPICAL)HYPERADRENOCOR-TICISM IN DOGS]

非典型肾上腺皮质功能亢进是患犬的病史、体格检查、血液常规检查和尿检怀疑有肾上腺皮质功能亢进,但同时 LDDST、UCCR 和 ACTH 刺激试验都在参考范围内的一种综合征。肾上腺皮质功能亢进早期阶段(即亚临床期)和存在与肾上腺皮质功能亢进临床表现相似的疾病(如脱毛 X 症)可能是引起该综合征的原因。尽管有研究表明肾上腺类固醇激素中间物和该综合征的临床异常是矛盾的,但用于合成可的松的肾上腺皮质类固醇激素中间体异常分泌(见图 53-15)被认为可能是引起非典型肾上腺皮质功能亢进的原因。在 PDH 和分泌可的松的 ATH 患犬中,血清肾上腺类固醇激素中间体增加会伴随可的松生成和分泌增加。分泌黄体酮(一种肾上腺皮质激素中间体)的肾上腺肿瘤引起的临床症状与犬猫肾上腺皮质功能亢进相似。黄体酮的内源性糖皮质激素活性、黄体酮刺激循环可的松从可的松结合蛋白上分离或两种都有,从而出现与肾上腺皮质功能亢进相似的临床表现。

非典型 PDH 常见于临床表现与肾上腺皮质功能亢进相似,但程度较轻、腹部超声肾上腺正常或轻度增大、垂体-肾上腺轴检测正常或无法诊断、ACTH 刺激前和刺激后 17-羟孕酮浓度升高,以及米托坦治疗后临床表现改善的动物。目前尚未清楚该综合征是否出现在肾上腺皮质功能亢进的早期(亚临床期)或是另一种疾病。如果是后者,游离类固醇激素中间体升高的原因其作用的方式未知。此外,类固醇激素中间体引起临床表现和体格检查异常的机制也未知。确诊需要在静脉注射 5 μg/kg ACTH 合成物(如促皮质素)前和 1 h 后评估血清肾上腺皮质类固醇激素中间体和性激素浓度。最常见的异常结果是血清 17-羟孕酮浓度升高。目前,仅有田纳西大学兽医学院内分泌实验室建立了性类固醇激素及其前体的正常检测范围。尽管 Sieber Ruckstuhl 等(2006)研究发现使用曲洛司坦治疗后 PDH 犬的 17-羟孕酮浓度并未降低,但目前推荐的治疗药物仍是低剂量米托坦和曲洛司坦。

作者在起初诊断犬肾上腺皮质功能亢进时并不

会检查血清肾上腺皮质类固醇激素中间体或性激素浓度。如果 LDDST 和 UCCR 结果正常或可疑,作者会查找该引起这些临床症状的其他病因。如果排除其他病因且临床症状轻微,作者建议先观察,如果症状加剧,再进行肾上腺皮质功能亢进的检查。

# 猫肾上腺皮质功能亢进
## (HYPERADRENOCORTICISM IN CATS)

猫肾上腺皮质功能亢进并不常见。虽然猫肾上腺皮质功能亢进的许多临床特征与犬相似,但也有一些需要强调的明显差异。猫患肾上腺皮质功能亢进时,最明显的是与糖尿病关系密切,体重渐进性减轻,引起恶病质,表皮真皮萎缩引起皮肤脆弱、变薄,容易出现外伤或溃疡(即猫脆皮综合征)。确诊非常困难,犬常规血液检查和尿检提示肾上腺皮质功能亢进的异常结果在猫中都不会出现。猫肾上腺皮质功能亢进的治疗效果也不佳。

## 病因

猫肾上腺皮质功能亢进也可分为垂体依赖性(PDH)或肾上腺皮质肿瘤依赖性(ATH)。约80%肾上腺皮质功能亢进患猫为 PDH;约20%为 AT,且其中50%为腺瘤,50%为腺癌。PDH 患猫死后剖检时曾发现垂体微腺瘤、巨腺瘤或癌。猫医源性肾上腺皮质功能亢进不常见,一般需要持续使用泼尼松或泼尼松龙数月后才会出现临床症状。

## 临床特征

◈临床症状和体格检查

肾上腺皮质功能亢进是一种老年(平均为 10 岁)杂种猫的疾病。肾上腺皮质功能亢进和糖尿病的关系十分密切。猫肾上腺皮质功能亢进最初最常见的临床症状(即多尿、多饮、多食)更可能是糖尿病引起的,而非肾上腺皮质功能亢进引起的。猫其他临床症状和体格检查异常与犬相比不常见,且疾病早期通常十分轻微(框 53-5,图 53-17)。

通常怀疑猫存在肾上腺皮质功能亢进的线索是糖尿病患猫血糖难以控制,且出现严重胰岛素抵抗。

早期肾上腺皮质功能亢进的临床症状轻微,且垂体-肾上腺皮质轴试验的结果通常是非诊断性的,因此难以确定血糖控制不良的原因。随着时间的推移,肾上腺皮质功能亢进变得更为明显,因为尽管采用了高剂量胰岛素治疗,患猫还是呈渐进性虚弱,体重下降引起恶病质,表皮和真皮萎缩引起皮肤变脆、薄、易损伤,并出现皮肤溃疡(即猫脆皮综合征,图 53-18)。猫理毛或体格检查保定猫时,易出现表皮或真皮损伤。当猫出现恶病质和脆皮综合征时,胰岛素抵抗通常十分严重。胰岛素抵抗、恶病质和猫脆皮综合征主要的鉴别诊断是高黄体酮血症,见于泌黄体酮性肾上腺肿瘤(见表 53-7)。

---

**框 53-5　猫肾上腺皮质功能亢进的临床特征**

**临床症状**
多饮、多尿*
多食*
斑块状脱毛*
被毛粗乱*
对称性脱毛
嗜睡
皮薄,易撕裂(猫脆皮综合征)*
体重下降*
耳廓下垂

**其他体格检查**
"壶腹"肚外观*
肝肿大*
肌肉消耗*
皮肤感染

*常见。

---

◈临床病理学

犬肾上腺皮质功能亢进典型的临床病理学异常在猫不常见。猫最常见的异常是高血糖、糖尿、高胆固醇血症和 ALT 活性轻度升高,这些变化可用同时伴有的难以控制的糖尿病来解释。应激性白细胞像、ALP 活性升高和等渗尿或低渗尿在猫肾上腺皮质功能亢进时均不常见。ALP 不升高的原因包括肝脏中不存在类固醇所致肝病的组织学变化,不存在类固醇诱导的 ALP 同工酶,猫 ALP 活性半衰期相对较短等。犬肾上腺皮质功能亢进引起的尿液异常在猫肾上腺皮质功能亢进中均不常见。

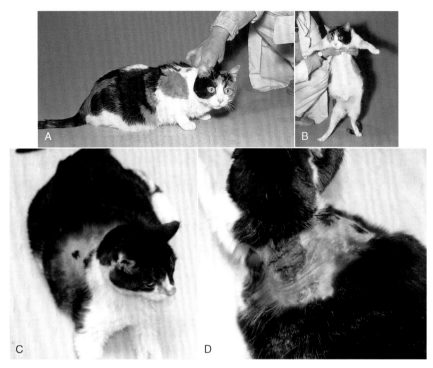

**图 53-17**

A 和 B,9 岁患垂体依赖性肾上腺皮质功能亢进和胰岛素抵抗性糖尿病的猫。注意猫姿势正常时整体外观相对正常(A)。体格检查发现明显的腹部膨大和腹股沟脱毛(B)。C 和 D,16 岁患垂体依赖性肾上腺皮质功能亢进和胰岛素抵抗糖尿病的猫。注意猫的外观相对正常,但颈背部和胸前侧脖圈佩戴处存在脱毛和溃疡。在颈腹侧也有脱毛。

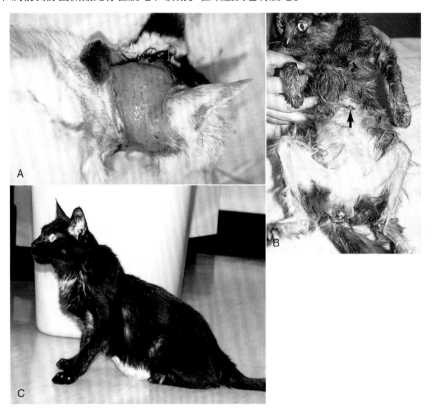

**图 53-18**

A,猫,15 岁,患有垂体依赖性肾上腺皮质功能亢进、胰岛素抵抗糖尿病和脆皮综合征。注意当保定猫以进行体格检查时颈部皮肤撕裂。B,猫,12 岁,患肾上腺皮质功能亢进和严重胰岛素抵抗糖尿病。该猫体重为 2.2 kg,每天注射 3 次常规胰岛素,每次 25 U,但无降低血糖的作用。注意由于长期血糖控制不良所致的恶病质外观、脱毛、真皮和皮肤严重萎缩以及皮肤易撕裂所致的损伤(箭头所示)。C,猫,17 岁,患 PDH 和胰岛素抵抗糖尿病。注意猫恶病质外观、腹部膨大("壶腹"表现)以及腹部脱毛,该处曾在 10 个月前因做 B 超检查而剃毛。

◆影像学诊断

腹部超声检查用于检查肾上腺肿瘤,证实兽医对 PDH 的怀疑。猫肾上腺影像的判读与犬类似。健康猫的肾上腺最大宽度一般小于 0.5 cm。当最大宽度大于 0.5 cm 时应该怀疑存在肾上腺增大,最大宽度大于 0.8 cm 时强烈提示肾上腺增大。猫存在易见的双侧肾上腺增大,伴有相应的临床症状、体格检查结果和异常的垂体-肾上腺皮质轴试验结果时,表明存在垂体依赖性肾上腺皮质功能亢进。CT 和 MRI 可用于查找垂体的大腺瘤,还可在肾上腺切除术前测量肾上腺肿瘤大小及肿瘤对周围血管和组织的浸润程度。

◆垂体-肾上腺皮质轴试验

尽管犬猫肾上腺皮质功能亢进的诊断试验相似,但试验方案和结果判读仍存在一些重要的差异(表 53-4)。作者主要基于尿可的松/肌酐比、地塞米松抑制试验(敏感性约 90%)和腹部超声检查诊断猫肾上腺皮质功能亢进。ACTH 刺激试验因敏感性较低(约 40%),不推荐用于猫肾上腺皮质功能亢进的诊断。鉴别猫 PDH 和 ATH 时,我们更侧重于腹部超声检查,而不是内源性 ACTH 浓度。

**表 53-4　评价猫垂体-肾上腺皮质轴的诊断试验**

| 试验 | 目的 | 方案 | 结果 | 判读 |
|---|---|---|---|---|
| 尿可的松/肌酐比 | 排除 HAC | 在家收集尿液 | 正常<br>升高 | 不支持 HAC<br>提示 HAC,需要做其他检查 |
| 地塞米松抑制试验 | 诊断 HAC | 地塞米松:0.1 mg/kg,IV,给药前和给药后 4 h、6 h 和 8 h 采集血浆 | $<1.0\ \mu g/dL$<br>$1.0\sim1.4\ \mu g/dL$<br>$>1.5\ \mu g/dL$,且 4 h$<1.5\ \mu g/dL$<br>$>1.5\ \mu g/dL$,且 4 h$>1.4\ \mu g/dL$ | 正常<br>无诊断意义<br>提示[†]<br>强烈提示[‡] |
| ACTH 刺激试验 | 诊断 HAC | 合成 ACTH[*]:125 μg/猫 IV,给药前和给药后 30 min、60 min 采集血浆 | ACTH 刺激后可的松浓度<br>$>20\ \mu g/dL$<br>$15\sim20\ \mu g/dL$<br>$5\sim15\ \mu g/dL$<br>$<5\ \mu g/dL$ | <br>强烈提示<br>提示<br>正常<br>医源性 HAC |
| 内源性 ACTH | 鉴别 PDH 和 ATH | 采集血样,并进行特殊处理 | 给药后 8 h<br>低于参考范围<br>参考范围上限或升高<br>参考范围下限 | <br>ATH<br>PDH<br>无诊断意义 |

ACTH,促肾上腺皮质激素;PDH,垂体依赖性肾上腺皮质功能亢进。

[*] ACTH 凝胶:Cortigel,Savage 实验室;合成的 ACTH:替可克肽,米安色林药物制剂。

[†] 强烈提示存在肾上腺皮质功能亢进。

[‡] 提示存在肾上腺皮质功能亢进。

**尿液可的松/肌酐比**　猫尿液可的松/肌酐比的理论和特异性与犬相似。作者常用尿可的松/肌酐比筛查猫肾上腺皮质功能亢进。主人应在家收集尿液,最好是连续收集 2 天的尿液。单份尿液或双份尿液 UC-CR 值正常可排除肾上腺皮质功能亢进。两份尿可的松/肌酐比升高并不能确诊该病,但支持进行地塞米松抑制试验。

**地塞米松抑制试验**　对于猫,静脉注射地塞米松对血浆可的松浓度的持续抑制作用比犬更不确定。地塞米松对约 20% 的正常猫无抑制作用,且它们注射地塞米松 8 h 后血浆可的松浓度$>1.4\ \mu g/dL$(40 nmol/L)。这种逃逸现象更易出现于注射低剂量地塞米松时。由于潜在逃逸现象的误判和许多糖尿病性肾上腺皮质机能亢进猫的脆弱状态,当评价猫垂体-肾上腺皮质轴时,我们通常仅做一个地塞米松抑制试验(地塞米松:0.1 mg/kg IV,并采集注射地塞米松前和注射后 4 h 和 8 h 的血样)。注射地塞米松 8 h 后血浆可的松浓度小于 $1.0\ \mu g/dL$(28 nmol/L)表明垂体-肾上腺皮质轴正常,结果为 $1.0\sim1.4\ \mu g/dL$ 时无诊断意义,结果高于 $1.4\ \mu g/dL$ 时,支持肾上腺皮质功能亢进的诊断。注射地塞米松 8 h 后的血浆可的松浓度超过 $1.4\ \mu g/dL$ 越多,越支持肾上腺皮质功能亢进的诊断。同样注射地塞米松 4 h 时血浆可的松浓度超过 $1.4\ \mu g/dL$ 可进一步支持肾上腺皮质功能亢进的诊断(图 53-19)。当注射地塞米松 4 h 低于 1.4 $\mu g/dL$ 时(特别是低于 1.0 $\mu g/dL$)且注射后 8 h 可的松浓度高于 1.4 $\mu g/dL$ 时,可认为试验结果支持肾上腺皮质功能亢进的诊断,但不能确诊,兽医应根据临床症状、体格检查和其他诊断试验结果建立确诊。地塞米松抑制试验的结果不能单独用作确诊猫肾上腺皮质功能亢进的依据。

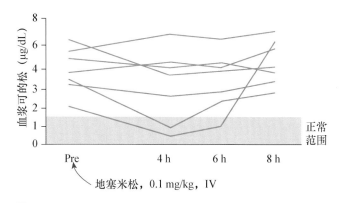

**图 53-19**

7 只组织学确诊为肾上腺皮质功能亢进猫的地塞米松抑制试验结果。血样在地塞米松(0.1 mg/kg IV)注射前和注射后 4 h、6 h 和 8 h 采集。对于多数猫,整个试验过程中血浆可的松浓度均高于 1.4 $\mu g/dL$,这与肾上腺皮质功能亢进的诊断十分相符。

**ACTH 刺激试验** 给予 ACTH 后猫血浆可的松浓度峰值较犬早出现,且给予合成 ACTH 后,血浆可的松浓度在 1 h 时接近基础值。因此,应在给猫注射合成 ACTH 后 30 min 和 1 h 采集血样。ACTH 刺激后血清可的松浓度峰值范围是 5～15 $\mu g/dL$(140～420 nmol/L)。给予 ACTH 后可的松浓度大于 15 $\mu g/dL$ 则强烈提示肾上腺皮质功能亢进。但在诊断猫肾上腺皮质功能亢进时,ACTH 刺激试验敏感性低。死后剖检证明患肾上腺皮质功能亢进的猫,ACTH 试验结果与本病相符率约为 40%。因此,作者不用 ACTH 刺激试验诊断猫肾上腺皮质功能亢进。

**内源性血浆 ACTH 浓度** 内源性血浆 ACTH 浓度试验在 837 页已有论述。血浆 ACTH 浓度低于参考范围,尤其是检测不到时,支持 ATH 的诊断。ACTH 浓度位于参考范围上限或更高时支持 PDH 的诊断,浓度在参考范围下限可能是 PDH 或 ATH。

## 诊断

肾上腺皮质功能亢进的诊断主要基于病史、体格检查、常规血液检查、尿液检查、腹部超声检查、垂体-肾上腺皮质轴试验结果以及兽医怀疑本病的可能性。理论上确诊猫肾上腺皮质功能亢进时,所有肾上腺皮质功能亢进的试验都是异常的,试验结果不一致应怀疑诊断的可靠性。所有评价垂体-肾上腺皮质轴的试验都会出现假阳性和假阴性结果。虽然尿液可的松/肌酐比正常和地塞米松抑制试验结果正常不支持肾上腺皮质功能亢进的诊断,但这些试验的异常结果本身也不能确诊该病。如果怀疑或不确定诊断,不能开始肾上腺皮质功能亢进的治疗,而应观察 1～2 个月后再重新评估。

## 治疗

猫的肾上腺皮质功能亢进难以治疗。目前仍无治疗猫 PDH 的可靠内科疗法。曲洛司坦是目前的治疗药物,而其他如米托坦、酮康唑和美替拉酮都无效或持效短。曲洛司坦的治疗和监测方法同犬。初始剂量为每只猫 30 mg,每天 1 次。开始治疗 4 周后,根据临床反应、ACTH 刺激试验、UCCR 和血清电解质浓度调节用药剂量和频率。如果出现肾上腺皮质功能减退症状,或者胰岛素抵抗的糖尿病猫出现低血糖症状,复查时间应更早些。即使未达到肾上腺皮质功能亢进的治疗目标,但 4 周后临床症状且检查结果改善,应继续用药。如果 4 周后症状和检测没有改善或加剧,应更改剂量。通常每日 2 次用药比每日 1 次用药的控制效果更好。因而当猫初始用药为每日 1 次且症状仍存在时,应调整为每日 2 次用药。

肾上腺切除术可用于 ATH 的治疗。双侧肾上腺切除术同样能有效治疗 PDH。肾上腺切除术前,通常应先用曲洛司坦治疗 4～6 周,逆转分解代谢作用,改善皮肤脆性和伤口愈合,并降低围手术期并发症。术中和术后外科和内科治疗方法与犬相似。双侧肾上腺切除后,应立即开始肾上腺皮质功能减退的治疗,使用特戊酸脱氧皮质酮(DOCP,开始时 2.2 mg/kg SQ q 25 d)或醋酸氟氢可的松(开始时为 0.05 mg/只 PO q 12 h)和泼尼松(1.0～2.5 mg/只,每天 1 次)。接着应根据对血清电解质浓度的监测结果调整 DOCP 或醋酸氟氢可的松的剂量。一旦肾上腺皮质功能亢进得到纠正,约 50% 的患猫可停止胰岛素治疗,其余猫使用较小剂量的胰岛素即可很好地控制病情。

## 预后

猫肾上腺皮质功能亢进的预后慎重至不良。未治疗的肾上腺皮质功能亢进猫在诊断后,因慢性皮质醇增多和胰岛素抵抗性糖尿病对皮肤完整性和免疫功能的有害作用,以及渐进性体重丢失引起严重恶病质,因而在几个月后死亡。曲洛司坦治疗的有效性需要大量肾上腺皮质功能亢进猫的治疗效果的评估。单侧(ATH)或双侧(PDH)肾上腺切除术都可能很成功,但成功治疗部分取决于术前内科纠正虚弱状态和皮肤脆性、术者做肾上腺手术的经验、手术期间并发症的避免,以及主人是否愿意治疗双侧肾上腺切除后医源性肾上腺皮质功能减退。周期性评价血清电解质和回顾治疗方案对于避免猫术后出现阿狄森危象是十分重要的。

# 肾上腺皮质功能减退
## (HYPOADRENOCORTICISM)

## 病因

肾上腺皮质功能减退指盐皮质激素、糖皮质激素或两者同时分泌不足。原发性肾上腺皮质功能不全(阿狄森氏病)最常见,主要是盐皮质激素和糖皮质激素分泌不足引起的。因为本病的原因不明确,而死后剖检通常在诊断数年后,那时肾上腺皮质组织病理学检查最常见的异常是所有层都出现特发性萎缩,因此原发性肾上腺皮质功能亢进通常是特发的。对于多数特发性肾上腺皮质功能不全犬,可能是免疫介导性破坏肾上腺皮质所致。确诊不久的死后剖检常见淋巴细胞、浆细胞和纤维化。肿瘤(如淋巴瘤)、肉芽肿疾病、出血性梗死、动脉血栓或药物(如曲洛司坦和米托坦)引起的双侧肾上腺皮质破坏也可导致原发性肾上腺皮质功能不全。据认为肾上腺皮质必须破坏至少90%才会出现临床症状。肾上腺皮质各区的破坏速率大致相同,因此醛固酮和糖皮质激素缺乏通常呈依次出现。破坏通常是渐进性的,且最终会出现肾上腺皮质功能完全丧失。犬猫在确诊阿狄森疾病时,通常已完全丧失肾上腺皮质功能。早期可能会出现部分机能不全综合征,特征是肾上腺储备机能不足,即仅在应激(如坐车、旅行、手术)时出现临床症状。随着肾上腺皮质渐进性破坏,即使在无应激的情况下,激素也开始分泌不足,甚至在无明显诱发因素存在时,也会出现真正的代谢性危象。

盐皮质激素(即醛固酮)控制钠、钾和水平衡。在原发性肾上腺皮质功能不全时,醛固酮分泌减少会引起肾保钠、保氯及排钾功能受损,引起低钠血症、低氯血症和高钾血症。保钠、保氯功能异常会引起细胞外液量减少,导致渐进性低血容量、低血压、心输出量减

少,以及肾和其他组织灌注量降低。高钾血症对心脏有严重的毒害作用,降低心肌兴奋性,增加心肌不应期及延缓传导。并发的糖皮质激素缺乏通常会引起胃肠道症状(厌食、呕吐、腹泻和体重下降)和精神状态变化(嗜睡)。肾上腺皮质功能减退最典型的症状之一是应激不耐受,当动物置于应激环境中时,临床症状通常会更加明显。

一些肾上腺皮质功能减退的犬猫在就诊时仅出现糖皮质激素缺乏的临床表现,但电解质浓度都是正常的。糖皮质激素不足而盐皮质激素正常是非典型肾上腺皮质功能减退。垂体功能异常引起ACH减少而导致的糖皮质激素不足,称为继发性肾上腺皮质功能不全。垂体腺或下丘脑破坏性损伤、长期使用外源性糖皮质或特发性肾上腺功能不全是继发性肾上腺机能不全最常见的原因。自发性醛固酮缺乏症在犬猫中罕见。

## 临床特征

### 病征

肾上腺皮质功能减退一般多发于青年至中年母犬,平均年龄4~6岁(范围:2月龄至12岁)。糖皮质激素缺乏的肾上腺皮质功能减退犬被诊断出来时,其年龄要比盐皮质激素和糖皮质激素均缺乏的肾上腺皮质功能减退犬大。犬肾上腺皮质功能减退的易发病品种见框53-6。肾上腺皮质功能减退罕见于猫。虽然肾上腺皮质功能减退多发于青年至中年猫(平均年龄6岁)。不过老年犬猫也可出现肾上腺皮质功能减退。

> **框53-6  犬肾上腺皮质功能减退易发病品种**
>
> 葡萄牙水猎犬*
> 标准贵宾*
> 斯科舍诱鸭巡回犬*
> 古代牧羊犬†
> 莱昂伯格犬‡
> 大丹犬‡
> 罗威纳犬‡
> 西高地白㹴‡
> 爱尔兰软毛麦色㹴‡
>
> *强烈怀疑染色体隐性遗传。
> †高遗传率,但遗传模式未知。
> ‡怀疑有基因倾向。

### 临床症状和体格检查

肾上腺皮质功能减退的临床症状和体格检查列于

框 53-7。最常见的临床表现与胃肠道和精神状态变化有关,包括嗜睡、厌食、呕吐和体重下降。虚弱也是主人经常抱怨的异常。其他体格检查结果包括脱水、心动过缓、股部脉搏微弱和腹痛。当动物出现心动过缓和低血容量症状时,应怀疑高钾血症和肾上腺皮质功能减退。心动过缓本身不是肾上腺皮质功能减退的特异病征,特别是出现于健康犬时。肾上腺皮质功能减退犬的心率也可能正常。虽然收集病史时会发现多饮多尿,但这些症状罕见。

**框 53-7　犬猫肾上腺皮质功能减退的临床症状**

| 犬 | 猫 |
|---|---|
| 嗜睡* | 嗜睡* |
| 厌食* | 厌食* |
| 呕吐* | 体重下降* |
| 虚弱* | 呕吐 |
| 腹泻 | 多尿、多饮 |
| 体重下降 | |
| 震颤 | |
| 多尿、多饮 | |
| 腹部疼痛 | |

\* 常见。

　　临床症状通常是模糊的,且易被认为是更常见的其他疾病,如胃肠道和尿道疾病。细心的主人偶尔会描述病情时好时坏或间歇性病程,但这种病史信息是种少见的情况,而不是一种规律。多数肾上腺皮质功能减退犬开始是因为渐进性疾病而前来就诊,疾病的严重程度不定,这取决于应激的程度和肾上腺皮质残余功能量。

　　如果低钠血症和高钾血症很严重,引起的低血容量、肾前性氮质血症和心律不齐,可能会导致阿狄森危象。临床表现如前所述,唯一的不同是症状的严重程度。对于严重病例,动物可能出现休克和濒死状态。阿狄森危象必须与其他威胁生命的疾病相鉴别,如糖尿病酮症酸中毒、坏死性胰腺炎、急性肝炎、败血性腹膜炎和急性肾衰竭。

◆ **临床病理学**

　　CBC、生化和尿检时可见一些异常(框 53-8)。高钾血症、低钠血症和低氯血症是肾上腺皮质功能减退动物典型的电解质异常,可能也是最终考虑肾上腺皮质功能减退最重要的线索。血清钠浓度可从正常到低达 105 mEq/L(平均:128 mEq/L),血清钾浓度从正常

至高于 10 mEq/L(平均:7.2 mEq/L)。钠/钾比可反映这些电解质浓度的变化,常用作发现肾上腺皮质功能减退的诊断工具。钠/钾比正常值为(27~40):1。在原发性肾上腺皮质功能减退时,比值常低于 27,且可能低于 20。

**框 53-8　犬猫原发性肾上腺皮质功能减退相关的临床病理学异常**

**血象**
非再生性贫血
±嗜中性粒细胞性白细胞增多
±轻度嗜中性粒细胞减少
±嗜酸性粒细胞增多
±淋巴细胞增多

**生化检测**
高钾血症
低钠血症
低氯血症
肾前性氮质血症
高磷血症
±高钙血症
±低血糖症
±低白蛋白血症
±低胆固醇血症
代谢性酸中毒(低总 $CO_2$、$HCO_3^-$)

**尿液分析**
等渗尿或高渗尿

　　电解质变化本身也可能会引起误导。血清电解质浓度正常不能排除肾上腺皮质功能减退。当疾病早期,临床症状是由糖皮质激素缺乏引起的,或垂体功能衰竭继发肾上腺皮质功能减退,电解质异常可能不明显。另外,其他疾病也会引起类似于肾上腺皮质功能减退的电解质变化,最常见的是肝脏、胃肠道和泌尿系统疾病(框 55-2 和框 55-3)。对于多数疾病,兽医可通过详细的病史、体格检查,结合 CBC、生化和尿检对潜在疾病进行鉴别诊断。诊断肾上腺皮质功能减退重要的线索有患犬猫无应激性白细胞像、低白蛋白、低胆固醇、低血糖或上述中的数种组合。

　　最具挑战性的鉴别诊断是急性肾功能衰竭和原发性肾上腺皮质功能减退。肾上腺皮质功能减退出现低血容量和低血压后,肾灌注量和肾小球滤过率下降,继发引起氮质血症。尿比重代偿性增加(即>1.030)可将肾前性氮质血症与原发性肾性氮质血症区分开来,因此可鉴别肾上腺机能不全和急性肾衰。

　　由于长期尿钠丢失、肾髓质钠含量下降、正常髓质浓度梯度降低以及肾集合管重吸收水分受损,许多肾

上腺皮质功能减退犬猫的尿液浓缩能力下降。因此，一些伴有肾前性氮质血症的肾上腺皮质功能减退犬猫尿比重也可处于等渗范围(即 1.007～1.015)。幸运的是急性肾功能衰竭和肾上腺皮质功能减退的初始治疗方法相似。最终这两种疾病的鉴别取决于垂体-肾上腺皮质轴试验以及动物对初始液体治疗和其他支持治疗的反应。

◉心电图

高钾血症会抑制心脏传导，引起心电图(electro-cardiogram，ECG)的特征性变化(框 55-4)。ECG 异常的严重程度与高钾血症的严重程度有关。因此，ECG 可用作发现和评价高钾血症严重程度的诊断工具，还可用于治疗期间监测血钾浓度变化的治疗工具。

◉诊断影像

肾上腺皮质功能减退犬猫出现严重低血容量时，胸腔 X 线侧位片上常可见心脏变小，主动脉弓下降变平，且直径减小，后腔静脉狭窄。这些变化都可粗略评价低血容量和低血压。并发的巨食道症可能很明显，可在肾上腺皮质功能减退得到控制后消失。腹部超声检查可能发现肾上腺变小(即最大厚度小于 0.3 cm)，这强烈提示肾上腺皮质萎缩。然而肾上腺大小正常，尤其是最大厚度小于 0.5 cm 时，不能排除肾上腺皮质功能减退。

## 诊断

肾上腺皮质功能减退通常基于病史、体格检查、临床病理学以及原发性肾上腺皮质功能减退时相应的电解质变化进行尝试性诊断。确诊必须做 ACTH 刺激试验(见表 53-2)，ACTH 刺激后血浆可的松浓度 <2 μg/dL(55 nmol/L)(见图 53-14)。对于近期未用会干扰可的松检测糖皮质激素(如氢化可的松、泼尼松、泼尼松龙)治疗的犬猫，可用基础血清可的松浓度初筛肾上腺皮质功能减退。基础血清可的松浓度＞2 μg/dL 不支持肾上腺皮质功能减退。可的松浓度≤2 μg/dL 提示肾上腺皮质功能减退，但不能作为诊断性结果。这些犬需要做 ACTH 刺激试验以证明诊断。尿液可的松/肌酐比用于确诊并不可靠。ACTH 刺激后血浆可的松浓度为 2～4 μg/dL(55～110 nmol/L)，可见于继发性肾上腺皮质功能减退或相对肾上腺功能不全，后者可出现在严重疾病如败血症时，可的松需求增加，分泌相对缺乏。长时间或过量炎性因子可抑制人垂体和肾上腺功能，这在犬可能也相似。Burkitt 等(2007)研究发现，患严重败血症的犬肾上腺皮质对外源 ACTH 的应答被抑制，ACTH 刺激后血清可的松浓度增加小于 3 μg/dL(82 nmol/L)。在治愈疾病后，相对肾上腺激素不足得到纠正。

ACTH 刺激试验不能鉴别犬猫自发性原发性肾上腺皮质功能减退和垂体衰竭引起的继发性肾上腺皮质功能减退，以及那些继发于长期医源性使用皮质类固醇，曲洛司坦或米托坦过量引起的犬原发性肾上腺皮质破坏。并发的血清电解质浓度异常意味着存在原发性肾上腺皮质功能减退，需要盐皮质激素和糖皮质激素替代治疗。血清电解质浓度正常不能鉴别渐进性原发肾上腺皮质功能减退和非渐进性、盐皮质激素缺乏性原发性肾上腺皮质功能减退，也不能鉴别原发性肾上腺皮质功能减退和继发性肾上腺皮质功能减退(见非典型肾上腺皮质功能功能减退)。如果出现继发性肾上腺皮质功能减退，只需要补充糖皮质激素。原发性、非典型性和继发性肾上腺皮质功能减退可通过周期性测定血清电解质浓度，测定基础内源性 ACTH 浓度，或测定 ACTH 刺激试验时血浆醛固酮浓度(见表 53-5)来鉴别。理论上血液醛固酮浓度有助于诊断不同类型的肾上腺功能不全。但血液醛固酮浓度在这三种患犬中无清晰的界限。

表 53-5　原发性肾上腺皮质功能减退与继发性肾上腺皮质功能减退的鉴别诊断

| | 原发性肾上腺皮质功能减退 | 原发性非典型肾上腺皮质功能减退 | 继发性肾上腺皮质功能减退 |
|---|---|---|---|
| 血清电解质 | 高钾血症 | 正常 | 正常 |
| | 低钠血症 | 正常 | 正常 |
| ACTH 刺激试验 | | | |
| 　给药后可的松浓度 | 降低 | 降低 | 降低 |
| 　给药后醛固酮浓度 | 降低 | 正常 | 正常 |
| 内源性 ACTH | 升高 | 升高 | 降低 |

## 治疗

治疗取决于动物的临床状态和机能减退的本质(即糖皮质激素、盐皮质激素或两者都缺乏)。许多原发性肾上腺皮质功能减退犬猫可出现不同程度的急性阿狄森危象,需要及时积极治疗。相对而言,单纯糖皮质缺乏犬猫的病程通常是长期的,它对诊断的挑战远比治疗大。

### 治疗急性阿狄森危象

急性阿狄森危象意味着盐皮质激素缺乏和糖皮质激素缺乏。急性原发性肾上腺皮质功能减退的治疗着重于消除低血压、低血容量、电解质紊乱和代谢性酸中毒,提高血管完整性和提供及时糖皮质激素来源(框53-9)。由于肾上腺皮质功能减退引起的死亡常由血管塌陷和休克所致,因此快速纠正血容量是最先也是最重要的治疗措施。输液类型取决于低钠血症的严重程度(见表55-2)。乳酸林格或林格液可用于轻度低钠血症(血钠>130 mEq/L),生理盐水用于严重低钠血症(血钠<130 mEq/L)。高钾血症可通过单纯的稀释和改善肾灌流量而缓解,即使输含钾液体也没关系。低钠血症越急、越严重,血钠纠正得越慢。快速升高血钠有潜在危险,严重低血钠的动物(血钠<120 mEq/L)应避免快速升血钠。对于这些动物,血钠浓度应在6~8 h内缓慢升高。

> ### 框53-9 急性阿狄森危象的初始治疗
>
> **液体治疗**
> 类型:如果血钠浓度<130 mEq/L,0.9%氯化钠溶液;血钠浓度≥130 mEq/L,等渗晶体液(林格或乳酸林格液)
> 速度:初始40~80 mL/(kg·24h)IV
> 钾的补充:禁忌
> 葡萄糖:如果出现低血糖,5%葡萄糖溶液(每升溶液中含100 mL 50%葡萄糖)
>
> **糖皮质激素治疗**
> 地塞米松或地塞米松磷酸钠,0.5~1 mg/kg IV,然后重复0.05~0.1 mg/kg IV q 12 h,直到使用口服泼尼松\*
>
> **盐皮质激素治疗**
> 特戊酸脱氧皮质酮(DOCP),2.2 mg/kg IM
>
> **碳酸氢钠治疗**
> 当HCO$_3^-$<12 mEq/L或静脉总CO$_2$<12 mmol/L或动物病情严重时使用。mEq HCO$_3^-$=体重(kg)×0.5×碱缺乏量(mEq/L);如果未知碱缺乏量,用10 mEq/L代替;将算得HCO$_3^-$的1/4量添加到溶液中,静脉注射6 h;如果血浆HCO$_3^-$仍<12 mEq/L,重复使用。

\* 如果犬猫处于休克状态,需要用更高剂量的糖皮质激素。

如果存在低血糖,应往静脉液体中添加50%的葡萄糖配成5%葡萄糖溶液(即每升液体中含100 mL 50%葡萄糖)。等渗液体中添加葡萄糖会形成高渗液体,为了减少静脉炎的发生,静脉给予时应选择中心静脉。

急性肾上腺皮质功能减退的犬猫通常存在轻度代谢性酸中毒,这无需治疗。单独用液体治疗可通过纠正低血容量、组织灌注量和改善肾小球滤过率而纠正轻度酸中毒。如果总静脉二氧化碳或血清碳酸氢根浓度分别小于12 mmol/L或等于12 mEq/L,应用碳酸氢钠保守治疗。对于病情严重但仍不知化验结果的动物,应假设存在10 mEq/L的基础缺乏量。用于纠正酸中毒的碳酸氢根 mEq量可用以下公式计算:

$$碳酸氢根缺乏量(mEq/L)=体重(kg)×0.5×碱缺乏量(mEq/L)$$

1/4的碳酸氢根计算量应在开始6~8 h治疗时静脉注射。注射后再次评价动物的酸碱状态。一般很少犬猫需要再次静脉注射碳酸氢钠。

碳酸氢钠治疗有助于纠正代谢性酸中毒,也可降低血清钾浓度。使用碳酸氢钠后,钾离子向细胞内移动,同时结合生理盐水的稀释作用和肾灌注量的提高,可有效地降低钾离子浓度,并使 ECG 异常恢复正常。其他用于快速纠正威胁生命的高血钾治疗一般不需要(见表55-3)。

在开始治疗急性阿狄森危象时,还需要用糖皮质激素和盐皮质激素治疗。理想上在完成 ACTH 试验之前不应给予糖皮质激素治疗。在开始治疗的1~2 h内,通常输液治疗即可,而在这期间,可以完成 ACTH 刺激试验。如果必须马上用糖皮质激素治疗,可用地塞米松治疗,因为地塞米松不会干扰可的松的检测。通常用地塞米松磷酸钠按 0.5~1 mg/kg 添加在静脉注射液中给予,然后每12 h按 0.05~0.1 mg/kg 静脉注射,直至可安全口服给药。速效水溶性糖皮质激素,如氢化可的松琥珀酸盐、氢化可的松半琥珀酸盐、氢化可的松磷酸盐和氢化可的松琥珀酸钠会干扰可的松检测,引起检测结果假性升高,应在 ACTH 刺激试验后使用。这类药物在作者医院治疗急性肾上腺机能减退时不是常用药物。

目前可购买的盐皮质激素制剂包括特戊酸脱氧皮质酮(DOCP)和醋酸氟氢可的松。两者都可用于肾上腺皮质功能减退的长期维持治疗。治疗犬猫肾上腺皮质功能减退时,注射用 DOCP 是较好的选择,该药初始剂量通常为 2.2 mg/kg,肌肉或皮下注射。静脉注射液体和肌肉注射 DOCP 可在 24 h 内纠正多数肾上腺皮质功能减退动物的电解质紊乱。肾上腺皮质功能正常犬单次给予 DOCP 后无副作用。心房利钠肽可自发地对抗高钠血症。醋酸氟氢可的松也是有效的治疗药物。但它只有片剂,大多犬猫治疗初期无法口服药物。

多数急性肾上腺皮质功能减退犬猫治疗 24~48 h 后,临床症状和生化指标会出现明显改善。在随后的 2~4 d,动物应逐渐由静脉输液转换为饮水和采食。这时应开始用盐皮质激素和糖皮质激素维持治疗。如果动物不能顺利过渡,应怀疑持续性电解质紊乱、糖皮质激素补充量不足、并发内分泌疾病(如甲状腺功能减退)或并发其他疾病(最常见是肾上腺皮质功能减退引起灌注量下降和缺氧,造成肾损伤、胰腺炎或出血性胃肠炎)。

### ◆ 原发性肾上腺皮质功能减退的维持治疗

犬猫原发性肾上腺皮质功能减退需要盐皮质激素治疗,通常也需要糖皮质激素治疗。推荐的盐皮质激素治疗是注射 DOCP,它是按 1 mg/d 缓慢释放的 25 mg 悬浮液。开始的剂量是 2.2 mg/kg,每 25 d 肌肉或皮下注射 1 次。前 2~3 次使用 DOCP 时,应测定每次第 12 天和第 25 天的电解质浓度,接着根据血清电解质浓度调整剂量。如果犬猫在第 12 天时存在低钠血症或高钾血症,或两者同时存在,下次注射时剂量应增加 10%。如果第 12 天的电解质浓度正常但第 25 天异常,注射时间间隔应缩短 48 h。DOCP 对恢复血清电解质浓度十分有效,唯一的副作用是多饮多尿,减少 DOCP 剂量即可改善。多数犬(猫也可能)用 DOCP 治疗时还需要低剂量的糖皮质激素(泼尼松,开始时 0.25 mg/kg q 12 h)。

DOCP 的缺点是不易购买,还需要每月去医院注射,既不便利也不便宜(费用昂贵)。为减少不便与费用,通常会教主人在家皮下注射。每治疗 3~4 次后,我们要求主人带犬到医院做全面检查,检测血清电解质浓度和注射 DOCP,以确保不会发生与使用 DOCP 有关的问题。一旦犬猫恢复健康且血清电解质浓度稳定,可降低 10% 的 DOCP 用量,用药间隔缩短至 21 d,以维持低剂量 DOCP(通常是每次 1.5 mg/kg),以此减少费用。这样治疗的目的是找到维持犬猫健康和血清电解质在参考范围内的最低 DOCP 剂量。

醋酸氟氢可的松是另一种常用的补充盐皮质激素的药物。最初的剂量是 0.02 mg/(kg·d),分 2 次口服给予。接着根据血清电解质浓度调整剂量,最初时电解质应每 1~2 周检查一次。目的是重建正常的血钠和血钾浓度。醋酸氟氢可的松的剂量一般在前 6~18 个月的治疗中会逐渐增加。这种增加反映了肾上腺皮质处于持续破坏状态。经过这段时间后,剂量通常相对稳定。

醋酸氟氢可的松口服治疗的主要缺点是用于控制血清电解质浓度的剂量范围很大,一些犬会出现多饮多尿和尿失禁(可能是由此药潜在的糖皮质激素作用所致),对一些动物的作用效果很差,一些动物会持续出现轻度高钾血症和低钠血症。尽管使用了高剂量醋酸氟氢可的松治疗,主人仍发现动物无好转或低钠血症和高钾血症持续存在时,应怀疑醋酸氟氢可的松无效。对于醋酸氟氢可的松不能完全控制病情的动物,可同时口服添加盐有助于缓解症状,另外可考虑换成 DOCP 治疗。

对于所有患原发性肾上腺皮质功能减退的犬猫,初始治疗时都应补充糖皮质激素。泼尼松(犬)和泼尼松龙(猫)的初始剂量为 0.25 mg/kg,口服,每天 2 次。在随后的 1~2 个月内,泼尼松/泼尼松龙的剂量应逐步下降,直至每天给药 1 次便能控制肾上腺皮质功能减退症状(即无食欲、呕吐、腹泻)。除应激时外,约 50% 用醋酸氟氢可的松和少于 10% 使用 DOCP 治疗的犬最终不需要用糖皮质激素治疗。所有主人都应购买一些糖皮质激素,在犬猫发生应激时给予。兽医也应清楚,肾上腺皮质功能减退犬猫在手术或患有非肾上腺相关疾病时,其糖皮质激素需要量会增加。预期有应激增加时,糖皮质激素的用量应加倍。

尽管采取了积极治疗但仍持续存在临床症状时,最常见的原因是糖皮质激素补充量不足。健康且无应激时,肾上腺皮质功能减退犬猫一般可能只需要小剂量泼尼松。但在应激或疾病时,这些动物可能需要大剂量泼尼松(即 0.25~0.5 mg/kg),每天 2 次。糖皮质激素补充不足时,会引起持续和恶化的嗜睡、食欲减退和呕吐。对抗应激和疾病作用的泼尼松/泼尼松龙量不定,也是不可预测的。因此,最好是先用上限剂量,然后在随后几周逐渐减量。

## 预后

犬猫肾上腺皮质功能减退的预后通常是良好的。决定动物长期治疗效果的最重要因素是疾病和治疗方面的主人教育。如果主人与兽医沟通良好,经常复查,主人很负责地配合治疗,肾上腺皮质功能减退犬猫通常能维持正常寿命。

# 非典型肾上腺皮质功能减退
## (ATYPICAL HYPOADRENOCORTICISM)

一些肾上腺皮质功能减退犬猫就诊时只有糖皮质激素缺乏的临床症状,但初始血清电解质浓度在参考范围内。盐皮质激素分泌正常而糖皮质激素缺乏的情况为非典型肾上腺皮质功能减退。糖皮质激素不足可能原发于肾上腺皮质(原发性非典型肾上腺皮质功能减退,最常见)或垂体 ACTH 分泌不足(继发性肾上腺皮质功能减退)。原发于肾上腺时,基础内源性血清 ACTH 浓度正常或升高,而原发于垂体时,ACTH 浓度降低(见表 53-5)。原发于肾上腺的糖皮质激素而非盐皮质激素缺乏可见于典型原发性肾上腺皮质功能减退犬猫的早期发病阶段,该阶段束状带的破坏比球状带严重。在几周或数月后,会出现盐皮质激素缺乏和血清电解质浓度异常。一些糖皮质激素缺乏的犬猫不会发展为盐皮质激素缺乏。尽管使用醋酸甲地孕酮、米托坦和曲洛司坦治疗有效,但这种类型的肾上腺皮质功能减退原因仍未知。

垂体机能不全引起的糖皮质激素缺乏称为继发性肾上腺皮质功能减退。下丘脑或垂体破坏性损伤(如肿瘤、炎症)和长时间使用外源性糖皮质激素等,均是继发性肾上腺皮质功能减退最常见的原因。注射、口服或局部使用糖皮质激素可致肾上腺皮质萎缩。除使用长效糖皮质激素外,通常在停止用药 2~4 周后,肾上腺功能可恢复。

通常在诊断犬猫慢性、无明显指征的胃肠道症状如昏睡、厌食、呕吐、腹泻和体重降低时确诊糖皮质缺乏性肾上腺皮质功能减退。血液检查和尿液检查通常正常。确诊需要 ACTH 刺激试验。治疗包括如前所述(原发性肾上腺皮质功能减退)的糖皮质激素。例外的情况是过度使用糖皮质激素会引起继发性肾上腺皮质功能减退,这时治疗应逐步减少用药剂量和用药频率,并最终停止治疗。犬猫继发性肾上腺皮质功能减退时不存在盐皮质激素缺乏。由于一些原发性糖皮质激素缺乏性肾上腺皮质功能减退的犬猫在诊断数周或数月后会发展为盐皮质激素缺乏,故建议周期性监测血清电解质浓度。

# 嗜铬细胞瘤
## (PHEOCHROMOCYTOMA)

### 病因

嗜铬细胞瘤是起源于肾上腺髓质嗜铬细胞的一种分泌儿茶酚胺的肿瘤。肾上腺嗜铬细胞瘤在犬不常见,罕见于猫。嗜铬细胞瘤通常是单个存在的肿瘤,直径小于 0.5 cm 至大于 10 cm 不等。双侧肾上腺嗜铬细胞瘤、单侧嗜铬细胞瘤而另一侧肾上腺患功能性肾上腺皮质肿瘤、嗜铬细胞瘤并发垂体依赖性肾上腺皮质功能亢进都曾有过报道。嗜铬细胞瘤生长模式不定,从缓慢生长到快速生长。

肿瘤体积相对较小时(最大厚径<2.5 cm,见图 53-8)可侵入膈腹部静脉、后腔静脉和周围软组织结构。最近一项报道 38 只嗜铬细胞瘤的犬中,87% 的嗜铬细胞瘤宽度大于 2.5 cm,45% 大于 5cm,且大多(62%)发生于右侧肾上腺。嗜铬细胞瘤是犬猫的恶性肿瘤。较远部位的转移包括肝脏、肺脏、局部淋巴结、骨骼和中枢神经系统。肾上腺外嗜铬细胞瘤(即神经节细胞瘤)是生长于肾上腺髓质外嗜铬细胞的肿瘤,最常见靠近交感神经节,但罕见于犬猫。

### 临床特征

嗜铬细胞瘤最常见于老年犬猫,诊断时犬的平均年龄为 11 岁。无明显性别或品种倾向。

肿瘤出现占位性、转移灶损伤,过度分泌儿茶酚胺或腹膜腔肿瘤引起自发性出血时,会出现临床症状和可见的体格检查异常(见表 53-6)。最常见的临床症状和体格检查异常与呼吸系统、心血管系统和肌肉骨骼系统有关,包括全身虚弱、阵发性晕厥、激动、不安、过度喘、呼吸急促和心动过速。儿茶酚胺过量分泌可引起严重的全身性高血压,出现鼻衄和视网膜出血、视网膜脱落。嗜铬细胞瘤的儿茶酚胺分泌散在发生,且不可预测。因此,临床表现和全身性高血压倾向于阵发,通常在就诊时不明显。由于就诊时儿茶酚胺通常不会急剧上升,因此体格检查常不能提供嗜铬细胞瘤的线索。由于临床症状和体格检查结果经常是模糊的、非特异的,且容易伴有其他疾病,所以只有在超声检查发现肾上腺肿瘤后才把嗜铬细胞瘤列为潜在的鉴别诊断。

**表 53-6　犬嗜铬细胞瘤的临床症状和体格检查异常**

| 临床症状 | 体格检查异常 |
|---|---|
| 间歇性虚弱* | 无明显异常* |
| 间歇性虚脱* | 喘、呼吸急促* |
| 间歇性喘息* | 虚弱* |
| 间歇性呼吸急促* | 心动过速* |
| 间歇性焦虑* | 心律不齐 |
| 多饮多尿 | 脉搏微弱 |
| 嗜睡 | 黏膜苍白 |
| 无食欲 | 肌肉消耗* |
| 呕吐 | 全身高血压 |
| 腹泻 | 鼻出血 |
| 体重下降 | 口腔出血 |
| 腹部膨大 | 视网膜出血 |
| 后肢水肿 | 视网膜脱落 |
|  | 昏睡 |
|  | 腹部疼痛 |
|  | 可触诊到腹腔肿瘤 |
|  | 腹水 |
|  | 后肢水肿 |

＊常见。

## 诊断

　　临床表现提示儿茶酚胺过度,腹部超声发现肾上腺肿瘤和犬在麻醉时出现全身性高血压或心律不齐时,应将嗜铬细胞瘤列入鉴别诊断。嗜铬细胞瘤可能是死后剖检时的意外发现,也可能因肿瘤突然持续分泌大量儿茶酚胺而引起死亡。

　　CBC、血清生化检测和尿检均无固定异常,无引起怀疑嗜铬细胞瘤的信息。嗜铬细胞瘤犬血液检查及尿检的异常通常是由并发症或高血压引起的非特异性变化引起的。病史有急性或阵发晕厥,体格检查发现呼吸和心脏异常,全身高血压和腹部超声发现肾上腺肿瘤非常有助于尝试性建立嗜铬细胞瘤的诊断。全身高血压可能呈持续性或阵发性。对于临床表现符合该病,但无全身性高血压的犬不能排除嗜铬细胞瘤的诊断。

　　腹部超声检查发现肾上腺肿物而对侧肾上腺大小正常是嗜铬细胞瘤的一个重要线索。嗜铬细胞瘤是肾上腺肿瘤的鉴别诊断之一(表53-7,还可见偶发肾上腺肿物的讨论)。尽管超声检查时肿瘤内存在低回声灶提示嗜铬细胞瘤,但超声不能鉴别肾上腺肿瘤类型。肾上腺依赖性肾上腺皮质功能亢进是肾上腺肿瘤的首要鉴别诊断。许多临床症状(如喘、虚弱)和血压变化都可见于肾上腺皮质功能亢进(常见)犬,这与嗜铬细胞瘤(不常见)犬类似。此外嗜铬细胞瘤和肾上腺皮质癌都能侵入周围组织,引起膈腹静脉和后腔静脉肿瘤栓塞。因此,当犬患肾上腺肿瘤时,在着重怀疑嗜铬细胞瘤前先排除肾上腺皮质功能亢进是十分重要的。

　　测定尿儿茶酚胺浓度或其代谢产物3-甲氧基肾上腺素和去甲变肾上腺素可增强嗜铬细胞瘤的尝试诊断。但是这些试验都不常用于犬猫。因此,犬猫嗜铬细胞瘤生前的确诊最终依赖于手术切除肾上腺肿瘤的组织学检查。

**表 53-7　犬猫肾上腺肿瘤**

| | 分泌的激素 | 种属 | 临床综合征 | 诊断试验 |
|---|---|---|---|---|
| 非功能性肾上腺肿瘤 | 无 | 犬*,猫 | | 排除法诊断、组织病理学 |
| 功能性肾上腺皮质肿瘤 | 可的松 | 犬*,猫 | 肾上腺皮质功能亢进<br>库兴氏综合征 | 尿可的松/肌酐比<br>低剂量地塞米松抑制试验 |
| | 醛固酮 | 猫*,犬 | 醛固酮增多症<br>康恩氏综合征 | 血清钾和钠离子浓度<br>测定基础血清醛固酮 |
| | 黄体酮<br>类固醇激素前体 | 猫*,犬 | 类似肾上腺皮质功能亢进 | 血清黄体酮 |
| | 17-OH 黄体酮 | 犬,猫 | 类似肾上腺皮质功能亢进 | ACTH 刺激试验——测定类固醇激素前体 |
| | 脱氧皮质酮 | 犬 | 类似醛固酮增多症 | ACTH 刺激试验——测定类固醇激素前体 |
| 功能性肾上腺髓质瘤 | 肾上腺素 | 犬*,猫 | 嗜铬细胞瘤 | 排除法诊断、组织病理学 |

＊常患种属。

## 治疗

一段时间内科治疗以对抗过度肾上腺素能刺激，然后手术切除肿瘤是治疗嗜铬细胞瘤的常见方法。人医中化疗和放射治疗成功的病例很少，尚无有关犬猫恶性嗜铬细胞瘤化疗或放疗结果的报道。米托坦和曲洛司坦治疗起源于肾上腺髓质的肿瘤是无效的。长期内科治疗主要是控制儿茶酚胺过度分泌。

围术期常见潜在威胁生命的并发症，特别是麻醉诱导期和手术切除肿瘤时。最严重的并发症包括急性严重高血压的发作（收缩期动脉血压＞300 mmHg）、严重心动过速（心率＞250 次/min）、心律不齐以及出血。术前应使用 α-肾上腺素能阻断剂酚苄明控制麻醉和术中威胁生命的血压和心率变化。有关酚苄明的使用，还未确定理想剂量、使用频率和持续治疗时间。作者目前控制嗜铬细胞瘤犬高血压的方法是手术前使用酚苄明，手术中使用酚妥拉明。

酚苄明初始剂量为 0.5 mg/kg，每天 2 次。但大多数嗜铬细胞瘤犬有阵发性临床表现和高血压，因此难以根据临床表现和血压调节药量。此外，该剂量在防止术中严重高血压时通常无效。因此，作者会每隔几天逐渐增加酚苄明的剂量，直到出现低血压临床症状（如嗜睡、虚弱、晕厥）、药物副作用（如呕吐），或是达到最大用药量（2 mg/kg，每日 2 次）。推荐 1～2 周后再进行手术。内科治疗应持续直至手术前。尽管术前使用了 α-肾上腺素能阻断剂，仍然可能会出现并发症。围术期密切监测患犬是肾上腺切除术后成功的关键（手术期和手术治疗犬嗜铬细胞瘤的更详细信息见参考阅读）。Herrera 等研究发现，嗜铬细胞瘤肾上腺切除术后预后良好的因素包括术中无心律失常、手术时间短、年龄较小和使用酚苄明预治疗。

如果怀疑嗜铬细胞瘤但不能进行肾上腺切除时，推荐使用 α-肾上腺素能阻断剂进行内科治疗。长期内科治疗目的是控制儿茶酚胺过度分泌，而不是降低肿瘤局部侵袭和转移的风险。酚苄明初始剂量 0.50 mg/kg 每 12 h 1 次。用药剂量应逐渐增加直到控制临床表现或临床症状提示出现低血压。

## 预后

预后部分取决于肾上腺肿瘤的大小；是否出现肿瘤转移或局部侵入邻近血管或组织（如肾脏）；肾上腺切除术时是否出现术中继发症（即高血压、心律失常、呼吸窘迫和出血）以及是否存在并发疾病以及

并发症本质。手术切除肿瘤预后慎重至良好。肾上腺切除后和度过术后阶段患犬的存活时间为 2 个月到 3 年。如果未出现肿瘤转移，预防术中并发症，无严重并发疾病，患犬能存活较长时间（1 年以上）。术前数周使用 α-肾上腺素能阻断剂、经验丰富的麻醉师以及精于做肾上腺手术的术者有助于减少与麻醉和操作肿瘤相关的严重术期并发症。如果肾上腺肿瘤较小（＜3 cm）、未侵害血管，且 α-肾上腺素能阻断剂可有效控制肿瘤阵发性过度分泌的儿茶酚胺引起的毒害作用，内科治疗的犬可存活 1 年以上。多数犬因儿茶酚胺过度分泌、肿瘤引起静脉栓塞或肿瘤入侵、转移到周围组织或器官引起并发症而死亡或是安乐死。

# 偶发性肾上腺肿瘤
## （INCIDENTAL ADRENAL MASS）

超声已成为腹腔软组织结构的常规检查工具。腹腔超声检查结果之一是偶然发现存在肾上腺肿瘤。并发症的严重程度、腹部超声的最初原因、犬猫年龄、肿瘤激素活性的可能性、肿瘤良性和恶性、肿瘤的大小和侵袭性以及主人的意愿等多种因素都决定了诊断和治疗肾上腺肿瘤方法的激进程度。首先应确定肾上腺肿瘤的存在，应反复做腹部超声确定肿物是持续存在的。如果肾上腺最大厚径大于 1.5 cm，肾上腺形态缺失（如肾上腺看似肿瘤）及患侧肾上腺和对侧肾上腺形态、大小不对称时应怀疑肾上腺肿瘤。

犬常见肾上腺头极或尾极增大，增大的肾上腺最大厚径通常小于 1.5 cm，可能会被误诊为肾上腺肿瘤。单个肾上腺结节或球形肿大不一定是肿瘤性质的，也不一定会生成和分泌激素。肿物可能是正常组织、肉芽肿、囊肿、血肿或炎性结节。如果肿瘤是恶性的且未扩散，肾上腺切除术是理想的选择。但如果肿瘤为良性、较小、不分泌激素，且未侵入周围组织，则无需施行肾上腺切除术。手术切除和组织学检查前很难判断肾上腺肿物是否是肿瘤且是恶性还是良性。恶性肿瘤的标志包括肿瘤的大小、肿瘤侵入周围器官和血管，以及腹部超声和胸部 X 线片检查可见其他肿物。无论超声检查和 X 线片检查结果如何，肿瘤越大，恶性的可能性越大，且越可能发生转移。肾上腺肿瘤超声介导细针抽吸进行细胞学检查可提供肿瘤良恶性和肿瘤来源的信息（即肾

上腺皮质和髓质)。

肾上腺可能是功能性(即产生和分泌激素)或非功能性的。过度分泌可的松、儿茶酚胺、醛固酮、黄体酮和类固醇激素前体都曾在犬猫中有过报道(见表53-7)。最常见的功能性肾上腺肿瘤分泌可的松或儿茶酚胺。引起原发性醛固酮增多症(康恩综合征)的泌醛固酮性肾上腺肿瘤罕见于犬猫。醛固酮过量分泌会引起钠滞留和钾丢失,可见血钠升高(>155 mEq/L)和血钾降低(<3.0 mEq/L)。低血钾引起的嗜睡和虚弱是原发性醛固酮增多症最常见的临床症状。高血钠引起全身性高血压。超声检查可见肾上腺肿物且可见对侧肾上腺大小和形状正常。血浆醛固酮浓度升高可用于确诊。

泌黄体酮肾上腺肿瘤最常见于猫。患猫过量分泌黄体酮会引起糖尿病和猫脆皮综合征,其特征是渐进性表皮和真皮萎缩、块状内分泌性脱毛以及皮肤易受损(见图53-20)。临床特征类似于猫肾上腺皮质功能亢进,这也是主要的鉴别诊断。猫患泌黄体酮肾上腺

肿瘤时,垂体-肾上腺皮质轴的试验结果正常至抑制,超声检查可见对侧肾上腺大小和形状正常。诊断需要证明血浆黄体酮浓度升高。

发现偶发性肾上腺肿瘤后,兽医应回顾病史、体格检查结果、血液检查和尿检结果寻找肾上腺皮质功能亢进、醛固酮增多症或是嗜铬细胞瘤的证据,还需进行合适的检查以确诊。如果诊断评估不支持肾上腺皮质功能亢进或嗜铬细胞瘤,且计划进行肾上腺切除,麻醉师应做好术中控制血压和心率紊乱的准备,以防肿瘤是嗜铬细胞瘤。

当肿瘤较小(最厚处<2 cm),尤其是犬猫很健康也没有肾上腺功能障碍相关临床症状时,不建议施行积极的诊断和治疗方法。对于这些病例最好是在初始2、4、6个月时进行超声检查确定肿瘤的生长速度。如果肾上腺肿瘤大小无变化,超声检查的间隔时间可延长至每4~6个月(见图53-21)。但如果肾上腺肿瘤在增长和/或出现临床症状,应考虑施行肾上腺切除术。

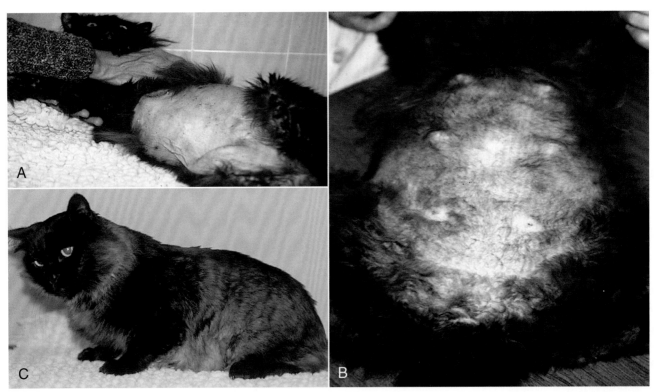

图 53-20

A,9 岁去势家养长毛猫,前来就诊前已有 2 年糖尿病控制不良、1 年前剪毛后不再生长和最近发生猫脆皮综合征的病史。诊断检查发现一个肾上腺皮质肿瘤、血清黄体酮浓度升高、ACTH 刺激和地塞米松抑制试验发现垂体-肾上腺皮质轴被抑制。该猫疑患泌黄体酮性肾上腺皮质肿瘤。B,使用氨鲁米特治疗 5 周后的表现。猫脆皮综合征消失,被毛开始生长且出现乳腺发育。血清黄体酮浓度从治疗前的 4.7 ng/mL 下降至小于 1 ng/mL。C,肾上腺切除后 4 个月。需要用胰岛素治疗的糖尿病也已治愈。

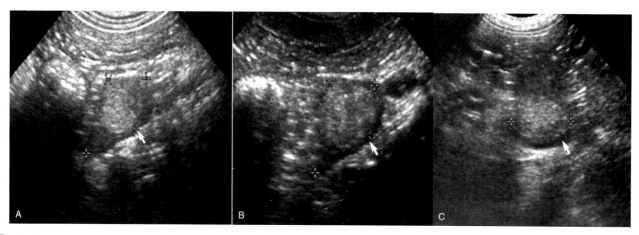

**图 53-21**

**A**,因急性肠胃炎症状就诊的 **11** 岁去势杜宾杂种犬。腹部超声发现一直径为 **1.4 cm** 的肾上腺肿物(箭头处)及对侧肾上腺大小正常。病史、体格检查、血液和尿液检查均不支持肾上腺疾病,且急性肠胃炎的对症治疗有效。定期监测肾上腺肿物 2 年后,该犬仍健康,超声检查肾上腺肿物生长和变化极小。**B**,1 年后复查,肾上腺肿物最大厚径为 **1.8 cm**。**C**,检查出肾上腺肿物 2 年后,肿物最大厚径为 **2.0 cm**。

◗ **推荐阅读**

Fossum TW: *Small animal surgery*, ed 4, St Louis, 2012, Elsevier-Mosby.

Tobias KM et al: *Veterinary surgery: small animal*, St Louis, 2012, Elsevier-Saunders.

**犬肾上腺皮质机能亢进**

Auriemma E et al: Computed tomography and low-field magnetic resonance imaging of the pituitary gland in dogs with pituitary-dependent hyperadrenocorticism: 11 cases (2001-2003), *J Am Vet Med Assoc* 235:409, 2009.

Barker EN et al: A comparison of the survival times of dogs treated with mitotane or trilostane for pituitary-dependent hyperadrenocorticism, *J Vet Intern Med* 19:810, 2005.

Bell R et al: Study of the effects of once daily doses of trilostane on cortisol concentrations and responsiveness to adrenocorticotrophic hormone in hyperadrenocorticoid dogs, *Vet Rec* 159:277, 2006.

Benchekroun G et al: Ultrasonography criteria for differentiating ACTH dependency from ACTH independency in 47 dogs with hyperadrenocorticism and equivocal adrenal asymmetry, *J Vet Intern Med* 24:1077, 2010.

Choi J et al: Ultrasonographic adrenal gland measurements in clinically normal small breed dogs and comparison with pituitary-dependent hyperadrenocorticism, *J Vet Med Sci* 73:985, 2011.

Cook AK et al: Pharmaceutical evaluation of compounded trilostane products, *J Am Anim Hosp Assoc* 48:228, 2012.

Davis MK et al: Ultrasonographic identification of vascular invasion by adrenal tumors in dogs, *Vet Radiol Ultrasound* 53:442, 2012.

Galac S et al: Urinary corticoid:creatinine ratios in dogs with pituitary-dependent hypercortisolism during trilostane treatment, *J Vet Intern Med* 23:1214, 2009.

Helm JR et al: A comparison of factors that influence survival in dogs with adrenal-dependent hyperadrenocorticism treated with mitotane or trilostane, *J Vet Intern Med* 25:251, 2011.

Kent MS et al: Survival, neurologic response, and prognostic factors in dogs with pituitary masses treated with radiation therapy and untreated dogs, *J Vet Intern Med* 21:1027, 2007.

Kintzer PP et al: Treatment and long-term follow-up of 205 dogs with hyperadrenocorticism, *J Vet Intern Med* 11:43, 1997.

Lang JM et al: Elective and emergency surgical management of adrenal gland tumors: 60 cases (1999-2006), *J Am Anim Hosp Assoc* 47:428, 2011.

Massari F et al: Adrenalectomy in dogs with adrenal gland tumors: 52 cases (2002-2008), *J Am Vet Med Assoc* 239:216, 2011.

Schwartz P et al: Evaluation of prognostic factors in the surgical treatment of adrenal gland tumors in dogs: 41 cases (1999-2005), *J Am Vet Med Assoc* 232:77, 2008.

Sieber-Ruckstuhl NS et al: Cortisol, aldosterone, cortisol precursor, androgen and endogenous ACTH concentrations in dogs with pituitary-dependent hyperadrenocorticism treated with trilostane, *Dom Anim Endocr* 31:63, 2006.

Theon AP et al: Megavoltage irradiation of pituitary macrotumors in dogs with neurologic signs, *J Am Vet Med Assoc* 213:225, 1998.

Vaughn MA et al: Evaluation of twice-daily, low-dose trilostane treatment administered orally in dogs with naturally occurring hyperadrenocorticism, *J Am Vet Med Assoc* 232:1321, 2008.

Wenger M et al: Effect of trilostane on serum concentrations of aldosterone, cortisol, and potassium in dogs with pituitary-dependent hyperadrenocorticism, *Am J Vet Res* 65:1245, 2004.

**犬的非典型型库兴氏综合征**

Behrend EN et al: Serum 17-β-hydroxyprogesterone and corticosterone concentrations in dogs with nonadrenal neoplasia and dogs with suspected hyperadrenocorticism, *J Am Vet Med Assoc* 227:1762, 2005.

Benitah N et al: Evaluation of serum 17-hydroxyprogesterone concentration after administration of ACTH in dogs with hyperadrenocorticism, *J Am Vet Med Assoc* 227:1095, 2005.

Chapman PS et al: Evaluation of the basal and post-adrenocorticotrophic hormone serum concentrations of 17-hydroxyprogesterone for the diagnosis of hyperadrenocorticism in dogs, *Vet Rec* 153:771, 2003.

Hill KE et al: Secretion of sex hormones in dogs with adrenal dysfunction, *J Am Vet Med Assoc* 226:556, 2005.

Ristic JME et al: The use of 17-hydroxyprogesterone in the diagnosis of canine hyperadrenocorticism, *J Vet Intern Med* 16:433, 2002.

**猫肾上腺皮质机能亢进**

Cauvin AL et al: The urinary corticoid:creatinine ratio (UCCR) in healthy cats undergoing hospitalization, *J Fel Med Surg* 5:329, 2003.

Meij BP et al: Transsphenoidal hypophysectomy for treatment of pituitary-dependent hyperadrenocorticism in 7 cats, *Vet Surg* 30:72, 2001.

Neiger R et al: Trilostane therapy for treatment of pituitary-dependent hyperadrenocorticism in 5 cats, *J Vet Intern Med* 18:160, 2004.

Zimmer C et al: Ultrasonographic examination of the adrenal gland and evaluation of the hypophyseal-adrenal axis in 20 cats, *J Small Anim Pract* 41:156, 2000.

**肾上腺皮质机能减退**

Burkitt JM et al: Relative adrenal insufficiency in dogs with sepsis, *J Vet Intern Med* 21:226, 2007.

Lennon EM et al: Use of basal serum or plasma cortisol concentrations to rule out a diagnosis of hypoadrenocorticism in dogs: 123 cases (2000-2005), *J Am Vet Med Assoc* 231:413, 2007.

Thompson AL et al: Comparison of classic hypoadrenocorticism with glucocorticoid-deficient hypoadrenocorticism in dogs: 46 cases (1985-2005), *J Am Vet Med Assoc* 230:1190, 2007.

Wenger M et al: Ultrasonographic evaluation of adrenal glands in dogs with primary hypoadrenocorticism or mimicking diseases, *Vet Rec* 167:207, 2010.

**嗜铬细胞瘤**

Herrera MA et al: Predictive factors and the effect of phenoxybenzamine on outcome in dogs undergoing adrenalectomy for pheochromocytoma, *J Vet Intern Med* 22:1333, 2008.

Kook PH et al: Urinary catecholamine and metadrenaline to creatinine ratios in dogs with a phaeochromocytoma, *Vet Rec* 166:169, 2010.

Kyles AE et al: Surgical management of adrenal gland tumors with and without associated tumor thrombi in dogs: 40 cases (1994-2001), *J Am Vet Med Assoc* 223:654, 2003.

**偶发性肾上腺肿瘤**

Ash RA et al: Primary hyperaldosteronism in the cat: a series of 13 cases, *J Fel Med Surg* 7:173, 2005.

Djajadiningrat-Laanen S et al: Primary hyperaldosteronism: expanding the diagnostic net, *J Fel Med Surg* 13:641, 2012.

Meler EN et al: Cyclic estrous-like behaviour in a spayed cat associated with excessive sex-hormone production by an adrenocortical carcinoma, *J Fel Med Surg* 13:473, 2011.

Syme HM et al: Hyperadrenocorticism associated with excessive sex hormone production by an adrenocortical tumor in two dogs, *J Am Vet Med Assoc* 219:1725, 2001.

Zimmer C et al: Ultrasonographic examination of the adrenal gland and evaluation of the hypophyseal-adrenal axis in 20 cats, *J Small Anim Pract* 41:156, 2000.

 **用于内分泌疾病的药物**

| 药名(商品名) | 用途 | 推荐剂量 | |
|---|---|---|---|
| | | 犬 | 猫 |
| 注射和口服钙制剂 | 低血钙和甲状旁腺功能减退 | 见框 55-7 | 见框 55-7 |
| 卡比马唑(Neo-Mercazole) | 猫甲状腺功能亢进 | — | 初始 2.5~5 mg PO q 12 h,每2周增加剂量 |
| 卡铂 | 犬甲状腺肿瘤 | 300 mg/m² BSA IV q 21 d | — |
| 氯磺丙脲(Diabinase) | 部分中枢尿崩症 | 5~20 mg/kg PO q 12 h | 未知 |
| 氯噻嗪(Diuril) | 中枢或肾性尿崩症 | 20~40 mg/kg PO q 12 h | 20~40 mg/kg PO q 12 h |
| 去氨加压素(DDAVP) | 中枢性尿崩症 | 1~4 滴鼻喷剂滴眼,q 12~24 h;0.05~0.2 mg/犬 PO q 8~12 h | 1~4 滴鼻喷剂滴眼,q 12~24 h;0.05 mg/猫 PO q 8~12 h |
| 特戊酸脱氧皮质酮(DOCP) | 肾上腺皮质功能减退 | 2.2 mg/kg IM 或 SC 起始 q 25 d | 2.2 mg/kg IM SC 起始 q 25 d |
| 地塞米松磷酸钠 | 急性阿狄森危象 | 0.5~1 mg/kg IV q 12 h 重复 0.05~0.1 mg/kg IV | 0.5~1 mg/kg IV, q 12 h 重复 0.05~0.1 mg/kg IV |
| 二氮嗪(Proglycem) | 支持治疗 β-细胞瘤 | 5 mg/kg PO 初始 q 12 h | 未知 |
| 多柔比星(Adriamycin) | 犬甲状腺肿瘤 | 30 mg/m² BSA IV q 21 d | — |
| 醋酸氟氢可的松(Florinet) | 肾上腺皮质功能减退 | 0.01 mg/kg PO 初始 q 12 h | 0.05~0.1 mg/猫,PO q 12 h |
| 格列吡嗪(Glucotrol) | 猫 NIDDM | — | 2.5~5 mg/猫 PO q 12 h |

续表

| 药名(商品名) | 用途 | 推荐剂量 | |
|---|---|---|---|
| | | 犬 | 猫 |
| 胰高血糖素 USP | β-细胞瘤引起的低血糖 | $5\sim10$ ng/(kg·min),连续静脉注射,根据疗效调整剂量 | 未知 |
| 格列本脲(Diabeta, Micronase) | 猫 NIDDM | — | $0.625\sim1.25$ mg/猫 PO q 24 h |
| 猪源性生长激素 | 垂体性侏儒症 | $0.1\sim0.3$ IU/kg SC 3 次/周,连用 4~6 周 | 未知 |
| 胰岛素 | 糖尿病酮症酸中毒<br>糖尿病<br>高血钾支持治疗 | 见框 52-9<br>见表 52-2<br>见表 55-3 | 见框 52-9<br>见表 52-2<br>见表 55-3 |
| 酮康唑(Nizoral) | 肾上腺皮质功能亢进 | 初始 5 mg/kg PO q 12 h,之后每 2 周增加一次剂量 | 不推荐 |
| 醋酸甲羟孕酮 | 垂体性侏儒症 | 初始 $2.5\sim5$ mg/kg SC 每 3 周 1 次 | — |
| 醋酸甲地孕酮(Ovaban) | 猫内分泌性脱毛 | — | $2.5\sim5$ mg/猫 PO q 48 h,出现效果后,q 7~14 d |
| 褪黑激素 | 脱毛 X 症 | 3 mg(犬≤15 kg)或 6 mg(犬>15 kg) PO 初始 q 12 h,连续用药 6~8 周 | — |
| 甲巯咪唑(Felimazole) | 甲状腺功能亢进 | 2.5 mg/kg PO q 12 h,每 2 周增加一次剂量直至有效 | 2.5 |
| O, p'DDD(米托坦, Lysodren) | 犬甲状腺功能亢进 | 诱导期:25 mg/kg PO q 12 h 至有效;维持期:初始每周 $25\sim50$ mg/kg PO | 不推荐 |
| 酚苄明(Dibenzyline) | 支持治疗嗜铬细胞瘤 | 初始 0.5 mg/kg PO q 12 h | 未知 |
| 泼尼松(犬)<br>泼尼松龙(猫) | 长期治疗肾上腺皮质功能减退 | 0.25 mg/kg PO q 12 h | $2.5\sim5.0$ mg/猫 PO q 12~24 h |
| | 支持治疗 β-细胞瘤 | 0.25 mg/kg PO q 12 h;根据需要增加剂量 | 2.5 mg/猫 PO q 12 h;根据需要增加剂量 |
| 左旋甲状腺素钠-合成 T$_4$ | 甲状腺功能减退 | $0.01\sim0.02$ mg/kg PO q 12 h;直至 q 24 h | $0.05\sim0.1$ mg/猫 PO q 12~24 h |
| 生长抑素(Octreotide) | 支持治疗 β-细胞瘤 | $10\sim40$ μg/犬 SC q 8~12 h | 未知 |
| 曲洛司坦(Vetoryl) | 肾上腺皮质功能亢进 | 1 mg/kg q 12 h;根据疗效调节 | 30 mg/猫 q 24 h;根据疗效调节 |
| 维生素 D 制剂 | 甲状旁腺功能减退 | 见框 55-7 | 见框 55-7 |

BSA,表面积;IM,肌肉注射;IV,静脉注射;PO,口服;SC,皮下注射。

# 第 54 章
## CHAPTER 54

# 代谢紊乱
## Disorders of Metabolism

## 伴随体重下降的多食症
### (POLYPHAGIA WITH WEIGHT LOSS)

大多数犬猫患多食症通常会伴发体重增加,而食欲不振或食欲废绝则伴发体重下降。然而,一些患多食症的犬猫也会出现体重下降。多食伴发体重下降的最常见原因是能量摄入不足(见表 54-1)。若摄入食物不足,食物并非全价、营养均衡,或食物品质差,则可能无法满足动物的每日能量需求。另外,主人可能未注意到动物的营养需求变化(如怀孕后期和哺乳期、激烈运动期间[比如狩猎季节]),而继续按照之前的能量水平进行饲喂。

内分泌疾病和胃肠道疾病都会导致犬猫多食但体重下降(见表 54-1),原因包括基础代谢率增加(甲状腺功能亢进)、食物营养同化不良(胃肠道疾病)或营养素利用不当(糖尿病)。胃肠道疾病包括寄生虫病、胰腺外分泌不足、浸润性肠道疾病、淋巴管扩张以及肿瘤(尤其是胃肠道淋巴瘤)。病史和体格检查结果通常可以为这些疾病的诊断提供有价值的线索。例如多尿、多饮是糖尿病的常见症状。通常可触诊到患甲状腺功能亢进的犬猫的甲状腺结节。胰腺外分泌不足患病动物的粪便量大且软。患胃肠道疾病的动物可能会出现腹泻和呕吐,腹部触诊可发现肠袢异常和肠系膜淋巴结肿大。患任何一种浸润性疾病的动物都可能出现肠系膜淋巴结肿大,但这在患胃肠道淋巴瘤、嗜酸性粒细胞性肠炎、组织胞浆菌病的动物尤其明显。

除了向动物主人提出常规问题之外,临床医生还应评估为动物提供的食物类型、每日能量摄入量、饲喂方式、与其他犬猫的食物竞争情况。犬猫的每日能量需求量是相对多变的,受许多因素影响,如病征和日常活动水平。平均每日需求量可用静息能量需求量(resting energy requirement, RER)方程计算:$70 \times$ 体重$(kg)^{3/4}$。可用含平方根按钮的简单计算器计算该公式。先计算体重(以 kg 计)的三次方,然后开 2 次平方根,再乘以 70。RER 的值以 kcal/d 为单位,再乘以一个系数就可求出维持能量需求量(maintenance energy requirement, MER)的值。绝育猫的系数为 1.2,正常猫的系数为 1.4,绝育犬的系数为 1.6,正常犬的系数为 1.8。任何犬猫个体的每日能量需求可能与计算结果不同,上下浮动可高达 50%。虽然这表示能量摄入量的正常范围相当大,但如果按照动物饮食情况,计算出能量摄入约为 MER 的 50% 时,临床医生可高度怀疑饲喂的能量不足。然而,能量摄入约为 MER 的 150% 时,则应怀疑虽然饲喂的能量足够,但是可能存在内分泌病和(或)胃肠道疾病而导致并发消瘦的多食症。如果比较能量摄入量与 MER 的计算结果后,结论模棱两可或无法得到结论,可单独增加食物量或能量,并重新评估病患的体重,这样可能会有所收获。

若病史和体格检查结果不明显,则应进行全血细胞计数、血清生化分析、测定基础甲状腺素浓度、尿液分析和粪便寄生虫检查。这些检查结果可能有助确定需要哪些进一步的特异性诊断检查,以建立最终诊断(见表 54-1)。如果最初的血液检测结果没异常,则应考虑是否为营养不足。可改变食物种类、每日能量摄入量和饲喂方式,确保动物能由可口的、营养全面均衡的食物摄入足够的能量。应该在开始适宜饮食的 2~4 周后测量动物的体重。症状缓解和体重增加则能证实诊断结果。若体重不增加,则提示主人未遵从医嘱或动物存在隐匿性疾病,最有可能是胃肠道疾病。

**表 54-1　鉴别诊断多食症和体重减轻**

| 病因 | 确诊试验 |
|---|---|
| 营养不足 | 改变食物会有反应 |
| 甲状腺功能亢进 | 血清 $T_4$ 和游离 $T_4$ 浓度 |
| 糖尿病 | 血糖浓度和尿液分析 |
| 胃肠道疾病 | |
| 　寄生虫 | 粪便检查,试验性治疗 |
| 　浸润性肠病: | 小肠活检 |
| 　　浆细胞、淋巴细胞、嗜酸性粒细胞 | |
| 　组织胞浆菌病 | 小肠活检,血清学 |
| 　淋巴管扩张 | 小肠活检 |
| 胰腺外分泌不足 | 血清胰蛋白酶样免疫反应,治疗反应 |
| 蛋白丢失性肾病 | 尿常规,尿蛋白/肌酐比值 |
| 下丘脑肿瘤 | 计算机断层扫描(CT)、磁共振成像(MRI) |

# 肥胖
# (OBESITY)

　　肥胖是一种体脂过度累积的临床综合征。在小动物临床中,肥胖是最常见的营养失调形式。事实上,调查显示到兽医诊所的犬猫中,25%～40%表现超重或肥胖。肥胖在多种疾病的发病机制中发挥重要作用,它会加重已有的疾病和缩短寿命。肥胖与关节炎、糖尿病、脂肪肝、猫下泌尿道疾病、绝育母犬尿失禁、便秘、皮炎、心血管疾病、呼吸道疾病的发病率增加相关,还会增加麻醉和手术风险(框 54-1)。此外,Scarlett 等(1998)发现,肥胖中年猫的死亡风险比偏瘦中年猫高出 3 倍。Kealy 等(2002)发现,体型保持较瘦的犬的寿命比对照组(超重的同窝犬)的寿命要多 2 年。体型较瘦的犬在此后的生活中也无须对肥胖并发症(如关节炎)进行治疗。

## 病因

　　每天的能量摄入量持续超过消耗量时,将导致发生肥胖。许多环境和社会因素会加重肥胖的发展(框 54-2),包括室内饲养、运动量减少、饲喂量过多。动物主人可能过度饲喂,因为他们将食欲好当作健康的一个标志,将食物当作他们离开动物的缓和剂,他们还可能用给予食物这种行为代替带动物去运动,或因为觉得可

爱而纵容乞食行为。尽管能量需求和食物的能量密度都会有变化,但主人仍倾向每天喂食相同量的食物。每日能量需求量会随着环境温度、生命阶段(如生长期、怀孕期、哺乳期、成年维持期、老年期)、绝育状态和活动水平的情况而发生变化。因此,很有必要根据这些因素来调整饲喂量。当主人更换使用能量密度较高的食物时,若不相应减少饲喂量,也可能出现问题。值得注意的是,现在的膨化干粮的能量范围分布可以从 200 kcal[每 8 液体盎司杯(236.6 mL)]到 600 kcal 以上。若动物食品制造商提供的饲喂指南不正确,也可能会导致饲喂过多。某些情况下,主人根本没有意识到自己过度饲喂。自由采食也可能导致过度摄入,特别是当动物感觉无聊并且不活动时。同样,适口性很好的食物也会促进过度摄入。零食也是导致每日能量摄入过多的重要隐患。每天只要额外摄入 11 kcal 能量,这样持续一年就会增重 1 磅;大多数零食会额外提供 50～100 kcal 能量。

 **框 54-1　肥胖潜在的不良影响**

缩短寿命
行走问题——加重关节病,椎间盘疾病
呼吸问题——肺顺应性受损,Pickwickian 综合征
心血管疾病与全身性高血压
运动不耐受
碳水化合物不耐受——易患糖尿病
高脂血症
肝脏脂质沉积
易患胰腺炎
便秘
易患猫下泌尿道疾病
绝育母犬易尿失禁
易出现生殖问题——难产
易患皮肤问题——皮脂溢、坏疽性脓皮症
手术和麻醉风险增加
传染病易感性可能增加(?)

　　肥胖的主人更有可能拥有一只肥胖的动物。主人久坐不动的生活方式可能也会使动物缺乏运动,吃高脂食品的主人可能也会将高能量密度的食物喂给动物。此外,肥胖主人似乎不相信(承认)肥胖是他们动物的主要问题。

　　由于遗传差异,一些动物的能量需求较低,因此每天只需要摄入较少的能量,便可以维持理想体重。这些遗传差异可能体现为某些品种的犬有体重增加的倾向。公认有肥胖风险的品种包括拉布拉多巡回犬、金

毛巡回犬、可卡犬、柯利牧羊犬、腊肠犬、凯安狻、喜乐蒂牧羊犬、比格猎犬、查尔斯王猎犬和巴吉度猎犬。绝育与肥胖风险增加有关。已经表明,绝育引起的激素变化可能会改变能量消耗和摄食调节。有报道称绝育母犬和去势公猫更常发肥胖症。

肥胖不太可能是由疾病或药物所致,现有证据表明,只有 5% 以下的肥胖病例是由疾病和药物诱发。与肥胖相关的内分泌异常包括甲状腺功能减退、肾上腺皮质功能亢进、高胰岛素血症和肢端肥大症。孕激素和糖皮质激素之类的药物也与肥胖的发展有关。

 **框 54-2　导致犬和猫肥胖的因素**

**原发性肥胖**
能量摄入过多
　高能量密度食物
　不适当的饲喂方式
　不合适的饲喂指南
　自由采食
能量消耗减少
遗传倾向

**继发性肥胖**
甲状腺功能减退
肾上腺皮质功能亢进
高胰岛素血症
肢端肥大症
垂体功能减退症
下丘脑功能障碍
药物
　糖皮质激素
　孕激素
　苯巴比妥
　扑米酮

### 诊断

肥胖的定义是"以脂肪的积累远远超过身体最佳机能所需为特征,是一种病理状态"(Mayer,1973)。然而,什么叫过量体脂,什么叫适量体脂?要回答这些问题,临床医生必须准确判断体脂量。可以通过各种技术评估体脂,如形态测量、稀释法、生物电阻抗分析、双能 X 光吸收仪、密度测定法、CT、磁共振成像、全身电导率测定、体内总钾测定以及中子活化分析。虽然体脂的测定方法很多,但在小动物临床上最有用的方法包括体重测量、体况评分(body condition score, BCS)以及形态测量。

测量体重是最简单有效的方法,并且应给每只动物都做此项检查。体重能粗略地评估全身能量储存,并且体重的变化反映了能量与蛋白质的平衡。

使用体况评分可以简单快速地主观评估动物的身体状况。小动物临床最常用的 2 种评分系统,一种是 5 分系统,其中 3 分被认为是理想的;另一种是 9 分系统,其中 5 分被认为是理想的。数值越大则表明动物越肥胖。在 9 分系统中,与理想的 5 分相比,每高 1 分代表超重 10%~15%,每低 1 分代表体重偏轻 10%~15%。因此,患者在 9 分系统中 BCS 为 7,则代表由于脂肪组织的堆积而超重 20%~30%。同样,可将动物分类为消瘦、偏瘦、理想体重、超重和肥胖(框 54-3)。BCS 的评估受操作者影响,而且不提供关于无脂组织或瘦体重变化的任何精确定量信息。

**框 54-3　猫和犬的体况评分(BCS)系统中的 5 分系统**

| | |
|---|---|
| 消瘦(BCS 1/5) | 体重不足;无明显体脂 |
| 偏瘦(BCS 2/5) | 可见骨骼结构;有少量体脂 |
| 理想体重(BCS 3/5) | 肋骨可轻易触及,但不可见;体脂适量 |
| 超重(BCS 4/5) | 肋骨几乎不可触及;体重超过正常 |
| 肥胖(BCS 5/5) | 肋骨不可触及;有大量体脂;由于脂肪过多而造成肢体障碍 |

人类的体脂率通常通过身高和腹围、臀围、大腿围和上臂围来评估。也已使用体围测量来评估猫的体脂率。通过在第 9 胸颅肋(cranial rib)测量胸廓周长和腿部指数(leg index measurement,LIM)来测定猫的身体质量指数(feline body mass index,FBMI),腿部指数指从髌骨到跟骨结节的距离(图 54-1,A 和 B)。体脂百分比的计算结果可为 1.5~9(胸廓测量值减去 LIM),或可查阅参比记录表确定。体脂率高于 30% 的猫都需要减重。FBMI 是一种测量猫体脂含量的非常简单且客观的工具。另外,它能让主人相信他们的猫的确超重,需要减重,这对说服主人非常有价值。也可使用盆腔周长及肘关节到膝关节后的距离来估测犬的体脂。无论是采用形态测量或 BCS,都能定量评估动物的肥胖程度,有助肥胖的诊断,若超过理想体重约 25%,则为肥胖。

### 治疗

在确定动物超重或肥胖后,临床医生应获取一份详细的饮食史,以计算动物的日常能量摄入。应收集以下信息。

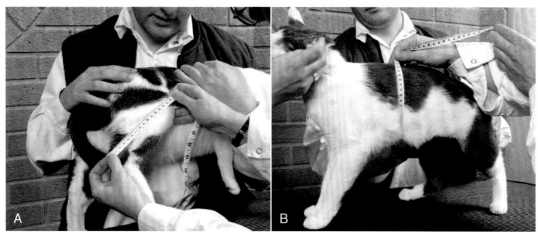

图 54-1
**A**,从髌骨中间测量小腿长度(LIM);**B**,测量胸廓周长。

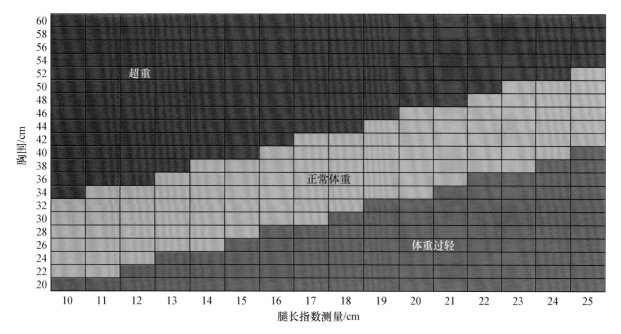

图 54-2
**猫身体质量指数。**

● 当前食物的名称、制造商和类型(如袋装、罐头、干粮)

● 每日饲喂量(袋、罐、杯或食物重量)

● 喂食方式(自由采食,分餐饲喂)

● 负责饲喂的人

● 其他可能饲喂动物的人(尤其是小孩、老人或友邻)

● 每天饲喂的零食或人类食物的数量和种类

● 从其他动物处获得食物的潜在可能

记录动物目前的体重并确定 BCS。可使用 BCS 计算需要减重的百分比。记住,在 9 分系统中,比 5 分每高出 1 分,则代表超过理想体重 10%~15%,临床

医生可以计算出动物应减去的体重百分比。例如,患病动物的 BCS 评分为 8(9 分系统中),则代表超重 30%~45%。动物每周减重速度不应超过体重的 2%,稍后讨论其原因。因此,大多数超重和肥胖动物至少需几个月的时间才能减去足够的脂肪组织,以达到理想体重。考虑到所需时间的长度,可将理想体重的最终目标划分成能在较短时间内能达到的小目标。因此,临床医生可建议每 2 周减去 2%~4% 的体重;之后,将每月目标设为 4%~8%。这些短期目标通常可控性更高,且若需要调整减重计划时,操作起来更灵活,能反映出计划的有效性。

推荐减重速度为每周减去现在体重的 1%~2%,

主要原因如下：①更快的减重速度要求动物摄入更少的食物，这会增加乞食和翻垃圾的行为。如果因提供食物数量减少而诱发动物出现不良行为，会使主人不再遵守原计划。②每周减重超过2%时，减去更多的是瘦体重而不是脂肪，不利于动物健康。③若减重速度过快，在减重计划停止后，体重更容易出现反弹。

鉴于猫和犬的能量需求的个体差异巨大，如果需要确定动物减重时的饲喂能量，最好根据精确的饮食史来评估。一般情况下，超重和肥胖动物的体重相对稳定，因此，根据精确的饮食史，饲喂当前能量的80%，便可使体重每周下降0.5%～2%。若不能确定动物的饮食史或其体重不稳定，主人可将喂食量定为RER的80%(猫)或RER(犬)。无论采用何种方法来确定最初减重时应饲喂的能量，都告诉主人应经常称量动物体重以调整食物量。最初，在开始新减重计划时，一些动物可能会出现增重的情况，一些动物体重可能会保持稳定，一些可能会未达到预期速度，还有一些会快于预期速度。

在确定动物每日应摄入能量之后，临床医生应考虑最合理的食物类型。主要有2个选择：①减少日常食物的饲喂量；②饲喂为减肥专门设计的食物。减少日常食物饲喂量的做法是不明智的，会导致之前提到的第一个问题。更重要的是，饲喂日常食物(并减少其数量)会降低动物顺从性，增加营养缺乏与不健康减重的风险。大多数为减肥设计的食物的能量密度为日常食物的1/2～2/3。因此，当使用减肥粮时，主人在"填碗"时，视觉上不会感觉食物减少了。能量密度降低主要通过降低食物的脂肪含量，增加膨化气孔，增加罐头或袋装食物的水分含量和(或)增加纤维来实现。通过"填充肠道"可增加饱腹感。更重要的是，应根据犬猫的能量摄入而配制日常食物。这意味着，如果犬猫摄入了满足每日能量需求的食物量，也自然而然摄入了足量的必需营养素，如氨基酸、脂肪酸、矿物质和维生素。在减少日常食物的饲喂量时，主人不仅减少了动物的能量摄入，还减少了氨基酸、脂肪酸、矿物质和维生素的摄入，因此会引起发生营养不良的风险，特别是考虑到达到理想体重的所需时间。相反，为减肥专门设计的食物含有更高比例的必需营养素。这意味着患者即使摄入的能量较少，也能满足其必需营养素的需求。

专为减肥设计的食物主要在能量密度、纤维含量和能量分配这些方面有所不同(表54-2和表54-3)。

大多数减肥食品的能量密度低于日常食物。这使其能更充分地填充食盆和肠道，从而增强顺从性和饱腹感。传统做法建议将高纤维食物作为减肥食物。纤维可作为膨胀剂，降低能量密度，提供饱腹感。然而，对纤维是否能增加饱腹感仍有争议。由于一些动物对高纤维食物反应不佳，故一些制造商不采用这种营养方案。能量分配是指由蛋白质、脂肪和碳水化合物所提供的能量所占的百分比。据报道，高蛋白食物能增加减脂的比例，并能保持甚至能增加瘦体重。瘦体重是身体新陈代谢最活跃的部分，包括骨骼肌组织。已证明人类一旦减重成功，保持瘦体重有助长期维持理想体重。降低食物脂肪提供的能量百分比，有助降低食物的能量密度，因为每克脂肪提供的能量为蛋白质或碳水化合物的2.5倍。已有专为减肥设计的低碳水化合物食物。但一些低碳水化合物减肥粮也有缺点，这些日粮可能具有更高的能量密度，所以会减弱食盆填充的视觉效果和肠填充的饱腹效果。

肉(毒)碱是能量代谢过程中重要的氨基酸衍生物。肉碱能促进长链脂肪酸穿过线粒体膜代谢供能。因肉碱能提高脂肪供能时的"燃烧"效率，所以食物中补充肉碱有助于动物减重。然而有一份研究发现肉碱并不能提高减重效率(Center等，2000)。补充肉碱与未补充肉碱的猫在同一时期的体重减轻百分比相同。此外，两组猫均未出现肝脏脂质沉积。

Dirlotapide是帮助降低减肥犬的食欲的药物。根据制造商的说明，Dirlotapide是一种选择性微粒体甘油三酯转运蛋白抑制剂，可阻断脂蛋白在血液中的组装和释放。尚不明确该药对减肥的作用机制，该药可能会减少脂肪的吸收，并诱发肠上皮细胞释放饱腹感信号。Dirlotapide主要局部作用于肠道以降低食欲，增加粪便中的脂肪含量，对肥胖犬产生减肥作用。为了预防停用Dirlotapide后出现体重反弹的情况，主人改变长期以来的饲喂方式至关重要。

一旦确定每日能量摄入量，并选择了合适的减肥粮，就应该确定饲喂方式。理想情况下，应该分餐饲喂肥胖动物，而不是让其自由采食。可根据主人的时间表制定每日饲喂次数，建议每日饲喂2～4餐。应该由固定的家庭成员来饲喂动物，以减少其他家庭成员饲喂过量的情况。如果平常饲喂零食或动物存在乞食的情况，主人应按要求将零食的能量控制在每日摄入能量的10%以内。理想情况下，应选择低能量零食。市售零食均可饲喂，但是对犬甚至部分猫来说，水果(除了葡萄和葡萄干)和/或蔬菜(不包括大蒜或洋葱，且患

表 54-2 适用于犬减重的处方粮的主要营养含量*

| | 类型 | 蛋白质<br>（%ME） | 脂肪<br>（%ME） | CHO<br>（%ME） | 粗纤维<br>（g/Mcal） | ME<br>（kcal/罐或杯） |
|---|---|---|---|---|---|---|
| 皇家能量控制处方粮 | 干粮 | 37.1[†]<br>（96.5 g/Mcal） | 24.2[‡]<br>（28 g/Mcal） | 38.8<br>（102.4 g /Mcal） | 7.3 | 254/杯 |
| 皇家能量控制处方粮 | 罐头 | 45.3<br>（127.3 g/Mcal） | 32.4<br>（37.4 g/Mcal） | 22.3<br>（62.7 g/Mcal） | 22.5 | 200/13.4oz |
| 皇家足饱腹感处方粮 | 干粮 | 36.1<br>（103.2 g/Mcal） | 27.8<br>（32.7 g/Mcal） | 36.1<br>（103.2 g/Mcal） | 55.7 | 245/杯 |
| 普瑞纳 OM 超重管理处方粮 | 干粮 | 33.5 | 18.9 | 47.6 | 34.4 | 266/杯 |
| 普瑞纳 OM 超重管理处方粮 | 罐头 | 52.4 | 33.0 | 23.5 | 65.7 | 224/12.5oz |
| 爱慕斯减重/促运动处方粮 | 干粮 | 30 | 20 | 50 | 6.0 | 227/杯 |
| 爱慕斯减重/促运动处方粮 | 罐头 | 30 | 38 | 32 | 8.14 | 398/14oz |
| 希尔斯减重处方粮 | 干粮 | 37 | 22 | 41 | 40 | 242/杯 |
| 希尔斯减重处方粮 | 罐头 | 30 | 24 | 46 | 71 | 257/12.3oz |

\* 信息来自制造商的 DACVN 代理商。未列出蛋白能量≤35％的饲粮。
† 计算采用 3.82 kcal/g 蛋白质。
‡ 计算采用 8.60 kcal/g 脂肪。
CHO,碳水化合物；Mcal,megacalories(1 000 kcal)；ME,代谢能。

病动物无草酸钙尿石症)是良好的零食替代品。每根小胡萝卜含 4 kcal 能量,对犬来说是非常好的蔬菜零食。少量瘦肉,如去皮的鸡胸肉,是猫零食的良好替代品。肥胖动物主人的行为改变也相当重要,比如在做饭或用餐期间,如果肥胖动物乞食总能得到回应,则不允许其在此期间进入厨房或餐厅。另外,主人应与家庭成员和邻居沟通并得到他们的支持,以避免他们不知情,而让动物摄入额外的能量。某些情况下,主人使用食物日记来记录每天食物和零食数量,这可能有助控制动物体重。如果主人用这种方法常会有阻碍,则不予考虑。

在多猫家庭中,若有一只猫肥胖而其他猫的体重均正常或偏瘦,那么管理起来就较为困难。理想情况下应该分开饲喂,但现实中很难实现。如果可以,只需要让大多数猫接触到食物 4 h,便能摄入满足一天的能量需求。因此可尽可能缩短将猫分开的时间。此外,肥胖猫跳跃能力有限。因此,可考虑将偏瘦和健康猫的食物放在高凳或柜台上,使偏瘦和健康的猫能够到达而肥胖猫无法到达。另外,可在纸板盒上切一个小口,使其大小刚好能够使瘦猫进入而超重猫或肥胖猫不能进入,然后在盒子里饲喂。

**表 54-3　给猫减重用的优选治疗性商品粮的关键营养素水平**

| | 类型 | 蛋白质<br>(%ME) | 脂肪<br>(%ME) | CHO<br>(%ME) | 粗纤维<br>(g/Mcal) | ME<br>(kcal/罐或杯) |
|---|---|---|---|---|---|---|
| 皇家能量控制处方粮 | 泥状罐 | 54.2† <br>(141.8 g/Mcal) | 29.8‡ <br>(34.6 g/Mcal) | 16 <br>(36.3 g/Mcal) | 16.5 | 102/5.8oz 罐 |
| 皇家能量控制处方粮 | 罐头<br>带汤汁的肉块罐 | 49.1† <br>(128.5 g/Mcal) | 24.9‡ <br>(28.9 g/Mcal) | 26 <br>(64.3 g/Mcal) | 16.1 | 53/3oz 罐 |
| 皇家能量控制处方粮 | 干粮 | 43.0† <br>(112.5 g/Mcal) | 23.3‡ <br>(27.1 g/Mcal) | 33.7 <br>(84.8 g/Mcal) | 8.7 | 262/杯 |
| 皇家促进饱腹感处方粮 | 干粮 | 40.6 <br>(116.1 g/Mcal) | 26.1 <br>(30.7 g/Mcal) | 33.2 <br>(95 g/Mcal) | 47.1 | 222/杯 |
| 皇家 OM 超重管理处方粮 | 干粮 | 56.2 | 20.5 | 23.3 | 17.6 | 321/杯 |
| 皇家 OM 超重管理处方粮 | 罐头 | 43.1 | 35.1 | 21.8 | 26.4 | 128/5.5oz 罐 |
| 爱慕斯减重/促运动处方配方 | 干粮 | 37 | 26 | 37 | 5.83 | 288/杯 |
| 爱慕斯减重/促运动处方配方 | 罐头 | 41 | 38 | 21 | 3.81 | 172/6oz 罐 |
| 希尔斯减重处方粮 | 干粮 | 38 | 23 | 39 | 43 | 263/杯 |
| 希尔斯减重处方粮,鸡肝 & 鸡肉 | 罐头 | 41 | 24 | 35 | 50 | 114/5.5oz 罐 |
| 希尔斯血糖管理处方粮 | 干粮 | 43 | 44 | 13 | 14 | 495/杯 |
| 希尔斯血糖管理处方粮 | 罐头 | 46 | 41 | 13 | 15 | 156/5.5oz 罐 |

\* 蛋白质供能比低于 35% 的粮食未列出。
† 按蛋白质代谢能为 3.82 kcal/g 来计算的。
‡ 按脂肪代谢能为 8.60 kcal/g 来计算的.
CHO,碳水化合物;Mcal,1 000 kcal;ME,代谢能。

除了减少每日能量摄入外,还应尽一切努力鼓励动物锻炼,增加其日常能量消耗。应该多用猫或犬喜欢追逐或玩耍的玩具。激光笔对促使猫玩耍尤为有效。理想情况下,犬每天应散步 20 min,每天 2 次。游泳是同样有效的运动,特别对患关节炎的犬。为主人提供减重的书面说明,可以明显提高其对减重计划的服从性和成功率。在减重计划实施前拍摄动物的照片,有助于主人看到动物的减肥效果。奖励和鼓励机制也能增加减重计划中动物的服从性,同时也有助于吸引其他需要减重的动物。

减重计划初期,应每 2 周对动物进行重新评估。记录其体重、BCS 和/或 FBMI,回顾其饮食史。理想情况下,猫每周减重不应超过 2%。减重速度过快会增加猫患肝脏脂质沉积症的风险。犬每周应该减重 1%～2%。若动物每周减重的速度超过了 2%,则应增加饲喂能量 10%～20%。如果动物没有减去任何体重,则应重新评估饮食史,以确定是否有额外的能量来源,以及动物对减重计划的服从情况。如果没有发现这些情况,则应进一步减少 10%～20% 每日能量摄入。

一旦动物达到了理想体态,便可调整每日能量摄入,以维持其理想状态。动物的日常食物可替换成设计用于维持体重或能量密度较低的食物。减重计划结束后,应每 2～3 个月重新评估动物,确保其体重维持在稳定状态,且在新的饮食方案实施过程中,并没有增加体重。

## 预防

理想情况下,临床医生应更加注重肥胖的预防而不是治疗,因为治疗更有难度。动物绝育后,其能量需求量会显著减少。因此,动物做了绝育手术后,便要开始预防肥胖。临床医生应告知动物主人引起肥胖的危险因素(如绝育公猫,绝育母犬,不活动和室内的生活方式,不合理的饲喂方式,高能量的食物)和肥胖的后果(如增加下泌尿道疾病、糖尿病、关节炎和寿命缩短的发生率)。重要的是,应指导主人如何喂养动物以及如何定期评估动物的身体状况,这样才能使动物保持理想体态。至少在每年体检时都应对主人强调肥胖的危害。

# 高脂血症
## （HYPERLIPIDEMIA）

高脂血症是指血液中甘油三酯浓度升高（高甘油三酯血症），胆固醇浓度升高（高胆固醇血症），或两者同时发生。在禁食状态下（> 10 h 不进食），高脂血症是机体的异常症状，表明脂蛋白的产生增加或降解延迟。在血液水相环境中，脂蛋白是运输不溶于水的甘油三酯和胆固醇的载体。脂蛋白是以甘油三酯和胆固醇酯为核心，表面包围着胆固醇、磷脂和载脂蛋白的结构。载脂蛋白（A、B、C 和 E）是构成脂蛋白颗粒的蛋白质组分，能将脂蛋白颗粒结合到细胞表面受体上，从而将酶激活。脂蛋白主要有 4 类。每一类的区别在于脂质、载脂蛋白含量以及理化特性的不同，包括大小、密度和电泳迁移率。脂蛋白根据浮力密度离心法分为乳糜微粒、极低密度脂蛋白（very-low-density lipoproteins，VLDLs）、低密度脂蛋白（low-density lipoproteins，LDLs）和高密度脂蛋白（high-density lipoproteins，HDLs）。浮力密度与甘油三酯含量成反比，乳糜微粒主要由甘油三酯组成，而 HDLs 几乎不含甘油三酯。这种分类系统是有些主观的，应了解每一类别的特有结构和功能。此外，该系统是一个动态系统，其中一种类别在代谢过程中会生成另一种类别。乳糜微粒和极低密度脂蛋白主要参与甘油三酯代谢，而 HDLs 和 LDLs 主要参与胆固醇代谢。犬和猫比人类更能抵抗动脉粥样硬化的发展，因为它们体内 HDLs 占主导地位，而人类的 LDLs 占主导地位。这也可能与寿命长短有关，因为出现动脉粥样硬化的人类比最长寿的犬猫还要老很多。

### 病理生理学

食物中胆固醇和甘油三酯被消化和吸收后，在肠上皮细胞内包裹进入乳糜微粒。乳糜微粒分泌进入肠系膜淋巴结，通过胸导管最终到达体循环。乳糜微粒穿过脂肪和肌肉组织时，将与脂蛋白脂酶接触，该酶存在于毛细血管内皮细胞表面。经载脂蛋白 C-Ⅱ 激活后，脂蛋白脂酶将脂蛋白中心的甘油三酯水解为游离脂肪酸和甘油。游离脂肪酸扩散到邻近组织，可能重新合成甘油三酯，并储存起来（脂肪细胞）或用于细胞供能（肌细胞和其他细胞）。脂蛋白脂酶的活性受多种

因素的影响，包括肝素、胰岛素、胰高血糖素和甲状腺素。乳糜微粒的甘油三酯成分耗尽后，表面会发生变化，乳糜微粒变为乳糜微粒残基颗粒。残粒很快被特异性肝脏受体识别，并从循环中排出。乳糜微粒残基颗粒在肝细胞内被降解和利用。在摄入含脂肪的食物后，乳糜微粒会在血浆中存在 30～120 min，其水解通常在 6～10 h 内完成。

没有直接参与氧化供能的剩余游离脂肪酸在肝脏内转变成甘油三酯。游离脂肪酸可能来源于乳糜微粒残基颗粒中残余的食物甘油三酯、食物碳水化合物过剩时的内源性转化和内源性游离脂肪酸过度利用。激素敏感性脂肪酶（hormone-sensitive lipase，HSL）（一种胞内酶）可动员脂肪组织中的游离脂肪酸。HSL 将储存在脂肪细胞内的甘油三酯水解为游离脂肪酸和甘油。HSL 的刺激因子包括肾上腺素、去甲肾上腺素、促肾上腺皮质激素（adrenocorticotropic hormone，ACTH）、糖皮质激素、生长激素、甲状腺素。此外，胰岛素缺乏将激活 HSL。HSL 的激活是一种正常的生理反应，在禁食期间为机体提供能量。另外，在一些与代谢状态改变相关的病理条件下，也会不适当地激活 HSL。

由肝细胞产生的甘油三酯被 VLDL 颗粒包裹后，随后分泌进入血液。VLDL 不断由肝脏产生，空腹状态下 VLDL 是甘油三酯的主要载体。此外，VLDL 将胆固醇转运出肝脏，因此也含有相当高比例的胆固醇。与乳糜微粒的代谢类似，内皮细胞的脂蛋白脂酶将 VLDL 的甘油三酯部分水解为游离脂肪酸和甘油。游离脂肪酸可进行氧化供能或重组为甘油三酯并储存起来。移除甘油三酯核心的 VLDL 颗粒将转变成残基，被肝脏清除或分解。另外，内皮脂肪酶、肝脂酶能进一步清除残余的甘油三酯，并将 VLDL 残基颗粒转化为 LDL 颗粒。

LDL 颗粒富含胆固醇和磷脂，其功能是将胆固醇运送到组织，用于膜合成和产生类固醇激素。最终，LDL 颗粒将与 LDL 受体结合，并被肝脏清除。除了 VLDL，肝脏还分泌 HDL 颗粒进入循环。HDL 颗粒能清除细胞中多余未酯化的胆固醇及其他脂蛋白，将它们运回肝脏并排入胆汁中。这个过程常被称为胆固醇逆转运。

高脂血症可以继发于乳糜微粒产生增多（食物中脂质摄入过多）、乳糜微粒清除障碍、VLDL 产生增多（食物中脂质和/或糖类摄入过多，脂类内源性生产或动员过多）、VLDL 颗粒清除障碍。高胆固醇血症可由

LDL 前驱颗粒(VLDL)产生增多或 LDL 或 HDL 颗粒清除减少引起。

## 分类

餐后高脂血症是犬猫高脂血症最常见的原因。这是由富含甘油三酯的乳糜微粒导致的正常的生理表现,并通常会在 2～10 h 内缓解。血脂和脂蛋白的病理异常可能是遗传性、家族性(原发性)或是某种疾病的结果(框 54-4)。

原发性高甘油三酯血症包括迷你雪纳瑞的特发性高脂血症和猫的高乳糜微粒血症。迷你雪纳瑞的特发性高甘油三酯血症的特征是由过多的 VLDL 颗粒引起的严重高甘油三酯血症、伴有或不伴有高乳糜微粒血症、伴有轻度高胆固醇血症。尚未完全阐明确切的作用机制和遗传学机制。猫的遗传性高脂血症的特征是在空腹状态下,高乳糜微粒血症伴有轻微的 VLDL 颗粒增多。这种缺陷是由于产生无活性的脂蛋白脂酶所引起的。犬也有特发性高乳糜微粒血症的情况。与猫的情况相似,该疾病的特征是高甘油三酯症、高乳糜微粒血症以及血清胆固醇浓度正常。虽然罕见特发性高胆固醇血症,但在杜宾犬和罗威纳犬中也有报道。血清 LDL 浓度引起高胆固醇血症的血脂紊乱,尚不明确导致这种紊乱的原因。

 **框 54-4　导致犬和猫高脂血症的原因**

**餐后高脂血症**

**原发性高脂血症**
特发性高脂蛋白血症(迷你雪纳瑞)
特发性高乳糜微粒血症(猫)
脂蛋白脂肪酶缺乏症(猫)
特发性高胆固醇血症

**继发性高脂血症**
甲状腺功能减退
糖尿病
肾上腺皮质功能亢进
胰腺炎
胆汁淤积
肝功能不全
肾病综合征
药物性高脂血症
　糖皮质激素
　醋酸甲地孕酮(猫)

继发高脂血症的相关疾病包括内分泌疾病(甲状腺功能减退、糖尿病、肾上腺皮质功能亢进)、肾病综合征和胰腺炎。甲状腺功能减退是犬高胆固醇血症的最

常见原因。继发于甲状腺功能减退的高脂血症可以归因于脂质合成及降解减少(降解方面的影响更为严重)。脂蛋白脂酶的活性降低会损害富含甘油三酯脂蛋白的清除。此外,甲状腺素缺乏可降低胆汁中胆固醇排泄量。肝内胆固醇浓度增加会下调肝脏 LDL 受体,从而使富含胆固醇颗粒的 HDL 和 LDL 的循环浓度增加。

胰岛素缺乏(糖尿病)会使脂蛋白脂酶的生成减少,从而减少富含甘油三酯的脂蛋白的清除。此外,胰岛素缺乏会激活 HSL,从而导致大量游离脂肪酸释放入血液。这些游离脂肪酸最终由肝脏转化成甘油三酯,包装成 VLDL 颗粒,并分泌到循环中。因此认为,糖尿病患者患高甘油三酯血症的原因是脂蛋白脂酶减少,VLDL 颗粒的生成增多及其清除减少。胰岛素缺乏会使肝脏中胆固醇合成增加。肝内胆固醇浓度增加会下调肝脏 LDL 受体,从而使循环中的 LDL 和 HDL 颗粒的清除受阻,这反过来又会导致高胆固醇血症。

由 HSL 刺激使游离脂肪酸释放进入循环可能引起与肾上腺皮质功能亢进相关的高甘油三酯血症。与糖尿病的情况类似,过量的游离脂肪酸转化为 VLDL 颗粒。此外,糖皮质激素会抑制脂蛋白脂酶的活性,从而减少富含甘油三酯的脂蛋白的清除。

## 临床特征

间歇性呕吐、腹泻、腹部不适是与高甘油三酯血症的最常见临床症状(表 54-4)。严重的高甘油三酯血症(其水平超过 1 000 mg/dL)还会引起胰腺炎、视网膜脂血症、癫痫、皮肤黄色瘤、外周神经麻痹和行为改变的情况。皮肤黄色瘤会出现充满脂质的巨噬细胞和泡沫细胞,是猫高甘油三酯血症最常见的临床症状。严重的高胆固醇血症常会引角膜类脂环、视网膜脂血症、动脉粥样硬化(未严重到引起心肌梗塞)。

除了上述临床症状,高甘油三酯血症可能会干扰一些常规生化检查结果(表 54-5)。其影响程度受实验室的具体试验、物种(犬与猫)以及高甘油三酯血症的严重程度影响。此外,高脂血症可引起溶血,这又会干扰某些生化分析的结果。而且,高胆红素血症可导致胆固醇浓度假性降低。对判读患高脂血症动物的生化结果前,必须要考虑这些生化数据的潜在改变。幸好,许多实验室在进行生化检查前,会尝试通过超速离心法清除甘油三酯。

表 54-4　高甘油三酯血症和高胆固醇血症的临床症状和潜在影响

| 高甘油三酯血症临床症状 | 高甘油三酯血症影响 |
|---|---|
| 癫痫 | 癫痫 |
| 失明 | 胰腺炎 |
| 腹痛 | 富脂性房水：葡萄膜炎、失明 |
| 厌食 | 视网膜脂血症 |
| 呕吐 | 黄色瘤 |
| 腹泻 | |
| 行为改变 | |
| 视网膜脂血症 | |
| 葡萄膜炎 | |
| **高胆固醇血症临床症状** | **高胆固醇血症影响** |
| 形成黄色瘤 | 角膜类脂环 |
| 外周神经病变 | 视网膜脂血症 |
| 霍纳氏综合征（Horner's syndrome） | 动脉粥样硬化（没有严重到引起致命性心肌梗塞） |
| 胫神经麻痹 | |
| 桡神经麻痹 | |

表 54-5　高脂血症对犬和猫血清临床生化分析的影响[*]

| 数值假性升高 | | 数值假性降低 | |
|---|---|---|---|
| **犬血清** | **猫血清** | **犬血清** | **猫血清** |
| 总胆红素 | 总胆红素 | 肌酐 | 肌酐 |
| 结合胆红素 | 结合胆红素 | 总二氧化碳 | 总二氧化碳 |
| 磷 | 磷 | 胆固醇 | 丙氨酸氨基转移酶 |
| 碱性磷酸酶[†] | 碱性磷酸酶[†] | 尿素氮 | |
| 葡萄糖[†] | 葡萄糖[†] | | |
| 总蛋白[‡] | 总蛋白[‡] | | |
| 脂肪酶 | | | |
| 丙氨酸氨基转移酶 | | | |

　　[*] 分析测定使用 Coulter DACOS（Coulter Diagnostics, Hialeah, Fla）.

　　[†] 干扰只发生在脂质浓度非常高时。

　　[‡] 测量时使用折光仪。

　　引自 Jacobs RM et al：Effects of bilirubinemia, hemolysis and lipemia on clinical chemistry analytes in bovine, canine, equine and feline sera, *Can Vet J* 33：605，1992.

## 诊断

　　血清混浊则表明动物患高甘油三酯血症。当甘油三酯的浓度足够高时，血清便会呈现不透明且类似牛奶的乳状液。当动物的甘油三酯浓度超过 1 000 mg/dL 时，血清明显呈乳状。相反地，若动物只患高胆固醇血症，其血清不会混浊或呈乳状，因为富含胆固醇的 LDL 和 HDL 太小而不能折光。需在连续禁食至少

12 h 后采集用于诊断高脂血症的血液样品。应使用血清样本，而不是用全血或血浆来进行评估。可冷藏或冷冻几天样本，对测试结果无影响。在对样本进行高甘油三酯血症评估时，技术人员不应在确定甘油三酯浓度前对样本进行净化。用离心法除去混浊样本中的乳糜微粒，会人为降低甘油三酯的浓度结果。血清甘油三酯浓度的参考范围通常为成年犬 50～150 mg/dL 和成年猫 20～110 mg/dL。血清胆固醇浓度的参考范围通常为成年犬 125～300 mg/dL 和成年猫 95～130 mg/dL。

　　检测乳糜微粒有助于区分高血脂是由乳糜微粒引起还是由 VLDL 缺陷引起的。该试验的做法是将血清样本冷藏 12 h。乳糜微粒比其他粒子密度小，因此会浮在样品顶部形成不透明的油层，覆盖于透明的血清之上。如果高甘油三酯血症是由 VLDL 过多导致的，则血清样本将保持混浊。若混浊血清上形成了油层，则表明乳糜微粒和 VLDL 都过多。

　　脂蛋白电泳法可区分各类脂蛋白，超速离心法可对每个脂蛋白类别进行定量测试。然而，这两个方法都很耗时，并不适用于常规临床应用。可用肝素缓释试验测定脂蛋白脂酶活性。在进行肝素静脉注射（犬和猫，100 IU/kg 体重）之前及注射之后的 15 min 采集用于测定甘油三酯浓度的血清样本（如果可能的话，脂蛋白浓度）。肝素会引起内皮细胞释放脂蛋白脂酶并刺激甘油三酯的水解。如果肝素注射前后的血清甘油三酯浓度无差异，则可能存在脂蛋白脂酶缺陷。

## 治疗

　　在给出治疗建议之前，应尽量明确高脂血症为原发性或继发于其他潜在疾病。继发于潜在疾病的高脂血症会随着代谢紊乱的纠正而治愈或改善。因此，需有获取每只动物的完整病史，进行体格检查、全血细胞计数、包含甲状腺素浓度的血清生化分析及尿液分析。初步诊断测试结果可能提示需要进行进一步的诊断测试，如腹部超声、胰脂肪酶免疫反应性分析、低剂量地塞米松抑制试验。治疗高脂血症需要主人长期配合，因此不能轻易实施。一般情况下，需治疗严重的高甘油三酯血症（含量>1 000 mg/dL）。这种情况下，机体的异化代谢不堪重负，甘油三酯在小肠和肝脏中轻微增加，即可引起血清甘油三酯浓度快速变化。必须降低甘油三酯的浓度，以防出现包括胰腺炎在内的并发症。其他情况下，治疗建议将受到包括潜在疾病进程在内等多重因素的影响。现实的治疗目标是将甘油三

酯浓度降低至 400 mg/dL 以下,即使这一水平仍高于参考范围。

乳糜微粒由食物中的脂肪产生。因此,限制饮食中的脂肪是治疗高甘油三酯血症的基础。通过回顾饮食史,根据代谢能换成脂肪含量低于 20% 的日粮(表54-6)。若动物已经是低脂肪饮食,则应把脂肪含量降至更低。患有高甘油三酯血症的猫的营养控制更难,因为在 ME 基础上,脂肪含量低于 24% 的市售处方粮数量有限(表 54-7)。应小心使用那些脂肪含量看起来比较低的非处方粮。因为动物食品标签上的常规分析只要求报告最低的粗脂肪百分比,而不能保证其脂肪含量不会明显高于该值。相比之下,处方粮通常在产品指南上提供了平均脂肪含量,能更准确地反映日粮的实际脂肪含量。应限制零食在每日能量摄入的10% 以内,并改为低脂种类。水果(除了葡萄和葡萄干)或无调味品的糙米饼干是犬零食的良好替代品。除了规定低脂饮食,还应评估绝对能量摄入量。如果动物超重,那么限制能量摄入是有必要且有益的,因为这样能降低过剩能量所产生的 VLDL 含量。在使用了 8 周低脂饮食后,应重新评估血浆甘油三酯浓度。如果甘油三酯浓度没有降低至预期值,那么应该重新评估饮食史,以确保没有来自零食的额外脂肪能量,没有从其他动物处获得食物,没有其他家庭成员或邻居不经意给动物提供脂肪。此外,应回顾病历以排除引起高甘油三酯血症的潜在疾病。如果低脂商品粮不足以控制高甘油三酯血症,则可用在线软件(如 balanceit.com)或求助兽医营养学家[见 www.acvn.org,或欧洲的 ECVCN(European College of Veterinary and Comparative Nutrition)专科医师列表]来为动物具体制定一个营养全面均衡的限制脂肪(犬:10%~14% ME;猫:15%~19%ME)的自制配方。富含 ω-3 脂肪酸的饮食已被建议用来改善人类的高甘油三酯血症,因其能减少 VLDL 的产生。此外,对甘油三酯合成酶来说,鱼油是较差的底物,因此会形成甘油三酯含量较低的 VLDL 颗粒。一些医生推荐用富含长链 ω-3 脂肪酸[如二十碳五烯酸(EPA)和二十二碳六烯酸(DHA)]的鱼油对高甘油三酯血症进行辅助治疗,使用剂量为每天 200~220 mg/kg 体重,特别是难治疗的犬或对限制食物脂肪疗法反应不良的犬。

所有药物治疗都具有潜在毒性,应谨慎使用。一般情况下,不应给血清甘油三酯浓度低于 500 mg/dL 的动物使用药物。常用几类药物来治疗人类的高甘油三酯血症,但是用于犬和猫治疗的报道很少。除非有

进一步的研究评估剂量、作用和毒性,不然药物治疗仅能用于甘油三酯浓度非常高,出现临床症状,而且饮食疗法不能使其改善的动物上,但这在作者(SJD)的临床经验中很罕见。

烟酸(犬:100 mg/d)能减少脂肪细胞释放脂肪酸和减少 VLDL 颗粒生成,从而降低血清甘油三酯的浓度。常发生副作用,主要与前列腺素 PGI2 的释放相关,包括呕吐、腹泻、红斑、瘙痒以及肝功能检查异常。纤维酸衍生物(氯贝丁酯、苯扎贝特、吉非贝齐、环丙贝特、非诺贝特)通过刺激脂蛋白脂酶活性,来降低血清甘油三酯浓度,还能降低游离脂肪酸浓度,从而减少合成 VLDL 的底物。纤维酸类药物通常能使人类的血清甘油三酯浓度降低 20%~40%。已在犬(200 mg/d)猫(10 mg/kg q 12 h)的肥胖治疗应用吉非罗齐。不良反应包括腹痛、呕吐、腹泻、肝功能检查异常。他汀类药物(洛伐他汀、辛伐他汀、普伐他汀、氟伐他汀、西立伐他汀、阿托伐他汀)是羟甲基戊二酰辅酶 A(HMG-CoA)还原酶抑制剂,主要抑制胆固醇代谢。细胞内胆固醇浓度降低,会上调肝脏 LDL 受体表达,从而使从循环中排出和清除的 LDL(VLDL 残粒)增多。此外,他汀类药物会减少肝脏生成 VLDL。他汀类药物能使人类的血清甘油三酯浓度降低 10%~15%。其副作用包括嗜睡、腹泻、肌肉疼痛和肝毒性。

高胆固醇血症很有可能是由潜在疾病引起,通常代谢状态得到控制能缓解高胆固醇血症。与人类情况不同,高胆固醇血症很少会对犬猫的健康产生风险。仅在动物血清胆固醇浓度长期显著升高时(如>800 mg/dL),才需使用特异性治疗,可能与动脉粥样硬化的发展有关。对严重的高胆固醇血症,低脂饮食的营养疗法是初始治疗选择。在食物中加入可溶性纤维也有助将血浆胆固醇浓度降低 10% 左右。可溶性纤维会干扰肠道对胆汁酸的重吸收,因此,肝脏会使用胆固醇来增加合成胆汁酸。

可考虑用来治疗严重高胆固醇血症的药物包括胆汁酸结合剂、HMG-CoA 还原酶抑制剂以及普罗布考。胆汁酸结合剂是离子交换树脂,能阻断胆汁酸的肠肝循环。胆汁酸的重吸收减少,会刺激肝脏合成胆汁酸,从而利用到肝内的胆固醇。肝内胆固醇储存的消耗会刺激肝内 LDL 受体,加强对循环中 LDL 和 HDL 颗粒的清除作用。考来烯胺(1~2 g,口服,q 12 h)能有效降低胆固醇浓度,但可能会导致便秘,干扰其他口服药物的吸收,且可能会增加肝脏 VLDL 的合成,从而导致血浆甘油三酯浓度增加。考来烯胺还可能增加对日

常食物中含硫氨基酸的需求,因为含硫氨基酸作为犬牛磺酸合成的前体物,能使胆汁酸与牛磺酸特异性结合。猫对食物中牛磺酸的需求可能同样会增加。HMG-CoA 还原酶是胆固醇合成的限速酶。HMG-CoA 还原酶抑制剂(洛伐他汀、辛伐他汀、普伐他汀、氟伐他汀、西立伐他汀、阿托伐他汀)是最有效的降胆固醇药物,可以降低人类胆固醇浓度 20%～40%。当犬患持续性、重度特发性高胆固醇血症,而单纯饮食治疗无效时,可用洛伐他汀(10～20 mg,口服,q 24 h)。潜在副作用包括嗜睡、腹泻、肌肉疼痛和肝毒性。洛伐他汀不宜用于患肝脏疾病的犬。普罗布考是一种降胆固醇药物,其作用机理尚不完全清楚。不推荐使用普罗布考治疗高胆固醇血症,因为其降低胆固醇浓度的效果不稳定,且常会引起心律失常,在美国已禁用。

**表 54-6　选择用治疗犬的高甘油三酯血症的商品处方粮的主要营养素含量***

| | 类型 | 脂肪(%ME) | 蛋白质(%ME) | ME(kcal/罐或杯) |
| --- | --- | --- | --- | --- |
| 皇家胃肠道低脂处方粮 | 干粮 | 16.2[†](18.8 g/Mcal) | 24.5[‡](63.7 g/Mcal) | 254/杯 |
| 皇家胃肠道低脂处方粮 | 罐头 | 16.9[†](19.6 g/Mcal) | 31.3[‡](81.6 g/Mcal) | 354/13.6 oz |
| 普瑞纳 OM 超重管理处方粮 | 干粮 | 18.9 | 33.5 | 266/杯 |
| 希尔斯胃肠道低脂处方粮 | 干粮 | 17 | 25 | 331/杯 |

＊信息来自制造商 DACVN 代理处。列出了脂肪含量小于 20%的食品。
†计算采用 8.64 kcal/g 脂肪。
‡计算采用 3.84 kcal/g 蛋白质。
Mcal,Megacalories (1 000 kcal);ME,代谢能。

**表 54-7　选择用于治疗猫的高甘油三酯血症的商品处方粮的主要营养素含量***

| | 类型 | 脂肪(%ME) | 蛋白质(%ME) | ME(kcal/罐或杯) |
| --- | --- | --- | --- | --- |
| 皇家高蛋白能量控制处方粮 | 干粮 | 23.3[†](27.1 g/Mcal) | 43[‡](112.5 g/Mcal) | 262/杯 |
| 普瑞纳超重管理处方粮 | 干粮 | 20.5 | 56.2 | 321/杯 |
| 希尔斯糖尿病体重控制处方粮 | 干粮 | 23 | 39 | 281/杯 |

＊信息来自制造商 DACVN 代理处。列出了脂肪含量小于 24%的食品。
†计算采用 8.60 kcal/g 脂肪。
‡计算采用 3.82 kcal/g 蛋白质。
Mcal,Megacalories (1 000 kcal);ME,代谢能。

## ◆推荐阅读

### 肥胖

Burkholder WJ: *Body composition of dogs determined by carcass composition analysis, deuterium oxide dilution, subjective and objective morphometry and bioelectrical impedance*, Blacksburg, Va, 1994, Virginia Polytechnic Institute and State University.

Burkholder WJ et al: Foods and techniques for managing obesity in companion animals, *J Am Vet Med Assoc* 212:658, 1998.

Butterwick R et al: A study of obese cats on a calorie-controlled weight reduction programme, *Vet Rec* 134:372, 1994.

Butterwick R et al: Changes in the body composition of cats during weight reduction by controlled dietary energy restriction, *Vet Rec* 138:354, 1996.

Butterwick R et al: Effect of amount and type of dietary fiber on food intake in energy-restricted dogs, *Am J Vet Res* 58:272, 1997.

Center SA et al: The clinical and metabolic effects of rapid weight loss in obese pet cats and the influence of supplemental oral L-carnitine, *J Vet Intern Med* 14:598, 2000.

Edney AT et al: Study of obesity in dogs visiting veterinary practices in the United Kingdom, *Vet Rec* 188:391, 1986.

Hawthorne AJ et al: Predicting the body composition of cats: development of a zoometric measurement for estimation of percentage body fat in cats, *J Vet Intern Med* 14:365, 2000.

Kealy RD et al: Effects of diet restriction on life span and age-related changes in dogs, *J Am Vet Med Assoc* 220:1315, 2002.

Mason E: Obesity in pet dogs, *Vet Rec* 86:612, 1970.

Mayer J: Obesity. In Goodhart R et al, editors: *Modern nutrition in health and disease*, Philadelphia, 1973, Lea & Febiger.

Scarlett JM et al: Overweight cats—prevalence and risk factors, *Int J Obes* 18:S22, 1994.

Scarlett JM et al: Associations between body condition and disease in cats, *J Am Vet Med Assoc* 212:1725, 1998.

Sloth C: Practical management of obesity in dogs and cats, *J Small Anim Pract* 33:178, 1992.

### 高脂血症

Barrie J et al: Quantitative analysis of canine plasma lipoproteins, *J Small Anim Pract* 34:226, 1993.

Bauer JE: Evaluation and dietary considerations in idiopathic hyperlipidemia in dogs, *J Am Vet Med Assoc* 206:1684, 1995.

Bhatnagar D: Lipid-lowering drugs in the management of hyperlipidaemia, *Pharmacol Ther* 79:205, 1998.

Jacobs RM et al: Effects of bilirubinemia, hemolysis, and lipemia on clinical chemistry analytes in bovine, canine, equine, and feline sera, *Can Vet J* 33:605, 1992.

Jones BR: Inherited hyperchylomicronaemia in the cat, *J Small Anim Pract* 34:493, 1993.

Jones BR et al: Peripheral neuropathy in cats with inherited primary hyperchylomicronaemia, *Vet Rec* 119:268, 1986.

Schenck P: Canine hyperlipidemia: causes and nutritional management. In Pibot P et al, editors: *Encyclopedia of canine clinical nutrition*, Aimargines, France, 2006, Aniwa SAS on behalf of Royal Canin.

Watson TDG et al: Lipoprotein metabolism and hyperlipidaemia in the dog and cat: a review, *J Small Anim Pract* 34:479, 1993.

Whitney MS et al: Ultracentrifugal and electrophoretic characteristics of the plasma lipoproteins of miniature schnauzer dogs with idiopathic hyperlipoproteinemia, *J Vet Intern Med* 7:253, 1996.

# 第 55 章
## CHAPTER 55

# 电解质失衡
## Electrolyte Imbalances

## 高钠血症
### (HYPERNATREMIA)

◈ 病因

虽然各实验室之间的参考值范围可能不同,但血清钠浓度超过 160 mEq/L 则为高钠血症。这种情况通常发生在失水多于失钠的情况下(框 55-1)。丢失的可能是纯水(即不伴随电解质的丢失,如发生尿崩症时),也可能是低渗溶液(即水和钠都丢失,但以水分丢失为主,如发生胃肠道液体丢失和肾功能衰竭时)。通常情况下,水摄入不足是导致过度失水的主要原因。高钠血症还可发生在由神经系统疾病、口渴机制异常、调节渗透压的抗利尿激素释放缺陷而引起渴感减退的动物上,但这些情况比较罕见。

机体出现钠潴留时也会发生高钠血症,比如医源性钠过量或原发性醛固酮增多症,但较为少见。原发性醛固酮增多症是由分泌醛固酮的肾上腺肿瘤或特发性双侧肾上腺增生引起的,但罕见于犬和猫。血清醛固酮浓度升高会导致高钠血症、低钾血症和全身性高血压。

◈ 临床特征

高钠血症的临床症状源于中枢神经系统(CNS),包括嗜睡、乏力、肌肉震颤、定向障碍、行为改变、共济失调、惊厥、呆滞、昏迷。当血浆渗透压大于 350 mOsm/kg(血清钠浓度＞170 mEq/L)时,会出现典型的临床症状。临床症状是由神经元脱水引起

的。高钠血症和高渗状态会导致液体从细胞内转移到细胞外间隙。随着脑组织的收缩,脑膜血管受损和撕裂,引起出血、血肿、静脉血栓形成、脑血管梗死以及局部缺血。水从细胞内转移到细胞外间隙,通常会使皮肤保持足够的弹性,造成水合正常(机体未发生脱水)的假象,尽管动物可能已经存在严重的体液丢失。

临床症状的严重程度与血清钠浓度的升高有关,尤其与高钠血症和高渗状态的发展速度相关。血清钠浓度低于 170 mEq/L 时,通常不会出现临床症状。如果高钠血症发展迅速,临床症状可能在钠浓度较低时就会出现,反之亦然。当血清钠浓度缓慢升高时,在细胞收缩的几小时内,中枢神经系统中的细胞可以在细胞内产生渗透活性溶质(原因不明的渗透物),恢复细胞外和细胞内的渗透平衡,从而减少细胞收缩。

◈ 诊断

通过检测血清钠浓度来诊断高钠血症。一旦确诊应寻找潜在病因。通过问诊详细的病史,体格检查,全血细胞计数(CBC),血清生化分析和尿液分析,通常可以找出病因。评估尿比重是非常有帮助的。高钠血症和高渗透压会刺激抗利尿激素的释放,从而导致高渗尿。患有高钠血症的犬或猫尿比重＜1.008 时,可能患有中枢性或肾性尿崩症。犬的尿比重＞1.030 和猫的尿比重＞1.035 时,表示抗利尿激素——肾小管轴正常,提示存在钠潴留,原发性饮水过少症——渴感缺乏,胃肠道丢失水分或不可感丢失。若尿比重为 1.008～1.030(犬)/1.035(猫),则提示部分抗利尿激素缺乏或肾小管对抗利尿激素反应受损,这最可能继发于原发性肾脏疾病。

**框 55-1　导致犬和猫高钠血症的原因**

**纯水丢失所致**
中枢性尿崩症 *
肾性尿崩症 *
渴感减退
　神经系统疾病
　口渴机制异常
　抗利尿激素释放缺陷
水摄入不足
环境温度过高(中暑)
发烧

**低渗液丢失**
胃肠液丢失 *
　呕吐
　腹泻
慢性肾功能衰竭 *
多尿性急性肾功能衰竭 *
渗透性利尿
　糖尿病
　甘露醇输注
利尿剂注射
去梗阻后利尿
皮肤烧伤
第三间隙丢失
　胰腺炎
　腹膜炎

**过量钠潴留**
原发性醛固酮增多症
医源性原因
　食盐中毒
　高渗盐水输注
　碳酸氢钠治疗
　磷酸钠灌肠
　肠外营养 *

* 常见原因。
改自 DiBartola SP: Disorders of sodium and water: hypernatremia and hyponatremia. In DiBartola SP, editor: Fluid, electrolyte and acid-base disorders in small animal practice, ed 3, St Louis, 2006, Saunders/Elsevier.

**◆治疗**

　　高钠血症的治疗目标是恢复细胞外液(ECF)容量至正常,以适当速率纠正水分丢失,避免严重并发症,并确诊和治疗高钠血症的根本病因。首先要恢复细胞外液容量至正常。对于中度脱水(如心动过速、黏膜干燥、皮肤弹性差)的动物,应用0.45%生理盐水并补充适量钾以纠正体液缺失(表55-1)。在严重脱水的情况下,应用0.9%生理盐水、血浆或全血来扩张血管容

量。在纠正脱水时,严禁快速给予液体,除非观察到显著的低血容量症状。只有给予足够多的液体才能纠正血容量过低。应频繁(每4～6 h)监测血清钠浓度,以评估治疗效果,并同时评估中枢神经系统状态,以观察临床体征的变化。在液体治疗过程中,神经系统状态恶化或突发癫痫通常提示脑水肿,且需要用高渗生理盐水和甘露醇进行治疗(见代谢和电解质紊乱的用药)。细胞外液缺乏一旦有所改善,应重新评估血清钠浓度,如果高钠血症持续,则应继续补充水分。补水量的近似值可用以下公式进行计算:

$$([Na^+]检测值 \div [Na^+]正常值 - 1) \times [0.6 \times 体重(以 kg 计)]^2$$

**表 55-1　静脉补钾指南**

| 血清 K$^+$<br>(mEq/L) | 液体的总 K$^+$<br>(mEq/L) | 最大输液速度<br>[mL/(kg·h)] * |
| --- | --- | --- |
| >3.5 | 20 | 25 |
| 3.0～3.5 | 30 | 16 |
| 2.5～3.0 | 40 | 12 |
| 2.0～2.5 | 60 | 8 |
| <2.0 | 80 | 6 |

* 每小时钾摄入总量不应超过 0.5 mEq/kg 体重。

　　因为脑组织通过增加胞内溶质(原因不明的渗透物)以适应高渗环境。快速扩容会使细胞外液被稀释,导致水分进入细胞内,引起脑水肿。如果缓慢补充水分,则脑细胞内积累的溶质将减少,能使渗透压得到平衡不引起细胞肿胀。

　　维持性晶体溶液[例如:半渗性(0.45%)盐溶液＋2.5%葡萄糖,半渗性乳酸林格氏液＋2.5%葡萄糖]可用于纠正灌注和水合状态正常的高钠血症动物的水缺乏,也可以用于脱水状态纠正后仍然存在高钠血症的动物上。如果在液体疗法持续12～24 h后,高钠血症仍未减弱,则可用5%的葡萄糖注射液(D₅W)代替维持性晶体溶液。

　　纠正动物脱水状况时,优选口服补液,如果无法口服,则用静脉注射(IV)的途径给药。应该缓慢补充缺失的水分。第一个24 h补充大约50%的缺失量,剩余部分在接下来的24～48 h内补充。治疗时血清钠的浓度应缓慢下降,速率最好低于1 mEq/(L·h)。必须根据需要调整输液速度,以确保血清钠浓度适度降低。平缓地降低血钠浓度可最大限度地减少液体从细

胞外到细胞内转移,进而最大限度地减少神经细胞肿胀、脑水肿和颅内压升高。液体治疗开始后,如果出现中枢神经系统状态恶化,则提示存在脑水肿,应立即减慢输液速度。频繁监测血清电解质浓度,对输液类型和速度进行适当调整,这是治疗高钠血症的关键。

在罕见的情况下,患有高钠血症的动物会出现细胞外液容量增加的现象。这样的动物很难治疗。治疗目标是降低血清钠浓度,而不出现细胞外液容量增加、肺充血、水肿的情况。为了缓慢治疗这些动物的高钠血症,临床兽医应使用髓袢利尿剂(例如:呋塞米,1~2 mg/kg 口服或静脉注射 q 8~12 h)以促进钠随尿排出。它与 D$_5$W 有协同作用,可适当地一起使用。

# 低钠血症
## (HYPONATREMIA)

◉病因

虽然各实验室之间的参考值范围可能不同,但血清钠浓度小于 145 mEq/L 则为低钠血症。低钠血症是由钠过度流失造成的,主要是通过肾脏丢失或保水量增加,或两者皆有。后者的情况可能是对细胞外液(ECF)减少所产生的恰当反应,也可能是不恰当反应[例如:抗利尿激素分泌异常综合征(syndrome of inappropriate antidiuretic hormone secretion, SIADH)]。在大多数情况下,低钠血症是由水平衡异常(主要是肾脏排水障碍)引起的,而不是由钠平衡异常引起的。造成犬和猫低钠血症的原因见框 55-2。

低钠血症必须与假性低钠血症区分开来。假性低钠血症的血清钠浓度降低是血浆渗透压正常时某些实验方法造成的。假性低钠血症发生在有高脂血症或严重高蛋白血症的情况下。血浆中甘油三酯或蛋白质浓度增加,降低了总血浆中钠的浓度,但血浆等离子水相中钠离子浓度保持不变。一些检测特定体积血浆中钠含量的方法(如火焰光度法)会导致错误的低钠结果,而检测血浆水相层中钠含量的方法(如离子选择性电极直接电位法),能对钠离子做出准确评估。如果知道测定钠浓度所用的方法,血液样品存在脂血症,且进行全血细胞计数(CBC)和血清生化分析,通常可以识别假性低钠血症。

 **框 55-2　导致犬和猫低钠血症的原因**

**血浆渗透压正常**
高脂血症
高蛋白血症

**血浆渗透压升高**
高血糖*
甘露醇输注

**血浆渗透压降低**
高血容量
　晚期肝功能衰竭*
　晚期肾功能衰竭*
　肾病综合征*
　充血性心力衰竭
正常血容量
　原发性(心理性)烦渴
　抗利尿激素(ADH)分泌异常(SIADH)
　甲状腺功能减退的黏液性水肿昏迷
　医源性原因
　　低渗液注射
　　抗利尿药(如巴比妥类,β-肾上腺素)
低血容量
　肾上腺皮质功能减退*
　胃肠液丢失*
　第三间隙丢失
　　胸腔积液(如乳糜胸)
　　腹腔积液
　　胰腺炎
　皮肤烧伤
　利尿剂注射

　* 常见原因。
　改自 DiBartola SP: Disorders of sodium and water: hypernatremia and hyponatremia. In DiBartola SP, editor: Fluid, electrolyte and acid-base disorders in small animal practice, ed 3, St Louis, 2006, Saunders/Elsevier.

低钠血症也可以发生在细胞外液中的渗透活性溶质(如葡萄糖、甘露醇)浓度增加之后。细胞外液中的渗透活性溶质浓度增加,会导致液体从细胞内流向细胞外,并且使血清钠浓度相应地降低。例如:血清葡萄糖浓度每增加 100 mg/dL,血清钠浓度便会降低 1.6 mEq/L,当血糖浓度超过 500 mg/dL 时,血清钠浓度下降的幅度会更大。测量血浆渗透压有助于判断低钠血症的病因。低钠血症通常引起低渗透压(<290 mOsm/kg),然而假性低钠血症时血浆渗透压多为正常,细胞外渗透活性溶质增加所致的低钠血症多伴有渗透压升高。血浆渗透压可以用下面的公式计算:

$$血浆渗透压(mOsm/kg) = 2 \times Na(mEq/L)$$
$$+ \frac{葡萄糖(mg/dL)}{18} + \frac{尿素氮(mg/dL)}{2.8}$$

犬和猫的正常血浆渗透压约为280~310 mOsm/kg。

◉临床特征

低钠血症的临床症状包括嗜睡、厌食、呕吐、乏力、肌肉震颤、迟钝、定向障碍、癫痫、昏迷。当有严重的低钠血症(<120 mEq/L)时,会出现最令人担忧的中枢神经系统症状,并且会改变血浆渗透压,使液体从细胞外进入细胞内,从而导致神经元肿胀和细胞溶解。临床症状的发生和严重程度取决于低钠血症的发展速度和严重程度。越是缓慢发生的低钠血症,其病程发展越慢,脑组织越能减少细胞内的钾离子和渗透活性物质来调节渗透压进行代偿。当血浆渗透压的下降速度超过脑组织抵抗水流入神经元的防御机制时,会出现临床症状。

◉诊断

通过检测血清电解质浓度很容易诊断出低钠血症。然而,低钠血症必须与假性低钠血症区分开来(在上节讨论过)。低钠血症不是一种诊断,而是潜在疾病的一种表现。因此,除了采取合适的治疗措施纠正低钠血症,还应该进行诊断性检查以确定病因。在大多数犬猫中,在进行病史评估、体格检查、全血细胞计数、血清生化和尿液分析后,低钠血症的病因就显而易见,但也可能需要进一步的诊断性检查。仔细地评估尿比重、血浆渗透压和动物的水合状态有助于确定病因(见表55-2)。

◉治疗

治疗的目的是治疗潜在疾病,必要时纠正血清钠浓度和血浆渗透压。针对低钠血症的治疗目的是纠正渗透压和恢复细胞体积至正常,通过静脉液体疗法、限制水分、或两者同时使用,增加细胞外液中钠与水的比值。细胞外液渗透压升高,会从细胞内吸水至细胞外液,从而减少其体积。治疗方案和输液类型取决于原发病因、低钠血症的程度和是否有临床症状(表55-2),患有低钠血症的无症状动物最好采取保守治疗。乳酸林格氏液或林格氏液可用于轻度低钠血症(血清钠浓度>130 mEq/L),生理盐水用于更加严重的低钠血症(血清钠浓度<130 mEq/L)。生理盐水溶液通常用于有临床症状的严重低钠血症动物。

应在24~48 h内逐渐恢复体液和电解质平衡,并定期评估血清电解质浓度和动物的中枢神经系统状态。总体目标是缓慢地增加血清钠浓度至正常浓度参考值范围的下限,速率不要大于0.5~1.0 mEq/(L·h)。越是急性和严重的低钠血症,越应缓慢地恢复血清钠浓度。因为具有潜在风险,患有严重低钠血症(钠浓度<120 mEq/L)且有神经症状的动物在接受治疗时,应避免血清钠浓度快速升高至125 mEq/L以上。这类动物应在6~8 h以上的时间内,将血清钠浓度缓慢升至125 mEq/L或以上。因为减少脑细胞内溶质是低渗状态下维持脑细胞体积的一种代偿机制,所以血清钠浓度升高接近正常时相对于脑细胞来说是高渗的。因此血清钠浓度快速升高至125 mEq/L以上时,会造成中枢神经系统损伤。

治疗低钠血症的主要并发症是髓鞘溶解症。髓鞘溶解症是在治疗低钠血症时,水分从神经元细胞渗出,使神经元皱缩远离髓鞘所致。临床症状包括局部麻痹、共济失调、吞咽困难和迟钝。这些症状往往在低钠血症治疗几天后才出现。预后谨慎。

# 高钾血症
## (HYPERKALEMIA)

◉病因

虽然各实验室之间的参考值范围可能不同,但血清钾浓度大于5.5 mEq/L则为高钾血症。当血清钾浓度超过8.0 mEq/L时,可能会威胁生命。钾摄入过量(不常见)或钾从细胞内转运到细胞外(不常见),或尿钾排泄障碍(常见)等,都能导致高钾血症(框55-3)。尿钾排泄障碍通常是由肾功能不全或肾上腺皮质功能减退引起的。犬猫常见医源性高钾血症,通常由静脉输注过多含钾液体导致。通常情况下,钾的静脉输注速率每小时不得超过0.5 mEq/kg(体重)。假性高钾血症指的是钾浓度的增加发生在机体外,可发生在患有严重高钠血症(如果使用干试剂方法)、白细胞增多症(白细胞计数>100 000个/μL)或血小板增多症(>1×10⁶个/μL)的动物上,以及有溶血现象的秋田犬(也可能发生于柴犬和Kindos)与患有磷酸果糖激酶缺乏症的英国史宾格猎犬。使用肝素抗凝管而不是促凝管来采集血液,且使血浆与细胞迅速分离,有助于避免假性高钾血症。从被含钾液体污染的输液管道或者留置针中获取血样,也会导致钾浓度假性升高。

表 55-2 肠外液体

| 溶液 | 电解质浓度(mEq/L) | | | 缓冲液 | 渗透压 | 热量 |
|---|---|---|---|---|---|---|
| | Na | K | Cl | (mEq/L) | (mOsm/L) | (kcal/L) |
| **电解质替代溶液** | | | | | | |
| 乳酸林格液 | 130 | 4 | 109 | 乳酸盐 28 | 272 | 9 |
| 林格液 | 147 | 4 | 156 | — | 310 | — |
| 生理盐水 | 154 | — | 154 | | 308 | — |
| Normosol R | 140 | 5 | 98 | 醋酸盐 27 | 296 | 18 |
| Plasmalyte 148* | 140 | 5 | 98 | 醋酸盐 27 | 295 | — |
| **维持溶液** | | | | | | |
| 2.5%葡萄糖/0.45%生理盐水 | 77 | — | 77 | | 203 | 85 |
| 2.5%葡萄糖/0.5 strength LRS | 65 | 2 | 55 | 乳酸盐 14 | 265 | 89 |
| **电解质替代溶液** | | | | | | |
| Normosol M* | 40 | 13 | 40 | 醋酸盐 16 | 112 | — |
| Normosol M 溶于 5%葡萄糖* | 40 | 13 | 40 | 醋酸盐 16 | 364 | 175 |
| Plasmalyte 56* | 40 | 13 | 40 | 醋酸盐 16 | 110 | — |
| **胶体溶液** | | | | | | |
| 右旋糖酐 70 (6%w/v in 0.9% saline | 154 | — | 154 | — | 310 | — |
| 羟乙基淀粉 450/0.7 | 154 | — | 154 | — | 310 | — |
| 血浆(平均值,犬) | 145 | 4 | 105 | 24 | 300 | — |
| **其他** | | | | | | |
| 5% 葡萄糖溶液 | — | — | — | | 252 | 170 |

*镁含量 3 mEq/L。

Cl,氯;K,钾;LRS,乳酸林格氏液;Na,钠。

改自 DiBartola SP, Bateman S: Introduction to fluid therapy. In DiBartola SP, editor: Fluid, electrolyte and acid-base disorders in small animal practice, ed 3, St Louis, 2006, Saunders Elsevier, p 333.

 框 55-3　导致犬和猫高钾血症的原因

**跨细胞转移(ICF 到 ECF)**
代谢性和呼吸性酸中毒
胰岛素缺乏症——DKA
急性肿瘤溶解综合征
再灌注后-血栓溶解
挤压伤

**尿路排泄减少**
肾上腺皮质功能减退*
急性少尿-无尿性肾功能衰竭*
慢性肾功能衰竭晚期
尿道梗阻*
膀胱破裂-尿腹症*
特定胃肠炎(如鞭虫病、沙门氏菌病)
反复进行胸腔引流术的乳糜胸
低肾素性醛固酮减少症

**医源性原因[†]**
过量输注含钾溶液*
输注过期的红细胞
保钾利尿剂(如螺内酯)
血管紧张素转换酶抑制剂(如依那普利)
血管紧张素受体阻断剂(如氯沙坦)
β-受体阻滞剂(如普萘洛尔)
强心苷(如洋地黄)
前列腺素抑制剂(如吲哚美辛)
α-肾上腺素能受体激动剂(如苯丙醇胺)
环孢素
非甾体类抗炎药

**假性高钾血症**
溶血(秋田犬)
血小板增多症($>10^6/\mu L$)
白细胞增多症($>10^5/\mu L$)
高钠血症(干试剂方法)

*常见原因
†需要诱发因素引发高钾血症。
DKA,糖尿病酮症酸中毒;ECF,细胞外液;ICF,细胞内液。
改自 DiBartola SP, Autran de Morais H: Disorders of potassium: hypokalemia and hyperkalemia. In DiBartola SP, editor: Fluid, electrolyte and acid-base disorders in small animal practice, ed 3, St Louis, 2006, Saunders Elsevier.

## ◆临床特征

高钾血症的临床症状反映了细胞膜兴奋性改变和高钾血症的发病速度与程度。轻度高钾血症(血清钾浓度<6.5 mEq/L)通常无症状。高钾血症恶化时,会导致全身骨骼肌无力。肌无力是由高钾血症引起细胞膜静息电位下降至阈电位水平,从而使复极化和随后的细胞兴奋受损而引起的。高钾血症最重要的影响是心脏问题。高钾血症会造成心肌兴奋性降低、心肌不应期延长、传导减慢,这些影响可能会导致有潜在生命危险的心律失常(框55-4)。

### 框55-4　犬和猫与高钾血症和低钾血症相关的心电图变化

**高钾血症**

血清钾:5.6~6.5 mEq/L
　　心动过缓
　　T波高而窄
血清钾:6.6~7.5 mEq/L
　　R波振幅降低
　　QRS间期延长
血清钾:7.0~8.5 mEq/L
　　P波振幅降低
　　P-R间期延长
血清钾:>8.5 mEq/L
　　P波消失
　　ST段偏离
　　心传导完全阻滞
　　室性心律失常
　　心脏骤停

**低钾血症**

T波振幅降低
ST段减弱
QT间期延长
U波突出
心律失常
　　室上性
　　心室性

## ◆诊断

高钾血症可通过检测血清钾浓度或心电图(ECG)来诊断。一旦确诊,通过详细的病史、体格检查、CBC、血清生化分析和尿液分析,通常可以找出病因。犬猫高钾血症最常见的病因是医源性(多由静脉给予过多钾所致)、肾功能不全(尤其是急性少尿-无尿性肾功能衰竭)、尿道梗阻(雄性猫)、泌尿系统破裂所致的尿腹症和肾上腺皮质功能减退。肾功能不全和肾上腺皮质功能减退会出现相似的临床症状,因此两者的鉴别有挑战。可根据基础血清可的松浓度[>2 μg/dL(55 nmol/L)]来排除肾上腺皮质功能减退,但当基础值<2 μg/dL(55 nmol/L)时,则需要进行ACTH刺激试验才能诊断。膀胱的小裂口很难被识别,所以经常需要用增强-对比影像诊断技术[如X线、计算机断层扫描(CT)、磁共振成像(MRI)]或手术探查来确诊。

## ◆治疗

对于大多数动物来说,高钾血症的治疗是针对潜在疾病的治疗。但当血清钾浓度超过7 mEq/L,或ECG显示存在明显心脏毒性(如完全性心脏传导阻滞、室性早搏、心律失常)时,应对高钾血症进行对症治疗(表55-3)。对患有严重高钾血症的动物,能否快速地制定治疗方案,意味着生与死的区别。对症治疗的目的是逆转高钾血症的心脏毒性作用,并尽可能使血钾恢复正常。尿量正常和慢性高钾血症(<7 mEq/L)的无症状动物可能不需要立即治疗,但需要寻找潜在病因。

静脉输液旨在纠正体液丢失和补充动物所需水分,提高肾脏血流量和钾的排泄,并稀释血钾浓度。优先选用生理盐水,如果生理盐水不可用,可用含钾溶液(如乳酸林格氏液),因为该液体中钾浓度低(见表55-2),对血钾浓度仍有稀释作用。可将葡萄糖加到液体中制成5%~10%的葡萄糖溶液,或用50%的葡萄糖溶液以1~2 mL/kg的剂量进行缓慢静脉推注。葡萄糖会促进胰岛素分泌,从而促进血糖和钾进入细胞内。若液体中葡萄糖含量超过5%,则应该通过中央静脉给药以降低静脉炎的风险。

罕见情况下,可能需要附加治疗来限制高钾血症的心脏毒性影响(见表55-3)。碳酸氢钠、常规胰岛素(与葡萄糖一起给药)能促使钾从细胞外向细胞内转运。静脉输钙可以限制高钾血症对细胞膜的影响,但不能降低血钾浓度。在其他常规治疗起效前,这些积极的、短期的急救措施可以恢复正常的心脏传导。

表 55-3　犬和猫的高钾血症治疗方案

| 药物 | 剂量 | 给药途径 | 效果持续时间 |
| --- | --- | --- | --- |
| 生理盐水 | ≥ 60～100 mL/(kg·d) | IV | 几小时 |
| 葡萄糖 | 5%～10% 静脉输注或 1～2 mL/kg 50% 葡萄糖 | IV, 连续输注 IV, 缓慢推注 | 几小时 |
| 常规胰岛素和葡萄糖 | 输液里加胰岛素 0.5～1 U/kg ＋2 g 葡萄糖/U 胰岛素 | IV IV | 几小时 监测血糖 |
| 碳酸氢钠 | 1～2 mEq/kg | IV, 缓慢推注 | 几小时 |
| 10% 葡萄糖酸钙 | 起初为 0.5 mL/kg | IV, 缓慢推注 | 30～60 min, 监测心脏 |

IV, 静脉注射。

# 低钾血症
## (HYPOKALEMIA)

◆病因

　　虽然各实验室之间的参考值范围可能不同,但当血清钾浓度低于 3.6 mEq/L 则为低钾血症。低钾血症可发生在以下几种情况:钾摄入量减少(不常见),钾从细胞外液转运到细胞内液(常见),尿液或胃肠道钾离子丢失增多(常见;框 55-5)。在犬和猫中,医源性低血钾症也很常见。假性低钾血症不常见,其取决于检测方法。高脂血症、高蛋白血症(＞10 g/dL)、高血糖(＞750 mg/dL)和氮血症(尿素氮浓度＞115 mg/dL)都可能导致假性低血钾症。

◆临床特征

　　大部分患有轻度至中度低钾血症(如 3.0～3.5 mEq/L)的犬猫无临床症状。临床上重度低血钾症主要影响神经肌肉和心血管系统,这是由于低血钾引起的起始超极化随后的细胞膜低极化导致的。低钾血症最常见的临床表现为全身骨骼肌无力。在猫可见颈部前屈(见第 69 章),前肢伸展过度和后肢外展。由低钾血症引发肌无力的发病时间在不同动物之间有很大差异。猫似乎比犬更容易受到低钾血症的影响。在犬中,只有当血清钾浓度低于 2.5 mEq/L 时,才会表现出明显的症状。而猫在 3～3.5 mEq/L 时,就可能观察到临床症状。

　　低钾血症对心脏的影响,包括心肌收缩力减弱、心输出量减少、心脏节律紊乱。心脏紊乱的临床表现多变,

　框 55-5　导致犬和猫低钾血症的原因

**跨细胞转移**(ECF 到 ICF)
代谢性碱中毒
低钾性周期性麻痹(缅甸猫)

**丢失增加**
胃肠液丢失(呕吐、腹泻)*
慢性肾功能衰竭,特别是猫*
糖尿病酮症酸中毒*
饮食引起的猫低血钾性肾病
远端(Ⅰ型)肾小管性酸中毒
碳酸氢盐注射后引起的近端(Ⅱ型)肾小管性酸中毒
去梗阻后利尿
原发性醛固酮增多症
慢性肝病
甲状腺功能亢进症
低镁血症

**医源性原因***
输注不含钾的溶液(例如:0.9% 的生理盐水)
肠外营养液
输注胰岛素和葡萄糖
碳酸氢钠治疗
髓袢[例如:呋塞米(速尿)]和噻嗪类利尿药
食物摄入少

**假性低钾血症**
高脂血症(干试剂法;火焰光度法)
高蛋白血症(干试剂法;火焰光度法)
高血糖症(干试剂法)
氮血症(干试剂法)

\* 常见原因。
ECF,细胞外液;ICF,细胞内液。
改自 DiBartola SP, Autran de Morais H: Disorders of potassium: hypokalemia and hyperkalemia. In DiBartola SP, editor: Fluid, electrolyte and acid-base disorders in small animal practice, ed 3, St Louis, 2006, Saunders/Elsevier.

只能通过心电图确诊(见框55-4)。其他代谢影响包括:低钾性肾病,其特点是慢性肾小管间质性肾炎、肾功能受损和氮血症,其临床表现为多尿、多饮、尿浓缩能力受损;低钾性多肌病,其特点是血清 CK 活性增强和肌电图异常;麻痹性肠梗阻,其临床表现为腹胀、厌食、呕吐、便秘。低血钾性肾病和多肌病在猫中最为显著。

◆诊断

通过检测血清钾浓度来诊断低钾血症。一旦确诊,通过详细的病史、体格检查、CBC、血清生化分析和尿液分析,通常可以找出病因(见框55-5)。如果通过这些信息无法轻易找到病因,则因考虑低钾血症的罕见病因,如肾小管酸中毒或其他肾脏排钾紊乱、原发性醛固酮增多症、低镁血症。为了区分肾性与非肾性钾丢失,临床医生需进行钾排泄分数检测(基于单次尿液和血清的钾离子、肌酐浓度),或需评估 24 h 尿钾排泄量(见42章)。

◆治疗

如果血清钾浓度<3.5 mEq/L、出现了低钾血症相关症状、动物的相关代偿机制受损或可预见血清钾会进行性丢失[如:糖尿病酮症酸中毒(Diabetic keto-acidosis,DKA)的胰岛素治疗]时,则需采取治疗措施。治疗的目的是不引起高钾血症的同时恢复和维持血钾至正常范围。

氯化钾是最常用的肠外补钾化合物,且在一定程度上有助于补充氯。首选静脉注射,虽然氯化钾也可以皮下注射但钾浓度不能超过 30 mEq/L。对于肾功能正常的犬猫,补钾维持液约为 20 mEq/L。最初输液中钾离子的添加量取决于动物的血清钾浓度(见表55-1)和液体中已有的钾量(见表55-2)。静脉补钾速率不应超过 0.5 mEq/(kg·h)。对于患有严重低钾血症且排尿量正常或增多的动物,可谨慎地将补钾速率增加至 1.0 mEq/(kg·h)。建议密切监测心电图。

很难根据血清钾浓度来评估机体重建钾平衡所需的钾含量,因为钾主要是细胞内的阳离子。因此,在治疗过程中连续监测很重要。根据低钾血症的严重程度和补钾速率,在最初应每 6~12 h 监测一次。应根据变化来调整补钾方案,目的是恢复钾离子至正常浓度,并在停止治疗后,钾浓度能稳定在正常范围。临床症状通常在纠正低钾血症的 1~5 d 内能得到缓解。

根据原发病的不同,有时可能需要长期口服补钾以预防低钾血症的复发。葡萄糖酸钾粉是犬和猫的常用口服补钾剂,其对胃肠道的副作用最小。推荐剂量为每摄入 100 kcal 能量,对应 2.2 mEq 的钾离子;或每 4.5 kg 体重应摄入 2 mEq 的钾例子,一天两次。根据临床反应和血清钾浓度来调整相应的剂量。香蕉也是钾的良好来源。长 10 in(25 cm)的香蕉大约含钾 10 mEq。

# 高钙血症 (HYPERCALCEMIA)

◆鉴定

虽然各实验室之间的参考值范围可能不同,但血清总钙浓度大于 12 mg/dL(犬)和 11 mg/dL(猫),或血清离子钙浓度大于 1.5 mmol/L(犬)和 1.3 mmol/L(猫),则为高钙血症。幼犬的血清总钙和离子钙浓度均高于成年犬。临床上健康的幼犬,以下指标浓度轻度增加:血清总钙(如:<13 mg/dL),离子钙(如:<1.55 mmol/L),磷(如:<10 mg/dL),同时伴随血清碱性磷酸酶活性增加,和正常的尿素氮和肌酐浓度,则认为是正常的。猫的血清总钙浓度不随年龄而变化,但小于 2 岁的猫的血清钙离子浓度会相对较高(<0.1 mmol/L)。

大多数院内的自动血清生化分析仪检测的是血清总钙浓度,总钙包括具有生物活性的离子钙(55%)、蛋白结合钙(35%)和钙复合物(10%)。该方法有一缺点,即血浆蛋白浓度的改变可能会引起血清总钙浓度的改变,而离子钙浓度仍维持正常。因此,检测犬的血清总钙浓度时,应一起检测血清白蛋白和总蛋白的浓度。白蛋白和总蛋白单纯的数量变化并不引起犬出现低钙血症或高钙血症,即使血清总钙浓度在生化检查结果中显示偏高或偏低。从经验上来看,可用下面公式来纠正低白蛋白血症或低蛋白血症患犬的血清总钙浓度:

$$\text{纠正后的钙浓度(mg/dL)} = \text{血清钙(mg/dL)} - \text{血清白蛋白(g/dL)} + 3.5$$

或

$$\text{纠正后的钙浓度(mg/dL)} = \text{血清钙(mg/dL)} - [0.4 \times \text{血清总蛋白(g/dL)}] + 3.3$$

这些公式不适用于<24 周龄的犬,因为数值可能

会偏高。也不适用于猫，因为猫的血清总钙与血清白蛋白和总蛋白浓度不存在线性关系。这些公式是对血清总钙浓度的粗略估算，没有通过检测血清离子钙的值来验证。随后的研究发现，纠正后的总钙与相应的血清离子钙浓度相关性很小，说明纠正后血清总钙浓度不是钙稳态的可靠指标，故优选测量血清离子钙浓度，尤其对于患有低蛋白血症的动物。

可以直接检测具有生物活性的离子钙，这种方法可以避免血浆蛋白对血清总钙含量的影响。评估犬和猫的钙水平时，检测离子钙优于血清总钙。自动化设备用钙离子选择性电极能准确地测量血液、血浆和血清中的离子钙含量。离子钙的结果可被多种因素影响，包括样品的采集方法（无氧保存样本的结果更准确）；肝素的量和类型（可能使结果偏低或偏高）；样品 pH 的改变（pH 升高会使离子钙降低）。应遵循临床化学实验室对测定离子钙的送检血液样品规定，以确保结果的准确性。手持式分析器测定的离子钙值一般低于台式机。

◈病因

高钙血症在犬和猫中较常见。持续性高钙血症通常是从骨骼或肾脏重吸收钙增多，或从胃肠道吸收钙增多。高钙血症最常见的病因是恶性肿瘤体液性高钙血症（humoral hypercalcemia of malignancy，HHM），这发生于肿瘤产生促进破骨细胞活性和促进肾脏重吸收钙的物质时。这些物质包括甲状旁腺素（parathyroid hormone，PTH）、甲状旁腺素相关肽（parathyroid hormone-related peptide，PTHrP）、1，25-二羟维生素 D、细胞因子（如白细胞介素-1 和肿瘤坏死因子）、前列腺素、刺激肾脏 1α-羟化酶的体液因素。当肿瘤转移到骨内时，它们可能会通过局部溶骨活性而诱发高钙血症。罕见情况下，高钙血症由血清中的钙排出机制受损（如肾小球滤过率降低）或血浆容量减少（如脱水）所致。

犬猫高钙血症的鉴别诊断列表相对较少（见表 50-2）。对于犬，高钙血症最常见的病因包括：HHM（尤其是淋巴瘤）、肾上腺皮质功能减退、慢性肾功能衰竭、维生素 D 过多症和原发性甲状旁腺功能亢进症。而对于猫，最常见的病因包括：特发性高钙血症、恶性肿瘤性高钙血症（尤其是淋巴瘤和鳞状细胞癌）、慢性肾功能衰竭。在患有高钙血症的猫中，常伴有草酸钙结石和酸性饮食结构的现象，但其中是否具有因果关系仍不清楚。

慢性肾衰竭的犬猫会出现高钙血症，少数情况下急性肾衰竭也会出现。高钙血症与肾功能衰竭相关的发病机理是复杂的。可能的原因包括自主功能性甲状旁腺的发展、肾脏继发性甲状旁腺功能亢进持续刺激后使 PTH 分泌的设定值改变，肾小管上皮细胞对 PTH 的降解减少，PTH 介导的肠道钙吸收增加，PTH 介导的破骨细胞的骨吸收增加，肾排泄钙减少，蛋白结合钙和复合钙增多。长期高钙血症，尤其是并发高血磷时，会导致肾结石、加剧肾功能不全和氮质血症。判断一只患有高钙血症、高磷血症和氮质血症犬的肾衰竭是原发还是继发的，是一项有意义的诊断挑战。

◈临床特征

虽然所有组织都会受高钙血症的影响，但在临床上最重要的是神经肌肉、胃肠道、肾脏和心脏系统。继发性肾源性尿崩症、肾浓度梯度丢失和肾转移性矿化会导致多尿、多饮。中枢及外周神经系统的兴奋性降低伴随胃肠平滑肌兴奋性降低，引起嗜睡、厌食、呕吐、便秘、虚弱、癫痫（少见）。少数情况下，患有严重高钙血症（如：>18 mg/dL）的动物可能会出现心律失常的现象。患有轻度高钙血症的动物，心电图可能会出现 PR 间期延长，QT 间期缩短的现象。

血清钙浓度仅轻度增加时，一般不表现出临床症状，只有检测血清生化后才会发现高钙血症，一般进行血清生化检测的原因和高钙血症无关。临床症状开始出现时，最初往往是不明显的。临床症状的严重程度取决于高钙血症的严重程度、发病速度和病情持续时间。不管发病速度和持续时间怎样，临床症状都会随着高钙血症程度的加重而加重。当血清钙浓度低于 14 mg/dL 时，临床症状通常较轻；当血清钙浓度大于 14 mg/dL 时，则会表现出明显的临床症状；当血清钙浓度超过 18～20 mg/dL 时，则会出现危及生命的症状（如心律失常）。可能观察到磷酸钙和草酸钙结石所引起的临床症状。

◈诊断

在开始大量诊断性评估之前，应复查确定高钙血症，最好采集禁食 12 h 后的非脂血液样本进行检测。根据 CBC、血清生化分析和尿液分析的结果，结合病史和体格检查结果，通常能找到潜在病因（见表 50-2）。应特别注意血清电解质及肾功能指标。肾上腺皮质功能减退引起的高钙血症通常与盐皮质激素缺乏同时发生;会出现低钠血症、高钾血症、肾前性氮质血症。HHM 和原发性甲状旁腺功能亢进时,血清磷浓度下降或处于参考值范围下限(图55-1)。如果血清磷浓度增加且肾功能正常,主要鉴别诊断为维生素 D 过多症、转移性骨溶解或原发性骨病变。

当高磷血症和高钙血症合并氮质血症存在时,很难判断肾衰是原发的还是继发于其他疾病所致的高钙血症。慢性肾衰竭能引起高钙血症,少数情况下,急性肾衰竭也会导致高钙血症。此外,并发高血磷的持续

性高钙血症,会使得肾脏逐步矿化,最终导致肾衰竭。检测血清离子钙浓度有助于鉴别犬猫肾功能衰竭引起的高钙血症;若由肾衰竭引起,则血清离子钙浓度通常正常或降低,若由其他疾病引起,则通常升高。然而患有慢性肾衰竭和长期肾脏继发性甲状旁腺功能亢进症犬猫,可能会出现甲状旁腺 PTH 自主分泌过多和血清钙离子增加(如:三发性甲状旁腺功能亢进症),虽然较罕见。

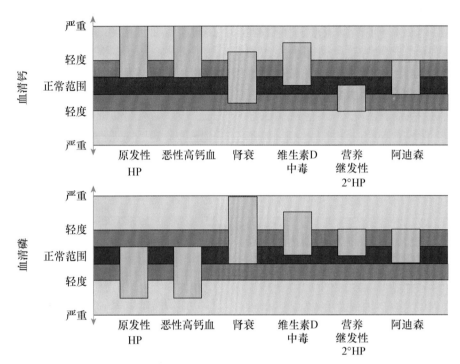

**图 55-1**

犬高钙血症和/或甲状旁腺功能亢进常见病因的血清钙和磷的浓度范围。**HP**:甲状旁腺功能亢进;**2°HP**:继发性甲状旁腺功能亢进(摘自 Feldman EC, Nelson RW: Canine and feline endocrinology and reproduction, ed 3, Philadelphia, 2004, WB Saunders.)。

当出现高钙血症且血清磷浓度处于正常或下降时,恶性高钙血症和原发性甲状旁腺功能亢进症是主要的鉴别诊断。最常见的恶性肿瘤是淋巴瘤。详细的病史和体格检查结果有助于为诊断提供依据。若存在全身性症状,则可能为恶性高钙血症。伴有原发性甲状旁腺功能亢进的犬猫通常表观健康,且临床症状轻微。应仔细触诊四肢骨骼、外周淋巴结、腹腔及直肠处,判断是否有肿块、淋巴结病、肝肿大、脾肿大或长骨触诊疼痛的情况。诊断性检查包括:胸腹部 X 线检查,腹部超声;肝、脾、淋巴结穿刺和骨髓细胞学检查;血清离子钙、甲状旁腺素和 PTHrP 浓度的测定;颈部超声。这些诊断性检查有助于诊断潜在的恶性肿瘤。

淋巴瘤引起高钙血症时,常见胸骨和肺门淋巴结

肿大,且很容易通过胸部 X 线识别。胸部和腹部 X 线也可用于评估骨骼,脊椎或长骨离散性溶骨性病变提示多发性骨髓瘤。高蛋白血症、蛋白尿、骨髓浆细胞浸润,也提示多发性骨髓瘤。外周淋巴结、骨髓和脾脏穿刺细胞学检查有助于诊断淋巴瘤。淋巴瘤可能累及外周淋巴结或脾脏,但不引起它们肿大。理想情况下,应对最大的淋巴结进行评估。淋巴结、骨髓和脾脏穿刺结果正常也不能排除淋巴瘤。

测定同一血样的血清离子钙、PTH 和 PTHrP 有助于鉴别原发性甲状旁腺功能亢进和 HHM。在多种 HHM 中,具有生物活性的 PTHrP 分泌过多在高钙血症的发病机理中起着重要的作用。血清离子钙浓度升高,可检测到血清 PTHrP 且无法检测到血清 PTH,可

确诊 HHM。淋巴瘤是检出 PTHrP 的最常见原因，但其他肿瘤也可以通过该机制引起高钙血症，包括顶泌腺腺癌及各种癌（例如：乳腺癌、鳞状细胞癌、支气管癌）。与此相反，血清离子钙浓度升高，血清 PTH 浓度正常或偏高，检测不到 PTHrP，可确诊原发性甲状旁腺功能亢进。甲状腺甲状旁腺区域的超声检查可观察到一个或多个甲状旁腺肿大（图 50-2）。虽然甲状旁腺腺瘤的直径可超过 2 cm，但大多数介于 4～8 mm。相比之下，恶性高钙血症时甲状旁腺较小（直径＜2 mm）或检测不到。

对于不明原因的高钙血症动物，应考虑注射 L-天冬酰胺酶后，再评估血清钙浓度的变化，以排除隐匿性淋巴瘤。关于 L-天冬酰胺酶的试验，静脉注射 10 000 IU/m²，注射前测量血清钙浓度，注射后 72 h 内每 12 h 测量一次。若血清钙浓度下降，通常降至正常范围，则很有可能为隐匿性淋巴瘤。注射 L-天冬酰胺酶最常见的副作用是过敏反应，推荐预先使用抗组胺药。

在幼猫和中年猫中，若排除了导致高钙血症的其他原因，则特发性高钙血症也是常见诊断。通常为轻度高钙血症（＜13 mg/dL），且猫一般不表现出症状。血清磷浓度与肾功能指标均正常。导致此情况的原因不明。如前所述，所有检查结果未见明显异常。血清 PTH 浓度正常或下降；这些猫无一证实存在原发性甲状旁腺功能亢进；也未见血清 PTHrP、25 羟维生素 D 或骨化三醇浓度上升。高钙血症患猫可能会出现肾钙质沉着和尿路结石，可能继发于尿钙排泄增加。由于该病的发病机理尚不明确，故尚无持续有效的治疗方案。当喂食高纤维饮食、肾脏处方粮、预防草酸钙结石而制定的食物，或给予泼尼松龙治疗（初始剂量，5 mg q 24 h）后，部分猫的血清钙浓度会降低，但治疗反应是不可预知且短暂的。部分患有特发性高钙血症的猫，口服二膦酸盐（如：阿仑膦酸钠）被证实有一定的疗效（见治疗部分）。应定期监测患猫的血清钙、磷和肾功能指标，若高钙血症逐渐加重、出现肾功能衰退或两者同时发生，则应采取适当的治疗措施（见 44 章）。

◈治疗

药物治疗的目的应在于消除高钙血症的潜在病因。若出现以下情况：临床症状严重、血清总钙浓度高于 17 mg/dL（犬）或 16 mg/dL（猫）、血清离子钙高于 1.8 mmol/L（犬）或 1.7 mmol/L（猫）、钙磷浓度乘积（[Ca]×[Pi]）大于 60 ～70（提示软组织转移性矿化）、或出现氮质血症，则需采用支持疗法来降低血清钙浓度以减小毒性。纠正脱水、生理盐水利尿、呋塞米利尿和糖皮质激素是最常用的治疗方法（框 55-6）。由于主人担心多尿和多饮而限制其饮水，故在高钙血症患犬中出现继发性肾前性氮质血症很常见，因此，在恢复血容量前不应给予利尿剂。

采用的支持疗法不应干扰诊断。通常来说，生理盐水和利尿治疗不会影响诊断检测结果。因为高钙血症动物患淋巴瘤的概率很高，所以未查明高钙血症病因之前，不应注射糖皮质激素。

降钙素可用于治疗严重高钙血症，代替泼尼松治疗尚未明确病因的高钙血症动物。降钙素能抑制破骨细胞活性。常用于治疗维生素 D₃ 灭鼠药中毒引起的高钙血症。注射降钙素后血清总钙浓度下降幅度相对较小（≤ 3 mg/dL），其不良反应包括恶心和呕吐。虽然降钙素起效快，但其时效短（几小时），且常在数天内出现耐药，这可能是由于降钙素受体下调所致。降钙素的短时效和高成本，限制了其在治疗高钙血症时的实用性。

二膦酸盐类通过降低破骨细胞的活性和功能，诱导破骨细胞的凋亡，从而抑制骨吸收。帕米膦酸钠常用于治疗犬猫由各种疾病引起的高钙血症，包括维生素 D₃ 灭鼠药中毒，由淋巴瘤、骨髓瘤、骨肉瘤、原发性甲状旁腺功能亢进及诺卡氏菌病引起的高钙血症。帕米膦酸钠静脉给药起效快，且能有效降低血清总钙和离子钙浓度。据报道，帕米膦酸钠唯一的不良反应是肾毒性反应，但较罕见。在人类医学中，影响肾毒性的因素包括二膦酸盐的剂型、输注速率、病人的水合状态。在明确病因前输注帕米膦酸钠不干扰高钙血症的诊断。

特发性高钙血症患猫改变饮食和口服泼尼松龙无效时，则采取口服二膦酸盐、阿仑膦酸钠的方式治疗。若血清钙浓度不超过 13 mg/dL，一般不推荐阿仑膦酸钠。目前推荐 Dennis Chew 博士提供的治疗方案，即在严格禁食 12 h 后，猫服用一颗 10 mg 的胶囊，一周一次，随后立即口服 6 mL 水，并在鼻子上抹黄油以促进唾液分泌和吞咽。在服用阿仑膦酸钠后，禁食 12 h 以上。食物会影响药物的吸收，而阿仑膦酸钠会导致食管糜烂。治疗开始后的 2～3 周，应该监测血清离子钙浓度，并在下次治疗前采集血液样本，以评估疗效和监测低钙血症。若经过 6～8 周治疗后，高钙血症无明显改善，可考虑将药物剂量增大至每周 20 mg。

如果需要长期支持治疗（如患有恶性肿瘤的动物），使用呋塞米、糖皮质激素和低钙食物（如：普瑞纳

NF犬罐头,法国皇家改良犬干粮)可帮助控制高钙血症。如果出现高磷血症,则应给予不含钙的肠道磷结合剂(如氢氧化铝)。为了有效控制高钙血症,也可考虑口服或静脉注射二膦酸盐类。

 **框55-6    控制高钙血症的非特异性治疗**

**紧急治疗**
1. 纠正脱水
2. 生理盐水利尿,60~180 mg/(kg·d)IV
3. 呋塞米,2~4 mg/kg IV,PO q 8~12 h
4. 一旦确诊:泼尼松,1~2 mg/kg q 12 h PO或地塞米松0.1~0.2 mg/kg IV q 12 h

**若上述治疗无效,则采用进一步治疗**
1. 鲑鱼降钙素,4~6 IU/kg SC q 8~12 h
2. 帕米膦酸钠,1~2 mg/kg + 150 mL 0.9% NaCl,IV给药时间大于2~4 h。
3. 腹膜透析、血液透析

**长期治疗**
1. 呋塞米(见上述)
2. 泼尼松(见上述)
3. 低钙食物
4. 若存在高磷血症,则用肠道磷结合剂(见44章)
5. 二膦酸盐[帕米膦酸钠(见上述);依替膦酸钠,5~15 mg/kg,一天1~2次,PO]

IV,静脉注射;IM,肌肉注射;PO,口服;SC,皮下注射。

# 低钙血症
## (HYPOCALCEMIA)

◆**病因**

虽然各实验室之间的参考值范围可能不同,但血清总钙浓度低于9 mg/dL(成年犬)或8 mg/dL(成年猫)或血清离子钙浓度低于1.0 mmol/L,则为低钙血症。低钙血症常见于哺乳期钙流失增多(如:产后搐搦症)、骨骼或肾脏吸收减少(如:原发性甲状旁腺功能减退)、胃肠道吸收减少(同化不良综合征),或血清钙的螯合沉淀增加(如乙二醇中毒,急性胰腺炎)。急性高磷血症也可引起低钙血症。犬和猫低钙血症最常见的原因是低白蛋白血症、产后搐搦症、急性和慢性肾衰、同化不良综合征、重大疾病[如败血症、全身性炎症反应综合征(SIRS)]和原发性甲状旁腺功能减退(尤其是患有甲状腺功能亢进的猫在切除甲状腺之后,见表50-3)。在并发低白蛋白血症的动物中,血清总钙浓度会显著降低,其原因在高钙血症章节中讨论过。血清离子钙浓度是否降低由其潜在病因决定。在诊断低钙血症前应检测血清离子钙浓度,特别是血清白蛋白浓度降低时。

◆**临床特征**

患有低钙血症的动物,轻则无临床症状,重则表现为严重的神经肌肉功能障碍。当血清总钙浓度为7~9 mg/dL时,通常无临床症状;出现临床症状的犬猫,通常其总钙浓度低于7 mg/dL(离子钙<0.8 mmol/L),但低钙血症的严重程度和出现的临床症状是不可预知的,取决于低钙血症的程度、发病速度和持续时间。

最常见的临床症状是由于低钙血症引起神经元兴奋性增加所致的,其症状包括焦躁不安、行为改变、局部肌肉抽搐(尤其是耳朵和面部肌肉)、肌肉痉挛、步态僵硬、四肢抽搐、癫痫。癫痫通常不会伴发意识丧失或尿失禁。低钙血症的早期症状(尤其是猫)包括嗜睡、厌食、剧烈摩擦面部和喘气。运动、兴奋和应激会引起或加重临床症状。其他体格检查结果可能包括发烧、似夹板的腹部、心脏异常(如股动脉脉搏虚弱、心动过缓、心动过速)和白内障。

◆**诊断**

首先通过检测血清离子钙浓度确诊为低钙血症,进而开展进一步的诊断性检查以查明病因。低钙血症鉴别诊断列表相对较短,且病史、体格检查结果、CBC、血清生化分析、尿液分析、胰腺炎检查[如犬胰腺脂肪酶的免疫反应性(cPLI),腹部超声波]通常会为建立诊断提供必要的依据(见表50-3)。存在低血钙症的临床症状但血清镁浓度正常的犬猫,如果无氮质血症且不在泌乳期,那么很有可能是原发性甲状旁腺功能减退。若无法检测到血清PTH浓度,或其基础值很低,则可以确诊。

◆**治疗**

治疗应针对低钙血症的潜在病因。若患病动物的病情稳定,无明显临床症状,且血清钙浓度稳定,则可能不必补钙。若出现以下情况,可以用维生素D或(和)钙进行给药:出现临床症状;血清总钙浓度低于7.5 mg/dL;血清离子钙浓度低于0.8 mmol/L;低钙血症发展迅速且血钙浓度逐步降低。若出现低血钙性抽搐,则应缓慢静脉注射钙剂直至起效(框55-7)。首选葡萄糖酸钙,若注射到静脉以外也无腐蚀性,这与氯化钙不同。输钙期间,最好进行听诊和心电图监测;若心动过缓或 QT 间期缩短,应暂停给药。对于患有高磷血症的犬猫,注射富含钙的液体需谨慎,因为会增加软组织(特别是肾脏)的矿化风险。

 **框 55-7　犬猫低钙血症的治疗**

**有症状低钙血症的立即治疗**
10%的葡萄糖酸钙溶液
用量:0.5~1.5 mL/kg IV 缓慢推注
监测心动过缓、心律失常
目的:缓解低钙血症的临床症状

**肠外治疗以预防症状性低钙血症**
恒速 IV 10%葡萄糖酸钙
　初始剂量:钙元素 60~90 mg/(kg・d)
　10 mL 的 10%葡萄糖酸钙含有 93 mg 钙元素
　使用注射泵在独立的静脉通道给药
　不要添加含有乳酸盐、醋酸盐、碳酸氢盐或磷酸盐的液体
　监测血清离子钙或总钙 q 8~12 h,并相应地调整输液速度
　目标:纠正病因和/或等待口服钙和维生素 D 治疗起效前,避免低钙血症的临床症状

**口服维生素 D 和钙治疗低钙血症**
优选 1,25-二羟维生素 $D_3$(骨化三醇),因为起效快
　可用 0.25 μg 和 0.50 μg 胶囊
　初始剂量:0.02~0.03 μg/(kg・d)
　监测血清离子钙或总钙 q 12~24 h,并相应地调整剂量或频率
　　目标:避免低钙血症的临床症状及其发展;目标总钙浓度为 9~10 mg/dL
口服葡萄糖酸钙、乳酸钙或碳酸钙片
　不同药物的药量不同,范围为 30~500 mg/药片
　初始剂量:约 25 mg/kg q 8~12 h
　通常与维生素 D 结合使用
　根据血清离子钙或总钙浓度调整注射剂量和频率

IV,静脉注射。

一旦通过静脉注射钙剂控制住了抽搐,可口服维生素 D 和(或)钙,以防止临床症状复发。如果低钙血症的病因可逆,且低钙血症为短期的(如幼犬从患有产后搐搦症的母犬处断奶),则需结合口服钙和静脉注射葡萄糖酸钙以防止临床症状复发。除口服钙和(或)维生素 D 以外,长期严重低钙血症的动物(如原发性甲状旁腺功能减退症、原发性甲状旁腺功能亢进后进行了甲状旁腺切除术)建议连续静脉注射钙剂(IV continuous-rate infusion,IV CRI)。对于 IV CRI,葡萄糖酸钙的初始剂量应为钙元素 60~90 mg/(kg・d)。10 mL 的 10%葡萄糖酸钙含有钙元素 93 mg。10、20、30 mL 的 10%葡萄糖酸钙分别添加到 250 mL 的溶液中,并维持输注速率为 60 mL/(kg・d)[2.5 mL/(kg・h)],则大约分别含有钙元素 1、2、3 mg/(kg・h)。由于乳酸盐、醋酸盐、碳酸氢盐或磷酸盐会导致钙盐沉淀,因此钙盐不应添加到含上述物质的液体中。每 8~12 h 监测血清钙浓度,并逐渐减少钙的输注,一旦血清总钙浓度稳定在 8 mg/dL 以上或血清离子钙浓度大于 0.9 mmol/L,则停止输注。

需要长期维持治疗来控制低钙血症,尤其是原发性和继发性(甲亢时进行双侧甲状腺切除)甲状旁腺功能减退患猫。口服维生素 D 是治疗慢性低钙血症的主要方式(见框 55-7)。维生素 D 能促进肠道钙和磷的吸收,并与甲状旁腺激素一起动员骨骼里的钙和磷。在维持治疗早期除了维生素 D,还需口服补充钙剂。

维持治疗的目标是将血清钙浓度维持在 9~10 mg/dL(犬)和 8~9 mg/dL(猫)之间,该浓度范围能有效控制临床症状,且减少高钙血症的风险,并刺激剩余的或异位甲状旁腺组织起作用。应密切监测血清钙浓度(最初 q 24~48 h),并对治疗方案进行相应的调整。对于患有原发性甲状旁腺功能减退和进行了甲状旁腺全切除术的动物,需要永久使用维生素 D。如果只是出现了局部或短暂的甲状旁腺损伤,则维生素 D 治疗通常是能减少或停止的。不管哪种情况,通常都可以减少或停止补充钙剂(关于治疗低钙血症的更多方法参见第 50 章)。

# 高磷血症
# (HYPERPHOSPHATEMIA)

◆病因

虽然各实验室之间的参考值范围可能不同,但成年犬猫的血清磷浓度大于 6.0 mg/dL,则为高磷血症。幼犬(<12 月)特别是大型和巨型品种,和幼猫(<6 月)的血清磷浓度会高于成年犬(猫)。成长至 12 月龄时,血磷会逐渐降低至成年犬(猫)水平。一般认为骨骼的生长和由生长激素介导的肾小管对磷的重吸收作用增强,促使了这种年龄效应的发生。高磷血症由肠道对磷的吸收增多、尿磷的排泄量减少或磷从细胞内转运到细胞外所导致。磷在细胞内和细胞外的转运与钾相似。犬和猫高磷血症最常见的原因是继发于肾衰的肾排泄减少(框 55-8)。

◉临床特征

高磷血症是潜在疾病的标志,它本身通常不引起临床症状。血清磷浓度急性升高可能导致低钙血症及其相关的神经肌肉症状。持续的高磷血症可引起继发性甲状旁腺功能亢进、纤维性骨营养不良和软组织矿化。幸运的是,大多数引起高磷血症的原因通常会导致血清中钙离子浓度降低,故钙磷溶度积([Ca] × [Pi])仍低于 60。当[Ca] × [Pi]超过 60 时,会增加软组织矿化的风险。慢性肾功能衰竭是持续性高磷血症最常见的原因,且会使钙磷溶度积增加到 60 以上。病史、体格检查、CBC 结果、血清生化分析、尿液分析、血清 $T_4$ 浓度

 **框 55-8** 犬和猫患高磷血症的病因

**生理原因**
幼年生长期动物*

**摄入量增加**
维生素 D 过量*
　　增补剂过量
　　维生素 $D_3$ 灭鼠药
茉莉花毒性
食物摄入过量
溶骨性病变(肿瘤)

**丢失减少**
急性或慢性肾功能衰竭*
尿腹症
甲状旁腺功能减退*
甲状腺功能亢进
肾上腺皮质功能亢进
肢端肥大症

**跨细胞转移(ICF 到 ECF)**
代谢性酸中毒
肿瘤细胞溶解综合征
组织损伤或横纹肌溶解症
溶血

**医源性原因**
IV 补充磷
含磷酸盐灌肠剂
利尿剂:呋塞米和氢氯噻嗪

**实验室错误**
高脂血症
高蛋白血症

*常见原因。
ECF,细胞外液;ICF,细胞内液;IV,静脉注射。
改自 DiBartola SD, Willard MD: Disorders of phosphorus: hypophosphatemia and hyperphosphatemia. In DiBartola SP, editor: Fluid, electrolyte and acid-base disorders in small animal practice, ed 3, St Louis, 2006, Saunders Elsevier.

(猫)通常能为该疾病的诊断提供依据。

◉治疗

高磷血症通常会随着潜在疾病的纠正而得到解决。在患有肾功能衰竭的犬猫中,积极的输液治疗能缓解高磷血症。由肾衰引起的持续性高磷血症,最有效的治疗方法是口服磷酸盐结合剂配合低磷食物(见第 44 章)。

# 低磷血症
## (HYPOPHOSPHATEMIA)

◉病因

虽然各实验室之间的参考值范围可能不同,但犬猫的血清磷浓度低于 3 mg/dL,则为低磷血症。但仅当血清磷浓度低于 1.5 mg/dL 时,低磷血症才会表现出比较明显的临床症状。低磷血症是由肠道对磷的吸收减少、尿磷排泄增多或磷从细胞外转运到细胞内所导致。低磷血症通常与恶性肿瘤性体液性高钙血症(如淋巴瘤)、原发性甲状旁腺功能亢进及糖尿病酮症酸中毒的治疗相关(见框 55-9)。临床上最严重的低磷血症常发生于糖尿病酮症酸中毒治疗的前 24 h,因为钾和磷从细胞外转运到细胞内。磷在细胞内外转运的机制与钾相似。促进钾转运到细胞内的因素(如碱中毒、胰岛素、葡萄糖输注),对磷会起到相似的促进作用。在治疗糖尿病酮症酸中毒期间,由于输液治疗的稀释作用以及由胰岛素和碳酸氢盐治疗引起的磷转运到细胞内,血清磷浓度会降至极低水平(如:<1 mg/dL)。值得注意的是,最初血清磷浓度通常正常,或仅有轻度下降,因为代谢性酸中毒会使磷从细胞内向细胞外转运。

◉临床特征

当血清磷浓度低于 1.5 mg/dL 时,可能出现临床症状,尽管临床症状多变,许多动物出现严重低磷血症却无临床症状。低磷血症主要影响犬和猫的血液和神经肌肉系统。溶血性贫血是低磷血症最常见的并发症。低磷血症会使红细胞三磷酸腺苷(ATP)的浓度降低,从而增加红细胞的脆性,导致溶血。溶血通常只有在血清磷浓度为 1 mg/dL 或更低时才出现。如果未能识别和治疗溶血性贫血,可能会有生命危险。神

经肌肉症状包括虚弱、共济失调、癫痫、厌食和继发于肠梗阻的呕吐。

 框 55-9 犬和猫低磷血症的病因

**肠道吸收减少**
磷酸盐结合剂*
维生素 D 缺乏
食物摄入减少
吸收障碍，脂肪痢

**尿路排泄增加**
原发性甲状旁腺功能亢进*
恶性肿瘤性体液性高钙血症*
DKA*
肾小管疾病（范可尼综合征）
利尿剂
子痫惊厥

**跨细胞转移**
胰岛素，尤其治疗 DKA*
呼吸性和代谢性碱中毒
碳酸氢钠*
葡萄糖*
肠外营养液
低体温症

**实验室错误**

*常见原因。
DKA，糖尿病酮症酸中毒。
改自 DiBartola SD, Willard MD: Disorders of phosphorus: hypophosphatemia and hyperphosphatemia. In DiBartola SP, editor: Fluid, electrolyte and acid-base disorders in small animal practice, ed 3, St Louis, 2006, Saunders Elsevier.

◆治疗

大多数犬猫的低磷血症会随着潜在病因的纠正而得到解决。对于血清磷浓度大于 1.5 mg/dL，且不会进一步降低的无临床症状动物，可不使用磷酸盐进行治疗。当出现临床症状且发现溶血，或血清磷浓度低于 1.5 mg/dL 且还有可能进一步降低时，则使用磷酸盐进行治疗。若犬猫患有高钙血症、少尿或疑似组织坏死，则不可使用磷酸盐。若尚不清楚肾脏功能，不应使用磷酸盐，直至清楚肾脏功能和血清磷浓度。

治疗的目标是维持血清磷浓度高于 2 mg/dL 且不引起高磷血症。优选口服补磷，使用缓泻药（如：磷酸苏打、Fleet Pharmaceuticals、Lynchburg、Va）、营养均衡的商品日粮、牛奶、或结合使用。治疗严重低磷血症，通常使用静脉补磷的方法，特别是对于患有糖尿病酮症酸中毒的动物。通常选用磷酸钾溶液，若忌用补

钾液，则可用磷酸钠溶液代替。磷酸钾和磷酸钠溶液每毫升含有 3 mmol 磷酸盐，4.4 mEq 钾或 4 mEq 钠。磷酸盐的初始剂量为 0.01～0.03 mmol/(kg·h)，最好选择不含钙的液体（如：0.9% 生理盐水）恒速静脉给药。对于患有严重低磷血症的犬猫，可将剂量增大至 0.03～0.12 mmol/(kg·h)。由于需求量和动物对治疗的反应不可预知，所以最初每 8～12 h 检测血清磷浓度，并进行相应的调整是很重要的。补磷过度的不良反应包括：医源性低钙血症及其相关的神经肌肉症状、高钠血症、低血压和软组织矿化。在检测血清磷浓度的同时，也需检测血清总钙浓度，最好是检测离子钙浓度。若发现低钙血症，则应降低磷酸盐的输液速率。

# 低镁血症
## （HYPOMAGNESEMIA）

◆病因

虽然各实验室之间的参考值范围可能不同，但血清总镁浓度低于 1.5 mg/dL，镁离子浓度低于 0.4 mmol/L，则为低镁血症。低镁血症是由镁的摄入或胃肠道吸收减少、胃肠道丢失增多、尿镁排泄增多或镁离子从细胞外转运到细胞内所导致的。临床上严重低镁血症的原因有：引起小肠同化不良的疾病、引起尿量增多的肾脏疾病、糖尿病酮症酸中毒性渗透性利尿；DKA 治疗的最初 24 h 钾、磷、镁从细胞外向细胞内的转运（见框 55-10）。镁主要是细胞内阳离子。镁在细胞内外转运的机制与钾相似，促进钾向细胞内转运的因素（如碱中毒、胰岛素、葡萄糖输注）对镁会起到相似的促进作用。

◆临床特征

低镁血症是犬猫危重症中最常见的电解质紊乱。镁缺乏可导致各种心血管、神经肌肉和代谢性并发症。当血清总镁和镁离子浓度分别低于 1.0 mg/dL 和 0.4 mmol/L 时，低镁血症才会表现出临床症状，甚至在如此低水平时，有些动物仍无临床症状。镁缺乏会导致一些非特异性临床症状，包括嗜睡、厌食、肌肉无力（包括吞咽困难和呼吸困难），肌肉收缩、癫痫、共济失调和昏迷。患有低镁血症的动物可能会并发低钾血症、低钠血症和低钙血症，不过不同动物的情

**框 55-10** 犬和猫低镁血症和镁消耗的病因

**胃肠道原因**
摄入不足
慢性腹泻和呕吐*
吸收不良综合征
急性胰腺炎
胆汁淤积性肝病
鼻胃管吸出

**肾脏原因**
肾功能衰竭
肾小管性酸中毒
去梗阻后利尿
药物引起的肾小管损伤(如氨基糖苷类、顺铂)
肾移植后
长时间静脉输液治疗*
利尿剂*
注射洋地黄类药物
并发电解质紊乱
　　高钙血症
　　低钾血症
　　低磷血症

**内分泌原因**
糖尿病及糖尿病酮症酸中毒*
甲状腺功能亢进症
原发性甲状旁腺功能亢进症
原发性醛固酮增多症

**其他原因**
胰岛素、葡萄糖或氨基酸的紧急给药
败血症
体温过低
过量输血
腹膜透析,血液透析
全肠外营养

　*常见原因。
　改自 Bateman S: Disorders of magnesium: magnesium deficit and excess. In DiBartola SP, editor: Fluid, electrolyte and acid-base disorders in small animal practice, ed 3, St Louis, 2006, Saunders/Elsevier.

况有所不同。这些电解质紊乱可能也会导致临床症状的发展。镁是所有涉及 ATP 的酶反应的辅助因子,尤其是钠-钾 ATP 泵。镁缺乏可能会引起钾丢失性肾病和钾从机体流失,低镁血症导致的低钾血症用常规补钾治疗可能难以纠正。镁缺乏会抑制甲状旁腺分泌 PTH,且可能促进骨对钙的吸收,从而导致低钙血症。镁缺乏还会使心肌细胞的静息电位降低,导致浦肯野纤维兴奋性升高,从而引起心律失常。心电图变化包括:PR 间期延长、QRS 波群增宽、ST 段压低、T 波高耸。与镁缺乏相关的心律失常包括心房颤动、室上性心动过速、室性心动过速、心室纤维性颤动。低镁血症还容易导致动物出现由洋地黄引起的心律失常。

◆诊断

　　检测血清总镁和离子镁浓度能发现低镁血症,并提示与之相关的疾病和易感因素(见框 55-10)。评估动物全身镁状态是有困难的,因为没有简单、快速、准确的实验室方法可实现这一目的。血清总镁占全身镁储存量的 1%,而血清镁离子含量占总镁量的 0.2%～0.3%。因此,血清总镁和离子镁浓度不能完全反映出全身镁状态。当细胞内镁含量缺乏时,血清镁浓度可能正常。然而,血清镁浓度低则代表全身镁缺乏,尤其是当临床症状或并发的电解质紊乱与低镁血症一致时。推荐用离子选择性电极检测血清离子镁浓度,它比检测血清总镁能更准确地评估全身镁状态。对于血清镁浓度低的犬和猫,通过回顾病史、体格检查、CBC、血清生化分析、尿液分析往往能找到潜在病因(见框 55-10)。

◆治疗

　　低镁血症的治疗对象通常包括生病住院以及食欲不振和/或由胃肠道或肾脏失水过多的犬猫。DKA 治疗期间出现顽固性低钾血症和/或低钙血症,及心力衰竭并发室性心律失常时使用髓袢利尿剂和/或洋地黄的犬猫,可能也需补充镁离子。

　　商品化注射药物包括硫酸镁注射液(每克盐含 8.12 mEq 镁)和氯化镁(每克盐含 9.25 mEq 镁)。快速和慢速静脉补镁的剂量分别是 0.5～1 mEq/(kg·d) 和 0.3～0.5 mEq/(kg·d),结合 5% 葡萄糖溶液或 0.9% 生理盐水恒速静脉输注。镁与含碳酸氢盐或含钙溶液不相溶。在进行补镁前,应对肾功能进行评估,而对于患有氮质血症的动物,镁注射剂量应减少 50%～75%。若镁和强心苷类洋地黄药物一起使用,可能导致严重的传导障碍。应每 8～12 h 对血清镁、钙、钾浓度进行监测。镁治疗的目标是消除临床症状或顽固性低钾血症和低钙血症。硫酸镁胃肠外给药可能导致显著的低钙血症,故可能需补钙。镁治疗的其他不良反应包括低血压、房室传导阻滞和房室束支传导阻滞;若给药过量,还会出现呼吸抑制和心脏骤停的情况。给药过量时用葡萄糖酸钙进行治疗(见框 55-7)。

# 高镁血症
## (HYPERMAGNESEMIA)

◈**病因**

虽然各实验室之间的参考值范围可能不同,但血清总镁和镁离子浓度分别高于 2.5 mg/dL 和 1.5 mmol/L,则为高镁血症。由于肾脏能高效排出过量的镁,故高镁血症在临床上较罕见。患有肾衰竭、肾后性氮质血症的犬猫以及医源性镁摄入过量(如静脉注射),可能导致高镁血症。因为健康的肾脏能及时排出过量的镁,故医源性高镁血症通常发生于肾功能不全的动物。高镁血症还可能发生在患有胸部肿瘤和胸腔积液的猫上,以及患有肾上腺皮质功能减退、原发性甲状旁腺功能亢进、甲状腺功能减退症的犬上。这些犬猫发生高镁血症机制尚不明确。

◈**临床特征**

高镁血症通常会导致不同程度的神经肌肉阻滞。其非特异性临床表现包括嗜睡、乏力和低血压。当血清镁浓度较高时,会出现深部腱反射缺失,心电图变化包括 PR 间期延长、QRS 波群扩大以及心传导阻滞。当血清镁浓度超过 12 mg/dL 时,会出现严重的并发症,包括呼吸抑制、呼吸暂停、心律失常和心脏骤停。在高浓度时,镁充当非特异性钙通道阻滞剂。

◈**诊断**

通过检测血清镁浓度来诊断高镁血症。与镁缺乏不同,如果镁的储存增加,则其血清镁浓度也会增加。血清镁浓度的增加幅度与全身总镁过量程度的相关性还未见报道。

◈**治疗**

高镁血症的治疗首先应停止外源性镁的摄入。是否进行辅助治疗取决于高镁血症的严重程度、临床表现和肾功能状态。大多数肾脏健康的犬和猫只需进行支持治疗和观察。对于并发肾功能不全的动物,治疗的目的旨在改善肾脏功能(见第 44 章)。生理盐水利尿和髓袢利尿剂(如呋塞米)能促进肾脏中镁的排出。存在心律失常或严重低血压的犬猫,应使用葡萄糖酸钙治疗(见框 55-7)。

◈**推荐阅读**

Bolliger AP et al: Detection of parathyroid hormone-related protein in cats with humoral hypercalcemia of malignancy, *Vet Clin Pathol* 31:3, 2002.

DiBartola SP, editor: *Fluid, electrolyte and acid-base disorders in small animal practice*, ed 3, St Louis, 2006, Saunders Elsevier.

Fan TM et al: Evaluation of intravenous pamidronate administration in 33 cancer-bearing dogs with primary or secondary bone involvement, *J Vet Intern Med* 19:74, 2005.

Fincham SC et al: Evaluation of plasma ionized magnesium concentration in 122 dogs with diabetes mellitus: a retrospective study, *J Vet Intern Med* 18:612, 2004.

Graham-Mize CA et al: Absorption, bioavailability and activity of prednisone and prednisolone in cats, *Adv Vet Dermatol* 5:152, 2005.

Holowaychuk MK et al: Ionized hypocalcemia in critically ill dogs, *J Vet Intern Med* 23:509, 2009.

Hostutler RA et al: Uses and effectiveness of pamidronate disodium for treatment of dogs and cats with hypercalcemia, *J Vet Intern Med* 19:29, 2005.

Midkiff AM et al: Idiopathic hypercalcemia in cats, *J Vet Intern Med* 14:619, 2000.

Norris CR et al: Serum total and ionized magnesium concentrations and urinary fractional excretion of magnesium in cats with diabetes mellitus and diabetic ketoacidosis, *J Am Vet Med Assoc* 215:1455, 1999.

Ramsey IK et al: Hyperparathyroidism in dogs with hyperadrenocorticism, *J Small Anim Pract* 46:531, 2005.

Savary KCM et al: Hypercalcemia in cats: a retrospective study of 71 cases (1991-1997), *J Vet Intern Med* 14:184, 2000.

Schenck PA et al: Prediction of serum ionized calcium concentration by serum total calcium measurement in dogs, *Am J Vet Res* 66:1330, 2005.

Sharp CR et al: A comparison of total calcium, corrected calcium, and ionized calcium concentrations as indicators of calcium homeostasis among hypoalbuminemic dogs requiring intensive care, *J Vet Emerg Crit Care* 19:571, 2009.

Silverstein DC, Hopper KK, editors: *Small animal critical care medicine*, St Louis, 2009, Saunders Elsevier.

Stern JA et al: Cutaneous and systemic blastomycosis, hypercalcemia, and excess synthesis of calcitriol in a domestic shorthair cat, *J Am Anim Hosp Assoc* 47:116, 2011.

Toll J et al: Prevalence and incidence of serum magnesium abnormalities in hospitalized cats, *J Vet Intern Med* 16:217, 2002.

Whitney JL et al: Use of bisphosphonates to treat severe idiopathic hypercalcemia in a young Ragdoll cat, *J Fel Med Surg* 13:129, 2011.

**用于电解质和代谢紊乱的药物**

| 通用名称(商品名) | 用途 | 推荐剂量 | |
|---|---|---|---|
| | | 犬 | 猫 |
| 阿仑膦酸钠 | 治疗高钙血症 | 未知 | 10 mg PO 后禁食 12 h,每周一次 |
| 鲑鱼降钙素 | 治疗高钙血症 | 4~6 IU/kg SC q 8~12 h | 未知 |
| 钙注射剂和口服剂 | 治疗低钙血症 | 见框 55-7 | 见框 55-7 |
| 10%葡萄糖酸钙 | 治疗高钾血症 | 2~10 mL IV,缓慢推注 | 1~5 mL IV,缓慢推注 |
| | 治疗低钙血症 | 0.5~1.5 mL/kg IV,缓慢推注 | 0.5~1.5 mL/kg IV,缓慢推注 |
| 考来烯胺(考来烯胺) | 治疗特发性高胆固醇血症 | 1~2 g PO q 12 h | 未知 |
| 氯贝丁酯(安妥明) | 治疗特发性高甘油三酯血症 | 500 mg PO q 12 h | 未知 |
| 氯地平(Dirlotapide)(斯洛尼尔) | 治疗肥胖症 | 初始剂量:0.01 mL/kg PO q 12 h × 14 d;然后 0.02 mL/kg PO q 12 h×14 d;然后视情况调整 | 禁用 |
| 速尿(呋塞米) | 治疗高钙血症和高镁血症 | 2~4 mg/kg IV,PO q 8~12 h | 2~4 mg/kg IV,PO q 8~12 h |
| 二甲苯氧庚酸(吉非罗齐) | 治疗特发性高甘油三酯血症 | 200 mg PO q 24 h | 10 mg/kg PO q 12 h |
| 高渗(7.2%)生理盐水 | 治疗脑水肿 | 3~5 mL/kg,20 min 以上,中央静脉 | 相同 |
| 常规胰岛素 | 治疗高钾血症 | 0.5~1 U/kg+2 g 葡萄糖/U 胰岛素;肠外给药,IV | 0.5~1 U/kg+2 g 葡萄糖/U 胰岛素;肠外给药,IV |
| 洛伐他汀(美降脂) | 治疗特发性高胆固醇血症 | 10~20 mg PO q 24 h | 未知 |
| 镁注射剂和口服剂 | 治疗低镁血症 | 见第 826 页 | 见第 826 页 |
| 20%甘露醇 | 治疗脑水肿 | 1~3 mg/kg,20 min 以上;中央静脉 | 相同 |
| 富含 ω3 脂肪酸的鱼肝油补充剂 | 治疗特发性高甘油三酯血症 | 200~220 mg/kg PO q 24 h | 未知 |
| 烟酸 | 治疗特发性高甘油三酯血症 | 100 mg PO q 24 h | 未知 |
| 帕米膦酸二钠 | 治疗高钙血症 | 1~2 mg/kg 添加至 150 mL 0.9%生理盐水,IV,2~4 h 以上 | 推荐用阿仑膦酸钠 |
| 葡萄糖酸钾(Kaon Elixir, Tumil-K) | 治疗低钾血症 | 每天钾 2.2 mEq/100 kcal 食物消耗,或钾 2 mEq/4.5 kg PO q 2 h | 每天钾 2.2 mEq/100 kcal 食物消耗,或钾 2 mEq/4.5 kg PO q 12 h |
| 泼尼松(犬),泼尼松龙(猫) | 治疗高钙血症 | 1~2 mg/kg PO q 12 h | 1~2 mg/kg PO q 12 h |
| 碳酸氢钠 | 治疗高钾血症 | 1~2 mEq/kg IV,缓慢推注 | 1~2 mEq/kg IV,缓慢推注 |
| 维生素 D 制剂 | 治疗低钙血症 | 见框 55-7 | 见框 55-7 |

IV,静脉注射;PO,口服;SC,皮下注射。

# 第56章
## CHAPTER 56

# 兽医产科学实践
## The Practice of Theriogenology

小动物产科临床主要以纯种幼犬幼猫繁育为主，兽医较少参与大规模商业繁殖工作。通常情况下，小动物产科学被划为兽医内科学的附属学科。虽然该学科需要临床兽医有一定的从业时间和经验，但繁育人员往往会遵从兽医的建议。一次良好的繁殖实践工作可为兽医带来更多的客户，从而会比较忙碌。对于兽医和他们的团队来说，毋庸置疑，产科和儿科是这门学科最有意义的一部分。繁殖实践涉及的学科领域包括生理学、内分泌学、胚胎学、遗传学、新陈代谢学、营养学、儿科学和怀孕动物急救护理、麻醉学、药理学和解剖学。这个领域同时属于内科和外科范畴，其研究对象包括未绝育和已绝育的犬猫。

兽医积极参与犬猫繁殖的工作，不仅能在必要时提供内科和外科介入治疗，还可通过预防医学促进养殖业的健康发展。通过专业的遗传咨询和对育种动物进行筛选可减少选育带来的遗传缺陷。优化种母兽和种公兽育种前体况，需对动物进行健康状态评估、生殖系统检查、营养状况评估、寄生虫病防治和传染病预防，而排卵时间和饲养管理可提高受孕率和产仔率。产科学可促进自然分娩，并提高新生幼仔的存活率。产后预防医学能降低种用雌性动物和其后代的发病率和死亡率。建议对种用公犬定期进行体格检查和精液质量评估。

## 母犬的发情周期
## (ESTROUS CYCLE OF THE BITCH)

母犬初情期始于 6～24 月龄，大型犬较晚。犬正常生殖周期可分为 4 个阶段——乏情期、发情前期、发情期和间情期，每个阶段都有特征性行为、生理和内分泌规律(表 56-1)。发情间隔常为 4～13 个月，平均为 7 个月。发情周期中，乏情期的特征是子宫复旧和子宫内膜修复。正常母犬不吸引或不接受公犬。没有明显的外阴分泌物且阴门较小。阴道细胞学检查主要以副基细胞为主，偶见嗜中性粒细胞和少量混合细菌。阴道内窥镜检查可见阴道黏膜皱襞平滑、薄且红。从生理上终止乏情期仍需进一步研究，但目前发现该过程与黄体功能自主退化和催乳素分泌下降有关。已经证明使用多巴胺受体激动剂可缩短发情间隔，在一些实例中这与抑制催乳素的释放有关(催乳素具有促黄体作用)。促性腺激素释放激素(gonadotropin releasing hormone, GnRH)脉冲式释放可诱导垂体分泌促性腺激素、促卵泡激素(follicle stimulating hormone, FSH)和促黄体生成素(luteinizing hormone, LH)，使乏情期自然终止。下丘脑 GnRH 的脉冲式分泌受自主调控，其间歇性分泌是促性腺激素释放的生理需求。在乏情期，FSH 平均浓度适度升高，LH 浓度轻度上升。在乏情期后期，FSH 脉冲式释放增多，引起发情前期卵泡生成。此时，孕酮浓度处于最低点(<1 ng/mL)，雌激素基础浓度为 2～10 pg/mL。乏情期一般持续 1～6 个月。

在发情前期，虽然母犬变得更为活跃挑逗，公犬对其有吸引力，但仍不愿接受交配。此时，母犬阴门流出来源于子宫的分泌物(由血清血性变为出血性)，且阴门轻度开张。阴道细胞学表现为由小副基细胞逐渐转变为小中间细胞、大中间细胞、表皮中间细胞，最后转变为表层(角化)上皮细胞，反映了机体受雌激素的影响程度。红细胞较常见但并不总是存在。阴道黏膜皱襞变得肿胀、粉红和肥厚。在大多数发情前期，FSH 和 LH 浓度较低，但在排卵前激增。雌激素从乏

**表 56-1　母犬发情周期的显著特征**

| 发情阶段 | 时长 | 行为特征 | 重要的激素 | 阴道细胞学检查 | 阴道镜检查 | 生殖活动 | 阴门分泌物 |
|---|---|---|---|---|---|---|---|
| 乏情期 | 1～6个月 | 无性欲 | E 基础水平(2～10 pg/mL)<br>P 最低点(<1 ng/mL)<br>GnRH 脉冲式升高<br>FSH 中度升高<br>LH 轻度升高 | 缺乏副基底层细胞 | 平滑<br>白色 | 子宫复旧/修复 | 没有或很少 |
| 发情前期 | 3 d 至 3 周 | 吸引公犬<br>不接受交配 | E 达到高峰(50～100 pg/mL)<br>P 升高(1.5～4 ng/mL)<br>GnRH 脉冲式释放<br>FSH 增加<br>LH 激增(>1) | 红细胞、副基底层细胞逐渐变为中间细胞和表层细胞 | 水肿<br>粉红 | 卵泡生成 | 出血<br>阴门肿大 |
| 发情期 | 3 d 至 3 周 | 接受交配 | E 下降<br>P 升高(4～35 ng/mL) | 表层细胞±细菌、红细胞 | 渐进性细皱褶 | 排卵<br>卵子成熟<br>交配<br>受精 | 血清血性阴门肿大 |
| 间情期 | 2～3个月 | 不接受交配<br>对公犬吸引力下降 | E 处于低水平<br>P 先升(15～80 mg/mL)后降<br>LH 峰<br>催乳素升高 | 副基底层细胞嗜中性粒细胞±细菌 | 平滑 | 受孕着床或假孕 | 血性分泌物减少<br>轻度肿大 |

注:E,雌激素;FSH,促卵泡激素;GnRH,促性腺激素释放激素;LH,促黄体生成素;P,孕酮。

情期的基础浓度(2～10 pg/mL)升至发情前期末期的峰值(50～100 pg/mL),而孕酮浓度仍处于基础浓度(<1 ng/mL),直到 LH 浓度激增(1.5～4 ng/mL)时才升高。发情前期持续时间为 3 d 至 3 周,平均为 9 d。卵巢周期的卵泡期与发情前期和发情早期同时发生。

在发情期,正常母犬表现出愿意或被动的交配行为,以繁育后代。这种行为变化与雌激素浓度降低和孕酮浓度升高有关。阴门血清血性到出血性分泌物,并且会不同程度逐渐地减少,外阴出现最大程度的水肿。阴道细胞学检查仍然以表层细胞为主,红细胞数量逐渐减少,但可能会持续存在。阴道黏膜皱襞会随着排卵期和卵母细胞成熟而逐渐皱缩(圆齿状)。雌激素浓度在 LH 达到高峰后显著降低,而孕酮浓度平稳升高(排卵期常为 4～10 ng/mL),标志着机体进入卵巢周期的黄体期。发情期持续 3 d 至 3 周,平均 9 d。发情行为出现在 LH 浓度峰前或峰后,持续时间不定,可能不与受精期精确重叠。初级卵母细胞的排出发生在 LH 峰后 2 d 内,随后 2～3 d 卵母细胞开始成熟。次级卵母细胞的寿命为 2～3 d。

在间情期,正常母犬变得难以交配,对公犬的吸引力越来越少。阴门分泌物减少,水肿慢慢消退。阴道细胞学检查变化包括突然出现副基细胞,频繁出现嗜中性粒细胞。阴道黏膜皱襞变得平滑、松弛。雌激素

浓度不同程度降低,孕酮浓度平稳升高至峰值 15～80 ng/mL,在间情期末逐步下降。孕酮分泌受垂体 LH 和催乳素的调控。在孕酮升高的影响下子宫内膜增生以及子宫肌层静止。未怀孕母犬的间情期通常持续 2～3 个月。怀孕母犬在 LH 峰后 64～66 d 分娩。在间情期或妊娠终止时,孕酮浓度下降,相应地引起催乳素浓度升高,在怀孕状态下催乳素达到更高水平的浓度,从而引起乳腺导管和腺体组织增加。

## 母犬或母猫的繁殖性能检查(BREEDING SOUNDNESS EXAMINATIONS IN THE BITCH OR QUEEN)

雌性犬猫的繁殖性能检查(breeding soundness examinations)包括体况评估、传染性疾病筛查[犬布鲁氏杆菌病、猫白血病病毒(FeLV)、猫免疫缺陷病毒(艾滋病病毒,FIV)和猫传染性腹膜炎(FIP)]、免疫接种情况、品种现有的基因筛查、饮食情况、当前用药情况,及营养添加剂使用情况等。体格检查须注意观察外生殖器官。应该对母犬阴道前庭的畸形情况进行评估,因为这可能会干扰交配(copulation)和生产(whelping)。在胚胎形成时,缪勒氏管发育异常,或缪勒氏管与泌尿生殖窦的融合,可导致生殖器管状结构闭

锁或形成隔膜。隔膜可能是圆周形(处女膜样)或背腹侧带状,通常位于尿道乳头的头侧。在交配、产仔甚至发情前期之前,如果背腹侧的带状隔膜狭窄,通常可通过阴道镜切除(图 56-1);切除时须短时间内全身麻醉。手术很难切除较厚的带状和圆周形隔膜,因为这需要接受外阴切开术,并且常引起外阴重塑和再次狭窄;这时一般建议人工授精和选择性剖宫产来解决这类问题。子宫结构异常(发育不全和双子宫)伴随阴道隔膜的情况较为罕见,不宜作为种用。上述异常隔膜的遗传倾向性目前尚不明确。雌性犬猫还应评估乳腺的正常形态和乳头管的通畅性。基于不同配种目的,应该根据计划来确定合适的排卵时机和繁育辅助措施。

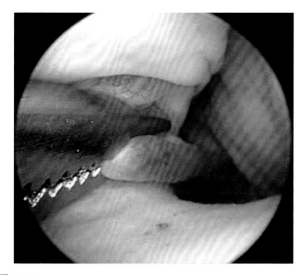

**图 56-1**
内窥镜引导下修复阴道隔膜。

# 犬排卵时间
## (CANINE OVULATION TIMING)

### 评估发情周期以确定最佳配种时机
### (EVALUATION OF THE ESTROUS CYCLE TO IDENTIFY THE OPTIMAL TIME TO BREED)

母犬的正常发情周期存在个体差异,表现为发情周期持续时间的差异,或发情周期出现病理变化。每个环节都需要兽医进行判读。在繁殖周期的正常范围内存在相当大的变化,临床医生必须鉴别母犬正常发情周期的意外变化和真正的异常变化。通常需要监测母犬的整个发情周期。观察受精母犬在正常发情周期范围内的个体差异,可以提供有效的饲养管理建议。评估发情周期的真正异常是治疗母犬不孕的重要环节(见第 59 章)。

### 血清激素的判读
### (SERUM HORMONE INTERPRETATION)

#### 雌激素

在卵巢周期的卵泡期,雌激素(estrogen)升高加快了阴道上皮细胞的更新,导致阴道细胞学上出现细胞逐渐角质化,阴道壁增厚,以备交配(图 56-2)。有时可在内窥镜检查中看到阴道黏膜渐进性水肿(图 56-3)。

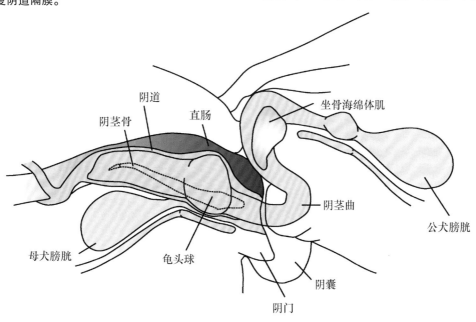

**图 56-2**
犬交配图解。

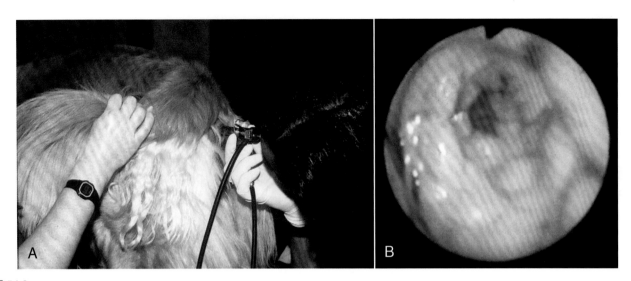

**图 56-3**

**A.** 发情前期母犬采用小儿直肠镜进行阴道内窥镜的检查。**B.** 发情前期的阴道内窥镜检查可见阴道黏膜皱襞水肿。

许多商业实验室都可进行雌激素检测。但雌激素的峰值因犬而异,而相应的浓度变化与排卵期或受孕期无关,因此检测结果对于评估排卵时间的意义不大。评估雌激素水平最好结合持续的阴道细胞学抹片和阴道内窥镜检查。排卵是由 LH 峰触发的,因此雌激素水平不能提示受孕期。阴道上皮表层细胞学检查可表明发情周期的所处时期,主要是通过显示雌激素的作用存在与否。采用阴道细胞学检查评估排卵时间非常重要,以此来确认母犬是否在发情,并确定开始进行一系列性价比高的孕酮检测的适当时间。当阴道细胞学检查主要是副基细胞和中间细胞时,进行发情前期的血清激素检测较昂贵,且不能确定真正的排卵时间(图 56-4)。

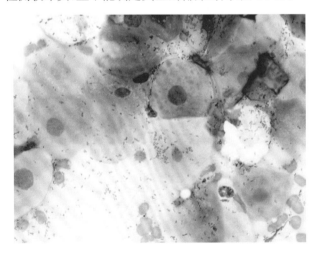

**图 56-4**

发情前期阴道细胞学检查,显示为中间细胞和红细胞,伴有大量胞外机会致病菌。

　　商业实验室对于连续的细胞学检查判读花费高,且不及时,因此,所有提供繁殖服务的临床兽医都应具备阴道细胞学的分析能力。掌握反映激素变化的细胞样本采集技术非常重要。样品应采自阴道头侧,因为来源于阴蒂窝、阴道前庭、尿道乳头或阴道前庭结合部的细胞不能反映发情周期(图 56-5 和图 56-6)。随着雌激素水平升高,阴道上皮细胞层数会急剧增加,可能是为了在交配时保护阴道黏膜。当发情前期雌激素升高时,上皮细胞的成熟率增加,阴道抹片的角质化上皮("表层")细胞数量也会增加(图 56-7)。完全角质化过程持续存在于整个发情期,直到进入间情期,情况发生改变则标志着进入间情期第 1 天。在 24～36 h 内,阴道抹片检查变化很大,由完全角质化细胞转变为 40%～60% 的未成熟细胞(副基细胞和中间细胞),伴有嗜中性粒细胞(图 56-8)。若连续进行阴道细胞学检查,直至观察到间情期的出现,可以获得 LH 峰(7～10 d 前)、排卵和卵子成熟(LH 峰后约 24～48 h),以及受孕期(LH 峰后约 3～6 d)的回顾性研究。这是一种确定排卵时间的最经济的方法;也是一种非常有效评估孕龄的方法,通常在进入间情期的第 56～58 d 会发生分娩。

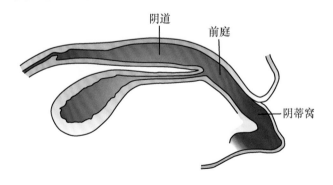

**图 56-5**

母犬阴道前庭和阴道的不同解剖方向图解。

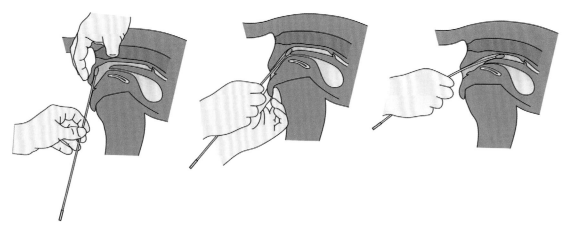

图 56-6
棉拭子进行阴道细胞学采样的正确操作图解。

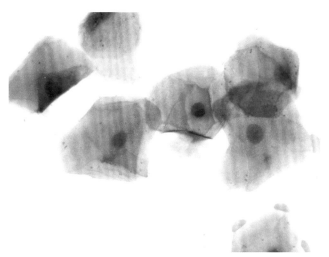

图 56-7
发情期阴道细胞学检查显示核固缩和无核的表皮细胞。

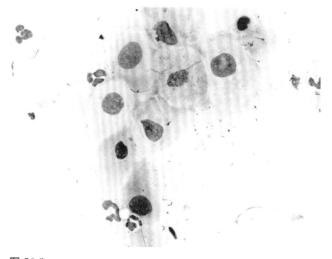

图 56-8
发情后期阴道细胞学检查,可见副基细胞、中间细胞和嗜中性
粒细胞。

## 促黄体生成激素

　　在发情周期的卵泡期后期,促黄体生成激素(lute-inizing hormone,LH)显著升高,超过基础水平,且持续 24~48 h,随后下降至基础水平。LH 峰的出现反映了雌激素水平降低而孕酮浓度升高,造成雌激素/孕酮值下降。LH 峰触发了排卵,这是母犬繁殖周期中最关键的内分泌活动,随后母犬的所有内分泌活动都是一致的。每日连续监测 LH 确定 LH 峰的具体日期,可作为评估配种时机的最精确方法。现在有家用半定量试剂盒[LH-水平(Synbiotics/Pfzer/Zoetis)]用于检测犬血清 LH 浓度,确定排卵前 LH 峰、排卵时间和真正的受孕期。LH 检测是确定排卵时机最精准的方法,可作为金标准。但是,检测样本必须每日定时采集,因为许多母犬的 LH 峰可能仅持续 24 h,如果隔天采样有可能错过 LH 峰。商用 LH 试剂盒的结果受操作者影响较大,应尽可能让专人进行检验操作。若错过 LH 峰,必须结合血清孕酮检测结果综合分析。

## 孕酮

　　孕酮(progesterone)在 LH 峰出现后(实际上在排卵前)开始升高,从而间接监测 LH 峰值,这是母犬独有的生理现象。孕酮浓度升高与雌激素浓度降低的协同作用,可减轻阴门和阴道水肿,阴道内窥镜检查可以观察到这些变化,这时母犬接受交配。卵巢黄体化(分泌孕酮)的其他临床症状非常少。一旦阴道细胞学检查发现表皮细胞占有 70%时,每 2 天采集一次血液样本,可用于判定孕酮浓度开始升高(通常>1.5 ng/mL)的时机,提示 LH 峰已出现。大多数兽医商业实验室检测孕酮浓度采用放射性免疫测定法(radioimmunoassay,

RIA)和化学发光法(chemiluminescence),也可在诊所内使用半定量试剂盒。如果之前人医与兽医实验室进行过交叉对比,那么人医实验室的检测结果也可接受。在发情前期和发情期的不同时间点检测孕酮的浓度,结果表明没有哪个时间点的孕酮绝对值与某一特定的内分泌活动有关。孕酮浓度值的变化范围为:0.8~3.0 ng/mL。在排卵期,LH 浓度达到峰值时,范围为1.0~8.0 ng/mL;在受孕期,范围可由 4.0 ng/mL 升高至超过 30.0 ng/mL。但是,如果进行大量精确的孕酮浓度检测,在孕酮浓度出现显著升高(一般 1.5~4.0 ng/mL)的第一天可评估 LH 峰的出现时间。这种方法没有直接使用 LH 检测来确定 LH 峰那么精确,但是用孕酮结果评估 LH 峰也同样非常有效,且通常应用更广泛、花费较少、也更便利。当临床使用半定量法检测孕酮来确定配种时机时,仅仅是获得孕酮的范围,而不是一个具体数值,使其难以准确识别孕酮开始升高的具体日期或真正的受孕期。由于现有试剂盒的技术性问题,该评估方法仅适用于确定母犬常规排卵时间或人工繁殖的排卵时间,这些情况下可接受的误差范围较大。当试剂盒检测表示的孕酮浓度升高至超过 2.0 ng/mL 时,可开始配种,这是一个安全可循的规律。冷藏精液配种、低生育力母犬或种公犬配种、冷冻精液配种时,需在商业实验室进行定量孕酮检测以确定最佳排卵时机;成本差异较小。不管使用哪种评估方法,都应在孕酮升高开始后的 2~4 d 时进行额外检查;孕酮浓度持续升高提示发情周期如期而至,形成功能性黄体,并已出现排卵;孕酮浓度应超过 5.0 ng/mL。

## 临床方案:兽医繁殖管理
(CLINICAL PROTOCOL: VETERINARY BREEDING MANAGEMENT)

出于道德原因,繁殖者通常会将母犬繁育工作推迟到 2 岁以后,并完成基因筛查;母犬进入第一次发情周期时生理上便具备繁殖能力。繁育者在第一次观察到母犬发情的临床症状时(如阴道分泌物、阴门肿胀或对公犬的吸引力),建议联系诊所以确定配种时机。即便是最敏锐的主人,在几天内都可能无法察觉到发情前期的准确时间,因此,建议采用阴道细胞学检查进行早期(进入发情周期后 3~5 d 时)临床评估。因配种方式影响后续检测方法,应提前确定配种方式。发情前期早期应记录阴道细胞学检查结果(<50% 为角化/表皮细胞)。如果不清楚准确进入发情周期的时

间,那么基础孕酮水平(<1.0 ng/mL)可能有用。阴道细胞学检查应该每 2~4 d 进行一次,直到表皮细胞的比例显著增多,通常超过 70%。与此同时,应该进行适当的连续性激素检测工作。常规配种时(繁育期母犬自然交配、新鲜精液或新鲜冷藏精液人工授精),可能需要每两天进行一次孕酮检测,直到孕酮浓度超过 2.0 ng/mL 为止。孕酮浓度开始升高的那天称为"第 0 天"。在第 3~6 天期间建议进行 2 次自然配种或人工授精,间隔 48 h 较为理想。选择哪两天进行配种的依据在于冷藏精液的运输方法、主人及兽医制订的方案。如上文所述,孕酮浓度升高到 5.0 ng/mL 以上时,是配种的最佳时机。阴道细胞学检查应从人工授精当日开始进行,以证实是否达到早期配种时机,此时的检查结果中,表皮细胞应为 90%~100%。如果主人经过几天尝试配种失败后延误了寻求兽医帮助配种的时间,那么必须进行阴道细胞学检查,以确定母犬是否仍处于发情期。孕酮检测也会证实母犬是否处于排卵后期以及配种是否及时,建议在等候孕酮检测结果期间尝试早期人工授精。当阴道细胞学检查显示表皮细胞比例<50% 时,则提示已进入间情期。在进入间情期的第一天内进行子宫内授精才可能成功受孕。

当需要非常精确的排卵时间时(例如冷冻精液配种、低生育力种用公犬或育种母犬的配种),建议进行 LH 检测。一旦确认 LH 峰值,就应确定配种日期。进入 LH 峰值的那天也称为第 0 天。在第 3 天到第 6 天建议进行 2 次自然配种、新鲜精液或冷藏精液人工授精。由于冷冻精液解冻后精子寿命较短,建议在最佳受孕期的第 5 天或第 6 天进行冷冻精液授精。此外,在确认存在 LH 峰后至少进行一次孕酮浓度检测,以记录孕酮水平持续升高,并在配种前浓度超过 5.0 ng/mL。如果让主人在检测方面投入的财力最少,那么可以每日分批检测血清(并如前文建议的早期孕酮定量检测)。当发现孕酮浓度开始升高时,成批的血清可用于评估 LH 峰,以确定第 0 天的时间。

整个发情周期都可进行阴道内窥镜检查,并作为阴道细胞学检查和激素检查的辅助检查,尤其是在评估异常发情周期或制订配种计划时。如果母犬最初发情表现较晚,在出现 LH 峰值后,阴道细胞学检查结果表明超过 90% 的细胞为表皮细胞,且孕酮浓度超过 3.0 ng/mL 时,阴道内窥镜检查是特别有用的手段。当卵子成熟且最易受精时,阴道出现最大程度的褶皱(阴道黏膜褶),可用阴道内窥镜快速判断(图 56-9)。母犬阴道与其他家养动物相比较长。据报道,体重 11 kg

的母犬从子宫颈到阴门的总长度(包括前庭)为10～14 cm。经阴道触诊,不太容易触诊到母犬的子宫颈,也不能通过普通的阴道窥镜或耳镜看到,因为这两种工具太短。因此,整体阴道可视化设备、经阴道触及母犬子宫颈或探及子宫体的设备必须足够长(例如适用于大型犬的长度为29 cm,巨型犬的长度为33 cm)。此外,由于母犬存在阴道黏膜皱襞以及考虑到子宫颈的位置,需要使用硬性设备以触及子宫颈;儿科直肠镜能够观到阴道黏膜,光纤阴道内窥镜可提供优质的光源,且具有多通道以供采样和授精(图56-10)。激素能使发情期母犬在非镇静或麻醉状态下,耐受阴道内窥镜阴道黏膜变化检查。

的提高,使得卵巢超声探查更加有效。在发情前期,可扫查到多个无回声的卵泡囊性结构,并且随着时间增长而增大(直径可达到1.0 cm)。这些囊性结构有明显的囊壁和无回声中央液性暗区,伴后方回声增强(图56-11)。卵巢表面呈现不规则或凸凹不平。排卵时,无回声液状囊性卵泡快速地从低回声变为强回声出血体,经过几天后又变为低回声黄体(图56-12)。母犬和母猫的卵泡在排卵时不会破裂。在间情期,卵巢可出现分叶,黄体呈现大小不等的明显低回声结构。检查结果表明,排卵与LH和孕酮的预测结果密切相关。预测排卵时,影像学检查的主要缺点是每天要进行2～3次超声扫查。

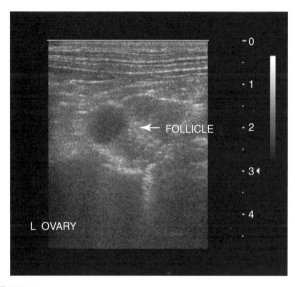

图 56-11
犬排卵期,左侧卵巢的正常矢状面超声扫查。发育中的卵泡(箭头所指)随着时间推移,体积增加,直至到达排卵时间。**FOLLICLE** 为卵泡,**L OVARY** 为左侧卵巢。

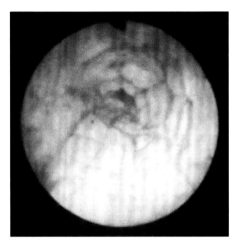

图 56-9
发情期阴道内窥镜检查,显示细圆齿状阴道黏膜皱襞。与图56-3 对比。

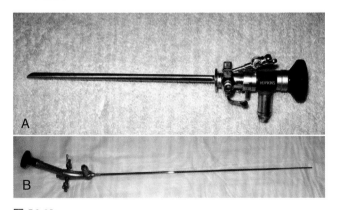

图 56-10
硬性光纤阴道内窥镜。A:德国 Karl Storz Hopkins 内窥镜,外有保护套,视向角 30°,直径 3.5 mm,3 通道,工作长度为 29 cm。B:德国 Karl Storz 输尿管内窥镜,3 通道,由外鞘和镜体组成一个 8～13.5F 的单位,工作长度为 34 cm。

超声扫查可用于鉴定母犬排卵,但不建议早期诊断。犬卵巢较小且与邻近组织回声相似,在超声扫查时难以识别。目前由于探头制作技术和操作者专业技术

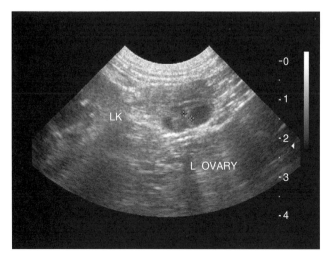

图 56-12
犬黄体期,左侧卵巢的正常矢状面超声扫查。黄体出现增厚的囊壁(箭头所指)和无回声内容物,在排卵后黄体将持续存在约 **45** 天。**LK** 为左肾,**L OVARY** 为左侧卵巢。

在使用阴道葡萄糖含量和电导率的检测来预测排卵方面,临床兽医仍存在质疑。阴道分泌物葡萄糖含量增加被认为是在孕酮浓度升高时,激素浓度变化继发引起胰岛素抵抗造成的,现已证明的是两者并不一致。此方法不可靠,不建议用于预测排卵。阴道黏膜电导率的测定常用于确定狐狸的配种时机,也在其他物种上研究过,包括犬。据报道,发情期来临时阴道黏膜电阻增大,随后达到最高水平,并可持续数天,这种变化可能与雌激素浓度升高有关。尽管排卵出现于最大电阻时期的某个时间点,但没有显示出电导率与LH峰值或受孕期有关,因此,不推荐使用电导率精确评估排卵时机。

在进行每一次临床检查时,都应评估行为学变化和其他观察指标(疲劳和对公犬无吸引力),体重减轻也作为参数之一。临床兽医应牢记只有汇总各种检查结果后(阴道细胞学检查、阴道内窥镜检查和孕酮或LH检测),才能精确地评估排卵时机。

# 猫的繁殖管理
## (FELINE BREEDING MANAGEMENT)

母猫的初情期出现于9~10月龄,但最早可发生于4月龄,最晚可发生于2岁。母猫为季节性繁殖动物,幼猫出生的季节影响初情期的年龄。发情周期取决于光照周期,母猫需要12 h或更长时间的光照以维持正常的发情周期。光照时间<8 h时,母猫发情周期和卵泡生成会突然停止,当重新接受14 h光照后,其发情周期恢复到平均16 d。母猫暴露于自然光时,发情周期的季节性更为明显,尤其在高纬度地区。长毛品种猫比短毛品种猫更易受季节影响。母猫发情周期的各个阶段分为发情前期、发情期、发情间期、间情期或假孕、乏情期。发情前期在发情期之前可持续1~2 d,但只有不到20%母猫的发情前期能被识别。在发情前期,母猫对公猫有吸引力但不接受交配。母猫可能摩擦物体、发声和弓背,母猫身体前躯贴近地面,抬高后躯,抬举尾巴置于一侧。当触摸母猫背尾区时,其双后肢开始踩踏。

发情期是接受交配的时期,平均可持续7 d(3~16 d);然后逐渐平息,平均需要9 d(3~14 d)。在发情期,外生殖器表观没有显著变化,但行为发生明显改变。因为发情前期的持续时间相对较短,机械性阴道刺激能够无意地诱发排卵,母猫的阴道细胞学变化也不太显

著,所以阴道细胞学检查不常用于母猫。应进行行为观察,以找到母猫与公猫接触的最佳时机。发情持续时间不受配种或排卵的影响。如果进行阴道细胞学检查,可用少量(<1.0 mL)生理盐水冲洗阴道(注入阴道冲洗,然后抽出冲洗液),以获得更好的细胞学检查结果,该法优于棉拭子采样。发情间期是未排卵时连续发情的间隔时期。如果母猫没有配种或未受其他刺激排卵,在适当光照条件下其发情期每2~3周出现一次。如果母猫发生排卵,会形成黄体并分泌孕酮;如果母猫没有怀孕,则进入间情期(假孕期)且持续35~40 d。乏情期是季节性周期,即母猫不处于发情周期;人工光照可改变乏情期的发生时间。

母猫是诱导排卵动物,阴道受到刺激时排卵,也可自发性排卵。排卵最常见的触发机制是交配或机械性阴道刺激,通过脊髓通路引起下丘脑反射性刺激,释放GnRH,引起垂体前叶LH的释放。LH刺激排卵并促进黄体形成。其他的刺激形式也偶尔引起排卵,活跃的黄体也见于未接触公猫的母猫或人工交配刺激。排卵依赖于足够的LH释放,LH峰值浓度和升高的持续时间都非常重要。LH释放在交配几分钟内发生,并在交配后1~2 h达到峰值。LH的释放也部分依赖于之前接触雌激素的时间(即发情期持续时间),因此LH在交配时的释放情况因所处发情日期而异。多次交配导致血浆LH处于较高浓度,比单次交配更易于刺激排卵。血浆LH升高的持续时间也决定了是否发生排卵,在单次交配后12~24 h内,或多次交配不到2 h的间隔后,LH浓度降低到基础水平。但是,在每隔3 h的多次交配后,LH浓度持续升高可达38 h。为了使LH的释放量足够高,应该鼓励在合理时间间隔内重复交配。单次交配LH反应会有很大不同,单次或多次交配都不能确保排卵。为了增加排卵的可能性,在发情周期内应最大限度地增加交配次数。排卵发生于交配后的24~60 h,取决于交配方式。如果观察到发情周期开始,那么理想的配种时机应该是发情期的第2天到第3天。

母猫发情期后可能会发生3种变化:(1)没有发生排卵,在下一次发情前期之前,进入平均为9 d(4~22 d)的发情间期;(2)发生排卵但没有受精,进入35~40 d的假孕期,随后进入1~10 d的发情间期;(3)妊娠期。当发生排卵和形成黄体但没有怀孕时,就会发生假孕。在排卵后18~25 d之内,黄体分泌孕酮,其浓度迅速从基础水平升高到16~17 ng/mL(峰值),之后大约在排卵后的第40 d,孕酮浓度下降到基础水平。正常的

假孕持续时间是 35～40 d。黄体似乎有预先设定的寿命，其退化不受子宫源性前列腺素的影响。假孕后期的泌乳现象在母猫中不常见。对于不排卵的母猫，假孕诱发可终止所谓的持续发情；这种发情的持续时间不会改变。母猫在假孕之后将进入 2～4 周的乏情期，如果正处于发情周期，会重新回到发情期；如果不是，或会过渡到时间较长的季节性乏情期。

从交配受孕那天起，母猫的妊娠期为 63～66 d。由于在 60 天前出生的幼猫不易存活，所以母猫妊娠期达到 63 天可最大限度地提高幼猫存活率。因为母猫是诱导性排卵动物，主人应知晓如何识别母猫的发情期症状，并在最短时间内将母猫与公猫放在一起（通常需要 2～3 d）完成交配排卵，使得妊娠期的评估预测性更好。与假孕母猫不同，怀孕母猫的黄体不会退化；虽然胎盘会分泌孕酮，但仍需要卵巢来维持妊娠 50 d。而母犬的孕酮浓度会随时间而变化。妊娠的维持同时也需要垂体前叶分泌的催乳素。

# 繁殖饲养
## (BREEDING HUSBANDRY)

## ▌精液采集
### (SEMEN COLLECTION)

如果不能完成自然交配（如体型不匹配、老龄动物或没有经验的种畜），或地理因素阻隔（运输延长和冷藏精液），或需要使用冷冻精液时，主人需要兽医帮助进行人工授精。母犬阴道内和子宫内人工授精技术都很成熟，但两者在母猫临床操作中均不常见，会受到公猫采精技术以及母猫排卵状态（一般为诱导排卵）的限制。大多数兽医在学校内没有接受精液采集和人工授精技术的培训。对于珍贵的种公犬应该进行常规的精液评估。此外，兽医需要接受特殊培训来发展额外的技能，如精液冷藏技术、先进的人工授精技术和精液冷冻技术（冷冻保存）。成功的人工授精需要合适的采精技术、适当的精液处理技术和正确的受精程序。

新鲜精液的成功采集通常需要一个安静的空间、一块舒适的地毯或垫子、一只发情或调情的母犬和必需的特殊设备（框 56-1）。在采精前尽量让公犬放松，例如兽医和助手不要穿白大褂。在采精完成后应该进行这些医疗程序（免疫、测量体温、直肠检查或静脉采血）步骤，或由另一名兽医执行这些步骤。兽医在采精时应尽力去还原种公犬常用的交配区域，在地上进行精液采集，除非玩具犬适应在桌子上采精。来到这个区域能使种公犬放松，它会很快明白它在那里需要做什么。当存在发情期的母犬并配合交配，或种公犬的性欲最强时，采集的精液品质会更好。如果种公犬感觉不舒服，会保留射精中精子丰富的那部分（中间部分或第二部分）。现在已有商品化的精液采集设施[如人工阴道（artificial vagina，AV）和采精管]。需确保所有的精液采集设施都为常温、干燥、干净、不含杀精成分。

 **框 56-1　精液采集设备**

用于调情的母犬（发情期）
人工阴道（AV）
试管架
塑料采集管
吸管
防滑地毯或地垫
打开玻片加温器，放置载玻片
盖玻片和玻璃移液器
加热至体温的新鲜精液稀释液
无杀精作用的润滑凝胶

帮助发情母犬保持站立姿势，尽量限制头部运动。允许种公犬熟悉周围环境、母犬和操作者。种公犬接近母犬时，兽医靠近种公犬一侧，右撇子兽医通常在种公犬左侧操作最方便。允许种公犬爬跨，当它要插入母犬阴道时左手将 AV 置于公犬阴茎前方。如果种公犬没有爬跨或插入动作时，轻轻地用右手通过包皮按摩阴茎以刺激勃起。当犬勃起≤50％时，右手将包皮推至阴茎球后方。如果不易操作，可将公犬从母犬身上拉开，牵遛以便于阴茎消肿，然后带到母犬身边再次尝试。阴茎在包皮内射精会产生疼痛。在阴茎抽插时，兽医重新用手轻轻持续地在阴茎球后方配合按压，将 AV 置于阴茎上方。阴茎快速抽插会有精液流出。全部勃起后，用带子勒住阴茎使公犬不再爬跨，而从母犬身上下来，然后手臂换个方向。抬起公犬的一只后腿，将阴茎旋转 180°，使其在两腿间朝向尾侧。在射精时保持公犬和母犬靠近对方以使公犬认为还在交配。观察在透明管中流动的精液，射精有三部分：第一部分是透明的，由精囊分泌，第二部分是白色富含精子的液体（sperm-rich fluid，SRF），第三部分是透明的前列腺液。SRF 通常是在犬转身后快速抽动时释放出来的。精液评估需要采集第一部分和第二部分的精液。对少量前列腺液进行评估就足够了。如果采集新鲜精液用于人工授精,应避免采集到透明的前列腺液。

　　大型犬 SRF 的总量通常不超过 1～2.5 mL。在采样完成后,AV 应留置在公犬的阴茎上直到阴茎勃起消退,以使公犬感觉阴茎更加舒服。然后在 AV 内的阴茎根部涂抹水溶性润滑剂以促进阴茎回复到包皮内。兽医须经常检查是否有人工采集精液导致的包茎(即阴茎突出包皮外)。精液采集后无须牵遛公犬,勃起的阴茎会在 5～15 min 后自然消退。在种公犬退休之前,必须要护理种公犬的阴茎以确保勃起之后得到充分恢复;包皮的皮肤和被毛会挤压阴茎头部。

## 精液分析
### (SEMEN ANALYSIS)

　　精液分析包括精子的形态学、活力和浓度评估。如果临床兽医对精液评价不满意,那么可将样本或有代表性的部分送到商业实验室分析,但是精子活力必须在采精后立即评估。正常犬精液中至少 70% 的精子速度中等,且活力充沛。评价精子活力时,在温热载玻片上用吸液管滴一滴 SRF;盖上载玻片,在 10～40 倍镜下观察。精子应在载玻片上进行相对直线性游动,并有少量的回旋运动(高质量的活力)以及轻快的速度(中度到快速的活动性)。精子与精子之间不应出现凝集,但精子会在稀释液中与蛋黄颗粒或精液的其他细胞凝集。如果精子活力较差,则需在另一个载玻片上滴一滴精液进行复查。在 40 倍镜下观察每个未染色精子的个体形态。异常的精子有卷曲的尾巴、近端胞浆小滴、头部形态异常、双尾或双头和顶体改变(图 56-13)。顶体在不使用相差显微镜检查时很难见到。医源性损伤可造成头部分离和尾部弯曲。在染色前先观察新鲜精液的精子,以防染液造成精子的形态学异常。按照制作血涂片的方法用吸液管滴一滴精液制作一张精液涂片,吹干后染色进行显微镜镜检。常用染色方法有瑞氏-吉姆萨(Wright-Giemsa)染色法和伊红-苯胺黑(Eosin-nigrosin)染色法。进行精子形态学检查时,至少要在镜下观察 100～200 个精子形态,注意同时观察正常细胞和精子,看精子是否有头部畸形(无头、双头)、颈部畸形(近端胞浆小滴)和尾部畸形(远端胞浆小滴、卷曲和双尾)。使用细胞分类计数器有助于分类计数上述精子的形态。如果染色后有大量的形态学异常,建议使用不同的染色方法复查。注意是否存在表皮细胞、白细胞和红细胞(按照 1～4＋/HPF 的方式记录)。精子计数还可采用血细胞仪和血细胞

计数板进行。此外,Spermcues 生产了精确的自动精子计数设备。每毫升精子数乘以 SRF 的毫升数即可获得每次射精的精子数量。正常公犬每次射精 2 亿～4 亿个精子(可多达 10 亿个)。

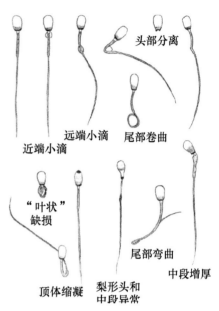

**图 56-13**
犬精子的形态学外观。

## 人工授精:经阴道法
### (ARTIFICIAL INSEMINATION: VAGINAL)

　　对母犬采取舒适的站立保定,采用手指引导或小儿直肠镜将授精吸管从背侧向尿道乳头深入,直至阴道穹隆,使其舒适的进入。可使用干净的母马子宫灌注吸管进行阴道授精,该吸管是硬的,可将精液直接注入阴道头侧子宫颈附近,这种方法最适合。精液不能被水、刺激性化学试剂或杀精润滑剂污染。也可以使用 5～10 F 的聚丙烯导尿管;建议使用非乳胶注射器处理精液。

　　操作时需要在阴道黏膜皱襞上下调整吸管,一旦吸管到达预定位置,则以推独轮车的姿势将母犬后躯抬高,并置于助手大腿上。不应挤压母犬腹部。助手还应以舒服的姿势,牢固地抱住母犬的跗关节进行保定。然后,兽医将装有精液的注射器与吸管连接,抬高并缓慢注入。如果精液不能被注射进去,将吸管轻轻后退抽离。注射器内的少量气体有助于吸管内精液排空并全部注入阴道内。在人工授精后,不必持续抬高母犬后躯。最理想的方式是牵遛母犬 10 min,不让母犬坐下或小便。

成功率较高。

# 人工授精：宫内法
(ARTIFICIAL INSEMINATION：INTRAUTERINE)

　　冷冻保存和之后的解冻会降低精子质量，并缩短其寿命，因此需要特殊的授精技术。将解冻的冷冻精子直接置于受精部位(输卵管)附近以提高受孕率；强烈建议使用子宫内人工授精技术。随着时间的推移，犬精液冷冻保存方法和精液质量有所改善；在宫腔镜应用以前，子宫内人工授精技术具有很大的挑战性。有数据表明宫腔内解冻精液着床技术有效(受孕率为40％～90％)。据估计，对于冷藏精液、稀释精液或非优质精液(低生育力精液)，采用宫内授精技术会获得更高的受孕率。

　　在膀胱尿道硬性内窥镜生产并用于阴道(图 56-14)之前，母犬阴道和子宫颈的正常解剖结构限制了经子宫颈进入子宫的临床操作。以前母犬宫腔内授精需要进行侵入性操作(剖腹或腹腔镜指导)。剖腹术除具有侵入性以外，还需要进行全身麻醉，许多临床兽医和主人对这些操作有异议。很少使用腹腔镜方法进行犬子宫内授精，特别是在临床实际工作中，因为它具有侵入性(多个切口，吹气法)，还需要有特殊的设备、操作经验及麻醉。在一些国家，这些手术被认为是不道德的。

**图 56-14**
阴道内窥镜授精时观察母犬子宫颈所需内窥镜的大致长度。

　　宫颈人工授精技术的应用越来越普遍，并在斯堪的纳维亚半岛和新西兰得到进一步开发。挪威导管(Norwegian catheter)是长 20～50 cm 的钢导管，带有一个 0.5～1 mm 由尼龙套保护的尖头，使用时连接6～20 mL 注射器(图 56-15)。通过挪威导管完成宫腔导管插入，经阴道到达子宫颈，盲插进入子宫颈。该技术需要专业训练和相关经验。可能会发生子宫或阴道穿孔，阴道菌群也有可能进入腹腔。据报道，该技术的

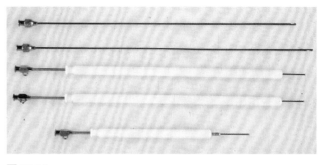

**图 56-15**
挪威宫颈硬性导管。

　　在宫颈口尾部采用可视光纤插管技术有利于进行子宫内人工授精。在可视探头引导下，将聚丙烯导管通过管道经子宫颈口进入子宫腔内(图 56-16 和图 56-17)。可根据阴道皱褶调节镜头保证宫颈部位视野良好，宫颈导管放置需要专业的技术和丰富的临床实践经验。操作时通常不需要镇静。该技术的学习较为艰难，一旦通过足够的实践掌握了该项技术，会非常实用，且通常在几分钟内便可完成操作。发情母犬在轻度保定下站在防滑面上，操作者轻轻托着犬的腹部防止其坐下，在子宫颈导管插入术后，宫内人工授精能很好地完成。该技术已用于站立的母犬。操作者应以坐姿进行工作，举起双臂与阴门保持水平以最大限度地

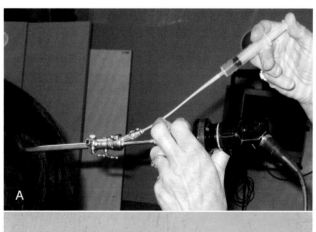

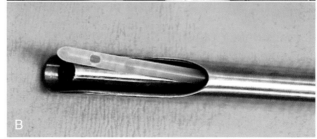

**图 56-16**
**A：**内窥镜引导下的宫内人工授精技术操作。**B：**在阴道内窥镜末端，导管尖端与内窥镜镜头相邻。

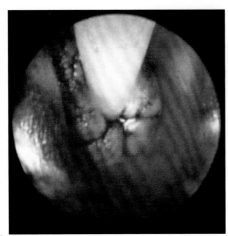

**图 56-17**
经宫颈人工授精技术。在内窥镜引导下,精子通过聚丙烯导管正被注入子宫腔内。

防止肌肉疲劳。为增加操作者的舒适感,可使用能调节高度的检查桌和检查椅。让主人参与犬的保定、观察操作过程通常有一定帮助。到目前为止尚未出现过阴道正常菌群通过子宫内授精的操作进入宫腔的情况,现有的研究结果也表明在发情前期和发情期的子宫内可发现阴道正常菌群。在自然交配时,阴道正常菌群有可能进入子宫腔内,但子宫在发情期后能够自主调节菌群平衡。设备维护较简单,最理想的操作是用含氯的洗必泰(氯己定)稀释液(1:1 000)浸泡器械10 min,然后用蒸馏水彻底冲洗干净。强效消毒剂可能有杀精子的作用,会引起人们的顾虑。在所有繁殖过程中,成功受孕在很大程度上受母犬排卵时间和公犬精液质量的影响。人工授精技术的大量应用(不受限于麻醉和侵入性手术)可提高受孕率,在这些设备和技术的帮助下可行性更高。

## 产科
## (OBSTETRICS)

### 妊娠诊断
### ( PREGNANCY DIAGNOSIS)

早期妊娠评估可以优化产科工作(表 56-2)。腹部触诊的妊娠检查(最好在妊娠 30 d 左右进行)能确定子宫增大,可能是妊娠子宫,但不能提供其他信息。犬猫怀孕时,胎盘分泌的松弛素会增多。在妊娠 25～31 d 时进行血清松弛素检测[采用美国 Synbiotics/Pfzer 的犬猫怀孕检测试剂盒(Witness Relaxin Assay)]可诊断怀孕,但可能会因为胎儿数目少产生假阴性结果。X 线检查(妊娠 50 d 以上时进行,越晚越好)可确定胎儿存在。在胎儿骨骼矿化之前,造成子宫增粗的其他原因(子宫积液、子宫黏液蓄积和子宫积脓)不能通过 X 线检查排除。X 线检查不能用于评估胎儿的活力。一旦发生死后尸体变化,X 线检查可观察到盘内有气体聚集或骨骼排列异常,这表明胎儿已死亡。超声扫查是评估是否怀孕、胎儿是否健康及胎儿数目的最佳手段,最好在配种后30 d 左右(妊娠 30～35 d)进行检查。妊娠后期(>50 d)胎儿因过大而造成子宫角发生折叠时,准确评估胎儿数量的难度增大。连续妊娠超声检查可鉴别胎儿吸收、早期胎儿死亡以及宫内病变。

**表 56-2　怀孕诊断的方法**

| 孕龄(从 LH 峰开始计算) | 方法 |
| --- | --- |
| 25 d+ | 腹部超声,腹部触诊 |
| >20～31 d | Witness Relaxin (Pfizer/Zoetis) |
| >50 d | X 线检查 |

对犬猫实施腹部妊娠超声检查应在舒适有垫料的地方进行,采取仰卧位,无须镇静或夹紧保定。不同频率的扫查探头(6.0～8.0 MHz)对于大多数小动物临床应用已足够,不需要进行多普勒检查。超声横切扫查正常子宫的位置在膀胱和结肠之间。子宫颈和子宫体的超声扫查显示:在无回声的膀胱背侧和高回声月牙形结肠腹侧可见连续低回声的圆形结构。整个膀胱的回声可作为子宫成像的声窗。一旦确定了子宫体的位置,子宫角的位置就可通过横切扫查对应肾脏的位置而确定。尽管妊娠子宫增粗(4～14 d),且在早期超声扫查可见胎囊出现(11～14 d),母猫在交配后的第15～17 天时可进行妊娠超声扫查,并以"胎儿极"(实际的胎儿)的出现为依据做出明确诊断(图 56-18)。犬囊胚的超声检查(在子宫内显现一个 2～3 mm 的球形、低回声结构,被一个高回声边界包围)可在 LH 峰值后的第 19～20 天进行(图 56-19)。超声检查还可进行早期胎心活动的评估(在 LH 峰值后的第 21～22 天)、胎儿活动的评估(在 LH 峰值后的第 31～32 天),以及胎儿心率的评估,评价胎儿的活性。妊娠超声诊断可直接在妊娠第 30 天时进行。

### 妊娠时间和胎龄测定
### (GESTATIONAL LENGTH AND FETAL AGE DETERMINATION)

确定孕龄对于制订剖宫产手术计划或妊娠期延长

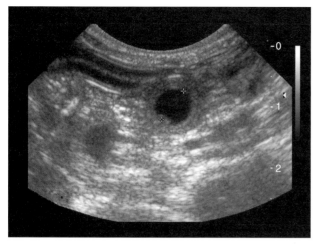

**图 56-18**
猫妊娠 18 d 的早期超声检查图像。箭头标注的是孕囊直径，以 cm 为单位。胎儿极在 7 点位置。

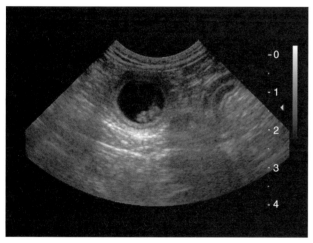

**图 56-19**
犬妊娠 20 d 超声检查图像。

诊断非常重要。精确测定妊娠开始时间比较困难，尤其是进行过多次交配、排卵时间不明确时。妊娠期延长是难产的一个表现。母犬妊娠期的计算比母猫更难，因为母犬可自发排卵。母犬正常妊娠期从间情期第 1 天开始计算为 56～58 d，从孕酮浓度从基础水平升高开始计算为 64～66 d，按照达到 LH 峰值开始计算为 64～66 d。正常妊娠可按照母犬接受交配的第 1 天开始计算为 58～72 d。不评估排卵时间就预测妊娠时间较为困难，因为母犬的发情行为和实际受孕时间点不一致，并且精子在母犬生殖道内的存活时间也在差异（通常＞7 d）。配种时间和受孕时间无紧密关联，不能对分娩时间进行准确预测，并且足月妊娠的临床症状也没有特异性。X 线检查的胎儿骨骼矿化征象在妊娠期也有差异，胎儿大小也因品种和产仔数而有差异。由于母猫是诱导性排卵（母猫交配后 24～36 h 内

排卵），如果交配时进行了足够的交配刺激达到 LH 峰值，随后排卵，并且进行了有效次数的交配，那么妊娠期可根据配种日期进行较为精确的预测。母猫的妊娠期从第 1 次和最后一次配种开始计算为 52～74 d，平均妊娠期时间为 65～66 d。由于幼犬和幼猫有早产问题，干预措施最好推迟到进入第 Ⅰ 阶段分娩期后再进行，或采用超声检查以确诊妊娠期延长。

可在第一次显示某种可视化结构或通过测量某个指标来进行胎龄的超声检查。超声可测量与胎龄密切相关的指标，包括囊胚直径、胎儿枕骶（头-臀）长度和胎儿头部（双顶）直径，能评估妊娠时间和分娩日期，在不清楚排卵时间时特别有用（图 56-20 和图 56-21）。这些测量技术可因品种体型而有差异（尤其是犬），短头犬猫的品种差异和个体差异会导致超声检查预测的胎龄不准确（框 56-2）。

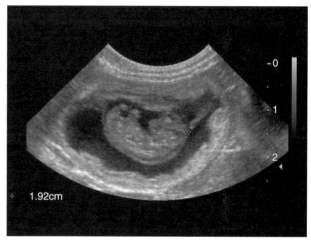

**图 56-20**
猫妊娠 30 d 超声检查图像。箭头标注的是胎儿枕骶（头-臀）的长度，以 cm 为单位。

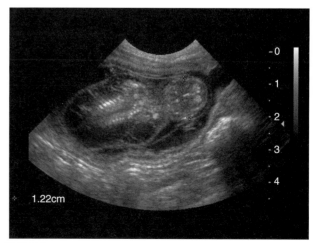

**图 56-21**
犬妊娠 39 d 超声检查图像。箭头标注的是二顶骨（头）的直径，以 cm 为单位。

孕龄(gestational age,GA)是根据犬的 LH 峰后和猫的交配后开始计算的。胎囊直径(gestational sac diameter,GSD)、顶臀长(crown-rump length,CRL)、头部直径(head diameter,HD)和体直径(body diameter,BD)的测量以 cm 为单位。犬分娩前天数(days before parturition,DBP)为 LH 峰后(65±1)d,猫为交配后 61 d。

**犬孕龄(±3 d)**
**少于 40 d**
GA=(6×GSD)+20
GA=(3×CRL)+27
**大于 40 d**
GA=(15×HD)+20
GA=(7×BD)+29
GA=(6×HD)+(3×BD)+30

**犬分娩前天数(在犬)**
DBP=65-GA

**猫孕龄(±2 d)**
**大于 40 d**
GA=25×HD+3
GA=11×BD+21

**犬分娩前天数(在猫)**
DBP=61- GA

**新的猫孕龄计算方法,使用顶臀长计算**
Y=0.242 3×GA-4.216 5
　Y 是胎儿 CRL 的平均长度(cm)
　GA 是孕龄(求解 GA)

数据引自 Nyland et al:Small animal diagnostic ultrasound, ed 2, Philadelphia, 2002, Saunders.

## 妊娠期的营养与运动
(NUTRITION AND EXERCISE IN PREGNANCY)

应该注意怀孕母犬围产期营养和体况管理。饲养者应从妊娠期第 4 周开始,将成年期饮食逐渐地变换为怀孕期和泌乳期饮食配方(通常标注为适合所有生长阶段的全价营养或适合发育期、怀孕期和泌乳期的全价营养),然后一直持续饲喂到断奶。目前提倡在配种时开始转变为高必需脂肪酸饮食,以提高产仔数和新生幼仔存活率。因为肥胖会对分娩产生负面影响,饲喂量要根据体况适当调整。不鼓励使用营养添加剂,因为这些营养添加剂会破坏商品化食物的营养均衡性。怀孕期和泌乳期饮食配方须先进行测试,然后按照美国饲料管理委员会(Asso-

ciation of American Feed Control Officials,AAFCO)的标准进行补足,而不是简单地"迎合 AAFCO 的配方标准"。推荐日粮中干物质的蛋白质(最好是动物源性)含量在 27%~34%,脂肪含量最低为 18%以及均衡供应 n-6 脂肪酸和 n-3 脂肪酸,碳水化合物含量为 20%~30% 含有适量的维生素和矿物质(避免缺乏和过量)。

整个妊娠期都应坚持运动(渐进适度)以维持怀孕母犬的体况。怀孕母犬应饲喂于熟悉的环境中,在妊娠期最后 3~4 周应最低限度地接触致病原(包括来源于其他犬猫的病原,或去过动物疫区的人携带的)。妊娠母犬(未免疫)在最后 3 周自然感染犬疱疹病毒可导致晚期流产,或新生儿出生后 3 周内死亡(见第 57 章)。如果怀孕母犬在妊娠期为 20~35 d 时感染犬细小病毒(细小病毒Ⅰ型),那么胎儿可在宫内时就发生感染,造成胎儿吸收或产后 1~3 周内急性死亡。据报道,弯曲杆菌属(Campylobacter spp.)可引起流产、死产和新生儿生病。猫的理想饲养环境应排查传染性病毒,且不要引进新猫。

## 怀孕犬猫的疫苗免疫和药物治疗
(VACCINATION AND MEDICATIONS IN THE PREGNANT BITCH OR QUEEN)

主人可能会遇到怀孕母犬或母猫疫苗接种的问题。一些主人通常要求在配种前加强免疫。在历史上,妊娠期不建议疫苗注射,因为缺乏关于妊娠期间疫苗安全性和有效性的数据,现在也认为妊娠期间没必要服用不必要的药物。当不清楚犬猫的免疫状况时,必须权衡免疫与怀孕动物、胎儿和新生幼仔感染的风险。美国疾病预防控制中心(the U.S. Centers for Disease Control and Prevention,CDC)指出:母体妊娠期免疫对人类胎儿发育的风险主要是理论推测,并没有证据表明孕期接种灭活疫苗、细菌性疫苗或类毒素会有危害;相反,当接触疾病的可能性很高时,接种疫苗的好处通常大于潜在风险。现需要更多怀孕犬猫的疫苗研究;建议通过人医领域的研究进行推测,怀孕犬猫也可能可以进行免疫接种。假如犬猫的生活环境很可能发生疫病,建议对怀孕犬进行犬瘟热病毒、犬细小病毒和支气管败血博代氏杆菌(鼻内接种)的疫苗接种,怀孕猫接种猫病毒性鼻气管炎、杯状病毒和泛白细胞减少症的疫苗。现在市场上可以选择对怀孕犬接种的疫苗种类有灭活疫苗、亚单位疫苗、基因重组疫苗和多糖结合疫苗(polysaccharide conjugate vaccine)。如果犬猫在过去 3 年内已经接种过疫苗,那么在犬猫妊娠期时不需要免疫加强。

　　治疗生殖系统疾病的药物种类不多,尤其是经充分研究被证实有效的药物。当主人从某些渠道或互联网得知某些药物后,经常要求兽医使用这些药物,但这些通常只是坊间传闻,缺乏临床数据的支持。在大多数情况下,怀孕或哺乳期母犬或新生幼仔被错误治疗后,会限制临床医师开出科学合理的处方。临床兽医应对怀孕或哺乳期母犬和新生幼崽进行科学合理的治疗。在怀孕的第 1 个月内,胎儿的器官开始发育,使用一些潜在致畸药物对胎儿产生的影响是最危险的。大多数药物按照治疗剂量给药后,随母体血液透过胎盘进入胎儿血液循环系统。甚至在着床前,母体循环的药物即可到达胚胎。任何能够进入胎儿血液循环的药物,都需经过胎儿未成熟的肾脏进行吸收和代谢,因为,此时胎儿的肝脏还不具有代谢功能。临床兽医在给怀孕母犬开处方前应仔细阅读药品说明书。用于怀孕犬或哺乳母犬的药物应特别注明"安全、未试验/未知或不确定"的字样。跨物种推测不可靠(例如经实验鼠试验)。

# 新生幼仔复苏
## (NEONATAL RESUSCITATION)

　　分娩(如果母犬难产)或剖宫产后,最理想的新生幼仔复苏和心肺复苏都涉及气道、呼吸和循环问题(airway,breathing,circulation,ABCs)(框 56-3)。首先,用注射器或抽吸器快速轻轻抽吸,清理新生幼仔气道;然后擦干新生幼仔并刺激其自主呼吸,期间避免体温下降。不能采用甩动新生幼仔的方法进行气道清理,因为这种动作容易造成新生幼仔脑震荡性出血。使用多沙普仑进行呼吸道刺激,并不能改善肺换气不足引起的血氧不足,因此不推荐使用。新生幼仔的自发性呼吸和发声与能否活至 7 d 呈正相关。阴道自然分娩后 1 min 内若母犬无法刺激新生幼仔自主呼吸、发声和活动时,就要进行新生幼仔复苏操作。对无法自主呼吸的新生幼仔的心肺复苏操作非常具有挑战性,但有潜在回报。人工通气操作应包括通过面罩持续性输送 O$_2$(图 56-22)。如果吸氧 1 min 后无效,则建议贴紧面罩给予正压通气,或进行气管插管及使用呼吸气囊(用一个 2 mm 气管

插管或 12～16 G 的静脉留置导管)。据说针灸刺激仁涌穴(Jen Chung acupuncture point)可成功复苏,即使用 25 G 针头在鼻根处刺入鼻人中,当针尖接触到骨时旋转针体。气道通气后应该进行心脏刺激,心肌低氧血症是引起心动过缓或心跳停止的最常见病因。第一步是直接经胸廓按压心脏,心脏骤停/停顿时按照 1:9 的比例稀释肾上腺素,剂量为 0.000 2 mg/g,经静脉(IV)或骨髓腔(IO)给药。新生儿静脉通路建立比较困难,只能单个选择脐静脉。肱骨近端、股骨近端和胫骨内侧近端常为骨内药物注射点。目前不建议使用阿托品进行新生幼仔复苏。心动过缓的发生机制是血氧不足诱发心肌功能抑制,而非迷走神经的调节结果,抗胆碱能药物能诱发心动过速,加重心肌缺氧。

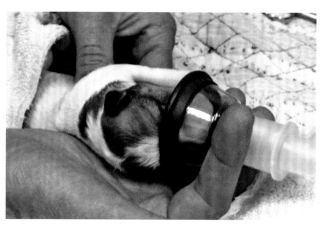

图 56-22
**新生幼仔复苏期间使用小面罩进行通气支持。**

　　受凉的新生幼仔不能对复苏操作产生反应。湿润的新生幼仔会迅速丢失体温,因此,在复苏和产后一段时间内,新生幼仔保温工作很重要。复苏时,将变冷的新生幼仔置于温水浴中(95～99 °F)可提高机体反应;在加热灯下或保温设备(Bair hugger)内也很有用。复苏结束后,新生幼仔应继续置于有保温床的保温箱内(最好是带有通气孔的塑料泡沫箱),直到能够离开它的母亲为止(框 56-4)。

　　新生幼仔缺乏糖原储存能力,且糖异生能力极低。因此,在进行长时间复苏操作时,给新生幼仔提供能量很重要。临床上的低血糖症为血糖浓度低于 30～40 mg/dL,最好经 IV 或 IO 给予 0.1～0.2 mL 的 2.5%～5.0%(25～50 mg/mL)的葡萄糖溶液进行治疗。如果幼崽能够被喂养或哺乳,可单独肠外补充葡萄糖。由于有静脉炎的潜在风险,50%的葡萄糖溶液只能经黏膜补充,前提是黏膜血液循环量足以维持

**框56-3　新生幼仔复苏指南**

**设备工具**

注射器(结核菌素)

药物(肾上腺素按1:9稀释,2.5%~5%的葡萄糖溶液)

氧源

吸引器(小儿球茎注射器、吸液器)

小号面罩

毛巾(小块)

热源[德国贝尔(Bair)温水毯、红外线灯、电吹风、热水瓶]

保温功能的幼犬箱(塑料泡沫)

多功能清洁蚊式止血钳和小剪刀

3-0肠线用于脐带结扎

碘酒

温水浴碗

儿科/新生幼仔听诊器

多普勒血压计

头孢噻呋

新生幼仔秤

**ABCs——即气道、呼吸和循环**

A. 用吸引器吸净新生幼仔气道内羊水,不要甩动新生幼仔。保持头部低于胸部以促进液体排出

B. 快速轻柔地用毛巾将新生幼仔擦干以刺激呼吸。如果新生幼仔不呼吸,使用面罩供给氧气进行正压通气

C. 循环。如果新生幼仔心率缓慢,就要改善通气和氧合状态

**如何判断复苏是否有效?**

1. 新生幼仔是否发声?

2. 新生幼仔可视黏膜颜色是否改善?*

3. 新生幼仔是否活动?

**如果ABC失败,则需给药处理:**

肾上腺素0.2 mg/kg IC(稀释液)用于心脏停搏

不建议给予阿托品

不建议给予多沙普仑

如果呼吸困难进行针灸:27 G针头或针灸针刺入鼻人中旋转进行刺激

**仍存在问题的病例**

低体温?95~98°F的温水浴

低血糖?2.5%~5%的葡萄糖溶液IV或IO

**停止复苏的情况**

1. 复苏10 min后仍无脉搏(采用多普勒或儿科听诊器)

2. 濒死呼吸超过20 min。

3. 严重的先天性缺陷

**新生幼仔管理**

检查是否存在先天性缺陷:腭裂、泌尿生殖器和腹壁。

脐部护理:结扎缝合,距离腹壁0.5~1 cm处剪断脐带,断端用碘酊消毒。

确保每只新生幼仔尽快得到有效护理(前后定期称重)。如果新生幼仔长期不吃,考虑饲管饲喂,但最好是母犬的初乳。

在麻醉后24~36 h内不能在无人看护的情况下任由新生幼仔与母犬独处,因为此时母犬可能比较笨拙,甚至有攻击性。在有人看护的情况下,每隔1~2 h将新生幼犬放回母犬处让其护理。

如果新生幼犬每次不能吸吮足够的初乳量,即0.10 mL/g新生幼仔体重,则可以给予犬血清,在第1个24 h内PO,或在24 h后SC(肠道吸收减弱>24 h)。

如果新生幼犬有胎粪吸收或排粪困难及败血症的危险时,可给予头孢噻呋0.0025 mg/g SC bid,5 d。

确保保暖(环境温度维持在78~80°F)。

密切监护。

称重,bid。

---

*牢记即便是无生命迹象的新生幼犬,其可视黏膜也为红色,因为这个颜色源于母体循环和新生幼仔的血红蛋白。bid,每日2次;IC,心内注射;IO,骨内注射;IV,静脉注射;PO,口服;SC,皮下注射。

吸收功能。由于代谢调节功能还不成熟,新生幼仔使用葡萄糖时应监测是否会有高血糖症。如果新生幼仔太虚弱而不能哺乳或吸奶时,可用等量晶体液(乳酸林格液或Normosol溶液)混合配上2.5%的葡萄糖溶液,皮下注射加温的复合液体,剂量为1 mL/30 g体重,直至幼崽能够饲喂或哺乳。需要注意的是5%葡萄糖的乳酸林格液或Normosol溶液是高渗液,禁用于脱水幼崽。营养电解质均衡溶液或母犬初乳加温后都可用胃管灌服,每15~30 min一次,直至新生幼仔能够吸吮为止。

 **框56-4　新生幼仔(4周龄内)正常直肠温度和环境所需温度**

**新生幼仔正常体温(直肠)**

第1周:95~99°F

第2~3周:97~100°F

断奶后:99~101°F

**环境温度的需求:**

第1周:84~89°F

第2~3周:80°F

第4周:69~75°F

第5周:69°F

◆推荐阅读

Beccaglia M et al: Comparison of the accuracy of two ultrasono-graphic measurements in predicting the parturition date in the bitch, *J Small Anim Pract* 47:670, 2006.

Chatdarong K et al: Distribution of spermatozoa in the female reproductive tract of the domestic cat in relation to ovulation induced by natural mating, *Theriogenology* 62:1027, 2004.

Chatdarong K et al: Cervical patency during non-ovulatory and ovulatory estrus cycles in domestic cats, *Theriogenology* 66:804, 2006.

Davidson AP, editor: Clinical theriogenology, *Vet Clin North Am Small Anim Pract* 31:2, 2001.

Eilts B et al: Factors affecting gestation duration in the bitch, *Theriogenology* 64:242, 2005.

England G et al: Relationship between the fertile period and sperm transport in the bitch, *Theriogenology* 66:1410, 2006.

Haney D et al: Use of fetal skeletal mineralization for prediction of parturition date in cats, *J Am Vet Med Assoc* 223:1614, 2003.

Kelley R: *Canine reproductive management: factors affecting litter size*, Proceedings of the Annual Conference of the Society for Theriogenology and American College of Theriogenology, Nashville, Tenn, 2002, p 291.

Löfstedt R et al: Evaluation of a commercially available luteinizing hormone test for its ability to distinguish between ovariectomized and sexually intact bitches, *J Am Vet Med Assoc* 220:1331, 2002.

Rijsselaere T et al: New techniques for the assessment of canine semen quality: a review, *Theriogenology* 64:706, 2005.

Silva T et al: Sexual characteristics of domestic queens kept in a natural equatorial photoperiod, *Theriogenology* 66:1476, 2006.

Tsutsui T et al: Plasma progesterone and prolactin concentrations in overtly pseudopregnant bitches: a clinical study, *Theriogenology* 67:1032, 2007.

Tsutsui T et al: Relation between mating or ovulation and the duration of gestation in dogs, *Theriogenology* 66:1706, 2006.

Wilson MS: Transcervical insemination techniques in the bitch, *Vet Clin North Am* 31:291, 2001.

Zambelli D et al: Ultrasonography for pregnancy diagnosis and evaluation in queens, *Theriogenology* 66:135, 2006.

# 第 57 章

# 母犬和母猫的临床疾病
## Clinical Conditions of the Bitch and Queen

## 犬正常发情周期的变化
（NORMAL VARIATIONS OF THE CANINE ESTROUS CYCLE）

### 初情期延迟
（DELAYED PUBERTY）

母犬达到 70% 的成年体重和身高时开始首次进入发情周期。小型犬种通常在 6～10 月龄时开始第一次发情周期，大型犬种则通常在 18～24 月龄时开始，这可能会引起主人的关注。家族史（母亲和雌性姐妹）有助于预测繁殖活动的正常开始时间。初情期延迟（主人所认为的）的鉴别依据是母犬未进入正常繁殖周期，推迟到至少 2～2.5 岁后才能进行繁殖。初情期延迟的母犬一旦开始发情通常都会有正常的繁殖周期。将初情期延迟的母犬与另一只发情母犬同舍饲养，由费洛蒙（信息素）相关的"同舍效应"可促进前者进入发情前期。如果母犬已性成熟（至少达到 24～30 月龄）且有育种需要时，可以尝试诱导发情进行配种。

### 安静发情
（SILENT HEAT CYCLES）

在评估疑似母犬进入发情周期失败时，必须排除安静发情的情况。挑剔的母犬表现为轻度外阴水肿，外阴分泌物量少，几乎没有行为变化，此时母犬可能处于发情前期/发情期而未被察觉（称为"安静发情"），尤其是没有公犬的情况下。间情期通常无临床症状。发情前期和发情期随母犬年龄的增长会越来越明显。每周进行阴道涂片检查，以观察发情前期的细胞学特征，并将母犬与成熟公犬一起饲养；使用白色垫料有助于提前发现安静发情，从而了解排卵时间进行配种。成熟公犬能特别注意到母犬进入发情前期之前分泌的信息素，然后会经常嗅母犬或其尿液。每月进行孕酮浓度检测可回顾性识别发情期的出现，但除非在间情期前获得这些信息，否则不会在这个周期配种。必须鉴别安静发情与真正的原发性乏情。原发性乏情母犬无法进入发情周期，更有可能是由性发育紊乱引起的，这种情况不常见。

### 分裂型发情
（SPLIT HEAT CYCLES）

母犬的分裂型发情是指发情前期和发情期早期出现时，没有排卵或直接进入间情期，这是一种异常的短周期，表现为母犬不愿意接受交配，或由于强迫配种或人工授精而不受孕。在分裂型发情时，雌激素生成增多，形成大量卵泡但不发生排卵。随后卵泡闭锁，孕酮生成但无黄体期，不接受正常交配。分裂型发情常见于年轻母犬，特征是发情前期有典型的外阴血性分泌物，对公犬有吸引力，但不接受交配；这种发情被认为是不成熟造成的。有过正常发情史的成熟母犬也会发生分裂型发情，常常与应激有关。应激（旅行、运输或群居）导致内源性皮质醇水平升高，会抑制 LH 达到峰值和排卵。

母犬进入明显发情前期后的 2～10 周，通常又进入另一个发情前期，可能会排卵。最终大多数年轻母犬会从分裂型发情变为正常发情，即从发情期转到间情期。母犬或应激母犬的这种情况与生殖系统病理变化无关，无推荐治疗方案。如果应激会改变之前的周期，建议母犬在熟悉的环境中配种。将要交配的母犬最好延迟运输,直到其达到 LH 峰值(孕酮水平开始升高),选择运输精液(冷藏或稀释)会更好。连续阴道细胞学检查能记录雌激素在早期发情时对阴道黏膜的影响,随后每 1~2 周检测孕酮,可监测不排卵或黄体化(血清孕酮浓度<1.0 ng/mL)的卵泡生成过程,从而确诊分裂型发情。成熟母犬也偶尔会在常规发情时发生分裂型发情。这不仅使其配种变得困难,也可能与下丘脑-垂体-卵巢激素轴的异常有关。

## 母犬发情周期的异常
### (ABNORMALITIES OF THE ESTROUS CYCLE IN THE BITCH)

发情周期的异常表现有发情周期延长或缩短、发情周期各阶段正常顺序改变。主人所描述的母犬行为和体征可能与真实的生理活动不一致,需通过记录阴道细胞学检查、阴道内窥镜检查、行为学检查、血清 LH 和孕酮浓度检查等数据来分析发情周期(见第 56 章)。

### 发情前期/发情期延长
#### (PROLONGED PROESTRUS/ESTRUS)

发情前期或发情期延长表现为母犬外阴连续流血超过 30~35 d,同时对公犬具有吸引力。阴道细胞学检查可见表皮细胞比例>80%~90%。母犬可能会接受交配。发情前期和/或发情期延长是由雌激素持续产生引起的,孕酮浓度可能轻度升高或不变。如果孕酮浓度升高,母犬交配的接受度会升高。母犬雌激素持续存在,伴或不伴有孕酮分泌,其内源性病因包括卵巢滤泡囊肿和分泌性肿瘤。分泌性不排卵的滤泡性卵巢囊肿往往是单发的,滤泡覆有颗粒细胞,进行超声检查时,可发现卵泡大小超过排卵前,直径为 1~5 cm。双侧卵泡囊肿提示下丘脑-垂体-卵巢激素轴存在问题。卵泡囊肿常见于 3 岁以内的母犬。卵巢肿瘤可分泌雌激素,肿瘤包括上皮源性(囊腺瘤和腺癌)以及性腺基质源性(卵泡膜粒细胞瘤)。卵巢肿瘤常见于 5 岁以上的母犬,单侧发生,不常见于双侧。功能性卵巢肿瘤和囊肿性卵巢病变可同时发生。对侧卵巢囊肿和子宫内膜增生伴发于功能性肿瘤,最常见于性腺基质源性肿瘤。

除了雌激素过多症以外,母犬会阴部长期出血的

鉴别诊断很少。外阴出血可继发于感染、炎症、泌尿生殖道肿瘤、阴道异物或凝血障碍,需与发情前期或发情期延长进行鉴别诊断。当使用己烯雌酚(diethylstilbestrol,DES)治疗母犬卵巢子宫切除术(ovariohysterectomize)后出现的尿道括约肌无力,或使用 DES/环戊丙酸雌二醇(estradiol cypionate)预防未绝育母犬意外怀孕时,均可能会造成外源性雌激素过量。如果主人使用经皮或雾化给药的局部激素替代疗法治疗自己,其小型犬可能会接触到医源性雌激素。长期接触雌激素的后遗症包括骨髓病变、易患囊性子宫内膜腺体增生/子宫积脓综合征和卵巢囊肿。根据阴道细胞学检查(也可通过血清雌激素检查确定)可确诊原发性雌激素过多症,推荐使用腹部超声检查确定卵巢病变(图 57-1)。正常排卵前卵泡直径为 4~9 mm,小于卵泡囊肿和大多数功能性卵巢肿瘤的卵泡。超声引导下抽取异常囊性卵巢结构内的液体进行雌激素和孕酮浓度检查有助于诊断。手术切除病变组织进行组织病理学检查可确诊。

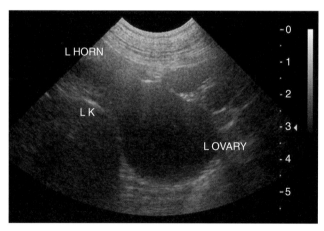

**图 57-1**
**左侧卵巢滤泡囊肿,LK 为左肾,L OVARY 为左卵巢,L HORN 为左子宫角。**

由于卵泡囊肿会自发性闭锁或黄体化,并非所有经历发情前期或发情期延长的母犬都需要治疗。卵泡囊肿转变为闭锁卵泡或形成黄体,该过程可通过阴道细胞学检查、血清雌激素和孕酮检查、超声检查监测。如果没有发生自发性消退,阴道出血是持续的麻烦,存在发情期行为,但不接受公犬的吸引,或产生其他并发症(失血性贫血、骨髓病变、阴道增生),治疗目的在于终止延长的发情前期或发情期。持续性病理性卵泡囊肿的治疗方法包括药物治疗和手术治疗。药物治疗不应影响母犬的生殖健康。母犬患有功能性卵泡囊肿时,使用孕酮治疗会增加囊性子宫内膜增生/子宫积脓

的风险,因此不建议使用。促性腺释放激素(犬用GnRH的剂量为50~100 μg/只 IM,24~48 h/次,最多不超过3次)或人绒毛膜促性腺激素(犬用hCG的剂量为500 IU/kg IM)可诱导囊肿消退或黄体形成,但效果并不理想。GnRH在犬体内不是抗原,所以可优先使用。成功诱导囊肿消退或黄体化的表现是:外阴分泌物减少;阴道细胞学检查显示雌激素的影响减小;对公犬的吸引力下降,行为正常化。当黄体形成时,血清雌激素浓度降低,孕酮浓度升高。超声监测卵巢形态可见低回声结构消退。但是,药物治疗发情前期或发情期延长的效果较差,最佳治疗手段是手术切除囊肿组织。理想的方法是单纯切除囊肿组织,但在实际操作中通常需要切除整个卵巢。切除组织的组织病理学评估可确诊,但更重要的是能评估是否存在肿瘤以便进行额外治疗,评估预后。有观点认为药物治疗发情前期或发情期延长失败,表明更可能是患有卵巢肿瘤而非卵巢滤泡囊肿,但未经研究证实。一旦确诊应及时进行有效治疗,子宫内膜长期激素刺激会引起生育能力下降。

## 发情间期间隔延长
### (PROLONGED INTERESTROUS INTERVALS)

母犬发情间期的间隔延长,可能会有乏情期或间情期延长。

## 乏情期延长
### (PROLONGED ANESTRUS)

乏情期延长见于先前有正常发情周期的母犬,超过16~20个月没有卵巢活动(也称二次乏情)。进入下一发情周期失败与安静发情进行鉴别诊断,安静发情是正常的,但对主人来说表现不明显。根据病史调查、体格检查和一些数据信息,来排除潜在性疾病和医源性病因引起的下一发情周期进入失败。母犬乏情期正常终止的机理目前尚不明确。多巴胺可抑制催乳素的分泌。催乳素浓度从间情期后期到乏情期后期开始降低。据报道,促卵泡激素(follicle stimulating hormone,FSH)和LH可激发发情前期卵泡的生成。多巴胺激动剂溴隐亭[Parlodel(Novartis)]和卡麦角林[Galastop(vetem)]可用于缩短正常母犬和病因不明的二次发情母犬的乏情期;但后者的成功率难以预料。多巴胺激动剂诱导进入发情前期的作用机理可能是直

接降低催乳素浓度,或直接作用于促性腺激素轴或卵巢促性腺激素受体。

## 间情期延长
### (PROLONGED DIESTRUS)

评估母犬两次发情周期时间间隔延长,需结合孕酮浓度长期升高(>2.0~5.0 ng/mL)来判断。当孕酮浓度长期持续升高超过9~10周时,才有可能是间情期延长。此时,母犬的临床行为学变化无法与乏情期延长的母犬鉴别。阴道细胞学检查、孕酮浓度连续监测和卵巢子宫超声检查可建立诊断。间情期延长继发于卵巢囊肿黄体化(分泌孕酮)或肿瘤(黄体瘤)。孕酮对垂体-下丘脑轴有负反馈作用,可阻止正常卵巢活动的刺激。黄体性囊肿可以是单一或多个的,涉及一侧或双侧卵巢。腹部超声检查可见病变卵巢内有低回声结构(图57-2)。腹部X线检查因囊肿相对较小而不能提供诊断信息。血清孕酮浓度超过1.0~5.0 ng/mL时可确诊。可使用天然前列腺素PGF2α[Lutalyse(Pharmacia)]或合成类似物氯前列烯醇[Estrumate(Schering-Plough)]进行治疗,但药物通常只能使血清孕酮浓度短暂下降,表现为部分黄体溶解。同时建议进行外科手术切除囊肿,并进行组织病理学检查(图57-3)。理想的方法是从病变卵巢分离囊肿组织,但操作比较困难,通常建议进行卵巢切除术。建议进行子宫活组织检查以评估子宫内膜囊性增生的发生和发展,这可为担心母犬受孕问题的主人提供有价值的信息,比直接进行卵泡囊性疾病治疗更为谨慎。在囊肿消除后,子宫内膜囊性增生的程度可部分减轻,但仍会造成生育能力下降(图57-4)。

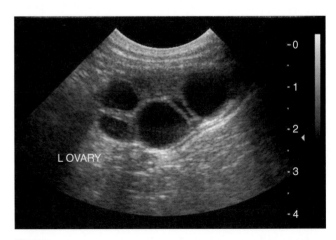

**图 57-2**
左侧卵巢的黄体性卵巢囊肿。**L OVARY**,左侧卵巢。

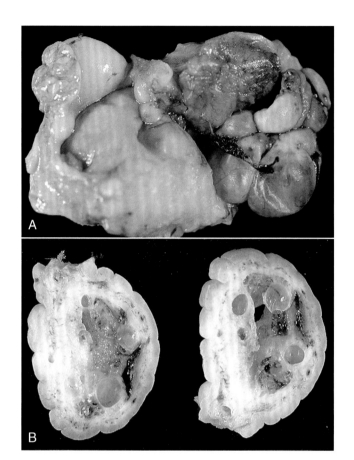

**图 57-3**
大体标本显示母犬发生子宫积脓时多黄体性卵巢囊肿。A 为完整卵巢，B 为卵巢切片。

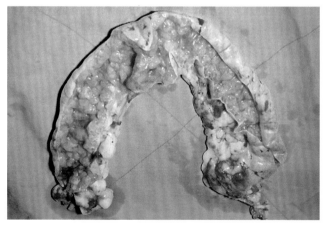

**图 57-4**
大体标本，囊性子宫内膜增生。

非功能性卵巢囊肿会由于它们的团块效应而引起下一次发情失败，常见网格状卵巢囊肿和表层上皮结构囊肿。血浆雌激素或孕酮浓度升高不能辨别该病，尽管这些囊肿可潜在分泌多种甾体化合物而无明显的系统性效应。最初采用腹部超声检查时怀疑该病，然后通过外科手术切除组织的组织病理学检查进行

确诊。

卵巢功能早衰可导致持续乏情。尽管犬卵巢功能性寿命目前尚不明确，但平均在 7～10 岁之后出现功能下降。老龄犬也可生育。卵巢功能早衰引起的长期乏情可根据记录 FSH 和 LH 显著升高来确定，也可以在绝育母犬中看到。在排除其他引起乏情期的病因后，FSH 和 LH 的升高说明缺乏垂体-下丘脑的负反馈作用。免疫介导性卵巢炎也可导致长期乏情，通过卵巢组织病理学检查进行诊断。据报道，母犬经历异常发情周期时，其双侧卵巢内以单核细胞浸润为主，伴有淋巴细胞、浆细胞和巨噬细胞浸润。这种病变极其罕见。

甲状腺功能减退是引起发情周期紊乱或进入发情周期失败的潜在病因，可结合其他检查来诊断，包括临床症状（嗜睡、体重增加、对称性脱毛）、临床病理结果（高胆固醇血症和非再生性贫血），以及血清甲状腺素浓度下降（采用平衡透析法检测总 $T_4$ 浓度和游离 $T_4$ 浓度）；犬内源性促甲状腺激素（cTSH）浓度升高可支持甲状腺浓度下降（见第 51 章）。母犬的循环抗甲状腺抗体因为交叉反应可引起总 $T_4$ 浓度出现人为升高。采用替代疗法治疗甲状腺功能减退的母犬后，在甲状腺功能变得正常的 6 个月内应开始进入发情周期。某些犬种具有遗传性免疫介导性甲状腺炎，可能会发生其他免疫介导性内分泌疾病。目前，免疫介导性甲状腺炎可通过周期性检测甲状腺球蛋白抗体（thyroglobulin autoantibody，TGAA）来评估。应该告知主人患犬的繁殖健康状况。糖皮质激素可反馈调节垂体促性腺激素 FSH 和 LH 浓度，引起发情周期进入失败。因此，长期乏情的母犬不能继续使用一些类固醇药物。

## 发情间期间隔缩短
### (SHORTENED INTERESTROUS INTERVALS)

母犬发情间期间隔缩短（<4.5 个月）时可因子宫修复不全、阻止胚胎定植而不能怀孕。传统上，母犬经历发情间期间隔缩短时，在其他方面是正常的。母犬发生排卵和生成黄体，次级卵母细胞受精但不能成功定植。在发情期和间情期，诊断这种疾病需要进行一系列的阴道细胞学评估，而在至少连续 2 个发情周期的黄体期，需进行血清孕酮浓度检查。目前在胚胎植入前，还没有可靠的商品化诊断试剂确诊母犬怀孕。此时，需排除形成卵泡但未排卵（分裂型发情）、黄体早

衰的情况。前者没有发生排卵,孕酮浓度一直处于基础水平(<1.0 ng/mL),后者孕酮浓度在整个正常间情期(45 d)不高于5.0 ng/mL。真正的发情间期间隔缩短是因为乏情期缩短,此时可能存在下丘脑-垂体-卵巢性腺激素轴调节作用缺陷,干扰了正常乏情期的维持。有理论表明,这种状况主要是由多巴胺与催乳素浓度失衡引起。在进入发情前期的前3 d使用促孕药物,可延长乏情期;但这是不可取的,会增加子宫积脓的风险。同样,没有严谨地进行过使用甾体类合成药物抑制发情的研究,之前使用甾体类药物治疗母犬后的生育能力不明,并且会出现副作用(溢泪、阴道炎、阴蒂肥大、肝病)。

## 假孕
[EXAGGERATED PSEUDOCYESIS
(PSEUDOPREGNANCY)]

主人可能认为没有怀孕的母犬发生明显的假孕是不正常的,假孕的症状包括:体重增加、乳腺发育和泌乳、外阴排出黏液性分泌物、食欲不振、坐立不安、筑巢和对无生命物体的母性照顾。X线检查(45 d间情期之后)或超声检查可证实有无胎儿。主人可能会关心母犬表现出明显的假孕症状,因为他们发现假孕的行为或体征与怀孕母犬不相符。

假孕是未孕母犬发情周期黄体期阶段完成的正常生理现象。其症状是由孕酮浓度下降和泌乳细胞分泌催乳素增多造成的,这些临床表现变化很大,可能非常轻微难以察觉,也可能(罕见)很严重。据报道,假孕的临床症状通常出现在发情期后6~12周。主人在讲述其繁殖史以及现在假孕情况时认为假孕是生殖障碍的表现,但实际上,假孕证实了母犬具有正常的下丘脑-垂体-卵巢性激素轴功能和发情周期。母犬表现出与假孕相符的症状可能是受到催乳素的影响。没有假孕症状的母犬,其催乳素也可达到相似浓度,说明表现出症状的犬机体靶器官浓度相对更高或外周对激素的敏感性更高。假孕具有自限性,通常在1~3周内消退,只有在长期有异常症状或症状显著(例如引起乳腺炎)时,才需要治疗。持续异常泌乳病例应评估是否患有甲状腺功能减退,因为促甲状腺激素释放激素(TRH)过度释放可引起泌乳增加。治疗假孕时可直接降低或消除泌乳。治疗的目的是为减少因乳汁淤积导致乳腺炎,或减少泌乳对家庭环境的污染。建议使用最少的治疗措施,停止通过舔、母性行为或冷热交替外

敷刺激乳腺的行为。多巴胺拮抗剂是经典的吩噻嗪类药物,可促进催乳素的分泌,因此也不建议使用。可使用非吩噻嗪类镇静剂进行轻度镇静。激素和药物治疗可减轻或阻止假孕母犬泌乳。在大多数病例中,副作用反而比药效更大。由于母犬可能有假孕周期重复的并发症、发情前期或发情期症状、雄性化行为等,因此不建议使用性腺激素、孕酮、雌激素或睾酮进行治疗。麦角生物碱是有效的催乳素抑制剂(具有多巴胺作用),可用于缩短假孕持续时间。因此,溴隐亭以0.01~0.10 mg/(kg·d)的剂量分次给药,直到泌乳停止为止。据报道,该药常见的副作用是呕吐、沉郁和厌食,和泌乳相比,其副作用更严重。麦角卡林5 μg/(kg·d),分次给药或每天1次,持续给药3~5 d,可有效降低催乳素浓度,消除假孕症状,且副作用较小,但对于巨型犬而言价格昂贵,且必须混合使用。据报道,针灸也可减轻假孕症状。根治假孕需实施卵巢切除术。

## 阴道增生
(VAGINAL HYPERPLASIA)

卵泡形成期间,雌激素正常分泌可引起阴道黏膜上皮广泛性增生、阴道上皮细胞角化以便形成交配锁环。这种雌激素反应可诱导某些母犬的阴道尿道周围形成增生性团块,如果体积过大会从阴道口向外脱垂。暴露的阴道组织会发生创伤和污染,在乳头水平引起尿道梗阻(图57-5)。给予GnRH(50~100 μg/每头,IM)或hCG(500~1 000 IU/每头,IM)可以尝试促使卵泡黄体化,提前降低雌激素的分泌。如果计划配种,使用这些药物则不利于受孕。大多数母犬排卵后,雌激

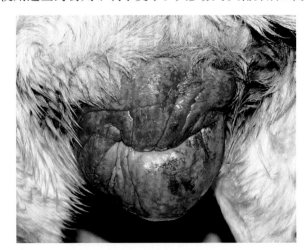

图 57-5
雌性拉布拉多巡回猎犬阴道增生。

素水平会自然下降，阴道增生的问题会随之解决，因此药物介入治疗的效果目前尚不明确。据报道，可通过外科手术方法切除增生组织治疗阴道脱出。长期(>1个月)阴道增生/脱垂常见于卵巢疾病(卵巢滤泡囊肿)，需要采用卵巢切除术进行治疗。阴道增生时可能需要人工授精，但分娩时雌激素水平升高会引起阴道增生复发。阴道增生的遗传性目前尚不明确。

## 发情周期的调控
(MANIPULATION OF THE ESTROUS CYCLE )

### 预防发情
(PREVENTION OF ESTROUS CYCLES)

对于不做种用的母犬和母猫，阻止发情的最好办法是实施卵巢切除术或卵巢子宫切除术。注射避孕疫苗产生 GnRH 抗体的方法仍在研究中，可以应用于公母犬猫，但目前还未被推广。用于繁殖的雌性犬猫临时避孕措施仍是个问题；孕酮和合成的药物具有副作用，不建议使用。GnRH 激动剂(亮丙瑞林、黄体瑞林、地洛瑞林)已被证实能够抑制雄性和雌性犬的性腺活动，且副作用少。这些激动剂经常在进入发情前期/发情期后使用，可引起 GnRH 受体下调，从而慢性抑制 LH 和 FSH 的浓度，抑制性腺激素的分泌和形成配子，最终导致雄性动物化学去势和雌性动物的可逆性乏情期延长。现在这些药物在美国还未得到商业推广。醋酸亮丙瑞林(商品名为 Lupron，由 Tap Pharmaceutical 生产)现已应用于人医领域，但仍然非常昂贵。尽管这些产品很有效，且比之前的选择要安全，但因未商品化及花费高昂等使之很难推广。

### 诱导发情
(ESTRUS INDUCTION)

兽医文献中有许多可以诱导母犬和母猫发情的办法，但大多数药物的临床效果不佳，或被市场淘汰、临床应用太烦琐。雌激素化合物能直接诱导发情(行为改变，具有吸引力)，但在母犬和母猫中，可受精的卵母细胞排卵及成功定植是很困难的。

最可靠诱导母犬可育性发情的方法是使用多巴胺受体激动剂。至少 90 d 的乏情期(孕酮浓度<1.0 ng/mL)，子宫必须得到充分的复旧，以便受精卵定植。溴隐亭

的剂量为 20～50 μg/kg PO q 2 h，即可在发情的第 17～49 d 内诱导出现可育性发情前期，但常伴有副作用(恶心和腹泻)，通常采用这种疗法。卡麦角林，5 μg/kg PO q 24 h，可在发情第 4～34 天时诱导出可育性发情前期，且副作用较小。这些药物必须在进入发情前期的 48～96 h(根据细胞学检查进行判断)后停止使用，以防下丘脑-垂体-卵巢性腺激素轴下调。GnRH 类似物(亮脯利特、黄体瑞林、地洛瑞林)已被证实可诱导可育性发情，这些药物也可制成长效剂型，通过皮下注射、微型真空泵、吸入剂或移植物的方式给药，但价格昂贵，副作用也大，限制这些产品的使用。一种合成的缓释 GnRH 类似物(地洛瑞林)已上市多年，主要用于马病患，对犬病患也有效，但目前不能在市面上广泛获得。替代药物(商品名为 Ovuplant，由 Fort Dodge 生产)没有获得美国食品药品管理局(FDA)认证，且疗效不可靠。其副作用包括黄体早衰、间情期缩短和妊娠丢失；如果长期使用会引起垂体刺激过度、GnRH 受体下调、LH 分泌抑制、孕酮分泌减少和黄体对 LH 反应性降低。

兽医文献中也有猫诱导发情的方法，但猫的影响因素包括光照周期、不孕间情期的上一次乏情期长度等，也无法预测排卵后的卵母细胞成熟与否。单独调控猫舍的光照周期比较困难，且效果不佳。据报道，在猫舍如果事先给予孕酮抑制卵泡形成，可成功诱导猫发情，但会增加子宫内膜疾病的风险，不建议用于宠物。最常通过这些药物来完成诱导发情，这些药物是马绒毛膜促性腺激素(eCG)，剂量为 100 IU IM，在给药后第 80～84 h 内注射 LH 样激素——hCG(商品名 Follutein，由 Bristol-Meyers Squib 生产)，剂量为 75～100 IU IM。母猫使用外源性激素如 GnRH(商品名 Cystorelin，Ceva 生产)或 hCG 可增加排卵的可能性，但需要在出现成熟卵泡时使用(例如发情期)。这两种激素都可通过阴道-下丘脑的神经通路刺激排卵。在发情中期给予 GnRH，25 μg，IM 或 hCG IM，75～100 IU，可诱导一些母猫排卵。因此，当公猫性欲低下，以及交配次数不足以刺激母猫排卵时，给予 GnRH 和 hCG 可能会有效。

### 终止妊娠
(PREGNANCY TERMINATION)

主人经常以不希望交配为由，要求终止母犬妊娠，但很少主人会要求终止母猫妊娠。处于发情期的母犬

与公犬在一起可能会交配成功。只有1/3的母犬会一次交配受孕。因此,终止妊娠应该在怀孕大约30 d时进行(见第56章)。通过阴道细胞学检查来诊断发情,角化上皮细胞达90%~100%。在交配后的48 h内,采用阴道棉拭子进一步确认精子的存在,以证实发生过交配,但不一定怀孕。除非有正当理由保持动物生殖系统完整,否则兽医应强烈建议雌性动物一旦进入间情期即进行子宫卵巢切除术。如果怀孕成功,那么就要选择安全终止妊娠的方式。需要与主人进一步协商以确定最合适的治疗方式。治疗方式需考虑其相对安全性、功效、费用和主人的服从性。主人也应理解,在所有病例中动物治疗后要被限制,并且避免在将来的发情周期中发生意外怀孕。在妊娠后期(妊娠期为35~45 d时)黄体最容易溶解时,药物性终止妊娠更为有效。在妊娠晚期(>50 d)终止妊娠,会引起活的未成熟胎儿流产,并在分娩后死亡,主人或员工可能会伤心,或需要对它们进行安乐死。此外,母犬在妊娠晚期终止妊娠常会发生泌乳,如果发生乳房不适或发生乳腺炎时,可能需要抗催乳素治疗。所有终止妊娠的病例都要进行一系列超声检查,以观察最后的情况,并确认所有胎儿已排出(图57-6)。终止妊娠治疗中断会造成死胎滞留或生下剩余的胎儿。

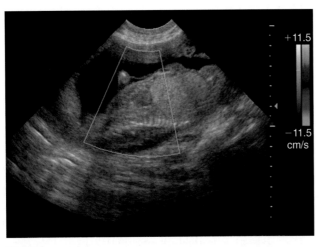

**图 57-6**
子宫排空前胎儿死亡。胎儿的心脏不能跳动,多普勒有一定帮助,但对胎儿活性评估并不重要。

### 雌激素

通常,用于母犬或母猫终止妊娠的药物很少。环戊丙酸雌二醇(商品名为ECP,Pharmacia生产)、苯甲酸雌二醇(Intervet)和己烯雌酚(DES)都因这个目的被大量使用,但目前没有大规模商品化生产。在发情后期,使用雌激素可显著增加母犬或母猫子宫积脓的风险。由于雌激素存在潜在副作用(不可逆的再生障碍性贫血、子宫积脓和发情期延长),无处购买,且存在更好的替代药物,因此不再建议用于终止妊娠。环戊丙酸雌二醇被认为对猫不安全。

### 抗雌激素

抗雌激素(antiestrogens)药物枸橼酸他莫昔芬(商品名为Nolvadex,Zeneca)已被评估可用于终止妊娠,但非常容易引起生殖道病变,包括子宫内膜炎和卵巢囊肿,因此不建议使用。

### 前列腺素

在确认怀孕后,给母犬母猫使用天然前列腺素PGF2α[商品名为律胎素(Lutalyse),Pharmacia生产]可溶解黄体,排空子宫,从而终止妊娠。前列腺素的副作用为内源性前列腺素的生理效应,包括呕吐、多涎、呼吸急促、腹泻、排尿、颤抖和筑巢行为。但在治疗过程中,这些反应的严重程度和持续时间会降低。妊娠终止开始时第一个指征通常是阴道流出分泌物。天然前列腺素必须给予一定时间(一般>7 d),从而导致总体费用增加。其诱导母犬流产的剂量为0.10 mg/kg SC q 8 h,连续治疗2 d,然后变为0.20 mg/kg SC q 8 h,持续给药直到起效。合成前列腺素具有副作用小和治疗时间短的特点,比起天然前列腺素来说,现已成为首选药物。氯前列醇(商品名为Estrumate,英国ICI)是一种合成前列腺素药物,剂量为1~3 μg/kg SC q 48 h,给药3次以上,可成功终止孕期大于30 d的母犬的妊娠。尽管前列腺素未被批准用于犬猫,但仍然是一种标准治疗药物。相比于主人自己在家给药,更建议在诊所内使用前列腺素治疗,因为它们的治疗范围窄,可在门诊病患的基础上终止妊娠,特别是使用合成前列腺素。成功终止妊娠后,须采用超声检查胎儿排空情况。

在母犬中联合前列腺素、阴道内米索前列醇和PGE(商品名为Cytotec,Searle)治疗,可将流产平均时间缩短到5 d内。联合治疗具有协同作用:PGF2α的剂量为0.10~0.20 mg/kg SC q 8 h,阴道内米索前列醇的剂量为1~3 μg/kg q 24 h,可缩短犬诱导流产的治疗时间,平均为2 d,比单独使用PGF2α的时间短。米索前列醇具有软化子宫颈的作用,阴道内给药比口服给药的血药浓度高,且更持久,同时阴道给药也使副作用(恶心、痉挛和腹泻)降到最小。

在前列腺素诱导流产后,发情周期恢复和再次成功怀孕预后良好。大多数母犬在前列腺素诱导流产 4 个月后重新进入发情前期。母猫再次进入发情周期的时间不同,反映了每天光照时间对季节性多发情期物种的影响。

### 地塞米松

地塞米松(Dexamethasone)常用于终止母犬妊娠。其具有直接抗孕酮作用,可增加子宫内膜和胎盘前列腺素的合成与释放。妊娠期不足 40 d 使用地塞米松时,一般只会看到轻微的副作用(轻度外阴流血、厌食、气喘、多饮、多尿),一些母犬还表现为明显多饮和多尿。地塞米松的功效强、极少出现副作用(时间短)、花费少、实用、给药简单,使其成为经济条件有限时的良好选择。口服剂量为 0.2 mg/kg bid,持续给药直至流产(经超声检查证实)。但由于其具有免疫抑制作用,在流产后能发生子宫炎;应该提醒主人注意观察子宫炎的症状(恶臭分泌物、嗜睡、厌食、发热)。

### 多巴胺复合物

多巴胺类药物,如卡麦角林(商品名为 Dostinex,由 Pharmacia 生产)在妊娠晚期(>40 d 时)终止妊娠非常有效,但没有联合用药,直接用于小型动物时剂量难以控制。卡麦角林常制成含 0.5 mg 剂量的药片,能抑制催乳素分泌,如果在达到 LH 峰值后的第 40 天时给药,剂量为 5 μg/kg PO q 24 h,连续给药 7～9 d,即可获得 100% 的有效性。合成前列腺素药物与多巴胺类药物联合给药会更加有效。作者首选氯前列烯醇(1～3 μg/kg SC,在第 1 天和第 3 天时给药)和卡麦角林(5 μg/kg PO q 24 h)联合给药 2～10 d 即可终止妊娠。

### 抗孕酮类药

抗孕孕酮类药物米非司酮[RU486,Mifeprex(Danco)]和阿来司酮[(Alizine(Virbac)]都认为在终止妊娠(85%～100%)方面非常有效,副作用小。阿来司酮可阻断子宫孕酮受体;血清孕酮水平维持不变。这些药物不会影响长期生育能力,在刚开始用药时快速发挥作用,因此可作为门诊用药。不幸的是这些药物在美国很难购买,且价格昂贵。如果这些药物变得更加经济实惠,且易于购买,那么在美国可能最终会成为终止妊娠的药物。阿来司酮在妊娠早期(第 21～45 天时)疗效最佳。犬使用阿来司酮的剂量为 10 mg/kg SC,给药两次,每次间隔 24 h。若为 30 mg/mL 的药

液,每个皮下注射点的注射量不能超过 5 mL,以防刺激组织。猫使用阿来司酮的剂量为 15 mg/kg SC,给药两次,每次间隔 24 h;剂量更高是因为在猫中生物利用率更差,代谢清除速度更快。妊娠 45 d 以后,建议联合使用氯前列烯醇和卡麦角林。

# 产前疾病
# (PREPARTUM DISORDERS)

### 精液腹膜炎
### (SEMEN PERITONITIS)

性成熟母犬急性腹痛症状的鉴别诊断包括子宫积脓、子宫破裂和子宫扭转。有急性腹痛症状的发情期母犬、与未去势公犬有接触史的母犬,或近期有进行人工授精的母犬还要考虑继发于精液沉积于腹腔内引起的腹膜炎。由于犬射精后段部分是大量前列腺液,在交配时大量精液进入子宫。正常交配时,精子不应进入母犬的腹腔,但当交配体型不匹配或存在子宫疾病时,精子可能会通过子宫撕裂处或输卵管进入腹腔(图57-7)。精子在腹腔内沉积造成腹膜炎,是因为前列腺液含有大量外来抗原,其后遗症很可能是严重的化脓性腹膜炎和全身炎症反应综合征。建议开腹探查、冲洗腹腔。同时,应小心仔细检查阴道和子宫的穿孔部位。该病在母犬中的发病率和死亡率均较高。

### 妊娠丢失
### (PREGNANCY LOSS)

产前是指分娩前的最后 4 周。妊娠丢失的主要病因包括特发性早产、感染性疾病、严重的母体疾病或创伤。

母犬和母猫的妊娠晚期流产主要是由胎儿早产造成的。在兽医学中,早产的病理生理学变化是黄体功能减退(孕酮分泌不足以维持妊娠)和不适当的子宫活动(子宫肌层收缩),伴随子宫颈的变化(软化),但是这种综合征并没有被很好地理解和充分研究。早产是指子宫活动和子宫颈变化导致妊娠丢失,在分娩前重吸收或排出,而母体没有发生代谢性、传染性、先天性、肿瘤性或中毒性疾病。妊娠期孕酮水平是正常的(5～90 ng/mL),在子宫肌层收缩时会升高,可在早期被检测到。当孕酮浓度小于 2.0 ng/mL 时会发生早产。早产通常是一种回顾性诊断,需对母犬和死胎

进行全面评估。评估指标包括母犬全身性疾病的筛查,传染性疾病的评估(布鲁氏杆菌病),排出的胎儿和胎盘的组织病理学检查和微生物检查,犬舍/猫舍的饲养管理包括营养因素、药物因素和环境因素。所有检查结果都为正常或阴性。母犬在一次妊娠中经历过早产的子宫肌层活动,可能会在随后的妊娠中出现,不过这个综合征可能会成为无法成功繁殖的慢性原因。在人医早产使 10%～20% 的孕妇妊娠变得复杂,占胎儿发病率和死亡率的 80%。有过早产史的孕妇在随后的妊娠中有再次早产的风险。

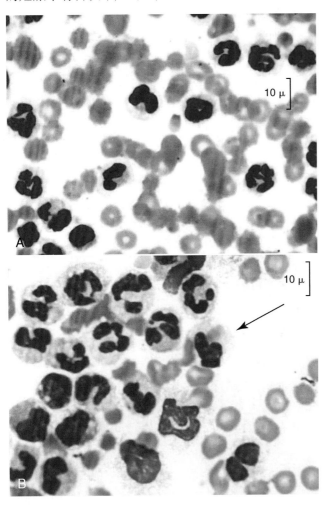

**图 57-7**
**图 A** 为精液腹膜炎。可见中毒性嗜中性粒细胞、红细胞和精子头。**B** 显示一个精子头部被吞噬(箭头所指)。

　　保胎治疗(tocolytic therapy)抑制子宫平滑肌层收缩,在没有发生病理变化时,建议用于早产管理。孕宠保胎治疗的禁忌证有严重的先兆子痫、胎盘早剥、宫内感染、致命的先天性疾病或染色体异常、子宫颈提前扩张、出现胎儿窘迫或胎盘功能不全的征兆。保胎药物抑制子宫平滑肌层收缩,药物包括 β2 肾上腺素能受

体激动剂(特布他林和利托君)、硫酸镁、钙通道阻滞剂和前列腺素合成酶抑制剂(吲哚美辛、酮咯酸、舒林酸)。孕妇使用 β2 肾上腺素能受体激动剂的禁忌证有:母体心律失常、糖尿病控制不良、甲状腺功能亢进,怀孕母犬母猫不太可能出现这种状况。兽医临床保胎治疗的主要禁忌证包括未发现的子宫、胎儿或胎盘的病理性变化,这些变化使母犬难以维持妊娠。

　　当母体发生过怀孕晚期妊娠丢失史但没有明显的病理变化时,可采用子宫监控设备或 Healthdyne 测定子宫收缩动力[tocodynamometry(Healthdyne)],以预估妊娠中期子宫平滑肌的过早活动(图 57-8)。早期

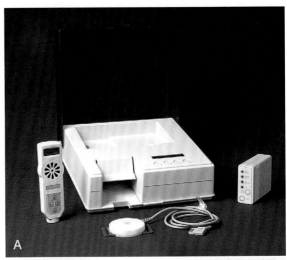

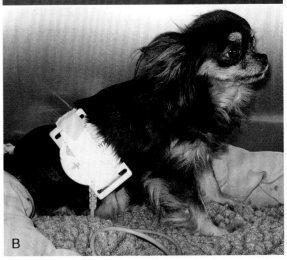

**图 57-8**
**A** 为子宫收缩动力测定设备。从左到右分别为胎儿多普勒、子宫探测器、调制解调器和记录仪。**B** 为一只吉娃娃母犬使用子宫收缩动力测定设备的示意图。

子宫平滑肌层的活动与子宫内膜和胎盘分泌前列腺素有关,接下来会引起黄体溶解。子宫早期活动会危及胎儿的存活,这可以在有明显黄体溶解之前确认;妊娠期其他指标正常时,建议进行治疗(图 57-9)。保胎药物的

干预可减少子宫平滑肌的活动,特布他林(商品名为Brethine,由 Ciba Geigy 生产,0.03 mg/kg PO q 8 h)可抑制有早产史但其他指标正常的母犬和母猫的子宫收缩。最好通过滴定给药,使用子宫收缩动力测定设备来测定效果(图 57-10)。保胎药需在分娩前 24 h 停止给药。

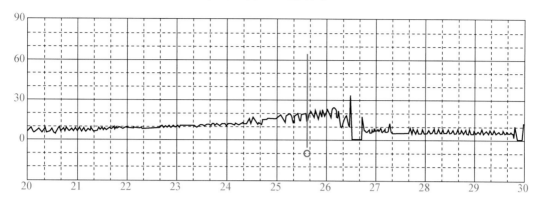

**图 57-9**
子宫收缩动力测定设备记录妊娠中期母犬产前子宫平滑肌层收缩情况(C)。*x* 轴的单位为 **mm Hg**,*y* 轴的单位为 **min**。

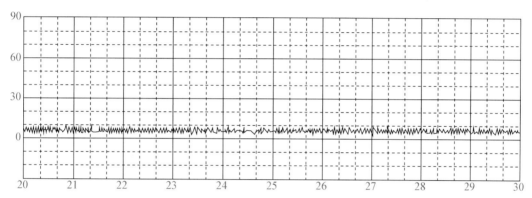

**图 57-10**
子宫收缩动力测定结果:正常的静态子宫肌层。*x* 轴的单位为 **mm Hg**,*y* 轴的单位为 **min**。

犬猫妊娠期血清孕酮浓度需超过 2.0 ng/mL,此时的正常参考值范围为 15～90 ng/mL,孕酮浓度在妊娠中后期开始缓慢下降,在分娩时突然大幅度下降(通常在分娩前 1 天或当天发生)。孕酮可促进子宫内膜腺体组织生成,抑制子宫内膜平滑肌层收缩(引起子宫内膜平滑肌层松弛),阻滞催产素的作用,抑制细胞间连接的形成,抑制子宫内白细胞的功能。对一些物种而言,胎盘、蜕膜或胎膜内的孕酮浓度或孕酮/雌激素的值发生改变,可预示即将发生的分娩。分娩前时给予孕酮拮抗剂可使自然流产发生率增加。黄体是怀孕母犬孕酮的唯一来源,而在母猫中,在妊娠中后期主要由胎盘分泌孕酮。在母犬妊娠早期时,可自主调控黄体功能,但在妊娠 2 周后开始由黄体生成素(LH 和催乳素)进行调控。

黄体功能减退是指妊娠期前黄体功能衰退,是一种潜在性疾病,但没有研究记录,因为它可引起健康雌性犬猫妊娠晚期时流产。据报道,血浆孕酮浓度需要降低到 2.0 ng/mL 以下才能在健康犬猫意外怀孕时诱发流产。诊断分娩前黄体溶解引起流产的病因比较困难,需要在流产前发现血浆孕酮浓度不足,同时没有其他病因。孕酮浓度降低是复合子宫肌层活动和胎儿死亡的反应,但不能将流产后孕酮浓度下降作为黄体功能减退引起原发性繁殖障碍的诊断依据。患有先天胎儿畸形、胎盘炎或宫内感染的母体若给予孕酮药物维持妊娠,会使胎儿持续生长,但有难产和败血症的可能性。给予过量孕酮维持母犬妊娠并非治疗,反而会延迟分娩,影响泌乳,危及母犬和胎儿的生命,还会导致雌性胎儿雄性化(图 57-11)。

曾有人使用天然孕酮注射剂或口服人工合成孕激素来治疗早产的妊娠丢失。孕妇在预防早产或复发性流产时,只使用孕酮天然代谢产物,即 17α-己酸羟孕酮(17P)。只有在给予自然药物时监测血清孕酮浓度。肌肉注射孕酮油剂 2 mg/kg q 72 h。四烯雌酮(商品名为Regumate,Hoechst-Roussel)是一种合成孕激素,用于母马,口服剂量为 0.088 mg/kg q 24 h。这两种孕激素药物必须及时停药,以防影响正常分娩,口服合成药物需在分娩前24 h内停药,天然注射药物需在分娩前72 h内停药。停药时间需要根据之前的排卵时间精确判断妊娠期长度(见第56章)。也可依据配种日期、X线检查或超声检查粗略判断妊娠期(见第56章)。必须告知主人外源性孕酮补充剂的副作用,在早产时能慎用。

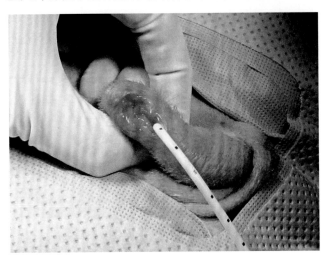

**图 57-11**
母犬分娩期使用四烯雌酮后,继发引起雌性外生殖器雄性化。阴门头侧被覆盖,尿道口远端扩张。

## 犬布鲁氏菌病
(CANINE BRUCELLOSIS)

犬布鲁氏菌病是犬繁殖方面主要的传染性性病,病原体为犬布鲁氏杆菌(*B. canis*),它是一种需氧菌,属于小的非孢子性革兰阴性球杆菌。在1966年,利兰·卡迈克尔首次分离出犬布鲁氏杆菌。流产布鲁氏杆菌(牛型布鲁氏杆菌)、羊布鲁氏杆菌和猪布鲁氏杆菌偶尔会引起犬的感染,但相对罕见。犬布鲁氏杆菌感染可引起公犬和母犬繁殖障碍。任何犬在配种前都要筛查布鲁氏杆菌,所有的流产、睾丸炎、附睾炎和明显的不孕不育病例初诊时应该进行这项检查。由于在很多地区犬布鲁氏杆菌的感染率较低,常规筛查会减少,但兽医要对该病需保持警惕,绝育和未交配的犬都也能发生感染。犬布鲁氏菌病也会偶尔引起非繁殖犬的系统性疾病(例如椎骨椎间盘炎)。细菌可通过直接接触带菌的体液(精液、恶露、流产胎儿/胎盘、奶液和尿液)而引起感染。水平传播途径主要是经口、鼻和结膜,其次是性病(例如通过黏膜感染),前者与摄入或气雾吸入传染性物质有关。如果犬舍环境比较拥挤,气溶胶就是特别重要的感染途径。经胎盘的垂直传播途径和直接皮肤接触也会发生感染。

犬布鲁氏菌病具有高发病率和低死亡率的特点,全身性症状通常比较轻微(运动不耐受、腰痛、跛行、体重减轻和嗜睡)。繁殖母犬感染布鲁氏杆菌的主要临床症状是流产,怀孕早期(妊娠20 d)时胎儿被吸收,该病在怀孕晚期(通常在妊娠45~59 d时)更常见,会引起流产。母犬在怀孕早期妊娠丢失看起来像是不育(受孕失败),需要在妊娠早期采用超声检查评估才能得知真实情况。未受孕母犬感染布鲁氏杆菌可能无症状,或表现为局部淋巴结肿大(如果经口感染则咽部淋巴结肿大,如果经交配感染则腹股沟和盆腔淋巴结肿大)。公犬布鲁氏杆菌的急性症状涉及参与精子成熟、运输和储存的部分生殖道。常发生附睾炎,同时有睾丸炎和阴囊皮炎,随后精子质量和生育能力降低,最终发展为睾丸萎缩和不育症。病原体存在于前列腺和尿道,随着尿液间歇性向外排出。抗精子抗体产生与布鲁氏杆菌病诱发附睾肉芽肿有关,能进一步加重不育症。脓精液症在感染后3~4个月发生。据报道,犬慢性感染会导致葡萄膜炎或眼内炎、淋巴结炎、脾肿大、椎骨椎间盘炎,偶发皮炎和脑膜脑炎。菌血症会持续数年,亚临床感染的犬长时间内保持传染性。感染母犬流产后4~6周有大量致病菌从阴道分泌物中流出。公犬感染后2~3个月的精液中致病菌浓度最高,随后逐年减少。尿液可作为感染的载体,因为母犬的尿道口和生殖道距离比较近,可使尿液带菌,从而数月到数年都能排菌。菌体还可从乳汁向外排出。

犬布鲁氏菌病可根据提示性临床症状和血清学检测结果,血液、尿液或组织的细菌培养、组织病理学检查和/或聚合酶链式反应(PCR)结果来建立诊断。由于濒死前检查没有一项敏感性能达到100%,且血清学检查特异性低,因此通常需要联合诊断。布鲁氏杆菌抗体只有在感染后2~12周内才能被检测到,因此感染犬存在血清学诊断的空窗期。用于筛查布鲁氏杆菌感染的筛查通常速度快且不贵,但特异性低(假阳性结果比例高),这是因为布鲁氏杆菌属的表面LPS抗原与其他微生物有很强的交叉反应。与其他微生物如博代氏杆菌、绿脓杆菌、大肠杆菌和莫拉菌属的抗体也存在交叉反应,50%~60%犬可出现假阳性结果。其他筛查方法有快速玻片凝集试验(rapid slide agglutination test,RSAT)、半定量2-巯基乙醇改良RSAT(ME-RSAT)和半定量试管凝集试验(tube agglutination test,TAT)。如果检测结果为阳性,即可进行确诊试验,包括特异性琼脂凝胶免疫扩散(specific cytoplasmic agar gel immunodiffusion，AGID）试验、血液培养或可靠的 PCR 试验。

　　犬或人的布鲁氏杆菌病在一些特定司法管辖领域可能需要上报。感染犬应远离繁殖基地，并隔离饲养。只有搬离所有感染犬只（感染中或有感染史），才能成功消灭犬舍环境内的病原菌。由于该病是人畜共患病，且很难根除传染，所以建议对感染犬实施安乐死。家养宠物犬或小型犬舍的主人也经常主动要求对患犬实施安乐死。绝育可降低精液和尿液的排菌量，但不能根除感染。患犬尿液可持续性排菌，且可在内脏器官和血液系统中发现细菌。

　　抗生素治疗效果较差，很可能是因为布鲁氏菌为胞内寄生菌，能引起周期性菌血症。抗生素治疗无法清除感染，同时还可能会降低抗体滴度。常见复发。四环素类（多西环素或米诺环素，25 mg/kg bid PO，连续给药 4 周）和二双氢链霉素（10～20 mg/kg bid IMSC，在第 1 周和第 4 周内给药）或氨基糖苷类（庆大霉素 2.5 mg/kg bid IMSC，给药两周，在第 1 周和第 4 周内给药）联合用药虽然易获成功，但适用性差，有肾毒性，需要注射给药，且费用高。目前有研究报道，一组感染犬采用恩诺沙星（商品名为 Enrofoxacin，Bayer，5 mg/kg bid PO，连续给药 4 周，可能需要多个疗程）取得稍微令人鼓舞的效果（Wanke 等）。恩诺沙星虽不能完全有效清除布鲁氏杆菌，但可维持母犬受孕，防止再次流产、防止病菌传染给幼崽及分娩时病菌扩散。然而大多数经治疗的犬细菌培养结果仍为阳性。如果患犬不能耐受氨基糖苷类药物，恩诺沙星和多西环素联用药可能会更有效，但缺少相关研究报道。多西环素和利福平联合用药能成功治愈人布鲁氏杆菌病，但犬有胃肠道不良反应，不能很好地耐受这种治疗方案。

　　私人养殖户应对所有育种犬进行布鲁氏杆菌筛查，确保检查结果为阴性后才将母犬放入犬舍。种公犬应该每年进行一次适当筛查。由于该病存在非性病传播途径，所以也建议在配种前对未配过种的犬（包括母犬）进行布鲁氏杆菌的筛查。

## 代谢性疾病
（METABOLIC DISORDERS）

### 妊娠剧吐
（HYPEREMESIS GRAVIDARUM）

　　母犬在妊娠第 2～3 周内会暂时性食欲减退，有时还会发生周期性呕吐。这些症状通常为自发性的，但有时严重厌食影响孕期摄入足够的营养。止吐治疗有所帮助，可使用胃复安，剂量为 0.10～0.20 mg/kg PO 或 SC bid。其他可供选择的止呕药物对于妊娠期动物可能不安全，不建议使用；兽医必须评估其利弊。有些病例可能需要考虑强饲。

## 血管炎
（VASCULITIDES）

### 妊娠期血栓症

　　妊娠期处于高凝血状态，对于具有易凝血基因的孕宠来说是个问题。据报道，怀孕母犬也可发生高凝血状态，且易引发血栓症，发病期间 D-二聚体水平升高，并伴有不同的临床表现。血栓常发生在后腔静脉，可导致后肢静脉瘀血（图 57-12），可用超声检查诊断。发病孕宠采用低分子量肝素抗血栓治疗可获得良好疗效，但目前没有关于犬的研究报道，而且抗血栓治疗很容易导致先天性缺陷（阿司匹林诱发腭裂），或由胎盘或胎儿出血而引发妊娠丢失。由于华法林（抗凝）可通过胎盘屏障，所以禁用于妊娠期。这种情况在雌性动物都具有遗传性，患有此病的母犬不宜用作种犬。

图 57-12
拉布拉多母犬在妊娠 8 周时发生静脉怒张。超声检查后诊断为后腔静脉血栓。

### 妊娠期浮肿

产仔数较多的大型母犬在妊娠期常见后肢远端、乳腺尾部和会阴处有明显浮肿(图 57-13 和图 57-14)。这些母犬没有发生低白蛋白血症,应该采用多普勒超声检查排除静脉血栓。有时孕期阴道增生被误认为妊娠期浮肿(pregnancy edema)。母犬妊娠晚期雌激素水平会轻度增加,和发情期一样,也会引发阴道增生,造成产道窘迫,此时建议选择剖腹产。阴道增生也可通过阴道指检确诊,指检时可感知有一个团块从阴道头侧向尿道乳头生长。

如果确诊为妊娠期浮肿,轻度运动有一定帮助(散步或游泳)。可在妊娠期使用利尿剂。会阴部发生严重水肿时可造成难产。

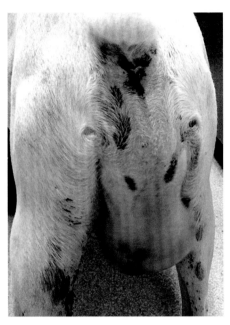

图 57-14
拳师母犬妊娠期时外阴和会阴明显浮肿,并实施了剖腹产术。

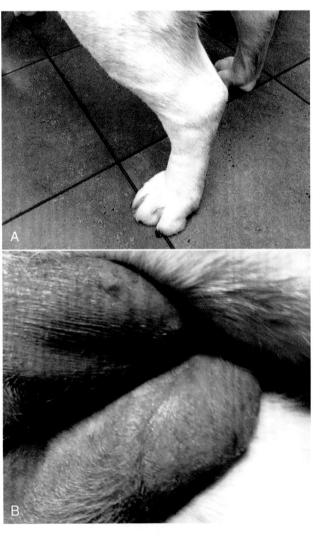

图 57-13
A 为后肢远端浮肿。B 为拉布拉多母犬妊娠 8 周时乳腺浮肿。

## 妊娠期糖尿病
(GESTATIONAL DIABETES)

母犬和母猫很少发生妊娠期糖尿病,其发病机理是黄体期孕酮(生长激素水平升高介导)介导的胰岛素抵抗。临床症状包括多饮、多尿和多食和体重减轻。患病母猫可给予高蛋白、低碳水化合物饮食以改善症状,患病母犬给予高纤维素饮食能促进血糖正常。药物治疗可选择胰岛素。母体高血糖会刺激机体分泌更多的胰岛素,造成胎儿过大,容易因为胎儿-母体大小不匹配而发生难产(图 57-15)。

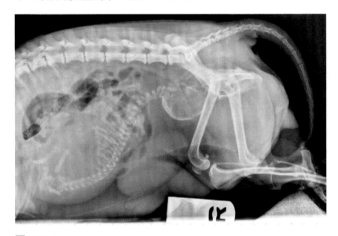

图 57-15
患有妊娠期糖尿病的吉娃娃犬,单胎体型过大,从而引发难产和胎儿死亡。

## 妊娠毒血症
## (PREGNANCY TOXEMIA)

母犬妊娠毒血症是妊娠晚期碳水化合物的代谢发生改变引起的,动物会出现酮尿,但没有尿糖或高血糖。最常见的病因是妊娠中后期营养不良或厌食,可能会引发脂肪肝。营养改善可解决大多数病例的状况,但在严重病例可能需要终止妊娠。

# 分娩和临产疾病
# (PARTURITION AND PARTURIENT DISORDERS)

尽管大多数母犬母猫能在家中或犬舍/猫舍内自行分娩,但越来越多的主人乐于寻求兽医帮助。于宠物爱好者而言,种用犬、哺乳母犬、公猫、母猫和它们的后代具有较高的经济和情感价值,他们不希望在宠物分娩时损失任何一条生命。基于经济和伦理等因素,繁殖基地拥有科学、合理的设施,以最大限度地提高新生幼仔存活率。兽医从事犬猫产科研究的目的在于提高活产率(对于难产病例最大限度地减少死胎),尽可能降低母犬/母猫的发病率和死亡率,在产后第 1 周内提高新生幼仔存活率。新生幼仔存活率直接影响分娩质量。兽医了解犬猫正常分娩和顺产的机理,具备识别分娩过程中异常情况的临床技能,才能做到幼仔的最佳管理。

## 正常分娩
## (NORMAL LABOR)

母犬在产前 24 h 内血清孕酮浓度下降到 2.0～5.0 ng/mL 时,进入第 Ⅰ 期分娩阶段,此时,血液循环中前列腺素水平也一起升高,常与体温短暂下降有关(大约 60% 的母犬可被检测出来),通常低于 37.8 ℃(100 ℉)。母猫在产前 24 h 内血清孕酮水平下降到 2 ng/mL 以下时,进入第 Ⅰ 期分娩阶段。在即将分娩前监测血清孕酮浓度比较困难,因为孕酮水平会在几小时内迅速下降,院内检测试剂能快速得到结果,但检测值在 2.0～5.0 ng/mL 之间时准确性较低。商业实验室通过化学发光法定量检测孕酮浓度,需要 12～24 h 的周转时间,检测速度跟不上产科干预决策需求。

母犬 Ⅰ 期分娩正常持续时间为 12～24 h,此时子宫平滑肌层开始收缩,频率和强度逐渐增加,宫颈开始扩张。在这个阶段没有明显的腹部活动(可见的外部收缩),母犬可能会有性格和行为变化,开始独处,焦躁不安,间歇性筑巢,常拒绝饮食,有时呕吐,可能会发生气喘和颤抖。此时,母犬阴道分泌物为清亮水样液体。

母犬正常的 Ⅱ 期分娩于外腹部用力时开始,伴随子宫平滑肌层收缩,达到高峰时分娩出新生幼仔。当胎儿进入子宫颈时触发弗格森反射(Ferguson reflex),刺激下丘脑释放内源性催产素,这一过程在每胎之间不超过 1～2 h,但个体之间差异很大。整个顺产过程需要 1～24 h 或更长,正常分娩时总产程较短,每胎间隔时间也较短。阴道分泌物可为清澈、浆液性至出血性或绿色(子宫绿素)液体。一般母犬在分娩期间还继续筑巢,间歇性哺乳和照顾新生幼仔。分娩时母犬常见厌食、气喘和颤抖。

Ⅲ 期分娩指胎盘排出期。母犬会在分娩的第 Ⅱ 期和第 Ⅲ 期时摇摆身体,直至顺产结束。正常分娩时,所有的胎儿和胎盘都会从阴道娩出,但不会在所有情况下都同时娩出。

母猫的分娩阶段定义与犬相似。第 Ⅰ 期分娩持续 4～24 h,第 Ⅱ 期和第 Ⅲ 期分娩持续 2～72 h,通常母猫正常分娩于 24 h 内完成。

## 难产
## (DYSTOCIA)

难产是指新生幼仔从产道正常娩出困难,必须及时诊断并进行药物或手术干预以改善预后。难产的病因有母体因素(宫缩乏力、骨盆腔异常和产时窘迫)、胎儿因素(体型过大、胎位不正、姿势不正和解剖结构异常)或两者皆有。迅速识别难产和正确鉴别致病因素才能确定有效的治疗方案(图 57-16)。

宫缩乏力是引起难产的最常见病因。原发性宫缩无力可造成顺产失败,由多种因素引起,包括细胞水平上的代谢缺陷。内源性功能丧失影响子宫渐进性收缩,可能有遗传性。一旦从开始到后来分娩胎儿失败,继发性宫缩无力会造成分娩停止。其发病机理为代谢性或解剖结构(梗阻性)异常,也认为有遗传性。母犬产道异常见于阴道狭窄、早期骨盆创伤或特殊品种构造引起的狭窄,阴道内或子宫内团块等因素都可引起梗阻性难产。大多数病例中,产道异常可在配种前查

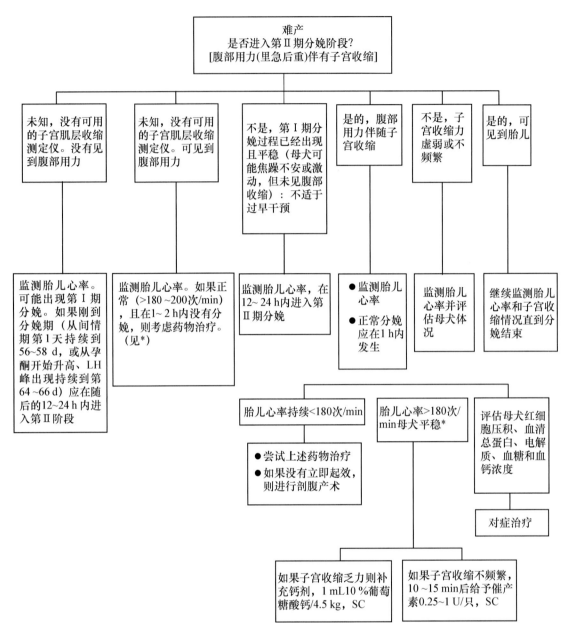

**图 57-16**
**难产识别、分类和管理的流程图。**

明,可通过实施剖腹产术来治疗或避免难产。母犬生产时窘迫无法完成分娩的病因包括:代谢性异常如低钙血症和低血糖症、全身性炎症反应、败血症、低血压(出血或休克引起)。

胎儿因素引起的难产最常见于母胎大小不匹配、胎儿异常、胎位不正和/或姿势不正(图 57-17)。小型母犬妊娠期延长主要是由于胎儿过大引起的。胎儿异常如脑积水和全身水肿同样也会引起难产(图 57-18)。胎位不正(胎儿胸腹部接近母体的背部)和姿势不正(常见颈和肩关节弯曲)时,胎儿不能顺利通过产道而发生难产。

**图 57-17**
双胞胎犬,较为罕见。胎位不正导致难产和胎儿死亡。

**图 57-18**
拉布拉多巡回猎犬,水肿胎(水肿幼犬)。胎儿体型过大引起梗阻性难产。

难产的有效诊断建立在详细病史、及时全面的体格检查之上。兽医必须快速了解生育史,明确配种日期和排卵时间,之前和最近的分娩情况,以及常规用药史。体格检查包括病患体况、各种触诊、阴道内镜检查产道的通畅度、评估胎儿数量和体型(X 线检查最有效)、评价胎儿活力(最好用多普勒或实时超声检查)和子宫活动(子宫收缩动力测定设备最有效)等。犬猫都有各自特征性收缩模式,在分娩前和分娩的不同阶段,其收缩频率和力量都不同。犬猫一系列子宫收缩动力测定可评估分娩进展程度(图 57-19)。在妊娠晚期,在真正进入分娩第I期之前,子宫可能每小时收缩 1～2 次。在分娩第I期和第II期,子宫收缩频率变为每小时 0～12 次,收缩力量达 15～40 mmHg,高峰时可达 60 mmHg。在分娩活跃时,这种收缩可持续 2～5 min。在分娩前期和分娩活跃时(第I～III期)存在可识别模式,可在监测过程中发现异常的子宫收缩。异常的、功能障碍的分娩模式表现为虚弱或时间延长,常与胎儿窘迫有关(图 57-20)。可采用子宫收缩动力测定设备进行评估是否分娩结束(或不足)。最好通过胎儿心率监测来评估胎儿活力,正常心率为 180～220 次/ min(bpm),持续减低(<180 次/min)反映胎儿窘迫(图 57-21)。

### 药物治疗

难产的治疗药物包括催产素和葡萄糖酸钙。其使用剂量可根据母体和胎儿的监测结果酌情调整。催产素通常可增加子宫肌层的收缩频率,而钙制剂可增加

子宫收缩的强度。10%的葡萄糖酸钙溶液的钙浓度为 0.465 mEq Ca$^{++}$/mL(见 Fujisawa),根据子宫收缩强度(最好使用子宫收缩动力测定设备测量),剂量为 1 mL/5.5 kg SC,每 4～6 h 给药 1 次,频率不能更高。催产素浓度为 10 USP units/mL(美国 Pharmaceutical Partners),小剂量给药有效,首次给药剂量为每只犬猫 0.25 U,SC 或 IM,不考虑体重,最大给药剂量为 5 U。剂量可逐步增加,直至起效或检测到胎儿窘迫;给药总量通常不能超过 2 U。高剂量催产素或静脉给药会引起强直性痉挛,无效的子宫肌层收缩会进一步加重胎盘窘迫而引发胎儿氧气供应窘迫。催产素的给药频率依据分娩阶段而定,通常给药频率不多于每 30～60 min 给药一次。大多数病例先注射钙制剂再注射催产素,在增加收缩频率之前促进子宫肌层收缩强度。钙制剂使用后 10～15 min 注射催产素能提高其作用效果。大多数母犬/母猫血钙正常,给予钙补充剂的好处体现在细胞或亚细胞水平上。

**图 57-19**
母猫使用子宫收缩动力测定设备。

### 剖腹产术

母犬或母猫难产药物治疗无效时,虽然子宫收缩力足够,但仍然会出现明显胎儿窘迫(表现为母胎体型不匹配,或胎位不正或姿势不正无法通过产道)。监测子宫收缩时发现收缩模式失常,此时需手术介入治疗[剖腹产术(cesarean section)]。如果给予钙制剂或催产素会使胎儿心率下降,则禁止进一步给药。确定麻醉和新生幼仔复苏方案,高质量地完成待产动物术前准备和协调工作,剖腹产术会更加顺利。需要注意母犬/母猫可能会衰弱,麻醉监护需非常谨慎,甚至来不及进行常规麻醉前准备,并且母犬/母猫在近期可能被喂过食。术前基本检查包括红细胞比容、总蛋白、血清钙浓度和血糖浓度。术中需要静脉液体支持治疗[速度为 10 mL/(kg·h)]。

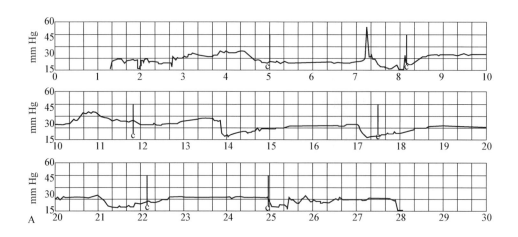

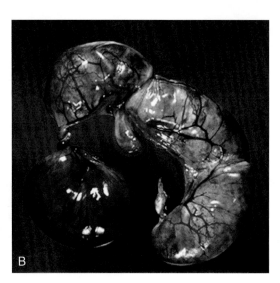

**图 57-20**
子宫收缩动力测定设备。A 为失常的子宫收缩动力测定记录,与子宫角破裂有关(B)。

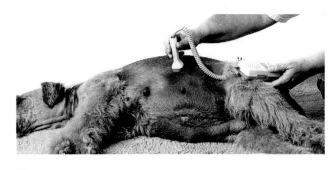

**图 57-21**
妊娠 8 周的硬毛杂种母犬正在进行胎儿心率(HR)监测。正常胎儿心率应>180 次/min。

面罩预吸氧 5~10 min,在此期间可进行腹部初步准备(剃毛和擦洗)。阿托品可通过胎盘屏障,使得胎儿正常的适应性心动过缓受到阻滞,从而发生血氧不足;还会引起母体食管括约肌下段松弛,使母体呼吸困难,术前最好不要使用。可使用抗胆碱能药物,因为

该药在调控子宫妊娠时可刺激迷走神经。格隆溴铵(0.01~0.02 mg/kg SC)不会通过胎盘屏障,是首选药物。大多数母犬/母猫都比较温顺,不需要麻醉前镇静,这些镇静药对胎儿也有抑制作用。吩噻嗪类镇静剂可快速通过胎盘屏障发挥镇静作用。α2-肾上腺素受体激动剂有严重的心肺抑制作用,如美托咪定和赛拉嗪,这些药物禁用于妊娠母犬。同样,阿片类药物有呼吸抑制作用而不能在胎儿产出前使用。难控制的母犬/母猫需要镇静时,最好选择麻醉镇静剂,因为在新生幼仔复苏时可逆转其作用(纳洛酮剂量为 1~10 μg/kg IV 或 IM)。在诱导麻醉前,皮下注射或肌肉注射胃复安(0.10~0.20 mg/kg)可降低麻醉过程呕吐的风险。

在诱导麻醉时,最好避免使用分离麻醉剂如氯胺酮和巴比妥类药物,因为这些药物可对胎儿产生长期抑制作用。丙泊酚(6 mg/kg IV,直至起效)是最好的

诱导麻醉剂,可快速分布到血液中,且对于胎儿的影响有限。实际上,面罩诱导比静脉注射丙泊酚诱导更易导致母体和胎儿发生血氧不足。在维持麻醉时,优先选择吸入麻醉剂,尤其是那些分配系数低的麻醉药,如异氟烷和七氟烷。这两种麻醉剂可被动物机体快速吸收和消除,比水溶性麻醉剂(例如氟烷)的心血管安全范围高。笑气($N_2O$)可用于降低其他麻醉药物的使用剂量,能快速穿过胎盘屏障,对子宫内的胎儿影响较小,但能造成产后新生幼仔发生严重的扩散性缺氧。在皮肤和皮下组织切开前使用局部麻醉剂(布比卡因$1\sim2$ mg/kg)进行线性阻滞,能在母犬由丙泊酚诱导麻醉转为吸入维持麻醉期间,更快地打开手术通路进入腹腔,减轻术后不适。

　　兽医外科医生和主人有时选择在进行剖腹产术时实施卵巢子宫切除术,但会导致怀孕动物麻醉时间延长,延迟对新生幼仔的护理,增加母犬/母猫的失血量。如果没有特殊原因的话,应推迟该手术。一些研究数据表明,雌激素可作用于乳腺中的催乳素受体,所以不建议在剖腹产时切除卵巢。当子宫活力异常时,无论如何需要实施卵巢子宫切除术。正常母犬/母猫的子宫在排出胎儿后会很快开始复旧,如果没有开始复旧,给予催产素($0.25\sim1$ U/只)可帮助子宫复旧和止血,同时促进乳汁分泌。

　　母犬/母猫术后不适需适当处理。一旦取出胎儿,即可给母犬/母猫非肠道注射麻醉镇痛剂。不建议使用非甾体类抗炎药(NSAIDs),通过乳汁被新生幼仔吸收后,这类药物对新生幼仔未发育成熟的肾脏和肝脏代谢的影响未知。首选麻醉镇痛剂。口服麻醉镇痛剂,如曲马多(由德国 Grunenthal GmbH 生产),10 mg/(kg·d),分次给药,对哺育母犬有极好的术后镇痛作用,且对新生幼仔的镇静作用较小。在所有病例中,应该建议主人密切观察母犬术后情况,直到出现正常的母性行为。剖腹产术后,由于越过了正常母仔纽带,母犬有可能变得行为笨拙,疏忽新生幼仔,甚至也可能变得有攻击性。同时,主人还应观察母犬哺乳情况,确保新生幼仔都能吸到初乳(图 57-22)。

# 产后疾病
## (POSTPARTUM DISORDERS)

　　母犬/母猫通常在产后前 2 周与新生幼仔形影不离,只在吃饭排泄时短暂离开。此时,母犬/母猫非常警觉,且很愿意留在幼崽身边。有些保护欲强的母犬/母猫可能对同舍其他动物、甚至熟悉的人都有攻击性;这种行为会在泌乳 $1\sim2$ 周后消失。哺乳期通常需要摄入高营养和高能量食物。如果食物和水供应不足,会造成体重减轻和脱水,影响泌乳量。有时这种情况可见于神经紧张的母犬/母猫。母犬/母猫会在妊娠后期或产后发生暂时性厌食,但其食欲会在哺乳期恢复和增加。妊娠后期食欲较差是由于妊娠子宫使胃肠道移位导致的。产后早期暂时性厌食继发于食入大量胎盘引起的消化道不适。产后腹泻继发于食物中营养成分比例增加(碳水化合物同化不良引起细菌过度生长)。正常母犬在产后会显著脱毛,常见于产后 $4\sim6$ 周时,且只在头部脱毛。脱毛通常比发情周期时更明显,主人会将这种脱毛视为疾病,尤其是母犬哺乳期体重减轻时。

**图 57-22**
金毛巡回猎犬剖腹产手术后正在给新生幼仔哺乳。此时正在密切监测,确保新生幼仔喝到初乳。

　　母犬/母猫体温会在产后立即轻度升高(<103 ℉)[摄氏度=(华氏度-32)÷1.8,译注],反映了分娩时机体发生的正常炎性反应,但体温应该在 $24\sim48$ h 内恢复正常。如果母犬/母猫进行了剖腹产,术后炎性反应引起的发热和生理性发热很难区分。体格检查和血象能帮兽医鉴别这两种发热。正常的产后恶露呈红棕色、无恶臭味,在数天或数周后消失(图 57-23)。乳腺不会疼痛;呈对称性、适度坚实,不会有发热、红斑或可触及的坚实硬块。正常的初乳会由黄色变为白色;乳汁由灰色变为白色,且含水量更高。

## 不适当的母性行为
### (INAPPROPRIATE MATERNAL BEHAVIOR)

　　母犬/母猫适当的母性行为对新生幼仔的存活很关键,例如关注、哺乳、找回新生幼仔、舔舐和保护新生幼仔等。尽管这种母性行为是天生的,但会因麻醉药

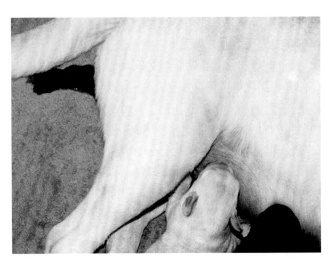

**图 57-23**
正常的恶露为红棕色无恶臭味液体。

物、疼痛、应激和过度人为干扰而产生负面影响。母仔纽带是分娩时产生的一种信息素介导的。主人应将哺乳期母犬和母猫置于人为干扰最少、安静熟悉的环境下进行管理。母犬/母猫出于母性天性会小心地出入，以防踩踏或挤压到新生幼仔引起伤害。应在窝内设置护杆以防新生幼犬发生意外窒息。

神经内分泌反应可调节乳腺肌上皮细胞收缩，随后由催产素介导以及新生幼仔吮吸，激活乳汁排出。当机体应激时，肾上腺素诱导血管收缩，阻止催产素进入乳腺，抑制乳汁排出。紧张焦虑的母犬/母猫很可能发生贫乳。多巴胺拮抗镇静剂对催乳素干扰极小(乙酰丙嗪剂量为 0.01～0.02 mg/kg)，最低有效剂量给药可将新生幼仔的镇静作用最小化，有助于改善精神紧张母犬/母猫的母性行为和乳汁排出。新生幼仔簇拥在母犬/母猫身边有利于维持体温(新生幼仔到 4 周龄时才会调节体温/颤抖)，方便吸奶。正常的母性行为包括轻柔地衔回分散或被犬窝隔开的新生幼仔；在分娩后立即舔舐新生幼仔能刺激新生幼仔的心血管和肺脏功能，同时去除新生幼仔身上的羊水。若母犬/母猫表现出对新生幼仔复苏不关心，在以后会缺乏母性行为。在后期，母犬/母猫舔舐刺激新生幼仔排尿和排便反射，并保持新生幼仔被毛干燥清洁。母犬偶尔会表现出过激的保护性行为，或由恐惧引起的母性攻击行为。此时，母犬使用抗焦虑药轻度镇静有一定帮助，但不可避免地会使药物通过乳汁被新生幼仔吸收。据报道，在治疗恐惧引起的攻击性行为时，苯二氮卓类(地西泮 0.55～2.2 mg/kg)和 γ-氨基丁酸(GABA)增效剂的效果优于吩噻嗪类。目前还未见关于其他抗焦虑药治疗母犬攻击性行为的研究。

# 代谢性疾病
(METABOLIC DISORDERS)

## 子痫

产后抽搐或子痫(eclampsia)常发生在产后前 4 周，但也会在妊娠期最后几周发生。母犬发生率高于母猫。产后抽搐会危及生命，是由于细胞外液离子钙损耗造成的。该病的诱发因素包括围产期营养不良、补钙不当和大量哺乳需要。小型母犬/母猫产仔数较多时发病风险增加。产前过量补钙会促使甲状旁腺萎缩并抑制甲状旁腺素的释放，从而干扰食源性钙的储存利用及正常生理调节功能，刺激降钙素分泌，引起产后抽搐。因此，在妊娠期后半段和整个哺乳期时，最好饲喂生长期营养均衡(幼犬/幼猫专用)的商品处方粮，无须额外补充矿物质或维生素。应避免补充干奶酪，防止破坏饮食中正常钙-磷-镁的平衡。

有利于蛋白质与血清钙结合的代谢情况会促进或加重低钙血症，例如在分娩或难产时长时间呼吸过度会引起机体碱中毒。低钙血症和高热可同时发生。一旦发现产后抽搐的症状，应立即进行干预，不用等血清生化结果。肌肉强直阵挛性收缩(可发展为癫痫)的临床症状包括行为改变、流涎、面部瘙痒、僵直/四肢疼痛、共济失调、高热症和心动过速。立即进行干预性治疗，方法是先用 10% 葡萄糖酸钙(1～20 mL)缓慢静脉滴注，直到有效。同时监护心脏是否出现心动过缓和心律不齐，如出现需要暂时中断输注，随后降低输液速度。脑水肿可造成不可控的癫痫，可使用地西泮(1～5 mg IV)或巴比妥类药物控制低钙血症时癫痫的持续发作。甘露醇可用于治疗脑炎和脑水肿。不建议使用皮质类固醇药物，因为它会促使尿钙的发生，还会降低肠道对钙的吸收，损害破骨细胞。如果发生低血糖症则应该及时纠正，如有必要，高热时也须物理降温。一旦神经症状得到控制，皮下输注 1∶1 等量的葡萄糖酸钙和生理盐水混合液(50% 的稀释液)，每 6～8 h 重复一次，直到母犬体况稳定并能够口服给药。应给予葡萄糖酸钙或碳酸钙(10～30 mg/kg q 8 h)，一片 500 mg 的碳酸钙片剂(Tums)含有 200 mg 的钙。同时降低母犬/母猫的哺乳需求量，并改善其营养水平。如果治疗有效，可逐渐恢复母犬的哺乳量，直至新生幼仔安全断奶。新生幼仔早期断奶通常是在 3 周龄时，然后替代饲喂商品化母犬/母猫奶粉。有子痫史或近期发生过子痫的母犬应在整个哺乳期补充钙(非妊娠期)〔碳酸钙剂量为500~4 000 mg/(只·d),分次给药〕。

# 子宫疾病
(UTERINE DISORDERS)

## 子宫创伤

子宫完全或部分脱垂在母犬产后并不常见,母猫更为罕见。诊断依据是触诊子宫呈坚硬的管状团块,产后阴道突出,腹部超声检查不能识别子宫。阴道增生和脱垂继发于局部(尿道口周围)阴道黏膜对雌激素的过敏症,产后易复发,应该通过体格检查、阴道内窥镜检查或X线造影检查来鉴别诊断。脱垂的子宫易暴露在外,有浸渍和感染风险。大多数母犬和母猫的体型较小,受其影响难以进行手动复位,通常建议实施剖腹手术和子宫卵巢切除术。

子宫破裂常见于多胎母犬/母猫,引起子宫壁明显变薄,且过度伸展,尤其是多产母犬难产时。应立即实施剖腹术,取出胎儿,然后修复或切除子宫,并采集腹腔液进行微生物培养,还要冲洗腹腔。在进行任何剖腹产手术时,术者应仔细检查子宫破裂或易发生破裂的部位。如果损伤的部位有限,且母犬/母猫有繁殖的价值,可考虑实施单侧子宫角切除术。

## 胎盘附着点复旧不全

如果母犬产后阴道排出物由血清血液样变为出血性分泌物,持续时间超过16周则说明胎盘附着点复旧不全(subinvolution of placental sites,SIPS)。组织病理学上,胎儿滋养层细胞持续存在于子宫肌层而未发生退化,子宫内膜血管内没有形成血栓,子宫的正常复旧受到抑制。正常胎盘间区域仍存在,嗜酸性胶原蛋白团块和扩张的子宫内膜腺体突入子宫腔内并渗血。病因尚不明确,失血量通常较少。如未见宫腔内感染,不影响受孕。该病通常无须治疗,症状可自行减轻或恢复。偶尔会出现SIPS出血,经阴道流出,且流血量很大,会引起严重贫血,应排除凝血病(可能是内源性凝血途径缺陷或血小板减少症/血小板病)、子宫创伤、泌尿生殖道肿瘤、严重的子宫炎和胎盘早剥引起的大量出血。阴道分泌物细胞学检查、阴道内窥镜定位出血来源、凝血检查和腹部超声检查有助于诊断。这些病例可采用催产剂如麦角新碱(0.2 mg/15 kg IM)来治疗,一天1~2次,前列腺素或催产素的治疗效果有争议,目前还未得到对照研究的证实。产后立即预防性给予催产素的效果需进一步研究,但好像无害。剖腹和卵巢子宫切除术是有效的治疗手段。子宫组织病理学检查也有助于诊断(图57-24)。

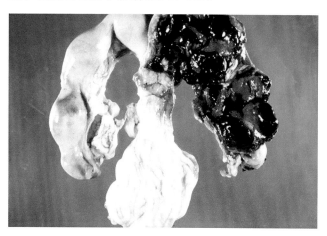

**图57-24**
子宫胎盘附着部位复旧不全的大体标本。

## 产后子宫内膜炎

如果母犬/母猫在产后表现出嗜睡、厌食、泌乳量下降和母性行为较差,同时伴有发热、阴道流出恶臭分泌物,应怀疑发生产后子宫内膜急性感染(图57-25)。子宫内膜炎是严重的疾病,有时发生于难产、污染的助产操作、胎儿和/或胎盘滞留之前。血液学和生化变化常提示发生败血病、全身性炎症反应和内毒素血症。阴道分泌物细胞学检查结果为出血性至化脓性病变(图57-26)。腹部超声检查可评估子宫内容物和子宫壁。子宫内膜炎的特征是子宫壁增厚,子宫角皱缩,管腔内为液体回声(图57-27)。产后子宫炎最好与正常产后子宫扩张相互鉴别,前者是子宫腔内容物排出障

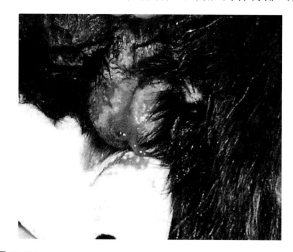

**图57-25**
母犬产后发生子宫内膜炎,外阴流出血脓性分泌物。

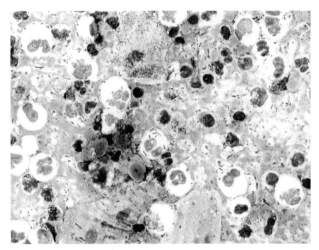

图 57-26
产后子宫内膜炎阴道细胞学检查可见大量游离的和被吞噬的细菌、中毒性嗜中性粒细胞和巨噬细胞。

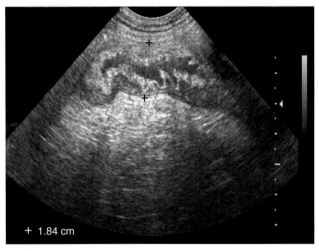

+ 1.84 cm

图 57-27
产后子宫内膜炎的超声检查显示皱缩的子宫壁和液性回声内容物。

碍引起的子宫角扩张。犬子宫复旧和修复需要 16 周的时间,常规产后超声检查征象会很明显。连续进行超声评估有助于诊断(q 24～48 h)。胎儿和胎盘滞留可通过超声检查确诊。

从阴道头侧采集的样本最有可能代表子宫内菌群,应该立即置入厌氧和需养培养基中培养,并进行药敏试验;可对经验性抗生素治疗进行回顾性评估。下泌尿生殖道细菌逆行比血性传播更常见,大肠杆菌是雌性犬猫最常见的病原菌。母犬常需要哺乳,药物会随乳汁进入新生幼仔体内,所以必须谨慎考虑经验性广谱杀菌抗菌药物(增效阿莫西林,如羧噻吩青霉素,15～25 mg/kg IV q 8 h,或头孢唑林,22 mg/kg IV q 8～12 h)。其他治疗包括静脉补液、电解质支持和药物性清宫,也可给予人工合成前列腺素(氯前列烯

醇 1～3 μg/kg q 12～24 h)或天然 PGF2α(0.10～0.20 mg/kg q 12～24 h)治疗 3～5 d。催产素在产后 24～48 h 以后使用时,不太可能有效促进子宫内容物清除。如果母犬发生严重感染或需要使用新生幼仔禁忌的抗生素治疗,则需人工饲喂新生幼仔。如果母犬体况较好,且对药物治疗反应较差时,可实施卵巢子宫切除术。

产后子宫炎的治疗监测最好包括连续超声检查、血常规、生化检查,及临床症状(食欲、发热和外阴分泌物)等,以评估子宫内容物。子宫炎可转为慢性经过,引起不孕。轻度患犬若能自己进食时,可给予口服抗生素[美国辉瑞速诺(Clavamox),14 mg/kg q 12 h,或头孢氨苄,10～20 mg/kg q 8～12 h)],然后仍然提供良好的母体护理,有时母犬/母猫可作为门诊病例得到很好的管理,维持良好的母婴纽带。母犬患有子宫炎时也应评估乳腺炎,潜在的菌血症会使泌乳乳腺发生感染。

## 乳房疾病
（MAMMARY DISORDERS）

### 无乳症

无乳症(agalactia)是指母犬不能给新生幼仔提供乳汁。原发性无乳症的发病原因是妊娠期间乳腺发育缺陷而不能泌乳,该病不常见,怀疑是垂体-卵巢-乳腺激素轴缺陷引起的。在妊娠晚期给予孕酮会干预乳腺发育而抑制泌乳。继发性无乳症的常发病因是下奶和排乳障碍,从而无乳汁,该病更常见。此时乳腺已明显发育,但乳汁不能通过乳头括约肌流出。正常情况下,在产后初期初乳产量可能不足,不应该与无乳症混淆。无乳症可继发于早产、严重应激、营养不良、虚弱、子宫炎或乳腺炎。其治疗方法包括通过新生幼仔的吸吮刺激促进产奶。提供足够的营养,给母犬/母猫提供最佳的营养搭配和充足的饮水、治疗潜在疾病。剖腹产后进行疼痛管理。如果早期发现无乳,可通过药物治疗诱导下奶,小剂量催产素,每 2 h 皮下注射 0.25～1 U;注射前 30 min 移走新生幼仔,在注射后让新生幼仔吸吮乳头或轻轻按摩乳腺。胃复安,0.1～0.2 mg/kg,每 12 h 皮下注射一次,能促进催乳素的释放,产生乳汁。治疗后通常在 24 h 内起效。一些专家建议增加胃复安剂量,但可能会引起神经系统副作用。

## 乳汁淤积

乳汁淤积(galactostasis)可引起乳腺充血和水肿，从而使母犬感觉不适而拒绝哺乳，甚至变成持续性病变。乳汁淤积可继发于乳头倒置或闭锁、新生幼仔未轮换乳头吸乳，幼崽夭折、新生幼仔过小、无效哺乳和假孕(罕见)等。发生乳汁淤积时，应温敷乳腺，轻轻挤出淤积于乳腺的乳汁，让新生幼仔轮换乳头吸乳。没有新生幼仔时，可给予卡麦角林(1.5～5 μg/(kg·d)，分2次给药)进行抗催乳素治疗，可能有效。乳汁淤积可能会增加乳腺炎的风险。

## 乳腺炎

乳腺炎(mastitis)是乳腺的败血性炎症反应，可呈急性、迅猛发展，或慢性、低级别发展，涉及单个或多个乳腺发病。大肠杆菌、葡萄球菌和链球菌是最常从雌性犬猫乳腺炎病例中分离出的病原菌。细菌来源于皮肤、外界或血液。乳腺炎可与子宫炎并发。早期症状有轻度乳腺不适和发热、乳汁淤积、皮肤炎症和乳腺内肿块。乳汁颜色常因含有红细胞和白细胞而变为淡红色或棕色。中度乳腺炎表现为疼痛、不愿哺乳、躺卧、厌食和嗜睡。发热比较明显，且可能最先出现。严重的乳腺炎会发生败血性休克、乳腺脓肿或坏死，主要依据体格检查诊断。母犬乳汁体细胞计数不能证明乳腺

炎。从感染乳腺中无菌采集乳汁样本进行细菌培养和药敏试验，以对经验性抗生素治疗进行回顾性评估。一经确诊应立即治疗，选择广谱杀菌抗菌药物治疗和温和的物理疗法。可能需要镇痛药；新生幼仔能够耐受母犬/母猫体内的阿片类镇痛药。建议使用第一代头孢菌素类药物(头孢氨苄剂量为10～20 mg/kg q 8～12 h)和耐β-内酰胺类的青霉素类药物(速诺，14 mg/kg q 12 h)，对于新生幼仔也较安全。母犬/母猫可能需要一直使用抗生素治疗，直至断奶；如果根据药敏结果选择的药物对新生幼仔有潜在毒性，应阻止进一步哺乳。对发病乳腺进行温敷或温水浴理疗，轻轻挤出乳汁以免乳腺发生脓肿和破裂。如果母犬情况稳定，在乳腺发生严重坏死时可实施清创或乳房切除术，并进行积极的伤口管理。连续超声检查有助于诊断脓肿(图57-28)。抗催乳素治疗(卡麦角林剂量为1.5～5 μg/(kg·d)，分2次给药)可用于严重病例，以减少泌乳。没有研究表明新生幼仔吸食发病乳腺的乳汁会生病；新生幼仔会避开吸吮不流乳汁的乳头。注意保护发病乳腺防止犬舍边缘擦伤和新生幼仔抓挠引起外伤。尽管实施了一些预防措施，但乳腺炎仍可在下次泌乳时复发。不管有没有预防性措施，乳腺炎能在随后的哺乳期复发。该病最好进行早期诊断和治疗，而不是预防性使用抗生素，因为预防性用药更容易引起细菌耐药。

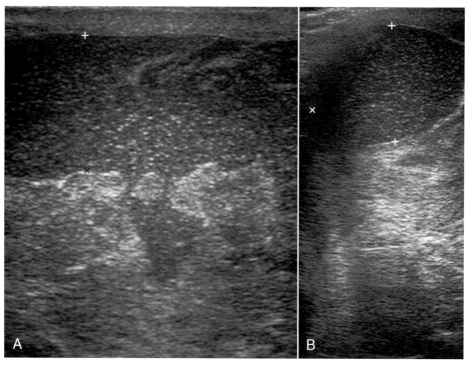

图57-28
乳腺炎的超声评估。A为蜂窝组织炎；B为脓肿。

## 猫的乳腺疾病

猫的纤维腺瘤样乳腺增生是一种孕酮介导的非肿瘤性疾病,常见于妊娠期的猫、假孕的猫、绝育公猫、进行外源性孕激素(最常见的是乙酸甲基泼尼松龙,商品名为 Depo-Medrol,由 Upjohn 生产)治疗的母猫。孕激素常用于猫行为学治疗或抗感染治疗。猫可发生单个或多个乳腺增大;增大是由于乳腺导管上皮细胞和基质快速增殖引起的(图 57-29)。乳腺组织增生可自发性消退或发展为乳腺炎,进而发生脓肿和坏疽。乳腺增生须通过显微镜检查与乳腺肿瘤进行鉴别诊断。卵巢子宫切除术可预防该病的发生。NSAID 和抗菌药治疗、抗催乳素(卡麦角林,5 μg/kg PO q 24 h,连续给药 5～7 d)治疗有效。严重病例可实施乳房切除术。绝育猫应停止孕激素治疗。目前,孕酮拮抗剂阿来司酮(商品名为 Alizine,Virbac)已成功治疗纤维腺瘤样乳腺增生病例(剂量为 10～15 mg/kg SC,在第 1、2 和 8 d 时给药),但目前在美国还没有购买途径。

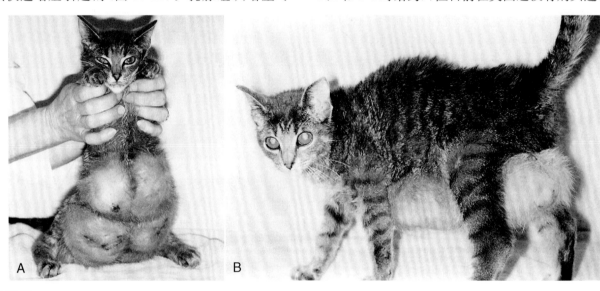

**图 57-29**
**5 月龄的母猫发生乳腺增生已有 6 周。(图片由 Dr. Cheri Johnson 惠赠)**

# 新生儿学
(NEONATOLOGY)

在新生幼仔复苏后或自然顺产后的前 24 h 内,兽医、技术员或有知识的主人应该进行的全面的体格检查为观察新生幼仔的口腔、被毛、四肢、肚脐和泌尿生殖器结构是否异常。可视黏膜应该是粉红潮湿的,存在吸吮反射,被毛完整干净,尿道和肛门通畅(图 57-30)。正常的肚脐是干燥的,周围没有红斑。胸部听诊水泡呼吸音、无杂音为正常。腹部柔软没有疼痛。一个正常的新生幼仔在检查时会扭动和叫唤,当放回母犬身边时安静地吸乳和睡觉。正常新生幼仔会尝试调整方向慢慢回到妈妈身边。新生幼仔很容易发生环境应激、感染和营养不良。因此,恰当的护理很重要,每日检查每只新生幼仔的活力并记录体重。

犬猫新生幼仔缺乏体温调节机制,直到 4 周龄时才能调节体温,因此周围温度必须足够高,以维持体温至少为 97 ℉(36 ℃)。低体温会降低免疫、哺乳和消化功能。应提供外源热源,最好在头顶上方装置保温灯。加热垫容易烫伤新生幼仔,但也不能迅速从过热的加热垫表面移开。发抖的新生幼仔须慢慢回温加热(30 min),以避免外周血管舒张和脱水。饲管饲喂应推后,直到新生幼仔恢复到合适的温度。低体温可诱发肠梗阻,造成反流和误吸。

新生幼仔在出生前 10 d,免疫系统尚未发育完全,易发生全身感染(最常见细菌和病毒感染)。新生幼仔必须在产后立即吸吮足够的初乳以获得被动免疫。一般在分娩后 24～48 h 肠道就停止吸收免疫球蛋白G(IgG)。缺少初乳的新生幼仔应该给予 100 mL/kg(0.10 mL/g)免疫完全的成年动物血清,以达到足够的免疫球蛋白浓度。血型对于猫很重要。出生 48 h 内可口服血清,否则必须肠外给药,首选皮下注射。新生幼仔在复苏结束后应立即鼓励吸吮。在剖腹产术后通常需要对新生幼仔密切监护,因为母犬仍处于麻醉状态,全身无力。剪断新生幼仔脐带后,应立即用碘酊进行消毒,以降低感染风险,防止细菌进入腹腔(脐炎和腹膜炎)。酒精性碘酊与水性聚维酮碘相比,能促使脐带更快干燥。

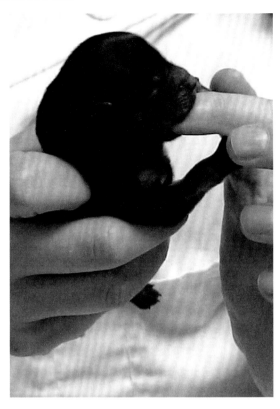

**图 57-30**
新生犬的吸吮反射。(图由 **Dr. James Lavely** 提供)

如果不能识别和治疗新生幼仔细菌性败血症,患犬会迅速恶化甚至死亡。据报道,引起新生幼仔败血症的病因有母犬子宫内膜炎、分娩时间太长/难产、饲喂替代配方、使用氨苄西林、应激、出生体重太轻(中型犬幼犬<350 g,幼猫<100 g)、颤抖(体温<96 ℉)。败血症常见的病原菌有大肠杆菌、葡萄球菌、链球菌和克雷伯菌属。出生前诊断具有挑战性;可能还没发现临床症状幼犬就突然死亡。通常,体重下降、吸吮失败、血尿、持续性腹泻、异常发声、腹胀和疼痛、四肢腐败提示可能已经存在败血症。治疗方法是迅速使用广谱抗生素,人工饲喂改善营养,管饲或瓶饲,维持体温,和适当补液治疗。第 3 代头孢类抗生素,如头孢噻呋钠(商品名为 Naxcel,由 Upjohn 生产)可用于新生幼仔败血症的治疗。该药几乎不会改变正常肠道菌群,通常能有效治疗致病菌。头孢噻呋的剂量为 2.5 mg/kg SC q 12 h,给药不超过 5 d。由于出生小于 48 h 的新生幼仔凝血酶水平低,可以给予维生素 $K_1$(0.01～1 mg SC /只)进行治疗。预后谨慎。

## 犬疱疹病毒

未免疫的妊娠母犬在妊娠期最后 3 周时充分接触犬疱疹病毒(canine herpesvirus,CHV)会发生感染并传播给新生幼仔。交配传播较为罕见,水平传播(呼吸道)更为常见。母犬症状通常局限于轻度、清亮的上呼吸道分泌物和打喷嚏,常导致妊娠晚期流产或新生幼仔数周内死亡。近期感染母犬的临床症状一般很少,但机体还没有足够的时间形成保护性母源抗体而不能使新生幼仔获得被动免疫(经胎盘或经乳汁)。1 日龄新生幼仔的免疫系统和体温调节功能尚未发育完全,因而很容易发生全身性病毒感染。新生幼仔产后必须立即吸吮足够的初乳以获得被动免疫。母犬和幼崽之间保护性免疫力的传递(经胎盘或初乳传播抗体)依赖于母犬体内有足够的母源抗体。

疱疹病毒的传播可由病毒血症母犬通过不断排泄感染性阴道分泌物或口鼻分泌物传染给新生幼仔。新生幼仔症状呈渐进性变化,且很严重,包括厌食(体重很难增长)、呼吸困难、腹痛、运动不协调、腹泻、浆液性至血性鼻腔分泌物,可视黏膜有出血点。感染后未治疗的胎儿或新生幼仔死亡率为 100%,且新生幼仔在出生后数日至 3 周内发生死亡。由未免疫母犬分娩的新生幼仔,在出生后发生疱疹病毒感染,很可能是由邻近犬排毒所致。大一些的幼犬(>3～4 周龄)暴露于疱疹病毒可能发生隐性感染。据报道,一些作者担心随后会发展为中枢神经症状,如失明和耳聋。感染过的母犬再次怀孕时,新生幼仔从循环血液中已获得足够的母源抗体,对疱疹病毒有抵抗力。母犬应在配种前筛查疱疹病毒,若血清学检查阴性应在妊娠期最后 3 周到产后 1 个月内接受严格的消毒和隔离管理。

CHV 被认为常可引起仔犬衰弱综合征,从而造成新生幼仔死亡。新生幼仔生前诊断 CHV 感染具有挑战性。死后诊断方法包括合适的组织病理学检查,病毒分离,或 PCR。特征性病变是肾脏多发性点状出血,尽管该病变也可见于细菌性败血症和相关的血栓栓塞性疾病。细胞内的包涵体很难发现。病毒分离或 CHV 特异性 PCR 试验的诊断是确定的和有需要的,尤其是新生幼仔死亡率达到 100% 之前。

据报道,直到最近,新生幼仔 CHV 感染治疗效果不佳,康复幼犬也可能会有相关的心脏和神经系统损伤。同时,采用感染母犬的免疫血清对幼犬进行治疗也无效。疫苗研发也因疱疹病毒的免疫原性较差而受阻;现在有其他物种的疱疹病毒疫苗,例如猫和牛的传染性鼻气管炎疫苗。目前欧洲有商品化的 CHV 疫苗,但没有经过专门的研究和评估。

据报道,使用抗病毒药如阿昔洛韦(商品名为 Zovirax,由 Novopharm 生产)能成功治疗幼犬的疱疹病毒病。其抗病毒作用可对很多病毒有效,其中包括了疱疹病毒。当怀疑有病毒病时,优先给予阿昔洛韦,该药在体内可转化为活性三磷酸盐的形式,抑制病毒 DNA 的复制。口服给药吸收差,主要经肝脏代谢。阿昔洛韦会增加肾毒性药物的毒性作用,在人体内的半衰期大约为 3 h。但该药在兽医领域的应用还不成熟,使用应该谨慎且只在指定情况下给药。小于 2 周龄的婴儿使用该药的安全性和效果目前尚不明确。可根据人用剂量(20 mg/kg PO q 6 h,连服 7 d)推算犬用剂量。

# 母犬和母猫卵巢子宫切除术后的生殖道疾病
## (DISORDERS OF THE REPRODUCTIVE TRACT IN OVARIOHYSTERECTOMIZED BITCHES AND QUEENS)

尽管美国大多数宠物已绝育,但兽医也常遇到泌尿生殖道(残余)疾病。

## 慢性前庭阴道炎
### (CHRONIC VESTIBULOVAGINITIS)

母犬外阴分泌物性状不一,从黏液性到血性或化脓性不等,并常伴有不适症状(舔舐、急走、尿频)。外阴周围和外阴皮炎也常见。任何年龄摘除卵巢的母犬都可能会发病,但术后发病时间不同。病史常常包括患犬接受过多种治疗,虽然有短暂的改善,但不能根除疾病。一般为慢性,长达数周至数月,有时甚至数年。

慢性前庭阴道炎的病因通常是多因素的,原发性病因常被之前的治疗掩盖而加剧,包括长期使用抗菌药物、自残、表层刺激。阴道黏膜活组织检查显示为非特异性淋巴浆细胞性炎症,但有时以化脓性(嗜中性粒细胞)或嗜酸性粒细胞炎症为主。如果抗生素被广泛使用,阴道细菌培养可见非典型细菌过度生长(纯革兰阴性菌,耐药,例如假单胞菌属),或支原体纯培养。偶见酵母菌过度生长。原发性细菌性阴道炎较为罕见。慢性前庭阴道炎最常见的病因包括:

1. 外阴周围广泛性皮炎造成背侧和两侧多余的外阴皱褶。

2. 子宫残端肉芽肿(排除残端子宫积脓)。

3. 阴道异物(芒刺、碎骨)。

4. 尿道炎/前庭炎/外阴炎引起的慢性泌尿道感染。

5. 膀胱、尿道、阴道或前庭肿瘤。

阴道狭窄也常被被诊断出来,有人认为它和该病有关,但是狭窄这一病因较为罕见。狭窄部位常从阴道头侧到尿道乳头,并且阴道尾侧有病理学变化。大多数病例是自发性的。

这些慢性感染的母犬应开展的检查包括全血细胞计数(CBC)、血清生化检查、尿液分析(最好由膀胱穿刺术获得)和细菌培养。在完全镇静或麻醉状态下,采用内窥镜小心进行外阴阴道检查,评估整个阴道穹隆的情况。内窥镜最好是硬质的膀胱尿道镜,需要用生理盐水冲洗进行检查。耳镜和阴道反光镜不便于充分评估整个阴道穹隆的情况。小儿直肠镜缺乏膀胱尿道镜的光学敏感性。观察未受干扰的外阴周围解剖结构非常重要,然后缩回周围皮肤以暴露外阴区域,从而评估严重皮炎(图 57-31 和图 57-32)。阴道内窥镜可定位病变位置,鉴别异物、肿块或解剖异常结构。对照 X 线检查(阴道造影、尿道造影、膀胱造

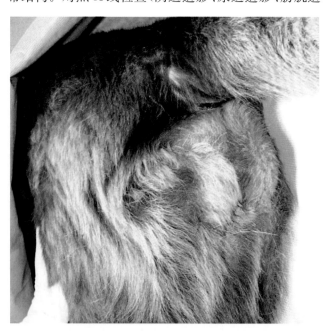

**图 57-31**
一只杂种犬在接受卵巢子宫切除术后发生慢性外阴不适,可见外阴周围解剖结构异常(阴门被覆盖)。

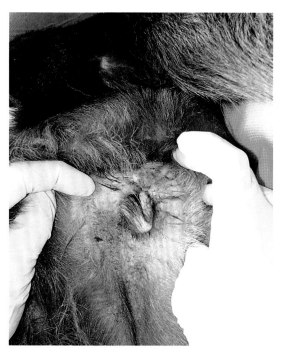

图 57-32
同一只母犬，外阴周围明显皮炎。

影、静脉注射肾盂造影）和/或超声检查评价整个泌尿
生殖道，有助于确定发病部位，排除其他病因。优先选
择超声检查，因为该检查不需要麻醉，也是无创性评价
子宫残端、膀胱和尿道的最佳手段（图 57-33）。理想的
超声检查应该在阴道镜检查之前进行，因为生理盐水
冲洗内窥镜，会将冲洗液带入子宫残端使得征象较为
可疑。

　　阴道细胞学检查可评估阴道分泌物的细胞学形
态，小心用阴道棉拭子采样进行需氧培养和支原体培
养，钳夹采集发病的阴道黏膜进行活组织检查，有助于
更好地诊断病因。如果阴道细胞学检查（以阴道表皮
细胞为主）证明是雌激素影响所致，那么就需要评估是
否有卵巢残余。如果外阴分泌物为化脓性，而且子宫
残端超声征象提示脓肿，使用血清孕酮评估残端积脓，
并在腹部超声下仔细观察卵巢结构。任何解剖结构异
常都很重要（例如子宫尾侧狭窄引起尿潴留或分泌物
聚积、团块、背侧及两侧多余的外阴皱褶，输尿管解剖
结构异常）。母犬正常站立位评估很有帮助，能准确地
评估外部解剖结构，然后在母犬排尿后进行另一项检
查，在侧卧位检查完尿潴留和尿湿性皮炎后再进行另
外一项检查。注意只有当母犬处于麻醉状态时，才能
在阴道穹隆看到尿潴留，否则可能会被误导。当母犬
处于麻醉状态，保持内窥镜检查姿势时，很难判断是否
存在多余的外阴皱褶。外阴周围皮炎提示慢性前庭阴
道炎是由外部解剖结构异常引起的。

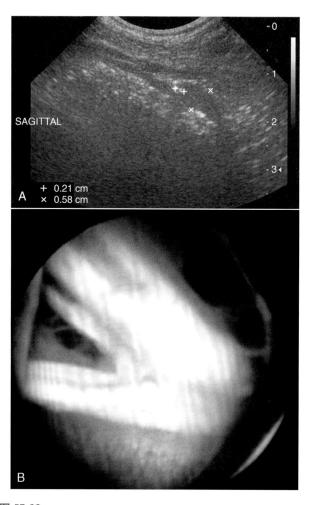

图 57-33
图 A 为子宫残端的矢状面（SAGITTAL）超声征象，该犬接受卵巢
子宫切除术后出现慢性外阴分泌物。图标（＋）为子宫残端直
径；（×）为局部强回声结构的直径，阴道内窥镜检查结果显示是
根草芒（B）。

　　常规的治疗方案适用于大多数病例。停止局部刺
激，带伊丽莎白圈以防自残，在细菌培养和药敏试验结
果出来以后开始抗生素治疗。抗生素治疗应局限于那
些病原菌取代正常菌群的病例。止疼和抗感染治疗适
用于大多数病例。短期皮质醇类药物抗感染治疗有助
于减轻阴道炎性反应，但必须要注意继发尿道感染的
可能性，且长期使用后引发的副作用会限制其进一步
使用。NSAIDs 为首选药，如卡洛芬（商品名为 Rima-
dyl，由 Pfzer 生产）、美洛昔康（商品名为 Metacam，由
Boehringer Ingelheim 生产）或非罗考昔（商品名为
Previcox，由 Merial 生产）。麻醉镇静剂（曲马多）可用
于短期镇静。

　　如果能确定具体的病因，那么可直接进行针对性
治疗。如果是解剖结构异常（背侧及两侧外阴皱褶多
余、严重阴道狭窄、肉芽肿性子宫残端、阴蒂增生）引发

疾病,需手术矫正(图57-34),并防止术后自残。如为异物引起的疾病,移除异物即可治愈。慢性泌尿道感染(如果确诊)的适度管理需要治疗与之有关的阴道炎。泌尿生殖肿瘤的治疗包括手术切除、化疗,或两种方案联用。

如果该病是自发性的(确诊没有解剖性、异物性、感染性、肉芽肿性或肿瘤性病因),口服雌激素这一替代疗法通常有助于子宫黏膜完整性恢复正常,最终使阴道穹隆正常化。这种情况可能类似于人医中的萎缩性阴道炎。萎缩性阴道炎高发于绝经妇女,此时卵巢分泌的雌激素减少。雌激素相关作用引起阴道上皮改变,产生这种常见的绝经后病变,影响生活质量。阴道内给予雌激素能改善妇女情况,但在犬中很难。因此建议母犬口服己烯雌酚(合成),其治疗剂量是经验性的,常与治疗括约肌松弛引起的尿失禁相同(0.035 mg/kg PO,每3～4天1次)。虽然说明书上未注明,一款FDA认证药物[Incurin(Merck)]可用于治疗母犬尿失禁,可能对该病也有帮助。己烯雌酚治疗自发性阴道炎的剂量目前尚不明确,但不超过尿失禁的建议剂量。需用药数周才能看到临床症状改善。副作用不常见;轻度超剂量给药会引起发情前期的表现(对公犬有吸引力、外阴肿胀),如果使用建议保守剂量,不大可能发生骨髓抑制。

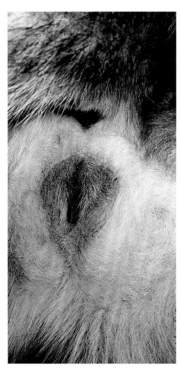

图57-34
德国牧羊犬,接受过卵巢子宫切除术,背侧外阴皱褶过长覆盖阴门,外科矫正术后照片。

## 卵巢残端综合征/雌激素过多症 (OVARIAN REMNANT SYNDROME/ HYPERESTROGENISM)

卵巢残端综合征是指曾经接受过卵巢子宫切除术的母犬或母猫,出现发情期行为和/或生理症状。其病因主要是残存的卵巢组织仍具有生理功能,据报道所有实施卵巢子宫切除术的病例中,发病率为17%。该病发生于雌性犬猫,更常见于猫。无品种倾向性或地域性。发情期症状通常出现于卵巢子宫切除术后数月至数年,但也发生于术后几天内。报道的临床症状包括对公犬具有吸引力、阴门肿胀、外阴黏性甚至血性分泌物、被动与公犬进行互动、疲劳,有的甚至接受交配。这些临床症状通常是周期性或定期发生(例如每6个月1次),而不像慢性前庭阴道炎那样持续发生。

母猫的临床症状包括嚎叫、弓背、心神不定、摩擦头部、打滚、翘尾和后肢踩踏;可能会接受交配。母猫的典型症状是出现周期性发情期行为(季节性发情)。最常见的病因是手术未彻底摘除卵巢组织。该病与手术时猫的年龄、手术难度、肥胖程度或术者经验均无关。可能与解剖结构异常的卵巢组织(部分组织碎片进入阔韧带内)有关,但不常见,多余卵巢更为罕见。实验发现,将卵巢组织从其血管供应移开,然后放置在侧腹壁内或侧腹壁上,卵巢功能会恢复。

兽医需要考虑多种鉴别诊断,包括泌尿生殖道炎症反应或感染、由异物引起的阴道出血、创伤、子宫残端肉芽肿或蓄脓、泌尿生殖道肿瘤、泌尿生殖道血管异常、凝血病、外源性雌激素,内源性卵巢外雌激素(和肾上腺病变有关)(罕见)。小型犬中,外源性雌激素(用药)不常见,主要原因是其主人自己常在前臂经皮给药(激素替代疗法)。在这种病例中,雌激素过多症的临床症状比卵巢残余引起的症状持续时间要更长。卵巢残端发展为肿瘤时,激素引起的外部症状会发生变化,并转为慢性,而非阵发性(图57-35和图57-36)。

应进行的临床检查包括:CBC、血清生化检查、尿液分析(最好通过膀胱穿刺采集)和细菌培养。全血细胞减少症可能是雌激素中毒引起的,但不常见。仔细观察发情期行为和生理性症状,结合阴道细胞学检查、和/或血清孕酮或雌二醇检查结果可确诊功能性卵巢组织残存。阴道细胞学检查可确认雌激素的作用:阴道黏膜角质化可作为血浆雌二醇浓度升高的生物标记。

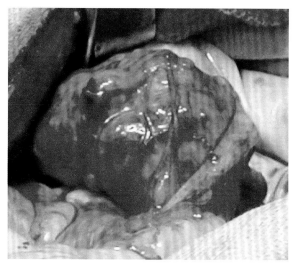

**图 57-35**
实施卵巢子宫切除术后 8 年时,卵巢残端发生恶变(黄体瘤)。

**图 57-36**
母犬残端蓄脓实施剖腹术,可见卵巢残端的黄体瘤。

血清孕酮浓度超过 2.0 ng/mL(出现发情行为后 1～3 周检测),说明存在功能性黄体组织。兽医由于诊断目的可给予 GnRH(50 μg IM)或 hCG(500～1000 IU IM)尝试诱导排卵或形成黄体,以此判断卵巢残端功能。在给药 2～3 周后检测血清孕酮浓度;基于卵巢残端的特性,通常不值得这么做。如果母猫在表现出发情行为期间发生排卵或形成黄体,那么血清孕酮浓度将超过 2.0 ng/mL,检测结果与母猫接受足够的交配刺激和存在功能性黄体组织的作用一致。兽医可给予母猫 GnRH(25 μg IM),诱导排卵或形成黄体以进行诊断;不建议在给药后 2～3 周检测血清孕酮浓度,通常不值得这么做。注意引起发情行为的雌激素浓度范围为 20～70 pg/mL;阴道细胞学检查结果与血清雌二醇浓

度密切相关,这项检查也不贵。

卵巢残端综合征应结合超声检查、病史、临床症状、阴道细胞学检查和血清激素检查结果综合诊断。进行超声检查时,动物呈仰卧位,通过扫查肾脏的矢状面进行成像(卵巢残端位于肾脏的矢状面)。卵巢残端组织只有处于卵泡期(无回声囊性结构)或黄体期(低回声或等回声囊性结构)时才可能被看到(图 57-37)。采用超声检查时,异常卵巢组织很难定位或成像,对操作者的经验和技术要求较高。超声检查时还要评估肾上腺的大小和形状。实施开腹探查术的目的是切除残余的卵巢组织,以再次确认问题得到解决。通过存在活跃的卵泡或黄体来鉴别残余卵巢组织。临床兽医应该在孕酮浓度升高或表现发情行为期间制定手术方案。在手术中,所有可见的卵巢组织都应被切除,并进行组织病理学评估。如果没有发现可见的卵巢组织,则将卵巢蒂的部位所有残存组织切除,并进行组织病理学检查。功能性黄体组织切除后,可能诱发犬猫出现短暂的假孕症状。如果持续出现症状,可以进行抗催乳素治疗(卡麦角林 5 μg/kg q 24 h,连续给药直到起效)。成功切除卵巢残端组织可中止发情期的临床症状。

主人经常要求兽医进行药物治疗,而不希望进行二次手术。孕激素或雄激素药物可以抑制卵泡期的卵巢活动,但由于其副作用大,例如造成乳腺肿瘤、糖尿病和行为异常等,不建议使用。除开腹手术之外,免疫避孕或 GnRH 激动剂药物在美国上市后可提供另外一种选择。

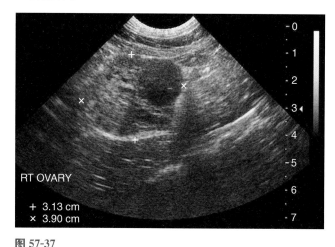

**图 57-37**
卵巢残端超声征象显示卵巢恶变为黄体瘤。

◆ 推荐阅读

Drobatz K et al: Eclampsia in dogs: 31 cases 1995-1998), *J Am Vet Med Assoc* 217:216, 2000.

Eckert L: Acute vulvovaginitis, *N Engl J Med* 355:1244, 2006.

Gobello C: Dopamine agonists, anti-progestins, anti-androgens, long-term-release GnRH agonists and anti-estrogens in canine reproduction: a review, *Theriogenology* 66:1569, 2006.

Gobello C et al: Use of cabergoline to treat primary and secondary anestrus in dogs, *J Am Vet Med Assoc* 220:1653, 2002.

Görlinger S et al: Treatment of fibroadenomatous hyperplasia in cats with aglepristone, *J Vet Intern Med* 16:710, 2002.

Hammel S et al: Results of vulvoplasty for treatment of recessed vulva in dogs, *J Am Anim Hosp Assoc* 38:79, 2002.

Lightner B et al: Episioplasty for the treatment of perivulvar dermatitis or recurrent urinary tract infection in dogs with excessive perivulvar skin folds: 31 cases 1983-2000), *J Am Vet Med Assoc* 219·1577, 2001

Lulich J: Endoscopic vaginoscopy in the dog, *Theriogenology* 66:588, 2006.

Morresey P: Reproductive effects of canine herpesvirus, *Compendium* 4:804, 2004.

Rubion S et al: Treatment with a subcutaneous GnRH agonist containing controlled release device reversibly prevents puberty in bitches, *Theriogenology* 66:1651, 2006.

Slater LA et al: Theriogenology question of the month, *J Am Vet Med Assoc* 225:1535, 2004.

Volkmann D et al: The use of deslorelin implants for the synchronization of estrous in diestrous bitches, *Theriogenology* 66:1497 2006.

Wanke M. Progestin treatment for infertility in bitches with short interestrous interval, *Theriogenology* 66:1579, 2006.

Wanke M et al: Use of enrofloxacin in the treatment of canine brucellosis in a dog kennel (clinical trial ), *Theriogenology* 66:1573, 2006.

# 第 58 章

# 雄性犬猫的临床疾病
## Clinical Conditions of the Dog and Tom

## 隐睾
### (CRYPTORCHIDISM)

　　隐睾症是公犬的一种常见的先天性生殖缺陷（猫较不常见），临床表现为青春期时阴囊单侧隐睾或双侧隐睾，而正常犬的睾丸在6～16周龄时进入阴囊。在作者的经验中，有些犬的睾丸甚至在10月龄时才下降，但这些犬不应视为正常，因为睾丸下降推迟或不下降都是遗传缺陷的表现。猫会有产前睾丸下降。睾丸激素胰岛素样因子Ⅲ（也称为松弛素样因子）由产前和产后睾丸间质细胞分泌，可调节睾丸经腹腔从肾脏尾极进入腹股沟管内，并从悬韧带尾侧诱导睾丸引带发育和生长。在胎儿时期，睾丸经腹腔的迁移不受雄激素的影响，而腹股沟阴囊下降受睾酮的调节。睾酮可引起头侧悬韧带退化。在睾丸腹股沟阴囊迁移过程中，引带会缩短，提睾肌开始外翻。

　　隐睾超声定位可以确定幼年病患是单侧还是双侧隐睾，有助于制定手术方案（例如前腹部或腹股沟位置）。滞留的睾丸可处于同侧肾脏和阴囊之间的任何位置。右侧睾丸发生隐睾的概率较高。在超声检查时，从肾脏尾极到腹股沟之间的区域都需要全面检查，睾丸的征象为椭圆形均质产回声结构，伴有轻度强回声边缘，代表壁层和脏层的被膜。阴囊内附睾回声强度通常明显低于睾丸实质。隐睾睾丸保留着睾丸中隔的解剖结构，呈强回声斜线，有正常的睾丸实质回声，但比阴囊睾丸小（图58-1）。超声检查也可用于去势情况未知或怀疑去势没做完全的成年犬猫，能帮助定位单侧隐睾睾丸。

　　单侧隐睾不会造成不育。但犬猫如果是双侧隐睾，由于腹腔内温度会阻止精子正常生成，因此会发生不育。这两种情况下由于睾丸间质细胞继续分泌睾

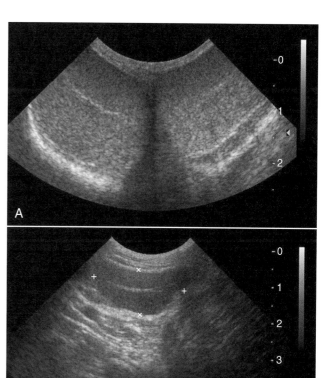

**图 58-1**

**A** 为正常的阴囊睾丸影像。**B** 为隐睾睾丸的回声成像（光标所指）。注意识别一致的实质回声结构（与脾脏的回声相似），睾丸中隔回声（强回声中线结构或斜线）和相对较小的腹腔内睾丸。

酮，性冲动和第二性征均正常。隐睾具有遗传性，发病动物不应用作种犬。患病个体的双亲为基因携带者。由于腹腔内睾丸肿瘤病变风险较高，建议进行双侧睾丸切除术。尝试使用促性腺激素和睾酮药物诱导睾丸下降，但成功率低，并且不人道。睾丸固定术也被认为不人道。在人医中，腹腔内隐睾在睾丸固定术后肿瘤化风险增加，这个方法在兽医中是禁忌的，不可行也不人道。犬罕见单侧睾丸发育异常（单睾丸畸形）。如果

怀疑犬发生单睾丸畸形,应根据适当的激素检测确诊,如在给予 GnRH 前后检测血清睾酮浓度,或者检测血清 LH 浓度来确诊。对于怀疑有隐睾的公犬,青春期后可超声评估其前列腺;与去势公犬相比,隐睾公犬的前列腺会明显增大。

## 睾丸扭转
## (TESTICULAR TORSION)

除了恶性转变,犬隐睾最常见的并发症是睾丸扭转,该病发生时腹腔内睾丸肿瘤化的风险增高,并表现出急腹症。超声检查常用于犬急腹症。隐睾可处于同侧肾脏和腹股沟之间的任何位置,当睾丸体积增大时,受重力作用向腹中部下沉。睾丸扭转的超声成像与睾丸炎相似,睾丸实质呈现弥散性低回声影像;发生恶变和坏疽时,影像会更不容易识别(图 58-2)。多普勒检查能发现异常血流。此时,兽医应立即实施外科手术进行摘除。

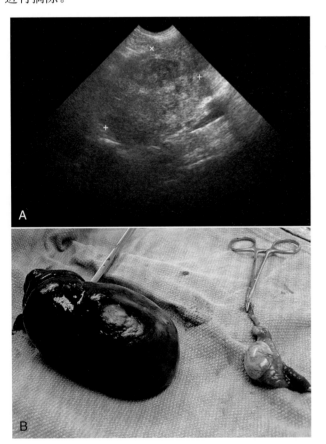

**图 58-2**
腹腔内睾丸扭转。A 为一个位于腹腔中部、解剖结构难以识别的肿物(光标所指)。B 为一个腹腔内体积增大的睾丸,经去势术取出后被诊断为支持细胞瘤。

## 阴囊皮炎
## (SCROTAL DERMATITIS)

阴囊皮炎的病因包括创伤、接触性刺激或过敏、烧伤、冻伤、割伤、过敏性皮肤病、阴囊内病变刺激(例如睾丸炎和附睾炎)引起的抓伤。阴囊皮炎可因热损伤而影响精子的生成。慢性阴囊皮炎会造成不育,阴囊腹侧皮肤表现为苔藓样硬化和色素过度沉积。犬体格检查发现精液异常时,应进一步观察评估阴囊腹侧皮肤。阴囊肥大细胞瘤可引起阴囊皮肤局部炎性反应。阴囊皮炎应该进行局部和全身治疗,患犬佩戴伊丽莎白圈可防止阴囊皮肤被抓伤。非甾体类抗炎药(NSAIDs),如卡洛芬(商品名 Rimadyl,Pfzer)、美洛昔康(商品名 Metacam,Boehringer,Ingelheim)或非罗考昔(商品名 Previcox,Merial)均有效。镇静麻醉药(曲马多)也可用于短期止疼。脓皮症可使用广谱抗生素治疗,如头孢氨苄或头孢泊肟(商品名 Simplicef,Pfzer)。精子的正常生成时间为 60 d。

## 阴茎头包皮炎
## (BALANOPOSTHITIS)

阴茎头包皮炎指的是包皮腔和阴茎炎症或感染,犬常见,猫罕见。致病微生物通常是正常的包皮内菌群,也会有单一病原体过度增殖或假单胞菌属成为优势菌群的情况。该病通常无临床症状,仅仅是包皮有脓性分泌物,从少量白色包皮垢到大量绿脓不等,可能会过度舔舐。阴茎头包皮炎的分泌物一般不是血性的,除非病因是肿瘤或异物。淋巴滤泡性增生也很常见,被认为是由慢性刺激引起的。该病的诊断可从阴茎、包皮腔到穹隆部进行体格检查,寻找是否有异物、肿瘤、溃疡、炎性结节(图 58-3)。微生物培养和细胞学检查作用不大,除非怀疑有霉菌感染或肿瘤形成。通常保守治疗。首先应该剃掉包皮口和周围区域的毛发,如果分泌物集中在这个地方,用稀释过的温和消毒液(例如洗必泰或聚维酮碘)冲洗包皮腔,再将抗生素或联合皮质类固醇抗菌药物灌入包皮腔内。对于持久性或顽固性病例,需要考虑对包皮和尿道进行细胞学检查,微生物培养和内窥镜检查。如果包皮和尿道表观正常,应该排除包皮分泌物是否来源于前列腺良性增生、前列腺炎、尿道炎或膀胱炎。如果在包皮内出现结晶,应进行尿石症评估。阴茎团块病灶会引起大量包皮分泌物。传染性性病肿瘤(TVT)是犬最常报道的阴茎肿瘤。细胞学评估对 TVT 有支持意义;可通过活检确诊。阴茎 TVT 和乳头状瘤病毒在外观上比较相似。阴茎疣可经活组织检查确诊,并自发性消退。

图 58-3
龟头包皮炎。(图片由 Dr. P. Olson 提供。)

## 持久性阴茎系带
### (PERSISTENT PENILE FRENULUM)

在雄激素的影响下,阴茎头表面和包皮黏膜在出生前或出生后数周内会正常分离。如果没有发生分离,那么结缔组织会持续存在阴茎和包皮之间。犬的持久性阴茎系带常位于阴茎腹侧正中线,可能无临床症状,也可能会引起包皮分泌物或包皮过度舔舐。犬的持久性阴茎系带还可能造成阴茎偏离腹侧或偏向旁侧,使得犬不能或不愿意交配,甚至影响阴茎正常勃起(图 58-4)。诊断方法是视诊。治疗需要外科手术切除,系带为一层无血管的薄膜,通常可通过镇静和局部麻醉完成手术。

## 尿道脱垂
### (URETHRAL PROLAPSE)

尿道脱垂常见于斗牛犬和波士顿狸,可能具有家族遗传性。临床症状为阴茎远端头部尿道黏膜外翻,引起长期出血。发病原因可能与短头犬综合征引起的腹腔内压力增加有关。这种情况不能自发好转,所以

建议手术切除脱垂组织。在恢复过程中防止阴茎勃起非常重要;患犬配种可引起复发,应该建议做公犬去势手术。

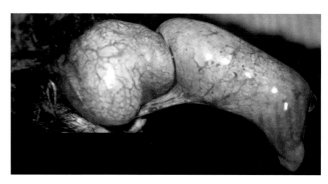

图 58-4
图为精液采集后的阴茎持久性系带。

## 阴茎持续勃起症、包皮嵌顿和包皮过长
### (PRIAPISM, PARAPHIMOSIS, AND PHIMOSIS)

持续勃起症是指没有性交刺激时阴茎持续性勃起(图 58-5)。该病可分为非缺血性(动脉性,流动性高)或缺血性(静脉阻塞,流动性低)。缺血性持续勃起是急症,会引起急性阴茎坏死,通常非常痛。两种勃起均会导致阴茎组织明显创伤,也会造成部分阴茎露出包皮腔。

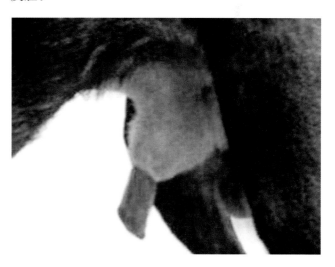

图 58-5
犬的慢性非缺血性阴茎勃起异常。(图片由 Dr. J. Lavely. 惠赠)

持续勃起症易与包皮嵌顿混淆。当未勃起的阴茎不能纳入包皮内时,发生包皮嵌顿,与同时发生的性交刺激无关。包皮嵌顿还与阴茎消肿程度有关。尽管阴茎确实没有勃起,但会受到慢性挤压而发生明显水肿,

尿道通常没有损伤。未暴露的阴茎和未涉及的包皮是正常的,无痛。长期包皮嵌顿可造成坏疽或坏死。包皮嵌顿可能是由包皮口过小、包皮长度不足、包皮肌肉无力、或肿瘤造成的。包皮嵌顿常发于人工采精后,因为暴露的阴茎黏膜在射精后期(看到正常的交配系带时)暴露在空气中,没有润滑液会变得干燥(图 58-6),阴茎还纳包皮腔受阻,进而发生严重的阴茎远端(暴露端)水肿(图 58-7)。临床兽医在采精后需检查种犬是否发生包皮嵌顿。建议使用水溶性凝胶润滑暴露的阴茎组织,并轻轻按摩包皮。长毛猫可会因阴茎被卷入包皮毛发中而发生包皮嵌顿,否则在猫中不常见。

阴茎持续勃起症还应与其他引起阴茎肿胀的原因相鉴别,如血肿、创伤或肿块(图 58-8 和图 58-9)。阴茎血肿常因创伤或出血性疾病引起。简单的阴茎外观检查和触诊通常足以鉴别诊断上述病因。超声检查和/或彩色多普勒检查有助于持续性勃起病因的诊断。超声检查会阴和整个阴茎组织,评估是否存在解剖结构异常,如肿瘤、阴茎骨骨折、血肿或血栓。因此,阴茎持续勃起症可由超声检查进行确诊(图 58-10 和图 58-11)。

犬阴茎勃起受骨盆神经调节,骨盆神经来源于第 1 对和第 2 对骶神经(S1－S2),由副交感神经纤维构成。刺激骨盆神经可增加阴茎的血压,抑制部分静脉回流,

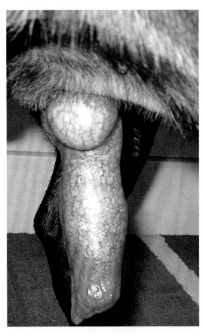

图 58-6
犬在人工采精后的阴茎勃起,阴茎黏膜呈现正常外观。

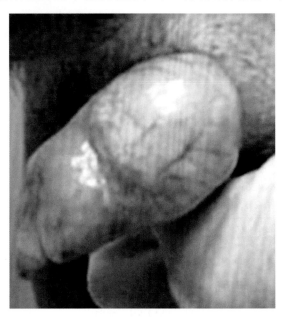

图 58-8
犬阴茎白膜破裂而引起的肿物效应。

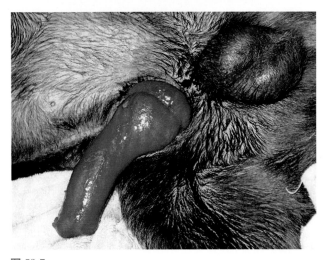

图 58-7
交配后发生包皮嵌顿,继发于包皮口过小,从而影响了阴茎消肿。注意阴茎黏膜充血、水肿。

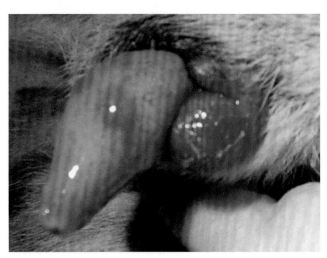

图 58-9
犬阴茎黏膜淋巴瘤。

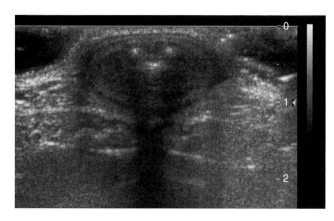

图 58-10
犬阴茎头球水平的横向扫查影像。阴茎骨背侧出现强回声声影。消肿。

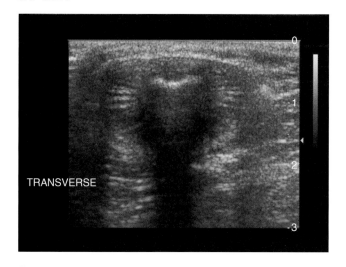

图 58-11
犬阴茎头球水平的横向扫查影像。阴茎持续勃起症。阴茎骨两侧可见血液聚集。**TRANSVERSE,横向。**

扩张阴茎动脉,引起勃起(图 58-12)。阴部神经来源于S1—S3,可刺激阴茎肌肉收缩。腹下神经属交感神经,来源于L1—L4 腰椎的脊髓段,也同样对犬阴茎勃起有调节作用,负责射精和前列腺液的分泌。交感神经链式纤维可抑制阴茎勃起,刺激后使动脉阻力增加,降低海绵体压力和静脉阻力。交感神经对勃起过程的抑制作用可由 $\alpha_1$-肾上腺素系统调节。

　　真正的阴茎持续勃起症(缺血性或非缺血性)与血管疾病(传出或传入)、神经疾病或特发性疾病有关。目前已经出现了关于阴茎持续勃起症病理生理学的调节失调假说。该假说认为,阴茎血管内血液流进和流出的神经刺激协同失调,会引起血管或平滑肌长时间痉挛。这种调节失调可发生在阴茎水平,或阴茎勃起的其他调节水平,包括中枢神经系统(脊髓神经)或外周神经系统。

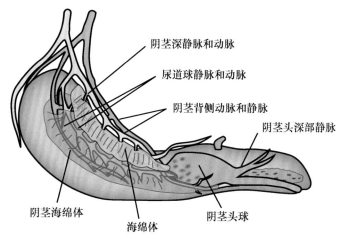

图 58-12
犬阴茎血管解剖示意图。(图片由 Dr. J. Lavely. 惠赠)

　　区分诊断缺血性(发展为坏疽)和非缺血性持续勃起、治疗潜在病因都很重要。如果确诊为缺血性持续勃起,则应在镇静或麻醉状态下抽吸海绵体,可冲洗或不冲洗。应考虑在海绵体内注射去氧肾上腺素。虽然犬猫使用去氧肾上腺素的剂量还不确定,可能会带来一些风险。因此开始时先低剂量($1\sim3~\mu g/kg$)给药,并监测心血管状态。润滑阴茎以防暴露和抓伤引起继发性组织损伤。患犬需佩戴伊丽莎白圈。当海绵体排液、注射治疗不成功或发生严重的组织损伤时,兽医需实施阴茎切除术和会阴尿道造口术。非缺血性持续性勃起可自行恢复,因此,可采取保守疗法保护阴茎的完整性,即对阴茎进行润滑,并给犬佩戴伊丽莎白圈。尽管关于系统性药物治疗的对照实验非常少,一些全身性药物有潜在作用。该病的治疗中,可尝试加巴喷丁、特布他林或伪麻黄碱等药物。如果使用一种药物治疗数天后阴茎没有消肿,则换为另一种药物可能会治疗成功。

　　猫中也有缺血性持续性勃起的报道,建议实施阴茎切除术和会阴尿道造口术。如果患猫有近期交配史,那么应考虑病因是创伤。也有报道称猫在接受睾丸切除术后会发生该病。兽医实施手术治疗时,在阴茎海绵体的白膜和部分海绵体组织上做一些小的对称性切口,然后用肝素生理盐水经切口进行冲洗,最后缝合海绵体切口,但不缝合白膜,据报道该法可获得成功。猫的非缺血性持续性勃起药物治疗同犬(图 58-13)。

　　包皮过长是指阴茎陷入包皮腔内,常见于先天性缺陷,即包皮口非常小,使得阴茎不能伸出。包皮过长在犬猫中不常见。幼年动物会引发尿液流出道受阻或包皮腔积尿,引起滴尿。包皮过长可能在雄性动物无法交配时被发现。外科保守治疗是扩大包皮口。长毛猫包皮被毛可能会卷入包皮口,出现与包皮过长相似的临床症状。剪掉包皮周围被毛即可缓解症状。

图 58-13
公猫过量使用乙酰丙嗪引起的阴茎持续勃起。

# 种公犬的睾丸肿瘤
## (TESTICULAR NEOPLASIA IN STUD DOGS)

除非犬很贵重并继续留做种用,否则公犬发生睾丸肿瘤时都要进行去势。如果犬仍在配种,且肿瘤局限于一侧睾丸时,可实施单侧去势手术。睾丸肿瘤罕见于公猫。犬睾丸肿瘤的风险因子是老龄化(＞10 岁)和隐睾(发生风险增加 10~13 倍)。早期诊断出来的睾丸肿瘤经常是偶然发现的,可依据仔细触诊阴囊睾丸进行判断。超声检查可查出那些体积较小、不能用手触到的睾丸肿瘤,因此,建议对贵重的种公犬每年进行 1次超声检查。正常睾丸超声检查时,实质回声均匀,与脾脏回声相似(图 58-14)。睾丸中隔的影像位于睾丸中央,有一条强回声细亮线。附睾(头、体、尾)回声强度比睾丸低。输精管在超声检查时比较难识别。精索与附睾头部相邻,超声检查时可见明显弯曲的小静脉。超声检查中,睾丸肿瘤局限在某个区域,回声强度或高或低,可能会使睾丸中隔回声模糊不清(图 58-15)。超声征象不能判断肿瘤的类型;肿物的成像从低回声到混合回声变化,这种变化可能是由坏死和出血引起的。

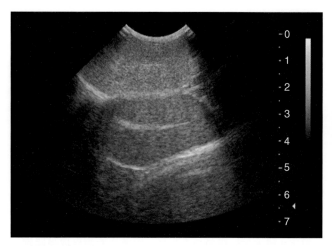

图 58-14
犬正常睾丸。

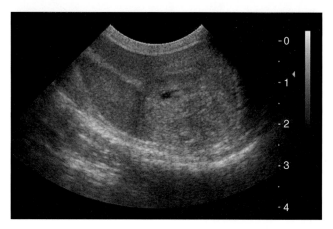

图 58-15
睾丸内肿瘤:精原细胞瘤。在睾丸实质内出现边界清晰的圆形肿物,回声均匀,可见单个囊性区域。睾丸中隔的影像不完整。

睾丸肿瘤常引起睾丸慢性增大;有些会引发副肿瘤综合征。

犬阴囊睾丸的睾丸支持细胞瘤、睾丸间质细胞瘤(以间质细胞为主)和精原细胞瘤的发生率相同;腹腔内睾丸肿瘤最常见的是睾丸支持细胞瘤。睾丸支持细胞瘤和间质细胞瘤可分泌激素,尤其是雌激素,从而引发副肿瘤综合征。尽管这些肿瘤临床症状不明显,但其分泌的雌激素、孕酮和皮质类固醇类浓度均有所变化。雌激素过多和雌性化综合征是由睾酮外周芳香化作用或肿瘤自身分泌雌二醇的直接作用引起,进而会发生双侧睾丸萎缩、骨髓抑制、包皮下垂、乳房雌性化、秃头症和色素过度沉着、前列腺鳞状上皮化生。乳房雌性化和包皮下垂与雌性化有关。骨髓抑制由雌激素诱发,特征是贫血、血小板减少症、和/或白细胞减少症,一些临床症状与继发于血小板减少症的贫血或出血有关。CBC 可评价骨髓中毒与否。

大多数发病犬为老龄犬,所以术前需要进行生化检查和尿液分析。雌激素过多症可引起发病睾丸萎缩,导致精子缺乏活力,在睾丸肿物诊断出来前可在临床上注意到该变化。

实施去势术后,需要对睾丸肿物进行组织病理学检查,评价局部淋巴结。大多数睾丸肿瘤患犬都可采用去势术治愈。睾丸肿瘤很少发生远端转移;局部转移(可通过局部淋巴结向腹腔内转移)可见于慢性疾病晚期。

◉推荐阅读

Davidson AP: Clinical theriogenology, *Vet Clin North Am* 31:2, 2001.

Gunn-Moore DA et al: Priapism in seven cats, *J Small Anim Pract* 36:262, 1995.

Lavely JA: Priapism in dogs, *Top Companion Anim Med* 24:49, 2009.

Peters MAJ et al: Aging, testicular tumours and the pituitary-testis axis in dogs, *J Endocrinol* 166:153, 2000.

Pettersson A et al: Age at surgery for undescended testis and risk of testicular cancer, *N Engl J Med* 356:1835, 2007.

Rochat MC: Priapism a review, *Theriogenology* 56:713, 2001.

# 第 59 章
## CHAPTER 59

# 雌性和雄性动物的不育和生育力低下
# Female and Male Infertility and Subfertility

## 雌性动物
### (THE FEMALE)

### ■ 母犬和母猫的不育和生育力低下
(INFERTILITY VERSUS SUBFERTILITY IN THE BITCH AND QUEEN)

母犬或母猫不育是指没有能力受孕和无法生育可以存活的后代。除了发育异常（见下文先天性不育部分），大多数被带去看兽医的母犬在进行生殖评估时，实际都很健康，并且可用于繁殖。母犬不育最常见的原因是配种管理不合适、饲养管理差或种公犬的问题，而不是没有受孕能力。母猫表现出的不育很可能是真的不育，即便使用有生育力的公猫进行适当的饲养管理和配种管理，也无法受孕。

对于不育母犬，兽医应该获得完整的病史，查找出配种管理或饲养管理的问题，从而进行鉴别和纠正（框59-1）。兽医应确定近期使用过的公犬是否有生育能力（不仅要进行精液评估，还要了解最近4个月内幼崽出生情况）。其次是母犬的配种史和生活史——包括母犬的生活环境、其他动物、圈舍管理、常规的预防性治疗情况（疫苗免疫、心丝虫预防、驱虫方案）、当前药物治疗情况、所有的添加剂、饮食和旅游史——都应掌握。其他特殊信息包括年龄、初次发情日期（若有）、过去计算排卵时间的方法（若有）、排卵时间和根据排卵时间进行配种/人工授精的日期、配种/人工授精方法、之前的怀孕史（若有）、怀孕诊断或排除方法、妊娠丢失日期（若有）、之前的产仔数、产仔大小、母犬或母猫同胞动物的繁殖史。除非使用被证明有生育力的雄性动物进行良好的

配种管理，否则即使有良好的饲养管理和全面的信息记录，也不能保证受孕成功，还需对受孕失败的雌性动物的下一个发情周期进行监测和管理（包括排卵时间），直到兽医确诊不育为止。如果已经解决了饲养管理、雄性动物和排卵时间的问题，但受孕仍然失败，那么通常说明母犬和母猫发生由子宫内膜疾病引起的获得性不育，而不是垂体-性腺激素轴疾病或卵巢疾病。

 **框 59-1　雌性动物生育力评估的病史记录表**

出生日期
体重/身体状况
饮食（品牌）
居住条件
用药情况（列出所有）
　当前
　用药史（时间）
营养补充剂（列出所有）
繁殖经历
　日期
　结果？
　产仔数量
　断奶存活情况？
最近配种
　日期
　方法
　排卵时间？（附结果）
种用鉴定？
　最近的产仔日期
如果未经鉴定，精液评估？
（犬）布鲁氏杆菌检查？
（猫）病毒检查？
妊娠评价方法？
了解母犬及其同胎犬的生育能力？

生育力低下是指虽然母犬或母猫与被证明有生育力的雄性动物发生过交配，但所生产出的后代数量少，

常见病因是配种管理或饲养管理不当。而知悉排卵时间和拥有最优配种技术（见第 56 章）通常可纠正生育力低下的问题。应使用能配出正常幼崽数量的雄性动物来配种，并将其用于以后的配种管理。如果幼崽数量仍然很少，通常是潜在性子宫疾病导致的。

## 微生物学和雌性动物的生育力
### (MICROBIOLOGY AND FEMALE FERTILITY)

养殖者对不育或生育力低下的问题比较关心，因其与阴道和子宫菌群有关，所以需要在配种前进行阴道细菌培养，并根据检查结果进行抗生素治疗。饲养种公犬的犬主特别担忧前来配种的母犬将病原菌感染给公犬而导致生育力受损。实际上，自然配种时雌性和雄性动物的正常菌群会发生交换，并对双方无害，各自的生育和繁殖力不受影响。雌性动物的正常生殖道存在多种需氧菌（包括支原体），并在阴道穹隆和子宫内增殖（框 59-2）。混合的阴道菌群存在于健康有生育

### 框 59-2　犬阴道内的正常菌群

**需养菌**
多杀性巴氏杆菌
β-溶血链球菌
大肠杆菌
未分类的革兰阳性杆菌
未分类的革兰阴性杆菌
支原体
α-溶血和非溶血链球菌
变形杆菌
芽孢杆菌
棒状杆菌
凝固酶阳性和凝固酶阴性葡萄球菌
假单胞菌
克雷伯氏菌
奈瑟球菌
微球菌
嗜血杆菌
莫拉氏菌
不动杆菌
黄杆菌
乳酸菌
肠杆菌科

**厌氧菌**
产黑素拟杆菌
棒状杆菌
嗜沫嗜血杆菌 (*Haemophilus aphrophilus*)
消化链球菌属（溶血性和非溶血性）
脲原体属

力的母犬。最常分离出的细菌有多杀性巴氏杆菌、β-溶血链球菌、大肠杆菌和支原体属。只有犬布鲁氏杆菌被证明可特异性引起母犬不育（见第 57 章）。目前，经子宫颈的子宫插管技术可非侵入性地在子宫内采样，以便进行细菌培养和活组织检查，和用棉拭子从阴道头侧采样培养相比，该方法可更精确地评价子宫实际感染的疾病。在犬的正常发情周期内，生殖道菌群会增殖，在生殖道逆行入子宫内，随后自发性衰亡。阴道和子宫内的细菌培养结果应慎重判读，因为很多细菌可能只是正常菌群，不应认为是疾病，或以此诊断为不育。在怀孕前后盲目地使用抗生素会适得其反，引发微生物耐药，并且不能改善生育和繁殖能力。对所有阳性培养病例都使用抗生素进行治疗并不合理；或认为所有阴道或子宫细菌培养的阳性结果都与不育有关。通常情况下，来源于阴道或子宫的细菌增殖会引发明显的临床症状，如阴道分泌物过度恶臭或异常、阴道黏膜皱襞炎症反应、外周血白细胞增多和全身性性疾病，需进行抗生素治疗。如有可能，还要进行子宫细胞学检查样本或活组织样本检查来鉴别炎症或感染。

## 子宫内膜囊性增生/子宫积脓综合征
### (CYSTIC ENDOMETRIAL HYPERPLASIA/ PYOMETRA COMPLEX)

子宫的病理变化［例如子宫内膜囊性增生（cystic endometrial hyperplasia，CEH）］可引起母犬和母猫不育，但须排除其他病因。CEH 具有激素依赖性，是一种可预测的疾病，反复发情时孕酮刺激会引发子宫内膜腺体增生和分泌，从而引发该病。子宫内膜腺体的变化可能是局灶性或弥散性的，会干扰受精卵着床和胎盘形成。CEH 的确诊需要对发病部位进行活组织检查，或在卵巢子宫切除术后进行组织病理学检查。

母犬和母猫的子宫内膜囊性增生——子宫积脓综合征是由孕酮介导的子宫疾病。在发情周期的黄体阶段，孕酮会抑制子宫内白细胞对感染性刺激的应答，降低子宫内膜平滑肌的收缩，刺激子宫内膜腺体的发育和分泌。在间情期，未受孕的子宫比较松弛，所含的子宫内膜腺体分泌物是细菌的生长介质。细菌主要从泌尿生殖道远端上行进入子宫，或通过血源性传播进入子宫，但后者不常见。发情结束后机体未能清除子宫内的细菌会造成积脓，使子宫处于败血性炎症反应状态。大肠杆菌是母犬和母猫子宫积脓时最常被分离出的细菌。子宫积脓的发作与母犬母猫的近期发情密切

相关。由于母猫是诱导性排卵动物,所以母猫子宫积脓发生率稍低。子宫积脓时,阴门脓性分泌物的有无取决于子宫颈是否开放。子宫颈闭锁性子宫积脓更严重,因为脓性液体可能会通过输卵管或子宫破裂口漏出,从而发生败血性腹膜炎。子宫积脓的典型症状包括大量阴门分泌物、轻度或完全厌食、嗜睡、体重减轻、外表邋遢和多饮/多尿。在进行检查时大多数主人都会认为她们的宠物生病了(嗜睡、厌食)。兽医最常通过体格检查发现异常,包括黏脓性到血性阴门分泌物、增大的子宫(可触及)、发热。有些母犬母猫发生子宫积脓时,除了阴门分泌物异常外没有其他变化。临床病理学检查结果通常为嗜中性粒细胞性白细胞增多症、高纤维蛋白原血症和高球蛋白血症。氮质血症和尿比重下降反映了大肠杆菌释放内毒素引起的继发性肾性尿崩症。阴门分泌物细胞学检查显示有败血性炎症反应(图 59-1)。血浆孕酮浓度达到 5.0 ng/mL 或以上,在间情期时很典型,但有的子宫积脓病例也能在乏情期早期被诊断出来。腹部 X 线检查能显示子宫扩张,呈现出大的、管状、软组织密度影像。超声检查可鉴别早期妊娠和子宫积脓时积液扩张的子宫。子宫超声评估可提供重要的诊断信息,如子宫壁增厚和结构混杂(出现囊性结构)、管腔大小和内容物、器官对称性和位置(图 59-2)。CEH 的超声征象是子宫内膜增厚,局部子宫壁不产回声,代表扩张的囊性腺体和曲折的腺体管道(图 59-3)。随着病程的发展,这些变化在患病动物进入乏情期时也不会消失。子宫腔内蓄积的液体可能是子宫积液、子宫黏液蓄积或进行性子宫积

脓,很难通过超声检查鉴别(有产回声影像提示有细胞结构)(图 59-4)。穿刺可能会引起腹膜炎,因此通常不建议使用。子宫积脓引起的扩张程度各异。可在一侧子宫角发生蓄脓,另一侧子宫角妊娠。

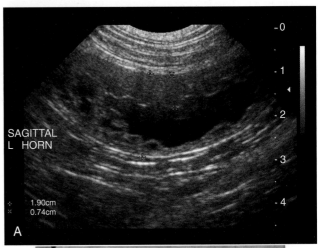

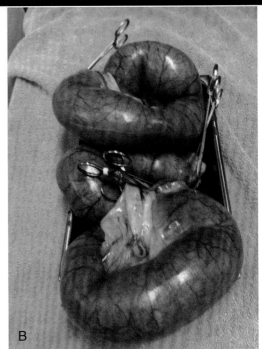

图 59-2
子宫积脓。A 为左侧子宫角(L HORN)的超声检查矢状面(SAGITTAL);光标测量子宫全层厚度(+,1.90 cm)和子宫壁厚度(x,0.74 cm);B 为子宫积脓。从一只患有宫颈闭锁性子宫积脓的黑俄罗斯狼犬中手术摘除 5.5 kg 子宫。

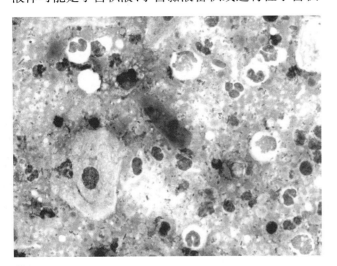

图 59-1
开放性子宫积脓的阴道细胞学检查结果,可见大量胞内菌和胞外菌、退行性嗜中性粒细胞、巨噬细胞、蛋白质碎屑和上皮细胞。

针对子宫积脓病患,可在静脉输液和抗生素治疗稳定病情后,实施卵巢子宫切除术,但不适用于育种价值高的母犬和母猫。开放性子宫积脓可根据阴门分泌物诊断出来,药物治疗适用于年轻且价值高的种犬。单独使用全身性抗生素、阴道抗菌液冲洗不能控制临床症状。开放性子宫积脓可采用前列腺素(天然前列

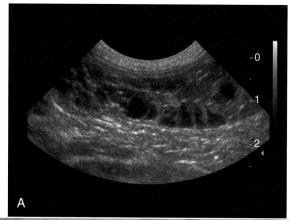

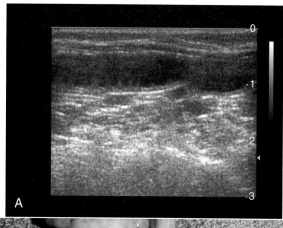

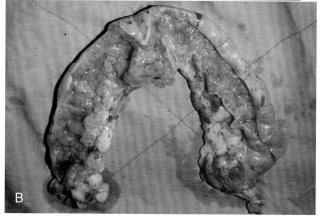

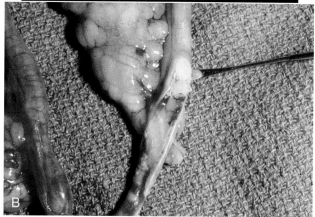

**图 59-3**
子宫内膜囊性增生。A 为子宫超声检查成像的多个无回声子宫内膜囊性结构。B 为大体标本,子宫内膜囊性结构布满子宫角腔。

**图 59-4**
子宫黏液蓄积症。A 为子宫超声检查成像:子宫角壁薄;囊状结构位于子宫内膜。B 为大体标本。子宫内膜上的囊状结构,腔内有黏液状内容物。(图片由 Dr. P. Olson. 提供)。

腺素 $PGF_{2\alpha}$ 或合成前列腺素氯前列烯醇)成功治疗,关键在于这类药物对子宫内膜、宫颈和黄体的作用,它们可与子宫肌层内分布的前列腺素受体结合,刺激子宫活动性,使得子宫肌层产生强直性效应,增加对子宫腔的压力,从而使子宫内容物经宫颈流出。治疗宫颈开放性子宫积脓时限制前列腺素的使用,可减少由子宫腔肌层收缩(子宫颈闭锁,但腔内充满液体)引起的潜在并发症(腹膜炎)。前列腺素类药物会诱发黄体溶解,减少黄体类固醇生成,造成药物性流产。因此,在使用前列腺素类药物之前,需进行超声检查以排除妊娠。妊娠并发子宫积脓的预后较差,治疗只能局限于抗生素,并且常发生宫内死胎和早产。

$PGF_{2\alpha}$ 治疗引起的不良反应,反映了内源性前列腺素的生理效应。内源性前列腺素来源于经环氧化酶转化的花生四烯酸,可调节很多正常的生理过程,包括血管舒张、止血、肺血管收缩和支气管扩张、胃肠道分泌、肾血流量和肾小球滤过率、炎症反应、痛觉过敏和发热。前列腺素还对子宫内膜、胃肠道、气管与支气管、

膀胱的平滑肌有收缩作用,这些能解释所观察到的临床反应。皮下注射前列腺素后可产生可预见的生理反应,包括坐立不安、气喘、流涎、呕吐、里急后重、腹泻、排尿、瞳孔散大(母犬和母猫)、舔舐、弓背等,这些反应可在给药 1 h 后消失。母犬在给药后牵遛 10~15 min 有助于减轻不良反应。随后每次前列腺素给药时,这些不良反应的程度会减轻,持续时间也会缩短;这些反应一般不会严重到需要中止用药。术前使用抗胆碱能药可减轻前列腺素药物的副作用。前列腺素药物适合于年轻(<5 岁)、子宫颈通畅(例如外阴分泌物),且其他方面健康的动物。前列腺素用药的禁忌证包括妊娠、败血症、腹膜炎、严重的器质性疾病和滞留的木乃伊胎。在前列腺素治疗期间,母犬和母猫需要住院治疗(确保监控临床状况),以进行支持治疗(例如静脉补液,使用抗生素),监测不良反应和治疗结果。建议同时给予广谱抗生素(阿莫西林克拉维酸、联合应用氟喹诺酮药物、阿莫西林或头孢菌素)治疗。应该在使用抗生素之前,进行阴道分泌物的厌氧和需氧培养,以便在

治疗效果不佳时更好地选择抗微生物药。治疗效果取决于子宫病变程度,而非前列腺素的剂量。建议使用低剂量前列腺素(0.10～0.20 mg/kg q12～24 h),但目前尚未确立 PGF$_{2\alpha}$ 的最低有效剂量。氯前列烯醇是合成前列腺素,相对于天然 PGF$_{2\alpha}$,其治疗效果更佳,但按照天然 PGF$_{2\alpha}$ 的剂量给药可造成胎儿死亡。合成前列腺素可更有效地刺激子宫平滑肌层的收缩,全身性副作用较少,目前是作者的首选药物。氯前列烯醇的治疗剂量为 1～3 μg/kg SC q 12～24 h。前列腺素未被批准用于家养犬猫,但现在应用很普遍,可按照可接受的形式进行治疗(表 59-1)。

 **表 59-1　开放型子宫积脓的药物治疗**

| 药物名称 | 剂量 | 副作用 |
|---|---|---|
| PGF$_{2\alpha}$ | 0.10 ～ 0.20 mg/kg SC q 12～24 h,连续给药直至有效 | 猫:嚎叫、气喘、流涎、呕吐、排便<br>犬:气喘、筑窝、流涎、呕吐、排便 |
| 氯前列烯醇 | 1 ～ 3 μg/kg SC q 12～24 h,连续给药直至有效 | 消沉、呕吐最常见 |

通过临床反应来评估药物治疗是否成功,最好监测以下指标:对子宫内容物进行连续的超声评估、血液学检查、血液生化检查、临床指征(食欲、发热、外阴分泌物)。短期治疗成功的标准是子宫积脓的症状消除,在完成前列腺素治疗时很明显。在出院时,母犬母猫的食欲应该已经得到改善,肛温正常,外阴分泌物已减少或消失。然后在前列腺素连续给药后 2 周内进行第一次复查。复查时,采用腹部超声检查评估子宫大小是否整体减小,以及子宫角内液体是否减少,并与之前的检查结果进行对照。如果临床症状持续存在,则重新治疗。对于复发的子宫积脓,相应的治疗能获得成功,不过这也取决于犬猫的体况。据报道,若及时治疗,宫颈开放型子宫积脓治疗的成功率高达 82%～100%。长期治疗成功的标准是病例可重新进入正常的发情周期,如进行配种还能受孕和产仔。因此,建议在下一次发情时在进行配种,以防孕酮对未受孕子宫产生潜在作用。前列腺素不能缓解潜在的子宫内膜囊性增生。良性子宫积液和子宫黏液蓄积症常发生于子宫积脓之前,生育能力的预后谨慎或较差。母犬在接受 PGF$_{2\alpha}$ 治疗后,进入发情前期的时间不同,上一个间情期由于使用前列腺素而被缩短,下次会提前 1～2

个月进入发情前期。猫为季节性多发情的动物,受光照时间的影响,母猫接受前列腺素治疗后,进入发情前期的时间从 0.5～12 个月不等。康复母犬复发子宫积脓的概率为 20%～80%,母猫为 14%,老龄动物的复发率会更高。应提前告知主人,成功治愈子宫积脓后,动物会存在潜在性 CEH,并且有可能会引发慢性不育。

# 雄性动物
# (THE MALE)

## 雄性动物获得性不育
## (ACQUIRED MALE INFERTILITY)

### 微生物学和雄性动物的生育力

繁育者在种公犬配种前对精液培养的需求少于对母犬阴道培养的需求。之前有生育力的种公犬经过良好的饲养管理拥有正常的配种行为下,如果不能使母犬受孕,则需接受精液评估。如果精液异常,并且和炎性细胞或射精疼痛有关,那么精液需送检进行需氧培养、厌氧培养、支原体培养,以及犬布鲁氏菌检测(见第 56 章)。精液异常见于无精液症(精液缺乏)、无精子症(精子缺乏)、精子数量不足[<2 亿～4 亿个精子/射精(少精子症)];精子活力低于 75%～90%(精子活力不足);10%～15% 的精子出现形态异常(畸形精子症);特别是精液含有大量其他细胞如白细胞、巨噬细胞或红细胞(脓精症、血精症)。对于生育力低或不育的种公犬进行体格检查和临床病理学评估时,应在采精完成后进行,检查结果通常可指导后续的诊断(图 59-5)。

睾丸、附睾或阴囊细菌感染后会引发睾丸炎、附睾炎或阴囊炎,引起局部肿胀、高温,再加上微生物的破坏作用,从而影响精子的生成。局部病灶可转变为全身性病变。前列腺疾病可引起前列腺液成分异常,造成精液异常。包皮内和远端尿道的正常菌群和正常精液中分离到的细菌相同,和细菌性睾丸炎、附睾炎或前列腺炎中分离到的细菌也相同。远端尿道和包皮内的正常菌群主要是需氧菌,厌氧菌很少。犬最常分离出的菌群包括多杀性巴氏杆菌、β-溶血链球菌和大肠杆菌(框 59-3)。因此,采集精液进行细菌培养时容易误导,因为正常尿道菌群会污染样本。每毫升精液的菌

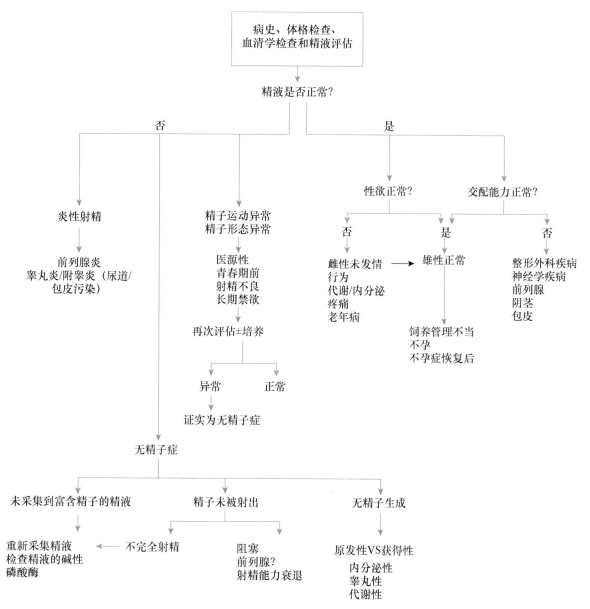

**图 59-5**
雄性动物不育的诊断流程图。

落形成单位（colony-forming unit，CFU）可反映精液受尿道细菌的污染程度（正常的尿道菌群），据报道变化范围为 100～10 000。在射精前，采用尿道棉拭子采样进行细菌分离培养有助于识别尿道菌群，然后进行尿道细菌的定量培养，并与精液细菌的定量培养结果进行对照。采精前还需对包皮腔进行温和地清洁，采精时使用灭菌设备（人工阴道和采精管）。但由于清洁消毒液有杀精作用，通过这种方法采集的精液不能用于精液评估。精液和尿道细菌培养的菌落数均 >10³ 时，可认为具有临床意义。尿道和精液的需氧、厌氧和支原体定量培养费用较高。穿刺

采集尿液（含有前列腺液）、前列腺、附睾和睾丸的样本更有诊断意义，这些操作可在超声介导下进行。这些部位能获得细胞学样本；前列腺、附睾和睾丸样本可见嗜中性粒细胞和巨噬细胞浸润引起的化脓性炎症反应。总之，不育或生育力差的公犬诊断为感染性疾病时，不能只依靠精液细菌培养阳性结果来建立诊断，还需结合其他数据综合判断。犬发生感染性睾丸炎、附睾炎和/或前列腺炎时，通常有相应的临床症状（感染器官发热、疼痛、发红和肿胀），在体格检查和精液异常时很明显（图 59-6）。如果射精会引起疼痛，则较难采集到精液。

框 59-3　种公犬包皮腔和精液细菌分离培养

| 包皮腔 | 精液 | 精液 |
|---|---|---|
| (*n* = 232,样本来源于15只犬;Bjurström 等) | (*n* = 232,样本来源于15只犬;Bjurström 等) | (*n* = 95,犬;Root Kustritz 等,2005) |
| 多杀性巴氏杆菌 | 多杀性巴氏杆菌 | 28%的样本中含有需氧菌 |
| β-溶血性链球菌 | β-溶血链球菌 | 　β-溶血性链球菌 |
| 大肠杆菌 | 大肠杆菌 | 　多杀性巴氏杆菌 |
| 凝固酶阴性葡萄球菌 | 巴氏杆菌属 | 　β-溶血性大肠杆菌 |
| 中间葡萄球菌 | 链球菌属 | 　非溶血性大肠杆菌 |
| 链球菌属 | 中间葡萄球菌 | 　无色杆菌 |
| 巴氏杆菌属 | 支原体(3%的样本和27%的犬) | 　化脓放线菌 |
| 棒状杆菌 | 70%的样本无细菌生长 | 　芽孢杆菌属 |
| 肠球菌 | | 　凝固酶阳性葡萄球菌 |
| 假单胞菌属 | | 　嗜血性杆菌 |
| 变形杆菌 | | 　克雷伯氏杆菌 |
| 支原体(11%的样本和80%的犬) | | 　变形杆菌属 |
| 14%的样本无细菌生长 | | 　假单胞菌属 |
| | | 　中间葡萄球菌 |
| | | 14%的样本中含有厌氧菌 |
| | | 　拟杆菌属 |
| | | 　消化链球菌 |
| | | 　丙酸杆菌属 |
| | | 　梭状芽孢杆菌 |
| | | 　梭菌属 |
| | | 　麻疹链球菌 |
| | | 支原体(58%的样本) |
| | | 18%的样本无细菌生长 |

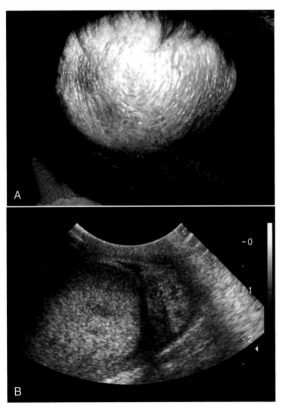

**图 59-6**
**A** 为一只发生急性细菌性附睾炎患犬,阴囊发红、增大、疼痛和发热。**B** 为急性附睾炎的超声检查矢状面成像。

## 感染性睾丸炎和附睾炎
## (INFECTIOUS ORCHITIS AND EPIDIDYMITIS)

非布鲁氏杆菌引起的睾丸炎和附睾炎可单发或同时发生。公犬会出现明显的阴囊增大,而阴囊增大可由阴囊肿瘤、阴囊皮炎、阴囊水肿、阴囊积液或出血、睾丸增大或附睾增大引起。睾丸和附睾增大可由急性感染或浸润性疾病(肉芽肿或肿瘤)引起。小心触诊阴囊和内容物可明确增大的部位;超声评估有助于鉴别病变部位(图 59-7、图 59-8 和图 59-9)。

不育或生育力低下的公犬可根据体格检查、超声检查和生殖道细菌培养阳性结果诊断病因,然后根据药敏试验结果选择敏感的、能渗透入前列腺的抗生素进行治疗,疗程最少为 2~8 周,慢性细菌性前列腺炎时疗程会长一些。即使治疗,生育力方面预后谨慎(但不是无望的)——炎症反应会对精子产生热损伤,从而影响精子生成,而且炎症还会诱发精子自体抗体,从而影响生育力;应告知主人这种潜在并发症。

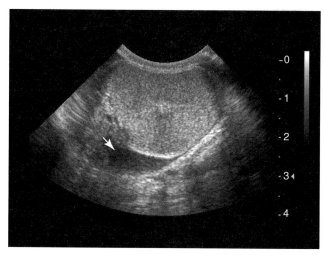

图 59-7

犬急性睾丸炎时超声检查,阴囊水肿(箭头所指)和睾丸回声增强。

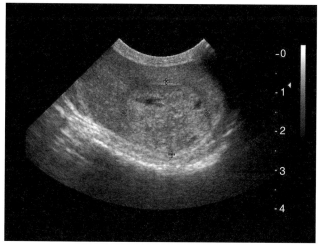

图 59-8

阴囊超声检查显示睾丸实质内的精原细胞瘤(光标所指)使得睾丸体积增大。

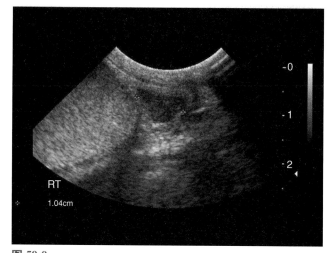

图 59-9

阴囊超声检查影像显示犬发生附睾脓肿时,附睾体积增大。附睾尾部出现椭圆形、厚壁性低回声囊性结构(光标所指)和絮状内容物。

## 名贵种公犬的前列腺疾病
(PROSTATIC DISORDERS IN THE VALUABLE STUD DOG)

### 前列腺良性增生和前列腺良性囊性增生

　　前列腺疾病常见于犬,猫罕见。未去势公犬在 5 岁以后,由于二氢睾酮作用于前列腺实质,会引起前列腺增生。二氢睾酮可引起对称性、偏心性前列腺实质增生,最后形成囊肿。由于前列腺呈偏心性增大,压迫尿道的现象并不常见(可见于人)。前列腺肥大压迫结肠还会引起里急后重。前列腺良性增生(benign prostatic hyperplasia,BPH)和前列腺良性囊性增生(cystic benign prostatic hyperplasia,CBPH)最常见的临床症状包括尿道滴血(来源于前列腺)、血精和血尿。触诊前列腺无痛感。生育力不受影响,但精液在低温贮藏和解冻时,由于含有血红蛋白,精子细胞膜的脆性增加,从而影响精液质量。BPH 和 CBPH 具有特征性超声征象,会出现对称实质纹路,伴回声增强;实质内出现各种低回声至无回声的囊状结构(图 59-10 和图 59-11)。确诊需要进行细胞学检查和活组织检查。前列腺实质内出现囊肿可能会增加前列腺脓肿的风险。去势是有效的治疗手段。如果患犬还留为种用,需要低温保存其精液,患犬排便困难且主人反感其临床症状时,可采用抗雄激素药物进行治疗。如发生排尿困难、前列腺疼痛,或精液质量恶化时,需进一步检查以诊断其他严重的前列腺疾病,如前列腺炎、前列腺肿瘤,或二者同时发生。可采用 5α-还原酶抑制剂——非那雄胺(商品名 Proscar,Merck)进对抗雄激素,效果较好。在给药后 1～8 周内,睾酮转化为二氢睾酮的过程受到抑制,从而引起前列腺体积缩小,囊肿也会缩小。可从人的剂量来推算给药剂量:1.25～5mg/犬,每 24 h 口服 1 次,据研究评估,剂量增加(0.10～0.20 mg/kg PO q 24 h)时不会引起其他问题,但是费用会增加。这种药物的通用形式似乎同样有效,且不昂贵。患犬的性欲和精液质量虽不受影响,但射精时前列腺液会显著减少。射精时前列腺液量大会促使精子含量丰富的部分射入子宫,不过目前尚不清楚前列腺液含量减少对自然配种的生育力是否有影响。患犬接受非那雄胺治疗生育力仍受影响时,可在精液中添加精液稀释剂,经阴道或经子宫颈进行人工授精。不建议将药物更换为雌激素或孕激素,因这两种激素对睾酮和精子生成有副作用,并可诱发前列腺化生(雌激素)、潜在性骨髓抑制(雌激素)、胰岛素和葡萄糖失调(孕酮)和乳腺肿瘤(雌激素)。非那雄胺未被批准用于犬,但在临床普遍使用。

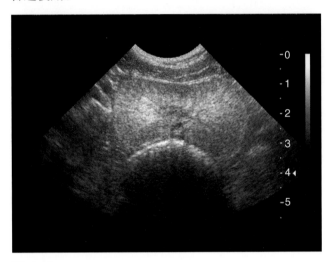

**图 59-10**
犬 BPH 的典型横切扫查影像,前列腺完整,从尿道到前列腺横切边缘辐射出多条"轮轴"状条索。

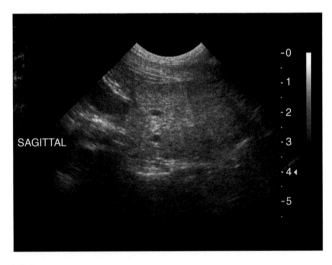

**图 59-11**
犬 CBPH 的超声矢状面扫查影像,前列腺实质出现不产回声的囊性结构。

## 细菌性前列腺炎

前列腺细菌感染可呈急性发作或慢性过程,可引发前列腺脓肿。前列腺触诊疼痛,腰下淋巴结肿大。患犬表现为发烧、厌食和嗜睡。患犬常因射精疼痛而不愿交配。精液会出现典型的异常,如化脓性炎症反应、血精、死精(精子死亡)和射精量减少。正常时,前列腺液可逆流入膀胱;细菌性前列腺炎通常会引起泌尿道感染。脓尿和菌尿提示应该评估前列腺(任何未去势公犬)。前列腺细菌感染的最常见途径是尿道菌

群上行感染,但也不能排除血源性感染。感染的前列腺中最常分离培养出的细菌包括大肠杆菌、葡萄球菌、链球菌和支原体。偶尔可分离出变形杆菌、假单胞菌和厌氧菌。霉菌性前列腺炎不常见,仅限于流行地区。败血性前列腺炎的诊断建立在体格检查、超声检查、细胞学检查和细菌培养的基础之上,还要特别注意前列腺实质内的囊性结构(图 59-12)。

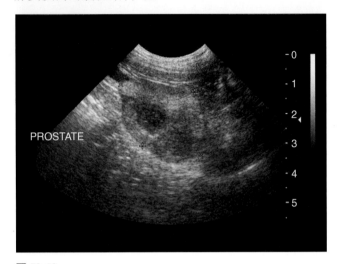

**图 59-12**
犬前列腺炎伴脓肿。超声矢状面扫查可见完整的前列腺(光标所指),实质内可见低回声结节,实质呈混合性回声。

急性败血性前列腺炎是一种严重的疾病,可引起败血症甚至死亡,必须立刻积极治疗。输液疗法可纠正脱水和休克。体积较大的前列腺脓肿最好通过手术切开排脓,并进行网膜引流,也可在超声引导下进行细针抽吸排脓。对于等待培养和药敏试验结果的病例,可使用氟喹诺酮类药物和阿莫西林克拉维酸进行初步治疗。发生急性前列腺炎时,抗生素的渗透阻力下降,这是因为炎症反应改变了血液——前列腺屏障,允许更多抗生素通过。一旦抗生素治疗有效,尿液或前列腺液细菌培养结果可转变为阴性。抗生素治疗急性前列腺炎时,应最少持续给药 4 周。尿液或前列腺液应在停药后1 周进行细菌培养,然后 2~4 周后再培养一次,以确保彻底控制感染。应考虑去势治疗;如果患犬病情迅速稳定且没有繁殖价值,可使用非那雄胺进行药物去势。该病常复发,使用非那雄胺可降低复发风险。

急性败血性前列腺炎可转变为慢性败血性前列腺炎。反复发作的泌尿道感染提示慢性败血性前列腺炎。慢性败血性前列腺炎可能无症状,仅表现出精液质量恶化。前列腺触诊疼痛,前列腺变得坚实而不规则。超声检查前列腺无特征性变化,与前列腺肿瘤相似,仅表现为混杂的回声结构,高回声区域提示纤维

化。此外,同一个病例可发生多种前列腺病变。慢性败血性前列腺炎的诊断需要在超声引导下细针抽吸尿液和前列腺组织,进行细胞学和微生物学检查。慢性细菌性前列腺炎较难治愈,因为血液——前列腺屏障可有效阻止药物渗透进入前列腺实质。对于慢性前列腺炎病例,只有亲脂性强的药物才能进入前列腺,如红霉素、克林霉素、竹桃霉素、甲氧苄氨嘧啶磺酰胺、氯霉素、羧苄青霉素、恩诺沙星和环丙沙星,这些药物能在前列腺内达到治疗浓度。环丙沙星可很好地渗透进入人的前列腺组织,但是其在犬的前列腺浓度/血液浓度的比率低于恩诺沙星。应依据尿液和前列腺组织的细菌培养和药敏试验结果选择抗生素。治疗时间至少为4周,在治疗期间和停药后数月内,还应重复进行细菌培养,确定是否发生抗生素耐药,或持续存在感染。去势(手术或药物)可改善慢性细菌性前列腺炎对药物治疗的反应。在抗生素治疗下,建议在尿液或前列腺细菌培养结果转为阴性时再进行去势,以防病原菌侵入恢复期的前列腺内。

前列腺肿瘤常见于去势犬,肿瘤细胞可能来源于基底细胞(导管或尿路上皮),抗雄激素治疗无效。采用超声检查前列腺肿瘤,可发现前列腺内矿化和复杂的实质变化(图59-13)。前列腺肿瘤是老年病,常因发现较晚而预后较差。尿道支架植入术可暂时缓解因前列腺肿瘤继发的尿道堵塞。

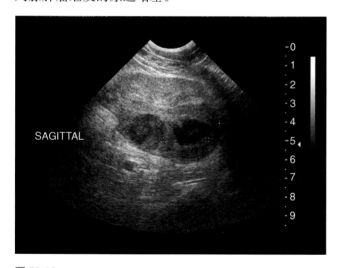

图 59-13
犬前列腺腺癌的超声矢状面扫查影像,可见完整的前列腺,腹侧辐射出具有 **BPH** 特征的条索样回声,背侧实质内出现低回声结节(光标所指)。

## 免疫介导性睾丸炎

免疫介导性睾丸炎(immune-mediated orchitis)

具有发病隐匿的特点,之前生育力正常,逐渐变得生育力低下,进而发展为不育。该病常见于犬,患犬病史中常见近期产仔量少、不能爬跨母犬。体格检查均正常,睾丸稍小且柔软,使附睾比睾丸更为突出。可连续进行超声检查测量睾丸大小(图59-14)。患犬性欲正常,没有全身性疾病、发热、肿瘤或中毒等病史。应留意最近的药物治疗史和免疫史,但与该病的相关性较小。精液评估可见畸形精子增多、少精症发展为无精症、出现单核细胞。发生尾部卷曲(端缺陷)的精子数量增多(图59-15),并且运动异常(精子活力不足)。疾病早期时,组织病理学检查可见淋巴细胞-浆细胞性炎症反应。随着疾病的发展,炎症反应消失,但精子生成不

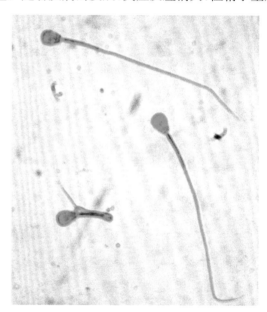

图 59-14
一个精子出现尾部卷曲(端缺陷),旁边有两个正常的精子。

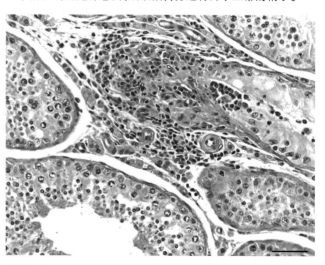

图 59-15
玩具贵宾犬获得性不育,睾丸活组织检查可见淋巴细胞-浆细胞性炎症反应。(图片由 **Drs. Castillo, Mohr, and Arzi.** 提供)

足。疾病早期,睾丸活组织检查可确诊该病,但治疗无效(图59-16和图59-17)。发病原因尚不明确,可能是无创伤史的精子-血流屏障破坏而引起的。任何免疫抑制剂都不可避免地影响精子生成,甚至阶段性治疗也会存在问题。建议监测其他免疫介导性内分泌疾病,但并不常见。该病在某些品种中好发,提示其具有一定的遗传倾向,可能与同系繁殖的繁殖代数有关,使用患病个体进行繁育是有争议的。

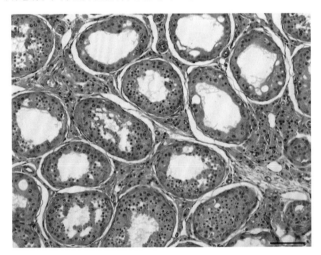

**图59-16**
雄性玩具贵宾犬,患有获得性不育,睾丸活组织检查可见精子生成不足、曲细精管萎缩和间质扩张。(图片由 Drs. Castillo, Mohr, and Arzi. 提供)

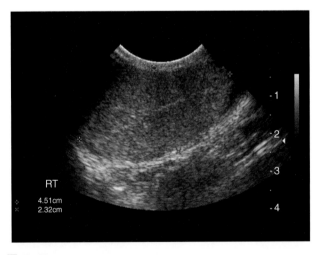

**图59-17**
睾丸超声检查时测量睾丸矢状面大小,光标标注出睾丸长度和宽度。

## 射精阻塞性疾病
(OBSTRUCTIVE DISORDERS OF EJACULATION)

无精症是指在射精时,精液中缺乏精子细胞,其发病病因有精子生成不足,生精受阻,或双侧精子流出受阻。诊断该病时需排除不完全射精,因为种公犬射精时可忍住富含精子的部分不射出,尤其是对采精、兽医或对发情母犬感觉不舒服时。精液 ALP 检查可用于评估无精症;当 ALP 浓度超过 5 000 IU/L 时,说明射精管道系统畅通,可完成射精。细针抽吸睾丸进行细胞学检查,有助于评估精子生成,鉴别是否存在精原细胞、初级和次级精母细胞、精细胞和精子;如果这些细胞正常,则可能是阻塞性疾病引起的无精症。

## 精子生成不足
(DEFECTS OF SPERMATOGENESIS)

睾丸细针抽吸细胞学检查有助于诊断精子生成不足,可发现生精功能低下和成熟缺陷。精子生成缺陷可继发于热敏性阴囊损伤(阴囊皮炎)、全身性疾病、长时间运动引起的发热和高热、某种药物和毒素、内分泌疾病。这些病因对精子生成的影响是可逆的。甲氰咪胍、酮康唑、性激素、类固醇、糖皮质激素、抗胆碱能药物、噻嗪类利尿剂、普萘洛尔、地高辛、螺内酯、地西泮和氯丙嗪都可影响精子生成。为了进一步确诊精子生成不足,可在 60 d(或更长)后新一轮精子生成时,根据射出的精液重新评估精子质量。

当患病动物发生原因不明的获得性不育,且精液分析异常时,兽医除了仔细检查大体和局部(阴囊、睾丸、附睾和前列腺)病变外,还需对睾丸进行超声检查,比体格检查获得更多信息。睾丸或附睾的大小、对称性出现细微变化,睾丸、附睾的连续性改变等均需进行超声评估,有时能在繁殖功能不可逆转前查找出一些病变(例如睾丸炎、附睾炎、睾丸肿瘤)。功能性睾丸肿瘤(最常见于支持细胞瘤)(图 59-18)可对健康睾丸的精子生成产生不利影响;在睾丸明显萎缩前,尽早实施单侧去势可治愈病患。

## 先天性不育:性分化异常
(CONGENITAL INFERTILITY: DISORDERS OF SEXUAL DIFFERENTIATION)

性染色体异常引起生殖道畸形和功能失调,可造成雌雄同体。雌雄同体动物常有模糊的或不合适的外生殖器,仔细进行体格检查很容易发现。性分化发生在胎儿发育阶段,性分化取决于正常的染色体补体,随

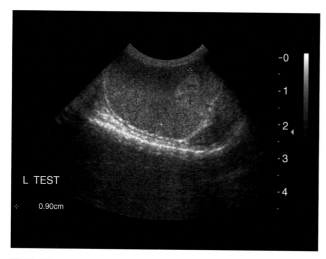

**图 59-18**
体积较小的睾丸支持细胞瘤的超声影像(光标),在超声引导下进行细针抽吸细胞学检查有助于鉴别诊断肿瘤的类型。

后形成正常的性腺和外生殖器。Y 染色体含有 SRY 基因,是性别决定染色体。如果 Y 染色体正常,则性分化为雄性;如果 Y 染色体缺乏或异常,则胎儿性分化为雌性或雌雄同体。胎儿性腺一旦发育,胎儿的表型性别特征就会受性腺分泌激素的刺激而发育。患有性分化疾病的动物,体格检查可见阴蒂骨(常引起前庭炎)、尿道下裂(常与尿失禁和包皮暴露过长有关)、隐

睾症和包皮(尾部)或阴户(头部)异位。阴蒂骨通常在髋关节 X 线检查时被意外发现,但目前没有关于有阴蒂骨的动物的繁殖能力报道。性分化异常的个体没有正常的发情周期。雌性个体因在胚胎形成时异常发育而有内生殖器管道发育缺陷,机体存在卵巢、睾丸或卵睾体。确诊雌雄同体须获取染色体组型分析和生殖道的组织病理学检查结果。大多数雌雄同体的动物都不育。建议绝育以避免激素相关行为和副肿瘤疾病。医源性性分化异常的原因之一是妊娠期使用孕酮治疗。精液缺乏且没有繁殖史的雄性动物应首先考虑先天性不育;其次考虑下丘脑-垂体-性腺激素轴异常,例如低促性腺素性功能减退症和性分化疾病(如雌雄同体)。雄性动物性腺功能减退表现为睾丸非常小,精子和睾酮生成减少(或缺乏)。可根据 GnRH(1～2.2 $\mu$g/kg IM)给药前和给药后 1 h 的 LH 水平[状态-LH(合生剂)]评估垂体促性腺激素的分泌功能;正常未去势公犬的血清 LH 浓度范围为 0.20～20.0 ng/mL。静息人绒毛膜促性腺激素(hCG)浓度、GnRH 刺激睾酮水平的评估常受各实验室不同参考值范围的影响,正常基础睾酮水平和低睾酮水平之间会出现交叉重叠。犬性欲或公猫阴茎刺检查会为睾酮判读提供更多信息。

 **生殖系统疾病的治疗药物**

(注意:大部分药物在小动物中都属于标签外用药。很多剂量单位为微克即 $\mu$g。大多数药物可由多个商家生产,这里只列出部分商家。)

| 用途 | 药物名称 | 商品名 | 犬的给药剂量 | 猫的给药剂量 |
|---|---|---|---|---|
| 堕胎药 | 氯前列烯醇(Cloprostenol) | Estrumate 先灵葆雅 | LH 峰值 25 d 后开始给药,1～3 $\mu$g/kg SC q 48 h,连续给药直至有效(如果联合使用卡麦角林,通常给药 2 次即可见效)<br>**联合**卡麦角林,5 $\mu$g/kg PO q 24 h<br>或**联合**米索前列醇,1～3 $\mu$g/kg,阴道内给药,q 24 h 直至流产结束 | 1～3 $\mu$g/kg SC q 24 h 连续给药直至有效 |
| | 阿来司酮<br>卡麦角林 | Alizine, Virbac<br>Galastop, Boehringer Ingel-heim;<br>Dostinex, Pfzer | 10 mg/kg SC bid,隔天给药<br>5 $\mu$g/kg PO q 24 h,妊娠期≥49 d 后给药,连续给药 3～5 d | 10 或 15 mg/kg SC bid,隔天给药 |
| | PGF$_{2\alpha}$ | Lutalyse, Zoetis | 0.10～0.20 mg/kg SC q 8～12 h,妊娠期≥35 d 给药,直至流产结束<br>**联合**米索前列醇 1～3 $\mu$g/kg q 24 h,阴道内给药,直至流产结束 | 0.10～0.20 mg/kg SC q 12 h,用于妊娠期 45 d 时,直至流产结束 |
| | 地塞米松 | Dexamethasone | 0.2 mg/kg PO bid,直至起效 | |
| 无乳 | 催产素 10 U/mL | 品牌较多 | 0.25～1 U/猫或每头份 SC,于下奶前 30 min 给药 | 0.25～1 U/猫或每头份 SC,于下奶前 30 min 给药 |
| | 胃复安 | Reglan, Wyeth-Ayerst | 催乳 0.1～0.2 mg/kg PO, SC q 12 h | 0.1～0.2 mg/kg PO, SC q 12 h |

续表

| 用途 | 药物名称 | 商品名 | 犬的给药剂量 | 猫的给药剂量 |
|---|---|---|---|---|
| 良性前列腺增生 | 非那雄胺 | Proscar 和 Propecia, Merck | 0.1~0.5 mg/kg 或 5 mg/犬 PO q 24 h | |
| 难产* | 葡萄糖酸钙 SC 或 IM | 品牌较多 | 10%的溶液 1 mL/4.5 kg SC q 4~6 h;如果注射量＞6 mL,多点注射。在催产素前使用 | 10%的溶液 1 mL/4.5 kg SC q 4~6 h;在催产素前使用 |
| | 催产素 SC 或 IM | 品牌较多 | 0.25~2 U/犬,SC, IM, q 30~60 min 再次给药,以维持正常的分娩 | 0.25~2 U/猫, SC 或 IM, q 30~60 min 再次给药,以维持正常的分娩 |
| 发情间期诱导发情 | 卡麦角林 | Galastop, Boehringer Ingelheim; Dostinex, Pfzer | 5 μg/kg PO q 24 h,持续给药直到阴道细胞学检查鉴定进入发情前期的第 2 天 | 100 IU IM |
| | 地洛瑞林 | Ovuplant, Fort Dodge | 1.05 或 2.1 mg, SC,将药物注射到外阴腹侧中线的前庭黏膜内,当进入发情前期时停药 | |
| | eCG 给药 80~84 h 后给予 hCG | | | 75~100 IU IM |
| 抑制发情 | 多洛瑞林 | Ovuplant, Fort Dodge | 6~12 mg SC 植入† | 6 mg SC 植入 |
| 假孕 | 卡麦角林 | Galastop, Boehringer, Ingelheim; Dostinex, Pfzer | 5 μg/kg PO q 24 h,给药直至有效(通常 3~5 d) | |
| 卵巢滤泡囊肿 | GnRH hCG | Cystorelin, Abbott; 很多种 | 50~100 μg/犬 IM q 24 h,连续给药 3 d 500 IU/kg IM 一次性给药 | |
| 增加射精精子量 | PGF$_{2\alpha}$ | Lutalyze, Pfzer | 0.1 mg/kg SC,于采精前 15 min 给药 | |
| 卵巢黄体囊肿 | 氯前列烯醇 | | 1~3 μg/kg SC q 24 h,给药直至有效 | |
| 乳腺增生 | 阿来司酮‡ | Alizine, Virbac | NA | 20 mg/kg SC,一次性给药或 10 mg/kg SC,连续给药 2 d |
| 诱导发情期排卵 | GnRH hCG | Cystorelin, Abbott 很多种 | | 25 μg/猫 IM,sid 或 bid 75~100 IU/猫 IM, sid 或 bid |
| 早产 | 特布他林 | Brethine, Ciba Geigy | 0.03 mg/kg PO q 8 h | 0.03mg/kg PO q 8 h |
| 阴茎持续勃起症 | 加巴喷丁 | | 10~30 mg/kg PO q 8 h,给药直至有效 | 25 mg PO, bid, 给药直至有效 |
| | 特布他林 | | 0.03 mg/kg PO q 8~12 h,给药直至有效 | 0.03 mg/kg PO q 8~12 h,给药直至有效 |
| | 麻黄碱 | | 2~3 mg/kg PO q 8~12 h,给药直至有效 | 2~3 mg/kg PO q 8~12 h,给药直至有效 |
| 产后低钙血症 | 10%葡萄糖酸钙注射液 IV,随后 SC,然后葡糖糖酸钙、乳酸或碳酸盐 PO | 很多种 | 10%的溶液缓慢静滴直至有效(1~20 mL) | 10%的溶液缓慢静滴直至有效(1~2 mL) |
| | | 例如:Tums | 10~30 mg/kg PO q 8~12 h,给药直至有效 | 500~600 mg PO q 24 h |

续表

| 用途 | 药物名称 | 商品名 | 犬的给药剂量 | 猫的给药剂量 |
|---|---|---|---|---|
| 子宫积脓（开放型）和产后子宫炎 | 氯前列烯醇 | | $1\sim3$ μg/kg SC q 24 h,给药直至有效,联合适当的抗生素治疗 | $1\sim3$ μg/kg SC q 24 h,给药直至有效,联合适当的抗生素治疗 |

\* 无阻塞性。

† 最初可能诱导进入发情前期。

‡ 如果怀孕将会引起流产。

bid,一天给药 2 次;GnRH,促性腺激素释放激素;IM,肌肉注射;IV,静脉注射;LH,促黄体激素;NA,不适用;sid,一天 1 次给药;PO,口服给药;SC,皮下注射。

### ◈推荐阅读

Bjurström L et al: Long-term study of aerobic bacteria of the genital tract in breeding bitches, *Am J Vet Res* 53:665, 1992.

Bjurström L et al: Long-term study of aerobic bacteria in the genital tract in stud dogs, *Am J Vet Res* 53:670, 1992.

Davidson AP et al: Reproductive ultrasound of the dog and tom, *Top Companion Anim Med* 24:64, 2009.

Fieni F: Clinical evaluation of the use of aglepristone, with or without cloprostenol, to treat cystic endometrial hyperplasia-pyometra complex in bitches, *Theriogenology* 66:1550, 2006.

Gobello C et al: A study of two protocols combining aglepristone and cloprostenol to treat open cervix pyometra in the bitch, *Theriogenology* 60:901, 2003.

Hamm BL et al: Canine pyometra: early recognition and diagnosis, *Vet Med* 107:226, 2012.

Hamm BL et al: Surgical and medical treatment of canine pyometra, *Vet Med* 107:232, 2012.

Hess M: Documented and anecdotal effects of certain pharmaceutical agents used to enhance semen quality in dogs, *Theriogenology* 66:613, 2006.

Johnson CA: Current concepts on infertility in the dog, *Waltham Focus* 16:7, 2006.

Rijsselaere T et al: New techniques for the assessment of canine semen quality: a review, *Theriogenology* 64:706, 2005.

Romagnoli S, Schlafer DH: Disorders of sexual differentiation in puppies and kittens: a diagnostic and clinical approach, *Vet Clin North Am Small Anim Pract* 36:573, 2006.

Romagnoli S et al: Clinical use of testicular fine needle aspiration cytology in oligozoospermic and azoospermic dogs, *Reproduction in Dom Anim* 44(s2), 2009.

Root Kustritz et al: Relationship between inflammatory cytology of canine seminal fluid and significant aerobic bacterial, anaerobic bacterial or *Mycoplasma* cultures of canine seminal fluid: 95 cases (1987-2000), *Theriogenology* 64:1333, 2005.

Root Kustritz et al: Effect of administration of prostaglandin F2alpha or presence of an estrous teaser bitch on characteristics of the canine ejaculate, *Theriogenology* 67:255, 2007.

Ström-Holst B et al: Characterization of the bacterial population of the genital tract of adult cats, *Am J Vet Res* 64:963, 2003.

# 第 60 章
## CHAPTER 60

# 病灶定位和神经学检查
## Lesion Localization and the Neurologic Examination

## 神经系统功能解剖学和病变定位
### (FUNCTIONAL ANATOMY OF THE NERVOUS SYSTEM AND LESION LOCALIZATION)

在对有神经症状的犬和猫进行评估时,建立准确的解剖学定位是十分重要的一个早期步骤(框 60-1)。正确认识神经系统结构和功能,可以使我们更好地理解神经系统检查结果,以及准确找出脑部、脊髓、神经肌肉系统出现病变的部位。

 **框 60-1　神经学诊断步骤**

1. 描述神经性异常。
2. 定位病变。
3. 描述所有同时存在的非神经性疾病。
4. 确定神经性疾病的发作和发展特征。
5. 列出鉴别诊断表。
6. 如果需要的话,使用辅助检查确诊并判断预后。

## 脑
### (BRAIN)

脑由大脑、脑干和小脑组成。脑干又从前向后进一步细分为间脑(丘脑和下丘脑)、中脑、脑桥和延髓(见图 60-1)。基于临床检查的结果,脑内神经异常一般可以定位到三个重要部位中的一个。这三个部位包括(1)前脑(大脑与间脑),(2)脑桥和延髓、(3)小脑(见框 60-2)。

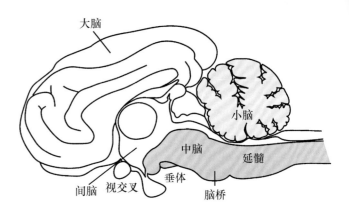

**图 60-1**
**脑局部解剖图**

### 前脑

前脑(forebrain)包括大脑皮质、大脑白质、基底核和间脑。大脑皮质对于行为、视觉、听觉、精细运动能力以及对于触摸、疼痛、温度和身体位置(本体感觉)的感觉都很重要。大脑白质传递上行感觉信息和下行运动信号。基底核参与维持肌肉张力,发起和控制自主运动。单侧大脑皮层病变其步态相对正常,但会出现轻度姿势反应缺失以及对侧肢体的肌肉紧张性的升高。还可能出现对侧失明以及皮肤感觉(痛觉)迟钝,其中鼻中隔黏膜最为明显。间脑在输入感觉的整合,意识和注意力的维持以及食欲、饮欲、温度、电解质和水平衡等自主内分泌功能的控制中十分重要。嗅神经、脑神经(CN1)映射在下丘脑上,而视神经和视交叉(CN2)位于下丘脑的腹侧。该区域的病变可能导致嗅觉、对侧视力缺失但伴有正常瞳孔对光反射。与前脑损伤相关的神经学检查结果见框 60-3。

**框 60-2　临床上重要的神经解剖区域**

脑
前脑
　大脑
　间脑(丘脑和下丘脑)
脑干
　中脑
　脑桥
　延髓
小脑

脊髓
　　　C1—C5
　　　C6—T2(颈膨大)
　　　T3—L3
　　　L4—S3(腰膨大)

神经肌肉系统
外周神经
神经肌肉接合点
肌肉

**框 60-3　脑部病变引起的症状**

前脑病变
癫痫发作
精神状态异常:沉郁、呆滞、昏迷
行为异常:兴奋、神志不清、攻击性、习得行为的丧失
对侧:
　　　瞳孔对光反射正常的失明
　　　皮肤或面部感觉轻微减弱
　　　半注意力不集中症
正常步态
转圈,向病变侧踱步
±对侧肢体姿势反应异常
脊髓(对侧)反射正常或增强

脑干病变
精神状态异常:沉郁、呆滞、昏迷
多发性脑神经功能缺失(CN3—CN12,同侧)
上运动神经元性四肢轻瘫或偏瘫(同侧)
同侧肢体姿势反应缺失
脊髓反射(同侧)正常或增强
呼吸和心脏异常

小脑病变
精神状态正常
同侧惊吓反应缺失±
意向性震颤
辨距过度步态,躯干共济失调,力量正常
本体感受和单腿跳正常(同侧辨距过度)
脊髓反射正常
可能出现自相矛盾的前庭综合征症状

## 脑桥和延髓

　　脑桥和延髓(pons and medulla)构成脑干的一部分,包括意识(上行网状激活系统)和正常呼吸调节中枢。这个区域通过上行感觉位和下行运动束提供脊髓和大脑皮质之间的联系。这些神经束在中脑头侧交叉,因此单侧前脑病变会导致对侧肢体功能缺失,单侧的脑桥、延髓、颈段脊髓病变会导致同侧肢体痉挛性轻瘫、共济失调、姿势反应缺失。10 对脑神经(3～12)起源于这个区域,病变会引起单个神经运动或感觉功能缺失。由于前庭神经核位于延髓和小脑的绒球小结叶,该部位的病变通常导致头倾斜、身体失衡和眼球震颤(见第 65 章)。框 60-3 列出了脑桥和延髓病变常见的神经系统检查异常。

## 小脑

　　小脑(cerebellum)控制运动的速度、范围和强度。它可以协调肌肉活动,控制精细运动以及调节肌肉张力。小脑的病变会引起宽基步态、力量和姿势反应正常的共济失调(不协调),还会导致肌张力增加(痉挛)。步态表现为辨距过度的或夸张的,每一个肢体在伸展过程中过度地抬高,然后更用力地收回以承重。小脑病变也可能导致头部的细微震颤,在主动活动时会表现得更明显,例如采食时(意向性震颤)。小脑前部严重病变会导致四肢僵硬、臀部屈曲的角弓反张。框 60 - 3 列出了由小脑病变引起的临床症状,小脑疾病在第 62 章讨论。

## 脊髓
### (SPINAL CORD)

　　脊髓完全位于骨性脊柱内。它的中心是 H 形灰质,周围有白质包围。脊髓灰质包括中间神经元胞体和下运动神经元(LMNs)胞体。脊髓白质由分为上行束和下行束的神经纤维组成,这些长束在大脑高级中枢和脊髓神经元之间传递上行感觉信息(本体感觉、触觉、温度、压力和疼痛)以及下行运动信号。

　　脊髓可以根据功能分为几段,每一个脊髓段产生一对脊神经(左和右),每一个脊神经都有背侧神经根(感觉)和腹侧神经根(运动)(见图 60-2)。供应前肢的下运动神经元(LMNs)的胞体位于脊髓段增厚区域内的腹侧灰质中,称为颈膨大(C6—T2),而提供后肢的下运动神经元(LMNs)起源于腰膨大(L4—S3;见图 60-3)。经过神经系统检查,每一个肢体应表现为正常或有上运动神经元(UMN)或下运动神经元(LMN)症

状。由此可以将脊髓损伤定位于四个功能解剖区域之一:脊髓段 C1—C5,C6—T2,T3—L3 或 L4—S3(见框 60-4)。由于后肢上行和下行神经束位于脊髓外周,脊髓 C1—C5 段出现压迫性病变的犬和猫,后肢上运动神经元损伤会比前肢更为明显。此外,有时在出现颈前部(C1—C5)或颈后部(C6—T2)只影响脊髓中心的病变时(脊髓中央损伤综合征),前肢会出现严重的上运动神经元(C1—C5)或下运动神经元(C6—T2)缺陷,而后肢只会出现轻微的上运动神经元缺陷。

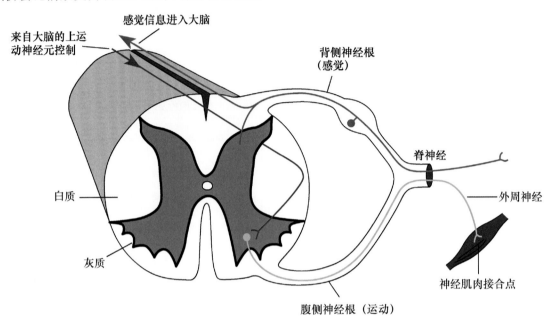

图 60-2
单个脊髓段

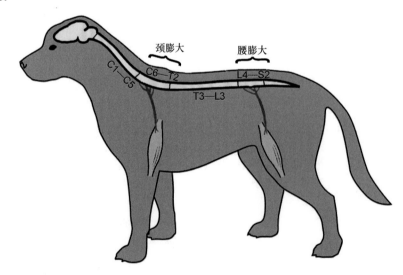

图 60-3
脊髓颈膨大 (C6—T2)和腰膨大(L4—S3)是四肢的重要外周神经的起源处。

## 下运动神经元神经症状

下运动神经元(lower motor neuron,LMN)是传出神经直接将中枢神经系统(CNS)连接到肌肉或腺体(见图 60-4)的。LMN 由脊髓腹侧灰质内的神经元胞体构成,其轴突离开椎管形成腹侧神经根和脊神经,由脊神经形成的外周神经终止于神经肌肉接点以产生收缩。对 LMN 任何部分的破坏都会引起相应支配的肌肉出现神经症状,称之为"下运动神经元神经症状"(LMN signs),包括松弛性轻瘫(无力)或麻痹(运动功能丧失),肌张力下降或缺失,肌肉迅速萎缩,脊髓反射减弱或消失(见表 60-1)。具有 LMN 症状的动物在不负重的情况下,会出现短步步态和正常的姿势反应。当 LMN 的感觉部分(外周神经、脊神经或背侧神经根)受到损伤时,LMN 相应支配的皮肤或肢体也可能出现感觉的丧失。脊髓病变导致的 LMN 症状的讨论见于第 67 章,影响外周神经和引起广泛性 LMN 麻痹的疾病的讨论见于第 68 章。

**框 60-4　脊柱病变定位**

**C1—C5**
前肢 UMN 症状
后肢 UMN 症状
±膀胱 UMN 症状

**C6—T2(颈膨大)**
前肢 LMN 症状
±霍纳氏综合征
后肢 UMN 症状
±膀胱 UMN 症状

**T3—L3**
前肢正常
后肢 UMN 症状
±膀胱 UMN 症状

**L4—S3(腰膨大)**
前肢正常
后肢 LMN 症状
会阴感觉和反射缺失
肛门扩张,大便失禁
±膀胱 LMN 症状

LMN,下运动神经元;UMN,上运动神经元。

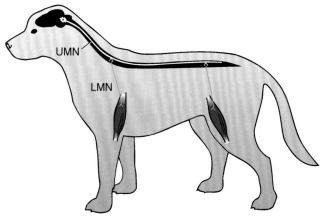

**图 60-4**
上运动神经元(UMN)和下运动神经元(LMN)系统负责调节正常的运动功能。

### 上运动神经元神经症状

起源于大脑,控制 LMN 的运动系统叫作上运动神

**表 60-1　上运动神经元和下运动神经元症状**

| 特征 | 上运动神经元 | 下运动神经元 |
|---|---|---|
| 运动功能 | 病变后方肢体痉挛性轻瘫至麻痹 | 病变部位松弛性轻瘫至麻痹 |
| 姿势反应(指关节着地) | 经常延迟 | 除了严重病变都正常 |
| 步态 | 宽基站姿,共济失调,步幅增大,肢体前伸延迟 | 短步,四肢集于重心下 |
| 肌张力 | 正常或增强 | 减弱 |
| 肌肉萎缩 | 缓慢且轻微——废用性 | 快速且严重——神经性 |
| 脊髓反射 | 正常或增强 | 减弱或缺失 |

经元(upper motor neuron,UMN)(见图 60-4)。UMN 发起并维持正常的运动,调控支持身体的肌张力以支撑身体对抗重力作用,并且抑制肌肉反射。UMN 的组成包括大脑皮层、基底核和脑干的神经元胞体,以及脑干和脊髓白质内的运动束,运动束将更高一级的信息传递给 LMN。这些通路在脑干前缘穿过中线,因此前脑病变导致肢体的对侧缺陷,脊髓、脑桥或延髓的 UMN 病变导致身体同侧缺陷(见图 60-5)。对 UMN 核或束的破坏导致发起运动的能力丧失,还会使 UMN 对其损伤位置之后的 LMN 的抑制作用丧失,由此导致病变部位后方出现的 UMN 症状包括自主运动丧失(瘫痪),尝试行走或跳跃时动作延迟(UMN 轻瘫),伸肌张力增强,以及正常至增强的脊髓反射(表 60-1)。相关的感觉症状,如共济失调(不协调)和病灶后方的皮肤和肢体感觉减弱,反映了传达本体感受(位置感觉)和疼痛的 UMN 感觉束被中断。

### 脊髓感觉通路

察觉触碰、温度和疼痛的感觉神经分布到身体和肢体的表面,也有感觉神经支配本体感受,这些神经源于皮肤、肌肉、肌腱和关节。这些感觉神经的多数神经元胞体位于进入脊髓的背侧神经根的神经节(见图 60-2)。感觉通路传达感觉和本体感受,从脊髓和脑干上行到大脑。这些通路多数上升到同侧脊髓,然后在脑干前部交叉到对侧大脑(见图 60-5)。单侧前脑病变的患病动物通常会在对侧肢体、躯干和面部发生痛觉迟钝(感觉减弱)。对脊髓感觉通路(spinal cord sensory pathways)的破坏中断了感觉和本体感受信息被传播到大脑(UMN),引起四肢共济失调和病灶后方所有肢

体本体反应缺失。当单侧脊髓损伤时,缺陷将出现在身体同侧。如果 UMN 脊髓病变严重,则可能出现病变部位后方皮肤感觉减退。除了负责向 UMN 中心传递皮肤感觉和本体感觉信息的感觉通路外,还有脊髓白质深处的多突触、小直径、双侧交叉通路投射到大脑皮层,并且参与有害刺激(伤害感,深部痛觉)的感受。这些通路直径小、位置深,使得它们非常耐压迫性损伤,因此 T3—L3 病变动物的后肢感受有害刺激能力的丧失(深部痛觉丧失)通常提示严重的脊髓横断性损伤。

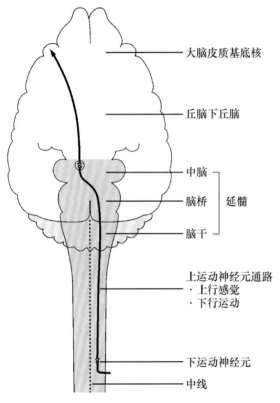

**图 60-5**
上行(感觉)和下行(运动)上运动神经元通路在前部脑干中线交叉。

由脊髓背侧灰质,背侧神经根或外周神经的感觉部分损伤引起的感觉缺陷,可以根据皮肤感觉的映射精确定位 LMN 病变部位。当神经根或外周神经存在压迫或刺激性损伤时,有时会在病灶部位出现感觉过敏(痛觉)。

## 神经肌肉系统
### (NEUROMUSCULAR SYSTEM)

### 外周神经

外周神经(peripheral nerves)系统由起源于脑干

的 12 对脑神经和起源于脊髓的 36 对脊神经组成。颈膨大和腰膨大中脊神经的神经纤维联合在一起,形成控制肢体肌肉的外周神经。脊神经或外周神经损伤导致控制的肌肉和肢体出现 LMN 症状,有时会出现感觉减弱、缺失或改变。框 60-5 列出了外周神经损伤引起的临床症状。外周神经疾病的讨论见于第 68 章。

 **框 60-5** 神经肌肉系统病变引起的病征

---

**外周神经损伤:受影响的肢体/肌肉的症状**
松弛性轻瘫/麻痹
肌张力减弱至消失
快速且严重的肌肉萎缩
脊髓反射减弱或缺失
EMG:提示去神经支配
如神经感觉部分被影响,皮肤感觉减弱或缺失

**神经肌肉接合点疾病:四肢症状**
弛缓性轻瘫/麻痹
肌张力减弱至消失
脊髓反射减弱或缺失
EMG:肌肉动作电位振幅降低
可以移动并且不负重时姿势反应正常
感觉正常
重症肌无力(突触后缺陷)
　轻瘫,常因运动而加剧
　正常姿势反应
　正常肌张力和肌肉大小
　正常脊椎反射

**肌肉疾病**
轻瘫,常因运动而加剧
肌肉萎缩,疼痛或肿胀±
如不负重,姿势反应正常
正常脊髓反射
正常皮肤感觉

---

EMG,肌电图。

### 神经肌肉接合点

在神经肌肉接合点(neuromuscular junction,NMJ),电信号从轴突传递到肌纤维,引起肌肉收缩。这个过程是通过从神经末梢到突触间隙的神经递质乙酰胆碱(ACh)的钙依赖性释放介导的,乙酰胆碱扩散通过突触间隙并与突触后膜(肌肉)上的乙酰胆碱受体结合,诱导构象变化和离子变化,造成肌肉收缩。乙酰胆碱而后通过乙酰胆碱酯酶(AChE)从突触中迅速除去,使突触准备好迎接下一次神经冲动。干扰乙酰胆碱释放或使其失活和改变突触后胆碱能受体功能的疾病将对神经肌肉传递造成不利影响。使乙酰胆碱释放

减少的突触前神经肌肉接合点疾病导致松弛性四肢轻瘫,脊髓反射减弱(见框 60-5),类似于广泛性外周神经疾病。

重症肌无力(MG)是功能性乙酰胆碱受体数量减少的突触后疾病,结果是 NMJ 传输部分失效。患有 MG 的动物比患 NMJ 的动物具有更典型的肌肉疾病的临床症状,包括运动性虚弱,可随着休息而改善,正常肌张力和正常脊髓反射。乙酰胆碱酯酶(AChE)是在突触中使乙酰胆碱失活的酶,该酶的疾病会导致自主神经系统过度刺激和过度的肌肉去极化,随后出现神经肌肉无力。神经肌肉传导障碍的讨论见于第 68 章。

### 肌肉

骨骼肌可以保持身体姿势并产生运动。常见的临床症状有广泛性的虚弱(四肢轻瘫)、僵硬的步态和运动不耐受(见框 60-5)。姿势反应和反射通常是正常的。一些疾病会引起肌肉(muscle)疼痛和肌肉肿胀,而其他疾病会引起肌肉萎缩和/或纤维化。有关肌肉疾病的讨论见于第 69 章。

### 排尿的神经学控制
**(NEUROLOGIC CONTROL OF MICTURITION)**

排尿的生理控制是复杂且由中枢协调的。骨盆神经起源于荐骨段 S1—S3(在 L5—L6 椎骨段),并检测膀胱充盈程度(伸展),向膀胱提供副交感神经支配,刺激会引起逼尿肌收缩和膀胱排空。尿道外括约肌是横纹肌,由阴部神经支配(也来自荐骨段 S1—S3),并受意识和反射的控制。交感神经对膀胱的支配是通过腰椎段中的下腹神经(犬 L1—3 椎骨中的 L1—L4 节段,猫 L2—4 椎骨中的 L2—L5 节段)传导的。在尿液储存期间,交感神经调控为主导,导致逼尿肌(β-肾上腺素能纤维)松弛和尿道内括约肌(α-肾上腺素能纤维)收缩,使膀胱随着尿液扩张。随着膀胱变大,来自膀胱壁伸展受体的感觉信息通过骨盆神经的感觉部分,穿过脊髓上行传导束传递到丘脑和大脑皮层。当合适排泄的时候,冲动从大脑皮层发送到脑桥,然后通过网状脊髓束向下达到荐段脊髓。副交感神经刺激导致逼尿肌收缩。通常,尿道内括约肌中的 α-肾上腺素能交感神经与控制尿道外括约肌的体神经(阴部神经)同时被抑制,使尿液可以流出。对这个复杂系统的任何组成部分或与 UMN 中心的连接的损害将导致排尿障碍。

脊髓荐段、荐神经和神经根病变、盆腔和阴部神经损伤导致尿失禁,大而易排尿的膀胱,以及持续漏尿(LMN 膀胱)。会阴和球海绵体肌反射减弱或消失。荐骨脊髓段产生的脊神经在腰荐关节处最容易发生压迫性或创伤性损伤。

荐骨段前部的脊髓损伤(颅骨到 L5 椎体)可能导致自主排尿控制下降和尿道括约肌反射超兴奋。相对轻度的病变可能导致逼尿肌-尿道协同失调,其中在逼尿肌收缩期间发生尿道括约肌的非自主收缩,使尿液在排尿期间停止流出。UMN 的脊髓病变引起严重轻瘫或麻痹,导致膀胱极度充盈,很难或不可能手动排出尿液(UMN 膀胱)。急性 UMN 性脊髓损伤后 5～10 d,偶尔会出现反射或无意识性膀胱病变,导致反射性逼尿肌收缩和膀胱自发性部分排空,无皮层感觉或自主控制。

## 神经筛查性检查
**(SCREENING NEUROLOGIC EXAMINATION)**

神经筛查性检查仅需要几分钟时间(见框 60-6 )。先评估意识、姿势和步态的异常,然后评估姿势反应,如果有异常,评估肌张力、脊髓反射、尿道功能以及本体感觉,辅助定位病变。最后,如果有必要的话,评估脑神经,定位脑部病变的部位。

 **框 60-6　神经学检查的组成**

| |
|---|
| 精神状态 |
| 姿势 |
| 步态 |
| 　轻瘫或瘫痪 |
| 　共济失调 |
| 　　本体感受(UMN) |
| 　　前庭 |
| 　　小脑 |
| 　转圈 |
| 　跛行 |
| 姿势反应 |
| 　指背着地 |
| 　单腿跳 |
| 　独轮车 |
| 　单侧行走 |
| 肌张力和大小 |
| 脊髓反射 |
| 会阴反射/肛门状态 |
| 感觉知觉(伤害) |
| 脑神经 |

## 精神状态
### (MENTAL STATE)

需要询问动物主人是否注意到动物行为发生了任何变化,因为检查人员往往注意不到不明显的轻微变化。意识的减弱,如沉郁或昏睡(见表60-2),可能是由于代谢性紊乱、全身性疾病或影响大脑或脑干的损伤或疾病而引起的。昏迷几乎总是提示脑干病变。神志不清、混乱或精神激动,表明存在大脑皮质疾病或代谢性脑病。癫痫提示前脑损伤或继发于代谢性脑病或中毒的功能障碍。前脑病变可见攻击性增强、强迫性踱步、无规矩、吠叫、低头。具有单侧结构性前脑损伤的动物失去对侧身体的所有感觉而表现出的行为综合征,称为半注意力不集中综合征。

**表 60-2　意识异常**

| 状态 | 特征 |
| --- | --- |
| 正常 | 警觉;对环境刺激的反应正常 |
| 沉郁 | 安静或嗜睡,对环境刺激有反应,迟钝 |
| 神志不清 | 警觉,对刺激的反应不正常;激动或混乱 |
| 昏睡 | 无意识,强刺激(经常为疼痛)可唤醒 |
| 昏迷 | 一种昏睡无意识状态,甚至对有伤害性刺激也无反应 |

## 姿势
### (POSTURE)

正常的站立姿势需通过多个 CNS 通路和脊髓反射相结合来保持。异常姿势反映了这种正常的结合被破坏。宽基步态在共济失调中常见,特别是那些由于小脑或前庭疾病导致出现平衡问题的动物(见图60-6)。头持续倾斜不伸直通常与前庭异常有关(见图60-7)。对于躺卧的动物,姿势和其他神经学检查结果有助于定位病变部位。

### Schiff-Sherrington 姿势

Schiff-Sherrington 姿势(Schiff-Sherrington posture)在犬中见于急性、严重的胸段或前段腰椎病变(通常为骨折/脱位,梗死或出血),干扰 L1—L7 脊髓节段边缘细胞(大多数来自 L2—L4)控制的前肢伸肌运动神经元的正常上行抑制。前肢表现为伸肌张力增

强伴有正常的自主运动,力量和本体感觉(见图60-8)。后肢麻痹,伴有反射正常或增强(UMN)。这种姿势提示 T3 和 L1 脊髓段之间的严重脊髓损伤,但不具有预后意义。

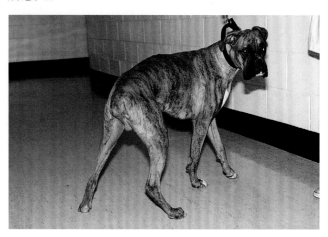

**图 60-6**
拳师犬,2 岁,患有犬新孢子虫性脑膜脑炎,颈部脊髓和小脑受影响,表现出共济失调,有宽基步态和肢体过度伸展。

**图 60-7**
一只患右侧外周性前庭疾病的成年猫头向右侧倾斜,由中耳/内耳炎所致。

### 去大脑僵直

这种姿势最常见于前部脑干(中脑)病变。患病动物昏睡或昏迷、四肢僵硬伸展,并出现头和颈向背侧伸展(角弓反张;见图60-9,A)。

图 60-8
一只 9 岁的拉萨狮子犬出现的 Schiff-Sherrington 姿势,由 T11—T12 脊椎的外伤性骨折和脱位,和此部位的脊髓受到破坏所致。后肢本体感受消失,自主运动消失,深痛消失,反射增强。前肢除伸肌张力增强外,神经检查正常。

## 去小脑僵直

小脑的前部负责抑制过度的肌张力。该区域的病变将导致前肢伸肌肌张力增高,角弓反张和精神状态正常。由于髂腰肌张力增加,后肢通常会呈臀部向前弯曲。这种姿势可以是阵发的(见图 60-9,B 和 C)。

## 步态
(GAIT)

对步态的临床评估包括观察动物在不打滑的平地上行走、频繁转向和转圈时的动作。如果动物无法独立行走,应该用背带或绳子支撑,以便更好地评估自主运动和步态。必须对每只患病动物进行轻瘫(虚弱),共济失调,跛行和转圈评估。

## 轻瘫或麻痹

轻瘫(paresis)被定义为虚弱或无力而导致无法支持体重或产生正常步态。麻痹(paralysis)是用于描述所有自主运动丧失的术语(见表 60-3)。当动物仍能行走时,LMN 疾病导致的步态与 UMN 疾病的步态明显不同。患 LMN 病的动物通常很虚弱(轻瘫),步幅小,四肢集于重心下面。它们的短幅步态常被误认为跛行,轻微的用力会使它们发抖或坐下。尝试快速移动可能会导致兔跳步态。患有 LMN 疾病的动物除非它们麻痹或具有严重的感觉神经功能障碍,否则只要其体重在活动和跳跃期间被支持,其姿势反应应该正常。

相比之下,具有 UMN 病变的动物在尝试行走或跳跃时,其四肢的伸展(步态的摆动阶段)延迟,并且它们的步幅比正常情况下的长,还可能出现不同程度的痉挛或僵直。由于伴随 UMN 束行走的本体感觉(感觉)束的破坏,具有 UMN 病变的动物有异常的姿势反应和共济失调。

## 共济失调

共济失调(ataxia)或不协调是由小脑、前庭系统,或脊髓和尾部脑干中的本体感觉(general proprioceptive,GP)通路的损伤引起的(见框 60-7)。患有本体感觉(GP)共济失调的动物不知道四肢在哪里,它们具有宽基步态,长步幅,转向时四肢过度外展,肢体夸张地

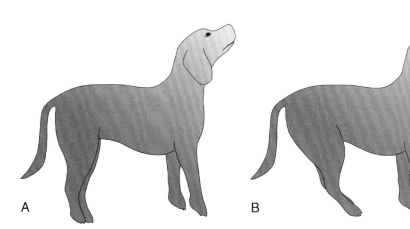

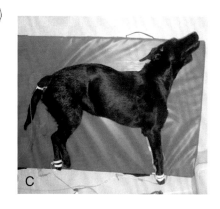

图 60-9
异常姿势。**A,**去大脑僵直(decerebrate rigidity)。**B,**去小脑僵直(decerebellate rigidity)。**C,**一只 6 月龄的拉布拉多犬出现华法林中毒继发的颅内出血,出现去小脑僵直。

表 60-3 引起轻瘫和麻痹病变的定位

| 四肢轻瘫/四肢麻痹：四肢的轻瘫与麻痹 | |
| --- | --- |
| 正常本体感受和脊髓反射 | 非神经性疾病（心脏病、低血糖、电解质异常、低氧血症）、重症肌无力、广泛性肌肉疾病 |
| 前后肢 LMN | 广泛性脊髓腹侧灰质、腹侧神经根病变，外周神经或神经肌肉接合点 |
| 前肢 LMN，后肢 UMN | 脊髓 C6—T2 段 |
| 前肢 UMN，后肢 UMN | 脊髓 C1—C5 段或脑干 |
| **后肢轻瘫或后肢麻痹：后肢的轻瘫与麻痹** | |
| 前肢正常，后肢 LMN | 脊髓 L4—S3 |
| 前肢正常，后肢 UMN | 脊髓 T3—L3 |
| **单肢轻瘫或单肢麻痹：单个肢体的轻瘫与麻痹** | |
| LMN | LMN 的病变直接支配患肢（脊髓腹侧灰质运动神经元细胞体，腹侧神经根，脊神经，外周神经） |
| 后肢 UMN | 同侧脊髓 T3—L3 段 |
| **偏侧肢体轻瘫或偏侧肢体麻痹：同侧前后两肢的轻瘫与麻痹** | |
| 前侧 LMN，后侧 UMN | 同侧脊髓 C6—T2 段 |
| 前侧 UMN，后侧 UMN | 同侧脊髓 C1—C5 段，同侧脑干，对侧前脑病变 |

LMN：下运动神经元；UMN：上运动神经元。

屈曲，以及走路时有拖着患肢或指背着地的倾向。当患病动物行走时，肢体可能出现交叉，且由于患肢可能伸展延迟，导致负重期延长。这种缺陷通常在动物绕小圈时表现得最为明显。由于脊髓或脑干病变导致 GP 共济失调的动物，姿势反应异常最为明显。前庭共济失调主要表现为失去平衡，反映在头倾斜和宽基步，蹲姿有倾斜、偏移、摔倒、滚向一边的趋势。前庭共济失调常伴有异常眼球震颤（见第 65 章）。小脑共济失调表现为无法控制运动的速度、范围和力量。患病动物将出现宽基步、从身体一侧到另一侧的摇摆（躯干共济失调），肢体伸展轻微延迟，然后是夸张的（辨距过度的）肢体运动。在肢体伸展期间，肢体出现显著过度屈曲，然后用力返回承重状态，对运动造成"暴发"感。患有小脑共济失调的动物具有正常的力量，肌张力增强和相对正常的姿势反应（见图 60-10）。可能存在轻微的头部震颤，并且当小脑的前庭部分受到影响时可能出现头倾斜、眼球震颤和失去平衡（见第 62 和 65 章）。

框 60-7 共济失调定位

**脊髓（一般本体感觉）共济失调**
患肢轻瘫
无法识别肢体位置
宽基步
长步幅
转向时四肢过度外展
姿势反应异常
正常的精神状态和脑神经

**前庭共济失调**
头倾斜
宽基步，蹲姿
平衡问题
外周：正常的姿势反应
中枢：异常的姿势反应

**小脑共济失调**
正常力量
宽基步
辨距过度的肢体动作
躯干摇摆
正常的姿势反应
头意向性震颤

**图 60-10**
肉芽肿性脑膜脑炎影响小脑而出现夸张的（辨距过度的）肢体运动的迷你贵宾犬。

## 跛行

当正常运动引起不适时，动物出现跛行（lameness）。如果四肢同样疼痛，则可能形成僵硬、短步步态，常见于患有多发性关节炎的动物。单肢跛行的动物，患肢的负重期变短，而对侧肢负重期变长。在一些情况下，疼痛的肢体将被抬高或提起。单肢体出现跛行常见于患有骨科疾病的动物，也是脊髓神经或神经根受压迫动物的显著特征,压迫可由侧向椎间盘脱出或神经根肿瘤造成。

### 转圈

转圈(circling)可能是由前脑或前庭系统的损伤造成的。具有单侧前脑损伤的犬通常会向病变同侧方向以转大圈的方式行走或踱步。朝向病变同侧转小圈往往与前庭疾病有关(图 60-11)。大多数具有前庭疾病的动物也表现为共济失调,失去平衡,头倾斜和眼球震颤。

**图 60-11**
一只 3 岁马尔济斯犬出现向右侧转小圈和头倾斜,由累及前脑和脑干的炎性疾病所致。

## 姿势反应
(POSTURAL REACTIONS)

姿势反应是指保持动物直立姿势的一系列复杂反应。姿势反应测试用于确定动物是否能够识别其四肢位置(本体感觉)。源自皮肤、肌肉、肌腱和关节等部位的本体感受感觉受体和脊髓本体感觉传导束,将这些感觉信息传递给大脑皮层。大多数本体感觉传导束在脊髓同侧上行,然后在前部脑干中线交叉(见图 60-5)。检查姿势反应时发现的异常并不能提供精确的定位,但这是表明神经通路中存在神经功能缺失的敏感标

志。对姿势反应进行仔细系统的评估可能检查到在常规步态检查中未发现的细微缺陷,并可以使检查者确定每个肢体的神经支配是否正常。姿势反应检查应该包括指背着地、单腿跳、独轮车和单侧走(图 60-12)。当有经验的临床医生在比较动物左右肢,且动物有自主运动时,单腿跳是最灵敏可靠的姿势反应测试。动物在一个肢体上承重,当其重心不能完全由肢体支撑时,身体会倾斜并横向跳跃。正常的反应是立即抬起肢体,并直接放置在它的重心位置。这种反应的任何延迟都是异常的。具有明显虚弱的动物,重要的是在姿势反应测试中能辅助支持其大部分重量。患有神经肌肉疾病但是具有正常感觉、可以自主活动肢体的动物,只要其重量得到支持,会快速跳跃(正常),因为它们的本体感觉正常。为了定位病变部位,姿势反应检查异常通常被归为 UMN 症状,这必须通过脊髓反射和肌张力检查进行确认(见框 60-4 和表 60-1)。

## 肌肉大小和肌张力
(MUSCLE SIZE/TONE)

肌肉萎缩和肌张力应通过仔细触诊和一定运动范围内的每个肢体的活动情况来评估。由于废用而引起的肌肉萎缩形成缓慢,而支配肌肉的 LMN 症状引起的肌肉萎缩(神经性萎缩)发展迅速。如果发现肢体局部肌肉萎缩,有助于定位外周神经、神经根或脊神经的病变,因为支配每块肌肉的外周神经和起源的脊神经段是已知的。肌肉肿胀或增大是一些肌病的特征。有 LMN 病变动物的肌张力显著减弱,而有 UMN 病变时,伸肌张力通常增加(见表 60-1)。在 Schiff-Sherrington 综合征,去大脑僵直和去小脑僵直的动物中,可以看到肌张力的极端变化(见图 60-8 和图 60-9)。

## 脊髓反射
(SPINAL REFLEXES)

脊髓反射评估有助于区分 UMN 和 LMN 神经系统疾病。在 LMN 病症中,脊髓反射和肌张力降低甚至不存在,而在 UMN 疾病中是正常或增强的。做脊髓肢体反射时,动物最好放松地侧卧。每个反射被判定为缺失(0)、减弱(+1)、正常(+2)或增强(+3 或+4)。严重到导致虚弱和步态异常的 LMN 病变肯定会导致反射减弱或缺失。UMN 病变引起反射增强,但有时无法与正常区分。在没有其他神经缺陷的情况下,增强的反射

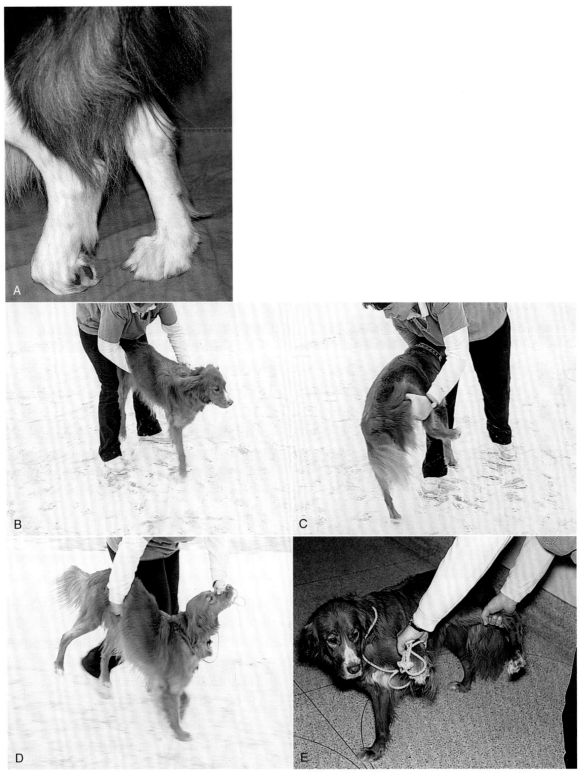

图 60-12

姿势反应检查。**A**,当动物肢体负重时,将动物爪部的背侧面着地,通过此法来检查有意识的本体感受(指背着地)。正常反应是立即恢复到正常姿势。**B**,前肢单脚跳。从腹部支撑动物,并且将一个前肢提起,将动物向被检查肢倾斜,并向外侧移动。动物的正常反应为,当将其向外侧移动时,迅速抬起该肢,并移动到身体下方。**C**,后肢单脚跳。从胸下支撑动物,并将一个后肢提起。将动物向被检查肢倾斜,并向外侧移。动物的正常反应为,当将其向外侧移动时,迅速抬起该肢,并移动到身体下方。**D**,独轮车。从腹部支撑动物,并向前移,将动物头抬起,使其难以看到地面,更精确地检查本体感受异常。**E**,单侧走。同侧前后肢均被提起,评估其向前外侧行走。

意义不大,有时见于兴奋或紧张的动物。在犬猫最有用的脊髓反射包括膝反射、坐骨神经反射、后肢收缩(屈曲)反射和前肢收缩(屈曲)反射。其他的反射在正常动物不稳定,因此不能作为常规检查。脊髓反射和调节每种反射的脊髓段见于表60-4。

## 膝反射

动物侧卧保定,检查者检查上面后肢(不接触地面的)的膝反射(patellar reflex),用手托住膝关节保持半屈位,用叩诊锤(叩诊板)的平面敲打髌韧带,通过股四头肌纤维来评估反射情况(图60-13)。正常情况是股四头肌出现反射性收缩。这是单突触肌组织(伸长)反射,检查了股神经的感觉和运动部分和L4,L5和L6脊神经,神经根和脊髓段。膝跳反射的减弱或缺失提示股神经或L4—L6脊髓段或神经根的损伤。L4脊髓段之前的损伤通常会引起夸张的反射。虽然这是最可靠的肌腱反射的评估,但有时候也很难解释结果。有时坐骨神经或L6—S2脊髓段的病变偶尔会导致对抗膝关节伸展的肌张力减弱(伪反射亢进),而使膝反射增强。膝反射有时难以在具有严重骨科疾病的动物上

使用。在正常犬(特别是大型犬幼犬)中有时会减弱或缺失,并且由于一些年龄相关的,影响反射弧感觉部分的神经性疾病,在老年病犬中也可能缺失。在紧张的动物身上,反射有时在非躺卧侧肢有所减弱或缺失,但在放松地躺卧侧肢中反射正常,因此在检查中,检查两侧肢体在两侧躺卧时的反射很重要。

## 后肢回缩(屈曲)反射

检查者使劲按压指尖,使髋关节、膝关节、跗关节和足趾发生屈曲(见图60-14,A和B)。如果用手压力不足,检查员者可用止血钳挤压趾甲的根部。后肢收缩反射[pelvic limb withdrawal (flexor) reflex]很复杂,感觉输入是通过坐骨神经的腓神经(背侧、外侧)和胫神经(腹侧)分支和股神经(内侧)的隐神经分支。运动输出是通过坐骨神经及其分支,胫神经(足趾屈曲)和腓神经(跗骨屈曲)。因为髋关节屈曲是由股神经和腰椎神经介导的,所以即使坐骨神经及其分支已经被破坏,刺激内侧足趾也可能发生反射。后肢回缩反射减弱提示坐骨神经(或分支)或L6—S1脊髓段或神经根(有时是S2)的LMN损伤。脊髓L6前段的病变导致反射反应正常至增加。回缩反射是一种节段性反射,不依赖于动物对有害刺激的感知。将脊髓L6前段功能性切断后,将导致反射正常至增加(UMN),但无感觉刺激的能力。

### 表60-4 脊髓反射

| 反射 | 刺激 | 正常反应 | 脊髓段 |
|---|---|---|---|
| 前肢收缩 | 夹前肢爪部 | 肢收缩 | C6、C7、C8、T1、(T2) |
| 膝 | 敲膝直韧带 | 膝关节伸展 | L4、L5、L6 |
| 后肢收缩 | 夹后肢爪部 | 肢收缩 | L6、L7、S1、(S2) |
| 坐骨神经 | 敲大转子和坐骨之间的坐骨神经 | 膝关节和跗关节屈曲 | L6、L7、S1、(S2) |
| 胫骨前 | 敲胫骨近端的胫骨前肌肌腹 | 跗关节屈曲 | L6、L7、(S1) |
| 会阴 | 夹会阴部 | 肛门括约肌收缩,尾向腹侧弯曲 | S1、S2、S3,阴部神经 |
| 尿道球部 | 压迫阴门或阴茎的尿道球 | 肛门括约肌收缩 | S1,S2,S3,阴部神经 |
| 皮肌 | 刺激脊柱旁的皮肤 | 躯干皮肌收缩 | 严重脊髓病变之后的反应会消失,用于定位T3和L3之间的病变 |

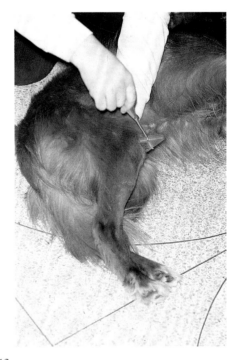

**图60-13**
膝反射。敲膝直韧带,引起膝关节反射性的"踢"伸展。

## 坐骨神经反射

　　动物处于侧卧位,检查者触诊由股骨大转子和坐骨结节形成的切迹。使用叩诊板的锥形端敲击这个缺口,会引起跗关节的短暂弯曲(见图60-14,C)。正常的坐骨神经反射(sciatic reflex)要求坐骨神经、脊髓段L6—S1和腓神经(坐骨神经的分支)是完整的。反射将随着这些组成的神经损伤而减弱,并且随着L6前段的UMN损伤增强。

## 前肢回缩(屈曲) 反射

　　回缩反射是唯一可靠的前肢反射。由于涉及多个神经,该反射被用作评估整个臂神经丛(神经根和外周神经)和颈膨大(C6—T2)的简单测试。检查者挤压一个足趾以引起肩部、肘部、腕部和足趾的屈曲(见图60-15)。涉及外周神经,神经根或这部分脊髓段的病变将导致反射减弱或缺失。脊髓C6前段的病变将引起正常至增强的反射反应(UMN)。

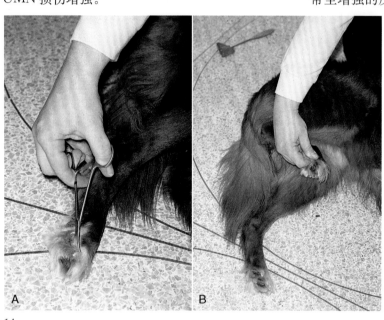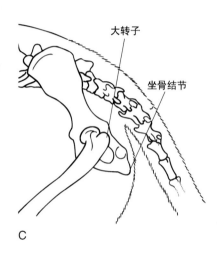

**图 60-14**
评估坐骨神经和脊髓段L6—S2。后肢回缩反射:刺激脚趾(A),引起肢屈曲(B)。评估该肢所有关节的屈曲。为了产生足够的刺激,可能需要用止血钳夹甲床。C,坐骨神经反射:在股骨大转子和坐骨结节之间的切迹击打坐骨神经导致肢体屈曲。

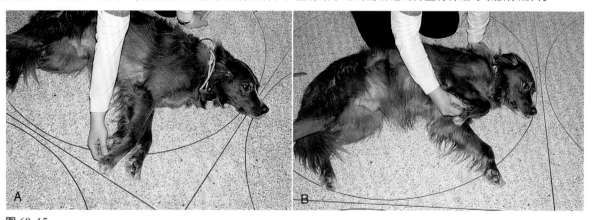

**图 60-15**
前肢回缩反射;刺激脚趾(A),引起肢屈曲(B)。评估该肢所有关节的屈曲。

## 交叉伸肌反射

　　当侧卧的动物被引出收缩(屈曲)反射时,受刺激对侧肢体的反射性伸展称为交叉伸肌反射(crossed extensor reflex)。当瘫痪、不想站起来或离开的动物

出现这种反射,提示有检查肢的UMN病变。

## 会阴反射和尿道球部反射

　　会阴和尿道球部反射(perineal and bulbourethral reflex)被用于评估阴部神经(感觉和运动)和脊髓荐段

S1—S3。在会阴反射中,会阴皮肤被止血钳夹紧,使肛门括约肌收缩,尾巴向下弯曲(见图 60-16)。在直肠指诊时也应该出现相同的反应。轻轻挤压阴茎或外阴时,尿道球部反射会导致肛门括约肌收缩。阴部神经或脊髓段 S1—S3 的 LMN 损伤将使这些反射缺失,造成尿失禁(LMN 膀胱),肛门内外括约肌的肌张力丧失,导致肛门扩张和大便失禁。

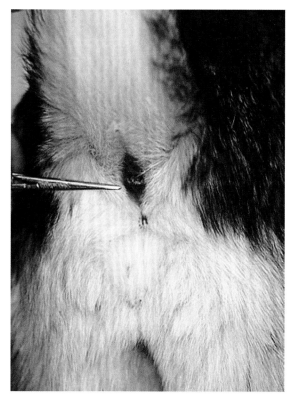

**图 60-16**
会阴反射。用止血钳刺激会阴皮肤,导致肛门括约肌收缩,尾巴向下弯曲。

## 躯干皮肌反射(膜)

夹背部皮肤会导致双侧躯干皮肌(cutaneous trunci)的反射性收缩,使上面的皮肤产生抽动。这种反射在评估患有定位于 T3—L3 区域严重脊髓损伤的动物时是非常有用的。患病动物前肢表现正常,后肢出现 UMN 症状,但如果没有疼痛部位,很难进一步地定位病变部位。当背部皮肤被夹时,该部位被刺激的感觉神经进入脊髓,传入的感觉信息在感觉通路上升到脊髓。如果脊髓在刺激部位和 C8—T1 段之间完整,则在 C8—T1 脊髓节段发生双侧突触,刺激侧胸神经的运动神经元,导致躯干皮肌收缩。在导致瘫痪的脊髓病变中,上升通路将被破坏,使得当皮肤被夹时,

脊髓病变区域后部不会引起反射,但皮肤刺激在病变前部会引起反应(见图 60-17)。测试从髂骨翼开始,尽管在许多正常动物中,直到刺激脑到中腰部区域才能引起反射。如果在最尾段发生抽动,那么整个通路是完整的。如果没有反应,应该对每个椎体的外侧皮肤进行系统性的刺激,由后向前进行,直到观察到抽搐。由于提供皮肤感觉的神经在刺激部位前一到两个椎体的位置进入脊髓,可预见脊髓病变会出现在皮肌反射消失部位略前部。当单侧臂神经丛或 C8—T1 节段脊髓,腹侧神经根或脊神经出现病变时,病变同侧躯干皮肌反射缺失。在极少数情况下,正常的犬会不出现这种反射。

## 感觉评估
### (SENSORY EVALUATION)

评估动物感受诸如夹(伤害感)之类的有害刺激的能力可有助于定位 UMN 和 LMN 病变。当脊髓有横断性 UMN 病变时,动物感觉刺激的能力(用手指或止血钳夹住皮肤或足趾)可能在病变后部的躯干皮肤和肢体会降低,因为上升感觉通路在受损的脊髓中被破坏。对于瘫痪动物,如果轻微刺激不能引起行为反应,例如转头、发出声音或试图咬人,则应测试动物对更严重刺激的感知能力,例如用止血钳夹指甲根部(深度疼痛)。传导深部痛觉的脊髓通路位于脊髓白质深部,是小的、双侧的和多突触的,因此只有非常严重的双侧脊髓损伤才能完全破坏这些通路,所以感觉深部疼痛的能力是评估具有严重脊髓损伤的动物预后的重要指标(见图 60-18)。需要记住肢体的收缩仅表示反射弧完整(外周神经和脊髓段),而行为反应要求上升到大脑的感觉脊髓通路也是完整的。

如果一肢出现明显的 LMN 性瘫痪,"画出"正常和异常感觉的边界可以帮助将病变定位到特定的外周神经、背侧神经根或脊髓段。应该用止血钳夹皮肤,确定局部无知觉或感觉减弱的区域(见图 60-19)。其结果与各个已经确定的神经支配的皮肤区域图(皮区)进行比较,可精确定位 LMN 性神经缺陷(见第 68 章)。

## 疼痛或痛觉过度
### (PAIN/HYPERPATHIA)

可通过触诊和活动动物的颈部、脊柱、肢体、肌肉、

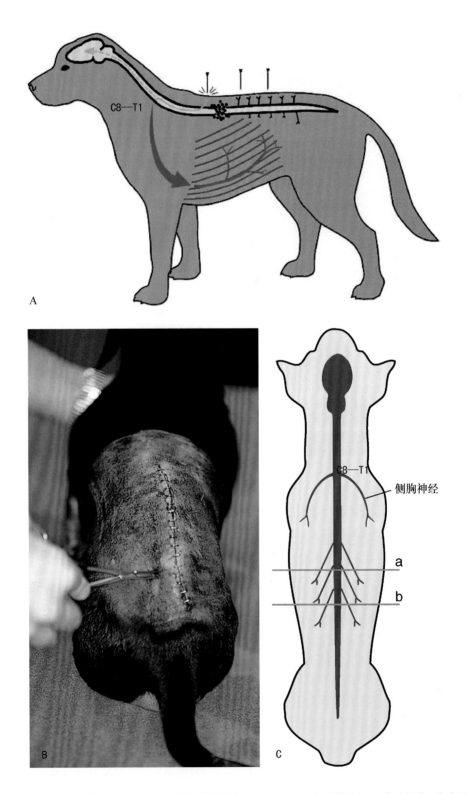

**图 60-17**
躯干皮肌反射。A～B,用止血钳夹脊柱两旁的皮肤。如果在刺激部位和 C8—T1 脊髓段之间无脊髓损伤,将会引起两旁的躯干皮肌
收缩。在严重脊髓损伤之后的反射可能消失。C,由于脊椎的感觉神经向后延伸,因此在脊柱旁的皮肤感觉区域比其相应的椎体靠
后。因此 a 部位的脊髓病变会引起 b 部位之后的躯干皮肌反射消失。

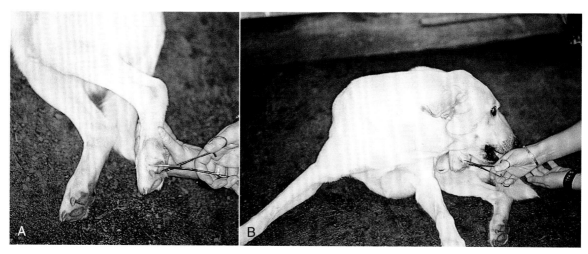

**图 60-18**
评估深部痛觉。夹脚趾(A)检查是否引起行为反应,(B)深痛消失表明有严重的脊髓损伤。

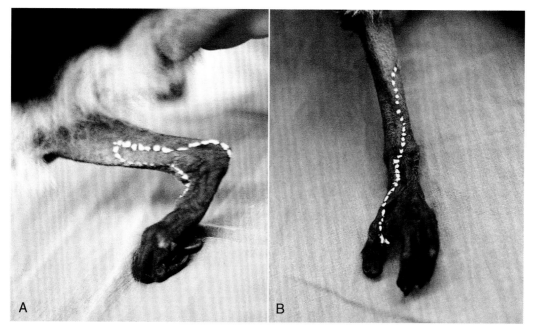

**图 60-19**
肌肉注射损伤腓神经后,狐猴脚背外侧(A)和后肢远端(B)的感觉丧失。

骨骼和关节发现疼痛或活动限制的区域。疼痛通常在病变处表现得最直接,使得这部分神经系统检查在损伤定位中很重要。创伤和炎症最有可能造成疼痛,而退行性和先天性疾病很少出现疼痛。导致组织变形(脑脊膜、神经根或骨骼)的肿瘤也可能引起不适。

　　应观察动物的姿势和步态。颈部疼痛的动物头颈部伸长并保持低头运动,并且不愿意转动它们的脖子看向一边,它们会改变它们的整个身体方向。胸椎或腰椎疼痛的动物站立时背部拱起(见图 60-20)。骨骼、关节或肌肉疼痛的动物通常具有短步幅,僵硬的步态,并且不愿意运动。

**图 60-20**
一岁的拳师犬由于椎间盘脊椎炎疼痛而弓背站立。

颈部疼痛通常与颈部脊髓、颈神经根或脑脊膜的压迫性或炎性疾病有关。颈部应轻轻地向背侧、外侧以及腹部屈曲,来评估对动作的反抗和疼痛。也可以进行椎骨和颈椎后轴肌的深度触诊(见图60-21)。能引起颈部疼痛的解剖结构包括脑脊膜、神经根、面关节、骨髓和肌肉(框60-8)。颈部疼痛也是颅内疾病,尤其是前脑肿物性病变的一个临床表现。

当按压脊柱的其他区域时引起的疼痛,可能有助于定位由创伤、椎间盘疾病、椎间盘脊椎炎或肿瘤引起的损伤。胸腰段脊柱疼痛的动物也可能抵抗腹部触诊,脊柱或脊髓痛觉过敏常被误认为腹痛。由肿瘤、椎间盘或韧带增生引起的马尾神经压迫通常会引起腰荐部疼痛(见第67章),这个可见于直接按压患病犬腰荐椎或将尾巴向背侧牵拉(见图67-20)。

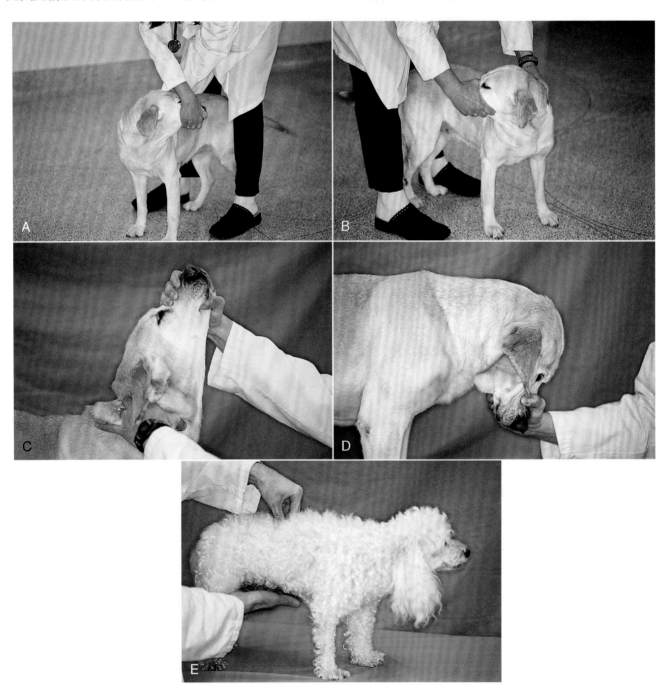

**图60-21**

通过全方位活动颈部(A~D)以及对椎体和脊椎轴上肌施加压力(E)来检查颈部和胸腰椎的疼痛。

通过活动四肢和触诊单个肌群检查肌肉的疼痛。在触诊时,要注意区分肌肉与骨骼和关节异常引起的疼痛。引起疼痛的肌肉异常主要为炎性疾病,如免疫介导性多肌炎、咀嚼肌炎以及弓形虫和新孢子虫等原虫引起的感染性肌炎。当供应肌群的动脉形成血栓时,可出现局部缺血性肌病,触诊时也能引起严重的肌肉痉挛和疼痛

 **框60-8 颈部疼痛的原因**

**肌肉**
多发性肌炎(免疫性、感染性)
肌肉损伤

**骨骼**
骨折/脱位
寰枢椎不稳/半脱位
椎间盘脊椎炎/骨髓炎
摇摆综合征
肿瘤

**关节(平面关节)**
多发性关节炎(免疫性、感染性)
退行性关节疾病(骨关节炎)

**神经根**
肿瘤
压迫(因椎间盘、肿瘤、纤维组织、蛛网膜囊肿)

**脑脊膜**
肿瘤
感染性脑膜炎/脑膜脊髓炎
肉芽肿性脑膜脑炎(GME)
类固醇反应性脑膜炎动脉炎(无菌性脑膜炎)
出血引起的炎症

**脑部**
肿物性病变(肿瘤、炎症)
Chiari畸形与脊髓空洞症

## 尿道功能
(URINARY TRACT FUNCTION)

脊髓的严重病变常引起尿道功能障碍。膀胱功能应根据主人或临床医生对排尿,膀胱触诊和排尿意图的观察结果进行评估。有LMN病变(S1—S3脊髓段、阴部神经和盆神经)时,会出现膀胱松软且易被排空,或会阴和尿道球反射消失或减弱,以及肛门紧张性下降的表现。荐骨前段UMN病变导致自主排尿控制减少和尿道括约肌兴奋性增强。可能出现排尿不尽或逼尿肌-尿道协同失调。严重的UMN病变将导致膀胱紧张,变大且难以被排空。

## 脑神经
(CRANIAL NERVES)

影响单个神经的异常、影响多个神经的弥散性多神经疾病或一组异常,如影响中耳、内耳或脑干的疾病,均可能引起脑神经功能异常。患有引起脑神经功能缺失的脑干疾病的动物通常具有额外的症状,例如姿势反应缺陷、偏瘫、四肢轻瘫或精神状态改变。

脑神经检查并不难。最常受影响的脑神经可通过局部神经检查快速评估(表60-5)。如果初步检查显示有异常,就需要对所有的脑神经进行更全面的检查(表60-6;也见推荐阅读)。

### 惊吓反应、视觉和瞳孔的评估

视神经(CN1)是惊吓反应、视觉和瞳孔光反射的传入通路的一个重要组成部分。要测试惊吓反应,检查者用一只手盖住动物的一只眼睛,用另一只手以威胁的方式向另一只眼推进,同时注意避免碰到眼睑或胡须或产生气流刺激角膜,这是由三叉神经(CN5)的感觉部分支配的。在评估惊吓反应前,最好轻轻刺激动物的脸以引起动物注意并且确保动物有完整的眼睑反射(CN7)以及动物能够眨眼。惊吓反应是一个习得的反应,10~12周龄及以前的小犬和小猫不会出现。除了惊吓反应外,还可以通过观察动物对其环境的反应,例如突然移动和放下棉花球来观察动物是否跟随运动,来评估视力。可能需要建立一系列方法,以评估每只眼睛的视力。瞳孔大小应在光线充足的房间中静置观察,然后在昏暗的房间中观察,两只眼睛进行比较。检查者通过对一只眼睛照射明亮的光,然后将光转到另一只眼睛观察反应,然后再次转回来以评估每个瞳孔收缩(副交感神经功能)和扩张(交感功能)的能力。动眼神经(CN3)的副交感神经轴突负责瞳孔收缩。视力丧失和瞳孔异常的讨论见于第63章。

### 斜视、眼球震颤和头倾

为了检查斜视(strabismus)和眼球震颤(nystagmus),检查人员必须确定眼睛是否在眼眶内的正常位置,以及安静时是否有任何异常(自发的)眼球震颤。自发性眼球震颤提示中枢前庭(髓质)损伤,CN8前庭部分病变或小脑损伤。这些位置中的任何一个地方病变,则常见头倾斜(head tilt)。眼睛位置异常(斜视)可

**表 60-5　脑神经的局部评估**

| 脑神经测试 | 方法 | 感觉输入 | 运动功能 |
|---|---|---|---|
| 惊吓反应 | 威胁眼睛的姿势,导致眨眼 | CN2—视神经 | CN7—面神经 |
| 眼睑反射 | 触摸眼睛的内侧或外侧眼角导致眨眼 | CN5—三叉神经<br>内侧:眼支<br>外侧:上颌支 | CN7—面神经 |
| 瞳孔光反射 | 向眼睛中照亮光引起瞳孔收缩 | CN2—视神经 | CN3—动眼神经(副交感神经) |
| 检查头部倾斜 | 评估头位置 | CN8—前庭耳蜗神经 | — |
| 前庭眼反射 | 将头部从一侧移至另一侧,并上下移动,评估正常的眼睛运动,斜视和位置性眼球 | CN8—前庭耳蜗神经 | CN3—动眼神经<br>CN4—滑车神经<br>CN6—外展神经 |
| 鼻黏膜刺激 | 在鼻子中插入止血钳以刺激鼻中隔黏膜;导致头部迅速躲开 | CN5—三叉神经(眼支) | — |
| 下颌紧张性 | 评估下颌紧张性以及闭上嘴巴的能力 | CN5—三叉神经(下颌支) | CN5—三叉神经 |
| 面部对称性 | 检查面部对称性,眨眼、嘴唇抽搐和移动耳朵的能力 | CN2—视神经(惊吓)<br>CN5—三叉神经(眼睑,角膜反射,夹唇) | CN7—面神经 |
| 咽喉反射 | 人工刺激咽部引起吞咽 | CN9—舌咽神经<br>CN10—迷走神经 | CN9—舌咽神经<br>CN10—迷走神经 |
| 舌的评估 | 检查舌的对称性,观察进食和饮水时舌的运动 | CN5—三叉神经<br>CN7—面神经<br>CN12—舌下神经 | CN12—舌下神经 |

**表 60-6　脑神经功能**

| 脑神经 | 丧失功能后症状 |
|---|---|
| Ⅰ(嗅) | 失去嗅觉 |
| Ⅱ(视) | 丧失视觉,瞳孔散大,瞳孔对光反射消失(当患眼被光照射时直接和间接反射均消失) |
| Ⅲ(动眼) | 患侧瞳孔对光反射消失(甚至当光照在对侧眼时),瞳孔散大,向腹外侧斜视 |
| Ⅳ(滑车) | 眼球轻度向背内侧翻转 |
| Ⅴ(三叉) | 颞肌和咬肌萎缩,下颌张力和力量消失,下颌下垂(如果累及双侧),神经支配区域痛觉消失(面部、眼睑、角膜和鼻黏膜) |
| Ⅵ(外展) | 向内斜视,向外侧注视的能力受损,眼球退缩能力减弱 |
| Ⅶ(面) | 嘴唇、眼睑和耳下垂;不能眨眼;唇丧失收缩能力;泪液的产生可能减少 |
| Ⅷ(听) | 共济失调,头倾斜,眼球震颤,耳聋 |
| Ⅸ(舌咽) | 咽反射消失,吞咽困难 |
| Ⅹ(迷走) | 咽反射消失,喉麻痹,吞咽困难 |
| Ⅺ(副) | 斜方肌、胸头肌和臂头肌萎缩 |
| Ⅻ(舌下) | 舌力丧失 |

能提示前庭障碍或外眼肌神经支配的损伤(CN3,4,6)(见图60-22和图60-23)。动眼神经(CN3)功能缺失可导致腹外侧斜视,并且无法向背部,腹侧或中间旋转眼睛。外展神经(CN6)的损伤引起内侧斜视,无法侧视,滑车神经(CN4)的病变引起眼睛的背外侧旋转。由于在颅骨底部成对的海绵窦区域的肿瘤,这些神经(CN3,4,6)的病变通常发生在一起,导致外眼肌完全麻痹(海绵窦综合征)。前庭障碍可能导致病变侧的腹

侧斜视(眼球下降),仅在头颈部伸展时才可见。通过将头部从一侧转到另一侧并触发前庭眼反射,可以快速评估所有这些神经的功能。当头慢慢向右转时,双眼的目光应该先慢慢地向左移动以继续停留在中心位置,然后才能突然跳向右侧。检查者在向每个方向移动头部时评估这些正常的前庭眼运动(生理性眼球震颤,眼头反射)。

除了将头部从一侧转到另一侧以确定眼睛运动是

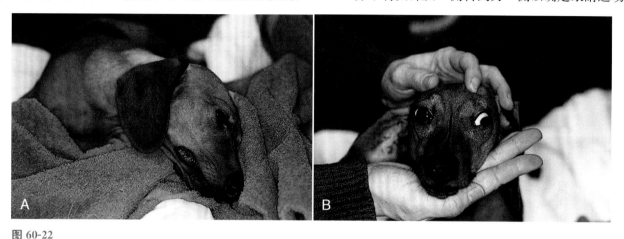

图 60-22
一只做脊髓造影后脑干出现针刺损伤的两岁的腊肠犬,出现头倾斜(A)和腹外侧斜视(B)。

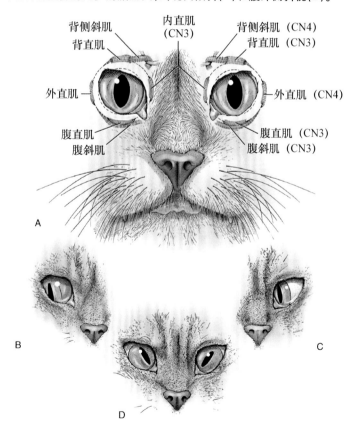

图 60-23
A,眼外肌功能解剖。动眼神经元麻痹后(B)、外展神经元麻痹后(C)以及滑车神经元麻痹后(D)的斜视方向。CN3,动眼神经;CN4,滑车神经;CN6,外展神经。(参考 de Lahunta A, Glass E: Veterinary neuroanatomy and clinical neurology, ed 3, St Louis,2009, Elsevier)

否正常之外,检查者还应将动物头部在每一侧保持不动,以确定是否发生异常(位置性)眼球震颤。在做眼睛腹侧斜视和眼球震颤的评估时,应将头颈部伸直并保持该姿势。正常动物的头部无论在什么位置时,都不会出现眼球震颤。大多数具有严重或急性的中枢或外周前庭疾病的动物,都会出现安静时的眼球震颤(自发性)。在较轻或代偿性的前庭疾病中,当动物的头部保持在某一位置时,检查者只能触发几次异常眼球震颤;这被称为位置性眼球震颤,它也是异常的。当动物头部和颈部伸直突然被背卧位保定时,位置性眼球震颤会变得明显(见图 60-24)。眼球震颤的方向就是眼睛运动快速阶段的方向。

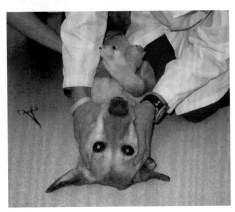

**图 60-24**
将动物背卧位保定可以观察到位置性眼球震颤或斜视。

## 三叉神经(CN5)的评估

三叉神经(trigeminal nerves)为面部皮肤、角膜、鼻中隔黏膜、鼻咽黏膜、上下颌牙龈和牙齿提供感觉神经支配,同时为咀嚼肌肉提供运动功能。它的感觉功能通过对眼睑反射(感觉 CN5,运动 CN7)面部皮肤的感觉以及鼻中隔黏膜对刺激的反应来评估(见图 60-25)。运动功能通过咀嚼肌肉的萎缩和打开嘴时下颌部的张力进行评估。双侧三叉神经运动麻痹导致下颌下垂,无法闭口(见图 60-26)。三叉神经麻痹导致角膜感觉丧失的犬、眼泪和营养因素的反射性释放可能会减少,导致其出现角膜炎(神经营养性角膜炎)和一些犬的角膜溃疡。

## 面部神经(CN7)评估

面神经(facial nerves)为面部的肌肉提供运动神经支配,对于舌端的 2/3(味觉)和腭部提供感觉神经支配。副交感神经纤维支配泪腺、下颌和舌下唾液腺。运动功能可以通过脸部对称性的检查,自发性眨眼和耳朵动作的观察,也可通过引出眼睑反射,对惊吓的反应以及脸部被夹时的抽动(感觉 CN5,运动器 CN7)来评估。由于面神经在分布到面部肌肉前会经过中耳,中耳病变可引起面神经功能缺失。

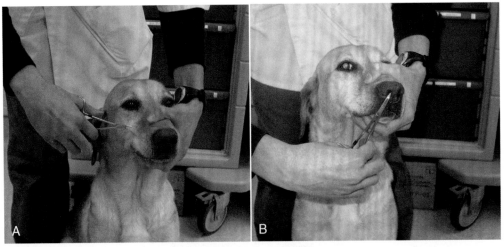

**图 60-25**
三叉神经(CN5)的感觉分布可以通过夹上颌骨的皮肤(A)和通过用止血钳刺激鼻中隔黏膜(B)来评估。

## 舌咽神经(CN9)、迷走神经(CN10)和舌下(CN12)神经的评估

舌咽(glossopharyngeal)神经、迷走(vagus)神经和舌下(hypoglossal)神经通常通过咽反射和正常饮食进行评估。舌咽神经(CN9)为咽部和腭部提供运动神经支配,为尾部三分之一的舌和咽部提供感觉神经支配。它还为腮腺和唾液腺提供副交感神经刺激。迷走神经(CN10)为喉、咽和食管提供运动和感觉神经支配,对胸部和腹部内脏提供感觉神经支配。

迷走神经副交感部分为大多数胸腹部内脏提供运动神经支配。舌下神经（CN12）为舌头提供运动神经支配。

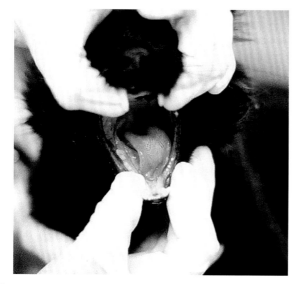

**图 60-26**
**6 岁的拉布拉多犬由于三叉神经的双侧运动性麻痹导致口腔不能闭合。**

吞咽或咽反射（CN9 和 CN10）可以通过在舌下区域施加压力诱导的吞咽或用手指刺激咽部诱导的咽反射来评估。简单地观察动物吃喝可能更实用。CN10的副交感神经部分可以通过两个眼球受到压力时通常发生的反射性心动过缓（眼心反射）来评估。舌下神经（CN12）可以通过检查舌头的萎缩或不对称性（见图60-27），或观察饮食或舔放在鼻子上的食物时舌头的运动来评估。

**图 60-27**
**左侧舌下神经(CN12)麻痹引起的舌头偏移和萎缩。**

## 病变的定位
## (LESION LOCALIZATION)

完成神经检查后，应该确定动物的精神状态、脑神经、姿势、步态、前肢、后肢、会阴、肛门和膀胱是否正常。如果有枕骨大孔之上的疾病，临床发现将有助于将其定位于脑的特定区域。患有脊髓疾病的动物，通过确定每肢的神经异常为 UMN 或 LMN，可将神经病变定位在脊髓的某一特定部位或脊髓节段内（见框 60-4）。如果LMN 症状出现在单肢，通过确定受影响的肌肉甚至能将病变更精确地定位，而且，如果感觉神经也受影响，可通过皮区的感觉进行检查。局灶性痛觉过敏也可能有助于精确定位病变。总应尝试将所有检查到的神经异常用单一病变进行解释，这点很重要。然而，偶尔会出现多灶性疾病或弥散性异常，这点就不可能做到了。

## 诊断流程
## (DIAGNOSTIC APPROACH)

一旦将神经病变定位，需要列出可能的鉴别诊断表。这个列表应包括体征、病史、病变的神经解剖位置、神经症状发生发展的本质。在建立鉴别诊断表时，要考虑所有可能影响神经系统的疾病的机制和病因，这点很重要（见框 60-9）。一旦列出了鉴别诊断表，就要进行一系列检查来确认、排除每一项。

**框 60-9　DAMNIT-VP:发病机制**

| | |
|---|---|
| **D** | 变性性 |
| **A** | 发育异常 |
| **M** | 代谢性、畸形 |
| **N** | 肿瘤、营养性 |
| **I** | 感染性、炎性、免疫性、医源性或自发性 |
| **T** | 创伤性、中毒性 |
| **V** | 血管性 |
| **P** | 寄生虫性 |

## 动物病史
## (ANIMAL HISTORY)

动物的年龄、性别、品种和生活方式可提供关于潜在疾病的信息。在年轻动物最常见先天性或遗传性异常;它们中毒和患传染病的概率也最高。年龄较大的动物患肿瘤性疾病和已知的退行性异常的可能性很大。特定品种易发特定的疾病,此外,一些先天性和遗传性异常仅在一个或几个特定品种见过。从事特定竞赛或工作(如狩猎、放牧、赛跑或跳跃)的犬易发一些与特定活动相关的损伤。通过仔细询问病史,可查清是否受过创伤或接触过毒物和传染病。

## 疾病的发作和发展
## (DISEASE ONSET AND PROGRESSION)

在排列鉴别诊断时,评估神经症状的发作和进程非常重要(框 60-10)。症状可能是急性、非进行性的,也有可能随着时间的推移,它们逐渐变得更加严重。在极急性病症,能准确知道神经症状的发作时间,动物可在几分钟或几小时内从正常到异常。症状快速达到最严重,然后会维持在一个状态或随着时间开始减轻。这类异常包括外部创伤、椎间盘脱出挤压引起的内部创伤、梗死或出血等血管异常以及快速起效的毒物如士的宁。罕见一些发展较慢的疾病(如肿瘤)的急性加重也可引起急性临床症状,如肿瘤出血或骨折。完整的病史可确定在急性恶化前,动物并非完全正常。

 **框 60-10　疾病的发作和发展进程特征**

**极急性(几分钟到几小时)**
外伤
出血
梗死
内伤(椎间盘脱出、骨折)
一些中毒疾病

**亚急性过程(数天到数周)**
感染性疾病
非感染性炎性疾病
快速生长的肿瘤(如淋巴瘤和转移性肿瘤)
代谢紊乱
一些中毒疾病

**慢性进行性(数月)**
多数肿瘤
退行性异常

在几天到几周内迅速恶化的神经系统疾病,定义为亚急性和进行性疾病。传染性和非传染性的炎性疾病和一些发展较快的肿瘤(如淋巴瘤和转移的恶性肿瘤)属于此类。代谢性和营养性疾病,以及一些中毒也可表现为亚急性进行性症状。动物有慢性进行性表现,要数周到数月的,最有可能患有肿瘤或退行性疾病。

## 全身症状
## (SYSTEMIC ABNORMALITIES)

确认同时存在的全身性异常可帮助诊断肿瘤性、代谢性或炎症性神经系统异常。在每个怀疑有神经性疾病的动物都应该进行完整的体格检查和眼科检查,包括眼底检查。癫痫发作或行为改变表明前脑功能障碍的动物应进行实验室筛选评估。当转移性肿瘤作为脑或脊髓病的鉴别诊断时,应进行全身性的肿瘤检查,包括胸部和腹部 X 光片,腹部超声和淋巴以及皮肤和内脏肿块穿刺物的细胞学检查。影像学和实验室测试,对于特定的神经系统疾病的诊断作用有限,因此在其他组织中发现相关异常的,可以辅助诊断。对患神经性疾病的动物进行进一步的辅助性诊断检查,以获得特定的诊断。

◆推荐阅读

DeLahunta A and Glass E: *Veterinary anatomy and clinical neurology*, ed 3, Philadelphia, 2009, WB Saunders.

Garosi L: Neurological examination of the cat, *J Fel Med Surg* 11:340, 2009.

Garosi L: Lesion localization and differential diagnosis. In Platt SR, Olby NJ, editors: *BSAVA manual of canine and feline neurology*, Gloucester, 2004, BSAVA.

Sharp NJH, Wheeler SJ: *Small animal spinal disorders*, Philadelphia, 2005, Elsevier.

Thomas WB: Evaluation of veterinary patients with brain disease, *Vet Clin North Am Small Anim Pract* 40:1, 2010.

# 第 61 章
## CHAPTER 61

# 神经肌肉系统的诊断性检查
# Diagnostic Tests for the Neuromuscular System

## 常规实验室评估
## (ROUTINE LABORATORY EVALUATION)

实验室评估包括血常规检查(CBC),血清生化,尿检,这些实验室检查可帮助我们鉴别和排查代谢性疾病引起的神经症状,并发现由于某些原发性神经疾病引起的临床病理学异常。

血液学检查通常不具特异性,但常规而言,白细胞增多常提示炎症性疾病。严重的炎症和核左移常与细菌性脑膜炎或脑炎相关。急性犬瘟热感染的犬常表现淋巴细胞减少,红细胞和淋巴细胞内偶见包涵体。患粒细胞埃利希体症的犬有时可发现中性粒细胞内的桑椹胚。门静脉短路的犬常可发现小红细胞症,可能伴发或不伴发血小板减少症。患脑部或脊髓淋巴瘤的动物偶然可在血中发现非典型淋巴细胞。

血清生化在识别由代谢性疾病引起的神经病、脑病和癫痫上有重要作用。正常的血清生化指标可用于排除鉴别诊断中的糖尿病、低血糖、低血钙、低血钾、尿毒症、血清电解质异常。血清肌酸激酶升高可见于犬猫肌炎或肌肉坏死。

尿比重可用于鉴别原发性肾脏疾病和肾前性氮质血症。门静脉短路的犬猫尿液中偶尔可见尿酸铵结晶(见第 36 章)。

对于神经系统疾病的动物,通常会进一步进行其他生化检查辅助诊断。餐前和餐后胆汁酸通常被用于前脑症状的动物,排除肝性脑病;也可用于长期使用抗惊厥药物的动物,以监测肝功能。另外,非肝性脑病病患可进行血氨耐受试验评估肝脏功能,而肝性脑病病患可评估其血氨浓度。我们也会常规监测抗惊厥药物的血清浓度(见第 64 章)。一旦认为可能存在中枢神经系统出血,就必须通过检测活化凝血时间(ACT)或凝血酶原时间(PT)和部分凝血活酶时间(PTT)来评估凝血功能。在获得的基础数据中,如发现钙或葡萄糖水平有异常,则建议进行内分泌功能检测。当怀疑甲状腺疾病、肾上腺皮质功能减退或肾上腺皮质功能亢进可能与动物的神经症状相关时,建议进行特定的内分泌功能检查。

## 免疫学、血清学和微生物学
## (IMMUNOLOGY, SEROLOGY, AND MICROBIOLOGY)

当怀疑动物目前的神经疾病与感染或免疫介导性疾病相关时,需要进行一系列特殊的诊断性检查。在患脑部、脊髓或脑脊膜炎症性疾病的动物,临床医生需要对脑脊液(CSF)、血液和尿液进行常规细菌培养。并发的系统性疾病、暴露的潜在风险及疫苗情况可帮助我们确定还需要进行何种检查。当发现中枢神经系统之外的一些病灶(如肺炎、皮炎)时,最直接的诊断方式就是对这些神经系统之外的位置进行取样。许多影响中枢神经系统的感染原可通过血清抗体或抗原进行检测。CSF 中某一个特定病原的抗体相较于血清中的抗体滴度升高,可作为确诊的依据。另外,免疫组织化学染色也可用于确定组织中的病原体(脑部、脊髓、肌肉)。在一些病例中,可通过聚合酶链式反应(PCR)诊断某一特定病原体感染。

免疫介导的中枢神经系统疾病在犬中相对常见,如激素反应性脑膜动脉炎(SRMA)和肉芽肿性脑膜脑脊髓炎(GME)。在诊断上需要发现典型的临床症状和临床病理学异常,并排除之前所述的可能的感染性疾病。患 SRMA 的犬通常会表现血清和 CSF 免疫球蛋白(IgA)水平升高,有一些可能同时伴发免疫介导性多发性关节炎,可辅助诊断。在多发性神经病、多肌炎或多系统免疫介导性疾病的犬中,测定抗核抗体(ANA)滴度能帮助确诊是否存在系统性红斑狼疮(SLE)。多数患获得性重症肌无力的犬可检测到循环中抗乙酰胆碱受体抗体,一些患咀嚼肌肌炎的动物可检测到血清中2M型肌纤维抗体(见69章)。

## 常规系统的影像学诊断
(ROUTINE SYSTEMIC DIAGNOSTIC IMAGING)

### X线检查
(RADIOGRAPHS)

胸部X线片在排查转移性肿瘤、侵袭肺脏的感染性疾病、巨食道诊断上起重要作用。腹部X线片可帮助评估肝脏大小和内脏器官肿大。X线检查不具侵袭性,因此在神经系统症状的动物中应作为常规检查项目。

### 超声检查
(ULTRASOUND)

对考虑转移性肿瘤引起神经症状的动物,可推荐进行腹部超声检查排查是否存在原发肿瘤。如发现器官增大或肿物时,需要进行细针抽吸并进行细胞学检查。在表现前脑症状的犬猫中,也常使用超声检查来鉴别是否存在门静脉短路。

## 神经系统的影像学诊断
(DIAGNOSTIC IMAGING OF THE NERVOUS SYSTEM)

### 脊椎X线检查
(SPINAL RADIOGRAPHS)

在诊断先天畸形、骨折和脱位、椎间盘疾病、椎间盘脊椎炎、椎体原发性或转移性肿瘤中,脊椎X线非常必要,也十分有用。多数病例中,需要全身麻醉以获得高质量的侧位和腹背位X线片,从而帮助医生发现细微的异常。通过神经学检查确定X线投照中心。侵袭脑部和脊髓软组织的肿瘤很少能在X线平片上显示出异常。

### 脊髓造影
(MYELOGRAPHY)

在怀疑存在脊髓疾病或压迫的动物,可使用脊髓造影进行确诊、定位并对病灶进行描记。历史上脊髓造影曾是诊断由椎间盘疝出或肿瘤引起脊髓压迫的最有用的方式。在过去十年中,计算机断层扫描(CT)和磁共振成像(MRI)等检查越来越普及,因此在脊髓病灶的定性时很大程度上取代了脊髓造影。

在进行脊髓造影时,需要使动物处于麻醉状态,并在寰枕处或腰椎(L5/6)向蛛网膜下腔注射非离子型造影剂。用于脊髓造影的造影剂通常为碘海醇[欧乃派克(奈利明),(I含量240 mg/mL或300 mg/mL)0.25~0.5 mL/kg]。腰椎穿刺技术通常比较难,但其造成医源性损伤的风险相对较小,且对胸腰椎脊髓压迫性病灶的显影会更好,因为随注射压力的增加,会迫使造影剂从严重压迫位点的边缘绕过。

CSF采集和分析需要在脊髓造影前进行。在脑膜炎的动物,注射造影剂会造成炎症和临床症状恶化。另外,由于注射造影剂会引起轻微炎症,因此在脊髓造影后至少1周内都会使CSF的分析受干扰。

颈部和腰椎脊髓造影的技术方法在别处详述(见推荐读物)。透视(如有)可看到脊髓造影时造影剂的流动,对于感兴趣部位可通过拍摄侧位、腹背位,有时是斜位X光片来观察。如在某些位置发现造影剂缺失,可使动物倾斜并通过重力作用使造影剂向感兴趣区域流动。在某些情况下,可进行动态X线拍摄(牵拉、伸展、屈曲)。在脊髓造影后,有一些动物麻醉苏醒过程中可能会出现癫痫。当犬大于29 kg,且在小脑延髓池进行造影时,易出现癫痫,如给予造影剂超过2次时,癫痫的发生会更常见。这时可使用地西泮进行控制(5~20 mg,静脉给予)。

一些动物在脊髓造影后可能会表现神经症状恶化。患有大型犬的颈椎脊髓病(摇摆症)、犬猫炎症性中枢神经系统疾病或硬膜外肿物、犬退行性脊髓病的动物,常表现得更为明显。但是这种恶化通常是一过性的。

正常的脊髓造影,造影剂会充满整个蛛网膜下腔。从而表现为在腹背位时造影剂位于脊髓的两侧,在侧位时位于脊髓腹侧和背侧缘(图61-1)。正常脊髓造影中,在每个椎间盘腹侧的造影柱会有轻度抬高和变细;而背侧造影柱仍较为宽大,这提示并不存在脊髓压迫。基于脊髓造影的特征,脊髓病灶可被区分为硬膜外压迫、硬膜内髓外压迫或髓内肿胀(图61-2和图61-3)。

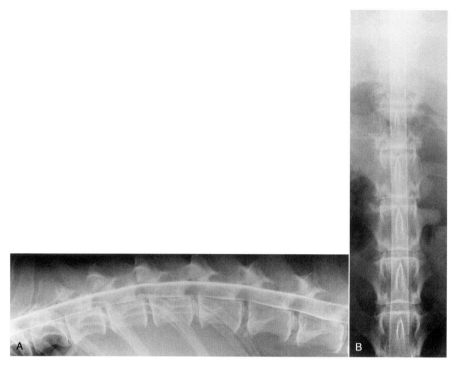

**图 61-1**
犬胸腰椎区域正常的脊髓造影侧位(A)和腹背位(B)。可见多处椎间盘钙化,但并无脊髓压迫的表现(由 Dr. John Pharr, University of Saskatchewan 惠赠)。

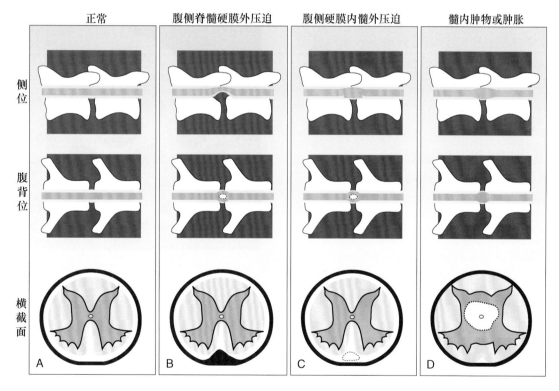

**图 61-2**
硬膜外、硬膜内髓外和髓内团块的脊髓造影表现。**A**,正常脊髓造影。**B**,腹侧脊髓硬膜外压迫。侧位片上可见,造影剂边缘逐渐变细,并向脊髓移位,与骨骼分离。此区域背侧造影柱很细。在腹背位片子上可见脊髓变宽变平,可见此区域造影柱狭窄。**C**,腹侧硬膜内髓外压迫。可见造影剂柱膨大并勾勒出病灶外形,近脊髓面及骨缘处的造影剂均变细,导致病灶位置充盈缺损,外观似高尔夫球钉样。在腹背位上脊髓变宽变平,导致造影柱狭窄。**D**,髓内肿物或肿胀。这种情况下两种体位 X 线片中,造影剂朝向骨骼侧形成凹陷(造影柱变细),造影柱形成分叉,提示脊髓膨大。

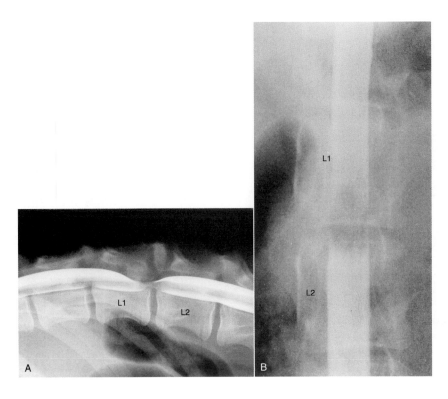

**图 61-3**
一只 5 个月大德国牧羊犬出现 3 周的进行性共济失调,进行脊髓造影后侧位(A)和腹背位(B)X 线片。见 L1 椎体尾侧、背侧硬膜外压迫。尸检可见 L1 椎体顶壁有一个局灶性软骨外生骨疣。

随着 CT 和 MRI 在小动物脊髓疾病诊断中的应用,脊髓造影常与 CT 结合在一起,以更好地显示蛛网膜下腔的轮廓,尤其是急性非钙化性椎间盘突出的病例。用于 CT 脊髓造影的造影剂的剂量会远低于正常需要剂量(25%原脊髓造影需要量)。

## 计算机断层扫描和磁共振成像
### (COMPUTED TOMOGRAPHY AND MAGNETIC RESONANCE IMAGING)

目前在许多兽医神经学转诊中心都已经拥有 CT 和 MRI。这些技术为非侵袭性,且在许多脑部、脊髓疾病的定位、鉴别和特征描记中起重要作用(图 61-4 和图 61-5)。CT 是最常用于确诊及描记椎骨和头骨的骨性异常的方法,尤其是椎骨骨折/脱位、急性钙化椎间盘突出、椎骨肿瘤、颈椎骨性病灶、中耳/内耳炎、鼻腔或鼻窦的真菌或肿瘤性疾病中。CT 静脉增强造影可用于确认损伤血管内皮的软组织病灶,但对脑和脊髓实质的评估,MRI 效果更好。相较于MRI 而言,CT 的优势是非常快,甚至可能不需要全身麻醉,只需要镇静就可实现,且比 MRI 更易于获得。

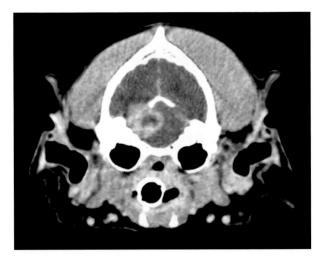

**图 61-4**
一只 11 岁金毛猎犬 5 个月前开始出现癫痫,并表现为渐进性头向右倾斜,其 CT 影像。可见左侧大脑、小脑有一个巨大囊状增强的肿物,与囊状脑膜瘤最相符。

MRI 可发现软组织非常细微的密度差异,因此对脑或脊髓实质及外周神经病灶应选择 MRI(图 61-5)。在犬颈部脊椎脊髓病、滑囊囊肿、腰荐狭窄、脊髓肿瘤、椎间盘脊椎炎、血管疾病如出血、梗死、纤维软骨栓塞等疾病,脊髓 MRI 是优于 CT 和脊髓造影的影像手段。另外在确定脊髓压迫位点时,MRI 也能显现神经组织对压迫的反应,帮助我们区分是导致急性临床表现的新鲜病灶还是陈旧病灶,或是慢性经过、瘢痕。不同的磁共振成像(MRI)序列还能提供不同的组织信息,在推荐阅读中有更为详细的描述。可给予钆类造影剂(0.1 m mol/L 静脉注射)以更好地使血管性病灶或破坏血脑屏障的病灶显影(图 61-6)。

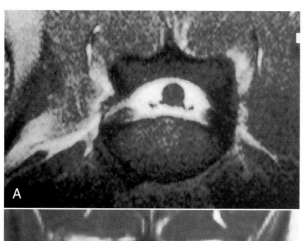
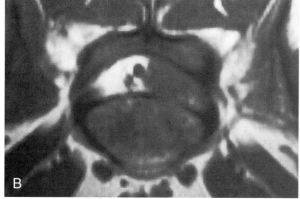

**图 61-5**
一只正常犬(A)和一只椎间盘物质脱出的金毛猎犬(B)的后段腰椎的 MRI 影像(T1 序列横断面)。

# 脑脊液采集及分析
## (CEREBROSPINAL FLUID COLLECTION AND ANALYSIS)

## 适应证
### (INDICATIONS)

在患中枢神经系统疾病的病例中,脑脊液分析是很有意义的。CSF 中典型的细胞学和蛋白浓度改变能帮助我们诊断出一些特殊的疾病。细菌培养、PCR、CSF 中抗体测定能对患感染性中枢神经系统疾病的动物做出确诊。在多数通过病史、系统性异常和影像学结果无法确定或怀疑特定神经学疾病的动物中,需

要进行 CSF 分析。患炎症性中枢系统疾病的犬猫,分析脑脊液更易于得出诊断;患进行性前脑疾病、发热或表现颈部疼痛的动物,进行 CSF 细胞学分析非常有可能得到诊断。怀疑进行性脊髓疾病,准备进行脊髓造影前的动物,需要进行 CSF 分析以排除炎症性疾病。

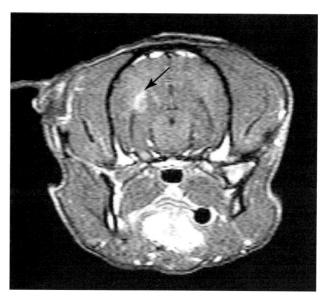

**图 61-6**
一只 2 岁波士顿犬,有 2 周的行为改变、行走困难的病史,其 MRI 影像(T1 序列横断面)。可见右侧大脑在增强造影下有一个 1 cm 大小的病灶(箭头)。患犬患有脑和颈部脊髓的肉芽肿性脑膜脑炎(GME)。

## 禁忌证
### (CONTRAINDICATIONS)

如果技术良好,CSF 采集相对安全,且操作简单。先对动物进行全身麻醉,对穿刺部位进行无菌准备。存在严重麻醉风险或有严重凝血病的动物,不应进行脊椎穿刺。对怀疑颅内压升高的动物,未采取降低颅内压措施之前,也不应进行 CSF 采集(框 61-1);控制颅内压可减少脑疝的风险(框 61-2)。

 **框 61-1　提示颅内压升高的症状**

意识下降或行为异常
瞳孔缩小、扩散或无反应
心动过缓
动脉血压升高
呼吸状态改变

输氧治疗
给予 20% 甘露醇:1 g/kg,静脉输注超过 15 min
呋塞米:1 mg/kg,静脉注射
如果需要可进行麻醉:
　快速诱导、插管、维持通气,使 $PaCO_2$ 处于 30~40 mmHg

# 技术
(TECHNIQUE)

小脑延髓池是犬猫采集 CSF 的最常用位点。L5-L6 位点也可用,但在这个区域要获得大量的未被污染的脑脊液比较困难。

## 小脑延髓池穿刺

在全身麻醉的状态下,对两耳间枕骨隆突前 2 cm 至 C2 区域的颈背部进行剃毛刷洗。如果医生惯用右手,则将动物进行右侧卧保定,并使颈部屈曲,使头部中轴线与脊柱垂直。将鼻子轻微抬高,从而使其中线与桌面平行。以左手拇指和中指触摸寰椎翼头侧缘,而后在它们之间画一条假想线。

检查者使用左手食指摸到枕骨粗隆,并从枕骨粗隆沿着后背正中线画第二条假想线。入针位置应该是两条假想线的交点(图 61-7)。

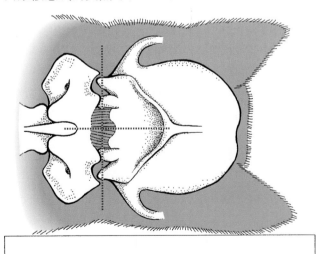

图 61-7
小脑延髓池 CSF 采集的定位标志。进针位点在背正中线和寰椎翼前缘连线的交点。

可使用长 1.5 或 3 in(3.75~7.5 cm)的脊髓穿刺针直接穿透皮肤(垂直于脊髓)进入下层组织。每次将

针往前进 1~2 mm,拔出套管针针芯以观察是否有脑脊液流出。以右手拔出套管针,左手拇指和食指支在脊柱上,并固定针套使其稳定。当背侧寰枕间黄膜和硬蛛网膜被刺破时,会感觉到"噗"的刺破感(图 61-8)。这并不是确实的提示,因为不同品种的动物、每一个动物的蛛网膜下腔的位置会有很大的不同。在玩具犬和一些猫,其蛛网膜下腔和皮肤表面的距离非常接近。

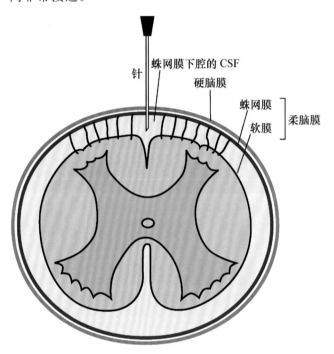

图 61-8
脊髓横断面显示了脊膜、脑脊液(CSF)和脊髓的关系。针尖的位置为蛛网膜下腔,这个位置可进行 CSF 采集或脊髓造影。

如果穿刺针触碰骨头,则需要将其拔出,这时需要重新评估病患的体位和定位标志,之后再重复上面的操作。如果在脊髓穿刺针内发现全血,需要拔出穿刺针,再以一个新的无菌穿刺针重复进行上面的操作。当观察到 CSF 流出时,使 CSF 直接由穿刺针滴入试管中。医生要和实验室确认需要用哪种试管收集 CSF。根据动物的体型可收集到 0.5~3 mL 的 CSF(不大于 1 mL/5 kg)。刺激压迫颈静脉可加速 CSF 流出,但会使颅内压一过性升高。CSF 中有血可能是疾病导致的也可能是操作本身导致的。如果是由于操作引起的,随着 CSF 从针口上流出,血液量会减少。如果是这种原因,那么在收集 CSF 时需要收集相对受污染较少的第二管液体作为细胞学分析的样本。出血导致 CSF 轻微污染(<500 RBCs/μL)并不会改变 CSF 蛋白质和白细胞测定。CSF 中大量出血则需要以 EDTA 管收集防止凝血。

### 腰椎穿刺

对动物进行侧卧保定并使躯干屈曲。可在肢体间和腰下垫泡沫垫料以使之卧平。在 L5 或 L6 椎体背侧棘突前缘中线以 3.5in(8.75 cm)的脊髓穿刺针刺入腹侧黄韧带(图 61-9)。穿刺针平顺的刺入或沿着后段脊髓和马尾从而进入腹侧蛛网膜下腔。当穿刺到脊髓时动物的尾巴和双后肢可能会抽动。由于这个位置 CSF 的流出会比较缓慢,且易于被血液污染,因此诊断时在小脑脊髓池的穿刺会更好。

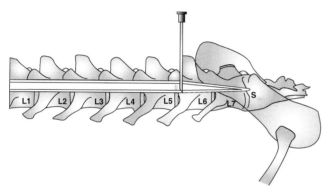

**图 61-9**
腰椎穿刺采集脑脊液的定位标志。进针位点是第 6 腰椎棘突前缘,垂直刺入腹侧的蛛网膜下腔。

## 分析
（ANALYSIS）

正常脑脊液为澄清透明无色的。在脑脊液中的白细胞会很快破坏,因此应尽快进行细胞计数,并制备细胞学检查样本。如果 CSF 在进行分析前的保存时间超过 1 h,则需将样本冷藏以减慢细胞退化。自体血清(样品容量 10%)可用于保存 CSF,这种保存方式使得即使在采集样本后 24~48 h 后仍可进行细胞学分析,但是需要单独保存一份样本以方便进行蛋白分析。另外如 CSF 在进行分析前的保存时间要超过 1 h,可在每 0.25 mL 的 CSF 加入一滴 10% 的缓冲福尔马林,或用羟乙基淀粉(6% 羟乙基淀粉稀释于 0.9% 生理盐水中(Abbott Laboratories,North Chicago,ILL)与 CSF 等容量(1∶1)混合,可保持细胞特征而又不影响蛋白测定。

样本采集后,需要进行总细胞计数,测定其白细胞与红细胞总数。每个实验室获得的参考值范围有所不同,但总的来说,白细胞计数应小于 3~5 个/$\mu$L。CSF 中白细胞总数增加称为脑脊液细胞增多。这时候需要

显微镜检查做进一步描述,以区分主要增多的白细胞类型。即使白细胞计数是正常的,CSF 的细胞学分析也是必需的,因为可能会在细胞学分析中发现一些异常的细胞类型或微生物。

如果 CSF 中白细胞计数小于 500 个/$\mu$L 时,通常需要进行离心,以方便进行细胞学分析。在很多机构和商业实验室都可进行 CSF 的细胞离心,获取样本后 30 min 内进行分析,或用前述方法保存的样本,获得的结果最佳。

正常犬猫脑脊液的大部分细胞都是小的分化良好的淋巴细胞(60%~70%)。低空泡化的大单核细胞性吞噬细胞占总细胞的 40%。偶尔可见嗜中性粒细胞和嗜酸性粒细胞,但这些细胞数的总和不超过细胞总数的 2%。犬猫特殊疾病的典型 CSF 发现见框 61-3。然而,其中很重要的一点是,CSF 细胞学判读需要与症状、病史和临床检查结果相结合。

如果血液污染很严重时,会影响细胞学的结果,但即使是明显的医源性外周血液污染,其对白细胞计数和蛋白分析的影响也很小。血液对 CSF 中白细胞计数的最大影响可估算为,每观察到红细胞 500 个/$\mu$L,会相应有白细胞 1 个/$\mu$L。

腰椎穿刺位点获得的样本中的蛋白浓度(<40 mg/dL)通常来说会比在小脑延髓池(<25 mg/dL)的高。我们也需要评估 CSF 中的蛋白含量。当血脑屏障破坏,引起局部坏死,干扰 CSF 的正常流出和吸收,或导致蛛网膜下腔球蛋白产生时,CSF 的蛋白浓度会增加。CSF 蛋白电泳可用于区分 CSF 中的高蛋白浓度,是由于血脑屏障破坏或蛛网膜下腔免疫球蛋白产生所致的,或两者皆有,但是这个测试没什么意义。一旦 CSF 有细胞成分,就必须考虑进行革兰染色,并做需氧和厌氧培养。如果考虑感染性因素(见第 66 章对脊膜炎的描述),则需要进行特殊染色或在条件允许的情况下进行 PCR,以区别 CSF 中的感染来源。还可以测定 CSF 中多种感染性微生物的抗体滴度,但血液污染,血清中抗体泄漏至 CSF 中可能影响结果。

## 电生理诊断测试
（ELECTRODIAGNOSTIC TESTING）

电生理研究可用于记录肌肉或神经组织的电活动,这能帮助病灶定位和特征描述。这些检测通常侵入性很小,但常需要镇静或全身麻醉。受设备费

用和经验的限制,它们的应用通常在大学或转诊医院里。

**框 61-3　脑脊液细胞学分析**

---

正常:白细胞计数<5 个/μL;蛋白<25 mg/dL

**正常细胞计数和分类;轻微蛋白升高**
硬膜外脊髓压迫(椎间盘,肿瘤,畸形)
脑部肿瘤
退行性脊髓病
纤维软骨栓塞
创伤
多神经根神经炎

**淋巴细胞性脑脊液细胞增多症**
病毒性脊膜炎/脑炎(狂犬病、犬瘟热)
坏死性脑膜脊膜炎(巴哥、马尔济斯、约克夏)
猫脑脊髓灰质炎
中枢神经系统淋巴瘤

**混合细胞性脑脊液细胞增多症(白细胞>50 /μL;淋巴细胞、**
　　**单核巨噬细胞、嗜中性粒细胞、浆细胞)**
犬肉芽肿性脑膜脊膜炎
原虫感染(新孢子虫、弓形虫)
立克次体感染(埃利希体、洛基山斑点热)
*猫传染性腹膜炎性脑膜脊膜炎*
*神经莱姆病*
*真菌性脑膜脊髓炎(芽生菌病、隐球菌病、曲霉病)*

**中性粒细胞性脑脊液细胞增多症**
细菌性脑膜脊膜炎
真菌性脑膜脊膜炎(芽生菌病、隐球菌病、曲霉病)
激素反应性脊膜动脉炎
洛基山斑点热
*猫传染性腹膜炎性脑脊膜炎*
*神经莱姆病*
脑膜瘤
脊髓造影后刺激性脊膜炎

**嗜酸性细胞性脑脊液细胞增多症**
激素反应性嗜酸性脊膜炎(常见于金毛)
寄生虫性迁移
原虫感染
*真菌性脊膜脑膜炎*

---

斜体字表示不常见的表现。

## 肌电图
## (ELECTROMYOGRAPHY)

正常肌肉为肌电安静状态。当针刺入正常肌肉时,会引发一个短暂的暴发性电活动,当针刺停止时该电活动就会停止。支配肌肉的外周神经出现阻断、破坏或脱髓鞘时,会导致去神经支配的肌肉,在 5~7 d 后出现自发性纤维性颤动,形成正向尖锐的波形(如去神经电位)及针刺时电活动延长。在一些原发性肌病也可见到类似的改变。肌电图(EMG)是用于诊断肌肉或外周神经异常最有用的方式,可确定异常的肌肉组织,以方便进行活检。

## 神经传导速度
## (NERVE CONDUCTION VELOCITIES)

运动神经的传导速度可通过刺激同一神经的两个不同位点,并记录其诱发肌肉电位的时间来获得。这段运动神经传导速度可由测量两个不同位点间的距离以及其诱导电位所需要的时间差来获得。感觉神经传导速度也可用类似的方式测得。传导时间延长见于脱髓鞘疾病,可以此来诊断外周神经病。受损或撕脱的神经会出现退化(尤其是损伤后 4~5 d),而不再传导冲动,因此神经传导速度测试也可用于诊断和定位外周神经损伤。

## 视网膜电图
## (ELECTRORETINOGRAPHY)

视网膜电图(ERG)用于记录视网膜对闪光刺激后的电反应。它是一种客观评价视网膜功能的方法,可用于检测视杆和视锥细胞感受器。ERG 在评估失明但眼底镜检查视网膜正常的动物(如诊断突发性获得性视网膜退化),或对视网膜不可见的动物的评估(如评估白内障的动物是否同时伴发有视网膜退化)时最有用。伴有退行性视网膜疾病时,ERG 常为异常的,但如果引起视觉异常的病灶位于视网膜之后(视神经、视交叉、视束或大脑皮层),则 ERG 会表现为正常。如果动物不配合,ERG 的检测可在全身麻醉或镇静时进行。

## 脑干听力诱发反应
## (BRAINSTEM AUDITORY EVOKED RESPONSE)

脑干听力诱发反应(BAER)描述的是受到听刺激(滴答声)后神经组织的反应。这个反应由耳蜗开始,并由听觉通路传导至脑干而表现出一系列波形。外耳、中耳、内耳的病灶,外周前庭耳蜗神经;中脑后侧脑干病灶会引起这个反应特征性改变,帮助我们进行定位。这个测试被广泛应用于检查犬单侧或双侧先天性失聪。

## 脑电图
### (ELECTROENCEPHALOGRAPHY)

脑电图提供大脑皮层自发性电活动的图像记录。其结果可帮助我们区分大脑的病灶是局部的还是泛发的。一些出现癫痫的犬只会在癫痫发作间期有异常的脑电图(EEGs)。

# 肌肉和神经的活检
## (BIOPSY OF MUSCLE AND NERVE)

## 肌肉活检
### (MUSCLE BIOPSY)

当临床表现或电生理提示存在肌肉疾病时应进行肌肉活检。活检可提供确切的诊断或提示疾病自然进程。为达到最好的效果,受波及的肌肉需进行活检,而对泛发性疾病来说,需要对两个不同部位的肌肉进行活检。为研究肌病,可采集肢体近端肌肉如股外侧肌或三头肌的样本,而对神经性疾病而言,肢体远端肌肉会更具诊断意义,如胫骨前肌或腕桡侧伸肌。因为完整的肌肉组织病理学检查需要新鲜冷冻的组织,多数实验室要求新鲜肌肉样本要由生理盐水浸湿的纱布包裹,并于冷藏条件下连夜运送至实验室。当获取到由福尔马林固定的样本时,需将其固定在薄木条,如舌压板上,以防止固定时肌肉收缩。常规组织学可发现炎症或肿瘤浸润性变化,如果是感染性疾病,可获得病原。

采用多种全面的酶联免疫组化的方法对新鲜冷冻组织进行评估,可获得一些特定肌病的诊断。根据酶染色特征,肌肉纤维可根据其类型和比例以及肌纤维类型分布情况来进行分类。一些肌病会导致一种纤维类型的选择性缺失。很多神经性疾病会出现去神经支配和神经再支配的情况,导致肌纤维"分组",因此正常的棋盘格表现缺失,而出现相同类型纤维成簇出现的情况。需评估肌肉纤维的形状和大小、是否存在退行性病变或坏死的表现、核的位置、空泡或包涵体,以及

细胞浸润情况。也可进行免疫染色以鉴别某些寄生虫(新孢子虫),并评估肌肉正常结构组成。将肌肉样本送至研究肌肉疾病的特殊实验室,以便获取最佳结果和准确解释。临床医生需咨询这些实验室如何进行活检以获取合适的样本,及其他相关操作。

## 神经活检
### (NERVE BIOPSY)

评估外周神经疾病时,进行神经活检对诊断有意义。活检时,可取神经横断面约 1/3 宽度,并移除长约 1 cm 的神经束,使神经干大部分保持完整。要采集受波及的神经。腓总神经和尺神经是复合神经(即,运动和感觉),最常进行活检。如同肌肉活检,神经活检采样时也需要特殊的处理以保证能获取最多的信息。将采集的样本平铺在木制压舌板上,用别针固定,使其在长轴方向上展开,但不要使其拉伸。可用 2.5% 戊二醛或 10% 福尔马林缓冲液浸泡,用于光学显微镜检查。新鲜神经样本可在液氮下冷冻储存,用于生化分析。

◉ 推荐阅读

Bohn A et al: Cerebrospinal fluid analysis and magnetic resonance imaging in the diagnosis of neurologic diseases in dogs: a retrospective study, *Vet Clin Pathol* 35:315, 2006.

da Costa RC, Samii VF: Advanced imaging of the spine in small animals, *Vet Clin North Am Small Anim Pract* 40:765, 2010.

Dickinson PJ, LeCouter RA: Muscle and nerve biopsy, *Vet Clin North Am Small Anim Pract* 32:63, 2002.

Fry MM, Vernau W, Kass PH: Effects of time, initial composition and stabilizing agents on the results of canine cerebrospinal fluid analysis, *Vet Clin Pathol* 35:72, 2006.

Hecht S, Adams WH: MRI of brain disease in veterinary patients: Part 1: Basic principles and congenital brain disorders, *Vet Clin North Am Small Anim Pract* 40:21, 2010.

Olby NJ, Thrall DE: Neuroradiology. In Platt SR, Olby NJ, editors: *BSAVA manual of canine and feline neurology*, Gloucester, 2004, BSAVA.

Sharp NJH, Wheeler SJ: Diagnostic aids. In Sharp NJH, Wheeler SJ, editors: *Small animal spinal disorders: diagnosis and surgery*, ed 2, St Louis, 2005, Mosby.

Taylor SM: Cerebrospinal fluid collection. In Taylor SM, editor: *Small animal clinical techniques*, Philadelphia, 2010, Saunders.

Wamsley H, Alleman AR: Clinical pathology. In Platt SR, Olby NJ, editors: *BSAVA manual of canine and feline neurology*, Gloucester, 2004, BSAVA.

# 第 62 章
## CHAPTER 62

# 颅内疾病
## Intracranial Disorders

## 概述
## (GENERAL CONSIDERATIONS)

当神经学检查提示病灶在枕骨大孔上游，有许多不同的鉴别诊断需要列入考虑范畴。这些疾病中有一些只是影响到脑部某一特定区域（如前脑、小脑和脑干），但有一些疾病可能波及脑部的任何区域。对多数前脑和脑干的疾病而言，首先表现且最为重要的异常是精神意识的改变，而对小脑而言，最常见的是辨距障碍。

## 精神意识异常
## (ABNORMAL MENTATION)

在犬猫大脑皮层病灶，或动物伴有中毒性或代谢性脑病时，动物会出现行为异常、神志错乱、强迫性行为及癫痫发作。侵袭脑干的疾病也会引起严重的沉郁、昏睡和昏迷。

当接诊时犬或猫表现出异常的精神意识时，临床兽医师首先要确定这个问题仅仅是行为问题，还是系统性疾病的结果，还是提示了存在颅内病灶的情况。通过病史要从主人处了解动物正常的行为习惯、全身性表现，以及导致这种精神意识改变发生的情境，这些或许能够帮助我们区分是否为神经性问题。确定为神经功能障碍，则提示神经系统的异常。在一些单侧性前脑病灶中，动物会表现出向病灶侧偏转或转圈，对侧的所有感觉传入（触碰、看、听）都被忽略（半边忽略综合征）。尽管它们的步态通常是正常的，受波及的动物有可能表现病灶对侧姿势反应缺失。脑干病灶通常会引起意识改变、多对脑神经异常、同侧上运动神经元性

轻瘫、共济失调和姿势反应缺失。

## 中毒
## (INTOXICATIONS)

犬猫出现急性发作的精神异常时，需要考虑是否与中毒有关，如家庭内毒物、杀虫剂、杀鼠剂、处方药或违禁品。一开始动物可能会表现为焦虑、精神错乱，之后出现严重的精神沉郁、癫痫或其他神经性和系统性症状。常见的引起犬猫精神意识改变和抽搐的毒物可参见第 64 章。中毒的临床症状常为急性和严重的，并且恶化迅速。潜在的摄取或暴露在毒物下的病史，以及其特征性临床症状可帮助做出诊断。治疗上要去除毒物，预防其再被吸收，并加快其排出。因中毒导致的癫痫需要急诊处理，这在持续性癫痫发作中会再详述（见框 64-7）。

## 代谢性脑病
## (METABOLIC ENCEPHALOPATHIES)

动物出现精神异常、意识下降或癫痫时，必须要评估是否存在代谢性紊乱，如肝性脑病、低血糖、严重尿毒症、电解质紊乱、高渗透压（如未治疗的糖尿病）。严重的全身性疾病、败血症、阿迪森综合征、甲状腺功能减退性黏液水肿性昏迷都会引起精神沉郁。在本章节会再讨论更多关于这些代谢性疾病诊断和管理细节。

## 辨距障碍
## (HYPERMETRIA)

辨距障碍的步态通常表现为每个肢体伸展时抬高过度，收回负重时比正常更用力，这提示小脑对运动的频率、

移动范围和力量的正常调节缺失。小脑疾病时,动物通常会表现出共济失调,但是强健,其姿势反应和脊髓节段反射均为正常。它们无法判断距离或控制它们运动的幅度,在试图去做精确运动时,动物会出现持续震颤和摆动(意向性震颤)。在休息时会出现头和躯干轻微的震颤。

## 颅内疾病的诊断流程
## ( DIAGNOSTIC APPROACH TO ANIMALS WITH INTRACRANIAL DISEASE)

常引起神经症状的颅内疾病包括:外源性创伤、血管疾病(如出血和缺血)、畸形(如脑积水、无脑回、小脑发育不全)、炎症性疾病(如脑炎)、退行性疾病、原发性或转移性脑瘤。其评估包括完整的体格检查、神经学检查和眼科学检查。当神经学症状的病因不明时,需要通过临床病理学检查,胸部及腹部 X 线及腹部超声检查来筛查代谢性疾病、感染或肿瘤的全身性表现。如果仅为颅内异常,需要考虑用高阶神经影像(CT 或 MRI)和脑脊液(CSF)采集分析来诊断。如果检查均为正常,则怀疑退行性疾病(框 62-1)。

> **框 62-1　精神异常的诊断步骤**
>
> 1. 完整的病史、体格检查和神经学评估
>    局部或不对称性功能障碍提示颅内疾病
> 2. 排除代谢性脑病
>    血液学、血清生化、尿检
>    血糖:禁食、有症状时、餐后
>    肝功能检查
> 3. 全身性炎症或肿瘤疾病评估
>    完整的眼科检查
>    胸部和腹部 X 线
>    淋巴结穿刺(±脾脏、肝、骨髓)
>    适当时进行血清学检查
> 4. 进行颅内检查
>    神经影像学(CT、MRI)
>    脑脊液采集分析

## 颅内疾病
## (INTRACRANIAL DISORDERS)

### 头外伤
### (HEAD TRAUMA)

头外伤的预后很大程度上取决于原发损伤的位置

和严重程度。通常来说,会引起犬猫头外伤的情况包括车祸和被大动物踢伤及咬伤。原发创伤后,脑实质损伤会出现继发性损伤包括出血、缺血和水肿。由于脑实质位于闭合的颅骨内,因此当出现水肿或出血时,脑容积会随之增加,从而导致颅内压升高,而脑部血液灌流降低,造成更进一步的脑部损伤。

脑部损伤时,其控制应先着手于了解及治疗系统性损伤,维持足够的循环和呼吸。系统性低血压会降低颅内灌注,因此需要输液以维持血容量(框 62-2)。给予合成胶体液如 Pentaspan[10% 羟乙基淀粉在 0.9%NaCl(Bristol- Myers Squibb)]或给予高渗盐水(7.2%)可在不输注大量晶体液的情况下迅速恢复血容量和血压。可通过面罩或者鼻导管或经气管导管的方式提供氧气。如果动物没有意识,需要立即进行插管和通气支持。通气过度可降低颅内压,但会引起颅内血管收缩,降低颅内血液灌流量,因此使用时要谨慎。尽可能将 $Pa_{CO_2}$ 保持在 $30\sim35$ mmHg 范围。一旦发生癫痫,需要针对性的激进的抗惊厥治疗(见第 64 章),因为癫痫活动会极大地增加颅内压。降低颅内压的方法包括把头抬高 $30°$,给予渗透性利尿剂如静脉给予甘露醇($1\sim1.5$ g/kg,给药时长 15 min),或高渗盐水($4\sim5$ mL/kg 7.2% NaCl,给药时间 $2\sim5$ min),必要时给予麻醉镇痛剂。研究表明在脊髓损伤的前 6 h 给予高剂量的甲强龙对动物有好处,但在严重脑损伤时,会造成有害损伤。

> **框 62-2　颅内损伤的管理**
>
> **所有病患**
> 评估气道、供氧
> 检查、评估和治疗现有的损伤
> 治疗休克,维持血压(静脉输注晶体液、胶体液)
>   等渗晶体液:休克剂量(犬 90 mL/kg,猫 60 mL/kg)的 1/4,每 15 min 评估一次
>   Pentaspan:20 mL/kg 休克剂量的 1/4
>   高渗盐水:7.2%NaCl 4～5 mL/kg,推注时间＞2～5 min
> 维持平均动脉压 80～120 mmHg
> 每 30 min 监测神经状态
>
> **严重损伤或恶化时**
> 抬高头 $30°$
> 如果出现癫痫,治疗(见框 64-6)
> 给予高渗液治疗
>   20%甘露醇:1～1.5 g/kg,静脉给予,推注时间＞15 min(3 h 重复给予)
>   或
>   高渗盐水:4～5 mL/kg 7.2%NaCl,推注时间＞2～5 min
> 如果插管,维持 $Pa_{CO_2}$ 在 30～35 mmHg

每 30 min 需要重新进行系统评估与神经学评估。可以使用评分系统进行最初的神经学状态分级和连续性评估。使用改良式格拉斯哥昏迷评分(框 62-3)将运动力、脑干反射、意识水平分为 1～6 分。总分小于等于 8 时,即使进行激进的治疗,其存活率<50%。

### 框 62-3 改良式格拉斯哥昏迷评分

**运动力**

| | |
|---|---|
| 步态正常,脊髓节段反射正常 | 6 |
| 半边轻瘫,四肢轻瘫或去大脑僵直 | 5 |
| 侧卧,间断性伸肌强直 | 4 |
| 侧卧,持续伸肌强直 | 3 |
| 侧卧,持续伸肌强直并有角弓反张 | 2 |
| 侧卧,肌肉张力减弱,脊髓节段反射减弱或消失 | 1 |

**脑干反射**

| | |
|---|---|
| PLR 正常并有正常的头眼反射 | 6 |
| PLR 减慢,头眼反射正常至减弱 | 5 |
| 双侧无反应的瞳缩,头眼反射正常至减弱 | 4 |
| 针尖样瞳孔,头眼反射减弱至消失 | 3 |
| 单侧无反应的散瞳,头眼反射减弱至消失 | 2 |
| 双侧无反应的散瞳,头眼反射减弱至消失 | 1 |

**意识水平**

| | |
|---|---|
| 偶见周期性警觉,对环境有反应 | 6 |
| 精神沉郁或错乱;存在反应,但反应不一定恰当 | 5 |
| 半昏迷状态,对视觉刺激有反应 | 4 |
| 半昏迷状态,对听觉刺激有反应 | 3 |
| 半昏迷状态,仅对反复的痛觉刺激有反应 | 2 |
| 昏迷,对反复的痛觉刺激无反应 | 1 |

## 血管意外
(VASCULAR ACCIDENTS)

血管意外,也称中风,会偶然发生于犬猫中枢神经系统,引起神经系统突然的极急性异常。缺血性中风是由于血栓或栓子堵塞颅内血管引起的。出血性中风是指脑实质出血。

缺血性中风是由于败血性病灶(心内膜炎)、原发或转移性肿瘤、血管炎、心丝虫病或心脏疾病的细胞或血凝块脱落进入循环系统而发生。动脉粥样硬化是人类常见的血栓性中风的病因,该病在甲状腺功能减退的犬,或其他不常见的疾病,如犬的糖尿病、肾上腺功能亢进、遗传性高脂血症中也会引起血管内凝血的形成,从而导致中风。慢性高血压也会引起血管的改变,使其易于出现缺血性或出血性中风。出现极急性神经症状的动物必须要测量血压,如果高血压时,要评估是

否存在潜在性原因,如肾衰竭、肾上腺功能亢进(犬)、甲状腺功能亢进(猫)。但尽管做了详细的检查,大约一半的出现缺血性中风犬的潜在病因仍不可知。

自发性颅内出血的潜在病因可能不可知,也可能是凝血病、原发或继发脑瘤出血(尤其是血管肉瘤)或高血压。当怀疑有颅内出血时需要排查血小板减少症、遗传性或获得性凝血病、DIC、全身肿瘤、引起高血压的疾病。

在缺血或出血性中风时,突发性神经功能缺失会高度怀疑血管疾病。在最初的 24～72 h 可能会因为水肿发生而引起症状恶化,但多数发生非致死性缺血性中风的动物都会很快恢复。出血性中风比缺血性中风更易出现神经症状的快速恶化,使颅内压升高,甚至死亡。

神经症状缺失反映出血管损伤的位置,前脑和小脑中风多见于犬。猫则更多见前脑和脑干中风。在出现甲状腺功能减退性高脂质血症的拉布拉多和查理王小猎犬易出现小脑缺血。除了神经学异常,体格检查、临床病理学评估、胸部 X 线可能均为正常,也可能会表现出潜在疾病的进程。评估系统性血压,并开展眼科学检查,以查找是否存在高血压相关的出血或视网膜剥离。需要评估血小板计数和凝血功能、排查全身肿瘤。在评估急性出血性中风时,CT 是一个很好的影像手段,但对缺血性疾病的作用有限。MRI 可用于检测 12～24 h 内发生的缺血性中风,且可区分出血性病灶和缺血性病灶。尽管缺血性病灶很难与炎症或脑内肿瘤区分,但是如果存在楔形血管范围,伴有清晰的分界,周围均为正常的脑组织,且没有占位效应则高度提示缺血。

对怀疑有缺血或出血性中风动物,短期内可能需要以激进的方式降低颅内压,就如在头部外伤中描述的那样(详见框 62-2)。需要控制其潜在病因,如高血压和凝血病。多数轻微或中等程度症状的动物会在开始的 3～10 d 表现出明显改善,尽管有些动物不能恢复至正常状态。

## 猫缺血性脑病
(FELINE ISCHEMIC ENCEPHALOPATHY)

猫缺血性脑病(feline ischemic encephalopathy, FIE)是猫大脑部缺血引起的急性大脑皮质功能紊乱综合征。大脑中动脉供血的皮质部分是最易被波及的。很多出现 FIE 的病例常出现在夏天,该疾病在美

国东北地区户外活动的猫中最为常见。猫会因出现极急性发生的非对称性神经异常，如攻击性、向病灶侧转圈、癫痫而被主人带来就诊。可能会出现病灶对侧肢体本体感受缺失、节段反射增强（UMN 症状），猫还可能出现病灶对侧失明，但 PLR 正常（皮质失明）。任何出现突发的非进行性偏侧性大脑皮质功能异常，且无创伤史或系统性疾病或高血压的猫均需考虑 FIE。鉴别诊断中第一位应该是血管意外。体格检查除了神经学症状的异常外，其他均正常。眼科学检查、临床病理学评估和血压检查也都为正常。CSF 的细胞学检查正常，蛋白质浓度正常或轻度升高，炎症性疾病的可能性很低。MRI 是最好的查证缺血性病灶部位的方法。

　　患 FIE 的猫可能会因为大脑中动脉急性梗死引起大脑皮层急性广泛性坏死和水肿，因此死亡或被安乐死。另外，很多猫会表现出与飞蝇幼虫迁移的特殊表现相匹配的组织病理学特征。幼虫会通过鼻腔进入脑部，一旦进入中枢神经系统，会出现复杂的毒性反应，从而引起神经损伤、血管痉挛，导致大脑缺血。在紧急情况下可以静脉给予甘露醇，以减少血管损伤区域的水肿（见框 62-2）。如果癫痫发生，则需要使用抗惊厥药物（见框 64-7）。在夏天，从疫区来的年轻或中年的猫，并有急性偏侧性大脑皮层症状的，需要针对性治疗迁移性寄生虫。以苯海拉明（4 mg/kg，IM），2 h 后给予地塞米松（0.1 mg/kg，IV）和伊维菌素（400 μg/kg，皮下注射）治疗。48 h 后重复治疗。无论是否使用伊维菌素，很多猫在开始治疗 2～7 d 后出现显著改善。50% 的猫可完全康复。持久性的神经后遗症包括攻击性行为或反复癫痫，通常会导致最终被安乐死。

## 脑积水
(HYDROCEPHALUS)

　　脑积水是指因 CSF 流出阻塞，使其达到蛛网膜绒毛重吸收入体循环的量减少，而引起脑室增大。阻塞可继发于炎症、肿瘤或先前的出血，但多数病例为先天性。有先天性脑积水倾向的品种包括马尔济斯、约克夏、英国斗牛、吉娃娃、拉萨犬、博美、玩具贵宾犬、凯恩狸犬、波士顿狸、巴哥、松狮、京巴。猫偶然也会发生。

　　很多先天性脑积水的动物有头部增大、囟门未闭、颅内结构开放（图 62-1）的表现。因为玩具品种多见头大，囟门未闭（<5 mm），因此不能过度解读这些征象。尽管多数囟门较大或到 9 周龄仍囟门未闭的犬，可能

表现出脑室扩张，但多数并不会表现出脑积水的临床症状。

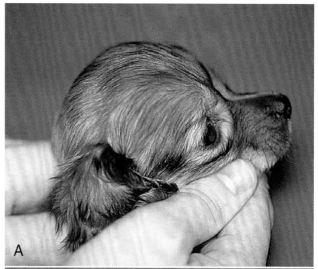

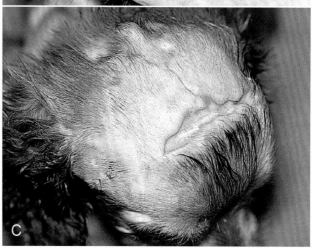

**图 62-1**

**A 和 B，**一只吉娃娃幼犬发生脑积水。可注意到其明显增大、半球形颅骨和向外侧斜视。**C，**在侧脑室通过脑室腹膜分流手术引流后，可见其颅骨开放（囟门）。

症状性脑积水的动物会表现出学习能力下降,对家庭训练反应较差。它们可能表现为呆滞或沉郁。可能出现间断性或持续性行为异常、转圈、皮质失明。它们也可能发生癫痫。受严重影响的动物会表现出四肢轻瘫、姿势反应减慢、头倾斜、眼球震颤。有些动物可能因为眼眶畸形或脑干功能异常表现出外侧斜视(见图62-1)。神经症状进程不可预知,其神经缺陷可能随时间推移而发展,也可能保持相对稳定,甚至可能在1~2岁后逐渐改善。如果合并其他疾病或轻微的头外伤,则可能出现症状明显恶化。30%先天性脑积水的犬直到2岁都不会表现明显症状。

特定品种的幼年动物如果出现特征性的症状和体格检查结果时,我们要怀疑脑积水。如果囟门未闭,可通过开口处行颅脑超声检查,由此确定脑室的大小来确诊(图62-2)。如果囟门很小或已关闭,进行超声扫查会比较困难,但是如果是幼年动物仍可以通过颞骨进行扫查。另外,CT或MRI可判断是否存在脑室扩张。尽管过往的调查可发现脑室大小与临床症状的关联性较小,但是有一篇报道指出,在小型犬脑室增大[脑室/脑部(VB)值]与临床症状的严重程度相关,脑室/脑部值超过60%的无症状幼犬易于因其脑积水而发展出相应的神经症状。

长期控制神经症状的内科控制包括限制CSF产生,减少颅内压。最常用的药物治疗方式为乙酰唑胺

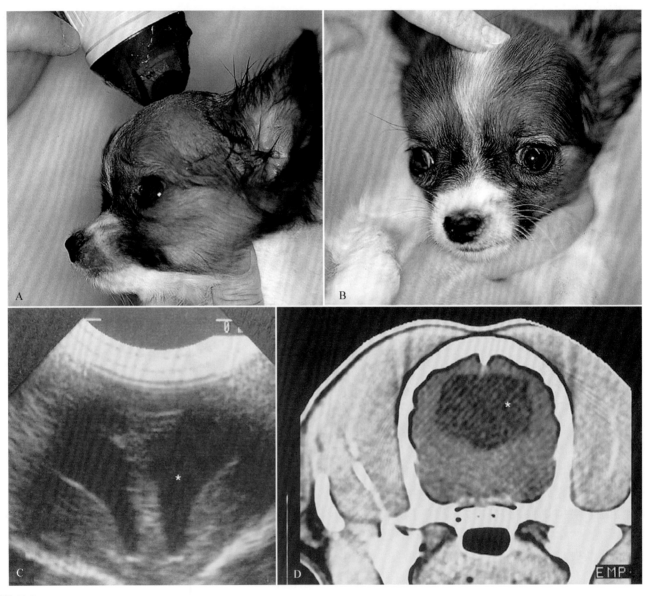

图62-2
A和B,患脑积水和囟门开放的年轻蝴蝶犬。C,超声影像。D,CT扫查患脑积水的犬只的头部。＊侧脑室扩张。(D由Dr. Greg Daniel, University of Tennessee提供)。

(10 mg/kg q 8 h 口服)单独使用或配合呋塞米[1 mg/(kg·d)]口服。奥美拉唑也可降低 CSF 产生并作为辅助用药。一些动物使用糖皮质激素治疗会得到改善(泼尼松 0.5 mg/(kg·d),口服,并按周逐渐降量至 0.1 mg/kg q 48 h)。如果发生癫痫可使用抗惊厥治疗控制(见 64 章)。如果发生神经症状,则难以保证正常的生活质量。外科引流放置永久性脑室腹膜分流管是一个激进的治疗方式且存在许多潜在的并发症,但是,大于 50%的病患可维持较好的结果。

脑积水的犬猫偶然也会出现急性的、严重的、进行性的神经症状,这通常是由于颅内压突然升高引起的。因此迅速降低颅内压是非常重要的,可用与头部外伤动物相同的治疗方法(框 62-2)。如果囟门开放,可由此移除脑室内少量 CSF(0.1~0.2 mL/kg)。

## 无脑回畸形
### (LISSENCEPHALY)

无脑回畸形是指沟回无法发育成正常的结构,表现为大脑皮质平滑。无脑回畸形最开始是在拉萨犬、刚毛猎狐梗及爱尔兰雪达犬中发现的。常见行为异常和视力缺失。这些动物通常难以训练和管教。通常直到接近 1 岁时才会出现明显癫痫。最终确诊需要 MRI、脑部活检或尸检。

## 小脑发育不良
### (CEREBELLAR HYPOPLASIA)

小脑先天性畸形可见于松狮、爱尔兰雪达犬、刚毛猎狐狸和西伯利亚哈士奇,另外零星有一些犬种和猫也有报道。猫小脑发育不良常由自然获得性子宫内泛白细胞减少症病毒(猫细小病毒)感染,或怀孕母猫接种猫细小病毒弱毒疫苗引起。在动物第一次走路时开始出现临床症状,常见的包括辨距不良、共济失调、震颤。有些病例比较轻而有些病情会较重,导致动物行走和进食困难。因为病情是不发展的,症状轻微的动物也可以正常饲养。

## 炎症性疾病(脑炎)
### [INFLAMMATORY DISEASES(ENCEPHALITIS)]

脑炎很常见,大部分传染性和炎症性脑炎疾病将在第 66 章进行讨论,其神经学症状提示受波及的位点,炎症的严重程度和实质损伤。其典型表现包括一开始为亚急性,并在接下来的数天到数周逐渐恶化。肉芽肿性脑膜脑炎(GME)是犬最为常见的非感染性炎性脑病,常波及前脑、脑干或小脑,并引发一系列的神经学异常。可参见第 66 章查阅关于颅内炎症性疾病的临床表现、诊断和治疗。

## 影响脑部的遗传性退行性疾病
### (INHERITED DEGENERATIVE DISORDERS AFFECTING THE BRAIN)

代谢性贮积病是神经系统细胞内酶的遗传性缺陷导致的神经退行性疾病。较为典型的为症状发生于新生幼仔和幼年动物,并表现出进行性变化。当好发品种的年轻犬只出现进行性特征性神经异常时,要考虑此病的发生。在排除炎症性疾病和肿瘤疾病后,很多病例中可假定这是唯一可能的诊断。遗传性退行性脑部疾病的好发品种及临床特征可在推荐读物中查找。临死前确诊需要进行脑部活检、并对波及的器官活检样本进行组织病理学检查,或各项酶指标评估。现阶段无治疗措施。

## 小脑皮质退化(过早退化)
### [CEREBELLAR CORTICAL DEGENERATION (ABIOTROPY)]

小脑过早退化是指因为小脑细胞内部缺陷而导致的小脑细胞过早退化综合征。这种退化偶见于新生幼仔,在第一次行走时动物开始表现症状,之后数周至数月逐渐发展恶化。多数品种中,临床症状在 3~12 月龄之间表现出来,但也有一些品种(布列塔尼猎犬、戈登雪达犬、英国古代牧羊犬、美国斯坦福㹴犬,苏格兰㹴犬)表现为成年后发作的过早退化,动物直到 2~8 岁才开始表现症状。通过检查排除炎症性和肿瘤性疾病。诊断基于小脑活检或尸检。目前没有有效的治疗。

## 神经轴索营养不良
### (NEUROAXONAL DYSTROPHY)

神经轴索营养不良是一种缓慢进行性发展的退行性疾病,通常侵袭所有中枢神经系统灰质内神经元胞体,其中最严重病灶位于脊髓小脑束和浦肯野细胞。年轻成年的罗威纳(多数为 1~2 岁)最初会表现为辨距过度的步态和共济失调,症状在 2～4 年内缓慢恶化。受波及的犬会发生意向性震颤、持续轻微震颤、眼球震颤和惊吓反应缺失。姿势反应(本体反应和单脚跳)仍为正常的。类似的疾病也在年轻柯利犬(2～4 个月)、吉娃娃、拳师犬、德国牧羊犬、三花幼猫(5-6 周)中发现。诊断需要活检或死后尸检,且无有效治疗。

## 肿瘤
### (NEOPLASIA)

犬猫的原发性脑瘤常见,常导致慢性进行性的神经症状。当发生神经系统外的肿瘤转移至脑实质或颅内肿瘤出血时,会表现出迅速恶化。脑淋巴瘤可发生于任何年龄,但多数原发性或转移性肿瘤都发生于中老年动物。常见的品种包括金毛、拉布拉多、混血犬和拳师犬。

脑部肿瘤引起症状的机理包括破坏临近组织、增加颅内压、引起脑实质出血或阻塞性脑积水。癫痫和精神改变是最常见的就诊原因。而转圈、共济失调、头倾斜则相对少见一些。随着颅内肿瘤增大,它们会引起颅内压升高,意识逐渐减弱并伴精神改变;主人会提到犬和猫近期变得有些呆滞、沉郁或"变老"。但其细微的神经学症状有时在主人能观察到的数周或数月前就出现了。

有一些脑部肿瘤的动物在癫痫发作间表现为神经学正常,但细致的神经学检查会发现一些不对称的神经异常。前脑病灶会表现出向病灶侧强迫性转圈,及病灶对侧的异常姿势反应和视力异常。而脑干肿瘤则常表现出位置性眼球震颤和脑神经轻微异常。

颅内肿瘤可能为原发的(起源于脑部),或由邻近组织向脑部侵袭的(如颅骨、鼻腔、鼻窦),或由远端转移至脑部。需要对这些病例进行仔细的体格检查,以寻找可能发生颅内转移的原发肿瘤病灶。尤其要注意鼻腔、淋巴结、脾、皮肤、乳腺和前列腺。需要获得血常规、血清生化、尿液分析结果,以排除代谢性疾病,并寻找肿瘤存在的可能性,或是否发生副肿瘤综合征。应进行胸部腹部 X 线片和腹部超声检查,以寻找原发瘤或神经外的转移病灶。另外,多数患颅内肿瘤的犬和猫为老年动物,对肿瘤的系统性评估会发现一个不相关的颅外肿瘤的发生率可高达 25%,这会对疾病的预后及治疗起到至关重要的作用。

MRI 是最准确的颅内肿瘤侦测和描绘特征的影像学检查方法。定位于轴内(实质组织)或轴外(表面),受波及的脑组织区域,周围组织的浸润程度、形状、造影等均可用于预测可能的肿瘤类型,但确切的诊断仍需要活检。脑膜瘤是犬猫最为常见的颅内肿瘤,其次是犬的神经胶质瘤和猫的淋巴瘤。金毛得脑膜瘤的风险较高,而短头品种如波士顿狨和拳师犬更易发生神经胶质瘤。

由于多数颅内肿瘤均较难发生细胞脱落,采集和分析 CSF 较难提供有效的诊断。在 CSF 中发现肿瘤细胞通常较难,除非是中枢性淋巴细胞瘤、癌转移和脉络丛肿瘤。患颅内肿瘤的犬猫 CSF 可表现为外观正常,CSF 细胞学正常伴轻微蛋白浓度升高,或混合细胞增多症,因此难以与其他疾病如肉芽肿性脑膜脑炎区分。

脑部肿瘤的治疗取决于可能的肿瘤类型、肿瘤位置、生长史及神经学症状。一旦通过 CT 或 MRI 确诊,那些小的、位于表面的、包膜完好的良性大脑肿瘤、背侧小脑肿瘤、颅骨肿瘤可考虑手术移除。特别注意的是在猫的大脑脑膜瘤移除上已经取得一些成功。犬大脑脑膜瘤通常也在浅表位置,且为组织病理学良性,但因为它们包膜不完全,使得手术完全移除较为困难。犬原发性脑部肿瘤手术移除后的中位存活时间大约是 140～150 d,其死亡风险高发时间为术后 30 d。对脑膜瘤来说,中位存活时间较长(传统手术后 240 d,抽吸式手术术后 1 254 d)。猫脑膜瘤手术移除术后中位存活时间为 22～27 个月。

传统放疗可用于犬手术切除术后辅助治疗或用于对无法切除的原发性(非转移性)脑部肿瘤单独治疗。很多放疗前神经学症状持续的犬只会表现出临床症状改善。犬某些脑部肿瘤(如脑膜瘤)以放疗单独治疗或合并手术治疗后,通常缓解期会超过 1 年。放疗的缺点在于需要多次麻醉且需要到转诊中心。

在无法进行最终确诊时也可以考虑化疗支持。糖皮质激素的使用[泼尼松 0.5～1 mg/(kg·d),逐渐调至每 48 h 一次]可降低肿瘤周围水肿,增加 CSF 重吸收。必要时可给予慢性抗惊厥药治疗。在肿瘤相关临床症状急性恶化时,需要积极的治疗控制颅内压,就如头外伤中讲解的那样。可对中枢神经系统淋巴瘤进行特殊化疗,但用于全身治疗的多数化疗药都无法通过血脑屏障。阿糖胞苷(赛德萨),洛莫司汀(CCNU)和泼尼松会有一些效果(见第 77 章)。一些脑部非淋巴瘤,尤其是神经胶质瘤,对卡莫司汀或 CCNU 的全身化疗效果有反应。

◆推荐阅读

Bagley RS: Coma, stupor, and behavioural change. In Platt SR, Olby NJ, editors: *BSAVA manual of canine and feline neurology*, Gloucester, 2004, BSAVA.

Braund KG: Degenerative disorders of the central nervous system. In Braund KG, editor: *Clinical neurology in small animals—localization, diagnosis and treatment*, www.ivis.org, Ithaca NY, 2003.

Garosi L et al: Cerebrovascular disease in dogs and cats, *Vet Clin North Am Small Anim Pract* 40:65, 2010.

Saito M et al: The relationship between basilar artery resistive index, degree of ventriculomegaly and clinical signs in hydrocephalic dogs, *Vet Radiol Ultrasound* 44:687, 2003.

Snyder JM et al: Canine intracranial primary neoplasia: 173 cases (1986-2003), *J Vet Intern Med* 20:669, 2006.

Thomas WB: Hydrocephalus in dogs and cats, *Vet Clin North Am Small Anim Pract* 40:143, 2010.

Troxel MT et al: Feline intracranial neoplasia: retrospective review of 160 cases, *J Vet Intern Med* 17:850, 2001.

# 第63章
## CHAPTER 63

# 视力缺失和瞳孔异常
## Loss of Vision and Pupillary Abnormalities

## 概述
### (GENERAL CONSIDERATIONS)

　　动物视力缺失或瞳孔异常可能在出现神经学功能异常而进行体格检查时被发现，或者有一些动物就是因为这样的原因前来就诊的。主人通常比较难发现动物出现视力缺失，直到双侧视力都有问题或视力完全消失，因此主人都会认为就诊时动物是突然出现的失明。评估动物视力缺失的情况时，首先确定动物是否真的失明很重要，并进行完整的眼科和眼科神经学检查。

## 神经眼科学评估
### (NEUROOPHTHALMOLOGIC EVALUATION )

### 视力
#### (VISION)

　　对视力的评估，首先应观察动物对环境的反应，包括辨别门和楼梯的位置以及是否能注意到无声物质如棉球的运动。如果怀疑单侧视力消失，则需要对正常眼遮盖后再进行检查。只有整个视觉通路都是完整的，才会有视力。这个视觉通路包括视网膜、视神经〔经过视交叉至视束，最后到达间脑的外侧膝状体（LGN）的突触〕，以及朝向视皮质发出的轴突形成的带状纤维也即视辐射。视神经轴突大部分会在视交叉的位置进行交叉（尤其是来自外侧的视野信息）并进入对侧视束、LGN 和大脑视觉皮层的视辐射（图 63-1）。视皮质功能正常时才能对视觉信号进行处理和反应。

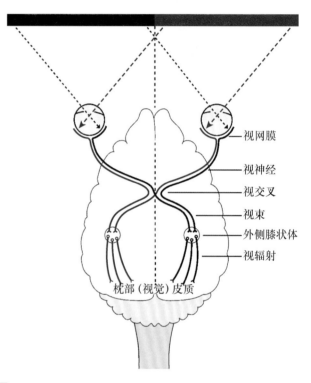

图 63-1
视觉通路

视网膜
视神经
视交叉
视束
外侧膝状体
视辐射
枕部（视觉）皮质

### 惊吓反应
#### (MENACE RESPONSE)

　　惊吓反应是指由威胁手势引发的眨眼动作（图 63-2）。这个反应的感觉部分包括视觉通路的所有组成（见图 63-1）。通常来说，视觉刺激指向视网膜鼻侧区域（即惊吓反应是由侧面来源的进入侧面视野范围的），由于来源于鼻侧视网膜的视神经轴突几乎都在视交叉进行交换，因此评估的是对侧视皮质。当信息在视皮质被解读后，会再转递进入运动皮质，通过面神经（CN7）引发眨眼反应。惊吓反应同时也需要小脑进行协调,单侧小脑病变会引起同侧惊吓反应消失但视力存在。因此,惊吓反应缺失可能是眼球、视网膜或视神经的病变,也可能是对侧前脑的损伤、意识状态的改变、小脑疾病或无法眨眼(框 63-1)。在小于 12 周龄的小狗和小猫尚未习得这个反应。

**图 63-2**
在每只眼睛前轮流做出威胁动作以引发惊吓反应。预期的反应是眨眼。刺激主要朝向鼻侧视网膜,评估对侧视皮质。

 **框 63-1**　犬猫引起惊吓反应缺失的病灶

严重眼球疾病
视网膜疾病
视觉通路病灶
　同侧视神经
　视交叉
　对侧视束、外侧膝状核、视辐射
对侧视皮质(前脑)病灶
意识状态改变
　代谢性脑病
　严重系统病变
小脑疾病
无法眨眼(CN7)
反射未成熟(<12 周龄)

## 瞳孔对光反射
### (PUPILLARY LIGHT REFLEX)

瞳孔对光反射(PLR),无论动物是否能看到都需要进行评估。当将明亮的光照入瞳孔后,可观察到瞳孔收缩(直接反射)。对侧瞳孔同时也有收缩(间接反应)。其感觉视觉通路与惊吓反应类似,除了 LGN 之前的部分视束轴突,LGN 位于在中脑和丘脑间交界处的顶盖前核(图 63-3)。多数由该核团发出的轴突会再次经过中线,并与受刺激的眼睛同侧的动眼神经副交

感神经部分形成突触。动眼神经(CN3)的副交感神经部分受刺激会引起瞳孔收缩。因为有部分离开顶盖前核的轴突并未进行交叉,所以对对侧动眼神经核也会有刺激,引发相对较弱的间接瞳孔反射。如果使用的灯光亮度不够,瞳孔的收缩可能很轻微,在动物非常紧张时,或迷走神经紧张性较高,或患有眼部疾病(虹膜萎缩或眼内压严重升高)时,瞳孔收缩受影响。相较于视力而言,瞳孔对光反应需要较少的功能性光感受器和视神经轴突,因此部分前端视觉通路的损伤(视网膜、视神经、视交叉、视束)的病灶有时会引起视力缺失,但 PLR 正常,前脑病灶也会产生类似的结果(框 63-1)。

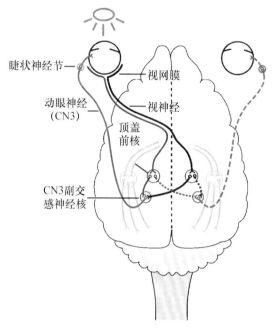

**图 63-3**
瞳孔对光反射通路。

## 眩目反射
### (DAZZLE REFLEX)

眩目反射是指当有非常明亮的光照到眼睛后产生的快速眨眼。其视觉通路与 PLR 类似,但它是一个皮质下同侧反射,不需要视皮质参与;其运动通路由面神经(CN7)介导,而非动眼神经。失明且眩目反射阴性通常提示视网膜或视神经疾病。失明(惊吓反应缺失)但眩目反射阳性提示中枢疾病(脑部)。

### 瞳孔大小和对称性
### (PUPIL SIZE AND SYMMETRY)

瞳孔大小和对称性的评估需要在明视野和暗视野

下进行,以评估瞳孔收缩的能力(副交感神经)和扩张的能力(交感神经)。单眼瞳孔异常而引起扩张(散瞳)或缩小(缩瞳)会导致瞳孔大小不一致(瞳孔不均)。如果异常的瞳孔无法收缩,其瞳孔大小不均主要是由瞳孔散大造成的,这在明视野下患眼表现更明显。单侧瞳孔缩小引起的瞳孔大小不均,如霍纳氏综合征时,在暗视野下由于正常的瞳孔会扩张,使患眼缩瞳更明显。需要进行完整的眼科学检查,以帮我们区分是否为非神经性异常导致的瞳孔异常。虹膜萎缩、虹膜发育不良、青光眼会引起散瞳,而葡萄膜炎和角膜引起的疼痛常会引起瞳孔缩小。虹膜震颤,在强光刺激下瞳孔大小的振荡会更为明显,可指示中枢神经系统疾病。

## 眼球位置及运动疾病
### (DISORDERS OF EYEBALL POSITION AND MOVEMENT)

神经学检查时需要评估眼球的位置和运动。眼球外肌由动眼神经(CN3)、滑车神经(CN4)及外展神经(CN6)所支配,它们发生异常会导致眼球位置异常(斜视),或在移动头部评估前庭-眼反射时眼球的生理性震颤消失(见第 60 章)。斜视可见于每单个神经病灶、眼外肌肿胀或纤维化、颅内病灶(见图 60-23)。所有眼外肌麻痹(眼外肌麻痹)常见于临近垂体的颅底盖上成对的海绵窦区域有肿物(海绵窦综合征)。这个区域的病灶也会损伤动眼神经的副交感神经纤维,导致眼内肌麻痹(视力正常但瞳孔固定,中等大小至散瞳),并会损伤同侧三叉神经的眼支和上颌支,引起角膜和内侧眼睑感受下降,偶尔出现同侧咀嚼肌萎缩。

## 泪腺功能
### (LACRIMAL GLAND FUNCTION)

面神经的副交感神经部分支配泪腺及鼻侧腺。基础泪液产生的情况可通过 Schirmer 泪液测试评估,鼻侧腺的功能则可通过同侧鼻孔的干燥程度来判断。面神经的病灶会导致眼睑反射消失,无法眨眼,基础泪液产生减少,鼻镜干燥。角膜的感觉神经支配由三叉神经(CN5)提供,触碰、冷、风或其他对角膜的刺激会引起眨眼反应并增加反射性泪液产生。三叉神经(CN5)眼支的病灶会导致反射性泪液产生减少、眨眼减少,从而导致干眼症和角膜溃疡。

# 视力消失
## (LOSS OF VISION)

## 视网膜、视盘及视神经病灶
### (LESIONS OF THE RETINA, OPTIC DISK AND OPTIC NERVE)

视力消失伴有 PLR 减弱或消失,提示病灶的位置在视觉通路和 PLR 通路的共同路径上。严重的单侧视网膜、视盘或视交叉以前的视神经上的病灶会导致患眼视力受损,且用强光照射患眼时,患眼直接瞳孔对光反射消失,且对侧眼的间接对光反射消失(间接反应)(见表 63-1)。对未受波及的眼进行强光检查,直接和间接反射均应正常。眼部及视神经疾病必须非常严重才会引起 PLR 完全消失。任何失明的动物在检查时,都需要对视网膜进行仔细检查,并排除进行性视网膜萎缩、视网膜发育不良、视网膜剥离、视网膜出血和脉络膜视网膜炎(图 63-4)等疾病。继发于青光眼或创伤的视神经萎缩,也是必须排除的一个引起失明和 PLR 缺失的原因。

### 突发性获得性视网膜退化

突发性获得性视网膜退化(sudden acquired retinal degeneration)综合征(SARDS)是指突发性犬双侧视网膜光感受器退化综合征。中年和老年任何品种都可能发生,雌性犬和肥胖犬只易发。主诉常为视力消失,在数小时或数周时间内或经常是过一夜就突然完全失明。犬会表现为瞳孔散大,在视力消失后短时间内检查可见 PLR 迟缓,如为严重的病例则表现为 PLR 消失。很多犬只会同时伴有多尿、多饮、喘息、体重增加和嗜睡的情况。临床检查、血清生化和尿检结果可能表现为较为典型的肾上腺皮质功能亢进,但内分泌检查和垂体及肾上腺的高阶影像手段很少确诊为该病。在 SARDS 早期,两侧眼底检查均为正常,但随着时间推移,双侧对称性视网膜退化会表现得更为明显,出现眼底毯层反光增强、视网膜血管变细。这些视网膜的变化很难与其他原因引起的慢性视网膜退化相区分。早期的 SARDS 可通过视网膜电位图(ERG)上平缓的波形(平线)与球后视神经炎区分开,其 ERG 的图形提示光感受器凋亡。该疾病的发病机理是局部产生抗视网膜神经元的抗体。目前尚无有效治疗的相关报道,但在 SARDS 早期时静脉输注免

表 63-1 根据视力和 PLR 对视觉通路病灶的定位

| 病灶定位 | 右眼视力 | 左眼视力 | 右眼对光反射 | 左眼对光反射 |
|---|---|---|---|---|
| 右视网膜/眼* | 缺失 | 正常 | 双眼均无反应 | 双侧瞳孔收缩 |
| 双侧视网膜/眼* | 缺失 | 缺失 | 双眼均无反应 | 双眼均无反应 |
| 右侧视神经 | 缺失 | 正常 | 双眼均无反应 | 双侧瞳孔收缩 |
| 双侧视神经 | 缺失 | 缺失 | 双眼均无反应 | 双眼均无反应 |
| 视交叉（双侧） | 缺失 | 缺失 | 双眼均无反应 | 双眼均无反应 |
| 视交叉以后病灶（右侧膝状体核、右侧视辐射或右侧视皮质） | 正常 | 缺失 | 双侧瞳孔收缩 | 双侧瞳孔收缩 |
| 双侧视交叉以后病灶 | 缺失 | 缺失 | 双侧瞳孔收缩 | 双侧瞳孔收缩 |
| 右侧动眼神经 | 正常 | 正常 | 左侧瞳孔收缩、右侧散大无反应 | 左侧瞳孔收缩、右侧散大无反应 |

*存在非常严重的视网膜或眼部病灶才会导致瞳孔对光反应缺失。

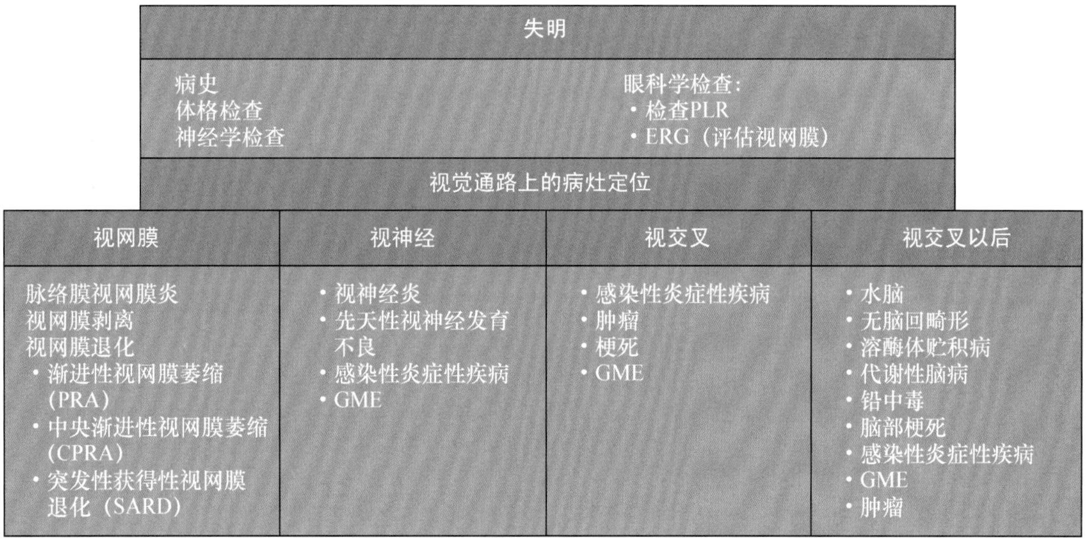

图 63-4
犬猫失明的诊断流程。ERG，视网膜电位图；GME，肉芽肿性脑膜脑炎；PLR 瞳孔对光反射

疫球蛋白可能会有帮助。系统性症状通常是一过性的，不需要治疗即可恢复，但失明是永久的。

## 视神经炎

视神经炎症会引起失明和 PLR 消失。眼底镜检查可发现视盘肿胀并有颜色改变（红），同时可伴有或/不伴有视网膜剥离和出血。当发生炎症的视神经区域位于眼球后（即，球后的），则视神经的可见部分为正常的。在犬失明、PLR 消失、并有正常形态的眼底时，常需要借助 ERG 以区分双侧的球后视神经炎（ERG 正常）及 SARDS（平缓波形）。

视神经炎（optic neuritis）最常以单独发生的特发性免疫介导性疾病出现，可波及单侧或双侧视神经，但也可能是全身性疾病的表现（框 63-2），尤其在犬瘟热、埃利希体、霉菌性疾病、肉芽肿性脑膜脑炎（GME）。要做出特发性（免疫介导性）视神经炎的诊断，需要通过完整的系统性和颅内疾病排查，排除了感染性和肿瘤性疾病，其基础数据包括血常规（CBC）、血清生化、尿检、心丝虫抗原检查、感染性疾病的血清学排查、胸部 X 线和脑脊液（CSF）采集和分析。磁共振成像（MRI）可用于探查是否存在视交叉的肿物（图 63-5），或在存在视神经炎的动物偶尔可见发炎的视神经，T2 加权影像上表现为信号增强。如果检查结果无法确定存在肿瘤性或感染性因素，可暂时诊断为视神经炎。

自发性视神经炎可通过口服糖皮质激素［泼尼松 1～2 mg/（kg·d）］进行治疗。如果对治疗有反应（如，

**感染性疾病**
犬瘟热
埃利希体
弓形虫感染
猫传染性腹膜炎
隐球菌病
芽生菌病
全身性曲霉菌病
细菌性疾病
猫白血病病毒

**炎症性疾病**
肉芽肿性脑膜脑炎
系统性红斑狼疮
激素反应性脑膜动脉炎

**肿瘤性疾病**
系统性肿瘤
颅内肿瘤

**自发性免疫介导性视神经炎**

视力和 PLR 有所恢复),类固醇的剂量可在 2～3 周内逐渐减少至隔天一次。如果没有反应,则视力恢复的预后不良。不进行治疗的视神经炎会导致不可逆转的视神经萎缩和永久性失明。即使在适当治疗的情况下,很多病例还会继续恶化或反复。

### 视乳头水肿

　　视乳头水肿(papilledema)通常是由于颅内肿物或炎症性肿物病灶导致颅内压升高而引起的,但也有可能继发于视神经的肿瘤或炎症。视乳头水肿表现为视盘增大,边界模糊不清,经过视盘的血管扭曲,偶尔可见周围的视网膜充血或出血。视乳头水肿很难通过眼底镜检查直接与视神经炎区分开,如果动物有严重的前脑病变而引起视乳头水肿时应该有前脑病变的临床表现(即意识改变、行为异常、癫痫)。有一些报道认为视乳头水肿并不会影响视力,但多数由于颅内压升高而引起的视乳头水肿通常会有皮质失明的表现。如果动物没有视力消失,也无相关神经学异常,视盘增大且边界不清时,常提示髓鞘形成过多,这在一些品种的犬只是正常的表现,如拳师犬、德国牧羊犬、金毛犬。

### 视交叉病灶
### (LESIONS OF THE OPTIC CHIASM)

　　视交叉上的病灶会引起双侧失明、瞳孔散大、直接

和间接 PLR 消失;眼底检查和 ERG 均为正常。这个区域可发生肿瘤或其他占位性病变,常见淋巴瘤(猫)、垂体大腺瘤、脑膜瘤、原发性鼻腔肿瘤侵袭脑部(见图 63-5,也可见图 63-4)。血管性原因如出血和梗死、感染性炎性肉芽肿、肉芽肿性脑膜脑炎也可影响到视交叉。检查内容应包括是否存在神经系统外的感染或肿瘤性疾病,之后对颅部进行 MRI 检查、CSF 采集分析,必要时进行内分泌检查。

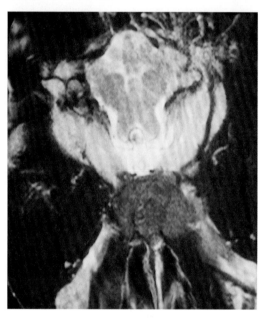

图 63-5
一只 7 岁的杜宾犬表现为急性双侧失明,PLR 缺失,但无其他神经学异常,能通过 MRI 证实其视交叉上有肿物生成。

### 视交叉以后的病灶
### (LESIONS CAUDAL TO THE OPTIC CHIASM)

　　外侧膝状体、视辐射或视皮质的病灶使得眼睛成像后无法被解读,它们会引起病灶对侧眼的视力缺失、PLR 正常、眼底检查正常、ERG 正常。其他足以引起视力缺失的前脑病灶常会引起其他前脑的症状(如癫痫、转圈、意识下降),但并不总是存在的。引起颅内性失明的原因(即中枢性或皮质失明)包括创伤引发的出血或水肿、血管性梗死、GME、感染性脑炎、中枢神经系统肿瘤、先天性疾病(如水脑、无脑回畸形)、退行性疾病(溶酶体贮积病)。由代谢性脑病、铅中毒、低血氧、发作后沉郁期引起的前脑功能性异常也可能会表现出皮质性失明。颅内失明的诊断流程遵循 62 章的流程,且需要包括完整的体格检查,眼科学检查和神经学检查;实验室基础数据,胸部和腹部 X 线,CSF 分

析,颅内 CT 或 MRI 分析。

# 霍纳氏综合征
## (HORNER SYNDROME)

交感神经支配眼部通路中的病灶会引起霍纳氏综合征。其表现包括瞳孔缩小(受波及的眼睛瞳孔收缩)、上眼睑下垂(上睑下垂)、眼球下陷(眼球内陷)、第三眼睑(瞬膜)部分脱出(框 63-3;图 63-6)。

**框 63-3　霍纳氏综合征的表现**

| |
|---|
| 瞳缩<br>眼球下陷<br>上眼睑下垂<br>第三眼睑脱出 |

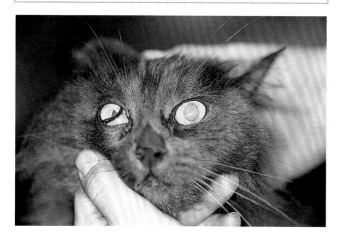

**图 63-6**
家养短毛猫因中耳炎/内耳炎引起的霍纳氏综合征。

当交感神经支配眼睛的通路上任何位置损伤都会出现霍纳氏综合征(框 63-4;图 63-7)。可根据病灶在交感神经通路上的位置分为第一节段(中枢)、第二节段(节前)、第三节段(节后)。

第一节段神经元起源于下丘脑和中脑后段,经过脑干和颈段脊髓到达胸段脊髓的节前神经细胞体。脑干或颈段脊髓的上运动神经元病灶较少引起霍纳氏综合征,但如继发于创伤、梗死、肿瘤或炎症性疾病时则可能出现。对第一节段的病灶,动物可能会出现同侧偏瘫和其他并发的神经学异常(见框 63-4)。

第二节段神经元的节前细胞体位于第 1—3 胸椎脊髓节段的灰质侧角。第二节段轴突在 T1—T3 腹侧神经根离开脊髓,而后由脊神经形成胸段交感干,并在胸腔内向头侧延伸。在颈部,交感神经轴突行走在迷

 **框 63-4　霍纳氏综合征的常见原因**

**第一节段(中枢)原因(罕见)**
颅内肿瘤、创伤、梗死、炎症性疾病
颈段脊髓病灶
　椎间盘突出
　肿瘤
　纤维软骨栓塞
　创伤
　感染性炎症性疾病
　肉芽肿性脑膜脑炎

**第二节段(节前)原因**
T1—T3 脊髓病灶(创伤、肿瘤、纤维软骨栓塞、炎症)
臂神经丛撕裂
胸部脊神经根肿瘤
前纵隔肿物
颈部软组织肿瘤、创伤
颅底损伤

**第三节段(节后)原因**
中耳炎/内耳炎
中耳肿瘤
球后损伤、肿瘤

**不确定原因**
自发性

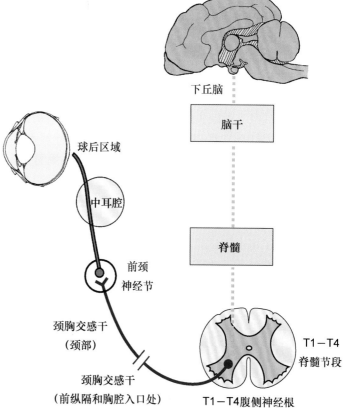

**图 63-7**
眼部交感神经支配。这个通路上的任何位置的损伤都会引起霍纳氏综合征。

走交感干内向头侧延伸,并在颅骨基部的鼓泡腹中部与前颈神经节形成突触。第二节段神经元损伤可发生于颈膨大处(C6—T2)的脊髓损伤,常继发于创伤、梗死、肿瘤或炎症性疾病。受波及的动物会表现出受波及前肢的下运动神经元(lower motor neuron,LMN)症状,同侧后肢的上运动神经元(upper motor neuron,UMN)症状,及霍纳氏综合征。在臂神经丛撕裂的动物,会表现出受波及前肢完全的 LMN 麻痹,和同侧霍纳氏综合征,可能只有部分表现(只有缩瞳),因为 T3 神经根未受损(有时为 T2)(图 63-8)。霍纳氏综合征也可见于胸部手术、纵隔肿物(淋巴瘤或胸腺瘤)、颈部咬伤、绞轧伤、侵袭性甲状腺癌或甲状腺切除术或颈部椎间盘疾病手术中的错误操作等造成的第二节段神经元损伤。体格检查和神经学检查对定位节前霍纳氏综合征很有帮助。

多数犬和猫表现的是节后(第三节段)病灶引起的霍纳氏综合征。节后神经轴突对眼球的交感神经支配路径为,向后通过中耳枕骨裂进入中耳并与舌咽神经(CN9)一同进入颅腔,在眼眶裂处离开颅腔并分布于眼眶周围平滑肌、上下眼睑、第三眼睑和虹膜肌肉。第三节段霍纳氏综合征常见于患有中耳炎或中耳肿瘤的病患,常并发外周前庭神经(CN8)异常,有时可见面神经(CN7)麻痹。第三节段霍纳氏综合征罕见于球后损伤、肿瘤或脓肿。

使用药物测试来帮助诊断犬猫霍纳氏综合征并进行定位。当霍纳氏综合征出现超过 2 周,就会出现继发于交感神经支配缺失的去神经超敏反应。眼睛局部使用可卡因(6%),是一个间接作用的拟交感神经剂,可用于证实其诊断。向正常眼和患眼滴入一滴可卡因。受波及的眼没有扩散或散瞳很小,而另一只眼散瞳正常则可证实为霍纳氏综合征。但除了这个用于确诊的药物试验外,还有其他的药物试验可用于定位,但如果进行了可卡因试验,则需要 24～48 h 以后再进行其他定位性试验。为进行定位,可使用稀释的直接作用的交感神经剂(0.1% 苯肾上腺素:原液为 10%,以生理盐水进行 1∶100 稀释)滴入双眼。正常眼瞳孔不会散大。受波及的眼在 20 min 内散瞳,则认为是节后病灶(第三节段霍纳氏综合征)。如果瞳孔在 20 min 内均未散大,则使用高浓度的肾上腺素能药物(10% 苯肾上腺素)滴入双眼中,如果两个眼的瞳孔均在 20～40 min 内散大,则提示病灶最有可能为节前神经异常。虽然药物试验在霍纳氏综合征的神经损伤定位中很有帮助,但其结果有时也不可靠,并不能提供实际有用的关于原因和预后的信息。

图 63-8
**A 和 B,**家养短毛猫右侧臂神经丛撕裂引起霍纳氏综合征。

对患霍纳氏综合征动物的诊断流程包括完整的体格检查和眼科学、神经学和耳镜检查。根据神经学检查结果和药物测试结果进行病灶定位后,再进行进一步的检查。要进行胸部、脊柱和颈部 X 线检查,如果怀疑第一节段或第二节段的病灶,要进行高阶影像检查(如脊髓造影、CT、MRI)检查。当怀疑节后神经病灶时,进行头部 X 线、CT、MRI 检查以评估中耳是否有中耳炎、肿瘤或创伤。在患霍纳氏综合征的犬和猫,至少 50% 的病例不存在其他的神经学异常,寻找不到病因;这些动物通常被归结为自发性疾病。在多数犬,自发性霍纳氏综合征可在发生后 6 个月内自愈。金毛犬常见自发性第二节段霍纳氏综合征。

# 第三眼睑脱出
## (PROTRUSION OF THE THIRD EYELID)

犬猫第三眼睑脱出并覆盖于角膜表面可见于角膜或结膜受刺激,或眶后占位性病变。当动物因脱水、球后脂肪或肌肉减少而导致球周组织体积减小时(图 63-9),或眼内容量减少时(如小眼症、眼球痨),也会发生第三眼睑脱出。

**图 63-9**
犬咀嚼肌肌炎造成严重肌肉萎缩引起眼球下陷、第三眼睑脱出并覆盖大部分角膜表面。

在霍纳氏综合征(伴有缩瞳)和家族性自主神经异常(伴有散瞳)时,第三眼睑脱出是一个显著的特征。系统性疾病或使用镇静剂也会导致一些犬猫出现第三眼睑脱出。在猫,偶见于某些犬可见的奇怪症状,会表现为无明显原因的双侧第三眼睑脱出(如 Haw 综合征)。常见为小于 2 岁的猫,体况良好,尽管消化紊乱或严重肠道寄生虫偶有记录。使用交感神经性滴眼剂(苯肾上腺素 10%)会使瞬膜快速缩回。这种情况会在数周至数月后自愈。

◈推荐阅读

Boydell P: Idiopathic Horner syndrome in the golden retriever, *J Neuroophthalmol* 20:288, 2000.

Cottrill NB: Differential diagnosis of anisocoria. In Bonagura JD, editor: *Current veterinary therapy XIII small animal practice*, Philadelphia, 2000, WB Saunders.

Cullen CL, Grahn BH: Diagnostic ophthalmology. Acute prechiasmal blindness due to sudden acquired retinal degeneration syndrome, *Can Vet J* 43:729, 2002.

Grahn BH, Cullen CC, Peiffer RL: Neuro-ophthalmology. In Grahn BH, Cullen CL, Peiffer RL, editors: *Veterinary ophthalmology essentials*, Philadelphia, 2004, Elsevier.

Hamilton HL et al: *Diagnosis of blindness. Current veterinary therapy XIII*, Philadelphia, 2000, WB Saunders.

Penderis J: Disorders of eyes and vision. In Platt SR, Olby NJ, editors: *BSAVA manual of canine and feline neurology*, Gloucester, 2004, BSAVA.

# 第 64 章
## CHAPTER 64
# 癫痫和其他阵发性疾病
## Seizures and Other Paroxysmal Events

## 癫痫
### (SEIZURES)

癫痫(seizure)是大脑皮层发生过度或超同步的异常放电活动的一种临床表现形式。癫痫的临床特征包括 4 个方面：前驱期、预兆期、发作期和发作后期。前驱期是癫痫发作之前的时期(持续数小时或数天)，此时畜主会发现动物的异常行为表现，例如躁动或焦虑。某些动物的前驱期表现几乎看不到，而某些动物的前驱期症状特别明显，畜主甚至能意识到癫痫即将发作。预兆期是动物癫痫即将发作前的时期，此时动物可能表现出持续数秒或数分钟刻板的感觉或肌动活动(踱步、舐舔或吞咽)、自主神经反应模式(流涎、呕吐或排尿)或行为异常(躲藏、引人注意、哀鸣或紧张不安)。发作期即癫痫发生时，动物表现出各种症状，如意识丧失或错乱、肌张力改变、下颌咯咯地咬牙、流涎、不自主排尿和排便。该阶段通常持续仅仅数秒或数分钟。在癫痫发作后立即进入发作后期，可持续数秒或数小时。此时动物可表现为行为异常、迷失方向、共济失调、困倦、失明以及明显的感觉和运动神经功能缺损。识别发作后期可高度提示之前的阵发性事件是癫痫。而羊痫风(epilepsy)用于指任何有慢性复发性癫痫的情况。

## 阵发性疾病
### (PAROXYSMAL EVENTS)

当犬猫表现出行为改变、昏倒、异常运动、短暂性神经症状或瘫痪时，很少由非癫痫性阵发疾病所引发。区别这些阵发性短暂性疾病与癫痫对于兽医是一种挑

战，同时对于诊断和治疗这些疾病更是非常重要。例如，心律不齐时引发的昏厥；低血糖症、低皮质醇血症或电解质紊乱时引起的虚弱；急性前庭性"发作"(见第 65 章)；发作性睡病或猝倒症；重症肌无力引起的虚弱等阵发性疾病。疾病的描述、动物的活动和发作前、发作中和发作后的行为变化通常有助于把这些阵发疾病和癫痫相鉴别(见框 64-1)。其中一个有效的鉴别特征是：只有癫痫具有发作后的临床症状。

 **框 64-1　与癫痫发作相混淆的阵发性疾病**

| |
| --- |
| 昏厥(脑血流量降低) |
| 　心律不齐 |
| 　低血压 |
| 阵发性虚弱 |
| 　低血糖 |
| 　低皮质醇血症 |
| 　电解质紊乱 |
| 重症肌无力(myasthenia gravis) |
| 急性前庭性"发作" |
| 睡眠疾病 |
| 　发作性睡病 |
| 　猝倒症 |
| 运动性紊乱(运动障碍) |
| 运动引起的虚弱或昏倒疾病 |
| (见第 68 章) |

阵发性运动性疾病(例如运动障碍，见第 69 章)在犬较难与局灶性运动性癫痫相鉴别。常见于英国斗牛犬、拳师犬、拉布拉多巡回猎犬和杜宾犬阵发的点头综合征被认为是一种行为障碍，而不是癫痫的发作。患病犬并没有丧失意识，也没有相关的神经异常和发作后症状，并且抗惊厥药物没有明显的药效。点头症可持续数分钟，并且患犬会终身复发，但不会发展为全身性癫痫。

一种阵发性疾病，在许多拉布拉多犬、贵宾犬和其

他一些品种犬中有发现,其特征是身体摇摆、困惑、颤抖或无意识丧失地爬行。有些人认为这是行为障碍,但也有怀疑这是癫痫的,该病在自发性羊癫风中会讨论。奇努克犬(一种北方犬种)会发生一种相似的综合征,并被称为运动障碍。

伴随运动而导致虚弱或昏倒的疾病常与癫痫发作相混淆。与发动蛋白相关的运动诱发的昏倒(dEIC),可引起拉布拉多患犬和其他一些犬种在剧烈运动后,发生后肢可逆性虚弱和昏倒(见第 69 章)。边境牧羊犬昏倒病(BCC)可引起患犬在剧烈运动后发生精神状态的改变和异常步态。苏格兰梗肌痉挛(Scotty cramp)和查尔斯王骑士猎犬阵发性跌倒综合征(episodic falling syndrome)都是其他的中枢神经系统神经传递性疾病,常见于剧烈运动不耐受时,且常与癫痫相混淆。这些阵发性神经性疾病与其他引起运动不耐受的疾病将在第 69 章进行详细讨论。

## 癫痫发作概述
### (SEIZURE DESCRIPTIONS)

大多数犬猫发生癫痫都是强直阵挛性、全身性的癫痫发作,发作时动物有伸肌过度紧张(强直性痉挛),摔倒呈侧卧姿势,四肢伸展并角弓反张。强直性痉挛过后,伸肌转变为松弛状态,从而引起肌肉有节律地收缩(阵挛期),临床表现为四肢摆动状或抽搐和咀嚼运动。动物发病时常出现典型的意识丧失,但眼睛处于睁开状态。有些动物发生全身性强直阵挛性癫痫的程度较轻微,在发作期间仍具有意识。

除了常见的全身性癫痫发作,对称性强直阵挛性癫痫发作,犬猫还有一种局灶性癫痫发作(也被称作部分性癫痫),是由一侧大脑半球的某部分疾病引起的不对称性症状。某些动物患有局灶性癫痫时,可发展为全身性运动性癫痫发作。尽管通常认为部分性癫痫的发作与脑部结构性病变有关,但许多患有自发性羊癫风的犬会发生局灶性癫痫,可发展为或不发展为全身性的癫痫发作。局灶性运动性癫痫的发作症状包括:头弯向一侧、局部抽搐、面部或四肢肌肉强直阵挛性收缩。局灶性感觉性癫痫发作可引起震颤、疼痛、幻视、造成追逐尾巴、啃咬四肢、强迫性打洞或"咬苍蝇"。鉴别犬的感觉性癫痫和典型的强迫行为很困难。

反复发作的自主神经症状可能被认为是不常见的局灶自发性癫痫疾病的表现。症状包括呕吐、腹泻、明显的腹部不适、流涎、反复吞咽和强迫性舔舐地毯或地面,及强迫性吃草。这些症状可持续数小时,而不是与癫痫发作那样就几秒或几分钟。患犬在两次发作间期都为正常,为找到这些病症的病因而进行的大范围的胃肠道功能评估通常结果都是无异常的。许多患犬的症状可通过长期口服抗癫痫药物而改善,这一点更支持了这些表现是癫痫发作的疑似诊断。有一种病征表现为流涎、干呕和吞咽困难,并伴有下颌腺疼痛性肿大和唾液腺坏疽,该病征用苯巴比妥药物治疗有效,这也可能说明机体患有局灶性自发性癫痫疾病。

复杂的局灶性癫痫也被称为精神运动性癫痫发作,是一种伴有精神状态改变的局灶性癫痫。动物表现为意识混乱、迷失方向或对主人的命令无反应并表现为低头、踱步、无目的性行走、打圈或蹒跚。有些复杂性局灶性癫痫发作时还表现为狂吠、无缘无故出现攻击行为或极度恐惧。

## 癫痫的分类和定位
### (SEIZURE CLASSIFICATION AND LOCALIZATION)

癫痫性疾病可根据其病因分为自发性、颅内性或颅外性癫痫(见框 64-2)。自发性癫痫见于 25%～30% 的癫痫病患犬,罕见于猫。患有自发性癫痫的动物没有可识别的颅外病因或颅内病因,在两次癫痫发作间期动物的神经系统正常,其发作可能与基因遗传有关。大约 35% 的癫痫患犬和大多数癫痫患猫都有结构性颅内病灶(例如异常结构、炎症、肿瘤、创伤)导致它们出现癫痫(见第 62 章和第 66 章)。只有少数癫痫病例被认为是继发于以前脑损伤的伤疤或残留(获得性癫痫),这种结构性病灶很难查明。颅外性病因有:毒物的摄入、代谢或内分泌紊乱性疾病(见框 64-2)。

癫痫的发作总是表明前脑的功能或结构异常,尤其是大脑的前叶或颞叶部分。代谢性和中毒性疾病引起神经递质的抑制和兴奋功能发生失衡,从而引起癫痫发作。对于这些病例,在发作间期(两次癫痫发作间期)不太可能发现神经功能缺失。动物因颅内病灶引起的癫痫可能表现出多种症状,指明神经学定位在前脑,包括行为改变、朝向病灶的那侧打圈、对侧轻度偏瘫、姿势反应缺失、对侧视力丧失和面部痛觉迟钝。有些动物颅内病灶较小,可表现为发作间期正常,并没有其他的神经功能缺失的症状。

自发性癫痫是这么一种情况,即癫痫阈值降低。这在有些犬种被证实具有遗传性,家族中其他个体也可能发病。患病动物在发作间期表现正常,大量的临床诊断评估,包括脑组织的组织学检查均正常。

# 鉴别诊断
## (DIFFERENTIAL DIAGNOSIS)

有癫痫表现的患病动物的鉴别诊断包括自发性癫痫、颅内疾病、疤痕组织相关的获得性癫痫和颅外疾病(见框64-2)。

 **框64-2　引起癫痫的常见病因**

**颅外病因**
中毒
代谢性疾病
　　低血糖症
　　肝脏疾病
　　低钙血症
　　高脂蛋白血症
　　高黏血症
　　高血压
　　电解质紊乱
　　高渗透压
　　严重的尿毒症
　　甲状腺功能亢进(猫)
　　甲状腺功能减退(犬)——易发生颅内梗死
**颅内损伤**
先天畸形
　　脑水肿
　　无脑回症
肿瘤
　　原发性脑肿瘤
　　转移性肿瘤
炎性疾病
　　感染性炎性疾病
　　未知病原的炎性疾病(犬)
　　　　肉芽肿性脑膜脑炎
　　　　坏死性脑膜脑炎
　　　　坏死性脑白质炎
血管性疾病
　　出血
　　梗死
代谢蓄积性疾病
退行性疾病
**疤痕组织相关的获得性癫痫**
**自发性癫痫(原发性癫痫发作)**

# 自发性癫痫发作
## (IDIOPATHIC EPILEPSY)

自发性癫痫发作是犬最常见的癫痫病因,其特点是不明原因地反复的癫痫发作。患犬在发作间期表现正常。该病罕见于猫,大多数猫的癫痫都有可查证的颅内疾病如肿瘤或脑炎。

自发性癫痫的遗传基础,目前已在下列品种中被强烈怀疑或证实:德国牧羊犬、比利时特弗伦犬、荷兰卷尾狮毛犬、比格犬、腊肠犬、拉布拉多巡回猎犬、金毛巡回猎犬、边境牧羊犬、设得兰牧羊犬、爱尔兰猎狼犬、维兹拉猎犬、伯恩山犬、英国史宾格猎犬。基因遗传还可能见于其他患病品种。

犬自发性癫痫首次的发作年龄为6月龄到3岁,然而有些犬直到5岁或更老时才发作。对于大多数犬种,发病年龄越早,其癫痫越难控制。

犬猫的自发性癫痫常表现为全身性发作、强直性痉挛,伴有意识丧失,整个过程持续1~2 min。自发性癫痫患犬还可有多变的局灶性癫痫发作或局灶性联合全身性癫痫发作。有些犬种,特别是拉布拉多巡回猎犬和迷你贵宾犬常发生轻度的全身性的癫痫,发作时患犬仍保持警惕,但焦虑,会表现为蹲伏姿势、不可控制性颤抖、肌肉僵直或平衡性丧失。许多犬会有发作后期表现,并且会在以后发展成更典型的全身性强直痉挛性癫痫,用长期口服抗癫痫药物治疗有效,这也证实这种阵发性疾病很可能是癫痫。

自发性癫痫患犬的发作频率差异很大,但反复发作常有规律性,两次发作可间隔数周或数月。随着动物的年龄增长,癫痫发作的频率和严重程度可能会逐渐上升,尤其是大型犬。有些犬种特别是大型犬,癫痫常簇性突发,即在24 h内多次发作。簇性发作不常见于自发性癫痫患犬的首次发作。癫痫动物的发作时间常见于睡觉时、逐渐进入梦乡时或突然醒来时。有些病例的发作与特殊的刺激有关,例如某种声音、兴奋、高度换气或运动。

在年轻、神经系统正常,有长期的(>1年)非进行性间歇性癫痫发作和较长的发作间期(>4周)病史的动物中自发性癫痫是最有可能的诊断。这些动物全身性检查、神经系统检查、眼科检查和常规临床病理学检查的结果都为正常。如进行颅内评估检查,结果也为正常(见图64-1)。

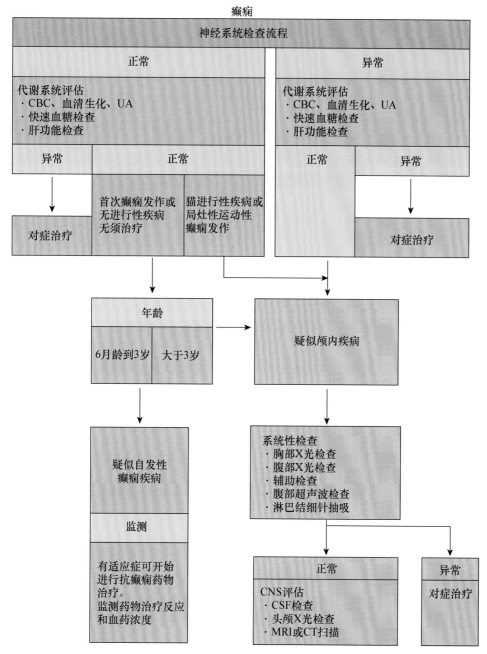

**图 64-1**
犬猫癫痫的诊断流程。CBC,全血细胞计数检查;CNS,中枢神经系统;CSF,脑脊液;CT,X 线断层照相术;
MRI,磁共振成像;UA,尿液分析。

## 颅内疾病
(INTRACRANIAL DISEASE)

　　前脑的颅内疾病常引起癫痫发作。先天性和感染性炎性疾病常见于年轻动物,肿瘤疾病常见于 6 岁以上的老年犬猫。第 62 章介绍的颅内疾病和第 66 章介绍的炎性疾病大部分都会引发癫痫(见框 64-2)。在发作间期,发现局灶性或多灶性神经功能的缺失,则说明前脑存在病理性结构异常,但不是所有的颅内疾病病例都会表现出异常的神经功能检查结果。诊断时需要全面的体格检查、神经系统和眼科检查;评估当前机体的感染情况和肿瘤疾病;常进行颅内评估检查,包括脑脊液分析和高阶影像学检查。

## 疤痕组织相关的获得性癫痫发作
(SCAR TISSUE-RELATED ACQUIRED EPILEPSY)

　　形成于脑部炎症、创伤、中毒、代谢或血管疾病的脑部疤痕组织,可引起癫痫的发作。如果机体具有严重的脑部创伤或感染病史,该病史可导致在随后的6个月到3年内出现癫痫发作。该病的临床体格检查、神经系统检查、临床病理学检查和脑脊液分析结果都为正常。使用磁共振成像(magneticresonance imaging,MRI)技术通常不会发现脑组织结构异常,甚至尸检都不一定会发现脑部病灶。治疗方法与自发性癫痫相同(例如抗癫痫药物治疗),在对癫痫的控制和无进行性发展方面,疤痕引起的获得性癫痫的预后优于自发性癫痫。

## 颅外疾病
### (EXTRACRANIAL DISEASE)

代谢性疾病包括低血糖、肝性脑病、低血钙、原发性血脂蛋白过多症,常引起犬猫癫痫发作。高黏血症(例如多发性骨髓瘤、红细胞增多症)、严重的电解质紊乱(例如高钠血症)、高渗透压血症(例如未经治疗的糖尿病)、热射病、严重的高血压和长期严重的尿毒症等有时也会引起癫痫发作(见框64-2)。甲状腺功能减退不会直接引起犬癫痫的发作,但可引起动脉粥样硬化而易于罹患颅内血管栓塞。甲状腺功能亢进偶尔会引起猫癫痫发作。全身性病症和体格检查的发现可能增加对颅外因素引起的癫痫发作的怀疑。许多代谢性脑病也会间断性或持久性地改变意识,出现意识混乱、发狂或沉郁,至少是间断性沉郁。所有的癫痫病病患都需进行颅外疾病的评估。血常规检查、生化检查和尿常规检查有助于疾病的诊断。门体静脉分流引起的肝性脑病也偶尔会出现癫痫发作,但无其他临床症状或临床病理学异常的情况,尤其在猫。因此,在诊断代谢性病因引起癫痫的初期就进行肝脏功能的评估是非常重要的。关于这些代谢性疾病的诊断和管理的知识在本书的其他部分有更详细的介绍。常见的毒物引起的癫痫可见框64-3,解毒治疗方法见框64-4。

## 诊断性评估
### (DIAGNOSTIC EVALUATION)

每个癫痫病例都需获得全面且准确的病史。畜主的描述对于确定其看到的阵发性情况是否是癫痫发作非常重要。癫痫与日常活动(例如运动、睡觉、饮食、兴奋)的关联,癫痫发作时长和发作后的异常表现都应记录在病例内。此外,还应询问畜主是否观察到近几周或几月内,动物在癫痫发作前的行为、步态、视力、睡觉方式的变化,这些特征可能暗示前脑的结构性损伤。最近的全身性症状例如咳嗽、呕吐、腹泻、多尿、烦渴、体重减轻或增重都应进行记录。免疫情况、饮食、可能暴露于导致脑炎的感染源中、接触药物或毒物,以及严重的脑部外伤病史都要确认。当癫痫间歇性发作已有一段时间(数周或数月)时,那么应评估癫痫发作形式和频率,并应要求主人在日历上记录之后发生的所有癫痫发作,以便对疾病的发展或对治疗的反应进行客观评价。如怀疑为自发性癫痫,还应建议畜主向繁育者咨询了解同窝犬或其他相关犬只是否有发病。

再次强调,每只癫痫的动物都需进行体格检查、眼科检查和神经系统检查。在癫痫发作后期,短暂性神经系统异常包括失明、意识改变和本体反应缺陷是常见情况,因此这些症状不应被过度诠释。在发作后期后仍继续存在神经系统异常,则说明癫痫是由颅内疾病引起的,需进一步评估病因。在评估是否存在原发性肿瘤的脑部扩散情况时,都要触诊淋巴结和腹部,以及乳腺和前列腺。

在评估每个有癫痫的动物时,都应进行常规的实验室检验筛查,包括CBC、血清生化检查和尿常规检查。在发现神经症状时需进行血糖检查,或在1日内检测禁食12 h后和采食15 min后的血糖浓度。在不到1岁的犬猫和所有在最初化验检查时提示有肝功能异常的动物还需检测血清胆汁酸,以诊断和排除门体静脉分流(见第36章)。患有急性癫痫的成年犬还应检测甲状腺功能,因甲状腺功能低下和颅内梗死有关。

动物病征和病史,以及癫痫的发病和发展情况都有助于病因的鉴别诊断和排序。先天性结构性疾病,例如脑水肿和无脑回都可能引起幼龄动物癫痫的发生。传染性疾病引起的脑炎可典型性地引起神经系统功能快速地恶化,而不仅是癫痫。对于老龄动物,原发性或代谢性脑肿瘤、血管疾病和获得性代谢性紊乱性疾病都是癫痫的最常见病因。自发性癫痫的动物可在6月龄到3岁期间出现首次癫痫症状。因此,老龄犬猫出现的癫痫不太可能是自发性的。

当一个癫痫动物的全身检查、神经系统检查和实验室筛查结果都正常时,需根据病史和病征考虑是否需要进一步的检查。1到3岁的犬首次发生全身性癫痫或其病史已有几次癫痫,间隔时间在数周或数月时,很有可能患有自发性癫痫;因此,可能不需要进行进一步的评估检查。兽医应监测动物癫痫发作的频率和严重程度,如有必要,可给予抗癫痫药物治疗。自发性癫痫不常见于猫,因此,即便是所有的常规检查结果都为正常时,猫还需进行猫白血病病毒检查和猫免疫缺陷病毒抗体检测,并推荐进行颅内疾病的评估。

所有患有癫痫,且发作间期神经系统异常的犬和5岁以上的首次发病的犬,以及1个月内多次发作的犬都需进行进一步的检查,包括颅内疾病的评估。当

出现神经症状或全身症状时,那么病因可能是地方性传染性疾病,这时非侵袭性和较便宜的血清学试验可能有用。胸部和腹部放射学检查以及腹部超声检查,有助于寻找引起癫痫的传染性病因引起的全身性表现,并查找原发性肿瘤或肿瘤转移灶。如果这些检查结果都为阴性,那么建议采用MRI进行更高级的脑部成像检查;如果疑似炎性疾病引起的癫痫,那么需要采集CSF进行分析。

 **框64-3 中毒导致的急性神经功能损伤**

**马钱子碱**
常用于:老鼠、鼹鼠、囊地鼠和丛林狼的毒药
临床症状:四肢和躯体强直性伸展,耳朵直立,声音刺激可引起肌肉强直性痉挛
诊断:有接触或摄入毒物的病史,典型症状,胃内容物的化学分析
治疗:催吐(如果没有神经症状),洗胃,如有需要可给予地西泮和戊巴比妥直到起效;利尿

**聚乙醛**
常用于:蜗牛、蛞蝓和老鼠的毒药
临床症状:焦虑、感觉过敏、心动过速、多涎、肌肉震颤和颤抖;声音刺激不会恶化;猫眼球震颤;可能出现抽搐;沉郁、呼吸衰竭
诊断:有接触或摄入毒物病史、典型症状、呼吸气体有乙醛味、胃内容物分析
治疗:胃肠道净化:如果症状轻微则可催吐,灌服混有活性炭的山梨醇作为泻药,地西泮静脉推注或持续滴注(CRI),美索巴莫(55～220 mg/kg 缓慢 IV,如有必要在12 h后重复给药)。如有必要可给予丙泊酚或戊巴比妥直到起效;利尿

**致肿病真菌毒素**
常见于:发霉的乳制品、坚果、谷物、堆肥、垃圾
临床症状:呕吐、震颤、运动失调、癫痫
诊断:接触或摄入病史、典型症状、胃内容物分析
治疗:胃肠道净化:如果症状轻微可以催吐,灌服混有山梨醇的活性炭作为泻药,地西泮静脉推注或持续滴注(CRI),美索巴莫(55～220 mg/kg 缓慢 IV,如有必要可在12 h后重复给药)。如有需要可给予丙泊酚或戊巴比妥

**氯代烃**
常见于:农产品和杀虫剂;可通过皮肤吸收的脂溶性产品
临床症状:不安、过敏、多涎、对刺激反应过度、面部和颈部肌肉痉挛并逐渐发展为严重的肌肉震颤和颤抖;可能发生强直性阵挛性癫痫
诊断:接触病史、典型临床症状、被毛上杀虫剂的气味、胃内容物分析
治疗:温肥皂水清洗以预防进一步的接触;如果摄入(罕见),则可洗胃和灌服活性炭;给予戊巴比妥直到起效

**有机磷农药和氨基甲酸酯类**
常见于:杀虫剂
临床症状:大量流涎、流泪、腹泻、呕吐和瞳孔缩小;面部和舌部肌肉抽搐,逐渐变得极度沉郁和强直阵挛性癫痫发作
诊断:接触毒物的病史、典型症状、胃内容物分析、血清乙酰胆碱酯酶活性降低
治疗:预防进一步的接触毒物;如果是体表接触毒物则进行清洗;如果是摄入毒物则洗胃和灌服活性炭;给予阿托品(0.2 mg/kg IV 初始剂量,然后根据需要每6～8 h给予0.2 mg/kg SC);如果接触毒物在48 h之内或皮肤接触毒物,则给予解磷定(20 mg/kg IM q 12 h)

**铅**
常见于:环境中普遍存在的油布、地毯衬垫、旧的含铅涂料(产于1950年之前)、油灰和嵌缝材料、屋面材料、电池、油脂、用过的机油、高尔夫球、鱼坠、子弹、铅弹粒
临床症状:胃肠道症状有厌食症、腹部疼痛、呕吐和腹泻、巨食道症;神经症状有异常兴奋、攻击行为、神经紧张、犬吠、颤抖、癫痫发作、失明、伸展过度及眼球震颤(猫)和痴呆
诊断:毒物接触史、典型症状、CBC变化(红细胞出现嗜碱性颗粒、有核红细胞数量增加);血铅浓度增高[肝素抗凝管:>0.5 ppm(50 mg/dL)为诊断剂量;>0.25 ppm为疑似剂量];影像学检查可见不透射线的物质在胃肠道内
治疗:催吐剂、洗胃、活性炭、灌肠;如果胃内有铅,可进行外科手术或内窥镜技术取出;如有需要可给予地西泮或戊巴比妥治疗癫痫;使铅螯合并加速排空:乙二胺四乙酸钙(Ca EDTA)(25 mg/kg,IV 或 SC,每6 h一次,用葡萄糖水做成1%的溶液治疗2～5 d)或 二硫琥珀酸(10 mg/kg PO q 8 h治疗5 d,然后每天2次治疗14 d;Chemet,Sandofi Pharm,N. Y. )

**乙二醇**
常见于:汽车防冻液、彩扩处理溶液
临床症状:共济失调、严重沉郁、多尿-烦渴、呕吐;癫痫较罕见
诊断:接触史、典型症状、严重代谢性酸中毒、草酸钙结晶尿;最后尿量减少并发生急性肾衰竭。诊断和治疗该病的方法请详见第44章

CBC:全血细胞计数;CRI:恒速输注;IM:肌肉注射;IV:静脉注射;ppm:百万分率;RBC:红细胞;SC:皮下注射。

**框 64-4　中毒的紧急抢救**

**预防进一步的毒物吸收**
*去除皮肤和被毛上的毒物*
如果：1. 毒物可经皮肤吸收。
方法：1. 如果灭蚤颈圈是毒物的来源则摘除。
　　　2. 使用温肥皂水给动物清洗；用清水冲干净再反复清洗。
　　　3. 使用温水冲洗动物 10 min。

*催吐*
如果：1. 摄入毒物后不到 3 h 就诊的。
　　　2. 摄入毒物是非腐蚀性的、含石油的、强酸性的或强碱性的。
　　　3. 动物有正常的呕吐反射，且没有抽搐或十分沉郁时(有吸入风险)。
方法：1. 在家推荐灌服吐根糖浆(6.6 mL/kg)或 3% 双氧水(1～2 mL/kg PO)；5 mL＝1 汤勺。
　　　2. 皮下注射阿扑吗啡(0.08 mg/kg)或结膜囊给药[1 片压碎的药片或 1 碟(6 mg)；呕吐后使用生理盐水冲洗眼睛]。
　　　3. 给予赛拉嗪(猫：0.44 mg/kg IM)。
如果胃内充盈时，可成功诱吐：先饲喂，然后诱吐。
保留呕吐物进行分析。

*洗胃*
如果：1. 摄入毒物不到 3 h 就诊。
　　　2. 人工催吐不成功时或不建议催吐时。
方法：1. 诱导麻醉，气管内插管，充气固定插管。
　　　2. 身体右侧侧卧，头低位。

　　　3. 将大口径胃管插入胃内。
　　　4. 每次使用水(5～10 mL/kg 体重)进行冲洗；用注射器抽吸。
　　　5. 重复操作 10 次或直到洗净。
保留胃内容物进行分析。

*胃肠道吸附剂*
方法：1. 如果进行了洗胃操作，那么再给予活性炭*(1～3 g/kg)配成 20% 的浆液(1g 活性炭溶于 5mL 水中)或 10% 的商业成品在最后一次洗胃后灌入空胃内。在胃内滞留 20 min,然后再给予泻药。
　　　2. 如果不需要洗胃，那么通过胃管灌服活性炭浆液(剂量见上)或口服活性炭片剂。

*泻药*
方法：1. 在给予活性炭后的 30 min 之后，灌服钠或硫酸镁(250 mg/kg)。
　　　2. 或者第一剂灌服的活性炭内加入山梨醇作为泻药。

*利尿*
方法：1. 输注生理盐水至有效利尿。
　　　2. 必要情况下用甘露醇(20%溶液,1～2 g/kg IV)或加入速尿(2～4 mg/kg IV)以增加尿量。

**给予特异性解毒药**
见框 64-3。

**支持疗法和对症护理**

\* 重复给予活性炭可造成高钠血症，因此，必须提供液体支持治疗并监护动物状态。

# 抗惊厥治疗
## (ANTICONVULSANT THERAPY)

犬猫癫痫的治疗可使用抗惊厥治疗。但该法需要畜主一定经济实力、感情投入和时间投入，并且需要畜主做出治疗的决定。不是所有癫痫动物都需要抗惊厥治疗，但有证据表明，在癫痫早期开始治疗的犬，比已经发生过多次癫痫才开始治疗的犬，对癫痫的长期控制的效果更好。抗惊厥治疗推荐用于有下列情况的犬猫：

(1)由渐进性颅内损伤引起的癫痫发作。(2)有过一次或多次癫痫簇发或癫痫持续性发作。(3)每 12～16 周内，癫痫发作超过 1 次时。(4)癫痫发作越来越频繁时(见框 64-5)。

完全控制犬猫的自发性癫痫不太可能，以更实际的降低发作频率和严重程度为目标，可在 70%～80% 的动物中实现。畜主需长期记录发作频率和严重程度，以有效监测药物的疗效。需要与畜主沟通药物的副作用和血药浓度监测计划，以及给药剂量的调整情

况。畜主应被告知在没有兽医的医嘱时，不准自行改变药物的使用剂量；畜主应明白遗漏 1 次剂量都会促成癫痫的发作。畜主应被告知患畜紧急情况(例如癫痫持续状态时)下的症状和推荐采用的急救措施和寻求兽医的帮助。

 **框 64-5　长期抗惊厥治疗的适应证**

1. 无法治愈的颅内疾病引起的癫痫发作
2. 癫痫簇发
3. 至少出现 1 次癫痫持续状态
4. 癫痫发作间歇期少于 12～16 周时
5. 癫痫发作频率增加或严重程度加重

最少的基础数据包括 CBC、血清生化指标和尿常规结果，都应在抗惊厥疗法实施之前立即获得。如果近期没有查过肝功能，那么也建议进行肝功能检测。无论何时，动物在初始治疗时都应采用单种抗惊厥药物的治疗(单一疗法)，以降低副作用，优化畜主的顺从度，降低整体的药物花费和监测花费。临床疗效和治疗药物浓度也需监测，以便决定针对动物个体最适当的抗惊厥药物剂量。如果初始剂量虽然达到有效的血清浓度，但没有疗效，那么就应增加另一个抗癫痫药

物,或替代使用其他的抗癫痫药物(见框 64-6)。

**框 64-6　犬长期口服抗惊厥药物的治疗方案**

1. 初始治疗可给予 PB(2～3 mg/kg PO q 12 h)。
2. 初始治疗后的至少 10 d 时,监测给药前的血清 PB 浓度。如果浓度不到 25 μg/mL(107 μmol/L),需增加苯巴比妥剂量的 25%,在 2 周后重新评估其血药浓度。按照这个方法,剂量不断增加,直到 PB 给药前的血药浓度达到 25～35 μg/mL(107～150 μmol/L)时,理想状态是在治疗范围的中间。
3. 如果控制癫痫发作的效果确实,则维持苯巴比妥的给药剂量,并每年监测 1～2 次血药浓度和肝酶活性。
4. 如果癫痫控制较差,哪怕血药浓度足够,则联合溴化钾治疗(混合食物给予 15 mg/kg PO q 12 h)。
5. 如果需要有效控制癫痫,增加溴化钾的给药剂量到 20 mg/kg PO q 12 h。
6. 3～4 个月后监测一次溴化钾血药浓度,应该达到 1～2 mg/mL(10～20 mmol/L)。

PB,苯巴比妥;PO,口服。

## 抗惊厥药物
### (ANTICONVULSANT DRUGS)

### 苯巴比妥类
#### (PHENOBARBITAL)

近几十年,苯巴比妥被认为可用于初始治疗和持续治疗大多数犬猫的癫痫。苯巴比妥是相对较为安全、有效且便宜的抗惊厥药物。它有很高的生物利用率,可被机体快速吸收,在口服给药后的 4～8 h,血药浓度可达到高峰。适当的初始治疗剂量为 2～3mg/kg,口服每天 2 次,但自适应机制常迫使后续给药剂量增加,以维持血药浓度在治疗范围内。

治疗 2 周后,需要采集早晨给药前的血液检测血清苯巴比妥的浓度。犬的血药浓度范围是 25～35μg/mL(107～150μmol/L),猫的剂量范围为 10～30μg/mL(45～129μmol/L)。如果血清浓度太低,则应增加苯巴比妥给药剂量的 25%(见框 64-6),然后继续给药 2 周后,再次检测血药浓度。如果血药浓度仍不足够,那么苯巴比妥的药物增量应为每 2 周增加 25%,并持续监测血药浓度。一旦血药浓度在治疗范围内,畜主应长期观察犬或猫(时间大概为 2～3 个癫痫发作周期);如果可有效控制癫痫,那么可持续使用该剂量维持治疗。血清苯巴比妥浓度应每半年或每次剂量改变后的 2 周,或在苯巴比妥浓度评估间期癫痫发作 2 次或 2 次以上时,重新检测血药浓度。血清分离管不能用于收集血清进行该药物浓度检测,因为会造成血清苯巴比妥浓度被低估。

大多数犬对血清治疗浓度的苯巴比妥有很好的耐受性。在治疗的前 7～10 d 或增加剂量后,犬可表现为沉郁和运动失调,但这些副作用可随着时间而缓解(10～21 d),因为动物对药物的镇静作用获得了耐受。超过 40% 的犬和猫会出现短暂的(7 d)过度兴奋的特异反应。最常见的长期使用苯巴比妥的副作用包括多尿、烦渴和多食。建议畜主在饲喂患犬苯巴比妥药物时,应限制饲喂量,即便是动物看起来很饿。一些犬首次服用苯巴比妥药物 6 个月内,会出现嗜中性粒细胞减少症或血小板减少症,但这些血液失衡,在停用苯巴比妥后可恢复。苯巴比妥药物引起的最严重的威胁生命的潜在性作用是药物引起的肝中毒。苯巴比妥是强效的肝酶诱导物,所有用它进行抗癫痫治疗的犬都会发生血清 ALP 和 ALT 浓度轻度到中度的升高;严重的肝毒性不常见。肝毒性最可能发生在苯巴比妥血药浓度在治疗范围的上限时(>35μg/mL;>150μmol/L)。显著肝毒性的临床特征包括厌食、沉郁、腹水和偶见的黄疸。实验室检查可见 ALT 比 ALP 升高得更多,血清白蛋白浓度降低,异常的胆汁酸浓度,和给药剂量不变但苯巴比妥血药浓度增加。所有接受长期苯巴比妥药物治疗的动物,都应每 6 个月检查一次,以评估给药方案、苯巴比妥血药浓度、肝酶活性和肝功能。当疑似肝中毒时,患畜应停用苯巴比妥药物,并快速地转换为其他的抗惊厥药物,并采用支持疗法预防肝功能衰竭。肝毒性如早期发现,则可逆转。

苯巴比妥可增加经肝脏代谢的药物的生物转化率,降低机体对许多同时应用的药物的治疗反应。苯巴比妥也会增加甲状腺激素的排泄速率,降低血清总甲状腺素和游离 T4 的浓度,增加血清促甲状腺素的浓度,但这很少会引起甲状腺功能减退的症状(见第 51 章)。可抑制微粒体酶活性的药物(例如氯霉素、四环素、西咪替丁、雷尼替丁、恩康唑)可能显著地抑制肝脏代谢苯巴比妥药物的能力,造成血清苯巴比妥浓度增加,从而潜在性地引起中毒。

如果维持苯巴比妥的血药浓度在目标范围内,那么单独使用苯巴比妥对犬猫癫痫的控制率可达 70%～80%。如果在血药浓度足够时,癫痫发作的频率和严重程度仍超出预期,那么必须考虑联合用药。

## 溴化钾
### (POTASSIUM BROMIDE)

患犬如已经使用苯巴比妥且其血药浓度足够的情况下仍不能有效控制癫痫的发作,则同时给予溴化钾可使超过 70%～80% 的患犬,降低 50% 或者更多癫痫发作次数(见框 64-6)。溴化钾也可单独给药,可作为有肝功异常的犬和大型犬,以及不能接受苯巴比妥的副作用的工作犬的初始治疗药物。该药不用于猫,因为猫服用后会引起严重的渐进性支气管炎,这对猫甚至是致命的。

溴化物经肾脏代谢以原型排出,不经肝脏代谢,因此不会引起肝毒性。溴化钾常作为无机盐溶解在双倍的蒸馏水中,达到浓度为 200～250mg/mL 的溶液进行给药。也可把这种盐制成明胶胶囊进行给药,但胶囊制剂中的药物浓度更易引起胃部刺激和呕吐。犬应用溴化钾治疗时,应控制饮食中氯化物的量保持恒定,因为氯化物在肾脏重吸收时可与溴化物竞争。高氯化物的摄入(例如薯片、生骨头)可增加肾脏溴化物的排泄,降低溴化物血清浓度和可能导致癫痫发作。相反改变犬的饮食为低钠饮食,可显著地增加血清溴化物浓度并表现出中毒症状。

单独使用溴化钾治疗时的初始剂量为 20 mg/kg,口服每天 2 次;或 15 mg/kg 联合苯巴比妥,口服每天 2 次。通常在首次采用溴化钾治疗后的 1 个月,浓度达到预期平稳状态的 50%,和此后的 8～12 周,当平稳状态达到后,需检测溴化钾血清浓度。当单独使用溴化钾时,药物浓度须达到 2.5～3 mg/mL(25～30 mmol/L);当联合苯巴比妥给药时,溴化钾浓度须达到 1～2 mg/mL(10～20 mmol/L)。血清苯巴比妥浓度在联合使用溴化钾和苯巴比妥给药时,需维持在治疗浓度范围的中间水平。

当给予维持剂量的溴化钾进行治疗时,开始治疗和血药浓度达到稳定浓度之间,有一个较长的滞后期。如果必须把溴化钾作为唯一的抗惊厥药物,用于治疗严重的或进行性发展的癫痫患犬,或者由于苯巴比妥的毒性而必须替换为溴化钾时,那么给予负荷剂量,可以快速地达到有效的溴化钾血药浓度。口服溴化钾的负荷剂量为 50 mg/kg,每天 4 次给药(每 6 h 给药一次),连续给药 2～3 d,混在食物中,随后降低为维持剂量。

溴化钾的副作用有多尿、多饮和多食,但在大多数犬中该副作用没有苯巴比妥的明显。如患犬刚开始服用溴化钾或逐渐增加给药剂量时,会出现短暂地镇静、共济失调、厌食和便秘的副作用,尤其是联合苯巴比妥给药时。可逆转的四肢僵硬、跛行和肌无力的症状则较为罕见,除非血中溴离子浓度超量时会发生。常见的副作用有药物的高渗透性引起胃部刺激而导致呕吐,如将 1 天的给药量分多次给予(分 4 次等量给药,间隔 6 h)或每次给药时混少量食物,则可减少呕吐的概率。胰腺炎的发生较为罕见。当溴离子浓度接近或超过最大血药浓度范围时,机体会发生溴离子中毒。症状包括痴呆或昏迷、失明、共济失调、四肢瘫痪伴有正常或降低的脊柱反射、吞咽困难和巨食道症。如发生溴离子中毒,需立即停止溴化钾的给药,并采用静脉滴注生理盐水和速尿进行利尿,但当血药浓度降得太低,则可能发生癫痫。血浆生化检查结果的异常不常见于单独用溴化钾治疗的患犬,但一些实验室检查法不能区分溴离子和氯离子,容易造成氯离子浓度升高的假象。

## 唑尼沙胺
### (ZONISAMIDE)

唑尼沙胺(商品名为 Zonegran,由 Elan 公司制造)是磺胺类抗惊厥药物,可抑制癫痫发作,阻断癫痫样放电的传播。该药很好吸收,经肝脏代谢,对于未经苯巴比妥或其他刺激微粒体酶增多的药物治疗的患犬,其半衰期相对较长(15 h)。给药 3～4 d 后,血药浓度达到稳定。唑尼沙胺单独使用时即可有效,也可作为附加药物,用于其他药物控制癫痫失败时,提高癫痫的控制率为 80%～90%。该药有轻微的副作用,可引起镇静、共济失调、呕吐和食欲减退的症状。不联合使用苯巴比妥药物的犬的初始剂量为 5 mg/kg,一天 2 次;如联合苯巴比妥治疗时,给药剂量是 10 mg/kg,一天 2 次。据报道,血药浓度达到 10～40 μg/mL 时,可起到治疗作用。该药也可用于猫;初始剂量为 5～10 mg/kg,一天 1 次。

## 左乙拉西坦
### (LEVETIRACETAM)

左乙拉西坦(商品名为 Keppra)是一种有效的抗惊厥药,耐受良好,副作用小。该药较易吸收,可快速地被机体代谢,患犬不服用苯巴比妥时的药物半衰期为3～4 h,服用苯巴比妥时的半衰期为1.7 h,但控制癫痫的时间常超过其半衰期。大部分药物以原型经尿排出,其余药物可被多个器官水解代谢,较少经肝脏代谢。该药作为附加药物时,控制癫痫患犬的有效率超过50%,该药也可有效控制猫的顽固性癫痫。有些癫痫患犬可单独使用该药进行有效控制。犬猫的初始给药剂量为20 mg/kg,每8 h给药1次;犬高剂量服用时不会引发中毒;当联合苯巴比妥给药时,可能需要高剂量给药以使血药浓度达到治疗剂量(5～45 μg/mL)。使用该药治疗癫痫患畜时,无须监测血药浓度,因为该药的安全使用范围广泛,且血药浓度与癫痫控制率之间没有关联。在少数犬猫该药的副作用为轻度镇静、流涎、呕吐和食欲减退。给予左乙拉西坦注射剂(30～60 mg/kg),5 min缓慢静注给药被用于控制犬的癫痫簇发和癫痫持续状态取得了一定疗效。

## 加巴喷丁
### (GABAPENTIN)

加巴喷丁(商品名为Neurontin,由Parke-Davis制造)是一种γ-氨基丁酸(γ-aminobutyric acid,GABA)的结构类似物,可透过血脑屏障,但不与GABA受体结合而发挥作用,而是抑制神经系统的钙离子通道作用。该药可被机体快速吸收,经肾代谢,少量药物经肝脏代谢。犬的半衰期较短(3～4 h),需要每6或8 h给药一次。该药联合苯巴比妥或溴化钾给药时,控制犬癫痫发作的有效率超过50%。建议的初始剂量为10～20 mg/kg,每8 h给药1次,根据病情可逐渐增加给药剂量(高达80 mg/kg q 8 h)。只要不出现严重的镇静作用,据报道,这也是该药的唯一副作用,一般不需监测血药浓度,疑似犬的治疗浓度为4～16mg/L。

## 非氨酯
### (FELBAMATE)

非氨酯(商品名为Felbatol,由Wallace制造)是犬的有效抗惊厥药物,可单独给药或作为附加药物用于苯巴比妥和溴化钾治疗疗效差的患犬。口服给药时,70%的药物经尿液排出,其余经肝脏微粒体酶P450代谢。推荐给药剂量为15 mg/kg,每8 h给药1次。该药的安全使用范围较广,日常给药剂量可成倍增加,直到癫痫症状被有效控制,报道过的最高给药剂量为70 mg/kg q 8 h,没有发生显著的中毒反应。尽管血

药浓度25～100 mg/L是可能的治疗范围,但犬的目标浓度没有被证实。该药是一种不寻常的抗惊厥药,因其没有镇静效果。潜在的副作用有神经紧张和干性角膜结膜炎。轻度的可逆的血小板减少症和白细胞减少症也有报道。再生障碍性贫血和致命性肝病限制了该药对于人的应用,但没有关于引起犬贫血的报道。犬联合使用该药与苯巴比妥时,大约30%的患犬发展为肝毒性,因此,使用该药期间,建议每3个月监测一次血常规、生化和肝功能。

## 地西泮
### (DIAZEPAM)

地西泮(商品名为Valium,由Roche制造)因其价格昂贵、半衰期短、机体依赖性和对其抗癫痫作用的快速抗药性,而限制了其作为犬主要抗癫痫药物的使用。口服给药可用于长期控制猫的癫痫发作,因其不会引起猫的抗药性。口服剂量为0.3～0.8 mg/kg,每8 h给药1次,即可达到血药浓度为200～500 ng/mL。该药经肝脏代谢,唯一常见的副作用为镇静,尽管有记录在少数猫口服给药5～11 d即发生了特异的、严重的、致命的肝中毒。这种潜在的致命性反应驱使畜主密切观察猫的食欲和精神,并定期地监测使用安定治疗猫的肝酶活性。因此,苯巴比妥是更好的长期治疗猫癫痫的抗惊厥药物。

地西泮也可用于癫痫的紧急治疗,和作为犬的自发性癫痫簇发时的家庭治疗药物。在可识别癫痫发作的先兆期或发作前期的犬,主人可在发现这些先兆症状时将地西泮注射剂(5 mg/mL)经直肠给药(2 mg/kg)。或者,每次发现有癫痫发作后都可按照这个剂量给药,每24 h内最多给药3次(每次给药间隔至少10 min)。在家里经直肠给药可降低癫痫簇发的风险,以及发展为癫痫持续状态,同时可降低主人需要寻求昂贵的急诊治疗的花销。配制回家用于直肠给药的药物储存时需置于玻璃瓶内,因为塑料瓶会吸收药物,降低疗效。在直肠给药时,可把药抽到注射器内,并用注射器连接1 in(2.54 cm,译注)的塑料管或橡胶管直接插入直肠内给药。

## 氯氮卓
### (CLORAZEPATE)

氯氮卓(商品名为Traxene,由Abbott Laboratories

制造)是一种苯二氮卓类药物,其有效时间略长于地西泮。该药可单独进行抗惊厥治疗,也可作为附加药物。长期给药可造成药物抗癫痫作用的耐受性,并可能导致在急诊治疗时所有的苯二氮卓类药物无效。发现的仅有的副作用有镇静、共济失调和多食,尽管可能会担心猫会发生急性肝坏死,因为该药和地西泮的代谢途径一致。该药停用时也可能会发生严重的癫痫活动。初始给药剂量为 1～2 mg/kg,每 12 h 口服 1 次。与苯巴比妥联合用于癫痫犬时,可增加血清苯巴比妥的浓度,因此,需定期监测血药浓度并调整剂量。

# 替代疗法
## (ALTERNATIVE THERAPIES)

大约有 20%～25% 的癫痫患犬采用标准的抗惊厥疗法进行治疗,但总是不能很好地得到控制,尽管治疗方案中监测了血药浓度,并做了剂量的调整。而对于这些疗效差的患犬,非常需要评估其导致癫痫的代谢性疾病或颅内疾病,以便进行针对性治疗。这些动物需要考虑使用替代疗法,例如低过敏饮食、针灸、外科手术分离胼胝体和迷走神经刺激。

# 犬猫癫痫持续发作的紧急疗法
## (EMERGENCY THERAPY FOR DOGS AND CATS IN STATUS EPILEPTICUS)

癫痫持续状态是一系列癫痫发作或癫痫持续发作超过 5 min,没有意识恢复的发作间期。癫痫持续状态会增加动脉血压、体温、心率、脑血流和脑耗氧量。降低血液 pH(因为酸中毒)并可能减少有效通气量。随着癫痫的持续发作,常引起代谢恶化、颅内压增加、酸中毒、高热和心律失常,继而引起脑局部缺血和神经元死亡。可导致永久性神经系统损伤,据报道,自发性癫痫患犬的致死率可达 25%。

癫痫持续状态一定是急诊。常见导致有自发性癫痫的患病动物,出现癫痫持续状态的病因有簇发性癫痫的长期无效控制和唐突地停止抗惊厥治疗(不按时给药)。非自发性癫痫动物可能因各种代谢疾病、中毒疾病和颅内疾病而出现癫痫持续状态。病史和体格检查结果有助于分析患病个体出现癫痫持续状态的病

因。必须检查可能引发癫痫的代谢性病因(尤其是低血糖症、低钙血症、电解质紊乱),并进行特殊治疗。如疑似为中毒性病因时,治疗方案需指向减少进一步的毒素吸收,增加毒素的排泄和控制癫痫的神经性症状(见框 64-4)。

治疗的目标是使动物稳定,停止癫痫发作,保护脑部不受进一步损伤,帮助因癫痫发作引起的全身性反应获得恢复。需要吸氧治疗和输液治疗,并进行支持性照顾,以减轻全身性反应。地西泮(静脉给药或直肠给药)可用于停止癫痫发作。

 **框 64-7　犬猫癫痫持续状态的治疗方法**

1. 如有可能,可以安置静脉留置针。
2. 如果没有静脉通路,可经直肠给予地西泮 2 mg/kg。如果有静脉通路,可静脉给予地西泮 1 mg/kg。如果癫痫控制无效或癫痫复发,则每 2 min 重复给药一次。如有必要,最大给药量为 4 次给药。如果地西泮对患畜治疗有效,但有癫痫复发,此时考虑将地西泮溶于 0.9% 生理盐水或 5% 葡萄糖溶液进行 CRI[1 mg/(kg·h)]。持续时间至少 6 h;如果没有癫痫复发,则每小时减量 25% 进行滴注。
3. 给予一次负荷剂量的苯巴比妥,以预防癫痫的进一步发作(6 mg/kg 缓慢 IV 或 IM,2 次,给药间隔 10 min)。给药后需 20～30 min 后才能达到最大药效。然后,采用肌肉注射剂量 6 mg/kg q 6 h 重复给药,直到可以口服给药时。
4. 如果采用地西泮或给予初始剂量 PB 控制癫痫无效时,则需使用下述 2 种药物中的任意一种以停止癫痫发作:
　戊巴比妥钠(3～15 mg/kg,缓慢给药直到起效),静脉一次性推注 25% 的剂量,重复给药直到癫痫停止并使患犬麻醉。
　然后按需要继续重复给药(每 4～8 h)以维持麻醉状态或溶于生理盐水进行恒速滴注[2～5 mg/(kg·h)直到起效]。持续的恒速滴注至少 6～12 h 后,再逐渐减量。
　或
　丙泊酚(4～6 mg/kg,缓慢 IV 超过 2 min),每间隔 30 s 给予计算剂量的 25%,直到癫痫停止且犬处于麻醉状态。然后维持恒速滴注 [0.10～0.25 mg/(kg·min);6～15 mg/(kg·h)],使患犬处于麻醉状态 6～12 h,然后每 2～4 h 减量 25%,直到患犬苏醒。
5. 保持患畜气道通畅并监测呼吸。如有必要进行气管插管和机械通气。
6. 开始输液疗法(维持速率输液)。
7. 评估体温,如果>41.4°C(>105°F),则用冷水灌肠进行降温处理。
8. 如果机体高热或癫痫发作延长(>15 min),则给予
　甘露醇:1 g/kg IV 超过 15 min
　和/或
　高渗盐水(4 mL/kg 的 7.2% 高渗氯化钠,给药时长 5 min)。

CRI:恒速滴注;IM:肌肉注射;IV:静脉注射;PB:苯巴比妥。

给予长效抗癫痫药物来防止癫痫反复发作，通常会选择苯巴比妥。或者静脉推注左乙拉西坦对于一些犬也有效。如果癫痫持续发作，还需结合其他更积极的治疗，通常会用丙泊酚或戊巴比妥钠静脉滴注以帮助阻止癫痫的发作。建议使用甘露醇或高渗盐水（用于颅脑创伤，见框62-2），以减轻长时间的癫痫发作而继发的脑水肿。详细的治疗癫痫持续状态的方法见于框64-7。

◈ 推荐阅读

Barnes HL et al: Clinical signs, underlying cause and outcome in cats with seizures: 17 cases (1997-2002), *J Am Vet Med Assoc* 225:1723, 2004.

Bergman RL, Coates JR: Seizures in young dogs and cats: management, *Compend Contin Educ Pract Vet* 27:539, 2005.

Dewey CW: Anticonvulsant therapy in dogs and cats, *Vet Clin North Am Small Anim Pract* 36:1107, 2006.

Pakozdy A, Leschnik M, Tichy AG, Thalhammer JG: Retrospective clinical comparison of idiopathic versus symptomatic epilepsy in 240 dogs with seizures, *Acta Vet Hung* 56:471, 2008.

Podell M: Seizures. In Platt SR, Olby NJ, editors: *BSAVA manual of canine and feline neurology*, Gloucester, 2004, BSAVA.

Rossmeisl JH, Inzana KD: Clinical signs, risk factors and outcomes associated with bromide toxicosis (bromism) in dogs with idiopathic epilepsy, *J Am Vet Med Assoc* 234:1425, 2009.

Schriefl S et al: Etiologic classification of seizures, signalment, clinical signs and outcome in cats with seizure disorders: 91 cases (2000-2004), *J Am Vet Med Assoc* 233:1591, 2008.

Thomas WB: Idiopathic epilepsy in dogs and cats, *Vet Clin North Am Small Anim Pract* 40:161, 2010.

# 第 65 章

头倾斜
Head Tilt

## 概述
(GENERAL CONSIDERATIONS)

头倾斜是犬猫常见的神经异常表现,是前庭系统发生损伤的表现。前庭系统分为中枢前庭系统和外周前庭系统。

外周前庭系统位于头颅颞骨岩部内耳膜迷路上的前庭输入感觉接受器和通过前庭蜗神经(CN8)的前庭部,将接受器获得的信息传递给脑干。中枢前庭结构包括延髓、脑桥、小脑尾侧脚和小脑绒球小结叶的前庭神经核,小脑、脊髓和脑干头端的前庭投影(图 65-1)。中枢或外周前庭神经系统发生异常时,可特征性地引起头倾斜、平衡感丧失、转小圈、摔倒、翻滚、共济失调和自发性眼球震颤。

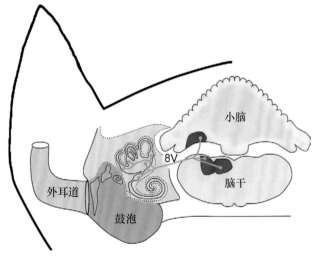

小脑

8V

脑干

外耳道

鼓泡

图 65-1
中枢前庭和外周前庭系统的解剖图示。前庭输入感觉接受器位于内耳膜迷路。这些接受器将信息通过 CN8 的前庭系统(8V)输入脑部,神经纤维终止于脑干和小脑的中枢前庭神经核。

## 眼球震颤
(NYSTAG MUS)

眼球震颤是指眼球自发性规律性震颤。节律性眼球震颤是前庭疾病的典型症状,即眼球朝向一个方向慢速运动,并朝一个相反方向的快速复位。猝动性眼球震颤的方向是快速运动的方向。另外较猝动性眼球震颤少见的形式是摆动性眼球震颤,眼球的震颤运动没有慢速期或快速期。该症状常见于暹罗猫、伯曼猫和喜马拉雅猫,是由于视觉通路的先天性异常引起的。

正常动物的转头,会导致猝动性眼球震颤,其慢速期和转头方向相反,快速期和转头方向一致。这种生理性的眼球震颤诱发于眼脑反射。头部静止时的眼球震颤,可被称为自发性眼球震颤或休息期眼球震颤,属异常症状。有些患有代偿性前庭疾病的动物(中枢性或外周性前庭疾病)没有明显的自发性眼球震颤,但会发生姿势性眼球震颤,当头部姿势异常或背卧时会发生(见图 60-24),这使得该操作成为神经学检查时的重要部分。外周前庭疾病时的眼球震颤要么是水平震颤要么是旋转震颤,并且尽管震颤强度可随着头部姿势而改变,但快速期方向不会改变;中枢前庭疾病的眼球震颤可以是水平的、旋转的或垂直的震颤,也可以随着头部姿势的改变而变换震颤方向。

## 损伤定位
(LOCALIZATION OF LESIONS)

头倾斜表明前庭功能障碍。诊断头倾斜的第一步是:定位疾病发生部位是中枢前庭系统,还是外周前庭系统(框 65-1)。临床医生通常可通过认真的体格检查和神经学检查进行区分。

**中枢和外周前庭系统疾病**
运动不协调、平衡感丧失
头倾斜向神经损伤侧
向损伤侧转圈/摔倒/翻滚
±损伤侧的眼球发生腹侧斜视
呕吐、流涎
自发性或姿势性眼球震颤(快速期震颤的方向远离损伤侧)

**外周前庭系统疾病**
水平眼球震颤或旋转眼球震颤
眼球震颤的方向不变
姿势反应和本体感受正常
伴发中耳/内耳疾病,可能并发 CN7 缺陷和霍纳氏综合征
没有其他的脑神经缺陷

**中枢前庭系统疾病**
有时不易与外周前庭系统疾病进行鉴别诊断
可确诊为中枢前庭系统疾病的临床症状如下:
　　垂直眼球震颤
　　眼球震颤随着头姿势的改变而方向改变
　　损伤一侧的姿势反应异常
　　多处脑神经反射缺失

**自相矛盾的前庭系统综合征(小脑损伤)**
头倾斜和转圈的方向远离损伤侧
快速期眼球震颤朝向损伤侧
水平、旋转或垂直眼球震颤
损伤侧的姿势反应异常
±损伤侧的多处脑神经反射缺失
±辨距过度、躯干摇摆和头部震颤

　　动物发生中枢前庭系统或外周前庭系统疾病时,严重的平衡感丧失可导致共济失调、运动不协调、摔倒和翻滚。头倾斜(耳指向地面)方向与损伤同侧,并朝着受损侧转小圈。损伤同侧眼睛出现腹外侧斜视或腹侧斜视可见于鼻部高抬时(图 65-2)。常见呕吐、流涎和其他的晕动表现。这些特征都不能用于鉴别中枢前庭系统疾病和外周前庭系统疾病。

## 外周前庭系统疾病
**(PERIPHERAL VESTIBULAR DISEASE)**

　　动物发生外周前庭系统疾病时,表现为正常的精神和意识,具有正常的力量和姿势反应。但由于动物丧失平衡感而容易摔倒和翻滚,使得上述检查较难进行。外周前庭系统疾病的自发性眼球震颤和姿势性眼球震颤,是水平震颤、旋转震颤,或二者兼有的,并且动

物处于不同姿势或一天内被反复检查时,都不会改变眼球震颤的快速期方向。内耳接受器或 CN8 神经轴突的损伤还会并发耳聋。影响中耳和内耳的疾病,有时会损伤面神经(CN7)的神经轴突和交感神经对眼睛的支配,造成面部神经麻痹和霍纳氏综合征,以及外周前庭系统疾病(图 65-3)。

　　双侧外周前庭系统疾病的动物通常不会发生头倾斜或病理性眼球震颤。它们表现出典型的宽蹲的姿势(wide-based crouched stance),并在转向任意一侧或

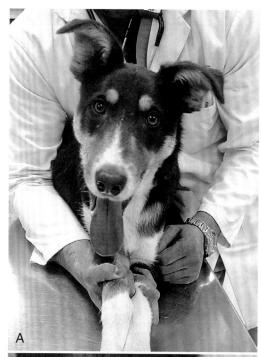

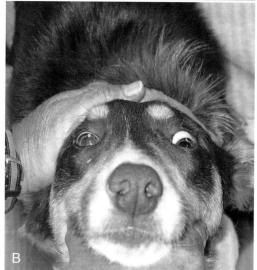

**图 65-2**
成年边境牧羊犬发生轻度的头倾斜(**A**)和姿势性腹外侧斜视(**B**),伴有辨距过度、平衡感丧失和间歇性姿势性垂直眼球震颤。尸检发现进行性脑积水和脊髓积水继发的小脑和脑干压迫。

**图 65-3**
患有外周前庭系统疾病和霍纳氏综合征的成年猫,由于中耳-内耳炎造成左侧病变。

倾斜向任意一侧时,丧失平衡感,使得头部左右摆动的幅度大。在头部运动时无生理性眼球震颤(眼脑反射)。当患病动物臀部被提起,悬浮在空中,并使其往下降时,其头颈会弯向胸骨,而不是抬头并向地面伸展前肢承受体重。诊断犬猫双侧外周前庭系统疾病的方法与单侧外周前庭疾病的方法相同。

## 中枢前庭系统疾病
**(CENTRAL VESTIBULAR DISEASE)**

中枢前庭系统疾病具有典型临床症状,但没有这些症状时,不能排除中枢前庭系统的损伤(尤其是疾病早期阶段)。随着病情的发展,大多数中枢前庭系统疾病的患畜会表现出临床症状,表明脑干也受到损伤。垂直眼球震颤和肢体上运动神经元损伤表现是最可靠的临床症状,表明中枢前庭系统受到损伤。尽管自发性眼球震颤可朝向任何方向发生,但垂直眼球震颤或眼球震颤随着头部姿势而改变快速期方向时,则提示中枢前庭系统疾病。

同侧轻瘫和姿势反应缺失(异常的关节姿势或单腿跳),通常因肢体的上运动神经元损伤而在损伤同侧发病;患畜可能丧失行走能力。如果动物躺卧,损伤一侧患肢的伸肌张力可降低,对侧肢的伸肌张力可增加,从而造成机体向着损伤侧方向翻滚。前庭异常表现的动物,如同时有除了面神经麻痹和霍纳氏综合征的其他脑神经异常,通常表明中枢前庭(例如脑干)疾病。小脑延髓池的肿瘤或肉芽肿常导致前庭神经(CN8)、面神经(CN7)和三叉神经(CN5)的同时受损。因此在前庭神经系统疾病的动物,必须仔细检查三叉神经(例

如面和鼻的感觉)。

## 自相矛盾的(中枢)前庭系统综合征
**[PARADOXICAL (CENTRAL) VESTIBULAR SYNDROME]**

头倾斜和平衡感丧失有时表明前庭神经损伤在一侧,但姿势反应缺失却出现在对侧肢体。上述症状称为自相矛盾的前庭系统综合征,并且表明一侧小脑尾侧脚或小脑绒球小结叶损伤,且损伤的位置在头倾斜方向的对侧。如存在姿势反应缺失,出现缺失的一侧总是与脑部损伤侧一致,是最可靠的确定损伤部位的临床表现。其他的小脑功能障碍的临床症状(例如辨距过度、躯干摇摆、头部震颤)也较常见。自相矛盾的前庭系统综合征可表明中枢前庭神经系统功能障碍,诊断方法与其他颅内疾病一样(见第 62 章)。

## 外周前庭系统疾病的病因
**(DISORDERS CAUSING PERIPHERAL VESTIBULAR DISEASE)**

犬猫发生外周前庭系统疾病的概率要远高于中枢前庭系统疾病,且预后较好。该病的常见病因有中耳和内耳的感染、息肉、肿瘤,以及短暂自发性前庭系统综合征。该病也可由先天性病因、外伤,和较为罕见的氨基葡糖诱导的接受器退化引起(框 65-2)。该病伴有或不伴有面神经麻痹的外周前庭系统症状,也在发生甲状腺功能低下相关的多发性神经炎时出现。

有外周前庭症状的动物在诊断时,应触诊鼓泡,以评价对称性和疼痛性,并在深度镇静或全麻状态下,进行全面的耳镜检查。应停用具有耳毒性的药物或治疗,并评估全身炎症性或代谢性疾病。鼓泡(中耳)的放射学检查、计算机断层成像(CT)或磁共振成像检查(MRI)需在全麻状态下进行操作,并且在冲洗耳道前进行。如有必要,可进行鼓膜切开术进行中耳分泌物采样,以便进行细胞学分析和培养。

## 中耳-内耳炎
**(OTITIS MEDIA-INTERNA)**

中耳-内耳炎是最常见的引起犬猫外周前庭系统

症状的病因。患侧有时并发面神经麻痹或霍纳氏综合征(图 65-3 和图 65-4)。所有外周前庭疾病的患畜都应进行耳病的检查。大多数中耳-内耳炎患畜伴有明显的外耳炎,很多出现鼓膜异常或穿孔。在慢性外耳炎造成外耳道狭窄或增生时用检耳镜诊断中耳-内耳炎较难操作,因为几乎不可能看到鼓膜,也不能进行中耳采样。有些中耳-内耳炎患犬的检耳镜检查结果为正常,并且鼓膜在检查时还完整,需要进一步检查。

**框 65-2　头倾斜的病因**

**外周前庭系统疾病**
中耳-内耳炎
肿瘤/猫中耳内的鼻咽息肉
外伤
先天性前庭系统综合征
老年犬前庭疾病
猫自发性前庭综合征
氨基糖苷类的耳毒性
化学物耳毒性
甲状腺功能低下性神经疾病

**中枢前庭系统疾病**
外伤或出血
感染性疾病
肉芽肿性脑膜脑炎(犬)
坏死性脑白质炎(犬)
原发性或转移性肿瘤
血管梗死
甲硝唑中毒

鼓泡放射学检查、CT 和 MRI 可以显示鼓室内液性病变或软组织增生,以及继发性反应或形状重塑变化。在进行放射学检查时,需在全麻状态下拍摄吻尾张口位和斜位的 X 光片,其最具有诊断价值(见图 68-7 和图 65-4)。CT 和 MRI 在诊断中耳-内耳炎动物的鼓泡情况时比 X 线更敏感。当动物镇静或麻醉后,需从外耳道采样进行培养,耳道和鼓膜应小心地使用检耳镜或内窥镜进行检查。如果影像检查显示中耳内有液体,那么需采集液体进行细胞学分析和培养。如果鼓膜穿孔,那么液体可在检查时直接看见,并可采样。如果鼓膜完整,那么可以在清理外耳道(用温生理盐水冲洗外耳道,直到液体澄清为止,并吸走剩余的液体)之后,进行鼓膜切开术。采用 22G、3.5 in(约 8.9 cm,译注)脊髓穿刺针连接 6mL 注射器对鼓膜进行穿刺,方向是锤骨后方 6 点钟的位置刺入,然后轻轻地吸取中耳内的液体。如果液体抽不出来,那么可先注入 0.5～1mL 无菌生理盐水,然后再抽吸液体。吸出诊

断样本后,使用生理盐水反复地对中耳进行冲洗,将鼓室内的渗出物清理干净。

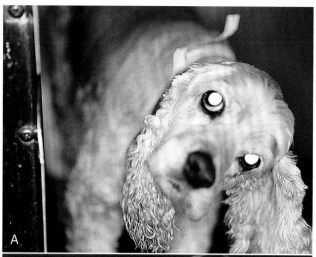
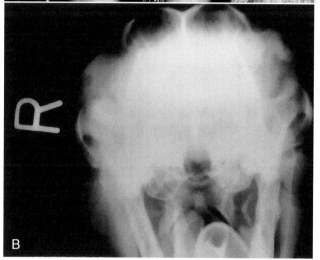

**图 65-4**
**A**,成年可卡犬患有左侧中耳-内耳炎,引起外周前庭系统疾病。**B**,放射学检查显示左侧鼓室壁增厚,鼓室密度增高。腹侧切开术发现双侧中耳-内耳炎。

犬猫细菌性中耳-内耳炎的治疗包括全身应用抗生素 4～8 周,且根据细胞学培养结果选择应用敏感性抗生素。在等待细胞培养结果出来之前,可先给予广谱抗生素如第一代头孢菌素(例如口服头孢氨苄 22 mg/kg q 8 h)、阿莫西林克拉维酸(口服 12.5～25 mg/kg q 8 h)或恩诺沙星(口服 5 mg/kg q 12 h)。确诊和治疗外耳炎的易感因素,局部或全身抗感染治疗也很重要。如果保守疗法不能控制感染或影像学检查显示鼓室出现慢性骨病变时,则应进行鼓室腹侧切开术或全耳道摘除术,然后再进行抗生素治疗。早期中耳-内耳炎的诊断和及时恰当的治疗可获得良好的预后和恢复。当机体出现面神经麻痹时,则有可能是

终身性的,与治疗无关。中耳-内耳炎治疗的失败可导致感染沿着神经向脑干蔓延,造成神经功能恶化、中枢前庭症状和死亡。

## 老年犬前庭系统疾病
### (GERIATRIC CANINE VESTIBULAR DISEASE)

老年犬前庭系统疾病是一种自发性综合征,是引起老龄犬急性单侧外周前庭神经功能障碍的最常见病因,平均发病年龄为12.5岁。该病的特征是突然出现头倾斜、平衡感丧失和共济失调,伴有水平或旋转眼球震颤(图65-5)。临床症状常表现很严重,不能站立,朝向患侧翻滚和摔倒,呕吐。本体感受和姿势反应都为正常,但因上述症状而难以评估。无面部麻痹和霍纳氏综合征的表现,也没有其他的神经异常症状。

老龄犬一旦突然发生单侧性外周前庭疾病,且没有其他的神经异常表现时,则可怀疑患有老年犬前庭系统疾病。患犬需进行仔细的体格检查、神经学检查和检耳镜检查。进一步的检查可推迟几天,这期间患犬可进行支持疗法,并监测临床症状的改善。

该病的诊断主要依靠临床症状、神经学表现、排除其他引起外周前庭疾病的病因和临床症状随着时间而减轻等特征。自发性眼球震颤可在几天内得到控制,然后表现出向同一侧的短暂的姿势性眼球震颤。共济失调和头倾斜可在1~2周后减轻,但有时头倾斜可长期持续。

预后良好;无须进行治疗。当呕吐严重时,可连续2~3 d给予H1组胺受体拮抗剂(皮下注射苯海拉明2~4 mg/kg q 8 h)、M1胆碱能受体拮抗剂(口服盐酸氯丙嗪1~2 mg/kg q 8 h)、或前庭镇静剂(口服氯苯甲嗪1~2 mg/kg q 24 h),以减轻因晕动引起的呕吐。该病的复发不常见,但有可能在同侧或对侧出现。

## 猫自发性前庭系统综合征
### (FELINE IDIOPATHIC VESTIBULAR SYNDROME)

猫自发性前庭系统综合征是一种急性非进行性疾病,与犬的自发性老年性前庭系统疾病相似,但任何年龄的猫都可发病。该病常流行于夏季和初秋,具有地域性,尤其是美国的东北部地区和亚特兰大州中部,这提示该病很可能与传染病或寄生虫感染有关。该病的

特征是外周前庭症状(例如严重的平衡感丧失、迷失方向、摔倒和翻滚、头倾斜、自发性眼球震颤)的急性发作,本体感受或其他的脑神经正常。可依据临床症状和无耳病或其他疾病症状进行诊断。如进行了鼓室的放射学检查、CT或MRI检查,检查结果应为正常,脑脊液分析也应正常。该病通常在2~3 d内可自行好转,2~3周内可完全恢复正常。

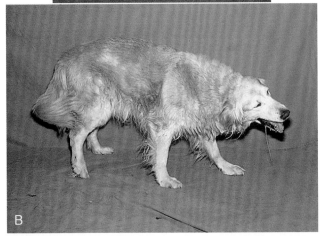

**图 65-5**
**12岁的金毛巡回猎犬因老年性前庭系统疾病引起头倾斜(A)和身体倾斜(B)。**

## 肿瘤
### (NEOPLASIA)

内耳和中耳肿瘤可损伤外周前庭结构,造成外周前庭功能障碍。肿瘤可以来自局部软组织、鼓室骨或外耳道。最常见的原发性的可引起前庭功能障

碍的耳肿瘤有鳞状细胞癌、耵聍腺腺瘤/腺癌、皮脂腺腺瘤/腺癌和淋巴瘤。不常见的有 CN8 的肿瘤（例如神经纤维瘤或神经纤维肉瘤）也会引起外周前庭功能障碍。

耳肿瘤或可通过视诊或检耳镜直接可见，采用细针抽吸或活组织采样可获得诊断。当检耳镜检查不显著，但仍疑似中耳和内耳疾病时，可进行影像学检查。放射学检查结果显示鼓室和邻近骨溶解的可提示肿瘤的存在。更先进的 CT 和 MRI 检查可显示更多的图像细节，如果进行肿瘤减积手术或放射治疗，则需进行 CT 或 MRI 检查。确诊可通过活检。中耳和内耳肿瘤的侵袭性使得很难完整切除肿瘤。对有些动物放疗或化疗可能有效（见第 73 章和第 74 章）。

## 鼻咽部息肉
### (NASOPHARYNGEAL POLYPS)

鼻咽部炎性息肉常发于幼猫和青年猫的咽鼓管基部，可侵袭性地生长进入鼻咽部、鼻腔或中耳。大多数患猫表现出鼾声呼吸或因息肉堵塞上呼吸道而产生鼻分泌物。如猫的中耳和内耳发生息肉，则表现出外周前庭症状，有时有霍纳氏综合征及面神经麻痹。尽管可能出现鼓膜凸起，或息肉可深入到外耳道，但检耳镜检查结果常为正常。当青年猫并发外周前庭功能障碍和鼻咽部堵塞时，可疑似为多发性鼻咽息肉。头部的影像学检查显示鼓室内的软组织密度升高和骨增厚，但没有发生骨溶解。咽部或外耳道息肉时，可采用牵拉息肉切除术进行成功治疗，但鼓室内的息肉必须通过鼓室骨腹侧切开术/外耳道摘除术才能成功切除。如果将异常组织都切除，则预后良好（见第 15 章）。

## 外伤
### (TRAUMA)

中耳和内耳的外伤可导致外周前庭神经症状，并伴发霍纳氏综合征和面神经麻痹。病初，机体表现为面部擦伤、淤青和骨折。检耳镜检查或可发现外耳道出血。CT 和 MRI 的影像学检查显示更多的疾病问题。头部外伤时可采用支持疗法和外伤后抗感染治疗。前庭症状通常可随时间而自愈，但面神经麻痹和霍纳氏综合征将会持续。

## 先天性前庭系统综合征
### (CONGENITAL VESTIBULAR SYNDROMES)

纯种犬猫在 3 月龄时就表现出外周前庭症状的很可能患有先天性前庭系统综合征。已经发现在德国牧羊犬、杜宾犬、秋田犬、英国可卡犬、比格犬、猎狐㹴和西藏㹴犬，以及暹罗猫、缅甸猫和东奇尼猫会发生先天性单侧外周前庭系统综合征。临床症状出现于刚出生后或几月龄时。起初表现出头倾斜、转圈和共济失调等严重症状，但随着时间的推移，机体产生代偿性适应，多数患病动物仍被主人接受为宠物。诊断主要依据症状出现时间。如果进行辅助检查，如影像学检查和脑脊液分析，结果常为正常。杜宾犬、秋田犬和暹罗猫在发生前庭神经症状时还会发生耳聋。

## 氨基糖苷类耳毒性
### (AMINOGLYCOSIDE OTOTOXICITY)

氨基糖苷类抗生素罕见引起犬猫前庭系统和听力系统的退化。这种耳毒性作用常与全身性高剂量或长时间使用氨基糖苷类抗生素有关，尤其在有肾功能损伤的动物。前庭系统的退化可造成单侧或双侧外周前庭症状和听力丧失。大多数病例如及时停药，则前庭症状可以恢复，但耳聋可能持续存在。

## 化学性耳毒性
### (CHEMICAL OTOTOXICITY)

许多药物和化学品对内耳有潜在的毒性作用。如果鼓膜的完整性可能遭到破坏，那么尽量避免使用含有洗必泰、磺基琥珀酸钠二辛酯或氨基糖苷类药物的耳药。应采用温的生理盐水或 2.5% 的碘乙酸溶液冲洗耳道。一旦在耳道内使用一种药物后立即出现前庭功能障碍，都需立即清理耳道并用大量生理盐水冲洗耳道。前庭症状可在数天或数周内自愈，但如果出现耳聋，可能持续存在。

## 甲状腺功能减退
### (HYPOTHYROIDISM)

成年犬发生甲状腺功能减退时，偶尔会发生外周前庭功能障碍。有时并发面神经麻痹，部分犬还会表现出虚弱,提示更广泛的多发性神经炎。其他的甲状腺功能减退症状如体重增加、被毛质量差和嗜睡可能存在或不存在。临床病理学检查显示甲状腺功能减退的异常变化(例如轻度贫血和高胆固醇血症)。确诊可通过甲状腺功能检测进行判断(见第51章)。机体对甲状腺激素替代治疗的反应多种多样。

# 引起中枢前庭系统疾病的病因
## (DISORDERS CAUSING CENTRAL VESTIBULAR DISEASE)

犬猫中枢前庭系统疾病的发病率远低于外周前庭系统疾病,且常预后不良。中枢前庭疾病可由任何炎症反应、肿瘤、血管或脑干的外伤性疾病引起(见框65-2)。犬猫小脑梗死和肿瘤常引起自相矛盾的前庭症状。

中枢前庭症状的动物需按标准的颅内疾病的检查流程进行检查。完整的体格检查、神经学检查和眼科检查是最基本的检查手段,以发现机体其他地方出现疾病的表现。临床病理学检查、胸腹部放射学检查和腹部超声检查都可用于肿瘤疾病或感染性炎性系统性疾病的诊断。当这些结果正常时,可再进行脑MRI检查。几乎每个有中枢前庭异常的动物都会有MRI的异常表现。如怀疑有炎性疾病时,可采集脑脊液进行分析(见第62章关于动物颅内疾病的诊断内容)。

## 炎性疾病
### (INFLAMMATORY DISEASES)

大多数感染性疾病和炎性非感染性疾病(见第66章)都可引起中枢前庭症状。尤其是肉芽肿性脑膜脑炎(犬)、坏死性脑白质炎(犬)、落基山斑疹热(犬)和猫传染性腹膜炎(猫)常好发于脑的这个部位。成年发病的新孢子虫病和激素反应性震颤综合征常影响小脑,引发中枢前庭症状。

## 颅内肿瘤
### (INTRACRANIAL NEOPLASIA)

颅内肿瘤如脑膜瘤和脉络丛肿瘤趋向于发生在小脑脑桥延髓区域,常引起中枢前庭症状,并且该症状也可发生于任何颅内肿瘤,只要肿瘤造成了对前庭神经核的压迫和侵袭,增加了颅内压,造成早期脑疝的形成或阻塞性脑水肿。通常根据MRI做出假设诊断,但组织学确诊需进行活检。预后依肿瘤组织学类型、神经解剖学部位和神经症状的严重程度而定。肿瘤减积手术和体外放疗可能是可选的治疗手段。保守疗法可采用糖皮质激素[口服泼尼松0.5~1 mg/(kg·d)]可暂时性地改善临床症状。

## 脑血管疾病
### (CEREBROVASCULAR DISEASE)

脑血管缺血性梗死正越来越多地被认识到是引发急性、非进行性中枢前庭神经症状的病因,常发生于前庭小脑并引发自相矛盾的前庭症状。如疑似血管梗死,动物需评估是否存在高血压、甲状腺功能低下、肾上腺皮质功能亢进和心脏、肾脏疾病。在犬中已认识到有动脉粥样硬化引起的小脑血管梗死,尤其患有隐性甲状腺功能低下的拉布拉多犬。因此,犬疑似脑血管梗死时,还需评价甲状腺功能。西班牙猎犬或其杂交犬倾向于发生病因不明性小脑血管梗死。第62章详细介绍了关于诊断(包括MRI)和治疗脑血管梗死的内容。

## 急性前庭损伤
### (ACUTE VESTIBULAR ATTACKS)

犬偶尔发生急性的平衡感丧失、眼球震颤和严重的共济失调,且症状仅持续几分钟。头会轻度倾斜或正常,意识也正常。在发病时进行神经学检查常与外周疾病更相符,不发生姿势反应缺失或脑神经异常;有些犬发生垂直眼球震颤,表明存在中枢前庭系统疾病。犬可在数分钟内完全恢复正常,不再有神经异常表现和明显的发作后症状。有些发病犬在数周或数月后会出现脑梗死(尤其是小脑),提示这些表现可能是一过性缺血性,使得症状持续不到24 h。另一些发病犬会发展成癫痫发作,提示这些表现在某些犬可能是癫痫活动。有急性前庭损伤病史的患犬,需仔细进行体格检查和神经学检查,同时筛查全身性炎性反应或肿瘤疾病、凝血异常和高血压。也应进行耳镜检查,以排除早期的中耳-内耳炎引起的外周前庭功能障碍。如果反复发作,可能需要高阶影像诊断手段(CT和MRI)来评价犬的中耳和脑。

# 甲硝唑中毒
## （METRONIDAZOLE TOXICITY）

据报道，使用犬用甲硝唑（商品名 Flagyl，生产商 Pharmacia and Searle）可引起中枢前庭或前庭小脑病症。犬在口服高剂量[＞60 mg/（kg·d）]的甲硝唑 3～14 d 后，最可能发生症状，但毒性作用的敏感性有个体差异性。最初的症状有厌食和呕吐，并快速发展成共济失调和垂直性眼球震颤。共济失调严重时，影响走路而表现出"弓背式"步伐。有时还会发生癫痫和头倾斜。治疗该病，首先是停止给药，然后给予支持治疗。预后良好，但完全恢复需 2 周时间。地西泮（0.5 mg/kg，首次静脉给药，然后改为口服，每天 3 次，连续服药 3 d）可加快疾病的恢复。甲硝唑中毒也见于猫，但主要以前脑神经症状如癫痫和精神状态改变为主。

◀ 推荐阅读

deLahunta A, Glass E. Vestibular system: special proprioception. In *Veterinary neuroanatomy and clinical neurology*, ed 3, St Louis, 2009, WB Saunders.

Munana KR: Head tilt and nystagmus. In Platt SR, Olby NJ, editors: *BSAVA manual of canine and feline neurology*, Gloucester, 2004, BSAVA.

Palmiero BS et al: Evaluation of outcome of otitis media after lavage of the tympanic bulla and long-term antimicrobial drug treatment in dogs: 44 cases (1998-2002), *J Am Vet Med Assoc* 225:548, 2004.

Rossmeisl JH: Vestibular disease in dogs and cats, *Vet Clin North Am Small Anim Pract* 40:81, 2010.

Sturges BK et al: Clinical signs, magnetic resonance imaging features, and outcome after surgical and medical treatment of otogenic intracranial infection in 11 cats and 4 dogs, *J Vet Intern Med* 20:648, 2006.

Troxel MT, Drobatz KJ, Vite CH: Signs of neurologic dysfunction in dogs with central versus peripheral vestibular disease, *J Am Vet Med Assoc* 227:570, 2005.

# 第 66 章
## CHAPTER 66

# 脑炎、脊髓炎和脑膜炎
## Encephalitis, Myelitis, and Meningitis

## 概述
## (GENERAL CONSIDERATIONS)

细菌、病毒、原生动物、真菌、立克次体和寄生虫都是引起犬猫中枢神经系统感染性炎性疾病的病因。比这些已知的感染性脑膜炎和脑炎，更常见的是那些没有可查明的病因，但怀疑有免疫基础的病因引起的中枢神经系统疾病。某些中枢神经系统疾病，如类固醇反应型脑炎动脉炎（steroid-responsive meningitis arteritis, SRMA）和嗜酸细胞性脑膜脑炎（eosinophilic meningoencephalitis）具有典型的临床症状和实验室检验特征，并被划分为特殊性疾病。其他的非传染性炎性疾病都被划分为病因不清的脑膜脑炎（meningo-encephalitis of unknown etiology, MUE）。鉴别这些疾病目前较为困难，通常为疑似，除非进行脑活组织切片检查或死后剖检。

中枢神经系统炎性疾病的临床症状依据发病部位和炎症的严重程度而异。任何病因引起的犬脑膜炎，都常发生颈部疼痛和僵硬，造成不愿行走、弓背和抗拒头和颈的人为摆弄（图 66-1）。高热可见于任何引起严重脑膜炎的疾病。脊髓的炎症（脊髓炎），依据受损脊髓的区域，还将引起相关的四肢上运动神经元（upper-motor neuron, UMN）或下运动神经元（lower motor-neuron, LMN）症状。动物患有脑部炎症时（脑炎），可出现前庭功能障碍、癫痫、辨距过度或意识紊乱，这些症状反映颅内损伤的分布。

诊断炎性中枢神经系统疾病的依据包括确诊炎症、特定的检查来筛查病原，并通过影像学检查查找特征性病灶。诊断时通常需进行全面的体格检查和眼科检查，以及实验室检查和影像学检查筛查系统性异常。犬猫患有细菌性脑膜炎/脑膜脑炎时，通常存在感染灶，并由此向中枢神经系统蔓延。动物患有病毒、原虫、真菌或立克次氏体脑膜炎/脑膜脑炎时，感染可能波及其他器官（例如肺脏、肝脏、肌肉、眼部），这些部位

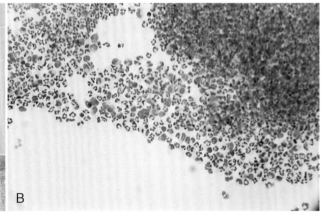

**图 66-1**
A，疼痛引起这只患有激素反应性脑脊膜炎-动脉炎的青年伯恩山犬在站立时脊柱弯曲，不愿行走。B，该犬的脑脊液存在炎症，有严重的中性粒细胞性脑脊液细胞增多。（引自，Meric S et al: Necrotizing vasculitis of the spinal pachyleptomeningeal arteries in three Bernese Mountain Dog littermates. J Am Anim Hosp Assoc, 22:463, 1986. ）

的病灶可辅助诊断。需要进行脑脊液分析以确诊怀疑的中枢神经系统炎性疾病。脑脊液的细胞学检查结合临床症状和神经学检查,有助于确诊动物个体炎性疾病的病因(见框 61-3)。脑脊液的蛋白质分析、脑脊液培养、脑脊液细胞的免疫组化、血清和脑脊液中可能的感染原的抗体滴度检测、脑脊液 PCR 分析也具有诊断价值。这些诊断结果结合其他的辅助诊断试验,有助于特殊疾病的诊断,及时采取对应的治疗(表 66-1)。

# 颈部疼痛
## (NECK PAIN)

颈部疼痛是颈部脊髓压迫或炎性疾病的一个常见症状。动物发生颈部疼痛的典型表现是颈部水平伸直,不愿弯曲向侧方看,而是回转整个身体。进行常规的神经学检查时,应通过深部触诊椎骨和脊椎肌肉,以及颈部对弯曲、过度伸展和侧弯是否抵抗来评估颈部有无感觉过敏(见图 60-21)。脊髓自身没有疼痛受体,因此,颈部疼痛与周围组织的炎症、压迫或牵引有关。能引起颈部疼痛的解剖结构包括脑脊膜、神经根、关节、骨骼和肌肉。颈部疼痛也是颅内压升高的一种临床症状,尤其在前脑团块病灶时出现(框66-1 和框 60-8)。

### 框 66-1　犬颈部疼痛的病因

肌肉:肌炎(免疫性、感染性)、肌肉损伤
骨骼:骨折/脱位、椎间盘炎、椎骨骨髓炎、肿瘤
关节(关节面):多发性关节炎(免疫性、感染性)、退行性关节
　疾病(骨关节炎)
神经根:肿瘤、压迫(被椎间盘、肿瘤、纤维组织、神经周围囊肿)
脑脊膜:肿瘤、炎症(免疫性、感染性)、压迫/牵拉(滑膜囊肿、
　椎间盘突出、寰枢椎不稳定、颈部脊髓病、脊髓空洞症)
脑:团块病灶(肿瘤、炎症)

颈部疼痛动物的诊断方法十分标准化。首先,采用体格检查和神经学检查法定位疼痛点,然后查找疼痛病因。临床病理学检查(血常规检查、生化检查包括肌酸激酶和尿液分析)和 X 线平片检查在大部分病例都需进行。当这些检查结果是阴性时,再建议进一步采用 CT、MRI、关节滑液和脑脊液分析法进行诊断。

表 66-1　诊断感染性中枢神经系统炎性疾病的辅助试验

| 疑似病因 | 辅助诊断手段 |
|---|---|
| 急性犬瘟热(犬) | 结膜刮片<br>眼科检查<br>胸部 X 线检查<br>皮肤组织免疫组化检查<br>血液和 CSF 的 RT-PCR<br>CSF 抗体滴度 |
| 细菌感染(犬和猫) | 耳/喉/眼的检查<br>胸部 X 线检查<br>心脏和腹部超声检查<br>脊柱 X 线检查或 CT<br>头骨 CT 或 MRI<br>血液/尿液培养<br>CSF 培养 |
| 弓形虫病(犬和猫) | 眼科检查 ALT,AST,CK 活性<br>CSF、血清抗体滴度<br>CSF、眼房水、血液和组织的 PCR 检查 |
| 新孢子虫病(犬) | AST 和 CK 活性<br>CSF 和血清抗体滴度<br>肌肉免疫组化检查<br>CSF 的 PCR 检查 |
| 猫传染性腹膜炎(猫) | 眼科检查<br>血清球蛋白<br>腹部触诊/超声检查<br>CSF 和血清的冠状病毒抗体<br>组织的冠状病毒免疫组化检查<br>CSF 和受感染组织的冠状病毒 PCR 检查 |
| 隐球菌病(犬和猫) | 眼科检查<br>胸部 X 线检查<br>头骨/脑组织的 MRI 检查<br>鼻拭子细胞学检查<br>淋巴结细针抽吸细胞学检查<br>血清和 CSF 荚膜抗原检测<br>CSF 培养 |
| 落基山斑疹热(犬) | 胸部 X 线检查<br>CBC 和血小板计数<br>血清球蛋白<br>皮肤活组织检查:IFA<br>血清滴度(显著上升) |
| 埃里克体病(犬) | CBC 和血小板计数<br>血清滴度<br>眼科检查 |

ALT:丙氨酸氨基转移酶;AST:天冬氨酸氨基转移酶;CBC:全血细胞计数;CK:肌酸激酶;CSF:脑脊液;CT:计算机断层扫描;IFA:免疫荧光抗体分析;MRI:磁共振成像;PCR:聚合酶链反应;RT-PCR:逆转录酶-聚合酶链反应。

# 非感染性炎性疾病
## (NONINFECTIOUS INFLAMMATORY DISORDERS)

### 激素反应性脑膜炎-动脉炎
### (STEROID-RESPONSIVE MENINGITIS-ARTERITIS)

激素反应性脑膜炎-动脉炎(SRMA)是兽医临床最常见的脑膜炎疾病。该病可能是免疫性病因引起的脉管炎/动脉炎,从而影响整个脊髓和脑干的脑膜血管。该病也称为无菌性脑膜炎、激素反应性化脓性脑膜炎、坏死性脉管炎、幼龄多发性动脉炎和比格犬疼痛综合征。患病犬通常为幼龄或青年阶段(6~18月龄),在中年和老年犬偶有发现。大型犬种最常发病。激素反应性脑膜炎-动脉炎可能还有品种倾向性,例如比格犬、伯恩山犬、拳师犬、德国短毛波音达犬和新斯科舍诱鸭巡回犬。

SRMA临床症状有高热、不愿运动、颈部疼痛、脊柱疼痛且在疾病早期病症时好时坏。患犬警觉性和机体状态正常。畜主常抱怨犬不喝水,不吃饭,除非将食碗抬高到头的高度。神经症状(例如轻瘫、麻痹、共济失调)不常见,但在慢性损伤或治疗不彻底而并发脊髓炎、脊髓出血或栓塞时可发生。炎症扩散到颅内的症状较为罕见。大多数患犬表现为颈部疼痛和高热,但神经系统检查结果为正常。

实验室检查的典型特征是嗜中性粒细胞性白细胞增多,伴有或不伴有核左移。脑脊液分析显示蛋白质浓度升高和嗜中性粒细胞性脑脊液细胞异常增多(通常>100个细胞/μL;>75%都为中性粒细胞)。当疾病早期颈部疼痛还是间歇性时,脑脊液分析结果为正常或轻度炎症。给泼尼松后的24 h内,脑脊液分析结果为正常或显示以大量单核细胞为主;因此,在对有症候患犬进行脑脊液分析应在开始治疗之前就采集病料,以进行诊断。大多数(>90%)患犬的脑脊液和血清中常出现高浓度的免疫球蛋白(IgA),可用于辅助诊断,但该指标缺乏特异性。有些患犬还并发免疫介导性多发性关节炎。脑脊液和血液的细菌培养结果为阴性。目前,致病因素仍不清楚。

糖皮质激素治疗总是可以快速地缓解高热和颈部疼痛。患犬如被延误治疗,偶见发生神经性缺陷,并伴有脊髓栓塞和脑脊膜纤维化病变;治疗可能对于这些神经症状无效。糖皮质激素类药物的初始剂量应为免疫抑制剂量,然后在4~6月的时间内逐渐缩减剂量并隔天给药(见框66-2)。对泼尼松治疗无效和在逐渐减量期间的患犬,可增加口服硫唑嘌呤(商品名Imuran,由BurroughsWellcome制造,2.2mg/kg PO q 24 h),连续给药8~16周。存活和完全治愈的预后都很好,超过80%急性发作的患犬可以被治愈,并不再复发。老龄犬和比格犬、伯恩山犬及德国短毛波音达犬发生品种相关性SRMA的,则较难控制,需要在治疗初期联合给予泼尼松和硫唑嘌呤,并且长期地更缓慢地逐渐减少泼尼松的剂量。

**框66-2  激素反应性脑膜炎-动脉炎的治疗方法**

1. 泼尼松 2 mg/kg q 12 h 口服 2 d
2. 泼尼松 2 mg/kg q 24 h 口服 14 d
3. 评估临床治疗效果
如果临床症状消失,则逐渐降低泼尼松剂量:
1 mg/kg q 24 h 治疗 4~6 周
1 mg/kg q 48 h 治疗 4~6 周
0.5 mg/kg q 48 h 治疗 8 周
如果临床症状仍存在或在剂量逐渐减少时复发,则剂量回到第2步时,并联合给予硫唑嘌呤[2 mg/(kg·d)]治疗8~16周。持续给予泼尼松,直到症状消失后开始逐渐减量。

### 犬病因不明性脑膜脑炎
### (CANINE MENINGOENCEPHALITIS OF UNKNOWN ETIOLOGY)

犬常发病因不明性非化脓性脑膜脑炎。因无法确认感染性病因,尤其是病毒和原虫类,导致现在认为这类疾病很可能有免疫介导性或遗传性病因。尽管试图通过临床症状和实验室检查、影像学特征、品种倾向性来区分肉芽肿性脑膜脑炎(GME)、坏死性脑膜脑炎(NME)、坏死性脑白质炎(NLE),但确诊还需进行组织病理学检查。因此疗效评估几乎都只能根据假设性诊断来进行。

### 肉芽肿性脑膜脑炎
### (GRANULOMATOUS MENINGOENCEPHALITIS)

肉芽肿性脑膜脑炎(GME)是一种中枢神经系统的自发性炎性疾病,主要见于青年小型犬,如贵宾犬、玩具犬和㹴犬最常见。大型犬种偶发。该病在犬的常发年龄为 2～6 岁,老年犬和小于 6 月龄的犬也有发生。猫不发病。

肉芽肿性脑膜脑炎有 3 种类型。眼型最为少见,可导致视神经炎引起的急性失明和瞳孔散大无反应(见第 63 章)。局灶型的临床症状会提示体积增大的占位性肿块,伴有渐进性的神经症状,与肿瘤引起的表现类似,在影像学检查上可见肉芽肿性病灶的影像。该病最常见的发生部位为前脑、脑干和颈部脊髓。弥散型肉芽肿性脑膜脑炎会导致出现快速恶化的多病灶或严重的局部性大脑、脑干、小脑和颈部脊髓疾病。

临床症状反映了损伤的定位和性状。大约有 20％的患犬表现出癫痫症状、转圈或行为变化。其他常见的特征主要是脑干症状,例如眼球震颤、头部倾斜、平衡感丧失和脑神经缺损。该病颈部疼痛的发病率可达 10％,提示存在脑膜炎症、脊髓局灶性炎症或颅内压升高。弥散性患犬可发生高热和外周循环嗜中性粒细胞增多症,但没有其他全身性疾病的表现。弥散性疾病可呈急性或亚急性,病程时间数周至数月,有 25％的患犬会在 1 周内发生死亡。局灶型患犬的病情

较为隐蔽,病程可长达 3～6 个月。

GME 患犬的脑脊液分析结果的典型表现为蛋白浓度升高和轻度至中度的单核细胞增多(图 66-2)。淋巴细胞、单核细胞为主,偶见浆细胞为主。有时可见未分化的单核细胞,其含有丰富的花边样的细胞质。2/3 的样本中可见嗜中性粒细胞,通常占细胞总数＜20％。有 10％～15％的病例脑脊液分析结果为正常。脑脊液电泳检测结果的典型表现为血-脑屏障的破坏,慢性疾病的患犬还会发生鞘内分泌丙种球蛋白的量显著性增高。通过培养、恰当的血清和脑脊液抗体滴度检查及 PCR 检查,并通过全身性肿瘤疾病的排查,可获得 GME 的疑似诊断。局灶性肉芽肿性脑膜脑炎或许可通过 MRI 检查发现,其特征是边缘不规则的占位性肿物、T2 加权像呈高信号、T1 加权像呈可变的信号强度(通常为等信号或低信号)以及可变的增强造影表现。弥散型肉芽肿性脑膜脑炎通常引起多个脑实质和脑膜上边界不清的损伤。CT 相对于 MRI 在诊断该病引起的脑实质损伤方面较不敏感,但常见到造影增强的表现,这说明该部位存在炎症。

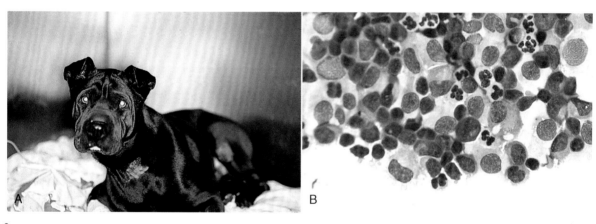

**图 66-2**
**A**,青年中国沙皮犬因弥散型肉芽肿性脑膜脑炎引起运动失调、精神沉郁、垂直性眼球震颤和头部轻度倾斜。**B**,患犬的脑脊液分析结果显示细胞增多——以淋巴细胞、单核细胞、浆细胞和嗜中性粒细胞为主。

糖皮质激素可暂时性地停止或逆转患犬临床症状的进程,尤其是局灶性缓慢恶化的疾病。临床症状常很快复发,中位生存期根据该病的类型和部位而异。当给予积极的化疗方案治疗时,其临床症状的改善和存活时间可以更长,在局灶性病因引起肉芽肿性脑膜脑炎的患犬,经过免疫抑制药物的联合给药治疗后,其中位存活期可超过 12 个月。推荐使用的治疗药物和方案请见框 66-3。比较各种治疗方案的疗效较为困难,因为疾病和患畜存在差异性,并且在治疗前很难确诊。在作者工作的医院 GME 和 MUE 患犬常采用泼尼松、阿糖胞苷和环孢霉素或硫唑嘌呤的联合给药进

行治疗。尽管大部分患犬可通过药物治疗缓解症状,但该病永久性康复的预后较差。据报道,放射性疗法对于局灶性颅内肿物引起的犬肉芽肿性脑膜脑炎有一定的疗效。

## 坏死性脑膜脑炎
### (NECROTIZING MENINGOENCEPHALITIS)

坏死性脑膜脑炎(NME)是具有品种特异性的自发性炎性疾病,常见于八哥犬(八哥犬脑炎)和马尔济斯犬。散在发生于西高地白㹴犬、吉娃娃犬、京巴犬、

**框 66-3　疑似肉芽肿性脑膜脑炎的化疗方案**

泼尼松:先按照 1 mg/kg PO q 12 h 治疗 2 周,然后按照 1 mg/kg PO q 24 h 治疗 4 周,接着按照 1 mg/kg q 48 h 长期服用。

阿糖胞苷[赛德萨(普强制药)]:按照 50 mg/m² 体表面积,SC q 12 h,每 21 d 连续给药 2 d。

甲基苄肼[甲苯肼(西格玛制药)]:按照 25~50 mg/m² 体表面积,PO q 24 h 连续给药 30 d,然后每 q 48 h 给药。

环孢霉素[新山地明(诺华制药)]:按照 6 mg/kg PO q 12 h (配药浓度为 200~400 ng/mL)。

硫唑嘌呤[依木兰(Roxane 实验室)]:按照 2 mg/kg PO q 24 h 连续给药 30 d,然后 q 48 h 给药。

来氟米特[艾诺华(安万特制药)]:按照 2~4 mg/kg PO q 24 h。

麦考酚酸吗乙酯[CellCept(罗氏制药)]:按照 20 mg/kg PO q 12 h 连续给药 30 d,然后按照 10 mg/kg PO q 12 h。

PO,口服;SC,皮下注射。

西施犬和拉萨狮子犬。患犬在 9 月龄到 7 岁期间初次表现出临床症状,平均发病年龄在八哥犬为 18 月龄,在其他犬种为 29 月龄。雌性八哥犬易发。

大多数坏死性脑膜脑炎患犬可呈急性癫痫发作,并表现出脑和脑膜相关的神经症状。患犬可能行走困难、虚弱或运动失调。常见症状有转圈、低头、皮质失明和颈部疼痛。神经症状恶化快,如不治疗大多数患犬发展为不可控的癫痫或侧躺,不能行走,在 5~7 d 内发展为昏迷。

有些患犬(尤其是八哥犬)的病程较缓慢,可呈现全身性或局部性运动型癫痫,但在第一次癫痫发作后,其神经表现正常。癫痫可间隔数天或数周后再次复发,并表现出其他的大脑皮层神经症状。这种发展较慢的 NME 患犬的存活期较长。

坏死性脑膜脑炎的诊断可根据基本信息和典型临床症状、临床病理学检查和影像学征象进行判断。血常规检查和血清生化检查结果无显著异常,代谢性脑病的检测也为阴性。影像学检查可出现一致的异常表现,CT 和 MRI 检查结果显示脑实质内出现局灶性空腔,内部充满高蛋白质液体。病灶特征的位置在侧脑室外侧大脑半球的白质内,且位于脑灰质与脑白质的交界处,导致正常清晰的界限消失。脑脊液分析显示蛋白浓度升高和有核细胞数增多,主要以小淋巴细胞为主,伴有少数大单核细胞。哪怕在很典型的病例,也需要进行感染性病因的排除。确诊需进行尸体剖检或脑组织活检。

目前,还没有特异性治疗手段,可稳定地改变该病的病程。采用苯巴比妥的抗癫痫治疗可能在短期内减轻癫痫发作的严重性和频率。坏死性脑膜脑炎的推荐治疗见框 66-3,但该病的长期预后差。

## 坏死性脑白质炎
### (NECROTIZING LEUKOENCEPHALITIS)

坏死性脑白质炎是具有品种特异性的、自发性多灶坏死性的,非化脓性的脑炎,可引起约克夏犬、法国斗牛犬,偶尔见于马尔济斯犬脑部的疾病。患犬在 1~10 岁之间开始表现出临床症状,平均发病年龄为 4.5 岁。雄性犬和雌性犬的发病率相当。

损伤部位主要位于大脑、丘脑和脑干的白质部分。临床症状有精神状态改变、癫痫、视力缺陷、头部倾斜、眼球震颤、颅神经异常和本体感受消失。神经系统的恶化较快,大多数犬 5~7 d 内即发展为侧躺或死亡。诊断该病可根据基本信息和典型的皮质及脑干症状的快速恶化进行判断。影像学检查显示大脑、丘脑和脑干的白质部分发生局部坏死和空蚀。脑脊液分析结果显示轻度至中度的蛋白质浓度增高,及混合性脑脊液炎性细胞增多,包括巨噬细胞、单核细胞、淋巴细胞和浆细胞。治疗同 GME,但该病的预后很差。

## 犬嗜酸性粒细胞脑膜炎/脑膜脑炎
### (CANINE EOSINOPHILIC MENINGITIS MENINGOENCEPHALITIS)

嗜酸性粒细胞脑膜炎和脑膜脑炎不常见于犬。嗜酸性炎症的病因有移行性蠕虫、原虫或真菌感染,或罕见的中枢神经系统病毒感染。犬还有一种原发性过敏或免疫介导性疾病引起的中枢神经系统嗜酸性粒细胞性炎症,也被称为自发性嗜酸性粒细胞性脑膜脑炎(idiopathic eosinophilic meningoencephalitis,EME)。这种自发性疾病最常见于青年(8 月龄到 3 岁)的大型犬种,尤其是金毛巡回猎犬和罗威纳犬。该病的神经症状反映了大脑皮质受到影响,从而表现出行为改变、转圈或踱步。共济失调和本体感受缺乏较不常见。有些患犬(10%~20%)还表现出腹泻、呕吐和腹部疼痛的全身症状。外周性嗜酸性粒细胞增多症较不常见。MRI 检查结果为正常或 T2 加权像的局灶性或多灶性斑块样高信号,并伴有多种形式的增强造影表现。脑脊液分析结果显示细胞性增多,有 20%～99% 的细胞为嗜酸性粒细胞(通常＞80%)。在治疗该病之前,需要先排除或治疗寄生虫性疾病和传染性疾病。如果心丝虫、真菌、原虫和蛔虫(血清学检查)的检测结果为阴性,那么就需给予广谱驱虫药如芬苯达唑和伊维菌素,然后口服克林霉素和免疫抑制剂量的泼尼松 2～4 周。有些犬不经治疗即可自愈。该治疗方案对大多数犬(75%)有效,并且在治疗 3～4 个月后即可停止口服泼尼松。

## 犬激素反应性震颤
### (CANINE STEROID-RESPONSIVE TREMOR SYNDROME)

犬激素反应性震颤是一种急性发作的全身性震颤性疾病,最常见于白毛小型犬种,例如马尔济斯犬和西高地白㹴犬,也称为"小型白毛犬震颤综合征"。尽管这种疾病最常见于青年小型白毛犬种,但也可见于其他的任何犬种和任何毛色。凯恩㹴和小型杜宾犬也易发病。震颤可以是轻度的至丧失意识的,会随运动、应激和兴奋而变得更加严重。对于大多数犬,症状仅局限于震颤,但偶尔会表现为前庭或小脑性共济失调、眼球震颤或可伴发惊吓反应丧失。

诊断该病需根据基本信息、病史和临床症状进行。此外,由于没有接触导致震颤的毒素的途径和不会发展为癫痫一样的严重症状,从而使中毒变得不太可能。代谢性检查(血糖和肝功能检查)和精神状态应该都正常。脑脊液检查结果可能是正常的,但大多数患犬显示淋巴细胞增多症。如有需要,要检测导致 CNS 出现炎症的感染性病因,包括新孢子虫病、犬瘟热、西尼罗河病毒和蜱源性病原体,并可能需要考虑用克林霉素或多西环素治疗 1～2 周。震颤症状通常会一直持续,直到开始使用泼尼松[1～2 mg/(kg·d),给药 7～14 d,然后逐渐减量]才会缓解。一旦震颤得到缓解,泼尼松剂量便可通过 3～4 个月的时间逐渐减量到最低有效剂量,然后通常可以停止给药。如果震颤复发,那么免疫抑制剂量的泼尼松治疗需重新开始,并更加缓慢的减量。有些犬需要给予额外的免疫抑制剂如环孢霉素或硫唑嘌呤治疗,以逐渐减少泼尼松的剂量到可耐受的范围,并预防复发。该病预后较好,但偶尔患犬需终身持续性或阶段性治疗。组织学表现可见有些患犬有过轻度非化脓性脑膜脑炎,伴有血管周围白细胞聚集现象在小脑表现得最严重。

## 猫脑灰质炎
### (FELiNE POLIOENCEPHALITIS)

病原不清的非化脓性脑脊髓炎,偶尔会引起青年猫发生渐进性癫痫或脊髓症状。患猫年龄一般在 3 月龄到 6 岁之间,但大多数患猫都为 2 岁以内。患病猫呈亚急性或慢性进行性神经症状。常见共济失调、麻痹和后肢或四肢本体感受缺失。当炎症蔓延到神经根时,可见肌腱反射强度降低和肌肉萎缩。意向性震颤、转圈、行为改变、癫痫、失明和眼球震颤在一些患病猫中可见。

大多数患猫的临床病理学检查结果常为正常。脑脊液分析显示单核细胞轻度增多,蛋白质含量正常或轻度升高。确诊只能在尸体剖检时进行。损伤局限在中枢神经系统,可见于脊髓和脑,并偏向于灰质部分。这些病灶包括血管周围单核细胞聚集、神经胶质增生和神经元退化。也存在白质退化和脱髓鞘。尽管有少数有类似临床表现的猫自愈的报道,该病的预后较差。

# 感染性炎性疾病
## (INFECTIOUS INFLAMMATORY DISORDERS)

## 猫免疫缺陷病毒性脑病
### (FELINE IMMUNODEFICIENCY VIRUS ENCEPHALOPATHY)

猫免疫缺陷病毒性脑病引起的神经系统异常表现包括行为和情绪改变、精神沉郁、持续睁眼凝视、排泄异常、癫痫、脸部和舌发生震颤,偶尔发生轻瘫。该病需要根据有提示性的临床症状和猫免疫缺陷病毒血清学检测的阳性结果进行疑似诊断,但由于感染该病毒的猫更容易发生多种肿瘤和其他导致脑炎的感染性疾病,因此,需谨慎地排除其他神经系统疾病。脑脊液分析结果显示淋巴细胞数量增多且蛋白质浓度正常或轻度升高。大多数患猫的脑脊液都可检测到猫免疫缺陷病毒抗体。采集脑脊液时需避免被血液污染,因为血清抗体滴度要高于脑脊液抗体滴度。齐多夫定(AZT:5mg/kg PO q 12 h)可减轻部分猫神经损伤的严重程度。

## 细菌性脑膜脑炎
## (BACTERIAL MENINGOENCEPHALOMYELITIS)

中枢神经系统(CNS)的细菌性感染不常见于犬猫。可能由于神经外感染的直接扩散引起,例如中耳/内耳、眼、眼球后间隙、鼻窦、鼻腔或头颅穿透性外伤或异物移行。来源于颅外病灶的血源性感染较为罕见,除非在新生幼仔的脐静脉炎和犬猫严重的免疫缺陷疾病或严重的败血症。犬猫的细菌性脑膜炎和脑脊髓炎不同于人,不是神经系统易感性微生物感染所致。神经系统的感染细菌主要为感染神经外病灶的各种微生物。

其临床症状常见的有发热、颈部疼痛、严重的全身性疾病、明显的神经外感染病灶。神经系统异常反映了脑组织的损伤部位,表现出癫痫、昏迷、失明、眼球震颤、头部倾斜、脑神经反射缺失、颈部疼痛、轻瘫或瘫痪。病程通常恶化较快,且常致命。常见休克、低血压和弥散性血管内凝血,常规实验室检查能反映机体潜在的炎症过程。高阶影像学诊断技术可显示原发性感染病灶,并能确认脑膜和脑组织的炎症。

急性和严重病例可见脑脊液分析结果为:蛋白质浓度升高和严重的嗜中性粒细胞增多症,而慢性不严重病例的脑脊液分析结果为变化不显著或正常。脑脊液中的嗜中性粒细胞很少发生退行性变化,并且很少能看到胞内菌(图66-3)。在采集脑脊液之前进行抗生素治疗可能会降低脑脊液内细胞数量,造成单核细胞为主的脑脊液细胞增多。脑脊液中感染的微生物可采用脑脊液接种于肉汤培养基进行培养,但是只有不到40%的病例显示阳性结果。当疑似细菌性脑膜炎时,诊断评估需包括:脑脊液细胞学分析,脑脊液需氧菌和厌氧菌培养,血液和尿液细菌培养,眼和耳的检查,腹腔和心脏超声检查,脊柱和头部、胸部的X线检查或CT检查。发现系统性细菌感染性疾病或犬猫神经外感染,且表现出神经症状和脑脊液炎性反应的,需立即治疗中枢神经系统的细菌性炎症。如果能确认潜在感染的病灶,则需对其进行细菌培养,且治疗通常在培养结果出来前就开始进行。

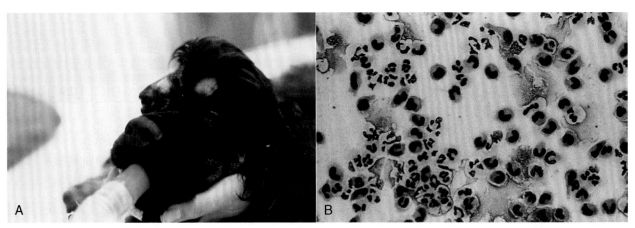

**图 66-3**
**A,** 一只 **4** 岁可卡犬患有慢性球后脓肿,出现了发热和严重的精神沉郁。**B,** 该犬的脑脊液分析显示脓毒性炎症。死后剖检显示球后脓肿蔓延至中枢神经系统。

细菌性脑膜炎可危及生命,需立即采取积极的治疗措施。恰当的 CNS 感染的治疗方案需根据确定的病原微生物,选择合适的抗生素;抗生素预期在脑脊液和中枢神经系统内达到高的药物浓度。恩诺沙星、环丙沙星和第三代头孢类抗生素(头孢曲松、头孢噻肟)都是治疗革兰阴性菌的最好选择,甲硝唑可用于厌氧菌感染。如果炎症持续存在,氨苄西林和阿莫西林-克拉维酸也有效,并且可能是治疗革兰阳性菌感染的最佳选择。治疗初期由于微生物感染情况不明,可选择联合抗生素给药,静脉内滴注氨苄西林(22mg/kg,IV,q 6 h),头孢噻肟(20～40 mg/kg,IV,q 6 h)和甲硝唑(第 1 次按照 15 mg/kg,IV,然后按照 7.5 mg/kg,IV,q 8 h 或 10～15 mg/kg PO q 8 h)。使用抗生素治疗该病时,应静脉内给药3～5 d,以达到脑脊液中的血药高峰,且在恢复后仍应持续给予口服药 4 周。静脉内给药和支持疗法非常重要,出现癫痫时应进行抗癫痫治疗(见第 64 章持续性癫痫部分)。抗炎药物或糖皮质激素药(地塞米松 0.2 mg/kg IV q 12 h)有时也用于抗生素治疗的第 1 天和第 2 天,目的是减轻抗生素诱导的细菌溶解引起的炎性反应。

机体对抗生素治疗的反应多种多样，且常会复发，尤其是潜在性的细菌感染没有根本性地解决时。大多数病例预后谨慎，因为哪怕合理治疗，很多动物仍会死亡。犬猫的耳源性颅内感染可能是个特例，通过手术排脓和抗生素治疗，其成功率较高。

## 犬瘟热病毒感染
### (CANINE DISTEMPER VIRUS)

犬瘟热病毒属副黏病毒科，可影响犬的中枢神经系统。免疫接种在很多地区可降低临床犬瘟热病例的数量，但该病仍暴发于未接种疫苗的犬并偶见于已免疫的犬。临床症状因感染病毒的毒株不同、环境条件不同、宿主年龄和免疫状态的不同而不同。大多数的犬瘟热感染表现为亚临床症状或轻度的上呼吸道感染症状，可不治疗就好转。年轻、免疫功能低下和未免疫接种的犬常发展为严重的全身性表现的犬瘟热。

恶化为全身性表现的犬瘟热病毒感染（CDV）最常见于未免疫接种的 12～16 周龄的幼犬。感染的初期症状为轻度的浆液性至黏液脓性眼分泌物和鼻分泌物，随后出现干咳和扁桃体炎。发展为肺炎时咳嗽变为湿咳，带痰。患犬精神沉郁、无食欲和时常发热。有时可见腹泻，症状或轻微或严重。其他症状可见脚垫和鼻部出现角化过度，腹部无毛区出现脓包性皮炎，也可见严重的湿性外耳炎。神经症状特异性地发生于初期的系统疾病恢复后的 1～3 周，表现为痴呆、迷失方向、癫痫发作、转圈、小脑或前庭症状、四肢轻瘫和共济失调。根据脑部损伤的部位不同，可发生任何形式的癫痫，但是常见脑部颞叶的脑脊髓灰质软化引起"嚼口香糖样"的症状。肌阵挛是一种肌肉群的重复性节律性收缩表现，常导致肢体屈曲或咀嚼肌群收缩，被称为犬瘟热舞蹈症，并常见于犬瘟热性脑脊髓炎。进行眼部检查时，在部分患犬还会发现前葡萄膜炎、视神经炎或脉络膜视网膜炎的症状。如在犬齿萌芽之前感染轻度犬瘟热病毒，存活后常引起牙齿表面不齐和牙齿颜色发棕色，这是由于病毒诱导的釉质发育不全引起的。老龄动物在感染犬瘟热病毒并恢复后，偶尔发现在数月至数年后出现慢性脑脊髓炎（老年犬脑炎）；表现出的神经症状有渐进性四肢轻瘫或没有全身症状的前庭功能障碍。

CDV 感染的诊断可根据病史、体格检查和实验室检查。对于大多数的青年犬表现出轻度至中度的胃肠道和呼吸系统疾病，随后出现神经症状。CBC 检测结果可能正常或存在长期的淋巴细胞减少症；犬瘟热包涵体有时存在于血循环的淋巴细胞和红细胞内。患犬偶见视神经炎、脉络膜视网膜炎和视网膜脱落。

病毒感染早期（最初的 3 周），免疫荧光法和免疫组化技术可检测结膜、扁桃体和鼻黏膜上皮细胞涂片的抗犬瘟抗体。在过了初期感染后，病毒可能存在于下呼吸道灌洗法采集的上皮细胞和巨噬细胞，或皮肤、足垫和中枢神经的组织病料中，因此，免疫组化技术可用于活检组织病料或尸体样本的犬瘟病毒的诊断。颈部背侧皮肤的活检采样可进行死前免疫组化试验，以确诊急性和亚急性犬瘟病毒感染。逆转录酶-聚合酶链式反应对于检测犬瘟热病毒 RNA 具有特异性和敏感性，可检测全血、白细胞层、脑脊液和患犬其他组织的犬瘟热病毒 RNA。

犬瘟热脑膜脑炎特征性的引起脑脊液中蛋白质含量的增加和轻度的淋巴细胞增加；偶见脑脊液正常或炎性反应过程（嗜中性粒细胞增加）。脑脊液中蛋白质含量的增加主要是一些抗犬瘟抗体。脑脊液中犬瘟抗体的滴度可能要比血清滴度稍高。

急性犬瘟热性脑膜脑炎的治疗方法主要是支持疗法，无特异性治疗，且通常没有治疗价值。因为神经功能持续恶化，通常有必要实施安乐死。抗惊厥治疗用于控制癫痫的发作。如果没有全身性疾病，可以用抗炎剂量的糖皮质激素（0.5 mg/kg q 12 h，连续口服 10 d，然后逐渐减量）控制神经症状，但其疗效不佳。

常规免疫可有效预防犬瘟热的感染。但是哪怕是已免疫的犬在应激、生病或免疫抑制时接触病毒都可能会发病。怀疑由疫苗引起的犬瘟性脑膜脑炎在一些免疫抑制的幼犬有报道，常在免疫接种改良活病毒疫苗后的 7～14 d 时发病。尽管这可能与过去老的疫苗生产工艺有关，但尽量避免接种免疫抑制的新生幼犬，尤其是确诊或疑似细小病毒感染的幼犬。

## 狂犬病
### (RABIES)

犬猫的狂犬病毒感染是因为带毒动物的咬伤，经由唾液感染病毒。大多数犬猫感染狂犬病病毒都有与野生动物传媒（例如臭鼬、浣熊、狐狸和蝙蝠）接触的病史。尽管野生动物的狂犬病病毒流行率正在增加，但宠物犬猫的感染率却因疫苗的接种而降低。从咬伤到发病的潜伏期变化很大（1 周至 8 个月），平均时长为 3～8 周。一旦出现神经症状，疾病可快速恶化，大多数动物在 7 d 内会发生死亡。

狂犬病的临床症状多种多样,使得该病较难与其他的急性脑膜脑炎综合征相鉴别。由于该病毒的公共危害性,每个有快速恶化的神经功能异常的动物都应把它考虑在鉴别诊断里,并谨慎处理以降低人的感染风险。狂犬病可分为 2 个类型:狂躁型和麻痹型。犬猫有特异性的前驱期 2~3 d,这期间它们可表现不安或紧张,可能舔咬伤口。随后出现狂躁阶段或神经质阶段(1~7 d),这期间动物易怒且易兴奋,经常突然猛咬假想的物体,咬笼子或周围的东西。最后,动物出现运动不协调,可能出现全身癫痫直到死亡。麻痹型或沉默型狂犬病常从咬伤部位开始出现下运动神经元麻痹,然后在几天内(1~10 d)发展到整个中枢神经系统。可能最先出现脑神经麻痹(尤其当咬伤在面部时)。也可见吞咽困难、大量流涎、叫声沙哑、面部感觉差和下颌下垂的症状。

任何未经免疫的动物在发生急性、快速恶化的神经系统疾病时,都应怀疑狂犬病毒的感染。检查时需十分小心,尽量避免与人接触。脑脊液分析结果显示:单核细胞增多和蛋白质浓度升高,就像任何病毒性脑脊髓炎的表现。脑脊液中的狂犬病毒抗体要多于血清中的抗体。颈部背侧皮肤或上颌感觉触须的活检样本可能出现狂犬病毒抗原阳性,但是尽管阳性结果能确定有,阴性结果不能确定为没有。狂犬病毒性脑炎的确诊是通过死后脑组织(丘脑、脑桥和髓质)的免疫组化技术检测病毒抗原。出于对人在不知情时暴露风险的考虑,建议所有没有恰当免疫,且因为未知病因的神经症状恶化而安乐或死亡的动物,在进行尸检时,这些检查的工作人员需进行自我防护。

幸好疫苗可有效降低宠物犬猫狂犬病的流行率,从而降低人类感染的风险。如按要求使用,灭活苗和重组苗相对安全且有效。犬猫需在 12 周龄后接种该疫苗,然后在 1 岁时加强免疫。后续可根据疫苗的特性和当地的流行情况,每 1~3 年再加强免疫 1 次。偶见猫在接种狂犬疫苗后,在接种点发生软组织肉瘤。更罕见的是,犬猫在接种疫苗后引发多发性神经根炎,造成自下而上的下运动神经元症状的四肢轻瘫的报道。

## 猫传染性腹膜炎
### (FELINE INFECTIOUS PERITONITIS)

猫干性传染性腹膜炎(FIP)常见逐渐恶化的神经

症状。猫的神经型传染性腹膜炎是引起炎性脑病和进行性脊髓症状的最常见病因。神经性 FIP 在 2 岁以内的猫发病率较高。

FIP 的最常见神经症状有癫痫、行为改变、前庭功能异常、颤抖、辨距过度、脑神经反射缺失和上运动神经元症状的轻瘫。大多数患猫出现高热和全身性疾病,如厌食和体重减轻。常伴有前葡萄膜炎、虹膜炎、角膜后沉着物和脉络膜视网膜炎,发现这些异常时要考虑 FIP 的感染。大约超过 50% 的患猫经腹部触诊可感知因肉芽肿而引起的腹腔器官变形。

其他典型症状如血常规检查显示炎性,血清球蛋白浓度可能很高。抗冠状病毒抗体的血清学检测结果不确定。MRI 检查特征性地显示脑室壁和脑膜有炎症,引起脑水肿,偶见脑部、脊髓实质内有单灶或多灶性肉芽肿。脑脊液分析结果显示:嗜中性粒细胞显著性增多或化脓性肉芽肿性细胞增多症(>100 个细胞/μL;>70% 都为嗜中性粒细胞)和脑脊液蛋白质浓度升高(>200 mg/dL),但偶尔有些病例则是脑脊液结果正常或只有轻度的炎症。RT-PCR 有时也能在脑脊液或其他受感染组织内检测到冠状病毒。有中枢神经系统 FIP 的动物预后很差。有些病例可采用免疫抑制剂和抗炎药物减轻临床症状(见第 94 章)。

## 弓形虫
### (TOXOPLASMOSIS)

刚地弓形虫可经胎盘感染,或摄入被包囊污染的组织,或摄入被含卵囊的猫粪污染的食物和水而引起感染。大多数感染无临床表现。经胎盘感染的幼猫可急性暴发肝、肺、中枢神经系统和眼部疾病。老龄动物可因慢性包囊感染的再活化而引发疾病。猫表现出肺部、中枢神经系统、肌肉、肝脏、胰腺、心脏和眼部疾病。犬表现出肺部、中枢神经系统、肌肉为主的症状,但眼部疾病也可发生。

弓形虫的中枢神经系统症状多种多样,包括行为改变、癫痫发作、转圈、颤抖、共济失调、轻瘫或麻痹。见于弓形虫性肌炎的肌肉疼痛和虚弱将在第 69 章详细说明。

犬猫出现弓形虫性神经症状时,常规的实验室检查结果可为正常或中性粒细胞性白细胞增多和嗜酸性粒细胞增多症。血清球蛋白浓度可能升高。当肝脏被感染时,肝酶指标升高;肌炎时 CK 浓度升高。脑脊液分析结果显示:蛋白质浓度升高和轻度至中度的有核细胞数增多。淋巴细胞和单核细胞的增多为主,但偶尔发生嗜中性粒细胞或嗜酸性粒细胞增多症。脑脊液的抗体检查显示：刚地弓形虫的抗体滴度高于血清滴度，提示有局部产生的特异性抗体的存在。脑脊液细胞学分析结果罕见有宿主细胞内弓形虫的表现，可用于该病的确诊。

死前中枢神经系统的弓形虫诊断较为困难，因为刚地弓形虫抗体和抗原也存在于正常猫的血清中。如果弓形虫感染其他的器官，那么从神经外的受感染组织内检出虫体可用于该病的确诊。当动物发生肌炎时，免疫组化试验可用于检测肌肉组织活检样本中的虫体。相隔 3 周的 2 份血清样本中的 IgG 滴度升高 4 倍，或有神经症状患畜的 IgM 滴度单项升高时，可支持弓形虫感染的诊断，但是，有些病情严重的患畜，其抗体滴度却是阴性（见第 96 章）。发现刚地弓形虫特异性 IgM 抗体，且脑脊液或眼房水中发现虫体 DNA（采用 PCR 技术）可说明动物发生弓形虫性脑膜脑脊髓炎。

犬猫弓形虫性脑膜脑脊髓炎的治疗可采用盐酸克林霉素（犬猫 10 mg/kg q 8 h，口服给药或 15 mg/kg q 12 h，口服给药至少 4~8 周）。克林霉素可穿过血脑屏障，并在一些动物的治疗中获得成功。甲氧苄啶磺胺嘧啶（15 mg/kg q 12 h，口服给药）也可用于治疗弓形虫病，尤其是联合乙胺嘧啶[1 mg/(kg·d)]给药效果更佳。但如果长期给药，需考虑叶酸的补充；且对猫可能有毒性作用。阿奇霉素（10 mg/kg q 24 h 口服）成功治疗了一些猫的弓形虫感染。不管如何治疗，严重的神经异常的患畜预后很差。患猫需检测猫白血病病毒和猫传染性腹膜炎病毒的感染。猫发生神经、眼部和肌肉的弓形虫感染，一般不具有潜在的传染性和排卵。因此，无须隔离患病动物。

## 新孢子虫病
（NEOSPOROSIS）

新孢子虫是一种原虫，可引起犬发生神经肌肉和中枢神经系统疾病。没有关于猫自然感染病例的报道。家养犬和土狼是终末宿主，可经粪便排出卵囊，通过摄入中间宿主（主要是鹿和牛）含有新孢子虫包囊的肌肉而感染。传播途径主要是经胎盘传播，引起幼犬急性感染症状，并且亚临床症状感染会导致神经组织和肌组织中形成包囊。

6 周龄至 6 月龄的幼犬发生先天性感染时，特征性表现为四肢虚弱、膝跳反射缺失、股四头肌萎缩，最终因肌炎和神经根炎导致后肢下运动神经元症状的瘫痪（图 66-4）。同窝犬可见多只发生感染。如果治疗不及时，那么会发展为严重的肌肉萎缩，受影响的肌肉痉挛，使后腿固定在僵硬的伸展姿势（图 66-5）。大多数患病幼犬都很聪明、警觉且无其他异常，但未经治疗的患犬可能会恶化，前肢发生相似的表现，甚至出现脑部症状。

图 66-4
**10 周龄的爱尔兰猎狼犬幼犬因新孢子虫性肌炎和腰神经根神经炎，表现为蹲坐姿势，股四头肌虚弱和萎缩，膝跳反射消失。该犬经克林霉素治疗后恢复。**

图 66-5
**拉布拉多幼犬发生新生幼仔新孢子虫病时，表现出后肢僵硬性伸展。**

年龄较大的动物感染时，通常由于慢性的包囊感染被激活引起，或摄入了含包囊的组织引起感染。这些犬常表现出中枢神经系统症状，并有进行性小脑症状，最常见出现辨距过度、小脑性共济失调和意向性震颤。据报道，该病可引起下肢轻瘫、四肢轻瘫、癫痫、前庭症状和脑神经异常等症状，有些犬还并发肌炎。大多数患犬的全身性表现正常，但偶尔会发生全身性新孢子虫病，导致高热、肺炎、肝炎、胰腺炎、食管炎或化脓性肉芽肿性皮炎。

血常规和生化检查结果变化较大,因受损器官而不同。犬发生肌炎时,血清 CK 和 AST 活性可能升高。有些幼犬表现出明显的新孢子虫感染时,血清学检查结果反而是阴性,但大多数成年患犬都为阳性滴度。成年犬中枢神经系统的新孢子虫感染时,脑脊液检查可能为正常或轻度的蛋白质浓度和白细胞计数升高,并以单核细胞、淋巴细胞和嗜中性粒细胞升高为主,较少见嗜酸性粒细胞升高。脑脊液炎性表现时,都应立即对血清和脑脊液进行多种感染性病原的检测,包括新孢子虫病,并且要在开始治疗假定的非感染性炎症性疾病之前检查。新孢子虫特异性抗体或虫体DNA(采用 PCR 检测)可见于成年犬新孢子虫感染时的脑脊液中。免疫组化染色可用于肌炎患犬肌组织活检样本中,以鉴别新孢子虫和弓形虫。青年犬出现一些典型症状疑似为新包子虫感染时,应及时治疗,而不是等待化验结果。

幼犬和没有严重神经症状的患犬可采用盐酸克林霉素进行治疗(10 mg/kg q 8 h 口服,或 15 mg/kg q 12 h 口服,至少 4~8 周)。多病灶症状、快速恶化的临床症状、后肢僵硬性过度伸展和治疗延误都提示预后不良。

## 莱姆病
### (LYEM DISEASE)

神经莱姆病是由伯氏疏螺旋体感染中枢神经系统引起的疾病,在人上有详细的研究,而犬极少有确诊的由莱姆病引起的神经症状的报道。大多数患犬还并发多发性关节炎、淋巴结病和高热。报道中的神经症状包括:攻击性、其他行为改变和癫痫。脑脊液分析结果为正常或只有轻度的炎症,脑脊液中抗伯氏疏螺旋体抗体的浓度可能高于血清浓度。尽管神经莱姆病较为罕见,但在疫区需要把它列为有中枢神经系统疾病患犬的鉴别诊断之中。早期的抗生素治疗可能有效,但选择有效的抗生素很重要,可以在脑脊液达到有效浓度。经皮下或静脉内注射头孢曲松(25 mg/kg q 24 h,连续治疗 14~30 d)、口服多西环素(10 mg/kg q 12 h,连续口服 30 d)和口服阿莫西林(20 mg/kg q 8 h,连续口服 30 d)都比较有效。

## 真菌感染
### (MYCOTIC INFECTIONS)

弥散性全身性真菌感染偶尔可引起中枢神经系统和眼部感染。有神经症状或眼部症状的其他临床表现依据真菌的种类而异,典型症状有高热、体重减轻、严重的呼吸道或胃肠道症状、淋巴结病或跛行。最常见的神经症状有精神沉郁、行为改变、癫痫、转圈和轻瘫。眼部检查可发现葡萄膜炎、脉络膜视网膜炎、视网膜剥离或视神经炎。典型的脑脊液异常包括嗜中性粒细胞增多症和蛋白质浓度升高。诊断依据主要是依靠在神经外组织发现感染的微生物。当出现神经系统症状时,可以尝试治疗,但是预后不良。氟康唑(5 mg/kg q 12 h,口服连续 3~4 个月)或伏立康唑(6 mg/kg q 24 h 口服)或许是对大多数的中枢神经系统或眼部真菌感染的最有效的抗真菌治疗。

全身性真菌病很少仅表现出神经症状。囊状新型隐球酵母菌和隐球菌引起的感染疾病则例外。因这两类微生物对于犬猫的中枢神经系统具有易感性。感染可通过吸入,从鼻腔透过筛状板和经血液循环扩散感染到中枢神经系统。猫常见鼻腔感染和鼻窦感染,逐渐发展为神经、眼部,有时发展为皮肤感染。犬常发生神经症状而不伴有全身性感染。犬猫常见的神经症状有精神状态改变、失明、癫痫、前庭症状、轻瘫、共济失调、颈部或脊椎疼痛。

大多数患犬和少数患猫患有中枢神经系统性隐球菌感染时,在 MRI 检查图像中会显示单个或多个边界不清晰的病变,有增强造影时可见的炎性实质性损伤和脑膜信号增强。有些猫的 MRI 检查结果为正常,有些猫则表现为多灶性实质性团块状病灶,只有病灶周围有信号增强,说明有真菌的聚集且有囊,但没有太多炎症——胶状假囊肿。

大多数犬猫患有隐球菌性脑膜脑炎时,脑脊液分析结果显示蛋白质浓度升高和细胞计数增多。嗜中性粒细胞增多症最为常见,但单核细胞和嗜酸性粒细胞的增多也有报道。大约 60% 的病例可在脑脊液中看到真菌。脑脊液真菌培养可用于 CSF 炎性表现,即使未在镜检发现微生物的病例。鼻分泌物、窦道、肿大淋巴结和神经外的肉芽肿的细胞学检查有助于该病的诊断。真菌可通过革兰染色、印度墨水染色或瑞氏染色而显色。在患病动物的脑脊液或血清中检测囊状抗原,可采用隐球菌抗原乳胶凝集血清学(CALAS)进行检测,该测试在犬猫具有敏感性和特异性。治疗中枢神经系统的隐球菌感染可采用两性霉素 B 或氟康唑进行,二者都可渗透入中枢神经系统。在治疗的最初几周内,死亡率较高。有可能长期存活,但可能需进行间断性或持续性的终身治疗。预后因神经的波及范围和严重程度而异(详见第95章)。

## 立克次体病
(RICKETTSIAL DISEASES)

很多经蜱传播的立克次体病可引起犬的神经系统异常。由立氏立克次体引起的落基山斑疹热(RMSF),是最有可能引起严重神经症状的,但犬埃里希体、嗜吞噬细胞无形体和伊氏埃里希体都可引起犬的神经症状。这些疾病的神经症状都可能与血管炎相关,症状包括精神沉郁、精神状态改变、颈部或脊柱疼痛、轻瘫、共济失调、颤抖、前庭症状和癫痫发作。尚未在无全身疾病的患犬中发现神经系统异常。全身性症状基于感染的微生物和严重程度而异,可能有高热、厌食、精神沉郁、呕吐、鼻眼分泌物、咳嗽、呼吸窘迫、跛行和淋巴结病。

尽管报道的病例不多,RMSF患犬的脑脊液中以嗜中性粒细胞为主,而埃里希体感染时则以淋巴细胞或嗜中性粒细胞为主;各种疾病的患犬都有一些脑脊液正常的情况。有些犬呈急性嗜吞噬细胞无形体和伊氏埃里希体感染时,血液、关节液或CSF中的嗜中性粒细胞内可能有桑椹胚。需进行血清学试验或PCR(血或脑脊液)以确诊立克次体感染,并区别这些不同的感染。大多数病例可经多西环素(5~10 mg/kgPO或IVq 12 h)有效治疗。短期的糖皮质激素也有助于疾病的治疗。在初始治疗的24~48 h内,临床症状应有较大改善。神经症状也可缓慢恢复,但有些病例的神经性损伤是不可逆的(更多关于立克次体的信息详见第93章)。

## 寄生虫性脑膜炎、脊髓炎和脑炎
(PARASITIC MENINGITIS, MYELITIS, AND ENCEPHALITIS)

在犬猫有因寄生虫的异常移行引起脑膜炎和脑膜脑炎的报道。该病可由寄生虫的移行和生长造成严重的神经实质损伤。嗜酸性粒细胞性脑脊液细胞增多症可提示需考虑寄生虫移行至中枢神经系统所致,但还应考虑其他的更常见的神经疾病,如颅内肿瘤、弓形虫感染、新孢子虫感染、GME和自发性嗜酸性粒细胞性脑膜脑炎(EME)。患有嗜酸性粒细胞性脑脊液增多症的动物还应进行眼底检查、血常规检查、血清生化检查、尿常规检查、血清和脑脊液弓形虫和新孢子虫滴度检查、胸腔和腹腔的放射学检查、腹部超声波检查、粪便漂浮试验和心丝虫抗原检查。CT和MRI可发现中枢神经系统内沿着寄生虫移行通道的坏死。确诊需在中枢神经系统内发现寄生虫。如果可能有寄生虫移行,需考虑根据经验用伊维菌素(200~300 μg/kg PO或SC,每2周给药1次,连续3次)治疗。也可能需要泼尼松的抗感染治疗。

◉ 推荐阅读

Adamo PF, Adams WM, Steinberg H: Granulomatous meningoencephalitis in dogs, *Compend Contin Educ Vet* 29:679, 2007.

Cizinauskas S, Jaggy A, Tipold A: Long-term treatment of dogs with steroid-responsive meningitis-arteritis: clinical, laboratory and therapeutic results, *J Small Anim Pract* 41:295, 2000.

Crookshanks JL et al: Treatment of canine pediatric *Neospora caninum* myositis following immunohistochemical identification of tachyzoites in muscle biopsies, *Can Vet J* 48:506, 2007.

Dubey JP, Lappin MR: Toxoplasmosis and neosporosis. In Greene CE, editor: *Infectious diseases of the dog and cat*, ed 3, St Louis, 2006, Elsevier.

Greene CE, Appel MJ: Canine distemper. In Greene CE, editor: *Infectious diseases of the dog and cat*, ed 3, St Louis, 2006, Elsevier.

Greene CE, Rupprecht CE: Rabies and other *Lyssavirus* infections. In Greene CE, editor: *Infectious diseases of the dog and cat*, ed 3, St Louis, 2006, Elsevier.

Higginbotham MJ, Kent M, Glass EN: Noninfectious inflammatory central nervous system diseases in dogs, *Compend Contin Educ Vet* 29:488, 2007.

Kent M: Bacterial infections of the central nervous system. In Greene CE, editor: *Infectious diseases of the dog and cat*, ed 3, St Louis, 2006, Elsevier.

Lowrie M et al: Steroid responsive meningitis arteritis: a prospective study of potential disease markers, prednisolone treatment, and long-term outcome in 20 dogs (2006-8), *J Vet Intern Med* 23:862, 2009.

Munana KR: Head tilt and nystagmus. In Platt SR, Olby NJ, editors: *BSAVA manual of canine and feline neurology*, Gloucester, 2004, BSAVA.

Radaelli ST, Platt SR: Bacterial meningoencephalomyelitis in dogs: a retrospective study of 23 cases (1990-1999), *J Vet Intern Med* 16:159, 2002.

Syke JE et al: Clinical signs, imaging features, neuropathology, and outcome in cats and dogs with central nervous system cryptococcosis from California, *J Vet Intern Med* 24:1427, 2010.

Talarico LR, Schatzberg SJ: Idiopathic granulomatous and necrotizing inflammatory disorders of the canine nervous system: a review and future perspectives, *J Small Anim Pract* 51:138, 2009.

Windsor RC et al: Cerebrospinal eosinophilia in dogs, *J Vet Intern Med* 23:275, 2009.

# 第 67 章
## CHAPTER 67

# 脊髓疾病
## Disorders of the Spinal Cord

## 概述
### (GENERAL CONSIDERATIONS)

脊髓疾病可由先天性异常、退行性病变、肿瘤、炎症、外伤、椎间盘突出引起的内伤、出血或梗死引起(框67-1)。临床症状与病变位置和严重程度有关,主要包括局部或全身疼痛、轻瘫、共济失调或瘫痪,有些病例会出现排尿障碍。可通过疾病的症状、病史、发作和发展情况获得许多有价值的信息,有助于确定病因。先天性畸形出生时就存在,通常不会发展,并与品种相关。外伤、Ⅰ型椎间盘突出和血管疾病(出血或梗死)通常表现出急性、非进行性的脊髓功能障碍的症状。感染或非感染性炎症通常呈亚急性、进行性发展,而肿瘤和退行性病变通常缓慢发展。

## 脊髓病变的定位
### (LOCALIZING SPINAL CORD LESIONS)

完成完整的神经学检查,包括步态、姿势反应、本体反射、强度、肌肉张力和脊髓反射评估,可能能够定位脊髓病变。可从功能方面将脊髓分成四段:前颈部脊髓(C1—C5)、颈膨大(intumescence)(C6—T2)、胸腰段(T3—L3)和腰膨大(L4—S3)。表67-1和框67-2分别列出了协助定位的各段脊髓病变的症状,以及各段脊髓病变的鉴别诊断。

### C1—C5 病变
#### (C1-C5 LESIONS)

前颈部脊髓病变可引起四肢的上运动神经元

(UMN)性轻瘫。由于支配后肢的脊髓通路较前肢的更长且更浅表,因此,对于C1—C5段脊髓发生轻度压迫性病变的动物,后肢的受累程度通常较前肢严重。而C1—C5段的中央管病变(如髓内肿瘤、梗死或脊髓积水)则会偶见前肢重度受累,但后肢正常(中央脊髓综合征,central cord syndrome)的情况,原因是支配后肢的白质因分布较浅表而得以保留。累及C1—C5段脊髓的大多数病变会引起经典的四肢UMN步态,包括深踏(long-strided)性共济失调性步态、姿势反射缺陷、本体反射减弱(slow knuckling, toe scuffing)、伸肌张力增大、四肢脊髓反射正常或增强。若C1—C5发生病变,那么动物运动时通常双前肢过度伸展,呈现过度(overreaching)或浮动(floating)的前肢步态,应与小脑疾病引起的伸展过度(hypermetria)相鉴别,后者在拉伸时各个肢体均会出现过度屈曲。颈椎单侧病变可引起轻偏瘫(hemiparesis)和同侧前后肢的UMN症状。颈部病变通常不至于引起动物深痛消失,若严重到这种程度,则通常会造成完全的呼吸瘫痪和快速死亡。

### C6—T2 病变
#### (C6-T2 LESIONS)

C6—T2段脊髓病变可引起动物四肢轻瘫和共济失调,且后肢表现更明显。C6—T2段脊髓包含臂神经丛的神经元细胞体,因此,前肢的主要表现为下运动神经元(lower motor neuron, LMN)症状,如无力、浅踏(short-strided)的"小碎步(choppy)"步态、肌肉萎缩及反射减弱。同时,该段上行和下行的脊髓束受累可引起后肢的UMN缺陷,包括共济失调、深踏步态、本体反射消失、姿势反射(postural reactions)迟缓、肌肉张力增大及反射正常或增强。若病变仅累及脊髓中

框 67-1 脊髓功能障碍的常见原因

**急性(数分钟至数小时)**
外伤
出血/梗死
Ⅰ型椎间盘突出
纤维软骨性栓塞
寰枢椎半脱位

**亚急性进行性(数天至数周)**
感染性疾病
非感染性炎性疾病
快速生长的肿瘤(淋巴瘤、转移性肿瘤)
椎间盘脊椎炎

**慢性进行性(数月)**
肿瘤
脊柱内关节囊肿(mtraspinal articular cysts)
蛛网膜囊肿(arachnoid cysts)
Ⅱ型椎间盘突出
退行性脊髓病
马尾综合征
颈椎脊髓病(cervical spondylomyelopathy)

**年轻动物进行性**
神经元生活力缺失和变性
代谢性贮积病
寰枢椎不稳定

**先天性(稳定)**
脊柱裂
曼岛猫尾部发育不全
脊柱闭合不全
脊髓空洞症/脊髓积水

框 67-2 各段脊髓的常见疾病

**C1—C5**
椎间盘疾病
纤维软骨性栓塞
出血
骨折/脱位
椎间盘脊椎炎(diskospondylitis)
脊髓脊膜炎,感染
肉芽肿性脑脊膜脑脊髓炎
　(granulomatous meningoencephalomyelitis)
肿瘤
蛛网膜囊肿
脊柱关节囊肿(spinal articular cyst)
颈椎脊髓病(cervicospondylomyelopathy)
脊髓空洞积水(syringohydromyelia)
寰枢椎半脱位
类固醇反应性脑脊膜-关节炎(meningitis-arteritis)

**C6—T2**
椎间盘疾病
纤维软骨性栓塞
出血
骨折/脱位
椎间盘脊椎炎
脊膜脊髓炎,感染
肉芽肿性脑脊膜脑脊髓炎
肿瘤
蛛网膜囊肿
脊柱关节囊肿
颈椎脊髓病
臂神经丛撕脱(avulsion)

**T3—L3**
椎间盘疾病
纤维软骨性栓塞
出血
骨折/脱位
椎间盘脊椎炎
脊膜脊髓炎,感染
肉芽肿性脑脊膜脑脊髓炎
肿瘤
蛛网膜囊肿
脊柱关节囊肿
退行性脊髓病

**L4—S3**
椎间盘疾病
纤维软骨性栓塞
出血
骨折/脱位
椎间盘脊椎炎
脊膜脊髓炎,感染
肉芽肿性脑脊膜脑脊髓炎
肿瘤
马尾综合征
脊柱裂
荐尾椎发育不全

表 67-1 犬猫脊髓病变的神经学表现

| 病变部位 | 前肢 | 后肢 |
| --- | --- | --- |
| C1—C5 | UMN | UMN |
| C6—T2 | LMN | UMN |
| T3—L3 | 正常 | UMN |
| L4—S3 | 正常 | LMN |

LMN:下运动神经元症状;UMN:上运动神经元症状。

央,而位于浅部的支配后肢的神经束未受累,那么前肢的 LMN 症状会比后肢的 UMN 症状明显得多。单侧病变时,同侧的前肢和后肢均可受影响。若 T1—T2段或神经根受累,动物还会出现霍纳氏综合征(见第63 章),若 C8—T1 段或神经根受损,那么同侧躯干膜反射(cutaneous trunci reflex)可能会消失。由于支配膈肌的神经位于 C5—C7 段,因此,该段神经发生严重病变时可引起膈肌瘫痪。

## T3—L3 病变
### (T3-L3 LESIONS)

　　T3—L3 段脊髓病变会引起后肢的 UMN 性轻瘫和共济失调(见表 67-1),但前肢正常。检查后肢时可发现,动物出现深踏、不协调的步态,本体反射消失,姿势反射延迟,伸肌张力增大,反射正常或增强。随着压迫性病变的加重,动物的神经缺陷(图 67-1)和步态变化也越发明显。若该段发生严重的局部病变,动物可能会发生病变后部的躯干膜反射消失。

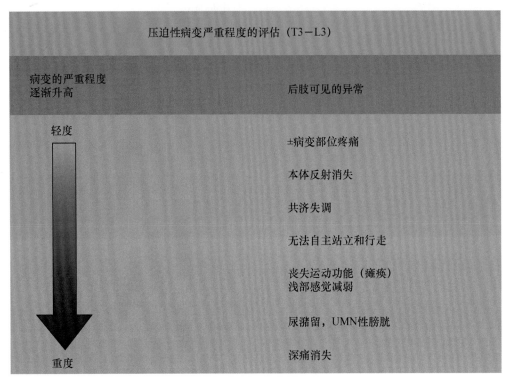

**图 67-1**
**T3—L3 段压迫性病变严重程度的评估**

## L4—S3 病变
### (L4-S3 LESIONS)

　　累及腰膨大的病变可引起后肢的 LMN 症状,可出现明显的重度无力、肌肉萎缩和反射消失,但前肢正常。若动物仍可行走,则通常表现出无力、浅踏的后肢步态。若荐椎段脊髓发生严重病变,常可见动物出现膀胱功能障碍,肛门括约肌和尾部轻瘫或瘫痪。由于腰部、荐部及尾部神经根在椎管内由脊髓尾侧向后延伸(马尾),故压迫这些神经根的病变可引起相应部位疼痛,严重时还可引起 LMN 功能障碍。

## 诊断方法
### (DIAGNOSTIC APPROACH)

　　应根据神经学检查对病变进行定位。认识到犬猫脊髓段与脊椎段并非直接对应(表 67-2,图 67-2)非常重要。颈膨大的 C6—T2 段脊髓位于脊椎 C4—T2 段。而犬腰膨大的 L4—S3 段脊髓位于 L3—L5,猫位于 L3—L6。脊髓比椎管短,犬的脊髓尾段终止于约脊椎 L6,猫终止于 L7。起始于 L7、荐椎和尾椎段的神经根(马尾)在椎管内向后移行至对应脊椎尾侧离开椎管,这些神经根在腰荐椎区域很容易受到压迫性损伤(见马尾综合征部分)。

 **表 67-2　犬脊髓段在椎体内的定位**

| 脊髓段 | 椎体 |
| --- | --- |
| C1—C5 | C1—C4 |
| C6—T2 | C4—T2 |
| T3—L3 | T2—L3 |
| L4 | L3—L4 |
| L5,L6,L7 | L4—L5 |
| S1—S3 | L5 |
| 尾 | L6—L7 |
| 马尾脊神经 | L5—荐椎 |

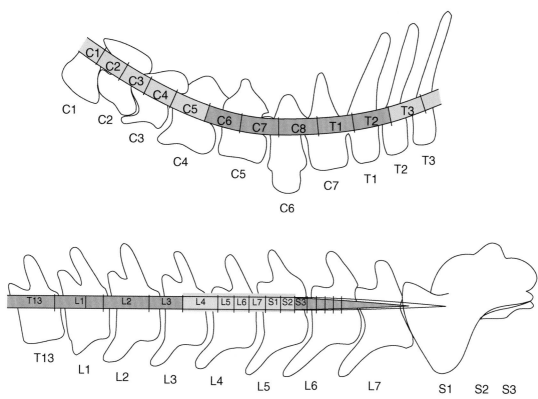

**图 67-2**
颈椎、胸椎前段和腰椎内脊髓段的位置。图中标注了颈膨大（**C6—T2**）和腰膨大（**L4—S3**）。

确定脊髓病变对应的脊髓段和脊椎段位置后，可通过影像学及其他诊断方法进一步诊断。可对损伤节段进行 X 线片、计算机断层扫描（computed tomography，CT）或磁共振成像（magnetic resonance imaging，MRI）检查。脊椎 X 线片或 CT 可能会检查出脊椎畸形、创伤引起的半脱位、椎间盘性脊椎炎、椎骨骨折、椎间盘疾病或溶骨性椎骨肿瘤。脊髓造影或 MRI 有助于诊断椎管的压迫性或扩张性病变。脑脊液（cerebrospinal fluid，CSF）分析有助于查找潜在的肿瘤或炎症。当怀疑脊髓病由全身性感染或肿瘤引起时，可进行全身性检查，如胸腹部 X 线片、腹部超声、淋巴结穿刺、全面的眼部检查、血清学及组织活检。极少数情况下，可能需要对病变部位脊髓进行手术探查，方可诊断、判断预后并给出治疗方案。

# 急性脊髓功能障碍
（ACUTE SPINAL CORD DYSFUNCTION）

## 创伤
（TRAUMA）

椎管创伤很常见，其中以脊柱骨折和脱位，以及创伤性椎间盘突出最为常见。即便骨性椎管没有遭到破坏，创伤也可引起严重的脊髓压迫和水肿。

◉ 临床特征

脊髓创伤相关的临床症状通常呈急性和非进行性。动物通常表现疼痛，也可出现其他创伤症状（如休克、撕裂、擦伤或骨折）。神经学检查所见取决于病变部位和严重程度。可通过神经学检查确定脊髓损伤的部位和程度。在无法确定脊柱的稳定性之前，应该避免对动物进行过度操作和转动。

◉ 诊断

根据病史和体格检查结果很容易诊断动物是否存在创伤。应进行快速全面的体格检查，以确定动物是否存在其他危及生命的非神经性损伤，若存在，则需立即处理。动物可能同时存在休克、气胸、肺挫伤、膈破裂、胆道系统破裂、膀胱破裂、骨骼损伤和头部创伤。注意动物可能存在脊柱不稳，使动物侧卧，合理使用担架或木板以保定、检查和转移犬猫。

神经学检查可以在动物侧卧时进行，但只能进行精神状态、脑神经、姿势、肌张力、自主运动、脊髓反射、膜反射和痛觉评估。严重胸段脊髓病变的犬会表现出希夫-谢灵顿(Schiff-Sherrington)姿势(图 60-8)。脊髓创伤最重要的预后指标是是否存在伤害感受或深部痛觉感受。如果外伤性胸腰段脊髓病变之后的深部痛觉消失,神经功能恢复的预后不良,并且不论治疗与否,大约有 20% 的犬会在损伤后数小时至数天出现上行下行性脊髓软化。

神经学检查可以确定病变的解剖部位。接着可通过 X 线平片或 CT 更准确地定位病变部位、评估脊柱受损和移位程度并做出预后判断。在进行影像学检查时必须避免操作或扭动脊柱的不稳定区域。如果动物趴卧或被保定在木板上,侧位或水平腹背位可以用于判定是否存在骨折或脊柱不稳定。对于评估脊柱损伤,CT 的准确性显著高于 X 线片,而 MRI 更适合用于评估脊髓实质。

应评估全段脊柱。多数脊柱骨折和脱位发生在脊柱可动与不可动的连接区域,如腰荐连接或胸腰、颈胸、寰枢和寰枕区。约有 10% 的创伤患病动物存在多处骨折,很容易被忽略。膨大处的 LMN 病变可能会掩盖前段脊髓的 UMN 病变,因此,对全段脊柱进行影像学和临床评估很重要。若影像学检查发现的病变位置与临床神经解剖学定位不完全相符,则应进一步检查。

有许多分类系统可用于评估椎骨损伤的稳定程度及是否需要进行手术。椎体可分为三部分,各部分均通过 X 线或 CT 检查来评估损伤情况(图 67-3)。

在可能需要进行手术的动物,如果有需要,可以通过脊髓造影或其他更先进的影像诊断方法来确定脊髓受压迫的部位和程度。当三部分中的两部分发生破坏或移位,那么骨折被认为是不稳定的。不稳定骨折通常需要手术介入或夹板固定。而无显著进行性脊髓压迫的稳定性骨折,通常保守治疗即可。若动物仍存在深痛,椎体腹部和中部未受损伤,且周围软组织损伤较轻时,夹板固定通常是有效的。大多数颈部或腰部损伤的患犬采取非手术治疗,只有当患病动物的神经学症状持续恶化或损伤后 72 h 仍表现出剧烈疼痛时,表明神经根受累,应行手术治疗。而对于不稳定性胸部或腰部损伤者,应首选手术治疗。

◆治疗

急性脊髓损伤的基本治疗包括评估和治疗其他威胁生命的损伤,并维持患病动物的血压、灌注及氧合。少数试验表明,创伤后 8 h 内,静脉注射(intravenous,IV)琥珀酸钠甲泼尼龙(methylprednisolone sodium succinate,MPSS),一种具有神经保护作用的高可溶性皮质类固

醇,可通过清除自由基起到有益作用(图 67-4)。不过,部分患犬采用这种治疗方案可能会出现严重的胃肠道并发症。因此,应严密监测不良反应,并可通过给予 H2-受体阻断剂[口服(PO)或 IV 雷尼替丁,2 mg/kg,q 8 h;或法莫替丁,0.5 mg/kg,PO 或 IV,q 24 h]、质子泵抑制剂[奥美拉唑,0.7~1.5 mg/(kg·d)]或合成前列腺素 E1 类似物(米索前列醇,2~5 μg/kg,PO,q 8 h)和黏膜保护剂(硫糖铝,0.25~1 g,PO,q 8 h;见第 30 章)来降低这些副作用。

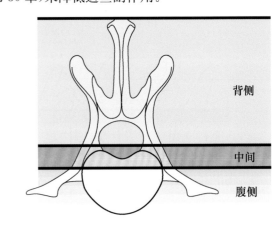

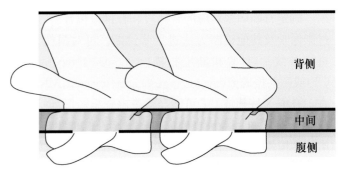

**图 67-3**
X 线检查评估脊柱骨折的三分模型图示。背侧部分包括小关节面、椎板、茎突、棘突和支持韧带。中间部分包括背纵韧带、纤维环背侧部和椎管底部。腹侧部分包括剩下的椎体和纤维环、髓核和腹纵韧带。当两部分或三部分发生破坏或移位,表明需要手术固定。

无论是保守治疗还是手术治疗,严密护理都对犬猫至关重要。可根据需要给予麻醉镇痛剂(表 67-3)。厚垫子、干燥洁净的笼子和经常翻身有助于防止褥疮。每天都需要把所有受累肢体在全关节活动范围内反复活动多次。留置导尿管有助于保持动物干燥,但也增加了尿道感染的风险,尤其是留置时间超过 3 d 时。当必须长期护理时,应该轻柔地挤压膀胱或插管,每天排空 4~6 次。当发生尿道感染时,应该进行治疗。UMN 性膀胱(见第 63 章)或尿道痉挛的动物,药物

（酚苄明，0.25～0.5 mg/kg，q 8 h；地西泮，0.5 mg/kg，q 8 h）治疗有助于松弛尿道括约肌，使挤压膀胱更易进行并能减轻对膀胱的创伤。当动物四肢开始恢复自主运动时，需要增加物理治疗。水疗或游泳能够刺激自主运动，改善四肢循环和清洁皮肤。

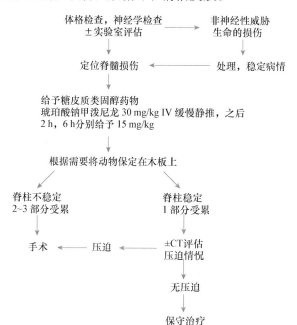

**图 67-4**
急性脊髓损伤的处理流程

 **表 67-3** 用于治疗犬脊柱疼痛的麻醉镇痛药

| 药物 | 剂量 |
| --- | --- |
| 氧吗啡酮 | 0.05 mg/kg，IM |
| 吗啡 | 0.3～2.2 mg/kg，SC 或 IM |
| 布托啡诺 | 0.4～0.8 mg/kg，SC |
| 丁丙诺啡 | 0.02～0.06 mg/kg，IM 或 SC |

IM：肌肉注射；SC：皮下注射。

◆预后

动物的恢复情况取决于损伤部位和严重程度。不稳定性颈椎骨折可引起创伤时及围手术期较高的死亡率。若患病动物未出现呼吸困难引起的急速死亡，则通常预后良好。若动物发生胸腰段脊髓损伤，且存在自主运动，那么可能恢复全部功能，预后良好。瘫痪但仍然有深部痛觉和正常膀胱功能的动物预后尚可，可能会遗留神经性缺陷。若动物就诊时深痛消失，则通常很难恢复。与颈膨大或腰膨大病变引起 LMN 症状相比，白质病变造成的 UMN 症状通常预后更好，可能

会完全恢复。所有脊髓损伤造成的动物瘫痪，如果损伤后 21 d 症状仍然没有改善，则预后不良。

## 出血/梗死
## (HEMORRHAGE/INFARCTION)

非创伤性椎管内出血可引起急性神经功能障碍，A 型血友病的年轻患犬、所有年龄段的冯·威利布兰德病患犬、患获得性出血障碍（即华法林中毒和血小板减少症）的犬猫、血管异常（即动脉瘤和动静脉瘘）的患犬，以及患易于出血的原发性或转移性脊柱肿瘤（即淋巴瘤和血管肉瘤）的犬猫，有时可见疼痛（即感觉过敏）。临床表现通常呈急性和非进行性，神经症状可反映脊髓破坏或压迫的部位和严重程度。蛛网膜下腔出血可引起炎症（脑脊膜炎）和疼痛。尽管若能确定动物存在全身性出血性疾病或肿瘤可对诊断提供提示，但死前诊断通常需要高级影像学检查（即 MRI）。治疗主要包括去除引起出血的原发病因，少数情况下，需实施脊髓减压手术。

由血凝块造成的脊髓梗死很少会引起犬猫的超急性神经功能障碍。临床症状可提示血管损伤部位和程度。已知的可引起血栓的因素包括血液瘀滞、内皮不规则、高血凝和纤维蛋白溶解障碍（见第 12 章）。心肌病、肾上腺皮质功能亢进、蛋白丢失性肾病、免疫介导溶血性贫血、心丝虫病、脉管炎和弥散性血管内凝血都是全身性血栓形成的风险因素，有时可引起局部脊髓梗死。治疗包括一般性支持治疗和抑制进一步梗死的抗凝药物。但是，很难在死前确诊，预后通常不良。

## 急性椎间盘疾病
## (ACUTE INTERVERTEBRAL DISK DISEASE)

椎间盘由外层的纤维层（纤维环）和凝胶样中央部（髓核）构成。随着年龄的增长，髓核逐渐由纤维软骨替代。部分犬种，尤其是软骨营养障碍的品种，核基质变性、脱水、矿化，使得这些犬易于发生急性椎间盘破裂。矿化的髓核经背侧纤维环急性疝出，并擦伤或压迫脊髓，形成汉森 I 型椎间盘突出（图 67-5）。这种类型的椎间盘病变在小型犬更常见，如腊肠犬、玩具贵宾犬、北京犬、比格犬、威尔士柯基犬、拉萨狮子犬、西施犬、吉娃娃犬和可卡犬，发病高峰年龄段为 3～6 岁。急性 I 型椎间盘突出有时可发生于中老年大型犬，特别是巴吉度犬、拉布拉多巡回猎犬、大麦町犬、沙皮犬、边境牧羊犬、罗威纳犬、患有后段颈椎脊髓病的杜宾犬

和德国牧羊犬。猫椎间盘疾病很少造成临床可见症状的脊髓压迫,主要发生于老龄猫(平均年龄 9.8 岁),通常影响后段胸椎和腰椎区域(最常见部位,L4/L5)。

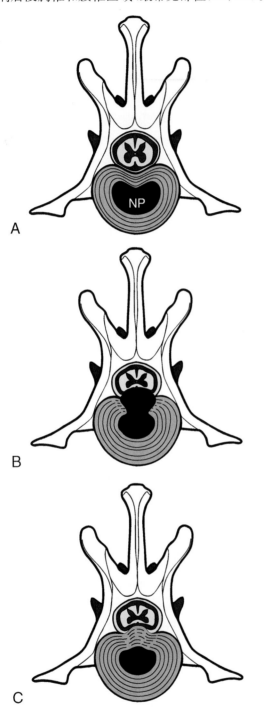

图 67-5
**A**,椎间盘和脊髓的正常位置关系。**B**,汉森 Ⅰ 型椎间盘突出,NP 通过破裂的纤维环疝入椎管。**C**,汉森 Ⅱ 型椎间盘突出,纤维环增厚、膨出进入椎管。**NP**,髓核。

◆ 临床特征

　　疼痛是急性椎间盘突出患犬的显著特征,突出物

压迫神经密布的神经根和脑脊膜,引起疼痛。部分急性椎间盘疾病患犬表现为脊椎疼痛但无其他神经功能障碍。其他椎间盘突出并造成脊髓震荡和压迫的患犬,可表现出不同程度的脊髓损伤。临床症状取决于脊髓损伤的部位、擦伤的严重程度和压迫的程度。

　　颈部椎间盘突出(C1—C5)通常引起颈部疼痛而没有相关神经障碍,即使大的椎间盘物质进入椎管,由于椎管直径在该区域较大,使得颈部椎间盘突出很少压迫脊髓。患犬会抵触颈部运动,并在改变体位时发出声音。许多患犬会表现出神经根症状(root signature)——单侧前肢跛行,并且站立时会因肌肉痉挛而将其抬起(图 67-6)。若确实发生了颈段脊髓压迫,患犬会出现四肢的 UMN 症状。

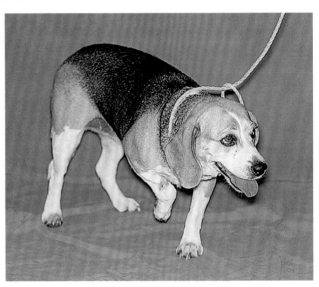

图 67-6
成年比格犬由于颈部椎间盘突出而引起颈部和肩部疼痛。前肢抬起为神经根症状(root signature)表现。

　　胸腰段(T3—L3)椎间盘突出非常疼痛,患犬通常弓背站立,或在移动或被抱起时表现疼痛。由于该段脊髓周围的空间较小,因此 T3—L3 段的椎间盘突出通常会引起显著的脊髓压迫。患病动物的初始症状及发展速度与突出的压力和脊髓擦伤的范围有关,但多数病例(见图 70-1)会随着 T3—L3 脊髓压迫的恶化而出现典型的进行性 UMN 症状。本体感受首先消失,之后站起、行走的能力,后肢的自主活动,对膀胱的控制,最后是深痛感受,逐渐消失。大多数 T3—L3 段的椎间盘突出发生于 T11/12、T12/13、T13/L1 和 L1/2。由于胸部前段椎间盘背侧的小头间韧带的稳定作用,该部的椎间盘突出相对少见,但仍有发生的可能,尤其是德国牧羊犬。与 T3—L3 段相比,腰部后段 L3/4 和 L6/7 间的椎间盘突出相对少见(犬约

10%～15%），可造成腰膨大部位的脊髓损伤，并引起 LMN 症状。Ⅰ型椎间盘压迫脊髓通常引起对称性神经症状，不过外侧椎间盘突出也可引起非对称性症状。

◉诊断

根据症状、病史、体格检查和神经学检查所见可以怀疑为椎间盘疾病引起的神经功能障碍。神经学检查和检查特殊脊髓疼痛区域可以把病变定位在特定区域。患病动物通常无全身症状（如发热、体重减轻），并且无颅内疾病的特异性神经学异常。椎间盘突出引起的急性神经功能障碍，需通过临床所见和检查与骨折/脱位、出血或纤维软骨栓塞相鉴别。

可对清醒的动物拍摄脊椎 X 线片，以查找椎间盘疾病的特征表现，并排除其他疾病（如椎间盘性脊椎炎、溶解性脊椎肿瘤、骨折、寰枢椎脱位）。患病动物就诊时所需完成的检查项目各不相同。若根据症状、病史和临床所见能够获得比较确定的诊断，即可开始保守药物治疗，而无须其他检查。若临床所见、病史或表现与椎间盘突出不太吻合，那么需进行 X 线或 CT 检查。

虽然椎间盘钙化可证实动物存在广泛性椎间盘疾病，但除非矿化的椎间盘向背侧移位至椎管，否则无法证明神经功能障碍是由椎间盘突出引起的。胸腰段椎间盘突出的 X 线变化包括椎间隙变窄或呈楔形、椎间孔（"马头"）变小或呈云雾状、椎间关节变窄和受累椎间盘背侧的椎管内出现钙化密度（图 67-7 和图 67-8）。

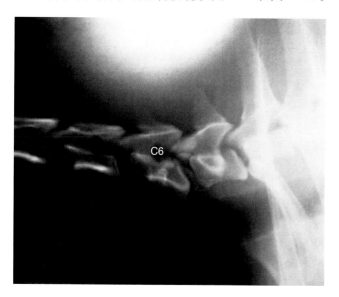

**图 67-7**
一只成年犬的颈椎侧位 X 线片，显示 C6—C7 段存在急性椎间盘突出，椎间隙变窄，椎间盘背侧的椎管内出现钙化密度。

许多椎间盘突出患犬存在多处病变，但 X 线片很难确定哪一处为活动病变并导致了现有症状。对于考虑手术治疗的患犬，应通过脊髓造影或高级诊断影像学（即 CT 或 MRI）来定位突出并引起脊髓压迫的椎间盘。

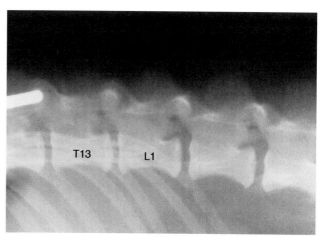

**图 67-8**
发生急性椎间盘突出的 4 岁北京犬的脊柱侧位 X 线平片。可见 T13 和 L1 之间的椎间隙变窄，椎间孔（"马头"）变小，T13—L1 椎间隙上方的椎管内出现钙化。

脊髓造影术曾经是诊断和定位犬急性椎间盘突出的标准影像学模式，但已经被侵入性较小、更具诊断作用的 CT 和 MRI 所取代（图 67-9）。尽管脊髓造影可清楚地显示椎间盘突出的位置，但（未同时做 CT 扫描时）无法确定椎间盘是更偏向脊髓左侧还是右侧——这一信息对手术方案非常重要。因为 CNS 的炎性疾病[肉芽肿性脑膜脑炎（meningoencephalitis,GME）或其他疾病]可引起与椎间盘突出相似的临床表现，并且一旦向蛛网膜下腔（见第 61 章的脊髓造影部分）注入脊髓造影剂，那么因 CSF 发生改变，会使诊断变得非常困难，故应脊髓造影前应采集并分析 CSF。

CT 可与脊髓造影联合应用，或单独用于诊断椎间盘对脊髓的压迫，并排除其他骨性原因引起的脊髓症状（骨折、脱位、椎骨溶解）。CT 诊断快速，通常可在动物镇静而非全身麻醉的情况下完成。对于诊断和定位椎间盘突出的准确性与脊髓造影相类似。尤其当突出的椎间盘发生钙化时，CT 的诊断性更高。

对于定位椎间盘突出位置和方向的最好诊断方法是 MRI，其准确性接近 100%（图 67-10）。MRI 还可用于评估脊髓实质的损伤和水肿情况，这关系到失去深痛的患病动物的预后。然而，MRI 不如 CT 快捷，应用不广泛、昂贵且需对动物进行全身麻醉。

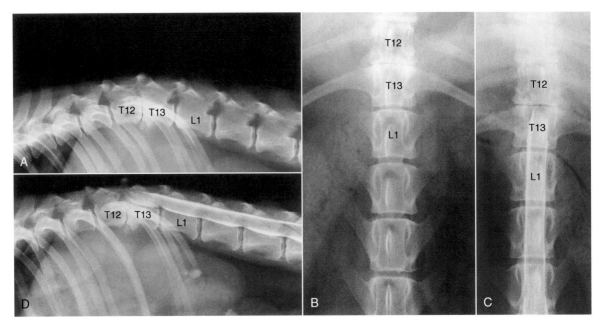

**图 67-9**
一只 8 岁迷你雪纳瑞犬的侧位(A)和腹背位(B)X线平片。在慢性间歇性背部疼痛病史后表现为急性瘫痪。T12—
T13 可见椎间隙明显减小,椎间孔变小并呈云雾状。T13—L1 椎间隙也轻微变窄。C 和 D,脊髓造影确定在 T12—T13
出现一个明显的硬膜外肿物,位于右腹侧,造成严重的脊髓压迫和移位。在 T13—L1 也存在少量硬膜外肿物,但没有
明显的压迫。手术证实在 T12—T13 处存在椎间盘对脊髓的压迫。

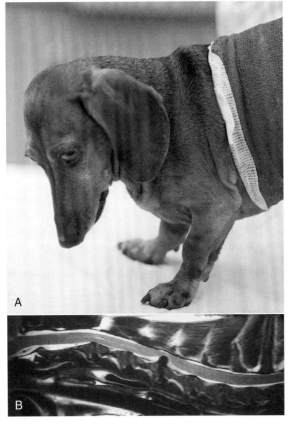

**图 67-10**
A,一只 7 岁的腊肠犬,严重颈部疼痛和左后肢本体感受轻度缺
失持续 3 周。B,MRI 显示 C3—C4 椎间盘突出,此部位发生明
显的脊髓压迫。

◉治疗建议

对于犬急性椎间盘突出,应根据脊髓损伤的部位
和症状的严重程度选择治疗方案(表 67-4 和表 67-5),
包括保守(药物)治疗和手术治疗两种方法。若手术减
压可显著提高动物康复的机会和程度,那么推荐进行
手术治疗。

**表 67-4    功能障碍的分类及推荐治疗方案:犬颈
部椎间盘突出**

| 等级 | 临床症状 | 治疗方案 |
|---|---|---|
| 1 | 单次疼痛发作<br>神经学检查正常 | 笼养±镇痛药 |
| 2 | 疼痛反复发作或难以控制 | 手术<br>减压术 |
| 3 | 神经学异常±疼痛 | 手术<br>减压术 |

**药物治疗**

严格笼养限制活动对于药物治疗至关重要,并且
至少需持续 6 周,纤维环才得以修复。除了外出排尿
排便,其他时间均应将患病动物限制在笼舍或主人怀
内,外出时注意使用肩带牵引。前 3～5 d 可以给予非
甾体类抗炎药(nonsteroidal anti-inflammatory drugs,

表 67-5 功能障碍分类:犬胸腰段椎间盘突出

| 临床症状 | 治疗方案 |
|---|---|
| 单次疼痛发作<br>神经学检查正常 | 笼养±镇痛药 |
| 疼痛反复发作或难以控制或神经<br>学表现逐渐恶化 | 减压手术 |
| 共济失调、本体感受缺失、后躯轻<br>瘫,可站立和行走 | 笼养±镇痛药 |
| 重度后躯轻瘫,无法站立或行走 | 减压手术 |
| 瘫痪 | 减压手术 |

NSAIDs)或麻醉镇痛药(见表 67-3)。肌松剂(美索巴莫,15~20 mg/kg,PO,q 8 h)有助于缓解肌肉痉挛引起的疼痛。尽管很多兽医会在病程开始几天常规性使用糖皮质激素以缓解疼痛,但并无证据表明这种药物能够改善动物的远期结果,并且,即便是低剂量使用(泼尼松,0.1~0.2 mg/kg,PO,bid)仍有较高的引起胃肠道不良反应的风险。治疗时绝不可同时使用糖皮质激素和 NSAIDs。接受药物治疗的患病动物,应经常评估其神经学状态是否出现恶化。笼养限制活动需持续 4 周,之后 3 周在家中限制活动和牵遛,期间患病动物不可跑跳,然后在看护下逐渐增加活动量,并(如有必要)开展减肥项目。

### 颈部椎间盘突出

对于只出现单次急性颈部疼痛而无神经学障碍的病例,通常按照前述方法进行保守治疗,包括笼养严格限制活动和使用镇痛药物。尽管许多患犬会对治疗有反应,但部分病例会出现难以控制的疼痛。对于保守治疗 1~2 周,但颈部疼痛仍无缓解的病例,重度疼痛且短期内难以控制的病例,疼痛反复发作的病例,或出现哪怕是轻度轻瘫或瘫痪,表明颈部脊髓受到压迫的病例,均应采取手术治疗(见表 67-4)。由于颈部椎管较颈部脊髓大很多,因此,一旦出现脊髓压迫的神经症状,提示有较大的椎间盘物质进入椎管,这种情况手术治疗能够取得更完全、更快速的恢复。

当需要手术治疗颈部椎间盘突出时,应进行影像学检查定位病变,采用腹侧开槽(ventral slot)术式。在椎间盘突出部位的相邻椎体腹侧,通过切除一块骨组织来打开一个矩形窗口,并将椎间盘从椎管内移除。大多数患犬可于减压术后 24~36 h 出现很大程度的

疼痛减轻,神经学缺陷在之后 2~4 周内可逐渐消除。术后 2 周应限制活动,之后开始理疗以促进动物恢复。单纯性颈部疼痛或颈部疼痛伴中度重度四只轻瘫的患犬,在 4 周内完全恢复的比例约 80%~90%。瘫痪患犬大多会遗留神经缺陷,但大约有 80%的患犬能够行走。

### 胸腰椎间盘疾病

多数单次发作椎间盘相关的胸腰部疼痛患犬可通过药物治疗完全恢复。无论是否存在神经缺陷,或仅出现轻度的后肢神经缺陷而患犬仍能够站起或独自行走(见表 67-5),均应采取药物治疗。由于药物治疗开始后 5~7 d 内可能未出现任何改善,甚至发生神经学症状恶化,这种情况需手术干预,因此,治疗期间须严密监视患犬。胸腰部椎间盘突出的患犬很少出现难以控制或反复发作的疼痛,但一旦出现上述表现,即应考虑手术治疗。

对于就诊时无法行走的患病动物,或症状显示为非重度的脊髓压迫(如轻瘫、疼痛)但药物治疗无法快速解除疼痛的患病动物,均应采取手术治疗。减压手术术后动物的恢复速度快于非手术治疗动物,并且出现遗留神经缺陷的概率也会降低。

术前应进行影像学检查以确认受累椎间隙,以及从哪一侧实施减压并取出椎间盘物质。通过半椎板切除术来减压和除去椎管内的椎间盘物质。除减压手术外,推荐对临近高危部位(T11—L3)的椎间盘实行开窗术,以降低患犬日后发生椎间盘疝出的可能性。

术后必须保持动物清洁。可通过床垫和经常翻身避免褥疮。对膀胱功能丧失的患犬,一天至少要通过人工挤压、留置导尿管或无菌导尿的方法完全排空膀胱四次。对 UMN 性膀胱的患犬,酚苄明和地西泮能降低括约肌的压力,人工挤压膀胱和动物自主排尿。肢体按摩和被动理疗,包括肢体外展,可能有助于防止后躯轻瘫动物的神经性肌肉萎缩和肌肉纤维化。对后躯轻瘫的犬用毛巾辅助行走,在颈椎疾病的犬悬吊或支撑行走可以改善动物的情绪和促进尽早使用患肢。一旦皮肤切口愈合,可以开始游泳,以鼓励运动。在恢复时间比预期延长的犬,使用轻截瘫车可以提供有利于恢复的刺激(图 67-11)。通常在术后 1 周之内出现神经功能的改善。如果术后 21 d 症状没有改善,则预后不良。

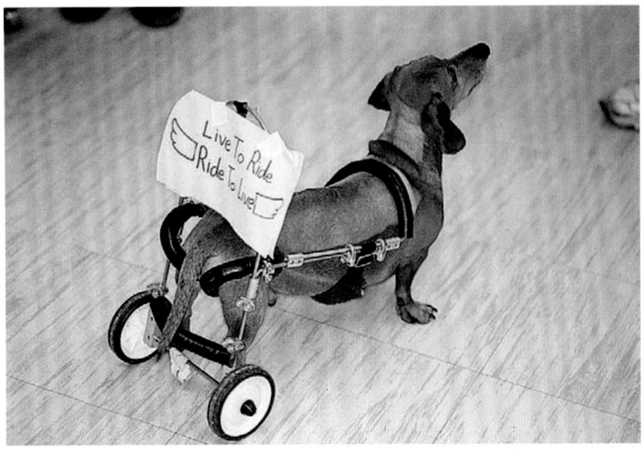


**图 67-11**
**胸腰部椎间盘术后恢复期使用轻截瘫车可以提供有利于对瘫痪犬的刺激及改善犬的运动能力和情绪。**

临床评估时仍保留深痛的患犬中,超过90%在减压术后完全恢复(表67-6)。而失去深痛(5级)的患犬很难在不做手术的情况下恢复,若能快速减压(12～72 h内),约60%的小型犬和25%的大型犬能够恢复功能。若4周后仍无深痛,则预后不良。

**表 67-6 胸腰部椎间盘疾病的治疗结果**

| 神经学等级 | 保守治疗成功率 | 保守治疗恢复时间(周) | 减压手术成功率 | 减压手术恢复时间(周) |
|---|---|---|---|---|
| 1 无缺陷 | >95% | 3 | >95% | <2 |
| 2 轻瘫(可行走) | 84% | 6 | 95% | <2 |
| 3 轻瘫(无法行走) | 84% | 6 | 93% | <2 |
| 4 后躯轻瘫 | 81% | 9～12 | 95% | 1～4 |
| 5 无深痛 | <10% | — | 64% | 5～10 |

急性、强力椎间盘突出可以引起严重的髓内出血和水肿。发生急性完全瘫痪并伴深痛消失的患犬,约10%存在局部脊髓损伤和水肿,并导致脊髓缺血及病变前后部的进行性骨髓软化[即上下行性脊髓软化(ascending descending myelomalacia)]。这种情况通常见于椎间盘突出后5 d内。当膜反射消失界限前移,或初始评估时后肢表现为UMN症状,但之后出现后肢膝反射和回缩反射消失(LMN症状)时,应该怀疑本病。多数患病犬非常焦虑,并经受严重的疼痛。当认为是上行下行性脊髓软化时,建议安乐死,因为不存在恢复的可能性,患犬将在数天内因呼吸麻痹而死亡。

## 创伤性椎间盘突出
## (TRAUMATIC DISK EXTRUSIONS)

无椎间盘退行性疾病的犬有时会发生运动或创伤引起的超急性椎间盘突出。通常见于患犬跑跳、坠落或车祸引起的纤维环破裂。好发品种包括边境牧羊犬、拉布拉多巡回猎犬、斯塔福㹴、视觉猎犬以及其他大型运动犬。本病呈超急性型发病,患犬可出现显著的不适,但24～48 h后,患犬脊柱触诊通常不会感到疼痛。神经学表现能够反映脊髓损伤的部位和严重程度。表现通常呈非对称性。脊柱X线检查并不提示慢性椎间盘退化或钙化,但多数椎间盘突出犬的椎间隙变窄。高级影像学通常能够显示椎管内有小且边界不清楚的肿块,无明显的脊髓压迫但脊髓明显肿胀。这种病变通常与椎间盘突出引起的脊髓擦伤和出血有关,因此无须手术减压。推荐的治疗方案为支持治疗和物理疗法。多数保留深痛的患犬可于1～4周内恢复行走能力,但常见遗留轻瘫。若动物发生尿失禁或大便失禁,通常需更长时间恢复甚至永久存在。

## 纤维软骨性栓塞
## (FIBROCARTILAGINOUS EMBOLISM)

当纤维软骨堵塞供应脊髓实质和软脑脊膜的微小动静脉时,可引起脊髓实质急性梗死和缺血性坏死,构成栓塞的纤维软骨性物质与椎间盘髓核构成相似。这种过急性、非进行性现象能累及脊髓的任何区段,引起轻瘫或瘫痪。纤维软骨性栓塞的原因未知,常见于中型和大型犬。小型犬(特别是迷你雪纳瑞犬、喜乐蒂犬和约克夏犬)和少数猫也有过报道。多数为中青年犬,大多数病例年龄在3～7岁。一些小于1岁的犬也可发生纤维软骨性栓塞(fibrocartilaginous embolism,FCE),尤其是爱尔兰猎狼犬。本病不存在性别偏好。

### ◆临床特征

神经症状的发作非常突然。通常症状在2～6 h内逐渐变坏。有近一半的纤维软骨性栓塞病例发生在小外伤后的即刻或运动期间。神经学检查表现为局部脊髓病变,可以观察到的缺陷取决于受累脊髓的区段和严重程度。最常发于胸腰脊髓(引起后肢的 UMN 症状)和腰荐膨大(引起后肢的 LMN 症状)部。颈段脊髓发生的概率相对低,但却是小型犬的常发部位。可能出现轻度或重度的神经功能障碍,且常不对称,左侧和右侧受累的程度不同。在症状发作时,犬常好像是由于疼痛而大叫,在发病后 2~6 h 内检查,犬有时会表现出局部脊柱痛觉过敏(即,疼痛),但这很快就会缓解,以至于在兽医检查时多数患犬并没有疼痛表现,即使触压脊柱时也是如此。没有疼痛和非对称性非常有助于将纤维软骨性栓塞与其他造成急性非进行性神经功能障碍的疾病区分开,如急性椎间盘突出、外伤和椎间盘性脊椎炎。

◆诊断

　　基于症状、病史和发现过急性、非进行性、无疼痛性脊髓功能障碍可以怀疑为纤维软骨性栓塞。受累脊髓段 X 线检查通常正常,但可以排除椎间盘性脊椎炎、骨折、溶解性脊椎肿瘤和椎间盘疾病(IVDD)。CSF 通常正常,但在一些病例(50%)可以观察到蛋白(特别是白蛋白)浓度增加。在出现临床症状后的 24 h 内,一些犬的 CSF 内嗜中性粒细胞数量增加。尽管在一些动物表现为轻微的脊髓局部肿胀,但脊髓造影和 CT 通常表现正常。脊髓造影有助于排除需要考虑手术治疗的脊髓压迫性病变,如骨折、椎间盘突出和肿瘤。MRI 可显示严重受累犬的局部脊髓密度改变,但不能显示轻度病变。纤维软骨性栓塞只有在排除压迫性和炎性急性脊髓疾病后才能做出诊断(图 67-12)。

◆治疗

　　纤维软骨性栓塞的治疗包括非特异性支持治疗、护理和物理治疗。多数患犬为大型犬,使得管理很困难。与初期治疗急性脊髓创伤的推荐治疗方法相似,在瘫痪后 6 h 内就诊的动物,单次使用琥珀酸钠甲泼尼龙进行激进地治疗是合理的,但尚无证据表明这种治疗方法能够影响动物的转归(图 67-4)。患病动物无须笼养休息——事实上,早期进行物理治疗可能能够加速恢复。尽管神经功能完全恢复需要 6~8 周,但多数临床改善发生在神经症状出现后的 7~10 d。如果在 21 d 内未见改善,则犬猫将不太可能再好转。

图 67-12
一只成年边境牧羊犬在接飞盘时出现急性跛行、意识性本体感受降低和左后肢反射减弱。此后肢不表现疼痛,X 线检查、CSF 分析和脊髓造影都正常。拟诊断为腰荐脊髓段左侧纤维软骨性栓塞。此犬在 3 周内完全恢复。

◆预后

　　动物能否恢复取决于脊髓损伤的程度和部位。若犬猫深部痛觉正常,则预后良好。与因臂部或腰荐膨大(C6—T2 或 L4—S3)受损而引起的 LMN 症状相比,严格的 UMN 症状恢复更快。

## 寰枢椎不稳定
### (ATLANTOAXIAL INSTABILITY)

　　许多患有先天性寰枢椎不稳定的犬会因颈部脊髓反复发生损伤而出现慢性进行性或恶化或好转的四肢轻瘫表现,故这种情况将在慢性进行性脊髓疾病部分中讨论。任何犬猫都可发生因齿突创伤性骨折而引起的半脱位,并出现四肢的急性 UMN 功能障碍。

## 肿瘤
### (NEOPLASIA)

　　肿瘤可因压迫或浸润脊髓实质而引起神经症状。本章将会在慢性进行性脊髓疾病这部分中讨论肿瘤疾病。但需要明确的是,原发性或转移性肿瘤也可引起急性非进行性神经症状,例如造成实质内出血或因脊椎骨溶解而引起骨折。

# 进行性脊髓功能障碍
## (PROGRESSIVE SPINAL CORD DYSFUNCTION)

若脊髓损伤在数日或数周内(亚急性)出血进行性变化者,通常为炎性(感染性或免疫性)经过或某些类型的肿瘤。退行性疾病及大多数肿瘤通常会引起缓慢进展的脊髓功能障碍。对所有出现进行性脊髓功能障碍的动物,均应进行完整的评估,包括非神经性疾病的系统评估。此外,还应对病变进行定位及辅助检查,以获得诊断和合理的治疗方案。

## 亚急性进行性疾病
## (SUBACUTE PROGRESSIVE DISORDERS)

### 感染性炎性疾病

在第66章中讨论的大多数感染性炎性疾病(infectious inflammatory disease)都可以引起脊髓炎(即脊髓的炎症),导致进行性神经症状,提示为多灶性或局灶性脊髓破坏。犬的犬瘟热、落基山斑疹热及新孢子虫病以及猫传染性腹膜炎是最可能引发脊髓症状的传染病。有时对患病动物进行系统评估即可确诊。为了确定存在炎性疾病并查找传染病原,需要进行CSF分析。确定病因可能需要进行其他诊断性检测(见第66章)。

### 非感染性炎性疾病

第66章中讨论的部分非感染性炎性疾病(noninfectious inflammatory disease)可引起脊髓症状。累及脊髓的局灶性或弥散性GME常可引发颈部疼痛及神经功能缺陷。确定炎性脊髓炎需要进行CSF分析。排除感染性病因需要进行其他检测。更多信息见第66章。

### 椎间盘性脊椎炎

椎间盘性脊椎炎(diskospondylitis)是椎间盘及周围软骨性椎骨终板的细菌或真菌感染。大部分病例的病因被认为是体内感染灶经血液传播而引起的,但局部扩散或异物(如草芒或豪猪硬刺)移行也可引起该病。从椎间盘性脊椎炎的犬猫已经分离到了很多病原微生物,其中最常见的为葡萄球菌属、链球菌属和大肠

埃希菌,犬布鲁氏菌虽然相对少见,但由于可感染人,故也应进行检查。L2—L4椎间盘性脊椎炎患病动物可因吸入草芒移行而感染放线菌属细菌。

椎间盘性脊椎炎多发生于中青年的中型和大型犬。德国牧羊犬、拉布拉多猎犬、拳师犬、罗威纳及大丹犬的流行性更高。猫很少被诊断患有椎间盘性脊椎炎。犬猫的雄性发病率均比雌性高。

#### ◆临床特征

椎间盘性脊椎炎最常见的早期临床症状为脊柱疼痛。触诊脊柱的受累区域常可以确定病变部位。30%的患犬出现发热、厌食、沉郁和体重减轻等全身症状,但除非动物同时出现心内膜炎或其他全身性感染,否则很少观察到血液学的炎性变化。一些犬可能发生继发性(即反应性)多关节炎(见第71章),导致全身关节僵硬,踩高跷样步态。

不到50%的患椎间盘性脊椎炎的犬猫会出现神经缺陷。对于慢性或未治疗的病例,可能因炎性组织增生、溶解的脊椎骨发生病理性骨折或骨组织的重度严重蔓延至周围的脊髓,从而导致脊髓压迫,并出现神经功能障碍,未出现脊髓压迫者也可发生神经功能障碍。据报道,最常见的神经性异常为轻度后肢轻瘫及本体反射缺陷。

#### ◆诊断

在体格检查后可怀疑椎间盘性脊椎炎,确诊需要对受累脊柱进行X线检查。椎间盘性脊椎炎的特征性X线影像变化包括椎间隙狭窄,单侧或双侧终板(尤其腹侧)不规则或溶解,骨缺损边界出现硬化,周围椎骨骨性增生(图67-13)。最常见的发病部位为胸椎中段、颈椎后段、胸腰椎和腰荐椎。椎间盘性脊椎炎常累及一个以上椎间隙(图67-14),因此推荐对整个脊柱进行X线平片检查。在临床症状出现数周后,椎间盘性脊椎炎的X线征象可能都不明显。在X线检查尚未见到明显病变时,MRI或CT检查可能发现轻度的终板侵蚀。

血液培养是分离引起脊椎感染微生物的最有益的非侵袭性方法,大约35%的病例可以培养出微生物。进行尿液和血液培养的病例,大约一半可培养出微生物病原。通常推荐进行心电图和尿液培养,从而评估心源性和尿生殖系统作为潜在感染源的可能性。一些血液和尿液培养呈阴性的病例,在全身麻醉和透视下经皮穿刺抽吸感染椎间盘可以有效地获得阳性培养。

但通常只有在其他培养均呈阴性，且经验性选择的抗生素治疗无效时，方采用这种技术。在透视或 CT 引导下，将脊髓穿刺针刺入椎间隙，注入少量灭菌生理盐水（0.3～0.5 mL），接着抽出，进行培养。尽管布鲁氏菌病在美国和加拿大的流行性非常低（<10%），但是出于公共安全的意义，所有发病犬都应该考虑进行布鲁氏菌的血清学或聚合酶链式反应（PCR）检查（见第 57 章）。

◈ 治疗

　　对椎间盘性脊椎炎的初期治疗通常包括抗生素治疗和笼养休息。如果分离到微生物，药敏试验可以指导抗生素治疗。如果没有发现微生物，最初的治疗应该考虑针对葡萄球菌属。推荐使用抗革兰阳性微生物并在骨骼中浓度高的杀菌性抗生素。第一代头孢菌素（头孢唑啉，25 mg/kg，IV，q 8 h；头孢力新，22 mg/kg，PO，q 8 h）和阿莫西林克拉维酸（速诺，12.5～25 mg/kg，PO，q 8 h）通常有效。若怀疑革兰阴性微生物感染时，可以加用喹诺酮类药物。草芒移行引起放线菌感染首选氨苄西林。无论动物是否出现神经功能障碍，前 3～5 d，肠外给予抗生素治疗，之后继续口服抗生素至少 8 周，如有必要可长达 6 个月。

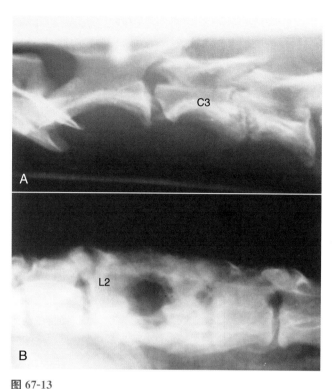

图 67-13

**A**，一只成年犬颈段脊椎侧位 X 线片显示，在第三和第四颈椎间（**C3/C4**）发生椎间盘性脊椎炎。**B**，一只成年波音达犬腰段脊柱侧位 X 线片显示，在第二和第三腰椎间（**L2/L3**）发生严重的慢性椎间盘性脊椎炎。

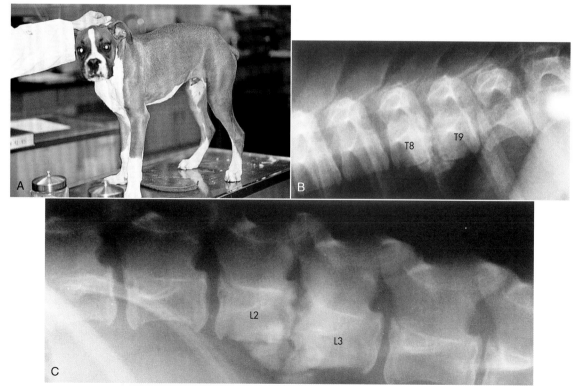

图 67-14

**A**，一只 **5** 月龄拳师幼犬，因椎间盘性脊椎炎而发生背部疼痛。**B** 和 **C**，侧位脊柱 X 线片显示，在 **T8—T9** 和 **L2—L3** 处有病变，表现为相连椎体终板结构破坏，椎间隙塌陷，椎体变短，受累椎体终板周围新骨生成。

除抗生素治疗外,应该严格限制患病动物的活动,以尽量减少不适和降低发生病理性骨折和脱位的风险。可给予3~5 d的镇痛药,但这会影响对抗生素治疗效果的评估,并使强制动物笼养休息变得更为困难。多数患犬可在治疗一周内出现显著的临床改善。进行药物治疗的患犬需每3周进行一次临床及X线评估。随着时间的推移,溶解性病变逐渐恢复,受累的椎体发生融合。抗生素治疗应至少持续8周,若受累部位不再疼痛,并且X线检查未发现可见的骨溶解,方可中断抗生素治疗。除非椎间盘性脊椎炎由草芒移行引起,否则多数患病动物不会复发。

# 慢性进行性疾病
## (CHRONIC PROGRESSIVE DISORDERS)

## 肿瘤

肿瘤(neoplasia)生长并压迫或浸润脊髓实质经常会造成脊髓功能障碍,并发生临床症状的慢性进行性恶化。脊髓肿瘤为原发性或转移性。犬最常见的脊髓肿瘤是起于椎体的硬膜外肿瘤(如,骨肉瘤、软骨肉瘤、纤维肉瘤和骨髓瘤)和硬膜外软组织肿瘤,包括转移性血管肉瘤、癌、脂肉瘤和淋巴瘤。硬膜内髓外肿瘤,如脑脊膜瘤、神经上皮瘤和周围神经鞘瘤也较为常见,占所有脊髓肿瘤的35%。除转移性血管肉瘤外,髓内肿瘤在犬相对罕见。犬的淋巴瘤可发生于硬膜外、硬膜内/髓外或髓内,并通常为多中心性疾病。猫常见的脊髓肿瘤只有淋巴瘤,并且85%的脊髓淋巴瘤患猫可同时在非神经系统中发现肿瘤。

多数脊髓肿瘤发生在中老年犬,诊断时的平均年龄为5~6岁。但有两种肿瘤例外,一种是任何年龄段的犬均可发生的淋巴瘤,另一种是偏好发生在幼龄犬(特别是德国牧羊犬和金毛猎犬)T10—L1硬膜内、髓外的原发性神经上皮瘤。此外,如同软骨性外生骨疣一样,脊椎骨瘤可能发生于年轻犬,并导致脊髓压迫,前者是一种骨的良性增生性病变,难以通过活检与肿瘤相鉴别(图67-15和图61-3)。白血病阳性的年轻猫(平均年龄4岁)最常见脊髓淋巴瘤。完全根据特征描述进行鉴别诊断,并不能排除某些脊髓肿瘤。

## ◈临床特征

临床特征通常不明显,并与肿瘤发生部位有关。

因为只有当脊髓受明显压迫或破坏时,才会出现临床显著的神经异常,故早期诊断非常困难。许多动物在做出诊断之前有长达数月的慢性进行性临床症状。当发生神经根肿瘤侵袭脊髓、肿瘤累及脑脊膜或侵袭椎骨时,疼痛为最显著的特征。当犬的外周神经鞘肿瘤侵袭颈膨大或腰膨大神经根时,其常表现为跛行的进行性恶化,并在活动肢体时表现疼痛(即,神经根疼痛和根性征),但最初并不表现神经缺陷。若胸神经根受累,可见同侧霍纳氏综合征和/或膜反射消失。髓内原发性或转移性肿瘤的患病动物较少发生疼痛。尽管发生 T3—L3 段脊髓压迫的动物通常排尿排便不受影响,只有当肢体发生瘫痪时才出现排尿/便失禁,但有些髓内肿瘤患病动物因中央管(central cord)受累,即使仍可行走,但可能出现失禁。

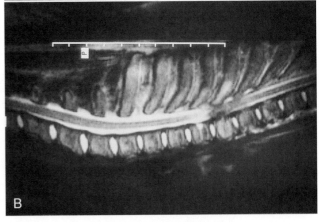

图 67-15

**A,3 月龄金毛猎犬幼犬,脊椎骨瘤引起脊柱疼痛和两后肢进行性 UMN 症状。B,磁共振成像(MRI)显示从 T4 椎体后界向后延伸并通过 T6 椎体出现严重的压迫性脊髓破坏。**

鉴别诊断必须包括其他可以引起慢性进行性神经功能障碍的疾病,包括Ⅱ型椎间盘突出、退行性脊髓病(degenerative myelopathy,DM)。快速生长的硬膜外肿瘤,如淋巴瘤和原发性或转移性髓内肿瘤,有时可引起类似于炎性脊髓疾病的神经症状的迅速恶化。肿瘤相关的出血或椎骨病理性骨折可能会导致急性轻瘫/瘫痪。

◈诊断

若怀疑神经功能障碍动物发生肿瘤时,需进行完整的体格检查、临床病理学评估及影像学检查,从而寻找原发性、转移性肿瘤或全身性疾病。应该进行眼底检查、淋巴结触诊、直肠检查、胸腹部 X 线及腹部超声检查。对于血管肉瘤的高发品种,还应进行心脏超声检查。淋巴结、脾脏和/或肝脏细针抽吸,外周血液或骨髓涂片检查可用于诊断犬淋巴瘤。多发性骨髓瘤的患病动物通常会分泌副蛋白,引起高蛋白血症和单克隆丙种球蛋白病。患脊髓淋巴瘤的猫很多(＞80％)为白血病阳性,许多出现明显的全身性疾病和骨髓受累的血液学表现。

推荐对受累脊椎区拍摄 X 线平片。脊髓肿瘤时可能会出现骨溶解或骨增生(图 67-16)。有时对病变骨进行细针抽吸即可确诊。当临床表现支持多发性骨髓瘤时,应拍摄全部中轴骨和四肢骨,以确定是否发生溶骨性病变。不过脊髓的软组织肿瘤几乎不会引起 X

线平片可见的病变。尽管脊髓造影对于脊髓肿瘤的发现、定位及肿瘤特性的诊断较为可靠,但与 MRI 相比,其具有一定的侵入性,且提供的诊断信息有限。CSF分析应该在脊髓造影前进行。当肿瘤压迫脊髓时,CSF 通常出现非特异性变化,如轻度的蛋白浓度升高和淋巴细胞增多。除了犬猫淋巴瘤(图 67-17)外,CSF中很少会见到肿瘤细胞。

根据脊髓造影或 MRI 可将病变分为髓内、髓外-硬膜内和硬膜外(见图 61-6)。MRI 可为肿瘤精确定位和确定脊髓受累程度提供有用信息,这些信息在考虑手术治疗和/或放疗时很重要。

◈治疗

手术减压和尝试肿瘤完全切除通常仅限于有包膜的硬膜外肿瘤,且应转诊治疗。猫脑脊膜瘤手术摘除后预后良好。由于髓内肿瘤与神经组织的联系紧密,因此,手术治疗通常难以成功。

放疗对犬猫脊柱淋巴瘤、浆细胞瘤、脑脊膜瘤及部分神经鞘瘤有一定效果。由于常用的化疗药物只有一小部分能够通过血脑屏障,因此很少采样化疗方法。皮质类固醇可能能够缩小淋巴网状内皮肿瘤,如淋巴瘤和骨髓瘤,并能够减轻肿瘤相关的水肿和炎症,故

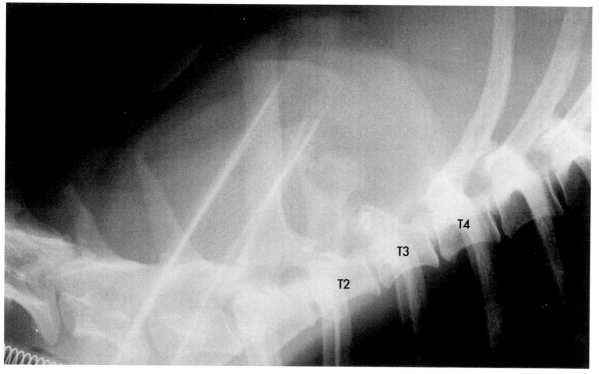

图 67-16
一只 2 岁爱尔兰雪达犬的脊柱侧位 X 线片,该犬有一周共济失调病史和双后肢 12 h UMN 性瘫痪和希夫-谢灵顿综合征。T3 的整个棘突和椎板以及 T2 棘突的大部分已被破坏,大部分与肿瘤过程一致。死后剖检,确认此部位为未分化肉瘤。

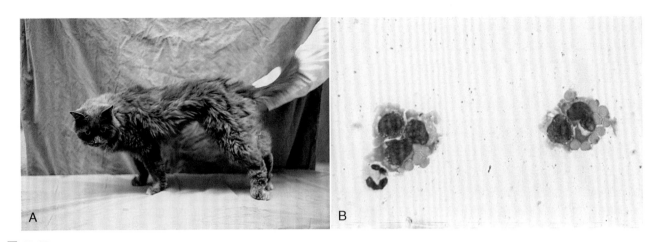

**图 67-17**
**A,2 岁猫,5 d 进行性后肢共济失调和 UMN 轻瘫史。B,CSF 显示增加的细胞计数主要由肿瘤淋巴性细胞组成。**

可在短期内起到明显改善作用。阿糖胞苷能够较好地进入 CSF,故也可用于治疗淋巴网状内皮肿瘤。

## 脊柱关节囊肿

脊柱关节囊肿(spinal articular cysts)来自脊柱面关节的关节囊,通过增大造成脊髓或神经根的局部慢性进行性压迫。这些囊肿由滑膜形成的囊(如滑囊囊肿),或关节周围结缔组织的黏液样变性(如腱鞘囊肿)造成。无法在临床上区分滑囊囊肿和腱鞘囊肿,两者都是由于面关节变性所致的。由于先天性畸形、脊椎不稳定或创伤而引起变性性变化。症状取决于脊髓或神经根受压迫的部位和程度。巨型犬幼犬,如獒犬、大丹犬和伯恩山犬,常在颈椎段形成单一或多个囊肿,引起 UMN 脊髓病和偶尔的颈椎疼痛。老龄犬,特别是德国牧羊犬,在胸腰或腰荐发生关节囊肿,造成脊髓或马尾受压迫。X 线检查显示关节面变性性变化。CSF 显示细胞学正常和蛋白轻微增加,这与非炎性慢性压迫性脊髓病相一致。脊髓造影显示局部硬膜外脊髓压迫。为了确定囊肿是否来自面关节以及术前对囊肿精确定位,需要进行 MRI 检查。治疗包括脊髓减压、囊肿引流和面关节固定,效果良好。据报道,一种类似的多胸椎关节面发生变性和骨增生的综合征可引起脊髓压迫,可见于 4~10 月龄的西洛牧羊犬,是一种遗传性疾病。

## 蛛网膜囊肿

局部 CSF 聚积于蛛网膜下腔的囊样结构中,可导致幼龄犬缓慢渐进性、非疼痛性脊髓压迫(图 67-18)。含 CSF 的囊样结构可能是先天性憩室或继发于创伤或椎间盘突出的蛛网膜下腔粘连。通常颈部及后部胸部节段受累,随着 CSF 的积聚,会逐渐发生脊髓压迫。

该病最常见于大型幼龄犬,尤其是罗威纳;罕见于猫。脊髓造影或 MRI 可显示 CSF 聚积的部位。在出现临床表现的 4 个月内且神经功能缺血不严重时,实施手术探查及造袋术通常预后良好。

## Ⅱ 型椎间盘疾病

椎间盘纤维样变性是一些犬衰老过程的一部分,可导致少量髓核突出进入纤维环,之后会出现纤维变性反应,引起椎间盘背侧面圆形屋顶状膨出进入椎管,造成脊髓慢进性压迫症状(图 67-5)。这种类型的椎间盘突出(即汉森Ⅱ型)为(type Ⅱ intervertebral disk disease),最常见于老年非软骨营养不良的大型犬,特别是德国牧羊犬、拉布拉多猎犬和杜宾犬,也偶见于小型犬。

◆临床特征

尽管部分犬可出现明显的脊柱不适,但临床症状主要由慢性进行性脊髓压迫引起。Ⅱ型胸腰椎椎间盘突出可引起后肢 UMN 症状而两前肢正常。Ⅱ型颈椎椎间盘疾病(和Ⅰ型突出)可见于杜宾犬,特别在伴有颈椎脊髓病时(即摇摆综合征,wobbler syndrome)。这些犬的前肢和后肢受累,但后肢的 UMN 神经症状更严重。

◆诊断

老龄犬的慢性进行性脊髓功能障碍症状的鉴别诊断应该考虑Ⅱ型椎间盘突出、关节囊肿、变性性脊髓病(degenerative myelopathy,DM)和肿瘤。神经学检查应该可以确定病变部位,但由于病变部位通常不疼,因此脊椎触诊通常难以准确定位。大多数患犬的 X 线平片无明显异常。部分Ⅱ型椎间盘突出椎患犬可能在病变部位出现间隙变窄、骨赘增生和终板硬化,但这

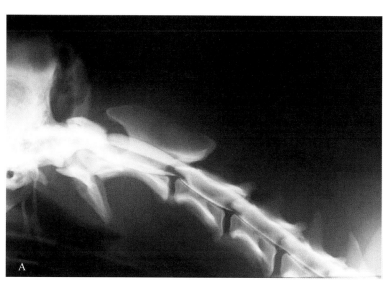
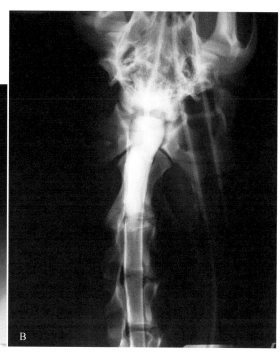

**图67-18**

**10月龄的秋田犬发生渐进性四肢体温升高和轻度后肢轻瘫,患犬的侧位(A)和腹背位(B)脊髓造影片。C2—C3处的背侧蛛网膜下腔可见一个与其余蛛网膜下腔连通的界限清晰的球状扩张,提示为蛛网膜囊肿(arachnoid cysts)。手术探查及造袋术后,患犬快速地恢复了正常步态,且持续超过6年。**

种异常变化常可见于老龄大型犬脊柱的多个部位,因此对病变定位的意义有限。脊髓造影或先进的影像诊断技术(即 CT 和 MRI)有助于确定病变程度和发病部位以及区分 II 型椎间盘突出、脊柱肿瘤和 DM。

*治疗*

当触诊患犬患部或进行操作时,可给予抗炎药(NSAIDs 或低剂量泼尼松)和肌松药,以减轻其不适感。但神经症状可能会加重,并推荐进行手术根治。如果累及颈段脊柱,施行腹侧减压;而胸腰段脊柱 II 型椎间盘突出则用半椎板切除术来减压。由于病变的慢性特征和背侧纤维环很难去除,手术很难取得有效的减压。治疗的目的是稳定动物的神经症状。在表现临床症状前脊髓通常已受到较严重的慢性压迫,因此很少完全恢复。少数犬术后临床症状会出现暂时性或永久性恶化。

## 变性性脊髓病

脊髓白质的变性性疾病(degeneraive myelopathy,DM),以广泛的髓鞘和轴突缺失为特征,其中侵袭中后段胸椎脊髓者最为严重,常发生在成年德国牧羊犬。患犬表现为慢性进行性、通常非对称性、无痛性的本体感受性共济失调,通常后肢出现上运动神经元性

轻瘫,提示 T3—L3 发生病变。已报道的患犬从 5 岁到 14 岁不等,罕见幼龄德国牧羊犬、其他大型老年犬和猫发病。

◀ *病因学*

DM 时出现的非炎性轴突变性的病因尚不明确。一些人推测营养元素或维生素缺乏,或血供缺乏是引起组织学变化的原因。近期发现超氧化物歧化酶1(superoxide dismutase 1, SOD1)基因突变的纯合子是家族遗传性 DM 品种[拳师犬、切萨皮克海湾巡回犬、德国牧羊犬、彭布罗克威尔士柯基犬及罗得西亚脊背犬(Rhodesian Ridgebacks)]好发该病的必要条件。

◀ *临床特征*

临床上,DM 引起慢性进行性后肢 UMN 轻截瘫和共济失调。本体感受消失引起后肢球结弯曲、后肢脚趾背侧指甲磨损和进行性恶化的后躯共济失调。多数患病的大型犬经 6～9 个月的时间,从轻度本体感受消失发展为无法行走的 UMN 轻截瘫。彭布罗克威尔士柯基犬可见一种发展更为缓慢的 DM 形式,症状恶化的中位持续时间超过 18 个月。尽管起初所有 DM 患犬表现为典型的 UMN 轻截瘫,提示 T3—L3 脊髓

段出问题。若患犬已经无法行走,其症状可发展为四肢松弛性轻瘫并伴有肌肉萎缩和反射缺失,提示发生了广泛性去神经现象。

◆诊断

任何表现出慢性进行性后肢 UMN 轻瘫的大型犬都可以怀疑为 DM。最常见的临床表现为后肢共济失调、深踏性(long-strided)步态、趾拖地(toe scuffing)、姿势异常(尤指后肢球结弯曲)及后肢反射正常或增强。患犬全身正常,没有脊柱局部疼痛。神经学检查所见可将 DM 与腰荐椎疾病及骨关节疾病,如髋关节发育不良和双侧前十字韧带断裂相鉴别。后肢慢性UMN 轻瘫的主要鉴别诊断包括 DM,脊髓肿瘤、关节囊肿及Ⅱ型椎间盘疾病导致的脊髓压迫。

对 DM 进行死前诊断需要借助排除法。X 线检查脊柱正常。CSF 分析正常,偶尔可见 CSF 蛋白浓度轻微升高。脊髓造影或 MRI 可以排除脊髓压迫或局部脊髓肿瘤。后肢出现慢性进行性 UMN 症状的老龄犬,如果 X 线检查正常,CSF 细胞学检查正常,脊髓影像学检查正常,则提示诊断为 DM。目前已可进行商业性的 SOD1 基因突变的 DNA 检测,但只可确定患犬(纯合子)发生 DM 的风险较高,或至少基因携带者,而无法确定某一只患犬轻截瘫的原因。

◆治疗

目前没有有效的针对 DM 的治疗方法。由于皮质类固醇可引起肌肉消瘦并加重肌无力,因此不应使用。其他免疫抑制剂也无明确益处。一些研究者建议给予维生素(如维生素 E、复合维生素 B 和维生素 C)、ω-3 脂肪酸、ε-氨基己酸[EACE, Amicar(Xanodyne 制药,纽波特,肯塔基州),500 mg,PO,q 8 h],或强效抗氧化剂乙酰半胱氨酸(5%溶液 25 mg/kg,PO,q 8 h,用14 d,然后隔天用一次),但尚无研究证明这些治疗方法的有效性。锻炼及有目的性的高强度理疗可能有助于延缓疾病的发展。

## 马尾综合征

犬最后三个腰椎脊髓段(L5,L6 和 L7)位于第四腰椎内,脊髓荐椎段(S1,S2 和 S3)位于第五腰椎内,尾段在第六腰椎内。脊髓腰椎、荐椎和尾椎段的神经根通过对应椎体后方的椎间孔出椎管,因此它们在出椎管前必须在椎管内向后移行相当一段距离(图 67-

19,另见表 67-2)。这些在椎管内下行的神经根合称为马尾(cauda equina)。来自脊髓荐椎和尾段的脊神经覆盖在腰荐结合处,因此,此部位的压迫性疾病可能会累及 L7、荐椎和尾神经。

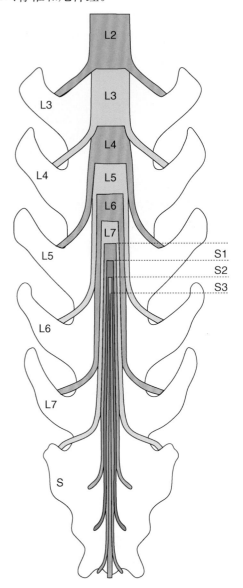

**图 67-19**

犬马尾区域解剖。L5—L7 脊髓段位于 L4 椎管内。S1—S3 脊髓段位于 L5 椎管内,尾段脊髓位于 L6 椎管内。来自脊髓腰椎段、荐椎段和尾段的神经根在对应椎体后方的椎间孔离开椎管,因此神经根离开椎管前要在椎管内移行相当一段距离。

马尾神经的压迫[马尾综合征(cauda equina syn-drome)、变性性腰荐狭窄]可继发于 L7/S1 椎间隙的Ⅱ型椎间盘突出,伴发该部位的进行性关节囊和韧带增生,可能由过度运动和不稳定引起。本病常发于大型犬,如德国牧羊犬、拉布拉多猎犬和比利时玛利诺犬,特别 5 岁以上的雄性工作犬。少数情况下,肿瘤、椎间盘性脊椎炎、滑膜囊肿、脊柱或荐椎骨软骨病或先天性骨畸形也可引起马尾压迫。

遗传倾向、结构、体力活动和脊椎畸形都是引起腰荐连接椎间盘机械性压力增加的因素,促进该部位Ⅱ型椎间盘突出的发生。椎间盘结构强度的缺失加重了该部位的不稳定性,引起关节面、关节囊和黄韧带出现增生性变化。这些增生性变化引起椎管进一步狭窄,压迫马尾和出椎间孔的神经根(变性性腰荐狭窄)。

◉ 临床特征

马尾压迫会引起一系列特征非常明显的临床症状。患犬从俯卧姿势站起缓慢,不愿跑、坐、跳或上楼梯。后肢跛行随运动加重,这是由于活动时,在本已拥挤的椎间孔内与脊神经根并行的血管扩张进一步加重神经根压迫所致。患犬不愿抬高或摇动尾巴。

体格检查往往会见到深部触诊背侧荐椎、背屈尾巴或过度伸展腰荐区时引发疼痛(图 67-20)。如果没有神经性缺陷,很难与椎间盘性脊椎炎、前列腺疾病、退行性关节病引起的疼痛和跛行相区分。当腰荐椎管进行性狭窄引起 L7、荐椎和尾椎脊神经压迫时,可见后肢无力、股后和肢远端肌肉萎缩,在回缩反射时后肢踝关节屈曲减弱或消失。一些犬由于对侧的股后肌张力丧失,膝反射可能表现亢进(假性反射增强)。严重病例可见肛门张力降低和大小便失禁。会阴部感觉过敏或感觉异常,在会阴部和尾根部可能会由于自身舔咬而形成皮肤湿疹。

◉ 诊断

病史、体格检查和神经学检查结果可初步诊断为马尾综合征。脊柱 X 线检查有助于排除一些引起腰荐部疼痛的不常见原因(如,椎间盘性脊椎炎、溶解性椎骨肿瘤、骨折或脱位)。马尾综合征患犬该部位的 X 线片无明显异常,或出现 L7 和 S1 椎骨终板硬化或椎关节强硬,L7—S1 椎间隙可能发生狭窄或塌陷。不过这些异常表现在临床健康的犬也很常见。

通过影像学检查可显示神经压迫。如果可行,脊柱伸展位的 MRI 是一种最敏感、精确和无创性的评估腰荐区域的方法,可以显示所有可能涉及马尾受压迫的结构(图 67-21)。不过,常规使用 MRI 检查可能过度解读该部位轻度的椎间盘突出的临床意义,因此,MRI 诊断需结合临床所见进行。可能的话,肌电图检查可用于证实后肢和尾部的 LMN 症状及神经根功能异常。

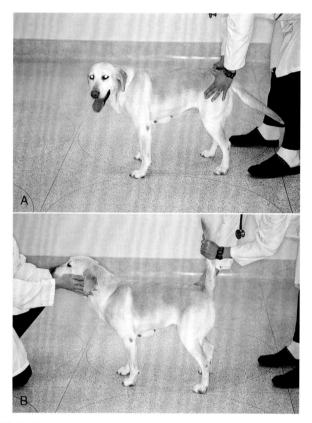

**图 67-20**
马尾综合征患犬在荐椎背侧深部触诊(A)和背屈尾部(B)时常表现疼痛。

◉ 治疗

限制活动和给予镇痛药或抗炎药可以暂时改善仅有疼痛和跛行临床症状犬的状况。加巴喷丁(8～10 mg/kg,PO,q 8 h)联合 NSAIDs 及曲马多(3～5 mg/kg,PO,q 8 h)可显著缓解神经性疼痛。但患犬恢复活动后,临床症状可能复发。更确定性的治疗包括腰荐背侧椎板切除、压迫组织切除、必要时实施椎间孔切开术。怀疑腰荐不稳时,推荐采用减压术和腰荐分散融合术。手术步骤描述请参考本章最后列出的推荐阅读。在多数犬可在术后迅速缓解疼痛。术后 4～8 周严格限制活动,然后逐渐恢复运动和工作。解除跛行和轻度神经功能缺陷的病例预后良好。多数轻度至中度神经功能缺陷的犬可以恢复工作功能。严重 LMN 缺陷或失禁的犬可能会存在永久性损伤。

### 颈椎脊髓病(摇摆综合征)

犬摇颈椎脊髓病(cervical spondylomyelopathy,CSM),又称犬摇摆综合征(canine wobbler syndrome),是用于描述大型犬颈椎后段因发育畸形、不稳定或椎管不稳定而造成脊髓和神经根受压迫的专门

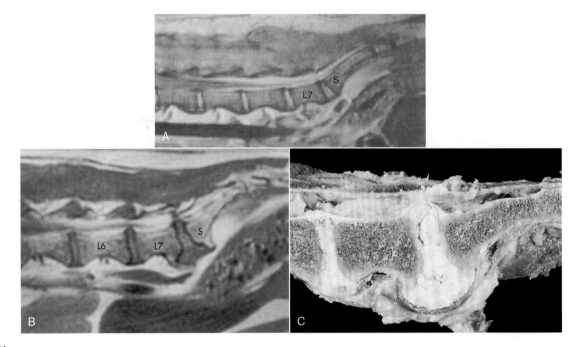

**图 67-21**
A, 犬腰椎正中矢状面磁共振成像(MRI)正常的 T1 扫描[髓核和硬膜外脂肪影像显示高信号密度(白), 脊髓和马尾神经根显示相对低信号密度(黑)]。B, 腰荐疼痛犬的 MRI T1-加权正中矢状面扫描。在 L7—S1 椎间隙, 硬膜外脂肪发生移位, 脊神经根腹侧和背侧受到压迫。亦可见 L7—S1 椎间隙腹侧出现变形性椎关节强硬, L6—L7 发生椎间盘突出。C, 对患获得性变性性腰荐狭窄和Ⅱ型椎间盘突出的德国牧羊犬死后腰荐区域剖检。腰荐连接处椎管发生挤压, 造成马尾神经受到压迫。(A 和 B 由 Dr. Greg Daniel, University of Tennessee 惠赠。)

术语。该病的发生可能与遗传倾向、营养过剩及构象等有关。椎板畸形、黄韧带增生、关节面增大、关节周围软组织增生或者(通常)这些合并发生, 都能引起椎管狭窄。此外, 椎体和终板的改变也能引起Ⅱ型椎间盘突出, 造成患犬腹侧脊髓受压迫。

　　患 CSM 的大丹犬通常会因颈椎先天结构异常而出现骨质椎管狭窄, 通常 2 岁之前即表现出明显的脊髓压迫症状。患犬常出现多处(多为 C4、C5 或 C6)受累, 且随着颈部伸展或向背侧屈曲, 脊髓压迫和损伤程度会加剧。除了骨性结构异常引起的脊髓压迫之外, 大多数患犬还同时出现背侧或外侧软组织对脊髓的压迫。

　　CSM 患犬黄韧带增生可引起背侧脊髓压迫。因关节突骨关节炎及关节面增大可引起背外侧或外侧压迫。患有 CSM 的幼龄大型犬, 如獒犬、罗威纳和伯恩山犬, 通常会出现背侧或背外侧脊髓压迫, 且于 1～4 岁时出现明显的临床症状。椎间盘相关的摇摆综合征(disk-associated wobbler syndrome, DAWS)可造成后段颈椎的腹侧压迫, 常发于大型犬, 尤其是 6～8 岁的杜宾犬。受累的杜宾犬通常椎管较健康犬小, 黄韧带增生, 及一处或多处椎间盘突出, 从而引起脊髓压迫的临床症状。

◆临床症状

　　CSM 的特征性症状为慢性进行性轻瘫和不协调

或摇摆状步态, 特别后肢更为明显。患犬后肢呈宽基站姿, 共济失调, 姿势反应异常(后肢表现常不同程度地重于前肢)。前肢的神经学检查所见取决于压迫部位主要位于前段还是后段颈椎脊髓。C1—C5 段受压迫的患犬通常表现为悬浮(floating)或过度伸展(over-reaching)的前肢步态。患犬发生后段颈椎病变时, 表现为浅踏、虚弱的前肢步态, 并伴有回缩反射减弱, 及肩胛骨上的冈上肌和冈下肌萎缩。患犬单侧前肢表现出跛行和肌肉萎缩, 或牵引前肢时表现疼痛[即根性征(root signature); 见图 67-6], 提示发生神经根压迫。患犬常见慢性进行性神经学表现恶化, 但有时创伤或急性椎间盘突出可导致突发性的四肢瘫痪。尽管常可见患犬抗拒颈椎的背侧伸展运动, 但主诉出现显著颈部疼痛的病例只占不到 CSM 患犬的 10%。

◆诊断

　　根据症状、病史和临床检查可怀疑为该病。X 线平片可用于排除其他与颈椎脊髓压迫相关的疾病, 但不能确诊 CSM。大型犬发生重度的关节面变化或椎体变形, 则疑似 CSM 的可能性增加。直到最近, 脊髓造影术或脊髓 CT 成为确诊 CSM 的标准, 因其能够多方位地观察脊髓的压迫情况, 从而能够区别静态和动态病变。能够通过牵引(动态病变)显著改善的压迫性病变包括 II 型椎间盘突出及韧带增大。骨性病变或 I 型椎间盘突出无法通过牵引获得改善（静态病变；图 67-22 及图 67-23）。这有助于判断直接减压或通过脊椎分散术实施间接减压，哪种为更好的手术方法。

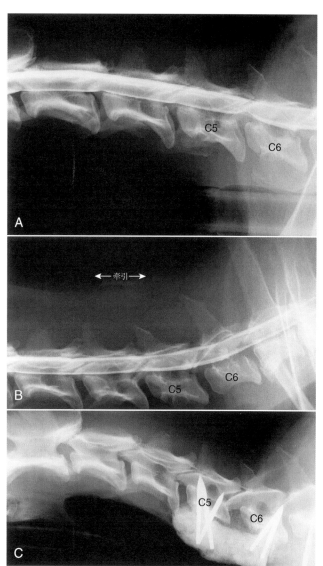

图 67-23

**A,11 岁杜宾/魏玛犬串犬**，表现为慢性非疼痛性共济失调和四肢伸展过度。颈部脊髓造影 X 线片可见 **C5—C6** 椎间隙狭窄，该处背侧的造影柱变细(伴有腹侧造影线向背侧移位并变细)。**B,** 牵引体位时，脊髓压迫明显消失，表明为由膨出纤维环或黄韧带引起的动态压迫。**C,** 在脊柱的这个部位做手术，以维持牵拉状态。

对于怀疑为 CSM 的患犬，MRI 是确诊的金标准。对于判断病变部位、严重程度及脊髓压迫的情况，MRI 较其他检查手段的准确性更高。MRI 还可用于探测脊髓实质的信号变化，从而为预后恢复提供指示。

### ◆治疗

未经治疗的摇摆综合征患犬的临床通常会缓慢发展，但高达 25% 的轻度患犬，其临床症状会在较长时间段内保持稳定。药物或手术治疗可以缓解 CSM 的临床症状。所有患犬均应在全面评估系统性疾病

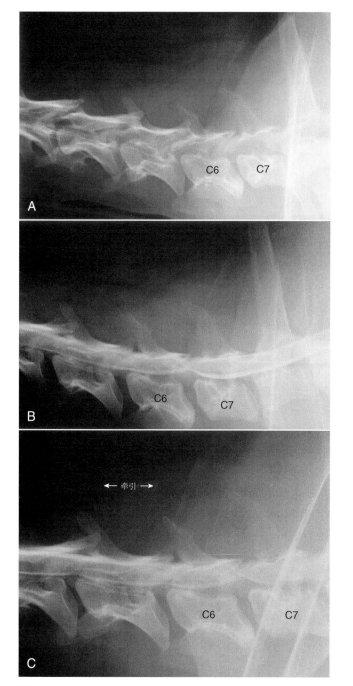

图 67-22

**A,** 一只 **6** 岁杜宾犬的颈椎段 X 线片。临床症状表现为摇摆，突然出现共济失调、后肢轻瘫、本体感受缺失、后肢反射亢进及颈部轻度疼痛。可见 **C6—C7** 椎间隙轻度狭窄，在 **C6** 和 **C7** 椎体前界椎管内发生狭窄。**B,** 脊髓造影显示 **C6—C7** 腹侧的硬膜外肿物造成脊髓压迫，且牵引不会显著改善这种压迫(**C**)。手术发现此部位的椎管内有大量椎间盘物质。

后,方可实施药物或手术治疗。尤其,对杜宾犬应评估是否同时存在甲状腺功能减退、von Willebrand 病(冯·维利布兰德氏病)及心肌病。

严格限制活动、使用肩带和抗炎剂量的泼尼松(泼尼松,起初 2 d,0.5 mg/kg,PO,q 12 h;后改为 0.5 mg/kg,SID,使用 14 d;然后为 0.25 mg/kg,隔天一次,连用 2 个月)可暂时改善 CSM 患犬的神经功能。若患犬表现出重度的颈部疼痛或无法耐受皮质类固醇治疗时,可更换为 NSAIDs,但二者绝不可同时使用。表现出极轻度或轻度神经功能缺陷的患犬,约 40%～50%可通过药物治疗长期维持。

大约 80%的 CSM 患犬可通过手术治疗成功控制,因此,对大多数出现神经功能障碍的患犬推荐手术治疗。但手术并不能改变 CSM 患犬的长期存活率。多处病变、慢性疾病及无法行走均为预后不良相关因素。压迫程度和部位,以及造成脊髓压迫的解剖结构决定了应采用何种手术方案。有关手术操作和潜在并发症的内容请参见推荐阅读。

## 年轻动物进行性脊髓功能障碍 (PROGRESSIVE DISORDERS IN YOUNG ANIMALS)

### 品种相关的神经元生活力缺失和变性

许多品种的犬均发现了神经元生活力缺失和变性的神经系统疾病。进行性神经元功能障碍通常起始于生命早期。在影响全段脊髓的疾病中,常可以在疾病早期观察到累及后肢的临床症状,进而发展到四肢轻瘫。主要累及白质并引起 UMN 症状的疾病常见于罗威纳、阿富汗猎犬、大麦町犬和杰克罗素㹴。而主要累及灰质并引起 LMN 症状的疾病常见于阿拉斯加犬、拳师犬、布列塔尼猎犬和缅因猫。本病的诊断要依靠典型的临床过程、体征,以及在进行筛查性血液学检查、脊髓 X 线检查、CSF 分析、影像学检查和其他诊断性检查中均未发现确定的病因。多数病例要通过死后剖检才能确诊。无有效治疗方法。

### 代谢性贮积病

代谢性贮积病(metabolic storage diseases)是一大类罕见的疾病,其病理学特征是因遗传性酶缺乏而引起代谢产物在细胞内积聚,并引起脊髓功能障碍的临床症状。酶缺乏或细胞内代谢中间产物积聚会引起神经症状的渐进性发展。尽管也可能会出现外周神经功能障碍,但脊髓症状通常为 UMN 症状。更常见的是皮质症状(如抽搐)和小脑症状(如伸展过度)。症状通常逐渐恶化,并在一两岁时出现明显表现。代谢性贮积病的诊断通常基于典型的临床经过和症状;无其他可确定的病因;某些病例可出现器官肿大、外观异常、失明,及代谢产物在非神经部位聚积造成显著的临床异常。

### 寰枢椎不稳定和脱位

正常情况下,寰椎(C1)和枢椎(C2)通过韧带连接。枢椎齿突,即枢椎体头侧的骨性突出,通过横韧带被牢牢地固定在寰椎面上,以维持二者之间的连接和椎管的完整性。齿突畸形或缺失会导致寰枢椎不稳定(atlantoaxial instability),这种先天缺陷可见于许多小型犬,如约克夏、迷你或玩具贵宾犬、吉娃娃犬、博美犬、马尔济斯犬和北京犬。这种畸形及其所引起的寰枢椎不稳定可导致枢椎相对于寰椎向背侧移位,继而引起颈椎脊髓压迫和反复性脊髓创伤。轻度创伤可造成 C1/C2 脱位(luxation)、急性颈椎疼痛、四肢轻瘫、瘫痪或死亡。

◉ 临床特征

先天性寰枢椎不稳定的患犬可发生 C1—C5 段脊髓的急慢性症状。症状通常于 2 岁前出现,包括颈部疼痛(50%～75%)、低头、共济失调、四肢轻瘫,以及四肢姿势反应和本体反射异常。罕见瘫痪,但若出现瘫痪,患犬还可同时表现脑干后部症状,如通气不足及前庭症状。对于任何出现颈部疼痛、UMN 性四肢轻瘫或四肢瘫痪的年轻(即 6～18 月龄)玩具犬,无论是否存在创伤史,均应怀疑是否存在畸形继发的寰枢椎脱位。

◉ 诊断

当怀疑寰枢椎脱位时,为了防止过度屈曲或扭转不稳定的颈椎,最初应在非麻醉状况下小心地进行 X 线检查。通常轻度保定下的侧位平片即可显示枢椎相对应寰椎的背侧位移。如需镇静或麻醉,可在诱导麻醉、插管及拍片时,在半伸展状态下使用罗伯特琼斯氏包扎法固定颈部。寰枢椎伴发显著脱位在侧位片上表现背侧寰椎弓及枢椎背侧棘突的间隙增宽,以及枢椎椎体背侧位移(图 67-24)。若初步 X 线检查无法诊断,则应将患犬头部轻度屈曲后再次拍摄 X 线片,以显示寰枢椎的不稳定。

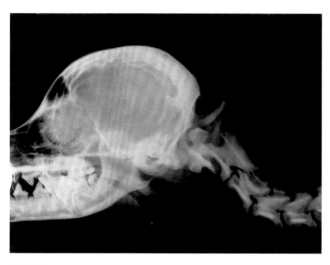

图 67-24
一只 7 月龄比雄犬寰枢椎半脱位。齿突高于正常位置,这与韧带断裂和颈段脊髓受到压迫相一致。寰椎弓和枢椎棘突之间的距离增大。此犬病史表现为间断性颈部疼痛和严重的 UMN 性四肢轻瘫。

◉ 治疗

对于寰枢椎脱位造成的急性重度四肢轻瘫的紧急治疗,应参照急性脊髓创伤的治疗方案(见图 67-4),包括药物和手术治疗。非手术治疗包括腹侧施力的颈部支架,支撑头颈部 4～8 周、笼养及镇痛治疗。对于 6 月龄以下的幼犬、仅出现轻度神经功能障碍、临床表现急性发作、发生寰枢关节骨折的小型犬,以及主人经济条件有限的情况,推荐药物治疗。虽然手术治疗效果更好,但围手术期的发病和致死率较高。推荐使用腹侧或背侧手术内固定,详细步骤见本章最后所列的推荐阅读。

◉ 预后

对于先天性寰枢椎不稳定且安全度过围手术期的患犬,预后良好。若患犬 2 岁前出现临床症状,临床症状持续时间不超过 10 个月,且手术复位良好者,其预后通常更好。

## 青年动物的非进行性疾病
(NONPROGRESSIVE DISORDERS IN YOUNG ANIMALS)

### 脊柱裂

脊柱裂(spina bifida)因胚胎期椎弓背侧的两半棘突不能融合所致。尽管脊柱裂可以发生在椎管的任何部位,但腰荐段和荐骨联合部最常见。这种畸形最常见于英国斗牛犬和曼岛猫。曼岛猫的脊柱裂为常染色体隐性遗传,并伴有尾发育不全。神经症状出生时即存在且不发展,包括后肢 LMN 性轻瘫、粪和尿失禁、会阴部感觉丧失和肛门括约肌张力降低。无有效治疗方法。

### 曼岛猫尾部发育不全

曼岛猫尾部发育不全(caudal agenesis of manx cats)为荐椎段脊髓和椎体先天畸形,常见于无尾曼岛猫。临床症状由后段脊柱和荐段脊髓的发育不全或畸形引起。通常于出生时即表现临床症状,包括后肢跳跃或屈膝步态、尿粪失禁和慢性便秘。

### 脊管闭合不全

脊管闭合不全(spinal dysraphism)是脊柱遗传性先天性畸形。由脊髓沿正中面发育异常引起。畸形包括中央管扩张或缺失、白质内形成空泡、腹侧灰质柱细胞横过中央管和腹侧正中沟之间的正中面。本病多见于魏玛猎犬,但也偶见于其他品种。

临床症状在出生时就有。患病犬对称性、后肢兔跳样步态、宽基步态和本体感受降低。膝反射正常。检查后肢屈肌反射时,刺激一侧后肢常引起两后肢同时出现屈曲。本病引起的临床症状为非进行性,轻度患犬可以过正常的生活。

### 脊髓空洞症/脊髓积水

随着先进的影像技术(即,CT 和 MRI)在诊断神经病方面的应用,对脊髓内液体囊性积聚引起相邻实质受到压迫的发现频率也越来越高。脊髓空洞症(syringomyelia)是因脊髓内出现了含 CSF 的空腔。CSF 在扩张的中央管内过度积聚可引起脊髓积水(hydromyelia)。这些疾病由椎管内 CSF 压力改变、脊髓实质缺失,或继发于因先天性畸形、炎症或肿瘤引起的 CSF 流动阻塞。犬脊髓空洞症相对常见的病因是头骨畸形[Chiari 样畸形(CM)]导致尾凹容量降低、小脑和脑干位移至枕骨大孔,使 CSF 流动阻塞。这种疾病对查理士王小猎犬(CKCS)具有遗传性。超过 95％的 CKCS 患有 CM,50％的患犬存在脊髓空洞症,35％受累 CKCS 表现临床症状。

受累 CKCS 患犬通常于幼龄或年轻时出现临床症状,大多数犬于 4 岁前出现症状。最常出现的表现是颈部持续性或间歇性疼痛。部分患犬会任意发声或反感触碰患侧的耳部、四肢、面部或颈部。其他患犬反复抓挠颈部或肩部,但通常并未真的接触到皮肤(假性抓挠,phantom scratching)。还可见到肌肉萎缩、患侧前肢 LMN 性虚弱、共济失调及后肢 UMN 性神经功能障碍。患犬若出现脊髓内 LMN 性损伤,则可因脊柱旁肌肉的不对称性去神经化,从而导致脊柱偏位,即脊柱侧凸。

MRI 是对本病最可靠的诊断手段,可出现因枕骨发育不全而形成一个小的尾侧孔,小脑拥挤、小脑蚓部和延髓压迫和/或疝出枕骨大孔(图 67-25)。对于脊髓空洞症患犬,可在其脊髓实质中发现充满液体的腔隙(脊髓空洞),空洞的最大直径与患犬的预后密切相关。

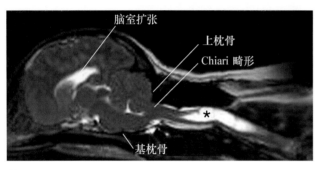

**图 67-25**
一只 **3** 岁的查理士王小猎犬出现 **Chiari** 样畸形及脊髓空洞症(星号),其脑部和前段颈椎磁共振的 **T2** 加权成像图(引自 **Bonagura J,Twedt D:Current veterinary therapy XIV, St Louis, Elsevier, 2009, p 1102**)。

本病的治疗目的是通过药物或手术缓解疼痛及其他神经症状。推荐的镇痛药包括 NSAIDs、曲马多或加巴喷丁。另外,抑制 CSF 产生的药物(奥美拉唑、乙酰唑胺、泼尼松)也可改善临床症状。通过枕骨颅骨切除对尾侧孔实施减压,从而重建 CSF 流出道可能有效。

◉推荐阅读

Bagley RS: Spinal fracture or luxation, *Vet Clin North Am Small Anim Pract* 30:133, 2000.
Bagley RS et al: Exogenous spinal trauma: surgical therapy and aftercare, *Compend Contin Educ Small Anim Pract Vet* 22:218, 2000.
Beaver DP et al: Risk factors affecting the outcome of surgery for atlantoaxial subluxation in dogs: 46 cases (1978-1998), *J Am Vet Med Assoc* 216:1104, 2000.
Brisson BA: Intervertebral disc disease in dogs, *Vet Clin North Am Small Anim Pract* 40:829, 2010.
Burkert BA et al: Signalment and clinical features of discospondylitis in dogs: 513 cases (1980-2001), *J Am Vet Med Assoc* 227:268, 2005.
Bush WW et al: Functional outcome following hemilaminectomy without methylprednisolone sodium succinate for acute thoracolumbar disk disease in 51 non-ambulatory dogs, *J Vet Emerg Crit Care* 17:72, 2007.
Coates JR: Paraparesis. In Platt SR, Olby NJ, editors: *BSAVA manual of canine and feline neurology*, Gloucester, 2004, BSAVA.
Coates JR, Wininger FA: Canine degenerative myelopathy, *Vet Clin North Am Small Anim Pract* 40:929, 2010.
Da Costa RC: Cervical spondylomyelopathy (Wobbler syndrome) in dogs, *Vet Clin North Am Small Anim Pract* 40:881, 2010.
De Risio L, Platt SR: Fibrocartilaginous embolic myelopathy in small animals, *Vet Clin North Am Small Anim Pract* 40:859, 2010.
Dickinson PJ et al: Extradural spinal synovial cysts in nine dogs, *J Small Anim Pract* 42:502, 2001.
Havig ME et al: Evaluation of nonsurgical treatment of atlantoaxial subluxation in dogs: 19 cases (1999-2001), *J Am Vet Med Assoc* 227:256, 2005.
Meij BP, Bergknut N: Degenerative lumbosacral stenosis in dogs, *Vet Clin North Am Small Anim Pract* 40:983, 2010.
Olby NJ: Tetraparesis. In Platt SR, Olby NJ, editors: *BSAVA manual of canine and feline neurology*, Gloucester, 2004, BSAVA.
Sharp JH, Wheeler SJ: *Small animal spinal disorders*, St Louis, 2005, Elsevier.
Wolfe KC, Poma R: Syringomyelia in the Cavalier King Charles Spaniel (CKCS) dog, *Can Vet J* 51:95, 2010.

# 第 68 章
## CHAPTER 68

# 外周神经和神经肌肉接头疾病
## Disorders of Peripheral Nerves and the
## Neuromuscular Junction

## 概述
## (GENERAL CONSIDERATIONS)

临床上重要的外周神经是四肢的脊神经和 12 对脑神经,由颈膨大和腰膨大发出。脊神经和外周神经损伤通常会造成四肢下运动神经元(lower motor neuron,LMN)运动信号减弱,肌张力减弱以及反射减弱。当外周感受器受到影响时,此神经支配的皮肤感觉同样会减弱或发生改变。

在神经肌肉接头(neuromuscular junction,NMJ)处神经冲动到达神经末梢引起乙酰胆碱(acetylcholine,ACh)释放到突触间隙。ACh 与突出后膜(肌膜)上的乙酰胆碱受体结合,引发构象变化和粒子流,使肌肉发生收缩。神经肌肉接头处的突触前膜异常会影响 ACh 从神经末梢释放从而导致与外周神经疾病作用相似的下运动神经信号减弱和反射减弱。重症肌无力是突触后的异常,会导致部分神经肌肉传导障碍,从而使反射比正常减弱,与第 69 章讨论的肌肉异常相似。

## 局灶性神经病变
## (FOCAL NEUROPATHIES)

### 外伤性神经病
### (TRAUMATIC NEUROPATHIES)

外伤性神经病非常常见。外伤性神经病可由机械压迫、骨折、拉伤、撕裂或者直接注射至神经或其周围所致。通常很容易基于病史和临床检查做出诊断。单个或相邻的神经可能受到损伤。外伤性桡神经麻痹,

臂神经丛完全撕裂和坐骨神经损伤在犬猫非常常见(表 68-1;图 68-1)。

如果有条件采用电生理诊断,可对神经损伤进行评估。肌肉失去神经支配 5~7 d 后,肌电检查去神经支配肌肉的动作电位(即,增加刺入活动和自主动作电位)见表 68-1。对病变部位近端和远端的研究有助于评价神经元的完整性。

当动物外周神经受到损伤时,仔细定位和评估皮肤感觉和运动功能可以确定损伤的精确部位,连续监测可用于评估损伤的发展(图 68-2)。神经的再生能力取决于受损处神经周围结缔组织完整性。如果正常的结缔组织架构完整,轴突重建速度可以达到 1~4mm/d。部分神经末梢可能如外科手术般的进入同一部位,并发生吻合以增加再生能力。神经受到损伤的部位越靠近肌肉越容易恢复。

物理治疗如游泳、四肢推拿、热疗、按摩有助于减缓肌肉萎缩和肌腱挛缩,并加速部分损伤动物的功能恢复。损伤后 2~3 周,由于感觉神经重建会引起感觉异常,并持续 7~10 d,并诱发自残问题。1 个月后运动功能无法恢复时,应考虑截肢或者关节融合术保留患肢。

### 外周神经鞘肿瘤
### (PERIPHERAL NERVE SHEATH TUMORS)

神经鞘组织肿瘤源于外周神经或神经根处轴突周围的细胞。这些肿瘤中的大部分具有很强的分裂能力和侵袭性,因此无论其源于何种组织,这些肿瘤均被分类为恶性外周神经鞘瘤(peripheral nerve sheath tumors,PNSTs)。当这些肿瘤侵袭臂神经丛时,通常会导致跛行和神经病。犬、猫淋巴瘤也有可能会侵袭外周神经核神经根(图 68-3)。

**表 68-1　创伤性神经病**

| 外周神经损伤 | 运动障碍 | 皮肤感觉丧失范围 | 受影响的肌肉 |
|---|---|---|---|
| **臂丛神经损伤** | | | |
| 外周桡神经损伤(肘关节) | 腕部和指部松弛;可能以掌背或指部行走或拖行 | 前臂背外侧 | 桡侧腕伸肌、尺侧外侧伸肌 |
| **臂丛撕脱伤(近端损伤)** | | | |
| 肩胛上神经([C5]、C6、C7) | 肩部外展能力消失,肩胛部肌肉萎缩 | 无 | 冈上肌、冈下肌 |
| 腋神经([C6]、C7、C8) | 肩关节屈曲减弱,三角肌萎缩 | 臂部及肩胛部周围 | 三角肌、大圆肌,小圆肌,肩胛下肌 |
| 肌皮神经(C6、C7、C8) | 肘关节屈曲减弱 | 前臂内侧 | 肱二头肌、臂肌、喙臂肌 |
| 桡神经(C7、C8、T1、[T2]) | 肘、腕、指部不能伸展无法支持体重 | 前臂背外侧及指部 | 臂三头肌、腕桡侧伸肌、腕尺侧伸肌,指总伸肌 |
| 正中神经(C8、T1、[T2]) | 腕关节及指关节屈曲减弱 | 无 | 腕桡侧腕屈肌、指深屈肌 |
| 尺神经(C8、T1、[T2]) | 指关节及腕关节屈曲减弱 | 肘部至前臂远端掌侧,第五指 | 腕尺侧屈肌,指深屈肌 |
| **腰荐神经丛损伤** | | | |
| 股神经损伤 L4、L5、L6 | 膝关节无法伸展,股四头肌萎缩,髌骨反射消失,无法支持体重 | 后肢中部(趾部至股部间) | 髂腰肌,股四头肌,缝匠肌 |
| 闭孔神经([L4]、L5、L6) | 髋关节外展 | 无 | 闭孔外肌、耻骨肌 |
| 坐骨神经麻痹(L6、L7、S1、[S2]) | 臀部屈曲运动减弱;膝关节屈曲消失;跗关节屈曲运动消失;无法承受体重;退缩反射消失;半腱肌和半膜肌和胫骨前肌萎缩。 | 除中部外的所有区域都会受到影响 | 臀股二头肌、半膜肌、半腱肌 |
| 胫骨支(L7、S1、[S2]) | 跗关节下坠 | 跗部至膝关节后方 | 腓肠肌、腘肌、指屈肌 |
| 腓支(L6、L7、S1、S2) | 趾关节站立 | 后肢前外侧(至膝关节后方) | 腓骨长肌,趾长伸肌,胫骨前肌 |
| 臀前、后分支(L7、S1、S2) | 臀部屈曲减弱;负重时无法旋动 | 无 | 臀浅、中、深肌,扩筋膜张肌 |

[　]为可变项。

◆**临床特征**

临床症状取决于肿瘤位置和受影响的神经。三叉神经鞘肿瘤引起同侧的颞肌、咬肌萎缩。犬恶性PNSTs 最常影响的是颈末(C6—C8)或胸前段(T1—T2)臂丛的神经根,进而导致跛行、肌肉萎缩、疼痛。犬控制患侧肩部时可能有疼痛表现,休息时患肢肌肉痉挛可能会减轻(神经根症状)。这些肿瘤病很难与肌肉骨骼损伤或椎间盘疾病压迫神经根引起的跛行进行区分。随着肿瘤的发展,外周神经被破坏会导致肌肉萎缩、无力、反射减弱。肿瘤影响 T1—T3 神经根时通常会阻断同侧交感神经通路,从而表现出 Horner(霍纳氏)综合征。同样,如果 C8—T1 腹侧神经根受损则会引起同侧皮肤躯干反射缺失。在肿瘤侵袭的过程中,源于脊髓在椎管内扩大的肿瘤以及起源于臂丛近端并延伸到附近椎管内的肿瘤往往会引起同侧上运动神经元(UMN)功能障碍,但可能直到肿瘤已经显著侵袭脊髓时才会引起明显的临床症状。

◆**诊断**

如果怀疑肿瘤侵袭到脊神经根则 X 线片具有提示意义。神经鞘瘤很少影响骨骼,但穿过椎间孔的肿瘤可能因骨骼压力性坏死导致椎间孔扩大。脊髓造影可以确定是否存在压迫。测定肌电图和神经传导速度可确定周围神经病变及其部位。全身麻醉时深部触诊结合超声检查腋下可能会查出肿物。高级影像诊断(例如 CT 和 MRI)能够增强对比度(图 68-4),是诊断肿瘤及确定肿瘤是否侵入椎管的最好方法。

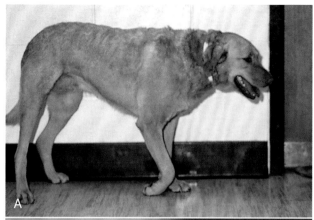

图 68-1

A,切萨皮克湾猎犬臂丛撕裂损伤。B,同一只犬霍纳氏综合征。

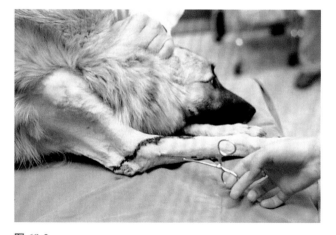

图 68-2

在定位病变和监测改善时,测定感觉缺失区域很重要。此犬发生臂神经丛撕裂,因此在前肢远端至肘部浅表感觉缺失。

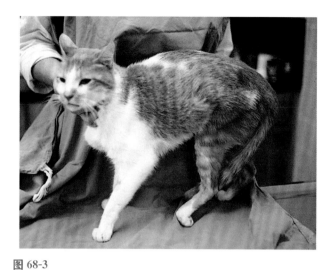

图 68-3

一只患有淋巴瘤的猫影响 L6—S1 神经根出现典型的肌肉萎缩和感觉丧失。

◉治疗

　　PNST 选择尽早外科切除进行治疗,大范围切除肿瘤可以有效治愈本病。肿瘤侵袭广泛,损伤多个脊神经和神经根,或造成肌肉严重萎缩通常要对患肢进行截肢。神经根肿瘤通常会导致多神经根进行性压迫,很难完全切除,通常预后不良。术后放疗能够一定程度上减缓肿瘤复发。

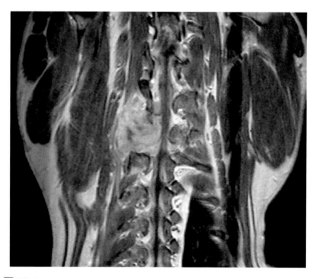

图 68-4

患有神经根瘤动物的 **MRI**,肿瘤导致跛行同时右前肢肿瘤侵袭造成 **LMN** 麻痹。

## 面神经麻痹
### (FACIAL NERVE PARALYSIS)

　　犬猫的面神经(CN7)麻痹最近才被认知。患有急性面神经麻痹的犬猫中,75％的犬和 25％的猫病例没有神经学或生理学异常,且无法找到根本病因,则提示特发性面神经麻痹。确诊需要与面神经损伤与中耳/内耳继发的炎症、感染或者良性的鼻咽部息肉进行鉴别诊断。面神经外伤不太可能没有明显的伤痕。犬甲状腺功能减退偶尔会引起单侧的面神经疾病,但是原因不明。

◖临床特征

面神经麻痹的临床表现包括影响眼睑闭合、嘴唇运动或者耳部运动。受影响的动物无法自主眨眼或者无法对视觉或眼睑刺激做出反应。由于无法通过眨眼,而且缺少面神经(副交感神经)支配刺激泪液分泌,可能会引起角膜溃疡(神经营养性角膜炎)。同侧耳部及唇部下垂是肌张力减弱所致(图 68-5)。罕见情况下疼痛综合征伴发同侧肌肉痉挛和眨眼减弱,这可能是由于面神经侵袭所致。这与非疼痛性肌肉萎缩和痉挛不同,它们常见于持久性面神经麻痹(图 68-6)。很多由于中耳/内耳疾病引起的面神经麻痹的犬猫会引起外周前庭症状或/和霍纳氏综合征,因为这些神经位于中耳和内耳区附近。

◖诊断

只有当排除其他原因后才能确诊为特发性面神经麻痹。应该进行完整的神经学检查,以排除没有其他头部神经损伤、共济失调或立体感受异常所提示的脑干受损。临床病理学检查(例如 CBC、血清生化、尿液分析)以鉴别系统性或代谢性疾病。怀疑甲状腺功能减退时检测甲状腺功能(见第 51 章)。

应该对所有的患有面神经麻痹的犬猫进行评估是否患有内耳或中耳疾病。即使是常见的麻痹(麻木),用检耳镜仔细检查也非常重要。多数患有中耳炎或内耳炎的动物患有显著地外耳炎、鼓膜破裂或异常,但也偶见耳镜检查正常的情况。如果高度怀疑内耳或中耳疾病,通常建议进行麻醉,并进行放射影像或 CT 检查和鼓膜切开术,收集中耳样本(图 68-7)。

◖治疗

药物治疗细菌性中耳/内耳炎已在第 65 章讨论过。特发性面神经麻痹没有治疗手段。如果出现干性角膜炎,眼部需要进行药物治疗。麻痹可能为永久性或者在 2～6 周内自然恢复。

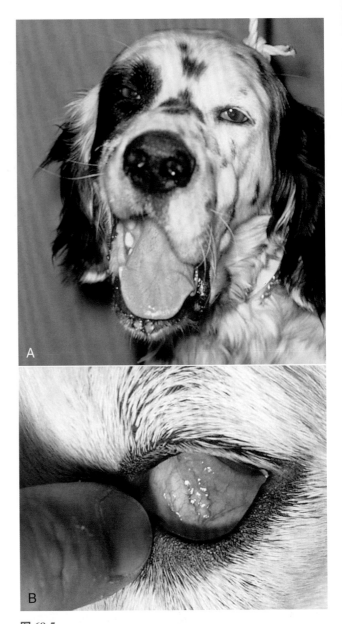

**图 68-5**
4 岁英国雪达犬特发性面神经麻痹。注意嘴唇和耳朵下垂。**A**,不能眨眼。**B**,未治疗,14 d 后麻痹消失。

## 三叉神经麻痹
**(TRIGEMINAL NERVE PARALYSIS)**

三叉神经所致的双侧运动麻痹导致突发性下颌咬合异常或无法咬合。口腔保持开张状态,但可无阻力地被生理性闭合(图 68-8)。吞咽正常。可能会发生咀嚼肌迅速萎缩,并且有 8％的犬并发霍纳氏综合征或面部轻度瘫痪。感觉缺失(三叉神经分布区域)是可变的,大约有 30％的犬会发生感觉缺失,但是如果发生角膜表面感觉低下,则可能会反射性地使泪液产生减少,使得角膜营养不足,导致没有明显不适的角膜溃疡

**图 68-6**
特发性左侧面神经麻痹发病 2 个月，左侧面部肌肉发生挛缩。注意左侧耳直立和鼻子向左侧移位。

（神经营养性角膜炎）。

　　特发性三叉神经麻痹常见于中老年犬，但罕见于猫。根据临床症状并排除其他诱因可做出诊断。如果没有其他临床症状，狂犬病和其他传染性中枢神经系统疾病不太可能，但是曾经有相似症状的犬，被诊断出犬新孢子虫感染和严重的先天多发性神经炎。肿瘤和外伤性疾病通常不是双侧的，尽管有报道在犬和一定数量的猫患有双侧运动三叉神经浸润，这些动物同时患有单发或多发淋巴瘤或患有髓性单核细胞性贫血。

　　特发性疾病的病因学不明。如果实施神经组织活检，会显示出双侧第 5 脑神经运动支神经脱髓鞘以及非化脓性神经炎。治疗时采用支持疗法。通过采用较深的容器（例如桶）给患犬喂水，大多数犬可以自主饮水并保证充分的水合。患犬需要用手给予食物。恢复过程中采用绷带悬吊使口腔部分闭合可促进采食和饮水（图 68-9）。具有润滑作用的眼膏有助于预防角膜溃疡。如果恢复得很好，大多数动物 2～4 周后可以痊愈。本病容易复发。

## 高乳糜血症
(HYPERCHYLOMICRONEMIA)

　　外周神经炎可发生于各年龄段的猫，这些猫编码脂蛋白酯酶的基因发生了突变。受影响的猫外周循环

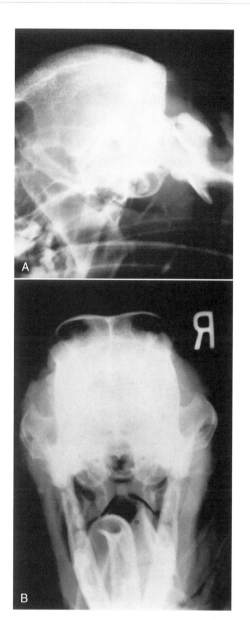

**图 68-7**
4 岁可卡犬的头部 X 线片，双侧中耳炎造成双侧面神经麻痹。双侧鼓室不透明，左侧鼓泡由于不规则和欠清晰的新骨形成而增厚。

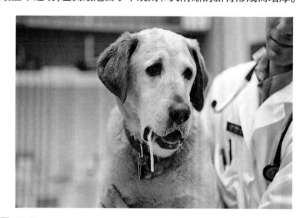

**图 68-8**
9 岁拉布拉多猎犬发生特发性三叉神经运动支麻痹，引起下颌下垂和过度流涎。未经治疗，14 d 后麻痹消失。

内乳糜微粒清除受阻,导致皮肤或其他组织内形成脂质肉芽肿(黄色瘤)。这些黄色瘤可能会将神经挤压在骨骼上,引起神经病变。霍纳氏综合征,胫、桡神经麻痹很常见,但也有报道引起面神经、三叉神经和返神经麻痹。临床病理检测显示禁食伴有高乳糜血,其血液外观类似浮着奶油的番茄汤。黄色瘤组织活检或脂蛋白酯酶浓度检测可以确诊。通过给受影响的猫饲喂低脂肪高纤维的食物可以控制高乳糜血症所致的神经症状。

# 缺血性神经肌病
## (ISCHEMIC NEUROMYOPATHY)

尾动脉血栓引起缺血损伤所致麻痹可进一步影响肌肉和外周神经。缺血由位于大动脉分支处血凝块内血小板释放血栓素 A2 和五羟色胺导致分布于四肢的侧支循环血管收缩所致。尾动脉栓塞常见于猫而罕见与犬。LMN 急性发作会引起下肢轻度瘫痪或麻痹。股动脉搏动减弱或缺失。四肢和足部冰冷,足垫和甲床苍白或发绀(图 68-10)。受影响的患肢指甲修剪过短时不会

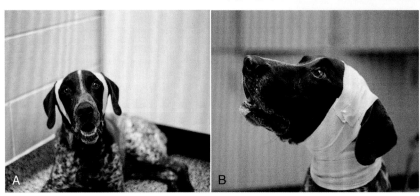

图 68-9

采用绷带支撑下颌并保持口腔半闭可以帮助患有先天性三叉神经麻痹的犬进食。

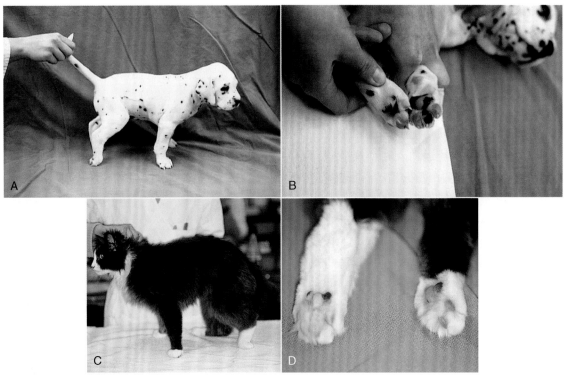

图 68-10

A,6 周龄大麦町幼犬后肢急性多发性下运动神经麻痹。患肢冰冷,股动脉搏动无法触及。B,前脚的足垫温暖呈粉红色,然而后脚却冰冷苍白。B 超显示尾动脉血栓。C,9 岁猫髂动脉血栓造成的左后肢急性 LMN 麻痹。D,左后肢冰冷,股动脉脉搏微弱,足垫冰冷。

出血。受影响的肌肉肿胀疼痛。尽管偶尔仍然具有膝反射，但 LMN 麻痹与后肢反射消失通常同时出现。数小时内，由于缺血导致的肌肉挛缩会导致整个患肢发生僵硬。猫常见的是心肌病所致，然而犬其他由凝血过快导致的异常更为常见（见第 12 章）。犬应与肾病综合征、肾上腺皮质功能亢进、心丝虫、心内膜炎和肿瘤病进行区分。猫动脉血栓的诊断和治疗已在第 12 章讨论过。

# 多发性神经病
## （POLYNEUROPATHIES）

### 先天或遗传性多神经病
### （CONGENITAL/INHERITED POLYNEUROPATHIES）

　　有些品种相关的退行性神经病会发生。这些疾病通常发生青年动物（6 周至 6 月龄），并可能是遗传所致。有些品种，直到 1～4 岁甚至更大年纪才会有临床症状出现。大多数神经病变导致广泛的进行性 LMN 功能障碍，表现为四肢无力，趾行姿势、肌肉萎缩和反射减弱。一些品种特有的疾病最初显著影响后肢，有些影响前肢。病理学病变因不同的疾病而异，但很可能影响任何 LMN 部分，包括脊髓腹角、脊髓腹侧根或外周神经在内的运动神经。在罗威纳犬、大麦町犬、阿拉斯加犬、大白熊犬（比利牛斯山犬）、兰波格犬和一些布列塔尼猎犬、英国牧牛犬、德国牧羊犬、大丹犬常发生遗传多神经炎并发喉部功能减退和/或食道扩张。西伯利亚犬、阿拉斯加犬、哈士奇犬、斗牛犬、罗威纳犬、白色德国牧羊犬和弗兰德牧羊犬可能发生喉麻痹的同时不出现临床可见的四肢虚弱，这是因为脑干和外周神经的神经元退化所致。某些遗传性多神经炎和贮积病导致 CNS 症状，与散发的 LMN 麻痹相同。家族性感觉或感觉/运动神经炎十分罕见，导致感觉或伤害感觉减弱或改变以及自残（长毛腊肠犬、金毛巡回犬、拳师犬）。这些疾病非常罕见，可以通过在线和扩充阅读获得详细信息。通过鉴别特殊品种、发病年龄并排除其他疾病进行确诊。确诊需要神经电生理评估和神经活检。

### 获得性慢性多发性神经病
### （ACQUIRED CHRONIC POLYNEUROPATHIES）

　　多发性神经病不仅影响一组外周神经，可导致常见的 LMN 症状包括肌肉虚弱、迟缓或麻痹，显著的肌肉萎缩，肌张力下降以及反射减弱或消失。除非神经感受器受到严重影响，通常动物本体感受正常。可采用肌电描记证实神经支配丢失和传导速度降低。肌组织活检显示神经萎缩，神经活检显示脱髓鞘所致神经轴索病变。因此，在确诊和实施治疗（框 68-1）前应进行系统的病因学检查。对一些遗传多发性神经病进行活检时，会发现典型的变化。

框 68-1　外周神经和神经肌肉接头的一般性疾病

**慢性下运动神经元麻痹**
品种相关的退行性病变
代谢紊乱
　　糖尿病
　　甲状腺功能减退症
副肿瘤性疾病
　　胰岛素瘤
　　其他肿瘤
免疫介导的多发性神经炎
　　原发性免疫
　　系统性红斑狼疮
慢性炎症性脱髓鞘性多发性神经病
慢性特发性多发性神经病
迟发性有机磷中毒

**急性下运动神经元轻瘫/麻痹**
急性多发性神经根神经炎（犬猎浣熊犬瘫痪）
新孢子虫多发性神经根神经炎
蜱叮咬麻痹*
肉毒中毒*

**阵发性无力，神经系统检查正常**
重症肌无力*

\* 神经肌肉接头疾病。

### 糖尿病所致多发性神经病

　　犬的糖尿病性多发性神经病（diabetic polyneuropathy）的临床症状很少见或不显著，本病在猫的临床症状显著。后肢虚弱勉强可以跳跃、跖行姿势、尾部虚弱是其典型特征（图 68-11）。体格检查可能会发现明显的肌肉萎缩、后肢反射减弱，特别是回缩反射检查时未见跗关节屈曲。随着时间的推移，前肢也会受到影响。受到严重影响的犬可能也会出现本体感觉减弱，提示运动与感觉混合性神经病，本病曾有并发喉麻痹的报道。糖尿病饮食控制失败和典型神经症学检查结果可诊断本病。确诊则需要神经电生理检测和外周神经活检，但上述检测很少实施（详见第 52 章）。如果糖尿病性神经病发现较早，可以通过建立更好的控糖计划，控制并减轻大部分犬和少数猫的神经症状。

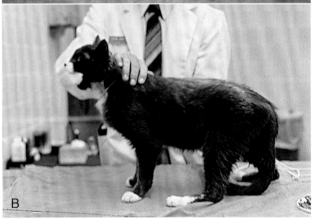

**图 68-11**

糖尿病引起的多发性神经炎导致的(A)一只 11 的岁猫和(B)一只 6 岁的猫出现跖行姿势。

### 甲状腺功能减退所致多发性神经病

现已证实甲状腺功能减退可引起多种外周神经异常(hypothyroid polyneuropathy),这些异常包括犬弥散型 LMN 麻痹,单侧前庭神经疾病,面神经麻痹,喉麻痹和食道扩张。甲状腺功能减退和神经病之间的关系尚不清楚。对患犬进行神经和肌肉活检会发现神经退化和再生,并伴有相应肌束群去神经支配。在部分患有甲状腺功能减退的犬,给予甲状腺素可以缓解神经症状(图 68-12)(详见第 51 章)。

### 胰岛素瘤所致多发性神经病

分泌胰岛素的肿瘤多会引发犬副肿瘤性多发性神经病。患犬最初表现后肢步态僵硬,但很快发展为虚弱、肌肉萎缩和坐骨神经反射减弱。通过对胰岛素肿瘤的治疗大都能够解决胰岛素瘤所致多发性神经病(insulinoma polyneuropathy)(详见第 52 章)。

### 副肿瘤性多发性神经病

虽然对犬猫副肿瘤性多发性神经病(paraneoplas-tic polyneuropathy)的认知很少,但是对于多数患有癌症的犬,其多发性神经病的组织学损伤非常明显。副肿瘤性多发性神经病导致的 LMN 麻痹曾见于患有支气管癌症、血管内皮细胞瘤、乳腺肿瘤、胰腺肿瘤、前列腺肿瘤、淋巴肿瘤和多发性骨髓瘤的犬。应对患有慢性进行性 LMN 动物进行完整的系统评估和癌症研究(包括体查、胸腹腔影像检查、腹腔 B 超、淋巴结活检)。在部分病例,通过对侵袭性肿瘤的治疗或切除可以解决多发性神经病的临床症状。

**图 68-12**

一只患严重甲状腺功能减退性神经病的 6 岁纽芬兰犬出现跖行姿势和无力步态。在补充甲状腺素治疗的 12 个月内,犬减重 60 lb(磅),所有的神经症状和无力消失。

### 慢性炎症性脱髓鞘性多发性神经病

大多数患有慢性炎性脱髓鞘性多发性神经病(chronic inflammatory demyelinating polyneuropathy,CIDP)的成年犬会发生慢性进行性四肢无力,但偶尔这些症状也会在 1～2 周内快速出现。运动不耐受是其最初表现,进而发展为肌肉萎缩、反射减弱和四肢轻度瘫痪。一些病例并发喉部和面部麻痹或轻度瘫痪。当临床表现指向多发性神经病时,需排除内分泌和副肿瘤疾病,并试图寻找如系统性红斑狼疮(图 68-13)的多系统免疫介导疾病所导致的其他系统损伤。CIDP 在很大程度上依赖鉴别诊断,如果电生理诊断和神经活检发现多发性脱髓鞘和单核细胞浸润时,则可以确诊。因采用泼尼松和咪唑嘌呤进行免疫抑制剂治疗。短时间内临床预期和治疗效果可能会较好,但随着时间推移,特发性炎症具有复发加重的倾向。

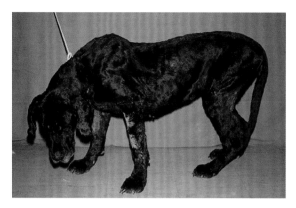

**图 68-13**
4 岁大丹犬系统性红斑狼疮引起多神经炎导致严重虚弱,反射减弱,肌肉萎缩。此犬同时患有皮炎、多发性关节炎、肾小球性肾炎,抗核抗体检测阳性。尸体剖检确诊为多神经炎。

### 慢性特发性多发性神经病

患慢性特发性多发性神经病(chronic idiopathic polyneuropathy)的诱因不明。采用针对免疫介导性疾病的治疗方法对本病无效。亚临床特发性多发性神经病多见于大型老年犬,常表现喉麻痹和喘鸣。由于喉返神经较长,在多发性神经病缓慢病程中,喉部虚弱倾向最早出现。一段时间后部分患病犬会出现多发性神经病其他临床症状,包括后肢麻痹、四肢瘫痪、坐骨神经反射减弱、本体感受减弱、吞咽困难和食道扩张。

### 慢性获得性感觉神经节神经炎

影响犬脊髓背侧根神经节和背侧根神经以及脑神经感觉根神经节的特发性炎性神经病很罕见。表现反映在感觉功能障碍的症状包括共济失调、姿势反应减弱、脊髓反射减弱至消失、运动范围过度、面部感觉减弱、吞咽困难、食道扩张、头倾斜、霍纳氏综合征和偶发的自残。受影响犬只可能突然发病,病程持续数月呈进行性病程。[慢性获得性感觉神经节神经炎(chronic acquired sensory ganglioneuritis)]哈士奇易发。抗炎和免疫抑制疗法无效。

### 迟发型有机磷中毒

一些毒素(例如:有机磷酸酯、重金属、工业化学材料)能导致外周神经损伤。有机磷酸酯尤其容易引起迟发神经毒性迟发型有机磷中毒[即迟发型有机磷中毒(delayed organophosphate intoxication)],这可能是因为有机磷酸酯抑制了神经酯酶,此酶是神经内营养运输所必需的。暴露于毒物下很可能出现单一且严重的急性毒性症状,或者慢性长期反复接触数周至数月

则不会出现急性症状。暴露后 1~6 周内出现神经病变并逐渐发展。中毒动物出现 LMN 虚弱但并没有典型有机磷酸酯中毒症状,例如:流涎、呕吐、腹泻、瞳孔缩小。慢性中毒动物的毛发、血液、脂肪或肝脏样本内可能含有毒物。血浆乙酰胆碱酯酶活性通常很低。神经组织活检结果可能会显示神经毒性结果。如果移除毒物并隔离防止暴露,动物会在 3~12 周左右自然恢复。

## 获得性急性多发性神经病
(ACQUIRED ACUTE POLYNEUROPATHIES)

### 急性多发性神经根炎

犬急性多发性神经根炎(acute canine polyradiculoneuritis,ACP)是唯一常见的犬急性多神经根炎症。这一紊乱的临床经过和组织学变化与人所患格林-巴黎综合征(Guillian Barré syndrome,GBS)非常相似,GBS 被认为是抗原暴露诱发的自身免疫性神经炎。ACP 和 GBS 的相似之处提示研究人员寻找抗原、感染进程或触发免疫系统的因素。ACP 患犬出现广泛的神经脱髓鞘、炎性细胞浸润和外周神经的脊髓腹根损伤。

ACP 俗称猎浣熊犬麻痹,源于早期病例是由于猎犬被浣熊咬伤 7~14 d 出现临床症状。并非所有犬只受浣熊唾液注入影响而发病,但大约 50% 患有 ACP 的北美犬只有浣熊接触记录,血清内浣熊唾液抗体可以予以确诊(图 68-14)。

很多未与浣熊接触的犬也会发生 ACP。免疫系统疾病或疫苗接种、空肠弯曲杆菌感染和弓形虫感染都可能是潜在的抗原,但是大多数病例未见可证实的因果关系。

◆临床特征

位于腹侧神经根水平的轴突和髓鞘的感染会引起急性 LMN 麻痹或轻度瘫痪。患犬后肢僵硬、步幅减小,并在几天内迅速发展成为轻度瘫痪,大多数患犬经过 5~10 d 病程即可见四肢麻痹甚至瘫痪。神经学检查显示明显肌张力下降、速发型肌肉萎缩和反射减弱甚至消失。部分患犬感觉过敏,对如肌肉触诊和捏脚趾中度刺激反应过度。这一感觉过敏症状是多发性神经根神经炎的特征,可用于同 NMJ 蜱叮咬麻痹和肉毒梭菌中毒进行鉴别诊断,以区分速发型 LMN 所致的犬四肢瘫痪。尽管发生了严重的麻痹和瘫痪,但 ACP 患犬仍然保持清醒和警觉,主动饲喂仍可进食和饮水,

且精力旺盛地摇动尾巴。膀胱和直肠功能正常。一般来说,脑神经不会受到影响,仍然正常咀嚼和吞咽,瞳孔也保持正常。很少一部分非常严重的患犬会并发双侧面神经麻痹。部分患犬需进行人工呼吸以防呼吸麻痹导致死亡。

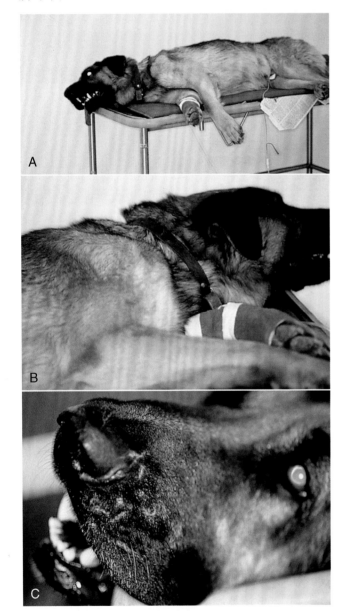

**图 68-14**
一只 **4** 岁德国牧羊犬:**A**,迅速进行性上行性 **LMN** 瘫痪;**B**,严重四肢肌肉萎缩;**C**,面部浣熊咬伤的部位愈合。此犬被暂时诊断为急性多发性神经根性神经炎。采取维持治疗,3 个月后恢复正常。

◈诊断

　　基于临床神经病症状即可以怀疑 ACP。最重要和需要质疑的鉴别诊断是根据临床症状和电生理诊断

(表 68-2)。与 NMJ 紊乱导致的 LMN 瘫痪(例如蜱叮咬麻痹,肉毒素中毒,急性重症肌无力)进行区分。应询问动物主人所有可能的异常事件或观察 7～14 d。脑神经和食道功能正常以及感觉过敏更有可能是ACP。当麻痹超过 6 d 以上时肌肉萎缩严重,肌电描记显示广泛的去神经支配(自主运动),这一结果与NMJ 不符。可通过神经活检确诊本病,但并非必须。

◈治疗

　　目前尚没有治疗 ACP 的有效方法。在发病早期,必须监护犬的呼吸状况,典型症状于 5～10 d 出现,此后患病动物大都可以在家采用支持疗法。动物需要采用坐姿进食和饮水。如果可能,将患病动物置于气垫、水床、沙发或铺满稻草的床上,定期翻身以预防肺不张和褥疮。糖皮质激素治疗无效,但静脉注射人免疫球蛋白(IVIG, 0.5 g/kg 缓慢静注 4 次 q 24 h)[免疫球蛋白冻干粉(Berhring)]可能有助于康复。

◈预后

　　预后良好。多数犬在发病一周后开始恢复,3～4周后痊愈。部分患犬可能需 4～6 个月才能恢复,部分犬只无法完全康复。患病猫完全康复的希望渺茫。痊愈的动物如果再次接触抗原有复发可能。

### 新孢子虫性多发性神经炎

　　幼犬和成年犬感染新孢子虫可引起许多临床症状,这些症状与神经系统受感染部位有关。与 ACP 相似的速发型 LMN 麻痹和瘫痪非常罕见,仅有 1 只成年犬和极少数幼犬的报道。确诊基于血清抗犬新孢子虫抗体检测阳性,肌肉或神经组织免疫组织化学检测,和克林霉素治疗反应(见表 66-1)。多数幼犬经胎盘感染新孢子虫在 6 周至 6 月龄开始表现腹侧根和外周神经感染的后肢症状,例如与前肢相比,后肢进行性无力、肌肉萎缩和反射减弱。几周后这些 LMN 症状对下肢的影响加重,表现为下肢僵硬的伸肌发生萎缩和纤维化(见新孢子虫性多发性神经炎(neospora polyradiculoneuritis)的讨论在第 66 章,并见图 66-4 和图 66-5)。

# 神经肌肉接头疾病
# (DISORDERS OF THE NEUROMUSCULAR JUNCTION)

　　突触异常阻止了 Ach 释放到 NMJ 导致 LMN 麻

痹、瘫痪或反射消失的快速发生。需谨慎评估临床线索及诊断，以鉴别这类神经传递疾病（蜱叮咬麻痹或毒物肿物）与更常见的急性外周神经异常ACP、蜱叮咬麻痹。

## 蜱叮咬麻痹
## (TICK PARALYSIS)

特定品种的蜱叮咬会导致犬无力和速发型运动麻痹。大多数来自北美的报告病例与安氏革蜱、变异革蜱、美洲花蜱有关。雌蜱吸血时分泌神经毒素阻止Ach在NMJ的释放。临床症状于蜱咬后4～9 d发生。

### 临床特征

蜱叮咬麻痹的犬后肢虚弱进程迅速最终倒地躺卧，通常在发病24～72 h发生完全的LMN麻痹。但是肌肉萎缩并不显著。疼痛感觉正常，但无感觉过敏。在大多数病例脑神经不会受到显著影响但是能见到面神经虚弱、声音改变、吞咽困难、咀嚼障碍的症状。如果不经治疗通常1～5 d由于呼吸麻痹导致死亡。

### 诊断

蜱叮咬麻痹很容易与其他类型的急性瘫痪相混淆，例如，急性多发性神经炎，肉毒中毒和急性重症肌无力（见表68-2）。可根据病史、临床症状和地域怀疑为蜱叮咬麻痹。有时动物身上可以找到蜱，并通过蜱移除后的快速恢复过程予以确诊。电生理描记未见自发肌肉运动，因为肌肉未处于ACP时的去神经支配状态。肌肉动作电位减弱，只对最大刺激产生反应，并出现预期的神经肌肉传导缺陷。

### 治疗

杀虫或去除蜱后24～72 h即可恢复。诊断恰当时完全康复的预期较大。

**表68-2　犬急性下运动神经元疾病鉴别诊断**

| 疾病 | 虚弱 | 肌张力 | 脊髓反射 | 肌肉脑萎缩 | 脑神经 | 感觉 | 脑脊液 | 肌电图 |
|---|---|---|---|---|---|---|---|---|
| 急性多发性神经根神经炎（犬猎浣熊犬瘫痪） | 全身无力，常在5～10 d时发展至瘫痪 | 降低 | 减少或消失 | 迅速而严重 | 声音嘶哑、能正常进食和饮水 | 面瘫，感觉过敏较少见 | 正常或蛋白质增加 | 4～5 d后去神经支配 |
| 蜱叮咬麻痹<br>地域性暴露风险<br>去除蜱后快速恢复 | 全身无力、发展迅速 | 降低 | 减少或消失 | 无 | 声音嘶哑、吞咽困难、面神经麻痹、下颌张力降低 | 正常 | 正常 | 正常 |
| 肉毒中毒通常一群暴发 | 全身乏力，24 h内进展为瘫痪 | 降低 | 减少或消失 | 无 | 声音嘶哑、吞咽困难、巨食道症、面神经麻痹、下颌张力降低、瞳孔放大、瞳孔对光反射消失 | 正常 | 正常 | 正常 |
| 急性暴发性重症肌无力，部分病例（50%）腾喜龙治疗有效（见框68-2） | 全身无力，但保持运动能力 | 降低 | 正常 | 无 | 声音嘶哑、吞咽困难、食道扩张，吸入性肺炎、面神经麻痹（±）、眼睑反射减弱 | 正常 | 正常 | 正常 |

## 肉毒中毒
## (BOTULISM)

临床很少见到犬肉毒中毒，本病未见猫中毒的报道。本病是由于摄入了变质食物或腐肉，其内含有由肉毒梭菌产生的C型神经毒素。毒素阻断了ACh在NMJ的释放，导致LMN麻痹。临床症状于摄入毒物后数小时至数天出现。

### 临床特征

感染犬只步幅减小、虚弱、曳行姿势，上述症状在感染后的1～4 d内快速发生。肌张力很差脊髓反射消失，但是未见显著肌肉萎缩。仍保持尾部摆动。本体感受和痛觉正常，没有感觉过敏。同时患犬无法站立，大多数感染犬只脑神经受累导致瞳孔散大、眼睑反射减弱、流口水、吞咽困难、下颌松弛和声音嘶哑或吠叫声音减弱。食道扩张和反流较常见。症状的严重程度与摄入毒素的数量有关。症状可以持续数周，如果呼吸肌受损则引起死亡。

◆诊断

诊断基于临床表现和/或腐败食物摄取病史。如果摄入腐败食物或垃圾的犬群暴发 LMN 麻痹应重点怀疑肉毒中毒。必须通过对多个犬只的鉴别诊断排除狂犬病可能,狂犬病通常表现为精神异常。实施电生理检查未见去神经支配的结果,但也有类似于蜱叮咬麻痹对最大刺激进行反应肌肉动作电位减弱的情况。ELISA 或中和试验偶尔可以检出患病动物血液、呕吐物、排泄物或胃内容物毒物中存有毒物,但是当出现神经症状后很少能够检出毒物,这一结果只能作为推断之用。

◆治疗

没有针对肉毒中毒的有效治疗方法。如果摄入时间较短,泻药和灌肠可能有助于排除未经吸收的毒物。市售用于人的三价抗毒剂(A,B 和 E 型)无效。如果有C 型抗毒剂,推荐肌肉注射给予 10 000 U,共两次,每 4 h一次,但只能和循环中的毒素,对进入神经末梢的毒物没有作用。给予液体和营养进行支持疗法,并安置食道饲管或胃饲管防止误吸。部分患犬可能需要辅助呼吸。尽管吸入性肺炎是常见的恢复期并发症,但通过支持疗法大多数患犬 1~3 周内恢复。

# 重症肌无力
## (MYASTHENIA GRAVIS)

重症肌无力(myasthenia gravis,MG)是犬猫中最常见的 NMJ 疾病,但是因为这是一种不完全的突触后异常,很多临床表现更倾向于肌肉异常而不是完全的 NMJ阻断,例如蜱叮咬麻痹和肉毒中毒。MG 的特征是静息时神经检查正常、正常的肌肉质地和松弛度,当运动时虚弱加重休息时缓解。MG 可分为先天或获得性的MG。先天性 MG 较少见,是由于遗传性骨骼肌突触后膜上的乙酰胆碱受体(acetylcholine receptors,AChRs)缺陷所致,通常在 6~9 周龄的小犬和幼猫导致神经肌肉接头处传导受损。这一疾病曾见于英国史宾格猎犬、猎狐狸犬、杰克罗素狸犬,其他品种的犬和少量的猫也有本病发生。曾在小型腊肠犬上确诊过一种罕见未被分类的先天瞬时肌无力;这些患犬的症状随着年龄增长而缓解。

获得性 MG 通常是免疫介导性疾病,这类疾病的抗体直接拮抗部分骨骼肌的烟碱蛋白 AChRs。抗体与受体结合,使突触后膜有效 ACh 数量减少。

获得性 MG 见于所有品种和性别。德国牧羊犬、金毛巡回犬、拉布拉多巡回犬和腊肠犬最为易感,但这个能仅仅与这些品种的种群数量有关。随着饲养数量的增加同样受到威胁的犬种还包括秋田犬、部分狸犬、德国短毛猎犬、吉娃娃、澳大利亚牧羊犬和巨型雪纳瑞犬。年轻的成年犬(2~3 岁)和老年犬(9~10 岁)占据了患犬的绝大部分。猫很少发生本病,但是其易感品种为阿比西尼亚猫和索马里猫。

◆临床特征

大多数患有 MG 动物的临床症状为四肢虚弱,运动时加重,休息时缓解。意识、本体感受和肢体反射正常。唾液分泌亢进和食道扩张(90% 获得性 MG 犬发生食道扩张)造成的反流是常见症状。获得性 MG 的猫和先天性 MG 的犬很少见食道扩张。有时可见吞咽困难和吠叫减弱、瞳孔持续性散大、面部肌肉无力。

获得性 MG 发生时,大约 40% 的患犬和 14% 的患猫,发生食道扩张的同时未见到可检出的四肢虚弱。此外,反流在患犬反映出咽、喉和面部肌肉虚弱,患病犬猫可能出现眼睑反射易疲劳的症状。25%~40%患有食道扩张的成年犬是由获得性 MG 所致,因此患有食道扩张的动物诊断过程中应首先与本病进行鉴别。

获得性 MG 发病迅速,很快导致四肢肌肉虚弱、无法站立和行走。这一类型的 MG 通常导致食道扩张、吸入性肺炎、呼吸衰竭并引起死亡。

◆诊断

对任何患有食道扩张犬只检查时,如果发现神经检查正常,但肌肉无力,应首先鉴别诊断 MG。通过放免法对循环中 AChRs 抗体检测可确诊获得性 MG。此项测试简单易行(比较神经肌肉研究实验室,加州大学圣地亚哥分校)在获得性疾病中 85% 的犬猫结果为阳性,确诊犬猫中 98% 结果为阳性。未见假阳性结果。罕见情况下,患有获得性 MG 的犬循环中 AChR 抗体检测为阴性,这可能由于抗体与 AChRs 有很高的亲和度或者抗体直接与其他抗原之间存在强于 AChRs 的交叉反应。

当抗体血清检查结果不可用,或动物疑似患有先天性疾病时,可通过超短效抗胆碱酯酶依酚氯铵(edrophonium chloride)[腾喜龙(Tensilon);框 68-2]或其他抗胆碱酯酶药物阳性反应进行确诊。这些药物阻止酶在NMJ 水解 ACh,增加 ACh 的有效浓度延长 Ach 在突触间隙的有效作用时间,促进 ACh 和 AChRs 结合。大多数患有先天性 MG 的动物使用依酚氯铵 30~60 s 后临床症状明显转好,作用大约持续 5 min。如获得预期反应结果则极有可能是 MG。即使没有获得相应结果也不能排除 MG。很难通过实验反应确诊患有局灶性 MG 的动物,大约有 50% 的患有急性速发型 MG 的犬对药物没有反应,因为 AChRs 可能已经被抗体所摧毁。如果没有腾喜龙,使用短效抗胆碱酯酶新斯的明硫酸二甲酯(新斯的明,0.01mg/kg IV)可以在 5～20 min 内显著提高肌肉强度,可有助于诊断。

**框 68-2　腾喜龙试验方案**

1. 放置一个静脉导管。
2. 术前用药阿托品(0.04 mg/kg IM)减少毒蕈碱样副作用。
3. 可用于气管插管及通气的设备。
4. 运动至可检测的虚弱。
5. 管理(乙基氯化腾喜龙)IV:0.1～0.2 mg/kg

IM,肌内注射;IV,静脉注射。

电生理检测(显示重复神经刺激时肌肉动作电位降低)有助于确诊 MG。然而,这一检测需要普通麻醉,普通麻醉是食道扩张的禁忌,因为麻醉恢复时有异物吸入风险。

无论何时诊断为重症肌无力都需要做胸部 X 光对食道扩张、胸腔肿瘤、吸入性肺炎进行评估,此外动物应该进行系统性检查排除潜在的或免疫介导相关疾病和肿瘤病。如果诊断为前纵隔肿瘤,需要进行细针抽吸活检细胞学活检确诊是否为胸腺肿瘤,患有 MG 的犬有小于 5% 的概率患有胸腺肿瘤,在猫这一概率高达 25%。在患有 MG 的犬并发免疫介导疾病很常见,包括甲状腺技能减退、免疫介导性血小板减少、免疫介导性溶血、肾上腺皮质功能减退、多肌炎和 SLE。MG 可能由副肿瘤性疾病发展而来,原发性肿瘤包括肝癌、肛囊腺癌、骨肉瘤和皮肤淋巴瘤以及原发肺肿瘤。获得性药物介导的 MG 曾见于甲巯咪唑治疗患有甲亢的猫。

**◆治疗**

治疗获得性 MG 包括支持疗法和给予抗胆碱酯酶药物,偶尔使用免疫抑制药物。患有食道扩张和反流的动物饲喂时要保持直立姿势并在采食后保持直立姿势 10～15 min,以促食道内容物向胃内移动,减少异物入肺的概率(图 68-15)。如果仍有严重的反流问题存在,则需要进行胃管留置以保持给予营养、液体和药物(见第 30 章)。无论何时出现吸入性肺炎,通常都要进行气管冲洗(见第 20 章),随后的侵入性治疗采用抗生素、液体、雾化和冲洗。实施抗生素治疗时避免使用影响神经

肌肉传导的药物(例如,氨苄西林和氨基糖苷类)。

抗胆碱酯酶药物通常用于改善患有 MG 犬猫的肌肉强度。溴吡斯的明(口服,1～3mg/kg q 8 h)已经被用于犬。猫推荐采用溴吡斯的明糖浆(0.25～1mg/kg PO q 12 h,与水 1∶1 混合减少胃刺激)治疗。对于犬猫而言,药物的剂量需要根据临床反应而定。理想状态下,动物饲喂时间应该在药物作用峰值(2 h)时进行。如果犬因食道扩张而无法使用口服药物,可采用新斯的明(0.04 mg/kg IM q 6～8 h)。

**图 68-15**
对患巨食道的动物进行垂直饲喂,便于食道内容物排空进入胃。进食后动物应该保持这种姿势 10～15 min。

如果动物对胆碱酯酶抑制剂这些治疗有反应,但突然恶化,应立即确定恶化是由于胆碱酯酶抑制剂过量(胆碱能危象)还是不足(肌无力)所引起的。这些症状临床不易区别,但可给予一定的抗胆碱酯酶药物(腾喜龙),使临床医生对二者加以区分。重症肌无力的动物给予腾喜龙后症状改善,而胆碱能危象的动物症状短暂加重或没有改善。

获得性 MG 是免疫介导性疾病,给予糖皮质激素和其他免疫抑制剂能够迅速见效,部分患犬 AChR 抗体下降,临床症状得到改善。理想状态下免疫抑制剂药物应该在没有异物性肺炎的前提下给予动物。标准剂量的糖皮质激素通常导致 MG 动物短暂的肌肉无力,因此治疗应以低剂量开始[口服泼尼松,0.5mg/(kg·d)]此后的 2～4 周内剂量逐渐增加。口服硫唑嘌呤[硫唑嘌呤,2mg/(kg·d)]或麦考酚酸酯(CellCept,10～20 mg/kg q 12 h),单独使用或联合使用泼尼松,部分患犬有一定的临床反应。

如果初诊为获得性 MG 犬猫同时患有胸腺瘤,在

手术移除前应确定动物是否适合外科操作。很多患有 MG 的动物实施胸腺切除术后其 AChR 抗体滴度下降,并能迅速缓解其临床症状。后期治疗则需防止胸腺肿瘤再次生长以及 MG 症状的再次出现。

◈ 预后

如果没有发生吸入性肺炎,则药物治疗 MG 的预后良好。严重的吸入性肺炎、顽固的食道扩张、急性突发性 MG 以及胸腺肿瘤或其他潜在的肿瘤因素存在时预后较差。很多患病犬只由于急性致命性吸入性肺炎发生死亡,或于确诊后 12 个月左右实施安乐死。在大多数动物抗胆碱酯酶药物能有效控制四肢肌肉无力,但对食道和咽部功能的改善效果不定。动物对各种免疫抑制剂的反应很难确定,因为无论是否进行治疗,大多数被诊断为 MG 的犬,18 个月(平均为 6.4 个月)后将会进入自发而持久的临床免疫逃避阶段。患有胸腺肿瘤或其他肿瘤疾病的动物并不能发生自发性缓解。因为,在部分动物连续抗体检测的结果与疾病进程和症状缓解相关,推荐每 4～8 周对患有 MG 的动物检测 AChR 抗体水平。

# 家族性自主神经异常
## (DYSAUTONOMIA)

家族性自主神经异常是影响自主神经系统中交感神经和副交感神经的多发型神经病。历史上对本病的认识源于英国的猫,但是自从 19 世纪 80 年代晚期本病更多见于美国中西部特别是堪萨斯农村、密苏里州、怀俄明州、俄克拉荷马州的犬。尽管有毒物和自身免疫机制的推测,但本病的病因学未知。临床症状反应多器官自主神经功能障碍。

◈ 临床特征

本病主要影响生存在乡村环境平均年龄为 18 个月年轻成年犬。猫偶发。动物发病后于数日至数周内迅速出现临床症状。通常发生呕吐和反流、排尿困难、尿潴留、脓涕、抑郁、厌食。体格检查发现包括直肠张力减少或缺失,瞳孔散大,对光不反应,鼻子、眼睛和黏膜发干,瞬膜脱垂。可能有膀胱扩张并易于挤压排尿。

◈ 诊断

诊断基于疑似的临床症状。胸腹部 X 线检查可显示食道扩张,吸入性肺炎,广泛性肠梗阻,便秘/顽固性便秘,以及膨大的膀胱。膀胱很容易挤压排尿,提示

尿道括约肌张力减弱。直肠张力通常会减弱。药物测试可以支持诊断结果。将很稀的(0.05%～0.1%)毛果芸香碱[盐酸毛果芸香碱眼液 1%(爱尔康实验室)用生理盐水稀释]应用于发生自主神经失调的患犬的眼睛,瞳孔收缩及瞬膜收缩会在 60 min 或更短的时间内发生,可记录为去神经过敏。正常犬或猫的眼睛对此方案应该没有反应。皮下(SC)注射氯贝胆碱(0.04 mg/kg)也可能使受影响犬膀胱膨胀和遗尿转为正常。皮下注射阿托品(0.04 mg/kg)对犬的心率没有影响。这些结果均指向诊断为自主神经功能障碍,但确诊需要尸检证实自主神经系统病变。神经细胞体的丢失导致所有自主神经中的神经元密度下降,特别在盆腔、肠系膜和睫状神经节。

◈ 治疗

治疗主要采取支持疗法,包括补液、肠外营养或经皮胃造口饲管、膀胱和结肠排空,眼药膏润滑,物理疗法。毛果芸香碱(1%,一滴 q 6～12 h)可以改善和减少畏光流泪。胆碱(0.05 mg/kg SC q 8～12 h)可改善排尿功能。胃动力药物(胃复安、西沙必利)可改善胃肠道的蠕动。预后一般较差,死亡率为 70%～90%。

◈ 推荐阅读

Braund KG: Degenerative disorders of the central nervous system. In Braund KG, editor: *Clinical neurology in small animals: localization, diagnosis and treatment*, Ithaca, NY, 2003, International Veterinary Information Service (www.ivis.org).

Bruchim Y et al: Toxicological, bacteriological and serological diagnosis of botulism in a dog, *Vet Rec* 158:768, 2006.

Coates JR et al: Congenital and inherited neurologic disorders of dogs and cats. In Bonagura JD, editor: *Current veterinary therapy XIII*, Philadelphia, 2001, WB Saunders.

Cuddon PA: Acquired canine peripheral neuropathies, *Vet Clin North Am* 32:207, 2002.

Harkin KR, Andrews GA, Nietfeld JC: Dysautonomia in dogs: 65 cases (1993-2000), *J Am Vet Med Assoc* 220:633, 2002.

Khorzad R et al: Myasthenia gravis in dogs with an emphasis on treatment and critical care management, *J Vet Emerg Crit Care* 213:13, 2011.

Mayhew PD, Bush WW, Glass EN: Trigeminal neuropathy in dogs: a retrospective study of 29 cases (1991-2000), *J Am Anim Hosp Assoc* 38:262, 2002.

Shelton GD: Myasthenia gravis and other disorders of neuromuscular transmission, *Vet Clin North Am Small Anim Pract* 32:188, 2002.

Shelton GD: Routine and specialized laboratory testing for the diagnosis of neuromuscular diseases in dogs and cats, *Vet Clin Pathol* 39:278, 2010.

Thieman KM et al: Histopathological confirmation of polyneuropathy in 11 dogs with laryngeal paralysis, *J Am Anim Hosp Assoc* 46:161, 2010.

# 第 69 章
## CHAPTER 69

# 肌紊乱
## Disorders of muscle

## 概述
### (GENERAL CONSIDERATIONS)

骨骼肌有维持姿势和运动的功能。患全身性肌肉疾病的动物通常表现出无力。临床症状可能包括步态僵硬、站立时颤抖、头部低垂（腹侧曲颈）和运动不耐受。当进行完整的神经系统检查时，大多数患有肌肉疾病的动物不会出现共济失调，以及正常的姿势反应和脊髓反射。某些肌肉紊乱疾病会引起肌肉疼痛和肌肉肿胀，而某些肌紊乱会导致肌肉萎缩和/或纤维化。

犬猫的肌肉疾病可分为遗传性和获得性的。遗传检测或表型识别对于某些遗传性疾病诊断有意义。如同代谢和内分泌紊乱一样，肌肉疾病包括传染性的和免疫介导的炎症性疾病。特异性临床症状是诊断的依据，但为了确诊，可能需要在犬、猫肌紊乱专科实验室进行全身评估和肌肉活检。组织学检查的结果也许能确诊疾病，或确定所需的额外诊断测试以确认和解释功能异常情况。

## 炎症性肌肉疾病
### (INFLAMMATORY MYOPATHIES)

### 咀嚼肌炎
#### (MASTICATORY MYOSITIS)

咀嚼肌炎（masticatory muscle myositis，MMM）是一种常见的免疫介导疾病，主要累及犬的咀嚼肌。咀嚼肌主要由独特的肌纤维（2M 型）组成，该肌纤维不存在于四肢肌肉，在患有 MMM 的犬只中，循环中 IgG 只针对组成这些纤维特有肌球蛋白。咀嚼肌炎可发生于任何品种的犬，但最常见于德国牧羊犬、巡回犬、杜宾犬和其他大型犬。该疾病主要见于青年或中年犬，但在 3 月龄的幼犬中也有确诊的病例。无明显性别差异，未见猫患该疾病的报道。

◀ 临床症状

该病的急性形式包括颞肌和咬肌周期性疼痛肿胀。有时会出现发热、下颌下和肩胛骨上部的淋巴结肿大以及扁桃体炎。犬只会不愿意进食并出现厌食症和抑郁的现象。触诊头部肌肉和试图打开口腔时，犬只会由于疼痛而反抗。

随着疾病的发展，颞肌和咬肌会进一步严重萎缩，从而导致头部外部看起来像骷髅头。虽然这是一种双侧疾病，但萎缩也可能是不对称的。对于慢性 MMM，打开口腔不会产生疼痛感但会由于咀嚼肌的萎缩和纤维化而张开受限（图 69-1）。由于大量肌肉丢失，眼球可能会深陷入眼眶（见图 63-9）。需要对犬进行评估，因疾病从急性发展为慢性，打开口腔会产生疼痛且同时伴有肌肉萎缩。有些患有 MMM 的犬只在无急性发作性疼痛的病史下会出现无疼痛性咀嚼肌严重萎缩的现象。

◀ 诊断

诊断以临床症状为基础。在打开口腔有痛感的犬中，鉴别诊断必须包括眼球后脓肿或肿块、牙科疾病以及颞下颌关节或鼓泡异常。患有慢性感染的犬出现严重非疼痛性萎缩时，必须与由三叉神经失调引起的萎缩、全身性多肌炎（任何原因）、多发性神经病变或全身性疾病（如甲状腺功能减退、肾上腺皮质功能亢进或癌性恶病质）相鉴别。

血象检查可能正常或显示轻度贫血和嗜中性粒细胞增多;偶尔会出现外周嗜酸性粒细胞增多症;偶尔会出现血清肌酸激酶(CK)、谷草转氨酶(AST)和球蛋白浓度增高。有时会出现蛋白尿。许多(85%~90%)患有急性 MMM 的犬的血清中,能检测到抗 2M 型纤维的循环抗体,但患有慢性疾病的犬中可能不存在此抗体。如果可能,可用肌电图(electromyography,EMG)证实咀嚼肌肌炎,而其他肌肉群未受影响,以排除多肌炎的可能。对被感染的肌肉活检进行组织病理学评价来确诊。应准备新鲜的福尔马林固定的肌肉组织,以供组织化学和免疫组化染色来鉴定与 2M 型肌纤维结合的抗体。

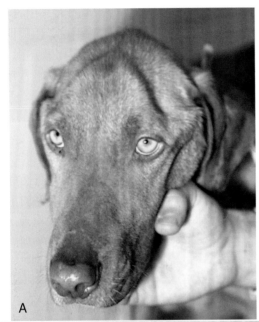

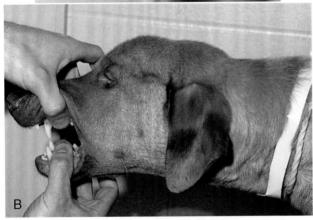

**图 69-1**
咀嚼肌肌炎引起成年维兹拉犬(A)严重的颞肌和咬肌萎缩,以及(B)嘴巴张开程度不能超过几厘米。

◆治疗

糖皮质激素(泼尼松,1~2mg/kg q 12 h)口服给药对于急性感染的犬能快速消除疼痛,对于慢性感染的犬能增大口腔打开的程度。3 周后,可降低糖皮质激素的剂量(到 1mg/kg q 24 h),4~6 个月后逐渐降低至间隔一日使用的最低剂量。若皮质类固醇疗法对犬无效,或每次剂量减小就会复发,可使用其他免疫制剂如:硫唑嘌呤[Imuran(Burroughs Wellcome),每天 2mg/kg PO,直到患病动物情况有所好转,变为每 48 h 一次]或环孢素(Atopica,6mg/kg PO q 12 h)。治疗及时的犬预后良好。应仔细监测犬只的复发情况(通过下颌活动性和不适感以及血清 CK),特别是当降低糖皮质激素剂量时应着重监测。有时患犬可能需要终身治疗。

对于患有慢性 MMM 的犬,曾推荐在麻醉情况下强行打开犬的下颌,以拉伸纤维组织和肌肉。但现在不推荐这种做法,因为其并不能改善临床结果,增加了撕裂肌纤维炎症且有医源性下颌脱臼或骨折的风险。

## 眼外肌炎
### (EXTRAOCULAR MYOSITIS)

本病是眼外肌的一种特异性肌炎,会导致急性眼球突出,曾在犬有本病记录(图 69-2)。患犬通常较年轻,平均年龄为 8 个月。金毛巡回犬、拉布拉多巡回犬和其他大型犬都是特别高发的品种,母犬最易感。通常会有双侧眼球突出、眼睑后缩的现象,往往会并发球结膜水肿但无第三眼睑下垂症状。视力可能受损。血清 CK 浓度通常正常。眼眶超声扫描或磁共振成像(magnetic resonance imaging,MRI)显示眼外肌和球后脓肿或团块可作为鉴别标志。确诊需进行感染肌肉活检(但很少进行该步骤),显示是否有淋巴细胞炎性浸润。口服泼尼松(1~2 mg/kg q 24 h)通常起效快且完全。治疗应至少持续 4~6 周。如果出现类似 MMM 泼尼松减量期复发的情况,应考虑额外的免疫抑制剂如硫唑嘌呤或环孢霉素。治疗及时恰当,本病预后良好。少部分患有非典型性眼外肌炎的幼犬,由于伤疤会导致单侧或双侧性腹内侧斜视,需要手术矫正眼位和恢复视力。

## 犬特发性多肌炎
### (CANINE IDIOPATHIC POLYMYOSITIS)

特发性多肌炎(idiopathic polymyositis,PM)是骨骼肌的一种弥漫性炎症反应,是一种自身免疫反应。患病动物多为大型成年犬,有许多报道德国牧羊犬、纽芬兰犬和拳师犬的病例。

**图 69-2**
边境牧羊犬的眼外肌炎引起双侧眼球突出,上睑退缩。

◉临床症状

最常见症状是轻度至中度无力,运动可能加剧步态的呆板僵硬。某些犬会感觉肌肉疼痛,而另一部分犬会出现无痛感的严重肌肉萎缩。患病犬可能会出现因食管扩张所致的反流、吞咽困难、唾液分泌过多和吠叫无力。在患病早期或程度较轻时,症状可能是间歇性的。某些急性病犬会出现发烧和全身疼痛的现象。肌肉萎缩通常很明显,尤其是涉及颞肌和咬肌。神经系统检查通常显示精神状态、脑神经检查、本体感觉和脊髓反射均正常,但并发多神经炎的犬脊髓反射可能会减弱。

◉诊断

临床体征、CK 测定、EMG 和肌肉活检是 PM 的诊断基础。大多数患病犬在安静状态时会检测到血清CK(2～100 倍)和 AST 活性升高,运动后升高更明显。γ-球蛋白可能也会升高。情况允许时,EMG 可检测到被感染的多个肌群,并选出感染最严重的肌肉组织做活检。特发性 PM 的明确诊断需进行肌肉活检。典型的组织病理学表现为多灶性坏死、I 型和 II 型肌纤维吞噬、血管周围淋巴细胞和浆细胞浸润,以及肌肉再生和纤维化。由于有些患病犬为多灶性,肌肉活检的结果可能是正常的。若出现临床症状,不能被肌肉活检的结果感染诊断,应以 EMG、血清 CK 和 AST 为诊断依据。

PM 可作为原发性免疫性疾病发生,也可继发于全身性免疫介导疾病(如系统性红斑狼疮)、原虫感染(如弓形虫、新孢子虫性肌炎)或全身性肿瘤。所有的患 PM 的犬都应进行全血细胞计数(complete blood count,CBC)、生化检查、关节液分析、尿常规检查、血清抗核抗体(antinuclear antibody,ANA)检查、血清原虫和/或肌肉组织免疫组化染色(检查原虫抗体)。通过胸部 X 线片和腹部超声以着重检查肿瘤、食道扩张和吸入性肺炎。由于许多诊断为 PM 的犬(包括 20% 的拳师犬)在几个月内会发展为淋巴瘤,提示 PM 可能为前期综合征,故可能还需进行淋巴结、脾、肝穿刺和骨髓活检。若这些检查结果都正常,则可确诊为特发性 PM。

◉治疗

泼尼松给药(1～2 mg/kg q 12 h,连续 14 d,然后变为 q 24 h,连续 14 d,然后 q 48 h)能显著改善临床症状,治愈大多数犬。对于有食管扩张的犬,用站立少量进食的方式有助于避免吸入(见图 68-15)。若发生吸入性肺炎,应用抗生素治疗。泼尼松剂量减少治疗应至少持续 4～6 周,有时需要长期治疗 12 个月或更长时间。若泼尼松效果不理想或剂量减少时疾病复发,应用硫唑嘌呤给药。

◉预后

如果能确定 PM 不是由潜在肿瘤引起的,则无严重食管扩张或吸入性肺炎的犬预后良好。少数犬在治疗前能自然痊愈。

## 猫特发性多肌炎
### (FELINE IDIOPATHIC POLYMYOSITIS)

猫特发性多肌炎症状与犬的 PM 相似。患该疾病的猫会突发虚弱无力,并出现明显的颈腹侧屈曲、不能跳跃、短距离行走后总倾向于坐下或躺下。可能有明显的肌肉疼痛感。神经系统检查显示精神状态、颅神经、本体感受和反射均正常。

诊断以临床特征、血清 CK 和 AST 活性增加、多灶性 EMG 异常为基础。许多患该病的猫(70%)有轻微低钾血现象,提示该疾病与低钾血多肌病之间可能有某种关联。因为 PM 的某些症状与轻度硫胺素缺乏相似,故推荐在进行全面针对 PM 的诊断测试前评估猫对硫胺素(肌肉注射,10～20 mg/d)的反应和纠正低钾血症。

应对刚地弓形虫进行血清评估,同时还应测试猫白血病病毒(feline leukemia virus,FLV)抗原和猫免疫缺陷病毒(feline immunodeficiency virus,FIV)抗体。应了解完整的用药史,以排除 PM 是由药物引起的可能。应进行胸、腹部 X 线片和腹部超声检查,以查找潜在的肿瘤病因。许多患有胸腺瘤的猫都被诊断出 PM,有时并发于获得性重症肌无力。肌肉活检显示肌纤维坏死和吞噬、肌肉再生、肌纤维大小变异、淋巴细胞性炎症和纤维化。对于弓形虫性肌炎有时推荐经验疗法(克林霉素,12.5~25 mg/kg PO q 12 h);如果动物对克林霉素反应明显,则该疗法至少持续 6 周。然而,重要的是应意识到,至少 1/3 的患有 PM 的猫会自然痊愈或缓解。糖皮质激素治疗[泼尼松,最初 4~6 mg/(kg·d),2 个月逐渐减量]能帮助部分猫恢复。常有复发的现象。

## 皮肌炎
## (DERMATOMYOSITIS)

皮肌炎是一种少见的以皮炎和多肌炎为特征的疾病。已有报道犬遗传性皮肌炎见于粗毛、光毛幼年柯利犬及喜乐蒂牧羊犬。散发病例见于少数其他品种,包括威尔士柯基犬、澳洲牧牛犬和边境牧羊犬。该疾病还未见于猫。皮肤损害包括红斑、溃疡、结痂、鳞屑以及耳廓内表面脱毛和头部和皮肤表面受创(如尾、肘、跗关节、胸骨;图 69-3)。可能有轻度瘙痒。组织病理学检查包括基底细胞水样变性和真皮表皮连接处分离。还可能发现血管周围单核细胞浸润。皮肤病变一般出现在初生前 3 个月,并可能随着时间改善或消失。这种进程通常呈波动性。

**图 69-3**
喜乐蒂牧羊犬皮肌炎的典型皮肤病变。此犬也有巨食道和全身肌无力。

皮肌炎严重的犬可能并发肌肉疾病症状,包括全身肌肉无力和萎缩、面部神经麻痹、下颌张力降低以及步态僵硬。精神状态、本体感觉和反射均正常。吞咽困难是常见症状,食管扩张引起反流。EMG 显示为肌纤维自发放电,包括纤颤电位、正锐波和受影响肌肉的异常高频放电。神经传导速度正常。肌肉活检显示肌纤维坏死和单核细胞浸润、萎缩、再生和纤维化。有些犬皮肤病变相对严重而无肌肉疾病迹象。

可通过皮肤和肌肉活检以及 EMG 确定诊断皮肌炎。患犬不应作为繁育之用。伴有肌肉临床症状的患犬应用免疫抑制剂量的糖皮质激素进行治疗,疗效不定。皮肤病变可通过口服四环素和烟酰胺(若<10 kg,则 250 mg q 8 h;若>10 kg,则 500 mg q 8 h)或已酮可可碱(Trental,10~25 mg/kg q 8~12 h)治疗。

## 原虫性肌炎
## (PROTOZOAL MYOSITIS)

由弓形虫引起的肌炎可在犬猫上单独发生,也可与脊髓炎、脑膜炎或多发性神经根炎同时发生,犬还能发生由新孢子虫引起的类似的综合征(见第 66 章和第 68 章)。与原虫性肌炎相关的典型临床症状包括肌肉疼痛、肿胀或萎缩以及无力。CK 和 AST 活性升高较为常见,微生物血清抗体效价可能呈阳性。EMG 显示被感染的肌肉有自发电位。明确诊断需要进行肌肉活检,以检查单核细胞炎症反应并对原虫进行鉴定。对于患犬,可用免疫组化染色来识别原虫并将弓形虫和新孢子虫区分开来。已有通过口服克林霉素(12.5~25 mg/kg q 12 h)14 d 成功治疗原虫性肌炎的报道,但建议将治疗时间延长(4~6 周)。更多关于这类疾病的讨论见第 66 章。

## 代谢性肌病
## (ACQUIRED METABOLIC MYOPATHIES)

除了与感染和炎症性疾病相关外,肌肉疾病还可能并发于肾上腺皮质功能亢进(即库兴氏疾病)、外源性皮质类固醇和甲状腺功能减退。在猫中曾发现一种与低钾血症相关的肌病。

## 糖皮质激素过多
(GLUCOCORTICOID EXCESS)

由于自发肾上腺皮质功能亢进或摄入高剂量外源性糖皮质激素导致的糖皮质激素过多可能引起退行性肌病。常见症状为肌肉无力和萎缩。咀嚼肌可能是萎缩最明显的肌肉。诊断以外源性类固醇激素用药史或与类固醇过多一致的临床症状(如多尿、烦渴、脱毛、腹部下垂、皮薄)为依据。肌肉活检显示非特异性变化,包括 Ⅱ 型肌纤维萎缩、局灶性坏死和纤维大小变化。对肾上腺皮质功能亢进的诊断测试能帮助确诊(见第53 章)。补充左旋肉碱、辅酶 Q10 和核黄素能提高肌肉力量。控制过量的糖皮质激素能帮助改善临床症状。罕见情况下,患有肾上腺皮质功能亢进的犬会出现以肢体强直、步态僵硬和四肢伸展过度为特征的类似于肌强直的失调情况。

## 甲状腺功能减退
(HYPOTHYROIDISM)

甲状腺功能减退可能与犬的轻度肌病相关,会导致虚弱无力、肌肉痉挛、萎缩和运动耐量降低。若未并发多发性神经病,则脊髓反射正常。活检显示 Ⅱ 型肌纤维轻度萎缩。进一步诊断还需证实甲状腺功能减退和补充甲状腺激素的反应。

## 低血钾多肌病
(HYPOKALEMIC POLYMYOPATHY)

饮食摄入量减少或尿中钾排泄量增多而导致全身钾缺乏相关的肌病可发生于所有品种、年龄和性别的猫。患有慢性肾衰竭和采食酸性饮食的猫最易患此病,但继发于甲状腺功能亢进的多尿或多饮的猫、因为各种病因而厌食的猫和无法维持细胞内外钾平衡的缅因猫都有患该病的风险。患有功能性肾上腺瘤引起原发性醛固酮增多症的猫,常会同时出现继发于低血钾多肌病的虚弱无力症状。

猫患该病最主要的临床症状是以颈部持续前屈(图 69-4)、步态僵硬和行动困难为特征的虚弱无力。有些猫表现出行走时背部肩胛骨运动过度、运动性震颤甚至瘫软。可能有明显的肌肉疼痛,但神经系统检查结果、姿势反应和脊髓反射均正常。临床症状可能为急

性发作和偶发性。血清 CK 活性通常会增加(正常的 $10\sim30$ 倍),血清钾浓度降低(通常 $<3$ mmol/L),尿钾排泄率也可能增加(正常为 $<5\%$)。由于大多数患此病的猫肾功能不全,故血清尿素和肌酐浓度均可能增加。这些参数和尿比重解释起来是比较困难的,因为低钾血症本身就能减少肾血流量和肾小球滤过率(glomerular filtration rate, GFR),干扰尿浓缩机制。

多个肌群肌电图有异常情况,包括频繁的正向锐波、颤动电位和少数伴随正常神经传导速度的高频率放电。肌肉组织病理学检查正常。

**图 69-4**
猫低血钾肌病引起无力和颈部向腹侧弯曲。**(A)**患先天性肾病的幼猫和**(B)**甲状腺功能亢进的猫。在补充钾后,两只猫的无力症状都得到缓解。

通过肠外给药或口服补钾通常能解决低血钾多肌病的症状。对于轻度患病猫,推荐用葡萄糖酸钾(Kaon Elixir, Adria Laboratories, Columbus, Ohio)口服制剂治疗,剂量为 $2.5\sim5$ mEq/只,每天两次持续 2 d,然后变为一天一次。以血钾水平为基础调整剂量。对于低钾血症更严重的($<2.5$ mEq/L)或严重肌肉无力而导致呼吸障碍的猫,应以肠胃外给药的方式注射乳酸

林格氏液,可用静脉注射或皮下注射,补给液每升至少含 80 mEq/L 氯化钾。静脉补钾速度不应超过 0.5 mEq/(kg·h)。可能需要长期口服补充葡萄糖酸钾。建议定期监测血钾浓度。

# 遗传性肌病
## (INHERITED MYOPATHIES)

### 肌肉萎缩症
### (MUSCULAR DYSTROPHY)

肌肉萎缩症(muscular dystrophies,MDs)是一种异质性遗传退行性非炎症性肌肉疾病。大多数被诊断为 MDs 的犬猫被认为是由于肌萎缩蛋白基因突变,而导致细胞骨架蛋白抗萎缩蛋白缺乏所致。临床上表现为雄性多发,通过无症状的雌性携带者传播。犬伴 X 染色体的肌肉萎缩症(canine X-linked muscular dystrophy,CXMD)在金毛巡回犬中最为常见,但也有许多其他品种犬患该病的报道,包括爱尔兰猎、萨摩犬、罗威纳犬、比利时牧羊犬、迷你雪纳瑞犬、彭布罗克柯基犬、阿拉斯加雪橇犬、短毛猎狐犬、德国短毛指示犬、不列塔尼猎犬、拉布拉多巡回犬、查尔斯王小猎犬和捕鼠犬。

患 CXMD 的犬在刚出生时就会出现典型临床症状。金毛巡回犬的肌肉萎缩症(GRMD)已有较为详尽完整的研究,尽管所有患病的雄性犬有相同的遗传病变,但临床表现的严重程度存在细微差异。患有 GRMD 的幼犬往往在断奶前就已发育不良。可能会出现肘部外展、兔子跳跃式步态和开口困难的现象。随时间推移,患病犬会出现渐进性步态僵硬、运动不耐受、跖行姿态、肌肉挛缩以及躯干、四肢和颞肌肌肉萎缩。肌肉强度会持续恶化,直到大约 6 月龄时,症状趋于稳定。本体感受和脊髓反射正常,但脊髓反射可能难以引起肌肉纤维化和关节挛缩。病情严重的犬可能有咽部或食道功能障碍。偶尔会有心脏方面的问题。

当有患该病倾向品种的雄性幼犬出现典型的临床症状时,应怀疑为 MD。血清 CK 水平早在 1 周龄就出现显著升高,在 6～8 周龄达到顶峰。运动后 CK 会急剧升高。10 周龄时,EMG 显示假性肌强直,大多数肌肉放电。活检显示明显的肌纤维大小变化、坏死和再生,多灶性肌纤维矿化。免疫细胞化学研究表明抗

肌萎缩蛋白的膜蛋白缺失。目前没有有效的治疗措施。

伴 X 染色体的 MD 也存在于猫。临床症状首次出现在 5～6 月龄。患病猫表现为明显的全身性肌肉肥大、舌头突出、过度流涎、步态僵硬和兔子式跳跃。食管扩张比较常见。血清 CK 大幅升高(常＞30 000U/L)。诊断需要进行肌肉活检和抗肌萎缩蛋白免疫组化实验。

### 拉布拉多巡回犬的中央核肌病
### (CENTRONUCLEAR MYOPATHY OF LABRADOR RETRIEVERS)

中央核肌病(centronuclear myopathy,CNM)是拉布拉多巡回犬的一种遗传性肌病,因为临床症状或用于预育种目的,经测试该品种的发病率达到 1%。该疾病曾被报道为遗传性拉布拉多巡回犬肌病(hereditary Labrador Retriever myopathy,HLRM),常染色体隐性遗传性肌肉萎缩症和 Ⅱ 型肌纤维缺乏。患病的幼犬在出生时表现正常。一般 3～5 个月龄出现肌肉无力、步态笨拙、运动不耐受和无肌痛感的肌肉萎缩症状,有些幼犬在 6～8 周龄出现症状。患该病的同窝仔中发病年龄及病情严重程度极不相同。病情严重的犬表现出头部低垂和跨距短、僵硬的步态(图 69-5)。在运动过程中,它们的背部可能呈弓形,且步态似兔子般跳跃。肌肉萎缩明显,尤其是在四肢近端和咀嚼肌。除持续的髌韧带反射(膝跳反射)减弱或消失外,神经系统检查结果正常。少数患犬会有食管扩张导致的反流现象。紧张、运动、兴奋或寒冷时病情恶化。肌肉无力和萎缩通常是缓慢发展的,但是少数患病幼犬会在 1～2 月内进入躺卧状态。大于 12 月龄的轻度患病犬临床体征稳定。血清 CK 正常或有稍微升高,EMG 检查会有自发放电活动和异常的高频放电。CNM 的组织学特征为轻微至显著的纤维大小变化、Ⅰ 型和 Ⅱ 型肌纤维萎缩,Ⅰ 型肌纤维替代 Ⅱ 型肌纤维从而产生一种 Ⅱ 型优势,肌细胞内的细胞核集中度显著增加。CNM 为常染色体隐性遗传。已确定致病原因为蛋白酪氨酸磷酸酶(protein tyrosine phosphatase-like A,PTPLA)基因突变,市场上可以进行该 DNA 检测。该突变基因因为纯合子的犬是有症状的,而携带者为正常。目前尚无有效治疗措施,但轻度患病的犬还是可以作为宠物的。

**图 69-5**

一只 1 岁拉布拉多巡回犬患有中央核肌病（CNM），表现出近端肌肉萎缩，僵硬、踩高跷样步态和颈部向腹侧屈曲，活动时症状加剧。

# 肌强直
## (MYOTONIA)

　　肌强直症是一种罕见的肌肉疾病，可见于松狮犬、可卡犬、斯塔福犬、迷你雪纳瑞犬、拉布拉多巡回犬、罗得西亚猎犬、西高地白㹴类犬、大丹犬以及一些其他品种的个别犬中。幼猫也有可能患此病。肌强直会引起运动或刺激后肌肉持续不随意收缩。这是由于氯离子传导性改变，使肌膜兴奋后去极化，持续收缩。迷你雪纳瑞中，以确定存在骨骼肌氯通道等位基因现突变，并且发展出一种以聚合酶链反应（polymerase chain reaction，PCR）为基础的测试。

　　临床症状包括开始于较小的年龄（即 2～6 个月）的全身肌肉僵硬和肥大。肌强直患犬神经系统正常。本体感觉及精神状态正常。寒冷、兴奋和运动会加剧临床症状。如果突然将患犬放成侧卧姿势，它们可能会保持僵硬的卧姿长达 30 s。血清 CK 与 AST 活性可能增加，表明肌纤维坏死。当 EMG 显示出突然上升和下降的异常高频放电时，即可确诊。仅有肌肉活检很难获得诊断。膜稳定剂如普鲁卡因胺（10～30 mg/kg PO q 6 h）、苯妥英（20～35 mg/kg PO q 12 h）和钠通道阻滞剂美西律［脉舒律（Boehringer Ingelheim），8mg/kg PO q 8 h］对部分病例治疗有效。同时建议避免寒冷。大部分的犬因为病情严重而被安乐死。

# 遗传代谢性肌病
## (INHERITED METABOLIC MYOPATHIES)

　　许多犬猫有遗传代谢性肌病的报道。这类疾病中，骨骼肌能量代谢体系都存在生化方面的缺陷，导致肌肉低效的现象。所有这类疾病引起的肌肉功能障碍，临床症状包括运动不耐受、肌肉无力、步态僵硬呆板、肌肉疼痛、肌肉震颤和肌肉萎缩。线粒体肌病、糖原贮积病、脂肪储存肌病和造成肌纤维内杆状体堆积病变的疾病都有相关报道。由于会出现广泛的生化异常和生成肌纤维的结构蛋白相关性，确定代谢性肌病的确切原因是很困难的。有时代谢试验是可行的，例如，运动时异常的乳酸积累提示线粒体功能障碍。评估运动前后血浆乳酸盐和丙酮酸盐水平，定量分析尿中有机酸、血浆、尿液和肌肉肉碱可帮助确诊代谢性肌病，同时有助于确定受影响的生化途径。代谢试验后，应进行骨骼肌的组织学及超微结构检查。这种代谢试验和活检评估应在专业研究犬猫肌肉代谢紊乱的实验室进行。当试验提示为线粒体肌病或脂性肌病时，使用非特异性疗法，同时口服左旋肉碱（50 mg/kg q 12 h）、辅酶 Q10（100 mg/犬 q 24 h）、核黄素（100 mg/犬 q 24 h）可提高肌肉力量。

# 非自主性肌肉张力变化和肌肉运动
## (INVOLUNTARY ALTERATIONS IN MUSCLE TONE AND MOVEMENT)

强直、角弓反张、肌阵挛和运动障碍都不是肌肉疾病,而是肌肉张力或肌肉运动不受意识控制的结果。强直是一种肌肉持续的紧张性收缩。角弓反张是强直的一种很严重的形式,其表现为四肢和颈部肌肉痉挛,导致侧卧位时颈部背屈以及四肢伸肌僵直。肌阵挛是一组特定肌肉的有节律的重复性收缩。运动障碍是一种难以与部分性发作区分开来的活动障碍,之前在第64章讨论过。

## 角弓反张
### (OPISTHOTONOS)

角弓反张是持续性肌肉收缩的一种很严重的形式,会导致颈部背屈和四肢伸肌僵直。对于有强直症的患病动物,或去大脑或去小脑僵直的动物,在癫痫突然发作时,角弓反张可以看作全身伸肌僵直的一部分(见图60-9)。

## 强直(破伤风)
### (TETANUS)

强直,即无间歇的持续性肌肉收缩,最常见于感染破伤风杆菌及其产生的破伤风痉挛毒素的犬猫。破伤风杆菌是一种革兰阳性厌氧芽孢杆菌,其产生的孢子可在环境中长期存活。如果较深的伤口或局部组织损伤被这种孢子感染,孢子则可由厌氧形式转化为繁殖体形式,并产生毒素(破伤风毒素)。该毒素从外周神经上行至脊髓神经,使脊髓神经中抑制性中间神经元(Renshaw 细胞)释放神经递质,解除伸肌抑制从而导致强直。猫比犬更耐受该毒素。

伤口感染后5~18 d开始出现强直症的临床症状。轻度或早期患强直症动物表现为步态僵硬、耳朵直立、尾巴抬高以及面部肌肉收缩(痉笑;图69-6)。这些症状可能在毒素产生的邻近部位表现得最为严重。在病情严重的病例中,动物会斜躺并表现为四肢伸肌僵直和角弓反张。强直症的初步诊断依据通常为临床症状和近期外伤史。

图 69-6

两只患有破伤风的犬,头面部肌肉收缩造成耳部直立和苦笑面容。在前肢的伤口被认为是毒素的入侵的部位。

治疗应该包括温暖、阴暗、安静的休息环境,伤口及时清创、使用抗生素和进行周密的支持性护理。最初,可用水剂青霉素(钾或钠盐,40 000 U/kg IV q 8 h)给药。另外,还可用甲硝唑(10~15 mg/kg IV q 8 h)给药,其对大多数厌氧菌有杀菌作用,且即使在坏死组织中也能达到治疗浓度。用抗生素治疗2周或直到临床恢复。

条件允许时,可用破伤风抗毒素中和仍存在于中枢神经系统(CNS)的毒素,以防止病情进一步发展。过敏性反应偶有发生,所以在皮内注射破伤风抗毒素(马源)试验剂量(0.1mL)15~30 min后再使用治疗剂量。若没有出现水疱,则静脉注射抗毒素(200~1 000 U/kg;最大,20 000 U)。此剂量不重复;一次注射抗毒素之后,治疗血药浓度会持续7~10 d,并且重复给药会增大过敏反应的概率。在靠近伤口部位注射小剂量（1 000 U）的抗毒素可能有利于治疗犬猫的局部破伤风。

应将动物置于安静、阴暗的环境中以尽量减少刺激。可通过间歇性静脉推注（1 mg/kg）或静脉恒速输注[constant rate infusion，CRI；1 mg/（kg·h）]地西泮，或皮下注射乙酰丙嗪（0.05～0.1 mg/kg 根据需要 q 8～12 h）、美索巴莫（50～100 mg/kg IV q 8 h）和苯巴比妥（2～6 mg/kg IV IM q 6 h）以控制肌肉痉挛。在低剂量 CRI[100 mg/（kg·d）]后，用硫酸镁（MgSO₄ 70 mg/kg）治疗 30 min 以上，可促进肌肉放松，减少所需的额外镇静药物。对于癫痫持续状态，如有需要，可加强治疗措施（参见第 64 章）。在动物能自主进食前，可能必须由食道饲管或胃饲管提供营养支持。只要动物可以抓取和吞咽食物，就能进行人工饲喂。对于部分动物，尿液和粪便潴留必须通过反复插管和灌肠来治疗。物理疗法和按摩可改善血液和淋巴循环，促进肌肉放松，减少不适感，并帮助恢复肌肉功能。通常在 1 周内将明显改善，但症状可能会持续 3～4 周。病症如果发展迅速则会预后不良，但若加强饲养管理，约 50% 的患犬能存活下来。

## 肌阵挛 (MYOCLONUS)

肌阵挛是一种部分肌肉的节律性重复收缩形式，发生于单个肌肉或肌肉群，速率为 60 次/min。这种有节律的收缩在睡眠或全身麻醉时也不会减弱。最常见于四肢和面部肌肉。肌阵挛通常与犬瘟热脑膜脑脊髓炎有关，但在罕见病例中，其他局灶性炎症或脊髓肿瘤病变也可产生肌阵挛。这种肌阵挛的预后不良。

在 4～6 周龄的同窝拉布拉多巡回犬中，已发现家族性反射性肌阵挛会引起轴向间歇性痉挛，以及四肢角弓反张（偶尔发作）。动物在紧张或兴奋时病情恶化。用地西泮和氯硝西泮治疗尚未成功。预后不良。

## 震颤 (TREMORS)

震颤是身体部位有节律的摆动运动。头部的意向震颤通常与小脑疾病有关，当目标导向运动时，如试图吃、喝或嗅某物时头部靠近目标，动物的运动意图会使病情持续恶化。

当动物出现全身震颤急性发作和伸肌张力增加时，应怀疑是否中毒（见框 64-3）。士的宁、聚乙醛、氯化烃、震颤源性真菌毒素和有机磷农药是引起震颤常见的毒性因素。药物引起的震颤与甲氧氯普胺、芬太尼/氟哌利多或苯海拉明的使用有关。代谢紊乱如低血糖、肝性脑病和低钙血症也会引起震颤、肌肉自发性收缩和强直。

5 月龄至 3 岁的小型犬若出现广泛性头部和全身震颤的急性发作，则可能有类固醇反应性脑炎。经验上来说，首次发现这种疾病仅出现于白色犬种（马耳他，西高地白㹴），这种综合征曾被称为"little white shaker syndrome"。诊断需要进行测试以排除中毒、代谢紊乱以及感染流行性脑炎（更多描述见第 66 章——脑膜脑炎）的可能。

现已在幼犬身上发现一种与中枢神经系统的髓鞘发育异常相关的先天性弥漫性震颤综合征。患犬站立时跨距大且表现为运动或兴奋时全身震颤恶化。该综合征呈渐进性，且在雄性威尔士猎狗中更为严重，通常在 2～4 个月内导致死亡。较为严重的震颤综合征会发生于威玛猎犬、伯恩山地犬、萨摩耶犬、大麦町犬和松狮犬及其他品种少数病例中，4 周龄时表现出临床症状。在无其他神经功能缺陷或临床病理异常时，以病征和临床特征为基础进行诊断。松狮犬和其他轻度患病品种，在未进行治疗的情况下，1～3 个月内可能会逐渐恢复。

年老但其他神经系统正常的犬可能会出现后肢颤抖（老年性震颤）。休息时颤抖停止，但当动物站起来时又会出现，并且运动会使震颤加剧。所有检测结果均正常，无有效治疗措施。就诊断而言，排除电解质紊乱、甲状腺功能减退、肾上腺皮质功能减退、髋关节发育不良和腰骶部疾病很重要。

## 运动障碍 (DYSKINESIAS)

运动障碍属于中枢神经系统疾病，会导致具有清醒意识个体的不随意运动。这类运动失调只偶尔出现于犬猫，且可能难以与局灶性癫痫发作和典型的行为障碍（见第 64 章）区分开来。症状主要包括四肢短暂的、随机的、有节律的、不随意的过度伸展或屈曲；头部快速上下摆动；或采用异常的姿势。在诺维奇㹴犬、查尔斯王猎犬、马尔济斯犬和爱尔兰软毛梗中,运动失调被认为是运动障碍。拳师犬、英国斗牛犬和杜宾犬偶尔出现的间歇性头部快速摆动综合征也可能为运动障碍。

## 运动不耐受与虚脱
### (DISORDERS CAUSING EXERCISE INTOLERANCE OR COLLAPSE)

不愿意锻炼或长期不能运动是犬主人的常见抱怨。运动不耐受可能是由于骨科、心血管、呼吸、血液、代谢/内分泌、神经系统、神经肌肉和肌肉疾病(框69-1)引起的。当评估一只犬运动不耐受的原因时,兽医必须进行仔细的体格检查和神经系统检查。肌肉萎缩或疼痛且休息时很虚弱,但姿势反应和反射均正常,则提示可能为肌肉紊乱。关节疼痛可能表明这只犬有多发性关节炎、骨科疾病或退行性关节病。若心脏听诊异常或脉象特征异常,则应进行完整的心脏评估。应进行包括临床病理学检查和放射检查在内的完整的常规系统检查。当静息状态所有的检查都正常时,则应在患犬进行导致运动不耐受相关的锻炼时进行检查。运动不耐受的特征性临床症状(如无力、发绀、喘鸣、跛行、心律失常)有时能为找出病因提供依据。根据临床症状,可能需要进行额外的检测,包括乙酰胆碱受体(acetylcholine receptors,AChRs)抗体水平检测、连续心电图监测、甲状腺和肾上腺功能评价、动脉血气分析、运动前后参数测量(如:电解质、葡萄糖、CK)。少数运动不耐受和虚脱有很典型的特征,应以典型病征和症状为诊断基础,可用特定检测以帮助确诊。在本章描述这些情况,是因为运动不耐受常常是与肌肉疾病相关的临床症状。当神经系统检查和辅助检测表明有导致运动不耐受的不明肌源性原因时,应考虑进行特定代谢试验(尿中有机酸和血浆氨基酸分析、肉毒碱测定、运动前后酸碱参数测定、血液乳酸盐以及丙酮酸盐测定)。这些样本和新鲜的、固定的肌肉组织活检样本,应送到专业研究肌肉疾病方面的兽医实验室进行检测。

犬运动引起的动力蛋白相关性瘫痪(dynamin-associated exercise-induced collapse,dEIC)是一种常染色体隐性遗传的中枢神经系统疾病,常见于拉布拉多巡回犬,偶见于切萨皮克湾猎犬、卷毛猎犬、博伊金猎犬、威尔士考杰犬、德国刚毛指示犬,而最近在英国古代牧羊犬中也有发现。患病的(纯合子)拉布拉多巡

**骨科**
发育疾病
骨痛
退行性关节病
多发性关节炎
韧带损伤

**心血管**
充血性心力衰竭
心包填塞
心律失常

**呼吸系统**
喉部麻痹
气道阻塞
肺部器质性疾病
肺血管疾病
胸膜腔疾病

**血液系统**
贫血
红细胞增多症

**代谢/内分泌**
低血糖症(通常为间歇性)
肾上腺皮质功能减退
甲状腺功能减退
肾上腺皮质功能亢进

**神经/神经肌肉**
重症肌无力
全身或局部痉挛(由运动/换气过度引起)
多肌炎
原虫性肌炎
遗传性肌病
椎间盘脊椎炎
马尾神经综合征
动态性运动性虚脱(exercise-induced collapse,EIC)
边境牧羊犬虚脱(Border Collie collapse,BCC)

回犬会在 7 月龄至 2 岁时第一次发该病。患犬在休息和适度运动时是正常的。剧烈运动和兴奋会导致共济失调和后肢无力,有时会发展至瘫软(图 69-7)。瘫软期间,患犬会发热并且呼吸不畅,但与参加同样的剧烈程度运动的正常运动耐受拉布拉多巡回犬相比,其生理与临床病理学指标相同。虚脱时,患犬膝跳反射消失,部分患犬在发病和恢复过程中会经历一个严重失平衡(失衡)的过程。少数患犬会在某次虚脱中死亡,但大部分会在 10～20 min 内恢复且无临床症状遗留或临床病理异常。肌肉活检正常。该疾病不是渐进性的,因此如果严格限制运动强度不至虚脱程度,则寿命

正常。诊断应根据典型的虚脱情况、排除其他导致运动不耐受的原因,并证明是致病动力蛋白的纯合子突变;该蛋白在运动、兴奋以及与运动产生过高热时,在脑和脊髓神经递质内重新聚集。

**图 69-7**
一只患有运动性虚脱综合征(EIC)的年轻拉布拉多巡回犬,后肢蹭行步态于运动 10 min 后出现。

边境牧羊犬虚脱(Border Collie collapse,BCC)是一种导致边境牧羊犬运动不耐受的发作性神经疾病。该病最常见于家庭使役犬,但也见于敏捷或飞球竞赛训练犬,以及重复捡球的犬。患犬在休息时很正常,并且看起来很健康,但可能会在 5～15 min 剧烈活动后出现异常,特别是在炎热的天气里。患犬的后肢或四肢会呈现出僵硬呆板且步伐小的步态,在行走或转弯时拖腿。患犬在发作时可能显得眼神呆滞,或一时失去焦点。部分患犬会出现走路摇晃、步态不协调(像"喝醉")的症状,少数患犬可能变得无法走路。患犬的异常状态会维持 5～30 min,但之后会完全恢复,无遗留跛行或肌肉僵硬和不适。发病时体温很高[常常>41.7℃(107°F)],但不高于能进行同样运动的健康犬。心脏、代谢和神经系统评估均正常,肌肉活检正常。正在进行基因研究。澳大利亚卡尔比犬、澳大利亚牧羊犬和喜乐蒂牧羊犬可能会出现相似或相同的病症。

苏格兰犬痉挛(Scotty cramp)是一种见于苏格兰㹴的与压力、兴奋和运动有关的阵发性步态明显异常和虚脱的疾病。首次虚脱发生于 6 周龄至 18 月龄之间。运动时,前肢外展且僵硬、同时脊椎拱起、下肢僵硬,从而导致跌倒或栽跟头。症状通常在 10 min 内消退。类似的紊乱还见于斑点犬、可卡犬、刚毛㹴和诺维奇㹴。这些症状被认为与抑制性神经递质 5-羟色胺(血管收缩素)的相对缺乏有关。合理的生活方式和日常口服乙酰丙嗪马来酸盐(0.1～0.75 mg/kg q 12 h)或地西泮(0.5 mg/kg q 8 h)能有效控制发病。

骑士查里王猎犬连续性跌倒症是一种会造成 3～7 月龄患犬呈现出奇怪的步态,且运动时会出现瘫软现象的疾病。患犬在非运动状态时是正常的,但运动会引起后肢僵硬跳跃步态、似兔子跳、脊椎拱起和意识清醒的虚脱。初步研究表明为 CNS 神经递质紊乱。用氯硝西泮治疗(0.5mg/kg q 8 h)能缓解症状,但通常会产生耐药性。

◆推荐阅读

Allgoewer I et al: Extraocular muscle myositis and restrictive strabismus in 10 dogs, *Vet Ophthalmol* 3:21, 2000.

Bandt C et al: Retrospective study of tetanus in 20 dogs: 1988-2004, *J Am Anim Hosp Assoc* 43:143, 2007.

Braund KG: Myopathic disorders. In Braund KG, editor: *Clinical neurology in small animals: localization, diagnosis, and treatment*, Ithaca, NY, 2005, International Veterinary Information Service (www.ivis.org).

Cosford KM, Taylor SM: Exercise intolerance in retrievers, *Vet Med* 105:64, 2010.

Evans J, Levesque D, Shelton GD: Canine inflammatory myopathies: a clinicopathologic review of 200 cases, *J Vet Intern Med* 18:679, 2004.

Gaschen F, Jaggy A, Jones B: Congenital diseases of feline muscle and neuromuscular junction, *J Feline Med Surg* 6:355, 2004.

Klopp LS et al: Autosomal recessive muscular dystrophy in Labrador Retrievers, *Compend Contin Educ Small Anim Pract* 22:121, 2000.

Platt SR, Shelton GD: Exercise intolerance, collapse and paroxysmal disorders. In Platt SR, Olby NJ, editors: *BSAVA manual of canine and feline neurology*, Gloucester, 2004, BSAVA.

Shelton GD, Engvall E: Muscular dystrophies and other inherited myopathies, *Vet Clin North Am Small Anim Pract* 32:103, 2002.

Taylor SM: Selected disorders of muscle and the neuromuscular junction, *Vet Clin North Am Small Anim Pract* 30:59, 2000.

Taylor SM: Exercise-induced weakness/collapse in Labrador Retrievers. In Tilley LP, Smith FW, editors: *Blackwell's five minute veterinary consult: canine and feline*, ed 4, Ames, Iowa, 2007, Blackwell.

Vite CH: Myotonia and disorders of altered muscle cell membrane excitability, *Vet Clin North Am Small Anim Pract* 32:169, 2002.

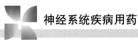 神经系统疾病用药

| 药物名(商品名) | 使用目的 | 推荐剂量 | |
| --- | --- | --- | --- |
| | | 犬 | 猫 |
| 乙酰丙嗪(乙酰普吗嗪) | 保定、镇静、放松 | 0.1~0.2 mg/kg IM q 6 h<br>1~2mg/kg PO q 6~8 h | 0.1~0.2 mg/kg IM q 6 h<br>0.5~2 mg/kg PO q 6~8 h |
| 乙酰半胱氨酸 | 退行性脊髓疾病抗氧化剂 | 25 mg/kg PO q 8 h 连用 14 d<br>后 q 8 h 隔日 | |
| 活性炭(1 g/5 mL 水) | 胃肠道吸附剂 | 10 mg/kg PO | 10 mg/kg PO |
| 氨基己酸(Amicar) | 变性性脊髓病的抗炎 | 500 mg PO q 8 h | 不用 |
| 氨苄西林 | 抗生素 | 22 mg/kg PO q 8 h 或 22 mg/<br>kg IV SC IM q 6 h | 22 mg/kg PO q 8 h 或 22 mg/<br>kg IV SC IM q 6 h |
| 阿莫西林克拉维酸(Clavamox) | 抗生素 | 12.5~25 mg/kg PO q 8 h | 12.5~25 mg/kg PO q 8 h |
| 阿扑吗啡 | 催吐剂 | 0.08 mg/kg SC 或 6 mg(1 粒<br>压碎的药片)在结膜囊 | 用甲苯噻嗪代替 |
| 阿托品 | 重症肌无力时胆碱酯酶抑制<br>剂试验用药 | 0.02 mg/kg IV 或 0.04 mg/IM | 0.02 mg/kg IV 或 0.04 mg/IM |
| | 胆碱能毒素的解毒药 | 0.5 mg/kg IV,接着 1.5 mg/<br>kg SC q 6~8 h | 0.5 mg/kg IV,接着 1.5 mg/<br>kg SC q 6~8 h |
| 硫唑嘌呤(lmuran) | 免疫介导性疾病 | 2 mg/kg PO q 24 h | 禁用 |
| 氨甲酰甲胆碱(Urecholine) | 治疗膀胱弛缓 | 0.04 mg/kg PO, SC q 8 h | 0.04 mg/kg PO, SC q 8 h |
| 葡萄糖酸钙(10%) | 治疗低血钙 | 0.5~1.0 mg/kg IV | 0.5~1.0 mg/kg IV |
| 头孢噻肟 | 抗生素 | 20~40mg /kg IV q 6 h | 20~40mg /kg IV q 6 h |
| 头孢曲松 | 抗生素 | 25 mg/kg IV SC q 12~24 h | 25mg/kg IV SC q 12~24 h |
| 头孢氨苄(Keflex) | 抗生素 | 20~40 mg/kg PO q 8 h | 20~40 mg/kg PO q 8 h |
| 氯丙嗪(Thorazine) | 止吐(前庭) | 0.5 mg/kg IV,SC,IM q 8 h | 0.5 mg/kg IV,SC,IM q 8 h |
| 克林霉素 | 抗生素 | 10~15 mg/kg PO q 8 h | 10~15 mg/kg PO q 8 h |
| 氯氮卓 | 抗惊厥 | 1~2 mg/kg PO q 12 h | 1~2 mg/kg PO q 12 h |
| 环孢素(Atopica) | 治疗 GME | 6 mg/kg PO q 12 h | 无 |
| 阿糖胞苷(Cytosar) | 治疗 GME | 50 mg/m² SC q 12 h 连用 2 d<br>后 q 21 d | 无 |
| 葡萄糖(50%) | 治疗低血糖 | 2 mL/kg IV | 2 mL/kg IV |
| 地西泮(Valium) | 抗惊厥、慢性发作管理 | 0.3~0.8 mg/kg PO q 8 h | 0.3~0.8 mg/kg PO q 8 h |
| | 癫痫持续状态 | 5~20 mg IV(根据需要重复) | 5mg IV(如果需要,重复) |
| 苯海拉明 | 止吐(前庭) | 2~4 mg/kg,IM 或 SC | 1~2 mg/kg,IM 或 SC |
| 强力霉素 | 抗生素 | 5~10 mg/kg PO IV q 12 h | 5~10 mg/kg PO IV q 12 h |
| 依酚氯铵(Tensilon) | 用于重症肌无力测试的腾<br>喜龙 | 0.1~0.2 mg/kg IV | 0.2~1 mg/猫 IV |
| 恩诺沙星(Baytril) | 抗生素 | 5~20 mg/kg PO IV IM q<br>24 h | 5mg/kg PO IM q 24 h |
| 非氨酯(Felbatol) | 抗生素 | 15 mg/kg PO q 8 h | 15 mg/kg PO q 8 h |
| 呋塞米(Lasix) | 利尿剂、降低颅内压 | 2~4 mg/kg IV IM SC q 6 h | 2~4 mg/kg IV IM SC q 6 h |
| 加巴喷丁(Neurontin) | 抗惊厥 | 10~20 mg/kg PO q 8 h | 10~20 mg/kg PO q 8 h |
| 吐根糖浆 | 催吐 | 6.6mL/kg PO | 6.6mL/kg PO |

续表

| 药物名(商品名) | 使用目的 | 推荐剂量 | |
|---|---|---|---|
| | | 犬 | 猫 |
| 来氟米特 | 治疗 GME | 2～4 mg/kg PO q 24 h | 10 mg/猫 PO |
| 左乙拉西坦(Keppra) | 抗惊厥(慢性) | 20 mg/kg PO q 8 h | 20 mg/kg PO q 8 h |
| | 抗惊厥(癫痫持续状态) | 60 mg/kg IV | 未知 |
| 甘露醇(20%溶液) | 治疗脑水肿 | 1～3 g/kg IV 超过 15 min | 1～3 g/kg IV 超过 15 min |
| 氯苯甲嗪 | 前庭止吐药 | 1～2 mg/kg PO q 24 h | 1～2 mg/kg PO q 24 h |
| 美索巴莫(Robaxacin) | 肌松剂 | 20 mg/kg PO q 8～12 h | 无 |
| 甲基甲磺酸钠(SoluMedrol) | 脊柱创伤 | 20～40 mg/kg IV | 20～40 mg/kg IV |
| 甲硝唑(Flagyl) | 抗生素 | 10～15 mg/kg PO q 8 h<br>7.5 mg/kg IV q 8 h | 10～15 mg/kg PO q8 h<br>7.5 mg/kg IV q 8 h |
| 霉酚酸酯(CellCept) | 治疗 GME/重症肌无力 | 20 mg/kg PO q 12 h,30 d 后,<br>10 mg/kg q 12 h | 无 |
| 甲硫酸新斯的明(Prostigmin) | 重症肌无力的治疗 | 0.04 mg/kg IM q 6～8 h | 0.04 mg/kg IM q 6～8 h |
| | 重症肌无力的检测 | 0.01 mg/kg IV 后采用阿托<br>品作为术前用药 | 0.01 mg/kg IV 后采用阿托<br>品作为术前用药 |
| 戊巴比妥 | 抗惊厥/麻醉 | 5～15 mg/kg IV 至起效 | 5～15 mg/kg IV 至起效 |
| 苯巴比妥 | 抗惊厥 | 2～3 mg/kg PO q 12 h,基于<br>血药浓度调整 | 2～3 mg/kg PO q 12 h,基于血<br>药浓度调整 |
| 酚苄明 | 降低尿道平滑肌张力 | 0.25～0.5 mg/kg PO q 8 h | 2.5～5 mg/猫 PO q 12 h |
| 溴化钾 | 抗惊厥 | 15～20 mg/kg PO q 12 h;基<br>于血药浓度调整 | 无 |
| 葡萄糖酸钾(Kaon Elixir) | 治疗低钾血症 | 无 | 2.5～5 mEq PO q 12 h |
| 解磷定(2-PAM) | 治疗有机磷中毒 | 20 mg/kg IM q 12 h | 20 mg/kg IM q 12 h |
| 泼尼松 | 免疫抑制 | 2～4 mg/kg PO q 24 h | 2～6 mg/kg PO q 24 h |
| | 抗炎抗水肿 | 0.5～1 mg/kg PO q 24 h | 0.5～1 mg/kg PO q 24 h |
| 普鲁卡因胺 | 肌肉强直 | 10～30 mg/kg PO q 6 h | 无 |
| 异丙酚 | 抗惊厥药/麻醉 | 4 mg/kg IV 至起效 | 4 mg/kg IV 至起效 |
| 甲基苄肼(Matulane) | 治疗 GME | 25～50 mg/m2 PO q 24 h ×<br>30 d 后,q 48 h | 无 |
| 乙胺嘧啶 | 弓形虫病 | 0.25～0.5 mg/kg PO q 12 h | 0.25～0.5 mg/kg PO q 12 h |
| 溴吡斯的明(Mestinon) | 重症肌无力 | 1～3 mg/kg PO q 8 h | 0.25～1 mg/kg PO q 12 h |
| 甲氧苄啶/磺胺嘧啶(tribrissen) | 抗生素 | 15 mg/kg PO q 12 h | 15 mg/kg PO q 12 h |
| 赛拉嗪(Rompun) | 催吐(猫) | 无 | 0.44 mg/kg IM |
| 唑尼沙胺(Zonegran) | 抗惊厥 | 5～10 mg/kg PO q 12 h | |

GME,颗粒性脑膜脑脊髓炎;IM,肌内注射;IV,静脉注射;PO,口服;SC,皮下注射。

# 第 70 章
## CHAPTER 70

# 关节疾病的临床表现和诊断方法
## Clinical Manifestations of and Diagnostic Tests for Joint Disorders

## 概述
### (GENERAL CONSIDERATIONS)

关节疾病分为炎性和非炎性两类(框70-1)。非炎性关节疾病包括发育性、退行性、肿瘤性和创伤性。这些疾病在其他报道中有非常详细的论述(Rychel,2010)。炎性关节疾病的病因有感染性和免疫介导性,可影响一个或多个关节(如多关节炎)。免疫介导性多关节炎可根据体格检查和影像学检查进一步划分为侵蚀性和非侵蚀性。免疫介导性非侵蚀性多关节炎(immune-mediated nonerosive polyarthritis,IMPA)是犬最常见的炎性关节疾病,是由免疫复合物沉积在滑膜内引起的无菌性滑膜炎。IMPA通常作为特发性综合征,但也可能是系统性红斑狼疮(systemic lupus erythematosus)的特征症状,或继发于由慢性感染、肿瘤疾病、某些药物导致的抗原刺激(如反应性多关节炎)。一些与品种相关的综合征如多关节炎、多关节炎/脑脊膜炎或多关节炎/肌炎也被认为是免疫介导引起的,在犬中具有遗传性(见第101章)。

## 临床表现
### (CLINICAL MANIFESTATIONS)

患有关节疾病的动物常有跛行或步态异常的病史。创伤性或发育性疾病往往只累及一个关节,并造成患肢持续跛行。患有退行性关节疾病的动物往往长期仅表现轻度不适和不愿运动,没有其他全身性疾病

的症状。虽然多个关节会受到影响,但症状发展非常缓慢。炎性关节炎(尤其是多关节炎)引起的疼痛通常比退行性关节炎引起的疼痛更为强烈,患病动物可能拒绝走路,当被移动或触摸患肢时可能会因疼痛而尖叫(图70-1)。患有多关节炎的犬通常会有交替跛行的症状,或呈现"踩蛋壳"步态,但也有一些病例没有明显的跛行,而仅出现食欲减退、发热、虚弱、僵硬或运动不耐受的非特异性病史。临床上,多关节炎患犬通常有持续性或周期性发热(Battersby,2006)。一些患有多关节炎的动物没有明显的关节疼痛或可察觉的关节肿胀及渗出,因此对这种疾病应保持高度警惕。

 **框 70-1 犬猫常见关节疾病分类**

> **非炎症性关节疾病**
> 发育性
> 退行性
> 创伤性
> 肿瘤性
>
> **炎症性关节疾病**
> 感染性
> 非感染性(免疫介导性)
>   非侵蚀性
>   侵蚀性

## 诊断流程
### (DIAGNOSTIC APPROACH)

对于具有非特异性疼痛、步态僵硬、不愿运动或不明原因发热的动物,需要进行细致的体格检查,对疼痛

或炎症进行定位。更重要的是观察动物的姿势和步态，彻底地检查和触诊脊柱、四肢肌肉、骨骼及关节。骨骼触诊疼痛提示创伤及犬的全骨炎、肥大性骨营养不良、骨髓炎或骨肿瘤。肌肉触诊疼痛提示肌炎、拉伤或扭伤。颈部触诊疼痛提示脊髓或脊椎异常、颅内疾病、脑膜炎或多关节炎；椎间关节炎时颈部或背部疼痛（框69-1）。

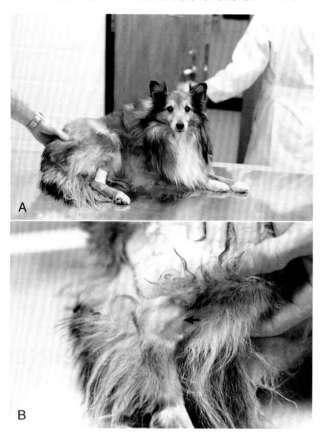

**图 70-1**
**A，**一只 7 岁的喜乐蒂牧羊犬疑似患有寄生虫感染。神经学检查结果正常，但犬因患有特发性免疫介导性多关节炎引起关节疼痛而拒绝站立。**B，**可见跗关节肿胀。

　　一些患有关节疾病的动物在兽医检查关节时会有明显的不适感。患有退行性或侵蚀性关节炎的动物被屈曲和伸展关节时，会出现活动范围受限并有响声，提示关节磨损、骨赘或其他关节周围病变。另外，还应检查受损关节的支持韧带以确认关节的稳定性。对于患有非侵蚀性多关节炎的动物，兽医检查其关节时常见关节肿胀和疼痛，但在触诊时很少会见到明显异常（图 70-2）。大约 25％ 的 IMPA 患犬无关节肿胀或疼痛的表现。因此，触诊正常并不能排除该病，还需进一步诊断评估。

　　滑液分析可用于确诊炎性关节炎。当怀疑犬猫患有多关节炎时，可从多个关节（3 个或更多）采集关节液进行诊断。如果查明单关节疾病引发全身性或局部性炎症时，也可进行关节液检查。滑液分析还可用于炎性

和非炎性关节疾病的鉴别诊断（表 70-1）。当诊断结果提示有炎症时，首先考虑感染性病因，例如细菌、支原体、L 型细菌、螺旋体、立克次体、原虫和真菌（表 70-2）。感染原可直接入侵关节，或引起循环系统免疫复合物沉积后触发免疫介导性多关节炎，引起临床症状（Sykes，2006）。感染性和免疫介导性关节炎的鉴别诊断方法包括：全血细胞计数；尿液分析；尿液、血液和滑液培养；蜱媒疾病的血清学检查；胸部影像学检查和真菌血清学检查。一旦排除感染性因素，就可确诊为免疫介导性多关节炎。

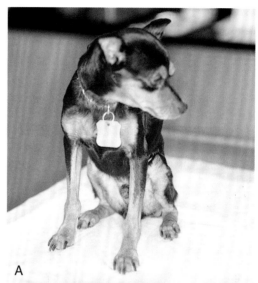

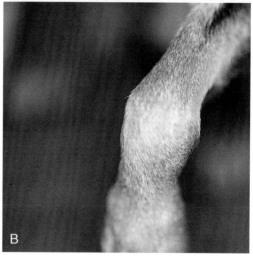

**图 70-2**
**A，**一只 4 岁的迷你杜宾犬，因上一年曾发生过间歇性高热和精神萎靡转诊。所有关节在触诊和视诊时均表现肿胀，尤其是腕关节（**B**）。

　　非感染性 IMPA 常见于犬，猫少见。免疫介导性多关节炎可表现为特发性综合征，也可作为系统性红斑狼疮或全身性抗原刺激（如反应性多关节炎）继发症的特征。在反应性多关节炎中，关节免疫复合物沉积可引起滑膜炎。据报道，反应性多关节炎与慢性细菌

**表70-1 常见关节疾病的滑液细胞学检查**

|  | WBC(μL) | % PMN |
|---|---|---|
| 正常 | 200～3 000 | <10 |
| 退行性 | 1 000～6 000 | 0～12 |
| 创伤性 | 不一 | <25 |
| 败血性 | 40 000～280 000 | 90～99 |
| 免疫介导性 |  |  |
| 非侵蚀性免疫介导性 | 4 000～370 000 | 15～95 |
| 侵蚀性关节炎(类风湿样) | 6 000～80 000 | 20～80 |

PMN:多形核嗜中性粒细胞;WBC:白细胞。

 **表70-2 犬猫多关节炎的感染性病因**

| 犬 | 猫 |
|---|---|
| 犬瘟热病毒(引起类风湿性关节炎) | 杯状病毒、猫合胞体病毒、猫传染性腹膜炎 |
| 细菌直接感染关节或血液扩散;葡萄球菌、链球菌(微生物培养常见细菌)或其他 | 细菌直接感染关节或血液扩散;多杀性巴氏杆菌病或其他 |
| 支原体、L型细菌 | 支原体、L型细菌 |
| 伯氏疏螺旋体 | |
| 利士曼原虫 | |
| 埃利希体属、洛杉矶斑疹热、无形体属 | |

性或真菌性感染、肿瘤和药物或疫苗有关(Sykes, 2006)。排除反应性多关节炎的进一步诊断方法包括:CBC、胸部和腹部影像学检查、眼科检查、尿液和血液细菌培养、淋巴结抽吸、心脏超声检查、腹部超声检查。这些检查结果可用于确诊特发性IMPA。若存在多器官损伤则须考虑检测是否存在系统性红斑狼疮,检查项目包括CBC、血小板计数、尿蛋白/肌酐比、抗核抗体(antinuclear antibody,ANA)效价、器官特异性检查(如怀疑肌炎时检测肌酸激酶)。

由于大多数IMPA患犬都属于非侵蚀性关节疾病,所以最初的诊断评估一般不采用影像学方法。怀疑犬患有IMPA但疗效不明显,且触诊关节不稳定或变形时,须采用影像学检查来确定是否存在侵蚀性关节病变。具体表现包括软骨下骨病灶的"孔状"溶解性病变、关节周围软组织增生和钙化。侵蚀性多关节炎的特点是进行性关节炎、骨组织破坏和骨变形,是犬的一种不常见的免疫介导性疾病,而类风湿因子血清学检查和滑膜活组织检查可用于诊断罕见的侵蚀性多关节炎。

猫的多关节炎较为少见。感染性关节炎的病因包括细菌、L型细菌、支原体、杯状病毒感染。骨膜增生性多关节炎也称侵蚀性多关节炎综合征,公猫发病与

猫白血病病毒(feline leukemia virus,FeLV)和猫合胞体病毒(feline syncytium-forming virus)感染有关。猫的免疫介导性多关节炎包括IMPA、反应性多关节炎、类风湿性关节炎和系统性红斑狼疮。

# 诊断性检查
## (DIAGNOSTIC TESTS)

## 最小诊断数据
### (MINIMUM DATABASE)

非炎性关节疾病动物的最小诊断数据(CBC、血清生化检查和尿液分析)应该是正常的。犬猫患有多关节炎时表现为白细胞增多、高球蛋白血症和轻度低白蛋白血症。血小板减少症常见于蜱媒病原引起的多关节炎。动物患有感染性多关节炎时,其红细胞或白细胞内会出现病原体(图70-3)。犬并发肾小球性肾炎时可能出现蛋白尿和低蛋白血症。猫患有多关节炎时应检测FeLV抗原和猫免疫缺陷病病毒(feline immuno-deficiency virus,FIV)抗体。即使临床病理学评估正常,也不能排除多关节炎。

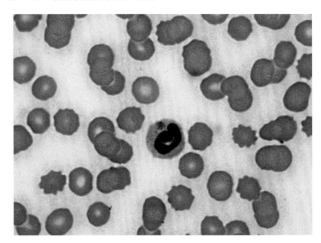

**图70-3**
犬患多关节炎时,其外周血嗜中性粒细胞内的嗜吞噬细胞无形体桑椹胚。

## 滑液采集和分析
### (SYNOVIAL FLUID COLLECTION AND ANALYSIS)

关节滑液采集和分析是确诊犬猫关节疾病的最常用手段,可明确异常关节、鉴别诊断炎性与非炎性疾病,同时为特异性诊断提供信息。

## 采样方法

关节穿刺术具有所需专业技术少、设备少、对动物危害性低、操作便宜、诊断率高等特点。犬需轻度安抚或镇静，以减轻操作疼痛。采集猫的关节滑液时推荐全身麻醉。免疫介导性疾病易发于远端小关节如跗关节和腕关节。疑似多关节炎时，需从至少 3～4 个关节内（包括至少一个腕关节、跗关节和膝关节）采集滑液进行分析。据报道，对犬跗关节进行采样检查最易于确诊 IMPA（Stull 等，2008）。采样时应选择损伤最严重的关节。当动物前肢跛行但无法确定患处时，应着重检查肘部和肩部。如发生肿胀或疼痛时，需采集小的掌指关节和指间关节滑液进行分析。当疑似多关节炎时，即使只有一个关节出现临床症状，也要采集多个关节的滑液进行分析。

应采用无菌操作（无菌手套、针头和注射器）进行关节穿刺，局部剃毛，皮肤外科消毒。犬猫关节穿刺术采用 25 G 针头和 3 mL 注射器（图 70-4）。22 G 针头长 1～1.5 in（英寸），用于犬肩关节、肘关节和膝关节采样，由于关节大小不同，大型犬可能需要使用 3 in（英寸）长的脊柱穿刺针进行髋关节采样。

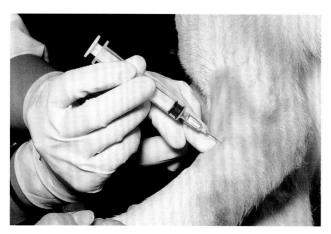

**图 70-4**
**正在用小号针头连接 3 mL 注射器进行关节穿刺术。**

可根据个人偏好选择关节穿刺点，参考图 70-5 为其中一种推荐采样方法。关节无菌备皮后由助手保定，一边弯曲和伸展关节，一边用戴手套的手指触诊关节间隙。在适度弯曲关节时，可触到大多数关节间隙。针头与注射器连接，然后刺入关节间隙。一旦针尖进入关节间隙，对注射器施加轻度负压，抽吸非常少量的关节液（1～3 滴）即可用于评判滑液黏性、细胞计数、白细胞（WBC）分类计数和培养，量多时可用于细胞计数。一旦抽液完毕，在退针前需释放注射器负压，以避免皮肤血管内血液进入注射器。抽吸时出现血液应立

即停止抽吸并退针。采样后应立即进行滑液抹片（图70-6）；在载玻片上滴一滴滑液，用另一张载玻片抹片。剩余滑液应进行培养和药敏实验。在需氧培养时，滑液置于无菌管内，或黏附于无菌棉拭子上送检。如怀疑厌氧菌感染，应将滑液置于装有运输培养基的厌氧菌培养管内（如 Port-a-Cul 培养管）送检。采样量有限

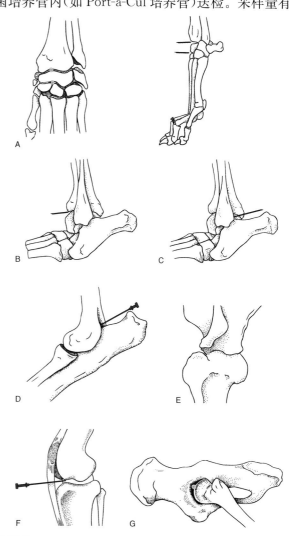

**图 70-5**
**犬猫关节穿刺的推荐穿刺位点。**
**A，腕关节**：稍微活动关节。触诊并刺入桡腕或腕骨与掌骨前内侧间隙。
**B，跗关节**：从前部刺入。触诊跗关节前外侧的胫骨与胫跗骨间隙，从浅处入针直到触碰到骨面回抽。
**C，跗关节**：从侧面刺入。稍微活动关节，针头刺入外侧脚踝末梢尾侧，调整针头居中，且稍偏外侧。
**D，肘关节**：针头水平鹰嘴背侧缘正中刺入肱部上髁外侧，平行鹰嘴向头侧进针，中等力量回抽。
**E，肩关节**：侧面刺入。如果负重则稍微活动关节，从肩峰背侧刺入针头触碰到盂肱韧带，调整针头居中。
**F，膝关节**：活动关节，从外侧膝盖骨远端与胫骨结节的等距点刺入，针头触碰到直髌韧带，如果刺入关节囊尾部，则调整针头稍微居中。
**G，髋关节**：将犬患肢伸直平行于桌面，髓内针垂直刺入大转子背侧正中直到触碰到骨，然后内旋后肢从腹侧和尾侧入针。

时,需氧菌和厌氧菌均可从厌氧菌培养管中分离出来。根据临床症状或关节液的特性来选择最合适的关节进行关节液培养。如临床诊断疑似 IMPA 时,送检培养的关节液应至少来源于一个关节。

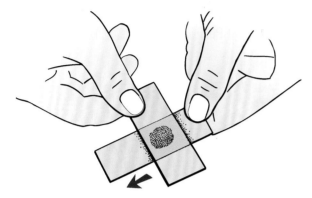

**图 70-6**
制备滑液涂片。滴一滴滑液于载玻片上。使用拉涂片技术用另一张载玻片轻轻抹片。

### 性状分析

正常的滑液特性是清亮无色的。当红细胞(RBC)或 WBC 大量进入关节液时,滑液呈浑浊。颜色改变提示血液污染或呈病理状态。出血来源于先前穿刺出血或进行性疾病时,滑液弥散性变红;创伤性出血一般不会与关节液均匀混合。黄色液体(黄染)说明关节内曾出血或有罕见的关节退化、外伤及炎性关节疾病。

正常滑液非常黏稠,当从针头滴到载玻片时会拉丝(>2.5 cm)(图 70-7)。滑液稀薄或水样说明缺乏聚合透明质酸,见于血清稀释,或关节内炎性反应强烈造成透明质酸降解。

**图 70-7**
正常滑液清亮透明。

### 显微镜镜检分析

滑液分析最重要的内容是细胞学评估。通常只需

采集几滴滑液直接涂片染色镜检即可评估细胞数量。具体操作是在一张载玻片上滴一滴滑液,用另一张载玻片抹片制成薄薄的涂片(图 70-6)。待涂片风干后采用 Diff-Quik 或瑞氏吉姆萨染液(Wright-Giemsa)染色。正常滑液白细胞数<3 000 个/μL,染片镜检时每个高倍镜视野(40×)不超过 3 个白细胞。临床医生通过显微镜简单评估滑液染片时,可将白细胞数量估计为正常、轻度增多和大量增多。

正常滑液含有大、小不一的单核细胞,且常含有许多空泡和颗粒。有时偶见嗜中性粒细胞,但其数量要小于总有核细胞的 10%。采样时被血液污染可能会导致滑液内每 500 个红细胞中约含 1 个嗜中性粒细胞。出现血小板则提示近期关节内出血或有严重的血液污染。含铁血黄素巨噬细胞和红细胞吞噬现象可证实先前的出血。

退行性关节疾病可以引起细胞数量轻度的增多(<6 000 个/μL)和滑液分泌量增多,但几乎所有的细胞都是单核细胞(表 70-1)。关节内嗜中性粒细胞增多提示滑膜有炎症。滑膜发炎越严重,滑液白细胞数量越多,嗜中性粒细胞的比例越大(图 70-8)。

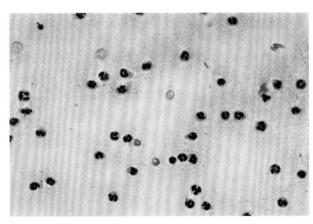

**图 70-8**
成年犬患有特发性免疫介导性关节炎时,滑液有核细胞持续增多,主要是嗜中性粒细胞。

除了白细胞计数和白细胞分类计数(精确的或估计的)之外,关节液细胞学评估也非常重要。犬猫患有免疫介导性疾病时,其滑液内嗜中性粒细胞正常。急性或严重的化脓性关节炎时,可能观察到嗜中性粒细胞吞噬细菌,这类细胞通常呈中毒性表现、破裂或退行性。立克次体(犬埃利希体、尤茵埃利希体、嗜吞噬细胞无形体)和利什曼病导致的多关节炎的动物中,滑液细胞内可能会出现一些病原体。犬系统性红斑狼疮诱导的关节炎中,关节液中偶尔能看到红斑狼疮细胞或类风湿细胞(图 70-9)。

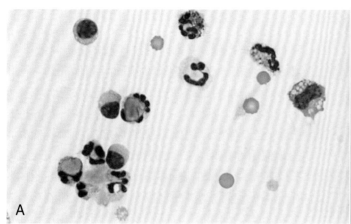

**图 70-9**

患有多关节炎的德国牧羊犬滑液镜检。**A,**一些细胞是红斑狼疮(LE)细胞,这些细胞含有吞噬的、有被吞噬倾向的、不规则核质,这些 LE 细胞有助于确诊系统性红斑狼疮;**B,**该犬因血管炎引起的蛋白尿、舌溃疡,抗核抗体检测阳性。

## 滑液培养
(SYNOVIAL FLUID CULTURE)

　　细菌是关节感染最常见的病原。化脓性关节炎可根据嗜中性粒细胞的中毒性变化和滑液涂片中出现细菌进行确诊(Clements,2005)。一些病原体(例如支原体)不会引起特征性细胞学异常,因此任何关节液的有核细胞数增多和嗜中性粒细胞比例增高都需进行滑液培养。滑液应进行需氧和厌氧培养,以及特殊的支原体培养。化脓性关节炎病例中,由于直接细菌培养的阳性率只有 50%,故直接细菌培养阴性也不能排除化脓性关节炎。如果采集了感染性滑液,应接种到肉汤增菌培养基(例如巯基乙酸酯血培养瓶),孵育 24 h 后再培养,诊断率可大大提高(85% ~100%阳性率)。应考虑同时进行血液、尿液和滑膜活检组织的培养,以提高临床相关病原体疾病的康复率。

## 滑膜活组织检查
(SYNOVIAL MEMBRANE BIOPSY)

　　根据病史、体格检查、影像学检查和滑液分析怀疑为某种疾病时,可进行滑膜活组织检查确诊。疑似化脓性关节炎的病例可采样进行微生物培养。滑膜检查对于诊断肿瘤物和鉴别诊断感染性关节炎和免疫介导性疾病非常有价值。

　　滑膜活组织检查可通过细针抽吸或外科关节切开术采样。后者可使整个关节可视化,便于特定部位的活组织采样。滑液膜穿刺活检操作迅速,且创伤很小,但采样量少,只能在膝关节操作。

## 放射学检查
(RADIOGRAPHY)

　　放射学检查是初步诊断评估的重要手段,适用于只有一个关节表现临床症状的病例,或关节触诊出现噼啪声、不稳固或活动范围受限时。体格检查有助于确定哪个关节需要进行放射学检查,每个关节要进行两个体位(例如侧位和前后位)的投照。放射学检查发现关节和关节周围区域异常时,说明动物患有退行性关节疾病(degenerative joint disease,DJD)、慢性化脓性关节炎、侵蚀性免疫介导性关节炎。犬疑似患有 IMPA 时,如果治疗反应快而彻底,不建议进行放射学检查,因为唯一可发现的异常是关节囊轻度膨胀和周围软组织肿胀。患有感染性多关节炎的病例进行放射学检查只能发现软组织肿胀和渗出。

　　犬猫患有多关节炎时建议进行胸部、腹部 X 线检查和腹部超声检查,以评估可引起反应性多关节炎的潜在性感染或肿瘤性疾病。此外,当犬并发颈部或背部疼痛时需要进行脊柱放射学检查,以筛查可引发反应性多关节炎的椎骨椎间盘炎。

　　放射学检查是重要的诊断工具,但效用有限。患有 DJD 和侵蚀性免疫介导性疾病的骨质变化,需在出现症状数周甚至数月后,才能在 X 线片上有显著变化。尽管阳性变化有助于诊断,但阴性变化也需谨慎判读,并需要连续的 X 线检查。

# 免疫与血清学检查
## (IMMUNOLOGIC AND SEROLOGIC TESTS)

### 莱姆病滴度

感染莱姆病(Lyme disease)的病原体(伯氏疏螺旋体,*Borrelia burgdorferi*)后,可引起原发性感染性滑膜炎及由免疫复合物沉积引起的免疫介导性滑膜炎。患犬会产生抗体应答反应,可通过间接荧光抗体(IFA)试验或酶联免疫吸附试验(ELISA)进行诊断。表现临床症状的莱姆病患犬通常抗体滴度较高,而疫区无症状的患犬体内抗体滴度也可能超过1:8 000。抗体滴度呈阳性仅是表明动物曾接触过病原体,并不代表正在发病。当犬感染伯氏疏螺旋体后,表面肽(C6)开始表达,但在蜱虫中、组织培养中或莱姆病疫苗中没有表达。因此,抗C6抗体提示伯氏疏螺旋体自然感染,目前有很多商业检验方法(Lyme Quant C6 Test,IDEXX,Westbrook,Maine)。该检验结果与蛋白质免疫印迹(Western blot immunoassays)检查结果高度相关,但仍只是表明暴露而非临床发病。由于莱姆病关节炎的临床症状不典型,即使抗体滴度显著增高,也不能单靠此变化确诊。莱姆病多关节炎的诊断需联合多种手段,如发病史(近期暴露于疫区)、临床症状、排除其他病因导致的多关节炎、血清学试验以及治疗反应等。

### 立克次体滴度

血清学检查是落基山斑疹热(Rocky Mountain spotted fever,RMSF)、犬热带单核细胞埃利希体、犬粒细胞无形体病和巴尔通体病的重要诊断方法(更多关于立克次体病的讨论见第93章节,巴尔通体病见第92章节)。急性RMSF时滴度升高,急性期与恢复期的滴度相差4倍。抗犬埃利希体、尤茵埃利希体和无形体病原抗体的出现表明之前曾接触(感染)过病原,在治疗成功后抗体水平仍然持续升高数月。

### 系统性红斑狼疮

系统性红斑狼疮的诊断方法包括抗核抗体(ANA)滴度和红斑狼疮细胞检测。这些检验仅用于临床症状符合系统性红斑狼疮诊断标准时(见第99章

和第101章)。当循环血液中出现抗核抗体时,ANA滴度呈阳性。这些抗体大多数是犬猫SLE时的自身抗体。ANA检查是诊断系统性红斑狼疮的敏感方法,在系统性红斑狼疮病例中阳性率达55%~90%。ANA水平较为恒定,与LE细胞检查相比,不易受类固醇的干扰。然而,ANA检查并非SLE特异性检查方法,当犬猫患有其他系统性炎症或肿瘤疾病时可能出现假阳性结果。LE细胞检查需要鉴别LE细胞,它是一种嗜中性粒细胞,吞噬了核质。这些细胞的细胞质充满无定形紫色物质(图70-9)。LE细胞检查需要大量人力,要有经验的技术人员操作,使用皮质类固醇治疗后结果迅速变成阴性,因此临床应用不多。

### 类风湿因子

可采用检测抗病例自身的IgG进行凝集试验来检测类风湿因子(rheumatoid factor,RF)。该项检查的可靠性与疾病的严重程度和发病时间正相关。侵蚀性(类风湿性)关节炎患犬中,FR阳性率为20%~70%。当患病动物有系统性炎症,或免疫复合物生成和沉积时,可能导致弱假阳性结果。

◆ 推荐阅读

Battersby IA et al: Retrospective study of fever in dogs: laboratory testing, diagnoses, and influence of prior treatment, *J Small Anim Pract* 47:370, 2006.

Clements DN et al: Type I immune-mediated polyarthritis in dogs: 39 cases (1997-2002), *J Am Vet Med Assoc* 224:1323, 2004.

Clements DN et al: Retrospective study of bacterial infective arthritis in 31 dogs, *J Small Anim Pract* 46:171, 2005

Johnson KC, Mackin A: Canine immune-mediated polyarthritis, Part 1: pathophysiology, *J Am Anim Hosp Assoc* 48:12, 2012.

Johnson KC, Mackin A: Canine immune-mediated polyarthritis, Part 2: diagnosis and treatment, *J Am Anim Hosp Assoc* 48:71, 2012.

MacWilliams PS, Friedrichs KR: Laboratory evaluation and interpretation of synovial fluid, *Vet Clin N Am Small Anim Pract* 33:153, 2003.

Rychel JK: Diagnosis and treatment of osteoarthritis, *Top Companion Anim Med* 25:20, 2010.

Stull JW et al: Canine immune-mediated polyarthritis: clinical and laboratory findings in 83 cases in western Canada, *Can Vet J* 49:1195, 2008.

Sykes JE et al: Clinicopathologic findings and outcome in dogs with infective endocarditis: 71 cases (1992-2005), *J Am Vet Med Assoc* 228:1735, 2006.

Taylor SM: Arthrocentesis. In Taylor SM, editor: *Small animal clinical techniques*, St Louis, 2010, Elsevier.

# 第 71 章
## CHAPTER 71

# 关节疾病
## Disorders of the Joints

## 概述
### (GENERAL CONSIDERATIONS)

第70章详细讨论了犬猫关节疾病的诊断方法。根据滑液性质可将关节疾病分为炎性或非炎性两类。最常见的非炎性关节疾病是退行性关节病(degenerative joint disease,DJD)。炎性关节疾病常由感染性或免疫介导性因素引起。动物的免疫介导性多关节炎通常由原发的特发性免疫介导性疾病引起,但免疫复合物介导的多关节炎也可能继发于长期的系统性抗原刺激(如反应性多关节炎,见第70章)。大多数免疫介导性多关节炎综合征都是非侵蚀性的。放射学上呈骨破坏(侵蚀性疾病)征象的关节疾病较为罕见。

## 非炎性关节疾病
### (NONINFLAMMATORY JOINT DISEASE)

### 退行性关节疾病
#### (DEGENERATIVE JOINT DISEASE)

◆病因学

DJD或骨关节炎是一种慢性进行性关节功能障碍,可引起关节软骨损伤、退化及关节周围组织增生。DJD见于任何体型、品种和年龄的犬,且所有关节都可能受影响,包括许多小关节如椎骨间小关节、掌指关节和跖趾关节。关节不稳定、外伤和发育性骨病是最常见的病因。虽然根据滑液细胞学检查可确定为非炎性疾病,但DJD的临床表现和发展过程都有炎性介质的存在。北

美大约20%的成年犬至少一个关节患有DJD。

◆临床特点

DJD早期临床症状并不明显,并局限于肌肉骨骼系统,没有相关的全身症状。起初动物只有在过度运动之后才表现出跛行和关节僵硬,在寒冷和潮湿天气时症状可能会加重。病情较轻的患犬在运动热身后跛行会减轻。随着DJD的发展,纤维化和疼痛导致运动耐受力下降和持续跛行,严重者会出现肌肉萎缩。可影响一个或多个关节。

◆诊断

DJD通常根据病史、体格检查和典型的放射学征象进行诊断。临床检查可见受损关节疼痛、活动范围减少、屈伸关节时有声响,部分病例会有明显的关节肿胀。DJD典型的放射学征象有关节积液、软骨下骨硬化、关节间隙狭窄、关节周围形成骨赘和骨重建(见图71-1)。诱发因素常见有外伤、支持韧带断裂、身体构型缺陷和先天性畸形。患有DJD的动物不发热,没有白细胞增多症和精神萎靡(常见于患有炎性关节疾病的动物)的表现。

DJD的关节滑液黏度比正常时要低。有核细胞总数正常或轻度升高,但数量很少超过5 000个/μL。单核细胞数量通常至少占80%,嗜中性粒细胞则很少(<10%)。急性关节损伤或韧带断裂偶尔会激发更严重的炎性反应,损伤后数天至数周滑液还会有中度嗜中性粒细胞增多。

◆治疗

DJD患犬的治疗目的是缓解不适,防止关节进一步退化。外科手术有助于稳固关节、纠正畸形和减轻不适。药物治疗不具有特异性,主要用于对症治疗。

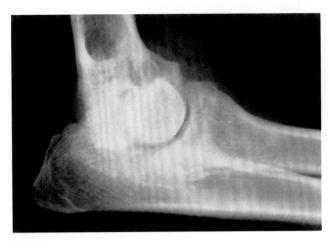

**图 71-1**

一张放大的 14 月龄雌性德国牧羊犬左前肢肘关节内外侧位 X 线片,冠状突碎裂继发严重的退行性关节病变。

减轻体重可减轻关节负重。休息可帮助缓解病情突然加重造成的不适。应避免高强度运动如跑步和跳跃,但建议进行适度的低强度运动,如游泳和牵遛,以维持动物的运动能力和肌肉力量。其他物理治疗方法有被动运动训练、冷敷(急性期)或热敷(慢性期)、肌肉和关节按摩、超声以及电刺激。饮食补充 Ω-3 多不饱和脂肪酸(PUFAs)、二十碳五烯酸(EPA)和抗氧化剂(维生素 E、维生素 C、β-胡萝卜素、锌和硒)或饲喂含有这

些添加剂的商品化"关节处方粮",有助于减轻 DJD 引起的炎症和疼痛。

药物治疗可进一步减轻关节软骨的退变,抑制炎性介质的释放和镇痛。推荐使用非甾体类抗炎药(NSAIDs),因为它们有很好的抗炎和镇痛作用。大多数 NSAIDs 的主要作用是可逆性抑制细胞环氧化酶活性,抑制引发疼痛和炎症的前列腺素的合成。选择性抑制环氧化酶(COX-1 和 COX-2)可解释目前 NSAIDs 的作用和毒性差异。优先抑制 COX-2 而对 COX-1 作用不强的 NSAIDs,其抗炎作用更强,对胃刺激性更小,胃溃疡和肾毒性的可能性更低。应用任何 NSAID 前和治疗 7 d 后都应进行肾功能检查,长期应用时每隔 6 个月复查一次。兽医应嘱咐饲主注意用药后病例是否存在食欲下降、呕吐或黑粪的症状,这些症状提示药物对病例存在胃肠道毒性。因为犬对每一种 NSAID 的临床反应具有个体差异,所以建议更换药物来确定哪个药物最有效(见表 71-1)。更换 NSAID 时,至少休药 3 d,以防中毒。对于不能耐受 NSAIDs 或需要更强效镇痛的犬,口服曲马多(2~5 mg/kg q 8~12 h)、加巴喷丁(2.5~10 mg/kg PO q 8~24 h)或金刚烷胺(3~5 mg/kg PO q24 h)有助于镇痛。

**表 71-1** 治疗犬退行性关节疾病的药物剂量表

| 药物名称 | 商品名 | 剂量 |
| --- | --- | --- |
| **非类固醇类抗炎药物(NSAIDs)** | | |
| 乙酰水杨酸(Acetylsalicylic acid) | 阿司匹林(Aspirin) | 10~20 mg/kg PO q 8~12 h |
| 卡洛芬(Carprofen) | Rimadyl | 2.2 mg/kg PO q 12 h |
| 地拉考昔(Deracoxib) | Deramaxx | 1~2 mg/kg PO q 24 h |
| 依托度酸(Etodolac) | Etogesic | 10~15 mg/kg PO q 24 h |
| 非罗考昔(Firocoxib) | Previcox | 5 mg/kg PO q 24 h |
| 美洛昔康(Meloxicam) | Metacam | 首剂量为 0.2 mg/kg PO,然后 0.1 mg/kg PO q 24 h |
| 吡罗昔康(Piroxicam) | Feldene | 0.3 mg/kg PO q 48 h |
| **缓解病症的关节保护剂** | | |
| 硫酸软骨素(Chondroitin sulfate) | | 15~20 mg/kg PO q 12 h |
| 葡萄糖胺(Glucosamine) | | 15~20 mg/kg PO q 12 h |
| 戊聚糖(Pentosan polysulfate) | Pentosan 100 | 3 mg/kg IM q 7 d |
| 硫酸氨基葡萄糖(Polysulfated glycosaminoglycans) | Adequan | 3~5 mg/kg IM q 4 d,治疗 8 次,然后更换为 q30 d |
| **止痛剂** | | |
| 曲马多(Tramadol) | | 2~5 mg/kg PO q 8~12 h |
| 加巴喷丁(Gabapentin) | Neurontin | 2.5~10 mg/kg PO q 8~12 h |
| 金刚烷胺(Amantadine) | | 3~5 mg/kg PO q 24 h |

注:IM,肌肉注射;PO,口服。

口服和注射软骨保护剂可改善软骨的生物合成，减轻滑液炎症，抑制关节内降解酶活性。口服氨基葡萄糖和硫酸软骨素可单独或联合使用。另外，也推荐口服复方制剂包括氨基葡萄糖盐酸盐、硫酸软骨素和抗坏血酸锰[美国埃奇伍德 Nutramax 实验室生产的康仕健(Cosequin)RS，猫或小型犬 1～2 片/24 h；康仕健 DS，大型犬 2～4 片/24 h]。聚硫酸黏多糖或硫酸戊聚糖最好通过肌肉注射给药(见表71-1)。透明质酸是非硫酸化糖胺聚糖，可通过关节内注射给药以改善滑液黏度，减轻炎症。由于这些药物在 DJD 发生之前疗效最佳，因此，犬因持续性创伤或手术造成关节软骨损伤时可用这些药物进行治疗。但目前还需进一步的临床试验以证实其疗效。

# 感染性炎性关节疾病
## (INFECTIOUS INFLAMMATORY JOINT DISEASES)

## 化脓性(细菌性)关节炎
### [SEPTIC (BACTERIAL) ARTHRITIS]

### ◆病因学

化脓性关节炎可由血源性感染、关节直接感染或邻近组织局部扩散引起。罕见的多关节细菌性感染提示细菌经血液扩散，可见于免疫抑制动物或新生动物的脐静脉炎。单关节化脓性关节炎更为常见，常因手术感染、咬伤、创伤或异物穿透而引起细菌直接入侵单个关节内。大多数没有潜在病因的化脓性关节炎病例中，其放射学检查都显示之前已存在关节炎征象(Clements 等，2005)。葡萄球菌属、链球菌属和大肠杆菌是犬的常见致病菌，巴氏杆菌属常见于猫。无论什么原因引起的化脓性关节炎，犬的发病率均高于猫，其中大型犬最常见，雄性较雌性多发。

### ◆临床特点

患有化脓性多关节炎的动物常表现全身不适、发热和精神沉郁。发病关节非常疼痛，负重时尤为明显，有时可触诊到滑液增多引起的肿胀。关节周围软组织也可能发炎和肿胀。细菌感染引起的化脓性关节炎可累及一个或多个近端大关节。

### ◆诊断

若要确诊化脓性关节炎，应对具有相应临床症状和炎性关节疾病的动物进行滑液细胞学检查，或对其滑液、血液、尿液进行微生物培养。通过关节穿刺术获得的滑液常为黄色、浑浊或血性液体。由于细菌的透明质酸酶和关节内炎性细胞释放的酶会导致滑膜黏蛋白稀释和降解，从而引起关节液黏性下降(低于正常)。滑液抹片采用革兰染色进行细胞学评估，由于炎性关节滑液可能很快凝固，如果获得了足量关节液，应取部分关节液立即置于抗凝管内(例如 EDTA 抗凝管)，以便进行细胞学评估。当动物患有化脓性关节炎时，滑液中有核细胞数会显著增多(40 000～280 000 个/μL)，其中主要是嗜中性粒细胞(通常 >90%)。急性或严重病例的关节滑液白细胞内可见到细菌，嗜中性粒细胞呈中毒、破裂或脱颗粒表现。一些病原(如链球菌和支原体)不会引起关节软骨快速破坏，因此滑液中嗜中性粒细胞可能不会呈现出显著的毒性或退行性表现。慢性感染或已经接受一段时间抗生素治疗的患病动物的关节滑液中可能观察不到细菌，且嗜中性粒细胞可能呈现正常状态。

滑液需同时进行厌氧和需氧培养。有化脓性关节炎的动物进行滑液直接细菌培养的阳性率约为50%；为了提高诊断率，可将滑液先接种于血液增菌培养基(9∶1 的比例)，37 ℃孵育 24 h 然后再进行接种培养。滑膜活检组织、血液或尿液样本也可用于增菌培养。

化脓性关节炎时，受损关节初期放射学变化较小，且特异性差，仅局限于关节囊增厚、关节间隙增宽和关节周围软组织不规则增厚(见图 71-2)。慢性感染的放射学征象有软骨退化、关节周围新骨生成、明显的骨膜反应和软骨下骨溶解(图 71-3)。

当动物疑似患有化脓性关节炎，且没有关节直接细菌感染的病史时，应寻找感染来源，但有时病因并不明确。胸部、腹部、脊柱的放射学检查及心脏和腹部的超声检查有助于找到感染的集中部位，允许的话应对任何疑似感染部位采样培养。

### ◆治疗

治疗的目的是尽快控制细菌感染并除去关节内聚积的酶和纤维碎片。也应缓解存在的全身性感染。对于疑似病例，建议在采样后立即给予抗生素。在获得微生物培养结果前，可用耐 β-内酰胺酶的广谱抗生素，

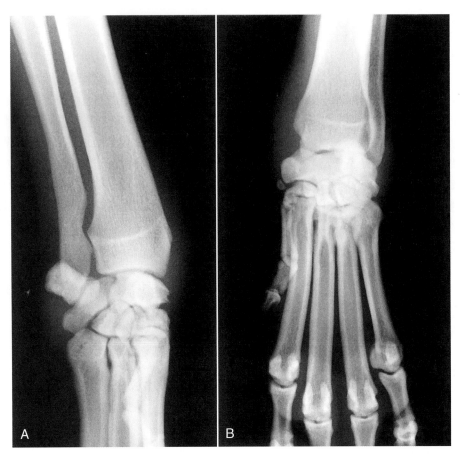

图 71-2
獒犬,2 岁,左前肢肿胀,腕关节的侧位 X 线片(左)和背掌位 X 线片(右)。患有化脓性关节炎引起持续一周跛行。手术探查发现受损关节内有 2 根豪猪刺。

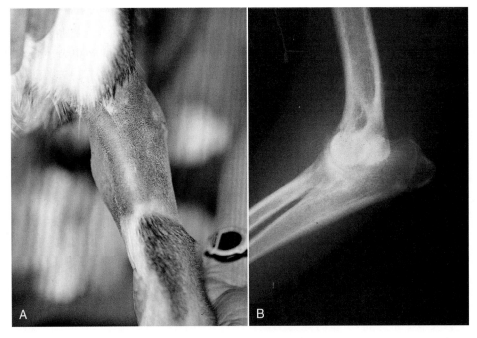

图 71-3
A 为一只杂种哈士奇犬肘关节严重肿胀,病程已有 3 个月,不能负重且跛行,使用抗生素治疗无效。B 为肘关节肿胀部位的 X 线片,显示关节内肿胀严重并存在广泛的骨膜反应。关节滑液分析结果为化脓性化脓炎症,进行外科探查发现关节内存有一根豪猪刺。后来该犬完全康复。

如第一代头孢菌素（例如头孢氨苄 20～40 mg/kg PO q 8 h）或速诺（硕腾，12～25 mg/kg PO q 8 h）。起初可用注射抗生素，长期换成口服。当疑似革兰阴性菌感染时，可给予喹诺酮类抗生素；喹诺酮类抗生素对猫有视网膜毒性，但普多沙星较为安全。当疑似厌氧菌感染时，可配合使用甲硝唑。患有急性化脓性关节炎的动物，起初可进行保守的关节液引流和全身性抗生素治疗；如果治疗 3 d 效果不明显，则应实施手术治疗。慢性感染、疑似关节内异物、术后关节感染和幼龄动物未闭合的生长板发生感染时，应立即进行手术清创和灌洗。抗生素治疗至少持续 6 周，并建议笼养休息以利于关节软骨的修复。

◈ 预后

功能恢复程度取决于治疗时受感染关节软骨的损伤程度。常见继发性 DJD。

## 支原体多关节炎
### (MYCOPLASMA POLYARTHRITIS)

支原体属是多种动物上呼吸道和泌尿道的常驻微生物，通常被认为是不致病的。全身性支原体感染偶见于衰弱或免疫抑制动物，支原体关节炎的发病率较低。猫支原体和猫霉形体是两种病原体，都可引起猫的多关节炎和腱鞘炎。

支原体多关节炎可引起慢性多关节炎，且不易与特发性免疫介导性非侵蚀性多关节炎鉴别。临床症状包括跛行、关节疼痛、精神沉郁和发热。滑液分析表明有核细胞增多，主要为非退行性嗜中性粒细胞。支原体感染的关节液常规需氧和厌氧培养结果为阴性，成功培养支原体需要特殊的运送培养基，样本也需要特殊处理。在特殊的支原体培养基上分离出病原体才能确诊。猫的特发性免疫介导性关节疾病非常罕见，因此，推荐所有患多关节炎的猫口服多西环素（5～10 mg/kg q 12 h，连续 3 周）进行经验性治疗。患猫还应进行猫白血病病毒（FeLV）、猫免疫缺陷病毒（FIV）检测和放射学检查。放射学检查可评估受损关节的侵蚀性变化，从而判断是否已发展成慢性进行性多关节炎。

## L 型细菌性多关节炎
### (BACTERIAL L-FORM-ASSOCIATED ARTHRITIS)

据报道，一种发生于猫的罕见化脓性皮下（pyogenic subcutaneous,SC）脓肿综合征会出现多关节炎的症状。该病具有传染性，可通过咬伤在猫之间传播，无年龄和性别倾向。L 型细菌被证明和该病有关。L 型细菌是一种缺失细胞壁但可变回原来形态的细菌变异株。患猫关节肿胀、疼痛并发热。皮下化脓创形成的窦道延伸至关节，向体外排出关节内或皮下脓肿分泌物，分泌物中含有退行性和非退行性嗜中性粒细胞和巨噬细胞。分泌物无氧和需氧细菌培养、支原体培养和真菌培养结果都为阴性。必须使用特异性 L 型细菌培养基进行微生物培养。严重受损关节的放射学征象为关节周围软组织广泛肿胀、骨膜增生、关节软骨和软骨下骨被破坏，造成关节半脱位和关节间隙塌陷。电子显微镜检查和药敏试验有利于确诊 L 型细菌感染。偶见猫同时并发 FeLV 或 FIV 感染。有效治疗药物是多西环素（5 mg/kg PO，IV q 12 h）或氯霉素（10～15 mg/kg PO q 12 h），48 h 内病情可改善，应持续治疗 10～14 d。

## 立克次体多关节炎
### (RICKETTSIAL POLYARTHRITIS)

数种由蜱传播的立克次体病可导致非侵蚀性关节炎，如由立克次体（*Rickettsia rickettsii*）、犬埃利希体（*Ehrlichia canis*）、尤茵埃利希体（*Ehrlichia ewingii*）和嗜吞噬细胞无形体（*Anaplasma phagocytophilum*）引起的落基山斑疹热（rocky mountain spotted fever, RMSF）。这些疾病引起的多关节炎与关节内免疫复合物沉积有关。大多数患犬还具有其他症状（见第 93 章）。可观察到关节疼痛和关节积液，关节液涂片镜检可见非退行性嗜中性粒细胞数量增多，偶见埃利希体或无形体桑葚胚。犬患有埃利希体病和无形体病时，临床症状仅为发热和多关节炎，而血液学异常如血小板减少症和贫血较为常见。犬埃利希体、*Ehrlichia ewingii* 和嗜吞噬细胞无形体的血清学试验现已被广泛应用，但阳性结果仅表明曾接触过细菌，并不能确诊感染。

犬患有 RMSF 多关节炎时，常因广泛性血管炎表现出各种各样的临床症状，如发热、瘀斑、淋巴结病、神经症状、脸部或四肢水肿及肺炎。血液学异常较为常见，如血小板减少症。可根据血清学试验和 IgG 浓度在近 2～3 周内增加 4 倍确诊（见第 93 章）。

急性立克次体感染引起的多关节炎最好口服多西环素（5 mg/kg q 12 h）进行治疗。经验性抗生素治疗可用于疫区所有多关节炎患犬，尤其并发血小板减少症或有其他提示立克次体感染的症状时。当一些立克次体多关节炎患犬在单独使用抗生素治疗但其发热、跛行和关节肿胀的症状无法消除时,可以联合应用糖皮质激素(泼尼松 0.5~2 mg/kg PO q 24 h)。抗生素治疗至少应持续 3 周。

# 莱姆病
## (LYME DISEASE)

### ◉病因学

犬莱姆病是由蜱传播的螺旋体-伯氏疏螺旋体(*Borrelia burgdorferi*,Bb)感染引起的疾病。硬蜱属的蜱需附着叮咬动物 50 h 才可传播螺旋体。尽管在整个北美地区犬的血清学检查阳性结果非常常见,大多数莱姆病患犬来自东北部和大西洋中部各州如明尼苏达州、威斯康星州、加利福尼亚州,其余的病例大多来自俄勒冈州。

### ◉临床特征

大多数被蜱叮咬后感染 Bb 的犬从来不表现临床症状。试验条件下健康犬感染后也无症状,而 6~12 周龄幼犬感染后有自限性、反复发作的多关节炎。自然感染患犬发生莱姆疏螺旋体病(也称莱姆病)的最常见临床症状是急性多关节炎,临床特征有肢体交替跛行(shifting leg lameness)、关节肿胀、发热、淋巴结病和厌食。滑液细胞学检查可见嗜中性粒细胞性炎症。犬 Bb 感染还可出现心脏、肾脏和神经系统(如癫痫和行为改变)的临床症状。大量研究表明,犬的 Bb 抗体会导致免疫介导性肾小球性肾炎、肾小管坏死和淋巴细胞——浆细胞性间质性肾炎为特征的进行性肾功能损伤,从而引起尿毒症、蛋白尿症、外周水肿、体腔积液和死亡。这种损伤常见于拉布拉多巡回犬和金毛巡回犬。在临床实践中,由于疫区的血清学阳性率高,易并发其他蜱媒疾病,很难统计莱姆病的发病率。犬莱姆病多关节炎的诊断率远远地超出实际流行率。犬原发性前十字韧带断裂时,可进行聚合酶链式反应(polymerase chain reaction,PCR)检测细菌 DNA,但该方法不适合用于试验诱发性前十字韧带断裂的患犬。目前尚不清楚犬莱姆疏螺旋体病是否与前十字韧带断裂有关(Muir 等,2007)。

### ◉诊断

疫区犬发生高热、跛行和厌食时应怀疑是否患有莱姆病。滑液分析可确诊多关节炎。患犬血液、尿液和滑液的 Bb 培养通常不成功。因此,只要动物最近暴露在有病原体的环境中、关节滑液有无菌性炎症、血清学试验阳性、排除其他蜱媒疾病感染,并且相应的抗生素治疗起效迅速且持久,就可确诊为莱姆病。采集活检组织进行特殊染色或通过单克隆抗体检测到伯氏疏螺旋体均支持莱姆病的诊断。

### ◉治疗

抗生素是一种治疗选择。口服多西环素(5 mg/kg q 12 h)、阿莫西林(22 mg/kg PO q 12 h)、氨苄西林(22 mg/kg PO q 8 h)、速诺(Clavamox)(12.5~25 mg/kg PO q 8~12 h)和头孢氨苄(20~40 mg/kg PO q 8 h)都有效。在疾病急性期时应用抗生素可快速改善临床症状(2~3 d 内)。建议持续抗生素治疗至少 4 周。治疗不及时或不得当可使疾病转为慢性,包括复发性多关节炎、肾小球性肾炎和心功能异常。

### ◉预防

第 91 章阐述了莱姆病的预防措施。

# 利什曼病
## (LEISHMANIASIS)

利什曼病是由原生动物寄生虫引起的慢性全身性疾病,主要发生于中美洲和南美洲、非洲、印度和地中海地区。在美国,利士曼原虫(*Leishmania* spp.)病在俄亥俄州、俄克拉荷马州和得克萨斯州呈地方性流行。感染后的潜伏期为 3 个月到 7 年,无特征性临床症状,表现为体重减轻、淋巴结病和脾肿大。有可能出现高球蛋白血症、低白蛋白血症和蛋白尿。常见引起跛行和运动不耐受的多关节炎。许多患犬发生侵蚀性关节病,放射学征象为关节周围组织破坏和骨膜增生。对患犬淋巴结、脾脏或关节液进行细针抽吸细胞学检查,当发现巨噬细胞内有利士曼原虫即可确诊(见第 96 章)。

# 真菌性关节炎
## (FUNGAL ARTHRITIS)

关节真菌感染非常罕见,通常是由粗球孢子菌(*Coccidioides immitis*)、皮炎芽生菌(*Blastomyces dermatitidis*)或新型隐球菌(*Cryptococcus neoformans*)感染引起的真菌性骨髓炎造成。犬猫全身性真菌感染时,通常发生反应性、免疫介导性多关节炎,关节液培养为阴性。

## 病毒性关节炎
## (VIRAL ARTHRITIS)

### 杯状病毒

自然感染杯状病毒(calicivirus)和弱毒杯状病毒疫苗都可引发6~12周龄幼猫出现一过性多关节炎。临床症状包括跛行、四肢僵硬和发热,2~4天后可自愈(见图71-4)。一些幼猫还继续发展为显性杯状病毒感染,如舌和硬腭水疱或溃疡及上呼吸道疾病。关节滑液分析表明有核细胞轻度到显著增多,以小单核细胞和巨噬细胞为主,还包括一些吞噬性嗜中性粒细胞。已被证实两种杯状病毒可导致该病。从发病关节中分离病毒收效甚微,但可从患猫的口咽部发现病毒。

**图 71-4**
一只刚接种弱毒病毒疫苗的10周龄幼猫疑似患杯状病毒性多关节炎,临床表现为多关节肿胀、跛行和发热。

## 非感染性关节炎:非侵蚀性
## (NONINFECTIOUS POLYARTHRITIS:
## NONEROSIVE)

非感染性(免疫介导性)关节炎常见于犬,猫罕见。免疫介导性多关节炎可根据关节损伤的放射学征象分为侵蚀性(有损伤)和非侵蚀性(无损伤)两种。侵蚀性关节炎非常罕见(不到犬多关节炎病例的1%)。非侵蚀性免疫介导性关节炎(IMPA)是由免疫复合物在滑膜上沉积所引起的。非侵蚀性IMPA是系统性红斑

狼疮(SLE)的一个特征。也可继发于慢性感染、肿瘤或药物(如治疗反应性多关节炎的药物)的抗原刺激。品种相关的多关节炎综合征、多关节炎/脑膜炎、关节炎/肌炎可能具有遗传倾向。

## 反应性多关节炎
## (REACTIVE POLYARTHRITIS)

反应性多关节炎的发病率为所有非侵蚀性IMPA病例的25%,常伴发于慢性细菌感染、真菌感染、立克次体感染或继发于肿瘤和药物治疗。心内膜炎、异物脓肿或肉芽肿、椎间盘疾病、心丝虫疾病、胰腺炎、前列腺炎、肾盂肾炎、肺炎、慢性感染性疾病和多种肿瘤疾病(见图71-5)也可引起该病。引起该病的药物有增效联磺片、苯巴比妥、促红细胞生成素、盘尼西林、头孢氨苄和常规疫苗。偶见胃肠道紊乱,如炎性肠道疾病、沙门氏菌病和慢性活动性肝炎。

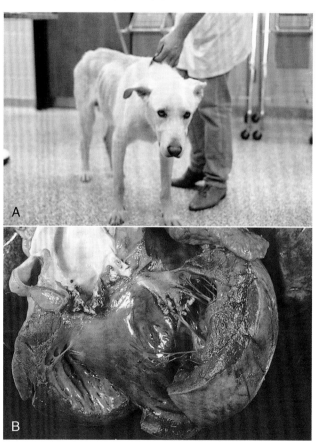

**图 71-5**
A,一只2岁德国牧羊犬/拉布拉多犬的杂种犬,该犬患有反应性多关节炎,就诊时已发生3个月的交替跛行,伴体重减轻。临床检查发现关节肿胀、疼痛,IV/VI级舒张期心杂音。关节滑液分析显示有炎症但无菌。B,心脏超声检查提示主动脉瓣有传染性心内膜炎,死后剖检得到证实。

由于大多数患病动物的临床症状不典型,只有当关节炎症影响动物走路时才被兽医发现。因此,对关节炎病患进行详细的体格检查,并结合治疗史和临床症状获得完整的病史很重要。一旦排除引发多关节炎的感染性因素,进一步筛查(如全血细胞计数、血液生化检查、尿液检查、胸腹部放射学检查、腹部超声检查、尿液和血液培养、淋巴结抽吸和心脏超声检查)有助于鉴别诊断潜在慢性感染性疾病或肿瘤(见图71-6)。

患犬的典型临床症状包括周期性发热、僵硬和跛

行。滑液分析表明 WBC 计数和嗜中性粒细胞比例都升高,但滑液培养为阴性。即使潜在炎性疾病是感染性的,这些患者的多关节炎是由滑液免疫复合物沉积而非关节感染引起的。放射学征象只表现为关节肿胀。

治疗主要是消除潜在疾病或抗原刺激。如果有效则无须额外治疗。严重病例可能需要短期低剂量糖皮质激素(泼尼松 0.25~1 mg/kg PO q 24 h)或 NSAID治疗以控制滑膜炎。

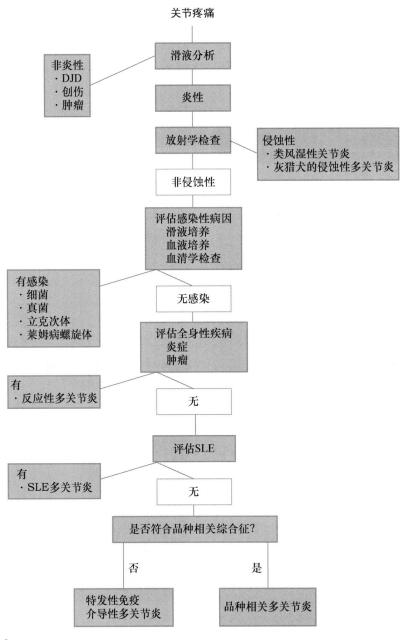

**图 71-6**
**犬关节疼痛诊断评估的流程图**

# 特发性免疫介导性非侵蚀性多关节炎
**（ IDIOPATHIC IMMUNE-MEDIATED NONEROSIVE POLYARTHRITIS）**

特发性 IMPA 是指原发性或潜在病因无法确定的非侵蚀性非感染性多关节炎。该病只有在排除其他引发多关节炎的病因后才能确诊，但它是犬最常见的多关节炎（见框 71-1），尤其常见于运动犬和大型犬。任何年龄的犬都可发病，发病高峰期为 2.5～ 4.5 岁。猫罕见。

**框 71-1　犬多关节炎的鉴别诊断**

---

**感染性病因**
细菌
支原体
立克次体
莱姆螺旋体病
利什曼病
真菌
病毒

**非感染性，非侵蚀性病因**
原发性免疫介导性多发性关节炎（IMPA）
系统性红斑狼疮（SLE）
反应性多关节炎（细菌、真菌、寄生虫、肿瘤性、肝肠性、药物反应、疫苗反应）
品种相关综合征
　　多关节炎（秋田犬、纽芬兰犬、魏玛犬）
　　多关节炎/脑膜炎（秋田犬、比格犬、伯恩山犬、拳师犬、德国短毛指示犬）
　　多关节炎/多肌炎（西班牙猎犬）
　　沙皮犬家族性热病
淋巴细胞-浆细胞性滑膜炎

**非感染性，侵蚀性病因**
类风湿性关节炎
灰猎犬的侵蚀性多关节炎

---

◆ 临床特征

特发性 IMPA 的最主要特征是周期性发热、肢体僵硬和跛行。常为多关节发病，小的远端关节（如腕关节、跗关节）受损最为严重。大约 20％～50％的患犬触诊并无关节积液或疼痛。可能出现颈部疼痛和椎骨敏感，提示椎间关节面受累或并发类固醇反应性动脉炎（见第 70 章）。一些患犬还因出现食欲减退的模糊病史或不明高热而被诊断出此病。

◆ 诊断

特发性 IMPA 的诊断依据包括滑液分析、无法确定感染性病因、排除 SLE 或反应性多关节炎（见图 71-6）。CBC 的典型变化是嗜中性粒细胞增多症，但有些犬表现正常。高球蛋白血症和低白蛋白血症较常见，说明存在全身性炎症。放射学检查正常或关节和关节周围组织肿胀，但没有骨或软骨异常。滑液通常黏性下降且浑浊。有核细胞计数增多（4 000～370 000 个/μL），且以非退行性变化嗜中性粒细胞为主（通常＞80％）。轻度、病情波动的病例和接受糖皮质激素治疗的动物，其滑液WBC 计数和嗜中性粒细胞比例（15％～80％）较低。血液、尿液和滑液细菌和支原体培养结果都为阴性。

◆ 治疗

糖皮质激素是特发性 IMPA 患犬的首选治疗药物。单独使用泼尼松治疗可治愈 50％的病例。免疫抑制剂可用于初始治疗，如果动物的临床症状恢复正常且滑液炎症消退，可每隔 3～ 4 周逐渐减少剂量（框71-2）。治疗是否成功的金标准是滑液炎症是否得到控制，因此，最好在降低药物剂量前进行关节穿刺，以监测对治疗的反应。反复关节穿刺可引起轻度单核细胞增多性关节炎症，但不会造成健康犬的嗜中性粒细胞增多性炎症（Berg 等，2009）。如果 IMPA 患犬持续 2 个月隔日给予低剂量泼尼松（0.25 mg/kg PO q 48 h）后滑液没有炎症，则可停止治疗。但大约 50％的患犬需终身进行隔日一次的低剂量泼尼松治疗。犬在接受稳定剂量的药物治疗时，需每 4～6 个月进行一次滑液分析。

**框 71-2　特发性免疫介导性多关节炎的推荐治疗方法**

---

1. 泼尼松 2 mg/kg q 12 h 口服 3～4 d
2. 泼尼松 2 mg/kg q 24 h 口服 14 d
3. 评估临床疗效并进行滑液细胞学检查：
   - 如果临床症状已缓解，泼尼松的剂量可逐渐减量，并在每次减量前评价临床疗效和滑液质量：
     1 mg/kg q 24 h × 4 周
     1 mg/kg q 48 h × 4 周
     0.5 mg/kg q 48 h × 4 周
     0.25 mg/kg q 48 h × 8 周
   - 如果关节炎症的临床症状在每次复查时仍未改善，那么返回到第 2 步，并且增加硫唑嘌呤［2 mg/(kg・d) PO］进行治疗。在症状缓解后继续降低泼尼松的剂量，直至滑液分析结果正常。

---

使用泼尼松治疗犬滑液持续性炎症的同时,也应使用硫唑嘌呤,对不耐受泼尼松治疗的患犬也可使用硫唑嘌呤。给药方法是 2.2 mg/kg,口服,1 次/d,治疗 4～6 周,然后隔天给药 1 次,如果动物临床恢复正常且滑液没有炎症则停药,但一些犬需终身给药。大多数犬对硫唑嘌呤有很好的耐受性,常见副作用是骨髓抑制。给药初期应每 2 周进行一次 CBC 和血小板计数,然后每 4～8 周重复检查一次。第 100 章有关于硫唑嘌呤治疗的详细介绍。

其他的免疫抑制剂很少用于治疗该病,因为大部分特发性 IMPA 病例的病情较易控制,对于顽固性病例,在更换免疫抑制剂之前需要再次进行鉴别诊断(感染性疾病、反应性多关节炎、侵蚀性疾病)(表 71-2)。其他的治疗方法包括限制运动、规律且温和地运动、控制体重。软骨保护剂、ω-3 脂肪酸和抗氧化剂也有益于治疗(更多免疫抑制剂治疗见第 100 章和第 101 章)。

 **表 71-2　免疫介导性多关节炎的药物治疗剂量表**

| 药物名称 | 剂量 |
| --- | --- |
| 泼尼松 | 剂量可变化 |
| 硫唑嘌呤(Azathioprine,商品名为 Imuran,美国,宾夕法尼亚州,费城,葛兰素史克公司) | 2.2 mg/kg PO q 24～48 h |
| 环孢素(Cyclosporine,商品名为 Atopica,美国,北卡罗来纳州,格林斯博罗,诺华制药) | 2.5～5 mg/kg PO q 12 h 血药浓度可达 400 ng/mL |
| 来氟米特(Lefunomide,商品名为 Arava,美国,新泽西州,布里奇沃特,安万特制药) | 3～4 mg/kg q 24 h 血药浓度可达 20 μg/mL |
| 环磷酰胺(Cyclophosphamide,商品名为 Cytoxan,美国,新泽西州,普林斯顿,百时美施贵宝公司) | 50 mg/m² PO q 48 h |
| 苯丁酸氮芥(Chlorambucil,商品名为 Leukeran,葛兰素史克公司) | 犬:首剂量为 0.1～0.2 mg/kg PO q 24 h,起效后每隔一天逐渐减量;猫:0.1～0.2 mg/kg PO q 24～72 h 或 2 mg/只 q 48～72 h |
| 甲氨蝶呤(Methotrexate,商品名为 Rheumatrex,美国,宾夕法尼亚州,费城,惠氏公司) | 2.5 mg/m² PO q 48 h |

注:IM,肌肉注射;PO,口服。

◆预后

患有特发性非侵蚀性 IMPA 的动物大多预后良好,个别犬较难治愈缓解。这些病例需要重新鉴别诊断,以确保没有漏诊侵蚀性多关节炎和 SLE。需要长期(4～5 年)高剂量免疫抑制剂治疗的关节炎患犬,可因慢性轻度滑膜炎及糖皮质激素对关节软骨生成和修复的有害作用而继发 DJD。

## 系统性红斑狼疮介导的多关节炎 ( SYSTEMIC LUPUS ERYTHEMATOSUSINDUCED POLYARTHRITIS)

SLE 产生的自身抗体抗组织蛋白和 DNA,造成循环免疫复合物在组织内沉积,从而诱发炎症和器官损伤(见第 101 章)。和特发性 IMPA 相比,虽然 SLE 作为犬多关节炎的病因并不常见,但其对其他器官的影响是毁灭性的,所以准确的诊断非常重要。SLE 常见于 2～4 岁的患犬,任何品种都可患病,德国牧羊犬比其他品种更好发该病。

◆临床特征

SLE 的临床特征取决于受损器官的范围,包括间歇性发热、多关节炎、肾小球肾炎、皮肤损伤、溶血性贫血、免疫介导性血小板减少症、肌炎和多神经炎。多关节炎是最常见的特征,占 SLE 患犬的 70%～90%。一些患犬不表现关节疾病相关的临床症状,对发热或多系统免疫介导性疾病进行滑液分析时才发现多关节炎。患有 SLE 多关节炎的犬常表现出广泛性僵硬、关节肿胀或肢体交替跛行。SLE 可引起无菌性非侵蚀性多关节炎,远端关节(如跗关节和腕关节)常比近端关节受损严重。滑液分析表明 WBC 增多(5 000～350 000 个/μL),主要是非退行性嗜中性粒细胞(>80%)。少数病例滑液中可见红斑狼疮细胞或类风湿细胞(见图 70-9)。

◆诊断

任何患有非感染性多关节炎的犬都应考虑 SLE。进行全面的体格检查、CBC、血小板计数、血液生化检查、尿液检查和蛋白质/肌酐检查有助于排查其他疾病。还可进行红斑狼疮细胞计数和抗核抗体(ANA)检查,以帮助诊断 SLE 多关节炎。动物被检查出 2 项或更多临床异常时(如多关节炎、肾小球肾炎、贫血、血小板减少症和皮肤病),即可确诊 SLE,ANA 检查或 LE 计数阳性也可确诊 SLE。当出现 2 种及以上的常见临床综合征,但血清学试验阴性时,可被确诊为 SLE 样多系统免疫介导性疾病。关于 SLE 的诊断见第 101 章。

◈ 治疗

治疗 SLE 引起的多关节炎与治疗特发性 IMPA 相同;但其他细胞毒类药物(如硫唑嘌呤和环孢素)也有益于缓解症状。关于 SLE 的治疗见第 101 章。

◈ 预后

SLE 患犬预后不良。不管怎么治疗都会复发,必须长期(经常终身)使用免疫抑制剂以控制疾病。相较初发时,复发时牵涉多个器官,临床症状更多(如起初溶血性贫血,复发时还出现多关节炎)。

## 品种特异性多关节炎综合征
### (BREED-SPECIFIC POLYARTHRITIS SYNDROMES)

犬易发品种特异性免疫介导性多关节炎综合征。有研究发现有不到 1 岁的秋田犬患有遗传性多关节炎。纽芬兰犬和魏玛猎犬也偶有报道。患犬常并发脑膜炎,类似于其他犬种的脑膜血管炎综合征(见第 66 章),进行 ANA 检查的结果为阴性,并且免疫抑制剂疗效较差。相反,拳师犬、伯恩山犬、德国短毛指示犬和比格犬患有多关节炎伴发脑膜血管炎时,免疫抑制剂的疗效非常好。

很少有关于史宾格品种的家族性多关节炎并发肌炎的报道。患犬表现为运动不耐受,休息时呈蜷缩姿势。广泛性肌肉萎缩较为常见,偶发肌肉纤维化、肌肉挛缩和行动不便。肌酶(肌酸激酶,CK;天冬氨酸转氨酶,AST)水平升高。治疗效果通常不理想。

## 家族性中国沙皮犬热
### (FAMILIAL CHINESE SHAR-PEI FEVER)

家族性中国沙皮犬热病是一种遗传性炎性疾病,在沙皮犬中发病率可达 23%。该病由基因突变引起真皮成纤维细胞分泌的透明质酸(hyaluronic acid,HA)增多引发(Olsson 等,2011)。HA 降解成较小的片段,伪装成微生物表面分子,从而启动免疫系统产生白细胞介素(ILs),例如 IL-1B 和 IL6。该病常发于 18

月龄以下的幼犬,特征是炎性反应,持续 24~36 h 发热。50% 的患犬在发热过程中发展为跗关节周围组织肿胀,有些犬发展为多关节炎,尤其是跗关节。患犬发生系统性淀粉样变的风险也增高,可导致肾脏或肝脏衰竭。肾脏淀粉样沉积主要发生在髓质,因此,不是所有患犬都会发生蛋白尿。球蛋白增多和血清细胞因子 IL-6 升高的现象较为常见,并可能发生肾小球性肾炎、肾盂肾炎、肾梗死和全身血栓栓塞性疾病。该病具有常染色体遗传的特征。治疗原则是控制全身性发热和炎症。口服秋水仙碱(0.03 mg/kg q 24 h)可减少淀粉样沉积。

## 淋巴浆细胞性滑膜炎
### (LYMPHOPLASMACYTIC SYNOVITIS)

淋巴浆细胞性滑膜炎见于犬前十字韧带部分或完全撕裂,但目前尚不清楚免疫介导性反应和韧带断裂的关系。十字韧带部分撕裂或断裂常引发炎症反应,直接影响韧带的胶原蛋白,造成滑液轻度炎症,并产生作用于 I 型和 II 型胶原蛋白的抗体。另一种理论认为淋巴浆细胞性滑膜炎主要是由免疫介导性疾病造成关节松弛和不稳固,最终导致前十字韧带断裂。有研究表明,大约 10%~25% 的犬十字韧带断裂都是由这种免疫紊乱引起的,但该说法尚有争议(Bleedorn 等,2011)。

德国罗威纳犬、纽芬兰犬、斯塔福斗牛犭更、拉布拉多巡回犬最易发生淋巴、浆细胞性滑膜炎,确诊时都发生了典型的十字韧带断裂。临床症状局限于急慢性跛行,单侧或双侧发病。在诊断十字韧带部分或完全断裂时,一般没有外伤史。关节镜检查或磁共振成像(magnetic resonance imaging,MRI)检查有助于确诊韧带部分断裂。患病动物身体状态良好且没有全身不适;CBC 正常;滑液稀薄浑浊,其中有核细胞增多(5 000~ 20 000 个/μL,偶尔 >200 000 个/μL)。滑液中主要是淋巴细胞和浆细胞(60%~90%)。对发生非创伤性十字韧带断裂的犬进行外科探查和修复时,需对韧带和滑膜进行活检。滑膜衬里的特征性组织病理学变化包括淋巴细胞和浆细胞的浸润及绒毛状增生。膝关节外科固定和 NSAIDs 治疗可快速改善临床症状。一些犬的发病部位会持续性渗出和不适,可用免疫抑制剂泼尼松和/或硫唑嘌呤治疗,效果良好,须在 NSAID 停药至少 3 d 后才能开始用药。

# 非感染性多关节炎:侵蚀性
## (NONINFECTIOUS POLYARTHRITIS:EROSIVE)

### 犬类风湿性多关节炎
### (CANINE RHEUMATOID-LIKE POLYARTHRITIS)

与人类风湿性关节炎(rheumatoid arthritis,RA)相似,犬类风湿性关节炎是引起犬侵蚀性多关节炎和进行性关节破坏的罕见疾病。小型犬和玩具犬最易发病,各个年龄都会发病(9月龄至13岁),但主要见于青年和中年犬。无法在病初与特发性非侵蚀性多关节炎进行区分,但关节随着时间推移呈进行性破坏(数周至数月),远端关节的损伤最严重。

◈病因学

犬类风湿多关节炎的发病机理尚不明确。IgG的抗体(如类风湿因子)与IgG在滑膜内形成免疫复合物,激活补体系统,使浆细胞、淋巴细胞及嗜中性粒细胞进入关节液。滑膜增厚并形成纤维血管肉芽组织(称为血管翳),入侵关节软骨、肌腱、韧带和软骨下骨。蛋白水解酶释放会侵蚀关节软骨和软骨下骨,引起关节塌陷,并且在X线片可见"凿孔"状软骨下骨损伤。关节和关节周围组织炎症和不稳固导致关节半脱位和脱臼,造成关节畸形。

◈临床特征

患犬起初的症状不易与其他类型的多关节炎相区

别。常见症状有低热、精神沉郁、厌食和不愿运动。主要是关节相关的临床症状,比如关节疼痛和步态僵硬。早期症状时有时无,一般在休息后步态僵硬加重,轻度运动后可改善。关节表现正常或有肿胀和疼痛。易患关节有腕关节、跗关节和指/趾关节,但肘关节、肩关节和膝关节也可发病。随着病程发展,临床检查发现患病关节有骨摩擦音、松动、脱臼和畸形(图71-7)。

图 71-7
一只患有风湿性关节炎的腊肠犬双侧腕关节完全塌陷,导致关节脱臼和前肢严重的变形。(该图片由萨斯喀彻温大学的 D. Haines 教授提供)

疾病初期的放射学异常不明显,仅表现关节囊内肿胀。随着疾病发展,特征性变化有软骨下骨的局灶性不规则、可透射线的囊状病变(图71-8);关节间隙塌陷、关节半脱位和脱位。如果怀疑类风湿关节炎,则需进行双侧腕关节及跗关节的放射学检查。

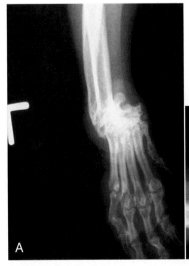
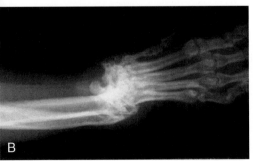

图 71-8
一只9岁雌性西施犬的双侧腕关节X线片。双侧腕关节因患有侵蚀性类风湿性多关节炎而继发引起关节严重变形。腕骨间隙从侧面看变得狭窄,软骨下骨的破坏区域出现局部放射状晶体样征象,且局部软组织肿胀。双侧桡骨和尺骨与腕骨变位。

◆诊断

当犬发生侵蚀性多关节炎时，一旦排除感染性病因，要考虑是否患有类风湿性多关节炎。受损关节的关节滑液稀薄、呈云雾状，且细胞过多（白细胞数 6 000～80 000 个/μL；平均为 30 000 个/μL），其中以嗜中性粒细胞为主（20%～95%，平均 74%），但有时以单核细胞为主。滑液培养结果为阴性。该病呈周期特性，使得诊断更难，因此滑液采样应在患犬病情最严重时进行。

类风湿性关节炎患犬的血清学试验阳性率可达20%～70%（见第 70 章）。犬患有其他全身炎性疾病时常见轻微的假阳性结果。滑膜活检有助于确诊。活检表明滑膜增厚、增生和血管翳增生。血管翳主要由增殖活化的滑膜细胞、淋巴细胞、浆细胞、巨噬细胞和嗜中性粒细胞组成。滑膜活检培养结果为阴性。类风湿性关节炎的诊断依据包括典型的临床特征和放射学征象、典型滑液特征、类风湿因子检查阳性和滑膜活检样本的典型组织病理学变化。

◆治疗

对类风湿性关节炎进行及早治疗可预防不可逆病变和进行性疾病的发生。治疗药物通常包括免疫抑制剂和软骨保护剂。病初大多数患犬口服泼尼松（2～4 mg/kg q 24 h，治疗 14 d，然后 1～2 mg/kg q 24 h 再治疗 14 d）和硫唑嘌呤（2.2 mg/kg PO q 24 h），治疗方案与顽固性特发性非侵蚀性多关节炎一样。建议同时口服软骨保护剂（见表 71-1）。对患犬注射软骨保护剂（如硫酸氨基葡萄糖）可从主观上改善临床症状。

如果治疗有效，临床症状和滑液炎症均减轻，则可降低糖皮质激素口服剂量至 1～2 mg/kg q 48 h，并继续使用硫唑嘌呤治疗。如果使用糖皮质激素和硫唑嘌呤治疗 1 个月后效果不佳，则需给予更多免疫抑制剂（见表 71-2）。目前缺乏治疗犬类风湿性关节炎的数据，因此，免疫抑制剂的选择通常根据个人临床经验和对治疗的反应进行考量。据报道，来氟米特对于一些犬的特发性多关节炎的单独治疗较为有效，且耐受性良好。来氟米特的初始剂量是 3～4 mg/kg PO q 24 h，随后调整剂量以维持低谷期药物血浆浓度（20 mg/mL）。使用氯金酸钠的金疗法也被推荐用于治疗犬顽固性类风湿性关节炎（关于免疫抑制剂治疗部分见第 100 章）。

在关节严重损伤之前进行治疗较易成功，但大多数病例在确诊之前，关节软骨就已严重损伤。许多患犬需要额外的镇痛治疗，如采用曲马多控制关节不适。类风湿性关节炎是一种顽固性进行性疾病，尽管进行适当的治疗，大多数患犬的病情仍随时间的推移而恶化。外科手术有时也用于改善关节不稳固和疼痛，如滑膜切除术、关节形成术、关节置换术和关节融合术可以减轻疼痛和改善关节功能。

## 灰猎犬的侵蚀性多关节炎 (EROSIVE POLYARTHRITIS OF GREYHOUNDS)

灰猎犬的侵蚀性免疫介导性多关节炎见于 3～30 月龄。该病流行于澳大利亚和英国。近端指间关节、腕关节、跗关节、肘关节和膝关节是最易发部位。临床症状有广泛性僵硬、关节疼痛或肿胀、单肢或多肢间断性跛行。滑膜有淋巴细胞和浆细胞浸润，滑液分析表明淋巴细胞增多。关节软骨深处区域广泛性坏死，软骨浅表面相对没有损伤。有研究曾从灰猎患犬内分离出 *Mycoplasma spuman*，因此，排除多关节炎患犬的感染性因素非常重要，推荐进行试验性抗生素治疗。该病的治疗与特发性免疫介导性非侵蚀性多关节炎相同，但疗效存在个体差异。

## 猫慢性进行性多关节炎 (FELINE CHRONIC PROGRESSIVE POLYARTHRITIS)

猫慢性进行性多关节炎是一种不常见的侵蚀性多关节炎综合征，该病主要见于去势和未去势的公猫，发病年龄为 1.5～4 岁，但老年猫也偶尔发病。该病的发病机理尚不明确，但患猫都感染了猫合胞体病毒（feline syncytiumforming virus，FeSFV），大约 60% 的患猫感染 FeLV 或 FIV 或同时感染这两种病毒。该病有 2 个临床表现：（1）骨膜增生型。（2）与类风湿性多关节炎类似的引起严重畸形的侵蚀性关节炎。

骨膜增生型最常见，其特征为急性发热、步态僵硬、关节疼痛、淋巴结病、关节皮肤和软组织水肿。病初滑液分析表明存在炎症，WBC 数量增多，尤其是嗜中性粒细胞。当疾病发展至慢性过程时，淋巴细胞和浆细胞比例增多。病初的放射学征象变化轻微，可见关节周围软组织肿胀和轻度骨膜增生。随着时间的推移，骨膜严重增生，在关节周围形成骨赘，软骨下囊肿和关节间隙塌陷。

关节疾病的药物使用剂量表

| 药物名称(商品名) | 使用目的 | 推荐使用剂量 | |
|---|---|---|---|
| | | 犬 | 猫 |
| 乙酰水杨酸(阿司匹林) | 镇痛、抗炎 | 10～20 mg/kg PO q 8 h | 10 mg/kg PO q 48 h |
| 金刚烷胺 | 镇痛 | 3～5 mg/kg PO q 24 h | 3 mg/kg PO q 24 h |
| 阿莫西林 | 抗生素 | 22 mg/kg PO q 12 h | 22 mg/kg PO q 12 h |
| 阿莫西林-克拉维酸(速诺) | 抗生素 | 12～25 mg/kg PO q 8 h | 12～25 mg/kg PO q 8 h |
| 氨苄西林 | 抗生素 | 22 mg/kg PO q 8 h 或 22 mg/kg IV, SC, IM q 6 h | 22 mg/kg PO q 8 h 或 22 mg/kg IV, SC, IM q 6 h |
| 唑硫嘌呤(Imuran) | 免疫抑制 | 2.2 mg/kg PO q 24～48 h | 不推荐使用 |
| 卡洛芬(Rimadyl) | 镇痛、抗炎 | 2.2 mg/kg PO q 12 h | 无 |
| 头孢噻肟 | 抗生素 | 20～40 mg/kg IV q 6 h | 20～40 mg/kg IV q 6 h |
| 头孢曲松 | 抗生素 | 25 mg/kg, IV 或 SC, q 24 h | 25 mg/kg, IV 或 SC, q 24 h |
| 头孢氨苄(Keflex) | 抗生素 | 20～40 mg/kg PO q 8 h | 20～40 mg/kg PO q 8 h |
| 苯丁酸氮芥(瘤可宁) | 免疫抑制 | 首剂量为 0.1～0.2 mg/kg PO q 24 h 起效后每隔一天逐渐减量 | 0.1～0.2 mg/kg PO q 24～72 h 或 2 mg/只 q 48～72 h |
| 硫酸软骨素 | 软骨保护 | 15～20 mg/kg PO q 12 h | 15～20 mg/kg PO q 12 h |
| 秋水仙碱 | 抗炎 | 0.03 mg/kg PO q 24 h | 0.03 mg/kg PO q 24 h |
| 环磷酰胺(Cytoxan) | 免疫抑制 | 50 mg/m² PO q 48 h | 50 mg/m² PO q 48 h |
| 环孢素(Atopica) | 免疫抑制 | 2.5～5 mg/kg PO q 12 h | 2.5～5 mg/kg PO q 12 h |
| 地拉考昔(Deramaxx) | 镇痛、抗炎 | 1～2 mg/kg PO q 24 h | 无 |
| 多西环素 | 抗生素 | 5～10 mg/kg PO, IV q 12 h | 5～10 mg/kg PO, IV q 12 h |
| 恩氟沙星(拜有利) | 抗生素 | 5～20 mg/kg q 24 h 或分为两次 q 12 h | 使用普拉沙星 |
| 依托度酸(Etogesic) | 镇痛、抗炎 | 10～15 mg/kg PO q 24 h | 无 |
| 非罗考昔(Previcox) | 镇痛、抗炎 | 5 mg/kg PO q 24 h | 无 |
| 加巴喷丁(Neurontin) | 镇痛 | 2.5～10 mg/kg PO q 8～12 h | 2～10 mg/kg PO q 24 h |
| 葡萄糖胺 | 软骨保护 | 15～20 mg/kg PO q 12 h | 15～20 mg/kg PO q 12 h |
| 来氟米特(Arava) | 免疫抑制 | 3～4 mg/kg PO q 24 h | 未知 |
| 美洛昔康(Metacam) | 镇痛、抗炎 | 首剂量为 0.2 mg/kg PO, 然后 0.1 mg/kg PO q 24 h | 无 |
| 甲氨蝶呤(Rheumatrex) | 免疫抑制 | 2.5 mg/m² PO q 48 h | 2.5 mg/m² PO q 48 h |
| 甲硝唑(Flagyl) | 抗生素 | 10～15 mg/kg PO q 8 h 7.5 mg/kg IV q 8 h | 10～15 mg/kg PO q 8 h 7.5 mg/kg IV q 8 h |
| 戊聚糖多硫酸酯(戊聚糖100) | 软骨保护 | 3 mg/kg IM q 7 d | 无 |
| 吡罗昔康(Feldene) | 镇痛、抗炎 | 0.3 mg/kg PO q 48 h | 0.3 mg/kg PO q 48 h |
| 硫酸氨基葡萄糖(Adequan) | 软骨保护 | 3～5 mg/kg IM q4 d 治疗 8tx, 然后 q 30 d | 3～5 mg/kg IM q 4 d 治疗 8 tx, 然后 q 30 d |
| 普拉沙星(Verafox) | 抗生素 | 3～4.5 mg/kg PO q 24 h (只限片剂) | 3～4.5 mg PO q 24 h(片剂); 5～7.5 mg/kg PO q 24 h(口服混悬剂) |
| 泼尼松 | 免疫抑制 抗炎 | 2～4 mg/kg PO q 24 h 0.5～1 mg/kg PO q 24 h | 2～6 mg/kg PO q 24 h 0.5～1 mg/kg PO q 24 h |
| 曲马多 | 镇痛 | 2～5 mg/kg q 12 h | 2～5 mg/kg q 12 h |

注:IM,肌肉注射;IV,静脉注射;PO,口服;SC,皮下注射;tx,疗程。

慢性进行性多关节炎导致的畸形较为罕见,发病隐匿。跛行和僵硬发展缓慢。腕关节和指端关节畸形较为常见。放射学检查可见软骨下中心和边缘发生严重的侵蚀,关节脱臼和半脱位,从而造成关节不稳固和畸形。滑液的细胞学检查异常相对于骨膜增生型不太显著,结果常为炎性细胞轻度至中度增多(如嗜中性粒细胞、淋巴细胞和巨噬细胞)。

◈ 诊断

诊断依据包括典型特征、临床症状、放射学征象和滑液分析结果。FeSFV 检查(如可用)和 FeLV 检查可能为阳性。应排除引起猫多关节炎的感染性因素(如支原体和 L 型细菌)。而且,该病的滑液培养结果为阴性,且没有证据表明有潜在性疾病引起反应性多关节炎。

◈ 治疗

进行免疫抑制治疗之前,应考使用多西环素治疗以排除感染性多关节炎。泼尼松[4～6 mg/(kg·d)PO]的治疗可减缓这些疾病的发展。如果患猫用药 2 周后临床症状有改善,那么泼尼松的剂量应降到 2 mg/(kg·d)。对于一些患猫,长期隔日给予泼尼松(2 mg/kg q 48 h)可能已足够。联合使用苯丁酸氮芥(chlorambucil,也称瘤可宁,葛兰素史克公司,0.1～0.2 mg/kg q 48～72 h 或每只猫 2 mg q 48～72 h)有助于长期控制疾病。同时使用镇痛药如金刚烷胺(amantadine,3 mg/kg PO q 24 h)、阿米替林(amitriptyline,0.5～2 mg/kg PO q 24 h)或加巴喷丁(gabapentin,2～10 mg/kg PO q 24 h)可使患猫更舒适。尽管一些患猫治疗初期疗效较好,但长期用药控制的预后较差,大多数患猫最终被安乐死。

◈ 推荐阅读

Agut A et al: Clinical and radiographic study of bone and joint lesions in 26 dogs with leishmaniasis, *Vet Rec* 153:648, 2003.
Berg RIM et al: Effect of repeated arthrocentesis on cytologic analysis of synovial fluid in dogs, *J Vet Intern Med* 23:814, 2009
Bleedorn JA et al: Synovitis in dogs with stable stifle joints and incipient cranial cruciate ligament rupture: a cross-sectional study, *Vet Surg* 40:531, 2011
Clements DN et al. Type I immune-mediated polyarthritis in dogs: 39 cases 1997-2002), *J Am Vet Med Assoc* 224:1323, 2004.
Clements DN et al. Retrospective study of bacterial infective endocarditis in 31 dogs, *J Small Anim Pract* 46:171, 2005.
Clements DN et al. Retrospective study of bacterial infective arthritis in 31 dogs, *J Small Anim Pract* 46:171, 2005.
Colopy SA et al: Efficacy of leflunomide for treatment of immune mediated polyarthritis in dogs: 14 cases (2006-2008), *J Am Vet Med Assoc* 236:312, 2010.
Danielson F, Ekman S, Andersson M. Inflammatory response in dogs with spontaneous cranial cruciate ligament rupture, *Vet Comp Orthop Traumatol* 17:237, 2005.
Foley J et al. Association between polyarthritis and thrombocytopenia and increased prevalence of vectorborne pathogens in Californian dogs, *Vet Rec* 160:159, 2007
Greene CE et al: *Ehrlichia* and *Anaplasma* infections. In Greene CE, editor· *Infectious diseases of the dog and cat*, ed 4, Philadelphia, 2006, Elsevier.
Hanna FY· Disease modifying treatment for feline rheumatoid arthritis, *Vet Comp Orthop Traumatol* 18:94, 2005.
Jacques D et al: A retrospective study of 40 dogs with polyarthritis, *Vet Surg* 31:428, 2002.
Littman MP et al. ACVIM Small Animal Consensus statement on Lyme disease in dogs: diagnosis, treatment and prevention, *J Vet Intern Med* 20:422, 2006.
Johnson KC, Mackin A. Canine immune-mediated polyarthritis, Part 1 pathophysiology, *J Am Anim Hosp Assoc* 48:12, 2012.
Johnson KC, Mackin A. Canine immune-mediated polyarthritis, Part 2. diagnosis and treatment, *J Am Anim Hosp Assoc* 48:71, 2012.
Muir P et al. Detection of DNA from a range of bacterial species in the knee joints of dogs with inflammatory knee arthritis and associated degenerative anterior cruciate ligament rupture, *Microbial Pathgenesis* 42:47, 2007
Olsson M et al: A novel unstable duplication upstream of HAS2 predisposes to a breed-defining skin phenotype and a periodic fever syndrome in Chinese Shar-Pei dogs, *PLoS Genet* 7:e1001332, 2011. Epub Mar 17, 2011
Rondeau MP et al. Suppurative, nonseptic polyarthropathy in dogs, *J Vet Intern Med* 19:654, 2005.
Rychel JK. Diagnosis and treatment of osteoarthritis, *Top Companion Anim Med* 25:20, 2010.
Vanderweerd C et al: Systematic review of efficacy of nutraceuticals to alleviate clinical signs of osteoarthritis, *J Vet Intern Med* 26:448, 2012.

C. Guillermo Couto

# 第 72 章
## CHAPTER 72

# 细胞学
## Cytology

## 概述
## (GENERAL CONSIDERATIONS)

　　对怀疑患有肿瘤疾病的小动物进行细针抽吸(fine-needle aspiration, FNA),通过评价所获取的细胞学样本可为确诊提供依据,从而避免立即进行手术活组织检查。由于实施 FNA 的风险和花费比活组织检查小,因此在进行活组织检查手术之前,作者几乎会对所有的肿块或增大的器官都进行细胞学检查。通过细胞学检查,有些病例可做出诊断(例如多中心淋巴瘤),指导临床医生制定治疗方案,而有些不能做出诊断,但进一步佐证了活组织检查的必要性。

　　一项 269 例犬、猫、马和其他动物的细胞学检查结果显示,40%的病例中,其病理学诊断和细胞学检查结果完全吻合,而 18%的病例部分吻合;根据肿瘤的位置和样本类型,细胞学检查完全吻合率达 33%～66%,其中,皮肤/皮下病变和肿瘤的吻合率最高(Cohen 等)。有趣的是,据作者经验,70%以上的病例的细胞学检查和组织病理学检查结果相吻合。有细胞学诊断经验的兽医在判读样本时,会将病史和临床检查结果结合起来,这样会有助于对结果进行综合分析。作者认为,结合病史和临床检查结果能使诊断更加简单,例如多中心淋巴瘤病例的诊断。

　　本章总结临床适用的细胞学诊断技术,重点讲述样本采集和样本的粗略判读。虽然某些临床医生能够从细胞学检查获取足够的诊断信息,但在判断预后或制定治疗方案前,需由具备资格证的兽医临床病理学家对其进行判读。

## 细针抽吸
## (FINE-NEEDLE ASPIRATION)

　　用长度合适的细针(如 23～25 号针头)抽取器官或肿块内的单一细胞悬液,针头可与 6mL、12mL 或 20mL 的无菌、干燥塑料注射器相连,但多数情况下没有这种必要。注射器大小主要由操作者的习惯决定。虽然这项技术仍被称作细针抽吸(FNA),但其实大多数病例在采集样本时无须抽吸注射器(见下文)。通过 FNA 可采集多部位的组织样本,包括皮肤和皮下组织、深部或浅表淋巴结、脾、肝、肾、肺、甲状腺、前列腺以及体腔内来源不明的肿物(如纵隔肿物)。

　　如果抽吸浅表的肿物,穿刺部位无须灭菌准备。如果抽吸体腔内的器官或肿物,必须进行剃毛消毒等无菌手术准备。通过触诊或 X 线检查确定肿物的位置,抽吸时需用手将其固定;如果用超声、CT 或荧光透视引导穿刺,则无须用手固定。将针头(单独使用或连接注射器)刺入肿物或器官。采用不带注射器的抽吸方法时,将针头刺入肿物或组织,反复插入数次。这种方法类似于啄木鸟的动作,因此被喻为"啄木鸟技术"。这种方式能让兽医利用针座采集到少量样本。采集到样本后,将无菌一次性注射器针筒抽满空气后连接到针头上,对准载玻片,轻轻排出样本(见下文)。若采用连接注射器的办法,将带注射器的针头刺入肿物,抽吸三四次。如果病灶体积足够大,可将针头反复插入两三次,并重复上述操作。针头退出之前需释放压力,以防止吸入血液污染样本或吸入空气,造成样本无法从注射器内排出。退出后取下针头,注射器内抽满空气,再次连接针头,将样本排到载玻片上。动作一定要小心轻柔,否则的话样本会被"气溶胶"化,一接触到玻片样本就迅速干燥,细胞很难散开,很难辨认。操作人员一定要轻轻按压注射器的活芯,待针头中的小液滴落到玻片上之后,立即制备涂片。大多数情况下,注射器中见不到样本,但针座中的样本量通常足够制备4~8张优质的涂片。

肿瘤细胞可经针道散播。报道显示,膀胱或前列腺移形上皮癌病例最常出现这种散播,其他肿瘤也有过相关报道,包括原发性肺肿瘤、肠道肿瘤、前列腺癌等。如果患犬的膀胱顶肿物可经手术切除,作者不推荐经皮细针抽吸,但可经尿道采集,或在超声引导下经导尿管抽吸。

表面破溃的肿物可用灭菌刀片、木质压舌板或纱布刮取表面取样。可将玻片直接接触破溃面(见下文的压印涂片),或将用压舌板刮取的组织转移到玻片上。用两张玻片拉出的涂片比推出的涂片好。涂片制成后立即风干,用下文介绍的方法进行染色。

# 压印涂片
## (IMPRESSION SMEARS)

临床上通常对手术样本或开放性病灶制作压印涂片。在作者的诊所中,常通过评价术中压印涂片确定治疗方案。

用手术摘除的组织制作压印涂片时,应先用纱布或纸巾轻轻吸去血迹或组织残屑,然后用镊子轻柔地夹住组织一端,轻触载玻片并留下印记。如果是用内窥镜钳夹的胃肠道或泌尿道肿物的小块组织制作压印涂片,那么需要用深层组织涂片,这样可避免无诊断意义的浅层(例如上皮组织)涂片。操作时通常是用组织块向玻片上轻轻碰触几次,作者通常在玻片上并排留下2~3排印记,然后进行染色。建议将另一块组织样本交由病理学家进行评估。特别提醒:不要在福尔马林旁边操作,否则其蒸气会造成细胞不可逆的损伤。

# 细胞学样本染色
## (STAINING OF CYTOLOGIC SPECIMENS)

很多染色方法可用于临床,包括快速罗曼诺夫斯基(Romanowsky's)染色(如Diff-Quik,许多生产商生产此类产品)和新亚甲蓝(new methylene blue,NMB)染色。大多数商业实验室都使用罗曼诺夫斯基染色,如瑞氏或吉姆萨染色。

这些染色技术之间有一定差异。罗曼诺夫斯基染色相对耗时较长,可以更好地表现出细胞细节,但细胞核与细胞质对比度较差;这种方法染出来的涂片可以长期保存。相对而言,NMB染色操作快速(只需几秒),但是不持久,这就意味着涂片不能保存,并做进一步会诊。NMB染色的细胞细节也不如前者清晰。另外,由于细胞核DNA和RNA对新亚甲蓝亲和力很强,大多数细胞可表现出"恶性"特征。我们诊所内通常使用Diff-Quik染色。快速血液学染色(如Diff-Quik)与吉姆萨或瑞吉氏染色的主要区别在于,对于犬和猫肥大细胞瘤,前者不能染出胞质颗粒。使用Diff-Quik染色颗粒不着色的原因可能在于固定时间过短,若固定时间延长(数分钟),可能会染出颗粒。最近一篇文献显示,延长固定时间不会改善肥大细胞颗粒的着色情况(Jackson等)。另外,快速血液学染色不能使大颗粒型淋巴细胞(large granular lymphocytes,LGLs)的颗粒着色,也不能染出灰猎犬、视觉猎犬和有些金毛巡回猎犬的嗜酸性粒细胞。

# 细胞学样本的判读
## (INTERPRETATION OF CYTOLOGIC SPECIMENS)

虽然临床兽医应尽力熟练评估细胞学样本,但是,只有具有资格证的兽医临床病理学家才能对此做出最终诊断。以下是进行细胞学评估的基本准则。基于一般原则,细胞学样本被分为正常组织、增生/萎缩(难以诊断)、炎症、肿瘤、囊性病变(不同种类的液体)或混合性细胞浸润。后者通常要么是恶性肿瘤,伴有进行性炎症反应(例如鳞状上皮癌伴有嗜中性粒细胞性炎症),要么是继发于慢性炎症刺激的增生(例如慢性膀胱炎伴随上皮增生/萎缩)。本章不探讨囊性病变的细胞学特征。

## 正常组织
### (NORMAL TISSUES)

#### 上皮组织

多数上皮组织(epithelial tissues),特别是腺上皮或分泌上皮,倾向于聚集成簇(它们有细胞桥粒连接)。散在的细胞呈圆形或多角形,细胞核与胞质分化良好(例如细胞核小且染色质呈簇),易于鉴别。罗曼诺夫斯基染色涂片中大多数细胞为圆核,胞质呈蓝色。

### 间质组织

由于被细胞间基质所包裹,间质组织(mesenchymal tissues)的细胞(如成纤维细胞、纤维细胞和成软骨细胞)在常规 FNA 取样或组织刮取时不易采集。间质细胞以纺锤形、多角形或卵圆形为特征,细胞核不规则,细胞质界限通常不清晰,很少见到细胞聚集成簇。

### 造血组织

本章不包括循环血细胞的具体形态学描述。简单来说,来源于造血(hematopoietic)器官的大部分细胞是圆形、散在分布的细胞(无聚集成簇的倾向);罗曼诺夫斯基染色胞质蓝色,细胞核大小不一,大多数核为圆形或肾形。骨髓之类的组织含有处于不同发育阶段的细胞(如从原始细胞到分化良好的外周细胞)。

## 增生
### (HYPERPLASTIC PROCESSES)

不同组织增生通常都表现为腺器官和淋巴器官增大。上皮和淋巴增生表现各异,淋巴增生将在下文进行讨论。上皮性增生的细胞学表现难于鉴别,增生组织与正常组织或肿瘤很像。在评价增大的前列腺或增厚的膀胱壁时应格外小心,高度增生和发育不良可能被误认为恶性特征。大量炎性细胞提示这些变化是由慢性刺激引起的(例如增生)。

## 炎性反应
### (INFLAMMATORY PROCESSES)

大多数炎性反应以涂片中出现炎性细胞和细胞残屑为特征。细胞类型取决于致病原(如化脓性感染中出现嗜中性粒细胞,寄生虫感染或过敏反应中出现嗜酸性粒细胞)和炎症反应类型(如急性感染通常以粒细胞为主,慢性感染以巨噬细胞和淋巴细胞为主)。注意:慢性炎症常伴有成纤维细胞和成血管细胞增生,难以和恶性间质细胞瘤(肉瘤)相区分(图 72-1)。以下病

原通常可通过细胞学检查确认:组织胞浆菌、芽生菌、孢子丝菌、隐球菌、球孢子菌、曲霉菌/青霉菌、弓形虫、利什曼原虫、分枝杆菌、其他立克次体、细菌,以及蠕形螨(图 72-2)。

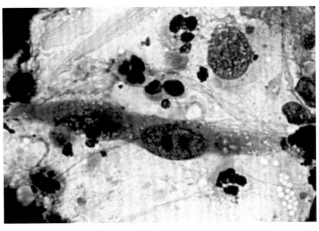

**图 72-1**
一只 2 岁绝育杂种犬的细胞学检查结果,该犬 FNA 结果为疫苗免疫反应,注意梭形细胞的恶性细胞学特征(和纤维母细胞相似)(1 000×)。

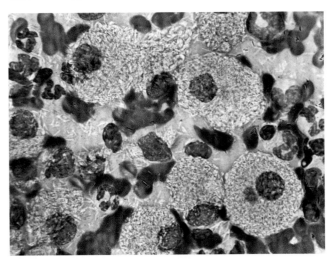

**图 72-2**
一只 2 岁肺结核雪纳瑞患犬的脾脏细胞学检查结果。巨噬细胞内不着色的杆菌样包含物为禽结核分枝杆菌(1 000×)。

## 恶性细胞
### (MALIGNANT CELLS)

大多数正常器官和组织的细胞均分化良好(骨髓前体细胞除外)。正常细胞的大小和形态相似,细胞核与细胞质比值正常(核质比),细胞核染色质浓缩且无核仁,细胞质可能出现细胞分化的特征(如鳞状上皮中角蛋白的形成)。

恶性细胞有以下一个或多个特征(框 72-1):核质比高(即细胞核大而细胞质少)、染色质易碎、有核仁(通常多个)、核大小不均(细胞核大小不同)、核塑形(多核细胞内细胞核间相互挤压)、形态学同质性(即所有细胞看起来一样)、多形现象(即细胞处于不同发育阶段)、空泡化(主要在恶性上皮肿瘤中)、细胞大小不等、多核巨细胞,以及偶尔出现巨噬细胞活性。恶性细胞的另一特征是异位(即出现在不应存在的解剖学部位);例如,淋巴结中出现了上皮细胞,这只是癌症转移的结果。恶性细胞倾向于与前体细胞形态不同(见框 72-1)。根据主要的细胞学特征,恶性肿瘤可分为癌(上皮性)、肉瘤(间质性)和圆形(或离散的)细胞瘤(图 72-3)。

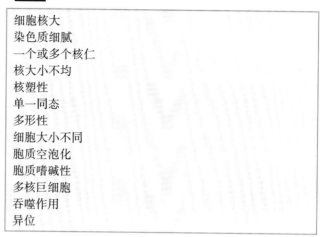

**框 72-1　恶性肿瘤的细胞学特征**

细胞核大
染色质细腻
一个或多个核仁
核大小不均
核塑性
单一同态
多形性
细胞大小不同
胞质空泡化
胞质嗜碱性
多核巨细胞
吞噬作用
异位

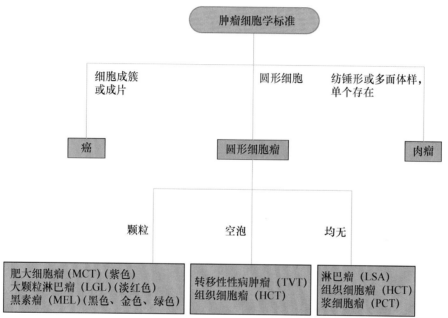

**图 72-3**
犬猫肿瘤的细胞学诊断流程图。

## 癌

大多数癌(carcinomas)由聚集成簇的圆形或多角形细胞组成。细胞质通常为深蓝色,大多数腺癌可见胞质空泡化。细胞质界限难以辨认,更像是一堆细胞质,而非一个个单独的细胞。鳞状上皮癌中,细胞通常单个分布,胞质呈深蓝色(偶尔会有嗜酸性边缘),有大空泡。鳞状上皮癌中常表现出白细胞对肿瘤细胞的吞噬。腺癌和鳞状细胞癌的细胞核大,染色质细腻,核仁明显(图 72-4)。

## 肉瘤

肉瘤(sarcomas)的细胞学特征因组织学表型不同而有很大差异。一般情况下,肉瘤脱落细胞量少,但血管外皮细胞瘤和其他梭形细胞肉瘤脱落细胞量极大,临床医师的第一印象可能是癌(例如细胞成群分布)(图 72-5)。大多数间质性肿瘤细胞呈纺锤形、多角形、多面体或卵圆形,细胞质红蓝色至深蓝色,细胞核形态不规则。多数细胞散在分布,但也会聚集呈簇(尤其是压印涂片或粗针采集的样本)。大多数肉瘤的细胞倾向于形成"尾巴",细胞核从胞质中突出(图 72-6)。当出现纺锤形或多角形细胞,且胞质呈蓝灰色空泡化时,应高度怀疑血管肉瘤(图 72-7)。偶尔会发现细胞内基质(如骨和软骨),这两种类型的肿瘤细胞通常为圆形或卵圆形。在作者所在的诊所中,骨溶解性病变的首要检查方法是 FNA(见第 79 章),细胞学检查比活组织检查更容易确诊,而且花费更少,动物忍受的病痛也更少。猫的一些肉瘤中通常可见多核巨细胞。

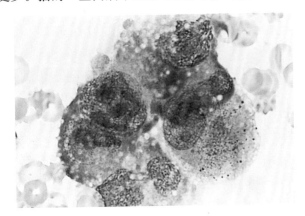

**图 72-4**
一只老年雌性爱尔兰塞特犬胸腔积液在光学显微镜下的表现。细胞聚集成簇、高度嗜碱性、胞质空泡化、大小不一,以及核仁明显。细胞学诊断为癌(如:不明起源的腺癌转移)(1 000×)。

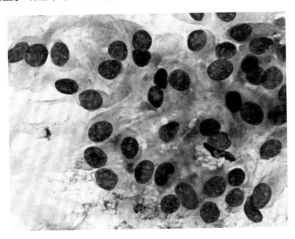

**图 72-5**
一只老年犬身上的质地坚实、小叶状的皮下肿物。细胞成簇分布,但仔细检查的话则会发现梭形细胞聚集,符合肉瘤的征象。临床诊断为血管外皮细胞瘤(500×)。

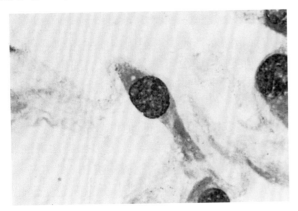

**图 72-6**
一只老年犬身上的质地坚实、小叶状的皮下肿物。细胞为纺锤形,有"尾巴",与周围细胞无联系。细胞核突出于细胞质(1 000×)。细胞学诊断为梭形细胞肉瘤。组织病理学诊断为纤维肉瘤。

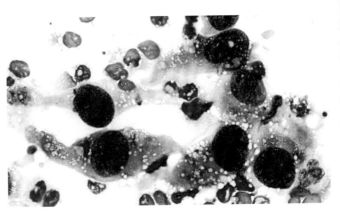

**图 72-7**
一只原发性脾脏血管肉瘤患犬身上几处紫色皮肤结节的细胞学检查结果。细胞呈多形性至梭形,胞质呈蓝灰色,内含空泡,这些是血管肉瘤的表现(这些肿瘤是原发肿瘤的转移)(1 000×)。(由 Dr. S. M. Nguyen. 惠赠)

一般来说,肉瘤细胞不易剥落,穿刺可能出现假阴性结果。因此,如果临床上怀疑肉瘤而 FNA 结果为阴性时,应进行活组织检查确诊。

## 圆形(离散)细胞瘤

由均一的圆形(离散)细胞形成的肿瘤称为圆形(离散)细胞瘤(round cell tumors,RCTs)。这类肿瘤在犬猫中很常见,包括淋巴瘤(lymphoma,LSA)、组织细胞瘤(histiocytoma,HCT)、肥大细胞瘤(mast cell tumor,MCT)、转移性性病肿瘤(transmissible venereal tumor,TVT)、浆细胞瘤(plasma cell tumor,PCT)和恶性黑色素瘤(malignant melanoma,MM)。前面已经提到,骨肉瘤(osteosarcomas,OSAs)和软骨肉瘤(chondrosarcomas,CSAs)也可由圆形细胞组成,因此也算到此类。圆形细胞瘤很容易通过细胞学检查诊断出来;细胞质内有无颗粒或空泡、细胞核的位置等有助于对 RCTs 进行鉴别分类(见图 72-3)。

组成肥大细胞瘤(图 72-8)、LGL 淋巴瘤(图 72-9)和黑色素瘤(图 72-10)的细胞含有胞质颗粒,神经内分泌肿瘤细胞也可能含有颗粒。如果用血液学染色方法,肥大细胞胞质中的颗粒呈紫色,LGL 淋巴瘤中的颗粒呈红色,黑色素瘤中的颗粒呈黑色、绿色、棕色或黄色。淋巴瘤(图 72-11)、组织细胞瘤(图 72-12)、浆细胞瘤和转移性性病肿瘤的细胞质内没有颗粒。骨肉瘤细胞偶见粉色颗粒(类骨质),大小不一(见图 79-6)。转移性性病肿瘤和组织细胞瘤的胞质内常含有空泡。

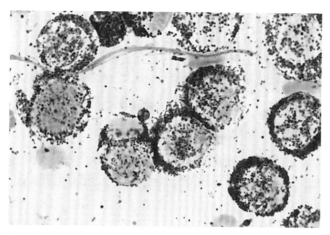

**图 72-8**

老年拳师犬皮下肿物细针穿刺涂片显微镜检查结果。该犬表皮和皮下多处肿物，并且有明显的多发性淋巴结病。涂片显示为圆形细胞、形态均一、有大量紫色颗粒。细胞学诊断为肥大细胞瘤（1 000×）。

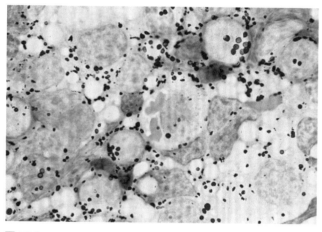

**图 72-9**

一只老龄猫肠系膜淋巴结压印涂片显微镜检查结果。该猫因呕吐和腹泻就诊。注意这些大的圆形细胞，胞质内有红色大颗粒。该病例被诊断为大颗粒性淋巴细胞性淋巴瘤（1 000×）。

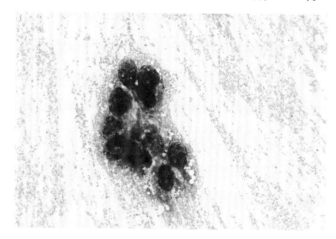

**图 72-10**

一只 10 岁雪纳瑞犬口腔肿物细针抽吸涂片显微镜检查结果。注意胞质内深色细微的颗粒。该病例被诊断为黑色素瘤（400×）。

简单来说，大细胞性淋巴瘤以形态均一、离散分布、未分化的圆形细胞为特征，细胞核大、染色质粗糙，含有 1～2 个核仁，偶尔有空泡（图 72-11）。小淋巴细胞性和中淋巴细胞性淋巴瘤很难通过细胞学诊断，因为看起来和正常淋巴细胞相似。组织细胞瘤的细胞形态与淋巴瘤相似，但前者染色质较为细腻，细胞质较多，且通常含有空泡（图 72-12）。由于炎症反应是组织细胞瘤重要的并发症，在组织细胞瘤中常可发现炎性细胞（如嗜中性粒细胞和淋巴细胞）。肥大细胞瘤因胞质中含有紫色（异染性）颗粒而易于鉴别，大量颗粒可能掩盖细胞核的特征，嗜酸性粒细胞也是常见特征之一。在分化不良的肥大细胞瘤中，使用 Diff-Quik 染色时，可能看不到细胞质颗粒（图 72-13）。

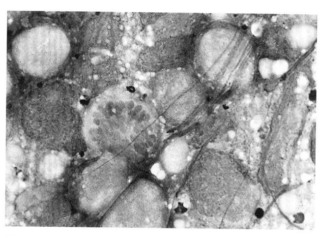

**图 72-11**

一只中年拳师犬肾脏细针穿刺涂片显微镜检查结果。该犬双肾肿大。显示圆形细胞形态均一、细胞核大、核仁明显，没有胞质空泡和颗粒；中间有一个有丝分裂相。细胞学诊断为淋巴瘤（1 000×）。

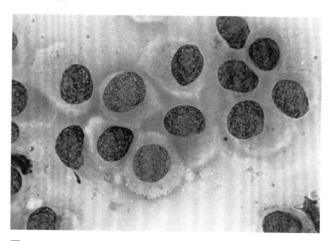

**图 72-12**

一只 1 岁犬头部圆形小肿瘤细针穿刺涂片的显微镜检查结果。可见体积较大的圆形细胞、胞质丰富、界限清晰，染色质细致。该病例诊断为组织细胞瘤（1 000×）。

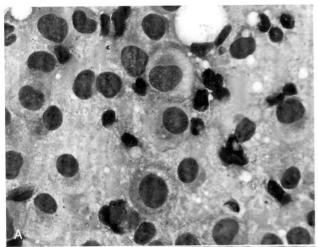

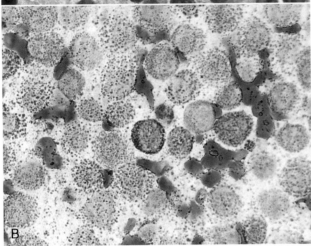

图 72-13
一只沙皮犬皮肤肿物的细针抽吸细胞学检查结果。A, Diff-
Quik 染色, 没有明显的细胞质颗粒;B, 为瑞吉氏染色, 可见典型
的肥大细胞颗粒。该病例最终诊断为肥大细胞瘤(1 000×)。

## 淋巴结
(LYMPH NODES)

临床常通过淋巴结穿刺进行细胞学检查。在作者的诊所里,约 90%患有淋巴结病的犬和 60%~70%的猫可通过细胞学检查进行诊断。如果一个增大的淋巴结不能通过细胞学检查做出诊断,应采用手术将其切除,并进行组织病理学检查。

当使用淋巴结穿刺或压印涂片采样进行细胞学检查时,临床兽医应该牢记,淋巴结可对各种各样的刺激产生不同的反应。一般而言,公认的四种细胞学类型如下:正常淋巴结、反应性或增生性淋巴结病、淋巴腺炎和肿瘤。

### 正常淋巴结

正常淋巴结(normal lymph node)的细胞学样本主要由小淋巴细胞(约 70%~90%)组成,呈单一形态。这些细胞直径约为 7~10 μm(红细胞直径的 1~1.5 倍,比中性粒细胞小),染色质浓缩,无核仁。其余细胞为巨噬细胞、淋巴母细胞、浆细胞和其他免疫细胞。

### 反应性或增生性淋巴结病

对于不同的抗原刺激(如细菌、真菌、肿瘤),淋巴组织在细胞学上表现相似,即小、中和大淋巴细胞、淋巴母细胞、浆细胞和巨噬细胞混合存在(图 72-14)。另外,因特殊抗原刺激可出现其他类型的细胞(如,在寄生虫感染或过敏反应时出现嗜酸性粒细胞)。在评价反应性或增生性淋巴结细胞学样本时,第一印象为不同种类的细胞同时出现。不同发育阶段的细胞提示淋巴组织正在经历多克隆扩增(即对多种抗原刺激产生应答)。猫的反应性淋巴结缺少浆细胞,但会有大量淋巴母细胞,很难和淋巴瘤区分开来。

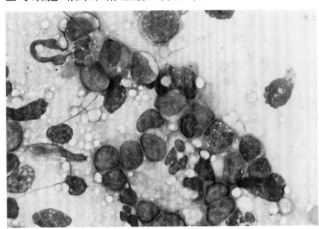

图 72-14
犬反应性淋巴结细针穿刺涂片显微镜检查结果。淋巴细胞大小不均(小、中、大),可见浆细胞和巨噬细胞(1 000×)。

### 淋巴腺炎

炎性反应所引起的淋巴结细胞学变化与反应性淋巴结病相似,只是存在血源性炎性细胞浸润(如化脓感染时出现嗜中性粒细胞)和多数细胞系的退行性变化(如核固缩和核碎裂)。病原体可能出现在涂片上。

### 肿瘤

淋巴结中出现的肿瘤细胞可能是通过淋巴或血液扩散而来的(如原发性肿瘤转移汇入淋巴结),也可能是淋巴组织原发的病变(淋巴瘤)。转移的淋巴结病灶包括反应性淋巴组织和肿瘤细胞；严重转移病例可能会因肿瘤细胞过度增殖而难以见到正常的淋巴细胞。原发肿瘤的类型决定了转移细胞的形态学特征。如前文所述，淋巴瘤以形态均一、大的未成熟淋巴细胞群为特征，这些细胞通常体积较大，核质比异常偏低，染色质粗糙，核仁明显。小细胞性淋巴瘤难以通过细胞学检查确诊。

### 淋巴结细胞学评估的判读

根据作者经验，进行淋巴结细胞学样本评估最简单的方法是，第一步先看细胞形态是否均一（例如，70％以上的细胞形态高度相似）。如果细胞形态均一，有可能是正常的淋巴结（细胞是正常的淋巴细胞），或是肿瘤（淋巴瘤或转移肿瘤）；如果细胞形态不均一，那么则有可能是反应性、炎性或肿瘤早期。

◉推荐阅读

Baker R et al: *Color atlas of cytology of the dog and cat*, St Louis, 2000, Mosby.

Ballegeer EA et al: Correlation of ultrasonographic appearance of lesions and cytologic and histologic diagnoses in splenic aspirates from dogs and cats: 32 cases (2002-2005), *J Am Vet Med Assoc* 230:690, 2007.

Barton CL: Cytologic diagnosis of cutaneous neoplasia: an algorithmic approach, *Compend Contin Educ* 9:20, 1987.

Bertazzolo W et al: Canine angiosarcoma: cytologic, histologic, and immunohistochemical correlations, *Vet Clin Pathol* 34:28, 2005.

Bonfanti U et al: Diagnostic value of cytologic examination of gastrointestinal tract tumors in dogs and cats: 83 cases (2001-2004), *J Am Vet Med Assoc* 229:1130, 2006.

Cohen M et al: Evaluation of sensitivity and specificity of cytologic examination: 269 cases (1999-2000), *J Am Vet Med Assoc* 222:964, 2003.

Cowell RL et al: *Diagnostic cytology and hematology of the dog and cat*, ed 3, St Louis, 2007, Elsevier.

Ghisleni G et al: Correlation between fine-needle aspiration cytology and histopathology in the evaluation of cutaneous and subcutaneous masses from dogs and cats, *Vet Clin Pathol* 35:24, 2006.

Jackson D et al: Evaluation of fixation time using Diff-Quik for staining of canine mast cell tumor aspirates, *Vet Clin Pathol* 42:99, 2013.

Mills JN: Lymph node cytology, *Vet Clin North Am* 19:697, 1989.

Morrison WB et al: Advantages and disadvantages of cytology and histopathology for the diagnosis of cancer, *Semin Vet Med Surg* 8:222, 1993.

Powe JR et al: Evaluation of the cytologic diagnosis of canine prostatic disorders, *Vet Clin Pathol* 33:150, 2004.

Radin MJ et al: *Interpretation of canine and feline cytology*, Wilmington, Del, 2001, Gloyd Group.

Raskin RE et al: *Atlas of canine and feline cytology*, Philadelphia, 2001, WB Saunders.

Sharkey LC et al: Maximizing the diagnostic value of cytology in small animal practice, *Vet Clin N Am Small Anim Pract* 37:351, 2007.

Stockhaus C et al: A multistep approach in the cytologic evaluation of liver biopsy samples of dogs with hepatic diseases, *Vet Pathol* 41:461, 2004.

Vignoli M et al: Computed tomography-guided fine-needle aspiration and tissue-core biopsy of bone lesions in small animals, *Vet Radiol Ultrasound* 45:125, 2004.

Wang KY et al: Accuracy of ultrasound-guided fine-needle aspiration of the liver and cytologic findings in dogs and cats: 97 cases (1990-2000), *J Am Vet Med Assoc* 224:71, 2004.

Wellman ML: The cytologic diagnosis of neoplasia, *Vet Clin N Am* 20:919, 1990.

# 第 73 章
## CHAPTER 73

# 肿瘤的治疗原则
## Principles of Cancer Treatment

## 概述
## (GENERAL CONSIDERATIONS)

癌症是导致犬、猫死亡的最重要的原因。有些品种中，60%的犬死于癌症，例如金毛巡回犬和退役的灰猎犬。在过去几十年中，许多疗法被应用于犬猫肿瘤的治疗（框73-1）。但是，直到二三十年前，手术疗法仍是宠物肿瘤治疗的主流。现在，无法切除或是发生了转移的恶性肿瘤，采用框73-1所列治疗方法所获得的成功率不尽相同。

 框73-1 癌症动物的治疗措施

手术
放射疗法
化学疗法
节拍化疗
分子靶向治疗
免疫疗法（生物反应调节剂）
高温疗法
冷冻疗法
光线疗法
光化学疗法
热化学疗法
非常规疗法（替代）

作为兽医师，在评估患有恶性肿瘤犬猫的病情时，应该坚信在大多数可选择的情况下，动物主人都希望救治动物。尽管对于某些患恶性肿瘤的动物来说，安乐死也是一种合理的选择，但应尽最大努力去寻求可选择的治疗方法。人类医学中，60%以上的癌症患者存活时间多于5年，且相当大一部分病人甚至能够被治愈，例如一些不是十分严重的淋巴瘤、急性淋巴细胞白血病、一些癌症和肉瘤。虽然这些数据在患恶性肿瘤的犬猫上无法实现，但在作者的诊所里，癌症病例中，后续跟进2~5年的病例在持续增加。

从哲学上讲，人和宠物在治疗方面的最大差异在于我们对"治愈"的定义。虽然治愈对癌症病人来说是值得称赞的目标，但高昂的价格和严重的毒性使得宠物的治疗措施非常有限。在作者的诊所里，生活质量是治疗的原动力（见下文）。

根据肿瘤的类型、生物学行为以及临床分期，兽医可建议采用框73-1中所列的一种或多种治疗方法。但是，除了肿瘤相关因素，还有其他因素影响治疗方案的选择。这些因素包括患病动物本身状况、家庭相关因素以及治疗相关因素。

## 患病动物相关因素
## (PATIENT-RELATED FACTORS)

谨记，对于某种特定类型的肿瘤，普遍认为最佳治疗方法对某个具体的病例来讲，并不一定是最好的选择，或者不是从动物主人家庭角度考虑的最优选择。与患病动物相关的最主要因素就是要考虑动物的总体健康、运动或体能状态（表73-1）。例如，一只犬或猫运动明显减少及体质较差（体能不佳），就不太适合采用较激进的化疗方法，或不能耐受进行外部激光放疗法时的反复麻醉。在与动物主人协商肿瘤治疗方法时，不需要考虑年龄因素（即年龄并非一种疾病）。例如，一只14岁全身状况很好的犬与一只9岁有慢性肾脏疾病或患有失代偿性充血性心力衰竭的犬相比，更适合进行化疗或放疗。在建立一套特异性肿瘤治疗方案之前应考虑到患病动物相关因素（如纠正氮质血症，通过肠内饲喂提高营养水平）。

**表 73-1　犬猫改良 Karnovsky 评分**

| 级别 | 活动性/表现 |
|---|---|
| 0—正常 | 活泼,可表现患病前精神状态 |
| 1—受限 | 与患病前相比活力有限,但是功能正常可接受 |
| 2—受损 | 活动性严重受限,只能移动到进食处,但是在可接受的范围大小便 |
| 3—丧失能力 | 完全丧失能力,须强制才能运动,不能在固定地点大小便 |
| 4—死亡 | |

修改自 International Histological Classification of Tumor of Domestic Animals, *Bull World Health Organ* 53：145，1976.

# 家庭相关因素
## (FAMILY-RELATED FACTORS)

在决定患肿瘤动物所用的治疗方法时,家庭相关因素至关重要。每个兽医都应意识到主人与宠物之间关系的重要性。这种关系通常决定了最终给患病动物采用什么样的治疗方法。例如,如果动物主人担心患有淋巴瘤的动物接受化疗时所承受的痛苦而拒绝该疗法,那么虽然该方法对于患病动物来说是最好的治疗方法,但最终也无法实施。

据作者经验,应把动物主人纳入医疗团中的一分子。如果他们也被分配了在家需要完成的任务,如通过测量肿瘤大小来监控动物对于治疗的反应,每天为动物测量体温,并监控动物的表现情况,如此他们就会认为自己在宠物的命运中也承担着重要的责任,从而会更加配合医生的治疗。兽医也应尽可能去解答动物主人关心的问题,从而帮助他们渡过比较艰难的时期。兽医应将可以采用的所有方案向动物主人说明,与他们一起讨论,并列出每种方案的优缺点(如 A 方案、B 方案、C 方案、不采取治疗措施之间的有利因素,以及可能出现的副作用),兽医也应详细说明在宠物治疗过程中会出现哪些问题(包括最好的病例和最差的病例)。经过这些简单的前期步骤,对主人进行观察后,兽医通常要培养动物主人面对现实的想法,并且确保与主人之间的关系始终是温和而没有冲突的。这时也应提到可能需要对动物进行安乐死,作为一个现在或治疗失败后的最终选择,这一章的后半部分会讨论该问题。

另一个与动物主人相关的因素是花费问题。通常来说,大多数兽医都认为,发生转移或患恶性肿瘤的犬猫的治疗费用都很昂贵,但是治疗花费最终由宠物主人决定。采用手术、放疗或化疗治疗一只犬或猫通常需要动物主人支付 5 000～10 000 美元,而一个常见的骨科手术(例如胫骨平台水平矫正术)需要 2 500～4 000 美元。换句话说,无论主人是否能够支付,医生都有义务向他们解释所有可供选择的治疗方案。有时,动物主人会花费超出一般人想象的高额费用来治疗患有肿瘤或是其他疾病的宠物。正如众多动物主人所言,宠物是他们的家庭成员,花的也是他们自己的钱。

# 治疗相关因素
## (TREATMENT-RELATED FACTORS)

在制定肿瘤的治疗方案之前有几点治疗相关因素需要考虑。首先,应考虑到特异性适应证。手术和放疗的目的都是根除局部发生的、转移性较低的肿瘤(以及很可能会治愈的肿瘤),但有时这些方法也用于患有大面积(大块)肿瘤或发生转移肿瘤的犬猫的姑息疗法。另一方面,化学疗法作为疾病晚期的一种姑息疗法,常被应用于多种类型肿瘤的治疗,但通常不是一种根治疗法。免疫疗法(使用生物反应调节剂)也是一种辅助或姑息疗法(即仅用免疫疗法是不能治愈肿瘤的)。最近,分子靶向治疗旨在阻断肿瘤的特定通路,但并不阻断正常细胞的代谢。通常,在首次检查到肿瘤时,最好采用积极的疗法(因为此时根除所有肿瘤细胞的可能性是最大的),而不是等到肿瘤发展到恶性阶段后才使用——即"小病大治"。即使去除 99% 的肿瘤细胞,癌症也不能治愈。

大多数情况下,联合两种或两种以上治疗方案的治愈率最高。例如,用手术疗法联合化学疗法治疗四肢的骨肉瘤患犬(仅手术治疗,术后存活 4 个月,而手术联合化疗可存活 12～18 个月),可使其无症状存活时间显著延长。

在制定治疗方案时,也应考虑到治疗相关因素,例如不同治疗方法可能会带来的并发症或副作用。化疗的并发症将在第 75 章进行阐述。随后也将探讨动物的生存质量,在癌症治疗期间也应得到维持或提高。在作者所在的诊所中,这是患有肿瘤的犬猫接受治疗后,应优先考虑的问题。我们的箴言是"患病动物在接受治疗后,其病痛应有所改善"。

肿瘤的治疗方法分为姑息疗法和根治疗法。鉴于目前对于特定肿瘤类型及其治疗方法信息的缺乏,这两种疗法有时也可能发生重叠(即最初认为是姑息疗法的方案,可能最终使肿瘤治愈,反之亦然)。如前所述,如果价格"合适"(花费不超过主人的承受能力,毒性不超过动物的承受能力,能提高动物的生活质量),每一种方法都应尽可能在肿瘤被确诊后,短期内将体内的每个肿瘤细胞根除(也就是达到治愈目的)。这意味着要立即采取行动,而非持等待观望态度。恶性肿瘤自行消退的可能性很低。因此,如果对确诊为恶性肿瘤的动物延迟治疗,也就意味着增大了肿瘤在局部甚至向全身扩散的可能性,并因此而降低了治愈率。如前所述,手术和放疗都有可能根除肿瘤,而化疗和免疫疗法通常属于姑息疗法。

如果不能达到完全治愈,则要追求两个目标,病情获得缓解的同时提高动物的生存质量。缓解指的是肿瘤变小。如要客观评估治疗效果,应该测量肿瘤直径,并按框73-2所列的标准评估对治疗的反应。最近,兽

 **框73-2　评价肿瘤对治疗反应的指标**

---

**完全缓解(Complete Response,CR):**
目标病灶:所有肿瘤完全消失;所有淋巴结大小均无明显病理学变化。
非目标病灶:所有病理性淋巴结大小均在正常范围内,无新生病变。肝脏和脾脏在正常参考范围内。

**部分缓解(Partial Response,PR):**
目标病灶:肿瘤最大径(LD)之和缩小至少30%。
非目标病灶:尚无标准*。

**病情恶化(Progressive Disease,PD):**
目标病灶:肿瘤最大径(LD)之和至少增加20%(包含初始值);至少有一处目标病变的最大径绝对值比其最小时增加5 mm。对于最大径(LD)最低点小于10 mm的病变,任何一处的肿瘤最大径(LD)增加至15 mm或以上均可被定义为恶化。
非目标病灶:非目标病灶的明确恶化(注意:出现一处或多处新病变也是恶化的表现)。

**病情稳定(Stable Disease,SD):**
目标病灶:肿瘤缩减程度有限,或增加程度还达不到恶化。
非目标病灶:尚无标准*。

---

*　非目标病灶可用"CR"、"PD"、"non-CR/non-PD"评估,如果无非目标病灶,"无"。
　　LD,肿瘤最大径。这是实体瘤治疗评价标准(RECIST)的修改,可应用于宠物实体瘤。修改自Vai DM et al:Response evaluation criteria for peripheral nodal lymphoma in dogs(v1.0)-a Veterinary Cooperative Oncology Group(VCOG) consensus document,*Vet comp Oncol* 8:28,2009.

医肿瘤学家采纳了人的(Eisenhauer等)实体瘤治疗评价标准(response evaluation criteria in solid tumors,RECIST),改良后用于淋巴瘤的评估(Vail DM等)。

采用低剂量疗法(节拍疗法)可使肿瘤限定在一定范围内,同时能够改善动物的生活质量,这种新的治疗方法应用越来越广泛。大多数癌症动物第一次就诊时没有明显的症状,所以,对于一些老年动物来说,有生活质量的带瘤生存也是一种可行(且诱人)的选择。作者将在第74章对节拍化疗进行详细阐述。

生活质量对于小动物肿瘤疾病是十分重要的(见前面的章节)。作者所在的诊所对动物主人进行了一项调查,主要针对使用化学疗法治疗不可切除或发生恶性转移的肿瘤动物生存质量问题,结果显示,80%的主人认为在治疗期间宠物的生活质量得到维持或提高。若不能维持较好的生活质量(即动物临床症状恶化),应调整或停止现有治疗方案。有些生存质量评估方案已经应用于患癌动物(Lynch等)。

姑息疗法对于患肿瘤的小动物及其主人来讲都是可以接受的方法。例如,即便化疗方法很难治愈大多数肿瘤,但这种方法可提高犬猫(以及它们的家庭)在较长时期内的生活质量。虽然最终动物可能还是会死于肿瘤相关因素,动物主人仍希望在较长一段时期内,看到一只无症状的宠物。另一个常被遗忘的例子就是手术姑息疗法,例如,患有溃疡性乳腺癌并发生了轻微肺转移的犬猫,通常我们会建议进行安乐死(因为原发病灶常有液体流出,使它们不能再坐在主人的大腿或家具上,主人不再视其为"宠物")。但是,现在的临床医师发现,采用乳房切除术或肿块切除术(即使动物主人拒绝使用化疗),可使动物在转移病灶引起呼吸系统的损害前,数月内维持较好的生活质量。另一个例子是肛囊腺顶浆分泌腺癌伴腰下淋巴结转移的患犬,即使不实施辅助化疗,仅用手术疗法将原发病灶和/或转移的淋巴结切除后,动物也会好转。将原发肿块切除,可减轻动物排便过度用力的临床症状。由于直肠及结肠腹侧受增大的淋巴结压迫,侧面或背侧受原发肿块压迫,因此移除任何一个病灶即可缓解临床症状。并且,作者所在诊所成功地将患有转移性肛囊腺顶浆分泌腺癌的犬的腰下(或髂)淋巴结切除,配合化疗,动物术后存活时间能达到1~3年。

当然,兽医应说明,即便没有采用特异性抗癌疗法,也可能会出现副肿瘤综合征。例如,使用二膦酸盐化合物治疗恶性高钙血症,可使动物的生活质量得到显著改善。对于不能通过手术切除肿瘤的患犬,或者

是化疗失败的患犬,我们诊所会采用氨羟二磷酸二钠(1～2 mg/kg,IV,q6～8 周)治疗因肿瘤引起的高钙血症,大多数犬的血清钙浓度维持在正常水平内,并且我们没有发现任何预期的毒性。另外,疼痛管理也能显著改善小动物的生活质量。阿片类、非甾体类抗炎药和其他药物均能起到良好的治疗效果(表 73-2)。

最后,大多数患癌的犬猫都是团队治疗。这个团队包括宠物、养宠家庭、肿瘤内科专家、肿瘤科护士、肿瘤手术专家、放疗专家、临床病理学专家以及病理学家。团队成员间的良性互动对于宠物及其主人都非常有益。

 **表 73-2　俄亥俄州立大学兽医诊疗中心常用肿瘤镇痛剂**

| 药物 | 品牌 | 剂量 |
| --- | --- | --- |
| **非甾体类抗炎药** | | |
| 卡洛芬 | Rimadyl | 1～2 mg/kg, PO, q 12 h |
| 地拉考昔 | Deramaxx | 1 mg/kg, PO, q 24 h |
| 美洛昔康 | Metacam | 0.1～0.2 mg/kg, PO, q 12 h |
| 非罗考昔 | Previcox | 5 mg/kg, PO, q 24 h |
| 吡罗昔康 | Feldene | 0.3 mg/kg, PO, q 24～48 h |
| **阿片类** | | |
| 曲马多 | Ultram | 1～4 mg/kg, PO, q 8～12 h |

◆推荐阅读

Aiken SW: Principles of surgery for the cancer patient, *Clin Tech Small Anim Pract* 18:75, 2003.

Couto CG: Principles of cancer treatment. In Nelson R, Couto CG, editors: *Small animal internal medicine*, ed 4, St Louis, 2009, Elsevier, p 1150.

Eisenhauer EA et al: New response evaluation criteria in solid tumours: revised RECIST guideline (version 1.1), *Eur J Cancer* 45:228, 2009.

Lagoni L et al: *The human-animal bond and grief*, Philadelphia, 1994, WB Saunders.

Lynch S et al: Development of a questionnaire assessing health-related quality-of-life in dogs and cats with cancer, *Vet Compar Oncol* 9:172, 2011.

McEntee MC: Veterinary radiation therapy: review and current state of the art, *J Am Anim Hosp Assoc* 42:94, 2006.

Page RL et al: Clinical indications and applications of radiotherapy and hyperthermia in veterinary oncology, *Vet Clin N Am* 20:1075, 1990.

Vail DM et al: Response evaluation criteria for peripheral nodal lymphoma in dogs (v1.0)—a veterinary cooperative oncology group (VCOG) consensus document, *Vet Compar Oncol* 8:28, 2009.

Withrow SJ: The three rules of good oncology: biopsy! biopsy! biopsy! *J Am Anim Hosp Assoc* 27:311, 1991.

# 第 74 章
## CHAPTER 74

# 临床化学疗法
## Practical Chemotherapy

## 细胞及肿瘤动力学
### (CELL AND TUMOR KINETICS)

为了更好地了解化学疗法对肿瘤组织及正常组织的影响,有必要了解细胞生物学及肿瘤动力学的一些基本知识。一般来说,肿瘤细胞与其同源的正常细胞的生物学特性非常相似,其主要区别在于肿瘤细胞通常不经历终末分化(terminal differentiation)或凋亡(细胞程序性死亡)。因此,正常细胞与肿瘤细胞的细胞周期相似。

哺乳动物的细胞周期有两个明显的阶段:有丝分裂期及分裂间期。分裂间期又由四个时期所组成(图 74-1):

1. 合成期(S 期):DNA 合成。

2. 第 1 间期($G_1$):合成 RNA,合成 DNA 生成所需的酶。

有丝分裂期 (M) —→ 分化 —→ 死亡

$G_2$

$G_0$

$G_1$

S

图 74-1

哺乳动物细胞周期。细胞在有丝分裂期(M)分化,最终死亡(正常组织);也可进入 $G_0$ 期(真正的静止期),在多种刺激下恢复进入细胞周期。$G_1$,第 1 间期;S,DNA 合成期;$G_2$,第 2 间期;$G_0$,静止期。

3. 第 2 间期($G_2$):有丝分裂的纺锤体形成。

4. 第 0 间期($G_0$):这是真正的静止期。

有丝分裂期称为 M 期。

癌基因在不同细胞周期之间起到检查位点作用。

在讨论化疗之前,必须要了解几个名词。有丝分裂指数(mitotic index,MI)是指在肿瘤组织中,处于有丝分裂期的细胞占细胞总数的比例;对于某一肿瘤样本,病理学家通常会提供有丝分裂活性的信息,以 MI 或每个高倍镜下有丝分裂数来表示(或每 10 个高倍镜下)。生长分数(growth fraction,GF)是指肿瘤组织中增殖细胞所占的比例,这些细胞就某个患病动物来说是难以量化的。倍增时间(doubling time,DT)是指肿瘤体积增大一倍所需的时间;可通过 X 线检查、超声检查或通过直接触诊对肿瘤体积进行连续观察,并按公式进行计算 [$V=p/6'$(平均直径)$^3$]。犬肿瘤的倍增时间从 2 d(转移性骨肉瘤)到 24 d(转移性黑色素瘤)不等,而人的倍增时间从 29 d(恶性淋巴瘤)到 83 d(发生转移的乳腺癌)不等。倍增时间是由有丝分裂时间、细胞周期持续时间、生长分数,以及由死亡或转移导致的细胞损失来决定的。倍增时间越短,肿瘤的侵袭性就越强(对传统化疗的敏感性就越强)。就我们所知肿瘤动力学的知识,当通过 X 线检查可见到肺脏转移结节时,此结节通常包含 200 000 000 个细胞,重量小于 150 mg,并且已经分化了 25~35 次。一个 1 cm 的可触诊到的肿瘤结节里含有 $10^9$ 个肿瘤细胞(1 000 000 000),重量约为 1 g(图 74-2)。一般说来,大多数非肿瘤组织(除了骨髓干细胞与小肠隐窝上皮)的生长分数、分裂指数都较低,倍增时间较长,而大多数肿瘤组织分裂指数和生长分数较高,倍增时间较短(至少在刚开始时)(图 74-2)。

对于生长接近顶峰的肿瘤组织,通过手术缩减肿瘤细胞(肿瘤减积手术)使细胞总数减少,这样就可以

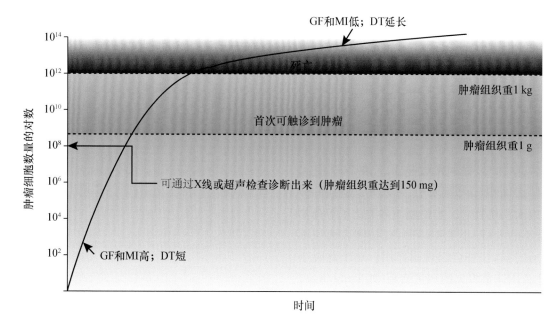

**图 74-2**

肿瘤（细胞）动力学。文章中有更多相关信息。GF，生长分数；MI，有丝分裂指数；DT，倍增时间。（摘自 Couto CG：Principles of chemotherapy. In *Proceedings of the Tenth Annual Kal Kan Symposium for the Treatment of Small Animal Disease*：*Oncology*，Kalkan Foods, Inc, Vernon, Calif, 1986, p37. ）

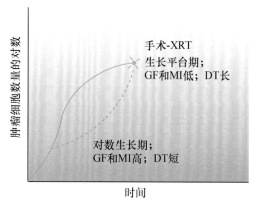

**图 74-3**

手术或放疗对肿瘤动力学的影响。缩减细胞术后，$G_0$ 期细胞苏醒，肿瘤恢复到指数增长期。XRT，放疗；GF，生长指数；MI，有丝分裂指数；DT，倍增时间。（引自 Couto CG：Principles of chemotherapy. In Proceedings of the Tenth Annual Kal Kan Symposium for the Treatment of Small Animal Diseases：Oncology, Kalkan Foods, Inc, Vernon, Calif, 1986, p 37. ）

增加分裂指数和生长分数，缩短倍增时间，但是具体机理不清（图 74-3）。理论上讲，这将使肿瘤对化疗或放疗更为敏感。

# 化疗基本原则
## （BASIC PRINCIPLES OF CHEMOTHERAPY）

化疗药物主要杀死迅速分化组织中的细胞。为了探索不同化疗药物破坏癌细胞的效果，通常在临床上用三种或多种药物联合治疗某种恶性肿瘤。这些药物的筛选遵照以下几条原则：每种药物都有对抗某种特定类型肿瘤的活性；每种药物都有不同的活性机理；而且药物不能有累积毒性。联合用药时，通常用药方案中都会用每种药物的第一个英文字母作为简称，如，VAC 是指长春新碱（vincristine）、多柔比星（或阿霉素，Adriamycin）和环磷酰胺（cyclophosphamide）。一般来说，联合用药比单一用药的化疗方案更容易使病情获得缓解，并能延长动物的存活时间；这可能是由于几种化疗药物联合应用后，（或预防）耐药细胞出现时间延后。然而，这个规则也有例外，有些药物单独使用也能有效缓解病情，毒性作用也很轻，例如单独使用顺铂、卡铂或多柔比星治疗犬骨肉瘤；单独使用苯丁酸氮芥治疗犬慢性淋巴细胞性白血病；以及单独使用长春新碱治疗犬转移性性病肿瘤。

从细胞动力学角度看，化疗的另一个基本原则是对较小的肿瘤的治疗效果要比大肿瘤好，即使对一种或几种药物有固有敏感性的肿瘤，也遵循此规则。如从图 74-3 所见，小肿瘤（如含 $10^6$ 个细胞）比大肿瘤（含 $10^{11}$ 个细胞）更易通过药物完全根除，因为小肿瘤其有丝分裂指数、生长分数都较高，并且其倍增时间也较短（即在某一特定时间有更多细胞发生分化）。

$$\frac{体重(g)^{2/3} \times K(常数)}{10^4} = 体表面积(m^2)$$

虽然仍然有争议,但大多数化疗药物的剂量都是根据体表面积(body surface area,BSA)来计算的;在本章中也会列出例外。在比较品种间的剂量时,这种方法似乎能提供一个更为稳定的代谢参数。可按如下公式进行计算:

犬的常数是 10.1,猫的常数是 10。表 74-1 是犬体重(kg)与体表面积(m²)换算表。表 74-2 是猫的体重(kg)与体表面积换算表。当使用如多柔比星等药物时,体型非常小的犬(即小于 10 kg),或按体表面积算出的剂量给药的猫,往往会出现副作用。对于此类小型动物,更适合用体重算出的剂量给药(如 1 mg/kg)。

**表 74-1　犬体重和体表面积换算表**

| 体重(kg) | 体表面积(m²) | 体重(kg) | 体表面积(m²) |
|---|---|---|---|
| 0.5 | 0.06 | 26 | 0.88 |
| 1 | 0.10 | 27 | 0.90 |
| 2 | 0.15 | 28 | 0.92 |
| 3 | 0.20 | 29 | 0.94 |
| 4 | 0.25 | 30 | 0.96 |
| 5 | 0.29 | 31 | 0.99 |
| 6 | 0.33 | 32 | 1.01 |
| 7 | 0.36 | 33 | 1.03 |
| 8 | 0.40 | 34 | 1.05 |
| 9 | 0.43 | 35 | 1.07 |
| 10 | 0.46 | 36 | 1.09 |
| 11 | 0.49 | 37 | 1.11 |
| 12 | 0.52 | 38 | 1.13 |
| 13 | 0.55 | 39 | 1.15 |
| 14 | 0.58 | 40 | 1.17 |
| 15 | 0.60 | 41 | 1.19 |
| 16 | 0.63 | 42 | 1.21 |
| 17 | 0.66 | 43 | 1.23 |
| 18 | 0.69 | 44 | 1.25 |
| 19 | 0.71 | 45 | 1.26 |
| 20 | 0.74 | 46 | 1.28 |
| 21 | 0.76 | 47 | 1.30 |
| 22 | 0.78 | 48 | 1.32 |
| 23 | 0.81 | 49 | 1.34 |
| 24 | 0.83 | 50 | 1.36 |
| 25 | 0.85 | | |

**表 74-2　猫体重和体表面积换算表**

| 体重(lb) | 体重(kg) | 体表面积(m²) |
|---|---|---|
| 5 | 2.3 | 0.165 |
| 6 | 2.8 | 0.187 |
| 7 | 3.2 | 0.207 |
| 8 | 3.6 | 0.222 |
| 9 | 4.1 | 0.244 |
| 10 | 4.6 | 0.261 |
| 11 | 5.1 | 0.278 |
| 12 | 5.5 | 0.294 |
| 13 | 6.0 | 0.311 |
| 14 | 6.4 | 0.326 |
| 15 | 6.9 | 0.342 |
| 16 | 7.4 | 0.356 |
| 17 | 7.8 | 0.371 |
| 18 | 8.2 | 0.385 |
| 19 | 8.7 | 0.399 |
| 20 | 9.2 | 0.413 |

# 化疗的适应证与禁忌证
## (INDICATIONS AND CONTRAINDICATIONS OF CHEMOTHERAPY)

化疗主要适用于患有全身性(如淋巴瘤和白血病)或转移性肿瘤的动物,对于放疗不敏感且不可切除、但对化疗方法敏感的肿瘤也可使用化疗法进行治疗(初期化疗)。化疗也可用于局部肿块减缩术后的辅助治疗(如部分切除一个未分化的肉瘤);也适用于原发肿瘤手术切除后对微小转移的控制(如在患有骨肉瘤的犬截肢后使用顺铂、卡铂或多柔比星;在患血管肉瘤的犬进行脾脏切除后使用 VAC)。对于发生恶性渗出,或体腔内、大面积肿瘤浸润的犬猫,可通过腔内注射实施化疗,例如对发生胸膜癌扩散的犬,可向胸膜腔内注射顺铂或 5-氟尿嘧啶。最后,对患有较大块肿瘤且不能通过手术治疗或放疗的动物,常通过新辅助疗法或初期化疗进行治疗。当药物使肿瘤萎缩后,可通过手术切除肿瘤;然后继续用化疗清除残留的瘤细胞(如 VAC 方案治疗犬皮下血管肉瘤)。

一般来说,化疗对患癌动物只能起到缓解作用。虽然化疗治愈了一些人的某些癌症疾病(例如 75% 以上的高级淋巴瘤病人和儿科急性淋巴细胞白血病），但宠物并不能承受如此高剂量的化疗毒性，而且治疗费用很高。例如，一只犬的环磷酰胺剂量极少会高达 $300 \ mg/m^2$，但一个病人可承受 $2\sim3 \ g/m^2$ 的剂量。与此相似，作者给犬使用的阿糖胞苷剂量约为 $300\sim600/m^2$，每 $1\sim2$ 周给药一次；而人的化疗方案中，其剂量高达 $3g/m^2$，q 12 h，连用 $6\sim7$ d。

化疗不能作为手术或放疗的替代疗法，也不适用于有潜在多器官功能障碍的动物（或调整剂量下慎用），因为这可增加全身毒性。

## 抗癌药物作用机理
## (MECHANISM OF ACTION OF ANTICANCER DRUGS)

抗癌药物对癌细胞的效果遵循一级动力学原则（即一种药物或几种药物联用杀死的细胞数量与使用剂量成正比）。这些药物会杀死恒定比例的细胞，而不是恒定数量的细胞。因此，一种药物或药物联合应用的效果是根据某种特定肿瘤中的细胞数来决定的（如一种联合用药可杀死含有 $10^9$ 个细胞的肿瘤中 99% 的细胞，剩下 $10^6$ 个活性细胞）。

不同类型的抗癌药杀死瘤细胞的机制不同，在以下章节还会论述。通过作用于细胞周期多个阶段，只杀死分化的瘤细胞（即不杀死处于 $G_0$ 期的细胞）的药物称为细胞周期阶段非特异性药物。烷化剂类药物便属于该类。选择性杀死细胞周期中某个阶段肿瘤细胞的药物称为细胞周期阶段特异性药物。大多数抗代谢药以及植物生物碱药物都是阶段特异性药物。最后，对可杀死处于细胞周期任何阶段瘤细胞（既可杀死分化期的细胞，又可杀死静止期细胞）的药物称为细胞周期非特异性药物。最后一类药物的骨髓抑制性很强（如亚硝基脲），通常不用于兽医临床。

## 抗肿瘤药物的类型
## (TYPES OF ANTICANCER DRUGS)

抗肿瘤药物通常分为六大类（框 74-1）。大多数药物均为一般商品，比较容易买到，价格适中。

烷基化药物可与 DNA 发生交联而阻止其复制。因其作用效果与放疗法接近，也通常称为拟辐射物。这类药物在细胞周期的数个阶段都有活性（即属于细

胞周期阶段非特异性），并且间歇性给予高剂量后通常效果较好。这些药物的主要毒性是骨髓抑制和胃肠道毒性。框 74-1 列出了常用于治疗宠物癌症的烷基化药物。

 **框74-1　抗癌药分类**

**烷基化药物**
环磷酰胺
苯丁酸氮芥
美法仑
CCNU（洛莫司汀）
卡铂

**抗代谢药物**
阿糖胞苷
氨甲蝶呤
吉西他滨
5-氟尿嘧啶（猫禁用！）
硫唑嘌呤

**抗肿瘤抗生素**
多柔比星
博来霉素
放线菌素 D
米托蒽醌

**植物碱类**
长春新碱
长春花碱
长春瑞滨
依托泊苷或 VP-16

**激素**
泼尼松

**其他**
*L*-天冬酰胺酶

抗代谢药物主要作用于细胞周期中的 S 期（细胞周期阶段特异性），且小剂量重复用药或连续静脉输注效果较好。这些药物是一些自然代谢物的相似物（假代谢产物），可取代正常的嘌呤或嘧啶。这些药物的主要毒性是骨髓抑制以及胃肠道毒性。框 74-1 列出了常用于治疗宠物癌症的抗代谢药物。

抗肿瘤抗生素通过多种途径发挥作用（即细胞周期阶段非特异性），最主要的机制是通过自由基或拓扑异构酶-Ⅱ依赖性机制导致 DNA 损伤。目前，市场上有几种合成或半合成抗生素（例如米托蒽醌）。这些药物的主要毒性为骨髓抑制及胃肠道毒性。多柔比星与放线霉素 D 若注射到血管周围，会有严重的腐蚀性，而且前者有累积心脏毒性。抗肿瘤抗生素见框 74-1。

植物碱来自长春花属的植物(长春花)以及盾叶鬼臼(曼陀罗花)。长春花衍生物可破坏有丝分裂的纺锤体,有细胞周期特异性(在 M 期有活性),而曼陀罗花衍生物与 DNA 交联。这类药物主要的毒性作用在于,药物泄露会引起血管周围形成腐肉。由于依托泊苷载体(吐温-80)可引起过敏反应,不能通过静脉注射输入。常用的植物碱见框 74-1。

激素(皮质类固醇)常用于治疗血液淋巴性恶性肿瘤、肥大细胞瘤和脑瘤(可能是激素能够缓解肿瘤引起的水肿;见框 74-1)。

其他类型的药物主要包括其活性机制不明,或不同作用机制的药物。框 74-1 列出了常用于治疗宠物癌症的其他药物。

目前还有一些新型抗癌化疗药物,这些药物是分子靶向治疗药物,例如酪氨酸激酶受体抑制剂。这些受体包括血管内皮生长因子(VEGFR)、血小板生长因子受体(PDGFR)、成纤维细胞生成因子(FGFR)和 Tie1/2。Kit 是肥大细胞瘤上的一种受体,Kit 信号是肥大细胞分化、存活和发挥功能的必需信号。人的慢性髓细胞性白血病病例中常见 Kit 突变;伊马替尼(Gleevec, Novartis, East Hanover, N. J.)可选择性阻断酪氨酸激酶(TK)通路,诱导肿瘤细胞凋亡。犬肥大细胞瘤也常见 Kit 突变,其他一些小分子 TK 抑制剂也有一定效果。兽医临床中也有两种新的 TK 抑制剂药物,包括 Toceranib 和 masitinib(Palladia, Zoetis, Madison, N. J., 和 Kinavet, AB Science, Short Hills, N. J.)。

# 节拍化疗
## (METRONOMIC CHEMOTHERAPY)

在 Jadah Folkman 发现了肿瘤的血管生成作用之后,一些研究小组提出有这样一种抗癌药,它可以靶向作用于肿瘤的血管壁(肿瘤血管内皮细胞尚未成熟,并且持续增殖分化),从而起到抗肿瘤作用。抗血管生成药物在小鼠的研究中有一定作用,在人和动物的自发性肿瘤疾病中尚无相关记录。

节拍(源自希腊语"metros",少量,恒量,分期)化疗被定义为慢性、低剂量给药,且给药间隔不会延长。这种疗法主要靠抑制血管生成作用来控制肿瘤生长速度,同时能明显降低化疗毒性。有些分子靶向治疗药物(例如 toceranib,Palladia,Zoetis,Madison,N. J.)

和非甾体类抗炎药能作用于一些特异性受体,有明显的抗血管生成作用。

节拍化疗可通过抑制血管生成作用发挥抗癌活性。而免疫调节在肿瘤应答中起重要作用。在一些癌症病人中,调节性 T 淋巴细胞($T_{REG}$)升高,这和肿瘤发展有一定关系,且对治疗无明显反应。一些有关动物肿瘤病例的研究显示,使用低剂量环磷酰胺治疗能提高抗肿瘤的免疫反应,这是因为环磷酰胺可减少调节性 $T_{REG}$ 细胞的数量,并阻断调节性 $T_{REG}$ 细胞的抑制功能,也能增加淋巴细胞和记忆性 T 细胞的增殖。低剂量环磷酰胺也可降低犬的循环 $T_{REG}$ 细胞的数量。节拍化疗的第三个重要作用是诱导肿瘤休眠或肿瘤细胞凋亡。

作者目前也评估了一些节拍化疗方案,包括一些联合使用 NSAID、低剂量烷化剂和 toceranib(Palladia)治疗的肿瘤患犬,还有一些文献报道的节拍化疗的癌症和肉瘤患犬。节拍化疗方案见癌症化疗方案表。

# 抗癌药的安全操作
## (SAFE HANDLING OF ANTICANCER DRUGS)

细胞毒性药物的治疗指数很窄,标准治疗剂量也可能会诱发毒性作用。文献也报道了一些个人因经常操作化疗药物而引发的职业暴露,从而导致头痛、恶心、肝脏疾病和生殖障碍。目前尚无化疗药物的安全接触量,在细胞毒性药物处理过程中,应尽可能测量评估接触量,并尽量减少接触。

细胞毒性药物需在有垂直风向的 II 级生物安全柜中操作。这种设备的成本(6 000~10 000 美元)对一个大型兽医诊所而言并非无法负担,其费用也不能由其使用频率来进行评判。一种新型封闭系统(PhaSeal, CarmelPharma, Columbus, Ohio)非常实用,而且价格适中。它能使操作者和环境中几乎接触不到化疗药。如果没有相关设备,化疗病例量大的兽医诊所,可在附近的人的医院或药房去配药。操作者要注意已配好的化疗药的半衰期,尽量立即给药,不要耽误时间。化疗药需贴好标签,装在塑料袋中密封好,任何操作均需穿戴合格的防护服。

在人医护士中,穿戴个人防护服并使用安全处理设施,可消除可见的细胞毒性药物的直接接触。所有给患病动物化疗药的人均需穿戴厚的化疗乳胶手套,或双层常规乳胶检查手套,包括兽医、技师、病房工作人员等。在防护方面,手套的厚度比材质更重要。理想条件下,人要穿戴一次性不透水的长袍、护眼和能过滤颗粒的防毒面具。输入细胞毒性药物前,应保证所有输液通路畅通,避免环境污染。所有潜在污染设施均需放在有生物危害标签的袋子或塑料容器中,包括长袍、手套、输液袋、线等物品。可通过人医院来处理受到细胞毒性化疗药物污染的物品;国家环境保护局也应设置化疗药垃圾处理站。化疗准备和给药装置禁止重复使用。接受化疗的动物在给药 24～48 h 内的粪便和尿液均需按照上述方式处理,照顾动物的人需要穿戴之前推荐的防护服。

化疗前还应预备药物泄漏的处理措施,还要准备化疗区。化疗区应该位于医院里人流量少的地段来减少带动的气流;马专科医院还要配备一个马厩。隔离马厩能减少人接触化疗药的机会。接受化疗的动物的笼子也需要着重标记,贴上标签,便于处理患病动物及其排泄物。

◆ 推荐阅读

Burton JH et al: Low-dose cyclophosphamide selectively decreases regulatory T cells and inhibits angiogenesis in dogs with soft tissue sarcoma, *J Vet Intern Med* 25:920, 2011.

Lana S et al: Continuous low-dose oral chemotherapy for adjuvant therapy of splenic hemangiosarcoma in dogs, *J Vet Intern Med* 21:764, 2007.

London CA: Tyrosine kinase inhibitors in veterinary medicine, *Top Comp Anim Med* 24:106, 2009.

Moore AS: Recent advances in chemotherapy for non-lymphoid malignant neoplasms, *Compend Contin Educ Pract Vet* 15:1039, 1993.

Mutsaers AJ: Metronomic chemotherapy, *Top Comp Anim Med* 24:137, 2009.

Pasquier E et al: Metronomic chemotherapy: new rationale for new directions, *Nature Rev Clin Oncol* 7:455, 2010.

Vail DM: Cytotoxic chemotherapeutic agents, *NAVC Clin Brief* 8:18, 2010.

# 第 75 章
## CHAPTER 75

# 癌症化疗的并发症
## Complications of Cancer Chemotherapy

## 概述
### (GENERAL CONSIDERATIONS)

大多数抗癌药物都相对无选择性,既能杀死迅速分化的肿瘤组织,也能杀死宿主迅速分化的正常组织(如绒毛上皮组织和骨髓细胞)。除此以外,与其他常用药物相似(如洋地黄糖苷),大多数抗癌药的治疗指数较低(即治疗剂量与毒性剂量比率太窄)。

因为抗癌药物遵循一级动力学原则(即所杀死细胞的比例与使用的药物剂量成正比),增加某一特定药物的剂量便可增加被杀死的瘤细胞的比例,但同时也增加了毒性。当肿瘤发生退化但仍给予以前较高治疗剂量的抗癌药时,这种毒性尤为常见。

迅速分化的组织易中毒,由于骨髓和肠绒毛上皮细胞的倍增时间较短,因此骨髓抑制和胃肠道症状是临床最常见的毒性。其他较少见的化疗并发症包括过敏样(或过敏性)反应、皮肤毒性、胰腺炎、心脏毒性、肺脏毒性、神经毒性、肝脏毒性以及肾毒性。表 75-1 列出了小动物临床常用的抗癌药及其毒性。

某些因素可增强抗癌药物的效果,但也增加了其毒性。例如,主要通过肾脏排泄的药物(例如:铂类化合物和氨甲蝶呤)对患有肾病的动物毒性更强,因此对于这样的病患应建议减少剂量或是采用替代药物。

某些药物除了对不同器官有直接毒性作用外,迅速杀死特定的肿瘤细胞(即淋巴瘤细胞)可引起突发代谢紊乱,这种紊乱所导致的急性期临床症状与药物中毒极为相似(即精神沉郁、呕吐和腹泻)。这种综合征称为急性肿瘤溶解综合征(acute tumor lysis syndrome,ATLS),相当罕见。

一般来说,猫比犬更易受到某些化疗副反应(如厌食、呕吐)的影响,但另一些副反应影响却不大(如骨髓抑制)。一些特定品种的犬更容易对化疗产生急性副反应(例如胃肠道症状和骨髓抑制),如柯利犬及柯利杂交犬、古代英国牧羊犬、可卡犬和西高地白㹴等。有趣的是,仅有一部分犬(例如柯利犬和喜乐蒂牧羊犬)有 ABCB1 基因(组成 MDR1)突变。ABCB1 基因是一种编码 P 糖蛋白的基因,它能迅速将化疗药从细胞质中泵出到细胞外。所以要积极寻找其他的中毒的机理。

整体来讲,与人相比,使用相似的化疗药物或联合用药方案时,犬猫的药物毒性(为 5%～40%)比人(75%～100%)的低。由俄亥俄州立大学动物医院进行的一项调查显示,80% 的宠物主人认为在接受化疗之后,宠物的生活质量比接受化疗之前更好或者相当。

## 血液学毒性
### (HEMATOLOGIC TOXICITY)

骨髓细胞的有丝分裂率和生长分数高(即 40%～60%),使得该组织很易受抗癌药物相关毒性的影响。血液学毒性是化疗最常引起的并发症,而且往往因严重且威胁生命的血细胞减少症,迫使暂时性或永久性中断给药。表 75-1 列出了常引起这种毒性的药物。

根据骨髓生成血液有形成分的移行时间,及其在循环中的半衰期,可预测被抗癌药物影响的细胞系。例如,犬骨髓红细胞移行时间及其循环半衰期分别约为 7 d 和 120 d,血小板分别为 3 d 和 4～6 d,粒细胞分别为 6 d 和 4～8 h。据此可知,将首先发生嗜中性粒细胞减少症,然后是血小板减少症。由化疗引起的贫血少见于犬猫,如果发生,通常在治疗后期(即在开始治疗的 3~4 个月以后)。有些接受化疗的犬会因胃十二指肠溃疡或糜烂而发生慢性消化道出血,从而引发缺铁性贫血(见第 32 章和第 80 章)。患病动物自身的因素(例如:营养不良、老龄、并发的器官功能障碍,先前高强度的化疗)以及肿瘤相关因素(例如:骨髓浸润和广泛的实质器官转移)也会影响骨髓抑制的程度。

 **表 75-1　犬猫抗癌药物的毒性**

| 毒性 | DOX | BLEO | ACT | CTX | LEUK | CARBO | CISP | MTX | araC | 5-Fu | L-asp | VCR | VBL | DTIC | CCNU |
|---|---|---|---|---|---|---|---|---|---|---|---|---|---|---|---|
| 骨髓抑制 | S | N | M | M/S | N/M | N/M | M | M/S | M/S | M | N/M | N/M | M/S | M/S | N/M |
| 呕吐/腹泻 | M/S | N | N | M | N/M | N/M | M/S | N/M | N/M | N/M | N | N/M | N/M | M/S | M |
| 心脏毒性 | M/S | N | N | N/? | N | N | N | N | N | N | N | N | N | N | N |
| 神经毒性 | N | N | N | N | N | N | N | M | N/M? | N/M | N | N | N | N | N |
| 过敏反应 | M/S | N | N | N | N | N | N | N | N | N | M/S | N | N | N | N |
| 胰腺炎 | M | N | N | N/M | N | N | N | N | N | N | M | N | N | N/M | N |
| 血管周围坏死 | S | N | N | M/S | N | NA | N | N | N/M | N | N | M/S | M/S | M/S | N |
| 尿毒性 | ? | N | N | M/S | N | N/M | M/S | M | N/M | N | N | N | N | N | M |
| 肝毒性 | N | N | N | N | N | N | N | N | N | N | N | N | N | N | M/S |

ACT,放线菌素 D;araC,阿糖胞苷;BLEO,博来霉素;CARBO,卡铂;CCNU,洛莫司汀;CISP,顺铂;CTX,环磷酰胺;DOX,多柔比星;5-Fu,5-氟尿嘧啶;LEUK,苯丁酸氮芥;L-asp,L-天冬酰胺酶;MTX,氨甲蝶呤;VCR,长春新碱;VBL,长春花碱;DTIC,达卡巴嗪;M,轻微至中度;S,严重;N,无;NA,不适用;?,可疑。

虽然血小板减少症和嗜中性粒细胞减少症一样常见,但通常不会引起自发性出血这一严重后果,因此在此不予详细讨论。一般来说,对大多数因化疗导致血小板减少的犬,血小板数量通常大于 50 000 个/$\mu$L。当血小板数量小于 30 000 个/$\mu$L 时才会发生自发性出血。目前临床所用的化疗方案中,被认为可引起犬血小板减少症的方案包括多柔比星与达卡巴嗪(ADIC)、D-MAC(参见第 11 部分结尾处的癌症化疗方案表)、洛莫司汀和美法仑;使用这些方案治疗后血小板计数通常小于 50 000 个/$\mu$L。猫很少出现化疗导致的血小板减少症。犬猫使用长春新碱(安可平)或可的松常见血小板增多症。

嗜中性粒细胞减少症通常是指剂量限制性细胞减少症,有时可以引起犬的败血症,常有生命危险;尽管接受化疗的猫也可发生嗜中性粒细胞减少症,但是很少发展为有临床症状的败血症。大多数药物导致的嗜中性粒细胞减少的最低点(即曲线中的最低点),通常发生在治疗后 5~7 d,在达到最低点 36~72 h 内恢复至正常。对于某些药物,最低点发生会推迟(即卡铂大约在 3 周后才到最低点)。虽然动物嗜中性粒细胞大于 1 000 个/$\mu$L 时,通常不会发生严重的败血症,但当犬嗜中性粒细胞数量小于 2 000 个/$\mu$L 时,应密切观察有无败血症发生。猫的嗜中性粒细胞减少症很少会发展为败血症,但也有可能是被忽略了。

发生嗜中性粒细胞减少症的动物发展为败血症的发病机制如下:首先,因化疗导致的胃肠隐窝上皮细胞的坏死和脱落与骨髓抑制同时发生;随后,肠道中的细菌通过损伤的黏膜屏障进入血液循环系统;最后,循环系统中嗜中性粒细胞的数量不足以吞噬并杀死入侵的病原微生物,如果动物未得到及时治疗,多个器官就会随之受到细菌的侵袭发生坏死。

通过实验室方法诊断患有败血症、嗜中性粒细胞减少症的动物是很重要的,由于嗜中性粒细胞数量过少不足以引起炎症反应,一般在疾病后期很难见到炎症反应的症状(即红、肿、热、痛及功能障碍)。通过 X 线检查通常也很难见到炎症发生的迹象;例如,经气管冲洗取样进行细胞学和微生物学检查后,确诊为嗜中性粒细胞减少以及细菌性肺炎的犬,其胸部 X 线片表现正常(图 75-1)。一般来说,若动物在发热(>40 ℃)后进行检查发现严重的嗜中性粒细胞减少(<500 个/$\mu$L)时,这种发热通常是细菌性致热原所引起的,如果没有发现其他可能原因,此时应该使用抗菌疗法进行积极治疗。患有嗜中性粒细胞减少症的动物,还有可能会出现低体温。

接受化疗的犬猫应及时进行疫苗注射;对于能否注射弱毒苗仍存在争议,因为弱毒苗有可能会诱导免疫抑制的动物发病。现有数据证实,接受化疗的犬在常规接种后,血清抗体滴度显示其具有保护性。

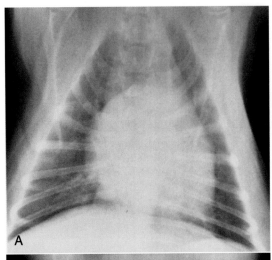

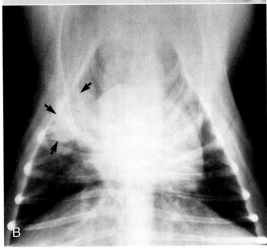

图 75-1

5 岁已去势波士顿㹴的胸部 X 线片。该犬患有多中心型淋巴瘤,用多柔比星和达卡巴嗪(ADIC)联合化疗。该犬因沉郁、发热及轻微的双侧鼻分泌物而就诊。入院时嗜中性粒细胞计数为 1 500 个/μL。A,胸部 X 线片征象正常,但是气管冲洗样本中有细菌。B,2 天后,嗜中性粒细胞数升至 16 300 个/μL 时,肺局部病变明显。(摘自 Couto CG: Management of complications of cancer chemotherapy, Vet Clin North Am 20: 1037, 1990. )

对接受化疗的动物定期进行血液学检查,这是预防因骨髓抑制所继发的严重的、威胁生命的败血症以及出血的最有效方法。每周或每两周应进行一次全血细胞计数(据治疗方案不同而定),若嗜中性粒细胞数量小于 1 000 个/μL 或血小板数量小于 50 000 个/μL 时,应暂时停用有骨髓抑制作用的药物。通常停药 2~3 次后,细胞数量便可恢复正常。当治疗重新开始时,建议先给予原先剂量的 75%,在随后的 2~3 周逐渐增加剂量,直至原来的推荐剂量(或达到不会引起明显细胞减少症的剂量)。显然,将化疗暂停的缺点是有可能使肿瘤复发,所以兽医和主人应权衡暂停化疗的利弊。

临床上把嗜中性粒细胞减少症的动物分为发热型

和不发热型。嗜中性粒细胞减少症的发热型动物通常会发展为败血症。因此,对于嗜中性粒细胞减少的动物,发热便是急症,应立即治疗。临床上常按以下方案进行:首先进行全身体格检查,看有无发生败血症的病灶,如有需要,可无菌操作放置静脉留置导管进行输液。立即停用所有的抗癌药物,但糖皮质激素除外,该药应逐渐减量,如果一直使用皮质激素治疗的动物突然停药,常会发生急性肾上腺皮质功能减退。出现嗜中性粒细胞减少症的动物,还应立即采集血样进行全血细胞计数和血清生化检查,同时采集尿样进行尿检及细菌培养,但出现血小板减少症的动物,不应通过膀胱穿刺采集尿样,以防膀胱内严重出血;每次间隔 30 min 可再取一次样,取 2~3 份无菌血样,进行需氧和厌氧培养,以及药敏试验,然而该过程并不是必需的,因为分离出的细菌通常是可预测的(见下段),而且试验结果通常要几天后才能得到。在采完第二次血样后,可按经验联合使用抗生素予以治疗。常用的联合用药方案是恩诺沙星(5~10 mg/kg q 24 h IV)与氨苄西林(22 mg/kg q 8 h IV)或氨苄西林舒巴坦(30 mg/kg q 8 h IV),在这些动物中,最常分离到的细菌是肠杆菌科细菌和葡萄球菌,这些微生物通常对上述药物较为敏感。当嗜中性粒细胞数恢复正常,并且动物的临床状况恢复正常时(通常在72~96 h),可停止联用抗生素。此时动物可以回家,需要嘱咐主人每 12 h 给动物口服一次磺胺甲氧苄氨嘧啶(sulfadiazine-trimethoprim, ST),剂量为 13~15 mg/kg,或者口服恩诺沙星(5~10 mg/kg q 24 h),连用 5~7 d。若患病动物再次复诊化疗,应将化疗药的剂量减少 15%~20%。

作者所在诊所里,开展血液培养的病例中,患有癌症、发热以及嗜中性粒细胞数正常或偏高的犬约占40%,而患癌症、发热以及嗜中性粒细胞减少症的犬约占 20%。在前一类犬的血样中分离到的细菌按其常见程度依次为链球菌、葡萄球菌、肠杆菌科细菌、克雷伯氏菌以及大肠杆菌。而在发热、嗜中性粒细胞减少症的犬分离到的主要为克雷伯氏菌和大肠杆菌,不到20%的此类犬中可分离到葡萄球菌。

对于嗜中性粒细胞减少症、不发热、无临床症状的动物不需进行住院治疗,如前文所述,停用抗癌药物,口服磺胺甲氧苄氨嘧啶(13~15 mg/kg q 12 h)或恩诺沙星(5~10 mg/kg q 24 h)。对于不发热但是已经出现了一些症状的动物,应考虑是否为败血症,并按前面章节中所提到的方法进行治疗。若嗜中性粒细胞减少并不严重(即>2 000 个/μL),无须治疗,需叮嘱主人对动物进行观察。应告诉主人要每天测两次宠物的直肠温度,一旦出现发热,应立即通知兽医,此时动物需按嗜中性粒细胞减少症及发热进行治疗。磺胺甲氧苄氨嘧啶和氟喹诺酮可消灭肠道中的需氧菌,但是同时也保护了厌氧菌,厌氧菌可产生局部抗菌因子,是局部防御系统的重要组成部分。此外,磺胺甲氧苄氨嘧啶和氟喹诺酮对许多从患癌症动物分离到的病原菌都有抗菌活性,可在血液及组织中都达到治疗浓度,在粒细胞内的浓度也很高。

　　碳酸锂(10 mg/kg q 12 h PO)可以缓解犬的骨髓抑制,人重组粒细胞集落刺激因子(granulocyte colo-ny-stimulating factor,G-CSF,5 μg/kg q 24 h SC)可缓解犬猫的骨髓抑制。虽然许多研究已报道了人重组粒细胞集落刺激因子(G-CSF)或粒细胞-巨噬细胞集落刺激因子(granulocyte-macrophage colony-stimula-ting factor,GM-CSF)对犬猫的有效作用,但是由于这些药物比较昂贵(大概每天需 70~150 美元),在临床普及的可能性比较小,而且犬猫可能产生针对这些人源性蛋白的抗体而使其失活。另外,因化疗导致嗜中性粒细胞减少症的犬,内源性 G-CSF 的活性非常高,并且嗜中性粒细胞的数量在 36~72 h 会恢复正常,这个时间间隔与犬使用外源性 G-CSF 后起反应的时间相同。在临床上,G-CSF 通常应用于突然接受大剂量化疗、并且无法预计嗜中性粒细胞减少症持续时间的患病动物。

## 胃肠道毒性
## (GASTROINTESTINAL TOXICITY)

　　胃肠道毒性也是宠物癌症化疗常见的并发症,但不如骨髓抑制常见。临床上主要常见两种胃肠道并发症:厌食症、反胃和呕吐的并发症,以及胃小肠结肠炎。

　　虽然没有对照实验,但使用相似剂量的相同药物后,宠物出现反胃和呕吐的现象不如人常见。可以引起犬猫反胃和呕吐的药物包括达卡巴嗪(DTIC)、顺铂、多柔比星(主要引起猫呕吐)、氨甲蝶呤、放线菌素D、环磷酰胺以及 5-氟尿嘧啶(表 75-1)。

　　注射这些侵袭性较强的药物时,通过静脉缓慢输注可预防急性厌食症、反胃以及呕吐。如果即使慢输仍出现这些症状,应适当给予止吐剂,如甲氧氯普胺按0.1~0.3 mg/kg q 8 h 的剂量静脉、皮下或口服给药;

或丙氯拉嗪,0.5 mg/kg,IM。其他对犬因化疗呕吐有效的药物包括布托啡诺(Torbugesic,Fort Dodge Labs,Fort Dodge,Iowa),0.1~0.4 mg/kg q 6~8 h,IM 或 IV;以及昂丹司琼(Zofran,GlaxoSmithKline,Research Triangle Park,N.C.),化疗前立即静脉注射,化疗后每 6 h 注射一次,0.1~0.3 mg/kg;马罗匹坦(maropitant)(Cerenia,Zoetis,Madison,N.J.),2 mg/kg,PO q 24 h,(关于这方面的信息见第 30 章)。常口服的两种药物,氨甲蝶呤和环磷酰胺也可引起厌食、反胃和呕吐。犬用氨甲蝶呤治疗后,通常 2~3 周后会发生厌食和呕吐;可用上文中的止吐药对抗这些副作用。若这些症状一直存在,应停用氨甲蝶呤。环磷酰胺可以引起猫的厌食或呕吐。赛庚啶(Periac-tin,Merck Sharp & Dohme,West Point,Pa,总量1~2 mg,q 8~12 h,PO),对刺激猫的食欲以及抗反胃都非常有效。在作者的个人经验中,犬因化疗引起的厌食更难控制,因为目前尚无有效刺激犬食欲的药物,赛庚啶和米氮平似乎都无效。

　　使用抗癌药的动物很少发生胃小肠结肠炎。可偶尔引起胃肠道症状的药物包括氨甲蝶呤、5-氟尿嘧啶、放线菌素 D 和多柔比星,很少与其他烷化药物有关,如环磷酰胺。前面章节中所提到的药物,只有多柔比星和氨甲蝶呤是临床常用药物。根据临床经验,柯利犬及柯利杂交犬、古代英国牧羊犬、可卡犬以及西高地白㹴,在使用多柔比星治疗后,都易发生小肠结肠炎,这些病变和 *ABCB1* 突变无关。

　　多柔比星诱导性小肠结肠炎以出血性腹泻为特征(可能伴有呕吐),通常发生在大肠,给药后 3~7 d 出现,犬比猫更易出现。液体支持疗法(如需要)以及使用含治疗剂量的碱式水杨酸铋(Pepto-Bismol,3~15 mL 或 1~2 粒,q 8~12 h,PO)对控制犬已出现的临床症状较为有效,症状可在 3~5 d 消失。在治疗的第 1~7 d,使用碱式水杨酸铋类药物可缓解或预防犬可能出现胃小肠结肠炎症状(例如上述所列的高风险品种,或者是有药物毒性历史的动物)。在猫应避免使用碱式水杨酸铋。因口服氨甲蝶呤引起的胃肠炎通常发生在动物服药后至少两周;治疗方法与多柔比星诱导性小肠结肠炎相同。

## 过敏反应
## (HYPERSENSITIVITY REACTIONS)

　　急性Ⅰ型过敏反应偶尔发生在胃肠道外给予

L-天冬酰胺酶或多柔比星的患犬,常发生在静脉注射依托泊苷和紫杉醇衍生物的犬;后者是对增溶剂(吐温-80)的一种反应。对多柔比星的反应并不是真正的过敏反应,但这种药物可以诱导肥大细胞不受免疫球蛋白 IgE 的调控,而直接脱颗粒。犬口服依托泊苷较为安全。猫罕见因服用抗癌药物引起过敏反应,在此不予讨论。

犬用抗癌药物后发生过敏反应的临床症状与其他类型的过敏反应相似(即主要是表皮及胃肠道症状)。在给药的同时或稍后便会出现典型症状,包括摇头(因瘙痒引起)、全身性荨麻疹及红斑、烦躁不安,偶尔也出现呕吐或腹泻,很少发生因低血压导致的虚脱。

大多数全身性过敏反应可通过预先给予 H₁ 型抗组胺药(即给药前 20～30 min 前用苯海拉明肌肉注射,1～2 mg/kg)预防,并且将特定药物(如 L-天冬酰胺酶)皮下或是肌肉注射而不是静脉输注。若药物(即多柔比星)不能通过其他途径给予,应将其稀释后静脉慢输。

急性过敏反应的治疗包括迅速停止正在使用的药物,并且静脉注射 H₁ 型抗组胺药(例如苯海拉明 0.2～0.5 mg/kg,缓慢静脉注射)或地塞米松磷酸钠 (1～2 mg/kg IV),必要时输液。若全身反应较严重,应使用肾上腺素(1∶1 000 倍稀释液,0.1～0.3mL,IM 或 IV)。一旦反应消退(或有所减轻),可继续使用某些药物,如多柔比星。在猫应慎用 H₁ 型抗组胺药注射剂,因为可引起急性中枢神经系统抑制而导致呼吸暂停。

## 皮肤毒性
### (DERMATOLOGIC TOXICITY)

抗肿瘤药物对小动物很少有皮肤毒性。但通常可发生三种类型的皮肤毒性:局部组织坏死(由药物外渗引起)、被毛生长延迟或脱毛、色素沉着。

犬偶尔会出现由长春新碱、长春花碱、放线菌素 D 或多柔比星外渗而引起的局部组织坏死,猫很少出现这种情况。一例报道显示,猫使用多柔比星化疗时,所有药物均外渗到皮下,却没有出现组织坏死。该毒性作用机制不明,可能为自由基释放所致。应最大程度保证全部药物注射到血管内。除了这个并发症,对一些巡回猎犬(如拉布拉多巡回犬和金毛巡回犬),即使这类药物注射到了血管内,在静脉注射部位的周围也会出现瘙痒或不适。这种疼痛和不适常引起动物舔舐,并在注射几个小时后发展为化脓样创伤性皮炎("热点")。对这些犬,为防止发生这类反应,可用绷带保护注射部位,或给动物戴伊丽莎白圈。

为了防止或减少腐蚀性药物注射引起的外渗,可使用 22～23 G 静脉留置针,或使用 23～25 G 蝶形针。前者用于注射多柔比星,而后者用于注射烷化剂和放线菌素 D。腐蚀性药物在给药前应适当稀释(即长春新碱终浓度为 0.1 mg/mL,多柔比星终浓度为 0.5 mg/mL),并且需间断性抽吸,直至见到导管中有回血,从而确保插管始终在静脉内。在作者的医院,通常不会通过恒速输注的方法给予多柔比星,因为这样很容易发生渗漏。若注射部位不显著,应更换其他静脉放置静脉留置针。对于药物渗出血管外的推荐处理方法尚存争议,药物渗漏区冷敷数天后,作者并不确定局部生理盐水稀释是否有效。多柔比星渗漏处理措施见下文。

若即便采取了上述预防措施,仍有可能发生局部组织反应,这通常发生在血管周围注射烷化剂或放线菌素 D 约 1～7 d 后,或多柔比星血管外注射 7～15 d 后。多柔比星注射到血管外所导致的组织坏死比其他药物注射到血管外更严重,因为这种药物的腐蚀性很强,并且可在组织内存在 16 周以上。如果在多柔比星渗漏那一刻发现,可立即使用右丙亚胺(Zinecard,Pfizer)治疗,剂量为多柔比星的 5～10 倍(例如,多柔比星为 30 mg,右丙亚胺的剂量为 150～300 mg)。右丙亚胺非常昂贵,小动物病例中应用并不广泛。作者曾经评估过卡维地洛(carvedilol,Coreg,Glaxo-SmithKline)在多柔比星渗漏患犬中的疗效,立即使用卡维地洛,剂量为 0.1～0.4 mg/kg,q 12～24 h,患犬未出现肉眼可见的坏死。卡维地洛对局部有良好的愈合作用(2～3 周内)。渗漏的临床症状包括注射部位疼痛、瘙痒、红斑、湿性皮炎及坏死;可形成严重的组织腐肉(图 75-2)。若发生了局部组织反应,可使用框 75-1 中列出的方法进行治疗。

进行化疗的犬猫,被毛生长延迟比脱毛症更常发,严重的秃发症是人在进行化疗中可预见的并发症。由于大多数化疗药物都是作用于快速分化的组织,因此处于被毛生长期的细胞最易受到侵害。因此在化疗前或化疗过程中被剪短或剃掉的被毛,毛发再生非常缓慢。被毛过多脱落也比较常见。

脱毛症在卷毛（粗毛）犬较为显著，如贵宾犬、雪纳瑞犬及凯利兰㹴（图 75-3）。主要影响短毛犬猫的触毛（tactile hairs）。尽管化疗导致卷毛犬发生脱毛症的原因尚不清楚，与人化疗后出现的秃发相比，被毛生长初期延长和同步生长延长，使得这些犬对此类毒性表现得更显著。常引起被毛生长延迟和脱毛的药物包括环磷酰胺、多柔比星、5-氟尿嘧啶、6-硫代鸟嘌呤及羟基脲（Hydrea，E. R. Squibb & Sons, Princeton, N. J.）。通常停药后不久，脱毛及被毛生长延迟的症状就会消失。

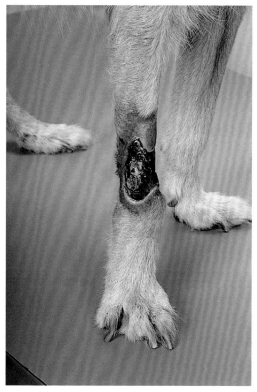

**图 75-2**
多柔比星漏出血管后造成的犬组织坏死。注意该区域全层剥落。

　**框 75-1　局部组织反应的治疗**

1. 注射部位使用抗生素软膏（含或不含类固醇），全身应用抗生素（阿莫西林克拉维酸）。
2. 注射部位使用绷带（并每天更换）。
3. 使用伊丽莎白圈或嘴套防止动物自残。
4. 若没有发生细菌感染（根据细菌培养阴性来排除），可在注射部位皮下注射醋酸甲基泼尼松龙（Depo-Medrol，Zoetis, Madison, N. J.）减轻瘙痒及炎症。
5. 若发生了厌氧菌导致的严重坏死或坏疽，该部位应进行手术清创。
6. 由多柔比星引起的严重软组织坏死，可能需将患肢截除。

抗癌药物很少会引起犬色素过度沉着，在猫中更加不可能。犬使用含多柔比星和博来霉素的化疗方案时，表皮的色素过度沉着通常发生在面部、腹部及侧腹部。使用羟基脲化疗的犬偶尔会形成全身红斑。

**图 75-3**
一只 7 岁雪纳瑞犬接受多柔比星和达卡巴嗪（ADIC）化疗后发生脱毛。可见被毛短且颜色浅。

## 胰腺炎
## （PANCREATITIS）

人接受化疗后发生的胰腺炎很容易确认。可引起人发生胰腺炎的药物包括糖皮质激素、硫唑嘌呤、6-巯基嘌呤、L-天冬酰胺酶、阿糖胞苷以及联合用药。文献中也有少量关于犬（没有猫）使用化疗药及免疫抑制药物后出现胰腺炎的记载。

作者曾报道了几只犬使用 L-天冬酰胺酶或联合用药化疗后出现急性胰腺炎的情况。联合用药组的犬使用的是 COAP（环磷酰胺、长春新碱、阿糖胞苷和泼尼松）、ADIC（多柔比星、达卡巴嗪）或 VAC（长春新碱、多柔比星和环磷酰胺）。化疗后 1～5 d 开始出现临床症状，包括食欲不振、呕吐及精神沉郁。对犬进行体格检查无显著变化，少见腹痛。对这些动物进行静脉输液治疗后，大多数犬的临床症状于 3～10 d 后消失。

化疗导致的胰腺炎较难预防，因为这是不可预见的并发症。一般的预防措施是对患胰腺炎有较高风险的犬（即超重的、中到老年母犬）尽量避免使用 L-天冬酰胺酶。若要进一步预防，对使用可引起胰腺炎的药物治疗的犬饲喂低脂食物。

# 心脏毒性
## （CARDIOTOXICITY）

心脏毒性是在犬使用多柔比星治疗后相对较少发生的一种并发症；猫更为罕见（作者给猫咪使用过 20 次以上的多柔比星，并未见到心脏毒性的症状）。犬可见到两种由多柔比星诱导所致的心脏毒性：注射药物过程中或之后很短时间内的急性反应，以及慢性蓄积性毒性。多柔比星急性毒性发生在给药过程中或之后很短时间内，以心律失常（主要是窦性心动过速）为特征。由于这种窦性心动过速和低血压，都可通过提前给予 $H_1$ 和 $H_2$ 抗组胺药预防，因此这种现象被认为主要是由多柔比星诱导、组胺介导的儿茶酚胺释放引起的。多柔比星重复注射几周或几个月后，会发生持续性心律失常，包括室性早搏、心房期前收缩、阵发性室性心动过速、二级房室传导阻滞以及室内传导障碍。这类心律失常的发生通常与扩张性心肌病有关，与杜宾犬和可卡犬的自发性疾病很相似。

慢性多柔比星中毒的标志是，犬使用该药的蓄积总量超过 240 $mg/m^2$ 后，发展为扩张性心肌病。不过作者给很多犬使用过更高累计剂量的多柔比星，也未见到诱发出心脏病（见下文）。犬发生多柔比星诱导性心肌病后，组织学损伤包括肌细胞空泡样变，伴有或不伴有肌纤维缺失。犬发生中毒后的临床症状主要是充血性心力衰竭（常为左侧）。治疗包括停止使用这类药物，并给予治疗心脏病的药物，如洋地黄糖苷或非糖基化正性肌力药（例如匹莫苯丹）。因为心肌损伤不可逆，一旦发生心肌病，预后往往不良。

对使用多柔比星治疗的动物，需密切监测并防止致死性心肌病。鉴于此，超声心动检查表现为缩短分数下降，证实有潜在心律失常或心肌收缩性能受损的犬（也可能是猫），不可使用多柔比星。使用多柔比星治疗的动物，建议每 3 个治疗周期（9 周）采用超声评估一次心肌收缩力，若缩短分数下降，应立即停药。人使用多柔比星可通过心内膜心肌的活组织检查来发现亚显微的损伤，但是对犬不实用。通过检测血清心肌钙蛋白的浓度来发现心肌的早期损伤，在犬上是不可信的。

为了减少犬由多柔比星诱导的心肌病，目前已设计出相应的治疗方案。俄亥俄州立大学兽医诊疗中心将多柔比星稀释后缓慢输注（约为 0.5 mg/mL，超过 30 min 输注），效果最为明显。作者曾经给大量犬静脉输注 8～10 次多柔比星，未见明显的心脏毒性。多柔比星诱导的心脏毒性直接和血浆峰浓度有关，所以缓慢注射会降低毒性。

右丙亚胺（Zinecard，Pfizer）可有效减少由多柔比星诱导的慢性心脏毒性；犬使用多柔比星治疗总量超过 500 $mg/m^2$ 时，未引起明显的心脏毒性。最近的研究显示，卡维地洛（0.1～0.4 mg/kg，PO，q 12～24 h）在癌症病人中能有效降低多柔比星介导的心脏毒性（Kalay 等，2006）。作者给有亚临床心力衰竭患犬使用了卡维地洛后，成功地继续使用多柔比星治疗。

# 尿毒性
## （UROTOXICITY）

小动物的泌尿道很少受到抗癌药物副作用的影响。只有两种特异性并发症对患癌的宠物有临床意义：肾毒性及无菌性出血性膀胱炎。有报道显示犬会出现因长期使用环磷酰胺治疗而引起膀胱移行上皮癌。

接受化疗的犬猫很少表现肾毒性。尽管犬猫常使用一些有潜在肾毒性的药物，但一般临床兽医只关注多柔比星（主要用于猫时）、顺铂（用于犬时）以及高剂量氨甲蝶呤（用于犬）的潜在肾毒性。由于顺铂有潜在肾毒性，作者的诊所里很少使用顺铂。

多柔比星对于猫可能是一种肾毒性药物，因此，多柔比星应用于猫的限制性因素是蓄积肾毒性，而非心脏毒性。对于之前有肾脏疾病的犬，以及同时使用其他有肾毒性药物（如氨基糖苷类抗生素或顺铂）的犬，使用多柔比星可能会引起肾脏毒性。给犬使用顺铂时，若采用强迫利尿方案，能将其肾毒性降至最低。由于顺铂有潜在的肾毒性作用，还会导致恶心、呕吐等副作用，作者的诊所里很少使用该药。

长期使用环磷酰胺治疗的犬中，无菌性出血性膀胱炎是相对常发的一种并发症，也偶见在单次注射环磷酰胺后急性发作。该毒性对猫无临床相关症状。作者在接诊过程中，曾碰到 3 只犬首次按 100 $mg/m^2$ 静脉注射环磷酰胺，4 只犬按 300 $mg/m^2$ 口服环磷酰胺后，出现与无菌性出血性膀胱炎相符的急性临床症状和尿液变化。无菌性膀胱炎是由环磷酰胺的一种代谢产物（丙烯醛）刺激所引起的。平均用环磷酰胺治疗 18 周后，通常会有 5%～25% 的犬会出现该并发症。环磷酰胺采用节拍化疗方案时，无菌性出血性膀胱炎的概率会升高。呋塞米或泼尼松与环磷酰胺同时使用，可减少膀胱炎的发生。

强迫利尿可减少这种并发症的严重程度,或防止其发生。作者通常建议环磷酰胺在早上给药,这样可以让动物频繁排尿(若为室内饲养动物),并且在给动物使用环磷酰胺当天给予泼尼松(若该方案中要求给予泼尼松时)。

无菌性出血性膀胱炎的临床症状与下泌尿道综合征相似,包括尿频、血尿及排尿困难。尿液分析可见到血液,轻度到中度白细胞增多,但无细菌。这类并发症的治疗包括停止使用环磷酰胺、强迫利尿、减少膀胱壁的炎症以及防止继发性细菌感染。大多数犬在停止使用环磷酰胺1~4个月后,膀胱炎会消失。作者推荐使用呋塞米,2 mg/kg,PO,每天两次,达到利尿效果;泼尼松,0.5~1 mg/kg,PO,每天一次,起抗炎(及利尿)作用;并联合磺胺甲氧苄氨嘧啶(ST),13~15 mg/kg,PO,每天两次,防止继发的细菌感染。若即便采用了以上疗法,症状仍依然加重,可尝试将1%福尔马林水溶液慢慢注入膀胱内。有两只犬采用此法后24 h内不再有肉眼可见的血尿,并且也未复发。膀胱内注射25%~50%二甲基亚砜溶液,也可减轻犬的膀胱炎症状。

# 肝毒性
## (HEPATOTOXICITY)

犬猫很少出现化疗诱导的肝毒性。目前所知除类固醇皮质激素可引起犬肝脏变化外,只有氨甲蝶呤、环磷酰胺、洛莫司汀以及硫唑嘌呤(Imuran, Burroughs Wellcome, Research Triangle Park, N. C.)被认为与犬肝毒性有关,或被确认为肝毒素。据作者的经验,除洛莫司汀外,抗癌药物和小动物的肝脏毒性几乎不相关。

最近一项报道显示,使用洛莫司汀治疗犬淋巴瘤或肥大细胞瘤,产生肝毒性的概率很低(<10%)。曾使用洛莫司汀治疗过患肥大细胞瘤或肉芽肿性脑膜脑炎的犬,治疗后3周内ALT活性显著增高(>1 000 IU/L),ALP活性轻度升高(<500 IU/L)。多数犬在延长给药间隔和/或降低剂量后,ALT和ALP活性明显下降。最近一项研究中,在50只使用CCNU治疗的犬中,84%仅使用CCNU的犬和68%联合使用治疗剂量的保肝加强锭(denamarin)的犬,出现肝酶活性升高。和联合使用保肝加强锭的犬相比,仅使用CCNU的犬ALT、AST、ALP和胆红素显著升高,而CHOL显著下降。仅使用CCNU的犬常因ALT活性升高而延迟给药,甚至停药(Skorupsji等,2011)。

长期使用硫唑嘌呤治疗免疫介导性疾病的犬,肝脏酶活性很少增加,并且也不会因停药而发生改变。

# 神经毒性
## (NEUROTOXICITY)

犬猫很少因抗癌药物导致神经毒性。猫使用5-氟尿嘧啶常发生神经中毒症,但犬却很少发生(因此该药不能用于猫)。犬猫吞食了人用5-氟尿嘧啶(即主人的药物)后,也会发生神经中毒症。吞食药物后很短时间内(3~12 h)便可出现临床症状,主要表现为兴奋及小脑性共济失调,并最终可导致大约1/3的犬和大多数猫死亡。据报道,在使用放线菌素D、5-氟尿嘧啶和环磷酰胺联合用药(CDF方案)治疗转移或不可切除的癌症时,约25%的犬可发生神经毒性。该方案引起的神经毒性远高于5-氟尿嘧啶和其他药物联合应用,这种现象可能是药物相互作用所导致的。

# 急性肿瘤溶解综合征
## (ACUTE TUMOR LYSIS SYNDROME)

对癌症患者进行化疗后,特定的肿瘤细胞(如淋巴瘤细胞)迅速溶解,常会出现高尿酸血症、高磷血症和高钾血症,几种病征单独发生或联合发生。这在临床上统称为急性肿瘤溶解综合征,该病征的发生被认为是由于细胞内大量磷酸盐、尿酸以及核酸代谢产物释放到细胞外所导致的。人患淋巴瘤和白血病时,细胞内磷的浓度比正常淋巴细胞内高4~6倍,犬也有类似的情况。

有报道称,犬急性肿瘤溶解综合征仅发生在用化疗、放疗或二者联合应用治疗淋巴瘤后,其特征为高磷血症、有或无氮质血症、高钾血症、低钙血症、代谢性酸中毒以及高尿酸血症。猫很少会出现。临床症状包括精神沉郁、呕吐和腹泻,常在化疗后几个小时内发生。

作者的诊所中,2 000只淋巴瘤患犬在进行化疗时,10只出现了急性肿瘤溶解综合征的临床表现。这些犬大多数在治疗前血清中肌酐浓度较高,或肿瘤负担很大;有一只犬的肝酶活性很高。化疗开始1~7 d内,发生综合征的犬出现嗜睡、呕吐、腹泻(便中有血),并且血清磷酸盐浓度显著增高(图75-4)。对患犬迅速采取积极的输液治疗,纠正酸碱度及电解质紊乱,6只犬在3 d内临床症状消失,另外2只犬死于急性肿瘤溶解综合征。

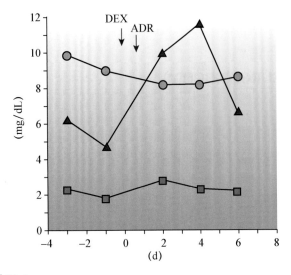

**图 75-4**
一只犬因原发性肺脏淋巴瘤接受化疗后出现急性肿瘤溶解综合征,血清磷(△)、钙(○)和肌酐(□)浓度变化。显示血清磷浓度升高,伴有钙浓度轻微降低和肌酐浓度轻微升高。**ADR,** 多柔比星;**DEX,**地塞米松。(摘自 **Couto CG: Management of complications of cancer chemotherapy,** *Vet Clin North Am* **20:1037, 1990.**)

◆推荐读物

Charney SC et al: Risk factors for sterile hemorrhagic cystitis in dogs with lymphoma receiving cyclophosphamide with or without concurrent administration of furosemide: 216 cases (1990-1996), *J Am Vet Med Assoc* 222:1388, 2003.

Couto CG: Management of complications of cancer chemotherapy, *Vet Clin N Am* 20:1037, 1990.

Harvey HJ et al: Neurotoxicosis associated with use of 5-fluorouracil in five dogs and one cat, *J Am Vet Med Assoc* 171:277, 1977.

Hosoya K et al: Prevalence of elevated alanine transaminase activity in dogs treated with CCNU (lomustine), *Vet Comp Oncol* 7:244; 2009.

Kalay N et al: Protective effects of carvedilol against anthracycline-induced cardiomyopathy, *J Am Coll Cardiol* 48:2258, 2006.

Knapp DW et al: Cisplatin toxicity in cats, *J Vet Intern Med* 1:29, 1988.

Kristal O et al: Hepatotoxicity associated with CCNU (lomustine) chemotherapy in dogs, *J Vet Intern Med* 18:75, 2004.

Laing EJ et al: Treatment of cyclophosphamide-induced hemorrhagic cystitis in five dogs, *J Am Vet Med Assoc* 193:233, 1988.

Mealey KL, Meurs KM: Breed distribution of the *ABCB1*-1Δ (multidrug sensitivity) polymorphism among dogs undergoing *ABCB1* genotyping, *J Am Vet Med Assoc* 233:921, 2008.

Peterson JL et al: Acute sterile hemorrhagic cystitis after a single intravenous administration of cyclophosphamide in three dogs, *J Am Vet Med Assoc* 201:1572, 1992.

Skorupski KA et al: Prospective randomized clinical trial assessing the efficacy of denamarin for prevention of CCNU-induced hepatopathy in tumor-bearing dogs, *J Vet Intern Med* 25:838, 2011.

Sorenmo KU et al: Case-control study to evaluate risk factors for the development of sepsis (neutropenia and fever) in dogs receiving chemotherapy, *J Am Vet Med Assoc* 236:650, 2010.

Thamm DH, Vail DM: Aftershocks of cancer chemotherapy: managing adverse effects, *J Am Anim Hosp Assoc* 43:1, 2007.

Vail DM: Supporting the veterinary cancer patient on chemotherapy: neutropenia and gastrointestinal toxicity, *Top Comp Anim Med* 24:133, 2009.

Weller RE: Intravesical instillation of dilute formalin for treatment of cyclophosphamide-induced cystitis in two dogs, *J Am Vet Med Assoc* 172:1206, 1978.

# 第76章
## CHAPTER 76

# 犬猫单个肿物的诊疗流程
## Approach to the Patient with a Mass

## 犬猫单个实体瘤的诊断流程
### (APPROACH TO THE CAT OR DOG WITH A SOLITARY MASS)

　　兽医在对临床表现健康的犬猫进行常规体格检查时,动物主人在抚摸动物时,常可发现单个肿物。肿物可能是浅表的(如增大的肩胛上淋巴结和皮下肿物),也可能是深部的(如脾脏肿物和增大的肠系膜淋巴结);医生比较关心的问题是如何着手这样的病例,以及如何给主人一些建议。

　　在这种情况下,通常可采用以下的处理方式:

　　1. 不采取任何措施,看肿物能否消失。

　　2. 对肿物进行细胞学检查。

　　3. 对肿物进行组织病理学检查。

　　4. 进行全面检查,包括全血细胞计数(CBC)、血清生化检查、X线检查、腹腔超声检查以及尿液分析。

　　第一种选择(即不采取任何措施,看肿物能否消失)并不能算一种选择,因为任何肿物都是异常的,都应进行检查评估。一般来说,大多数肿物与炎性损伤有明显的区别,而且除了幼犬组织细胞瘤和传染性性病肿瘤,多数肿瘤都不能自行消退。

　　在作者的诊所里,对单个肿物进行评估的第一步通常是进行细针抽吸,将抽吸物进行细胞学分析(见第72章)。采用这种简单、相对无损伤、快捷并且廉价的方法,在大多数动物中,都可得到可信性很高甚至确切的诊断。一旦判定了肿物的性质(即良性肿瘤、恶性肿瘤、炎症或增生),我们就可以建议主人继续进行其他检查。

　　活组织检查并进行组织病理学分析可提供更为合理的处理方案。但是,由于活组织检查对动物会造成创伤,花费大,而且完成病理学报告所需时间较长,因此细针抽吸检查更为常用。对患有单个肿物的犬猫无须进行彻底的检查(即第4种),因为通过其他方法很难得到更多关于肿物的有用信息。但是,若通过胸部X线检查见到转移灶时,表明该肿物可能是恶性肿瘤。

　　若通过细胞学检查诊断为良性肿瘤(如脂肪瘤),此时医生有两个选择:对肿物进行观察或将其切除。由于大多数犬猫良性肿瘤很少发生恶化(除了猫原位日光性皮炎/日光性癌可发展为鳞状细胞癌),若肿物被确诊为良性肿瘤,合理的处理方式就是"等待和观望"。若肿物增大、发炎或溃疡,此时应建议手术切除。但医生应谨记,大多数良性瘤在体积较小时较易切除(即不建议等肿物很大时再进行切除)。对某些主人来说,确诊后立即进行手术切除的方法更易被接受,可在牙病预防保健时同时切除肿瘤。

　　若通过细胞学诊断为恶性(或检查结果"提示"为恶性或"符合"恶性特征),则需进行其他检查。根据细胞学诊断结果(即癌症、肉瘤或圆形细胞瘤),不同的病患、家庭和医生,会选择使用不同的处理方法。对大多数患恶性肿瘤的犬猫应进行胸部X线检查来判定有无发生转移,但肥大细胞瘤除外(即犬猫患该类肿瘤时很少发生肺脏转移)。建议拍摄两张侧位片和一张腹背位(或背腹位)片,以便更清楚地观察转移的病灶。若有条件,可进行计算机断层摄影术(CT),这样可检查更小的肿物。通过X线检查也可发现患病部位周围的软组织及骨骼异常。腹部超声检查(或X线检查)对于某些肿瘤(如血管肉瘤、肠道肿瘤和肥大细胞瘤)的进一步分期也具有指导意义。通过全血细胞计数、血清生化检查以及尿液分析,可补充疾病的其他临床信息(如副肿瘤综合征、并发的器官衰竭)。

　　若肿物为恶性,并且没有出现转移迹象,常建议进行手术切除。若已出现了转移病灶或全身性肿瘤,并且病理学家同意细胞学诊断结果,并且肿瘤很可能对化疗起反应(如淋巴瘤,血管肉瘤),此时应实施化疗(见第73章)。但如第73章所述,对已出现转移病灶的患病动物,手术切除原发肿物(如乳腺肿瘤)可在一定程度上缓解病情,并延长动物的存活时间,提高生活质量。若通过细胞学检查不能确诊,建议进行切开或切除活组织检查。通常情况下,我们不建议对已出现转移性病灶但生活质量较好的犬猫实施安乐死,因为某些患转移性肿瘤的动物的存活时间常超过6个月(在不化疗的情况下)。节拍化疗可能会延缓动物的恶化速度,使病情在很长一段时间内保持稳定(图76-1)。

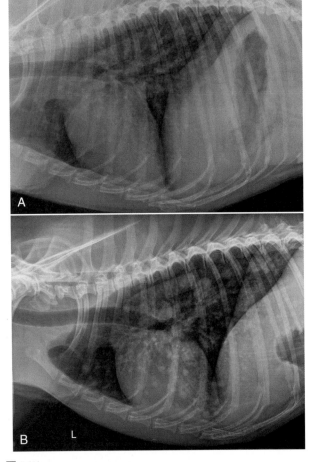

**图76-1**
一只10岁杂种犬无法切除的甲状腺癌X线片。A为初次诊断时,B为节拍化疗756 d后。

# 犬猫转移病灶的诊疗流程
**(APPROACH TO THE CAT OR DOG WITH METASTATIC LESION)**

在对疑似或确诊为恶性肿瘤的动物进行常规体检

时,或对出现某些临床症状的犬猫进行检查时,通过X线检查或超声检查常可发现转移性肿瘤。此时,医生应对常见肿瘤的生物学行为特征及其在X线检查和超声检查时的表现(表76-1)十分熟悉。Suter等(1974)描述了各种恶性肿瘤发生转移后的X线检查表现。除此以外,还应询问主人之前是否给宠物进行过手术(如曾经切除过看似良性的肿物,但其可能是恶性病灶的早期阶段)。

**表76-1  犬猫常见肿瘤的转移特性**

| 肿瘤 | 种属 | 常见转移部位 |
|---|---|---|
| 血管肉瘤 | 犬 | 肝脏、肺脏、网膜、肾脏、眼和中枢神经系统 |
| 骨肉瘤 | 犬 | 肺脏和骨骼 |
| 鳞状细胞癌——口腔 | 猫、犬 | 淋巴结和肺脏 |
| 腺癌——乳腺 | 猫、犬 | 淋巴结和肺脏 |
| 腺癌——肛囊 | 犬 | 淋巴结 |
| 腺癌——前列腺 | 犬 | 淋巴结、骨骼和肺脏 |
| 移行上皮癌——膀胱 | 犬 | 淋巴结、肺脏和骨骼 |
| 恶性黑色素瘤——口腔 | 犬 | 淋巴结和肺脏 |
| 肥大细胞瘤 | 犬 | 淋巴结、肝脏和脾脏 |
| 肥大细胞瘤 | 猫 | 脾脏、肝脏和骨髓 |

若通过细胞学或组织病理学诊断为恶性肿瘤,并在对动物进行肿瘤分期时发现了转移病灶,此时应建议主人据此进行治疗(假设转移病灶来自之前诊断出的原发肿瘤)。一般来说,应对一个或几个病灶进行评估,以便向主人提供最佳治疗建议。

对于发生转移的肺部病灶可通过经皮肤细针穿刺抽吸肺脏组织,采样既可盲穿,也可经超声、荧光透视或CT介导,然后进行细胞学判读。抽吸的部位(即通过X线片所见病灶密度最高的区域)进行剃毛及无菌消毒准备。若采取盲穿,则需使动物趴卧或站立,采用25G,长度为2~3 in(5~7.5 cm)的针头(主要根据动物的大小决定),配一个12~20 mL的一次性注射器,迅速沿肋骨前缘插入肋间隙到达所需深度(按之前X线检查后所决定的深度)。抽吸2~3次后放松,将针抽出。抽吸物涂片检查按第72章所述。在对肺脏进行抽吸时,注射器中常有空气或血液,或二者均有。采用这种方法所引起的罕见并发症有气胸(在穿刺后2~6 h密切观察动物,若出现气胸应及时治疗)和出血。一般来说,对于患有凝血紊乱的犬猫,不应进行细针抽吸肺脏检查。对于大多数病例来说,转移性肿瘤病变使用这种简单的检查即可建立诊断。

　　若通过细针抽吸肺脏没有取得诊断所需样品,则考虑用活检针(通过超声、荧光透视或 CT 引导)或开胸术或胸腔镜进行肺部活组织检查。活检的死亡率极低,若宠物主人配合治疗,可建议使用这种方法诊断。

　　器官或组织(如肝脏和骨)中的转移病灶也可通过细针抽吸检查来诊断。兽医应谨记,患有原发性恶性肿瘤的犬,其肝脏或脾脏上的结节病灶不一定是转移病灶。对这些病灶进行细针抽吸或活组织检查,结果通常显示为正常肝细胞(即再生性肝脏结节)或髓外造血/淋巴网状细胞增生。

　　另外,怀疑有转移的病例超声检查肝脏或脾脏结果是"正常"的,反倒可能有大量转移细胞。例如,ALT 活性升高的淋巴瘤患犬,超声检查肝脏没有明显的结构变化,但细胞学检查可能会有大量肿瘤性淋巴细胞。作者的团队有时会遇到肝脏转移灶很大(4～6 cm)的病例,但其超声征象并无明显异常。体内淋巴结超声评估也有助于辅助区分淋巴结病的种类,鉴别反应性淋巴结病和肿瘤转移;例如髂内淋巴结肿瘤转移时,其电阻指数(RI)和搏动指数(PI)比反应性淋巴结病的高(Prieto 等,2009)。在区分淋巴结良性病变和肿瘤病变时,髂内淋巴结 RI＞0.67,PI＞1.02,肠系膜淋巴结 RI＞0.76,PI＞1.23 的敏感性和特异性均很高。

　　原发性骨肿瘤或肿瘤转移至骨时,采用 20～22 G 的针盲穿或经超声引导穿刺均可轻易获得细胞学样本;如果采集不到样本,可用 16 或 18 G 的骨髓穿刺针获得抽吸物;若不能进行细胞学检查,应进行组织芯(针吸)活组织检查。

　　如第 73 章提及,用传统化疗或节拍化疗治疗犬猫的转移性肿瘤时,疗效可能相当不错。但在治疗之前,我们需要了解肿瘤的组织学(或细胞学)类型。对一些主人来说,对动物实施安乐死也是一种可行的选择。

## 犬猫纵隔肿物的诊疗流程
### (APPROACH TO THE CAT OR DOG WITH A MEDIASTINAL MASS)

　　在进行体格检查或胸部 X 线检查时,常可在前纵隔腔内发现许多病灶,称为前纵隔肿物(anterior mediastinal masses,AMMs)(表 76-2)。这些病灶很多

是恶性,因此对此类动物需立即进行诊断和治疗。

 **表 76-2　犬猫前纵隔肿物**

| 疾病 | 猫 | 犬 | 备注 |
| --- | --- | --- | --- |
| 胸腺瘤 | 常见 | 常见 | 见正文 |
| 淋巴瘤 | 常见 | 常见 | 见正文 |
| 胸腺腺癌 | 罕见 | 罕见 | |
| 脂肪瘤 | 罕见 | 罕见 | X 线密度低 |
| 鳃裂囊肿 | 罕见 | 罕见 | 超声检查有囊肿 |
| 胸腺血管瘤 | 可疑 | 罕见 | 创伤,杀虫剂(可疑) |
| 心基肿瘤 | 可疑 | 罕见 | 短头颅品种 |

◉临床病理学特征及诊断

　　在对患前纵隔肿物的犬猫进行评估并给出治疗建议之前,需考虑以下几个问题。如前文所述(见第 73 章),应根据特定的肿瘤类型制定治疗方案(即对于患胸腺瘤的犬猫采用手术切除便可能治愈,但对患淋巴瘤的动物需进行化疗)。由于胸腺瘤和淋巴瘤是小动物最常见的前纵隔肿物,以下主要讨论这两类肿瘤。其他源于前纵隔的肿瘤包括非嗜铬性副神经节瘤(心基瘤)、异位甲状腺瘤,以及脂肪瘤。纵隔内的非瘤性病灶主要包括胸腺或纵隔血肿,以及后鳃体囊肿。

　　患有胸腺瘤的犬猫其副肿瘤综合征的特点有:泛发性或局部重症肌无力、多发性肌炎、剥脱性皮炎、淋巴细胞增多症、嗜中性粒细胞减少症和继发性肿瘤。人患胸腺瘤时常见的副肿瘤综合征为再生障碍性贫血,但小动物患该类肿瘤时并不常见。犬患纵隔淋巴瘤时常可见高钙血症,患胸腺瘤时也可发生。

　　猫出现症状时的年龄可指向特异性诊断。前纵隔淋巴瘤常发生于年轻猫(1～3 岁),而胸腺瘤常发于老年猫(8～10 岁)。此外,对于猫还应关注猫白血病病毒(FeLV)的影响,因为大多数患纵隔淋巴瘤的猫都有病毒血症(即 FeLV 阳性),但大多数患有胸腺瘤的猫则没有。FeLV 阴性的纵隔淋巴瘤也见于年轻至中年暹罗猫。

　　前纵隔肿物常发生于老年犬(大于 5～6 岁),因此通过年龄不可辨别犬的淋巴瘤和胸腺瘤。但大多数患纵隔淋巴瘤的犬都有高钙血症,而大多数患胸腺瘤的犬则没有(尽管犬患胸腺瘤也可引起高钙血症)。患有淋巴瘤和胸腺瘤的犬猫都可能会发生外周淋巴细胞增多。患有前纵隔肿物的犬猫出现神经肌肉症状时,则

表明发生了胸腺瘤。

胸部X线检查几乎不能用于辨别胸腺瘤和淋巴瘤。尽管淋巴瘤常源于前纵隔的背侧区,而胸腺瘤多源于纵隔腹侧区,但这两种类型的肿瘤在X线片上的表现相似(图76-2)。在腹背位X线片上,胸腺瘤常位于心脏周围,边缘尖锐或无规则。患淋巴瘤或胸腺瘤的犬猫,其胸腔积液的发生率也相似,因此也无法据此鉴别这两类肿瘤。不过淋巴瘤的胸腔积液可见肿瘤细胞,而胸腺瘤的胸腔积液中很难见到。

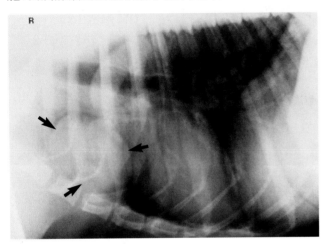

**图 76-2**
犬胸腺瘤的典型 X 线征象(箭头)。肿瘤起源于纵隔腹侧,而大多数淋巴瘤起源于背侧。经皮细针抽吸诊断为胸腺瘤,经手术切除全部肿物。

在使用更有侵入性的诊断方法之前,可尝试对前纵隔肿物进行超声检查。超声检查下,大多数胸腺瘤产生混合型回声,由于真性囊肿的存在,在横断面上会产生离散的低回声至无回声区域。由于淋巴瘤缺少支持间质,肿物常表现为低回声至无回声密度,看起来像弥散性囊样物质。除了有助于推断肿物为哪种类型的肿瘤,超声检查也可为肿物是否可被切除提供有用的信息,并有助于获取活组织样本以便细胞学检查(见下一段)。对胸腺瘤病例来说,CT检查有助于制订手术计划。

经胸壁细针抽吸前纵隔肿物是一种安全、可靠的诊断方法。对肿物处的胸壁进行无菌消毒准备(见第72章),用2~3 in(5~7.5 cm)长的25G针头对肿物进行采样。可直接采样(若肿物很大并已经压迫到胸壁内侧),或在X线检查(通过三个投照位进行三维重建)、荧光透视、超声或CT引导下采样。尽管前纵隔腔内有许多大血管,若在整个过程中动物不挣扎,操作后很少出血。此外,若肿物体积足够大,与内侧胸壁紧贴,可经胸壁进行针刺活组织检查,并对样本进行组织病理学分析。

从细胞学上讲,纵隔淋巴瘤主要由未成熟的,形态单一的淋巴样细胞所组成(即核质比很低,胞质呈深蓝染色,染色质呈团块状,有核仁);对于猫,其前纵隔淋巴瘤细胞大多严重空泡化,类似人的伯基特淋巴瘤细胞(图76-3)。胸腺瘤在细胞学上形态不一,主要由小淋巴细胞构成(偶尔会有大淋巴细胞),偶尔可见一组不同类型的上皮样细胞,呈多边形或纺锤形,有时单个出现,有时成片出现。使用瑞氏染色进行细胞学检查很少能见到胸腺小体(hassall corpuscles)。有时可见到浆细胞、嗜酸性粒细胞、嗜中性粒细胞、肥大细胞、巨噬细胞及黑色素细胞(图76-4)。

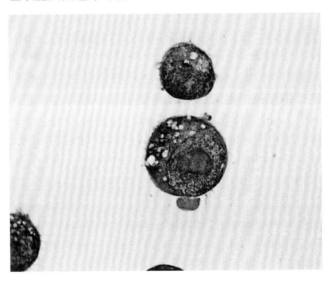

**图 76-3**
猫纵隔淋巴瘤的细胞学征象。注意胞质深染、高度空泡化的典型特征(1 000×)。

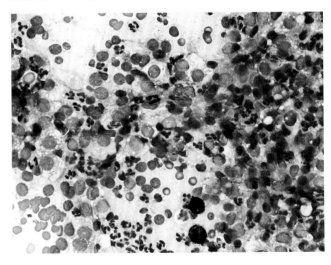

**图 76-4**
犬胸腺瘤的细胞学特征。注意淋巴细胞形态不一,还有一些嗜中性粒细胞和肥大细胞(1 000×)。(由 Dr. D Pappas. 惠赠)

◈治疗

如前面章节所提到，前纵隔淋巴瘤最好的治疗方式为化疗（见第 77 章）。放疗可与化疗一起使用，以便使肿瘤更快消退。但据作者的临床经验，放疗与化疗联用并不比单独使用化疗优越，并且若患前纵隔淋巴瘤的犬猫已经出现严重的呼吸道损害时，联合治疗对动物甚至有害。对这些动物限制化疗而采取放疗，可使该病情更为严重。

因为大多数胸腺瘤为良性，通常采用手术切除便可治愈。尽管有些报道称术后患病率和死亡率都很高（Atwater 等，1994），据作者的经验，大多数通过开胸术切除胸腺瘤的动物都恢复良好，并可在术后 3～4 d 出院。最近一篇回顾性调查显示，大多数猫（8/9）和犬（8/11）移除胸腺瘤后恢复很快，中位存活时间分别为 30 个月和 18.5 个月。两只猫和一只犬很晚才复发。

放疗可使胸腺瘤萎缩，但不能使其完全、长期消除。这可能是由于放疗仅清除了瘤组织中的淋巴成分但上皮成分仍未改变。对于无法手术切除的胸腺瘤以及对不能进行反复麻醉或承受较大手术的犬猫，化疗是很好的选择。在作者的诊所里，对通过细胞学检查诊断为胸腺瘤的病例会采用治疗淋巴瘤的联合用药的化疗方案，例如 COAP（即环磷酰胺、长春新碱、阿糖胞苷及泼尼松）、COP（环磷酰胺、长春新碱和泼尼松）和 CHOP（环磷酰胺、多柔比星、长春新碱和泼尼松）（见第 77 章）。与放疗法相似，化疗只能清除淋巴细胞，因此很难使肿瘤完全、长期消退。

若无法确诊究竟是胸腺瘤还是淋巴瘤，临床医生可选择以下两种治疗方案：（1）进行开胸术将肿物切除；（2）按淋巴瘤的化疗方案进行治疗（COP、COAP 或 CHOP）。对后一个疗法，若在化疗后 10～14 d 肿物没有消退（或只有小部分消退），则肿物很可能为胸腺瘤，此时应考虑进行手术切除。

◈推荐阅读

Aronsohn MG et al: Clinical and pathologic features of thymoma in 15 dogs, *J Am Vet Med Assoc* 184:1355, 1984.

Atwater SW et al: Thymoma in dogs: 23 cases (1980-1991), *J Am Vet Med Assoc* 205:1007, 1994.

Bellah JR et al: Thymoma in the dog: two case reports and review of 20 additional cases, *J Am Vet Med Assoc* 183:1095, 1983.

Carpenter JL et al: Thymoma in 11 cats, *J Am Vet Med Assoc* 181:248, 1982.

De Swarte M et al: Comparison of sonographic features of benign and neoplastic deep lymph nodes in dogs, *Vet Radiol Ultrasound* 52:451, 2011.

Lana S et al: Diagnosis of mediastinal masses in dogs by flow cytometry, *J Vet Intern Med* 20:1161, 2006.

Liu S et al: Thymic branchial cysts in the dog and cat, *J Am Vet Med Assoc* 182:1095, 1983.

Nemanic S, London CA, Wisner ER: Comparison of thoracic radiographs and single breath-hold helical CT for detection of pulmonary nodules in dogs with metastatic neoplasia, *J Vet Intern Med* 20:508, 2006.

Prieto S et al: Pathologic correlation of resistive and pulsatility indices in canine abdominal lymph nodes, *Vet Radiol Ultrasound* 50:525, 2009.

Rae CA et al: A comparison between the cytological and histological characteristics in thirteen canine and feline thymomas, *Can Vet J* 30:497, 1989.

Scott DW et al: Exfoliative dermatitis in association with thymoma in 3 cats, *Fel Pract* 23:8, 1995.

Suter PJ et al: Radiographic recognition of primary and metastatic pulmonary neoplasms of dogs and cats, *J Am Vet Radiol Soc* 15:3, 1974.

Yoon J et al: Computed tomographic evaluation of canine and feline mediastinal masses in 14 patients, *Vet Radiol Ultrasound* 45:542, 2004.

Zitz JC et al: Thymoma in cats and dogs: 20 cases (1984-2005), *J Am Vet Med Assoc* 232:1186, 2008.

# 第 77 章
## CHAPTER 77

# 淋巴瘤
## Lymphoma

淋巴瘤(恶性淋巴瘤、淋巴肉瘤)是源于实质器官或组织(如淋巴结、肝脏、脾脏、眼睛)的淋巴样恶变;它有别于淋巴样白血病,后者源于骨髓(见第78章)。

◉ 病因学和流行病学

有报道称患有淋巴瘤的猫中,约70%感染了猫白血病病毒(feline leukemia virus,FeLV)(表77-1)。虽然患淋巴瘤的猫有病毒血症的流行率和肿瘤部位有关(见以下所述),但一般来说,患淋巴瘤的年轻猫多数为猫白血病病毒阳性,而老年猫多为阴性。但在最近几年发现,患淋巴瘤并感染FeLV的猫逐渐减少。猫免疫缺陷病毒(feline immunodeficiency virus,FIV)感染可增加猫淋巴瘤的发病概率,感染猫FIV的猫发展为淋巴瘤的可能性大约是未感染的猫的6倍,而同时感染了FIV和FeLV的猫患淋巴瘤的概率比未感染猫高75倍(Shelton等,1990)。最近,Louwerens等(2005)的报道显示,虽然FeLV的感染率逐年下降,但猫淋巴瘤的流行性逐渐增加;胃肠道型、结外型、非典型淋巴瘤,以及纵隔型(白血病阴性的青中年暹罗猫和东方品种猫)逐渐增多。幽门螺旋杆菌在胃肠道淋巴瘤方面起着重要作用(Bridgeford等,2008)。最近的研究显示,伯氏疏螺旋体感染和人及马的非霍奇金淋巴瘤有关(Ferreri等,2009)。据作者所知,尚未开展犬的莱姆病和淋巴瘤相关性的研究。

**表 77-1　淋巴瘤患猫感染猫白血病病毒的流行率**

| 解剖分型 | FeLV 阳性率(%) |
|---|---|
| 消化道型 | 30 |
| 纵隔型 | 90 |
| 多中心型 | 80 |
| 皮肤型 | 0 |

犬淋巴瘤的病因被认为是多因素的,并未确定单个病因。但对于某些血统或品种的动物肿瘤发病率很高,说明遗传是一个明显的因素(Modiano等,2005)。例如拳师犬、西施犬和西伯利亚雪橇犬易患T细胞淋巴瘤,可卡犬、巴辛吉犬易患B细胞淋巴瘤,而金毛巡回猎犬中B细胞和T细胞淋巴瘤的发病率均等。在作者诊所最常见到的患犬品种为金毛巡回猎犬、可卡犬及罗威纳犬。

猫淋巴瘤的发病年龄从时间曲线上来看呈双峰状,第一个高峰出现在2岁左右,第二个高峰出现于大约10~12岁。位于第一个高峰的发病猫多是猫白血病病毒阳性,而第二个高峰的猫多为猫白血病病毒阴性。如前所述,目前在临床上患淋巴瘤且猫白血病病毒为阳性的猫已逐渐减少。猫白血病病毒阳性且患淋巴瘤的猫其最早发病年龄平均为3岁,而猫白血病病毒阴性且患淋巴瘤的猫中,平均发病年龄为7~8岁。患淋巴瘤的犬大多数为中年或老年犬(6~12岁),但任何年龄的犬均有可能会发病(甚至是幼犬)。

◉ 临床特征

患淋巴瘤的犬猫根据其解剖型的不同有4种表现:

1. 多中心型:以泛发的淋巴结病为特征,累及肝脏、脾脏或骨髓的淋巴结,或几个部位联合发生;

2. 纵隔型:以纵隔淋巴结病为特征,伴有或不伴有骨髓浸润;

3. 消化道型:以单独性、弥散性或多灶性胃肠道浸润为特征,伴有或不伴有腹腔内淋巴结病;

4. 结外型:可侵袭任何器官或组织(如肾脏、神经、眼部或皮肤)。

犬猫患不同解剖型淋巴瘤的比率不同。犬主要为多中心型,大约占所有淋巴瘤患犬的80%。猫主要为消化道型，作者所接诊的猫淋巴瘤中，消化道型约占 70%。

根据不同的解剖型，犬猫患淋巴瘤的临床症状也不相同。患有泛发或多中心型的动物，其临床症状多不明显，且为非特异性；通常主人在给这些被认为是健康的动物梳毛时发现皮下有肿物（即肿大的淋巴结，图 77-1），从而送到医生处就诊。有时，患有淋巴瘤的犬猫因为出现一些非特异性的临床症状而接受检查，比如体重减轻、厌食以及嗜睡。若增大的淋巴结阻塞了淋巴引流通路，此时将会发生水肿；若淋巴结压迫到气管通路，动物则会出现咳嗽。患有淋巴瘤和高钙血症（见下文）的动物会表现出多饮多尿。

**图 77-1**
一只多中心型淋巴瘤患犬出现了下颌淋巴结病（由 Dr. Bill Kisseberth 惠赠）。

对患多中心型淋巴瘤的犬猫进行体格检查时，通常表现为全身性淋巴结病，可能会伴有肝脏增大、脾脏增大或结外病灶（如眼部、皮肤、肾脏和神经）。受影响的淋巴结会显著增大（比正常大 5～15 倍）、无痛，游离。猫反应性（增生性）淋巴结病综合征与多中心型淋巴瘤的临床病理学特征相似，但通过细胞学能轻易地分辨出来。

患有纵隔淋巴瘤的犬猫常出现呼吸困难、咳嗽或反流（后者多见于猫）。犬患纵隔型淋巴瘤和高钙血症时，常出现多饮多尿的症状；猫患淋巴瘤时很少出现肿瘤引起的高钙血症。呼吸道和上消化道症状主要是由前纵隔淋巴结增大压迫所致，胸腔积液也可使呼吸道症状加剧。进行体格检查时发现，症状主要出现在胸腔，包括支气管肺泡音减弱，正常肺音位置异位到胸腔背尾端，胸腔腹侧叩诊可听到浊音，以及前纵隔处不能受压（对于猫）。患有纵隔淋巴瘤的猫（偶尔可见于犬）

可发生单侧或双侧霍纳氏综合征。患有纵隔淋巴瘤的犬由于增大淋巴结的压迫，常会出现明显的头颈部水肿（前腔静脉综合征）。

患消化道淋巴瘤的犬猫常出现胃肠道症状，如呕吐、厌食、腹泻以及体重减轻。有时也会伴有肠梗阻或腹膜炎（由淋巴瘤肿物破裂引起）。通过体格检查通常可发现腹腔内肿物（如增大的肠系膜淋巴结或肠道肿物），以及增厚的肠袢（指小肠内弥散性淋巴瘤的动物）。患结肠直肠淋巴瘤的犬猫，息肉状淋巴瘤样肿物偶尔可由肛门向外突出。

患有结外型淋巴瘤的犬猫，其临床症状和体格检查结果取决于肿物所处的位置。一般来说，由于受影响器官的正常实质细胞受到压迫或异位，从而表现出相关临床症状，如肾脏淋巴瘤引起的氮质血症，中枢神经系统淋巴瘤引起不同的神经症状。患有结外型淋巴瘤的犬猫，其典型临床症状和体格检查结果总结见表 77-2。犬常发的结外型淋巴瘤包括皮肤及眼部淋巴瘤；猫常发鼻咽部、眼部、肾脏以及神经淋巴瘤。

**表 77-2　犬猫患结外型淋巴瘤的临床表现和体格检查**

| 累及的器官 | 临床表现 | 体格检查 |
|---|---|---|
| 中枢神经系统 | 单独或多灶性 CNS 症状 | 任何神经症状 |
| 眼 | 失明、受浸润和畏光 | 受浸润、葡萄膜炎、视网膜脱落和青光眼 |
| 肾脏 | 多饮多尿、氮质血症和红细胞增多 | 肾脏增大、肾脏肿物 |
| 肺 | 咳嗽和呼吸困难 | 无，X 线影像变化 |
| 皮肤 | 任何原发或继发的病变 | 任何原发或继发的病变 |

皮肤淋巴瘤是犬最常发的结外淋巴瘤之一；但在猫很少见。其临床症状和病灶特征差异很大，病灶可能与原发或继发的任何一种皮肤病都很相似。患有蕈样肉芽肿病（一种嗜表皮的 T 细胞淋巴瘤）的犬最初通常是因为出现慢性脱毛、脱屑、瘙痒和红斑而就诊，最后发展为斑块和肿瘤（图 77-2）。最初黏膜皮肤和黏膜病灶是相对常见的现象，但没有泛发性淋巴结病灶。患该类型淋巴瘤的犬的典型临床特征是出现环形、隆起、发红、甜甜圈形状的真皮表皮肿物，中央为正常皮肤（图 77-3）。也常见皮肤发红和肿胀的现象（图 77-4，A）。据文献报道，大多数患表皮淋巴瘤猫的猫白血病病毒检测为阴性。

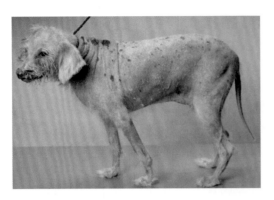

图77-2

一只13岁的绝育母犬出现伴有真菌感染的弥散性皮肤病(趋上皮性皮肤T细胞淋巴瘤)。临床症状和皮肤病灶出现近2年。

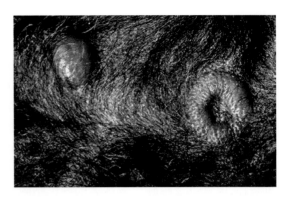

图77-3

一只患有T细胞淋巴瘤的罗威纳犬,皮肤表面出现典型的病变,呈"甜甜圈"样。

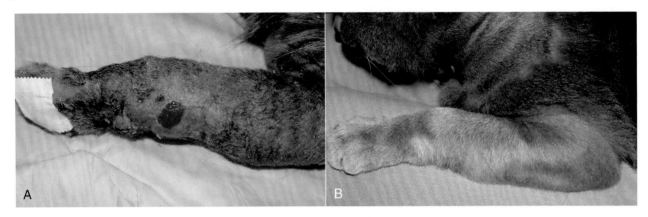

图77-4

一只患有皮肤T细胞淋巴瘤的猫,肢体远端肿胀、发红、溃疡。A为化疗前,B为化疗后。

犬猫均可发生眼部淋巴瘤。犬眼部淋巴瘤大多属于多中心型,而猫既可能是眼部原发的淋巴瘤,也可能是多中心型淋巴瘤累及眼部。在这些动物可表现出不同的症状和损伤,包括惧光、眼睑痉挛、溢泪、前房积血、前房积脓、眼部肿物、第三眼睑浸润、前葡萄膜炎、脉络视网膜炎以及视网膜剥离。

鼻咽部淋巴瘤在猫相对常见,而在犬很少发生。其临床症状与猫患上呼吸道疾病相似,包括打喷嚏、单侧或双侧鼻腔分泌物(从黏液脓性分泌物到完全出血)、鼾样喘息、眼球突出以及面部变形(图77-5);这是在临床上见到的猫最典型的一种结外型淋巴瘤。

猫常见肾脏淋巴瘤,犬较为罕见。通常患这类淋巴瘤的猫,最初被送诊是因为出现了一些不太明确的临床症状,这些症状通常继发于慢性肾衰竭。体格检查发现猫通常比较瘦,贫血,而且可摸到很大、形状不规则且坚实的肾脏;两侧肾脏通常都发生病变。有报道称猫的肾脏淋巴瘤与中枢神经系统淋巴瘤之间有一定联系,因此有些临床医生会选用在中枢神经系统中分布浓度很高的抗肿瘤药物(即阿糖胞苷和洛莫司汀),来治疗猫肾脏淋巴瘤,并防止肿瘤向中枢神经系统扩散。但作者在临床实践中并未发现这种关联。

图77-5

一只6岁的患有鼻内淋巴瘤的猫,出现面部畸形和鼻腔分泌物。

患神经淋巴瘤的犬猫大多是因为出现了许多神经症状而就诊,这些症状反映了肿瘤的位置及侵害程度。尽管猫常见到中枢神经系统症状,但有时也可见到外周神经异常。临床上常见到的主要有三种表现:单个的硬膜外淋巴瘤、神经纤维网（颅内或椎管内）淋巴瘤（也称为真正的中枢神经系统淋巴瘤）以及外周神经淋巴瘤。单个的硬膜外淋巴瘤常发于年轻的、猫白血病病毒检测阳性的猫。神经淋巴瘤可以是原发的（如硬膜外淋巴瘤），或继发于多中心型淋巴瘤；如前文所述，继发性中枢神经系统淋巴瘤多见于患有肾型淋巴瘤的猫。患有多中心型淋巴瘤的犬在结束化疗几个月至几年后，其中枢神经系统症状可复发，这种现象相对常见；这些患犬常出现急性神经症状，特别是多中心型肿瘤仍处在缓解期时。这种后期中枢神经系统症状的复发，可能是由于大多数用于治疗淋巴瘤的药物按标准剂量给予时，不能穿过血脑屏障，因此中枢神经系统便成了肿瘤细胞的避难所。在作者诊所内，在找到真正原因之前，任何患有淋巴瘤的犬出现的中枢神经系统症状都被认为是肿瘤引起的，并进行相关治疗。

对于疑似淋巴瘤的犬猫，应与其他病症进行鉴别诊断。临床兽医应谨记，淋巴瘤与许多不同的肿瘤性及非肿瘤性因素导致的病症都很相似。犬猫淋巴瘤的鉴别诊断与白血病诊断相似（见第 78 章）。

有时，患淋巴瘤的犬就诊原因是继发的副肿瘤综合征（即分子介导的肿瘤远距离效应）。犬淋巴瘤出现的副肿瘤综合征包括高钙血症、单克隆或多克隆免疫球蛋白病、免疫性血细胞减少、多发性神经病及低血糖，而猫只会发生高钙血症和免疫球蛋白病，但也不如犬常发。在所有这些综合征中，只有恶性高钙血症具有临床相关性。

**血液学和血清生化特征。** 患有淋巴瘤的犬猫有许多非特异性血液学及血清生化异常变化。血液学异常指标是由于骨髓中浸润了淋巴细胞、脾脏功能减退或亢进（由于肿瘤浸润所致）、慢性疾病或癌旁免疫介导性异常（即免疫溶血性贫血或血小板减少，二者都较少见）所致。某些血液学异常（单核细胞增多，嗜酸性粒细胞增多和白血病样反应）可能是由于肿瘤细胞产生的局部或全身性生物活性物质（如，造血生长因子和白细胞介素）所致。血清生化异常可能是由于肿瘤细胞产生的生物活性物质（即伴肿瘤的）所致，也可能是由肿瘤浸润引发器官衰竭所致。一般来说，CBC 和血清生化指标不能作为犬猫淋巴瘤的诊断依据。

通常，血液学异常包括贫血、白细胞增多、嗜中性粒细胞增多（伴有或不伴有核左移）、单核细胞增多、嗜酸性粒细胞增多（常见于猫）、外周血液中异常的淋巴样细胞（即淋巴肉瘤细胞性白血病）、血小板减少、一种或几种血细胞减少，以及幼白-幼红细胞反应。患淋巴瘤的犬猫很少出现淋巴细胞增多症；即使出现，其增多的幅度也非常小（即<10 000～12 000 个/μL）。

患淋巴瘤的犬猫常出现血清生化指标异常，主要为高钙血症和免疫球蛋白病。高钙血症是患淋巴瘤的犬最常见的副肿瘤综合征之一，大约 20%～40%患淋巴瘤的犬会出现该症状，在猫则极其罕见，并且与多中心型、消化道型或结外型的淋巴瘤相比，高钙血症的犬更常发纵隔型淋巴瘤。大多数患淋巴瘤并出现高钙血症的犬，肿瘤多为 T 细胞源性。

造成患淋巴瘤的犬发生高钙血症的分子机制有很多种，但大多数情况下，高钙血症被认为是由于肿瘤细胞所产生的甲状旁腺激素样蛋白——PTHrp（PTH-related protein，PTH 相关蛋白）所致。人医报道显示，淋巴瘤且伴有高钙血症的病人血清中，1, 25-VD 的浓度显著增加。作者最近发现 5 只患淋巴瘤并出现高钙血症的犬（大多数为患有纵隔 T 细胞淋巴瘤的拳师犬）有相似的变化。

患有淋巴瘤的犬猫中，高蛋白血症是较少发生的一种副肿瘤综合征，可继发于淋巴瘤细胞产生的单克隆蛋白，并可导致高黏滞综合征。患淋巴瘤的犬猫也可出现多克隆 γ-球蛋白病。

**影像学检查。** 患不同解剖型淋巴瘤的犬猫，其 X 线片的表现也不相同，但总的来说是继发于淋巴结病或器官增大症（即肝脏增大、脾脏增大和肾脏增大）；有时肿瘤会浸润至其他器官（如肺脏），也可在 X 线片中看到其他异常。

犬猫患多中心型淋巴瘤的 X 线征象包括胸骨或气管支气管淋巴结病，或两者同时发生（图 77-6）；间质性、支气管肺泡性或混合性肺浸润；胸腔积液（罕见）；腹腔内淋巴结病（如肠系膜或髂骨）；肝脏增大、脾脏增大、肾脏增大或腹腔内肿物。通过腹部或胸部 X 线平片检查，很少见到骨溶解或增生病变。

患有纵隔淋巴瘤的犬猫，通过 X 线检查通常只能见到前纵隔（或很少情况下为后纵隔）肿物，可能伴有胸腔积液。患消化道淋巴瘤的犬猫，通过腹部 X 线平片检查，通常发现不了任何异常（<50%）。一旦出现异常，其性质差别很大，但主要包括肝脏增大、脾脏增大以及腹腔中部肿物。采用阳性造影 X 线检查消化道上段，可见大多数动物有异常。作者对一系列消化道淋巴瘤的犬进行消化道上段阳性造影 X 线检查时，所见到的异常包括黏膜不规则、腔内充盈缺损以及壁的不规则增厚，这些都提示浸润性消化道疾病。

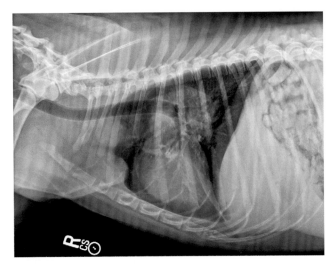

图 77-6
一只患有多中心型淋巴瘤的犬出现了纵隔、肺门和胸骨淋巴结病。

超声成像检查可用于评估腹腔内疑似淋巴瘤,或辅助确诊。该方法对评估犬猫纵隔肿物很有帮助(见76章)。通过该技术所检查到的实质器官(即肝脏、脾脏和肾脏)回声的不同,通常反映了器官由于肿瘤浸润所导致的组织结构改变。此外,用该技术也可探测到增大的淋巴样结构或器官。患腹腔内淋巴瘤的犬猫,通过超声检查常会发现几处异常,包括肝增大、脾增大、肝脏或脾脏回声改变(混合型回声或多处低回声区)、肠壁增厚、淋巴结病(图 77-7)、脾脏肿物以及渗出。和炎性肠病的猫相比,患有小肠肿瘤的猫的肌层更厚(Zwingenberger 等,2010)。细针抽吸和细针活检技术也可通过超声进行定位。

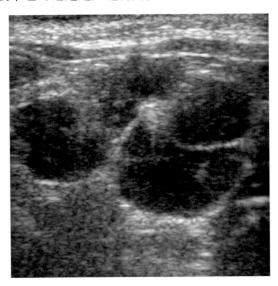

图 77-7
一只 12 岁患有小细胞淋巴瘤的猫,有腹泻症状,出现肠系膜淋巴结病变。注意增大的淋巴结(3 cm×5 cm)。

◆诊断

　　前面章节中描述的临床症状及体格检查结果通常都能提示淋巴瘤。但在进行治疗之前,需通过细胞学或组织病理学方法进行确诊,也可以通过分子技术诊断,但应用较少。此外,若主人希望给动物治疗的话,至少需要 CBC、血清生化检查及尿液分析等数据。

　　患多中心型、浅表结外型、纵隔型或消化道型淋巴瘤的大多数犬猫,通过对病变器官或淋巴结进行细针抽吸细胞学检查便可进行诊断。细针抽吸技术以及淋巴瘤的细胞学特征已在第 72 章进行了详细描述(图 77-8)。

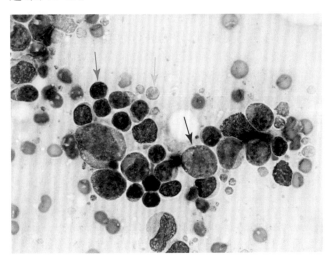

图 77-8
一只犬的大淋巴细胞性淋巴瘤的细胞学特征。红色箭头指示的是大的肿瘤性淋巴细胞,蓝色箭头指的是正常的小淋巴细胞。黄色箭头指的是淋巴小体,来自破碎的肿瘤细胞的胞质。

　　就作者的临床经验,大约 90% 的犬和 70%~75% 的猫通过细胞学诊断便可确诊淋巴瘤。也就意味着,通常只有 10% 的犬和 25%~30% 的猫,需通过对手术切除的淋巴结和肿物进行组织病理学检查、流式细胞计数、分子检查等手段来确诊。不要轻易摘除淋巴结或结外肿物,除非通过组织病理学检查可以获取肿瘤组织病理学分级及预后信息。不采取组织病理学检查诊断,仅进行细胞学检查有两大优势:(1)死亡率低,甚至为 0;(2)主人在经济上也可接受(即淋巴结抽吸的费用大概是 70~100 美元;活组织检查及组织病理学分析的费用大概为 300~400 美元)。

　　作者诊所内淋巴瘤诊断新技术[包括通过流式细胞术(flow cytometry,FCM)]进行免疫分型,或通过聚合酶链式反应(PCR)进行克隆分析。前者主要是通过 FNA 获取受侵袭的器官或组织样本,置于适当的介质中,在实验室里将这些细胞进行特异性抗体孵育,这些抗体能结合到 B 细胞或 T 细胞的抗原决定簇上,通过 FCM 技术的免疫分型,将细胞区分为 T 细胞或 B 细胞起源。现在一些商业诊断实验室也可利用流式细胞术做免疫分型。另外,也可以通过对淋巴结或组织进行免疫组化来免疫分型。使用 PCR 进行克隆分析(或者是 PARR,这是抗原受体重组 PCR)也需要 FNA 或者小的活组织检查样本。实验室会评估那些有争议的细胞,确认它们是 B 细胞还是 T 细胞,确定是单克隆还是多克隆的。在区分犬的淋巴瘤和反应性淋巴结病方面,这一技术的敏感性和特异性都很高,但对猫来讲不够准确(Lana 等,2006)。总体来说,作者诊所使用 FCM 进行淋巴瘤的免疫分型,对于有争议的病例,再采用 PARR 方法进行后续诊断(确诊或排除淋巴瘤)。

在确诊为淋巴瘤后,通常就要对疾病进行临床分期,从而判定预后。过去 20 年普遍采用的是由世界卫生组织设定的临床分期系统来对犬猫淋巴瘤进行分期(表 77-3)。该系统源于对人肿瘤 TNM(肿瘤、淋巴结和转移)的临床分期系统,患者的临床信息和临床病理信息都用于确定疾病的程度,并与预后相关联。遗憾的是,这个分期系统不能用于判定动物的预后(即疾病处于 Ⅰ 期的动物,其存活时间与处于 Ⅳ 期的动物相似)。在该系统中与临床相关的唯一可用于预后的信息是,无症状犬(即亚临床期 a)的预后好于有症状犬(亚临床期 b)。一种临床分期系统考虑到肿瘤的体积,以及患淋巴瘤的猫感染猫白血病病毒的情况,可以提供一些预后信息。在新的系统制定出来之前,进行预后时建议考虑患病动物所有的临床表现、猫白血病毒的感染情况(主要针对猫),以及动物出现的一系列症状,严重的血液学及生化检查的异常结果。此外,即使某个特定的分期方案对用某种化疗方案治疗的犬猫预后有指导意义,但使用另一种用药方案时可能就不适用。而且,目前对于患有"临床分期较高"的淋巴瘤的犬猫是否应接受更"激进"的化疗方案仍有争议。

对于所有患有淋巴瘤,且其主人考虑予以治疗的犬猫,建议至少进行 CBC、血清生化分析以及尿液分析。此外,还需对猫进行 FeLV 和 FIV 检测。这些基本的检查结果可以为动物主人(及兽医)决定是否治疗动物提供大量信息。此外,一旦决定对动物进行治疗后,所有临床病理学异常特征都预示着与所采用的治疗方案有关。例如,一只因淋巴瘤侵入骨髓引起细胞减少症的犬,使用强效骨髓抑制的化疗方案,可导致严

重的嗜中性粒细胞减少以及败血症,因此应避免使用该方案。

 **表 77-3　犬猫淋巴瘤 TNM 分期系统**

| 分期 | 临床表现 |
| --- | --- |
| Ⅰ | 累及单个淋巴结 |
| Ⅱ | 多个淋巴结增大,但在横膈一侧(即前侧或后侧) |
| Ⅲ | 全身淋巴结增大 |
| Ⅳ | Ⅲ期表现,另有肝脏增大和/或脾脏增大 |
| Ⅴ | 以上任何症状,另有骨髓或结外病变<br>亚临床 a:无症状<br>亚临床 b:有症状 |

对于怀疑为中枢神经系统淋巴瘤的犬猫,建议进行脑脊液分析以及高级影像学诊断[即计算机体层扫描(CT)或磁共振成像(MRI)]。发现大量瘤样淋巴样细胞及脑脊液样本中蛋白质浓度升高,即可诊断为淋巴瘤。在诊断硬膜外肿物时,由于不易触得,通常需用对手术获得的样本进行细胞学或组织学检查。正如前文提到的,在作者诊所内,任何患有淋巴瘤的犬或猫,如果出现中枢神经系统症状,在找到真正原因之前,都被认为是 CNS 肿瘤,均进行相关治疗(见下文)。

对于大多数肿瘤学家来说,犬猫淋巴瘤的免疫分型已经是一种常规诊断技术。通过免疫细胞化学、免疫组化、流式细胞术或 PARR 均可建立免疫分型。主要问题在于,每只患有淋巴瘤的犬猫在治疗前都需要进行免疫分型吗? 答案是否定的。在作者诊所内,或许不同免疫表型的犬预后不同(尚存争议),但其最初的治疗方案都是一样的。如果是一只拳师犬,它出现高钙血症或纵隔肿物,或者有皮肤症状、中枢神经系统症状,那么它有可能患上了 T 细胞淋巴瘤。

文献显示,大多数患 T 细胞淋巴瘤的犬,采用标准的化疗方案进行治疗后,其复发及存活时间的预后比患 B 细胞淋巴瘤的犬要差;但是,我们并没有这样的经验。最近一篇源自作者诊所的文献显示,基于 COP 或 CHOP 治疗方案,T 细胞淋巴瘤并非消极的预后因素(Hosoya 等,2007)。我们的经验中,大多数 T 细胞淋巴瘤患犬接受 CCNU 的治疗后也有效果。

◈ 治疗

一旦通过细胞学或组织学确诊为淋巴瘤,需与动物主人在预后以及可选择的化疗方案方面进行探讨。用不同的化疗方案治疗后,犬淋巴瘤的有效缓解率为

80%～90%,猫为 65%～75%。大多数患多中心型或纵隔型淋巴瘤的猫,在使用多种药物的化疗方案治疗后,通常可存活 6～9 个月,大概有 20% 的猫存活时间超过 1 年。患有肠道小细胞性淋巴瘤的猫,存活时间能达到 2 年。大多数患淋巴瘤的犬在用相似的方案治疗后可存活 12～16 个月;在诊断为淋巴瘤后,大概 20%～30% 的犬可存活 2 年。患淋巴瘤后不接受治疗的犬猫,其存活时间为 4～8 周。患淋巴瘤的猫存活时间比犬短的主要原因可能是,肿瘤一旦复发便很难重新诱导消退。此外,反转录病毒相关的非淋巴瘤性异常也使患猫的存活时间缩短(即 FeLV 感染是淋巴瘤的不良预后因素)。

根据作者的经验,即使动物在出现临床症状时仅处于Ⅰ期(淋巴结)或结外淋巴瘤,在确诊后通常几周到几个月时间内,肿瘤就会散布到全身。但也有例外,一些单个的口腔或皮肤淋巴瘤可能为真正的Ⅰ期(无全身弥散分布)。由于淋巴瘤通常可发展为全身性肿瘤,因此对于患淋巴瘤的动物主要通过化疗来治疗。进行化疗之前,或化疗过程中,可使用手术或放疗,或两者同时使用,以治疗局部淋巴瘤。放疗对猫的鼻腔或单个硬膜淋巴瘤有一定效果。半身放疗或化疗、骨髓移植也可用于犬淋巴瘤的治疗(参见推荐读物)。这里提到的是淋巴瘤动物治疗的一般原则。本章中所推荐使用的治疗方案都已在作者诊所应用,并且与其他文献中报道的治疗方法相比成功率较高。

目前有两种主要的化疗方案,一种是诱导缓解,之后维持化疗(和再诱导),另一种是一段时间内更激进的化疗,此后可停止,不需要维持化疗。前者是基于 COP(环磷酰胺、长春新碱和泼尼松)的方案,比较温和,后者是基于 CHOP(环磷酰胺、多柔比星、长春新碱和泼尼松)的化疗方案。威斯康星大学采用的是第二种方案。CHOP 方案和人的高级淋巴瘤治疗方案相似。

## 以 COP 为基础药物的治疗方案

采用以 COP 为基础的治疗方案时,犬猫淋巴瘤的治疗被分为几个阶段:诱导化疗、强化、维持化疗和复发再诱导化疗或"补救性化疗"(框 77-1)。诊断后可采用相对温和的基于 COP 的化疗方案来诱导化疗;在作者诊所内常使用 COAP 方案,它是在 COP 方案中加入阿糖胞苷(皮下注射)。这个阶段维持 6～8 周,在此阶段,动物每周应就诊检查一次,此时除了常规的体格检查(包括或不包括 CBC)外,还需接受静脉注射抗有丝分裂药物(长春新碱)。若在该阶段末期疾病达到完

全缓解(CR,如所有瘤性肿物完全消失),维持期就此开始。在这一时期,多种药物的化疗方案包括三种药物[苯丁酸氮芥、氨甲蝶呤和泼尼松(LMP)],这些药物通过口服给药,不需对动物进行密切观察(每 6～8 周一次)。在过去几年内,我们会对多中心型淋巴瘤病例的淋巴结大小进行严密监控,一旦淋巴结增大,我们会在 LMP 方案中增加一种药物(通常是长春新碱,0.5～0.75 mg/m$^2$,1～2 周一次)。这样的话,动物一般都能获得再次缓解,并且维持数周甚至数月。

维持或改良维持期会一直进行,直到肿瘤复发(即已经不处于缓解状态),此时需进入再诱导阶段。该阶段与诱导阶段相似,也需使用较为集中的治疗。一旦发生缓解,此时动物又将开始另一个改良维持治疗方案。如果在诱导化疗结束时,依然没有获得完全缓解,维持治疗早期我们会推荐采用 L-天冬酰胺酶进行强化治疗。除了本章节所讨论的化疗方案,还有很多其他方案对犬猫淋巴瘤有效。(更多信息见推荐读物)。

**诱导缓解。** 对于诱导缓解,我们使用的方案是 COP(或 COAP)。该方案中的药物包括环磷酰胺、长春新碱(阿糖胞苷)及泼尼松;目前这四种药物均是非专利产品,且不昂贵,因此容易获得。使用剂量已在框 77-1 中有详细说明。这四种药物类型不同、有不同的作用机理、且无重叠毒性(环磷酰胺和阿糖胞苷都有骨髓抑制作用;但后者只做短期使用);这样便满足了第 74 章中提到的多种药物化疗的基本标准。阿糖胞苷常通过皮下注射给予,因为考虑到其半衰期比较短,且作用机制为 S 期特异性,静脉大剂量注射只可引起少量细胞被杀死;猫(及有些犬)皮下注射该药物较为疼痛。药物静脉输注也可引起骨髓抑制。诱导阶段可持续 6～8 周,在此期间需要每周将动物送至兽医处进行检查。

在诱导期毒性是最小的(<15%),同时主人的抱怨也是最多的。因为大多数毒性表现都是血液学的(如细胞减少症),并且通常没有可被动物主人发现的临床症状。这种诱导方案的剂量限制性毒性是血液学毒性(即骨髓抑制导致的嗜中性粒细胞减少),这种情况发生的概率不到 10%;嗜中性粒细胞的最低值常发生在给药后第 7 天或第 8 天,这主要是由于两种具有骨髓抑制作用的药物(即环磷酰胺和阿糖胞苷)常在治疗开始后 2～4 d 给予。在大多数病例中,嗜中性粒细胞的下降程度比较轻微(2 000～3 500 个/$\mu$L)。若在开始治疗前肿瘤已侵入骨髓,有 FeLV 或 FIV 相关的脊髓发育不良或其他逆转录病毒相关的骨髓异常,或常通过静脉注射而不是皮下注射给予阿糖胞苷,嗜中

**框 77-1　作者医院使用的犬猫\*淋巴瘤的化疗方案**

**1. 诱导缓解**

**a. COAP 方案[†]**

环磷酰胺:犬 50 mg/m² PO q 48 h 或 200～300 mg/m² PO q 3 周(后者更常用于猫)

长春新碱:0.5 mg/m² IV,一周一次

阿糖胞苷:100 mg/m² IV,每日一次,静脉滴注或皮下注射,猫只用 2 d,犬只用 4 d

泼尼松:50 mg/m² PO q 24 h,使用一周,然后 20 mg/m² PO q 48 h

**b. COP 方案**

环磷酰胺:50 mg/m² BSA PO q 48 h 或 300 mg/m² BSA PO q 3 周(犬或猫)[‡]

长春新碱:0.5 mg/m² BSA IV,一周一次

泼尼松:40～50 mg/m² BSA PO q 24 h,使用一周,然后 20～25 mg/m² BSA PO 隔日一次

**c. UW-19 周方案(该方案无维持化疗——更多信息见下文)**

第1周:长春新碱 0.5～0.75 mg/m² IV
　　　　L-天冬酰胺酶 400 IU/kg IM 或 SC
　　　　泼尼松 2 mg/kg PO q 24 h

第2周:环磷酰胺 200～250 mg/m² IV
　　　　泼尼松 1.5 mg/kg PO q 24 h

第3周:长春新碱 0.5～0.75 mg/m² IV
　　　　泼尼松 1 mg/kg PO q 24 h

第4周:多柔比星 30 mg/m²(若体重<10 kg,1 mg/kg)
　　　　泼尼松 0.5 mg/kg PO q 24 h

第5周:**无治疗**

第6周:长春新碱 0.5～0.75 mg/m² IV

第7周:环磷酰胺 200～250 mg/m² IV

第8周:长春新碱 0.5～0.75 mg/m² IV

第9周:多柔比星 30 mg/m²(若体重<10 kg,1 mg/kg)

第10周:**无治疗**

第11周:长春新碱 0.5～0.75 mg/m² IV

第12周:环磷酰胺 200～250 mg/m² IV

第13周:长春新碱 0.5～0.75 mg/m² IV

第14周:多柔比星 30 mg/m²(若体重<10 kg,1 mg/kg)

第15周:**无治疗**

第16周:长春新碱 0.5～0.75 mg/m² IV

第17周:环磷酰胺 200～250 mg/m² IV

第18周:长春新碱 0.5～0.75 mg/m² IV

第19周:多柔比星 30 mg/m²(若体重<10 kg,1 mg/kg)IV

**2. 强化**

**犬**

L-天冬酰胺酶:10 000～20 000 IU/m² IM(1～2 次)

或

长春新碱:0.5～0.75 mg/m² IV q 1～2 周

**猫**

多柔比星:1 mg/kg IV q 3 周

或

米托蒽醌:4～6 mg/m² IV q 3 周

**3. 维持[§]**

**a. LMP 方案**

苯丁酸氮芥:20 mg/m² PO q 2 周

氨甲蝶呤:2.5 mg/m² PO 每周 2～3 次

泼尼松:20 mg/m² PO q 48 h

**b. COAP 方案**

隔周使用一次,连续治疗 6 次;然后每 3 周一次,连续治疗 6 次,然后尽量保持每 4 周治疗一次。持续维持方案直至肿瘤复发

**4. 挽救**

**犬**

**a. D-MAC 方案(14 d 疗程)**

地塞米松:0.5 mg/lb(1 mg/kg)PO 或 SC 在第 1 天和第 8 天给药

放线菌素 D:0.75 mg/m² IV 在第 1 天给药

阿糖胞苷:200～300 mg/m² IV 超过 4 h 滴注,或 SC 在第 1 天给药

美法仑:20 mg/m² PO 在第 8 天给药[‖]

**b. AC 方案(21 d 疗程)**

多柔比星:30 mg/m² 或 1 mg/kg(如果小于 10 kg),在第 1 天,IV

环磷酰胺:100～150 mg/m² PO 在第 15 天和第 16 天给药

**c. CHOP 方案(21 d 疗程)**

环磷酰胺:200～300 mg/m² PO 在第 10 天给药

多柔比星:30 mg/m² 或 1 mg/kg(如果小于 10 kg),在第 1 天,IV

长春新碱:0.75 mg/m² IV 在第 8 天和第 15 天给药

泼尼松:20～25 mg/m² PO q 48 h

**猫**

**a. ACD 方案(21 d 疗程)**

多柔比星:1 mg/kg 在第 1 天给药

环磷酰胺:200～300 mg/m² PO 在第 10 天或第 11 天给药

地塞米松:(每只猫 4 mg q 1～2 周)

**b. MiCD 方案(21 d 疗程)**

米托蒽醌:4～6 mg/m² 　4～6 h 以上静脉滴注,在第 1 天给药

环磷酰胺:200～300 mg/m² 在第 10 天或第 11 天给药

地塞米松:(每只猫 4 mg q 1～2 周)

**c. MiCA 方案(21 d 疗程)**

米托蒽醌:4～6 mg/m² 4～6 h 以上静脉滴注,在第 1 天给药

环磷酰胺:200～300 mg/m² PO 在第 10 天或第 11 天给药

阿糖胞苷:200 mg/m² 超过 4～6 h 静脉滴注,(与米托蒽醌在一袋中混合使用),在第一天给药

地塞米松:(每只猫 4 mg q 1～2 周)

**5. "低花费"方案**

泼尼松:50 mg/m² PO q 24 h 使用一周,然后 25 mg/m² PO q 48 h

苯丁酸氮芥:20 mg/m² PO q 2 周

洛莫司汀:犬,60 mg/m² PO q 3 周;猫,10 mg(总剂量)q 3 周

泼尼松和苯丁酸氮芥:剂量同上

泼尼松和洛莫司汀:剂量同上

---

　\* 除非特殊标注,犬猫均可用。

　[†] 使用 6～10 周,然后使用 LMP。

　[‡] 化疗持续时间可变。

　[§] 之后再复发,然后挽救治疗。

　[‖] 四次给药后,使用苯丁酸氮芥(20 mg/m² PO q 2 周)代替美法仑。

　BSA:体表面积;IM:肌肉注射;IV:静脉注射;PO:口服;SC:皮下注射。

性粒细胞减少会更严重。有趣的是,嗜中性粒细胞减少症在可卡犬和西高地白㹴中也更为常见。若犬猫出现嗜中性粒细胞减少症,可参照第 75 章,调整用药剂量。胃肠道毒性很小甚至不存在;但使用环磷酰胺治疗的猫常会出现厌食。因此我们每三周给猫使用一次该药物(而犬每隔一天使用一次)(框 77-1)。若厌食症进一步发展,可使用抗 5-羟色胺复合物-赛庚啶予以治疗,剂量为每只猫 2 mg,q 12 h。掉毛现象也比较轻微,主要发生在被毛茂密的犬(如贵妇犬和卷毛比熊犬);猫(及某些犬)在治疗期间触毛可能会脱落。

在该时期,主人应注意观察动物的食欲以及活动情况,测量淋巴结的大小(若最初表现为体表淋巴结病),每天测量动物的肛温(发生嗜中性粒细胞减少症、菌血症及败血症常会出现发热)。一旦动物发热,主人应与兽医联系,以便对动物进行全面的体格检查及 CBC(详细信息参见第 75 章)。对于大多数动物(>85% 的犬,>70% 的猫)(图 77-9 和图 77-10,A 和 B),采用 COAP 方案治疗 1~14 d,症状便可完全消退。这种缓解可在整个诱导期一直保持。

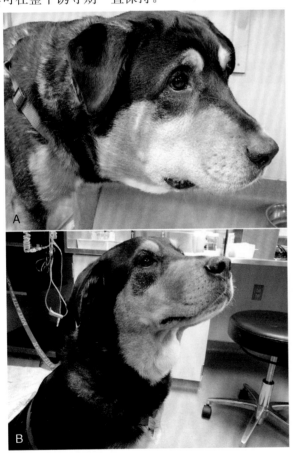

图 77-9

一只患有多中心淋巴瘤的犬于化疗前(A)和初次化疗后 7 d(B)的外观。请注意下颌淋巴结和面部水肿现象完全改观。

图 77-10

患有眶后或鼻腔内淋巴瘤的猫在使用天冬酰胺酶、阿糖胞苷和地塞米松 24 h 前(A)后(B)的对比照。

患有弥散性消化道淋巴瘤犬,作者常使用一种更为激进的、含多柔比星的治疗方案(CHOP;见框 77-1),这是因为根据经验,COAP 的有效率通常很低。CHOP 方案更为昂贵,并且也比 COAP 方案更易产生副作用。洛莫司汀(CCNU)用于常规治疗犬趋上皮性 T 细胞淋巴瘤(见框 77-1),也可用于犬其他类型 T 细胞淋巴瘤的维持或再诱导治疗。

对于患有多中心淋巴瘤(其他任何解剖位置)且伴有神经症状的犬猫,作者所在的诊所里,会使用 COAP 治疗方案,阿糖胞苷静脉连续输注(200~400 mg/m² 24 h IV,连用 1~4 d),以增加该药在中枢神经系统中的浓度。该方案可引起猫出现显著的骨髓抑制,因此对于猫我们通常给予阿糖胞苷(200 mg/m²),连续静脉输注 12~24 h。关于疑似或确诊的犬猫中枢神经系统淋巴瘤的治疗,将在以后的章节中详细阐述。

维持。维持期的推荐治疗方案是 LMP("肿块"),该方案包括苯丁酸氮芥、氨甲蝶呤和泼尼松(框 77-1)。这三种药物的作用机制各不相同,毒性也不一样。该方案的优点在于与诱导期相比,花费较小,给药方便

（所有药物都可让主人通过口服给药），毒性很小，并且不需让兽医进行密切观察。现在苯丁酸氮芥的价格也比较低廉。

　　LMP 维持期化疗方案的毒性很小。该方案中的三种药物中，氨甲蝶呤是唯一一种可能产生中度到重度毒性的药物。使用氨甲蝶呤的犬猫中，大约有 25% 会出现胃肠道症状，包括厌食、呕吐或腹泻。厌食和呕吐比腹泻更常发，而且通常在动物服药 2 周后发生。因此要用止吐剂进行治疗，如在动物服用氨甲蝶呤当天使用甲氧氯普胺，以减轻上部胃肠道症状，其剂量为 0.1～0.3 mg/kg PO，每 8 h 一次。作者诊所使用马罗匹坦（maropitant，Cerenia，Pfizer Animal Health，Kalamazoo，Mich），剂量为 2 mg/kg，每 24 h 一次，可用来预防化疗引起的恶心和呕吐。法莫替丁（0.5～1 mg/kg，PO，q12 h）是一种胃肠道保护剂，也可用于预防这些副作用。若出现因氨甲蝶呤引起的腹泻，使用含碱式水杨酸铋的药物也可减轻或消除症状；但此时需停止使用氨甲蝶呤。LMP 疗法引起的血液学毒性很小，甚至可忽略。有很小部分的猫（<5%）使用苯丁酸氮芥数周到数月后，会发生因胆汁淤积并发的血清生化指标异常，但在停药后会消失。猫很少会因使用苯丁酸氮芥而出现阵发性抽搐。

　　在维持期，动物每 6～8 周内需进行一次全面的体格检查和 CBC 检查。与诱导期方案相似，主人应注意观察动物的活动、食欲、行为、肛温以及淋巴结大小。如前文所述，在过去几年中，作者的诊所都坚持鼓励主人对患有多中心型淋巴瘤动物的淋巴结大小进行监控。如果淋巴结增大（例如复发），那么需要在 LMP 中加入第 4 种药物（通常为长春新碱，0.5～0.75 mg/m²，IV，每 1～2 周一次）。这种通常都会再次诱导缓解，并且能维持数周至数月。

　　用该方案治疗后，大多数动物都会保持疾病缓解状态 3～6 个月。若出现复发，需重新诱导缓解（如下所述）。在重新获得缓解后，如前所述，动物可使用改良维持方案继续治疗。

　　**重新诱导缓解或挽救。**实际上，所有患淋巴瘤的犬猫在经过维持化疗后，最终都会复发；复发平均发生在诱导期治疗后 3～6 个月（中位时间为 4 个月），但是也有可能发生在维持期开始后几周，或最初确诊几年后。此时，需开始重新诱导化疗。在作者的经验中，大多数犬在其淋巴瘤复发后都可再成功重新诱导 1～4 次缓解。猫的重新诱导缓解率比犬低（即大多数猫在淋巴瘤复发后不能缓解）。因此以下关于"挽救"的讨论主要涉及患淋巴瘤的犬。

　　文献中有很多关于"挽救"的治疗方案，并且兽医通常很难决定应该选择哪种方案。在作者诊所内，常使用 D-MAC 方案（见框 77-1），这一方案中包含地塞米松、美法仑、阿糖胞苷和放线菌素 D（Alvarez 等，2006）。这一方案对复发淋巴瘤的缓解率达 70% 以上，比含有多柔比星的方案毒性低，动物主人可每 2 周来一次医院（不用每周 1 次）。采用 D-MAC 方案治疗的患犬中，中位缓解维持时间为 61 d（2～467 d）。之前使用过多柔比星和之前诱导缓解治疗失败，均是该方案的不良预后因素。56% 的犬会出现血小板减少症，17% 的犬会出现嗜中性粒细胞减少症，22% 的犬会出现胃肠道毒性；56 只犬中有 3 只犬会因毒性作用而住院治疗。长时间使用美法仑可引起严重的慢性血小板减少症，在使用美法仑 4 个周期后，可替换为苯丁酸氮芥，20 mg/m²。若在使用 D-MAC 方案 4～6 个周期后达到部分或完全缓解，此时动物可重新开始使用维持期方案。

　　若动物对 D-MAC 方案反应不好（即病情仍恶化），我们建议使用 CHOP 方案（见框 77-1）。我们的方案中要求，一旦肿瘤复发，需进行 2～3 个周期的 CHOP 治疗；若完全缓解，在 CHOP 化疗的第 2 周期或第 3 周期末，可开始进行维持化疗。这些动物的维持方案也可使用 LMP，也可添加长春新碱（0.5～0.75 mg/m²，IV，一周一次或每两周一次，间隔周用苯丁酸氮芥代替）或阿糖胞苷（200～400 mg/m²，SQ，每两周一次，间隔周用苯丁酸氮芥代替）。

　　在第二次复发后，D-MAC 或 CHOP 还要多用两个周期。就我们的经验，在第二次及第三次复发后，复发次数越多，可被诱导缓解的动物比例越小。这可能是由于肿瘤细胞出现了对多种药物的耐药性。在作者的诊所中，会告诉主人每次复发后，只有 50% 的病例能得到再次缓解。其他可成功再诱导犬淋巴瘤缓解的药物见框 77-1。虽然猫淋巴瘤再诱导缓解的可能性比犬低，但框 77-1 中所列出的一种方案也可用于该用途。

　　**强化。**若患犬在接受诱导治疗时只达到部分缓解，此时 L-天冬酰胺酶（10 000～20 000 IU/m²，IM 或 SC，2～3 周重复一次用药）的剂量需增强 1～2 倍。对于使用基于 COP 化疗方案仅能部分缓解的犬淋巴瘤病患，该药可迅速诱导大多数患犬达到完全缓解。天冬酰胺酶不能用于有胰腺炎病史或易患急性胰腺炎的犬（即肥胖、中年雌性犬）。根据作者个人的经验,L-天冬酰胺酶对猫的效果不如对犬的好;多柔比星(1 mg/kg IV q3 周)或米托蒽醌(4～6 mg/m² IV q 3 周)可用于猫的强化治疗。最近一项研究显示,患有淋巴瘤的猫使用含有 L-天冬酰胺酶的方案治疗后,仅有15%(2/13)的猫完全缓解,15%(2/13)的猫获得部分缓解,这些有效率远比犬的低(70%左右)。

### 以 CHOP 为基础的化疗方案

虽然作者个人不使用以 CHOP 为基础的化疗方案(例如 UW-19 或 UW-25)来治疗犬的多中心淋巴瘤,但偶尔会用这些方案来治疗小肠的弥散性淋巴瘤。过去几年中,大多数文献报道中都使用以 CHOP 为基础的治疗方案来治疗淋巴瘤。这些方案中最引人注目的地方在于,这个方案的治疗时间是被限定好的(例如UW-19 为 19 周,UW-25 为 25 周)。治疗结束后,患病动物需要严密监控,但不必接受附加治疗(例如维持化疗)。这一特征在癌症病人中极其重要,因为病人在化疗时副作用比较多,他们急于脱离化疗。主人也不希望他们的宠物有相似经历。一般来说,CHOP 化疗方案的毒副作用也比 COP 化疗方案严重。框 77-1 中列出了UW-19 化疗方案,这是大多数肿瘤学家采用的方案。

### 采用 COP 还是 CHOP?

数年来,临床医师一直对 COP 和 CHOP 方案的价值和意义争论不休,然而,大多数情况下,一个临床医师会对某一种方案有个人倾向,而大多数关于 COP化疗方案的报道已经有 10～20 年的历史了,而且大多数关于 COP 或 CHOP 的研究仅仅止于缓解时间,并非存活时间,因此,这两种方案孰优孰劣尚无定论。

在作者诊所中,使用 COP 方案和 CHOP 方案治疗的病例在数量上势均力敌,这些病例的主治医师和看护人员也都是一样的。作者诊所中的一项回顾性研究显示,在治疗犬的多中心淋巴瘤时,以 COP 为基础的治疗方案(n=71,缓解率达 92%)和以 CHOP 为基础的治疗方案(UW-19,n=30,缓解率达 100%)疗效相当(Hosoya 等,2007)。虽然 CHOP 治疗组的中位缓解维持时间远高于 COP 治疗组(174 d 对比 94 d),但中位存活期(MST)并无显著差异(图 77-11 和图 77-12)。COP 治疗组的患犬的 MST 为 309 d,而 UW-19 的MST 为 275 d。

在骨髓抑制和胃肠道反应发生率方面,CHOP 治疗组显著高于 COP 治疗组。两组的治疗花销相当。综合以上各项对比,这两种方案没有明显的优劣之分,

因此,临床医师必须根据动物主人的偏好、病例的症状和并发症、开销等因素制定相应的化疗方案。

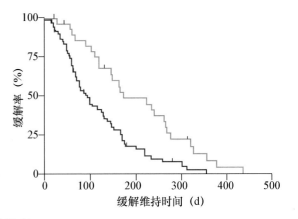

**图 77-11**
**COAP(红线)和 CHOP(蓝线)化疗的多中心淋巴瘤患犬的 Kaplan-Meier 缓解曲线(首次治疗)。CHOP 组的缓解维持时间显著高于 COAP 组($P<0.01$)(引自 Hosoya et al, 2007)。**

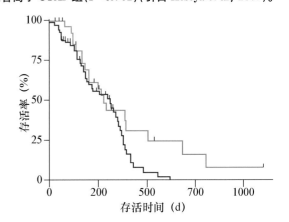

**图 77-12**
**COAP(红线)和 CHOP(蓝线)化疗的多中心淋巴瘤患犬的 Kaplan-Meier 存活曲线。中位缓解维持时间无显著差异($P=0.09$)(引自 Hosoya et al, 2007)。**

**单个淋巴结及结外淋巴瘤的处理。**兽医在接诊患单个淋巴瘤的犬猫,不论是淋巴结(即Ia 期疾病)还是结外的(如单个的表皮或口腔肿物),常会遇到以下困境:该肿物(或淋巴结)是否与其他单个恶性肿物的治疗方式一样(即通过大面积手术切除)? 动物是否一开始就应接受化疗? 动物是否接受了手术疗法、放疗及化疗联合治疗? 不幸的是,这些问题并没有标准答案。

就作者个人经验,除了口腔或一些单个的皮肤 T 细胞淋巴瘤,大多数患"单一"淋巴瘤的动物都会发展为(或已经是)全身性。虽然对单个淋巴瘤进行手术切除或放疗可以治愈,但是概率很小。因此我们不能低估此类肿瘤的恶性特征,只选用局部治疗方案,如手术或放疗。对于这类病例可按下列原则进行治疗:

1. 若肿瘤很易切除(即表皮肿物、浅表淋巴结和

眼内肿物），并且手术不会给动物带来太大风险，应切除肿物并辅以化疗。

2. 若肿物很难或不可能切除，或者手术本身可给动物带来一定风险，应对肿物进行细针抽吸或细针活组织取样，并对动物进行化疗（原发肿物可进行放疗）。

放疗对患单个淋巴瘤的犬猫治疗效果较好，因为淋巴瘤细胞对于放疗非常敏感。在开始治疗后的几个小时或几天内便可见到明显的效果（完全缓解或部分缓解）。目前用于犬猫淋巴瘤治疗的放射源和方案有很多种，但一般来说总共分为 6～10 次（总量为 30～50 Gy），每次 3～5 Gy，每日一次或一周三次。对于单个的口腔 T 细胞淋巴瘤，作者的诊所采用的是大分割放疗（每次 7 Gy，每周一次，连续 4 次），然后进行维持化疗。最近一项研究显示，口腔黏膜淋巴瘤病例放疗后存活时间约为 2 年（Berlato 等，2012）。放疗对中枢神经系统淋巴瘤和上呼吸道淋巴瘤导致的呼吸窘迫均有帮助。

若采用化疗，兽医还需做的另一个决定就是采用哪种方案，以及治疗多久。对此并无特定原则。在作者的诊所里，对于大多数患单个淋巴瘤的犬猫，在进行手术切除或放疗后，使用标准的诱导化疗方案（COP 或 COAP）。在诱导阶段结束后，动物可用维持期方案（LMP）进行治疗，如有必要还需进行再诱导缓解（如同其他类型的淋巴瘤）。不过也有一些例外，例如口腔 T 细胞淋巴瘤，手术切除单个肿瘤后只使用维持期方案治疗的动物，大多数都会在早期复发。

**中枢神经系统淋巴瘤**。对于原发或继发硬膜外淋巴瘤的犬猫，可选择多种药物联合化疗，同时也可结合放疗这一手段。若没有放疗设备，多种药物联合化疗也是有效的替代方案。就作者在临床的观察，对于此类肿瘤，手术切除并不比单独进行化疗或放疗配合化疗的效果好，使用后两种方案可诱导迅速缓解（即在开始治疗后的 12～36 h）（见图 77-10）。但是确诊该病必须进行手术，因此肿物也常在此时被切除。若可进行放疗，效果会非常显著。对于患硬膜外淋巴瘤的猫，使用 COAP 单独治疗便可诱导缓解。

对于患神经性淋巴瘤的犬猫（即真性中枢神经系统淋巴瘤），不管是否配合放疗，化疗即是较好的选择。鞘内化疗可用于确诊或高度怀疑神经淋巴瘤的犬猫。由于阿糖胞苷几乎无毒，价格低廉，而且便于给药，因此首选该药。但是该药可按 200～600mg/m² 的剂量恒速输注，超过 24～72 h 完成给药，也可以取得类似的良好效果，更加推荐。鞘内或静脉注射阿糖胞苷通

常能得到惊人的良好效果。一些四肢瘫痪、痴呆或者昏迷的病例使用阿糖胞苷治疗后，其神经症状通常能在首次给药后的 6～48 h 得到内恢复。另外，CSF 中的肿瘤细胞会在注射后几个小时内消失。

对于原发或继发的中枢神经系统淋巴瘤，作者诊所采用 COAP 方案治疗（阿糖胞苷静脉输液），通常能达到临床缓解或细胞缓解（神经状态正常，脑脊液中肿瘤细胞消失）的效果。如前文所述，另外一种能穿透血脑屏障且对淋巴瘤有效的药物是洛莫司汀（CCNU；见框 77-1），犬的剂量为 60 mg/m²，PO，每三周一次；猫的剂量为 10 mg/猫，每三周一次。作者诊所内很多犬猫使用该药均取得了良好的疗效。

虽然犬猫中枢神经系统淋巴瘤容易得到缓解，但与犬猫发生在其他解剖部位的疾病相比，缓解的维持时间较短。大多数犬猫的中枢神经系统淋巴瘤在确诊后 2～4 个月内可复发；但是也有的缓解时间更长（如 6～12 个月）。

**眼淋巴瘤**。眼淋巴瘤可用许多不同的方式进行治疗。但是眼部与血脑屏障相似，化疗药物很难在眼内达到有效浓度。若兽医及主人想保留动物的眼睛，有几种方法可替代眼球摘除术。如动物患有中枢神经系统淋巴瘤，缓慢静脉滴注阿糖胞苷通常可达到缓解（见图 77-11）。洛莫司汀治疗患眼部淋巴瘤的犬猫也有一定效果。

**皮肤淋巴瘤**。皮肤淋巴瘤是俄亥俄州立大学动物医院最常见的犬结外型淋巴瘤。对于继发于多中心淋巴瘤的皮肤淋巴瘤患犬，我们使用标准的化疗方案（即 COP 或者 COAP）进行治疗。在趋上皮性 T 细胞淋巴瘤患犬中，我们使用含有 CCNU 的治疗方案。一项研究显示，46 例趋上皮性淋巴瘤病例中，15 例（33%）达到完全缓解，23 例（50%）部分缓解，有效率达 83%（Risbon 等，2006）。平均治疗 1 次（1～6 次）即可取得临床疗效。有效反应维持时间平均约为 94 d（22～282 d）。由于出现了嗜中性粒细胞减少症（10/46）、血小板减少症（1/46）、贫血（1/46）、肝酶升高（3/46）和非特异性原因，前后共有 16 次降低剂量。如前文所述，放疗对局部皮肤或口腔黏膜 T 细胞淋巴瘤有一定疗效。

**消化道淋巴瘤**。我们使用标准化疗方案（即 COP 或 COAP）来治疗涉及单个肠壁或淋巴结的（如肠系膜淋巴结或回盲肠淋巴结）淋巴瘤。虽然对此类犬猫手术并不是必需的，但在探查性手术及切开或切除活组织检查后，效果通常较好。患弥散性肠淋巴瘤的犬猫对化疗反应较差。含多柔比星的方案（即 CHOP）通

常比 COAP 方案效果好,虽然存活时间很短(4~6 个月)。患结肠直肠淋巴瘤的犬和胃淋巴瘤的猫对 COP 化疗反应非常好;这类病例的缓解时间可持续 3 年以上。和人幽门螺旋杆菌一样,螺旋杆菌对猫的胃淋巴瘤的发生也起到作用。在作者诊所里,联合化疗结合抗生素疗法对猫的螺旋杆菌有一定疗效。

作者诊所内常使用保守疗法治疗猫的趋上皮性肠道淋巴瘤、小淋巴细胞性淋巴瘤,疗效良好。这一方案通常为苯丁酸氮芥(20 mg/m² PO q 2 周)和泼尼松(1~2 mg/kg PO q 24~48 h)或地塞米松(4 mg/只猫,PO q 1~2 周)。如果 3~4 周内临床症状没有明显改善,则会加入长春新碱(0.5 mg/m² IV q 1~2 周)。大多数使用该方案治疗的猫临床症状会有明显改善,体重会增加。有趣的是,有些猫虽然临床症状明显改观,但淋巴结大小没有明显变化。对于这种病例,作者的观点是:"治疗病患,并非疾病"(即只要动物感觉良好,无明显的临床症状,那么就继续执行当前的治疗)。

## "低预算"淋巴瘤治疗方案

很多时候,兽医在对患淋巴瘤犬猫进行检查后认为应接受化疗,但是由于治疗费用或其他问题(如投入的精力),主人对多种药物标准化疗方案不感兴趣。因为大多数患病动物无症状,也就很难看出是否某种治疗有效。对于这类患病动物,我们可以单独使用泼尼松、苯丁酸氮芥或者洛莫司汀,联合使用泼尼松和苯丁酸氮芥,或联合使用泼尼松和洛莫司汀,这几种方案均有很好的疗效。虽然缓解持续时间比以 COP 为基础的方案短(即仅数月),但可使大多数的患病动物(及动物主人)享受较高生活质量的时间延长。这些方案已列于框 77-1 中。

### ◆推荐阅读

Alvarez FJ et al: Dexamethasone, melphalan, actinomycin D, cytosine arabinoside (DMAC) protocol for dogs with relapsed lymphoma, *J Vet Intern Med* 20:1178, 2006.

Berlato D et al: Radiotherapy in the management of localized mucocutaneous oral lymphoma in dogs: 14 cases, *Vet Comp Oncol* 10:16, 2012.

Bridgeford EC et al: Gastric *Helicobacter* species as a cause of feline gastric lymphoma: a viable hypothesis, *Vet Immunol Immunopathol* 123:106, 2008.

Burton JH et al: Evaluation of a 15-week CHOP protocol for the treatment of canine multicentric lymphoma, *Vet Comp Oncol*, epub ahead of print May 2012.

Chun R: Lymphoma: which chemotherapy protocol and why? *Top Companion Anim Med* 24:157, 2009.

Chun R et al: Evaluation of a high-dose chemotherapy protocol with no maintenance therapy for dogs with lymphoma, *J Vet Intern Med* 14:120, 2000.

Ferreri AJM et al: Infectious agents and lymphoma development: molecular and clinical aspects, *J Intern Med* 265:421, 2009.

Greenberg CB et al: Phase II clinical trial of combination chemotherapy with dexamethasone for lymphoma in dogs, *J Am Anim Hosp Assoc* 43:27, 2007.

Hosoya K et al: COAP or UW-19 treatment of dogs with multicentric lymphoma, *J Vet Intern Med* 21:1355, 2007.

Ito D et al: A tumor-related lymphoid progenitor population supports hierarchical tumor organization in canine B-cell lymphoma, *J Vet Intern Med* 25:890, 2011.

Kiselow MA et al: Outcome of cats with low-grade lymphocytic lymphoma: 41 cases (1995-2005), *J Am Vet Med Assoc* 232:405, 2008.

Lana SE et al: Utility of polymerase chain reaction for analysis of antigen receptor rearrangement in staging and predicting prognosis in dogs with lymphoma, *J Vet Intern Med* 20:329, 2006.

Lane AE et al: Use of recombinant human granulocyte colony-stimulating factor prior to autologous bone marrow transplantation in dogs with lymphoma, *Am J Vet Res* 73:894, 2012.

Louwerens M et al: Feline lymphoma in the post-feline leukemia virus era, *J Vet Intern Med* 19:329, 2005.

Modiano JF et al: Distinct B-cell and T-cell lymphoproliferative disease prevalence among dog breeds indicates heritable risk, *Cancer Res* 65:5654, 2005.

Mooney SC et al: Treatment and prognostic factors in lymphoma in cats: 103 cases (1977-1981), *J Am Vet Med Assoc* 194:696, 1989.

Risbon RE et al: Response of canine cutaneous epitheliotropic lymphoma to lomustine (CCNU): a retrospective study of 46 cases (1999-2004), *J Vet Intern Med* 20:1389, 2006.

Saba CF, Thamm DH, Vail DM: Combination chemotherapy with L-asparaginase, lomustine, and prednisone for relapsed or refractory canine lymphoma, *J Vet Intern Med* 21:127, 2007.

Shelton GH et al: Feline immunodeficiency virus and feline leukemia virus infection and their relationships to lymphoid malignancies in cats: a retrospective study, *J AIDS* 3:623, 1990.

Stein TJ et al: Treatment of feline gastrointestinal small-cell lymphoma with chlorambucil and glucocorticoids, *J Am Anim Hosp Assoc* 46:413, 2010.

Teske E et al: Prognostic factors for treatment of malignant lymphoma in dogs, *J Am Vet Med Assoc* 205:1722, 1994.

Willcox JL et al: Autologous peripheral blood hematopoietic cell transplantation in dogs with B-cell lymphoma, *J Vet Intern Med* 26:1155, 2012.

Zwingenberger AL et al: Ultrasonographic evaluation of the muscularis propria in cats with diffuse small intestinal lymphoma or inflammatory bowel disease, *J Vet Intern Med* 24:289, 2010.

# 第 78 章
## CHAPTER 78

# 白血病
## Leukemias

## 定义及分类
## (DEFINITIONS AND CLASSIFICATION)

白血病是一种起源于骨髓造血前体细胞的恶性肿瘤。这些细胞不能完成末期分化，通常自我复制成为一群不成熟的（并且无功能）细胞。这些肿瘤细胞可能出现在外周循环系统，因此"非白血性"和"亚白血性"这两个易混淆的概念，就是用于形容瘤细胞在骨髓内增殖，但很少或不出现在外周循环系统的白血病。

根据细胞株的起源，白血病在遗传学上可分为两大类：淋巴细胞性和髓细胞性（或非淋巴细胞性）（表78-1）。骨髓组织增生性疾病或骨髓增生障碍也是指髓细胞性白血病（主要指急性型）。根据白血病细胞群的临床演变及细胞学特征，白血病也可分为急性和慢性。急性白血病的特征是侵袭性生物学行为（即患病动物被确诊后即使经过治疗，不久也会死亡）以及骨髓或血液中、或两者同时出现未成熟（母）的细胞。慢性白血病持续时间较长，通常为无痛过程，并且主要为分化较好的、晚期前体细胞（即在慢性淋巴细胞性白血病时为淋巴细胞，在慢性髓细胞性白血病时为嗜中性粒细胞）。对于犬（可能也适用于猫），慢性髓细胞性白血病（chronic myeloid leukemia，CML）可经历母细胞转化（母细胞危象），这个时期和急性白血病的表现相似，并且对治疗无反应。母细胞危象不常发生于患慢性淋巴细胞性白血病（chronic lymphocytic leukemia，CLL）的犬猫。

进行血液或骨髓抹片，并用吉姆萨或瑞氏染色观察细胞形态，由于光镜下分化较差的母细胞看起来相似，很难将急性白血病分为髓细胞性或淋巴细胞性白血病。一些兽医诊断实验室中常用细胞化学染色的方法，来判定母细胞是淋巴细胞性还是髓细胞性，而且也将髓细胞性白血病继续分为亚类（即髓细胞型、单核细胞型和粒单核细胞型）。这些不同的细胞化学染色表明，母细胞的胞浆中存在不同的酶，有利于确定其来源（表78-2）。

 **表 78-1　犬猫白血病分类**

| 分类 | 种类 |
| --- | --- |
| **急性白血病** | |
| **急性髓细胞性白血病（AML）** | 犬、猫 |
| 未分化型急性粒细胞性白血病（AML-$M_0$） | 犬、猫 |
| 急性粒细胞性白血病（AML-$M_{1-2}$） | 犬、猫 |
| 急性早幼粒细胞白血病（AML-$M_3$） | — |
| 急性粒-单核细胞白血病（AMML，AML-$M_4$） | 犬、猫 |
| 急性原始单核/单核细胞白血病（AMoL；AML-$M_5$） | 犬、猫 |
| 急性红白血病（AML-$M_6$） | 猫、犬（未知） |
| 急性巨核细胞白血病（AML-$M_7$） | 犬、猫 |
| **急性淋巴细胞白血病（ALL）** | |
| ALL-$L_1$ | 犬、猫 |
| ALL-$L_2$ | 犬、猫 |
| ALL-$L_3$ | 猫、犬（未知） |
| 急性大颗粒淋巴细胞白血病（LGL） | 犬、猫（未知） |
| **亚急性和慢性白血病** | |
| 慢性髓细胞性白血病（CML） | 犬＞猫 |
| 慢性粒-单核细胞白血病（CMML） | 犬 |
| 慢性淋巴细胞白血病（CLL） | 犬＞猫 |
| 大颗粒淋巴细胞变异（LGL） | 犬 |

**表 78-2　犬猫急性白血病细胞的细胞化学染色**

| 细胞化学染色 | AML | AMoL | AMML | ALL |
|---|---|---|---|---|
| 髓过氧化物酶(MPO) | + | − | ± | − |
| 氯醋酸酯酶(CAE) | + | − | ± | − |
| α-萘丁酸酯酶(ANBE) | − | + | ± | ± |
| 脂肪酶(LIP) | − | + | ± | − |
| 淋巴细胞碱性磷酸酶(LAP) | + | − | ± | ±(+) |

注:＋,阳性;－,阴性;±,阳性或阴性。

一些教学机构和商业诊断实验室可利用单克隆抗体对犬猫白血病细胞进行免疫分型;虽然有一些犬猫淋巴细胞的验证抗体,但还缺乏髓细胞标记物。大多数实验室将 CD3、CD4、CD5(猫)和 CD8 当作 T 淋巴细胞的标记物,而 CD21 和 CD79a 被当作 B 淋巴细胞的标记物。犬 AMLs 表现为各种淋巴细胞标记阴性、CD45(泛白细胞标记物)和 CD34(干细胞标记物)阳性。单核细胞性/单核母细胞性白血病表现为 CD45 和 CD14 阳性,而淋巴细胞阴性。图 78-1 显示了一只患有 CLL 的猫的流式细胞散点图。目前免疫表型和预后之间的关系尚在研究之中,某些表型似乎预后较差。

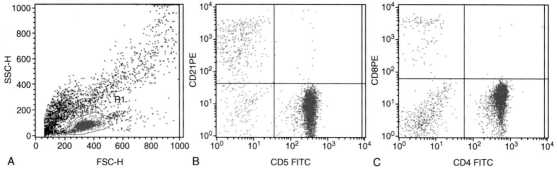

**图 78-1**
一例患有慢性淋巴细胞白血病的猫的外周血流式细胞分析结果。A,根据白细胞的大小(前向散射)和复杂程度(侧向散射)通过不同的通路。B,淋巴细胞经 PE 和 FITC 染色,以区分 B 细胞(CD21 PE)和 T 细胞(CD5 FITC)。C,T 细胞被染色标记,以区分细胞毒性 T 细胞(CD8 PE)和辅助性 T 细胞(CD4 FITC)。CD4,细胞辅助性 T 细胞;CD5,T 细胞;CD8,细胞毒性 T 细胞;CD21,B 细胞;FITC,异硫氰酸荧光素;FSC-H,前向散射;PE,藻红蛋白;SSC-H,侧向散射。(由 Dr. MJ Burkhard 惠赠)

人医科学中,由来自法国、美国和英国的研究人员组成的研究小组(FAB 策划组),根据吉姆萨染色后血液和骨髓抹片中的细胞形态特点,以及疾病的临床表现和生物学特性,将急性白血病进行分类。由于尚未证明该分类方法对犬猫疾病的预后或治疗有指导作用,因此不予讨论(见推荐阅读中 FAB 系统对人和动物研究的附加信息)。

白血病前期综合征或骨髓增生异常综合征(myelodysplastic syndrome,MDS)指的是造血功能障碍的一类综合征,并且经过数月或数年可发展为髓细胞性白血病。该综合征以细胞减少症和骨髓中细胞过多为特征,并且猫比犬常见。在本章末,将讨论犬猫患 MDS 的临床学和血液学特征。

## 犬白血病
## (LEUKEMIAS IN DOGS)

犬白血病在血液淋巴系统肿瘤性疾病中比例<

10%,因此相对来说是较为罕见的。在作者所在的诊所中,白血病与淋巴瘤的比例大概是(1∶7)~(1∶10)。但这个比例因人为因素而偏高,因为大多数患淋巴瘤的犬都是由地方兽医治疗的,而大多数患白血病的犬都是被地方兽医转诊的。虽然大多数犬白血病在起源上均为自发性,但辐射和病毒颗粒也可能是致病因素。

## 急性白血病
## (ACUTE LEUKEMIAS)

### ◈ 发病率

在美国,犬的急性髓细胞性白血病(AML)比急性淋巴细胞性白血病(ALL)更常见,大约占所有急性白血病病例的 3/4。但意大利最近一项报道显示 ALL 病例大概是 AML 的 2 倍(Tasca 等,2009)。但是应注意在形态学上(即对经瑞氏或吉姆萨染色的血液或骨髓抹片进行观察),大多数急性白血病最初都被归为淋巴细胞性白血病,而在对抹片进行细胞化学染色或免疫分型后,大概有 1/3~1/2 为髓细胞性;对患髓细胞性白血病的犬进行细胞化学染色或免疫分型后,约有一半犬呈髓单核细胞分化(见表 78-2)。随着免疫分型技术的应用,大多数实验室不再进行细胞化学染色。

◉临床特征

急性白血病犬的临床症状及体格检查结果都不具有特异性(表 78-3)。大多数病例的就诊原因为嗜睡、厌食、持续或反复发热、体重减轻、逐渐跛行或其他非特异性症状,有时也会因神经症状前来就诊。有些病例可能是急性的(例如,数天)。在对动物进行常规体格检查时可发现脾脏增大、肝脏增大、苍白、发热以及全身轻度淋巴结病。这些犬的脾脏通常明显增大,触诊表面光滑。对于患急性白血病犬的黏膜进行仔细检查,除了苍白,还可见瘀点或瘀斑,或二者都有。若肿瘤细胞浸润肝脏,也可见黄疸。与患淋巴瘤的犬相比,患急性白血病的犬的全身淋巴结病通常比较轻微,前者的淋巴结通常显著增大(图 78-2)。换句话说,肝脾增大比淋巴结病显示的恶性程度更强。大多数患白血病的犬也有全身症状(即从临床表现上它们是有病的),而患淋巴瘤的犬通常无全身症状。只根据体格检查结果通常很难区分急性髓细胞性白血病和急性淋巴细胞性白血病,但也存在一些细微的差别:患急性髓细胞性白血病的犬多出现逐渐跛行、发热以及眼部损伤;而患急性淋巴细胞性白血病的犬多出现神经症状。

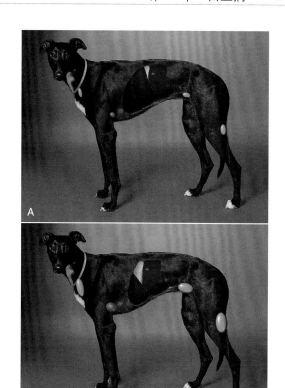

**图 78-2**
急性白血病或多中心淋巴瘤患犬肝脾增大或全身淋巴结病。请注意,A 图为急性白血病患犬,肝脾显著增大,淋巴结轻微增大;B 图为淋巴瘤患犬,肝脾轻微增大,而淋巴结显著增大。(由 Tim Vojt. 供图)

◉血液学特征

患急性白血病的犬血液学检查通常会出现显著变化。Couto(1985)和 Grindem 等(1985b)曾经发表了关于急性白血病患犬的血液学特征综述。概括来说,大多数患 AML 和 ALL 患犬可在外周血液中观察到异常细胞(白血病细胞),而后者更为常见(即某些患 AML 的犬循环血液中无母细胞)(图 78-3)。大多数患 AML 和 ALL 的犬有单一血细胞减少症、两种血细胞减少症或全血细胞减少症。大约有一半患 AML 的犬出现幼白-幼红细胞反应,但患 ALL 的犬很少出现。患 ALL 犬的白细胞总数和母细胞数量是最高的(平均 298 200 个/$\mu$L;范围:4 000~628 000 个/$\mu$L),而且一般来说,只有患 ALL 犬的白细胞总数大于 100 000 个/$\mu$L。大多数患 AML 和 ALL 的患犬有贫血症状,但患有急性单核母细胞/单核细胞性白血病(AMoL 或 AML-$M_5$)的犬贫血程度最低(细胞压积为 30%,而其他组为 23%)。大多数患急性白血病的犬也有血小板减少症,但患 AML-$M_5$ 的犬的血小板减少症较轻(平均 102 000 个/$\mu$L;范围,39 000~133 000 个/$\mu$L)。

**表 78-3　犬猫急性白血病的临床症状和体格检查***

| 表现 | 犬 | 猫 |
|---|---|---|
| **临床症状** | | |
| 嗜睡 | >70 | >90 |
| 厌食 | >50 | >80 |
| 体重减轻 | >30~40 | >40~50 |
| 跛行 | >20~30 | >? |
| 持续发热 | >30~50 | >? |
| 呕吐/腹泻 | >20~40 | >? |
| **体格检查** | | |
| 脾脏增大 | >70 | >70 |
| 肝脏增大 | >50 | >50 |
| 淋巴结病 | >40~50 | >20~30? |
| 苍白 | >30~60 | >50~70? |
| 发热 | >40~50 | >40~60? |

* 结果以患病动物所占的百分比来表示;
?,未知。

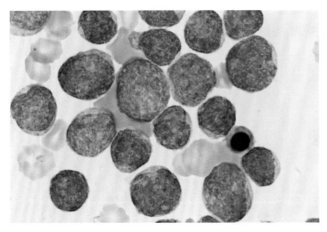

**图 78-3**
急性淋巴细胞白血病患犬的血涂片,该犬白细胞总数为
1 000 000 个/μL。显示主要是大个未成熟的淋巴细胞,核大、
染色质和核仁呈团块状。(1 000×)

全自动血液分析的原理是阻抗法和流式细胞技术,有些设备能为用户提供散点图和"细胞像"。犬急性白血病的散点图能"识别"白血病的细胞,例如淋巴细胞和单核细胞,但细胞像的"云"更加特殊(图 78-4)。有些犬中,检测数值只能提示"单核细胞增多症"或"淋巴细胞增多症",但散点图的可视化效果有助于建立诊断。

◆诊断

患急性白血病的犬,通常可根据病史和临床检查的结果进行假定诊断;CBC 有一定的诊断意义,但患"非白血性白血病"犬的血液学变化与埃里希体病或其他骨髓病征相似。为了评估疾病的严重程度,需进行骨髓抽吸或活组织检查(骨髓再生障碍性贫血)。如果

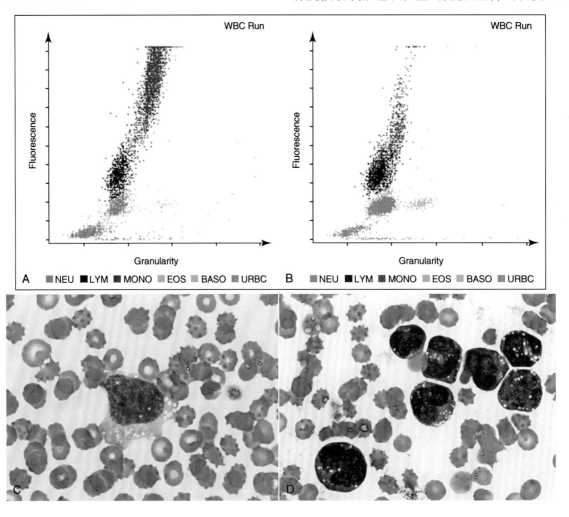

**图 78-4**
一只急性白血病患犬的白细胞散点图(图 A),图 B 为健康犬的散点图。请注意 A 图中红色的漏斗状单核细胞曲线,而 B 图中单核细胞呈直条云雾状。这只犬的嗜中性粒细胞中度下降(0.96×10⁹/L),单核细胞轻度下降(2.5×10⁹/L),血小板中度下降(49×10⁹/L)。C 图显示外周血中有单核细胞的母细胞。骨髓细胞学提示单核细胞的前体细胞有向髓细胞/髓单核细胞分化的趋势。D 图提示急性髓细胞性白血病。

外周血中母细胞很多,几乎不需要进行骨髓检查来建立诊断和预后。脾脏、肝脏或淋巴结抽吸细胞学检查也很容易进行,但所得结果对诊断或预后无帮助。例如,若一只犬患有轻度全身淋巴结病,进行实验室检查的样本有淋巴结、脾脏或肝脏的抽吸物,通过抹片上未分化的母细胞进行细胞学诊断,判断为急性白血病或淋巴瘤(即淋巴瘤和白血病的肿瘤性淋巴细胞很难从形态上进行区分);事实上,临床病理学家更易将其诊断为淋巴瘤,因为淋巴瘤是这两种疾病中较常发的。在这种情况下,需要进一步的临床及临床病理学信息来进行确诊(即淋巴结病发展程度和范围,是否出现肝脾增大及增大程度,血液或骨髓活组织检查、抽吸检查结果)。

对于患有全身淋巴结病、肝脾脏增大及外周循环血液有少量淋巴母细胞的犬,很难诊断出肿瘤的类型。主要的鉴别诊断是 ALL 和外周血液中有母细胞的淋巴瘤(淋巴肉瘤细胞性白血病)。很有必要对这两种疾病进行鉴别,因为犬淋巴瘤预后通常比白血病好。框78-1 中的原则有利于进行确诊。免疫分型也有助于区分这两种疾病。

 **框 78-1 　急性淋巴细胞白血病或淋巴瘤**

1. 若淋巴结病是泛发的,该犬很可能患有淋巴瘤(见图 78-2)。
2. 若患犬有全身性症状,则很可能患有 ALL。
3. 若出现了两种血细胞减少症或全血细胞减少症,更可能发生了 ALL。
4. 若淋巴母细胞在骨髓中占 40%～50%,该犬更可能发生了 ALL。
5. 如果细胞 CD34 阴性,更倾向于淋巴瘤。
6. 若出现高钙血症,更像是淋巴瘤的表现。

ALL,急性淋巴细胞白血病。

当瘤细胞分化较差时,需进行细胞化学染色或免疫分型来进行确诊(表 78-2)。若主人考虑给动物进行治疗,确诊是很必要的,因为 AML 患犬的治疗和预后与 ALL 患犬不同(即 AML 患犬的存活时间比 ALL 患犬的更短)。

除了淋巴瘤,患有急性或慢性白血病的犬还需与其他单核巨噬系统或造血系统异常进行鉴别,如恶性或全身性组织细胞增多症、系统性肥大细胞疾病(肥大细胞性白血病);传染病(例如组织胞浆菌、埃利希体、无形体、巴尔通体、支原体病及分枝杆菌病)。若怀疑患犬为白血病,应遵循框 78-2 列出的基本诊断原则。

急性白血病的诊断相当直接(例如,患犬因体重减轻、肝脾增大、苍白和中枢神经系统前来就诊,且 WBC >500 000/μL,而且大多数是母细胞,最有可能是 ALL)有时也有一定的挑战性(即一只犬有长时间不明原因的血细胞减少症,可能会发展为非白血性 AML-$M_1$)。

**框 78-2 　疑似白血病犬的诊断原则**

1. 若在外周血液中出现了血细胞减少症或异常细胞,应进行骨髓抽吸或活组织检查。
2. 若脾脏或肝脏增大,应对这些器官进行细针穿刺抽吸并进行细胞学检查。
3. 若出现了母细胞,应将血液及骨髓样本送到兽医参考实验室进行细胞化学染色或免疫分型。
4. 如有必要,还需进行其他检测(如进行埃里希体的血清学或 PCR 检测)。

● 治疗

患急性白血病犬的治疗价值不大。大多数此类患犬的治疗效果不好,并且很少有长期缓解。治疗失败通常是由以下几个原因造成的:

1. 诱导缓解失败(AML 较 ALL 多发生此类情况);
2. 维持缓解失败;
3. 由于白血病细胞的浸润,发生器官衰竭,不能使用剧烈的、联合用药化疗(毒性增强);
4. 由于已经存在或因治疗诱导的血细胞减少症,可发生致死性败血症或出血。

患 AML 的犬化疗后很少有较长时期的缓解。大多数患 AML 的犬,使用框 78-3 的方案治疗后,很少出现缓解。即使治疗有效的动物,缓解持续时间也非常短,存活时间也很少能超过 3 个月。此外,有一半以上的犬在诱导期便会因败血症或出血而死亡。而且,大多数主人不能接受对这些动物进行支持性治疗(如输注成分血及重症监护治疗)的高昂费用,并且主人的情绪也往往过于紧张。人医中,治疗一个儿童的白血病通常需要 1 000 000 美元。因此在对动物治疗之前,主人应充分考虑到这些因素。

患 ALL 犬的预后通常稍好;但是这类犬对治疗的反应及存活时间不如患淋巴瘤患犬。患 ALL 犬的缓解率约为 20%～40%,而淋巴瘤患犬的缓解率约为 90%。ALL 患犬化疗后的存活时间(平均 1～3 个月)也比淋巴瘤患犬(平均 12～18 个月)短。未经治疗犬的存活时间通常小于 2 周。患急性白血病的犬的化疗方案见框 78-3。

**框 78-3　犬猫急性白血病的化疗方案**

**急性淋巴细胞白血病**

**1. OP 方案**

长春新碱,0.5 mg/m² IV,一周一次

泼尼松,40~50 mg/m² PO q 24 h,使用一周,然后 20 mg/m² PO q 48 h

**2. COP 方案**

长春新碱,0.5 mg/m² IV,一周一次

泼尼松,40~50 mg/m² PO q 24 h,连用一周,然后 20 mg/m² PO q 48 h

环磷酰胺,50 mg/m² PO q 48 h

**3. LOP 方案**

长春新碱,0.5 mg/m² IV,一周一次

泼尼松,40~50 mg/m² PO q 24 h,连用一周,然后 20 mg/m² PO q 48 h

L-天冬酰胺酶,10 000~20 000 IU/m² IM 或 SQ,每 2~3 周给药一次

**4. COAP 方案**

长春新碱,0.5 mg/m² IV,一周一次

泼尼松,40~50 mg/m² PO q 24 h 使用一周,然后 20 mg/m² PO q 48 h

环磷酰胺,50 mg/m² PO q 48 h

阿糖胞苷,100 mg/m² SC 每日给药,持续 2~4 d*

**急性骨髓性白血病**

1. 阿糖胞苷,5~10 mg/m² SC q 12 h,连用 2~3 周;然后隔周使用

2. 阿糖胞苷,100~200 mg/m² IV,4 h 以上完成注射

3. 米托蒽醌,4~6 mg/m² IV,4 h 以上完成注射,每 3 周重复给药一次

　* 每日剂量应分为 2~4 次给予。

　IM,肌肉注射;IV,静脉注射;PO,口服;SC,皮下注射。

# 慢性白血病
## (CHRONIC LEUKEMIAS)

◈ 发病率

　　在犬中,CLL 的发病率远高于 CML;而且,后者的特征不明显。在作者的诊所内,平均每年可以接诊 6~8 例 CLL 患犬,大概 3~5 年可以碰到一例患 CML 的犬。CLL 是目前参考实验室最常诊断出的白血病。

◈ 临床特征

　　与急性期白血病相似,CLL 患犬或 CML 患犬的临床症状通常无特异性;但是大约有一半慢性白血病患犬,有慢性(数月)、非典型临床症状的病史。大多数

患慢性白血病的动物,都是在进行常规的体格检查和临床病理学检查时突然被诊断出来的(即动物无症状)。CLL 患犬的临床症状包括嗜睡、厌食、呕吐、多饮多尿、淋巴结增大、间歇性腹泻、呕吐及体重减轻。如前文所述,一半以上 CLL 患犬都是无症状的。对 CLL 患犬进行体格检查可见轻度全身淋巴结病、脾脏增大、肝脏增大、苍白及发热。CML 患犬的临床症状和体格检查结果与 CLL 患犬相似。

　　CLL 患犬最终可发展为弥散性大细胞淋巴瘤,称为里希特氏综合征(Richter syndrome)。人的里希特氏综合征也包括多中心白血病、急性白血病、非霍奇金淋巴瘤。而犬的里希特氏综合征以全身性淋巴结病和肝脾脏增大为特征。这种多中心性淋巴瘤一旦恶化,很难实现化疗介导的持续缓解,并且存活时间也很短。

　　患 CML 的人和犬最初确诊之后的数月至数年,可能会出现母细胞危象,血液及骨髓中出现未成熟的母细胞。人的 CLL 中,急性白血病是里希特氏综合征的一部分。人的母细胞可能为髓细胞性或淋巴细胞性;发生原始细胞危象的犬,其母细胞来源尚且不详。文献中记载的 11 只 CML 患犬中,有 5 只发生了母细胞危象。母细胞危象不常发生于 CLL 患犬。

◈ 血液学特征

　　CLL 患犬最常见的血液学显著的异常为淋巴细胞增多导致的白细胞增多(图 78-5 和图 78-6)。虽然有时可出现大颗粒性淋巴细胞(LGL),细胞形态通常正常(图 78-5)。淋巴细胞的数量通常为 8 000~100 000 个/μL,很少超过 500 000 个/μL。大多数 CLL 患犬的肿瘤细胞是 T 细胞起源的,但最近一项研究显示,B 细胞(例如 CD21 阳性)和 T 细胞(例如 CD4/CD8 阳性)的概率均等(Comazzi 等,2011)。淋巴细胞增多本身具有一定的诊断价值(即一只犬的淋巴细胞数为 100 000 个/μL,很可能为 CLL),此外大约有 50% 的患犬会出现贫血和血小板减少症。虽然 CLL 患犬的骨髓抽吸细胞学检查通常可见到很多形态正常的淋巴细胞,但是淋巴细胞的数量通常不正常。这可能是由于患 CLL 的某些动物中,淋巴细胞增多是源于再循环障碍,而非骨髓中淋巴细胞克隆繁殖增多。

　　在血清用蛋白电泳分析时,大约 2/3 的 CLL 患犬表现为单克隆 γ-球蛋白病。其单克隆成分通常为 IgM,也有报道为 IgA 和 IgG。这种单克隆 γ-球蛋白

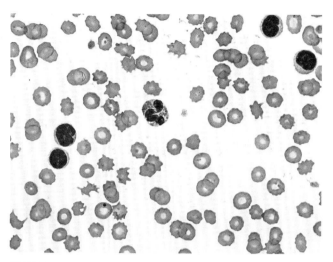

**图 78-5**

一只 **14** 岁并发 **CLL** 和肾脏疾病的患犬的血涂片，**Diff-Quik** 染色。请注意分化良好的小淋巴细胞，比视野中央的嗜酸性粒细胞小，血小板也很少，红细胞形态出现异常变化（棘红细胞和角化棘皮细胞）（**1 000×**）。

病可导致黏滞性过高。CLL 患犬很少发生副肿瘤性、免疫介导性血液学异常（如溶血性贫血、血小板减少症、嗜中性粒细胞减少症）。不过作者的个人经验中，CLL 患犬很少会出现单克隆 γ-球蛋白病。

犬的 CML 无明显血液学特征，主要为白细胞增多，伴核左移（左移至中幼粒细胞，有时为原始粒细胞），贫血以及血小板减少症，有时也可发生血小板增多症。发生母细胞危象时，其血液学变化很难与 AML

或 ALL 患犬区分开来。

◈诊断

淋巴细胞增多症是犬 CLL 的主要诊断依据。虽然出现轻度淋巴细胞增多（即 7 000～20 000 个/μL）的犬应与其他疾病［如埃里希体病、巴尔通体病、利什曼原虫病、恰加斯氏病（Chagas disease）、阿迪森氏病］进行鉴别诊断，淋巴细胞显著增多几乎是 CLL 的特异性病征。对于淋巴细胞增多症的犬来讲，若经体格检查和血液学检查发现如前所述的异常（即轻度淋巴结病、脾脏增大、单克隆 γ-球蛋白病、贫血），高度提示 CLL，但慢性埃里希体病患犬也可发生这些改变（见第 93 章）。免疫分型也有助于诊断细胞是单克隆还是多克隆的。对于有淋巴细胞增多症但不能确诊病因的动物，可进行 PCR 克隆分析，从而确定细胞的起源。

CML 的诊断有一定难度，主要是由于患有该病的犬无特异性症状。用于诊断人 CML 的某些标准并不适用于犬。例如在人医中，费城 1 染色体和碱性磷酸酶评分用于区分 CML 和白血病样反应（即 CML 细胞含有费城 1 染色体，嗜中性粒细胞的 ALP 含量在白血病样反应时升高，而在 CML 时下降）。染色体分析可提示特异性异常，支持 CML 的诊断。一般来说，只有在认真评估临床症状和血液学检查结果，排除了引起

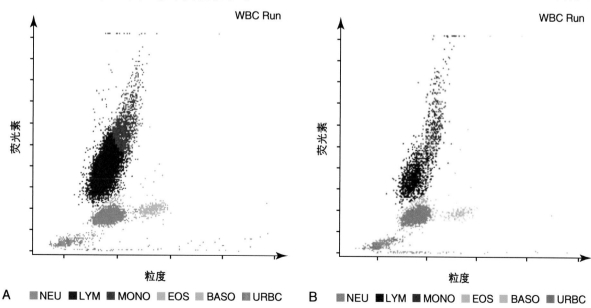

**图 78-6**

一例 CLL 患犬（图 78-5 中的患犬）的外周血白细胞散点图。A 图为患犬的散点图，B 图为正常犬的散点图。请注意 A 图中淋巴细胞"云"更大，而 B 图中同样位置的淋巴细胞分布图提示该犬的淋巴细胞分化更好，成熟度更高。淋巴细胞和单核细胞中间的直线提示设备不能很好地区分这两种细胞。这只犬的检测值中，白细胞显著升高（53×10⁹/L），淋巴细胞显著升高（39.2×10⁹/L），单核细胞轻度升高（3.2×10⁹/L），而血小板中度减少（84×10⁹/L）。

嗜中性粒细胞增多的炎性和免疫因素之后,才能建立CML的最终诊断。

◆治疗

兽医通常会为是否治疗CLL患犬感到进退两难。若患犬出现了症状,有器官增大症或并发的血液学异常,可使用烷化剂进行治疗(也可同时配合糖皮质激素)。若无副肿瘤综合征(即免疫性溶血或血小板减少症、单克隆 $\gamma$-球蛋白病),作者建议使用苯丁酸氮芥,剂量为 20 mg/m², 口服,每2周一次(表78-4)。若有副肿瘤综合征,治疗方案中可加入糖皮质激素(泼尼松,50～75 mg/m² PO, q 24 h,连用一周,之后下调为 25 mg/m² PO q 48 h),效果更好。

 **表78-4　犬猫慢性白血病的化疗方案**

| 慢性淋巴细胞白血病 |
| --- |
| 苯丁酸氮芥,20 mg/m² PO,两周一次 |
| 苯丁酸氮芥同上,配合泼尼松,50 mg/m² PO q 24 h,连用一周,然后 20 mg/m² PO q 48 h |
| **COP 方案** |
| 环磷酰胺,200～300 mg/m² IV,两周一次 |
| 长春新碱,0.5～0.75 mg/m² IV,两周一次(与环磷酰胺交替使用) |
| 泼尼松同方案 2,该治疗持续 6～8 周,然后可用方案 1 或 2 进行维持 |
| **慢性骨髓性白血病** |
| 羟基脲,50 mg/kg PO q 24 h 连用 1～2 周,然后 q 48 h |
| 伊马替尼(Gleevec,格列卫),10 mg/kg PO q 24 h |

IV,静脉注射;PO,口服。

由于CLL病患的肿瘤性淋巴细胞的生长分数较低,因此对治疗的反应较迟钝。大多数患犬CLL采用苯丁酸氮芥或配合泼尼松治疗后,血液学检查和体格检查异常通常 1 个月后才逐渐消退。而患淋巴瘤和急性白血病的犬,诱导缓解通常只需 2～7 d。

CLL患犬的存活时间相当长。而且即使不予治疗,也有很多会存活 2 年以上。在作者的诊所中,用苯丁酸氮芥(配合或不配合泼尼松)治疗后,>2/3 的CLL患犬存活时间超过两年。事实上,大多数 CLL 患犬并不是因白血病相关因素死亡,而是死于其他老年病。

一项研究中,202 只犬出现了"肿瘤性淋巴细胞增多症",包括 CLL 和淋巴肉瘤性白血病,其中 CD34 表达是一项不良预后因素(存活 16 d);B 细胞增殖(CD21

阳性)患犬的存活时间比 T 细胞(CD8 阳性)增殖患犬的短。CD8 表型阳性犬的存活时间长于淋巴细胞计数低于 30 000/μL 的患犬(1 100 d 对比 131 d);B 细胞表型的患犬中,循环中有小淋巴细胞的患犬,其存活时间显著长于大淋巴细胞患犬(平均存活时间<129 d)(Williams 等,2008)。

Comazzi 等于 2011 年的一项报道显示,T-CLL 患犬接受化疗后,比 B-CLL 患犬和非典型 CLL 患犬的存活时间高 3～19 倍。B-CLL 老年患犬的存活时间显著长于年轻犬,T-CLL 患犬中,贫血犬的存活时间显著低于非贫血犬(Comazzi 等,2011)。

CML 患犬采用羟基脲(表78-4)治疗,若不发生母细胞危象,可使缓解期延长。但是其预后不如 CLL 患犬(即接受治疗可存活 4～15 个月)。出现母细胞危象的病例治疗意义不大。最新一种治疗人 CML 的药物是使用伊马替尼(Gleevec),它主要针对酪氨酸激酶,该药可成功诱导缓解;但是该药对犬有肝毒性。新的小分子酪氨酸激酶抑制剂(例如 toceranib 和 masitinib)在犬的 CML 和其他疾病(出现 c-kit 突变的疾病)中的应用正在评估中。

# 猫白血病
## (LEUKEMIAS IN CATS)

## 急性白血病
### (ACUTE LEUKEMIAS)

◆发病率

在非 FeLV 疫区中,猫真性白血病非常罕见,在猫所有血液肿瘤中<15%。虽然猫白血病和淋巴瘤的具体发病率不详,但像在作者的诊所中,这些肿瘤极其罕见。

若采用细胞化学染色免疫分型对猫的急性白血病进行分类,大约有 2/3 的病例为髓细胞性,1/3 为淋巴细胞性。但是,和犬相比,猫很少发生粒单核细胞性白血病(M₄)。

猫白血病病毒(FeLV)是引起猫白血病的最常见因素;但是猫免疫缺陷病毒(FIV)对这些白血病所起的作用仍然不明。据报道患淋巴细胞性和髓细胞性白血病的猫中,大约 90% 为 FeLV p27 阳性(使用酶联免疫吸附试验或免疫荧光试验测定)。如第 77 章所述,由于FeLV感染的发病率在下降,在作者的诊所中,过去几年里被诊断为白血病的猫,均无FeLV病毒血症(即FeLV阴性)。

◈临床症状

猫急性白血病的临床症状和体格检查结果与犬相似,参见表78-3。与犬相比,髓细胞性白血病患猫较少出现逐渐跛行及神经症状。

◈血液学特征

3/4以上的AML和ALL患猫会出现血细胞减少症;AML患猫常出现幼白-幼红细胞反应,但ALL患猫很少出现。与犬相比,在外周血液中,AML患猫比ALL患猫更易出现母细胞。

对患髓细胞性白血病的猫进行的连续研究表明,随时间变化,细胞形态可由一种变为另一种(如一只猫常可连续诊断为巨红细胞性骨髓增殖、红白血病及急性成髓细胞白血病)。因此很多临床病理学家喜欢用骨髓增生障碍(MPD)来描述猫的白血病。

◈诊断和治疗

对于疑似急性白血病的猫,其诊断方式与犬相同。如果全血细胞计数不具有诊断意义,骨髓抽吸提供的信息可用于确诊(图78-7)。此外,疑似或确诊为急性白血病的猫都需检测外周血液中的FeLV p27以及FIV的血清抗体。

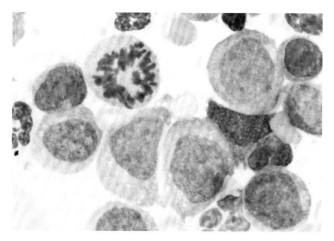

**图78-7**
猫骨髓抽吸涂片,该猫患有外周血细胞减少症,循环中没有母细胞。骨髓片中主要为大个未成熟的髓细胞,以圆形至肾形细胞核为特征。有丝分裂相显著。(1 000×)

进行治疗后,ALL患猫的存活时间比AML患猫长。采用多种药物化疗后,ALL患猫的存活时间为1～

7个月。

目前已有几篇报道显示,可采用单一药物或联合化疗来治疗猫髓细胞性白血病。治疗方案包括使用单一药物环磷酰胺或阿糖胞苷;或阿糖胞苷、环磷酰胺和泼尼松联用;阿糖胞苷和泼尼松联用;环磷酰胺、长春碱、阿糖胞苷和泼尼松联用,以及多柔比星、环磷酰胺和泼尼松联用。这些猫的存活时间通常为2～10周,中位存活时间为3周。因此,与犬相似,对患急性白血病的猫使用剧烈的化疗意义不大。

低剂量阿糖胞苷(LDA,10 mg/m² SQ q 12 h)可作为肿瘤细胞克隆分化的诱导治疗药物。一些研究表明,该疗法可成功诱导缓解(部分缓解或完全)骨髓增生异常综合征(MDS)或骨髓增生障碍(MPD)的病人,成功率达35%～70%。此外,虽然某些病人出现了骨髓抑制,但该疗法的可耐受性非常好,而且毒性也很小。

我们曾用LDA疗法治疗过几只MPD患猫,大多数出现了部分或完全缓解,而且血液学指标也在短期内好转。虽然没有见到明显的毒性,但缓解持续时间很短(3～8周)。

## 慢性白血病
### (CHRONIC LEUKEMIAS)

猫的慢性白血病越来越常见,这有可能是急性白血病发病率下降所致,也可能就是一种真实的存在。在进行常规体检时偶尔可见到CLL。大多数CLL患猫在被诊断出来之前,都有一段较长时期的非特异性病史,如厌食、嗜睡及胃肠道症状。

作者的诊所中,最近有7只CLL患猫(FeLV-FIV均为阴性),最主要的症状是厌食和体重减轻。所有猫均出现脾脏增大、肝脏增大和淋巴结病。初步评估显示,HCT平均值约为26%,血小板平均值约为258 000/μL,白细胞总数为63 000/μL。平均淋巴细胞计数为48 200/μL(范围为10 000～104 000/μL),而且主要为小的、分化良好的淋巴细胞,染色质粗糙、核膜不规则(图78-8)。7只猫中,6只免疫表型为CD5＋CD4＋CD8-(见图78-1)。86%的猫对苯丁酸氮芥(20 mg/m² PO q 2 w)、地塞米松(4 mg/kg PO q 1 w)或泼尼松龙(1 mg/kg PO q 24 h)治疗有反应,中位存活期为14个月(1～34个月)。和犬一样,猫的CML治疗效果较差。

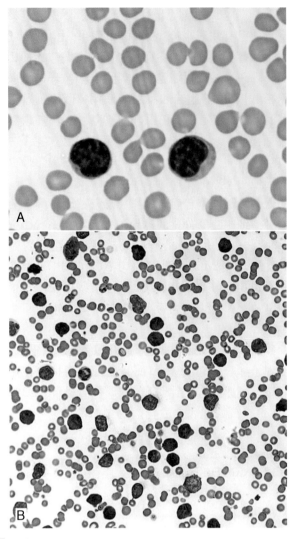

**图 78-8**
一例 CLL 患猫外周血血涂片中的淋巴细胞形态。请注意 A 图中淋巴细胞较小、染色质呈块状,细胞核有凹陷,瑞姬氏染色,1 000×。B 图中显示每个视野中的淋巴细胞数量增多,瑞姬氏染色,500×。

◆ 推荐阅读

Avery AC, Avery PR: Determining the significance of persistent lymphocytosis, *Vet Clin N Am Small Anim Pract* 37:267, 2007.

Bennett JM et al: Proposal for the classification of acute leukemias, *Br J Haematol* 33:451, 1976.

Comazzi S et al: Flow cytometric patterns in blood from dogs with non-neoplastic and neoplastic hematologic diseases using double labeling for CD18 and CD45, *Vet Clin Pathol* 35:47, 2006.

Comazzi S et al: Immunophenotype predicts survival time in dogs with chronic lymphocytic leukemia, *J Vet Intern Med* 25:100; 2011.

Couto CG: Clinicopathologic aspects of acute leukemias in the dog, *J Am Vet Med Assoc* 186:681, 1985.

Grindem CB et al: Morphological classification and clinical and pathological characteristics of spontaneous leukemia in 10 cats, *J Am Anim Hosp Assoc* 21:227, 1985a.

Grindem CB et al: Morphological classification and clinical and pathological characteristics of spontaneous leukemia in 17 dogs, *J Am Anim Hosp Assoc* 21:219, 1985b.

Jain NC et al: Proposed criteria for classification of acute myeloid leukemia in dogs and cats, *Vet Clin Pathol* 20:63, 1991.

Tasca S et al: Hematologic abnormalities and flow cytometric immunophenotyping results in dogs with hematopoietic neoplasia: 210 cases (2002-2006), *Vet Clin Path* 38:2, 2009.

Weiss DJ: A retrospective study of the incidence and the classification of bone marrow disorders in the dog at a veterinary teaching hospital (1996-2004), *J Vet Intern Med* 20:955, 2006.

Wilkerson MJ et al: Lineage differentiation of canine lymphoma/leukemias and aberrant expression of CD molecules, *Vet Immunol Immunopathol* 106:179, 2005.

Williams MJ et al: Canine lymphoproliferative disease characterized by lymphocytosis: immunophenotypic markers of prognosis, *J Vet Intern Med* 22:506; 2008.

# 第79章
## CHAPTER 79

# 犬猫其他肿瘤
## Selected Neoplasms in Dogs and Cats

## 犬血管肉瘤
### (HEMANGIOSARCOMA IN DOGS)

血管肉瘤（hemangiosarcomas，HSAs，也叫血管内皮瘤）是起源于血管内皮细胞的恶性肿瘤。主要发生在老龄犬（8～10岁）和雄性犬，德国牧羊犬和金毛猎犬易患。

脾脏、右心房和皮下组织是就诊时最常见的肿瘤发生部位。我们研究所的一项调查显示，220例血管肉瘤病例中，近50%起源于脾脏、25%位于右心房、13%位于皮下组织、5%位于肝脏、5%同时存在于肝脏-脾脏-右心房，另外约1%～2%同时存在于其他器官（如肾脏、膀胱、骨骼、舌和前列腺）。后者称为多发性肿瘤，不明起源的肿瘤。一般而言，血管肉瘤具有高度侵袭性，大多数解剖位置的肿瘤在疾病早期即发生浸润或转移。只有原发性真皮、结膜和第三眼睑HSAs例外，其转移潜质较低。

◈临床和临床病理学特征

就诊时主人的描述和临床症状与原发肿瘤的部位、转移与否、肿瘤是否自发性破溃、凝血紊乱或心律不齐有关。大多数患犬因原发肿瘤或转移病灶自发破溃后发生急性虚脱而就诊。患有脾脏或心脏血管肉瘤的犬通常会出现室性心律失常，也是导致虚脱的部分原因。此外，患有脾脏血管肉瘤的犬通常因肿瘤生长或腹部出血造成腹围增大。

患心脏血管肉瘤的犬通常表现为充血性右心衰竭（由肿瘤填塞心脏或阻塞后腔静脉造成）或心律失常（见心血管系统章节）。皮肤或皮下血管瘤患犬常因皮肤结节而就诊，结节周围常伴有出血。灵缇犬肌肉

HSA常位于股二头肌或股四头肌，呈"虫蚀样"，或表现为后肢瘀青。

不考虑原发部位或阶段，血管肉瘤患犬常见的两项异常是贫血和自发性出血。体腔内出血或微血管病性溶血（microangiopathic hemolysis，MAHA）通常会导致贫血、DIC，MAHA继发的血小板减少通常会导致自发性出血（见下文）。HSA与DIC高度相关（见第85章），在我们的医院，若犬发生无明显原发病因的急性DIC，首先应进行HSA的检查。

HSA通常出现各式各样的血液学和凝血异常。HSA患犬的血液学异常很典型，包括贫血、血小板减少、血涂片中出现有核红细胞、红细胞碎片（裂细胞）和棘红细胞；白细胞增多、嗜中性粒细胞增多、核左移及单核细胞增多。此外，HSA患犬也常出现凝血异常。不过这些异常和解剖位置有关；例如，在我们诊所中，脾脏、右心室或内脏HSA患犬的血液中更容易出现血小板减少症、裂红细胞、棘红细胞等异常表现，而皮下或真皮HSA不易出现。

在我们诊所中，83%的HSAs患犬有贫血症状；一半以上出现红细胞碎片和棘红细胞；<20%的犬在治疗前凝血象正常。多数患犬（75%）血小板减少，平均血小板计数为137 000个/μL；约有一半的凝血象具有诊断DIC的3个以上特征；约25%的患犬因凝血异常死亡。

◈诊断

细针抽吸或压印涂片进行细胞学检查可确诊为血管肉瘤。肿瘤细胞与其他肉瘤细胞相似，呈纺锤形或多角形，细胞非常大（40～50 μm）；核大、染色质呈花边状、一个或多个核仁、胞质呈蓝灰色、通常有空泡（图79-1）。HSAs病例FNA常见有核红细胞、棘红细胞或裂红细胞。虽然通过细针抽吸和压印涂片相对容易

确诊 HSA,但是极难通过相关的渗出液确认 HSA。只有<25%的病例可通过渗出液细胞学检查做出 HSA 的诊断。渗出液样本的另一个缺点是可能含有与肿瘤细胞相似的反应性间皮细胞,致使出现误诊为 HSA 的结果。

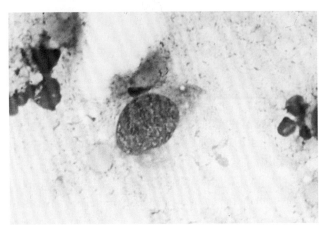

图 79-1
犬血管肉瘤的细胞学特征。细胞呈梭形、胞质深染、空泡化、染色质细腻、核仁明显。(1 000×)

总体来说,假设性临床或细胞学诊断需由组织病理学检查确诊。对于某些体积较大的脾脏 HSAs,应多点采样,固定后送检。组织化学检查结果显示,约90%的病例冯·威利布兰德因子(von Willebrand factor)抗原反应呈阳性。大多数 HSAs 病例中,CD31 是血管内皮起源的一种新型标记物。

通过 X 线检查、超声检查或 CT 探查肿瘤转移部位。我们对 HSA 患犬的常规分期体系包括 CBC、血液生化检查、凝血异常筛查、尿检、胸部 X 线检查、腹部超声检查和超声心动图。后者用于确诊心脏肿瘤,并且在采用含有多柔比星的化疗方案治疗前,可确定缩短分数基线(见治疗和预后部分)。

发生转移的 HSA 患犬,其胸部 X 线片典型特征为间质型或肺泡型渗出,与其他肿瘤转移通常形成的"炮弹样"病灶相反。HAS 患犬常因转移、DIC、肺内出血或急性呼吸窘迫综合征而出现该 X 线特征。

超声检查是一种可靠的诊断方法,可用于评价确诊或疑似 HSA 患犬腹内病变。肿瘤病灶呈结节状,回声强度从无回声至高回声各异(图 79-2)。通过此方法通常可确认肝脏的转移病灶。但是必须牢记的是,一只有脾脏肿块的犬出现肝脏"转移性结节",可能是再生性增生而非肿瘤转移。超声增强扫描可提高肝脏转移结节的诊断率,但设施很难获取。

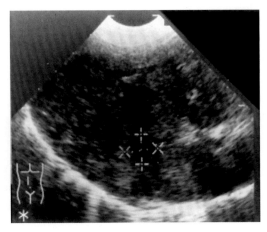

图 79-2
腹内血管肉瘤超声征象图。

◆治疗和预后

犬 HSA 的主要治疗方法曾经是手术,但是效果不好。因肿瘤部位和阶段不同,存活时间各异,但总的来说较短(通常存活 20~60 d,1 年存活率<10%,皮肤 HSA 除外)。术后联合化疗比单独手术效果好,化疗方案包括单独使用多柔比星、多柔比星和环磷酰胺(AC 方案)、长春新碱/多柔比星/环磷酰胺(VAC 方案)。中位存活期为 140~202 d。

临床分期被认为是不良的预后因素。最近一项研究中(Alvarez 等,2013),作者的团队先假设无论转移与否(未转移为I/II期,转移为III期),患犬使用 VAC 方案(见本章最后的化疗方案部分)治疗后,患犬的存活时间无显著差异,然后他们回顾了 67 例不同位置的 HSAs 病例。按照治疗方案分组,共分为 VAC 方案化疗组(n=50)、新辅助疗法组(n=3)和单药化疗组,结果显示,I/II期病例(n=42,189 d)和III期病例(n=25,195 d)的 MST 无显著差异(图 79-3)。脾脏 HSA 病例中,I/II期病例(133 d,范围为 23~415 d)和III期病例(195 d,范围为 17~742 d)的 MST 无显著差异(P=0.12)。大体缓解率(完全缓解和部分缓解)为 86%(图 79-4)。未观察到无法接受的毒性作用。采用 VAC 方案治疗的病例中,III期和I/II期病例预后相似。所以,患有 HSAs 的犬,即使诊断出来时已发生转移,也不应放弃治疗。

虽然使用多柔比星和环磷酰胺、单独使用多柔比星化疗的犬治疗效果相差无几,在作者的经验中,三种药物化疗比两种药物或一种药物化疗对犬的预后更好。由于患犬本身的状态不佳,我们诊所几乎不会对患有 HSA 的犬使用 3~4 次以上的多柔比星。需同时控制 HSA 病例的凝血,详见第 85 章。

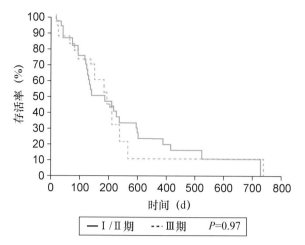

**图 79-3**
使用 VAC 治疗的Ⅲ期(195 d)和Ⅰ/Ⅱ期(189 d)HSA 患犬的存活时间($P=0.97$)。

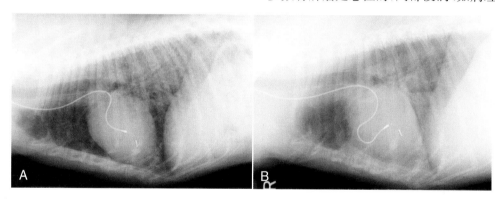

**图 79-4**
1 只 10 岁的德国牧羊犬,绝育母犬,脾脏原发 HSA 的 X 线片,肿瘤已转移至胸腔(A 图),使用 VCA 化疗 9 周后,肺部结节完全消失(B 图)。不透射线的细线是永久起搏器的导联。

总之,HAS 通常根据病史、体格检查、临床病理学检查,以及联合超声和 X 线检查来确诊。在细胞学和临床病理学检查的基础上,可做出形态学诊断,但仍有必要进行组织病理学检查。虽然手术治疗有一定效果,但患病动物的存活时间较短(真皮或结膜/第 3 眼睑 HSA 病例除外)。恶性肿瘤切除术后联合化疗(含有多柔比星),可延长患犬的存活时间。

# 骨肉瘤
## (OSTEOSARCOMA)

◈ *病因和流行病学*

原发性骨肿瘤在犬中较为常见,在猫中罕见。犬多数骨肿瘤是恶性的,局部浸润(如病理性骨折或极度疼痛,主人选择对其实施安乐死)或转移(如 OSA 发生肺部转移)最终导致死亡。猫的大多数原发骨肿瘤在组织学上是恶性的,但大范围手术切除(如截肢术)通常可治愈。犬很少见转移性骨肿瘤,偶然转移到犬骨骼的肿瘤包括尿道移行上皮癌、四肢骨的骨肉瘤、血管肉瘤、乳腺癌和前列腺腺癌。猫罕见肿瘤的骨骼转移。

骨肉瘤(osteosarcoma,OSA)是犬最常见的原发性骨肿瘤。可累及四肢骨和中轴骨,主要发生于中老龄大型犬(和巨型犬)和灵缇犬。OSA 患犬有明显的遗传倾向;例如,赛级灵缇犬最重要的死因即为 OSA (25%),而 OSAs 在美国灵缇犬中极其罕见。由于犬 OSA 是儿科 OSA 的良好模型,因此,犬 OSA 得到了很好的遗传学研究(参见 Rowell 等,2011)。

其生物学行为以周围组织局部浸润和快速血源性扩散(通常转移至肺)为特征。虽然曾经认为中轴骨骨肉瘤转移性较低,但是现在看来其转移率与四肢骨相似。

◈ *临床特征*

四肢骨肉瘤主要发生在桡骨远端、胫骨远端和股骨近端的干骺端(例如,远离肘部,偏向膝盖),其他部位干骺端也可发病。发病部位也有一定的品种倾向,大丹犬最常发生于桡骨远端,而罗威纳犬和灰猎犬主要发生于股骨。患犬常因跛行或患肢肿胀而就诊。疼痛和肿胀可能急性发作,误诊为非肿瘤性骨关节问题,从而导致延迟诊断和治疗,而一直使用非甾体类抗炎药治疗。灵缇犬常出现病理性骨折。体格检查通常显示患处疼痛肿胀,可能累及软组织,或出现病理性骨折。

◆诊断

X线检查显示患处的干骺端发生溶解-增生综合病征(图79-5)。邻近的骨膜化骨形成所谓的Codman三角,包含患处的骨皮质和骨膜增生区域。OSA通常不会累及关节,但是偶尔可浸润邻近的骨骼(如桡骨OSA可引起邻近的尺骨溶解)。其他原发性骨肿瘤和某些骨髓炎病灶的X线征象与骨肉瘤相似,因此,对于任何出现骨质溶解和溶解-增生性病变的病例,在进行治疗前,都应进行活组织检查,除非动物主人已决定通过截肢治疗(如截肢后将病灶送检进行组织病理学检查)。

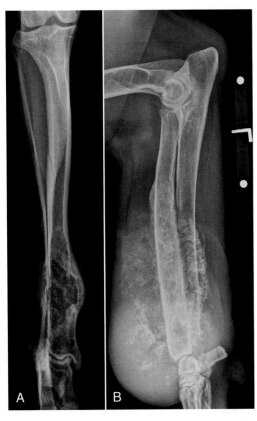

**图79-5**
**A图为一只灵缇犬的胫骨远端OSA的X线片,肿瘤引起骨质溶解和增生,B图为一只马士提夫犬的桡骨远端OSA的X线片。**

一旦通过X线片做出假设性诊断,主人同意进行治疗,应进行胸部和/或骨骼(如骨骼平片)X线检查以确定病变的范围。我们诊所通常采取三个体位的胸部投照,而不进行骨骼的投照(或放射核素骨扫描)。胸腔CT可检查出小结节(Alexander等,2012),但据我所知,目前尚无关于CT检查证实犬肺部出现结节和存活时间之间的关系。不到10%的OSA患犬最初就有X线可见的肺脏损伤,出现转移是预后不良的有力指征。

若有可能,可进行FNA(如果有骨皮质溶解)或用骨髓穿刺针,对病变组织采样检查,其结果可作为术前影像学诊断的依据。大多数病例可在人工保定的情况下盲穿,如果操作人员不能穿透骨皮质,超声引导可视化效果下可经"窗口"进针。OSA细胞通常为圆形或卵圆形;胞质界限清晰、呈亮蓝色,含有颗粒;细胞核不居中,有或无核仁(图79-6)。常见破骨细胞样多核巨细胞,背景中或成骨细胞的胞质中常见粉色无定型物质(类骨质)。如果不能确定是否为成骨细胞,大多数参考实验室都可进行碱性磷酸酶染色。成骨细胞ALP染色阳性。对病变部位进行活组织检查后,再决定是否截肢。进行骨活组织检查时,应对动物实施全身麻醉,使用13G或11G的Jamshidi骨髓活检针(Monoject,Covidien,Mansfield,Mass)采样,采样部位包括病灶和病灶与健康组织交界处,一个部位至少采集2个组织样本(最好是3个)。这种方法检出率高(约为70%~75%)。在作者诊所中,大多数OSA病例仅通过细胞学检查即可做出诊断,很少再需要进行活组织检查。

**图79-6**
**一只雌性大白熊犬桡骨远端OSA的细针抽吸细胞学特征,该犬有明显的骨溶解和新骨形成病变。细胞核呈圆形至卵圆形、核偏心、染色质细腻、核仁明显;肿瘤细胞的胞质中有粉色物质(类骨质)(500×)。**

只要动物主人了解了肿瘤的生物学行为(如如果不进行化疗而仅实施截肢术,他们的爱犬极有可能在术后4~6个月内死于转移性肺部疾病),只要临床特征和X线征象高度提示OSA,在没有进行组织病理学诊断时也可实施截肢手术。但是,截除的患肢(或具有代表性的样本)和局部淋巴结必须送检进行组织病理学检查。在OSA患犬的诊断中,肺部转移和淋巴结转移都是预后不良的因素。

◈ 治疗和预后

　　犬 OSA 的治疗方案包括截肢,并配合单一药物化疗或联合化疗。四肢骨 OSA 患犬若仅通过手术治疗,存活时间约为 4 个月;手术联合使用顺铂、卡铂或多柔比星化疗,存活时间约为 12～18 个月;大约 25％ 的犬存活时间超过 2 年。在"癌症化疗方案"和框 79-1 中,给出了药物使用剂量和推荐的给药途径。在我们医院里,在进行截肢手术后,我们立即使用上述药物治疗,共计 4～5 次。目前大多数主人能够接受铂金类化疗药的价格。在作者的医院里,对灵缇犬 OSA 进行多柔比星化疗前,我们会使用化疗敏感增强剂(suramin)。

**框 79-1　犬骨肉瘤的化疗方案和缓解治疗方案**

**化疗方案**

1. 卡铂,300 mg/m²,IV,q 3 周,给药 4～6 次
2. 多柔比星:30 mg/m²,IV,q 2 周,给药 5 次
3. 卡铂,300 mg/m²,IV,在第 1 周和第 6 周时给药,第 3 周和第 9 周时加上多柔比星,30 mg/m²,IV

**缓解治疗**

4. 氨羟二膦酸二钠:1 mg/kg,IV,0.9％生理盐水稀释,CRI,给药时间大于 1～2 h,q 2～4 周
5. 曲马多:1～4 mg/kg,PO,q 8～12 h
6. 地拉考昔:1～2 mg/kg,PO,q 24 h*

\* 其他非甾体类抗炎药也有效。
CRI:恒速输注。

　　桡骨远端或尺骨远端 OSA 病例,有一种独特的治疗的方案,可保留患肢。截除病变的骨骼,用同种异体骨组织替代肿瘤病变的骨骼,目前正在研制用于移植的生物材料。通过化疗患犬也可恢复接近正常的肢体功能。和截肢辅助化疗的犬相比,保肢手术可为主人保留爱犬四肢的完整性。同种异体骨移植的动物最终也会截肢,但其存活时间显著长于那些无并发症的患犬(Lascelles 等,2005)。

　　如果主人不愿意病患被截肢,局部放疗结合化疗可能有一定疗效。为避免使用化疗增敏剂和皮肤损伤,我们诊所杜绝使用多柔比星化疗,而用卡铂代替。除放疗外,我们诊所还使用二膦酸盐(氨羟二膦酸钠,1～2 mg/kg,恒速输注,q 2～4 周)和镇痛药物(见框79-1)来控制疼痛。

　　化疗可改变肿瘤的生物学行为,使骨转移率升高、肺转移率降低。另外,转移病灶的倍增时间(如生长速率)延长,转移结节也明显减少。对于截肢术后进行化疗的患犬,若肺部出现 1～3 个转移病灶,推荐手术切除转移结节(即转移瘤切除术),之后再进行化疗(O'Brien 等,1993)。

　　如前文所述,猫 OSA 的治疗方案只有截肢术。术后存活时间通常很长(超过 2 年)。如 74 章所述,顺铂对猫的毒性很大,不能用于这个物种的治疗。如有必要,可用卡铂或多柔比星代替。

# 犬猫肥大细胞瘤
## (MAST CELL TUMORS IN DOGS AND CATS)

　　世界上没有相同的两条鱼,不要问我为什么,请问你的妈妈。(Not one of them is like the other, don't ask me why, please ask your mother. )

引自 One Fish,Two Fish,Red Fish,<br>Blue Fish by Dr. Seuss

　　肥大细胞瘤(mast cell tumor,MCT)是犬最常见的皮肤肿瘤之一,猫相对少见。肿瘤起源于肥大细胞,肥大细胞参与控制局部血管弹性,胞质内含有多种生物活性分子,包括肝素、组胺、白三烯和多种细胞因子。由于生物学特性不可预测,将其称作肥大细胞肉瘤更为恰当。犬猫的肥大细胞瘤在临床表现和病理学特征上均有一定区别,因此将分开讨论。

■ **犬肥大细胞瘤**
**(MAST CELL TUMORS IN DOGS)**

◈ 病因学和流行病学

　　在兽医临床中,肥大细胞瘤约占皮肤和皮下肿瘤 20％～25％。短头犬(拳师犬、波士顿㹴、斗牛獒犬和英国斗牛犬)和金毛巡回犬发病率高。中老年犬(平均年龄约 8.5 岁)的发病率较年轻犬多见,无性别倾向。在慢性炎症或损伤部位(如烧伤瘢痕)也可见肥大细胞瘤。

◈ 临床症状和病理学特征

　　肥大细胞瘤既可发生在表皮(随皮肤移动的浅表肿瘤),也可发生在皮下组织(被覆皮肤可在肿瘤表面自由移动)。大体看来,肥大细胞瘤类似于任何原发性或继发性皮肤损伤,包括斑点、丘疹、结节、肿瘤和结痂。在临床上,约 10％～15％ 的犬肥大细胞瘤不能和

一般的皮下脂肪瘤区分开来(请牢记:犬肢体上感觉像"脂肪"的肿物,往往是肥大细胞瘤或软组织肉瘤)。肥大细胞瘤只有通过细胞学检查或组织病理学检查才能确诊。

大部分肥大细胞瘤是单发的,也可发生多病灶的病变。具有侵袭性的肥大细胞瘤转移可引起局部淋巴结病。当发生系统性病变时,偶尔可见肝脾脏增大。

肥大细胞可产生多种生物活性物质(主要是血管活性物质),患犬可因弥散性肿胀(原发肿瘤和转移病灶周围水肿和炎症)、红斑或瘀伤而就诊。症状可能表现为急性发作,如在运动或环境寒冷时迅速发病。对于不明原因的皮下肿胀,都应经皮细针抽吸检查。

典型的肥大细胞瘤位于表皮,呈圆顶形脱毛红斑(图 79-7)。但是正如前文所述,肥大细胞瘤通常没有典型的外观。达里埃症状(Darier's sign)对临床诊断有一定的帮助,肿瘤轻度损伤(如刮伤或压迫)时可形成红斑和风团。

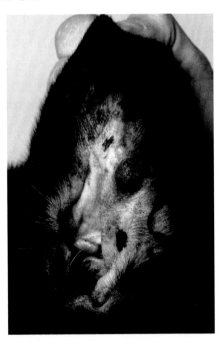

**图 79-7**
一只拳师犬耳廓处的真皮表皮、穹隆病变。细胞学诊断为肥大细胞瘤。

正如第 72 章所述,MCT 很容易通过细胞学检查诊断出来(见图 72-8)。多数患犬 CBC 正常,可能出现嗜酸性粒细胞增多(有时显著增加)、嗜碱性粒细胞增多、肥大细胞减少、嗜中性粒细胞增多、血小板增多或贫血(或多种现象同时出现),或以上征象同时出现。血液生化指标不常出现异常。

从组织病理学表现上可将肥大细胞瘤分为三类:

高分化(一级)、中等分化(二级)和低分化(三级)。许多研究表明,一级肥大细胞瘤患犬接受手术或放疗后,存活时间长于同等治疗的三级肿瘤患犬,这主要是由于高分化肿瘤很容易被切除,而且转移风险较低(大多数全身性肥大细胞病患犬均为三级)。有丝分裂指数是 MCT 患犬的预后因素,应该由病理学家提供该项报告(Romanski 等,2007)。除了肿瘤分级,病理学家还应评估肿瘤是否被完全切除。未完全切除的肥大细胞瘤患犬很难达到通过第一次手术治愈,通常需要二次手术或对病灶进行放疗。

最近,一些病理学家根据低级和高级的分类,提出一种有关犬 MCT 的新型双重分级体系((Kiupel 等,2011)。来自 16 所机构的 28 个病理学家评估了 95 例 MCT 患犬(仅通过手术治疗),根据这些病理学家的评估,60%～65%的肿瘤是一级或二级肿瘤,75%的病例是三级肿瘤。低级肿瘤病例的 MST 是 23 个月,而大多数高级肿瘤病例的 MST 是 4 个月。这个分级体系有待评估,以确定其临床相关性。

一些研究也评估了细胞增殖标记物,例如 AgNOR 和 Ki-67[银染核仁组织区(argyrophilic nucleolar organizing region)],为预后提供信息。一些商业诊断实验室可出具相关报告。在该项研究中,AgNOR 和 Ki-67 计数升高提示复发时间和 MST 缩短。

从分子生物学立场出发,大约 30%的 MCTs 在 c-Kit 的外显子 11 和 12 处有内部曲连重复;c-Kit 是肝细胞生长因子受体,其突变会导致克隆永生,不会引发凋亡(Jones 等,2004)。

◆ 生物学行为

犬肥大细胞瘤的生物学行为可用一个词来概括:不可预测。即使肿瘤的生物学行为有一些判定指标,但这些指标对个体犬很难适用(在统计学的观点上可能是有意义的)。

总之,高分化的(一级)、单个的皮肤肥大细胞瘤转移性较低,全身扩散的可能性低。但有时也能遇到皮肤上有很多肿瘤的患犬,但是组织病理学检查结果显示其分化程度很高。

二级和三级肿瘤转移性高,全身扩散的风险也比一级肿瘤高。通常可见局部淋巴结转移(特别是三级肿瘤患犬),但有时肿瘤可能"跳过"邻近的淋巴结,转移至二级和三级的淋巴结(如后肢趾部的肥大细胞瘤可转移至髂内淋巴结或腰下淋巴结)。肺部转移极其少见。由于结节转移可见于大小正常的淋巴结,所以,每个 MCT 病例在进行手术前,都要对其局部淋巴结(无论是否增大)进行抽吸检查。虽然以前发表的临床资料未经证实,但某些解剖位置的肿瘤更具侵袭性。例如,肢端(如脚趾)、会阴部、腹股沟和表皮(如口咽部和鼻腔内)的肥大细胞瘤,比其他部位(如躯体和颈部)的同级肿瘤转移风险更高。

犬肥大细胞瘤的另一个生物学特征是可以转变为全身性疾病,类似于造血系统恶性肿瘤(如淋巴瘤和白血病)。患犬通常有切除分化不良的肥大细胞瘤(三级)的病史。大多数患有全身性肥大细胞增多症(systemic mast cell disease,SMCD)的犬因无力、厌食、呕吐、体重减轻而就诊,通常还伴有脾脏增大、肝脏增大、黏膜苍白和偶见皮肤肿块。血常规检查通常可见血细胞减少,循环中还有可能会见到肥大细胞。

肥大细胞释放的生物活性物质可导致水肿、红肿或局部瘀伤。高组胺血症可引起胃肠道溃疡(约80%的患犬因肥大细胞瘤导致的胃肠道溃疡而被安乐死)。因此,患有肥大细胞瘤的犬应进行粪便潜血检查。某些患犬因肥大细胞瘤释放的生物活性物质,而导致术中和术后大量出血,以及伤口延迟愈合。

◆诊断

怀疑肥大细胞瘤的患犬应进行 FNA 检查。肥大细胞瘤很容易通过细胞学检查诊断。细胞特征为形态均一的圆形细胞,胞质内有明显的紫色颗粒,涂片中通常还可见嗜酸性粒细胞(见图71-8)。大约1/3的肥大细胞颗粒不能 Diff-Quik 染色显现出来,如果在真皮或皮下肿物中发现类似于肥大细胞的嗜碱性圆形细胞,应该再用吉姆萨或瑞氏染液染色,以显示紫色颗粒(见图71-13)。做出细胞学诊断后,兽医可以与主人讨论治疗选择,并建立治疗方案(见治疗与预后章节)。

虽然临床病理学家通常可根据细胞学样本评价细胞的分化程度,但是与组织病理学的分级系统并不一定相关。简单来说,细胞学诊断中高分化的肥大细胞瘤,在组织病理学检查时不一定是一级肿瘤(细胞学分级可能和组织学分级的预后信息不一致)。

通过细胞学检查确诊为肥大细胞瘤的患犬,应对其病灶和淋巴结进行仔细触诊。通过腹部触诊、X 线检查或超声检查判断是否有肝脾脏增大。如果肿瘤位于体腔前段,应进行血常规检查、血液生化检查、尿液分析和胸腔 X 线检查(例如来诊断体腔内淋巴结病)。如果出现淋巴结增大、肝脏增大或脾脏增大,应对增大的淋巴结或器官进行 FNA,检查是否有肥大细胞(鉴

别局限性肥大细胞瘤、转移性肿瘤或全身性肥大细胞病);如前文所述,不管局部淋巴结是否增大,术前都要进行抽吸检查。

可通过血沉淡黄层涂片,检查循环中的肥大细胞,不过此法具有争议。有人认为血沉淡黄层中出现肥大细胞意味着全身扩散,其预后不良。

淡黄层血涂片寻找肥大细胞的临床意义有限,有趣的是,其他肿瘤疾病患犬的循环中,也可能会出现肥大细胞;大多数肥大细胞血症患犬有炎性疾病、再生性贫血、其他肿瘤、创伤等。骨髓细胞学评估对分级有一定帮助。基于以上信息,犬 MCT 的分级体系尚存争议。在作者的诊所里,对于 CBC 正常的肥大细胞瘤患犬,一般不进行淡黄层涂片或骨髓穿刺,如果血细胞减少或出现幼白细胞幼红细胞反应,通常会进行骨髓穿刺。

正如前文提到的,所有 MCT 患犬都应进行粪便潜血检查,即使没有明显的黑粪症也要做潜血检查。目前已有多种试剂盒可供使用。粪便中出现血液提示上段胃肠道出血。若复查后仍有出血,患犬应用 $H_2$ 抗组胺药(如法莫替丁和雷尼替丁)或质子泵抑制剂(例如奥美拉唑)进行治疗,还可选择添加保护剂(如硫糖铝)(见第30章和32章)。一旦获取了临床信息,应进行分级,确认疾病的范围(表79-1)。

 **表 79-1　犬肥大细胞瘤的临床分期**

| 分期 | 描述 |
|---|---|
| I | 局限于皮肤的单个肿瘤,无局部淋巴结浸润<br>a. 无全身症状<br>b. 有全身症状 |
| II | 局限于皮肤的单个肿瘤,有局部淋巴结浸润<br>a. 无全身症状<br>b. 有全身症状 |
| III | 多个皮肤肿瘤,或体积较大的浸润性肿瘤,有或无局部淋巴结浸润<br>a. 无全身症状<br>b. 有全身症状 |
| IV | 有远处转移的肿瘤或复发<br>a. 无全身症状<br>b. 有全身症状 |

◆治疗和预后

如前文所述,在准备切除前,必须确认肿瘤是否为 MCT,这对与客户讨论治疗选择和制定治疗方案非常有用。MCT 患犬可通过手术、放疗、化疗、分子靶向治

疗或联合疗法进行治疗。前两个治疗方案有可能会治愈,而化疗通常只能缓解症状。治疗原则见表79-2。

 **表79-2　犬肥大细胞瘤的治疗指南**

| 分期 | 分级 | 推荐的治疗方案 | 后期跟进 |
|---|---|---|---|
| I | 1,2 | 手术切除 | 切除完全 → 观察切除不完全 → 二次手术或放疗持续化疗 |
| I | 3 | 化疗* | 继续化疗 |
| II | 1,2,3 | 手术切除或放疗 | CCNU 和泼尼松(见下文)* |
| III,IV | 1,2,3 | 化疗* | 继续化疗 |

犬 MCT 的化疗方案:
1. 泼尼松,50 mg/m² PO q 24 h 使用一周;然后 20~25 mg/m² PO q 48 h,联合使用洛莫司汀(CCNU)60 mg/m² PO q 3 周
2. 泼尼松,50 mg/m² PO q 24 h 使用一周;然后 20~25 mg/m² PO q 48 h,联合使用洛莫司汀(CCNU)60 mg/m² PO q 6 周,调整剂量,使用长春花碱,2 mg/m² IV q 6 周(患犬先使用洛莫司汀,3 周后使用长春花碱,再 3 周后再次使用洛莫司汀,如此循环)

*更多信息参照本章最后的表格。

单个肿瘤若未出现局部淋巴结转移,应进行大范围切除(肿瘤边缘与底部 2~3 cm 范围)。如果切除完全(依据病理学家对组织样本的评价)、没有转移病灶的第一级和第二级肿瘤通常不需要进行进一步治疗(患犬极可能被治愈)。如果切除不完全,兽医可采取以下两个措施:(1)进行二次手术以期切除剩余的肿瘤(切除样本应送至病理学检查评价是否切除完全);(2)术部进行放疗(放疗方案很多种);(3)短期洛莫司汀化疗(3~6 周,稍后讨论)。两种方法均有效,长期存活率约为 80%。

难以切除或无法切除的单个肥大细胞瘤,或影响美容和生理功能部位的肿瘤(如包皮、眼睑)可通过放疗成功治疗。约 2/3 的一级和二级局限性 MCT 患犬,仅通过放疗即可治愈。对于“高危区”的肿瘤,推荐放疗。病灶内注射皮质类固醇[曲安西龙(Vetalog),肿瘤直径每 1 cm 注射 1 mg,每 2~3 周给药一次]可有效地使肿瘤缩小(虽然通常只是缓解性的)。还有一种新型辅助化疗(术前/术后化疗)。联合使用洛莫司汀和泼尼松龙(可能会使用长春花碱),可能会缩减肿瘤体积;手术后还需附加化疗(稍后讨论)。

MCT 一旦转移或扩散(或 SMCD),很难治愈。治疗包括化疗和支持疗法,其目的在于缓解肿瘤并发症。一些关于化疗的前瞻性研究结果并不理想;两种化疗方案已被广泛使用(见癌症化疗程序表格):(1)泼尼松和(2)CVP 方案(环磷酰胺、泼尼松和长春花碱)。在过去的几年中,洛莫司汀(CCNU)被用于不可切除的、转移性或全身性高级别 MCT,有效率很高(>40%),我们也记载了一些转移性二级和三级 MCT 病患,治疗后肿瘤缩小时间超过 18 个月。洛莫司汀可结合泼尼松龙和/或长春花碱一起使用(见表79-2)。一般来说,对于肿瘤不能被切除的病例来说,化疗有效率为 30%~35%。

对于转移性或不可切除的 MCT,作者个人通常会使用洛莫司汀,也可加入泼尼松(见表79-2),联合法莫替丁和/或硫糖铝。虽然洛莫司汀有潜在的骨髓抑制作用,但是临床可见的细胞减少非常少;但肝毒性很常见(见第 75 章),所以应该定期检查生化指标。加入长春花碱后,洛莫司汀的用药间期可从 3 周调整为 6 周,这样有可能会降低肝毒性。

由于 MCTs 患犬可能会有 c-kit 突变,小分子酪氨酸激酶抑制剂(TKIs)对 40% 的 MCTs 患犬有效,对 90% 以上的已发生 c-kit 突变的患犬有效,例如 toceranib [Palladia(Zoetis, Madison, N. J.), 2.5 mg/kg orally(PO), Monday, Wednesday, and Friday](London 等,2009;Reviewed in London CA, 2013)。Mistinib(Kinavet, AB Science, Short Hills, N. J.)也会延长无病间隔期,和 c-kit 突变与否无关。小分子 TKI 对犬的副作用包括恶心、呕吐或腹泻,但这些作用为剂量依赖性的。

## 猫肥大细胞瘤
## (MAST CELL TUMORS IN CATS)

◆病因学和流行病学

MCT 在猫相对常见,但是很少引起如犬 MCT 常见的临床问题。大多数 MCT 患猫为中老年(平均年龄为 10 岁),无明显性别倾向,暹罗猫可能高发。猫白血病病毒和猫免疫缺陷病毒与肿瘤发生无关。

犬MCT主要是皮肤和皮下肿瘤,而猫的MCT主要有两种类型:内脏型和皮肤型。尚不清楚皮肤型是否比内脏型常见,也不清楚两者是否会在同一只猫上同时出现。在作者诊所接诊的病例中,皮肤型MCT较为常见,同时出现皮肤型和内脏型MCT的病例极为罕见。

◈临床症状和病理学特征

内脏型MCT以肿瘤侵袭血液淋巴或小肠为特征。患有血液淋巴系统疾病的猫,其骨髓、脾脏、肝脏和血液通常都会出现病变,因此被归为SMCD(或肥大细胞性白血病)。多数猫除了有非特异性症状,如厌食和呕吐;还会持续出现因脾脏增大而引起的腹部扩张。和犬一样,SMCD患猫的血液学异常极其多样化,包括血细胞减少、肥大细胞减少、嗜碱性粒细胞增多、嗜酸性粒细胞增多,或以上症状联合出现。但是很大一部分猫CBC正常。患有小肠型SMCD的猫,通常因消化道症状而就诊,如厌食、呕吐或腹泻。约一半的猫可触诊到腹部肿块。大多数肿瘤侵袭小肠,可能是单个或多个。在就诊时可见肠系膜淋巴结、肝脏、脾脏和肺部的转移性病灶。猫的多发性小肠肿瘤多为淋巴瘤和MCT,两种疾病可同时发生。患猫也可发生胃肠道溃疡。

皮肤型MCT患猫,通常最初在头部和颈部出现单个或多个白色至粉红色的表皮小结节(2~15 mm),在其他部位也可能出现单个表皮或皮下肿物。有报道显示,根据临床特征、流行病学和组织学特征,猫MCT可分为肥大细胞型(常见)或组织细胞型(罕见)。肥大细胞型MCT患猫通常4岁以上,有单个皮肤肿瘤,没有明显的品种倾向。组织细胞型MCT患猫主要是4岁以下的暹罗猫。这些猫有多个皮肤肿块,表现出良性的生物学行为。一些肿瘤可能会自发消退。在作者诊所里的MCT患猫(即使是有多个皮肤肿瘤的暹罗猫)中,尚未发现组织细胞型MCT。与犬不同,猫MCT的组织病理学分级与生物学行为没有很好的相关性。

◈诊断和治疗

猫MCT的诊断流程和犬相似。和犬一样,某些猫的肥大细胞颗粒化程度不够,通过常规的细胞学或组织病理学检查不容易鉴别。

猫MCT的治疗尚存争议。一般来说,单个皮肤肿瘤、2~5个皮肤肿瘤和小肠或脾脏肿瘤病例可采用手术治疗。如前所述,猫皮肤MCT的侵袭性不如犬,很大一部分猫通过活检摘除单个皮肤肿瘤即可治愈,此法也适用于皮肤上有5个以下肿瘤的猫。对于

SMCD病例,推荐联合应用脾摘除术、泼尼松和苯丁酸氮芥(瘤可宁)治疗,存活时间超过1年的病例较为常见。单纯实施脾摘除术对于延长存活时间没有影响。小肠MCT病例推荐实施手术切除和泼尼松治疗。单纯使用泼尼松(4~8 mg/kg PO q 24~48 h)或地塞米松(4 mg/猫 PO 一周一次),对全身性或转移性MCT患猫也有一定作用。患有多发性皮肤MCT的猫最好用泼尼松治疗,剂量如上。放疗对猫的疗效与犬相似,但是猫的MCT很少会用到放疗。当需要其他化疗药时,我们通常使用苯丁酸氮芥(瘤可宁,20 mg/m² PO q 2周)治疗,该药非常有效,耐受性也较好。在我有限的经验中,洛莫司汀(CCNU)在猫的MCT治疗中并不十分有效。我们诊所目前正在评估小分子TKI在猫的不同肿瘤中的作用,但c-kit突变在猫中并不常见,所以虽然这些药物的安全性不错,但并不推荐使用。

# 猫注射部位肉瘤
## (INJECTION SITE SARCOMAS IN CATS)

自从1990年,猫注射/免疫和肉瘤之间的关系逐渐得到大家的认可,流行病学研究也证实了两者之间的联系。在本病中,FSA(偶尔是其他类型的肉瘤)起源于皮下或肌肉,通常位于注射/免疫常见的肩胛间或股部。每10 000只接种疫苗的猫种,有1~2只会出现肉瘤。确切的病理机制尚不清楚,但是佐剂和对抗原的局部免疫反应可能是致病因素。最近的流行病学调查显示,注射部位肉瘤(injection site sarcoma,ISS)患猫可能和其在肩胛部位长期皮质类固醇注射有关,灭活疫苗免疫的猫比重组疫苗免疫的猫更易发生后肢ISS(Shrivastav等,2012)。

虽然2001年的免疫程序推荐,狂犬疫苗注射部位为右后肢远端,FeLV疫苗注射部位为左后肢,FVRCP±C疫苗注射部位为右肩,但肩胛中间的位置仍然是肿瘤高发位置(Shaw等,2009)。目前有关猫的免疫程序可参见http://www.catvets.com/professionals/guidelines/publications/? Id=176。

患猫免疫/注射后数周至数月内,在其注射部位出现快速生长的软组织肿块。肿瘤发生之前,可能发生免疫/注射引起的炎症反应。任何在肩胛部或股部出现浅表或深部肿块的患猫都应怀疑ISS,并及早确诊。目前推荐使用"3,2,1原则":若注射疫苗后肿物持续存在3个月,直径大于2 cm,或注射后1个月即出现肿物。

多数情况下需要进行手术活组织检查,FNA检查即可确诊,但有时FNA检查不一定会脱落足够的肿瘤细胞(见第71章)。

犬猫的大多数FSA转移风险较低,但ISS侵袭性很强,应进行适当治疗。目前相关研究还在进行中,但是基于文献报道和我们诊所的临床经验,ISS的转移性很高(50%~70%)。20%以上的患猫在就诊时即可见肺部转移。

猫ISS的治疗方法为积极的手术切除(见第73章)。格言说得好——斩草除根(cut it once,but cut it all),做出诊断后,应立即对肿瘤进行全部切除,根除转移的机会(Phelps等,2011)。最近一项研究显示,与保守手术的患猫相比,积极手术治疗的猫的无病存活期显著延长(274 d对比66 d);同时,前肢肿瘤患猫的存活时间长于躯干肿瘤患猫(325 d对比66 d,Hershey等,2000)。首次手术后局部复发病例的MSTs

远低于无复发的病例(365 d对比1 100 d,Romanelli等,2008;499 d对比1 461 d,Phelps等,2011)。就诊时已发生转移的病例的MSTs也低于无远端转移的病例。ISS若能被完全切除(直径小于2 cm),通常能达到长期缓解。虽然术后辅助化疗尚未得到评估,但是对肿瘤较大或切除不全的病例,化疗可能有一定疗效。化疗方案包括米托蒽醌和环磷酰胺、多柔比星和环磷酰胺,或单独使用卡铂。作者诊所对未切除或转移性ISS使用多柔比星/环磷酰胺联合化疗(见图79-8),或单独使用卡铂化疗,一些患猫的肿瘤消除时间超过1年。如果已出现转移性疾病,化疗不一定有效。

对于无法切除的高级ISS患猫,作者诊所里使用多柔比星/环磷酰胺或多柔比星/洛莫司汀化疗,或者新辅助化疗(化疗使肿物体积缩减后,再进行手术切除,之后再进行化疗),已成功治疗了一些高级ISS患猫。小分子TIK药物目前用于猫ISSs的评估。

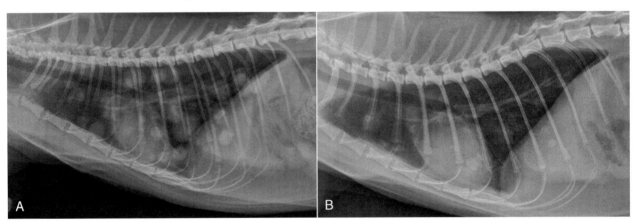

图79-8
一只ISS患猫左侧卧胸部X线平片。A图为肺转移,B图为多柔比星/环磷酰胺化疗后。请注意,肺部转移结节减小。

◆推荐阅读

血管肉瘤
Alvarez FJ et al: Treatment of dogs with stage III hemangiosarcoma using the VAC protocol, *J Am Anim Hosp Assoc* 2013 (in press).
Bertazzolo W et al: Canine angiosarcoma: cytologic, histologic, and immunohistochemical correlations, *Vet Clin Pathol* 34:28, 2005.
Hammer AS et al: Efficacy and toxicity of VAC chemotherapy (vincristine, doxorubicin, and cyclophosphamide) in dogs with hemangiosarcoma, *J Vet Intern Med* 5:16, 1991a.
Lamerato-Kozicki AR et al: Canine hemangiosarcoma originates from hematopoietic precursors with potential for endothelial differentiation, *Exp Hematol* 34:870, 2006.
Lana S et al: Continuous low-dose oral chemotherapy for adjuvant therapy of splenic hemangiosarcoma in dogs, *J Vet Intern Med* 21:764, 2007.
Liptak JM et al: Retroperitoneal sarcomas in dogs: 14 cases (1992-2002), *J Am Vet Med Assoc* 224:1471, 2004.
O'Brien RT: Improved detection of metastatic hepatic hemangiosarcoma nodules with contrast ultrasound in three dogs, *Vet Radiol Ultrasound* 48:146, 2007.
Ogilvie GK et al: Surgery and doxorubicin in dogs with hemangiosarcoma, *J Vet Intern Med* 10:379, 1996.
Pirie CG et al: Canine conjunctival hemangioma and hemangiosarcoma: a retrospective evaluation of 108 cases (1989-2004), *Vet Ophthalmol* 9:215, 2006.
Sorenmo KU et al: Chemotherapy of canine hemangiosarcoma with doxorubicin and cyclophosphamide, *J Vet Intern Med* 7:370, 1993.
Sorenmo KU et al: Efficacy and toxicity of a dose-intensified doxorubicin protocol in canine hemangiosarcoma, *J Vet Intern Med* 18:209, 2004.
Weisse C et al: Survival times in dogs with right atrial hemangiosarcoma treated by means of surgical resection with or without adjuvant chemotherapy: 23 cases (1986-2000), *J Am Vet Med Assoc* 226:575, 2005.

骨肉瘤

Alexander K et al: A comparison of computed tomography, computed radiography, and film-screen radiography for the detection of canine pulmonary nodules, *Vet Radiol Ultras* 53:258, 2012.

Boston SE et al: Evaluation of survival time in dogs with stage III osteosarcoma that undergo treatment: 90 cases (1985-2004), *J Am Vet Med Assoc* 228:1905, 2006.

Chun R et al: Toxicity and efficacy of cisplatin and doxorubicin combination chemotherapy for the treatment of canine osteosarcoma, *J Am Anim Hosp Assoc* 41:382, 2005.

Fan TM et al: Single-agent pamidronate for palliative therapy of canine appendicular osteosarcoma bone pain, *J Vet Intern Med* 21:431, 2007.

Hillers KR et al: Incidence and prognostic importance of lymph node metastases in dogs with appendicular osteosarcoma: 228 cases (1986-2003), *J Am Vet Med Assoc* 226:1364, 2005.

LaRue SM et al: Limb-sparing treatment for osteosarcoma in dogs, *J Am Vet Med Assoc* 195:1734, 1989.

Lascelles BD et al: Improved survival associated with postoperative wound infection in dogs treated with limb-salvage surgery for osteosarcoma, *Ann Surg Oncol* 12:1073, 2005.

McMahon M et al: Adjuvant carboplatin and gemcitabine combination chemotherapy postamputation in canine appendicular osteosarcoma, *J Vet Intern Med* 25:511, 2011.

Moore AS et al: Doxorubicin and BAY 12-9566 for the treatment of osteosarcoma in dogs: a randomized, double-blind, placebo-controlled study, *J Vet Intern Med* 21:783, 2007.

Mueller F et al: Palliative radiotherapy with electrons of appendicular osteosarcoma in 54 dogs, *In Vivo* 19:713, 2005.

O'Brien MG et al: Resection of pulmonary metastases in canine osteosarcoma: 36 cases, *Vet Surg* 22:105, 1993.

Rosenberger JA, Pablo NV, Crawford PC: Prevalence of and intrinsic risk factors for appendicular osteosarcoma in dogs: 179 cases (1996-2005), *J Am Vet Med Assoc* 231:1076, 2007.

Rowell JL, McCarthy DO, Alvarez CE: Dog models of naturally occurring cancer, *Trends Molec Med* 17:380, 2011.

肥大细胞瘤

Carlsten KS et al: Multicenter prospective trial of hypofractionated radiation treatment, toceranib, and prednisone for measurable canine mast cell tumors, *J Vet Intern Med* 26:135, 2012.

Hahn KA et al: Masitinib is safe and effective for the treatment of canine mast cell tumors, *J Vet Intern Med* 22:1301, 2008.

Henry C, Herrera C: Mast cell tumors in cats: clinical update and possible new treatment avenues, *J Fel Med Surg* 15:41, 2013.

Hosoya K et al: Adjuvant CCNU (lomustine) and prednisone chemotherapy for dogs with incompletely resected grade 2 mast cell tumors, *J Am Anim Hosp Assoc* 45:14, 2009.

Jones CL et al: Detection of c-kit mutations in canine mast cell tumors using fluorescent polyacrylamide gel electrophoresis, *J Vet Diagn Invest* 16:95, 2004.

Kiupel M et al: Proposal of a 2-tier histologic grading system for canine cutaneous mast cell tumors to more accurately predict biological behavior, *Vet Pathol* 48:147, 2011.

Lepri E et al: Diagnostic and prognostic features of feline cutaneous

mast cell tumours: a retrospective analysis of 40 cases, *Vet Res Commun* 27(Suppl)1:707, 2003.

London CA: Kinase dysfunction and kinase inhibitors, *Vet Dermatol* 24:181; 2013.

London CA et al: Multi-center, placebo-controlled, double-blind, randomized study of oral toceranib phosphate (SU11654), a receptor tyrosine kinase inhibitor, for the treatment of dogs with recurrent (either local or distant) mast cell tumor following surgical excision, *Clin Cancer Res* 15:3856, 2009.

Macy DW et al: Mast cell tumor. In Withrow SJ et al, editors: *Clinical veterinary oncology*, Philadelphia, 1989, JB Lippincott.

McManus PM: Frequency and severity of mastocythemia in dogs with and without mast cell tumors: 120 cases (1995-1997), *J Am Vet Med Assoc* 215:355, 1999.

Molander-McCrary H et al: Cutaneous mast cell tumors in cats: 32 cases (1991-1994), *J Am Anim Hosp Assoc* 34:281, 1998.

Pryer NK et al: Proof of target for SU11654: inhibition of KIT phosphorylation in canine mast cell tumors, *Clin Cancer Res* 9:5729, 2003.

Romansik EM et al: Mitotic index is predictive for survival for canine cutaneous mast cell tumors, *Vet Pathol* 44:335, 2007.

Séguin B et al: Clinical outcome of dogs with grade-II mast cell tumors treated with surgery alone: 55 cases (1996-1999), *J Am Vet Med Assoc* 218:1120, 2001.

Webster JD et al: Cellular proliferation in canine cutaneous mast cell tumors: associations with c-KIT and its role in prognostication, *Vet Pathol* 44:3, 2007.

注射部位肉瘤

Barber L et al: Combined doxorubicin and cyclophosphamide chemotherapy for nonresectable feline fibrosarcoma, *J Am Anim Hosp Assoc* 36:416, 2000.

Hershey AE et al: Prognosis for presumed feline vaccine-associated sarcoma after excision: 61 cases (1986-1996), *J Am Vet Med Assoc* 216:58, 2000.

Kass PH et al: Epidemiologic evidence for a causal relation between vaccination and fibrosarcoma tumorigenesis in cats, *J Am Vet Med Assoc* 203:396, 1993.

Lester S et al: Vaccine-site associated sarcomas in cats: clinical experience and a laboratory review (1982-1993), *J Am Anim Hosp Assoc* 32:91, 1996.

Phelps HA et al: Radical excision with five-centimeter margins for treatment of feline injection-site sarcomas: 91 cases (1998-2002), *J Am Vet Med Assoc* 239:97, 2011.

Romanelli G et al: Analysis of prognostic factors associated with injection-site sarcomas in cats: 57 cases (2001-2007), *J Am Vet Med Assoc* 232:1193, 2008.

Shaw SC et al: Temporal changes in characteristics of injection-site sarcomas in cats: 392 cases (1990-2006), *J Am Vet Med Assoc* 234:376, 2009.

Shrivastav A et al: Comparative vaccine-specific and other injectable-specific risks of injection-site sarcomas in cats, *J Am Vet Med Assoc* 241:595, 2012.

Wilcock B et al: Feline postvaccinal sarcomas: 20 years later, *Can Vet J* 53:430, 2012.

**本章作者医院常用的癌症化疗方案**

Ⅰ.淋巴瘤
　A.诱导
　　1.COP 方案(8 周疗程)
　　　环磷酰胺:犬剂量为 50 mg/m² PO q 48 h,持续 8 周;猫剂量为 200～300 mg/m² PO q 3 周
　　　长春新碱:0.5 mg/m² IV,一周一次,持续 8 周
　　　泼尼松:40～50 mg/m² PO q 24 h,持续一周,然后 20～25 mg/m² PO q 48 h,持续 7 周
　　2.COAP 方案
　　　环磷酰胺:犬 50 mg/m² PO q 48 h 或 200～300 mg/m² PO q 3 周*
　　　长春新碱:0.5 mg/m² IV,一周一次
　　　阿糖胞苷:100 mg/m² IV 或 SC,分 4 天给药,q 12 h
　　　泼尼松:40～50 mg/m² PO q 24 h 使用一周,然后 20～25 mg/m² PO q 48 h

**对于猫,阿糖胞苷只能使用 2 d,其余 3 种药(环磷酰胺、长春新碱和泼尼松)持续使用 6 周,而非 8 周。**

　　3.CLOP 方案
　　　与 COP 方案相同,添加了 L-天冬酰胺酶,10 000～20 000 IU/m² IM q 4～6 周
　　4.CHOP 方案(每个循环 21 d)
　　　环磷酰胺:200～300 mg/m² PO,第 10 天给药
　　　多柔比星:30 mg/m² IV 或 1 mg/kg(如果小于 10 kg),第 1 天给药
　　　长春新碱:0.75 mg/m² IV,第 8 天和第 15 天给药
　　　泼尼松:40～50 mg/m² PO q 24 h,在第 1～7 天给药,然后 20～25 mg/m² PO q 48 h,第 8～21 天给药
　　　磺胺甲氧苄啶:15 mg/kg PO q 12 h
　　5.UW-19 周化疗方案(该方案无维持化疗,更多信息请参阅正文)
　　　第 1 周:长春新碱 0.5～0.75 mg/m², IV
　　　　　　　L-天冬酰胺酶 400 IU/kg,IM 或 SC
　　　　　　　泼尼松 2 mg/kg PO q 24 h
　　　第 2 周:环磷酰胺 200～250 mg/m²,IV 或 PO
　　　　　　　泼尼松 1.5 mg/kg PO q 24 h
　　　第 3 周:长春新碱 0.5～0.75 mg/m², IV
　　　　　　　泼尼松 1 mg/kg PO q 24 h
　　　第 4 周:多柔比星 30 mg/m²(若体重<10 kg,1 mg/kg)IV
　　　　　　　泼尼松 0.5 mg/kg PO q 24 h
　　　**第 5 周:无治疗**
　　　第 6 周:长春新碱 0.5～0.75 mg/m², IV
　　　第 7 周:环磷酰胺 200～250 mg/m²,IV 或 PO
　　　第 8 周:长春新碱 0.5～0.75 mg/m², IV
　　　第 9 周:多柔比星 30 mg/m²(若体重<10 kg,1 mg/kg)IV
　　　**第 10 周:无治疗**
　　　第 11 周:长春新碱 0.5～0.75 mg/m², IV
　　　第 12 周:环磷酰胺 200～250 mg/m²,IV 或 PO
　　　第 13 周:长春新碱 0.5～0.75 mg/m², IV
　　　第 14 周:多柔比星 30 mg/m²(若体重<10 kg,1 mg/kg)IV
　　　**第 15 周:无治疗**
　　　第 16 周:长春新碱 0.5～0.75 mg/m², IV
　　　第 17 周:环磷酰胺 200～250 mg/m²,IV 或 PO
　　　第 18 周:长春新碱 0.5～0.75 mg/m², IV
　　　第 19 周:多柔比星 30 mg/m²(若体重<10 kg,1 mg/kg),IV
　B.维持
　　1.LMP 方案
　　　苯丁酸氮芥:20 mg/m² PO,每两周一次

　　泼尼松:20～25 mg/m² PO q 48 h

　　氨甲蝶呤 2.5～5 mg/m² PO,每周 2～3 次

　2. LAP 方案

　　苯丁酸氮芥:20 mg/m² PO,q 2 周

　　泼尼松:20～25 mg/m² PO q 48 h

　　阿糖胞苷(Cytosar):200～400 mg/m² SC,q 2 周,与苯丁酸氮芥替换使用

　3. COP 方案隔周一次,共计 6 个疗程,然后每 3 周一次,共计 6 个疗程,然后每月一次

C."挽救"

**犬**

　1. D-MAC 方案(14 d 方案;持续使用 10～16 周)

　　地塞米松:0.5 mg/lb(1 mg/kg)PO 或 SC,第 1 天和第 8 天给药

　　放线菌素 D(Cosmegen):0.75 mg/m² IV,第 1 天给药

　　阿糖胞苷(Cytosar):200～300 mg/m² IV,超过 4 h 滴注,或 SC,第 1 d 给药

　　美法仑(Alkeran):20 mg/m² PO,第 8 天给药(给药 4 次后,用苯丁酸氮芥以相同剂量替换)

　2. 如果在 COAP 治疗后二次复发,或曾使用阿霉素效果良好,使用 CHOP 方案

**猫**

　1. ACD 方案(21 d 循环)

　　多柔比星:1 mg/kg,第 1 天给药,IV

　　环磷酰胺:200～350 mg/m² PO,第 10 天给药

　　地塞米松:4 mg/猫,PO,q 1～2 周

　2. AMD 方案

　　阿糖胞苷:每天 100～200 mg/m² IV CRI,持续 1～2 d

　　米托蒽醌:4 mg/m² IV CRI,与阿糖胞苷混合

　　地塞米松:0.5～1 mg/lb(1～2 mg/kg)PO,每周给药,q 3 周,重复给药

Ⅱ. 急性淋巴细胞白血病(ALL)

　COAP、CLOP 或 COP 方案

Ⅲ. 慢性淋巴细胞白血病(CLL)

　1. 苯丁酸氮芥:20 mg/m² PO,q 2 周(用或不用泼尼松:20 mg/m² PO q 48 h)

　2. 环磷酰胺:50 mg/m² PO q 48 h;泼尼松:20 mg/m² PO q 48 h

Ⅳ. 急性髓细胞性白血病

　1. 阿糖胞苷:每天 5～10 mg/m² SC q 12 h,连用 2～3 周,隔一周后再次重复给药

　2. 阿糖胞苷:每天 100～200 mg/m² 静脉滴注 >4 h CRI

　　米托蒽醌:4～6 mg/m² 静脉滴注 >4 h CRI;每 3 周重复给药

Ⅴ. 慢性髓细胞性白血病

　1. 羟基脲(Hydrea):50 mg/m² PO q 24～48 h 直至白细胞计数正常

Ⅵ. 多发性骨髓瘤

　1. 美法仑(Alkeran):2～4 mg/m² PO q 24 h 使用 1 周,然后 q 48 h,也可 6～8 mg/m² PO 连用 5 d,每 21 天重复一次

　　泼尼松:40～50 mg/m² PO q 24 h 使用一周,然后 20 mg/m₂ PO q 24 h

　2. 同Ⅲ.2

Ⅶ. 肥大细胞瘤(不可切除、系统性或转移性)

　1. 泼尼松:40～50 mg/m² PO q 24 h,使用一周,然后 20～25 mg/m² PO q 48 h

　2. 洛莫司汀(CCNU):60 mg/m² PO q 3 周(同时使用或不使用泼尼松)

　3. LVP 方案

　　长春花碱:2 mg/m² IV q 6 周,和洛莫司汀交替使用

　　洛莫司汀(CCNU):60 mg/m² PO q 6 周

　　泼尼松:20～25 mg/m² PO q 48 h

Ⅷ. 软组织肉瘤——犬

　1. VAC 方案(21 d 疗程)

　　长春新碱:0.75 mg/m² IV,第 8 天和第 15 天给药

　　多柔比星:30 mg/m² IV 或 1 mg/kg(如果小于 10 kg),第 1 天给药

环磷酰胺:200～300 mg/m² PO 第 10 天给药

磺胺甲氧苄啶:15 mg/kg PO q 12 h

Ⅸ. 软组织肉瘤——猫

  1. AC 方案(21 d 疗程)

    多柔比星:1 mg/kg,第 1 天给药

    环磷酰胺:200～300 mg/m² PO,第 10 天给药

  2. MiC 方案(21 d 疗程)

    米托蒽醌:4～6 mg/m²,4 h 以上静脉滴注,第 1 天给药

    环磷酰胺:200～300 mg/m²,第 10 天给药

  3. 卡铂:10 mg/kg IV q 4 周

Ⅹ. 骨肉瘤——犬

  1. 多柔比星:30 mg/m² 或 1 mg/kg(如果小于 10 kg)IV q2 周给药 5 次

  2. 卡铂:300 mg/m² IV q 3 周,连续 4～6 次

  3. 多柔比星和卡铂,按上述方法给药,每 3 周替换一次,每种药给 2～3 次

Ⅺ. 癌——犬

  1. FAC 方案

    5-氟尿嘧啶(5-Fu):150 mg/m² IV,第 8 天和第 15 天给药

    多柔比星:30 mg/m² IV 或 1 mg/kg(如果小于 10 kg),第 1 天给药

    环磷酰胺:200～300 mg/m² PO,第 10 天给药

    磺胺甲氧苄啶:15 mg/kg PO q 12 h

  2. 卡铂:300 mg/m² IV q 3 周

  3. 吉西他滨:675 mg/m² IV CRI,30 min,q 2 周

Ⅻ. 癌——猫

**5-氟尿嘧啶对猫有毒性,引起严重的(通常致命)神经症状。顺铂也有极度的毒性,引起猫急性肺毒性。**

  1. 卡铂:10 mg/kg IV q 4 周

  2. AC 方案(21 d 疗程)

    多柔比星:1 mg/kg,第 1 天给药

    环磷酰胺:200～300 mg/m² PO,第 10 天给药

  3. MiC 方案(21 d 疗程)

    米托蒽醌:4～6 mg/m² 4 h 以上静脉滴注,第 1 天给药

    环磷酰胺:200～300 mg/m² PO 第 10 天给药

  4. MiCO 方案(21 d 疗程)

    米托蒽醌:4～6 mg/m²,4 h 以上静脉滴注,第 1 天给药

    环磷酰胺:200～300 mg/m² PO 第 10 天给药

    长春新碱:0.5～0.6 mg/m² IV,第 8 天和第 15 天给药

XIII. 节拍化疗

  ● Palladia(2.5 mg/kg PO,周一,周三,周五),再加上

  ● 环磷酰胺(10 mg/m² PO,周二,周四,周六)或苯丁酸氮芥(2～4 mg/m² PO,周二、周四、周六),再加上

  ● 非甾体类抗炎药(治疗剂量),再加上

  ● 法莫替丁(0.5～1 mg/kg PO q 24 h)

---

＊每天用药需分 2～4 次给药。此种化疗方案持续时间各异。

CRI,恒速输注;IM,肌肉注射;IV,静脉注射;PO,口服;SC,皮下注射。

# 第 80 章
## CHAPTER 80

# 贫血
## Anemia

# 定义
## (DEFINITION)

贫血即红细胞(RBC)数量减少。临床上,贫血即为红细胞比容(PCV 或 HCT)、血红蛋白(Hb)浓度或 RBC 计数降至该物种的参考范围(RI)以下。在本章中,PCV 和 HCT 可相互替换。在特殊情况下,即使结果仍在参考范围内,若患病动物的 HCT 逐步下降,也可诊断为贫血。例如灰猎犬和其他猎犬(见 81 章),它们的 HCT 几乎都高于 50%,因此一只贫血灰猎犬的 HCT 可能在参考范围内。由于参考范围只适用于 95% 的犬猫,偶尔某个个体出现异常结果也是正常的,进一步寻找其他病因是多余的。重点在于,贫血并非最终诊断,因此应尽可能去寻找造成贫血的原因。

# 临床和临床病理学评估
## (CLINICAL AND CLINICOPATHOLOGIC EVALUATION)

在判读 HCT、Hb 浓度或 RBC 计数结果时,兽医应牢记:在某些情况下,这些值会高于(如猎犬)或低于(如幼犬、怀孕犬)该种群的参考范围。从实践角度来说,检查红细胞时,临床兽医不需要对每一项全血细胞计数(complete blood count,CBC)结果进行分析,因为某几项提供的信息是一样的。例如,PCV、Hb 浓度以及 RBC 计数提供的是同一类型信息(即 RBC 计数升高通常会导致 PCV 和 Hb 浓度升高,反之则反)。因此,评价 CBC 内的红细胞变化时,通常将 PCV 作为反映 RBC 数量的直接指标。

犬、猫贫血的主要临床表现包括苍白、口腔黏膜黄染、嗜睡、运动不耐受、异食癖(猫)和活动性下降;犬出现异食癖主要与纯红细胞再生障碍(pure red cell aplasia,PRCA;框 80-1)有关。这些临床症状可能是急性或慢性的,严重程度不定;临床症状的持续时间不能反映贫血机制。例如,急性临床症状常见于慢性贫血的猫,大多数慢性贫血的猫会出现代偿性氧离曲线右移,从而更容易释放出氧气。因此在临床中猫贫血更稳定,直到 HCT 下降至特定的百分比之下,才会出现急性症状。主人也会发现一些适应贫血的改变,如心动过速或心前区搏动增强。下面是一些询问贫血犬猫主人的重要问题:

- 您的宠物最近接受过药物治疗吗? 某些药物会导致溶血、胃肠道出血或骨髓发育不良。

- 您有观察到带血或黑色的(煤焦油样)粪便吗? 肿瘤或胃溃疡导致的胃肠道出血会引起缺铁性贫血(iron deficiency anemia,IDA)。

- 最近给您的猫检测过猫白血病病毒(feline leukemia virus,FeLV)或猫免疫缺陷病毒(feline immunodeficiency virus,FIV)吗? 反转录病毒会导致骨髓发育不全、骨髓发育不良或白血病,引起全血细胞减少。

- 您最近在爱犬身上发现过蜱吗? 埃利希体会导致骨髓发育不良;巴贝斯虫会导致溶血。

- 您的爱犬跟比特犬打过架吗? 吉氏巴贝斯虫感染会导致与免疫介导性溶血性贫血类似的症状,并且会通过比特犬咬伤传播。

● 您的宠物最近打过疫苗吗？弱毒苗会导致血小板功能不全或血小板减少症，从而引起出血，另外注射疫苗也会导致免疫介导性溶血。

● 最近有没有给爱犬服用任何终止妊娠的药物？一些雌激素衍生物会导致骨髓发育不良或发育不全。

**框80-1　犬猫贫血的临床表现**

**病史**
品种(如先天性酶病,比特犬的巴贝斯虫病)
家族史
运动不耐受、晕厥发作
苍白、黄疸
局灶性或全身性出血
FeLV 或 FIV 感染
媒介传播疾病(如埃利希体、无形体和巴贝斯虫)
营养不良、吸收不良
慢性炎症、肿瘤
旅行史

**体格检查**
苍白、黄疸、瘀血、瘀斑
淋巴结肿大
肝肿大、脾肿大
心动过速、心杂音、心脏增大、左心室肥大
粪便潜血
血尿、胆红素尿

FeLV,猫白血病病毒;FIV,猫免疫缺陷病毒。

除了这些问题,还应详细询问旅行和用药史。某些与贫血有关的传染性疾病呈地域性分布(如巴贝斯虫多见于美国东南部);但是,全球变暖和全世界旅行扩大了大部分传染源的分布范围。另外,随着犬在全美旅行的增加,疾病的地域性分布越来越不明显。一些可引起犬猫贫血的药物和毒素见框80-2。

评估一只黏膜苍白的患病动物时,首先必须确定是低血压还是贫血,也就是说,并非所有黏膜苍白的动物都是贫血引起的。最简单的方法就是评估 HCT 和毛细血管再充盈时间(capillary refill time,CRT)。患有心血管疾病和低血压犬、猫的 HCT 通常正常,并且有其他临床症状,但有症状的贫血犬的 HCT 通常会下降;另外,贫血犬、猫通常会出现脉搏亢进。充血性心衰的犬、猫罕见由于血管内液体滞留而引发的稀释性贫血。由于黏膜苍白缺乏对比性,很难评估贫血动物的 CRT。

**框80-2　引起犬猫贫血的药物和毒素**

对乙酰氨基酚
抗心律失常药
抗惊厥药
抗炎药(非甾体类)
巴比妥类药物
苯佐卡因
化疗药物
氯霉素
西咪替丁
金盐类
灰黄霉素
左旋咪唑
甲巯咪唑
蛋氨酸
亚甲蓝
甲硝唑
青霉素和头孢类药物
吩噻嗪类
丙硫氧嘧啶
丙二醇
磺胺类衍生物
维生素 K
锌

兽医应该查找黏膜苍白的动物是否存在瘀血、瘀斑和深部出血。这些发现提示血小板减少或凝血因子缺乏[可见于出现埃文斯综合征(Evans 综合征)、弥散性血管内凝血(disseminated intravascular coagulation,DIC)或急性白血病的动物,见85章],导致失血性贫血。黄疸常见于犬的溶血性贫血,少见于猫;在这些动物中,由于 HCT 较低,牙龈的颜色是白色偏黄,而不是白色偏粉。在我们诊所中,大多数犬的黄疸是溶血导致的,而大多数猫的黄疸是肝病导致的。

应特别注意检查淋巴网状内皮器官,如淋巴结和脾脏,因为一些导致贫血的疾病会导致淋巴结肿大、肝脾肿大,或两者同时出现(表80-1)。出现血管内溶血患犬的腹部 X 线片可见胃内金属性异物,这可能是锌,它通常会导致红细胞溶解。贫血患犬的腹部超声检查可见脾脏弥散性增大,伴有质地斑驳,可能由免疫介导性溶血或淋巴瘤、白血病或恶性组织细胞增生症所致。

**表 80-1**　导致贫血和肝肿大、脾肿大和/或淋巴结肿大的常见疾病

| 疾病 | 频率 | 物种 |
|---|---|---|
| 淋巴瘤 | 常见 | 犬、猫 |
| 支原体病 | 常见 | 猫＞犬 |
| 急性白血病 | 常见 | 猫、犬 |
| 埃利希体病、无形体病 | 常见* | 犬＞猫 |
| 系统性肥大细胞病 | 罕见 | 猫＞犬 |
| 骨髓发育不全 | 罕见 | 猫、犬 |
| 免疫介导性溶血性贫血 | 常见 | 犬＞猫 |

\* 地域性分布。

贫血的程度有助于确定病因。鉴于此,贫血根据 HCT 水平分级如下:

| | 犬 | 猫 |
|---|---|---|
| 轻度 | 30%～36% | 20%～24% |
| 中度 | 18%～29% | 15%～19% |
| 重度 | ＜18% | ＜14% |

如果犬猫是重度贫血,可以立即排除一些原因[如出血、慢性疾病所致的贫血、肾性贫血和缺铁性贫血(IDA)],因为这些病因不会导致如此严重的 HCT 下降;因此重度贫血很可能是由溶血或骨髓疾病(见下文)所致。临床症状的严重程度也通常与贫血机制有关。例如,一只出现重度贫血的犬或猫,出现了轻度至中度临床症状,更可能是由慢性贫血(如骨髓疾病)所致;急性重度贫血(如溶血)会导致严重的临床症状,这是因为机体的代偿机制还没有发挥作用。

作为评估患病动物 HCT 的一部分,还应检测血浆是否存在黄疸(黄色)或溶血(粉色或红色)的迹象,或两者都存在(葡萄酒红色),然后用折射仪测定蛋白水平。应仔细查看微量血细胞比容管,以确定是否存在自体凝集的迹象,还应进行玻片凝集试验(见下文)。进行血涂片检查以观察红细胞形态变化,而红细胞形态变化很可能帮助临床兽医找到贫血的原因。血涂片评估可为大多数贫血动物提供重要的临床病理学信息。

兽医还要面对 CBC 在诊所内检测还是送检到参考实验室的问题。方便而又准确的台式血液分析仪为小动物血液学检查领域带来了巨大的变化。目前,50%以上的美国兽医诊所拥有自己的分析仪。大多数仪器是可靠的,能够提供准确的结果。但是,当结果在参考范围外或被标记时,兽医或技师应进行血涂片评估。对于仪器来说血涂片检查是最简单、最便宜的质量控制方法。

新的台式分析仪通常能提供细胞分布图(散点图、直方图或细胞图)。仪器的散点图可以提供的临床相关信息包括细胞大小、分布,是否存在网织红细胞、核左移、有核红细胞和其他细胞特征。一只健康犬、猫的典型散点图见图 80-1。

一旦发现患病动物贫血,应该确定是再生性还是非再生性贫血。常规 CBC 获得的网织红细胞计数(一些实验室内分析仪,如缅因州韦斯特布鲁克 IDEXX 公司生产的 LaserCyte 和 ProCyteDx 可提供网织红细胞计数)、参考实验室提供的网织红细胞计数、血涂片中多染性红细胞的数量(图 80-2)均可用于判断再生性贫血和非再生性贫血。通过红细胞散点图很容易判断是否为再生性贫血(图 80-3)。这反映了贫血的病理机制,因此可迅速确定诊断和治疗步骤(框 80-3)。

简而言之,再生性贫血通常是由于骨髓外原因导致的,因为循环中的网织红细胞或多染性红细胞(未成熟红细胞)是提示骨髓功能的明确指标。只有溶血或失血会导致再生性贫血。骨髓内或髓外疾病均会导致非再生性贫血,如红细胞发育不良、慢性炎性疾病和慢性肾病;另外,急性出血或溶血导致的贫血在起初的 48～96 h 内也会表现出非再生性反应。虽然缺铁性贫血传统上归类于非再生性反应,大多数慢性失血导致缺铁的犬表现出轻度至中度再生反应,红细胞指数与其他非再生性贫血差别很大(见下文)。因此作者倾向于将 IDA 单独归为一类。再生性贫血通常是急性的,非再生性贫血通常是亚急性的(即失血或溶血持续时间小于 48 h),或更常见慢性的。

在对贫血动物的初步评估中,根据血涂片检查结果或散点图通常足以判断骨髓对贫血的反应(如贫血是否为再生性的,见图 80-2 和图 80-3)。从制备良好、着色适当的血涂片中可获取一些信息,包括红细胞的大小和形态、白细胞和血小板的大概数量和形态、是否存在自体凝集、是否存在有核红细胞、是否存在多染性红细胞(再生性贫血的一个指征),以及是否存在红细胞寄生虫。临床兽医可以对血涂片做粗略的检查,若未得出确切诊断,可将血液样本送至诊断实验室,由临床病理学家做进一步的检验分析。仔细检查血涂片时可发现的一些异常及其临床意义见表 80-2。应在油镜视野下评估单层红细胞区域,并至少扫查 50%的细胞。

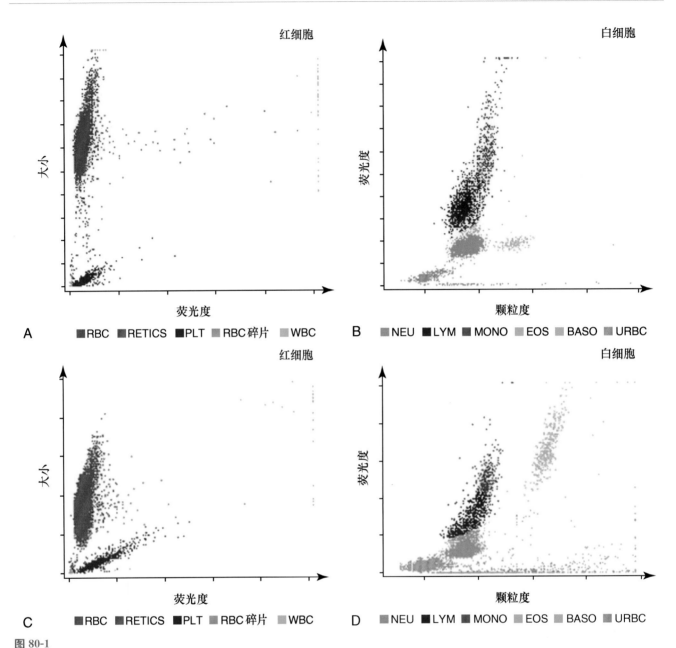

图 80-1

健康犬猫的散点图。**A** 和 **B，**一只健康犬的红细胞(**RBC**)和白细胞(**WBC**)散点图。**C** 和 **D，**一只健康猫的红细胞和白细胞散点图。在红细胞图上,纵轴表示细胞的大小,横轴表示荧光度(**RNA** 或 **DNA** 含量)。红点代表红细胞,紫点代表网织红细胞(**RETICS**),蓝点代表血小板(**PLT**)。在白细胞散点图上,纵轴表示荧光度、细胞核大小及其复杂程度,横轴代表颗粒度(胞浆内容物)。淡紫色点代表嗜中性粒细胞(**NEU**),绿点代表嗜酸性粒细胞(**EOS**),青点代表嗜碱性粒细胞(**BASO**),蓝点代表淋巴细胞(**LYM**),红点代表单核细胞(**MONO**),橘色点代表未溶解的红细胞(**URBC**)。

判定再生性贫血的严重程度时,CBC 和网织红细胞计数可提供更绝对的数据。但是,网织红细胞计数的升高应与 HCT 的降低呈一定比例,所以必须慎重参考下文所写的信息。例如,网织红细胞计数为 120 000 个/μL 或约 4%,对应犬的 HCT 应该是 30%,而不应该是 10%。有趣的是,随着可提供网织红细胞计数的自动化分析仪的出现,约 10%HCT 正常的犬会出现网织红细胞计数升高。我们现在知道兴奋也可能会导致网织红细胞从脾脏释放入循环血液。

因此,兴奋犬的网织红细胞计数可能会比安静犬的高。总体来说,HCT 正常的健康犬猫的网织红细胞计数应少于 100 000 个/μL,大多数在 10 000~50 000 个/μL。注意,评估 LaserCyte 或 ProCyteDx(IDEXX)的散点图时,出现大片的网织红细胞点通常也与再生性贫血有关(见图 80-3)。

以下列出的几点普遍适用:

1. 如果红细胞指数提示大细胞低色素,贫血时几乎都会出现网织红细胞计数升高,与成熟红细胞相比,

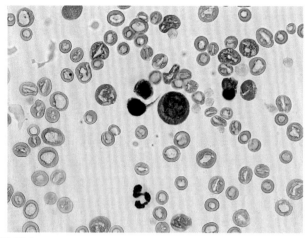

**图 80-2**

一只犬的血涂片中可见红细胞大小不等、多染性红细胞和有核红细胞，包括一个大的未成熟的中幼红细胞（中间）（×1 000），该血涂片的变化强烈提示再生性贫血。

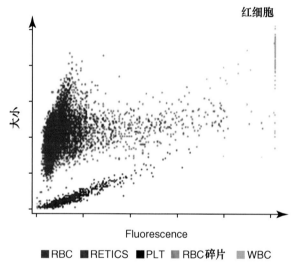

■RBC ■RETICS ■PLT ■RBC碎片 ■WBC

**图 80-3**

一只猫的红细胞散点图强烈提示再生性贫血（网织红细胞：115 000 个/μL），这是由急性胃肠道出血所致。注意大量紫色的网织红细胞（RETICS）。可与图 80-1C 正常猫红细胞散点图对比。

**框 80-3 贫血的分类**

**再生性**
失血（48～96 h 后）
溶血

**半再生性**
IDA

**非再生性**
ACD
ARD
骨髓疾病
失血/溶血（起初 48～96 h）
内分泌性贫血

ACD，慢性疾病所致贫血；ARD，肾性贫血；IDA，缺铁性贫血。

**表 80-2 犬猫异常红细胞形态的判读**

| 异常形态 | 常见疾病 |
| --- | --- |
| 大红细胞 | 再生性、品种特征性（贵宾犬）、FeLV 感染、造血异常（骨髓疾病） |
| 小红细胞 | 缺铁、品种特征性（秋田犬、沙皮犬和日本柴犬）、门静脉短路或微血管发育不良、PRCA、红细胞增多症 |
| 低染性红细胞 | 缺铁 |
| 多染性红细胞 | 再生性 |
| 异形红细胞 | 再生性、铁缺乏、脾功能减退 |
| 裂红细胞 (fragment) | 微血管病、血管肉瘤、DIC、脾功能减退 |
| 球形红细胞 | IHA、恶性组织细胞增多症、巴贝斯虫病、锌中毒 |
| 棘红细胞（spur cells） | 血管肉瘤、肝病、脾功能减退 |
| 锯齿状红细胞 (burr cells) | 伪象、肾病、丙酮酸激酶缺乏 |
| 椭圆形红细胞 | 先天性椭圆形红细胞增多症（犬） |
| 海因茨小体 | 红细胞的氧化损伤 |
| 豪-乔氏小体 | 再生性、脾功能减退 |
| 自体凝集 | IHA |
| 晚幼红细胞增多 | 品种特征性（雪纳瑞犬和腊肠犬）、髓外造血、再生性、铅中毒、血管肉瘤 |
| 白细胞减少 | 见正文 |
| 血小板减少 | 见正文 |
| 全血细胞减少 | 骨髓疾病、脾功能亢进 |

DIC，弥散性血管内凝血；FeLV，猫白血病病毒；IHA，免疫溶血性贫血；PRCA，纯红细胞发育不良。

修订自 Couto CG et al：Hematologic and oncologic emergencies. 见于 Murtaugh R et al，editors：Veterinary emergency and critical care medicine, St Louis, 1992, Mosby.

网织红细胞比较大，且血红蛋白（Hb）含量少。因此贫血可能是再生性的。但是再生性贫血也可能会表现为正细胞正色素性或正细胞低色素性。

2. 如果网织红细胞计数超过 120 000 个/μL（或 ≈4%），且是轻度至中度贫血，这种贫血可能是再生性的。

3. 作为评估再生性贫血的一部分，最好测定血清或血浆蛋白水平，因为失血通常会导致低蛋白血症，但溶血不会。其他可帮助鉴别失血和溶血的体格检查和临床病理学检查见表 80-3。

**表80-3　鉴别失血和溶血的依据**

| 项目 | 失血 | 溶血 |
|---|---|---|
| 血清(或血浆)蛋白浓度 | 正常至低 | 正常至高 |
| 出血 | 常见 | 罕见 |
| 黄疸 | 无 | 常见 |
| 血红蛋白血症 | 无 | 常见 |
| 球形红细胞增多 | 无 | 常见 |
| 含铁血黄素尿 | 无 | 有 |
| 自体凝集 | 无 | 偶见 |
| 直接库姆斯试验 | 阴性 | 通常阳性(IHA) |
| 脾肿大 | 无 | 常见 |
| RBC 变化 | 无 | 常见(见表80-2) |

IHA,免疫溶血性贫血;RBC,红细胞。

摘自 Couto CG et al: Hematologic and oncologic emergencies. 见于 Murtaugh R et al, editors: Veterinary emergency and critical care medicine, St Louis, 1992, Mosby, p 359.

# 贫血动物的管理
## (MANAGEMENT OF THE ANEMIC PATIENT)

管理贫血(或者出血)动物的第一条基本原则:在开始任何治疗前先采集所有的血液样本。由于大多数贫血动物都是被紧急送到医院的,如果动物病情完全稳定后再采集血样,对动物的治疗会引起血液或血清生化检测值的变化。

## 再生性贫血
### (REGENERATIVE ANEMIAS)

### 失血性贫血

犬猫急性失血时会在 48～96 h 出现网织红细胞增多症(再生反应)。因此创伤及严重失血的动物短时间内会表现出非再生性贫血,且血清(血浆)蛋白水平偏低至正常。应该确定出血位置并止血;如果出血是全身性凝血缺陷所致,应确定原因并进行特异性治疗(见第 85 章)。通常急性失血所引起的贫血需要侵入

性输液治疗,可使用晶体液或胶体液,也可输注全血和血液制品。

### 溶血性贫血

人的骨髓有增殖能力,生成速度可升至 6～8 倍;犬、猫也是如此。因此,出现贫血前必须有大量红细胞遭到破坏。注意,一些犬、猫的 HCT 正常,也会有较多网织红细胞;如果血清胆红素水平轻度升高,或出现血红蛋白尿或胆红素尿,应怀疑溶血。正如失血性贫血一样,急性溶血在发病初期也会出现非再生性表现,因为骨髓还未出现再生性应答。另外,一些患免疫介导性溶血的犬,其红细胞前体在骨髓中被破坏,导致外周血再生反应不明显(PRCA,见下文)。

根据发病机理,溶血性贫血可分为血管外(如红细胞被单核巨噬细胞破坏)和血管内(如红细胞被补体、药物、毒素或拉伸的纤维蛋白束裂解)。根据动物的发病年龄,可将贫血分为先天性和获得性(表80-4)。在我们诊所就诊的犬、猫大部分都是获得性血管外溶血。

血管外溶血时,红细胞被脾脏、肝脏和骨髓中的单核巨噬细胞系统(mononuclear-phagocytic system, MPS)吞噬。细胞内包涵体是刺激红细胞吞噬作用的主要因素,如红细胞寄生虫或海因茨小体(后者常见于猫),以及包被细胞膜的 IgG 或 IgM(常见于犬)。先天性红细胞酶病也可引起血管外溶血。一旦发现异常红细胞,MPS 会迅速将其吞噬,导致循环红细胞减少,并使红细胞形态发生特殊变化(如球形红细胞)。如果红细胞遭到持续破坏,就会出现贫血。球形红细胞是单核巨噬细胞"咬"了细胞质和细胞膜后,细胞膜重新闭合形成的产物;红细胞丧失了多余的细胞膜,最终会丧失中央淡染区(图 80-4)。球形红细胞是免疫性溶血性贫血(immune hemolytic anemia, IHA)的特征,也可见于其他疾病,如吉氏巴贝斯虫感染、锌中毒或噬血性恶性组织细胞增多症;也可见于受血动物输入贮存血后。在我们诊所中,IHA 是犬血管外溶血性贫血最常见的原因。药物(如 β-内酰胺类抗生素)所致溶血和支原体病(先前名称为血巴尔通体病)是引发猫血管外溶血最常见的两种病因,但目前对于猫来讲,IHA 更常见。其他导致犬、猫血管外溶血性贫血的原因见表80-4。

表 80-4　犬猫溶血性贫血的原因

| 疾病 | 种类 | 品种 |
|---|---|---|
| **先天性(遗传性?)** | | |
| 丙酮酸激酶缺乏症 | 犬、猫 | 犬:巴辛吉犬、比格犬、西高地白㹴、凯恩㹴、贵宾犬、腊肠犬、吉娃娃犬、巴哥犬、拉布拉多巡回犬、美国爱斯基摩犬<br>猫:阿比西尼亚猫、索马里猫、孟加拉猫、埃及猫、拉波猫、缅因猫、挪威森林猫、热带草原猫、西伯利亚猫、新加坡猫、家养短毛猫 |
| PFK 缺乏症 | 犬 | 英国史宾格犬、可卡犬、惠比特犬、布列塔尼猎犬 |
| 口形红细胞增多症 | 犬 | 阿拉斯加雪橇犬、迷你雪纳瑞犬 |
| 非球形红细胞溶血性贫血 | 犬 | 贵宾犬、比格犬 |
| **获得性** | | |
| IHA | 犬多于猫 | 所有品种 |
| 新生儿溶血性贫血 | 猫 | 英国品种、阿比西尼亚猫、索马里猫(其他 B 型血猫) |
| 微血管病变性溶血性贫血 | 犬多于猫 | 所有品种 |
| **传染性** | | |
| 支原体病 | 猫多于犬 | 所有品种 |
| 巴贝斯虫病 | 犬多于猫 | 所有品种(比特犬和吉氏巴贝斯虫) |
| 胞簇虫病 | 猫 | 所有品种 |
| 埃利希体病(不常见) | 犬多于猫 | 所有品种 |
| **低磷血症** | 犬、猫 | 所有品种 |
| **氧化剂** | | |
| 对乙酰氨基酚 | 猫 | 所有品种 |
| 吩噻嗪类 | 犬、猫 | 所有品种 |
| 苯佐卡因 | 猫 | 所有品种 |
| 维生素 K | 犬、猫 | 所有品种 |
| 亚甲蓝 | 猫多于犬 | 所有品种 |
| 蛋氨酸 | 猫 | 所有品种 |
| 丙二醇 | 猫 | 所有品种 |
| 锌 | 犬 | 所有品种 |
| **引起免疫性溶血的药物** | | |
| 磺胺类药物 | 犬多于猫 | 杜宾犬、拉布拉多巡回犬 |
| 巴比妥类药物 | 犬 | 所有品种 |
| 青霉素类和头孢类药物 | 犬多于猫 | 所有品种 |
| 丙硫氧嘧啶 | 猫 | 所有品种 |
| 甲巯咪唑 | 猫 | 所有品种 |
| 抗心律失常药物 | 犬 | 所有品种 |
| 锌 | 犬 | 所有品种 |

PFK,磷酸果糖激酶;IHA,免疫溶血性贫血。

修订自 Couto CG et al: Hematologic and oncologic emergencies. 见于 Murtaugh R et al, editors: Veterinary emergency and critical care medicine, St Louis, 1992, Mosby, p. 359.

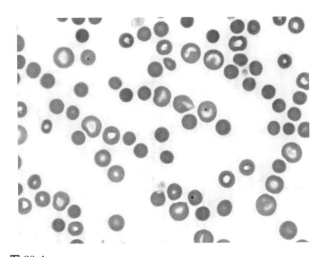

图 80-4

一只患免疫介导性溶血性贫血(IHA)的犬血涂片中可见大量球形红细胞。一些红细胞和多染性红细胞中可见豪-乔氏小体。

血管内溶血是红细胞直接溶解所致，可能由以下原因所致：补体-抗体活化（如含高浓度 IgG 或 IgM 的免疫介导性溶血）、感染性物质（如犬巴贝斯虫感染）、药物或毒素（如含锌的物品：1983 年以后铸造的便士、航空箱的螺栓、其他五金器具和含氧化锌的药膏）、代谢紊乱（如使用胰岛素治疗糖尿病后，犬猫会出现低磷血症）、裂红细胞增多（如微血管病变和 DIC）。犬猫的血管内溶血比血管外溶血少见，犬发生血管肉瘤时出现 DIC，锌中毒和低磷血症会出现血管内溶血；犬的某些先天性酶病［如磷酸果糖激酶(phosphofructoki-nase，PFK)缺乏］主要导致血管内溶血。

先天性（通常是家族性）溶血性贫血患犬的临床症状通常会持续较长时间，但 PFK 缺乏的英国史宾格犬除外。这种犬通常会在兴奋（如去诊所）或田间工作（如碱性溶血）后因通气过度出现急性溶血。获得性溶血性贫血的犬猫通常会出现急性贫血的症状，包括苍白、黄疸（在我的经验中，仅有 50% 的犬和更低比例的猫在溶血性贫血时会出现黄疸）和脾肿大（更特征性的表现）。如果患病动物同时有血小板减少症（如 Evans 综合征、DIC），会出现瘀血和瘀斑。在继发性溶血性贫血病例中，也会出现和原发疾病相关的症状；和人不同，这种情况在犬、猫中很罕见。

在评估犬、猫溶血性贫血时，须仔细检查血涂片。因为采用这种方法通常可以发现高度提示某种病因的形态学异常（表 80-2）。某些情况下，还应该评估毛细血管血。感染吉氏巴贝斯虫的犬（主要是比特犬）外周血中罕见寄生虫，但耳廓毛细血管血中常可发现（图 80-5）。我们可压紧耳尖几秒后，擦拭酒精使血管扩张，然后采血。使用 20G 针头刺破耳廓后，

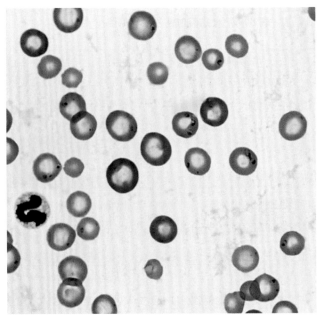

图 80-5

一只 7 岁已绝育雌性比特犬脾摘除后采集的毛细血管血液，进行 Diff-Quik 染色后血涂片中可见大量吉氏巴贝斯虫(×1 000)。

使用微量血细胞比容管采集一滴渗出的血液，并制作血涂片。在我的个人经验中，和吉姆萨或瑞氏-吉姆萨染色相比，Diff-Quik 染色更容易发现吉氏巴贝斯虫。

应进行自体凝集试验，在室温和 4℃ 条件下，将一大滴抗凝血滴到一张载玻片上（图 80-6）。当大量免疫球蛋白(Ig)结合到红细胞上，相邻的红细胞通过分子与分子间的桥连形成凝集；有时认为这种方法是天然的库姆斯试验（见下文）。与缗钱样红细胞相区别如下：加入 5 滴生理盐水，缗钱样红细胞在生理盐水中会散开；缗钱样红细胞常见于猫，罕见于犬。怀疑溶血但未出现自体凝集的犬猫应进行直接库姆斯试验，检查与红细胞结合的 Ig（见下文）。总的来说，红细胞表面包被有 Ig 提示免疫介导性溶血。由于一些药物和血液寄生虫可导致结合到红细胞上的抗体生成，从而导致继发性免疫介导性溶血（如猫支原体病或犬巴贝斯虫病），所以库姆斯试验阳性结果需慎重判读。使用糖皮质激素会导致结合到红细胞表面的 Ig 分子减少，从而导致假阴性结果。由于自体凝集即意味着红细胞表面存在 Ig（如生物学的库姆斯试验），因此出现自体凝集的动物，不再需要进行直接库姆斯试验。大部分患支原体病的猫会出现冷凝集（如血样冷藏 6~8 h 后会出现红细胞凝集），通常与红细胞表面包被的 IgM 有关。同样，超过 50% 的支原体病患猫直接库姆斯试验呈阳性。

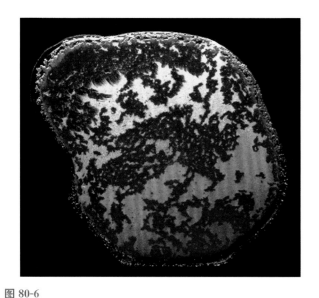

图 80-6
一只免疫介导性溶血性贫血(IHA)患犬出现了严重的自体凝集。

　　如果未发现病因(如红细胞寄生虫、药物和胃内的便士),在等待进一步检查的过程中[如血清学试验或聚合酶链式反应(PCR)],可先按照原发性或自发性IHA 进行治疗。注意,犬原发性 IHA 比猫常见;因此,应尽一切努力去寻找猫溶血的原因,如药物或血液寄生虫。IHA 的详细讨论见下文。

　　对于非免疫性破坏红细胞的溶血性贫血,治疗的目标为去除病因(如药物、感染物和胃内异物)和支持治疗。去除病因的同时,可以使用糖皮质激素(见下文)抑制 MPS 活性,虽然这种方法也有缺陷。多西环素(5～10 mg/kg,PO,q 12～24 h,连用 21～42 d)通常可用于治疗犬猫的支原体病。犬巴贝斯虫病的治疗取决于病原(见 96 章)。

　　**免疫溶血性贫血**　IHA 是犬溶血最常见的原因(见第 101 章)。虽然已根据溶血的发病机理确定了溶血的两大分类——原发性或自发性和继发性,但在我们诊所大多数犬 IHA 是原发性的,也就是说,经过大量临床和临床病理学评估后,大多数病例未找到病因。红细胞的免疫介导性破坏可能与药物(如 β-内酰胺类抗生素和巴比妥类药物)或疫苗有关,但是后者还没有最终定论。虽然猫 IHA 流行率比 10 年前高很多,但是除了继发于血液寄生虫所致的免疫性溶血之外,IHA 仍然罕见于猫。犬 IHA 的典型特征是急性发作,但更常见亚急性发作。

　　患 IHA 后,红细胞主要被 IgG 包被,包被后的红细胞由肝脾内的 MPS 清除,最终产生球形红细胞(图80-4),因此贫血犬的血涂片中出现球形红细胞高度提示 IHA,但并不能确诊。猫的球形红细胞很难辨识。

在这些患病动物中,还可见大凝集或小凝集(图 80-6)。

　　IHA 常见于中年雌性已绝育可卡犬、史宾格犬或小型犬,但金毛犬的 IHA 和其他免疫介导性细胞减少症的流行率正逐步升高。IHA 患犬的临床症状包括急性(或亚急性)发病导致的精神沉郁、运动不耐受以及苍白或黄疸,偶尔还可伴有呕吐或腹部疼痛。体格检查的结果常见苍白或黄疸、瘀点和瘀斑(如果还存在免疫性血小板减少症)、脾肿大以及心杂音。如前文所述,IHA 患犬可能不表现黄疸。出现黄疸和自体凝集(更常见)的急性(或亚急性)IHA,由于多病灶栓塞性疾病或传统治疗效果不佳,通常会在数小时或数天内恶化。对于这些患犬,我通常会给予更积极的治疗(见下文)。

　　IHA 患犬典型的血液学特征包括明显的再生性贫血、白细胞增多(嗜中性粒细胞增多为主,伴核左移和单核细胞增多)、有核红细胞增多、多染性红细胞和球形红细胞增多。血清(或血浆)蛋白浓度通常正常或升高,可能存在血红蛋白血症或胆红素血症(如粉色或黄色血浆)。前文已讨论过,某些犬会出现显著的自体凝集。Evans 综合征或 DIC 患犬还会出现血小板减少症。出现血管内溶血的犬通常会有血红蛋白尿(尿试纸条潜血阳性,但尿沉渣镜检看不到红细胞),血管外溶血会出现胆红素尿。

　　除了出现同样症状感染吉氏巴贝斯虫的比特犬,一只急性贫血的患犬出现多染性红细胞、自体凝集和球形红细胞,即可诊断为 IHA。在这种病例中,不需要用直接库姆斯试验进行确诊。对于未出现这些临床症状和血液学表现的犬,应进行直接库姆斯试验来检查红细胞膜上的 Ig。注意,比特犬还必须评估其毛细血管血血涂片(Diff-Quik 染色),或进行 PCR 检查以排除吉氏巴贝斯虫感染(图 80-5)。

　　10%～30%IHA 患犬的直接库姆斯试验呈阴性,但是免疫抑制治疗有效(见下文)。这些病例的红细胞膜上有足够的 Ig 或补体,刺激 MPS 吞噬,但是数量不足以导致库姆斯试验阳性。人的红细胞上结合 20～30 个 Ig 分子即可导致溶血,但是每个红细胞上出现超过 200～300 个 Ig 分子时,直接库姆斯试验才会呈阳性。患病动物若提前使用外源性糖皮质激素治疗,可能会导致结合到红细胞表面的抗体减少。

　　免疫抑制剂量的糖皮质激素(相当于:犬 2～4 mg/kg 泼尼松,q 12～24 h;猫可到达 8 mg/kg,q 12～24 h)可用于治疗原发性 IHA。由于地塞米松导致胃肠道溃疡或胰腺炎的可能性较高,隔天给药还会干扰下丘脑-垂体-肾上腺轴,所以治疗时可以先使用地塞米松,但不能将其作为长期维持治疗药物。和泼尼松相比,犬使用同等剂量的地塞米松并不能取得更好的疗效。但治疗猫 IHA 时,我喜欢使用地塞米松(4 mg/只,PO,每 1~2 周一次)代替泼尼松龙,这样治疗的成功率会更高。

大多数使用糖皮质激素治疗的犬会在 24~96 h 之内显著改善(图 80-7)。糖皮质激素主要有三种作用机制——抑制 MPS 活性、减少结合到细胞上的补体和抗体、抑制 Ig 生成。前两个作用迅速(数小时内),而第三个作用起效缓慢(1~3 周)。更多信息见第 100 章和第 101 章。

我遇到过许多急性或亚急性症状的 IHA 患犬,通常会出现黄疸和自体凝集,这些患犬的病情恶化速度很快,即使使用大量糖皮质激素治疗,患犬也会因肝脏、肺脏或肾脏血栓栓塞而死亡(图 80-8)。对于这些患病动物,我会使用环磷酰胺(一次性使用 200~300 mg/m² ,PO 或 IV,5~10 min 用完)或静脉注射用免疫球蛋白(IV immunoglobulin,IVIG),0.5 g/kg,静注(见下文),同时使用一次地塞米松磷酸钠(1~2 mg/kg)。由于溶血犬出现 DIC 和血栓的风险很高,我也提倡预防性使用肝素和/或阿司匹林。在我们诊所,按 50~75 IU/kg 的剂量皮下注射肝素,每 8 h 一次;同时可给予最低剂量的阿司匹林(0.5 mg/kg,PO,q 24 h)。按照这个剂量,一般不会因采用肝素治疗引起活化凝血时间(activated clotting time,ACT)

延长,或活化部分凝血活酶时间(activated partial thromboplastin time,aPTT)延长,这两个凝血指标通常用来监控全身性肝素化。使用低剂量或小剂量的肝素可降低 IHA 患犬的死亡率。由于 IHA 患犬出现血栓栓塞的风险极高,我不会放置中心静脉导管;前腔静脉血栓通常会导致这些犬出现严重的胸腔积液。使用这些治疗方法的同时还应使用侵入性液体疗法,以冲洗微循环中的红细胞凝集团(注意:一般情况下,循环红细胞不会凝集)。在严重贫血的动物中,治疗引起的血液稀释对机体有害。如果确实有必要,应使用氧疗法,但除非 HCT 或 Hb 浓度会升高,否则氧疗法也无效。

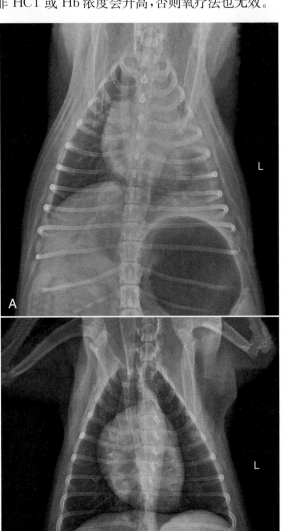

**图 80-8**
一只患免疫溶血性贫血(IHA)的杂种犬使用抗凝剂治疗前(A)和治疗后(B)的胸片。注意几乎完全实变的左侧肺野(A)及使用肝素和阿司匹林治疗 72 h 后消退的肺野(B)。

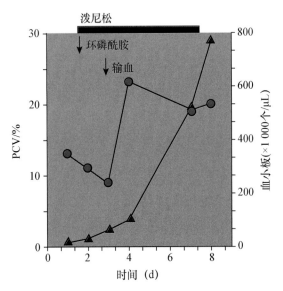

**图 80-7**
一只患免疫溶血性贫血(IHA)和免疫介导性血小板减少症(Evans 综合征)犬的治疗反应。PCV,红细胞比容;—●—,PCV;—▲—,血小板;↓,介入治疗。

对于一些顽固的犬 IHA 病例,我们尝试使用静脉注射用人免疫球蛋白(HIVIG,0.5～1 g/kg,IV,单次剂量)治疗,获得了极大的成功。这种治疗方法的目的是使用外来免疫球蛋白来抑制 MPS 内的 Fc 受体,进而减少对抗体包被红细胞的吞噬;该药同时也具有免疫调节作用。但是,这种药物非常昂贵(一只 10 kg 的犬每次治疗需 500～700 美元)。虽然昂贵,鉴于这种药物的效果,我通常会将其作为治疗严重 IHA 患犬的一线药物。

用于 IHA 患犬维持治疗的药物包括泼尼松(1～2 mg/kg,PO,q 48 h)和硫唑嘌呤(50 mg/m²,PO,q 24～48 h),既可单独应用,也可联合应用。硫唑嘌呤的副作用较少,但它可能有骨髓抑制和轻度肝毒性作用,所以需要密切监测血象和生化指标。如果出现骨髓抑制或肝毒性,必须减量;有些出现肝毒性的患犬必须停药。对于猫,苯丁酸氮芥是一种有效的免疫抑制药物,且毒性较小。我按照 20 mg/m²(PO,每 2 周一次)的剂量给猫使用苯丁酸氮芥,成功治疗了猫的 IHA、免疫介导性血小板减少症或其他细胞减少症。我还会给猫使用地塞米松(4mg/只),而不是泼尼松。总体来说,犬、猫 IHA 需要长期甚至是终身免疫抑制治疗。患病动物是否需要持续治疗取决于反复的摸索,在实践和失败中总结经验;免疫抑制药物在使用一段时间(通常 2～3 周)后,需重新评估动物的临床症状和血液学检查结果,随之调整剂量。若 PCV 并没有下降或已升高,患病动物临床症状稳定或有所改善,可以将药物剂量降低 25％～50％。在停药或复发之前需要一直进行这项操作。对于复发的病例,应再次使用之前使用的有效剂量。以我的个人经验,大多数 IHA 患犬需要终生治疗。对于顽固的 IHA,可选择性使用环孢素、霉酚酸酯和吗替麦考酚酯,也可以考虑摘除脾脏。详细内容见第 100 章和第 101 章。

对于糖皮质激素无效或出现糖皮质激素性糖尿病的 IHA 患猫,苯丁酸氮芥(20 mg/m²,PO,每 2 周一次)是最好的诱导和维持药物。根据我个人的经验,硫唑嘌呤会使猫出现严重的骨髓抑制,禁用于猫。

在治疗犬 IHA 时,兽医面临的最大问题是:是否输血或使用血液制品。原则上,如果输血是关键性治疗手段,就必须输血。由于 IHA 患病动物已经在破坏自身被抗体包被的红细胞,它们也可能会破坏新输入的红细胞,但这种说法还没有经过验证。我建议给迫切需要红细胞的 IHA 患病动物(如不输血动物会死亡)输血。我通常会在治疗前先给予地塞米松磷酸钠(0.5～1 mg/kg,IV),通过另一条静脉通路输注液体,并继续使用肝素或阿司匹林治疗。虽然建议交叉配血,但是时间就是生命,因此,在未经交叉配血的情况下,也可使用常用供血动物的血液或浓缩红细胞。

对于出现自体凝集的 IHA 患犬,可测定血型以决定是否输血;如果使用血型卡,可能会出现犬红细胞抗原 1.1(dog erythrocyte antigen,DEA)的假阳性(见下文,"输血疗法")。最终,关于是否输血并没有标准(如 PCV 检测值,对氧疗法缺乏反应)。兽医应根据自己的判断决定是否需要输血或使用血液制品(如患病动物是否存在呼吸急促、呼吸困难或端坐呼吸)。如果可能,最好使用常用供血动物的浓缩红细胞替代全血,这样输注较少量便可以获得更高的携氧能力,且通常不会导致高血容量。

## 非再生性贫血
### (NONREGENERATIVE ANEMIAS)

除了慢性疾病性贫血(anemia of chronic disease,ACD),临床上犬的非再生性贫血没有再生性贫血那么常见,而猫则相反。犬、猫非再生性贫血主要有 5 种(见框 80-3)。由于 IDA 会出现轻度至中度再生性反应,且红细胞指数与其他类型的非再生性贫血不同(小细胞低色素性 vs 正细胞正色素性)(见框 80-3 和框 80-4,以及表 80-2 至表 80-4),这种类型的贫血很容易判断,所以我更喜欢将其单独归为一类。内分泌疾病性贫血是典型的轻度贫血,通常是犬患甲状腺功能减退或肾上腺皮质功能减退时偶然发现的(见第 51 章和第 53 章)。一般而言,大多数犬、猫非再生性贫血和 IDA 是慢性的,这种情况下机体的生理反应可适应红细胞下降。这些类型的贫血通常是犬猫体检时偶然发现的,通常无症状。很多病例(如 ACD)呈轻度贫血,且无临床症状。虽然大多数非再生性贫血是慢性的,也经常会遇到两种急性形式——急性失血(失血起始的 48～96 h)和亚急性溶血。这种两种情况下,骨髓还未生成大量的网织红细胞,患病动物会出现严重的临床症状。

当评估急性发作且有症状的非再生贫血时,兽医应该尝试回答以下问题:

● 患病动物是否出现急性失血? 是否出现溶血? 是否出现再生性反应(出现症状的时间小于 48～96 h)?

**框80-4　犬猫非再生性贫血的分类和病因**

慢性疾病性贫血
骨髓疾病
　　骨髓(或红细胞系)发育不良
　　骨髓痨
　　骨髓增生异常综合征
　　骨髓纤维化
　　骨硬化
慢性肾病性贫血
急性失血或溶血(起始48～96 h)
内分泌疾病性贫血
　　肾上腺皮质功能减退
　　甲状腺功能减退

● 患病动物是否有慢性贫血？是否由于其他疾病(如心衰和败血症)而表现出临床症状？

下文有更多关于犬猫非再生性贫血出现的临床症状和临床病理学异常的讨论。犬、猫非再生性贫血时红细胞通常呈正细胞正色素性；但是猫FeLV感染所致的造血障碍性贫血，红细胞通常呈大细胞正色素性。注意，犬猫IDA时红细胞呈小细胞低色素性。

由于缺乏再生性表现，犬、猫的原发性或继发性骨髓异常(如骨髓疾病和ACD)与再生性贫血的临床评估有着天壤之别。通过体格检查、生化和尿液检查而排除了骨髓外疾病以后，若有必要建议进行骨髓抽吸或活检。

## 慢性疾病性贫血

ACD是犬猫非再生性贫血最常见的类型，但是由于贫血程度较轻，且几乎无临床症状，患病动物通常由于原发疾病(如肿瘤和感染)前来就诊。ACD继发于各种慢性炎症、退行性或肿瘤性疾病。虽然术语"慢性疾病性贫血"提示慢性发作，但是猫最短可在2周内发展成ACD。一些需要输液治疗的猫可能会出现血液稀释(Ottenjan等，2006)。大多数ACD患猫的PCV在18%～25%，大多数ACD患犬的PCV可在25%～35%。若患犬的PCV低于20%或者患猫的PCV低于17%～18%，大体上可排除ACD。红细胞指数是正细胞正色素性的，CBC也会提示原发性疾病(如白细胞增多症、嗜中性粒细胞增多症、单核细胞增多症和多克隆球蛋白病引起的高蛋白血症)。一些ACD患猫也会出现小细胞低色素性贫血，与IDA类似。

持续性炎症或肿瘤会导致铁被扣押在骨髓中的MPS内，从而使生成红细胞前体的铁相对不足。炎症期间白细胞会释放铁调素、乳铁蛋白和其他急性期产

物，这些物质是导致铁相对不足的主要因素。犬猫发生ACD时，血清铁浓度和总铁结合力(total iron-binding capacity，TIBC)或转铁蛋白浓度通常会降低，血红蛋白饱和度下降，但是骨髓中铁贮存量升高(表80-5)。

**表80-5　犬慢性疾病性贫血(ACD)和缺铁性贫血(IDA)的鉴别特征**

| 参数 | ACD | IDA |
|---|---|---|
| 血清铁浓度 | ↓ | ↓↓ |
| 总铁结合力 | N | N,↑ |
| 饱和度 | ↓ | ↓↓ |
| 骨髓铁贮量 | ↑ | ↓↓ |
| 血小板 | N,↓,↑ | ↑,↑↑ |
| 粪便潜血 | N | ± |
| 铁蛋白 | N | ↓ |

↓,降低；↓↓,显著降低；↑,升高；↑↑,显著升高；N,正常；±,阳性或阴性。

人类医学中，血清铁蛋白浓度是鉴别ACD和IDA的主要指标(如ACD时升高，而IDA时降低)，但这一指标在犬、猫中的意义还不明确。因此，鉴别ACD和IDA的决定性因素是通过普鲁士蓝染色评估骨髓铁贮存量。诊断ACD后，应尽一切可能确定缺铁的原因。

由于治疗原发性疾病即可缓解贫血，所以犬、猫ACD通常不需要特殊或支持疗法。虽然有些人提倡对ACD病例使用合成类固醇类药物，但是这些药物对犬、猫几乎无效。

## 骨髓疾病

肿瘤和发育不良性骨髓疾病会导致贫血和其他细胞减少症。在这些情况下，肿瘤细胞或炎症细胞(骨髓痨)占领了正常红细胞前体的位置，从而导致红细胞前体缺乏(发育不良)、不存在(发育不全)或红细胞前体成熟障碍(发育异常)。除了PRCA(见下文)，其他疾病都会影响一个以上的细胞系，患病动物通常会出现两种细胞减少症或全血细胞减少症(84章)。一般而言，这些疾病是慢性的，临床症状和贫血有关，还可能会伴有潜在疾病所致的症状。虽然可通过评估临床症状和血液学数据获得一些关于贫血发病机理的信息，但通常要根据骨髓细胞学或组织病理学做出诊断；有些还要根据致病原(如FeLV、FIV和埃利希体)血清学试验或PCR结果确诊。

**骨髓(或红细胞系)发育不全-发育不良**　骨髓发育不全-发育不良是以骨髓中所有细胞系(骨髓发育不全-发育不良或发育不全性全血细胞减少)或红细胞系前体(红细胞发育不全-发育不良或PRCA)发育不全或

发育不良为特征的。各种病原或疾病均会导致这种类型的贫血(或者多系血细胞减少症)(84 章)。接下来的讨论和 PRCA 有关;一些作者认为 PRCA 是一种非再生性免疫介导性贫血,而病理学家倾向于将所有红细胞系前体细胞发育不全-发育不良归为 PRCA。但由于无论红细胞系在哪个阶段发生成熟障碍,临床症状和临床病理学结果都一样,我更倾向于使用 PRCA。

临床上,可通过临床症状评估犬、猫 PRCA。犬 PRCA 常见异食癖。与 ACD 相比,PRCA 贫血的程度和临床症状都比较重,PCV 通常低于 15%。在血液学方面,严重的(正细胞正色素性)非再生性贫血通常是仅有的异常表现,猫 FeLV 或 FIV 感染引起的发育不全性贫血,会表现出大红细胞增多症,但缺乏网织红细胞,而患犬则会偶见轻度小红细胞增多。猫感染反转录病毒时,病毒会引起红细胞系发育不良或红细胞生成障碍,从而使得红细胞体积增大。偶尔可在 PRCA 患犬循环血液中出现球形红细胞,提示贫血是由免疫性原因造成的。50% 以上的 PRCA 患犬直接库姆斯试验呈阳性,且对免疫抑制治疗有反应。犬猫骨髓发育不全-发育不良表现为全血细胞减少(84 章)。

另外,猫出现严重的非再生性贫血时,不管 MCV 如何,均应检测 FeLV 和 FIV。同时也应做骨髓抽吸或活检,以排除其他骨髓疾病。

在体外,FeLV 包被蛋白 p15E 可抑制红细胞的生成,且能引起感染 FeLV 的猫出现再生障碍性贫血。这些猫的贫血通常是慢性且严重的(PCV 在 5%～6% 相对常见),虽然使用支持疗法,但动物的病情通常会恶化,从而致使主人为患猫选择安乐死。支持治疗包括根据需要输注全血或浓缩红细胞,输血的时间间隔会逐渐缩短,直到患猫每周都需要输血。口服干扰素能改善临床症状,不能消除贫血(第 94 章)。

FeLV 阴性的 PRCA 患猫的直接库姆斯试验呈阳性,通常对免疫抑制剂量的糖皮质激素有反应。我通常使用地塞米松,4 mg/只,PO,每 1～2 周一次,而不是按照常规方法每日或隔日使用泼尼松或泼尼松龙。这种方法安全有效,而且我没有见过使用这种治疗方法的猫出现继发性糖尿病。由于患猫内源性 EPO(促红细胞生成素)比健康猫高,因而不建议给这些患猫使用人重组 EPO。另外,长期使用人重组 EPO 会导致出现抗 EPO 抗体,引起顽固性贫血。

PRCA 常见于犬、猫,是一种假定为免疫源性的疾病。其假设发病机制与 IHA 类似,但在 PRCA 中,抗体或细胞免疫直接针对红细胞前体。犬的 PRCA 中,

体外研究已经证实了阻断红细胞生成的体液性因素(抗体)。一些犬、猫的直接库姆斯试验呈阳性,且对免疫抑制治疗和支持治疗反应良好。犬猫 PRCA 骨髓抽吸可见早期红细胞前体发育不良或增生,且中幼和晚幼期细胞发育停止。注意,大多数临床病理学家仅将 PRCA 用于描述犬、猫红细胞发育不良,而将红细胞增生和发育停止(包括非再生性贫血或红细胞生成延迟的再生性贫血)归为 IHA。然而,从临床观点来看,这两种情况表现一致,对同样的治疗有反应,因此,不管出现何种骨髓细胞学表现,我都喜欢使用 PRCA 来描述病变。

IHA 的维持治疗方案也适用于 PRCA 患犬(泼尼松,2～4 mg/kg,PO,q 24～48 h,和/或硫唑嘌呤,50 mg/m$^2$,PO,q 24～48 h)。我已成功地单独使用地塞米松或联合使用苯丁酸氮芥(20 mg/m$^2$,PO,每 2 周一次)治疗猫的 PRCA。近 70%～80% 患病动物有反应,但是临床症状和血液学变化恢复需要 2～3 个月;通常需要长期(经常是终生性)治疗。有时需要支持治疗和输注全血或浓缩红细胞。由于患病动物血容量正常,更推荐输入浓缩红细胞。另外,由于输血是所有治疗的前提,所以建议在输血前进行交叉配血。犬慢性缺氧有种代偿机制是红细胞内的 2,3-二磷酸甘油酸(2,3-DPG)升高,导致氧亲和力下降,促进氧气被输送到组织中。由于贮存的红细胞 2,3-DPG 浓度较低,输入后细胞的氧亲和力更高,这种情况下,给慢性贫血的患病动物输注贮存血液会导致暂时性失代偿,贮存红细胞重新获得 50% 正常的 2,3-DPG 浓度一般需要约 24 h,此后才能发挥作用。

**骨髓痨、骨髓增生异常综合征、骨髓纤维化和骨硬化** 这些疾病将会在第 84 章中讨论。

## 肾性贫血

肾脏是合成 EPO 的主要场所,EPO 的主要作用是刺激红细胞生成。另外,患慢性肾病(CKD)的犬、猫,红细胞寿命较短,可能会出现亚临床或临床性胃肠道出血;甲状旁腺激素浓度过高也会抑制红细胞生成。所以患这些疾病的动物常见贫血。贫血通常是正细胞正色素性的,有少量或无网织红细胞。肾性贫血(ARD)犬猫的 HCT 水平通常在 20%～30%,也会下降至 13%～19%。注意,仅在大量输液的情况下,这些患病动物的 HCT 才会下降,从表面上看,由于动物严重脱水,贫血并不会表现得特别严重。

肾功能改善会引起红细胞升高,罕见合成类固醇有利于贫血改善的现象。人重组 EPO 已被成功用于

治疗犬、猫慢性肾衰所致贫血，100～150 IU/kg，SC，一周两次，直到 HCT 恢复至目标值（通常是 20%～25%），之后延长注射间隔时间，维持治疗。HCT 通常在治疗开始后 3～4 周恢复正常。然而 EPO 对犬猫来说是异物，因此 50% 以上的动物会出现适应性抗体应答，抵消长期治疗（6～8 周）的效果。猫重组促红细胞生成素已于最近试验性应用于猫，取得了一定成功，但是还未得到商业应用。

### 急性或特急性失血或溶血

失血或溶血急性期后，骨髓需要 48～96 h 才能释放足够的网织红细胞，来引起再生反应。因此，失血性和溶血性贫血在最初的恢复期属于非再生性贫血。

大多数急性失血的犬、猫，有大量出血的病史或临床表现。如果找不到引起出血的明显原因，或动物身上多处在出血，应评估其凝血系统，以确定是否存在凝血病（85 章）。进行完整的体格检查后，应该很容易发现内出血的部位。

一旦出血停止，贫血通常会在数天到数周内恢复。治疗出血的初步方案包括支持疗法和静脉输注晶体液或血浆扩容剂。如果需要，可以输注血液、浓缩红细胞或血红蛋白。

犬特急性溶血的治疗已在前文中讨论。

# 半再生性贫血
## (SEMIREGENERATIVE ANEMIAS)

### 缺铁性贫血

IDA 传统意义上被归为非再生性贫血，通常会出现轻度至中度再生性反应。此外，上文已经讨论过，IDA 犬猫的红细胞指数为小细胞低色素性，这可用于和其他非再生性贫血的鉴别，其他非再生性贫血的红细胞指数通常为正细胞正色素性。评估小细胞低色素性贫血犬的 CBC 时，临床兽医必须记住有些品种（如秋田、日本柴犬和沙皮）和其他疾病（如门脉短路）会出现小细胞症（表 80-2）。

犬慢性失血所致缺铁性贫血很好判断。在猫，IDA 仅见于刚断奶的幼猫，补铁后即可迅速改善临床症状和血液学异常。IDA 罕见于成年猫，但我见过成年猫的 IDA，主要是由胃肠道淋巴瘤导致慢性出血引起的。由于 IDA 罕见于猫，接下来关于 IDA 的讨论主要集中于犬。

慢性失血所致的缺铁常见于胃肠道出血［肿瘤、胃溃疡或内寄生虫（如钩虫）］，以及严重的跳蚤感染。其他原因所致的慢性失血比较罕见，如泌尿生殖道出血和医源性出血。根据我的经验，在有症状的 IDA 患犬中，最常见的疾病是胃肠道肿瘤。

通常 IDA 患犬前来就诊的原因是出现了贫血的临床症状或者胃肠道症状，如腹泻、黑粪症或便血。在评估重度寄生虫感染的犬时（主要是幼犬），偶尔会发现轻度 IDA。大多数 IDA 患犬会出现小细胞低色素性贫血、轻度网织红细胞增多症（1%～5%）、红细胞分布宽度（RDW）升高；偶尔会出现红细胞双峰分布（bimodal population of RBCs），血小板增多症，血清铁浓度和 TIBC（转铁蛋白）浓度降低，饱和度通常低于 10%，血清铁蛋白浓度和骨髓内的铁储存量都较低（框 80-5，图 80-9）。用粒子计数器测得的 RDW 以红细胞大小的直方图的形式表现出来；RDW 高则表明存在红细胞大小不等。IDA 患犬的四大典型血液学异常包括：小红细胞症、低色素性、轻度再生性反应，以及血小板增多症。

 **框 80-5　犬、猫骨髓疾病**

**骨髓（或红细胞系）发育不全、发育不良**
FeLV(C)
免疫介导性疾病(D、C)
雌激素(D)
保泰松(D)
其他药物(D、C)
特发性(D、C)

**骨髓痨**
急性白血病(D 多于 C)
慢性白血病(D 多于 C)
多发性骨髓瘤(D、C)
淋巴瘤(D、C)
全身性肥大细胞病(C 多于 D)
恶性组织细胞增多症(D 多于 C)
转移性癌症(罕见于 D、C)
组织胞浆菌(罕见于 D、C)

**骨髓增生异常综合征**
FeLV(C)
FIV(C)
白血病前期综合征(D、C)
特发性(D、C)

**骨髓纤维化**
FeLV(C)
丙酮酸激酶缺乏性贫血(D)
特发性(D、C)

**骨硬化**
FeLV(C)

C，猫；D，犬；FeLV，猫白血病病毒；FIV，猫免疫缺陷病毒。

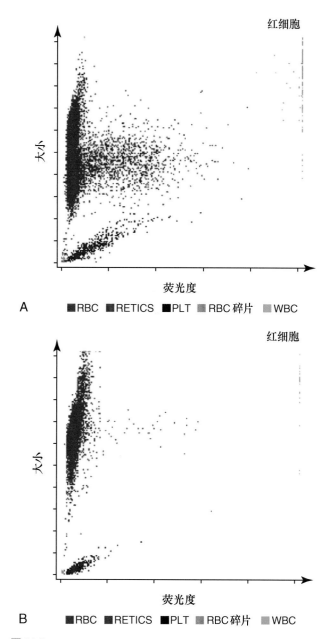

**图 80-9**
一只严重跳蚤感染且出现 IDA 的灰猎犬的散点图（图 A）和一只健康灰猎犬的散点图（图 B）。A 图中红细胞（RBC）散点的垂直轴低于 B 图，说明 A 图中平均红细胞体积下降；另外，A 图中网织红细胞（RETICS）（紫色所示）散点范围增大。PLT，血小板；WBC，白细胞。

由于大多数成年犬出现 IDA 的原因是慢性胃肠道出血，通常应使用商业试剂盒评估粪便中的潜血（29章）。如果结果是阴性的，应在一段时间内再评估 2～3 次，虽然罐头中的肌红蛋白几乎不会引起假阳性反应，但是在此期间也不能饲喂罐头。如果粪便中存在潜血，应筛查胃肠道肿瘤。导致犬 IDA 的常见肿瘤包括胃肠道间质瘤（GISTs）、平滑肌瘤、平滑肌肉瘤、淋巴瘤和癌。如果一只犬出现体重下降、IDA、粪便潜血

阳性，且无胃肠道相关症状，最可能的疾病是空肠肿瘤（通常是一种间质瘤），个人认为这是一种"安静"的胃肠道肿瘤。

另一种导致 IDA 的情况是继发于胃、十二指肠溃疡的前段消化道出血，大多数犬会出现和胃肠道相关的症状（如呕吐、吐血、体重下降）。幼年 IDA 犬猫中，由于钩虫和跳蚤感染是最常见的两种原因，因此患 IDA 的幼犬或幼猫必须进行粪便检查，以仔细寻找钩虫，既可以直接涂片镜检，也可以进行粪便漂浮，还要进行完整的体格检查以寻找跳蚤。

原发性原因消除后，IDA 通常在 6～8 周内恢复。通常不需要口服或肌肉注射铁制剂来加速血液学异常的恢复，营养全面的商业化日粮通常有同样的作用。一般而言，消除原因后，我不会继续使用铁制剂。成年犬、猫日粮中铁需要量接近 1.3 mg/（kg·d）。

## 输血疗法
## （TRANSFUSION THERAPY）

兽医输血疗法最近有了很大的进步。现在已经有一些专门针对宠物的商业性血库，大多数血库贮存成分血（经由全血处理装置或血浆分离置换获得）。一般情况下，一单位血液在采集后立即被离心，制成可在 −30～−20℃ 条件下贮存的浓缩红细胞（packed RBCs，pRBCs）和新鲜冷冻血浆（fresh-frozen plasma，FFP）。在 pRBCs 中加入一种营养液，可保存 5 周以上。−30～−20℃ 条件下贮存一年以上时，FFP 中的凝血因子（Ⅴ 和Ⅷ）会消失，变成贮存血浆（stored plasma，SP）或冷冻血浆（frozen plasma，FP）；但是，最近我们发现贮存 5 年的 FP 仍具有凝血活性（Urban 等，2013）。一些血库会贮存富含血小板的血浆（platelet-rich plasma，PRP），或由血浆分离置换法获得的血小板浓缩液。如果 FFP 在一个冰箱中升温，在温度接近 4～6℃ 时，袋底会出现凝集。这种凝集可通过短时间离心分离，产生冷沉淀（cryoprecipitate，CRYO），体积小，但富含凝血因子Ⅷ、纤维蛋白原和血管性血友病因子（vWF）；悬浮液则被定义为缺乏冷沉淀血浆。

在一些临床情况下，建议输注全血或成分血（如 pRBCs、PRP、FFP、CRYO 或 SP）。贫血动物通常需要输注全血或浓缩红细胞以提高携氧能力。如果贫血动物出现低血容量，或同时需要红细胞和凝血因子，应使用全血；建议将浓缩红细胞用于贫血（如

PRCA、ARD 和溶血)但血容量正常的犬、猫。由于可能出现严重的输血反应,输血疗法应慎用于 IHA 患病动物。

凝血因子缺乏导致贫血的动物如果同时出现大量失血,可输注新鲜全血,但最好输注 FFP、FP 或 SP。冷沉淀含大量凝血因子Ⅷ和 vWF,因此主要用于患血友病 A 或血管性血友病的犬。缺乏冷沉淀的血浆是凝血因子(纤维蛋白原、凝血因子Ⅷ和 vWF 除外)和白蛋白的最佳来源。如果有必要,可以给患严重血小板减少症导致自发性出血的犬、猫输注富含血小板的血浆或者血小板(表 80-6)。但是,这些接受输血的动物的血小板计数很少能升高到足以使出血停止的程度。对于外周血小板受到破坏的动物(如免疫介导性血小板减少症),由于输血后血小板可能会立即被破坏,所以输注 PRP 和血小板的意义有限,甚至无意义。输注新鲜全血、PRP 或 FFP 也适用于 DIC 动物(见第 85 章)。我们诊所已成功使用冷沉淀治疗 DIC。

通过输注血浆纠正低白蛋白血症的情况很少见。但是,这种治疗可以相对提高受血动物的血清白蛋白水平。胶体液或人用白蛋白制剂对维持血浆胶体渗透压更有效。

## 血型
### (BLOOD GROUPS)

犬的一些血型已被证实,包括犬红细胞抗原(DEA)1.1 和 1.2(之前称之为 A 型),DEA3 至 DEA8

和 Dal。犬没有抗血型抗原的天然抗体,只能通过输血或者妊娠获得。最新的研究报道显示犬怀孕和抗体之间无明显相关性(Blais 等,2009)。如果给受血犬输入 DEA1.1、DEA1.2 或 DEA7 阳性的血液,会出现输血反应,因此不能将这些血型的犬作为供血犬。犬非常罕见临床相关的急性溶血性输血反应。供血犬即使未测过血型,只要从未接受过输血,首次输血通常比较安全。

猫的血型包括 A 型、B 型和 AB 型。在美国,几乎所有猫的血型都是 A 型,B 型血猫的分布随地域和品种而异。B 型血猫达 15%～30% 的品种包括阿比西尼亚猫、伯曼猫、喜马拉雅猫、波斯猫、苏格兰折耳猫和索马里猫;B 型血猫达 30% 以上的品种多为英国短毛猫和德文雷克斯猫。若给 B 型血猫输入 A 型血,会出现致命的输血反应,因此,给猫输血前,应进行交叉配血试验或检测血型。给 B 型血的猫输血时,供血猫也必须是 B 型血。过去十年间,我们诊所见到的大多数 B 型血猫是家养短毛猫。测血型对猫繁殖也很重要,B 型血母猫所生育的 A 型血或 AB 型血幼猫会出现幼猫溶血综合征。

## 交叉配血和测血型
### (CROSS-MATCHING AND BLOOD TYPING)

对于供血动物、之前输过血的动物、猫和需要多次输血的动物来说,交叉配血可以替代测血型。通过交叉配血可以发现很多不相容性,但这种方法也不能保证血液完全相容。现在已经有商业化的快速血型测试

**表 80-6　血液成分的实际应用**

| 项目 | 全血 | PRBCs | 贮存血浆 | FFP | Cryo | Cryopoor |
|---|---|---|---|---|---|---|
| 低血容量性贫血 | ＋＋＋ | ＋＋ | － | － | － | － |
| 正血容量性贫血 | ＋ | ＋＋＋ | － | － | － | － |
| vWD | － | － | － | ＋＋＋ | ＋＋＋＋ | － |
| 血友病 A | － | － | － | ＋＋＋ | ＋＋＋＋ | － |
| 血友病 B | － | － | ＋＋＋ | ＋＋ | － | ＋＋＋＋ |
| 老鼠药中毒 | － | － | ＋＋＋ | ＋＋ | － | ＋＋＋＋ |
| 低白蛋白血症 | － | － | ＋＋ | ＋ | － | ＋＋＋＋ |
| 肝病 | － | － | ＋＋＋＋ | ＋＋＋ | － | ＋＋＋ |
| 胰腺炎 | － | － | ＋＋＋＋ | ＋＋＋ | － | ＋＋＋ |
| AT 缺乏 | － | － | ＋＋＋＋ | ＋＋＋ | － | ＋＋＋＋ |
| DIC | ＋＋ | ＋ | ＋＋ | ＋＋＋＋ | － | ＋＋ |

　　AT,抗凝血酶;Cryo,冷凝蛋白质;Cryopoor,缺乏冷凝蛋白质的血浆;DIC,弥散性血管内凝血;FFP,新鲜冷冻血浆;PRBCs,浓缩红细胞;vWD,血管性血友病。
　　－到＋＋＋＋,无效到最有效。

卡,可以检测犬的 DEA1.1 血型、猫的 A 型和 B 型血型(RapidVet-H,DMS Laboratories,Flemington,N.J.),并且凝胶检测系统(DME VET Quick-Test DEA1.1 and A+B,Alvedia,Limonest,France)也已经通过验证并得到了商业化的应用。

## 输血
## (BLOOD ADMINISTRATION)

输血前或输血中,冷藏的血液需要复温,尤其对于小型犬或猫;禁止过度加热,可能会出现纤维蛋白原沉淀或自体凝集。最近的研究发现输血前复温血液对受血动物的中心温度无明显影响,因此不需要复温。输血器应该有一个过滤系统,滤过血凝块和其他颗粒物,如血小板凝集块。通常通过头静脉、隐静脉或颈静脉输血。小型动物、幼龄动物或外周循环差的动物可能要进行骨髓内输注。若要进行骨髓内输液或输血,股骨表面的皮肤需要进行外科准备,转子窝的骨膜和皮肤使用 1% 利多卡因麻醉。将骨髓穿刺针(18G)或骨髓内导管插入骨髓腔内,与股骨平行。使用 10 mL 注射器抽吸会抽出一些骨髓物质(脂肪、骨针和血液),确定针的位置正确。使用标准的输血器输血。

输血的建议速度目前尚无定论,但一般不应超过 22 mL/(kg·d)[低血容量动物可超过 20 mL/(kg·h)]。心衰犬、猫的输血速度不能超过 5 mL/(kg·d)。为避免细菌污染,输血时血液暴露在室温下的时间不能超过 4~6 h;血液在室温下放置时间超过 6 h 可能会被污染。如有需要,可分两次输血,每次输血量减半。由于乳酸林格氏液中有钙离子,输血时禁止使用这种液体,以防钙离子与柠檬酸盐螯合产生凝集块。可使用生理盐水(0.9% 氯化钠)代替乳酸林格氏液。受血犬 HCT 升高幅度可通过下列原则简单推算:如果供血动物的 HCT 接近 40%,每输入 2.2 mL/kg(或 1 mL/lb)全血,HCT 会升高 1%。猫每输注一单位全血或 pRBCs,HCT 会升高近 5%(如从 10% 升至 15%)。

## 输血的并发症
## (COMPLICATIONS OF TRANSFUSION THERAPY)

输血相关的并发症可以分为免疫介导性的和非免疫介导性的。免疫介导性反应包括荨麻疹、溶血和发热。非免疫介导的并发症包括输入保存不当血液引起的发热、循环超负荷、柠檬酸盐中毒、疾病传播以及输入陈旧血液引起的代谢负担。即时性免疫介导性溶血的症状在开始输血后数分钟内就会出现,包括战栗、呕吐以及发热。犬很少出现这些症状,但猫接受了不相容血液产品后很容易出现。延迟性溶血反应更常见,主要表现为输血数天后 HCT 显著下降,同时伴发血红蛋白血症、血红蛋白尿和高胆红素血症。循环超负荷会出现呕吐、呼吸困难或咳嗽。我们最近证实在一组输注 pRBCs 的犬出现了输血相关性肺损伤(transfusion-associated lung injury,TRALI,一种与输注血液制品有关的亚急性肺部疾病综合征)。输注速度过快或肝脏不能代谢柠檬酸盐时,会出现柠檬酸盐中毒。柠檬酸盐中毒的症状与低血钙有关,包括战栗和心律不齐。如果观察到了输血反应,那么应减缓输血速度或者停止输血。

### ◉ 推荐阅读

Andrews GA, Penedo MCT: Red blood cell antigens and blood groups in the dog and cat. In Weiss DJ, Wardrop KJ, editors: *Schalm's veterinary hematology*, ed 6, Ames, Iowa, 2010, Wiley-Blackwell, p 711.

Birkenheuer AJ et al: Serosurvey of anti-Babesia antibodies in stray dogs and American pit bull terriers and American Staffordshire terriers from North Carolina, *J Am Anim Hosp Assoc* 39:551, 2003.

Birkenheuer AJ et al: Efficacy of combined atovaquone and azithromycin for therapy of chronic *Babesia gibsoni* (Asian genotype) infections in dogs, *J Vet Intern Med* 18:494, 2004.

Birkenheuer AJ et al: Geographic distribution of babesiosis among dogs in the United States and association with dog bites: 150 cases (2000-2003), *J Am Vet Med Assoc* 227:942, 2005.

Blais M-C, et al: Lack of evidence of pregnancy-induced alloantibodies in dogs, *J Vet Intern Med* 23:462, 2009.

Callan MB et al: Canine red blood cell transfusion practice, *J Am Anim Hosp Assoc* 32:303, 1996.

Castellanos I et al: Clinical use of blood products in cats: a retrospective study (1997-2000), *J Vet Intern Med* 18:529, 2004.

Giger U: Hereditary erythrocyte enzyme abnormalities. In Weiss DJ, Wardrop KJ, editors: *Schalm's veterinary hematology*, ed 6, Ames, Iowa, 2010, Wiley-Blackwell, p 179.

Giger U et al: Transfusion of type-A and type-B blood to cats, *J Am Vet Med Assoc* 198:411, 1991.

Grahn RA et al: Erythrocyte pyruvate kinase deficiency mutation identified in multiple breeds of domestic cats, *BMC Vet Res* 8:207, 2012.

Gurnee CM, Drobatz KJ: Zinc intoxication in dogs: 19 cases (1991-2003), *J Am Vet Med Assoc* 230:1174, 2007.

Harkin KR et al: Erythrocyte-bound immunoglobulin isotypes in dogs with immune-mediated hemolytic anemia: 54 cases (2001-2010), *J Am Vet Med Assoc* 241:227, 2012.

Mayank S et al: Comparison of five blood-typing methods for the feline AB blood group system, *Am J Vet Res* 72:203, 2011.

Mayank S et al: Comparison of gel column, card, and cartridge techniques for dog erythrocyte antigen 1.1 blood typing, *Am J Vet Res* 73:213, 2012.

Ottenjan M et al: Characterization of anemia of inflammatory disease in cats with abscesses, pyothorax, or fat necrosis, *J Vet Intern Med* 20:1143, 2006.

Spurlock NK, Prittie JE: A review of current indications, adverse effects, and administration recommendations for intravenous immunoglobulin, *J Vet Emerg Crit Care* 21:471, 2011.

Swann JW, Skelly BJ: Systematic review of evidence relating to the treatment of immune-mediated hemolytic anemia in dogs, *J Vet Intern Med* 27:1, 2013.

Tasker S et al: Coombs', haemoplasma and retrovirus testing in feline anaemia, *J Sm Anim Pract* 51:192, 2010.

Urban R et al: Hemostatic activity of canine frozen plasma for transfusion using thromboelastography, *J Vet Intern Med* 27:964, 2013.

Weinkle TK et al: Evaluation of prognostic factors, survival rates, and treatment protocols for immune-mediated hemolytic anemia in dogs: 151 cases (1993-2002), *J Am Vet Med Assoc* 226:1869, 2005.

# 第81章

# 灰猎犬和其他视觉猎犬的临床病理学
## Clinical Pathology in Greyhounds and Other Sighthounds

自20世纪90年代早期以来,至少有180 000只退役的灰猎犬被收养,而且数量在与日俱增。兽医正面临着给更多灰猎犬进行体检、治疗和手术的问题。所以,大家要意识到这个品种具有独特的血液学和生化特征(Zaldívar-López等,2011a)。

灰猎犬作为视觉猎犬参赛的历史使得这一品种一枝独秀。灰猎犬的肌肉量远远高于大多数品种,HCT也更高,腕骨、踝、掌骨和跖骨都比一般品种长,且视觉比一般品种灵敏。这些特征使得这一品种有独特的血液学和生化特征,在过去50多年里,也出现了很多相关记载。退役灰猎犬(retired racing Greyhounds,RRGs)的临床病理学检查结果常常超出一般品种的参考范围。有些关于灰猎犬的血液学特征在其他视觉猎犬中也有相应的描述。本章将着重于灰猎犬的临床病理学,但也适用于其他视觉猎犬。

## 血液学
### (HEMATOLOGY)

虽然灰猎犬和其他品种的临床病理学有所不同,但大多数研究旨在发现这一品种血液学指标的与众不同之处。最近已经出版了该品种的血液学参考范围(Campora等,2011)。

### 红细胞
#### (ERYTHROCYTES)

之前的研究报道显示灰猎犬的HCT、Hb浓度、MCV、平均红细胞血红蛋白浓度(mean corpuscular hemoglobin concentration,MCHC)比其他品种高。从传统意义上来讲,HCT、Hb和RBC升高是为了适应超级比赛的需求选育而来,这样才能具有更高的携氧能力。不过研究者也在试图寻找导致这些血液学特征的潜在原因。曾经有关于灰猎犬巨红细胞增多症的报道,但目前的仪器设备并不能重复出这一变化。

9~10月龄的灰猎犬尚未接受训练,但与非特异性品种犬的参考范围相比,其HCT、Hb和RBC较高,MCV也有升高的趋势(Shiel等,2007a)。由于在极限运动中组织迫切需要大量的氧气供应,因此这一品种对于速度的选育使得Hb的功能和性质发生相应的变化(Zaldívar-López等,2011b)。灰猎犬的Hb $P_{50}$值(50%的血红蛋白达到饱和时的氧分压)低于其他品种。即使灰猎犬RBC中的2,3-二磷酸甘油酸的浓度和其他品种相似,但其氧离曲线左移,提示灰猎犬的Hb与氧气的亲和力更高(Sullivan等,1994)。灰猎犬Hb和PCV的变化可能是对组织中氧浓度下降($P_{50}$很低)的代偿反应,人的血红蛋白病中也有类似变化。最近的报道称Hb中有几个氨基酸突变,改变了珠蛋白的结构,导致Hb与氧气的亲和力升高(Bhatt等,2011)。灰猎犬血红蛋白的分子和遗传学研究还在持续升温。

有趣的是,灰猎犬红细胞抗原(erythrocyte antigen,DEA)的分布也与其他品种有所不同。最近一项研究显示,仅仅有13.3%的RRGs(退役灰猎犬)DEA 1.1阳性,而其他品种DEA 1.1的阳性率为60.6%;灰猎犬中还有2.9%的犬DEA 1.2阳性,而其他品种几乎为0。全球范围内,大约2/3(63.4%)的灰猎犬被认为是万能供血犬,而其他品种中仅有18.2%(Iazbik等,2010)。另外,50%的西班牙灰猎犬为DEA 1.1阳性。

### 白细胞
#### (LEUKOCYTES)

之前的研究报道显示灰猎犬的WBC计数比其他

品种低。目前已经建立了成年灰猎犬的白细胞、嗜中性粒细胞和淋巴细胞的参考范围(Campora 等,2011)。使用瑞氏-吉姆萨染色或其他血液快速染色方法时,大多数灰猎犬的嗜酸性粒细胞没有明显的橘红色颗粒。使用 Diff-Quik 染色时,非典型的嗜酸性粒细胞可能会被当作是中毒性嗜中性粒细胞,误导大家去寻找感染原(Iazbik 等,2005)。其他视觉猎犬也会出现这些灰色的嗜酸性粒细胞,例如惠比特犬、苏格兰猎鹿犬和意大利灰猎犬,但西班牙灰猎犬中较为罕见。

## 血小板
### (PLATELETS)

灰猎犬的血小板浓度比其他品种低(Zaldívar-López 等,2011a)。造血干细胞竞争模式可能是这一品种血小板计数较低的潜在机制,骨髓中的双潜能干细胞既有可能分化为红细胞前体,也有可能分化为巨核细胞。

脾脏或肺脏扣押会引发血小板计数降低;慢性、轻度的免疫介导性疾病会导致血小板寿命缩短。有趣的是,灰猎犬的血小板和猫一样比较容易凝集。因此,如果健康犬出现轻度血小板减少(<100 000 个/μL),不需要对其原因进行深入研究。

## 凝血
### (HEMOSTASIS)

凝血系统的主要功能在于保持血液在心血管系统中流动。灰猎犬出血(Greyhound bleeder)专门用来描述微小创伤或简单外科手术后的自发性出血(Lara-Garcia 等,2008)。有些灰猎犬在骨肉瘤截肢术或创伤后还能连续出血 1～4 d,导致术后需要输血治疗。术后自发性出血的灰猎犬血小板计数正常、冯·威利布兰德因子(von Willebrand factor,vWF)正常,一期凝血时间(one stage prothrombin time,OSPT)正常,活化部分凝血酶原时间(activated partial thromboplastin time,aPTT)也正常,因此,其自发性出血不太可能是由血小板减少、凝血因子缺乏或 vWF 缺乏所引起的。

可使用 PFA-100(血小板功能分析仪,Dade Behring,West Sacramento,Calif)来评估初级凝血功能,健康灰猎犬的平均凝血时间(closure times,CTs,可评估血小板形成栓子和阻止血液流动的时间)比其他品种短,但 CT 的范围和其他品种类似(Couto 等,2006)。有趣的是,虽然该品种血小板计数较低,但不会导致 CT 延长;灰猎犬的 CTs 缩短可能和该品种的PCV 高、血液黏稠有关。PCV 高和血液黏稠会导致血小板分布异常,易于在血管上发生交联反应。灰猎犬的动脉血压和主动脉流速也比一般品种高,所以 CTs 短可能是该品种血小板对血液高剪切力的一种适应性反应。

血栓弹力图(thromboelastography,TEG)可通过评估血栓形成速度和血栓强度来评估凝血功能。TEG 与初级及次级凝血功能、纤溶系统都有关系,这些因素可能会受到特定疾病、环境和药物的影响。与其他品种相比,灰猎犬的凝血动力学较慢,且血栓强度较差(Vilar 等,2008)。

有一些关于退役赛级灰猎犬术后出血机制的研究;大约 1/4 的灰猎犬去势后 36～48 h 会有中度至严重出血倾向(Lara-Garcia 等,2008)。很多指标都可以用来评估术后初级或次级出血,例如血小板计数(PLT)、OSPT、aPTT、PFA-100 机器检测的血小板功能、纤维蛋白原、D-二聚体(D-dimer)、血纤维蛋白溶酶原、抗纤溶酶(antiplasmin,AP)、抗凝血酶水平、vWF 浓度(vWF 抗原)、vWF 胶原结合分析(vWF collagen binding assay,vWF CBA)和凝血因子 XIII 分析。研究者也对术后出血的 RRGs(退役灰猎犬)和不出血的 RRGs 进行了重复的凝血试验对照研究,两组犬的性别和年龄相仿,并且在相同时间内接受了相同的手术。研究结果显示,RRGs 术后过量出血和初级或次级凝血缺陷无关,但是可能和纤溶有关。出血犬的 AP 水平比不出血的犬低,提示纤维蛋白溶解活化和低凝水平。

## 临床生化
### (CLINICAL CHEMISTRY)

一些报道指出灰猎犬的血清生化检查结果和其他品种有一定差异。由于没有专门的灰猎犬的生化参考范围,给灰猎犬看病的兽医一定要意识到这个品种生化检查的特殊性,以免误诊。通过大量健康灰猎犬的生化检查,最近一项研究已建立了针对这一品种的参考范围,其范围比一般品种更窄(Dunlop 等,2011)。

## 肌酐
### (CREATININE)

灰猎犬的肌酐浓度（1.6 mg/dL）比其他品种（1.03 mg/dL）高（Feeman 等，2003）。灰猎犬的肌肉量较大，磷酸肌酸浓度高，血清肌酐浓度也较高。灰猎犬的肾小球滤过率（glomerular filtration rate，GFR）也比一般品种高（Drost 等，2006）。灰猎犬的肌肉量大最有可能是血清肌酐浓度偏高的原因。最近一项研究检测了大量灰猎犬的血清尿素和肌酐浓度水平，不但证实了报道的内容，还给出了更窄的参考范围（二者分别为 11.34～26.18 mmol/L 和 1.12～1.98 mg/dL；Dunlop 等，2011）。赛级灰猎犬的尿素氮水平常超过参考范围上限，可能跟主食为生肉有关。

## 肝酶
### (LIVER ENZYMES)

Dunlop 等于 2011 年的报道指出灰猎犬的肝酶范围较窄，丙氨酸氨基转移酶（ALT）水平较高，但机制尚不明确。

## 血清电解质和酸碱平衡
### (SERUM ELECTROLYTES AND ACID-BASE BALANCE)

灰猎犬血清钠离子、氯离子和碳酸氢盐的浓度高于其他品种，而血清钙（以及钙离子）、镁离子和钾离子浓度比正常值低（Zaldívar-López 等，2011a）。使用 Nova 生化分析仪（Nova Analytical Systems，Niagara Falls，NY）检测时，血糖也比其他品种高，但使用 Roche Hitachi 911 分析仪（GMI，Ramsey，Minn）时，血糖比其他品种低。

表81-1 列举出了灰猎犬的静脉和动脉血气分析结果。灰猎犬的 pH、氧分压（partial pressure of oxygen，$Po_2$）、氧饱和度（oxygen saturation，$So_2$）、氧合血红蛋白（oxyhemoglobin，$O_2Hb$）、总血红蛋白（total Hb，tHb）、氧含量（oxygen content，$O_2Ct$）、氧容量（oxygen capacity，$O_2Cap$）比一般品种高，而脱氧血红蛋白（deoxyhemoglobin，HHb）和 $P_{50}$ 显著低于其他品种（Zaldívar-López 等，2011b）。这些发现说明灰猎犬血液能够携带的总氧气含量更高。如前文所述，灰猎犬的 $P_{50}$ 比较低，氧亲和力较高。目前有关血红蛋白

携氧量的研究显示，特殊情况下，氧亲和力高才能将氧气运输到最有需要的组织，这样才有利于剧烈运动。虽然和传统学术观点相反，但这一机制恰恰能够解释 Hb 亲和力高的优势。

**表 81-1　静脉碳氧血红蛋白和血气参考范围\***

| 项目 | 参考范围 | |
|---|---|---|
| | 灰猎犬 | 非灰猎犬 |
| $Po_2$(mmHg) | 36.3～84.3 | 34.6～69.6 |
| $Pco_2$(mmHg) | 25.6～39.9 | 24.7～44.4 |
| $So_2$(%) | 78.6～99.8 | 54.4～99.8 |
| tHb(g/dL) | 18.1～25.0 | 15.0～21.3 |
| $O_2Hb$(%) | 75.6～97.4 | 54.7～96.1 |
| COHb(%) | 0.9～3.9 | 0.4～4.5 |
| MetHb(%) | 0.0～2.2 | 0.1～2.8 |
| HHb(%) | 0.4～21.2 | 2.7～40.0 |
| $P_{50}$(mmHg) | 26.0～28.4 | 21.4～38.4 |
| $O_2Ct$(mL/dL) | 19.7～32.0 | 13.3～24.6 |
| $O_2Cap$(mL/dL) | 23.8～34.1 | 20.2～28.5 |

\* $n=57$。这些数据是由我们小组（Zaldívar-López et al，2001b）的研究人员通过 STP CCX（Nova Biomedical Waltham，Mass）分析仪测量出来的。
COHb，碳氧血红蛋白；HHb，脱氧血红蛋白；MetHb，高铁血红蛋白；$O_2Cap$，氧容量；$O_2Ct$，氧含量；$O_2Hb$，氧合血红蛋白；$P_{CO_2}$，二氧化碳分压；$P_{O_2}$，氧分压；$S_{O_2}$，氧饱和度；tHb，总血红蛋白。

## 蛋白质
### (PROTEIN)

最近已经分别出版了灰猎犬总蛋白（5.2～6.7 g/dL）、白蛋白（2.7～3.7 g/dL）以及球蛋白（2.2～3.3 g/dL）的参考范围（Dunlop et al，2011）。因此灰猎犬的血浆较少，血清蛋白以及球蛋白浓度较低。

已通过蛋白电泳对灰猎犬的低球蛋白血症进行相关研究（SPE；Fayos 等，2005），总蛋白、总球蛋白和 $\alpha_1$-、$\alpha_2$-、$\beta_1$- 和 $\beta_2$-球蛋白浓度显著低于其他品种，而白球比（albumin-to-globulin ratio，A/G）显著高于其他品种。白蛋白和 γ-球蛋白浓度之间无显著差异。这种现象可能和慢性条件性训练引起的血浆容量扩张有关，但不能解释为什么只有某些蛋白会受到影响，为什么灰猎犬退役后这种现象依然存在。最近还有报道显示，灰猎犬的 IgA 和 IgM 浓度比其他品种低，从而导致 β-球蛋白浓度较低（Clemente 等，2010）。

灰猎犬的急性期反应蛋白水平也受到评估(Couto等,2009)。灰猎犬和其他品种的犬均健康,性别相同,年龄相仿,它们接受了血清C反应蛋白(C-reactive protein,CRP)、结合珠蛋白(haptoglobin,Hp)、酸溶性糖蛋白(acid-soluble glycoprotein,ASG)、血浆铜蓝蛋白(ceruloplasmin,CP)和血清淀粉样蛋白A(serum amyloid A,SAA)的评估,灰猎犬的Hp浓度(通过免疫比浊法和比色法测量)和ASG水平显著低于其他品种,CRP和CP没有显著差异,而SAA浓度低于所有犬的检测下限。由于Hp和ASG位于α-球蛋白区,可以解释为什么灰猎犬的α-球蛋白浓度较低。

## 甲状腺激素
### (THYROID HORMONES)

灰猎犬、惠比特犬、萨卢基犬、苏格兰猎鹿犬、北非猎犬和其他视觉猎犬的总$T_4$($tT_4$)浓度均低于其他品种。游离$T_4$($fT_4$)的浓度也比较低,虽然降低幅度不如$tT_4$大。促甲状腺激素(thyroid stimulating hormone,TSH)浓度正常,但位于参考范围下限的四分之一处(Shiel等,2007b,2010)。$T_3$浓度较高,但游离$T_3$($fT_3$)的浓度常低于其他品种。即使给予外源性TSH,灰猎犬的$tT_4$浓度也不会升高(Gaughan和Bruyette,2001)。Shiel等(2007b)研究了尚未接受训练的年轻灰猎犬的甲状腺激素浓度,这些犬的$T_4$和$fT_4$较低,而总$T_3$($tT_3$)较其他品种有升高的趋势。

Shiel等于2010年展开了一场回顾性研究。该项研究中共有398只视觉猎犬,包括灰猎犬($n=347$)和其他视觉猎犬,例如俄国狼犬($n=22$)、萨卢基犬($n=11$)、爱尔兰猎狼犬($n=14$)和苏格兰猎鹿犬($n=4$),评估了兽医诊断甲状腺功能减退时血清甲状腺激素的应用。还有一项研究专门评估了健康萨卢基犬的血清甲状腺激素浓度。若仅靠低水平$tT_4$或$tT_3$判读,398只犬中,一共有286只(71.9%)视觉猎犬可被诊断为甲状腺功能减退。17只(4.3%)视觉猎犬出现$fT_4$或$fT_3$较低的现象。有30只(7.5%)视觉猎犬的甲状腺激素浓度在参考范围以内,也被诊断为甲状腺功能减退。仅有65只(16.3%)视觉猎犬还有其他指标佐证甲状腺功能减退,例如TSH浓度升高、甲状腺球蛋白自身抗体(TGAA)阳性。另外,和标准参考范围相比,282只萨卢基犬中,154只(54.6%)的$tT_4$检测值低于参考范围,而216只萨卢基犬中,67只(31%)的$fT_4$检测值低于参考范围。这些结果提示其他视觉猎犬的$tT_4$浓度也比较低。

## 心肌肌钙蛋白
### (CARDIAC TROPONINS)

健康灰猎犬的心脏和体重比高于其他品种,左心室壁更厚,存在功能性杂音,无结构或生理异常,椎体心脏比分(vertebral heart score,VHS)较其他品种高。心肌肌钙蛋白Ⅰ(cTnⅠ)是心肌中的一种特异性多肽,血清cTnⅠ浓度也可用作心脏疾病的诊断和预后指标,例如人的心肌梗死和犬的心肌病。灰猎犬的cTnⅠ的浓度显著高于其他品种。不管是否有致心律失常性右室心肌病(arrhythmogenic right ventricular cardiomyopathy,ARVC;LaVecchio等,2009),灰猎犬和拳师犬的cTnⅠ浓度均无显著差异。不过有趣的是,我们自己的研究中,有些患ARVC的灰猎犬,其cTnⅠ浓度高于拳师犬的范围。有心杂音、椎体心脏比分较高、cTnⅠ浓度高的灰猎犬可能会被误诊为心肌病。因此,在更精确的参考范围建立之前,评估灰猎犬的心脏病时要谨慎判读其检查结果。

## 灰猎犬的临床病理学:俄亥俄州立大学的经验之谈
### (CLINICAL PATHOLOGY IN GREYHOUNDS: THE OHIO STATE UNIVERCITY EXPERIENCE)

由于灰猎犬的临床病理学有着独特的表现,长期以来俄亥俄州立大学(OSU)兽医医学中心对其各种参考范围的建立表现了浓厚的兴趣。已经有一些针对不同生理参数(血液学、生化、凝血和血气)的研究,它们有助于描述该品种的不同并建立有效的特定参考范围。

这些用于建参考范围的犬来自两个种群。一个种群来自俄亥俄州立大学的Spay-Neuter-Dental诊所,该诊所供三、四年级的兽医学生实践。在这里为来自收养组织(Greyhound Adoption of Ohio,Chagrin Falls,Ohio;www.greyhoundadoptionofoh.org)的待收养的灰猎犬绝育。这个计划里有一个动物实验管理小组(IACUC)。整个实验周期超过5年。另一个种群是供血灰猎犬,是健康的RRGs。两组犬都经过健康体检和各种微生物的血清学检查,例如埃利希体、嗜吞噬细胞无形体、伯氏疏螺旋体、心丝虫(Canine

SNAP 4Dx Test，IDEXX Laboratories，Westbrook，Maine)，血清学阴性的犬才可被纳入该体系。

颈静脉或头静脉血样需置于 EDTA 抗凝管(用于 CBC 检查)中和柠檬酸钠管(用于凝血检查)中，还有一份置于无抗凝剂管(用于生化检查)中。所有的 CBC 和凝血样本均应于 4 h 内完成检测。非抗凝血需马上离心，生化检查也应于 4 h 内完成。若使用 LaserCyte 或 ProCyte Dx (IDEXX Laboratories)进行 CBC 检查，应配置配套的软件。样本不足时不能复查。一小部分犬使用 Cell-Dyn3500 血液分析仪(Abbott Diagnostics，Santa Clara，Calif)检查 CBC。WBC

人工分类计数由 OSU 临床病理学实验室的员工完成。血浆蛋白浓度通过折射仪测量。表 81-2 列举了三种血液分析仪的检查结果(CD-3500，LaserCyte，ProCyte)。

血清生化检查通过 COBAS c501 分析仪(Roche Diagnostics，Indianapolis;表 81-3)完成。传统血凝检查[OSPT、aPTT、纤维蛋白(fibrinogen，FIB)浓度]常使用 ACL200 血凝分析仪(Roche Diagnostics，Indianapolis;表 81-3)和 Stago 小型分析仪(Diagnostica Stago，Parsippany，N.J.)。表 81-4 中有相应的参考范围。

表 81-1 至表 81-4 列举了各种参数的参考范围。

 **表 81-2　灰猎犬的血液学参考范围***

| 项目 | 使用不同仪器建立的灰猎犬的参考范围 | | | 其他参考范围[†] | |
|---|---|---|---|---|---|
| | CD-3500 (*n*=28) | LASERCYTE (*n*=151) | PROCYTE (*n*=48) | 灰猎犬：ADVIA 120 和 ADVIA 2120 | 犬： ADVIA 120 |
| 白细胞(×10⁹ 个/L) | 3.3~7.5 (4.1~15.2) | 4.4~10.8 (5.5~16.9) | 3.6~6.9 (5.1~16.7) | 3.38~8.51 | 5.84~20.26 |
| 淋巴细胞(×10⁹ 个/L) | 0.4~2.2 (1~4.6) | 0.2~2.5 (0.5~4.9) | 0.8~2.2 (1.1~5.1) | 0.57~2.50 | 2.04~4.66 |
| 中性粒细胞(×10⁹ 个/L) | 2.1~6.1 (4.1~15.2) | 2.6~7.4 (2.0~12.0) | 2.1~5.2 (2.9~11.6) | 2.21~6.48 | 4.27~9.06 |
| 单核细胞(×10⁹ 个/L) | 0.0~0.5 (0~1.2) | 0.3~1.1 (0.3~2.0) | 0.1~0.3 (0.2~1.1) | 0.01~0.75 | 0.24~2.04 |
| 嗜酸性粒细胞(×10⁹ 个/L) | 0.0~0.6 (0~1.3) | 0.0~1.1 (0.1~1.5) | 0.0~1.0 (0.2~1.2) | 0.00~0.31 | 0.1~1.2 |
| 嗜碱性粒细胞(×10⁹ 个/L) | 0.0~0.0 (NA) | (0.00~0.01) | 0.0~0.1 (0.0~0.1) | ND | ND |
| 血细胞比容(%) | 46.9~62.5 (36~54) | 42.7~61.5 (37~55) | 51.5~71.0 (37.3~61.7) | 50.0~68.0 | 42.0~62.0 |
| 血红蛋白(g/dL) | 16.3~22.0 (11.9~18.4) | 15.1~20.4 (12.0~18.0) | 17.4~24.1 (13.1~20.5) | 16.9~22.8 | 13.7~20.3 |
| 红细胞(×10¹² 个/L) | 6.7~9.3 (4.9~8.2) | 6.0~9.4 (5.5~8.0) | 7.4~10.2 (5.6~8.8) | 6.67~9.22 | 5.68~9.08 |
| 网织红细胞(×10⁹ 个/L) | ND | 17.2~45.7 (14.7~17.9) | 10.0~97.7 (6.6~100.7) | ND | ND |
| 平均红细胞体积(fL) | 66.4~72.0 (64~75) | 66.0~78.9 (60.0~77.0) | 63.0~76.1 (61.6~73.5) | 69.68~79.67 | 62.7~74.56 |
| 平均红细胞血红蛋白浓度 (g/dL) | 34.1~36.0 (32.9~35.2) | 29.4~38.2 (30.0~37.5) | 33.1~35.1 (32.0~37.9) | ND | ND |
| 平均红细胞血红蛋白含量 (pg) | ND | 20.9~28.6 (18.5~30.0) | 21.5~26.2 (21.2~25.9) | ND | ND |

续表81-2

| 项目 | 使用不同仪器建立的灰猎犬的参考范围 | | | 其他参考范围[†] | |
| --- | --- | --- | --- | --- | --- |
| | CD-3500<br>(*n*=28) | LASERCYTE<br>(*n*=151) | PROCYTE<br>(*n*=48) | 灰猎犬:ADVIA 120<br>和 ADVIA 2120 | 犬:<br>ADVIA 120 |
| 红细胞分布宽度(%) | 14.2~17.2<br>(13.4~17.0) | 14.7~15.9<br>(14.7~17.9) | 16.0~22.2<br>(13.6~21.7) | ND | ND |
| 血小板(×10$^9$/L) | 135.4~235.3<br>(106~424) | 117.0~295.0<br>(175~500) | 112.0~204.7<br>(148~484) | 144.5~309.0 | 173.1~496.5 |
| 平均血小板体积(fL) | ND | 6.9~11.8<br>(NA) | 8.6~11.9<br>(8.7~13.2) | ND | ND |

\* 由俄亥俄州立大学使用三种仪器检测:CD-3500 分析仪(Abbott Diagnostics, Santa Clara, Calif) 结合人工细胞计数;LaserCyte 分析仪(IDEXX Laboratories, Westbrook, Maine);ProCyte Dx 分析仪(IDEXX)。括号内为仪器的参考范围。附加列中是已出版的灰猎犬的参考范围(Campora 等,2011)及犬的参考范围(Bauer N et al: Reference intervals and method optimization for variables reflecting hypocoagulatory and hypercoagulatory states in dogs using the STA Compact automated analyzer, *J Vet Diagn Invest* 21:803, 2009)。

†ADVIA 120 and ADVIA 2120, Siemens Medical Solutions USA, Malvern, Pa。

NA,无效;ND,未完成。

引自 Zaldívar-López S et al: Clinical pathology of Greyhounds and other sighthounds, *Vet Clin Pathol* 40:414, 2011a。

表81-3　灰猎犬的生化参考范围(*n*=100),由俄亥俄州立大学(OSU)完成,检测仪器为 COBAS c501 分析仪[*]

| 项目 | 参考范围 | |
| --- | --- | --- |
| | 灰猎犬 | OSU |
| BUN(mg/dL) | 11~21 | 5~20 |
| 肌酐(mg/dL) | 1.0~1.7 | 0.6~1.6 |
| 磷(mg/dL) | 2.3~5.3 | 3.2~8.1 |
| 总钙(mg/dL) | 9.4~11.4 | 9.3~11.6 |
| 钠离子(mEq/L) | 144.0~156.0 | 143~153 |
| 钾离子(mEq/L) | 3.5~4.4 | 4.2~5.4 |
| 氯离子(mEq/L) | 107.7~118.8 | 109~120 |
| 阴离子间隙 | 9.0~19.9 | 15~25 |
| 渗透压 | 285.1~310.0 | 285~304 |
| 碳酸氢盐(mmol/L) | 20.0~31.3 | 16~25 |
| ALT(IU/L) | 28.0~81.9 | 10~55 |
| AST(IU/L) | 24.0~57.0 | 12~40 |
| ALP(IU/L) | 19.0~90.0 | 15~120 |
| ALPCAP(IU/L) | 0.05~31.0 | 0~6 |
| CK(IU/L) | 76.0~254.0 | 50~400 |
| 胆固醇(mg/dL) | 91.0~210.3 | 80~315 |
| 胆红素(mg/dL) | 0.07~0.3 | 0.1~0.4 |
| 总蛋白(g/dL) | 4.8~6.3 | 5.1~7.1 |
| 白蛋白(g/dL) | 2.9~3.9 | 2.9~4.2 |
| 球蛋白(g/dL) | 1.7~3.0 | 2.2~2.9 |
| 白球比 | 1.0~2.2 | 0.8~2.2 |
| 葡萄糖(mg/dL) | 77.1~121.0 | 77~126 |

\* Roche Diagnostics, Indianapolis。

ALP,碱性磷酸酶;ALPCAP,ALP 的类固醇同工酶;ALT,丙氨酸氨基转移酶;AST,天冬氨酸氨基转移酶;BUN,尿素氮;CK,肌酸激酶。

引自 Zaldívar-López S et al: Clinical pathology of Greyhounds and other sighthounds, *Vet Clin Pathol* 40:414, 2011a。

表81-4　凝血指标的参考范围[*]

| 项目 | ACL200<br>(*n*=88)[**] | STAGO<br>COMPACT<br>(*n*=62)[***] | OSU |
| --- | --- | --- | --- |
| OSPT(s) | 6.2~7.6 | 6.9~8.3 | 6~7.5 |
| aPTT(s) | 11.2~18.1 | 9.7~12.1 | 9~21 |
| 纤维蛋白(mg/dL) | 83.0~190.4 | 88.7~180.1 | 100~384 |

\* 由俄亥俄州立大学检测:灰猎犬的数值由下列仪器完成——ACL 200 血凝分析仪(Instrumentation Laboratory, Lexington, Mass)和 Stago STA 小型 CT(Diagnostica Stago, Parsippany, N.J.)。

\*\* 3.8%柠檬酸钠管。

\*\*\* 3.2%柠檬酸钠管。

引自 Zaldívar-López S et al: Clinical pathology of Greyhounds and other sighthounds, *Vet Clin Pathol* 40:414, 2011a。

## 结论
## (CONCLUSIONS)

　　灰猎犬的血液学和血清生化检查结果常在其他品种的参考范围以外,提示该品种有独特的生理特性。鉴于这些原因,必须给灰猎犬或其他视觉猎犬建立参考范围,这样才能建立准确的诊断,并实施(基于临床病理学异常)正确的治疗。随着美国 RRG 收养的增加,兽医将不得不面临给这一品种看病的问题,不得不判读其独特的血液学检查结果。虽然本研究的样本量还达不到建立参考范围的需要,但已经可以为这一品种提供可供参考的血常规和生化范围,以免误诊。

◆ 推荐阅读

Bhatt VS et al: Structure of Greyhound hemoglobin: origin of high oxygen affinity, *Acta Crystallogr D Biol Crystallogr* 67:395, 2011.

Campora C et al: Determination of haematological reference intervals in healthy adult greyhounds, *J Small Anim Pract* 52:301, 2011.

Clemente M et al: Serum concentrations of IgG, IgA, and IgM in retired racing Greyhounds, *Vet Clin Pathol* 39:436, 2010.

Couto CG et al: Evaluation of platelet aggregation using a point-of-care instrument in retired racing Greyhounds, *J Vet Intern Med* 20:365, 2006.

Couto CG et al: Acute phase protein concentrations in retired racing Greyhounds, *Vet Clin Pathol* 38:219, 2009.

Drost WT et al: Comparison of glomerular filtration rate between greyhounds and non-Greyhounds, *J Vet Intern Med* 20:544, 2006.

Dunlop MM et al: Determination of serum biochemistry reference intervals in a large sample of adult greyhounds, *J Small Anim Pract* 52:4, 2011.

Fayos M et al: Serum protein electrophoresis in retired racing Greyhounds, *Vet Clin Pathol* 34:397, 2005.

Feeman WE et al: Serum creatinine concentrations in retired racing Greyhounds, *Vet Clin Pathol* 32:40, 2003.

Gaughan KR, Bruyette DS: Thyroid function testing in Greyhounds, *Am J Vet Res* 62:1130, 2001.

Iazbik MC, Couto CG: Morphologic characterization of specific granules in Greyhound eosinophils, *Vet Clin Pathol* 34:140, 2005.

Iazbik MC et al: Prevalence of dog erythrocyte antigens in retired racing Greyhounds, *Vet Clin Pathol* 39:433, 2010.

Lara-Garcia A et al: Postoperative bleeding in retired racing greyhounds, *J Vet Intern Med* 22:525, 2008.

LaVecchio D et al: Serum cardiac troponin I concentration in retired racing greyhounds, *J Vet Intern Med* 23:87, 2009.

Shiel RE et al: Hematologic values in young pretraining healthy Greyhounds, *Vet Clin Pathol* 36:274, 2007a.

Shiel RE et al: Thyroid hormone concentrations in young, healthy, pretraining greyhounds, *Vet Rec* 161:616, 2007b.

Shiel RE et al: Assessment of criteria used by veterinary practition-ers to diagnose hypothyroidism in sighthounds and investigation of serum thyroid hormone concentrations in healthy Salukis, *J Am Vet Med Assoc* 236:302, 2010.

Sullivan PS et al: Platelet concentration and hemoglobin function in greyhounds, *J Am Vet Med Assoc* 205:838, 1994.

Vilar P et al: Thromboelastographic tracings in retired racing greyhounds and in non-greyhound dogs, *J Vet Intern Med* 22:374, 2008.

Zaldívar-López S et al: Clinical pathology of Greyhounds and other sighthounds, *Vet Clin Pathol* 40:414, 2011a.

Zaldívar-López S et al: Blood gas analysis and cooximetry in retired racing Greyhounds, *J Vet Emerg Crit Care* 21:24, 2011b.

# 第 82 章
## CHAPTER 82

# 红细胞增多症
## Erythrocytosis

## 定义和分类
## (DEFINITION AND CLASSIFICATION)

　　红细胞增多症是指循环红细胞数量增多,在血液学上是指红细胞比容(packed cell volume,PCV)或红细胞比容(hematocrit,HCT)显著高于参考值。在临床上,确定红细胞数量变化是个缓慢复杂的过程,而且不现实,通常根据 HCT 升高来判断红细胞增多,而不是 RBC 数量。有些品种的 HCT 高于一般的参考范围,例如视觉猎犬以及生活在高海拔地区的犬。健康的赛级灰猎犬或 RRGs 的 HCT 可能会高达 70%。RBC 升高可能会导致严重的血液流变学变化,后者又会导致临床上出现血液黏滞度过高的继发症状。虽然红细胞增多症(polycythemia)这个术语常被用于描述这类血液流变学变化,但事实上这是错误的,因为红细胞增多症指的是所有循环细胞数量增多(poly-这个词缀指的是多种的意思)。

　　根据发病机理,红细胞增多症可分为相对增多和绝对增多(见框 82-1)。相对红细胞增多症与血液浓缩(即脱水)有关,以 PCV 升高为特点,通常与血清或血浆蛋白浓度增加有关。患相对红细胞增多症的犬猫,其红细胞总数正常。出血性胃肠炎患犬常出现相对红细胞增多症,但血清或血浆蛋白浓度正常。蛋白浓度不升高的原因尚不明确,但红细胞增多症常可通过输液治疗纠正。绝对红细胞增多症或真性红细胞增多症时红细胞总数增多。根据病因以及血清促红细胞生成素(erythropoietin,EPO)的浓度或活性,可将其分为原发性和继发性两种。

### 框 82-1　犬猫红细胞增多症的分类及病因

| 相对红细胞增多症(假性红细胞增多症) |
| --- |
| 血液浓缩 |
| **绝对红细胞增多症** |
| **原发性** |
| PRV |
| **继发性** |
| 良性红细胞增多(即继发于组织供氧减少时) |
| 　肺脏疾病 |
| 　心脏右向左分流 |
| 　高海拔 |
| 　血红蛋白病* |
| 异常红细胞增多(组织供氧正常) |
| 　肾上腺皮质功能亢进 |
| 　甲状腺功能亢进 |
| 　肾脏肿瘤 |
| 　其他部位的肿瘤 |

PRV,真性红细胞增多症;* 犬猫没有相关的详细记载。

　　原发性红细胞增多症[真性红细胞增多症(polycythemia rubra vera),PRV]是由骨髓内的红细胞前体发生自主性非促红细胞生成素依赖性增殖而引起的,属于骨髓增生性疾病。因此,大多数患 PRV 的犬猫,其血清促红细胞生成素的浓度很低或者检测不到。继发性红细胞增多症由同位性(即肾脏产生的)或异位性(即肾脏以外的部位产生的)EPO 生成增加而引起。同位性(即适当的生理需求)EPO 是由于组织缺氧刺激而生成,如高海拔地区、慢性心肺疾病、心脏右向左分流以及碳氧血红蛋白血症。肿瘤引起的红细胞增多症(即异位性或同位性促红细胞生成素的生成)可见于患多种肿瘤的病人、患肾脏肿瘤的犬和患梭形细胞瘤(如鼻纤维肉瘤、施旺氏细胞瘤、位于盲肠的胃肠道梭形细胞瘤)的犬。最近有一篇报道显示,一只肾脏腺癌患猫也出现了继发性红细胞增多症。激素刺激也可引起组织供氧正常的动物发生红细胞增多症，如犬的肾上腺皮质功能亢进和猫的甲状腺功能亢进。在我们诊所，继发性红细胞增多症更常见于犬，而PRV 更常见于猫。然而，犬猫都很少发生红细胞增多症。有趣的是，虽然浸润性肾脏疾病（即淋巴瘤、猫传染性腹膜炎）都常发生于猫，但它们很少引起继发性红细胞增多症。

### ◈ 临床症状及临床病理学检查结果

临床症状可能很剧烈，且主要表现为中枢神经系统功能异常（如行为、运动神经或感官的变化；癫痫），猫则常见横贯性脊髓病。阵发性喷嚏是犬红细胞增多症的一种常见症状，这是由鼻黏膜上的血液黏滞度增加而引起的。偶尔可能会出现心肺症状。虽然红细胞增多症是渐进性发展的，但对于大多数患病动物，只有红细胞数量到达临界值时（或者 PCV 值达到一定的百分数时）才会表现出临床症状。患真性红细胞绝对增多症的犬猫，其 PCV 通常可升高至 70%～80%。对患红细胞增多症的犬猫进行体格检查和病史调查的结果包括黏膜鲜红（多血症）、红斑、发绀、多饮、多尿、脾肿大、肾脏或其他部位的肿瘤。

虽然患 PRV 的犬猫可能同时存在血小板增多症，血液异常通常与红细胞增多症有关。红细胞增多症患犬常见小红细胞症，这是由铁相对缺乏（即红细胞系非常活跃而相对缺铁）引起的。

### ◈ 诊断与治疗

诊断时应首先排除相对红细胞增多症（即脱水）。主要根据血清（或血浆）蛋白浓度来排除，脱水出现相对红细胞增多症时，犬猫的血浆蛋白浓度显著升高。然而，在某些情况下，犬会表现出较高的 PCV 值，但血清蛋白浓度相对正常，例如出血性胃肠炎。放射性同位素红细胞总数测定技术常用于患红细胞增多症的病人，通常不用于小动物。

绝对红细胞增多症小动物最初的治疗方法中，通过减少循环红细胞数量来降低血液黏滞度。这可以通过治疗性放血术来达到，即通过一个血液采集装置，从中央静脉采集一定量的血液（约 20 mL/kg）。猫通常使用 19 号蝴蝶形导管配上 60 mL 的注射器，注射器内含有稀释了 500～600 单位肝素的 3～5 mL 生理盐水，在化学保定（我们使用七氟醚麻醉）条件下，从颈静脉采集血液。有趣的是，已有报道称，可使用水蛭对PRV 患猫进行治疗（Nett 等，2001）。

由于红细胞数量增多似乎能让机体给组织输送更多氧气，以弥补慢性血氧不足，因此逐步放血术（5 mL/kg，如有需要可重复）适用于患有心脏右向左分流和红细胞增多症的动物。由于血容量突然下降可导致显著的低血压，采血的同时可使用一外周静脉导管输入等量的生理盐水。由于血液黏滞度很高，使用相对较细的导管（如 19 号）采血可能会很困难。

一旦动物的病情稳定，就应该开始寻找引起红细胞增多症的病因（图 82-1）。推荐使用以下方法。首先应检测患病动物的心肺状况（即通过听诊、心前区触诊、胸部 X 线检查、心电图等方法；见第 1、2 章）；然后进行动脉血气分析（以排除低血氧和动脉氧饱和度）。有些患红细胞增多症的动物，由于其血液黏滞度过高，血气分析仪（通常是流速依赖性）无法生成结果，这种情况下，应在重新采集血液前先进行治疗性放血术［氧分压（ $Po_2$ ）在治疗性放血术后不会发生改变］。如果氧分压正常，应进行腹部超声检查或 CT 检查，以确定肾脏内是否存在肿瘤或浸润性病灶。如果没有发现这样的病灶，那么该动物很可能并非是肾脏肿瘤继发的红细胞增多症，需要寻找肾脏以外的肿瘤。目前犬猫不能检测 EPO 活性。以我个人的经验来看，对患红细胞增多症的犬猫进行骨髓检测的意义不大，对于大多数病例，其唯一的异常就是红细胞系增生导致的髓细胞/红细胞下降。

动物一旦被确诊为 PRV，可使用羟基脲（30 mg/kg，PO，q 24 h）治疗 7～10 d，然后可逐渐减少剂量和延长给药间隔。应根据动物的临床症状重复放血。如果最终确诊为继发性红细胞增多症，应治疗其原发病（如手术摘除肾脏肿瘤）。我们和其他一些医生都成功使用羟基脲治疗了一些心脏右向左分流和继发性红细胞增多症的病例（Moore 和 Stepien，2001）。

如果使用羟基脲治疗，无论是否使用放血疗法，大多数患 PRV 的犬猫都可存活很久（＞2 年）。因为羟基脲具有骨髓抑制作用，每 4～8 周应检查一次 CBC，给药剂量应根据嗜中性粒细胞的数量适时调整（见第 75 章）。犬猫继发性红细胞增多症的预后取决于原发病。

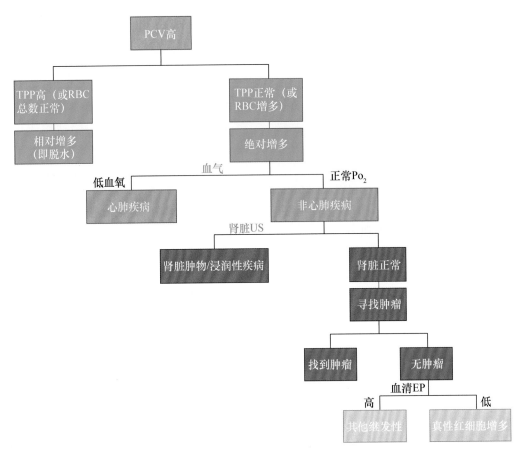

**图 82-1**

红细胞增多症犬猫的诊断程序。**EP**:促红细胞生成素;**PCV**:红细胞比容;**TPP**:血浆总蛋白;**RBC**:红细胞;**US**:超声检查。

◆ 推荐阅读

Campbell KL: Diagnosis and management of polycythemia in dogs, *Compend Cont Educ* 12:443, 1990.

Cook SM et al: Serum erythropoietin concentrations measured by radioimmunoassay in normal, polycythemic, and anemic dogs and cats, *J Vet Intern Med* 8:18, 1994.

Hasler AH et al: Serum erythropoietin values in polycythemic cats, *J Am Anim Hosp Assoc* 32:294, 1996.

Moore KW, Stepien RL: Hydroxyurea for treatment of polycythemia secondary to right-to-left shunting patent ductus arteriosus in 4 dogs, *J Vet Intern Med* 15:418, 2001.

Noh S et al: Renal-adenocarcinoma-associated erythrocytosis in a cat, *Hemoglobin* 11:12; 2012.

Nett CS et al: Leeching as initial treatment in a cat with polycythaemia vera, *J Small Anim Pract* 42:554, 2001.

Peterson ME et al: Diagnosis and treatment of polycythemia. In Kirk RW, editor: *Current veterinary therapy VIII*, Philadelphia, 1983, WB Saunders.

Randolph JF et al: Erythrocytosis and polycythemia. In Weiss DJ, Wardrop KJ: *Schalm's veterinary hematology*, ed 6, Ames, Iowa, 2010, Wiley-Blackwell, p 162.

Sato K et al: Secondary erythrocytosis associated with high plasma erythropoietin concentrations in a dog with cecal leiomyosarcoma, *J Am Vet Med Assoc* 220:486, 2002.

Van Vonderen IK et al: Polyuria and polydipsia and disturbed vasopressin release in 2 dogs with secondary polycythemia, *J Vet Intern Med* 11:300, 1997.

Yamauchi A et al: Secondary erythrocytosis associated with schwannoma in a dog, *J Vet Med Sci* 66:1605, 2004.

# 第 83 章
## CHAPTER 83

# 白细胞减少症和
# 白细胞增多症
## Leukopenia and Leukocytosis

## 概述
## (GENERAL CONSIDERATIONS)

白细胞像是全血细胞计数（complete blood count, CBC）的一部分，包括白细胞总数的测定及白细胞分类计数。虽然很少有特异性疾病可通过白细胞检查结果确诊，但是该结果可能有助于缩小鉴别诊断的范围，或者预测疾病的严重程度及预后。白细胞连续检测可能还有助于监测动物对治疗的反应。

使用标准实验室技术，在白细胞计数期间同时计数所有的有核细胞〔包括有核红细胞（nucleated red blood cells, nRBCs）〕。人类参考实验室使用粒子计数器来分类计数白细胞，但不适用于犬猫。新的兽用台式血液分析仪（LaserCyte 和 ProCyte Dx, IDEXX, Westbrook, Maine; CBC-Diff, Heska, Fribourg, Switzerland）可提供准确的白细胞总数和分类计数。ProCyte Dx 提供白细胞五分类计数（嗜中性粒细胞、淋巴细胞、单核细胞、嗜酸性粒细胞和嗜碱性粒细胞），也能提示 nRBC 和核左移，然而 CBC-Diff 只能提供白细胞的三分类计数。总体来说，如果台式血液分析仪的检查结果落在参考范围以外，门诊医师和技术人员应仔细检查散点图（见图 78-4、图 78-6 和图 80-1）和血涂片。

如果白细胞计数超过参考范围上限，称为白细胞增多症；如果白细胞计数低于参考范围，则称为白细胞减少症。有些品种犬的白细胞总数和嗜中性粒细胞常处于参考范围以下，例如比利时特伏丹犬、灰猎犬等，可能会被误诊为白细胞减少症和嗜中性粒细胞减少症。正在接受化疗的犬尤其要注意（见第 75 章），如果因 WBC 或嗜中性粒细胞计数降低（对于该品种正常）

而延迟化疗，会对患病动物产生不利影响。

白细胞分类计数可用相对计数（百分比）或绝对计数（每微升的白细胞数量）来报告。但是，绝对白细胞数量与白细胞百分比相比，更为准确，因为后者会产生误导，特别是在白细胞很高或很低的情况下。例如，白细胞总数为 3 000 个/$\mu$L（或 3×10$^9$ 个/L）时，白细胞分类计数为 90％的淋巴细胞和 10％的嗜中性粒细胞，这样的结果可得出两个结论：

1. 单独根据百分比，那么犬患有淋巴细胞增多症和嗜中性粒细胞减少症；在这种情况下，临床兽医可能会错误地将注意力只集中于淋巴细胞增多症，而不是嗜中性粒细胞减少症。

2. 根据绝对数量，该犬患有严重嗜中性粒细胞减少症（300 个/$\mu$L），而淋巴细胞计数正常（即 2 700 个/$\mu$L）。

显然，第二个结论反映了真实的临床情况。然后，临床兽医应忽略计数正常的淋巴细胞，反而需要集中查找引起嗜中性粒细胞减少的原因。

## 正常白细胞的形态学和生理学
## (NORMAL LEUKOCYTE MORPHOLOGY AND PHYSIOLOGY)

从形态学角度来说，白细胞可被分为多形核细胞或者单核的细胞。多形核细胞包括嗜中性粒细胞、嗜酸性粒细胞和嗜碱性粒细胞，而单核的细胞包括单核细胞和淋巴细胞。本章不讨论其基本形态和生理病理学特征。

以下列出的形态学变化具有很重要的临床意义，因此应该学会识别：

1. 在损伤应答时，嗜中性粒细胞可能会出现中毒变化（图 83-1）；中毒性嗜中性粒细胞会表现出特征性细胞质变化,包括嗜碱性、颗粒化、空泡化以及杜勒小体(Döhle bodies,小而蓝的细胞质包涵体,是内质网聚合物的组成部分)。这些变化出现于骨髓,提示嗜中性粒细胞在对抗感染的战争中已经失利。

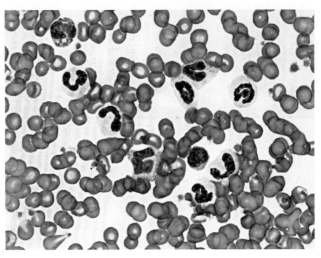

**图 83-1**
一只有腹内脓肿的犬的血涂片,出现核左移和中毒性变化(Diff-Quik 染色;×1 000)。

2. 巨型嗜中性粒细胞、杆状嗜中性粒细胞和晚幼粒细胞的体积都很大,属于多倍染色体细胞,这可能是因跳过细胞分裂而引起的;它们是中毒性细胞的另一种表现,且猫比犬更常见。

在仔细检查血涂片时,还需识别的其他嗜中性粒细胞形态学异常,包括佩尔杰-休特异常症(Pelger-Huët anomaly)(犬猫)和切-东二氏综合征(Chédiak-Higashi syndrome,先天性白细胞颗粒异常综合征)(猫)。当多形核白细胞的核分裂失败,但核染色质和细胞质的发育成熟时(即细胞核呈杆状,具有成熟的染色质),就会发生佩尔杰-休特异常症。患佩尔杰-休特异常症的犬猫,其典型特点是具有"核左移",且缺乏临床症状。仔细检查血涂片会发现,这些"核左移"的细胞都是核分叶减少的成熟细胞,而非不成熟的嗜中性粒细胞。这类异常可能是获得性或者遗传性(常染色体显性遗传),但通常认为该病和临床相关性很小。我们接触的病例主要为澳大利亚牧牛犬和正在接受化疗的犬。

切-东二氏综合征是烟灰色被毛、黄眼睛波斯猫特有的一种致命性的常染色体隐性遗传病,其特点是嗜中性粒细胞和嗜酸性粒细胞的颗粒变大,并伴有部分白化,畏光,传染病易感性增加,具有出血倾向以及异常的黑素细胞。

核分叶过多(即有 4 个或者更多的核叶)可能是由

于嗜中性粒细胞成熟时间延长导致的。可发生于患肾上腺皮质功能亢进的犬,正接受皮质类固醇治疗及患慢性炎症性疾病的犬猫。

以下内容是对嗜中性粒细胞生理学的简单回顾。理论上,骨髓内存在三个生理性嗜中性粒细胞区(图 83-2)。增殖区由分裂细胞组成(即原始粒细胞、早幼粒细胞和中幼粒细胞);原始粒细胞大概需要 48～60 h 成熟为晚幼粒细胞。成熟区由晚幼粒细胞和杆状核嗜中性粒细胞组成;该区的转化时间为 46～70 h。贮存区由成熟嗜中性粒细胞组成;该区的转化时间大约为 50 h,其含有的嗜中性粒细胞大概可供机体使用 5 d。成熟嗜中性粒细胞会随机离开骨髓,离开过程中,细胞的变形性和黏滞度会发生改变。

血管区存在两个嗜中性粒细胞池(见图 83-2)。嗜中性粒细胞边缘池(marginal neutrophil pool,MNP)由黏附于血管内皮(因此 CBC 时没有将其计算在内)的嗜中性粒细胞组成。

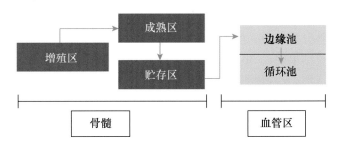

**图 83-2**
理论状态下骨髓和血液中的白细胞分布。

嗜中性粒细胞循环池(circulating neutrophil pool,CNP)由血液循环的嗜中性粒细胞组成(即这些细胞在白细胞分类计数时被计数在内)。总的血液嗜中性粒细胞池由 MNP 和 CNP 组成。犬的 CNP 和 MNP 的大小几乎相等。但是猫的 MNP 的大小是 CNP 的 2～3 倍。嗜中性粒细胞平均血液寿命(血液中存在的时间)犬为 6～8 h,猫为 10～12 h,血液中所有的嗜中性粒细胞每 2～2.5 d 全部更新一次。嗜中性粒细胞一旦离开血管(血细胞渗出),通常不会再返回循环内,可能丢失于肺部、肠道、其他组织、尿液或唾液。

# 白细胞在疾病中的变化
## (LEUKOCYTE CHANGES IN DISEASE)

由于嗜碱性粒细胞和单核细胞的参考范围下限为

0,这两种细胞不单独讨论。

# 嗜中性粒细胞减少症
## (NEUTROPENIA)

嗜中性粒细胞减少症是指循环嗜中性粒细胞数量绝对降低。可由骨髓内的细胞生成减少(或受损)或循环嗜中性粒细胞的转移或破坏增加而引起(框 83-1)。嗜中性粒细胞减少症相对常见于犬猫。但是,临床兽医应牢记,正常猫的嗜中性粒细胞计数可能会在 1 800~2 300 个/$\mu$L 内,这一范围也可能适用于灰猎犬和其他一些视觉猎犬。

在教学动物医院就诊的白细胞减少症病例中(Brown 和 Rogers,2001),传染病(猫白血病病毒、猫免疫缺陷病毒和细小病毒)最为常见,约占 52%。败血症和内毒素血症约占 11%,药物(化疗、苯巴比妥和抗菌药)诱发的病例也大概占 11%。大约 4% 的病例有原发性骨髓疾病,而大约 21% 的病例原因未知。边境牧羊犬常会有嗜中性粒细胞减少症,这一综合征被称为嗜中性粒细胞受困综合征(trapped neutrophil syndrome),是一种由 *VPS13B* 基因突变引起的常染色体隐性遗传综合征(Mizukami 等,2012)。

患有嗜中性粒细胞减少的犬猫,其临床症状通常不明确且没有特异性:包括食欲减退、精神沉郁、发热以及轻微胃肠道症状。口腔溃疡是嗜中性粒细胞减少症病人常见的一个特点,几乎不发生于小动物。嗜中性粒细胞减少症通常偶然发现于健康犬或猫(即患病动物无症状)。如果嗜中性粒细胞减少症是由外周嗜中性粒细胞消耗引起的(即败血症过程),那么大多数动物会表现出临床症状。患细小病毒性肠炎的犬猫会出现嗜中性粒细胞减少,且伴有严重呕吐或腹泻,或两者都有。嗜中性粒细胞减少症偶尔可见于败血性休克的犬猫(即苍白、低灌注、体温过低),需积极治疗。

犬、猫嗜中性粒细胞减少症的评估应该遵循以下原则:

● 详细的用药史(例如犬使用过雌激素或苯基丁氮酮,猫使用过灰黄霉素;见框 83-1)

● 疫苗接种史(例如猫是否接种过抗猫泛白细胞减少症的疫苗,犬是否接种过抗细小病毒性肠炎的疫苗)

● 完整的体格检查和影像学检查(查找化脓性病灶)

---

 **框 83-1　引起犬猫嗜中性粒细胞减少症的原因**

**(一)增生池内细胞生成无效或生成减少**

*1. 骨髓痨(骨髓内的肿瘤浸润)*

*骨髓增生性疾病(D、C)*

**淋巴增生性疾病(D、C)**

全身性肥大细胞病(D、C)

恶性组织细胞增多病(D、C§)

骨髓纤维化(D、C)

*2. 药物诱发的嗜中性粒细胞减少症*

抗癌药物和免疫抑制药物(C、D)

氯霉素(C)

**灰黄霉素(C)**

磺胺甲氧苄啶(D、C)

**雌激素(D)**

**苯基丁氮酮(D)**

**苯巴比妥(D)**

其他

*3. 毒素*

工业化学化合物(无机溶剂、苯)(D、C)

镰刀孢子丝菌毒素(C)

*4. 传染病*

细小病毒感染(D、C)

*反转录病毒感染(猫白血病病毒、猫免疫缺陷病毒)(C)*

*组织胞浆菌病(D、C)*

骨髓增生异常或白血病前期综合征(C)

周期性嗜中性粒细胞减少症(C)

**犬埃利希体病(D、C)**

无形体病(D、C)

弓形虫病(D、C)

犬瘟热病毒感染早期(D)

犬肝炎病毒感染早期(D)

*5. 其他*

特发性骨髓发育不全(D、C)

灰柯利犬的周期性嗜中性粒细胞减少症(D)

边境牧羊犬嗜中性粒细胞受困综合征(D)

获得性周期性嗜中性粒细胞减少症(D、C)

**类固醇反应性嗜中性粒细胞减少症(D、C)**

**(二)边缘池内嗜中性粒细胞扣押**

**内毒素性休克(D、C)**

过敏性休克(D、C)

麻醉(D§、C§)

**(三)组织突然过度需求、破坏、消耗**

*1. 传染病*

**特急性、严重的细菌感染(如腹膜炎、吸入性肺炎、沙门氏菌病、子宫炎、脓胸)(D、C)**

病毒感染(如犬瘟热或犬肝炎,潜伏期)(D)

**2. 药物诱发性疾病(D、C)(见上)**

**3. 免疫介导性疾病(D、C)**

**4. 副肿瘤性的(D)**

**5. "脾功能亢进症"(D§)**

---

注意:加粗字体代表常见病因;斜向代表相对常见的病因;正常字体代表不常见病因。

D:犬;C:猫;§:缺少记载。

- 用于筛查传染病的血清学或病毒学试验(例如猫白血病病毒,猫免疫缺陷病毒,犬埃利希体及无形体,细小病毒性肠炎)
- 如有必要,可进行骨髓细胞学或组织病理学检查

血涂片检查有助于确定嗜中性粒细胞减少症的发病机理。一般而言,台式血细胞分析仪可以对嗜中性粒细胞总数进行计数,但不能区分成熟的嗜中性粒细胞和杆状嗜中性粒细胞,所以,再次强调血涂片评估的重要性。如前所述,ProCyte Dx 能提示核左移。如果犬或猫患贫血和/或血小板减少症,并伴有嗜中性粒细胞减少症,应强烈怀疑存在原发性骨髓疾病。如果犬或猫患再生性贫血和球形红细胞症,并伴有嗜中性粒细胞减少症,那么鉴别诊断时需要考虑免疫介导性疾病或恶性组织细胞增多症。

嗜中性粒细胞存在中毒性变化或者核左移(见下文)提示感染;患类固醇反应性嗜中性粒细胞减少症或原发性骨髓疾病的犬猫,通常没有中毒性变化及核左移。一项在以色列进行的针对 248 只犬的研究(Aroch 等,2005)显示,中毒性嗜中性粒细胞常见于子宫积脓、细小病毒感染、腹膜炎、胰腺炎和败血症。有趣的是,中毒性嗜中性粒细胞也见于急性肾功能衰竭、IMHA、DIC 等病症。连续评估白细胞像有助于排除暂时性或周期性嗜中性粒细胞减少症(周期性造血作用)。

如果不能确定患病动物嗜中性粒细胞减少症的发病机制,应采取高级诊断技术进行诊断,例如抗嗜中性粒细胞抗体、白细胞核扫描、白细胞动力学研究等。如上文所述,健康猫和灰猎犬的嗜中性粒细胞计数可能较低。如果就诊猫或灰猎犬嗜中性粒细胞计数约为 1 800～2 300 个/μL(或者在血常规检查中发现了"嗜中性粒细胞减少症"),只要不存在其他临床或血液异常(如核左移、中毒性变化),那么可以使用保守方法治疗(如在 2～3 周内复查一次 CBC)。

由于犬猫的皮质类固醇反应性嗜中性粒细胞减少症的临床特征显著,因此如果一只无症状的嗜中性粒细胞减少症患犬,已经排除了大多数传染病和肿瘤性病因,那么可以住院,进行免疫抑制剂量的皮质类固醇治疗[泼尼松,犬:2～4 mg/(kg·d),PO,猫:地塞米松,4 mg/猫,PO,一周一次]。对于这类患病动物,通常在治疗开始后的 24～96 h 内会有反应。对于患免疫介导性溶血性贫血和其他免疫介导性疾病的犬,需持续治疗(见第 100 章;图 83-3)。

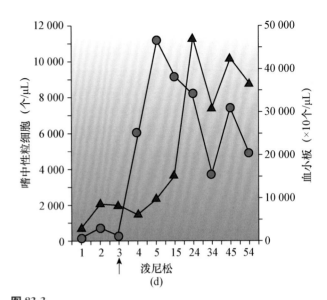

**图 83-3**
图片显示的是一只患类固醇反应性嗜中性粒细胞减少症和血小板减少症的 6 岁雌性绝育万能㹴对治疗的反应。记录了对免疫抑制剂量泼尼松的快速反应。—●—代表分叶核嗜中性粒细胞(μL),—▲—代表血小板(×10³ 个/μL)

无症状、不发热的嗜中性粒细胞减少症犬猫出现败血症的风险很高,应使用广谱杀菌性抗生素治疗。我给犬选择的药物是磺胺甲氧苄啶,按 15 mg/kg 的剂量,口服,每 12 h 给予一次;另一种可以用于犬猫的药物是恩诺沙星(或另一种氟喹诺酮类药物),5～10 mg/kg,口服,每 24 h 一次。不要使用具有厌氧菌抗菌谱的抗生素,因为它们会消耗肠道内的有益厌氧菌。

发热(即有症状的)的嗜中性粒细胞减少症犬猫属于急症,需积极进行静脉输注抗生素。我们选择的方案为氨苄西林(20 mg/kg, IV, q 8 h)联合恩诺沙星(5～10 mg/kg,IV, q 24 h)。

使用人类重组粒细胞集落刺激因子(granulocyte colony-stimulating factor, G-CSF)(5 μg/kg, SQ, q 24 h)可刺激嗜中性粒细胞的生成。虽然结果非常可观,但是持效时间通常很短,因为患病犬猫会产生抵抗作用的抗 CSF 抗体。碳酸锂(10 mg/kg, PO, q 12 h)可增加犬的嗜中性粒细胞计数;锂的血清浓度为 0.8～1.5 mmol/L 时能达到治疗效果。锂主要由肾脏排泄,肾小球滤过率降低的犬应慎用此药。碳酸锂对猫无效,且可能会引起中毒。

## 嗜中性粒细胞增多症
(NEUTROPHILIA)

嗜中性粒细胞增多症是指嗜中性粒细胞数量绝对

增加,是引起犬猫白细胞增多症的最常见的原因。下面是用于描述嗜中性粒细胞增多症的术语。

　　成熟嗜中性粒细胞增多症是指嗜中性分叶核(成熟)粒细胞数量增多,但未成熟嗜中性粒细胞(如杆状核嗜中性粒细胞)的数量不增加。伴有核左移的嗜中性粒细胞增多症是指成熟和未成熟的嗜中性粒细胞($>300$ 个$/\mu$L,或 $0.3\times10^9$ 个$/$L)的数量都增加。再生性核左移是指未成熟嗜中性粒细胞数量增加,且未成熟嗜中性粒细胞的数量低于成熟嗜中性粒细胞;通常大部分患有再生性核左移的犬猫会伴有白细胞增多症。当未成熟嗜中性粒细胞的数量超过成熟嗜中性粒细胞时,就会发生非再生性核左移;后者的数量可能正常、偏低或偏高。非再生性核左移通常提示侵袭性疾病的存在;犬猫通常会出现嗜中性粒细胞中毒性变化(见上文)。通常与非再生性核左移伴发的疾病包括脓胸、败血性腹膜炎、细菌性肺炎、子宫积脓、前列腺炎以及急性肾盂肾炎。还有一个术语叫作"极端嗜中性粒细胞增多症",此时嗜中性粒细胞的数量常高于 50 000 个$/\mu$L($50\times10^9$ 个$/$L),伴有核左移或成熟嗜中性粒细胞增多症。极端的白细胞增多症包括脓毒性病灶(例如子宫积脓)、免疫介导性疾病、肝簇虫病、分枝杆菌病和慢性髓细胞性白血病。类白血病反应是指伴有严重核左移(包括晚幼粒细胞和中幼粒细胞)的显著嗜中性粒细胞增多症。这表明存在严重的炎症性疾病,且可能很难与慢性粒细胞(骨髓性)白血病区分(见78 章)。

　　虽然很多患有嗜中性粒细胞增多症的犬猫都存在潜在感染性疾病,但是嗜中性粒细胞增多症不等同于感染。犬猫发生嗜中性粒细胞增多症通常是炎性或肿瘤过程导致的结果;框 83-2 列出了一些可引起嗜中性粒细胞增多症的疾病。

　　必须牢记,嗜中性粒细胞增多症通常由内源性肾上腺素的释放而引起(生理性嗜中性粒细胞增多症)。由边缘池释放嗜中性粒细胞增加而导致的嗜中性粒细胞增多症通常是暂时性的(在内源性儿茶酚胺释放后持续 $20\sim30$ min),且通常伴有红细胞增多症和淋巴细胞增多症(后者主要见于猫)。

　　内源性或者外源性皮质类固醇都会引起应激性或者皮质类固醇诱发的嗜中性粒细胞增多症,即出现血管内嗜中性粒细胞出口减少,且骨髓贮存池内的嗜中性粒细胞释放增加。应激白细胞像的其他典型血液学变化包括淋巴细胞减少症、嗜酸性粒细胞减少症以及

**框 83-2　引起犬猫嗜中性粒细胞增多症的原因**

**(一)生理性或肾上腺素诱发的嗜中性粒细胞增多症**
恐惧(C)
兴奋(S)
运动(S)
癫痫(D、C)
分娩(S)

**(二)应激性或皮质类固醇诱发的嗜中性粒细胞增多症**
疼痛(S)
麻醉(S)
**创伤(D、C)**
*肿瘤(D、C)*
**肾上腺皮质功能亢进(D)**
代谢性疾病(S)
慢性疾病(D、C)

**(三)炎症或组织需求增加**
**感染(细菌、病毒、真菌、寄生虫)(D、C)**
**组织创伤和/或坏死(D、C)**
**免疫介导性疾病(D)**
*肿瘤(D、C)*
代谢性疾病(尿毒症、糖尿病酮症酸中毒)(*D、C*)
灼伤(D、C)
嗜中性粒细胞功能异常(D)
其他(急性出血、溶血)(D、C)

　　注意:加粗字体代表常见病因;斜向代表相对常见的病因;正常字体代表不常见病因。
　　D:犬;C:猫;S:缺少记载。

单核细胞增多症(后者不发生于猫)。这些症状常见于患病犬猫。肾上腺皮质功能减退的犬若出现炎症或传染病,常缺乏嗜中性粒细胞增多症的反应,也就是说,这些犬虽然患病,但没有应激白细胞像。

　　患嗜中性粒细胞增多症犬猫的临床症状通常继发于潜在疾病。可能存在发热,也可能不存在发热。如果患病动物存在持续性嗜中性粒细胞增多,嗜中性粒细胞表现出中毒性变化或非再生性核左移,应立即采取办法确定是否存在化脓性病灶或感染性疾病。这些病例的检查包括:全面的体格检查(如脓肿);胸部和腹部的 X 线检查(如肺炎、胸膜或腹膜渗出);腹部超声检查(如腹膜炎、胰腺脓肿或肝脓肿);采集血液、尿液、液体或组织样本用于细胞学检查及细菌和真菌的培养。需注意,可经静脉输注放射性核素(即锝 99 m 或铟 111),以标记同源性或异源性嗜中性粒细胞,而化脓性病灶可使用伽马射线数字成像仪确诊,但很少使用;炎性病灶也可以通过放射性环丙沙星进行确诊。

患嗜中性粒细胞增多症犬猫的治疗目标是治疗原发病。如果经过全面的临床检查和临床病理学评估还不能确定嗜中性粒细胞增多的病因,那么,可根据经验使用广谱杀菌性抗生素(如磺胺甲氧苄啶、恩诺沙星、头孢菌素、阿莫西林),这也是无症状的犬猫临床一线治疗方案。

## 嗜酸性粒细胞减少症
(EOSINOPENIA)

嗜酸性粒细胞减少症是指循环嗜酸性粒细胞的数量绝对减少。常见于应激白细胞像或外源性皮质类固醇反应,通常临床相关性较低。

## 嗜酸性粒细胞增多症
(EOSINOPHILIA)

嗜酸性粒细胞增多症是指循环嗜酸性粒细胞的数量绝对增加。相对常见于小动物,可由各种病因导致,详见框83-3。由于嗜酸性粒细胞增多症常见于内外寄生虫病,因此在寄生虫性病因被排除以前,不需要对所有动物的嗜酸性粒细胞进行全面评估。猫跳蚤感染通常可引起嗜酸性粒细胞计数显著增加($>15\ 000$ 个$/\mu L$,或 $15\times10^9$ 个$/L$)。犬嗜酸性粒细胞增多症常见于蛔虫和钩虫感染,或心丝虫病及棘唇线虫病。引起猫嗜酸性粒细胞增多症的其他三种常见病因包括嗜酸性肉芽肿复合体、支气管哮喘和嗜酸性粒细胞性胃肠炎。临床上罗威纳犬发生过类似于猫嗜酸性粒细胞增多综合征的疾病(Sykes 等,2001);另外,曾有报道显示,西伯利亚爱斯基摩犬发生过口腔嗜酸性肉芽肿病变。嗜酸性粒细胞增多症也可见于患肥大细胞瘤的犬、猫,但少见。猫淋巴瘤病例也可能会出现嗜酸性粒细胞增多症(肿瘤引起的嗜酸性粒细胞增多症)。

嗜酸性粒细胞增多症犬猫的临床症状与原发病有关,而不是与血液异常有关。由于嗜酸性粒细胞增多最常见于动物的寄生虫病,因此这些病例首先应排除寄生虫感染。完成该目标后,应使用适当的诊断方法查找其他可导致嗜酸性粒细胞增多的原因,例如采用气管灌洗或细针抽吸肺部检查嗜酸性粒细胞浸润,采用内窥镜活检来筛查嗜酸性粒细胞性胃肠炎(框83-3)。治疗主要是针对原发病因。

猫和罗威纳犬都有外周血液嗜酸性粒细胞增多,且组织被嗜酸性粒细胞浸润的综合征的相关记载,该

**框 83-3　犬猫嗜酸性粒细胞增多症的病因**

(一)寄生虫病
钩虫病(D)
**犬心丝虫病(D、C)**
**棘唇线虫病(D)**
**栉首蚤病(D、C)**
类丝虫病(C)
猫圆线虫病(C)
*蛔虫病(D、C)*
肺并殖吸虫病(D、C)

(二)过敏性疾病
**特异性(D、C)**
**跳蚤引起的过敏性皮炎(D、C)**
**食物过敏(D、C)**

(三)嗜酸性粒细胞浸润性疾病
**嗜酸性肉芽肿(C)**
**猫支气管哮喘(C)**
嗜酸性粒细胞浸润肺部(D)
**嗜酸性粒细胞性胃肠炎/结肠炎(D、C)**
*嗜酸性粒细胞增多综合征(D、C)*

(四)感染性疾病
上呼吸道病毒感染(C$)
猫泛白细胞减少症(C$)
猫传染性腹膜炎(C$)
弓形虫病(C)
化脓性过程(D、C)

(五)肿瘤
*肥大细胞瘤(D、C)*
淋巴瘤(D、C)
骨髓增生性疾病(C)
实质性肿瘤(D、C)

(六)其他
软组织创伤(D$、C$)
猫泌尿道综合征(C$)
心肌病(D$、C$)
肾衰(D$、C$)
甲状腺功能亢进(C$)
发情期(D$)

注意:加粗字体代表常见病因;斜向代表相对常见病因;正常字体代表不常见病因。
D:犬;C:猫;$:缺少记载。

病偶见于其他品种的犬。该综合征被称为嗜酸性粒细胞增多综合征,且通常很难与嗜酸性粒细胞性白血病区分。这些病例主要表现胃肠道症状,但也常见多系统性的症状。在猫的治疗中,免疫抑制剂量的皮质类固醇、6-硫鸟嘌呤、阿糖胞苷、环磷酰胺以及其他抗癌药物治疗(见第78章)均无临床意义,大多数动物都于

诊断后几周内死亡。关于这些药物的临床反应的记载可见于罗威纳犬。

## 嗜碱性粒细胞增多症
（BASOPHILIA）

　　嗜碱性粒细胞增多症是指嗜碱性粒细胞数量绝对增加,且通常伴发嗜酸性粒细胞增多症。由于嗜碱性粒细胞与组织肥大细胞类似,在以 IgE 大量生成和结合为特征的疾病中,以及各种非特异性炎性疾病中,其数量会增加。导致嗜碱性粒细胞增多症的病因见框83-4。

 **框 83-4　犬猫嗜碱性粒细胞增多症的病因**

---

**伴有 IgE 生成/结合的疾病**
心丝虫病(**D**、C)
吸入性皮炎(*D*、*C*)

**炎性疾病**
胃肠道疾病(**D**、**C**)
呼吸道疾病(**D**、**C**)

**肿瘤**
肥大细胞瘤(*D*、*C*)
淋巴瘤样肉芽肿病(**D**、**C**)
嗜碱性粒细胞性白血病(**D**)

**伴发于高脂蛋白血症**
甲状腺功能减退(**D**ʂ)

---

　　注意:加粗字体代表常见病因;斜向代表相对常见的病因;正常字体代表不常见的病因。
　　D:犬;C:猫;ʂ:缺少记载。

## 单核细胞增多症
（MONOCYTOSIS）

　　单核细胞增多症是指单核细胞数量绝对增加,可发生于对炎性、肿瘤性或退行性刺激的应答。有些急性白血病的动物,尽管其单核细胞数量正常,WBC 的散点图中会出现单核细胞云增大的表现(见图78-4)。虽然传统的单核细胞增多症主要发生于慢性炎性过程,但是也常见于急性疾病。引起犬猫单核细胞增多症的病因见框83-5。犬单核细胞增多症比猫更常见;灰猎犬罕见单核细胞增多症。

　　单核细胞增多症是应激白细胞像的一部分,可由各种细菌、真菌和原虫疾病引起。在中西部地区,全身性真菌病(即组织胞浆菌病和芽生菌病)是相对常见

 **框 83-5　犬猫单核细胞增多症的病因**

---

**(一)炎症**
**1. 感染性疾病**
**①细菌**

子宫积脓(**D**、**C**)
脓肿(**D**、**C**)
腹膜炎(**D**、**C**)
脓胸(**D**、**C**)
骨髓炎(**D**、**C**)
前列腺炎(**D**)

**②高等细菌**

诺卡氏菌属(*D*、*C*)
放线菌(*D*、*C*)
分枝杆菌(*D*、*C*)

**③细胞内寄生虫**

支原体(**D**、**C**)

**④真菌**

芽生菌(**D**、**C**)
组织胞浆菌(**D**、**C**)
隐球菌(**D**、**C**)
球孢子菌(**D**)

**⑤寄生虫**

心丝虫(**D**、**C**ʂ)

**2. 免疫介导性疾病**

溶血性贫血(**D**、**C**)
皮炎(**D**、**C**)
多发性关节炎(*D*、*C*)

**3. 伴严重压迫性伤害的创伤(D、C)**

**4. 组织或体腔内出血(D、C)**

**5. 应激或皮质类固醇诱发性疾病(D)**

**(二)肿瘤**
伴有肿瘤坏死(**D**、**C**)
淋巴瘤(**D**、**C**)
骨髓增生异常的疾病(**D**、**C**)

**白血病**
髓单核细胞性白血病(**D**、**C**)
单核细胞性白血病(**D**、**C**)
骨髓性白血病(**D**、**C**)

---

　　注意:加粗字体代表常见病因;斜向代表相对常见的病因;正常字体代表不常见的病因。
　　D:犬;C:猫;ʂ:缺少记载。

的病因。由于单核细胞是组织巨噬细胞的前体,因此肉芽肿性和脓性肉芽肿性反应通常会引起单核细胞增多症(见框83-5)。此外,引起细胞破坏的免疫介导性损伤(如免疫介导性溶血、多发性关节炎)

以及某些肿瘤(如淋巴瘤)通常会导致单核细胞增多症。某些肿瘤分泌单核细胞集落刺激因子,并能导致显著的单核细胞增多症($> 5\,000$ 个/$\mu$L 或 $5 \times 10^9$ 个/L)。虽然很罕见,也会出现单核细胞性白血病。

单核细胞增多症病例的临床检查特征类似于嗜中性粒细胞增多症:需寻找感染病灶。如果怀疑是免疫介导性疾病,那么应进行关节穿刺获取关节液,以用于分析或进行其他免疫试验(见第 71 和 99 章)。目标是治疗原发疾病。

## 淋巴细胞减少症
(LYMPHOPENIA)

淋巴细胞减少症是指循环淋巴细胞计数绝对降低。它是住院或患病犬猫最常见的血液学异常表现之一,可归因于内源性皮质类固醇的作用(应激白细胞像)。淋巴细胞减少症常可见于患慢性淋巴液丢失的犬猫,例如患乳糜胸或小肠淋巴管扩张的病例(见框 83-6)。

 **框 83-6 犬猫淋巴细胞减少症的病因**

---

**(一)皮质类固醇或应激诱发性疾病(D、C)**
(参见框 83-2)

**(二)淋巴液丢失**
**淋巴管扩张症(D、C)**
**乳糜胸(D、C)**

**(三)淋巴细胞生成受损**
**化疗(D、C)**
**长期使用皮质类固醇(D、C)**

**(四)病毒性疾病**
*细小病毒病(D、C)*
*猫传染性腹膜炎(C)*
*猫白血病病毒(C)*
*猫免疫缺陷病毒(C)*
*犬瘟热病毒(D)*
*犬传染性肝炎(D)*

---

注意:加粗字体代表常见病因;斜向代表相对常见的病因;正常字体代表不常见的病因。
D:犬;C:猫;$:缺少记载。

一般情况下,患有淋巴细胞减少症的犬猫都有显著的临床异常表现。正在接受皮质类固醇治疗或者化疗的动物可忽略该项异常(即无须确诊)。临床异常消

除后或停止类固醇治疗后,应重新进行淋巴细胞计数。与普通观点相反,淋巴细胞减少症不会增加传染病的易感性。

## 淋巴细胞增多症
(LYMPHOCYTOSIS)

淋巴细胞增多症是指循环淋巴细胞数量绝对增加。常见于多种临床情况,包括恐惧(猫)(见前面的嗜中性粒细胞增多症)、疫苗接种(见于犬,猫也有可能)、慢性埃利希体病(犬)、无形体病(犬、猫)、阿狄森氏病(肾上腺皮质功能减退,犬)以及慢性淋巴细胞性白血病(chronic lymphocytic leukemia,CLL)。淋巴细胞在这些疾病中的形态都正常,但免疫接种反应常可见反应性淋巴细胞(细胞质深染、体积较大的细胞)。在犬猫急性淋巴母细胞性白血病中,可见到很多形态异常的淋巴样细胞(见 78 章)。

对于患淋巴细胞增多症和嗜中性粒细胞增多症的猫,应先排除儿茶酚胺的内源性释放引起的血液学变化。如果猫性情暴戾,很难采集血液,那么需要在化学保定下采集血液样本。

淋巴细胞增多且血涂片存在反应性淋巴细胞的犬,应排除最近接种过疫苗。大多数淋巴细胞计数超过 $10\,000$ 个/$\mu$L($10 \times 10^9$ 个/L)的犬,可能患慢性埃利希体病、CLL 或利什曼原虫感染。单核细胞性埃利希体病或无形体病患犬常会出现大颗粒性淋巴细胞(LGLs)和较大的淋巴细胞(且胞浆丰富),内含无定形颗粒。LGL 淋巴细胞增多症也可见于 CLL 患犬。淋巴细胞 $> 20\,000$ 个/$\mu$L($20 \times 10^9$ 个/L)罕见于埃利希体病患犬(即淋巴细胞 $> 20\,000$ 个/$\mu$L 的犬更可能患有 CLL)。这些犬中很多患有由单克隆或多克隆丙种球蛋白病(见 87 章)引起的高蛋白血症。单核细胞性埃利希体病和 CLL 的临床表现和血液学特征都非常相似(即血细胞减少症、高蛋白血症、肝脾肿大和淋巴结病)。犬埃利希体的血清学试验和 PCR 试验、外周血淋巴细胞的克隆分型、骨髓抽吸检查结果都有助于鉴别这两种疾病。慢性犬埃利希体病的骨髓细胞学检查所见,通常包括全身性造血功能低下和浆细胞增多症,而造血功能低下并伴随淋巴细胞数量增多,常见于 CLL 患犬;而有些 CLL 患犬的骨髓细胞学检查正常。引起犬猫淋巴细胞增多症的病因见框 83-7。

**框 83-7　犬猫淋巴细胞增多症的病因**

生理性或肾上腺素诱发的疾病(**C**)(参见框83-2)

抗原刺激延长

慢性感染

埃利希体病(**D、C**Ş)

无形体病(**D、C**)

恰加斯氏病(Chagas' disease)(D)

巴贝斯虫病(D)

利什曼原虫病(D)

过敏反应(*Ş*)

免疫介导性疾病(*Ş*)

疫苗接种后的反应(*D、C*)

白血病

淋巴细胞性白血病(**D、C**)

淋巴母细胞性白血病(**C、D**)

肾上腺皮质功能减退(**D**)

注意:加粗字体代表常见病因;斜向代表相对常见的病因;正常字
体代表不常见的病因。

D:犬;C:猫;Ş:缺少记载。

◀ 推荐阅读

Aroch I et al: Clinical, biochemical, and hematological characteristics, disease prevalence, and prognosis of dogs presenting with neutrophil cytoplasmic toxicity, *J Vet Intern Med* 19:64, 2005.

Avery AC, Avery PR: Determining the significance of persistent lymphocytosis, *Vet Clin North Am Small Anim Pract* 37:267, 2007.

Brown CD et al: Evaluation of clinicopathologic features, response to treatment, and risk factors associated with idiopathic neutropenia in dogs: 11 cases (1990-2002), *J Am Vet Med Assoc* 229:87, 2006.

Brown MR, Rogers KS: Neutropenia in dogs and cats: a retrospective study of 261 cases, *J Am Anim Hosp Assoc* 37:131, 2001.

Carothers M et al: Disorders of leukocytes. In Fenner WR, editor: *Quick reference to veterinary medicine*, ed 3, New York, 2000, JB Lippincott, p 149.

Center SA et al: Eosinophilia in the cat: a retrospective study of 312 cases (1975 to 1986), *J Am Anim Hosp Assoc* 26:349, 1990.

Couto CG: Immune-mediated neutropenia. In Feldman BF et al, editors: *Schalm's veterinary hematology*, ed 5, Philadelphia, 2000, Lippincott Williams & Wilkins, p 815.

Couto GC et al: Disorders of leukocytes and leukopoiesis. In Sherding RG, editor: *The cat: diseases and clinical management*, ed 2, New York, 1994, Churchill Livingstone.

Huibregtse BA et al: Hypereosinophilic syndrome and eosinophilic leukemia: a comparison of 22 hypereosinophilic cats, *J Am Anim Hosp Assoc* 30:591, 1994.

Lucroy MD, Madewell BR: Clinical outcome and associated diseases in dogs with leukocytosis and neutrophilia: 118 cases (1996-1998), *J Am Vet Med Assoc* 214:805, 1999.

Lucroy MD, Madewell BR: Clinical outcome and diseases associated with extreme neutrophilic leukocytosis in cats: 104 cases (1991-1999), *J Am Vet Med Assoc* 218:736; 2001.

Mizukami K et al: Trapped neutrophil syndrome in a border collie dog: clinical, clinicopathologic, and molecular findings, *J Vet Med Sci* 74:797, 2012.

Schnelle AN, Barger AM: Neutropenia in dogs and cats: causes and consequences, *Vet Clin North Am Small Anim Pract* 42:111, 2012.

Sykes JE et al: Idiopathic hypereosinophilic syndrome in 3 Rottweilers, *J Vet Intern Med* 15:162, 2001.

Teske E: Leukocytes. In Weiss DJ, Wardrop KJ, editors: *Schalm's veterinary hematology*, ed 6, Ames, Iowa, 2010, Wiley-Blackwell, p 261.

Weltan SM et al: A case-controlled retrospective study of the causes and implications of moderate to severe leukocytosis in dogs in South Africa, *Vet Clin Pathol* 37:164, 2008.

Williams MJ et al: Canine lymphoproliferative disease characterized by lymphocytosis: immunophenotypic markers of prognosis, *J Vet Intern Med* 22:506; 2008.

# 第 84 章
## CHAPTER 84

# 多系血细胞减少症和骨髓病性贫血
## Combined Cytopenias and Leukoerythroblastosis

## 定义和分类
### (DEFINITIONS AND CLASSIFICATION)

多系血细胞减少症通常是由于骨髓生成减少而引起的,也可由于循环细胞破坏或扣押增加而引起,但较少见。以下是将在本章中使用的一些术语的定义。双系血细胞减少症是指两种循环血细胞的数量减少(即贫血和嗜中性粒细胞减少症、贫血和血小板减少症、嗜中性粒细胞减少症和血小板减少症)。如果三种血细胞都减少(即贫血、嗜中性粒细胞减少症和血小板减少症),则称为泛血细胞减少症(pancytopenia,希腊语"pan"意思为"所有")。在评估白细胞减少症病例时,最好只评估嗜中性粒细胞(如嗜中性粒细胞减少症),这是因为有些病例只会出现嗜中性粒细胞下降,例如一些肿瘤疾病或反应性淋巴细胞增多症病例,白细胞总数可能正常或升高,但嗜中性粒细胞减少。大多数病例中,如果存在贫血,都是非再生性的。如果再生性贫血伴发某种血细胞减少症,则有可能是血细胞在外周遭到破坏引起的。幼白-幼红细胞反应(leukoerythroblastic reaction,LER)(或者成白红细胞增多症)是指循环血液中出现未成熟的白细胞(white blood cells,WBCs)(左移)和有核红细胞(nucleated red blood cells,nRBCs)。WBC 计数通常很高,但也可能正常或偏低。

血细胞的生成减少或者外周破坏增加,通常会形成血细胞减少症。一般说来,双系血细胞减少症和泛血细胞减少症,通常由原发性骨髓疾病引起(即"细胞工厂"出现了问题;见框 84-1),但也可能由外周血细胞破坏引起,如败血症、弥散性血管内凝血(disseminated intravascular coagulation,DIC)和某些免疫介导性血液疾病。

幼白-幼红细胞反应可由各种发病机制引起(见框 84-2),但一般说来,循环血液中出现未成熟的血细胞通常是因为它们过早地从骨髓或造血器官(即脾脏、肝脏)中释放出来。这种过早释放可能是由于:(1)血细胞需求增加(如溶血性贫血、失血、腹膜炎),进而导致通过骨髓部分或髓外造血器官的时间缩短;或者是(2)正常骨髓前体排出受阻(即白血病、骨髓淋巴瘤)。它们还可能被过早地从髓外造血器官(即脾脏和肝脏)释放,从而导致正常的反馈机制消失。由于有核红细胞的细胞核主要在脾脏中被吞噬,脾切除的动物可能会有幼白-幼红细胞反应。

## 临床病理学特征
### (CLINICOPATHOLOGIC FEATURES)

除了分别继发于贫血和血小板减少症的苍白和自发性出血(即瘀点和瘀斑),患多系血细胞减少症或 LERs 的犬猫,其临床症状和体格检查结果通常与潜在疾病有关,而与造血异常无关。如果动物出现显著嗜中性白细胞减少症,并且存在败血症或者菌血症,那么可能会表现发热。

了解病史是临床检查的重要方面。应获得详细的病史资料,且特别要询问使用过的治疗药物(如犬使用过雌激素或保泰松,猫使用过灰黄霉素和氯霉素)、苯衍生物接触史(罕见)、旅游史、疫苗注射情况以及与其他动物的接触史。大多数可引起贫血或嗜中性白细胞减少症的药物也可导致多系细胞减少症(见框 80-2 和框 83-1)。

**框 84-1** 引起犬猫两系血细胞减少症和
泛血细胞减少症的病因

---

**一、细胞生成减少**

**（一）骨髓发育不良-再生障碍**

*自发性*

*化学品（如苯衍生物）引起*

*雌激素（内源性或外源性的雌激素）*

*药物（化疗药物、抗生素、抗惊厥药、秋水仙碱素、非类固醇类抗炎药）*

放射疗法

**免疫介导性疾病**

**传染因素（细小病毒、猫白血病病毒、猫免疫缺陷病毒、犬埃利希体和无形体）**

**（二）骨髓坏死**

**传染病（败血症、细小病毒）**

毒素（真菌毒素）

肿瘤（急性和慢性白血病、转移性肿瘤）

其他（组织缺氧、DIC）

**（三）骨髓纤维化-硬化**

骨髓纤维化

骨硬化

骨石化症

**（四）骨髓痨**

肿瘤

　**急性白血病**

　慢性白血病

　*淋巴瘤*

　**多发性骨髓瘤**

　全身性肥大细胞病

　恶性组织细胞增多症

　转移性肿瘤

肉芽肿性疾病

　荚膜组织胞浆菌病

　分枝杆菌病

　脂质贮积病

**（五）骨髓发育不良**

**二、细胞破坏和扣押增加**

**免疫介导性疾病**

埃文斯综合征（Evans syndrome）

**败血症**

微血管病

**DIC**

**血管肉瘤**

**脾脏肿大**

充血性脾脏肿大

脾功能亢进

*造血系统肿瘤*

其他肿瘤

---

注意：加粗字体代表常见病因；斜向代表相对常见的病因；正常字体代表不常见的病因。DIC：弥散性血管内凝血。

 **框 84-2** 引起犬猫幼白-幼红细胞增多症的病因

---

**EMH**

**免疫介导性溶血性贫血**

*失血性贫血*

**败血症**

*DIC*

慢性组织缺氧（例如充血性心力衰竭）

肿瘤

　**血管肉瘤**

　*淋巴瘤*

　*白血病*

　*多发性骨髓瘤*

　其他

　　糖尿病

　　甲状腺功能亢进

　　肾上腺皮质功能亢进

　　脾切除

---

注意：加粗字体代表常见病因；斜向代表相对常见的病因。

＊ 文中提到的几种疾病中，造血可能对 LER 的发病机制有一定作用。EMH，髓外造血；DIC，弥散性血管内凝血；LER，幼白-幼红细胞反应。

对患多系血细胞减少症或 LERs 的犬猫进行体格检查，可能会发现存在与初级凝血障碍（即血小板减少症）相符的自发性出血，还可能存在继发于贫血的苍白。一些体格检查结果有助于临床医生对血细胞减少症或 LER 病例做出更多假设诊断或确诊。特别有趣的是，如果患泛血细胞减少症的公犬（通常是患有隐睾病的犬）出现雌性化的现象，可能提示塞托利细胞瘤（Stertoli cell tumor）（支持细胞瘤），也可能是较为少见的间质细胞瘤或精原细胞瘤，并伴有继发性雌激素过多症。全身性淋巴结病，肝肿大或脾肿大，或腹内或胸腔内肿块会引导临床医生考虑特殊的假定诊断。例如，如果患犬有再生性贫血、血小板减少的 LER，同时还有前腹部或中腹部肿物，则高度提示脾脏血管肉瘤。

存在弥散性脾脏肿大表明脾脏可能正扣押或破坏循环血细胞，或者出现髓外造血（extramedullary hematopoiesis，EMH）以应答原发性骨髓疾病。患细胞减少症和弥散性脾肿大的犬猫，可经皮细针抽吸脾脏样本进行细胞学检查，以确诊肿大的脾脏是细胞减少症的原因还是结果（见第 86 章）。

血清学研究或聚合酶链反应（polymerase chain reaction，PCR）适用于患两系血细胞减少症或泛血细胞减少症的犬猫。通常可以根据 PCR 结果，确诊引起两系血细胞减少症或泛血细胞减少症的传染病，包括犬的单核细胞性埃利希体病、犬猫的无形体病、犬吉氏巴贝斯虫感染(常为比特犬,伴有再生性贫血和血小板减少症)、猫白血病病毒和免疫缺陷病毒感染。如果动物的临床和血液学特征趋向于免疫介导性疾病(如存在多发性关节炎或蛋白尿、球形红细胞),那么应该进行直接库姆斯试验和抗核抗体试验(见第99章)。用采集自一个或多个关节的液体进行细胞学检查也有助于诊断;若存在化脓性非败血性关节炎,提示免疫性疾病或立克次氏体病。

对诊断来讲,判断血细胞减少症是否是外周细胞破坏或骨髓疾病引起的,这一点至关重要,所以如果血涂片或CBC检查没有RBC再生迹象,那么应该检查"细胞工厂"(见第80章)。除了那些很可能或确定患Evans综合征的犬,以及患DIC的犬猫,应该对所有患有多系血细胞减少症的犬猫进行骨髓穿刺、采集骨髓组织芯活检(理想状态下),以获得用于组织病理学检查的样本;换言之,如果贫血为再生的,即可以假定"细胞工厂"是正常的。两系血细胞减少症和泛血细胞减少症犬猫的骨髓检查结果判读见图84-1和图84-2。私人诊所更易实现骨髓穿刺,而骨髓核心活组织检查通常在转诊医院进行。

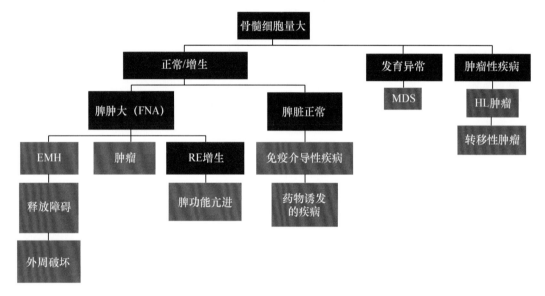

**图 84-1**
骨髓细胞量大的泛血细胞减少症动物的诊断流程。FNA,细针抽吸;MDS,骨髓增生异常综合征;HL,血液淋巴性;EMH,髓外造血;RE:网状内皮组织;橘红色框提示最终诊断结果。

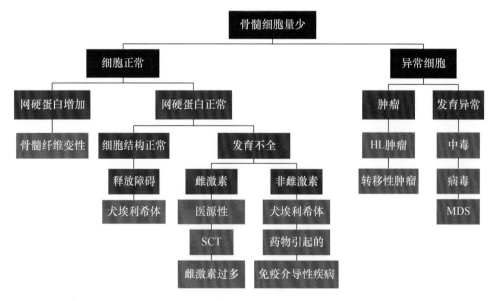

**图 84-2**
骨髓细胞量少的泛血细胞减少症动物的诊断流程。HL,血液淋巴性;MDS,骨髓增生异常综合征;SCT,塞托利细胞肿瘤(支持细胞肿瘤)。橘红色框提示最终的诊断结果。

应该将骨髓检查作为 LER 患病动物临床检查的一部分,这对于判断循环血液中存在的未成熟白细胞和红细胞是否继发于原发性骨髓疾病、EMH 等疾病很重要。由于腹部肿瘤(尤其是血管肉瘤)常见于 LER 患犬,因此应该进行腹部超声检查。如果检查到了弥散性脾肿大,应经皮对脾脏进行细针穿刺。如果存在脾脏肿块或肝脏肿块,或两者都存在,那么应该按照第 76 章所描述的方法对患病动物进行检查。

Abrams-Ogg 等(2012)开展了实验性比格犬的骨髓检查对照研究。他们分别使用 15 号针和驱动装置、标准 13 号 Jamshidi 针获取骨髓活检样本,然后对二者进行比较评估。结果显示,使用 15 号针比 13 号针更容易获取肱骨骨髓活检样本,也比使用 15 号针获取髂骨骨髓样本容易。但是,13 号针获取的肱骨和髂骨骨髓活检样本的质量优于 15 号针。取样后,只有使用 13 号针获取的样本可进行粗略评估;而使用 15 号针获取的大部分活检样本,会出现细胞密度以及细胞数量低的情况。

Weiss(2006)调查了 717 只假定性骨髓疾病患犬的骨髓抽吸、骨髓活检以及诊疗记录,结果显示大约 2% 的样本无法诊断,22% 的样本正常,26% 的样本出现继发于另一种原发性疾病的变化,24% 的样本不存在发育异常及肿瘤,9% 的样本存在发育异常,18% 的样本患肿瘤性疾病。骨髓发育不全比例低于 5%,大约 20% 的样本存在增生性异常;急性白血病比慢性白血病更常见。

## 骨髓再生障碍-发育不良
### (BONE MARROW APLASIA-HYPOPLASIA)

骨髓再生障碍-发育不良的特征为外周血液血细胞减少,且骨髓内很少有或没有造血前体。之前已经讨论过,骨髓再生障碍-再生不良通常与使用某些药物有关,例如猫使用灰黄霉素和氯霉素,犬使用保泰松或雌激素。还通常与某些传染病有关,如犬埃利希体病和猫白血病病毒(feline leukemia virus,FeLV)感染。多系血细胞减少症和泛血细胞减少症的犬猫还有可能会发生皮质类固醇反应综合征,我们诊所已经出现过这种病例。某些患泛血细胞减少症的病例的骨髓中有大量细胞(见后面的讨论),提示这些细胞是在外周或骨髓生成最后阶段遭到破坏。

骨髓再生障碍或再生不良犬猫的骨髓穿刺物表现为细胞量低或无细胞,通常有必要进行骨髓活组织采样,通过组织病理学检查确诊。一旦排除了传染病(如犬埃利希体滴度,FeLV p27 检查)和药物因素,应该尝试使用免疫抑制剂量的皮质类固醇进行治疗(同时使用或不使用其他免疫抑制药物;见第 100 章)。合成类固醇和促红细胞生成素对这类病例无效。

### 骨髓痨

骨髓发生肿瘤细胞或炎性细胞浸润可能会引起造血前体释放异常,从而导致外周血液血细胞减少。框 84-1 列出了一些可导致骨髓痨的疾病。通常这些病例因贫血就诊,但还可能会出现由嗜中性白细胞减少症引发的发热、由血小板减少症引起的出血等并发症,主人可能因为发现了这些并发症而前来就诊。患有贫血或多系血细胞减少症的犬猫,如果同时存在肝肿大、脾肿大或淋巴结病,则高度提示存在框 84-1 列出的某些肿瘤或传染病。

可通过骨髓样本细胞学检查或组织病理学检查的特征来确诊犬猫骨髓痨。事实上,某些肿瘤疾病或肉芽肿疾病呈片状或多病灶分布,骨髓活组织检查结果往往比骨髓穿刺更可靠。一旦得到了细胞学检查或者组织病理学检查结果,可根据原发肿瘤(即化疗)或传染因素进行治疗(见特定章节详细讨论)。

## 骨髓增生异常综合征
### (MYELODYSPLASTIC SYNDROMES)

骨髓增生异常综合征(myelodysplastic syndromes,MDS)包括一系列血液学和细胞形态学变化,在形成急性白血病之前数月或数年内就开始了。人类疾病中常常会出现特定的分子学基因变化(Haferlach,2012)。在人的 MDS 中,除了外周血和骨髓的异常,颗粒细胞和血小板也会出现相应的功能变化。即使这些病例的嗜中性粒细胞和血小板处于正常范围内,但有可能会反复感染,有自发性出血倾向,或两种症状都有。这些异常也见于 MDS 患猫。

犬猫都有 MDS,但反转录病毒感染的猫更常见。所有患犬均表现为嗜睡、沉郁和食欲不振。体格检查包括肝脾增大、苍白和发热;血液学变化包括泛血细胞减少症或双系血细胞减少症、大红细胞增多症、晚幼红细胞增多症和网织红细胞减少症。作者有一个病例在诊断出 MDS 后,在 3 个月时出现了急性髓细胞性白血病(AML)(Cuoto 等,1984)。骨髓细胞学异常变化和猫相似(见下文)。一些作者根据顽固性贫血和真性骨髓发育不良,将犬的原发性 MDS 进行了相关分类;分类方法与人的 MDS 相似。不过由于缺乏临床评估数据信息,这一分类体系与临床疾病的相关性不详。

一些报道记载了猫的 MDS。80% 以上的猫有 FeLV 病毒血症。大多数猫因嗜睡、体重减轻、厌食等非特异性症状就诊。少数猫还出现了呼吸困难、反复感染和自发性出血的症状。体格检查发现一半以上的猫肝脾肿大;大约 1/3 的猫有全身性淋巴结病和发热等症状。

MDS 患猫的血液学变化和犬相似;可能有细胞减少症、大红细胞增多症、网织红细胞减少症、晚幼红细胞增多症、大血小板增多症。骨髓的形态学变化包括细胞量正常至增加、30% 以内的细胞为母细胞、粒细胞与红细胞比(M:E)升高、红细胞生成障碍、粒细胞生成障碍、血小板生成障碍。常见红细胞前体细胞,可见双核、三核或四核的中幼红细胞或晚幼红细胞。粒细胞系的变化包括巨型后髓细胞、细胞核和细胞质成熟度不一。

文献显示,约 1/3 的 MDS 患猫于初诊后数周至数月内发展为急性白血病。人的 MDS 常转变为 AML,也出现了 MDS 转变为急性淋巴性白血病(ALL)的报道。根据 Maggio 等(1978)的报道,12 只 MDS 患猫中,9 只发展为 ALL。这可能提示这些细胞并未进行化学染色分类,而且把骨髓中粒细胞归入淋巴细胞。由于所有渐进性 ALL 患猫均出现了 FeLV 病毒血症,出现白血病之前的血液学变化并不能提示自发性血液学疾病(人和犬中均有这种变化),更像是 FeLV 导致的形态学和功能性变化。

犬猫 MDS 的控制依然有很大争议。人的 MDS 有很多治疗措施,但都未证明有效。据报道,化疗、支持疗法、合成代谢类固醇、诱导分化药物、造血生长因子、雄激素等对一些 MDS 患者有益。目前,MDS 病人的首选治疗方案为支持疗法和诱导分化药物或造血生长因子。由于大多数病例年龄较大,化疗具有毒性,并非 MDS 治疗的首选。我比较推荐支持疗法(例如体液疗法、成分输血、抗生素)和低剂量阿糖胞苷刺激细胞分化(见框 78-3)。MDS 病人已有最新治疗方法(List,2012);包括 MDS 靶向治疗或非特异性氮杂核苷(例如阿扎胞苷)。

## 骨髓纤维化和骨硬化
### (MYELOFIBROSIS AND OSTEOSCLEROSIS)

为应答逆转录病毒的感染、慢性有害物质的刺激或某些不明原因的刺激,骨髓内的纤维原细胞或成骨细胞可以增生,进而导致骨髓腔被纤维结构(或骨质结构)填充,从而替代造血前体。这些综合征的专业术语分别是骨髓纤维化和骨硬化-骨石化症。虽然这两种综合征都很少见,但是 FeLV 感染猫和患慢性溶血性疾病的犬(诸如发生于巴山基犬和比格犬的丙酮酸激酶缺乏性贫血)中已经出现了这些病症。骨髓纤维化犬的外周血中会出现椭圆形红细胞增多症和泪滴样红细胞增多症(dacryocytosis)(图 84-3)。据文献记载,发生骨髓纤维化的犬猫有限;有些病例之前有接触药物(例如苯巴比妥、苯妥英钠、保泰松、秋水仙素)的病史。根据我的个人经验,骨髓纤维化患犬若采用糖皮质激素和硫唑嘌呤等免疫抑制治疗,其临床和血液学异常表现通常能得到改善(见第 100 章)。

可结合多细胞减少症和骨密度升高,建立骨硬化或骨石化病的假设诊断,然后通过组织芯活检确诊。不幸的是,目前尚无有效治疗方法。

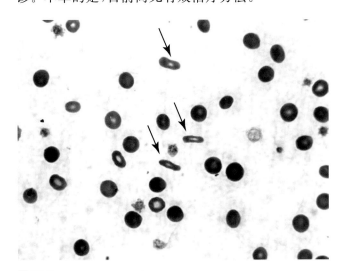

图 84-3

一只骨髓纤维化的万能㹴出现了椭圆形红细胞增多症。椭圆形红细胞(箭头)混在正常红细胞和球形红细胞中间。该病例使用糖皮质激素和硫唑嘌呤治疗后,其血液学异常和红细胞形态学异常均完全恢复正常(瑞氏-吉姆萨染色,×1 000)。

◉ 推荐阅读

Abrams-Ogg ACG et al: Comparison of canine core bone marrow biopsies from multiple sites using different techniques and needles, *Vet Clin Pathol* 41:235, 2012.

Couto CG et al: Preleukemic syndrome in a dog, *J Am Vet Med Assoc* 184:1389, 1984.

Haferlach T: Molecular genetics in myelodysplastic syndromes, *Leukemia Res* 36:1459, 2012.

Harvey JW: Canine bone marrow: normal hematopoiesis, biopsy techniques, and cell identification and evaluation, *Compend Cont Educ* 6:909, 1984.

Kunkle GA et al: Toxicity of high doses of griseofulvin in cats, *J Am Vet Med Assoc* 191:322, 1987.

List AF: New therapeutics for myelodysplastic syndromes, *Leukemia Res* 36:1470, 2012.

Maggio L et al: Feline preleukemia: an animal model of human disease, *Yale J Biol Med* 51:469, 1978.

Reeder JP et al: Effect of a combined aspiration and core biopsy technique on quality of core bone marrow specimens, *J Am Anim Hosp Assoc* 49:16, 2013.

Scott-Moncrieff JCR et al: Treatment of nonregenerative anemia with human gamma-globulin in dogs, *J Am Vet Med Assoc* 206:1895, 1995.

Weiss DJ: Bone marrow necrosis in dogs: 34 cases (1996-2004), *J Am Vet Med Assoc* 227:263, 2005.

Weiss DJ: A retrospective study of the incidence and the classification of bone marrow disorders in the dog at a veterinary teaching hospital (1996-2004), *J Vet Intern Med* 20:955, 2006.

Weiss DJ: Hemophagocytic syndrome in dogs: 24 cases (1996-2005), *J Am Vet Med Assoc* 230:697, 2007.

Weiss DJ et al: A retrospective study of canine pancytopenia, *Vet Clin Pathol* 28:83, 1999.

Weiss DJ, Smith SA: Primary myelodysplastic syndromes of dogs: a report of 12 cases, *J Vet Intern Med* 14:491, 2000.

Weiss DJ, Smith SA: A retrospective study of 19 cases of canine myelofibrosis, *J Vet Intern Med* 16:174, 2002.

# 第85章
## CHAPTER 85

# 凝血机能障碍
## Disorders of Hemostasis

## 概述
## (GENERAL CONSIDERATIONS)

　　自发性出血或出血过度在犬中相对常见,在猫中较为少见。一般而言,存在持续外伤、手术中的犬猫,以及已被检测出具有自发出血倾向的犬,其过度出血的潜在原因为系统性凝血异常。在我们诊所中,就诊犬常非常容易出现自发性出血,猫则不常见。对于大多数病例,临床兽医可通过合理且系统的方法,分析这些病例的状况,来确定假定诊断是否正确。

　　除了出血,异常的凝血机制也会引起血栓症和血栓栓塞,可能进而导致器官衰竭。血栓栓塞性疾病很少见于犬猫,除非有潜在的心血管疾病(例如猫的肥厚性心肌病和动脉栓塞,见12章),但现在这些疾病的文献记载逐渐增多。

　　在作者的诊所中,造成犬自发性出血的最常见疾病是血小板减少症,主要由免疫介导性疾病引起,而其他导致犬自发性出血的常见凝血障碍疾病中,还包括弥散性血管内凝血(disseminated intravascular coagulation,DIC)和灭鼠药中毒。先天性凝血因子缺乏引起的自发性出血很少见。虽然文献记载血管性血友病(von Willebrand disease,vWD)常见于某些品种,但是它很少会导致自发性出血。凝血异常常见于患有肝脏疾病、猫传染性腹膜炎(feline infectious peritonitis,FIP)或肿瘤的猫;然而,这些病例很少会出现自发性、体内或术后出血倾向。反转录病毒引起骨髓疾病的患猫,偶尔会出现血小板生成减少(血小板减少症)或由病毒诱发的血小板病引起自发性出血。

## 凝血的生理机制
## (PHYSIOLOGY OF HEMOSTASIS)

　　正常情况下,血管损伤后会导致其立刻发生变化(如血管收缩),并快速激活凝血系统。轴向血流变化会引起内皮下胶原质暴露,使血小板快速黏附到损伤部位。血小板黏附到内皮下组织的过程由黏附蛋白介导,如冯·威利布兰德因子(von Willebrand factor,vWF)和纤维蛋白原。血小板黏附至内皮损伤部位后,开始聚集并形成初级凝血栓,但该凝血栓存活时间很短(秒)且不稳定。在初级血栓的基础上发生次级凝血,因为大多数凝血因子可在血小板栓子上聚集血栓或血凝块。

　　虽然对于内源性、外源性和共同凝血途径都有详细的描述,但是体内凝血不必遵循这些途径,因为因子Ⅻ和因子Ⅺ不是凝血启动的必需因子,例如犬猫因子Ⅻ缺乏,并不会出现自发性出血倾向。现在我们会认为体内凝血主要是由凝血因子Ⅶ活化组织因子引起的。过去20年里,传统的凝血级联反应被当作是凝血早期的共同通路;传统理论中内源性通路、外源性通路和共同通路之间有一定联系(Furie和Furie,2008)。

　　传统理论中,血小板黏附和聚集的同时,也活化了凝血级联接触期(图85-1),且通过内源性凝血级联形成纤维蛋白。有助于记忆的比喻是把内源系统看成"打折商店"的凝血级联,"不是12美元,而是11.98美元"(对应因子Ⅻ、Ⅺ、Ⅸ和Ⅷ)。因此因子Ⅻ通过接触内皮下胶原质被激活或被血小板栓激活;一旦被激活,就会形成纤维蛋白或次级凝血栓。激肽释放酶原(Fletcher因子)和高分子质量激肽原(high-molecular-weight kininogen,HMWK)是因子Ⅻ激活中很重要的辅助因素。接触期在体内凝血中的作用尚未明了。次级凝血栓比较稳定,在体内持续时间较长。此外,无论组织何时发生创伤,组织促凝血因子(统称组织因子)释放会导致外源凝血级联激活,还会导致纤维蛋白的形成(见图 85-1)。组织因子无处不在,除正常内皮细胞外,大多数细胞膜上都存在。据上文所述,这一通路负责哺乳动物的凝血启动。

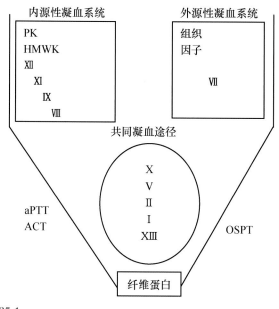

**图 85-1**
传统的内源性、外源性和共同凝血途径。**PK**:激肽释放酶原;**HMWK**:高分子量激肽原;**aPTT**:活化部分凝血活酶时间;**ACT**:活化凝血时间;**OSPT**:第一阶段凝血酶原时间。

激活凝血的刺激也可激活纤维蛋白溶解和激肽途径。作为一种保护机制,纤维蛋白溶解过程非常重要,它可防止过度凝结或血栓形成。纤维蛋白溶解酶会溶解纤维蛋白原和纤维蛋白,形成纤维蛋白降解产物(fi-brin degradation products,FDPs),在损伤部位阻碍血小板黏附和聚集。一旦 XIII 因子复合物起作用,纤维蛋白溶解系统进入稳定期,纤维蛋白溶解酶降解,产生 D-dimer。纤维蛋白溶解酶原激活形成纤维蛋白溶解酶,不仅可引起已有的凝块(或血栓)破坏(溶解),还可以阻碍正常凝结机制(即抑制受影响区域的血小板聚集和凝结因子的活性)。因此,过度纤维蛋白溶解通常会导致自发性出血。组织纤维蛋白溶解酶原激活剂(tissue plasminogen activator,tPA)和尿激酶型纤维蛋白溶解酶原激活剂都会刺激纤维蛋白溶解酶原活化,形成纤维蛋白溶解酶。PAI-1、PAI-2 和 PAI-3 这三种纤维蛋白溶解酶原激活物抑制剂(plasminogen activator inhibitors,PAIs)都会抑制纤维蛋白溶解,从而导致血栓形成。

一旦发生血管内凝结,其他对抗血液凝结的系统也会开始运作。主要包括抗凝血酶(antithrombin,AT),这是一种肝细胞合成的蛋白质,是肝素的辅助因子,可抑制因子 IX、X 和血栓的活性。AT 也会抑制 tPA 的活性。蛋白质 C 和 S 是两种维生素 K 依赖性抗凝剂,也由肝细胞生成。这三种因子是天然抗凝剂,可防止发生过度凝结。

## 自发性出血疾病的临床表现 (CLINICAL MANIFESTATIONS OF SPONTANEOUS BLEEDING DISORDERS)

在检查患有自发性出血或过度出血的犬猫时,临床兽医应询问主人一些相关问题,这些问题有可能为凝血病发病机理提供其他线索。这些问题如下:

● 这是第一次出血吗? 如果发生于成年动物,应怀疑是获得性凝血病(注意:我们曾见过一例 A 型血友病患犬,8 岁时才出现第一次出血)。

● 在这之前宠物是否刚接受过手术,如果是,那么它有没有出血过度? 如果该宠物之前在某些手术过程中出现过出血,那么应怀疑是先天性凝血病。

● 同窝出生的动物是否也有类似的临床症状? 同一窝的围产期死亡率是否升高了? 这些结果也可说明是先天性凝血病。

● 该宠物最近是否注射过改良活疫苗? 活疫苗可引起血小板减少或血小板机能障碍,或两者都有。

● 该宠物最近有没有使用过可能会引起血小板减少或血小板机能障碍的药物[例如非甾体类抗炎药(NSAID)、磺胺、抗生素和苯巴比妥]。

● 该宠物是否接触过灭鼠药? 它是不是经常去闲逛? 这可能提示灭鼠药中毒。

初级凝血异常的临床表现与次级凝血异常的差别很大(框 85-1)。事实上,在将某些相关样本送至实验室检查之前,临床兽医应该能够根据体检结果分辨出凝血病的类型。通过正常的凝血机制很容易想到凝血病的类型。例如,患严重血小板减少症或血小板机能障碍的犬猫不能形成初级凝血栓。因为该凝血栓存活时间短,且最终会被纤维蛋白"覆盖"(通过次级凝血机制形成),纤维蛋白一旦形成,很多个短时间的出血就会被抑制,从而引起血管周围多个小的浅表出血点。这种情况类似于打开与有多个孔的橡胶软管连接的水龙头(即冲洗器):邻近软管(即血管)处有多处出水(即血液;图 85-2A)。另一方面,患严重凝血因子缺乏的犬猫(如血友病、灭鼠药中毒),可形成存活时间较短的初级凝血栓,主要原因是病患存在太多功能性血小板,但不能产生纤维蛋白。这种情况的结果就是导致持续性长期出血,进而引起血肿,或血液流进体腔内。这类似于打开一个与正常橡胶软管连接的只有一个大开口的水龙头;这种情况下,水(即血液)会持续流出,并且在软管(即血管)开口处大量蓄积(见图 85-2B)。

---

框 85-1　初级和次级凝血缺陷的临床表现

**初级凝血缺陷**
常见瘀斑
很少有血肿
皮肤和黏膜出血
静脉穿刺后立即出血
**次级凝血缺陷**
很少有瘀斑
常见血肿
肌肉、关节及体腔内出血
静脉穿刺后延迟出血

---

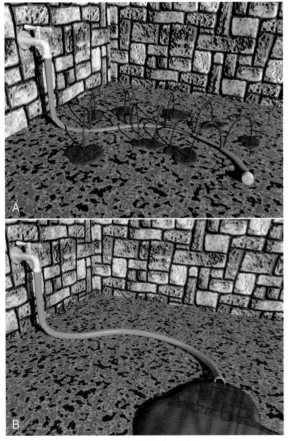

图 85-2
初级(A 图)和次级(B 图)凝血障碍性出血。A,形成瘀点和瘀斑;B,体腔内形成血肿。正文内有详细描述(由 T. Vojt 制图)。

纤维蛋白过度溶解的犬猫很少会出现自发性出血。我们已经发现几只患蛋白丢失性肾病和肾病综合征患犬,其自发性出血(即瘀点和瘀斑)有可能是由于纤维蛋白溶解增强引起的。

患有初级凝血缺陷(即血小板疾病)的犬猫,其典型症状是表层出血,包括瘀点、瘀斑、黏膜表面出血(如黑粪症、便血、鼻衄、血尿),以及静脉穿刺后出血时间延长。临床上,大多数初级凝血疾病是由循环血小板数量减少(血小板减少症)引起的。有时候,初级凝血缺陷是由血小板机能障碍(如尿毒症、vWD、单克隆丙种球蛋白血症、蜱媒传染病)引起的。由血管疾病引起的初级凝血缺陷很少见于犬猫,本章不做论述。

患有次级凝血缺陷(即凝血因子缺乏)的犬猫的临床症状为深部出血,包括血液流进体腔内和关节内,以及深部血肿(大多数被发现为"肿块")。某些先天性"凝血病",包括因子 Ⅻ、激肽释放酶原和高分子量激肽原缺乏,可导致活化凝血时间(activated coagulation time,ACT)或活化部分凝血活酶时间(activated partial thromboplastin time,aPTT)显著延长,且不伴随自发性出血或出血延长(见下文)。

临床常见的大多数次级出血疾病是由灭鼠药中毒或肝脏疾病引起的;有时选择性先天性凝血因子缺乏也可导致自发性次级出血疾病。几乎所有患 DIC 的犬猫都会同时出现初级和次级出血紊乱(混合性紊乱)。

我们最近还发现了 25%～30% 的赛级灰猎犬术后出现延迟出血,术后 36～48 h 手术部位会出现浅表出血,然后转变为系统性出血,常有致死性(Lara García 等,2008;Marin 等,2012a and b)。更多讨论见第 81 章。

## 出血患病动物的临床病理学检查 (CLINICOPATHOLOGIC EVALUATION OF THE BLEEDING PATIENT)

凝血系统的临床病理学检查主要适用于两类患病动物:自发性出血或出血延长的患病动物,术前患有出血倾向相关疾病[如犬脾脏血管肉瘤(hemangiosarcoma,HSA)和 DIC;犬猫肝脏疾病和凝血因子缺乏],或疑似患有先天性凝血病(如对疑似患亚临床血管性血友病的杜宾犬实施卵巢子宫切除术前)的动物。

检查患自发性出血疾病的犬猫时,必须牢记,通常可通过简单的试验得出初步的临床诊断结果。如果这些试验不能产生确定的结果，或者想要得到更详细的诊断（如确定具体缺乏的凝血因子），那么可将血浆样本送至参考诊断实验室或专门的凝血实验室（New York State Diagnostic Laboratory, Cornell University, Ithaca, NY）。

这些简单的试验包括血涂片检查、ACT、第一阶段凝血酶原时间（one stage prothrombin time, OSPT）、APTT；纤维蛋白降解产物（fibrin degradation products, FDP）或者 D-dimer 浓度定量检测、颊黏膜出血时间（buccal mucosa bleeding time, BMBT）等（表85-1）。高质量、着色良好（如 Diff-Quik）的血涂片检查，可提供关于血小板数量和形态的重要信息。

 **表85-1　凝血疾病快速分类的简单试验**

| 检测 | 结果 | 最可能的疾病* |
|---|---|---|
| 血涂片上的血小板数量 | 少 | 血小板减少症 |
| ACT | 延长 | 内源性/共同通路缺陷 |
| FDP-D-dimmer | 阳性 | 纤维蛋白溶解增加、血栓症、血栓栓塞、DIC |
| BMBT | 延长 | 血小板减少症、血小板病 |

\* 如果延长或呈阳性。
ACT，活化凝血时间；BMBT，颊黏膜出血时间；DIC，弥散性血管内凝血；FDP，纤维蛋白降解产物。

检查的第一步，应该在低倍镜下观察整张血涂片，以确定血小板凝集簇。血小板凝集簇通常会导致假性血小板减少。接着，使用油镜观察一些具有代表性的单层区域（即大约有 50% 红细胞会接触到其他细胞的区域），并平均计数五个区域内的血小板数量。正常犬每个油镜视野内应存在 12～15 个血小板，而对于正常猫，每个视野内应该能观察到 10～12 个血小板。一般情况下，一个油镜视野内每个血小板代表了 12 000～15 000 个血小板/μL（即每个油镜视野内的血小板数量×15 000 = 血小板数量/μL）。血小板计数大于30 000 个/μL，且血小板功能正常的犬猫，不会发生自发性出血。因此，如果在一个油镜视野内观察到 2～3 个及以上的血小板，那么出血的原因通常不是血小板减少。在血小板计数的同时，还要观察单个血小板的形态，因为血小板形态异常可能反映了血小板功能受损。

LaserCyte 或 ProCyte 血液分析仪（IDEXX Laboratories, Westbrook, Maine）的红细胞散点图也能提供血小板数量或凝集的相关信息。

凝血功能的第二组试验是 ACT、OSPT 和 aPTT。在 aPTT 的检测试验中，将 2 mL 全血加入含有硅藻土的试管内；这将激活凝血的接触阶段，因此可检测内源性和共同凝血途径的完整性（即因子 I、II、V、VIII、IX～XII，见图 85-1）。如果包含在这些途径内的单个凝血因子的活性已经降低了 70%～75%，那么 ACT 会延长（正常为 60～90 s）。与 ACT 延长有关的常见凝血病见表 85-2。随着即时检验设备的应用，该项检查目前应用很少。

 **表85-2　凝血检查的判读**

| 疾病 | BT | ACT | OSPT* | aPTT | 血小板 | 纤维蛋白原 | FDP/D-Dimer |
|---|---|---|---|---|---|---|---|
| 血小板减少症 | ↑ | N | N | N | ↓ | N | N |
| 血小板病 | ↑ | N | N | N | N | N | N |
| vWD | ↑ | N/↑? | N | N/↑? | N | N | N |
| 血友病 | N | ↑ | N | ↑ | N | N | N |
| 灭鼠药中毒 | N/↑ | ↑ | ↑↑ | ↑ | N/↓ | N/↓ | N/↑ |
| 弥散性血管内凝血 | ↑ | ↑ | ↑↑ | ↑ | ↓ | N/↓ | ↑ |
| 肝脏疾病 | N/↑ | ↑ | N/↑ | ↑ | N/↓ | N/↓ | N |

\* 如果 OSPT 或 aPTT 比对照组多 25% 或以上，那么就认为 OSPT 或 aPTT 延长。
BT：出血时间；ACT：活化凝血时间；OSPT：第一阶段凝血酶原时间；aPTT：活化部分凝血活酶时间；FDP：纤维蛋白降解产物；vWD（von Willebrand disease），冯·威利布兰德病，又称血管性血友病；↑：升高或延长；N：正常或阴性；↓：降低或减少；?：可疑。

我们常用的犬猫血凝检测仪是一种即时检验设备（Coag Dx Analyzer, IDEXX Laboratories）。这一设备仅需很少量的血液即可检测出 aPTT 和 OSPT；可使用非抗凝血或者枸橼酸抗凝血。该设备提供的 aPTT 参考范围和参考实验室的不同。

可用市售的乳胶凝集试验试剂检测 FDP 或 D-dimer，这是能在诊所内简单操作的第三组试验。循环 FDP 或者 D-dimer 是纤维蛋白和纤维蛋白原结合到因子

XIII 后,在分裂过程中产生的(即纤维蛋白溶解)。犬的该项检查常为阳性,一些 DIC 患猫、血栓症或者血栓栓塞的患病动物中,该项检查也呈阳性。由灭鼠药(杀鼠灵)中毒引起出血的患犬中,一半以上 FDP 试验呈阳性。原因不详,但一般认为,维生素 K 拮抗剂可通过抑制纤维蛋白溶解酶原激活物抑制剂-1(PAI-1)的生成,从而激活纤维蛋白溶解。

第四组试验是颊黏膜出血时间(buccal mucosa bleeding time,BMBT)(框 85-2),主要用于犬。该试验中,使用一块模板(SimPlate,各种厂家)在口腔黏膜上做一个切口,然后测定出血到完全停止的时间。患血小板减少症和血小板机能障碍的犬猫,其 BMBT 通常出现异常。临床症状主要为初级凝血疾病(即瘀点、瘀斑、黏膜出血)、血小板计数正常,且 BMBT 延长,表明存在潜在的血小板机能障碍(如阿司匹林治疗或 vWD 引起的),也可能是血管病,但后者的可能性很小。不幸的是,BMBT 的检查结果和操作者之间有很大关系,操作差异性高达80%,即使是同一操作者,检查结果的重复性也很差。在大部分教学动物医院中,PFA-100(见下文)已逐渐取代了 BMBT 检查。

 **框 85-2　犬颊黏膜出血时间的检查流程**

1. 使用人工保定的方法,使犬侧卧。
2. 将 5 cm 宽的纱布条绕在上颌骨上以打开上嘴唇,使黏膜表面适度充血。
3. 将 SimPlate 靠在上嘴唇上,然后扳动开关。
4. 切开切口后,启动秒表。
5. 将纱布或者吸水纸置于切口腹侧 1～3 mm 处,用于吸去流出的血液,不要移除血凝块。
6. 当切口停止出血时,停止秒表。
7. 正常时间为 2～3 min。

在评估了出血性疾病的临床特征后,通过这些简单的检测,临床兽医应该能缩小鉴别诊断的范围。例如,通过观察血涂片判定该病例是否患有血小板减少症。如果该病例无血小板减少症,但存在瘀点和瘀斑,出血时间延长可说明存在血小板功能缺陷。ACT 或 aPTT 延长说明内源性或共同凝血途径存在异常,OSPT 延长则提示外源性凝血因子缺乏(如因子Ⅶ),FDP 或 D-dimer 试验呈阳性,说明存在原发性或继发性的血管内纤维蛋白溶解。

如果要求进一步确定假设的诊断结果,可以将血浆送至参考实验室或专门的凝血检查实验室。大多数商业兽医诊断实验室可进行常规的凝血检测。样品

应放置在紫头管[乙二胺四乙酸(ethylene diamine tetraacetic acid,EDTA)]内,用于血小板计数;放置在蓝头管(柠檬酸钠),用于凝血研究(OSPT、aPTT、纤维蛋白原浓度);而放置在特定的蓝头管(Thrombo-Wellcotest,Thermo Fisher Scientific,Lenexa,Kan)内用于 FDP 检测(最后的试管通常由诊断实验室提供)。蓝头管里的柠檬酸钠的浓度是 3.2%。常规检查结果不受柠檬酸盐浓度的影响(Morales 等,2007)。对检测而言,一定要将样本放置在含有正确抗凝剂的试管内。商业实验室样本送检要求见表 85-3。

**表 85-3　实验室检测凝血所需的样本**

| 样本 | 试管顶部的颜色 | 检验 |
|---|---|---|
| EDTA 抗凝血 | 紫色 | 血小板计数 |
| 柠檬酸钠抗凝血 | 蓝色 | OSPT、aPTT、纤维蛋白原、AT、vWF、凝血因子缺乏、D-dimer、TEG、PFA-100 |
| 凝血酶 | 蓝色 | FDP |

EDTA:乙二胺四乙酸;OSPT:第一阶段凝血酶原时间;aPTT:活化部分凝血活酶时间;AT:抗凝血酶;FDP:纤维蛋白降解产物;PFA-100:血小板功能分析仪;TEG:血栓弹性描记器;vWF:冯·威利布兰德因子测定。

常规凝血检查通常包括 OSPT、aPTT、血小板计数、纤维蛋白原浓度、FDP 及 D-dimer 浓度;有些实验室可能还包括 AT 活性检测。OSPT 主要评估外源性凝血途径,而 aPTT 主要评估内源性凝血途径。由于这些检测的最终产物都是纤维蛋白,所以这两个凝血项目也可检测共同凝血途径(见图 85-1)。D-dimer 试验与 FDP 试验一样,用来检测全身性纤维蛋白溶解。然而,纤维蛋白在被凝血因子 XIII 稳定之后才形成 D-dimer,因此,这一项目对血管内血栓有更好的提示意义。常规凝血象的判读见表 85-2。

目前,新设备提供了其他凝血检查项目。例如血小板功能分析仪 PFA-100(Siemens Healthcare Diagnostics,Deerfield,Ill)是一款非常简单、易于操作的便携设备,可用于评估血小板的黏附和聚集功能(Couto 等,2006)。一些专业的临床凝血实验室有这款设备,已经广泛应用于犬。PFA-100 对 vWD 很敏感。有些专业实验室还有血小板强度凝血分析系统(TEG;Haemonetics,Braintree,Mass),可使用新鲜血液或添加激活剂的抗凝血进行相关检查。这种设备可全面评估血小板功能,包括血小板黏附、聚集、纤维蛋白形成、纤维蛋白溶解和血块凝缩。TEG 非常适合用于监测凝血

病动物对成分血的治疗反应。我发现,对于一些高凝血症病例,以及自发性出血但凝血象正常的病例这款设备可提供很多有用的信息。Platelet mapping 是基于 TEG 建立起来的新型检测方法,可用于人抗血小板药物的滴度检测;我们发现用于犬时结果也很可靠。

之前已经讨论过,如果怀疑罕见的凝血病或某种特殊凝血因子缺乏,那么应该将血液样本送至专门的兽医凝血实验室。犬猫的先天性和获得性凝血因子缺乏症见框 85-3。

**框 85-3　先天性和获得性凝血因子缺乏**

**先天性凝血因子缺乏**
因子 I 或低纤维蛋白原血症和异常血纤维蛋白原血症(卷毛比熊犬、俄国猎狼犬、柯利犬;家养短毛猫)
因子 II 或低凝血酶原血症(拳师犬、奥达猎犬和英国可卡犬)
因子 VII 或低前转化素血症(阿拉斯加克利凯犬、比格犬、雪橇犬、拳师犬、斗牛犬、迷你苏格兰猎鹿犬、雪纳瑞犬;家养短毛猫)
因子 VIII 或 A 型血友病(很多品种都会发生,但最常发于德国牧羊犬和金毛巡回猎犬;家养短毛猫)
因子 IX 或 B 型血友病(很多品种犬都会发生;家养短毛猫和很多其他品种的猫)
因子 X 或者 Stuart-Prower 特性(可卡犬、杰克拉西尔狸;家养短毛猫)
因子 XI 或 C 型血友病(英国史宾格犬、大白熊犬、凯利蓝狸;家养短毛猫)
因子 XII 或哈格曼因子(迷你贵妇犬、沙皮犬;家养短毛猫、家养长毛猫、暹罗猫、喜马拉雅猫)
激肽释放酶原(弗莱彻因子)缺乏(各种犬)

**获得性凝血因子缺乏**
***肝脏疾病***
因子生成减少
定性障碍?
胆汁郁积
***维生素 K 拮抗剂(灭鼠药)***
弥散性血管内凝血(DIC)

改自 Brooks MB: Hereditary coagulopathies. In Weiss D J, Wardrop K J, editors: *Schalm's veterinary hematology*, ed 6, Ames, Iowa, 2010, Wiley-Blackwell, p. 661.

由于血小板生成减少或破坏/消耗/扣押增加会引起血小板减少,因此对于未知病因的患有血小板减少症的犬猫,可使用细针穿刺骨髓的方法,获取细胞学检查样本。血小板减少症病例的其他检查还包括蜱媒传染病的滴度检查或 PCR 检测,反转录病毒的检查(见 89 章)。

临床医师可能会遇到凝血象异常的病例,但动物并没有自发性出血。自发性出血倾向犬猫最常见的凝血异常为 aPTT 延长。延长时间通常非常显著(高于实验室参考范围的上限或对照的 50%)。如果术前检查发现了这种变化,而且临床医师对这方面不够了解,必须推迟手术。正如大家所知,犬猫凝血因子 XII 缺乏不会导致出血,但是会引起 aPTT 延长,检查凝血因子 XII 的活性即可得出诊断。前激肽释放酶(prekallikrein)和高分子量激肽原(HMWK)也是因子 XII 活化的辅助因子;前激肽释放酶和 HMWK 缺乏的犬也会出现 aPTT 延长,但不表现出血倾向。将血浆样本孵育几个小时会掩盖凝血因子缺乏,并能使 aPTT 恢复正常。循环抗凝物质(也称作狼疮抗凝剂或者抗磷脂抗体)的出现,也会引起 aPTT 延长而不表现出血。有一个简单的方法,可以确定 aPTT 延长病例是否有凝血因子(例如凝血因子 XII)缺乏,或者是循环中出现抗凝物质。将患病动物的血浆和正常血浆或稀释液按 50:50 的比例混合后,再次检查 aPTT。正如我们所知,一个病例的某项凝血因子的活性低于 30% 才会导致 aPTT 延长。例如,如果一个动物的凝血因子 XII 缺乏,凝血因子 XII 的活性为 0,若将其血浆和正常犬的血浆(凝血因子 XII 的活性为 100%)按照 50:50 的比例混合,最终会导致凝血因子 XII 的活性下降至 50%,而 aPTT 的检查结果仍然正常。循环中抗凝物质也会抑制健康犬血浆中的凝血因子,因此,当样本按 50:50 的比例混合后,aPTT 会延长。最近还有一篇文献显示,健康伯恩山犬的 aPTT 延长,同时存在抗磷脂抗体(Nielsen 等,2011 a and b)。

## 出血患病动物的治疗
### (MANAGEMENT OF THE BLEEDING PATIENT)

患自发性出血性疾病的犬猫的治疗通常有几个基本原则。具体原则在后面章节将有讨论。一般说来,自发性出血性疾病通常存在潜在生命威胁,患病犬猫应该接受积极治疗;同时,还要尽量避免医源性出血情况。整体来说,患病动物应避免各种创伤,保持静养,最好关在笼子里,如果必要,应拴绳牵遛。应避免运动,或者严格限制运动。

静脉穿刺时尽可能使用最小号的针头,穿刺结束后要局部压迫至少 5 min。一旦停止压迫,应立即使用适合于该穿刺部位的弹力绷带。如果有需要,重复采集样本进行 PCV 和血浆蛋白检测,应使用 25 号针头从外周静脉内采集样本,通过毛细管作用,将样本注入 1~2 个微量红细胞比容管内。每次静脉穿刺后都应使用绷带。

应尽量减少侵入性方法的使用。例如,不能通过膀胱穿刺来采集尿液样本,因为这可能会引起腹腔内、膀胱内或膀胱内壁出血。但是,某些侵入性方法的操作也可以很安全,包括骨髓穿刺,淋巴结或浅表肿块的细针抽吸,脾脏细针抽吸(肉食动物脾脏的被膜由较厚的纤维肌肉组成,在细针抽出的瞬间该被膜就会密封针眼),以及静脉留置针的埋置(虽然留置针的渗出常发生于血小板减少的病例)。

对有些患凝血病的犬猫也可安全地实施某些手术。例如,对血小板显著减少(即血小板数量低于 25 000 个/μL)的患犬实施从根部摘除的手术(如脾切除术),出血很少(即腹部伤口的渗出)。

新鲜全血和血液成分输血适用于某些患自发性出血疾病的犬猫。如果病例患贫血或缺乏一种或多种凝血因子,应使用新鲜全血(或者纯红细胞加上冷冻新鲜血浆)。输血浆对于患血小板减少症的病例无效。新鲜冷冻血浆可用于细胞压积(packed cell volume, PCV)正常或稍微偏低的犬猫(即该动物不表现症状)以补充凝血因子。虽然传统观念认为,贮存血液或冷冻血浆缺乏因子 V 和 Ⅷ,没有凝血活性,但最近的报道显示贮存 5 年的血浆依然保持良好的凝血活性(Urban 等,2013)。一般情况下,输入新鲜全血和富含血小板的血浆所提供的血小板不足,不能使患血小板减少症的犬猫停止自发性出血,尤其是由血小板消耗增加导致的出血(一些输血治疗的原则已在前面的章节讨论过,见第 80 章)。

非特异性促凝物质[例如 6-氨基己酸(epsilon-aminocaproic acid,EACA)或抑肽酶(trasylol)]可用于控制自发性出血,很多临床病例都有相关报道(Marin 等,2012 a,2012b)。术后出血的灰猎犬可使用 EACA,500～1 000 mg(≈15～50 mg/kg)治疗,口服,每 8 h 一次,连用 5 d,可用于预防或治疗自发性出血。我们也用这种方法成功治疗过犬的血小板减少症、出血性血管肉瘤、创伤和血友病。

# 初级凝血缺陷
## (PRIMARY HEMOSTATIC DEFECTS)

初级凝血缺陷以出现浅表出血和黏膜出血(如瘀点、瘀斑、血尿、鼻衄)为特征,通常由血小板减少引起。血小板机能障碍很少会引起犬猫自发性出血。由血管疾病引起的初级凝血缺陷非常罕见,因此在这里不作

相关讨论。在我们诊所里,初级凝血缺陷是引起犬自发性出血最常见的疾病。

# 血小板减少症
## (THROMBOCYTOPENIA)

在我们诊所里,血小板减少症是引起犬自发性出血最常见的原因。循环血小板数量降低可能由以下一种或几种异常引起(框 85-4):

- 血小板生成减少
- 血小板破坏增加
- 血小板消耗增加
- 血小板扣押

在我们诊所里,血小板破坏增加是引起犬血小板减少症最常见的病因,但很少见于猫。外周血小板破坏增加最常见的原因包括免疫介导因素、相关药物以及感染性因素等。血小板消耗增加最常发生于患 DIC 的犬猫(见下文)。血小板扣押通常是由脾肿大引起的,偶见于肝肿大病例(见框 85-4)。

 **框 85-4    犬猫血小板减少症的病因**

**(一)血小板生成减少**
免疫介导性巨核细胞再生不良
*特发性骨髓发育不全*
**药物诱发的巨核细胞再生不良(雌激素、保泰松、美法仑、洛莫司汀 β-内酰胺)**
**骨髓痨**
*循环性血小板减少症*
*反转录病毒感染*
*犬单核细胞性埃利希体*
猫单核细胞性埃利希体?

**(二)血小板破坏/扣押/利用增加**
**免疫介导性血小板减少症**
**感染(例如无形体、巴尔通体或败血症)**
*活毒疫苗诱发的血小板减少症*
**药物诱发的血小板减少症**
*微血管病*
**弥散性血管内凝血**
溶血性尿毒症综合征/血栓性血小板减少性紫癜
血管炎
脾肿大
脾扭转
内毒素血症
急性肝坏死
肿瘤(免疫介导、微血管病)

注意:加粗字体代表常见病因;斜向代表相对常见的病因;正常字体代表不常见的病因。

## 血小板减少症的诊断方法

在评估动物的初级出血之前,兽医要牢记,有些品种的动物血小板计数一般会低于参考范围。灰猎犬的血小板通常在 80 000～120 000 个/μL,而查理王小猎犬的血小板计数通常<50 000 个/μL。后者的血小板功能正常。由于猫的血小板在 EDTA 抗凝管中容易发生凝集,我们每年都会收到一些评估猫亚临床血小板减少症的样本。这些样本的血涂片中,往往可以看到血小板在片尾成簇分布,因此是假性血小板减少症。一旦血小板计数或者血涂片检查证实为血小板减少症,需要确定其原发病因。血小板绝对计数对原发病因有一定的提示意义,例如,血小板< 25 000 个/μL 提示免疫介导性血小板减少症(immune-mediated thrombocytopenia,IMT),而血小板计数在 50 000～75 000 个/μL 的犬可能患有埃利希体病、无形体病、淋巴瘤浸润脾脏或灭鼠药中毒。

如果该病例正在使用某些药物,须向主人了解用药史,还应考虑血小板减少症是否是药物诱发的。如有可能,应中止使用该药物,且在 2～6 d 内复查血小板计数。如果停药后血小板计数恢复正常,那么可确诊该动物的血小板减少症是由药物引起的。可引起犬猫血小板减少症的药物还可导致贫血和嗜中性粒细胞减少症,框 80-2 和框 83-1 列举了这些药物。

由于反转录病毒通常会侵害骨髓,并导致猫的血小板减少症,应该首先进行猫白血病病毒(feline leukemia virus,FeLV)和猫免疫缺陷病毒的筛查。对于没有用药史且未感染反转录病毒的血小板减少症病例,还可进行骨髓穿刺。血小板减少症病例在骨髓穿刺期间或之后的出血风险很低。通常大多数感染 FeLV 的猫的平均血小板体积都较高(即巨型血小板症)。但外周血小板破坏增加、消耗增加,或血小板扣押的犬猫,也会出现巨型血小板,巨型血小板和网织红细胞(即幼稚、未成熟的巨血小板)较为相似。

骨髓检查可能还适用于患血小板减少症的犬。如果处于 IMT 的流行期,我们诊所通常选择先按照 IMT 的治疗方法来治疗患犬。如果病例在 2～3 d 内对免疫抑制药物没有反应,建议进行骨髓穿刺。

机体对血小板外周破坏/消耗/扣押的应答,可引起巨核细胞增生。有时候患 IMT 的犬猫骨髓内的巨核细胞数量减少,且含有大量游离巨核细胞的细胞核。这应该是由抗体直接抗血小板引起的,而且同时也破坏巨核细胞。通过骨髓涂片,很容易确诊浸润性或发育不良性骨髓病引起的血小板减少症。

由于 IMT 只是一个排除诊断,理论上蜱媒传染病(犬埃利希体病、落基山斑疹热、利什曼原虫病、巴贝斯虫病、巴尔通体病)有一些筛查手段,例如血清学效价检查、PCR 检查和血涂片检查。在一线工作中,对于血小板减少症患犬,可通过 SNAP-4DX Plus 试验(IDEXX 实验室)排除埃利希体病、无形体病和包柔氏螺旋体病。然而,急性感染患犬可能会出现血小板减少症,但免疫反应出现之前,SNAP 检查可能为阴性。

正如第 88 章讨论的,有些病有品种倾向(例如,猎狐犬的利什曼原虫感染)和地域分布倾向(地中海国家的利什曼原虫感染)。一般而言,如果病例未出现和出血有关的临床症状,那么血小板减少症不太可能是由败血症或蜱媒传染病引起的,但是有时候患无症状血小板减少症的犬,可能患有亚临床蜱媒传染病,例如无形体病或立克次氏体病。如果根据临床症状和组织病理学检查结果(如发热、心动过速、灌注不良、中毒性白细胞、非代偿性核左移白细胞像、低血糖症、高胆红素血症)怀疑是败血症,那么应该采集病患的尿液和血液样本进行细菌培养;如前文所述,出血动物应该避免膀胱穿刺。

血小板减少症患犬如果存在球形红细胞溶血性贫血或者自体凝集,那么应高度怀疑 Evans 综合征[IMT 和免疫介导性溶血性贫血(immune hemolytic anemia,IHA)并发]。这些病例的直接库姆斯试验通常呈阳性。并发 IMT 和边缘性贫血的患犬,偶尔会出现库姆斯试验呈阳性,可进一步佐证 Evans 综合征的诊断(见第 80 章和 101 章)。

如果一只血小板减少症患犬的血涂片中存在红细胞碎片,或出现了次级出血的迹象(即血肿、血液流进体腔内),应进行凝血筛查以排除 DIC。患选择性血小板减少症的犬猫,其凝血检查结果通常是正常的。

有些试验可用于评估抗血小板抗体(见第 99 章),但大部分结果在临床上都不可靠,只有在排除了其他引起血小板减少症的病因后,才能做出 IMT 的诊断(即不考虑抗血小板抗体试验的结果)。

腹部 X 线检查和超声检查可能呈现脾脏肿大,但在体格检查时不明显。弥散性脾肿大可能是引起血小板减少症的原因(即血小板的脾脏扣押),它可能反映了 IMT 患犬存在"工作性过度增生"(即单核巨噬细胞系统增生)和髓外造血。可能会偶然发现血小板减少症患犬有脾脏结节,可能提示髓外造血或增生;通过对结节的 FNA 检查可能会建立细胞学诊断。尽管血小板计数减少,临床很少会出现出血。

通常在使用皮质类固醇进行尝试性治疗时(见下文和第 101 章),血小板减少症得到缓解后,才能对 IMT 做出特异性诊断。如果临床兽医怀疑血小板减少症是由立克次氏体病或 IMT(犬)引起的,那么可以使用免疫抑制剂量的皮质类固醇,并联合使用强力霉素(5～10 mg/kg,PO,q 12～24 h),直到血清学或 PCR 检查结果出来为止。这种联合用药对患立克次氏体病的犬无毒害作用。

如有需要,可输全血或成分血(见第 80 章)。输入新鲜全血、富含血小板的血浆或者血小板(很少),很少会使血小板计数正常化甚至升高至"安全"水平。另外,对大多数犬来讲,输注血小板的经济效益较差。

### 免疫介导性血小板减少症

IMT 是引起犬自发性出血最常见的原因,但很少见于猫。主要侵害中年母犬,可卡犬和英国古代牧羊犬最为常见。其临床症状与初级凝血缺陷相同,包括瘀点、瘀斑和黏膜出血。如果出血显著,可能会出现急性晕厥;如果贫血轻微,则大多数犬不表现症状。大多数犬的 IMT 都呈急性或亚急性发作。体格检查可见初级凝血性出血症状(如瘀点、瘀斑、黏膜出血),还可能伴有脾肿大。

IMT 患犬的全血细胞计数(complete blood count,CBC)特征是血小板减少,有时伴有贫血(这取决于自发性出血的程度以及是否并发 IHA);贫血既有可能表现为再生性,也有可能表现为非再生性,取决于出血时间长短。还可能存在成熟的白细胞增多症。一般说来,血液学变化只局限于血小板减少。如果 IHA 伴随 IMT 发生(即 Evans 综合征),则库姆斯试验呈阳性,且通常存在伴有球形红细胞增多的再生性贫血或自体凝集。骨髓细胞学检查呈典型的巨核细胞增多,但偶尔会出现巨核细胞减少,并伴有很多游离的巨核细胞的细胞核。除了血小板减少症以外,出血时间是唯一的异常检查结果(即 ACT、aPTT、OSPT、FDPs、D-dimer 及纤维蛋白原浓度都正常)。血小板计数与 BMBT 通常成反比(即 BMBT 时间越长,血小板计数越低)。理想情况下,IMT 确诊之前,应先排除蜱媒传染病和药物诱发的血小板减少症。

我的诊断流程如下:如果高度怀疑是 IMT(即患自发性初级出血的无症状犬,血小板减少是其唯一的血液学异常),应使用免疫抑制剂量[相当于 2～8 mg/(kg·d)的泼尼松]的皮质类固醇尝试治疗。通常在 24～96 h 内看到反应。没有临床依据证明,在治疗 IMT 时,地塞米松比泼尼松更有效。事实上,从作者的经验来看,使用地塞米松的犬比接受泼尼松治疗的犬更容易出现急性胃肠道溃疡。由于急性胃肠道出血对于血小板减少的患犬来说,通常是灾难性的,因此作者选择的药物是泼尼松。$H_2$-抗组胺药可与皮质类固醇联合使用,例如法莫替丁(0.5～1 mg/kg,PO,q 12～24 h)。

如有需要,可输新鲜全血、贮存血、纯红细胞以维持机体足够的携氧能力(见第 80 章的输血疗法)。除了使用免疫抑制剂量的皮质类固醇以外,还可经静脉或口服单次剂量的环磷酰胺,200～300 mg/m²,该药对诱导病情缓解有效。但是,该药不能作为一种维持药物使用,因为长期使用可导致无菌出血性膀胱炎。一般情况下,建议给 IMT 患犬静脉注射长春新碱,剂量为 0.5 mg/m²。该药物可刺激巨核细胞的有丝分裂,从而使骨髓释放早期血小板。但是,由于长春碱可与微管蛋白结合,因此过早释放的血小板功能都不完善(微管蛋白的作用是使血小板聚集),且在血小板计数升高之前病例可能会进一步出血。还可使用静脉注射用人免疫球蛋白(0.5～1 g/kg,IV,单次给药)来治疗犬的 IMT,第 80 章和 99 章中都有相应的讨论。

药物不够(剂量低或需要第二种药物)、治疗时间不够(药物没有足够的时间发挥作用)或者诊断错误等,通常会导致病情不能缓解(即血小板计数不能恢复正常)。如果出现了这些情况中的一种,那么应尽快修改治疗方案,常可治愈病患的血小板减少症。硫唑嘌呤(50 mg/m²,PO,q 24～48 h)可有效维持病情缓解,但不是诱导病情缓解的首选药物。与长期皮质类固醇治疗相比,某些犬对硫唑嘌呤的耐受性更好,但因为该药具有骨髓抑制的特点,以及潜在的低肝脏毒性,建议密切监测病患的血液学变化。详见第 100 章和 101 章中关于药物剂量的信息。

虽然需要接受长期治疗,但大多数 IMT 的患犬预后都良好。顽固性 IMT 的患犬可使用长春新碱、冲击剂量的环磷酰胺、人免疫球蛋白、霉酚酸酯或通过切除脾脏成功治愈。

过去几年里,IMT 在猫中也越来越常见。IMT 患猫的典型临床表现和犬极为不同,它表现为慢性血小板减少症,不会出现自发性出血。血小板计数在 10 000～30 000 个/μL 的健康猫一般不会出现自发性出血。我连续跟踪了一些病例,时间长达数月至数年。这些猫使用皮质类固醇治疗后,其血小板计数水平并未明显升高,我不得不怀疑它们是否真的患有 IMT。有趣的是,多数猫有再生性或非再生性贫血,嗜中性粒细胞减少症,淋巴细胞增多症,或几种表现同时出现,因此,这些病例并不能排除传染性疾病,例如无形体病或埃利希体病。还有一些病例的细胞减少症会无缘无故地恢复,但数月后另一个细胞系的细胞又会出现减少。由于大多数猫不会出血,兽医师要意识到增加药物剂量或增加药物会出现更多问题。我在治疗猫的 IMT 或免疫介导性细胞减少症时通常会使用地塞米松(4 mg,每 1～2 周一次)和苯丁酸氮芥(20～30 mg/m²,PO,每两周一次)。我也使用过静脉注射用人免疫球蛋白 G,用该药治疗过一些猫的免疫介导性血小板减少症,但数量不多。详见第 101 章中更多关于 IMT 的讨论。

# 血小板功能紊乱
## (PLATELET DYSFUNCTION)

如果血小板计数正常的病例存在初级凝血性出血,应高度怀疑血小板功能紊乱综合征,但是也应考虑到血管病及纤维蛋白溶解增加。血小板功能紊乱综合征可以是先天性的,也可以是获得性的(见框 85-5);但是,它们很少引起自发性出血。健康动物或有家族出血史的动物,或以前在手术中出现过显著出血的动物,在术前通常可观察到 BMBT 延长。先天性血小板功能紊乱综合征很少见,显著的血管性血友病(vWD)除外。有些人将 vWD 归为先天性凝血因子缺乏,但其临床表现和初级凝血缺陷相似,我将其归入这类疾病。获得性血小板功能紊乱综合征较常见;临床上,它们主要继发于尿毒症、单克隆丙种球蛋白病、埃利希体病、反转录病毒感染或者药物治疗。

 **框 85-5　犬猫的血小板功能缺陷**

**遗传性**
冯·威利布兰德病(又称血管性血友病)(很多品种)
巨型血小板减少症(查理王小猎犬)
格兰茨曼血小板机能不全的血小板紊乱症(奥达猎犬、大白熊犬)
犬血小板减少症(巴吉度猎犬、猎狐獚、银狐犬和德国牧羊犬)
胶原质缺乏病或 Ehlers-Danlos 综合征(很多品种)
Scott 综合征(缺乏血小板前凝血剂促凝活性;德国牧羊犬)

**获得性**
药物(前列腺素抑制剂、抗生素、吩噻嗪、疫苗)
继发于其他疾病(骨髓增生性疾病、系统性红斑狼疮、肾脏疾病、肝脏疾病、异常蛋白质血症)

改自 Boudreaux M K: Inherited intrinsic platelet disorders. In Weiss D J, Wardrop K J, editors: Schalm's veterinary hematology, ed 6, Ames, Iowa, 2010, Wiley-Blackwell, p619。

# 冯·威利布兰德病

冯·威利布兰德病(von Wille-brand's disease, vWD)是人和犬最常见的一种遗传性出血性疾病,但很少见于猫。冯·威利布兰德综合征(von Willebrand sydrome,vWS)是用于描述获得性 vWF 缺乏的术语。vWD 可分为 3 型(表 85-4)。患该病的犬,循环 vWF 的浓度或活性降低(1 型 vWD),或缺乏血管性血友病因子(3 型 vWD),或浓度偏低至正常,但 vWF 异常(2 型 vWD)。2 型 vWD 会导致轻微的自发性出血,或者手术出血时间延长。犬的血管性血友病可遗传,遗传方式为常染色体显性遗传病(伴外显不全),很少作为常染色体隐性遗传病被遗传(见后文讨论)。据报道,目前已有 50 种以上的犬发生过该病,但更常见于杜宾犬、德国牧羊犬、贵宾犬、金毛巡回猎犬和喜乐蒂牧羊犬。对于这些品种,血管性血友病是一种常染色体显性遗传病,伴外显不全。而对于苏格兰㹴犬和喜乐蒂牧羊犬,该病也可以表现为常染色体隐性遗传。1 型 vWD 可能与犬甲状腺功能减退有关。但是,很多科学对照试验并未发现这两者之间有什么关系。2 型 vWD 可见于主动脉瓣疾病;在这些犬中,瓣膜处的湍流和剪切作用较强,会导致高分子质量的 vWF 出现选择性过度消耗(Tarnow 等,2005)。

 **表 85-4　犬血管性血友病的分类**

| 类型 | 缺陷 | 品种 |
|---|---|---|
| 1 | vWF 正常,浓度降低 | 万能㹴、秋田犬、伯恩山犬、腊肠犬、杜宾犬、德国牧羊犬、金毛巡回猎犬、灰猎犬、爱尔兰猎狼犬、凯利蓝㹴犬、曼彻斯特㹴、迷你杜宾犬、蝴蝶犬、威尔士柯基、贵妇犬、雪纳瑞犬、其他纯种和杂种犬 |
| 2 | vWF 异常,浓度降低 | 德国短毛波音达犬、德国刚毛波音达犬 |
| 3 | vWF 缺乏 | 遗传性:荷兰科克儿犬、苏格兰㹴、喜乐蒂牧羊犬<br>散发病例:荷兰科克儿犬、苏格兰㹴、喜乐蒂牧羊犬、边境牧羊犬、切萨皮克海湾巡回犬、可卡犬、爱斯基摩犬、拉布拉多猎犬、马尔济斯犬、比特犬、杂种犬 |

vWF,血管性血友病因子。
改自 Brooks MB, Catalfamo JL: Von Willebrand disease. In Weiss DJ, Wardrop KJ, editors: Schalm's veterinary hematology, ed 6, Ames, Iowa, 2010, Wiley-Blackwell, p. 612.

人的 vWF 由巨核细胞和内皮细胞生成,与凝血因子Ⅷ(FⅧ:C)结合后在血浆内循环,是体内主要的黏附蛋白之一。犬的血小板对血浆中 vWF 的作用比人的差。vWF 的主要作用在于,在内皮细胞受损时,使血小板黏附至高剪切力区域的内皮下结构上(如胶原质),从而促进初级凝血栓的形成(图 85-3)。vWF 分子循环流动,流动到内皮细胞损伤处时,结合到内皮下膜,然后和血小板受体结合,于是血小板在受损处聚集起来。因此,vWD 通常以初级凝血缺陷(即瘀点、瘀斑、黏膜出血)为特征。然而,大多数 vWD 患犬不表现自发性出血,通常在术中或术后出血过度。出牙期和发情期也可发生过度出血,但是少见瘀点和瘀斑。大多数前来作者诊所中的伴有自发性出血的 vWD 患犬,都是来检查弥散性口咽或阴道出血时被诊断出来的。在人医中,vWD 患者循环中的凝血因子Ⅷ的浓度也较低,从而会出现自发性次级凝血障碍性出血(即临床上发现的 A 型血友病)。但是这种现象很少见于犬。vWD 患犬常见幼犬围产期死亡、流产、死胎。

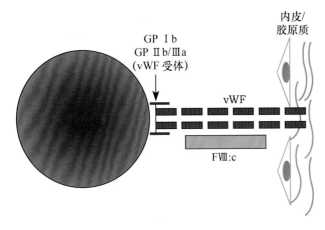

**图 85-3**
**vWF、血小板和内皮下表面之间的相互作用。**
**FⅧ:c:凝血因子Ⅷ;GP:糖蛋白;vWF:冯·威利布兰德因子。**

大多数 vWD 患犬的凝血筛查项目以及血小板计数正常,但是 BMBT 或 PFA-100 检测通常有助于建立诊断。通常情况下,如果患犬的 vWF 浓度或者活性较低,PFA-100 凝血时间或 BMBT 会出现延长。事实上,虽然检测结果不一定都准确,但 BMBT 是检测犬 vWD 性价比最好的方法。对于易患该病的犬种,或主人有兴趣知道其爱犬是否患了该病,都可以在术前进行 BMBT 的检查。不过,出血时间正常并不能完全排除 vWD。在作者的诊所里,对于那些 vWD 发病风险较高的犬,在术前都要进行 PFA-100 检测,这样在术前或术中可采取适当的治疗。可通过专门的兽医凝血

实验室定量检测 vWF 来确诊 vWD。一些商业诊断实验室还有关于特定高发品种的遗传检测试验。

大多数患 1 型 vWD 的犬可在术前或出血期间使用去氨加压素(desmopressin acetate,DDAVP)进行治疗,使用该药 30 min 内,内皮细胞会释放大量 vWF,从而导致 BMBT 和 PFA-100 凝血时间缩短。尽管 vWF 浓度只出现中度升高,单次皮下注射 DDAVP(1 μg/kg)通常可减轻 1 型 vWD 患犬的出血情况。DDAVP 对 2 型或 3 型 vWD 的患犬无效,因为这些犬不是缺乏 vWF,就是 vWF 异常(即没有功能)。vWD 患犬可以选择输注的血液成分是冷凝蛋白质。从一单位 FFP(新鲜冷冻血浆)中获得的冷凝蛋白质的体积(见第 80 章)被定义为一单位冷凝蛋白质。冷凝蛋白质的使用剂量为 1 U/10 kg;杜宾犬的常用剂量为 3 U。若没有冷凝蛋白质,可以使用 FFP 或新鲜全血。DDAVP 也可用于供血犬,在采血 1 h 前使用,使之能够最大限度地产生 vWF。局部止血药如纤维蛋白、胶原质或异丁烯酸盐也适用于控制局部出血。就像其他遗传病一样,患犬有先天性 vWD 时,不应该再继续繁育。

## 其他先天性血小板功能缺陷

已经有关于血小板功能缺陷导致自发性初级凝血性出血的报道,目前报道的品种至少有三种(奥达猎犬、猎狐狸、巴吉度犬)。临床症状和临床病理学异常与 vWD 患犬的相似,但 vWF 浓度正常或偏高。患有 Scott 综合征的病人血小板促凝活性下降,表现为自发性出血或术后出血,一些德国牧羊犬也有相似表现(Jandrey 等,2012)。

# 次级凝血缺陷
## (SECONDARY HEMOSTATIC DEFECTS)

犬在出现虚脱、运动不耐受、呼吸困难、腹部膨胀、跛行或肿块时,通常会评估其是否存在次级凝血缺陷。虚脱和运动不耐受通常是由体腔内出血引起的贫血而导致的,呼吸困难和腹部膨胀也是由体腔内出血引起的,跛行通常是由于关节积血导致的,肿块通常代表血肿。患次级凝血性疾病的犬猫不出现瘀点或瘀斑,黏膜出血(如黑粪症、鼻衄)也很少见。一般说来,出血的严重程度与凝血因子缺乏的严重程度直接相关。在我们诊所,肝脏疾病和灭鼠药中毒引起的维生素 K 缺乏

是引起次级凝血疾病最常见的两个原因。前文已经说过,犬比猫更常发这些疾病,且发病率远低于初级凝血异常。

## 先天性凝血因子缺乏
### (CONGENITAL CLOTTING FACTOR DEFICIENCIES)

先天性凝血因子缺乏及其侵害的品种见框 85-3。先天性凝血因子缺乏在犬中相对常见,但在猫中很少见。大多数突变会导致凝血因子缺乏,有些实验室可提供先天性凝血障碍的基因检测服务。A 型和 B 型血友病是伴性遗传的,遗传方式与其他凝血病不一样。患病动物出血的严重程度通常与单个凝血因子的浓度成反比(即凝血因子活性很低时,出血更严重)。临床症状通常包括形成自发性血肿(通常被主人描述成"肿块")、体腔内出血以及一些与幼犬衰弱综合征相符的临床症状,且出生后脐带出血时间延长。同窝常见流产或死胎。患先天性凝血因子缺乏的犬不表现瘀点和瘀斑。患先天性凝血因子缺乏的猫通常不会发生自发性出血,但在术中或术后会出现出血时间延长。

凝血因子缺乏携带者可能不表现症状,但通常出现凝血时间延长。某些因子缺乏(被称为"接触因子"),包括Ⅻ因子、Ⅺ因子、Fletcher 因子(激肽释放酶原),以及高分子激肽原(HMWK),通常可见于其他一些无症状(即不过度出血)但 aPTT 显著延长的动物。但是,因子Ⅺ缺乏的患犬,常见术后大量出血(通常是威胁生命的出血,始于术后 24~36 h)。

大多数患先天性凝血病的犬猫都使用支持疗法和输液疗法,似乎没有其他更有效的方法了。对患血友病和其他遗传性凝血病的模型犬,正在进行基因治疗的研究。就像动物患其他先天性疾病一样,凝血因子缺乏的犬猫不应该再繁育。

## 维生素 K 缺乏
### (VITAMIN K DEFICIENCY)

小动物维生素 K 缺乏通常是由于摄入维生素 K 拮抗剂(如华法林、敌鼠、溴鼠灵和溴敌隆)而引起的,但患阻塞性胆汁淤积、浸润性肠病或肝脏疾患的犬猫,由于吸收不良也会导致维生素 K 缺乏。维生素 K 依赖性凝血因子有 4 种:因子Ⅱ、Ⅶ、Ⅸ和Ⅹ。蛋白质 C 和 S 是两种天然抗凝剂,也具有维生素 K 依赖性。根

据临床相关性,下文讨论的焦点是灭鼠药中毒,该病相对常见于犬,极其罕见于猫。

大多数灭鼠药中毒的犬(这类中毒很少见于猫)的就诊原因是出现了急性虚脱,或者可能存在摄入灭鼠药的病史,咳嗽、胸部疼痛以及呼吸困难也是常见的就诊原因。这些动物通常具有与次级出血相符的临床症状,如血肿和体腔内出血。前来作者所在诊所就诊的患犬中,最常见的出血部位是胸腔内。有些犬在摩擦区域的皮肤表面会出现瘀伤,如腋窝或腹股沟。其他异常还包括黏膜苍白、贫血(如果距离急性出血暴发已经很长时间,那么通常是再生性的)和低蛋白血症。中枢神经系统或心包出血可能会导致突然死亡。

如果病患在就诊前几小时内摄入了灭鼠药,那么催吐和服用活性炭可消除或中和部分灭鼠药。如果不确定是否摄入了灭鼠药,且不表现凝血病的临床症状(如胸腔积血、腹部积血、瘀伤),建议检测 OSPT。由于因子Ⅶ是寿命最短的维生素 K 依赖性蛋白质(半衰期为 4~6 h),在出现明显的自发性出血前,OSPT 通常会延长。

症候性维生素 K 缺乏患犬中,典型的凝血检查异常为 OSPT 和 aPTT 显著延长;这也是为数不多的 OSPT 比 aPTT 还要长的临床疾病之一。半数以上的患犬 FDP 试验呈阳性,且出现轻度血小板减少症(70 000~125 000 个/μL),这种现象可能是由于出血时间延长使血小板过度消耗而引起的。

这些动物通常需要立即输注新鲜全血或新鲜冷冻血浆(或冷冻的非新鲜血浆),以补充凝血因子(和红细胞比容,如果该病例还存在贫血)。使用维生素 K 治疗至少要经过 8~12 h 才能使 OSPT 缩短,然后出血才会减少。

目前有多种形式的维生素 K,但最有效的是维生素 $K_1$,可口服或注射。不建议经静脉使用维生素 K,因为这可能会导致过敏反应或形成海因茨小体;给凝血病患犬肌肉内注射维生素 K 通常会导致血肿形成。如果动物不脱水,那么最好使用 25 号针头,皮下注射维生素 $K_1$(首剂量为 5 mg/kg,8 h 后 2.5 mg/kg,SC,q 8 h)。灭鼠药中毒的犬中,已提倡口服首剂量维生素 $K_1$ 来治疗该病,初始剂量为 5 mg/kg,和含脂肪的食物一起口服,然后 2.5 mg/kg,q 8~12 h。我们诊所最喜欢采用这种治疗方法。由于维生素 K 是脂溶性维生素,因此和含有脂肪的食物一起服用可增加其吸收。患胆汁淤积或吸收不良综合征的动物可能需要持续皮下注射维生素 K。对于一些危急病例,应该每 8 h

监测一次 OSPT,直至正常。

如果知道抗凝剂是华法林或者其他第一代羟基香豆素,口服一周维生素 $K_1$ 通常足以治愈凝血病。但是,如果是苄二酮或任何一种第二代或第三代抗凝剂,维生素 $K_1$ 的口服时间须至少持续 3 周,最好是延长至 6 周。现在使用的灭鼠药大多数含有第二代和第三代抗凝剂。如果不知道摄入了哪种灭鼠药,那么建议给动物使用维生素 $K_1$ 治疗 1 周。在最后一次用药后的 $24\sim48$ h 内测定 OSPT。如果 OSPT 延长,那么应重新治疗并至少持续 2 周以上,然后在本次治疗结束时再检测 OSPT。

# 混合型凝血缺陷
## [MIXED(COMBINED) HEMOSTATIC DEFECTS]

### 弥散性血管内凝血
(DISSEMINATED INTRAVASCULAR COAGULATION)

DIC 以前称为消耗性凝血病或脱纤维蛋白综合征,是一种复杂的综合征,血管内凝血过度,导致多器官形成血栓[多器官衰竭(multiple organ failure, MOF)],而且纤维蛋白溶解增加后还会继发血小板和凝血因子失活或消耗过度,从而引起反常出血。DIC 不是一种特异性疾病,而是许多疾病的共同病理过程,且 DIC 构成了一个动态表现,即病例身体状态以及治疗期间凝血试验结果的显著、快速和重复变化。该综合征在犬猫中较为常见。

◆ 发病机制

多个全身机制都能激活血管内凝血,从而导致 DIC 形成。这些机制包括:

- 内皮细胞损伤
- 血小板激活
- 释放组织促凝剂

内皮细胞损伤通常是由电击或中暑引起的,但是其在 DIC 引起的败血症中也可能起重要作用。血小板可被各种刺激激活,但它们主要被病毒感染(如猫FIP)或败血症激活。组织促凝剂(和 TF 相似)在多个常见临床疾病中会释放,包括创伤、溶血、胰腺炎、细菌感染、急性肝炎以及某些肿瘤(如 HSA)。TF 无处不在,除了失活或静止的内皮细胞之外,几乎在每个细胞的细胞膜上都有表达;因此,循环血液接触到任何细胞膜,都可能会活化内源性凝血途径。

理解 DIC 生理病理学的最佳方法是将整个血管系统当作一个单独的巨大血管,而把 DIC 的发病机制当作正常凝血机制的夸大。该大血管(即其在机体的微血管系统内广泛分布)内的凝血级联系统一旦被激活,接着就会出现一些状况。虽然被描述为循序渐进的过程,实际上是同时发生的,且每种状况的变化都随时间而发生改变,因此就形成了一个动态过程。

首先形成初级和次级凝血栓。由于这同时发生于成千上万个微血管中,因此,在微循环中形成了许许多多的血栓。如果这一过程没有被发觉,那么最终会发生缺血(导致多器官衰竭)。在血管内过度凝血期间,血小板被大量消耗及破坏,引起血小板减少症。第二,纤维蛋白溶解系统被激活,导致血凝块溶解和凝血因子失活(或溶解),以及血小板功能受损。第三,抗凝血酶(AT)、蛋白质 C 和 S,其他抗凝系统被消耗,用于试图停止血管内的凝血,从而引发了天然抗凝血剂被"耗尽"。第四,在微循环内生成纤维蛋白,导致溶血性贫血和血小板进一步下降——红细胞被这些纤维蛋白破坏(形成红细胞碎片或裂红细胞)。

把这些情况都考虑在内后,就很容易理解:(1)为什么患多器官血栓症(由血管内过度凝血和天然抗凝剂耗尽导致的)的动物会出现自发性出血(血小板减少症、血小板功能受损以及凝血因子失活导致的);(2)为什么使用肝素或其他看似不合理的抗凝剂却有助于中止 DIC 犬猫的出血(如果有足够的 AT,肝素可以中止血管内凝血,同时反过来还可以降低纤维蛋白溶解系统的活性,这样就可以消除其对凝血因子和血小板功能的抑制作用)。

除了上文描述到的这些情况外,组织灌注受损还可继发更严重的 DIC,包括组织缺氧,乳酸酸中毒,肝脏、肾脏和肺的机能障碍以及心肌抑制因子的释放。单核巨噬细胞系统(mononuclear-phagocytic system, MPS)的功能也会受损,因此 FDPs 和其他副产物,以及从肠道内吸收的细菌都不能从循环中清除。这些因素也都需要治疗。

最近在俄亥俄州立大学的教学动物医院(Ohio State University Veterinary Medical Center, OSU-VMC)调查了 50 只 DIC 患犬和 21 只 DIC 患猫的原发疾病,结果见表 85-5。由调查可知,犬的 DIC 最常见于肿瘤(主要是 HSA)、肝脏疾病和免疫介导性血液疾病;而猫的 DIC 最常见于肝脏疾病(主要是肝脏脂沉积症)、肿瘤(主要是淋巴瘤)以及猫传染性腹膜炎。

表85-5 弥散性血管内凝血最常伴发的疾病*

| 疾病 | 犬(%) | 猫(%) |
|---|---|---|
| 肿瘤 | 18 | 29 |
| HSA | 8 | 5 |
| 癌 | 4 | 10 |
| LSA | 4 | 14 |
| HA | 2 | 0 |
| 肝脏疾病 | 14 | 33 |
| 胆管性肝炎 | 4 | 0 |
| 脂质沉积 | 0 | 24 |
| PSS | 4 | 0 |
| 肝硬化 | 2 | 0 |
| 不明原因 | 4 | 10 |
| 胰腺炎 | 4 | |
| 免疫介导性疾病 | 10 | 0 |
| IHA | 4 | 0 |
| IMT | 2 | 0 |
| Evans 综合征 | 2 | 0 |
| IMN | 2 | 0 |
| 传染病 | 10 | 19 |
| FIP | 0 | 19 |
| 败血症 | 8 | 0 |
| 巴贝斯虫病 | 2 | 2 |
| 灭鼠药中毒† | 8 | 0 |
| GDV | 6 | 0 |
| HBC | 4 | 0 |
| 其他 | 18 | 19 |

\* 数据源自俄亥俄州立大学教学动物医院的 50 只 DIC 患犬和 21 只 DIC 患猫。

† 灭鼠药中毒的凝血检查结果都和弥散性血管内凝血患犬的结果相似。

FIP：猫传染性腹膜炎；GDV：胃扩张-扭转；HA：血管瘤；HBC：被车辆撞击；HSA：血管肉瘤；IHA：免疫介导性溶血性贫血；IMN：免疫介导性嗜中性粒细胞减少症；IMT：免疫介导性血小板减少症；LSA：淋巴瘤；PSS：门静脉短路。

摘自 Couto CG：Disseminated intravascular coagulation in dogs and cats, *Vet Med* 94:547, 1999. This table originally appeared in the June 1999 issue of *Veterinary Medicine*. It is reprinted here by permission of Thomson Veterinary Healthcare Communications，8033 Flint, Lenexa, Kan 66214；(913) 492-4300；fax：(913) 492-4157；www. vetmedpub. com. All rights reserved.

在作者所在的诊所里，出现 DIC 症状的患犬（即出现出血）最常见于 HSA，之后依次是败血症、胰腺炎、溶血性贫血、胃扩张-扭转（gastric dilation-volvulus，GDV）、肝脏疾病及其他疾病。猫很少出现和 DIC 有关的症状，但是常见 DIC 的凝血迹象，而且凝血检查异常的猫中，大约 2/3 为 DIC。DIC 患猫常伴发肝

脏疾病、恶性肿瘤或猫传染性腹膜炎。我们已经发现了两例正在服用甲巯咪唑的猫出现了有症状的 DIC。HSA 患犬 DIC 的发病机制较为复杂，而且是多重因素。一般认为，HSA 患犬发生血管内凝血的主要机制可能和肿瘤内的异常不规则内皮有关（即暴露内皮下胶原质，激活凝血）。但是有些犬的 HSA 似乎可以合成促凝血剂，所以有些患小 HSA 的犬会出现严重的 DIC，而有些患有弥散性 HSA 的患犬却能正常止血。

◉ 临床特征

DIC 患犬具有多种临床表现：最常见的两种形式是慢性、隐性（亚临床）DIC 和急性（暴发性）DIC。在慢性、隐性 DIC 中，病例不表现自发性出血的现象，但是凝血系统临床病理学检查显示的异常与该综合征相符（见后文）。这种形式的 DIC 常见于患恶性肿瘤或其他慢性疾病的犬。急性（暴发性）DIC 可能会表现出一些真正的急性症状（如中暑后、电击或急性胰腺炎），也可能是某种慢性、隐性过程（如 HSA）的急性失代偿，且后者更常见。急性 DIC 很少见于猫。急性 DIC 患犬的就诊原因通常为大量自发性出血、继发于贫血或实质性器官血栓症（parenchymal organ thrombosis）的症状。出血的临床症状可提示初级出血（即瘀点、瘀斑、黏膜出血）和次级出血（体腔内出血）；术中弥散性出血通常是医生发现的第一个症状，还会出现器官机能障碍（见后文）的临床表现和临床病理学变化。大多数来我们诊所就诊的 DIC 患猫，都不存在自发性出血的症状。它们的临床症状与原发病有关。

最近，在作者所在的诊所里，进行了一项有关 50 只 DIC 患犬的回顾性总结，调查发现只有 26% 的犬具有自发性出血的症状，我们还对 21 只 DIC 患猫做了回顾性总结，结果发现只有 1 只猫有自发性出血的症状。大多数病例因其原发病前来就诊，并没有自发性出血的表现。DIC 诊断只是所有常规临床检测的一部分。

◉ 诊断

一些血液学检查结果有助于 DIC 的临床诊断，包括再生性溶血性贫血（有时由慢性疾病例如癌症引起，这种贫血可能是非再生性的）、血红蛋白血症（血管内凝血引起的）、红细胞碎片或裂红细胞、血小板减少症、伴有核左移的嗜中性粒细胞增多症、罕见的嗜中性粒

细胞减少症。大多数特征在血细胞比容和血涂片检查中比较明显。

DIC患犬的血清生化检查异常包括高胆红素血症(继发于溶血或肝脏血栓症),氮质血症和高磷血症(如果发生了严重的肾脏微栓塞),肝酶活性增加(组织缺氧或肝脏微栓塞引起的),二氧化碳总量下降(代谢性酸中毒引起的);如果出血严重,还会出现低蛋白血症。MOF的另外一个表现是:心电图可见多发性室性早搏(ventricular premature contractions, VPCs)。

尿液分析通常呈现血红蛋白尿和胆红素尿,偶尔可见蛋白尿和管型尿。由于穿刺可能会导致膀胱内严重出血,所以,在采集急性DIC患犬的尿液样本时,不能采用膀胱穿刺。

DIC患犬的凝血异常包括血小板减少症,OSPT和aPTT延长(比同时进行的对照组要长25%),纤维蛋白原浓度正常或偏低,FDP或D-dimer试验呈阳性以及AT浓度下降。如果检测TEG,还会发现这些动物的纤维蛋白溶解增强。在作者的诊所中,如果病例存在四种或更多种上文所描述的凝血异常,特别是如果存在裂红细胞,可确诊为DIC。

表85-6列出了在作者的诊所里检测的DIC病患的凝血异常,包括50只DIC患犬和21只DIC患猫。对于犬,常见血小板减少症、aPTT延长、贫血和裂红细胞症,而前文里描述的再生性贫血、OSPT延长以及低纤维蛋白原血症则没那么常见。对于猫,常见aPTT和/或OSPT延长、裂红细胞症和血小板减少症,而FDPs阳性和低纤维蛋白原血症则很少出现。

**表85-6　凝血异常\***

| 异常 | 犬(%) | 猫(%) |
| --- | --- | --- |
| 血小板减少症 | 90 | 57 |
| aPTT 延长 | 88 | 100 |
| 裂红细胞症 | 76 | 67 |
| FDP 阳性 | 64 | 24 |
| OSPT 延长 | 42 | 71 |
| 低纤维蛋白原血症 | 14 | 5 |

\*数据源自俄亥俄州立大学教学动物医院的病例——患有弥散性血管内凝血的50只犬和21只猫的凝血检查统计结果。

aPTT:活化部分凝血活酶时间;FDP:纤维蛋白降解产物;OSPT:第一阶段凝血酶原时间。

摘自 Couto CG: Disseminated intravascular coagulation in dogs and cats, *Vet Med* 94:547, 1999.

Estrin 等于2006年报道了46只DIC患猫的临床表现以及临床病理学检查结果。46只猫中,15%有自发性出血;43只死亡或被安乐。最常见的潜在疾病包括淋巴瘤、其他肿瘤、胰腺炎以及败血症。相比于最终存活的患猫的PT中值,死亡患猫的PT显著延长($P=0.005$)。在猫中,很多肿瘤、感染以及炎性疾病都会引起DIC,且死亡率很高。

◉*治疗*

一旦确诊为DIC(或者高度怀疑为DIC),应立即开始治疗。不幸的是,在兽医领域尚无经过检验的、可用于评价不同治疗方法对DIC患犬疗效的临床试验。因此,下文的讨论只是我个人对该类患犬治疗方法的建议(框85-6)。

　**框85-6　弥散性血管内凝血犬猫的治疗**

1. 消除潜在病因。
2. 抑制血管内凝血:
   肝素
   ● 超低剂量:5~10 IU/kg,SC,q 8 h
   ● 低剂量:50~100 IU/kg,SC,q 8 h
   ● 中间剂量:300~500 IU/kg,SC 或 IV,q 8 h
   ● 高剂量:750~1 000 IU/kg,SC 或 IV,q 8 h
   ● 血液或血液产品(提供AT、其他抗凝剂和凝血因子)
3. 维持实质器官的灌注:
   输液疗法
4. 预防继发的并发症:
   输氧
   纠正酸碱平衡
   抗心律失常剂
   抗生素

AT,抗凝血酶。

毫无疑问,DIC病例的主要治疗目标是消除潜在病因。但是,这种可能性很小。可消除或减轻的潜在病因疾病包括原发性HSA(手术切除)、弥散性或转移性HSA(化疗)、败血症(合适的抗菌剂治疗),以及免疫介导性溶血性贫血(免疫抑制治疗)。其他大多数疾病(如电击、中暑、胰腺炎)很难在短时间内消除病因。因此,DIC患犬的治疗目标包括:

● 抑制血管内凝血
● 维持实质性器官的良好灌注
● 预防继发的并发症

兽医须牢记,如果可以无限制地提供血液或血液产品(如在大多数人医院的病例),那么DIC患犬不会死于低血容量性休克。大多数DIC患犬死于肺或肾脏机能障碍。在我们诊所里,"DIC 肺"(肺内出血,肺泡隔微血栓)似乎是导致 DIC 病例死亡的一个常见原因。

**抑制血管内凝血**　在我们诊所里,通常使用两种方法来使血管内凝血停止:使用肝素以及血液或血液制品。正如前文提到的,肝素是 AT 的一个辅助因子,因此除非血浆中的 AT 有足够的活性,不然肝素也不能阻碍凝血活性。由于 DIC 病例的 AT 活性通常较低(因消耗增加和失活导致),应给予病例足够的该抗凝剂。最经济的方法是输注新鲜冷冻血浆。给 DIC 病例输注血液或血液产品就像"给火添加木头",但这句话和我个人的经验并不相符。不能仅基于这一说法,就停止使用血液或血液制品。

肝素已被用于治疗人和犬的 DIC,但是对其是否有效尚存争议。在我们诊所里,自从我们开始常规性使用肝素和血液产品后,DIC 患犬的存活率显著提高。尽管这一现象也归功于病例护理的改善,但我个人认为肝素有助于这些病例的治疗,而且事实上可能会提高存活率。

肝素钠的使用剂量有很多。最常用的有以下四种:
- 超低剂量:5～10 IU/kg,SC,q 8 h
- 低剂量:50～100 IU/kg,SC,q 8 h
- 中间剂量:300～500 IU/kg,SC 或 IV,q 8 h
- 高剂量:750～1 000 IU/kg,SC 或 IV,q 8 h

在作者的诊所中,我们常使用低剂量肝素治疗 DIC,结合输注血液或者血液产品。这种方法的基本原理是低剂量肝素不会延长正常犬的 ACT 或 aPTT(肝素剂量至少达到 150～250 IU/kg,q 8 h,正常犬的 aPTT 才会延长),且在这些病例体内具有生物活性;接受该剂量肝素治疗的病患,其临床症状和凝血异常终将被消除。该剂量肝素不会延长 ACT 或 aPTT,这一点对 DIC 患犬意义非凡。例如,如果给一只 DIC 患犬使用中间剂量的肝素,那么根据凝血指标的变化,不能断定 aPTT 的延长是由于使用过量肝素引起的,还是由于该综合征自身的发展导致的。随着实验室肝素测定的广泛存在,这将成为争论的焦点。我个人的临床经验是:如果使用超低或低剂量肝素治疗,DIC 患犬的 ACT 或 aPTT 延长,那么表明血管内凝血正在恶化,需立即更换治疗方法。目前有一些关于低分子质量肝素治疗犬 DIC 的研究。一项关于低分子质量肝素的研究显示,给比格犬使用高剂量的低分子质量肝素治疗后,和 DIC 有关的临床病理学变化逐渐恢复正

常(Mischke 等,2005)。

作者最近使用冷凝蛋白质成功治疗了 5 只 DIC 患犬;3 只有血管肉瘤,2 只有急性胃扩张-扭转(GDV)。Lepirudin 是一种新的重组水蛭抗凝血酶(AT),利用灰猎犬肠道微生物的败血症实验模型的研究已经证明,Lepirudin(重组水蛭抗凝血酶)能够有效预防实验灰猎犬的 MOF。但是现在这项治疗的成本很昂贵。

如果存在严重的微血栓[如显著的氮质血症、乳酸酸中毒、肝脏酶活性升高、多发性室性早搏(VPCs)]、呼吸困难或低氧血症,可使用中间剂量或高剂量的肝素,治疗目标是使 ACT 延长至基础值的 2～2.5 倍(如果基础值已经延长,那么治疗目标是使其恢复正常)。如果出现过度肝素化,那么可以通过静脉缓慢输注硫酸鱼精蛋白。根据最后一次注射的肝素剂量,每 100 IU 肝素使用 1 mg 鱼精蛋白;在给予肝素 1 h 后,输注鱼精蛋白计算量的 50%;2 h 后给予 25% 的计算量,剩下的量根据临床需要给予。硫酸鱼精蛋白应慎用,因为它可导致犬的急性过敏反应。一旦临床症状有所改善,且临床病理学检查恢复至正常,应逐渐减少肝素剂量(1～3 d),以防止血凝过快反弹(这一现象常见于人)。

也可给予阿司匹林及其他抗血栓药物,以预防血小板激活,从而终止血管内凝血。阿司匹林的建议口服剂量为 0.5～10 mg/kg,犬每 12 h 一次,猫每 3 d 一次。但以我个人的临床经验来看,阿司匹林很少有临床效果。若使用阿司匹林,还应密切关注病例是否出现胃肠道出血,因为这种非类固醇抗炎药可引起胃、十二指肠溃疡,这对于患 DIC 这样严重的凝血病的犬来说是灾难性的。

**维持实质性器官的良好灌注**　维持实质性器官良好灌注的最佳方法为:补充含有晶体或右旋糖苷等血浆扩充物的液体(见框 85-6)。补液的目的是稀释循环中的凝血和纤溶因子、冲散微循环中的微血栓、维持毛细血管前动脉通畅,这样血液就可以流至氧气交换有效的区域。但也不能过度补液,这会危害动物的肾脏和肺脏功能。

**预防继发的并发症**　在前面的章节中已经讨论过,DIC 患犬会发生许多并发症。应将注意力直接集中于维持氧气供应(即通过氧气面罩、氧气笼子或鼻咽管供氧)、纠正酸中毒、消除心律不齐和预防继发性细菌感染。缺血的胃肠道不再是阻止微生物进入的有效屏障,且被吸收的细菌不能被肝脏单核巨噬细胞系统

清除,从而会导致败血症。

◈预后

DIC 患犬和患猫的预后较差,虽然过去几十年内很多关于"DIC"的缩略词,例如"末日降临(death is coming)""死在笼子里(dead in cage)"、"狗狗都凉了(dog is cooler)"等,但是如果能控制潜在病因,大多数病例在经过适当诊疗后还是可以恢复健康的。对前来俄亥俄州立大学教学动物医院(Ohio State University Veterinary Teaching Hospital,OSU-VTH)就诊的 DIC 病例的分析发现,死亡率为 54%。但是,凝血检查结果变化较轻的犬(即凝血异常小于 3 项),死亡率为 37%;而凝血检查结果变化异常严重的犬(出现 3 个以上凝血指标异常),死亡率为 74%。此外,aPTT 显著延长和血小板显著降低均是不良预后因素。46% 的存活犬的 aPTT 中值比对照组延长,而 93% 的死亡犬的 aPTT 中值比对照组延长。与此相似,存活犬的血小板计数中值为 110 000/μL,而死亡犬的为 52 000/μL。

# 血栓症
## (THROMBOSIS)

犬猫发生血栓病和血栓栓塞性疾病的概率比人小。多种情况可导致血栓症或血栓栓塞(TE),包括血液淤积、内皮异常(或损伤)区域的血管内凝血激活、天然抗凝剂失活和纤维蛋白溶解减少(或受损)。血栓症在临床上可伴发心肌病,肾上腺皮质功能亢进,蛋白丢失性肠病和肾病,以及 IHA。主髂动脉血栓形成主要见于查理王小猎犬、灰猎犬和其他视觉猎犬(Goncalves 等,2008;Lake-Bakaar 等,2012)。

血栓栓塞的诊断较为困难。临床症状变化多端,包括实质器官缺血(例如肺部栓塞引起的呼吸困难、肝脏栓塞引起的肝酶升高;主动脉栓塞患犬会出现间歇性跛行)。犬 D-dimer 阳性可能和血栓栓塞有关,但我没遇到过这样的病例。在某些犬血栓栓塞的诊断中,TEG 既快速又敏感(图 85-4),然而有一部分患有明显血栓症的犬,其 TEG 图像正常。

在患有肥厚性心肌病的猫中,血液淤积及潜在的内皮不规则似乎是导致大动脉(髂动脉)血栓栓塞的主要原因。灰猎犬和其他视觉猎犬中,还有动脉病理性

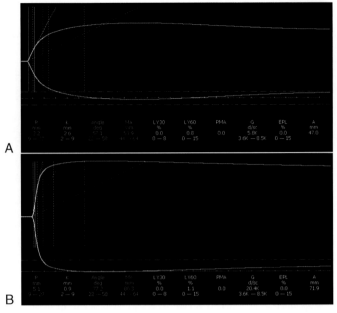

图 85-4

**A**,使用血栓弹力图凝血分析系统(Thromboelastograph Hemostasis Analyzer System)为一只健康犬做的血栓弹力图(TEG)。最大振幅提供了血凝块的弹性大小的信息,该结果在参考范围内(53.9 mm)。**B**,一只高凝血症患犬的 TEG 追踪图,注意观察最大振幅是 80.3 mm。

变化的嫌疑。天然抗凝剂(AT)活性降低后,可导致患蛋白丢失性肾病或肠病的犬发生血栓症;高血压病人的 PAI-1 的浓度较高,可能会抑制纤维蛋白溶解,最终作用为促凝血。这一机制对犬的蛋白丢失性肠病和高血压也很重要。AT 活性降低是因为 AT 的分子质量(大约为 60 kD)相对较小,在患蛋白丢失性肾病或肠病的动物的尿液或胃肠内容物中容易丢失。发生于肾上腺皮质功能亢进犬的血栓症,可能与皮质类固醇(皮质类固醇可抑制纤维蛋白溶解)对巨噬细胞合成 PAI-1 的诱导有关。最近发现 IHA 患犬血栓栓塞的发病风险正在增加。虽然这些疾病的发病机理尚不清楚,但是溶解红细胞释放的促凝血剂已被假设为原因之一。微循环中淤积的自体凝集红细胞也可能促进了这种促凝血剂的形成。

对血栓症和血栓栓塞高发的犬猫应使用抗凝剂。常用于患病犬猫的两种药物分别是阿司匹林和肝素。香豆素衍生物常用于人,但犬猫使用这些药物后会出现过度出血。在最近关于人 AT 缺乏的相关报道中,建议使用某些合成类固醇,如康力龙(stanozolol),可降低血栓病的发生,这是因为这些药物对纤维蛋白溶解系统具有刺激作用。关于肺血栓栓塞诊断和治疗的讨论见第 22 章。

◀▶推荐阅读

Barr JW, McMichael M: Inherited disorders of hemostasis in dogs and cats, *Top Companion Anim Med* 27:53, 2012.

Boudreaux MK: Inherited intrinsic platelet disorders. In Weiss DJ, Wardrop KJ, editors: *Schalm's veterinary hematology*, ed 6, Ames, Iowa, 2010, Wiley-Blackwell, p 619.

Brooks MB, Catalfamo JL: Von Willebrand disease. In Weiss DJ, Wardrop KJ, editors: *Schalm's veterinary hematology*, ed 6, Ames, Iowa, 2010, Wiley-Blackwell, p 612.

Brooks MB: Hereditary coagulopathies. In Weiss DJ, Wardrop KJ, editors: *Schalm's veterinary hematology*, ed 6, Ames, Iowa, 2010, Wiley-Blackwell, p 661.

Callan MB, Giger U: Effect of desmopressin acetate administration on primary hemostasis in Doberman Pinschers with type-1 von Willebrand disease as assessed by a point-of-care instrument, *Am J Vet Res* 63:1700, 2002.

Couto CG: Disseminated intravascular coagulation in dogs and cats, *Vet Med* 94:547, 1999.

Couto CG et al: Evaluation of platelet aggregation using a point-of-care instrument in retired racing Greyhounds, *J Vet Intern Med* 20:365, 2006.

Estrin MA et al: Disseminated intravascular coagulation in cats, *J Vet Intern Med* 20:1334, 2006.

Furie B, Furie BC: Mechanisms of thrombus formation, *N Engl J Med* 359:938, 2008.

Goncalves R et al: Clinical and neurological characteristics of aortic thromboembolism in dogs, *J Small Animal Pract* 49:178, 2008.

Grindem CB et al: Epidemiologic survey of thrombocytopenia in dogs: a report on 987 cases, *Vet Clin Pathol* 20:38, 1991.

Jandrey KE et al: Clinical characterization of canine platelet procoagulant deficiency (Scott syndrome), *J Vet Intern Med* 26:1402, 2012.

Kraus KH et al: Effect of desmopressin acetate on bleeding times and plasma von Willebrand factor in Doberman Pinscher dogs with von Willebrand's disease, *Vet Surg* 18:103, 1989.

Lake-Bakaar GA et al: Aortic thrombosis in dogs: 31 cases (2000-2010), *J Am Vet Med Assoc* 241:910, 2012.

Lara García A et al: Postoperative bleeding in retired racing Greyhounds, *J Vet Intern Med* 22:525, 2008.

Levi M et al: Guidelines for the diagnosis and management of disseminated intravascular coagulation. British Committee for Standards in Haematology, *Br J Haematol* 145:24, 2009.

Marin LM et al: Retrospective evaluation of the effectiveness of epsilon aminocaproic acid for the prevention of postamputation bleeding in retired racing Greyhounds with appendicular bone tumors: 46 cases (2003-2008), *J Vet Emerg Crit Care* 22:332, 2012a.

Marin LM et al: Epsilon aminocaproic acid for the prevention of delayed postoperative bleeding in retired racing Greyhounds undergoing gonadectomy, *Vet Surg* 41:594, 2012b.

Mischke R et al: Efficacy of low-molecular-weight heparin in a canine model of thromboplastin-induced acute disseminated intravascular coagulation, *Res Vet Sci* 79:69, 2005.

Morales F et al: Effects of 2 concentrations of sodium citrate on coagulation test results, von Willebrand factor concentration, and platelet function in dogs, *J Vet Intern Med* 21:472, 2007.

Nelson OL, Andreasen C: The utility of plasma D-dimer to identify thromboembolic disease in dogs, *J Vet Intern Med* 17:830, 2003.

Nielsen LN et al: Prolonged activated prothromboplastin time and breed specific variation in haemostatic analytes in healthy adult Bernese Mountain dogs, *Vet J* 190:150, 2011a.

Nielsen LN et al: The presence of antiphospholipid antibodies in healthy Bernese Mountain dogs, *J Vet Intern Med* 25:1258, 2011b.

Peterson JL et al: Hemostatic disorders in cats: a retrospective study and review of the literature, *J Vet Intern Med* 9:298, 1995.

Ralph AG, Brainard BM: Update on disseminated intravascular coagulation: when to consider it, when to expect it, when to treat it, *Top Companion Anim Med* 27:65, 2012.

Ramsey CC et al: Use of streptokinase in four dogs with thrombosis, *J Am Vet Med Assoc* 209:780, 1996.

Sheafor S et al: Clinical approach to the dog with anticoagulant rodenticide poisoning, *Vet Med* 94:466, 1999.

Stokol T: Plasma D-dimer for the diagnosis of thromboembolic disorders in dogs, *Vet Clin North Am Small Anim Pract* 33:1419, 2003.

Tarnow I et al: Dogs with heart diseases causing turbulent high-velocity blood flow have changes in platelet function and von Willebrand factor multimer distribution, *J Vet Intern Med* 19:515, 2005.

Urban R et al: Hemostatic activity of canine frozen plasma for transfusion using thromboelastography, *J Vet Intern Med* 2013 (in press).

Wiinberg B et al: Validation of human recombinant tissue factor-activated thromboelastography on citrated whole blood from clinically healthy dogs, *Vet Clin Pathol* 34:389, 2005.

# 第 86 章
## CHAPTER 86

# 淋巴结病和脾脏肿大
## Lymphadenopathy and Splenomegaly

## 应用解剖学和组织学
## (APPLIED ANATOMY AND HISTOLOGY)

淋巴结和脾脏是机体免疫细胞和单核巨噬（mononuclear-phagocytic，MP）细胞的主要来源。由于这些淋巴组织的结构处于持续动态变化过程中，因此它们可以不断变化大小和形状，以应答抗原刺激。一般而言，淋巴结内的细胞对不同刺激的应答类似于脾脏内的细胞应答。但是，脾脏主要对血源性抗原（主要是未受调理素作用的有机体）产生应答，而淋巴结主要对输入淋巴管的抗原产生应答（即局部组织应答）。淋巴结和脾脏对不同刺激的应答在本章内都有简单介绍。

犬猫的淋巴结呈肾形，外覆被膜，主要作用是过滤淋巴液和参与免疫反应。图 86-1 描绘了肉食动物淋巴结的基本显微解剖结构。它由被膜、被膜下窦、皮质、副皮质和髓质组成。每个组成部分都有其特殊功能。被膜包被并支持着淋巴结内的其他所有结构（基质）。被膜下窦（或囊下窦）主要含有 MP 细胞，MP 细胞的作用是"过滤"输入淋巴管带来的颗粒并将抗原递呈给淋巴细胞。皮质区的生发中心主要含有 B 淋巴细胞；当受到适宜刺激时，初级滤泡会转化成次级滤泡，它的中心主要含有早期淋巴细胞。副皮质区主要由 T 淋巴细胞组成，因此参与细胞免疫。髓质区含有髓索，髓索内存在定向 B 淋巴细胞，髓索还可能会延伸至浆细胞的实质区以应答抗原刺激。髓索之间的髓窦形成了一个含有不同数量 MP 细胞的内皮筛，用于"过滤"输出的淋巴液。淋巴液从髓质区流出进入输出淋巴管。

了解这些解剖部位的不同组织学和功能特点，有助于理解淋巴结病的发病机理。例如，淋巴结对细菌感染的反应主要是 B 淋巴细胞增生，以次级滤泡数量增加为特征。在判读淋巴结细胞学或组织病理学检查样本时，应牢记该组织学/功能区分。

## 功能
## (FUNCTION)

淋巴结的两大主要功能是过滤颗粒和参与免疫过程。当淋巴液从输入淋巴管流至输出淋巴管，流经富含 MP 细胞的区域时，颗粒物质被过滤。在这个过程中，颗粒物质被摄取，然后经 MP 细胞或者抗原加工（AP）细胞处理后被递呈至淋巴细胞，激起体液免疫或细胞免疫应答。

脾脏具有多重功能，包括髓外造血功能，过滤和吞噬作用，重塑红细胞，清除红细胞内包涵体，储存红细胞、血小板，代谢铁以及免疫功能。最近的研究发现，犬的脾脏也能储存网织红细胞，儿茶酚胺释放也能引起脾脏内的网织红细胞释放入血（Horvath 等，2013）。由于猫的脾脏是非窦性的，所以其清除细胞内包涵体的效率要低于犬。

## 淋巴结病
## (LYMPHADENOPATHY)

◉病因和发病机理

本章将淋巴结病定义为淋巴结增大。根据分布状态，用以下术语描述淋巴结病的特征。单个淋巴结病

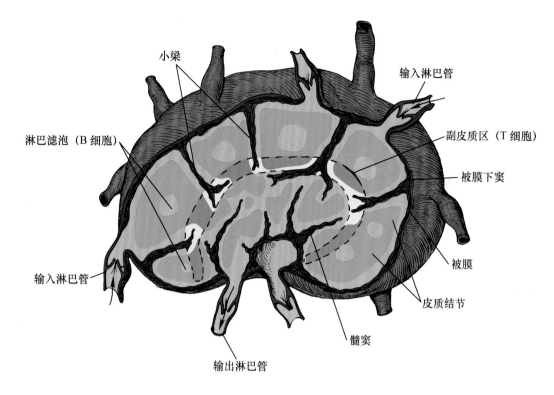

**图 86-1**

肉食动物淋巴结的显微解剖结构。详细论述见正文。(摘自 Couto CG：Diseases of the lymph nodes and spleen. In Ettinger SJ, editor：*Textbook of veterinary internal medicine-diseases of the dog and cat*, ed 3, Philadelphia, 1989, WB Saunders. )

是指一个单独的淋巴结增大。局部淋巴结病是指某一特定解剖部位的一系列淋巴结增大。全身性淋巴结病是指多中心性淋巴结增大，一般侵害部位不止一个。根据解剖位置，淋巴结病还可以分为浅表淋巴结病和深部淋巴结病(或内脏淋巴结病)。

淋巴结增大是淋巴结内正常细胞增生或正常、异常细胞浸润所导致的结果。血管变化(即充血、瘀血、新血管形成、水肿)引起的淋巴结肿大很少见。

当正常细胞在淋巴结内增生以应答抗原刺激时(如疫苗、感染)，可使用术语反应性淋巴结病(或淋巴结增生)来描述这类淋巴结病。淋巴细胞和 MP-AP 细胞增生，以应答免疫刺激和感染刺激，但是临床兽医在检查犬猫时，也可能无法确定反应性淋巴结病的病因。由于这些淋巴组织的结构通常与许多抗原同时出现，反应性淋巴结病中发生的细胞增生是多细胞系的，即在细胞学和组织学检查样本中，会发现存在各种形态的淋巴细胞和 MP-AP 细胞。

当细胞浸润主要为多形核白细胞和巨噬细胞时，可使用术语淋巴腺炎(lymphadenitis)。这常继发于感染，但也有例外。根据浸润的主要细胞类型，可将淋巴腺炎分为化脓性(嗜中性粒细胞为主)、肉芽肿性(巨噬细胞为主)、脓性肉芽肿性(巨噬细胞和嗜中性粒细胞

为主)或嗜酸性(嗜酸性粒细胞为主)。伴有明显液化(即脓汁)的化脓性炎症病灶可被称作淋巴结脓肿。表86-1列出了各种淋巴腺炎的病因。

浸润性淋巴结病通常是由于正常的淋巴结结构被肿瘤细胞代替所引起的，很少由髓外造血引起。侵害淋巴结的肿瘤可以是原发性造血系统肿瘤，也可以是继发性(转移)肿瘤。淋巴结被造血系统恶性肿瘤(即淋巴瘤)浸润是引起犬全身性淋巴结病最常见的原因之一。

◆ **临床特征**

从临床角度来说，熟悉正常淋巴结的部位及触感很重要，在常规体格检查时都要对淋巴结的位置和触感进行评估。以下是正常犬猫可触诊到的淋巴结：下颌淋巴结、肩前淋巴结(或颈浅淋巴结)、腋下淋巴结(大约一半的动物可触到)、腹股沟浅淋巴结和腘淋巴结(图 86-2)。只有在明显增大时，才能触诊到的淋巴结有面部淋巴结、咽后淋巴结、肠系膜淋巴结和髂内(腰下)淋巴结。

在评价患淋巴结病或弥散性脾脏肿大的犬猫时，临床兽医可以从其病史资料中获得重要的信息。有些疾病有品种倾向，例如分枝杆菌会感染巴辛吉犬和雪纳瑞犬，而利什曼原虫会感染猎狐犬；而有些疾病具有

### 表 86-1　犬猫淋巴结病的分类

| 类型 | 物种 | 类型 | 物种 |
|---|---|---|---|
| **增生性和炎症性淋巴结病** | | **病毒性** | |
| **感染性** | | 犬病毒性肠炎 | D |
| 细菌性 | | 猫免疫缺陷病毒 | C |
| 　放线菌属 | D,C | 猫传染性腹膜炎 | C |
| 　伯氏疏螺旋体 | D | 猫白血病病毒 | C |
| 　犬布鲁氏菌 | D | 犬传染性肝炎 | D |
| 　棒状杆菌 | C | **非感染性** | |
| 　分枝杆菌 | D,C | 皮肤性淋巴结病 | D,C |
| 　诺卡氏菌属 | D,C | 药物反应 | D,C |
| 　链球菌 | D,C | 特发性 | D,C |
| 　传染性链球菌性淋巴结病 | C | 　特征性外周淋巴结增生 | C |
| 　耶尔森氏鼠疫杆菌 | C | 　淋巴结丛状血管化 | C |
| 　巴尔通体属 | D,C | 免疫介导性疾病 | |
| 　局部细菌感染 | D,C | 　系统性红斑狼疮 | D,C |
| 　败血症 | D,C | 　类风湿性关节炎 | D |
| 立克次体 | | 　免疫介导性多发性关节炎 | D,C |
| 　埃利希体病 | D,C | 　幼犬腺疫(幼犬蜂窝织炎) | D |
| 　无形体病 | D,C | 　其他免疫介导性疾病 | D,C |
| 　落基山斑疹热 | D | 局部炎症 | D,C |
| 　鲑鱼中毒 | D | 免疫接种后 | D,C |
| 真菌性 | | **浸润性淋巴结病** | |
| 　曲霉菌病 | D,C | **肿瘤性** | |
| 　芽生菌病 | D,C | 原发性造血系统肿瘤 | |
| 　球孢子菌病 | D | 　白血病 | D,C |
| 　隐球菌病 | D,C | 　淋巴瘤 | D,C |
| 　组织胞浆菌病 | D,C | 　恶性组织细胞增多症 | D,C |
| 　暗色丝孢霉病 | D,C | 　多发性骨髓瘤 | D,C |
| 　藻菌病 | D,C | 　全身性肥大细胞病 | D,C |
| 　孢子丝菌病 | D,C | 转移性肿瘤 | |
| 　肺囊虫 | D | 　癌症 | D,C |
| 　其他真菌病 | D,C | 　恶性黑素瘤 | D |
| 藻类 | | 　肥大细胞瘤 | D,C |
| 　原藻病 | D,C | 　肉瘤 | D,C |
| 寄生虫性 | | **非肿瘤性** | |
| 　巴贝斯虫病 | D | 嗜酸性肉芽肿综合征 | C,D |
| 　猫焦虫病 | C | 肥大细胞浸润(非肿瘤性) | D,C |
| 　蠕形螨病 | D,C | | |
| 　肝簇虫病 | D | | |
| 　利什曼原虫病 | D | | |
| 　犬新孢子虫 | D | | |
| 　弓形虫病 | D,C | | |
| 　锥虫病 | D | | |

D:犬 ;C:猫。

修订自 Hammer AS et al: Lymphadenopathy. In Fenner NR, edioter: *Quick reference to veterinary medicine*, ed 2, Philadelphia, 1991, JB Lippincott.

**图 86-2**

临床相关的犬淋巴结的解剖学分布。猫全身淋巴结的位置与犬基本一样。用加粗圆圈标出的淋巴结,从头部至尾部分别为下颌淋巴结、肩前淋巴结、腋下淋巴结、腹股沟浅淋巴结和腘淋巴结。用虚线圆圈标出的淋巴结,从头部至尾部分别为面淋巴结、咽后淋巴结和髂内或腰下淋巴结。(摘自 Couto CG: Diseases of the lymph nodes and spleen. In Ettinger SJ, editor: *Textbook of veterinary internal medicine-diseases of the dog and cat*, ed 3, Philadelphia, 1989, WB Saunders. )

特定的地域或季节流行性,包括利什曼原虫病(即欧洲的地中海地区)、鲑鱼中毒(即太平洋西北部)和一些全身性真菌病(如俄亥俄河流域的组织胞浆菌病)。患全身性真菌病、鲑鱼中毒、落基山斑疹热(Rocky mountain spotted fever, RMSF)、埃利希体病、巴尔通体病、利什曼原虫病、急性白血病及一些免疫介导性疾病的犬猫,通常会出现全身性临床症状;而患慢性淋巴细胞白血病、无形体病、大部分淋巴瘤及接种疫苗后出现的反应性淋巴结病的犬猫,很少或几乎不出现临床症状;患有特发性反应性淋巴结病的猫(见下文),通常无临床症状。

　　患淋巴结病或脾脏肿大的犬猫,其临床症状不明显且呈非特异性,通常与原发疾病有关,而与器官肿大无关。症状包括厌食、体重减轻、虚弱、腹部膨胀、呕吐、腹泻或多尿/烦渴(polyuria-polydipsia, PU/PD)(后者见于犬淋巴瘤引起的高钙血症),或是上述多种症状同时出现。偶尔增大的淋巴结可引起阻塞或压迫症状(如咽后淋巴结肿大引起吞咽困难,气管支气管淋巴结肿大引起咳嗽,见图 77-6)。

　　淋巴结病的分布也具有诊断意义。对于患单一或局部淋巴结病的病例,应仔细检查该淋巴结负责引流的区域,因为一般情况下,可以在该处找到原发病灶。犬猫的大多数浅表单一性或局部淋巴结病,是由局部炎症、感染或转移性肿瘤(少见)引起的,而大多数深部

(腹内、胸腔内)淋巴结病是由转移肿瘤或全身性感染引起的(如全身性真菌病)。大多数全身性淋巴结病是由全身性真菌或细菌感染(犬)、非特异性增生(主要见于猫)或淋巴瘤(犬,见表 86-2)引起的。

**表 86-2　患淋巴结病犬猫的临床表现与病因之间的相关性\***

| 全身 | 单个/局部 | |
| --- | --- | --- |
| | 浅表 | 体腔内 |
| 淋巴瘤 | 脓肿 | 组织胞浆菌病(A、T) |
| 组织胞浆菌病 | 牙周病 | 芽生菌病(T) |
| 芽生菌病 | 甲沟炎 | 顶浆分泌腺腺癌(A) |
| 免疫接种后 | 深部脓皮症 | 原发性肺肿瘤(T) |
| 无形体病 | 蠕形螨病 | 淋巴瘤(A、T) |
| 埃利希体病 | 肥大细胞瘤 | 肥大细胞瘤(A) |
| 白血病 | 恶性黑色素瘤 | 前列腺腺癌(A) |
| 恶性组织细胞增多症 | 嗜酸性肉芽肿综合征 | 恶性组织细胞增多症(A、T) |
| 系统性红斑狼疮 | 淋巴瘤 | 淋巴瘤样肉芽肿病(T) |
| 其他 | | 肺结核(A、T) |

\* 美国中西部(按临床重要性排序)。
A:腹腔;T:胸腔。

　　淋巴结的触诊同样非常重要。对于大多数患淋巴结病的犬猫,患病淋巴结都表现为坚硬、不规则、无痛,表面温度正常(即冷性淋巴结病),且与周围结构不粘连。然而对于患淋巴腺炎的病例,其淋巴结通常较正常淋巴结柔软、敏感、温热;且还可能与周围结构粘连(即固定的淋巴结病)。非游离性淋巴结病还可能出现于转移性病灶、出现囊外侵袭的淋巴瘤,以及某些传染病(例如分枝杆菌病)的犬猫。

　　发病淋巴结的大小也非常重要。巨淋巴结病(即淋巴结的大小是正常的 5～10 倍)几乎只发生于患淋巴瘤或恶性组织细胞增多症的犬(图 86-3),也可见于传染性淋巴腺炎(淋巴结形成脓肿)。猫特异性淋巴结增生综合征通常会导致巨淋巴结病(图 86-4)。转移性淋巴结病很少会表现出这种程度的肿胀,但顶浆分泌腺癌(汗腺癌)转移至髂内淋巴结时会出现巨淋巴结病。转移性肿瘤的淋巴结大小也可能是正常的,意识到这一点很重要。肥大细胞瘤病例也有可能会出现这种变化,触诊患犬的淋巴结时未见明显异常,但里面会含有大量转移的细胞。鲑鱼中毒的犬也可能会表现出明显的全身性淋巴结病,之前会出

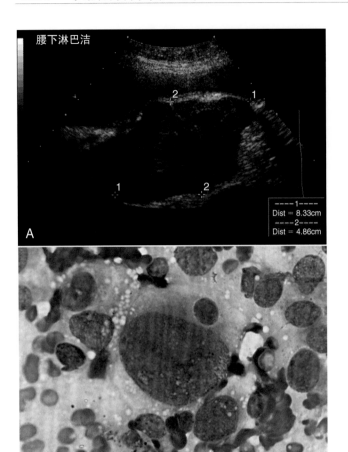

**图 86-3**
**A,**一只患有恶性组织细胞增多症的大白熊犬腰下(髂内)淋巴结超声检查图像。**B,**细胞学检查可见形态各异的圆形细胞,还吞噬了其他细胞(**Diff-Quik 染色,×1 000**)。

现或伴发血样腹泻。轻微到中度淋巴结肿胀(正常大小的 2～4 倍)主要发生于各种反应性和炎性淋巴结病(如,犬埃利希体病、巴尔通体病、无形体病、RMSF、全身性真菌病、利什曼原虫病、免疫介导性疾病、皮肤病),以及白血病。

前文已讨论过,应仔细检查肿胀淋巴结的引流区域,特别要注意皮肤、皮下组织以及骨骼的变化。对于患全身性淋巴结病的犬猫,对其他血液淋巴器官的检查也很重要,包括脾脏、肝脏以及骨髓。

# 脾脏肿大
## (SPLENOMEGALY)

◆病因和发病机理

脾脏肿大是指脾脏局部或者弥散性肿大。术语局

**图 86-4**
一只白血病病毒阳性的猫下颌淋巴结明显增大,这是自发性反应性淋巴结病的表现。支持疗法之后淋巴结病随之缓解。

部脾脏肿大(或脾脏肿物)是指脾脏发生局部性、可触诊到的肿大。弥散性脾脏肿大通常是正常细胞增生,也可能是正常或异常细胞浸润的结果。血管变化(如充血、瘀血)很少会引起弥散性脾脏肿胀。局部脾脏肿大较常见于犬,而弥散性脾脏肿大则更常见于猫。

根据发病机理,弥散性脾脏肿大主要分为四种:淋巴网状细胞增生,炎症反应(即脾炎),异常细胞(如淋巴瘤)或物质(如淀粉样变性)浸润,以及充血(见表 86-3)。

对于血源性抗原和红细胞破坏,脾脏应答通常是 MP-AP 细胞和淋巴细胞增生。因为这类增生通常会导致脾脏不同程度的增大,因此被称作工作性肥大。增生性脾脏肿大相对常见于犬的埃利希体病、利什曼原虫病、细菌性心内膜炎、系统性红斑狼疮或慢性菌血性疾病(如椎间盘脊椎炎和布鲁氏菌病),以及猫的支原体病和免疫介导性细胞减少症。

人类医学已证实,脾脏内 MP 系统的红细胞吞噬作用会导致这类细胞增生,进而引起脾脏肿大。相同的情况似乎也发生于患某些溶血性疾病的犬猫,包括免疫溶血性贫血、药物引起的溶血、丙酮酸激酶缺乏性贫血、磷酸果糖激酶缺乏性贫血、贵妇犬和比格犬的家族性非球形红细胞溶血、海恩茨小体性溶血以及支原体病(见第 80 章)。局灶性脾肿大病例进行脾摘除术后,经组织病理学检查偶尔被诊断为增生。

就像淋巴结一样,如果细胞浸润主要是多形核白细胞或巨噬细胞,则可使用脾炎这个术语。根据渗出液细胞类型可分为化脓性、肉芽肿性、脓性肉芽肿性或

表 86-3　犬猫脾脏肿大的分类（根据发病机理的分类）

| 类型 | 物种 | 类型 | 物种 |
|---|---|---|---|
| **炎性和感染性脾脏肿大** | | **脓性肉芽肿性脾炎** | |
| **化脓性脾炎** | | 芽生菌病 | D、C |
| 穿透性腹部创伤 | D、C | 孢子丝菌病 | D |
| 游走性异物 | D、C | 猫传染性腹膜炎 | C |
| 细菌性心内膜炎 | D、C | 分枝杆菌病（即结核病） | D、C |
| 败血症 | D | 巴尔通体病 | D、C |
| 脾扭转 | D | | |
| 弓形虫病 | D、C | **增生性脾脏肿大** | |
| 犬传染性肝炎（急性） | D | 细菌性心内膜炎 | D |
| 分枝杆菌病（即结核病） | D、C | 布鲁氏菌病 | D |
| | | 椎间盘脊椎炎 | D |
| **坏死性脾炎** | | 系统性红斑狼疮 | D、C |
| 脾扭转 | D | 溶血性疾病（见正文） | D、C |
| 脾脏肿瘤 | D | | |
| 沙门氏菌病 | D、C | **充血性脾脏肿大** | |
| | | 药理性（见正文） | D、C |
| **嗜酸性脾炎** | | 门静脉高压 | D、C |
| 嗜酸性胃肠炎 | D、C | 脾脏扭转 | D |
| 嗜酸性粒细胞增多综合征 | C、D | | |
| | | **浸润性脾脏肿大** | |
| **淋巴浆细胞性脾炎** | | **肿瘤** | |
| 犬传染性肝炎（慢性） | D | 急性、慢性白血病 | D、C |
| 埃利希体病/无形体病（慢性） | D、C | 系统性肥大细胞增多症 | D、C |
| 子宫积脓 | D、C | 恶性组织细胞增多症 | D、C |
| 布鲁氏菌病 | D | 淋巴瘤 | D、C |
| 血巴尔通体病 | D、C | 多发性骨髓瘤 | D、C |
| 巴尔通体病 | D、C | 转移性肿瘤 | D、C（罕见） |
| 利什曼原虫病 | D | | |
| | | **非肿瘤性** | |
| **肉芽肿性脾炎** | | 髓外造血组织增生（EMH） | D、C |
| 组织胞浆菌病 | D、C | 嗜酸粒细胞增多综合征 | C、D |
| 分枝杆菌病（即结核病） | D、C | 淀粉样变性 | D |

D：犬；C：猫。

改编自 Couto CG：Diseases of the lymph nodes and spleen. In Ettinger SJ，editor：*Textbook of veterinary internal medicine-diseases of the dog and cat*，ed 3，Philadelphia，1989，WB Saunders.

嗜酸性。也可能会形成脾脏脓肿,这通常与异物穿孔有关。产气型厌氧菌引起的坏死性脾炎也可发生于患脾脏扭转和肿瘤的犬。淋巴浆细胞性脾炎在犬中相对常见。不同类型的脾炎的病因见表86-3。

浸润性脾肿大也常见于小动物。显著的脾脏肿大通常见于急性或慢性白血病犬猫(但更常见于犬)、系统性肥大细胞增多症的犬猫,以及患某些恶性组织细胞增多症的犬。另外,脾脏弥散性肿瘤常见于患淋巴瘤及多发性骨髓瘤的犬猫。单克隆γ球蛋白症患猫在体格检查和影像学检查时,唯一可能的发现就是弥散性脾肿大。脾脏进行细针抽吸(fine-needle aspiration,FNA)细胞学检查时可见弥散性浸润的浆细胞,通常有可能是骨髓瘤。转移性脾脏肿瘤常提示局灶性脾肿大,但较少见。

除了髓外造血组织增生(extramedullary hematopoiesis,EMH)(犬比猫更常见)之外,浸润性脾脏肿大的非肿瘤性原因较少。由于成年动物的脾脏仍具有胚胎时期的造血能力,各种刺激,如贫血、严重的脾脏或脾外炎症、脾脏的肿瘤浸润、骨髓发育不全以及脾脏充血等,可能会使脾脏恢复胚胎造血的功能,并生成红细胞、白细胞和血小板。在作者的诊所中,通过细针抽吸脾脏发现,患弥散性或局灶性脾脏肿大的犬猫经常出现EMH;出现造血前体细胞还可能将疾病误诊为淋巴瘤。我还发现患子宫积脓、免疫介导性溶血、免疫介导性血小板减少症、某些传染病、各种恶性肿瘤的犬以及貌似健康的犬也出现了脾脏EMH。另一种经常会导致浸润性脾脏肿大的疾病是猫嗜酸性粒细胞增多综合征,也可见于某些犬,例如罗威纳犬。该病的特点是外周血液内的嗜酸性粒细胞增多、骨髓内的嗜酸性粒细胞前体增生,且多个器官被成熟的嗜酸性粒细胞浸润(见第83章)。

犬猫脾脏具有强大的储血能力,一般情况下,可储存总血量的10%~20%。但是,镇静剂和巴比妥酸盐会使脾脏被囊平滑肌松弛,而使脾脏血液池容量增加,从而导致充血性脾脏肿大。蓄积在肿胀脾脏内的血液可占到总血量的30%。有些现在几乎不用的麻醉剂(如氟烷)也可能会使细胞压积和血浆蛋白浓度显著降低(即降低10%~20%),机理相同。

门静脉高压可导致充血性脾脏肿大,但在犬猫中,这种类型的脾脏充血没有人类那么常见。可能会导致小动物脾脏肿大的门静脉高压的原因包括右侧充血性心力衰竭,先天畸形、肿瘤或心丝虫导致的后腔静脉阻塞,以及腔静脉的肝内阻塞。犬常见脾静脉栓塞,常和

糖皮质激素的使用有关,但没有明显的临床症状。这些动物的超声检查可能显示脾脏、门静脉、肝静脉显著扩张或者血栓症。

脾脏扭转是引起犬充血性脾脏肿大一个相对常见的原因。脾脏扭转由自发性或胃扭转-扩张综合征(gastric dilatation-volvulus,GDV)引起,通常会导致充血,从而使脾脏显著肿大。脾脏扭转也可发生于无胃扭转-扩张综合征的犬。发病犬通常是大型深胸犬,主要见于大丹犬、松狮和德国牧羊犬。临床症状可表现为急性或慢性。犬的急性脾扭转通常容易确诊,因为病例会出现急性腹部疼痛和膨大、呕吐、精神沉郁以及厌食。患慢性脾扭转的犬会表现出各种临床症状,包括厌食、体重减轻、间歇性呕吐、腹部膨胀、PU-PD、血红蛋白尿以及腹部疼痛。体格检查通常可见显著的脾脏肿大,且X线检查时脾脏呈C形。超声检查可见脾静脉扩张。血液学异常通常包括再生性贫血、白细胞增多症伴再生性核左移,以及红细胞增多症。弥散性血管内凝血是脾扭转病犬的常见并发症。脾扭转犬多数会出现血红蛋白尿,可能是血管内溶血或者脾脏内溶血的结果。患脾扭转和血红蛋白尿的病犬偶见直接库姆斯试验阳性。脾扭转患犬的治疗方法是进行脾脏切除。

对于犬,脾脏肿物比弥散性脾脏肿大更常见,而猫则相反。大多数犬进行脾脏切除术是为了移除脾脏肿物。由于猫的脾脏肿物极不常见,所以以下文描述的主要是犬的局部脾脏肿大。

大多数肿瘤学家采用2/3原则来评估脾脏疾病——2/3的脾脏肿物为肿瘤,而2/3的肿瘤是恶性的,而这2/3的恶性肿瘤中,又有2/3为血管肉瘤。不同组织类型的肿瘤呈地域性分布。

根据组织病理学特征和生物学行为,可将脾脏肿物分为肿瘤性或非肿瘤性。肿瘤性脾脏肿物有良性的也有恶性的,主要包括血管瘤(hemangiomas,HAs)和血管肉瘤(hemangiosarcomas,HSAs),前者没有后者常见。其他偶发的肿瘤性脾脏肿物有平滑肌肉瘤,纤维肉瘤,平滑肌瘤,髓脂肪瘤,转移性癌或肉瘤,恶性组织细胞增多症及淋巴瘤(偶发)。一般而言,脾脏肿物越大,恶性肿瘤的概率就越小(Mallinckrodt和Gottfried,2011)。非肿瘤性脾脏肿物主要包括血肿、淋巴腺增生和脓肿,犬脾脏梗死偶尔也被当作脾脏肿物。在手术摘除后进行的组织病理学检查证实,犬脾脏肿物偶尔也被诊断为增生性结节。大约20年以前,Spangler和Kass(1998)提出:采用"脾脏纤维组织细

胞性结节(FHN)"这一术语来阐述局灶性结节损伤，结节里的细胞成分主要为巨噬细胞、梭形细胞和淋巴细胞，共分为分化良好、轻度分化不良和分化不良三个等级，分级有一定的预后作用。

然而最近的研究质疑这一概念，脾脏纤维组织细胞性结节是一个包罗万象的术语，涵盖了犬的多种疾病。一篇回顾性研究显示，研究者通过组织病理学和免疫组化检查了31个脾脏纤维性结节病例(Moore等，2012)，结果发现，13(42%)个为结节性增生，4(13%)个为淋巴瘤，8(26%)个为间质肉瘤，6(20%)个为组织细胞肉瘤。对这些病变的重新划分使预后信息更为明确。

HSAs是脾脏的恶性血管瘤，尤其常见于犬，是犬进行手术切除脾脏组织(即脾脏切除术)中最常见的原发性肿瘤。这类肿瘤极少见于猫。关于犬HSAs的临床病理学特征，详见第79章。

◈临床特征

脾脏肿大患犬的病史调查和体格检查类似于淋巴结病患犬。脾脏肿大患犬的临床症状往往不明显，且呈非特异性，包括厌食、体重减轻、虚弱、腹部膨大、呕吐、腹泻或PU-PD，或具有上述几种症状。PU-PD相对常见于显著脾脏肿大的患犬，尤其是脾扭转患犬。虽然不清楚PU-PD的发病机理，很有可能是腹部疼痛和膨胀引起脾脏牵张感受器变化，从而导致了精神性烦渴。这些犬在接受脾脏切除术后症状通常很快消除。其他脾脏肿大引起的症状都是脾脏肿大后的血液学变化结果，包括血小板减少症引起的自发性出血，贫血引起的苍白，以及嗜中性粒细胞减少症或原发病引起的发热。

幼犬、幼猫常规体检时，很容易在左侧腹前四分之一区域触诊到结构扁平、头向背腹位的正常脾脏。有些深胸犬(如爱尔兰塞特犬、德国牧羊犬)在常规体检时，也可在腹中部或左侧腹前四分之一区域触诊到正常脾脏。迷你雪纳瑞和一些可卡犬也如此。对于其他品种的犬，胃的充盈度决定了正常脾脏可被触及的程度。因为餐后胃形成了更大的曲率，脾脏轮廓与之适应，从而与最后肋骨平行，故特别容易触诊。但是应该牢记，并非所有肿胀的脾脏都可以触诊到，也并非所有可触诊到的脾脏都存在异常。脾脏的触感各式各样。犬肿大的脾脏在触诊时可能是光滑的，也可能是不规则的(即"凹凸不平")。大多数脾脏显著肿大的猫，触诊时脾脏的表面光滑。猫脾脏弥散性肿大(即使表面

不平滑)提示存在系统性肥大细胞病。患脾脏肿大继发血液学异常的动物，可能也会出现苍白、瘀点或瘀斑。

## 淋巴结病或脾脏肿大的诊断 (APPROACH TO PATIENTS WITH LYMPHADENOPATHY OR SPLENOMEGALY)

◈临床病理学特征

全血细胞计数(complete blood count,CBC)以及血清生化结果很重要，尤其对于那些患全身性或局部淋巴结病和弥散性脾脏肿大的犬猫。CBC结果发生变化可能表明存在全身性炎症(如伴随嗜中性粒细胞增多、核左移、单核细胞增多的白细胞增多症)，或者血液淋巴系统肿瘤(如急性白血病或淋巴瘤时循环中的幼稚细胞，淋巴细胞显著增多提示存在慢性淋巴细胞性白血病或埃利希体病)。偶尔在检查血涂片的过程中可确定病因(如组织胞浆菌病、支原体病、锥虫病和巴贝斯虫病)。PCR检查和流式细胞免疫分型常用于临床脾增大或淋巴结增大的病例，也可用于循环中出现异常细胞或淋巴细胞增多症的病例。

脾脏的变化对CBC具有显著影响。脾脏肿大的犬猫会出现两种血液学变化：脾脏功能亢进和脾脏功能障碍(或称无脾症)。脾脏功能亢进是由MP活性增加而引起的，较少见，其特征为骨髓内细胞增加，而外周血细胞减少，实施脾脏切除术后这些症状都会消除。脾脏功能障碍较常见，引起的血液学变化与脾脏切除动物的相似，如血小板增多症、裂红细胞、棘红细胞增多症、豪-乔小体以及网织红细胞和有核红细胞的数量增多。最近我们发现赛级灰猎犬在儿茶酚胺的刺激下，脾脏中储存的网织红细胞会释放出来。

患淋巴结病或脾脏肿大的犬猫可能会发生贫血，这通常是多种因素导致的(见本书前面章节)。简单说来，慢性疾病引起的贫血可见于炎症、感染或肿瘤性疾病。溶血性贫血通常见于患有血液寄生虫性淋巴结病或脾脏肿大的病例，以及患有恶性组织细胞增多症或者噬血细胞综合征的犬。严重的非再生性贫血可见于慢性埃利希体病患犬，猫白血病病毒引起的相关疾病或猫免疫缺陷病毒引起的相关疾

病的猫,以及患原发性骨髓瘤(如白血病、多发性骨髓瘤)的犬猫。

血小板减少症常见于患埃利希体病、RMSF、无形体病、败血症、淋巴瘤、白血病、多发性骨髓瘤、全身性肥大细胞增多症或某些免疫介导性疾病的病例。全血细胞减少症常见于患慢性埃利希体病或免疫介导性疾病的犬、患淋巴瘤或白血病的犬猫以及反转录病毒感染的猫。

患淋巴结病或弥散性脾脏肿大的犬猫,血清生化的两项主要异常指标具有很大的诊断价值,即高钙血症和高球蛋白血症。高钙血症是一种副肿瘤综合征,大约有10%~20%的淋巴瘤和多发性骨髓瘤病犬会发生,也可见于患芽生菌病的犬,而患这些疾病的猫罕见高钙血症。单克隆性高球蛋白血症常发生于患多发性骨髓瘤的犬猫,偶尔发生于患淋巴瘤、埃利希体病或利什曼原虫病的犬(见第87章)。多克隆性高球蛋白血症常发生于患全身性真菌病的犬猫、患传染性腹膜炎的猫以及患埃利希体病、无形体病及利什曼原虫病的犬(见第87章)。

对疑似患感染性淋巴结病-脾脏肿大的犬猫要进行血清学和微生物学检查。血清学试验或聚合酶链式反应(polymerase chain reaction,PCR)可用于检测犬埃利希体病、RMSF、布鲁氏菌病以及全身性真菌病,有助于诊断局部或全身性淋巴结病。如果有必要,还应采集淋巴结样本,进行细菌和真菌培养。

◆影像学

患淋巴结病的犬,其X线检查异常可能与原发性疾病有关,这些异常可反映淋巴结病的发病部位和严重程度。一般说来,X线检查或者计算机断层扫描术(computed tomography,CT)不但适用于患单一淋巴结病的犬猫(即用于寻找原发性骨骼炎症或肿瘤)、患全身性外周(浅表)淋巴结病的犬猫(即用于检查胸腔内或腹腔内的淋巴结是否肿大)(图77-6),还适用于患胸腔深部局部淋巴结病的犬猫(即用于测定患病淋巴结的分布和大小,以及肺实质和胸膜的变化)。造影检查(即淋巴管造影)可能有助于评价高转移性原发肿瘤的引流淋巴结(如顶浆分泌腺腺癌)。

在腹部X线片上可以很清楚地看到脾脏,但是其外观变化较大。在背腹位或腹背位的X线片上,脾脏位于胃基底部与左肾之间。侧位片上的脾脏大小和位置与背腹位或腹背位有很大差异。对于有些品种犬(如灰猎犬)来说,其脾脏在X线片上和超声扫查时显得很大。在X线平片上,大的脾脏肿物通常见于靠近下腹部或者中腹部。镇静或麻醉通常会使脾脏发生弥散性充血性肿大,从而导致很难判断X线片上的脾脏大小。在诊断局灶性或弥散性脾脏肿大方面,CT是一种很实用的手段。

超声检查是一种可用于检查腹腔内淋巴结病和脾脏肿大的非侵入性方法,因为它能精确成像,且能测量淋巴结和脾脏的大小(图86-5和图86-6),因此还可监测动物对治疗的反应。此外,还可进行超声引导的细针抽吸或活组织检查(并发症很小)。腹部超声检查可发现弥散性脾肿大、脾脏肿物、脾脏充血、肝结节或其他变化。另外,彩色多普勒可评估脾脏的血液供应情况。临床医师在门诊工作中会偶然遇到老年犬的脾脏结节,这种结节很常见,通常没有临床意义,但对于那些有腹腔肿物的病例来说,会使诊断更加扑朔迷离。如果有可能,脾脏肿物需进行细针抽吸和细胞学检查。需要指出的是,如果患脾脏肿物的犬同时存在肝结节,并不能成为主人放弃治疗或实施安乐死的理由,因为再生性肝脏结节与转移性病灶很难区分,且健康犬也常出现低回声的脾脏结节。

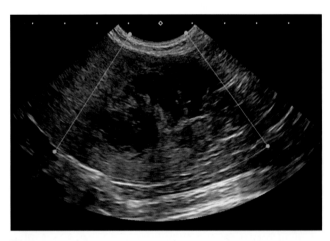

图86-5
一只12岁的雌性绝育灰猎犬的脾脏肿物超声检查外观,肿物生长迅速。彩色多普勒检查供血不明显。脾脏摘除术发现该肿物为淋巴增生性结节,伴发血肿。

脾脏的放射性核素显像(较少用于淋巴结)使用锝-99m-标记的硫黄胶体,已成为一种公认的可用于人类和小动物的脾脏显像方法。但是,这项技术只能用于检测脾脏清除微粒物质的能力,很少能提供形态学的诊断信息。

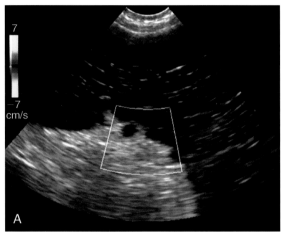

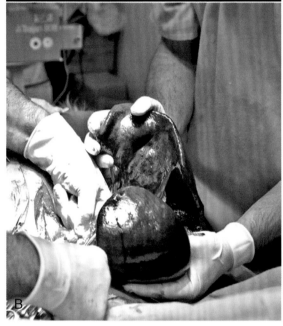

图 86-6

**A,** 一只松狮犬的脾扭转超声检查征象。请注意图中的低回声结构，彩色多普勒检查无血流征象。**B,** 这只犬的术中照片。请注意图中深紫色、肿大的脾脏，该脾脏发生了扭转。（A, courtesy Dr. Pablo Gómez Ochoa, Vetoclok, Zaragoza, Spain.）

◉ 其他诊断方法

在犬猫全身性淋巴结病-脾脏肿大的病例中，骨髓穿刺检查或组织芯活检有助于区分血液淋巴肿瘤或全身性感染疾病。例如，只根据淋巴结细胞学检查结果可能很难诊断出犬的急性或慢性白血病，因为诊断结果往往是淋巴瘤（即出现高分化或低分化的淋巴样细胞）。对于这些病例，结合血液学和骨髓检查结果通常可以确诊。在对全血细胞减少症病犬实施脾脏切除术前，应先进行骨髓检查，因为脾脏可能承担着患原发性骨髓疾病（包括骨髓发育不良或再生障碍）患犬的主要造血功能。对这些动物实施

脾脏切除术后，将会移除其循环血细胞的唯一来源，最终导致死亡。

淋巴结和脾脏穿刺细胞学检查可为兽医提供丰富的信息，且通常是淋巴结病和弥散性脾肿大确诊流程的一部分。从我个人的经验来看，细胞学检查结果表明，患淋巴结病的犬中 80%～90% 可得出诊断结果，在猫中 70%～75% 可得出诊断结果，患弥散性脾肿大的犬猫约有 80% 可得出诊断结果。

虽然浅表淋巴结的穿刺很容易，但是胸腔内或腹腔内的淋巴结的穿刺，需要一些专门的技术，且有时必须借助于影像设施（如超声、CT，见第 72 章）的引导。对浅表淋巴结进行细针抽吸时，穿刺部位不需要做外科手术的准备。但是，穿刺胸腔内和腹腔内组织（如脾脏）时，要求对穿刺部位做外科手术准备，并充分保定动物。对于某些腹内淋巴结（如显著肿大的肠系膜淋巴结或髂内淋巴结），通过手工分离肿物，很容易成功穿刺。髂内淋巴结可使用 2～3 in（5～7.5 cm）的细针经直肠穿刺。将动物右侧卧或仰卧后进行脾脏穿刺，可人工保定或轻微镇定。经腹部细针抽吸脾脏的犬猫，需要使用吩噻嗪镇静剂或巴比妥酸盐进行化学保定；化学保定通常会因脾脏充血而使采集的样本被血液稀释，在针头上连接针筒抽吸也会导致样本被血液稀释（LeBlanc 等，2009）。

可在超声引导下使用 Tru-Cut 针获取用于脾脏活检的组织病理学样本。最近有一项关于 41 例犬脾脏病变的回顾性研究。该研究对经皮细针抽吸检查的样本和细针组织芯活检（needle core biopsy，NCBs）的样本进行对比，对其中 38 只犬进行了实验安全性评估，没有发现并发症；虽然对 FNA 以及 NCB 样本没有进行临床表现和脾脏大体解剖学的比较，但研究者将病变分为肿瘤、良性病变、炎症、正常和无诊断意义五个类别；将不同采样方法获得的结果的一致性进行比较，分为完全一致、部分一致、完全不一致或者无法比较四个类别。相关性试验的样本为 40 只犬。结果显示，12.5%（5/40）的 NCB 样本无诊断意义，而 FNA 样本均有参考意义；42.5%（17/40）的病例被诊断为肿瘤，50%（20/40）为良性病变，无一病例为炎症，而 5%（2/40）正常；还有 1 例病例，不管 FNA 还是活检都难以诊断，怀疑为肿瘤。对两种采样方法都有诊断意义的 35 只犬的样本进行比较，结果显示细胞学和组织病理学检查的完全吻合率达 51.4%（18/35），部分吻合率为 8.6%（3/35），而诊断完全不一致的病例达 40.0%（14/35）。病理学家对 17 只结果不尽一致的病例重新

进行了评估,最终对 35.3%(6/17)的病例修改了自己的诊断。相对而言,脾脏病变的动物,经皮 FNA 和 NCB 的操作都比较安全。本研究还证明了通过 NCB 和 FNA 等技术,有助于为怀疑脾脏肿瘤的病例提供更多信息;两种方法联合应用能提高诊断准确率,提供更多的分类信息。

对于患全身性淋巴结病的动物,临床兽医必须确定穿刺哪个淋巴结。显然,应穿刺正在病变的、最具代表性的淋巴结。因此,不建议从最大的淋巴结内采集样本,因为大淋巴结中央会坏死,通常会妨碍确诊。由于老年犬猫通常会患临床和亚临床的齿龈炎,所以一般不穿刺下颌淋巴结,因为这些淋巴结通常很活跃,检查结果可能会掩盖主要的诊断。关于 FNA 的详细描述见第 72 章。

兽医文献已有一些关于淋巴组织细胞学检查的记载(见章末"推荐阅读")。简单说来,正常的淋巴结组织主要是由大量小淋巴细胞(占所有细胞的 80%~90%)、少量巨噬细胞、中等或大淋巴细胞、浆细胞组成的,也可以看到肥大细胞。由于脾脏高度血管化,因此除了存在大量红细胞外,正常脾脏与淋巴组织非常相似。反应性淋巴结(图 86-7)和增生的脾脏含有数量不一、不同分化程度的淋巴样细胞(小淋巴细胞、中淋巴细胞和大淋巴细胞;浆细胞)。犬猫增生性脾脏里常见造血前体细胞。淋巴腺炎-脾炎的细胞学特征因病因和激发原类型的不同而不同(见前面章节)。通常可通过检查患淋巴腺炎淋巴结的细胞样本来找到感染源(见图 72-2)。转移性肿瘤具有不同的细胞学特征,这取决于病情发展的程度,以及细胞类型。癌症、腺癌、黑素瘤以及肥大细胞瘤可根据细胞学检查结果确诊,难度不大。但是肉瘤的细胞学诊断可能会比较困难,因为这类肿瘤细胞不易脱落。原发性淋巴肿瘤(淋巴瘤)的特点包括:单一形态的淋巴样细胞,通常是未成熟的细胞(即染色质细腻、一个或多个核仁、嗜碱性胞浆、空泡化;图 86-8)。有关细胞学变化的更详细的描述见第 72 章。

当肿大的淋巴结或脾脏的细胞学检查不能提供可用于确诊的结果时,建议切除患病淋巴结,或切开(甚至是切除)脾脏活组织,以获取用于组织病理学检查的样本。组织芯活检很难显示淋巴结的结构,难以判读,最好切除整个淋巴结。可在超声引导下经皮穿刺脾脏获取活检样本;在脾脏活检中可获取楔形组织块,如果外科医生认为必要,也可进行脾脏切除。手术操作时应小心处理该组织,因为任何损伤均会导致大量的人

为变化,这将妨碍样本的判读。腘淋巴结很容易被触诊,患有全身性淋巴结病的犬猫通常会切除该处淋巴结。

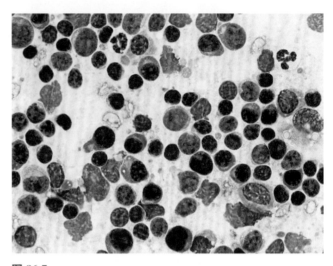

**图 86-7**
这是一只犬的反应性淋巴结病的细胞学特征。注意细胞的多样性,包括小淋巴细胞、中淋巴细胞、大淋巴细胞和浆细胞。(Diff-Quik 染色,×1 000)

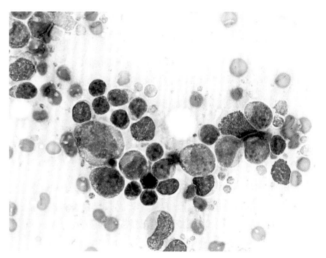

**图 86-8**
这是一只全身性淋巴结病(淋巴瘤)患犬的淋巴结抽吸的细胞学特征。可见形态单一的圆形大细胞,染色质呈花边形(肿瘤细胞),还有一些小的、颜色较深的正常淋巴细胞;也可见淋巴腺小体。(Diff-Quik 染色,×1 000)

一旦切除了某个淋巴结,应纵向切成两半,压印制片用于细胞学检查,使用 10%的福尔马林缓冲液(组织样本、固定液的比例为 1∶9)固定淋巴结。样本可送至实验室进行检验。也可保存样本,以用于细胞化学或免疫组化评估,超微结构检查,微生物检查,和/或分子生物学评估,包括 PCR 检查(微生物检测或克隆分析)。脾脏样本的处理也遵循相同的原则。

# 淋巴结病或脾脏肿大的治疗
（MANAGEMENT OF LYMPHADENOPATHY OR SPLENOMEGALY）

已在前面章节讨论过，对于患局部或全身性淋巴结病或弥散性脾肿大的犬猫，没有特异性治疗方法。应根据淋巴结病-脾脏肿大的病因进行治疗，而不是针对肿大的淋巴结或脾脏。开腹探查可提供大量关于肿大脾脏总体形态及其相邻器官和组织的信息。但是，这些结构的直观印象可能会产生误导，因为只根据总体形态可能不能区分某些良性脾脏肿物（即血肿、HA）与恶性肿物（即 HSA）。在影像学部分已讨论过，对于患有脾脏肿物和肝结节的病例，在手术过程中，外科医生很少会建议主人对其实施安乐死；只要肝脏结节只是增生或 EMH，该原发性肿物就是良性的（如 HA 或血肿），病例的结局就完全不同。

脾脏切除术适用于脾扭转（见图 86-6，B）、脾破裂、系统性脾肿大或脾脏肿物。对于患免疫介导性血液疾病的犬、患淋巴瘤引起的脾肿大的犬猫（化疗不会诱发脾脏缓解），以及患白血病的犬猫，脾脏切除术的价值值得怀疑。对于患骨髓发育不良的病例，忌用脾脏切除术，因为脾脏是其主要的造血场所。

脾脏切除术后虽然很少发生败血症，但是在我们医院，大约有 3% 的犬在术后出现这种综合征。该综合征与人的疾病类似。在作者的诊所里，大多数脾脏切除术后出现败血症的患犬都在手术期间使用过免疫抑制治疗，或者已经由于肿瘤问题而切除了脾脏。败血症发病通常很迅速（几小时到几天），所以建议术后预防性使用抗生素治疗。我们通常在术后使用 2～3 d头孢噻吩（20 mg/kg，IV，q 8 h），有时联合使用恩诺沙星（5～10 mg/kg，IV，q 24 h）。在作者的诊所里，对于所有脾脏切除术后出现败血症的患犬，虽然进行了积极治疗，都在发病 12 h 内死亡。

有时候临床兽医会遇到肿大的淋巴结机械压迫或阻塞内脏、气道或血管，这会导致显著的临床异常，如由气管支气管淋巴结病（见图 77-6）引起的顽固性咳嗽，由髂内淋巴结病引起的结肠阻塞，或前腔静脉和胸导管阻塞引起的前腔静脉综合征。这些情况有几种治疗方法可选择。如果患病淋巴结可经手术切除，那么应实施切除术或引流；如果患病淋巴结不能通过手术切除，或者手术及麻醉风险过高，那么可采取以下几种治疗措施：

1. 放射疗法可缩小淋巴结，还能改善原发性或转移性肿瘤病例的临床症状。患有真菌病的动物，可使用抗炎剂量的皮质类固醇（0.5 mg/kg，口服，q 24 h），例如组织胞浆菌诱发的气管支气管淋巴结病。

2. 患单一淋巴瘤或转移性肥大细胞瘤的犬，如果不能进行放射疗法，那么可在病灶内注射皮质类固醇（泼尼松，50～60 mg/m²）。

3. 全身性的抗生素治疗对患单一化脓性淋巴腺炎的病例有效。

◆ 推荐阅读

Ballegeer EA et al: Correlation of ultrasonographic appearance of lesions and cytologic and histologic diagnoses in splenic aspirates from dogs and cats: 32 cases (2002-2005), *J Am Vet Med Assoc* 230:690, 2007.

Clifford CA et al: Magnetic resonance imaging of focal splenic and hepatic lesions in the dog, *J Vet Intern Med* 18:330, 2004.

Couto CG: A diagnostic approach to splenomegaly in cats and dogs, *Vet Med* 85:220, 1990.

Couto CG et al: Benign lymphadenopathies. In Weiss DJ, Wardrop KJ, editors: *Schalm's veterinary hematology*, ed 6, Ames, Iowa, 2010, Wiley-Blackwell, p 412.

Fife WD et al: Comparison between malignant and nonmalignant splenic masses in dogs using contrast-enhanced computed tomography, *Vet Radiol Ultrasound* 45:289, 2004.

Gamblin RM et al: Nonneoplastic disorders of the spleen. In Ettinger SJ, Feldman EC, editors: *Textbook of veterinary internal medicine: diseases of the dog and cat*, ed 5, St Louis, 2000, Saunders, p 1857.

Horvath SJ et al: Effects of racing on reticulocyte concentrations in Greyhounds, *Vet Clin Pathol* 2013 (in press).

LeBlanc CJ et al: Comparison of aspiration and nonaspiration techniques for obtaining cytologic samples from the canine and feline spleen, *Vet Clin Pathol* 38:242, 2009.

MacNeill AL: Cytology of canine and feline cutaneous and subcutaneous lesions and lymph nodes, *Top Companion Anim Med* 26:62, 2011.

Mallinckrodt MJ, Gottfried SD: Mass-to-splenic volume ratio and splenic weight as a percentage of body weight in dogs with malignant and benign splenic masses: 65 cases (2007–2008), *J Am Vet Med Assoc* 239:1325, 2011.

Moore AS et al: Histologic and immunohistochemical review of splenic fibrohistiocytic nodules in dogs, *J Vet Intern Med* 26:1164, 2012.

Moore FM et al: Distinctive peripheral lymph node hyperplasia of young cats, *Vet Pathol* 23:386, 1986.

O'Brien RT et al: Sonographic features of drug-induced splenic congestion, *Vet Radiol Ultrasound* 45:225, 2004.

O'Keefe DA et al: Fine-needle aspiration of the spleen as an aid in the diagnosis of splenomegaly, *J Vet Intern Med* 1:102, 1987.

Radhakrishnan A, Mayhew PD: Laparoscopic splenic biopsy in dogs and cats: 15 cases (2006-2008), *J Am Anim Hosp Assoc* 49:41, 2013.

Sharpley JL et al: Color and power Doppler ultrasonography for characterization of splenic masses in dogs, *Vet Radiol Ultrasound* 53:586, 2012.

Smith K, O'Brien R: Radiographic characterization of enlarged sternal lymph nodes in 71 dogs and 13 cats, *J Am Anim Hosp Assoc* 48:176, 2012.

Spangler WL et al: Prevalence and type of splenic diseases in cats: 455 cases (1985-1991), *J Am Vet Med Assoc* 201:773, 1992.

Spangler WL et al: Prevalence, type, and importance of splenic diseases in dogs: 1,480 cases (1985-1989), *J Am Vet Med Assoc* 200:829, 1992.

Spangler WL, Kass PH: Pathologic and prognostic characteristics of splenomegaly in dogs due to fibrohistiocytic nodules: 98 cases, *Vet Pathol* 35:488, 1998.

Watson AT et al: Safety and correlation of test results of combined ultrasound-guided fine-needle aspiration and needle core biopsy of the canine spleen, *Vet Radiol Ultrasound* 52:317, 2010.

# 第 87 章

# 高蛋白血症
## Hyperproteinemia

血浆蛋白主要由白蛋白、球蛋白和纤维蛋白原组成；血清内不含纤维蛋白原（它会凝固并转化为纤维蛋白）。有些品种（例如灰猎犬）的血清蛋白水平低于大多数参考实验室的参考范围下限（Fayos 等，2005）。高蛋白血症是指血清或血浆内的蛋白质浓度绝对或相对升高。对患有高蛋白血症犬猫做进一步检查前，临床兽医应确定该结果不是由实验室人为误差引起的（其他物质干扰了蛋白质测定），实验室人为误差是引起"高蛋白血症"最常见的原因之一。脂血和溶血（较少）可引起血浆或血清蛋白质浓度的异常升高。

一旦确定存在高蛋白血症，临床兽医还应确定是相对的还是绝对的。相对性高蛋白血症通常伴发红细胞增多，这是由血液浓缩（即脱水）引起的。但是，贫血犬猫可能会表现为高蛋白血症，且同时红细胞比容（packed cell volume，PCV）正常（即实际上 PCV 降低，但是由于血液浓缩导致 PCV 假性升高）。白蛋白和球蛋白的相对比例（白球比）可为高蛋白血症的发病机制提供大量信息。该比例通常包含于各实验室（包括商业诊断实验室和普通兽医诊所）的血清生化报告中。偶尔仅报告血清总蛋白和血清白蛋白的浓度。这种情况下，用血清总蛋白浓度减去血清白蛋白的浓度，就可得到血清球蛋白的浓度。

患相对性高蛋白血症的犬猫（即血液浓缩），其白蛋白和球蛋白浓度都超过参考范围，而那些患绝对高蛋白血症的犬猫，只有球蛋白浓度升高，通常伴随轻度或显著低白蛋白血症。由于肝脏已经达到了最大的合成能力，因此很少发生高白蛋白血症。出现高白蛋白血症和高球蛋白血症的结果，往往提示可能存在脱水或实验室误差。补液可消除相对高蛋白血症。

当暴露于电场时（即蛋白质电泳），蛋白质分子会根据其形状、电荷和分子量发生迁移。迁移后为电泳胶染色，通常会呈现六条明显的蛋白质带：白蛋白（靠近阳极或负电极）、$\alpha_1$ 球蛋白、$\alpha_2$ 球蛋白、$\beta_1$ 球蛋白、$\beta_2$ 球蛋白和 $\gamma$ 球蛋白（靠近阴极或正电极）（图 87-1，A）。白蛋白成分是维持体液胶体渗透压的一部分。急性期反应产物（acute phase reactants，APRs），也被称为急性期反应蛋白（acute phase proteins，APP）移行至 $\alpha_2$（和 $\alpha_1$）区域，而免疫球蛋白（Igs）和补体通常移行至 $\beta$ 和 $\gamma$ 区域。犬猫的急性期反应蛋白包括 C 反应蛋白（C-reactive protein，CRP）、血清淀粉样蛋白 A（serum amyloid A，SAA）、结合珠蛋白（haptoglobin，Hp）、$\alpha_1$-酸性糖蛋白（$\alpha_1$-acid glycoprotein，AGP）和血浆铜蓝蛋白（ceruloplasmin，Cp）。大多数商业诊断实验室能够检测血清、血浆或体液里的 APRs。Igs 的迁移顺序如下（从阳极到阴极，从 $\alpha_2$ 区域开始）：IgA、IgM 和 IgG。通过蛋白质电泳图，临床兽医可以了解高球蛋白血症的发病机制。

球蛋白生成增加可见于各种临床疾病，但主要发生于两类疾病：炎症-感染和肿瘤。发生炎症和感染时，肝细胞会产生各种球蛋白，合称为 APRs。该反应物可导致 $\alpha_2$ 球蛋白和 $\alpha_1$ 球蛋白的增加。由于肝细胞"功能重组"以产生 APRs，白蛋白的生成功能"关闭"，导致低白蛋白血症；白蛋白属于阴性 APR。由于这些变化，免疫系统会产生各种免疫蛋白（主要是 Igs），从而导致 $\alpha_2$、$\beta$ 或 $\gamma$ 区域增加，或者其中几个区域增加。

由于免疫系统通常通过产生抗体来抵抗某种微生物（如细菌），因此一些淋巴细胞-浆细胞克隆"接受指示"，同时产生特异性抗体（即每一克隆针对一种特异性抗原产生一种特异性抗体）。最后，免疫刺激导致在 $\beta$ 或 $\gamma$ 区域（或者在这两个区域）出现"多克隆"带。该多克隆带很宽，且不规则，含有很多免疫细胞产生的

Igs 和补体。因此,典型的"炎症-感染"电泳图表现为正常或轻度的白蛋白浓度降低,以及由于 $\alpha_2$-球蛋白(即 APR)和 $\beta$-$\gamma$-球蛋白浓度升高导致的高球蛋白血症(多克隆丙种球蛋白病)(图 87-1,C)。

典型的炎症-感染电泳图可见于多种常见疾病,包括慢性脓皮症、子宫积脓以及其他慢性化脓性疾病,猫传染性腹膜炎,犬猫支原体病及其他血液寄生虫感染、犬埃利希体病、利什曼原虫病、慢性自体免疫性疾病(如系统性红斑狼疮、免疫性多发性关节炎),以及一些肿瘤疾病(但很少见)(框 87-1)。多克隆丙种球蛋白病也常见于健康老年猫。

**框 87-1　与犬猫多克隆丙种球蛋白病相关的疾病**

感染性
 **慢性脓皮症**
 **子宫积脓**
 慢性肺炎
 **猫传染性腹膜炎**
 支原体病
 巴尔通体病
 **埃利希体病**
 无形体病
 **利什曼原虫病**
 恰加斯病
 巴贝斯虫病
 **全身性真菌病**
免疫介导性疾病
肿瘤
 淋巴瘤
 肥大细胞瘤
 **肿瘤坏死或形成窦道**

注意:加粗字体代表常见病因。正常字体代表不常见病因。

当免疫细胞克隆产生了相同亚型的 Ig 分子时,就会发生单克隆丙种球蛋白病。因为这些分子都是一样的,它们会移行形成一条窄带(单克隆峰或 M 成分),位于 $\beta$ 或 $\gamma$ 区内(图 87-1,B)。单克隆丙种球蛋白病可见于患慢性淋巴细胞白血病、多发性骨髓瘤和淋巴瘤(后者不常见)的犬,偶尔还可见于埃利希体病或利什曼原虫病患犬(框 87-2)。对于大多数猫,单克隆丙种球蛋白病通常与多发性骨髓瘤或淋巴瘤有关,也可见于传染性腹膜炎患猫。偶尔可在无症状的犬猫身上检测到 M 成分,但其他检查不能表明存在单克隆丙种球蛋白病。这与人的"特发性单克隆丙种蛋白病"相似,患病动物应频繁接受重复检查,以防出现临床上的突然恶化。猫的 M 成分通常来源于脾脏,

分化良好的肿瘤性浆细胞常见于无症状的单克隆丙种球蛋白病患猫的脾脏,因此,患猫倾向于患上无症状的骨髓瘤。

对于患单克隆或多克隆丙种球蛋白病的犬猫,主要目标是治疗原发病。请参考本书相关章节关于这些疾病治疗的讨论。

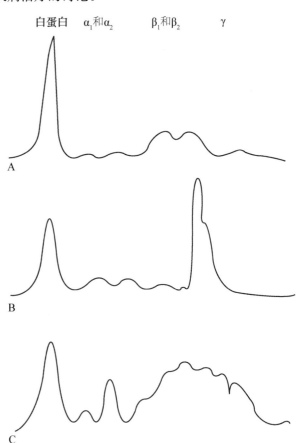

图 87-1

**A,**正常犬猫的血清蛋白质电泳图。**B,**多发性骨髓瘤患犬的电泳图,在 $\beta_2$-$\gamma$ 区域内出现单克隆丙种球蛋白峰。注意波峰较窄,其宽度和白蛋白带差不多。**C,**传染性腹膜炎患猫的电泳图,出现了典型的多克隆丙种球蛋白。显示 $\alpha_2$ 峰(**APRs**)和较宽的 $\beta$-$\gamma$ 峰。

 **框 87-2　与犬猫单克隆丙种球蛋白病相关的疾病**

多发性骨髓瘤
慢性淋巴细胞性白血病
淋巴瘤
"特发性"单克隆丙种球蛋白病
埃利希体病
利什曼原虫病
猫传染性腹膜炎
慢性炎症

◈推荐阅读

Breitschwerdt EB et al: Monoclonal gammopathy associated with naturally occurring canine ehrlichiosis, *J Vet Intern Med* 1:2, 1987.

Burkhard MJ et al: Monoclonal gammopathy in a dog with chronic pyoderma, *J Vet Intern Med* 9:357, 1995.

Ceron JJ et al: Acute phase proteins in dogs and cats: current knowledge and future perspectives, *Vet Clin Pathol* 34:85, 2008.

Cerón JJ et al: Electrophoresis and acute phase protein measurement. In Weiss DJ, Wardrop KJ, editors: *Schalm's veterinary hematology*, ed 6, Ames, Iowa, 2010, Wiley-Blackwell, p 1157.

Fayos M et al: Serum protein electrophoresis in retired racing Greyhounds, *Vet Clin Pathol* 34:397, 2005.

Font A et al: Monoclonal gammopathy in a dog with visceral leishmaniasis, *J Vet Intern Med* 8:233, 1994.

Patel RT et al: Multiple myeloma in 16 cats: a retrospective study, *Vet Clin Pathol* 34:341, 2005.

Weiser MG et al: Granular lymphocytosis and hyperproteinemia in dogs with chronic ehrlichiosis, *J Am Anim Hosp Assoc* 27:84, 1991.

# 第 88 章

# 不明原因发热
## Fever of Undetermined Origin

## 发热和不明原因发热
## (FEVER AND FEVER OF UNDETERMINED ORIGIN)

发热是指全身不舒服（或非特异性全身性临床症状）和热病（或体温过高）综合征。但是，在本章中，发热和热病可互换使用。发热是对感染和非感染因素引起的炎症的一种保护性生理反应，以增强机体排泄有毒物质的能力。

各种刺激包括细菌、内毒素、病毒、免疫复合物、活性补体和坏死组织，都可触发机体通过吞噬系统（主要是单核细胞或巨噬细胞）释放内源性致热原。这些内源性致热原包括白细胞介素-1、肿瘤坏死因子、白细胞介素-6 以及其他。它们会激活下丘脑的视前核，进而通过产热（通过肌肉收缩和战栗）和储热（通过血管收缩）来提高体温调节点。

人类某些发热与特定的疾病有关，但犬猫的情况似乎不同。对于持续发热的病人，发热持续数天或数周。这类发热通常与细菌性心内膜炎、中枢神经系统疾病、结核以及某些恶性病有关。对于间歇性发热的病人，体温降至正常后 1~2 d 内又升高。这类发热可见于布鲁氏菌病和某些恶性病。弛张热是指病患的体温每天都发生显著变化，且均高于正常体温[39.2℃（103°F）]；这类发热与细菌感染有关。回归热是指发热周期和正常体温交替出现，呈周期性变化，见于疟疾患者。

不明原因发热（fever of undetermined origin，FUO）被广泛用于兽医界，指那些不能确诊的发热综合征。在人医中，FUO 是指持续发热 3 周、在医院接受全面检查 1 周后尚未确诊的发热综合征。如果按照人类医学对 FUO 的定义，那么犬猫很少能使用该术语。因此，本章讨论的焦点是如何诊断那些抗菌药物和抗生素治疗无效，且经过一系列基本检查[即全血细胞计数（complete blood count，CBC）、血清生化检查、尿液分析]后尚未确诊的犬猫。

一般情况下，临床兽医都认为发热的原因是犬猫存在感染，除非证明有其他病因。现实中似乎也是这样，因为诸多事实证明，大多数发热犬猫对非特异性抗菌药物治疗都会有反应。因为发热动物对治疗反应太过迅速，这些动物大多都未接受临床病理学检查。

## 与不明原因发热相关的疾病
## (DISORDERS ASSOCIATED WITH FEVER OF UNDETERMINED ORIGIN)

人类某些感染、肿瘤和免疫介导性疾病通常与 FUO 有关。大约 1/3 的患者存在感染性疾病；1/3 患有癌症（主要是血液恶性病，如淋巴瘤和白血病）；剩下的 1/3 患有免疫介导性疾病、肉芽肿以及其他疾病。尽管做了很多努力，仍有 10%~15% 的 FUO 患者未被诊断出其潜在疾病。一项对 66 例发热患犬的研究显示，感染病例占 26%，免疫介导性病例占 35%，肿瘤病例占 8%，还有 23% 无法确诊（Battersby 等，2006）。最近一项研究显示，法国一所教学动物医院评估了 50 例发热患犬，48% 的患犬被诊断为非感染性炎症，18% 被诊断为感染，6% 被诊断为肿瘤，还有 28% 的病例无法确诊（Chervier 等，2012）。在这项研究中，血液学（23%）、生化检查（25%）、影像学检查（27%）是最有用的诊断措施，而免疫学诊断和微生物培养的诊断价值有限，有效率仅约为 4%；细胞学和组织病理学是最高级的诊断措施，有效率高达 56%。

因此，和之前的各种推测相比，引起犬 FUO 最常

见的原因似乎不是感染性疾病（猫与此相似），而是非感染性炎症、免疫介导性疾病（见表 88-1）。但是，需要

牢记，尽管做了很多检查，仍然有大约 $10\%\sim25\%$ 的小动物不能确诊发热的病因。

 **表 88-1　引起犬猫不明原因发热的病因**

| 原因 | 感染物种 | 原因 | 感染物种 |
|---|---|---|---|
| **感染性** | | **免疫介导性** | |
| *细菌性* | | 多发性关节炎 | D、C |
| 亚急性细菌性心内膜炎 | D | 血管炎 | D |
| 布鲁氏菌病 | D | 脑膜炎 | D |
| 结核病 | D、C | 系统性红斑狼疮 | D、C |
| 支原体病 | D、C | 免疫介导性溶血性贫血 | D、C |
| 鼠疫 | C | 类固醇反应性发热 | D |
| 莱姆病 | D | 类固醇反应性中性粒细胞减少 | D、C |
| 巴尔通体病 | D、C | | |
| 化脓性感染［脓肿（例如肝脏和胰腺脓肿）、子宫残端积脓、前列腺炎、椎间盘脊椎炎、肾盂肾炎、腹膜炎、脓胸和败血性关节炎] | D、C | **肿瘤性** | |
| | | 急性白血病 | D、C |
| | | 慢性白血病 | D、C |
| *立克次体* | | 淋巴瘤 | D、C |
| 埃利希体病、无形体病、落基山斑疹热、鲑鱼中毒 | D、C | 恶性组织细胞增多症 | D |
| | | 多发性骨髓瘤 | D、C |
| *真菌性* | | 坏死性实质肿瘤 | D、C |
| 组织胞浆菌病 | D、C | | |
| 芽生菌病 | D、C | | |
| 球孢子菌病 | D | **其他** | |
| | | 代谢性骨病 | D |
| *病毒性* | | 药物（四环素、青霉素、磺胺类药剂）诱发的 | D、C |
| 猫传染性腹膜炎 | C | 组织坏死 | D、C |
| 猫白血病病毒感染 | C | 甲状腺功能亢进 | D、C |
| 猫免疫缺陷病毒感染 | C | 特发性 | D、C |
| *原虫性* | | | |
| 巴贝斯虫病 | D | | |
| 肝簇虫病 | D | | |
| 猫焦虫病 | C | | |
| 恰加斯病 | D | | |
| 利什曼原虫病 | D | | |

D：犬；C：猫。

# 不明原因发热的诊断方法
## （DIAGNOSTIC APPROACH TO THE PATIENT WITH FEVER OF UNDETERMINED ORIGIN）

FUO 的犬猫应该接受全身性检查。一般情况下，在作者所在的诊所里，兽医采取三阶段诊断流程（框

88-1）。第一阶段至少包括全面的病史调查和体格检查。第二阶段包括其他非侵入性和侵入性诊断试验。如果在完成了第二阶段后还未诊断出结果，那么就进入第三阶段，进行治疗性试验。

◆病史和体格检查

当发热动物对抗菌药物治疗无反应时，必须采取一系列措施。全面了解病史，并进行详细的体格检查。

框 88-1 诊断犬猫不明原因发热的方法

**第一阶段**
CBC
血清生化检验和甲状腺激素检查
尿液分析
尿液细菌培养和药敏试验
对肿胀的器官、肿物或肿胀处进行 FNA

**第二阶段**
胸部和腹部 X 线检查
腹部超声检查
心电图检查
连续血液细菌培养
免疫学试验(抗核抗体、类风湿因子)
急性期反应产物(例如 CRP)检查
血清蛋白电泳
血清学检查或 PCR(见表 88-1)
关节穿刺(细胞学检查和培养)
对任一病灶或肿大器官进行活组织检查
骨髓穿刺(用于细胞学检查和细菌/真菌培养)
脑脊液分析
白细胞或者环丙沙星扫描(注:一种诊断措施)
开腹探查

**第三阶段**
治疗性试验(退热剂、抗生素、皮质类固醇)

　　CBC:全血细胞计数;CRP:C-反应蛋白;FNA:细针穿刺;PCR:聚合酶链式反应。

病史能提供的发热原因线索很少,但如果存在蜱叮咬的病史,那么可能意味着存在媒介传播性疾病;之前使用过四环素(主要发生于猫)则可能是药物引起的发热;如果曾去过全身性霉菌病流行地区,则应立即进行细胞学检查、血清学检查或真菌培养。

　　体格检查时,淋巴网状器官的检查十分重要,因为很多侵袭这些器官的感染和肿瘤都会引起发热,如埃利希体病、无形体病、落基山斑疹热、巴尔通体病、白血病、全身性真菌病。肿胀的淋巴结或脾脏应通过细针抽吸(fine-needle aspiration,FNA)以进行细胞学检查。如果细胞学检查结果提示感染或炎症,那么通过 FNA 采集的样本还可用于细菌培养、真菌培养、药敏试验或 PCR 试验。对于可触摸到的肿物或肿胀,也应该通过 FNA 采集样本,进行细胞学检查,以排除肉芽肿、化脓性肉芽肿和化脓性炎症以及肿瘤(见第 72 章)。

　　临床兽医应对动物进行全面检查,并触诊动物的口咽部,寻找咽炎、口炎或齿根脓肿的迹象。还应仔细触诊骨骼,尤其是幼龄动物,因为代谢性骨病可引起发热,并伴随骨骼疼痛,例如肥大性骨营养不良和全骨炎。建议触诊关节,并使所有关节做被动运动,以查看

是否存在单关节炎、少关节炎(oligoarthritis)或多关节炎。进行神经检查,以查看是否存在脑膜炎的症状,或其他中枢神经系统病灶。老年猫还应触诊其颈椎腹侧区域,以查看甲状腺是否肿大或存在结节。

　　仔细听诊胸腔,检查是否存在心杂音,心杂音可提示存在细菌性心内膜炎。全面的眼科检查可能会显现出某些特定原因引起的变化,例如传染性腹膜炎患猫或单核细胞埃利希体患犬,会表现脉络视网膜炎。

◉ 临床病理学检查

　　对于持续发热的犬猫,至少应进行 CBC、血清生化检查、尿液分析、尿液细菌培养以及药敏试验。CBC 可为发热原因提供重要线索(见表 88-2)。虽然血清生化检查结果很难为 FUO 犬猫提供有诊断意义的信息,但可提供实质器官功能的信息。有些实验室把 CRP 划入检查单中;感染或炎症动物的 CRP 水平会升高,但这一指标的特异性很差。高球蛋白血症和低白蛋白血症可能表明存在感染、免疫介导性疾病或肿瘤疾病(见第 87 章)。脓尿或尿液分析发现白细胞管型则表明可能存在泌尿道感染,且可能是 FUO 的病因(例如肾盂肾炎)。患病动物有蛋白尿,但其尿沉渣无活性成分,提示需进行尿蛋白肌酐比的检查,以判定发热是否由肾小球肾炎或淀粉样变引起的。

表 88-2 不明原因发热犬猫的血液学变化

| 血液学变化 | 引起发热的病因 |
| --- | --- |
| 再生性贫血 | 免疫介导性疾病、血液寄生虫病(例如支原体、巴贝斯虫)、药物 |
| 非再生性贫血 | 感染、慢性炎症、免疫介导性疾病、组织坏死、恶性病、心内膜炎 |
| 伴随核左移的嗜中性粒细胞增多 | 感染、免疫介导性疾病、组织坏死、恶性病、心内膜炎 |
| 嗜中性粒细胞减少 | 白血病、免疫介导性疾病、化脓性感染、骨髓浸润性疾病、药物 |
| 单核细胞增多 | 感染、免疫介导性疾病、组织坏死、淋巴瘤、心内膜炎、组织细胞增多症 |
| 淋巴细胞增多 | 埃利希体病、无形体感染、恰加斯病、利什曼原虫病、慢性淋巴细胞性白血病 |
| 嗜酸性粒细胞增多 | 嗜酸性粒细胞增多综合征、嗜酸性粒细胞性炎症、淋巴瘤 |
| 血小板减少 | 立克次体病、白血病、淋巴瘤、药物、免疫介导性疾病 |
| 血小板增多 | 感染(慢性)、免疫介导性疾病 |

其他建议用于 FUO 动物的诊断性检查见框 88-1。只有在动物存在心杂音时,建议使用心电图检查。因为对于没有心杂音的犬,很难检测出瓣膜上的病灶。表 88-1 列出了可通过血清学检查、培养或 PCR 检查确诊的某些感染性疾病。

对于免疫介导性疾病或感染性疾病(例如无形体病、粒细胞性埃利希体病),多发性关节炎可能只是唯一症状,因此需要对多个关节抽取关节液,以进行细胞学检查(可能还有细菌培养)。可进行胸腔 X 线检查和腹部超声检查,以查看是否存在静止性败血性病灶。具有神经症状的发热动物,应进行脑脊液穿刺;犬的免疫介导性血管炎或脑膜炎可引起体温显著升高。如果仍然得不到确诊,则需进行骨髓穿刺,做细胞学检查以及细菌和真菌培养。白细胞或者环丙沙星扫描可能会显示潜在的败血性病灶,但是实际应用很少。如果到最后还是不能确诊,那么可以开始使用特定的抗菌药、抗真菌药或免疫抑制剂量的皮质类固醇,进行治疗性试验。

◉ *治疗*

如果已经确诊,那么应进行特异性治疗。如果最终没有确诊,那么问题就出现了。对于这些动物,CBC 的变化通常是唯一的临床病理学异常(见表 88-2),即细菌和真菌培养、血清学检查、PCR、影像学检查以及 FNA 检查结果都呈阴性或正常。如果动物已经使用过广谱杀菌性抗生素进行治疗,那么可使用免疫抑制剂量的皮质类固醇尝试性治疗。但是,在动物开始接受免疫抑制治疗前,应告知主人该治疗可能会带来的结果,主要是:如果患病动物确实是感染性疾病,但是未能确诊,有可能在开始治疗后,病患会因病原微生物的全身扩散而发生死亡。正在接受皮质类固醇治疗性试验的犬猫应住院观察,一旦发现临床症状恶化,应立即停止类固醇治疗。患免疫介导性(或类固醇反应性)FUO 的动物,发热和临床症状通常在开始治疗后的 $24 \sim 48$ h 消除。

如果对皮质类固醇治疗没有反应,那么剩下两种方法。一种是让动物出院,并给予退热剂,如阿司匹林(犬:$10 \sim 25$ mg/kg,PO,q 12 h;猫:10 mg/kg,PO,q 72 h)或其他非甾体类抗炎药(NSAIDs),然后在 $1 \sim 2$ 周后做全面复查。应谨慎使用退热剂,因为发热是一种保护性机制,降低体温可能会危害患有感染性疾病的动物。而且,有些非甾体类抗炎药会引起溃疡,还能引起血细胞减少症,且如果动物出现脱水或同时使用具有肾毒性药物,则会导致肾小管性肾病。第二种方法是联合使用杀菌性药物(如氨苄西林和恩诺沙星),以继续抗生素治疗,至少使用 $5 \sim 7$ d。

◉ 推荐阅读

Battersby IA et al: Retrospective study of fever in dogs: laboratory testing, diagnoses and influence of prior treatment, *J Small Anim Pract* 47:370, 2006.

Chervier C et al: Causes, diagnostic signs, and the utility of investigations of fever in dogs: 50 cases, *Can Vet J* 53:525, 2012.

Dunn KJ, Dunn JK: Diagnostic investigations in 101 dogs with pyrexia of unknown origin, *J Small Anim Pract* 39:574, 1998.

Feldman BF: Fever of undetermined origin, *Compend Contin Educ* 2:970, 1980.

Flood J: The diagnostic approach to fever of unknown origin in dogs, *Compend Contin Educ Vet* 31:14, 2009.

Flood J: The diagnostic approach to fever of unknown origin in cats, *Compend Contin Educ Vet* 31:26, 2009.

Scott-Moncrieff JC et al: Systemic necrotizing vasculitis in nine young beagles, *J Am Vet Med Assoc* 201:1553, 1992.

# 第 89 章
## CHAPTER 89

# 传染性疾病的实验室诊断
## Laboratory Diagnosis of Infectious Diseases

小动物临床上经常可见到由多种病原体引起的临床综合征。可通过汇总临床表现、病史和临床检查等信息建立一个鉴别诊断列表,由此列出最有可能的病原体。例如,未免疫幼猫的结膜炎通常由疱疹病毒Ⅰ型、猫衣原体(*Chlamydia felis*)或猫支原体(*Mycoplasma felis*)感染引起;如果患猫出现树突状角膜溃疡,最有可能是疱疹病毒Ⅰ型感染。全血细胞计数(complete blood count,CBC)、生化检查、尿液分析、X线检查或超声检查也可以提示可能的传染性疾病。例如,出现多饮多尿、嗜中性粒细胞增多性白细胞增多症、氮质血症、脓尿和X线片上肾脏边缘不规则的犬,极有可能患有肾盂肾炎。在做出初步诊断后,主治医师必须决定是继续检查还是展开治疗。如果犬猫不患有威胁生命的疾病,且仅仅是单纯感染或首次感染,经验性治疗可能有效(见第90章),最好能够确诊,以便选择最佳治疗和预防方案、做出合理的预后判断,并恰当地处理公共卫生问题。

目前仍可通过细胞学、病原培养和抗原分析来诊断感染原,而分子诊断是确诊的最佳选择。抗体检测通常用于特定传染病的辅助诊断,但抗原检测优于抗体检测,理由如下:(1)传染性疾病治愈后,抗体可在体内长期存留;(2)抗体阳性并不能证明疾病一定由某种病原体引起;(3)超急性感染中,若机体没有足够的时间建立体液免疫应答,血清抗体检测可能为阴性。本章将详细讨论小动物临床中常见的微生物检查技术和抗体检测技术。

# 微生物检查技术
## (DEMONSTRATION OF THE ORGANISM)

## 粪便检查
### (FECAL EXAMINATION)

粪便检查可辅助诊断胃肠道寄生虫病(见第29章)和呼吸道疾病(见第20章)。最常用的技术包括直接涂片、生理盐水稀释后涂片、涂片染色、粪便漂浮、贝尔曼技术(Baermann technique)等,每种技术都简单易行,可在小动物诊所中应用。

### 直接涂片

新鲜液体粪便或含有大量黏液的粪便需要立即在显微镜下检查,观察有无原虫滋养体,包括引起小肠性腹泻的贾第鞭毛虫(*Giardia* spp.)、引起大肠性腹泻的胎儿三毛滴虫(*Tritrichomonas foetus*)和人五毛滴虫(*Pentatrichomonas hominis*)。生理盐水稀释的粪便涂片便于观察活动的微生物。2 mm×2 mm×2 mm 的新鲜粪便样本可用 1 滴 0.9% NaCl 溶液或水进行稀释。滋养体最常见于粪便表层或黏液中,需充分利用这些部分。盖上盖玻片后,可放大 100 倍检查活动的微生物(大多数显微镜在 10×物镜下检查)。

### 涂片染色

所有腹泻的犬猫均应采集粪便制作一个薄层粪

便涂片。尽可能通过直肠拭子采集样本,以增加白细胞的检出率。通过肛门把棉拭子缓缓送入 3～4 cm,贴紧直肠壁,轻轻转动数次后取出。用 1 滴生理盐水润湿棉拭子,有助于其顺利进入肛门,而且不会影响细胞形态。棉拭子在玻片上轻轻滚动数次,形成不同厚度的涂片(图 89-1)。风干后直接将涂片染色。通过 Diff-Quik 染色或瑞氏染色或吉姆萨染色(见细胞学部分),可直接观察到白细胞和细菌的形态,如弯曲杆菌(*Campylobacter* spp. ,螺旋体)或产气荚膜梭菌(*Clostridium perfringens*,产芽孢杆菌;图89-2)。单核细胞的胞浆内可见组织胞浆菌(*Histoplasma capsulatum*)或原藻类(*Prototheca*)。用醋酸盐溶解的亚甲蓝(pH 3.6)也可使肠道原虫的滋养体着色。碘和醋酸甲基绿也用于原虫染色。改良抗酸染色有助于诊断腹泻犬猫的隐孢子虫病。隐孢子虫(*Cryptosporidium* spp.)是唯一能被抗酸染色染成粉色至红色的肠道有机体,直径为 4～6 μm(图89-3)。

**图 89-1**
**粪便涂片(Diff-Quik 染色),厚度恰到好处。**

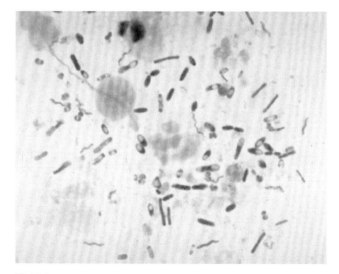

**图 89-2**
**薄层粪便涂片(瑞氏染色)。视野中央有一个嗜中性粒细胞和大量芽孢杆菌。**

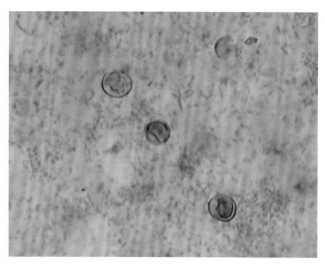

**图 89-3**
**微小隐孢子虫卵囊(改良抗酸染色),大小约为 4 μm × 6 μm。**

## 粪便漂浮

把粪便中的包囊、卵囊或者虫卵富集起来可提高检出率。有多种富集虫卵的方法可供兽医诊所采用。离心技术比被动漂浮技术的敏感性高。粪便经硫酸锌(框89-1)或蔗糖溶液富集虫卵后离心,其中大多数卵、卵囊和包囊都能被轻易地识别。这一技术在检查原虫卵囊方面优于被动漂浮(尤其是贾第鞭毛虫;图89-4)。粪便沉淀法能收集到大部分包囊和虫卵,但同时会收集到一些碎屑。

**框 89-1　硫酸锌漂浮法操作流程**

1. 将 1 g 粪便加入 15 mL 的尖底离心管中。
2. 加入 8 滴卢戈氏碘(Lugol iodine)溶液,然后混合均匀。
3. 加入 7～8 mL 硫酸锌溶液(比重为 1.18)*,混合均匀。
4. 滴加硫酸锌溶液至离心管上端液面为凸面。
5. 在离心管顶端盖上盖玻片。
6. 以 1 500～2 000 r/min 的速度离心 5 min。
7. 移除盖玻片,将其置于干净的载玻片上,准备镜检。
8. 在 100 倍镜下,检查整个区域,观察有无虫卵、卵囊或幼虫。

* 670 mL 蒸馏水中加入 330 g 硫酸锌。

## 贝尔曼技术

这项技术可用来富集粪便中具有活动性的幼虫。粪便经蒸馏水稀释后置于带夹子的漏斗中,幼虫就会经重力作用沉降。一些呼吸道寄生虫以含卵胚的幼虫的形式传播,虫卵随粪便排出后不久即变成幼虫。呼吸道灌洗液的细胞学也可用来检查呼吸道寄生虫的卵或幼虫(图 89-5)。

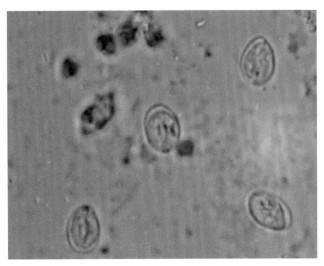

图 89-4

硫酸锌漂浮法获取的贾第鞭毛虫包囊,大小约为 10 μm × 8 μm。

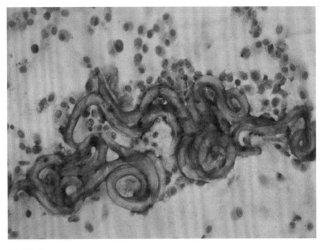

图 89-5

支气管肺泡灌洗液中的深奥猫圆线虫幼虫(*Aelurostrongylus abstrusus*)。(Courtesy Dr. Timothy Hackett, Colorado State University, Fort Collins.)

## 粪便的保存

粪便需要冷藏,但不能冷冻。冷藏的刚地弓形虫(*Toxoplasma gondii*)不会孢子化,因此不具有感染性。另外,冷藏粪便中的酵母菌不会过度生长,从而减少假阳性结果。如果粪便样本要送到商业实验室进行进一步分析,且 48 h 内不进行检查,则需冷藏保存。可保存于聚乙烯醇、硫柳汞-碘-福尔马林和10%福尔马林溶液中。由于易于获得,故常用 10% 福尔马林溶液,按照1(粪便):9(福尔马林)的比例将二者混合均匀。

# 细胞学
(CYTOLOGY)

细胞学检查是一种非常重要且价格便宜的病原体检查方法,可用于检查渗出液、骨髓抽吸物、血涂片、滑液、胃冲洗液、十二指肠液、尿液、前列腺冲洗液、气道灌洗液、粪便涂片、组织压片和活组织抽吸液中的感染原(表 89-1)。一些传染性疾病可通过细胞学检查确诊。在获得细菌培养和药敏结果之前,可根据细菌形态和革兰染色结果经验性选用抗生素(见第 90 章)。

对大多数传染性疾病来说,应首先进行薄层涂片检查。血涂片制备步骤如下:在干净载玻片的一端滴一滴火柴头大小的血液;将另一块载玻片的短边与该载玻片呈30°角放置,然后向后拉,直至接触到血液;当展开的血液宽度达到载玻片的宽度时,保持30°角快速而平稳地向前推("推片")。如果样本不是血液,先将玻片置于材料顶部,然后沿平行平面快速平稳地向前拉("拉片")。气道冲洗液、前列腺冲洗液、尿液、房水和脑脊液(CSF)需先在 2 000 g 条件下离心 5 min 后染色,最好多制备几张涂片。按常规操作流程,含样本的玻片应在室温下干燥,然后固定、染色。若不能及时染色,可先用 100% 的甲醇固定后风干。

细胞学样本可常规染色,也可进行免疫组化染色标记一些特殊的病原(见免疫组化技术)。小动物传染病诊断常用的染色方法包括瑞氏-吉姆萨染色、Diff-Quik 染色、革兰染色和抗酸染色。免疫组化技术(如猫白血病病毒感染的骨髓细胞采用荧光抗体染色法)只在参考实验室或研究机构进行。实验室应该获取每个样品的处理信息。

## 细菌性疾病

如果怀疑动物患有细菌性疾病,需无菌采集病料后进行细菌培养(见培养技术)。制备好细胞学涂片后,应立即进行瑞氏-吉姆萨染色或 Diff-Quik 染色。如果能观察到细菌,需进行革兰染色,区分是否为革兰阳性菌。如果观察到丝状革兰阳性杆菌,可进行抗酸染色来区分放线菌(*Actinomyces*,抗酸染色阴性)和诺卡氏菌(*Nocardia*,抗酸染色阳性)。如果可以看到巨噬细胞或嗜中性粒细胞,可采用抗酸染色检测胞浆内的分枝杆菌属(*Mycobacterium* spp.);通过瑞氏-吉姆萨染色或 Diff-Quik 染色也常常能见到分枝杆菌(见图 71-2)。样本中细菌的数量可能不多,或位于细胞内

<table>
</table>

**表89-1　小动物细菌性病原体和立克次体的形态学特征**

| 病原 | 形态学特征 |
| --- | --- |
| **细菌** | |
| 放线菌属<br>(*Actinomyces* spp.) | 革兰阳性,在硫黄样颗粒中呈抗酸染色阴性的丝状杆菌 |
| 厌氧菌(anaerobes) | 通常以混合菌群的形式存在 |
| 脆弱拟杆菌<br>(*Bacteroides fragilis*) | 细小、丝状的革兰阴性杆菌 |
| 弯曲杆菌属<br>(*Campylobacter* spp.) | 粪便中呈海鸥状的弯曲状杆菌 |
| 猫衣原体<br>(*Chlamydia felis*) | 在结膜细胞或嗜中性粒细胞内表现为体积较大的胞浆内含物 |
| 梭状芽孢杆菌属<br>(*Clostridium* spp.) | 革兰阳性大杆菌 |
| 产气荚膜梭菌<br>(*Clostridium perfringens*) | 在粪便中为较大的芽孢杆菌 |
| 嗜血支原体<br>(Hemoplasmas)* | 在RBC表面呈杆状或环状 |
| 螺杆菌属<br>(*Helicobacter* spp.) | 在胃或十二指肠冲洗液中卷曲成螺旋状 |
| 分枝杆菌属<br>(*Mycobacterium* spp.) | 在巨噬细胞和嗜中性粒细胞的胞浆中为抗酸杆菌 |
| 诺卡氏菌属<br>(*Nocardia* spp.) | 硫黄样颗粒内的诺卡氏菌为革兰阳性、抗酸染色阳性丝状杆菌 |
| 钩端螺旋体属<br>(*Leptospira* spp.) | 尿液中的螺旋状菌,需在暗视野显微镜下观察 |
| 鼠疫耶尔森氏菌<br>(*Yersinia pestis*) | 在颈部淋巴结或呼吸道液体中表现为两极着色的杆菌 |
| **立克次体** | |
| 犬埃利希体<br>(*Ehrlichia canis*) | 在单核细胞内为革兰阴性菌,成簇(桑椹胚)分布 |
| 尤菌埃利希体<br>(*Ehrlichia ewingii*) | 在嗜中性粒细胞内为革兰阴性菌,成簇(桑椹胚)分布 |
| 嗜吞噬细胞无形体<br>(*Anaplasma phagocytophilum*) | 在嗜中性粒细胞和嗜酸性粒细胞内的革兰阴性菌,成簇(桑椹胚)分布 |
| 嗜血小板无形体<br>(*Anaplasma platys*) | 在血小板内呈革兰阴性菌,成簇(桑椹胚)分布 |

\* 之前亦称为猫血巴尔通体和犬血巴尔通体。

(巴尔通体属,*Bartonella* spp.),因此,细胞学检查未见细菌也不能完全排除细菌感染。所有嗜中性粒细胞或巨噬细胞增多的样本都应进行细菌培养。关于分枝杆菌等微生物的细胞学资料很少,因此,可能需要进行特殊染色来筛查这些病原体。还有一些细菌目前还不能被培养出来,例如犬猫的嗜血支原体(之前亦称为犬血巴尔通体和猫血巴尔通体)。这些微生物位于红细胞表面,但人工培养尚未成功。在分子诊断技术出现之前,兽医只能依赖细胞学来诊断;瑞氏-吉姆萨染色是诊断这类病原体最好的染色方法。然而,假阴性结果在细胞学检查中很常见,因此对于可疑病例,在细胞学检查阴性时可采用分子诊断技术。

## 立克次体

无形体属和埃利希体属偶见于患病动物的外周血、淋巴结穿刺液、骨髓穿刺液或滑液中(见第93章)。这些生物的桑椹胚可见于各种类型的细胞(见表89-1)。在检出桑椹胚方面,瑞氏-吉姆萨染色比瑞氏染色或Diff-Quik染色更胜一筹。免疫荧光抗体染色(见免疫学技术)可检出血管内皮细胞中的立克次体。

## 真菌性疾病

皮肤真菌的分节孢子和分生孢子都能通过细胞学诊断出来。将受损部位的毛发置于载玻片上,然后滴上10%~20%的氢氧化钾,以去除一些碎屑;加热玻片但勿煮沸,然后在显微镜下检查有无皮肤真菌。所有患慢性皮肤病的猫都应在损伤部位进行压片检查,并于瑞氏-吉姆萨染色后镜检,观察单核细胞的胞浆内是否有圆形、卵圆形或雪茄样的发酵期申克孢子丝菌(*Sporothrix schenckii*,见图97-3)。在真菌鉴定方面,过碘酸-雪夫染色(Periodic acid-Schiff stain,PAS)法优于瑞氏-吉姆萨染色。全身性真菌病的细胞学特征见表95-1。

## 皮肤寄生虫病

姬螯螨(*Cheyletiella* spp.)、蠕形螨(*Demodex* spp.)、疥螨(*Sarcoptes scabiei*)、猫耳螨(*Notoedres cati*)和犬耳螨(*Otodectes cynotis*)是小动物最常见的皮肤寄生虫。皮肤寄生虫病可根据细胞学检查确诊。检查姬螯螨时,可先用透明胶带在结痂位置上按压一下,然后贴在载玻片上镜检。蠕形螨最常见于皮肤深层刮片和毛囊渗出物中;姬螯螨、疥螨和猫耳螨常见于患病动物浅层皮肤上。犬耳螨及其虫卵则常见于耳道耵聍性渗出物中。

### 全身性原虫病

　　临床上最常见的全身性原虫病病原的细胞学特点及寄生部位见表89-2。根据病原体的细胞学检查结果可以对原虫病做出假设诊断(presumptive diagnosis)或最终诊断。瑞氏-吉姆萨染色或吉姆萨染色的薄层血涂片可用于检查利什曼原虫(*Leishmania* spp.)、克氏锥虫(*Trypanosoma cruzi*)、巴贝斯虫(*Babesia* spp.)、美洲肝簇虫(*Hepatozoon americanum*)和猫胞簇虫(*Cytauxzoon felis*)。耳缘静脉采血可以提高血液原虫的检出率,尤其是巴贝斯虫和猫焦虫。刚地弓形虫和犬新孢子虫可引起犬相似的临床症状,但无法从形态学上区别这两种病原的速殖子;因此,需要借助免疫组化染色或 PCR 检查来确诊。由于抗体是特异性的,也可以通过血清学方法来鉴别原虫。在美国,除刚地弓形虫和犬新孢子虫外,全身性原虫病很少发生,或仅为地方性流行。关于这些病原更详细的资料请参照第 96 章。

### 病毒性疾病

　　通过瑞氏-吉姆萨染色进行细胞学检查,通常很难找出病毒包涵体。有些犬瘟热患犬的循环淋巴细胞、嗜中性粒细胞和红细胞中可见到包涵体。猫传染性腹膜炎病毒很少会导致循环嗜中性粒细胞中出现包涵体。猫疱疹病毒Ⅰ型感染会短暂性引起上皮细胞的细胞核内出现包涵体。

## 组织学检查技术
(TISSUE TECHNIQUES)

　　从疑似传染病动物体上采集组织样本,可以通过不同的技术进行检查。如果有明确要求,在进一步处理之前,组织样本应无菌采集,并置于适当的运输介质中,以进行培养或接种实验动物。

　　用纸巾小心吸走切口边缘多余的血液,然后将组织在载玻片上轻压数次,制成细胞学涂片。组织学样本也可以冰冻,置于 10% 的福尔马林溶液或含有戊二醛的溶液中。冰冻样本更利于免疫组化染色和分子诊断。常规组织学检查常使用福尔马林固定组织。传染性病原体可通过特殊染色最大限度地提高检出率。临床医师需向病理诊断中心提示可疑的病原体,以便于

选择合适的染色方法。若需电镜观察,最好使用含有戊二醛的固定液;在诊断病毒粒子方面,这一技术的敏感性比其他方法高。荧光原位杂交(fluorescence in situ hybridization,FISH)可用于组织内病原体核酸的诊断(见分子诊断)。

**表 89-2　小动物全身性原虫病病原体形态学特征**

| 病原 | 形态学特征 |
|---|---|
| 犬巴贝斯虫<br>(*Babesia canis*) | 在循环红细胞中,呈成对的梨形虫样(2.4 μm × 5.0 μm) |
| 吉氏巴贝斯虫<br>(*Babesia gibsoni*) | 在循环红细胞中,呈单个的梨形虫样(1.0 μm × 3.2 μm) |
| 猫胞簇虫<br>(*Cytauxzoon felis*) | 在循环红细胞中,呈梨形虫样(1.0 μm × 1.5 μm,印戒状;1.0 μm × 2.0 μm,卵圆形;1.0 μm,圆形),也出现于淋巴结抽吸物、脾脏抽吸物和骨髓抽吸物的嗜中性粒细胞和巨噬细胞中 |
| 犬肝簇虫<br>(*Hepatozoon canis*)<br>美洲肝簇虫<br>(*H. americanum*) | 在循环嗜中性粒细胞和单核细胞中,呈配子体样 |
| 利什曼原虫<br>(*Leishmania* spp.) | 在皮肤渗出物涂片、淋巴抽吸物和骨髓抽吸物中,卵圆形或圆形无鞭毛体[(2.5~5.0) μm × (1.5~2.0) μm],位于巨噬细胞内 |
| 犬新孢子虫<br>(*Neospora caninum*) | 在 CSF、气道冲洗液或皮肤损伤处抹片中,位于巨噬细胞或单核细胞内或细胞外,呈速殖子样[(5~7) μm × (1~5) μm] |
| 刚地弓形虫<br>(*Toxoplasma gondii*) | 在胸腔积液、腹腔积液或气道冲洗液中,位于巨噬细胞或单核细胞内或细胞外,呈速殖子样(6 μm × 2 μm) |
| 克氏锥虫<br>(*Trypanosoma cruzi*) | 在全血、淋巴结抽吸物和腹腔积液中为游离、有鞭毛(单鞭毛;长 15~20 μm)的锥鞭毛体 |

## 培养技术
(CULTURE TECHNIQUES)

　　细菌、真菌、病毒和某些原虫可进行人工培养。一般而言,阳性培养结果可确诊某些疾病。需氧菌的培

养和药敏试验往往同时进行,以便选择最合适的抗菌药物。培养成功与否取决于以下几个方面:病料采集不受污染;尽快送检(最大限度地降低待检病原体死亡或抑制非致病性病原体过度生长);选择最合适的培养基。

一般来说,皮肤、耳部、鼻腔、气管、粪便和阴道等器官,本身有正常细菌群和真菌群生长,因此,其培养结果难以判读。若培养结果阳性,且细胞学检查可见炎性细胞,提示该病原体正在引发疾病。值得注意的是,培养出一种有一定耐药性的菌株比培养出多种高度敏感的菌株更具有临床提示意义。常规需氧菌培养病料可以用无菌拭子采集,拭子应保持湿润,且在采集后 3 h 内接种到合适的培养基中。如果接种时间延迟至 3 h 以上,应使用转运培养基拭子。如果在采样后 4 h 内不能接种培养,应将这些拭子冷冻或冷藏保存,以抑制细菌增殖。因为有些细菌比其他细菌生长迅速,会掩盖苛养菌的生长。多数需氧菌在 4℃(常规冷藏温度)下可在组织中或含有培养基的拭子中存活 48 h。在冷藏环境中,固体培养基可供大多数需氧菌、厌氧菌、支原体和真菌生长数天。用于常规需氧培养的液体样本(例如尿液和气道冲洗液),可在 20℃下保存 1~2 h,4℃下保存 24 h,或在转运培养基中 4℃可保存 72 h。

另外,厌氧菌培养可用注射器无菌采集液体病料,如果在采集后 10 min 内需要培养,可用橡皮塞套住注射器针头。由于时间受限,通常用转运培养基保存疑似厌氧菌感染的样本。大多数厌氧菌在转运培养基中 4℃可维持生长 48 h。

采集用于培养的血液样本时,应先对皮肤做常规外科处理,然后从大静脉无菌采集。一般来说,病情平稳的病例可在 24 h 内分别采集 3 份 5 mL 的血液样本;而败血症的病例则需要每隔 1~3 h 采集一份 5 mL 的血液样本。未凝固的全血样本可以直接置于转运培养基中保存,因为转运培养基可提供需氧菌和厌氧菌生长所需的营养物质,然后在 20℃条件下培养 24 h。从犬猫血液中培养巴尔通体属微生物时,通常需要无菌采集全血样本,然后转入含有 EDTA 的管中。犬巴尔通体的诊断不仅需要培养,还需结合 PCR 诊断,共需 3 mL EDTA 抗凝全血(见第 92 章)。

粪便培养在小动物临床上偶用于检测沙门氏菌、弯曲杆菌和产气荚膜梭菌。为了获取准确的结果,需采集 2~3 g 新鲜粪便并迅速送到实验室。粪便样本即便冷藏保存 3~7 d,仍可培养出沙门氏菌和弯曲杆菌。如果不能及时送检,需使用转运培养基保存,以增加阳性检出率。送检样本时应告知实验室疑似病原体的名称,以便选择合适的培养基。

常见的支原体和脲原体(Ureaplasma)培养样本有气道冲洗液、滑液、猫慢性窦道的渗出液、患慢性尿道疾病动物的尿液和患生殖道疾病动物的阴道分泌物。样本应保存在 Amies 培养基或改良的 Stuart 细菌转运培养基中送往实验室。支原体培养需按特殊要求进行。

分枝杆菌生长很缓慢,培养时常因其他细菌的过度生长而受到影响,需要用特殊培养基培养;因此,需要提前告知实验室。分枝杆菌疑似病例的组织样本或渗出液一旦采集完毕,应迅速冷藏并尽快送检。渗出液应保存在转运培养基中。

只要有常规培养基,在小动物诊所就能进行皮肤真菌培养。疑似全身性真菌感染犬猫病料的送检方法和细菌感染病料的方法相同,因此应向实验室特别说明该病料需进行真菌培养。全身性真菌在体内以发酵相(yeast phase)形式存在,不具传染性,但在体外培养时,芽生菌(Blastomyces)、球孢子菌(Coccidioides)和组织胞浆菌(Histoplasma)以菌丝相(mycelial phase)形式存在,可感染人类。因此,不建议在诊所内培养此类病原体。

有些实验室能从病变组织或分泌物中分离病毒。送检样本前应先与实验室联系。病料采集方式和细菌培养样本相同,在无菌条件下采样,转入转运培养基中,然后迅速冷藏以抑制细菌生长。病料在运输过程中应包裹在冰袋内,但勿冷冻。

## 免疫学技术
(IMMUNOLOGIC TECHNIQUES)

免疫学技术可用于检测体液、粪便、细胞或组织中的传染性病原体及其抗原。一般而言,针对未知病原体的单克隆或多克隆抗体,可用于细胞或组织的直接荧光抗体检测、凝集试验和酶联免疫吸附试验(enzyme-linked immunosorbent assay,ELISA)等多种检测方法。这些方法的敏感性和特异性各异,但多数方法敏感性和特异性都比较高。这些方法的阳性结果通常证明存在感染;但与此相反,抗体阳性只能提示动物曾暴露于该传染性病原体。在采集病料送检之前,应向实验室咨询相关病料的采集和运送方法。

目前,一些商品化特异性抗原检测方法已经问世,小动物门诊中最常用的抗原检测项目包括犬恶丝虫(*Dirofilaria immitis*)、新型隐球菌(*Cryptococcus neoformans*)、皮炎芽生菌(*Blastomyces dermatitidis*)和猫白血病病毒。新型隐球菌乳胶凝集法的检测对象可以是房水、玻璃体液和脑脊液。

目前已经可以从粪便中检测细小病毒、隐孢子虫和贾第鞭毛虫抗原。注射改良活疫苗会短暂地影响犬猫细小病毒抗原的检测。大多数市售贾第鞭毛虫抗原检测试剂盒是人用的,也有犬猫用检测试剂盒(IDEXX Laboratories,Westbrook,Maine),可用于犬猫贾第虫的检测。有时抗原检测阳性,但粪便漂浮试验包囊检测阴性。这种情况可能是抗原检测假阳性或包囊检测假阴性。目前尚无能同时检测人和犬猫粪便隐孢子虫的商品化试剂盒,因此,人用检测试剂盒不能用于犬猫粪便的检测。

免疫细胞化学和免疫组织化学技术在各种传染病的诊断中应用较为广泛。这些检测技术尤其适用于病毒和微量病原体的检测,也用于区别形态学特征相似的病原体。一般而言,这些检测技术比组织病理学技术的敏感性和特异性都要高,可与培养技术相媲美。例如,猫传染性腹膜炎的局灶性肉芽肿可通过免疫组化染色法鉴定(见94章)。还可以通过免疫荧光染色辅助诊断犬猫贾第鞭毛虫的包囊和隐孢子虫的卵囊(Merifluor *Cryptosporium* / *Giardia*,Meridian Bioscience Inc.,Saco,Maine)。

## 分子诊断
(MOLECULAR DIAGNOSTICS)

很多技术都可以扩增传染性病原体的 DNA 或 RNA(Vier,2010)。聚合酶链式反应(PCR)常用于扩增 DNA,也可以扩增 RNA(RT-PCR)。一般来说,分子诊断比其他微生物检测方法更敏感,并且可用于难以培养的病原体(例如埃利希体)或无法培养的病原体(例如嗜血支原体)。PCR 检测的特异性取决于引物。例如,引物可以设计成专门检测某个属的微生物,也可以设计成只检测某个种的微生物。例如,PCR 诊断既可以设计成能检测所有的埃利希体和无形体,也可以设计成仅检测一种埃利希体(比如犬埃利希体)(见图89-6)。还有一些检测同时含有多套引物,可以检测不同的微生物。

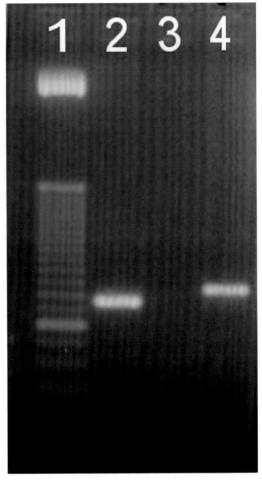

**图 89-6**

猫嗜血支原体 PCR 电泳图谱。图上两条大小不同的条带区分出猫血支原体(*Mycoplasma haemofelis*,条带 2)和 *Candidatus M. haemominutum*(条带 4)。条带 1 是标准物条带,条带 3 是阴性对照。该试验中,*Candidatus M. turicensis* 和猫血支原体被同时扩增出来。

另一种分子诊断技术是荧光原位杂交技术(fluorescent in situ hybridization,FISH)。这种诊用 FISH 方法断技术可以识别组织中微生物的核酸。最近一项研究显示,对于疑似莱姆病引起的肾病的病例,采进行检查,结果显示其肾组织中没有伯氏疏螺旋体(*Borrelia burgdorferi*),这一结果佐证了肾病综合征是免疫复合物沉积引起的(Hutton 等,2008)。

由于分子诊断固有的敏感性,如果在采样或操作过程中样本被污染,那么就有可能出现假阳性。同样,如果样本处理不当,或使用合适的药物治疗,都有可能出现假阴性结果。用 RT-PCR 检测 RNA 病毒时,要特别重视这些问题。治疗也可能会影响检测结果。此外,值得注意的是,目前商业诊断实验室并没有统一的分子诊断标准流程。

虽然在传染性病原体的各种检测方法中,分子诊断的敏感性最高,但阳性结果并不能证明病情是由感染导致的。例如,因为核酸检测技术无法识别 DNA 是否来源于有生命的微生物,所以,有些时候虽然感染已经被控制,但是仍有可能得到阳性结果。经常有健康动物带毒的情况,这时就很难解释单个动物的检测结果。例如,猫常感染 FHV-1,健康猫也常携带该病毒。因此,虽然 PCR 是 FHV-1 最敏感的检测方法,但实际上,阳性 PCR 结果对该病的预测价值不高。一项研究表明,健康对照组的 FHV-1 PCR 阳性率比患结膜炎组的阳性率还要高(Burgesser 等,1999)。此外,目前 FHV-1 的 PCR 检测也可扩增出改良活疫苗毒株,因此阳性结果不能诊断为致病毒株。实时定量 PCR 可用于定量检测样本中微生物的 DNA 或 RNA。对某些病原体来讲,核酸含量和病情及治疗反应有关。有关这类定量 PCR 检查的资料很少,有兴趣的读者可参阅特定病原的相关章节。基于以上发现,门诊医师需谨慎评估这些 PCR 检测结果的准确性,慎重挑选可靠的实验室。

## 动物接种
### (ANIMAL INOCULATION)

动物接种试验可以用于某些传染病的诊断。例如,刚地弓形虫的卵囊与哈氏哈蒙德虫(*Hammondia hammondi*)或蜥蜴的贝诺孢子虫(*Besnoitia darlingi*)的卵囊形态非常相似,很难通过形态学方法将它们区分开。只有刚地弓形虫感染人类,可先用孢子化卵囊接种小鼠,然后检测刚地弓形虫特异性抗体进行鉴别。然而,由于需要活体动物,因此,小动物临床上很少应用接种试验。

## 电子显微镜技术
### (ELECTRON MICROSCOPY)

电子显微镜观察在检查体液和组织中病原体方面灵敏度极高。电镜技术中最常用含戊二醛的固定剂。在临床应用方面,有胃肠道症状的动物,可利用电镜检查其粪便中的病毒颗粒。样本准备过程为:采集 1～3 g 粪便,不加固定剂,用冰袋包裹冷藏后连夜邮递到实验室(如 Diagnostic Laboratory,Colorado State University,College of Veterinary Medicine and Biomedical Sciences,Fort Collins)。

## 抗体检测
### (ANTIBODY DETECTION)

## 血清
### (SERUM)

兽医临床上有许多种针对某种传染性病原体特异性血清抗体的检查方法,最常用的方法有补体结合试验、血凝抑制试验、血清中和试验、凝集试验、琼脂糖凝胶免疫扩散、间接荧光抗体技术(indirect fluorescent antibody assay,IFA)、ELISA 和蛋白质免疫印迹试验(Western blot)等。补体结合试验、血凝抑制试验、血清中和试验和凝集试验一般能够检测出血清样本中的所有抗体。蛋白质免疫印迹、IFA 和 ELISA 适用于检测特异性 IgM、IgG 或 IgA 应答反应。蛋白质免疫印迹试验可用于检测体液免疫反应的显性免疫抗原(图 89-7)。

通过比较动物机体受传染性病原体的刺激所产生的 IgM、IgA 和 IgG 等抗体,可推断机体近期或正在感染的情况。一般来说,机体受到抗原刺激后最先产生的是 IgM,数天到数周后转为 IgG。一些试验还研究了感染原的血清和黏膜 IgA 免疫应答反应,包括刚地弓形虫、猫冠状病毒和猫胃螺杆菌(*Helicobacter felis*)。

抗体检测时间非常重要。一般而言,8～12 周龄之前的幼犬和幼猫,由于通过初乳摄入的母源抗体仍然存在,因此其血清抗体不能被当作特异性抗体。大多数传染病的潜伏期为 3～10 d,而许多检测方法一般都在动物首次接触传染源 1～2 周后才能检测到血清 IgG 抗体。因此,在小动物临床中,急性感染早期可能常常出现抗体检测假阴性结果。如果急性病例患病初期血清特异性抗体检测呈阴性,应在 2～3 周后重复检测血清抗体,以评定机体的血清转化情况。抗体滴度上升与机体近期或正在遭受感染的情况一致。为避免批间分析差异,最好在同一天,采用同种方法,测定动物急性期和康复期血清的特异性抗体。

敏感性代表了阳性样本的检出率,而特异性则代表阴性样本的排除率。各种方法的敏感性和特异性都不相同。阳性预测值代表了阳性检测结果预示某种疾病的能力,而阴性预测值则代表阴性检测结果排除某种疾病的能力。小动物诊所中遇到的许多病原体可感染大量动物并使之产生抗体,但只有少数被感染的动物发病,例如冠状病毒、猫瘟病毒、刚地弓形虫和伯氏

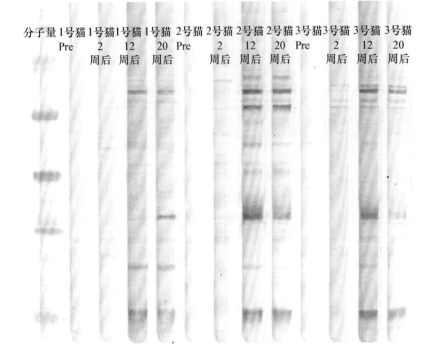

图 89-7
通过血清抗体蛋白质免疫印迹(Western blot)试验建立的巴尔通体属抗原识别体系。

疏螺旋体。对于这些病原来说,即使用具有高度敏感性和特异性的方法检测到血清抗体,也无法判定动物是否患有相应疾病,因为从非患病动物体内也常常检出抗体。由于疫苗能诱导产生抗体,某些血清学实验的诊断作用也受到限制,类似的病毒有猫冠状病毒、某些伯氏疏螺旋体、FHV-1、细小病毒、FIV、杯状病毒和犬瘟热病毒等。

临床医师应当把血清抗体阳性检测结果解释为机体正在或曾经遭受过某种疑似病原体的感染。IgM的出现、抗体滴度连续上升2~3周、血清转化(首次抗体检测是阴性,康复期抗体检测是阳性)等现象都表明机体近期或正在遭受感染。然而,依靠抗体检测推测有近期感染,并不代表动物患病。反之,血清学抗体检测没有发现机体近期或正在遭受某种感染,也无法排除该种感染引发了临床疾病。例如,感染弓形虫的猫,即便其血清抗体滴度已处于停滞时期(plateau),猫仍会表现临床症状。抗体滴度的高低和疾病之间并没有直接联系。例如,虽然许多猫有弓形虫病的症状,但是其体内的IgM和IgG却处在抗体滴度的最低限;反之,许多健康猫在感染刚地弓形虫数年之后,体内IgG抗体滴度却远高于1:16 384。与此相似,猫巴尔通体抗体滴度和临床症状之间也没有直接的关系。

## 体液
## (BODY FLUIDS)

有些传染性病原体能导致动物发生眼部疾病和中枢神经系统(central nervous system, CNS)疾病。房水、玻璃体液或CSF中检出特异性抗体,证明这些组织受到感染。如果存在血清抗体和炎性疾病,那么血清抗体可能会进入房水和CSF中,这时,房水和CSF中的抗体就很难定量检测。检测眼部或CNS产生的抗体已用于辅助诊断犬瘟热、猫弓形虫病和猫巴尔通体病(见第92、第94和第96章)。下面的方法可用于计算眼部或CNS产生的抗体:

$$\frac{房水或CSF中的特异性抗体}{血清特异性抗体}\times\frac{血清总抗体}{房水或CSF总抗体}$$

如果这个公式计算出来的比率大于1,那就表明,房水或CSF中的抗体是由局部组织产生的。这个公式已被广泛用于猫葡萄膜炎的诊断。在美国,大约60%的葡萄膜炎患猫的刚地弓形虫特异性IgM、IgA或IgG抗体大于1(参见96章)。这种方法也可用来辅助证明FHV-1和汉塞巴尔通体(Bartonella hens-elae)是引发猫葡萄膜炎的原因。

## 传染病的濒死期诊断
## (ANTEMORTEM DIAGNOSIS OF INFECTIOUS DISEASES)

如上所述,微生物检查结果可用于证明动物体内存在感染性病原体,抗体检测结果可用于证明机体曾接触过感染性病原体。然而,犬猫体内定植着许多病原微生物,但并不会引起疾病。因此,大多数检查只是"微生物检查",而非"传染病检查"。猫血巴尔通体就是一个很典型的例子。虽然血巴尔通体会导致猫患溶血性贫血,且 PCR 检查的敏感性和特异性都很高,但大约 20% 的健康猫血巴尔通体 PCR 检查呈阳性。因此,PCR 阳性只能提示目前正在感染,不能证明血巴尔通体能够致病。通常情况下,传染病的临床诊断需结合以下方面:

- 具有和病原相关的临床症状
- 具有接触过病原的血清学证据,或通过病原微生物检查技术检测出感染原
- 已排除引起临床综合征的其他病因
- 疗效确实

然而,一些临床疾病会自愈,有些抗体有抗炎的作用;结合各种检查结果可以对传染性疾病做出假设性诊断,但不能确诊。

◉ 推荐阅读

Abd-Eldaim M, Beall M, Kennedy M: Detection of feline panleukopenia virus using a commercial ELISA for canine parvovirus, *Vet Ther* 10:E1, 2009.

Burgesser KM et al: Comparison of PCR, virus isolation, and indirect fluorescent antibody staining in the detection of naturally occurring feline herpesvirus infections, *J Vet Diagn Invest* 11:122, 1999.

Dryden MW et al: Accurate diagnosis of *Giardia* spp and proper fecal examination procedures, *Vet Ther* 7:4, 2006.

Duncan AW, Maggi RG, Breitschwerdt EB: A combined approach for the enhanced detection and isolation of *Bartonella* species in dog blood samples: pre-enrichment liquid culture followed by PCR and subculture onto agar plates, *J Microbiol Methods* 69:273, 2007.

Hutton TA et al: Search for *Borrelia burgdorferi* in kidneys of dogs with suspected "Lyme nephritis," *J Vet Intern Med* 22:860, 2008.

Jensen WA et al: Prevalence of *Haemobartonella felis* infection in cats, *Am J Vet Res* 62:604, 2001.

Lappin MR: Update on the diagnosis and management of *Toxoplasma gondii* infection in cats, *Top Companion Anim Med* 25:136, 2010.

Lappin MR et al: *Bartonella* spp. antibodies and DNA in aqueous humor of cats, *Fel Med Surg* 2:61, 2000.

Lappin MR et al: Use of serologic tests to predict resistance to feline herpesvirus 1, feline calicivirus, and feline parvovirus infection in cats, *J Am Vet Med Assoc* 220:38, 2002.

Mekaru SR et al: Comparison of direct immunofluorescence, immunoassays, and fecal flotation for detection of *Cryptosporidium* spp. and *Giardia* spp. in naturally exposed cats in 4 Northern California animal shelters, *J Vet Intern Med* 21:959, 2007.

Rishniw M et al: Comparison of four *Giardia* diagnostic tests in diagnosis of naturally acquired canine chronic subclinical giardiasis, *J Vet Intern Med* 24:293, 2010.

Veir JK, Lappin MR: Molecular diagnostic assays for infectious diseases in cats, *Vet Clin North Am Small Anim Pract* 40:1189, 2010.

# 第 90 章
## CHAPTER 90

# 实用抗微生物化学治疗
## Practical Antimicrobial Chemotherapy

只有怀疑存在微生物感染时，才需要进行抗微生物治疗。有处方权的兽医师要清醒地认识到微生物具有抗药性，尤其是人常用的抗菌药。兽医应该熟知抗微生物药的使用指南（https://aahanet. org/Library/Antimicrobials. aspx；http://catvets. com/uploads/PDF/ antimicrobials. pdf）。

小动物诊所通常都不开展微生物培养或药敏试验，而直接制定抗微生物的化学治疗方案。简单来说，动物初次感染细菌时，通常可不开展微生物培养和药敏试验。在危及生命的感染中，必须在培养结果出来之前就制定出抗微生物治疗方案；危重病例能否存活下来，很大程度上取决于治疗方案是否合理。很多感染原无法被培养出来，例如伯氏疏螺旋体、埃利希体、嗜血支原体、立克次体和胃肠道原虫（例如贾第鞭毛虫）或全身性原虫（例如刚地弓形虫），这些微生物引起的感染常常依靠经验性治疗来控制。

在根据经验选择抗生素时必须了解不同器官系统感染最常见的病原体（表 90-1）。可以通过细胞学检查和革兰染色结果来初步鉴别病原微生物，从而选择合适的抗生素。所选择的抗生素对疑似病原体的作用机制必须明确，而且能够在感染组织中达到足够的药物浓度。由于药物对免疫应答正常的动物才能发挥最佳药效，所以抑菌剂对免疫抑制动物的治疗效果可能较差。动物主人必须做到定期给药，还必须有能力承担药费。还要考虑抗生素的潜在毒性（表 90-2）。对于危及生命的感染，需要采集样本进行细菌培养和药敏试验，如有可能，至少要在最初的 3 d 内，经肠外途径给予抗生素。肠外给药也适用于呕吐或反流的动物。当呕吐、反流或危及生命的状况得到控制后，改为口服抗生素治疗。对于危及生命的感染，最初需选用可以同时治疗革兰阳性菌、革兰阴性菌、需氧菌和厌氧菌的抗微生物药，随后根据治疗效果和药敏试验结果调整用药。

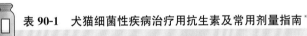

**表 90-1　犬猫细菌性疾病治疗用抗生素及常用剂量指南***

| 药物 | 作用机理 | 动物种类 | 用量 | 给药途径 |
|---|---|---|---|---|
| **乙酰胺类** | 蛋白质合成抑制剂 | | | |
| 氯霉素 | | D | 15～25 mg/kg, q 8 h | PO、SC、IV、IM |
| | | C | 10～25 mg/kg, q 12 h | PO、SC、IV、IM |
| 氟苯尼考 | | D | 20 mg/kg, q 8 h | IM、SC |
| **氨基糖苷类†** | 蛋白质合成抑制剂 | | | |
| 阿米卡星 | | D | 15～30 mg/kg, q 24 h | IV、IM、SC |
| | | C | 15～20 mg/kg, q 24 h | IV、IM、SC |
| 庆大霉素 | | B | 6～8 mg/kg, q 24 h | IV、IM、SC |
| 新霉素 | | B | 22 mg/kg, q 8～24 h | PO |
| 妥布霉素 | | B | 2 mg/kg, q 8～12 h | IV、IM、SC |
| **碳青霉烯类** | 细胞壁合成抑制剂 | | | |
| 亚胺培南-西司他丁 | | B | 5 mg/kg, q 4～6 h | IV、SC、IM |
| 美罗培南 | | B | 8. 5 mg/kg, SC/IV, q 12（SC）或 q 8（IV） | IV、SC |

续表 90-1

| 药物 | 作用机理 | 动物种类 | 用量 | 给药途径 |
|---|---|---|---|---|
| **头孢菌素类** | 细胞壁合成抑制剂 | | | |
| 头孢羟氨苄（第一代） | | D | 22～35 mg/kg, q 12 h | PO |
| | | C | 22～35 mg/kg, q 24 h | PO |
| 头孢泊肟（第三代） | | B | 5～10 mg/kg, q 24 h | PO |
| 头孢氨苄（第一代） | | B | 20～50 mg/kg, q 8～12 h | PO |
| 头孢唑啉（第一代） | | B | 20～33 mg/kg, q 6～12 h | SC、IM、IV |
| 头孢西丁（第二代） | | B | 15～30 mg/kg, q 6～8 h | SC、IM、IV |
| 头孢克肟（第三代） | | D | 5～12.5 mg/kg, q12～24 h | PO |
| 头孢噻肟（第三代） | | B | 20～80 mg/kg, q 8～12 h | SC、IM、IV |
| 头孢维星 | | B | 8 mg/kg, 单次给药, 7～14 d 可重复给药 | SC |
| 头孢噻呋 | Naxcel | B | 2.2 mg/kg, q 8 h | SC |
| **大环内酯类/林可酰胺类** | 蛋白质合成抑制剂 | | | |
| 阿奇霉素‡ | | D | 5～10 mg/kg, q 12～24 h | PO |
| | | C | 5～15 mg/kg, q 24 h | PO |
| 克拉霉素 | | B | 5～10 mg/kg, q 12 h | PO |
| 克林霉素 | | D | 5～20 mg/kg, q 12 h | PO、SC、IV |
| | | C | 5～25 mg/kg, q 12～24 h | PO、SC |
| 红霉素 | | B | 10～25 mg/kg, q 8～12 h | PO |
| 林可霉素 | | B | 11～22 mg/kg, q 12 h | PO、IM、IV、SC |
| 泰乐菌素 | | B | 5～40 mg/kg, q12～24 h | PO |
| **硝基咪唑类** | 蛋白质合成抑制剂 | | | |
| 甲硝唑§ | | D | 10～25 mg/kg, q 8～24 h | PO |
| | | C | 10～25 mg/kg, q 12～24 h | PO |
| | | B | 10 mg/kg, q 8 h | IV |
| 罗硝唑 | | C | 20 mg/kg, q 24 h | PO |
| **青霉素类** | 细胞壁合成抑制剂 | | | |
| 阿莫西林 | | B | 10～22 mg/kg, q 8～12 h | PO、SC、IM、IV |
| | | C | 50 mg/只, q 24 h | PO |
| 阿莫西林克拉维酸 | | D | 12.5～22 mg/kg, q 8～12 h | PO |
| | | C | 62.5 mg, q 8～12 h | PO |
| 氨苄西林钠 | | B | 20～40 mg/kg, q 8～12 h | SC、IM、IV |
| 双氯西林 | | B | 25 mg/kg, q 6～8 h | PO |
| 苯唑西林 | | B | 22～40 mg/kg, q 8 h | PO、SC、IM、IV |
| 青霉素 G | | B | 20 000 U/kg, q 6～8 h | PO、IM、IV |
| 替卡西林克拉维酸 | | D | 20～50 mg/kg, q 6～8 h | IM、IV、SC |
| **喹诺酮类** | 核酸抑制剂 | | | |
| 环丙沙星 | | D | 30 mg/kg, q 24 h | PO |
| | | C | 5～15 mg/kg, q 24 h | PO |
| 二氟沙星 | | D | 5 mg/kg, q 24 h | PO |
| 恩诺沙星 | | D | 5～20 mg/kg, q 12～24 h | PO、IM、SC、IV |
| | | C | 5 mg/kg, q 24 h | PO、IM |
| 马波沙星 | | B | 2.75～5.5 mg/kg, q 24 h | PO |
| 奥比沙星 | | D | 2.5～7.5 mg/kg, q 24 h | PO |
| | | C | 2.5 mg/kg, q 24 h | PO |

续表 90-1

| 药物 | 作用机理 | 动物种类 | 用量 | 给药途径 |
|---|---|---|---|---|
| **磺胺增效剂** | 细菌中间代谢抑制剂 | | | |
| 奥美普林-磺胺地托辛 | | D | 第一天,55 mg/kg,之后 27.5 mg/kg,q 24 h | PO |
| trimethoprim sulfonamide | | B | 15~30 mg/kg,q 12 h | PO |
| **四环素类** | 蛋白质合成抑制剂 | | | |
| 多西环素‖ | | B | 5~10 mg/kg,q 12~24 h | PO、IV |
| 米诺环素 | | B | 5~12.5 mg/kg,q 12 h | PO、IV |
| 四环素 | | B | 22 mg/kg,q 8~12 h | PO |

\* 表中所列的药物用量和间隔时间仅适用于一般情况。对于具体的症状或具体的感染,请参照相关章节以确定最适合用量。

† 氨基糖苷类药物在非胃肠道给药时,一次给予一天的药量可减轻药物对肾脏潜在的毒性作用。

‡ 轻微感染病例前 3 d 可连续使用阿奇霉素治疗,然后每 3 d 给药一次。

§ 甲硝唑的最大日用量是 50 mg/kg。

‖ 对于猫的轻微感染,可每天用药一次。

B,犬和猫;C,猫;D,犬;IM,肌肉注射;IV,静脉注射;PO,口服;SC,皮下注射。

 **表 90-2　常见抗生素毒性作用**

| 抗生素 | 毒性作用 |
|---|---|
| 氨基糖苷类 | 肾小管疾病<br>神经肌肉阻滞<br>耳毒性 |
| β-内酰胺类(青霉素和头孢菌素类) | 免疫介导性疾病 |
| 氯霉素类 | 骨髓/再生障碍性贫血(主要发生在猫)<br>药物代谢障碍 |
| 多西环素 | 药片或胶囊会导致猫发生食管炎或食管狭窄 |
| 大环内酯族/林可酰胺类抗生素 | 呕吐或腹泻<br>胆汁淤积<br>药片或胶囊会导致猫发生食管炎或食管狭窄 |
| 硝基咪唑类 | 嗜中性粒细胞减少症(甲硝唑)<br>中枢神经系统毒性(甲硝唑和罗硝唑) |
| 喹诺酮类 | 幼龄和生长期动物的软骨发育障碍<br>某些剂型会导致猫出现视网膜机能障碍<br>增加抽搐发作频率 |
| 磺胺类药物 | 肝脏-胆汁淤积或急性肝坏死(罕见)<br>大红细胞性贫血(猫的长期给药所致)<br>血小板减少症<br>化脓性、非化脓性多关节炎(主要发生于杜宾犬)<br>干燥性角膜结膜炎<br>肾源性结晶尿(罕见) |
| 四环素类 | 肾小管疾病<br>胆汁淤积<br>发热(特别常见于猫)<br>药物代谢障碍<br>幼犬和幼猫的"四环素牙"(非多西环素或米诺环素) |

对于有免疫力的动物,大多数轻微的初次感染经抗生素治疗 7~10 d 后便能康复。临床症状消失后还要持续用药 1~2 d。慢性感染、骨骼感染、免疫抑制动物的感染、导致肉芽肿性反应的感染和由细胞内病原体引起的感染,一般要在临床症状或影像学征象消失后再治疗至少 1~2 周,因此,治疗时间通常会超过 4~6 周。

对于某种疾病,如果某种抗生素治疗 72 h 内疗效较差,而它又可能是对特定抗生素敏感的感染性疾病,则需考虑替代疗法。针对某种常见感染原或感染性综合征,兽医应该了解两种以上的一线治疗药物(表 90-3 至表 90-8),而且能够迅速查找到近期用药的资料。

不同的组织系统或不同的感染类型,其治疗所用抗生素不尽相同,下面就经验性选择抗生素进行简单讨论。与辅助治疗相关的更多信息请参考相关的章节。

# 厌氧菌感染
(ANAEROBIC INFECTIONS)

犬猫临床重要的厌氧菌有放线菌、类杆菌、梭菌、真杆菌、消化链球菌、卟啉单胞菌等。放线菌是一种兼性厌氧菌,其他细菌则是不能利用氧气进行新陈代谢,在有氧情况下会死亡的专性厌氧菌。厌氧菌是动物机体氧含量较少和氧化还原电势较低部位的正常菌群之一,例如口腔黏膜和阴道黏膜。大部分厌氧病原体来自动物机体自身的菌群。厌氧菌感染通常由血液供应不足、组

**表 90-3**　犬猫皮肤或软组织感染的经验性
推荐抗生素

| 传染性病原体 | 首选抗生素 |
| --- | --- |
| 脓肿（厌氧菌） | 阿莫西林 |
| | 阿莫西林克拉维酸 |
| | 克林霉素 |
| | 甲硝唑 |
| | 第一代或第二代头孢菌素类 |
| 放线菌 | 青霉素类 |
| | 克林霉素类 |
| | 氯霉素类 |
| | 米诺环素 |
| 革兰阴性或耐药性脓皮症 | 喹诺酮类 |
| 诺卡氏菌 | 青霉素类（高剂量） |
| | 米诺环素 |
| | 磺胺甲氧苄啶 |
| | 红霉素 |
| | 阿米卡星 |
| | 亚胺培南西司他丁 |
| 葡萄球菌性脓皮症 | 第一代头孢菌素 |
| | 阿莫西林克拉维酸 |
| | 双氯西林、氯唑西林或苯唑西林 |
| | 克林霉素、林可霉素或红霉素 |
| | 甲氧苄啶-磺胺嘧啶或奥美普林-磺胺地托辛（用于浅表性脓皮症） |

织坏死、先前感染或免疫抑制等病因引起。厌氧菌能释放导致组织损伤和促进细菌定植的许多酶和因子。绝大多数厌氧菌感染与需氧菌感染同时存在，因此在选择抗生素或其他药物时，要考虑混合感染的情况。

厌氧菌感染部位常包括口咽部、CNS、皮下组织、骨骼肌肉系统、胃肠道、肝脏和雌性动物的生殖道，吸入性肺炎或肺叶实变的动物也常出现厌氧菌感染。当犬猫出现齿龈炎/口腔炎、鼻炎、眼球后脓肿、咽后脓肿、吸入性肺炎、脓胸、中耳炎或内耳炎、CNS 感染、咬伤、开放性损伤、开放性骨折、骨髓炎、腹膜炎、细菌性肝炎、子宫积脓、阴道炎、菌血症、瓣膜性心内膜炎等疾病时，就应怀疑其可能为厌氧菌感染（图 90-1）。有斗殴史、有异物、近期做过手术、近期进行过牙科检查、使用过免疫抑制药物、对氨基糖苷类或氟喹诺酮类药物耐药、流出恶臭或黑色分泌物、细胞学检查可见到细菌但需氧培养阴性、细胞学检查可见到"硫黄样颗粒"的动物都应怀疑厌氧菌感染。详情请参阅第 89 章厌氧菌感染的细胞学特征和培养特征。松弛性瘫痪（肉毒梭菌），强直性麻痹和牙关紧闭症（破伤风梭菌），以及

皮下气肿等病症都可能是厌氧菌感染引起的。

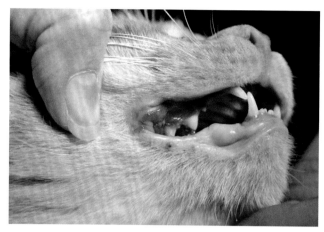

**图 90-1**
一例猫的口炎，可能继发于厌氧菌感染。

改善患病部位的血液和氧气供应是治疗厌氧菌感染的首要目标。抗生素治疗应与引流或清创术同时进行。犬或猫发生脓胸、肺炎、腹膜炎以及与菌血症一致的临床症状时，应采用非胃肠途径给予抗生素治疗数天。治疗厌氧菌感染的药物通常有克林霉素、甲硝唑、头孢菌素类（第一代和第二代）、氯霉素和青霉素 G（见表 90-1 和表 90-3）。类杆菌（*Bacteroides* spp.）通常对氨苄西林和克林霉素耐药，因此，如果用细胞学检查方法在嗜中性粒细胞性渗出液中检测出革兰阴性球杆菌，特别是在口腔中检测出革兰阴性球杆菌时，需用甲硝唑、第一代头孢菌素类药物或阿莫西林克拉维酸进行治疗。由于患病动物往往同时出现厌氧菌和需氧菌感染，所以常采取抗生素联合疗法，尤其是当机体出现危及生命的菌血症时。

# 菌血症和细菌性心内膜炎（BACTEREMIA AND BACTERIAL ENDOCARDITIS）

菌血症分为一过性、间歇性或持续性。日常的牙科问题是引发一过性菌血症的常见原因之一。免疫抑制或病危的动物常常显现间歇性菌血症，其感染原常常来自泌尿系统和胃肠道。持续性菌血症最常伴发于细菌性心内膜炎。菌血症动物表现为间歇性发热、精神沉郁，以及与原发感染器官/系统有关的症状。脓毒症是感染的全身性反应，表现为外周血液循环衰竭（脓毒性休克）。

菌血症动物的血液中常常可以分离到葡萄球菌、

链球菌、肠球菌、弯曲杆菌、大肠杆菌、沙门氏菌、克雷伯氏菌、肠杆菌科细菌、假单胞菌、变形杆菌、巴氏杆菌、梭菌属、梭杆菌属、类杆菌和巴尔通体。细菌性心内膜炎多由金黄色葡萄球菌、大肠杆菌、β溶血性链球菌感染引起。目前巴尔通体被认为是犬猫细菌性心内膜炎和心肌炎的重要病原(见第6章、第7章和第92章)(Sykes等,2006)。

如果引发菌血症或细菌性心内膜炎的细菌来源于胃肠道等多种菌群共生的部位,或如果动物已经出现威胁生命的临床症状,则要采取积极的抗生素治疗,需同时能有效对抗革兰阳性菌、革兰阴性菌、需氧菌和厌氧菌,可以是一种抗生素,或者是多种抗生素联合应用。抗革兰阴性菌的氨基糖苷类或喹诺酮类药物,常与抗革兰阳性菌和厌氧菌的氨苄西林、第一代头孢菌素、甲硝唑或克林霉素等药物联合应用,但最终的选择一般基于细菌的入侵部位而定。第二代和第三代头孢菌素,替卡西林与克拉维酸的联合制剂,以及亚胺培南等,均具有四象限谱(four-quatrant spectrum)的抗菌作用。

无心内膜炎的菌血症动物在使用抗生素治疗时,至少需要连续5~10 d通过静脉输注抗生素,然后根据临床表现和临床病理学变化,逐渐更换为口服给药。需根据细菌培养和药敏试验结果进行口服给药,治疗时间取决于菌血症的病原,通常为数周。

一些文献显示,患有瓣膜性心内膜炎的动物需首先经静脉输注抗生素,至少用药7~14 d,随后皮下给药7~14 d(Calvert和Thomason,2012)。口服给药可持续数月。犬巴尔通体性瓣膜性心内膜炎尚无最佳治疗方案,可采用喹诺酮类药物与其他药物联合治疗,例如多西环素、阿奇霉素、利福平等(见第6章和第92章)。患有巴尔通体性心内膜炎的犬猫可采用阿米卡星治疗5~7 d。对于需氧菌和厌氧菌感染,可在停药1周和4周时复查,监测感染的控制效果。治疗效果良好的巴尔通体病例,血清学监测或培养监测的临床意义不明确(见第92章)。由于感染的心脏瓣膜受到损害,所以发生细菌性心内膜炎的犬猫预后谨慎或不良(见第6章)。

# 中枢神经系统感染
## (CENTRAL NERVOUS SYSTEM INFECTIONS)

氯霉素、磺胺类药物、甲氧苄啶、甲硝唑和喹诺酮类药物都可渗透到中枢神经系统中,因此,当怀疑神经系统发生细菌感染时,应该经验性地选用这些药物进行治疗(见表90-4)。在某些情况下,中枢神经系统会发生厌氧菌感染和立克次体感染(埃利希体和立氏立克次体),这时应把氯霉素作为首选药物。当中枢神经系统存在炎症时,青霉素衍生物、四环素(多西环素)和克林霉素也可以进入脑脊液而发挥作用。克林霉素在正常猫的脑组织中可达到足够浓度,因此可以治疗弓形虫病(见第96章)。磺胺甲氧苄啶和阿奇霉素是治疗弓形虫病的替代药物。目前尚无犬中枢神经系统新孢子虫感染的最佳治疗方案,在急性感染病例中,由于预后不良,可采用克林霉素、磺胺甲氧苄啶、乙胺嘧啶联合治疗。

 **表90-4　犬猫中枢神经系统或肌肉感染的经验性推荐抗生素**

| 综合征或微生物 | 首选抗生素 |
| --- | --- |
| 细菌性脑炎 | 氯霉素类<br>喹诺酮类<br>磺胺甲氧苄啶或甲硝唑 |
| 细菌性中耳炎或内耳炎 | 阿莫西林克拉维酸<br>克林霉素<br>第一代头孢菌素类<br>喹诺酮类<br>氯霉素类 |
| 美洲肝簇虫 | 急性:克林霉素、磺胺甲氧苄啶和乙胺嘧啶<br>慢性:地考喹酯 |
| 犬新孢子虫<br>刚地弓形虫 | 克林霉素、磺胺甲氧苄啶和乙胺嘧啶<br>克林霉素<br>磺胺甲氧苄啶<br>阿奇霉素 |

# 胃肠道和肝脏感染
## (GASTROINTESTINAL TRACT AND HEPATIC INFECTIONS)

口服抗生素常用于治疗小肠内细菌过度生长、肝性脑病、肝胆管炎、肝脏脓肿、拳师犬的结肠炎、螺杆菌感染、弯曲杆菌感染、产气荚膜梭菌感染、贾第虫感染、隐孢子虫感染、囊孢子虫感染、胎儿三毛滴虫感染、刚地弓形虫感染(表90-5)。肠外抗生素治疗常用于犬猫肠道菌群异位或沙门氏菌感染引起的菌血症。美国兽医内科学杂志(American College of Veterinary Internal Medicine)近期刊登了一篇关于犬猫肠道致病性细菌感染的治疗声明(Marks等,2011)。

**表90-5 犬猫肝脏和胃肠道感染的经验性推荐抗生素***

| 感染原 | 首选抗生素 |
|---|---|
| 细菌性肝胆管炎 | 阿莫西林 |
| | 阿莫西林克拉维酸 |
| | 第一代头孢菌素 |
| | 甲硝唑和喹诺酮类（如果是败血性） |
| 弯曲杆菌 | 阿奇霉素 |
| | 红霉素 |
| | 喹诺酮类 |
| 产气荚膜梭菌 | 青霉素衍生物 |
| | 泰乐菌素 |
| | 甲硝唑 |
| 螺杆菌 | 甲硝唑＋阿莫西林 |
| 肝性脑病 | 新霉素 |
| | 氨苄西林 |
| | 甲硝唑 |
| 沙门氏菌† | 氨苄西林或 |
| | 阿莫西林， |
| | 以及喹诺酮类† |
| 小肠细菌过度生长 | 青霉素衍生物 |
| | 甲硝唑 |
| | 泰乐菌素 |

*关于原虫治疗的讨论请参阅正文。
†在治疗菌血症/败血症时，仅通过胃肠道外给药。

甲硝唑对贾第鞭毛虫感染的治疗效果良好，但难以消除病原。一篇报道显示，26例患猫采用甲硝唑苯甲酸盐治疗，按照25 mg/kg的剂量给药，12 h一次，口服，连用7 d后，粪便中未能直接检查到包囊（Scorza等，2004）。这一剂量是甲硝唑的最高剂量，过量使用会造成中枢神经系统毒性，且具有累积效应。芬苯达唑是犬猫最常用的替代药物。非班太尔对犬猫贾第鞭毛虫感染均有效，有些国家已批准用于该病的治疗（Bowman等，2009）。甲硝唑有助于治疗继发性小肠细菌过度生长，也有抗炎作用。罗硝唑可用于猫胎儿三毛滴虫感染的治疗，30 mg/kg，口服，每24 h一次，连用14 d可消除临床症状。不幸的是，最近发现胎儿三毛滴虫对罗硝唑已经产生抗药性。在美国必须到正规药房才能买到罗硝唑。该药也常见中枢神经系统毒性。

一例隐孢子虫感染而出现慢性腹泻的猫采用序贯治疗，先使用克林霉素，卵囊消失后改为泰乐菌素，直至腹泻停止。在控制犬猫隐孢子虫感染及腹泻方面，泰乐菌素（10～15 mg/kg，口服，每12 h一次）疗效显著，但不能完全消除感染。但是，泰乐菌素味道较苦，

给猫服用时需要使用胶囊剂型。治疗可能持续数周。猫自然感染的隐孢子虫病例中，阿奇霉素的应用很广泛（Lappin MR，未公开发表，2012），可以按照每日10 mg/kg剂量给药，口服，至少连用10 d。若治疗有效，可继续给药至少一周，直至临床症状消失。硝唑尼特可用于治疗人的隐孢子虫和贾第鞭毛虫感染，但犬猫会出现呕吐等副作用，且最佳治疗剂量尚不明确。若采用克林霉素、磺胺地托辛、帕托珠利等药物治疗，刚地弓形虫排泄卵囊的时间会缩短。囊孢子虫的治疗药物包括帕托珠利、磺胺嘧啶、其他磺胺类药物和克林霉素等。

产气荚膜梭菌和细菌过度生长时可使用泰乐菌素、甲硝唑、氨苄西林和四环素等药物。弯曲杆菌可使用红霉素治疗，然而，口服阿奇霉素、喹诺酮类和氯霉素等不易引起呕吐。弯曲杆菌和沙门氏菌引起的临床症状通常为自限性的，仅通过营养支持即可自愈，而且由于口服抗生素易产生耐药性，因此，只有在动物出现全身症状（例如发烧）时，才通过肠外给药。治疗沙门氏菌感染的经验性抗生素包括氨苄西林和甲氧苄氨嘧啶，喹诺酮类也可能有效。口服甲硝唑（11～15 mg/kg，PO，q 12 h）、阿莫西林（22 mg/kg，PO，q 12 h）和碱式水杨酸铋混悬液（0.22 mL/kg，PO，q 6～8 h）可有效控制螺杆菌感染，连用3周可消除感染（Jergens等，2009）。拳师犬的大肠杆菌性结肠炎可使用恩诺沙星治疗，剂量为10 mg/kg，q 24 h，口服，连用8周（Marks等，2011）。

在治疗犬猫肠杆菌科细菌感染引起的菌血症时，需肠外给予具有杀灭厌氧菌和革兰阴性菌抗菌谱的抗生素。恩诺沙星和青霉素或甲硝唑联用，效果良好。第二代头孢菌素或亚胺培南也是不错的选择。

一篇关于肝脏感染的报道显示，最常见的细菌为大肠杆菌、肠球菌、链球菌、梭菌和拟杆菌（Wagner等，2007）。肝脏感染伴发菌血症的犬猫，应使用能够杀灭革兰阳性菌、革兰阴性菌和厌氧菌的抗生素，例如阿莫西林克拉维酸、第一代头孢菌素类或甲硝唑；若有败血症的症状，可加上喹诺酮类药物。口服青霉素、甲硝唑或新霉素能降低肠道菌群的数量，进而缓解肝性脑病的临床症状。

# 肌肉骨骼感染 (MUSCULOSKELETAL INFECTIONS)

骨髓炎和椎间盘脊椎炎通常和葡萄球菌、链球菌、

变形杆菌、假单胞菌、大肠杆菌和厌氧菌感染有关。由于第一代头孢菌素、阿莫西林克拉维酸和克林霉素等,具有良好的抗革兰阳性菌和厌氧菌活性,并且能够在骨组织中达到较高的浓度(见表90-4),经验性治疗中,它们常被当作骨骼肌肉组织感染的理想用药。怀疑革兰阴性菌(包括犬布鲁氏菌 Brucella canis)或巴尔通体感染时,应使用喹诺酮类药物治疗。在 X 线检查病变消失后,至少还要继续用抗生素治疗 2 周。由于骨骼感染难以治愈,因此可能需要重复治疗。

犬猫发生脓毒性多关节炎后,可采用与骨髓炎相同的方法进行治疗。如果有可能,尽量消除感染原。嗜吞噬细胞无形体(Anaplasma phagocytophilum)、尤茵埃利希体(E. ewingii)、巴尔通体、伯氏疏螺旋体、埃利希体属、L 型细菌、支原体和立氏立克次体都可引发非脓毒性化脓性多关节炎。细胞学检查有时能从关节液或外周血的白细胞中检测出尤茵埃利希体和嗜吞噬细胞无形体。在细胞学检查方面,这些病原体引发的多关节炎与免疫介导性多关节炎的病征通常非常相似。因此,如果犬患有非败血性化脓性多关节炎,那么在获得进一步的诊断结果之前,可以选用多西环素进行治疗。伯氏疏螺旋体感染可选用阿莫西林治疗,立氏立克次体、支原体和 L 型细菌感染可用氟喹诺酮类药物治疗。巴尔通体则常使用之前讨论过的两种抗生素治疗(见菌血症和细菌性心内膜炎部分)。

刚地弓形虫感染引起的肌肉疾病常用盐酸克林霉素治疗(见表90-4)。虽然很多新孢子虫病患犬以死亡告终,但有些犬经甲氧苄啶-磺胺嘧啶和乙胺嘧啶联合治疗后,或经盐酸克林霉素、甲氧苄啶-磺胺嘧啶和乙胺嘧啶相继治疗后,甚至经克林霉素单独治疗后,能存活下来。对于犬急性美洲肝簇虫感染,联合应用甲氧苄啶-磺胺嘧啶、乙胺嘧啶和克林霉素连续治疗 14 d 可取得很好的疗效;另外,也可用地考喹酯,10~20 mg/kg,每 12 h 用药一次,随食物一同给予患病动物,以此来降低临床复发率,延长患病动物的存活时间。

# 呼吸道感染
## (RESPIRATORY TRACT INFECTIONS)

最近,国际伴侣动物传染病协会(International Society for Companion Animal Infectious Diseases, ISCAID)的抗微生物指南工作组出版了犬猫呼吸道感染的抗微生物药使用指南(Lappin MR, personal communication, 2013)。工作组列出了猫的急、慢性上呼吸道感染,犬细菌性上呼吸道感染综合征(canine infectious respiratory disease syndrome CIRDS),犬猫支气管炎、肺炎和脓胸的首选抗生素(见表90-7)。

大多数浆液性鼻分泌物源自过敏和损伤,抗生素治疗无效。犬猫鼻出血的原因可能局限于鼻腔和鼻窦,例如创伤、异物、肿物和真菌性疾病等,这些情况抗生素治疗也无效。和血管炎有关的疾病也会导致鼻出血,文森巴尔通体(B. vinsonii)、犬埃利希体和立氏立克次体感染最为常见,可采用多西环素治疗。关于这些传染病的诊断和治疗可参见 93 章和 96 章。

大多数黏脓性鼻腔分泌物常见于有上呼吸道症状(例如充血和打喷嚏)的疾病,可见细菌成分。主要的细菌性病原包括支气管败血性博代氏杆菌、猫衣原体(猫)、一些支原体、巴氏杆菌、马兽疫链球菌(犬)等。犬猫大多数细菌性上呼吸道感染继发于异物、病毒感染、牙根脓肿、肿瘤、外伤和真菌感染等其他原发病。这些病例中,呼吸道正常菌群大量繁殖,最终引起感染。常见病原包括巴氏杆菌、葡萄球菌、链球菌、支原体、一些革兰阴性菌和厌氧菌等。由于上呼吸道存在正常菌群,所以很难对这些部位的细菌培养和药敏试验结果做出准确评价,也很难通过 PCR 技术进行诊断。如果可能,应尽量消除原发病因。参见第 14 章呼吸道诊断技术。

对于猫急性细菌性上呼吸道感染和怀疑为细菌感染引起的犬上呼吸道疾病综合征,ISCAID 工作组推荐多西环素的初始治疗剂量为 5 mg/kg 或 10 mg/kg,口服,每 24 h 一次(见表90-7)。如果多西环素无效,备选药物包括阿莫西林克拉维酸或克林霉素(对厌氧菌抗菌谱扩大),也可选用氟喹诺酮类药物(对革兰阴性菌抗菌谱扩大)。在一项关于猫急性上呼吸道感染的调查中,阿奇霉素和阿莫西林的治疗效果无明显差异(Ruch-Gallie, 2008)。首次急性感染病例的治疗周期一般为 7~10 d。

当鼻腔和窦道上皮组织发炎时,正常菌群大量繁殖并引发顽固性炎症。深层感染可能会诱发软骨炎和骨髓炎。如果怀疑患慢性鼻炎的犬和猫有骨软骨炎,且动物对抗生素治疗敏感,至少要坚持治疗 4~6 周,或直到临床症状消失 2 周后再停药。由于氟喹诺酮类具有抗革兰阴性菌的作用,克林霉素具有抗厌氧菌和革兰阴性菌的活性,且能穿透软骨和骨骼,因此,这两种药物均可有效治疗慢性鼻炎。

在微生物培养和药敏试验结果出来之前,ISCAID 工作组推荐采用多西环素治疗犬猫的细菌性支气管炎,而犬猫的非复杂性社区获得性肺炎在确诊之前,可采用多西环素或氟喹诺酮类治疗。如果大型犬使用氟喹诺酮类成本太高,可更换为氯霉素。

与犬肺炎有关的常见细菌包括大肠杆菌、克雷伯氏菌、巴氏杆菌、假单胞菌、支气管败血性博代氏杆菌、链球菌、葡萄球菌、支原体等;猫肺炎的常见分离菌株为博代氏杆菌、巴氏杆菌、支原体等。误吸胃肠内容物是多种细菌混合感染的细菌性肺炎的常见病因。对患有支气管肺炎的犬猫进行细菌培养的典型特征是能从中分离培养出多种细菌。支气管败血性博代氏杆菌、马兽疫链球菌是引发犬猫出现呼吸道疾病的最重要原发病原,其他大多数细菌是在呼吸道受到破坏后才定居繁殖的。如果 X 线检查能看到实变的肺叶,应怀疑为厌氧菌感染。目前尚不清楚支原体是否为犬猫呼吸道疾病的原发病因。猫的嗜衣原体感染并不是下呼吸道感染的常见病因。美国西部一些州曾报道鼠疫耶尔森氏菌能引起猫的肺炎(见第 97 章),氨基糖苷类、四环素衍生物和喹诺酮类药物可有效治疗这种肺炎。

对患有危及生命的细菌性肺炎的犬猫,应收集气管冲洗液或支气管肺泡灌洗液进行分离培养和药敏试验。正如前文所述,如果动物出现菌血症,或 X 线检查发现肺叶实变,就要在菌血症早期选用四象限抗生素,肠外给药。由于喹诺酮类药物和克林霉素均具有较广的抗菌谱、良好的组织穿透性和高效对抗支气管败血性博代氏杆菌的作用,因此,对于肺叶实变的动物,可以将两者合用(见表 90-7)。药敏试验结果出来之后,可根据结果适当调整用药。庆大霉素雾化(将 25～50 mg 庆大霉素溶于 3～5 mL 生理盐水中进行雾化)可能对支气管败血性博代氏杆菌和支原体有效。细菌性肺炎的最佳治疗时间尚不清楚,应至少持续 4 周时间,或在肺炎的临床症状和 X 线异常征象消失后,再继续治疗 1～2 周。

新生儿期、经胎盘或患免疫抑制病时感染刚地弓形虫的犬猫,偶尔会发生肺炎(见第 96 章)。如果怀疑为弓形虫感染,应使用克林霉素或磺胺甲氧苄啶制剂进行治疗,阿奇霉素也可能有效。犬新孢子虫偶尔会引发犬肺炎,需要联合应用克林霉素和磺胺甲氧苄啶。

如果是异物穿透气道或食道管壁进入胸膜腔后形成的脓胸,那么通常要行开胸术,以去除坏死的组织和异物(见第 25 章)。有些时候,细菌会通过血源性传播迁移到胸膜腔,从而引起脓胸,这种脓胸在猫可能经常发生。经胸导管进行胸膜腔灌洗是非异物性脓胸病例的最佳治疗方案。大多数患有脓胸的犬猫都会发生厌氧菌和需氧菌混合感染。如果动物出现脓胸,且同时表现出菌血症的临床症状,应首先对患病动物联合应用克林霉素和氟喹诺酮类药物,然后根据细菌培养、药敏试验结果和临床反应调整用药。治疗时间取决于临床治疗反应,至少每四周监测一次胸部 X 线平片。

## 皮肤和软组织感染
## (SKIN AND SOFT TISSUE INFECTIONS)

假中间葡萄球菌(*Staphylococcus pseudointermedius*)是犬猫脓皮症最常见的病原。深层脓皮症则可由包括各种革兰阴性菌在内的任何病原体感染引发。包括开放性损伤和脓肿在内的大多数软组织感染,常源自口腔需氧菌和厌氧菌的混合感染。表 90-3 中列举了一些推荐用于普通脓皮症和软组织感染的抗菌药物,可根据经验选择。治疗药物一般首选第一代头孢菌素和阿莫西林克拉维酸等广谱抗生素,也可选用苯唑西林和氯唑西林等抑制 $\beta$-内酰胺酶的青霉素类药物。增效磺胺也可用于治疗犬猫浅表脓皮症,但应避免长期用药,因为细菌会很快产生耐药性。氟喹诺酮类常用于革兰阴性菌感染。如果用以上药物治疗无效,则感染可能是由革兰阴性菌、L 型细菌、支原体、分枝杆菌、全身性真菌或申克孢子丝菌引起的,应进行进一步诊断以选择合适的药物。如果前期没有做常规检查,就要对病变组织或脓疱穿刺物进行显微镜检查,从形态学上鉴别与分枝杆菌很相似的孢子丝菌和细菌。对皮肤进行常规外科处理后,采集深层组织病料进行需氧菌、厌氧菌、支原体、真菌和非典型分枝杆菌等的培养(见第 89 章)。

## 泌尿生殖道感染
## (UROGENITAL TRACT INFECTIONS)

国际伴侣动物传染病协会(ISCAID)工作组已经出版了犬猫泌尿道疾病的抗生素治疗指南(Weese 等,2011)。文中推荐,对于犬猫非复杂性泌尿道感染,可

**表 90-6　犬猫骨关节感染的经验性推荐抗生素**

| 器官/感染原 | 首选抗生素 |
| --- | --- |
| **骨骼** | |
| 椎间盘脊椎炎 | 阿莫西林克拉维酸 |
| | 克林霉素 |
| | 第一代头孢菌素 |
| | 氯霉素 |
| | 喹诺酮 |
| 骨髓炎 | 阿莫西林克拉维酸 |
| | 克林霉素 |
| | 第一代头孢菌素 |
| | 氯霉素 |
| | 喹诺酮 |
| **多发性关节炎** | |
| 无形体(嗜吞噬细胞无形体或嗜血小板无形体) | 多西环素 |
| | 氯霉素 |
| 巴尔通体 | 多西环素 |
| | 喹诺酮 |
| | 阿奇霉素 |
| 伯氏疏螺旋体 | 多西环素 |
| | 阿莫西林 |
| 犬埃利希体 | 多西环素 |
| | 氯霉素 |
| | 双脒苯脲 |
| 尤茵埃利希体 | 多西环素 |
| L 型细菌或支原体 | 多西环素 |
| | 喹诺酮 |
| | 氯霉素 |
| 立氏立克次体 | 多西环素 |
| | 喹诺酮 |
| | 氯霉素 |

选用阿莫西林或 trimethoprim-sulfa;对于复杂性泌尿道感染,在细菌培养和药敏试验结果出来之前,也需要先选用阿莫西林或 trimethoprim-sulfa。犬猫简单泌尿道感染需治疗 7～14 d。最近的研究则显示,短期治疗也可能有很好的疗效。例如,一项研究显示,对于简单的泌尿道感染患犬,连用 3 d 恩诺沙星(18～20 mg/kg,PO,q 24 h)和连用 2 周阿莫西林克拉维酸(13.75～25 mg/kg,PO,q 12 h)后,尿液细菌培养的结果高度一致(Westropp 等,2012)。若仅仅是单纯的泌尿道感染,采用处方药治疗,临床症状消失后无须重复培养(Weese 等,2011)。而对于复杂性泌尿道感染,应至少连用 4 周抗生素,且需要进行临床监测、尿液微生物培养及药敏试验(通常在停药 5 d 后重复培养)。

即使没有进行进一步诊断,所有氮质血症的犬猫均应当作肾盂肾炎来对待,国际伴侣动物传染病协会(ISCAID)工作组推荐初期采用氟喹诺酮类药物,然后根据药敏试验结果调整用药。若怀疑为钩端螺旋体感染,则应经静脉给予氨苄西林,然后调整为多西环素,力争在肾脏携带期消除病原(见第 92 章)。如果肾脏灌注不良,不能使用四环素类(多西环素除外)和氨基糖苷类药物。氟喹诺酮类药物和头孢菌素类药物也应适当减少剂量、延长用药间隔。可根据血清肌酐浓度与健康动物血清肌酐浓度的比值计算抗生素用量。平均正常肌酐浓度与病患的肌酐浓度相除得出的值,乘以当前用药剂量,即为推荐用药剂量。病例的肌酐浓度与平均正常肌酐浓度相除得出的值,乘以当前用药间隔时间,即为推荐的用药间隔。肾盂肾炎、其他慢性复杂性泌尿道感染病例,应至少连续治疗 6 周。给药期间,应在第 7 天、第 28 天进行尿液检查、培养和药敏试验。有些感染难以被完全清除,需要采用脉冲式或连续抗生素疗法进行治疗。

尿路感染患犬也可能会发生支原体和脲原体感染。如果青霉素衍生物、头孢菌素和磺胺甲氧苄啶治疗无效,则需进一步检查。如果一定要根据经验治疗,则可以尝试采用氯霉素、多西环素或喹诺酮类药物。

大多数细菌性前列腺感染的病原为革兰阴性菌。在急性前列腺炎中,由于存在炎症,几乎所有的抗生素都能很好地透入前列腺。磺胺类(trimethoprim-sulfa)和兽用氟喹诺酮类药物疗效良好。一旦发展为慢性前列腺炎,在血液-前列腺屏障重建后,酸性前列腺液只允许碱性抗生素($pK_a$<7)很好地透入前列腺组织中(见表 90-8)。由于氯霉素脂溶性很高,故它可以很好地透入前列腺组织中。对于急性前列腺炎病例,在用药初期,青霉素和第一代头孢菌素等酸性抗生素药物能很好地透入前列腺组织,虽能减轻临床症状,但并不能消除感染,这就容易诱发慢性细菌性前列腺炎和前列腺脓肿。鉴于这个原因,应禁止使用青霉素和第一代头孢菌素治疗公犬的尿道感染。大多数慢性前列腺炎的分离菌株对磺胺类和氟喹诺酮类药物敏感,抗生素治疗至少要持续 6 周,且在接受抗生素治疗的第 7 天和第 28 天应进行尿液和前列腺液的细菌培养。

犬布鲁氏菌导致犬出现一系列临床症状,包括附睾炎、睾丸炎、子宫内膜炎、死胎、流产、椎间盘脊椎炎和眼葡萄膜炎。卵巢子宫切除术或去势术可减少病菌对人类环境的污染(见 97 章关于人兽共患病的讨论)。

长期抗生素治疗通常不能彻底清除病菌（Wanke et al，2006）。有些犬虽然布鲁氏菌抗体检测阴性，但仍能从组织中培养出致病菌。可使用多种抗生素（见表90-8）对犬布鲁氏菌病进行治疗，但在开始治疗前，应详尽告知主人本病的人兽共患风险。

阴道炎通常由疱疹病毒感染、尿道感染、异物、外阴或阴道异常、外阴或阴道团块和尿失禁等多种原发病，导致正常菌群过度繁殖而引起。在去除原发病因的同时，采用包括阿莫西林、磺胺甲氧苄啶、第一代头孢菌素、四环素类衍生物和氯霉素在内的广谱抗生素进行治疗，可有效解决犬猫因菌群过度生长引发的细菌性阴道炎。因为支原体和脲原体是阴道正常菌群的组成部分，所以，实际上，它们不可能引发相关临床疾病，而且细菌培养阳性也不能证明疾病由该微生物引起（见第92章）。因此，无症状犬阴道培养阳性（犬布鲁氏菌除外）没有明显的临床意义。

所有发生子宫积脓的犬猫都必须实施卵巢子宫切除术或子宫引流，抗生素治疗用于常并发的菌血症（例如大肠杆菌和厌氧菌）。出现菌血症和败血症等临床症状的动物应选用四象限抗生素（表90-5）疗法。在等待细菌培养和药敏试验结果期间，根据经验可选择增效磺胺或阿莫西林克拉维酸等能有效杀灭大肠杆菌的广谱抗生素进行治疗。增效磺胺类和喹诺酮类药物通常对治疗大肠杆菌感染有效，但在控制体内厌氧菌感染方面不如其他抗生素有效。

氨苄西林、阿莫西林和第一代头孢菌素药物能在乳汁中达到很好的药物浓度，而且对新生动物相对安全，因此，可用于乳腺炎的治疗。由于氯霉素、喹诺酮类药物和四环素类药物对幼龄动物可能具有毒害作用，应避免将其用于幼龄动物。

 **表90-7 犬猫呼吸道感染时的经验性推荐抗生素**

| 器官系统或感染原 | 首选抗生素 |
|---|---|
| 猫急性细菌性URI | 多西环素<br>阿莫西林 |
| 猫慢性细菌性URI | 多西环素<br>氟喹诺酮类<br>根据培养和药敏试验结果选择合适的抗生素 |
| 犬传染性呼吸道疾病（细菌性） | 多西环素<br>根据培养和药敏试验结果选择合适的抗生素 |
| 细菌性支气管炎（犬、猫） | 多西环素<br>根据培养和药敏试验结果选择合适的抗生素 |
| 非复杂性社区获得性肺炎 | 多西环素<br>氟喹诺酮类 |
| 肺炎伴有败血性临床表现* | 恩诺沙星[†]和阿莫西林、阿莫西林舒巴坦、第一代头孢菌素类、克林霉素或甲硝唑，并根据培养和药敏试验结果选择合适的抗生素 |
| 肺炎伴肺实变* | 恩诺沙星[†]和克林霉素[‡]，并根据培养和药敏试验结果选择合适的抗生素 |
| 不明原因肺炎* | 恩诺沙星[†]和克林霉素[‡]，并根据培养和药敏试验结果选择合适的抗生素 |
| 脓胸（犬或猫）* | 恩诺沙星[†]和克林霉素[‡]，并根据培养和药敏试验结果选择合适的抗生素 |

\* 患有威胁生命的疾病，ISCAID工作组一致推荐根据细菌培养和药敏试验结果，采用双药疗法，缩小治疗范围（Lappin MR, personal communication, 2013）。

[†]恩诺沙星是一种兽药，经胃肠外途径给药，对革兰阴性菌和支原体的抗菌活性强，因此应用非常广泛。根据药敏试验结果，也可选择其他对革兰阴性菌有较强抗菌活性的广谱抗生素（见本章正文）。

[‡]克林霉素对厌氧菌有较强的抗菌活性，可杀灭能引起间质性肺炎的原虫，而且其组织渗透性较强，因此，ISCAID工作组推荐采用该药治疗。

**表 90-8 犬猫泌尿生殖道感染时的经验性推荐抗生素**

| 综合征或感染原 | 首选抗生素 |
| --- | --- |
| 需氧菌感染(非复杂性感染) | 阿莫西林<br>阿莫西林克拉维酸<br>磺胺甲氧苄啶 |
| 厌氧菌感染(复杂性感染) | 阿莫西林、阿莫西林克拉维酸、磺胺甲氧苄啶,并根据培养和药敏试验结果选择合适的抗生素 |
| 犬布鲁氏菌 | 单独使用喹诺酮类<br>米诺环素或多西环素和喹诺酮类交叉用药,每两周一个循环 |
| 钩端螺旋体 | 急性期采用青霉素 G 或氨苄西林(IV),急性期后采用多西环素,清除肾脏携带的病原 |
| 乳腺炎 | 第一代头孢菌素<br>阿莫西林<br>阿莫西林克拉维酸 |
| 支原体或脲原体属 | 多西环素<br>喹诺酮类 |
| 前列腺炎(革兰阴性菌) | 磺胺甲氧苄啶或喹诺酮类,并根据培养和药敏试验结果选择合适的抗生素 |
| 前列腺炎(革兰阳性菌) | 克林霉素,并根据培养和药敏试验结果选择合适的抗生素 |
| 肾盂肾炎 | 氟喹诺酮类,并根据培养和药敏试验结果选择合适的抗生素 |
| 子宫积脓 | 磺胺甲氧苄啶,若出现败血症的征象,联合使用喹诺酮类和阿莫西林克拉维酸根据培养和药敏试验结果选择合适的抗生素 |

IV,静脉注射。

◆推荐阅读

Bowman DD et al: Treatment of naturally occurring, asymptomatic *Giardia* sp. in dogs with Drontal Plus flavour tablets, *Parasitol Res* 105(Suppl 1):S125, 2009.

Brady CA et al: Severe sepsis in cats: 29 cases (1986-1998), *J Am Vet Med Assoc* 217:531, 2000.

Breitschwerdt EB et al: Clinicopathological abnormalities and treatment response in 24 dogs seroreactive to *Bartonella vinsonii (berkhoffii)* antigens, *J Am Anim Hosp Assoc* 40:92, 2004.

Calvert CA, Thomason JD: Cardiovascular infections. In Greene CE, editors: *Infectious diseases of the dog and cat*, ed 4, St Louis, 2012, Elsevier, p 912.

Chandler JC et al: Mycoplasmal respiratory infections in small animals: 17 cases (1988-1999), *J Am Anim Hosp Assoc* 38:111, 2002.

Erles K, Brownlie J: Canine respiratory coronavirus: an emerging pathogen in the canine infectious respiratory disease complex, *Vet Clin North Am Small Anim Pract* 38:815, 2008.

Fenimore A et al: *Bartonella* spp. DNA in cardiac tissues from dogs in Colorado and Wyoming, *J Vet Intern Med* 25:613, 2011.

Freitag T et al: Antibiotic sensitivity profiles do not reliably distinguish relapsing or persisting infections from reinfections in cats with chronic renal failure and multiple diagnoses of *Escherichia coli* urinary tract infection, *J Vet Intern Med* 20:245, 2006.

Greiner M et al: Bacteraemia and antimicrobial susceptibility in dogs, *Vet Rec* 160:529, 2007.

Jang SS et al: Organisms isolated from dogs and cats with anaerobic infections and susceptibility to selected antimicrobial agents, *J Am Vet Med Assoc* 210:1610, 1997.

Jergens AE et al: Fluorescence in situ hybridization confirms clearance of visible *Helicobacter* spp. associated with gastritis in dogs and cats, *J Vet Intern Med* 23:16, 2009.

Johnson JR et al: Assessment of infectious organisms associated with chronic rhinosinusitis in cats, *J Am Vet Med Assoc* 227:579, 2005.

Marks SL et al: Enteropathogenic bacteria in dogs and cats: diagnosis, epidemiology, treatment, and control, *J Vet Intern Med* 25:1195, 2011.

Perez C et al: Successful treatment of *Bartonella henselae* endocarditis in a cat, *J Feline Med Surg* 12:483, 2010.

Radhakrishnan A et al: Community-acquired infectious pneumonia in puppies: 65 cases (1993-2002), *J Am Vet Med Assoc* 230:1493, 2007.

Ruch-Gallie RA et al: Efficacy of amoxicillin and azithromycin for the empirical treatment of shelter cats with suspected bacterial upper respiratory infections, *J Feline Med Surg* 10:542, 2008.

Scorza V, Lappin MR: Metronidazole for treatment of giardiasis in cats, *J Fel Med Surg* 6:157, 2004.

Sykes JE et al: Evaluation of the relationship between causative organisms and clinical characteristics of infective endocarditis in dogs: 71 cases (1992-2005), *J Am Vet Med Assoc* 228:1723, 2006.

Sykes JE et al: 2010 ACVIM small animal consensus statement on leptospirosis: diagnosis, epidemiology, treatment, and prevention, *J Vet Intern Med* 25:1, 2011.

Ulgen M et al: Urinary tract infections due to *Mycoplasma canis* in dogs, *J Vet Med A Physiol Pathol Clin Med* 53:379, 2006.

Wagner KA et al: Bacterial culture results from liver, gallbladder, or bile in 248 dogs and cats evaluated for hepatobiliary disease: 1998-2003, *J Vet Intern Med* 21:417, 2007.

Walker AL et al: Bacteria associated with pyothorax of dogs and cats: 98 cases (1989-1998), *J Am Vet Med Assoc* 216:359, 2000.

Wanke MM et al: Use of enrofloxacin in the treatment of canine brucellosis in a dog kennel (clinical trial), *Theriogenology* 66:1573, 2006.

Weese JS et al: Antimicrobial use guidelines for treatment of urinary tract disease in dogs and cats: Working Group of the International Society for Companion Animal Infectious Diseases, *Vet Med Int* 263768:1, 2011.

Westropp JL et al: Evaluation of the efficacy and safety of high dose short duration enrofloxacin treatment regimen for uncomplicated urinary tract infections in dogs, *J Vet Intern Med* 26:506, 2012.

# 第 91 章

# 传染病的预防
## Prevention of Infectious Diseases

对于传染病，预防优于治疗，而避免接触传染源是预防传染病的最佳途径。犬猫的绝大多数传染性病原体通过粪便、呼吸道分泌物、生殖道分泌物或尿液传播，部分通过咬伤、抓伤、与传播媒介或贮存宿主接触传播，也有一些通过与无临床症状的感染动物的直接接触传播，例如猫疱疹病毒Ⅰ型、支气管败血性博代氏杆菌和犬流感病毒。许多传染性病原体对环境有一定的抵抗力，并能通过接触被污染的环境（污染物）传播。由于一些人兽共患病（例如鼠疫和狂犬病等）可危及生命，避免传染性病原体在动物之间转移极为重要（见97章）。预防传染病首先要识别与传染性病原体有关的风险因素。兽医应该尽量了解每种传染性病原体的生物学特征，以便给动物主人和工作人员提供最佳的预防对策。

部分传染性病原体的疫苗可以预防感染或在传染病暴发时减轻临床症状。然而不是所有疫苗都有良好的免疫效果，且并非所有病原体都有相应的疫苗，有的甚至会对机体产生严重的副作用，因此，当制定医疗预防方案时，首先应制定健全的生物安全规程，防止动物接触传染性病原体。

## 小动物医院生物安全规程
### (BIOSECURITY PROCEDURES FOR SMALL ANIMAL HOSPITALS)

大多数医源性（医院的）感染可以按照简明生物安全指南进行预防（框91-1）。下面介绍用于小动物医院传染病控制的常规指南。本规程参照美国科罗拉多州立大学兽医中心的规程制定（http://csuvets.colostate.edu/biosecurity）。

---

**框 91-1　医院常规生物安全指南**

- 每次接触动物前后都要洗手。
- 当进行人兽共患传染病的鉴别诊断时，应戴手套操作。
- 若手或手套被污染，应尽量避免接触动物医院物品（仪器设备、病历、门把手等）。
- 在接触患病动物时，一定要外穿罩衫或清洁服等防护外衣。
- 当防护外衣被粪便、分泌物或渗出物污染时应及时更换。
- 怀疑患有传染病的动物使用过的设备（听诊器、温度计、绷带剪等）应逐一清洗和消毒。
- 检查台、笼子和水槽使用后都应进行清洗和消毒。
- 盛放垫料的砂盆和盘子每次用后都要清洗和消毒。
- 入院时，疑似感染传染病的动物应立即放入检查室或转入隔离区。
- 如果条件允许，疑似感染传染病的动物按门诊病例进行治疗。
- 疑似感染传染病动物如果需要使用外科设备和X光设备等常规医疗设备，应尽量将其安排在当日最后检查。
- 避免在动物护理场所饮水或食用液体食物。

## 常规生物安全指南
### (GENERAL BIOSECURITY GUIDELINES)

在医院环境中，被污染的手是传染病最常见的传染源。接触病例的工作人员应将指甲剪短。在护理每个动物前后都应按照如下步骤洗手：拿一干净的纸巾，隔着纸巾打开水龙头，用含抗菌剂的肥皂洗手30 s，确保将指甲缝隙清洗干净，彻底冲洗并用纸巾擦干手，然后隔着纸巾关闭水龙头。应鼓励使用含有抗菌剂的洗液洗手。医务人员不能用污染的手或手套接触患病动物、动物主人、食物、门把手、抽屉和橱柜拉手及里面的东西，设备或病历。

在接触和护理患病动物时，所有员工都要穿罩衫或清洁服之类的外衣。鞋子应进行防护，并保持干净且易清洗。医护人员至少准备两套外衣,以便在被粪便、分泌物或渗出物污染时及时更换。听诊器、光笔、温度计、绷带剪、牵引绳、叩诊锤和剪刀的刀刃等都有可能被污染,故每次用于传染病可疑动物后都要立即进行清洗和消毒。在动物医院应该使用一次性的温度计套或一次性温度计。

为避免传染病在人和动物之间传播,禁止在护理动物的场所进食或饮水。无论患传染病个体动物的状况如何,对动物进行检查和治疗的所有场所都要清洗和消毒。

## 病例评估
### (PATIENT EVALUATION)

传染病的预防工作从前台工作人员开始。应对医务人员进行培训,使其在医院内就可根据主诉识别传染性病原体。患有胃肠道疾病和呼吸道疾病的动物最具传染性。所有发生小肠性腹泻或大肠性腹泻的犬猫,不管是急性还是慢性综合征,都应怀疑其患有传染性胃肠道疾病。所有表现打喷嚏(特别是那些眼鼻有化脓性分泌物的)或咳嗽(特别是剧烈咳嗽)症状的犬猫,都应该怀疑其患有传染性呼吸道疾病。有急性疾病或发热的犬猫患传染性疾病的可能性更高,特别是来自繁育场、寄宿所或动物保护协会等拥挤环境的动物。

前台工作人员应在医院记录上明确标出因胃肠道疾病或呼吸道疾病而来就诊的病例。要想在登记入院前就弄清主诉情况,最好在停车场开始登记就诊动物,以确定其患传染病的风险。如果怀疑动物患有传染性胃肠道疾病或呼吸道疾病,应将其转移(例如,限制其随意走动)到检查室或隔离设备中进行检查。如果患有急性胃肠道疾病或呼吸道疾病的动物直接来到前台,前台工作人员应该迅速联系接诊医师、技师或学生,相互配合,将患病动物转移到检查室,以最大限度地降低对医院的污染。如果可能,对怀疑患有传染病的动物按门诊病例进行治疗。如果动物需要住院治疗,最好用推车以最短的路线将动物转移到专门病房,以降低对医院的污染。被潜在病原污染的工作人员接触过的推车和医院其他物品(包括检查台和门把手),都要立即清洗和消毒(参照基本消毒程序)。

## 住院病例
### (HOSPITALIZED PATIENTS)

如果可能,所有怀疑患有沙门氏菌、弯曲杆菌、细小病毒感染、窝咳综合征、急性猫上呼吸道疾病综合征、狂犬病或鼠疫等传染病的动物,都应饲养在医院的隔离区内。应尽量减少进入隔离区工作人员的数量。进入隔离区时,应把外衣脱在外面,穿外科靴或其他一次性鞋套,并在出口处设置盛有消毒剂的足浴池,供离开隔离区时消毒用。隔离区的门应向里开,进入隔离区应穿上一次性大褂(或用于护理病例的罩衫),戴一次性橡胶手套,护理患鼠疫的猫时应戴手术口罩,避免被咬。在隔离区内,应使用单独的医疗设备和消毒剂。

所有取自怀疑或确诊患传染病的动物的病料,在送往临床病理实验室或诊断实验室时,都应按如下所述明确标记。用压舌板或戴手套取粪便类病料,将其放入带螺旋盖的塑料杯中,将杯子放在洁净的地方,用戴手套的洁净手将盖子拧紧。摘掉手套,将杯子放入另一个袋子中,在袋子上清楚标明所怀疑的传染病病名。对袋子的外表面消毒后,将其移出隔离区。

隔离区内用过的一次性材料应装入塑料袋中,在用消毒剂对袋子的外表面进行喷雾消毒处理后再移出隔离区。护理完患病动物后,及时清洗和消毒受污染的设备和各种台面,同时弃掉污染的外衣和鞋套,之后清洗双手。砂盆和盘子用清洁剂彻底清洗后,再送回供应中心。最佳做法是,先把需要送还供应中心的外衣和设备放入塑料袋中,在袋子表面喷洒消毒剂,然后将其送往供应中心。如果可能,尽量将患有传染病的动物使用外科设备和X线检查设备等常规医疗设备的时间安排在当日最后,污染区域消毒处理后方可让其他动物使用。动物出院时,应尽可能通过最短的路线到达停车场。

有些患有传染病的动物可以在综合医院寄宿处,或配备专门治疗技术的治疗室接受治疗。例如,不要将FeLV阳性猫或FIV阳性猫放在隔离区内饲养,如果可能,避免让其接触其他感染原。因为这两种病毒都不会通过飞沫传播,患有这些传染病的猫可与其他猫在距离很近的场所饲养。要对笼具进行适当标记,装传染病猫的笼具,不能放在血清阴性猫的笼具旁边或上边。另外,感染猫和未感染猫不能直接接触,也不能共用猫砂盆或餐具。

## 基本消毒程序
## (BASIC DISINFECTION PROTOCOLS)

为减少传染病的潜在传播，住院动物不能随意更换笼子。清洁是有效消毒的关键。粪便、尿、血液、渗出物或呼吸道分泌物污染的笼具垫纸和盘子应及时清理，放入医疗专用垃圾箱中。大量粪样也要放进垃圾箱中。

许多病原体对消毒剂有抵抗力，或需长时间消毒才能将其灭活(Greene，2012)。要用消毒剂彻底打湿被污染的笼子、地板、墙壁、天花板、房门、门锁表面，然后用干净的纸巾或拖把擦干。如果可能，应让消毒剂在被污染物的表面作用 10～15 min，特别是当确定仍有病原体存在时。污染的纸巾应放入医疗专用垃圾箱中。如果怀疑有传染病，垃圾袋应密封好，表面用消毒剂消毒后处理。

清洗检查室中被污染的各个物体表面，以去除毛发、血液、粪便和渗出物。检查台面、工作台面、地面、消毒罐的盖子和水龙头，都要用消毒剂浸透并作用 10 min，然后用纸巾将消毒剂擦干，用过的纸巾放入医疗专用垃圾箱中。地面上的尿液和粪便用纸巾包起，擦干，放入医疗专用垃圾箱中，然后用消毒剂泡过的拖把将地面拖洗干净。

相对来说，消毒剂可以很好地杀灭环境中的病毒和细菌，但是，需要高浓度和长时间作用才能杀灭寄生虫虫卵、包囊和卵囊。清洁是降低这些病原体医源性感染的关键，清洁剂或蒸气清洗可灭活大多数病原体。砂盆和餐盘应该用清洁剂和开水进行彻底清洗。

## 动物生物安全规程
## (BIOSECURITY PROCEDURES FOR CLIENTS)

将动物饲养在人类生活的室内环境中，避免其接触其他动物、传染媒介和带菌体，这是预防传染病的最佳方法。有些传染性病原体通过带菌者、转续宿主或转运宿主，被动物主人携带进入家庭环境。尽管大多数传染病既能发生于免疫受损动物，又能发生于具有免疫活性的动物，但在临床中，免疫受损动物感染后引发的疾病通常更为严重。幼犬、幼猫、老龄动物、虚弱动物、患免疫抑制病(例如，肾上腺皮质功能亢进、糖尿病)动物、并发传染病动物、用糖皮质激素类药物或细胞毒素剂治疗的动物，均是免疫受损动物。在这一群体中，由于患病动物易感性增加，避免其接触传染性病原体就显得特别重要。免疫受损动物可能无法对免疫刺激产生适当的免疫应答。感染传染病的动物可能具有集中性，犬窝、动物医院、犬展、猫展和人群聚集的场所等地方，接触传染性病原体的可能性比较大，应避免带动物前往。公园等场所是能在环境中长时间存活的传染性病原体的聚集地，细小病毒和肠道寄生虫就是最经典的例子。动物主人应尽量避免将不明情况的新来动物带入家中，并与自己的宠物一同生活，需等兽医对其做完传染病风险评定后，再决定是否将其带回家。如果宠物主人与家外的动物有过接触，回家后应先洗手再触摸自己的宠物。动物主人应向兽医咨询免疫程序相关知识，以及其他用于单个病例疾病预防治疗的知识。跳蚤、蜱虫和心丝虫的预防是最重要的，还要重视蛔虫和钩虫的预防。

## 免疫程序
## (VACCINATION PROTOCOLS)

## 疫苗类型
## (VACCINE TYPES)

疫苗可有效预防或控制犬猫的一些传染病。疫苗能刺激机体产生体液、黏膜、细胞介导的免疫应答。巨噬细胞递呈抗原，引起体液免疫应答，以 B 淋巴细胞和浆细胞产生 IgM、IgG、IgA 和 IgE 抗体为特征。抗体与病原体或其毒素结合后，通过促进凝集反应(病毒)、增强吞噬作用(调理作用)、中和毒素、阻断细胞表面的连接、激活补体级联反应和抗体依赖性细胞介导的细胞毒作用，来预防感染或疾病。病原体处于细胞外复制或毒素产生期间，抗体应答是控制传染性病原体最有效的方法。细胞介导性免疫应答主要由 T 淋巴细胞介导。抗原特异性 T 淋巴细胞能消灭传染性病原体，或通过产生能刺激巨噬细胞、嗜中性粒细胞和自然杀伤细胞等其他白细胞的细胞因子，来介导消灭病原体。细胞介导性免疫可控制大多数与细胞感染有关的传染病。

目前，犬猫商业化疫苗有弱毒(减毒活)疫苗、活毒疫苗(重组活载体疫苗)或灭活疫苗[病毒灭活苗、细菌(毒素)灭活苗和亚单位疫苗]。

弱毒苗含有的抗原量通常较少，几乎不需要佐剂，但能有效激活宿主的免疫反应。此类疫苗可以局部给药(例如,支气管败血性博代氏杆菌滴鼻弱毒苗)或肠外给药(例如,改良犬瘟热弱毒苗)。基因重组活载体疫苗是把编码病原体抗原的特异性 DNA 片段,插入能够作为疫苗在宿主体内进行复制的非致病性微生物(载体)的基因组中,当载体在宿主体内复制时,插入的病原体的免疫原性成分被随之表达,最终刺激机体产生特异性免疫应答。因为载体疫苗是活疫苗,并且能在宿主体内复制,所以不需免疫佐剂和高抗原量。由于只把传染性病原体的部分 DNA 插入疫苗中,载体疫苗不会出现偶尔发生在弱毒苗毒力返强到亲代株的情况。只有接种到动物体内不引起疾病的载体才可用于构建载体疫苗。这种疫苗的另外一种优势是它能克服母源抗体的灭活作用。

灭活苗包括病毒灭活苗、细菌(菌素)灭活苗和亚单位苗。一般来说,灭活苗不能在宿主体内增殖,因此只有所含抗原量比弱毒苗高,才能刺激机体产生免疫应答。除非加入适当的免疫佐剂,否则,灭活苗刺激机体产生的免疫应答强度和持续时间都低于弱毒苗。免疫佐剂通过刺激巨噬细胞摄取抗原,并将其递呈给淋巴细胞,从而提高机体的免疫应答。虽然传统的免疫佐剂会引起有害的免疫反应,新一代佐剂引发的炎症反应更为轻微。亚单位苗优于用全微生物作免疫原的灭活疫苗,因为亚单位苗仅使用微生物具有免疫原性的部分,降低了疫苗的潜在不良反应。然而,单一抗原可能无法引发足够的保护力(如猫杯状病毒)。天然核酸疫苗和基因缺失疫苗目前正在接受相关评估。

## 疫苗选择
(VACCINE SLECTION)

犬猫最佳疫苗的选择比较复杂。很多针对多种传染病因子的多联疫苗都有效,但是,关于不同疫苗产品效力比较研究的文献很少。对于某种特定的传染病,并非所有疫苗产品的保护作用都旗鼓相当。针对同一抗原,兽医需要做出活疫苗与灭活疫苗的选择。有些疫苗滴鼻免疫,有些疫苗经胃肠外免疫。并非任何情况下所有疫苗对某种特定的传染病都有可比性。免疫保护持续期的研究和阻断多种野毒株感染的疫苗效力评估研究,并不适用于所有的单一产品。当评定新疫苗时,临床医师应索要有关该疫苗免疫效果、攻毒保护性试验、免疫持续期研究、有害反应和交叉保护力等方面的信息资料。兽医杂志和继续教育会议上经常展开

有关疫苗问题的讨论,这些都是当前极好的疫苗信息资源。

并非所有的犬猫都需要接种全部疫苗。疫苗并非无害,只有在需要时才能接种。此外,还应考虑接种疫苗的类型和接种途径。在确定疫苗接种最佳方案之前,要与每个动物主人讨论疫苗接种的意义、风险和成本评估等问题。例如,猫白血病病毒在宿主体外只能存活数分钟,这样,动物主人不太可能把这种活病毒带回家中,因此,室内养的猫不大可能与猫白血病病毒接触。

接种疫苗之前,应当对影响动物机体对疫苗产生免疫应答能力的因素、接种疫苗是否对机体有害等问题进行评估(见框 91-2)。体温过低动物的 T 淋巴细胞和巨噬细胞的功能较弱,不能对疫苗刺激产生预期的免疫应答。体温超过 39.7℃ 的犬对犬瘟热病毒疫苗的免疫应答较弱,其他疫苗也会出现同样情况。免疫被抑制的动物,包括猫白血病病毒感染、猫免疫缺陷病毒感染、犬细小病毒感染、犬埃利希体感染和患有消耗性疾病(debilitating disease)的动物,也不能对疫苗刺激产生预期的免疫应答,而且改良活疫苗(modified-live vaccines)偶尔还会诱导这些动物发生疾病。

 **框 91-2　疫苗免疫失败的可能原因**

- 疫苗中的抗原没有刺激机体产生保护性免疫应答反应(体液免疫、细胞免疫)。
- 动物接触了致病微生物的野毒株,疫苗未能起到保护作用。
- 随着时间的流逝,当接触病原体时,疫苗诱导的免疫应答已经减弱。
- 接触抗原的程度大大超出疫苗诱导的免疫应答的能力。
- 疫苗的处理或疫苗接种操作不当。
- 动物接种疫苗时,其体内已有致病微生物潜伏。
- 由于免疫抑制,动物机体不能产生有效的免疫应答。
- 由于体温过低或发热,动物机体不能产生有效的免疫应答。
- 动物体内的母源抗体削弱了机体对疫苗的免疫应答。
- 改良活疫苗(modified-live product)诱导动物发生疾病。

如果体内有较高水平的特异性抗体存在,疫苗的效力就会减弱。给免疫状况良好的动物产下的幼崽接种疫苗时,需要着重考虑是否存在特异性抗体。如果接种疫苗的幼猫和幼犬已经发生感染,或者疾病正处于潜伏期,接种后则可能会发病。疫苗可因操作不当而失效。处于麻醉状态的动物不能接种疫苗,因为此时接种,疫苗的效力会降低,而且,麻醉还会掩盖动物

的不良反应。

任何疫苗均可能出现副作用,但在犬猫中并不常见。一项样本量超过 120 万只犬的研究显示,每10 000 例接种疫苗的犬中,大约 38.2 只在接种后 3 d内会出现不良反应(Moore 等,2005)。另外一项样本量达 496 189 只猫的研究显示,每 10 000 例接种疫苗的猫中,大约 51.6 只会在接种后 30 d 内出现不良反应(Moore 等,2007)。有些猫在注射疫苗后可能会出现疫苗相关肉瘤,从而有生命危险。这些肉瘤在接种活疫苗和灭活疫苗后均可发生(Dyer 等,2008)。迄今为止,大量研究试图寻找出不同类型的疫苗或产品与肉瘤之间的相关性,结果却不尽相同(Kass 等,2003;Srivastav 等,2012)。其他药物或物质也会引起注射部位肉瘤,这些物质包括驱虫药、长效糖皮质激素、美洛昔康、顺铂、抗生素和芯片等。肿瘤形成可能跟遗传倾向有关,但 P53 基因检测不能用于最终确诊(Banerji 等,2007;Muncha 等,2012)。为避免形成注射部位肉瘤,最新推荐的最佳方案是:当某种药物只有注射这一种给药途径时,才进行注射(即尽量避免注射这种给药方式)。注射疫苗时,根据推荐间隔的上限进行免疫。鼻内接种能引起短暂的喷嚏或咳嗽。经细胞培养病毒制备的疫苗能刺激猫机体产生抗体,该抗体能与猫肾脏组织产生交叉反应(Lappin 等,2005),一些过敏体质的猫还会发展成淋巴细胞-浆细胞性间质性肾炎(Lappin 等,2006b)。免疫显性细胞系抗原经胃肠外给药后,其 α-烯醇酶会被识别,这种现象见于所有哺乳动物的细胞(Whittemore 等,2010)。在人的免疫介导性疾病(包括肾炎)中,抗烯醇酶抗体是一种标记物,但在猫的肾炎中,抗烯醇酶抗体(不管是自然产生的还是免疫诱导产生的)和肾炎之间的关系尚且不明。

可疑的疫苗副反应均应被报道。对已证实患有免疫介导性疾病的动物,例如患免疫介导性多关节炎、免疫介导性溶血性贫血、免疫介导性血小板减少症、免疫介导性肾小球性肾炎、免疫介导性多发性神经根性神经炎等动物,接种任何疫苗都值得商榷,因为免疫刺激可能会加重这些疾病。然而,需要跟主人介绍这些疫苗可能产生的后果。

一些病原,例如犬瘟热病毒、犬细小病毒、猫泛白细胞减少症病毒(FPV)、猫冠状病毒(FCV)和疱疹病毒 I 型(FHV-1),对动物攻毒后,血清学检查结果和疾病抵抗力之间有一定关系。已经有相关研究总结了血清学检查的利弊(Moore 等,2004)。对于部分犬猫,

如果已经过参考实验室或试剂盒确认,则可接种疫苗(Lappin 等,2002)。例如,假设之前免疫过的动物产生了疫苗反应,仍然有感染风险,再次接种前可以采用血清学检查进行评估。一般来说,阳性预测值较好(例如,阳性预测值通常提示攻毒后机体有抵抗力)。

## 猫的免疫程序 (VACCINATION PROTOCOLS FOR CATS)

所有猫每年都应接受体格检查、粪便寄生虫筛查和疫苗风险评估。美国猫病执业医师协会(AAFP)和猫病医药学会(ISFM)最近出版了猫的疫苗接种指南(http://www.catvets.com)。这一指南是兽医必备资源,可据此制定免疫方案。疫苗抗原可分为核心疫苗和非核心疫苗两大类,前者包括 FPV、FCV 和FHV-1,后者包括狂犬疫苗、FeLV、FIV、支气管败血性博代氏杆菌、猫衣原体、FIP 等。根据 AAFP 纲要报道,由于狂犬疫苗适合于全世界的猫,而有些国家狂犬病并不是流行病,因此,狂犬疫苗已经不再是核心疫苗了。全球还有其他关于猫的免疫指南,包括欧洲的ABCD 指南(Truyen 等,2009;http://abcd-vets.org/Pages/guidelines.aspx)和 WSAVA 的免疫指南(Day 等,2007;http://www.wsava.org/guidelines/vaccination-guidelines)。

### 核心疫苗

**猫泛白细胞减少症病毒、猫杯状病毒和猫疱疹病毒 I 型** 所有的健康幼猫和免疫史不详的成年猫均需经胃肠外或滴鼻接种 FPV、FCV 和 FHV-1(FVRCP)。市面上有多种改良活疫苗(modified-live products)和灭活疫苗,不同国家种类不尽相同。一般来说,由于改良 FVRCP 活疫苗在体内最不易被母源抗体灭活,因此,所有易接触到 FPV 的幼猫均需接种。灭活的FVRCP 疫苗也有自身优势,因其不会在体内复制增殖,因此可用于怀孕母猫。改良 FVRCP 活疫苗经滴鼻给药后,能在 4 d 后对 FHV-1 产生抵抗力,因此,对易接触该病毒的猫来讲,尤为适合(Lappin 等,2006 a)。改良活疫苗不能用于正在生病、过度劳累或怀孕的动物。还要告知主人,鼻内疫苗(FVRCP)免疫可能会诱发暂时性轻度喷嚏或咳嗽。

对于常规接触风险(FPV、FCV 和 FHV-1)的猫,推荐 6 周龄后开始免疫 FVRCP 疫苗,每 3～4 周增强免疫一次,直至 16 周龄。免疫史不详的成年猫和年龄

较大的幼猫,需接种 2 针灭活疫苗或改良 FVRCP 活疫苗,每 3～4 周一次。

对于接触 FPV 风险高的猫,例如猫舍和宠物店,可在 4 周龄时接种改良活疫苗,传染病暴发时更应该如此。在预防 FCV 和 FHV-1 方面,若使用改良 FVRCP 活疫苗,鼻内接种比胃肠外接种的优势更为明显。

AAFP/ISFM 顾问团推荐 FVRCP 疫苗一年免疫一次。一些攻毒试验结果表明,首次加强免疫之后,FVRCP 疫苗可每三年免疫一次,没必要增加频率。FPV 的免疫力持续时间更长。如前文所述,可采用血清学检查筛查 FPV、FCV 和 FHV-1 的抗体水平,确定是否需要加强免疫(Lappin 等,2002)。纽约州立大学兽医诊断实验室(Ithaca)和 Heska 公司(Loveland,Colo.)均可进行血清学检查。

FCV 的一些变异株(病毒性系统性杯状病毒,VSFCV)会导致系统性血管炎,即使之前接种过 FVRCP 疫苗,患猫的临床表现仍可能会很严重(Hurley 等,2004)。美国现有一种灭活疫苗里含有两种 FCV 毒株(包括 VS-FCV 株,CaliciVax,Boehringer Ingelheim,St. Joseph,Mo.),接种这种 FCV 疫苗猫的血清比接种仅含有一种 FCV 株疫苗猫的血清更强大,能中和更多的 FCV 野毒株(Huang 等,2010)。欧洲和日本的一些研究也得出了相似的结论。

## 非核心疫苗

**支气管败血性博代氏杆菌**　目前支气管败血性博代氏杆菌疫苗可接种于 4 周龄幼猫,3 d 后能起到保护效果,免疫保护至少维持一年。很多猫都有支气管败血性博代氏杆菌抗体,群养猫中易分离到这种细菌。其他一些零星的报道显示,患严重下呼吸道疾病的幼猫,饲养密度高的群养猫和其他应激因素情况下饲养的群养猫,也能分离到这种细菌。其他健康猫很少会出现这种细菌感染。例如,在科罗拉多州北区中心地段,普通家养猫中患有鼻气管炎或下呼吸道疾病的猫中,仅有约 3％的病例中能分离到这种细菌。由于支气管败血性博代氏杆菌疫苗是鼻内接种的,因此,可能会出现轻度打喷嚏、咳嗽等症状。这种疫苗主要用于接触风险高的猫,例如有呼吸道病史的猫、猫收容所里曾经暴发过该病(细菌分离培养证实)的猫群。由于该病对成年猫不致命,宠物猫中发病率不高,且病原对很多抗生素比较敏感,因此,没必要对家养宠物猫普及该种疫苗。

**猫衣原体**　目前市面上既有猫衣原体灭活疫苗,也有改良活疫苗。猫感染衣原体会导致轻度结膜炎,但使用抗生素治疗通常效果良好,且对人类几乎没有威胁。另外,使用含有猫衣原体的 FVRCP 疫苗免疫会引发更多疫苗副反应(Moore 等,2007)。因此,是否需要接种这种疫苗一直存在争议。对于接触风险高的猫群和患有其他地方流行性疾病的猫来说,均不宜普及免疫。猫衣原体疫苗的保护力可能持续时间较短,因此,有暴发风险的地区,猫群需提前接种。

**猫白血病病毒**　目前市场上有多种含有 FeLV 的疫苗。有些含有灭活病毒,可能伴有佐剂;而有些含有重组抗原,没有佐剂。由于各种评估疫苗有效性的试验难度很大,试验设计也不尽相同,因此,难以确定哪种 FeLV 疫苗是最好的。一些研究显示,接种过 FeLV 疫苗的猫 1 年后用同源性病毒进行攻毒,疫苗的保护力能达到 100％。美国 FeLV 疫苗每两年免疫一次。一项攻毒研究显示,给免疫 2 年后的猫攻毒,仍有 83％的猫 FeLV 阴性(Jirjis 等,2010)。由于幼年猫比成年猫更易感染 FeLV,AAFP/ISFM 顾问团推荐幼年猫应该接种 FeLV 疫苗。虽然接种 FeLV 疫苗不能阻止前病毒整合,但和 FeLV 有关的疾病会减少(Hofman-Lehmann 等,2007)。猫 FeLV 疫苗最常用于那些允许去室外的猫,以及那些和白血病病毒接触史不详的猫。初始免疫为 2 次。该疫苗需皮下注射,推荐注射在后肢远端,以减少或控制注射部位病变。虽然不含佐剂的疫苗的炎症刺激作用更小,但目前无法确定其是否会比含佐剂的疫苗更安全。FeLV 疫苗对慢性病毒血症动物无效,不宜给这种动物免疫。不过病毒血症动物和潜伏期动物的免疫副反应并不会增加。为了妥善管理,免疫前需进行 FeLV 筛查,了解这种反转录病毒的血清学状况。

**猫免疫缺陷病毒**　目前美国有一种含有 FIV 亚型(A 型和 D 型)的灭活疫苗(Fel-O-Vax FIV,Boehringer Ingelheim)。厂家推荐幼猫从 8 周龄开始免疫,一共免疫三次,每 3 周到 4 周免疫一次。注册前的临床试验显示,689 只猫一共注射了 2 051 头份疫苗,疫苗副反应发生率不足 1％。一项攻毒试验研究中,研究者先对实验猫免疫三头份 FIV 疫苗,其后第 375 天进行病毒筛查试验,结果显示实验组(免疫 3 头份疫苗,每 3 周免疫一次)中,84％的猫未感染免疫缺陷病毒,而对照组中,90％的病例受到 FIV 的感染,最终有效预防率达 82％。目前仍缺乏评估该疫苗有效性和安全性的大样本田间试验(见第 94 章)。目前 FIV 疫苗的主要问题在于它会诱导机体产生抗体（可被检测出来），因此，免疫后兽医无法确定动物是否感染了FIV。强烈推荐主人给爱猫免疫 FIV 时装上芯片，这样可以区分出血清学阳性猫是否感染了FIV，免疫后血清学阳性的这批猫不必被安乐死。有些商业实验室可以通过 RT-PCR 诊断 FIV，但由于一些病例的血液中病毒浓度太低，因此，可能会出现假阴性结果（见第94 章）。AAFP/ISFM 顾问团推荐仅对高风险的猫群进行免疫，例如有机会去室外或者和 FIV 阳性猫打架的猫，室内可能会感染 FIV 的猫。免疫前需进行血清学检查，阳性猫最好不要再接受免疫。

**猫传染性腹膜炎**　猫冠状病毒疫苗对猫有一定的保护作用，可于 16 周龄起开始免疫。这种疫苗为鼻内给药，可能会引起轻度、暂时性喷嚏等症状。田间试验并未发现免疫后会出现抗体依赖性的感染增强现象，但不同的田间试验结果不尽相同。如果免疫前猫曾接触过冠状病毒，那么疫苗将起不到保护作用。由于发病率较低，且猫多于免疫前就接触过冠状病毒，因此，这种疫苗的保护作用不详。AAFP/ISFM 顾问团未把这种疫苗列为核心疫苗，但可用于即将进入有过 FIP 感染的家养猫群或者猫舍的血清学阴性猫。

**狂犬疫苗**　狂犬病呈地方性流行的国家（包括美国）都应该进行疫苗免疫。按照生产者推荐的年龄（根据品种，最早 8 周龄）和州/地区法规在右后肢远端皮下注射狂犬疫苗。猫在一年后再次接种，以后每年或每三年免疫一次。有些国家有一种活载体疫苗，每年免疫一次。这种疫苗比含有佐剂的灭活疫苗炎性刺激作用小，但目前尚不清楚这种疫苗与注射部位肉瘤的关系。

## 犬的免疫程序
### (VACCINATION PROTOCOLS FOR DOGS)

犬应每年至少进行一次临床检查、粪便寄生虫筛查和疫苗评估。美国动物医院协会（American Animal Hospital Association, AAHA）最近修订出版了犬的免疫指南（Welborn 等，2011；www.aahanet.org），其中也有收容所犬免疫程序推荐指南。这一指南是兽医必备资源，可据此制定免疫方案。犬的疫苗也被分为核心疫苗、非核心疫苗和不推荐常规免疫的疫苗。由于响尾蛇类毒素缺乏相关田间试验佐证和经验支持，因此，特别工作组不对该类疫苗表态。WSAVA 的免疫指南也是制定犬免疫方案的重要资源（Day 等，2007；

http://www.wsava.org/guidelines/vaccination-guide-lines）。

### 核心疫苗

**犬细小病毒、犬腺病毒和犬瘟热病毒**　由于犬细小病毒（CPV-2）、犬腺病毒 I 型（CAV-1；犬传染性肝炎）和犬瘟热病毒（CDV）都能引起致命的疾病，所有犬都应接种这些疫苗。对于CPV-2，若采用灭活疫苗，会增加对母源抗体的干扰作用，因此建议采用改良活疫苗。AAHA 特别工作组认为，改良活疫苗和重组疫苗能起到足够的保护作用。由于 CAV-1 疫苗会引起较为严重的副作用，而 CAV-2 灭活疫苗或局部给药的CAV-2 改良活疫苗的免疫效果都比较差，因此，只有CAV-2 改良活疫苗可用于 CAV 的预防。这些疫苗对CAV-1 引起的传染性肝炎和 CAV-2 引起的犬窝咳有交叉保护作用。所有幼犬都应在 6～16 周龄期间，每3～4 周接种一次含有 CPV-2、CAV-2 和 CDV 的疫苗，连续三针，第三针在 14～16 周龄期间完成。免疫失败的病例中，尚未发现品种倾向，也没有任何组织推荐患犬应于 16 周龄以上时接种第三针疫苗。免疫史不详的成年犬可接种一次多联疫苗（至少含有 CPV-2、CAV-2 和 CDV 疫苗）。收容所的幼犬在接收时应进行免疫，之后在收容所期间或直至 16 周龄之前每两周免疫一次。免疫的犬一年后还应加强免疫一次，之后每三年或更长时间加强免疫一次。一些含有 CDV 的疫苗（包括 rCDV 疫苗）能起到三年以上的保护作用（Abdelmagid 等，2004；Larson 等，2007）。

宠物犬应每年至少进行一次体检，筛查 CPV、CDV 和 CAV 感染情况，检查肠道寄生虫、评估心丝虫感染。CDV 和 CPV 血清学阳性对攻毒后的保护作用有预后指示意义，若未按程序免疫，可利用血清学检查评估免疫效果。犬应在幼犬阶段进行系列疫苗接种，1岁时加强免疫一次，然后才需要用血清学监测抗体滴度。

**狂犬疫苗**　按照生产者推荐（最早 12 周龄），根据州、省、地区要求，所有犬应接种持效期 1 年或 3 年的狂犬疫苗。免疫史不详的幼年犬和成年犬都应先接种一次狂犬疫苗，1 年后加强免疫一次，之后的接种间隔时间和疫苗种类则根据州/地区法规而定。

### 非核心疫苗

**支气管败血性博代氏杆菌**　一般来说，支气管败血性博代氏杆菌很少会引起有生命危险的疾病，也不是犬窝咳的唯一致病原,因此,这种疫苗并非核心疫苗。另外,遗传信息显示,细菌野毒株和疫苗株有很大差异,可能会影响免疫效果。虽然胃肠外给药会引起很强的血清抗体反应,但也有攻毒试验显示,鼻内接种能起到较好的保护作用(Davis 等,2007)。美国现有一款可以口服的疫苗(Bronchi-Shield-Oral;Boehringer Ingelheim)。最好在可能接触病原体的 7 d 前,对犬做加强免疫,但每年加强免疫次数不应超过两次。

**伯氏疏螺旋体** 美国堪萨斯大学兽医内科学系对伯氏疏螺旋体疫苗的利弊进行了较深入的论证(Littman 等,2006;http://www.acvim.org)。AAHA 特别工作组建议只有接触风险高的地区才推荐接种这类疫苗(Welborn 等,2011)。根据所用疫苗,可于 9 周龄或 12 周龄开始接种,2～4 周后进行一次加强免疫,之后每年一次。由于大多数 C6 抗体阳性犬已被感染,因此,免疫对 C6 抗体阳性犬无保护作用。免疫犬和未免疫犬都出现了同样的综合征,因此,免疫保护和莱姆病性肾病之间的关系不详。控制蜱虫是预防本病的一个重要方面。

**犬流感** 6 周龄以上的犬应接种犬流感疫苗(灭活苗),2～4 周后还应进行第二次接种。单次接种对血清学阴性犬的免疫效果很差。并非所有地区都流行这种病毒,美国兽医应该和州立兽医或州立诊断实验室进行沟通,了解感染情况。传染风险高的地区应考虑接种,尤其是犬舍里的犬或灰猎犬等易出现应激的犬。

**犬瘟热-麻疹病毒** 以前这种改良活疫苗在 4～12 周龄期间接种,以突破 CDV 的母源抗体免疫,但由于 rCDV 疫苗用于母源抗体保护期,因此,幼犬目前是否需要接种这种疫苗尚无定论。

**钩端螺旋体** 在感染风险高的地区,推荐给犬接种含有多种血清型(犬型、黄疸出血型、伤寒感冒型、波莫纳型)钩端螺旋体的疫苗。然而,环境中存在任何疫苗都未包含的血清型,并且不同血清型之间的交叉保护作用极其微弱。因此,主人应该意识到即使爱犬接种了钩端螺旋体疫苗,也可能起不到 100% 的保护作用。新一代的疫苗比之前的疫苗副作用少。若使用这种疫苗,幼犬应在 12 周龄时接受基础免疫,2～4 周后进行加强免疫。成年犬应接种 2 次疫苗,间隔 2～4 周。每年免疫时,推荐使用含有 4 种血清型的疫苗。

**副流感病毒** 多种含有 CPV-2、CDV 和 CAV-2 的疫苗,也含有副流感改良活疫苗成分,因此在接种核心疫苗的同时也接种了这种疫苗。单独来分析,副流感并非核心疾病,因为这种病一般不致命,并非人兽共患,若引起犬窝咳也会自愈。目前还有一种鼻内接种的二联苗,包括副流感改良活疫苗和支气管败血性博代氏杆菌无毒力活疫苗。若要使用这种疫苗,可在 3 周龄时鼻内接种。可能会出现一过性喷嚏或咳嗽。由于副流感病毒含在联苗内,加强免疫的免疫程序与后者一致。

## 不推荐免疫的疫苗

如前文所述,目前 AAHA 特别工作组并不推荐免疫如下几种疫苗,包括灭活 CPV-2 疫苗、MLV 或灭活 CAV-1 疫苗、灭活 CAV-2 疫苗、局部给药的改良 CAV-2 活疫苗、含有 2 种血清型的钩端螺旋体疫苗和犬冠状病毒疫苗。

## 信息不全的疫苗

**响尾蛇疫苗** 为对抗西部菱斑响尾蛇的毒液,研究者设计研发了响尾蛇类毒素疫苗,有些对东部菱斑响尾蛇毒液也有效,但对莫哈维沙漠响尾蛇毒液无效。这种类毒素常引发局部反应。由于效果不明确,AAHA 特别工作组拒绝对这种疫苗表态(Welborn 等,2011)。如果一定要使用这种疫苗,请遵照生产商的说明书。

◆ 推荐阅读

Abdelmagid OY et al: Evaluation of the efficacy and duration of immunity of a canine combination vaccine against virulent parvovirus, infectious canine hepatitis virus, and distemper virus experimental challenges, *Vet Ther* 5:173, 2004.

Appel MJ: Forty years of canine vaccination, *Adv Vet Med* 41:309, 1999.

Banerji N, Kanjilal S: Somatic alterations of p53 tumor suppressor gene in vaccine-associated feline sarcoma, *Am J Vet Res* 67:1766, 2006.

Banerji N, Kapur V, Kanjilal S: Association of germ-line polymorphisms in the feline p53 gene with genetic predisposition to vaccine-associated feline sarcoma, *J Hered* 98:421, 2007.

Carminato A et al: Microchip-associated fibrosarcoma in a cat, *Vet Dermatol* 22:565, 2011.

Daly MK et al: Fibrosarcoma adjacent to the site of microchip implantation in a cat, *J Feline Med Surg* 10:202, 2008.

Davis R et al: Comparison of the mucosal immune response in dogs vaccinated with either an intranasal avirulent live culture or a subcutaneous antigen extract vaccine of *Bordetella bronchiseptica*, *Vet Ther* 8:1, 2007.

Day MJ: Vaccine side effects: fact and fiction, *Vet Microbiol* 117:51, 2006.

Day MJ et al: Guidelines for the vaccination of dogs and cats. Compiled by the Vaccination Guidelines Group (VGG) of the World Small Animal Veterinary Association (WSAVA), *J Small Anim*

*Pract* 48:528, 2007.

Dodds WJ: Vaccination protocols for dogs predisposed to vaccine reactions, *J Am Anim Hosp Assoc* 37:211, 2001.

Duval D et al: Vaccine-associated immune mediated hemolytic anemia in the dog, *J Vet Intern Med* 10:290, 1996.

Dyer F et al: Suspected adverse reactions, 2007, *Vet Rec* 163:69, 2008.

Fehr D et al: Placebo-controlled evaluation of a modified live virus-vaccine against feline infectious peritonitis—safety and efficacy under field conditions, *Vaccine* 15:1101, 1997.

Gore TC et al: Three-year duration of immunity in cats following vaccination against feline rhinotracheitis virus, feline calicivirus, and feline panleukopenia virus, *Vet Ther* 7:213, 2006.

Greene CE: Environmental factors in infectious disease. In Greene CE, editor: *Infectious diseases of the dog and cat*, ed 4, St Louis, 2012, Elsevier, p 1078.

Greene CE et al: Canine vaccination, *Vet Clin North Am Small Anim Pract* 31:473, 2001.

Hofmann-Lehmann R et al: Vaccination against the feline leukaemia virus: outcome and response categories and long-term follow-up, *Vaccine* 25:5531, 2007.

Horzinek MC: Vaccine use and disease prevalence in dogs and cats, *Vet Microbiol* 117:2, 2006.

Huang C et al: A dual-strain feline calicivirus vaccine stimulates broader cross-neutralisation antibodies than a single-strain vaccine and lessens clinical signs in vaccinated cats when challenged with a homologous feline calicivirus strain associated with virulent systemic disease, *J Feline Med Surg* 12:129, 2010.

Hurley KE et al: An outbreak of virulent systemic feline calicivirus disease, *J Am Vet Med Assoc* 224:241, 2004.

Jirjis F et al: Protection against feline leukemia virus challenge for at least 2 years after vaccination with an inactivated feline leukemia virus vaccine, *Vet Ther* 11:E1, 2010.

Kass PH et al: Epidemiologic evidence for a causal relationship between vaccination and fibrosarcoma tumorigenesis in cats, *J Am Vet Med Assoc* 203:396, 1993.

Kass PH et al: Multicenter case-control study of risk factors associated with development of vaccine-associated sarcomas in cats, *J Am Vet Med Assoc* 223:1283, 2003.

Lappin MR et al: Use of serologic tests to predict resistance to feline herpesvirus 1, feline calicivirus, and feline parvovirus infection in cats, *J Am Vet Med Assoc* 220:38, 2002.

Lappin MR et al: Investigation of the induction of antibodies against Crandall Rees feline kidney cell lysates and feline renal cell lysates after parenteral administration of vaccines against feline viral rhinotracheitis, calicivirus, and panleukopenia in cats, *Am J Vet Res* 66:506, 2005.

Lappin MR et al: Effects of a single dose of an intranasal feline herpesvirus 1, calicivirus, and panleukopenia vaccine on clinical signs and virus shedding after challenge with virulent feline herpesvirus 1, *J Feline Med Surg* 8:158, 2006a.

Lappin MR et al: Interstitial nephritis in cats inoculated with Crandall Rees feline kidney cell lysates, *J Feline Med Surg* 8:353, 2006b.

Larson LJ et al: Effect of vaccination with recombinant canine distemper virus vaccine immediately before exposure under shelter-like conditions, *Vet Ther* 7:113, 2006.

Larson LJ et al: Three-year duration of immunity in dogs vaccinated with a canarypox-vectored recombinant canine distemper

virus vaccine, *Vet Ther* 8:101, 2007.

Levy J et al: 2008 American Association of Feline Practitioners' feline retrovirus management guidelines, *J Feline Med Surg* 10:300, 2008.

Littman MP et al: ACVIM small animal consensus statement on Lyme disease in dogs: diagnosis, treatment, and prevention, *J Vet Intern Med* 20:422, 2006.

Martano M et al: A case of feline injection-site sarcoma at the site of cisplatin injections, *J Feline Med Surg* 14:751, 2012.

Moore GE et al: A perspective on vaccine guidelines and titer tests for dogs, *J Am Vet Med Assoc* 224:200, 2004.

Moore GE et al: Adverse events diagnosed within 3 days of vaccine administration in pet dogs, *J Am Vet Med Assoc* 227:1102, 2005.

Moore GE et al: Adverse events after vaccine administration in cats: 2,560 cases (2002-2005), *J Am Vet Med Assoc* 231:94, 2007.

Mucha D et al: Lack of association between p53 SNP and FISS in a cat population from Germany, *Vet Comp Oncol* Aug 10; 9999(9999), 2012. [Epub ahead of print]

Munday JS et al: Development of an injection site sarcoma shortly after meloxicam injection in an unvaccinated cat, *J Feline Med Surg* 13:988, 2011.

Poulet H: Alternative early life vaccination programs for companion animals, *J Comp Path* 137:S67, 2007.

Richards JR et al: The 2006 American Association of Feline Practitioners feline vaccine advisory panel report, *J Am Vet Med Assoc* 229:1405, 2006.

Scott FW et al: Duration of immunity in cats vaccinated with an inactivated feline panleukopenia, herpesvirus, and calicivirus vaccine, *Fel Pract* 25:12, 1997.

Scott FW et al: Long term immunity in cats vaccinated with an inactivated trivalent vaccine, *Am J Vet Res* 60:652, 1999.

Srivastav A et al: Comparative vaccine-specific and other injectable-specific risks of injection-site sarcomas in cats, *J Am Vet Med Assoc* 241:595, 2012.

Tizard I et al: Use of serologic testing to assess immune status of companion animals, *J Am Vet Med Assoc* 213:54, 1998.

Torres AN et al: Feline leukemia virus immunity induced by whole inactivated virus vaccination, *Vet Immunol Immunopathol* 134:122, 2010.

Truyen U et al: Feline panleukopenia. ABCD guidelines on prevention and management, *J Feline Med Surg* 11:538, 2009.

Twark L et al: Clinical use of serum parvovirus and distemper virus antibody titers for determining revaccination strategies in healthy dogs, *J Am Vet Med Assoc* 217:1021, 2000.

Vaccine-Associated Feline Sarcoma Task Force: The current understanding and management of vaccine-associated sarcomas in cats, *J Am Vet Med Assoc* 226:1821, 2005.

Welborn LV et al: *2011 AAHA Canine Vaccination Guidelines*, www.jaaha.org. Accessed May 4, 2013.

Whittemore JC et al: Antibodies against Crandell Rees feline kidney (CRFK) cell line antigens, α-enolase, and annexin A2 in vaccinated and CRFK hyperinoculated cats, *J Vet Intern Med* 24:306, 2010.

# 第 92 章
## CHAPTER 92

# 多系统性细菌病
## Polysystemic Bacterial Diseases

## 犬巴尔通体病
### (CANINE BARTONELLOSIS)

◆ *病原学和流行病学*

1995 年,研究者最先从北卡罗来纳州的一只心内膜炎患犬中分离出了文森巴尔通体(*Bartonella vinsonii*)伯格霍夫亚种(*berkhof fii* 1)(Breitschwerdt 等,1995)。自此以后,世界上很多地方都出现了文森巴尔通体伯格霍夫亚种血清阳性的犬只。文森巴尔通体是由蜱传播的,但也从犬身上的跳蚤中扩增出来过(Yore 等,2012)。感染犬的血清对汉塞巴尔通体、克氏巴尔通体有反应;这些巴尔通体是由跳蚤传播的。由犬中分离到的或者从血液和组织中扩增出 DNA 的巴尔通体包括:文森巴尔通体(伯格霍夫亚种)、汉塞巴尔通体(*B. henselae*)、克氏巴尔通体(*B. clarridgeiae*)、克勒巴尔通体(*Bartonella koehlerae*)、*Bartonella washoensis*、*Bartonella quintana*、*Bartonella rochalimae* 和伊丽莎白巴尔通体(*Bartonella elizabethae*)。这些巴尔通体均对犬有潜在致病性。感染巴尔通体的犬通常伴有其他病原体的感染,例如无形体或埃利希体。曾有一些关于犬巴尔通体感染和肿瘤诱发关系之间的研究,但需要更多数据来证实发病机制及相关影响(Duncan 等,2008)。

◆ *临床特征*

犬巴尔通体感染最常见的临床表现包括心内膜炎、发热、心律失常、肝炎、肉芽肿性淋巴结炎、皮肤血管炎、鼻炎、多关节炎、脑膜脑炎、血小板减少症、嗜酸性粒细胞增多症、单核细胞增多症、免疫介导性溶血性贫血、共

济失调、鼻出血、自发性体腔积液和葡萄膜炎等。最有可能导致临床疾病的是汉塞巴尔通体和文森巴尔通体(伯格霍夫亚种)。一项关于瓣膜性心内膜炎的研究显示,所有患有巴尔通体相关疾病的犬对嗜吞噬细胞无形体均呈血清学阳性反应(MacDonald 等,2004)。目前尚不明确并发感染能否加重巴尔通体相关疾病。

◆ *诊断*

健康犬和患病犬的血清巴尔通体抗体都有可能是阳性的,因此,抗体阳性和临床疾病之间无必然联系。大约 50% 的巴尔通体患犬的血清抗体呈阴性,因此,永远不要把血清学检查当作唯一诊断手段。可疑病例需进行 PCR 扩增,但如果细菌量太低,PCR 扩增结果可能为阴性,也可以同时培养,以此进行确诊。血液和感染组织也可以进行 PCR 诊断(Duncan 等,2007;www.galaxydx.com)。有些心内膜炎病例中,只有感染瓣膜的 PCR 检查结果呈阳性,而血清抗体和血液 PCR 检查都呈阴性。如果一只有相关临床症状犬的巴尔通体呈阳性,且找不到其他可以解释患犬症状的原因,则可尝试进行巴尔通体的治疗。

◆ *治疗*

如果可疑病例单独使用多西环素治疗失败,也不能排除巴尔通体感染这一诊断。有些犬使用阿奇霉素效果良好,但目前发现对汉塞巴尔通体来讲,阿奇霉素比氟喹诺酮类药物更易产生耐药性(Biswas 等,2010)。双重治疗比单一药物效果更好。多西环素的剂量为 5～10 mg/kg,口服给药,每 12 h 一次;有些兽医还同时联合使用恩诺沙星,5 mg/kg,口服给药,每 24 h 一次。产生耐药性的动物可使用利福平和其他药物一起治疗。心内膜炎患犬在治疗第一周内应经胃肠外途径使用阿米卡星治疗,剂量为 20 mg/kg,静脉注

射,每24 h一次,同时建议监测肾脏毒性。一项调查显示,不管使用什么药物治疗,至少需要治疗4～6周时间,血清抗体才能转为阴性(Breitschwerdt等,2004)。但是,由于太多病例最初血清学检查也呈阴性,而且这种微生物非常难以培养,也非常难以被扩增,所以,很难将诊断试验当作评价治疗效果的标准。对于该病来说,临床症状和临床病理学异常指标的控制都非常重要,还要控制跳蚤和蜱虫,以防再次感染。

### ◉人兽共患和预防

人和犬均常见伯克霍夫巴尔通体和汉塞巴尔通体,在犬的唾液中也曾发现过汉塞巴尔通体,也曾有报道显示有一个人在接触患犬后患上了猫抓病(cat-scratch disease)(Chen等,2007)。在给患犬治疗过程中,要尽量避免被咬伤、抓伤,或者被污染的针头扎伤。跳蚤和蜱虫控制有助于减少巴尔通体在犬与犬之间的传播,也能减少犬与人之间的传播。详情请参阅猫巴尔通体病的人兽共患和预防部分。

# 猫巴尔通体病
## (FELINE BARTONELLOSIS)

### ◉病原学和流行病学

通过PCR扩增或细菌分离培养证明,能感染猫的巴尔通体包括汉塞巴尔通体(B. henselae)、克氏巴尔通体(B. clarridgeiae)、克勒巴尔通体(B. koehlerae)、巴塔纳巴尔通体(B. quintana)和牛巴尔通体(B. bovis)(Brunt等,2006)。猫是汉塞巴尔通体和伊丽莎白巴尔通体最重要的中间宿主,也可能是克勒巴尔通体的中间宿主。猫栉首蚤(Ctenocephalides felis)是猫的以上三种巴尔通体最重要的传播媒介。猫汉塞巴尔通体是猫抓病,以及杆菌性血管瘤和肝紫癜病(是获得性免疫缺陷综合征患者的常见病症)最常见的原因。不过目前发现了很多种和巴尔通体有关的疾病,而且也有可能会感染人(见人兽共患和预防部分)。巴尔通体感染有内皮细胞内和红细胞内两个阶段(图92-1)。由于巴尔通体位于细胞内,所以很难消除病原,猫栉首蚤在吸血时也会摄取到病原。目前尚未发现猫巴尔通体会引发猫溶血性贫血,提示这一阶段的感染存在宿主逃逸机制(Ishak等,2007)。

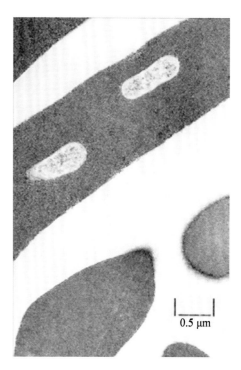

**图 92-1**
猫红细胞的电镜图像,红细胞内有汉塞巴尔通体(Courtesy Dr. Dorsey Kordick)。

血清学检查、培养或PCR检查的阳性结果提示患猫可能接触过或正在感染巴尔通体。猫巴尔通体主要通过猫栉首蚤传播,因此,在猫栉首蚤流行区,该病的流行也最为广泛。例如,在干燥的科罗拉多州,跳蚤非常罕见,研究者也从未从那里的猫血样本中扩增出过巴尔通体DNA;而亚拉巴马州和佛罗里达州非常湿润,跳蚤非常多,51例来自这两个地区的室内猫中,巴尔通体扩增的阳性率非常高,血液中阳性率达56.9%,皮肤中达31.4%,爪部达17.6%,齿龈达17.6%(Lappin和Hawley,2009)。其他国家地区的研究也得出了相似结论。

猫栉首蚤排出汉塞巴尔通体后,汉塞巴尔通体可在其粪便中存活数天。可能会污染到猫爪,猫抓伤人后也可能会感染人。开放性伤口可能会被跳蚤粪便污染。有时候也可以从健康猫的口腔或口龈炎患猫的口腔中扩增出巴尔通体,所以人们要尽力避免咬伤和抓伤(Quimby等,2008;Lappin和Hawley,2009)。病原和机体有着复杂的对抗机制,最终可能会引发临床疾病(Berrich等,2011;Breitschwerdt等,2010)。在适应性宿主体内,虽然巴尔通体会在血液中大量增殖,但可能不会导致临床疾病(汉塞巴尔通体、克氏巴尔通体和克勒巴尔通体),但是在非适应性宿主体内,即使细菌含量很低,也有可能会引发临床疾病。

● 临床特征

大多数血清学检查阳性、培养呈阳性或者经 DNA 扩增出巴尔通体的猫并无临床症状。不过，巴尔通体感染猫的确会有一些临床表现，例如发热、嗜睡、淋巴结病、结膜炎、齿龈炎、心内膜炎、心肌病、高球蛋白血症、骨髓炎、皮肤血管炎、神经性疾病等。动物实验表明，猫通过跳蚤感染汉塞巴尔通体常出现发热和心内膜炎(Bradley 和 Lappin，2010)。目前，我们并不知道感染巴尔通体的猫中究竟有多少会发病，这一现象有待进一步研究。

很难确定什么样的猫接触过病原，什么样的猫已经发病。加利福尼亚州北部的血清学调查显示，野生猫的阳性率达 93%(Nutter 等，2004)。另外一项研究显示，巴尔通体抗体和大多数患猫的临床综合征无关(Breitschwerdt 等，2005)。作者所在实验室的最新研究显示，不管患猫是否有癫痫，血清巴尔通体抗体阳性率并无明显差异(Pearce 等，2006)；不管患猫是否有口炎，抗体阳性率并无明显差异(Dowers 和 Lappin，2005)；不管猫胰腺脂肪酶免疫反应活性是否升高，抗体阳性率也无显著差异(Bayliss 等，2009)。至今尚不清楚为什么有些感染猫会发病，而有些不会发病。Powell 等在 2002 年试图给慢性弓形虫病的猫静脉接种巴尔通体，以此建立刚地弓形虫或巴尔通体性葡萄膜炎模型，但没有成功。

● 诊断

血液培养、血液 PCR 检查或血清学检查都可以用来筛查猫巴尔通体的感染情况。培养阴性的猫、PCR 阴性的猫、抗体阴性的猫，以及 PCR 阴性但抗体阳性的猫，都不是跳蚤、人或猫的传染源。然而，对于猫巴尔通体而言，菌血症可能只是间歇性的，所以可能会有 PCR 或培养假阴性的结果，使得检查的预测价值下降。PCR 也可能有假阳性结果，阳性结果并不能充分说明病原微生物是活的。正因为如此，美国不推荐主人饲喂的健康猫来筛查巴尔通体的感染情况(Kaplan 等，2009)。临床怀疑有巴尔通体病的猫才需要进行这项检查。

一项研究显示，和检测 IgG 抗体相比，单独检测巴尔通体的 IgM 抗体在阳性预测价值方面并没有明显优势(Ficociello 等，2001)。Antech 诊断实验室、北卡罗来纳州立大学、Galaxy 诊断实验室和科罗拉多州立大学的经验表明，血清学结合 PCR 检查，或者是血清

学结合培养的结果最具有诊断价值(www. dlab. colostate. edu/)。有些猫的血液中细菌含量太低，需要特殊培养基，这一点和人的相似(Duncan 等，2007)。可能需要结合培养和巴尔通体来诊断感染。如果一个有临床症状的猫巴尔通体检查阴性，可以排除巴尔通体感染，除非这个病例是特急性病例，并且采用血清学检查进行诊断。如果巴尔通体检测阳性，巴尔通体依然是鉴别诊断之一，也应同时排除其他临床综合征。

美国猫兽医协会(American Association of Feline Practitioners，AAFP)巴尔通体顾问小组报告(Bartonella Panel Report)指出，临床巴尔通体病的诊断应至少包括以下几个方面(Brunt 等，2006)：

- 出现和巴尔通体感染综合征有关的临床症状
- 排除了其他能导致这一临床综合征的疾病
- 巴尔通体检查(培养、PCR 或血清学检查)阳性
- 按照巴尔通体感染治疗有效

虽然有些病例满足以上所有标准，依然不能确诊为巴尔通体感染。由于治疗巴尔通体的抗生素通常为广谱的，对其他微生物也有效，从而可能跟巴尔通体感染混淆。

● 治疗

实验研究显示，多西环素、四环素、红霉素、阿莫西林克拉维酸或恩诺沙星均可降低细菌含量，但不能根治本病。迄今为止，对健康猫使用抗生素并不能降低猫抓病的发病率。在美国，只有那些有症状的猫才推荐进行治疗(Kaplan 等，2009)。如果怀疑巴尔通体病，AAFP 顾问报告推荐初期使用多西环素治疗，剂量为 10 mg/kg，口服，连用 7 d(Brunt 等，2006)。在美国，使用多西环素时，为避免猫发生食道炎导致食道狭窄，多西环素的推荐剂型为风味悬浮液，也可用水辅助喂服。每天给药两次，可增加细菌清除率。如果动物对药物的反应是积极的，在临床症状消失后还要治疗 2 周，或最少连续治疗 4 周。如果多西环素治疗 7 d 后临床症状仍然得不到控制，且巴尔通体仍然是主要的鉴别诊断，则可考虑更换药物，换为恩诺沙星(剂量为 5 mg/kg，每日口服)，这一药物是接触过跳蚤的猫最常用的药物(Bradley 和 Lappin，2010)。最近，从人和猫体内分离出的汉塞巴尔通体对阿奇霉素迅速出现耐药性，故这种药物不用于治疗猫巴尔通体病(Biswas 等，2010)。若怀疑为巴尔通体感染的猫使用两种具有抗巴尔通体活性的药物治疗后均无明显好转，那么其临床症状则有可能是其他疾病引起的。由于巴尔通

体很难清除,患猫也很容易再次感染,所以,临床症状得到缓解的猫无须再次进行 PCR 检查和血清学检查。治疗效果好的患猫要长期严格控制跳蚤。

◈人兽共患和预防

　　人的巴尔通体病可能表现为猫抓病、肝紫癜病、杆菌性血管瘤和瓣膜性心内膜炎。很显然,巴尔通体感染的病人会出现很多和巴尔通体病有关的慢性炎症综合征,兽医医护人员的感染风险也很高(Breitschwerdt 等,2007;Breitschwerdt 等,2011)。例如,在莱姆病流行区,风湿性病人中巴尔通体感染的现象非常常见(Maggi 等,2012)。兽医或其他经常和猫或跳蚤接触的人群若出现一些慢性炎性疾病,需要怀疑巴尔通体感染。为降低从猫身上感染巴尔通体的概率,美国疾病预防控制中心和美国猫兽医协会建议,艾滋病患者和其他猫主人需遵循以下原则:

- 需启动跳蚤控制计划,每年都要坚持
- 如果家庭成员中有免疫受损的病人,新养猫最好是 1 岁以上的无跳蚤健康猫
- 免疫受损的病人不能和健康状况不详的猫直接接触
- 通常不需要去除猫爪,但要定期给猫修剪指甲
- 需避免被猫咬伤和抓伤(包括和猫粗暴地玩耍)
- 被猫弄伤的伤口要立即用肥皂和清水处理,必要时去医院处理
- 虽然巴尔通体并非经唾液传播,但也不能让猫舔舐开放性伤口
- 限制室内猫外出,以免接触到跳蚤或其他可能的传播媒介
- 不要接触污染到巴尔通体感染犬猫血液的针头

# 猫鼠疫
## (FELINE PLAGUE)

◈病原学和流行病学

　　鼠疫耶尔森氏菌(*Yersinia pestis*)是一种可以引起瘟疫的兼性厌氧性革兰阴性球杆菌。这种细菌在森林中被感染的啮齿动物和寄生在其体表的跳蚤等生物间循环感染,这些啮齿动物包括岩松鼠、地松鼠、草原犬鼠等。猫栉首蚤是中间宿主,但试验表明,啮齿动物体表跳蚤的传染性更强(Eisen 等,2008)。猫对鼠疫

耶尔森氏菌具有易感性,自然感染和实验感染的猫都会死亡,而犬对该菌感染具有较强的抵抗力。非家养动物的血清中也检测出过抗体。临床上,该病多发于春季到早秋,这是啮齿动物及其体表跳蚤最活跃的季节。人和猫大多数被确诊感染的病例都发生在科罗拉多州、新墨西哥州、亚利桑那州、加利福尼亚州和田纳西州。在 1977—1998 年间,被诊断为人鼠疫病例中,23 例(7.7%)因与感染的猫接触而发病(Gage 等,2000)。

　　猫可通过被啮齿动物身上的跳蚤叮咬、摄食菌血症的啮齿动物和吞入致病菌等途径感染。猫摄食菌血症的啮齿动物后,致病菌在扁桃体和咽喉淋巴结繁殖,通过血液散播,引发嗜中性粒细胞性炎症反应,并在感染组织中形成脓肿。被跳蚤叮咬感染,潜伏期为 2~6 d;摄食菌血症的啮齿动物或吞入致病菌后感染,潜伏期为 1~3 d。实验性感染猫有的死亡(6/16;38%),有的出现伴有淋巴结病的一过性发热病症(7/16;44%),有的为隐性感染(3/16;18%)(Gasper 等,1993)。

◈临床特征

　　感染的人和猫可发生腺鼠疫、败血症鼠疫和肺鼠疫(框 92-1);犬很少发生临床疾病(Orloski 等,1995)。猫鼠疫中最常见的是腺鼠疫,但临床病例中有些猫会同时表现出三种症状。大多数感染猫在室外饲养,且有猎食史。常见的临床症状为食欲减退、精神沉郁、颈部肿大、呼吸困难和咳嗽。大多数感染猫常常有发热症状。大约 50% 的感染猫出现单侧或双侧扁桃体肿大、下颌淋巴结肿大和颈前淋巴结肿大等症状。感染肺鼠疫的猫常常出现呼吸道症状,有的也可能咳嗽。

◈诊断

　　血液学和血清生化指标异常可反映出机体存在菌血症,但并非鼠疫耶尔森氏菌感染的特异性症状。感染猫常见嗜中性粒细胞增多、核左移和淋巴细胞减少,低白蛋白血症,高球蛋白血症,高血糖症,氮质血症,低钾血症,低氯血症,高胆红素血症,碱性磷酸酶和丙氨酸氨基转氨酶升高。肺鼠疫患病动物的胸部 X 线检查可见肺泡型、肺间质弥漫性密度升高等。淋巴结穿刺物细胞学检查,可见淋巴样增生、嗜中性粒细胞浸润和两极浓染的杆菌(图 92-2)。

**框 92-1　鼠疫耶尔森氏菌感染猫的临床检查结果**

**猫耶尔森氏菌感染(鼠疫)的病征**
任何年龄、品种和性别的动物都有可能感染

**病史和临床检查**
室外生活的猫
公猫
猎食啮齿动物或接触啮齿动物体表的跳蚤
精神沉郁
颈部肿胀、窦道、淋巴结病
呼吸困难或咳嗽

**临床病理学和影像学评估**
伴有或不伴有核左移的嗜中性粒细胞增多症
淋巴细胞减少症
嗜中性粒细胞性淋巴结炎或肺炎
细胞学检查发现一致的两极浓染的杆菌(淋巴结穿刺物或气
　道冲洗液)
血清抗体滴度为阴性(过急性)或阳性
间质性和肺泡性肺病

**诊断**
血液、渗出液、扁桃体部位、呼吸道分泌物的分离培养
荧光抗体鉴定渗出液中的微生物
抗体滴度增长4倍,且出现与之相符的临床症状

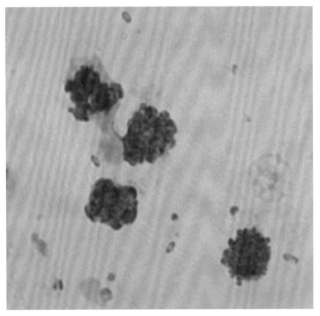

**图 92-2**
一只患有腺鼠疫(黑死病)的猫的淋巴结抽吸检查(瑞氏染色)。
视野中可见散布的两极浓染的杆菌。

在淋巴结穿刺物、脓肿引流物或气道冲洗液中发现两极浓染的细菌,结合可能接触病原体病史、啮齿动物体表发现跳蚤和相应的临床症状等,即可初步诊断猫鼠疫。因为有些猫能从感染中存活下来,且血清抗体可持续300 d以上,所以,单纯的抗体检测阳性只能

说明有过接触史,而不能说明发生临床感染。不过,抗体滴度增长4倍提示近期有感染。猫鼠疫需要通过培养,用荧光抗体试验从扁桃体部位的涂片、淋巴结穿刺物、脓肿引流物、气道冲洗物和血液中检测到鼠疫耶尔森氏菌来确诊,也可通过PCR从血液、体液、组织中扩增出鼠疫耶尔森氏菌DNA来确诊。

◈治疗

任何患有菌血症的动物都应根据临床症状进行适宜的支持治疗(见第90章)。颈部淋巴结脓肿应进行引流和冲洗,操作时要戴手套、口罩,穿手术服。患病动物应肠外途径给予抗生素,直到食欲不振和发热症状消退。在美国该病尚无最佳抗生素,可使用链霉素,5 mg/kg,肌肉注射,q 12 h,但并非所有地区都能使用这一治疗方案。也可选用庆大霉素,2~4 mg/kg,肌肉注射或静脉注射,q 12~24 h,或按5.0 mg/kg的剂量肌肉注射或静脉注射恩诺沙星,q 24 h,这两种方案均有可能缓解临床症状。出现中枢神经症状的动物可以应用氯霉素治疗,15 mg/kg,q 12 h,口服或静脉注射。患病动物渡过菌血期后,还应坚持口服抗生素治疗21 d。若采用多西环素治疗,剂量为5 mg/kg,q 12~24 h,但给药后需要喂水,或者尽量将药物液化后投喂,尽量减少多西环素诱导的食道狭窄。在一项研究中,给予抗生素治疗的猫中,有90.9%的猫存活下来,而没有给予抗生素治疗的猫中,只有23.8%的猫存活下来(Eidson等,1991)。肺炎鼠疫猫和败血症鼠疫猫预后不良。

◈人兽共患和预防

应将猫养在室内,并且禁止其外出猎食。要尽量控制跳蚤和啮齿动物。一项研究显示,人和宠物犬一起睡也可能会引发鼠疫,这一结果提示犬可能会将感染的跳蚤携带到人群中,所以,任何宠物都要严格控制跳蚤(Gould等,2008)。对可能接触病原微生物的动物,要根据多西环素治疗剂量连续用药7 d。人常通过接触感染的跳蚤、包括猫在内的感染动物的组织或渗出物、被感染猫咬伤或抓伤而感染。尽管鼠疫耶尔森氏菌对干燥的环境敏感,不大可能通过媒介传播,但该菌能在感染动物的尸体中存活数周到数月,在感染跳蚤体内最长可存活1年。如果在春天、夏天和早秋的几个月,地方性流行病区内的猫出现菌血症、呼吸道疾病或颈部出现化脓区或形成肿块,就要戴手套、口罩,着手术衣来处理可疑动物,并且迅速消灭环境中的跳

蚤,直到确诊或排除鼠疫耶尔森氏菌感染。感染猫住院时,应将其隔离,并尽量减少参与护理与治疗的工作人员数量。接触过患病动物的人员应去看医生,看是否需要接受预防性抗生素治疗。鼠疫耶尔森氏菌的耐药菌株还不常见(Welch 等,2007),感染猫接受 3 d 抗生素治疗后就不再对人具有感染性。处理感染猫的地方应彻底清洗,常规消毒(见第 91 章)。

# 钩端螺旋体病
## (LEPTOSPIROSIS)

### ◉病原学和流行病学

钩端螺旋体是一种长 6～12 μm、宽 0.1～0.2 μm、能运动的、可以感染动物和人的一种丝状螺旋菌。钩端螺旋体病由多种不同血清型的肾脏钩端螺旋体(*Leptospira interrogans*)和 *Leptospira kirschneri* 感染引起(Sykes 等,2011)。很多国家的犬都检测出了钩端螺旋体抗体,但不同国家和地区流行的血清型不尽相同。美国常见的血清型包括:秋季热钩端螺旋体(*Leptospira autumnalis*)、布拉迪斯拉发钩端螺旋体(*Leptospira bratislava*)、犬钩端螺旋体(*Leptospira canicola*)、感冒伤寒型钩端螺旋体(*Leptospira grippotyphosa*)、哈勒焦钩端螺旋体(*Leptospira hardjo*)、出血性黄疸钩端螺旋体(*Leptospira icterohaemorrhagiae*)、波莫纳(猪型)钩端螺旋体(*Leptospira pomona*)。猫可感染以下几种钩端螺旋体:布拉迪斯拉发钩端螺旋体(*Leptospira bratislava*)、犬钩端螺旋体(*Leptospira canicola*)、感冒伤寒型钩端螺旋体(*Leptospira grippotyphosa*)和波莫纳(猪型)钩端螺旋体(*Leptospira pomona*),且疾病比犬的更顽固。

过去几年内有一些研究评估了犬钩端螺旋体病的流行情况和感染风险。美国从 2002 年到 2004 年间,血清学阳性犬的数量逐年增加(Moore 等,2006)。美国钩端螺旋体的接触风险很高,一项研究显示,33 119 只犬中,8.1% 的犬的血清滴度超过 1∶1 600(Gautam 等,2010)。钩端螺旋体感染多发生在亚热带地区的农村和郊区的碱性土壤环境中。一项堪萨斯州进行的研究显示,钩端螺旋体病和郊区环境之间有一定关系,所以动物出现相关临床表现时,应该考虑钩端螺旋体病(Raghavan 等,2011)。一项对照研究还显示室外水源、湿地和公共场所都是该病的风险因素(Ghneim

等,2007)。该病在夏季和早秋多发,降雨量多的年份发病率常升高。宿主适应性菌株导致亚临床感染,寄主扮演贮存宿主的角色,间歇性排出病原体。非宿主适应性菌株导致临床感染。钩端螺旋体通过尿液传播,并能通过破损的皮肤和完整的黏膜进入宿主体内。它也可以通过咬伤、交配、胎盘传播,还可以通过摄食污染的组织、泥土、水、垫料、食物和其他污染物而感染。一项研究显示,波莫纳钩端螺旋体经结膜接种后,7 d 内实验犬出现发热、嗜睡等症状(Greenlee 等,2005)。体内先前存在抗体的宿主可迅速清除体内的致病微生物,并且维持机体的亚临床感染状态。钩端螺旋体可以在未免疫宿主或非宿主适应性菌株感染的宿主体内的多种组织内复制,其中,在犬的肝脏和肾脏中复制的数量最多。钩端螺旋体复制及其产生的毒素引发的炎症均能导致肾脏、肝脏和肺部疾病。接受治疗和产生适当免疫应答的动物通常都能存活下来。有些未接受治疗的动物,可在感染后的 2～3 周后自行清除感染,但是,易发展成慢性活动性肝炎或慢性肾脏疾病。接触病原体后,猫通常表现亚临床感染症状,但是会不定期地向环境中排出病原体,还有可能会出现多尿、多饮和肾功能不全等症状(Arbour 等,2012)。

### ◆临床特征

任何年龄、品种、性别的未免疫犬都可能发生钩端螺旋体病。中年雄性牧羊犬、猎犬、工作犬和杂种犬比 1 岁以下的伴侣犬感染风险高(Ward 等,2002)。大多数犬表现为亚临床感染。特急性感染的犬通常表现为食欲减退、精神沉郁、全身性肌肉感觉过敏、呼吸急促和呕吐等(框 92-2),还常常出现发热、黏膜苍白和心跳加快等症状。由于血小板减少症和弥散性血管内凝血而常常出现瘀点、瘀斑、黑粪症和鼻衄。过急性感染常常在出现特征性的肾脏或肝脏疾病之前导致突然死亡。

临床上,亚急性感染犬常表现为发热、精神沉郁和与出血综合征一致的临床症状或体格检查结果,以及肝脏疾病、肾脏疾病,或同时发生肝脏和肾脏疾病,有时还发生结膜炎、全葡萄膜炎、鼻炎、扁桃体炎、咳嗽和呼吸困难。亚急性期可能会发生少尿性或无尿性肾衰。感染的血清型不同,临床症状也不尽相同(Goldstein 等,2006)。钩端螺旋体病人的肺出血综合征也会出现在患犬身上,因此,钩端螺旋体是犬呼吸困难的一项鉴别诊断(Klopfleisch 等,2010)。

**框 92-2　钩端螺旋体感染患犬的临床表现**

**特征描述**
任何年龄、任何种类和任何性别的动物都可能感染
雄性青壮年工作犬最易感

**病史**
接触过相应的钩端螺旋体贮存宿主或被污染的环境
厌食、精神沉郁、嗜睡

**体格检查**
发热
前色素层炎(前葡萄膜炎)
包括黑粪症、鼻衄、瘀点和瘀斑在内的出血倾向
呕吐、腹泻
肌肉痛或脑脊膜痛
伴有或不伴有肾区疼痛的肾肿大
肝肿大
多尿/多饮
黄疸
咳嗽或呼吸窘迫

**临床病理学和影像学检查**
血小板减少症
白细胞减少症(急性)
白细胞增多症(亚急性)
氮质血症
尿浓缩能力欠佳
未伴发明显菌尿的脓尿和血尿
高胆红素血和血红蛋尿
ALT、AST、ALP 和 CK 活性上升
间质性肺病到肺泡性肺病
肝肿大或肾肿大

**诊断**
分离培养尿液、血液、组织中的病原微生物
暗视野或相差显微镜观察尿液中的钩端螺旋体
采用 PCR 扩增尿液、血液或组织中钩端螺旋体的 DNA
综合对治疗的反应情况和伴有临床症状出现的抗体滴度上升情况

PCR,聚合酶链式反应。

耐过急性感染或亚急性感染而存活下来的犬会出现慢性间质性肾炎或慢性活动性肝炎。慢性钩端螺旋体病最常见的症状包括多尿、多饮、体重下降、腹水和继发于肝脏机能不全的肝性脑病等。

◈诊断

患钩端螺旋体病的犬会出现多种非特异性的临床病理学变化和 X 线检查异常,且因宿主、血清型以及急性程度(过急性、亚急性、慢性感染)而异。白细胞减少(钩端螺旋体病的最急性期),可能伴有核左移的白细胞增多症、血小板减少症、再生性贫血(源于血液丢失)或非再生性贫血(源于慢性肾脏疾病或慢性肝脏疾病)是常见的血液学异常。低钠血症,低钾血症,高磷血症,低白蛋白血症,氮质血症,高胆红素血症,总二氧化碳浓度下降,丙氨酸氨基转移酶(alanine transaminase,ALT)、碱性磷酸酶(alkaline phoshatase,ALP)、天冬氨酸氨基转移酶(aspartate transaminase,AST)活性升高是常见的血清生化异常。血清生化异常是由肾脏疾病、肝脏疾病、经胃肠丢失或酸中毒造成的。有些患有慢性钩端螺旋体病的犬会发生高球蛋白血症。有肌炎症状的犬肌酸激酶(creatine kinase,CK)活性上升。尿液分析异常包括胆红素尿,发生氮质血症者尿比重下降,颗粒管型,粒细胞和红细胞增多。光学显微镜下无法观察到尿沉渣中的细菌。肾肿大、肝肿大和肺间质性或肺泡性浸润是常见的 X 线检查异常。慢性钩端螺旋体病能引起肾盂和肾皮质矿化。肾脏组织学检查最常见的病理变化包括膜性增生性肾小球肾炎,可能同时伴发间质性肾炎(Ortega-Pacheco 等,2008)。

通常用显微凝集试验(microscopic agglutination test,MAT)检测抗螺旋体抗体。因为犬能感染多种钩端螺旋体,所以筛查的血清型要尽可能多。常需筛查的血清型有:布拉迪斯拉发钩端螺旋体、犬钩端螺旋体、感冒伤寒型钩端螺旋体、哈勒焦钩端螺旋体、出血性黄疸钩端螺旋体和波莫纳(猪型)钩端螺旋体。阳性抗体可见于活动感染期、先前感染过或接种过疫苗的动物。过急性感染动物的抗体常为阴性。表现典型临床症状但血清反应为阴性的犬,应在 2～4 周后复检。血清滴度最高意味着感染,但判读时要尤为谨慎。同一份血清如果被送往不同的实验室检测,结果可能并非最高滴度(Miller 等,2011)。

血清转化(一段时间后阴性转变为阳性)、单一的显微凝集试验效价大于 1∶3 200,或抗体滴度增长 4 倍,同时出现相应的临床病理学异常和临床症状提示动物患有钩端螺旋体病。只有在尿液中、血液中和组织中发现钩端螺旋体才能确诊。但由于病原体间歇性排出,且数量少,用暗视野显微镜或相差显微镜观察尿中的钩端螺旋体时,有可能出现假阴性结果。可从膀胱穿刺物,血液,肾脏或肝脏组织中分离培养到钩端螺旋体。用于分离培养的材料应在给予抗生素之前收集,取材后立即转入转运培养基中,然后尽快送检。钩端螺旋体病病程可能较短,尿中病原体排出呈间歇性,因此可能会出现假阴性结果。聚合酶链式反应(polymerase chain reaction,PCR)可以用于检测尿液、血液

和组织中的钩端螺旋体(Harkin 等,2003a,2003b)。在一项研究中,研究者采用 PCR 的方法检查了 500 例犬的尿液,41(8.2%)例钩端螺旋体呈阳性,但是有些犬并无临床症状(Harkin 等,2003a)。所有 PCR 阳性犬均未分离培养到细菌,而且血清滴度不是很高。近期免疫不会导致 PCR 检查阳性(Midence 等,2012)。

◉治疗

大多数犬需要输液治疗,肾脏感染的病例可以给予高效利尿剂治疗(参见 44 章)。血液透析能提高少尿或无尿性肾衰犬的存活率。治疗初期,应按 22 mg/kg 的剂量,每 8 h 静脉注射一次氨苄西林。有些喹诺酮类药物可有效对抗钩端螺旋体,与青霉素类药物合用可用于钩端螺旋体感染的急性期,尤其是怀疑还有其他革兰阴性菌感染时。在一项研究中,联合应用氨苄西林和恩诺沙星进行治疗后,83% 的感染犬得以存活(Adin 等,2000)。青霉素类药物(例如阿莫西林或阿莫西林克拉维酸)需连续使用 2 周。青霉素治疗后,应按 5.0 mg/kg 的剂量,每 12 h 口服一次多西环素,连续用药 2 周,以清除肾脏带菌状态(Sykes 等,2011)。

◉人兽共患和预防

哺乳动物的所有血清型都能感染人类,一些病人的血清中能检测出犬钩端螺旋体的血清型,提示犬可能是一种贮存宿主(Brod 等,2005)。很多研究试图发现钩端螺旋体患犬和接触过患犬的人钩端螺旋体病之间究竟有没有联系,然而,调查结果却不尽相同。例如,一项调查中,91 个人和确诊钩端螺旋体感染的犬接触过,但所有人的血清均呈阴性,这一结果提示感染风险很低(Barmettler 等,2011)。由于钩端螺旋体病对兽医的风险最大,如果一个兽医出现了和钩端螺旋体病相似的症状,那么需要对该病进行筛查(Whitney 等,2009)。应避免接触被感染的尿、被污染的水以及贮存宿主。处理患犬时,应戴医用手套。被污染的器具表面应该用去污剂和消毒剂清洗消毒(见第 91 章)。

为减少发病,主人应尽量避免爱犬喝到受到污染的水。健康犬可通过尿液排出钩端螺旋体。都柏林的一项研究显示,7%(总样本量为 525 例)的犬尿样中钩端螺旋体呈阳性(Rojas 等,2010)。因此,尽量不要接触犬的尿。疫苗可有效预防部分血清型病原体的感染,降低疾病的严重程度,减少尿液中钩端螺旋体的排

出量。目前,包含犬钩端螺旋体、出血性黄疸性钩端螺旋体、感冒伤寒型钩端螺旋体和波莫纳(猪型)钩端螺旋体等血清型的疫苗已经可以使用,它能提供最广泛的免疫保护(见第 91 章)。地方性流行区域内的犬应接种 3 次疫苗,接种间隔是 2~3 周,并且每年加强免疫 1 次。

# 支原体和脲原体
## (MYCOPLASMA AND UREAPLASMA)

◉病原和流行病学

支原体属和脲原体属是一些小的、营自由生活的微生物,它们没有坚硬的能起保护作用的细胞壁,依靠从周围环境摄食营养等物质生活。有些支原体属和脲原体属为黏膜上的正常菌群。例如,75% 健康犬的阴道中(Doig 等,1981)、100% 健康犬的咽喉中、35% 健康猫的咽喉中(Randolph 等,1993)均能分离到支原体。嗜血支原体(hemotrophic mycoplasmas)、猫血支原体(*Mycoplasma haemofelis*)、加州型暂定种血支原体(*Candidatus mycoplasma haemominutum*)、苏黎世暂定种血支原体(*Candidatus Mycoplasma turicensis*)、犬血支原体(*Mycoplasma haemocanis*)和"*Candidatus Mycoplasma haematoparvum*"都与红细胞有一定关系。有关这些微生物的内容参见第 80 章。

已经在实验动物上成功复制出猫的猫支原体结膜炎、猫支原体上呼吸道感染和猫支原体性多关节炎,犬的犬支原体肺炎。大多数支原体属和脲原体属的致病性不详,健康动物和患病动物体内都能培养或扩增出来。犬支原体和猫支原体均如此,所以,并非所有菌株都有致病性。目前已经有犬支原体遗传特性的相关报道,有些菌株的致病性比较强(Mannering 等,2009)。

多数情况下,支原体属和脲原体属定居在患病组织里,作为条件性致病菌,继发于其他病因引起的炎症。在分离到支原体属或脲原体属同时,常常会分离出其他一些病原微生物,这种情况下,很难确定是哪种病原体引发了疾病。脲原体属也能从健康犬的阴道(40%)或包皮(10%)中分离到(Doig 等,1981)。

在 2 900 只出现尿道炎症(Jang 等,1984)的犬中,有 20 只犬分离出了支原体属;患有下泌尿道疾病的 100 只犬中,有 4 只分离出了犬支原体(Ulgen 等,

2006);患有泌尿生殖道疾病的犬中,有9只分离出了犬支原体(L'Abee-Lund 等,2003)。一些犬支原体感染的犬出现了氮质血症,可能和肾盂肾炎有关(Ulgen 等,2006),还有一些对治疗有抵抗力(L'Abee-Lund 等,2003)。很多研究提示支原体属可能是犬呼吸道感染的主要病原。患下呼吸道疾病的病例中,7/93 只犬(Jameson 等,1995),5/38 只犬(Randolph 等,1993),和 14 只(Chandler 等,2002)中,只分离出了支原体属。一项研究中,研究者对有呼吸道疾病的犬和没有呼吸道疾病的犬分别进行支原体分离培养,结果发现犬支原体(M. cynos)和下呼吸道疾病有关(Chalker 等,2004b)。另一项调查则显示,80%有犬支原体抗体的犬有呼吸道疾病(Rycroft 等,2007)。

最新一项研究对患有结膜炎的猫和无结膜炎的猫分别进行了支原体属 DNA 扩增,结果显示结膜炎和支原体感染有关(Low 等,2007)。猫支原体(M. felis)和 M. gateae 与猫的溃疡性角膜炎有关(Gray 等,2005)。猫的多关节炎病例中也曾发现过猫支原体和 M. gateae。支原体属还有可能跟鼻窦炎、下呼吸道疾病和脓胸有关。德国一项关于猫上呼吸道疾病的调查研究显示,有临床症状的猫中发现了猫支原体、加拿大支原体(Mycoplasma canadense)、犬支原体(M. cynos)、M gateae、嗜脂支原体(Mycoplasma lipophilum)和猪喉支原体(Mycoplasma hyopharyngis)(Hartmann 等,2010)。

◆ 临床特征

应该把猫的支原体属感染与猫的结膜炎、角膜炎、喷嚏和黏液脓性鼻涕、咳嗽、呼吸困难、发热、伴有或不伴有关节胀痛的跛行、皮下脓肿和流产等进行鉴别诊断。猫的支原体属和脲原体属感染不会引发下泌尿道炎症。一项研究则显示,支原体属或脲原体属和猫下泌尿道感染无关(Abou 等,2006)。要把犬的支原体属或脲原体属感染与犬的咳嗽、呼吸困难、发热、尿频、血尿、氮质血症、伴有或不伴有关节胀痛的跛行、黏液脓性的阴道分泌物和不孕等进行鉴别诊断。支原体属和脲原体属不能用普通细胞学方法检出,也不能在有氧环境中生长。当未观察到细菌或需氧菌培养阴性,而出现嗜中性粒细胞性炎症时,应怀疑有支原体属或脲原体属感染。如果患病动物有嗜中性粒细胞性炎症,而用青霉素或头孢菌素类等抑制菌体细胞壁合成的药物治疗效果差时,被支原体属或脲原体属感染的概率就更大了。

◆ 诊断

支原体属或脲原体属感染与其他细菌感染引起的临床病理学变化和影像学变化相似。患肺炎的犬常见嗜中性粒细胞增多症和单核细胞增多症;而有尿道疾病的犬常见脓尿和蛋白尿。

在支原体属或脲原体属感染的动物,其包皮分泌物、阴道分泌物、慢性窦道性伤口、气道冲洗物和滑液中,最常见的细胞类型为非退行性嗜中性粒细胞。在犬中,单纯由支原体感染引起的下呼吸道疾病的肺泡型征象(alveolar lung patterns),很难与细菌和支原体混合感染引起的征象区分开来。有些犬和猫中,X 线检查显示轻微的呼吸道疾病征象,能从其呼吸道病料中纯培养出支原体属(Chandler 等,2002)。由支原体感染引起的多关节炎的 X 线征象中,患病关节会有侵蚀性或非侵蚀性病变(Zeugswetter 等,2007)。

用于分离培养支原体属或脲原体属的样本,应在采集后立即进行平皿培养或转入 Hayflicks 肉汤培养基、未加木炭的艾米斯(Amies)培养基或改良 Stuart 细菌转运培养基中,送往实验室。如果在 24 h 内能送达实验室,可用冰袋保存送检样本;如果运送时间超过 24 h,可用干冰保存送检样本。大多数支原体需要专门的培养基,而一项报道显示,犬支原体能在普通血平板上生长(L'Abee-Lund 等,2003)。因为病原微生物是健康动物体内正常菌群的一部分,所以不推荐对健康动物的黏膜进行分离培养。

由于可以从健康动物的体内分离培养出支原体属或脲原体属,患病动物阳性培养结果的判读就变得非常困难。大多数实验室不会出具药敏试验的相关报告。如果从正常时没有微生物寄生的组织(下呼吸道、子宫、关节)中分离到支原体属或脲原体属,那么该病原菌引发疾病的可能性就比较大。对有抗支原体属或脲原体属活性的药物治疗的反应情况可以帮助确诊由此类病原微生物引发的疾病。有些诊断实验室已经建立了用于支原体 DNA 检测的 PCR 方法(Johnson 等,2004;Chalker 等,2004a;Low 等,2007),但是,与分离培养一样,该法仍有局限性,阳性结果不能证明疾病为该微生物引起的。有些实验室在 PCR 中采用猫支原体和犬支原体(M. cynos)特异性引物,这样会导致其他潜在病原漏诊。

◆ 治疗

泰乐菌素、红霉素、克林霉素、林可霉素、四环素类、氯霉素、氨基糖苷类和氟喹诺酮类均可有效治疗支原体属或脲原体属感染（见第 90 章）。多西环素按 5～10 mg/kg 剂量给药，每 12～24 h 口服一次，一般对免疫能力较强或没有危及生命疾病的动物有效；另外，多西环素具有抗炎作用，这是建议选用此药的另一原因。如果动物发生革兰阴性菌混合感染、患有威胁生命的疾病或者致病菌可能对四环素类药物耐药，可选择氟喹诺酮类药物或阿奇霉素。一例患有支原体性多关节炎的猫没有采用多西环素治疗，在采用恩诺沙星治疗后成功消除感染。一项研究显示，普多沙星（Pradofloxacin 一种新的兽用氟喹诺酮类药物）的有效率远远高于阿莫西林（Spindel 等，2008）。下呼吸道感染、皮下感染、关节感染的病例通常需要持续治疗 4～6 周。妊娠动物可使用红霉素，20 mg/kg，每 8～12 h 口服一次；或选择克林霉素，22 mg/kg，每 12 h 口服一次。

### ◆ 人兽共患和预防

尽管本病传播给人的可能很小，但是，曾有报道称人手被患猫咬伤后，支原体属经伤口由猫传播给人（McCabe 等，1987）。犬和猫的大多数支原体属或脲原体属感染都是机会性感染，且与其他炎症疾病有关，因此，除非存在致病株，否则不大可能通过动物之间的直接接触传播。与人类的肺炎支原体一样，在猫和犬，支原体与呼吸道疾病有关，可以作为原发病因，在动物之间进行传播。患有结膜炎或呼吸道疾病的动物要与其他动物隔离，直到疾病症状消退（见第 91 章）。支原体属或脲原体属对常规消毒剂敏感，离开宿主后会迅速死亡。

### ◆ 推荐阅读

**犬巴尔通体病**

Breitschwerdt EB et al: Endocarditis in a dog due to infection with a novel *Bartonella* subspecies, *J Clin Microbiol* 33:154, 1995.

Breitschwerdt EB et al: *Bartonella vinsonii* subsp. *berkhoffii* and related members of the alpha subdivision of the Proteobacteria in dogs with cardiac arrhythmias, endocarditis, or myocarditis, *J Clin Microbiol* 37:3618, 1999.

Breitschwerdt EB et al: Clinicopathological abnormalities and treatment response in 24 dogs seroreactive to *Bartonella vinsonii* (*berkhoffii*) antigens, *J Am Anim Hosp Assoc* 40:92, 2004.

Chen TC et al: Cat scratch disease from a domestic dog, *J Formos Med Assoc* 106:S65, 2007.

Duncan AW, Maggi RG: *Bartonella* DNA in dog saliva, *Emerg Infect Dis* 13:1948, 2007.

Duncan AW et al: A combined approach for the enhanced detection and isolation of *Bartonella* species in dog blood samples: pre-enrichment liquid culture followed by PCR and subculture onto agar plates, *J Microbiol Methods* 69:273, 2007.

Duncan AW et al: *Bartonella* DNA in the blood and lymph nodes of Golden Retrievers with lymphoma and in healthy controls, *J Vet Intern Med* 22:89, 2008.

Kordick DL et al: *Bartonella vinsonii* subsp. *berkhoffii* subsp. nov., isolated from dogs; *Bartonella vinsonii* subsp. *vinsonii*; and emended description of *Bartonella vinsonii*, *Int J Syst Bacteriol* 46:704, 1996.

MacDonald KA et al: A prospective study of canine infective endocarditis in northern California (1999-2001): emergence of *Bartonella* as a prevalent etiologic agent, *J Vet Intern Med* 18:56, 2004.

Sykes JE et al: Evaluation of the relationship between causative organisms and clinical characteristics of infective endocarditis in dogs: 71 cases (1992-2005), *J Am Vet Med Assoc* 228:1723, 2006.

Yore K et al: Prevalence of *Bartonella* spp. and *Hemoplasmas* in the blood of dogs and their fleas in Florida, *American College of Veterinary Internal Medicine Forum* (oral abstract), June 1, 2012, New Orleans, LA.

**猫巴尔通体病**

Bayliss DB et al: Serum feline pancreatic lipase immunoreactivity concentration and seroprevalences of antibodies against *Toxoplasma gondii* and *Bartonella* species in client-owned cats, *J Feline Med Surg* 11:663, 2009.

Berrich M et al: Differential effects of Bartonella *henselae* on human and feline macro- and micro-vascular endothelial cells, *PLoS One* 6:e20204, 2011.

Biswas S et al: Comparative activity of pradofloxacin, enrofloxacin, and azithromycin against *Bartonella henselae* isolates collected from cats and a human, *J Clin Microbiol* 48:617, 2010.

Bradbury CA, Lappin MR: Evaluation of topical application of 10% imidacloprid-1% moxidectin to prevent *Bartonella henselae* transmission from cat fleas, *J Am Vet Med Assoc* 236:869, 2010.

Breitschwerdt EB et al: *Bartonella henselae* and *Rickettsia* seroreactivity in a sick cat population from North Carolina, *Inter J Appl Res Vet Med* 3:287, 2005.

Breitschwerdt EB et al: *Bartonella* species in blood of immunocompetent persons with animal and arthropod contact, *Emerg Inf Dis* 13:938, 2007.

Breitschwerdt EB et al: Bartonellosis: an emerging infectious disease of zoonotic importance to animals and human beings, *J Vet Emerg Crit Care (San Antonio)* 20:8, 2010.

Breitschwerdt EB et al: Hallucinations, sensory neuropathy, and peripheral visual deficits in a young woman infected with *Bartonella koehlerae*, *J Clin Microbiol* 49:3415, 2011.

Brunt J et al: Association of Feline Practitioners 2006 panel report on diagnosis, treatment and prevention of *Bartonella* species infections, *J Fel Med Surg* 8:213, 2006.

Dowers KL, Lappin MR: The association of *Bartonella* spp. infection with chronic stomatitis in cats, *J Vet Intern Med* 19:471, 2005.

Ficociello J et al: Detection of *Bartonella henselae* IgM in serum of experimentally infected and naturally exposed cats, *J Vet Intern Med* 25:1264, 2011.

Ishak AM, Radecki S, Lappin MR: Prevalence of *Mycoplasma haemofelis*, 'Candidatus Mycoplasma haemominutum', *Bartonella* species, *Ehrlichia* species, and *Anaplasma phagocytophilum* DNA in the blood of cats with anemia, *J Feline Med Surg* 9:1, 2007.

Kaplan JE et al: Guidelines for prevention and treatment of opportunistic infections in HIV-infected adults and adolescents, Recommendations and Reports, *MMWR* 58(RR04):1, 2009.

Lappin MR et al: Prevalence of *Bartonella* species DNA in the blood of cats with and without fever, *J Fel Med Surg* 11:141, 2009.

Lappin MR, Hawley J: Presence of *Bartonella* species and *Rickettsia* species DNA in the blood, oral cavity, skin and claw beds of cats in the United States, *Vet Dermatol* 20:509, 2009.

Maggi RG et al: *Bartonella* spp. bacteremia and rheumatic symptoms in patients from Lyme disease-endemic region, *Emerg Infect Dis* 18:783, 2012.

Nutter FB et al: Seroprevalences of antibodies against *Bartonella henselae* and *Toxoplasma gondii* and fecal shedding of *Cryptosporidium* spp., *Giardia* spp., and *Toxocara cati* in feral and domestic cats, *J Am Vet Med Assoc* 235:1394, 2004.

Pearce L et al: Prevalence of *Bartonella henselae* specific antibodies in serum of cats with and without clinical signs of central nervous system disease, *J Fel Med Surg* 8:315, 2006.

Powell CC et al: Inoculation with *Bartonella henselae* followed by feline herpesvirus 1 fails to activate ocular toxoplasmosis in chronically infected cats, *J Fel Med Surg* 4:107, 2002.

Quimby JM et al: Evaluation of the association of *Bartonella* species, feline herpesvirus 1, feline calicivirus, feline leukemia virus and feline immunodeficiency virus with chronic feline gingivostomatitis, *J Feline Med Surg* 10:66, 2008.

Sykes JE et al: Association between *Bartonella* species infection and disease in pet cats as determined using serology and culture, *J Feline Med Surg* 12:631, 2010.

Whittemore JC et al: *Bartonella* species antibodies and hyperglobulinemia in privately owned cats, *J Vet Intern Med* 26:639, 2012.

### 猫鼠疫

Eidson M et al: Clinical, clinicopathologic, and pathologic features of plague in cats: 119 cases (1977-1988), *J Am Vet Med Assoc* 199:1191, 1991.

Eisen RJ et al: Early-phase transmission of *Yersinia pestis* by cat fleas (*Ctenocephalides felis*) and their potential role as vectors in a plague-endemic region of Uganda, *Am J Trop Med Hyg* 78:949, 2008.

Gage KL et al: Cases of cat-associated human plague in the Western US, 1977-1998, *Clin Infect Dis* 30:893, 2000.

Gasper PW et al: Plague (*Yersinia pestis*) in cats: description of experimentally induced disease, *J Med Entomol* 30:20, 1993.

Gould LH et al: Dog-associated risk factors for human plague, *Zoonoses Public Health* 55:448, 2008.

Orloski KA et al: *Yersinia pestis* infection in three dogs, *J Am Vet Med Assoc* 207:316, 1995.

Welch TJ et al: Multiple antimicrobial resistance in plague: an emerging public health risk, *PLoS ONE* 2:e309, 2007.

### 钩端螺旋体病

Adin CA et al: Treatment and outcome of dogs with leptospirosis: 36 cases (1990-1998), *J Am Vet Med Assoc* 216:371, 2000.

Arbour J et al: Clinical leptospirosis in three cats (2001-2009), *J Am Anim Hosp Assoc* 48:256, 2012.

Barmettler R et al: Assessment of exposure to Leptospira serovars in veterinary staff and dog owners in contact with infected dogs, *J Am Vet Med Assoc* 238:183, 2011.

Brod CS et al: Evidence of dog as a reservoir for human leptospi-

rosis: a serovar isolation, molecular characterization and its use in a serological survey, *Rev Soc Bras Med Trop* 38:294, 2005.

Gautam R et al: Detection of antibodies against *Leptospira* serovars via microscopic agglutination tests in dogs in the United States, 2000-2007, *J Am Vet Med Assoc* 237:293, 2010.

Ghneim GS et al: Use of a case-control study and geographic information systems to determine environmental and demographic risk factors for canine leptospirosis, *Vet Res* 38:37, 2007

Goldstein RE et al: Influence of infecting serogroup on clinical features of leptospirosis in dogs, *J Vet Intern Med* 20:489, 2006.

Greenlee JJ et al: Experimental canine leptospirosis caused by *Leptospira interrogans* serovars *pomona* and *Bratıslava*, *Am J Vet Res* 66:1816, 2005.

Harkin KR et al. Comparison of polymerase chain reaction assay, bacteriologic culture, and serologic testing in assessment of prevalence of urinary shedding of leptospires in dogs, *J Am Vet Med Assoc* 222:1230, 2003a.

Harkin KR et al: Clinical application of a polymerase chain reaction assay for diagnosis of leptospirosis in dogs, *J Am Vet Med Assoc* 222:1224, 2003b.

Klopfleisch R et al: An emerging pulmonary haemorrhagic syndrome in dogs: similar to the human leptospiral pulmonary haemorrhagic syndrome? *Vet Med Int* 27:928541, 2010.

Markovich JE, Ross L, McCobb E: The prevalence of leptospiral antibodies in free roaming cats in Worcester County, Massachusetts, *J Vet Intern Med* 26:688, 2012.

Midence JN et al: Effects of recent *Leptospira* vaccination on whole blood real-time PCR testing in healthy client-owned dogs, *J Vet Intern Med* 26:149, 2012.

Miller MD et al: Variability in results of the microscopic agglutination test in dogs with clinical leptospirosis and dogs vaccinated against leptospirosis, *J Vet Intern Med* 25:426, 2011

Moore GE et al: Canine leptospirosis, United States, 2002-2004, *Emerg Infect Dis* 12:501, 2006.

Ortega-Pacheco A et al. Frequency and type of renal lesions in dogs naturally infected with leptospira species, *Ann N Y Acad Sci* 1149:270, 2008.

Raghavan R et al: Evaluations of land cover risk factors for canine leptospirosis: 94 cases (2002-2009), *Prev Vet Med* 101:241, 2011

Rojas P et al: Detection and quantification of leptospires in urine of dogs: a maintenance host for the zoonotic disease leptospirosis, *Eur J Clin Microbiol Infect Dis* 29:1305, 2010.

Sykes JE et al: 2010 ACVIM small animal consensus statement on leptospirosis: diagnosis, epidemiology, treatment, and prevention, *J Vet Intern Med* 25:1, 2011

Ward MP et al: Prevalence of and risk factors for leptospirosis among dogs in the United States and Canada: 677 cases 1970-1998), *J Am Vet Med Assoc* 220:53, 2002.

Ward MR. Clustering of reported cases of leptospirosis among dogs in the United States and Canada, *Prev Vet Med* 56:215, 2002.

Whitney EA et al: Prevalence of and risk factors for serum antibodies against Leptospira serovars in US veterinarians, *J Am Vet Med Assoc* 234:938, 2009.

### 支原体和脲原体

Abou N et al: PCR-based detection reveals no causative role for *Mycoplasma* and *Ureaplasma* in feline lower urinary tract disease, *Vet Microbiol* 116:246, 2006.

Chalker VJ et al: Development of a polymerase chain reaction for the detection of *Mycoplasma felis* in domestic cats, *Vet Microbiol* 100:77, 2004a.

Chalker VJ et al. Mycoplasmas associated with canine infectious respiratory disease, *Microbiol* 150:3491, 2004b.

Chandler JC et al: Mycoplasmal respiratory infections in small animals: 17 cases 1988-1999), *J Am Anim Hosp Assoc* 38:111, 2002.

Doig PA et al: The genital *Mycoplasma* and *Ureaplasma* flora of healthy and diseased dogs, *Can J Comp Med* 45:233, 1981

Foster SF et al: Pneumonia associated with *Mycoplasma* spp. in three cats, *Aust Vet J* 76:460, 1998.

Gray LD et al: Clinical use of 16S rRNA gene sequencing to identify *Mycoplasma felis* and *M. gateae* associated with feline ulcerative keratitis, *J Clin Microbiol* 43:3431, 2005.

Hartmann AD et al: Detection of bacterial and viral organisms from the conjunctiva of cats with conjunctivitis and upper respiratory tract disease, *J Feline Med Surg* 12:775, 2010.

Jameson PH et al: Comparison of clinical signs, diagnostic findings, organisms isolated, and clinical outcome in dogs with bacterial pneumonia: 93 cases 1986-1991), *J Am Vet Med Assoc* 206:206, 1995.

Jang SS et al: *Mycoplasma* as a cause of canine urinary tract infection, *J Am Vet Med Assoc* 185:45, 1984.

Johnson LR et al: A comparison of routine culture with polymerase chain reaction technology for the detection of *Mycoplasma* species in feline nasal samples, *J Vet Diagn Invest* 16:347, 2004.

Johnson LR et al. Assessment of infectious organisms associated with chronic rhinosinusitis in cats, *J Am Vet Med Assoc* 227:579, 2005.

L'Abee-Lund TM et al: *Mycoplasma canis* and urogenital disease in dogs in Norway, *Vet Rec* 153:231, 2003.

Low HC et al: Prevalence of feline herpesvirus 1, *Chlamydophila felis*, and *Mycoplasma* spp DNA in conjunctival cells collected from cats with and without conjunctivitis, *Am J Vet Res* 68:643, 2007

Mannering SA et al: Strain typing of *Mycoplasma cynos* isolates from dogs with respiratory disease, *Vet Microbiol* 135:292, 2009.

McCabe SJ et al: *Mycoplasma* infection of the hand acquired from a cat, *J Hand Surg* 12:1085, 1987

Randolph JF et al: Prevalence of mycoplasmal and ureaplasmal recovery from tracheobronchial lavages and prevalence of mycoplasmal recovery from pharyngeal swab specimens in dogs with or without pulmonary disease, *Am J Vet Res* 54:387, 1993.

Rycroft AN et al: Serological evidence of *Mycoplasma cynos* infection in canine infectious respiratory disease, *Vet Microbiol* 120:358, 2007

Spindel ME et al: Evaluation of pradofloxacin for the treatment of feline rhinitis, *J Feline Med Surg* 10:472, 2008.

Ulgen M et al: Urinary tract infections due to *Mycoplasma canis* in dogs, *J Vet Med Am Physiol Pathol Clin Med* 53:379, 2006.

Veir JK et al: Prevalence of selected infectious organisms and comparison of two anatomic sampling sites in shelter cats with upper respiratory tract disease, *J Feline Med Surg* 10:551, 2008.

Zeugswetter F et al: Erosive polyarthritis associated with *Mycoplasma gateae* in a cat, *J Feline Med Surg* 9:226, 2007

# 第 93 章

# 多系统性立克次体病
## Polysystemic Rickettsial Diseases

立克次体属于立克次体科和无形体科,但在 2001 年经过 16S rRNA 和 groESL 基因序列的系统进化发育分析以后,又被重新分类(Dumler 等,2001)。有些埃利希体被归入新立克次体属[包括立氏新立克次体(Ehrlichia risticii)]和其他一些埃利希体属,包括嗜吞噬细胞立克次体(Ehrlichia phagocytophila,之前被称为马埃利希体和人粒细胞埃利希体)和嗜血小板埃利希体(Ehrlichia platys)都被归入无形体属。埃利希体属和新立克次体都被归入无形体科;而立克次体属和东方体属(Orientia)仍被归为立克次体科。埃利希体、无形体和新立克次体的分类依据为遗传性和细胞嗜性(嗜单核细胞、嗜粒细胞或嗜血小板)。本章讨论犬猫最重要的立克次体包括嗜吞噬细胞无形体(Anaplasma phagocytophilum)、嗜血小板无形体(Anaplasma platys)、犬埃利希体(Ehrlichia canis)、查菲埃利希体(Ehrlichia chaffeensis)、尤茵埃利希体(Ehrlichia ewingii)、立氏新立克次体(Neorickettsia risticii)、立氏立克次体(Rickettsia rickettsii)和猫立克次体(Rickettsia felis)(表 93-1)。这些微生物在很多国家都有流行情况记载,伴侣动物寄生虫委员会也公布了美国的流行情况(www.capcvet.org)。

## 犬嗜粒细胞无形体病
## (CANINE GRANULOCYTOTROPIC ANAPLASMOSIS)

◀病原学和流行病学

嗜吞噬细胞无形体(之前被称为马埃利希体、嗜吞噬细胞埃利希体、犬粒细胞埃利希体和人粒细胞埃利希体等)可感染很多种动物,包括小型哺乳动物、美洲狮、土狼、绵羊、牛、鹿、犬、马和人等(Dumler 等,2001)。小型哺乳动物和鹿是自然宿主。嗜吞噬细胞无形体由硬蜱传播,在加利福尼亚州、威斯康星州、明尼苏达州和美国东北部最为常见,这种微生物在全球其他一些地方也流行,譬如欧洲、亚洲和非洲等。鸟类会传播有传染性的蜱虫,也是一种贮存宿主。疫区的犬血清阳性率非常高;加利福尼亚州的一项调查显示,临床健康犬只中,47.3% 的犬血清学阳性(Foley 等,2001)。伯氏疏螺旋体也经由硬蜱传播,这两种微生物感染可同时发生(Jaderlund 等,2007)。传播媒介必须和宿主接触 24～48 h 才能传染疾病。感染后 1～2 周才会出现临床症状。嗜中性粒细胞会吞噬这些微生物(其他白细胞偶尔也会),细胞内嗜吞噬细胞无形体能阻止吞噬溶酶体融合。这一机制使微生物在吞噬体内增殖,在光学显微镜下呈"桑椹胚"样外观。致病机理目前尚不明确,为什么有些犬有症状而有些无症状的原因也不明确。发病与否可能和菌株差异有一定关系(Rejmanek 等,2012)。

◀临床特征

虽然试验犬在接触嗜吞噬细胞无形体数周后能经过 PCR 扩增出病原,但其仅在急性感染期才会表现出临床症状。大多数病例会出现一些非特异性症状,例如发热、嗜睡和食欲不振,也常见僵直、跛行、肌肉疼痛等表现。嗜吞噬细胞无形体和多关节炎有关(图 93-1)。也有报道显示动物可能会出现呕吐、腹泻、呼吸困难、咳嗽、淋巴结病、肝脾肿大和中枢神经系统症状(抽搐和共济失调)。感染犬可能会成为亚临床疾病携带者,但是一些犬的病情也可能会恶化。目前尚未出现关于犬埃利希体感染引起的慢性疾病综合征的报道。瑞典的一项最新研究显示,在患有神经系统疾病的犬中,嗜吞噬细胞无形体和伯氏疏螺旋体的阳性率

**表 93-1　对犬猫最重要的埃利希体、无形体、新立克次体和立克次体**

| 种属 | 宿主(小动物) | 细胞嗜性 | 主要传播媒介 | 主要临床表现 |
|---|---|---|---|---|
| 嗜吞噬细胞无形体* | 犬、猫 | 嗜粒细胞 | 硬蜱 | 发热、多关节炎 |
| 嗜血小板无形体 | 犬 | 嗜血小板 | 血红扇头蜱?† | 发热、血小板减少、葡萄膜炎 |
| 犬埃利希体 | 犬、猫 | 嗜单核细胞 | 血红扇头蜱、变异革蜱 | 发热、症状不一 |
| 查菲埃利希体 | 犬 | 嗜单核细胞 | 美洲钝蜱、变异革蜱 | 亚临床；自然感染病例不详 |
| 尤茵埃利希体 | 犬 | 嗜粒细胞 | 美洲钝眼蜱 | 多关节炎、发热、脑膜炎 |
| 立氏新立克次体 | 犬 | 嗜单核细胞 | 犬不详‡ | 自然感染病例不详,和犬埃利希体相似 |
| 立氏立克次体 | 犬、猫 | § | 革蜱(矩头蜱)、美洲钝眼蜱、血红扇头蜱 | 发热、症状不一 |
| 猫立克次体 | 猫 | § | 猫栉首蚤 | 亚临床 |

　　\* 之前被称为马埃利希体、嗜吞噬细胞埃利希体、犬粒细胞埃利希体和人粒细胞埃利希体。

　　† 媒介不详,血红扇头蜱传播失败。

　　‡ 马可能因食入被立氏新立克次体感染的吸虫囊蚴(在中间宿主如水生昆虫或蜗牛体内可见)而感染。

　　§ 细胞嗜性并非立克次体的分类依据。

非常高,但是这些微生物和神经系统疾病无关(Jaderlund 等,2007)。在一项关于瓣膜性心内膜炎的研究中,所有存在巴尔通体相关疾病的犬也出现嗜吞噬细胞无形体血清学阳性(MacDonald 等,2004)。尚且不知并发感染是否会增强巴尔通体的致病作用。还有一些犬埃利希体、立氏立克次体和巴尔通体感染会出现鼻出血的症状。

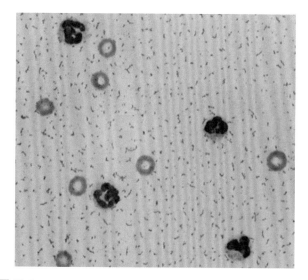

**图 93-1**

**犬埃利希体、尤茵埃利希体或嗜吞噬细胞无形体引发的多关节炎,关节液呈化脓性变化。**

◆诊断

　　一些感染患犬的嗜中性粒细胞内可见到嗜吞噬细

胞无形体桑椹胚,全血细胞计数和关节滑液检查时若能见到桑椹胚,强烈提示感染。其他变化包括血小板减少症、溶血性贫血症、白细胞减少症、嗜中性粒细胞减少症、淋巴细胞增多症和单核细胞增多症。生化检查和尿液检查异常不显著,也不是特异性的。无法从形态上将尤茵埃利希体与嗜吞噬细胞无形体的桑椹胚区分开来,但两者流行地区不同,可以根据旅行过的地方将两者进行初步区分(见犬嗜粒细胞无形体病部分)。如果未见到桑椹胚,可采用血清学[免疫荧光分析(IFA)和酶联免疫吸附(ELISA)]检查嗜吞噬细胞无形体抗体。市面上还有一种即时诊断试验(SNAP 4Dx Plus,IDEXX,Westbrook,Maine),也可用于检测嗜吞噬细胞无形体的抗体。急性病例可能是假阴性,2～3 周后可进行复查。这种方法也能检测嗜血小板无形体的抗体水平。另外,由于嗜吞噬细胞无形体在美国仅局限在小范围内,大多数地区不需要进行该项检查。EDTA 抗凝血可用于 PCR 检测,也可用于鉴别嗜吞噬细胞无形体的感染,但健康犬中也能扩增出其 DNA(Henn 等,2007)。大多数患犬呈亚临床感染,仅仅有急性期感染阶段。疫区接触风险高,患犬表现出的临床综合征还有可能与其他因素有关。抗体检查和 PCR 结果不能作为诊断的唯一依据。例如,虽然嗜吞噬细胞无形体会引发血小板减少症和多关节炎,最近一项研究则显示犬的多关节炎或血小板减少症和嗜吞噬细胞无形体 PCR 检测结果和血清学检测结果之间没有必然联系(Foley 等,2007)。

◆治疗

有些抗生素在体外研究中有一定抗菌效果(Maurin等,2003)。大多数临床医师建议采用多西环素治疗,5~10 mg/kg,口服,每12~24 h一次,连用10 d。尚不明确犬埃利希体治疗周期是否需达28 d(Neer等,2002)。若使用四环素,剂量为22 mg/kg,口服,每8 h一次,连用2~3周。大多数犬于治疗数小时至数天内开始好转。

◆人兽共患和预防

嗜吞噬细胞无形体既能感染犬,也能感染人,是一种人兽共患病。病人多为直接接触蜱虫感染,也可能在处理污染的血样或尸体时被感染。处理蜱虫时也应非常小心。目前尚无有效疫苗,但可以通过预防蜱虫来预防感染,到疫区旅行时可通过使用四环素来预防感染。一项研究中,吡虫啉-除虫菊酯可有效预防该病经硬蜱传播(Blagburn等,2004)。患犬也有可能再次感染,所以疫区内要一直控制蜱虫。疫区内的供血犬在献血前,需通过PCR或血清学筛查嗜吞噬细胞无形体的感染情况。

# 猫嗜粒细胞无形体病
## (FELINE GRANULOCYTOTROPIC ANAPLASMOSIS)

◆病原学和流行病学

试验攻毒猫很容易感染嗜吞噬细胞无形体(Lewis等,1975;Foley等,2003)。很多国家都从自然感染病例的血液中扩增出了嗜吞噬细胞无形体DNA,这些国家包括德国、丹麦、芬兰、爱尔兰、瑞士、瑞典和美国等。还有一些国家,包括巴西、肯尼亚和意大利等在细胞学检查时可以在嗜中性粒细胞内看到桑椹胚。疫区生活的猫血清学检查通常呈阳性。和犬类似,猫的嗜吞噬细胞无形体也经由硬蜱传播,因此,硬蜱多的地方该病也较为流行。虽然啮齿动物也常被硬蜱传染上嗜吞噬细胞无形体,但目前还不清楚它们是否会传染给猫。虽然嗜吞噬细胞无形体对猫的致病机理尚且不详,但试验感染猫会产生抗核抗体,γ-干扰素(γ-IFN)的mRNA水平也会升高,提示这种微生物的免疫致病作用对患猫的临床症状有一定促进作用(Forley等,2003)。

◆临床特征

最常见的临床表现包括发热、厌食和嗜睡,也可见呼吸急促。感染猫身上可能会见到蜱虫。一般来说,临床症状比较轻微,而且使用四环素类药物治疗后会很快恢复健康。

◆诊断

50%左右的患病猫会出现轻微的血小板减少症(66 000~18 000个/μL)。有些猫会出现伴有核左移的嗜中性粒细胞增多症、淋巴细胞增多症、淋巴细胞减少症和高球蛋白血症。桑椹胚的检出率比犬低。使用多西环素治疗后会很快恢复健康。很少会出现生化或尿液检查异常。有些商业诊断实验室可提供血清学检测。感染猫检测不出犬埃利希体抗体,所以可以使用IFA方法检测嗜吞噬细胞无形体。约30%确诊的临床感染猫初次进行血清学检查时抗体呈阴性,但迄今为止所有确诊病例都会发生血清转化。有些美洲狮血清学检查阴性,但PCR阳性,所以,急性病例血清阴性不能排除感染。因此,可疑病例需重复检查血清抗体水平,或者结合PCR检查综合诊断,尤其是急性感染病例(Lappin等,2004)。最近一项研究中,4只猫被罗德岛的肩突硬蜱叮咬后,使用IDEXX SNAP 4Dx试剂盒检测抗体均呈阳性,PCR检查也均呈阳性(Lappin等,2011),但是,这4只猫均没有临床症状,血液学检查结果也未见明显异常(图93-2)。

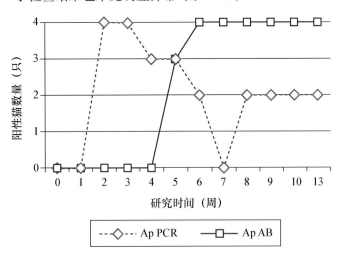

**图 93-2**

**4只猫**(通过野生肩突硬蜱感染上了嗜吞噬细胞无形体)不同时间的血清学检查和PCR检查结果。试验开始时所有猫同时接触肩突硬蜱。**AB,SNAP 4Dx检测出的抗体水平;Ap,嗜吞噬细胞无形体;PCR,聚合酶链式反应。**

◉治疗

需要时进行支持治疗。自然感染病例用过多种抗生素治疗,有两项研究显示,所有患猫均在使用四环素或多西环素治疗 24～48 h 后临床症状消除,且均未复发(Bjoersdorff 等,1999;Lappin 等,2004)。虽然临床症状已经消除,但有 2 只猫分别在治疗(持续 21～30 d)后 17 d 和 90 d PCR 检查仍为阳性,这一结果提示用四环素治疗 21～30 d 可能无法消除感染(Lappin 等,2004)。

◉人兽共患和预防

见犬嗜吞噬细胞无形体的人兽共患部分。为预防猫的嗜吞噬细胞无形体,需定期使用杀蜱药。嗜吞噬细胞无形体可能会通过血液传播,所以疫区的供血猫需提前进行抗体和 PCR 筛查,阳性猫禁止供血。

# 犬嗜血小板无形体病
## (CANINE THROMBOCYTOTROPIC ANAPLASMOSIS)

◉病原学和流行病学

以前嗜血小板无形体(*Anaplasma platys*)被命名为嗜血小板埃利希体(*Ehrilichia platys*)(Dumler 等,2001)。这种微生物在循环的血小板中能形成桑椹胚,这一综合征也被称为犬传染性周期性血小板减少症(canine infectious cyclic thrombocytopenia)。患犬主要分布在美国南部和西南部,澳大利亚,非洲,加勒比海岛,中东,南美,以及欧洲部分地区。巴西曾有一只猫被检查出了和嗜血小板无形体很相似的包涵体,但试图将这种病原体从犬传染给猫的试验最终以失败告终。研究者从硬蜱(尤其是血红扇头蜱)中扩增出了嗜血小板无形体的 DNA,因此,蜱虫可能是嗜血小板无形体的传播媒介(Foongladda 等,2011)。嗜血小板无形体和犬埃利希体同时感染的概率很高,也进一步印证了血红扇头蜱是传播媒介的猜想(Yabsley 等,2008)。静脉接种后潜伏期为 8～15 d。虽然循环性血小板减少症和寄生虫血症的间隔为 10～14 d,但随着时间的推移,微生物数量可能会减少,血小板减少症的严重程度可能会下降。感染后期血小板减少症可

能比较严重,但细胞学检查和血液 PCR 检查可能都为阴性(Eddlestone 等,2007)。试验感染犬的骨髓和脾脏抽吸物中可扩增出微量核酸。在犬感染嗜血小板无形体和/或犬埃利希体的试验中,同时感染的犬贫血和血小板减少症的持续时间将会更长(Gaunt 等,2010)。

◉临床特征

在美国,感染嗜血小板无形体的犬常呈亚临床感染,或仅仅有轻微发热表现。更严重的犬有发热、葡萄膜炎和出血症状,例如瘀斑、瘀点、鼻出血、黑粪症、齿龈出血、视网膜出血和血肿等。还有可能并发感染其他蜱媒病原(例如犬埃利希体),从而引发更严重的临床疾病(Kordick 等,1999;Gaunt 等,2010)。

◉诊断

患犬可能会出现贫血、血小板减少症和嗜中性粒细胞增多症。血小板内可能会见到桑椹胚。疫区出现贫血或血小板减少症的犬,都应怀疑其感染了嗜血小板无形体,或混合感染了其他蜱媒疾病。可通过 IFA 检查血清抗体水平。和犬埃利希体几乎无交叉免疫反应,但和嗜吞噬细胞无形体的部分血清型可能有交叉免疫反应(包括 IDEXX SNAP 4Dx Plus 检测试剂;Chandrashekar 等,2010)。急性病例可能为假阴性,2～3 周后需重复检测。EDTA 抗凝血 PCR 检查可用于诊断嗜血小板无形体的感染和进行鉴别诊断。健康犬中也可扩增出 DNA(Kordick 等,1999),而患病犬可能为阴性(Eddlestone 等,2007)。大多数感染嗜血小板无形体的犬为亚临床感染,且仅有急性期阶段,疫区的接触风险很高,而疾病综合征还和其他因素有关。所以,抗体水平和 PCR 检查不能作为临床诊断的唯一依据。

◉治疗

在嗜吞噬细胞无形体部分中已经讨论过多西环素和四环素,它们对嗜血小板无形体同样有效。如果并发犬埃利希体感染,治疗时间至少为 4 周(Neer 等,2002)。一项研究中,试验犬人工感染了嗜血小板无形体和犬埃利希体,经多西环素治疗的同时,虽然采用了免疫抑制剂,但是最后所有犬 PCR 检查都呈阴性(Gaunt 等,2010)。

◈人兽共患和预防

用来控制嗜吞噬细胞无形体感染的方案对嗜血小板无形体一样有效。目前尚无嗜血小板无形体威胁人类健康的报道。

# 犬嗜单核细胞埃利希体病
## (CANINE MONOCYTOTROPIC EHRLICHIOSIS)

◈病原学和流行病学

与犬嗜单核细胞埃利希体病有关的病原体包括犬埃利希体、查菲埃利希体和立氏新立克次体非典型变异株(Neorickettsia risticii var atypicalis)。同一只犬可感染不止一种埃利希体,还有可能感染其他蜱媒病原(Kordick 等,1999)。

犬埃利希体感染最为常见,能导致严重的临床疾病。环境中的犬埃利希体通过蜱虫传染给犬。最常见的宿主为血红扇头蜱和变异革蜱。犬埃利希体不能经过虫卵传播,所以,蜱虫只有吸食了立克次体急性期患犬的血才具有感染力,才能传播疾病。雄性血红扇头蜱可以多次吸食血液,即使没有雌蜱,也能独立传播犬埃利希体(Bremer 等,2005)。美国和世界上很多地方都有犬埃利希体血清学阳性犬,但主要分布于血红扇头蜱流行地区,例如西南部和墨西哥湾岸区。

查菲埃利希体会导致人的单核细胞埃利希体综合征。贮存宿主包括白尾鹿、田鼠、郊狼和负鼠,传播媒介包括美洲钝眼蜱、变异革蜱和硬蜱。查菲埃利希体主要见于美国东南部。已有感染犬的临床表现的详细记载(Breitschwerdt 等,1998;Zhang 等,2003),但较为罕见。迄今为止,仅在美国发现了立氏新立克次体非典型变异株(Neorickettsia risticii var atypicalis),可导致与犬埃利希体相似的临床症状。蝙蝠和燕子可能是这种微生物的自然宿主,而蜗牛吸虫和水生昆虫可能是传播媒介(Pusterla 等,2003)。在一项8 662例样本的调查中,横跨美国南部和中部的14所兽医学院、6家私人宠物诊所和4个诊断实验室参与了该项调查,犬埃利希体和查菲埃利希体的阳性率分别达0.8%和2.8%(Beal 等,2012)。

犬埃利希体感染能导致急性、亚临床和慢性疾病。单核细胞会到达小血管或内皮组织,导致急性血管炎。感染后1~3周内为急性期,病情可持续2~4周;大多数有免疫活性的动物都能幸存。亚临床期可持续数月至数年。有些犬在亚临床阶段能清除感染,有些病例则因病原微生物位于细胞内而保持长期慢性感染。很多临床和临床病理学异常会持续到慢性阶段。该病的亚临床阶段持续时间各异,进一步印证了为什么犬埃利希体感染和落基山斑疹热不同,没有严格的季节性。不过该病的急性期阶段多发于春季和夏季,这两个季节蜱虫活性较强。急性和慢性埃利希体病的致病机制较为复杂,涉及病原和宿主的相互作用。肿瘤坏死因子α(TNF-α)在急性病例的致病机制中起着一定的作用(Faria 等,2011)。

◈临床特征

埃利希体感染引发的临床疾病可见于任何犬,但严重程度取决于微生物、宿主和并发感染(例如嗜血小板无形体或巴尔通体感染)等多种因素。不同犬埃利希体野毒株的毒力相差甚远。细胞免疫功能抑制的动物病情较为严重。但是,在感染的前几个月内,犬埃利希体本身不会导致年轻的实验犬出现严重的免疫抑制(Hess 等,2006)。

随着时间的推移,犬埃利希体感染病例的临床症状也不断变化(表93-2)。急性期病例的临床表现和落基山斑疹热病例的血管炎很像。急性期病例身上还很容易找到蜱虫。所有临床阶段都可能会有发热的表现,但急性感染期更为常见。血小板减少(消耗或免疫破坏)和血管炎可能会引发瘀点和其他出血异常;慢性阶段则常出现血小板减少症(消耗、免疫破坏、扣押或生成减少)、血管炎和血小板功能异常等(Brandao 等,2006)。急性期血小板减少症不足以引发出血,该阶段的出血症状多源自于血管炎或血小板功能下降。

慢性阶段若病例发展为全血细胞减少,则会出现黏膜苍白的症状。犬慢性阶段则会由于慢性免疫刺激而出现肝肿大、脾肿大和淋巴结病(例如淋巴网状增生)等。淋巴结病源自慢性免疫刺激,在犬慢性病中最常被发现。有些埃利希体患犬中,血管炎或炎症会引发间质水肿或肺水肿,血管炎、血小板减少症或嗜中性粒细胞减少症继发的感染等会导致肺实质出血,从而出现呼吸困难或咳嗽。一些慢性病例还可见肺动脉高压(Locatelli 等,2012)。一些肾功能不全的犬还会有多饮、多尿和蛋白尿等症状。

化脓性关节炎犬还可见僵直、运动不耐受、肿胀、关节疼痛等表现(见图93-1)。大多数多关节炎患犬被

<table>
<tr><td colspan="2">表 93-2　犬埃利希体感染犬的临床异常</td></tr>
</table>

| 感染阶段 | 异常表现 |
|---|---|
| 急性 | 发热 |
| | 浆液性或脓性眼鼻分泌物 |
| | 厌食 |
| | 体重减轻 |
| | 呼吸困难 |
| | 淋巴结病 |
| | 蜱虫感染明显 |
| 亚临床 | 无临床异常 |
| | 通常没有蜱虫 |
| 慢性 | 通常没有蜱虫 |
| | 精神不振 |
| | 体重减轻 |
| | 黏膜苍白 |
| | 腹部疼痛 |
| | 出血:瘀点、视网膜出血等 |
| | 淋巴结病 |
| | 脾肿大 |
| | 呼吸困难 |
| | 肺音增强、肺间质或肺泡浸润 |
| | 眼部:血管周围炎、眼前房出血、视网膜脱落、前葡萄膜炎、角膜水肿 |
| | 中枢神经系统:脑膜疼痛、局部麻痹、脑神经缺损、抽搐 |
| | 肝肿大 |
| | 心律失常和脉搏缺失 |
| | 多饮、多尿 |
| | 僵直和肿胀,关节疼痛 |

扩增出了尤茵埃利希体或嗜吞噬细胞无形体。常见眼部疾病,如视网膜血管弯曲、血管周视网膜浸润、视网膜出血、前葡萄膜炎(图 93-3)等症状,还有可能会出现渗出性视网膜剥离(Komenou 等,2007)。中枢神经系统症状包括沉郁、疼痛、共济失调、局部麻痹、眼球震颤和抽搐等。

◆诊断

犬埃利希体感染引起的临床病理学变化和影像学异常总结见表 93-3。急性期血管炎和慢性期骨髓抑制后常见嗜中性粒细胞减少症。慢性免疫刺激能导致单核细胞增多症和淋巴细胞增多症;淋巴细胞的胞浆内常含有嗜苯胺蓝颗粒(例如大颗粒淋巴细胞)。犬埃利希体感染会导致犬的淋巴细胞内出现相应的变化,有时会和慢性淋巴细胞性白血病相混淆(例如慢性增生);需要进行进一步检查(Villaescusa 等,2012)。血液丢失会引起再生性贫血(急性和慢性期);骨髓抑制或

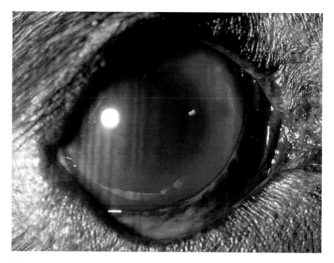

图 93-3

一例犬埃利希体感染性炎症引起的双侧前葡萄膜炎(Courtesy Dr. Cynthia Powell, Colorado State University)。

慢性贫血(慢性期)会导致正细胞性、正色素性非再生性贫血。急性或慢性埃利希体病均可出现血小板减少症。慢性埃利希体病患犬的高球蛋白血症和血小板疾病能增强出血风险。慢性埃利希体病可能会引发泛细胞减少症,但也有可能会出现嗜中性粒细胞减少症、血小板减少症和贫血。埃利希体病引起的骨髓细胞异常既有可能导致细胞增多(急性期),也有可能导致细胞减少(慢性期)。亚临床慢性埃利希体病患犬会出现骨髓浆细胞增多症,可能会跟多发性骨髓瘤相混淆,尤其是有单克隆 γ-球蛋白增多症的动物。埃利希体病患犬通常不会出现高钙血症,也不会出现骨溶解。

急性期出现的低白蛋白血症可能是因为血管炎引起的第三间隙白蛋白增多,或是因为急性期反应(白蛋白是负急性期蛋白),而慢性期则是因免疫复合物沉积由肾小球丢失或慢性免疫刺激(单克隆或多克隆 γ-球蛋白)引起。急性阶段和慢性阶段都会出现肾前性氮质血症;慢性埃利希体病例可能会出现严重的肾小球肾炎,从而出现低蛋白血症。亚临床或慢性埃利希体感染会出现高球蛋白血症,同时伴发低白蛋白血症。最常出现多克隆 γ-球蛋白症,也有可能会出现单克隆 γ-球蛋白症(例如,IgG)。埃利希体患犬的血清心肌钙蛋白 I 的浓度会升高,但其浓度和预后无关(Koutinas 等,2012)。一项研究中,对 27 例未出现骨髓抑制的慢性嗜单核细胞埃利希体病患犬,29 只出现骨髓抑制的慢性嗜单核细胞埃利希体病患犬,以及 7 只健康犬,分别检测了负急性期蛋白(白蛋白)和正急性期反应蛋白(acute phase proteins,APP),例如 C 反应蛋白(C-reactive protein,CRP)、血清淀粉样蛋白 A(serum

表 93-3　犬埃利希体感染引起的临床病理学异常

| 感染期 | 异常表现 |
| --- | --- |
| 急性 | 血小板减少症 |
| | 白细胞减少症,伴有嗜中性粒细胞增多症和单核 |
| | 　细胞增多症 |
| | 桑椹胚 |
| | 轻度非再生性贫血,除非有出血 |
| | 埃利希体抗体滴度不一 |
| | PCR 阳性 |
| 亚临床 | 高球蛋白血症 |
| | 血小板减少症 |
| | 嗜中性粒细胞减少症 |
| | 淋巴细胞增多症 |
| | 单核细胞增多症 |
| | 埃利希体抗体滴度阳性 |
| | PCR 阳性 |
| 慢性 | 单核细胞增多症 |
| | 淋巴细胞增多症 |
| | 血小板减少症 |
| | 非再生性贫血 |
| | 高球蛋白血症 |
| | 骨髓细胞过少 |
| | 骨髓/脾脏浆细胞增多 |
| | 低白蛋白血症 |
| | 蛋白尿 |
| | 多克隆或单克隆 $\gamma$-球蛋白血症 |
| | 脑脊液单核细胞增多 |
| | 非败血性、化脓性多关节炎 |
| | 罕见氮质血症 |
| | ALT 和 ALP 活性升高 |
| | 埃利希体抗体滴度阳性 |
| | PCR 阳性 |

PCR,聚合酶链式反应。

amyloid A,SAA)和结合珠蛋白(haptoglobin,Hp),急性期反应蛋白水平和临床综合征呈正相关,但不具有预后提示意义(Mylonakis 等,2011a)。

　　增大的淋巴结和脾脏抽吸显示反应性淋巴网状细胞和浆细胞增生(图 93-4)。一项研究中,患有慢性嗜单核细胞埃利希体病的犬的淋巴结里更常见浆细胞,其他淋巴结病中浆细胞则没那么常见(Mylonakis 等,2011b)。由埃利希体引起的多关节炎中,滑液里的细胞主要是非退行性嗜中性粒细胞。还有一些犬的滑液中能见到尤茵埃利希体或嗜吞噬细胞无形体桑椹胚。一些慢性埃利希体病患犬骨髓检查能见到粒细胞系萎缩、红细胞系萎缩、巨核细胞系萎缩,但淋巴细胞和浆细胞系增生。一项报道显示,10

图 93-4
一例慢性埃利希体病患犬的淋巴结细胞学检查。

例患犬进行了骨髓检查,未见纤维化现象(Mylonakis 等,2010)。单核细胞内很少会见到犬埃利希体桑椹胚。埃利希体病通常会导致脑脊液中单核细胞增多和蛋白浓度升高。还有一些埃利希体病患犬会出现抗血小板抗体、抗核抗体、抗红细胞抗体(直接库姆斯试验)和类风湿因子,导致原发性免疫介导性疾病难以诊断(Smith 等,2004)。

　　埃利希体病患犬无明显影像学异常表现。多关节炎是非侵蚀性的,有呼吸道症状的患犬会出现肺间质异常,但也有可能出现肺泡型异常。

　　细胞内桑椹胚提示埃利希体感染,但嗜单核细胞菌株不常见这种现象。淡黄层血涂片或耳缘静脉血涂片可能会比较容易找到桑椹胚。有些埃利希体可以培养出来,但成功率低,且花费很高,不建议用于临床诊断。

　　大多数商业诊断实验室(采用 IFA 法诊断)和即时诊断试验(point of care test)均采用抗犬埃利希体抗体试剂,这些试验是用来初步筛检埃利希体抗体的。美国兽医内科大学(American College of Veterinary Internal Medicine,ACVIM)传染病研究小组推荐:犬埃利希体 IFA 抗体滴度在 1:(10~80)之间的患犬需在 2~3 周后重复检测其抗体水平,以排除假阳性结果(Neer 等,2002)。滴度低的病例,IFA 和商品化 ELISA 试剂盒诊断结果(SNAP 3Dx,IDEXX Laboratories,Portland,Maine)的吻合度较差(O'Connor 等,2006)。

　　如果一个病例的血清中检测出犬埃利希体抗体,其临床表现也符合埃利希体感染的症状,就可以做出埃利希体病的假设诊断,也可以采取相应的治疗措施。由于犬埃利希体可能会跟蠕虫新立克次体

（*N. helminthoeca*）、反刍兽考德里氏体（*Cowdria ruminantium*）有交叉免疫反应，因此临床工作中不能仅仅通过抗体阳性就建立犬埃利希体病的诊断。另外，由于血清转化前动物就有可能出现了明显的临床表现，所以血清阴性也不能完全排除犬埃利希体感染。

市面上有 PCR 诊断试剂盒，可以检测外周血中的特异性 DNA。关节液、房水、脑脊液和组织液均可用于检测。一些人工感染病例在出现血清转化之前 PCR 检查就可能呈阳性。PCR 阳性提示感染，而血清学阳性只能表示动物接触过病原。但是，各个实验室并没有血清学检查的标准，且缺乏质量控制，最终会导致假阳性和假阴性。如果患病动物有更多详细信息，ACVIM 传染病研究小组推荐联合应用 PCR 和血清学检查。抗生素治疗可导致 PCR 检查假阴性，临床医师可于治疗前抽取少量血液，置于 EDTA 抗凝管中保存，用于 PCR 检查。在最近的一项研究中，研究者分别扩增了淋巴结、脾脏、肝脏、骨髓和血液中的病原，其中淋巴结和血液的阳性率最高，但假阴性率仍高达 30%（Gal 等，2007）。一项研究显示，在诊断犬埃利希体病方面，血液和脾脏抽吸物 PCR 检查的准确性相当（Faria 等，2010）。

◆*治疗*

该病需要采用支持疗法。可采用不同的四环素、多西环素、氯霉素和咪多卡二丙酸盐（imidocarb diproprionate）治疗。ACVIM 传染病研究小组推荐使用多西环素（10 mg/kg，口服，每 24 h 一次，至少使用 28 d）。多西环素按照 5 mg/kg 的剂量，口服，每 12 h 一次使用也有一定效果。一项人工感染研究显示，试验感染犬使用多西环素治疗 14 d 后，蜱虫仍能在犬身上获得犬埃利希体（Schaefer 等，2007）。犬埃利希体感染是否持续，似乎在一定程度上取决于治疗开始时间。例如，试验感染犬中，急性期或亚临床期患犬治疗后 PCR 检查阴性，而慢性期患犬于治疗后呈间歇性 PCR 阳性（Mc Clure 等，2010）。

应及时控制临床症状和血小板减少症。如果 7 d 以内没有控制住症状，则需考虑其他鉴别诊断。研究结果显示，也可以采用咪多卡二丙酸盐（5~7 mg/kg，IM 或 SC，每 14 d 一次）治疗犬埃利希体病。一项最新研究显示，人工攻毒犬中血小板减少症持续存在，感染未被清除（Eddlestone 等，2006）。一些病例在给药后注射部位会有疼痛反应，还有一些会有流涎、眼鼻分泌物、腹泻、震颤、气喘等症状。喹诺酮类药物对犬埃利希体感染无效。虽然会出现并发感染，嗜吞噬细胞无形体、嗜血小板无形体和利什曼原虫不会影响治疗效果（Mylonakis 等，2004）。

一些自然感染患犬在治疗 31 个月之后抗体滴度仍呈阳性。抗体滴度低（<1∶1 024）的患犬一般会在治疗一年后转为阴性。抗体滴度高于 1∶1 024 的犬通常在治疗后血清仍呈阳性。尚不清楚这些犬是否为持续携带者。在监控治疗反应方面抗体滴度是无效的。ACVIM 传染病研究小组推荐监控血小板减少症和高球蛋白血症，将其作为治疗监控的标记。

关于埃利希体感染病例治疗后病原是否被清除的问题，不同的研究结果不尽相同。如果用 PCR 检查来监控治疗情况，ACVIM 传染病研究小组推荐采用以下措施：停药后 2 周做一次 PCR 检查，若仍为阳性，那么需要继续治疗 4 周，重复检查；如果两个治疗周期之后仍为阳性，要更换治疗药物；若 PCR 检查阴性，那么 8 周后再重复一次 PCR 检查，若仍为阴性，那么可以认为埃利希体已经被清除了。血清学阳性但无临床症状的犬是否需要治疗，至今尚无定论。ACVIM 传染病研究小组也总结了治疗与否的相关争论（Neer 等，2002）。为在发展为慢性感染之前消除感染，可以选择对血清学阳性的"健康犬"进行治疗。但是，健康犬的治疗有以下争议：（1）不能确定治疗能否终止疾病向慢性感染方向发展；（2）并非所有血清学阳性的犬都有感染；（3）并非所有血清学阳性犬都会发展为慢性感染；（4）不清楚治疗是否能消除感染；（5）即使能消除这次感染，也不能阻止再次感染；（6）治疗健康携带者可能会诱导产生耐药性。一项针对临床病例的调查显示，不能仅仅通过血清学监控来衡量是否需要治疗（Hegarty 等，2009）。在采取进一步措施前需要更多数据支持，可向主人指出利弊，最终让主人做治疗与否的决定。

急性埃利希体感染病例预后较好，慢性感染病例预后谨慎。急性感染病例在治疗初期症状会迅速恢复，例如发热、瘀血、呕吐、腹泻、共济失调和血小板减少症。慢性感染病例治疗数周甚至数月也很难解决骨髓抑制的问题。可以使用促蛋白合成类固醇和其他骨髓刺激剂进行治疗，但由于缺少前体细胞，所以这些药可能无效。埃利希体急性感染的动物还有可能出现免疫介导性红细胞或血小板破坏，所以，使用抗炎药或免疫抑制剂量的糖皮质激素后症状也可能会迅速恢复。

泼尼松龙(初次诊断后 3~4 d 内按 2.2 mg/kg 的剂量口服给药,每 12 h 一次)对一些病例有效,但缺乏相关对照数据。

◉ 人兽共患和预防

犬和人均能感染犬埃利希体、尤茵埃利希体和查菲埃利希体(Buller 等,1999)。虽然人不会通过和感染犬的接触而直接感染埃利希体,但这些犬可能成为宿主,向人类生存的环境中散布病原。需要小心地移除蜱虫。

任何时候都要控制蜱虫,一项研究显示,非泼罗尼能减少蜱虫的传播(Davoust 等,2003)。另外一项研究显示,94.6%的年轻犬使用 10%的吡虫啉和 50%的除虫菊酯驱虫后,犬埃利希体感染率会下降(Otranto 等,2010)。由于犬埃利希体在蜱虫中不会经卵排泄,因此,可通过控制环境治疗所有患犬蜱虫的方式控制埃利希体的传播。扇头蜱只能在 155 d 内传播犬埃利希体,如果蜱虫控制不可行,可连续投喂四环素,6.6 mg/kg,口服,每天一次,连用 200 d。这段时间内,患犬不会感染上新的蜱虫,之前受到感染的蜱虫也会失去传播病原体的能力。多西环素按照 100 mg/(只・d)的剂量给药,也能有效预防该病(Davoust 等,2005)。供血犬每年都要进行血清学筛查,血清学阳性犬不应供血。

# 猫嗜单核细胞埃利希体病
## (FELINE MONOCYTOTROPIC EHRLICHIOSIS)

◉ 病原学和流行病学

美国、肯尼亚、法国、巴西和泰国等一些国家中,已经出现猫外周血淋巴细胞或单核细胞中有埃利希体桑椹胚的报道,有些还检测出了埃利希体样抗体。一些研究从自然感染猫的血液中扩增出了和犬埃利希体相吻合的基因(Breitschwerdt 等,2002;de Oliveira 等,2009;Braga Mdo 等,2012)。其他一些疫区(亚利桑那州、弗罗里达州、路易斯安那州)从猫血中未扩增出埃利希体的 DNA(Luria 等,2004;Eberhardt 等,2006;Levy 等,2011)。据作者所知,目前只有两项关于人工感染猫嗜单核细胞埃利希体的研究(Dawson 等,1988;Lappin 和 Breitschwerdt,未发表的研究,2007)。6 只猫经静脉输入立氏新立克次体,攻毒后,2

只猫的单核细胞中被检测出立氏新立克次体的桑椹胚;其中一只猫出现了腹泻、精神沉郁和厌食,另外一只出现淋巴结增大。实验猫采用细胞培养的犬埃利希体毒株(北卡罗来纳州立大学的毒株)经皮下攻毒后,连续跟踪监测 8 周,均未检测出 DNA 或抗体(Lappin 和 Breitschwerdt,未发表的结果,2007)。这些结果提示,从自然感染的猫中扩增出的犬埃利希体样 DNA 可能源自不同的埃利希体,而且对猫的感染性更强。并非所有的犬埃利希体都会感染猫,并非所有的猫都会感染犬埃利希体,也有可能皮下接种并非攻毒的有效措施。

猫血清中埃利希体抗体的检测方法包括 IFA 或蛋白免疫印迹(Western immunoblot)。然而,不同实验室之间还没有标准化操作,也未探索出最合适的临界值,而且埃利希体属、新立克次体属和无形体属之间会有一些免疫交叉反应。因此,应谨慎判读血清学检查结果。美国很多州和很多其他国家利用 IFA 检查,从猫体内检测出了和犬埃利希体桑椹胚反应的抗体。虽然自然感染猫很容易检测出抗体,但很难从血液中扩增出埃利希体属的 DNA。综合判读后,这些结果提示猫对嗜单核细胞埃利希体的易感性比犬弱。

目前尚不清楚猫如何接触到嗜单核细胞埃利希体。感染病例不一定接触过节肢动物。猫嗜单核细胞埃利希体感染的致病机理尚不清楚,可能和犬埃利希体感染犬的致病机理相似。

◉ 临床特征

所有年龄的猫都可感染;大多数猫是家养短毛猫,公猫和母猫都有可能被感染。最常见的病史或临床表现包括厌食、发热、食欲不振、嗜睡、体重减轻、过度敏感、关节疼痛、黏膜苍白、脾肿大、呼吸困难和淋巴结病变。体检时常见呼吸困难、瘀斑、视网膜脱落、玻璃体出血和黏膜苍白等症状。并发疾病很罕见,但包括嗜血支原体(之前为猫血巴尔通体)、新型隐球菌、猫白血病病毒、猫免疫缺陷病毒和淋巴瘤。

◉ 诊断

常见贫血,且通常为非再生性贫血。有些猫会出现白细胞减少症,以嗜中性粒细胞增多、淋巴细胞增多和单核细胞增多为特征的白细胞增多症,间歇性血小板减少症。一些有细胞减少症的猫的骨髓评估显示,受到感染的细胞系发育不良。不过,有一例猫骨髓检查结果符合粒细胞性白血病（Breitschwerdt 等，2002）。很多猫都有高球蛋白血症，蛋白电泳常提示多克隆 γ-球蛋白症。流行病学调查显示，血清埃利希体抗体和单克隆 γ-球蛋白症之间有一定关系（Stubbs 等，2000）。根据迄今为止的病例数据，我们应该把埃利希体病列为不明原因的猫白细胞增多症（主要为淋巴细胞增多症）、血细胞减少症和高球蛋白血症中的鉴别诊断。怀疑为嗜单核细胞埃利希体病的猫，很少会出现血清生化异常。3 只扩增出犬埃利希体样 DNA 的猫血液中也出现了抗核抗体，和犬的情况类似（Breitschwerdt 等，2002）。

怀疑为埃利希体感染的猫，对犬埃利希体和立氏新立克次体桑椹胚也有免疫反应。有时也能出现对多种埃利希体属有免疫反应的情况。有些猫虽然扩增出了犬埃利希体样 DNA，但是其血清抗体呈阴性（Breitschwerdt 等，2002）。与此相反，大多数嗜吞噬细胞无形体感染的猫血清抗体呈强阳性（见猫嗜粒细胞无形体病部分）。健康猫和生病猫的血清学检查结果都有可能呈阳性，故不能仅仅依据血清学结果确诊临床埃利希体病。在排除了其他疾病的前提下，可结合血清学阳性结果、临床症状和立克次体治疗反应，做出猫埃利希体病的诊断。用单核细胞可从一些猫的样本中培养出埃利希体。可通过 PCR 和基因测序确诊，但不同实验室间埃利希体 PCR 检查的标准不同。

◆治疗

大多数猫使用四环素、多西环素或咪多卡二丙酸盐（imidocarb dipropionate）治疗后临床表现得到改善。不过有些猫对治疗反应良好，恰好证明其患有埃利希体病。ACVIM 传染病研究小组推荐使用多西环素，按照 10 mg/kg 的剂量给药，每 24 h 一次，连用 28 d。分两次给药可减少恶心呕吐的风险。治疗失败或者对多西环素不耐受的猫可采用咪多卡二丙酸盐治疗，5 mg/kg，IM 或 SC，14 d 后重复给药一次。咪多卡二丙酸盐的常见副作用包括流涎和注射部位疼痛，其在治疗犬嗜单核细胞埃利希体病方面的作用尚不清楚（Eddlestone 等，2007）。

◆人兽共患和预防

虽然猫和人都会感染犬埃利希体，但不会出现直接相互传播。移除蜱虫时要谨慎，任何时候都要严格控制猫体表的节肢动物，尤其是可外出的猫。

# 犬嗜粒细胞埃利希体病
## (CANINE GRANULOCYTOTROPIC EHRLICHIOSIS)

◆病原学和流行病学

在美国中部、西部和东南部地区，一些犬和人的嗜中性粒细胞和嗜酸性粒细胞中检测出尤茵埃利希体桑椹胚。最近一项研究显示，尤茵埃利希体在美国中部地区血清阳性率最高（14.6%），然后是东南部（5.9%）；尤茵埃利希体也是三种埃利希体中最常见的。纽约和俄亥俄州也有犬被感染，其中嗜吞噬细胞无形体最为常见（见犬和猫嗜粒细胞无形体部分）。很多蜱虫中也有尤茵埃利希体，但迄今为止，美洲钝眼蜱是唯一被证明的宿主（Murphy 等，1998）。鹿也会被感染，也能成为贮存宿主（Yabsley 等，2002）。接触蜱虫后，潜伏期大约为 13 d。该病的致病机理尚不清楚，但和其他埃利希体的致病机理相似。一般来说，尤茵埃利希体感染的临床症状没有犬埃利希体那么严重，并发病或并发感染在尤茵埃利希体感染方面有着重要的作用。

◆临床特征

尤茵埃利希体感染有一些非特异性症状，包括发热、嗜睡、厌食、沉郁等，也会出现多关节炎的相关症状，如僵直。其他症状包括呕吐、腹泻、外周水肿和神经症状（例如共济失调、局部麻痹和前庭疾病）。临床表现较为轻微，通常为自限性或不明显（Goodman 等，2003）。和立氏立克次体相似，急性期疾病最为常见，因此，在美洲钝眼蜱经常出没的春季至秋季，尤茵埃利希体感染是首要的鉴别诊断。

◆诊断

化脓性多关节炎最为常见。其他临床病理学变化如轻度至中度血小板减少症、贫血也会出现，这些变化常和急性犬埃利希体感染有关（见表93-3）。外周血的嗜中性粒细胞和嗜酸性粒细胞、滑液中的嗜中性粒细胞中也会出现桑椹胚。桑椹胚是暂时性的，细胞学检查常会漏检。市面上已经有基于肽类检测的尤茵埃利希体血清学检查试剂盒（SNAP 4Dx Plus，IDEXX Laboratories，Portland，Maine）。但是由于健康犬也可能检测出尤茵埃利希体的特异性抗体，所以，不能将抗体阳性当作唯一的诊断依据。还有一些急性感染的犬在初次就诊时血清学检查尚为阴性,需复查血清转化的情况。PCR检查可区分埃利希体、无形体和新立克次体,需使用未经抗生素治疗过的EDTA抗凝血。

◎治疗

需采取支持疗法。四环素、多西环素和氯霉素等对犬埃利希体有效的药物对本病也有效。ACVIM传染病研究小组目前推荐采用多西环素治疗犬的埃利希体属感染,剂量为10 mg/kg,口服,每24 h一次,至少连用28 d(Neer等,2002)。

◎人兽共患和预防

犬和人都可能感染犬埃利希体、尤茵埃利希体和查菲埃利希体(Buller等,1999)。虽然人不会通过接触患犬而直接感染埃利希体,但患犬可能成为宿主,向人类生存环境中排出病原,从而引起人类发病。应及时小心地移除蜱虫。供血犬应每年通过IFA筛查犬埃利希体。血清学阳性犬不能再当作供血犬。血清学阳性的健康犬是否应该治疗尚存争议(见犬嗜单核细胞埃利希体章节)。

# 落基山斑疹热
## (ROCKY MOUNTAIN SPOTTED FEVER)

◎病原学和流行病学

落基山斑疹热(Rocky Mountain spotted fever,RMSF)由立氏立克次体感染引起。其他的斑点热群(spotted fever group,SFG)病原体[例如帕氏立克次体(R. parkeri)和猫立克次体(R. felis)]也可感染犬,但不引发临床疾病(见其他立克次氏体感染)。SFG的其他病原体感染犬后可刺激机体产生与立氏立克次体有交叉保护作用的抗体(见诊断部分)。例如,对22只感染螨立克次体(R. akari)(人类的立克次氏体痘,也称为小珠立克次体)的犬血清进行间接荧光抗体检测(IFA),其中17只犬的血清中含有与立氏立克次体有交叉反应的抗体(Comer等,2001)。在另一项研究中,用几种蜱传播的病原体同时感染犬,非特征性立克次体感染常常使机体产生与立氏立克次体有交叉反应的抗体(Kordick等,1999)。犬RMSF主要在4～9月间流行于美国东南部各州,这时也是带毒蜱虫最活跃的时间。安德逊氏革蜱(美洲森林蜱)、变异革蜱(美洲犬蜱)和美洲钝眼蜱(孤星蜱)是立氏立克次体的主要携带者、宿主和贮存宿主。美国西南部一些州再度出现了落基山斑疹热,中间宿主是血红扇头蜱(Demma等,2005,2006;Nicholson等,2006)。在加利福尼亚的血红扇头蜱中也发现了立氏立克次体,试验证明血红扇头蜱能被立克次体感染(Wikswo等,2007;Piranda等,2011)。感染人和感染犬的立氏立克次体在遗传学方面关系密切(Kidd等,2006)。疫区的流行率很高。一项研究显示,美国东南部一些州中,14.1%的健康犬和29.7%的患病犬都能检测出立氏立克次体抗体(Solano-Gallego等,2004)。

在自然界中,这种微生物长期在蜱和田鼠、地松鼠、花栗鼠等小型哺乳动物之间循环感染,而且可在某些蜱虫体内经卵传播,所以蛹和幼虫不摄入病原体就可被感染。立氏立克次体可以在血管内皮组织中繁殖(引起血管炎),因此,动物接触病原体2～3 d后就可以出现不同程度的临床症状,有时甚至很严重。可从许多被感染的犬体内检测出抗血小板抗体,提示患病动物体内经常出现引起血小板减少症的免疫介导成分(Grindem等,1999)。虽然已经出现了血清阳性猫,尚不清楚其是否会出现临床疾病(Case等,2006;Bayliss等,2009)。

◎临床特征

所有以前未接触过立氏立克次体的犬都有可能发生落基山斑疹热。蜱往往在犬临床症状出现之前就已吸足血,并且已离开患犬。一项研究发现,每30个动物主人中,只有5人知道犬身上曾经感染过蜱虫(Gasser等,2001)。大多数犬呈现亚临床感染,有些犬发展为临床病程大约14 d的急性期疾病。本病无年龄和性别差异。

发热和精神沉郁是该病最常见的临床症状。有些犬出现间质性肺病、呼吸困难和咳嗽等病症,有些急性感染的犬会出现胃肠道症状。本病一般发病急,通常不会出现类似埃利希体病感染犬的淋巴结病和脾肿大,而出现瘀点、鼻衄、结膜下出血、眼前房出血、前葡萄膜炎、虹膜出血、视网膜瘀点和视网膜水肿等症状。皮肤病变主要表现为充血、瘀点、水肿(浮肿)和皮肤坏死。血管炎引起出血,发生血管炎部位的血小板过度消耗会引起血小板减少症,免疫破坏或一些犬的弥散性血管内凝血也会引起血小板减少症。中枢神经(central nervous system,CNS)症状包括前庭损伤(眼球震颤、共济失调、头部歪斜)、抽搐、轻瘫、震颤、精神变化和感觉过敏(Mikszewski 和 Vite，2005)。致死性落基山斑疹热通常继发于心源性心律不齐和休克，肺部疾病，急性肾功能衰竭或严重的 CNS 疾病。

◉ 诊断

落基山斑疹热患病动物常见多种临床病理学异常和 X 线检查异常，但是仅凭这些并不能确诊该病。大多数临床感染犬常见嗜中性粒细胞增多症，可能会伴有核左移，也有可能会出现中毒性嗜中性粒细胞。血小板计数结果不确定，但是在一项研究中发现，30 只犬中有 14 只犬的血小板计数少于 75 000 个/μL，但没有明显的弥散性血管内凝血(Gasser 等，2001)。其他犬则出现了与弥散性血管内凝血一致的凝血异常。有些犬会因血液丢失而贫血。常见 ALT、AST、ALP 活性升高和低白蛋白血症，因为立氏立克次体不会引发类似埃利希体病的慢性细胞内感染，所以，很少会出现高球蛋白血症。有些犬因肾功能不全而导致氮质血症和代谢性酸中毒。很多有胃肠道疾病或肾机能不全的犬常出现血清钠离子、氯离子和钾离子浓度下降的现象。与慢性埃利希体病犬相比，该病很少会出现肾小球肾炎导致的慢性蛋白尿。有些犬直接库姆斯试验(direct Coombs test)阳性。

有些犬发生非脓毒性化脓性多关节炎(见图 93-1)。中枢神经系统炎症常引起脑脊液中蛋白质浓度增加和嗜中性粒细胞增多，有些犬可能出现脑脊液单核细胞增多或混合炎症。落基山斑疹热病例在做 X 线检查时，一般不会出现特异性异常征象，但是，实验感染犬和自然感染犬，都会经常出现肺间质纹理模糊的影像。

综合相应的临床症状、病史、临床病理学特征、血清学检查结果，排除其他病因引起的临床异常和机体对抗立克次体药的反应情况等各方面的信息，可假设诊断犬落基山斑疹热。初次血清检测阴性，2～3 周后血清效价升高，说明机体最近被感染。近期的一项研究使用的诊断标准为：抗体滴度增长 4 倍，或出现临床异常≥1 周后初次单一检测滴度超过 1∶1 024(Gasser 等，2001)。因为该病易出现亚临床感染，所以单独的血清检测阳性结果并不能确诊落基山斑疹热。另外，因为非致病性斑点热群病原体能诱导产生交叉反应性抗体，所以通过血清抗体检测阳性结果，并不能确定感染是由立氏立克次体引起的。可通过把感染的组织或血液接种易感实验动物，或用直接荧光抗体染色技术在内皮细胞中检测到立氏立克次体，来确诊落基山斑

疹热，但是，这些方法难以在临床上推广应用。聚合酶链式反应(polymerase chain reaction，PCR)可以用于检测血液、其他组织液和组织中的立克次体，有些健康犬的血液中也能扩增出立氏立克次体的 DNA，因此，PCR 阳性并不一定提示落基山斑疹热(Kordick 等，1999)。

◉ 治疗

根据临床症状，对出现胃肠道液和电解质丢失、肾脏疾病、弥散性血管内凝血和贫血等症状的动物采用支持疗法治疗。如果血管炎严重，过度的液体支持疗法可能会加重呼吸系统或中枢神经系统症状。

四环素衍生物、氯霉素和恩诺沙星是最常用的抗立克次体药物。曲氟沙星对实验感染落基山斑疹热的犬治疗有效，阿奇霉素也有一定效果(Breitschwerdt 等，1999)。推荐采用多西环素治疗，5 mg/kg，口服，每 12 h 给药一次，连用 14～21 d。由于多西环素具有较强的脂溶性，其胃肠吸收率和中枢神经系统穿透力都强于四环素。氯霉素(22～25 mg/kg，PO，q 8 h，连用 14 d)可用于 5 月龄以下的幼犬，这样可以避免应用四环素引起的牙齿色素沉着。恩诺沙星(3 mg/kg，PO，q 12 h，连用 7 d)与四环素或氯霉素的治疗效果相似。在一项对 30 只落基山斑疹热犬的研究中，所有犬都存活下来，对四环素、多西环素、氯霉素、恩诺沙星治疗的反应无显著差异(Gasser 等，2001)。治疗后 24～48 h 内，发热、精神沉郁和血小板减少等症状会逐渐消退。在试验感染犬的研究中，抗炎剂量或免疫抑制剂量的泼尼松龙与多西环素联合应用，并不能增强多西环素的疗效。患落基山斑疹热的犬预后良好，感染犬死亡率低于 5%。

◉ 人兽共患和预防

因为目前没有同一只犬发生两次落基山斑疹热的报道，所以，患病犬有可能获得长期免疫。严格控制蜱可以预防感染。人类通过接触犬而感染立克次体的可能性不大，但是犬会把蜱带入人的生活环境中，从而增加人发生落基山斑疹热的概率。人也可在用手将携带立克次体的蜱从犬身上移走时被感染。一项研究显示，两只患犬和他的主人都死于落基山斑疹热(Elchos 和 Goddard，2003)。与犬的落基山斑疹热一样，人类暴发落基山斑疹热的时间几乎也集中在带菌蜱最活跃的 4～9 月间。落基山斑疹热感染的人中，大约有 20% 的人未接受治疗而死亡。

# 其他立克次体感染
## (OTHER RICKETTSIAL INFECTIONS)

猫立克次体最早发现于商业猫蚤(猫栉首蚤),也被归于斑疹热群。人感染了猫立克次体后可能会出现发热、头痛、肌肉疼痛、黄斑皮疹等症状。除此之外,一个墨西哥人在感染后还出现了神经症状,这一现象提示有些人感染后可能会非常虚弱。在猫栉首蚤、犬栉首蚤和人蚤中均发现了这些微生物,而这些跳蚤遍布全世界。猫栉首蚤是猫立克次体的传播媒介;猫立克次体可经卵传播,在跳蚤体内直接传播。很多国家从猫栉首蚤中扩增出了猫立克次体的 DNA,例如澳大利亚、法国、以色列、新西兰、泰国、英国和美国等。

最近一项研究中,研究者对来自亚拉巴马州、马里兰州和田纳西州的 92 只猫及猫身上的跳蚤进行 PCR 检查,分别扩增了柠檬酸合酶基因(gltA)和外膜蛋白 B 基因(ompB),其中,62(67.4%)份跳蚤提取物和所有猫血均未扩增出猫立克次体的 DNA(Hawley 等,2007)。另外一项研究中,猫立克次体和立氏立克次体的抗体阳性率分别为 5.6% 和 6.6%,但血液中均未扩增出这两种微生物(Bayliss 等,2009)。这些结果证明猫有时会接触到这些微生物,但需进一步调查它们和疾病之间的关系。最近从澳大利亚犬的血液中也扩增出了猫立克次体的 DNA,所以犬也可能是这种微生物的一种重要媒介(Hii 等,2011)。虽然目前没有猫的相关疾病的记载,尚不清楚最佳治疗方案,但基于犬的临床治疗,从逻辑上推论,多西环素和氟喹诺酮类药物可能有效。犬猫的预防应包括跳蚤控制,这样也可以减少人的接触风险。

太平洋西北部的蠕虫新立克次体(*Neorickettsia helminthoeca*,鲑鱼肉中毒)可引起犬的肠道疾病。博纳特氏立克次体(*Coxiella burnetii*)感染可引起猫流产,是一种人兽共患病(见第 97 章)。猫血巴尔通体被归入支原体。在加利福尼亚州南部地区,血红扇头蜱中也能扩增出 *Rickettsia massiliae*,该地区的两只犬还出现了和落基山斑疹热一致的临床表现。IFA 试验显示 4 例犬的血清中,*Rickettsia massiliae*、扇头蜱立克次体(*Rickettsia rhipicephali*)、立氏立克次体均呈阳性,但 PCR 检查均未扩增出立克次体的 DNA。这些微生物是否能导致犬出现临床症状仍需进一步研究。

◆推荐阅读

**犬嗜粒细胞无形体病**

Beal MJ et al: Serological and molecular prevalence of *Borrelia burgdorferi, Anaplasma phagocytophilum,* and *Ehrlichia* species in dogs from Minnesota, *Vector Borne Zoonotic Dis* 8:455, 2008.

Blagburn BL et al: Use of imidacloprid-permethrin to prevent transmission of *Anaplasma phagocytophilum* from naturally infected *Ixodes scapularis* ticks to dogs, *Vet Ther* 5:212, 2004.

Chandrashekar R et al: Performance of a commercially available in-clinic ELISA for the detection of antibodies against *Anaplasma phagocytophilum, Ehrlichia canis,* and *Borrelia burgdorferi* and *Dirofilaria immitis* antigen in dogs, *Am J Vet Res* 71:1443, 2010.

Dumler JS et al: Reorganization of genera in the families Rickettsiaceae and Anaplasmataceae in the order Rickettsiales: unification of some species of *Ehrlichia* with *Anaplasma, Cowdria* with *Ehrlichia* and *Ehrlichia* with *Neorickettsia,* descriptions of six new species combinations and designation of *Ehrlichia equi* and "HGE agent" as subjective synonyms of *Ehrlichia phagocytophila, Int J Syst Evol Microbiol* 51:2145, 2001.

Eberts MD et al: Typical and atypical manifestations of *Anaplasma phagocytophilum* infection in dogs, *J Am Anim Hosp Assoc* 47:86, 2011.

Foley JE et al: Spatial distribution of seropositivity to the causative agent of granulocytic ehrlichiosis in dogs in California, *Am J Vet Res* 62:1599, 2001.

Foley J et al: Association between polyarthritis and thrombocytopenia and increased prevalence of vector borne pathogens in Californian dogs, *Vet Rec* 160:159, 2007.

Henn JB et al: Gray foxes (*Urocyon cinereoargenteus*) as a potential reservoir of a *Bartonella clarridgeiae*–like bacterium and domestic dogs as part of a sentinel system for surveillance of zoonotic arthropod-borne pathogens in northern California, *J Clin Microbiol* 45:2411, 2007.

Jaderlund KH et al: Seroprevalence of *Borrelia burgdorferi* sensu lato and *Anaplasma phagocytophilum* in dogs with neurological signs, *Vet Rec* 160:825, 2007.

MacDonald KA et al: A prospective study of canine infective endocarditis in northern California (1999-2001): emergence of *Bartonella* as a prevalent etiologic agent, *J Vet Intern Med* 18:56, 2004.

Maurin M et al: Antibiotic susceptibilities of *Anaplasma (Ehrlichia) phagocytophilum* strains from various geographic areas in the United States, *Antimicrob Agents Chemother* 47:413, 2003.

Ravnik U et al: Anaplasmosis in dogs: the relation of haematological, biochemical and clinical alterations to antibody titre and PCR confirmed infection, *Vet Microbiol* 149:172, 2011.

Rejmanek D et al: Molecular characterization reveals distinct genospecies of *Anaplasma phagocytophilum* from diverse North American hosts, *J Med Microbiol* 61:204, 2012.

**猫嗜粒细胞无形体病**

Billeter SA et al: Prevalence of *Anaplasma phagocytophilum* in domestic felines in the United States, *Vet Parasitol* 147:194, 2007.

Bjoersdorff A et al: Feline granulocytic ehrlichiosis—a report of a new clinical entity and characterization of the new infectious agent, *J Sm Anim Pract* 40:20, 1999.

Foley JE et al: Evidence for modulated immune response to *Ana-*

*plasma phagocytophila sensu lato* in cats with FIV-induced immunosuppression, *Comp Immunol Microbiol Infect Dis* 26:103, 2003.

Lappin MR et al: Molecular and serologic evidence of *Anaplasma phagocytophilum* infection in cats in North America, *J Am Vet Med Assoc* 225:893, 2004.

Lappin MR et al: Evidence of infection of cats by *Borrelia burgdorferi* and *Anaplasma phagocytophilum* after exposure to wild-caught adult *Ixodes scapularis*. American College of Veterinary Internal Medicine Annual Forum, Denver CO, June 16, 2011 (oral presentation).

Lewis GE et al: Experimentally induced infection of dogs, cats, and nonhuman primates with *Ehrlichia equi*, etiologic agent of equine ehrlichiosis, *J Am Vet Med Assoc* 36:85, 1975.

犬嗜血小板无形体病

Chandrashekar R et al: Performance of a commercially available in-clinic ELISA for the detection of antibodies against *Anaplasma phagocytophilum*, *Ehrlichia canis,* and *Borrelia burgdorferi* and *Dirofilaria immitis* antigen in dogs, *Am J Vet Res* 71:1443, 2010.

Eddlestone SM et al: PCR detection of *Anaplasma platys* in blood and tissue of dogs during acute phase of experimental infection, *Exp Parasitol* 115:205, 2007.

Foongladda S et al: *Rickettsia, Ehrlichia, Anaplasma,* and *Bartonella* in ticks and fleas from dogs and cats in Bangkok, *Vector Borne Zoonotic Dis* 11:1335, 2011.

Gaunt S et al: Experimental infection and co-infection of dogs with *Anaplasma platys* and *Ehrlichia canis*: hematologic, serologic and molecular findings, *Parasit Vectors* 3:33, 2010.

Yabsley MJ et al: Prevalence of *Ehrlichia canis, Anaplasma platys, Babesia canis vogeli, Hepatozoon canis, Bartonella vinsonii berkhoffii,* and *Rickettsia* spp. in dogs from Grenada, *Vet Parasitol* 151:279, 2008.

犬嗜单核细胞埃利希体病

Anderson BE et al: *Ehrlichia chaffeensis*, a new species associated with human ehrlichiosis, *J Clin Microbiol* 29:2838, 1991.

Beal MJ et al: Seroprevalence of *Ehrlichia canis, Ehrlichia chaffeensis* and *Ehrlichia ewingii* in dogs in North America, *Parasit Vectors* 5:29, 2012.

Bowman D et al: Prevalence and geographic distribution of *Dirofilaria immitis, Borrelia burgdorferi, Ehrlichia canis,* and *Anaplasma phagocytophilum* in dogs in the United States: results of a national clinic-based serologic survey, *Vet Parasitol* 160:138, 2009.

Brandao LP et al: Platelet aggregation studies in acute experimental canine ehrlichiosis, *Vet Clin Pathol* 35:78, 2006.

Breitschwerdt EB et al: Sequential evaluation of dogs naturally infected with *Ehrlichia canis, Ehrlichia chaffeensis, Ehrlichia equi, Ehrlichia ewingii,* or *Bartonella vinsonii, J Clin Microbiol* 36:2645, 1998.

Bremer WG et al: Transstadial and intrastadial experimental transmission of *Ehrlichia canis* by male *Rhipicephalus sanguineus, Vet Parasitol* 131:95, 2005.

Davoust B et al: Assay of fipronil efficacy to prevent canine monocytic ehrlichiosis in endemic areas, *Vet Parasitol* 112:91, 2003.

Davoust B et al: Validation of chemoprevention of canine monocytic ehrlichiosis with doxycycline, *Vet Microbiol* 107:279, 2005.

Eddlestone SM et al: Failure of imidocarb dipropionate to clear experimentally induced *Ehrlichia canis* infection in dogs, *J Vet Intern Med* 20:849, 2006.

Eddlestone SM et al: Doxycycline clearance of experimentally

induced chronic *Ehrlichia canis* infection in dogs, *J Vet Intern Med* 21:1237, 2007.

Faria JL et al: *Ehrlichia canis* morulae and DNA detection in whole blood and spleen aspiration samples, *Rev Bras Parasitol Vet* 19:98, 2010.

Faria JL et al: *Ehrlichia canis* (Jaboticabal strain) induces the expression of TNF-α in leukocytes and splenocytes of experimentally infected dogs, *Rev Bras Parasitol Vet* 20:71, 2011.

Gal A et al: Detection of *Ehrlichia canis* by PCR in different tissues obtained during necropsy from dogs surveyed for naturally occurring canine monocytic ehrlichiosis, *Vet J*, Mar 15, 2007. [Epub ahead of print]

Harrus S et al: Comparison of simultaneous splenic sample PCR with blood sample PCR for diagnosis and treatment of experimental *Ehrlichia canis* infection, *Antimicrob Agents Chemother* 48:4888, 2004.

Hegarty BC et al: Clinical relevance of annual screening using a commercial enzyme-linked immunosorbent assay (SNAP 3Dx) for canine ehrlichiosis, *J Am Anim Hosp Assoc* 45:118, 2009.

Hess PR et al: Experimental *Ehrlichia canis* infection in the dog does not cause immunosuppression, *Vet Immunol Immunopathol* 109:117, 2006.

Iqbal Z et al: Comparison of PCR with other tests for early diagnosis of canine ehrlichiosis, *J Clin Microbiol* 32:1658, 1994.

Iqbal Z et al: Reisolation of *Ehrlichia canis* from blood and tissues of dogs after doxycycline treatment, *J Clin Microbiol* 32:1644, 1994.

Kakoma I et al: Serologically atypical canine ehrlichiosis associated with *Ehrlichia risticii* "infection," *J Am Vet Med Assoc* 199:1120, 1991.

Komnenou AA et al: Ocular manifestations of natural canine monocytic ehrlichiosis (*Ehrlichia canis*): a retrospective study of 90 cases, *Vet Ophthalmol* 10:137, 2007.

Koutinas CK et al: Serum cardiac troponin I concentrations in naturally occurring myelosuppressive and non-myelosuppressive canine monocytic ehrlichiosis, *Vet J*, May 23, 2012. [Epub ahead of print]

Locatelli C et al: Pulmonary hypertension associated with *Ehrlichia canis* infection in a dog, *Vet Rec* 170:676, 2012.

McClure JC et al: Efficacy of a doxycycline treatment regimen initiated during three different phases of experimental ehrlichiosis, *Antimicrob Agents Chemother* 54:5012, 2010.

Mylonakis ME et al: Chronic canine ehrlichiosis (*Ehrlichia canis*): a retrospective study of 19 natural cases, *J Am Anim Hosp Assoc* 40:174, 2004.

Mylonakis ME et al: Absence of myelofibrosis in dogs with myelosuppression induced by *Ehrlichia canis* infection, *J Comp Pathol* 142:328, 2010.

Mylonakis ME et al: Serum acute phase proteins as clinical phase indicators and outcome predictors in naturally occurring canine monocytic ehrlichiosis, *J Vet Intern Med* 25:811, 2011a.

Mylonakis ME et al: Cytologic patterns of lymphadenopathy in canine monocytic ehrlichiosis, *Vet Clin Pathol* 40:78, 2011b.

Neer TM et al: Consensus statement on ehrlichial disease of small animals from the Infectious Disease Study Group of the ACVIM, *J Vet Intern Med* 16:309, 2002.

O'Connor TP et al: Comparison of an indirect immunofluorescence assay, Western blot analysis, and a commercially available ELISA for detection of *Ehrlichia canis* antibodies in canine sera, *Am J Vet Res* 67:206, 2006.

Otranto D et al: Prevention of endemic canine vector-borne diseases using imidacloprid 10% and permethrin 50% in young dogs: a longitudinal field study, *Vet Parasitol* 172:323, 2010.

Pusterla N et al: Digenetic trematodes, *Acanthatrium* sp. and *Lecithodendrium* sp., as vectors of *Neorickettsia risticii*, the agent of Potomac horse fever, *J Helminthol* 77:335, 2003.

Ristic M et al: Susceptibility of dogs to infection with *Ehrlichia risticii*, causative agent of equine monocytic ehrlichiosis (Potomac horse fever), *Am J Vet Res* 49:1497, 1988.

Schaefer JJ et al: Tick acquisition of *Ehrlichia canis* from dogs treated with doxycycline hyclate, *Antimicrobiol Agents Chemother* 51:3394, 2007.

Smith BE et al: Antinuclear antibodies can be detected in dog sera reactive to *Bartonella vinsonii* subsp. *berkhoffii, Ehrlichia canis,* or *Leishmania infantum* antigens, *J Vet Intern Med* 18:47, 2004.

Villaescusa A et al: Evaluation of peripheral blood lymphocyte subsets in family-owned dogs naturally infected by *Ehrlichia canis, Comp Immunol Microbiol Infect Dis* 35:391, 2012.

Zhang XF et al: Experimental *Ehrlichia chaffeensis* infection in beagles, *J Med Microbiol* 52:1021, 2003.

## 猫嗜单核细胞埃利希体病

Beaufils JP et al: Ehrlichiosis in cats. A retrospective study of 21 cases, *Pratique Medicale Chirurgicale de l'Animal de Compagnie* 34:587, 1999.

Bouloy RP et al: Clinical ehrlichiosis in a cat, *J Am Vet Med Assoc* 204:1475, 1994.

Braga Mdo S et al: Molecular and serological detection of *Ehrlichia* spp. in cats on São Luís Island, Maranhão, Brazil, *Rev Bras Parasitol Vet* 21:37, 2012.

Breitschwerdt E et al: Molecular evidence of *Ehrlichia canis* infection in cats from North America, *J Vet Intern Med* 16:642, 2002.

Dawson JE et al: Susceptibility of cats to infection with *E. risticii*, causative agent of equine monocytic ehrlichiosis, *Am J Vet Res* 49:2096, 1988.

de Oliveira LS et al: Molecular detection of *Ehrlichia canis* in cats in Brazil, *Clin Microbiol Infect* 2:53, 2009.

Eberhardt JE et al: Prevalence of select infectious disease agents in cats from Arizona, *J Fel Med Surg* 8:164, 2006.

Levy JK et al: Prevalence of infectious diseases in cats and dogs rescued following Hurricane Katrina, *J Am Vet Med Assoc* 238:311, 2011.

Luria BJ et al: Prevalence of infectious diseases in feral cats in Northern Florida, *J Fel Med Surg* 6:287, 2004.

Stubbs CJ et al: Feline ehrlichiosis; literature review and serologic survey, *Compend Contin Educ* 22:307, 2000.

## 犬嗜粒细胞埃利希体病

Anderson BE et al: *Ehrlichia ewingii* sp. nov., the etiologic agent of canine granulocytic ehrlichiosis, *Int J System Bacteriol* 42:299, 1992.

Beal MJ et al: Seroprevalence of *Ehrlichia canis, Ehrlichia chaffeensis* and *Ehrlichia ewingii* in dogs in North America, *Parasit Vectors* 5:29, 2012.

Buller RS et al: *Ehrlichia ewingii*, a newly recognized agent of human ehrlichiosis, *N Engl J Med* 341:148, 1999.

Goodman RA et al: Molecular identification of *Ehrlichia ewingii* infection in dogs: 15 cases (1997-2001), *J Am Vet Med Assoc* 222:1102, 2003.

Murphy GL et al: A molecular and serologic survey of *Ehrlichia canis, E. chaffeensis,* and *E. ewingii* in dogs and ticks from Oklahoma, *Vet Parasitol* 79:325, 1998.

O'Connor TP et al: Evaluation of peptide- and recombinant protein-based assays for detection of anti-*Ehrlichia ewingii* antibodies in experimentally and naturally infected dogs, *Am J Vet Res* 71:1195, 2010.

Yabsley MJ et al: *Ehrlichia ewingii* infection in white-tail deer *(Odocoileus virginian us), Emerg Infect Dis* 8:668, 2002.

## 落基山斑疹热

Barrs VR et al: Prevalence of *Bartonella* species, *Rickettsia felis*, haemoplasmas, and the *Ehrlichia* group in the blood of cats and fleas in Eastern Australia, *Aust Vet J* 88:160, 2010.

Bayliss DB et al: Prevalence of *Rickettsia* species antibodies and *Rickettsia* species DNA in the blood of cats with and without fever, *J Feline Med Surg* 11:266, 2009.

Beeler E et al: A focus of dogs and *Rickettsia massiliae*-infected *Rhipicephalus sanguineus* in California, *Am J Trop Med Hyg* 84:244, 2011.

Breitschwerdt EB et al: Efficacy of doxycycline, azithromycin, or trovafloxacin for treatment of experimental Rocky Mountain spotted fever in dogs, *Antimicrob Agents Chemother* 43:813, 1999.

Case JB et al: Serological survey of vector-borne zoonotic pathogens in pet cats and cats from animal shelters and feral colonies, *J Feline Med Surg* 8:111, 2006.

Comer JA et al: Serologic evidence of *Rickettsia akari* infection among dogs in a metropolitan city, *J Am Vet Med Assoc* 218:1780, 2001.

Demma LJ et al: Rocky Mountain spotted fever from an unexpected tick vector in Arizona, *N Engl J Med* 353:587, 2005.

Demma LJ et al: Serologic evidence for exposure to *Rickettsia rickettsii* in eastern Arizona and recent emergence of Rocky Mountain spotted fever in this region, *Vector Borne Zoonotic Dis* 6:423, 2006.

Elchos BN, Goddard J: Implications of presumptive fatal Rocky Mountain spotted fever in two dogs and their owner, *J Am Vet Med Assoc* 223:1450, 2003.

Fritz CL et al: Tick infestation and spotted-fever group *Rickettsia* in shelter dogs, California, 2009, *Zoonoses Public Health* 59:4, 2012.

Gasser AM et al: Canine Rocky Mountain spotted fever: a retrospective study of 30 cases, *J Am Anim Hosp Assoc* 37:41, 2001.

Grindem CB et al: Platelet-associated immunoglobulin (antiplatelet antibody) in canine Rocky Mountain spotted fever and ehrlichiosis, *J Am Anim Hosp Assoc* 35:56, 1999.

Hawley JR et al: Prevalence of *Rickettsia felis* DNA in the blood of cats and their fleas in the United States, *J Feline Med Surg* 9:258, 2007.

Helmick CG et al: Rocky Mountain spotted fever: clinical, laboratory, and epidemiological features of 262 cases, *J Infect Dis* 150:480, 1984.

Hii SF et al: Molecular evidence supports the role of dogs as potential reservoirs for *Rickettsia felis, Vector Borne Zoonotic Dis* 11:1007, 2011.

Kidd L et al: Molecular characterization of *Rickettsia rickettsii* infecting dogs and people in North Carolina, *Ann NY Acad Sci* 1078:400, 2006.

Kordick SK et al: Coinfection with multiple tick-borne pathogens in a Walker Hound kennel in North Carolina, *J Clin Microbiol* 37:2631, 1999.

Mikszewski JS, Vite CH: Central nervous system dysfunction associated with Rocky Mountain spotted fever infection in five dogs, *J Am Anim Hosp Assoc* 41:259, 2005.

Nicholson WL et al: Spotted fever group rickettsial infection in dogs from eastern Arizona: how long has it been there? *Ann NY Acad Sci* 1078:519, 2006.

Piranda EM et al: Experimental infection of *Rhipicephalus sanguineus* ticks with the bacterium *Rickettsia rickettsii*, using experimentally infected dogs, *Vector Borne Zoonotic Dis* 11:29, 2011.

Solano-Gallego L et al: *Bartonella henselae* IgG antibodies are prevalent in dogs from southeastern USA, *Vet Res* 35:585, 2004.

Wikswo ME et al: Detection of *Rickettsia rickettsii* and *Bartonella henselae* in *Rhipicephalus sanguineus* ticks from California, *J Med Entomol* 44:158, 2007.

# 第 94 章
## CHAPTER 94

# 多系统病毒病
## Polysystemic Viral Diseases

犬和猫有多种病毒性传染病。数种病毒,包括犬瘟热病毒(canine distemper virus,CDV),某些猫冠状病毒、猫白血病病毒(feline leukemia virus,FeLV)和猫免疫缺陷病毒(feline immunodeficiency virus,FIV)等,都可引发全身性疾病。请参照其他章节中病毒病讨论相关内容,以获取特定器官系统病毒病的详细信息。

## 犬瘟热病毒
### (CANINE DISTEMPER VIRUS)

◈病原学和流行病学

犬瘟热病毒主要引起陆生肉食动物发病,但是海豹、雪貂、臭鼬、獾、海豚、异国猫(exotic Felidae)等也能感染犬瘟热病毒或相关麻疹病毒属病毒。不同毒株的毒力强度差异很大。北美现在分离到的犬瘟热病毒和 1900 年代分离到的毒株在遗传学上差异很大(Kapil 等,2008)。病毒在淋巴、神经和上皮组织中复制,自然感染 60~90 d 后,病毒仍可通过呼吸道分泌物、粪便、唾液、尿液和结膜分泌物进行散播。病毒进入动物体内即被巨噬细胞吞噬,在 24 h 内通过淋巴系统转运到扁桃体、咽喉部和支气管淋巴结进行复制。中枢神经系统(central nervous system,CNS)和上皮组织在机体感染 8~9 d 后出现感染现象。

临床上,疾病的严重程度和被病毒侵害的组织,会因感染病毒株的毒力和宿主免疫力的强弱不同而异(Greene 和 Vandevelde,2012)。任何年龄未免疫的犬均易感,但以 3~6 月龄的幼犬最易感。据估计,25%~75%的易感犬在暴露后呈亚临床感染。对于免疫力低下的犬,感染后 9~14 d,病毒在感染犬的呼吸道、胃肠系统和泌尿生殖系统上皮细胞中大量复制;这些犬一般会死于多系统性疾病。有中等免疫反应的犬,感染后 9~14 d 内,病毒也会在内皮组织中复制,这可能导致机体出现临床症状。具有良好的细胞介导免疫能力和体内存在病毒中和抗体的犬,在感染后 14 d 内,就能将大部分组织中的病毒清除,可能不出现临床症状。大部分感染犬会出现中枢神经系统感染,但是,只有抗体产生较少或没有抗体产生的犬,才会表现出中枢神经系统症状。少突神经胶质瘤的限制性感染和随后的坏死可引起急性脱髓鞘疾病;免疫介导性机制可引起慢性脱髓鞘疾病,该机制包括抗髓鞘抗体及 CDV 免疫复合物的形成和清除。

◈临床特征

许多临床感染犬未接种疫苗,或者未摄取到免疫母犬的初乳,免疫接种不当或存在免疫抑制,有接触感染动物的病史。患病犬一般出现精神沉郁、全身不适、眼鼻分泌物、咳嗽、呕吐、腹泻或中枢神经系统症状。一般情况下,机体免疫应答较弱的犬表现的临床症状最严重,并迅速转化为危及生命的疾病。有些具有局部免疫力的犬出现轻微的呼吸道症状,被假设诊断为犬窝咳综合征。体格检查常见症状为扁桃体增大、发热和有黏液脓性眼分泌物等。听诊支气管肺炎的犬通常可发现支气管音增强、湿啰音和喘鸣现象。

常见的中枢神经系统症状包括感觉过敏、抽搐发作、小脑或前庭疾病、轻瘫和肌阵挛性舞蹈症等,一般在全身性疾病痊愈后的 21 d 内出现(表 94-1)。中枢神经系统疾病一般渐进性发展,常常预后不良。老犬脑炎是一种慢性渐进性全脑炎,多发生在老龄犬(> 6岁),一般认为是中枢神经系统感染犬瘟热病毒后,大脑皮层中小神经胶质细胞增殖,神经元变性,导致患病犬精神沉郁、转圈、以头抵物和视力下降等症状(有关中枢神经系统性犬瘟热的详细信息见第62章）。

犬瘟热病毒感染引起的眼部疾病包括前葡萄膜炎、引起失明和瞳孔散大的视神经炎、视网膜脉络膜炎。在感染犬瘟热病毒的犬中，有大约40％的犬同时发生视网膜脉络膜炎和脑炎。有些慢性感染的犬发生干燥性角膜结膜炎和称为大奖章样损伤（medallion lesion）的高度反光性视网膜瘢痕（表94-1）。

**表94-1　犬瘟热病毒感染的临床症状**

| | |
|---|---|
| 在子宫内感染 | 死产 |
| | 流产 |
| | 新生期仔犬衰弱综合征 |
| | 新生幼犬出现中枢神经系统症状 |
| 胃肠道疾病 | 呕吐 |
| | 小肠性腹泻 |
| 呼吸道疾病 | 黏液性到黏液脓性的鼻涕 |
| | 喷嚏 |
| | 咳嗽,听诊出现支气管肺泡音增强或湿啰音 |
| | 呼吸困难 |
| 眼部疾病 | 视网膜脉络膜炎、大奖章样损伤（图94-1）、视神经炎 |
| | 干燥性角膜结膜炎 |
| | 黏液脓性眼分泌物 |
| 神经系统疾病 | |
| 脊髓病 | 轻瘫和共济失调 |
| 中枢前庭病 | 头部倾斜、眼球震颤、其他脑神经和有意识的本体感受丧失 |
| 小脑疾病 | 共济失调、摇头、伸展过度 |
| 大脑疾病 | 全身性或局部性抽搐发作（呈"咀嚼口香糖"样发作） |
| | 精神沉郁 |
| | 单侧或双侧失明 |
| 肌阵挛性舞蹈症 | 单一肌肉或肌群的节律性收缩 |
| 其他 | 发热 |
| | 食欲减退 |
| | 扁桃体肿大 |
| | 脱水 |
| | 脓疱性皮肤病 |
| | 鼻子和足垫过度角化 |
| | 幸存幼犬出现牙釉质发育不全 |

犬瘟热病毒感染还可引起其他许多少见的临床症状。在形成恒齿齿系之前被感染的犬,一般发生牙釉质发育不全。最常见的皮肤症状包括鼻子和足垫过度

角化、脓疱性皮炎。经胎盘感染可能导致死产、流产和新生幼犬出现中枢神经系统疾病。

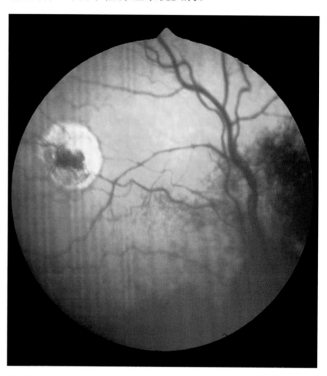

**图94-1**

犬瘟热病毒感染造成的大奖章样损伤（Courtesy Dr. Cynthia Powell, Colorado State University, Fort Collins, Colo.）。

◆诊断

综合各种临床症状、常规临床病理学检查和X线检查等各方面信息,通常可以做出犬瘟热病毒感染的假设诊断。血液学常见异常包括淋巴细胞减少症和轻微的血小板减少症;具有呼吸道疾病的犬常见的X线检查异常征象包括间质性肺浸润或肺泡性肺浸润。虽然有些中枢神经系统感染犬的脑脊液（cerebrospinal fluid,CSF）检查正常,但是,大多数出现脑脊液单核细胞增多和蛋白质浓度升高的现象。脑炎犬的血清与脑脊液中的IgG比值和白蛋白浓度都比较高,但这只能证明中枢神经系统存在炎症,而不能证明感染犬瘟热病毒。

血清或脑脊液中抗体水平测定可以辅助诊断犬瘟热病毒感染。血清中IgG效价在间隔2～3周后增长4倍以上,或血清中检测到IgM抗体,都与近期感染或接种疫苗一致,但不能判读为临床感染。有些脑炎犬的脑脊液中犬瘟热病毒抗体水平升高。血液污染的脑脊液样本会出现假阳性结果;如果脑脊液中抗体水平高于血清中的抗体水平,那么脑脊液中的

抗体一定是局部产生的,并与犬瘟热病毒感染中枢神经系统的结果相符。如果检测到未被外周血液污染的脑脊液样本中蛋白质浓度升高、淋巴细胞增多和犬瘟热病毒抗体阳性,那么就可假设诊断为犬瘟热病毒性脑炎。

确诊犬瘟热病毒感染需要通过细胞学、直接荧光抗体染色检查细胞或组织病理学样本中的病毒包涵体,组织病理学评定,病毒分离,用 RT-PCR 方法检测外周血液、脑脊液或结膜刮取物中的犬瘟热病毒 RNA。被感染犬的红细胞、白细胞、白细胞前体中很少有病毒包涵体出现。包涵体一般在感染后在体内只存在 2~9 d,因此,当出现临床症状时,体内可能已经不存在包涵体。与外周血液制作的涂片相比,血沉淡黄层和骨髓穿刺物的涂片中更容易检测出包涵体。在感染的第 5~21 天,一般用免疫荧光技术可以从扁桃体、呼吸树、泌尿道和结膜刮取物的细胞中检出病毒粒子。使用直接荧光抗体技术或 RT-PCR 检测时,最新研制的含有犬瘟热病毒的改良活疫苗可能会导致假阳性结果;通过 RT-PCR 有可能区分犬瘟热病毒野毒株感染和疫苗接种,兽医需要向提供检测服务的实验室咨询他们的检测方法是否能提供甄别服务(Yi 等,2012)。采用直接荧光抗体分析技术检查无特定病原体的幼犬(SPF 幼犬)时,曾出现过假阳性结果,所以我们要慎重判读这些检查结果(Burton 等,2008)。

◆治疗

治疗犬瘟热病毒感染通常采用非特异性疗法和支持疗法。该病常见胃肠道和呼吸系统的继发性细菌感染,如果已确定有继发感染,应选用合适的抗生素治疗(见第 90 章)。作为必要的治疗措施,可用抗惊厥药来控制抽搐(见第 64 章),但是,没有有效控制肌阵挛性舞蹈症的治疗方法。糖皮质激素对慢性犬瘟热病毒感染引发的中枢神经系统疾病治疗有效,但是,禁用于急性期感染犬。中枢神经系统性犬瘟热病犬预后不良。

◆人兽共患和预防

渗出液中的犬瘟热病毒在体温下只能存活约 1 h,在室温中可存活 3 h。对大多数常规医用消毒剂敏感。具有胃肠道或呼吸道疾病的犬应隔离饲养,避免通过飞沫传播感染其他易感群体。应特别注意避免病毒通过被污染的传染媒介传播(见第 91 章)。所有的幼犬均应在 6~16 周龄期间接种至少含有 CPV-2、CAV-2 和 CDV 的疫苗,每隔 3~4 周加强免疫一次,最后一次免疫应在 14~16 周龄内完成(参见第 91 章)。AAHA 工作小组推荐采用改良活疫苗和重组 CDV(rCDV)疫苗(Welborn 等,2011)。母源抗体会干扰犬瘟热病毒疫苗的免疫应答,因此,当母源抗体减弱时,高危环境中的幼犬可在 4~12 周龄期间通过接种麻疹病毒改良活疫苗,诱导机体产生异源抗体来抵抗 CDV,从而保护幼犬。目前由于 rCDV 疫苗在免疫幼犬方面也面临母源抗体干扰的问题,其使用需要也存在争议(见第 91 章)。最近一项研究显示,一个收容所中的幼犬免疫了犬瘟热改良活疫苗后,13~15 d 内抗体滴度均达到保护水平(Lister 等,2012a)。如果机体体温超过 39.9℃,或者有其他全身性疾病,疫苗将不会产生正常的免疫保护作用。一岁时还要加强免疫一次,之后至少每三年加强免疫一次(见第 91 章)。

有些接种疫苗的犬也会出现 CDV 感染,但很少是因接种改良活疫苗造成的。免疫受损、免疫之前已经感染了病毒、受母源抗体干扰和未完全免疫的犬,都有可能会出现感染。除此之外,疫苗处理不当也会导致疫苗失活;疫苗不能抵抗所有的 CDV 野毒株。一些细小病毒感染患犬使用犬瘟热改良活疫苗免疫后,也会引发犬瘟热病毒性脑炎,所以,有细小病毒症状的患犬,应推迟犬瘟热改良活疫苗接种时间。犬瘟热改良活疫苗还会引起轻微的一过性血小板减少症,但除非动物本身就有潜在的凝血问题,一般不会引起明显的自发性出血。目前没有证据表明 CDV 会引起公共卫生安全问题。

血清抗体滴度对 CDV 的保护效果非常明确。若需评价免疫效果的,可将样本寄送至商业诊断实验室(Moore 和 Glickman,2004)。另外,在有些国家,设计了可在诊所应用的检测方法,已用于评估 CDV 暴发时动物感染风险(Gray 等,2012;Litster 等,2012a and b)。

# 猫冠状病毒
## (FELINE CORONAVIRUS)

◆病原学和流行病学

引起猫发病的冠状病毒包括猫传染性腹膜炎病毒(feline infectious peritonitis virus,FIPV)和猫肠道冠状病毒（feline enteric coronavirus，FECV）。肠道感染冠状病毒一般会引起轻微的胃肠道症状，全身感染则能引发具有不同表现的临床疾病综合征，通常指的是猫传染性腹膜炎（feline infectious peritonitis，FIP）。目前尚不清楚引发 FIP 的毒株是否由肠道感染的毒株突变而来，但确实存在"体内突变假说（in vivo muta-tion transition hypothesis）"。还有一种观点认为病毒分为有致病性和无毒力两种，两者会在种群间循环，致病性毒株在一定条件下会诱发易感猫发病，这就是所谓的"毒力-无毒力 FCoV 循环假说（circulating virulent-avirulent FCoV hypothesis）"（O'Brien 等，2012）。

肠道冠状病毒通常随粪便排出，很少经唾液散播，具有很强的接触传染性。尚不清楚是否经胎盘传播，但一项流行病学研究指出冠状病毒通过胎盘传播的可能性不大（Addie 等，1993）。通过 RT-PCR 技术，最早可在感染 3 d 后从粪便中检出冠状病毒。一项关于 FECV 感染的研究显示，封闭猫群后，几乎所有的猫都被感染。在一项对 155 只自然感染猫肠道冠状病毒的宠物猫进行的研究中，病毒 RNA 在有些猫的粪便中呈连续性（$n=18$）或间歇性（$n=44$）排出（Addie 等，2001）。其余的猫初期散播病毒 RNA，后来中止散播（$n=56$），有些猫对病毒感染具有抵抗力（$n=4$）。那些停止病毒散播的猫容易被病毒再次感染。病毒 RNA 能从持续性散播病毒的猫的回肠、结肠和直肠中检出。

1986—1995 年，在北美教学动物医院里，每 200 只就诊猫中就有 1 只被诊断为猫传染性腹膜炎，但并非所有的猫都经过确诊（Rohrbach 等，2001）。大多数 FIP 病例来自猫群居的家庭或猫舍。理论上，渗出性 FIP 多见于细胞免疫应答较弱的猫，非渗出性 FIP 多见于细胞介导免疫应答不完全的猫。渗出性 FIP 是一种免疫复合性血管炎，以高蛋白性组织液渗入胸膜腔、腹膜腔、心包腔和肾脏被膜下腔为特征。对于非渗出性 FIP 病例，化脓性肉芽肿或肉芽肿病灶可见于多种组织中，特别是眼部、大脑、肾脏、网膜和肝脏等组织。有些猫会同时表现两种猫传染性腹膜炎的症状。

与 FIPV 相关的临床疾病受多种因素影响，包括病毒毒株的致病力、病毒量、感染途径、宿主免疫状态、宿主遗传决定因素、其他并发感染的存在情况、是否有接触冠状病毒病史等。一些研究显示，有些品种易患该病，例如英国短毛猫、德文卷毛猫和阿比西尼亚猫（Pesteanu-Somogyi 等，2006；Worthing 等，

2012）。青年公猫的发病风险较高。猫白血病病毒感染和呼吸道感染会增加患 FIP 的风险，表明宿主的免疫状态在病毒引发临床疾病的过程中起着重要作用。同时感染猫免疫缺陷病毒猫的粪便中 FECV 的排出量，是无猫免疫缺陷病毒感染猫排毒量的 10～100 倍。实验性感染时，血清反应阳性的小猫比血清反应阴性的小猫在接触到 FIPV 时更易发生 FIP。与单独被病毒感染相比，巨噬细胞能更有效地被病毒和抗体的复合物感染，从而出现这种抗体依赖性病毒感染增强的现象。自然感染猫一般很少出现这种现象。

◈临床特征

冠状病毒在肠道内复制常引起发热、呕吐和黏液性腹泻等症状。感染猫肠道冠状病毒后，临床症状呈自限性，支持疗法一般几天内就会生效。暴发性 FIP 可发生于任何年龄的猫，但是一般见于 5 岁以下的猫，大多数病例在 1 岁以下。在有些研究中，未去势的雄性猫易患该病。在猫舍暴发感染中，通常每窝只有 1 只或 2 只小猫出现临床感染，这可能和致病毒株传染性较差有关。主诉症状常见食欲减退、体重下降和全身不适（框 94-1），有时也出现黄疸、眼睛炎症、腹围增大、呼吸困难和中枢神经系统异常等症状。

发热和体重下降都常见于渗出性和非渗出性 FIP。有些猫出现黏膜苍白或瘀斑。FIP 是 2 岁以内猫黄疸的最常见病因，患病动物肝脏正常或肿大，边缘通常不整齐。常见腹围增大，按压有液体波动感，偶尔在网膜、肠系膜和肠道等部位触诊到团块（化脓性肉芽肿或淋巴结病）。有些猫因单独的回盲结肠或结肠团块而导致肠道梗阻，进而引起呕吐和腹泻。肾脏可能变小（慢性病）或变大（急性病或被膜下渗出），肾脏边缘常变得不整齐。胸膜渗出可能引起呼吸困难和限制性呼吸型（浅而快），还有低沉的心音和肺音。公猫有时会因液体积聚而出现阴囊肿大。

前葡萄膜炎和脉络膜视网膜炎最常见于非渗出性 FIP 中，这可能是其唯一的临床症状。化脓性肉芽肿可出现在中枢神经系统的各个部位，导致抽搐、后肢轻瘫和眼球震颤等一系列神经系统症状。继发于 FIP 的抽搐常提示预后不良（Timmann 等，2008）。

已证明猫冠状病毒是不孕、流产、死产、先天性缺陷和幼猫衰竭综合征（小猫致死复合症）的病因。然而，一项流行病学研究却无法把猫冠状病毒和不育或新生小猫死亡联系在一起（Addie 等，1993）。

**框 94-1 猫传染性腹膜炎的临床表现**

**病征和病史**
＜ 5 岁或＞ 10 岁
纯种猫
购自养猫场或多只猫生活的家庭中
有轻微自限性胃肠道或呼吸系统疾病病史
猫白血病病毒感染的血清学证据
食欲减退、体重下降或精神沉郁等非特异性症状
抽搐发作、眼球震颤、共济失调
渗出性传染性腹膜炎猫为急性暴发性病程
非渗出性传染性腹膜炎猫为慢性间歇性病程

**体格检查**
发热
体重下降
黏膜苍白,伴有或不伴有瘀点
呼吸困难,伴有限制性呼吸型
心音或肺音低沉
腹围增大,伴有液体波动感,有或无阴囊肿胀
局灶性肠道肉芽肿或淋巴结病引起的腹部肿块
黄疸,伴有或不伴有肝肿大
脉络膜视网膜炎或虹膜睫状体炎
多病灶性神经系统异常
肾脏正常或肿大,肾边缘不整齐
脾肿大

**临床病理学异常**
非再生性贫血
嗜中性粒细胞增多,伴有或不伴有核左移
淋巴细胞减少
以多克隆 γ-球蛋白病为特征的高球蛋白血症;少见单克隆
　γ-球蛋白病
在胸膜腔、腹膜腔或心包腔内出现非脓毒性、脓性肉芽肿性
　渗出物
脑脊液中蛋白质浓度升高,嗜中性粒细胞增多
大多数病例的冠状病毒抗体阳性(特别是非渗出性的)
组织学检查可见血管周围部位存在脓性肉芽肿性或肉芽肿
　性炎症
胸膜渗出液或腹膜渗出液的免疫荧光或 RT-PCR 结果呈
　阳性

RT-PCR,反转录聚合酶链式反应。

◆诊断

　　FIP 猫会出现血液学、血清生化检查、尿液分析、诊断性影像学和脑脊液等方面的多种异常变化。有些人还评估了检查结果的预测值(Sparkes 等,1994;Hartmann 等,2003;Giori 等,2011)。与组织病理学检查结果的不同之处是这些检查的阳性预测值都小于100%。临床医师常常基于临床症状和一些临床病理学变化建立推测诊断。

　　患病猫常出现正细胞性正色素性非再生性贫血、嗜中性粒细胞增多症、淋巴细胞减少症等。有些猫会发生由弥散性血管内凝血导致的血小板减少症。可能发生伴有低白蛋白血症的高蛋白血症。$\alpha_2$-球蛋白或 γ-球蛋白浓度增多引起的多克隆 γ-球蛋白病最常出现,单克隆 γ-球蛋白病少见。大多数症状与慢性炎症的症状相符,并不能证明发生了猫传染性腹膜炎。在一项 12 例 FIP 病例的小样本调查中,血清 $\alpha_1$-酸性糖蛋白在诊断 FIP 方面敏感性(100%)和特异性都很高(Giori 等,2011)。

　　肝脏疾病猫会发生伴有 ALT 和 ALP 活性升高的高胆红素血症。肾前性氮质血症、肾性氮质血症和蛋白尿是最常见的肾脏异常。X 线检查可发现胸膜渗出、心包渗出或腹膜渗出、肝肿大、肾肿大等。有些猫的肠系膜淋巴结病会导致团块样病灶。超声波检查可确定猫腹腔少量液体的存在,并用来评价胰腺、肝脏、淋巴结和肾脏的情况(Lewis 和 O'Brien,2010)。神经系统性 FIP 猫的磁共振成像技术显示脑室周对比度增强、心室扩张和脑积水等病理特征(Foley 等,1998)。感染波及到中枢神经系统的猫的脑脊液中蛋白质浓度和有核细胞计数(大多数病例以嗜中性粒细胞为主)一般会上升。一篇研究指出,虽然患有神经系统性猫传染性腹膜炎的猫常出现 CSF 中冠状病毒抗体滴度升高的现象,但 CSF 中的抗体源自于血液,使得这一检查的意义模棱两可(Boettcher 等,2007)。

　　传染性腹膜炎患猫的渗出液通常无菌,颜色从无色至稻草样颜色之间不等,可能含有纤维素样丝条,接触空气后可能凝结(图 94-2)。液体分析中的蛋白质浓度范围通常在 3.5～12 g/dL,一般比其他疾病的高。最常出现淋巴细胞、巨噬细胞和嗜中性粒细胞的混合炎症细胞群,大多数情况下嗜中性粒细胞占优势,但是,有些猫的体腔液中以巨噬细胞为主。有些猫渗出液中的冠状病毒抗体滴度比血清中的高。测量渗出液中蛋白质浓度、计算渗出液中白蛋白与球蛋白的比率(albumin/globulin,AGR)有助于建立渗出型 FIP 的诊断。一项研究显示,渗出液的 AGR 为 0.5 时,阳性预测值达 89%,而 AGR 为 1.0 时,阴性预测值达 91%(Hartmann 等,2003)。用直接免疫荧光法常常能从 FIP 猫的渗出液中检测出冠状病毒抗原,其他疾病的渗出液中检测不到。另外,用 RT-PCR 能检测出渗出液中的病毒 RNA,其他疾病的积液中也检测不到。

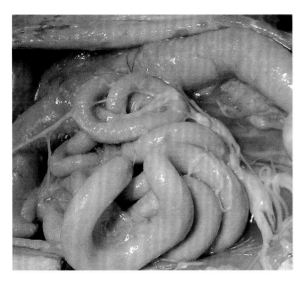

**图 94-2**
一例渗出性猫传染性腹膜炎病例在尸检时的腹腔积液外观。

血清抗体检测评定 FIP 的作用有限。任何类型冠状病毒感染都可能会刺激机体产生交叉反应性抗体，因此，阳性抗体滴度并不能确诊为 FIP，也不能保护机体对抗感染（Kennedy 等，2008）。因为冠状病毒抗体检测没有标准化，不同实验室的结果通常不具相关性。由于急性感染疾病抗体滴度会呈现滞后上升的现象，疾病后期抗体消失或免疫复合物形成，所以患有 FIP 的猫有时会出现血清学检测阴性的结果。母源抗体会在 4～6 周龄时下降到检测水平以下；出生后感染的小猫在 8～14 周龄时血清学检测结果变为阳性。因此，小猫的血清学检测可作为预防冠状病毒传播的手段（见下文）。

由于病毒分离培养对临床诊断来讲并不现实，采用 RT-PCR 检测粪便中的冠状病毒是最常用的诊断手段。不过这种方法不能区分 FECV 和 FIPV。血液也是一样，既能扩增出 FECV 的 RNA，也能扩增出 FIPV，所以阳性结果并不一定是 FIP。迄今为止，有两项关于 RT-PCR 扩增 M 基因的 mRNA 的研究，结果并不一致（Simons 等，2005；Can-S Ahna K 等，2007）。后面的一项研究中，26 只外观健康猫中的 13 只猫的血液中也扩增出了 FECV 的 mRNA，提示在 FIP 的诊断中，这种方法的阳性预测值较低。

根据特征性组织病理学检查结果、分离到病毒、通过免疫细胞化学或免疫组织化学染色在渗出液或组织中检测到病毒、通过 RT-PCR 在渗出液或组织中检测到病毒 RNA 等，可将病患确诊为 FIP。

◆治疗

因为很难建立猫 FIP 的生前诊断，所以，实际上

很难评价成功治愈病例的报道。少数患猫病情会自发性缓解，使得治疗反应的判断难度增大。根据需要，可给 FIP 患猫提供纠正电解质和体液平衡等支持疗法。

迄今为止，FIP 并无有效治疗措施（Hartmann 和 Ritz，2008）。FIP 的最佳治疗方案是联合应用具有抑制 B 淋巴细胞功能和刺激 T 淋巴细胞功能的可消除病毒的药物。利巴韦林、人 α-干扰素、猫成纤维细胞 β-干扰素、阿糖腺苷和两性霉素 B 等许多药物已被证明具有体外抑制猫传染性腹膜炎病毒复制的作用。然而，目前尚无总是有效的抗病毒治疗方案，而且这些药物的副作用很大。环孢霉素 A 具有体外抑制冠状病毒复制的作用，但能否成功治疗 FIP 还有待研究（Tanaka 等，2012）。小干扰 RNA（small interfering RNA，siRNA）由人工合成，可以插入冠状病毒基因的不同片段中，从而在体外抑制病毒复制，可能是将来的另一种潜在治疗手段（McDonagh 等，2011）。

因为 FIPV 引发的疾病继发于病毒刺激引起的免疫介导性反应，所以调节炎性反应是姑息性治疗的主要方式。低剂量泼尼松龙（1～2 mg/kg，PO，q 24 h）可能会缓解非渗出型 FIP 的临床症状。然而，由于 FIP 患猫的免疫应答能力较弱，对免疫抑制性药物的使用存在争议。泼尼松龙和猫干扰素都被证实对渗出性和非渗出性猫传染性腹膜炎均有一定疗效（Ishida 等，2004）。在这项研究中，4 只被认为患有渗出性 FIP 的猫使用上述药物治疗后，均获得了长期缓解。应谨慎对待这些结果，因为这些病例都不典型（老年猫），也没经过确诊，不但没有对照组，而且所有病例都同时使用上述两种药物，即使出现一些副作用，也无法确认是哪种药物引起的。美国很难买到猫干扰素，不知道人的干扰素是否有效。一项研究显示 ω-干扰素对 FIP 无效（Ritz 等，2007）。

抗生素没有抗病毒作用，但是，可以根据症状，治疗继发性细菌感染。蛋白同化甾类（康力龙，1 mg，PO，q 12 h）、阿司匹林（10 mg/kg，PO，q 48～72 h）和维生素 C（125 mg，PO，q 12 h）等其他支持疗法治疗药物也被推荐用于 FIP 的治疗。大多数表现全身 FIP 症状猫会以死亡告终，或在确诊后的数天到数月内实施安乐死。渗出性 FIP 预后极差。在一项对照研究中，两组自然感染的渗出性 FIP 患猫分别采用丙戊茶碱（propentofylline，可用于治疗血管炎）和安慰剂进行治疗，丙戊茶碱治疗组并无明显优势，生活质量并未

明显改善,积液也没有明显减少(Fischer 等,2011)。根据病毒侵害的器官系统和多系统临床症状严重程度的不同,非渗出性 FIP 猫存活期不同。仅出现眼部 FIP 症状的猫可能对抗炎治疗或摘除感染眼球有反应,预后也比有全身症状的猫好。

◉ **人兽共患和预防**

避免接触冠状病毒是预防冠状病毒感染的最佳措施。虽然 FIPV 病毒粒子可以在干燥分泌物中存活最长达 7 周,但是,常规消毒剂即能灭活病毒。流行病学研究显示:

- 有些表现健康、但冠状病毒血清检测阳性的猫能向环境中散播病毒
- 血清学检查阴性的猫通常不传播病毒
- 幼猫一般不会经胎盘感染冠状病毒
- 冠状病毒的母源抗体一般在动物 4~6 周龄时消退
- 母源抗体水平下降以后,小猫最有可能通过与自己母亲以外的其他猫接触而被感染
- 自然感染病例通常在 8~14 周龄时产生冠状病毒抗体

根据这些研究,作者建议养猫场主:出生在冠状病毒血清阳性育种场中的小猫,应该与自己的母亲及同窝小猫一起生活直到被售出;在 14~16 周龄接受冠状病毒抗体检测,只有血清反应为阴性才能被售出。最好的饲养方法是维持冠状病毒阴性的家庭饲养环境,禁止接触其他猫。猫有可能清除冠状病毒感染;以前被感染的猫,只有在连续 5 个月粪便病毒 RNA 均为阴性、血清反应为阴性的情况下,才能认为无冠状病毒(Addie 等,2001)。

滴鼻接种的冠状病毒突变株疫苗已投入临床应用,该疫苗能诱导产生黏膜免疫应答,但全身免疫应答较弱(Primucell FIP, Pfizer Animal Health, Exton, Pa)。此毒株并不能诱发 FIP,大多数出现疫苗反应的猫,只表现鼻孔周围有液体分泌物的轻微症状;疫苗接种前血清反应阳性的猫,在接种疫苗后,病毒感染力并不会增强(参见第 91 章)。疫苗似乎对有些猫有保护作用,但是,尚不清楚是否能保护机体抵抗所有类型的野毒株、变异株和重组株。疫苗不能对已感染冠状病毒的猫产生免疫保护作用。接种疫苗的唯一原则:用于血清反应阴性而且有接触冠状病毒风险的猫;美国猫病协会也未将这类疫苗列为核心疫苗(见第 91 章)。目前,尚未出现 FIPV 或 FECV 传播给人类的报道。

# 猫免疫缺陷病毒
# (FELINE IMMUNODEFICIENCY VIRUS)

◉ **病原学和流行病学**

猫免疫缺陷病毒(FIV)是反转录病毒科慢病毒亚科的一种外源性单股 RNA 病毒。病毒在形态学上与人免疫缺陷病毒相类似,但是具有抗原性差异。与 FeLV 类似,FIV 会产生反转录酶,催化病毒 RNA 插入宿主基因组中。病毒有多种亚型,有些分离毒株具有不同的生物学特点。例如,有些分离毒株能迅速诱导机体产生免疫缺陷,而只有部分(并非全部)分离株能引起临床疾病,如葡萄膜炎。

FIV 主要经攻击性撕咬行为传播,室外饲养的雄性老年猫最易感。最近一项研究显示,北美地区 FIV 流行率约为 2.5%(Levy 等,2006)。FIV 能进入精液中,可通过人工授精传播。感染母猫和幼猫之间可经胎盘和在围产期传播。FIV 通过节肢动物传播的可能性不大,因为高浓度病毒血症的持续时间很短,所以,很少发生除撕咬外的其他途径传播。猫 FIV 感染呈世界性分布,流行率很大程度上随地区和被检测猫的生活方式而异。FIV 能在 T 淋巴细胞($CD4^+$ 和 $CD8^+$)、B 淋巴细胞、巨噬细胞和星形胶质细胞内复制。感染的最初阶段病毒向全身散播,早期出现低热、嗜中性粒细胞减少症和全身反应性淋巴结病,而后进入持续时间不等的亚临床潜伏期,潜伏期持续时间与病毒毒株和被感染猫的年龄都有一定关系。自然感染的健康猫与自然感染的临床发病猫的平均年龄分别是 3 岁和 10 岁,表明大多数 FIV 毒株都有数年的潜伏期。慢性实验性感染和自然感染能导致循环系统中 $CD4^+$ 淋巴细胞数量缓慢下降,对分裂素的反应下降,与细胞介导免疫相关的 IL-2 和 IL-10 等细胞因子的分泌量下降,而嗜中性粒细胞和自然杀伤细胞的功能也受到影响。体液免疫应答一般正常,非特异性 B 淋巴细胞的激活作用能诱发多克隆 γ-球蛋白病。出现与人类获得性免疫缺陷综合征(acquired immunodeficiency syndrome, AIDS)相似的免疫缺陷期,可持续数月至数年。同时感染 FeLV 更能增强 FIV 的原发免疫缺损期。但研究显示,同时感染猫嗜血支原体、刚地弓形虫、猫疱疹病毒、猫杯状病毒以及免疫接种都不能增强 FIV 相关的免疫缺损。

◈临床特征

　　FIV 感染的临床症状可能由病毒的直接作用，或伴随免疫缺陷出现的继发感染引起（表 94-2）。大多数临床综合征见于 FIV 血清阳性的猫，也见于 FIV 血清学阴性（FIV-naïve）的猫，致使亚临床感染期的因果关系难以确定。FIV 抗体阳性并不能证明免疫缺陷或疾病是由 FIV 引起的，也不能证明必然会预后不良。并发其他传染病的 FIV 血清阳性猫的预后，取决于并发感染的治疗反应。

　　FIV 感染初期（急性期）以发热和全身性淋巴结病为特征。FIV 感染猫免疫缺陷期内出现的食欲减退、体重下降和精神沉郁等非特异性症状，或具体器官系统出现的异常症状，是主人带病患前来就诊的主要原因。当临床综合征发生在 FIV 血清阳性猫时，要开展诊断性检查，以查明包括其他可能病因在内的原因（见表 94-2）。

 **表 94-2　和 FIV 感染有关的临床综合征和条件性因素**

| 临床综合征 | 原发的病毒作用 | 条件性因素 |
|---|---|---|
| 皮肤病/外耳炎 | 无 | 细菌、非典型分枝杆菌、犬猫耳螨、猫蠕形螨、*Notoedres cati*、皮真菌病、新型隐球菌、牛痘 |
| 胃肠 | 有；小肠腹泻 | 隐孢子虫、囊等孢虫、贾第鞭毛虫、沙门氏菌、空肠弯曲杆菌、其他 |
| 肾小球肾炎 | 有 | 细菌、FeLV、FIP、SLE |
| 血液学 | 有；非再生性贫血，嗜中性粒细胞减少，血小板减少 | 猫血巴尔通体、FeLV、汉塞巴尔通体？ |
| 肿瘤 | 有；骨髓组织增殖紊乱，淋巴瘤 | FeLV |
| 神经系统 | 有；行为异常 | 刚地弓形虫、FIP、新型隐球菌、FeLV、汉塞巴尔通体？ |
| 眼部 | 有；扁平部睫状体炎，前葡萄膜炎 | 刚地弓形虫、FIP、新型隐球菌、FHV-1、汉塞巴尔通体 |
| 肺炎/局限性肺炎 | 无 | 细菌、刚地弓形虫、新型隐球菌 |
| 脓胸 | 无 | 细菌 |
| 肾衰竭 | 有 | 细菌、FIP、FeLV |
| 口炎 | 无 | 杯状病毒、菌群过度增殖、念珠菌病、汉塞巴尔通体？ |
| 上呼吸道 | 无 | FHV-1、杯状病毒、菌群过度增殖、念珠菌病、新型隐球菌 |
| 尿道感染 | 无 | 细菌 |

　　FeLV，猫白血病病毒；FHV-1，猫疱疹病毒 I 型；FIP，猫传染性腹膜炎；FIV，猫免疫缺陷病毒；SLE，系统性红斑狼疮。

　　据报道，病毒侵袭引发的临床综合征主要包括慢性小肠性腹泻、非再生性贫血、血小板减少症、嗜中性白细胞减少症、淋巴结病、扁平部睫状体炎（前部玻璃体液中的炎症）、前葡萄膜炎、肾小球肾炎、肾机能不全和高球蛋白血症等。不过最近有一项研究指出自然感染的猫会出现蛋白尿，但不会出现肾性氮质血症（Baxter 等，2012）。FIV 感染最常见的神经系统异常表现包括行为异常，伴有痴呆，躲藏，愤怒，排泄异常，以及闲逛等。原发性病毒作用有时会引起抽搐发作、眼球震颤、共济失调和外周神经功能异常等症状。感染 FIV 而未感染 FeLV 的猫体检时可能会发现淋巴恶性肿瘤、骨髓组织增生性疾病、多种癌和肉瘤，表明 FIV 和恶性肿瘤之间可能有一定联系。FIV 感染猫很容易发生淋巴瘤（Magden 等，2011）。

◈诊断

　　FIV 感染最常见的血液学异常包括嗜中性粒细胞

减少症、血小板减少症和非再生性贫血。有些猫出现单核细胞增多症和淋巴细胞增多症,可能起因于病毒或与条件性病原体相关的慢性感染。骨髓穿刺细胞学检查会发现成熟停滞(例如,骨髓发育不良)、淋巴瘤、白血病等现象。试验性感染FIV后,随着时间的推移,感染猫会出现进行性CD4$^+$淋巴细胞减少,CD8$^+$淋巴细胞数量稳定或进行性增加,CD4$^+$/CD8$^+$的比率转化等现象。可能出现多项血清生化指标异常,这常取决于是否出现了与FIV相关的综合征。一些FIV感染猫可能出现多克隆γ-球蛋白病。没有与FIV感染相关的特异性影像学异常。

临床实践中,最常用酶联免疫吸附测定法(enzyme linked immunosorbent assay,ELISA)从血清中检出FIV抗体。不同厂家的试剂盒检测结果也不尽相同(Hartmann等,2007)。有些猫可能会在血清转化前表现临床症状,而有些感染猫则不会发生血清转化,因此,可能会出现假阴性结果。有些抗体检测阴性的猫病毒分离结果和血液RT-PCR结果呈阳性。由于ELISA检测经常出现假阳性结果,所以,如果健康猫或低风险猫出现阳性ELISA结果,要采用蛋白质免疫印记试验(Western blot)或RT-PCR加以验证。幼猫保持可检出水平的母源抗体达数月。6月龄以下FIV血清阳性的幼猫,应每60 d接受一次检测,直到结果为阴性。如果抗体一直出现到6月龄,那么幼猫很有可能已被感染。病毒分离和血液PCR检测也可进一步证实感染。RT-PCR检查的最大问题在于,不同实验室之间的试验方法并未标准化,所以,有可能会出现假阳性或假阴性结果(Crawford等,2005)。在美国,已经有FIV疫苗批准投入使用(见第91章)。目前使用的检测技术,无法将疫苗刺激产生的抗体与自然发病刺激产生的抗体相区分(见下文)。

没有接种FIV疫苗的猫,如果血清中检出FIV抗体,那么说明有过病毒接触,并且与持续性感染有关,但与病毒引起的疾病无关。由于与FIV相关的许多临床综合征可能由机会性感染引起,所以,需进一步诊断才能确定应治疗的病因(见表94-2)。例如,有些患眼葡萄膜炎的FIV血清阳性猫,合并感染刚地弓形虫时,用抗弓形虫药物治疗往往更有效(见第96章)。

◆治疗

因为FIV血清阳性猫的免疫并不一定会被抑制,或必定由FIV引起某些疾病,所以,应对引起猫临床综合征的其他可能病因予以评估和治疗。有些FIV血清阳性猫免疫有缺陷,如果能检测到其他传染病,就使用杀菌药物的上限剂量予以治疗。治疗本病可能需要长时间给予抗生素,或开展多个疗程的治疗。并发感染的FIV血清阳性猫预后取决于并发感染的控制情况,这也是唯一判断方法。

已经有多种抗病毒药物可用于FIV感染猫的治疗,但缺乏对照研究的数据支持(Mohammadi和Bienzle,2012)。表94-3列举了其他一些可以用于FIV和FeLV的抗病毒药物和免疫刺激药物。有些研究显示,干扰素有助于病情控制(Domenech等,2011)。一项对照研究显示,和安慰剂治疗组相比,口服人的α-干扰素10 IU/kg有助于改善临床症状,延缓存活时间(Pedretti等,2006)。另外一项研究显示,使用猫重组干扰素,在第0、14和60天分别开始给药,剂量为10$^6$ U/(kg·d),皮下连续用药5 d,可以在治疗初期改善临床症状,延长患猫的存活时间(de Mari等,2004)。反转录酶抑制剂已经成功用于治疗FIV感染,例如叠氮胸苷(azidothymidine,AZT)。叠氮胸苷按5 mg/kg,每12 h口服或皮下注射一次,能明显改善感染猫生命体征和口炎症状,且被认为能帮助改善神经系统症状(Hartmann等,1995a and 1995b)。对用叠氮胸苷治疗的猫,应进行贫血发展的监控。一项研究显示,使用抗病毒合剂普乐沙福(plerixafor)治疗,可明显减少病毒携带量,但不能改善最终结局(Hartmann等,2012)。配合使用9-(2-膦酰基甲氧基乙基)腺嘌呤(PMEA)治疗时,还会出现药物副作用。口服牛乳铁蛋白可辅助治疗FIV血清学阳性猫的顽固性口炎(Sato等,1996)。对有些FIV血清学阳性猫,摘除所有前臼齿和臼齿,也可有效治疗顽固性口炎(见第31章)。使用免疫调节剂后未见可复现的临床治疗效果,但是,动物主人有时称有治疗效果。与安慰剂相比,人重组促红细胞生成素能增加FIV感染猫的红细胞和白细胞数量,但不会增加病毒携带量,也未见明显的毒副作用(Arai等,2000)。与此相反,FIV感染猫用人重组粒细胞-巨噬细胞集落刺激因子(granulocyte-monocyte colony-stimulating factor,GM-CSF)治疗后,尽管有些接受治疗猫的白细胞数量上升,但也有发热,诱导机体产生GM-CSF抗体,以及增加病毒载量等现象。因此,GM-CSF禁用于治疗猫的FIV感染。

**表94-3** FIV 或 FeLV 感染猫在病毒血症，临床Ⅲ期药物治疗方案

| 治疗药物* | 用药方法 |
|---|---|
| 乙酰吗喃 | 2 mg/kg，腹腔注射，一周一次，连用 6 周 |
| AZT | 5 mg/kg，PO 或 SC，q 12 h；监控贫血的发展情况 |
| 牛乳铁蛋白 | 175 mg，于乳中或缬氨酸糖浆中口服，q 12～24 h；用于治疗口炎 |
| 促红细胞生成素 | 100 U/kg，SC，每周 3 次，然后逐步增加剂量以达到作用浓度 |
| α-干扰素* | 10 IU/kg，PO，q 24 h，用到有效为止 |
| 猫干扰素 | 1 000 000 U，SC，q 24 h，分别从第 0、14、60 d 开始，每次连用 5 d |
| 葡萄球菌 A 蛋白 | 10 μg/kg，腹腔注射，一周两次，连用 10 周，然后一月一次 |
| 痤疮丙酸杆菌 | 0.5 mL，IV，一周一次或两次，直至有效 |

上述所有方案均缺乏对照研究。

*在美国有几种可以使用的人用 α-干扰素。

AZT，叠氮胸苷；FeLV，猫白血病病毒；FIV，猫免疫缺陷病毒；IV，静脉注射；PO，口服给药；SC，皮下注射。

改编自 Hartmann K et al：Treatment of feline leukemia virus infection with 3'-azido-2,3-dideoxythymidine and human alpha interferon，*J Vet Intern Med* 16：345，2002.

◉**人兽共患和预防**

室内饲养以避免打斗，新猫在被引入 FIV 血清阴性的多猫家庭前，应首先排查病毒，以防大多数猫感染 FIV。因为病毒不会通过偶尔接触就轻易传播，所以粪便传播很少见。病毒对大多数常规消毒剂敏感，在离开宿主数分钟到数小时内便死亡，尤其是在干燥环境中时。用滚烫开水和洗涤剂对猫砂盆的垫料和共用餐盘进行清洗，以灭活病毒。怀疑因打斗而接触感染病毒的猫，在 60 d 后应重新接受检测。感染 FIV 的猫要在室内终生隔离饲养，以避免感染环境中 FIV 阴性的猫，同时减少被感染动物发生条件性感染的机会。感染 FIV 的母猫产下小猫后，禁止其看护小猫，以避免通过摄食乳汁传播病毒。感染 FIV 的母猫产下的小猫在 6 月龄时应进行血清学检测，以确保其未通过乳汁或经胎盘被感染，经血清学检测阴性的猫，方可被销售或领养。目前有一种灭活疫苗含两种 FIV，可在一些国家批准使用（Fel-O-Vax FIV，Boehringer Ingleheim）。美国猫病协会并未将这种疫苗列为核心疫苗（见第 91 章）。另外，目前采用的检测技术还不能将疫苗刺激产生的抗体与自然感染产生的抗体区分开来。可通过 RT-PCR 检查区分 FIV 自然感染和疫苗

接种。但考虑到 FIV 在病毒血症期间病毒含量可能极低，因此，即使 RT-PCR 检查结果为阴性，也不能完全排除 FIV 感染。

人免疫缺陷病毒和 FIV 具有一定的形态学相似性，但是具有不同的抗原性。从人类血清中未检测到 FIV 抗体，即使偶然接触了含病毒的材料后也是如此（Butera 等，2000；Dickerson 等，2012）。FIV 感染引起免疫缺陷猫更有可能向人类生存的环境中传播其他人兽共患病原体；有临床表现的 FIV 血清阳性猫需进行确诊（见第 97 章）。

# 猫白血病病毒 (FELINE LEUKEMIA VIRUS)

◉**病原学和流行病学**

FeLV 是反转录病毒科、肿瘤病毒亚科的一种单股 RNA 病毒。在受感染细胞的细胞质中，病毒产生反转录酶，催化反转录反应，引发 FeLV 病毒互补 DNA（原病毒）的合成，将原病毒插入宿主细胞基因中。在随后的宿主细胞分裂中，原病毒作为细胞质中新病毒粒子的模板而发挥作用，通过出芽方式穿过细胞膜释放出来。猫白血病病毒由多种核心蛋白和包膜蛋白组成。包膜蛋白 p15e 与免疫抑制的形成有关。核心蛋白 p27 会出现在感染细胞的细胞质，感染猫的外周血液、唾液和眼泪中。p27 检测是大多数 FeLV 的诊断依据。包膜糖蛋白 70（gp70）含有与病毒的传染性、致病力和引起疾病的个别毒株有关的抗原亚群 A、B 或 C。有些猫接触包膜糖蛋白 70 后能产生中和抗体。有些猫能产生抗猫肿瘤病毒相关细胞膜抗原（feline oncornavirus-associated cell membrane antigen，FOCMA）的抗体，但尚未用于临床诊断。

FeLV 主要通过长时间接触感染猫的唾液和鼻分泌物而感染。舔舐被毛、共用同一水源或食物源均可引发感染。因为病毒不能在环境中、粪便中和尿液中存活，所以不可能通过飞沫进行传播。随意接触比经胎盘、吮乳和交配更容易传播。FeLV 感染呈世界性分布，感染的血清阳性率随地理位置和受检猫群的不同而不同。感染最常发生在室外饲养的 1～6 岁的雄性猫。最近一项研究显示，在北美猫血中 FeLV 病原阳性率为 2.3%（Levy 等，2006）。跳蚤感染 FeLV 后

两周内,可在蚤粪中持续检出 FeLV(Vobis 等,2005)。在美国跳蚤高流行地区和低流行地区,FeLV 的流行率差别不大,因此 FeLV 不大可能是通过跳蚤传播的。

病毒首先在口咽部位复制,接着通过身体向骨髓传播(表 94-4)。如果出现持续性骨髓感染,感染的白细胞和血小板会离开骨髓,最终感染唾液腺和泪腺等上皮组织结构。自然接触 FeLV 以后是否发生感染,是由病毒的亚型或毒株、病毒量、接触病毒时猫的年龄和免疫应答情况等决定的。通过实时定量 PCR 和 ELISA 抗原检查技术,可以将 FeLV 感染分为四类(Torres 等,2005;Levy 等,2008)。有些猫感染后能自行消除病原(abortive,一过性感染),有些转变为慢性进行性疾病和持续性病毒血症(progressive,持续感染);其他猫则会发展为退行性感染(regressive),抗原检查转为阴性,通过实时定量 PCR 检查也只是短暂的低水平阳性结果(regressive infection,退行性感染);潜伏感染(latent FeLV infections)时抗原检查暂时呈阳性,但实时定量 PCR 检查结果永远为阳性。潜伏感染和退行性感染病例若使用糖皮质激素或其他免疫抑制药物治疗,病毒有可能会被激活。

**表 94-4　猫白血病病毒感染各阶段的检测结果**

| 感染阶段 | 病原存在位置 | 外周血液结果 | | | |
|---|---|---|---|---|---|
| | | 时间 | IFA | ELISA | PCR |
| I | 在局部淋巴组织中复制(口鼻接触病毒后的扁桃体和咽部组织中) | 2～4 d | − | − | − |
| II | 在循环淋巴细胞和单核细胞中传播 | 1～14 d | − | + | + |
| III | 在脾脏、远端淋巴结和肠道相关淋巴组织中复制 | 3～12 d | − | + | + |
| IV | 在骨髓细胞和肠上皮隐窝内复制 | 7～21 d | −* | + | + |
| V | 外周血液病毒血症,通过感染的骨髓源性嗜中性粒细胞和血小板进行传播 | 14～28 d | + | + | + |
| VI | 通过唾液和眼泪等分泌物中的病毒在上皮细胞间传播 | 28 d 以上 | −† | + | + |

* 骨髓的免疫荧光抗体检测结果可能为阳性。
† 唾液和眼泪的检测结果可能为阳性。
IFA,免疫荧光抗体检测;ELISA,酶联免疫吸附测定;PCR,聚合酶链式反应;−,阴性;+,阳性。

FeLV 引起的各种综合征的发病机制很复杂,包括病毒激活癌基因诱导产生淋巴瘤;原病毒插入淋巴细胞前体基因中;C 亚群病毒引起肿瘤坏死因子 α 分泌增加,从而诱导再生障碍性贫血作用;继发于 T 淋巴细胞(既有 CD4+ 淋巴细胞,又有 CD8+ 淋巴细胞)的过度消耗或功能障碍的免疫缺陷;嗜中性粒细胞减少;嗜中性粒细胞机能紊乱;恶性转化;病毒诱导的骨髓生长;病毒诱导性物质释放,引起骨髓增生。

◆ 临床特征

FeLV 感染猫的就诊原因通常包括食欲减退、体重下降和精神沉郁等非特异性症状,或某个器官系统出现异常。感染 FeLV 的猫尸体剖检中,23% 的病例有肿瘤性病变(淋巴瘤/白血病占 96%),其余病例则死于很多其他非肿瘤性疾病(Reinacher,1989)。特异性临床综合征可能起因于病毒的特异性作用,或继发于免疫抑制的条件性感染。阳性 FeLV 检测结果并不能证明疾病是由该病毒引发的。当 FeLV 血清阳性猫发生临床综合征时,应对其他潜在的病因进行诊断性检查。前面讨论的 FIV 的条件性病原体也常见于 FeLV 感染猫(见表 94-2)。

在一些 FeLV 感染引起免疫抑制患猫中,可发生由细菌或杯状病毒引起的口炎。FeLV 感染可引起呕吐或腹泻,这些症状起因于临床上和组织病理学上类似于猫瘟的一种肠炎、消化道淋巴瘤和由于免疫抑制引起的继发感染。感染 FeLV 的猫出现黄疸的原因有多种,包括:由 FeLV 或继发感染的猫血巴尔通体(猫血支原体或微小血支原体)引起的免疫介导性溶血;肝淋巴瘤、肝脏脂质沉积或局灶性肝脏坏死引起的肝性黄疸;消化道淋巴瘤引起的肝后黄疸。有些有黄疸症状的 FeLV 感染猫,可能会同时感染猫传染性腹膜炎病毒或刚地弓形虫。

有些 FeLV 感染猫由于继发感染会出现鼻炎或肺炎的临床症状。有些发生纵隔淋巴瘤的猫可出现呼吸困难症状。这些猫一般在 3 岁以下,触诊头胸部顺应性下降,如果有胸腔积液,则会出现低沉的心音和肺音。

与 FeLV 相关的最常见的肿瘤为纵隔淋巴瘤、多中心淋巴瘤和消化道淋巴瘤,也可出现淋巴样增生。消化道淋巴瘤最常侵袭老龄猫的小肠、肠系膜淋巴结、肾脏和肝脏。肾淋巴瘤侵袭单侧或双侧肾,常引起肾肿大和肾边缘模糊。其他讨论见 77 章。纤维肉瘤有时会发生在同时感染 FeLV 和猫肉瘤病毒的青年猫上(见 79 章)。继发于 FeLV 感染的淋巴细胞性、髓细胞性、红细胞系和巨核细胞系白血病均有报道。最常见的病变为红白血病和骨髓单核细胞性白血病。病史调查和体格检查均无特异性变化。

有些 FeLV 感染猫因肾淋巴瘤或肾小球肾炎而出现肾衰。在疾病发展的最后阶段,感染猫会出现多尿、多饮、体重下降和食欲不振等症状。有些猫会发生括约肌闭锁不全或逼尿肌机能亢进引起的尿失禁。膀胱容量变小的夜间失禁最常被报道。

有些 FeLV 感染猫会出现由眼淋巴瘤引起的瞳孔缩小、睑痉挛或眼角膜混浊等症状。眼部检查常发现房水闪光、团块样病变(mass lesions)、角膜后沉积物、晶状体剥离和青光眼。若没有淋巴瘤,FeLV 引发眼葡萄膜炎的可能性不大。与 FeLV 感染相关的神经系统异常包括瞳孔大小不等、共济失调、虚弱、四肢轻瘫、偏瘫、行为变化和尿失禁。神经系统疾病很可能起因于多发性神经病或淋巴瘤。FeLV 感染猫的眼内疾病和神经系统疾病可能由猫传染性腹膜炎病毒、新型隐球菌或刚地弓形虫等其他病原体感染引起。

有些 FeLV 感染母猫出现流产、死胎和不育。子宫内感染,但存活到分娩的小猫一般会迅速恶化为 FeLV 综合征,或小猫致死性综合征(kitten mortality complex),后者会迅速引起死亡。

有些猫白血病病毒血清阳性猫出现化脓性、非特异性多关节炎引起的跛行或虚弱,该炎症由免疫复合物沉积作用诱发。有些猫出现多发性软骨性外生骨疣,可能与猫白血病病毒有关。

◆诊断

FeLV 感染猫常出现许多非特异性血液学、血清生化、尿液检查和 X 线检查异常。FeLV 感染猫常出现单纯的非再生性贫血,也可能会同时出现淋巴细胞、嗜中性粒细胞和血小板计数减少。经常发生伴有严重非再生性贫血的循环有核红细胞数量增加,或非网状细胞增多的巨红细胞症,骨髓检查常发现

红细胞系中的细胞成熟障碍(红细胞发育异常)。FeLV 能诱发免疫介导性红细胞破坏,这一症状可发生于同时感染猫巴尔通体的猫。同时被 FeLV 和猫巴尔通体感染的猫常出现再生性贫血、红细胞微凝集反应或大凝集反应、直接库姆斯试验阳性。由于骨髓功能抑制或免疫介导性破坏,可出现嗜中性粒细胞减少症和血小板减少症。最近一项研究显示,37 例非再生性细胞减少症患猫中,通过 RT-PCR 检查评估其骨髓中潜伏的 FeLV 病毒,结果发现 2 例猫呈阳性(Stützer 等,2010)。当 FeLV 感染猫出现以胃肠道症状和嗜中性粒细胞减少症为特征的泛白细胞减少症样综合征时,很难与泛白细胞减少症病毒感染或沙门氏菌感染的猫区分开来。但是,患有 FeLV 诱发的泛白细胞减少症样综合征的猫,一般会出现贫血和血小板减少,这些异常现象很少与泛白细胞减少症病毒感染相关。常见的生化异常包括氮质血症、高胆红素血症、胆红素尿和肝脏酶类活性升高等。有些并发肾小球肾炎的 FeLV 感染猫出现蛋白尿。通过对并发淋巴瘤的猫进行 X 线检查,可发现被感染的器官系统有团块病灶。纵隔淋巴瘤会诱发胸腔积液,消化道淋巴瘤会形成阻塞性肠型。

可根据感染组织的细胞学或组织病理学检查结果确诊淋巴瘤(见第 72 章和第 77 章)。淋巴瘤可通过细胞学检查确诊,然后进行化疗,所以出现纵隔肿块、淋巴结病、肾肿大、肝肿大、脾肿大或肠肿块的猫,应在手术之前进行细胞学检查。恶性淋巴细胞有时也能从外周血涂片、渗出液和脑脊液中检测到。

大多数怀疑感染 FeLV 的猫,都应该用免疫荧光抗体检测(immunofluorescent antibody,IFA)法检测嗜中性粒细胞和血小板中的 FeLV 抗体,或用 ELISA 检测全血、血浆、血清、唾液或泪液中的 FeLV 抗体。血清是 ELISA 检测最合适的样本。只有骨髓被感染(见表 94-4),IFA 检测结果才会出现阳性。目前,IFA 检测结果的准确率超过 95%。白细胞减少症或血小板减少症会使被检测的细胞数量减少,从而出现假阴性反应;如果用于检测的血涂片太厚,会出现假阳性结果。阳性 IFA 检测结果表明患猫有病毒血症,且具有传染性。在 IFA 检测呈阳性的猫中,大约有 90% 的猫终生伴有病毒血症。很少会出现 IFA 检测阳性而 ELISA 检测阴性的现象,若出现只能说明检测技术有问题。ELISA 阴性结果与 IFA 阴性结果及不能分离到 FeLV 有很好的相关性。可通过不同的抗原检测方法对结果进行比较(Hartmann 等,2007)。

病毒在感染骨髓之前,可用 ELISA 从血清中检测出来。因此,虽然 IFA 检测结果阴性,但是,有些猫在进行性感染或潜伏感染早期仍会出现 ELISA 阳性结果。其他杂乱结果(ELISA 测定阳性,IFA 检测阴性)可能是 ELISA 假阳性或 IFA 假阴性。ELISA 阳性而 IFA 阴性的猫在当时可能没有传染性,但是应该隔离饲养,4~6 周后再检测一次,因为可能会发展成病毒血症和上皮细胞感染。

ELISA 检测结果由阳性转为阴性的猫已出现中和抗体,会发展成潜伏感染或退行性感染。有些猫的潜伏感染或退行性感染可通过病毒分离、骨髓细胞的 IFA 检测、组织中抗原的免疫组化染色和 PCR 的方法来确诊。潜伏感染或退行性感染猫传染其他猫的可能性不大,但是感染母猫可能会在妊娠、分娩或哺乳过程中,将病毒传播给幼猫。退行性感染或潜伏感染猫,在接受皮质激素治疗或极端应激后,可能会出现病毒血症(IFA 检测阳性和 ELISA 测定阳性)。

泪液和唾液的 ELISA 阳性结果一般比病毒血症滞后 1~2 周,因此,即使血清检测结果呈阳性,泪液和唾液的检测结果仍有可能为阴性。有些研究实验室能检测 FeLV 包膜抗原(中和抗体)的抗体滴度和抗病毒转化肿瘤细胞(猫肿瘤病毒膜相关抗原)的抗体滴度,但是,尚不清楚这些检测结果的诊断价值和预后意义。荧光定量 PCR 比传统 PCR 敏感性强,但是美国目前尚无商业化的标准化检测手段(Torres 等,2005)。

◆ 治疗

很多抗病毒药物已经被推荐用于 FeLV 的治疗,反转录酶抑制剂叠氮胸苷(AZT)是研究最多的药物(见表94-3)。然而最近一项研究证明,大多数持续性病毒血症猫使用 AZT 后,似乎并未消除病毒血症,临床疗效也很差(Hartmann 等,2002)。干扰素在体内和体外对 FeLV 均有效(Collado 等,2007;de Mari 等,2004)。用葡萄球菌 A 蛋白、痤疮丙酸杆菌或乙酰吗喃(见表94-3)等药物开展的免疫治疗,能明显改善某些猫的临床症状。

对与 FeLV 相关的肿瘤(见第74章和第77章)应进行化疗。应治疗条件性病原体,一般需要采用上限用量的抗生素进行最长时间治疗。补血制剂、维生素 $B_{12}$、叶酸、蛋白同化留类和促红细胞生成素等支持治疗药物对非再生性贫血无明显疗效。许多情况需要开展输血疗法。自体凝集性溶血性贫血猫需要接受免疫抑制疗法治疗,但是,这有可能激活病毒复制。持续性贫血猫预后谨慎,大多数猫会在 2~3 年内死亡。

◆ 人兽共患和预防

避免室内饲养猫接触 FeLV 是预防感染的最好方式。水碗和便盆等是潜在的污染源,因此,不能让血清阳性猫和血清阴性猫共用。检测并移走血清阳性猫,可使猫舍和多猫家庭远离病毒。

由于攻毒方法不同,而且 FeLV 具有感染率相对低、亚临床感染期长、野毒株多等特点,难以评估这种疾病的预防程度,不同商家的疫苗效力也一直存在争议(见第91章)。对于高危猫(例如,与其他猫接触过),可考虑给未接触过 FeLV 的猫接种疫苗,但需告知动物主人,疫苗有效率不足 100%。疫苗对 FeLV 病毒血症猫无效,而且与有些猫的纤维肉瘤的形成有关(见第91章)。出现这些肿瘤的猫可能具有遗传倾向(Banerji 等,2007)。

FeLV 感染猫应被限饲在室内,以避免感染其他猫,同时避免接触条件性病原体。要长期控制跳蚤,避免感染猫血巴尔通体和汉塞巴尔通体。应禁止 FeLV 感染猫外出猎食,或食用未煮熟的肉,以防感染上刚地弓形虫、微小隐孢子虫、贾第虫和转运宿主携带的其他传染性病原体。

从未在人类血清中检测到 FeLV 抗原,表明人兽共患的风险极低。不过,相比于未被该病毒感染的猫,FeLV 感染猫更有可能将微小隐孢子虫和沙门氏菌等其他传染性病原体带入人类环境中。

◆ 推荐阅读

**犬瘟热病毒**

Amude AM et al: Clinicopathological findings in dogs with distemper encephalomyelitis presented without characteristic signs of the disease, *Res Vet Sci* 82:416, 2007.

Burton JH et al: *Detection of canine distemper virus RNA from blood and conjunctival swabs collected from healthy puppies after administration of a modified live vaccine,* ACVIM, San Antonio, TX, June 4-7, 2008 (oral).

Elia G et al: Detection of canine distemper virus in dogs by real-time RT-PCR, *J Virol Methods* 136:171, 2006.

Gray LK et al: Comparison of two assays for detection of antibodies against canine parvovirus and canine distemper virus in dogs admitted to a Florida animal shelter, *J Am Vet Med Assoc* 240:1084, 2012.

Greene CE, Vandevelde M: Canine distemper. In Greene CE, editor: *Infectious diseases of the dog and cat*, ed 3, St Louis, 2012, Elsevier, p 25.

Kapil S et al: Canine distemper virus strains circulating among North American dogs, *Clin Vaccine Immunol* 15:707, 2008.

Litster A et al: Prevalence of positive antibody test results for canine parvovirus (CPV) and canine distemper virus (CDV) and response to modified live vaccination against CPV and CDV in dogs entering animal shelters, *Vet Microbiol* 157:86, 2012a.

Litster AL et al: Accuracy of a point-of-care ELISA test kit for predicting the presence of protective canine parvovirus and canine distemper virus antibody concentrations in dogs, *Vet J*, Feb 28, 2012b. [Epub ahead of print]

Moore GE, Glickman LT: A perspective on vaccine guidelines and titer tests for dogs, *J Am Vet Med Assoc* 224:200, 2004.

Saito TB et al: Detection of canine distemper virus by reverse transcriptase-polymerase chain reaction in the urine of dogs with clinical signs of distemper encephalitis, *Res Vet Sci* 80:116, 2006.

Welborn LV et al: *2011 AAHA Canine Vaccination Guidelines*, www.jaaha.org. Accessed May 4, 2013.

Yi L et al: Development of a combined canine distemper virus specific RT-PCR protocol for the differentiation of infected and vaccinated animals (DIVA) and genetic characterization of the hemagglutinin gene of seven Chinese strains demonstrated in dogs, *J Virol Methods* 179:281, 2012.

### 猫传染性腹膜炎病毒

Addie D et al: Feline infectious peritonitis. ABCD guidelines on prevention and management, *J Feline Med Surg* 11:594, 2009.

Addie DD et al: Feline coronavirus is not a major cause of neonatal kitten mortality, *Fel Pract* 21:13, 1993.

Addie DD et al: Use of a reverse-transcriptase polymerase chain reaction for monitoring the shedding of feline coronavirus by healthy cats, *Vet Rec* 148:649, 2001.

Boettcher IC et al: Use of anti-coronavirus antibody testing of cerebrospinal fluid for diagnosis of feline infectious peritonitis involving the central nervous system in cats, *J Am Vet Med Assoc* 230:199, 2007.

Can-S Ahna K et al: The detection of feline coronaviruses in blood samples from cats by mRNA RT-PCR, *J Feline Med Surg* 9:369, 2007.

Fischer Y et al: Randomized, placebo controlled study of the effect of propentofylline on survival time and quality of life of cats with feline infectious peritonitis, *J Vet Intern Med* 25:1270, 2011.

Foley JE et al: The inheritance of susceptibility to feline infectious peritonitis in purebred catteries, *Fel Pract* 24:14, 1996.

Foley JE et al: Diagnostic features of clinical neurologic feline infectious peritonitis, *J Vet Intern Med* 12:415, 1998.

Giori L et al: Performances of different diagnostic tests for feline infectious peritonitis in challenging clinical cases, *J Small Anim Pract* 52:152, 2011.

Gunn-Moore DA et al: Detection of feline coronaviruses by culture and reverse transcriptase-polymerase chain reaction of blood samples from healthy cats and cats with clinical feline infectious peritonitis, *Vet Microbiol* 62:193, 1998.

Hartmann K et al: Comparison of different tests to diagnose feline infectious peritonitis, *J Vet Intern Med* 17:781, 2003.

Hartmann K, Ritz S: Treatment of cats with feline infectious peritonitis, *Vet Immunol Immunopathol* 123:172, 2008.

Harvey CJ et al: An uncommon intestinal manifestation of feline infectious peritonitis: 26 cases (1986-1993), *J Am Vet Med Assoc* 209:1117, 1996.

Ishida T et al: Use of recombinant feline interferon and glucocorticoid in the treatment of feline infectious peritonitis, *J Feline Med Surg* 6:107, 2004.

Kennedy MA et al: Evaluation of antibodies against feline coronavirus 7b protein for diagnosis of feline infectious peritonitis in cats, *Am J Vet Res* 69:1179, 2008.

Legendre AM, Bartges JW: Effect of polyprenyl immunostimulant on the survival times of three cats with the dry form of feline infectious peritonitis, *J Feline Med Surg* 11:624, 2009.

Lewis KM, O'Brien RT: Abdominal ultrasonographic findings associated with feline infectious peritonitis: a retrospective review of 16 cases, *J Am Anim Hosp Assoc* 46:152, 2010.

McDonagh P et al: In vitro inhibition of feline coronavirus replication by small interfering RNAs, *Vet Microbiol* 150:220, 2011.

O'Brien SJ et al: Emerging viruses in the Felidae: shifting paradigms, *Viruses* 4:236, 2012.

Pedersen NC: A review of feline infectious peritonitis virus infection: 1963-2008, *J Feline Med Surg* 11:225, 2009.

Pedersen NC et al: Significance of coronavirus mutants in feces and diseased tissues of cats suffering from feline infectious peritonitis, *Viruses* 1:166, 2009.

Pesteanu-Somogyi LD et al: Prevalence of feline infectious peritonitis in specific cat breeds, *J Feline Med Surg* 8:1, 2006.

Ritz S et al: Effect of feline interferon-omega on the survival time and quality of life of cats with feline infectious peritonitis, *J Vet Intern Med* 21:1193, 2007.

Rohrbach BW et al: Epidemiology of feline infectious peritonitis among cats examined at veterinary medical teaching hospitals, *J Am Vet Med Assoc* 218:1111, 2001.

Rottier PJ et al: Acquisition of macrophage tropism during the pathogenesis of feline infectious peritonitis is determined by mutations in the feline coronavirus spike protein, *J Virol* 79:14122, 2005.

Shelly SM et al: Protein electrophoresis in effusions from cats as a diagnostic test for feline infectious peritonitis, *J Am Anim Hosp Assoc* 24:495, 1998.

Simons FA et al: A mRNA PCR for the diagnosis of feline infectious peritonitis, *J Virol Methods* 124:111, 2005.

Sparkes AH et al: Feline infectious peritonitis: a review of clinicopathological changes in 65 cases and a critical assessment of their diagnostic value, *Vet Rec* 129:209, 1991.

Sparkes AH et al: An appraisal of the value of laboratory tests in the diagnosis of feline infectious peritonitis, *J Am Anim Hosp Assoc* 30:345, 1994.

Tanaka Y et al: Suppression of feline coronavirus replication in vitro by cyclosporin A, *Vet Res* 43:41, 2012.

Timmann D et al: Retrospective analysis of seizures associated with feline infectious peritonitis in cats, *J Feline Med Surg* 10:9, 2008.

Vogel L et al: Pathogenic characteristics of persistent feline enteric coronavirus infection in cats, *Vet Res* 41:71, 2010.

Worthing KA et al: Risk factors for feline infectious peritonitis in Australian cats, *J Feline Med Surg* 14:405, 2012.

### 猫免疫缺陷病毒

Arai M et al: The use of human hematopoietic growth factors (rhGM-CSF and rhEPO) as a supportive therapy for FIV-infected cats, *Vet Immunol Immunopathol* 77:71, 2000.

Baxter KJ et al: Renal disease in cats infected with feline immunodeficiency virus, *J Vet Intern Med* 26:238, 2012.

Butera ST et al: Survey of veterinary conference attendees for evidence of zoonotic infection by feline retroviruses, *J Am Vet Med Assoc* 217:1475, 2000.

Crawford PC et al: Accuracy of polymerase chain reaction assays for diagnosis of feline immunodeficiency virus infection in cats, *J Am Vet Med Assoc* 226:1503, 2005.

de Mari K et al: Therapeutic effects of recombinant feline interferon-omega on feline leukemia virus (FeLV)-infected and FeLV/feline immunodeficiency virus (FIV)-coinfected symptomatic cats, *J Vet Intern Med* 18:477, 2004.

Dickerson F et al: Antibodies to retroviruses in recent onset psychosis and multi-episode schizophrenia, *Schizophr Res* 138:198, 2012.

Domenech A et al: Use of recombinant interferon omega in feline retrovirosis: from theory to practice, *Vet Immunol Immunopathol* 143:301, 2011.

Hartmann AD et al: Clinical efficacy of the acyclic nucleoside phosphonate 9-(2-phosphonylmethoxypropyl)-2,6-diaminopurine (PMPDAP) in the treatment of feline immunodeficiency virus-infected cats, *J Feline Med Surg* 14:107, 2012.

Hartmann K: Clinical aspects of feline immunodeficiency and feline leukemia virus infection, *Vet Immunol Immunopathol* 143:190, 2011.

Hartmann K et al: AZT in the treatment of feline immunodeficiency virus infection I, *Fel Pract* 23:16, 1995a.

Hartmann K et al: AZT in the treatment of feline immunodeficiency virus infection II, *Fel Pract* 23:16, 1995b.

Hartmann K et al: Efficacy and adverse effects of the antiviral compound plerixafor in feline immunodeficiency virus-infected cats, *J Vet Intern Med* 26:483, 2012.

Lappin MR et al: Primary and secondary *Toxoplasma gondii* infection in normal and feline immunodeficiency virus-infected cats, *J Parasitol* 82:733, 1996.

Levy JK et al: Effect of vaccination against feline immunodeficiency virus on results of serologic testing in cats, *J Am Vet Med Assoc* 225:1558, 2004.

Levy JK et al: Seroprevalence of feline leukemia virus and feline immunodeficiency virus infection among cats in North America and risk factors for seropositivity, *J Am Vet Med Assoc* 228:371, 2006.

Levy J et al: 2008 American Association of Feline Practitioners' feline retrovirus management guidelines, *J Fel Med Surg* 10:300, 2008.

Magden E et al: FIV associated neoplasms—a mini-review, *Vet Immunol Immunopathol* 143:227, 2011.

Mohammadi H, Bienzle D: Pharmacological inhibition of feline immunodeficiency virus (FIV), *Viruses* 4:708, 2012.

Pedersen NC et al: Isolation of a T-lymphotrophic virus from domestic cats with an immunodeficiency-like syndrome, *Science* 235:790, 1987.

Pedretti E et al: Low-dose interferon-alpha treatment for feline immunodeficiency virus infection, *Vet Immunol Immunopathol* 109:245, 2006.

Sato R et al: Oral administration of bovine lactoferrin for treatment of intractable stomatitis in feline immunodeficiency virus (FIV)-positive and FIV-negative cats, *Am J Vet Res* 57:1443, 1996.

Tasker S et al: Effect of chronic FIV infection, and efficacy of marbofloxacin treatment, on *Mycoplasma haemofelis* infection, *Vet Microbiol* 117:169, 2006a.

Tasker S et al: Effect of chronic feline immunodeficiency infection, and efficacy of marbofloxacin treatment, on "*Candidatus* Mycoplasma haemominutum" infection, *Microbes Infect* 8:653, 2006b.

猫白血病病毒

Addie DD et al: Long-term impact on a closed household of pet cats of natural infection with feline coronavirus, feline leukaemia virus and feline immunodeficiency virus, *Vet Rec* 146:419, 2000.

Banerji N et al: Association of germ-line polymorphisms in the feline p53 gene with genetic predisposition to vaccine-associated feline sarcoma, *J Hered* 98:421, 2007.

Cattori V et al: The kinetics of feline leukaemia virus shedding in experimentally infected cats are associated with infection outcome, *Vet Microbiol* 133:292, 2009.

Collado VM et al: Effect of type I interferons on the expression of feline leukaemia virus, *Vet Microbiol* 123:180, 2007.

Goldkamp CE et al: Seroprevalences of feline leukemia virus and feline immunodeficiency virus in cats with abscesses or bite wounds and rate of veterinarian compliance with current guidelines for retrovirus testing, *J Am Vet Med Assoc* 232:1152, 2008.

Hartmann K et al: Treatment of feline leukemia virus infection with 3'-azido-2,3-dideoxythymidine and human alpha-interferon, *J Vet Intern Med* 16:345, 2002.

Hartmann K et al: Quality of different in-clinic test systems for feline immunodeficiency virus and feline leukaemia virus infection, *J Feline Med Surg*, Jun 30, 2007. [Epub ahead of print]

Hartmann K et al: Treatment of feline leukemia virus-infected cats with paramunity inducer, *Vet Immunol Immunopathol* 65:267, 1998.

Herring ES et al: Detection of feline leukaemia virus in blood and bone marrow of cats with varying suspicion of latent infection, *J Fel Med Surg* 3:133, 2001.

Hofmann-Lehmann R et al: Vaccination against the feline leukaemia virus: outcome and response categories and long-term follow-up, *Vaccine* 25:5531, 2007.

Jirjis F et al: Protection against feline leukemia virus challenge for at least 2 years after vaccination with an inactivated feline leukemia virus vaccine, *Vet Ther* 11:E1, 2010.

Lutz H et al: Feline leukaemia. ABCD guidelines on prevention and management, *J Feline Med Surg* 11:565, 2009.

Reinacher M: Diseases associated with spontaneous feline leukemia virus (FeLV) infection in cats, *Vet Immunol Immunopathol* 21:85, 1989.

Stützer B et al: Role of latent feline leukemia virus infection in nonregenerative cytopenias of cats, *J Vet Intern Med* 24:192, 2010.

Torres AN et al: Re-examination of feline leukemia virus: host relationships using realtime PCR, *Virology* 332:272, 2005.

Torres AN et al: Development and application of a quantitative real-time PCR assay to detect feline leukemia virus RNA, *Vet Immunol Immunopathol* 123:81, 2008.

Vobis M et al: Experimental quantification of the feline leukaemia virus in the cat flea (*Ctenocephalides felis*) and its faeces, *Parasitol Res* 1:S102, 2005.

# 第 95 章
## CHAPTER 95

# 多系统真菌感染
## Polysystemic Mycotic Infections

## 芽生菌病
## （BLASTOMYCOSIS）

 病原学和流行病学

皮炎芽生菌是一种寄生于腐生物质的酵母菌，主要发生在密西西比州、密苏里州、俄亥俄河谷、大西洋中部和加拿大南部。在脊椎动物宿主（见表 95-1）中，以宽基出芽生殖方式繁殖，呈胞外酵母型（直径 5～20 μm）。感染性菌丝见于土壤和培养物中。

**表 95-1　犬猫全身性真菌病的病原的形态学特征**

| 病原 | 形态学特征 |
| --- | --- |
| 皮炎芽生菌（*Blastomyces dermatitidis*） | 细胞外酵母菌，直径 5～20 μm；有厚的、折光性强的波形双壁；宽基出芽生殖；常规染色可见 |
| 新型隐球菌（*Cryptococcus neoformans*） | 细胞外酵母菌，直径 3.5～7.0 μm；荚膜厚，不染色；窄基出芽生殖，浅红色的荚膜用革兰染色时呈紫罗兰色，印度墨汁染色荚膜不着色 |
| 粗球孢子菌（*Coccidioides immitis*） | 细胞外含内生孢子的内孢囊（直径 20～200 μm）；PAS 染色时双侧外壁呈深红色至紫红色，内生孢子呈亮红色 |
| 荚膜组织胞浆菌（*Histoplasma capsulatum*） | 单核吞噬细胞的胞内酵母，直径 2～4 μm；瑞氏染色在浅色菌体中心出现嗜碱性染色中心 |
| 申克孢子丝菌（*Sporothrix schenckii*） | 单核吞噬细胞的胞内酵母菌，直径（2～3）μm×（3～6）μm；圆形、椭圆形或雪茄状 |

PAS，过碘酸-希夫。

芽生菌最常出现在高湿、多雾、低凹地区和水体附近的沙地以及酸性土壤环境中。疾病的发生情况因菌株的毒力、接触菌量和宿主免疫状况各有不同。多数临床病例起因于"点状源"式接触（point source exposure），同一地区出现多数病例，人和犬都有群发性报道。季节、天气、环境等对流行性均有一定程度的影响。芽生菌通过宿主吸入环境中的孢子或孢子感染开放性伤口进行传播。一项研究中，110 例来自疫区的临床健康犬接受了鼻腔真菌分离培养，所有犬均未分离出芽生菌，提示鼻腔可能不是芽生菌的常见寄生部位（Varani 等，2009）。病原体可能先在肺部增殖，然后随血液散播到皮肤、皮下组织、眼部、骨骼、淋巴结、外鼻孔、脑、睾丸、鼻道、前列腺、肝脏、乳腺、阴门和心脏等其他组织。病原体可被食入，也可随粪便排出。细胞介导免疫应答弱的个体不能完全清除病原体，从而导致感染器官发生脓性肉芽肿性炎症，引发临床症状。犬猫很少发生亚临床感染。

 临床特征

皮炎芽生菌感染最常见于大型青年雄性运动型犬，因为此类犬接触菌体的机会较大。最常见的主诉症状包括食欲不振、咳嗽、呼吸困难、运动不耐受、体重下降、眼病、皮肤病、精神沉郁和跛行等。

大约 40% 的感染犬有发热症状。间质性肺病和肺门淋巴结病能引发咳嗽、干性刺耳性肺音和呼吸困难，有些犬发生肥大性骨病。鼻腔、鼻咽、球后区域罕见感染，可延伸至颅内。前腔静脉综合征所致的乳糜胸能引起呼吸困难。心脏感染犬会出现瓣膜性心内膜炎，也会出现由于心肌炎导致的传导紊乱。感染犬中有 20%～40% 发生淋巴结病和表皮或皮下小结、脓肿、斑块或溃疡。感染犬还常发生脾肿大。大约有 30% 的芽生菌病犬会出现由脊柱或四肢骨骼的真菌性骨髓炎引发的跛行。在接受检查的感染病例中,很少发现睾丸、前列腺、膀胱、乳腺和肾脏感染。

大约30%的芽生菌病犬有眼部症状,出现前葡萄膜炎、眼内炎、后段眼病(posterior segment ocular disease)和视神经炎。慢性炎症和晶状体囊破裂可导致白内障。有些犬出现由弥散性或多发性中枢神经系统感染引发的沉郁和抽搐症状。

芽生菌病能感染所有猫,但以青年雄性猫多发。室内猫和室外猫均可发生。感染猫发生呼吸道疾病、神经系统疾病、区域淋巴结病、皮肤病、眼病、胃肠道疾病和泌尿道疾病。有些猫会因胸腔或腹腔积液而出现呼吸困难或腹部膨胀。眼病一般为后段眼病。

◆诊断

芽生菌病犬猫常见的血液学异常有:正细胞正色素性非再生性贫血,淋巴细胞减少症,可能伴有核左移的嗜中性粒细胞增多症。血液生化检查最常见慢性炎症引起的低白蛋白血症和高球蛋白血症(例如,多克隆γ-球蛋白病),犬罕见高钙血症。大多数有呼吸道疾病的感染犬猫胸部X线检查可见弥散性、粟粒状或者结节状的间质性肺纹理,亦可见胸内淋巴结病(图95-1)。有时出现乳糜胸引发的单个肿块和胸腔积液。有些猫会出现肺泡型肺病。芽生菌病诱导的骨骼病变为伴有继发性骨膜反应和软组织肿胀的骨溶解。颅内芽生菌病通常会呈现从鼻腔向后延伸的X线征象。

可用琼脂凝胶免疫扩散试验(agar gel immunodiffusion,AGID)检测患病动物的血清抗体水平。由于芽生菌病很少出现亚临床感染,如果不能检测到病

原体,可根据阳性血清结果,结合相应的临床症状和X线检查异常建立假设诊断。即便经过有效治疗,抗体滴度也不一定能转为阴性。过急性感染、免疫抑制、严重感染导致免疫系统被过度消耗的动物出现假阴性结果。很多芽生菌病患猫血清抗体为阴性。

根据细胞学检查、组织病理学检查或菌株分离培养才能确诊为芽生菌病(图95-2)。由皮肤病变部位、肿大淋巴结和局灶性肺部病变穿刺物制成的压片,一般能在低倍镜下展现化脓性肉芽肿性炎症情况,并能观察到病原体。但是在尿液涂片中很少发现病原微生物。在病原体的实证方面,支气管肺泡灌洗比经气管抽吸敏感;透皮进行肺穿刺也能见到芽生菌。然而一项研究显示,17只经气管抽吸的犬中,有13只分离到了皮炎芽生菌(McMillan和Taylor,2008)。分离培养鉴定病原微生物需要10~14 d,效率低于细胞学检查和活组织检查。

人的芽生菌抗原检测试剂已经用于少量犬的抗原检测(MVista *Blastomyces* Antigen EIA;www.miravistalabs.com)。该方法对皮炎芽生菌的敏感性高,但特异性低。在一项研究中,46例确诊为芽生菌感染的犬,使用上述试剂检测抗原,其中尿液中抗原检测的敏感性为93.5%,血清中抗原检测的敏感性为87.0%,而AGID法检测血清抗体的敏感性仅为17.4%。

◆治疗

犬芽生菌病最常用的治疗方案包括单独使用两性

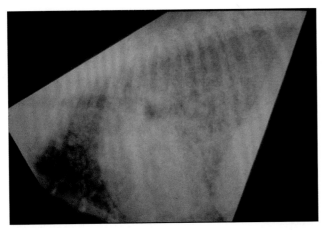

图95-1
芽生菌病患犬的粟粒状间质性肺纹理(Courtesy Dr. Lynelle Johnson, College of Veterinary Medicine, University of California, Davis. )。

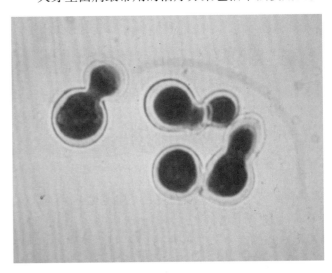

图95-2
出芽酵母型皮炎芽生菌的细胞学形态。菌体直径5~20 μm,外包厚厚的、折光性强的波形双壁(Courtesy Dr. Dennis Macy, College of Veterinary Medicine and Biomedical Sciences, Colorado State University. )。

霉素 B、酮康唑；联合使用两性霉素 B 和酮康唑；单独使用伊曲康唑等(见表 95-2)。两性霉素 B 一般用于有生命危险的动物,脂质体或脂质包被的两性霉素 B 一般不引起中毒。如果使用普通的两性霉素 B,先用生理盐水对动物进行充分补液,然后进行治疗,如果出现氮质血症,应立即停药。因为伊曲康唑与两性霉素 B 和酮康唑联用的效果相当(见隐球菌病治疗),且毒副作用较少(参照隐球菌病的治疗),伊曲康唑可用于治疗芽生菌病(见表 95-2)。犬的剂量为

5 mg/(kg·d),每天两次,连续给药 5 d,然后不改变剂量,每天一次。治疗需要持续 60~90 d,或在可见疾病症状(例如胸腔 X 线检查异常或皮肤病变)消退后,再持续治疗 4 周。氟康唑对 CNS 感染、眼部感染和泌尿系统感染有效。一项回顾性研究显示,在犬芽生菌病的治疗中,氟康唑和伊曲康唑的效果相当。然而,氟康唑治疗组病例在治疗的前两周死亡率较高,表明这两种药物在早期药效方面有一定差别(Mazepa 等,2011)。

**表 95-2　用于犬猫全身性真菌疾病的抗真菌药物**

| 药物 | 物种 | 剂量 | 微生物 |
|---|---|---|---|
| 两性霉素 B(脱氧胆酸盐) | D | 1 mg/kg,IV,每周最多 3 次*,累积剂量为 4~8 mg/kg<br>0.5~0.8 mg/kg,SC,每周 2~3 次,累积剂量为 4~8 mg/kg† | Bl, H, Cr, Co |
| | C | 0.25 mg/kg,IV,每周最多 3 次‡,累积剂量为 4~6 mg/kg<br>0.5~0.8 mg/kg,SC,每周 2~3 次†,累积剂量为 4~6 mg/kg | Bl, H, Cr, Co |
| 两性霉素 B(脂质体) | B | 1~3 mg/kg,IV,每周 3~5 次§,累积剂量为 12~27 mg/kg | Bl, H, Cr, Co |
| | C | 1 mg/kg,IV,每周 3 次,累积剂量为 12 mg/kg(猫) | |
| 氟康唑 | C | 50~100 mg/只,PO,q 24 h | Cr, Bl, H, Co |
| | D | 5~10 mg/kg,PO 或 IV,q 24 h | Bl, H, Cr, Co |
| 氟胞嘧啶¶ | C | 50 mg/kg,PO,q 6~8 h | Cr |
| 酮康唑 | D | 10 mg/kg,PO,q 12~24 h | Bl, H, Cr, Co, Sp |
| | C | 5~10 mg/kg,PO,q 24 h | Bl, H, Cr, Co, Sp |
| 伊曲康唑 | D | 5~10 mg/kg,PO,q 24 h | Bl, Cr, H, Co, Sp |
| | C | 50~100 mg/(只·d),PO | Bl, H, Cr, Sp |
| 特比萘芬 | D | 10~30 mg/kg,PO,q 24 h | Cr |
| 伏立康唑 | D | 4 mg/kg,PO 或 IV,q 12 h | Bl, Cr, H, Co |

\* 肾功能正常的犬,以 60~120 mL 5% 葡萄糖稀释并在 15 min 内静脉输入;肾功能不全但 BUN < 50 mg/dL 的犬,用 500 mL 至 1 L 5% 葡萄糖在 3~6 h 内静脉输入。
† 用 400 mL(猫)或 500 mL(犬)0.45% 盐水和 2.5% 葡萄糖溶液稀释药物,皮下注射。
‡ 肾功能正常的猫,用 50~100 mL 5% 葡萄糖稀释后,在 3~6 h 内静脉输入。
§ 将药加到含 5% 葡萄糖的玻璃瓶中,使药物最终浓度为 1 mg/mL,振荡 30 s 后吸出需要的体积,以 18 号单孔过滤针过滤到 100 mL 5% 葡萄糖溶液中。在 15 min 内静脉输入。
¶ 应该与两性霉素 B 联合应用。
B,犬和猫;Bl,芽生菌;C,猫;Co,球孢子菌;Cr,隐球菌;D,犬;H,组织胞浆菌;IV,静脉注射;PO,口服;Sp,孢子丝菌;SC,皮下注射。

治愈犬中有 20%~25% 复发。一旦复发,应重新制定完善的治疗计划。后段眼病对伊曲康唑治疗敏感,但前葡萄膜炎和眼内炎病例,一般需要将感染的眼球摘除。需要安乐死或摘除眼球的眼部芽生菌感染患犬中,无论治疗与否,患部的微生物没有明显差异(Hendrix 等,2004)。据报道,在一项 23 只芽生菌病患猫的研究中,2 只猫通过两性霉素 B 和酮康唑治愈,1 只猫通过截肢术治愈,1 只猫通过碘化钾治愈。最近

一项研究还显示,8 只患猫中,2 只猫采用伊曲康唑治疗,1 只采用氟康唑治疗,临床症状均得到有效缓解(Gilor 等,2006)。

治疗后,患病动物血清中皮炎芽生菌的抗体下降程度不一。一项研究中,46 只患犬在治疗后尿液中抗原数量下降,这种方法联合临床检查和影像学检查,或许也可以用来监控治疗效果(Spector 等,2008)。

◉人兽共患和预防

因为酵母期病原的感染性不如菌丝体期强,直接从感染动物传播给人或其他动物的可能不大。有一名兽医是经肌肉注射(intramuscular,IM)感染犬的肺脏穿刺物而感染的,另一名是因被感染犬咬伤而感染的。当温度低于体温时才能发育到菌丝体期,阳性培养物和污染绷带均具感染性。有多例报道指出,犬和人在同一环境中因接触而感染芽生菌病。预防本病的唯一途径是避开感染区域的湖泊和河流,以减少可能的接触机会。目前已经有皮炎芽生菌的基因工程疫苗,这种疫苗为减毒活疫苗(Wüthrich 等,2011)。

# 球孢子菌病
## (COCCIDIOIDOMYCOSIS)

◉病原学和流行病学

粗球孢子菌是在低海拔、低降雨量和高温地区的砂质碱性土壤深部中发现的一种双相型真菌,主要分布于美国西南部、加利福尼亚,墨西哥,美洲中部和南部等。在美国,球孢子菌病最常发生在加利福尼亚州、亚利桑那州、新墨西哥州、犹他州、内华达州和得克萨斯州西南部。环境菌丝体能产生分节孢子(宽 2～4 $\mu m$,长 3～10 $\mu m$),分节孢子可通过吸入或污染伤口进入脊椎动物宿主。雨季过后大量的分节孢子落回地面,并随风传播,所以球孢子菌病的流行率在降水量高的年份会增加。大多数(67%)确诊的猫球孢子菌病病例出现在 12 月份和 5 月份之间。在一项亚利桑那州疫区犬的研究中,2 岁的动物累计感染率(通过血清转化确定感染)为 28%;2 岁累计临床感染率为 6%(Shubitz 等,2005)。

吸入的分节孢子能引发嗜中性粒细胞性炎症,随后出现巨噬细胞、淋巴细胞和浆细胞浸润。淋巴细胞浸润性炎症中主要为 T 细胞。如果细胞介导免疫应答正常,感染能被清除。大多数接触病原体的人、犬和猫呈现亚临床感染。病原体会扩散到个别动物的纵隔淋巴结、支气管淋巴结、骨和关节、内脏器官(例如,肝脏、脾脏和肾脏)、心脏和心包膜、睾丸、眼、脑和脊髓中。在感染宿主的组织内形成包含内生孢子的内孢囊(直径 20～200 $\mu m$)(见表 95-1)。内生孢子通过卵裂释放出来,并产生新的内孢囊。接触病原体后的 1～3 周和 4 个月时会分别出现呼吸系统症状和弥散性疾病症状。

◉临床特征

犬的临床疾病最常出现在青年、雄性、大型犬。在疫区荒漠中的流浪犬大多接触过病原。大约 90% 的临床感染犬出现伴有肿胀的跛行、骨疼痛和关节疼痛症状。其他主诉症状包括咳嗽、呼吸困难、虚弱、体重降低、淋巴结病、眼部感染和腹泻等。因胸腔积液引起的常见症状包括湿啰音、喘鸣和肺音模糊。限制性心包炎会出现和右心衰竭有关的临床表现,例如肝肿大、胸腔积液和腹水。最近一项报道显示有两只犬出现了心基部肿物(Ajithdoss 等,2011)。如果发生皮下脓肿、结节、溃疡和窦道,一般与骨骼感染有关。有些犬发生心肌炎、黄疸、肾肿大、脾肿大、肝肿大、睾丸炎、附睾炎、角膜炎、虹膜炎、肉芽肿性葡萄膜炎和青光眼。最常见的中枢神经系统感染症状则包括精神沉郁、抽搐、共济失调、中枢前庭疾病、脑神经缺陷和行为改变等。

球孢子菌病猫的平均年龄为 5 岁,没有明显的性别或品种易感性差异。最常见的临床表现有皮肤病(56%),呼吸系统疾病(25%),肌肉骨骼疾病(19%)和眼或神经系统疾病(19%)(Greene 等,1995)。如果会出现眼部疾病,大多数患猫会出现肉芽肿性脉络膜视网膜炎和前葡萄膜炎。

◉诊断

正细胞正色素性非再生障碍性贫血、白细胞增多症、白细胞减少症和单核细胞增多症是最常见的血液学异常。有些感染动物发生高球蛋白血症(例如,多细胞系多克隆 γ-球蛋白病)、低白蛋白血症、肾性氮质血症和蛋白尿。

呼吸道球孢子菌病犬猫的 X 线检查中,弥散性间质肺纹理影像要比支气管性、粟粒状间质性、结节状间质性或肺泡型肺纹理的影像更常见。胸腔积液可能会继发于胸膜炎、右心衰竭和缩窄性心包炎。犬猫常发生肺门淋巴结病,然而,不会发生胸骨淋巴结病或淋巴结钙化。骨骼病变通常会侵害一块或多块长骨骨干远端、骨骺和干骺端,且它们的增生能力强于骨溶解能力。

血清抗体可用补体结合试验(complement fixation,CF)、琼脂凝胶免疫扩散试验(AGID)、试管沉淀素试验(tube precipitin,TP)检测。TP 用于检测

IgM 抗体；CF 和 AGID 用于检测 IgG 抗体。早期感染（<2 周）、慢性感染、快速进行性急性感染和原发性皮肤球孢子菌病的犬猫可能会出现假阴性结果。若用 CF 方法检测，细菌污染或免疫复合物有可能会诱导产生假阳性结果（抗补体血清）。这种检测方法能与抗荚膜组织胞浆菌和新型隐球菌的抗体发生交叉反应。

无论动物是否有相关临床症状，其血清抗体水平都有可能会升高，抗体滴度和临床疾病可能无明显相关性（Shubitz 等，2005）。所以，仅通过抗体水平检测不能做出诊断。如果无法检测到病原体，可以综合血清检测阳性和疫区内动物的间质性肺病的 X 线征象、皮肤疾病和骨髓炎建立假设诊断。在一项 131 例患犬的研究中，对血清抗体阳性动物进行肺门淋巴结评估，将其淋巴结变化作为预测依据，其敏感性为 28%，特异性为 91.5%；阳性预测值为 43.8%，阴性预测值为 84.4%。作者认为在疫区，若患犬出现肺门淋巴结肿大，可在等待抗体检测结果出来时直接进行相关治疗（Crabtree 等，2008）。临床疾病消退后，抗体滴度可能会持续存在数月甚至数年。

通过细胞学、活组织检查或分离培养等方法检测到病原体即可确诊。病原体通常很难用细胞学方法检测出来；经气管抽吸或支气管肺泡灌洗样品检测通常为阴性。淋巴结抽吸物、肿块引流物和心包液中常见胞外内孢囊（图 95-3）；与干封片相比，未染色的湿涂片检查和过碘酸-希夫氏染色涂片更为适用。

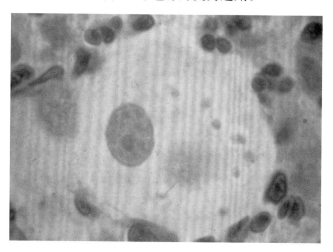

**图 95-3**
肌肉组织中的粗球孢子菌内孢囊（直径 20~200 μm）。

对于皮炎芽生菌和荚膜组织胞浆菌，在患病动物的血清或尿液中发现真菌抗原有一定的临床意义（见本章相关部分）。人在诊断粗球孢子菌病方面将血清

和尿液抗原检测当作一种佐证手段。然而，一项 60 例患犬的研究中，抗体滴度≥1：16 的情况下，血清（19%）和尿液（3.5%）的敏感度均较低，提示这一检测不适用于犬的诊断（Kirsch 等，2012）。

◆治疗

酮康唑可用于犬球孢子菌病的治疗（见表 95-1），但它能引起一些犬猫出现食欲不振、呕吐、腹泻、体重下降和肝脏酶活性升高等现象。犬长期使用酮康唑会抑制睾酮和皮质醇的产生，且与白内障形成有关。当发生危及生命的疾病或用酮康唑治疗效果较差时，应该使用两性霉素 B。伊曲康唑可以用于酮康唑中毒动物。脑膜脑炎动物应该使用氟康唑。

犬猫应持续接受治疗 60~90 d，或在临床疾病消失后再至少坚持治疗 1 个月。骨骼感染通常无法治愈，因此一般需要重复治疗。44 只球孢子菌病猫接受酮康唑、伊曲康唑或氟康唑治疗后，有 32 只猫在治疗期间或治疗后不再表现临床症状，11 只猫在治疗过程中或治疗后复发（Greene 等，1995）。氯芬新（lufenuron）是一种几丁质合成抑制剂，已在一定数量感染球孢子菌的犬中做过评估，但不能替代"唑"类药物。

伏立康唑是一种新型氟康唑衍生物，在 CNS 能达到很高的浓度，CNS 感染患犬可使用这种药物治疗。猫常见神经症状等副作用，犬很少有相关记载（Quimby 等，2010）。

◆人兽共患和预防

接触粗球孢子菌的人会出现无症状感染或轻度的、短暂性呼吸系统症状。病原体不会经感染动物传播给人。然而，菌丝体期在脊椎动物宿主体外形成，因此应谨慎处理绷带材料和培养物等污染物。避开疫区是预防本病的唯一方法。

# 隐球菌病
## (CRYPTOCOCCOSIS)

◆病原学和流行病学

新型隐球菌是一种类似酵母的直径为 3.5~7.0 μm 的世界性分布的微生物。它外包一厚层多糖荚膜，以窄基出芽生殖方式繁殖（见表 95-1）。新型隐球菌格鲁比变种（*Cryptococcus neoformans* var gru-

*bii*)和新型隐球菌格特变种(*Cryptococcus neoformans var gattii*)通常会引发临床疾病。每种病原感染的临床表现都比较相似。加利福尼亚、不列颠哥伦比亚和澳洲的两个海岸地区均有大量病例分布。最近一项报道显示,不列颠哥伦比亚的人、犬、猫、雪貂和鸟类均出现了隐球菌暴发感染的现象(MacDougall 等,2007)。大多数病例位于温哥华岛,多为新型隐球菌格特变种引起,而这些病原微生物源自环境。不列颠哥伦比亚地区动物暴发性感染的风险因素包括居住在土壤干扰地区(例如伐木区)、活动量高于平均水平、狩猎、主人曾远足或造访过植物园等(Duncan 等,2006b)。该病可能有一定的遗传倾向。加利福尼亚州的一项研究显示,美国可卡犬的发病率更高(Trivedi 等,2011a)。该研究还显示,大多数猫被新型隐球菌格特变种感染,而大多数犬被新型隐球菌(*C. neoformans*)感染。动物感染与否取决于宿主和微生物两方面因素(Ma 和 May,2009)。

　　吸入是新型隐球菌的常规传播途径,常见鼻部和肺部疾病症状。然而,根据健康动物的分离培养研究和血清学研究,也会出现隐性携带病原的情况。病原体有可能经血液运输到肺外的其他部位,中枢神经系统(central nervous system,CNS)也能通过鼻腔透过筛板的直接扩散作用被感染。机体对新型隐球菌的免疫方式为细胞介导免疫。免疫应答不完全的个体不能完全清除病原体,因此导致形成肉芽肿病变。病原体的荚膜多糖能抑制浆细胞功能、吞噬作用、白细胞迁移和调理作用,从而加强感染。

　　隐球菌可为原发病原体。然而,大约50%隐球菌病人在免疫抑制状态下发病。血清学检查结果显示,隐球菌病猫能同时感染猫免疫缺陷病毒或猫白血病病毒。少数潜在的免疫抑制患犬(例如给予皮质类固醇药、埃利希体病、犬心丝虫病和肿瘤等)也会出现隐球菌感染。

◆临床特征

　　隐球菌病是猫最常见的多系统真菌感染疾病,应考虑与猫的呼吸道疾病、皮下(subcutaneous,SC)结节、淋巴结病、眼内炎症、发热或中枢神经系统疾病进行鉴别诊断。还有报道显示可能会出现下泌尿道疾病。任何年龄的猫都可能感染,但大多数研究显示青年猫更易感。澳大利亚的一项研究显示,喜马拉雅猫、暹罗猫和布偶猫更易患该病(O'Brien 等,2004)。鼻腔感染最常引起喷嚏和鼻涕症状(图95-4)。鼻涕可呈单侧或双侧性,性状从浆液性到黏脓性不等,常带血。常见从外鼻孔向外突出的肉芽肿病变、越过鼻梁的面畸形和鼻面部溃疡性病变。大多数鼻炎病猫都患有下颌淋巴病。上呼吸道淋巴瘤病例也会出现相似的症状,所以采取治疗措施前一定要充分做好诊断工作。有些感染犬猫的主要病变部位在鼻咽部,此处的病变可引发以打鼾和鼾声为主的临床症状。猫的胸腔积液中也曾检查出过新型隐球菌格特变种(*C. gattii*)(Barrs 等,2005)。

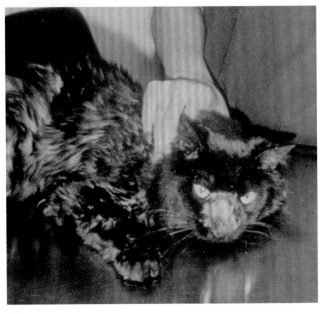

**图 95-4**
猫的严重鼻部隐球菌病。(Courtesy Dr. Faith Flower, Albuquerque, N. M.)

　　据报道,隐球菌感染猫也常见单个或多个、表皮或皮下小肿块(< 1 cm)。肿块可能坚硬或有波动,若溃疡则会排出浆液。与眼部感染有关的病变包括前葡萄膜炎、脉络膜视网膜炎或视神经炎。常见后遗症是晶状体脱位和青光眼。脉络膜视网膜炎可能呈点状或大块状病变。有些感染猫发生化脓性视网膜剥离。

　　中枢神经系统症状源自弥散或局灶性脑膜脑炎,或局灶性肿瘤。根据病变部位,临床表现包括精神沉郁、行为改变、抽搐、失明、转圈、共济失调、嗅觉消失和局部麻痹,有时也发生末梢神经前庭疾病。一篇研究指出,出现明显疼痛的病例多为全身性病变,或者是位于胸腰椎或骨盆的病例(Sykes 等,2010)。有些感染猫出现厌食、体重下降和发热等非特异性症状。

　　隐球菌病犬的临床症状主要取决于受感染的器官系统,并与猫的类似。纯种幼年犬最易感,临床表现包括上、下呼吸道感染,包括腹内团块在内的弥散性疾病,神经系统疾病,眼眶或眼球疾病,皮肤病,鼻腔疾病和淋巴结受侵袭相关疾病。犬最常见的中枢神经系统疾病表现包括抽搐、共济失调、中枢前庭综合征、脑神经缺陷和小脑疾病的临床症状等(Sykes 等,2010)。隐球菌感染犬可能会出现肾盂肾炎(Newman 等,2003)或胃肠道疾病(Graves 等,2005)。

◆诊断

血液学最常出现非再生障碍性贫血和单核细胞增多症;嗜中性粒细胞计数和生化指标一般正常。CNS感染患犬脑脊液蛋白浓度的变动范围是正常值到500 mg/dL,细胞计数变动范围为正常到 4 500 个/μL;嗜中性粒细胞和单核细胞占多数,但有些犬出现嗜酸性粒细胞。隐球菌病的 X 线检查变化包括真菌性肉芽肿导致的鼻腔软组织密度增大、鼻骨变形和骨溶解。最常见的 X 线征象为肺门淋巴结病和弥散性粟粒状肺间质纹理。

因为健康动物和患病动物体内都能检测出新型隐球菌循环抗体,抗体存在并不能证明发生临床疾病。另外,一项研究显示,所有感染猫的血清反应都是阴性(Flatland 等,1996)。用乳胶凝集反应(latex agglutination,LA)能检出血清、房水和脑脊液中的隐球菌抗原;大多数隐球菌病犬猫的血清抗原检测为阳性。加利福尼亚一项回顾性调查显示,53 只患猫中 51 只血清抗原呈阳性,18 只患犬中 15 只呈阳性(Trivedi 等,2011a)。急性疾病,慢性轻度感染,药物作用下症状减轻或局灶性病变的动物可能出现 LA 阴性。几乎所有的中枢神经系统隐球菌病动物的脑脊液 LA 都呈阳性。亚临床携带者也能检测出隐球菌抗原。

确诊隐球菌病需结合细胞学检查、组织病理学检查和菌体培养(图 95-5)检测到抗原,同时还要结合临床表现等,只有综合评估才能做出诊断。大多数感染动物的鼻部病变、皮肤病变、淋巴结穿刺物、脑脊液和支气管肺泡灌洗液的细胞学检查中能发现病原菌,也可培养病原。无症状动物的鼻腔中也能分离培养到病原菌,所以阳性结果并不一定代表患有隐球菌病。一项关于新型隐球菌格特变种(*C. gattii*)亚临床感染评估的研究显示,有些病例能清除病原,有些会持续携带,但有些会逐渐发展成临床感染(Duncan 等,2005a)。

◆治疗

隐球菌病犬猫可以单独或联合使用两性霉素 B、

酮康唑、伊曲康唑、氟康唑、伏立康唑和 5-氟胞嘧啶进行治疗(见表 95-2)。但是一般不建议用两性霉素 B(见芽生菌)治疗,除非病情非常危急,需要迅速改善症状。如果认为有必要使用两性霉素 B,最佳治疗方案是静脉注射脂质体或脂质包被的两性霉素。然而,对那些无法负担这种治疗方案费用的动物主人来说,可采用一种相对经济的常规两性霉素 B 皮下治疗方案,目前该方案已经成功用于犬猫隐球菌病的治疗,且可能对其他系统性真菌疾病也有疗效(Malik 等,1996a;见表 95-2)。

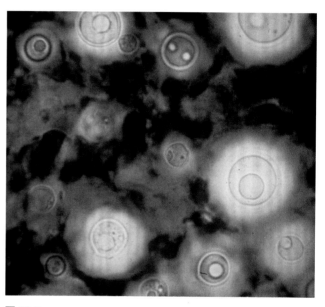

**图 95-5**
**新型隐球菌的细胞学形态。菌体直径 3.5~7.0 μm,外包一厚层多糖荚膜。(Courtesy Dr. Dennis Macy, College of Veterinary Medicine and Biomedical Sciences, Colorado State University.)**

对于无生命危险的犬猫,可单独使用酮康唑、伊曲康唑和氟康唑。酮康唑常导致有些犬猫出现食欲不振、呕吐、腹泻、体重下降和肝脏酶活性增强。犬若长期使用酮康唑,睾酮和皮质醇的分泌将受到抑制,且与白内障形成有关。鉴于这些问题,在临床上酮康唑的应用比伊曲康唑和氟康唑少。出现眼部症状或 CNS症状的犬猫可使用氟康唑治疗。如果发生中毒(食欲不振、药物性皮疹)或丙氨酸氨基转移酶活性升高,应立即停药,在中毒症状减退后,按初始剂量的50%重新建立治疗方案。一项研究显示,伊曲康唑和伏立康唑对新型隐球菌的最小抑菌浓度相似(Okabayashi 等,2009)。伏立康唑对猫可能有 CNS 毒性,猫感染时应优先选择氟康唑或伊曲康唑(Quimby 等,2010)。

氟胞嘧啶穿过血脑屏障的能力比酮康唑和两性

霉素B都强,因此主要用于神经系统隐球菌病的治疗。氟胞嘧啶需与其他抗真菌药物联合应用,而且会引起呕吐、腹泻、肝毒性、皮肤反应和骨髓抑制等许多副作用。一只由肠道隐球菌感染引起蛋白丢失性肠病的犬,使用两性霉素B和氟康唑治疗无效后,改用特比萘芬,最终取得一定疗效(Olsen等,2012)。

鼻部和皮肤隐球菌病的临床症状经治疗后一般能消退。但出现中枢神经系统疾病或眼部疾病的犬猫难以治疗。一项研究中,CNS隐球菌感染的犬猫中,只有32%的病例存活期超过6个月,精神不振是预后不良的指征(Sykes等,2010)。糖皮质激素能增加短期存活率。

临床症状消除后至少还需坚持治疗1~2个月。治疗后,血清和脑脊液的LA抗原滴度下降,可用于监测疗效。有些没有显著临床疾病的动物的抗原滴度不下降,表明组织内持续存在病原菌。

◈人兽共患和预防

人和动物都能接触到环境中的新型隐球菌,但是从接触感染动物这一途径发生感染的可能性不大。减少接触是一种有效的预防措施。

# 组织胞浆菌病
# (HISTOPLASMOSIS)

◈病原学和流行病学

荚膜组织胞浆菌病是从所有热带和亚热带地区的土壤中发现的一种腐生双相性真菌。胞浆菌病出现最频繁的地区是密西西比州、密苏里州、俄亥俄河谷和大西洋中部。在美国的48个州中,31个州都有此微生物流行。其他一些国家也有一些犬感染了组织胞浆菌。环境中存在菌丝体期的小分生孢子(2~4 μm)和大分生孢子(5~18 μm)。在脊椎动物宿主体内,单核吞噬细胞胞浆内存在2~4 μm的酵母期(yeast phase)组织胞浆菌(图95-6;见表95-1)。

荚膜组织胞浆菌分布最集中的地方是被鸟类或蝙蝠粪便污染的土壤。疫区能发现点状感染源。一棵被鸟栖息过的树被砍伐后,有2只犬和20个人出现肺部组织胞浆菌病(Ward等,1979)。犬常发生亚临床感染。疫区内的犬经常接触病原体,但发病率很低。免疫抑制能使犬猫更容易发生临床感染。

吸入或食入环境中的小分生孢子会引发感染。病原体被单核吞噬细胞吞噬,转变为酵母期,通过血液和淋巴传播到全身。肉芽肿性炎症能引发持续性器官感染和临床症状。猫常发生弥散性感染。

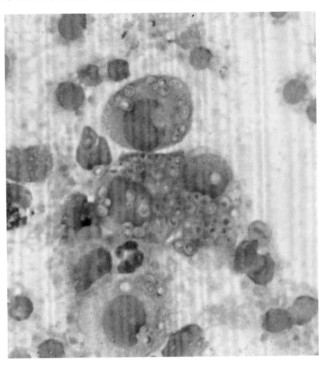

图 95-6
单核细胞中的荚膜组织胞浆菌(直径 2~4 μm)(由 Dr. Dennis Macy 惠赠, College of Veterinary Medicine and Biomedical Sciences, Colorado State University. )。

◈临床特征

大多数组织胞浆菌病患犬都是7岁以下的户外运动犬。最常见的是亚临床感染、肺部感染和弥散性感染。大多数感染犬出现食欲不振、发热、沉郁、体重下降、咳嗽、呼吸困难或腹泻等症状。最常发生大肠腹泻,有时也发生小肠腹泻、混合性腹泻和蛋白丢失性肠病。

体格检查异常通常包括精神沉郁、支气管肺泡音增强、呼吸喘鸣音、发热、腹泻征象、黏膜苍白、肝肿大、脾肿大、黄疸、腹水和腹内淋巴结肿大。有些犬会因大面积肺门淋巴结病而出现气道梗阻。有时发生骨感染或多关节炎引发的跛行、外周淋巴结病、脉络膜视网膜炎、中枢神经系统疾病和皮肤病。皮下结节很少流出液体或形成溃疡,且发生率低于患有隐球菌病或芽生菌病的犬。

感染猫要么表现为正常,要么发生弥散性疾病。

大多数临床感染猫在 4 岁以下，并且有些会同时感染猫白血病病毒。常见的主诉症状包括精神沉郁、体重下降、食欲不振、跛行或腹泻。在短短 2 周内，就会出现严重体重下降。和组织胞浆菌病有关的体格检查异常包括发热，黏膜苍白，肺音异常，口腔糜烂或溃疡，外周或内脏淋巴结病，黄疸，骨病变周围软组织肿胀，肝肿大，皮肤结节，以及罕见的脾肿大。猫的弥散性疾病预后不良。骨组织胞浆菌最常见于四肢骨远端到膝关节或肘关节部分，感染可能会涉及一肢或多肢。猫眼部组织胞浆菌病表现有结膜炎、脉络膜视网膜炎、视网膜剥离或视神经炎，并有可能诱发青光眼和失明。除了精神沉郁，很少出现其他中枢神经系统症状。

### ◈ 诊断

组织胞浆菌病有多种非特异性临床病理学检查和 X 线检查异常。患病犬猫最常见的血液学异常包括正细胞正色素性再生障碍性贫血。嗜中性粒细胞计数有可能为正常、升高或降低。与其他全身真菌感染不同，在循环细胞中有时能发现荚膜组织胞浆菌，尤其在血沉棕黄层涂片检查时；最常见单核细胞感染，其次是嗜酸性粒细胞。大约 50% 的犬和有些猫会出现因微血管损伤或弥散性血管内凝血导致的血小板减少症。有些猫因骨髓感染而出现泛血细胞减少症。有些感染动物出现低蛋白血症及 ALP 和 ALT 活性升高。

骨骼感染动物的主要病变是骨溶解，有些病例发生骨膜增生和骨内新生骨形成。肺部感染犬的 X 线检查异常有弥散性间质性、介于粟粒状和结节状之间的间质性疾病，肺门淋巴结病，胸腔积液，以及由慢性疾病所致的肺实质钙化。在有些患病犬身上，唯一可见的 X 线检查异常是大面积肺门淋巴结病。猫很少发生肺泡性肺炎、支气管淋巴结病和淋巴结钙化。胃肠道感染犬的结肠镜检查异常包括黏膜颗粒性增加、易剥落、溃疡和增厚。

对几种犬猫血清中组织胞浆菌循环抗体水平的检测方法进行了评估，但敏感性和特异性都较差。细胞学检查、组织病理学检查或分离培养没有检测到病原体，而临床症状提示本病时，血清学诊断结果是不可靠的，只能用于建立假设诊断。

细胞学检查、抗原检测、活组织检查或培养检测到病原体即可确诊（图 95-6）。病原体最常出现在大肠腹泻犬的直肠刮取物或活组织中，也常见于患有弥散性疾病的猫的骨髓或淡黄层细胞（buffy coat cells），以及其他部位（如淋巴结、肺脏、脾脏、肝脏和皮肤结节）中。胸积液、腹积液和脑积液中可也检出病原体。

在一项回顾性研究中，18 例临床症状和临床病理学变化都符合组织胞浆菌病的猫，经标准诊断方法诊断后（MVista *Histoplasma* Antigen EIA；www.miravistalabs.com），研究者又分别对其进行尿液抗原检测，结果发现 17 例猫尿液抗原阳性；这一结果提示尿液抗原检测也可用于猫组织胞浆菌病的诊断。

### ◈ 治疗

由于伊曲康唑效果好且毒性低，是犬猫组织胞浆菌病早期治疗的首选药物（见表 95-2）。动物应接受治疗 60～90 d，或疾病临床症状消失后至少再坚持治疗 1 个月。两性霉素 B 可用于有危及生命疾病的动物，或因肠道疾病不能吸收口服药物的动物。酮康唑和氟康唑对有些动物也有一定疗效。但是酮康唑的副作用比伊曲康唑大，一些用氟康唑治疗效果不好的动物对伊曲康唑反应良好。在一项研究中，组织胞浆菌病患猫的总治愈率是 33%（Clinkenbeard 等，1989）。在另一项研究中，接受伊曲康唑（5 mg/kg，口服，q 12 h）治疗的 8 只犬均痊愈（Hodges 等，1994）。犬肺脏疾病的预后在中等到良好之间，而弥散性疾病预后不良。

与单用抗真菌药物相比，联用或不联用抗真菌药的糖皮质激素治疗，可快速减轻慢性淋巴结病临床症状，且不会引发弥散性组织胞浆菌病（Schulman 等，1999）。然而，如果感染正处于活跃期，给予糖皮质激素可能会加重临床疾病。

### ◈ 人兽共患和预防

与芽生菌病一样，由于酵母期感染性不如菌丝体期，组织胞浆菌不大可能直接从感染动物传播给其他动物或人类。进行病原分离培养时要谨慎。预防该病的方法是避免接触可能被污染的土壤。3% 的福尔马林能减少污染地区的病原体数量。

### ◈ 推荐阅读

芽生菌病

Baumgardner DJ et al: Effects of season and weather on blastomycosis in dogs: Northern Wisconsin, USA, *Med Mycol* 49:49, 2011.
Blondin N et al: Blastomycosis in indoor cats: suburban Chicago, Illinois, USA, *Mycopathologia* 163:59, 2007.

Bromel C, Sykes JE: Epidemiology, diagnosis, and treatment of blastomycosis in dogs and cats, *Clin Tech Small Anim Pract* 20:233, 2005.

Centers for Disease Control and Prevention: Blastomycosis acquired occupationally during prairie dog relocation—Colorado, 1998, *Morb Mortal Wkly Rep* 48:98, 1999.

Clemans JM et al: Retroperitoneal pyogranulomatous and fibrosing inflammation secondary to fungal infections in two dogs, *J Am Vet Med Assoc* 238:213, 2011.

Crews LJ et al: Utility of diagnostic tests for and medical treatment of pulmonary blastomycosis in dogs: 125 cases (1989-2006), *J Am Vet Med Assoc* 232:222, 2008.

Ditmyer H, Craig L: Mycotic mastitis in three dogs due to *Blastomyces dermatitidis*, *J Am Anim Hosp Assoc* 47:356, 2011.

Gilor C et al: Clinical aspects of natural infection with *Blastomyces dermatitidis* in cats: 8 cases (1991-2005), *J Am Vet Med Assoc* 229:96, 2006.

Hecht S et al: Clinical and imaging findings in five dogs with intracranial blastomycosis *(Blastomyces dermatidis)*, *J Am Anim Hosp Assoc* 47:241, 2011.

Hendrix DV et al: Comparison of histologic lesions of endophthalmitis induced by *Blastomyces dermatitidis* in untreated and treated dogs: 36 cases (1986-2001), *J Am Vet Med Assoc* 224:1317, 2004.

Herrmann JA et al: Temporal and spatial distribution of blastomycosis cases among humans and dogs in Illinois (2001-2007), *J Am Vet Med Assoc* 239:335, 2011.

Legendre AM et al: Treatment of blastomycosis with itraconazole in 112 dogs, *J Vet Intern Med* 10:365, 1996.

MacDonald PD et al: Human and canine pulmonary blastomycosis, North Carolina, 2001-2002, *Emerg Infect Dis* 12:1242, 2006.

Mazepa AS et al: Retrospective comparison of the efficacy of fluconazole or itraconazole for the treatment of systemic blastomycosis in dogs, *J Vet Intern Med* 25:440, 2011.

McMillan CJ, Taylor SM: Transtracheal aspiration in the diagnosis of pulmonary blastomycosis (17 cases: 2000-2005), *Can Vet J* 49:53, 2008.

Schmiedt C et al: Cardiovascular involvement in 8 dogs with *Blastomyces dermatitidis* infection, *J Vet Intern Med* 20:1351, 2006.

Spector D et al: Antigen and antibody testing for the diagnosis of blastomycosis in dogs, *J Vet Intern Med* 22:839, 2008.

Totten AK et al: *Blastomyces dermatitidis* prostatic and testicular infection in eight dogs (1992-2005), *J Am Anim Hosp Assoc* 47:413, 2011.

Varani N et al: Attempted isolation of *Blastomyces dermatitidis* from the nares of dogs: Northern Wisconsin, USA, *Med Mycol* 47:780, 2009.

Wüthrich M et al: Safety, tolerability, and immunogenicity of a recombinant, genetically engineered, live-attenuated vaccine against canine blastomycosis, *Clin Vaccine Immunol* 18:783, 2011.

### 球孢子菌病

Ajithdoss DK et al: Coccidioidomycosis presenting as a heart base mass in two dogs, *J Comp Pathol* 145:132, 2011.

Butkiewicz CD et al: Risk factors associated with *Coccidioides* infection in dogs, *J Am Vet Med Assoc* 226:1851, 2005.

Crabtree AC et al: Relationship between radiographic hilar lymphadenopathy and serologic titers for *Coccidioides* sp. in dogs in an endemic region, *Vet Radiol Ultrasound* 49:501, 2008.

Graupmann-Kuzma A et al: Coccidioidomycosis in dogs and cats: a review, *J Am Anim Hosp Assoc* 44:226, 2008.

Greene RT et al: Coccidioidomycosis in 48 cats: a retrospective study (1984-1993), *J Vet Intern Med* 9:86, 1995.

Heinritz CK et al: Subtotal pericardectomy and epicardial excision for treatment of coccidioidomycosis-induced effusive-constrictive pericarditis in dogs: 17 cases (1999-2003), *J Am Vet Med Assoc* 227:435, 2005.

Johnson LR et al: Clinical, clinicopathologic, and radiographic findings in dogs with coccidioidomycosis: 24 cases (1995-2000), *J Am Vet Med Assoc* 222:461, 2003.

Kirsch EJ et al: Evaluation of *Coccidioides* antigen detection in dogs with coccidioidomycosis, *Clin Vaccine Immunol* 19:343, 2012.

Shubitz LE et al: Incidence of *Coccidioides* infection among dogs residing in a region in which the organism is endemic, *J Am Vet Med Assoc* 226:1846, 2005.

Shubitz LF: Comparative aspects of coccidioidomycosis in animals and humans, *Ann N Y Acad Sci* 1111:395, 2007.

Tofflemire K, Betbeze C: Three cases of feline ocular coccidioidomycosis: presentation, clinical features, diagnosis, and treatment, *Vet Ophthalmol* 13:166, 2010.

### 隐球菌病

Barrs VR et al: Feline pyothorax: a retrospective study of 27 cases in Australia, *J Fel Med Surg* 7:211, 2005.

Byrnes EJ 3rd et al: *Cryptococcus gattii* with bimorphic colony types in a dog in western Oregon: additional evidence for expansion of the Vancouver Island outbreak, *J Vet Diagn Invest* 21:133, 2009.

Duncan C et al: Follow-up study of dogs and cats with asymptomatic *Cryptococcus gattii* infection or nasal colonization, *Med Mycol* 43:663, 2005a.

Duncan C et al: Sub-clinical infection and asymptomatic carriage of *Cryptococcus gattii* in dogs and cats during an outbreak of cryptococcosis, *Med Mycol* 43:511, 2005b.

Duncan C et al: Clinical characteristics and predictors of mortality for *Cryptococcus gattii* infection in dogs and cats of southwestern British Columbia, *Can Vet J* 47:993, 2006a.

Duncan CG et al: Evaluation of risk factors for *Cryptococcus gattii* infection in dogs and cats, *J Am Vet Med Assoc* 228:377, 2006b.

Flatland B et al: Clinical and serologic evaluation of cats with cryptococcosis, *J Am Vet Med Assoc* 209:1110, 1996.

Graves TK et al: Diagnosis of systemic cryptococcosis by fecal cytology in a dog, *Vet Clin Pathol* 34:409, 2005.

Lester SJ et al: Clinicopathologic features of an unusual outbreak of cryptococcosis in dogs, cats, ferrets, and a bird: 38 cases (January to July 2003), *J Am Vet Med Assoc* 225:1716, 2004.

Lester SJ et al: Cryptococcosis: update and emergence of *Cryptococcus gattii*, *Vet Clin Pathol* 40:4, 2011.

Ma H, May RC: Virulence in *Cryptococcus* species, *Adv Appl Microbiol* 67:131, 2009.

MacDougall L et al: Spread of *Cryptococcus gattii* in British Columbia, Canada, and detection in the Pacific Northwest, USA, *Emerg Infect Dis* 13:42, 2007.

Malik R et al: Combination chemotherapy of canine and feline cryptococcosis using subcutaneously administered amphotericin B, *Aust Vet J* 73:124, 1996.

Malik R et al: Asymptomatic carriage of *Cryptococcus neoformans* in the nasal cavity of dogs and cats, *J Med Vet Mycol* 35:27, 1997.

McGill S et al: Cryptococcosis in domestic animals in Western Australia: a retrospective study from 1995-2006, *Med Mycol* 47:625, 2009.

Newman SJ et al: Cryptococcal pyelonephritis in a dog, *J Am Vet Med Assoc* 222:180, 2003.

O'Brien CR et al: Retrospective study of feline and canine cryptococcosis in Australia from 1981 to 2001: 195 cases, *Med Mycol* 42:449, 2004.

Okabayashi K et al: Antifungal activity of itraconazole and voriconazole against clinical isolates obtained from animals with mycoses, *Nihon Ishinkin Gakkai Zasshi* 50:91, 2009.

Olsen GL et al: Use of terbinafine in the treatment protocol of intestinal *Cryptococcus neoformans* in a dog, *J Am Anim Hosp Assoc* 48:216, 2012.

Quimby JM et al: Adverse neurologic events associated with voriconazole use in three cats, *J Vet Intern Med* 24:647, 2010.

Sykes JE et al: Clinical signs, imaging features, neuropathology, and outcome in cats and dogs with central nervous system cryptococcosis from California, *J Vet Intern Med* 24:1427, 2010.

Trivedi SR et al: Clinical features and epidemiology of cryptococcosis in cats and dogs in California: 93 cases (1988-2010), *J Am Vet Med Assoc* 239:357, 2011a.

Trivedi SR et al: Feline cryptococcosis: impact of current research on clinical management, *J Feline Med Surg* 13:163, 2011b.

组织胞浆菌病

Bromel C, Sykes JE: Histoplasmosis in dogs and cats, *Clin Tech Small Animal Pract* 20:227, 2005.

Clinkenbeard KD et al: Feline disseminated histoplasmosis, *Comp Cont Ed Pract Vet* 11:1223, 1989.

Cook AK et al: Clinical evaluation of urine *Histoplasma capsulatum* antigen measurement in cats with suspected disseminated histoplasmosis, *J Feline Med Surg*, May 24, 2012. [Epub ahead of print]

Hodges RD et al: Itraconazole for the treatment of histoplasmosis in cats, *J Vet Intern Med* 8:409, 1994.

Johnson LR et al: Histoplasmosis infection in two cats from California, *J Am Anim Hosp Assoc* 40:165, 2004.

Kirsch EJ et al: Evaluation of *Coccidioides* antigen detection in dogs with coccidioidomycosis, *Clin Vaccine Immunol* 19:343, 2012.

Lin Blache J et al: Histoplasmosis, *Compend Contin Educ Vet* 33:E1, 2011.

Pearce J et al: Management of bilateral uveitis in a *Toxoplasma gondii*-seropositive cat with histopathologic evidence of fungal panuveitis, *Vet Ophthalmol* 10:216, 2007.

Schulman RL et al: Use of corticosteroids for treating dogs with airway obstruction secondary to hilar lymphadenopathy caused by chronic histoplasmosis: 16 cases (1979-1997), *J Am Vet Med Assoc* 214:1345, 1999.

Ward JI et al: Acute histoplasmosis: clinical, epidemiologic and serologic finding of an outbreak associated with exposure to a fallen tree, *Am J Med* 66:587, 1979.

# 第 96 章
## CHAPTER 96

# 多系统原虫感染
## Polysystemic Protozoal Infections

## 巴贝斯虫病
### (BABESIOSIS)

◉ *病原学和流行病学*

犬的巴贝斯虫病很可能与犬巴贝斯虫（*Babesia canis*）、罗氏巴贝斯虫（*Babesia rossi*）、伏氏巴贝斯虫（*Babesia vogeli*）、吉氏巴贝斯虫（*Babesia gibsoni*）和康氏巴贝斯虫（*Babesia conradae*）有关。巴贝斯虫寄生在红细胞中能导致贫血及相关症状。犬巴贝斯虫呈世界性广泛分布，种类、传播媒介和致病性因地而异。罗氏巴贝斯虫（*Babesia rossi*）通过血蜱［*Haemaphys-alis elliptica*，曾被称为里氏血蜱（*Haemaphysalis leachi*）］传播，致病性最强；犬巴贝斯虫（*Babesia canis*）通过矩头蜱属（*Dermacentor* spp.）和血红扇头蜱（*Rhipicephalus sanguineus*）进行传播，致病性中等；伏氏巴贝斯虫（*Babesia vogeli*）通过血红扇头蜱传播，致病性最弱。伏氏巴贝斯虫是美国感染犬最常见的巴贝斯虫亚种。在有些国家吉氏巴贝斯虫通过长角血蜱（*Haemaphysalis longicornis*）和二棘血蜱（*Haemaphysalis bispinosa*）传播；在美国，血红扇头蜱被认为是吉氏巴贝斯虫的一种传播媒介。在美国，血液中有吉氏巴贝斯虫的犬曾有打斗史，尤其是美国比特犬，这一现象提示打斗也是一种传播途径。在加利福尼亚州南部，康氏巴贝斯虫能引发犬的溶血性贫血，传播媒介尚未确定，但有可能是血红扇头蜱（Kjemtrup 等，2006）。泰勒虫（*Theileria annae*）是一种和巴贝斯虫相似的微生物，在西班牙、克罗地亚和北美均有相关报道，传播媒介可能是硬蜱（Solano-Gallego 和 Baneth，2011）。北美的一项调查显示，29 个州和安大略省均有巴贝斯虫分布（Birkenheuer 等，2005）。其他不同于犬巴贝斯虫和吉氏巴贝斯虫的新型巴贝斯虫在美国不同地区的分布也不尽相同，流行率尚不清楚（Meinkoth 等，2002；Birkenheuer 等，2004a）。输血也会传播巴贝斯虫。

猫巴贝斯虫感染没有犬那么常见。美国尚未发现以下任何一种巴贝斯虫感染猫的现象，包括 *Babesia cati*（印度）、猫巴贝斯虫（*Babesia felis*，非洲、南亚和欧洲）、獭猫巴贝斯虫［*Babesia herpailuri*（南美、非洲）］、*B. canis presentii*（以色列）、犬巴贝斯虫（*B. canis*，欧洲）、伏氏巴贝斯虫（*Babesia vogeli*，泰国）。

犬巴贝斯虫和吉氏巴贝斯虫感染后，潜伏期从数天到数周不等。寄生虫血症的程度因研究的虫种而异，但一些犬在感染的第 1 天就能一过性检查出寄生虫血症。病原体在红细胞内进行胞内复制，引发血管内和血管外溶血性贫血。机体对抗虫体的免疫介导反应和自身抗原的改变能加重溶血性贫血，常导致直接库姆斯试验阳性结果。巨噬细胞受刺激后能引起发热和肝脾肿大。红细胞迅速破坏可引发严重缺氧。有些急性期感染犬出现弥散性血管内凝血。疾病的严重程度取决于巴贝斯虫的种类和虫株，以及宿主的免疫情况。有些犬常见慢性亚临床感染。糖皮质激素或脾摘除可能会激活慢性感染疾病。并发巴尔通体感染能增加致病风险。

◉ *临床特征*

目前研究者已经对全世界犬巴贝斯虫感染的临床症状进行了综述性总结（Solano-Gallego 和 Baneth，2011）。在美国最常见亚临床感染。过急性或急性巴贝斯虫感染能导致贫血和发热，引发黏膜苍白、心动过速、呼吸急促、精神沉郁、食欲不振和虚弱症状。有些动物是否出现黄疸、瘀血点和淋巴结病，取决于感染期和是否存在弥散性血管内凝血。南非罗氏巴贝斯虫感染患犬在急性感染期最常见的变化包括严重贫血、弥散性血管内凝血、代谢性酸中毒和肾脏疾病。一些严重感染患犬的低氧血症对致病机理有着重要作用。急性巴贝斯虫病的主要鉴别诊断为原发性免疫介导性溶血性贫血和免疫介导性血小板减少症。慢性感染犬一般都有体重下降和厌食症状。有些非典型感染犬出现腹水、胃肠道症状、中枢神经系统疾病、水肿和心肺疾病的临床病征。

◆ 诊断

巴贝斯虫病犬常见的症状包括含球形红细胞的再生性贫血、高胆红素血症、胆红素尿、血红蛋白尿、血小板减少症、代谢性酸中毒、氮质血症、多克隆 γ-球蛋白症、蛋白尿和管型尿。瑞氏或吉姆萨染色的薄层血涂片中可见到红细胞上的巴贝斯虫(见第 89 章),有助于疾病的诊断,但寄生虫血症是间歇性的,仅靠形态学检查可能会出现假阴性结果。毛细血管血是血涂片检查的首选样品。在美国,伏氏巴贝斯虫是单个或成对的梨形体,大小 2.5 $\mu$m× 4.5 $\mu$m;吉氏巴贝斯虫常表现为单个环形小体(一个红细胞上常不止一个虫体),大小 1.0 $\mu$m× 3.0 $\mu$m;康氏巴贝斯虫通常为指环状或变形体,大小为 0.3 $\mu$m×3 $\mu$m。

血清学和 PCR 检查可用于巴贝斯虫病的诊断。对于伏氏巴贝斯虫和吉氏巴贝斯虫,目前美国已出现商品化间接荧光抗体检测方法。然而,不同巴贝斯虫之间存在血清交叉反应,抗体检测结果不能用于确定感染原的种类。抗体滴度在 2～3 周内增加提示为新近感染或急性全身性感染。当前各实验室之间的临界抗体滴度尚未标准化,因此各自推荐的临界抗体滴度不同。过急性病例或并发免疫抑制的犬会出现血清检测假阴性结果。抗体滴度大于 1∶320 可用于吉氏巴贝斯虫的确诊,但并非所有感染犬的抗体滴度都会升这么高(Birkenheuer 等,1999)。许多犬血清检测阳性,但临床表现正常,因此不能单独根据血清学检查结果确诊疾病。

PCR 检查阳性能确认目前发生的感染,也有助于区分巴贝斯虫的种类。不过,亚临床携带者也会呈阳性结果,但和临床疾病无关。而且,并非所有的商业诊断实验室的 PCR 检查结果都相同。

◆ 治疗

根据临床症状,采用输血、碳酸氢钠纠正酸中毒治疗,以及输液等支持疗法进行治疗。很多药物都被用于巴贝斯虫感染的治疗,包括三氮脒、氧二苯醚(phenamidine)、羟乙基磺酸戊双脒(pentamidine isethionate)、帕伐醌(parvaquone)、阿托伐醌(atovaquone)、尼立达唑(niridazole)等。在美国,如果怀疑疾病是由伏氏巴贝斯虫引起的,可以尝试使用咪多卡二丙酸盐(imidocarb diproprionate)治疗,皮下或肌肉注射,剂量为 5～6.6 mg/kg,用药两次,每次间隔 14 d;也可只用一次,剂量则为 7.5 mg/kg。副作用有暂时性唾液分泌过多、腹泻、呼吸困难、流泪、注射部位坏死和精神沉郁等。

单用咪多卡(imidocarb)对吉氏巴贝斯虫的治疗效果并不显著。在美国,如果怀疑是吉氏巴贝斯虫或康氏巴贝斯虫感染,推荐联合使用阿奇霉素(10 mg/kg,PO,q 24 h)和阿托伐醌(13.3 mg/kg,PO, q 8 h),至少连用 10 d。不过即使是药物联用,也不能完全消除感染,而且现在已经出现了吉氏巴贝斯虫耐药性的报道(Birkenheuer 等,2004b;Jefferies 等,2007;Di Cicco 等,2012)。在亚洲,13 只犬吉氏巴贝斯虫病例均采用克林霉素、二脒那秦(diminazene)和咪多卡(imidocarb)进行治疗,其中 11 只被成功治愈(Lin 等,2012)。亚洲另一篇报道显示,通过联合口服多西环素、恩诺沙星和甲硝唑,85.7% 的犬的临床症状得到明显改善(Lin 和 Huang,2012)。虽然北美还没有治疗成功率的相关报道,但在没有阿托伐醌或之前治疗无效的情况下,可尝试使用这些治疗方案。由于目前并没有什么治疗方案能消除持续感染,所以没必要对血清学阳性的健康犬进行治疗。

◆ 人兽共患和预防

当前没有证据证明感染犬猫的巴贝斯虫能感染人,但一些感染人的巴贝斯虫(B. microti)和感染犬的巴贝斯虫在遗传学上有一定相似之处,应尽可能控制蜱虫。不同种的巴贝斯虫之间没有交叉保护作用。已病愈的巴贝斯虫感染患犬,如果被其他种巴贝斯虫感染,仍然有可能发病。以前感染过巴贝斯虫病的犬禁止使用免疫抑制性药物,或者实行脾摘除,也应避免犬咬伤。有些国家已经有巴贝斯虫的疫苗,但美国没有。供血时,高风险品种(美国比特犬)或疫区内的犬均应接受巴贝斯虫的检测(血清学或 PCR),阳性犬不可作为供血犬(Wardrop 等,2005)。

# 猫胞簇虫病
## (CYTAUXZOONOSIS)

### ◆病原学和流行病学

　　猫胞簇虫病是发生在大西洋东南部和中部、美国中南部地区的一种猫原虫病,一旦发病,若没有合适的治疗药物,常导致死亡。意大利也有猫胞簇虫感染的报道(Carli 等,2012)。目前尚无大样本量的流行病学调查数据,但是一项跨越佛罗里达州、北卡罗来纳州、田纳西州的调查显示,961 只猫中,阳性率为 0.3%(Haber 等,2007)。不同家猫中分离出来的虫株在遗传学上有一定相似之处(Birkenheuer 等,2006b)。美洲野猫一般呈亚临床感染,因此可能是猫胞簇虫的自然宿主。从美洲野猫和美洲狮中分离到的猫胞簇虫的遗传学分析结果显示,野外有多种毒株(Shock 等,2012)。家猫可被一种或多种不同基因型同时感染(Cohn 等,2011)。病原体可通过变异革蜱(美洲犬蜱)和美洲钝眼蜱(孤星蜱)实验性地从美洲野猫传到家猫,经 5~20 d 的潜伏期后发生临床疾病。大多数病例是 4~6 月诊断出来的(Reichard 等,2008)。感染后,在单核吞噬细胞内形成裂殖体和大裂殖体。感染的巨噬细胞沿静脉管道散布全身。感染的巨噬细胞中释放的裂殖子会感染红细胞。临床疾病起因于单核细胞浸润引起的组织内血流阻塞和溶血性贫血。也有一些家猫能够幸存,说明有些变异株的致病性可能较弱。2 只母猫并未将猫胞簇虫传播给其产下的 14 只幼猫,说明该病可能不发生围产期感染(Lewis 等,2012)。

### ◆临床特征

　　大多数急性致死性猫胞簇虫病病例都是允许外出的猫。最常见的临床症状有发热、食欲缺乏、呼吸困难、精神沉郁、黄疸、黏膜苍白和死亡。本病要与支原体感染进行鉴别诊断。感染猫一般没有蜱寄生。

### ◆诊断

　　最常见的血液学异常包括再生性贫血、全血细胞减少症、嗜中性粒细胞增多症等,有些猫还会出现血小板减少症。很少发生血红蛋白血症、血红蛋白尿、高胆红素血症和胆红素尿。生前诊断的依据是瑞氏或吉姆萨染色的薄层血涂片(图 96-1)中的红细胞内有虫体

　　(见第 89 章)。骨髓、脾脏、肝脏和淋巴结穿刺物的细胞学检查中可能会发现受感染的巨噬细胞。大多数器官的组织病理学检查中很容易发现虫体。目前没有商品化的血清学检查方法。PCR 可以用于扩增血液中的虫体 DNA,阳性结果能够确诊目前发生的感染。

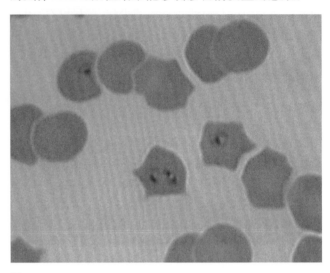

**图 96-1**
猫红细胞内的猫胞簇虫。(Courtesy Dr. Terry M. Curtis, Gaineville, Fla.)

### ◆治疗

　　根据临床症状,采用液体疗法和输血疗法等支持疗法进行治疗。最近一项回顾性研究比较了两种治疗方案的疗效,一种为阿托伐醌(15 mg/kg,PO,q 8 h)和阿奇霉素(10 mg/kg,PO,q 24 h)联合用药,一种为单用咪多卡(3.5 mg/kg,IM)(Cohn 等,2011)。前者的存活率为 60%,后者的存活率为 26%。有 5 只猫使用二脒那秦治疗,剂量为 2 mg/kg,肌肉注射,用药 2 次,7 d 一次,所有猫都存活下来(Greene 等,1999)。

### ◆人兽共患和预防

　　尚不清楚猫胞簇虫病是否为人兽共患病。这种疾病只能通过避免接触来预防。应控制蜱,疫区内的猫在蜱活动高峰期应饲养在家中,严禁外出。

# 肝簇虫病
## (HEPATOZOONOSIS)

### ◆病原学和流行病学

　　犬肝簇虫病是由原生动物犬肝簇虫和美洲肝簇虫

引起的原虫病。北美以美洲肝簇虫为主,由斑点钝眼蜱(海湾蜱)传播,最常见于得克萨斯州海湾沿岸、密西西比、亚拉巴马州、佐治亚州、佛罗里达州、路易斯安那州和俄克拉荷马州。非洲、欧洲南部和亚洲以犬肝簇虫为主,该原虫由血红扇头蜱(褐色犬蜱)传播。在南美洲,犬肝簇虫经血红扇头蜱和 *A. ovale* 传播。犬肝簇虫可经胎盘传播。转续宿主(例如兔子、老鼠和一些大鼠)组织中的犬肝簇虫孢囊子(cystozoite)处于感染期,犬在捕食转续宿主后可被感染(Johnson 等,2009ab)。美国一项研究显示,美洲肝簇虫、犬肝簇虫的流行率分别为 27.2％和 2.3％,两者均感染的流行率也为 2.3％(Li 等,2008)。欧洲有时在猫血中检测到一种肝簇虫。尚不清楚传播途径和临床疾病之间的关系,但猫常同时感染猫白血病病毒和猫免疫缺陷病毒。

　　肝簇虫在脊椎动物宿主的嗜中性粒细胞和单核细胞内形成大配子和小配子。蜱在吸血时食入虫体,然后形成卵囊。犬摄入被感染的蜱后,子孢子被释放出来,感染脾、肝、肌肉、肺和骨髓的单核吞噬细胞和上皮细胞,最终形成内含大配子和小配子的包囊。小配子形成小裂殖子,感染白细胞,并形成配子体(gamont)。组织期能诱发化脓性肉芽肿性炎症,从而引发临床疾病。肾小球性肾病或淀粉样变可能继发于慢性炎症和免疫复合物病。感染犬可作为蜱虫的传染源,维持数月至数年的感染(Ewing 等,2003)。

◆ 临床特征

　　虽然亚临床感染很常见,美洲肝簇虫和犬肝簇虫可以是原发性病原,引起临床疾病,但不并发免疫缺陷。临床感染可以发生于所有年龄的犬,但以幼犬最常发。常见的临床症状有发热、体重下降和脊椎两旁严重感觉过敏。有些犬出现食欲不振、贫血引发的黏膜苍白、精神沉郁、眼鼻分泌物增多、脑膜脑脊髓炎和血便。据报道,一只犬的皮肤病变还出现了瘙痒性肿胀的症状(Little 和 Baneth,2011)。这些临床症状可能是间歇性的,也可能是重复性的。

◆ 诊断

　　最常见的血液学异常包括伴有核左移的嗜中性粒细胞增多症(20 000～200 000 个/μL)。除非同时感染犬埃利希体、无形体和利什曼原虫,罕见血小板减少症。常见正细胞正色素性非再生性贫血,很可能是由慢性炎症造成的。美洲肝簇虫感染犬的 ALP 活性升高,但 CK 活性并不升高。有些犬发生低白蛋白血症、低血糖,罕见多克隆 γ-球蛋白病。肌肉组织炎症引起除头盖骨以外的其他所有骨出现骨膜反应,最常见于青年犬,但不是所有病例都出现,也并非肝簇虫病的特异性病变。确诊犬肝簇虫病需观察吉姆萨染色或利什曼氏染色的血液薄层涂片,在其中找到嗜中性粒细胞或单核细胞中的配子体,或在肌肉活组织中检查到虫体。不过,健康犬猫的血液中也能见到虫体。有些国家有商品化血清学检查试剂,但不能确定肝簇虫在组织中的发育阶段,阳性结果只能提示感染过病原。由于会发生亚临床感染,血清抗体阳性不能证明机体正在感染肝簇虫。一些商业实验室可以提供 PCR 检查服务,可以用来证实感染(Li 等,2008)。定量 PCR 结果可用来跟踪治疗效果。

◆ 治疗

　　没有一种治疗方法能将组织中的犬肝簇虫和美洲肝簇虫清除。然而,集中用药方案能迅速消除临床症状。对美洲肝簇虫病的治疗来说,急性感染可联合运用磺胺甲氧苄啶(trimethoprim-sulfadiazine,15 mg/kg,PO,q 12 h)、乙胺嘧啶(pyrimethamine,0.25 mg/kg,PO,q 24 h)和克林霉素(10 mg/kg,PO,q 8 h)进行治疗,连用 14 d,疗效明显(Macintire 等,2001)。随食物口服地考喹酯(decoquinate,10～20 mg/kg,q 12 h)能降低临床疾病复发的可能性,延长存活时间。犬肝簇虫病可采用咪多卡(5～6 mg/kg,IM 或 SC)治疗一次,或间隔 14 d 治疗两次,该药对美洲肝簇虫也可能有效。最近一项研究显示,帕托珠利(ponazuril)单用并不能清除感染(Allen 等,2010)。非甾体类抗炎药可能会缓解某些犬的不适症状。

◆ 人兽共患和预防

　　没有证据证明犬肝簇虫或美洲肝簇虫能从感染犬传染给人。最好的预防方式是控制蜱虫。禁止用糖皮质激素治疗,因为可能会加重临床疾病,但一只患有脑膜脑脊髓炎的患犬使用泼尼松龙治疗后,病情并没有加重(Marchetti 等,2009)。

# 利什曼原虫病
## (LEISHMANIASIS)

◆ 病原学和流行病学

　　利什曼原虫是一种能引起犬、人和其他哺乳动物的表皮、黏膜和内脏出现疾病的鞭毛虫。啮齿类动物和犬是利什曼原虫的主要贮存宿主,人和猫可能是偶见宿主,除了美国,在大部分疫区中白蛉是传播媒介。犬疫区内也常见猫感染。一项研究显示,白蛉在吸食了自然感染猫的血液之后,也会感染上利什曼原虫,因此,白蛉也可能是一种贮存宿主,有待进一步评估(Maroli 等,2007)。

　　美国利什曼原虫病的流行率很低,直到最近仍只是偶然有病例报道,因此并未受到重视。在 1999 年,纽约州的一个英国猎狐狸犬舍中,多只犬被确诊感染了婴儿利什曼原虫(*Leishmania infantum*)(Gaskin 等,2002)。进一步调查发现,美国 18 个州和加拿大的 2 个省内,一共有 12 000 只英国猎狐狸和犬科动物出现了婴儿利什曼原虫感染(Duprey 等,2006)(图 96-2)。北美其他犬科动物的感染相对较少。其他国家内,在白蛉吸血时,白蛉体内有鞭毛的前鞭毛体就进入脊椎动物宿主体内。前鞭毛体被巨嗜细胞吞噬,散布到全身,经过 1 个月至 7 年的潜伏期后形成无鞭毛体(无鞭毛的),并引发皮肤病,白蛉在吸血时被感染。美国猎狐狸主要是犬和犬之间的传播(Duprey 等,2006),还会发生打斗、共用针头、输血、哺乳引发的传播及垂直传播(Duprey 等,2006;de Freitas 等,2006;Boggiatto 等,2011)。在利什曼原虫感染犬身上的血红扇头蜱中,也能扩增出婴儿利什曼原虫的 DNA,也需要进一步研究这一潜在传播途径(Solano-Gallego 等,2012)。细胞内虫体能引起剧烈的免疫反应。常见的免疫反应有多克隆 γ-球蛋白症(有时是单克隆的),淋巴网状内皮细胞器官内的巨噬细胞、组织细胞、浆细胞及淋巴细胞增殖,免疫复合物形成导致的肾小球肾炎和多关节炎也非常常见。

◈临床特征

　　犬一般发生内脏型利什曼原虫病。亚临床感染期可能会持续数月或数年。就诊时的主要症状包括体重下降(介于食欲正常到食欲增强之间)、多尿、多饮、肌肉萎缩、沉郁、呕吐、腹泻、咳嗽、瘀斑、瘀点、鼻衄、打喷嚏和黑粪症。体格检查时常见脾肿大、淋巴结病、面部脱毛、发热、鼻炎、皮炎、肺音增强、黄疸、关节肿胀疼痛、眼葡萄膜炎和结膜炎。皮肤病特征有过度角化、鳞屑、增厚、皮肤黏膜溃疡以及口鼻部、耳廓、耳和足垫的皮内结节(图 96-3)。有些犬有骨骼病变。一只慢性感染犬出现了前列腺炎和不育(Mir 等,2012)。多数犬死于慢性肾病(有些被安乐死)。猫一般为亚临床感

染,临床感染病例也多表现为皮肤病变。皮肤病变多为耳廓部出现结节或溃疡,鼻部和眼眶周围皮肤很少出现病变(Trainor 等,2010;Navarro 等,2010)。组织病理学检查常见炎性肉芽肿,巨噬细胞内有大量无鞭毛体。

图 96-2

美国和加拿大有内脏型利什曼原虫感染猎犬的狩猎俱乐部分布情况。婴儿利什曼原虫感染犬≥1 的狩猎俱乐部和犬舍所在的州均被标红。新斯科舍和安大略也有猎狐狸被感染。(Reprinted from Duprey ZH et al: Canine visceral leishmaniasis, United States and Canada, 2000－2003, *Emerg Infect Dis* 12:440, 2006. )

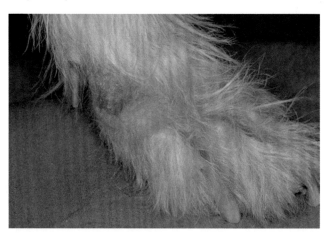

图 96-3

西班牙一只利什曼原虫感染犬足垫上的皮肤病变。(Courtesy Dr. Arturo Font, Barcelona, Spain. )

◈诊断

　　主要的临床病理学异常包括高球蛋白血症、低白蛋白血症、蛋白尿、肝脏酶活性增强、贫血、血小板减少症、氮质血症、淋巴细胞减少和伴有核左移的白细胞增多症。高球蛋白血症一般是多克隆的,但是也有关于 IgG 单克隆 γ-球蛋白病的报道。嗜中性粒细胞性多关节炎是一种Ⅲ型超敏反应,能发生在某些犬身上。

确诊的依据是在淋巴结穿刺物、骨髓穿刺物和瑞氏或吉姆萨染色的皮肤抹片中找到无鞭毛体［图 96-4，(2.5～5.0) μm × (1.5～2.0) μm］。病原体也可用皮肤组织病理学或免疫过氧化物酶方法检查，或通过器官活组织检查、分离培养、地鼠接种或 PCR 方法来检查。血清中能检测到利什曼原虫抗体；有些国家还有即时免疫分析（SNAP Leishmania，IDEXX Laboratories，Westbrook，Maine）。IgG 滴度在感染后的 14～28 d 出现，治疗后 45～80 d 下降。克氏锥虫和利什曼原虫之间存在血清交叉反应，所以抗体检测阳性结果不一定证明存在感染。由于犬不大可能自发地消除感染，真阳性结果能提示目前发生的感染。EDTA 抗凝血、骨髓、脾脏和淋巴结穿刺物均可进行 PCR 检测。实时定量 PCR 可用于治疗监控（Francino 等，2006）。

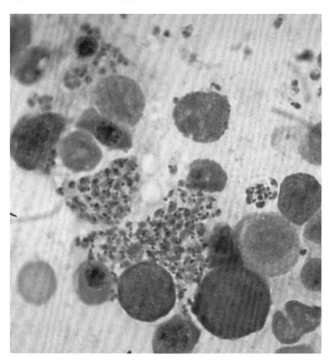

**图 96-4**
利什曼原虫感染犬的淋巴结压片中可见细胞内无鞭毛体。
(Courtesy Dr. Arturo Font, Barcelona, Spain. )

◈治疗

血清学检查阳性、细胞学检查阳性或 PCR 阳性，且有相关临床症状的犬均需接受治疗。虽然给药后患病动物的临床症状会有一定好转，但内脏型感染患犬预后不一，大多数病例会复发。单独用药或联合用药都无法成功清除体内的利什曼原虫。一项研究显示，联合应用二巯基丁二酸锑钾和别嘌呤醇（allopurinol，15 mg/kg，PO，q 12 h）的效果比单用两种药物（Den-

erolle 等，1999）中的任何一种的效果都要好，但即便是长期治疗，仍然不能消除感染（Manna 等，2008）。一项研究中，患犬使用葡甲胺地（meglumine antimoniate，50 mg/kg，SC，q 12 h）治疗，直至症状缓解、临床病理学指标恢复正常，然后更换为别嘌呤醇（15 mg/kg，PO，q 12 h）治疗，连续给药半年，一年内未复发，有些犬的无症状期长达 65 个月（Paradies 等，2012）。有些国家还应用米替福新（miltefosine）和多潘立酮（domperidone）。米替福新和别嘌呤醇联用、多潘立酮单独用药均对犬利什曼原虫有一定效果（Gómez-Ochoa 等，2009）。美国没有锑类药物，患犬需要使用别嘌呤醇治疗。一项研究显示，马波沙星（marbofloxacin）在体外有一定疗效，若没有其他药物，可考虑尝试该药（Vouldoukis 等，2006）。有人采用脂质体或脂质包被的两性霉素 B（0.8～3.3 mg/kg，IV）治疗了很多病例，临床疗效不错，但仍有复发病例（Cortadellas，2003）。慢性肾病患犬预后不良，但一项研究显示别嘌呤醇有一定效果（Plevraki 等，2006）。

◈人兽共患和预防

犬利什曼原虫病的主要感染危险来自作为病原体贮存宿主的犬。直接接触病变流出物内的无鞭毛体一般不会引发人类感染。一项研究中，与感染了利什曼原虫的猎狐㹴接触的 185 人均未发生感染（Duprey 等，2006）。避开感染的白蛉是疫区的主要预防措施。如果在疫区，夜间应将动物养在室内，并严格控制繁殖区的白蛉。10% 的吡虫啉或 50% 的苄氯菊酯能减少疫区白蛉的传播（Otranto 等，2007）。一项研究中，作者推荐使用 65% 的苄氯菊酯消毒，每 2～3 周一次，这样可以有效预防疾病传播（Molina 等，2012）。一些国家进行过很多疫苗的研究，有些疫苗已经投入使用（Dantas-Torres，2006；Palatnikde-Sousa，2012）。供血项目中，高风险品种（例如猎狐㹴）或疫区内的犬均应接受利什曼原虫的检测（血清学或 PCR），避免将阳性犬作为供血犬（Wardrop 等，2005）。

# 新孢子虫病
## (NEOSPOROSIS)

◈病原学和流行病学

由于形态相似，犬新孢子虫是一种容易与刚地弓形虫相混淆的球虫。犬新孢子虫在犬的肠道内完成生殖周期,所以通过感染犬的粪便排出卵囊。有些犬可连续数月排出卵囊(McGarry 等,2003)。卵囊排出 24 h 内即形成孢子。速殖子(快速分裂期)和包含数百个慢殖子(慢速分裂期)的组织胞囊是其他两个生命形式。一项研究显示,犬摄入孢子化的卵囊后发生感染,并出现血清转化,但是并未排出卵囊(Bandini 等,2011)。犬是通过食入慢殖子而不是速殖子发生感染。有资料证明,犬摄入不同的被感染牛组织后均能发生感染。犬也可以通过摄入中间宿主(例如白尾鹿)而发生感染,散养鸡中也发现过这种微生物(Gondim 等,2004;Goncalves 等,2012)。流浪犬的感染风险也会升高。经胎盘感染已经被完全证实;产下感染幼仔的动物会在下一次妊娠期间重复出现胎盘感染。由于怀孕期间可能会再次发生胎盘感染,之前生过感染幼犬的母犬,再次生产的幼犬发病风险增加。犬新孢子虫病在世界上的许多国家都有报道。不同国家的犬生活方式不同,血清阳性率也不同,从 0 到 100% 不等(Dubey 等,2007a)。粪便检查中很少发现卵囊。一项关于粪便调查的研究显示,24 677 只犬的粪便中,新孢子虫卵囊阳性率为 0.3%(Barutzki 和 Schaper,2011)。发病机理主要与速殖子的细胞内复制有关。虽然新孢子虫能在肺脏等许多组织内复制,但犬的新孢子虫病临床疾病主要表现在神经肌肉上。糖皮质激素可能会激活组织包囊内的慢殖子,从而引发临床疾病。

试验性感染小猫能发生脑脊髓炎和肌炎,已有自然感染猫出现血清阳性的报道(Bresciani 等,2007),但没有自然感染猫的临床疾病相关报道。也有非家养猫科动物中犬新孢子虫血清学阳性的报道(Spencer 等,2003)。

犬新孢子虫感染会导致母牛流产,从而引发巨大的经济损失。已有养牛业中需要控制感染的战略措施的综述(Dubey 等,2007a)。

◆临床特征

伴有后肢伸展过度的上行性麻痹是先天性感染幼犬的最常见临床表现。许多病例会出现肌肉萎缩的现象。多发性肌炎和多病灶性中枢神经系统疾病可能单发或并发。脑性共济失调和萎缩是新孢子虫感染的一种临床综合征(Garosi 等,2010)。临床症状会在刚出生或出生几周后出现。常见新生小犬死亡现象。虽然先天性感染小犬容易发生最严重的疾病,但 15 岁的犬

也出现临床感染。在一只主要表现为呼吸系统疾病的犬中,咳嗽是主要症状。有些感染犬发生心肌炎、吞咽困难、溃疡性皮炎、肺炎和肝炎。尚不清楚老年犬的临床疾病归咎于急性原发感染,还是慢性感染恶化。糖皮质激素和环孢霉素能激活组织包囊内的慢殖子而导致临床疾病。犬新孢子虫速殖子在细胞内复制而引发临床疾病。中枢神经系统感染能引发单核细胞浸润,表明细胞免疫介导的病变也是发病机理的一部分。神经组织内完整的组织包囊体一般与炎症无关,但是破裂的组织包囊能诱发炎症。未接受治疗的动物一般会死亡。

◆诊断

血液学和生化检查结果是非特异性的。肌炎一般会导致 CK 和 AST 活性升高。脑脊液异常包括蛋白浓度升高(20~50 mg/dL)及轻度混合性炎性细胞增多(10~50 个/μL),炎性细胞包括单核细胞、淋巴细胞、嗜中性粒细胞和罕见的酸性粒细胞等。胸部 X 线检查可见间质型肺纹理或肺泡型肺纹理。7 例有小脑病变的犬 MRI 检查结果显示双侧对称性小脑萎缩,T2 加权像信号增强,T1 加权像信号减弱(Garosi 等,2010)。

确诊该病的依据是在脑脊液或组织中检测到病原体。细胞学检查时,很难在脑脊液、皮肤病变部位和支气管肺泡灌洗液中发现速殖子。在一只肺病患犬的胸腔穿刺物中可检出嗜中性粒细胞、淋巴细胞、嗜酸性粒细胞、浆细胞、巨噬细胞和速殖子,为混合性炎症。犬新孢子虫的组织包囊外壁厚度大于 1 μm,而刚地弓形虫的组织包囊外壁厚度小于 1 μm(图 96-5)。通过显微镜能在悬浮的粪便中检查到卵囊,PCR 方法也能检测出卵囊。可用电镜、免疫组织化学法和 PCR 技术将新孢子虫与刚地弓形虫相互鉴别。多重 PCR 也可用于检测组织和 CSF 中的刚地弓形虫和犬新孢子虫(Schatzerg 等,2003)。对 5 只新孢子虫感染引起小脑疾病的患犬的 CSF 进行 PCR 检查,4 只犬呈阳性。

结合相应的疾病临床症状、血清阳性和脑脊液中出现抗体,排除其他引发相似临床综合征的病因(特别是刚地弓形虫)后,便可建立新孢子虫病的假设诊断。有些检查的刚地弓形虫和新孢子虫有免疫交叉反应。大多数临床型新孢子虫犬的 IgG 抗体滴度至少为 1∶200;病原体与刚地弓形虫产生血清交叉反应的最小滴度为 1∶50 或更高。

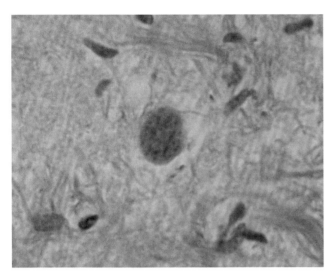

**图 96-5**
犬中枢神经系统组织内含有慢殖子的犬新孢子虫的包囊。

◈治疗

　　虽然许多新孢子虫病患犬出现死亡，但是，有些犬在接受合适的治疗后能够存活——磺胺甲氧苄啶与乙胺嘧啶联用；依次使用盐酸克林霉素、磺胺甲氧苄啶和乙胺嘧啶；或单用克林霉素。当前推荐用于犬新孢子虫病的治疗方案包括：磺胺甲氧苄啶（15 mg/kg，PO，q 12 h）和乙胺嘧啶（1 mg/kg，PO，q 24 h）联合用药治疗 4 周，或用克林霉素（10 mg/kg，PO，q 8 h）治疗 4 周。如果有效，就应继续治疗。一只 7 周龄爱尔兰猎狼犬感染新孢子虫后出现严重肌炎，在使用克林霉素治疗 18 周后，临床症状明显好转（Crookshanks 等，2007）。一项研究中，自然感染的比格犬使用克林霉素［9 周龄幼犬，75 mg/只，PO，q 12 h（13 周龄时剂量加倍），连用 6 个月］治疗，能明显减缓临床症状，但是不能消除感染（Dubey 等，2007b）。有 6 只犬感染新孢子虫后出现小脑疾病，联合使用克林霉素、甲氧苄氨嘧啶、磺胺嘧啶和乙胺嘧啶治疗后，4 只症状好转（Garosi 等，2010）。临床感染犬应在出现伸肌强直之前进行治疗。出现严重神经症状的犬预后不良。

◈人兽共患和预防

　　目前，在人体已经检测出犬新孢子虫抗体，但是，一项研究表明其与人的习惯性流产无关（Petersen 等，1999）。除此之外，人的组织中尚未分离出病原，所以人兽共患的风险尚且不明。犬和牛之间有流行病学联系，因此应尽量避免犬粪便污染家畜饲料，禁止犬吃牛

胎盘。生肉对犬也有潜在风险，不应给犬饲喂生肉（Reichel 等，2007）。禁止使用犬进行捕猎。生过感染幼犬的母犬不能再繁殖。如果可能，血清阳性的动物应禁用糖皮质激素治疗，以免激活感染。

# 猫弓形虫病
## (FELINE TOXOPLASMOSIS)

◈病原学和流行病学

　　刚地弓形虫是感染温血脊椎动物最普遍的寄生虫之一。只有猫能完成球虫型生活史，并通过粪便向环境中排出含有强抵抗力的卵囊。在温度和湿度合适的环境下，卵囊暴露在空气中 1～5 d 后即形成子孢子。急性感染期速殖子在血液或淋巴中进行传播，迅速进行细胞内增殖，直到细胞破裂。慢殖子分裂缓慢，在宿主肠外组织中形成持久性病变，因为免疫应答减弱了速殖子的复制。组织包囊容易出现在中枢神经系统、肌肉和内脏器官中。慢殖子可能在宿主组织中终生存在。刚地弓形虫有不同基因型，致病性也有所不同，所以一些免疫力健全的猫也会发病。

　　温血脊椎动物食入弓形虫生活史中任何一个阶段的病原体可引发感染，也可经胎盘感染。大多数猫没有食粪习性，最常通过吃肉时食入刚地弓形虫慢殖子而感染。感染后的第 3～21 天通过粪便排出卵囊。卵囊没有孢子化（图 96-6），而孢子化的卵囊能在环境中存活数月到数年，而且对大多数消毒剂具有抵抗力。最近一项研究显示，刚地弓形虫卵囊排出的潜伏期取决于摄入的弓形虫的发育阶段，而非摄入的数量，摄入慢殖子比摄入子孢子的潜伏期短（Dubey 等，2006）。另外，猫摄食包囊、中间宿主摄食卵囊（粪口传播）是最有效的传播途径。感染刚地弓形虫的啮齿动物会出现捕猎行为学改变，对猫的抵抗减弱，从而有可能会增加终末宿主感染弓形虫的风险，促进弓形虫的有性生殖发育（Vyas 等，2007）。最近，一项美国的研究显示，美国 12 628 只有临床疾病的猫（图 96-7）中，弓形虫阳性率为 31.6%（Vollaire 等，2005）。

◈临床特征

　　10%～20% 的实验性接种猫在口服刚地弓形虫组织包囊最初的 1～2 周内，会出现自限性小肠腹泻。该症状可能是由病原体在肠上皮细胞内繁殖引起的。然

而,由于卵囊排出时期较短,自然接触感染后伴有或不伴有腹泻猫的研究中,很少有粪便中查出刚地弓形虫卵囊的报道。例如,德国一项调查显示,8 640 只猫中,排出卵囊的猫只占 0.8%(Barutzki 等,2011)。有两只肠炎疾病猫的肠道组织中出现肠上皮细胞期刚地弓形虫。这两只猫使用抗弓形虫药后有所好转,说明弓形虫病有时会引起肠炎。

初期感染中的速殖子在细胞内过度繁殖会引起致命性肠外弓形虫病。最常见的病变组织包括肝脏、肺脏、中枢神经系统和胰腺组织。经胎盘或乳汁感染的小猫表现出最严重的肠外弓形虫病症状,一般死于肺脏疾病和肝脏疾病。弥散性弓形虫病猫的常见临床症状有精神沉郁、食欲不振、体温先升后降、腹水、黄疸和呼吸困难。

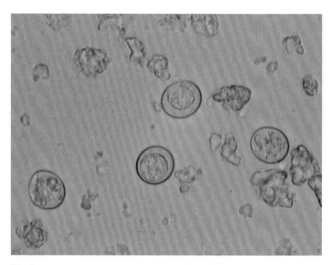

图 96-6

未染色的没有形成子孢子的刚地弓形虫卵囊。卵囊大小为 10 μm× 12 μm。

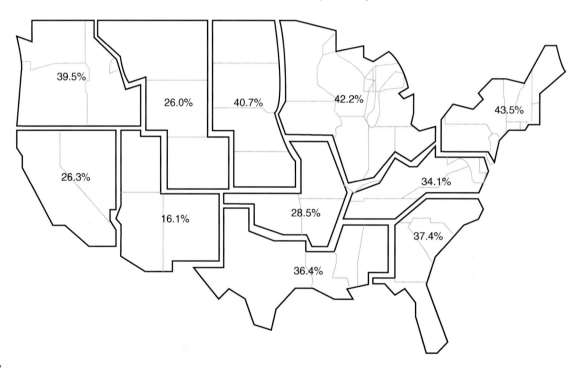

图 96-7

**Map of the United States showing *Taxoplasma gondii* seroprevalance by region. (From Vollaire MR, Radeck SV, Lappin MR: Seroprevalence of *Toxoplasma gondii* antibodies in clinically ill cats in the United States, *Am J Vet Res* 66:874, 2005.)**

如果慢性弓形虫病宿主存在免疫抑制,组织包囊内的慢殖子可迅速增殖,重新以速殖子的形式再次散播。这种现象常见于获得性免疫缺陷综合征(acquired immunodeficiency syndrome,AIDS)的病人。同时感染猫白血病、猫免疫缺陷综合征或猫传染性腹膜炎病毒的猫,以及用环孢霉素治疗皮肤病或肾脏移植术后的猫都有可能会出现播散性弓形虫病。

有些刚地弓形虫感染猫会出现亚致死性、慢性弓形虫病。在出现以下症状时应将本病列入鉴别诊断范围:前/后葡萄膜炎、皮肤病、发热、肌肉感觉过敏、伴有心律不齐的心肌炎、体重减轻、厌食、抽搐、共济失调、黄疸、腹泻或胰腺炎(图 96-8)。皮肤弓形虫病以充血性结节为特征,可能会出现溃疡。依据房水中刚地弓形虫特异性抗体和 PCR 研究结果,弓形虫病似乎是一种能引发猫葡萄膜炎的常见感染。经胎盘或乳汁感染的小猫常发生眼部疾病。慢性非致死性临床弓形虫病可能会形成免疫复合物,并在组织中沉积。尽管该病常发生慢性组织感染和免疫复合物沉积,但一项研究显示,刚地弓形虫抗体和慢性肾病之间没有明显联系(Hsu 等,2011)。由于没有一种抗弓形虫药能完全清除体内的弓形虫,所以猫弓形虫病有可能会复发,而且血清 IgG 滴度很少会变为阴性。

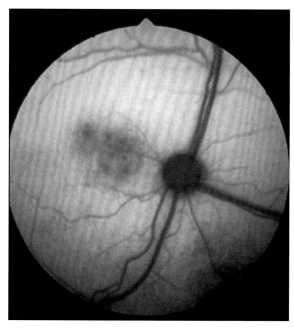

**图 96-8**
实验性接种刚地弓形虫猫的斑点状脉络膜视网膜炎。

◆诊断

临床弓形虫病猫会出现许多种临床病理学和 X 线检查异常,但没有一种能用来确诊该病。有些猫出现非再生性贫血,嗜中性粒细胞增多症,淋巴细胞增多症,单核细胞增多症,嗜中性粒细胞减少症,嗜酸性粒细胞增多症,蛋白尿,胆红素尿,血清蛋白及胆红素浓度增加,CK、ALT、ALP 和脂肪酶活性升高等。肺部弓形虫病最容易引发弥散性间质肺纹理和肺泡肺纹理或胸水。CT 或 MRI 检查可见团块样病变。CSF 蛋白浓度和细胞计数通常高于正常值。脑脊液中主要的白细胞是小单核细胞,但也常见嗜中性粒细胞。

如果检测到病原体,就可以做猫弓形虫病的生前确诊,然而,这种情况很少见,尤其是发生非致死性疾病的时候。组织、渗出液、支气管肺泡灌洗液、房水和脑脊液中很少能发现慢殖子或速殖子。腹泻猫的粪便中检出卵囊(10 $\mu m \times$ 12 $\mu m$)提示可能有弓形虫病,但不能确诊,因为猫贝诺孢子虫(*Besnoitia*)和哈蒙德虫(*Hammondia*)感染也能产生形态相似的卵囊。

正常猫和有临床疾病症状猫的血清中均能检测出刚地弓形虫特异性抗体(IgM、IgG、IgA)、抗原和免疫复合物,因此,只根据这些检测不能建立临床弓形虫病的生前诊断。在血清学试验中,IgM 与临床猫弓形虫病的相关性最好,因为健康猫血清中几乎检测不到 IgM。临床弓形虫病的生前诊断可暂时根据以下指标建立:

- 血清中有抗体,说明接触过刚地弓形虫
- IgM 抗体滴度大于 1∶64 或 IgG 滴度上升 4 倍或以上,表明近期感染或活动性感染
- 和弓形虫病相关的临床症状
- 排除了其他能引起临床综合征的常见病因
- 治疗有效

有些临床弓形虫病猫在血清学评估前,其 IgG 滴度已经达到最大,或抗体类型已经由 IgM 转为 IgG,因此 IgG 滴度不增高或不存在 IgM 滴度并不能排除临床弓形虫病。由于有些健康猫的血清抗体滴度很高,有些临床患病猫的血清抗体滴度很低,所以,抗体滴度强度在临床弓形虫病的诊断中相对不重要。因为机体不能清除体内的病原体,大多数猫抗体检测将终生呈现阳性,故在临床疾病缓解后,没必要再次重复检查血清抗体滴度。

可以将房水或脑脊液的刚地弓形虫特异性抗体检测结果和病原体 DNA 的 PCR 检测结果结合起来分析,这是诊断眼部或 CNS 弓形虫病最准确的方法(如 Diagnostic Laboratory, College of Veterinary Medicine and Biomedical Sciences, Colorado State University, Fort Collins)。例如,一项研究中,6 只患有葡萄膜炎的猫中,5 只猫的血液或房水中能检测出刚地弓形虫的 DNA,但抗体呈阴性(Powell 等,2010)。由于健康猫和临床患病猫的房水和脑脊液中都能检测出刚地弓形虫特异性 IgG、IgA,以及病原体 DNA,而刚地弓形虫特异性 IgM 只能从临床患病猫的房水和脑脊液中检测出,因此 IgM 是最好的检测指标。健康猫血液中能检测出刚地弓形虫的 DNA,因此 PCR 阳性与临床疾病之间没有必然联系。

◆治疗

根据需要给予支持疗法。作者最常用的临床猫弓形虫病的治疗方法是:用盐酸克林霉素(10 ~ 12 mg/kg, PO, q 12 h)治疗 4 周,或配合磺胺甲氧苄啶(15 mg/kg, PO, q 12 h),治疗 4 周。阿奇霉素(10 mg/kg, PO, q 24 h)对少数猫治疗有效,但最佳治疗持续时间未知。一只患有刚地弓形虫病的犬使用

帕托珠利效果良好,在小鼠感染模型中也有明显的效果(Mitchell 等,2004)。已知在治疗等孢球虫方面,帕托珠利对猫还是比较安全的,但在弓形虫感染猫中应用需要进一步研究。联合运用乙胺嘧啶与磺胺对人的弓形虫病治疗有效,但猫使用此方案可能会出现呕吐、厌食甚至贫血。如果感染猫出现发热或伴有肌肉疼痛的眼葡萄膜炎等全身症状,应采用抗弓形虫药物进行治疗,同时结合局部、口服或注射皮质激素,以避免继发晶状体脱位和青光眼。并发葡萄膜炎但其他方面正常的刚地弓形虫血清阳性猫,可在局部单独应用糖皮质激素治疗,除非葡萄膜炎复发或持续存在。在这种情况下,抑制刚地弓形虫活性的药物可能有效。

若无眼部或 CNS 症状,患猫的临床症状通常会在用克林霉素或磺胺甲氧苄啶治疗 2~3 d 后消退,而眼部和 CNS 弓形虫病对治疗反应很慢。如果治疗 3 d 后发热和肌肉感觉过敏症状没有减轻,应考虑其他病因。治疗时间少于 4 周的猫常出现复发症状。目前没有哪种药物能将虫体完全从体内清除,因此该病常复发,且感染猫的血清持续呈现阳性。病原体复制引发肝脏或肺脏疾病的猫预后不良,尤其是免疫系统受到破坏的病例。

◆人兽共患和预防

刚地弓形虫病是一种重要的人兽共患病。妊娠期女性的原发感染将导致胎儿发生临床弓形虫病,常见的临床表现有死产、CNS 疾病和眼部疾病。免疫力健全个体初次感染能引发自限性发热、全身乏力和淋巴结病。由于辅助 T 细胞数量减少,大约 10% 的 AIDS 病人出现由组织包囊内慢殖子活化而引发的弓形虫性脑炎。

人最容易通过摄食孢子化卵囊或组织包囊、经胎盘感染弓形虫病。为预防弓形虫病,应避免吃未煮熟的肉(框 96-1)。在最近的一项研究中,从 698 家零售肉店中随机抽查了 6 282 份肉类样本,其中,牛肉和鸡肉样本中均未检出(用猫进行生物检定)刚地弓形虫,猪肉样本中也只有很小一部分呈阳性(Dubey 等,2005)。一项研究显示,散养鸡的组织中被检测出了弓形虫,如果摄食了孢子化卵囊,则有可能会感染(Gon-calves 等,2012)。孢子化卵囊也具有传染性,污染了陈旧性猫粪便(例如污染的土壤或蔬菜)的东西是不能吃的。污染区的贝类可能会富集弓形虫,未煮熟的情况下也可能会致病(Jones 等,2009)。接触猫可能不是感染弓形虫病的常见途径,主要有以下几个原因:

- 猫一般仅于初次感染后数天到数周内排出卵囊。
- 即使是接受临床剂量糖皮质激素或环孢素治疗的猫,以及 FIV 和 FeLV 感染的猫,都很少出现重复性排出卵囊的现象。
- 弓形虫患猫初次感染 16 个月后,再次接种组织包囊也不会排出卵囊。
- 猫很喜欢干净,一般不会让粪便在皮肤上停留太长时间,以致形成孢子化卵囊。调查发现,从先前 7 d 排出了数百万个卵囊的猫的皮毛上,并未分离到弓形虫。
- 弓形虫病感染率的上升与 AIDS 病人或兽医保健工作者养猫无关。

 **框 96-1 人弓形虫病的预防**

**防止食入卵囊**
禁止给猫饲喂未煮熟的肉。
禁止猫猎食。
每天清理猫砂盆,冲洗或烧毁粪便。
用开水烫洗猫砂盆或用猫砂盆盒衬垫。
接触土壤时应戴上手套。
庭院维护后用肥皂和热流水彻底清洗双手。
新鲜蔬菜食用前充分洗净。
孩子的沙盒一定要盖上。
一般情况下,水经煮沸才能饮用。
控制可能的传播宿主。
用抗弓形虫药治疗卵囊排出期的猫。

**防止摄入组织包囊**
所有肉制品加热到 66℃。
戴手套拿肉。
处理完肉食品后用肥皂和热水彻底清洗双手。
至少将肉冷冻 3 d 后再烹调。

然而,评估风险因素的少量研究认为在接触猫和弓形虫感染之间存在联系。例如,一项研究显示,感染和养 3 只或更多幼猫有一定关系(Jones 等,2009),所以,接触幼猫或猫粪便后一定要洗手。如果在猫粪样本中查出 10 μm × 12 μm 的卵囊,应推测为刚地弓形虫。每天收集粪便直到卵囊排泄期结束。克林霉素(25~50 mg/kg,分两次给药,q 12 h,PO)或磺胺药(100 mg/kg,分两次给药,q 12 h,PO)能降低卵囊排泄水平。由于人类很少通过接触猫而感染刚地弓形虫病,因此不推荐对健康猫做弓形虫病检查。粪便检查是确定猫卵囊排出时期的一种合适的方法,但不能预测猫之前的卵囊排出时间。没有能准确预测猫先前卵囊排出时间的血清学检查方法,而大多数正在排出卵囊的猫血清反应呈阴性。大多数血清学阳性猫已经结束卵囊排出,且不大可能重复排出卵囊。多数血清阴性猫如果发生感染则会排出卵囊。如果动物主人担心自己可能感染了弓形虫，应该到医院接受专业检查。

# 犬弓形虫病
## (CANINE TOXOPLASMOSIS)

◆ *病原学和流行病学*

犬不能像猫一样产生刚地弓形虫卵囊，但它们吞入猫粪便后能机械性传播卵囊。犬有刚地弓形虫的组织感染期，能诱发临床疾病。美国大约 20% 的犬刚地弓形虫血清抗体检测呈阳性（Levy 等，2011）。1988年以前，很多经组织病理学检查诊断为弓形虫病的犬实际上感染的是新孢子虫（参见新孢子虫病部分）。

◆ *临床特征*

全身性弓形虫病患犬最常见的症状包括呼吸系统、胃肠道或神经肌肉感染导致的发热、呕吐、腹泻、呼吸困难和黄疸。全身性弓形虫病最常发生于免疫抑制犬，如犬瘟热病毒感染犬，以及用环孢素治疗以抑制肾脏移植后排斥反应的犬。神经系统症状取决于主要病变部位，包括共济失调、抽搐、震颤、脑神经缺陷、局部麻痹和瘫痪。肌炎犬出现虚弱、步态僵硬和肌肉萎缩等症状。可能会出现伴有下运动神经元功能障碍的四肢轻瘫和瘫痪，发展迅速。一项研究分析了刚地弓形虫和多神经根神经炎之间的关系（Holt 等，2011）。有些怀疑为神经肌肉弓形虫病的犬可能患有新孢子虫病。有些心肌感染犬出现室性心律失常。多系统疾病犬会出现呼吸困难、呕吐和腹泻。有些弓形虫病犬发生视网膜炎、前葡萄膜炎、虹膜睫状体炎和视神经炎，但发生率比猫的低。也有关于皮肤病的报道。

◆ *诊断*

与猫的弓形虫病相同，临床病理学异常和影像学异常通常是非特异性的。慢性感染犬可能会有高球蛋白血症（Yarim 等，2007）。有些中枢神经系统弓形虫病犬出现蛋白浓度升高和混合性炎性细胞浸润现象。

从炎症相关组织或渗出液中检测到病原体即可确诊该病。生前诊断应该在综合以下因素的条件下做出：临床症状，排除其他可能的病因，血清抗体阳性，血清学检查排除犬新孢子虫感染，对弓形虫药物治疗的反应。血清、房水和脑脊液抗体和 PCR 检查结果的判读与猫弓形虫病相同。

◆ *治疗*

作者最常用的治疗犬弓形虫病的药物是盐酸克林霉素（10～12 mg/kg，PO，q 12 h）。甲氧苄啶-磺胺（15 mg/kg，PO，q 12 h）是一种替代治疗药物。治疗至少需要坚持 4 周。一只患有化脓性角膜炎和坏死性结膜炎的弓形虫病患犬使用帕托珠利（20 mg/kg，PO，q 24 h）治疗 24～28 d 后，症状痊愈（Swinger 等，2009）。如果发生眼葡萄膜炎，也可以局部应用糖皮质激素。

◆ *人兽共患和预防*

犬不能完成刚地弓形虫的肠上皮阶段发育，但摄入猫的粪便后能机械性传播卵囊。与其他温血脊椎动物一样，犬摄入孢子化卵囊或组织包囊而感染。犬会发生再次感染，也会发生性感染（Arantes 等，2009）。可通过禁止犬食粪便、只喂熟肉和熟的肉类副产品来预防犬弓形虫病。

# 美洲锥虫病
## (AMERICAN TRYPANOSOMIASIS)

◆ *病原学和流行病学*

克氏锥虫（*Trypanosoma cruzi*）是一种能感染多种哺乳动物、引发美洲锥虫病的一种鞭毛虫。这种疾病主要出现在南美，但在北美也出现了一些犬感染病例。在美国发现了感染的哺乳动物贮存宿主（犬、猫、浣熊、负鼠和犰狳）和传播媒介锥鼻（接吻）虫，但罕见犬和人的感染，这可能与传播媒介的行为和美国的卫生标准不同有关。得克萨斯州的一项研究显示，1987—1996 年血清阳性犬的数量呈上升趋势（Meurs 等，1998）。从弗吉尼亚的浣熊体内常常能分离出犬感染的克氏锥虫，这一现象提示浣熊可能是一种贮存宿主（Patel 等，2012）。感染了利什曼原虫的猎狐犭同时也可能感染克氏锥虫（Duprey 等，2006）（图 96-9）。田纳西州的一项调查显示，860 只犬中，6.4% 的犬血清学阳性，提示犬常常能接触到病原（Rowland 等，2010）。另外一项小样本量调查中，弗吉尼亚血清学阳性犬约为 1%。虽然墨西哥有些猫血清学呈阳性，但未见发病猫的相关记载（Longoni 等，2012）。

克氏锥虫有三个生活形态：锥鞭毛体（在血液里面

**图 96-9**
美国和加拿大有克氏锥虫感染猎犬的狩猎俱乐部分布情况。克氏锥虫感染犬≥1 的狩猎俱乐部和犬舍所在的州均被标红。安大略也有克氏锥虫阳性的狩猎俱乐部。(Reprinted from Duprey ZH et al: Canine visceral leishmaniasis, United States and Canada, 2000－2003, *Emerg Infect Dis* 12:440, 2006.)

自由活动的鞭毛形式)、无鞭毛体(无鞭毛的胞内形式)和上鞭毛体(在传播媒介内的鞭毛体形式)。当感染的接吻虫在吸血期间排泄时,上鞭毛体进入脊椎动物宿主,感染巨噬细胞和肌细胞,转变成无鞭毛体。无鞭毛体以二分裂方式分裂,直到宿主细胞破裂,从而将锥鞭毛体释放到循环系统中。传播媒介在吸血时食入锥鞭毛体而被感染。也可通过摄入传播媒介、被感染的组织和奶传播,还可通过输血和胎盘传播。寄生虫血症的高峰出现在感染急性发作 2~3 周后。感染犬主要发生心肌病,该病由寄生虫对心肌细胞诱发的损害作用或免疫介导反应发展而来。

◉ **临床特征**

运动不耐受和虚弱是急性期内出现的非特异性主诉症状,这些症状与心肌炎或心衰有关。体格检查常见全身淋巴结病、黏膜苍白、心动过速、脉搏缺失、肝肿大、腹部膨胀。有时出现食欲不振、腹泻和神经症状。急性感染中存活下来的犬可能呈现慢性扩张性心肌病征象。在得克萨斯州的一项研究中,537 只犬经血清学或组织病理学检查被证实有克氏锥虫感染,主要临床表现包括厌食、腹水、心脏传导阻滞、心脏肥大、嗜睡和呼吸困难(Kjos 等,2008)。一项关于 11 只慢性感染犬的研究表明,最常见的异常包括右心疾病、传导紊乱、室性心律不齐和室上性心律失常(Meurs 等,1998)。

◉ **诊断**

常见的临床病理学异常包括淋巴细胞增多,肝酶和 CK 活性升高。胸部、腹部 X 线检查和超声检查结果与心脏疾病和心衰一致,但均不是锥虫病的特征性病征。心电图检查结果主要为室性期前收缩、传导阻滞和 T 波倒置。确诊的根据是证明有虫体。对于急性期病例,可从其吉姆萨或瑞氏染色的血涂片厚层区域或血沉棕黄层涂片中检测出锥鞭毛体(一根鞭毛,15~20 $\mu m$ 长)(见第 89 章)。有时在淋巴结穿刺物或腹水中也可检测出虫体。心脏的组织病理学检查常见心肌炎(98%)和无鞭毛体(82%)(Kjos 等,2008)。血清学检查可用于佐证动物接触过克氏锥虫,而 PCR 检查可用于证实感染——从患病动物的血液、组织中扩增出克氏锥虫的 DNA。锥鞭毛体也可从血液中分离培养出来,或通过接种小鼠的生物学测定检出。

◉ **治疗**

美洲锥虫病的治疗处方中最常用的是硝呋莫司(nifurtimox),但它的毒性较强,美国也不能直接使用该药。最近一项研究显示,在试验感染的小鼠模型中,别嘌呤醇有一定疗效。按照利什曼原虫感染使用别嘌呤醇治疗临床感染美洲锥虫病的犬应慎重。最近的研究则显示,苄硝唑或里氟康唑(ravuconazole)能减轻寄生虫血症,但不能阻止犬发生感染(Santos 等,2012;Diniz 等,2010)。斯达汀、辛伐他汀按照 20 mg 的剂量给药,口服,每 24 h 一次,对减轻试验感染犬的心力衰竭有一定作用,可能是药物的免疫调节功效起的作用(Melo 等,2011)。自然感染犬中是否有效仍需进一步研究。DNA 疫苗也有一定效果(Quijano-Hernandez 等,2008)。糖皮质激素疗法可能会提高感染犬的存活率。对于心律不齐或心衰者应进行对症治疗。大多数急性感染中存活下来的犬会发生扩张性心肌病。11 只犬的存活时间为 0~60 个月(Meurs 等,1998)。

◉ **人兽共患和预防**

感染犬可能作为克氏锥虫的传播媒介的贮存宿主,其血液对人可能具有传染性。控制传播媒介是主要的预防方法。一项研究中,溴氰菊酯项圈可减少骚扰锥蝽(*Triatoma infestans*)在犬身上吸血(Reithinger 等,2005)。不过非泼罗尼不能有效预防该病(Gurtler 等,2009;Amelotti 等,2012)。犬应远离负鼠等其他贮存宿主,并且禁食生肉。疫区内的潜在供血犬应接受血清学筛查。供血时,高风险品种(例如猎狐狸)或疫区内的犬均应接受克氏锥虫的检查(血清学或 PCR),阳性犬不应作为供血犬(Wardrop 等,2005)。犬的实验性疫苗能显著减轻寄生虫血症和发生锥虫病的可能性。

◈推荐阅读

**巴贝斯虫病**

Birkenheuer AJ et al: *Babesia gibsoni* infections in dogs from North Carolina, *J Am Anim Hosp Assoc* 35:125, 1999.

Birkenheuer AJ et al: Development and evaluation of a seminested PCR for detection and differentiation of *Babesia gibsoni* (Asian genotype) and *B. canis* DNA in canine blood samples, *J Clin Microbiol* 41:4172, 2003a.

Birkenheuer AJ et al: Serosurvey of anti-*Babesia* antibodies in stray dogs and American pit bull terriers and American Staffordshire terriers from North Carolina, *J Am Anim Hosp Assoc* 39:551, 2003b.

Birkenheuer AJ et al: Detection and molecular characterization of a novel large *Babesia* species in a dog, *Vet Parasitol* 124:151, 2004a.

Birkenheuer AJ et al: Efficacy of combined atovaquone and azithromycin for therapy of chronic *Babesia gibsoni* (Asian genotype) infections in dogs, *J Vet Int Med* 18:494, 2004b.

Birkenheuer AJ et al: Geographic distribution of babesiosis among dogs in the United States and association with dog bites: 150 cases (2000-2003), *J Am Vet Med Assoc* 227:942, 2005.

Di Cicco MF et al: Re-emergence of *Babesia conradae* and effective treatment of infected dogs with atovaquone and azithromycin, *Vet Parasitol* 187:23, 2012.

Freyburger L et al: Comparative safety study of two commercialised vaccines against canine babesiosis induced by *Babesia canis*, *Parasite* 18:311, 2011.

Jefferies R et al: *Babesia gibsoni*: Detection during experimental infections and after combined atovaquone and azithromycin therapy, *Exp Parasitol* 117:15, 2007.

Jongejan F et al: The prevention of transmission of *Babesia canis canis* by *Dermacentor reticulatus* ticks to dogs using a novel combination of fipronil, amitraz and (S)-methoprene, *Vet Parasitol* 179:343, 2011.

Kjemtrup AM et al: *Babesia conradae*, sp. Nov., a small canine Babesia identified in California, *Vet Parasitol* 138:103, 2006.

Lin EC et al: The therapeutic efficacy of two antibabesial strategies against *Babesia gibsoni*, *Vet Parasitol* 186:159, 2012.

Lin MY, Huang HP: Use of a doxycycline-enrofloxacin-metronidazole combination with/without diminazene diaceturate to treat naturally occurring canine babesiosis caused by *Babesia gibsoni*, *Acta Vet Scand* 52:27, 2010.

Meinkoth JH et al: Clinical and hematologic effects of experimental infection of dogs with recently identified *Babesia gibsoni*-like isolates from Oklahoma, *J Am Vet Med Assoc* 220:185, 2002.

Penzhorn BL: Why is Southern African canine babesiosis so virulent? An evolutionary perspective, *Parasit Vectors* 4:51, 2011.

Solano-Gallego L, Baneth G: Babesiosis in dogs and cats—expanding parasitological and clinical spectra, *Vet Parasitol* 181:48, 2011.

Wardrop KJ et al: Canine and feline blood donor screening for infectious disease, *J Vet Intern Med* 19:135, 2005.

Wulansari R et al: Clindamycin in the treatment of *Babesia gibsoni* infections in dogs, *J Am Anim Hosp Assoc* 39:558, 2003.

Zahler M et al: "*Babesia gibsoni*" of dogs from North America and Asia belong to different species, *Parasitology* 120:365, 2000a.

Zahler M et al: Detection of a new pathogenic *Babesia microti*-like species in dogs, *Vet Parasitol* 89:241, 2000b.

**猫胞簇虫病**

Birkenheuer AJ et al: *Cytauxzoon felis* infection in cats in the mid-Atlantic states: 34 cases (1998-2004), *J Am Vet Med Assoc* 228:568, 2006a.

Birkenheuer AJ et al: Development and evaluation of a PCR assay for the detection of *Cytauxzoon felis* DNA in feline blood samples, *Vet Parasitol* 137:144, 2006b.

Brown HM et al: Identification and genetic characterization of *Cytauxzoon felis* in asymptomatic domestic cats and bobcats, *Vet Parasitol* 172:311, 2010.

Carli E et al: *Cytauxzoon* sp. infection in the first endemic focus described in domestic cats in Europe, *Vet Parasitol* 183:343, 2012.

Cohn LA et al: Efficacy of atovaquone and azithromycin or imidocarb dipropionate in cats with acute cytauxzoonosis, *J Vet Intern Med* 25:55, 2011.

Greene CE et al: Administration of diminazene aceturate or imidocarb dipropionate for treatment of cytauxzoonosis in cats, *J Am Vet Med Assoc* 215:497, 1999.

Haber MD et al: The detection of *Cytauxzoon felis* in apparently healthy free-roaming cats in the USA, *Vet Parasitol* 146:316, 2007.

Lewis KM, Cohn LA, Birkenheuer AJ: Lack of evidence for perinatal transmission of *Cytauxzoon felis* in domestic cats, *Vet Parasitol* 188:172, 2012.

Meinkoth J et al: Cats surviving natural infection with *Cytauxzoon felis*: 18 cases (1997-1998), *J Vet Intern Med* 14:521, 2000.

Reichard MV et al: Temporal occurrence and environmental risk factors associated with cytauxzoonosis in domestic cats, *Vet Parasitol* 152:314, 2008.

Reichard MV et al: Confirmation of *Amblyomma americanum* (Acari: Ixodidae) as a vector for *Cytauxzoon felis* (Piroplasmorida: Theileriidae) to domestic cats, *J Med Entomol* 47:890, 2010.

Shock BC et al: Variation in the ITS-1 and ITS-2 rRNA genomic regions of *Cytauxzoon felis* from bobcats and pumas in the eastern United States and comparison with sequences from domestic cats, *Vet Parasitol* 190:29, 2012.

**肝簇虫病**

Allen KE, Johnson EM, Little SE: *Hepatozoon* spp infections in the United States, *Vet Clin North Am Small Anim Pract* 41:1221, 2011.

Allen KE et al: Diversity of *Hepatozoon* species in naturally infected dogs in the southern United States, *Vet Parasitol* 154:220, 2008.

Allen K et al: Treatment of *Hepatozoon americanum* infection: review of the literature and experimental evaluation of efficacy, *Vet Ther* 11:E1, 2010.

Baneth G: Perspectives on canine and feline hepatozoonosis, *Vet Parasitol* 181:3, 2011.

Ewing SA et al: Transmission of *Hepatozoon americanum* (Apicomplexa: Adeleorina) by ixodids (Acari: Ixodidae), *J Med Entomol* 39:631, 2002.

Ewing SA et al: Persistence of *Hepatozoon americanum* (Apicomplexa: Adeleorina) in a naturally infected dog, *J Parasitol* 89:611, 2003.

Johnson EM et al: Experimental transmission of *Hepatozoon americanum* to New Zealand white rabbits (*Oryctolagus cuniculus*) and infectivity of cystozoites for a dog, *Vet Parasitol* 164:162, 2009a.

Johnson EM et al: Alternate pathway of infection with *Hepatozoon americanum* and the epidemiologic importance of predation, *J Vet Intern Med* 23:1315, 2009b.

Li Y et al: Diagnosis of canine *Hepatozoon* spp. infection by quantitative PCR, *Vet Parasitol* 157:50, 2008.

Little L, Baneth G: Cutaneous *Hepatozoon canis* infection in a dog from New Jersey, *J Vet Diagn Invest* 23:585, 2011.

Macintire DK et al: Treatment of dogs infected with *Hepatozoon americanum*: 53 cases (1989-1998), *J Am Vet Med Assoc* 218:77, 2001.

Marchetti V et al: Hepatozoonosis in a dog with skeletal involvement and meningoencephalomyelitis, *Clin Pathol* 38:121, 2009.

Potter TM, Macintire DK: *Hepatozoon americanum*: an emerging disease in the south-central/southeastern United States, *J Vet Emerg Crit Care (San Antonio)* 20:70, 2010.

利氏曼原虫病

Ayllón T et al: Vector-borne diseases in client-owned and stray cats from Madrid, Spain, *Vector Borne Zoonotic Dis* 12:143, 2012.

Boggiatto PM et al: Transplacental transmission of *Leishmania infantum* as a means for continued disease incidence in North America, *PLoS Negl Trop Dis* 5:e1019, 2011.

Cavaliero T et al: Clinical, serologic, and parasitologic follow-up after long-term allopurinol therapy of dogs naturally infected with *Leishmania infantum*, *J Vet Intern Med* 13:330, 1999.

Coelho WM et al: Seroepidemiology of *Toxoplasma gondii*, *Neospora caninum*, and *Leishmania* spp. infections and risk factors for cats from Brazil, *Parasitol Res* 109:1009, 2011.

Cortadellas O: Initial and long-term efficacy of a lipid emulsion of amphotericin B desoxycholate in the management of canine leishmaniasis, *J Vet Intern Med* 17:808, 2003.

da Silva SM et al: Efficacy of combined therapy with liposome-encapsulated meglumine antimoniate and allopurinol in treatment of canine visceral leishmaniasis, *Antimicrob Agents Chemother* 56:2858, 2012.

Dantas-Torres F: Leishmune vaccine: the newest tool for prevention and control of canine visceral leishmaniosis and its potential as a transmission-blocking vaccine, *Vet Parasitol* 141:1, 2006.

de Freitas E et al: Transmission of *Leishmania infantum* via blood transfusion in dogs: potential for infection and importance of clinical factors, *Vet Parasitol* 137:159, 2006.

Denerolle P et al: Combination allopurinol and antimony treatment versus antimony alone and allopurinol alone in the treatment of canine leishmaniasis (96 cases), *J Vet Intern Med* 13:413, 1999.

Duprey ZH et al: Canine visceral leishmaniasis, United States and Canada, 2000-2003, *Emerg Infect Dis* 12:440, 2006.

Francino O et al: Advantages of real-time PCR assay for diagnosis and monitoring of canine leishmaniosis, *Vet Parasitol* 137:214, 2006.

Gaskin AA et al: Visceral leishmaniasis in a New York foxhound kennel, *J Vet Intern Med* 16:34, 2002.

Gómez-Ochoa P et al: Use of domperidone in the treatment of canine visceral leishmaniasis: a clinical trial, *Vet J* 179:259, 2009.

Maia C, Campino L: Can domestic cats be considered reservoir hosts of zoonotic leishmaniasis? *Trends Parasitol* 27:341, 2011.

Manna L et al: Real-time PCR assay in *Leishmania*-infected dogs treated with meglumine antimoniate and allopurinol, *Vet J* 177:279, 2008.

Maroli M et al: Infection of sandflies by a cat naturally infected with

*Leishmania infantum*, *Vet Parasitol* 145:357, 2007.

Mir F et al: Subclinical leishmaniasis associated with infertility and chronic prostatitis in a dog, *J Small Anim Pract* 53:419, 2012.

Miró G et al: Multicentric, controlled clinical study to evaluate effectiveness and safety of miltefosine and allopurinol for canine leishmaniosis, *Vet Dermatol* 20:397, 2009.

Molina R et al: Efficacy of 65% permethrin applied to dogs as a spot-on against *Phlebotomus perniciosus*, *Vet Parasitol* 187:529, 2012.

Navarro JA et al: Histopathological lesions in 15 cats with leishmaniosis, *J Comp Pathol* 143:297, 2010.

Otranto D et al: Efficacy of a combination of 10% imidacloprid/50% permethrin for the prevention of leishmaniasis in kennelled dogs in an endemic area, *Vet Parasitol* 144:270, 2007.

Palatnik-de-Sousa CB: Vaccines for canine leishmaniasis, *Front Immunol* 3:69, 2012.

Paradies P et al: Monitoring the reverse to normal of clinico-pathological findings and the disease free interval time using four different treatment protocols for canine leishmaniosis in an endemic area, *Res Vet Sci* 93:843, 2012.

Pena MT et al: Ocular and periocular manifestations of leishmaniasis in dogs: 105 cases (1993-1998), *Vet Ophthalmol* 3:35, 2000.

Petersen CA: New means of canine leishmaniasis transmission in North America: the possibility of transmission to humans still unknown, *Interdiscip Perspect Infect Dis* 802:712, 2009.

Plevraki K et al: Effects of allopurinol treatment on the progression of chronic nephritis in Canine leishmaniosis (*Leishmania infantum*), *J Vet Intern Med* 20:228, 2006.

Rosypal AC et al: Emergence of zoonotic canine leishmaniasis in the United States: isolation and immunohistochemical detection of *Leishmania infantum* from foxhounds from Virginia, *J Eukaryot Microbiol* 50:691, 2003.

Silva DA et al: Assessment of serological tests for the diagnosis of canine visceral leishmaniasis, *Vet J* 195:252, 2012.

Solano-Gallego L et al: Detection of *Leishmania infantum* DNA mainly in *Rhipicephalus sanguineus* male ticks removed from dogs living in endemic areas of canine leishmaniosis, *Parasit Vectors* 5:98, 2012.

Solcà Mda S et al: Qualitative and quantitative polymerase chain reaction (PCR) for detection of *Leishmania* in spleen samples from naturally infected dogs, *Vet Parasitol* 184:133, 2012.

Trainor KE et al: Eight cases of feline cutaneous leishmaniasis in Texas, *Vet Pathol* 47:1076, 2010.

Vouldoukis I et al: Canine visceral leishmaniasis: comparison of in vitro leishmanicidal activity of marbofloxacin, meglumine antimoniate and sodium stibogluconate, *Vet Parasitol* 135:137, 2006.

新孢子虫病

Bandini LA et al: Experimental infection of dogs (*Canis familiaris*) with sporulated oocysts of *Neospora caninum*, *Vet Parasitol* 176:151, 2011.

Barutzki D, Schaper R: Results of parasitological examinations of faecal samples from cats and dogs in Germany between 2003 and 2010, *Parasitol Res* 109:S45, 2011.

Basso W et al: First isolation of *Neospora caninum* from the feces of a naturally infected dog, *J Parasitol* 87:612, 2001.

Bresciani KD et al: Antibodies to *Neospora caninum* and *Toxoplasma gondii* in domestic cats from Brazil, *Parasitol Res* 100:281, 2007.

Cavalcante GT et al: Shedding of *Neospora caninum* oocysts by dogs fed different tissues from naturally infected cattle, *Vet Parasitol* 179:220, 2011.

Crookshanks JL et al: Treatment of canine pediatric *Neospora caninum* myositis following immunohistochemical identification of tachyzoites in muscle biopsies, *Can Vet J* 48:506, 2007.

Dubey JP, Schares G: Neosporosis in animals—the last five years, *Vet Parasitol* 180:90, 2011.

Dubey JP et al: Newly recognized fatal protozoan disease of dogs, *J Am Vet Med Assoc* 192:1269, 1988.

Dubey JP et al: Neosporosis in cats, *Vet Pathol* 27:335, 1990a.

Dubey JP et al: Repeated transplacental transmission of *Neospora caninum* in dogs, *J Am Vet Med Assoc* 197:857, 1990b.

Dubey JP et al: Epidemiology and control of neosporosis and *Neospora caninum*, *Clin Microbiol Rev* 20:323, 2007a.

Dubey JP et al: Neosporosis in Beagle dogs: clinical signs, diagnosis, treatment, isolation and genetic characterization of *Neospora caninum*, *Vet Parasitol* 149:158, 2007b.

Garosi L et al: Necrotizing cerebellitis and cerebellar atrophy caused by *Neospora caninum* infection: magnetic resonance imaging and clinicopathologic findings in seven dogs, *J Vet Intern Med* 24:571, 2010.

Gondim LF et al: Transmission of *Neospora caninum* between wild and domestic animals, *J Parasitol* 90:1361, 2004.

McAllister MM et al: Dogs are definitive hosts of *Neospora caninum*, *Int J Parasitol* 28:1473, 1998.

McGarry JW et al: Protracted shedding of oocysts of *Neospora caninum* by a naturally infected foxhound, *J Parasitol* 89:628, 2003.

Petersen E et al: *Neospora caninum* infection and repeated abortions in humans, *Emerg Infect Dis* 5:278, 1999.

Reichel MP et al: Neosporosis and hammondiosis in dogs, *J Small Anim Pract* 48:308, 2007.

Rosypal AC et al: *Toxoplasma gondii* and *Trypanosoma cruzi* antibodies in dogs from Virginia, *Zoonoses Public Health* 57:e76, 2010.

Schatzerg SJ et al: Use of a multiplex polymerase chain reaction assay in the antemortem diagnosis of toxoplasmosis and neosporosis in the central nervous system of cats and dogs, *Am J Vet Res* 64:1507, 2003.

Spencer JA et al: Seroprevalence of *Neospora caninum* and *Toxoplasma gondii* in captive and free-ranging nondomestic felids in the United States, *J Zoo Wildl Med* 34:246, 2003.

Tranas J et al: Serological evidence of human infection with the protozoan *Neospora caninum*, *Clin Diagn Lab Immunol* 6:765, 1999.

弓形虫病

Arantes TP et al: *Toxoplasma gondii*: Evidence for the transmission by semen in dogs, *Exp Parasitol* 123:190, 2009.

Barrs VR et al: Antemortem diagnosis and treatment of toxoplasmosis in two cats on cyclosporin therapy, *Aust Vet J* 84:30, 2006.

Bresciani KD et al: Transplacental transmission of *Toxoplasma gondii* in reinfected pregnant female canines, *Parasitol Res* 104:1213, 2009.

Burney DP et al: Detection of *Toxoplasma gondii* parasitemia in experimentally inoculated cats, *J Parasitol* 5:947, 1999.

Dabritz HA, Conrad PA: Cats and *Toxoplasma*: implications for public health, *Zoonoses Public Health* 57:34, 2010.

Davidson MG et al: Feline immunodeficiency virus predisposes cats to acute generalized toxoplasmosis, *Am J Pathol* 143:1486, 1993.

Dubey JP et al: Histologically confirmed clinical toxoplasmosis in cats: 100 cases (1952-1990), *J Am Vet Med Assoc* 203:1556, 1993a.

Dubey JP et al: Neonatal toxoplasmosis in littermate cats, *J Am Vet Med Assoc* 203:1546, 1993b.

Dubey JP et al: Prevalence of viable *Toxoplasma gondii* in beef, chicken, and pork from retail meat stores in the United States: risk assessment to consumers, *J Parasitol* 91:1082, 2005.

Dubey JP et al: Clinical *Sarcocystis neurona*, *Sarcocystis canis*, *Toxoplasma gondii*, and *Neospora caninum* infections in dogs, *Vet Parasitol* 137:36, 2006.

Dubey JP, Lappin MR: Toxoplasmosis and neosporosis. In Greene CE, editor: *Infectious diseases of the dog and cat*, ed 4, St Louis, 2012, Elsevier, p 806.

Gonçalves IN et al: Molecular frequency and isolation of cyst-forming coccidia from free ranging chickens in Bahia State, Brazil, *Vet Parasitol* 190:74, 2012.

Holt N et al: Seroprevalence of various infectious agents in dogs with suspected acute canine polyradiculoneuritis, *J Vet Intern Med* 25:261, 2011.

Hsu V et al: Prevalence of IgG antibodies to *Encephalitozoon cuniculi* and *Toxoplasma gondii* in cats with and without chronic kidney disease from Virginia, *Vet Parasitol* 176:23, 2011.

Jones JL et al: Risk factors for *Toxoplasma gondii* infection in the United States, *Clin Infect Dis* 49:878, 2009.

Lappin MR et al: Polymerase chain reaction for the detection of *Toxoplasma gondii* in aqueous humor of cats, *Am J Vet Res* 57:1589, 1996a.

Lappin MR et al: Primary and secondary *Toxoplasma gondii* infection in normal and feline immunodeficiency virus-infected cats, *J Parasitol* 82:733, 1996b.

Levy JK et al: Prevalence of infectious diseases in cats and dogs rescued following Hurricane Katrina, *J Am Vet Med Assoc* 238:311, 2011.

Lindsay DS et al: Mechanical transmission of *Toxoplasma gondii* oocysts by dogs, *Vet Parasitol* 73:27, 1997.

Mitchell SM et al: Efficacy of ponazuril in vitro and in preventing and treating *Toxoplasma gondii* infections in mice, *J Parasitol* 90:639, 2004.

Pfohl JC, Dewey CW: Intracranial *Toxoplasma gondii* granuloma in a cat, *J Fel Med Surg* 7:369, 2005.

Plugge NF et al: Occurrence of antibodies against *Neospora caninum* and/or *Toxoplasma gondii* in dogs with neurological signs, *Rev Bras Parasitol Vet* 20:202, 2011.

Powell CC, Lappin MR: Clinical ocular toxoplasmosis in neonatal kittens, *Vet Ophthalmol* 4:87, 2001.

Powell CC et al: *Bartonella* species, feline herpesvirus-1, and *Toxoplasma gondii* PCR assay results from blood and aqueous humor samples from 104 cats with naturally occurring endogenous uveitis, *J Feline Med Surg* 12:923, 2010.

Swinger RL et al: Keratoconjunctivitis associated with *Toxoplasma gondii* in a dog, *Vet Ophthalmol* 12:56, 2009.

Vollaire MR et al: Seroprevalence of *Toxoplasma gondii* antibodies in clinically ill cats in the United States, *Am J Vet Res* 66:874, 2005.

Vyas A et al: Behavioral changes induced by *Toxoplasma* infection of rodents are highly specific to aversion of cat odors, *Proc Natl Acad Sci USA* 104:6442, 2007.

Wallace MR et al: Cats and toxoplasmosis risk in HIV-infected adults, *JAMA* 269:76, 1993.

Yarim GF et al: Serum protein alterations in dogs naturally infected with *Toxoplasma gondii*, *Parasitol Res* 101:1197, 2007.

**美洲锥虫病**

Amelotti I et al: Effects of fipronil on dogs over *Triatoma infestans*, the main vector of *Trypanosoma cruzi*, causative agent of Chagas disease, *Parasitol Res* 111:1457, 2012.

Barr SC: Canine Chagas' disease (American trypanosomiasis) in North America, *Vet Clin North Am Small Anim Pract* 39:1055, 2009.

Barr SC et al: *Trypanosoma cruzi* infection in Walker Hounds from Virginia, *Am J Vet Res* 56:1037, 1995.

Diniz Lde F et al: Effects of ravuconazole treatment on parasite load and immune response in dogs experimentally infected with *Trypanosoma cruzi*, *Antimicrob Agents Chemother* 54:2979, 2010.

Gobbi P et al: Allopurinol is effective to modify the evolution of *Trypanosoma cruzi* infection in mice, *Parasitol Res* 101:1459, 2007.

Gurtler RE et al: Effects of topical application of fipronil spot-on on dogs against the Chagas disease vector *Triatoma infestans*, *Trans R Soc Trop Med Hyg* 103:298, 2009.

Kjos SA et al: Distribution and characterization of canine Chagas disease in Texas, *Vet Parasitol* 152:249, 2008.

Longoni SS et al: Detection of different *Leishmania* spp. and *Trypanosoma cruzi* antibodies in cats from the Yucatan Peninsula (Mexico) using an iron superoxide dismutase excreted as antigen, *Comp Immunol Microbiol Infect Dis* 35:469, 2012.

Melo L et al: Low doses of simvastatin therapy ameliorate cardiac inflammatory remodeling in *Trypanosoma cruzi*–infected dogs, *Am J Trop Med Hyg* 84:325, 2011.

Meurs KM et al: Chronic *Trypanosoma cruzi* infection in dogs: 11 cases (1987-1996), *J Am Vet Med Assoc* 213:497, 1998.

Patel JM et al: Isolation, mouse pathogenicity, and genotyping of *Trypanosoma cruzi* from an English Cocker Spaniel from Virginia, USA, *Vet Parasitol* 187:394, 2012.

Quijano-Hernandez IA et al: Therapeutic DNA vaccine against *Trypanosoma cruzi* infection in dogs, *Ann N Y Acad Sci* 1149:343, 2008.

Reithinger R et al: Chagas disease control: deltamethrin-treated collars reduce *Triatoma infestans* feeding success on dogs, *Trans R Soc Trop Med Hyg* 99:502, 2005.

Rowland ME et al: Factors associated with *Trypanosoma cruzi* exposure among domestic canines in Tennessee, *J Parasitol* 96:547, 2010.

Santos FM et al: Cardiomyopathy prognosis after benznidazole treatment in chronic canine Chagas' disease, *J Antimicrob Chemother* 67:1987, 2012.

# 第 97 章
## CHAPTER 97

# 人兽共患病
## Zoonoses

人兽共患病被定义为人和动物之间可相互传播的疾病。本章所讨论的大多数疾病可感染免疫正常的人,在免疫缺陷的人群中更为严重。免疫抑制常见于各种病人,最常讨论的就是艾滋病患者,但也涵盖老年人、婴幼儿、接受化疗的人、免疫抑制病人、器官移植病人和肿瘤病人。免疫抑制病人常被劝说放弃他们的宠物。其实,人类很少因为接触宠物而染上人兽共患病,多数情况下不需要抛弃自己的宠物。疾病预防控制中心在网上发布了一些防止从爱宠身上感染疾病的措施,对 HIV 患者的指南中指出"你不需要抛弃你的宠物"(http://www. cdc. gov/hiv/pubs/brochure/oi_pets. htm)。所有人类医疗和动物医疗从业者都应向宠物主人提供准确的信息,确保他们对宠物有科学理性的态度。

很多感染原可通过直接接触宠物或其渗出物、排泄物感染人(表 97-1)。这些病原对兽医及主人的健康很重要,将在本章以传播途径的方式逐一讨论。有些人兽共患病的病原例如立克次体、埃利希体、巴尔通体和伯氏疏螺旋体等,宠物可将病原微生物的传播媒介带入环境中,人便有机会接触到病原。此外,与宠物在共同环境中生活就可能引发一些人兽共患病,例如组织胞浆菌、粗球孢子菌、皮炎芽生菌和新型隐球菌感染。

下文将对犬猫常见的人兽共患病进行简单介绍,框 97-1 和框 97-2 分别列举了兽医和宠物主人人兽共患病预防指南。

## 人兽共患肠病
### (ENTERIC ZOONOSES)

多种胃肠道病原体都是人兽共患的。表 97-2 列举出了最近两项关于猫的和一项关于犬的流行病学研究。这些研究强调了对出现胃肠道症状的犬猫采取肠道感染诊断流程的必要性,因为有可能危及人的健康。人兽共患肠病的诊断计划至少应包括粪便漂浮实验、粪便活片检查、粪便/直肠细胞学检查。沙门氏菌(Salmonella spp. )或空肠弯曲杆菌(Campylobacter spp. )感染需要进行粪便细菌培养来确诊。其他诊断实验(例如 PCR)将在各个病原部分分别讨论。

## 线虫
### (NEMATODES)

猫弓首蛔虫、犬弓首蛔虫或浣熊弓首蛔虫(见表 97-1)感染人均有可能引发内脏幼虫移行症。在美国,人被感染的现象依然很常见;年龄别血清流行率(age-adjusted seroprevalence)大概是 14%。这些常见的蛔虫以卵的形式排泄到粪便中。这些卵经过 1~3 周孵化后发育到感染性阶段,在环境中能存活数月。人通过摄入受孕卵(embryonated egg)而感染。蛔虫受孕卵可经蚯蚓、蝇类和蟑螂传播,可见于宠物的皮肤上。犬比猫更易传播这些虫卵,但小孩儿的沙盒中更容易污染到猫蛔虫卵,因为猫喜欢到沙盒里排便。人很少会因为接触犬猫而直接感染,因为这些虫卵需要经过孵化才具有感染性。

犬猫可能会呈现亚临床感染,可能会有体重减轻、被毛粗乱和胃肠道症状。摄入感染性虫卵后,幼虫能穿透肠壁移行至组织。皮肤、肺脏、中枢神经系统和眼都有可能出现嗜酸性肉芽肿性反应,进而出现临床症状。感染动物的临床症状和体格检查异常表现包括皮疹、发热、发育停滞、中枢神经症状、咳嗽、肺部浸润和肝脾肿大。外周血常见嗜酸性粒细胞增多症,眼部幼虫移行常见于视网膜,从而引发视力下降。也可发生葡萄膜

炎和眼内炎。内脏幼虫移行症最常见于 1~4 岁的儿童,而眼部幼虫移行常见于年长的儿童。人的感染可经

活检确诊,也可根据典型临床症状、嗜酸性粒细胞增多症、血清学阳性等做出假设诊断。

 **表 97-1　犬猫常见的人兽共患病**

| 接触途径 | 病原 | 感染物种 | 主要的临床表现 |
|---|---|---|---|
| **咬伤、抓伤、渗出物** | | | |
| 巴尔通体[a] | 细菌 | 犬、猫 | 亚临床、发热、高球蛋白血症、葡萄膜炎、淋巴结病、其他 |
| | | 人 | 发热、萎靡不振、淋巴结病、杆菌性血管瘤、杆菌性紫癜、其他 |
| 犬咬二氧化碳嗜纤维菌 (Capnocytophaga canimorsus) | 细菌 | 犬、猫 | 亚临床口腔携带 |
| | | 人 | 菌血症 |
| 皮肤真菌 | 真菌 | 犬、猫 | 浅表皮肤病 |
| | | 人 | 浅表皮肤病 |
| 土拉弗朗西斯菌[b] | 细菌 | 猫 | 菌血症、肺炎 |
| | | 人 | 溃疡型、眼腺型、腺型、肺炎型或伤寒型(取决于感染途径) |
| 狂犬病 | 病毒 | 犬、猫 | 渐进性中枢神经系统症状 |
| | | 人 | 渐进性中枢神经系统症状 |
| 申克孢子丝菌[b] | 真菌 | 猫 | 皮肤窦道 |
| | | 人 | 皮肤窦道 |
| 鼠疫耶尔森氏菌[b] | 细菌 | 猫 | 腺鼠疫、菌血症、肺鼠疫(取决于感染途径) |
| | | 人 | 腺鼠疫、菌血症、肺鼠疫(取决于感染途径) |
| **肠道病原** | | | |
| 犬钩口线虫(D)和猫钩口线虫(C)[c] | 钩虫 | 犬、猫 | 失血性贫血、腹泻、发育停滞 |
| | | 人 | 皮肤幼虫移行、嗜酸性疼痛 |
| 浣熊弓首线虫 | 蛔虫 | 犬 | 发育停滞 |
| | | 人 | 内脏幼虫移行;CNS 疾病 |
| 空肠弯曲杆菌和结肠弯曲杆菌 | 细菌 | 犬、猫 | 腹泻和呕吐 |
| | | 人 | 腹泻和呕吐 |
| 隐孢子虫[d] | 球虫 | 犬、猫 | 腹泻和呕吐 |
| | | 人 | 腹泻和呕吐 |
| 大肠杆菌 | 细菌 | 犬、猫 | 腹泻和呕吐 |
| | | 人 | 腹泻和呕吐 |
| 多房棘球绦虫 | 绦虫 | 犬、猫 | 亚临床感染 |
| | | 人 | 多系统疾病 |
| 细粒棘球绦虫 | 绦虫 | 犬、猫 | 腹泻和呕吐 |
| | | 人 | 腹泻和呕吐 |
| 溶组织内阿米巴原虫[e] | 阿米巴原虫 | 犬 | 腹泻和呕吐 |
| | | 人 | 腹泻和呕吐 |
| 贾第鞭毛虫[f] | 鞭毛虫 | 犬、猫 | 腹泻和呕吐 |
| | | 人 | 腹泻和呕吐 |

续表 97-1

| 接触途径 | 病原 | 感染物种 | 主要的临床表现 |
|---|---|---|---|
| 螺杆菌属[g] | 细菌 | 犬、猫 | 呕吐 |
| | | 人 | 反流和呕吐 |
| 沙门氏菌 | 细菌 | 犬、猫 | 腹泻和呕吐 |
| | | 人 | 腹泻和呕吐 |
| 粪类圆线虫 | 钩虫 | 犬、猫 | 失血性贫血、发育停滞 |
| | | 人 | 皮肤幼虫移行 |
| 犬弓首蛔虫和猫弓首蛔虫(C)[c] | 蛔虫 | 犬、猫 | 呕吐、发育停滞 |
| | | 人 | 眼部和内脏幼虫移行 |
| 刚地弓形虫[h] | 球虫 | 猫 | 罕见腹泻、多系统疾病 |
| | | 人 | 眼部、中枢神经系统、多系统疾病 |
| 狭头弯口线虫(Uncinaria stenocephala)[c] | 钩虫 | 犬、猫 | 失血性贫血、腹泻、发育停滞 |
| | | 人 | 皮肤幼虫移行 |
| 小肠结肠炎耶尔森氏菌 | 细菌 | 犬、猫 | 亚临床感染 |
| | | 人 | 腹泻和呕吐 |

**呼吸道和眼部**

| 接触途径 | 病原 | 感染物种 | 主要的临床表现 |
|---|---|---|---|
| 支气管败血性博代氏杆菌 | 细菌 | 犬、猫 | 打喷嚏、咳嗽 |
| | | 人 | 免疫抑制病人会出现肺炎 |
| 猫衣原体 | 细菌 | 猫 | 结膜炎、打喷嚏 |
| | | 人 | 结膜炎 |
| 土拉弗朗西斯菌[i] | 细菌 | 猫 | 菌血症、肺炎 |
| | | 人 | 溃疡淋巴结型、眼腺型、腺型、肺炎型或伤寒型(取决于感染途径) |
| A 型链球菌 | 细菌 | 犬、猫 | 亚临床，一过性携带 |
| | | 人 | "脓毒性咽喉炎"、败血症 |
| 鼠疫耶尔森氏菌[i] | 细菌 | 猫 | 腺鼠疫、菌血症、肺炎(取决于感染途径) |
| | | 人 | 腺鼠疫、菌血症、肺炎(取决于感染途径) |

**泌尿生殖道**

| 接触途径 | 病原 | 感染物种 | 主要的临床表现 |
|---|---|---|---|
| 犬布鲁氏菌 | 细菌 | 犬 | 睾丸炎、附睾炎、流产、死胎、阴道分泌物、葡萄膜炎、发热 |
| | | 人 | 发热、萎靡不振 |
| 钩端螺旋体 | 螺旋菌 | 犬 | 发热、萎靡不振、泌尿道炎症或肝病、葡萄膜炎、CNS |
| | | 人 | 发热、萎靡不振 |
| 博纳特氏立克次体(Coxiella burnetii)[i] | 立克次体 | 猫 | 亚临床、流产、死胎 |
| | | 人 | 发热、肺炎、淋巴结病、肌痛、关节炎 |

**跳蚤传播疾病**

| 接触途径 | 病原 | 感染物种 | 主要的临床表现 |
|---|---|---|---|
| 巴尔通体[a] | 细菌 | 猫、犬 | 亚临床、发热、高球蛋白血症、结膜炎、淋巴结病、其他 |
| | | 人 | 发热、萎靡不振、淋巴结病、杆菌性血管瘤、杆菌性紫癜、其他 |
| 猫立克次体 | 立克次体 | 猫 | 亚临床、发热 |
| | | 人 | 发热、中枢神经系统 |

续表 97-1

| 接触途径 | 病原 | 感染物种 | 主要的临床表现 |
|---|---|---|---|
| 鼠疫耶尔森氏菌 | 细菌 | 猫 | 腺鼠疫、菌血症、肺炎(取决于感染途径) |
| | | 人 | 腺鼠疫、菌血症、肺炎(取决于感染途径) |
| **蜱传播疾病**[j] | | | |
| 嗜吞噬细胞无形体 | 立克次体 | 犬、猫 | 发热、多关节炎 |
| | | 人 | 发热、多系统疾病 |
| 伯氏疏螺旋体 | 螺旋菌 | 犬 | 亚临床感染、发热、多关节炎、肾病 |
| | | 人 | 多发性关节病、心脏病、CNS 疾病 |
| 埃利希体 | 立克次体 | 犬 | 亚临床感染、发热、多系统发病 |
| | | 人 | 发热、多系统疾病 |
| 立氏立克次体 | 立克次体 | 犬 | 亚临床感染、发热、多系统发病 |
| | | 人 | 发热、多系统疾病 |

a 汉塞巴尔通体、克勒巴尔通体、克氏巴尔通体可经跳蚤传播给犬猫,因此被列入跳蚤传播疾病。其他巴尔通体也可能引起人兽共患病。猫通常会发展成比犬更严重的菌血症,流行病学和人的疾病联系更紧密。部分巴尔通体的宿主尚不明确。
b 犬排泄病原量少,几乎不会对公共卫生造成严重威胁。
c 虫卵排泄到环境中之后才会孵化,直接接触几乎不会引起感染,但在污染的环境中可能会被感染。
d 大多数犬猫的隐孢子虫是由犬隐孢子虫和猫隐孢子虫感染引起的,这些微生物罕见于人。
e 犬的感染在美国非常罕见。
f 宿主适应性和人兽共患微生物确实存在。犬猫可携带人兽共患微生物,但感染是否能导致人类再感染尚无定论。
g 大多数犬猫螺杆菌是宿主适应性的,若一只犬猫出现幽门螺杆菌,那么有可能是反向感染的。
h 卵囊排向环境之后会发生孢子化,因此,几乎不会出现直接接触感染。
i 也可能是经媒介传播的。
j 有些蜱虫里面也能扩增出巴尔通体的 DNA,但蜱虫传播机制尚未研究清楚。

**框 97-1　兽医人兽共患病预防指南**

- 兽医及其团队其他成员应该熟练掌握人兽共患病的基本知识,并积极向宠物主人介绍饲养宠物的优势和健康风险,确保主人能够做出有逻辑的决定,管理好他们的宠物。
- 兽医诊所应该确保所有员工了解与免疫抑制有关的疾病,遇到这些情况时应该谨慎处理,乐于助人。标语、海报等有助于开展这些工作。
- 考虑到兽医和公共卫生问题,宠物诊所应该向主人提供足够的人兽共患病知识,但兽医不能对主人进行诊断和讨论治疗方案。
- 有临床症状的主人应该转诊至内科医师处诊断治疗。
- 兽医和内科医师对人兽共患病有不同的认识和经验,兽医应该向宠物主人的主治医师提供相应的信息,以排查某些人兽共患病。
- 如果要给予公共卫生的建议,最好在病历上做出相应的记录。
- 如果诊断出已报道的人兽共患病,应联系公共卫生部门。
- 应该建议动物主人进行人兽共患病微生物诊断计划,尤其是动物主人的宠物出现临床症状时。
- 所有犬猫均应接种狂犬病疫苗。
- 犬猫应定期驱杀钩虫和蛔虫。
- 无论何时何地都要控制跳蚤和蜱虫。
- 兽医工作人员应教会主人怎么防止被咬被抓。
- 不要被污染到血液或体腔液的针头扎伤。

在美国,犬钩口线虫、巴西钩口线虫、管形钩口线虫、狭头弯口线虫和粪类圆线虫的幼虫可进行皮肤移行,钩虫感染率也随时间逐年变化。在美国一项大样本调查中 44 个州中 547 家诊所对超过 100 万只犬进行检查,钩口线虫卵阳性率为 4.5%。对于高风险地区和动物,感染率更高。一项研究显示,佛罗里达州的猫粪便中,钩虫和巴西钩口线虫的阳性率分别约为 75% 和 33%。当这些虫卵被排到环境中后,经过 1～3 d 的孵化,感染性幼虫释放出来,可通过刺穿皮肤感染人。也曾有报道显示人在摄入犬钩口线虫的虫卵后会发生嗜酸性肠炎。

患病动物可能呈亚临床感染,或者有非特异性症状,例如被毛粗乱、体重减轻、呕吐、腹泻等,严重感染的幼犬和幼猫可能会因失血性贫血而导致黏膜苍白;幼虫很难穿透人的表皮真皮结合部位,一般会在表皮层中死亡。临床症状和幼虫移行有关,后者会导致红斑、瘙痒性皮肤窦道。皮肤症状常会在数周内恢复。人出现肠道感染之后最常见的临床症状的是腹痛。

狐毛尾线虫(*Trichuris vulpis*)即犬鞭虫,最常易引发犬的大肠性腹泻。这种寄生虫虽然能在人的粪便中检测出来,但患者几乎没有胃肠道症状(Dunn 等,2002)。

- 如果要收养一个新宠物,被收养的犬猫应是人兽共患病风险最小、临床表现正常、无节肢动物寄生、来自私人家庭的成年动物。
- 一旦确定要收养动物,在兽医对其进行全面体检和人兽共患病风险评估之前,需将动物与免疫受损的人隔离。
- 所有临床患病的动物都应该寻求兽医护理。
- 每年应至少进行一次或两次体检和粪便检查。
- 每天排泄的粪便需及时清理,而且最好不要由免疫受损的人清理。
- 使用砂盆内衬箱,定期使用开水和去污剂清洁砂盆。
- 不要让犬猫饮用厕所里的水。
- 打理草坪或花园时要戴上手套,结束时要认真洗手。
- 从环境中取得的水应过滤或煮沸。
- 处理完动物后要及时清洗双手。
- 不要处理不熟悉的动物。
- 如果有可能,不要让免疫受损的病人来处理有临床症状的动物。
- 宠物应该在家中饲养,减少接触其他可能携带人兽共患病原的动物,降低接触其他动物排泄物的机会,也减少接触跳蚤和蜱虫的机会。
- 只能给宠物饲喂商业化日粮。
- 人不应该和宠物共用餐具。
- 不要被动物舔舐。
- 要及时给猫剪指甲,减少抓穿皮肤的机会。
- 为降低咬伤和抓伤的概率,不要故意挑逗或保定犬猫。
- 如果不慎被犬猫咬伤或抓伤,要及时就诊。
- 控制潜在的传播宿主,例如苍蝇和蟑螂,它们有可能会将人兽共患病原带回家中。
- 烹制供人类食用的肉类食物时,应至少 80℃ 连续加热 15 min(七至八分熟)。
- 需戴上手套再处理肉类,结束后要用肥皂和水洗手。

表 97-2　美国犬猫肠道人兽共患病的预防

| 项目 | 成年犬 (N=130)* | 成年猫 (N=263)† | ＜1岁的猫 (N=206)‡ |
|---|---|---|---|
| 钩口线虫 | 0.8% | 0.0% | 0.0% |
| 弯曲杆菌 | 0.8% | 1.0% | 0.8% |
| 隐孢子虫 | 3.8% | 5.4% | 3.8% |
| 贾第鞭毛虫 | 5.4% | 2.4% | 7.2% |
| 沙门氏菌 | 2.3% | 1.0% | 0.8% |
| 犬弓首蛔虫 | 3.1% | 0.0% | 0.0% |
| 猫弓首蛔虫 | 0.0% | 3.9% | 32.7% |
| 刚地弓形虫 | 0.0% | 0.0% | 1.1% |
| 任何人兽共患病 | 14.6% | 13.1% | 40.7% |

*科罗拉多犬(Hackett 和 Lappin,2003)
†科罗拉多猫(Hill 等,2000)
‡纽约州的幼猫(Spain 等,2001)

钩虫和线虫的预防可通过控制人类生存环境中的动物排泄物来加以控制。所有幼犬和幼猫均需进行粪便漂浮检查,也要使用常规抗蠕虫药驱虫(对蛔虫和钩虫有效)。伴侣动物寄生虫委员会推荐幼犬及其妈妈在幼犬 2、4、6、8 周龄时进行治疗,而幼猫及其妈妈在幼猫 6、8 和 10 周龄时进行治疗。这些指南对于载虫量高的地区和动物尤其重要。如果幼犬幼猫在免疫前从未去过诊所,或来自发病率很低的地区,可在其免疫的同时进行驱虫(例如给予双羟萘酸吩噻嘧啶)。蛔虫和钩虫感染偶尔可能会被掩盖,因此,不管显微镜能否观察到虫卵,所有幼犬和幼猫都应进行驱虫。美国大多数地区都应每月驱一次虫。若定期进行心丝虫预防,也能有效控制钩虫和蛔虫。

## 绦虫 (CESTODES)

犬复孔绦虫、细粒棘球绦虫、多房棘球绦虫都是人兽共患绦虫。野生食肉动物是细粒棘球绦虫的终末宿主,可将感染性虫卵排向外界环境。摄食了受感染绵羊、兔子的犬,可通过粪便排泄细粒棘球绦虫卵。摄食了受感染啮齿动物的犬猫,可通过粪便排泄多房棘球绦虫。人在摄入受感染中间宿主(跳蚤、复孔绦虫)或虫卵后也会被感染(细粒棘球绦虫)。绦虫感染犬猫通常表现为亚临床症状。复孔绦虫感染最常见于儿童,会导致腹泻和肛门瘙痒。人类摄入虫卵后,通常会立即表现出感染性,细粒棘球绦虫会进入门静脉循环,然后散布至肝脏或其他组织。多房棘球绦虫在北美中部和北部最常见,可能是通过狐狸传播的。绦虫的预防控制建立在环境消毒和使用杀绦虫药的基础之上。吡喹酮已被批准用于细粒棘球绦虫的治疗。限制犬猫的捕猎行为,饲喂烹制过的食物等措施,可有效降低绦虫接触风险。疫区生活的捕猎犬猫应每月使用一次吡喹酮。严格控制跳蚤可有效降低复孔绦虫的感染率。

## 球虫 (COCCIDIANS)

隐孢子虫生活在很多脊椎动物的呼吸道和肠道上皮细胞,包括鸟类、哺乳类、爬行类和鱼类,曾被认为是一种共生微生物,如今认为其可导致一些哺乳动物(例如啮齿动物、犬、猫、犊牛和人)出现胃肠道疾病。隐孢子虫有完整的生活史,和其他球虫一样,会产生具有感染性的薄壁卵囊、具有抵抗力的厚壁卵囊(图 97-1)。卵囊(直径 4~6 μm)以孢子化的形式经粪便排出,随后立即可感染其他宿主。目前已发现很多种隐孢子虫,包括微小隐孢子虫、人隐孢子虫、猫隐孢子虫和犬隐孢子虫。不能通过光学显微镜区分既感染宠物,又感染人的隐孢子虫株和只感染宠物的隐孢子虫株,所以所有隐孢子虫感染都应被当作人兽共患病。犬猫最常见的隐孢子虫分别为犬隐孢子虫和猫隐孢子虫。

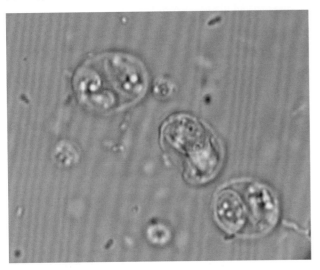

**图 97-1**
一份粪便漂浮样本中可见微小隐孢子虫和刚地弓形虫卵囊。微小隐孢子虫卵囊大约 4 μm× 5 μm,而刚地弓形虫卵囊大约 10 μm× 12 μm。

犬猫粪便中隐孢子虫卵囊的流行性和贾第鞭毛虫相似(见表 97-1),在免疫抑制病人家庭中,所有腹泻犬猫都应筛查感染情况。调查显示,腹泻犬猫隐孢子虫核酸(DNA)扩增的阳性率分别为 17% 和 29%(Scorza 和 Lappin,2005)。这一调查提示宠物和人普遍能够接触到隐孢子虫。

人和人之间的传播途径主要是粪口传播和接触污染水源。人接触了微小隐孢子虫感染的犊牛后也会受到感染,多年前就有相关报道。虽然之前有一定报道,但人的感染很难由犬猫传染而来。一项研究显示,在统计学上,养猫或养狗和 HIV 患者患有隐孢子虫病之间并无直接相关性(Glaser 等,1998)。

犬猫隐孢子虫病通常呈隐性感染,但常见小肠性腹泻。免疫抑制可能会使一些疾病的风险增加;有些犬猫会同时出现猫白血病病毒感染、犬瘟热病毒感染或肠道淋巴瘤。有临床症状的隐孢子虫病常表现为小肠性腹泻,在免疫正常的病人中通常是自限性的,但在艾滋病患者中通常是致命的。10%~20% 的艾滋病患者会出现微小隐孢子虫感染。

隐孢子虫卵囊很小(直径 4~6 μm),诊断起来比较困难。饱和盐水漂浮和 100 倍镜下观察常导致假阴性结果。虫卵富集法和荧光抗体染色或抗酸染色联合应用似乎能提高检出率。目前已经有商品化的微小隐孢子虫的多重 ELISA 试剂盒,但不能用于犬隐孢子虫或猫隐孢子虫的诊断。PCR 检查仍然是最敏感的方法,但该方法在不同实验室间没有被标准化。

目前没有任何一种药物被证实可以清除胃肠道的隐孢子虫,但阿奇霉素(10 mg/kg,q 24 h,口服)、泰乐菌素(10 ~ 15 mg/kg,q 8 h,口服)、硝唑尼特(10 mg/kg,q 12~24 h,口服)均能有效控制症状。最佳治疗持续期尚不清楚。有些病例使用阿奇霉素数周后才能控制住临床症状。避免接触是最有效的预防措施。常规消毒剂需长时间接触病原微生物才能起效。干燥、冻融和熏蒸消毒能有效灭活病原。田间地表水需要煮沸或过滤后才能饮用。

刚地弓形虫是一种普遍存在的球虫,呈世界性分布。美国大多数血清学调查显示至少 30% 的猫和人都曾接触过弓形虫。猫是已知的唯一确定的终末宿主,弓形虫在猫体内经历肠道上皮循环(有性生殖),通过粪便向外界环境中排泄有抵抗力的未孢子化的卵囊。在有氧条件下,卵囊会在 1~5 d 孢子化,可感染温血脊椎动物(见图 97-1)。刚地弓形虫肠外感染期会导致组织包囊的形成,包囊里一直存在病原。刚地弓形虫感染途径包括摄入孢子化的卵囊或组织包囊,经胎盘传播。人和猫只有在怀孕时第一次感染弓形虫,才会出现胎盘传播的现象。

犬猫很少出现由刚地弓形虫引起的临床感染,临床上表现为发热、葡萄膜炎、肺部疾病、肝脏疾病和 CNS 疾病(见第 96 章)。免疫力良好的人一般无临床表现;偶见自限性发热、淋巴结病、萎靡不振等症状。由人的胎盘感染引起的症状包括死胎、脑水肿、肝脾肿大和视网膜脉络膜炎等。有些行为异常的人刚地弓形虫抗体阳性,但直接原因和作用尚且不详。免疫抑制可激活慢性组织感染,从而导致病原散播和严重的临床疾病。这种情况通常与药物导致的免疫抑制或 AIDS 相关。大约 10% 的 AIDS 病人发展为弓形虫性脑炎。蔗糖漂浮法是发现猫粪便中卵囊的最佳办法。临床上很难诊断出人、犬和猫的弓形虫病,但可以结合临床表现、血清学检查、微生物培养和对抗弓形虫药物的反应进行诊断(见第 96 章)。

虽然刚地弓形虫病被认为是最常见的人兽共患病之一,但人通常不是通过直接接触猫感染的。卵囊排出期通常持续数天至数周(如果猫是通过摄入组织包囊感染的,卵囊排出期7～10 d)。卵囊孢子化之后才具有感染性,因此,直接接触新鲜粪便一般不会引发感染。猫通常是一种爱清洁的动物,不会允许粪便在皮肤上长期停留,因此,卵囊在皮肤上停留时间不足,不会出现孢子化的现象。在卵囊排泄期7 d后,研究者也从未从猫的皮毛上分离到过卵囊。对于HIV患者而言,养猫与刚地弓形虫血清阳性率之间也没有明显相关性(Wallace等,1993)。大多数研究显示,兽医的弓形虫阳性率不比普通人的阳性率高。免疫缺陷病人或孕妇不需要把猫赶出家门(http://www.cdc.gov/ncidod/dpd/parasites/toxoplasmosis/Toxo Women. pdf)。关于刚地弓形虫感染的预防措施见框96-1。

## 鞭毛虫、阿米巴原虫和纤毛虫
### (FLAGELLATES, AMOEBA, AND CILIATES)

贾第鞭毛虫(鞭毛)、溶组织阿米巴原虫(*Entamoeba histolytica*,阿米巴)和结肠小袋纤毛虫(纤毛虫)是肠道原虫,可通过直接接触粪便传染给人,卵囊不需孢子化便有传染性。溶组织阿米巴原虫罕见于犬猫;结肠小袋纤毛虫在犬中非常罕见,在猫中也没有报道。

犬猫常见贾第鞭毛虫感染,健康犬猫和小肠性腹泻的犬猫体内均有可能找到贾第鞭毛虫(偶见于混合性腹泻的猫)。免疫缺陷动物的症状可能更严重。由于这种微生物排到粪便中马上就表现出传染性,因此直接接触可能会引发感染。遗传学研究已发现多种贾第鞭毛虫,而犬猫感染的贾第鞭毛虫多为C型、D型和F型(Scorza等,2012)。和隐孢子虫一样,不可能通过显微镜来鉴别虫株是否为人兽共患病原,要把每一份含贾第鞭毛虫的粪便当作潜在的传染源。每只犬猫每年都要至少做一次粪便检查,只要怀疑该病都要用抗贾第鞭毛虫的药物,例如芬苯达唑、甲硝唑或者非班太尔/吡喹酮/吩噻嘧啶(见第33章)。现在有些国家已经批准非班太尔/吡喹酮/吩噻嘧啶用于治疗贾第鞭毛虫。富集法(硫酸锌或蔗糖)是广大兽医寄生虫学家推荐的最佳诊断手段,可用于检测卵囊(见图89-1)。如果能获取到犬猫腹泻期间的新鲜粪便,可检查有游动性的滋养体,能大大提高敏感性。除了粪便漂浮法(也可检查出来其他种类的寄生虫),也可以应用一些其他检查方法(但这些方法不可以代替粪便漂浮法),例如以单克隆抗体技术为基础的免疫荧光抗体技术、

粪便抗原检测、PCR检查。

现在不再有商业性的犬猫贾第鞭毛虫疫苗。贾第鞭毛虫的预防措施包括:地表水经煮沸或过滤后再饮用;手上沾上粪便后要马上清洗,即使戴了手套也要清洗;犬猫贾第鞭毛虫感染的治疗中,约75%的病例在治疗数周后再次感染。我们也无法知道这些病例是治疗失败还是再次感染,因此,该病的治疗目标只是消除腹泻。

## 细菌
### (BACTERIA)

能感染犬猫的沙门氏菌、弯曲杆菌、大肠杆菌、小肠结肠炎耶尔森氏菌、螺杆菌等微生物都可以引起人的感染。动物向人传播则主要通过"粪口"途径。犬可能是志贺氏菌的携带者,而人类是自然宿主。虽然从猫体内分离出了一株幽门螺杆菌,但尚不清楚犬猫是否为人类感染的常见来源。但基于流行病学调查研究,似乎不支持这一推测。最近三项关于肠道人兽共患病原的流行病学研究显示,沙门氏菌、弯曲杆菌感染在宠物犬猫中并不常见(表97-1)。沙门氏菌和弯曲杆菌感染在生活于不卫生或密集环境的幼年动物中流行性较高。

沙门氏菌、弯曲杆菌、大肠杆菌感染可引起犬猫的胃肠炎,小肠结肠炎耶尔森氏菌可能是动物的共生菌,但会引起人发烧、腹痛、多关节炎、菌血症。螺杆菌感染可引发胃炎,常见呕吐、打嗝或异食癖。犬猫沙门氏菌感染通常呈亚临床感染,约50%的临床感染猫有胃肠炎症状;还有一些有菌血症的症状,例如发热。猫和人的沙门氏菌感染可能会出现鸣禽热(songbird fever)。子宫内感染可能会出现流产、死胎、新生儿死亡等症状。沙门氏菌、弯曲杆菌、大肠杆菌、小肠结肠炎耶尔森氏菌的诊断需要粪便样本的培养(见第89章)。单次阴性培养结果并不能排除感染。虽然可采用PCR方法诊断,但细菌培养之后可进行药敏试验,比PCR诊断意义更大。

抗生素可控制沙门氏菌或弯曲杆菌感染的临床症状(见第33章),但亚临床感染病例不能使用抗生素口服治疗,否则会引起耐药。若怀疑菌血症,可通过胃肠外给药治疗。已发现有些猫体内的沙门氏菌对大多数抗生素耐药。肠道人兽共患细菌病的预防需卫生防控和避免接触粪便。免疫缺陷病人应避免接触幼年动物、密集饲养或不卫生的家庭饲养的动物,尤其是当这

些动物有胃肠道疾病症状时。

# 咬伤、抓伤或排泄物引起的人兽共患病
## (BITE, SCRATCH, OR EXUDATE EXPOSURE ZOONOSES)

## 细菌
### (BACTERIA)

2005—2009 年,美国每年大约有 300 000 例非致命性犬咬伤事件(Quirk, 2012)。大多数免疫力正常个体会出现局部需氧菌或厌氧菌的感染,但 28%～80%的猫咬伤会导致感染和严重的后遗症,包括脑膜炎、心内膜炎、败血性关节炎、骨关节炎、败血性休克等。对于免疫力正常的个体来讲,大多数和犬猫咬伤或抓伤有关的需氧菌和厌氧菌会导致局部感染。免疫缺陷患者或接触了巴氏杆菌、犬咬伤二氧化碳噬纤维菌(DF-2)或牙龈二氧化碳噬纤维菌的患者,极有可能会发展为全身性疾病,而脾切除术患者易发展为菌血症。

犬猫是口腔多种细菌的亚临床携带者。一旦有人被咬伤或抓伤,可能会马上出现蜂窝织炎,随后出现深部组织感染。常见菌血症和发热、萎靡不振、虚弱等相关临床症状,免疫缺陷病人或脾切除术后的病人在感染二氧化碳噬纤维菌数小时后可能会死亡,可通过培养确诊。病原携带动物不需要治疗。临床感染患者的治疗包括局部创伤处理、肠外给予抗生素等。青霉素衍生物对大多数巴氏杆菌感染非常有效;青霉素和头孢菌素在体外对二氧化碳噬纤维菌有效。

正常犬猫和有症状的犬猫都可能会携带耐甲氧西林金黄色葡萄球菌(*Staphylococcus aureus*, MRSA)和耐甲氧西林伪葡萄球菌(*Staphylococcus pseudintermedius*, MRSP)。这些病原可传播到兽医、病人和医生身上,在医院内,这是值得注意的问题(Weese 等,2006)。最近有一项关于动物收容所犬猫葡萄球菌的研究,通过鼻拭子和肛拭子采样调查,结果发现 0.5%的猫样本能筛检出 MRSA,0.5%的犬样本能筛检出 MRSA,3%的犬样本能筛检出 MRSP(Gingrich 等,2011)。这些检出率通常比兽医院犬猫的检出率低。通常来说,这些动物对免疫良好或健康的人来说是没有危险的,但护理感染动物时,要避免开放性伤口感染。在兽医院中,应有处理 MRSA 和 MRSP 的相关

规定。如果兽医院内反复有感染出现,则员工可能是细菌携带者,所以员工有必要进行检查。

据报道,人通过猫咬伤感染支原体的病例中,有一例引起脑膜炎,还有一例引起败血性关节炎。L 型细菌是无细胞壁的,与猫慢性开放性皮肤伤口有关,并且通常对抑制细胞壁的抗生素有抵抗力,如青霉素类和头孢菌素类。也有报道显示,人由于被猫咬伤后而出现感染。只能通过组织病理学确诊。多西环素已经成功治愈猫和人的感染。处理猫的开放性伤口时应戴手套,处理后应彻底洗手清洁。

汉塞巴尔通体可感染犬猫,是引起猫抓伤病的最常见病原体。感染 AIDS 患者时,常可引起杆菌性血管瘤和杆菌性紫癜。感染犬猫的巴尔通体有几种,包括克氏巴尔通体、克勒巴尔通体、文森巴尔通体(犬)和五日热巴尔通体(见第 92 章)。汉塞巴尔通体已从亚临床症状、血清学阳性的猫和一些有不同临床症状(如发烧、嗜睡、淋巴结病、葡萄膜炎、牙龈炎和神经系统疾病)的猫中分离出来。犬感染巴尔通体也会有相关的临床症状。猫的血清流行率有地区差异,但在美国的某些区域巴尔通体阳性率高达 93%。在犬的唾液中也能检测出巴尔通体,并且犬与人的巴尔通体相关(见第 92 章)。汉塞巴尔通体、克氏巴尔通体和克勒巴尔通体在猫之间通过跳蚤传播,所以在美国跳蚤多的区域,巴尔通体的流行率最高(Breitschwerdt 等,2010)。巴尔通体最常见于通过猫咬伤或抓伤传播给人类,以幼猫为主。汉塞巴尔通体可在跳蚤的排泄物中存活数天,所以猫爪和牙齿很有可能在理毛的时候被汉塞巴尔通体污染。因此,应加强犬猫的跳蚤管理(图 97-2)。有一项研究表明,猫感染栉首蚤时,可在猫的皮肤(31%)和爪垫(18%)中扩增出巴尔通体的 DNA(Lappin 和 Hawley,2009)。

人被猫抓伤后可出现不同的临床症状,如淋巴结病、发热、精神萎靡、体重减轻、肌肉疼痛、头痛、结膜炎、皮疹和关节痛。杆菌性血管瘤是弥漫性疾病,可导致血管性皮疹。杆菌性紫癜是实质器官的弥散性系统性血管炎,特别是肝脏。猫抓病的潜伏期约为 3 周。大部分猫抓病都有自限性,但可能需要几个月才能痊愈。最近有报道认为汉塞巴尔通体是导致慢性疾病综合征的原因,如发热、头痛、多关节炎和慢性疲劳。与普通人相比,兽医院工作人员和巴尔通体研究人员暴露于病原菌的危险性更高(Breitschwerdt 等,2007)。大多数医生没有意识到这个问题。如果病人表现出相关临床症状,医生应该被告知小心处理。

**图 97-2**
猫栉首蚤的排泄物和卵可能有巴尔通体或猫立克次体。
(Courtesy the HESKA Corporation. )

血液培养、血液 PCR 和血清学检测可用于评估犬、猫和人的感染风险(见第 92 章)。结合 PCR,用巴尔通体 α 变形杆菌培养基(BAPGM)培养是诊断犬和人巴尔通体菌血症最敏感的方法。有一个商业实验室可提供这种检测方法(www. galaxydx. com)。血清学检测可评估犬猫是否接触过巴尔通体,但菌血症猫的血清学结果可能是阳性或阴性,所以这个方法有一定的局限性。因此近几年,疾病预防控制中心(Kaplan 等,2009)和美国猫执业兽医协会(Brunt 等,2006)不推荐用血清学检测犬猫的巴尔通体感染。对于怀疑有巴尔通体临床症状的猫,对其检测结果应持保留意见。

在试验研究中,多西环素、四环素、红霉素、阿莫西林—克拉维酸或恩诺沙星可控制菌血症,但不能完全清除猫的感染,并且没有证据表明可以降低猫抓病的感染风险。阿奇霉素常用于疑似巴尔通体感染的猫,但由于猫对该药物很快产生耐药性,所以现在被禁用于猫巴尔通体的治疗(Biswas 等,2010)。因此,对健康的菌血症猫进行抗生素治疗存在争议,并且疾病预防控制中心(Kaplan 等,2009)和美国猫执业兽医协会(Brunt 等,2006)不推荐抗生素治疗。对有疑似巴尔通体临床症状猫的治疗,持保留意见。由于每个月用吡虫啉驱虫可阻断汉塞巴尔通体在猫群中传播,所以需严格控制跳蚤(Bradbury 和 Lappin,2010)。免疫缺陷的人应避免接触幼猫。猫爪应定期修剪,不应挑衅猫。猫抓伤或咬伤的伤口应立即清创并及时就医。

猫鼠疫是由鼠疫耶尔森氏菌引起的。鼠疫耶尔森氏菌是革兰阴性球杆菌,在美国中西部和远西部最常见,特别是亚利桑那州、新墨西哥州和科罗拉多州。其自然宿主是啮齿类动物。猫感染最常见的途径包括摄入患菌血症的啮齿类动物或兔类,或者被携带鼠疫杆菌的啮齿类动物跳蚤叮咬。犬不易感,并且与传播给人无关。人的感染途径中,最常见的是被啮齿类动物跳蚤叮咬,但很多病例是通过接触野生动物和感染的家猫而被感染。从 1977 年到 1998 年,有 23 例人鼠疫(占总病例的 88%)是通过接触感染猫感染的(Gage 等,2000)。可通过吸入肺鼠疫猫的呼吸道分泌物,或通过咬伤伤口、污染的黏膜或有分泌物和渗出物的受损皮肤而感染。

猫和人感染鼠疫耶尔森氏菌可发展为淋巴腺炎、败血症和肺鼠疫。每一种类型都伴随发热、头痛、虚弱和精神萎靡的临床症状。猫常通过摄食患菌血症的啮齿动物而感染,因此最常见的临床症状为颈部和下颌淋巴结发生化脓性淋巴结炎。猫淋巴结渗出物应进行细胞学检查,看是否有大量两极着色的杆菌。可通过渗出液荧光抗体检测,渗出物、扁桃体和唾液培养,或者检测到抗体滴度上升确诊。接触过感染猫的人应及时转诊到内科诊所,进行抗生素治疗,并且公共卫生组织应加以注意。多西环素、氟喹诺酮、氯霉素或氨基糖苷类抗生素可有效治疗鼠疫。当患菌血症时,应给予肠外抗生素治疗。淋巴结需引流。有化脓性淋巴结炎的猫,需怀疑感染鼠疫,并且在处理渗出物或治疗引流伤口时,要十分小心。疑似感染的动物应控制跳蚤并在家中隔离。一般而言,在抗生素治疗 4 d 后,猫不会感染人类。

土拉弗朗西斯菌(*Francisella tularensis*)是革兰阴性菌,在整个美国大陆分布,引起兔热病(土拉菌病,tularemia)。已知的传播宿主有变异革蜱(美国犬蜱)、安氏革蜱(美国硬蜱)和美洲钝眼蜱(孤星蜱)。人兔热病最常于接触蜱虫后发病,很少通过接触被感染的动物发病。至少有 51 例人兔热病是通过接触感染猫发病的。犬并非感染源,但可把感染蜱带到环境中,促使人接触感染。猫最常通过被蜱叮咬或吃感染的兔或啮齿类动物感染。大多数猫兔热病发生在美国中西部,特别是俄克拉荷马州。然而,最近的一项研究表明,在美国东北地区,样本量为 91,猫的血清学流行率为 12%(Magnarelli 等,2007)。

感染猫通常表现为淋巴结病和器官脓肿,如肝脏和脾脏,从而引起发热、厌食、黄疸和死亡。溃疡淋巴结型、眼腺型、腺型、口咽型、肺炎型和伤寒型人兔热病的发展取决于感染的途径。与鼠疫不同的是,兔热病的病原菌在感染猫的渗出液或淋巴结穿刺物中不常见。猫和人的感染可通过微生物培养和抗体滴度增加来确诊。大多数猫兔热病的病例是死后确诊的,所以最好的治疗方案仍然未知。最常用链霉素和庆大霉素治疗人兔热病。四环素或氯霉素可用于无须住院的猫,但有复发的可能。避免接触兔类动物、蜱和感染猫可防止感染。所有死于菌血症的猫,需谨慎处理。

## 真菌
(FUNGI)

多数真菌可感染动物和人,只有申克孢子丝菌(*Sporothrix schenckii*)和皮肤癣菌可通过直接接触感染。组织胞浆菌、芽生菌、球孢子菌、曲霉菌和隐球菌可在同一家庭环境中感染人和动物,但通常是通过在同一个环境中接触感染的(见第 95 章)。孢子丝菌呈全世界分布,可在土壤中存活。通常犬渗出物中不会有大量孢子丝菌,所以犬的人兽共患病危险性低。孢子丝菌通常会通过受损的皮肤感染猫和人。猫可通过被感染猫抓伤而感染,常见于户外活动的公猫。人可接触感染猫皮肤伤口的渗出液而感染。猫的孢子丝菌感染有皮肤淋巴结型、皮肤型或弥漫型。常见慢性皮肤窦道感染。猫的粪便、组织和渗出物中常可见大量病原菌,因此,当处理感染猫时,兽医护理人员有很高的感染风险(图 97-3)。人的临床症状表现与猫相似。渗出液细胞学检查或培养可检出病原菌。氟康唑、伊曲康唑或酮康唑是有效的治疗药物。在处理有引流管的猫时,应戴手套,处理后还要彻底洗手。

## 病毒
(VIRUSES)

在美国,狂犬病仍然是唯一一个直接与小动物相关的病毒性人兽共患病。详见第 66 章中关于该病毒的描述和 2011 年狂犬病控制纲要。

伪狂犬病毒是疱疹病毒,可感染猪。犬和人接触病原后,可引起自限性皮肤瘙痒症。犬偶尔出现中枢神经系统症状,如精神沉郁和抽搐。基于病原体接触史,可对该病做出疑似诊断。避免接触病原体可预防感染。

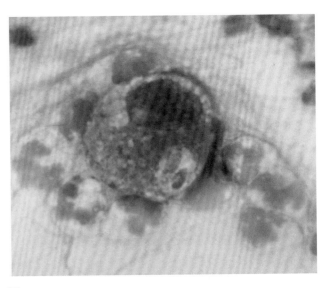

图 97-3
感染猫的巨噬细胞中的申克孢子丝菌。在细胞质中可见两个棒状细菌。

由于猫白血病病毒 B 亚型和 C 亚型可在人细胞系中复制,一些当局者对于猫逆转录病毒——猫白血病病毒(FeLV)、猫免疫缺陷病毒(FIV)和猫泡沫病毒(FeFV)是否会感染人很关注。然而,迄今为止没有人感染猫逆转录病毒的相关报道。最近一项研究对兽医和其他猫逆转录病毒的潜在接触者(共 204 人)进行 FIV 和 FeFV 抗体检测、FeLV p27 抗原检测和 FeLV 前病毒检测,结果均为阴性(Butera 等,2000)。由于 FeLV 和 FIV 均可导致免疫缺陷,感染猫比逆转录病毒阴性猫更容易携带其他人兽共患病原体,尤其是出现胃肠道疾病症状时。

## 呼吸道和眼睛人兽共患病
(RESPIRATORY TRACT AND OCULAR ZOONOSES)

## 细菌
(BACTERIA)

支气管败血性博代氏杆菌(*Bordetella bronchiseptica*)可引起犬猫呼吸道感染(见第 22 章)。典型的临床表现为气管支气管炎,但该病原菌也能引起肺炎、打喷嚏和鼻分泌物。人感染支气管败血性博代氏杆菌很少表现临床症状,除非是免疫缺陷的人群(见表 97-1)。人感染支气管败血性博代氏杆菌的病例少于 100 例,并且大部分病人都有免疫缺陷(Wernli 等,

2011)。人感染支气管败血性博代氏杆菌与犬猫有关。阿莫西林－克拉维酸、氯霉素、恩诺沙星和四环素衍生物都可有效治疗感染。有上呼吸道或下呼吸道炎症疾病的动物,在临床症状消失之前,都应远离免疫缺陷病人。然而,治愈的动物仍然有可能传播病原。

猫衣原体(原名为鹦鹉热衣原体)引起猫温和的结膜疾病和鼻炎。在日本,猫衣原体的抗体流行率分别为:流浪猫 51%、宠物猫 15%、人 3% 和小动物兽医 5%,这一结果提示猫衣原体有可能在猫和人之间传播(Yan 等,2000)。曾有报道显示,人接触猫眼分泌物后发生结膜炎。将一株从人中分离的衣原体接种到猫上,引起猫结膜炎和持续感染,提示该分离株是猫衣原体。猫衣原体偶尔可引起全身性疾病。一位表观免疫系统健全的 48 岁男性表现为非典型肺炎。一位免疫抑制女性表现为心内膜炎和肾小球肾炎。猫衣原体可通过病原菌培养、特征性包涵体细胞学检查或结膜拭子荧光抗体染色来确诊。通常情况下,四环素或含氯霉素的眼膏可有效治疗感染。口服多西环素仍被认为是清除细菌的最好方法。护理病患时,结膜应避免直接接触呼吸道或眼部分泌物,特别是免疫抑制人群(见框 97-2)。当处理有结膜炎的猫时,护理人员应戴手套或者处理后洗手。

人是 A 型链球菌(Streptococcus)、化脓性链球菌和肺炎性链球菌(引起人的脓毒性咽喉炎)最主要的天然宿主。与感染人群密切接触的犬猫表现为亚临床症状,链球菌在咽部短时间定植,并把病原传播给其他人。然而,支持以上说法的相关文献很少,并且被认为是不常见的。可从扁桃体隐窝处培养链球菌,培养结果阳性的动物应用青霉素衍生物治疗。如果动物在家治疗,并发展为慢性反复的脓毒性咽喉炎,则所有的家人都应该接受治疗,因为他们有可能是慢性亚临床携带者。

鼠疫耶尔森氏菌(Y. pestis)和土拉弗朗西斯菌(F. tularensis)可通过呼吸道分泌物从猫传播给人类。在流行区域,有相关临床症状,或出现与肺炎相符的影像学征象的猫,应按照疑似鼠疫或兔热病来处理。当对疑似感染猫进行经口咽呼吸道冲洗时,应穿戴手套、口罩、外科手术服和护眼镜。

## 病毒
(VIRUSES)

与感染鸟类密切接触后,一些猫已经感染了禽流感病毒(avian influenza A,H5N1)。关于自然感染猫和实验室感染猫的研究表明,一些猫表现呼吸道症状,其他则成为无症状携带者。关于感染猫之间传播的评估,结果各有不同。迄今为止,尚无禽流感病毒从猫传播至人的报道。

## 生殖道和泌尿道人兽共患病
(GENITAL AND URINARY TRACT ZOONOSES)

博纳特氏立克次体(Coxiella burnetii)呈全世界分布,包括北美洲(见表 97-1)。很多蜱,包括血红扇头蜱,是博纳特氏立克次体的自然宿主。牛、绵羊和山羊通常是亚临床感染,并且通过尿液、粪便、奶和分娩分泌物把病原体传播到环境中。血清学阳性犬已被报道,但尚未有犬传染给人的记载。猫通常是接触蜱、吃了感染的尸体或吸入污染病原体的气溶胶后感染。一些实验感染的猫,表现为发热、厌食和精神沉郁。猫感染可能会引起流产,但该病原体也可从正常分娩的猫中分离到。感染猫表面上正常。加利福尼亚南部的动物收容所和加拿大沿海地区,分别有 20% 的猫血清学阳性,在日本的调查显示,病原体可在健康猫的阴道中增殖,在科罗拉多州,可从猫子宫组织中扩增出病原体DNA(Cairns 等,2007)。

人的感染与直接接触患病猫有关,例如接触到由分娩猫或流产猫产生的病原菌气溶胶,接触后 4～30 d 出现临床症状。人感染的急性临床症状与其他立克次体感染相似,包括发热、精神萎靡、头痛、肺炎、肌肉痛和关节痛。原发感染后,发生慢性 Q 热的概率约为 1%,并且可表现为肝炎或瓣膜性心内膜炎。四环素、氯霉素和喹诺酮类通常可有效治疗人的感染。在处理分娩或流产猫时,应戴手套和口罩。人接触分娩或流产的猫后,若表现出发热或呼吸道症状,应及时就医。

钩端螺旋体(Leptospira spp.)可通过患病犬猫的尿液感染人类,并导致临床症状。宿主适应性种类可引起亚临床感染,非宿主适应性种类可引起临床疾病。病原体通过受损皮肤或破损黏膜进入体内(关于该疾病的详细临床表现和犬猫的治疗见第 92 章)。人感染病原体后,因血清型不同而表现出不同的临床综合征,但与犬的感染表现出的症状相似。疑似钩端螺旋体感染的动物,应戴手套处理。污染的表面应用清洁剂和含碘的消毒剂消毒。可以考虑接种含 4 种血清型钩端螺旋体的疫苗(见第 91 章)。

犬布鲁氏菌(*Brucella canis*)是一种主要感染犬睾丸、前列腺、子宫、阴道的细菌(见第57章和第58章)。犬主要通过交配感染。人可因直接接触犬阴道和包皮分泌物而感染。犬感染后表现出的临床症状各有不同,但一般都会出现流产、死胎、不孕、睾丸炎、附睾炎、阴道分泌物异常、葡萄膜炎、椎间盘脊椎炎及菌血症。人感染常表现出间歇性发热、精神沉郁、全身乏力。诊断方法主要有血清学检查和细菌培养。对表现出布鲁氏菌病症状的犬,要使用2-巯基乙醇快速玻片凝集试验来进行血清学检测。除非临床症状是超急性的,血清检测阴性犬一般不带菌。血清检测呈阳性的犬,应该用试管凝集试验或琼脂凝胶免疫扩散的方法确诊。长期抗生素(四环素、氨基糖苷类、喹诺酮类)治疗通常不能清除感染,因此推荐对部分感染的犬执行安乐死。卵巢子宫切除术或去势术可减少对环境的污染。应避免接触病犬生殖道分泌物。

# 共同传播媒介的人兽共患病
## (SHARED VECTOR ZOONOSES)

一些人兽共患病原通过共同的传播媒介(如跳蚤、蜱或蚊子)在动物和人之间传播。立氏立克次体(蜱)、猫立克次体(跳蚤)、埃利希体(蜱)、嗜吞噬细胞无形体(蜱)、伯氏疏螺旋体(蜱)、巴尔通体(跳蚤和蜱)、犬复孔绦虫(跳蚤)、犬心丝虫(蚊子)和西尼罗河病毒(蚊子)在美国都是常见的媒介,可传播人兽共患病。对于跳蚤和蜱媒疾病,宠物把传播媒介带到环境中,导致人接触传播媒介。兽医需要处理许多感染跳蚤和蜱虫的动物,所以他们的感染风险更高。然而,传播媒介无须直接接触受感染的动物,即可感染人类。所以,应控制动物的跳蚤和蜱。在兽医诊所发现的感染动物需及时治疗。关于这些病原体的详细内容可参见本书其他章节。

# 共同环境的人兽共患病
## (SHARED ENVIRONMENT ZOONOSES)

一些既可感染动物又可感染人的病原不是在宠物和主人之间传播,而是直接接触同一环境中的病原微生物而感染。明显的例子有组织胞浆菌、粗球孢子菌、皮炎芽生菌、新型隐球菌和曲霉菌。关于这些病原体的详细内容可参见本书的其他章节。

◆推荐阅读

Biswas S et al: Comparative activity of pradofloxacin, enrofloxacin, and azithromycin against *Bartonella henselae* isolates collected from cats and a human, *J Clin Microbiol* 48:617, 2010.

Boost ME et al: Characterisation of methicillin-resistant *Staphylococcus aureus* isolates from dogs and their owners, *Clin Microbiol Infect* 13:731, 2007.

Bradbury CA, Lappin MR: Evaluation of topical application of 10% imidacloprid-1% moxidectin to prevent *Bartonella henselae* transmission from cat fleas, *J Am Vet Med Assoc* 236:869, 2010.

Breitschwerdt EB et al: *Bartonella* species in blood of immunocompetent persons with animal and arthropod contact, *Emerg Inf Dis* 13:938, 2007.

Breitschwerdt EB et al: Bartonellosis: an emerging infectious disease of zoonotic importance to animals and human beings, *J Vet Emerg Crit Care* (San Antonio) 20:8, 2010.

Breitschwerdt EB et al: Hallucinations, sensory neuropathy, and peripheral visual deficits in a young woman infected with *Bartonella koehlerae*, *J Clin Microbiol* 49:3415, 2011.

Brunt J et al: Association of Feline Practitioners 2006 Panel report on diagnosis, treatment, and prevention of *Bartonella* spp. infections, *J Feline Med Surg* 8:213, 2006.

Butera ST et al: Survey of veterinary conference attendees for evidence of zoonotic infection by feline retroviruses, *J Am Vet Med Assoc* 217:1475, 2000.

Cairns K et al: Prevalence of *Coxiella burnetii* DNA in vaginal and uterine samples from healthy cats of north-central Colorado, *J Feline Med Surg* 9:196, 2007.

Capellan J et al: Tularemia from a cat bite: case report and review of feline-associated tularemia, *Clin Infect Dis* 16:472, 1993.

De Santis AC et al: Estimated prevalence of nematode parasitism among pet cats in the United States, *J Am Vet Med Assoc* 228:885, 2006.

De Santis-Kerr AC et al: Prevalence and risk factors for *Giardia* and coccidia species of pet cats in 2003-2004, *J Feline Med Surg* 8:292, 2006.

Dunn JJ et al: *Trichuris vulpis* recovered from a patient with chronic diarrhea and five dogs, *J Clin Microbiol* 40:2703, 2002.

Dunston RW et al: Feline sporotrichosis: a report of five cases with transmission to humans, *J Am Acad Dermatol* 15:37, 1986.

Dworkin MS et al: *Bordetella bronchiseptica* infection in human immunodeficiency virus-infected patients, *Clin Infect Dis* 28:1095, 1999.

Eidson M et al: Clinical, clinicopathologic and pathologic features of plague in cats: 119 cases (1977-1988), *J Am Vet Med Assoc* 199:1191, 1991.

Epstein CR et al: Methicillin-resistant commensal staphylococci in healthy dogs as a potential zoonotic reservoir for community-acquired antibiotic resistance, *Infect Genet Evol* 9:283, 2009.

Gage KL et al: Cases of cat-associated human plague in the Western US, 1977-1998, *Clin Infect Dis* 30:893, 2000.

Gingrich EN et al: Prevalence of methicillin-resistant staphylococci in northern Colorado shelter animals, *J Vet Diagn Invest* 23:947, 2011.

Glaser CA et al: Association between *Cryptosporidium* infection and animal exposure in HIV-infected individuals, *J Acquir Immune Defic Syndr Hum Retrovirol* 17:79, 1998.

Hackett T, Lappin MR: Prevalence of enteric pathogens in dogs of North-Central Colorado, *J Am Anim Hosp Assoc* 39:52, 2003.

Hartley JC et al: Conjunctivitis due to *Chlamydophila felis* (*Chlamydia psittaci* feline pneumonitis agent) acquired from a cat: case report with molecular characterization of isolates from the patient and cat, *J Infect* 43:7, 2001.

Hill S et al: Prevalence of enteric zoonotic agents in cats, *J Am Vet Med Assoc* 216:687, 2000.

Hinze-Selch D et al: A controlled prospective study of *Toxoplasma gondii* infection in individuals with schizophrenia: beyond seroprevalence, *Schizophr Bull* 33:782, 2007.

Kaplan JE et al: Guidelines for prevention and treatment of opportunistic infections in HIV-infected adults and adolescents. Recommendations and reports, *MMWR* 58(RR04):1, 2009.

Landmann JK, Prociv P: Experimental human infection with the dog hookworm, *Ancylostoma caninum*, *Med J Aust* 178:69, 2003.

Lappin MR: Update on the diagnosis and management of *Toxoplasma gondii* infection in cats, *Top Companion Anim Med* 25:136, 2010.

Lappin MR, Hawley J: Presence of *Bartonella* species and *Rickettsia* species DNA in the blood, oral cavity, skin and claw beds of cats in the United States, *Vet Dermatol* 20:509, 2009.

Leschnik M et al: Subclinical infection with avian influenza A (H5N1) virus in cats, *Emerg Infect Dis* 13:243, 2007.

Little SE et al: Prevalence of intestinal parasites in pet dogs in the United States, *Vet Parasitol* 166:144, 2009.

Lucio-Forster A et al: Minimal zoonotic risk of cryptosporidiosis from pet dogs and cats, *Trends Parasitol* 26:174, 2010.

MacKenzie WR et al: A massive outbreak in Milwaukee of cryptosporidium infection transmitted through the public water supply, *N Engl J Med* 331:161, 1994.

Magnarelli L et al: Detection of antibodies to *Francisella tularensis* in cats, *Res Vet Sci* 82:22, 2007.

Marrie TJ: *Coxiella burnetii* (Q fever) pneumonia, *Clin Infect Dis* 21(Suppl):S253, 1995.

Mohamed AS et al: Prevalence of intestinal nematode parasitism among pet dogs in the United States (2003-2006), *J Am Vet Med Assoc* 234:631, 2009.

Montoya A et al: Efficacy of Drontal Flavour Plus (50 mg praziquantel, 144 mg pyrantel embonate, 150 mg febantel per tablet) against *Giardia* sp in naturally infected dogs, *Parasitol Res* 103:1141, 2008.

National Association of State Public Health Veterinarians, Inc: Compendium of animal rabies prevention and control, 2011, *MMWR Recomm Rep* 60:1, 2011.

Neiger R et al: *Helicobacter* infection in dogs and cats: facts and fiction, *J Vet Intern Med* 14:125, 2000.

O'Rourke GA, Rothwell R: *Capnocytophaga canimorsis* a cause of septicaemia following a dog bite: a case review, *Aust Crit Care* 24:93, 2011.

Overgaauw PA et al: Zoonotic parasites in fecal samples and fur from dogs and cats in The Netherlands, *Vet Parasitol* 163:115, 2009.

Quirk JT: Non-fatal dog bite injuries in the U.S.A., 2005-2009, *Public Health* 126:300, 2012.

Sasmal NK, Pahari TK, Laha R: Experimental infection of the cockroach *Periplaneta americana* with *Toxocara canis* and the establishment of patent infections in pups, *J Helminthol* 82:97, 2008.

Scorza V, Lappin MR: Detection of *Cryptosporidium* spp. in feces of dogs and cats in the United States by PCR assay and IFA, *J Vet Int Med* 19:437, 2005.

Scorza AV et al: Comparisons of mammalian *Giardia duodenalis* assemblages based on the β-giardin, glutamate dehydrogenase and triose phosphate isomerase genes, *Vet Parasitol* 189:182, 2012.

Souza MJ et al: *Baylisascaris procyonis* in raccoons (Procyon lotor) in eastern Tennessee, *J Wildl Dis* 45:1231123, 2009.

Spain CV et al: Prevalence of enteric zoonotic agents in cats less than 1 year old in central New York State, *J Vet Intern Med* 15:33, 2001.

Talan DA et al: Bacteriologic analysis of infected dog and cat bites, *N Engl J Med* 340:84, 1999.

Tauni MA et al: Outbreak of *Salmonella typhimurium* in cats and humans associated with infection in wild birds, *J Small Anim Pract* 41:339, 2000.

Thiry E et al: Highly pathogenic avian influenza H5N1 virus in cats and other carnivores, *Vet Microbiol* 122:25, 2007.

Torrey EF et al: Antibodies to *Toxoplasma gondii* in patients with schizophrenia: a meta-analysis, *Schizophr Bull* 33:729, 2007.

Valtonen M et al: *Capnocytophaga canimorsus* septicemia: fifth report of a cat-associated infection and five other cases, *Eur J Clin Microbiol Infect Dis* 14:520, 1995.

Wallace M et al: Cats and toxoplasmosis risk in HIV-infected adults, *J Am Med Assoc* 269:76, 1993.

Weese JS: Methicillin-resistant *Staphylococcus aureus* in animals, *ILAR J* 51:233, 2010.

Weese JS et al: Suspected transmission of methicillin-resistant *Staphylococcus aureus* between domestic pets and humans in veterinary clinics and in the household, *Vet Microbiol* 6115:148, 2006.

Weese JS et al: Factors associated with methicillin-resistant versus methicillin-susceptible *Staphylococcus pseudintermedius* infection in dogs, *J Am Vet Med Assoc* 240:1450, 2012.

Wendte JM et al: In vitro efficacy of antibiotics commonly used to treat human plague against intracellular *Yersinia pestis*, *Antimicrob Agents Chemother* 55:3752, 2011.

Wernli D et al: Evaluation of eight cases of confirmed *Bordetella bronchiseptica* infection and colonization over a 15-year period, *Clin Microbiol Infect* 17:201, 2011.

Won KY et al: National seroprevalence and risk factors for zoonotic *Toxocara* spp. Infection, *Am J Trop Med Hyg* 79:552, 2008.

Yan C et al: Seroepidemiological investigation of feline chlamydiosis in cats and humans in Japan, *Microbiol Immunol* 44:155, 2000.

J. Catharine R. Scott-Moncrieff

## 第 98 章
### CHAPTER 98

# 免疫介导性疾病的发病机理
## Pathogenesis of Immune-Mediated Disorders

## 概述和定义
## (GENERAL CONSIDERATIONS AND DEFINITION)

免疫介导性疾病是指机体保护性免疫反应被不适当激活后，造成自身组织损伤的疾病。病理性免疫反应可能发生在对感染性病原体的反应中，并促进该病原体的临床疾病表现（如，嗜血支原体引起的溶血性贫血），也发生在无害异物刺激（如对室内粉尘的过敏反应）或自身抗原刺激（原发性自身免疫）。自体免疫主要是指机体对自身组织（自体抗原）产生特异性体液免疫或者细胞免疫，包括原发性自体免疫和继发性自体免疫。原发性自体免疫性疾病（primary autoimmune disease）指机体自身免疫系统功能紊乱或者失衡致使

自体免疫发生，但是致病的根本原因无法确定；继发性自体免疫性疾病（secondary autoimmune disease）是指由确定的感染性病原体、药物、毒物、肿瘤或者疫苗等引起的自体免疫性疾病。

## 免疫病理学机制
## (IMMUNOPATHOLOGIC MECHANISMS)

免疫病理性损伤的发病机制主要包括四种（见表98-1）。表中所列的每种机制都有可能是机体对外源性抗原所发生的适当免疫应答，抑或引起免疫介导性疾病的不适当免疫应答。一些免疫介导性疾病的发生机制至少包括其中一种。

Ⅰ型变态反应涉及体液免疫系统、免疫球蛋白E（IgE）和肥大细胞。抗原通过皮肤、呼吸道或消化道黏

**表 98-1　免疫病理性损伤机制**

| 类型 | 参与反应的免疫系统 | 发病组织器官 | 实例 |
|---|---|---|---|
| Ⅰ型<br>速发型 | 体液免疫系统（辅助性 T 细胞、B 细胞）、IgE、肥大细胞、炎性介质 | 皮肤、呼吸道、消化道 | 急性过敏反应，特异性、过敏性支气管炎（猫哮喘） |
| Ⅱ型<br>细胞毒型 | 体液免疫系统、IgG 及 IgM | 血液系统、神经肌肉连接、皮肤 | 免疫介导性溶血性贫血、免疫介导性血小板减少症、重症肌无力、落叶天疱疮 |
| Ⅲ型<br>免疫复合物型 | 可溶性免疫复合物 | 肾、关节、皮肤 | 肾小球肾炎、系统性红斑狼疮、类风湿性关节炎 |
| Ⅳ型<br>迟发型 | 致敏T淋巴细胞、细胞因子、嗜中性粒细胞、巨噬细胞 | 内分泌腺、肌肉、皮肤 | 淋巴细胞性甲状腺炎、肌炎 |

膜与机体免疫系统发生反应,使辅助性 T 细胞致敏,机体分化产生抗原特异性 T 细胞亚群,并且促使 B 细胞分化为浆细胞,进而分泌 IgE,IgE 与肥大细胞表面的受体相结合。当机体再次接触同种抗原时,肥大细胞表面结合的 IgE 与抗原相互结合,引起肥大细胞发生脱颗粒反应。肥大细胞内炎性介质的释放会引起血管舒张、水肿、嗜酸性粒细胞趋化性、瘙痒及支气管收缩。一些药物如阿霉素,可以在不依赖 IgE 的情况下诱导肥大细胞脱颗粒,引起类过敏反应。过敏性支气管炎(猫哮喘)和急性过敏反应的致病机理主要属于 I 型变态反应。

Ⅱ型(细胞毒型)变态反应涉及抗体(IgG 或 IgM)与靶细胞表面特异性分子相结合,这种结合会摧毁靶细胞或者细胞表面受体,还有可能会诱导某些生物学效应。例如人的 Graves 病(毒性弥漫性甲状腺肿),这种疾病表现为抗体与促甲状腺激素受体相结合,导致甲状腺功能亢进,是一种 Ⅱ 型超敏反应性疾病。与抗体相结合的抗原可能是自体抗原、结合在细胞表面的传染性病原,或者是药物等非生物性抗原。由于细胞损伤导致原来隐藏的抗原暴露,外源性抗原如传染性抗原或者药物具有与自体抗原极为相似的结构或者是由于机体免疫系统功能紊乱或者失衡,可诱导机体产生针对自体抗原的抗体。免疫介导性溶血性贫血、免疫介导性血小板减少症、落叶天疱疮及重症肌无力都属于该种机制诱发的免疫介导性疾病。介导 Ⅱ 型超敏反应的抗体通常具有组织特异性,导致不同疾病发生时抗体所结合的组织均不相同。例如,免疫介导性溶血性贫血时抗体结合导致血管内或者血管外溶血,落叶天疱疮时抗体结合导致角化细胞间连接障碍,以及皮肤表面产生水疱,重症肌无力时抗体与乙酰胆碱受体交叉结合并且内化受体,从而导致神经肌肉传导阻滞。

Ⅲ型(免疫复合物型)变态反应包括免疫复合物(主要为 IgG)的形成及在组织中沉积。免疫复合物沉积于组织中,导致补体结合和局部的炎性反应,主要包括肥大细胞脱颗粒、血小板活化及嗜中性粒细胞趋化作用。巨噬细胞在吞噬免疫复合物时会释放炎性细胞因子。抗原抗体的比例对疾病波及的范围起决定作用:如果抗体过剩,炎症反应则发生在最初刺激机体产生抗体的局部组织;反之如果抗原过剩,可溶性免疫复合物则会进入血液循环,在肾脏、关节、眼睛及皮肤等处的血管床沉积,造成多器官受累。沉积的部位和程度取决于多种因素,包括复合物大小、电荷、糖基化程度及 Ig 亚类。由Ⅲ型超敏反应介导的典型疾病包括感染(猫传染性腹膜炎)、肾小球肾炎、系统性红斑狼疮、类风湿性关节炎。

Ⅳ型(迟发型)变态反应主要涉及细胞免疫。可溶性抗原或者细胞相关性抗原进入机体,导致特定的 T 细胞亚群致敏。当机体再次接触该种抗原时,激活致敏淋巴细胞,释放细胞因子,招募嗜中性粒细胞及肥大细胞到特定部位。细胞毒性 T 细胞对靶细胞的杀伤作用可能也是通过这个机制发生的。致敏淋巴细胞的激活需要 24～72 h,这也是该型变态反应又称为迟发型变态反应的原因。持续存在的抗原可能导致机体产生多核巨细胞或者组织肉芽肿。Ⅳ型变态反应性疾病包括细胞内微生物感染引起的保护性免疫应答(如利什曼病)、接触性皮炎、多发性肌炎和免疫介导性甲状腺炎等。

# 免疫介导性疾病发病机理 (PATHOGENESIS OF IMMUNE-MEDIATED DISORDERS)

正常情况下,适应性免疫系统具有自身耐受性。机体具有多种能够阻止 T 细胞或者 B 细胞对自身抗原产生免疫反应的机制:大多数自身反应性 T 细胞或者 B 细胞在胸腺成熟的过程中就被清除掉了;逃逸进入外周组织中的自身反应性免疫细胞在外周组织中凋亡,表现为无免疫反应性;剩余则被调节性 T 细胞所抑制。当发生自体免疫性疾病时,上述机制被破坏。导致疾病的诱因可能包括遗传、环境因素、年龄、激素影响,或者其他导致免疫系统紊乱的疾病。

遗传因素在自体免疫性疾病的发生中起着重要作用。一些自体免疫性疾病具有品种倾向性,某些特定品种的犬发病风险较高(表 98-2)。一些自体免疫性疾病具有呈家族分布的特点。具有遗传倾向的免疫介导性疾病有系统性红斑狼疮(SLE)、免疫介导性溶血性贫血以及甲状腺炎。许多品种内的近亲繁殖会加剧这种家族特性。虽然阿比西尼亚猫和索马里猫比其他品种更易患重症肌无力,但是并没有完善的资料显示,相对于犬,猫科动物的免疫介导性疾病具有家族性。潜在的遗传变化会导致这类遗传倾向没有明确的特征。

表 98-2　犬、猫自体免疫性疾病波及的组织和器官

| 组织器官 | 疾病 | 免疫病理学机制 | 好发品种 |
| --- | --- | --- | --- |
| 血液系统 | 免疫介导性溶血性贫血 | Ⅱ型 | 美国可卡犬、比熊犬、迷你杜宾犬、迷你雪纳瑞犬、粗毛柯利牧羊犬、英国史宾格猎犬、芬兰猎犬 |
| | 纯红细胞发育不良 | Ⅱ型 | 无确定品种 |
| | 免疫介导性血小板减少症 | Ⅱ型 | 可卡犬、贵宾犬、德国牧羊犬、英国古代牧羊犬 |
| | 特发性嗜中性粒细胞减少症 | Ⅱ型 | 无确定品种 |
| 关节 | 见表101-7 | Ⅲ型 | |
| 皮肤 | 多种多样 | Ⅱ、Ⅲ、Ⅳ型 | |
| 眼 | 葡萄膜炎、视网膜炎 | Ⅲ型 | |
| 肾 | 肾小球肾炎 | Ⅲ型 | |
| 呼吸道 | 过敏性鼻炎 | Ⅰ型 | |
| | 过敏性支气管炎(哮喘) | Ⅰ型 | |
| | 肺嗜酸性粒细胞浸润 | Ⅰ型 | 哈士奇、爱斯基摩犬 |
| 胃肠道 | 猫口炎、牙龈炎、浆细胞性肠炎、肛门疖疮(会阴瘘) | Ⅳ型 | 德国牧羊犬 |
| 神经系统 | 重症肌无力 | Ⅱ型 | 阿比西尼亚猫、索马里猫 |
| | 肌炎 | Ⅳ型 | 拳师犬、纽芬兰犬 |
| | 多发性神经根炎 | 未知 | |
| | 肉芽肿:脑膜脑脊髓炎 | 未知 | |
| | 多动脉炎 | 未知 | 比格犬 |
| 内分泌腺 | 甲状腺炎(甲状腺功能减退) | Ⅳ型 | 比格犬、金毛犬 |
| | 肾上腺炎(肾上腺皮质功能减退) | | 标准贵宾犬、莱昂伯格犬、诱鸭猎犬 |
| | 胰腺炎(糖尿病) | | |
| 多系统免疫疾病 | 系统性红斑狼疮 | Ⅲ型 | 德国牧羊犬 |

环境因素是一个比较确凿的引发自体免疫性疾病的重要原因。自然感染或者疫苗免疫会使机体暴露于感染性抗原,这是自体免疫性疾病比较常见的诱因。其他可能的环境因素包括环境毒素或者药物。已经明确某些药物与自体免疫性疾病的发生有关,某些药物还有可能引起特殊的自体免疫反应。例如当杜宾犬使用甲氧苄啶-磺胺嘧啶治疗时,则有可能发生系统性免疫疾病(多发性关节炎、肾小球肾炎、皮肤损伤、视网膜炎、多发性肌炎、贫血及血小板减少症)。当给猫使用亚硫脲基类药物(如丙硫氧嘧啶或者甲巯咪唑)时,有可能会诱发免疫介导性溶血性贫血。也曾有报道指出甲巯咪唑会导致猫患上重症肌无力。

感染性抗原诱发自体免疫性疾病的机制包括:分子模拟;损伤细胞暴露隐藏抗原;超抗原非特异性多克隆激活;诱导产生 γ-干扰素,γ-干扰素可诱导Ⅱ类主要

组织相容性抗原在一些细胞(如甲状腺滤泡细胞)表面表达,而这些细胞正常情况下不表达该类抗原表位。当机体对病原微生物或者细胞表面抗原产生免疫反应时,有可能会损伤正常的组织细胞。一些传染病(如埃利希体病、莱姆病和许多其他媒介传播疾病),可能与自体免疫性疾病症状相似或者诱发免疫介导性疾病,区分上述传染病和自体免疫性疾病有一定难度,但是却有一定的临床意义,因为这决定了临床医生是否在治疗过程中使用免疫抑制药物。

疫苗免疫是否可以诱发自体免疫反应还不是很明确。目前,鲜有证据表明疫苗免疫和免疫介导性疾病有关,个别报道的免疫期间出现免疫介导性疾病也仅为短暂现象。动物群体的疫苗免疫频率很高,但是不良反应的发生频率却很低,所以疫苗免疫和自体免疫性疾病的因果关系很难确定。我们将在其他章节介绍

疫苗免疫与各个疾病的关系。免疫调控的改变和免疫介导性疾病有可能继发于某些潜在的疾病，例如淋巴瘤、IgA 缺乏以及化疗。

# 原发性及继发性免疫介导性疾病
（PRIMARY VERSUS SECONDARY IMMUNE-MEDIATED DISORDERS）

　　感染、中毒、药物治疗、肿瘤形成以及疫苗免疫都有可能引起继发性免疫介导性疾病。查明患有免疫介导性疾病的犬猫有无上述因素具有重要意义，因为这将影响临床治疗和预后。例如肿瘤疾病诱发的免疫介导性疾病通常预后不良。从理论角度，治疗原发性病因可有效控制自体免疫性疾病。不幸的是，在犬猫上缺乏已确认并且治疗潜在疾病的免疫介导性疾病会有更好预后的记载并发症可能会影响治疗方案的选择。需要特别注意的是，在存在潜在感染性病因的情况下，最初应不要使用强效免疫抑制药物。

# 免疫介导性疾病侵袭的组织器官
（ORGAN SYSTEMS INVOLVED IN AUTOIMMUNE DISORDERS）

　　机体内的任何组织器官都有可能成为免疫介导性疾病的靶组织或靶器官（见表98-2）。犬猫免疫介导性

疾病的好发器官包括关节、皮肤、肾脏和血液循环系统，并且犬的发生率高于猫。其他好发器官还包括眼、神经系统、胃肠道、呼吸道及内分泌腺。一些免疫介导性疾病可能侵袭多个组织器官，例如系统性红斑狼疮。犬系统性免疫介导性疾病于初次发病时，通常表现为一种病征（例如免疫介导性溶血性贫血），而复发时可能表现其他病征（例如免疫介导性血小板减少症或者多发性关节炎），这些疾病的原发性病因有可能是系统性红斑狼疮，但是并非总是如此。

　　犬猫的许多疾病都会涉及免疫介导机制。我们会在接下来的章节中详细介绍常见的免疫介导性疾病，尤其是需要使用免疫抑制剂治疗的疾病。其他一些由于免疫失调引起，但是并非需要免疫抑制剂进行治疗的疾病（例如甲状腺炎引起的甲状腺功能减退），我们会在特定的系统性疾病章节中进行讨论。

◉推荐阅读

Carr AP et al: Prognostic factors for mortality and thromboembolism in canine immune-mediated hemolytic anemia: a retrospective study of 72 dogs, *J Vet Intern Med* 16:504, 2002.

Chabanne L et al: Canine systemic lupus erythematosus. Part I. Clinical and biologic aspects, *Compendium* (small animal/exotics) 21:135, 1999.

Day MJ: *Clinical immunology of the dog and cat*, ed 2, London, 2012, Manson, p 78.

Duval D et al: Vaccine associated immune-mediated hemolytic anemia in the dog, *J Vet Intern Med* 10:290, 1996.

Miller SA et al: Case control study of blood type, breed, sex, and bacteremia in dogs with immune-mediated hemolytic anemia, *J Am Vet Med Assoc* 224:232, 2004.

# 第 99 章

# 免疫介导性疾病诊断试验
## Diagnostic Testing for Immune-Mediated Disease

## 临床诊断方法
### (CLINICAL DIAGNOSTIC APPROACH)

当犬、猫疑似患有免疫介导性疾病时，临床症状和体格检查对临床诊断至关重要。完整的病历记录应包括动物生活环境及药物使用情况，病史及对感染原接触史，疫苗免疫史。此外还要对动物进行体格检查。随后要评估疾病的严重程度，排除其他可能引起相似症状的病因。最基础的检查项目应该包括全血细胞计数（complete blood count，CBC）、血清生化检查和尿液检查。由于患有免疫介导性疾病的动物会表现发热及白细胞增多的症状，因此首先要排除感染性病因，再考虑其他不常见的病因。免疫介导性疾病的鉴别诊断与不明原因发热相类似（见第 88 章）。血液及尿液培养、常见病毒（如猫白血病病毒、猫艾滋病病毒、猫传染性腹膜炎病毒）筛查、影像学检查（包括胸部及腹部 X 射线检查，腹部超声检查）等在诊断免疫介导性疾病方面都很重要。此外，还可能需要检查一些媒介传播疾病，例如埃利希体病、无形体病、巴尔通体病、莱姆病以及利什曼原虫病，有时可能还要筛查其他苛养微生物，如支原体及 L 型细菌，但是由于针对这些致病原的检测价格昂贵，且无法立即获得结果，因此通常是在排查完常见细菌和病毒后，才考虑进行以上检查。特定致病原的检查要根据动物种类及疾病流行地区进行选择，因为很多传染性疾病具有地区流行性。

如果排除了感染的可能性，则需要着重对各器官进行检查，可以通过体格检查、基础检查、影像学检查确定疾病侵袭的器官。特定器官的检查包括关节液及脑脊液的检查、尿蛋白定量检查、器官的活组织检查（上述检查会在特定疾病的相关章节进行详细介绍）。

一旦排除了上述感染及肿瘤性疾病，且动物存在多器官系统性疾病时，就需要考虑进行免疫功能紊乱的检查。例如，当犬出现再生性贫血时，临床医生需要考虑进行直接抗球蛋白试验（库姆斯试验）；当犬出现侵蚀性多发性关节炎时，需要考虑进行类风湿因子的检查。免疫检测套餐（immune panels）中项目繁多，且结果很难判读，因而很少应用。而且当动物患有传染性疾病时，很多结果都呈阳性反应，例如不贫血的犬库姆斯实验也可能阳性。

## 特异性诊断试验
### (SPECIFIC DIAGNOSTIC TESTS)

### 玻片凝集试验
### (SLIDE AGGLUTINATION TEST)

玻片凝集试验用于检查动物红细胞是否发生自体凝集。自体凝集是指红细胞通过表面相关抗体的交联作用聚集成簇的状态。当红细胞表面的 IgG 或者 IgM 增加时，就有可能导致红细胞自体凝集。我们需要将自体凝集与红细胞叠连区分开，当血清球蛋白浓度升高时，红细胞会发生叠连。进行自体凝集检测的方法为：1 滴生理盐水和 5～10 滴血液混合，在接近 37℃ 的条件下（由于正常动物体内普遍存在冷凝集素，因此试验温度十分重要）通过肉眼观察和显微镜检查红细胞悬浮液是否有凝集。在大多数实验室，如果血液被生理盐水稀释后仍然存在自体凝集反应，即可诊断为免疫介导性溶血性贫血（immune-mediated hemolytic anemia，IMHA）。个别实验室可能通过对红细胞洗涤三次后，仍然存在凝集，才诊断为 IMHA。

## 库姆斯试验(直接抗球蛋白试验)
### (COOMBS TEST, DIRECT ANTIGLOBULIN TEST)

直接库姆斯试验也称直接抗球蛋白试验(direct antiglobulin test,DAT),可以检测红细胞表面结合的抗体或者补体。该试验用于诊断 IMHA。DAT 所用的抗犬球蛋白抗体或者抗猫球蛋白抗体来自异种动物(通常是山羊或兔),且具有种属特异性。DAT 所用血液为乙二胺四乙酸(ethylenediamine tetraacetic acid,EDTA)抗凝血,反应温度为 37℃,反应试剂包括羊抗犬 IgG 抗体、羊抗犬 IgM 抗体,以及羊抗犬补体 C3 抗体。当红细胞表面结合有大于或近似于 100 个 IgG 或者补体 C3 分子时,库姆斯试剂与之反应后就有可能出现凝集现象。由于最后是通过观察红细胞有无凝集反应判定结果,所以对于清洗之后仍然凝集的红细胞进行库姆斯试验,将无法判读结果。不同实验室对 DAT 结果的报告形式不尽相同:阳性/阴性,"1＋"到"4＋",或者报告介导红细胞发生凝集的库姆斯试剂的最低稀释度。改良 DAT 可提高检测效果,例如使用单特异性抗血清(通常是 IgG、IgM 及 C3),稀释反应试剂以避免前带现象,在 4℃ 或者是 37℃ 进行试验。研究表明,使用单特异性抗血清可以提高 DAT 诊断犬 IMHA 的敏感性,但是不同研究者所用的方法存在差异,并且商业化实验室尚不提供此项技术服务。对反应试剂进行稀释,可能提高 DAT 的敏感性,因为当抗体浓度过高时,会缺乏肉眼可见的抗原抗体反应,称为前带现象,稀释反应液可避免这种情况。另一种改良 DAT 在 4℃ 条件下鉴定冷凝集素。由于一些健康犬红细胞可在 4℃ 发生非特异性凝集,因此这种改良 DAT 方法最好用于具有冷凝集素疾病症状(例如耳尖或者尾端坏死)的动物;该法方可有效提高猫库姆斯试验的敏感性。虽然研究表明,上述改良库姆斯试验可提高 DAT 诊断 IMHA 的敏感性,但在判读结果时,还是要注意结合动物的临床症状及血液学检查数据,不能只根据库姆斯试验结果诊断 IMHA,因为 DAT 可能会出现假阴性或假阳性结果(框 99-1)。

一些患有 IMHA 的动物,红细胞可能会发生自体凝集,但是可以通过洗涤红细胞消除凝集现象。这种情况下,可以使用 DAT 来监控动物疾病的发展。需要注意的是,库姆斯实验无法区分原发性和继发性 IMHA(见第 101 章)。还有一些更敏感的检测技术,包括酶联抗球蛋白试验、流式细胞技术、抗球蛋白凝胶试验等,这些已经应用于检测红细胞表面抗体,但并未在商业诊断实验室中得到广泛应用。

 **框 99-1　导致库姆斯试验假阳性和假阴性的因素**

**假阳性结果**
慢性感染性疾病
操作不当(污染、过度离心)
样品收集不当(样品凝集、采用血清分离管、从含有葡萄糖的输液管中采集样品)
败血症病患
无临床意义,自然出现的冷凝抗体
高 γ-球蛋白血症
药物干扰(如犬使用胺碘酮)

**假阴性结果**
操作不当(清洗、稀释、离心错误)
延迟检测(例如邮寄样品)
试剂污染或者反复冻融
细胞表面抗体数量过少

间接库姆斯试验通常用于检测患病动物血清中是否含有可以结合来自其他动物的红细胞抗体。与直接库姆斯试验相比,该试验敏感性和特异性较低,临床应用较少,大多可用于供血者血清的检查,筛查其是否含有抗犬红细胞抗原的抗体,也可用于交叉配血试验。

## 抗血小板抗体
### (ANTIPLATELET ANTIBODIES)

血小板表面相关抗体(直接抗体)检测、血清中能够与血小板结合的抗体(间接抗体)检测等,在免疫介导性血小板减少症的诊断中都有重要的意义。通常采用流式细胞技术检测抗血小板抗体。由于大多数抗体都与血小板结合,而不是处于游离状态,因此直接抗体检测比间接抗体检测的敏感性高。在诊断犬自发性血小板减少性紫癜(idiopathic thrombocytopenic purpura,ITP)时,直接抗体检测的敏感性大于 90%。由于这一试验的敏感性高,对于检测结果为阴性的动物,基本上可以排除 ITP。不管是直接抗体检测还是间接抗体检测,都意味着机体可能有免疫介导性血小板减少症,但是该方法对原发性免疫介导性血小板减少症特异性较差。许多感染性疾病、肿瘤性疾病及药物都有可能诱发免疫介导性血小板减少症。因此,具有上述病史的动物可能存在血小板相关抗体阳性。目前,美国堪萨斯州立大学可利用流式细胞技术检测犬猫血小板表面相关抗体,该项检测需要 2 mL EDTA 抗凝血,费用为71.5 美元(包括运费),装血液样本的盒子需要加放冰袋,并尽快运送。

## 巨核细胞直接免疫荧光检测
### (MEGAKARYOCYTE DIRECT IMMUNOFLUORESCENCE)

直接免疫荧光技术可应用于检测骨髓巨核细胞抗体(详见免疫荧光检测技术)。相关报道表明该法对ITP 诊断的敏感性为 30%~80%。美国堪萨斯州立大学提供该项检测,费用大概为 45 美元。需要制备骨髓涂片,并且在涂片风干后才可送检。与之前提到的检测方法一样,该检测也常见假阳性及假阴性结果,所以临床应用较少。

## 抗核抗体试验
### (ANTINUCLEAR ANTIBODY TEST)

抗核抗体(antinuclear antibody,ANA)试验对于系统性红斑狼疮(systemic lupus erythematosus,SLE)的诊断意义非凡。当免疫介导性损伤发生在两个或者两个以上器官时,才考虑 SLE(见第 101 章)。通常针对核抗原的抗核抗体是异源性抗体,比较常规的检测方法包括免疫荧光染色法,可选择鼠肝冷冻切片或者组织培养的单层人上皮细胞系作为细胞核基质。以细胞核荧光着色的病患血清的最高稀释度报告检测结果。细胞核的着色方式有很多种,包括弥散型、斑点型、外周着色、核仁着色。目前关于犬猫 ANA 着色方式的临床意义还在研究中。虽然 SLE 病患 ANA 检测结果出现过阴性的情况,但 ANA 试验仍然是犬猫 SLE 诊断中比较敏感的方法。在一项研究中,75 只患有 SLE 的犬,ANA 滴度阳性率为 100%(Fournel 等,1992)。大多数病例中ANA 滴度大于 1:256,并且抗体滴度与疾病的严重程度有一定相关性。也有研究表明 ANA 检测在 SLE 诊断上敏感性较低。这种敏感性差异可能是由于确诊SLE 的评判标准不同导致的,并且不同实验室检测方法的敏感性和特异性都有一定差异。大多数正常动物体内都有较低水平的 ANA,因此每个实验室都应建立自己的阳性临界滴度,该临界滴度取决于实验室所用的底物及技术。当动物使用某种药物、患有慢性感染性疾病或者患有肿瘤性疾病时,体内可能会产生低水平的 ANA。巴尔通体、埃利希体、利什曼原虫感染的患犬中,10%~20% 可检测到 ANA。多种病原体感

染的患犬可导致抗核抗体检测阳性。长期或者高剂量使用糖皮质激素可降低 ANA 滴度。

## 红斑狼疮试验
### (LUPUS ERYTHEMATOSUS TEST)

红斑狼疮(lupus erythematosus,LE)试验对 SLE检测的特异性强,但由于其相较 ANA 检测敏感性低且耗时长,因此 LE 试验在临床中较少开展。LE 试验一般在体外进行。抽取患病动物的血液,并待其自行凝固,裂解红细胞释放核酸。如果存在 ANA,它会与核酸结合形成复合物,嗜中性粒细胞会吞噬复合物,形成 LE 细胞,可通过镜检发现。LE 细胞也有可能在血液、骨髓及关节液等的体外检测中发现,但出现概率较小,若出现则高度提示 SLE。和 ANA 相比,LE 细胞对类固醇更加敏感。SLE 患犬中,该试验阳性率为30%~90%,但其他免疫疾病或肿瘤疾病也可引起阳性反应。该种检测临床应用较少。

## 类风湿因子
### (RHEUMATOID FACTOR)

类风湿因子(rheumatoid factor,RF)是一类抗自身免疫球蛋白 IgG 的抗体,其抗原结合位点位于免疫球蛋白的 Fc 片段上,仅当免疫球蛋白与抗原结合时,Fc 片段上的类风湿因子抗原结合位点就会暴露出来。类风湿因子检测是类风湿性关节炎的诊断标准,但是因为缺乏足够的敏感性和特异性,该试验具有一定的局限性。Rose-Waaler 试验是最常用的检测 RF 的方法。该试验使用兔 IgG 致敏的羊红细胞,如果待检血清中存在 RF,红细胞就会发生凝集。由于冷冻会破坏RF 的活性,所以该试验只能使用冷藏血清。只有40%~75% 的类风湿性关节炎患犬 RF 检查结果呈阳性,所以当结果为阴性时也不足以排除该病,而且任何一种导致机体长时间产生免疫复合物的疾病都有可能诱发机体产生 RF,所以 RF 阳性也并非诊断类风湿性关节炎的唯一标准。

## 免疫荧光及免疫组化试验
### (IMMUNOFLUORESCENCE AND IMMUNOHISTOCHEMISTRY)

在许多 Ⅱ 型和 Ⅲ 型免疫介导性疾病中,抗体会与

皮肤、肾脏等组织相结合,可以通过免疫荧光或者免疫过氧化物酶技术进行检测。该类技术方法有很多差异,但是原理大致相同:首先组织切片与一抗(如兔抗犬 IgG 抗体)反应,然后,二抗与一抗反应。二抗通常连接荧光素或者过氧化物酶,如果组织中存在抗体,免疫荧光着色后,可在紫外灯下观察到苹果绿荧光。过氧化物酶会催化底物反应,通过显微镜就能观察到褐色沉淀物。进行免疫荧光试验时,获取组织后,需用 Michel 固定液保存。常规固定组织可进行免疫组织化学检查。通常免疫荧光试验用于疑似肾小球肾炎犬的肾组织活检、骨髓巨核细胞抗体检查,以及疑似免疫介导性皮肤病的皮肤活组织检查。

# 自体免疫检测套餐
## (AUTOIMMUNE PANELS)

许多实验室会提供免疫检测套餐,该套餐包括 CBC 及血小板计数、库姆斯试验、ANA 及 RF 检测。但是并不是所有的患病动物都适合上述检查(表 99-1),并且进行整个套餐检查的花费十分昂贵,即使检查结果为阳性,其临床意义也很有限,因为一些感染性疾病也会导致阳性结果。基于上述原因,当临床医生怀疑犬猫患有自体免疫性疾病时,更倾向于选择单独的检测试验,而非不假思索地选择免疫检测套餐来进行诊断。

 **表 99-1　免疫介导性疾病临床诊断指导意见**

| 临床症状 | 免疫介导性疾病 | 诊断方法 | 局限性 |
|---|---|---|---|
| 贫血(再生性或非再生性) | 免疫介导性溶血性贫血、纯红细胞发育不良 | 库姆斯试验,玻片凝集试验,检查 CBC 及血涂片中是否有球形红细胞和影细胞;如果是非再生性贫血需进行骨髓穿刺或 | 库姆斯试验阴性并不能排除免疫介导性溶血性贫血,并且也有可能会产生假阳性结果 |
| 血小板减少症 | 免疫介导性血小板减少、感染诱发血小板减少、巨核细胞发育 | 血小板相关抗体及血小板结合抗体检测,骨髓穿刺或活检 | 血小板相关抗体阳性无法区分原发性和继发性免疫介导性血小板减少 |
| 贫血伴发血小板减少症 | IMHA 及 Evans 综合征 | 库姆斯试验,玻片凝集试验,检查血涂片中是否有球形红细胞及影细胞,血小板相关抗体及血小板结合抗体检测,骨髓穿刺或活检 | 如果存在严重的血小板减少症,则难以区分失血性贫血和溶血性贫血;输血后库姆斯试验有可能为 |
| 肢体跛行、关节疼痛、关节积液 | 多发性关节炎、SLE、类风湿性关节炎 | 关节液检查,关节影像学检查,RF 检测,如果其他器官也存在病变,需进行 ANA 检测 | RF 阴性并不能排除类风湿性关节炎,类风湿性关节炎早期可能不表现浸润性病变 |
| 蛋白尿 | 肾小球肾炎 | 尿液检查;尿蛋白肌酐比;肾脏活组织检查或者组织病理学检查,免疫荧光检查,电镜检查 | 评估尿蛋白肌酐比时需要考虑是否存在下泌尿道感染 |
| 同时发生上述两种临床症状或者其他多个组织器官功能紊乱 | SLE | ANA、LE | LE 在诊断 SLE 上敏感性较低;ANA 敏感性相对高一些,但是一些 SLE 患犬仍有可能呈现阴性结果 |

ANA:抗核抗体;CBC:全血细胞计数;IMHA:免疫介导性溶血性贫血;LE:红斑狼疮;SLE:系统性红斑狼疮。

◆推荐阅读

Dircks BH et al: Underlying diseases and clinicopathologic variables of thrombocytopenic dogs with and without platelet-bound antibodies detected by use of a flow cytometric assay: 83 cases (2004-2006), *J Am Vet Med Assoc* 235:960, 2009.

Fournel C et al: Canine systemic lupus erythematosus I: a study of 75 cases, *Lupus* 1:133, 1992.

Lewis DC et al: Canine idiopathic thrombocytopenia, *J Vet Intern Med* 10:207, 1996.

Smee NM et al: Measurement of serum antinuclear antibody titer in dogs with and without systemic lupus erythematosus: 120 cases (1997-2005), *J Am Vet Med Assoc* 230:1180, 2007.

Smith BE et al: Antinuclear antibodies can be detected in dog sera reactive to *Bartonella vinsonii* subsp., *berkhoffii, Ehrlichia canis,* or *Leishmania infantum* antigens, *J Vet Intern Med* 18:47, 2004.

Wardrop KJ: The Coombs' test in veterinary medicine: past, present, and future, *Vet Clin Pathol* 34:325, 2005.

Wardrop KJ: Coombs' testing and its diagnostic significance in dogs and cats, *Vet Clin North Am: Small Anim Pract* 42:42, 2012.

# 第 100 章

# 原发性免疫介导性
# 疾病的治疗
## Treatment of Primary Immune-Mediated Diseases

## 原发性免疫介导性疾病的治疗原则
## (PRINCIPLES OF TREATMENT OF IMMUNE-MEDIATED DISEASES)

小动物临床中，患免疫介导性疾病的犬猫通常需要使用免疫抑制剂治疗。但是，为了达到理想的疗效，还必须要找到并治疗其原发病因。对于患有继发性免疫介导性疾病的动物，治疗原发病因能最大限度地缩短免疫抑制治疗的时间。免疫介导性疾病的治疗目标为控制免疫反应，但同时将副作用降到最低。很多情况下，为达到治疗效果，患病动物不得不在短时间内忍受免疫抑制药物的一些副作用。对于长期治疗的病患，一定要逐渐缩减治疗剂量，直至最低，以最大限度地降低副作用。如果起始治疗疗效不佳，可更换治疗药物或增加剂量。治疗过程中需严格监控治疗反应，每次减量均需慎重。潜在疾病、其他并发病、患病动物对所用免疫抑制剂的敏感性等因素共同决定了药物减量时间，因此时间会有一定差异。例如，IMHA 病例中，CBC、网织红细胞计数、库姆斯试验即可满足监控需求，而免疫介导性多发性关节炎病例中，药物减量前需不断重复检查关节液。不同个体对不同免疫抑制剂的敏感性差异很大，尤其是糖皮质激素，治疗过程中要考虑到这些个体差异。

支持疗法和积极监控对控制免疫抑制疗法的潜在并发症来说也至关重要。及早发现并治疗并发症能改善长期预后，减少副作用。例如，使用糖皮质激素治疗的动物需积极监测胃肠道出血，使用硫唑嘌呤治疗的动物需要监测肝毒性和骨髓抑制。免疫抑制疗法不良反应出现之前，支持疗法很重要。例如，对于患有 IM-HA、ITP 或 Evans 综合征的动物，在使用免疫抑制疗法（控制溶血或血小板破坏）之前，可能需要先接受几次输血治疗。其他形式的支持疗法也很重要，包括卧地不起病患的皮肤护理、营养支持、感染的监控和治疗、通气支持、预防胃肠溃疡等。

## 免疫疗法概述
## (OVERVIEW OF IMMUNOSUPPRESSIVE THERAPY)

起始治疗药物一般为糖皮质激素（表 100-1）。糖皮质激素是一线治疗药物，可用于急性发作病例，其毒性较低，且价格低廉。对于并发糖尿病这种禁止长期使用糖皮质激素的病例，可短期内使用这类药物，直到找到有效且不会导致并发症管理更加复杂的药物。虽然这类药物是大多数免疫介导性疾病的起始治疗药物，但仍有一些疾病禁止使用这类药物治疗，例如重症肌无力（见第 101 章）。一些免疫介导性疾病中，起始治疗时还需额外增加免疫抑制药物。这些疾病仅用糖皮质激素治疗效果不佳。例如犬的 Evans 综合征；犬 IMHA 伴多种不良预后指标（血管内溶血、洗涤后的 RBC 凝集、高胆红素血症等）；系统性红斑狼疮、类风湿性关节炎（RA）和秋田犬的多发性关节炎综合征。大多数其他免疫介导性疾病使用其他免疫抑制药物之前需评估糖皮质激素治疗反应。如果糖皮质激素治疗反应不足，或者副作用太大，犬可使用硫唑嘌呤，猫可使用苯丁酸氮芥，这两种药物是糖皮质激素之后的首选。细胞毒性药物（例如环磷酰胺和环孢霉素）通常是第三选择。当然某些个体病例除外（见第 101 章），例如环孢霉素是犬肛周瘘治疗的首选；作者在治疗猫红细胞发育不良时，如果泼尼松龙无效，会立即更换为环磷酰胺。如果免疫介导性疾病是由潜在感染引起的,那么需慎重增加另一种免疫抑制药物。增加三线药物时,多数情况下需替换掉二线药物。同时使用两至三种免疫抑制药物(例如同时使用硫唑嘌呤和环孢霉素)可能会引起更为严重的免疫抑制问题,继发感染的风险也更大。长期使用免疫抑制药物的犬猫可能会发生下泌尿道细菌感染、肾盂肾炎、肝胆管炎、肝脏脓肿和脓皮症,不过,因免疫抑制药物治疗而引起的继发感染率较低。还有可能会发生真菌感染,例如念珠菌感染。虽然继发感染的整体发病率比较低,但这些严重感染很难控制,需提前预防。因此,应尽可能明智地选择免疫抑制疗法,并严密监控患病动物的病情发展。

 **表 100-1** 犬猫免疫介导性疾病的一线、二线和三线用药

| 项目 | 犬 | 猫 |
|---|---|---|
| 起始治疗 | 泼尼松/泼尼松龙 | 泼尼松龙 |
| 二线用药 | 硫唑嘌呤 | 苯丁酸氮芥 |
| 三线用药 | 环孢霉素、来氟米特、麦考酚酯 | 环磷酰胺或环孢霉素 |

# 糖皮质激素
## (GLUCOCORTICOIDS)

糖皮质激素(以糖皮质激素活性为主的皮质类固醇)是犬猫最常用的免疫抑制剂,因为不仅效果好、作用迅速,而且价格低廉。兽医诊所常用的糖皮质激素有多种,医生会根据其作用持续时间、功效、给药途径等几个方面进行选择。糖皮质激素的半衰期是通过对下丘脑-垂体-肾上腺轴的抑制作用测量而来的(见表100-2)。短效糖皮质激素的半衰期低于 12 h,例如氢化可的松、可的松;中效糖皮质激素的半衰期为 12~36 h,例如泼尼松、泼尼松龙、甲基泼尼松龙和曲安奈德等;而倍他米松、地塞米松和氟米松等的半衰期约为 48 h 或更长时间。糖皮质激素的作用持续时间也跟类固醇的化学形式有关。胃肠外糖皮质激素类药物多为酯类物质或者游离类固醇。可溶性酯类(例如地塞米松磷酸钠、泼尼松龙琥珀酸钠)和可溶于聚乙二醇的游离类固醇的半衰期相似,由于长效不溶性类固醇混悬液在注射部位吸收较慢,作用持续时间能显著延长,例如醋酸泼尼松龙混悬液和曲安奈德混悬液。但长效混悬液血浆浓度不高,因而不是免疫介导性疾病的首选药物。口服制剂成分为游离类固醇,胃肠道吸收较快,作用持续时间和半衰期相似。皮质类固醇的抗炎作用和糖皮质激素活性相关,但可能会出现意想不到的副作用,譬如盐皮质激素样作用引起的钠潴留和水肿。大多数合成类固醇(例如泼尼松和地塞米松)比氢化可的松的糖皮质激素作用强,盐皮质激素作用低。泼尼松的功效是氢化可的松的 4 倍,但盐皮质激素作用仅为后者的 3/10;地塞米松的功效是氢化可的松的 30 倍(约为泼尼松功效的 8 倍),但完全没有盐皮质激素的作用。曲安奈德的功效是氢化可的松的 5 倍,但几乎无盐皮质激素作用。

 **表 100-2** 合成皮质类固醇的性质比较

| 复合物 | 活性持续时间* | 抗炎功效 | 等效剂量(mg) | 盐皮质激素的功效 | 隔天使用 |
|---|---|---|---|---|---|
| 可的松 | 短效 | 0.8 | 5.0 | 0.8 | 否 |
| 氢化可的松 | 短效 | 1.0 | 4.0 | 1.0 | 否 |
| 泼尼松/泼尼松龙 | 中效 | 4.0 | 1.0 | 0.3 | 是 |
| 甲基泼尼松龙 | 中效 | 5.0 | 0.8 | 0 | 是 |
| 曲安奈德 | 中效(约48 h) | 5.0 | 0.8 | 0 | 否 |
| 氟米松 | 长效 | 15.0 | 0.3 | 0 | 否 |
| 地塞米松 | 长效 | 30.0 | 0.15 | 0 | 否 |
| 倍他米松 | 长效 | 35.0 | 0.12 | 0 | 否 |

* 短效≤12 h;中效:12~36 h;长效≥48 h。

Reprinted from Behrend EN et al: Pharmacology, indications, and complications, *Vet Clin North Am Small Anim Pract* 27:187, 1997.

大多数免疫介导性疾病的治疗中糖皮质激素的给药途径为口服,但有呕吐症状、吞咽障碍或胃肠道吸收障碍的病例,需经静脉给药(泼尼松龙或地塞米松)。由于血浆药物浓度不高,作用持续时间不长,所以在免疫介导性疾病的治疗中,并不推荐静脉注射长效药物。

糖皮质激素结合到细胞质糖皮质激素受体,然后转移到细胞核,与 DNA 结合,最后干扰基因转录。其产生的效应包括细胞膜稳定、抑制磷脂酶 A2,最终抑制环氧合酶和脂氧合酶通路,降低细胞因子 IL-1 和 IL-6 的释放,下调巨噬细胞 Fc 受体的表达(Whitley 等,2011)。皮质类固醇的早期作用主要是引起肝脏和脾脏巨噬细胞活性的迅速下降,而长期作用主要是抑制细胞介导的免疫反应。对于抗皮质醇药物的物种(例如犬猫),抑制抗体生成作用的强度尚存争议,但对 B 淋巴细胞的作用可能源自对辅助性 T 细胞的抑制,而对于抗原的完全抗体反应需要辅助性 T 细胞。皮质类固醇在治疗免疫介导性疾病中的功效见框 100-1。

**框 100-1　皮质类固醇在治疗免疫介导性疾病中的功效**

抑制巨噬细胞和嗜中性粒细胞的吞噬作用和趋化作用
降低嗜中性粒细胞附壁(炎症初期白细胞附着于血管壁)和迁移作用
减少淋巴细胞的增殖
改变细胞因子的生成(降低 T 细胞相关细胞因子的生成)
降低细胞对炎症因子的反应
抑制补体通路
抑制免疫复合物通过基底膜
降低前列腺素和白细胞三烯的合成
改变犬淋巴细胞表型标记的表达
诱导淋巴细胞凋亡(体外)

大多数免疫介导性疾病都是用中效糖皮质激素(例如泼尼松)来治疗,因为可以过渡为隔天用药的治疗方式,从而减少长期使用糖皮质激素产生的副作用。泼尼松经肝脏代谢为泼尼松龙。这两种药过去在临床上被认为几乎是等效的,除非动物患有肝脏衰竭。但目前的研究显示,泼尼松在猫体内的生物活性远低于泼尼松龙。所以作者自己诊所里比较倾向给需要免疫抑制的猫使用泼尼松龙。健康犬体内泼尼松的生物活性仅为泼尼松龙的 65%,所以对于患有免疫抑制疾病的犬也更倾向于选择泼尼松龙,尤其是那些需要考虑胃肠道吸收情况和糖皮质激素效果的病例(Boothe,2012)。糖皮质激素抵抗是人类治疗失败的主要原因,犬猫也可能有类似的情况,但概率不详(Whitley 等,

2011)。胃肠道吸收不良、使用泼尼松(并非泼尼松龙)等原因都会导致药物生物活性下降,很难和糖皮质激素抵抗区分开来。

犬使用泼尼松/泼尼松龙治疗免疫介导性疾病时,起始剂量为 2～4 mg/(kg·d),口服,分两次给药。猫比犬更容易产生糖皮质激素抵抗,所以猫使用泼尼松龙的起始剂量为 2～8 mg/(kg·d),口服,若使用地塞米松,则为 4 mg/(周·只)。对于其他糖皮质激素类药物,使用剂量取决于药物的相对功效(相对于泼尼松的功效)。例如地塞米松与泼尼松产生相同作用时,前者的用量为后者的 1/8。目前没有任何证据显示,在治疗免疫介导性疾病时地塞米松比泼尼松/泼尼松龙更有效。选择地塞米松而非泼尼松的常见原因是,对于有呕吐症状或不能耐受口服给药的病例,可肠外给药。地塞米松的半衰期比泼尼松或泼尼松龙长,不适用于慢性病。

虽然糖皮质激素对免疫介导性疾病来说非常有效,但长期使用副作用较大,动物可能会变得虚弱无力,主人也不愿再继续治疗。常见副作用包括多饮多尿、气喘、虚弱、皮肤病变、易发感染、胃肠道出血和肌肉萎缩(图 100-1)。糖皮质激素也会导致胰岛素抵抗、高血糖、空泡性肝病和高凝状态(血栓弹性描记图)(Flint 等,2011)。个体病例对糖皮质激素副作用的耐受性不同。糖皮质激素治疗对猫产生虚弱不良反应的概率远低于犬。

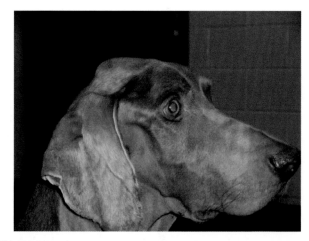

**图 100-1**
一只 7 岁已绝育魏玛猎犬使用免疫抑制剂量泼尼松治疗免疫介导性疾病后,颞肌严重萎缩。

降低糖皮质激素治疗副作用的方法包括:尽量使用最低剂量、尽可能选用短效类固醇、调整给药间隔(隔天用药)等。为达到最佳治疗效果,起始剂量一般为高剂量,然后逐渐降低,而不要从一开始选择保守剂

量,无效时再加大剂量。应根据治疗效果(例如 HCT 或关节液分析)减量,循序渐进,以防复发。治疗免疫介导性疾病时,糖皮质激素每月的剂量下降幅度不宜超过 50%。若因减量而导致疾病复发,则很难达到二次缓解。如果临床显示病患对糖皮质激素治疗不耐受,则需增用其他免疫抑制药物,这样做也可加速糖皮质激素减量进程,甚至最终停用。

## 硫唑嘌呤
## (AZATHIOPRINE)

硫唑嘌呤(Imuran)是一种巯基嘌呤抗代谢物,吸收之后在肝脏内转化成 6-巯基嘌呤(6-MP),然后转变成巯基嘌呤抗代谢物。6-鸟嘌呤核苷酸是一种有活性的细胞毒性代谢产物,在核酸合成中可以和嘌呤竞争,这样会导致机体内生成一些非功能性核酸,从而引发 DNA 和 RNA 合成受阻,使得快速分裂的细胞增殖缓慢。肝功能不全的动物中,硫唑嘌呤的免疫抑制作用也会减弱,若同时使用别嘌呤治疗,会导致体内活性代谢产物增加。巯基嘌呤甲基转移酶(thiopurine methyltransferase,TPMT)对 6-MP 及其代谢产物的代谢来说至关重要。TPMT 在肝脏和肾脏中的浓度最高,但在人的整体酶活性评估中,RBC 的 TPMT 活性是一种便于测量的、精确的间接指标。如果病人的 TPMT 活性下降,骨髓抑制的风险升高;若其活性升高,则有可能是对硫唑嘌呤治疗的反应不足。

硫唑嘌呤会优先作用于 T 细胞,对其功能产生影响,抑制细胞免疫,阻碍 T 细胞依赖性抗体生成,血液循环中的单核细胞数量也会下降。目前对于硫唑嘌呤的起效时间存在一定争议,不同兽医文献中的时间有一定差异。目前十分缺乏有关硫唑嘌呤的实验数据。一项研究显示使用该药治疗 7 d 后,虽然患犬的血清免疫球蛋白浓度无明显变化,但其淋巴细胞分裂转化作用受到抑制。不过,临床经验显示,初次治疗 4~8 周后才有可能出现明显效果。

硫唑嘌呤常被当作二线治疗药物来治疗一些免疫介导性疾病,例如免疫介导性溶血性贫血、免疫介导性血小板减少症、免疫介导性多发性关节炎、炎性肠病和系统性红斑狼疮(SLE)等(见第 101 章每种疾病的特异性适应证)。硫唑嘌呤的起始剂量一般为 2~4 mg/kg,PO,q 24 h,犬一般能耐受此剂量,但也有骨髓抑制、胃肠道反应、胰腺炎和肝毒性等情况的报道。少数患犬

会出现极其危险的骨髓抑制,NEU 显著下降,血小板减少,有时还会出现贫血,而有些犬只出现血小板减少症。患犬一般于初次治疗 1~4 个月后出现骨髓抑制,停药 7~14 d 后恢复。TPMT 活性的初步研究成果还未用于犬硫唑嘌呤治疗副作用的监测。由于潜在的骨髓抑制和肝毒性作用,犬在使用硫唑嘌呤治疗期间,治疗初期(第一个月)每 1~2 周需要评估一次 CBC 和肝酶活性,之后每 1~3 个月复查一次。出现骨髓抑制的患犬(使用 2 mg/kg 的剂量)需要降低剂量,下调至 1 mg/kg,PO,q 24 h。

硫唑嘌呤常和泼尼松联合应用。若联合治疗效果明显,泼尼松可于 2~4 个月内停药,期间硫唑嘌呤剂量不变(如果未观察到明显副作用)。如果泼尼松停药后疾病未复发,硫唑嘌呤也可逐渐减量,从最初的每天给药改为 2 d 一次,再逐渐变为每 3 d 一次,直至停药。如果疾病之前已经复发,可改为终身维持治疗(2 mg/kg,q 48 h)。如果使用硫唑嘌呤治疗的 12 个月内一直有骨髓抑制,那么在整个治疗期间需要监控 CBC 和肝酶变化。猫不推荐使用硫唑嘌呤治疗,曾有报道显示该药可导致猫出现严重 NEU 减少症和血小板减少症,即使减量也会出现。

## 环磷酰胺
## (CYCLOPHOSPHAMIDE)

环磷酰胺是一种烷化剂,能降低 B 细胞和 T 细胞的分裂。烷化剂可与有机化合物特别是核酸形成共价键,导致 DNA 交联,抑制 DNA 合成,最终导致快速分裂的细胞死亡。环磷酰胺在肝脏内转化为活性代谢产物,包括氮芥、磷酰胺氮芥和丙烯醛。环磷酰胺还会影响细胞免疫和体液免疫,对后者的作用更显著。该药可治疗一系列免疫介导性疾病,但其副作用较大,应用比硫唑嘌呤少。以前环磷酰胺常用于治疗犬的 IMHA,但最近的研究发现其他药物胜过该药,例如硫唑嘌呤和环孢霉素。对于犬,环磷酰胺仍然可用于纯红细胞发育不良的治疗(见第 101 章)。其副作用包括骨髓抑制、胃肠道症状、毛发生长不良、脱毛、无菌性膀胱炎(代谢产物丙烯醛引发)等。报道显示,犬使用该药治疗 2 个月或更长时间后,可出现无菌性膀胱炎,猫罕见这一副作用。不过也有一些报道显示,有些犬单次给药后也会出现无菌性膀胱炎。对于犬,环磷酰胺可按照 50 mg/m² 剂量给药,每天一次,每周 4 次,也可以

每次 200 mg/m²(静脉给药),每 1~3 周一次。后面的给药方案可能会导致骨髓抑制,猫推荐使用低剂量给药方案(见表 100-3)。

# 苯丁酸氮芥
## (CHLORAMBUCIL)

苯丁酸氮芥(瘤可宁)也是一种烷化剂,最常用于

猫免疫介导性疾病(硫唑嘌呤替代药物)。该药是一种前体,代谢为苯乙酸氮芥后发挥作用。一些患有免疫介导性疾病的犬如果不耐受常规细胞毒性免疫抑制剂,也可使用该药。犬猫在使用该药治疗免疫介导性疾病时,起始剂量均为 0.1~0.2 mg/kg,PO,q 24 h(见表 100-3)。副作用包括骨髓抑制、胃肠道症状、易受感染等。

**表 100-3　用于犬猫免疫介导性疾病的免疫抑制药物**

| 药物 | 剂量(犬) | 剂量(猫) | 副作用 | 推荐监控 |
|---|---|---|---|---|
| 泼尼松 | 2~4 mg/(kg·d) | 2~8 mg/(kg·d) | 肾上腺皮质机能亢进相关症状,胃肠道溃疡,继发感染倾向 | 病史和体格检查,CBC,生化检查,疾病恶化相关指标 |
| 硫唑嘌呤 | 起始剂量为 2 mg/(kg·d),出现骨髓抑制后更换为 1 mg/(kg·d) | 不推荐 | 骨髓抑制、胃肠道症状、肝毒性、胰腺炎 | 前两个月每两周监测一次 CBC、血小板计数和肝酶,随后每月监测一次 |
| 苯丁酸氮芥 | 起始治疗 0.1~0.2 mg/kg,PO,q 24 h,见效后逐渐改为隔天给药 | 0.1~0.2 mg/kg,PO,q 24~72 h | 骨髓抑制 | 起始治疗阶段每周监测一次 CBC 和血小板计数,病情稳定后可改为每两周或每月监测一次 |
| 环磷酰胺 | 50 mg/(m²·d),7 d 内重复 4 次;或者每周给药一次,剂量为 200 mg/m²,静脉注射 | 2.5 mg/(kg·d),口服给药,7 d 内重复 4 次,或者每周给药一次,剂量为 7 mg/kg,静脉注射 | 骨髓抑制、胃肠道症状、无菌性膀胱炎(猫罕见) | 前两个月内,每周监测一次 CBC 和肝酶;随后改为每月监测一次;每两周做一次尿液检查 |
| 环孢霉素 | 5 mg/kg,q 24 h 至 10 mg/kg,q 12 h,微乳剂(Atopica,Neoral)的起始剂量接近下限。和酮康唑连用时可降低剂量(1~2.5 mg/kg,q 12 h,见表 100-4) | 0.5~3 mg/kg,q 12 h(微乳剂制品);猫推荐采用低的血药谷浓度(250~500 ng/mL) | 胃肠道症状、感染、齿龈增生、乳头状瘤、脱毛 | 每月进行一次 CBC 和生化检查 |
| 长春新碱 | 治疗 IMT 时单次给药,0.02 mg/kg,IV | NA | 骨髓抑制,若药物外渗会引起血栓性静脉炎 | 每天监测一次 CBC 和血小板,以观察血小板的反应 |
| hIVIG | 0.25~1.5 mg/kg,6~12 h 内静脉注射给药,单次给药 | | 呕吐、健康犬会出现轻度血小板减少症 | 频繁监测动物的 TPR、CBC 和血小板计数 |
| 吗替麦考酚酯 | 10 mg/kg,PO,q 12 h | | 胃肠道症状 | 每月进行一次 CBC 和生化检查 |
| 来氟米特 | 3~4 mg/kg,PO,q 24 h | | 食欲减退、嗜睡、轻度贫血、呕血或便血 | |

CBC,全血细胞计数;hIVIG,静脉注射用人免疫球蛋白;IMT,免疫介导性血小板减少症;NA,尚无数据;TPR,肠外总营养(注:译者认为原文错误,此处应为体温、脉搏、呼吸)。

# 环孢霉素/环孢素
## （CYCLOSPORINE/CICLOSPORIN）

环孢霉素是从真菌中提取出来的环状多肽,是一种潜在的免疫抑制剂。该药的主要作用机制在于抑制 CD4⁺ T 淋巴细胞的最初活化阶段。环孢霉素阻断编码细胞因子的基因,尤其是 IL－2 的基因转录,从而抑制 T 细胞的活化和增殖,继而抑制其他细胞因子的合成。环孢霉素对人的体液免疫系统没有影响,因此,使用该药治疗不会影响疫苗免疫效果。环孢霉素已被批准用于犬异位性皮炎的治疗,也可以用于犬肛周瘘的治疗。该药也可以治疗一些顽固性免疫介导性疾病,例如犬猫的免疫介导性溶血性贫血、炎性肠病、重症肌无力、肉芽肿性脑脊膜脑脊髓炎、纯红细胞发育不良、免疫介导性皮肤病等。

环孢霉素目前已被批准为兽药(水相环境中可形成微乳剂,Atopica, Novartis Animal Health, Basel, Switzerland)。在人药中环孢霉素有两种剂型,一种为植物油配方(Sandimmune, Sandoz),另外一种为微乳剂(Neoral, Sandoz)。不同产品的推荐剂量因剂型而

异,微乳剂的生物学活性高于植物油剂型,微乳剂的吸收状况也比较一致。食物会延迟药物吸收,使吸收程度不可控,因此微乳剂最好在饲喂前或饲喂后 2 h 给药。给药剂量取决于所用药物和疾病本身,从 5 mg/kg, q 24 h 到 10 mg/kg, PO, q 12 h 不等(表 100-3 和表 100-4)。如果使用微乳剂,通常选用低剂量。对于个体病例,治疗过程中推荐监测其血药浓度。目前还缺乏确切的最佳治疗浓度。另外,环孢霉素的商业检测结果差异很大,因此,治疗过程需要遵循每个实验室的相关指南。环孢霉素血药浓度的测量方法为高效液相色谱法,这种方法的测量结果一般比商业实验室的结果(采用荧光偏振免疫分析法、放射免疫分析检测)低。这些方法也可检测代谢产物的浓度。治疗期间的血药浓度一般为 400～600 ng/mL(取决于测量方法),但更低浓度也可能有效。

很多药物和环孢霉素的代谢途径一致,包括细胞色素 P450 酶系统,因此,正在接受这类药物治疗的动物需要进行密切监测(表 100-5)。若使用环孢霉素治疗,可同时给予一些酮康唑(5～10 mg/kg, q 24 h),以降低环孢霉素的剂量,降低治疗成本。这一措施已经用于肛周瘘和器官移植犬的治疗,也可考虑应用于

 表 100-4　免疫介导性疾病患犬使用环孢霉素治疗推荐剂量和监测的相关研究

| 参考文献 | 病例量 | 选用药物 | 有效剂量 | 临床适应证 | 目标血药谷浓度 | 起始治疗有效率 |
|---|---|---|---|---|---|---|
| Mathews, 1997 | 20 | Sandimmune | 5 mg/kg, q 12 h | 肛周瘘 | 400～600 ng/mL | 85% |
| Griffiths et al, 1999 | 6 | Neoral | 7.5 mg/kg, q 12 h | 肛周瘘 | 400～600 ng/mL | 5/6 |
| Olivry, 2002 | 31 | Neoral | 5 mg/kg, q 24 h | 异位性皮炎 | 尚无报道 | 61% |
| Mouatt et al, 2002 | 16 | Neoral | 0.5～1 mg/kg, q 12 h;联合应用酮康唑 10 mg/kg, q 24 h | 肛周瘘 | > 200 ng/mL | 93% |
| Patricelli et al, 2002 | 12 | Neoral | 2.5 mg/kg, q 12 h 或者 4 mg/kg, q 24 h;联合应用酮康唑,5～11 mg/kg, q 24 h | 肛周瘘 | 400～600 ng/mL | 8/12 |
| O'Neill et al, 2004 | 19 | Neoral | 0.5～2 mg/kg, q 12 h,联合应用酮康唑,5.3～8.9 mg/kg, q 12 h | 肛周瘘 | 400～600 ng/mL | 100% |
| Hardie et al, 2005 | 26 | Neoral | 4 mg/kg, q 12 h | 肛周瘘 | 未测量 | 69% |
| Steffan, 2005 | 268 | Atopica | 5 mg/kg, q 24 h | 异位性皮炎 | 未测量 | 58% |
| Allenspach et al, 2006 | 14 | Atopica | 5 mg/kg, q 24 h | 炎性肠病 | 峰浓度(699 ±326) ng/mL | 12/14 |

表 100-5　环孢霉素药物动力学方向的互作

| 同步治疗药物对环孢霉素血药浓度的影响 | 能显著干扰环孢霉素血药浓度的药物(记录良好) | 偶然报道的药物 | 缺乏证据记载的药物 |
| --- | --- | --- | --- |
| 浓度增加 | **酮康唑**<br>**氟康唑**<br>**伊曲康唑**<br>**地尔硫䓬**<br>**红霉素**<br>**克拉霉素**<br>诺氟沙星<br>苯妥英<br>甲氧氯普胺<br>维生素 E（用 *Sandimmune* 的产品） | 乙氧萘青霉素(萘夫西林)<br>雌二醇 | |
| 浓度不变(不受影响) | 甲氧氯普胺 | | 甲基泼尼松龙<br>西咪替丁<br>维生素 E（用 *Atopica* 的产品）<br>非甾体类抗炎药<br>氟喹诺酮类*<br>$\beta$-内酰胺类抗生素 |
| 浓度下降 | 磺胺甲氧苄啶<br>St. John's Wort | 克林霉素 | |

斜体字代表犬或猫有相关记录。
粗体字代表增加＞100%。
常规字体表示增加或减少 50%～100%。
* 诺氟沙星除外。
改自 Guaguere E et al：A new drug in the field of canine dermatology，*Vet Dermatol* 15：61，2004.

患有其他免疫介导性疾病的动物。采用该方案时需要监测环孢霉素的血药浓度。

环孢霉素对犬的副作用包括胃肠功能紊乱、易受感染、齿龈增生、乳头状瘤和脱毛等。一项报道显示,使用该药治疗的患犬出现了由非典型葡萄球菌引起的皮炎(苔藓样银屑病)。这些犬在降低环孢霉素剂量并实施抗生素治疗后,症状得到改善。在治疗异位性皮炎时,在细菌感染方面,环孢霉素(5 mg/kg,PO,q 24 h)和泼尼松无明显差异。移植排异治疗中,环孢霉素剂量较高(20 mg/kg,PO,q 24 h),感染风险会升高,这种现象也见于环孢霉素和其他免疫抑制药物(泼尼松和硫唑嘌呤)联合应用的病例中。环孢霉素对猫的副作用和犬相似,但还可能会出现厌食、体重减轻和脂肪肝等(Heinrich 等,2011)。

# 长春新碱
**(VINCRISTINE)**

长春新碱是一种生物碱,源自长春花植物属,被用作抗肿瘤药和免疫抑制剂。长春新碱结合于微管蛋白(广泛存在于血小板中),低剂量能引起循环血小板数量暂时升高,高剂量会引起骨髓抑制和血小板减少症。长春新碱使正常犬血小板升高的机制包括循环血小板生成因子刺激血小板生成或诱导成熟巨核细胞急性裂解生成碎片等。免疫介导性血小板减少症中,刺激血小板生成作用已经最大化了,因此血小板增多的机制可能包括血小板从骨髓中释放增多,血小板被吞噬破坏的过程受到抑制,或抗体结合血小板的过程受到干扰等。由于血小板计数升高速度很快(平均时间约为

3 d),因此,血小板抗体合成速度下降的可能性不大。报道显示,淋巴瘤患犬使用长春新碱治疗后,不管是在体内还是体外,血小板的结构和功能都受到一定破坏,但相关临床意义尚不清楚。

在免疫介导性疾病的治疗方面,长春新碱主要适用于严重 ITP 患犬的辅助治疗。与单独使用泼尼松治疗相比,使用长春新碱治疗的 ITP 患犬,血小板计数升高速度更快,住院时间也明显缩短。推荐剂量为 0.02 mg/kg,单次静脉给药,和糖皮质激素联用。长春新碱是一种经济实用、易于获取的药物,虽然高剂量可能会引发骨髓抑制,但低剂量单次给药治疗 IMT 的病例中从未有过相关报道。由于该药的腐蚀性较强,给药时一定要小心,以免漏出血管外。

## 静脉注射用人免疫球蛋白
### (HUMAN INTRAVENOUS IMMUNOGLOBULIN)

静脉注射用人免疫球蛋白(human intravenous immunoglobulin,hIVIG)是一种多特异性免疫球蛋白G(IgG),由多个(>1 000)健康献血者的血浆组成。hIVIG 有多种制剂,包括液体、冻干制品等,浓度和规格差异很大(Spurlock 等,2011)。市售产品价格和功能也不尽相同(例如,Gammagard S/D,Baxter Healthcare Corporation, Deerfield, Ill;Gamimune N, Bayer Pharmaceuticals, Leverkusen, Germany)。hIVIG 可治疗人的免疫介导性血小板减少症性紫癜和其他免疫介导性疾病。在人类医学发展中,已报道的 hIVIG 对人的免疫调节机制多种多样,包括自体抗体生成减少(可能是因为 hIVIG 抗独特型抗体)、T 细胞功能调节、自然杀伤细胞活性下降、补体介导的细胞损伤受阻、调节促炎因子的释放和功能等。犬使用该药时,药物会结合到单核巨噬细胞的 Fc 受体上,抑制其吞噬作用。是否还有其他机制尚不清楚。hIVIG 在兽医中的应用还包括 IMHA、纯红细胞发育不良、骨髓纤维化、ITP、多形性红斑、天疱疮、中毒性表皮坏死松懈症等。犬使用 hIVIG 治疗时,剂量为 0.25~1.5 g/kg,静脉给药,6~12 h 内完成。健康犬使用 hIVIG 可能会出现轻微血小板减少症,偶见呕吐。犬猫使用该药时要注意,如果动物之前使用过含人蛋白的药物,重复给药可能有致敏或过敏的风险。犬猫使用 hIVIG 重复治疗后出现过敏反应的报道较少。曾有报道显示,一例重症肌无力患犬使用 4 次 hIVIG 之后出现了过敏反应。此外,对于犬,该药还可能会有促进血栓栓塞等其他潜在副作用。一项关于健康犬的研究显示,hIVIG 有促血栓和促炎作用(Tsuchiya 等,2009)。使用 hIVIG 治疗的病人有血栓栓塞的风险,尤其是已经有相关疾病的患者。使用 hIVIG 治疗的 IMHA 患犬中,血栓栓塞流行率较高,但尚不清楚血栓栓塞是潜在的疾病引起的,还是由该药引起的(Scott-Moncrieff 等,1997)。该药非常贵,使得其应用大大受限,除了 ITP,在其他免疫介导性疾病中的疗效也比较弱,因此,该药在兽医学中的前瞻性研究也很少。目前该药主要用于严重 ITP 患犬的辅助治疗,也用于一些对传统免疫抑制药物没有反应的免疫介导性疾病的补救治疗,例如 IMHA、重症肌无力、天疱疮等。由于 hIVIG 对巨噬细胞的作用快速,但时间很短,所以最佳使用方法为在 IMHA 和 ITP 等疾病中,用该药抑制吞噬作用,同时等待其他免疫抑制药物起效。不过这一假说只见于犬 ITP,尚缺乏其他相关证据。

## 己酮可可碱
### (PENTOXIFYLLINE)

己酮可可碱属于甲基黄嘌呤类药物,是一种可可碱衍生物,但对心脏病或支气管扩张无效。该药主要作用于免疫系统,可改善血液黏稠度和红细胞的可塑性,但作用机制不详。己酮可可碱有一系列免疫调节作用,有抑制 IL-1、IL-6 和 TNF-α 的作用,还能抑制 B 细胞和 T 细胞活化。通过犬体内的药代动力学研究,推荐用药剂量为 10~15 mg/kg,PO,q 8 h。兽医学中,该药主要用于免疫介导性皮肤病、系统性红斑狼疮和各种血管炎。尚不清楚该药对其他免疫介导性疾病是否有效。该药对犬的副作用包括呕吐、腹泻、骨髓抑制和皮肤发红等。

## 吗替麦考酚酯
### (MYCOPHENOLATE MOFETIL)

吗替麦考酚酯是一种麦考酚酸的前体药物,一磷酸肌酸脱氢酶(inosine monophosphate dehydrogenase,IMPDH)抑制剂,阻碍嘌呤的合成。麦考酚酸抑制 B 细胞和 T 细胞增殖,减少抗体产生。吗替麦考酚酯最常用于器官移植后的排异反应,目前在兽医学中广泛用于硫唑嘌呤的替代治疗,尤其是 IMHA 和重症肌无力等疾病。该药具有作用迅速(给药 2～4 h 后起效)、毒性较低等优势,而最常见的副作用为剂量依赖性胃肠道毒性,发生率约 67%(Dewey,2010)。肠外给药时可能会引起轻度过敏反应(Whitley 等,2011)。目前推荐剂量为 10 mg/kg,PO,q 12 h。

## 来氟米特
### (LEFLUNOMIDE)

来氟米特是一种免疫抑制药物,用于人的类风湿性关节炎的治疗。该药代谢为特立氟胺,后者抑制嘧啶合成。来氟米特也抑制酪氨酸激酶参与的细胞分化和信号传导(Singer 等,2011)。该药抑制 T 细胞和 B 细胞增殖,具有抗炎作用。该药是犬肾移植术后第一个用于排异反应的免疫抑制剂,也可用于其他传统免疫抑制药物疗效不佳或禁用糖皮质激素的疾病。目前关于来氟米特在犬中应用的研究报道较少,但一项回顾性研究显示,该药在治疗免疫介导性多发性关节炎方面还是很值得期待的(Colopy 等,2010)。该药也可用于 Evans 综合征、IMHA 和多肌炎的治疗,副作用不详,但如果和糖皮质激素联用会有食欲减退、嗜睡、轻度贫血、呕血、便血等表现。目前推荐剂量为 3～4 mg/kg,PO,q 24 h。目前奥本大学临床病理学实验室有该药治疗监测的相关技术(Clinical Pharmacology Laboratory,1500 Wire Road,142-A McAdory Hall,Auburn University AL 36849,clinpharm@auburn.edu)。

## 脾切除
### (SPLENECTOMY)

脾切除是一种辅助疗法,推荐用于一些免疫介导性疾病的治疗,例如 IMHA 和 ITP。从理论上讲,脾切除可降低单核巨噬细胞的数量,减少抗体包被红细胞和血小板的吞噬。脾切除主要用于药物治疗无效的 IMHA 或 ITP 患犬,但 ITP 患犬在切除脾脏且停药(泼尼松或硫唑嘌呤)后可能会复发。IMHA 患犬使用脾切除疗法的优势尚不清楚。一项回顾性研究显

示,免疫抑制治疗无效的 10 只 IMHA 患犬对脾切除手术的反应是积极的。10 只犬中 9 只活了 30 d,术后 HCT 升高,但输血需求下降(Horgan,2009)。这一研究很难解释,因为患犬同时接受了糖皮质激素和手术治疗,不知道效果是否为药物治疗带来的。脾切除的潜在风险在于出血和血栓栓塞等并发症。脾脏也是髓外造血的重要器官,所以脾切除会损害红细胞的再生。

◆推荐阅读

Allenspach K et al: Pharmacokinetics and clinical efficacy of cyclosporine treatment of dogs with steroid refractory inflammatory bowel disease, *J Vet Intern Med* 20:239, 2006.

Beale KM: Azathioprine for treatment of immune-mediated diseases of dogs and cats, *J Am Vet Med Assoc* 192:1316, 1988.

Beale KM et al: Systemic toxicosis associated with azathioprine administration in domestic cats, *Am J Vet Res* 53:1236, 1992.

Behrend E et al: Pharmacology, indications, and complications, *Vet Clin North Am Small Anim Pract* 27:187, 1997.

Bianco D et al: A prospective randomized double blinded, placebo controlled study of human intravenous immunoglobulin for the acute management of presumptive primary immune mediated thrombocytopenia in dogs, *J Vet Intern Med* 23:1071, 2009.

Boothe DM: *Small Animal Clinical Pharmacology and Therapeutics*, ed 2, Philadelphia, 2012, Elsevier.

Colopy SA et al: Efficacy of leflunomide for treatment of immune-mediated polyarthritis in dogs: 14 cases (2006-2008), *J Am Vet Med Assoc* 236:312, 2010.

Dewey CW et al: Mycophenolate mofetil treatment in dogs with serologically diagnosed acquired myasthenia gravis: 27 cases (1999-2008), *J Am Vet Med Assoc* 236:664, 2010.

Flint SK et al: Independent and combined effects of prednisone and acetylsalicylic acid on thromboelastography variables in healthy dogs, *Am J Vet Res* 72:1325, 2011.

Grau-Bassas ER et al: Vincristine impairs platelet aggregation in dogs with lymphoma, *J Vet Intern Med* 14:81, 2000.

Griffiths LG et al: Cyclosporine as the sole treatment for anal furunculosis: preliminary results, *J Small Anim Pract* 40:569, 1999.

Guaguere E et al: A new drug in the field of canine dermatology, *Vet Dermatology* 15:61, 2004.

Hardie RJ et al: Cyclosporine treatment of anal furunculosis in 26 dogs, *J Small Anim Pract* 46:3, 2005.

Heinrich NA et al: Adverse events in 50 cats with allergic dermatitis receiving cyclosporin, *Vet Dermatol* 22:511, 2011.

Horgan JE et al: Splenectomy as an adjunctive treatment for dogs with immune-mediated hemolytic anemia: ten cases (2003-2006), *J Vet Emerg Crit Care* 19:254, 2009.

Mathews KA et al: Randomized controlled trial of cyclosporine for treatment of perianal fistulas in dogs, *J Am Vet Med Assoc* 211:1249, 1997.

Miller E: The use of cytotoxic agents in the treatment of immune-mediated diseases of dogs and cats, *Semin Vet Med Surg (Small Anim)* 12:144, 1997.

Mouatt JG et al: Cyclosporine and ketoconazole interaction for treatment of perianal fistulas in the dog, *Aust Vet J* 80:207, 2002.

Ogilvie GK et al: Short-term effect of cyclophosphamide and aza-thioprine on selected aspects of the canine blastogenic response, *Vet Immunol Immunopath* 18:119, 1988.

Olivry T et al: Randomized controlled trial of the efficacy of cyclo-sporine in the treatment of atopic dermatitis in dogs, *J Am Vet Med Assoc* 221:370, 2002.

O'Neill T et al: Efficacy of combined cyclosporine A and ketocon-azole treatment of anal furunculosis, *J Small Anim Pract* 45:238, 2004.

Patricelli AJ et al: Cyclosporine and ketoconazole for the treat-ment of perianal fistulas in dogs, *J Am Vet Med Assoc* 220:1009, 2002.

Rinkardt NE et al: Azathioprine induced bone marrow toxicity in four dogs, *Can Vet J* 37:612, 1996.

Rodriguez DB et al: Relationship between red blood cell thiopurine methyltransferase activity and myelotoxicity in dogs receiving azathioprine, *J Vet Intern Med* 18:339, 2004.

Scott-Moncrieff JC et al: Human intravenous immunoglobulin therapy, *Semin Vet Med Surg (Small Anim)* 12:178, 1997.

Singer LM et al: Leflunomide pharmacokinetics after single oral administration to dogs, *Vet Pharmacol Ther* 34:609, 2011.

Spurlock NK et al: A review of current indications, adverse effects, and administration recommendations for intravenous immuno-globulin, *J Vet Emerg Crit Care* 21:471, 2011.

Steffan J et al: Clinical trial evaluating the efficacy and safety of cyclosporine in dogs with atopic dermatitis, *J Am Vet Med Assoc* 226:1855, 2005.

Tsuchiya R et al: Prothrombotic and inflammatory effects of intra-venous administration of human immunoglobulin G in dogs, *J Vet Intern Med* 23:1164, 2009.

Whelan MF et al: Use of human immunoglobulin in addition to glucocorticoids for the initial treatment of dogs with immune-mediated hemolytic anemia, *J Vet Emerg Crit Care* 19:158, 2009.

Whitley NT et al: Immunomodulatory drugs and their application to the management of canine immune-mediated disease, *J Small Anim Pract* 52:70, 2011.

# 第 101 章
## CHAPTER 101

# 常见免疫介导性疾病
## Common Immune-Mediated Diseases

## 免疫介导性溶血性贫血
### (IMMUNE-MEDIATED HEMOLYTIC ANEMIA)

病因学

免疫介导性溶血性贫血（immune-mediated hemolytic anemia，IMHA）是一种临床综合征，由免疫介导性机制引起红细胞（RBC）破坏速度加快，最终引起贫血（见第 98 章）。IMHA 是引起犬溶血性贫血最常见的原因，但在猫中不常见。原发性 IMHA（真性自体免疫性溶血性贫血）中，机体产生了针对红细胞膜抗原的抗体。犬猫的目标抗原尚未被研究清楚，抗体可针对血影蛋白、band 3 和红细胞膜上的糖蛋白（即血型糖蛋白，在一些犬中有一定研究）。真性自体免疫性溶血性贫血也可能是 SLE 的表现。继发性 IMHA 的病因包括感染、肿瘤性疾病等（框 101-1）。接触到某些药物、蛇毒和注射疫苗后也可能会继发 IMHA。大多数关于犬的研究显示，原发性免疫介导性溶血性贫血比继发性的更常见。不过诊断依赖于检查水平，只有排除了其他继发性因素才能诊断为原发性 IMHA。

在 IMHA 疾病中，犬猫 RBC 表面最常见的抗体是 IgM 和 IgA，IgM 最不常见。补体也较为常见。继发性 IMHA 病例，抗体会针对吸附在红细胞膜表面的抗原，或针对结合在自体抗原决定簇的微生物抗原，红细胞因受到牵连从而被破坏。细胞膜被微生物或毒素破坏以后，隐藏的抗原会暴露出来，微生物或药物等抗原也会和自体抗原决定簇交叉反应。任何慢性炎症过程中，淋巴细胞都会出现非特异性活化，形成自体反应性淋巴细胞。

### 框 101-1　引起犬猫 IMHA 的传染性疾病

**犬**
犬恶丝虫病
嗜血支原体病
犬埃利希体感染
嗜吞噬细胞无形体感染
利什曼原虫病
巴贝斯虫病
慢性细菌感染

**猫**
嗜血支原体病
猫传染性腹膜炎
猫白血病病毒
慢性细菌感染

近期免疫可能是 IMHA 的潜在病因。免疫 2～4 周后，很多兽医或宠物主人都会担心是否会出现 IMHA。一项有 58 例 IMHA 患犬的研究中，26％的患犬于 4 周内注射过疫苗，而对照组（4 周前注射过疫苗）中仅有 5％的犬发病（Duval 等，1996），近期免疫组和对照组的死亡率存在很大差异。之后一项研究中，通过 72 只注射过疫苗的 IMHA 患犬和对照组的比较，并未发现两组之间有明显差异（Carr 等，2002）。因此，疫苗免疫在 IMHA 发病中的重要性尚且不详。

IMHA 有遗传倾向，某些品种发病风险较高（框 101 2）。可卡犬有较强的遗传倾向，约占所有病例的 1/3。犬的红细胞抗原 7（dog erythrocyte antigen 7，DEA7）对可卡犬有一定的保护作用（Miller 等，2004）。母犬和去势公犬发病风险较高，提示本病可能和激素紊乱有关。

框 101-2　IMHA 发病风险较高的犬种

可卡犬
比熊犬
迷你杜宾犬
迷你雪纳瑞犬
英国史宾格犬
粗毛柯利犬
芬兰猎犬

　　IMHA 病例中,红细胞上会出现抗体和/或补体,最终引起血管内或血管外溶血(见第 80 章)。血管外溶血比血管内溶血更常见,病程相对来说稍慢一些,常伴发球形红细胞和高胆红素血症(图 101-1 和图 101-2)。虽然高胆红素血症是 IMHA 的常见特征,但并非所有病例都会出现,即使未出现高胆红素血症也不能排除 IMHA。生化指标中结合胆红素和非结合胆红素的相对比例并无显著的临床意义。是否出现高胆红素血症或其严重程度有两大影响因素,一个是溶血速度,另一个是肝脏功能。IMHA 患犬的肝脏功能受损可能由缺氧和肝脏坏死引起。一项研究对患犬进行了尸检,结果显示,34 例死于 IMHA 的患犬中,53% 出现了中度至重度小叶中心肝脏坏死(McManus 等,2001)。

◆临床特征

　　原发性 IMHA 患犬通常为青年至中年犬,年龄从 1 岁到 13 岁不等,平均年龄为 6 岁。和未去势公犬相比,母犬和去势公犬易发病,有些品种发病风险较高(见框 101-2)。IMHA 患猫的发病年龄似乎比犬小,平均发病年龄约为 2 岁。雄性动物似乎有轻微易发病倾向,绝育与否和本病无关(Kohn 等,2006)。框 101-3 列举了常见的临床表现。患病犬猫到动物医院就诊前临床症状持续时间通常较短,平均时间大约为 4 d。IMHA 的发病似乎有季节倾向,虽然这一发现并非在所有研究中都有报道。大多数研究显示,温度较高的季节 IMHA 的发病率更高。

◆诊断

　　IMHA 的诊断依赖于 CBC、血清生化检查和尿液检查(框 101-4)发现与溶血性贫血一致的异常表现,以及后续检查发现红细胞膜表面抗体。深入检查应确定是否为继发性 IMHA。

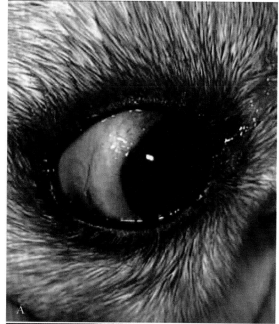
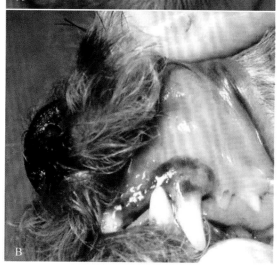

图 101-1
一只杂种犬巩膜(A)和口腔黏膜(B)中度黄疸。

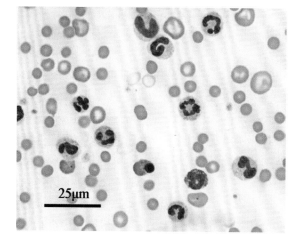

图 101-2
血涂片中出现球形红细胞。

框 101-3　患有 IMHA 的犬猫的病史调查和体格检查

| 犬 | 猫 |
|---|---|
| **病史调查** | |
| 嗜睡 | 嗜睡 |
| 厌食 | 厌食 |
| 苍白 | 苍白 |
| 黄疸 | 黄疸 |
| 呕吐 | 呕吐 |
| 虚脱 | 异食癖 |
| 虚弱 | |
| **体格检查(其他发现)** | |
| 收缩期心杂音 | 收缩期心杂音 |
| 发热 | 发热 |
| 心动过速 | 低体温 |
| 呼吸急促 | 淋巴结肿大 |
| 苍白 | 苍白 |
| 黄疸 | 黄疸 |
| 脾肿大 | |
| 肝肿大 | |
| 腹部疼痛 | |

框 101-4　IMHA 患犬的 CBC 和血清生化检查异常

**CBC**
贫血
多染性红细胞
自体凝集
球形红细胞增多症
影细胞
炎症(NEU、杆状 NEU、晚幼粒细胞、单核细胞升高)
血小板减少症

**生化检查**
血红蛋白血症
血红蛋白尿
高胆红素血症
高胆红素尿
ALT 升高
ALP 升高

CBC,全血细胞计数;IMHA,免疫介导性溶血性贫血。

　　IMHA 诊断的第一步为动物出现贫血症状。贫血多为中度至重度(平均 HCT 约为 13%),且通常为再生性,虽然约 30%患犬或>50%患猫出现了非再生性贫血,这种表现可能和急性发作有关,这时候骨髓未做出充分代偿(通常需要 3~5 d),也有可能和产生了直接针对骨髓前体细胞的抗体有关。后者的网织

红细胞被破坏,不能释放到外周血中。未出现再生性反应的病例中,HCT 会显著下降,但血清总蛋白和白蛋白浓度变化很小,这种情况下要怀疑溶血。RBC 生成不足的贫血中,HCT 每天下降速度应低于 1%,而失血性贫血 HCT 下降的同时,常伴发总蛋白或白蛋白下降(表 101-1)。

表 101-1　不同原因的贫血导致的 CBC 变化

| 类型 | HCT 下降速度 | 网织红细胞计数 | 血清蛋白 | CBC 炎症表现 | 血小板减少症 |
|---|---|---|---|---|---|
| 溶血性贫血 | 快 | 高 | 无变化 | 有 | 有(轻度至严重) |
| 非再生性贫血 | 慢 | 低 | 无变化 | 无 | 取决于病因 |
| 失血性贫血 | 快 | 高 | 下降 | 无 | 有(轻微) |

　　大多数 IMHA 患犬也会出现炎性白细胞像,常伴发核左移,并出现轻度至重度血小板减少症(约 60%的病例)。血小板减少症可能是由于产生了直接针对血小板和 RBC(Evans 综合征)的抗体、DIC、脾脏扣押等因素引起的。使用 TEG 检测发现,大多数 IMHA 患犬会出现高凝血症,有些动物还出现了 DIC。凝血系统异常包括 aPTT 延长、D-dimer 升高、FDPs 升高、抗凝血酶(antithrombin,AT)浓度降低和高纤维蛋白原血症等。若血涂片中出现自体凝集或球形红细胞增多症(2+或更高),则提示出现了抗体介导的 RBC 溶解(图 101-3)。自体凝集可经肉眼或显微镜观察血涂片发现。通常认为和 IMHA 有关,但必须和缗钱样红细胞区分开来(见第 80 章)。

　　IMHA 患犬中,抗体包被的 RBC 被巨噬细胞吞噬掉一部分细胞膜后形成了球形红细胞(见图 101-2),这种细胞不是双凹圆盘状、体积缩小、中央苍白区丢失。球形红细胞的细胞膜变形性较差,经过脾脏时会被吞噬。由于猫的 RBC 本身就没有中央苍白区,因此猫球形红细胞很难辨识,但犬的很容易辨识。球形红细胞是 IMHA 的标志性变化,如果犬外周血中球形红细胞数量够多(2+或更高),则可以诊断为 IMHA。但是,由于球形红细胞是 RBC 被吞噬的表现,也可见于其他疾病,例如噬血细胞综合征(hemophagocytic syndrome)、噬血细胞组织细胞增多症(hemophagocytic histiocytosis)、锌中毒性溶血等,但这些疾病中的球形红细胞数量(1+)比 IMHA 患犬的(2+)稍低。球形

红细胞数量为半定量计数（表 101-2）。一些回顾性研究显示，约 90% 的 IMHA 患犬血涂片中会出现球形红细胞，但急性溶血病例可能只出现少量球形红细胞。影细胞是血管内溶血后的 RBC 残迹。红细胞的这种裂解可能是免疫或非免疫介导性因素导致的，所以不能将影细胞当作 IMHA 的诊断指标。

　　无自体凝集现象或球形红细胞时，直接库姆斯试验是 IMHA 诊断最常用的检测方法，采用试剂为多价抗血清，但这种方法的敏感性和特异性都不强。阳性结果提示抗体、补体或两者均位于红细胞表面，但这并

不意味着抗体会针对 RBC 的细胞膜或者引发溶血。60%～80% 的 IMHA 患犬库姆斯试验阳性。与此相反，库姆斯试验阳性也见于其他一些炎性疾病（见第 80 章）。

 **表 101-2　玻片中球形红细胞的半定量检查**

| 每个油镜视野下球形红细胞数量 | 评分 |
| --- | --- |
| 1～10 | 1+ |
| 11～50 | 2+ |
| 51～150 | 3+ |

　　患有继发性 IMHA 的犬猫应积极寻找原发病因，其对疾病控制和预后均有重要影响。表 101-3 列举出了一系列可继发 IMHA 的因素。诊断排除继发性 IMHA 因素的措施包括全面的病史调查（排除药物、免疫、毒素等），细致入微的体格检查（包括直肠检查、眼科检查、神经学检查），特异性传染病检查，慢性抗原刺激的相关检查，肿瘤疾病的检查等。诊断性检查项目应涵盖 CBC、生化检查、尿液检查、尿液培养、胸腹部 X 线检查、腹部超声、骨髓细胞学和/或组织病理学检查（若为非再生性贫血）、传染病抗体滴度检查等。

 **表 101-3　导致犬猫 IMHA 的继发性因素**

| | 举例 | 诊断方法 |
| --- | --- | --- |
| 肿瘤 | 淋巴瘤 | 腹部/胸部 X 线检查 |
| | 血管肉瘤 | 腹部超声 |
| | 白血病 | 骨髓抽吸 |
| | 恶性组织细胞增多症 | 淋巴结抽吸 |
| 感染（见框 101-1） | 猫白血病病毒 | 血清学 |
| | 嗜血支原体病 | IFA/PCR |
| | 犬恶丝虫 | 血清学 |
| | | 胸部 X 线检查 |
| | | 泌尿道感染 |
| 慢性炎症 | 前列腺炎 | 尿液培养 |
| | 结肠炎 | 泌尿道超声 |
| | 椎间盘脊椎炎 | 结肠镜检查 |
| | 多发性关节炎 | 脊椎 X 线检查 |
| | | 滑液采集和 X 线检查 |
| 药物、免疫和毒素接触史 | 抗生素（磺胺、β-内酰胺类抗生素） | 全面的病史调查 |

IFA，免疫荧光抗体；PCR，聚合酶链式反应。

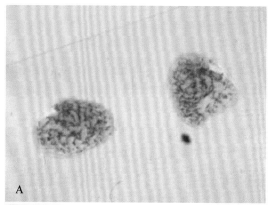
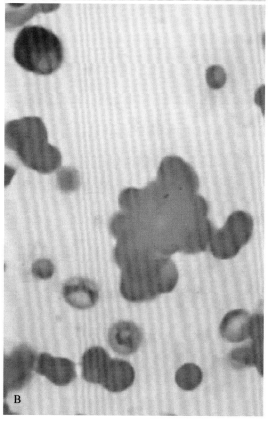

**图 101-3**
血涂片外观（A）和显微镜检查的凝集反应（B）。注意显微镜下红细胞凝集成簇的三维效果。

犬非再生性原发性 IMHA 中,骨髓检查结果通常表现为红细胞增生,骨髓粒细胞与有核红细胞比值(M/E)下降,也可能会见到红细胞成熟障碍,多处于中幼红细胞增多症或晚幼红细胞阶段。有些最初怀疑为 IMHA(球形红细胞增多症或库姆斯试验阳性)的病例,做完骨髓检查后,被确诊为纯红细胞发育不良。很多非再生性 IMHA 患犬骨髓检查后可见纤维病变。骨髓纤维病变患犬中,很难采集到足够的骨髓组织进行诊断,该病变更像是骨髓损伤的继发反应,治疗后可自行恢复。

无 IMHA 典型形态学变化(再生性贫血、自体凝集、球形红细胞)的患犬中,IMHA 的诊断非常具有挑战性。由于可能存在假阳性,库姆斯试验结果需谨慎判读。合理的诊断程序为先排除其他引起贫血的原因,结合溶血相关指征和库姆斯试验,对未能找到其他合理病因的贫血病例进行 IMHA 的诊断。

◈治疗

对临床兽医来讲,如何为 IMHA 患犬选择合适的治疗措施是一项很有挫败感的事情(见图 101-4)。缺乏治疗有效性的前瞻性研究,治疗和支持疗法费用昂贵、预后较差等因素是挫败感的部分原因。另外,一些严重的并发症(例如肺部血栓、DIC)相对来说比较常见,但个体病例的诊断却很难。由于缺乏该病治疗有效性的前瞻性研究,犬 IMHA 的推荐疗法多基于临床经验,而非客观数据。

IMHA 患犬的治疗目标包括阻止 RBC 溶解,通过输血缓解组织缺氧,防止血栓,提供支持疗法等几个方面。

## 阻止溶血 (PREVENTION OF HEMOLYSIS)

免疫抑制药物是阻止 IMHA 患犬继续溶血的关键因素。在自体免疫疾病中,有关犬猫免疫抑制药物的作用机理、副作用等信息详见第 100 章。

高剂量糖皮质激素是控制 IMHA 犬溶血的一线治疗措施。可口服给药的患犬中,作者推荐泼尼松或泼尼松龙的剂量为 1~2 mg/kg, PO, q 12 h。猫体内泼尼松龙的生物学活性比泼尼松强,犬也可能相似,所以泼尼松龙是这两种动物的首选治疗药物。起始治疗时药物剂量应选择上限,大型犬(>30 kg)除外。大多数对泼尼松治疗有效的患犬于治疗前 7 d 有明显改善,但可能在最初治疗后的 2~4 周才能看到全部治疗效果。溶血得到缓解的表现包括 HCT 稳定后逐渐回升、库姆斯试验转阴、自体凝集试验转阴、球形红细胞增多症消失、网织红细胞计数正常、炎症白细胞像恢复等。若 HCT 增加至 30% 以上,那么泼尼松龙剂量可下调为 1 mg/kg, q 12 h。治疗过程中,剂量最大下调

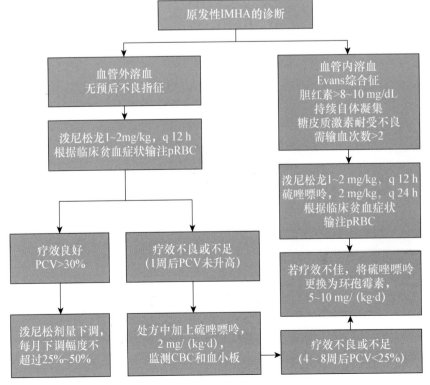

图 101-4
**IMHA 患犬治疗措施流程图。**CBC,全血细胞计数;IMHA,免疫介导性溶血性贫血;PCV,红细胞比容;pRBC,浓缩红细胞。

幅度为每个月 25%～50%,周期为 3～6 个月,取决于 HCT 及相关副作用。如果 6 个月后泼尼松龙剂量很低,且为隔天给药,患病动物依然无明显症状,即可尝试停药。免疫抑制治疗方案改变前后 2 周均需监测 CBC 及网织红细胞数量。

单独使用泼尼松龙对大多数 IMHA 患猫有效,糖皮质激素方面的副作用也比较小。需要增加免疫抑制药物的 IMHA 病例,可使用苯丁酸氮芥、环孢霉素或环磷酰胺。不推荐使用一种药物取代另一种药物。由于硫唑嘌呤对猫的副作用不可接受,不推荐用于猫(见第 100 章)。作者常给需要增加免疫抑制药物的猫用苯丁酸氮芥或环孢霉素。猫使用糖皮质激素治疗会增加糖尿病的风险,这些猫应使用第二种免疫抑制药物,以减少糖皮质激素用量并最终停药。

有些 IMHA 患犬单独使用糖皮质激素治疗无效,或者泼尼松龙剂量太高而引发一些过于严重的副作用。这些疾病中,可能需要增加细胞毒性药物。但大家要面对这样一个问题,是否所有 IMHA 病例在一开始治疗时就需要增加一种免疫抑制药物,或者等到动物需要时再增加。一开始就增加另一种免疫抑制剂的好处在于不需要浪费过多时间,但不利之处包括副作用风险增加、费用增加等。有关泼尼松龙加硫唑嘌呤治疗组、泼尼松龙治疗组的对照研究显示,增加硫唑嘌呤后并无明显优势(Piek 等,2011)。作者认为大多数 IMHA 患犬可单用糖皮质激素治疗,尤其不推荐使用一种以上细胞毒性药物来治疗,这样可能会导致严重的免疫抑制,还会增加感染的风险。

不同兽医师会选择增加不同的免疫抑制剂,最常用的药物是硫唑嘌呤和环孢霉素。在作者自己的医院里,若 IMHA 患犬糖皮质激素治疗 5～7 d 效果不明显,或需要输两次血,可尽早增加硫唑嘌呤。硫唑嘌呤也可用于对糖皮质激素副作用不耐受的动物(例如大型犬)、有其他预后不良因素(例如血管内溶血,血清胆红素浓度高于 8～10 mg/dL,持续自体凝集,Evans 综合征)的动物。对于犬,硫唑嘌呤的推荐起始剂量为 2 mg/kg,q 24 h。患犬贫血症状得到改善后,硫唑嘌呤仍以原剂量继续使用,但泼尼松龙可逐渐减量,泼尼松龙停药后硫唑嘌呤方可减量。如果药物减量后会复发,那么可终身使用泼尼松龙或硫唑嘌呤,也可二者联用,给药量调节至抑制溶血的最小剂量。使用硫唑嘌呤治疗的犬,开始治疗时每两周监测一次 CBC 和肝酶活性,然后每 1～2 个月监测一次即可。

如果泼尼松或泼尼松龙和硫唑嘌呤对患犬不起作

用,作者比较偏爱环孢霉素,但该药较贵,严重阻碍了其临床应用。由于免疫抑制效果显著,使用该药期间应经常监测继发感染(细菌、真菌、原虫等)。有趣的是,一项有关 38 例患犬的前瞻性调查显示,泼尼松治疗组和泼尼松加环孢霉素治疗组的存活时间并无显著差异。另外,大多数死亡病例于环孢霉素达到最大效果前去世(Husbands 等,2004)。环孢霉素对 IMHA 患犬相对安全,临床经验显示,用泼尼松龙或硫唑嘌呤治疗无效的患犬似乎对该药有反应(关于环孢霉素的剂量和监测,见表 100-3 和表 100-4)。以前环磷酰胺被推荐用于严重 IMHA 犬的治疗,但预后不良患犬使用该药以后也难以改变结局。如果患病动物持续出现胃肠道症状,不耐受口服药物,作者推荐使用环磷酰胺(可静脉给药,见表 100-3)。

其他可用于对上述治疗方案无效的 IMHA 患犬的治疗药物包括来氟米特和吗替麦考酚酯(见第 100 章)。这些药物用于 IMHA 的治疗效果没有被广泛评估,且价格昂贵。散在报道和一些回顾性病例报道显示 hIVIG 可能对 IMHA 患犬有效。一项前瞻性双盲试验中,28 只 IMHA 患犬参与了对照研究,其中,三次 hIVIG 加糖皮质激素治疗组的疗效和单用泼尼松组并无显著差异(Whelan 等,2009)。另外,hIVIG 的价格很昂贵,且人的蛋白可能有致敏作用,若重复给药,一定要小心谨慎。

## 输血
### (BLOOD TRANSFUSION)

大多数患有急性严重 IMHA 的犬猫都需要输氧疗法,但单独输氧疗效有限。输血的紧急程度取决于贫血的严重程度、贫血发生的速度(急性或慢性)、肺部栓塞或胃肠道失血等并发症的严重程度等。输血并不严格遵循特定 HCT 水平,每个病例都需特别对待。贫血犬如果在休息时也出现心动过速、呼吸急促、厌食、嗜睡或虚弱,则需要对其输血。大多数急性 IMHA 患犬和 HCT 小于 15% 的患犬出现了组织缺氧,输血能起到一定作用,这时候就不需要再考虑其临床表现。严重组织缺氧会加速 IMHA 并发症的发展进程,例如肝脏坏死、DIC 和血栓等。

输血时的最佳选择是浓缩红细胞(packed RBCs,pRBCs),也可使用新鲜全血,但并不理想。因为新鲜全血里的血浆成分并不是必要的,而且可能会增加输血反应的风险(关于输血的更多内容见第 80 章)。

## 预防血栓形成
## (PREVENTION OF THROMBOEMBOLISM)

血栓栓塞(thromboembolic events,TEs)是IMHA的一种常见并发症,也是导致患犬死亡的重要原因。报道显示,29%~80%的IMHA患犬尸检时被检查出TEs。可放置留置针来监测一些临床病理学异常,例如血小板减少症、高胆红素血症、白细胞增多症、低白蛋白血症,这些异常都可能会增加IMHA患犬TE形成的风险。血栓形成机制尚且不详,且尚无有效预防方案。目前有关血栓治疗的药物包括肝素、低分子量肝素、阿司匹林,或这些药物联合应用。IMHA病例使用肝素治疗的起始剂量为200~300 U/kg,SC,q 6 h,剂量会根据抗Ⅹa因子活性监测结果适当调整(0.35~0.7 U/mL),治疗目标为将aPTT的数值控制在基础值的125%~150%内。针对IMHA患犬的个体病例,可根据抗Ⅹa因子活性监测结果调整肝素用量,这样比固定剂量(150 U/kg,SC,q 6~8 h)更为稳妥(Helmond等,2010)。有关低分子质量肝素的用药方案可参阅第85章。低剂量阿司匹林(0.5 mg/kg,PO,q 24 h)也可用于IMHA患犬的血栓预防。Weinkle等人于2005年报道了一个能增加犬存活时间的治疗方案,方案里有泼尼松、硫唑嘌呤和低剂量阿司匹林。(见第85章中有关血栓治疗和预防的相关资料。)

## 支持疗法
## (SUPPORTIVE CARE)

积极的支持治疗对预后来讲至关重要。发现并治疗潜在疾病、诊断出免疫抑制药物引起的并发症、良好的支持疗法等因素都能潜在影响预后。除输血之外,如果犬出现脱水,可适当补液,促进组织灌注。对于脱水犬,补液可导致HCT测量值下降,但RBC总量不会减少。不应因担心加速贫血而停止补液。而且事实上,输液后更能真实反映贫血的严重程度。

应认真检查和治疗IMHA患犬潜在疾病,这一点至关重要。继发性IMHA患犬仍需免疫抑制治疗,但如果找到了潜在病因并及时控制,免疫抑制的治疗时间可能会缩短。如果检查出了感染性疾病,需尽量避免细胞毒性药物。

免疫抑制类药物治疗的并发症包括骨髓抑制、感染、胃肠道溃疡和医源性肾上腺皮质功能亢进。胃肠道出血也可能和IMHA患犬的贫血有关,可能是高剂量糖皮质激素对胃肠道的副作用,也可能是并发的血小板减少症、血管炎、缺血或其他疾病引起的。胃肠道潜血检查也非常重要,胃肠道出血也会引起贫血,可能与IMHA治疗失败混淆(见第80章)。胃肠道出血的治疗包括使用黏膜保护剂(硫糖铝)、$H_2$受体阻断剂(例如法莫替丁)和质子泵抑制剂(例如奥美拉唑)。

### ◆预后

大约60%的IMHA患犬在缓慢减少免疫抑制药物后最终可以停药,其他患犬需长期用药(免疫抑制药物)。预后良好的相关表现包括糖皮质激素治疗迅速起效,单用糖皮质激素治疗即可使PCV保持在30%以上,能查找并控制原发病因。

需要多种药物控制的病例、持续出现自体凝集的病例、胆红素浓度升高的病例、血小板显著降低的病例和白细胞显著升高的病例预后不良。报道显示,原发性IMHA病例死亡率为26%~70%。30%~60%的病例死于血栓,其他致死因素包括免疫抑制继发的感染、DIC、贫血控制不良等。有趣的是,通过TEG评估发现处于高凝状态的病例预后反而更好,可能是潜在凝血机制引起的。患有IMHA的动物若发生了血栓,且主要器官供血受阻,长期预后很差。和主流观点相反,患有IMHA的可卡犬预后和其他品种并无差异。

## 纯红细胞发育不良
## (PURE RED CELL APLASIA)

纯红细胞发育不良(pure red cell aplasia,PRCA)是一种罕见疾病,以严重的非再生性贫血以及骨髓中缺乏红细胞前体为特征。在有些病例中,还会出现外周血溶血——出现球形红细胞、库姆斯试验阳性。红细胞发育不良,其他细胞系通常正常,这是本病和非再生性IMHA的一个重大区别。后者可能有红细胞增生、红细胞成熟障碍(停留在中幼红细胞和晚幼红细胞阶段)等表现。PRCA像是IMIIA的一个极端表现形式,而急性外周溶血则为其另一个极端表现形式(表101-4)。不同红细胞前体和循环抗体的亲和性会影响骨髓中受破坏的细胞种类。和IMHA一样,PRCA既有原发性的,也有继发性的。继发性PRCA可能是由人重组促红细胞生成素治疗和犬细小病毒感染引起的。猫C亚型白血病病毒感染会引发猫的PRCA。

表 101-4　再生性 IMHA、非再生性 IMHA 和 PRCA 患犬的比较

| 项目 | HCT 下降速度 | 网织红细胞计数 | 库姆斯试验阳性率 | CBC 中的炎症表现 | 血小板减少症 | 骨髓检查 |
|---|---|---|---|---|---|---|
| 再生性 IMHA | 快 | 高 | 60%~80% | 多数犬严重炎症白细胞像 | 常见(60%) | 红细胞系增生,有些病例骨髓纤维化 |
| 非再生性 IMHA | 不一定 | 低 | 57% | 50%的患犬轻度炎症 | 罕见 | 红细胞系增生,常见骨髓纤维化 |
| PRCA | 慢 | 低 | 罕见阳性 | 无 | 无 | 红细胞系发育不良,少见骨髓纤维化 |

CBC,全血细胞计数;IMHA,免疫介导性溶血性贫血;PRCA,纯红细胞发育不良。

PRCA 患犬的临床症状和 IMHA 患犬相似。和原发性 IMHA 患猫相似,原发性 PRCA 患猫的年龄比犬低,发病年龄约为 8 个月至 3 岁。患有 PRCA 的犬猫通常会有严重的非再生性贫血,而血小板计数和白细胞像正常。和患有 IMHA 的动物相比,生化检查和尿液检查结果通常也比较正常,外周血无溶血或炎症表现。PRCA 患犬有时有少量球形红细胞。库姆斯试验通常呈阴性。

PRCA 通常是由骨髓抽吸检查和骨髓活检确诊的。在 PRCA 中,罕见或根本见不到红细胞前体,M/E 很高(> 99∶1)。和非再生性 IMHA 相比,也罕见严重骨髓纤维化。

PRCA 的治疗和 IMHA 相似。在作者的经验里,大多数 PRCA 患犬单用泼尼松龙即可收效,有些犬治疗起效时间过长,通常会考虑增加其他药物。有些犬单用泼尼松龙效果稍差,加上环磷酰胺和硫唑嘌呤后能成功治愈。该病达到完全缓解的治疗时间比 IMHA 患犬长,通常为 2~6 个月,而且有时候很难分辨是否为治疗失败,因无法确定是否为红细胞从骨髓产生并释放入外周血的时间不够。需连续进行骨髓检查,以确定何时更改治疗方案。如果连续治疗 2 个月都未见到明显效果,需要重新做一次骨髓检查。等待治疗反应过程中,可重复输注 pRBC 或者新鲜全血。PRCA 患犬通常不表现系统性炎症,无血栓风险,所以也不需要抗凝治疗。PRCA 患犬的预后比 IMHA 患犬更好,死亡率小于 20%。大多数病例因治疗费用太高而被采取安乐死。患猫的治疗和预后与犬相似,但猫治疗起效更快(1.5~5 周),停药后更易复发。猫单用糖皮质激素治疗无效的话,可更换

为环磷酰胺或环孢霉素。有关 PRCA 的更多信息可参见第 80 章。

# 免疫介导性血小板减少症 (IMMUNE-MEDIATED THROMBOCYTOPENIA)

◈ 分类/病因学

免疫介导性血小板减少症(又称自发性血小板减少症性紫癜,idiopathic thrombocytopenic purpura,ITP)是一种临床综合征,是由抗体介导的血小板破坏加快引起的。血小板减少症病例中,免疫介导性血小板减少症(immune mediated thrombocytopenia,IMT)约占 5%,在犬严重血小板减少症中是最常见的类型(表 101-5)。原发性血小板减少症(真性自体免疫性血小板减少症)中,由于缺乏免疫调节,机体产生了针对血小板抗原的抗体。对于犬,抗体直接针对的血小板膜糖蛋白抗原 Ⅱb/Ⅲa 为目标抗原,但其他抗原也可能很重要。犬血小板减少症中最常见的类型为原发性 ITP,但猫中罕见。ITP 可能是由环境因素引起的,包括应激、环境温度改变、激素变化、免疫和手术等。最近的回顾性研究中,研究者分析了 48 例免疫后患 IMT 犬的数据,但不能证实免疫和发病之间的相关性(Huang 等,2012)。

在继发性 ITP 中,潜在肿瘤或炎症可能会引起抗体介导的血小板破坏。继发性 IMT 的潜在病因见表 101-5。IMT 可能是 SLE 的一种表现,可能和 IMHA 一起发病(Evans 综合征)。

**表 101-5　犬猫血小板减少症的病因**

| 病因 | 机制 | 犬 | 猫 |
|---|---|---|---|
| 免疫介导性疾病 | 抗体介导 | 原发性 ITP<br>继发性 ITP | 继发性 ITP<br>原发性 ITP |
| 肿瘤 | 抗体介导<br>骨髓抑制<br>骨髓痨 | 淋巴瘤<br>血管肉瘤<br>白血病<br>恶性组织细胞增多症<br>组织细胞肉瘤<br>未分类癌/肉瘤<br>其他肿瘤 | 淋巴瘤<br>白血病<br>血管肉瘤<br>其他肿瘤 |
| 感染 | 抗体介导<br>骨髓抑制<br>骨髓痨 | 犬埃利希体<br>嗜吞噬细胞无形体<br>嗜血小板无形体<br>落基山斑疹热<br>巴尔通体病<br>犬恶丝虫<br>血管圆线虫<br>犬瘟热病毒感染<br>菌血症/败血症<br>巴贝斯虫病<br>包柔氏螺旋体<br>利什曼原虫病<br>钩端螺旋体病 | 猫白血病病毒<br>猫免疫缺陷病毒<br>猫传染性腹膜炎病毒<br>猫泛白细胞减少症病毒<br>弓形虫病 |
| 接触药物、毒素或免疫 | 抗体介导<br>骨髓抑制<br>特殊机制 | 抗生素(甲氧苄胺嘧啶/磺胺嘧啶等)<br>苯巴比妥<br>扑痫酮<br>金盐(金诺芬) | 灰黄霉素<br>甲巯咪唑<br>丙硫氧嘧啶<br>阿苯达唑<br>氯霉素 |
| 弥散性血管内凝血 | 血小板消耗 | 肿瘤<br>肝脏疾病<br>感染<br>胰腺炎 | 肿瘤<br>肝脏疾病<br>感染<br>胰腺炎 |
| 遗传性巨血小板减少症 | 查理士王小猎犬 β1 微管蛋白突变 | 查理士王小猎犬<br>诺福克㹴犬<br>比格犬 | 尚无报道 |

◆临床特征

原发性 ITP 患犬的发病年龄从 8 月龄到 15 岁不等,平均年龄为 6 岁。母犬的发病率是公犬的 2 倍。虽然任何品种都可能发病,但可卡犬、贵宾犬(各种贵宾犬)、德国牧羊犬和古代英国牧羊犬发病风险更高。常见症状包括皮肤黏膜上突发瘀点和瘀斑、鼻出血、便血、吐血、易擦伤、嗜睡、虚弱、厌食等。体格检查包括黑粪症或便血、血尿、前房积血、视网膜出血和黏膜苍白等(图 101-5)。CNS 和眼部出血可能会引起神经症状和失明等。由于 ITP 患犬很少会出现迅速发作、威胁生命的出血,初期贫血程度比较轻微,除非伴发 IMHA,否则后期只是缓慢恶化。如果患犬出现中度至重度贫血,将会出现嗜睡、运动不耐受、呼吸急促、心动过速和心杂音等一系列症状。一些 ITP 患犬中,虽然无出血表现,但 CBC 检查时可意外发现血小板减少症。ITP 患犬的血小板比较大,可能凝血作用更强,所以并非所有严重 ITP 患犬都会出现自发性出血。正

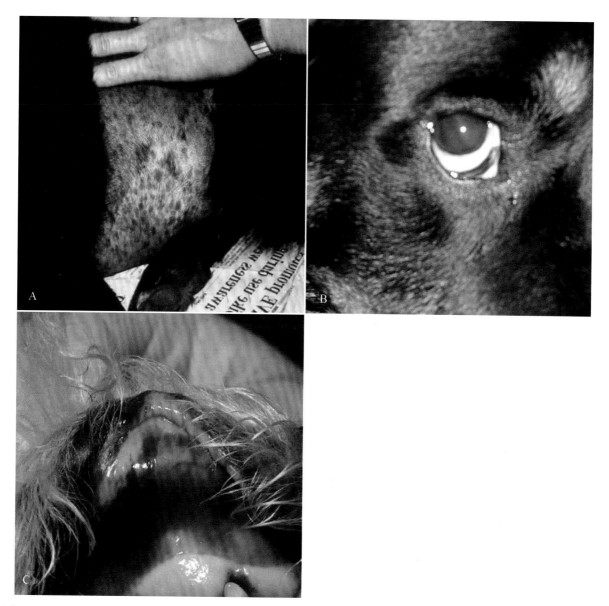

**图 101-5**
3 只 IMT 患犬的出血性瘀斑。A,腹部皮肤的出血性瘀斑。B,眼前房出血。C,口腔黏膜点状出血。

常犬的血小板在 ITP 患犬的血清中孵育后会出现功能障碍(凝集受损),提示 ITP 患犬血清中的抗体或其他因素能损害血小板的功能。某些特定品种(例如灰猎犬)血小板计数比其他品种低,也没有出血倾向。查理士王小猎犬的血小板 β1 微管蛋白可发生突变,从而出现巨血小板减少症,血小板计数下降,MPV 升高。健康犬的血小板计数可能低至 30 000 个/μL。这种现象在其他品种中也可能会发生,例如诺福克犬。患犬不会出血,也不需要治疗(Davis 等, 2008)。

◆ 诊断

ITP 可与其他多种疾病并发(见表 101-5 和第 85章),原发性 ITP 只能靠排除法诊断。原发性 ITP 中,血小板下降程度通常比较严重(< 50 000 个/μL)。ITP 患犬比非免疫介导性血小板减少症患犬的血小板低,原发性 ITP 患犬比继发性 ITP 患犬的血小板低(Dircks 等,2009)。外周血涂片可见血小板碎片(小血小板增多症),这一现象可能是免疫损伤引起的,也可能是因为循环中的大血小板被选择性清除。血小板碎片可能是血小板免疫破坏的特异性指标,但并非敏感性指标。血涂片中可见大血小板,提示骨髓生成血小板速度加快,但并非再生反应的特异性表现,因为骨髓损伤也会引起大血小板增多。最近一项研究显示,原发性 ITP 患犬的 MPV 比其他血小板减少症患犬的 MPV 低(Dircks 等,2009)。这一现象有诸多原因,首先,体积较大的血小板包被的抗体较多,容易被破坏;

其次,体积较大的血小板活性较强,也容易被清除;另外,血小板碎片也会导致 MPV 假性下降。

确诊 ITP 只能靠排除法(见表101-5 和第 85 章)。对于临床无出血症状的犬,应考虑血小板凝集及一些不当操作会引起假性血小板减少症,以及有些品种的犬天生血小板较低。对于血小板减少症患犬,骨髓抽吸检查是鉴别血小板生成不足还是破坏增加的最佳措施。诊断流程初期即可开展骨髓检查,以排除骨髓痨、肿瘤、巨核细胞再生障碍、再生障碍性贫血(见第 85 章)。即使是严重血小板减少症患犬,骨髓抽吸和骨髓活检都是比较安全的手段,局部按压足以止血。大多数 ITP 患犬骨髓抽吸物中,巨核细胞正常或增加。骨髓中巨核细胞数量减少则提示预后不良。巨核细胞再生障碍是一种罕见的疾病,因巨核细胞系再生障碍导致严重的血小板减少症。这种疾病可能是原发性免疫介导性疾病,也可能继发于埃利希体或伯氏疏螺旋体感染。免疫介导性巨核细胞再生障碍预后不良,除非继发于某种感染。对于血小板严重减少(<20 000 个/μL)且无其他血液学异常的患犬,骨髓检查很少会出现非巨核细胞性异常,也可能难以确诊,这种病例骨髓检查的诊断价值很低(Miller 等,2007),但这也是确诊巨核细胞再生障碍的唯一手段。

在 ITP 诊断方面,血小板结合抗体检查(见第 99 章)的敏感性很高,但特异性较低。如果检查结果是阴性,ITP 的可能性不大。之前的免疫抑制治疗可能会导致假阴性。IMT 可能是由肿瘤、炎症、药物反应、传染病等因素引起的,免疫机制比较复杂,所以,血小板结合抗体检查的特异性相对较低。总结来讲,疑似 ITP 患犬的诊断流程包括全面的病史调查、体格检查;建立实验室检查基础数据(CBC、生化检查和尿液检查);评估凝血状态(血小板计数、aPTT、PTT、FDPs);影像学检查(胸部 X 线检查、腹部超声检查);传染病抗体滴度筛查(项目和地域有关);骨髓细胞学和组织病理学。虽然大多数 ITP 病例巨核细胞增生,也偶见巨核细胞再生障碍或发育不良,而骨髓检查是唯一确诊手段。对于怀疑 ITP 的病例,如果诊断时未进行骨髓检查,常规免疫抑制治疗无效的情况下,均可采取这一手段再次诊断。

### ◆治疗

**免疫抑制**　免疫抑制药物是 ITP 治疗的关键,但血清学检查证实为感染继发的 ITP 需延迟给药,同时需要给予多西环素。高剂量糖皮质激素可阻断巨噬细胞介导的血小板破坏,属于一线治疗药物。糖皮质激素类药物选择泼尼松龙或泼尼松,1~2 mg/kg, q 12 h。若患犬不能耐受口服给药,可更换为地塞米松(0.25~0.6 mg/kg, IV, q 24 h)。严重 ITP 患犬(血小板计数低于 15 000/μL)和有出血症状的患犬,可在治疗初期增加长春新碱(0.02 mg/kg, IV,单次给药)。使用长春新碱治疗的患犬,血小板升高速度更快,住院时间也会缩短(见第 100 章)。

一项有关 18 例 ITP 患犬的前瞻性研究显示,与单用糖皮质激素治疗组相比,hIVIG 辅助治疗组会缩短血小板恢复时间(Bianco, 2009)。另外一项前瞻性研究设了两个组,一组使用 hIVIG 辅助治疗,一组使用长春新碱辅助治疗,两组 ITP 患犬的恢复时间相似(Balog 等,2011)。由于 hIVIG 比长春新碱贵得多,仅用于糖皮质激素和长春新碱治疗无效的犬。泼尼松与长春新碱或 hIVIG 治疗的患犬,平均血小板恢复时间均为 3 d 左右(范围为 1~10 d)(Balog 等,2011)。一旦血小板计数恢复至正常范围内,泼尼松可逐渐减量。由于该病易复发,在治疗前 3~6 个月内,泼尼松每月减量幅度不应超过 25%~50%。如果治疗 6 个月后,泼尼松剂量已经很低,隔天才给药一次,且动物无明显症状,则可尝试停药。

如果糖皮质激素、长春新碱对患犬无效,需进行骨髓抽吸细胞学检查和活检,以排除巨核细胞发育不良,该病预后很差。单用泼尼松治疗疗效不佳的患犬(血小板计数<100 000 个/μL),或者糖皮质激素副作用太大的患犬,都可以考虑应用硫唑嘌呤。硫唑嘌呤的起始剂量为 2 mg/kg, q 24 h。如果患病动物能耐受硫唑嘌呤,可维持这一剂量,同时逐渐降低泼尼松的剂量。泼尼松停药后,硫唑嘌呤也可逐渐减量,隔天给药、3 d 给一次药,直至停药。如果疾病复发,可终身维持给药,泼尼松或硫唑嘌呤的剂量(最低维持剂量)需能保证血小板计数在参考范围内。更换免疫抑制药物前后 2 周都要监测血小板数量。在一些 ITP 患犬中,很难在不承受糖皮质激素严重副作用的情况下,使血小板恢复正常。在这些患犬中,血小板计数维持在 100 000 个/μL 以上,即达到治疗目的,这种情况下不会导致严重的出血。对于一些顽固性 ITP 患犬,可选用其他免疫抑制药物,例如环磷酰胺、环孢霉素、吗替麦考酚酯或来氟米特,但目前还没任何有关这些药物有效性的数据(见第 100 章)。泼尼松或硫唑嘌呤停药后会缓慢复发的 ITP 患犬可能需要进行脾切除(见第 100 章)。

**支持疗法**　支持疗法对 ITP 患犬来说至关重要，可影响病例转归。笼养、限制运动可预防创伤，要做到静脉穿刺损伤最小化，除非诊断需要，否则绝不进行能引发出血的检查/治疗。需要在适度监测和尽量少采血之间全面平衡。患病动物需频繁监测，以防出现新的出血，尤其是神经系统和眼部出血。出血动物需要输血治疗。能提供活性血小板的血液制品包括新鲜全血、富血小板血浆、血小板浓缩液、冷冻血小板浓缩液等（见第 85 章）。在出血动物出现贫血之前首选富血小板血浆和血小板浓缩液，但并非所有动物医院都能获取到这些血液制品，价格也比较贵。在作者的经验中，新鲜全血可提供足够的血小板，以阻止进一步出血，不过血小板测量值可能还不尽人意。作者发现输入新鲜全血的积极作用通常能维持 48 h 左右。第 80 章有供血犬血型和交叉配血的详细描述。胃肠道保护剂（例如 $H_2$ 受体阻断剂法莫替丁）、质子泵抑制剂（例如奥美拉唑）、硫糖铝等可阻止糖皮质激素对胃肠道的副作用，尤其是对那些胃肠道出血的动物。一项报道中，去氨加压素（desmopressin，1 μg/kg，SC，q 24 h，给药 3 次）可控制继发性 IMT 患犬（3 只）的自发性出血，并且有升血小板作用（Giudice 等，2010），但这一方法有待进一步研究。

Evans 综合征（同时发生 IMHA 和 ITP）可按 IMHA 进行治疗。最好在使用糖皮质激素的同时加上硫唑嘌呤。如果血小板严重下降（血小板计数 < 15 000 个/μL），可使用一次长春新碱。伴发出血的 Evans 综合征患犬，可输注新鲜全血或浓缩红细胞，但不可使用肝素治疗，以免引起出血症状恶化。

◉预后

ITP 患犬预后良好至谨慎，短期存活率为 74%～93%（Putsche 等，2008；O'Marra 等，2011）。大多数犬对治疗反应良好，但药物减量后复发率 9%～58%。巨核细胞再生障碍患犬预后不良。同时患有 IMHA 和 ITP 的患犬也预后不良，死亡率高达 80%（Goggs 等，2008），但一项研究显示，Evans 综合征患犬的死亡率和 IMHA 患犬差不多（Orcutt 等，2010）。更多信息参见第 80 章。

## 猫免疫介导性血小板减少症
### (FELINE IMMUNE-MEDIATED THROMBOCYTOPENIA)

大多数血小板减少症患猫都能找到潜在病因，原

发性 IMT 非常罕见。临床表现和对治疗的反应与犬相似。对于为数不多的单用糖皮质激素治疗无效病例，可用苯丁酸氮芥辅助治疗（Wondratschek 等，2010）。操作者一定要注意凝集会引起假性血小板减少症（例如 < 30 000 个/μL），且这一现象比犬还要常见。如果是非典型血小板减少症患猫，需制作血涂片，进行血小板半定量计数，或采用柠檬酸，或肝素管抗凝血进行血小板计数。

## 免疫介导性嗜中性粒细胞减少症
### (IMMUNE-MEDIATED NEUTROPENIA)

◉病因学

免疫介导性嗜中性粒细胞减少症（immune-mediated neutropenia，IMN）在犬猫中非常罕见，约占嗜中性粒细胞减少症病例的 0.4%（见第 83 章）。免疫介导性嗜中性粒细胞减少症（也称为自发性嗜中性粒细胞减少症或类固醇反应性嗜中性粒细胞减少症）中，可通过流式细胞术检测血清抗嗜中性粒细胞 IgG 抗体水平（Weiss，2007）。目前也发现了针对骨髓粒细胞的抗体和补体，不过很少做这种检测。对于大多数怀疑 IMN 的病例，可选择进行排除诊断，因为还没有商用抗嗜中性粒细胞抗体检测服务。和免疫介导性疾病相似，IMN 可能是原发性疾病，也可继发于药物治疗、肿瘤或其他免疫介导性疾病（见表 101-6）。文献中大多数犬是原发性的。目前只有一例疑似 IMN 患猫的报道。

**表 101-6　犬猫严重嗜中性粒细胞减少症的主要病因**

| 病因 | 举例 |
| --- | --- |
| 感染 | 细小病毒、埃利希体、细菌性败血症 |
| 药物 | 化疗药、细胞毒性药物、长春新碱、雌激素、增效磺胺、苯巴比妥 |
| 骨髓抑制 | 再生障碍性贫血、犬埃利希体感染、脊髓发育不良、骨髓发育不全、白血病 |
| 免疫抑制 | 原发性免疫介导性嗜中性粒细胞减少症 |

◉临床特征

一项回顾性研究显示，11 例疑似 IMN 患犬中，品种分布较为广泛，但 8/11 为母犬（Brown 等，2006）。患犬通常比较年轻，平均年龄为 4 岁。临床表现包括发热、跛行、厌食、嗜睡等，持续时间为 3～180 d。

CBC、血清生化检查和尿检异常通常包括严重的嗜中性粒细胞减少症(平均值约为110个/μL)、轻度贫血、高球蛋白血症、碱性磷酸酶活性升高等。患犬需进行尿液培养、传染病血清学筛查,但不需要影像学检查等措施。大多数患犬骨髓细胞学检查和组织病理学检查提示骨髓过度增生,但有2只犬骨髓发育不良。使用糖皮质激素治疗后,所有犬的嗜中性粒细胞减少症都能在1～18 d内得到缓解。

◉诊断和治疗

　　IMN通常靠排除法诊断,如果排除了其他病因,且患犬使用糖皮质激素[初始剂量2～4 mg/(kg·d),口服]治疗迅速起效,可初步诊断为IMN。大多数犬使用皮质类固醇时可逐渐减量,但有些犬需长期免疫抑制治疗。常规监测对于发现疾病复发及感染情况很重要。更多信息参见第83章。

# 特发性再生障碍性贫血
## (IDIOPATHIC APLASTIC ANEMIA)

　　再生障碍性贫血(再生障碍性全血细胞减少症)的主要特征为骨髓中三个系的细胞均减少,骨髓被脂肪组织取代。犬猫再生障碍性贫血的主要原因包括感染(埃利希体、细小病毒、败血症、猫白血病病毒、猫免疫缺陷病毒)、激素(雌激素)、药物、放射及特发性因素。从概念上讲,特发性再生障碍性贫血的病因不详,但人医中可能是免疫介导性的。虽然犬猫中还未明确该病是免疫介导性的,但如果排除了感染等因素,可尝试性使用泼尼松、环孢霉素或两者联用。虽然很难确诊自发性免疫介导性贫血,但若免疫抑制治疗有效,可做出推测性诊断。该病通常预后谨慎或不良。更多信息参见第84章。

# 多发性关节炎
## (POLYARTHRITIS)

◆病因学

　　免疫介导性多发性关节炎被定义为2个或更多关节慢性滑膜炎症,关节液培养阴性,免疫抑制治疗疗效明显。该病主要为Ⅲ型过敏反应(见第98章),免疫复合物沉积于滑膜上,触发局部炎症反应,促进蛋白水解酶和细胞因子的释放,引发软骨退行性病变。在类风湿性关节炎中,还会有Ⅳ型过敏反应,会出现滑膜血管周围单核细胞浸润(见第98章)。该病被分为原发性和继发性两种。继发性多发性关节炎中,在炎症或肿瘤刺激下,免疫复合物沉积于关节中。感染是导致继发性多发性关节炎的重要因素。慢性细菌感染可导致继发性或反应性多发性关节炎。无形体、埃利希体和伯氏疏螺旋体都能导致多发性关节炎,但镜检通常观察不到,培养也呈阴性。接种猫杯状病毒活疫苗时也会导致暂时性多发性关节炎。

　　原发性免疫介导性多发性关节炎中,很难识别潜在病因。这种多发性关节炎可能和免疫系统功能障碍或失衡(真性自体免疫性)有关(见第71章)。

　　犬猫大多数可诊断出病因的多发性关节炎包括特发性非侵蚀性关节炎、反应性非侵蚀性关节炎(继发于潜在的炎症疾病,例如胃肠道疾病、慢性炎症、肿瘤或者感染)和类风湿性关节炎。犬也可见品种相关性综合征(表101-7)。非侵蚀性关节炎也是SLE的一个典型症状。更多信息参见第71章。

◆临床特征

　　免疫介导性多发性关节炎的临床特点为两个或多个关节滑膜的非败血性炎症。对于可疑病例,可从关节腔中采集滑液进行检查。常见临床症状见框101-5。有些病例因不能走动可能会被诊断为神经系统疾病,但多发性关节炎患犬神经学检查正常。很多患有多发性关节炎的犬猫具有系统性疾病的症状,包括发热、厌食和嗜睡等。有些病例关节肿胀和疼痛的程度都不够明显,临床上只有发热这一症状。犬不明原因高热中,多发性关节炎是最主要的病因。多发性关节炎性疼痛也会引起颈部疼痛,患犬还有可能会并发脑膜炎(Webb等,2002)。任何无神经系统疾病但颈部疼痛的犬猫,均应排查多发性关节炎。患猫还有可能全身感觉过敏,很难处理。患猫的活动能力也可能会下降,主人常发现它变得很孤僻,喜欢躲到无人之处。在那些不常见的侵蚀性多发性关节炎病例中,随着病情恶化,病变关节可能会变形,步态极其僵硬,而且这些变化不可逆。

◆诊断

　　免疫介导性多发性关节炎的诊断基于滑液、滑膜或两者均出现炎症的情况(见图101-6)。至少要采集3个(最好4个)关节的滑液进行细胞学检查和微生物培养。远端关节易发病,所以最好从这些关节采集样

**表 101-7　犬猫多发性关节炎分类**

| 症状 | 临床表现 | 品种倾向 |
|---|---|---|
| 自发性非侵蚀性 | 小型远端关节 | 大型犬,猫罕见 |
| 继发性非侵蚀性 | 和自发性关节炎相似,但可见与潜在疾病有关的临床症状 | 任何品种 |
| 品种倾向性、自发性非侵蚀性 | 和自发性关节炎相似,但更严重,常同时并发脑膜炎 | 秋田犬、魏玛猎犬、纽芬兰犬 |
| 家族性沙皮热综合征 | 回归热,患病关节周围软组织肿胀,系统性淀粉样沉积综合征 | 沙皮犬 |
| 淋巴细胞质细胞性滑膜炎 | 无系统性疾病相关症状,前十字韧带断裂,滑液中出现淋巴细胞和浆细胞 | 罗威纳犬、拉布拉多巡回犬、纽芬兰犬、斯塔福狻犬 |
| SLE | 多系统性免疫介导性疾病 | 德国牧羊犬,猫罕见 |
| 类风湿性关节炎 | 起初和非侵蚀性病变相似,但病变关节(腕关节、踝关节和指骨)逐渐恶化,直至出现关节摩擦音、松弛、脱位、畸形 | 小型犬和玩具犬 |
| 灰猎犬的侵蚀性多发性关节炎 | 指骨、腕关节、踝关节、肘关节、膝关节出现侵蚀性变化,滑液出现淋巴细胞质细胞性炎症 | 年轻灰猎犬 |
| 猫慢性进行性多发性关节炎 | 多个关节出现侵蚀性或增生性变化 | 感染了 FeFSV 或猫白血病病毒的年轻公猫 |

FeFSV,猫合胞体病毒;SLE,系统性红斑狼疮。

◉临床特征

**框 101-5　犬猫多发性关节炎的临床症状**

**犬**
触诊关节肿胀
关节囊扩张
运动跛行
不愿起身
不愿运动,步态"如履薄冰"
关节痛
发热
厌食
颈部疼痛
嗜睡

**猫**
触诊关节肿胀
关节囊扩张
关节痛
发热
厌食
嗜睡
全身感觉过敏
活动性下降/喜欢躲藏

本,例如腕关节、跗关节和膝关节。关节液采集技术见第 70 章。关节液可能呈浑浊样,黏性下降,液体量增加。细胞学检查可见非败血性嗜中性粒细胞性炎症。通常需要采集关节液进行细菌培养排除潜在感染(尤其是之前用过抗生素的动物)。一旦多个关节出现炎

症,下一步即可确定多发性关节炎的类型(见表 101-7),探究其为原发性还是继发性病变,继发性病变可继发于潜在炎症、感染或肿瘤。诊断性试验包括 CBC、生化检查、尿液检查、尿液培养、胸部 X 线检查、腹部超声检查、传染病滴度检查或 SNAP 检查(犬埃利希体、嗜吞噬细胞无形体、嗜血小板无形体、埃文埃利希体、查菲埃利希体、伯氏疏螺旋体)(SNAP 4DX Plus,IDEXX,Westbrook,Maine)等。由于多发性关节炎通常是埃利希体病或无形体病的急性症状,患犬的 SNAP 检查可能呈阴性,但康复检查(10～14 d)结果可能呈阳性。有些病例还需要进行血液培养。怀疑为侵蚀性关节炎的病例,关节 X 线检查可用于评估关节破坏程度。怀疑为类风湿性关节炎的病例,还要进行类风湿因子检查(见第 70 章)。多个器官受到侵袭的犬猫,还要进行抗核抗体(antinuclear antibody,ANA)滴度检查,以排查 SLE(见第 99 章)。

◆治疗

继发性免疫介导性多发性关节炎疾病的治疗取决于潜在感染。经过合适的治疗,继发性多发性关节炎常能得到有效解决。抗炎剂量的糖皮质激素治疗、非甾体类抗炎药治疗均能缓解症状。对于疫区传染病引发的多发性关节炎(见上文)病例,在传染病初步检查结果出来之前,可根据经验先使用多西环素治疗。由感染性因素导致的犬多发性关节炎病例,如果给予合适的抗生素治疗,临床症状往往能迅速缓解。

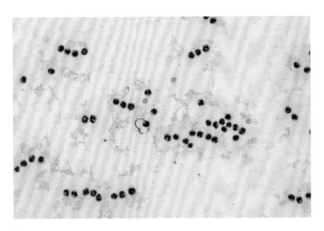

**图 101-6**

特发性免疫介导性多发性关节炎病例,滑液直接涂片检查。涂片中可见大量非退行性嗜中性粒细胞。

犬原发性(自体免疫性)多发性关节炎病例中,起始治疗常选用泼尼松或泼尼松龙,2~4 mg/(kg·d),PO。单用糖皮质激素疗效不佳的病犬,或者是糖皮质激素停药后复发的病犬,可使用其他免疫抑制剂,首选硫唑嘌呤。由 SLE 引起的多发性关节炎病例、秋田犬的品种特异性多发性关节炎、类风湿性关节炎可使用药效更强的免疫抑制剂。其他可能有效的免疫抑制剂包括来氟米特、环磷酰胺、吗替麦考酚酯和环孢霉素等。

需通过临床症状和关节液细胞学检查来评估治疗效果。关节液细胞学检查正常后才能停用免疫抑制剂。若临床症状已得到缓解,但细胞学检查仍异常,则提示病情复发或关节存在持续损伤(引发退行性变化)。约80%自发性非侵蚀性多发性关节炎患犬单用泼尼松治疗疗效良好,约一半病例可在3~4个月后停止治疗。该病预后良好,死亡率(包括安乐死)小于20%。由于病情常复发,所以有些犬需终身治疗。其他不同类型的免疫介导性多发性关节炎病例预后不同。更多信息参见第70章和第71章。

# 系统性红斑狼疮
## (SYSTEMIC LUPUS ERYTHEMATOSUS)

◈病因学

SLE 是多系统性免疫介导性疾病,其通过抗体结合于特异性组织蛋白(Ⅱ型过敏反应),免疫复合物沉积(Ⅲ型过敏反应),导致多器官出现免疫介导性损伤。Ⅳ型过敏反应机制(迟发型过敏反应)也可能会引发组织损伤。SLE 潜在机制尚不明确,但一些患犬出现了CD4/CD8 比例增加,T 细胞活化标志物表达增加,严重淋巴细胞减少症等表现。这些表现提示 SLE 患犬中的 T 抑制细胞可能有缺陷。该疾病是遗传病,但不是常染色体显性遗传。易患品种包括德国牧羊犬、喜乐蒂牧羊犬、柯利犬、比格犬和贵宾犬。某些种群的犬存在特定的组织相容性复合体[MHC(DLA)],有SLE 高发倾向。其他风险因素包括环境因素、接触特定感染原和药物等。

◈临床特征

该病不常见于犬,罕见于猫。犬 SLE 常见于中年犬(1~11 岁),无性别倾向。任何器官都可能受牵连,可见一系列临床症状。最常见的临床症状包括发热(100%),非侵蚀性多发性关节炎引发的跛行或关节肿胀(91%),皮肤病变(60%),肾衰相关症状例如体重减轻、呕吐、多饮、多尿等。65%的肾小球肾炎病例会出现蛋白尿。皮肤病变常发于见光处,也常见光敏作用。皮肤病症状有多种表现形式,包括脱毛、红斑、溃疡、结痂和过度角化等,也可能会发生黏膜病变。其他临床表现包括溶血性贫血、PRCA、血小板减少症、白细胞减少症、肌炎、胸膜心包炎、喉麻痹和中枢神经系统障碍。患有 SLE 的猫也有相似的症状。SLE 可能会缓解或复发,复发也可能表现在不同器官系统上。例如,患犬最初表现出的症状可能是神经肌肉系统异常(多发性关节炎或肌炎),复发时可能会表现为 IMHA或 ITP。

◈诊断

如果患有免疫介导性疾病的犬猫有一个以上器官、系统受到波及,则可怀疑为 SLE。由于大量器官、系统都会受到影响,不同病例需要不同的诊断试验。所有怀疑为 SLE 的犬猫均需进行一系列诊断检查,包括 CBC、血清生化检查、尿液检查、尿蛋白定量试验(若尿沉渣不活跃)、采集滑液进行细胞学检查和微生物培养。附加检查项目包括胸腔和腹腔 X 线检查(寻找发热原因)、腹部超声检查(检查肾功能不全)、传染病滴度检查(检查发热、血小板减少症、溶血性或非再生性贫血、蛋白尿或多发性关节炎)、库姆斯试验(溶血性贫血病例)、骨髓抽吸或活检(细胞减少症病例)、皮肤或肾脏活检(皮肤或肾脏出现病变)等。检查范围和物种、地理位置等均有一定关系。例如,任何怀疑为SLE 的猫均需检查 FeLV、FIV 和 FIP。在欧洲的犬有利什曼原虫感染,其症状和 SLE 高度相似,所以还要进行利什曼原虫的检查。

犬 SLE 有很多诊断标准,这些标准由人医文献类推而来,最常见的临床标准见表 101-8。血清 ANA 滴度检查的敏感性较高,为 50%～100%(见第 98 章)。诊断敏感性可能和诊断标准的变量有关,不同群体的犬也各有差异。如果临床检查发现患犬符合 SLE 的诊断标准,则 ANA 是一项非常有用的检查;但有炎症、感染或肿瘤疾病的犬猫会出现假阳性结果。对文森巴尔通体(*Bartonella vinsonii*)、犬埃利希体和婴儿利什曼原虫有血清反应活性(sekoreactivity)的犬中,10%～20% ANA 检查阳性。最近的研究显示,对多种病原有血清反应活性的犬更有可能是 ANA 阳性。近期一项研究中,研究者检测了 120 例患犬的 ANA 水平,结果发现病例筛选非常重要(Smee 等,2007)。这项研究表明,没有主要的 SLE 临床症状和临床病理学检查异常,犬的 ANA 滴度检查没有意义。47 只犬中,只有 1 只没有 SLE 的主要症状,但是有免疫介导性疾病,它的血清 ANA 呈阴性,10 只(21%)犬 ANA

检查呈阳性。与此相反,16 只有两项 SLE 典型症状的患犬中,13 只为免疫介导性疾病,其中有 10 只犬 ANA 结果呈阳性。这一结果提示在非流行地区,ANA 检查的阳性预测值非常低。

狼疮试验(LE test)的敏感性低,很少用于临床 SLE 的诊断。其他抗体检查也已用于 SLE 的诊断,包括抗自然 DNA 抗体、抗可提取性核抗原抗体、抗组蛋白抗体等。不过这些检查项目在犬中的应用并不广泛,而且目前也都没有商业化。

◆ 治疗

SLE 患犬的起始治疗为高剂量泼尼松/泼尼松龙(1～2 mg/kg,PO,q 12 h),若症状缓解,可逐渐减量。不管是为了诱导缓解还是维持缓解,都可增加细胞毒性药物(例如硫唑嘌呤、环磷酰胺、环孢霉素)。有关 SLE 治疗有效性的研究很少。一项研究报道了泼尼松(0.5～1 mg/kg,PO,q 12 h)和左旋咪唑[2～5 mg/kg,PO(每个病例最多 150 mg)隔天给一次药]联用的处方(Chabanne 等,1999b),泼尼松于 1～2 个

 **表 101-8　SLE 的诊断标准**

| 主要症状 | 主要症状的最基本检查项目 | 次要症状 | 附加检查项目 |
|---|---|---|---|
| 多发性关节炎 | 滑液检查和培养 | 不明原因发热 | 腹部 X 线检查,尿液培养,抗生素治疗无效 |
| 皮肤病变(和 SLE 相符) | 皮肤刮片、皮肤活检 | CNS 症状 | CT 或 MRI 扫描,CSF 检查和传染病抗体滴度检查 |
| 肾小球肾炎 | 尿蛋白肌酐比>2,肾脏活检有一定帮助,但不需要 | 口腔溃疡 | 病变部位活检 |
| 多发性肌炎 | CK 升高或肌肉活检提示炎症 | 淋巴结肿大 | 淋巴结抽吸 |
| 溶血性贫血 | 再生性贫血,库姆斯试验阳性,非再生性贫血需进行骨髓检查,传染病检查阴性 | 心包炎 | 超声心动检查 |
| 免疫介导性血小板减少症 | 骨髓抽吸、传染病检查阴性 | 胸膜炎 | 胸腔 X 线检查、胸腔穿刺术 |
| 免疫介导性白细胞减少症 | 骨髓抽吸、传染病检查阴性 | | |

改自 Marks SL, Henry CJ: CVT update: diagnosis and treatment of systemic lupus erythematosus. In Bonagura JD: *Kirk's current veterinary therapy XIII*; *small animal practice*, ed 13, Philadelphia, 2000, WB Saunders, p. 514.

如果有两项主要症状和两项次要症状与 SLE 相符,而且 ANA 抗体滴度或 LE 试验阳性,即可诊断为 SLE;如果有一项主要症状和两项次要症状与 SLE 相符,且 ANA 抗体滴度或 LE 试验均呈阳性,也可诊断为 SLE。但如果只有一项主要症状或两项次要症状吻合,且 ANA 滴度阳性(或 LE 试验阳性),则判为可疑;如果两项主要症状吻合,但 ANA 滴度阴性,也可判为可疑。IMHA 伴 IMT(Evans 综合征)并不支持 SLE 诊断,除非动物还有其他主要或次要临床症状。并非所有病例都需满足此表中所有条件才能诊断为 SLE。特异性检查还取决于每个临床病例的表现及地理位置。

CNS,中枢神经系统;CSF,脑脊液;CT,断层扫描;MRI,核磁共振;SLE,系统性红斑狼疮。

月内逐渐减量至停药,左旋咪唑连用4个月。如果病例疾病复发,可再用4个月的左旋咪唑。该方案有一定效果,采用该方案治疗的33只SLE患犬中,25只达到缓解。SLE患犬预后谨慎或不良。不管采取什么治疗方案,均有可能复发,而且可能需要终身免疫抑制治疗。复发时可能会牵连其他器官系统,例如初始症状为IMHA,复发时表现为多发性关节炎。

# 肾小球肾炎
## (GLOMERULONEPHRITIS)

### ◆病因学

犬比猫更常见获得性肾小球肾炎(glomerulonephritis,GN),该病是免疫复合物沉积于肾小球毛细血管壁上导致的(见第43章)。抗原抗体复合物既可能是沉积或滞留于肾小球内的循环抗原抗体复合物,也有可能是肾小球内原位生成的。当循环抗体和肾小球内源性抗原或肾小球毛细血管壁上的非肾小球性抗原结合到一起,如果抗原数量稍过量,或抗原和抗体数量相当,可形成循环性可溶性免疫复合物,这些复合物可能会沉积到肾小球毛细血管壁上,在免疫荧光染色或免疫过氧化物酶染色时会呈现出颗粒状。肾小球内免疫复合物沉积主要是由感染和炎症引起的(框101-6)。然而不幸的是,大多数GN病例并不能发现潜在病因。如果在原位形成免疫复合物,在免疫荧光染色或免疫过氧化物酶染色时会呈现线性荧光。有两种情况会导致原位形成免疫复合物,一种是真性自体免疫性疾病,机体产生了针对肾小球基底膜的抗体(犬猫疾病中尚未报道这些自发性疾病);另外一种是循环抗体最后定居在肾小球毛细血管壁上。例如,心丝虫病患犬可能会形成可溶性犬恶丝虫抗原,通过碳水化合物-糖蛋白交联作用,黏附到肾小球血管壁上。

不管是哪种原因引起的免疫复合物沉积,最终结果都是相似的(见第43章),会引发严重的蛋白尿、系统性高血压、肾衰、易发血栓病等后果。

### ◆临床特征

GN的标志为蛋白尿,通过常规尿检即可发现这一异常。很多病例的蛋白尿都是偶然发现的,动物并无显著的临床症状,或者说仅仅有细微异常(例如体重

**框101-6　引发犬肾小球肾炎的炎症和感染性疾病**

埃利希体病
心丝虫病
钩端螺旋体病
包柔螺旋体病
布鲁氏菌病
心内膜炎
肾盂肾炎
前列腺炎

减轻、嗜睡、食欲下降等)。其他病例可能有肾衰的临床症状(例如厌食、体重下降、呕吐、多饮、多尿)中,常规检查时发现蛋白尿。肾病综合征包括蛋白尿、低白蛋白血症、高胆固醇血症和水肿/腹水,临床表现可能很严重,并且发展很迅速。肾小球肾炎患犬的其他临床症状可能和高血压、高凝血症有关。高血压可能会导致视网膜病变、失明,而血栓栓塞(TEs)则有可能是高凝血症引起的。

### ◆诊断

如果尿液中持续存在蛋白,且蛋白尿并非由下泌尿道炎症、尿液被血液污染引起的,那么我们可以把这种情况定义为蛋白丢失性肾病(protein-losing nephropathy,PLN)。用尿检试纸条评估尿蛋白之前,需要先进行尿沉渣检查和尿比重检查。然后,没有炎症或血尿的病例,可通过蛋白肌酐比来定量评估蛋白丢失的严重程度。蛋白肌酐比大于0.5提示异常,大多数患有PLN的犬猫蛋白肌酐比大于2。如果蛋白尿持续存在,应进一步检查是否亦存在肾小管功能障碍,还要调查患犬是否有潜在炎症或感染,这些因素能诱发GN。检查项目包括CBC、血清生化、尿液检查、尿液培养、血压检查、胸腔或腹腔X线检查。肾脏超声检查可用来诊断肾盂肾炎、肾结石或其他肾脏疾病,但很难用来诊断GN。进行心丝虫检查,并按照框101-6中的推荐列表进行相关传染病滴度筛查。如果犬有相关症状,还应考虑肾上腺皮质功能亢进的检查。如果尿蛋白原因难以查明,可考虑进行肾脏活检。样品应进行常规组织病理学检查、电子显微镜检查和免疫病理学检查。肾脏活检的目的在于发现潜在疾病(特殊类型的GN、遗传性肾炎、肾小球硬化、淀粉样变),如果有可能,还要确定疾病的严重性、预后情况,并指导治疗。

### ◆治疗

在治疗免疫介导性GN时,如果明确了潜在病因,

需治疗原发疾病,降低蛋白经尿液流失程度,降低血栓栓塞风险,启动食疗和营养支持。目前,血管紧张素转化酶抑制剂(ACEI)是治疗蛋白尿的最佳措施,例如,贝那普利 0.25~0.5 mg/kg,PO,q 12~24 h。为降低 GN 患犬的血栓栓塞风险,推荐使用少量抗凝剂,特别是对于那些具有抗凝血酶缺陷的犬(<70%)。低剂量阿司匹林(0.5 mg/kg,PO,q 24 h)也有助于减少免疫复合物的沉积。其他治疗措施包括高血压的控制(单用 ACEI 无效),限制日粮中钠盐的摄入,低蛋白、高质量蛋白伴 n-3 脂肪酸日粮,控制水肿或腹水等,还需治疗肾功能衰竭。更多有关肾衰管理的信息参见第 44 章。

从理论上讲,免疫抑制剂有助于自发性免疫介导性 GN 的治疗,但没有研究报道免疫抑制剂疗法对 GN 患犬有益,而且皮质类固醇有可能会恶化蛋白尿。若 GN 是对皮质类固醇治疗有反应的免疫介导性疾病(例如 SLE)的部分表现,提示应进行免疫抑制方法。如果肾小球肾炎是免疫介导性疾病的一部分,对皮质类固醇治疗有反应(例如 SLE),提示应进行免疫抑制治疗。对于犬,关于提示免疫抑制治疗的其他指征尚不明确。

每月测量尿蛋白肌酐比、生化指标(BUN、CREA、电解质、ALB)以仔细监控疗效;血压对于评估治疗有效性有重要作用。GN 的预后取决于疾病的严重程度、组织病理学检查结果和治疗反应。一般来说,治疗前后都有氮质血症的病例预后谨慎。如果病例的免疫复合物沉积是可逆的,或者通过饮食和 ACEI 能有效控制蛋白尿,预后则比较好。更多信息参见第 43 章。

## 获得性重症肌无力
### (ACQUIRED MYASTHENIA GRAVIS)

重症肌无力(myasthenia gravis,MG)是一种神经肌肉传导疾病,是由突触后膜上烟碱乙酰胆碱受体(nicotinic acetylcholine receptor,AChR)不足或功能障碍引起的。获得性重症肌无力是一种自体免疫性疾病,能够产生针对 AChR 的抗体,干扰乙酰胆碱和受体之间的相互作用。抗体也可与 AChR 相互交联,导致受体内化。突触后膜会引发补体介导性损伤,最终也导致神经肌肉阻滞。和其他免疫介导性疾病相似,MG 可能是一种原发性自体免疫性疾

病,也可能伴发于其他疾病,例如胸腺瘤和其他肿瘤。甲状腺功能减退和肾上腺皮质功能减退也是免疫介导性疾病,也可能伴发于 MG。犬 MG 存在品种倾向,秋田犬、各种㹴犬、德国短毛指示犬等风险明显增加。阿比西尼亚猫和索马里猫的发病风险也高于其他品种。

MG 最常见的临床表现是全身虚弱,还有可能有巨食道症。局部 MG 病例无全身虚弱的症状,由于有巨食道症,所以最常见反流、吞咽困难、发音障碍和脑神经功能障碍。急性暴发性 MG 的典型特征为严重虚弱,有时脊髓反射消失,通常伴有巨食道症和吸入性肺炎。猫最常见的两个症状为无巨食道症状的全身虚弱,有前纵隔肿物(即胸腺瘤)的全身虚弱。

确诊 MG 需通过免疫沉淀法测量血清 AChR 自体抗体。这种方法的敏感性和特异性均较高,罕见假阳性结果。仅 2% 的 MG 患犬为 MG 血清学阴性。需采用犬猫特异性检测技术。免疫抑制剂量的皮质类固醇可降低抗体浓度,干扰检测结果。由于抗体并非先天性 MG 的病因,抗体检测结果应该是阴性的。其他有关 MG 的检测技术包括评估临床症状对短效抗胆碱酯酶药(氯化腾西隆)的反应、电镜检查技术。一旦建立了 MG 的诊断,可增加一些附加试验,查找潜在病因(能继发或并发 MG 的疾病)。

MG 的一线治疗药物为抗胆碱酯酶抑制剂,例如新斯的明或吡啶斯的明,口服或注射给药(表 101-9)。这些药物可延长乙酰胆碱对神经肌肉接头的作用。抗胆碱酯酶抑制剂治疗无效的病例,可考虑使用糖皮质激素治疗。糖皮质激素在 MG 治疗中的免疫抑制作用往往被其副作用(例如肌肉更加虚弱、肌肉萎缩)所掩盖。皮质类固醇还有可能会对吸入性肺炎、糖尿病、胃肠道溃疡等病例产生一系列问题。如果不得不用糖皮质激素治疗 MG,用药时一定要小心,避免过量。治疗措施包括:治疗起始时按最低剂量应用糖皮质激素(泼尼松,1 mg/kg,PO,q 12 h),或起始剂量更低(泼尼松,0.5 mg/kg,PO,隔天给药),2 周后逐渐增加剂量,直至收到满意效果。也可以采用其他免疫抑制剂治疗,例如硫唑嘌呤、环磷酰胺、吗替麦考酚酯(Bexfield 等,2006;Dewey 等,2010)。表 101-9 列举了 MG 的常规用药方案和剂量。伴发胸腺瘤的 MG 患犬和患猫需考虑切除胸腺,文献报道显示切除胸腺后犬猫的长期预后较好。然而,术后并非所有病例的 MG 都能得到缓解,有些猫术后还有可能会恶化。

**表 101-9　犬猫 MG 的常规用药方案和剂量**

| 药物 | 犬 | 猫 |
|---|---|---|
| 溴吡斯的明 | 0.5～3 mg/kg，PO，q 8～12 h | 0.25～3 mg/kg，PO，q 8～12 h（起始剂量用最低治疗剂量） |
| 新斯的明（严重反流病例应建立胃肠道旁路） | 0.04 mg/kg，IM，q 6 h | 0.04 mg/kg，IM，q 6 h |
| 泼尼松 | 0.5 mg/kg，PO，q 48 h 至 1 mg/kg，q 12 h | 0.5 mg/kg，PO，q 48 h 至 1 mg/kg，q 12 h |
| 硫唑嘌呤 | 2 mg/kg，PO，q 24 h | 猫禁用 |
| 环孢霉素 | 5 mg/kg，PO，q 24 h 至 10 mg/kg，PO，q 12 h（见第 100 章） | 0.5～3 mg/kg，PO，q 12 h（微乳化） |
| 吗替麦考酚酯 | 10 mg/kg，q 12 h | |

MG，重症肌无力。

　　获得性 MG 患犬通常会自发性缓解。临床症状恢复后，AChR 抗体滴度也应恢复至参考范围内。重复检测 AChR 抗体滴度可有效指导调整临床用药。大多数未获得缓解的患犬可能有潜在肿瘤疾病。更多信息参见第 68 章。

# 免疫介导性肌炎
## (IMMUNE-MEDIATED MYOSITIS)

### 咀嚼肌炎
(MASTICATORY MYOSITIS)

　　咀嚼肌炎是一种局灶性肌炎，会影响咀嚼肌群（颞肌、咬肌、二腹肌）。咀嚼肌含有独特的肌纤维（2M型），和四肢肌肉组织的肌纤维在组织病理学、免疫学和生物化学等方面都有所不同。80% 以上的咀嚼肌炎患犬会出现针对这种肌纤维的抗体。抗体识别的主要抗原是咀嚼肌肌球蛋白结合蛋白 C，位于咀嚼肌纤维的细胞表面，可能使其成为可接触到的免疫原（Wu 等，2007）。

　　咀嚼肌炎是犬最常见的肌炎，但目前在猫中还未出现过本病的报道。年轻大型犬易发病，无品种和性别倾向，但查理士王小猎犬中曾报道了年轻犬咀嚼肌炎综合征。该病主要表现为不能张嘴（牙关紧闭），咀嚼肌肿胀、疼痛和严重肌肉萎缩。有些犬在急性期被发现，主要表现为肌肉肿胀和疼痛。如果急性发作期未得到治疗，则转为慢性期，逐渐发展为严重肌肉萎缩及牙关紧闭。很多感染犬在急性期未被诊断出来，首次被诊断出来时症状已表现为严重肌肉萎缩和无法张口。有些病例张口幅度仅为几厘米，既不能进食也不能进水。没那么严重的病例可利用舌头舔舐水或流质食物。其他临床症状包括发热、沉郁、体重减轻、吞咽困难、发音障碍，以及由翼状肌肿胀引起的眼球突出。

　　咀嚼肌炎的诊断应建立在特征性临床症状的基础之上，还应检测出 2M 型肌纤维的抗体。80% 以上的病例该项检查呈阳性，敏感性接近 100%。肌肉活检有助于确定肌肉纤维化程度以及治疗后可能的恢复水平，也能辅助诊断抗体阴性的患犬。组织病理学检查可见淋巴细胞、组织细胞和巨噬细胞多灶性浸润，也可能会见到嗜酸性粒细胞。可能出现中度至重度肌纤维萎缩、纤维化和肌纤维丢失（偶见），完全被结缔组织取代。其他辅助性检查包括血清 CK 水平测定（有些咀嚼肌炎患犬 CK 会升高）、肌电图检查（大多数严重病变的肌肉都有异常表现）。大多数肌电图异常包括纤颤电位和正锐波。

　　咀嚼肌炎的治疗需采用免疫抑制剂量的皮质类固醇（泼尼松，2～4 mg/kg，PO，q 24 h）。任何情况下都不能强制张开动物的嘴巴，以防骨折或颞下颌关节脱位。一旦使用皮质类固醇后症状缓解，应在数月内逐渐减量。应通过临床症状(运动幅度)和血清 CK 水平(如果就诊时升高)监测病情及发展情况。若犬在泼尼松停药后症状复发，则需要长期治疗(单用泼尼松或与硫唑嘌呤联合应用)。治疗目标为恢复肌肉功能和生活质量。很多病例(尤其是出现严重纤维化的病例)会持续存在肌肉萎缩，糖皮质激素治疗后甚至会恶化。不过大多数病例会恢复正常功能。更多信息参见第 69 章。

## 多肌炎
## (POLYMYOSITIS)

多肌炎以多灶性或弥散性骨骼肌淋巴细胞浸润和传染病血清学检查阴性为特征。虽然大多数病例是原发性自体免疫性的，副肿瘤性免疫介导性多肌炎可能和恶性肿瘤有关，例如犬淋巴瘤(尤其是拳师犬)、犬支气管癌、犬髓系白血病、犬扁桃体癌、猫胸腺瘤等。该病的诱发抗原尚不清楚，但损伤是由细胞毒性 T 细胞介导的(Ⅳ型迟发型过敏反应)。

多肌炎在犬中并不常见，猫中更罕见。该病主要发生于年轻大型犬，拳师犬、纽芬兰犬和维希拉猎犬的发病风险较高。该病会引发全身虚弱，运动后症状加剧，另外一个特征为步态僵硬。也有可能出现颈椎前屈，尤其是猫。触诊发病肌肉时大多数动物表现疼痛，特别是近端肌群，还有可能会出现吞咽困难、全身肌肉萎缩、发声障碍、舌肌萎缩和发热等症状。据报道，15％的病例会出现巨食道症。有些多发性肌炎病例有咀嚼肌炎的症状，这些犬 2M 型肌纤维抗体也呈阳性。SLE 和犬多发性关节炎/多肌炎综合征时也可能发生多肌炎。

多肌炎的诊断依据为特征性临床症状、CK 水平升高(多肌炎病例比咀嚼肌炎病例更常见)、与肌炎一致的电生理检查异常、可引发肌炎的传染病血清学检查(框 101-7)、肌肉活检等。对犬多肌炎的诊断来说，排除传染病引发的肌炎至关重要(框 101-7)。该病的肌肉活检结果和咀嚼肌炎相似，但多肌炎患犬的嗜酸性粒细胞增多则提示病因为感染。被诊断为多肌炎的犬(尤其是拳师犬)可能在几个月后被诊断为淋巴瘤。这一现象的原因可能包括副肿瘤综合征、淋巴细胞向

恶性方向转化、误诊等，所以多肌炎患犬诊断时也要把肿瘤评估列为一项重要的检查，尤其是淋巴结肿大的动物(Neravanda 等，2009)。

多肌炎的治疗和咀嚼肌炎相似。大多数病例都能恢复功能。更多信息参见第 69 章。

 **框 101-7　犬多肌炎的传染性诱发因素**

刚地弓形虫
犬新孢子虫
伯氏疏螺旋体
梭菌性肌炎
犬埃利希体
立氏立克次体
美洲肝簇虫
婴儿利什曼原虫
钩端螺旋体病(出血性黄疸型)

## 皮肌炎
## (DERMATOMYOSITIS)

皮肌炎是一种不常见的免疫介导性疾病，会影响柯利犬、喜乐蒂牧羊犬的皮肤、骨骼肌和脉管系统。这种病是一种常染色体显性遗传病，虽然并未找到确定的目标抗原，仍然怀疑该病是由免疫复合物沉积引起的。

皮肌炎性皮肤病损发生于 2～4 个月，之后会逐渐发生肌炎。最常发部位为颞肌，临床症状包括吞咽困难、肌肉萎缩。大多数严重的临床症状包括巨食道、全身性多肌炎和弥散性肌肉萎缩，尤其是远端四肢肌。皮肌炎的诊断依据典型指征(年龄、品种、皮肤症状)。CK 活性通常只是轻度增加，需要靠皮肤或肌肉活检才能确诊。

皮肌炎的治疗需要皮肤病变的临床护理及免疫抑制。皮质类固醇用药方案和多肌炎相似，但该病易复发，需要延长治疗。附加推荐疗法包括避免日晒、绝育、补充维生素 E 等。己酮可可碱也有助于患犬的治疗(见第 100 章)。预后跟病情严重性直接相关，轻症预后良好，重症预后不良。有关皮肌炎的更多信息参见第 69 章。

**患有免疫介导性疾病的犬猫的临床用药与一般剂量原则**

| 药名(商品名) | 用途 | 推荐剂量 | |
|---|---|---|---|
| | | 犬 | 猫 |
| 阿司匹林 | 预防 IMHA 并发的血栓栓塞 | 0.5 mg/kg,PO,q 24 h | NA |
| 咪唑硫嘌呤(Imuran) | 免疫抑制 | 2 mg/kg 或 50 mg/m²,PO,q 24 h | 不推荐 |
| 苯丁酸氮芥(瘤可宁) | 免疫抑制 | 初始剂量 0.1~0.2 mg/kg,PO,q 24 h 起效后减量至隔日给一次药 | 初始剂量 0.1~0.2 mg/kg,PO,q 24 h,后减至 q 24~72 h |
| 环磷酰胺(癌得星) | 免疫抑制 | 50 mg/(m² · d),PO,一周 4 d;或 200 mg/m²,IV,每 1~3 周一次 | 2.5 mg/(kg · d),PO,一周 4 d;或 7 mg/kg,IV,每周一次 |
| 环孢霉素(Atopica,Neoral) | 免疫抑制 | 5 mg/kg,PO,q 24 h 或 10 mg/kg,PO,q 12 h 根据环孢霉素浓度调整初始剂量 与酮康唑合用时使用低剂量 1~2.5 mg/kg,q 12 h | 0.5~3 mg/kg,PO,q 12 h |
| 地塞米松 | 免疫抑制 | 0.25~0.5 mg/kg,PO,q 24 h | 0.25~1 mg/kg,PO,q 24 h |
| 依那普利(Enacard) | 治疗蛋白尿 | 0.25~0.5 mg/kg,q 12~24 h | NA |
| 法莫替丁(Pepcid) | 治疗或预防胃溃疡 | 0.5 mg/kg,PO/IM/SC,q 12~24 h | 0.5 mg/kg,PO/IM/SC,q 12~24 h |
| 肝素(普通肝素) | 抗凝 | 最初剂量 200~300 U,q 6 h 根据 aPTT 或抗 Xa 活性调整剂量 | NA |
| hIVIG | 免疫抑制 | 0.25~1.5 g/kg,静脉输注,给药时间大于 6~12 h(仅一次剂量) | NA |
| 来氟米特(爱诺华) | 免疫抑制 | 3~4 mg/kg,PO,q 24 h | NA |
| 左旋咪唑 | 针对系统性红斑狼疮的免疫抑制 | 2~5 mg/kg(每个病例最大剂量 150 mg),隔天给一次药 | NA |
| 吗替麦考酚酯(CellCept) | 免疫抑制 | 10 mg/kg,q 12 h | NA |
| 新斯的明(Prostigmin) | 抗胆碱酯酶抑制剂 | 0.04 mg/kg,IM,q 6 h | 0.04 mg/kg,IM,q 6 h |
| 己酮可可碱 | 免疫调节 | 10~15 mg/kg,PO,q 8 h | NA |
| 泼尼松/泼尼松龙 | 免疫抑制 | 2~4 mg/(kg · d),PO | 2~8 mg/(kg · d),PO |
| 溴吡斯的明(Mestinon) | 抗胆碱酯酶抑制剂 | 0.5~3 mg/kg,PO,q 8~12 h | 0.25~3 mg/kg,PO,q 8~12 h(起始剂量为最低推荐剂量) |
| 硫糖铝(胃溃宁) | 预防药物引起的胃炎 | 0.5~1 g,PO,q 6~12 h | 0.25~0.5 g,PO,q 8~12 h |
| 长春新碱(安可平) | 增加 ITP 病患的血小板数量 | 0.02 mg/kg,IV,单次给药 | NA |

aPTT,活化部分凝血酶原时间;hIVIG,静脉注射用人免疫球蛋白;IMHA,免疫介导性溶血性贫血;ITP,免疫介导性血小板减少症;NA,不适用

◉ 推荐阅读

Balog K et al: Comparison of the effect of human intravenous immunoglobulin versus vincristine on platelet recovery time in dogs with severe idiopathic immune-mediated thrombocytopenia, *J Vet Intern Med* 25:1503, 2011.

Bexfield NH et al: Management of myasthenia gravis using cyclosporine in two dogs, *J Vet Intern Med* 20:1487, 2006.

Bianco D et al: A prospective randomized double blinded placebo-controlled study of human intravenous immunoglobulin for the acute management of presumptive primary immune-mediated thrombocytopenia in dogs, *J Vet Int Med* 23:1071, 2009.

Brown CD et al: Evaluation of clinicopathologic features, response to treatment, and risk factors associated with idiopathic neutropenia in dogs: 11 cases (1990-2002), *J Am Vet Med Assoc* 229:87, 2006.

Carr AP et al: Prognostic factors for mortality and thromboembolism in canine immune-mediated hemolytic anemia: a retrospective study of 72 dogs, *J Vet Intern Med* 16:504, 2002.

Chabanne L et al: Canine systemic lupus erythematosus: part I, clinical and biologic aspects, *Compendium* (small animal/exotics) 21:135, 1999a.

Chabanne L et al: Canine systemic lupus erythematosus: part II, diagnosis and treatment, *Compendium* (small animal/exotics) 21:402, 1999b.

Clements DN et al: Type I immune-mediated polyarthritis in dogs: 39 cases (1997-2002), *J Am Vet Med Assoc* 224:1323, 2004.

Davis B et al: Mutation in beta-tubulin correlates with macrothrombocytopenia in Cavalier King Charles Spaniels, *J Vet Intern Med* 22:540, 2008.

Dewey CW et al: Mycophenolate mofetil treatment in dogs with serologically diagnosed acquired myasthenia gravis: 27 cases (1999-2008), *J Am Vet Med Assoc* 236:664, 2010.

Dircks BH et al: Underlying diseases and clinicopathologic variables of thrombocytopenic dogs with and without platelet-bound antibodies detected by use of a flow cytometric assay: 83 cases (2004-2006), *J Am Vet Med Assoc* 235:960, 2009.

Duval DJ et al: Vaccine associated immune-mediated hemolytic anemia in the dog, *J Vet Intern Med* 10:290, 1996.

Evans J et al: Canine inflammatory myopathies: a clinicopathologic review of 200 cases, *J Vet Intern Med* 18:679, 2004.

Gilmour MA et al: Masticatory myopathy in the dog: a retrospective study of 18 cases, *J Am Anim Hosp Assoc* 28:300, 1992.

Giudice E et al: Effect of desmopressin on immune-mediated haemorrhagic disorders due to canine monocytic ehrlichiosis: a preliminary study, *J Vet Pharmacol Therap* 33:610, 2010.

Goggs R et al: Concurrent immune-mediated haemolytic anaemia and severe thrombocytopenia in 21 dogs, *Vet Rec* 163:323, 2008.

Grauer GF: Canine glomerulonephritis: new thoughts on proteinuria and treatment, *J Small Anim Pract* 46:469, 2005.

Helmond SE et al: Treatment of immune-mediated haemolytic anemia with individually adjusted heparin dosing in dogs, *J Vet Intern Med* 24:597, 2010.

Huang AA et al: Idiopathic immune-mediated thrombocytopenia and recent vaccination in dogs, *J Vet Intern Med* 26:142, 2012.

Husbands B, et al: Prednisone and cyclosporine versus prednisone alone for treatment of canine immune mediated hemolytic anemia (IMHA), *J Vet Intern Med* 18:389, 2004.

King LG et al: Acute fulminating myasthenia in five dogs, *J Am Vet Med Assoc* 212:830, 1998.

Kohn B et al: Primary immune-mediated hemolytic anemia in 19 cats: diagnosis, therapy, and outcome (1998-2004), *J Vet Intern Med* 20:159, 2006.

Lachowicz JL et al: Acquired amegakaryocytic thrombocytopenia—four cases and a literature review, *J Small Anim Pract* 45:507, 2004.

Marks SL, Henry CJ: CVT update: diagnosis and treatment of systemic lupus erythematosus. In Bonagura JD: *Kirk's current veterinary therapy XIII: Small animal practice*, ed 13, Philadelphia, 2000, WB Saunders, p 514.

McManus PM et al: Correlation between leukocytosis and necropsy findings in dogs with immune-mediated hemolytic anemia: 34 cases (1994-1999), *J Am Vet Med Assoc* 218:1308, 2001.

Miller MD et al: Diagnostic use of cytologic examination of bone marrow from dogs with thrombocytopenia: 58 cases (1994-2004), *J Am Vet Med Assoc* 231:1540, 2007.

Miller SA et al: Case control study of blood type, breed, sex, and bacteremia in dogs with immune-mediated hemolytic anemia, *J Am Vet Med Assoc* 224:232, 2004.

Neravanda D et al: Lymphoma associated polymyositis in dogs, *J Vet Intern Med* 23:1293, 2009.

O'Marra SK et al: Treatment and predictors of outcome in dogs with immune mediated thrombocytopenia, *J Am Vet Med Assoc* 238:346, 2011.

Orcutt ES et al: Immune-mediated haemolytic anemia and severe thrombocytopenia in dogs: 12 cases (2001-2008), *Vet Emerg Crit Care* 20:338, 2010.

Piek CJ et al: Lack of evidence of a beneficial effect of azathioprine in dogs treated with prednisolone for idiopathic immune-mediated haemolytic anemia (a retrospective cohort study), *Vet Res* 7:15, 2011.

Podell M: Inflammatory myopathies, *Vet Clin North Am Small Anim Pract* 32:147, 2002.

Putsche JC et al: Primary immune-mediated thrombocytopenia in 30 dogs (1997-2003), *J Am Anim Hosp Assoc* 44:250, 2008.

Rondeau MP et al: Suppurative non-septic polyarthropathy in dogs, *J Vet Intern Med* 19:654, 2005.

Rozanski EA et al: Comparison of platelet count recovery with use of vincristine and prednisone or prednisone alone for treatment for severe immune-mediated thrombocytopenia in dogs, *J Am Vet Med Assoc* 220:477, 2002.

Scott-Moncrieff JC et al: Hemostatic abnormalities in dogs with primary immune-mediated hemolytic anemia, *J Am Anim Hosp Assoc* 37:220, 2001.

Shelton DG et al: Risk factors for acquired myasthenia gravis in dogs: 1,154 cases (1991-1995), *J Am Vet Med Assoc* 211:11428, 1997.

Shelton GD: Myasthenia gravis and disorders of neuromuscular transmission, *Vet Clin North Am Small Anim Pract* 32:189, 2002.

Shelton GD et al: Risk factors for acquired myasthenia gravis in cats: 105 cases (1986-1998), *J Am Vet Med Assoc* 216:55, 2000.

Smee NM et al: Measurement of serum antinuclear antibody titer in dogs with and without systemic lupus erythematosus: 120 cases (1997-2005), *J Am Vet Med Assoc* 230:1180, 2007.

Smith BE et al: Antinuclear antibodies can be detected in dog sera reactive to *Bartonella vinsonii* subsp. *Berkhoffii, Ehrlichia canis,* or *Leishmania infantum* antigens, *J Vet Intern Med* 18:47, 2004.

Stokol T et al: Pure red cell aplasia in cats: 9 cases (1989-1997),

*J Am Vet Med Assoc* 214:75, 1999.

Stokol T et al: Idiopathic pure red cell aplasia and non-regenerative immune-mediated anemia in dogs: 43 cases (1998-1999), *J Am Vet Med Assoc* 216:1429, 2000.

Webb AA et al: Steroid responsive meningitis-arteritis in dogs with noninfectious nonerosive idiopathic immune-mediated polyarthritis, *J Vet Intern Med* 16:269, 2002.

Weinkle TK et al: Evaluation of prognostic factors, survival rates, and treatment protocols for immune-mediated hemolytic anemia in dogs: 151 cases (1993-2002), *J Am Vet Med Assoc* 226:1869, 2005.

Weiss DJ: Primary pure red cell aplasia in dogs: 13 cases (1996-2000), *J Am Vet Med Assoc* 221:93, 2002.

Weiss DJ: Evaluation of antineutrophil IgG antibodies in persistently neutropenic dogs, *J Vet Intern Med* 21:440, 2007.

Whelan M et al: Use of human immunoglobulin in addition to glucocorticoids for the initial treatment of dogs with immune mediated hemolytic anemia, *J Vet Emerg Crit Care* 19:158, 2009.

Wondratschek C et al: Primary immune-mediated thrombocytopenia in cats, *J Am Anim Hosp Assoc* 46:12, 2010.

Wu X et al: Autoantibodies in canine masticatory muscle myositis recognize a novel myosin binding protein C family member, *J Immunol* 179:4939, 2007.

## C

# W